JN441459

해설 고분자를 위한

응용수학

Commentary on Applied Mathematics for Polymer Science and Engineering

이장우 | 정우혁 공저

머리말

20세기 초 새로운 종류의 물질인 플라스틱, 고무, 섬유, 접착제 등을 제조하고 이해하기 위하여 탄생된 고분자 과학이나 공학(polymer science and engineering)은 오늘날 비약적인 발전을 계속하고 있으나, 이의 본질은 여러 학문, 예를 들면 화학, 화학공학, 물리, 재료과학, 심지어는 수학 등의 다양한 지식을 필요로 하는 종합학문이라고 할 수 있겠다. 특히 고기능성 고분자 물질을 분자설계에 의하여 합성하고, 또 이들 물질의 구조와 상관관계를 미세구조적인 관점에서 규명하고 예측하여 이를 바탕으로 목적하는 최적의 물질을 제조하기 위한 가장 효과적인 방법은 아마도 인간이 만든 '최고의 논리적 언어'인 수학을 이용하는 것이다. 오늘날 아무리 컴퓨터가 급격히 발달하여 수학이 별 필요 없다고 느끼는 사람이 많을지 몰라도 컴퓨터는 어디까지나 '도구'에 불과하며, 이의 소프트웨어는 수학에 바탕을 두고 있으므로 컴퓨터가 더욱 발전할수록 수학 또한 더불어 필요하게 될 것이므로, 가장 이상적인 길은 관련된 (해석)수학을 먼저 이해하고 난 후 컴퓨터를 이용하여 빨리 답을 구하는(그리고 비교해 보는)것이다.

혹자는 자연과학도나 공학도의 연구범위는 그 사람의 수학지식의 수준에 달려 있다고도 한다. 그러나 이처럼 중요한 수학적 지식을 고분자 과학이나 공학에 접목시키기 위한 좋은 참고서적을 주위에서 별로 찾아보기 어려운 실정이다. 이에 필자들은 그 동안의 강의나 연구 경험 및 오랜 유학생활을 통하여 습득한 지식과 틈틈이 준비해둔 자료를 토대로 고분자(의 이론적 부분)를 공부하는데 필요한 그 많은 분량의 수학을 되도록 빠른 시일 내에 기초 원리의 이해부터 상당히 높은 수준까지 끌어올리기 위하여 모든 연산단계에서 비약을 피하고, 필요한 곳에서는 수학적 원리나 정리에 대한 증명과 함께 가급적 독자들이 혼자서 차근차근하게 풀 수 있도록 풍부한 예제 및 문제풀이를 수록한 본 책을 편찬하게 되어 매우 기쁘게 생각하는 바이다.

그런데 여기서 독자들에게 두 가지 양해할 사항이 있는데, 첫째는 자료조사의 미비 및 분량증대로 인하여 모든 곳(장)에서 고분자를 예로 싣지 못하고 몇군데에서만 한정시켰다는 것과, 둘째는 첫 세장의 해석부분이 예상외로 분량이 너무 늘어나(물론 중요성은 인정하지만) 부득이 4장 이후는 증명 및 예제풀이만 수록하고 각 장 끝의 문제풀이는 생략하였다(대신 예제풀이를 심도있게 다룸으로써 이를 어느 정도 커버하였다). 한편 이 책에서는 현재 각종 전공분야의 학부 3,4학년이나 대학원에 재학하고 있는 자연과학도나 공학도에게 비교적 높은 수준의 수학지식을 습득케 하기 위하여, 출판되어 있는 기존의 '응용수학 (applied or advanced mathematics)이나 '수리물리

(mathematical physics)'에 관한 서적에 포함된 내용의 대부분을 수록하도록 노력하였다. 따라서 본서는 고분자 관련분야를 전공하는 독자는 물론 평소에 응용수학이나 수리물리에서 다루는 내용을 실전 및 응용력 향상을 위해 보다 심도있게 이해하고 터득하기를 바라는 다른 전공의 공학도나 자연과학도에게도 적극 추천하는 바이다.

본서는 모두 아홉 장(chapter)의 본문과 일곱 절의 (전체)부록(appendix)[경우에 따라 각 장의 부록(addendum)도 첨부)으로 이루어져 있으며, 특히 부록은 예비수학을 포함하여 비교적 자주 이용되는 내용을 따로 정리하여 책 뒷부분에 수록하였다. 그래서 본서를 효과적으로 이용하기 위하여 독자들은 먼저 부록에 수록된 내용(특히 A절은 필히)을 훑어본 후 본문을 시작하기를 권하며(물론 본문에서 필요할 때마다 인용은 하지만), 또한 본문의 내용도 방대하나 거의 독립적으로 기술되어 있으므로 필요한 곳(장)만 골라서 공부하여도 큰 무리는 없다고 생각된다.

그런데 여기서, 책 끝의 '참고문헌'에 수록된 기존의 응용수학이나 수리물리에 관한 여러 명저에 익숙한 독자들을 위하여 이 책을 집필하는 과정에서 그 내용이나 예제, 연습문제 및 그 풀이 중에는 이들 참고문헌을 참고하였거나 부분적으로 인용하였음을 밝혀두는 바이다. 그러나 인용하는 과정에서 독자들의 이해를 돕기 위하여 보다 알기 쉽도록 체계적으로 재정리하였거나 혹은 필요한 경우에는 저자들이 개발한 기법을 사용하여 새롭게 기술한 곳도 다수 있음 또한 사실이다.

그리고, 여러 저자들이 (응용)수학책 저술시 공통적으로 겪는 어려움의 하나는 용어나 기호의 선택인데, 본서에서는 이 분야에 관한 가급적인 많은 참고 서적이나 논문의 검토를 거친 후 저자들 나름대로 가장 보편타당하고 합리적이라고 판단되는 것을 선택하여 기술하였으므로 만약 다른 책과 병용하여 공부하는 분들에게는 이 점 특히 유의해주길 바란다. 또한 까다로운 용어의 경우 한글 또는 영어의 혼용형태를 사용하였으며, 특히 그림이나 표안의 용어도 경우에 따라 (주로)번역 또는 그대로 두기도 하였다. 그리고 내용 전개상 필요에 의해 불가피하게 동일한 항목에 대해 다른 기호를 사용하거나 반대로 동일한 기호에 대해 다른 의미를 부여하거나, 또는 내용이 중복되는 경우가 종종 있을 수 있음을 미리 양해 바란다. 덧붙여 사용된 (복잡한)수식이 너무 많아 틀림없이 탈·오자가 있을 것이므로 이에 대해 독자들께서는 거침없이 지적하여 주신다면 추후 개정판에서 모두 바로 잡겠으며, 또한 독자들의 따끔한 충고도 기대하는 바이다.

한편, 내용이 방대해진 본서를 사이플러스 출판사에서 발간할 수 있도록 허락하여 주신 출판사 사장님을 비롯한 전 직원들에게 심심한 사의를 표하며, 도표의 재작성 및 인쇄에 정성을 쏟아주신 출판사 담당직원 여러분들에게도 따뜻한 감사를 드린다. 그리고 약 6개월에 걸친 집필과정에서 엄청난 컴퓨터 워드작업을 비롯한 여러 가지 궂은일을 마다 않고 끝까지 성실하게 수행해준 부산대학교 고분자공학과 대학원생인 문정민군, 최연실양과 학부생 황서해양에게 그동안의 노고에 대하여 아낌없는 찬사를 보내는 바이다.

끝으로 이 책에 수록된 내용의 반복학습을 통하여 독자들이 응용수학(혹은 수리물리) 전반에 걸친 이해와 자신감을 키워 금후 어떠한 문제를 접하더라도 당황하지 않고 좀 더 넓은 시야를 갖고 해결해 나감에 있어서 이 책이 조금이라도 도움이 된다면 저자들로서는 더 이상 바랄게 없겠다.

2009년 10월

저자 일동

차 례

제 **1** 장

선형대수

가장 간단한 물리적인 양은 그것이 측정되는 단위와 함께 그 크기만으로 완전히 기술될 수 있는 양으로서 스칼라(scalar)라고 하며 온도, 시간, 밀도 등이 포함된다. 벡터(vector)는 크기(≥ 0) 뿐만 아니라 공간에서 방향을 필요로 하는 양(quantity)으로서 벡터를 공간에서 화살표로 나타낼 수 있다. 이와 같이 벡터를 주어진 3차원 (유클리드)공간에서 크기와 방향을 가진 기하학적 개체(geometrical object)로써 기술하는 것은 좌표계에 독립적이므로 매우 유용하다고 하겠다.

그러나 대부분의 실제 응용에 있어서 벡터를 주어진 좌표계에서의 성분(component) 벡터로 분해할 필요가 생긴다. 가령 어떤 선택된 Cartesian 직교좌표계에 있어서 벡터 $\boldsymbol{a}$는 단위벡터 $\boldsymbol{i}$, $\boldsymbol{j}$, $\boldsymbol{k}$를 사용하여 아래와 같이 나타내진다.

$$\boldsymbol{a} = a_x\boldsymbol{i} + a_y\boldsymbol{i} + a_z\boldsymbol{k}$$

더욱이 필요에 따라서는 실제의 3차원 공간에서 보다 큰 추상적인 N차원 공간으로 확장할 수도 있다(물론 이 경우에도 화살표로 나타낸 벡터의 개념은 좌표계에 무관하지만). 비록 추상적이기는 하나 N차원 일반공간의 기술은 역학이나 전기 분야 등에 널리 이용된다. 만약 이 공간에서 계(system)의 상태를 N개 변수의 집합(가령 각도나 전류 등)으로 나타낸다면 이 계의 상태는 이들 값을 성분으로 가지는 N차원 (공간)벡터로 완전히 기술될 수 있을 것이다.

그래서 이 장에서는 먼저 벡터 대수(vector algebra)를 간단히 기술하고, 다음에는 일반 (N차원) 벡터 공간(vector space)과 그 성질에 대해서도 설명한다. 그리고 아래 식에 나타내었듯이 주어진 벡터 $\boldsymbol{u}$를 (행렬)선형연산자(matrix linear operator) T에 의해 새로운 벡터 $\boldsymbol{v}$로 변환(transformation)시키는 선형변환 및 선형연산자 이론도 함께 설명한다.

$$\mathrm{T}\boldsymbol{u} = \boldsymbol{v}$$

물론 이에 사용되는 행렬의 성질(혹은 대수)도 소개하고, 나아가 행렬의 고유치(eigenvalue) 및 고유벡터(eigenvector)에 의한 행렬의 대각화(diagonization) 방법 및 이의 선형 연립방정식의 해에 응용, 그리고 끝으로 물리적인 진동계(oscillation system)에의 응용도 다룬다.

1.1 벡터대수

1.1.1 벡터의 합 및 차

두 변위 벡터의 작용 결과(resultant)는 그림 1.1에 나타낸 것처럼 먼저 첫 번 벡터를 작용시키고 다음 두 번째 벡터를 작용시켜 얻어지는 변위벡터이며, 이 과정은 벡터 합(addition)이라고 한다. 또한 만일 두 개의 힘이 같은 물체(body)에 작용한다면 그 합력(resultant force)은 두 개의 힘의 벡터 합이다.

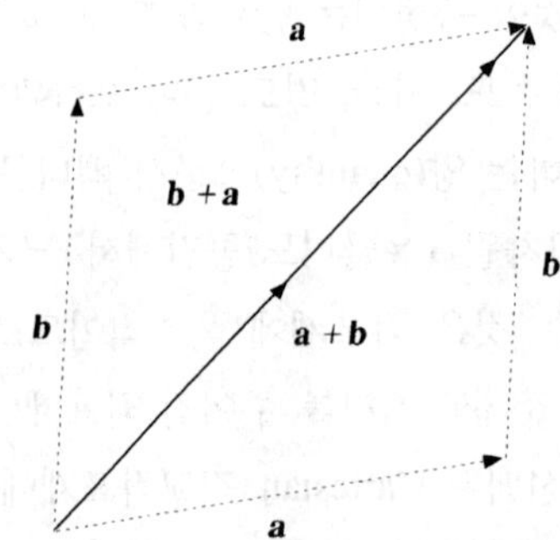

그림 1.1 두 (변위)벡터 a와 b의 합

벡터의 합은 단지 그들이 같은 종류일 때만 물리적 의미를 지닌다. 예를 들어 만일 벡터들이 3차원 공간에서 작용하는 두 힘이라고 하자. 그러면 그림 1.1에서 보듯이 벡터 합은 교환법칙이 성립하며 다음의 관계가 성립한다.

$$\boldsymbol{a}+\boldsymbol{b}=\boldsymbol{b}+\boldsymbol{a} \tag{1.1}$$

3개 (또는 그 이상)의 벡터합에 대해서도 이 과정을 일반화시킬 수 있으며 합의 결합법칙도 성립하며(그림 1.2) 예를 들면 다음과 같다.

$$\boldsymbol{a}+(\boldsymbol{b}+\boldsymbol{c})=(\boldsymbol{a}+\boldsymbol{b})+\boldsymbol{c} \tag{1.2}$$

즉 벡터합의 연산에 있어서 순서는 중요하지 않다.

두 벡터의 차(subtraction)는 그들의 합과 매우 유사하다(그림 1.3 참조). 즉 벡터의 차는

$$\boldsymbol{a}-\boldsymbol{b}=\boldsymbol{a}+(-\boldsymbol{b})$$

여기서 $-\boldsymbol{b}$ 는 $\boldsymbol{b}$ 와 같은 크기이며 반대 방향을 가진 벡터이다.

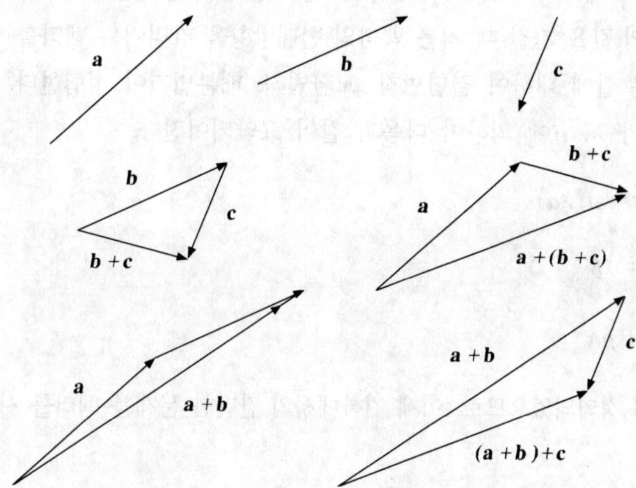

그림 1. 2 결합관계(associativity)를 보여주는 3벡터의 합.

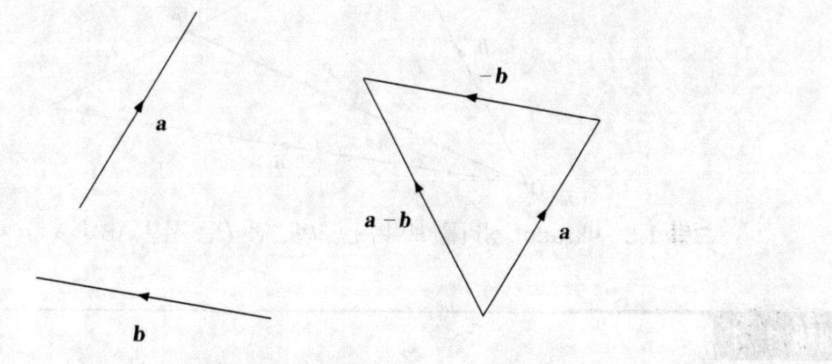

그림 1. 3 두 벡터의 차.

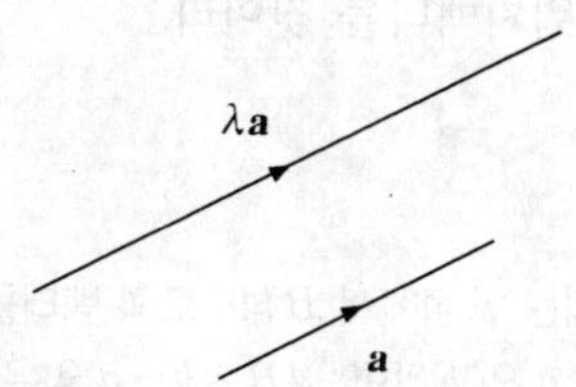

그림 1. 4 벡터의 스칼라($\lambda > 1$) 곱.

두 개의 같은 벡터의 차는 영 벡터 (0)이며 크기가 0이고 어떤 특정 방향이 없다.

1.1.2 스칼라에 의한 곱

스칼라에 의한 벡터의 곱은 원래 벡터의 방향과 같은 방향을 가지지만 스칼라에 비례하는 크기를 가진다. 이것은 그림 1.4에 나타나 있다. 스칼라는 양의 값, 음의 값, 혹은 0의 값을 가질 수 있다. 스칼라가 음의 값을 가질 때 처음 벡터의 반대방향을 가리키는 벡터를 얻을 수 있다. 스칼라에 의한 연산(곱)은 합에 대하여 결합법칙, 교환법칙, 배분법칙이 성립한다. 이 성질들은 임의의 벡터 $\boldsymbol{a}$, $\boldsymbol{b}$ 와 스칼라 λ, μ에 의하여 다음과 같이 요약되어진다.

$$(\lambda\mu)\boldsymbol{a} = \lambda(\mu\boldsymbol{a}) = \mu(\lambda\boldsymbol{a}) \tag{1.3}$$

$$\lambda(\boldsymbol{a}+\boldsymbol{b}) = \lambda\boldsymbol{a} + \lambda\boldsymbol{b} \tag{1.4}$$

$$(\lambda+\mu)\boldsymbol{a} = \lambda\boldsymbol{a} + \mu\boldsymbol{a} \tag{1.5}$$

합, 차, 곱의 연산이 정의되었으므로, 이제 기하에서의 간단한 문제를 벡터를 사용하여 풀 수가 있다.

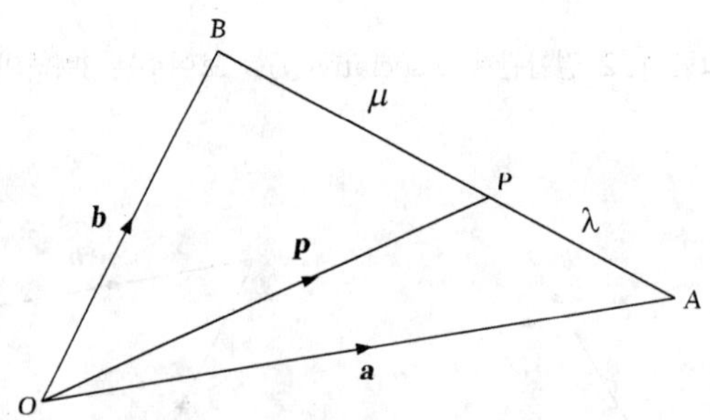

그림 1.5 비(ratio) 정리를 보여주는 그림. 점 P는 선분 AB를 $\lambda : \mu$ 비로 내분함.

예제 1.1

한 점 P가 선분 AB를 $\lambda : \mu$ 의 비로 나누고 있다(그림 1.5참조). 만일 A, B점의 위치벡터가 각각 $\boldsymbol{a}$, $\boldsymbol{b}$ 라고 한다면, P점의 위치벡터를 찾아라.

풀 이

일반적인 벡터기하 문제에서처럼 우리는 A점에서 B점으로의 벡터를 $\boldsymbol{AB}$ 로 표시하겠다. 만일 어떤 원점 O를 기준으로 점 A와 점 B의 위치벡터가 $\boldsymbol{a}$ 와 $\boldsymbol{b}$ 라면, $\boldsymbol{AB} = \boldsymbol{b} - \boldsymbol{a}$ 임은 분명하다. 이제 그림 1.5로부터 알 수 있듯이 점 O에서부터 점 P까지 잇는 한가지 가능한 방법은 먼저 점 O에서 점 A로 이동하고 AB선분을 따라 전체 길이의 $\lambda/(\lambda+\mu)$비만큼 떨어진 지점으로 이동하는 것이다. 우리는 이것을 다음과 같이 벡터형식으로 표현할 수 있다.

$$\overrightarrow{\mathrm{OP}} = \boldsymbol{p} = \boldsymbol{a} + \frac{\lambda}{\lambda+\mu}\boldsymbol{AB} = \boldsymbol{a} + \frac{\lambda}{\lambda+\mu}(\boldsymbol{b}-\boldsymbol{a}) = (1-\frac{\lambda}{\lambda+\mu})\boldsymbol{a} + \frac{\lambda}{\lambda+\mu}\boldsymbol{b}$$

$$= \frac{\mu}{\lambda+\mu}\boldsymbol{a} + \frac{\lambda}{\lambda+\mu}\boldsymbol{b} \tag{1. 6}$$

여기서 A와 B의 위치벡터를 사용하여 점 P의 위치벡터가 표시된다.
마찬가지로 점 O로부터 점 B를 거쳐 점 P로 이동하는 경우에 있어서도 같은 결과를 얻을 수 있다.

---

1. 1. 3 기저벡터 및 성분

3차원 공간에서 한 평면상에 있지 않는 임의의 3개의 벡터 $\boldsymbol{e}_1$, $\boldsymbol{e}_2$, $\boldsymbol{e}_3$ 가 주어졌다면 다른 벡터들은 아래와 같이 이들의 스칼라 곱의 형식으로 나타낼 수 있다.

$$\boldsymbol{a} = a_1\boldsymbol{e}_1 + a_2\boldsymbol{e}_2 + a_3\boldsymbol{e}_3 \tag{1. 7}$$

이때 이들 세 개의 벡터 $\boldsymbol{e}_1$, $\boldsymbol{e}_2$, $\boldsymbol{e}_3$ 는 3차원 공간의 기저(basis)를 형성하며 양수, 음수 혹은 0의 값을 가지는 스칼라 a_1, a_2, a_3 는 이 기저에 대한 벡터 $\boldsymbol{a}$ 의 성분(components)이라고 말한다. 이 경우에 벡터는 각각의 성분으로 분해(resolve)되었다고 한다. 반드시 필요하지는 않더라도 편의상 상호 수직인 기저벡터를 사용하는 경우가 종종 있다. 일반적으로 기저벡터의 집합은 반드시 아래의 성질을 만족해야 한다. 즉

(i) 공간의 차원(dimension)의 수만큼 기저벡터를 가져야 하며,
(ii) 어떤 기저벡터도 다른 벡터의 합으로 나타내어질 수 없고, 형식을 갖추어 말하자면 기저벡터는 선형 (또는 1차) 독립(linearly independent)이어야 한다.

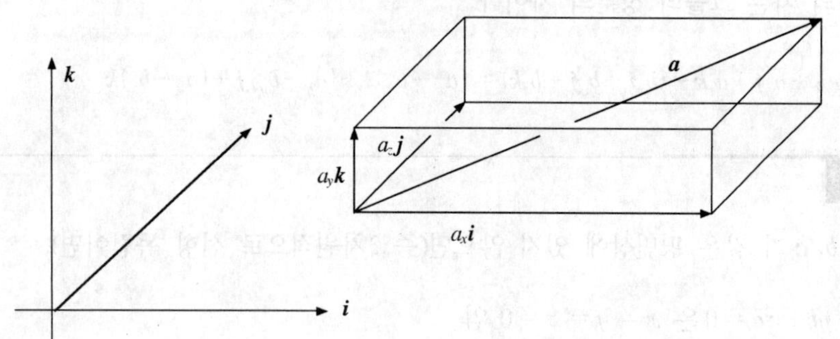

그림 1. 6 직교 Cartesian 기저(basis) 집합. 벡터 $\boldsymbol{a}$ 는 $a_x\boldsymbol{i}$, $a_y\boldsymbol{j}$ 및 $a_z\boldsymbol{k}$ 의 합이다.

이것을 수학적으로 나타내면 예를 들어 N차원에서 다음과 같은 관계가 요구된다.
$c_1 = c_2 = \cdots = c_N = 0$을 제외한 어떠한 계수의 집합 c_1, $c_2, \cdots$, c_N에 대하여

$$c_1\boldsymbol{e}_1 + c_2\boldsymbol{e}_2 + \cdots + c_N\boldsymbol{e}_N \neq 0$$

이 장에서 우리는 3차원 공간에서의 벡터만을 다룰 것이며 더 높은 차원은 간단한 확장으로 얻어질 수 있다. 만일 직교 Cartesian 좌표계 (x, y, z)를 사용하여 공간에서 점의 위치를 나타내고자 할 때에는 각각 양(+)의 $x-, y-, z-$축 방향을 가리키고 있는 크기가 1인 단위(unit) 기저벡터 $\boldsymbol{i}, \boldsymbol{j}, \boldsymbol{k}$를 사용하여야 한다[1장과 2장에서는 특별한 언급이 없는 한 직교 Cartesian 좌표계의 좌표로서 통상의 (x, y, z)를, 또한 기저벡터로서 $\boldsymbol{i}, \boldsymbol{j}, \boldsymbol{k}$를 사용하나 나중의 텐서 해석(3장)에서는 필요상 다른 기호를 사용함에 유의하라].

벡터 $\boldsymbol{a}$는 아래와 같이 각각 서로 다른 좌표축에 평행한 세 벡터의 합을 사용하여 나타낼 수 있다.

$$\boldsymbol{a} = a_x\boldsymbol{i} + a_y\boldsymbol{j} + a_z\boldsymbol{k} \tag{1. 8}$$

따라서 3차원 공간에서의 한 벡터는 그 벡터의 방향과 크기를 모두 나타내기 위하여 3 성분이 요구된다. 즉 공간에서의 한 변위는 x-, y-, z-축 방향을 따른 3 변위의 합으로 생각될 수 있다(그림 1.6). 요약하면 특정 (Cartesian) 좌표계에 대하여 벡터 $\boldsymbol{a}$의 성분은 (a_x, a_y, a_z)의 형태로 나타낸다. 기저 벡터 $\boldsymbol{i}, \boldsymbol{j}, \boldsymbol{k}$ 자체는 각각 $(1, 0, 0)$, $(0, 1, 0)$, $(0, 0, 1)$로 나타내어지는 것에 주목하라.

벡터의 합과 차는 각각의 성분의 관점에서 고려할 수 있다. 즉 두 벡터 $\boldsymbol{a}$, $\boldsymbol{b}$의 합은 단지 그들의 성분을 더하면 얻어질 수 있다.

$$\boldsymbol{a}+\boldsymbol{b} = a_x\boldsymbol{i} + a_y\boldsymbol{j} + a_z\boldsymbol{k} + b_x\boldsymbol{i} + b_y\boldsymbol{j} + b_z\boldsymbol{k} = (a_x+b_x)\boldsymbol{i} + (a_y+b_y)\boldsymbol{j} + (a_z+b_z)\boldsymbol{k} \tag{1. 9}$$

그리고 벡터의 차는 그들의 성분의 차이다.

$$\boldsymbol{a}-\boldsymbol{b} = a_x\boldsymbol{i} + a_y\boldsymbol{j} + a_z\boldsymbol{k} - (b_x\boldsymbol{i} + b_y\boldsymbol{j} + b_z\boldsymbol{k}) = (a_x-b_x)\boldsymbol{i} + (a_y-b_y)\boldsymbol{j} + (a_z-b_z)\boldsymbol{k} \tag{1. 10}$$

예제 1.2

만일 $\boldsymbol{a}, \boldsymbol{b}, \boldsymbol{c}$ 가 같은 평면상에 있지 않으면(즉 3차원적으로 선형 독립이면),

(a) $x\boldsymbol{a} + y\boldsymbol{b} + z\boldsymbol{c} = 0$은 $x = y = z = 0$ 임

(b) $x_1\boldsymbol{a} + y_1\boldsymbol{b} + z_1\boldsymbol{c} = x_2\boldsymbol{a} + y_2\boldsymbol{b} + z_2\boldsymbol{c}$ 라면 $x_1 = x_2$, $y_1 = y_2$, $z_1 = z_2$ 임을 보여라.

또한 3개의 벡터 $\boldsymbol{a}, \boldsymbol{b}, \boldsymbol{c}$ 가 선형 독립일 때 다음의 두 경우에서 각각 세 벡터가 선형종속이 되게 λ, μ 를 구하여라.

(c) $\boldsymbol{a} + \lambda\boldsymbol{b}$, $\boldsymbol{b} + \lambda\boldsymbol{c}$, $\boldsymbol{c} + \lambda\boldsymbol{a}$

(d) $\mu\boldsymbol{a}+\boldsymbol{b}+\boldsymbol{c},\ \boldsymbol{a}+\mu\boldsymbol{b}+\boldsymbol{c},\ \boldsymbol{a}+\boldsymbol{b}+\mu\boldsymbol{c}$

풀 이

(a) $x\neq 0$이라 하자. 그러면 $x\boldsymbol{a}+y\boldsymbol{b}+z\boldsymbol{c}=0$은 $x\boldsymbol{a}=-y\boldsymbol{b}-z\boldsymbol{c}$ 혹은 $\boldsymbol{a}=-\left(\frac{y}{x}\right)\boldsymbol{b}-\left(\frac{z}{x}\right)\boldsymbol{c}$이다. 그러나 $-\left(\frac{y}{x}\right)\boldsymbol{b}-\left(\frac{z}{x}\right)\boldsymbol{c}$는 $\boldsymbol{b},\boldsymbol{c}$의 평면에 있는 벡터이다. 즉 $\boldsymbol{a}$는 $\boldsymbol{a},\boldsymbol{b},\boldsymbol{c}$가 같은 평면에 있지 않다는 가설에 모순된 $\boldsymbol{b},\boldsymbol{c}$의 평면 안에 있다. $\therefore x=0$ 같은 이유로 $y\neq 0,\ z\neq 0$라 생각하면 모순이 되어 $y=0,\ z=0$이다.

(b) $(x_1-x_2)\boldsymbol{a}+(y_1-y_2)\boldsymbol{b}+(z_1-z_2)\boldsymbol{c}=0$. (a)에 의해서 $x_1-x_2=0,\ y_1-y_2=0,\ z_1-z_2=0$.
따라서 $x_1=x_2,\ y_1=y_2,\ z_1=z_2$

(c) $\alpha(\boldsymbol{a}+\lambda\boldsymbol{b})+\beta(\boldsymbol{b}+\lambda\boldsymbol{c})+\gamma(\boldsymbol{c}+\lambda\boldsymbol{a})=0$을 다시 쓰면

$$(\alpha+\gamma\lambda)\boldsymbol{a}+(\beta+\alpha\lambda)\boldsymbol{b}+(\gamma+\beta\lambda)\boldsymbol{c}=0.$$

그런데 $\boldsymbol{a},\boldsymbol{b},\boldsymbol{c}$가 선형 독립이므로 계수가 모두 0일 경우만 우변이 0이 되므로

$$\alpha+\gamma\lambda=\beta+\alpha\lambda=\gamma+\beta\lambda=0$$

여기에서 α,β,γ를 소거하면 $1+\lambda^3=0$. 따라서 $\lambda=-1$일 때 $\alpha=\beta=\gamma$가 되므로 $\lambda=-1$이라 하면 α,β,γ는 $\alpha=\beta=\gamma\neq 0$인 임의의 α,β,γ를 취하면 된다.

(d) (c)의 경우와 같이 $\alpha(\mu\boldsymbol{a}+\boldsymbol{b}+\boldsymbol{c})+\beta(\boldsymbol{a}+\mu\boldsymbol{b}+\boldsymbol{c})+\gamma(\boldsymbol{a}+\boldsymbol{b}+\mu\boldsymbol{c})=0$ 또는 $(\alpha\mu+\beta+\gamma)\boldsymbol{a}+(\alpha+\beta\mu+\gamma)\boldsymbol{b}+(\alpha+\beta+\mu\gamma)\boldsymbol{c}=0$.
마찬가지로 세 벡터 $\boldsymbol{a},\ \boldsymbol{b},\ \boldsymbol{c}$의 선형 독립의 정의로부터

$$\alpha\mu+\beta+\gamma=0,\ \alpha+\beta\mu+\gamma=0,\ \alpha+\beta+\gamma\mu=0.$$

여기서 α,β,γ를 소거하면 $(\mu-1)^2(\mu+2)=0$ 그러므로 $\mu=1,-2$일 때 동시에 0이 아닌 α,β,γ가 있다.

1. 1. 4 벡터의 크기

벡터의 크기나 길이(norm)는 $\|\boldsymbol{a}\|$ 또는 a로 표시한다. 3차원 직교 Cartesian 좌표계에서 그들의 성분의 관점에서 보면 a의 크기는 다음과 같이 주어진다.

$$a\equiv\|\boldsymbol{a}\|=\sqrt{a_x^2+a_y^2+a_z^2} \tag{1.11}$$

따라서 벡터 크기는 벡터 길이의 측정수단이 된다. 그러한 유추는 변위벡터에 있어서 더 유용하지만

힘 벡터의 경우 '강도(strength)', 속도 벡터의 경우 '속력(speed)'에 의해 크기가 더 잘 묘사된다. 예를 들면, 앞의 예제에서처럼 처음 입자에 대한 두 번째의 입자의 상대속도는 다음과 같이 주어진다.

$$u \equiv \| \boldsymbol{u} \| = \sqrt{(-3)^2 + (-8)^2} = \sqrt{73}$$

크기가 1인 벡터는 단위(unit) 벡터라 한다. $\boldsymbol{a}$방향의 단위벡터는 $\hat{\boldsymbol{a}}$로 표시하며 아래와 같이 주어진다.

$$\hat{\boldsymbol{a}} = \frac{\boldsymbol{a}}{\| \boldsymbol{a} \|} \tag{1.12}$$

단위벡터는 $\lambda \hat{\boldsymbol{a}}$와 같이 쓰여진 벡터가 크기 λ와 방향 $\boldsymbol{e}_a$를 갖기 때문에 유용한 개념이다[이 책을 통하여 단위벡터에 대한 표현으로서 $\hat{\boldsymbol{a}}$ 외에도 경우에 따라서는 $\boldsymbol{e}_a$를 사용하기도 한다. 또한 직교 Cartesian 좌표계의 단위벡터로서 $(\boldsymbol{i}, \boldsymbol{j}, \boldsymbol{k})$ 및 평면에 대한 단위 법선벡터로서 $\boldsymbol{n}$과 같이 널리 사용되는 단위 벡터의 경우에는 특별한 기호 없이 그대로 사용할 수 있음에 유의하라].

1.1.5 벡터의 적

1.1.5.1 내적

두 벡터 $\boldsymbol{a}$와 $\boldsymbol{b}$의 내적(inner product) 혹은 스칼라적은 $\boldsymbol{a} \cdot \boldsymbol{b}$로 표현되어지며 기하학적 정의는 아래와 같다.

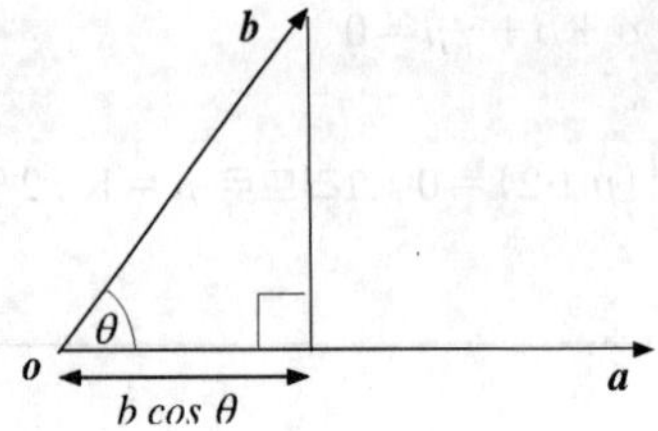

그림 1.7 $\boldsymbol{b}$의 $\boldsymbol{a}$방향으로의 투영(projection)은 $b\cos\theta$이고, $\boldsymbol{a}$와 $\boldsymbol{b}$의 내적은 $ab\cos\theta$이다.

$$\boldsymbol{a} \cdot \boldsymbol{b} \equiv |\boldsymbol{a}||\boldsymbol{b}|\cos\theta, \qquad 0 \leq \theta \leq \pi \tag{1.13}$$

여기서 θ는 두 벡터 $\boldsymbol{a}$와 $\boldsymbol{b}$사이의 각이다. 따라서 내적 $\boldsymbol{a} \cdot \boldsymbol{b}$의 값은 $\boldsymbol{a}$의 크기와 $\boldsymbol{b}$의 $\boldsymbol{a}$위로의 투영(projection)과의 곱과 같다(그림 1.7 참조).

식 (1.13)으로부터 $\boldsymbol{a}$가 $\boldsymbol{b}$에 수직이 되기 위한 필요충분조건(둘 다 0이 아닌 경우)은 아래와 같음을 알 수 있다.

$$\boldsymbol{a} \cdot \boldsymbol{b} = 0 \tag{1.14}$$

상호 직교(mutual orthogonal)하는 단위벡터인 Cartesian 기저 벡터 $\boldsymbol{i}$, $\boldsymbol{j}$, $\boldsymbol{k}$는 아래 관계식을 만족시킨다.

$$\boldsymbol{i} \cdot \boldsymbol{i} = \boldsymbol{j} \cdot \boldsymbol{j} = \boldsymbol{k} \cdot \boldsymbol{k} = 1 \tag{1.15}$$

$$\boldsymbol{i} \cdot \boldsymbol{j} = \boldsymbol{j} \cdot \boldsymbol{k} = \boldsymbol{k} \cdot \boldsymbol{i} = 0 \tag{1.16}$$

스칼라적의 예는 물리학 특히 에너지와 관련되어 찾아볼 수 있다.

가장 간단한 예는 일정한 힘 $\boldsymbol{F}$가 한 점에 작용하여 변위 $\boldsymbol{r}$만큼 움직일 때 한 일(work)로서 $\boldsymbol{F} \cdot \boldsymbol{r}$로 나타낸다. 만약 변위가 힘의 방향에 수직이라면 $\boldsymbol{F} \cdot \boldsymbol{r} = 0$이므로 행하여진 일은 없다는 것을 알 수 있다. 두 번째 간단한 예로는 외부 자기장 B에 놓여있는 어떤 크기와 방향을 가진 한 자기 쌍극자(magnetic dipole) 퍼텐셜 $-\boldsymbol{m} \cdot \boldsymbol{B}$가 될 수 있다.

내적은 정의로부터 크기는 있지만 방향은 없으며, 아래와 같이 합에 대해서 교환법칙과 배분법칙이 성립한다.

$$\boldsymbol{a} \cdot \boldsymbol{b} = \boldsymbol{b} \cdot \boldsymbol{a} \tag{1.17}$$

$$\boldsymbol{a} \cdot (\boldsymbol{b} + \boldsymbol{c}) = \boldsymbol{a} \cdot \boldsymbol{b} + \boldsymbol{a} \cdot \boldsymbol{c} \tag{1.18}$$

$\boldsymbol{i}$, $\boldsymbol{j}$, $\boldsymbol{k}$와 같이 상호 직교하는 기저벡터 집합을 사용하면 $a_x = \boldsymbol{a} \cdot \boldsymbol{i}$, $a_y = \boldsymbol{a} \cdot \boldsymbol{j}$, $a_z = \boldsymbol{a} \cdot \boldsymbol{k}$와 같이 $\boldsymbol{a}$와 각 기저벡터의 내적을 통하여 벡터 $\boldsymbol{a}$의 성분을 나타낼 수 있다. 따라서 $\boldsymbol{a}$와 $\boldsymbol{b}$의 내적을 각각의 Cartesian 성분으로 나타내면 아래와 같다.

$$\boldsymbol{a} \cdot \boldsymbol{b} = (a_x\boldsymbol{i} + a_y\boldsymbol{j} + a_z\boldsymbol{k}) \cdot (b_x\boldsymbol{i} + b_y\boldsymbol{j} + b_z\boldsymbol{k}) = a_xb_x + a_yb_y + a_zb_z \tag{1.19}$$

여기서 $a_x\boldsymbol{i} \cdot b_y\boldsymbol{j}$와 같은 교차(cross) 항은 기저벡터가 상호 직교이므로 0이다(식 (1.16) 참조). 그러나 $\boldsymbol{a} \cdot \boldsymbol{b}$의 값은 기하학적 정의를 가지므로 사용되어진 기저벡터와는 무관하게 일정하다.

예제 1.3

벡터 $\boldsymbol{a} = \boldsymbol{i} + 2\boldsymbol{j} + 3\boldsymbol{k}$와 $\boldsymbol{b} = 2\boldsymbol{i} + 3\boldsymbol{j} + 4\boldsymbol{k}$ 사이의 각을 구하라.

풀 이

식 (1.13)으로부터 $\boldsymbol{a}$와 $\boldsymbol{b}$사이의 각 θ의 여현은 아래와 같다.

$$\cos\theta = \frac{\boldsymbol{a} \cdot \boldsymbol{b}}{|\boldsymbol{a}||\boldsymbol{b}|}$$

내적 $\boldsymbol{a}\cdot\boldsymbol{b}$는 다음의 값을 가진다.

$$\boldsymbol{a}\cdot\boldsymbol{b}=1\times 2+2\times 3+3\times 4=20$$

그리고 벡터의 길이는

$$|\boldsymbol{a}|=\sqrt{1^2+2^2+3^2}=\sqrt{14} \quad \text{그리고} \quad |\boldsymbol{b}|=\sqrt{2^2+3^2+4^2}=\sqrt{29}$$

따라서 다음과 같이 된다.

$$\cos\theta=\frac{20}{\sqrt{14}\,\sqrt{29}}\approx 0.9926 \quad \Rightarrow \quad \theta=0.12 \text{ rad}$$

θ가 $\boldsymbol{a}$와 $\boldsymbol{b}$사이의 각일 때 내적에 대한 식 (1.13)과 (1.19)로부터 다음과 같음을 알 수 있다.

$$\cos\theta=\frac{a_x b_x}{ab}+\frac{a_y b_y}{ab}+\frac{a_z b_z}{ab}$$

여기서 a_x/a, a_y/a, a_z/a는 각 기저벡터를 가지는 $\boldsymbol{a}$가 각의 여현을 주기 때문에 $\boldsymbol{a}$의 방향여현(direction cosine)이라 한다. 마찬가지로 b_x/b, b_y/b, b_z/b는 $\boldsymbol{b}$의 방향여현이 된다. 같은 두 벡터 $\boldsymbol{a}$에 대해 스칼라적을 한다면 명백하게 $\theta=0$이고 식 (1.13)으로부터 다음 식을 얻을 수 있다.

$$\boldsymbol{a}\cdot\boldsymbol{a}=\|\boldsymbol{a}\|^2$$

따라서 벡터의 크기는 $\|\boldsymbol{a}\|=\sqrt{\boldsymbol{a}\cdot\boldsymbol{a}}$ 처럼 좌표와 무관한 형태로 나타내어질 수 있다. 마지막으로 내적은 다음의 식과 같이 정의되어진 복소수 성분을 가진 벡터로 확장되어질 수 있다.

$$\boldsymbol{a}\cdot\boldsymbol{b}=a_x^* b_x+a_y^* b_y+a_z^* b_z$$

여기서 별표(*)는 공액 복소수(complex conjugate)의 연산자를 나타낸다[이 책에서는 복소수 z의 공액 복소수로서 z^*뿐만 아니라 경우에 따라서는 $\bar{z}$로도 표기할 경우가 있음을 밝혀둔다]. 이 경우 식 (1.17)가 아래와 같이 변경되어야 한다.

$$\boldsymbol{a}\cdot\boldsymbol{b}=(\boldsymbol{b}\cdot\boldsymbol{a})^* \tag{1. 20}$$

특별히 $\boldsymbol{a}\cdot(\lambda\boldsymbol{b})=\lambda\boldsymbol{a}\cdot\boldsymbol{b}$에 비해 $(\lambda\boldsymbol{a})\cdot\boldsymbol{b}=\lambda^*\boldsymbol{a}\cdot\boldsymbol{b}$로 표현되어져야 한다. 그러나 복소수 벡터 $\boldsymbol{a}$의 크기는 $\boldsymbol{a}\cdot\boldsymbol{a}=|a_x|^2+|a_y|^2+|a_z|^2$가 언제나 실수이므로 $\|\boldsymbol{a}\|=\sqrt{\boldsymbol{a}\cdot\boldsymbol{a}}$ 로 주어진다 [참고 : 뒤에 소개할 양자 역학적 표현에서는 $(\boldsymbol{a}^*)^{\mathrm{T}}=\boldsymbol{a}^{\dagger}$(여기서 †는 수반(adjoint) 연산자로서 복

소공액한 것의 치환을 의미)로 나타내어 두 벡터의 내적 $\boldsymbol{a}\cdot\boldsymbol{b}=\boldsymbol{a}^{\dagger}\boldsymbol{b}=\langle a \mid b\rangle=\langle b \mid a\rangle^{*}$로 표기한다. 그리고 만약 $\boldsymbol{a}$ 및 $\boldsymbol{b}$ 모두 실수인 경우는 간단히 $\boldsymbol{a}\cdot\boldsymbol{b}=\boldsymbol{a}^{\mathrm{T}}\boldsymbol{b}$로 표시된다 - 1.2.2절 참조]

1.1.5.2 외적

두 벡터 $\boldsymbol{a}$와 $\boldsymbol{b}$의 외적(cross product) 혹은 벡터적은 $\boldsymbol{a}\times\boldsymbol{b}$로 나타내어지고, 그 방향은 $\boldsymbol{a}$와 $\boldsymbol{b}$ 모두(즉 $\boldsymbol{a}$와 $\boldsymbol{b}$로 형성된 면)에 수직이며 아래와 같은 크기를 가진 벡터이다.

$$\|\boldsymbol{a}\times\boldsymbol{b}\| = \|\boldsymbol{a}\|\ \|\boldsymbol{b}\|\sin\theta$$

외적의 방향은 $\boldsymbol{a}$를 $\boldsymbol{b}$의 방향으로 각 $\theta\,(<\pi)$만큼 회전시킬 때 $\boldsymbol{a}\times\boldsymbol{b}$는 우수계의 나사(right-handed screw)가 진행하는 방향과 같은 방향을 가리킨다(그림 1.8 참조). 즉 3개의 벡터 $\boldsymbol{a}$, $\boldsymbol{b}$, $\boldsymbol{a}\times\boldsymbol{b}$는 직교 Cartesian 좌표계의 양의 축 방향의 단위벡터 $\boldsymbol{i}$, $\boldsymbol{j}$, $\boldsymbol{k}$처럼 우수계 집합을 형성한다. 외적은 합에 대해 배분법칙은 성립하나 교환법칙과 결합법칙은 성립하지 않는다.

$$(\boldsymbol{a}+\boldsymbol{b})\times\boldsymbol{c}=(\boldsymbol{a}\times\boldsymbol{c})+(\boldsymbol{b}\times\boldsymbol{c}) \tag{1.21}$$

$$\boldsymbol{b}\times\boldsymbol{a}=-(\boldsymbol{a}\times\boldsymbol{b}) \tag{1.22}$$

$$(\boldsymbol{a}\times\boldsymbol{b})\times\boldsymbol{c}\neq\boldsymbol{a}\times(\boldsymbol{b}\times\boldsymbol{c}) \tag{1.23}$$

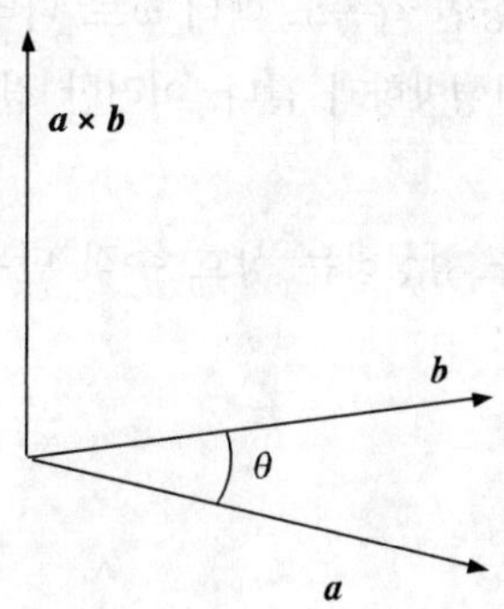

그림 1.8 벡터 외적, 벡터 $\boldsymbol{a}$, $\boldsymbol{b}$및 $\boldsymbol{a}\times\boldsymbol{b}$는 우수계 집합(right-handed set)을 형성한다.

위 정의로부터 외적은 $\boldsymbol{a}\times\boldsymbol{b}=0$ 이면 $\boldsymbol{a}$는 $\boldsymbol{b}$에 평행 혹은 역평행 이라는 유용한 성질을 가짐을 알 수 있다(둘 중 어느 하나가 0이 아닐 때). 또한 다음과 같이 나타낼 수도 있다.

$$\boldsymbol{a}\times\boldsymbol{a}=0 \tag{1.24}$$

벡터적의 사용 예는 아래와 같이 변 $\boldsymbol{a}$와 $\boldsymbol{b}$를 가지는 평행사변형의 면적 A를 구하는 것이다.

$$A=\|\boldsymbol{a}\times\boldsymbol{b}\| \tag{1.25}$$

또 다른 예는 원점 O에 상대적인 위치 벡터가 $\boldsymbol{r}$인 점 R을 통하여 작용하는 힘 $\boldsymbol{F}$를 고려함으로써 주어진다(그림 1.9 참조).

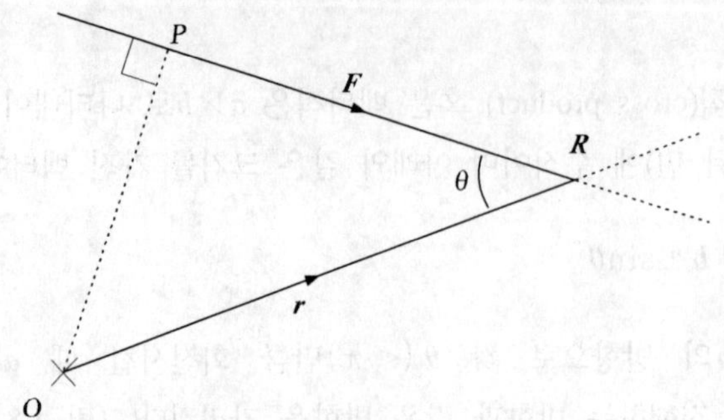

그림 1.9 힘 $\boldsymbol{F}$의 점 O 주위의 모멘트(moment)는 $\boldsymbol{r}\times\boldsymbol{F}$이다.
그림에서 ×표시는 종이면에 수직인 $\boldsymbol{r}\times\boldsymbol{F}$의 방향을 나타낸다.

$\boldsymbol{F}$의 O에 대한 모멘트(moment) 혹은 토크(torque)는 힘의 크기에 수직거리 OP를 곱한 것으로 숫자적으로는 $Fr\sin\theta$ 즉 $\boldsymbol{r}\times\boldsymbol{F}$의 크기이다. 또한 모멘트의 방향은 종이의 면에 수직으로 향하는 점 O를 통한 축 주위로 시계방향이다(축은 그림에서 가위표(×)로 표시되어 있다). 그래서 모멘트 ($\boldsymbol{M}$)는 크기와 공간적인 방향 모두를 고려하여 벡터 $\boldsymbol{r}\times\boldsymbol{F}$로 표현되어진다.

이와 유사하게 한 물체가 원점을 통과하는 어떤 축 주위로 각속도 ω로 회전한다면 이 회전은 크기 ω를 가지고 방향은 회전축 방향인 각속도 벡터 $\boldsymbol{\omega}$로 나타낼 수 있다. $\boldsymbol{\omega}$ 방향은 물체와 같은 방향으로 회전하는 오른손 나사의 진행방향과 같다. 이러한 경우에 위치벡터 $\boldsymbol{r}$을 가지는 물체내의 한 점의 속도는 $\boldsymbol{v}=\boldsymbol{\omega}\times\boldsymbol{r}$ 이 된다.

기저벡터 $\boldsymbol{i}, \boldsymbol{j}, \boldsymbol{k}$가 오른손 집합을 형성하는 상호 수직 단위벡터이므로 그들의 외적은 다음과 같다.

$$\boldsymbol{i}\times\boldsymbol{i}=\boldsymbol{j}\times\boldsymbol{j}=\boldsymbol{k}\times\boldsymbol{k}=0$$

$$\boldsymbol{i}\times\boldsymbol{j}=-\boldsymbol{j}\times\boldsymbol{i}=\boldsymbol{k}$$

$$\boldsymbol{j}\times\boldsymbol{k}=-\boldsymbol{k}\times\boldsymbol{j}=\boldsymbol{i}$$

$$\boldsymbol{k}\times\boldsymbol{i}=-\boldsymbol{i}\times\boldsymbol{k}=\boldsymbol{j} \tag{1.26}$$

이 관계를 이용하면 Cartesian 좌표계에 대한 두 일반벡터 $\boldsymbol{a}$와 $\boldsymbol{b}$의 외적은 아래와 같이 성분 형태로 나타낼 수 있다.

$$\boldsymbol{a}\times\boldsymbol{b}=(a_yb_z-a_zb_y)\boldsymbol{i}+(a_zb_x-a_xb_z)\boldsymbol{j}+(a_xb_y-a_yb_x)\boldsymbol{k} \tag{1.27a}$$

행렬식에 익숙한 독자를 위해 다음과 같이 쓸 수도 있다는 것을 알려둔다.

$$a \times b = \begin{vmatrix} i & j & k \\ a_x & a_y & a_z \\ b_x & b_y & b_z \end{vmatrix} \tag{1. 27b}$$

외적 $a \times b$가 a와 b 모두에 수직인 것은 $a \times b$와 각각의 두 벡터 사이의 내적을 형성하고 이를 성분형태로 나타냄으로써 두 경우 모두 0이 되는 것으로부터 알 수 있다. 또한 이로부터 a와 b 사이의 각이 θ $(< \pi)$라면 $\| a \times b \| = \| a \| \| b \| \sin\theta$ 임을 증명할 수 있다.

증 명 각 벡터의 성분을 비교함으로써 $\| a \times b \|^2 = \| a \|^2 \| b \|^2 - (a \cdot b)^2$임을 알 수 있다. 그런데 $(a \cdot b)^2 = \| a \|^2 \| b \|^2 \cos^2\theta$ 이므로

$$\| a \times b \|^2 = \| a \|^2 \| b \|^2 - \| a \|^2 \| b \|^2 \cos^2\theta = \| a \|^2 \| b \|^2 (1 - \cos^2\theta)$$

$$= \| a \|^2 \| b \|^2 \sin^2\theta$$

가 되어 양변의 제곱근을 취함으로써 증명이 된다. ■

예제 1. 4

$a = i + 2j + 3k$와 $b = 4i + 5j + 6k$를 변으로 가지는 평행사변형의 면적 A를 구하라.

풀 이

벡터적 $a \times b$는 다음과 같이 Cartesian 성분 형태로 나타내어진다.

$$a \times b = (2 \times 6 - 3 \times 5)i + (3 \times 4 - 1 \times 6)j + (1 \times 5 - 2 \times 4)k = -3i + 6j + 3k$$

그러므로 평행사변형의 면적은 다음과 같다.

$$A = \| a \times b \| = \sqrt{(-3)^2 + 6^2 + (-3)^2} = \sqrt{54}$$

1. 1. 5. 3 스칼라 삼중적

위에서 두 벡터간의 내적과 외적을 정의하였는데, 여기에서는 3개의 벡터에 관한 스칼라 삼중적 (triple product)과 벡터 삼중적에 관하여 논의하겠다. 스칼라 삼중적은 다음과 같이 나타낸다.

$$[a, b, c] \equiv a \cdot (b \times c) \tag{1. 28}$$

그리고 정의에서 나타낸 것과 같이 삼중적은 숫자(스칼라)가 된다. 즉 모서리가 $\boldsymbol{a}$, $\boldsymbol{b}$, $\boldsymbol{c}$로 주어진 평행육면체(parallelepiped)의 체적으로 간단하게 설명되어질 수 있다(그림 1.10 참조).

벡터 $\boldsymbol{v} = \boldsymbol{a} \times \boldsymbol{b}$는 물체의 밑면에 수직이고 크기는 $v = ab\sin\theta$, 즉 밑면의 면적이 되므로 삼중적은 $\boldsymbol{v} \cdot \boldsymbol{c} = vc\cos\phi$이다. 여기서 $c\cos\phi = \mathrm{OP}$ = 평행육면체의 수직높이이므로 $(\boldsymbol{a} \times \boldsymbol{b}) \cdot \boldsymbol{c}$ = 밑면의 면적×수직높이=체적이 된다. 만약 $\boldsymbol{a}$, $\boldsymbol{b}$, $\boldsymbol{c}$가 동일평면상에 있다면(즉 3개의 벡터가 선형 종속임), $\boldsymbol{a} \cdot (\boldsymbol{b} \times \boldsymbol{c}) = 0$이 된다.

Cartesian 기저벡터 집합 $\boldsymbol{i}$, $\boldsymbol{j}$, $\boldsymbol{k}$를 고려한 각 벡터의 성분에 관한 스칼라 삼중적은 다음과 같다.

$$\boldsymbol{a} \cdot (\boldsymbol{b} \times \boldsymbol{c}) = a_x(b_y c_z - b_z c_y) + a_y(b_z c_x - b_x c_z) + a_z(b_x c_y - b_y c_x) \tag{1.29a}$$

또한 아래와 같이 행렬식으로도 나타낼 수 있다.

$$\boldsymbol{a} \cdot (\boldsymbol{b} \times \boldsymbol{c}) = \begin{vmatrix} a_x & a_y & a_z \\ b_x & b_y & b_z \\ c_x & c_y & c_z \end{vmatrix} \tag{1.29b}$$

$[\boldsymbol{a}, \boldsymbol{b}, \boldsymbol{c}]^2$ 은 행렬식의 성질에 의해 다음과 같이 된다.

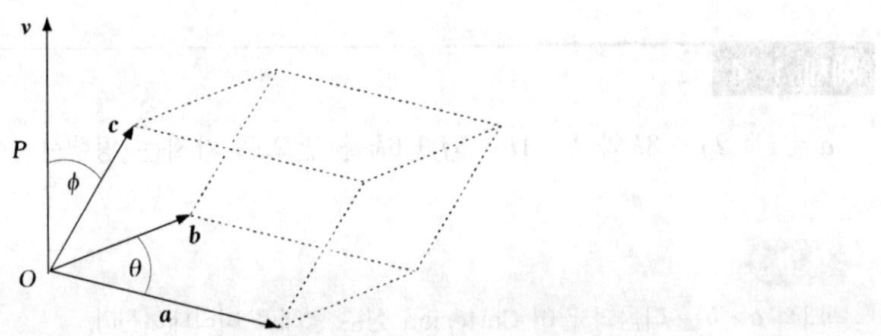

그림 1.10 스칼라 삼중적은 평행 6면체의 부피를 나타낸다.

$$[\boldsymbol{a}, \boldsymbol{b} \times \boldsymbol{c}]^2 = \begin{vmatrix} \boldsymbol{a} \cdot \boldsymbol{a} & \boldsymbol{a} \cdot \boldsymbol{b} & \boldsymbol{a} \cdot \boldsymbol{c} \\ \boldsymbol{b} \cdot \boldsymbol{a} & \boldsymbol{b} \cdot \boldsymbol{b} & \boldsymbol{b} \cdot \boldsymbol{c} \\ \boldsymbol{c} \cdot \boldsymbol{a} & \boldsymbol{c} \cdot \boldsymbol{b} & \boldsymbol{c} \cdot \boldsymbol{c} \end{vmatrix} \tag{1.30}$$

그리고 각 벡터를 성분 형태로 나타내면 아래 관계식을 증명할 수 있다.

$$\boldsymbol{a} \cdot (\boldsymbol{b} \times \boldsymbol{c}) = (\boldsymbol{a} \times \boldsymbol{b}) \cdot \boldsymbol{c} \tag{1.31}$$

위 식에서 내적과 외적 기호를 바꾸어도 값이 변하지 않음을 알 수 있다. 더욱 일반적으로 스칼라 삼중적은 벡터 $\boldsymbol{a}$, $\boldsymbol{b}$, $\boldsymbol{c}$의 원순열 하에서 변하지 않는다.

나머지 순열은 간단하게 원래의 스칼라 삼중적의 음(−)으로 주어진다. 이 결과들은 다음과 같이 요약된다.

$$[a, b, c] = [b, c, a] = [c, a, b] = -[a, c, b] = -[b, a, c] = -[c, b, a] \quad (1.32)$$

예제 1. 5

면 $a = i + 2j + 3k$, $b = 4i + 5j + 6k$ 와 $c = 7i + 8j + 10k$ 를 가지는 평행육면체의 체적 V를 구하라.

풀 이

1.5.2절에서 $a \times b = -3i + 6j - 3k$임을 알고 있다. 따라서 평행육면체의 체적은 다음과 같다.

$$V = |a \cdot (b \times c)| = |(a \times b) \cdot c| = |(-3i + 6j - 3k) \cdot (7i + 8j + 10k)|$$

$$= |(-3)(7) + (6)(8) + (-3)(10)| = 3$$

스칼라적과 벡터적을 포함하는 다른 유용한 공식은 Lagrange의 항등식이다.

$$(a \times b) \cdot (c \times d) \equiv (a \cdot c)(b \cdot d) - (a \cdot d)(b \cdot c) \quad (1.33)$$

1.1.5.4 벡터 삼중적

세 개의 벡터 a, b, c 의 벡터 삼중적은 벡터를 뜻한다. 확실히 $a \times (b \times c)$는 a에 수직이며 (b, c)면 상에 놓여있으므로 아래와 같이 표현할 수가 있다(식 (1.34) 참조). 또한 식 (1.23)으로부터 벡터 삼중적은 결합적이 아님, 즉 $a \times (b \times c) \neq (a \times b) \times c$ 임을 알려둔다.

벡터 삼중적을 포함하는 두 유용한 공식은 다음과 같다.

$$a \times (b \times c) = (a \cdot c)b - (a \cdot b)c \quad (1.34)$$

$$(a \times b) \times c = (a \cdot c)b - (b \cdot c)a \quad (1.35)$$

위 관계식을 각 벡터에 대한 성분 형태를 사용하여 증명할 수도 있다. 어떤 임의의 3개의 벡터 a, b, c에 대하여 다음과 같이 쓸 수도 있다.

$$a \times (b \times c) + b \times (c \times a) + c \times (a \times b) = 0 \quad (1.36)$$

예제 1. 6

$\boldsymbol{a}$, $\boldsymbol{b}$가 공간에 있는 임의의 두 벡터라고 하자. 이때 $\boldsymbol{a}$를 $\boldsymbol{b}$에 나란한 성분과 수직인 성분으로 분해할 수 있는데 이를 $\boldsymbol{b}$방향의 단위벡터인 $\hat{\boldsymbol{b}} = \boldsymbol{b} / \parallel \boldsymbol{b} \parallel$ 를 사용하여 나타내어라.

풀 이

먼저 $\boldsymbol{a}$의 $\boldsymbol{b}$방향 성분(투영)은 $\boldsymbol{a} \cdot \hat{\boldsymbol{b}}$이므로 $\boldsymbol{a}$의 $\boldsymbol{b}$방향으로 분해된 벡터는 $(\boldsymbol{a} \cdot \hat{\boldsymbol{b}})\,\hat{\boldsymbol{b}}$이다. 또한 $\boldsymbol{a}$의 $\boldsymbol{b}$에 수직인 성분은 $(\boldsymbol{a}, \boldsymbol{b})$ 면상에 있으므로 벡터 삼중적의 개념에 의하여 $\boldsymbol{a}$의 $\boldsymbol{b}$와 수직방향으로의 분해된 벡터는 $\hat{\boldsymbol{b}} \times (\boldsymbol{a} \times \hat{\boldsymbol{b}})$이다. 따라서

$$\boldsymbol{a} = (\boldsymbol{a} \cdot \hat{\boldsymbol{b}})\,\hat{\boldsymbol{b}} + \hat{\boldsymbol{b}} \times (\boldsymbol{a} \times \hat{\boldsymbol{b}}) \tag{1.37}$$

또한 식 (1.34)에 $\boldsymbol{a} = \boldsymbol{c} = \hat{\boldsymbol{b}}$ 및 $\boldsymbol{b} = \boldsymbol{a}$로 둠으로써 마찬가지 결과를 얻을 수 있다.

1. 1. 6 묽은 용액에서의 고분자의 평균크기 계산에 응용

1. 1. 6. 1 제곱평균 말단거리

비닐계 고분자(polymer)처럼 $-CH_2-CR_2-$ 로 되는 반복단위를 가진 고분자의 경우 편의상 선상(linear) 고분자의 주쇄의 원자를 왼쪽 끝에서부터 $C_0, C_1, \cdots C_n$ 라 붙였을 때 그림 1.11에서 보듯이 C_{i-1} 에서 C_i에 결합한 벡터 $\boldsymbol{l}_i$ 을 결합벡터(bond vector)라 칭하고 길이는 모두 l 로서 동일하다고 간주한다[여기서 중합도가 x인 경우 1개의 비닐모노머에는 2개의 C−C 결합이 존재하므로 $n = 2x$로 하여 계산함이 원칙임].

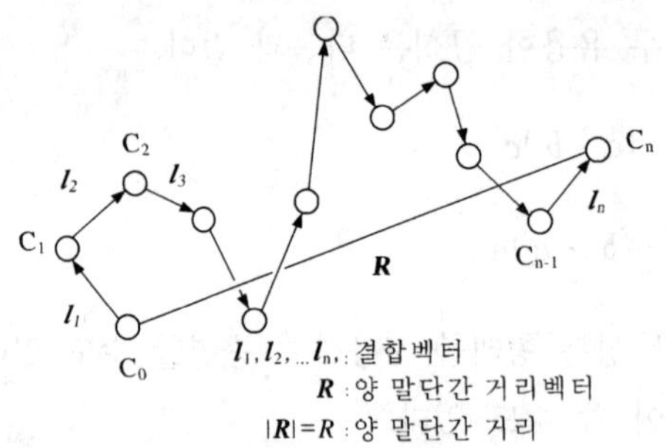

그림 1. 11 결합벡터(bond vector)로 나타낸 고분자의 양 말단간 거리벡터 $\boldsymbol{R}$

이제 그림 1.11에 나타낸 n개의 결합벡터($n+1$개의 원자 또는 질점)로 이루어진 (묽은 용액 중의) 한 개의 고분자사슬의 양 말단 간 벡터 $\boldsymbol{R}$은 아래와 같이 나타낼 수 있다.

$$\boldsymbol{R} = \boldsymbol{l}_1 + \boldsymbol{l}_2 + \cdots + \boldsymbol{l}_{n-1} + \boldsymbol{l}_n \quad (1.38)$$

여기서 만약 $\boldsymbol{R}$의 평균값을 취하면 0이 될 것이다. 왜냐하면 등방상태(어떤 방향이라도 동일한 확률로 가능)에 있는 각각의 결합벡터의 평균은 0일 것이기 때문이다. 따라서 아래와 같이 표시되는 $\boldsymbol{R}^2 (= \boldsymbol{R} \cdot \boldsymbol{R} = R^2)$의 평균 즉 '제곱평균 말단거리(root mean-square end-to-end distance)' $\langle R^2 \rangle$가 중요한 양이 된다.

$$\langle R^2 \rangle = \langle \boldsymbol{R} \cdot \boldsymbol{R} \rangle = \left\langle \sum_{i=1}^{n} \sum_{j=1}^{n} \boldsymbol{l}_i \cdot \boldsymbol{l}_j \right\rangle = nl^2 + 2 \sum\sum_{i<j} \langle \boldsymbol{l}_i \cdot \boldsymbol{l}_j \rangle \quad (1.39)$$

$\langle \boldsymbol{l}_i \cdot \boldsymbol{l}_j \rangle = l^2 \langle \cos\theta_{ij} \rangle$ [여기서 θ_{ij} 는 $\boldsymbol{l}_i$ 과 $\boldsymbol{l}_j$ 사이의 각도]

[단 $\langle R^2 \rangle = \langle R^2 \rangle_\theta$로서 용매에 의한 팽창효과가 없는 비섭동(unperturbed) θ-상태의 크기를 의미한다. 이하에서도 특별한 언급이 없는 한 θ첨자는 생략한다.]

지금 식 (1.39)로 표시되는 임의의 고분자 사슬의 제곱 평균 말단거리에 대한 통계적 모델로서는 분자 내 근거리 상호작용에 의한 분자의 강성도(혹은 유연성)의 정도에 따라 크게 3종류 즉 a) 자유연결사슬 (freely-jointed chain or random walk) 모델, b) 자유회전 (freely rotating) 모델, c) 구속회전 (restricted rotation) 모델이 있다. 특히 a) 경우는 결합길이 l만 고정되어 있고, 결합각 θ 및 회전각 ϕ에 대한 제한은 없으며, b)는 l 및 θ는 고정되어 있고, ϕ에 대한 제한은 없으며, 마지막으로 c) 경우는 θ는 물론 ϕ에도 제한된 회전만 허용되므로 a<b<c 순서로 분자의 강성도(stiffness)가 증가되어 같은 n값이라도 c)의 경우의 $\langle R^2 \rangle$가 제일 크게 된다. 그러면 이하에서 3 경우 각각에 대해 구체적으로 설명하겠다.

a. 자유연결사슬

이 경우 결합벡터 길이 l만 고정되어 있고, 결합각 θ도 자유이므로 식 (1.39) 중의 $\langle \cos\theta_{ij} \rangle = 0$이 된다(왜냐하면 각도 θ_{ij}와 $(\pi - \theta_{ij})$가 같은 비율로 존재할 것이므로 $\langle \cos\theta_{ij} \rangle + \langle \cos(\pi - \theta_{ij}) \rangle (= - \langle \cos\theta_{ij} \rangle) = 0$이 되므로). 따라서 이 경우 제곱 평균 말단거리는 항상 아래와 같이 나타낼 수 있다.

$$\langle R^2 \rangle = nl^2 \quad (1.40)$$

식 (1.40)으로 나타내지는 고분자를 '가우스(Gauss) 사슬' 혹은 '이상 사슬'이라 칭하며 이 경우 고분자사슬 1개의 평균 말단 거리 $R_{rms} \equiv \langle R^2 \rangle^{1/2}$(root-mean square end-to-end distance)는 $\sqrt{n}\,l$이 되어, 결합수(n) 나아가 분자량 M의 $\frac{1}{2}$승에 비례하며, 이는 막대모양 고분자인 경우 $R_{rms} = nl$이 되어 n(혹은 M)의 1승에 비례하는 것과는 크게 대조되어, 그만큼 용액 혹은 벌크

(bulk)중 가우스 사슬의 부피와 같은 '수력학적 크기(hydrodynamic dimension)'가 훨씬 작다는 것을 의미한다.

b. 자유회전 사슬

이 경우는 그림 1.12에 나타낸 바와 같이 결합장 l 및 결합각 θ가 고정되어 있고, C-C 결합 주위로 회전이 자유로운(즉 회전각 ϕ에 대한 제한이 없음) 사슬에 해당한다.

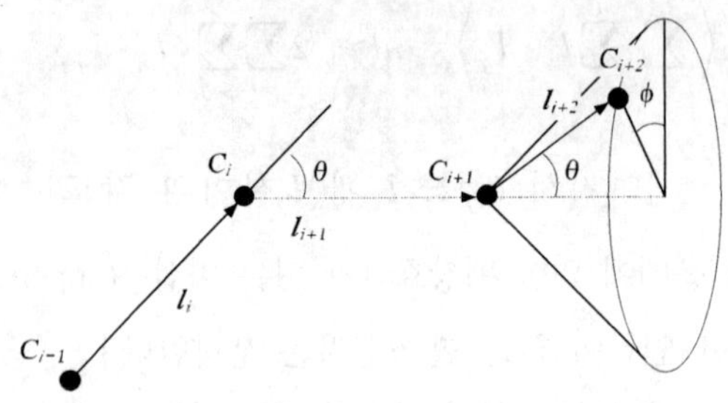

그림 1. 12 자유회전 사슬

지금 식 (1.39)과 그림 1.12를 참고로 하여 자유회전사슬에 대해 제곱 평균 말단거리를 계산한 결과는 아래와 같다.

$$\langle R^2 \rangle = nl^2 \cdot \frac{1+\cos\theta}{1-\cos\theta} - 2l^2 \cdot \frac{\cos\theta(1-\cos^n\theta)}{(1-\cos\theta)^2} \tag{1. 41a}$$

$$\approx nl^2 \cdot \frac{1+\cos\theta}{1-\cos\theta} \tag{1. 41b}$$

[단 $\langle \cos\theta_{ij} \rangle = (\cos\theta)^{j-i} \quad (j>i)$이용]

증 명 (i) 먼저 식 (1.39)에서 $j=i+1$인 경우 $\langle \boldsymbol{l}_i \cdot \boldsymbol{l}_j \rangle = \langle \boldsymbol{l}_i \cdot \boldsymbol{l}_{i+1} \rangle = l^2\cos\theta$가 된다.

(ii) 다음 $j=i+2$ 인 경우는 그림 1.12에서 $\boldsymbol{l}_{i+2}$ 결합벡터를 바로 앞의 $\boldsymbol{l}_{i+1}$에 평행한 $\boldsymbol{l}_{i+1}^{/\!/}$과 수직인 $\boldsymbol{l}_{i+1}^{\perp}$ 두 부분으로 벡터분해하여 계산한다. 이 때 $\boldsymbol{l}_{i+1}^{/\!/}$의 크기는 $l\cos\theta$이고, $\boldsymbol{l}_i$와 $\boldsymbol{l}_{i+1}^{\perp}$의 각도를 α라 하면 아래식이 성립된다.

$$\langle \boldsymbol{l}_i \cdot \boldsymbol{l}_{i+2} \rangle = \langle \boldsymbol{l}_i \cdot \boldsymbol{l}_{i+1}^{/\!/} \rangle + \langle \boldsymbol{l}_i \cdot \boldsymbol{l}_{i+1}^{\perp} \rangle = l^2\cos^2\theta + l^2\langle \cos\alpha \rangle$$

그런데 회전은 자유로워 각도가 α되는 확률과 $(\pi-\alpha)$되는 확률이 동일하므로

$\langle \cos\alpha \rangle + \langle \cos(\pi - \alpha) \rangle = 0$ 되므로 결국 $\langle \boldsymbol{l}_i \cdot \boldsymbol{l}_{i+2} \rangle = l^2 \cos^2\theta$가 된다.

(iii) 다음 $j = i+3$ 두면 마찬가지로 $\boldsymbol{l}_{i+3}$을 $\boldsymbol{l}_{i+2}$에 평행한 $\boldsymbol{l}_{i+2}^{/\!/}$와 수직인 $\boldsymbol{l}_{i+2}^{\perp}$로 분해하고, 앞과 마찬가지로 $\boldsymbol{l}_{i+2}^{/\!/}$의 크기는 $l\cos\theta$, 또한 $\boldsymbol{l}_{i+2}^{\perp}$와 $\boldsymbol{l}_i$의 각도를 β라 하면 $\langle \boldsymbol{l}_i \cdot \boldsymbol{l}_{i+3} \rangle = \langle \boldsymbol{l}_i \cdot \boldsymbol{l}_{i+2}^{/\!/} \rangle + \langle \boldsymbol{l}_i \cdot \boldsymbol{l}_{i+2}^{\perp} \rangle$가 된다.

그런데 (ii)에서 $\langle \boldsymbol{l}_i \cdot \boldsymbol{l}_{i+2} \rangle = l^2 \cos^2\theta$ 인데 $\boldsymbol{l}_{i+2}^{/\!/}$는 $\boldsymbol{l}_{i+2}$와 나란하나, 크기는 l이 아닌 그 보다 작은 $l\cos\theta$이므로 결국 $\langle \boldsymbol{l}_i \cdot \boldsymbol{l}_{i+2}^{/\!/} \rangle = l^2 \cos^3\theta$가 된다. 또한 (ii)에서 언급한 논리와 마찬가지로 $\langle \boldsymbol{l}_i \cdot \boldsymbol{l}_{i+2}^{\perp} \rangle = l^2 \langle \cos\beta \rangle$가 되는데 역시 각도 β와 $(\pi - \beta)$가 동시에 존재하므로 $\langle \cos\beta \rangle + \langle \cos(\pi - \beta) \rangle = 0$ 되어 최종적으로 $\langle \boldsymbol{l}_i \cdot \boldsymbol{l}_{i+3} \rangle = l^2 \cos^3\theta$가 된다.

따라서 추론적으로 $\langle \boldsymbol{l}_i \cdot \boldsymbol{l}_j \rangle = l^2 \langle \cos\theta_{ij} \rangle = l^2 (\cos\theta)^{j-i}$[단 $j > i$]됨을 알 수 있다. 그러면 이 결과를 갖고 식 (1.39)에 대입하여, $j - i = m$ 및 부록 A.6 의 공식을 사용하면

$$\langle R^2 \rangle = nl^2 + 2\sum\sum_{i<j} \langle \boldsymbol{l}_i \cdot \boldsymbol{l}_j \rangle = nl^2 + 2l^2 \sum_{i=1}^{n-1} \sum_{j=i+1}^{n} (\cos\theta)^{j-i}$$

$$= nl^2 + 2l^2 \sum_{m=1}^{n-1} (n-m) \cos^m\theta \text{가 된다.}$$

여기서 $\cos\theta = p$ $(0 < p < 1)$ 두고, 부록 A.7의 공식을 적용하여 계산

[단 $x \to m$, $\infty \to n-1$, $f(0, p) = \sum_{m=1}^{n-1} p^{m-1} = \dfrac{1-p^{n-1}}{1-p}$, $f(1, p) = \sum_{m=1}^{n-1} mp^{m-1} = \dfrac{d}{dp}[pf(0, p)] = [1 + (n-1)p^n - np^{n-1}]/(1-p)^2$, $p^m = p \cdot p^{m-1}$ 이용]하면 최종결과는 $\langle R^2 \rangle = nl^2 \dfrac{1+p}{1-p} - 2l^2 \dfrac{p(1-p^n)}{(1-p)^2}$가 되고, 여기서 $p = \cos\theta$ 를 대입하면 (1.41a)가 증명되고, 또한 통상 $|p| < 1$(비닐계 고분자 경우 $p \simeq 1/3$)이므로 n가 클 때 $p^n \to 0$이 되어 식 (1.41b)가 증명된다(또한 이 식은 좌표변환텐서에 의한 행렬법으로도 보다 구체적으로 증명될 수 있다-문 1.8 참조). ■

한편 식 (1.41a)는 여기에서 언급된 가우스 이상사슬보다 훨씬 강직성을 지닌 지렁이(worm) 같은 반굴곡성 사슬의 제곱 평균 말단거리를 논할 때 이용되며, 일반적으로 n이 큰 자유회전 사슬의 경우에는 식 (1.41b)가 이용되며, 비닐계 고분자의 경우 $\theta = 71^\circ$ (즉 $\cos\theta = 1/3$)이므로 식 (1.40)의 자유연결 이상사슬 경우보다 약 2배 더 큰 제곱 평균 말단거리를 가진다.

c. 구속회전 사슬

식 (1.39)에 대한 좌표변환 행렬기법을 이용한 계산(문 1.8 참조)에 의하면 결합각 θ의 고정을 물론 C-C 결합극위의 회전각 ϕ에 대해서도 회전(반발) 퍼텐셜(위치 에너지)의 존재로 인하여 제한을 가진 '구속회전 사슬'의 경우에는 자유회전 사슬보다 더 큰 말단거리를 보여주는 아래 식으로 나타내진다.

$$C_\infty = \lim_{n\to\infty} \langle R^2 \rangle_{실제} / nl^2 \tag{1.42}$$

여기서 C_∞는 고분자의 자유연결 (이상)사슬의 크기에 상대적인 실제 (구속)사슬의 강직성(stiffness)을 나타내는 '특성비(characteristic ratio)'로서 통상 그보다 큰 값을 가진다. 지면관계상 여기에 대해서는 더 이상 언급하지 않기로 한다.

1. 1. 6. 2 제곱평균 회전반경

고립된 한 개의 고분자사슬(결합벡터수 혹은 중합도 고정)의 (평균)크기를 나타내는 기하학적 특성치로서 전술한 양 말단간 거리 $R\left(=\langle R^2\rangle^{1/2}\right)$외에 사슬의 회전반경(radius of gyration) $S\left(=\langle S^2\rangle^{1/2}\right)$가 있다. 이것은 그림 1.13에 나타낸 바와 같이 한 개의 고분자사슬을 다수개의 요소(탄소 원자 혹은 반복단위)의 집합체로 간주하여, 그의 질량중심(center of mass)으로부터 i번째의 요소까지의 거리벡터를 $\boldsymbol{s}_i$(크기 s_i), 그 요소의 질량을 m_i라 할 때 고분자사슬의 전체요소 $(i = 1 \sim n)$에 대한 ${s_i}^2$의 무게평균의 평방근에 해당한다. 즉,

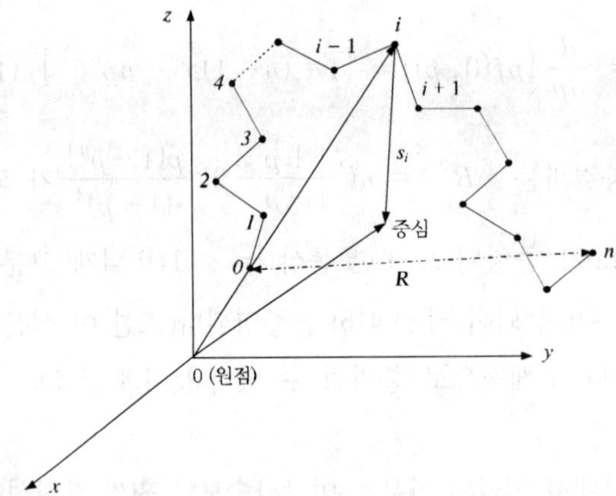

그림 1. 13 고분자 사슬의 말단거리($\boldsymbol{R}$)와 회전반경($\boldsymbol{S}$)의 관계를 나타내는 벡터 도형 [단 O−$\boldsymbol{xyz}$는 3차원 Cartesian 직교 좌표계임]

$$S^2 = \frac{\sum_i m_i {s_i}^2}{\sum_i m_i} \quad (i = 0 \sim n) \tag{1.43}$$

그런데 보통의 굴곡성(flexible) 고분자(코일)의 경우 S는 사슬의 형태에 의존하므로 $\langle R^2 \rangle$의 경우와 마찬가지로 S에 관해서도 분자사슬의 가능한 전 형태에 대하여 평균치(시간 평균=앙상블 평균)를 취해야 하므로 제곱평균 회전반경은 아래와 같이 나타내진다.

$$\langle S^2 \rangle = \frac{\overline{\sum_i m_i s_i^{\,2}}}{\sum_i m_i} = \frac{\sum_i m_i \overline{s_i^{\,2}}}{\sum_i m_i} \tag{1.44}$$

그런데 i요소의 질량은 모두 동일하므로 $m_i / \sum_i m_i = w_i$(무게분율) $= 1/(n+1)$이 되므로 아래 식이 얻어진다.

$$\langle S^2 \rangle = \frac{1}{n+1} \sum_i \overline{s_i^{\,2}} \tag{1.45}$$

그런데 앞에서 논의한 선형의 비섭동 가우스(이상)굴곡성 사슬의 경우 $\langle R^2 \rangle$과 $\langle S^2 \rangle$사이에는 아래의 관계가 성립된다.

$$\langle S^2 \rangle_\theta = \frac{1}{6} \langle R^2 \rangle_\theta \tag{1.46}$$

증 명 편의상 첨자 θ는 생략한다. 그리고 식 (1.44)의 $\langle S^2 \rangle$대신 우선 한 개 사슬의 S^2(식 (1.43))에 관하여 조사한다. 그러기 위해 지금 그림 1.13으로 묘사된 임의의 순간 형태에서 중심에 관한 각 요소 i의 모멘트(moment) $\boldsymbol{M}_i$의 합이 0이 되도록 3차원 Cartesian 직교 좌표계에 대한 질량 중심의 좌표 $\boldsymbol{r}_G$ 가 정해진다. 즉

$$\sum_i \boldsymbol{M}_i = \sum_i \boldsymbol{r}_{iG} \times \boldsymbol{f}_i = \sum_i \boldsymbol{r}_{iG} m_i \times \boldsymbol{g} = 0 \tag{1.47}$$

여기서 $\boldsymbol{r}_{iG} = \boldsymbol{r}_i - \boldsymbol{r}_G \left[= \boldsymbol{s}_i\right]$(그림참조)이므로 이를 식 (1.47)에 대입하면,

$$\boldsymbol{r}_G = \frac{\sum_i m_i \boldsymbol{r}_i}{\sum_i m_i} = \sum_i w_i \boldsymbol{r}_i = \frac{1}{n+1} \sum_i \boldsymbol{r}_i \tag{1.48}$$

한편 식 (1.43)의 $s_i^2 = \boldsymbol{s}_i \cdot \boldsymbol{s}_i = \boldsymbol{r}_{iG} \cdot \boldsymbol{r}_{iG} = (\boldsymbol{r}_i - \boldsymbol{r}_G) \cdot (\boldsymbol{r}_i - \boldsymbol{r}_G) = r_i^2 + r_G^2 - 2\boldsymbol{r}_G \cdot \boldsymbol{r}_i$ 이므로,

$$S^2 = \frac{\sum_i m_i s_i^{\,2}}{\sum_i m_i} = \frac{1}{(n+1)}\sum_i s_i^{\,2} = \frac{1}{(n+1)}\sum_i \left(r_i^{\,2} + r_G^{\,2} - 2\boldsymbol{r}_G \cdot \boldsymbol{r}_i\right)$$

$$= r_G^{\,2} + \frac{1}{n+1}\sum_i r_i^2 - \frac{2}{n+1}\boldsymbol{r}_G \cdot \sum_i \boldsymbol{r}_i \tag{1.49}$$

그런데 식 (1.48)을 $\boldsymbol{r}_G$에 대입하여 정리하면,

$$S^2 = \frac{1}{n+1}\sum_i r_i^{\,2} - \frac{1}{(n+1)^2}\sum_i\sum_j \boldsymbol{r}_i \cdot \boldsymbol{r}_j \tag{1.50}$$

그런데 삼각형 여현법칙에서 $\boldsymbol{r}_i \cdot \boldsymbol{r}_j = \frac{1}{2}\left(r_i^{\,2} + r_j^{\,2} - r_{ij}^{\,2}\right)$이므로 이를 (1.50)에 대입하고, $\sum_i\sum_j r_i^{\,2} = \sum_i\sum_j r_j^{\,2} = (n+1)\sum_i r_i^{\,2}$을 이용하면 식 (1.50)는 아래와 같이 된다.

$$S^2 = \frac{1}{2(n+1)^2}\sum_i\sum_j r_{ij}^{\,2} \tag{1.51}$$

여기에서 목적하는 $\langle S^2 \rangle$을 얻기 위해 (1.51)의 양변을 $\langle \cdots \rangle$를 취하면 아래와 같다.

$$\langle S^2 \rangle = \frac{1}{2(n+1)^2}\sum_i\sum_j \langle r_{ij}^{\,2} \rangle \tag{1.52}$$

그런데 양끝 간 결합벡터의 수가 n인 가우스사슬의 제곱평균 말단거리 $\langle R^2 \rangle$은 식 (1.40)에 의해 nl^2 이므로, 양끝사이 결합벡터수가 $|j-i|$ 인 가우스사슬의 제곱평균 말단거리 $\langle r_{ij}^{\,2} \rangle$은 $|j-i|l^2$ 으로 추정할 수 있으므로 아래 관계식이 성립된다.

$$\frac{\langle r_{ij}^{\,2} \rangle}{\langle R^2 \rangle} = \frac{|j-i|}{n}$$

이를 식 (1.52)에 대입하면,

$$\langle S^2 \rangle = \frac{\langle R^2 \rangle}{2n(n+1)^2}\sum_{i=0}^{n}\sum_{j=0}^{n}|j-i| \tag{1.53}$$

여기서 부록 A.6의 기법을 이용하고, $j-i=m$ (단 $j>i$)을 이용하면 위 식은

$$\langle S^2 \rangle = \frac{\langle R^2 \rangle}{n(n+1)^2} \sum_{0 \le i < j \le n} \sum (j-i) = \frac{\langle R^2 \rangle}{n(n+1)^2} \sum_{m=1}^{n-1} (n-m)m \tag{1.54}$$

$$= \frac{(n-1)}{6(n+1)} \langle R^2 \rangle = \frac{1}{6} \langle R^2 \rangle \quad (\because n \to \infty)$$

[단 위 식에서 $\sum_{m=1}^{n-1} m = \frac{n(n-1)}{2}$, $\sum_{m=1}^{n-1} m^2 = \frac{(n-1)n(2n-1)}{6}$이 이용되었다.] ■

[참고 : 반경 a의 (비섭동) 구(sphere)의 (평균)회전반경 $R_g \equiv \langle S^2 \rangle^{1/2} = \sqrt{\frac{3}{5}}\, a$, 그리고 길이 L의 얇은 막대(thin rod)의 경우는 $R_g = \frac{1}{\sqrt{12}} L$가 됨을 밝혀둔다.]

1. 2 벡터공간

어떤 객체(벡터)의 집합 $\boldsymbol{a}$, $\boldsymbol{b}$, $\boldsymbol{c}, \cdots$ 가 만약 아래의 5 조건을 만족한다면 '선형 벡터공간(linear vector space)'을 형성한다고 한다.

(i) 집합이 교환(commutative) 및 회합(associative) 부가법칙에 대하여 닫혀있다. 즉 아래가 성립된다.

$$\boldsymbol{a} + \boldsymbol{b} = \boldsymbol{b} + \boldsymbol{a} \tag{1.55}$$

$$(\boldsymbol{a} + \boldsymbol{b}) + \boldsymbol{c} = \boldsymbol{a} + (\boldsymbol{b} + \boldsymbol{c}) \tag{1.56}$$

(ii) 집합이 어떤 스칼라(실수 혹은 복소수)에 의한 곱 연산에 있어서 아래의 배분(distributive) 및 회합 법칙이 성립된다.

$$\lambda(\boldsymbol{a} + \boldsymbol{b}) = \lambda \boldsymbol{a} + \lambda \boldsymbol{b} \tag{1.57}$$

$$(\lambda + \mu)\boldsymbol{a} = \lambda \boldsymbol{a} + \mu \boldsymbol{a} \tag{1.58}$$

$$\lambda(\mu \boldsymbol{a}) = (\lambda\mu)\boldsymbol{a} \tag{1.59}$$

여기서 λ 및 μ는 임의의 스칼라이다.

(iii) 모든 $\boldsymbol{a}$에 대해 $\boldsymbol{a} + 0 = 0 + \boldsymbol{a}$를 만족하는 '영 벡터(null vector)' 0이 존재한다.

(iv) 모든 $\boldsymbol{a}$에 대해 1(unity)을 곱해도 벡터는 변하지 않는다(즉 $1 \times \boldsymbol{a} = \boldsymbol{a}$).

(v) 모든 벡터 $\boldsymbol{a}$는 $\boldsymbol{a}+(-\boldsymbol{a})=0$을 만족하는 대응하는 '음의 벡터(negative vector)'를 가진다. 만약 식 (1.58)에서 $\lambda=1$ 및 $\mu=-1$인 경우 $-\boldsymbol{a}$는 $(-1)\times\boldsymbol{a}$와 같은 벡터이다.

벡터 $\boldsymbol{a}, \boldsymbol{b}, \cdots, \boldsymbol{s}$의 집합의 '스팬(span, 범위)'은 아래 식의 벡터 $\boldsymbol{x}$와 같은 원 집합의 선형 (1차) 결합으로 표시된 모든 벡터의 집합을 일컫는다.

$$\boldsymbol{x}=\alpha\boldsymbol{a}+\beta\boldsymbol{b}+\cdots+\sigma\boldsymbol{s} \tag{1.60}$$

만약 위 식의 벡터 $\boldsymbol{x}$를 0으로 만드는 동시에 0이 아닌 어떤 (복소)스칼라의 선택이 아래와 같이 존재한다면

$$\alpha\boldsymbol{a}+\beta\boldsymbol{b}+\cdots\ \sigma\boldsymbol{s}=0 \tag{1.61}$$

벡터 $\boldsymbol{a}, \boldsymbol{b}, \cdots, \boldsymbol{s}$의 집합은 '선형종속(linearly dependent)'이라고 한다. 반대로 식 (1.60)에서 모든 스칼라 $\alpha, \beta, \cdots, \sigma$가 제외하고서는 $\boldsymbol{x}$가 결코 0이 되지 않는 경우 그 벡터의 집합은 '선형독립(linearly independent)'이라고 한다(1.1.3절 및 문 1.3 참조). 그리고 만약 N개의 선형독립인 벡터가 존재하는 공간에서 다른 어떤 $N+1$개의 선형독립인 벡터의 집합이 존재하지 않는 경우를 'N차원 벡터공간(N-dimensional vector space)'이라고 부른다.

1.2.1 기저벡터(basis vectors)

만약 V가 N차원 벡터공간을 나타낸다면, N개의 선형독립인 벡터 $\boldsymbol{e}_1, \boldsymbol{e}_2, \cdots, \boldsymbol{e}_N$의 집합 즉 $\left\{\sum_{i=1}^{N}\boldsymbol{e}_i\right\}$는 벡터공간 V의 '기저(basis)'를 형성한다고 한다. 만약 $\boldsymbol{x}$가 V에 있는 임의의 벡터이라면, $N+1$개의 벡터 $\boldsymbol{x}, \boldsymbol{e}_1, \boldsymbol{e}_2, \cdots, \boldsymbol{e}_N$의 집합은 '선형종속'으로서 아래와 같이 나타낼 수 있다.

$$\alpha\boldsymbol{e}_1+\beta\boldsymbol{e}_2+\cdots+\sigma\boldsymbol{e}_N+\chi\boldsymbol{x}=0 \tag{1.62}$$

즉 위 식을 만족하는 동시에 0이 되지 않는 스칼라 $\alpha, \beta, \cdots, \chi$의 어떤 선택(특히 $\chi\neq 0$)이 존재한다. 이때 위 식을 재배열하여 어떤 벡터 $\boldsymbol{x}$를 아래와 같이 N개의 벡터 $\boldsymbol{e}_i$의 선형결합으로 나타낸다면, 즉

$$\boldsymbol{x}=(-\alpha/\chi)\boldsymbol{e}_1+(-\beta/\chi)\boldsymbol{e}_2+\cdots+(-\sigma/\chi)\boldsymbol{e}_N \tag{1.63a}$$

$$\boldsymbol{x}=x_1\boldsymbol{e}_1+x_2\boldsymbol{e}_2+\cdots+x_N\boldsymbol{e}_N=\sum_{i=1}^{N}x_i\boldsymbol{e}_i \tag{1.63b}$$

이때 $\boldsymbol{x}$의 성분 $x_1 = -\alpha/\chi$, 성분 $x_2 = -\beta/\chi$ 등이 될 것이다. 이와 같이 벡터 공간 V의 스팬(범위) 안에 있는 어떤 임의의 벡터 $\boldsymbol{x}$가 N개의 '기저벡터(basis vector)' $\boldsymbol{e}_i$의 선형결합으로 나타낼 수 있으므로, 집합 $\left\{\sum_{i=1}^{N}\boldsymbol{e}_i\right\}$는 '완전 기저계(complete basis system)'를 형성한다고 한다. 그리고 계수 x_i는 벡터 $\boldsymbol{x}$의 기저벡터 $\boldsymbol{e}_i$에 대한 '성분(component)'이라고 부른다. 그리고 이들 성분은 만약 아래의 두 표현식이 존재한다면

$$\boldsymbol{x} = \sum_{i=1}^{N} x_i \boldsymbol{e}_i \text{ 및 } \boldsymbol{x} = \sum_{i=1}^{N} y_i \boldsymbol{e}_i$$

아래가 성립되어야 한다.

$$\sum_{i=1}^{N} (x_i - y_i)\boldsymbol{e}_i = 0 \tag{1. 64}$$

그런데 기저벡터의 집합 $\{\boldsymbol{e}_i\}$는 선형독립이므로 모든 $i = 1, 2, \cdots, N$에 대해 $x_i = y_i$가 성립되어야 하므로 벡터 $\boldsymbol{x}$의 $\boldsymbol{e}_i$에 대한 성분 x_i는 유일(unique)하다(사실 Cartesian 기저계에서는 $x_i = \boldsymbol{x} \cdot \boldsymbol{e}_i$가 성립).

위에서 언급한 논리에 의해, 어떤 N개의 선형독립인 (기저)벡터의 집합은 항상 N차원 (벡터)공간의 기저(basis)를 형성할 수 있다. 만약 다른 기저계의 집합 $\left\{\sum_{i=1}^{N}\boldsymbol{e}_i{}'\right\}$를 선택한다면 공간에 고정된 한 벡터 $\boldsymbol{x}$는 아래의 두 표현식으로 나타낼 수 있다(이 개념이 2장 텐서 해석의 기초가 됨).

$$\boldsymbol{x} = \sum_{i=1}^{N} x_i \boldsymbol{e}_i = \sum_{i=1}^{N} x_i{}' \boldsymbol{e}_i{}' \tag{1. 65}$$

여기서 Cartesian 좌표계의 경우 $x_i = \boldsymbol{x} \cdot \boldsymbol{e}_i$, $x_i{}' = \boldsymbol{x} \cdot \boldsymbol{e}_i{}'$가 성립된다(2장 참조). 즉 크기와 방향을 가진 어떤 벡터 $\boldsymbol{x}$ 자체는 선택된 (기저)좌표계에 무관하지만, 성분은 기저계에 의존함을 알 수 있다.

1. 2. 2 내적 공간(inner product space)

1.1.5.1절 참고에서 잠깐 언급했듯이 두 (복소수)벡터 $\boldsymbol{a}$와 $\boldsymbol{b}$의 내적(inner product)은 편의상 $\boldsymbol{a} \cdot \boldsymbol{b} = \sum_i a_i^* b_i = \langle \boldsymbol{a} \mid \boldsymbol{b} \rangle$로 표기되며, 특히 3차원 실수($R^3$) 공간에서는 내적은 단순히 $\boldsymbol{a} \cdot \boldsymbol{b} = \|\boldsymbol{a}\| \, \|\boldsymbol{b}\| \cos\theta$(여기서 θ는 두 벡터 사이의 각도)로 정의되었다. 사실 두 벡터의 내적을

$\langle \boldsymbol{a} \mid \boldsymbol{b} \rangle$로 표기하는 것은 추상적인 (복소)벡터공간에 대한 일반화로서, 양자역학 표현에서는 $\langle \boldsymbol{a} \mid \equiv (\boldsymbol{a}^*)^{\mathrm{T}} = \mid \boldsymbol{a} \rangle^{\dagger}$(여기서 †는 복소공액한 것의 전치를 의미하는 수반(adjoint) 연산자임]가 되며, $\langle \boldsymbol{a} \mid$ 는 '브라(bra)'(행벡터), 그리고 $\mid \boldsymbol{a} \rangle$는 '케트(ket)'(열벡터)라고 읽는다. 특히 3차원 복소수(C^3) Cartesian 공간에서는 $\langle \boldsymbol{a} | = (a_x^* \ a_y^* \ a_z^*)$, 그리고 $|\boldsymbol{b}\rangle = (b_x \ b_y \ b_z)^{\mathrm{T}}$가 되도록 내적 $\boldsymbol{a} \cdot \boldsymbol{b}$는 아래가 된다.

$$\boldsymbol{a} \cdot \boldsymbol{b} = \langle \boldsymbol{a} | \boldsymbol{b} \rangle = (a_x^* \ a_y^* \ a_z^*) \begin{pmatrix} b_x \\ b_y \\ b_z \end{pmatrix} = a_x^* b_x + a_y^* b_y + a_z^* b_z \tag{1.66}$$

또한 이 표기법에서는 아래가 성립된다.

$$\boldsymbol{b} \cdot \boldsymbol{a} = \langle \boldsymbol{b} | \boldsymbol{a} \rangle = b_x^* a_x + b_y^* a_y + b_z^* a_z = (\boldsymbol{a} \cdot \boldsymbol{b})^* \tag{1.67}$$

즉 복소공간에서 벡터간의 내적에 대한 브라(bra)-케트(ket) 표현식에 있어서 아래의 두 유용한 관계가 성립된다.

$$\langle \boldsymbol{a} | \boldsymbol{b} \rangle = \langle \boldsymbol{b} | \boldsymbol{a} \rangle^{\dagger} = \langle \boldsymbol{b} | \boldsymbol{a} \rangle^* (\because \text{ 스칼라의 †는 복소공액 *가 됨}) \tag{1.68}$$

$$\langle \boldsymbol{a} | \lambda \boldsymbol{b} + \mu \boldsymbol{c} \rangle = \lambda \langle \boldsymbol{a} | \boldsymbol{b} \rangle + \mu \langle \boldsymbol{a} | \boldsymbol{c} \rangle \tag{1.69}$$

또한 스칼라 λ 및 μ가 복소수라면 아래가 성립된다.

$$\langle \lambda \boldsymbol{a} + \mu \boldsymbol{b} | \boldsymbol{c} \rangle = \lambda^* \langle \boldsymbol{a} | \boldsymbol{c} \rangle + \mu^* \langle \boldsymbol{b} | \boldsymbol{c} \rangle \tag{1.70}$$

$$\langle \lambda \boldsymbol{a} | \mu \boldsymbol{b} \rangle = \lambda^* \mu \langle \boldsymbol{a} | \boldsymbol{b} \rangle \tag{1.71}$$

1.1절에서 언급한 3차원 실수(R^3) 공간에서의 두 벡터의 내적의 경우처럼 일반 복소수 벡터공간에 있는 두 벡터 $\boldsymbol{a}$와 $\boldsymbol{b}$의 내적 $\langle \boldsymbol{a} | \boldsymbol{b} \rangle = 0$라면 역시 두 벡터는 직교(orthogonal) 관계에 있다. 마찬가지로 벡터 $\boldsymbol{a}$의 크기(노름) 또한 $\| \boldsymbol{a} \| = \langle \boldsymbol{a} | \boldsymbol{a} \rangle^{1/2}$로 주어진다(여기서 $\langle \boldsymbol{a} | \boldsymbol{b} \rangle = 0$은 $\boldsymbol{a} = 0$을 의미함).

지금 상호수직이며 크기가 1인 N개의 선형독립인 정규직교(orthogonal) 기저벡터 $\hat{\boldsymbol{e}}_1, \hat{\boldsymbol{e}}_2, \cdots, \hat{\boldsymbol{e}}_N$(단 여기서 $\hat{\boldsymbol{e}}_i = \boldsymbol{e}_i / \| \boldsymbol{e}_i \|$ 임)로 구성된 N차원 (복소)벡터공간을 생각해보자. 이때 아래의 관계가 성립된다.

$$\hat{\boldsymbol{e}}_i \cdot \hat{\boldsymbol{e}}_j = \langle \hat{\boldsymbol{e}}_i | \hat{\boldsymbol{e}}_j \rangle = \delta_{ij} \tag{1.72}$$

여기서 δ_{ij}는 Kronecker 델타기호로서, $i = j$일 때는 1, 기타 0이 되는 성질로부터

$\sum_i\sum_j a_{ij}\delta_{ij}=\sum_i a_{ii}$가 성립하므로 이때 δ_{ij}의 역할은 $j\to i$로 치환(즉 a_{ij}는 $j=i$일 때만 값이 존재하고, 기타 0이 됨)하는 것이므로 '치환 연산자(substitution operator)'라고 부른다(보다 상세는 2장 참조).

이제 이 N차원 벡터공간에 있는 임의의 두 벡터 $\boldsymbol{a}$와 $\boldsymbol{b}$는 각각 아래와 같이 N개의 선형독립(정규직교) 기저벡터 $\{\hat{\boldsymbol{e}}_i\}$의 선형결합으로 나타낼 수 있다.

$$\boldsymbol{a}=\sum_{i=1}^{N}a_i\hat{\boldsymbol{e}}_i \text{ 및 } \boldsymbol{b}=\sum_{i=1}^{N}b_i\hat{\boldsymbol{e}}_i \tag{1. 73}$$

더욱이 성질 (1.72)로부터 (가령) $\boldsymbol{a}$에 식 (1.73)을 대입하면 $\boldsymbol{a}$의 $\hat{\boldsymbol{e}}_j$성분 a_j는 $\hat{\boldsymbol{e}}_j$와 $\boldsymbol{a}$의 내적을 취함으로써 아래와 같이 얻어진다.

$$\langle\hat{\boldsymbol{e}}_j|\boldsymbol{a}\rangle=\sum_{i=1}^{N}\langle\hat{\boldsymbol{e}}_j|a_i\hat{\boldsymbol{e}}_i\rangle=\sum_{i=1}^{N}a_i\langle\hat{\boldsymbol{e}}_j|\hat{\boldsymbol{e}}_i\rangle=\sum_{i=1}^{N}a_i\delta_{ji}=a_j \tag{1. 74}$$

그러나 이 관계는 만약 기저벡터의 집합 $\{\hat{\boldsymbol{e}}_i\}$가 정규직교 기저계를 형성하지 않는다면 성립되지 않음에 유의하라.

마찬가지 논리로 N개의 정규직교 기저계로 이루어진 N차원 (복소)벡터공간에서 임의의 두 벡터 $\boldsymbol{a}$와 $\boldsymbol{b}$의 내적은 아래와 같이 된다.

$$\begin{aligned}\boldsymbol{a}\cdot\boldsymbol{b}&=\langle\boldsymbol{a}|\boldsymbol{b}\rangle=\langle a_1\hat{\boldsymbol{e}}_1+a_2\hat{\boldsymbol{e}}_2+\cdots+a_N\hat{\boldsymbol{e}}_N|b_1\hat{\boldsymbol{e}}_1+b_2\hat{\boldsymbol{e}}_2+\cdots+b_N\hat{\boldsymbol{e}}_N\rangle\\&=\sum_{i=1}^{N}a_i^*b_i(\hat{\boldsymbol{e}}_i|\hat{\boldsymbol{e}}_i)+\sum_{i=1}^{N}\sum_{j\neq1}^{N}a_i^*b_j\langle\hat{\boldsymbol{e}}_i|\hat{\boldsymbol{e}}_j\rangle=\sum_{i=1}^{N}a_i^*b_i(\because\langle\hat{\boldsymbol{e}}_i|\hat{\boldsymbol{e}}_j\rangle=\delta_{ij})\end{aligned} \tag{1. 75}$$

한편 만약 N개의 (선형독립)기저벡터의 집합 $\{\hat{\boldsymbol{e}}_i\}$이 정규직교 기저계를 형성하지 않는다면(즉 $\boldsymbol{e}_i\cdot\boldsymbol{e}_j=\langle\boldsymbol{e}_i|\boldsymbol{e}_j\rangle\neq\delta_{ij}$)이 U차원 (복소)벡터공간에서 두 벡터 $\boldsymbol{a}=\sum_{i=1}^{N}a_i\boldsymbol{e}_i$ 및 $\boldsymbol{b}=\sum_{i=1}^{N}b_i\boldsymbol{e}_i$ 간의 내적은 아래가 된다.

$$\boldsymbol{a}\cdot\boldsymbol{b}=\langle\boldsymbol{a}|\boldsymbol{b}\rangle=\left\langle\sum_{i=1}^{N}a_i\boldsymbol{e}_i\middle|\sum_{j=1}^{N}b_j\boldsymbol{e}_j\right\rangle=\sum_{i=1}^{N}\sum_{j=1}^{N}a_i^*b_j\langle\boldsymbol{e}_i|\boldsymbol{e}_j\rangle=\sum_{i=1}^{N}\sum_{j=1}^{N}a_i^*G_{ij}b_j \tag{1. 76}$$

위 식에서 $G_{ij}\equiv\langle\boldsymbol{e}_i|\boldsymbol{e}_j\rangle(\neq\delta_{ij})$이다.

그런데 두 벡터간의 스칼라 내적에서 식 (1.67)가 성립(∵ 스칼라의 †는 복소공액 *가 됨)되므로 아래 관계가 성립된다.

$$G_{ij} \equiv \langle e_i | e_j \rangle = \langle e_j | e_i \rangle^* = G_{ji}^* \tag{1.77}$$

이로부터 임의의 벡터의 크기(노름) $\| a \|^2 = \langle a | a \rangle$는 실수가 됨을 알 수 있다.

증 명 $$\langle a|a\rangle^* = \left[\sum_{i=1}^{N} \sum_{j=1}^{N} a_i^* G_{ij} a_j \right]^* = \left[\sum_{j=1}^{N} \sum_{i=1}^{N} a_j^* G_{ji} a_i \right] = \langle a|a\rangle \tag{1.78}$$

따라서

$\| a \| = a \cdot a = \langle a|a\rangle = \langle a|a\rangle^*$가 되므로 벡터의 크기는 실수가 된다. ■

1. 2. 3 몇 가지 유용한 부등식 관계

$\| a \|^2 = \langle a|a\rangle \geq 0$을 만족하는 모든 벡터 a가 존재하는 선형 (복소)벡터공간에서의 객체(벡터)의 집합에 대해 아래의 4부등식(inequality) 관계가 가끔 유용하게 사용된다.

(i) 슈와르츠(Schwarz) 부등식은 아래가 된다.

$$|\langle a|b\rangle| \leq \| a \| \, \| b \| \tag{1.79}$$

여기서 등호관계는 $a = \lambda b$(여기서 λ는 스칼라)일 때만 성립된다(이때 스칼라의 절대값 $|\lambda|$와 벡터 a의 크기 $\| a \|$에 대한 기호 사용에 유의하라).

증 명 먼저 아래의 정의(한계)를 생각해보자.

$$\| a + \lambda b \|^2 = \langle a + \lambda b | a + \lambda b \rangle$$

$$= \langle a|a\rangle + \lambda \langle a|b\rangle + \lambda^* \langle b|a\rangle + \lambda\lambda^* \langle b|b\rangle$$

여기서 복소 공간에서 일반적으로 $a \cdot b = \langle a|b\rangle$는 크기와 방향을 가진 복소수가 될 수 있으므로 복소수에 대한 드 므와브르 표현식(부록 A.2절 참조)에서 $\langle a|b\rangle = |\langle a|b\rangle| e^{i\alpha}$로 표현하면 아래가 성립될 것이다.

$$\| a + \lambda b \|^2 = \| a \|^2 + |\lambda| \, \| b \|^2 + \lambda |\langle a|b\rangle| e^{i\alpha} + \lambda^* |\langle a|b\rangle| e^{-i\alpha}$$

그러나 모든 λ에 대해 $\| a + \lambda b \|^2 \geq 0$가 성립하므로 모든 r에 대해 $\lambda = re^{-i\alpha}$라고 두면 아래가 성립될 것이다.

$$0 \leq \| \boldsymbol{a} + \lambda \boldsymbol{b} \|^2 = \| \boldsymbol{a} \|^2 + r^2 \| \boldsymbol{b} \|^2 + 2r|\langle \boldsymbol{a}|\boldsymbol{b}\rangle|$$

[단 여기서 $\lambda\lambda^* = r^2 = |\lambda|^2$, $\lambda e^{i\alpha} = \lambda^* e^{-i\alpha} = r$이 이용되었다.]
위 식은 우변의 r에 대한 2차 방정식이 항상 ≥ 0이므로 서로 다른 두 실근을 갖지 않음을 의미하며, 이로부터 아래가 만족되어야한다.

$$4|\langle \boldsymbol{a}|\boldsymbol{b}\rangle|^2 \leq 4 \| \boldsymbol{a} \|^2 \| \boldsymbol{b} \|^2$$

따라서 양변의 평방근을 취하면 요구되는 슈와르츠 부등식 (1.79)가 증명된다. ■

(ii) 삼각형 부등식(triangle inequality)은 아래가 된다.

$$\| \boldsymbol{a} + \boldsymbol{b} \| \leq \| \boldsymbol{a} \| + \| \boldsymbol{b} \| \tag{1.80}$$

증 명 아래의 관계를 생각해보자.

$$\| \boldsymbol{a} + \boldsymbol{b} \|^2 = \| \boldsymbol{a} \|^2 + \| \boldsymbol{b} \|^2 + 2\mathrm{Re}\langle \boldsymbol{a}|\boldsymbol{b}\rangle \leq \| \boldsymbol{a} \|^2 + \| \boldsymbol{b} \|^2 + 2|\langle \boldsymbol{a}|\boldsymbol{b}\rangle|$$

[비고: 위 식의 첫 번째 항등관계는 $\| \boldsymbol{a}+\boldsymbol{b} \|^2 = \langle \boldsymbol{a}+\boldsymbol{b}|\, \boldsymbol{a}+\boldsymbol{b}\rangle = \| \boldsymbol{a} \|^2 + \| \boldsymbol{b} \|^2 + \langle \boldsymbol{a}|\, \boldsymbol{b}\rangle + \langle \boldsymbol{b}|\boldsymbol{a}\rangle$에서, $\langle \boldsymbol{b}|\, \boldsymbol{a}\rangle = \langle \boldsymbol{a}|\boldsymbol{b}\rangle^*$(1.68)가 되고, 복소수 $z(= x+iy)$와 I 공액 $z^*(= x-iy)$의 합 $z+z^* = 2x = 2\mathrm{Re}\, z$(부록 A.2절 참조)가 됨을 이용하였다. 또한 두 번째 부등관계는 어떤 복소수(여기서 내적 $\langle \boldsymbol{a}|\boldsymbol{b}\rangle$) $z = x+iy = re^{i\theta}$에서 $\mathrm{Re}\, z = x \leq |z| = \sqrt{zz^*} = \sqrt{x^2+y^2} = r$(단 항등관계는 $\theta = 0$ 즉 실수인 경우만 성립)을 이용하였다.] 위 식에 (i)의 슈와르츠 부등관계를 이용하면 아래가 성립된다.

$$\| \boldsymbol{a} + \boldsymbol{b} \|^2 \leq \| \boldsymbol{a} \|^2 + \| \boldsymbol{b} \|^2 + 2 \| \boldsymbol{a} \| \| \boldsymbol{b} \| = (\| \boldsymbol{a} \| + \| \boldsymbol{b} \|)^2$$

여기서 양변에 평방근을 취하면 요구되는 삼각형 부등식 (ii)가 증명된다. ■

(iii) N개의 선형독립인 정규직교 기저벡터의 집합 $\left\{\sum_{i=1}^{N} \hat{\boldsymbol{e}}_i\right\}$을 N차원 (복소)벡터공간으로 도입시 아래의 베셀(Bessel) 부등관계가 성립된다.

$$\langle \boldsymbol{a}|\boldsymbol{b}\rangle = \| \boldsymbol{a} \|^2 \geq \sum_i |\langle \hat{\boldsymbol{e}}_i|\boldsymbol{a}\rangle^2 = \sum_i |a_i|^2 (= a_i a_i^*) \tag{1.81}$$

단 위식에서 $a_i = \langle \hat{e}_i | a \rangle$(식 (1.74)) 및 $a_i^* = \langle a | \hat{e}_i \rangle$(식 (1.68))가 이용되었다.

증 명 먼저 아래의 항등(정리)관계를 생각해보자.

$$\left\| a - \sum_i \langle \hat{e}_i | a \rangle \hat{e}_i \right\|^2 = \left\langle a - \sum_i \langle \hat{e}_i | a \rangle \hat{e}_i \middle| a - \sum_j \langle \hat{e}_j | a \rangle \hat{e}_j \right\rangle$$

여기서 내적을 전개하고, $\langle \hat{e}_i | a \rangle^* = \langle a | e_i \rangle$(식 (1.68))을 이용하면 아래를 얻는다.

$$\left\| a - \sum_i \langle \hat{e}_i | a \rangle \hat{e}_i \right\|^2 = \langle a | a \rangle - 2 \sum_i \langle a | \hat{e}_i \rangle \langle \hat{e}_i | a \rangle$$

$$+ \sum_i \sum_j \langle a | \hat{e}_i \rangle \langle \hat{e}_j | a \rangle \langle \hat{e}_i | \hat{e}_j \rangle$$

그런데 정규직교 기저계에서 $\langle \hat{e}_i | \hat{e}_j \rangle = \delta_{ij}$가 성립하므로 위 식은 아래가 된다.

$$0 \leq \left\| a - \sum_i \langle \hat{e}_i | a \rangle \hat{e}_i \right\|^2 = \| a \|^2 - \sum_i |\langle \hat{e}_i | a \rangle^2$$

위 식에서 $\langle a | \hat{e}_i \rangle \langle \hat{e}_i | a \rangle = \langle \hat{e}_i | a \rangle \langle \hat{e}_i | a \rangle^* = |\langle \hat{e}_i | a \rangle|^2$가 이용되었다.

따라서 Bessel의 부등관계 (iii)가 증명된다. ■

마지막으로 아래의 평행사변형 항등관계(parallelogram equality)가 성립된다.

(iv) $\| a + b \|^2 + \| a - b \|^2 = 2(\| a \|^2 + \| b \|^2)$ (1. 82)

증 명 $\| a + b \|^2 = \langle a + b | a + b \rangle = \| a \|^2 + \| b \|^2 + 2 \mathrm{Re} \langle a | b \rangle$

$\| a - b \|^2 = \langle a - b | a - b \rangle = \| a \|^2 + \| b \|^2 - 2 \mathrm{Re} \langle a | b \rangle$

[단 위 두식에서 $\langle b | a \rangle = \langle a | b \rangle^*$, $\langle a | b \rangle + \langle a | b \rangle^* = 2 \mathrm{Re} \langle a | b \rangle$가 이용되었다.]

따라서 위 두식을 합하면 식 (1.82)가 증명된다. ■

1. 3 선형 연산자 이론

1. 3. 1 정의 및 성질

수학에 있어서 '연산자(operator)' 혹은 '연산(operation)'이라는 것은 그 다음에 나오는 것을 어떻게 처리하라고 지시하는 것에 해당한다. 만약 연산자 $\hat{O}$가 다음의 관계를 만족시키면 '선형 연산자(linear operator)'라고 한다.

$$\hat{O}(kA)=k\hat{O}(A) \text{ 및 } \hat{O}(A+B)=\hat{O}(A)+\hat{O}(B) \tag{1.83}$$

여기서 k는 스칼라(숫자)이지만 A, B는 숫자. 함수, 벡터 등이 될 수 있다.

1계 상미분연산자 $\hat{D}\left(=\dfrac{d}{dx}\right)$나 이의 역 연산자에 해당하는 적분연산자 $\hat{J}\left(=\int\cdots dx\right)$ 등은 선형연산자에 속하나 함수 e^{ax}나 $\sin x$ 등은 비선형 함수 연산자에 속한다($\because$ $e^{a(x_1+x_2)}\neq e^{ax_1}+e^{ax_2}$; $\sin(x_1+x_2)\neq\sin x_1+\sin x_2$이므로).

예제 1. 7

복소 공액(complex conjugate)를 취하는 것은 선형연산인가?

풀 이

우리가 알고 싶은 것은 $\overline{kA}=k\overline{A}$ 및 $\overline{A+B}$(여기서 $\bar{\ }$는 복소공액을 취하는 연산임)가 사실인가이다. 복소수 $z=re^{i\theta}=x+iy$(여기서 $i=\sqrt{-1}$, $r=\sqrt{x^2+y^2}$, $\theta=\tan^{-1}(y/x)$임)의 공액은 $\bar{z}=re^{-i\theta}=x-iy$의 관계로부터 둘째 식은 사실이지만 첫째 식은 k가 실수일때만 성립한다. 따라서 복소공액을 취하는 것은 선형연산이 아니다.

1.2절에 언급한 선형 벡터공간에 대한 조건 (i) - (iv)의 내용과 유사하게 선형연산자들은 아래의 성질을 가진다(단 간단을 위해 선형연산자로서 $\hat{T}$ 대신 T표기를 이용함).

(i) $\mathrm{TO}=\mathrm{OT}=\mathrm{O}$ (O연산자 O의 존재)

(ii) $\mathrm{TI}=\mathrm{IT}=\mathrm{T}$ (단위연산자 I의 존재)

(iii) $T_1(T_2+T_3)=T_1T_2+T_1T_3$ (우 분배법칙)

(iv) $(T_1+T_2)T_3=T_1T_3+T_2T_3$ (좌 분배법칙)

(v) $T_1(T_2T_3)=(T_1T_2)T_3$ (회합법칙) (1.84a)

[단 연산자간의 연결기호인 중앙 '∘'를 생략함]

그리고 부록 B에서 언급한 함수 연산자의 경우처럼(즉 전단사함수인 경우만 함수 f의 역함수 f^{-1}가 존재), 선형연산자 T도 전단사 사상(bijective mapping)의 경우에만 아래 관계를 만족하는 '역연산자(inverse operator)' T^{-1}가 유일하게 한 개 존재한다.

(vi) $TT^{-1}=T^{-1}T=I$ (단 T^{-1}이 존재할 경우)

(vii) $(TS)^{-1}=S^{-1}T^{-1}$ (단 T^{-1} 및 S^{-1}이 존재시) (1.84b)

예제 1.8

Cartesian 3차원 실공간(R^3)에서의 선형연산자 T가 아래와 같이 정의된다고 하자.

$$T(x_1, x_2, x_3)=(x_1+x_2, x_2+x_3, x_1+x_3)$$

즉 공간의 한점 (x_1, x_2, x_3)에 선형연산자 T가 작용하여 새로운 점 $(x_1+x_2, x_2+x_3, x_1+x_3)$으로 옮겨졌다.

[비고: 사실상 (변환)선형연산자 T는 2차원 Cartesian (텐서)행렬연산자에 속하므로, 1점의 위치를 나타내는 위치벡터는 열벡터로서 $(x_1\ x_2\ x_3)^T$(여기서 T는 전치를 의미)로 표기함이 원칙이나 간단을 위해 위와 같이 나타내었음에 유의하길 바란다 - 나중의 행렬에 의한 선형변환 참조요.] 이때 만약 T의 역 즉 T^{-1}가 존재한다면 이의 구체적인 형태를 구해보아라.

풀이

지금 점 (x_1, x_2, x_3)에 선형연산 $T^{-1}T(=I)$를 작용시키면 원래의 점 (x_1, x_2, x_3)가 되는 것에 착안하여 아래가 성립된다.

$$(x_1, x_2, x_3)=T^{-1}T(x_1, x_2, x_3)=T^{-1}(x_1+x_2, x_2+x_3, x_1+x_3) \quad \text{(i)}$$

여기서 $x_1+x_2=x$, $x_2+x_2=y$, $x_1+x_3=z$로 두면 $x_1=\frac{1}{2}(x-y+z)$, $x_2=\frac{1}{2}(x+y-z)$,

$x_3=\frac{1}{2}(-x+y+z)$가 되므로 위 식에서 아래가 성립되므로 T^{-1}의 구체적인 형태가 얻어진다.

$$T^{-1}(x, y, z)=\frac{1}{2}(x-y+z,\ x+y-z,\ -x+y+z) \tag{ii}$$

이것의 타당성을 조사하기 위해서는 $T^{-1}T(x_1, x_2, x_3)=(x_1, x_2, x_3)$가 성립됨을 확인하면 된다. 즉 T^{-1}에 대한 식 (ii)의 정의를 이용하면 아래가 성립된다.

$$T^{-1}T(x_1, x_2, x_3)=T^{-1}(x_1+x_2, x_2+x_3, x_1+x_3)$$

$$=\frac{1}{2}((x_1+x_2)-(x_2+x_3)+(x_1+x_3),\ \ (x_1+x_2)+(x_2+x_3)-(x_1+x_3),$$

$$-(x_1+x_2)+(x_2+x_3)+(x_1+x_3))$$

$$=\frac{1}{2}(2x_1, 2x_2, 2x_3)=(x_1, x_2, x_3) \tag{iii}$$

즉 $T^{-1}T=I$가 되어 증명된다.

---

1. 3. 2 연산자 다항식

위에서 언급된 (선형)연산자들의 곱과 합을 이용하여 연산자의 다항식(polynomials)을 구축할 수 있다. 즉 $m \geq 1$되는 모든 양의 정수에 대해 아래의 관계가 성립됨을 귀납법적으로(inductively) 쉽게 증명할 수 있다.

$$T^m = TT^{m-1} = T^{m-1}T \ (\text{단}\ m \geq 1,\ T^0 = I) \tag{1.85}$$

이로부터 아래의 T에 관한 차수 n의 다항식이 정의될 수 있다.

$$p(T)=\alpha_0 I+\alpha_1 T+\alpha_2 T^2+\cdots+\alpha_n T^n \ (\text{단}\ n \geq 0) \tag{1.86}$$

예제 1. 9

지금 2차원 실수(R^2) Cartesian (x, y)평면에서 T_θ는 다음과 같이 어떤 주어진 벡터를 z축 주위로 반시계 방향으로 θ만큼 회전시키는 선형연산자라고 하자. 즉

$$T_\theta(x, y)=(x\cos\theta-y\sin\theta,\ x\sin\theta+y\cos\theta) \tag{1.87}$$

이때 $T_\theta^2(x, y)$, $T_\theta^3(x, y)$ 나아가 $T_\theta^n(x, y)$를 구해보아라.

풀 이

$$T_\theta^2(x, y) = T_\theta T_\theta(x, y) = T_\theta(x\cos\theta - y\sin\theta, x\sin\theta + y\cos\theta) \equiv T_\theta(x', y')$$

$$= (x'\cos\theta - y'\sin\theta, x'\sin\theta + y'\cos\theta)$$

$$= ((x\cos\theta - y\sin\theta)\cos\theta - (x\sin\theta + y\cos\theta)\sin\theta,$$

$$(x\cos\theta - y\sin\theta)\sin\theta + (x\sin\theta + y\cos\theta)\cos\theta)$$

$$= (x\cos 2\theta - y\sin 2\theta, x\sin 2\theta + y\cos 2\theta)$$

따라서 T^2 연산자는 점 (x, y)를 z축 주위로 반시계방향으로 각도 2θ만큼 회전시키는 것에 해당된다. 마찬가지로 $T_\theta^3(x, y) = T_\theta T_\theta^2(x, y)$로부터 쉽게 아래 관계를 얻을 수 있다.

$$T_\theta^3(x, y) = (x\cos 3\theta - y\sin 3\theta, x\sin 3\theta + y\cos 3\theta)$$

나아가 귀납법적 유추에 의해 아래의 일반 관계가 성립됨을 알 수 있다.

$$T_\theta^n(x, y) = (x\cos n\theta - y\sin n\theta, x\sin n\theta + y\cos n\theta) \tag{1.88}$$

여기서 $T_\theta^n = T_{n\theta}$가 됨을 알 수 있다.

위와 비슷한 논리에 의해 만약 역이 존재하는 선형연산자 T에 대해 음의 멱수 T^{-m}도 존재한다. 그래서 식 (1.85)과 더불어 아래도 성립된다(단 T^{-1} 존재 가정).

(i) $T^{-m} = (T^{-1})^m = (T^m)^{-1}$

(ii) $T^m T^n = T^{m+n}$

(iii) $(T^m)^n = T^{mn}$ (1.89)

예제 1.10

R^2 Cartesian (x, y)평면에서 선형(회전)연산자 T_θ가 예제 1.9의 식 (1.87)로 정의될 때 T_θ^{-n}에 해당하는 연산자의 형태를 구하라.

풀이

먼저 T_θ^{-1}를 구하기로 한다(그림 1.14 참조).

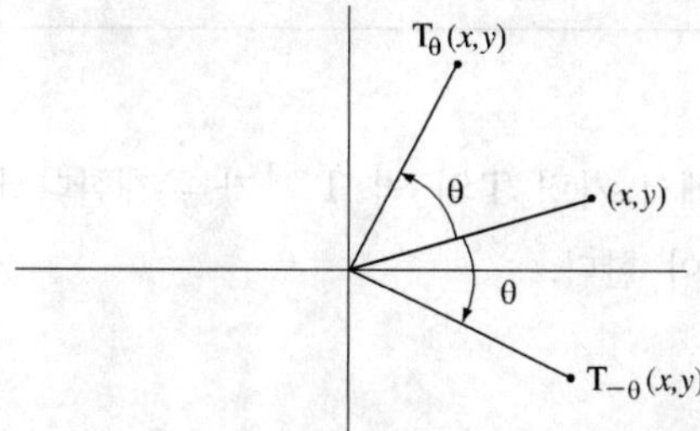

그림 1. 14 xy-평면상의 한 점(x, y)에 작용하는 선형연산자 T_θ와 I의 역 $T_\theta^{-1}(=T_{-\theta})$.

그러기 위해 $T_\theta^{-1}T_\theta(x, y)=(x, y)$를 만족하는 연산자 T_θ^{-1}를 찾는다. 즉 아래가 성립된다.

$$T_\theta^{-1}(x\cos\theta-y\sin\theta,\ x\sin\theta+y\cos\theta)=(x, y) \tag{i}$$

여기서 예제 1.9와 마찬가지 방법으로 $x\cos\theta-y\sin\theta=x'$, $x\sin\theta+y\cos\theta=y'$로 두면 거꾸로 $x=x'\cos\theta+y'\sin\theta$, $y=-x'\sin\theta+y'\cos\theta$가 되므로 이들을 식 (i)에 대입하면 T_θ^{-1}에 대한 구체적인 식을 얻는다. 즉

$$T_\theta^{-1}(x', y')=(x'\cos\theta+y'\sin\theta,\ -x'\sin\theta+y'\cos\theta) \tag{ii}$$

여기서 T_θ의 정의식 (1.87)과 비교하면 유일한 차이는 $\sin\theta$의 부호이다. 그런데 $\cos(-\theta)=\cos\theta$ 및 $\sin(-\theta)=-\sin\theta$의 관계로부터 $T_\theta^{-1}=T_{-\theta}$임을 쉽게 알 수 있으며, n승의 확장식도 가능하다. 즉

$$T_\theta^{-1}=T_{-\theta} \quad \text{및} \quad T_\theta^{-n}=\left(T_\theta^{-1}\right)^n=\left(T_{-\theta}\right)^n=T_{-n\theta} \tag{iii}$$

따라서 T_θ^{-n}의 구체적인 형태는 아래가 된다.

$$T_\theta^{-n}(x, y)=T_{-n\theta}(x, y)=(x\cos n\theta+y\sin n\theta,\ -x\sin n\theta+y\cos n\theta) \tag{1. 90}$$

여기서 참고로 $T_\theta^{-n}T_\theta^{n}=I$임을 증명해보자. 즉

$$\begin{aligned}T_\theta^{-n}T_\theta^{n}(x, y)&=T_\theta^{-n}(x\cos n\theta-y\sin n\theta,\ x\sin n\theta-y\cos n\theta)\equiv T_\theta^{-n}(x', y')\\&=(x'\cos n\theta+y'\sin n\theta,\ -x'\sin n\theta+y'\cos n\theta)\\&=((x\cos n\theta-y\sin n\theta)\cos n\theta+(x\sin n\theta+y\cos n\theta)\sin n\theta,\\&\qquad -(x\cos n\theta-y\sin n\theta)\sin n\theta+(x\sin n\theta+y\cos n\theta)\cos n\theta)\end{aligned}$$

$$= (x(\cos^2 n\theta + \sin^2 n\theta),\ y(\sin^2 n\theta + \cos^2 n\theta)) = (x,\ y)$$

따라서 증명된다(역시 $T_\theta^n T_\theta^{-n}(x, y) = (x, y)$ 도 쉽게 증명된다.)

그런데 T의 다항식 (1.86)에서 가령 T의 역 T^{-1}가 존재한다하더라도 다항식 $P(T)$의 역은 존재안할 수도 있음에 유의해야 한다.

1. 3. 3 연산자의 함수

독립변수 x의 어떤 보통함수 $f(x)$를 $x = x_0$ 주위로 Taylor 급수전개하면 아래가 된다(부록 A.3 절 참조).

$$f(x) = \sum_{k=0}^{\infty} \frac{(x - x_0)^k}{k!} \left. \frac{d^k f}{dx^k} \right|_{x = x_0}$$

이 함수와 대응하여 선형연산자 T의 Taylor 전개식은 아래가 될 것이다.

$$f(T) = \sum_{k=0}^{\infty} \left. \frac{d^k f}{dx^k} \right|_{x = x_0} \frac{(T - x_0 I)^k}{k!} \tag{1.91}$$

이 식은 T에 관한 무한급수의 합으로 나타내져 있으므로 급수의 수렴성에 대해 어려움이 발생한다. 그러나 유한차원(finite dimension)의 벡터공간에서는 T의 다항식 $f(T)$가 항상 존재한다. 그러나 여기서는 당분간 $f(T)$를 무한급수의 합으로 나타내고, 만약 위 식에서 $x_0 = 0$이라고 하면 아래가 성립된다.

$$f(T) = \sum_{k=0}^{\infty} \left. \frac{d^k f}{dx^k} \right|_{x = 0} \frac{T^k}{k!} \tag{1.92}$$

만약 $f(T)$로서 아래의 지수함수를 택한다면 아래가 성립될 것이다(식 (A.9) 참조).

$$e^T \equiv \exp(T) = \sum_{k=0}^{\infty} \frac{T^k}{k!} \tag{1.93}$$

예제 1.11

Cartesian R^2 xy-평면에서 선형연산자 T가 아래로 정의될 때 $\exp(\alpha \mathrm{T})$의 형태를 구하라.

$$\mathrm{T}(x, y) = (-y, x) \tag{i}$$

풀 이

점 (x, y)에 관한 T^n의 일반형태를 구해보기로 한다. 우선 $n=2$의 경우는 아래가 된다.

$$\mathrm{T}^2(x, y) = \mathrm{T}(-y, x) = (-x, -y) = -(x, y) = -\mathrm{I}(x, y) \tag{ii}$$

따라서 $\mathrm{T}^2 = -\mathrm{I}$임을 알 수 있다. 다음에 $n=3$ 및 $n=4$의 경우는 쉽게 아래가 된다.

$$\mathrm{T}^3 = \mathrm{T}(\mathrm{T}^2) = -\mathrm{T}, \quad \mathrm{T}^4 = \mathrm{T}^2\mathrm{T}^2 = \mathrm{I} \tag{iii}$$

$$\mathrm{T}^{2n} = (-1)^n \mathrm{I} \quad (\text{for } n = 0, 1, 2, \cdots) \tag{iv}$$

$$\mathrm{T}^{2n+1} = (-1)^n \mathrm{T} \quad (\text{for } n = 0, 1, 2, \cdots) \tag{v}$$

따라서 연산자 T의 지수함수 $\exp(\alpha \mathrm{T})$는 식 (1.93) 및 식 (i) - (v)의 관계를 이용하면 아래와 같이 얻어진다.

$$\begin{aligned}
\exp(\alpha\mathrm{T}) &= \sum_{n\,\mathrm{old}} \frac{(\alpha\mathrm{T})^n}{n!} + \sum_{n\,\mathrm{even}} \frac{(\alpha\mathrm{T})^n}{n!} = \sum_{k=0}^{\infty} \frac{(\alpha\mathrm{T})^{2k+1}}{(2k+1)!} + \sum_{k=0}^{\infty} \frac{(\alpha\mathrm{T})^{2k}}{(2k)!} \\
&= \sum_{k=0}^{\infty} \frac{\alpha^{2k+1}\mathrm{T}^{2k+1}}{(2k+1)!} + \sum_{k=0}^{\infty} \frac{\alpha^{2k}\mathrm{T}^{2k}}{(2k)!} = \sum_{k=0}^{\infty} \frac{(-1)^k \alpha^{2k+1}}{(2k+1)!}\mathrm{T} + \sum_{k=0}^{\infty} \frac{(-1)^k \alpha^{2k}}{(2k)!}\mathrm{I} \\
&= \mathrm{T}\sum_{k=0}^{\infty} \frac{(-1)^k \alpha^{2k+1}}{(2k+1)!} + \mathrm{I}\sum_{k=0}^{\infty} \frac{(-1)^k \alpha^{2k}}{(2k)!},
\end{aligned} \tag{vi}$$

그런데 위 식 (vi)은 $\sin\alpha$ 및 $\cos\alpha$의 Taylor 급수 전개공식 (A.11)과 (A.12)를 이용하면 아래가 된다.

$$e^{\alpha\mathrm{T}} = \mathrm{T}\sin\alpha + \mathrm{I}\cos\alpha \tag{vii}$$

이 식으로부터 $\exp(\alpha \mathrm{T})$는 T의 1차함수가 됨을 알 수 있다.
그러면 점 (x, y)에 대한 함수 연산자 $e^{\alpha\mathrm{T}}$의 작용을 식 (i)을 이용하여 아래가 된다.

$$\begin{aligned}
e^{\alpha\mathrm{T}}(x, y) &= (\sin\alpha\,\mathrm{T} + \cos\alpha\mathrm{I})(x, y) = \sin\alpha\mathrm{T}(x, y) + \cos\alpha\mathrm{I}(x, y) \\
&= (\sin\alpha)(-y, x) + \cos\alpha(x, y) \\
&= (-y\sin\alpha, x\sin\alpha) + (x\cos\alpha, y\cos\alpha)
\end{aligned}$$

$$= (x\cos\alpha - y\sin\alpha,\ x\sin\alpha + y\cos\alpha) \qquad (1.94)$$

이 식과 식 (1.87)을 비교하면 $e^{\alpha T}$는 점 (x, y)를 z축 주위로 반시계방향으로 α만큼 회전시키는 선형연산자 T_α에 해당되며, 이 경우 식 (i)로 정의된 연산자를 회전의 '생성원(generator)' 라고 부른다.

1. 3. 4 교환자(commutator)

선형 벡터공간에 있는 두 연산자 U 및 T사이에는 일반적으로 $UT \neq TU$이다. 이 경우 선형연산자 U와 T는 서로 교환(commute)되지 않는다고 한다. 여기서 두 연산자 U와 T에 관한 '교환자(commutator)'는 아래와 같이 정의된다.

$$[U,T] \equiv UT - TU \qquad (1.95)$$

이제 U, S 및 T는 서로 다른 선형연산자. 그리고 α, β는 실수(혹은 복소수) 스칼라 일 때 아래의 유용한 관계식이 성립된다.

(i) $[U,T] = -[T,U]$ (반대칭성)

(ii) $[\alpha U, \beta T] = \alpha\beta[U,T]$ (선형성)

(iii) $[S, T+U] = [S,T] + [S,U]$ (우변 선형성)

(iv) $[S+T, U] = [S,U] + [T,U]$ (좌변 선형성)

(v) $[ST, U] = S[T,U] + [S,U]T$ (우변 도출성)

(vi) $[S, TU] = [S,T]U + T[S,U]$ (좌변 도출성)

(vii) $[[S,T],U] + [[U,S],T] + [[T,U],S] = 0$ (Jacobi 항등관계) (1.96)

증 명 대부분의 성질은 정의식 (1.95)로부터 쉽게 증명된다. 여기서는 대표적으로 식 (vi)을 증명해 보기로 한다. 정의에 따라 전개하면 아래가 되어 증명된다.

$$[S, TU] = S(TU) - (TU)S = STU - TUS + \underbrace{TSU - TSU}_{0}$$

$$= (ST - TS)U + T(SU - US) = [S,T]U + T[S,U]$$

마찬가지 방법으로 식 (v)도 증명될 수 있다. 또한 Jacobi 관계식 (vii)는 내부 괄호부터 정의식 (1.95)에 의해 전개하여 나가면 증명될 수 있다. ■

한편 교환자의 정의식 (1.95)과 연산자의 멱수법칙 (1.85)로부터 아래의 항등 관계도 쉽게 증명된다.

$$[\mathrm{A}, \mathrm{A}^m] \equiv 0 \qquad (\text{for } m=0, \pm 1, \pm 2, \cdots) \tag{1.97a}$$

특히

$$[\mathrm{A}, \mathrm{I}] = 0 \text{ 및 } [\mathrm{A}, \mathrm{A}^{-1}] = 0 \tag{1.97b}$$

1. 3. 5 수반(혹은 에르미트 공액)연산자

1.2.2절에 소개한 복소 벡터공간에서의 선형연산자 T의 '수반연산자(adjoint operator)' 혹은 '에르미트 공액(Hermitian conjugation)'을 취하면 $\mathrm{T}^\dagger \equiv (\mathrm{T}^*)^{\mathrm{T}}$(여기서 *는 복소공액, T는 전치를 의미)가 되는데, 이는 만약 $\boldsymbol{a}$ 및 $\boldsymbol{b}$를 임의의 벡터라고 하면 아래와 같이 정의된다.

$$\langle \boldsymbol{a}|\mathrm{T}^\dagger|\boldsymbol{b}\rangle \equiv \langle \boldsymbol{a}|\mathrm{T}^\dagger \boldsymbol{b}\rangle = \langle \mathrm{T}\boldsymbol{a}|\boldsymbol{b}\rangle \tag{1.98}$$

이것을 임의의 선형 연산자 T에 관한 '전복법칙(turn-over rule)'이라고 하며, 양자역학에서 널리 사용된다. 이 관계식은 '브라(bra)-케트(ket)'기호법에 대한 식 (1.66)과 (1.67)의 정의로부터 쉽게 이해될 수 있다.

[참고 : 만약 위 식에서 $\boldsymbol{a}$ 및 $\boldsymbol{b}$가 3차원 벡터가 아닌 양자역학에서 전자의 확률밀도 함수로 나타내는 상호직교성 상태함수 ψ_i 및 ψ_j라고 위 식의 좌변은 $\int \psi_i^* \mathrm{T}^* \psi_j d\tau$, 그리고 우변은 $\int (\mathrm{T}\psi_i)^* \psi_j = \int \psi_i^* \mathrm{T}^* \psi_j d\tau$가 되어 좌, 우가 같게 되어 증명된다-5장 및 7장 참조.]

또한 식 (1.68)에서 아래가 성립된다[단 내적 $\langle \boldsymbol{a}|\boldsymbol{b}\rangle$와 같은 스칼라 양 s의 수반연산은 단순히 공액 즉 $s^\dagger = s^*$가 됨을 이용 - 1.2.2절 참조].

$$\langle \boldsymbol{a}|\mathrm{T}|\boldsymbol{b}\rangle^* = \langle \boldsymbol{a}|\mathrm{T}\boldsymbol{b}\rangle^* \equiv \langle \mathrm{T}\boldsymbol{b}|\boldsymbol{a}\rangle = \langle \boldsymbol{b}|\mathrm{T}^\dagger|\boldsymbol{a}\rangle \tag{1.99}$$

맨 마지막 항등관계는 식 (1.98)을 이용하였다. 또한 1.2.2절에서 아래가 성립된다.

$$|\boldsymbol{a}\rangle^\dagger = (|\boldsymbol{a}\rangle^*)^{\mathrm{T}} = \langle \boldsymbol{a}| \qquad \leftrightarrow \qquad \langle \boldsymbol{a}|^\dagger = |\boldsymbol{a}\rangle \tag{1.100}$$

$$|\boldsymbol{c}\rangle = \mathrm{T}|\boldsymbol{b}\rangle \leftrightarrow |\boldsymbol{c}\rangle^\dagger (= \langle \mathrm{c}|) = (\mathrm{T}|\boldsymbol{b}\rangle)^\dagger = \langle \boldsymbol{b}|\mathrm{T}^\dagger \tag{1.101}$$

또한 만약 U 및 T가 같은 벡터공간에 속하는 선형연산자라면 수반연산에 관한 아래의 정리가 성립된다.

(i) $(\mathrm{U}+\mathrm{T})^{\dagger}=\mathrm{U}^{\dagger}+\mathrm{T}^{\dagger}$ (ii) $(\mathrm{UT})^{\dagger}=\mathrm{T}^{\dagger}\mathrm{U}^{\dagger}$

(iii) $(\alpha\mathrm{T})^{\dagger}=\alpha^{*}\mathrm{T}^{\dagger}$ (iv) $((\mathrm{T})^{\dagger})^{\dagger}=\mathrm{T}$ (1. 102)

위 관계식들은 수반연산의 정의에 의해 모두 쉽게 증명이 가능하나. 특히 맨 마지막 항등관계는 통상의 유한차원 벡터공간에서는 성립되나, 무한차원 벡터(소위 Hibert) 공간에서는 반드시 성립되지는 않는다.

예제 1. 12

3차원 복소수(C^3) 벡터공간에 있는 어떤 선형연산자 T가 아래와 같이 정의된다고 하자.

$$\mathrm{T}\begin{pmatrix}\alpha_1\\\alpha_2\\\alpha_3\end{pmatrix}=\begin{pmatrix}\alpha_1-i\alpha_2+\alpha_3\\ i\alpha_1-\alpha_3\\ \alpha_1-\alpha_2+i\alpha_3\end{pmatrix} \tag{1. 103}$$

여기서 아래의 (복소)성질을 갖는 두 (케트)벡터 $|\boldsymbol{a}\rangle$와 $|\boldsymbol{b}\rangle$를 아래와 같이 정의한다.

$$|\boldsymbol{a}\rangle=\begin{pmatrix}\alpha_1\\\alpha_2\\\alpha_3\end{pmatrix} \text{ 및 } |\boldsymbol{b}\rangle=\begin{pmatrix}\beta_1\\\beta_2\\\beta_3\end{pmatrix}$$

따라서 이에 대응하는 공액(브라)벡터는 각각 $\langle\boldsymbol{a}|=(\alpha_1^*,\alpha_2^*,\alpha_3^*)$ 및 $\langle\boldsymbol{b}|=(\beta_1^*,\beta_2^*,\beta_3^*)$가 된다. 이때 식 (1.99)를 이용하여 $\mathrm{T}^{\dagger}\begin{pmatrix}\alpha_1\\\alpha_2\\\alpha_3\end{pmatrix}$는 어떻게 되는가를 구하라.

풀 이

식 (1.99)에서 아래가 성립된다.

$$\langle\boldsymbol{b}|\mathrm{T}^{\dagger}|\boldsymbol{a}\rangle=\langle\boldsymbol{a}|\mathrm{T}^{\dagger}|\boldsymbol{b}\rangle=\left[\begin{pmatrix}\alpha_1^* & \alpha_2^* & \alpha_3^*\end{pmatrix}\mathrm{T}\begin{pmatrix}\beta_1\\\beta_2\\\beta_3\end{pmatrix}\right]^*$$

$$=\left[\begin{pmatrix}\alpha_1^* & \alpha_2^* & \alpha_3^*\end{pmatrix}\begin{pmatrix}\beta_1-i\beta_2+\beta_3\\ i\beta_1-\beta_3\\ \beta_1-\beta_2+i\beta_3\end{pmatrix}\right]^*$$

$$=\left[\alpha_1^*\beta_1-i\alpha_1^*\beta_2+\alpha_1^*\beta_3+i\,\alpha_2^*\beta_1-\alpha_2^*\beta_3+\alpha_3^*\beta_1-\alpha_3^*\beta_2+i\alpha_3^*\beta_3\right]^*$$

$$=\alpha_1\beta_1^*+i\alpha_1\beta_2^*+\alpha_1\beta_3^*-i\,\alpha_2\beta_1^*-\alpha_2\beta_3^*+\alpha_3\beta_1^*-\alpha_3\beta_2^*-i\alpha_3\beta_3^*$$

$$= \beta_1^*(\alpha_1 - i\alpha_2 + \alpha_3) + \beta_2^*(i\alpha_1 - \alpha_3) + \beta_3^*(\alpha_1 - \alpha_2 - i\alpha_3)$$

$$= \begin{pmatrix} \beta_1^* & \beta_2^* & \beta_3^* \end{pmatrix} \begin{pmatrix} \alpha_1 - i\alpha_2 + \alpha_3 \\ i\alpha_1 - \alpha_3 \\ \alpha_1 - \alpha_2 - i\alpha_3 \end{pmatrix}$$

그런데 맨 마지막 식과 맨 첫 번째 식이 서로 같아야 하므로 요구되는 아래가 성립된다.

$$T^\dagger \begin{pmatrix} \alpha_1 \\ \alpha_2 \\ \alpha_3 \end{pmatrix} = \begin{pmatrix} \alpha_1 - i\alpha_2 + \alpha_3 \\ i\alpha_1 - \alpha_3 \\ \alpha_1 - \alpha_2 - i\alpha_3 \end{pmatrix} \tag{1. 104}$$

그런데 이 식과 (1.103)을 비교해보면 $T \neq T^\dagger$[즉 식 (1.103)으로 정의된 T는 다음절에 소개된 자기수반(self-adjoint) 에르미트 연산자(Hermition operator)가 아니다]임을 알 수 있다.

1. 3. 6 에르미트, 유니터리 및 정규 연산자

정의: 만약 복소 벡터 공간에 있는 선형연산자 T가 임의의 두 벡터 $\boldsymbol{a}$ 및 $\boldsymbol{b}$에 대해 아래의 관계가 성립되면, T는 $T = T^\dagger$가 되는 '에르미트(Hermitian)' 혹은 '자기수반(self-adjoint)' 연산자라고 한다.

$$\langle \boldsymbol{a} \mid T \mid \boldsymbol{b} \rangle \equiv \langle \boldsymbol{a} \mid T\boldsymbol{b} \rangle = \langle T\boldsymbol{a} \mid \boldsymbol{b} \rangle \tag{1. 105}$$

증 명 전복정리 식 (1.98)에서 아래가 성립된다.

$$\langle \boldsymbol{a} \mid T^\dagger \mid \boldsymbol{b} \rangle \equiv \langle T\boldsymbol{a} \mid \boldsymbol{b} \rangle \tag{i}$$

그런데 식 (1.105)의 마지막 항등관계에서 식 (i)은 아래가 된다.

$$\langle \boldsymbol{a} \mid T^\dagger \mid \boldsymbol{b} \rangle \equiv \langle \boldsymbol{a} \mid T \mid \mathrm{b} \rangle \tag{ii}$$

즉 식 (1.105)가 성립되면 $T = T^\dagger$ 즉 자기수반(혹은 에르미트) 연산자가 된다. ■

부정리

만약 벡터 $\boldsymbol{a}$가 양자역학적 확률밀도함수[즉 $\langle a \mid \boldsymbol{a} \rangle = \int a^* \boldsymbol{a}\, d\tau = 1$, 그리고 $\boldsymbol{a}^* \boldsymbol{a}\, d\tau$는 (3차원) 공간 τ와 $\tau + d\tau$ 사이에서 전자 또는 입자를 발견할 확률에 해당 - 5장 및 7장 참조]라면 선형연산자 T의 이에 대한 기대값(expectation value) T_{av}는 아래로 정의된다.

$$T_{av} \equiv \langle a \mid T \mid a \rangle \tag{1.106}$$

이때 만약 T가 에르미트 연산자(즉 $T = T^{\dagger}$)라면 기대값은 항상 실수이다.

증 명 식 (1.106)의 양변에 복소공액을 취하고, 에르미트 연산자에 관한 식 (1.105)를 이용하면 아래가 성립된다.

$$(T_{av})^* = \langle a \mid T \mid a \rangle^* = \langle Ta \mid a \rangle = \langle a \mid T^{\dagger} \mid a \rangle = \langle a \mid T \mid a \rangle = T_{av}$$

즉 $(T_{av})^* = T_{av}$가 성립되어, 에르미트 연산자의 기대치는 항상 실수임이 증명된다. ■

정 리

임의의 선형연산자 T는 아래와 같이 에르미트 연산자 $H(= H^{\dagger})$와 반 에르미트(anit-Hermition) 연산자 $A(= -A^{\dagger})$의 합으로 나타낼 수 있다.

$$T = \frac{1}{2}(T + T^{\dagger}) + \frac{1}{2}(T - T^{\dagger}) \equiv H + A \tag{1.107}$$

[증명은 H 및 A의 정의식에 각각 수반연산 $H^{\dagger}$ 및 $A^{\dagger}$를 취하여 비교해보면 쉽게 이루어진다.]

한편 만약 A가 반 에르미트 연산자(즉 $A^{\dagger} = -A$)라면 항등관계$A = i(-iA)$(여기서 $i = \sqrt{-1}$)로 나타낼 때, $-iA$는 에르미트 연산자이다[$\because (-iA)^{\dagger} = iA^{\dagger} = -iA$가 되어 증명된다.] 여기서 $-iA = H'$로 두면 임의의 (비 에르미트)연산자 $T = H + iH'$[여기서 H 및 H'는 에르미트 연산자, 그러나 허수를 포함하는 $iH' = A$는 반 에르미트 연산자가 됨]의 표현은 일반 복소수 $z = x + iy$의 표현과 동일하므로, 실수 x에 해당하는 H는 에르미트 연산자, 그리고 허수 iy에 해당하는 $iH' = A$는 반 에르미트 연산자임을 알 수 있다.

또한 일반적으로 두 연산자 T 및 U가 각각 에르미트 연산자이라도, 이들의 곱은 일반적으로 에르미트 연산자가 아닐 수 있다. 이는 아래 식으로 설명이 된다. 즉

$$(TU)^{\dagger} = U^{\dagger}T^{\dagger} = UT \neq TU \tag{1.108}$$

즉 앞에서 지적한 바와 같이 일반적으로 두 (선형)연산자간의 교환법칙은 (특수한 경우를 제외하고서는) 성립되지 않기 때문이다.

예제 1.13

2차원 복소수 C^2 공간에서 일반적인 2×2 에르미트 행렬(연산자) $\mathrm{H}=\begin{pmatrix}\alpha & \beta \\ \beta^* & \gamma\end{pmatrix}$(단 여기서 α 및 γ는 실수 가정)에 있어서 평균치에 해당하는 스칼라 $\langle \boldsymbol{a} \mid \mathrm{H} \mid \boldsymbol{a}\rangle$(여기서 $\boldsymbol{a}$는 복소성분 α_1, α_2를 갖는 임의의 벡터)는 실수값을 가짐을 증명하라(식 (1.106) 참조).

풀 이

$$\mathrm{H} \mid \boldsymbol{a}\rangle=\begin{pmatrix}\alpha & \beta \\ \beta^* & \gamma\end{pmatrix}\begin{pmatrix}\alpha_1 \\ \alpha_2\end{pmatrix}\begin{pmatrix}\alpha\alpha_1+\beta\alpha_2 \\ \beta^*\alpha_1+\gamma\alpha_2\end{pmatrix}$$

그리고

$$\langle \boldsymbol{a} \mid \mathrm{H} \mid \boldsymbol{a}\rangle=\begin{pmatrix}\alpha_1^* & \alpha_2^*\end{pmatrix}\begin{pmatrix}\alpha\alpha_1+\beta\alpha_2 \\ \beta^*\alpha_1+\gamma\alpha_2\end{pmatrix}=\alpha_1^*(\alpha\alpha_1+\beta\alpha_2)+\alpha_2^*(\beta^*\alpha_1+\gamma\alpha_2)$$

$$=\alpha|\alpha_1|^2+\alpha_1^*\beta\alpha_2+\alpha_2^*\beta^*\alpha_1+\gamma|\alpha_2|^2$$

$$=\alpha|\alpha_1|^2+\gamma|\alpha_2|^2+2\mathrm{Re}(\alpha_1^*\beta\alpha_2) \quad [\because \alpha_2^*\beta^*\alpha_1=(\alpha_1^*\beta\alpha_2)^* \text{가 되므로}]$$

따라서 $\langle \boldsymbol{a} \mid \mathrm{H} \mid \boldsymbol{a}\rangle$는 실수가 되어 증명된다.

정의: 만약 (복소)벡터 공간상의 임의의 한 에르미트 연산자 A가 모든 벡터 $\boldsymbol{a}$에 대해 $\langle \boldsymbol{a} \mid \mathrm{A} \mid \boldsymbol{a}\rangle \geq 0$가 성립된다면, 이때 연산자 A는 '양의 연산자(positive operator)'라고 부른다.

[참고: 이를 만족시키는 에르미트 연산자 A에 속하는 예로서는 $\mathrm{A}=\mathrm{H}^\dagger\mathrm{H}=\mathrm{H}^2$(여기서 H는 임의의 에르미트 연산자)가 있다. 왜냐하면 $\langle \boldsymbol{a} \mid \mathrm{H}^\dagger\mathrm{H} \mid \boldsymbol{a}\rangle=\langle \mathrm{H}\boldsymbol{a} \mid \mathrm{H}\boldsymbol{a}\rangle$($\because$ 전복법칙 (1.98)에 의해)$=\parallel \mathrm{H}\boldsymbol{a} \parallel^2 \geq 0$이 성립된다.]

정의: 만약 $\mathrm{U}^\dagger=\mathrm{U}^{-1}$가 성립하면 (선형)연산자 U는 '유니터리(unitery)' 연산자라고 부른다.

예제 1.14

3차원 복소(C^3) 벡터 공간에서의 선형연산자 T는 아래와 같이 정의된다.

$$\mathrm{T}\begin{pmatrix}\alpha_1\\ \alpha_2\\ \alpha_3\end{pmatrix}=\begin{pmatrix}(\alpha_1-i\alpha_2)/\sqrt{2}\\ (\alpha_1+i\alpha_2-2\alpha_3)/\sqrt{6}\\ \{\alpha_1-\alpha_2+\alpha_3+i(\alpha_1+\alpha_2+\alpha_3)\}/\sqrt{6}\end{pmatrix} \tag{1.109}$$

이때 T의 수반(혹은 에르미트 공액) 연산 $\mathrm{T}^\dagger$의 구체적인 형태를 구하라.

풀이

예제 1.12에서처럼 (복소)성분 $\{\alpha_i\}$를 갖는 벡터 $\boldsymbol{a}$와 성분 $\{\beta_i\}$를 갖는 벡터 $\boldsymbol{b}$를 이용하여 T의 수반연산자인 $\mathrm{T}^\dagger$를 구하면 아래가 된다.

$$\mathrm{T}^\dagger\begin{pmatrix}\alpha_1\\ \alpha_2\\ \alpha_3\end{pmatrix}=\begin{pmatrix}\dfrac{\alpha_1}{\sqrt{2}}+\dfrac{\alpha_2}{\sqrt{6}}+\dfrac{\alpha_3(1-i)}{\sqrt{6}}\\ \dfrac{i\alpha_1}{\sqrt{2}}-\dfrac{i\alpha_2}{\sqrt{6}}-\dfrac{\alpha_3(1+i)}{\sqrt{6}}\\ -\dfrac{2\alpha_2}{\sqrt{6}}+\dfrac{\alpha_3(1-i)}{\sqrt{6}}\end{pmatrix}$$

여기에 식 (1.109)로 정의된 T를 연산시키면 최종적으로 아래를 얻는다.

$$\mathrm{TT}^\dagger\begin{pmatrix}\alpha_1\\ \alpha_2\\ \alpha_3\end{pmatrix}=\begin{pmatrix}\alpha_1\\ \alpha_2\\ \alpha_3\end{pmatrix}$$

따라서 $\mathrm{TT}^\dagger=\mathrm{I}$가 성립되어, 식 (1.109)로 주어진 T는 $\mathrm{T}^\dagger=\mathrm{T}^{-1}$이 성립하는 유니터리 연산자임이 확인된다.

정의: 만약 어떤 (선형)연산자가 T가 자신의 에르미트 공액 $\mathrm{T}^\dagger$와 교환가능(즉 $(\mathrm{T},\ \mathrm{T}^\dagger)=0$)이면, 이를 '정규연산자(normal operator)'라고 한다. 그리고 이때 $\mathrm{TT}^\dagger$와 $\mathrm{T}^\dagger\mathrm{T}$는 모두 에르미트 연산자가 된다.

[증명은 이들 각각에 '수반연산' 혹은 에르미트 공액을 취하면 쉽게 증명된다. 가령 $(\mathrm{TT}^\dagger)=\mathrm{TT}^\dagger$가 되어 $\mathrm{TT}^\dagger$는 에르미트 연산자임을 알 수 있다.]

사실 앞에 언급한 에르미트 연산자와 유니터리 연산자도 정규연산자에 속한다. 이에 대해서는 나중의 특수행렬(연산자)에서 다시 다루기로 한다.

1. 3. 7 투영연산자

만약 xy-평면에서의 1점을 선형연산자 P_x에 의해 x축으로 투영(project) 시킨다고 하자. 그러면 점 (x, y)는 $(x, 0)$이 될 것이다. 즉 $P_x(x, y) = (x, 0)$가 성립한다. 만약 투영될 점 $(x, 0)$에서 P_x를 한번 더 적용시켜도 마찬가지 결과를 줄 것이다. 즉 $P_x^2 = P_x$의 성질을 가진다. 이를 일반화시키면 다음과 같다.

정의: 만약 선형 벡터 공간상의 한 에르미트 연산자 P가 $P^2 = P$를 만족하면 이를 '투영연산자 (projection operator)'라고 부른다 이때 $P^{-1} = I$(단위 연산자)가 된다.

[비고: 이의 증명은 정의식 $P^2 = P$의 양변을 P^{-1}로 곱하면 쉽게 증명된다.]

정 리

만약 선형 벡터 공간내에 두 투영연산자 P_1과 P_2가 존재시, $P_1P_2 = P_2P_1 = 0$을 만족할 경우에만 $P_1 + P_2$도 투영연산자가 된다.

증 명 $P_1 + P_2$가 투영연산자가 되기 위해서는 $(P_1 + P_2)^2 = P_1^2 + P_1P_2 + P_2P_1 + P_2^2 = P_1 + P_2$가 성립되어야 한다. 그런데 $P_1 = P_1^2$, $P_2 = P_2^2$이므로 아래가 만족되어야 한다.

$$P_1P_2 + P_2P_1 = 0 \tag{1.110}$$

다시 이 식의 양변을 왼쪽에서 P_1을 곱하면 아래를 얻는다.

$$P_1^2P_2 + P_1P_2P_1 = 0 \Rightarrow P_1P_2 + P_1P_2P_1 = 0$$

이번에는 식 (1.110)의 양변을 오른쪽에서 P_1을 곱하면 아래를 얻는다.

$$P_1P_2P_1 + P_2P_1^2 += 0 \Rightarrow P_1P_2P_1 + P_2P_1 = 0$$

이 마지막 두 식을 서로 빼면 아래가 된다.

$$P_1P_2 - P_2P_1 = 0 \tag{1.111}$$

결국 식 (1.110)과 (1.111)을 더하면 요구되는 관계식이 얻어져 증명된다. ■

간혹 $P_1P_2 = P_2P_1 = 0$을 만족할 경우 두 투영연산자를 '직교(orthogonal)' 투영연산자라고 부른다.

정 리

위 정리의 보다 일반화로서 만약 아래 조건을 만족하는 투영연산자의 집합 $\{P_i\}_{i=1}^{m}$가 존재시

$$P_iP_j = \begin{cases} P_i & (\text{if } i = j) \\ 0 & (\text{if } i \neq j) \end{cases}$$

$P = \sum_{i=1}^{m} P_i$ 역시 투영연산자가 된다(증명은 위와 마찬가지 방법으로 가능). 그리고 만약 어떤 (단위)벡터 $|e\rangle$가 주어졌을 때 $P = |e\rangle\langle e|$는 e 방향으로 투영시키는 투영연산자가 된다 ($\because P|a\rangle = |e\rangle\langle e|a\rangle = a_e|e\rangle$가 되므로). 또한 이때 $P = P^\dagger$ [$\because P^\dagger = (|e\rangle\langle e|)^\dagger = (\langle e|)^\dagger(|e\rangle)^\dagger = |e\rangle\langle e| = P$이므로] 및 $P^2 = P$ [$\because P^2 = (|e\rangle\langle e|)(|e\rangle\langle e|) = |e\rangle\langle e|e\rangle\langle e| = |e\rangle\langle e| = P$ 이므로(단 이때 $\langle e|e\rangle = e \cdot e = 1$ 이용)]가 성립된다.

정 리

만약 N차원 (선형)벡터 공간에서 N개의 선형독립인 정규직교 기저벡터의 집합 $\{|e_i\rangle\}_{i=1}^{N}$이 존재할 때 집합 $\{P_i = |e_i\rangle\langle e_i|\}_{i=1}^{N}$는 상호직교인 투영연산자로 이루어져 있으며, 이때 $\sum_{i=1}^{N} P_i = \sum_{i=1}^{N} |e_i\rangle\langle e_i| = I$가 성립된다. 특히 이 관계를 투영연산자에 관한 '완전관계(completeness relation)'라고 한다.

증 명 P_i들의 상호직교성은 가령 $P_iP_j = |e_i\rangle\langle e_i|e_j\rangle\langle e_j| = \delta_{ij}|e_i\rangle\langle e_j|$ ($\because e_i \cdot e_j = \langle e_i|e_j\rangle = \delta_{ij}$이므로)가 되어, 만약 $i = j$이면 $P_iP_i = |e_i\rangle\langle e_i| = P_i$가 성립되고, 만약 $i \neq j$이면 $P_iP_j = 0$(상호직교)가 되어 증명된다. 다음에 두 번째 '완전관계'는 임의의 벡터 a를 기저계 $|e_i\rangle$의 선형결합으로 나타내면 $|a\rangle = \sum_{i=1}^{N} \alpha_j |e_j\rangle$ (여기서 $\alpha_j = \langle e_j|a\rangle$는 a의 $|e_j\rangle$ 성분임)가 되고, P_i를 이의 양변에 작용시키면 아래가 얻어진다.

$$\mathrm{P}_i \mid \boldsymbol{a}\rangle = \mathrm{P}_i\left(\sum_{j=1}^{N}\alpha_j \mid \boldsymbol{e}_j\rangle\right) = \sum_{j=1}^{N}\alpha_j \mathrm{P}_i \mid \boldsymbol{e}_j\rangle$$

$$= \sum_{j=1}^{N}\alpha_j \mid \boldsymbol{e}_i\rangle\langle \boldsymbol{e}_i \mid \boldsymbol{e}_j\rangle = \alpha_i \mid \boldsymbol{e}_i\rangle \tag{1.112}$$

위 식의 마지막 항등관계는 $\langle \boldsymbol{e}_i \mid \boldsymbol{e}_j\rangle = \delta_{ij}$를 이용하였다.

위 식의 양변을 $\sum_{i=1}^{N}$까지 합을 취하면 아래를 얻는다[단 $\mid \boldsymbol{a}\rangle = \mathrm{I} \mid \boldsymbol{a}\rangle$(여기서 I는 단위 연산자)를 이용].

$$\mathrm{I} \mid \boldsymbol{a}\rangle = \sum_{i=1}^{N}\alpha_i \mid \boldsymbol{e}_i\rangle = \sum_{i=1}^{N}\mathrm{P}_i \mid \boldsymbol{a}\rangle = \left(\sum_{i=1}^{N}\mathrm{P}_i\right) \mid \boldsymbol{a}\rangle \tag{1.113}$$

따라서 위 식의 맨 처음과 맨 끝의 항등관계에서 '완전관계'가 성립된다. ■

예제 1. 15

3차원 실공간(R^3)에 속하는 3 정규직교 기저벡터 $\{\mid \boldsymbol{e}_i\rangle\}_{i=1}^{3}$가 아래로 주어진다.

$$\mid \boldsymbol{e}_1\rangle = \frac{1}{\sqrt{2}}\begin{pmatrix}1\\1\\0\end{pmatrix},\quad \mid \boldsymbol{e}_2\rangle = \frac{1}{\sqrt{6}}\begin{pmatrix}1\\-1\\2\end{pmatrix},\quad \mid \boldsymbol{e}_3\rangle = \frac{1}{\sqrt{3}}\begin{pmatrix}-1\\1\\1\end{pmatrix}$$

이때 위에서 언급된 정리를 모두 증명하라.

풀 이

먼저 이들 각각에 관련된 투영연산자는 아래가 된다.
그리고

$$\mathrm{P}_3 = \frac{1}{3}\begin{pmatrix}-1\\1\\1\end{pmatrix}(-1\ \ 1\ \ 1) = \frac{1}{3}\begin{pmatrix}1 & -1 & -1\\-1 & 1 & 1\\-1 & 1 & 1\end{pmatrix}$$

이렇게 얻어진 투영연산자 P_i는 임의의 벡터를 $\mid \boldsymbol{e}_i\rangle$축 위에 투영시킨다. 이에 대한 증명은 투영에 의해 얻어진 벡터가 나머지 두 $\mid \boldsymbol{e}_j\rangle$ 벡터에 수직임을 보이면 된다. 가령 P_2가 임의의 위치벡터 $\boldsymbol{r} = (x\ y\ z)^{\mathrm{T}}$에 작용하여 $\mid \boldsymbol{e}_2\rangle$ 방향에 투영된 벡터 $\mid \boldsymbol{a}\rangle$를 만들었다고 하자. 이때 아래 식이 성립된다.

$$|\,\boldsymbol{a}\rangle \equiv \mathrm{P}_2\begin{pmatrix} x \\ y \\ z \end{pmatrix} = \frac{1}{6}\begin{pmatrix} 1 & -1 & 2 \\ -1 & 1 & -2 \\ 2 & -2 & 4 \end{pmatrix}\begin{pmatrix} x \\ y \\ z \end{pmatrix} = \frac{1}{6}\begin{pmatrix} x-y+2z \\ -x+y-2z \\ 2x-2y+4z \end{pmatrix}$$

여기서 벡터 $|\,\boldsymbol{a}\rangle$가 $|\,\boldsymbol{e}_1\rangle$ 및 $|\,\boldsymbol{e}_3\rangle$에 수직(즉 내적이 0)인 것을 증명해 본다. 즉

$$\langle\,\boldsymbol{e}_1\,|\,\boldsymbol{a}\,\rangle = \frac{1}{\sqrt{2}}(1 \;\; 1 \;\; 0)\frac{1}{6}\begin{pmatrix} x \\ y \\ z \end{pmatrix} = \frac{1}{6}\begin{pmatrix} x-y+2z \\ -x+y-2z \\ 2x-2y+4z \end{pmatrix} = 0$$

마찬가지로 $\langle\,\boldsymbol{e}_3\,|\,\boldsymbol{a}\,\rangle = 0$이 되어 증명된다.
다음에는 $|\,\boldsymbol{e}_1\rangle$과 $|\,\boldsymbol{e}_2\rangle$에 대해 형성된 평면에 투영시키는 연산자 $\mathrm{P}_1+\mathrm{P}_2$를 위 결과로부터 아래와 같이 구한다.

$$\mathrm{P}_1+\mathrm{P}_2 = \frac{1}{3}\begin{pmatrix} 2 & 1 & 1 \\ 1 & 2 & -1 \\ 1 & -1 & 2 \end{pmatrix}$$

이 벡터를 갖고 임의의 벡터[가령 $(x\;y\;z)^{\mathrm{T}}$]에 작용시키면 $|\,\boldsymbol{e}_1\rangle$과 $|\,\boldsymbol{e}_2\rangle$에 의해 형성된 평면상에 투영시켜, 이렇게 얻어진 벡터 가령($|\,\boldsymbol{b}\rangle$)는 $|\,\boldsymbol{e}_3\rangle$에 수직임을 보이면 되는데, 먼저 $|\,\boldsymbol{b}\rangle$를 아래와 같이 구한다.

$$|\,\boldsymbol{b}\rangle \equiv (\mathrm{P}_1+\mathrm{P}_2)\begin{pmatrix} x \\ y \\ z \end{pmatrix} = \frac{1}{3}\begin{pmatrix} 2 & 1 & 1 \\ 1 & 2 & -1 \\ 1 & -1 & 2 \end{pmatrix}\begin{pmatrix} x \\ y \\ z \end{pmatrix} = \frac{1}{3}\begin{pmatrix} 2x+y+z \\ x+2y-z \\ x-y+2z \end{pmatrix}$$

이로부터 $\langle\,\boldsymbol{e}_3\,|\,\boldsymbol{b}\,\rangle = 0$은 쉽게 증명된다 또한 다른 두 평면에 투영시키는 연산자도 마찬가지 방법으로 구할 수 있다. 끝으로 아래의 '완전관계' 도 쉽게 증명된다.

$$\mathrm{P}_1+\mathrm{P}_2+\mathrm{P}_3 = \begin{pmatrix} 1 & 0 & 0 \\ 0 & 1 & 0 \\ 0 & 0 & 1 \end{pmatrix} = \mathrm{I}$$

$$\mathrm{P}_1 = |\,\boldsymbol{e}_1\rangle\langle\boldsymbol{e}_1\,| = \frac{1}{2}\begin{pmatrix} 1 \\ 1 \\ 0 \end{pmatrix}(1 \;\; 1 \;\; 0) = \frac{1}{2}\begin{pmatrix} 1 & 1 & 0 \\ 1 & 1 & 0 \\ 0 & 0 & 0 \end{pmatrix}$$

마찬가지로

$$\mathrm{P}_2 = \frac{1}{6}\begin{pmatrix} 1 \\ -1 \\ 2 \end{pmatrix}(1 \;\; -1 \;\; 2) = \frac{1}{6}\begin{pmatrix} 1 & -1 & 2 \\ -1 & 1 & -2 \\ 2 & -2 & 4 \end{pmatrix}$$

끝으로 수리물리의 두 중요한 연산인 미분과 적분의 수치계산에 이용되는 (선형)수치해석

(numerical analysis) 연산자에 대하여 이 장의 부록에 요약하여 나타내었다.

1.4 행렬대수

1.4.1 행렬의 정의

이 장에서는 3장에 기술될 텐서 해석에 연관된 면만을 중점으로 하여 기본적인 행렬대수(matrix algebra)에 관한 간단한 설명을 하고자 한다.

행렬은 기본 성분(element)이나 요소(entry)가 숫자이며 m행과 n열을 가진 장방형의 배열이다 (이것을 $m\times n$행렬이라 부른다). 비록 복소수가 가끔 쓰이겠지만 이 책의 목적을 위해서 주로 실수를 다룰 것이다. 4×3 행렬의 예는 다음과 같다.

$$\begin{pmatrix} 3 & 8 & -2 \\ 17 & 6 & 5 \\ 8 & 9 & 1 \\ 10 & 1 & 0 \end{pmatrix}$$

여기서 성분들의 배열은 괄호[열린 괄호$(\cdots)$ 또는 닫힌 괄호$[\cdots]$]를 사용하여 표기하며 일반적으로 4×3 행렬은 다음과 같이 나타내기도 한다.

$$\begin{pmatrix} a_{11} & a_{12} & a_{13} \\ a_{21} & a_{22} & a_{23} \\ a_{31} & a_{32} & a_{33} \\ a_{41} & a_{42} & a_{43} \end{pmatrix}$$

여기서 성분의 두 첨자 i와 j는 배열에서 성분의 위치를 나타내는데, 첫 번째 첨자는 행(row)의 수를 표시하고 두 번째 첨자는 열(column)의 수를 표시한다. 또한 행렬을 간략하게 나타내기 위하여 $\mathrm{A}=(a_{pq})$ 혹은 $\mathrm{A}=[a_{pq}]$(여기서 $p=1, \cdots, m,\ q=1, \cdots, n$)의 기호를 사용하기도 한다. 행렬의 완전 표시는 일반적으로 A와 같은 대문자로 나타내는 것이 일반적이다.

행의 수와 열의 수가 같은 경우의 행렬은 정방(square) 행렬이라고 부른다. 1×3 행렬과 같이 단지 한 개의 행만 가진 행렬은 행벡터라고 부른다.

$$(1 \quad 5 \quad -7)$$

마찬가지로 2×1 행렬과 같이 한 개의 열만 가진 행렬은 열벡터라고 부른다.

행벡터와 열벡터는 일반적으로 벡터 표현에 사용된 $\boldsymbol{u}$와 같은 글씨체를 가진 글씨체를 사용하여 다른 행렬과 구분한다. 사실상 벡터 $\boldsymbol{u}$의 세 성분 (u_1, u_2, u_3)를 표시할 때, 관습에 따라 열벡터의

3×1 배열을 사용한다.

정방행렬 $(n\times n)$은 모든 i와 j에 대하여 성분 a_{ij}가 $a_{ij}=a_{ji}$의 관계를 만족할 때 '대칭(symmetric)' 이라고 말한다. 3×3 행렬의 경우에는 $a_{12}=a_{21}$, $a_{23}=a_{32}$, $a_{31}=a_{13}$인 경우이다. 대칭행렬의 예는 다음과 같다.

$$\begin{pmatrix} 5 & 6 \\ 6 & 5 \end{pmatrix}, \qquad \begin{pmatrix} 1 & 3 & -2 \\ 3 & 0 & 2 \\ -2 & 2 & 5 \end{pmatrix}$$

그러한 행렬의 m번째 행은 m번째 열과 동일하다. 따라서 행과 열을 바꾸어도 행렬은 변하지 않는다.

일반적으로 $m\times n$ 행렬에 대하여 행과 열을 상호 교환하는 과정을 거쳐 만들어진 $n\times m$ 행렬을 A의 '전치 또는 치환(transpose)'이라고 하며 A^{T}로 표시한다. 만일 A가 다음과 같은 행렬이라면

$$\mathrm{A}=\begin{pmatrix} a_{11} & a_{12} & \cdots & a_{1n} \\ a_{21} & & \cdots & \cdot \\ \vdots & & & \vdots \\ a_{m1} & & \cdots & a_{mn} \end{pmatrix}$$

전치행렬은 다음과 같이 된다.

$$\mathrm{A}^{\mathrm{T}}=\begin{pmatrix} a_{11} & a_{21} & \cdots & a_{m1} \\ a_{12} & & \cdots & \cdot \\ \vdots & & & \vdots \\ a_{1n} & & \cdots & a_{mn} \end{pmatrix} \tag{1.114}$$

만일 A의 $i-j$성분이 a_{ij}라면, A^{T}의 $i-j$성분은 a_{ji}이다.
한 예로서 만일 A가 다음과 같은 행렬이라면

$$\mathrm{A}=\begin{pmatrix} 5 & 6 & -1 \\ 9 & 10 & 2 \end{pmatrix}$$

A의 전치행렬 A^{T}는 다음과 같다.

$$\mathrm{A}^{\mathrm{T}}=\begin{pmatrix} 5 & 9 \\ 6 & 10 \\ -1 & 2 \end{pmatrix}$$

어떠한 행렬 A에 대하여서도 당연히 $(\mathrm{A}^{\mathrm{T}})^{\mathrm{T}}=\mathrm{A}$이다.

만일 어떤 정방행렬이 전치(transposition)에 의하여 부호의 변화를 제외한 성분의 변화가 없는 행렬이 만들어진다면 그 정방행렬은 '반대칭(skew symmetric 혹은 anti-symmetric)' 이라고 부른

다. 즉 $a_{ji}=-a_{ij}$라면 A는 반대칭이다. 이것은 대각성분 a_{11}, a_{22}, $\cdots$이 모두 0이 되어야 한다. 왜냐하면 그 성분들은 전치에 의해 영향을 받지 않기 때문이다. 예를 들어 $a_{11}=-a_{11}$이라면 $a_{11}=0$이다. 반대칭 행렬의 예는 다음과 같다.

$$\begin{pmatrix} 0 & 1 & -3 \\ -1 & 0 & 4 \\ 3 & -4 & 0 \end{pmatrix}$$

1. 4. 2 행렬의 기본 연산

1. 4. 2. 1 합과 스칼라곱

행렬의 합과 스칼라곱의 연산은 앞서 배운 벡터에 대한 연산의 확장이라고 보아진다. 반대로 행렬 곱의 정의는 그렇게 간단하지 않아서 벡터의 스칼라적과 벡터적의 정의가 다소 복잡한 것과 견주어 볼 수 있으며 처음 볼 때는 약간 애매할 수도 있을 것이다. 이 모든 연산들은 텐서 해석에 있어 많은 역할을 하고 있다.

먼저 '동일함(equality)'의 개념으로부터 시작해야만 한다. A와 B 두 행렬은 두 행렬이 같은 행(m)과 열(n)을 가지고 모든 부합된 성분들이 같을 때에만 '같다(equal)'고 한다. 따라서 같은 두 개의 행렬은 둘 다 $m\times n$ 행렬이어야 하고 각각의 성분을 a_{ij}, b_{ij}로 나타낼 때 모든 연관된 $i(i=1, 2, \cdots, n)$, $j(j=1, 2, \cdots, n)$에 대하여 $a_{ij}=b_{ij}$이어야 한다.

만약 지금 어떤 A, B 두 행렬이 있다고 하자. 우리는 그들의 합을 부합되는 성분의 합에 의한 A+B로 정의할 수 있다. 그러나 이 연산은 두 행렬 A와 B가 같은 크기 일 때만 가능하다. 이것은 한 행렬이 m행 n열을 가지면, 다른 행렬도 m행 n열을 가져야 한다는 것을 의미한다. 만일 그들의 성분이 각각 a_{ij}와 b_{ij}라면 두 성분의 합은 c_{ij} 성분을 갖는 또 다른 $m\times n$ 행렬이며 다음과 같이 주어진다.

$$c_{ij}=a_{ij}+b_{ij}$$

예를 들어 다음과 같다.

$$\begin{pmatrix} 5 & 6 & 1 \\ 9 & 10 & 2 \end{pmatrix}+\begin{pmatrix} 3 & -2 & 1 \\ -2 & 4 & 6 \end{pmatrix}=\begin{pmatrix} 8 & 4 & 0 \\ 7 & 14 & 8 \end{pmatrix}$$

분명히 교환법칙과 결합법칙이 성립한다.

$$\mathrm{A}+\mathrm{B}=\mathrm{B}+\mathrm{A}$$

$$(A+B)+C=A+(B+C)$$

모두 $m\times n$ 행렬인 임의의 A, B, C 행렬에서 행렬 합에 대한 위의 식이 만족된다.

어떤 $m\times n$ 행렬 A와 스칼라 λ에 대하여 A의 모든 성분을 λ배한 또 다른 행렬을 얻는 과정인 스칼라곱을 정의할 수 있다. 만일 A의 성분들이 a_{ij}라면, λA의 $i-j$ 성분은 λa_{ij}이다.

이제 $-$A를 (-1)A로 정의할 수 있고 다음과 같다.

$$\begin{pmatrix} -a_{11} & -a_{12} & \cdots & -a_{1n} \\ -a_{21} & \cdot & \cdots & \cdot \\ \vdots & & & \vdots \\ -a_{m1} & \cdot & \cdots & -a_{mn} \end{pmatrix}$$

행렬의 뺄셈 과정인 A$-$B의 과정은 A$+(-$B$)$로 간주할 수 있다.

1.4.2.2 행렬의 곱셈

두 행렬 A와 B의 곱 AB는 A의 열의 수가 B의 행의 수와 일치할 때만 정의된다. 따라서 A가 $m\times n$ 행렬이라면 B는 $n\times p$가 되어야 한다. 이 경우에 행렬은 '적합하다(conformable)' 라고 말한다.

결과적으로 AB 행렬은 $m\times p$ 행렬 C이며, 이것의 성분인 c_{ij}는 A의 행의 i번째 성분과 연관된 B의 열의 j번째 성분을 곱하여 서로 더한 결과이다. 수식적으로 표현하면

$$c_{ij}=\sum_{k=1}^{n}a_{ik}b_{kj} \tag{1.115}$$

예를 들어 A를 2×3 행렬이라 두고

$$\begin{pmatrix} 1 & 4 & 3 \\ 2 & 5 & 1 \end{pmatrix}$$

B를 3×2 행렬이라 두면

$$\begin{pmatrix} 6 & 9 \\ 8 & 0 \\ 7 & 1 \end{pmatrix}$$

AB는 2×2 행렬이다.

$$\begin{pmatrix} 1\times6+4\times8+3\times7 & 1\times9+4\times0+3\times1 \\ 2\times6+5\times8+1\times7 & 2\times9+5\times0+1\times1 \end{pmatrix}=\begin{pmatrix} 59 & 12 \\ 49 & 19 \end{pmatrix}$$

이 경우 B의 열의 수와 A의 행의 수가 같으므로 두 행렬 A와 B의 곱인 BA도 얻을 수 있다.

$$\mathrm{BA}=\begin{pmatrix}6\times1+9\times2 & 6\times4+9\times5 & 6\times3+9\times1\\ 8\times1+0\times2 & 8\times4+0\times5 & 8\times3+0\times1\\ 7\times1+1\times2 & 7\times4+1\times5 & 7\times3+1\times1\end{pmatrix}=\begin{pmatrix}24 & 69 & 27\\ 8 & 32 & 24\\ 9 & 33 & 22\end{pmatrix}$$

여기서 $\mathrm{BA}\neq\mathrm{AB}$임에 주목하라. 사실상 BA와 AB는 같은 크기의 행렬도 아니다. 따라서 행렬곱은 일반적으로 교환법칙이 성립하지 않는다. 대각선 성분이 모두 1로 같고 대각선 성분을 제외한 나머지 성분이 모두 0인 $n\times n$ 행렬은 행렬 곱에서 아주 중요한 역할을 한다. 이런 행렬을 크기에 관계없이 I로 나타낸다. 따라서

$$\mathrm{I}=\begin{pmatrix}1 & 0 & 0 & \cdots & 0\\ 0 & 1 & \cdot & \cdots & 0\\ 0 & \cdot & \cdot & & \cdot\\ \vdots & & & & \vdots\\ 0 & \cdot & \cdot & \cdots & 1\end{pmatrix} \tag{1.116}$$

그리고 A가 $m\times n$행렬이고 B가 $n\times m$ 행렬이라면 다음 관계가 성립된다.

$$\mathrm{AI}=\mathrm{IA}=\mathrm{A} \text{ 이고 } \mathrm{IB}=\mathrm{BI}=\mathrm{B} \tag{1.117}$$

따라서 I는 행렬 곱에 있어서 1과 같이 행동하며, 이것을 $n\times n$ '단위(unit 또는 identity)' 행렬이라고 한다. 행렬곱의 연산에 있어서 기본적인 성질은 결합법칙이 성립한다는 것이다.

즉 A, B, C가 임의의 $m\times n$, $n\times p$, $p\times q$ 행렬이라고 하면 행렬곱 (AB)C와 A(BC)를 만들 수 있으며, 다음과 같은 관계를 만족한다.

$$(\mathrm{AB})\mathrm{C}=\mathrm{A}(\mathrm{BC}) \tag{1.118}$$

증 명 식 (1.115)를 사용하면 (AB)C의 $i-j$의 성분은

$$\sum_{k=1}^{p}(\mathrm{AB})_{ik}c_{kj}$$

왜냐하면 AB는 $m\times p$이고 C는 $p\times q$이기 때문이다. 식 (1.115)를 사용하여 다시 쓰면,

$$\sum_{k=1}^{p}\Big(\sum_{l=1}^{n}a_{il}b_{lk}\Big)c_{kj}$$
$$=\sum_{l=1}^{n}\Big(\sum_{k=1}^{p}a_{il}b_{lk}c_{kj}\Big) \quad \text{(합해지는 항의순서가 변한다)}$$

$$=\sum_{l=1}^{n}a_{il}\Big(\sum_{k=1}^{p}b_{lk}c_{kj}\Big)=\sum_{l=1}^{n}a_{il}(\mathrm{BC})_{lj}=(\mathrm{A}(\mathrm{BC}))_{ij}$$

각각의 $i-j$성분의 동일성은 다음을 성립하게 한다.

$$(AB)C = A(BC)$$

그런 이유로 삼중곱을 간단히 ABC로도 쓸 수 있다. ■

선형대수(linear algebra)에 있어서 종종 이용되는 중요한 행렬곱으로서는 3×3 정방행렬인 A (선형연산자)와 열벡터 $\boldsymbol{u}$사이의 곱인 $A\boldsymbol{u}$가 있다. 행렬 표현식은

$$A\boldsymbol{u} = \boldsymbol{v}$$

여기서 $\boldsymbol{v}$는 3×1 열벡터이며 위 행렬곱에 관한 성분표시는 아래와 같다.

$$\sum_{j=1}^{3} a_{ij}\, u_j = v_i \quad (i = 1,\, 2,\, 3)$$

행렬곱 $\boldsymbol{u}^{\mathrm{T}}A\boldsymbol{u}$는 1×1 행렬(즉 스칼라)을 나타내는데 이것은 괄호를 없앤 형태이며, 하나의 숫자와 동일하게 간주할 수 있다. $\boldsymbol{u}$와 A의 성분인 u_i와 a_{ij}의 관점에서 볼 때 이 숫자는

$$\begin{aligned}\sum_{i=1}^{3}\sum_{j=1}^{3} u_i a_{ij} u_j = \sum_{i=1}^{3}\sum_{j=1}^{3} a_{ij} u_i u_j \\ &= a_{11}{u_1}^2 + a_{12}u_1u_2 + a_{13}u_1u_3 + a_{21}u_2u_1 \\ &\quad + a_{22}{u_2}^2 + a_{23}u_2u_3 + a_{31}u_3u_1 + a_{32}u_3u_2 + a_{33}{u_3}^2 \\ &= a_{11}{u_1}^2 + a_{22}{u_2}^2 + a_{33}{u_3}^2 + (a_{12}+a_{21})u_1u_2 \\ &\quad + (a_{23}+a_{32})u_2u_3 + (a_{31}+a_{13})u_3u_1\end{aligned}$$

이 표현은 직접적인 행렬의 곱에 의해서도 얻어질 수 있다.

$$(u_1\ \ u_2\ \ u_3)\begin{pmatrix} a_{11} & a_{12} & a_{13} \\ a_{21} & a_{22} & a_{23} \\ a_{31} & a_{32} & a_{33} \end{pmatrix}\begin{pmatrix} u_1 \\ u_2 \\ u_3 \end{pmatrix}$$

행렬의 합과 곱의 연산은 배분법칙을 통해 연결되어 있으며 m×n 행렬 A와 n×p 행렬 B와 C에 대하여 다음과 같은 식을 얻을 수 있다.

$$A(B+C) = AB + AC \tag{1. 119}$$

정의를 고려해 볼 때

$$\sum_{k=1}^{n} a_{ik}(b_{kj}+c_{kj}) = \sum_{k=1}^{n} a_{ik}b_{kj} + \sum_{k=1}^{n} a_{ik}b_{kj}$$

1.4.2.3 행렬의 곱과 전치

만일 각각의 두 행렬 A와 B가 $m\times n$, $n\times p$라면, 행렬곱 AB는 $m\times p$이다. 따라서 행렬곱 $(\mathrm{AB})^{\mathrm{T}}$의 전치는 $p\times m$행렬이다. 이제 B^{T}는 $p\times n$이고 A^{T}는 $n\times m$이므로 B^{T}와 A^{T}는 적합하고(conformable), 그들의 곱 $\mathrm{B}^{\mathrm{T}}\mathrm{A}^{\mathrm{T}}$도 역시 $p\times m$이다. 사실상 어떠한 적합한 A와 B에 대하여 $(\mathrm{AB})^{\mathrm{T}}$와 $\mathrm{B}^{\mathrm{T}}\mathrm{A}^{\mathrm{T}}$는 동일하다는 것을 다음과 같이 증명할 수 있다.

$$(\mathrm{AB})^{\mathrm{T}} = \mathrm{B}^{\mathrm{T}}\mathrm{A}^{\mathrm{T}} \tag{1.120}$$

증 명 이것을 증명하기 위해서 AB의 $j-i$성분과 같은$(\mathrm{AB})^{\mathrm{T}}$의 $i-j$성분을 생각해 보자. 이것은 식 (1.115)에 의하여 $\sum_{k=1}^{n} a_{jk}b_{ki}$ 이며, 합에 있어서 각각의 항의 위치를 바꾸어 $\sum_{k=1}^{n} b_{ki}a_{jk}$ 와 같이 쓰여질 수도 있다. 이제 b_{ki} 는 B^{T}의 $i-k$성분이고 a_{jk} 는 A^{T}의 $k-j$성분임을 알 수 있다. $\sum_{k=1}^{n} b_{ki}a_{jk}$는 $\mathrm{B}^{\mathrm{T}}\mathrm{A}^{\mathrm{T}}$의 $i-j$ 성분이다. 따라서 양변의 $i-j$성분의 동일성은 위의 결과를 만족한다. ■

예제 1.16

아래와 같은 행렬 표현식의 전치를 행하라.

$$\mathrm{A}\boldsymbol{u} = \boldsymbol{v}$$

위의 식에서 A는 3×3 행렬이고 $\boldsymbol{u}$와 $\boldsymbol{v}$는 각각 3×1 열벡터이다.

풀 이

식 (1.120)을 이용하면 $\boldsymbol{u}^{\mathrm{T}}\mathrm{A}^{\mathrm{T}}=\boldsymbol{v}^{\mathrm{T}}$가 된다. 여기서 $\boldsymbol{u}^{\mathrm{T}}$와 $\boldsymbol{v}^{\mathrm{T}}$는 각각 1×3 행벡터이다.

예제 1. 17

결과가 1×1 행렬인 행렬곱 $\boldsymbol{u}^{\mathrm{T}}\mathrm{A}\boldsymbol{u}$의 전치는 변화를 일으키지 않음을 증명하라.

풀 이

행렬곱의 치환은 각각을 치환시키고 순서를 거꾸로 쓰는 것과 결과가 같으므로(식 (1.120)), 이 경우에

$$\boldsymbol{u}^{\mathrm{T}}\mathrm{A}\boldsymbol{u} = (\boldsymbol{u}^{\mathrm{T}}\mathrm{A}\boldsymbol{u})^{\mathrm{T}} = \boldsymbol{u}^{\mathrm{T}}\mathrm{A}^{\mathrm{T}}(\boldsymbol{u}^{\mathrm{T}})^{\mathrm{T}} = \boldsymbol{u}^{\mathrm{T}}\mathrm{A}^{\mathrm{T}}\boldsymbol{u}$$

만일 A가 반대칭 행렬의 특별한 경우에는 $\mathrm{A}^{\mathrm{T}} = -\mathrm{A}$이므로

$$\boldsymbol{u}^{\mathrm{T}}\mathrm{A}\boldsymbol{u} = \boldsymbol{u}^{\mathrm{T}}(-\mathrm{A})\boldsymbol{u} = -\boldsymbol{u}^{\mathrm{T}}\mathrm{A}\boldsymbol{u}$$

여기에서 $2\boldsymbol{u}^{\mathrm{T}}\mathrm{A}\boldsymbol{u} = 0$이고 결과적으로 $\boldsymbol{u}^{\mathrm{T}}\mathrm{A}\boldsymbol{u} = 0$이다.

1. 4. 2. 4 행렬의 행렬식

A가 다음과 같은 행렬일 때 2×2 행렬 A의 행렬식(determinant)은

$$\mathrm{A} = \begin{pmatrix} a_{11} & a_{12} \\ a_{21} & a_{22} \end{pmatrix}$$

간단하게 $a_{11}a_{22} - a_{12}a_{21}$의 스칼라 양이고 det A 또는 |A|로 나타낸다. 행렬식은 배열에 의해 다음과 같이도 나타낼 수 있다.

$$\begin{vmatrix} a_{11} & a_{12} \\ a_{21} & a_{22} \end{vmatrix}$$

이것은 수직선을 사용한 괄호를 사용하여 행렬 A와 구별한다. 예를 들어,

$$\begin{vmatrix} 7 & 4 \\ 2 & 3 \end{vmatrix} = 7 \times 3 - 4 \times 2 = 13$$

행과 열의 변환은 행렬식의 부호를 반대로 변화시킨다. 따라서

$$\begin{vmatrix} 2 & 3 \\ 7 & 4 \end{vmatrix} = \begin{vmatrix} 4 & 7 \\ 3 & 2 \end{vmatrix} = 8 - 21 = -13$$

이제 아래와 같은 3×3행렬 A의 행렬식 det A를 정의하겠다.

$$A = \begin{pmatrix} a_{11} & a_{12} & a_{13} \\ a_{21} & a_{22} & a_{23} \\ a_{31} & a_{32} & a_{33} \end{pmatrix}$$

우선 행렬의 '소행렬식(minor)' M_{ij} 을 정의한다. 소행렬식 M_{ij} 는 A 행렬의 i 번째 행과 j 번째 열을 소거시켜 얻어진 2×2 행렬의 행렬식이다.

따라서

$$M_{11} = \begin{vmatrix} a_{22} & a_{23} \\ a_{32} & a_{33} \end{vmatrix}, \quad M_{12} = \begin{vmatrix} a_{21} & a_{23} \\ a_{31} & a_{33} \end{vmatrix}, \quad \text{등}$$

그리고

$$\det A = \begin{vmatrix} a_{11} & a_{12} & a_{13} \\ a_{21} & a_{22} & a_{23} \\ a_{31} & a_{32} & a_{33} \end{vmatrix} = a_{11}M_{11} - a_{12}M_{12} + a_{13}M_{13} \tag{1.121}$$

(3×3 행렬의 행렬식은 3차(third order) 행렬식이라 한다.)

det A 의 식 (1.121) (A 의 첫 번째 행에 의해 확장시킨) 표현은 첫 번째 열에 의해 확장시켜 얻어진 행렬식과 동일하다.

$$\det A = a_{11}M_{11} - a_{21}M_{21} - a_{31}M_{31} \tag{1.122}$$

이것은 쉽게 확인할 수 있다. 전체를 풀어쓰면 다음과 같다.

$$\begin{aligned} \det A &= a_{11}(a_{22}a_{33} - a_{23}a_{32}) - a_{12}(a_{21}a_{33} - a_{23}a_{31}) + a_{13}(a_{21}a_{32} - a_{22}a_{31}) \\ &= a_{11}a_{22}a_{33} + a_{12}a_{23}a_{31} + a_{13}a_{21}a_{32} - a_{11}a_{23}a_{32} - a_{12}a_{21}a_{33} - a_{13}a_{22}a_{31} \end{aligned} \tag{1.123}$$

예를 들어

$$\begin{vmatrix} 1 & 2 & 3 \\ 4 & 5 & 6 \\ 7 & 8 & 9 \end{vmatrix} = 1(45-48) - 2(36-42) + 3(32-35) = -3+12-9 = 0$$

식 (1.121)과 (1.122)는 행렬의 '여인수(cofactor)' $a_{ij}^{(C)}$ 를 도입함으로써 음의 부호를 없앤 식으로 쓸 수 있다. 이 식들은 다음과 같이 소행렬식의 관점에서 정의될 수도 있다.

$$a_{ij}^{(C)} = (-1)^{i+j}M_{ij} = A_{ij}^{(C)}$$

따라서, 만일 $i+j$의 합이 짝수이면 $a_{ij}^{(C)}=M_{ij}$ 이고 합이 홀수이면 $a_{ij}^{(C)}=-M_{ij}$ 이다. 그러므로

$$\det \mathrm{A}=a_{11}a_{11}^{(C)}+a_{12}a_{12}^{(C)}+a_{13}a_{13}^{(C)}=a_{11}a_{11}^{(C)}+a_{21}a_{21}^{(C)}+a_{31}a_{31}^{(C)} \tag{1.124}$$

식 (1.124)에서처럼 행렬 A의 주어진 행 (또는 열)에 대하여 해당하는 요소 a_{ij} 와 그 여인수 $a_{ij}^{(C)}$의 곱으로 전개함으로써 행렬식 값을 구하는 것을 'Laplace 전개'라고 하며, 이것은 높은 차원의 행렬의 행렬식을 보다 낮은 차원의 행렬식으로 전환시켜 구하는 데 이용된다.

다음에는 3차 행렬식의 정의인 식 (1.123)으로부터 임의의 두 행 (또는 두 열)의 교환은 행렬식 값의 부호를 바꾸고, 또한 만일 행렬이 2개의 동일한 행 (또는 열)을 가지고 있다면 행렬의 행렬식은 0이 됨을 알 수 있다.

여기서 식 (1.121) - (1.124)는 단지 3차 행렬식에만 유효하나 이 결과를 $n\times n$의 일반적인 행렬의 행렬식에까지 확장하는 것도 가능하다. 다음에 논의할 행렬식의 중요한 성질, 특히 식 (1.125)와 (1.126)은 더 높은 차원의 행렬식의 경우에도 성립한다. 또한 3×3 단위행렬 I의 값은 1이며, 이것은 $n\times n$ 단위행렬의 경우에도 성립한다.

만일 3×3 행렬 각각의 행 (또는 열)이 직교 Cartesian 좌표계를 기준으로 한 3차원 공간에서의 벡터의 성분으로 구성되어 있다면, 행렬식은 아래와 같이 3개의 행 (또는 열)에 의해 정의된 3개의 벡터의 스칼라 삼중적과 동일하다.

$$\boldsymbol{a}\cdot\boldsymbol{b}\times\boldsymbol{c}=\begin{vmatrix} a_x & a_y & a_z \\ b_x & b_y & b_z \\ c_x & c_y & c_z \end{vmatrix} \tag{1.29b}$$

이외에도 3차 행렬식의 중요한 성질로서는 아래의 관계가 있다.

$$\det(\mathrm{AB})=\det \mathrm{A}\,\det \mathrm{B} \tag{1.125}$$

이 결과는 2×2 행렬로도 증명되어 질 수 있고 일반적인 $n\times n$ 경우에도 확장되어 진다. 마찬가지로 세 개의 3×3 행렬 A, B, C에 대해서도 식 (1.125)로부터 아래와 같이 나타낼 수 있다.

$$\det(\mathrm{ABC})=\det \mathrm{A}\,\det(\mathrm{BC})=\det \mathrm{A}\,\det \mathrm{B}\,\det \mathrm{C} \tag{1.126}$$

또 다른 기본적인 행렬식의 특성으로는 어떤 행렬 A에 대해서 다음이 성립한다.

$$\det(\mathrm{A}^{\mathrm{T}})=\det \mathrm{A} \tag{1.127}$$

즉 행렬식의 값은 행과 열이 교환되어질 때 변하지 않는다.

마지막으로 행렬식에 관한 연산을 간단하게 하는 두 중요한 특성을 아래에 증명 없이 간단히 소개한다.

(a) 어떠한 행(열)에 스칼라를 곱한 것을 다른 행(열)으로 더해도 행렬식의 값에 영향을 주지 못한다.
(b) 각 성분 중에서 공통인수를 포함하는 행(열)은 공통인수로 분해될 수 있고, 그 공통인수는 행렬식 밖으로 나올 수 있다. 예를 들면 다음과 같다.

$$\begin{vmatrix} 6 & 12 & 18 \\ 5 & 1 & 2 \\ -1 & 0 & 4 \end{vmatrix} = 6\begin{vmatrix} 1 & 2 & 3 \\ 5 & 1 & 2 \\ -1 & 0 & 4 \end{vmatrix} = -222$$

1.4.2.5 행렬의 역

앞에서 3×3 단위행렬 I는 행렬곱의 과정에서 1(unity)처럼 간주되었다. 그런데 어떤 주어진 3×3 행렬 A에 대하여 아래와 같이 나타낸 행렬 방정식에서

$$AB = I \tag{1.128}$$

그 해에 해당하는 3×3 행렬 B는 어떤 의미에서 B의 역(reciprocal)으로 간주될 수 있다. 비록 역 I/A에 대해서 거론하는 것은 의미가 없다고 하더라도 식 (1.128)를 만족하는 A의 역(inverse) 행렬(A^{-1}로 나타냄)을 정의하는 것은 가능하다. 따라서 식 (1.128)의 해는 $B = A^{-1}$이다. 일반적으로 $\det A \neq 0$인 경우에 A의 역행렬 A^{-1}은 아래와 같이 구할 수 있다.

$$A^{-1} = \frac{1}{\det A}(\mathrm{adj}\ A) \tag{1.129}$$

여기에서 adj A는 A의 '수반(adjoint)' 행렬로서 a_{ij} 의 여인수인 $a_{ij}^{(C)}$행렬의 전치 행렬에 해당한다. 예를 들어

$$\begin{pmatrix} 1 & 9 & 8 \\ 4 & 5 & 2 \\ 7 & 3 & 6 \end{pmatrix}^{-1} = -\frac{1}{250}\begin{pmatrix} 24 & -10 & -23 \\ -30 & -50 & 60 \\ -22 & 30 & -31 \end{pmatrix}^{T} = \begin{pmatrix} -0.096 & 0.12 & 0.088 \\ 0.04 & 0.2 & -0.12 \\ 0.092 & -0.24 & 0.124 \end{pmatrix}$$

행렬식이 0이 아닌 행렬은 '정칙(non-singular)' 행렬이라 한다.
반면에 행렬식의 값이 0인 '특이(singular)' 행렬은 식 (1.128)를 만족하지 않기 때문에 역행렬을 가질 수 없다.

증 명 식 (1.125)를 사용하여 양변의 행렬식을 취하고 $\det I = 1$임을 감안하면 결과는 다음과 같다.

$$\det A\ \det B = 0\det B = \det I = 1$$

이 결과는 어떤 행렬 B에 대해서도 맞지 않는다. ■

정칙행렬인 A에 대하여 아래의 관계식에

$$AA^{-1} = I \tag{1.130}$$

식 (1.125)를 적용시키면 다음과 같은 결과를 얻는다.

$$\det(AA^{-1}) = \det A \det A^{-1} = \det I = 1$$

따라서

$$\det(A^{-1}) = \frac{1}{\det A} \tag{1.131}$$

여기서 A가 정칙행렬이라면 A^{-1}도 정칙행렬이다.

A^{-1}가 존재하고 식 (1.130)를 만족하면 A^{-1}로 왼편에서 행렬곱을 취하면 아래와 같이 된다.

$$A^{-1}(AA^{-1}) = A^{-1}I = A^{-1}$$

즉 결합법칙에 의해 $(A^{-1}A)A^{-1} = A^{-1}$이 된다. 지금 A^{-1} 또한 정칙행렬로서 역행렬 $(A^{-1})^{-1}$을 가진다. 이 행렬을 오른쪽에서 곱하면 다음과 같다.

$$(A^{-1}A)[A^{-1}(A^{-1})^{-1}] = (A^{-1})(A^{-1})^{-1} = I$$

따라서

$$(A^{-1}A)I = A^{-1}A = I$$

그러므로 만일 A^{-1}이 존재한다면 아래의 두 관계가 성립됨을 알 수 있다.

$$A^{-1}A = AA^{-1} = I \tag{1.132}$$

$$(A^{-1})^{-1} = A \tag{1.133}$$

3×3행렬 A의 정칙행렬의 역행렬 A^{-1}에 관한 지식은 식 (1.133) 아래의 선형 연립방정식에 대하여 3×1 열벡터 $\boldsymbol{x}$의 형태로 유일한 해를 이끌어낼 수 있다.

$$A\boldsymbol{x} = \boldsymbol{b}$$

여기서 $\boldsymbol{b}$ 는 3×1 열벡터이다. A^{-1}을 위 식의 왼편에 곱하고 식 (1.132)를 사용하면 아래와 같이 해 벡터 $\boldsymbol{x}$를 구할 수 있다.

$$\boldsymbol{x}=\mathrm{A}^{-1}\boldsymbol{b}$$

위의 식에서 $\boldsymbol{b}$가 0 벡터인 경우 만약 A가 정칙 행렬이라면 $\boldsymbol{x}=\mathrm{A}^{-1}\mathbf{0}=\mathbf{0}$인 유일한 해를 가지게 된다. 따라서 이 경우 $\boldsymbol{x}$가 0이 아닌 해(non-trivial solution)를 갖기 위해서는 A가 특이행렬(즉 $\det\mathrm{A}=0$)일 필요가 있다. 행렬을 이용한 선형 연립방정식의 일반해를 구하는 방법에 대해서는 나중에 다시 보다 자세하게 다루기로 한다.

1. 4. 2. 6 행렬의 계수(rank)

일반적인 $M\times N$ 행렬의 '계수(rank)'의 개념을 특히 1.11절에서 다룰 선형 연립방정식의 해에 있어서 매우 중요하다. 아래에서 보는 바와 같이 행렬의 계수는 다른 두 대응하는 방법으로 정의될 수 있다.

먼저 행렬의 계수는 행렬 내 존재하는 벡터(vector)들의 선형독립성(linear independence)(1.13절 참조)으로 정의될 수 있다.

임의의 한 $M\times N$ 행렬 A는 아래와 같이 N개의 열(column) 벡터(각각 M개의 성분을 가짐) $\boldsymbol{v}_1, \boldsymbol{v}_2, \cdots, \boldsymbol{v}_N$으로 이루어져 있다고 생각될 수 있다.

$$\mathrm{A}=\begin{pmatrix}\uparrow & \uparrow & & \uparrow\\ \boldsymbol{v}_1 & \boldsymbol{v}_2 & \cdots & \boldsymbol{v}_N\\ \downarrow & \downarrow & & \downarrow\end{pmatrix}$$

이때 행렬의 '계수'는 $R(\mathrm{A})$로 표기되며, 집합 $\{\boldsymbol{v}_i\}_{i=1}^{N}$ 내에 있는 '선형독립인 벡터의 수'로 정의되며, 이들 벡터로 스팬(span)된 벡터공간의 차원(dimension, dim)과 같다. 마찬가지로 행렬 A를 아래와 같이 M개의 행(row) 벡터(각각 N개의 성분을 가짐) $\boldsymbol{w}_1, \boldsymbol{w}_2, \cdots, \boldsymbol{w}_N$으로 이루어져 있다고 생각할 수도 있다.

$$\mathrm{A}=\begin{pmatrix}\leftarrow & \boldsymbol{w}_1 & \rightarrow\\ \leftarrow & \boldsymbol{w}_2 & \rightarrow\\ & \vdots & \\ \leftarrow & \boldsymbol{w}_M & \rightarrow\end{pmatrix}$$

이때는 집합 $\left\{\sum_{i=1}^{N} w_i\right\}$ 내에 있는 '선형독립인 벡터의 수'로 정의된다. 이 정의로부터, $R(\mathrm{A})$는 행렬 내 두 행(또는 두 열)의 교환이나, 임의의 한 행(또는 열)을 상수로 곱함에 의해 변하지 않음을 쉽게 알 수 있다. 더욱이, 만약 한 행(또는 열)에 일정수를 곱해 다른 행(또는 열)에 더하는 경우를 생각해보자. 가령 행 $\boldsymbol{w}_i$를 $\boldsymbol{w}_i + c\boldsymbol{w}_j$로 치환하더라도 선형독립인 행벡터의 수는 변하지 않으므로 $R(\mathrm{A})$는 변하지 않는다.

$R(\mathrm{A})$에 관한 두 번째 정의로서는 '부행렬(submatirx)'의 개념을 이용한다. 주어진 행렬 A의 부행렬은 A의 요소로부터 한 개 이상의 행(또는 열)을 무시함으로써 얻어진다. 그리하여 $M\times N$ 행렬 A의 계수는 그 행렬식의 값이 0이 안되는 '가장 큰 정방 부행렬의 크기(size of the largest square submatrix)'로서 정의된다. 따라서, 만약 $M\times N$ 행렬 A가 $|\mathrm{S}|\neq 0$인 $r\times r$ 부행렬 S를 가지나, 행렬식 값이 0이 안되는 어떠한 $(r+1)\times(r+1)$ 부행렬을 갖지 않을 경우 $R(\mathrm{A})=r$이 된다.

결과적으로 $M\times N$ 행렬 A의 계수에 관한 두 대응하는 정의로부터 $R(\mathrm{A})$는 M 및 N 중 작은 값과 같거나 더 작음을 쉽게 알 수 있다.

예제 1.18

다음 3×4 행렬 A의 계수 $R(\mathrm{A})$를 구하라.

$$\mathrm{A}=\begin{pmatrix}1 & 1 & 0 & -2\\ 2 & 0 & 2 & 2\\ 4 & 1 & 3 & 1\end{pmatrix}$$

풀 이

A내 가장 큰 정방 부행렬은 3×3 행렬이어야 한다. A내 4개의 3×3 부행렬이 있는데 각각의 행렬식의 값을 구하면 아래가 된다(1.4.2.4절 참조).

$$\begin{vmatrix}1 & 1 & 0\\ 2 & 0 & 2\\ 4 & 1 & 3\end{vmatrix}=0,\qquad \begin{vmatrix}1 & 1 & -2\\ 2 & 0 & 2\\ 4 & 1 & 1\end{vmatrix}=0,$$

$$\begin{vmatrix}1 & 0 & -2\\ 2 & 2 & 2\\ 4 & 3 & 1\end{vmatrix}=0,\qquad \begin{vmatrix}1 & 0 & -2\\ 0 & 2 & 2\\ 1 & 3 & 1\end{vmatrix}=0$$

이들 4 부행렬 값이 모두 0이 되므로, 다음에는 2×2 부행렬을 생각해보아야 하는데, 가령 A의 3행과 3열 및 4열을 무시하고 얻어진 아래의 2×2 행렬식 값을 아래가 된다.

$$\begin{vmatrix}1 & 1\\ 2 & 0\end{vmatrix}=1\times 0-2\times 1=-2$$

이 행렬식 값이 0이 안되므로 $R(\mathrm{A})=2$이다(다른 2×2 부행렬에 대해 조사해 볼 필요가 없다).

물론 $N\times N$ 정방행렬 A에 있어서, $R(\mathrm{A}) < N$이면 행렬식 값 $|\mathrm{A}|=0$이 되어, A는 역행렬이 불가능한 '특이행렬(singular matrix)'이 된다.

1.5 특수(정방) 행렬

1.5.1 대각행렬

대각선 요소가 1이고, 기타 0인 단위(등방) 행렬 I(식 (1.116))는 대표적 '대각행렬(diagonal matrix)'이다. 대각행렬 A의 i행, j열 요소 A_{ij}는 $i=j$일 때만 값이 있고, 기타 0이 된다. 아래에 임의의 3×3 대각행렬을 예로서 나타내었다.

$$\mathrm{A}=\begin{pmatrix}1 & 0 & 0\\ 0 & 2 & 0\\ 0 & 0 & -3\end{pmatrix}$$

위의 대각행렬 A는 가끔 $\mathrm{A}=\mathrm{diag}(1,2,-3)$으로 나타내기도 한다.

만약 $\mathrm{A}=\mathrm{diag}(A_{11}, A_{22}, \cdots, A_{NN})$으로 주어지는 $N\times N$ 대각행렬의 행렬식 값은 간단히 아래가 됨을 쉽게 알 수 있다.

$$|\mathrm{A}|=A_{11}A_{22}\cdots A_{NN} \tag{1.134}$$

더욱이, 대각행렬 A의 역은 역시 아래와 같이 대각행렬이 된다.

$$\mathrm{A}^{-1}=\mathrm{diag}\left(\frac{1}{A_{11}}, \frac{1}{A_{22}}, \cdots, \frac{1}{A_{NN}}\right),\ 단\ \mathrm{A}=\mathrm{diag}(A_{11}, A_{22}, \cdots, A_{NN}) \tag{1.135}$$

마지막으로 두 대각행렬 A와 B의 곱도 대각행렬이며, 서로 교환이 가능하다. 즉

$$\mathrm{AB}=\mathrm{BA}$$

(물론 일반 정방행렬의 경우에는 이것이 성립되지 않는다.)

1.5.2 하삼각 및 상삼각 행렬

만약 정방행렬 A에서, 주 대각요소 위의 모든 요소가 0이면 A는 '하삼각 행렬(lower triangular matrix)'이라고 부른다. 아래에 한 3×3 하삼각 행렬을 예로서 나타내었다.

$$A = \begin{pmatrix} A_{11} & 0 & 0 \\ A_{21} & A_{22} & 0 \\ A_{31} & A_{32} & A_{33} \end{pmatrix}$$

이와 유사하게 행렬 A의 주 대각요소 아래의 모든 요소가 0이 되는 대각행렬을 '상삼각 행렬(upper triangular matrix)'이라고 하며, 아래에 한 3×3 상삼각 행렬을 예로 나타내었다.

$$A = \begin{pmatrix} A_{11} & A_{12} & A_{13} \\ 0 & A_{22} & A_{23} \\ 0 & 0 & A_{33} \end{pmatrix}$$

한편 임의의 $N \times N$ 상(또는 하)삼각행렬의 행렬식 값도 대각행렬의 경우와 마찬가지로 아래가 됨을 쉽게 알 수 있다.

$$|A| = A_{11}A_{22} \cdots A_{NN} \tag{1. 136}$$

또한 상(또는 하)삼각행렬의 역은 하(또는 상)삼각행렬이 됨도 쉽게 알 수 있다.

1. 5. 3 대칭 및 반대칭 행렬

성질 $A = A^T$(여기서 T는 전치를 의미)를 가진 차수(order) N의 정방행렬 A는 '대칭(symmetric)'이라고 하며, 반면에 $A = -A^T$인 정방행렬은 '반대칭(anti- or skew-symmetric)'이라고 부르며, 특히 반대칭행렬인 경우 그의 대각요소 $a_{11}, a_{22}, \cdots, a_{NN}$은 모두 0이 된다. 이는 만약 $A = \pm A^T$라면 $(A^{-1})^T = (A^T)^{-1} = \pm A^{-1}$ 되는 관계를 이용하면 쉽게 증명될 수 있다[혹은 반대칭행렬 A인 경우 $A + A^T = O \Rightarrow A_{ij} + A_{ji} = 0$이 되어, $A_{11} + A_{11} = 0$(즉 $A_{11} = 0$), $A_{12} + A_{21} = 0$(즉 $A_{12} = -A_{21}$)가 됨에서 알 수 있다].

한편 임으의 $N \times N$ 정방(비대칭) 행렬은 아래 식에서 볼 수 있듯이 항상 한 대칭행렬과 한 반대칭행렬의 합으로 나타낼 수 있다.

$$A = \frac{1}{2}(A + A^T) + \frac{1}{2}(A - A^T) = B + C \tag{1. 137}$$

여기서 $B = B^T$(대칭행렬), 그리고 $C = -C^T$(반대칭행렬)임을 쉽게 확인할 수 있다.

예제 1.19

만약 A가 $N \times N$ 반대칭행렬이라면 N가 홀수인 경우 행렬식 값 $|A| = 0$임을 증명하라.

풀이

A가 반대칭행렬이면 $A^T = -A$가 되고, 또한 행렬식과 치환 행렬식의 값은 같아야 하므로(식 (1.127 참조)) 아래가 성립된다.

$$|A| = |A^T| = |-A| = (-1)^N |A|$$

여기서 맨 마지막 항등관계는 행렬식의 한 행(또는 열)에 공통인자 λ가 존재하면 바깥으로 뺄 수 있는 행렬식의 성질을 이용한 것이다(이 경우 $\lambda = -1$이고, 전 요소에 -1이 공통인자로 존재함). 위 식에서 만약 N가 홀수이면 $|A| + |A| = 0$ 즉 $|A| = 0$이 되어 증명된다.

1.5.4 직교행렬

만약 정방행렬 A의 전치가 그 역에 해당, 즉 아래가 성립되면 A는 '직교행렬(orthogonal matrix)'라고 부른다.

$$A^T = A^{-1} \tag{1.138}$$

또한 직교행렬의 역 또한 직교행렬이 됨을 아래 관계에서 알 수 있다.

$$(A^{-1})^T = (A^T)^{-1} = (A^{-1})^{-1}$$

더욱이, 직교행렬의 행렬식 값은 항상 ± 1이 된다. 즉

$$|A| = \pm 1 \tag{1.139}$$

증 명 직교행렬의 성질과 행렬식의 성질 $|A| = |A^T|$로부터 아래가 성립된다.

$$|A^T A| = |A^T||A| = |A|^2 = |I| = 1$$

맨 마지막 항등관계는 단위행렬의 행렬식 값은 1이 됨을 이용하였다. 따라서 $|A| = \pm 1$가 증명된다[참고로 $|A| = 1$인 경우는 '고유(proper) 직교행렬'로서 회전변환행렬에 해당되고, $|A| = -1$인 경우는 '비고유(improper) 직교행렬'로서 반사변환행렬에 해당된다 - 1.7절 참조] ■

임의의 직교행렬 A는 회전변환(이 경우 $|A| = 1$)이나 반사변환(이 경우 $|A| = -1$)의 경우처럼 객체 (실)벡터의 크기는 보존하는 선형연산자 $\hat{A}$에 해당한다(1.7절 참조).

증 명 어떤 주어진 좌표계에서 어떤 (실수)벡터 $\boldsymbol{x}$에 직교행렬 A에 해당하는 선형연산자 $\hat{A}$가 작용하여 새로운 벡터 $\boldsymbol{y}$가 얻어졌다면 이는 행렬표현으로 $\boldsymbol{y} = A\boldsymbol{x}$가 될 것이다. 이때 변환된 $\boldsymbol{y}$의 크기(노름)의 제곱 즉 $\langle \boldsymbol{y} \mid \boldsymbol{y} \rangle$는 아래가 될 것이다[이때 $\boldsymbol{y}^{\dagger} = (\boldsymbol{y}^{*})^{T} = \boldsymbol{y}^{T}$가 됨을 이용].

$$\| \boldsymbol{y} \|^{2} = \langle \boldsymbol{y} \mid \boldsymbol{y} \rangle = \boldsymbol{y}^{T}\boldsymbol{y} = (A\boldsymbol{x})^{T}A\boldsymbol{x} = \boldsymbol{x}^{T}A^{T}A\boldsymbol{x} = \boldsymbol{x}^{T}\boldsymbol{x} = \| \boldsymbol{x} \|^{2} \tag{1. 140}$$

따라서 직교행렬 A에 의한 변환은 벡터의 크기가 보존 (즉 $\| \boldsymbol{y} \| = \| \boldsymbol{x} \|$)됨이 증명된다. ■

1. 5. 5 에르미트 및 반 에르미트 행렬

1.3.6절에 정의한 (선형)에르미트 연산자(Hermitian operator)의 경우와 마찬가지로, 이에 대응하는 '에르미트 행렬(Hermitian matrix)' A는 $A^{\dagger} = A$(여기서 †는 수반(혹은 에르미트 공액) 연산을 의미하며, $A^{\dagger} = (A^{*})^{T}$가 된다]를 만족할 경우 얻어진다. 이와 반대로 만약 $A^{\dagger} = -A$인 경우는 A는 '반 에르미트 행렬(anti-Hermitian matrix)'라고 부른다(만약 A가 실수인 경우는 에르미트 행렬은 대칭행렬, 그리고 반 에르미트 행렬은 반대칭행렬이 된다). 또한 반대칭행렬의 경우와 마찬가지로 만약 A가 반 에르미트 행렬이라면 그 역도 반 에르미트 행렬이 됨을 아래 관계식에서 볼 수 있다.

$$(A^{-1})^{\dagger} = (A^{\dagger})^{-1} = \pm A^{-1} \tag{1. 141}$$

끝으로 실수의 경우와 마찬가지로 임의의 $N \times N$(비 에르미트) 행렬은 항상 한 에르미트 행렬과 한 반 에르미트 행렬의 합으로 나타낼 수 있다. 즉

$$A = \frac{1}{2}(A + A^{\dagger}) + \frac{1}{2}(A - A^{\dagger}) = B + C \tag{1. 142}$$

여기서 $B = B^{\dagger}$(에르미트), $C = -C^{\dagger}$(반 에르미트)가 됨을 쉽게 알 수 있다.

1.5.6 유니터리 행렬

(선형)유니터리 연산자(unitary operator)의 경우와 마찬가지로(1.3.6절 참조), 이에 대응하는 '유니터리 행렬(unitary matirx)' A는 $A^{\dagger}=A^{-1}$가 성립하는 경우를 말한다(물론 실수인 경우는 $A^{\dagger}=A^{T}=A^{-1}$가 되어, A는 직교행렬이 된다). 직교행렬의 경우와 마찬가지로 (복소)유니터리 행렬의 역도 유니터리 행렬이 됨을 아래 관계에서 알 수 있다.

$$(A^{-1})^{\dagger}=(A^{\dagger})^{-1}=(A^{-1})^{-1} \tag{1. 143}$$

또한 유니터리 행렬 A의 행렬식 값은 (실)직교행렬의 경우와 마찬가지로 $|A|=\pm 1$가 됨은 정의 $A^{\dagger}A=I$로부터 아래가 성립됨에서 알 수 있다.

$$|A^{\dagger}A|=|A^{\dagger}||A|=|A|^{*}|A|=|I|=1 \tag{1. 144}$$

위 식의 두 번째 항등관계는 $|A^{T}|^{*}=|A|^{*}$에서 온다. 따라서 $|A|=\pm 1$임이 증명된다.

(복소)유니터리 행렬도, (실)직교행렬의 경우와 마찬가지로 주어진 기저계에서 어떤 복소 객체(벡터)의 크기(노름)는 보존하면서 다른 복소벡터로 변환시키는 선형연산자에 해당된다. 즉 선형변환 $\boldsymbol{y}=\hat{A}\boldsymbol{x}$에서 선형(유니터리) 연산자 $\hat{A}$에 해당하는 유니터리 행렬을 A라고 할 때 이의 행렬표현식은 $\boldsymbol{y}=A\boldsymbol{x}$가 되며, 이때 복소벡터 $\boldsymbol{x}$의 크기(제곱) $\|\boldsymbol{x}\|^{2}=\langle\boldsymbol{x}\mid\boldsymbol{x}\rangle$와 변환된 복소벡터 $\boldsymbol{y}$의 크기(제곱) $\|\boldsymbol{y}\|^{2}$은 같음을 아래 관계식에서 알 수 있다[단 $A^{\dagger}=A^{-1}$, $A^{\dagger}A=I$를 이용].

$$\|\boldsymbol{y}\|^{2}=\langle\boldsymbol{y}\mid\boldsymbol{y}\rangle=\boldsymbol{y}^{\dagger}\boldsymbol{y}=(A\boldsymbol{x})^{\dagger}A\boldsymbol{x}=\boldsymbol{x}^{\dagger}A^{\dagger}A\boldsymbol{x}=\boldsymbol{x}^{\dagger}\boldsymbol{x}=\|\boldsymbol{x}\|^{2} \tag{1. 145}$$

1.5.7 정규행렬

1.3.6절에 정의한 '정규(normal) 연산자'의 경우와 마찬가지로, 어떤 정방행렬 A가 자신의 수반(혹은 에르미트 공액) 행렬인 $A^{\dagger}(=A^{*})^{T})$와 아래와 같이 교환가능이면 A는 '정규행렬(normal matrix)'이라고 한다.

$$[A, A^{\dagger}]=0 \quad\Rightarrow\quad AA^{\dagger}=A^{\dagger}A \tag{1. 146}$$

아래 관계식에서 볼 수 있듯이 (복소)에르미트 행렬과 (복소)유니터리 행렬(혹은 대응하는 실수 대칭행렬과 실수 직교행렬)은 모두 (복소)정규행렬에 속한다. 즉

먼저 A가 $A^{\dagger}=A$를 만족하는 에르미트 행렬이라면 $AA^{\dagger}=AA=A^{\dagger}A$가 성립되어 이때 A

는 정규행렬이 된다. 또한 만약 A가 $A^\dagger = -A$을 만족하는 유니터리 행렬이라면 $AA^\dagger = AA^{-1} = (I) = A^{-1}A = A^\dagger A$가 성립되어 이때의 A도 역시 정규행렬에 속한다.

끝으로 A가 정규행렬이라면 그의 역도 정규행렬이 됨을 아래 관계식으로부터 쉽게 알 수 있다.

$$A^{-1}(A^{-1})^\dagger = A^{-1}(A^\dagger)^{-1} = (A^\dagger A)^{-1} = (A^\dagger)^{-1}A^{-1} = (A^{-1})^\dagger A^{-1} \tag{1.147}$$

이 행렬은 앞으로의 행렬의 고유치 및 고유벡터의 논함에 있어서 매우 유용한 역할을 한다.

1.6 행렬의 고유치 및 고유벡터

1.6.1 정의 및 특수행렬에 적용

지금 N차원 벡터(실수 혹은 복소수) 공간에서 한 선형연산자 $\hat{A}$가 임의의 벡터 $\boldsymbol{x}$에 작용하여 $\hat{A}\boldsymbol{x} = \boldsymbol{y}$라는 다른 벡터를 만들었을 경우, 만약 $\boldsymbol{y}$가 $\boldsymbol{x}$의 단순한 스칼라(λ) 배(즉 $\boldsymbol{y}$는 $\boldsymbol{x}$는 같은 방향)라고 하면 아래 관계가 성립된다.

$$\hat{A}\boldsymbol{x} = \lambda\boldsymbol{x} \tag{1.148}$$

이때 위 식을 만족하는 $\mathbf{0}$이 아닌 벡터 $\boldsymbol{x}$는 선형연산자 $\hat{A}$의 '고유벡터 혹은 주벡터(eigenvector or principal vector)', 그리고 스칼라 λ를 $\boldsymbol{x}$에 대응하는 '고유치 혹은 주치(eigenvalue or principal value)'라고 부른다. 나중에 보게 되겠지만, N차원 벡터공간에서의 선형연산자 $\hat{A}$는 N개의 독립된 고유벡터 $\boldsymbol{x}_i$와 대응하는 고유치 λ_i를 가진다(이때 λ_i는 모두 같을 필요는 없다).

만약 N차원 벡터공간에서 어떤 특수한 좌표(기저)계를 선택한다면 이 좌표계에서 $\hat{A}$의 성분을 갖는 행렬을 A라 하면 식 (1.148)에 대응하는 행렬 표현식은 아래가 될 것이다.

$$A\boldsymbol{x} = \lambda\boldsymbol{x} \tag{1.149}$$

여기서 A는 $N \times N$ 행렬, 그리고 $\boldsymbol{x}$는 $N \times 1$ 열벡터로서, 역시 (주어진 좌표계에서) 행렬 A의 고유벡터가 되고, λ는 대응하는 고유치이다. 그런데 위 식에서처럼 $\boldsymbol{x}$가 A의 고유벡터라면, 이의 스칼라배인 $\mu\boldsymbol{x}$도 고유치 λ를 갖는 A의 고유벡터가 된다. 지금 식 (1.149)에서 정규화된(즉 크기가 1인) 고유벡터 $\hat{\boldsymbol{x}}$는 $\boldsymbol{x}/\|\boldsymbol{x}\|$이므로 아래와 같이 얻어진다.

$$\hat{\boldsymbol{x}} \equiv \boldsymbol{x}/\|\boldsymbol{x}\| = \boldsymbol{x}/\langle \boldsymbol{x} \mid \boldsymbol{x}\rangle^{1/2} = \boldsymbol{x}/(\boldsymbol{x}^\dagger \boldsymbol{x})^{1/2} \tag{1.150}$$

예제 1.20

어떤 N차원 벡터 공간내 한 주어진 좌표계에서 정칙(non-singular) 행렬 A가 고유치 λ_i 및 대응하는 고유벡터 $\boldsymbol{x}_i$를 갖는다면, 이때 역행렬 A^{-1}의 고유치 및 고유벡터를 구하라.

풀 이

행렬의 고유치 및 고유벡터 정의식 (1.149)로부터 아래가 성립된다.

$$A\boldsymbol{x}_i = \lambda_i \boldsymbol{x}_i$$

이 식의 양변을 왼쪽에서 A^{-1}로 곱하면 아래가 된다.

$$A^{-1}A\boldsymbol{x}_i = \lambda_i A^{-1}\boldsymbol{x}_i$$

그런데 $A^{-1}A = I$이므로 위 식을 정리하면 아래가 된다.

$$A^{-1}\boldsymbol{x}_i = \frac{1}{\lambda_i}\boldsymbol{x}_i$$

즉 A^{-1}의 고유치는 λ_i^{-1}이며, 고유벡터는 A의 고유벡터와 동일함을 알 수 있다.

1.6.1.1 정규행렬의 고유치 및 고유벡터

지금 정방행렬 A가 $A^\dagger A = AA^\dagger$를 만족하는 정규행렬이라고 하자(1.5.7절 참조). 이때 $\boldsymbol{x}$를 A의 고유벡터, 그리고 λ를 대응하는 고유치라고 하면 식 (1.149)에서 아래가 성립된다.

$$A\boldsymbol{x} = \lambda\boldsymbol{x} \quad \text{혹은} \quad (A - \lambda I)\boldsymbol{x} = \mathbf{0} \tag{1.151}$$

위 식에서 $B \equiv A - \lambda I$로 두면, $B\boldsymbol{x} = \mathbf{0}$이 되는데 이의 양변에 수반(혹은 에르미트 공액) 연산을 취하면 아래를 얻는다.

$$B\boldsymbol{x} = \mathbf{0} \quad \Rightarrow \quad (B\boldsymbol{x})^\dagger = \boldsymbol{x}^\dagger B^\dagger = \mathbf{0} \tag{1.152}$$

위 식의 양변의 오른쪽에 있는 $B\boldsymbol{x}$를 곱하면 아래를 얻는다.

$$\boldsymbol{x}^\dagger B^\dagger B\boldsymbol{x} = 0 \tag{1.153}$$

이제 정규행렬 A의 고유치가 λ라면, $A^\dagger$의 고유치는 λ^*(복소공액)가 됨(단 고유벡터는 동일)을 위 관계식을 이용하여 증명해보자. 먼저 곱 $B^\dagger B$를 전개하면 아래가 된다.

$$B^\dagger B = (A - \lambda I)^\dagger (A - \lambda I) = (A^\dagger - \lambda^* I)(A - \lambda I) = A^\dagger A - \lambda^* A - \lambda^* A - \lambda A^\dagger + \lambda\lambda^*$$

여기서 A는 정규행렬이므로 $AA^\dagger = A^\dagger A$가 성립한다. 따라서 위 식은 아래가 된다.

$$B^\dagger B = AA^\dagger - \lambda^* A - \lambda A^\dagger + \lambda\lambda^* = (A-\lambda I)(A-\lambda I)^\dagger = BB^\dagger$$

즉 B 역시 정규행렬이 됨을 알 수 있다. 이를 식 (1.153)에 대입하면 아래를 얻는다.

$$\boldsymbol{x}^\dagger B^\dagger B\boldsymbol{x} = \boldsymbol{x}^\dagger BB^\dagger \boldsymbol{x} = (B^\dagger \boldsymbol{x})^\dagger B^\dagger \boldsymbol{x} = \| B^\dagger \boldsymbol{x} \|^2 = 0$$

이로부터 아래를 얻는다.

$$B^\dagger \boldsymbol{x} = (A^\dagger - \lambda^* I)\boldsymbol{x} = 0 \text{ 즉 } A^\dagger \boldsymbol{x} = \lambda^* \boldsymbol{x} \tag{1.154}$$

즉 정규행렬 A의 고유치가 λ, 고유벡터가 $\boldsymbol{x}$라면 $A^\dagger$의 고유치는 $\lambda^\dagger$, 그리고 고유벡터는 $\boldsymbol{x}$가 됨을 알 수 있다.

다음에는 만약 정규행렬 A의 두 고유치 λ_i 및 λ_j가 다르다면, 이에 대응하는 고유벡터 $\boldsymbol{x}_i$ 및 $\boldsymbol{x}_j$는 서로 직교(즉 $\boldsymbol{x}_i \cdot \boldsymbol{x}_j = \langle \boldsymbol{x}_i \mid \boldsymbol{x}_j \rangle = 0$)임을 증명해보자.

증 명 두 경우에 대해 각각 아래가 성립된다.

$$A\boldsymbol{x}_i = \lambda_i \boldsymbol{x}_i, \quad A\boldsymbol{x}_j = \lambda_j \boldsymbol{x}_j \tag{1.155}$$

지금 위 식의 두 번째 식의 양변의 왼쪽에 각각 $(\boldsymbol{x}_i)^\dagger\left(= \left[(\boldsymbol{x}_i)^*\right]^T\right)$를 곱하면 아래를 얻는다.

$$(\boldsymbol{x}_i)^\dagger A\boldsymbol{x}_j = \lambda_j (\boldsymbol{x}_i)^\dagger \boldsymbol{x}_j \tag{1.156}$$

그런데 위 식의 좌변은 식 (1.154)를 이용하면 아래와 같이 변형된다.

$$(\boldsymbol{x}_i)^\dagger A\boldsymbol{x}_j = (A^\dagger \boldsymbol{x}_i)^\dagger \boldsymbol{x}_j = (\lambda_i^* \boldsymbol{x}_i)^\dagger \boldsymbol{x}_j = \lambda_i (\boldsymbol{x}_i)^\dagger \boldsymbol{x}_j \tag{1.157}$$

이 식과 식 (1.156)의 우변을 같이 두면 아래가 성립된다.

$$(\lambda_i - \lambda_j)(\boldsymbol{x}_i)^\dagger \boldsymbol{x}_j = 0 \tag{1.158}$$

그런데 문제에서 $\lambda_i \neq \lambda_j$라고 가정하였으므로 아래가 성립된다.

$$(\boldsymbol{x}_i)^\dagger \boldsymbol{x}_j = \boldsymbol{x}_i \cdot \boldsymbol{x}_j = \langle \boldsymbol{x}_i \mid \boldsymbol{x}_j \rangle = 0 \tag{1.159}$$

즉 정규행렬의 경우 $\lambda_i \neq \lambda_j$라면 대응하는 고유벡터 $\boldsymbol{x}_i$와 $\boldsymbol{x}_j$는 직교(서로 수직)임이 증

명된다. ■

그런데 식 (1.159)로부터 만약 N차원 (복소)벡터공간에서 정규행렬 A의 N개의 고유치가 모두 다르다면(distinct) 대응하는 N개의 고유벡터도 모두 상호직교임을 알 수 있다. 그런데 만약 고유치가 모두 다르지 않은 경우, 가령 같은 값을 갖는 고유치 λ_1이 k개 있다면, 즉 'k개 중복(k-fold degenerate)'이라고 할 때(그러나 이때 고유벡터는 모두 다름) 아래와 같이 나타낼 수 있다(그러나 $\lambda_1 \neq \lambda_{k+1} \neq \lambda_{k+2} \cdots$ 임).

$$\mathrm{A}\boldsymbol{x}_i = \lambda_1 \boldsymbol{x}_i \text{ (단, } i = 1, 2, \cdots, k) \tag{1. 160}$$

이때 같은 고유치 λ_1을 갖는 k개의 고유벡터 $\boldsymbol{x}_i$의 선형결합을 $\boldsymbol{z} = \sum_{i=1}^{k} c_i \boldsymbol{x}_i$라고 하면 이의 좌변에 A를 곱하면 아래를 얻는다.

$$\mathrm{A}\boldsymbol{z} \equiv \mathrm{A}\sum_{i=1}^{k} c_i \boldsymbol{x}_i = \sum_{i=1}^{k} c_i \mathrm{A}\boldsymbol{x}_i = \sum_{i=1}^{k} c_i \lambda_1 \boldsymbol{x}_i = \lambda_1 \boldsymbol{z} \tag{1. 161}$$

즉 행렬 A에 대한 (고유)벡터 $\boldsymbol{z}$의 고유치 또한 λ_1이 됨을 알 수 있다.

그런데 여기서 문제는 식 (1.160)에 의해 정의된 같은 고유치 λ_1을 갖는 k개의 고유벡터는 상호직교가 아니다는 것이다. 그래서 이하에서 소위 'Gram-Schmidt 직교화(orthogonalization)' 과정에 의해 집합 $\{\boldsymbol{x}_i\}_{i=1}^{k}$로부터 상호직교인 k개의 새로운 고유벡터의 집합 $\{\boldsymbol{z}_i\}_{i=1}^{k}$, 나아가 $\hat{\boldsymbol{z}}_i = z_i / \| \boldsymbol{z}_i \| = z_i / [(\boldsymbol{z}_i)^\dagger \boldsymbol{z}_i]^{1/2}$에 의해 $\hat{\boldsymbol{z}}_i \cdot \hat{\boldsymbol{z}}_j = \langle \hat{\boldsymbol{z}}_i \mid \hat{\boldsymbol{z}}_j \rangle = \delta_{ij}$를 만족하는 k개의 정규직교(orthonormal) 고유기저벡터의 집합 $\{\hat{\boldsymbol{z}}_i\}_{i=1}^{k}$를 형성할 수 있다. 즉

$$\boldsymbol{z}_1 = \boldsymbol{x}_1$$

$$\boldsymbol{z}_2 = \boldsymbol{x}_2 - \left[(\hat{\boldsymbol{z}}_1)^\dagger \boldsymbol{x}_2\right]\hat{\boldsymbol{z}}_1$$

$$\boldsymbol{z}_3 = \boldsymbol{x}_3 - \left[(\hat{\boldsymbol{z}}_2)^\dagger \boldsymbol{x}_3\right]\hat{\boldsymbol{z}}_2 - \left[(\hat{\boldsymbol{z}}_1)^\dagger \boldsymbol{x}_3\right]\hat{\boldsymbol{z}}_1$$

$$\vdots$$

$$\boldsymbol{z}_k = \boldsymbol{x}_k - \left[(\hat{\boldsymbol{z}}_{k-1})^\dagger \boldsymbol{x}_k\right]\hat{\boldsymbol{z}}_{k-1} - \cdots - \left[(\hat{\boldsymbol{z}}_1)^\dagger \boldsymbol{x}_k\right]\hat{\boldsymbol{z}}_1 \tag{1. 162}$$

이렇게 정의된 새 고유벡터 $\{\boldsymbol{z}_i\}$는 상호직교이다[가령 $\boldsymbol{z}_1 \cdot \boldsymbol{z}_2 = (\boldsymbol{z}_1)^\dagger \boldsymbol{z}_2 = \langle \boldsymbol{z}_1 \mid \boldsymbol{z}_2 \rangle = \delta_{12} = 0$이 됨은, $(\hat{\boldsymbol{z}}_1)^\dagger \boldsymbol{x}_2 = \hat{\boldsymbol{z}}_1 \cdot \boldsymbol{x}_2$는 $\boldsymbol{x}_2$의 $\hat{\boldsymbol{z}}_1$ 방향으로의 투영(성분)(1.3.7절 참조), 나아가 $\hat{\boldsymbol{x}}_2$에서 $[(\hat{\boldsymbol{z}}_1)^\dagger \boldsymbol{x}_2]\hat{\boldsymbol{z}}_1$을 뺀 것은 기하에서 $\boldsymbol{x}_1$에 수직인 것을 이해하면 쉽게 증명될 수 있다]. 마지막으로

이들 벡터 $\boldsymbol{z}_i$를 $\| \boldsymbol{z}_i \| = \langle \boldsymbol{z}_i \mid \boldsymbol{z}_j \rangle^{1/2}$로 나눔으로써 정규직교화된 k개의 새 고유벡터(단 같은 고유치 λ_1을 가짐) $\{\hat{z}_i\}$를 형성할 수 있다.

따라서 $N \times N$ 정규행렬 A에 있어서 비록 N개의 고유치가 모두 다르지 않더라도 식 (1.162)의 Gram-Schmidt 직규화 과정을 통하여 N개의 상호직교(나아가 정규직교화된)이고, 선형독립인 고유(기저) 벡터의 집합 $\{\boldsymbol{x}_i\}_{i=1}^{k}$ 을 형성할 수 있으며, 이 벡터공간에서의 임의의 벡터 $\boldsymbol{y}$ 또한 아래 식과 같이 이들의 선형결합으로 나타낼 수 있다.

$$\boldsymbol{y} = \sum_{i=1}^{N} a_i \boldsymbol{x}_i \tag{1.163}$$

여기서 $a_i = \boldsymbol{x}_i \cdot \boldsymbol{y} = (\boldsymbol{x}_i)^{\dagger} \boldsymbol{y} = \langle \boldsymbol{x}_i \mid \boldsymbol{y} \rangle$이다. 만약 $\boldsymbol{x}_i \cdot \boldsymbol{x}_j = (\boldsymbol{x}_i)^{\dagger} \boldsymbol{x}_j = \langle \boldsymbol{x}_i \mid \boldsymbol{x}_j \rangle \neq \delta_{ij}$라면, $\boldsymbol{x}_i / \| \boldsymbol{x}_i \| = \boldsymbol{x}_i / [(\boldsymbol{x}_i)^{\dagger} \boldsymbol{x}_i]^{1/2}$에 의해 $\| \boldsymbol{x}_i \|^2 = (\boldsymbol{x}_i)^{\dagger} (\boldsymbol{x}_i) = 1$이 되는 정규직교 고유기저계를 형성할 수 있다.

예제 1.21

$N \times N$ 정규행렬 A는 아래와 같이 그의 고유치 λ_i 및 이에 대응하는 정규직교화된 고유벡터 $\boldsymbol{x}_i$(즉 $\langle \boldsymbol{x}_i \mid \boldsymbol{x}_j \rangle = \delta_{ij}$ 성립)의 항으로 나타낼 수 있음을 증명하라.

$$\mathrm{A} = \sum_{i=1}^{N} \lambda_i \boldsymbol{x}_i (\boldsymbol{x}_i)^{\dagger} \tag{1.164}$$

풀 이

식 (1.163)의 양변의 왼쪽에 A를 곱하면 아래가 된다.

$$\mathrm{A}\boldsymbol{y} = \mathrm{A} \sum_{i=1}^{N} a_i \boldsymbol{x}_i = \sum_{i=1}^{N} a_i \lambda_i \boldsymbol{x}_i$$

다음에는 식 (1.164)의 양변의 오른쪽에 $\boldsymbol{y}$를 곱하면 우변은 아래가 된다.

$$\sum_{i=1}^{N} \lambda_i \boldsymbol{x}_i (\boldsymbol{x}_i)^{\dagger} \boldsymbol{y} = \sum_{i=1}^{N} a_i \lambda_i \boldsymbol{x}_i$$

여기서 $a_i = \boldsymbol{x}_i \cdot \boldsymbol{y} = (\boldsymbol{x}_i)^{\dagger} \boldsymbol{y}$(식 (1.163) 참조)이다. 따라서 위 두 식은 서로 같아야 하므로 식 (1.164)의 타당성이 증명된다.

1.6.1.2 에르미트 및 반 에르미트 행렬의 고유치 및 고유벡터

에르미트 행렬은 정규행렬에 속하므로, 만약 $\mathrm{A}\boldsymbol{x} = \lambda\boldsymbol{x}$라면 $\mathrm{A}^\dagger\boldsymbol{x} = \lambda^*\boldsymbol{x}$가 성립된다(1.6.1.1절 참조). 그런데 만약 A가 에르미트 행렬이라면 $\mathrm{A} = \mathrm{A}^\dagger$이므로, $\lambda = \lambda^*$가 되어 (복소)에르미트 행렬(혹은 실 대칭행렬)의 고유치는 실수가 됨을 추정할 수 있다.

증 명 고유벡터 방정식 (1.149)로부터 아래가 성립된다(단 $\lambda_i^\dagger = \lambda_i^*$ 이용)

$$\mathrm{A}\boldsymbol{x}_i = \lambda_i\boldsymbol{x}_i \quad \Rightarrow \quad (\mathrm{A}\boldsymbol{x}_i)^\dagger = (\boldsymbol{x}_i)^\dagger\mathrm{A}^\dagger = \lambda_i^*\boldsymbol{x}_i^\dagger \tag{1. 165}$$

그런데 A는 에르미트 행렬이므로 $\mathrm{A}^\dagger = \mathrm{A}$을 이용하고, 위 식의 양변을 오른쪽에서 $\boldsymbol{x}_i$를 곱하면 아래가 성립된다.

$$(\boldsymbol{x}_i)^\dagger\mathrm{A}\,\boldsymbol{x}_i = \lambda_i^*(\boldsymbol{x}_i)^\dagger\boldsymbol{x}_i \tag{1. 166}$$

또한 식 $\mathrm{A}\boldsymbol{x}_i = \lambda_i\boldsymbol{x}_i$의 양변을 왼쪽에 $(\boldsymbol{x}_i)^\dagger$를 곱하면 아래의 스칼라양을 얻는다.

$$(\boldsymbol{x}_i)^\dagger\mathrm{A}\,\boldsymbol{x}_i = \lambda_i(\boldsymbol{x}_i)^\dagger\boldsymbol{x}_i$$

식 (1.166)으로부터 이 식을 빼면 아래가 성립된다.

$$0 = (\lambda_i^* - \lambda_i)(\boldsymbol{x}_i)^\dagger\boldsymbol{x}_i = (\lambda_i^* - \lambda_i)\,\|\,\boldsymbol{x}_i\,\|^2$$

그런데 $\boldsymbol{x}_i$의 크기 $\|\,\boldsymbol{x}_i\,\| \neq 0$이므로 $\lambda_i^* = \lambda_i$ 즉 에르미트 행렬의 고유치는 실수임이 증명된다. ■

양자역학에서 에르미트 연산자(행렬)의 (실수)고유치(혹은 기대값)는 대응하는 측정가능한 물성(에너지, 각운동량 등)을 나타낸다. 또한 에르미트 행렬은 정규행렬에 속하므로 고유치가 모두 다르던, 아니면 일부가 중복(degenerate)되어있던, Gram-Schmidt (정규)직교화 과정을 통하여 언제든지 상호(정규)직교인 (실)고유벡터를 형성할 수 있다(8장 참조).

증 명 만약 에르미트 행렬 A의 두 고유치 λ_i 및 λ_j가 다르다면, 대응하는 고유벡터 방정식은 식 (1.149)로부터 각각 아래가 된다.

$$\mathrm{A}\boldsymbol{x}_i = \lambda_i\boldsymbol{x}_i, \quad \mathrm{A}\boldsymbol{x}_j = \lambda_j\boldsymbol{x}_j \tag{1. 166}$$

위 식의 첫 번째 식 양변을 수반(혹은 에르미트 공액)연산을 취하고, 또 오른쪽에서 $\boldsymbol{x}_j$를 곱하면 아래를 얻는다(단 $\lambda_i^\dagger = \lambda_i^*$ 이용).

$$(\boldsymbol{x}_i)^\dagger \mathrm{A}^\dagger \boldsymbol{x}_j = \lambda_i^* (\boldsymbol{x}_i)^\dagger \boldsymbol{x}_j$$

다음에는 식 (1.166)의 두 번째 식의 양변을 왼쪽에서 $(\boldsymbol{x}_i)^\dagger$를 곱하면 아래를 얻는다.

$$(\boldsymbol{x}_i)^\dagger \mathrm{A} \boldsymbol{x}_j = \lambda_j (\boldsymbol{x}_i)^\dagger \boldsymbol{x}_j$$

이렇게 얻어진 두 식을 서로 빼면(단 에르미트 행렬 A의 경우 $\mathrm{A} = \mathrm{A}^\dagger$ 및 $\lambda_i^* = \lambda_i$를 이용) 아래를 얻는다.

$$0 = (\lambda_i - \lambda_i)(\boldsymbol{x}_i)^\dagger \boldsymbol{x}_j$$

그런데 $\lambda_i \neq \lambda_j$를 가정하였으므로, $(\boldsymbol{x}_i)\boldsymbol{x}_j = \boldsymbol{x}_i \cdot \boldsymbol{x}_j = \langle \boldsymbol{x}_i \mid \boldsymbol{x}_j \rangle = 0$ 즉 두 고유벡터는 서로 직교임이 증명된다. ■

한편 정방행렬 A가 반 에르미트 행렬 즉 $\mathrm{A}^\dagger = -\mathrm{A}$인 경우는, 아래 관계식으로부터 이 또한 정규행렬에 속한다. 즉

$$\mathrm{A}\mathrm{A}^\dagger = \mathrm{A}(-\mathrm{A}) = (-\mathrm{A})\mathrm{A} = \mathrm{A}^\dagger \mathrm{A}$$

따라서 반 에르미트 행렬의 경우도 정규행렬의 성질 즉 $\lambda_i \neq \lambda_j$이면 고유벡터 $\boldsymbol{x}_i$와 $\boldsymbol{x}_j$는 서로 직교(즉 $\langle \boldsymbol{x}_i \mid \boldsymbol{x}_j \rangle = 0$), 또한 만약 $\mathrm{A}\boldsymbol{x} = \lambda \boldsymbol{x}$라면 $\mathrm{A}^\dagger \boldsymbol{x} = \lambda^* \boldsymbol{x}$에서 아래가 성립된다.

$$\lambda^* \boldsymbol{x} = \mathrm{A}^\dagger \boldsymbol{x} = -\mathrm{A}\boldsymbol{x} = -\lambda \boldsymbol{x}$$

즉 $\lambda^* = -\lambda$가 되어, λ는 순허수 혹은 0이 된다(부록 A.2절 참조).

1. 6. 1. 3 유니터리 행렬의 고유치 및 고유벡터

전술한 바와 같이 $\mathrm{A}^\dagger = \mathrm{A}^{-1}$을 만족하는 (복소)유니터리 행렬 또한 정규행렬에 속하므로, 정규행렬의 성질인 만약 두 고유치 $\lambda_i \neq \lambda_j$라면 대응하는 고유벡터 $\boldsymbol{x}_i$와 $\boldsymbol{x}_j$는 서로 직교관계(즉 $\langle \boldsymbol{x}_i \mid \boldsymbol{x}_j \rangle = 0$에 있으며, 비록 고유치가 중복되어 있더라도 Gram-Shmidt (정규)직교화 과정에 의해 서로 다른 선형독립인 (정규)직교 고유벡터계를 형성할 수 있다. 또한 만약 $\mathrm{A}\boldsymbol{x} = \lambda \boldsymbol{x}$라면 양변의 왼쪽에 $\mathrm{A}^{-1}(=\mathrm{A}^\dagger)$를 곱하면 $\boldsymbol{x} = \lambda \mathrm{A}^\dagger \boldsymbol{x} = \lambda \lambda^* \boldsymbol{x}$($\because$ 정규행렬의 경우 $\mathrm{A}\boldsymbol{x} = \lambda \boldsymbol{x}$라면

$A^{\dagger}\boldsymbol{x} = \lambda^{*}\boldsymbol{x}$이므로)가 되므로 $\lambda\lambda^{*} = |\lambda|^{2} = 1$이 된다. 즉 복소수 λ의 크기(절대값) $|\lambda| = 1$이 되어, $\lambda = e^{i\theta}$(혹은 $e^{-i\theta}$)의 형태를 갖는다. 사실 3차원 공간에서 (복소)유니터리(혹은 실직교) 행렬 A의 행렬식 값 $|A| = \pm 1$인 경우는 3 고유치 중 1개는 반드시 $+1$(실수)이며, 또한 $|A| = -1$인 경우는 반드시 1개는 -1(실수)가 되며, 두 경우 모두 나머지 다른 2개의 고유치는 $e^{i\theta}$ 및 $e^{-i\theta}$의 켜레 한 쌍이다(사실 $e^{i\theta}$의 경우 $\theta = 0$은 $+1$의 실수에 해당되며, $\theta = \pi$는 이의 실수에 해당된다).

1. 6. 1. 4 연립 고유벡터

지금 두 개의 서로 다른 정규행렬이 공통의 고유벡터 집합을 갖기 위해서는 두 정규행렬이 교환성을 가져야 한다(그 역도 성립).

이를 증명하기 위해 두 행렬 A 및 B가 모두 $N \times N$ 정규행렬(1.6.1.1절의 성질 만족)이며, 이때 A에 관해 아래의 고유벡터 방정식이 성립한다고 하자.

$$A\boldsymbol{x}_i = \lambda_i \boldsymbol{x}_i \ (\text{단, } i = 1, 2, \cdots, N) \tag{1.167}$$

당분간 A의 모든 고유치는 서로 다르다고 가정한다.

(i) 먼저 A와 B가 아래와 같이 서로 교환성을 갖는다고 가정하면 위 식으로부터 아래가 성립된다.

$$AB\boldsymbol{x}_i = BA\boldsymbol{x}_i = B\lambda_i \boldsymbol{x}_i = \lambda_i B\boldsymbol{x}_i$$

그런데 위 식에서 아래가 성립된다.

$$A(B\boldsymbol{x}_i) = \lambda_i (B\boldsymbol{x}_i) \tag{1.168}$$

즉 $B\boldsymbol{x}_i$도 고유치 λ_i를 갖는 A의 고유벡터로 간주할 수 있으므로 이 식과 식 (1.167)을 비교하면 $B\boldsymbol{x}_i$는 단순히 $\boldsymbol{x}_i$의 스칼라배 즉 아래가 성립되어야 함을 알 수 있다.

$$B\boldsymbol{x}_i = \mu \boldsymbol{x}_i \tag{1.169}$$

즉 이는 $\boldsymbol{x}_i$는 행렬 A의 고유벡터뿐만 아니라 B의 고유벡터가 된다. 즉 두 정규행렬 A 및 B가 교환성을 갖는다면 공통의 고유벡터(집합)을 가짐이 증명된다.

(ii) 반대로 두 정규행렬 A와 B가 아래 식과 같이 고유벡터 $\boldsymbol{x}_i$를 공유한다고 하자.

$$A\boldsymbol{x}_i = \lambda_i \boldsymbol{x}_i \ \text{및} \ B\boldsymbol{x}_i = \mu_i \boldsymbol{x}_i \tag{1.170}$$

그런데 이들 고유벡터들은 N차원 벡터공간을 스팬(span)하므로, 이 공간의 임의의 벡터 $\boldsymbol{x}$는 이들의 선형결합으로 나타낼 수 있다. 즉

$$\boldsymbol{x} = \sum_{i=1}^{N} c_i \boldsymbol{x}_i \tag{1.171}$$

이제 식 (1.171)의 양변에 왼쪽으로부터 각각 AB 및 BA를 곱하면 아래가 된다(단 식 (1.167) 및 (1.169) 이용).

$$\mathrm{AB}\,\boldsymbol{x} = \mathrm{AB}\sum_{i=1}^{N} c_i \boldsymbol{x}_i = \mathrm{A}\sum_{i=1}^{N} c_i \mu_i \boldsymbol{x}_i = \sum_{i=1}^{N} c_i \lambda_i \mu_i \boldsymbol{x}_i \tag{1.172}$$

그리고

$$\mathrm{BA}\,\boldsymbol{x} = \mathrm{BA}\sum_{i=1}^{N} c_i \boldsymbol{x}_i = \mathrm{B}\sum_{i=1}^{N} c_i \lambda_i \boldsymbol{x}_i = \sum_{i=1}^{N} c_i \mu_i \lambda_i \boldsymbol{x}_i \tag{1.173}$$

여기서 위 두 식은 같아지므로 아래가 성립된다.

$$(\mathrm{AB} - \mathrm{BA})\boldsymbol{x} = \mathbf{0} \tag{1.174}$$

그런데 벡터 $\boldsymbol{x}$는 임의이므로 위 식이 성립하기 위해서는 $\mathrm{AB} = \mathrm{BA}$ 즉 $[\mathrm{A}, \mathrm{B}] = 0$이 되어 두 정규행렬 A와 B가 교환성을 가진다.

즉 경우 (i) 및 (ii)가 모두 성립되므로 크기 $N \times N$의 두 정규행렬 A와 B가 공통의 고유벡터 집합을 갖기 위한 필요, 충분조건(necessary and sufficient condition)은 두 행렬이 교환성을 갖는다는 것이다.

그런데 만약 정규행렬 A의 한 고유치가 중복(degenerate)되어 있을 경우에는 A의 전 고유벡터 집합이 역시 B의 고유벡터 집합을 형성한다고는 볼 수 없으나, 선형결합을 통하여 한 세트의 공통(joint) 고유벡터를 형성할 수 있으므로 위 정리는 그대로 유효하다고 하겠다.

1.6.2 고유치 및 고유벡터의 계산

$N \times N$ 정방행렬의 고유치 및 고유벡터를 구하기 위하여 먼저 정의식 (1.151)을 아래에 다시 나타낸다.

$$\mathrm{A}\,\boldsymbol{x} - \lambda \mathrm{I}\,\boldsymbol{x} = (\mathrm{A} - \lambda \mathrm{I})\boldsymbol{x} \equiv \mathrm{B}\,\boldsymbol{x} = \mathbf{0} \tag{1.175}$$

여기서 I는 i행 j열 요소 δ_{ij}를 갖는 차수 N의 단위행렬이다. 위 식에서 만약 행렬식 $|\mathrm{B}| \neq 0$ 즉 B가 역행렬을 가진다면 선형 연립방정식에서 (미지수)고유벡터 $\boldsymbol{x} = \mathrm{B}^{-1}\mathbf{0} = \mathbf{0}$이 된다. 그러나 $\boldsymbol{x} \neq \mathbf{0}$인 고유벡터를 갖기 위해서는 $|\mathrm{B}| = 0$ 즉 아래가 성립되어야 한다.

$$|\mathrm{A} - \lambda \mathrm{I}| = 0 \tag{1.176}$$

이 식을 $N \times N$ 정방행렬 A의 고유치를 구하기 위한 '특성방정식(characteristic equation)'이라고 부르며, 특히 위 식의 좌변의 행렬식을 '영년 혹은 고유(secular)' 행렬식이라고 한다. 위 식은 λ에 관한 N차 다항식으로서 N개의 (고유)근 $\lambda_i (i = 1, 2, \cdots, N)$을 가지며, 각 고유치 λ_i당 대응하는 고유벡터 $\boldsymbol{x}_i$를 갖는다. 만약 위 특성식에서 임의의 고유치 λ_i 값이 알려지면 여기 대응하는 고유벡터 $\boldsymbol{x}_i$는 식 (1.175)로부터 얻어지는 아래 식을 사용하여 구한다.

$$\mathrm{A}\boldsymbol{x}_i = \lambda_i \boldsymbol{x}_i \text{ 혹은 } (\mathrm{A} - \lambda_i \mathrm{I})\boldsymbol{x}_i = \mathbf{0} \text{ (단, } i = 1, 2, \cdots, N) \tag{1.177}$$

한편 식 (1.176)을 λ의 멱급수로 전개하면 아래의 형태를 갖는다.

$$|\mathrm{A} - \lambda \mathrm{I}| = (-1)^N \lambda^N + (-1)^{N-1} \lambda^{N-1} (A_{11} + A_{22} + \cdots + A_{NN}) + \cdots \tag{1.178}$$

그런데 근과 계수의 관계에서 아래가 성립된다.

$$\sum_{i=1}^{N} \lambda_i = A_{11} + A_{22} + \cdots + A_{NN} = \mathrm{Tr}\,\mathrm{A} \tag{1.179}$$

여기서 Tr A는 행렬 A의 대각선 요소의 합(즉 트레이스, trace)을 나타낸다. 가끔 이 식은 구한 고유치를 검정하는데 이용된다.

앞에서 언급한 바와 같이 (복소)에르미트(혹은 실대칭) 행렬의 고유치는 모두 실수이며, 대응하는 고유벡터는 상호직교이므로 이들 고유벡터를 항상 정규직교(orthogonal) 기저계로 바꿀 수 있다(만약 고유치가 중복되어있는 경우라도 가능함 - 아래 예제 참조). 그래서 여기서는 우선 3차원 실대칭행렬의 고유치 및 고유벡터를 구하는 방법을 논하고, 다음에는 비대칭 실행렬에 대해서도 논하기로 한다.

1.6.2.1 3×3 실 대칭행렬의 고유치 및 고유벡터

a) 3 고유치가 모두 다른 경우:

이 경우는 각 고유치에 대응하는 고유벡터가 상호직교이므로, 자신의 크기(norm)로 나누어 정규직교 기저계로 만들 수 있다(이는 1.9절의 실 대칭행렬의 대각화에 이용됨).

예제 1. 22

아래의 3×3 실 대칭행렬의 고유치 및 고유벡터를 구하라.

$$A = \begin{pmatrix} 1 & 1 & 3 \\ 1 & 1 & -3 \\ 3 & -3 & -3 \end{pmatrix}$$

풀 이

고유치를 구하기 위한 특성다항식 (1.176)은 아래가 된다.

$$\begin{vmatrix} 1-\lambda & 1 & 3 \\ 1 & 1-\lambda & -3 \\ 3 & -3 & -3-\lambda \end{vmatrix} = 0$$

이 (영년)행렬식을 전개하면 아래가 된다.

$$(1-\lambda)[(1-\lambda)(-3-\lambda)-(-3)(-3)]+1[(-3)(3)-1(-3-\lambda)]+3[(1(-3)-(1-\lambda)(3)]=0$$

이를 다시 간단히 하면 아래가 된다.

$$(1-\lambda)(\lambda^2+2\lambda-12)+(\lambda-6)+3(3\lambda-6)=0 \;\Rightarrow\; (\lambda-2)(\lambda-3)(\lambda+6)=0$$

따라서 주어진 행렬의 A의 3 실수 고유치는 $\lambda_1=2,\ \lambda_2=3,\ \lambda_3=-6$이 된다. 이의 타당성을 확인하기 위해 식 (1.179)의 성질을 조사하면 아래가 되어 확인된다.

$$\lambda_1+\lambda_2+\lambda_3=-1=1+1-3=A_{11}+A_{22}+A_{33}=\mathrm{Tr}\,A$$

다음에는 각각의 고유치 λ_i에 대응하는 고유벡터 $\boldsymbol{x}_i$를 구해보기로 한다. 먼저 $\lambda_1=2$의 경우, 해당 고유벡터 $\boldsymbol{x}_i$의 3 성분을 각각 $\boldsymbol{x}_1, \boldsymbol{x}_2, \boldsymbol{x}_3$라 하면 식 (1.177)에서 $A\boldsymbol{x}_1=2\boldsymbol{x}_1$가 되어야 하므로 이를 성분으로 나타내면 아래가 된다.

$$x_1+x_2+3x_3=2x_1$$

$$x_1+x_2-3x_3=2x_2$$

$$3x_1-3x_2-3x_3=2x_3 \qquad (1.\ 180)$$

이 세 식을 풀면 $x_3=0,\ x_1=x_2=k$(여기서 k는 임의의 0이 아닌 실수)를 얻는다. 따라서 $\boldsymbol{x}_1$은 아래의 형태를 갖는다.

$$\boldsymbol{x}_1=(k\ \ k\ \ 0)^{\mathrm{T}}$$

여기서 $\|\boldsymbol{x}_1\|=1$인 정규화 조건을 적용하면 $k^2+k^2+0^2=1$ 즉 $k=1/\sqrt{2}$ 가 되므로 정규화된 $\boldsymbol{x}_1(=\hat{\boldsymbol{x}}_1)$

은 아래가 된다.

$$x_1 = \left(\frac{1}{\sqrt{2}} \ \ \frac{1}{\sqrt{2}} \ \ 0\right)^{\mathrm{T}} = \frac{1}{\sqrt{2}}(1 \ 1 \ 0)^{\mathrm{T}}$$

마찬가지 방법으로 고유치 $\lambda_2 = 3$ 및 $\lambda_3 = -6$에 대한 (정규화된)고유벡터 $x_2 (= \hat{x}_2)$ 및 $x_3 (= \hat{x}_3)$를 구하면 아래가 된다 .

$$x_2 = \frac{1}{\sqrt{3}}(1 \ -1 \ 1)^{\mathrm{T}}, \ x_3 = \frac{1}{\sqrt{6}}(1 \ -1 \ -2)^{\mathrm{T}}$$

여기서 3 고유벡터 x_1, x_2, x_3간의 상호직교성은 $x_1 \cdot x_2 = x_1^{\mathrm{T}} x_2 = x_2 \cdot x_3 = x_2^{\mathrm{T}} x_3 = 0$, 나아가 $x_i \cdot x_j = \delta_{ij}$가 되는 정규직교성은 만족함이 확인된다.

b) 고유치의 중복도가 2인 경우 :

3×3 실 대칭행렬의 3 고유치 중 2개가 중복되어 있는 경우는, 정규행렬의 경우와 유사하게 3개의 독립된 정규직교(orthonormal) 고유벡터 기저계를 형성할 수가 있다.

예제 1. 23

아래 대칭행렬의 3 정규직교 고유벡터의 집합을 구하라.

$$\mathrm{A} = \begin{pmatrix} 1 & 0 & 3 \\ 0 & -2 & 0 \\ 3 & 0 & 1 \end{pmatrix}$$

풀 이

A에 대한 특성식 (1.176)을 쓰면 아래가 된다.

$$\begin{vmatrix} 1-\lambda & 0 & 3 \\ 0 & -2-\lambda & 0 \\ 3 & 0 & 1-\lambda \end{vmatrix} = -(1-\lambda)^2(2+\lambda) + 3(3)(2+\lambda) = (4-\lambda)(\lambda+2)^2$$

따라서 3 고유치 $\lambda_1 = 4$, $\lambda_2 = \lambda_3 = -2$가 된다. 다음에 고유치 λ_1에 대응하는 고유벡터 $x_1 = (x_1 \ x_2 \ x_3)^{\mathrm{T}}$는 고유방정식 (1.177)로부터 아래가 성립된다.

$$\begin{pmatrix} 1 & 0 & 3 \\ 0 & -2 & 0 \\ 3 & 0 & 1 \end{pmatrix}\begin{pmatrix} x_1 \\ x_2 \\ x_3 \end{pmatrix} = 4\begin{pmatrix} x_1 \\ x_2 \\ x_3 \end{pmatrix} \ \Rightarrow \ x_1 (= \hat{x}_1) = \frac{1}{\sqrt{2}}\begin{pmatrix} 1 \\ 0 \\ 1 \end{pmatrix}$$

다음에는 고유치 -2에 대응하는 고유벡터로서 위의 x_1과 직교인 고유벡터의 (한)형태는 $x = (a \ b \ -a)^{\mathrm{T}}$가 될 것이다. 이를 고유방정식 (1.177)에 대입하면 아래가 성립된다.

$$\mathrm{A}\boldsymbol{x}=\begin{pmatrix}1 & 0 & 3\\ 0 & -2 & 0\\ 3 & 0 & 1\end{pmatrix}\begin{pmatrix}a\\ b\\ a\end{pmatrix}=-2\begin{pmatrix}a\\ b\\ -a\end{pmatrix}=-2\boldsymbol{x}$$

여기서 $\boldsymbol{x}_1$과 수직인 평면상에 있는 고유치 -2를 가진 위 식을 만족하는 해 (고유)벡터 $\boldsymbol{x}_2$(혹은 $\boldsymbol{x}_3$)는 무한히 많다. 그리고 선택된 $\boldsymbol{x}_2$와 $\boldsymbol{x}_3$ 또한 상호직교이어야 하는데 이 또한 무한히 많은 해가 존재한다. 그러나 간편을 위해 $\boldsymbol{x}_1$과 수직이고 정규화된 $\boldsymbol{x}_2$로서 아래의 형태를 취한다.

$$\boldsymbol{x}_2(=\hat{\boldsymbol{x}}_2)=(0\ \ 1\ \ 0)^{\mathrm{T}}$$

그러면 나머지 (정규화된) 고유벡터 $\boldsymbol{x}_3$는 이들과 오른손 좌표계 정규직교계를 형성하므로, $\boldsymbol{x}_3=\boldsymbol{x}_1\times\boldsymbol{x}_2$에서 아래로 주어진다.

$$\boldsymbol{x}_3=\frac{1}{\sqrt{2}}(-1\ \ 0\ \ 1)^{\mathrm{T}}$$

1.6.2.2 3×3 비대칭(실) 행렬의 고유치 및 고유벡터

만약 A가 3×3 (실수)비대칭 행렬이라면 3개의 고유치는 대칭행렬의 경우와 달리 모두 실수일 필요가 없으며, 또한 다른 고유치에 대응하는 고유벡터가 상호직교일 필요는 없다. 또한 비대칭행렬 A와 그의 전치인 A^{T}의 특성다항식 (1.176)이 같으므로 고유치도 같다(그러나 고유벡터는 서로 다름). 그리고 아래의 예제에서 볼 수 있듯이 만약 3×3 (실)비대칭행렬 A의 3 고유치가 모두 다른 실수인 경우는 이에 대응하는 3 고유벡터 $\{\boldsymbol{x}_1\}$는 전치행렬 A^{T}의 (같은)고유치에 해당하는 3 고유벡터 $\{\boldsymbol{y}_i\}$와 간단한 조작에 의해 정규직교계(즉 $\boldsymbol{x}_i\cdot\boldsymbol{y}_i=\delta_{ij}$ 성립)로 만들 수 있다.

예제 1.24

아래의 3×3 실 비대칭행렬 A와 그의 전치행렬 A^{T}에 대해 각각 고유치와 고유벡터를 구하고, 특히 얻어진 고유벡터간의 정규직교성을 조사하여라.

$$\mathrm{A}=\begin{pmatrix}6 & -1 & -1\\ 4 & -8 & 8\\ 4 & -7 & 7\end{pmatrix}$$

풀 이

(i) 먼저 A의 고유치 λ를 구하기 위한 특성다항식은 아래가 된다.

$$\begin{vmatrix} 6-\lambda & -1 & -1 \\ 4 & -8-\lambda & 8 \\ 4 & -7 & 7-\lambda \end{vmatrix} = 0$$

이를 전개하면 최종적으로 아래와 같이 인수분해된다.

$$(\lambda+1)(\lambda-2)(\lambda-4)=0$$

즉 3 실 고유치는 $\lambda_1=-1,\ \lambda_2=2,\ \lambda_3=4$가 된다.

다음에는 식 (1.177)로부터 λ_1에 해당하는 고유벡터 $\boldsymbol{x}_1=(x_1\ x_2\ x_3)^{\mathrm{T}}$을 예제 1.22의 절차에 따라 구하면 아래가 된다(단 얻어지는 3 고유벡터가 상호직교가 아니므로 현 단계에서 정규화시킬 필요가 없다).

$$\begin{pmatrix} 6 & -1 & -1 \\ 4 & -8 & 8 \\ 4 & -7 & 7 \end{pmatrix}\begin{pmatrix} x_1 \\ x_2 \\ x_3 \end{pmatrix} = -\begin{pmatrix} x_1 \\ x_2 \\ x_3 \end{pmatrix} \Rightarrow \boldsymbol{x}_1=\begin{pmatrix} 1 \\ 4 \\ 3 \end{pmatrix}\ (\because x_1=\frac{1}{4}x_2=\frac{1}{3}x_3)$$

마찬가지 방법으로 λ_2 및 λ_3에 해당하는 고유벡터 $\boldsymbol{x}_2$ 및 $\boldsymbol{x}_3$를 구하면 아래가 된다.

$$\boldsymbol{x}_2=\begin{pmatrix} x_1 \\ x_2 \\ x_3 \end{pmatrix}=\begin{pmatrix} 1 \\ 2 \\ 2 \end{pmatrix}\ (\because x_2=2x_1=x_3),\ \boldsymbol{x}_3=\begin{pmatrix} x_1 \\ x_2 \\ x_3 \end{pmatrix}=\begin{pmatrix} 1 \\ 1 \\ 1 \end{pmatrix}\ (\because x_1=x_2=x_3)$$

그런데 위 결과를 보면 가령 $\boldsymbol{x}_1\cdot\boldsymbol{x}_2=\boldsymbol{x}_1^{\mathrm{T}}\boldsymbol{x}_2=1+8+6=15\neq 0$가 되어 3 고유벡터는 상호수직이 아님을 알 수 있다.

(ii) A의 전치 A^{T}에 대한 특성다항식은 같으므로 마찬가지로 3 (실)고유치는 $\lambda_1=-1,\ \lambda_2=2,\ \lambda_3=4$가 된다. 다음에는 각각의 고유치에 해당하는 고유벡터를 (i)의 방법에 따라 구하면 아래가 된다.
먼저 $\lambda_1=-1$에 대한 고유벡터 $\boldsymbol{y}_1=(y_1\ y_2\ y_3)^{\mathrm{T}}$를 구하기 위한 식 (1.177)은 아래가 된다(단 상호직교가 안되므로 정규화시킬 필요가 없다).

$$\begin{pmatrix} 6 & 4 & 4 \\ -1 & -8 & -7 \\ -1 & 8 & 7 \end{pmatrix}\begin{pmatrix} y_1 \\ y_2 \\ y_3 \end{pmatrix} = -\begin{pmatrix} y_1 \\ y_2 \\ y_3 \end{pmatrix} \Rightarrow \boldsymbol{y}_1=\begin{pmatrix} 0 \\ -1 \\ 1 \end{pmatrix}\ (\because y_2=2y_1=-\frac{2}{3}y_3)$$

마찬가지 방법으로 λ_2 및 λ_3에 해당하는 (비정규화된)고유벡터 $\boldsymbol{y}_2$와 $\boldsymbol{y}_3$를 구하면 아래가 된다.

$$\boldsymbol{y}_2=\begin{pmatrix} y_1 \\ y_2 \\ y_3 \end{pmatrix}=\begin{pmatrix} -1 \\ -2 \\ 3 \end{pmatrix}\ (\because y_2=2y_1=-\frac{2}{3}y_3),\ \boldsymbol{y}_3=\begin{pmatrix} y_1 \\ y_2 \\ y_3 \end{pmatrix}=\begin{pmatrix} -1 \\ -2 \\ 3 \end{pmatrix}\ (\because y_2=\frac{1}{2}y_1=-\frac{1}{2}y_3)$$

그런데 이 결과와 (i)에서 얻어진 A에 대한 3 고유벡터 $\{\boldsymbol{x}_i\}$를 비교해보면, 비록 각 고유벡터가 정규화되어있지는 않으나 $\{\boldsymbol{x}_i\}$와 $\{\boldsymbol{y}_i\}$가 서로 다른 경우에는 상호수직, 가령 $\boldsymbol{x}_1\cdot\boldsymbol{y}_2=\boldsymbol{x}_1^{\dagger}\boldsymbol{y}_2=-1-8+9=0$가 성립됨을 알 수 있다. 그래서 이들 사이를 정규직교화(즉 $\boldsymbol{x}_i\cdot\boldsymbol{y}_i=\delta_{ij}$)시키기 위해 새 벡터 $\boldsymbol{y}_i{}'\equiv\boldsymbol{y}_i/D_i$(여기서

$D_i = \boldsymbol{x}_i \cdot \boldsymbol{y}_j = \boldsymbol{x}_i^{\mathrm{T}} \boldsymbol{y}_j$)를 정의하면 $\boldsymbol{x}_i \cdot \boldsymbol{y}_j{}' = \delta_{ij}$가 됨을 쉽게 확인할 수 있다. 여기서 $D_1 = \boldsymbol{x}_1 \cdot \boldsymbol{y}_1 = -1$, $D_2 = \boldsymbol{x}_2 \cdot \boldsymbol{y}_2 = 1$, $D_3 = \boldsymbol{x}_3 \cdot \boldsymbol{y}_3 = -1$가 되므로 $\{\boldsymbol{x}_i\}$와 정규직교 기저계를 형성하는 A^{T}의 새로운 3 고유 기저벡터 집합 $\{\boldsymbol{y}_i{}'\}$는 아래가 된다.

$$\boldsymbol{y}_1{}' = \frac{\boldsymbol{y}_1}{D_1} = \begin{pmatrix} 0 \\ 1 \\ -1 \end{pmatrix}, \quad \boldsymbol{y}_2{}' = \frac{\boldsymbol{y}_2}{D_2} = \begin{pmatrix} -1 \\ -2 \\ 3 \end{pmatrix}, \quad \boldsymbol{y}_3{}' = \frac{\boldsymbol{y}_3}{D_3} = \begin{pmatrix} 2 \\ 1 \\ -2 \end{pmatrix} \quad (\text{단, } D_i = \boldsymbol{x}_i \cdot \boldsymbol{y}_i)$$

이 결과와 (i)의 $\{\boldsymbol{x}_i\}$와 비교하면, 가령 $\boldsymbol{x}_1 \cdot \boldsymbol{y}_1{}' = \boldsymbol{x}_1^{\mathrm{T}} \boldsymbol{y}_1{}' = 4-3=1$, $\boldsymbol{x}_2 \cdot \boldsymbol{y}_2{}' = -1-8+9=0$가 되어 $\boldsymbol{x}_i \cdot \boldsymbol{y}_j{}' = \delta_{ij}$가 되어 A와 A^{T}의 3 고유벡터 사이에는 정규직교 관계가 성립됨을 알 수 있다.

[비고: 위와 반대로, $\boldsymbol{x}_i{}' \equiv \boldsymbol{x}_i / D_i$(여기서 $D_i = \boldsymbol{x}_i \cdot \boldsymbol{y}_j = \boldsymbol{x}_i^{\mathrm{T}} \boldsymbol{y}_j$)를 정의하여도, $\boldsymbol{x}_i{}' \cdot \boldsymbol{y}_j = \delta_{ij}$ 즉 상호 정규직교관계를 형성할 수 있다.]

1.7 행렬에 의한 선형변형과 직교행렬

여기서는 행렬 연산자(matrix operator)에 의한 선형변환을 생각해보자(1.3절 참조). 먼저 2차원 xy-평면에서 아래의 방정식을 생각해보자.

$$\begin{aligned} X &= ax + by \\ Y &= cx + dy \end{aligned} \quad \text{혹은} \quad \begin{pmatrix} X \\ Y \end{pmatrix} = \begin{pmatrix} a & b \\ c & d \end{pmatrix} \begin{pmatrix} x \\ y \end{pmatrix} \quad \text{혹은} \quad \boldsymbol{R} = \mathrm{M}\boldsymbol{r} \tag{1.181}$$

여기서 a, b, c, d는 상수이다. 모든 점 (x, y)에 대해 이 방정식들로 점 (X, Y)를 얻는다. (x, y) 평면의 각 점이 다른 점으로 옮겨진다고(원점 같은 몇 개의 점은 옮겨지지 않는다) 생각하면 이 과정은 한 평면을 이 평면으로 사상(본뜨기, mapping) 혹은 변환(transformation)하는 과정이라고 부를 수 있다. 이러한 변환에 대한 모든 정보는 행렬 M에 들어 있다. 이 행렬은 평면을 자기 자신으로 본뜨는(mapping) 연산자라고 한다. 어떤 행렬도 (적합한) 열행렬 $\boldsymbol{r}$에 작용하는 연산자로 생각할 수 있다.

$$\mathrm{M}(\boldsymbol{r}_1 + \boldsymbol{r}_2) = \mathrm{M}\boldsymbol{r}_1 + \mathrm{M}\boldsymbol{r}_2 \quad \text{과} \quad \mathrm{M}(k\boldsymbol{r}) = k(\mathrm{M}\boldsymbol{r}) \tag{1.182}$$

따라서, 행렬 M은 선형연산자이다(1.3절 참조).

식 (1.181)는 기하학적으로는 두 가지로 해석할 수 있다. 그림 1.15에서 한 좌표축이 있고, 변환식 (1.181)에 의해 벡터 $\boldsymbol{r}$이 $\boldsymbol{R}$로 능동(aditive) 변환한다. 그림 1.16에서는 두 개의 좌표축 (x, y)와 (x', y')이 있고, 하나의 벡터 $\boldsymbol{r} = \boldsymbol{r}'$의 각각의 축에 대한 좌표가 주어져 있다. 이번에는 수동(passive) 변환

$$x' = ax + by \quad y' = cx + dy \quad \text{혹은} \quad \begin{pmatrix} x' \\ y' \end{pmatrix} = \begin{pmatrix} a & b \\ c & d \end{pmatrix}\begin{pmatrix} x \\ y \end{pmatrix} \quad \text{혹은} \quad \boldsymbol{r}' = \mathrm{M}\boldsymbol{r} \tag{1.183}$$

은 벡터 $\boldsymbol{r} = \boldsymbol{r}'$의 좌표들을 (x, y)축에 대한 성분들을 알 때, (x', y')축에 대한 성분을 구하는 방법을 알려준다.

한편 벡터의 길이를 보존하는 특별한 선형변환에 특히 관심이 있다. 만일 식 (1.183)에서 아래 식이 성립할 경우 식 (1.183)을 직교변환(orthogonal transformation)이라고 부르고, 식 (1.181)에 대해서도 마찬가지로 말한다.

$$x'^2 + y'^2 = x^2 + y^2 \tag{1.184}$$

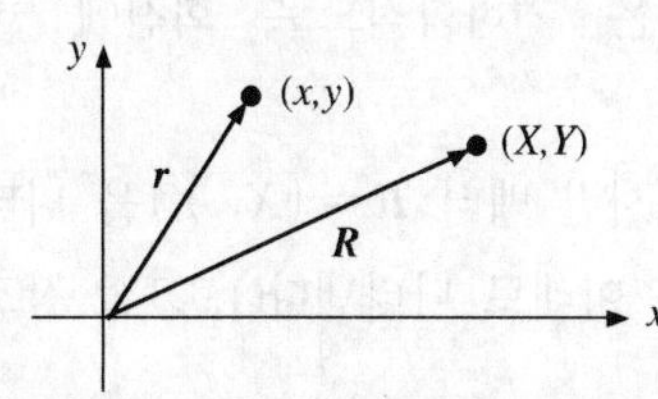

그림 1. 15 능동변환

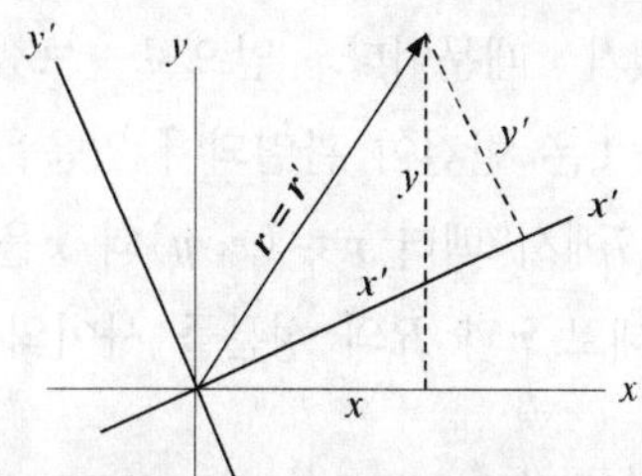

그림 1. 16 수동변환

그림들에서 볼 수 있듯이 이 조건에 의하면 벡터의 길이는 직교변환에 의해 변하지 않는다. 그림 1.15에서 벡터는 길이가 고정되고 회전(혹은 반전)할 수 있다. 그림 1.16에서는 축들은 회전(혹은 반전)되지만, 벡터는 고정되어 있다. 직교변환에 대한 행렬 M을 직교행렬(orthogonal matrix)이라고 부른다(1.5.4절 참조). 직교행렬의 역행렬은 그 전치 행렬과 같다는 것을 증명하자. 기호로는 다음과 같다.

$$\mathrm{M}^{-1} = \mathrm{M}^{\mathrm{T}}, \quad \mathrm{M}\text{은 직교행렬} \tag{1.185}$$

식 (1.183)과 (1.184)로부터 아래 식을 얻는다.

$$\begin{aligned} x'^2 + y'^2 &= (ax + by)^2 + (cx + dy)^2 \\ &= (a^2 + c^2)x^2 + 2(ab + cd)xy + (b^2 + d^2)y^2 \equiv x^2 + y^2 \end{aligned}$$

따라서 $a^2 + c^2 = 1,\ b^2 + d^2 = 1,\ ab + cd = 0$이 된다. 그러면

$$\mathrm{M}^{\mathrm{T}}\mathrm{M} = \begin{pmatrix} a & c \\ b & d \end{pmatrix}\begin{pmatrix} a & b \\ c & d \end{pmatrix} = \begin{pmatrix} a^2 + c^2 & ab + cd \\ ab + cd & b^2 + d^2 \end{pmatrix} \equiv \begin{pmatrix} 1 & 0 \\ 0 & 1 \end{pmatrix} \tag{1.186}$$

이다. M^TM이 단위행렬이므로, 식 (1.185)에서 주장했듯이 M과 M^T는 서로의 역행렬이다. 이차원에서 직교변환을 정의하였고 2차원의 경우에 대해서 식 (1.185)를 증명하였다. 이때 임의의 차수의 정방행렬은 식 (1.185)를 만족하면 직교한다고 하고, 이에 해당하는 변환은 벡터의 길이를 보존한다는 것을 쉽게 증명할 수 있다.

이제 식 (1.185)를 $M^TM = I$로 쓰고, 식 (1.125)에서 $\det(M^TM) = (\det M^T)(\det M)$이고, $\det M^T = \det M$이라는 사실을 이용하면, $(\det M)^2 = \det(M^TM) = \det I = 1$을 얻으므로, 아래가 된다(1.7절 참조)..

$$\det M = \pm 1, \quad \text{여기서 M은 직교행렬} \tag{1.187}$$

이것은 임의의 차수 M에 대해 성립한다. 왜냐하면 직교행렬의 정의식 (1.185)와 행렬식의 성질만을 이용했기 때문이다. 앞으로 보겠지만, $\det M = 1$은 기하학적으로 회전에 해당하고, $\det M = -1$은 반전이 관련되어 있음을 뜻한다.

그림 1.17에서 벡터 $\boldsymbol{r} = (x, y)$와 $\boldsymbol{r}$을 각도 θ만큼 회전시킨 벡터 $\boldsymbol{R} = (X, Y)$을 나타내었다. 행렬의 형태로 $\boldsymbol{r}$과 $\boldsymbol{R}$의 성분들 사이의 관계를 맺는 식은 아래로 나타낸다(1.3.3절 참조).

$$\begin{pmatrix} X \\ Y \end{pmatrix} = \begin{pmatrix} \cos\theta & -\sin\theta \\ \sin\theta & \cos\theta \end{pmatrix} \begin{pmatrix} x \\ y \end{pmatrix} \text{ (벡터가 회전: 능동변환)} \tag{1.188}$$

그림 1.18에서는 프라임 부호가 없는 축에 대해 각도 θ만큼 회전한 프라임 부호가 있는 두 축들의 집합을 그려 놓았다. 벡터 $\boldsymbol{r} = (x, y)$와 벡터 $\boldsymbol{r}' = (x', y')$은 같은 벡터이지만, 다른 축에 대해서는 다른 성분을 갖는다. 이 성분들은 식 (1.189)로 주어진다.

$$\begin{pmatrix} x' \\ y' \end{pmatrix} = \begin{pmatrix} \cos\theta & \sin\theta \\ -\sin\theta & \cos\theta \end{pmatrix} \begin{pmatrix} x \\ y \end{pmatrix} \text{ (좌표축이 회전: 수동변환)} \tag{1.189}$$

이때 식 (1.188)과 식 (1.189)는 '회전방정식'이라고 부르고, θ행렬들은 '회전행렬'이라고 부른다 [다만 앞 식은 '능동변환', 그리고 뒤 식은 '수동변환'에 해당된다].

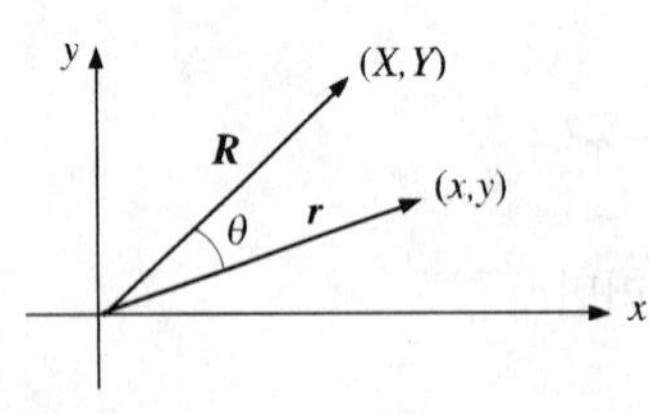

그림 1. 17 능동변환

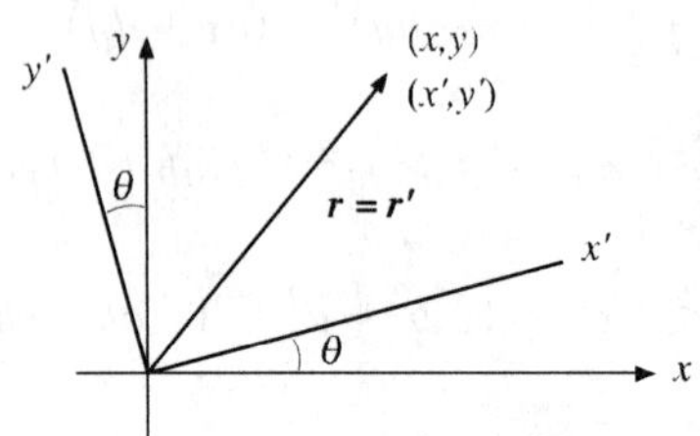

그림 1. 18 수동변환

또한 식 (1.183) 혹은 (1.189)는 '기저변환(change of basis)'이라고 부른다[i, j, k는 단위 기저(basis) 벡터라고 부른다는 것을 상기하여라. 여기서는 i, j, k 기준을 i', j', k' 기준으로 바꾼 것이다-문 1.7 참조]. 식 (1.188)과 (1.189)에 있는 행렬들은 서로의 역행렬이다. 그림을 보면 왜 이것이 사실인지 알 수 있다. 예를 들어 반시계 방향으로 벡터를 회전한 것은 좌표축을 반대 방향(시계방향)으로 회전한 것과 같은 효과를 준다.

회전행렬에 대해서는 $\det \mathrm{M} = \cos^2\theta + \sin^2\theta = 1$임을 주목하자. 행렬식이 1인 임의의 2×2 고유(proper)직교행렬은 회전에 해당하고, 행렬식이 -1인 임의의 2×2 비고유(improper) 직교행렬은 한 직선에 대한 반전에 해당한다(1.5.4절 참조).

예제 1.25

다음 각 행렬에 대응하는 변환을 구하여라.

$$\mathrm{A} = \frac{1}{2}\begin{pmatrix} -1 & \sqrt{3} \\ -\sqrt{3} & -1 \end{pmatrix},\ \mathrm{B} = \begin{pmatrix} 1 & 0 \\ 0 & -1 \end{pmatrix},\ \mathrm{C} = \mathrm{AB},\ \mathrm{D} = \mathrm{BA}$$

풀 이

우선 이 모든 행렬들이 직교하고, $\det \mathrm{A} = 1$이라는 것을 보일 수 있지만, 다른 세 개의 행렬식은 -1이다. 따라서 A는 회전이고, B, C와 D는 반전이다. 이들을 능동적 변환(고정된 좌표축, 회전 혹은 반전된 벡터)으로 보자. 그러면 식 (1.188)과 A를 비교하여 $\cos\theta = -1/2$, $\sin\theta = -\frac{1}{2}\sqrt{3}$을 얻는다. 이것은 240°(혹은 −120°) 회전한 것이다. 다른 방법으로는 벡터 $\boldsymbol{i}$가 어떻게 변하는지 물어보는 것이다. 행렬 A에 열행렬 $(1\ 0)^{\mathrm{T}}$을 곱하면 아래를 얻는다.

$$\frac{1}{2}\begin{pmatrix} -1 & \sqrt{3} \\ -\sqrt{3} & -1 \end{pmatrix}\begin{pmatrix} 1 \\ 0 \end{pmatrix} = \frac{1}{2}\begin{pmatrix} -1 \\ -\sqrt{3} \end{pmatrix} \quad \text{즉} \quad -\frac{1}{2}(\boldsymbol{i} + \boldsymbol{j}\sqrt{3})$$

이것은 앞에서 얻었듯이 $\boldsymbol{i}$가 240° 회전된 것이다.

이제 B를 $(x\ y)^{\mathrm{T}}$에 적용하면, x는 변하지 않고, y의 부호가 바뀐다. 즉 B는 x축에 대한 반전에 해당한다. 행렬들을 곱해보면 C = AB이고 D = BA임을 알 수 있다.

$$\mathrm{C} = \mathrm{AB} = \frac{1}{2}\begin{pmatrix} -1 & -\sqrt{3} \\ -\sqrt{3} & 1 \end{pmatrix}, \quad \mathrm{D} = \mathrm{BA} = \frac{1}{2}\begin{pmatrix} -1 & \sqrt{3} \\ \sqrt{3} & 1 \end{pmatrix}$$

이 행렬들은 반전이라는 것을 알 수 있다. 왜냐하면 이들의 행렬식= -1이기 때문이다. 반전되는 평면을 지나는 직선을 구하려면, 이 직선을 향하는 벡터들은 반전에 의해 변하지 않는다는 사실을 알면 된다. 따라서 변환에 의해 자기 자신으로 변환되는 벡터 $\boldsymbol{r}$을 이루는 x와 y를 구해보자. 행렬 C에 대해서는 $\mathrm{C}\boldsymbol{r} = \boldsymbol{r}$, 즉 아래 식으로 나타낸다.

$$\frac{1}{2}\begin{pmatrix} -1 & -\sqrt{3} \\ -\sqrt{3} & 1 \end{pmatrix}\begin{pmatrix} x \\ y \end{pmatrix} = \begin{pmatrix} x \\ y \end{pmatrix}$$

위 식은 $y = -x\sqrt{3}$ 이라는 것을 확인할 수 있다. 이 직선방향의 벡터, 예를 들면 $\boldsymbol{i} - \boldsymbol{j}\sqrt{3}$ 은 반전에 의해 변하지 않으므로(아래 참조), 이것이 반전에 대한 직선이다. 더 확인해보면 이 직선에 평행인 벡터, 예를 들어 $\boldsymbol{i}\sqrt{3} + \boldsymbol{j}$는 부호가 반대로 바뀐다. 즉 이 직선에 대해 반전된다는 것을 확인(아래 식 참조)할 수 있다.

$$\frac{1}{2}\begin{pmatrix} -1 & -\sqrt{3} \\ -\sqrt{3} & 1 \end{pmatrix}\begin{pmatrix} 1 \\ -\sqrt{3} \end{pmatrix} = \begin{pmatrix} 1 \\ -\sqrt{3} \end{pmatrix}, \quad \frac{1}{2}\begin{pmatrix} -1 & -\sqrt{3} \\ -\sqrt{3} & 1 \end{pmatrix}\begin{pmatrix} \sqrt{3} \\ 1 \end{pmatrix} = \begin{pmatrix} -\sqrt{3} \\ -1 \end{pmatrix}$$

[사실 $C\boldsymbol{r} = \boldsymbol{r}$의 해는 1.6절에 언급한 고유치, 고유벡터의 문제에 해당된다.]

C에 대해 한 것처럼 변환 D를 분석하여 반전직선은 $y = x\sqrt{3}$ 이라는 것을 구할 수 있다. 행렬 A와 B는 교환되지 않고, 변환 C와 D는 다르다는 것에 주목하여라.

다음에는 3차원 (실수)공간에서의 임의의 한 3×3 직교행렬을 벡터 $\boldsymbol{r} = (x, y, z)$를 회전하거나 반전하는 능동적인 변환으로 생각하자. 이때 z축 주위로 반시계 방향으로 θ만큼 회전시키는 회전행렬은 2차원에 대한 식 (1.188)에서 아래가 된다(1.3.3절 참조).

$$A = \begin{pmatrix} \cos\theta & -\sin\theta & 0 \\ \sin\theta & \cos\theta & 0 \\ 0 & 0 & 1 \end{pmatrix} \tag{1. 190}$$

마찬가지로 행렬 B는 z축에 대하여 각도 θ만큼 회전하고 (x, y) 평면에 대해 반전한 것이다.

$$B = \begin{pmatrix} \cos\theta & -\sin\theta & 0 \\ \sin\theta & \cos\theta & 0 \\ 0 & 0 & -1 \end{pmatrix} \tag{1. 191}$$

예제 1. 26

다음 행렬에 의하여 만들어지는 변환을 구하여라.

$$G = \begin{pmatrix} 0 & 0 & 1 \\ 0 & -1 & 0 \\ 1 & 0 & 0 \end{pmatrix}, \quad K = \begin{pmatrix} 0 & 0 & 1 \\ -1 & 0 & 0 \\ 1 & -1 & 0 \end{pmatrix}$$

풀 이

우선 행렬식이 1이므로, 이 행렬들은 회전이다. G에 대해서는 조사해보거나, 예제 1.25의 $C\boldsymbol{r} = \boldsymbol{r}$과 같이 $G\boldsymbol{r} = \boldsymbol{r}$을 풀어보면 벡터 $(1, 0, 1)$은 변하지 않고, 따라서 $\boldsymbol{i} + \boldsymbol{j}$가 회전축임을 알 수 있다. 이제 G^2은 (360° 회전에 해당하는) 단위행렬이므로, G에 대한 회전각도는 180° 이다.

마찬가지로 K에 대해서는 벡터 $(1, -1, 1)$이 이 변환에 의해서 변하지 않으므로 $\boldsymbol{i}-\boldsymbol{j}+\boldsymbol{k}$가 회전축이다. 이제 K는 $\boldsymbol{i}$를 $-\boldsymbol{j}$로 $-\boldsymbol{j}$를 $\boldsymbol{k}$로, 그리고 $\boldsymbol{k}$를 $\boldsymbol{i}$로 변환시킨다는 것을 확인할 수 있다(혹은 K^3이 단위행렬이라는 것을 확인할 수 있다). 따라서 K^3의 회전각도는 $\pm 360°$이다. 기하학적으로 보면 $\boldsymbol{i} \to -\boldsymbol{j} \to \boldsymbol{k} \to \boldsymbol{i}$는 $\boldsymbol{i}-\boldsymbol{j}+\boldsymbol{k}$ 주위로 $-120°$ 만큼 회전시킨 것이다.

예제 1.27

다음 행렬에 의한 변환을 구하여라.

$$\mathrm{L} = \begin{pmatrix} 0 & -1 & 0 \\ -1 & 0 & 0 \\ 0 & 0 & 1 \end{pmatrix}$$

풀 이

$\det \mathrm{L} = -1$이므로 이것은 어떤 평면에 대한 반전이다. 반전평면에 수직한 벡터는 반전에 의해 뒤바뀌므로, $\mathrm{L}\boldsymbol{r} = -\boldsymbol{r}$인 벡터를 구해보자. 이 방정식을 풀거나, 혹은 조사해 보면 $\boldsymbol{r} = (1, 1, 0) = \boldsymbol{i}+\boldsymbol{j}$임을 알 수 있다. 반전평면은 원점을 지나고 이 벡터에 수직인 평면, 즉 평면 $x+y=0$이다.

다음 절에서는 객체(벡터)가 고정되어 있고, 좌표축(또는 기저벡터)이 변하는 수동변환에 대한 변환법칙과 이에 따른 '유사변환(similarity transformation)'의 정의에 대해 논하기로 한다.

1.8 기저변화와 유사변환

이 절에서 다룰 내용은 사실 2장 텐서(tensor) 해석의 한 테마이나, 지금 행렬의 대각화에의 응용을 위하여 필요한 부분만을 간단히 다루기로 한다. 텐서의 두 기본 성질은 (유클리드) 공간에 주어진 한 객체(벡터)의 크기와 방향은 고정되어 있어도(즉 좌표계 불변), 그 성분은 (원점이 고정된) 좌표계마다 달라지는데, 두 좌표계에 대한 성분사이에는 일정 (텐서)변환법칙이 성립한다는 것이다. 이것은 위치에 따라 그 공간을 스팬(span)하는 기저벡터의 크기와 방향이 달라지는 일반(non-Cartesian)곡선좌표계에 대해서도 성립되지만, 여기서는 편의상 (단위)기저벡터의 크기나 방향이 변하지 않고, 항상 $\boldsymbol{e}_i \cdot \boldsymbol{e}_j = \delta_{ij}$인 정규직교(orthonormal) 기저계를 형성하는 (두) Cartesian 직교좌표계간의 벡터의 성분(혹은 기저벡터)에 관한 변환만을 다루기로 한다.

지금 N차원 (실수)벡터공간에서 임의의 한 벡터 $\boldsymbol{x}$는 그 공간을 스팬하는 N개의 선형독립인 정규직교계를 형성하는 (단위)기저벡터의 집합 $\{\boldsymbol{e}_i\}_{i=1}^{N}$의 선형결합으로 아래와 같이 나타낼 수 있다.

$$\boldsymbol{x} = \sum_{i=1}^{N} x_i \boldsymbol{e}_i \text{ 혹은 } \boldsymbol{x} = (x_1\, x_2 \cdots\, x_N)^{\mathrm{T}} \text{ (여기서 } x_i = \boldsymbol{e}_i \cdot \boldsymbol{x} = \boldsymbol{e}_i^{\mathrm{T}} \boldsymbol{x}) \tag{1.192}$$

이때 만약 원점은 고정되고, 회전 또는 반전 등에 의해 형성된 새로운 (Cartesian)좌표계[이때 새 기저벡터의 집합은 $\{\boldsymbol{e}_i{}'\}_{i=1}^{N}$로서 역시 $\boldsymbol{e}_i{}' \cdot \boldsymbol{e}_j{}' = \delta_{ij}$ 성립]에 대한 $\boldsymbol{x}'(=\boldsymbol{x}) = (x_1{}'\, x_2{}' \cdots x_N{}')^{\mathrm{T}}$의 성분 $\{x_i{}'\}$와 원 좌표계에 대한 성분 $\{x_i\}$ 사이의 변환관계를 구하기 위해 두 좌표계에 대한 기하학적 고찰로부터 얻어지는 두 기저벡터 집합간의 (변환)관계인 아래 식을 생각한다.

$$\boldsymbol{e}_i{}' = \sum_{j=1}^{N} P_{ij} \boldsymbol{e}_j = \sum_{j=1}^{N} Q_{ji} \boldsymbol{e}_j \quad \leftrightarrow \quad \boldsymbol{e}_i = \sum_{j=1}^{N} Q_{ij} \boldsymbol{e}_j \tag{1.193}$$

여기서 두 직교변환행렬인 P와 Q의 성분은 아래가 된다.

$$P_{ij} = l_{ij} = \boldsymbol{e}_i{}' \cdot \boldsymbol{e}_j = (\boldsymbol{e}_i{}')^{\mathrm{T}} \boldsymbol{e}_j, \quad Q_{ij} = l_{ji} = \boldsymbol{e}_j{}' \cdot \boldsymbol{e}_i = (\boldsymbol{e}_j{}')^{\mathrm{T}} \boldsymbol{e}_i \tag{1.194}$$

[해설 : 2장에서 논의될 두 일반 곡선좌표계간의 변환에 대한 텐서이론에 의하면, 공변(covariant) 변환행렬인 $\mathrm{A} = (a_i{}^j) = (\partial x^j / \partial x_i{}')$, 반변 변환행렬 $\mathrm{B} = (b^i{}_j) = (\partial x'^i / \partial x_j)$ 사이에는 $\mathrm{A}^{-1} = \mathrm{B}^{\mathrm{T}}$ (혹은 $\mathrm{B}^{-1} = \mathrm{A}^{\mathrm{T}}$)가 성립된다. 이때 만약 반변, 공변의 구별이 없는 두 Cartesian 좌표계간의 변환인 경우에는 $\mathrm{A} = \mathrm{B} = \mathrm{L} = (l_{ij}) = (\boldsymbol{e}_i{}' \cdot \boldsymbol{e}_j)$가 성립된다. 이때 편의상 $\mathrm{B} \equiv \mathrm{P}$, $\mathrm{A}^{\mathrm{T}} \equiv \mathrm{Q}$로 두면 두 직교변환행렬 P와 Q 사이에는 $\mathrm{P}^{-1} = \mathrm{Q}$(혹은 $\mathrm{Q}^{-1} = \mathrm{P}$)가 성립되고, 성분은 $P_{ij} = l_{ij} = \boldsymbol{e}_i{}' \cdot \boldsymbol{e}_j = (\boldsymbol{e}_i{}')^{\mathrm{T}} \boldsymbol{e}_j$, $Q_{ij} = (\mathrm{P}^{-1})_{ij} = (\mathrm{P}^{\mathrm{T}})_{ij} = P_{ji} = \boldsymbol{e}_j{}' \cdot \boldsymbol{e}_i = (\boldsymbol{e}_j{}')^{\mathrm{T}} \boldsymbol{e}_i$가 되어 위 식 (1.194)가 성립된다.]

이제 식 (1.192)의 임의의 벡터 $\boldsymbol{x}$로 도로 돌아가면, 이 절에서 논의하는 수동변환(즉 벡터는 고정되고, 원점을 공유하는 좌표계 혹은 기저벡터가 변함)의 경우 $\boldsymbol{x} = \boldsymbol{x}'$가 되고(앞 절 참조), 식 (1.193)에 정의된 기저벡터간의 변환법치을 이용하면 아래가 성립된다.

$$\boldsymbol{x}_i = \sum_{i=1}^{N} x_i \boldsymbol{e}_i = \boldsymbol{x}' = \sum_{j=1}^{N} x_j{}' \boldsymbol{e}_j{}' = \sum_{j=1}^{N} x_j{}' \sum_{i=1}^{N} Q_{ij} \boldsymbol{e}_i \tag{1.195}$$

이 식의 두 번째 식과 마지막 식의 비교에서 아래가 성립된다.

$$x_i = \sum_{j=1}^{N} Q_{ij} x_j{}'$$

혹은 이를 행렬식으로 나타내면 아래가 된다.

$$\boldsymbol{x} = \mathrm{Q}\,\boldsymbol{x}' \tag{1.196}$$

또한 위 식의 양변의 왼쪽에 $\mathrm{Q}^{-1}(=\mathrm{P})$를 곱하면 아래를 얻는다.

$$\boldsymbol{x}' = \mathrm{Q}^{-1}\boldsymbol{x}(=\mathrm{P}\,\boldsymbol{x}) \tag{1.197}$$

또한 1.7절에서 논의된 선형(행렬) 연산자에 의한 객체(벡터)에 대한 능동변환(즉 좌표계는 고정, 벡터를 회전 또는 반전시킴)을 생각해보자. 지금 변환 전의 원 Cartesian 좌표계에서 주어진 벡터 $\boldsymbol{x}$에 선형연산자 $\hat{A}$가 작용하여 새로운 벡터 $\boldsymbol{y}$로 (능동)변환시켰다고 할 때 이에 대한 행렬표현은 새 (수동)변환된 (프라임)좌표계에서도 마찬가지 형태로 표현될 것이다. 즉

$$\boldsymbol{y} = \mathrm{A}\boldsymbol{x}, \quad \boldsymbol{y}' = \mathrm{A}'\boldsymbol{x}' \tag{1.198}$$

그런데 원 $\{\boldsymbol{e}_i\}$ 좌표계에 있는 두 벡터 $\boldsymbol{x}$와 $\boldsymbol{y}$와 새 $\{\boldsymbol{e}_i'\}$ 좌표계에 있는 두 벡터 $\boldsymbol{x}'(=\boldsymbol{x})$와 $\boldsymbol{y}'(=\boldsymbol{y})$의 성분들 사이에는 같은 직교변환행렬 Q를 통하여 관계지어지므로(식 (1.196) 참조), 식 (1.198)의 첫 번째 식은 아래가 된다.

$$\mathrm{Q}\boldsymbol{y}' = \mathrm{AQ}\boldsymbol{x}' \quad \Rightarrow \quad \boldsymbol{y}' = \mathrm{Q}^{-1}\mathrm{AQ}\boldsymbol{x}'$$

이 식과 (1.198)의 두 번째 식을 같이 놓으면 아래의 유용한 관계가 성립된다.

$$\mathrm{A}' = \mathrm{Q}^{-1}\mathrm{AQ} \tag{1.199}$$

이 식은 벡터공간의 한 선형연산자 $\hat{A}$의 한 주어진 (Cartesian)좌표계(이때 기저벡터의 집합은 $\{\boldsymbol{e}_i\}$임)에 대한 행렬표시인 A(성분 A_{ij}를 가짐)로부터 식 (1.194)로 정의되는 직교변환행렬 Q를 통하여 기저벡터의 집합이 $\{\boldsymbol{e}_i'\}$인 새 (Cartesian)좌표계로의 A′(성분 A'_{ij}를 가짐)로 '유사변환(similarity transformation)'된다고 한다(이는 다음절의 행렬 A의 고유벡터로 형성되는 Q에 의한 A의 대각화의 기초가 된다).

이와 같이 주어진 한 선형연산자 $\hat{A}$(성질 자체는 좌표계 무관)의 주어진 한 (원래의) 좌표계에 대한 행렬표시 A로부터 직교변환행렬 Q에 의해 새 좌표계에 대한 행렬표시 A′로 유사변환될 때 (식 (1.199) 참조) A와 A′ 사이에는 아래의 성질들이 만족된다.

(i) 만약 $\mathrm{A}=\mathrm{I}$(단위행렬)라면 역시 $\mathrm{A}'=\mathrm{I}$가 된다($\because\ \mathrm{A}'=\mathrm{Q}^{-1}\mathrm{IQ}=\mathrm{Q}^{-1}\mathrm{Q}=\mathrm{I}$이므로).

(ii) 행렬식의 값은 불변이다. 즉

$$|\mathrm{A}'| = |\mathrm{Q}^{-1}\mathrm{AQ}| = |\mathrm{Q}^{-1}||\mathrm{A}||\mathrm{Q}| = |\mathrm{A}||\mathrm{Q}^{-1}||\mathrm{Q}| = |\mathrm{A}||\mathrm{Q}^{-1}\mathrm{Q}| = |\mathrm{A}| \tag{1.200}$$

(iii) 고유치를 구하기 위한 특성(영년) 행렬식 (1.176)은 같다(따라서 A와 A′의 고유치는 같다). 그 증명은 아래와 같다.

$$|A' - \lambda I| = |Q^{-1}AQ - \lambda I| = |Q^{-1}(A - \lambda I)Q|$$

$$= |Q^{-1}||Q||A - \lambda I| = |A - \lambda I| \tag{1.201}$$

[사실 이는 아래에 소개하는 선형연산자의 유사변환에 의한 행렬의 3 (주)불변량(혹은 행렬의 계수)은 보존된다는 정리와 동일하다.]

(iv) 행렬의 트레이스(trace, 대각선 요소의 합)도 보존된다(식 (1.179) 참조). 증명은 아래에 주어진다.

$$\mathrm{Tr}\,A' = \sum_i A'_{ii} = \sum_i \sum_j \sum_k (Q^{-1})_{ij} A_{jk} Q_{ki}$$

$$= \sum_i \sum_j \sum_k Q_{ki} (Q^{-1})_{ij} A_{jk} = \sum_j \sum_k \delta_{kj} A_{jk} = \sum_j A_{jj}$$

$$= \mathrm{Tr}\,A \tag{1.202}$$

행렬의 주 불변량과 Cayley-Hamilton 정리 :

위에서 언급된 성질들은 주어진 한 선형연산자 $\hat{A}$의 직교변환행렬 Q에 의해 한 좌표계에서 다른 좌표계로 유사변환될 때 해당 좌표계에서의 $\hat{A}$의 행렬(즉 A와 A′) 표시에 있어서 변하지 않는 아래의 3 (스칼라)주 불변량(principal invariants) I_1, I_2, I_3가 아래와 같이 정의된다.

$$I_1 (= I_A) \equiv \mathrm{Tr}\,A, \quad I_2 (= II_A) \equiv \frac{1}{2}[(\mathrm{Tr}A)^2 - \mathrm{Tr}(A^2)], \quad I_3 (= III_A) \equiv \det A = |A| \tag{1.203}$$

만약 A가 3×3 행렬이면 위 3 불변량은 3 고유치 λ_1, λ_2, λ_3를 사용하여 아래와 같이 나타낼 수 있다.

$$I_1 = \lambda_1 + \lambda_2 + \lambda_3, \quad I_2 = \lambda_1\lambda_2 + \lambda_2\lambda_3 + \lambda_1\lambda_3, \quad I_3 = \lambda_1\lambda_2\lambda_3 \tag{1.204}$$

한편 3차원 유클리드(E^3) 공간의 임의의 (비대칭) 2차텐서(혹은 행렬) T의 3 고유치 λ를 구하는 특성식은 식 (1.176)에 의해 아래와 같이 나타내진다.

$$\det(T - \lambda I) = \begin{vmatrix} T_{11} - \lambda & T_{12} & T_{13} \\ T_{21} & T_{22} - \lambda & T_{23} \\ T_{31} & T_{32} & T_{33} - \lambda \end{vmatrix} = 0$$

위 행렬식은 위에서 정의한 T의 3 불변량 I_1, I_2, I_3 및 λ에 대한 3차 방정식의 3 근(고유치) $\lambda_1, \lambda_2, \lambda_3$를 사용하여 아래와 같이 전개될 수 있다.

$$\det(T-\lambda I) = -f(\lambda) = -(\lambda^3 - I_1\lambda^2 + I_2\lambda - I_3) = -(\lambda-\lambda_1)(\lambda-\lambda_2)(\lambda-\lambda_3) = 0 \qquad (1.205)$$

정리: 만약 E^3 공간에서 임의의 2차텐서(혹은 행렬)T가 아래와 같은 특성 다항식 $f(\lambda)[=-\det(T-\lambda I)]$을 만족한다면

$$f(\lambda) = \lambda^3 - I_1\lambda^2 + I_2\lambda - I_3 = 0$$

T 자체도 'Cayley-Hamilton 정리'라고 불리는 아래의 식을 만족한다(즉 $f(T)$는 제로 (선형)연산자가 된다).

$$f(T) = T^3 - I_1T^2 + I_2T - I_3I = 0 \qquad (1.206)$$

증 명 만약 λ가 T의 대응하는 고유벡터 $\boldsymbol{v}$에 대한 고유치라 하고(식 (1.167) 참조), T에 대한 다항식 $f(T)$를 아래와 같이 정의하자.

$$f(T) = T^3 - I_1T^2 + I_2T - I_3I$$

이때 아래의 f에 의한 연산자 표현식을 생각해보자.

$$f(T)\cdot\boldsymbol{v} = T^3\cdot\boldsymbol{v} - I_1T^2\cdot\boldsymbol{v} + I_2T\cdot\boldsymbol{v} - I_3\boldsymbol{v}$$

그러면 고유벡터에 관한 정의식 (1.151)로부터 $T^n\cdot\boldsymbol{v} = \lambda^n\boldsymbol{v}\,(n=1,2,3\ldots)$ 가 성립되므로 아래의 관계식을 얻는다(여기서 식 (1.205) 이용).

$$f(T)\cdot\boldsymbol{v} = (\lambda^3 - I_1\lambda^2 + I_2\lambda - I_3)\boldsymbol{v} = 0$$

그런데 $\boldsymbol{v}\neq 0$이므로 위에서 정의한 I의 다항식 $f(T)=0$이 되어 위 정리가 증명된다(따라서 $f(T)$는 식 (1.84a)의 (i)에 의해 제로 (선형)연산자이다). ■

이 Cayley-Hamilton 정리는 임의의 행렬 T의 고차 멱급수 항 (가령 T^3, T^4 등)을 3 불변량 I_1, I_2, I_3를 사용하여 2차항 T^2 및 T, I 항으로 나타내는데 이용된다.

한편 식 (1.199)로 정의된 유사변환에 있어서, 성분이 (1.194)로 주어진 (실)직교변환행렬 Q 대신 만약 Q가 $Q^\dagger = Q^{-1}$을 만족하는 복소 유니터리 (변환)행렬이라면(1.5.6절 참조) 이때의 유사

변환식은 아래가 될 것이다.

$$A' = Q^{-1}AQ = Q^{\dagger}AQ \tag{1.207}$$

이때 선형연산자 $\hat{A}$의 행렬표현 A에 해당하는 원 (Cartesian) 좌표계의 기저벡터 집합 $\{\boldsymbol{e}_i\}$가 정규직교계(즉 $\boldsymbol{e}_i \cdot \boldsymbol{e}_j = \delta_{ij}$ 성립)이고, 또 이로부터 기저벡터 집합이 $\{\boldsymbol{e}_i'\}$인 새 좌표계에의 행렬표현 A'로 유사변환(이때 고유치 혹은 주 불변량 보존됨)시키는 변환행렬 Q가 (복소)유니터리 행렬(즉 $Q^{\dagger} = Q^{-1}$ 성립)이라면, 새 기저계 $\{\boldsymbol{e}_i'\}$도 정규직교계를 형성(즉 $\boldsymbol{e}_i' \cdot \boldsymbol{e}_j' = \delta_{ij}$ 성립)함을 아래에서 쉽게 증명된다. 즉

$$\boldsymbol{e}_i' \cdot \boldsymbol{e}_j' = (\boldsymbol{e}_i')^{\dagger}\boldsymbol{e}_j' = \langle \boldsymbol{e}_i' \mid \boldsymbol{e}_j' \rangle = \left\langle \sum_k Q_{ki}\boldsymbol{e}_k \,\middle|\, \sum_r Q_{rj}\boldsymbol{e}_r \right\rangle$$

$$= \sum_k Q_{ki}^* \sum_r Q_{rj} \langle \boldsymbol{e}_k \mid \boldsymbol{e}_r \rangle$$

$$= \sum_k Q_{ki}^* \sum_r Q_{rj}\delta_{kr} = \sum_k Q_{ki}^* Q_{kj} = (Q^{\dagger}Q)_{ij} = \delta_{ij}$$

더욱이 위에서 언급한 실 직교변환행렬 Q(즉 $Q^{-1} = Q^{T}$)를 이용한 유사변환의 성질외에도, (복소)유니터리 변환행렬 Q(즉 $Q^{-1} = Q^{\dagger}$ 성립)을 이용한 유사변환은 아래의 두 성질이 추가된다. 즉

(i) 만약 변환될 행렬(혹은 선형연산자) A가 에르미트(혹은 반 에르미트) 행렬이라면, 유니터리 Q에 의한 유사변환에 의해 얻어진 (새)행렬 A' 또한 에르미트(혹은 반 에르미트) 행렬이 된다. 즉 만약 $A^{\dagger} = \pm A$라면, $(A')^{\dagger} = (Q^{\dagger}AQ)^{\dagger} = Q^{\dagger}A^{\dagger}Q = \pm Q^{\dagger}AQ = \pm A'$가 되어 증명된다[만약 실수 공간에서 Q가 직교변환행렬인 경우 A가 대칭(혹은 반대칭) 행렬이면 변환된 A' 또한 대칭(또는 반대칭) 행렬이 된다.]

(ii) 만약 변환될 행렬(혹은 선형연산자) A가 유니터리(즉 $A^{\dagger} = A^{-1}$ 성립)라면, 유니터리 Q에 의한 유사변환에 의해 얻어진 (새)행렬 A' 또한 유니터리가 됨을 아래의 관계에서 알 수 있다.

$$(A')^{\dagger}A' = (Q^{\dagger}AQ)^{\dagger}(Q^{\dagger}AQ) = Q^{\dagger}A^{\dagger}QQ^{\dagger}AQ = Q^{\dagger}A^{\dagger}AQ = Q^{\dagger}IQ = I \tag{1.208}$$

1.9 유사변환에 의한 행렬의 대각화

N차원 벡터공간에 있는 한 선형연산자 $\hat{A}$의 어떤 (정규직교)기저벡터 집합 $\{\boldsymbol{e}_i\}$을 가진

(Cartesian)좌표계에 대한 행렬 표시 A를 가진다고 하자. 이때 아래 식으로 주어지는 새 기저계 $\boldsymbol{x}_j(=\boldsymbol{e}_j')$를 생각하자.

$$\boldsymbol{x}_j(=\boldsymbol{e}_j')=\sum_{i=1}^{N}Q_{ij}\boldsymbol{e}_i \ \text{[여기서 } Q_{ij}=\boldsymbol{e}_j'\cdot\boldsymbol{e}_i \ (\because \text{식 (1.194)]} \tag{1.209}$$

여기서 $j=1, 2, \cdots$ 를 대입하면 아래를 얻는다.

$$\begin{aligned}
\boldsymbol{x}_1 &= Q_{11}\boldsymbol{e}_1+Q_{21}\boldsymbol{e}_2+\cdots=(\boldsymbol{e}_1'\cdot\boldsymbol{e}_1)\boldsymbol{e}_1+(\boldsymbol{e}_1'\cdot\boldsymbol{e}_2)\boldsymbol{e}_2+\cdots=\begin{pmatrix}(\boldsymbol{e}_1')_1\\(\boldsymbol{e}_1')_2\\ \vdots\end{pmatrix}_{\{\boldsymbol{e}_i\}}=(\boldsymbol{e}_1')_{\{\boldsymbol{e}_i\}}\\
\boldsymbol{x}_2 &= Q_{12}\boldsymbol{e}_1+Q_{22}\boldsymbol{e}_2+\cdots=(\boldsymbol{e}_2'\cdot\boldsymbol{e}_1)\boldsymbol{e}_1+(\boldsymbol{e}_2'\cdot\boldsymbol{e}_2)\boldsymbol{e}_2+\cdots=\begin{pmatrix}(\boldsymbol{e}_2')_1\\(\boldsymbol{e}_2')_2\\ \vdots\end{pmatrix}_{\{\boldsymbol{e}_i\}}=(\boldsymbol{e}_2')_{\{\boldsymbol{e}_i\}}\\
&\qquad\vdots \qquad\qquad\qquad\qquad\qquad\qquad\qquad\qquad\qquad \vdots\\
\boldsymbol{x}_N &= Q_{1N}\boldsymbol{e}_1+Q_{2N}\boldsymbol{e}_2+\cdots=(\boldsymbol{e}_N'\cdot\boldsymbol{e}_1)\boldsymbol{e}_1+(\boldsymbol{e}_N'\cdot\boldsymbol{e}_2)\boldsymbol{e}_2+\cdots=\begin{pmatrix}(\boldsymbol{e}_N')_1\\(\boldsymbol{e}_N')_2\\ \vdots\end{pmatrix}_{\{\boldsymbol{e}_i\}}=(\boldsymbol{e}_N')_{\{\boldsymbol{e}_i\}}
\end{aligned} \tag{1.210}$$

위 식들에서 $(\boldsymbol{e}_i')_j=\boldsymbol{e}_i'\cdot\boldsymbol{e}_j=(=(\boldsymbol{e}_i')^{\mathrm{T}}\boldsymbol{e}_j)$는 새 기저벡터 $\boldsymbol{e}_i'$의 원 기저벡터 $\boldsymbol{e}_j$에 관한 성분을 의미한다. 따라서 식 (1.210)과 변환행렬 Q의 정의식 (1.144)과 비교해보면 $\boldsymbol{x}_1$은 Q의 원좌표계 $\{\boldsymbol{e}_i\}$에 대한 행렬표현에서 1열 벡터, $\boldsymbol{x}_2$는 Q의 2열 벡터 등이 됨을 알 수 있다. 따라서 Q는 원 좌표기저계 $\{\boldsymbol{e}_i\}$에 대해 $\boldsymbol{x}_1$, $\boldsymbol{x}_2$ 등을 사용하여 아래와 같이 나타낼 수 있다.

$$\mathrm{Q}=\begin{pmatrix}\uparrow & \uparrow & & \uparrow\\ \boldsymbol{x}_1 & \boldsymbol{x}_2 & \cdots & \boldsymbol{x}_N\\ \downarrow & \downarrow & & \downarrow\end{pmatrix}_{\{\boldsymbol{e}_i\}} \tag{1.211}$$

이때 만약 $\boldsymbol{x}_j$가 선형연산자 $\hat{A}$(혹은 행렬 A)의 고유벡터 중의 한 개(즉 새 기저계 $\{\boldsymbol{e}_i'\}$가 A의 고유벡터 집합이 됨)라고 하면 아래가 만족된다.

$$\hat{A}\boldsymbol{x}_j=\lambda_j\boldsymbol{x}_j \ \text{혹은} \ \mathrm{A}\boldsymbol{x}_j=\lambda_j\boldsymbol{x}_j \tag{1.212}$$

그러면 변환행렬 Q의 i행, j열 요소 $Q_{ij}(=\boldsymbol{e}_j'\cdot\boldsymbol{e}_i)$는 A의 고유벡터 $\boldsymbol{x}_i$ 항으로 아래와 같이 나타내진다.

$$Q_{ij}(=\boldsymbol{e}_j{}' \cdot \boldsymbol{e}_i)=\boldsymbol{x}_j \cdot \boldsymbol{e}_i=\boldsymbol{x}_j^{\mathrm{T}} \cdot \boldsymbol{e}_i=(\boldsymbol{x}_j)_i \tag{1.213}$$

즉 Q_{ij}는 A의 고유벡터 $\boldsymbol{x}_j$의 원(좌표) 기저계 $\boldsymbol{e}_i$에 관한 성분 $(\boldsymbol{x}_j)_i$가 된다. 이렇게 정의된 Q에 의한 유사변환(식 (1.199)에 의해 행렬 A의 주(고유벡터) 방향으로 변환된 행렬 A′의 i행, j열 요소는 $\lambda_i\delta_{ij}$가 되어, 결국 변환행렬 A′는 $i=j$인 대각선 요소에만 값(고유치 λ_i)을 갖고, 나머지는 0이 되는 대각행렬 Λ가 된다. 이는 아래 식으로부터 확인이 된다. 즉

$$(\mathrm{Q}^{-1}\mathrm{A}\mathrm{Q})_{ij}=\sum_k\sum_l(\mathrm{Q}^{-1})_{ik}A_{kl}\,Q_{lj}$$

$$\sum_k\sum_l(\mathrm{Q}^{-1})_{ik}A_{kl}(\boldsymbol{x}_j)_l$$

$$\sum_k(\mathrm{Q}^{-1})_{ik}\lambda_j(\boldsymbol{x}_j)_k$$

$$=\sum_k\lambda_k(\mathrm{Q}^{-1})_{ik}Q_{kj}=\lambda_j\delta_{ij}=\lambda_i\delta_{ij} \tag{1.214}$$

즉 식 (1.214)를 행렬 표현으로 나타내면 아래가 된다.

$$\mathrm{Q}^{-1}\mathrm{A}\mathrm{Q}=\mathrm{A}'=\begin{pmatrix}\lambda_1 & 0 & \cdots & 0\\ 0 & \lambda_2 & & \vdots\\ \vdots & & \ddots & 0\\ 0 & \cdots & 0 & \lambda_N\end{pmatrix}=\Lambda \tag{1.215}$$

여기서 $(\Lambda)_{ij}=\lambda_i\delta_{ij}$로서 Λ는 N차원 대각행렬이다. 즉 행렬 A의 주어진 기저계 $\{\boldsymbol{e}_i\}$에서 새 기저계 $\{\boldsymbol{e}_j{}'\}$(혹은 $\{\boldsymbol{x}_j\}$)로 변환행렬 Q(요소$Q_{ij}=\boldsymbol{e}_j{}'\cdot\boldsymbol{e}_i=(e_j{}')_i$임)에 의해 새 행렬 A′로 유사변환 될 때, 만약 Q가 A의 i번째 고유벡터 $\boldsymbol{x}_i$를 i번째 열벡터로 가지는 변환행렬(요소 $Q_{ij}=(\boldsymbol{x}_j)_i$가 됨)인 경우(즉 새 기저계 $\{e_i{}'\}$가 A의 고유벡터가 됨) 변환된 행렬 A′는 대각선에 고유치를 갖는 대각 행렬이 된다.

한편 식 (1.215)는 다른 방법으로도 유도될 수 있다. 즉 새 기저계 $\{\boldsymbol{e}_i{}'\}$가 A의 고유벡터 $\boldsymbol{x}_i$가 되므로(식 1.210 참조) 식 (1.212)에서 $j=1, 2, \cdots, N$을 대입하여 이를 행렬 표현으로 나타내면 아래가 된다.

$$\hat{A}(\boldsymbol{x}_1\ \boldsymbol{x}_2\ \cdots\ \boldsymbol{x}_N)=\mathrm{A}(\boldsymbol{x}_1\ \boldsymbol{x}_2\ \cdots\ \boldsymbol{x}_N)=(\lambda_1\boldsymbol{x}_1\ \lambda_2\boldsymbol{x}_2\ \cdots\ \lambda_N\boldsymbol{x}_N) \tag{1.216}$$

그런데 위 식에서 $(\boldsymbol{x}_1\ \boldsymbol{x}_2\ \cdots\ \boldsymbol{x}_N)=\mathrm{Q}$(식 (1.211))가 되고 또 대각선 요소에만 $\lambda_1, \lambda_2, \cdots, \lambda_N$을 갖는 대각행렬을 Λ(식 (1.215))가 되므로 위 식은 아래와 같이 나타낼 수도 있다.

$$\mathrm{AQ} = \mathrm{Q}\Lambda \tag{1.217}$$

따라서 위 식의 양변의 왼쪽이 Q^{-1}을 곱하면 식 (1.215)가 얻어진다.

이상에서 본 바와 같이 $N \times N$ 정방행렬 A의 경우 A의 N개의 고유벡터를 열벡터로 가지는 변환행렬 Q를 만들면 유사변환 식 (1.99)에 의해 $\mathrm{Q}^{-1}\mathrm{AQ} = \mathrm{A}' = \Lambda$ 즉 대각선에 고유치를 갖는 대각행렬을 만들 수 있다. 이때 Q가 역행렬을 갖기 위한 정칙행렬(즉 $|\mathrm{Q}| \neq 0$)이 되기 위해서는 A의 N개의 고유벡터가 선행독립으로서 N차원 벡터공간의 기저(basis)를 형성해야 한다. 이때 N개의 서로 다른 고유치를 갖는 어떠한 정방행렬에 대해서도 원칙적으로 이 절차에 의해 대각화 시킬 수 있다. 그러나 만약 고유벡터가 중복(degenerate)되어 있는 경우는 N개의 선형독립인 고유벡터는 형성하지 못할 수도 있으며, 따라서 위 철차에 따른 대각화가 불가능할 수 도 있다.

1.6.1.1절에 언급한 바와 같이 정규행렬(즉 자신의 에르미트 공액과 교환기능으로 에르미트 행렬, 반 에르미트 행렬 및 유니터리 행렬이 여기 포함됨)의 경우는 항상 N개의 선형독립, 정규직교화된 고유벡터 집합 $\{\boldsymbol{x}_i\}$을 가질 수 있다. 이 경우 요소 $Q_{ij} = (\boldsymbol{x}_j)_i$를 갖는 변환행렬 Q는 아래 식에서 보는 바와 같이 유니터리 행렬(즉 $\mathrm{Q}^\dagger = \mathrm{Q}^{-1}$ 즉 $\mathrm{Q}^\dagger\mathrm{Q} = \mathrm{I}$가 됨)이 된다.

$$(\mathrm{Q}^\dagger \mathrm{Q})_{ij} = \sum_k (\mathrm{Q}^\dagger)_{ik} (\mathrm{Q})_{kj} = \sum_k \mathrm{Q}^*_{ki} \mathrm{Q}_{kj} = \sum_k (\boldsymbol{x}_i)_k (\boldsymbol{x}_j)_k = (\boldsymbol{x}_i)^\dagger \boldsymbol{x}_j = \delta_{ij} \tag{1.218}$$

따라서 이 유니터리 변환행렬 Q에 의한 유사변환식은 아래가 된다.

$$\mathrm{A}' = \mathrm{Q}^{-1}\mathrm{AQ} = \mathrm{Q}^\dagger \mathrm{AQ} = \Lambda = (\lambda_i \delta_{ij}) \tag{1.219}$$

예제 1.28

예제 1.23에 나타낸 아래의 실 대칭행렬을 유니터리(혹은 직교)변환행렬에 의한 유사변환(식 (1.219))에 의하여 대각화를 행하라.

$$\mathrm{A} = \begin{pmatrix} 1 & 0 & 2 \\ 0 & -2 & 0 \\ 3 & 0 & 1 \end{pmatrix}$$

풀 이

A가 실 대칭행렬로서 3(실)고유치 중 중복근이 하나 있으나(즉 $\lambda_1 = 4$, $\lambda_2 = \lambda_3 = -2$) 예제 1.23에서 행한 것처럼 상호직교인 3 정규직교환된 고유벡터 $\boldsymbol{x}_1 (= \hat{\boldsymbol{x}}_1) = 1/\sqrt{2}(1 \;\; 0 \;\; 1)^\mathrm{T}$, $\boldsymbol{x}_2 (= \hat{\boldsymbol{x}}_2) = (0 \;\; 1 \;\; 0)^\mathrm{T}$, $\boldsymbol{x}_3 (= \hat{\boldsymbol{x}}_3) = 1/\sqrt{2}(-1 \;\; 0 \;\; 1)^\mathrm{T}$를 얻을 수 있다. 따라서 이들을 열벡터로 가지는 직교(혹은 유나터리) 변환행렬 Q는 아래와 같다.

$$Q = \frac{1}{\sqrt{2}}\begin{pmatrix}1 & 0 & -1\\ 0 & \sqrt{2} & 0\\ 1 & 0 & 1\end{pmatrix}$$

따라서 식 (1.219)에 의해(이때 Q는 실수이므로 $Q^{\dagger}=Q^{T}=Q^{-1}$됨) 위의 실 대칭행렬 A는 아래와 같이 대각선에 고유치를 갖는 행렬 Λ로 대각화될 수 있다.

$$Q^{-1}AQ = Q^{\dagger}AQ = \frac{1}{2}\begin{pmatrix}1 & 0 & 1\\ 0 & \sqrt{2} & 0\\ -1 & 0 & 1\end{pmatrix}\begin{pmatrix}1 & 0 & 3\\ 0 & -2 & 0\\ 3 & 0 & 1\end{pmatrix}\begin{pmatrix}1 & 0 & -1\\ 0 & \sqrt{2} & 0\\ 1 & 0 & 1\end{pmatrix} = \begin{pmatrix}4 & 0 & 0\\ 0 & -2 & 0\\ 0 & 0 & -2\end{pmatrix}$$

예제 1. 28

예제 1.24에 나타낸 아래의 비대칭(실)행렬 및 그의 전치행렬을 유사변환(식 (1.215))에 의해 대각화하라(단 이때 사용된 변환행렬 Q는 직교 또한 유니터리 행렬이 아님에 유의하라).

$$A = \begin{pmatrix}6 & -1 & -1\\ 4 & -8 & 8\\ 4 & -7 & 7\end{pmatrix} \Leftrightarrow A^{T} = \begin{pmatrix}6 & 4 & 4\\ -1 & -8 & -7\\ -1 & 8 & 7\end{pmatrix}$$

풀 이

(i) 먼저 A의 3(실)고유치 및 이에 대응하는 세 고유벡터(이때 A는 비대칭행렬이므로 상호직교가 안됨) $\{\boldsymbol{x}_i\}$를 예제 1.24에서 구한 결과는 $\lambda_1=-1$, $\boldsymbol{x}_1=(1\ \ 4\ \ 3)^{T}$; $\lambda_2=2$, $\boldsymbol{x}_2=(1\ \ 2\ \ 2)^{T}$; $\lambda_3=4$, $\boldsymbol{x}_3=(1\ \ 1\ \ 1)^{T}$가 된다. 따라서 이들 (비정규화된)3 고유벡터 $\{\boldsymbol{x}_i\}$를 열벡터로 가지는 변환행렬 Q는 아래가 된다.

$$Q = (\boldsymbol{x}_1\ \boldsymbol{x}_2\ \boldsymbol{x}_3) = \begin{pmatrix}1 & 1 & 1\\ 4 & 2 & 1\\ 3 & 2 & 1\end{pmatrix} \Leftrightarrow Q^{-1} = \begin{pmatrix}0 & 1 & -1\\ -1 & -2 & 3\\ 2 & 1 & -2\end{pmatrix}$$

단 이때 $Q^{T}(=Q^{\dagger}) \neq Q^{-1}$가 됨에 유의하라(∵비대칭 A의 3 고유벡터는 상호직교가 아니므로). 그러면 이 Q를 사용하여 식 (1.215)에 의해 행렬 A에 유사변환을 행하면 아래가 된다.

$$Q^{-1}AQ = \begin{pmatrix}-1 & 0 & 0\\ 0 & 2 & 0\\ 0 & 0 & 4\end{pmatrix}$$

즉 비대칭 A의 3 (실)고유벡터가 상호직교가 아니므로 정규직교화가 불가능하여 이로부터 형성된 변환행렬 Q가 직교(또는 유니터리) 행렬이 아니라도, 통상의 유사변환에 의해 대각선요소에 3 (실)고유치를 갖는 행렬 $\Lambda=(\lambda_i\delta_{ij})$로 대각화됨을 알 수 있다.

(ii) 전치행렬 A^T의 경우(이때 고유치는 A의 경우와 동일)도 예제 1.24에서 구한 3 (실)고유벡터(역시 상호직교는 아님) $\{\boldsymbol{y}_i\}$는 다음과 같다.

$$\lambda_1=-1,\ \boldsymbol{y}_1=(0\ \ -1\ \ 1)^T\ ;\ \lambda_2=2,\ \boldsymbol{y}_2=(-1\ \ 2\ \ 3)^T\ ;\ \lambda_3=4,\ \boldsymbol{y}_3=(-2\ \ -1\ \ 2)^T$$

이들 3 고유벡터를 열벡터로 가지는 변환행렬 Q_T(역시 직교 또는 유니터리행렬은 아님)는 아래가 된다.

$$Q_T=\begin{pmatrix} 0 & -1 & -2 \\ -1 & -2 & -1 \\ 1 & 3 & 2 \end{pmatrix} \quad \Leftrightarrow \quad Q_T^{-1}=\begin{pmatrix} -1 & -4 & -3 \\ 1 & 2 & 2 \\ -1 & -1 & -1 \end{pmatrix}$$

이로부터 행렬 A_T에 유사변환을 시키면 아래를 얻는다.

$$Q_T^{-1}A_TQ_T=\begin{pmatrix} -1 & 0 & 0 \\ 0 & 2 & 0 \\ 0 & 0 & 4 \end{pmatrix}$$

A의 경우와 마찬가지로 비록 변환행렬 Q_T가 직교(또는 유니터리) 행렬이 아니더라도(∵ 3 고유벡터 $\{\boldsymbol{y}_i\}$가 상호직교가 아님) 유사변환에 의해 역시 대각화됨을 알 수 있다.

한편 (i)와 (ii)에서 구한 고유벡터 $\{\boldsymbol{x}_i\}$와 $\{\boldsymbol{y}_i\}$를 비교해보면 가령 $\boldsymbol{x}_1\cdot\boldsymbol{y}_1=\boldsymbol{x}_1^T\boldsymbol{y}_1=-1(\neq 1)$, $\boldsymbol{x}_1\cdot\boldsymbol{y}_2=\boldsymbol{x}_1^T\boldsymbol{y}_2=0$이 되어 비록 정규화는 안되어 있어도 $\boldsymbol{x}_i\cdot\boldsymbol{y}_j=\boldsymbol{x}_i^T\boldsymbol{y}_j$는 $i\neq j$일 때 0 즉 $\boldsymbol{x}_i$와 $\boldsymbol{y}_j$는 상호직교임을 알 수 있다. 따라서 $\boldsymbol{y}_i'=\boldsymbol{y}_i/D_i$(여기서 $\boldsymbol{D}_i=\boldsymbol{x}_i\cdot\boldsymbol{y}_i=\boldsymbol{x}_i^T\boldsymbol{y}_i$)를 정의하면 아래와 같이 $\boldsymbol{x}_i$와 $\boldsymbol{y}_i'$ 사이에는 정규직교화를 만들 수 있다.

$$\boldsymbol{x}_i\cdot\boldsymbol{y}_j'=\boldsymbol{x}_i^T\boldsymbol{y}_j'=\delta_{ij}(\text{여기서}\ \ \boldsymbol{y}_j'=\boldsymbol{y}_j/D_j,\ D_j=\boldsymbol{x}_j\cdot\boldsymbol{y}_j)$$

그런데 위 결과에서 $D_1=\boldsymbol{x}_1\cdot\boldsymbol{y}_1'=-1,\ D_2=\boldsymbol{x}_2\cdot\boldsymbol{y}_2'=1,\ D_3=\boldsymbol{x}_3\cdot\boldsymbol{y}_3'=-1$가 되어 $\{\boldsymbol{y}_i\}$를 구하면 아래가 된다.

$$\boldsymbol{y}_1'=(0\ \ 1\ \ -1)^T,\ \boldsymbol{y}_2'=(-1\ \ -2\ \ \ 3)^T,\ \boldsymbol{y}_3'=(2\ \ 1\ \ -2)^T$$

이로부터 $\boldsymbol{x}_i\cdot\boldsymbol{y}_j'=\delta_{ij}$가 성립(가령 $\boldsymbol{x}_1\cdot\boldsymbol{y}_1'=1,\ \boldsymbol{x}_1\cdot\boldsymbol{y}_2'=0$)됨을 알 수 있다. 그런데 (i)의 결과에서

$$Q^{-1}=\begin{pmatrix} 0 & 1 & -1 \\ -1 & -2 & 3 \\ 2 & 1 & -2 \end{pmatrix}=\begin{pmatrix} (\boldsymbol{y}_1')^T \\ (\boldsymbol{y}_2')^T \\ (\boldsymbol{y}_3')^T \end{pmatrix}$$

즉 Q는 A의 (비정규화)고유벡터 $\{\boldsymbol{x}_i\}$를 열벡터로 가지며, 반면에 $Q^{-1}(\neq Q^T)$는 A^T의 (비정규화)고유벡터 $\{\boldsymbol{y}_i\}$(단 $\boldsymbol{y}_i'=\boldsymbol{y}_i/D_i=\boldsymbol{y}_i/(\boldsymbol{x}_i\cdot\boldsymbol{y}_i)$임)를 행벡터로 가짐을 알 수 있다. 따라서 $\boldsymbol{x}_i\cdot\boldsymbol{y}_j'=\delta_{ij}$를 형성하는 A^T의 (변환된)고유벡터 $\{\boldsymbol{y}_i'\}$는 구태여 A^T의 고유벡터 $\{\boldsymbol{y}_i\}$를 구하지 않아도 A의 고유벡터로부터 얻어지는 변환행렬 Q의 역을 구하면 그것의 행벡터들이 $\{\boldsymbol{y}_i'\}$가 됨을 알 수 있다.

반대로 $\{\boldsymbol{y}_i'\}$ 대신 $\{\boldsymbol{x}_i'\}$(여기서 $\boldsymbol{x}_i'=\boldsymbol{x}_i/D_i,\ D_i=\boldsymbol{x}_i\cdot\boldsymbol{y}_i$)를 사용하여도 $\boldsymbol{x}_i'\cdot\boldsymbol{y}_j=\delta_{ij}$가 되는, 즉 A의

고유벡터와 A^T의 고유벡터 사이에 정규직교계를 형성할 수가 있다. 이때 $\{\boldsymbol{x}_i'\}$는 Q_T^{-1}의 행벡터로서 얻어지므로, 구태여 A의 고유벡터를 구하지 않아도 된다. 결론적으로 이들 결과를 종합하여 나타내면 아래가 된다.

$$Q^{-1}AQ=\Lambda \text{ 혹은 } (Q_T)^T A\left[(Q_T)^T\right]^{-1}=\Lambda \tag{1.220}$$

$$Q_T^{-1}A_TQ_T=\Lambda \text{ 혹은 } Q^T A_T(Q^T)^{-1}=\Lambda \tag{1.221}$$

여기서

$$Q=(\boldsymbol{x}_1\ \ \boldsymbol{x}_2\ \ \boldsymbol{x}_3), \quad \text{혹은 } Q^{-1}=\begin{pmatrix}(\boldsymbol{y}_1')^T\\(\boldsymbol{y}_2')^T\\(\boldsymbol{y}_3')^T\end{pmatrix};\ Q_T=(\boldsymbol{y}_1\ \ \boldsymbol{y}_2\ \ \boldsymbol{y}_3),\ Q_T^{-1}=\begin{pmatrix}(\boldsymbol{x}_1')^T\\(\boldsymbol{x}_2')^T\\(\boldsymbol{x}_3')^T\end{pmatrix} \tag{1.222}$$

따라서 임의의 (실)비대칭행렬 A(혹은 그의 전치행렬 A^T)의 3 (실)고유치가 모두 다른 경우 위 식들을 이용하여 대각화시킬 수 있으며, 또한 $\boldsymbol{x}_i'(=\boldsymbol{x}_i/D_i)$ 혹은 $\boldsymbol{y}_i'(=\boldsymbol{y}_i/D_i)$(여기서 $D_i=\boldsymbol{x}_i\cdot\boldsymbol{y}_i=\boldsymbol{x}_i^T y_i$)를 이용하여 A와 A^T의 고유벡터를 상호 정규직교계(즉 $\boldsymbol{x}_i'\cdot\boldsymbol{y}_j=\boldsymbol{x}_i\cdot\boldsymbol{y}_j'=\delta_{ij}$성립)로 만들 수도 있다.

한편 위에서 본 바와 같이 임의의 한 $N\times N$ (실)정방행렬이 유사변환 $Q^{-1}AQ=A'$에 의해 (단 여기서 변환행렬 Q는 A의 고유벡터 집합을 열벡터로 가짐) $A'=(\lambda_i\delta_{ij})=\mathrm{diag}(\lambda_1,\lambda_2,\cdots,\lambda_N)$으로 대각화 될 수 있다. 그런데 유사변환에 의해 A의 제 1 불변량인 $J_A=\mathrm{Tr}A$ 및 제 3불변량인 $III_A=\det A$가 보존되므로(식 (1.203) 참조), 아래가 성립된다(물론 A의 특성방정식, 나아가 고유치도 보존된다).

$$\mathrm{Tr}A'=\mathrm{Tr}A=\sum_{i=1}^{N}\lambda_i \tag{1.223}$$

$$|A'|=|A|=\prod_{i=1}^{N}\lambda_i \tag{1.224}$$

한편 행렬 A의 다항식 expA의 행렬식 $\det(\exp A)=|\exp A|$에 관해 아래의 유용한 공식이 성립된다.

$$|\exp A|=\exp(\mathrm{Tr}A) \tag{1.225}$$

증 명 유사변환 $A'=Q^{-1}AQ$(식 (1.199))에서 아래가 성립된다.

$$(A')^n=(Q^{-1}AQ)(Q^{-1}AQ)\cdots(Q^{-1}AQ)=Q^{-1}A^nQ \tag{1.226}$$

그런데 $e^x = \sum_{n=0}^{\infty} \frac{x^n}{n!}$(식 (A.9) 참조)에서 아래가 성립된다(단 위 식 이용).

$$\exp \mathrm{A}' = \sum_{n=0}^{\infty} \frac{(\mathrm{A}')^n}{n!} = \sum_{n=0}^{\infty} \frac{1}{n!} \mathrm{Q}^{-1} \mathrm{A}^n \mathrm{Q} = \mathrm{Q}^{-1} \left(\sum_{n=0}^{\infty} \frac{\mathrm{A}^n}{n!} \right) \mathrm{Q} = \mathrm{Q}^{-1} e^{\mathrm{A}} \mathrm{Q} \quad (1.227)$$

여기서 e^{A}에 관한 유사변환의 성질에서 행렬식은 보존되므로 $|\exp \mathrm{A}'| = |\exp \mathrm{A}|$가 되어, 여기서 변환행렬 A'가 대각화되어 있다면 아래가 성립되어야 한다.

$$|\exp \mathrm{A}| = |\exp \mathrm{A}'| = |\exp[\mathrm{diag}(\lambda_1, \lambda_2, \cdots, \lambda_N)]|$$

$$= |[\mathrm{diag}(\exp \lambda_1, \exp \lambda_2, \cdots, \exp \lambda_N)]| = \prod_{i=1}^{N} \exp \lambda_i \quad (1.227)$$

여기서 위 식에서 고유치의 지수의 곱을 고유치의 항의 지수로 바꾸어 다시쓰면 아래가 된다.

$$|\exp \mathrm{A}'| = \prod_{i=1}^{N} \exp \lambda_i = \exp\left(\sum_{i=1}^{N} \lambda_i \right) = \exp(\mathrm{Tr}\,\mathrm{A})$$

따라서 식 (1.225)가 증명된다. ■

1.10 이차형식과 에르미트 형식

이 절에서는 '이차형식(quadratic form)'과 그의 복소공액인 '에르미트 형식(Hermition form)'에 대해 논하기로 한다. N차원 벡터공간에 있는 임의의 한 실수벡터 $\boldsymbol{x}$의 스칼라 함수인 2차형식 $f(\boldsymbol{x})$는 아래와 같이 정의된다.

$$f(\boldsymbol{x}) = \langle \boldsymbol{x} | \hat{A} | \boldsymbol{x} \rangle \equiv \langle \boldsymbol{x} | \hat{A}\boldsymbol{x} \rangle \quad (1.228)$$

여기서 $\hat{A}$는 임의의 실수 선형연산자이다. 만약 그 공간에 있는 어떤 (Cartesian) 좌표(기저)계에서 $\hat{A}$의 성분을 (실)행렬 A로 나타내면 위 식은 아래가 된다(단 실수공간에서 $\boldsymbol{x}^\dagger = (\boldsymbol{x}^*)^{\mathrm{T}} = \boldsymbol{x}^{\mathrm{T}}$를 이용).

$$f(\boldsymbol{x}) \equiv \boldsymbol{x}^{\dagger} \mathrm{A}\, \boldsymbol{x} = \boldsymbol{x}^{\mathrm{T}} \mathrm{A}\, \boldsymbol{x} = \sum_{i=1}^{N} \sum_{j=1}^{N} A_{ij} x_i x_j \qquad (1.229)$$

그런데 아래의 증명에서 보는 바와 같이 위 식의 실행렬 A는 사실상 I의 대칭부분 행렬로 바꾸어지므로 식 (1.229)로 나타낸 실수공간에 대한 이차형식에서 실행렬 A는 항상 대칭행렬로 표기함이 타당할 것이다.

증 명 실수공간에서의 한 2차형식 $f(\boldsymbol{x}) = \boldsymbol{x}^{\mathrm{T}} \mathrm{M}\, \boldsymbol{x}$에 있어서 실행렬 M는 아래와 같이 항상 그의 대칭부분인 $\mathrm{A} = \frac{1}{2}(\mathrm{M} + \mathrm{M}^{\mathrm{T}})$와 반대칭 부분인 $\mathrm{B} = \frac{1}{2}(\mathrm{M} - \mathrm{M}^{\mathrm{T}})$로 나타낼수 있으므로(식 (1.137) 참조) 이차형식은 아래가 된다.

$$f(\boldsymbol{x}) = \boldsymbol{x}^{\mathrm{T}} \mathrm{M}\, \boldsymbol{x} = \boldsymbol{x}^{\mathrm{T}} \mathrm{A}\, \boldsymbol{x} + \boldsymbol{x}^{\mathrm{T}} \mathrm{B}\, \boldsymbol{x} \qquad (1.230)$$

그런데 f는 스칼라 양이므로 전치에 대해 불변(예제 1.17 참조)이므로 아래가 성립된다.

$$f = f^{\mathrm{T}} = (\boldsymbol{x}^{\mathrm{T}} \mathrm{A}\, \boldsymbol{x})^{\mathrm{T}} + (\boldsymbol{x}^{\mathrm{T}} \mathrm{B}\, \boldsymbol{x})^{\mathrm{T}} = \boldsymbol{x}^{\mathrm{T}} \mathrm{A}\, \boldsymbol{x} + \boldsymbol{x}^{\mathrm{T}} \mathrm{B}\, \boldsymbol{x} = \boldsymbol{x}^{\mathrm{T}} \mathrm{A}\, \boldsymbol{x} - \boldsymbol{x}^{\mathrm{T}} \mathrm{B}\, \boldsymbol{x} \qquad (1.231)$$

여기서 식 (1.230)과 (1.231)을 비교하면 $\boldsymbol{x}^{\mathrm{T}} \mathrm{B}\, \boldsymbol{x} = 0$이 됨을 쉽게 알 수 있어 아래가 되어 증명된다.

$$f(\boldsymbol{x}) = \boldsymbol{x}^{\mathrm{T}} \mathrm{M}\, \boldsymbol{x} = \boldsymbol{x}^{\mathrm{T}} \mathrm{M}_s \boldsymbol{x} = \boldsymbol{x}^{\mathrm{T}} \mathrm{A}\, \boldsymbol{x} \qquad (1.232)$$

여기서 A는 M의 대칭부분 M_s로서, 원래의 2차형식에서의 한 실수 비대칭행렬 M는 결국 I의 대칭부분인 A로 바뀌어지므로 실수 2차형식에서의 행렬 A는 항상 대칭행렬로 간주해도 된다. ■

한편 이차형식에 대한 정의식 (1.228)는 2차텐서(2장 참조)인 선형연산자 $\hat{A}$로 표현되어있으므로 주어진 N차원 (실수)공간에서의 어떠한 좌표 기저계에 대해서도 동일(즉 독립)하다. 따라서 1.8절에서 논의한 바와 같이 한 주어진 (Cartesian)좌표기저계 $\{\boldsymbol{e}_i\}_{i=1}^{N}$에서의 임의의 벡터 $\boldsymbol{x}$는 새(변환된) 기저계 $\{\boldsymbol{e}_i{}'\}_{i=1}^{N}$에서의 벡터 $\boldsymbol{x}'(=\boldsymbol{x})$로 식 (1.194)로 정의되는 요소 $Q_{ij} = \boldsymbol{e}_j{}' \cdot \boldsymbol{e}_i$를 가진 변환행렬 Q에 의해 $\boldsymbol{x} = \mathrm{Q}\, \boldsymbol{x}'$(혹은 $\boldsymbol{x}' = \mathrm{Q}^{-1} \boldsymbol{x}$)의 변환법칙(식 (1.196) 혹은 (1.197) 참조)에 의해 수동(텐서)변환되므로 이 관계를 식 (1.229)에 대입하면 아래가 성립된다.

$$f(\boldsymbol{x}) = \boldsymbol{x}^{\mathrm{T}} \mathrm{A}\, \boldsymbol{x} = (\mathrm{Q}\, \boldsymbol{x}')^{\mathrm{T}} \mathrm{A} \mathrm{Q} \boldsymbol{x}' = (\boldsymbol{x}')\mathrm{Q}^{\mathrm{T}} \mathrm{A} \mathrm{Q}\, \boldsymbol{x}' \qquad (1.233)$$

그런데 기저벡터간에 정규직교관계(즉 $\boldsymbol{e}_i \cdot \boldsymbol{e}_j = \delta_{ij} = \boldsymbol{e}_i' \cdot \boldsymbol{e}_j'$)가 성립되는 Cartesian 좌표계에서의 변환된 경우는 변환행렬 Q는 직교행렬(즉 $\mathrm{Q}^{\mathrm{T}} = \mathrm{Q}^{-1}$ 성립)이므로 유사변환(식 (1.199))에 의해 원(old) 좌표계에서의 선형연산자 $\hat{A}$의 행렬표현 A가 새(new) 좌표계에서의 행렬표현 $\mathrm{A}' = \mathrm{Q}^{-1}(=\mathrm{Q}^{\mathrm{T}})\mathrm{A}\mathrm{Q}$로 변환된다. 더욱이 만약 변환된 기저계 $\{\boldsymbol{e}_i'\}_{i=1}^{N}$가 A(혹은 $\hat{A}$)의 N개의 선형독립이고 정규직교성을 만족하는 고유벡터 기저계가 된다면, 행렬 A는 유사변환에 의해 대각화된 행렬 $\mathrm{A}' = \Lambda$로 변환될 것이다. 따라서 이 경우 식 (1.233)는 아래가 된다.

$$f(\boldsymbol{x}) = \boldsymbol{x}^{\mathrm{T}}\mathrm{A}\,\boldsymbol{x} = (\boldsymbol{x}')^{\mathrm{T}}\Lambda\,\boldsymbol{x}' = \lambda_1 {x_1'}^2 + \lambda_2 {x_2'}^2 + \cdots + \lambda_N {x_N'}^2 \tag{1.234}$$

여기서 $\Lambda = (\lambda_i \delta_{ij}) = \mathrm{diag}(\lambda_1, \lambda_2, \cdots, \lambda_N)$는 대각성분에만 (실)고유치 λ_i를 갖는 대각행렬이다.

한편 위 식 (1.234)는 원 좌표계에서의 표현 $f = \sum_{i=1}^{N}\sum_{j=1}^{N} x_i x_j A_{ij}$(식 (1.229) 참조)와는 달리 A의 고유벡터 방향으로 변환된 좌표계에서의 표현 $f = \sum_{i=1}^{N} \lambda_i {x_i'}^2$(식 (1.234))는 $x_i' x_j'$ 형태의 교차항(cross-term)이 없이 오직 대각요소 항인 $\lambda_i {x_i'}^2$로만 되어있으므로 이를 이차형식에 대한 '표준형(standard form)'이라고 부른다(1.10.2절 참조).

예제 1.30

예제 1.22로 주어진 3×3 실 대칭행렬 A를 이용하여 식 (1.229)로 정의된 2차형식을 나타내고, 또 A의 정규직교화된 3 고유벡터로 이루어진 직교변환행렬 Q에 의한 표준화된 2차형식(식 (1.234))을 구하라.

풀 이

먼저 식 (1.229)의 A에 예제 1.22의 3×3 실 대칭행렬 값을 대입하여 전개하면 아래를 얻는다.

$$f(x) = \boldsymbol{x}^{\mathrm{T}}\mathrm{A}\boldsymbol{x} = (x_1\ x_2\ x_3)\begin{pmatrix} 1 & 1 & 3 \\ 1 & 1 & -3 \\ 3 & -3 & -3 \end{pmatrix}\begin{pmatrix} x_1 \\ x_2 \\ x_3 \end{pmatrix}$$

$$= x_1^2 + x_2^2 - 3x_3^2 + 2x_1x_2 + 6x_1x_3 - 6x_2x_3 \tag{1.235}$$

그리고 예제 1.22에서 구한 A의 3 정규직교화된 고유벡터 $\{\boldsymbol{x}_i\}$로부터 얻어진 직교변환행렬 Q는 아래와 같다.

$$\mathrm{Q} = (\boldsymbol{x}_1\ \boldsymbol{x}_2,\ \boldsymbol{x}_3) = \frac{1}{\sqrt{6}}\begin{pmatrix} \sqrt{3} & \sqrt{2} & 1 \\ \sqrt{3} & -\sqrt{2} & -1 \\ 0 & \sqrt{2} & -2 \end{pmatrix}$$

그런데 이미 A의 3 (실)고유치는 $\lambda = 2, 3, -6$임을 알고 있으므로 직교행렬 Q에 의한 새 (고유)기저계로 변환된 표준화된 2차형식은 식 (1.234)에 의해 아래가 될 것이다.

$$f(x) = \boldsymbol{x}^{\mathrm{T}} \mathrm{A} \boldsymbol{x} = (\boldsymbol{x}')^{\mathrm{T}} \Lambda \boldsymbol{x}' = 2x_1'^2 + 3x_2'^2 - 6x_3'^2 \quad (1.236)$$

이 식의 타당성은 $\boldsymbol{x} = \mathrm{Q}\boldsymbol{x}'$의 역인 $\boldsymbol{x}' = \mathrm{Q}^{-1}(= \mathrm{Q}^{\mathrm{T}})\boldsymbol{x}$에서 $x_i' = \sum_{j=1}^{3} Q_{ji}\, x_j$에서 아래가 얻어진다.

$$x_1' = (x_1 + x_2)/\sqrt{2}, \; x_2' = (x_1 - x_2 + x_3)/\sqrt{3}, \; x_3' = (x_1 - x_2 - 2x_3)/\sqrt{6} \quad (1.237)$$

이 식을 식 (1.236)에 대입하여 정리하면 원 식 (1.235)가 얻어지므로 확인된다.

에르미트 2차형식 :

위 예제에 대한 2차형식 $f(\boldsymbol{x})$의 정의에서, 대칭행렬 A의 성분 x_1, x_2, x_3는 모두 실수라고 가정하였으므로, $f(\boldsymbol{x})$ 또한 실수이다. 그러나 일반 복소수 공간에서는 실 대칭행렬 A에 대응하는 (복소)에르미트 행렬 $\mathrm{A}(= \mathrm{A}^{\dagger})$을 이용한 아래와 같이 정의되는 (복소)에르미트 (2차)형식 $\mathrm{H}(\boldsymbol{x})$ 또한 실수이다.

$$\mathrm{H}(\boldsymbol{x}) \equiv \boldsymbol{x}^{\dagger} \mathrm{A} \boldsymbol{x} \quad (1.238)$$

여기서 $\boldsymbol{x}$의 성분 x_i는 복소수일 수도 있으며, $\mathrm{A} = \mathrm{A}^{\dagger}$를 만족한다.

증 명 스칼라의 수반(혹은 에르미트 공액) 연산은 단순히 복소공액이 되므로 아래가 된다.

$$\mathrm{H}^* = \mathrm{H}^{\dagger} [= (\mathrm{H}^{\mathrm{T}})^*] = (\boldsymbol{x}^{\dagger} \mathrm{A} \boldsymbol{x})^{\dagger} = \boldsymbol{x}^{\dagger} \mathrm{A}^{\dagger} \boldsymbol{x} = \boldsymbol{x}^{\dagger} \mathrm{A} \boldsymbol{x} = \mathrm{H} \quad (1.239)$$

따라서 $\mathrm{H}^* = \mathrm{H}$가 성립되는 에르미트 2차형식 $\mathrm{H}(\boldsymbol{x})$는 실수가 된다. ■

3차원 공간에서 실수 2차형식이나 복소 에르미트 (2차)형식의 표준화된 형태 $f(\boldsymbol{x}) = \boldsymbol{x}^{\mathrm{T}} \mathrm{A} \boldsymbol{x} = \lambda_1 x_1^2 + \lambda_2 x_2^2 + \lambda_3 x_3^2$가 모든 벡터 $\boldsymbol{x} = (x_1 \; x_2 \; x_3)^{\mathrm{T}}$에 대해 항상 $f > 0$일 경우(이때는 A의 모든 고유치 $\lambda_i > 0$이어야 함)를 실 대칭(혹은 복소 에르미트) 행렬 A가 '양정치(positive-definite)'이라고 부른다. 또한 만약 모든 벡터 $\boldsymbol{x}$에 대해 $f \geq 0$인 경우(이때는 A의 고유치 중 몇 개가 0일 수도 있음)는 행렬 A는 '반 양정치(positive semi-definite)'라고 부른다.

1.10.1 고유벡터 정류(stationary) 성질

3차원 실수(R^3) 공간의 주어진 한 좌표기저계에서 식 (1.228)로 나타낸 2차형식 $f(\boldsymbol{x}) = \langle \boldsymbol{x} \mid \hat{A}\boldsymbol{x} \rangle$를 생각해보자. 벡터 $\boldsymbol{x} = (x_1\ x_2\ x_3)^{\mathrm{T}}$가 변하면 f 또한 변할 것이다. 그런데 편의상 $\boldsymbol{x}$의 길이(노름)가 1인 경우로 한정(이를 위해 $\boldsymbol{x}$를 규격화상수 k로 곱하면, 전체적으로 f는 k^2의 곱을 받게 됨)시킨다.

이제 2차형식 $f(\boldsymbol{x})$의 값을 극대 또는 극소로 만드는 $\boldsymbol{x}$의 값에 관심을 갖기로 한다. 부록 C.6절에서 언급한 바와 같이 이것을 만족하는 필요조건은 이 극대(또는 극소)점 벡터 $\boldsymbol{x}$의 작은 변화 $\Delta\boldsymbol{x}$에 대해 f가 정류성(stationary property)(즉 1계도함수가 0)을 갖는 것이다(단 이때 $\|\boldsymbol{x}\|^2 = \langle \boldsymbol{x} \mid \boldsymbol{x} \rangle = 1$로 유지).

이때 주어진 좌표기저계에서 f는 $\hat{A}$에 대한 행렬성분표시 A를 사용하여 $f = \boldsymbol{x}^{\mathrm{T}}\mathrm{A}\boldsymbol{x}$로 주어진다. 그런데 제한(구속) 조건 $\|\boldsymbol{x}\|^2 = \langle \boldsymbol{x} \mid \boldsymbol{x} \rangle = \boldsymbol{x}^{\mathrm{T}}\boldsymbol{x} = 1$ 하의 f의 극대(혹은 극소)는 고유치 λ를 미정계수(undetermined coefficient)로 사용한 Lagrange 미정계수법(C.6.3절 참조)에 의해 f 대신 $F = f - \lambda(\boldsymbol{x}^{\mathrm{T}}\boldsymbol{x} - 1)$의 극대(또는 극소)가 되는 해 $\boldsymbol{x}$를 그 점 주위의 미소변화 $\Delta F = 0$ 즉 아래 식에서 구한다.

$$\Delta F = \Delta\left[\boldsymbol{x}^{\mathrm{T}}\mathrm{A}\boldsymbol{x} - \lambda(\boldsymbol{x}^{\mathrm{T}}\boldsymbol{x} - 1)\right] = 0 \tag{1.240}$$

이 식과 $(\Delta\boldsymbol{x})^{\mathrm{T}}\mathrm{A}\boldsymbol{x} = \boldsymbol{x}^{\mathrm{T}}\mathrm{A}\Delta\boldsymbol{x}$($\because$ A는 대칭)의 관계를 이용하여 대칭행렬 A에 관한 아래의 고유치, 고유벡터 방정식에서 고유치 λ를 구해보기로 한다.

$$\mathrm{A}\boldsymbol{x} = \lambda\boldsymbol{x} \tag{1.241}$$

만약 A의 한 고유벡터 $\boldsymbol{x}$에 대해 식 (1.241)가 만족된다면, 이차형식 $f(\boldsymbol{x})$ 또한 아래 값을 가질 것이다.

$$f(\boldsymbol{x}) = \boldsymbol{x}^{\mathrm{T}}\mathrm{A}\boldsymbol{x} = \boldsymbol{x}^{\mathrm{T}}\lambda\boldsymbol{x} = \lambda\boldsymbol{x}^{\mathrm{T}}\boldsymbol{x} = \lambda \ \ (\because\ \|\boldsymbol{x}\|^2 = \boldsymbol{x}^{\mathrm{T}}\boldsymbol{x} = 1) \tag{1.242}$$

그러나, 만약 $\boldsymbol{x}$ 및 $\boldsymbol{y}$가 대칭행렬 A의 두 다른 (실)고유치에 대응하는 고유벡터라면, $\boldsymbol{x} \cdot \boldsymbol{y} = \boldsymbol{x}^{\mathrm{T}}\boldsymbol{y} = 0$(즉 두 벡터는 직교)이므로 (스칼라)표현식 $\boldsymbol{y}^{\mathrm{T}}\mathrm{A}\boldsymbol{x}$는 아래 식에 의해 0이 될 것이다. 즉

$$\boldsymbol{y}^{\mathrm{T}}\mathrm{A}\boldsymbol{x} = \boldsymbol{y}^{\mathrm{T}}\lambda\boldsymbol{x} = \lambda\boldsymbol{y}^{\mathrm{T}}\boldsymbol{x} = 0 \tag{1.243}$$

즉 위 결과로부터 2차형식 $f(\boldsymbol{x})$를 '정류성'(혹은 식 (1.240)에서의 F를 극대 혹은 극소로)으로 만드는 크기 1인 벡터 $\boldsymbol{x}$들의 집합은 A의 고유벡터가 되며, 이때 f의 정류치(stationary value)는

대응하는 A의 고유치와 같다. 반대로 A의 임의의 (정규직교화된)고유벡터는 f를 정류성으로 만든다.

또한 제한조건 $\| \boldsymbol{x} \|^2 = \boldsymbol{x}^{\mathrm{T}}\boldsymbol{x} = 1$ 하에 $f(\boldsymbol{x}) = \boldsymbol{x}^{\mathrm{T}}\mathrm{A}\,\boldsymbol{x}$를 극대(또는 극소)화시키는 것과 아래의 함수를 극대(또는 극소)화 시키는 것은 동등(equivalent)하다.

$$\lambda(\boldsymbol{x}) = \frac{\boldsymbol{x}^{\mathrm{T}}\mathrm{A}\,\boldsymbol{x}}{\boldsymbol{x}^{\mathrm{T}}\boldsymbol{x}} \tag{1.244}$$

즉 이 식으로부터 $\lambda(\boldsymbol{x})$를 '정류성'(즉 $\triangle\lambda(\boldsymbol{x}) = 0$)으로 만드는 벡터 $\boldsymbol{x}$는 A의 고유벡터가 되며, λ는 이에 대응하는 고유치가 된다.

증 명 문제가 요구하는 것은, 구하는 정류점 $\boldsymbol{x}$에서의 약간의 변화에 대해 $\triangle\lambda(\boldsymbol{x}) = 0$가 만족되어야 한다. 여기서 만약 $\lambda(\boldsymbol{x}) = \dfrac{\boldsymbol{v}(x)}{u(x)}$의 형태라면 이의 $\boldsymbol{x}$의 미소변화에 따른 변화를 나타내는 연산 $\triangle\lambda$는 전미분(total differential) $d\lambda$에 관한 연산과 같이 취급(즉 $d\lambda = \dfrac{(dv)u - vdu}{u^2}$)하여 아래를 얻는다.

$$\triangle\lambda = \frac{1}{(\boldsymbol{x}^{\mathrm{T}}\boldsymbol{x})^2}\left[(\boldsymbol{x}^{\mathrm{T}}\boldsymbol{x})\triangle\boldsymbol{x}^{\mathrm{T}}\mathrm{A}\boldsymbol{x} + \boldsymbol{x}^{\mathrm{T}}\mathrm{A}\triangle\boldsymbol{x}) - \boldsymbol{x}^{\mathrm{T}}\mathrm{A}\boldsymbol{x}(\triangle\boldsymbol{x}^{\mathrm{T}}\boldsymbol{x} + \boldsymbol{x}^{\mathrm{T}}\triangle\boldsymbol{x})\right]$$

$$= \frac{2\triangle\boldsymbol{x}^{\mathrm{T}}\mathrm{A}\boldsymbol{x}}{\boldsymbol{x}^{\mathrm{T}}\boldsymbol{x}} - 2\left(\frac{\boldsymbol{x}^{\mathrm{T}}\mathrm{A}\boldsymbol{x}}{\boldsymbol{x}^{\mathrm{T}}\boldsymbol{x}}\right)\frac{\triangle\boldsymbol{x}^{\mathrm{T}}\boldsymbol{x}}{\boldsymbol{x}^{\mathrm{T}}\boldsymbol{x}} = 0 \tag{1.245}$$

그런데 대칭행렬 A의 경우 $\boldsymbol{x}^{\mathrm{T}}\mathrm{A}\,\triangle\boldsymbol{x} = (\triangle\boldsymbol{x}^{\mathrm{T}})\mathrm{A}\,\boldsymbol{x}$ 및 $\boldsymbol{x}^{\mathrm{T}}\triangle\boldsymbol{x} = (\triangle\boldsymbol{x}^{\mathrm{T}})\boldsymbol{x}$가 성립되므로 위 식은 아래가 된다.

$$\triangle\lambda = \frac{2}{\boldsymbol{x}^{\mathrm{T}}\boldsymbol{x}}\triangle\boldsymbol{x}^{\mathrm{T}}[\mathrm{A}\boldsymbol{x} - \lambda(\boldsymbol{x})\boldsymbol{x}] = 0 \tag{1.246}$$

단 위 식의 우변의 두 번째 항은 식 (1.245)의 두 번째 항에서 $\boldsymbol{x}^{\mathrm{T}}\mathrm{A}\,\boldsymbol{x} = \boldsymbol{x}^{\mathrm{T}}\lambda\boldsymbol{x} = \lambda\boldsymbol{x}^{\mathrm{T}}\boldsymbol{x}$를 적용하여 얻어진 것이다. 따라서 식 (1.246)이 성립하기 위해서는 $\mathrm{A}\boldsymbol{x} = \lambda(\boldsymbol{x})\boldsymbol{x}$가 성립($\because\ \triangle\boldsymbol{x}^{\mathrm{T}} \neq 0$이고, $\boldsymbol{x}^{\mathrm{T}}\boldsymbol{x} = \| \boldsymbol{x} \|^2 = 1$이므로)되어야 한다. 즉 2차형식 $f(\boldsymbol{x})$ 또는 식 (1.244)로 주어지는 $\lambda(\boldsymbol{x})$의 정류점에 해당하는 벡터 $\boldsymbol{x}$는 대칭행렬 A의 고유벡터, 또한 $\lambda(\boldsymbol{x})$는 대응하는 고유벡터임의 증명된다. ■

이 결과는 실 대칭행렬 $\mathrm{A} = (\mathrm{A}^{\mathrm{T}})$뿐만 아니라 복소 에르미트 행렬 $\mathrm{A}(= \mathrm{A}^{\dagger} = (\mathrm{A}^{*})^{\dagger})$의 경우에도

성립된다. 아래에 한 3×3 실 대칭행렬의 고유치를 식 (1.244)를 이용하여 구하는 예제가 주어져 있다.

예제 1.31

아래의 3×3 실 대칭행렬

$$A=\begin{pmatrix} 2 & -1 & 0 \\ -1 & 2 & -1 \\ 0 & -1 & 2 \end{pmatrix}$$

은 Cartesian 좌표계에서 $(1 \quad y \quad 1)^T$ 형태의 두 고유벡터를 가진다고 한다. 이때 스칼라 표현식 $J(\boldsymbol{x})=\boldsymbol{x}^T A\boldsymbol{x}/(\boldsymbol{x}^T\boldsymbol{x})$ (식 (1.244) 참조)의 정류(stationary) 성질을 이용하여 대응하는 (실)고유치를 구하라. 그리고 제 3의 고유치도 측정해보아라.

풀 이

식 (1.777)로부터 고유치 λ를 갖는 고유벡터 $\boldsymbol{x}=(x \quad y \quad z)^T$에 관한 식은 아래가 된다.

$$\left.\begin{array}{r}(2-\lambda)x-y=0\\ -x+(2-\lambda)y-z=0\\ -y+(2-\lambda)z=0\end{array}\right\} \Rightarrow x=z,\ y=(2-\lambda)x$$

따라서 $\lambda\neq2$인 고유치에 관한 두 고유벡터는 $(1 \quad y \quad 1)^T$형태가 된다. 여기서 2차 행렬 $\boldsymbol{x}^\dagger A\boldsymbol{x}$ 중의 (한)벡터 $\boldsymbol{x}$로서 위에서 구한 대칭행렬 A의 $\lambda\neq2$인 고유치에 대한 고유벡터의 한 형태인 $(1 \quad y \quad 1)^T$를 취하면 A에 대한 (스칼라)2차형식은 아래가 된다.

$$\boldsymbol{x}^T A\boldsymbol{x}=(1 \quad y \quad 1)\begin{pmatrix} 2 & -1 & 0 \\ -1 & 2 & -1 \\ 0 & -1 & 2 \end{pmatrix}\begin{pmatrix}1\\y\\1\end{pmatrix}=2y^2-4y+4$$

또한 스칼라 적 $\boldsymbol{x}^T\boldsymbol{x}=\|\boldsymbol{x}\|^2$는 아래가 된다.

$$\boldsymbol{x}^T\boldsymbol{x}=(1 \quad y \quad 1)\begin{pmatrix}1\\y\\1\end{pmatrix}=2+y^2$$

여기서 문제의 표현식 $J(\boldsymbol{x})=\boldsymbol{x}^T A\boldsymbol{x}/(\boldsymbol{x}^T\boldsymbol{x})$는 아래가 된다.

$$J=(2y^2-4y+4)/(2+y^2)$$

이의 정류치(stationary value)는 아래에서 얻어진다.

$$0=dJ/dy=\{(2+y^2)(4y-4)-(2y^2-4y+4)2y\}/(2+y^2)^2$$

$\Rightarrow y = \pm\sqrt{2}$

따라서 대칭행렬 A의 (한)고유벡터 $(1 \quad y \quad 1)^{\mathrm{T}}$에 대응하는 고유치 $\lambda(\neq 2)$는 정류점($y=\pm\sqrt{2}$)에서의 J의 값에 해당하므로 A의 두 고유벡터와 대응하는 고유치는 각각 아래가 된다.

(i) $y=\sqrt{2}$: 고유벡터 $(1 \quad \sqrt{2} \quad 1)^{\mathrm{T}}$,

$$\text{고유치} \quad \lambda_1 = \left.\frac{\boldsymbol{x}^{\mathrm{T}}\mathrm{A}\boldsymbol{x}}{\boldsymbol{x}^{\mathrm{T}}\boldsymbol{x}}\right|_{y=\sqrt{2}} = J(y=\sqrt{2}) = \frac{2(2)-4\sqrt{2}+4}{2+2} = 2-\sqrt{2}$$

(ii) $y=-\sqrt{2}$: 고유벡터 $(1 \quad -\sqrt{2} \quad 1)^{\mathrm{T}}$,

$$\text{고유치} \quad \lambda_2 = J(y=-\sqrt{2}) = \frac{2(2)+4\sqrt{2}+4}{2+2} = 2+\sqrt{2}$$

A의 나머지 한 고유치는 $\mathrm{Tr}\,A = 6 = \lambda_1+\lambda_2+\lambda_3$ (식 (1.179))에서 $\lambda_3 = 6-(2-\sqrt{2})-(2+\sqrt{2}) = 2$가 된다. 그리고 이에 대응하는 고유벡터는 대칭행렬 A의 3 (실)고유치가 모두 다른 경우 상호 (정규)직교이어야 하므로 $(1 \quad 0 \quad -1)^{\mathrm{T}}$의 형태를 갖는다[이들 세 고유벡터의 정규직교화된 형태는 $\frac{1}{\sqrt{2}}\left(\frac{1}{\sqrt{2}} \quad 1 \quad \frac{1}{\sqrt{2}}\right)^{\mathrm{T}}$, $\frac{1}{\sqrt{2}}\left(\frac{1}{\sqrt{2}} \quad -1 \quad \frac{1}{\sqrt{2}}\right)^{\mathrm{T}}$, $\frac{1}{\sqrt{2}}(1 \quad 0 \quad -1)^{\mathrm{T}}$ 이다]. 그런데 여기서 얻어진 결과는 특정다항식을 이용한 통상의 방법(1.6.2절 참조)에서 구한 것과 일치함을 알 수 있다.

---

1. 10. 2 표준형 2차형식의 2차곡면에 응용

만약 3차원 실수(R^3)공간에서 곡면(또는 표면, surface)이 아래 식으로 기술된다면

$$f(x) = \boldsymbol{x}^{\mathrm{T}} A\boldsymbol{x} = \text{일정}(=\text{가령 } 1) \tag{1.247}$$

이는 '이차 곡면(quadratic surface)'이라 불리며, 대칭행렬 A의 (세)고유벡터 방향을 따라 그 반경(즉 원점-곡면간 거리)의 정류치(stationary value)를 가진다. 더 구체적으로 말하면 3차원 (실)공간에서 2차곡면 $\boldsymbol{x}^{\mathrm{T}}\mathrm{A}\boldsymbol{x}=1$은 A의 3 상호수직인 고유벡터를 따라 주축(principal axis)을 가지며, 대응하는 주 반경의 제곱이 $\lambda_i^{-1}(i=1,\ 2,\ 3)$로 주어진다. 반경의 정류성질과 함께 임의의 한 주축은 그것에 수직인 곡면의 어떤 섹션(section)이 그 축주위로 얼마의 대칭성을 갖는 특성을 갖고 있다. 만약 임의의 두 주축에 대응하는 고유치 값이 중복(degenerate)되어 있다면 그 2차곡면은 제3의 주축에 대해 회전 대칭성을 가지며 그 (회전)축에 수직인 1쌍의 주축의 선택은 유일하게(uniquely) 결정되지는 않는다.

예제 1.32

예제 1.30의 2차형식을 사용하여 아래와 같이 나타낸 2차곡면의 모양을 말하라.

$$\boldsymbol{x}^{\mathrm{T}} \mathrm{A}\, \boldsymbol{x} = x_1^2 + x_2^2 - 3x_3^2 + 2x_1 x_2 + 6x_1 x_3 - 6x_2 x_3 = 1$$

풀 이

대칭행렬 A의 주(고유벡터)방향으로 변환된 (표준)2차형식은 $(\boldsymbol{x}')^{\mathrm{T}} \Lambda \boldsymbol{x}' = \lambda_1 {x_1'}^2 + \lambda_2 {x_2'}^2 + \lambda_3 {x_3'}^2$ (식 (1.234) 참조)가 된다. 예제 1.30에서 A의 고유치는 $\lambda_1 = 2$, $\lambda_2 = 3$, $\lambda_3 = -6$, 그리고 이에 대응하는 세 정규직교화된 고유벡터는 $\boldsymbol{x}_1 = \frac{1}{\sqrt{2}}(1\ 1\ 0)^{\mathrm{T}}$, $\boldsymbol{x}_2 = \frac{1}{\sqrt{3}}(1\ -1\ 1)^{\mathrm{T}}$, $\boldsymbol{x}_3 = \frac{1}{\sqrt{6}}(1\ -1\ -2)^{\mathrm{T}}$이므로 새 좌표계에서의 곡면에 대한 3주축은 상호수직인 세 고유벡터 방향을 따라 존재하며, 따라서 표준화된 곡면의 식은 아래가 된다.

$$\frac{{x_1'}^2}{(1/\sqrt{2})^2} + \frac{{x_2'}^2}{(1/\sqrt{3})^2} - \frac{{x_3'}^2}{(1/\sqrt{6})^2} = 1$$

이로부터 가령 (새)평면 $x_3' = 0$(즉 식 (1.237)에 의해 $x_1 - x_2 - 2x_3 = 0$가 됨)에 있는 2차곡면의 한 섹션은 두 반축(semi-axis) $1/\sqrt{2}$과 $1/\sqrt{3}$을 가진 타원(ellipse)이다, 이와 유사하게 $x_1' = 0$(역시 식 (1.237))에 의해 $x_1 + x_2 = 0$가 됨) 평면에 있는 2차곡면의 한 섹션은 쌍곡선(hyperbola)이 된다.

예제 1.33

아래와 같이 나타내지는 2차곡면은 각각 길이 2, 1 및 0.5의 반축(semi-axis)을 가진 타원체(ellipse)이다.

$$f(\boldsymbol{x}) = \boldsymbol{x}^{\mathrm{T}} \mathrm{A}\, \boldsymbol{x} = 5x^2 + 11y^2 + 5z - 10yz + 2xz - 10xy = 4$$

이때 가장 긴 주축의 방향을 찾아라.

풀 이

위 식에서 대칭행렬 A를 찾아 고유치를 구하기 위한 그의 특성방정식을 만들면 아래가 된다(식 (1 .176) 참조).

$$0 = \begin{vmatrix} 5-\lambda & -5 & 1 \\ -5 & 11-\lambda & -5 \\ 1 & -5 & 5-\lambda \end{vmatrix} = -\lambda^3 + 21\lambda^2 - 84\lambda + 64$$

$$= -(\lambda - 1)(\lambda^2 - 20\lambda + 64) = -(\lambda - 1)(\lambda - 4)(\lambda - 16) = 0$$

따라서 실 대칭행렬 A의 3 고유치는 모두 양(즉 $\lambda_1=1,\ \lambda_2=4,\ \lambda_3=16$)이므로, A의 고유벡터 방향으로 표준화된 2차곡면은

$$\lambda_1 x_1{'}^2+\lambda_2 x_2{'}^2+\lambda_3 x_3{'}^2=x_1{'}^2+4x_2{'}^2+16x_3{'}^2=4$$

혹은

$$\left(\frac{x_1{'}}{2}\right)^2+(x_2{'})^2+\left(\frac{x_3{'}}{0.5}\right)=1$$

따라서 주어진 2차곡면은 새 (주축)좌표계에서 길이가 각각 2, 1, 0.5인 세 반축을 가진 타원체(ellipse)임이 밝혀졌다. 그리고 가장 긴축은 가장 적은 고유치인 $\lambda_1=1$에 해당하므로, 여기에 대응하는 고유벡터는 고유벡터 방정식(1.177)에서 구하면 아래가 된다.

$$\left.\begin{aligned}(5-1)x-5y+z=0\\ -5x+(11-1)y-5z=0\\ x-5y+(5-1)z=0\end{aligned}\right\}\ \Rightarrow x=y=z$$

따라서 이 방향으로의 단위 고유벡터 $\boldsymbol{x}_1(=\hat{\boldsymbol{x}}_1)=(3)^{-1/2}(1\quad 1\quad 1)^{\mathrm{T}}$가 된다.

[참고 : 실대칭행렬 3 (실)고유치가 모두 다르므로 대응하는 고유벡터는 상호수직이므로, 정규직교화된 $\lambda_2=4$에 대응하는 고유벡터 $\boldsymbol{x}_2(=\hat{x}_2)=(2)^{-1/2}(1\quad 0\quad -1)^{\mathrm{T}}$; $\lambda_2=16$에 대응하는 고유벡터 $\boldsymbol{x}_3(=\hat{\boldsymbol{x}}_3)=(6)^{-1/2}(1\quad -2\quad 1)^{\mathrm{T}}$이다.]

끝으로 3차원 실수(R^3)공간에서 아래와 같이 표준형태로 나타내진 2차곡면에 있어서(식 (1.247) 참조),

$$f(\boldsymbol{x})=\boldsymbol{x}^{\mathrm{T}}\,\mathrm{A}\,\boldsymbol{x}=\lambda_1 x_1{'}^2+\lambda_2 x_2{'}^2+\lambda_3 x_3{'}^2=1 \tag{1.248}$$

2차곡면의 종류(type)는 (실)대칭텐서 A의 3개의 (실)고유치의 부호 및 다중도(multiplicity)에 따라 일반적으로 다음과 같이 분류될 수 있다.

$\lambda_1>0,\ \lambda_2>0,\ \lambda_3>0$: 타원면(ellipsoid)

$\lambda_1<0,\ \lambda_2>0,\ \lambda_3<0$: 입엽 쌍곡면(hyperboloid with one sheet)

$\lambda_1>0,\ \lambda_2<0,\ \lambda_3<0$: 이엽 쌍곡면(hyperboloid with two sheet)

$\lambda_1=0,\ \lambda_2>0,\ \lambda_3>0$: 타원 원주면(elliptic cylinder)

$\lambda_1=0,\ \lambda_2>0,\ \lambda_3<0$: 쌍곡 원주면(hyperbolic cylinder)

$\lambda_1=\lambda_2=0,\ \lambda_3>0$: 2개의 평행 평면

$$\lambda_1 < 0,\ \lambda_2 < 0,\ \lambda_3 \leqq 0 : \text{실 곡면 아님} \tag{1.249}$$

예제 1.34

직교 Cartesian 좌표계에 있어서 아래의 2차형식은 어떤 2차곡면을 나타내는가?

$$x_1{}^2 + x_2{}^2 + x_3{}^2 + 2a(x_1x_2 + x_2x_3 + x_3x_1) = 1$$

풀 이

위의 곡면은 이 좌표계로 표시되어 있는 대칭텐서 S의 행렬 표형인 $S = \begin{pmatrix} 1 & a & a \\ a & 1 & a \\ a & a & 1 \end{pmatrix}$의 2차곡면이다. 이 텐서의 고유치를 구하면 $\begin{vmatrix} 1-\lambda & a & a \\ a & 1-\lambda & a \\ a & a & 1-\lambda \end{vmatrix} = 0$에서 $(1+2a-\lambda)(a-1+\lambda)^2 = 0$.

따라서 3개의 고유치는 $\lambda = 2a+1,\ 1-a,\ 1-a$이다. 주방향으로 좌표축 $Ox_1{}'\,x_2{}'\,x_3{}'$를 잡으면 식 (1.248)에서 $(2a+1)x_1{}'^2 + (1-a)x_2{}'^2 + (1-a)x_3{}'^2 = 1$이다. 식 (1.249)에 의하면 이것은 $-\frac{1}{2} < a < 1$이면 타원면이고 $1 < a$이면 이엽쌍곡면이 된다. $a = 1$이면 평면인 두 면, $a < -\frac{1}{2}$이면 일엽쌍곡면이 되며, $a = -\frac{1}{2}$에서는 타원 원주면을 나타낸다.

1.11 선형 연립방정식

아래와 같이 N개의 미지수 $x_1, x_2, \cdots, x_N$로 이루어진 M개의 식이 있다고 하자.

$$A_{11}x_1 + A_{12}x_2 + \cdots + A_{1N}x_N = b_1$$

$$A_{21}x_1 + A_{22}x_2 + \cdots + A_{2N}x_N = b_2$$

$$\vdots$$

$$A_{M1}x_1 + A_{M2}x_2 + \cdots + A_{MN}x_N = b_M \tag{1.250}$$

여기서 A_{ij} 및 b_i는 알고 있는 값이다. 만약 모든 b_i의 값이 0인 경우를 '제차(또는 동차) 방정식(homogeneous equation)'이라고 부르고, 아닌 경우를 '비제차(inhomogeneous) 방정식'이라고 한다. 주어진 조건에 따라 식 (1.250)의 해는 유일하거나, 해가 없거나 또는 무한히 많은 해를 가질 수 도 있다. 위 연립방정식은 행렬(matrix)을 사용하여 아래와 같이 나타낼 수도 있다.

$$\mathrm{A}\boldsymbol{x}=\boldsymbol{b} \text{ 혹은 } \begin{pmatrix} A_{11} & A_{12} & \cdots & A_{1N} \\ A_{21} & A_{22} & \cdots & A_{2N} \\ \vdots & \vdots & \ddots & \vdots \\ A_{M1} & A_{M2} & \cdots & A_{MN} \end{pmatrix}\begin{pmatrix} x_1 \\ x_2 \\ \vdots \\ x_N \end{pmatrix}=\begin{pmatrix} b_1 \\ b_2 \\ \vdots \\ b_M \end{pmatrix} \tag{1.251}$$

1. 11. 1 행렬의 범위와 영공간

식 (1.251)로 표시된 연립방정식을 1.2절의 개념에 따라 다음과 같이 해석할 수 있다. 즉 N차원 벡터공간 V에 있는 임의의 한 벡터 $\boldsymbol{x}$를 선형연산자 $\hat{A}$를 통한 선형변환 $\hat{A}\boldsymbol{x}=\boldsymbol{b}$에 의해 다른 어떤 M차원 벡터공간 W에 있는 다른 벡터 $\boldsymbol{b}$로 변환시킨다.

일반적으로 선형연산자 $\hat{A}$는 V공간내의 임의의 벡터를 W공간의 부공간(subspace)(혹은 전공간)내에 있는 어떤 벡터로 본뜨는(혹은 사상, mapping)것이 항상 가능한데, 이와 같이 부공간을 $\hat{A}$(혹은 그의 행렬표시인 A)의 범위(range)라 하며, 그 차원(dimension)을 A의 계수(rank)라고 부른다. 더욱이 만약 $\hat{A}$(혹은 A)가 행렬식 값이 0이 되는 '특이적(singular)'이라면, W내의 제로벡터 $\mathbf{0}$로 사상되는 V의 어떤 부공간이 존재, 환원하면 부공간 내의 어떠한 벡터 $\boldsymbol{y}$도 $\hat{A}\boldsymbol{y}=\mathbf{0}$를 만족한다. 이 부공간을 A의 '영공간(null space)'이라하고, 이 영공간의 차원을 A의 '영도(혹은 퇴화차수, nullity)'라고 부른다. 어떤 $M\times N$ 행렬 A에 있어서 만약 $M\neq N$인 경우는 반드시 A는 '특이적(singular)'이 되며, 설사 $M=N$ 경우에도 특이적일 수도 있다.

여기서 임의의 $M\times N$ 행렬 A의 범위의 차원인 계수(rank) $R(\mathrm{A})$와 영공간의 차원인 영도(nullity) $N(\mathrm{A})$간에는 아래와 같은 기본 관계가 존재한다.

$$R(\mathrm{A})+N(\mathrm{A})=N \tag{1.252}$$

여기서 N는 미지수 $x_1, x_2, \cdots, x_N$의 수이다.

증 명 1.4.2.6절에 설명했듯이 만약 임의의 $M\times N$ 행렬 A의 열(column)들을 주어진 좌표기저계에서 M개의 성분을 가진 N개의 벡터 $\boldsymbol{v}_1, \boldsymbol{v}_2, \cdots, \boldsymbol{v}_N$으로 해석한다면, 행렬 A의 계수 $R(\mathrm{A})$는 이 집합 내 선형독립인 열벡터의 수와 같다(또한 이 수는 이들 벡터로 스팬된(spanned) 벡터공간의 차원과 같다). 그리하여 식 (1.250)을 벡터 $\{\boldsymbol{v}_i\}$를 사용하여 다시 쓰면 $\hat{A}\boldsymbol{x}=\boldsymbol{b}$는 아래가 된다.

$$x_1 \boldsymbol{v}_1 + x_2 \boldsymbol{v}_2 + \cdots + x_N \boldsymbol{v}_N = \boldsymbol{b} \tag{1.253}$$

이 식으로부터 행렬 A의 범위는 단순히 N개의 벡터 $\{\boldsymbol{v}_i\}$의 스팬(span)에 불과하며, 따라서 범위의 차원 $r = R(\mathrm{A})$가 만약 한 벡터 $\boldsymbol{y}$가 A의 영공간내에 있다면 $\hat{A}\boldsymbol{y} = \mathbf{0}$이 되므로 위 식은 아래가 된다.

$$y_1 \boldsymbol{v}_1 + y_2 \boldsymbol{v}_2 + \cdots + y_N \boldsymbol{v}_N = 0 \tag{1.254}$$

그런데 바로 위에서 본 바와 같이 이들 N개의 벡터 중 $r(\leq N)$개만이 선형독립이다. 따라서 이들 선형독립벡터들은 $\boldsymbol{v}_1, \boldsymbol{v}_2, \cdots, \boldsymbol{v}_r$로 다시 번호(밑첨자)를 붙이면, 나머지 벡터들인 $\boldsymbol{v}_{r+1}, \boldsymbol{v}_{r+2}, \cdots, \boldsymbol{v}_N$는 선형독립인 r개의 벡터들의 선형중첩(linear superposition)으로 나타낼 수 있다. 여기서 식 (1.254)중의 $N-r$개 계수인 $y_{r+1}, y_{r+2}, \cdots, y_N$을 임의로 선택이 가능하며, 또한 동시에 모두 0이 되지 않는 Y개의 계수 $y_1, y_2, \cdots, y_r$의 어떤 집합에 대해 식 (1.254)는 여전히 만족될 것이다. 결과적으로 0공간의 차원(nullity) $N(\mathrm{A})$는 $N-r$(여기서 N은 미지수 $x_1, x_2, \cdots, x_N$의 수이고, r은 A의 범위의 차원 즉 계수 $R(\mathrm{A})$임)가 되어, 식 (1.252)가 성립됨이 증명된다. ■

결국 식 (1.252)는 선형연립방정식 (1.250)의 해의 존재의 유무를 판단하기 위한 중요한 지침이 된다. 이하에서는 3 경우 즉 (i) 해가 존재안함, (ii) 유일해의 존재, (iii) 무수히 많은 해의 존재의 3경우에 대해 각각 간단히 논하기로 한다.

(i) 해가 없음 :

만약 식 (1.251)에서 $\boldsymbol{b}$가 $\hat{A}$의 범위내에 있지 않는 한 연립식의 해 $\boldsymbol{x}$는 존재안할 것이며, 이 경우에도 어떤 $x_1, x_2, \cdots, x_N$에 대해 식 (1.253)은 만족될 것이다. 환원하면 이는 벡터 $\boldsymbol{b}, \boldsymbol{v}_1, \boldsymbol{v}_2, \boldsymbol{v}_N$의 집합이 $\boldsymbol{v}_1, \boldsymbol{v}_2, \cdots, \boldsymbol{v}_N$과 같은 스팬(span)(식 (1.61) 참조)을 갖는 것을 요구한다. 즉 이는 행렬용어로 원래의 행렬 A와 아래의 $\boldsymbol{b}$를 포함한 '확대행렬(augmented matrix)' M가 같은 계수 $r = R(\mathrm{A})$를 갖기를 요구하는 것과 동일하다.

$$\mathrm{M} = \begin{pmatrix} A_{11} & A_{12} & \cdots & A_{1N} & b_1 \\ A_{21} & A_{22} & \cdots & A_{2N} & b_2 \\ \vdots & & \ddots & & \vdots \\ A_{M1} & A_{M2} & \cdots & A_{MN} & b_M \end{pmatrix} \tag{1.255}$$

만약 이 조건이 만족된다면, 벡터 $\boldsymbol{b}$ 또한 $\hat{\boldsymbol{A}}$의 범위 안에 있게 되어 식 (1.250)의 유일해가 존재하거나 아니면 무수히 많은 해가 존재하게 된다. 반대로 만약 A와 M가 다른 계수를 갖게 되면 해는 존재하지 않는다.

(ii) 유일해 :

만약 $\boldsymbol{b}$가 $\hat{\boldsymbol{A}}$의 범위내 있으며, 그리고 $r = N$이 되어 식 (1.253)에 있는 모든 벡터 $\boldsymbol{v}_1, \boldsymbol{v}_2, \cdots, \boldsymbol{v}_N$가 선형독립이라면 이 연립식은 유일해(unique solution) $\boldsymbol{x} = (x_1 \ \ x_2 \ \ \cdots \ \ x_N)^{\mathrm{T}}$를 가진다.

(iii)무수히 많은 해

식 (1.251)의 $\boldsymbol{b}$가 $\hat{A}$의 범위 내에 있으며, 또한 만약 $r = R(\mathrm{A}) < N$이면 $M \times N$ 행렬 A의 N개의 전 열벡터 $\boldsymbol{v}_1, \boldsymbol{v}_2, \cdots, \boldsymbol{v}_N$중 오직 r개만이 선형독립이 된다. 이 때 나머지 $N-r$개의 벡터의 계수를 임의로 선택할 수 있으며, 그러나 계수 $x_1, x_2, \cdots, x_N$중 얼마의 집합이 여전히 식 (1.253)을 만족하게 된다. 따라서 $N-r$차원 벡터공간을 스팬하는 무수히 많은 해가 존재한다. 역시 이 해공간을 A의 0공간(null space)항으로 설명할 수도 있다. 즉 만약 벡터 $\boldsymbol{x}$가 $\hat{A}\boldsymbol{x} = \boldsymbol{b}$를 만족하는 어떤 벡터이고, $\boldsymbol{y}$는 $\hat{A}$의 영공간이 있는 임의의 벡터(즉 $\hat{A}\boldsymbol{y} = 0$)라 하면 아래가 성립된다.

$$\hat{A}(\boldsymbol{x} + \boldsymbol{y}) = \hat{A}\boldsymbol{x} + \hat{A}\boldsymbol{y} = \hat{A}\boldsymbol{x} + \mathbf{0} = \boldsymbol{b} \tag{1.256}$$

따라서 $\boldsymbol{x} + \boldsymbol{y}$도 한 해가 된다. 그리고 0공간은 $(N-r)$차원이므로, 그 역시 해공간이 된다.

이제 $\hat{A}\boldsymbol{x} = \boldsymbol{b} = \mathbf{0}$이 되는 제차 연립방정식의 해를 생각해보자. 분해 $\boldsymbol{x} = \mathbf{0}$도 한 개의 해가 된다. 그리고 만약 $r = N$라면 $\boldsymbol{x} = \mathbf{0}$이 유일한 해가 된다. 반면에 $r < N$라면, $\hat{A}\boldsymbol{x} = \mathbf{0}$을 만족하는 수많은 해 $\boldsymbol{x}$가 존재하며, 이들은 A(또는 $\hat{A}$)의 영공간을 형성하며, $N-r$의 차원을 가진다. 특히 $M \times N$ 행렬 A에서 만약 $M < N$인 경우 $r < N$은 자동적으로 성립된다. 결과적으로 $M < N$인 제차 선행연립방정식은 무수히 많은 해 $\boldsymbol{x}$를 갖게된다.

1. 11. 2 $N = M$의 선행연립방정식

식 (1.251)로 나타낸 선형연립방정식에서 만약 미지수의 수 N과 식의 수 M가 같으면, 즉 A가 $N \times N$ 정방행렬인 경우는 식 (1.252)에서 $r = N$은 $|\mathrm{A}| \neq 0$ 즉 A는 정칙(non-singular)행렬을 의미하며, 반면에 $r < N$인 경우는 $|\mathrm{A}| = 0$ 즉 A는 특이적(singular)이 된다.

전술한 바와 같이, 연립식 (1.251)에서 $\boldsymbol{b}$가 $\hat{A}$의 범위 내에 있으며, 한 개의 해를 가질 수 있다.

만약 이것이 사실이라면 특히 $|A| \neq 0$ (즉 $r = N$)인 경우는 오직 1개의 해, 반면에 $|A| = 0$ (즉 $r < N$)인 경우는 무수히 많은 해가 존재한다. 여기서 해를 구하는 4 대표적인 방법에 대해 아래에 간단히 소개한다.

1. 11. 2. 1 가우스 소거법(Gaussian elimination)

이 방법은 주로 컴퓨터에 의한 수리해석을 이용하여 실행되는데, 아래의 예제를 통하여 그 방법의 개요에 대해 설명하기로 한다.

예제 1. 35

아래의 선형 연립방정식을 풀어라.

(a) $x_1 + 6x_2 - 4x_3 = 8$

(b) $3x_1 - 20x_2 + x_3 = 12$

(c) $-x_1 + 3x_2 + 5x_3 = 3$ (1. 257)

풀 이

먼저 행 (a)와 (b)를 교환하여, $3x_1$항이 첫 대각선 항에 오게 한다. 다음에는 중요한 방정식들은 (I), (II), (III)으로 표기하고, 나머지 식들은 (소문자)알파벳 순서대로 표기한다. 그리고 일반(변수)표시는 j로 나타낸다. 즉

(I) $3x_1 - 20x_2 + x_3 = 12$

(d) $x_1 + 6x_2 - 4x_3 = 8$

(e) $-x_1 + 3x_2 + 5x_3 = 3$

여기서 (j)=(d) 및 (e)에 대해 j행을 j행 $- \dfrac{a_{j1}}{3} \times$ I행으로 대체한다(여기서 a_{j1}은 j행에 있는 x_1앞의 계수임). 그러면 아래의 두 식을 얻는다.

(II) $\left(6 + \dfrac{20}{3}\right)x_2 + \left(-4 - \dfrac{1}{3}\right)x_3 = 8 - \dfrac{12}{3}$

(f) $\left(3 - \dfrac{20}{3}\right)x_2 + \left(5 + \dfrac{1}{3}\right)x_3 = 3 + \dfrac{12}{3}$

그런데 $\left|6 + \dfrac{20}{3}\right| > \left|3 - \dfrac{20}{3}\right|$이므로, 다음 소거 때까지 어떠한 행 교환도 행하지 않는다. 이제 x_2를 소거하

기 위해, f행을 f행 $-\dfrac{\left(-\dfrac{11}{3}\right)}{\dfrac{38}{3}}\times$ II행으로 대체하면 아래를 얻는다.

$$\text{(III)}\quad \left[\frac{16}{3}+\frac{11}{38}\times\frac{(-13)}{3}\right]x_3 = 7+\frac{11}{38}\times 4$$

이제 식 (I), (II), (III)을 아래에 함께 나타내면 아래가 된다.

$$\text{(I)}\quad 3x_1 - 20x_2 + x_3 = 12$$

$$\text{(II)}\quad 38x_2 - 13x_3 = 12$$

$$\text{(III)}\quad x_3 = 2$$

따라서 식 (III)으로부터 시작하여 $x_3 = 2,\ x_2 = 1,\ x_1 = 10$ 즉 유일한 해 벡터 $\boldsymbol{x} = (10\ \ 1\ \ 2)^T$를 얻는다.

1.11.2.2 직접 역전법

만약 A가 $N\times N$ 정방행렬이고, 역을 가진다면 (즉 $|\mathrm{A}|\neq 0$ 인 정칙행렬), 식 (1.251)에서 바로 (유일)해를 아래와 같이 얻을 수 있다.

$$\boldsymbol{x} = \mathrm{A}^{-1}\boldsymbol{b} \tag{1.258}$$

그러나 만약 $\boldsymbol{b} = \boldsymbol{0}$인 제차식인 경우는 역시 $\boldsymbol{x} = \boldsymbol{0}$인 유일 해를 가진다.

예제 1.36

아래 연립방정식의 유일해를 구하라.

$$2x_1 + 4x_2 + 3x_3 = 4$$

$$x_1 - 2x_2 - 2x_3 = 0$$

$$-3x_1 + 3x_2 + 2x_3 = -7 \tag{1.258}$$

풀 이

위 식은 행렬 표현식 $\mathrm{A}\boldsymbol{x} = \boldsymbol{b}$ (식 (1.251) 참조)으로 아래와 같이 나타내진다.

$$\begin{pmatrix} 2 & 4 & 3 \\ 1 & -2 & -2 \\ -3 & 3 & 2 \end{pmatrix}\begin{pmatrix} x_1 \\ x_2 \\ x_3 \end{pmatrix} = \begin{pmatrix} 4 \\ 0 \\ -7 \end{pmatrix}$$

여기서 $|A| \neq 0$이므로 A^{-1}를 식 (1.129)에 의해 구하여 $\boldsymbol{x} = A^{-1}\boldsymbol{b}$에 대입하면 아래를 얻는다.

$$\begin{pmatrix} x_1 \\ x_2 \\ x_3 \end{pmatrix} = \frac{1}{11}\begin{pmatrix} 2 & 1 & -2 \\ 4 & 13 & 7 \\ -3 & -18 & -8 \end{pmatrix}\begin{pmatrix} 4 \\ 0 \\ -7 \end{pmatrix} = \begin{pmatrix} 2 \\ -3 \\ 4 \end{pmatrix}$$

여기서 유일 해 $x_1 = 2,\ x_2 = -3,\ x_3 = 4$를 얻는다

---

1. 11. 2. 3 *LU* 분해법

앞 절의 직선 역전법에서, 정칙행렬의 역행렬 A^{-1}을 찾는 것은 특히 N가 큰 경우에는 꽤 힘든 일 이다. 그래서 아래에서 보듯이 단순히 연립방정식 $A\boldsymbol{x} = \boldsymbol{b}$를 풀기위해서는 반드시 A^{-1}을 구할 필요는 없다. 여기서 행렬 A를 아래와 같이 하삼각(lower triangular)행렬 L과 상삼각(upper triangular)행렬 U의 곱으로 나타낸다.

$$A = LU \tag{1.259}$$

이제 식 (1.259)로 나타낸 삼각행렬 L및 U를 구하기 위해, 위 식을 아래와 같이 성분으로 나타내 보라.

$$A = \begin{pmatrix} 1 & 0 & 0 \\ L_{21} & 1 & 0 \\ L_{31} & L_{32} & 1 \end{pmatrix}\begin{pmatrix} U_{11} & U_{12} & U_{13} \\ 0 & U_{22} & U_{23} \\ 0 & 0 & U_{33} \end{pmatrix}$$

$$= \begin{pmatrix} U_{11} & U_{12} & U_{13} \\ L_{21}U_{11} & L_{21}U_{12} + U_{22} & L_{21}U_{13} + U_{23} \\ L_{31}U_{11} & L_{31}U_{12} + L_{32}U_{22} & L_{31}U_{13} + L_{32}U_{23} + U_{33} \end{pmatrix} \tag{1. 260}$$

여기서 L 및 U의 미지의 성분 9개를 3×3행렬 A의 9개의 대응하는 성분과 같이 둠으로써 비교적 간단히 구할 수 있다.

이렇게 일단 L 및 U의 구체적인 형태가 얻어지면, 식 (1.259)의 양변의 오른쪽에 각각 $\boldsymbol{x}$를 곱하면 아래를 얻는다.

$$LU\boldsymbol{x} = A\boldsymbol{x} = \boldsymbol{b} \tag{1. 261}$$

이 식을 다시 아래와 같이 두 단계로 분해한다.

$$L\boldsymbol{y} = \boldsymbol{b} \text{ 및 } U\boldsymbol{x} = \boldsymbol{y} \tag{1. 262}$$

따라서 위 식에서 먼저 $\boldsymbol{y}$에 대해 풀고, 이를 다시 두 번째 식에 대입하여 직접 역전법에 의해 해

$\boldsymbol{x}$를 구하는데, 아래 예제에서 볼 수 있듯이 L 및 U의 구조상 비교적 계산이 간단하다.

예제 1. 37

식 (1.258)로 주어진 연립방정식을 LU분해법에 의해 풀어보아라.

풀 이

식 (1.260)의 9개의 행렬성분을 A의 대응하는 성분과 같이 두어, L 및 U의 (미지)요소를 구하면 아래가 된다. (단 계산순서는 아래에 나타내었다.)

1행 : $U_{11} = 2, \quad U_{12} = 4, \quad U_{13} = 3$

1열 : $L_{21}U_{11} = 1, \quad L_{31}U_{11} = -3 \quad \Rightarrow L_{21} = \frac{1}{2},\ L_{31} = -\frac{3}{2}$

2행 : $L_{21}U_{12} + U_{22} = -2 \quad L_{21}U_{13} + U_{23} = -2 \quad \Rightarrow U_{22} = -4,\ U_{23} = -\frac{7}{2}$

2열 : $L_{31}U_{12} + L_{32}U_{22} = 3 \quad \Rightarrow L_{32} = -\frac{9}{4}$

3행 : $L_{31}U_{13} + L_{32}U_{23} + U_{33} = 2 \quad \Rightarrow U_{33} = -\frac{11}{8}$

이 결과로부터 아래를 얻는다.

$$\mathrm{A} = \mathrm{LU} = \begin{pmatrix} 1 & 0 & 0 \\ \frac{1}{2} & 1 & 0 \\ -\frac{3}{2} & -\frac{9}{4} & 1 \end{pmatrix} \begin{pmatrix} 2 & 4 & 3 \\ 0 & -4 & -\frac{7}{2} \\ 0 & 0 & -\frac{11}{8} \end{pmatrix}$$

이제 L 및 U가 구하는 점이므로 식 (1.262)의 L $\boldsymbol{y} = \boldsymbol{b}$를 푼다. 즉

$$\begin{pmatrix} 1 & 0 & 0 \\ \frac{1}{2} & 1 & 0 \\ -\frac{3}{2} & -\frac{9}{4} & 1 \end{pmatrix} \begin{pmatrix} y_1 \\ y_2 \\ y_3 \end{pmatrix} = \begin{pmatrix} 4 \\ 0 \\ -7 \end{pmatrix}$$

이 식은 삼각형행렬로 되어있으므로 쉽게 아래의 해를 얻는다.

$$y_1 = 4,\ y_2 = 0 - \left(\frac{1}{2}\right)(4) = -2,\ y_3 = -7 - \left(-\frac{3}{2}\right)(4) - \left(-\frac{9}{4}\right)(-2) = -\frac{11}{2}$$

이들 값들을 식 (1.262)의 두 번째 식 U$\boldsymbol{x} = \boldsymbol{y}$에 대입하면 아래가 된다.

$$\begin{pmatrix} 2 & 4 & 3 \\ 0 & -4 & -\frac{7}{2} \\ 0 & 0 & -\frac{11}{8} \end{pmatrix} \begin{pmatrix} x_1 \\ x_2 \\ x_3 \end{pmatrix} = \begin{pmatrix} 4 \\ -2 \\ -\frac{11}{2} \end{pmatrix}$$

이 식 역시 삼각행렬로 되어 있으므로 쉽게 해 $\boldsymbol{x}$를 얻는다. 즉

$x_1 = 2,\ x_2 = -3,\ x_3 = 4$ (이는 예제 1.36에서 구한 결과와 같다).

위 예제에서 볼 수 있듯이 LU분해를 통하여 정칙행렬 A의 역과 행렬식 값을 동시에 계산할 수 있다. 먼저 A^{-1}을 구하기 위해서는, 연립방정식 $\mathrm{A}\boldsymbol{x} = \boldsymbol{b}$의 $\boldsymbol{b}$ 대신 N개의 기저(열)벡터 $\boldsymbol{e}_i$(i 번째 요소만 1, 기타 0) ($i = 1, 2, \cdots, N$)를 반복 적용하여 해 $\boldsymbol{x}$를 구하는데, 이 때 $\boldsymbol{b} = \boldsymbol{e}_i$인 경우에 얻어진 해 $\boldsymbol{x}$는 A^{-1}의 대응하는 열(벡터)이 된다. 다음에 행렬식 $|\mathrm{A}|$의 평가는 아래에서 보는 바와 같이 보다 간단하다.

$$|\mathrm{A}| = |\mathrm{LU}| = |\mathrm{L}||\mathrm{U}| \tag{1.263}$$

그런데 삼각행렬의 행렬식 값은 대각선 요소의 곱과 같은데, 위 식에서 모든 $L_{ii} = 1$이므로 $|\mathrm{L}| = 1$이 되어 $|\mathrm{A}|$는 $|\mathrm{U}|$와 같게 되어 아래가 성립된다.

$$|\mathrm{A}| = U_{11}\, U_{22} \cdots\ U_{NN} = \prod_{i=1}^{N} U_{ii}$$

마지막으로, 만약 정방행렬 A가 대칭이고, 반 양정치(Positive semi-definite) (1.10절 참조)이라면 이를 아래와 같이 분해시킬 수 있다.

$$\mathrm{A} = \mathrm{LL}^{\dagger} \tag{1.264}$$

여기서 L는 대각요소가 모두 1이 아닌 임의의 한 삼각행렬이며 위 식을 'Cholesky분해' 라고도 부른다. 특히 실수공간인 경우는 $\mathrm{L}^{\dagger}\left(= (\mathrm{L}^*)^{\mathrm{T}}\right) = \mathrm{L}^{\mathrm{T}}$ 이므로 $\mathrm{A} = \mathrm{LL}^{\mathrm{T}}$가 된다. 위 식에서 L의 대각요소를 모두 1로 두지 못하는 이유는 L과 A의 독립요소의 수가 같아야 하기 때문이다. 그리고 앞서 말한 행렬 A가 반양정치가 되어야하는 이유는, 아래의 (복소)에르미르 (2차)형식 (혹은 실수인 경우는 단순히 2차형식)을 고려함으로써 알 수 있다(식 (1.238) 참조). 즉

$$\boldsymbol{x}^{\dagger}\mathrm{A}\boldsymbol{x} = \boldsymbol{x}^{\dagger}\mathrm{LL}^{\dagger}\boldsymbol{x} = (\mathrm{L}^{\dagger}\boldsymbol{x})^{\dagger}(\mathrm{L}^{\dagger}\boldsymbol{x}) \tag{1.265}$$

위 식에서 열벡터 $\mathrm{L}^{\dagger}\boldsymbol{x}$를 $\boldsymbol{y}$로 두면, 우변의 마지막 항은 $\boldsymbol{y}^{\dagger}\boldsymbol{y} = \|\boldsymbol{y}\|^2 \geq 0$이 됨을 알 수 있다.

이는 행렬 A가 임의의 (열)벡터 $\boldsymbol{x}$에 대해 $\boldsymbol{x}^{\dagger} \mathrm{A} \boldsymbol{x} \geq 0$이 성립됨을 요구하며, 따라서 A는 '반양정치' 행렬이 되어야한다.

임의의 정방행렬 A가 반양정치라고 하는 것은 A의 (실)고유치 중 몇 개가 0(나머지는 모두 양)이 될 수 있다는 것을 의미한다. 만약 A의 고유치 중 한 개가 0이면, 식 (1.224)에 의해 $|\mathrm{A}| = 0$ 즉 A는 특이행렬이 된다(1.10절 참조). 반대로 $|\mathrm{A}| \neq 0$ 즉 A가 정칙행렬이면 식 (1.264)로 기술된 Cholesky 분해를 수행하기 위해서는 A는 양정치(positive definite, 즉 A의 모든 고유치가 양임)행렬이 되어야 한다. 사실 식 (1.264)를 만족하는 하삼각 행렬 L를 발견할 수 없는 경우는 A가 양정치 행렬이 아니기 때문이다.

1. 11. 2. 4 Cramer의 공식

일반적으로 $N \times N$ 정칙행렬 A에서 $r = r(\mathrm{A}) = N$ (즉 $|\mathrm{A}| \neq 0$)가 되어 연립방정식 $\mathrm{A}\boldsymbol{x} = \boldsymbol{b}$의 유일해가 존재할 경우 이를 찾기 위해 가장 널리 이용되는 방법 중의 하나로 아래에 기술한 'Cramer 공식'이 있다. 즉 아래에 미지수의 수 $N = 3$, 식의 수 $M = 3$인 연립방정식이 주어져 있다고 하자.

$$
\begin{aligned}
A_{11}x_1 + A_{12}x_2 + A_{13}x_3 &= b_1 \\
A_{21}x_1 + A_{22}x_2 + A_{23}x_3 &= b_2 \\
A_{31}x_1 + A_{32}x_2 + A_{33}x_3 &= b_3
\end{aligned}
\tag{1. 266}
$$

이는 행렬 식 $\mathrm{A}\boldsymbol{x} = \boldsymbol{b}$로도 나타낼 수 있다(식 (1.251) 참조). 그러면 행렬식의 성질(1.4.2.4절 참조)에서, 행렬식 $|\mathrm{A}|$의 첫째 열에 아래의 조작, 즉 둘째 열 $\times \dfrac{x_1}{x_2}$ + $|\mathrm{A}|$의 셋째 열 $\times \dfrac{x_3}{x_1}$ 한 것을 더하여도 값은 변하지 않으므로 아래의 식을 얻는다.

$$
|\mathrm{A}| = \begin{vmatrix} A_{11} & A_{12} & A_{13} \\ A_{21} & A_{22} & A_{23} \\ A_{31} & A_{32} & A_{33} \end{vmatrix} = \begin{vmatrix} A_{11} + (x_2/x_1)A_{12} + (x_3/x_1)A_{13} & A_{12} & A_{13} \\ A_{21} + (x_2/x_1)A_{22} + (x_3/x_1)A_{23} & A_{22} & A_{23} \\ A_{31} + (x_2/x_1)A_{32} + (x_3/x_1)A_{33} & A_{32} & A_{33} \end{vmatrix}
$$

여기서 첫 번째 열의 i번째 요소에 b_i / x_1를 치환하면 아래를 얻는다.

$$
|\mathrm{A}| = \frac{1}{x_1} \begin{vmatrix} b_1 & A_{12} & A_{13} \\ b_2 & A_{22} & A_{23} \\ b_3 & A_{32} & A_{33} \end{vmatrix} = \frac{1}{x_1} \Delta_1
$$

여기서 행렬식 Δ_1(즉 원래의 행렬식 $|\mathrm{A}|$의 첫 열에 $\boldsymbol{b}$를 치환하여 구한 행렬식)를 'Cramer의 행렬

식'이라고 부른다. 이와 같은 조작을 반복하면 식 (1.266)의 (유일)해 $\boldsymbol{x} = (x_1 \ x_2 \ x_3)^T$는 아래와 같이 얻어진다.

$$x_1 = \frac{\Delta_1}{|A|}, \ x_2 = \frac{\Delta_2}{|A|}, \ x_3 = \frac{\Delta_3}{|A|} \tag{1.267}$$

여기서

$$\Delta_1 = \begin{vmatrix} b_1 & A_{12} & A_{13} \\ b_2 & A_{22} & A_{23} \\ b_3 & A_{32} & A_{33} \end{vmatrix}, \ \Delta_2 = \begin{vmatrix} A_{11} & b_1 & A_{13} \\ A_{21} & b_2 & A_{23} \\ A_{31} & b_3 & A_{33} \end{vmatrix}, \ \Delta_3 = \begin{vmatrix} A_{11} & A_{12} & b_1 \\ A_{21} & A_{22} & b_2 \\ A_{31} & A_{32} & b_3 \end{vmatrix}$$

그런데 식 (1.267)에 의해 (유일)해 x_i $(i = 1, 2, 3)$를 구할 때 위 식의 증명(타당성)이 실패할 경우는 x_i 중 한 개가 0이 되는 경우인데, 이 경우도 식 (1.267)은 그대로 적용된다.

예제 1. 38

식 (1.258)로 주어진 연립방정식의 해를 Cramer 공식을 이용하여 풀어라.

풀 이

주어진 연립식을 행렬표현식 $A\boldsymbol{x} = \boldsymbol{b}$로 나타내면 아래가 된다.

$$\begin{pmatrix} 2 & 4 & 3 \\ 1 & -2 & -2 \\ -3 & 3 & 2 \end{pmatrix}\begin{pmatrix} x_1 \\ x_2 \\ x_3 \end{pmatrix} = \begin{pmatrix} 4 \\ 0 \\ -7 \end{pmatrix}$$

먼저 행렬 A의 행렬식을 구하면 $|A| = 11$이 된다. 다음에는 식 (1.267)에 의해 아래와 같이 정의되는 Cramer 행렬식 Δ_1, Δ_2, Δ_3을 생각해보자.

$$\Delta_1 = \begin{vmatrix} 4 & 4 & 3 \\ 0 & -2 & -2 \\ -7 & 3 & 2 \end{vmatrix}, \ \Delta_2 = \begin{vmatrix} 2 & 4 & 3 \\ 1 & 0 & -2 \\ -3 & -7 & 2 \end{vmatrix}, \ \Delta_3 = \begin{vmatrix} 2 & 4 & 4 \\ 1 & -2 & 0 \\ -3 & 3 & -7 \end{vmatrix}$$

이들 행렬식 값을 구하면 각각 $\Delta_1 = 22$, $\Delta_2 = -33$, $\Delta_3 = 44$를 얻는다. 따라서 식 (1.267)에서 식 (1.258)로 주어진 연립방정식의 (유일)해를 구하면 아래를 얻는다.

$$x_1 = \frac{22}{11} = 2, \ x_2 = \frac{-33}{11} = -3, \ x_3 = \frac{44}{11} = 4$$

이 결과는 예제 1.37에서 얻은 것과 동일함을 알 수 있다.

끝으로 Cramer 공식을 기하학적 측면에서 고찰해보자. 먼저 연립방정식 (1.266)의 각각을 3차원 Cartesian 좌표계에서 한 평면(plane)을 나타낸다고 간주하면, 그 평면에 수직인 벡터의 성분들의 집합은 각각 (A_{11}, A_{12}, A_{13}), (A_{21}, A_{22}, A_{23}) 및 (A_{31}, A_{32}, A_{33})가 된다. 그러면 원점에서 각 평면까지의 거리 $d_i(i=1, 2, 3)$는 아래로 주어진다[∵ 3차원 공간의 한 점 (x_0, y_0, z_0)에서 평면 $ax+by+cz+d=0$에 내린 수선의 길이 $h=|ax_0+by_o+cz_0+d|/\sqrt{a^2+b^2+c^2}$ 이므로].

$$d_i = \frac{b_i}{(A_{i1}^2+A_{i2}^2+A_{i3}^2)^{1/2}} \quad (\text{for } i=1, 2, 3) \tag{1.268}$$

그런데 식 (1.266)으로 주어진 선형연립방정식의 해를 구하는 것은 이들 세 평면의 교차점(intersection point)을 찾는 것과 동일하다고 하겠다(가령 3 평면이 한 점에서 만나면, 오직 한 개의 유일해가 존재할 것이다). 이와 같은 관점에서 연립방정식의 해를 구하기 위해 여러 경우로 나누어 이들 3 평면의 교차점(즉 해)의 유무 등을 조사하면, 얻어진 결론은 아래와 같다(단 지면관계상 자세한 유도과정은 생략함).

(i) $|\mathrm{A}| \neq 0,\ b \neq 0$: 3 평면은 원점이 아닌 한 점에서 교차하며, 그 점이 식 (1.267)로 나타낸 유일해가 됨.

(ii) $|\mathrm{A}| \neq 0,\ b=0$: 3 평면은 오직 원점에서만 교차하며, 따라서 유일해는 $\boldsymbol{x}=\mathbf{0}$이다.

(iii) $|\mathrm{A}|=0,\ b \neq 0$: 모든 Cramer 행렬식 $\triangle_i=0$: 만약 $R(\mathrm{A})=2$(즉 A의 여인수들이 모두 0은 아님)인 경우는 직선상에, 그리고 만약 $R(\mathrm{A})=1$(즉 모든 여인수가 0이 됨)인 경우는 평면상에 무수히 많은 해가 존재한다.

(iv) $|\mathrm{A}|=0,\ b \neq 0$, Cramer 행렬식이 모두 0은 아님 : 해가 존재하지 않는다.

(v) $|\mathrm{A}|=0,\ b=0$: 3 평면은 원점을 지나는 한 직선에서 교차하므로, 무수히 많은 해가 존재한다.

1.11.3 특이값 분해(SVD) 법

식 (1.251)로 나타낸 연립방정식 $\mathrm{A}\boldsymbol{x}=\boldsymbol{b}$(여기서 A는 $M\times N$ 행렬)에서 식의 수 M과 미지수의 N 값이 같느냐 같지 않느냐에 관계없이 '특이값 분해(single value decomposition, SVD)'라는 강력한 해법이 존재한다.

여기서 A가 $M\times N$ 복소행렬인 일반 경우를 생각해보자. 이때 SVD 분해법에서는 A를 아래와 같이 3 행렬의 곱으로 나타낸다.

$$\mathrm{A}=\mathrm{USV}^{\dagger} \tag{1.269}$$

여기서 행렬 U, S 및 V는 각각 아래의 성질을 갖는다.

(i) $M\times N$ 정방행렬 U는 유니터리(즉 $U^{\dagger}=U^{-1}$)이다.

(ii) $M\times N$ 행렬 S는 그 요소 S_{ij}가 $i\neq j$인 경우는 0이 되어, 대각(비정방)행렬의 성격을 갖는다. 여기서 i 번째 대각요소를 $s_i(i=1, 2, \cdots, p)$[단 $p=\min(M, N)$임]로 나타내며, 이들을 행렬 A의 '특이값(singular values)'이라고 한다.

(iii) $N\times N$ 정방행렬 V 또한 유니터리(즉 $V^{\dagger}=V^{-1}$)이다.

이제 이들 세 행렬의 요소를 A의 요소로 나타내보기로 하자. 먼저 (복소)행렬 A로부터 두 개의 정방 에르미트(Hermition) 행렬인(즉 자신과 에르미트 공액이 같은 자기수반 행렬)인 크기 $N\times N$인 $A^{T}A$와 크기 $M\times M$인 $AA^{\dagger}$를 구축하자. 그러면 식 (1.269)로부터 아래의 두 식이 성립한다.

$$A^{\dagger}A=VS^{\dagger}U^{\dagger}USV^{\dagger}=VS^{\dagger}SV^{\dagger} \tag{1.270}$$

$$AA^{\dagger}=USV^{\dagger}VS^{\dagger}U^{\dagger}=USS^{\dagger}U^{\dagger} \tag{1.271}$$

위 식에서 $U^{\dagger}U=V^{\dagger}V=I$($\because$ U 및 V는 유니터리)를 이용하였으며, 또한 $S^{\dagger}S$ 및 $SS^{\dagger}$는 각각 크기 $N\times N$ 및 $M\times M$인 정방 대각행렬이다. 그리고 이들 대각행렬의 첫 p(여기서 $p=\min(M, N)$임)개의 요소는 $s_i^2(i=1, 2, \cdots, p)$이고, 나머지는 0이 된다.

위 두 식에서 $V^{-1}A^{\dagger}AV(=V^{-1}A^{\dagger}A(V^{\dagger})^{-1})$ 및 $U^{-1}AA^{\dagger}U$ 또한 위와 비슷한 논리에 의해 각각 크기 $N\times N$ 및 $M\times M$의 (정방)대각행렬이 됨을 알 수 있다. 그런데 유사변환에 의한 행렬의 대각화(1.9절 참조)에서, 식 (1.270)의 양변에 왼쪽에서 V^{-1}, 오른쪽에서 V를 곱하고, 마찬가지로 식 (1.271)의 양변의 왼쪽에서 U^{-1}, 오른쪽에서 U를 곱하면 각각 크기 $N\times N$ 및 $M\times M$인 정방대각행렬 $S^{\dagger}S$ 및 $SS^{\dagger}$를 얻는다. 즉

$$V^{-1}A^{\dagger}AV=S^{\dagger}S=\Lambda_{N\times N} \tag{1.272}$$

$$U^{-1}AA^{\dagger}U=SS^{\dagger}=\Lambda_{M\times M} \tag{1.273}$$

여기서 $\Lambda_{N\times N}$는 첫 p(여기서 $p=\min(M, N)$)개의 대각요소 $s_i^2(i=1, 2, \cdots, p)$, 그리고 나머지는 0인 $N\times N$ 대각행렬이고, 마찬가지로 $\Lambda_{M\times M}$도 첫 p개의 대각요소는 s_i^2, 그리고 나머지는 0인 $M\times M$ 대각행렬이다. 그리고 복소 유니터리(혹은 실 직교) 행렬 V는 $A^{\dagger}A$의 정규직교화된 고유벡터 $\boldsymbol{v}_i(i=1, 2, \cdots, N)$를 열벡터로 가지며, 또한 복소 유니터리(혹은 실 직교) 행렬 U는 $AA^{\dagger}$의 정규직교화된 고유벡터 $\boldsymbol{u}_i(i=1, 2, \cdots, M)$를 열벡터로 가지는 (유사)변환행렬이 된다. 더욱이 A의 특이값 s_i는 $s_i^2=\lambda_i$(여기서 λ_i는 정방 에르미트 행렬 $A^{\dagger}A$ 또는 $AA^{\dagger}$의 고유치에 해당)를 만족한다. 그런데 복소 에르미트(혹은 실 대칭) 행렬의 고유치는 실수(즉 $\lambda_i^*=\lambda_i$)이므로,

s_i 또한 (양의)실수로 간주한다. 그리고 크기 $M \times N$ (복소)행렬 A는 식 (1.269)로의 특이값 분해는 유일(unique)하며, $M \times N$ 행렬 S를 구축시 대각선의 첫 행부터 $s_1 \geq s_2 \geq \cdots \geq s_p$(단 $p = \min(M, N)$)의 순으로 A의 특이값 s_i를 배열하는 것이 보통이다.

예제 1.39

크기 $M \times N$의 (복소)행렬 A의 특이값 분해 식 (1.269)에서 $\mathrm{A}\boldsymbol{v}_i = s_i \boldsymbol{u}_i$, 그리고 $\mathrm{A}^\dagger \boldsymbol{u}_i = s_i \boldsymbol{v}_i$(단 , $i = 1, 2, \cdots, p$, 그리고 $p = \min(M, N)$]가 성립됨을 보여라.

풀 이

식 (1.269)의 양변을 위(오른쪽)에서 V를 곱하면 아래를 얻는다.

$$\mathrm{AV} = \mathrm{US} \quad (\because \mathrm{V}^\dagger \mathrm{V} = \mathrm{V}^{-1}\mathrm{V} = \mathrm{I}) \tag{1.274}$$

그런데 유니터리 (변환)행렬 V 및 U는 각각 $\mathrm{A}^\dagger \mathrm{A}$의 (정규직교화된)고유벡터 $\boldsymbol{v}_i$ 및 $\mathrm{AA}^\dagger$의 고유벡터 $\boldsymbol{u}_i$를 열벡터로 가지며, 크기 $M \times N$ 행렬 S는 대각선 요소에만 오직 0이 안되는 요소 s_i를 가진다. 여기서 식 (1.274)에 $\mathrm{V} = (\boldsymbol{v}_1, \boldsymbol{v}_2, \cdots, \boldsymbol{v}_N)$ 및 $\mathrm{U} = (\boldsymbol{u}_1, \boldsymbol{u}_2, \cdots, \boldsymbol{u}_M)$, 그리고 S는 첫 p개의 대각선 요소에 $s_1, s_2, \cdots, s_p$를 가지며 기타 0을 가지는 크기 $M \times N$의 (비정방)대각화 행렬을 대입하면 쉽게 아래를 얻는다.

$$\mathrm{A}\boldsymbol{v}_i = s_i \boldsymbol{u}_i \ \ [\text{단 } i = 1, 2, \cdots, p \text{ 그리고 } p = \min(M, N)] \tag{1.275}$$

그리고 $i = p+1, p+2, \cdots, N$ 일때는 $\mathrm{A}\boldsymbol{v}_i = \boldsymbol{0}$이 됨을 알 수 있다.
반면에 식 (1.269)의 양변을 수반(또는 에르미트 공액) 연산(†)를 취하고, 위로부터 U를 곱하면 아래를 얻는다.

$$\mathrm{A}^\dagger \mathrm{U} = (\mathrm{USV}^\dagger)^\dagger \mathrm{U} = \mathrm{VS}^\dagger \mathrm{U}^\dagger \mathrm{U} = \mathrm{VS}^\dagger = \mathrm{VS}^\mathrm{T} \tag{1.276}$$

위 식에서 맨 마지막 항등관계는 정의식 $s_i^2 = \lambda_i$에서 에르미트 행렬 $\mathrm{A}^\dagger \mathrm{A}$ 또는 $\mathrm{AA}^\dagger$의 고유치 λ_i가 실수이므로, s_i 또한 (양의)실수로 간주하였으므로 행렬 S 또한 실수요소를 가져 $\mathrm{S}^\dagger = (\mathrm{S}^*)^\mathrm{T} = \mathrm{S}^\mathrm{T}$가 됨에 의한 것이다. 그러면 식 (1.276)에서 역시 $\mathrm{U} = (\boldsymbol{u}_1, \boldsymbol{u}_2, \cdots, \boldsymbol{u}_M)$, $\mathrm{V} = (\boldsymbol{v}_1, \boldsymbol{v}_2, \cdots, \boldsymbol{v}_N)$ 그리고 S^T(또는 S)를 첫 p개의 대각요소성분만 값이 $s_i (i = 1, 2, \cdots, p)$, 나머지 0인 크기 $N \times M$인 대각행렬로 나타내면 쉽게 알 수 있다.

$$\mathrm{A}^\dagger \boldsymbol{u}_i = s_i \boldsymbol{v}_i \ \ [\text{단 } i = 1, 2, \cdots, p \text{ 그리고 } p = \min(M, N)] \tag{1.277}$$

또한 $i = p+1, p+2, \cdots, M$일 때는 $\mathrm{A}^\dagger \boldsymbol{u}_i = \boldsymbol{0}$이 된다. 식 (1.275) 및 (1.277)의 결과는 SVD법의 성질을 조사할 때 매우 유용하게 사용된다.

식 (1.269)로 나타낸 $M \times N$ (복소)행렬 A의 특이값분해(SVD)는 연립방정식 $\mathrm{A}\boldsymbol{x} = \boldsymbol{b}$의 해를

구할 때 여러 장점을 가진다. 즉 식 (1.269)에서 $\mathrm{U}=(\boldsymbol{u}_1\ \boldsymbol{u}_2 \cdots \boldsymbol{u}_M)$, $\mathrm{V}^\dagger=(\boldsymbol{v}_1\ \boldsymbol{v}_2 \cdots \boldsymbol{v}_M)^\dagger$, 그리고 S는 첫 p개의 대각요소만 $S_i(=\lambda_i^{1/2})(i=1,\ 2,\ \cdots,\ p)$, 기타 0인 크기 $M\times N$ (비정방)대각행렬을 대입하여 행렬계산을 행하면 쉽게 아래를 얻는다.

$$\mathrm{A}=\sum_{i=1}^{p} s_i \boldsymbol{u}_i \boldsymbol{v}_i^\dagger \ \ (\text{단}\ \ p=\min(M,\ N)) \tag{1.278}$$

그런데 위 식의 p개의 행렬 A의 특이값 $s_i(=\lambda_i^{1/2})$중 일부는 연립방정식 $\mathrm{A}\boldsymbol{x}=\boldsymbol{b}$의 중첩(degeneracy)의 결과로 0이 될 수도 있다. 이 경우 p개의 s_i값 중 오직 r개만이 0이 아니다면 식 (1.278)은 아래가 된다.

$$\mathrm{A}=\sum_{i=1}^{r} s_i \boldsymbol{u}_i \boldsymbol{v}_i^\dagger \tag{1.279}$$

단 위식에서 $\{s_i\}$는 $s_1 \ge s_2 \ge \cdots \ge s_r$ 순서로 배열한다. 이 식의 우변에 $\boldsymbol{x}$를 곱, 즉 임의의 벡터 $\boldsymbol{x}$에 (선형연산자)A를 작용하면 아래를 얻는다.

$$\mathrm{A}\,\boldsymbol{x}=\left(\sum_{i=1}^{r} s_i \boldsymbol{u}_i \boldsymbol{v}_i^\dagger\right)\boldsymbol{x} \tag{1.280}$$

위 식에서 $\boldsymbol{v}_i^\dagger \boldsymbol{x}=\boldsymbol{v}_i \cdot \boldsymbol{x}$는 두 벡터의 내적이므로 단순히 숫자(스칼라)이므로, r개의 벡터 $\boldsymbol{u}_i$는 행렬 A의 범위(range)를 스팬(span)함을 알 수 있으며, 또한 이들 벡터는 범위에 대한 정규직교(orthonormal) 기저계를 형성한다. 따라서 이 부공간(subspace)은 r차원이 되어 $R(\mathrm{A})=r$ 즉 행렬 A의 계수(rank)는 A의 0이 아닌 특이값 s_i의 개수와 같다.

위에서 언급한 SVD는 행렬 A는 영공간(null space)를 특징짓는데도 유용하다. 즉 식 (1.252)로부터 영공간의 2차원은 $N-r$임을 알고 있다. 따라서 만약 A가 r개의 0이 안되는 특이값 s_i를 가진다면 예제 1.39에서 보았듯이 $i=r+1, r+2, \cdots, N$에 대해서는 $\mathrm{A}\boldsymbol{v}_i=0$(혹은 $i=r+1, r+2, ..., M$에 대하여 $\mathrm{A}^\dagger \boldsymbol{u}_i=0$)이 되므로 $N-r$개의 벡터 $\boldsymbol{v}_i$(단 $i=r+1,\ r+2,\ \cdots,\ N$)는 A의 영공간에 대한 정규직교 기저계를 형성함을 알 수 있다.

예제 1.40

아래의 3×4 (실)행렬 A에 대해 특이값분해(SVD)를 행하라.

$$A=\begin{pmatrix} 2 & 2 & 2 & 2 \\ \frac{17}{10} & \frac{1}{10} & -\frac{17}{10} & -\frac{1}{10} \\ \frac{3}{5} & \frac{9}{5} & -\frac{3}{5} & -\frac{9}{5} \end{pmatrix} \tag{1.281}$$

풀 이

여기서 $M=3$, $N=4$이므로 3×3 행렬 $AA^{\dagger}(=AA^{T})$과 4×4 행렬 $A^{\dagger}A(=A^{T}A)$를 아래와 같이 얻는다(단 A가 실행렬이므로 $A^{\dagger}=A^{T}$가 된다). 먼저 (보다 작은 행렬)$AA^{\dagger}$의 고유치 λ_i 및 대응하는 고유벡터 $\boldsymbol{u}_i$를 구해보기로 한다. 이때 대칭행렬 $AA^{\dagger}(=AA^{T})$ 및 그 특성방정식은 아래가 된다.

$$AA^{\dagger}=\begin{pmatrix} 16 & 0 & 0 \\ 0 & \frac{29}{5} & \frac{12}{5} \\ 0 & \frac{12}{5} & \frac{36}{5} \end{pmatrix}$$

$$\begin{vmatrix} 16-\lambda & 0 & 0 \\ 0 & \frac{29}{5}-\lambda & \frac{12}{5} \\ 0 & \frac{12}{5} & \frac{36}{5}-\lambda \end{vmatrix}=(16-\lambda)(36-13\lambda+\lambda^2)=0$$

따라서 $AA^{\dagger}$의 3 (실)고유치는 $\lambda_1=16$, $\lambda_2=9$, $\lambda_3=4$가 된다. 그런데 A의 특이값 $s_i=\sqrt{\lambda_i}$이므로 식(1.269)의 3×4 행렬 S는 첫 $p=\min(3,4)=3$개의 대각요소에만 $s_1=4$, $s_2=3$, $s_3=2$값을 가지고 기타 0이 되는 아래의 행렬이 된다.

$$S=\begin{pmatrix} 4 & 0 & 0 & 0 \\ 0 & 3 & 0 & 0 \\ 0 & 0 & 2 & 0 \end{pmatrix} \tag{1.282}$$

그리고 3×3 유니터리(혹은 직교)행렬 U는 $AA^{\dagger}$의 3 정규직교화된 고유벡터 $\boldsymbol{u}_i$를 열(벡터)로 가지는데, 위에서 구한 고유치 $\{\lambda_i\}$에 대응하는 고유벡터 $\{\boldsymbol{u}_i\}$는 아래가 된다(1.6.2절 참조).

$$\lambda_1=16 \qquad \Rightarrow \qquad \boldsymbol{u}_1=(1 \quad 0 \quad 0)^{T}$$

$$\lambda_2=9 \qquad \Rightarrow \qquad \boldsymbol{u}_2=\left(0 \quad \frac{3}{5} \quad \frac{4}{3}\right)^{T}$$

$$\lambda_3=4 \qquad \Rightarrow \qquad \boldsymbol{u}_3=\left(0 \quad -\frac{4}{5} \quad \frac{3}{5}\right)^{T}$$

따라서 아래를 얻는다.

$$U=\begin{pmatrix}1 & 0 & 0\\ 0 & \frac{3}{5} & -\frac{4}{5}\\ 0 & \frac{4}{5} & \frac{3}{5}\end{pmatrix}$$

반면에 식 (1.269)의 4×4 행렬 V는 크기 4×4인 대칭행렬 $A^{\dagger}A(=A^{T}A)$의 4정규직교화 된 고유벡터 $\boldsymbol{v}_i$를 열(벡터)로 가진다. 이에 행렬 $A^{\dagger}A$는 아래가 된다.

$$A^{\dagger}A=\frac{1}{4}\begin{pmatrix}29 & 21 & 3 & 11\\ 21 & 29 & 11 & 3\\ 3 & 11 & 29 & 21\\ 11 & 3 & 21 & 29\end{pmatrix} \tag{1.283}$$

그런데 대칭행렬 $A^{\dagger}A$의 0이 안되는 3 고유치는 $AA^{\dagger}$의 3 고유치와 같으며, 나머지 1개는 0이 되므로 각 고유치 λ_i에 대응하는 고유벡터를 1.6.2절에 따라 구하여 결과를 나타내면 아래와 같다.

$$\lambda_1=16 \qquad \Rightarrow \qquad \boldsymbol{v}_1=\frac{1}{2}(1 \quad 1 \quad 1 \quad 1)^{T}$$

$$\lambda_2=9 \qquad \Rightarrow \qquad \boldsymbol{v}_2=\frac{1}{2}(1 \quad 1 \quad -1 \quad -1)^{T}$$

$$\lambda_3=4 \qquad \Rightarrow \qquad \boldsymbol{v}_3=\frac{1}{2}(-1 \quad 1 \quad 1 \quad -1)^{T}$$

$$\lambda_4=0 \qquad \Rightarrow \qquad \boldsymbol{v}_4=\frac{1}{2}(1 \quad -1 \quad 1 \quad -1)^{T}$$

따라서 4×4 행렬 V는 아래가 된다.

$$V=\frac{1}{2}\begin{pmatrix}1 & 1 & -1 & 1\\ 1 & 1 & 1 & -1\\ 1 & -1 & 1 & 1\\ 1 & -1 & -1 & -1\end{pmatrix} \tag{1.284}$$

또는 식 (1.277)로부터 V의 첫 3열(벡터)은 아래가 된다.

$$\boldsymbol{v}_i=\frac{1}{s_i}A^{\dagger}\boldsymbol{u}_i \quad (\text{단},\ i=1, 2, 3) \tag{1.285}$$

그리고 $A^{\dagger}A$의 4번째 고유벡터 $\boldsymbol{v}_4$(이때 대응하는 고유치는 0)는 에르미트(혹은 대칭)행렬의 서로 다른 고유벡터는 상호 (정규)직교화가 가능하므로 Gram-Schmidt 직교화법(식 (1.162) 참조)에 의해 위와 같이 얻을 수 있다.

이제 위에서 얻어진 결과들을 모으면 아래와 같이 문제의 3×4 행렬 A의 특이값 분해(SVD)(식 (1.269))가 얻어진다.

$$A = USA^{\dagger} = \begin{pmatrix} 1 & 0 & 0 \\ 0 & \frac{3}{5} & -\frac{4}{5} \\ 0 & \frac{4}{5} & \frac{3}{5} \end{pmatrix} \begin{pmatrix} 4 & 0 & 0 & 0 \\ 0 & 3 & 0 & 0 \\ 0 & 0 & 2 & 0 \end{pmatrix} \begin{pmatrix} \frac{1}{2} & \frac{1}{2} & \frac{1}{2} & \frac{1}{2} \\ \frac{1}{2} & \frac{1}{2} & -\frac{1}{2} & -\frac{1}{2} \\ -\frac{1}{2} & \frac{1}{2} & \frac{1}{2} & -\frac{1}{2} \\ \frac{1}{2} & -\frac{1}{2} & \frac{1}{2} & -\frac{1}{2} \end{pmatrix} \tag{1.286}$$

[비고 : 이 결과는 거꾸로 위 식의 3 행렬을 곱하여 A로 환원됨을 조사함으로써 타당성이 확인될 수 있다.]

이제 SVD법으로 N개의 미지수와 M개의 식으로 이루어진 연립방정식 $A\boldsymbol{x} = \boldsymbol{b}$(식 (1.251))의 해를 구해보기로 하자. 먼저 $\boldsymbol{b} = \boldsymbol{0}$인 경우의 제차방정식을 생각해보자. 만약 A가 정칙행렬(즉 $|A| \neq 0$)인 경우는 $r = R(A) = N$가 되어, A의 N개의 특이값 s_i 중 0이 되는 것이 없다. 따라서 이 식의 유일해 $\boldsymbol{x} = A^{-1}\boldsymbol{0} = \boldsymbol{0}$이 된다. 그러나 A가 정방행렬이나 정칙행렬이 아닌 경우(즉 $|A| = 0$)는 $r < N$가 되어, 대칭(혹은 에르미트) 행렬 $A^{\dagger}A$의 N개의 정규직교화된 고유벡터 $\boldsymbol{v}_i$ 중 $i = r+1, r+2, \cdots, N$의 $N-r$개 중 어느 것(또는 그들의 선형결합)이 제차방정식 $A\boldsymbol{x} = \boldsymbol{0}$의 해가 될 것이다.

전술한 바와 같이 $\boldsymbol{b} \neq \boldsymbol{0}$인 비제차인 경우는, 만약 $\boldsymbol{b}$가 A의 범위(range)안에 있으면 해를 가지게 되는데, 이를 SVD법과 연계하여 조사해 보기로 한다. 그러기위해 식 (1.269)로 정의된 식에서 $M \times N$ 행렬 S에 대해 $S\bar{S} = \Lambda$(여기는 Λ는 $s_i \neq 0$인 모든 j에 대해 대각선 요소가 1, 기타 0인 크기 $M \times M$ 의 대각행렬)를 만족하는 크기 $N \times M$인 행렬 $\bar{S}$를 구축해보자. 이는 먼저 S의 전치(transpose)를 취하고, 대각선 상의 s_i값 대신에 $1/s_i$를 치환함으로써 얻어진다.

이제 아래의 벡터 $\hat{\boldsymbol{x}}$를 생각해보자.

$$\hat{\boldsymbol{x}} = V\bar{S}U^{\dagger}\boldsymbol{b} \tag{1.287}$$

이 식과 행렬 U 및 V가 유니터리(즉 $U^{\dagger} = U^{-1}$, $V^{\dagger} = V^{-1}$)인 것으로부터 아래의 식이 성립된다.

$$A\hat{\boldsymbol{x}} - \boldsymbol{b} = US\bar{S}U^{\dagger}\boldsymbol{b} - \boldsymbol{b} = U(S\bar{S} - 1)U^{\dagger}\boldsymbol{b} \tag{1.288}$$

위 식의 첫 번째 항등관계는 $US\bar{S}U^{\dagger} = UIU^{\dagger} = I$(여기서 I는 단위행렬)을 이용하였다. 그리고 위 식에서 행렬($S\bar{S} - I$)는 크기 $M \times M$의 대각행렬로써, $s_j = 0$이 되는 j번째 대각요소만 -1이고, 기타 0이 되는 대각행렬이다. 그리고 $U^{\dagger}\boldsymbol{b} = (\boldsymbol{u}_1\, \boldsymbol{u}_2 \cdots \boldsymbol{u}_M)^{\dagger}\,\boldsymbol{b}$ [여기서 $\boldsymbol{u}_i$는 대칭행렬 $AA^{\dagger}(= AA^{T})$의 정규직교화된 고유벡터임]는 j행에 (스칼라)내적 $\boldsymbol{u}_j^{\dagger}\boldsymbol{b} = \boldsymbol{u}_j \cdot \boldsymbol{b}$를 가진 열벡

터이다. 그리고 $\boldsymbol{b}(\neq 0)$가 A의 범위(range)안에 있으면 오직 $s_j \neq 0$인 경우만 내적 $\boldsymbol{u}_j^\dagger \boldsymbol{b}$는 0이 되지 않는다. 따라서 식 (1.288)의 우변은 0이 되어, 결국 $\mathrm{A}\hat{\boldsymbol{x}} = \boldsymbol{b}$가 성립되어, 식 (1.287)로 정의된 $\hat{\boldsymbol{x}}$는 연립방정식 $\mathrm{A}\boldsymbol{x} = \boldsymbol{b}$의 한 해가 된다. 그러나 우리는 이 해 $\hat{\boldsymbol{x}}$에 행렬 A의 영공간에 대한 정규직교기저계를 형성하는 $N-r$ 개의 벡터 $\boldsymbol{v}_i(i = r+1, r+2, \cdots, N)$의 선형결합을 더함으로써 연립식 $\mathrm{A}\boldsymbol{x} = \boldsymbol{b}$에 대한 무수히 많은 해가 존재함을 알 수 있다(물론 식 (1.287)로 주어진 $\hat{\boldsymbol{x}}$가 가장 짧은 길이의 해벡터가 되지만). 여기서 해 $\hat{\boldsymbol{x}}$가 유일한 해가 되려면, $r = R(\mathrm{A}) = N$(여기서 N는 미지수의 수)가 되어 A가 영공간을 갖지 않는 것(즉 영도 $N(\mathrm{A}) = 0$; 식 (1.252) 참조) 또는 $|\mathrm{A}| \neq 0$이 되어 A가 정칙행렬이 되는 것이다.

반면에 $\boldsymbol{b}(\neq \boldsymbol{0})$가 A의 범위 내에 있지 않으면 $\mathrm{A}\boldsymbol{x} = \boldsymbol{b}$의 해는 존재하지 않는다. 그런 경우에도 식 (1.287)로 주어진 $\hat{\boldsymbol{x}}$는 '최소자승법'적으로 가장 가까운 '가능한 해'가 될 것이다. 환원하면 비록 $\mathrm{A}\boldsymbol{x} = \boldsymbol{b}$를 만족하는 $\hat{\boldsymbol{x}}$가 정확히는 존재하지 않더라도, 아래 식으로 정의된 '잔차(residual)' ε를 최소화하는 벡터에 해당된다.

$$\varepsilon = |\mathrm{A}\boldsymbol{x} - \boldsymbol{b}| \tag{1.289}$$

[여기서 우변은 수진 막대안의 항의 절대값이지, 행렬식은 아님에 유의해야한다.]

예제 1.41

선형 연립방정식 $\mathrm{A}\boldsymbol{x} = \boldsymbol{b}$에서 만약 행렬 A는 예제 1.40의 식 (1.281)로 주어진 3×4 (실)행렬이고, 벡터 $\boldsymbol{b} = (1\ 0\ 0)^{\mathrm{T}}$라 할 때 해를 위에서 언급한 SVD법을 사용하여 구해보아라.

풀이

우선 식 (1.287)로 주어진 벡터 $\boldsymbol{x}(=\hat{\boldsymbol{x}})$를 계산해보자. 즉

$$\boldsymbol{x}(=\hat{\boldsymbol{x}}) = \mathrm{V}\bar{\mathrm{S}}\mathrm{U}^\dagger \boldsymbol{b}$$

여기서 유니터리(또는 직교)행렬 U 및 V는 각각 예제 1.40의 식 (1.283) 및 (1.284)로 주어지며, S와 대각행렬을 형성하는 $\bar{\mathrm{S}}$는 식 (1.282)의 전치를 행하고, A의 0이 안되는 특이값 $s_i(=\sqrt{\lambda_i})$를 그 역수로 치환하면 4×3 행렬 $\bar{\mathrm{S}}$는 아래와 같이 얻어진다.

$$\bar{\mathrm{S}} = \begin{pmatrix} \frac{1}{4} & 0 & 0 \\ 0 & \frac{1}{3} & 0 \\ 0 & 0 & \frac{1}{2} \\ 0 & 0 & 0 \end{pmatrix}$$

이제 해 벡터 $\boldsymbol{x}$에 관한 위 식의 우변에 해당하는 항들을 대입하여 행렬계산을 행하면 아래를 얻는다.

$$\boldsymbol{x} = \frac{1}{8}(1\ \ 1\ \ 1\ \ 1)^{\mathrm{T}} \tag{1.290}$$

그런데 이 값이 연립방정식 $\mathrm{A}\boldsymbol{x} = \boldsymbol{b}$를 정확히 만족하며, 또한 $\boldsymbol{b} = (1\ \ 0\ \ 0)^{\mathrm{T}}$도 행렬 A의 범위안에 있음은 쉽게 확인할 수 있다. 사실 이것은 $\boldsymbol{b} = \boldsymbol{u}_1$(여기서 $\boldsymbol{u}_1$은 대칭행렬 $\mathrm{AA}^{\dagger}$의 한 정규직교화된 고유벡터임)에서도 금방 알 수 있다(예제 1.40 참조). 그러나 위에서 얻은 해 $\boldsymbol{x}$(식 (1.290))는 유일해가 아니다. 왜냐하면 행렬 A의 3개의 0이 아닌 특이값 $s_i\,(=\sqrt{\lambda_i}\,)$가 있으나, 미지수의 수 $N = 4$이기 때문이다. 즉 행렬 A는 1차원의 영공간 (즉 영도 $N(\mathrm{A}) = 1$; 식 (1.252) 참조)을 가지고, 이는 대칭행렬 $\mathrm{A}^{\dagger}\mathrm{A}$의 고유치 0에 해당하는 4번째 의(정규직교화된) 고유벡터 $\boldsymbol{v}_4$(즉 유니터리 행렬 V의 4번째 열벡터임)에 의해 스팬(span)된다. 결과적으로 위 연립방정식 $\mathrm{A}\boldsymbol{x} = \boldsymbol{b}$의 일반해는 식 (1.290)으로 주어진 정확한 해 $\boldsymbol{x}\,(=\hat{\boldsymbol{x}}\,)$와 행렬 A의 1차원 (즉 $N - r = 1$) 영공간에 있는 임의의 벡터($\boldsymbol{v}_4$에 해당)의 선형결합으로 아래와 같이 나타내진다.

$$\boldsymbol{x} = \frac{1}{8}(1\ \ 1\ \ 1\ \ 1)^{\mathrm{T}} + \alpha(1\ \ -1\ \ 1\ \ -1)^{\mathrm{T}} \tag{1.291}$$

여기서 파마리터 α는 임의의 실수값을 가진다. 식 (1.290)로 주어진 해 $\boldsymbol{x}\,(=\hat{\boldsymbol{x}}\,)$는 식 (1.291)의 일반해 중에서 가장 원점에 가까운 해이다.

1.12 정규(진동)모드에 행렬의 대각화의 응용

과학이나 공학에서는 많은 진동(oscillation)현상(가령 전기회로에서의 전류 및 전압의 진동, 기계적 구조에서나 분자 내부의 진동 등)에 접하게 된다. 이 때 앞에 논의된 행렬대수(대각화 포함)는 문제를 간단히 하는데 큰 도움이 된다.

여기서는 편의상 계의 퍼텐셜(혹은 위치)에너지(Potential energy)가 오진 위치에만 의존하는(즉 좌표의 시간미분인 일반화된 속도에는 무관) 계(system)에 대한 진동만을 다루기로 한다. 더욱이 퍼텐셜 에너지가 평형점(equilibrium point)에서 '국소적 극소(local minimum)' (이는 물리적으로는 안정(stable) 평형에 대한 필요, 충분조건에 해당됨)를 가지고, 또한 원점을 적당히 선택함으로써 평형점에서의 퍼텐셜 에너지 값이 0이라고 가정한다.

N차원(벡터)공간에 주어진 어떤 계의 입체배열(configuration)을 기술하는데 사용된 (일반)좌표를 q_i(여기서 $i = 1, 2, \cdots, N$)라고 하자. 이들 일반화된 좌표 $\{q_i\}$는 반드시 거리(distance)일 필요가 없으며 때로는 각도일 수도 있다. 그리고 평형점에서의 좌표 $\{q_i\}$는 모두 0이라고 가정한다. 그러면 계의 여러 부분의 순간 속도는 그의 시간미분인 $\dot{q}_i\,(= dq_i/dt\,)$로 나타내진다. 작은 진동

의 경우는 속도는 $\dot{q}_i$의 일차(선형)식이 되며, 따라서 계의 전체 운동에너지 T는 이차항인 $\dot{q}_i \dot{q}_j$로 나타내진다. 즉 T에 관한 일반표현은 아래와 같이 2차형식으로 쓸 수 있다.

$$T = \sum_i \sum_j a_{ij} \dot{q}_i \dot{q}_j = \dot{\boldsymbol{q}}^{\mathrm{T}} \mathrm{A} \, \dot{\boldsymbol{q}} \tag{1. 292}$$

여기서 $\dot{\boldsymbol{q}} = (\dot{q}_1 \, \dot{q}_2 \cdots \dot{q}_N)^{\mathrm{T}}$이면 $N \times N$ 행렬 A는 실대칭 행렬로서 더욱이 모든 0이 아닌 실수값의 $\dot{q}_i$에 운동에너지 T에 관한 2차형식 표현이 항상 양이 되는 양정치(Positive definite) 행렬이다.

이제 관심의 퍼텐셜 에너지 $V(q)$로 돌아가, V를 평형점(즉 $\boldsymbol{q} = 0$인 원점) 주위로 Taylor 급수 전개하면 아래가 된다.

$$V(\boldsymbol{q}) = V(0) + \sum_i \frac{\partial V(\boldsymbol{0})}{\partial q_i} q_i + \frac{1}{2} \sum_i \sum_j \frac{\partial^2 V(\boldsymbol{0})}{\partial q_i \partial q_j} q_i q_j + \cdots \tag{1. 293}$$

그런데 원점 $\boldsymbol{q} = \boldsymbol{0}$를 평형점으로 취했으므로 $V(\boldsymbol{0}) = 0$가 되며, 또한 평형점에서 사실상의 (전체)힘은 0이 되므로 $\partial V(\boldsymbol{0}) / \partial q_i = 0$가 된다($\because$ 일반힘은 퍼텐셜 에너지의 음의 미분에 해당되므로). 결국 평형점 주위의 퍼텐셜 에너지는 식 (1.293)에서 2계도함수 항만이 남아(단 3계도함수 이상 항은 무시) 아래와 같이 좌표에 관한 2차형식으로 근사적으로 나타낼 수 있다.

$$V = \sum_i \sum_j b_{ij} \, q_i \, q_j = \boldsymbol{q}^{\mathrm{T}} \mathrm{B} \, \boldsymbol{q} \tag{1. 294}$$

여기서 $b_{ij} = \frac{1}{2} \partial^2 V(0) / \partial q_i \partial q_j$에 해당되므로 $b_{ij} = b_{ji}$ 즉 $\mathrm{B} = (b_{ij})$는 대칭행렬이 된다. 따라서 일반적으로 퍼텐셜 에너지가 최소(minimum)라는 것은 대칭 퍼텐셜 에너지 행렬 B가 실수이며, 양정치임을 의미하며, 이는 운동에너지(T) 행렬 A(식 (1.292) 참조)가 실수, 양정치 행렬이 되는 것과 동일한 이치이다.

1. 12. 1 전형적인 진동계

지금 질량 M, 길이 l인 균일한 막대(uniform rod)가 고정점 P에 붙어있는 역시 길이 l인 가벼운 끈(light string)에 연결되어 수직면상에서 작은 진동운동을 하고 있다고 하자(그림 1.19 참조). 이 때 그림에 나타낸 바와 같이 일반좌표를 각도로, 즉 $q_1 \equiv \theta_1$, $q_2 \equiv \theta_2$로 간주한다. 그러면 막대의 질량중심(center of mass, CM) 좌표는 각도 θ_i에서 일차항이 되며, 그 속도의 x성분(v_x)은 $l\dot{\theta}_1 + \frac{1}{2} l \dot{\theta}_2$, 그리고 y성분은 0이 된다. 그러면 막대의 전체 운동에너지 T는 $\frac{1}{2} m {v_x}^2$항에 막대의 CM의 회전운동에너지($\dot{\theta}_i$의 2차식)를 더하여 아래와 같이 근사적으로 나타내진다.

$$T \approx \frac{1}{2}Ml^2(\dot{\theta}_1{}^2 + \frac{1}{4}\dot{\theta}_2{}^2 + \dot{\theta}_1\dot{\theta}_2) + \frac{1}{24}Ml^2\dot{\theta}_2{}^2$$

$$= \frac{1}{6}Ml^2(3\dot{\theta}_1{}^2 + 3\dot{\theta}_1\dot{\theta}_2 + \dot{\theta}_2{}^2) = \frac{1}{12}Ml^2\dot{\boldsymbol{q}}^{\mathrm{T}}\begin{pmatrix}6 & 3\\3 & 2\end{pmatrix}\dot{\boldsymbol{q}} \tag{1.295}$$

여기서 $\dot{\boldsymbol{q}}^{\mathrm{T}} = (\dot{\theta}_1\ \dot{\theta}_2)$이다. 다음에 퍼텐셜 에너지는 아래가 된다.

$$V = Mlg\left[(1-\cos\theta_1) + \frac{1}{2}(1-\cos\theta_2)\right] \tag{1.296}$$

여기서 Taylor 전개 $\cos\theta \simeq 1 - \dfrac{\theta^2}{2}$(식 (A.12))를 이용하면 아래가 된다.

$$V \approx \frac{1}{4}Mlg(2\theta_1{}^2 + \theta_2{}^2) = \frac{1}{12}Mlg\,\boldsymbol{q}^{\mathrm{T}}\begin{pmatrix}6 & 0\\0 & 3\end{pmatrix}\boldsymbol{q} \tag{1.297}$$

단 식 (1.295) - (1.297)에서 $\boldsymbol{q} = (q_1\ q_2)^{\mathrm{T}} = (\theta_1\ \theta_2)^{\mathrm{T}}$ 및 $\dot{\boldsymbol{q}} = (\dot{q}_1\ \dot{q}_2)^{\mathrm{T}} = (\dot{\theta}_1\ \dot{\theta}_2)^{\mathrm{T}}$를 이용하였으며, g는 중력의 가속도이다.

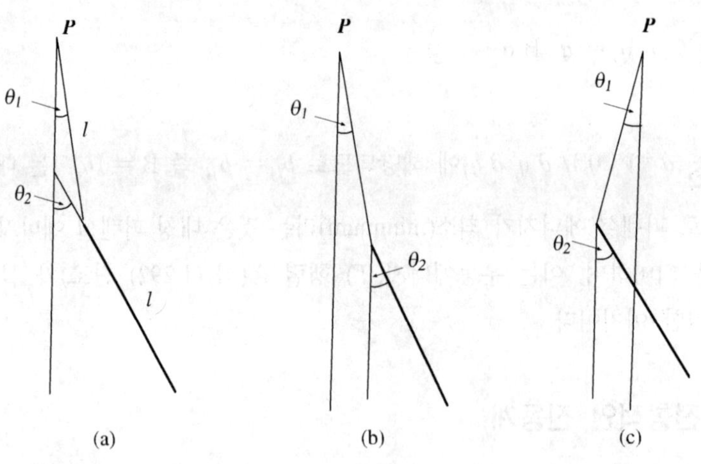

그림 1. 19 고정점 P에 길이 l인 가벼운 끈을 통하여 붙어 있는 길이 l, 질량 M의 균일 막대 : (a) 일반 좌표계 ($q_1 = \theta_1$, $q_2 = \theta_2$) ; (b) 낮은 진동수로 정규모드(normal mode)에 근사 ; (c) 높은 진동수로 정규모드에 근사.

이제 중력장 이외의 계에 작용하는 다른 외력(가령 마찰력등)은 없다고 가정하면 계의 전체 에너지 $(T+V)$의 시간변환에 따른 에너지 보존의 법칙은 아래가 된다.

$$\frac{d}{dt}(T + V) = 0 \tag{1.298}$$

여기서 T 및 V에 해당하는 각각의 행렬 표현식 (1.292)와 (1.294)를 (1.298)에 대입하면 아래를 얻는다.

$$\frac{d}{dt}(\dot{\boldsymbol{q}}^{\mathrm{T}}\mathrm{A}\dot{\boldsymbol{q}} + \boldsymbol{q}^{\mathrm{T}}\mathrm{B}\boldsymbol{q}) = \ddot{\boldsymbol{q}}^{\mathrm{T}}\mathrm{A}\dot{\boldsymbol{q}} + \dot{\boldsymbol{q}}^{\mathrm{T}}\mathrm{A}\ddot{\boldsymbol{q}} + \dot{\boldsymbol{q}}^{\mathrm{T}}\mathrm{B}\boldsymbol{q} + \boldsymbol{q}^{\mathrm{T}}\mathrm{B}\dot{\boldsymbol{q}} = 0$$

여기서 $\mathrm{A} = \mathrm{A}^{\mathrm{T}}$, $\mathrm{B} = \mathrm{B}^{\mathrm{T}}$를 이용하면 아래를 얻는다.

$$2\dot{\boldsymbol{q}}^{\mathrm{T}}(\mathrm{A}\ddot{\boldsymbol{q}} + \mathrm{B}\boldsymbol{q}) = 0$$

(왜냐하면 위 식에 포함된 모든 항들은 스칼라이므로, 이의 전치는 자신과 동일하기 때문이다.) 그런데 위 식이 성립되기 위해서는 $\dot{\boldsymbol{q}} \neq \mathbf{0}$이므로 아래가 만족되어야 한다.

$$\mathrm{A}\ddot{\boldsymbol{q}} + \mathrm{B}\boldsymbol{q} = \mathbf{0} \tag{1.299}$$

이제 위 식을 만족하는 일정 주기 $T = 2\pi/\omega$ (여기서 ω는 각속도)를 갖고 반복적으로 진동운동을 하는 일반 좌표벡터 $\boldsymbol{q}$에 대한 해는 아래의 형태를 가진다고 가정하자.

$$\boldsymbol{q} = \boldsymbol{x}\cos\omega t \tag{1.300}$$

이 때 $t = 2k\pi/\omega$ 일때는 $\boldsymbol{q} = \boldsymbol{x}$, $t = (2k+1)\pi/\omega$ 일 때는 $\boldsymbol{q} = -\boldsymbol{x}$(단 $k = 0, \pm 1, \pm 2, \cdots$)가 된다. 일반적으로 크기가 $N \times N$인 두 대칭행렬인 운동에너지 행렬 A와 퍼텐셜 에너지 행렬 B에 대해 식 (1.300)의 ω는 N개의 (다른)값을 가지며, 이 값을 '정규 진동수(normal frequency)' 혹은 '고유 진동수(eigen frequency)'라고 부른다.

이제 각속도 ω의 구체적인 형태를 구하기 위해 식 (1.300)을 (1.299)에 대입하면 아래를 얻는다.

$$-\omega^2\mathrm{A}\boldsymbol{x} + \mathrm{B}\boldsymbol{x} = (\mathrm{B} - \omega^2\mathrm{A})\boldsymbol{x} = \mathbf{0} \tag{1.301}$$

위 식에서 $\boldsymbol{x} \neq \mathbf{0}$인 비자명한(non-trivial) 해를 갖기 위한 필요충분조건은 아래가 된다.

$$|\mathrm{B} - \omega^2\mathrm{A}| = 0 \tag{1.302}$$

이는 식 (1.176)과 비교해보면 대칭행렬 B의 고유치(여기서는 ω^2에 해당)를 구하기 위한 특성(행렬) 식이 되며, 단지 단위행렬 I대신 (대칭)행렬 A가 치환된 형태이다.

두 대칭행렬 A와 B의 차수가 N인 경우 특성식 (1.302)을 풀면 고유치에 해당하는 N개의 ω_k^2

(여기서 $k=1, 2, \cdots, N$)값이 얻어지며, 이로부터 고유치 ω_k에 대응하는 고유벡터 $\boldsymbol{x}_k$가 얻어지며, 이 때 진동 운동의 주기 $T=2\pi/\omega_k$가 된다.

일반적으로 실 대칭행렬의 두 (실)고유치가 다른 경우에는 그에 해당하는 두 고유벡터는 상호 (정규)직교화 될 수 있으므로, 진동운동의 경우에도 만약 $\boldsymbol{x}_1$과 $\boldsymbol{x}_2$가 식 (1.301)을 만족하고 두 고유벡터라면 아래가 만족되어야 할 것이다(아래 정리 참조).

$$(\boldsymbol{x}_2)^{\mathrm{T}} \mathrm{A}\, \boldsymbol{x}_1 = 0 \text{ 그리고 } (\boldsymbol{x}_2)^{\mathrm{T}} \mathrm{B}\, \boldsymbol{x}_1 = 0 \tag{1.303}$$

[주의 : 위 식에서 가령 $\boldsymbol{x}_2$와 $\mathrm{A}\boldsymbol{x}_1$가 직교(즉 내적이 0)이나, $\boldsymbol{x}_2$와 $\boldsymbol{x}_1$의 직접 내적인 ${\boldsymbol{x}_2}^{\mathrm{T}}\boldsymbol{x}_1 = \boldsymbol{x}_2 \cdot \boldsymbol{x}_1 = 0$이라고는 말할 수 없다.]

이제 그림 1.19의 끈에 매달린 막대의 경우로 돌아가면, 특성식 (1.302)의 A 및 B 행렬을 각각 식 (1.295)와 (1.297)에서 대입하면 아래를 얻는다.

$$\left| \frac{Mlg}{12}\begin{pmatrix} 6 & 0 \\ 0 & 3 \end{pmatrix} - \frac{\omega^2 Ml^2}{12}\begin{pmatrix} 6 & 3 \\ 3 & 2 \end{pmatrix} \right| = 0$$

여기서 $\omega^2 l/g = \lambda$로 두면 아래를 얻는다.

$$\begin{vmatrix} 6-6\lambda & -3\lambda \\ -3\lambda & 3-2\lambda \end{vmatrix} = 0 \quad \Rightarrow \lambda^2 - 10\lambda + 6 = 0$$

여기서 $\lambda = 5 \pm \sqrt{19}$가 되어, 식 (1.301)을 만족하는 $N=2$개의 정규(normal) 진동수 $\omega_1 = (0.641g/l)^{1/2}$와 $\omega_2 = (9.359g/l)^{1/2}$가 얻어진다. 이 두 개중 작은 값 $\omega_1^2 = (5-\sqrt{19})g/l$을 식 (1.301)의 ω^2에 대입하면 이 진동모드에 대해 아래를 얻는다.

$$x_1 : x_2 = 3(5-\sqrt{19}) : 6(\sqrt{19}-4) = 1.923 : 2.153$$

이 결과는 그림 1.19의 막대와 끈이 거의 직선적이 되어 단순 진자(simple pendulum)를 형성함을 의미한다. 마찬가지로, 보다 높은 (고유)진동수인 ${\omega_2}^2 = (5+\sqrt{19})g/l$의 경우를 식 (1.301)에 대입하면, 끈과 막대가 서로 반대 위상(phase)을 갖고 움직이는 해를 얻게 되어, 이 진동모드에 대한 결과는 $x_1 : x_2 = 9.359 : -16.718$이 되며, 이 두 경우에 대해 그림 1.19에 함께 나타내었다.

여기서 식 (1.303)의 증명과 함께 고유방정식 (1.301)에 관련된 두 실수 2차형식의 동시 대각화에 관한 중요한 정리 하나를 아래에 소개하겠다.

정 리

만약 3차원 실수 (Cartesian)좌표계에서 크기 3×3의 두 실 대칭(정방)행렬 A 및 B의 임의의 벡터(좌표) $\boldsymbol{u}$에 관련된 (스칼라)2차형식 $\boldsymbol{u}^{\mathrm{T}}\mathrm{A}\boldsymbol{u}$ 및 $\boldsymbol{u}^{\mathrm{T}}\mathrm{B}\boldsymbol{u}$를 생각해보자. 이때 벡터 $\boldsymbol{u}_n$은 아래의 고유방정식을 만족한다고 하자(식 (1.301) 참조).

$$\mathrm{B}\boldsymbol{u}_n = \lambda_n \mathrm{A}\boldsymbol{u}_n \tag{1.304}$$

여기서 아래첨자 $n = 1, 2, 3$ 중 하나이며, λ_n은 고유벡터 $\boldsymbol{u}_n$에 대응하는 서로 다른 실수($\neq 0$) 고유치이다. 이때 아래가 성립된다.

(a) $(\boldsymbol{u}_m)^{\mathrm{T}}\mathrm{A}\boldsymbol{u}_n = 0$ (단 $m \neq n$) (1.305)

(b) $(\boldsymbol{u}_m)^{\mathrm{T}}\mathrm{B}\boldsymbol{u}_n = 0$ (단 $m \neq n$) (1.306)

(c) $\mathrm{C} \equiv \mathrm{Q}^{\mathrm{T}}\mathrm{AQ}$ 및 $\mathrm{D} \equiv \mathrm{Q}^{\mathrm{T}}\mathrm{BQ}$[단 $\mathrm{Q} = (\boldsymbol{u}_1\ \boldsymbol{u}_2\ \boldsymbol{u}_3)$]는 대각행렬이 되며, 따라서 두 이차형식 $f_1 = \boldsymbol{u}^{\mathrm{T}}\mathrm{A}\boldsymbol{u}$ 및 $f_2 = \boldsymbol{u}^{\mathrm{T}}\mathrm{B}\boldsymbol{u}$는 각각 $\boldsymbol{v}^{\mathrm{T}}\mathrm{C}\boldsymbol{v}$ 및 $\boldsymbol{v}^{\mathrm{T}}\mathrm{D}\boldsymbol{v}$로 되어 동시에 크로스 항($v_i v_j$ 등)이 없다:

$$f_1 = \boldsymbol{u}^{\mathrm{T}}\mathrm{A}\boldsymbol{u} = \boldsymbol{v}^{\mathrm{T}}\mathrm{C}\boldsymbol{v}, \quad f_2 = \boldsymbol{u}^{\mathrm{T}}\mathrm{B}\boldsymbol{u} = \boldsymbol{v}^{\mathrm{T}}\mathrm{D}\boldsymbol{v} \tag{1.307}$$

단 여기서 $\boldsymbol{u} = \mathrm{Q}\boldsymbol{v}$ 혹은 $\boldsymbol{v} = \mathrm{Q}^{-1}\boldsymbol{u}$이다.

증 명 (a) 먼저 식 (1.304)에서 $n = m$으로 두고, 양변의 전치를 행하면 아래를 얻는다(단 스칼라의 전치는 자신과 동일).

$$(\boldsymbol{u}_m)^{\mathrm{T}}\mathrm{B}^{\mathrm{T}}(=\mathrm{B}) = \lambda_m (\boldsymbol{u}_m)^{\mathrm{T}}\mathrm{A}^{\mathrm{T}}(=\mathrm{A}) \tag{1.308}$$

또 식 (1.304)의 양변의 앞(왼쪽)에서 $(\boldsymbol{u}_m)^{\mathrm{T}}$를 곱하면 아래를 얻는다.

$$(\boldsymbol{u}_m)^{\mathrm{T}}\mathrm{B}\,\boldsymbol{u}_n = \lambda_n (\boldsymbol{u}_m)^{\mathrm{T}}\mathrm{A}\boldsymbol{u}_n \tag{1.309}$$

이제 식 (1.308)의 양변의 뒤(오른쪽)에서 $\boldsymbol{u}_n$을 곱하고, 이를 식 (1.309)와 같이 두면 아래를 얻는다.

$$(\lambda_n - \lambda_m)(\boldsymbol{u}_m)^{\mathrm{T}}\mathrm{A}\boldsymbol{u}_n = 0 \tag{1.310}$$

그런데 문제에서 $\lambda_n \neq \lambda_m$을 가정하였으므로 식 (1.305)가 증명된다.

(b) 식 (1.309)의 우변에 이 결과를 이용하면 역시 식 (1.306)가 증명된다.

(c) 문제에서 고유방정식 (1.304)를 만족하는 3개의 선형독립인 (실) 고유벡터 $\{\boldsymbol{u}_i\}$로 이루어진 변환행렬 $\mathrm{Q} = (\boldsymbol{u}_1\,\boldsymbol{u}_2\,\boldsymbol{u}_3)$(이때 직교행렬은 아님 즉 $\mathrm{Q}^{\mathrm{T}} \neq \mathrm{Q}^{-1}$)에서 $Q_{ij} = (\boldsymbol{u}_j)_i$, $\mathrm{Q}^{\mathrm{T}}(i, j) = Q_{ji} = (\boldsymbol{u}_i)_j$가 된다. 그러면 먼저 $\mathrm{C} \equiv \mathrm{Q}^{\mathrm{T}}\mathrm{AQ} = (c_{ij})$에서 행렬 C의 성분 $c_{ij}\,(i \neq j)$는 아래가 된다(단 2중첨자에 대한 $\sum$ 기호를 생략함).

$$\begin{aligned} c_{ij} &= (\mathrm{Q}^{\mathrm{T}}\mathrm{AQ})_{ij} = \mathrm{Q}^{\mathrm{T}}_{ik} A_{kl} Q_{lj} = Q_{ki} A_{kl} Q_{lj} \\ &= (\boldsymbol{u}_i)_k A_{kl} (\boldsymbol{u}_j)_l = (\boldsymbol{u}_i)^{\mathrm{T}} \mathrm{A} \boldsymbol{u}_j = 0 \ \ (\because \text{식 } (1.305)) \end{aligned} \tag{1.311}$$

따라서 $\mathrm{C} = \mathrm{Q}^{\mathrm{T}}\mathrm{AQ}$는 대각행렬이 된다. 이로부터 2차형식 $f_1 = \boldsymbol{u}^{\mathrm{T}}\mathrm{A}\boldsymbol{u}$도 좌표변환 $\boldsymbol{u} = \mathrm{Q}\boldsymbol{v}$(혹은 $\boldsymbol{v} = \mathrm{Q}^{-1}\boldsymbol{u}$)에 의해 아래와 같이 대각화된 2차형식이 된다.

$$f_1 = \boldsymbol{u}^{\mathrm{T}}\mathrm{A}\boldsymbol{u} = (\mathrm{Q}\boldsymbol{v})^{\mathrm{T}}\mathrm{AQ}\boldsymbol{v} = \boldsymbol{v}^{\mathrm{T}}\mathrm{Q}^{\mathrm{T}}\mathrm{AQ}\boldsymbol{v} = \boldsymbol{v}^{\mathrm{T}}\mathrm{C}\boldsymbol{v} = c_{11}v_1^2 + c_{22}v_2^2 + c_{33}v_3^2 \tag{1.312}$$

마찬가지로 $\mathrm{D} \equiv \mathrm{Q}^{\mathrm{T}}\mathrm{BQ} = (d_{ij})$도 대각화됨이 증명될 수 있다. 그러므로 2차형식 $f_2 = \boldsymbol{u}^{\mathrm{T}}\mathrm{B}\boldsymbol{u}$ 또한 아래와 같이 대각화된다.

$$f_2 = \boldsymbol{u}^{\mathrm{T}}\mathrm{B}\boldsymbol{u} = (\mathrm{Q}\boldsymbol{v})^{\mathrm{T}}\mathrm{BQ}\boldsymbol{v} = \boldsymbol{v}^{\mathrm{T}}\mathrm{Q}^{\mathrm{T}}\mathrm{BQ}\boldsymbol{v} = \boldsymbol{v}^{\mathrm{T}}\mathrm{D}\boldsymbol{v} = d_{11}v_1^2 + d_{22}v_2^2 + d_{33}v_3^2 \tag{1.313}$$

따라서 위 정리가 모두 증명된다. ■

그런데 위 정리에서 유의할 점은 식 (1.305)와 (1.306)의 직교성[즉 $\boldsymbol{u}_m$과 $\mathrm{A}\boldsymbol{u}_n$(또는 $\mathrm{B}\boldsymbol{u}_n$)이 수직]은 $\boldsymbol{u}_m$과 $\boldsymbol{u}_n$(단 $m \neq n$)의 직교성(즉 $\boldsymbol{u}_m \cdot \boldsymbol{u}_n = \boldsymbol{u}_m^{\mathrm{T}}\boldsymbol{u}_n = 0$)은 보장하지 않는다는 것과, 변환행렬 $\mathrm{Q} = (\boldsymbol{u}_1\,\boldsymbol{u}_2\,\boldsymbol{u}_3)$은 직교행렬이 아니라(즉 $\mathrm{Q}^{\mathrm{T}} \neq \mathrm{Q}^{-1}$)는 것이다.

예제 1.42

위 정리에 의해 R^3 Cartesian 좌표계에서 아래의 두 (실수)2차형식을 동시에 대각화시키는 변환행렬 Q를 구하라[단 $\boldsymbol{x}_i = (x\ y\ z)^{\mathrm{T}}$ 임].

$$f_1 = \boldsymbol{x}^{\mathrm{T}}\mathrm{A}\boldsymbol{x} = 3x^2 + 5y^2 + 5z^2 + 2yz + 6zx - 2xy \tag{1}$$

$$f_2 = \boldsymbol{x}^{\mathrm{T}}\mathrm{B}\boldsymbol{x} = 5x^2 + 12y^2 + 8yz + 4zx \tag{2}$$

풀 이

위 식 (1) 및 (2)에서 두 실 대칭행렬 A 및 B는 각각 아래가 된다.

$$\mathrm{A}=\begin{pmatrix}3 & -1 & 3\\ -1 & 5 & 1\\ 3 & 1 & 5\end{pmatrix},\quad \mathrm{B}=\begin{pmatrix}5 & 0 & 2\\ 0 & 12 & 4\\ 2 & 4 & 0\end{pmatrix} \tag{3}$$

이에 고유방정식 $\mathrm{B}\boldsymbol{u}_n=\lambda_n \mathrm{A}\boldsymbol{u}_n$(식 (1.304) 참조)를 만족하는 서로 다른 세 (실) 고유치 $\{\lambda_n\}$ 및 대응하는 3 (실)고유벡터 $\boldsymbol{u}_n$을 구하기 위해 먼저 특성방정식 $|\mathrm{B}-\lambda\mathrm{A}|=0$(식 (1.302) 참조)의 해를 구한다.

$$|\mathrm{B}-\lambda\mathrm{A}|=\begin{vmatrix}5-3\lambda & \lambda & 2-3\lambda\\ \lambda & 12-5\lambda & 4-\lambda\\ 2-3\lambda & 4-\lambda & -5\lambda\end{vmatrix}=\begin{vmatrix}5 & 36-14\lambda & 14-6\lambda\\ \lambda & 12-5\lambda & 4-\lambda\\ 2 & 40-16\lambda & 12-8\lambda\end{vmatrix}=\begin{vmatrix}5 & -6+4\lambda & 14-6\lambda\\ \lambda & -2\lambda & 4-\lambda\\ 2 & 4+8\lambda & 12-8\lambda\end{vmatrix}$$

$$=5(24\lambda^2-52\lambda-16)+\lambda(-16\lambda^2-8\lambda+128)+2(-16\lambda^2+50\lambda-24)$$

$$=-16\lambda^3+80\lambda^2-32\lambda-128$$

위 행렬식의 계산에 있어서 행렬식에 관한 기본 연산인 어떤 행(또는 열)에 일정수를 곱하여 다른 행(또는 열)에 더해도 행렬식의 값은 변하지 않는다는 성질을 이용하여 λ를 구하기 위한 보다 간편한 형태로 만들었다. 다음에는 세 고유치 $\lambda_1=-1$, $\lambda_2=2$ 및 $\lambda_3=4$에 대한 대응하는 (비정규화된)고유벡터 $\{\boldsymbol{u}_i\}$를 고유벡터 방정식 (1.304)(또는 1.301)에서 구하면 얻어진 결과는 아래와 같다.

$$\lambda_1=-1:\ \boldsymbol{u}_1=(2\ \ 1\ \ -3)^{\mathrm{T}};\ \lambda_2=2:\ \boldsymbol{u}_2=(-2\ \ 1\ \ 1)^{\mathrm{T}};\ \lambda_3=4:\ \boldsymbol{u}_3=(2\ \ 1\ \ -1)^{\mathrm{T}} \tag{4}$$

이로부터 $\boldsymbol{x}=\mathrm{Q}\boldsymbol{v}$(혹은 $\boldsymbol{v}=\mathrm{Q}^{-1}\boldsymbol{x}$)[여기서 $\boldsymbol{x}=(x\ \ y\ \ z)^{\mathrm{T}}$는 변환 전의 위치벡터의 좌표이며, $\boldsymbol{v}=(\xi\ \ \eta\ \ \chi)^{\mathrm{T}}$는 변환된 후의 위치벡터의 좌표임]로 만드는 변환행렬 $\mathrm{Q}=(\boldsymbol{u}_1\ \boldsymbol{u}_2\ \boldsymbol{u}_3)$는 아래와 같이 얻어진다(단 $\mathrm{Q}^{\mathrm{T}}\neq\mathrm{Q}^{-1}$).

$$\mathrm{Q}=\begin{pmatrix}2 & -2 & 2\\ 1 & 1 & 1\\ -3 & 1 & -1\end{pmatrix}\ \Leftrightarrow\ \mathrm{Q}^{-1}=\frac{1}{4}\begin{pmatrix}-1 & 0 & -2\\ -1 & 2 & 0\\ 2 & 2 & 2\end{pmatrix} \tag{5}$$

이로부터 변환전의 좌표 $\boldsymbol{x}$와 변환 후의 좌표 $\boldsymbol{v}$ 사이에는 아래가 성립된다.

$$x=2\xi-2\eta+2\chi,\ \ y=\xi+\eta+\chi,\ \ z=-3\xi+\eta-\chi \tag{6}$$

그리고 위 정리 (c)의 대각화행렬 $\mathrm{C}=\mathrm{Q}^{\mathrm{T}}\mathrm{AQ}$ 및 $\mathrm{D}=\mathrm{Q}^{\mathrm{T}}\mathrm{BQ}$는 위 Q 행렬에서 각각 아래로 계산된다.

$$\mathrm{C}=\mathrm{Q}^{\mathrm{T}}\mathrm{AQ}=\begin{pmatrix}16 & 0 & 0\\ 0 & 16 & 0\\ 0 & 0 & 4\end{pmatrix},\quad \mathrm{D}=\mathrm{Q}^{\mathrm{T}}\mathrm{BQ}=\begin{pmatrix}-16 & 0 & 0\\ 0 & 32 & 0\\ 0 & 0 & 16\end{pmatrix} \tag{7}$$

따라서 두 2차형식 (1) 및 (2)는 정리의 식 (1.307)에 의해 아래와 같이 대각화된다.

$$f_1=\boldsymbol{x}^{\mathrm{T}}\mathrm{A}\boldsymbol{x}=\boldsymbol{v}^{\mathrm{T}}\mathrm{C}\boldsymbol{v}=16\xi^2+16\eta^2+4\chi^2;\ f_2=\boldsymbol{x}^{\mathrm{T}}\mathrm{B}\boldsymbol{x}=\boldsymbol{v}^{\mathrm{T}}\mathrm{D}\boldsymbol{v}=-16\xi^2+32\eta^2+16\chi^2 \tag{8}$$

그리고 f_1과 f_2의 대응하는 계수는 행렬 A와 B에 관련된 고유벡터의 비, 즉 변환된 좌표벡터 $\boldsymbol{v}$의 ξ 성분의 경우는 $-16/16=-1$; η 성분의 경우는 $32/16=2$; 그리고 λ 성분의 경우는 $16/4=4$임을 알 수 있다.

앞 정리에 따르면, 비교적 작은 진동의 경우 계의 전체 운동에너지(T)와 퍼텐셜 에너지(V)에 대한 2차형식(식 (1.292)와 (1.294))은 N차원 벡터 공간에서 각각 아래와 같이 일반형태로 대각화될 수 있다.

$$T=\dot{\boldsymbol{q}}^{\mathrm{T}}\mathrm{A}\dot{\boldsymbol{q}}=\dot{\boldsymbol{\eta}}^{\mathrm{T}}\mathrm{M}\dot{\boldsymbol{\eta}}=\sum_i \mu_i \dot{\eta}_i^2 \quad (\text{여기서 } \mathrm{M}=\mathrm{diag}(\mu_1, \mu_2, \cdots, \mu_N)) \tag{1.314}$$

$$V=\boldsymbol{q}^{\mathrm{T}}\mathrm{B}\,\boldsymbol{q}=\boldsymbol{\eta}^{\mathrm{T}}\mathrm{N}\,\boldsymbol{\eta}=\sum_i \nu_i \eta_i^2 \quad (\text{여기서 } \mathrm{N}=\mathrm{diag}(\nu_1, \nu_2, \cdots, \nu_N)) \tag{1.315}$$

위 식에서 $\dot{\boldsymbol{q}}=\mathrm{Q}\dot{\boldsymbol{\eta}}$, $\boldsymbol{q}=\mathrm{Q}\boldsymbol{\eta}$이며 변환행렬 $\mathrm{Q}=(\boldsymbol{u}_1\ \boldsymbol{u}_2 \cdots\ \boldsymbol{u}_N)$, 그리고 $\boldsymbol{u}_i$는 고유방정식 $\mathrm{B}\,\boldsymbol{u}=\lambda\mathrm{A}\boldsymbol{u}$(식 (1.304) 참조)의 n번째 고유벡터이다. 그리고 위 식에 해당하는 운동방정식은 아래와 같이 분리된(uncoupled) 형태의 식으로 주어진다.

$$\mu_i \ddot{\eta}_i+\nu_i \eta_i=0,\ i=1, 2, \cdots, N \tag{1.136}$$

[비고: 위 식의 좌변의 첫 번째 항은 운동에너지에 관련된 힘(f)은 질량×가속도(여기서 가속도는 위치좌표의 시간에 대한 2계도함수), 그리고 둘째 항은 퍼텐셜에너지에 관련된 힘은 에너지의 위치에 관한 일계도함수(즉 상수×위치)에 해당하는 것에서 온 것이다.]

그리고 위 식에서 대각화된 좌표계에서의 위치 η_i는 식 (1.314) 중의 모든 μ_i가 1이 되도록 '재규화(renormalisation)'될 수 있으며, 이때 재규화된 (위치)변수 η_i를 '정규좌표(normal coordinates)'라고 식 (1.316)을 '정규방정식(normal equation)'이라고 부른다.

그리고, 만약 한 계가 이들 단순조화(harmonic) (진동)운동의 하나를 실행하고 있을 때, 그 계는 '정규(진동) 모드(normal mode)'에 있다고 하며, 일단 그와 같은 정규모드로 (진동)운동을 시작했다면, 각 i번째 모드 당 정확한 가격(주기) $2\pi/\omega_i$(여기서 ω_i는 i번째 모드의 각속도)로 반복운동을 하게 된다. 이 경우 계의 임의의 운동은 이들 정규 모드의 중첩(superposition)으로 나타내지며, 각 성분 모드는 대응하는 고유진동수(ω_i)를 가진 조화운동을 수행하게 된다. 그런데 우연히 이들 고유진동수가 정수(integer)가 되지 않는 한, 계는 어떤 일정한 시간 주기 후에 원래의 입체배열(configuration)로 결코 돌아오지는 않는다.

다음 예제로서, 스프링(spring)들로 연결된 다수의 질량계를 생각해보자. 이 경우 퍼텐셜 에너지(V) 및 운동에너지(T)는 자동적으로 각각 (위치)좌표 및 그들의 시간미분의 2차함수로 주어지며, 이때 스프링의 탄성한계(elastic limit)는 초과되지 않으며, 또한 진동은 무시할 정도로 작지는 않다고 가정된다.

예제 1.43

질량 m, μm 및 m을 가진 3 입자(particles)가 힘(스프링) 상수 k를 가진 두 개의 동일한 가벼운 스프링에 의해 직선적으로 연결되어 있을 경우(그림 1.20 참조), 이때의 진동(oscillation) 운동에 대한 '정규 (각)진동수' ω_k와 그에 대응하는 '진동모드'를 구하자. 이 배열은 탄산가스(CO_2)와 같은 선형분자(linear molecules)에 관한 모델이 될 수 있다.

풀 이

그림 1.20에 나타낸 바와 같이, 3입자의 I들의 평형위치로부터의 (Cartesian x)좌표를 각각 x_1, x_2, x_3라 하면, 계의 전체 운동에너지(T) 및 퍼텐셜 에너지(V)는 아래가 된다.

$$T=\frac{1}{2}m(\dot{x}_1^2+\mu\dot{x}_2^2+\dot{x}_3^2),\quad V=\frac{1}{2}k\left[(x_2-x_1)^2+(x_3-x_2)^2\right] \tag{1}$$

이로부터 작은 진동에 대한 그들의 행렬 표현식 (1.292)와 (1.294)에서 대칭행렬 A와 B는 각각 아래가 된다.

$$\mathrm{A}=\frac{m}{2}\begin{pmatrix}1 & 0 & 0\\ 0 & \mu & 0\\ 0 & 0 & 1\end{pmatrix},\quad \mathrm{B}=\frac{k}{2}\begin{pmatrix}1 & -1 & 0\\ -1 & 2 & -1\\ 0 & -1 & 1\end{pmatrix} \tag{2}$$

식 (1.302)로부터 계의 (고유)정규진동수 ω_k를 구하기 위한 특성방정식 $|\mathrm{B}-\omega^2\mathrm{A}|=0$을 풀면 아래가 된다(단 $m\omega^2/k=\lambda$로 둠).

$$\begin{vmatrix}1-\lambda & -1 & 0\\ -1 & 2-\mu\lambda & -1\\ 0 & -1 & 1-\lambda\end{vmatrix}=0 \tag{3}$$

[비고 : 특성식 $|\mathrm{B}-\omega^2\mathrm{A}|=0$가 식 (3)이 된 것은 행렬 B 및 A에 있는 공통인자를 행렬식 바깥으로 빼어(이를 양변에 나눔) 얻어진 것임.]

그러면 특성식 (3)에서 3개의 서로 다른 실수 고유치는 $\lambda=0, 1, 1+2/\mu$이며, 또 고유벡터에 관한 식 (1.301) 혹은 (1.304)로부터 이들 각 고유치에 대응하는 3 (정규직교화된) 고유벡터 $\{\boldsymbol{x}_i\}$를 구하면 아래를 얻는다.

$$\lambda_1=0:\ \boldsymbol{x}_1=\frac{1}{\sqrt{3}}(1\ 1\ 1)^{\mathrm{T}};\quad \lambda_2=1:\ \boldsymbol{x}_2=\frac{1}{\sqrt{2}}(1\ 0\ -1)^{\mathrm{T}};$$

$$\lambda_3=1+2/\mu:\ \boldsymbol{x}_3=\frac{1}{(2+(4/\mu)^2)^{1/2}}(1\ -2/\mu\ 1)^{\mathrm{T}} \tag{4}$$

이를 정규(진동) 모드에 관련된 물리적 운동을 그림 1.21에 도시적으로 나타내었다.

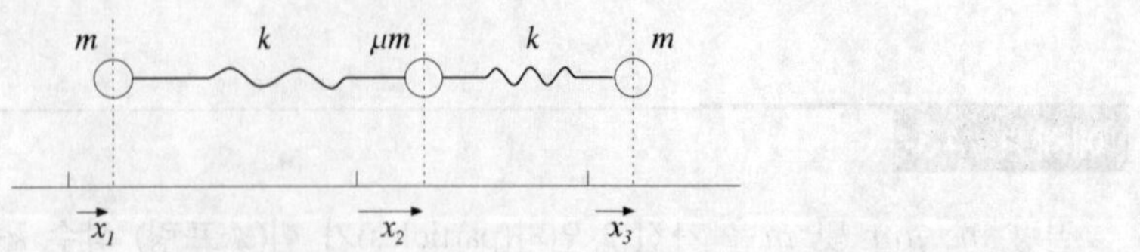

그림 1. 20 스프링 상수 k를 가진 두 개의 같은 가벼운 스프링에 의해 연결된 질량 m, μm 및 m의 3 인자.

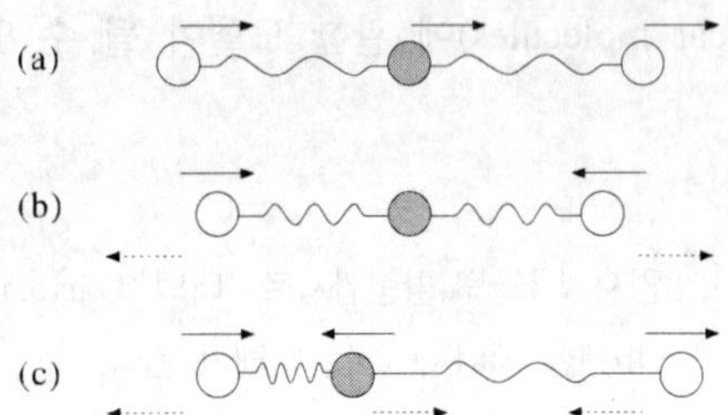

그림 1. 21 CO_2와 같은 선형분자의 질량과 스프링에 대한 3 정규(진동) 모드: (a) $\omega^2=0$; (b) $\omega^2=k/m$; (c) $\omega^2=[(\mu+2)/\mu](k/m)$.

그림 1.21중의 첫 번째 정규모드인 $\lambda=\omega=0$인 경우는 고유벡터 $\boldsymbol{x}_1$의 모든 좌표 x_i가 동일하며, 이 운동은 고유진동수가 0인 내부진동이 없는 단순히 계 전체의 병진(translation)운동에 해당된다. 그리고 두 번째 모드인 $\omega=(k/m)^{1/2}$되는 경우는 고유벡터 $\boldsymbol{x}_2$의 $y(x_2)$좌표가 0이므로 중앙의 입자가 정지된 반면, 양 끝의 두 입자(원자)는 진폭은 같으나, 위상(phase)이 반대인 진동운동을 하고 있다. 마지막으로 세 번째 정규모드는 가장 복잡한 운동으로 고유진동수 $\omega=[[(\mu+2)/\mu](k/m)]^{1/2}$를 가지며, 중앙의 입자는 바깥의 두 입자와 반대 위상을 가지며 진폭은 $2/\mu$배 만큼 더 큰 진동을 한다. 그리고 두 스프링은 교대로 압축 및 신장된다. 특히 그림에서 두 번째 및 3번째 정규모드의 경우 분자의 질량중심(CM)은 정지된 것에 유의하라.

1. 12. 2 Rayleigh-Ritz 방법

앞에서 언급한 바와 같이 작은 진동의 경우 계의 전체 퍼텐셜 에너지 $V(\boldsymbol{g})$와 운동에너지 $T(\dot{\boldsymbol{g}})$는 각각 아래와 같이 행렬표현을 통한 2차형식으로 나타내진다(식 (1.292) 및 (1.294) 참조).

$V=\boldsymbol{q}^{\mathrm{T}}\,\mathrm{B}\,\boldsymbol{q}$ 및 $T=\dot{\boldsymbol{q}}^{\mathrm{T}}\,\mathrm{A}\,\dot{\boldsymbol{q}}$

여기서 전술한 바와 같이 $\boldsymbol{q}$는 계의 입체배열(configuration)을 나타내기 위해 선택된 일반좌표(각도일수도 있음), 그리고 행렬 A 및 B는 같은 크기의 실 대칭행렬이다. 고유방정식 식 (1.301)로부터 i번째 정규(진동)모드에 해당하는 고유벡터 $\boldsymbol{x}_i$와 대응하는 고유진동수 ω_i는 아래 식으로 주어진다.

$$\left(\mathrm{B}-\omega_i^2\mathrm{A}\right)\boldsymbol{x}^i=0 \tag{1. 317}$$

여기서 서로 다른 정규모드에 대응하는 고유벡터 집합 $\{\boldsymbol{x}_i\}$는 선형독립으로서 주어진 (N차원)벡터공간의 완전한(complete) 기저계를 형성함을 이하에서 볼 수 있다. 즉 선택된 (Cartesian)좌표계에서의 (위치)좌표벡터 $\boldsymbol{q}$는 이들 고유 기저벡터 $\boldsymbol{x}_i$의 선형결합으로서 $\boldsymbol{q}=\sum_i c_i \boldsymbol{x}_i$로 나타낼 수 있다. 이때 ω_i^2에 비례하는 위 식 (1.317)의 고유치 λ_i(혹은 $\lambda(\boldsymbol{x})$)는 Rayleigh-Ritz 방법에 의하면 아래와 같이 분모, 분자로 된 두 2차형식의 비로서 나타낼 수 있다.

$$\lambda(\boldsymbol{x})=\frac{\boldsymbol{x}^{\mathrm{T}}\mathrm{B}\,\boldsymbol{x}}{\boldsymbol{x}^{\mathrm{T}}\mathrm{A}\,\boldsymbol{x}}=\frac{\sum_m (\boldsymbol{x}_m)^{\mathrm{T}} c_m^* \mathrm{B} \sum_i c_i \boldsymbol{x}_i}{\sum_j (\boldsymbol{x}_j)^{\mathrm{T}} c_j^* \mathrm{A} \sum_k c_k \boldsymbol{x}_k} \tag{1.318}$$

위 식의 두 번째 항등관계는 임의의 벡터 $\boldsymbol{x}$를 식 (1.317)의 고유(기저)벡터 $\boldsymbol{x}_i$의 선형결합으로 나타내고, 또 $\boldsymbol{x}^{\mathrm{T}}=\boldsymbol{x}^{\dagger}=(\boldsymbol{x}^*)^{\mathrm{T}}$를 간주하여, 기저벡터 $\boldsymbol{x}_i$는 실수벡터로서 $\boldsymbol{x}_i^*=\boldsymbol{x}_i$이나 (스칼라)계수 c_i는 복소수로 간주하여 $c_m^{\dagger}=c_m^*$를 대입한 것이다. 그리고 전술한 바와 같이 두 대칭행렬 A 및 B 모두 양정치(Positive definite)로서 분모, 분자에 나타낸 2차형식은 모두 양의 실수가 된다. 그리고 식 (1.318)중의 행렬 B 표현식에서 $\mathrm{B}\,\boldsymbol{x}_i=\omega_i^2\mathrm{A}\,\boldsymbol{x}_i$를 대입(∵ 식 (1.317) 이용)하면 아래의 식을 얻는다.

$$\lambda(\boldsymbol{x})=\frac{\sum_m (\boldsymbol{x}_m)^{\mathrm{T}} c_m^* \mathrm{A} \sum_i \omega_i^2 c_i \boldsymbol{x}_i}{\sum_j (\boldsymbol{x}_j)^{\mathrm{T}} c_j^* \mathrm{A} \sum_k c_k \boldsymbol{x}_k}=\frac{\sum_m (\boldsymbol{x}_m)^{\mathrm{T}} c_m^* \sum_i \omega_i^2 c_i \mathrm{A}\,\boldsymbol{x}_i}{\sum_j (\boldsymbol{x}_j)^{\mathrm{T}} c_j^* \mathrm{A} \sum_k c_k \boldsymbol{x}_k} \tag{1.319}$$

이제 고유벡터 식 (1.317)에서 고유치 ω_i^2(혹은 λ_i)에 대응하는 고유벡터 $\boldsymbol{x}_i$를 구할 수 있으나, 두 실 대칭행렬 A 또는 B가 단위행렬 I의 정수배가 되지 않는 한 서로 다른 고유벡터 $\{\boldsymbol{x}_i\}$는 상호수직이 되지 않는다. 그러나 비록 $\boldsymbol{x}_i \cdot \boldsymbol{x}_j \neq 0$(단 $i\neq j$)이라도 1.12.1절의 정리에서 밝힌 바와 같이 아래의 직교관계는 성립한다(식 (1.305) 및 (1.306) 참조).

$$(\boldsymbol{x}_j)^{\mathrm{T}}\mathrm{A}\,\boldsymbol{x}^i=0 \quad \text{및} \quad (\boldsymbol{x}_j)^{\mathrm{T}}\mathrm{B}\,\boldsymbol{x}_i=0 \quad (\text{만약 } i\neq j) \tag{1.320}$$

이 관계는 앞 절의 정리에서와 같은 방법으로 증명될 수 있다. 즉 식 (1.317)의 양변의 앞(왼쪽)에서 $(\boldsymbol{x}_j)^{\mathrm{T}}$를 곱하면 아래를 얻는다.

$$(\boldsymbol{x}_j)^{\mathrm{T}}(\mathrm{B}-\omega_i^2\mathrm{A})\boldsymbol{x}_i=0 \tag{1.321}$$

다음에는 식 (1.317)의 전치를 행하고, 첨자를 $i\rightarrow j$ 교환하면 아래를 얻는다(그리고 $\mathrm{A}^{\mathrm{T}}=\mathrm{A}$,

$B^T = B$를 이용).

$$(\boldsymbol{x}_j)^T (B - \omega_j^2 A) = 0$$

그리고 이 식의 양변의 뒤(오른쪽)에서 $\boldsymbol{x}_i$를 곱하면 아래를 얻는다.

$$(\boldsymbol{x}_j)^T (B - \omega_j^2 A) \boldsymbol{x}_i = 0 \tag{1. 322}$$

그러면 식 (1.321)에서 이 식을 빼면 아래를 얻는다.

$$(\omega_j^2 - \omega_i^2)(\boldsymbol{x}_j)^T A \boldsymbol{x}_i = 0$$

그런데 $i \neq j$ 즉 $\omega_j^2 \neq \omega_i^2$이므로 $(\boldsymbol{x}_j)^T A \boldsymbol{x}_i = 0$이 되어 식 (1.320)의 첫 번째 관계가 증명된다. 다음에는 식 (1.317)의 양변의 앞(왼쪽)에 $(\boldsymbol{x}_j)^T$를 곱하고, $(\boldsymbol{x}_j)^T A \boldsymbol{x}_i = 0$을 이용하면 식 (1.320)의 두 번째 관계인 $(\boldsymbol{x}_j)^T B \boldsymbol{x}_i = 0$도 증명된다. 그리고 만약 대칭행렬 A 또는 B가 단위행렬 I의 정수배가 되어 않는 한 식 (1.317)의 두 다른 고유벡터 $\boldsymbol{x}_i$와 $\boldsymbol{x}_j$가 상호직교가 되지 않는다(즉 $\boldsymbol{x}_i \cdot \boldsymbol{x}_j = \boldsymbol{x}_i^T x_j \neq 0$).

다음에는 이렇게 증명된 식 (1.320)의 관계를 사용하면 식 (1.319)를 간단히 하면 아래가 된다(즉 분모에서는 $j = k$일 때만 값이 존재하고, 그리고 분자의 경우는 $m = i$일 때만 값이 존재함을 이용).

$$\lambda(\boldsymbol{x}) = \frac{\sum_i |c_i|^2 \omega_i^2 (\boldsymbol{x}_i)^T A \boldsymbol{x}_i}{\sum_k |c_k|^2 (\boldsymbol{x}_k)^T A \boldsymbol{x}_k} \tag{1. 323}$$

이제 만약 고유(각)진동수 ω_0^2이 식 (1.317)의 가장 낮은 진동수(즉 모든 i에 대해 $\omega_i^2 \geq \omega_0^2$ 성립)라 하고, 또 대칭행렬 A가 양정치이므로 모든 i에 대해 2차형식 $(\boldsymbol{x}_i)^T A \boldsymbol{x}_i \geq 0$가 성립하므로, 위 식의 분자도 항상 $\omega_0^2 \sum_i |c_i|^2 (\boldsymbol{x}_i) A \boldsymbol{x}_i$보다 같거나 크게 된다. 따라서 Rayleigh-Ritz 방법의 식 (1.318)는 아래가 된다.

$$\lambda(\boldsymbol{x}) = \frac{\boldsymbol{x}^T B \boldsymbol{x}}{\boldsymbol{x}^T A \boldsymbol{x}} \geq \omega_0^2 \tag{1.324}$$

여기서 $\boldsymbol{x}$는 식 (1.317)의 고유벡터를 포함한 임의의 벡터이다.

이와 같이 식 (1.324)에서처럼 임의의 벡터 $\boldsymbol{x}$를 다양하게 바꾸어 고유치 $\lambda(\boldsymbol{x})$를 평가하여 계의 가장 낮은 고유진동수 ω_0^2을 추정할 수 있다.

반면에 최대 고유(각)진동수 ω_m^2 역시 추정될 수 있다. 즉 모든 i에 대해 '$\omega_i^2 \geq \omega_0^2$' 이라는 표현을 모든 i에 대해 '$\omega_i^2 \leq \omega_m^2$' 표현으로 바꾸면 임의의 벡터 $\boldsymbol{x}$에 대해 항상 $\lambda(\boldsymbol{x}) \leq \omega_m^2$이 성립한다. 즉 일반적으로 $\lambda(\boldsymbol{x})$ 값은 통상 $\omega_0^2 \leq \lambda(\boldsymbol{x}) \leq \omega_m^2$에 있다고 생각되며, 더욱이 $\lambda(\boldsymbol{x})$의 $\boldsymbol{x}$에 관한 1계 도함수가 0이 되는 곳에서 '정류값(stationary value)' ω_k^2을 가지며, 이때 $\boldsymbol{x}$는 식 (1.317)의 k번째 고유벡터가 된다(1.10.1절 참조)

예제 1.44

1.12.1절에 논의된 진동막대(그림 1.19 참조)의 고유(각)진동수 ω_k를 Rayleigh-Ritz 방법을 사용하여 구하라.

풀 이

진동 막대계에 대한 (대칭)운동에너지행렬 A와 퍼텐셜에너지행렬 B는 각각 아래가 됨을 상기하라.

$$\mathrm{A}=\frac{Ml^2}{12}\begin{pmatrix}6 & 3\\ 3 & 2\end{pmatrix} \text{ 및 } \mathrm{B}=\frac{Mlg}{12}\begin{pmatrix}6 & 0\\ 0 & 3\end{pmatrix}$$

먼저 느린 진동모드의 경우 물리적 직감에 의해 단순진자에 가까운 배열 즉 $\theta_1(q_1)=\theta_2(q_2)$을 갖게 되어(그림 1.19 참조) 임의의 '시험(trial)' 벡터로서 $\boldsymbol{x}=(\theta\ \ \theta)^{\mathrm{T}}$를 취하면 Rayleigh-Ritz 식 (1.318)은 위 A 및 B행렬을 사용하여 아래가 된다.

$$\lambda(\boldsymbol{x})=\frac{\boldsymbol{x}^{\mathrm{T}}\mathrm{B}\boldsymbol{x}}{\boldsymbol{x}^{\mathrm{T}}\mathrm{A}\boldsymbol{x}}=\frac{3Mlg\theta^2/4}{7Ml^2\theta^2/6}=\frac{9g}{14l}=0.643\frac{g}{l}$$

여기서 식 (1.324)로부터 보다 낮은 각진동수(ω)는 $\leq (0.643\ g/l)^{1/2}$가 됨을 알 수 있다[실제 가장 낮은 $\omega_1=(0.641\ g/l)^{1/2}$가 되는데(1.12.1절 참조) 이에 매우 근접함을 알 수 있다]. 그리고 보다 높은 각진동수의 예측을 위하여 그림 1.19에서 $\theta_2=-2\theta_1$을 가정한다. 그러면 $\boldsymbol{x}=(\theta_1\ \ -2\theta_1)^{\mathrm{T}}$를 식 (1.318)에 행렬 A 및 B와 함께 대입하여 계산하면 $\lambda=9\ g/l$을 얻게 되어 보다 높은 각 진동수(ω)는 $\geq (9\ g/l)^{1/2}$임을 알 수 있다. 이 또한 1.12.1절의 정확한 가장 높은 값 $\omega_2=(9.359\ g/l)^{1/2}$에 근접됨을 알 수 있다.

위에서 언급된 고유치 λ를 측정하기 위한 Rayleigh-Ritz법은 실 대칭(혹은 복소에르미트) 행렬 B에도 적용된다(이 경우는 서로 다른 실 고유치에 해당하는 고유벡터들이 상호직교함을 알고 있다 - 1.6.2.1절 참조). 이 경우 식 (1.318)의 분모의 행렬 A에 단위행렬 I를 대입하고, 임의의 벡터 $\boldsymbol{x}$에 대해 반복계산을 행하면 $\lambda_1 \leq \lambda(\boldsymbol{x}) \leq \lambda_m$의 관계(단 $\lambda_1,\ \lambda_2,\ \cdots,\ \lambda_m$은 대칭행렬 B의 크기가 감소하는 순의 고유치들임)가 성립됨을 쉽게 알 수 있다.

1. 12. 3 묽은 고분자 용액의 Rouse 모델에 응용

그림 1.22에 묽은 용액속의 한 실제 고분자 사슬(코일)에 대한 '구슬-스프링(bead-and-spring)' 표현을 나타내었다.

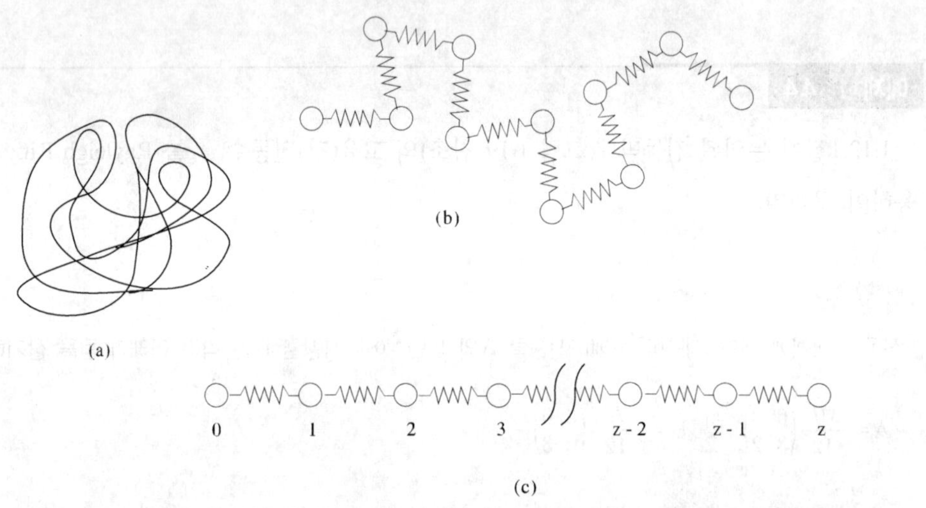

그림 1. 22 묽은 용액속의 한 실제 고분자에 대한 구슬–스프링(bead–and–spring) 표현

먼저 그림 1.22(a)에서는 묽은 용액 속의 한 실제 고분자를 마치 한 후크 엔트로피 (탄성)스프링(Hookean entropy spring)처럼 길고, 자유롭게 배향하는 코일로 묘사하였다. 그림 (b)에서는 한 개의 고분자를 몇 개의 부단위(subunit)로 나누어, 각 부단위의 말단거리 분포(end-to-end distance distribution)는 가우스 이상형(Gaussian, ideal)으로 간주한다(1.6.1절 참조). 마지막으로 그림 (c)에서는 용액 중의 한 고분자 사슬을 $z+1$개의 구슬(bead)가 z개의 (후크)스프링으로 연결된, x방향으로만 '유효 스프링 상수'를 가진 '1차원 사슬(one-dimensional chain)'로 묘사하였다. 따라서 여기서는 문제를 간단히 하기위해 그림 (c)와 같이 거의 직선으로 연결된 구슬-스프링계를 사용한, 묽은 고분자 용액의 점탄성거동에 대한 Rouse의 고전모델에 대해 앞에서 언급한 정규(진동) 모드 이론을 적용하여 조사해보기로 한다.

그러면 이 계에 대한 운동방정식은 묽은 용액중의 한 고분자 사슬 내 i번째 구슬 (단 $0 \le i \le z$)이 x방향으로 받는 회복력(restoring force) f_{ix}가 아래 식으로 나타내진다고 가정하여 얻어진다.

$$f_{0x} = \frac{-3kT}{a^2}(X_0 - X_1)$$

$$f_{1x} = \frac{-3kT}{a^2}(-X_0 + 2X_1 - X_2)$$

$$f_{ix} = \frac{-3kT}{a^2}(-X_{i-1} + 2X_i - X_{i+1}) \qquad 1 \le i \le z-1$$

$$f_{zx} = \frac{-3kT}{a^2}(-X_{z-1} + X_z) \tag{1.325}$$

여기서 X_i는 i번째 구슬이 평형위치로부터 변위된 양을 나타내며, a^2은 한 개의 '부분자(submolecule)'의 제곱평균 말단거리이다. 이 식의 형태는 i번째 구슬에 작용하는 x방향의 힘은 i번째와 $i+1$번째의 세그먼트(segment)에 대한 x방향 힘들의 차이를 반영하는 것에서 기인된다. 그리고 분자에 작용하는 또 다른 힘은 분자가 담겨져 있는 용매(혹은 미디엄, medium)의 점성 특성(viscous nature)이 기인한다. 이 때 고분자 사슬 내 각 구슬들은 점성 용매(viscous solvent)를 통하여 움직인다고 가정하여, 각 구슬에 대한 점성저항(또는 견인)력 (viscous drag force)은 아래가 된다.

$$f_{ix} = \rho_s \frac{dX_i}{dt} = \rho_s \dot{X}_i \tag{1.326}$$

여기서 ρ_s는 고분자의 세그먼트 마찰 인자(friction factor)이다. 그리고 구슬의 가속도에서 생기는 관성력(inertial force)을 무시하면, 식 (1.325)의 스프링 탄성력과 (1.326)의 점성력이 밸런스를 취하게 되어 아래 식이 성립된다.

$$\rho_s \dot{X}_0 = \frac{-3kT}{a^2}(-X_0 + X_1)$$

$$\rho_s \dot{X}_i = \frac{-3kT}{a^2}(-X_{i-1} + 2X_i - X_{i+1}) \qquad 1 \le i \le z-1$$

$$\rho_s \dot{X}_z = \frac{-3kT}{a^2}(-X_{z-1} + X_z) \tag{1.327}$$

이 연립 1계선형 미분방정식을 행렬표현으로 나타내면 아래가 된다(단 이 절에서의 행렬 및 벡터 표현은 지금까지의 기호와 달리 원래의 Rouse 모델의 표기법을 따름).

$$[\dot{\boldsymbol{X}}] = -B[\mathrm{A}][\boldsymbol{X}] \tag{1.328}$$

여기서

$$[\dot{\boldsymbol{X}}] = \begin{bmatrix} \dot{X}_0 \\ \dot{X}_1 \\ \vdots \\ \dot{X}_z \end{bmatrix}, \quad \text{여기서} \quad [\boldsymbol{X}] = \begin{bmatrix} X_0 \\ X_1 \\ \vdots \\ X_z \end{bmatrix} \tag{1.329}$$

그리고 [A]는 크기 $(z+1)\times(z+1)$의 정방행렬로서 아래 값을 가진다.

$$[\mathrm{A}] = \begin{bmatrix} 1 & -1 & 0 & \cdot & \cdot & \cdot & \cdot & \cdot \\ -1 & 2 & -1 & 0 & \cdot & \cdot & \cdot & \cdot \\ 0 & -1 & 2 & -1 & 0 & \cdot & \cdot & \cdot \\ 0 & 0 & \cdot & \cdot & \cdot & \cdot & \cdot & \cdot \\ 0 & 0 & \cdot & \cdot & \cdot & -1 & 2 & -1 \\ \cdot & \cdot & \cdot & \cdot & \cdot & 0 & -1 & 1 \end{bmatrix} \tag{1.330}$$

위 식에서 B는 복합 상수 $3kT/a^2\rho_s$이다.

그런데 위 미방에서 위치 X_i는 i번째 구슬만의 위치의 함수가 아니고, 인접한 구슬의 위치의 함수도 되므로 문제가 간단하지 않으므로, 앞 절에서 소개한 '정규좌표(normal coordinate)' 기법을 이용한다. 즉 새(정규)좌표 q_i를 아래와 같이 옛 좌표 X_i들의 선형결합으로 정의한다. 즉

$$q_i = \sum_j P_{ij} X_j \quad \text{혹은} \quad [\boldsymbol{q}] = [\mathrm{P}][\boldsymbol{X}] \tag{1.331}$$

위 식에서 $[\boldsymbol{q}]$ 및 $[\boldsymbol{X}]$는 각각 열벡터이며, [P]는 크기 $(z+1)\times(z+1)$인 정방행렬이다. 여기서 이 좌표 변환행렬 [P]를 연립 미분 방정식 (1.327) 또는 (1.328)과 관련시켜 정의할 필요가 있다. 즉 좌표변환 행렬 [P]에 의해 식 (1.328)의 대칭행렬 [A]를 대각화행렬 $[\Lambda]$로 아래와 같이 유사변환시킨다.

$$[\mathrm{P}][\mathrm{A}][\mathrm{P}^{-1}] = [\Lambda] \quad \text{혹은} \quad [\mathrm{P}][\mathrm{A}] = [\Lambda][\mathrm{P}] \tag{1.332}$$

(위 식에서 $[\Lambda]$는 크기 $(z+1)\times(z+1)$의 대각행렬이다.)

[비고 : 이 유사변환에 의한 행렬 [A]의 대각화식은 식 (1.219) 혹은 (1.217)과 비교하여 $[\mathrm{P}] = [\mathrm{Q}^{-1}]$임을 알 수 있다.]

그러면 식 (1.328), (1.331)과 (1.332)에서 원좌표계에 대한 미방식 (1.328)대신 새($\boldsymbol{q}$)좌표계에 대한 미방식인 아래를 얻는다.

$$[\dot{\boldsymbol{q}}] = -B[\Lambda][\boldsymbol{q}] \quad \text{혹은} \quad \dot{q}_j = -B\lambda_j q_j \tag{1.333}$$

위 식에서 j번째 정규좌표와 그의 시간미분만이 나타나므로, 이를 직접 적분하면 이 좌표계에 대한 운동의 시간의존성을 구할 수 있다. 그러나 정규좌표 $\boldsymbol{q}$는 원래의(또는 실제) 좌표 $\boldsymbol{X}$의 복잡한

함수이므로 이를 구하는 것이 쉽지않다. 그래도 $[\boldsymbol{q}]$와 $[\boldsymbol{X}]$간의 $[\mathrm{P}]$를 통한 선형변환 (식 (1.331))에서 알 수 있듯이 모든 정규좌표 운동의 합은 모든 실제 좌표 운동의 합과 같다. 그리고 모든 정규좌표 $\{q_i\}$들로 표현되는 고분자의 운동은 모든 실제 좌표 $\{x_i\}$로 표현된 분자의 운동과 동일하다. 여기서 우리의 문제는 크기 $(z+1)\times(z+1)$의 정방행렬 $[\mathrm{A}]$의 대각화 표현을 찾는 것이다. 우선 얻어진 결과만을 소개하면 아래와 같다.

$$[\Lambda] = \begin{bmatrix} \lambda_1 & 0 & 0 & \cdot & \cdot & \cdot \\ 0 & \lambda_2 & 0 & \cdot & \cdot & \cdot \\ 0 & 0 & \lambda_3 & \cdot & \cdot & \cdot \\ \cdot & \cdot & \cdot & \lambda_{z-1} & & 0 \\ \cdot & \cdot & \cdot & 0 & & \lambda_z \end{bmatrix} \tag{1.334}$$

여기서 $[\Lambda]$는 크기 $z\times z$ 대각행렬이며,

$$\lambda_p = 4\sin^2\left(\frac{p\pi}{2(z+1)}\right) \quad (\text{단 } p = 1,\ 2,\ \cdots,\ z) \tag{1.335}$$

증 명 식 (1.328)로 나타낸 원래의 실제좌표계 $\{\boldsymbol{X}\}$에 대한 1계 선형 연립 미분방정식에서 차수 $(z+1)$의 (대칭)정방행렬 $[\mathrm{A}]$는 식 (1.330)에서 아래가 된다.

$$[\mathrm{A}] = \begin{bmatrix} 1 & -1 & 0 & \cdot & \cdot & \cdot & \cdot & \cdot \\ -1 & 2 & -1 & 0 & \cdot & \cdot & \cdot & \cdot \\ 0 & -1 & 2 & -1 & 0 & \cdot & \cdot & \cdot \\ 0 & 0 & \cdot & \cdot & \cdot & \cdot & \cdot & \cdot \\ 0 & 0 & \cdot & \cdot & \cdot & -1 & 2 & -1 \\ \cdot & \cdot & \cdot & \cdot & \cdot & 0 & -1 & 1 \end{bmatrix} \tag{a}$$

먼저 행렬 $[\mathrm{A}]$를 보다 처리하기 쉬운 형태로 만들기 위해 아래와 같이 둔다.

$$[\mathrm{A}] = [\mathrm{C}^{\mathrm{T}}][\mathrm{C}] \tag{b}$$

여기서 $[\mathrm{C}]$는 역시 크기 $z\times(z+1)$의 행렬로서, 아래의 형태를 가진다.

$$[\mathrm{C}] = \begin{bmatrix} 1 & -1 & 0 & 0 & \cdot & \cdot & \cdot \\ 0 & 1 & -1 & 0 & \cdot & \cdot & \cdot \\ 0 & 0 & 1 & -1 & \cdot & \cdot & \cdot \\ \cdot & \cdot & \cdot & \cdot & 1 & -1 & 0 \\ \cdot & \cdot & \cdot & \cdot & 0 & 1 & -1 \end{bmatrix} \tag{c}$$

그리고

$$[\mathrm{C}^{\mathrm{T}}] = \begin{bmatrix} 1 & 0 & 0 & 0 & \cdot & \cdot \\ -1 & 1 & 0 & 0 & \cdot & \cdot \\ 0 & -1 & 1 & 0 & \cdot & \cdot \\ \cdot & \cdot & \cdot & \cdot & \cdot & \cdot \\ \cdot & \cdot & \cdot & \cdot -1 & 1 \\ \cdot & \cdot & \cdot & \cdot & 0 & -1 \end{bmatrix} \tag{d}$$

따라서 식 (1.328)은 다음과 같이 쓸 수 있다.

$$[\dot{\boldsymbol{X}}] = -B[\mathrm{C}^{\mathrm{T}}][\mathrm{C}][\boldsymbol{X}] \tag{e}$$

위 식의 양변을 앞(왼쪽)에서 $[\mathrm{C}]$를 곱하면,

$$\begin{aligned} [\mathrm{C}][\dot{\boldsymbol{X}}] &= -B[\mathrm{C}][\mathrm{C}^{\mathrm{T}}][\mathrm{C}][\boldsymbol{X}] \\ &= -B[\mathrm{R}][\mathrm{C}][\boldsymbol{X}] \end{aligned} \tag{f}$$

여기서 크기 $z\times z$ 정방행렬인 $[\mathrm{R}]$는 'Rouse 행렬'로 불리며, 아래와 같이 주어진다.

$$[\mathrm{R}] = [\mathrm{C}][\mathrm{C}^{\mathrm{T}}] = \begin{bmatrix} 2 & -1 & 0 & 0 & \cdot & \cdot & \cdot & \cdot \\ -1 & 2 & -1 & 0 & \cdot & \cdot & \cdot & \cdot \\ 0 & -1 & 2 & 1 & \cdot & \cdot & \cdot & \cdot \\ \cdot & \cdot & \cdot & \cdot & \cdot & \cdot & \cdot & \cdot \\ \cdot & \cdot & \cdot & \cdot & -1 & 2 & -1 & 0 \\ \cdot & \cdot & \cdot & \cdot & 0 & -1 & 2 & -1 \\ \cdot & \cdot & \cdot & \cdot & 0 & 0 & -1 & 2 \end{bmatrix} \tag{g}$$

여기서 Rouse 행렬 $[\mathrm{R}]$도 식 (1.332)를 얻을 때와 유시한 방법으로 아래와 같이 대각화 될 수 있다.

$$[\varphi^{-1}][\mathrm{R}][\varphi] = [\Lambda] \tag{h}$$

여기서 $[\Lambda]$는 크기 $(z+1)\times(z+1)$ 대각행렬이다. [비고: 식 (1.332)의 (직교)변환행렬 [P]는 행렬 [A]의 (정규지교화된)고유베터를 행벡터로 가지며, 반면에 윗 식(h)의 (직교) 변환행렬 $[\phi]$는 행렬 [R]의 (정규직교화된)고유베터를 열벡터로 가짐-1.8 및 1.9절 참조] 지금 식 (f)의 양변을 앞(왼쪽)에서 $[\varphi^{-1}]$로 곱하면 아래를 얻는다.

$$[\varphi^{-1}][\mathrm{C}][\dot{\boldsymbol{X}}] = -B[\varphi^{-1}][\mathrm{R}][\varphi][\varphi^{-1}][\mathrm{C}][\boldsymbol{X}] \tag{i}$$

여기서 정규좌표 $[\boldsymbol{q}]$와 원래(실제)좌표 $[\boldsymbol{X}]$간의 또다른 변환을 주는 행렬 $[\varphi^{-1}]$을 정의한다.

$$[\boldsymbol{q}] = [\varphi^{-1}][\mathrm{C}][\boldsymbol{X}] \tag{j}$$

이 식과 식 (1.331)을 비교하면 $[\varphi^{-1}][\mathrm{C}] = [\mathrm{P}]$임을 알 수 있다. 한편 식 (j)에서 $[\varphi^{-1}]$과 $[\mathrm{C}]$가 시간 무관을 가정하면 아래를 얻는다.

$$[\dot{\boldsymbol{q}}] = [\varphi^{-1}][\mathrm{C}][\dot{\boldsymbol{X}}] \tag{k}$$

한편 식 (1.333)에서 아래가 성립된다.

$$[\dot{\boldsymbol{q}}] = -B[\Lambda][\boldsymbol{q}] \tag{1. 333}$$

식 (h)의 양변의 앞(왼쪽)에 행렬 $[\varphi]$를 곱하면 아래를 얻는다[단 $[\varphi][\varphi^{-1}] = [\mathrm{I}]$, 여기서 $[\mathrm{I}]$는 단위행렬임].

$$[\mathrm{R}][\varphi] = [\varphi][\Lambda] \tag{l}$$

여기서 $[\Lambda]$는 대각행렬이다.

식 (l)은 두 행렬의 곱에서 얻어진 행렬의 대응하는 요소는 양변 모두 같아야 한다. 이리하여, 식 (l)의 우변의 대각요소 Λ_{ii}에 대해 아래 식이 성립되어야 한다.

$$\begin{aligned}
(2-\lambda)\varphi_{11} - \varphi_{12} &= 0 \\
-\varphi_{21} + (2-\lambda)\varphi_{22} - \varphi_{23} &= 0 \\
-\varphi_{32} + (2-\lambda)\varphi_{33} - \varphi_{34} &= 0 \\
\cdots\cdots\cdots\cdots\cdots\cdots\cdots\cdots\cdots\cdots \\
-\varphi_{z,z-1} + (2-\lambda)\varphi_{zz} &= 0
\end{aligned} \tag{m}$$

여기서 φ_{ij}는 $[\varphi]$의 i행, j열 요소이다.

여기서 위의 연립방정식을 풀기 위해, 위 식 모두 아래의 일반화된 점화수열 관계로 나타내짐을 알 수 있다(부록 E절 참조).

$$-\varphi_{m-1} + (2-\lambda)\varphi_m - \varphi_{m+1} = 0 \tag{n}$$

여기서 경계조건은 아래가 된다.

$$\varphi_0 = \varphi_{z+1} = 0 \tag{o}$$

이제 점화수열 식 (n)을 연산자(operator)로 나타내면 아래가 된다.

$$[-\hat{E}^{-1} + (2-\lambda)\hat{I} - \hat{E}]\varphi_m = 0 \tag{p}$$

여기서 $\hat{E}$는 함수 φ_m을 한 단계 양의 방향으로 진행시키는 연산자(즉 $\hat{E}\varphi_m = \varphi_{m+1}$)이며, 반대로 $\hat{E}^{-1}$은 함수를 한 단계 뒤 즉 음의 방향으로 진행시키는 연산자(즉 $\hat{E}^{-1}\varphi_m = \varphi_{m-1}$, 그리고 $\hat{I}$는 그대로 유지하는 단위연산자(즉 $\hat{I}\varphi_m = \varphi_m$)이다.
여기서 연산자로 나타낸 차분방정식 (p)를 풀기 위하여 φ_m을 아래의 형태를 가정한다 (부록 E절 참조).

$$\varphi_m = \beta e^{m\alpha} \tag{q}$$

여기서 β는 상수, 그리고 α는 결정되어야 할 함수이다. 여기서 식 (q)를 식 (p)에 대입하면 아래를 얻는다.

$$\beta e^{m\alpha}[-e^{-\alpha} + (2-\lambda) - e^{\alpha}] = 0 \tag{r}$$

이제 점화 식 (m)에서 의미 있는 φ_m을 얻기 위하여, 식 (r)로부터 아래가 성립된 필요가 있다.

$$-e^{-\alpha} + (2-\lambda) - e^{\alpha} = 0$$

혹은

$$\frac{2-\lambda}{2} = \frac{e^{\alpha} + e^{-\alpha}}{2} = \cosh\alpha \tag{s}$$

여기서 식 (s)는 α의 두 값 즉 $+\alpha$와 $-\alpha$에서 만족되는데, 이는 $\cosh(+\alpha) = \cosh(-\alpha)$가 성립되기 때문이다. 따라서 위 점화(또는 차분)식의 해는 두 함수(즉 βe^{+ma}와 βe^{-ma})에 의해서도 만족되어야 한다.
결과적으로 차분식 (p)의 일반해는 아래와 같이 주어진다.

$$\varphi_m = P_1\beta e^{+ma} + P_2\beta e^{-ma} \tag{t}$$

여기서 P_1 및 P_2는 상수이다. 삼각 쌍곡선 함수에 대한 아래의 정의로부터,

$$\sinh x = \frac{e^x - e^{-x}}{2}$$

$$\cosh x = \frac{e^x + e^{-x}}{2}$$

식 (t)에 대응하는 아래의 일반해를 가질 수 있다.

$$\varphi_m = M_1 \sinh(m\alpha) + M_2 \cosh(m\alpha) \tag{u}$$

여기서 M_1과 M_2도 상수이다. $m = 0$의 경우에는, 식 (o)로부터 아래의 경계조건을 요구한다(왜냐하면 M_1은 상수이므로).

$$\varphi_0 = 0 = M_2 \tag{v}$$

및

$$\varphi_m = 0 = \sinh(z+1) \tag{w}$$

그런데 sinh$x$는 x가 $(i\pi)$(여기서 $i = \sqrt{-1}$)의 정수배인 경우 값이 0이 되므로, 식 (w)에서 아래가 성립된다.

$$\alpha = \frac{ip\pi}{z+1} \qquad p = 1, 2, 3, \cdots, z \tag{x}$$

여기서 식 (x)와 (s)를 결합하면 아래와 같이 요구되는 결과를 얻어 식 (1.335)가 증명된다.

$$\begin{aligned}\lambda_p &= 2 - 2\cosh\frac{ip\pi}{z-1} = 2\left(1 - \cos\frac{p\pi}{z+1}\right) \\ &= 4\sin^2\left(\frac{p\pi}{2(z+1)}\right) \text{ (단 } p = 1, 2, \cdots, z) \qquad \blacksquare\end{aligned} \tag{1.335}$$

이제 고유치에 해당하는 λ_p 값이 구해졌으므로, 식 (1.333)에서 아래가 성립된다.

$$\dot{q}_p = -B\lambda_p q_p \tag{1.336}$$

이를 적분하면 아래를 얻을 수 있다.

$$q_p(t) = q_p(0)e^{-Bt\lambda p} = q_p(0)e^{-t/\tau_p} \text{ (여기서 } \tau_p = 1/B\lambda_p,\ p = 1 \sim z) \tag{1.337}$$

식 (1.337)에서 $q_p(0)$은 시간 $t = 0$, 그리고 $q_p(t)$는 $t = t$에서의 정규좌표의 값이다. 위 식은 좌표응답은 지수적이며, 전체 계의 응답은 모든 좌표응답의 합이 된다.

그런데 묽은 고분자 용액의 전체 점도(viscosity) η중 용매의 공헌항 η_s를 뺀 고분자의 기여항 $\eta - \eta_s$는 여기서 구한 Rouse 모델에 의하면

$$\eta - \eta_s = \sum_{p=1}^{z} G_p \tau_p = NkT \sum_{p=1}^{z} \frac{1}{2B\lambda_p} = \frac{ca^2 \rho_s}{24} \sum_{p=1}^{z} \frac{1}{\{\sin^2\{p\pi/[2(z+1)]\}\}} \tag{1.338}$$

위 식에서 p번째 모드의 전단 탄성률 $G_p = \frac{N}{2}kT$ (여기서 N은 단위 체적 당 고분자의 수), τ_p는 식 (1.337)을, 그리고 $B = 3kT/a^2\rho_s$(여기서 a는 부분자의 제곱평균 말단거리, 그리고 ρ_s는 세그먼트 마찰계수임), 그리고 λ_p는 식 (1.335)를 대입한 것이다.

그런데 X값이 작을 경우, Taylor 급수전개에서 $\sin X \simeq X$가 되므로 식 (1.338)의 $\sum$항은 아래와 같이 근사적으로 나타낼 수 있다.

$$\sum_{p=1}^{z} \frac{1}{\sin^2\{p\pi/[2(z+1)]\}} \simeq \sum_{p=1}^{z} \frac{4(z+1)^2}{p^2\pi^2} = \frac{4(z+1)^2}{\pi^2} \sum_{p=1}^{z} \frac{1}{p^2} \tag{1.339}$$

그런데 위 식의 $\sum$항에서 z값이 매우 클 경우 $\pi^2/6$이 되므로, 식 (1.338) 및 완화시간 $\tau_p(p < z)$에 관한 식은 아래와 같이 간단히 나타낼 수 있다.

$$\eta - \eta_s \approx \frac{Na^2\rho_s z^2}{36} \tag{1.340}$$

$$\tau_p = \frac{a^2\rho_s z^2}{6\pi^2 k Tp^2} \quad (\text{for } p < z) \tag{1.341}$$

위의 두 식을 조합하면 아래 식을 얻는다.

$$\tau_p = \frac{6(\eta - \eta_s)}{NkT\pi^2 p^2} \tag{1.342}$$

위 식은 묽은 고분자 용액의 고분자에 의한 점도 증가(즉 과잉점도) $\eta - \eta_s$와 p번째 정규모드의 완화(relaxation) 시간 τ_p와의 관계를 나타내는 Rouse의 구슬-스프링 모델 결과이다. 그런데 Rouse 모델에서는 용매가 고분자 코일 속을 자유롭게 빠져나가는 소위 'free-draining' 모델로서 용액의 점도 η 혹은 고분자 기여항 $\eta - \eta_s$, 나아가 완화시간 τ_p가 다소 과장되게 평가되었다고 판단된다. 그래서 나중에 Zimm은 이를 보정하기 위하여 고분자가 용매간의 '수력학적 상호작용(hydrodynamic interaction)' 때문에 용매가 고분자 코일 속을 자유롭게 통과하지 못하는 소위 'non-draining' 모델을 제안하였는데, 이 모델에 의하면 식 (1.342) 대신 보다 크기(값)가 감소된 아래 식이 제안되고 있다.

$$\tau_p = \frac{1.71(\eta - \eta_s)}{NkTK_p} \tag{1. 343}$$

여기서 K_p는 상수로서, $K_1 = 4.04$, $K_2 = 12.79$, $K_3 = 24.2$ 등이다.

실제 묽은 고분자 용액의 점도 혹은 완화시간에 대한 실험결과와는 Zimm 모델이 Rouse 모델보다 훨씬 잘 일치함이 알려져 있다.

연습문제

1. 1 (a) 삼각형 ABC의 3개의 정점이 어떤 원점 O를 기준으로 각각 $\boldsymbol{a}$, $\boldsymbol{b}$, $\boldsymbol{c}$ 세 위치벡터를 가진다 (아래 그림 참조). 이 때 삼각형의 중심 G의 위치벡터를 찾아라.

(b) 점 G가 삼각형 ABC의 무게중심이 되기 위한 필요충분조건은 $GA+GB+GC=0$임을 밝혀라.

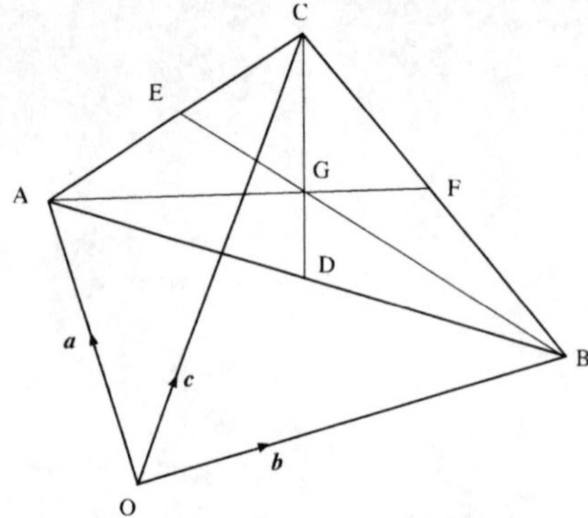

그림. 삼각형의 중심(centroid). 삼각형은 각각의 위치벡터 $\boldsymbol{a}$, $\boldsymbol{b}$, $\boldsymbol{c}$를 갖는 점 A, B, C로 정의된다. 선분 CD, BE, AF는 각각 그 삼각형의 정점과 반대편 변의 중점을 연결하고, 이들은 사각형의 중심 G에서 교차한다

풀이

(a) 위 그림으로부터 점 D, E는 각각 선분 AB와 AC를 이등분한다. 비 이론 식 (1.6)에 $\lambda=\mu=1/2$을 대입하면 원점에 상대적인 점 D, E의 위치벡터는 각각 아래와 같다.

$$\boldsymbol{d}=\frac{1}{2}\boldsymbol{a}+\frac{1}{2}\boldsymbol{b}$$

$$\boldsymbol{e}=\frac{1}{2}\boldsymbol{a}+\frac{1}{2}\boldsymbol{c}$$

다시 비 이론을 사용하여, 선분 CD상에서 선분을 $\lambda:(1-\mu)$의 비로 나누는 점의 위치벡터를 다음과 같이 나타낼 수 있다.

$$\boldsymbol{r}=(1-\lambda)\boldsymbol{c}+\lambda\boldsymbol{d}=(1-\lambda)\boldsymbol{c}+\frac{1}{2}\lambda(\boldsymbol{a}+\boldsymbol{b}) \tag{1}$$

여기서 $\boldsymbol{d}$를 $\boldsymbol{a}$ 와 $\boldsymbol{b}$ 를 사용하여 나타내었다. 이와 유사하게 선분 BE상의 위치벡터는 다음과 같이 나타낼 수 있다.

$$r=(1-\mu)b+\mu e=(1-\mu)b+\frac{1}{2}\mu(a+c) \qquad (2)$$

따라서, 우리가 찾는 선분 CD와 BE상의 교점은 식 (1)과 (2)로부터

$$(1-\lambda)c+\frac{1}{2}\lambda(a+b)=(1-\mu)b+\frac{1}{2}\mu(a+c)$$

벡터 a, b, c의 계수를 같게 두면

$$\lambda=\mu, \qquad \frac{1}{2}\lambda=1-\mu, \qquad 1-\lambda=\frac{1}{2}\mu$$

이 식들은 $\lambda=\mu=2/3$의 해를 갖는다. 이 값들을 식 (1) 이나 (2)에 대입하면 중심 G의 위치벡터는 아래와 같이 주어진다.

$$g=\frac{1}{3}(a+b+c)$$

(b) G가 $\triangle ABC$의 무게중심이면 문(a)에서 $OG=g=\frac{1}{3}(a+b+c)$이다. 또 $GA=a-OG$, $GB=b-OG$, $GC=c-OG$이므로 $GA+GB+GC=a+b+c-OG=0$

충분조건 : 변 BC의 중점을 F라 하면 $GB+GC=2GF$.

문제의 가정에서 $AG=-GA=GB+GC=2GF$. 따라서 A, G, F는 일직선상에 있다. 즉 직선 AG는 변 BC의 중점을 지나 $AG : GF=2:1$이므로 G는 무게중심이다.

1. 2 아래 그림에서 원점 O에 대한 위치벡터가 각각 a, b인 두 벡터를 인접한 두 변으로 하는 삼각형에 대한 코사인 및 사인 법칙을 벡터 대수의 방법으로 유도하라.

풀이

벡터 c를 $c=a-b$라 하면, 벡터 c는 두 벡터 a, b를 인접한 두 변으로 하는 삼각형의 제 3 변이다. 따라서 코사인 법칙은 이 식을 스칼라 곱하면 얻어진다. 즉

$$c^2=(a-b)\cdot(a-b)=a\cdot a+b\cdot b-2a\cdot b=a^2+b^2-2ab\cos\theta_c$$

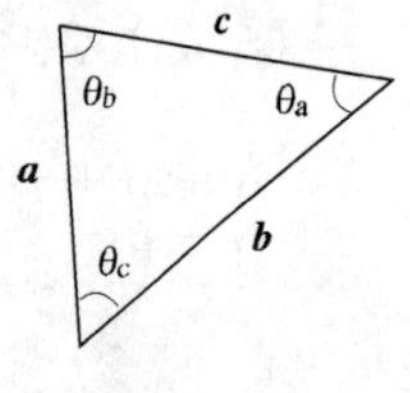

c
θ_b θ_a
a
b
θ_c

또 삼각형의 넓이는 $\frac{1}{2}|a\times b|=\frac{1}{2}|b\times c|=\frac{1}{2}|c\times a|$ 또는

$\frac{1}{2}ab\sin\theta_c=\frac{1}{2}bc\sin\theta_a=\frac{1}{2}ca\sin\theta_b$ 로 주어진다.

여기서 각 θ_c, θ_a, θ_b는 각각 a와 b, b와 c, c와 a 사이의 각이다. 이 식을 $\frac{abc}{2}$로 나누면

$\frac{a}{\sin\theta_a} = \frac{c}{\sin\theta_c} = \frac{b}{\sin\theta_b}$ 를 얻는다. 이는 바로 사인 법칙이다.

1.3 아래의 두 경우의 세 벡터 $\boldsymbol{a}$, $\boldsymbol{b}$, $\boldsymbol{c}$가 모두 Cartesian 기저벡터 $\boldsymbol{e}_1 = \boldsymbol{i} = (1\ 0\ 0)^{\mathrm{T}}$, $\boldsymbol{e}_2 = \boldsymbol{j} = (0\ 1\ 0)^{\mathrm{T}}$, $\boldsymbol{e}_3 = \boldsymbol{k} = (0\ 0\ 1)^{\mathrm{T}}$에 대한 성분으로 나타내져 있을 때 각각의 경우 선형독립성(예제 1.2 참조)을 조사해 보아라.

(a) $\boldsymbol{a} = (2\ 1\ 0)^{\mathrm{T}}$, $\boldsymbol{b} = (0\ 1\ 4)^{\mathrm{T}}$, $\boldsymbol{c} = (1\ 1\ 2)^{\mathrm{T}}$

(b) $\boldsymbol{a} = (1\ 1\ 0)^{\mathrm{T}}$, $\boldsymbol{b} = (2\ 1\ 0)^{\mathrm{T}}$, $\boldsymbol{c} = (1\ 0\ 1)^{\mathrm{T}}$

또한 이들 중 하나가 선형독립 기저계를 형성한다면 아래의 Cartesian 기저계 $\{\boldsymbol{e}_i\}$로 표시된 벡터 $\boldsymbol{w}$를 이 새 기저계에 대한 성분으로 나타내어라.

(c) $\boldsymbol{w}(= w_i \boldsymbol{e}_i) = (2\ 3\ 1)^{\mathrm{T}}$

풀이

(a) 3 벡터의 선형결합인 $\alpha\boldsymbol{a} + \beta\boldsymbol{b} + \gamma\boldsymbol{c} = \boldsymbol{0}$을 만족하는 동시에 0이 아닌 α, β 혹은 γ가 존재하는가를 조사해보자. 지금 세 벡터 $\boldsymbol{a}$, $\boldsymbol{b}$, $\boldsymbol{c}$에 각각 주어진 (Cartesian)성분을 대입하여 각각의 (x, y, z) 성분에 대해 아래 식이 성립된다.

$$\left.\begin{aligned} 2\alpha \qquad + \gamma &= 0 \\ \alpha + \beta + \gamma &= 0 \\ 4\beta + 2\gamma &= 0 \end{aligned}\right\} \rightarrow (\gamma = -2\alpha,\ \beta = \alpha)$$

여기서 만약 $\alpha = 1$을 대입하면 $\beta = 1$, $\gamma = -2$가 되어 아래와 같이 선형결합을 $\boldsymbol{0}$으로 만드는 세 상수가 존재(즉 $\boldsymbol{a} + \boldsymbol{b} - 2\boldsymbol{c} = \boldsymbol{0}$)한다.

$$\begin{pmatrix} 2 \\ 1 \\ 0 \end{pmatrix} + \begin{pmatrix} 0 \\ 1 \\ 4 \end{pmatrix} + \begin{pmatrix} -2 \\ -2 \\ -4 \end{pmatrix} = \begin{pmatrix} 0 \\ 0 \\ 0 \end{pmatrix}$$

따라서 3 벡터 $\boldsymbol{a}$, $\boldsymbol{b}$, $\boldsymbol{c}$는 선형독립인 기저계를 형성하지 않는다.

(b) 마찬가지 방법으로 $\alpha\boldsymbol{a} + \beta\boldsymbol{b} + \gamma\boldsymbol{c} = 0$의 세 벡터 $\boldsymbol{a}$, $\boldsymbol{b}$, $\boldsymbol{c}$에 각각 주어진 (Cartesian)성분을 대입하여 각 (x, y, z) 성분에 대해 아래가 성립된다.

$$\left.\begin{aligned} \alpha + 2\beta + \gamma &= 0 \\ \alpha + \beta \qquad &= 0 \\ \gamma &= 0 \end{aligned}\right\} \rightarrow \alpha = -2\beta = -\beta \ \therefore \beta = 0,\ \alpha = 0,\ \gamma = 0$$

그러므로 α, β, γ가 동시에 0이 되는 경우를 제외하고서는 선형결합 $\alpha\boldsymbol{a} + \beta\boldsymbol{b} + \gamma\boldsymbol{c} \neq \boldsymbol{0}$이 되어, $\boldsymbol{a}$, $\boldsymbol{b}$, $\boldsymbol{c}$는 선형독립 기저계를 형성한다.

(c) 주어진 벡터 $\boldsymbol{w}=(2\ 3\ 1)^{\mathrm{T}}=2\boldsymbol{e}_1+3\boldsymbol{e}_2+\boldsymbol{e}_3$에서 문 (b)의 새 선형독립 기저벡터 $\boldsymbol{a}$, $\boldsymbol{b}$, $\boldsymbol{c}$로 나타내면 아래가 된다.

$$\boldsymbol{w}(=w_i\boldsymbol{e}_i)=\overline{w}_1\boldsymbol{a}+\overline{w}_2\boldsymbol{b}+\overline{w}_3\boldsymbol{c}$$

여기서 $\boldsymbol{a}$, $\boldsymbol{b}$, $\boldsymbol{c}$에 문 (b)의 Cartesian 성분을 대입하면 각 (x, y, z) 성분에 대해 아래가 성립된다.

$$\left.\begin{aligned}\overline{w}_1+2\overline{w}_2+\overline{w}_3&=2\\ \overline{w}_1+\overline{w}_2\qquad&=3\\ \overline{w}_3&=1\end{aligned}\right\}\ \rightarrow\ \overline{w}_3=1,\ \overline{w}_2=-2,\ \overline{w}_1=5$$

$$\therefore \boldsymbol{w}(=w_i\boldsymbol{e}_i)=\overline{\boldsymbol{w}}=(\overline{w}_i\boldsymbol{a}_i)=5\boldsymbol{a}+(-2)\boldsymbol{b}+\boldsymbol{c}$$가 성립된다.

별 해 다음 장의 2.4.5절 혹은 표 2.1의 행렬법에 의한 벡터간의 변환법칙을 이용한다. 이때 변환전의 기저벡터의 집합 $\{\boldsymbol{g}_i\}$를 원래의 기저벡터 $\{\boldsymbol{e}_i\}$로, 문 (b)에 주어진 (기저)벡터 $\boldsymbol{a}$, $\boldsymbol{b}$, $\boldsymbol{c}$를 변환 후 새 기저벡터 집합 $\{\overline{\boldsymbol{g}}_i\}$로 간주하면 $\overline{\boldsymbol{g}}_i=a_i{}^m\boldsymbol{g}_m$에서 공변 변환 행렬 $a_i{}^m=\overline{\boldsymbol{g}}_i\cdot\boldsymbol{g}^m$을 구하면 아래가 된다.

$$\mathrm{A}=(a_i{}^j)=\begin{pmatrix}1&1&0\\2&1&0\\1&0&1\end{pmatrix}$$

그런데 반변 변환 행렬 $\mathrm{B}=(b^i{}_j)=(\mathrm{A}^{\mathrm{T}})^{-1}=(\mathrm{A}^{-1})^{\mathrm{T}}$이므로 아래가 된다.

$$\mathrm{B}=(b^i{}_j)=\begin{pmatrix}-1&2&1\\1&1&-1\\0&0&1\end{pmatrix}$$

여기서 문제의 w_i 및 $\overline{w}_i$를 사실상 반변 벡터로 간주하면 아래 식이 성립된다.

$$\overline{w}^i=b^i{}_jw^j\ \leftrightarrow\ \overline{\boldsymbol{w}}=\mathrm{B}\,\boldsymbol{w}$$

이 식으로부터 $\overline{w}^1(=\overline{w}_1)=5$, $\overline{w}^2(=\overline{w}_2)=-2$, $\overline{w}^3(=\overline{w}_3)=1$의 같은 결과가 얻어진다. 단 별해의 텐서표시법에서는 같은 (무효)첨자가 두개 있을 경우 시그마(Σ)기호를 생략하였음-2장참조.

1. 4 (a) 3차원 Cartesian 좌표계에서 벡터 $\boldsymbol{A}=2\boldsymbol{i}+3\boldsymbol{j}+6\boldsymbol{k}$에 수직이며 벡터 $\boldsymbol{B}=\boldsymbol{i}+5\boldsymbol{j}+3\boldsymbol{k}$의 종점을 지나는 평면의 방정식을 구하고(아래 그림 참조), (b) 원점으로부터 이 평면에 이르는 거리를 구하라.

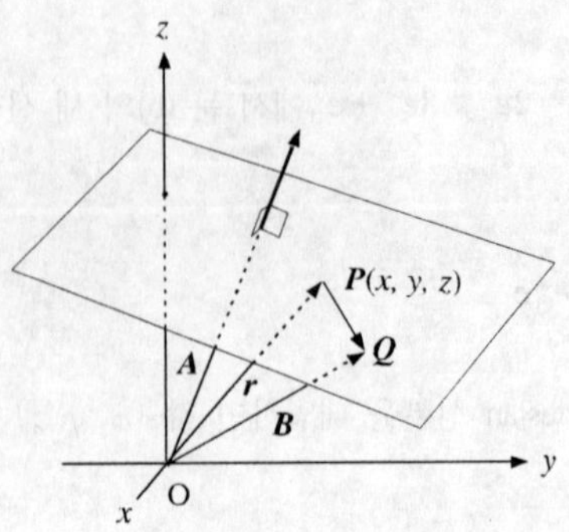

풀이

(a) $\boldsymbol{r}$을 점 P의 위치벡터라 하고, Q를 $\boldsymbol{B}$의 종점이라 하자. $\boldsymbol{PQ}=\boldsymbol{B}-\boldsymbol{r}$은 $\boldsymbol{A}$에 수직이므로, 내적이 0이 되어, $(\boldsymbol{B}-\boldsymbol{r})\cdot\boldsymbol{A}=0$ 혹은 $\boldsymbol{r}\cdot\boldsymbol{A}=\boldsymbol{B}\cdot\boldsymbol{A}$는 요구된 평면의 방정식이다.
따라서 $(x\boldsymbol{i}+y\boldsymbol{j}+z\boldsymbol{k})\cdot(2\boldsymbol{i}+3\boldsymbol{j}+6\boldsymbol{k})=(\boldsymbol{i}+5\boldsymbol{j}+3\boldsymbol{k})\cdot(2\boldsymbol{i}+3\boldsymbol{j}+6\boldsymbol{k})$이므로

$$2x+3y+6z=(1)(2)+(5)(3)+(3)(6)=35.$$

(b) 원점으로부터 평면에 이르는 거리는 $\boldsymbol{A}$위로 $\boldsymbol{B}$의 투영이다.
$\boldsymbol{A}$방향 안에서의 한 단위 벡터는 $\hat{\boldsymbol{A}}=\dfrac{\boldsymbol{A}}{A}=\dfrac{2\boldsymbol{i}+3\boldsymbol{j}+6\boldsymbol{k}}{\sqrt{(2)^2+(3)^2+(6)^2}}=\dfrac{2}{7}\boldsymbol{i}+\dfrac{3}{7}\boldsymbol{j}+\dfrac{6}{7}\boldsymbol{k}$.

그러면 $\boldsymbol{A}$위로 $\boldsymbol{B}$의 투영$=\boldsymbol{B}\cdot\boldsymbol{a}=(\boldsymbol{i}+5\boldsymbol{j}+3\boldsymbol{k})\cdot(\dfrac{2}{7}\boldsymbol{i}+\dfrac{3}{7}\boldsymbol{j}+\dfrac{6}{7}\boldsymbol{k})$

$$=1(\frac{2}{7})+5(\frac{3}{7})+3(\frac{6}{7})=5.$$

1. 5 3 차원 공간의 주어진 선형독립인 3 기저벡터 집합 $\{\boldsymbol{a},\boldsymbol{b},\boldsymbol{c}\}$에 대하여 역(상반) 기저벡터에 해당하는 $\boldsymbol{a}'=\dfrac{\boldsymbol{b}\times\boldsymbol{c}}{\boldsymbol{a}\cdot\boldsymbol{b}\times\boldsymbol{c}}$, $\boldsymbol{b}'=\dfrac{\boldsymbol{c}\times\boldsymbol{a}}{\boldsymbol{a}\cdot\boldsymbol{b}\times\boldsymbol{c}}$, $\boldsymbol{c}'=\dfrac{\boldsymbol{a}\times\boldsymbol{b}}{\boldsymbol{a}\cdot\boldsymbol{b}\times\boldsymbol{c}}$들이 주어졌다 하자. $\boldsymbol{a}\cdot\boldsymbol{b}\times\boldsymbol{c}\neq 0$이라면 다음이 성립함을 밝혀라.

(a) $\boldsymbol{a}'\cdot\boldsymbol{a}=\boldsymbol{b}'\cdot\boldsymbol{b}=\boldsymbol{c}'\cdot\boldsymbol{c}=1$

(b) $\boldsymbol{a}'\cdot\boldsymbol{b}=\boldsymbol{a}'\cdot\boldsymbol{c}=0,\ \boldsymbol{b}'\cdot\boldsymbol{a}=\boldsymbol{b}'\cdot\boldsymbol{c}=0,\ \boldsymbol{c}'\cdot\boldsymbol{a}=\boldsymbol{c}'\cdot\boldsymbol{b}=0$

(c) $\boldsymbol{a}\cdot\boldsymbol{b}\times\boldsymbol{c}=V$ 이라면, $\boldsymbol{a}'\cdot\boldsymbol{b}'\times\boldsymbol{c}'=1/V$ 이다.

(d) $\boldsymbol{a},\boldsymbol{b},\boldsymbol{c}$가 같은 평면에 있지 않으면, $\boldsymbol{a}',\boldsymbol{b}',\boldsymbol{c}'$ 도 같은 평면에 있지 않다.

또한 위 결과로부터 같은 평면에 있지 않은 세 개의 벡터 $\boldsymbol{a}=3\boldsymbol{i}-4\boldsymbol{j}$, $\boldsymbol{b}=3\boldsymbol{j}+4\boldsymbol{k}$, $\boldsymbol{c}=-\boldsymbol{i}+\boldsymbol{j}+2\boldsymbol{k}$ 에 대하여

(e) 상반 (역)벡터계 $\{\boldsymbol{a}',\boldsymbol{b}',\boldsymbol{c}'\}$를 구하라.

(f) 어떤 벡터 $A=5i-3j+8k$ 의 벡터계 $\{a, b, c\}$ 및 $\{a', b', c'\}$를 바탕으로 한 표현을 각각 구하라.

풀이

(a) $a' \cdot a = a \cdot a' = a \cdot \dfrac{b\times c}{a\cdot b\times c} = \dfrac{a\cdot b\times c}{a\cdot b\times c} = 1$

$$b' \cdot b = b \cdot b' = b \cdot \frac{c\times a}{a\cdot b\times c} = \frac{b\cdot c\times a}{a\cdot b\times c} = \frac{a\cdot b\times c}{a\cdot b\times c} = 1$$

$$c' \cdot c = c \cdot c' = c \cdot \frac{a\times b}{a\cdot b\times c} = \frac{c\cdot a\times b}{a\cdot b\times c} = \frac{a\cdot b\times c}{a\cdot b\times c} = 1$$

(b) $a' \cdot b = b \cdot a' = b \cdot \dfrac{b\times c}{a\cdot b\times c} = \dfrac{b\cdot b\times c}{a\cdot b\times c} = \dfrac{b\times b\cdot c}{a\cdot b\times c} = 0$

이와 유사하게, 다른 결과들도 얻을 수 있다. 또한, 예를 들면 a' 는 $b\times c$의 방향을 가지고 b 와 c 에 수직임이 틀림없다는 사실에 유의하면 결과들을 보일 수 있다. 이로부터 $a' \cdot b=0$ 그리고 $a' \cdot c=0$ (a) 와 (b)로부터, 벡터 a,b,c 와 a',b',c' 의 집합들은 서로 상반 벡터들이다.

(c) $a' = \dfrac{b\times c}{V},\ b' = \dfrac{c\times a}{V},\ c' = \dfrac{a\times b}{V}$. 그러면 벡터 항등관계 $(a\times b)\cdot(b\times c)\times(c\times a)$ $=(a\cdot b\times c)^2$를 사용하여

$$a' \cdot b' \times c' = \frac{(b\times c)\cdot(c\times a)\cdot(a\times b)}{V^3} = \frac{(a\times b)\cdot(b\times c)\cdot(c\times a)}{V^3}$$

$$= \frac{(a\cdot b\times c)^2}{V^3} = \frac{V^2}{V^3} = \frac{1}{V}$$ 이다.

(d) 예제 1.2에 의해서, 만일 a, b, c가 같은 평면상에 있지 않으면 $a\cdot b\times c \neq 0$ 이다.
그래서 (c)로부터 $a' \cdot b' \times c' \neq 0$이다. 따라서 a', b', c'도 같은 평면상에 있지 않다.

(e) 식 (1.29b)에 의하여

$$V = (a \cdot b\times c) = [a, b, c] = \begin{vmatrix} 3 & -4 & 0 \\ 0 & 3 & 4 \\ -1 & 1 & 2 \end{vmatrix} = 22$$ 이므로

$$a' = \frac{b \times c}{V} = \frac{1}{22}\begin{vmatrix} i & j & k \\ 0 & 3 & 4 \\ -1 & 1 & 2 \end{vmatrix} = (2i-4j+3k)/22$$

$$b' = \frac{c \times a}{V} = \frac{1}{22}\begin{vmatrix} i & j & k \\ -1 & 1 & 2 \\ 3 & -4 & 0 \end{vmatrix} = (8i+6j+k)/22$$

$$c' = \frac{a \times b}{V} = \frac{1}{22}\begin{vmatrix} i & j & k \\ 3 & -4 & 0 \\ 0 & 3 & 4 \end{vmatrix} = (-16i-12j+9k)/22$$

(f) $A = \alpha'_1 a + \alpha'_2 b + \alpha'_3 c$ 라 하면 문(a) - (d)에 의하여 $\alpha'_1 = a' \cdot A = 46/22$, $\alpha'_2 = b' \cdot A = 30/22$, $\alpha'_3 = c' \cdot A = 28/22$ 이므로 $A = (23a + 12b + 14c)/11$ 이다.

또 $A = \alpha_1 a' + \alpha_2 b' + \alpha_3 c'$ 라 하면 역시 문 (a) - (d)에 의하여 $\alpha_1 = a \cdot A = 27$, $\alpha_2 = b \cdot A = 23$, $\alpha_3 = c \cdot A = 8$ 이므로 $A = 27a' + 23b' + 8c'$ 이다.

[비고 : 위 문제에서 3선형독립 기저벡터 a, b, c는 일반 곡선좌표계의 3 기저벡터 g_1, g_2, g_3에 해당되며, 또한 이의 역(상반)기저벡터 a', b', c'는 역 기저벡터 g^1, g^2, g^3에 해당된다 - 2장 참조.]

1.6 차수(order) n 의 정방행렬 $A = [a_{ij}]$ 및 그의 역 $B(=A^{-1}) = [b_{ij}]$는 아래와 같이 부행렬(submatrix)로 분할되어 있을 경우 A 의 역을 부행렬로 나타내어라.

$$\left[\begin{array}{c:c} A_{11} & A_{12} \\ (p \times p) & (p \times q) \\ \hdashline A_{21} & A_{22} \\ (q \times p) & (q \times q) \end{array}\right] \quad \text{그리고} \quad \left[\begin{array}{c:c} B_{11} & B_{12} \\ (p \times p) & (p \times q) \\ \hdashline B_{21} & B_{22} \\ (q \times p) & (q \times q) \end{array}\right] \quad \text{여기서 } p + q = n$$

풀이

$AB = BA = I_n$(여기서 I_n은 n차 단위행렬)이므로 아래 관계가 성립한다.

(i) $A_{11}B_{11} + A_{12}B_{21} = I_p$

(ii) $A_{11}B_{12} + A_{12}B_{22} = 0$

(iii) $B_{21}A_{11} + B_{22}A_{21} = 0$

(iv) $B_{21}A_{12} + B_{22}A_{22} = I_q$

위 관계식에서 만약 부행렬 A_{11}은 정칙(non-singular)이라고 가정하여 각각의 부행렬 $B_{ij}(i, j = 1,2)$를 구하면 A의 역행렬이 아래와 같이 얻어진다.

$$\mathrm{A}^{-1} = \mathrm{B} = \begin{bmatrix} B_{11} & B_{12} \\ B_{21} & B_{22} \end{bmatrix}$$

여기서

$$B_{11} = A_{11}^{-1} + (A_{11}^{-1}A_{12})\xi^{-1}(A_{21}A_{11}^{-1}), \quad B_{21} = -\xi^{-1}(A_{21}A_{11}^{-1}), \quad B_{12} = -(A_{11}^{-1}A_{12})\xi^{-1}, \quad B_{22} = \xi^{-1}$$

[단, 여기서 $\xi = A_{22} - A_{21}(A_{11}^{-1}A_{12})$ 임]

1.7 똑같은 원점을 가지는 2개의 Cartesian 직교 좌표계 $x\ y\ z$ 와 $x'\ y'\ z'$ 는 서로에 관하여 회전되어진다. 공간에서 한 점 P는 이러한 좌표계에 관해 좌표 (x, y, z) 와 (x', y', z')를 갖는다(아래 그림 및 그림 1.18 참조).

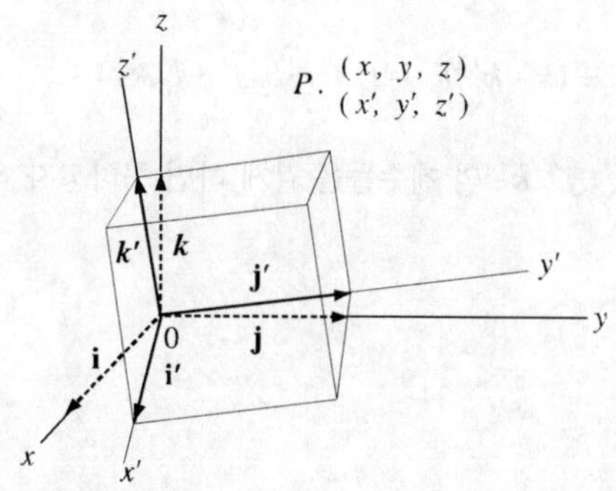

(a) 이때 이들 좌표사이의 변환 방정식은

$$x' = l_{11}x + l_{12}y + l_{13}z$$

$$y' = l_{21}x + l_{22}y + l_{23}z$$

$$z' = l_{31}x + l_{32}y + l_{33}z$$

단, 이때 $l_{jk}\ (j,k = 1,2,3)$ 는 x, y, z 축에 관한 x', y', z' 축들의 방향 여현들을 나타낸다. 이들 관계를 증명하라(식 (1.194) 참조).

(b) 또 Cartesian (단위) 기저벡터 사이에는 아래와 같은 관계가 있음을 증명하라.

$$\boldsymbol{i}' = l_{11}\boldsymbol{i} + l_{12}\boldsymbol{j} + l_{13}\boldsymbol{k}$$

$$\boldsymbol{j}' = l_{21}\boldsymbol{i} + l_{22}\boldsymbol{j} + l_{23}\boldsymbol{k}$$

$$\boldsymbol{k}' = l_{31}\boldsymbol{i} + l_{32}\boldsymbol{j} + l_{33}\boldsymbol{k}$$

풀이

(a) 2개의 좌표계 안에서 어떤 점 P의 위치벡터를 $\boldsymbol{r}$과 $\boldsymbol{r}'$라 하자. 그러면 $\boldsymbol{r}=\boldsymbol{r}'$이므로

$$x'\boldsymbol{i}'+y'\boldsymbol{j}'+z'\boldsymbol{k}'=x\boldsymbol{i}+y\boldsymbol{j}+z\boldsymbol{k} \tag{i}$$

이제 어떤 벡터 $\boldsymbol{A}$는 좌표계에 무관(즉 $\boldsymbol{A}=\boldsymbol{A}'$)하고, 그 Cartesian 성분 $a_i=\boldsymbol{A}\cdot e_i$ 인 것을 이용하면 다음의 관계를 얻을 수 있다.

$$\boldsymbol{A}=(\boldsymbol{A}\cdot\boldsymbol{i}')\boldsymbol{i}'+(\boldsymbol{A}\cdot\boldsymbol{j}')\boldsymbol{j}'+(\boldsymbol{A}\cdot\boldsymbol{k}')\boldsymbol{k}'$$

그러면 계속하여 $\boldsymbol{A}=\boldsymbol{i}, \boldsymbol{j}, \boldsymbol{k}$ 라 하면

$$\boldsymbol{i}=(\boldsymbol{i}\cdot\boldsymbol{i}')\boldsymbol{i}'+(\boldsymbol{i}\cdot\boldsymbol{j}')\boldsymbol{j}'+(\boldsymbol{i}\cdot\boldsymbol{k}')\boldsymbol{k}'=l_{11}\boldsymbol{i}'+l_{21}\boldsymbol{j}'+l_{31}\boldsymbol{k}'$$

$$\boldsymbol{j}=(\boldsymbol{j}\cdot\boldsymbol{i}')\boldsymbol{i}'+(\boldsymbol{j}\cdot\boldsymbol{j}')\boldsymbol{j}'+(\boldsymbol{j}\cdot\boldsymbol{k}')\boldsymbol{k}'=l_{12}\boldsymbol{i}'+l_{22}\boldsymbol{j}'+l_{32}\boldsymbol{k}'$$

$$\boldsymbol{k}=(\boldsymbol{k}\cdot\boldsymbol{i}')\boldsymbol{i}'+(\boldsymbol{k}\cdot\boldsymbol{j}')\boldsymbol{j}'+(\boldsymbol{k}\cdot\boldsymbol{k}')\boldsymbol{k}'=l_{13}\boldsymbol{i}'+l_{23}\boldsymbol{j}'+l_{33}\boldsymbol{k}' \tag{ii}$$

방정식 (ii)를 (i) 대입하고 $\boldsymbol{i}', \boldsymbol{j}', \boldsymbol{k}'$ 의 계수들을 같게 하면 구하고자 하는 변환 방정식들은 다음과 같다.

$$x'=l_{11}x+l_{12}y+l_{13}z$$

$$y'=l_{21}x+l_{22}y+l_{23}z$$

$$z'=l_{31}x+l_{32}y+l_{33}z \tag{iii}$$

(b) 풀이 (a)와 마찬가지 논리로 어떤 벡터 $\boldsymbol{A}$ 에 대해 $\boldsymbol{A}=(\boldsymbol{A}\cdot\boldsymbol{i})\boldsymbol{i}+(\boldsymbol{A}\cdot\boldsymbol{j})\boldsymbol{j}+(\boldsymbol{A}\cdot\boldsymbol{k})\boldsymbol{k}$ 가 된다. 그러면 계속하여 $\boldsymbol{A}=\boldsymbol{i}', \boldsymbol{j}', \boldsymbol{k}'$ 라 하면

$$\boldsymbol{i}'=(\boldsymbol{i}'\cdot\boldsymbol{i})\boldsymbol{i}+(\boldsymbol{i}'\cdot\boldsymbol{j})\boldsymbol{j}+(\boldsymbol{i}'\cdot\boldsymbol{k})\boldsymbol{k}=l_{11}\boldsymbol{i}+l_{12}\boldsymbol{j}+l_{13}\boldsymbol{k}$$

$$\boldsymbol{j}'=(\boldsymbol{j}'\cdot\boldsymbol{i})\boldsymbol{i}+(\boldsymbol{j}'\cdot\boldsymbol{j})\boldsymbol{j}+(\boldsymbol{j}'\cdot\boldsymbol{k})\boldsymbol{k}=l_{21}\boldsymbol{i}+l_{22}\boldsymbol{j}+l_{23}\boldsymbol{k}$$

$$\boldsymbol{k}'=(\boldsymbol{k}'\cdot\boldsymbol{i})\boldsymbol{i}+(\boldsymbol{k}'\cdot\boldsymbol{j})\boldsymbol{j}+(\boldsymbol{k}'\cdot\boldsymbol{k})\boldsymbol{k}=l_{31}\boldsymbol{i}+l_{32}\boldsymbol{j}+l_{33}\boldsymbol{k}$$

위 문제에서 만약 2개의 좌표계의 원점이 일치하지 않는 경우에 대한 변환의 방정식은

$$x'=l_{11}x+l_{12}y+l_{13}z+a_1'$$

$$y'=l_{21}x+l_{22}y+l_{23}z+a_2'$$

$$z'=l_{31}x+l_{32}y+l_{33}z+a_3'$$

이것은 (a)의 순수회전의 경우와 달리 회전과 평행 이동에 따른 결과로서 '아핀(affine)' 1차 변환이라고 한다(부록 식 (B.1) 참조).

1. 8 1.1.6.1절에서 소개한 묽은 용액 중 $n+1$개의 원자를 가진 길이 l의 결합으로 연결된 선형 고분자 사슬의 비섭동(unperturbed) 제곱평균 말단거리($\langle R^2 \rangle$)는 C-C 결합각 θ는 일정이나, 결합 주위의 회전각 ϕ에 대한 제한(constraint)은 존재하는 소위 '구속 회전(restricted rotation) 사슬'의 경우 일반적으로 아래와 같이 나타내진다.

$$\langle R^2 \rangle = nl^2 \cdot \frac{1+\cos\theta}{1-\cos\theta} \cdot \frac{1+\langle \cos\phi \rangle}{1-\langle \cos\phi \rangle} \tag{1}$$

여기서 평균 $\langle \cos\phi \rangle$는 에너지에 관한 Boltzmann 확률분포를 사용하여 아래와 같이 주어진다.

$$\langle \cos\theta \rangle = \frac{\int_0^{2\pi} \cos\phi \exp\{-u(\phi)/k_B T\} d\phi}{\int_0^{2\pi} \exp\{-u(\phi)/k_B T\} d\phi} \tag{2}$$

여기서 k_B는 볼츠만 상수, T는 절대 온도이다[식 (1.42)에 의하면 식 (1)의 우변에서 Gauss 이상사슬에 대한 값인 nl^2 이후의 항은 '분자특성비' C_∞에 해당되며, 특히 자유회전 사슬(즉 $\langle \cos\phi \rangle = 0$에 대한 식은 식 (1.41)과 같다]. 여기서 1.8절 및 문 1.7에서 논의된 바 있는 3차원 Cartesian 좌표계간의 기저변화에 대한 행렬(혹은 텐서)의 선형변환 법칙을 사용하여 식 (1)을 증명해보아라.

풀이

원자에 번호 $i=0, 1, 2, \cdots, n$을 붙이고, 원자 $i-1$에서 i로 향하는 결합을 벡터 $\boldsymbol{l}_i$로 나타내면(단, 이때 $\boldsymbol{l}_i^2 = l^2$ =일정 가정), 고분자 사슬의 양 말단을 연결하는 벡터 $\boldsymbol{R}$과 그의 제곱평균 $\langle R^2 \rangle$은 식 (1.39)에 의하면 아래가 된다.

$$\langle R^2 \rangle = \langle \boldsymbol{R} \cdot \boldsymbol{R} \rangle = \left(\sum_{i=1}^{n} \sum_{j=1}^{n} \boldsymbol{l}_i \cdot \boldsymbol{l}_j \right) = nl^2 + 2\sum_{i=1}^{n-1} \sum_{j=i+1}^{n} \langle \boldsymbol{l}_i \cdot \boldsymbol{l}_j \rangle \tag{3}$$

지금 식 (3)을 요령있게 구하기 위해, 결합 i에 고정된 오른손 Cartesian 직교좌표계 (i)를 다음의 법칙에 의하여 설정한다. 즉

(i) 결합벡터 $\boldsymbol{l}_i$의 방향으로 x_i축을 취한다.

(ii) 벡터 $\boldsymbol{l}_{i-1}$과 $\boldsymbol{l}_i$로 결정되는 평면내에 x_i축과 수직이며 또한 $\boldsymbol{l}_{i-1}$과 예각($< 90^\circ$)을 만드는 방향으로 y_i축을 잡는다.

(iii) x_i 및 y_i 축에 모두 수직인 z_i축을 오른손 좌표계 방향으로 취한다.

마찬가지로 결합 $i+1$에 고정된 좌표계 $(i+1)$도 설정한다. 이들 좌표계를 아래 그림에 나타내었다.

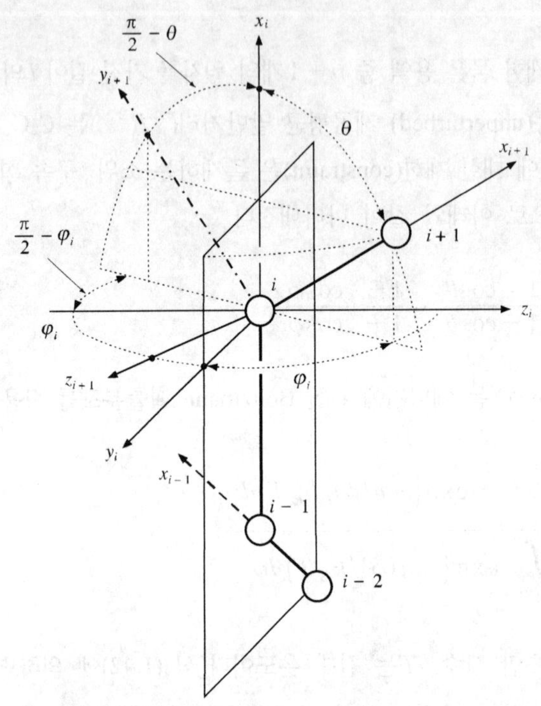

그림. 결합고정 좌표계와 (i)와 $(i+1)$의 관계.

여기서 공간에 고정된 임의의 벡터 $\boldsymbol{f}$의 각 좌표계에 대한 성분은 각각 f_{x_i}, f_{y_i}, f_{z_i} 및 $f_{x_{i+1}}$, $f_{y_{i+1}}$, $f_{z_{i+1}}$로 표시하면 양자의 관계는 좌표(기저) 변환에 관한 (직교)변환행렬 T(1.8절 및 문 1.7 참조)를 사용하여 아래 식으로 나타낼 수 있다.

$$\boldsymbol{f}^{(i)} = \mathrm{T}_i \boldsymbol{f}^{(i+1)} \tag{4}$$

$$\boldsymbol{f}^{(i)} \equiv \begin{bmatrix} f_{x_i} \\ f_{y_i} \\ f_{z_i} \end{bmatrix}, \quad \boldsymbol{f}^{(i+1)} \equiv \begin{bmatrix} f_{x_{i+1}} \\ f_{y_{i+1}} \\ f_{z_{i+1}} \end{bmatrix} \tag{5}$$

$$\mathrm{T}_i = \begin{bmatrix} \cos\theta & \sin\theta & 0 \\ \sin\theta\cos\phi_i & -\cos\theta\cos\phi_i & \sin\phi_i \\ \sin\theta\sin\phi_i & -\cos\theta\sin\phi_i & -\cos\phi_i \end{bmatrix} \tag{6}$$

식 (4)에서 $\boldsymbol{f}^{(i)}$는 벡터 $\boldsymbol{f}$의 좌표계 (i)에 관한 표현이다. 3차원 (실수) Cartesian 좌표계에서의 임의의 두 벡터 $\boldsymbol{f}^{(i)}$와 $\boldsymbol{g}^{(i)}$의 내적은 $\boldsymbol{f} \cdot \boldsymbol{g} = (\boldsymbol{f}^{(i)})^{\mathrm{T}} \boldsymbol{g}^{(i)} = f_{x_i} g_{x_i} + f_{y_i} g_{y_i} + f_{z_i} g_{z_i}$로 나타내진다. 여기서 식 (6)의 제 1열은 x_{i+1}축 상의 단위벡터의 x_i, y_i 및 z_i 성분을 나타내며, 또한 제 2 및 제 3열은 각각 y_{i+1}축상 및

z_{i+1}축상의 단위벡터의 x_i, y_i, z_i 성분을 나타냄에 유의하라(식 (1.194) 참조).

그런데 결합벡터 $\boldsymbol{l}_i$는 각각 자체에 고정된 좌표계 (i)에서는 아래와 같이 간단한 형태로 나타내진다.

$$\left(\boldsymbol{l}_i^{(i)}\right)^{\mathrm{T}} = (b\ 0\ 0) = b(1\ 0\ 0) = \left(\boldsymbol{l}_j^{(j)}\right)^{\mathrm{T}} \tag{7}$$

여기서 $\boldsymbol{l}_j^{(i)}$에 대해 식 (4)의 변환을 반복하여 $\boldsymbol{l}_j^{(i)}$을 구하여, 식 (7)을 고려하면 아래가 성립된다.

$$\boldsymbol{l}_i \cdot \boldsymbol{l}_j = \left(\boldsymbol{l}_i^{(i)}\right)^{\mathrm{T}} \boldsymbol{l}_j^{(i)} = \left(\boldsymbol{l}_i^{(i)}\right)^{\mathrm{T}} \mathrm{T}_i \mathrm{T}_{i+1} \cdots \mathrm{T}_{j-1} \boldsymbol{l}_j^{(j)} = l^2 (\mathrm{T}_i \mathrm{T}_{i+1} \cdots \mathrm{T}_{j-1})_{11} \tag{8}$$

위 식의 우변의 아래첨자 11은 행렬 $(\mathrm{T}_i \mathrm{T}_{i+1} \cdots \mathrm{T}_{j-1})$의 1행 1열 즉 11요소이다.

[비고: 위 식의 증명은 가령 $i=1$, $j=3$을 대입하면 우변$=l^2(1\ 0\ 0)\mathrm{T}_1\mathrm{T}_2(1\ 0\ 0)^{\mathrm{T}}$ $= l^2(\mathrm{T}_{1,11}\mathrm{T}_{2,11} + \mathrm{T}_{1,12}\mathrm{T}_{2,21} + \mathrm{T}_{1,13}\mathrm{T}_{2,31}) = l^2(\mathrm{T}_1\mathrm{T}_2)_{11}$가 되어 확인된다.]

여기서 고분자 사슬의 각 결합이 서로 독립적으로 구속회전을 수행한다고 가정하면 식 (8)의 행렬 $(\mathrm{T}_i \mathrm{T}_{i+1} \cdots \mathrm{T}_{j-1})$의 평균은 아래와 같이 된다.

$$\langle \mathrm{T}_i \mathrm{T}_{i+1} \cdots \mathrm{T}_{j-1} \rangle = \langle \mathrm{T}_i \rangle \langle \mathrm{T}_{i+1} \rangle \cdots \langle \mathrm{T}_{j-1} \rangle \equiv \langle \mathrm{T} \rangle^{j-i} \tag{9}$$

여기서 평균행렬 $\langle \mathrm{T} \rangle$는 식 (6)의 회전각 항 $\cos\phi_i$와 $\sin\phi_i$를 각각 그들의 평균값인 $\eta \equiv \langle \cos\phi \rangle$, $\varepsilon \equiv \langle \sin\phi \rangle$로 두어 얻어진 행렬이다.

식 (8)과 (9)의 양변을 식 (3)에 대입하면 아래를 얻는다.

$$\langle R^2 \rangle = nl^2 + 2l^2 \sum_{i=1}^{n-1} \sum_{j=i+1}^{n} \left(\langle \mathrm{T} \rangle^{j-i} \right)_{11} \tag{10}$$

위 식의 우변의 제 2항의 2중합은 등비급수의 합의 공식을 반복한 것이므로 아래가 된다.

$$\begin{aligned}
\sum_{i=1}^{n-1} \sum_{j=i+1}^{n} \langle \mathrm{T} \rangle^{j-i} &= \sum_{i=1}^{n-1} \langle \mathrm{T} \rangle \left(\mathrm{I} + \langle \mathrm{T} \rangle + \cdots + \langle \mathrm{T} \rangle^{n-i-1} \right) \\
&= \sum_{i=1}^{n-1} \langle \mathrm{T} \rangle \frac{\mathrm{I} - \langle \mathrm{T} \rangle^{n-i}}{\mathrm{I} - \langle \mathrm{T} \rangle} = \frac{\langle \mathrm{T} \rangle}{\mathrm{I} - \langle \mathrm{T} \rangle} \left\{ (n-1)\mathrm{I} - \sum_{i=1}^{n-1} \langle \mathrm{T} \rangle^{n-i} \right\} \\
&= (n-1) \frac{\langle \mathrm{T} \rangle}{\mathrm{I} - \langle \mathrm{T} \rangle} - \left(\frac{\langle \mathrm{T} \rangle}{\mathrm{I} - \langle \mathrm{T} \rangle} \right)^2 \left(\mathrm{I} - \langle \mathrm{T} \rangle^{n-1} \right)
\end{aligned} \tag{11}$$

I는 3차의 단위행렬이다. 따라서 식 (10)으로부터 아래가 성립된다.

$$\langle R^2 \rangle = nl^2 \left\{ \frac{\mathrm{I} + \langle \mathrm{T} \rangle}{\mathrm{I} - \langle \mathrm{T} \rangle} - \frac{2}{n} \cdot \frac{\langle \mathrm{T} \rangle \left(\mathrm{I} - \langle \mathrm{T} \rangle^n \right)}{(\mathrm{I} - \langle \mathrm{T} \rangle)^2} \right\}_{11} \tag{12}$$

여기서 고분자에 대한 $\lambda \gg 1$의 경우 위 식의 제 2항은 무시가 가능하고, 또한 첫 항은 역행렬

$(\mathrm{I}-\langle \mathrm{T}\rangle)^{-1}$를 사용하여 아래와 같이 변형된다. 즉

$$\frac{\mathrm{I}+\langle \mathrm{T}\rangle}{\mathrm{I}-\langle \mathrm{T}\rangle}=\frac{-(\mathrm{I}-\langle \mathrm{T}\rangle)+2\mathrm{I}}{\mathrm{I}-\langle \mathrm{T}\rangle}=-\mathrm{I}+\frac{2\mathrm{I}}{\mathrm{I}-\langle \mathrm{T}\rangle}=-\mathrm{I}+2\mathrm{I}\cdot(\mathrm{I}-\langle \mathrm{T}\rangle)^{-1}$$

$$=-\mathrm{I}+2\mathrm{I}\frac{\mathrm{adj}\,(\mathrm{I}-\langle \mathrm{T}\rangle)}{|\mathrm{I}-\langle \mathrm{T}\rangle|}\quad (\because \text{ 역행렬의 정의식 (1.129) 참조}) \tag{13}$$

여기서 위 식의 두 번째 항등식의 두 번째 항의 (행)열 요소는

$$\left(\frac{\mathrm{I}}{\mathrm{I}-\langle \mathrm{T}\rangle}\right)_{11}=\frac{\Delta_{11}}{|\mathrm{I}-\langle \mathrm{T}\rangle|}=\frac{(1+\eta)(1+\eta\cos\theta)+\varepsilon^2\cos\theta}{(1-\cos\theta)\{(1-\eta^2)-\varepsilon^2\}} \tag{14}$$

여기서 Δ_{11}은 행렬 $(\mathrm{I}-\langle \mathrm{T}\rangle)$의 1행, 1열 여인수이다.

따라서 식 (12) - (14)에서 구속회전 사슬에 대한 (비섭동)제곱평균 말단거리는 최종적으로 아래가 된다[단 $(\mathrm{I})_{11}=1$ 이용].

$$\langle R^2\rangle=nl^2\left\{-1+2\left(\frac{\mathrm{I}}{\mathrm{I}-\langle \mathrm{T}\rangle}\right)_{11}\right\}=nl^2\cdot\frac{1+\cos\theta}{1-\cos\theta}\cdot\frac{(1+\eta)^2+\varepsilon^2}{1-\eta^2-\varepsilon^2} \tag{15}$$

여기서 $\eta=\langle\cos\phi\rangle$, $\varepsilon=\langle\sin\phi\rangle$이다. 이 식과 문제의 식 (1)을 비교하면 구속회전 (평균)각도 ϕ에 대한 항 $\dfrac{1+\langle\cos\phi\rangle}{1-\langle\cos\phi\rangle}=\dfrac{(1+\eta)^2+\varepsilon^2}{1-\eta^2-\varepsilon^2}$이 됨을 알 수 있으며, 결국 식 (1)이 증명된다. 만약 자유회전 사슬의 경우 $\langle\cos\phi\rangle=\langle\sin\phi\rangle=0$이 되어, 본문의 식 (1.41)로 환원됨을 알 수 있다.

1.9 아래 그림은 나선(helix) 구조가 어떤 규칙을 따라 움직이는 운동궤적을 나타낸다. 지금 $Oxyz$ 좌표계에 대한 나선상의 첫 번째 점 S_1의 Cartesian 좌표는 $(x_1, y_1, z_1)=(r, 0, 0)$ 그리고 대응하는 원통좌표는 $(r_1, \theta_1, z_1)=(r, 0, 0)$가 된다.

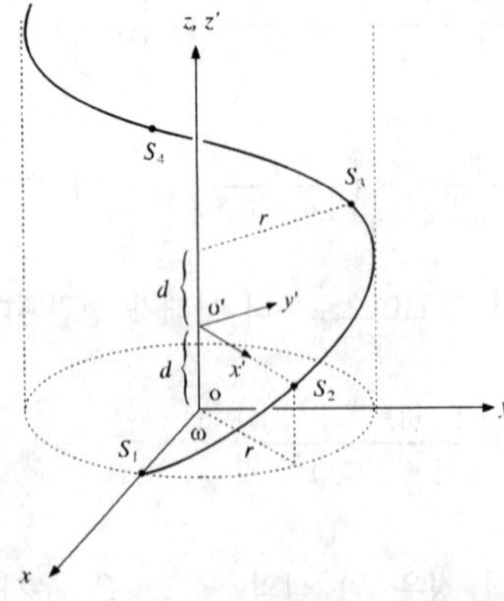

그림. 나선(helix) 구조가 어떤 규칙에 따라 운동한 궤적을 보여준다.

이때 두 번째 점 S_2의 원통좌표는 $(r_2, \theta_2, z_2) = (r, \omega, d)$, 3번째 점 S_3의 원통좌표는 $(r_3, \theta_3, z_3) = (r, 2\omega, 2d)$ 즉 아래가 성립된다.

$$\begin{cases} r_3 = r_2 = r \\ \theta_3 = \theta_2 + \omega = 2\omega \\ z_3 = z_2 + d = 2d \end{cases} \tag{1}$$

이로부터 n번째 점 S_n의 원통좌표는 아래와 같이 점화식으로 나타낼 수 있다(부록 E절 참조).

$$\begin{cases} r_n = r_{n-1} = r \\ \theta_n = \theta_{n-1} + \omega = (n-1)\omega \\ z_n = z_{n-1} + d = (n-1)d \end{cases} \tag{2}$$

마찬가지로 원통좌표계 (r, θ, z) Cartesian 좌표계 (x, y, z)의 관계 $x = r\cos\theta$, $y = r\sin\theta$, $z = z$와 위 결과식을 이용하여 점 S_n과 S_{n-1}의 Cartesian 좌표사이의 점화식을 구할 수 있으나, 그림에서 점 S_n의 좌표는 점 S_{n-1}을 $z = z'$축 주위로 반시계방향으로 ω만큼 (능동)회전변환한 것(식 (1.191) 참조)에다가 z축의 좌표를 $+d$만큼 평행이동한 것에 해당된다. 따라서 이 관계를 이용하여 점 S_n의 Cartesian 좌표에 관한 점화식을 세우고, 이로부터 좌표 (x_n, y_n, z_n)을 나선구조의 3 파라미터인 r, ω, d와 n의 함수로 나타내어라.

풀이

식 (1.191)로부터 나선상의 두 점 S_n과 S_{n-1}의 Cartesian 좌표에 관한 아래의 점화식이 성립된다.

$$\begin{pmatrix} x_n \\ y_n \\ z_n \end{pmatrix} = \begin{pmatrix} \cos\omega & -\sin\omega & 0 \\ \sin\omega & \cos\omega & 0 \\ 0 & 0 & 1 \end{pmatrix} \begin{pmatrix} x_{n-1} \\ y_{n-1} \\ z_{n-1} \end{pmatrix} + \begin{pmatrix} 0 \\ 0 \\ d \end{pmatrix} \tag{3}$$

위 식에서 우변의 직교 (능동)회전변환에 관한 변환 행렬 T는 n에 무관한 상수로 생각하고, 또 점 S_n의 좌표(위치벡터)를 $\boldsymbol{r}_n$, S_{n-1}의 좌표를 $\boldsymbol{r}_{n-1} \cdots$; 그리고 $(0 \quad 0 \quad d)^{\mathrm{T}}$를 상수벡터 $\boldsymbol{c}_0$으로 나타내면 아래의 점화관계가 성립된다.

$$\boldsymbol{r}_n = \mathrm{T}\boldsymbol{r}_{n-1} + \boldsymbol{c}_0 = \mathrm{T}^2\boldsymbol{r}_{n-2} + \mathrm{T}\boldsymbol{c}_0 + \boldsymbol{c}_0 = \cdots = \mathrm{T}^{n-1}\boldsymbol{r}_1 + (\mathrm{T}^{n-2} + \mathrm{T}^{n-1} + \cdots + \mathrm{T} + \mathrm{I})\boldsymbol{c}_0 \tag{4}$$

여기서 $\boldsymbol{r}_1 = (x_1 \quad y_1 \quad z_1)^{\mathrm{T}} = (r \quad 0 \quad 0)^{\mathrm{T}}$, I는 단위행렬, 그리고 모든 m에 대한 $\mathrm{T}^m\boldsymbol{c}_0 = \boldsymbol{c}_0$이 된다. 또한 변환행렬 T^{n-1}는 $n = 2, 3, 4 \cdots$등을 대입하면 아래의 귀납관계가 성립되므로 식 (3)에서 아래와 같이 나선구조의 3 파라미터 r, ω, d와 n만의 함수로 표시되는 목적하는 식을 얻을 수 있다.

$$\begin{pmatrix} x_n \\ y_n \\ z_n \end{pmatrix} = \begin{pmatrix} \cos\omega & -\sin\omega & 0 \\ \sin\omega & \cos\omega & 0 \\ 0 & 0 & 1 \end{pmatrix}^{n-1} \begin{pmatrix} r \\ 0 \\ 0 \end{pmatrix} + \begin{pmatrix} 0 \\ 0 \\ (n-1)d \end{pmatrix}$$

$$= \begin{pmatrix} \cos(n-1)\omega & -\sin(n-1)\omega & 0 \\ \sin(n-1)\omega & \cos(n-1)\omega & 0 \\ 0 & 0 & 1 \end{pmatrix} \begin{pmatrix} r \\ 0 \\ 0 \end{pmatrix} + \begin{pmatrix} 0 \\ 0 \\ (n-1)d \end{pmatrix} \qquad (5)$$

[비고: 이 결과는 식 (1) 및 (2)의 원통좌표로 나타낸 결과와도 일치함을 알 수 있다.]

1. 10 E^3에서 아래의 두 비대칭 행렬 (a) A와 (b) B의 고유치 및 고유벡터를 구하고, 또 각각의 경우 유사변환(식 (1.215))에 의한 대각화가 가능한가도 조사해 보아라.

a) $A = \begin{pmatrix} 4 & 1 & -1 \\ 2 & 5 & -2 \\ 1 & 1 & 2 \end{pmatrix}$ b) $B = \begin{pmatrix} -3 & 1 & -1 \\ -7 & 5 & -1 \\ -6 & 6 & -2 \end{pmatrix}$

풀이

(a) 행렬 A에 대한 고유치를 구하기 위한 특성 행렬식은 아래가 된다(식 (1.176)).

$$\det(A-\lambda I) = \begin{vmatrix} 4-\lambda & 1 & -1 \\ 2 & 5-\lambda & -2 \\ 1 & 1 & 2-\lambda \end{vmatrix}$$

위 행렬식을 전개하면 특성다항식 $f(\lambda) = -\det(A-\lambda I) = \lambda^3 - 11\lambda^2 + 39\lambda - 45$를 얻는다. 혹은 A의 3불변량 $I_A(=I_1) = \mathrm{Tr}\,A = 11$, $II_A(=I_2) = \frac{1}{2}[(\mathrm{Tr}A)^2 - \mathrm{Tr}(A)^2] = \frac{1}{2}(11^2 - 43) = 39$, $III_A(=I_3) = \det A = 45$를 이용하여 식 (1.205)으로부터도 마찬가지 식을 얻을 수 있다. 이제 위 3차 다항식의 한 개의 (유리)근은 $\lambda = 3$임을 알 수 있으므로 나머지 근은 아래와 같이 유클리드 호제법에 의하여 f를 $(\lambda-1)$로 나누면 얻을 수 있다.

3	1	−11	+39	−45
		3	−24	+45
	1	−8	+15	+ 0

따라서 $f(\lambda) = (\lambda-3)(\lambda^2 - 8\lambda + 15) = (\lambda-3)(\lambda-5)(\lambda-3) = (\lambda-3)^2(\lambda-5)$가 되어 A의 세 고유치는 $f(\lambda)=0$을 만족하는 세 근에서 $\lambda_1 = \lambda_2 = 3$, $\lambda_3 = 5$가 된다. 다음에는 고유치에 대응하는 각 고유벡터는 정의식 (1.177)에서 구하면 아래가 된다.

먼저 $\lambda_1 = 3$에 대응하는 두 고유벡터 $\boldsymbol{u}_1$과 $\boldsymbol{u}_2$를 구하면 아래가 된다.

$$\begin{cases} x \ \ +y \ -z=0 \\ 2x+2y-2z=0 \\ x \ \ +y \ -z=0 \end{cases} \qquad \text{혹은} \qquad x+y-z=0$$

따라서 이를 만족하는 대표적인 두 개의 독립해(즉 $c_1\boldsymbol{u}_1+c_2\boldsymbol{u}_2 \neq \mathbf{0}$ 만족, 단 $c_1c_2 \neq 0$)는 $x=1,\ y=-1,\ z=0$ 혹은 $x=1,\ y=0,\ z=1$에서 $\boldsymbol{u}_1=(1\ \ -1\ \ 0)^{\mathrm{T}}$, $\boldsymbol{u}_2=(1\ \ 0\ \ 1)^{\mathrm{T}}$가 된다. 다음에 $\lambda_3=5$에 대응하는 고유벡터 $\boldsymbol{u}_3$는 역시 식 (1.177)에서 구하면 아래가 된다.

$$\begin{cases} -x+y-z=0 \\ 2x \quad -2z=0 \\ x+y-3z=0 \end{cases} \qquad \text{혹은} \qquad x=z=\frac{y}{2}$$

여기서 z는 임의의 변수이므로 1개의 대표적인 해는 $\boldsymbol{u}_3=(1\ \ 2\ \ 1)^{\mathrm{T}}$가 된다. 그런데 두 고유벡터 $\boldsymbol{u}_1$과 $\boldsymbol{u}_2$는 같은 고유치($\lambda=3$)을 가지나 동차식 $x+y-z=0$을 만족하도록 2개의 독립해에서 구해졌으며, 나머지 $\boldsymbol{u}_3$는 다른 고유치($\lambda=5$)에서 구해졌으므로 서로 선형독립 즉 $c_1\boldsymbol{u}_1+c_2\boldsymbol{u}_2+c_3\boldsymbol{u}_3 \neq \mathbf{0}$이다. 다시 말하면 $c_1=c_2=c_3=0$을 제외하고서는 선형결합을 $\mathbf{0}$으로 만드는 상수집합 $\{c_k\}(k=1,2,3)$이 없으므로 위의 3 고유벡터는 같은 평면에 있지 않고, 이들이 형성하는 평형 육면체의 부피(스칼라 3중적) $V=\boldsymbol{u}_1\cdot\boldsymbol{u}_2\times\boldsymbol{u}_3 \neq 0$이 됨을 의미한다.

다음에는 식 (1.215)에 의한 유사(고유)변환을 행하기 위하여 식 (1.213)에서 정의된 (공변)변환 행렬 $\mathrm{Q}=[\boldsymbol{u}_1\ \ \boldsymbol{u}_2\ \ \boldsymbol{u}_3]$ 및 그 역행렬 $\mathrm{Q}^{-1}(\neq \mathrm{Q}^{\mathrm{T}})$를 구하면 아래와 같다.

$$\mathrm{Q}=\begin{pmatrix} 1 & 1 & 1 \\ -1 & 0 & 2 \\ 0 & 1 & 1 \end{pmatrix}, \qquad \mathrm{Q}^{-1}=\frac{1}{2}\begin{pmatrix} 2 & 0 & -2 \\ -1 & -1 & 3 \\ 1 & 1 & -1 \end{pmatrix}$$

[단 여기서 $\mathrm{Q}^{-1} \neq \mathrm{Q}^{\mathrm{T}}$임에 유의해야 한다.]

이로부터 식 (1.215)에 대한 유사(고유)변환을 행하면 아래가 된다.

$$\mathrm{Q}^{-1}\mathrm{AQ}=\frac{1}{2}\begin{pmatrix} 2 & 0 & -2 \\ -1 & -1 & 3 \\ 1 & 1 & -1 \end{pmatrix}\begin{pmatrix} 4 & 1 & -1 \\ 2 & 5 & -2 \\ 1 & 1 & 2 \end{pmatrix}\begin{pmatrix} 1 & 1 & 1 \\ -1 & 0 & 2 \\ 0 & 1 & 1 \end{pmatrix}=\begin{pmatrix} 3 & & \\ & 3 & \\ & & 5 \end{pmatrix}$$

즉 문제 (a)에서 정의된 비대칭 행렬의 경우 비록 3개의 (실)고유치 중 2개가 같은 중근이 존재하나, 3개의 선형독립 (그러나 상호직교는 아님) 고유벡터(기저) $\boldsymbol{u}_1,\ \boldsymbol{u}_2,\ \boldsymbol{u}_3$가 가능하였으므로 이로부터 형성된 변환 행렬 Q(직교행렬은 아님. 즉 $\mathrm{Q}^{\mathrm{T}} \neq \mathrm{Q}^{-1}$)를 이용하여 유사변환을 행한 결과 고유치에 의한 대각화가 이루어졌음을 알 수 있다.

b) 역시 식 (1.176)로부터 B의 고유치를 구하기 위한 특성다항식 $f(\lambda)$는 아래가 된다.

$$f(\lambda) = -\det(\mathrm{B} - \lambda\mathrm{I}) = -\begin{vmatrix} -3-\lambda & 1 & -1 \\ -7 & 5-\lambda & -1 \\ -6 & 6 & -2-\lambda \end{vmatrix} = \lambda^3 - 12\lambda - 16$$

[비고: 위에서 얻어진 특성다항식 $f(\lambda)$는 행렬 B의 3 불변량을 이용하여 식 (1.205)에서도 구할 수 있다.] 여기서 문 (a)에서 언급한 유클리드 호제법을 사용하여 3차 다항식 $f(\lambda)$의 3(유리)근을 구하면 아래가 된다. $f(\lambda) = (\lambda+2)^2(\lambda-4)$ 즉 $f(\lambda) = 0$을 만족하는 세 실근(고유치)는 $\lambda_1 = \lambda_2 = -2$, $\lambda_3 = 4$가 된다. 다음에는 고유벡터에 관한 식 (1.177)에서 먼저 $\lambda = -2$에 대응하는 두 (선형독립) 고유벡터를 구하기 위해 아래식이 얻어진다.

$$\begin{cases} -x + y - z = 0 \\ -7x + 7y - z = 0 \\ -6x + 6y \quad\ = 0 \end{cases} \qquad \text{혹은} \qquad z = 0,\ x = y$$

그런데 위 조건을 만족하는 선형독립인 두 고유벡터 $\boldsymbol{u}_1$, $\boldsymbol{u}_2$는 얻어지지 않고 오직 1종류의 독립해 $\boldsymbol{u}_1 = (1 \quad 1 \quad 0)^{\mathrm{T}}$가 얻어진다. 왜냐하면 만약 $\boldsymbol{u}_2 = (2 \quad 2 \quad 0)^{\mathrm{T}}$라 할 때 이는 $\boldsymbol{u}_2 = 2\boldsymbol{u}_1$(즉 선형종속)가 되어, 선형독립 조건 $c_1\boldsymbol{u}_1 + c_2\boldsymbol{u}_2 \neq 0$(단 c_1, $c_2 \neq 0$)을 만족하지 못하기 때문이다. 다음에는 고유치 $\lambda_3 = 4$에 해당하는 고유벡터 $\boldsymbol{u}_3$를 역시 식 (1.177)에서 구하면 아래가 된다.

$$\begin{cases} -7x + y - z = 0 \\ -7x + y - z = 0 \\ -6x + 6y - 6z = 0 \end{cases} \qquad \text{혹은} \qquad x = 0,\ y = z$$

이 경우 1개의 대표적인 독립해 $\boldsymbol{u}_3 = (0 \quad 1 \quad 1)^{\mathrm{T}}$가 된다 [이는 위에서 구한 고유벡터 $\boldsymbol{u}_1$과는 서로 독립 즉 한 직선상에 없음을 알 수 있다]. 그러나 문제 b)의 비대칭행렬 B는 오직 2개만의 선형독립 고유벡터를 가지므로 식 (1.213)에서 정의된 변환행렬 Q를 형성할 수 없으므로 따라서 식 (1.215)에 의한 대각화는 이루어질 수 없다. 한편 비대칭행렬의 전치(transpose)의 고유치 및 고유벡터와 대각화에 관해서는 예제 1.29 참조하길 바란다.

1.11 3차원 Cartesian (실수)좌표계에서 임의의 비대칭 정칙행렬 T는 아래와 같이 유일한(unique) 두 종류의 형태로 분해될 수 있다.

$$\mathrm{T} = \mathrm{RA} = \mathrm{BR} \tag{1}$$

여기서 R는 직교행렬(즉 $\mathrm{R}^{\mathrm{T}} = \mathrm{R}^{-1}$)로서 주로 회전변환에 관전된 (선형)연산자이고, A 및 B는 양정치(positive definite) 대칭행렬로서 신장(stretching) 변형등에 관련된 선형연산자이다. 이때 식 (1)의 두 내적(곱) RA 및 BR은 각각 T의 오른편 및 왼편 '극분해(polar decomposition)’라고 부른다.

이때 대칭행렬 A 및 B는 각각 아래와 같이 구해진다.

$$\mathrm{A} = \mathrm{C}^{1/2} = (\mathrm{T}^{\mathrm{T}}\,\mathrm{T})^{1/2},\ \mathrm{A}^2 = \mathrm{C} = \mathrm{T}^{\mathrm{T}}\,\mathrm{T} \tag{2}$$

$$\mathrm{B} = \mathrm{E}^{1/2} = (\mathrm{T}\,\mathrm{T}^{\mathrm{T}})^{1/2},\ \mathrm{B}^2 = \mathrm{E} = \mathrm{T}\,\mathrm{T}^{\mathrm{T}} \tag{3}$$

실제 A 및 B는 임의의 실대칭행렬 S의 유사변환에 의해 대각화(식 (1.215) 참조)시 아래의 관계(단 $n = \frac{1}{2}, 1, -\frac{1}{2}, -1$ 등)를 이용하여 구한다.

$$\mathrm{Q}^{-1}\mathrm{SQ} = \Lambda,\ \mathrm{S} = \mathrm{Q}\Lambda\mathrm{Q}^{-1} \quad \Leftrightarrow \quad \mathrm{Q}^{-1}\mathrm{S}^n\mathrm{Q} = \Lambda^n,\ \mathrm{S}^n = \mathrm{Q}\Lambda^n\mathrm{Q}^{-1} \tag{4}$$

여기서 Q는 S의 3 정규직교화된 고유벡터를 열벡터로 가지는 직교변환행렬이다. 이와같이 대칭행렬 A 또는 B가 구해지면, 직교행렬 R를 아래와 같이 얻어진다.

$$\mathrm{R} = \mathrm{TA}^{-1} = \mathrm{B}^{-1}\mathrm{T} \tag{5}$$

이제 이를 이용하여 아래에 주어진 비대칭행렬 T의 (a) 오른쪽 및 (b) 왼편 극분해를 각각 행하고, 결과를 서로 비교하여라.

$$\mathrm{T} = \begin{pmatrix} 0 & -1 & 2 \\ 2 & -1 & 0 \\ -1 & 3 & -1 \end{pmatrix}$$

풀이

(a) 식 (2)에 정의된 오른편 극분해의 양정치 대칭텐서(행렬) A를 식 (4)를 이용하여 구하기 위해 먼저 (2)로 정의된 (양정치)대칭행렬 $\mathrm{C}(=\mathrm{T}^{\mathrm{T}}\,\mathrm{T})$의 3(실)고유치 λ_k^2과 그에 대응하는 세 정규직교 고유벡터 $\boldsymbol{u}_k$를 통상의 방법인 식 (1.176) 및 (1.177)에 의해 구하면 아래와 같다

$$\lambda_1^2 = 1:\ \boldsymbol{u}_1 = \frac{1}{\sqrt{3}}(1 \quad 1 \quad 1)^{\mathrm{T}};\ \lambda_2^2 = 4:\ \boldsymbol{u}_2 = \frac{1}{\sqrt{2}}(1 \quad 0 \quad -1)^{\mathrm{T}};$$

$$\lambda_3^2 = 16:\ \boldsymbol{u}_3 = \frac{1}{\sqrt{6}}(1 \quad -2 \quad 1)^{\mathrm{T}}$$

[비고: 고유벡터 $\boldsymbol{u}_k$는 Cartesian 기저계 $\boldsymbol{e}_i$로 나타내었으며, $\boldsymbol{u}_i \cdot \boldsymbol{u}_j = \delta_{ij}$가 됨을 알 수 있다.]

이로부터 직교(공변)변환행렬(텐서) Q를 식 (1.213)에 따라 구하면 아래가 된다.

$$Q=(\boldsymbol{u}_1\ \boldsymbol{u}_2\ \boldsymbol{u}_3)=\begin{pmatrix}\frac{1}{\sqrt{3}} & \frac{1}{\sqrt{2}} & \frac{1}{\sqrt{6}}\\ \frac{1}{\sqrt{3}} & 0 & -\frac{2}{\sqrt{6}}\\ \frac{1}{\sqrt{3}} & -\frac{1}{\sqrt{2}} & \frac{1}{\sqrt{6}}\end{pmatrix}\leftrightarrow Q^{-1}(=Q^T)=\begin{pmatrix}\frac{1}{\sqrt{3}} & \frac{1}{\sqrt{3}} & \frac{1}{\sqrt{3}}\\ \frac{1}{\sqrt{2}} & 0 & -\frac{1}{\sqrt{2}}\\ \frac{1}{\sqrt{6}} & -\frac{1}{\sqrt{2}} & \frac{1}{\sqrt{6}}\end{pmatrix}$$

다음에는 식 (4)에 의해 요구되는 오른편 대칭행렬(텐서) A를 아래와 같이 구한다.

$$A=(T^TT)^{1/2}=Q\overline{A}(=\Lambda^{1/2})Q^T$$

$$=\begin{pmatrix}\frac{1}{\sqrt{3}} & \frac{1}{\sqrt{2}} & \frac{1}{\sqrt{6}}\\ \frac{1}{\sqrt{3}} & 0 & -\frac{2}{\sqrt{6}}\\ \frac{1}{\sqrt{3}} & -\frac{1}{\sqrt{2}} & \frac{1}{\sqrt{6}}\end{pmatrix}\begin{pmatrix}1 & 0 & 0\\ 0 & 2 & 0\\ 0 & 0 & 4\end{pmatrix}\begin{pmatrix}\frac{1}{\sqrt{3}} & \frac{1}{\sqrt{3}} & \frac{1}{\sqrt{3}}\\ \frac{1}{\sqrt{2}} & 0 & -\frac{1}{\sqrt{2}}\\ \frac{1}{\sqrt{6}} & -\frac{2}{\sqrt{6}} & \frac{1}{\sqrt{6}}\end{pmatrix}=\begin{pmatrix}2 & -1 & 0\\ -1 & 3 & -1\\ 0 & -1 & 2\end{pmatrix}$$

다음에는 식 (4)를 사용하여 A의 역행렬 A^{-1}를 구한다.

$$A^{-1}=(T^TT)^{-1/2}=Q\overline{A}^{-1}(=\Lambda^{-1/2})Q^T$$

$$=\begin{pmatrix}\frac{1}{\sqrt{3}} & \frac{1}{\sqrt{2}} & \frac{1}{\sqrt{6}}\\ \frac{1}{\sqrt{3}} & 0 & -\frac{2}{\sqrt{6}}\\ \frac{1}{\sqrt{3}} & -\frac{1}{\sqrt{2}} & \frac{1}{\sqrt{6}}\end{pmatrix}\begin{pmatrix}1 & 0 & 0\\ 0 & \frac{1}{2} & 0\\ 0 & 0 & \frac{1}{4}\end{pmatrix}\begin{pmatrix}\frac{1}{\sqrt{3}} & \frac{1}{\sqrt{3}} & \frac{1}{\sqrt{3}}\\ \frac{1}{\sqrt{2}} & 0 & -\frac{1}{\sqrt{2}}\\ \frac{1}{\sqrt{6}} & -\frac{2}{\sqrt{6}} & \frac{1}{\sqrt{6}}\end{pmatrix}=\begin{pmatrix}\frac{15}{24} & \frac{1}{4} & \frac{1}{8}\\ \frac{1}{4} & \frac{1}{2} & \frac{1}{4}\\ \frac{1}{8} & \frac{1}{4} & \frac{15}{24}\end{pmatrix}$$

[비고: 이 결과는 역행렬의 정의에 의해 A의 역을 바로 구해도 얻어짐]
따라서 오른편 극분해의 직교행렬(텐서) R는 식 (5)에서 바로 얻어진다.

$$R=TA^{-1}=\begin{pmatrix}0 & -1 & 2\\ 2 & -1 & 0\\ -1 & 3 & -1\end{pmatrix}\begin{pmatrix}\frac{15}{24} & \frac{1}{4} & \frac{1}{8}\\ \frac{1}{4} & \frac{1}{2} & \frac{1}{4}\\ \frac{1}{8} & \frac{1}{4} & \frac{15}{24}\end{pmatrix}=\begin{pmatrix}0 & 0 & 1\\ 1 & 0 & 0\\ 0 & 1 & 0\end{pmatrix}$$

행렬 R을 검사해 보면 $R^T=R^{-1}$(즉 $RR^T=I$)이 성립되어 직교행렬인 것을 알 수 있다.
즉 이로부터 주어진 정칙행렬 T의 (유일한) 오른편 극분해 $T=RA$가 완성된다.

(b) 식 (3)으로 정의된 왼편 극분해의 (양정치)대칭행렬(텐서) B를 역시 식 (4)를 사용하여 구하기 위하여 먼저 식 (3)으로 정의된 대칭행렬 $E(=TT^T)$를 아래와 같이 구한다.

$$\mathrm{E}=\mathrm{B}^2=\mathrm{T}\mathrm{T}^{\mathrm{T}}=\begin{pmatrix}5 & 1 & -5\\ 1 & 5 & -5\\ -5 & -5 & 11\end{pmatrix}\quad\left[\text{참고}:\mathrm{C}=\mathrm{A}^2=\mathrm{T}^{\mathrm{T}}\mathrm{T}=\begin{pmatrix}5 & -5 & 1\\ -5 & 11 & -5\\ 1 & -5 & 5\end{pmatrix}\right]$$

얻어진 대칭행렬 E의 3 (실)고유치($\lambda_k{}^2$)와 대응하는 3 정규직교 고유벡터($\boldsymbol{u}_k$)를 식 (1.176)과 (1.177)에 의해 구한 결과만을 소개하면 아래와 같다.

$$\lambda_1{}^2=1:\ \boldsymbol{u}_1=\begin{pmatrix}\frac{1}{\sqrt{3}} & \frac{1}{\sqrt{3}} & \frac{1}{\sqrt{3}}\end{pmatrix}^{\mathrm{T}};\ \lambda_2{}^2=4:\ \boldsymbol{u}_2=\begin{pmatrix}\frac{1}{\sqrt{2}} & -\frac{1}{\sqrt{2}} & 0\end{pmatrix}^{\mathrm{T}};$$

$$\lambda_3{}^2=16:\ \boldsymbol{u}_3=\begin{pmatrix}\frac{1}{\sqrt{6}} & \frac{1}{\sqrt{6}} & -\frac{2}{\sqrt{6}}\end{pmatrix}^{\mathrm{T}}$$

[비고: E의 3 고유벡터 $\boldsymbol{u}_k$는 Cartesian 기저계 $\boldsymbol{e}_i$로 나타내었으며, $\boldsymbol{u}_i\cdot\boldsymbol{u}_j=\delta_{ij}$가 됨을 알 수 있다.]
이 결과를 이용하여 직교(변환)행렬 Q를 식 (1.213)에 따라 구하면 아래가 된다.

$$\mathrm{Q}=(\boldsymbol{u}_1\ \boldsymbol{u}_2\ \boldsymbol{u}_3)=\begin{pmatrix}\frac{1}{\sqrt{3}} & \frac{1}{\sqrt{2}} & \frac{1}{\sqrt{6}}\\ \frac{1}{\sqrt{3}} & -\frac{1}{\sqrt{2}} & \frac{1}{\sqrt{6}}\\ \frac{1}{\sqrt{3}} & 0 & -\frac{2}{\sqrt{6}}\end{pmatrix}\leftrightarrow \mathrm{Q}^{-1}(=\mathrm{Q}^{\mathrm{T}})=\begin{pmatrix}\frac{1}{\sqrt{3}} & \frac{1}{\sqrt{3}} & \frac{1}{\sqrt{3}}\\ \frac{1}{\sqrt{2}} & -\frac{1}{\sqrt{2}} & 0\\ \frac{1}{\sqrt{6}} & \frac{1}{\sqrt{6}} & -\frac{2}{\sqrt{6}}\end{pmatrix}$$

다음에는 식 (4)를 사용하여 요구되는 왼편 대칭행렬 B를 아래와 같이 구한다.

$$\mathrm{B}=(\mathrm{T}\mathrm{T}^{\mathrm{T}})^{1/2}=\mathrm{Q}\overline{\mathrm{B}}\,(=\Lambda^{1/2})\mathrm{Q}^{\mathrm{T}}$$

$$=\begin{pmatrix}\frac{1}{\sqrt{3}} & \frac{1}{\sqrt{2}} & \frac{1}{\sqrt{6}}\\ \frac{1}{\sqrt{3}} & -\frac{1}{\sqrt{2}} & \frac{1}{\sqrt{6}}\\ \frac{1}{\sqrt{3}} & 0 & -\frac{2}{\sqrt{6}}\end{pmatrix}\begin{pmatrix}1 & 0 & 0\\ 0 & 2 & 0\\ 0 & 0 & 4\end{pmatrix}\begin{pmatrix}\frac{1}{\sqrt{3}} & \frac{1}{\sqrt{3}} & \frac{1}{\sqrt{3}}\\ \frac{1}{\sqrt{2}} & -\frac{1}{\sqrt{2}} & 0\\ \frac{1}{\sqrt{6}} & \frac{1}{\sqrt{6}} & -\frac{2}{\sqrt{6}}\end{pmatrix}=\begin{pmatrix}2 & 0 & -1\\ 0 & 2 & -1\\ 1 & -1 & 3\end{pmatrix}$$

다음에는 역시 식 (4)를 사용하여 B^{-1}를 구한다.

$$\mathrm{B}^{-1}=(\mathrm{T}\mathrm{T}^{\mathrm{T}})^{-1/2}=\mathrm{Q}\overline{\mathrm{B}}^{-1}(=\Lambda^{-1/2})\mathrm{Q}^{\mathrm{T}}$$

$$=\begin{pmatrix}\frac{1}{\sqrt{3}} & \frac{1}{\sqrt{2}} & \frac{1}{\sqrt{6}}\\ \frac{1}{\sqrt{3}} & -\frac{1}{\sqrt{2}} & \frac{1}{\sqrt{6}}\\ \frac{1}{\sqrt{3}} & 0 & -\frac{2}{\sqrt{6}}\end{pmatrix}\begin{pmatrix}1 & 0 & 0\\ 0 & \frac{1}{2} & 0\\ 0 & 0 & \frac{1}{4}\end{pmatrix}\begin{pmatrix}\frac{1}{\sqrt{3}} & \frac{1}{\sqrt{3}} & \frac{1}{\sqrt{3}}\\ \frac{1}{\sqrt{2}} & -\frac{1}{\sqrt{2}} & 0\\ \frac{1}{\sqrt{6}} & \frac{1}{\sqrt{6}} & -\frac{2}{\sqrt{6}}\end{pmatrix}=\frac{1}{8}\begin{pmatrix}5 & 1 & 2\\ 1 & 5 & 2\\ 2 & 2 & 4\end{pmatrix}$$

[비고: 이 결과는 역행렬의 정의에 의해 B의 역을 바로 구해도 얻어짐.]

이로부터 왼편 극분해의 직교행렬(텐서) R는 식 (5)에서 바로 얻어진다.

$$R = B^{-1}T = \frac{1}{8}\begin{pmatrix} 5 & 1 & 2 \\ 1 & 5 & 2 \\ 2 & 2 & 4 \end{pmatrix}\begin{pmatrix} 0 & -1 & 2 \\ 2 & -1 & 0 \\ -1 & 3 & -1 \end{pmatrix} = \begin{pmatrix} 0 & 0 & 1 \\ 1 & 0 & 0 \\ 0 & 1 & 0 \end{pmatrix}$$

그런데 이 결과는 오른편 분해에 대한 식 (5)에 의한 결과와 동일함을 알 수 있다. 이로부터 주어진 정칙행렬 T의 (유일한) 왼편 극분해 $T = BR$가 완성된다.

그런데 만약 문제 (a)로부터 대칭행렬 A가 구해지고, 왼편 및 오른편 극분해에 공통인 직교행렬 R를 안다면 극분해 정의식 (1)에서 B는 아래의 관계에서 바로 구해진다(그 역도 마찬가지).

$$B = RAR^{-1}(= R^T) \leftrightarrow A = R^{-1}(= R^T)BR$$

이 관계는 위에서 얻어진 결과를 이용하여 확인될 수 있다.

1. 12 3 물리적 변수(미지수) x, y 및 z를 구하기 위한 4 종류의 실험측정으로부터, 아래와 같이 서로 불일치한 결과를 얻었다.

$$13x + 22y - 13z = 4$$

$$10x - 8y - 10z = 44$$

$$10x - 8y - 10z = 47$$

$$9x - 18y - 9z = 72 \tag{1}$$

이 결과에 대해 특이값 분해(SVD) 방법을 사용하여 최적의 x, y 및 z값을 찾아라. 선형 연립 방정식 $A\boldsymbol{x} = \boldsymbol{b}$에서 행렬 A의 영공간(null space)을 밝히고, 이로부터 일반 SVD 해도 구하여라.

풀이

식 (1.269)에 의한 행렬 A의 SDV 분해를 찾기 위해 우선 아래의 실 대칭행렬 $A^\dagger(= A^T)A$의 값을 계산한다.

$$A^\dagger A = \begin{pmatrix} 13 & 10 & 10 & 9 \\ 22 & -8 & -8 & -18 \\ -13 & -10 & -10 & -9 \end{pmatrix}\begin{pmatrix} 13 & 22 & -13 \\ 10 & -8 & -10 \\ 10 & -8 & -10 \\ 9 & -18 & -9 \end{pmatrix} = \begin{pmatrix} 450 & -36 & -450 \\ -36 & 936 & 36 \\ -450 & 36 & 450 \end{pmatrix} \tag{2}$$

다음에는 얻어진 대칭행렬 (2)의 3 (실)고유치를 특성식 (1.176)으로부터 구한다.

$$|A^{\dagger}A - \lambda| = \begin{vmatrix} 450-\lambda & -36 & -450 \\ -36 & 936-\lambda & 36 \\ -450 & 36 & 450-\lambda \end{vmatrix} = \begin{vmatrix} -\lambda & 0 & -\lambda \\ -36 & 936-\lambda & 36 \\ -450 & 36 & 450-\lambda \end{vmatrix}$$

$$= -\lambda(\lambda^2 - 1836\lambda + 839808) = -\lambda(\lambda - 864)(\lambda - 972) \tag{3}$$

이로부터 A의 3 특이값 $s_i (= \sqrt{\lambda_i})$는 $s_1 > s_2 > s_3$순으로 각각 $\sqrt{972} = 18\sqrt{3}$, $\sqrt{864} = 12\sqrt{6}$ 및 0이 된다. 여기에 대응하는 3 정규직교화된 고유벡터 $\boldsymbol{v}_i = (x_1, x_2, x_3)^{\mathrm{T}}$는 식 (1.177)으로부터 아래와 같이 계산된다(이로부터 이들을 열벡터로 가지는 유니터리 행렬 V가 얻어짐).

$$-522x_1 - 36x_2 - 450x_3 = 0$$

$$-36x_1 - 36x_2 + 36x_3 = 0 \quad \Rightarrow \boldsymbol{v}_1 = \frac{1}{\sqrt{6}}(1, -2, -1)^{\mathrm{T}}$$

$$-414x_1 - 36x_2 - 450x_3 = 0$$

$$-36x_1 - 72x_2 + 36x_3 = 0 \quad \Rightarrow \boldsymbol{v}_2 = \frac{1}{\sqrt{3}}(1, 1, -1)^{\mathrm{T}}$$

$$450x_1 - 36x_2 - 450x_3 = 0$$

$$-36x_1 + 936x_2 + 36x_3 = 0 \quad \Rightarrow \boldsymbol{v}_3 = \frac{1}{\sqrt{2}}(1, 0, 1)^{\mathrm{T}} \tag{4}$$

특이값 $s_3 = 0$는 이에 대응하는 고유벡터 $\boldsymbol{v}_3$가 A의 영공간에 있는 벡터(즉 영공간의 차원은 $N-r = 3-2 = 1$임)을 의미하며, 따라서 식 (1.252)에 의해 A의 계수 $r = R(\mathrm{A}) = 2(\because N(\mathrm{A}) = 1$이므로)가 된다(이 때 $\mathrm{A}\boldsymbol{v}_3 = \mathbf{0}$ 됨).

다음에는 대칭행렬 $\mathrm{AA}^{\dagger}(= \mathrm{A}^{\mathrm{T}})$의 정규직교화된 고유벡터 $\boldsymbol{u}_1$과 $\boldsymbol{u}_2$는 식 (1.275)에서 $\boldsymbol{u}_i = (s_i)^{-1}\mathrm{A}\boldsymbol{v}_i$에 의해 아래와 같이 얻어진다.

$$\boldsymbol{u}_1 = \frac{1}{18\sqrt{3}}\frac{1}{\sqrt{6}}\begin{pmatrix} 13 & 22 & -13 \\ 10 & -8 & -10 \\ 10 & -8 & -10 \\ 9 & -18 & -9 \end{pmatrix}\begin{pmatrix} 1 \\ -2 \\ -1 \end{pmatrix} = \frac{1}{3\sqrt{2}}\begin{bmatrix} -1 \\ 2 \\ 2 \\ 3 \end{bmatrix}$$

$$\boldsymbol{u}_2 = \frac{1}{12\sqrt{6}}\frac{1}{\sqrt{3}}\begin{pmatrix} 13 & 22 & -13 \\ 10 & -8 & -10 \\ 10 & -8 & -10 \\ 9 & -18 & -9 \end{pmatrix}\begin{pmatrix} 1 \\ 1 \\ -1 \end{pmatrix} = \frac{1}{3\sqrt{2}}\begin{bmatrix} 4 \\ 1 \\ 1 \\ 0 \end{bmatrix} \tag{5}$$

그리고 나머지 두 고유벡터 $\boldsymbol{u}_3$ 및 $\boldsymbol{u}_4$는 그들의 열벡터로 가지는 행렬 U가 유니터리(즉 $\mathrm{U}^{\dagger} = \mathrm{U}^{-1}$)가 되기 위해 $\mathrm{A}^{\dagger}\boldsymbol{u}_i = \mathbf{0}$(단 $i = r+1, r+2, \cdots, M$ 즉 $i = 3, 4$)을 만족해야하고, 또한 $\boldsymbol{u}_1$, $\boldsymbol{u}_2$와 정규직교성의 조건에서 아래와 같이 얻어진다.

$$\boldsymbol{u}_3 = \frac{1}{\sqrt{2}}(0, -1, 1, 0)^{\mathrm{T}} \text{ 및 } \boldsymbol{u}_4 = \frac{1}{\sqrt{18}}(1, -2, -2, 3)^{\mathrm{T}} \tag{6}$$

따라서 행렬 A의 특이값 분해(SDV) $\mathrm{A} = \mathrm{USV}^{\dagger}$가 아래와 같이 얻어진다.

$$\mathrm{A} = \frac{1}{N}\begin{pmatrix} -1 & 4 & 0 & 1 \\ 2 & 1 & -3 & -2 \\ 2 & 1 & 3 & -2 \\ 3 & 0 & 0 & 3 \end{pmatrix}\begin{pmatrix} 18\sqrt{3} & 0 & 0 \\ 0 & 12\sqrt{6} & 0 \\ 0 & 0 & 0 \\ 0 & 0 & 0 \end{pmatrix}\begin{pmatrix} 1 & -2 & -1 \\ \sqrt{2} & \sqrt{2} & -\sqrt{2} \\ \sqrt{3} & 0 & \sqrt{3} \end{pmatrix} \tag{7}$$

여기서 $N = \sqrt{18} \times \sqrt{6}$ 이다.

이제 연립방정식 $\mathrm{A}\boldsymbol{x} = \boldsymbol{b}$의 해에 대한 우변에서 $\mathrm{R} = \mathrm{V}\bar{\mathrm{S}}\mathrm{U}^{\dagger}$로 두면 위 결과를 사용하여 아래와 같이 얻어진다.

$$\mathrm{R} = \frac{1}{N}\begin{pmatrix} 1 & \sqrt{2} & \sqrt{3} \\ -2 & \sqrt{2} & 0 \\ -1 & -\sqrt{2} & \sqrt{3} \end{pmatrix}\begin{pmatrix} \frac{1}{18\sqrt{3}} & 0 & 0 & 0 \\ 0 & \frac{1}{12\sqrt{6}} & 0 & 0 \\ 0 & 0 & 0 & 0 \end{pmatrix}\begin{pmatrix} -1 & 2 & 2 & 3 \\ 4 & 1 & 1 & 0 \\ 0 & -3 & 3 & 0 \\ 1 & -2 & -2 & 3 \end{pmatrix}$$

$$= \frac{1}{N}\begin{pmatrix} \frac{1}{18\sqrt{3}} & \frac{1}{12\sqrt{3}} & 0 & 0 \\ -\frac{1}{9\sqrt{3}} & \frac{1}{12\sqrt{3}} & 0 & 0 \\ -\frac{1}{18\sqrt{3}} & -\frac{1}{12\sqrt{3}} & 0 & 0 \end{pmatrix}\begin{pmatrix} -1 & 2 & 2 & 3 \\ 4 & 1 & 1 & 0 \\ 0 & -3 & 3 & 0 \\ 1 & -2 & -2 & 3 \end{pmatrix}$$

$$= \frac{1}{\sqrt{108}}\frac{1}{36\sqrt{3}}\begin{pmatrix} 10 & 7 & 7 & 6 \\ 16 & -5 & -5 & -12 \\ -10 & -7 & -7 & -6 \end{pmatrix}$$

이로부터 연립방정식 $\mathrm{A}\boldsymbol{x} = \boldsymbol{b}$의 SVD법에 의한 최적의 해는 $\boldsymbol{x} = \mathrm{R}\boldsymbol{b}$로 아래와 같이 구해진다.

$$\boldsymbol{x} = \mathrm{R}\boldsymbol{b} = \frac{1}{648}\begin{pmatrix} 10 & 7 & 7 & 6 \\ 16 & -5 & -5 & -12 \\ -10 & -7 & -7 & -6 \end{pmatrix}\begin{bmatrix} 4 \\ 44 \\ 47 \\ 72 \end{bmatrix} = \begin{pmatrix} 1.711 \\ -1.937 \\ -1.711 \end{pmatrix} \tag{9}$$

마지막으로, 위에서 언급한 바와 같이 A의 영공간은 특이값 $s_3 = 0$에 해당하는 $\mathrm{A}^{\dagger}\mathrm{A}$의 고유벡터 $\boldsymbol{v}_3 = \frac{1}{\sqrt{2}}(1\ 0\ 1)^{\mathrm{T}}$에 의해 스팬(span)되며, 따라서 일반 SVD 해 $\boldsymbol{x}$는 (임의의)상수 λ를 사용하여 식 (9) 대신 아래와 같이 나타내진다.

$$(1.71 + \lambda,\ -1.94,\ -1.71 + \lambda)^{\mathrm{T}} \tag{10}$$

1. 13 3 연결된 진자(coupled pendulums)가 그들의 현수점(suspension point)을 포함하는 수평선에 수직으로 진동하며, 아래 식을 만족한다.

$$-m\ddot{x}_1 = cmx_1 + d(x_1 - x_2)$$

$$-M\ddot{x}_2 = cMx_2 + d(x_2 - x_1) + d(x_2 - x_3)$$

$$-m\ddot{x}_3 = cmx_3 + d(x_3 - x_2) \tag{1}$$

여기서 x_1, x_2 및 x_3는 평형점에서 측정된 거리이며, m, M 및 m은 각각 3 진자의 질량, 그리고 c 및 d는 양의 상수이다. 이 때 진동의 정규(각)진동수를 찾고, 또 대응하는 진동의 패턴을 스케치하라. 그리고 만약 $d \to 0$혹은 $d \to \infty$라면 어떻게 될까?

풀이

정규모드(normal mode)에서의 3 좌표 x_i는 모두 같은 진동수, 같은 상대 위상을 갖고 진동한다. 만약 해 $x_i = X_i \cos\omega t$의형태(여기서 X_i는 진폭에 해당하는 고정상수)를 가정한다면, 위 운동방정식은 아래의 행렬 형태로 간단히 기술된다.

$$\begin{pmatrix} cm+d-m\omega^2 & -d & 0 \\ -d & cM+2d-M\omega^2 & -d \\ 0 & -d & cm+d-m\omega^2 \end{pmatrix} \begin{pmatrix} X_1 \\ X_2 \\ X_3 \end{pmatrix} = \mathbf{0} \tag{2}$$

여기서 연립제차방정식 (2)가 $\mathbf{0}$이 아닌 해를 갖기 위해서는 아래의 식이 만족되어야 한다.

$$0 = \begin{vmatrix} (c-\omega^2)m+d & -d & 0 \\ -d & (c-\omega^2)M+2d & -d \\ 0 & -d & (c-\omega^2)m+d \end{vmatrix}$$

$$= \begin{vmatrix} (c-\omega^2)m+d & 0 & -(c-\omega^2)m-d \\ -d & (c-\omega^2)M+2d & -d \\ 0 & -d & (c-\omega^2)m+d \end{vmatrix}$$

$$= [(c-\omega^2)m+d]\{[(c-\omega^2)M+2d][(c-\omega^2)m+d]-d^2-d^2\}$$

$$= (cm-m\omega^2+d)(c-\omega^2)[Mm(c-\omega^2)+2dm+dM] \tag{3}$$

위 식에서 3 정규(각)진동수는 각각 아래가 된다.

$$\omega^2 = c,\ \omega^2 = c+\frac{d}{m} \text{ 및 } \omega^2 = c+\frac{2d}{M}+\frac{d}{m} \tag{4}$$

여기서 구하는 제차해(homogeneous solution)를 $\boldsymbol{X} = (X_1, X_2, X_3)^{\mathrm{T}}$ 라고 하면 식 (2)로부터 각 $\omega_k{}^2$에 대응하는 제차해 $\boldsymbol{X}_k$는 아래와 같이 얻어진다.

(i) $\omega^2 = c$: $dX_1 - dX_2 = 0,$

$$-dX_1 + 2dX_2 - dX_3 = 0, \quad \Rightarrow \boldsymbol{X}_1 = (1, 1, 1)^{\mathrm{T}}$$

(ii) $\omega^2 = c + \dfrac{d}{m}$: $-dX_2 = 0,$

$$-dX_1 + \left(-\frac{dM}{m} + 2d\right)X_2 - dX_3 = 0, \quad \Rightarrow \boldsymbol{X}_2 = (1, 0, -1)^{\mathrm{T}}$$

(iii) $\omega^2 = c + \dfrac{2d}{M} + \dfrac{d}{m}$: $\left[\left(-\dfrac{2d}{M} - \dfrac{d}{m}\right)m + d\right]X_1 - dX_2 = 0,$

$$-dX_2 + \left[\left(-\frac{2d}{M} - \frac{d}{m}\right)m + d\right]X_3 = 0, \quad \Rightarrow \boldsymbol{X}_3 = \left(1, -\frac{2m}{M}, 1\right)^{\mathrm{T}} \tag{5}$$

각 정규(진동)모드에 대응하는 패턴을 아래 그림에 나타내었다.

그리고 만약 $d \to 0$인 경우는, 3 진동은 연결이 없어지고(decoupled), 각 진자는 일정 각진동수 $\sqrt{c}$ 를 갖고 독립적으로 진동한다.

또한 만약 $d \to \infty$인 경우는, 3 진자는 견고하게 연결되어있다. 그리고 제 2및 제 3모드는 (이론적으로)무한대의 (각)진동수를 가지며, 제로 진폭이 된다. 이 경우 유일하게 지탱되는 모드는 그림의 경우 (b)에 해당되는 것으로서, 모든 진자는 각 진동수 $\sqrt{c}$ 를 가진 한 개체(entity)로서 진동한다.

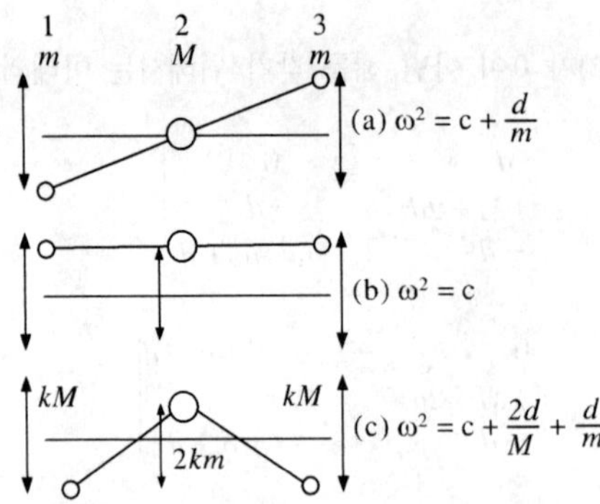

그림. 문 1.13의 서로 연결된 진자(coupled pendulums)에 대해 위에서 관측된 3 정규진동모드.

1. 14 아래 그림에 나타낸 바와 같이 3개의 같은 축전기(capacitor)와 2개의 다른 유도기(inductor)로 구성된 전기회로를 생각해보자. 두 개의 완전한 폐회로(loop)의 전체 전압(voltage) 변화에 대

한 Kirchhoff (제 2)법칙(즉 어떤 폐회로 또는 메쉬(mesh) 주위의 전 전압의 합은 에너지보존 원리 때문에 0이 됨)을 축전기 상의 전하량 Q_i와 각 성분을 통과하는 전류 $I_i(=\dot{Q}_i)$항으로 나타내어라. 또한 어떤 분지점(branch point)을 통과하는 전류의 합은 전하량 보존 때문에 0이 되는 Kirchhoff 제 1법칙에서 $Q_3 = Q_1 - Q_2$가 성립되므로, 폐회로에 대한 식을 (1.299) 즉 아래의 형태로 나타내어라.

$$\mathrm{A}\ddot{\boldsymbol{Q}} + \mathrm{B}\boldsymbol{Q} = \mathbf{0}, \quad \text{여기서 } \boldsymbol{Q} = (\mathrm{Q}_1\ \mathrm{Q}_2)^{\mathrm{T}} \tag{1}$$

이로부터 이 회로에 대한 정규(각)진동수가 아래 식으로 주어짐을 보여라.

$$\omega^2 = \frac{1}{CL_1 L_2}[L_1 + L_2 \pm (L_1{}^2 + L_2{}^2 - L_1 L_2)^{1/2}] \tag{2}$$

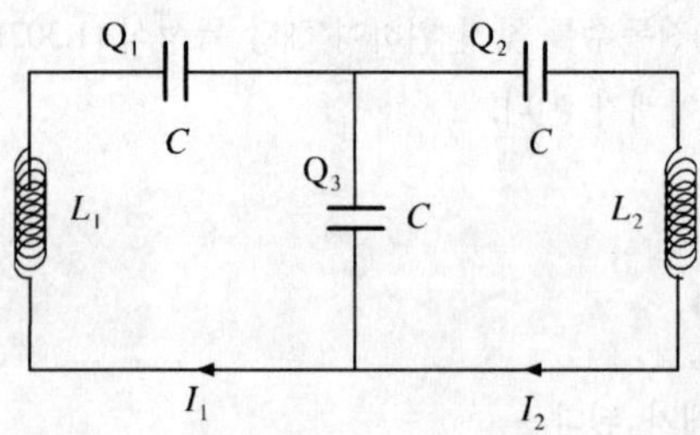

그림. 문 1.14에 대한 전기회로

또한 여러 축전기에(통상 $Q^2/2C$의 형태로) 저장된 전 퍼텐셜 에너지와 유도기에(통상 $LI^2/2$의 형태로) 저장된 전 운동에너지를 구하여 위와 같은 결과를 얻어 보아라.
마지막으로 $L_1 = L_2 = L$이 되는 특수한 경우에 적절한 고유벡터 $\boldsymbol{Q} = (Q_1\ Q_2)^{\mathrm{T}}$를 구하고, 또 그 때 회로내의 전류 ($I$)흐름의 거동에 대해서도 설명하라.

풀이

그림의 왼쪽 닫힌 회로(loop)와 전체 닫힌 회로의 각각에 대해 Kirchhoff (제 2)법칙을 적용하면 아래를 얻는다.

$$L_1\dot{I}_1 + \frac{Q_1}{C} + \frac{Q_3}{C} = 0$$

$$L_1\dot{I}_1 + \frac{Q_1}{C} + \frac{Q_2}{C} + L_2\dot{I}_2 = 0 \tag{3}$$

여기서

$$I_1 = \dot{Q}_1,\ I_2 = \dot{Q}_2 \text{ 및 } I_1 - I_2 = \dot{Q}_3 = \dot{Q}_1 - \dot{Q}_2 \tag{4}$$

식 (3)을 전류항 $I_i(=\dot{Q}_i)$ 대신 전하량 Q_i 및 그의 시간 미분으로 나타내면 아래가 된다.

$$L_1\ddot{Q}_1 + \frac{Q_1}{C} + \frac{Q_1 - Q_2}{C} = 0$$

$$L_1\ddot{Q}_1 + \frac{Q_1}{C} + \frac{Q_2}{C} + L_2\ddot{Q}_2 = 0 \tag{5}$$

다시 식 (5)를 행렬형태 즉 $\mathrm{A}\ddot{\boldsymbol{Q}} + \mathrm{B}\boldsymbol{Q} = \mathbf{0}$ 로 나타내면 아래가 된다.

$$\begin{pmatrix} L_1 & 0 \\ L_1 & L_2 \end{pmatrix}\begin{pmatrix} \ddot{Q}_1 \\ \ddot{Q}_2 \end{pmatrix} + \begin{pmatrix} 2C^{-1} & -C^{-1} \\ C^{-1} & C^{-1} \end{pmatrix}\begin{pmatrix} Q_1 \\ Q_2 \end{pmatrix} = \begin{pmatrix} 0 \\ 0 \end{pmatrix} \tag{6}$$

이 문제에 관련된 정규 (각)진동수를 찾기 위하여 해당 특성식 (1.302) $|\mathrm{B} - \omega^2 \mathrm{A}| = 0$을 풀어야 한다. 여기서 양변에 C를 곱하면 아래가 된다.

$$\begin{vmatrix} 2-\omega^2 L_1 C & -1 \\ 1-\omega^2 L_1 C & 1-\omega^2 L_2 C \end{vmatrix} = 0 \tag{7}$$

이 행렬식을 전개하면 아래가 된다.

$$2 - (L_1 + 2L_2)C\omega^2 + L_1 L_2 C^2 \omega^4 + 1 - L_1 C\omega^2 = 0$$

즉

$$L_1 L_2 C^2 \omega^4 - 2(L_1 + L_2)C\omega^2 + 3 = 0 \tag{8}$$

여기서 구하는 두 정규(각)진동수는 아래가 된다.

$$\omega^2 = \frac{(L_1 + L_2)C \pm \sqrt{(L_1 + L_2)^2 C^2 - 3L_1 L_2 C^2}}{L_1 L_2 C^2}$$

$$= \frac{1}{CL_1 L_2}[L_1 + L_2 \pm (L_1{}^2 + L_2{}^2 - L_1 L_2)^{1/2}] \tag{9}$$

이 유도를 반복하여, 운동방정식 대신 저장된 (탄성)에너지항으로 나타내기로 한다. 먼저 전 운동에너지 T는 유도기(inductor)의 자기장 내에(통상 $\frac{1}{2}LI^2$의 형태로) 에너지로 저장된다. 즉

$$T = \frac{1}{2}L_1 I_1{}^2 + \frac{1}{2}L_2 I_2{}^2 \tag{10}$$

다음에 전 퍼텐셜 에너지 V는 축전기(capacitor) 내에(통상 $\frac{1}{2}C^{-1}Q^2$형태로) 역시 에너지로 저장된다. 즉

$$V = \frac{1}{2}C^{-1}[Q_1{}^2 + Q_2{}^2 + (Q_1 - Q_2)^2] \tag{11}$$

이 경우 정규(각)진동수를 구하기 위한 특성식 (1.302)은 아래가 된다.

$$\begin{vmatrix} 2C^{-1} - \omega^2 L_1 & -C^{-1} \\ -C^{-1} & 2C^{-1} - \omega^2 L_2 \end{vmatrix} = 0 \tag{12}$$

이를 전개하면 아래가 된다.

$$4C^{-2} - 2(L_1 + L_2)C^{-1}\omega^2 + L_1 L_2 \omega^4 - C^{-2} = 0 \tag{13}$$

여기서 양변을 C^2으로 곱하면 식 (8)과 같아져 역시 동일한 정규 진동수 ω^2을 얻을 수 있다.

마지막으로 만약 $L_1 = L_2 = L$ 되는 특수한 경우, 한 정규모드는 $\omega^2 = (LC)^{-1}$이 되고, 그 때의 고유벡터 $\boldsymbol{Q} = (Q_1\ Q_2)^{\mathrm{T}}$는 아래로 주어진다.

$$(2-1)Q_1 - Q_2 = 0 \ \Rightarrow\ Q_1 = Q_2 \tag{14}$$

이 조건하에서는 $Q_3 = 0$이 되어, 중앙의 축전기를 통하여 어떠한 전류도 흐르지 않는다.

이 경우의 다른 진동모드는 $\omega^2 = 3(LC)^{-1}$가 되고, 대응하는 고유벡터 $\boldsymbol{Q}$는 아래로 주어진다.

$$(2-3)Q_1 - Q_2 = 0 \ \Rightarrow\ Q_1 = -Q_2 \tag{15}$$

결과적으로, 이 경우에는 두 개의 같은 전류(량) I(하나는 시계방향, 다른 하나는 반시계방향)가 두 폐회로(loop)를 흐르며, 또한 중앙의 축전기를 통과하는 전류는 $2I$가 된다.

제1장 부록

A1. 1 수치해석 연산자

수치계산(numerical calculation)에서는, 무한대나 제로 등을 포함하는 극한연산(limiting operation)은 유한한 값(finite values)으로 대체된다. 여기서는 미분이나 적분 등에 사용되는 '수치해석 연산자(numerical analysis operator)'에 대해 자세한 유도과정 없이 결과만 간단히 소개하고자 한다.

A1. 1. 1 유한차분(finite-difference) 연산자

모든 수치계산에서는, 임의의 함수(function)는 두 개의 열(column)을 가진 표(table)로 나타낸다. 첫 번째 열은 독립변수 x_i의 이산 값(discrete value), 그리고 두 번째 열은 x_i에서의 함수 f의 값(즉 $f(x_i)=f_i$)을 기술한다.

수치해석에 이용되는 3 대표적 기본 (선형)연산자는 '전방 차분연산자(forward difference operator)' $\triangle$, '후방 차분연산자(backward difference operator)' ∇, 그리고 '중앙 차분연산자(central difference operator)' δ이다. 이들은 각각 아래와 같이 정의된다(단, 편의상 위 첨자 연산자 기호 'Λ'는 생략함).

$$\triangle f_i \equiv f_{i+1}-f_i,\ \ \nabla f_i \equiv f_i - f_{i-1},\ \ \delta f_i \equiv f_{i+1/2}-f_{i-1/2} \tag{A1. 1}$$

위 식에서 마지막 δ 연산자는 실제 함수의 표 작성이나 컴퓨터 계산에 있어서 반쪽 단계(half-step)는 사용되지 않으므로 오직 이론적 의미만을 가진다. 통상적으로 데이터는 등간격이므로 모든 i에 대해 $x_{i+1}-x_i=h$로 둔다. 그러면 $f_{i\pm 1}\equiv f(x_i \pm h)$, $f_{i\pm 1/2}\equiv f(x_i \pm h/2)$가 된다.

이제 아래에서 위 3 연산자의 곱을 정의해보기로 하자. 먼저 $\triangle^2$은 아래와 같이 정의된다.

$$\triangle^2 f_i = \triangle (f_{i+1}-f_i) = f_{i+2}-2f_{i+1}+f_i \tag{A1. 2}$$

마찬가지로

$$\nabla^2 f_i = \nabla (f_i - f_{i-1}) = f_i - 2f_{i-1}+f_{i-2},\ \ \delta^2 f_i = f_{i+1}-2f_i+f_{i-1} \tag{A1. 3}$$

또 아래가 성립된다.

$$\delta^2 f_i = \delta(f_{i+1/2} - f_{i-1/2}) = f_{i+1} - f_i - (f_i - f_{i-1}) = (\Delta - \nabla) f_i \Rightarrow \delta^2 = \Delta - \nabla \quad \text{(A1. 4)}$$

다음에는 '이동연산자(shifting operator)' E 및 '평균 연산자(averaging operator)' μ를 각각 아래와 같이 정의한다.

$$\mathrm{E} f(x) \equiv f(x+h),\ \mu f(x) \equiv \frac{1}{2}\left[f\left(x+\frac{h}{2}\right)+f\left(x-\frac{h}{2}\right)\right] \quad \text{(A1. 5)}$$

이제 임의의 양의 정수 n에 대해 $\mathrm{E}^n f(x) = f(x+nh)$가 성립됨을 쉽게 알 수 있으므로, 임의의 실수 α에 대해 아래와 같이 정의한다.

$$\mathrm{E}^{\alpha} f(x) = f(x+\alpha h) \quad \text{(A1. 6)}$$

이로부터 다른 차분 연산자는 아래와 같이 E 연산자 항으로 나타낼 수 있음을 쉽게 확인할 수 있다.

$$\Delta = \mathrm{E} - \mathrm{I},\ \nabla = \mathrm{I} - \mathrm{E}^{-1},\ \delta = \mathrm{E}^{1/2} - \mathrm{E}^{-1/2},\ \mu = \frac{1}{2}(\mathrm{E}^{1/2} + \mathrm{E}^{-1/2}) \quad \text{(A1. 7)}$$

특히 위 식의 첫 두 식은 아래와 같이 다시 쓸 수 있다.

$$\mathrm{E} = \mathrm{I} + \Delta,\ \mathrm{E} = (\mathrm{I} - \nabla)^{-1} \quad \text{(A1. 8)}$$

위 식에서 I는 등방연산자(즉 $\mathrm{I} f(x) = f(x)$)이다.

다음에는 이동연산자 E가 차수 n(혹은 그 이하)의 다항식에 작용할 경우를 생각해보자. 먼저 일반 다항식 $f(x) = 1 - x^{n+1} = (1-x)(1+x+\cdots+x^n)$의 관계로부터 아래 식을 유추할 수 있다.

$$\mathrm{I} - \nabla^{n+1} = (1 - \nabla)(1 + \nabla + \cdots + \nabla^n) \quad \text{(A1. 9)}$$

그런데 차수 n 이하의 다항식 $f(x)$를 $n+1$번 미분하면 0이 되는 원리로부터 역시 $\nabla^{n+1} f(x) = 0$이 될 것이므로 이 경우 위 식은 단순히 아래가 될 것이다.

$$\mathrm{I} = (\mathrm{I} - \nabla)(1 + \nabla + \cdots + \nabla^n)$$

그러면 위 식의 양변에 $(\mathrm{I} - \nabla)^{-1}$을 곱하면 $\mathrm{E} = (\mathrm{I} - \nabla)^{-1} = \mathrm{I} + \nabla + \cdots + \nabla^n$이 될 것이나, 여기서 $n \rightarrow \infty$를 취하면 아래가 성립될 것이다.

$$E = (I - \nabla)^{-1} = \sum_{k=0}^{\infty} \nabla^k \tag{A1. 10}$$

이 관계는 어떠한 차수의 (잘 거동된) 함수에 적용되며, Taylor 급수전개 원리(C.7절 참조)와 같다 (또한 일반함수 $f(x) = 1/(1-x) = 1 + x + x^2 + \cdots = \sum_{k=0}^{\infty} x^k$의 경우와도 유사하다).

여기서 위 공식들을 사용하는 수치내삽(numerical interpolation)의 한 예를 생각해보자. 지금 독립변수 $x_1, x_2, \cdots, x_i, \cdots$에 대해 함수 f의 값을 알고 있다고 하자. 이때 만약 우리가 $x_i < x < x_{i+1}$의 범위에 있는 함수값에 관심이 있다면, 이는 f_{i+r}(여기서 $0 < r < 1$)에 해당한다. 따라서 이는 위 연산자를 이용하여 아래와 같이 나타내진다.

$$f_{i+r} = E^r f_i = (I + \Delta)^r f_i = \left(I + r\Delta + \frac{r(r-1)}{2}\Delta^2 + \cdots\right) f_i \tag{A1. 11}$$

맨 마지막 항등관계는 $(I + \Delta)^r$의 Taylor 전개 혹은 이항정리를 이용하였다. 실제의 경우 무한급수의 합은 유한 개의 항으로 대체하는데(허용 오차 범위 내에서), 만약 위 식을 아래와 같이 첫 두 항만으로 근사한다면 아래가 성립된다.

$$f_{i+r} \approx (I + r\Delta) f_i = f_i + r(f_{i+1} - f_i) = (1-r) f_i + r f_{i+1} \tag{A1. 12}$$

특히 $r = 1/2$라면 위 식은 $f_{i+1/2} \simeq \frac{1}{2}(f_i + f_{i+1})$가 되어, f_i와 f_{i+1}의 중앙값으로서 비교적 좋은 근사가 된다. 그런데 만약 식 (A1.11)의 세 항까지 취한다면 아래가 된다.

$$\begin{aligned} f_{i+r} &\approx \left[I + r\Delta + \frac{r(r-1)}{2}\Delta^2\right] f_i = f_i + r\Delta f_i + \frac{r(r-1)}{2}\Delta^2 f_i \\ &= f_i + r(f_{i+1} - f_i) + \frac{r(r-1)}{2}(f_{i+2} - 2f_{i+1} + f_i) \qquad \text{(A1. 13)} \\ &= \frac{(2-r)(1-r)}{2} f_i + r(2-r) f_{i+1} + \frac{r(r-1)}{2} f_{i+2} \end{aligned}$$

여기서 다시 $r = 1/2$로 두면 아래가 얻어진다.

$$f_{i+1/2} \approx \frac{3}{8} f_i + \frac{3}{4} f_{i+1} - \frac{1}{8} f_{i+2}$$

이 결과는 $f_{i+1/2}$에 대한 보다 좋은 근사가 될 것이다. 그러나 이는 단순히 f_i와 f_{i+1} 뿐 아니라,

좀 멀리 떨어진 f_{i+1} 값도 포함한다. 즉 일반적으로 Δ^k(여기서 $k>2$) 항을 포한하는 경우는 f_{i+r}는 f_i, f_{i+1}, $\cdots$, f_{i+k} 항들로 주어지게 되며, 보다 좋은 근사가 될 것이다.

한편 만약 위의 예제를 전방내삽 대신 후방내삽(backward interpolation)을 사용하고자 하면, 이 경우의 f_{i-r}(여기서 $0<r<1$)는 아래와 같이 나타내질 것이다.

$$f_{i-r} = (\mathrm{E}^{-1})^r f_i = (\mathrm{I} - \nabla)^r f_i = (\mathrm{I} - r\nabla + \frac{r(r-1)}{2}\nabla^2 + \cdots) f_i \tag{A1. 14}$$

예제 A1. 1

앞에서 다룬 예제에 있어서 가령 $f(x)=\sin x$라 하고, 계산기에서 $\sin(0.1)=0.0998334$, $\sin(0.2)=0.1986693$, $\sin(0.3)=0.2955202$를 알고 있다면, $\sin(0.15)$를 전방내삽 공식을 이용하여 구해보아라. .

풀 이

먼저 식 (A1.12)에 $r=1/2$을 대입하면 아래를 얻는다.

$$\sin(0.15) \approx \frac{1}{2}[\sin(0.1) + \sin(0.2)] = 0.1492514$$

한편 식 (A1.13)에 $r=1/2$을 대입하면 아래를 얻는다.

$$\sin(0.15) \approx \frac{3}{8}\sin(0.1) + \frac{3}{4}\sin(0.2) - \frac{1}{8}\sin(0.3) = 0.1494995$$

한편 계산기에 의한 $\sin(0.15)$의 값은 0.1494381인데, 식 (A1.13)이 (A1.12)보다 훨씬 좋은 근사를 나타냄을 알 수 있다.

A1. 1. 2 미분 및 적분연산자

수리물리에 이용되는 두 가장 중요한 연산인 미분과 적분의 경우 아래와 같이 모두 앞 절의 차분 연산자 항으로 나타낼 수 있다. 즉 '(차분)미분 연산자(difference operator)' D 및 '(차분)적분 연산자(integration operator)' J는 아래와 같이 정의된다.

$$\mathrm{D} f(x) \equiv f'(x),\ \mathrm{J} f(x) \equiv \int_x^{x+h} f(t)dt \tag{A1. 15}$$

여기서 만약 역(미분) 연산자 D^{-1}가 존재한다면 위 식에서 $f(x) = \mathrm{D}^{-1}[f'(x)]$가 되고, 또한 $\mathrm{D}^{-1}f(x) = F(x) = \int f(x)dx$가 된다. 그런데 $\Delta F(x) = \int dF(x) = F(x+h) - F(x) = \mathrm{J}f(x)$가 성립되므로, 두 연산자 J와 D는 서로 역이며, 교환이 가능하다. 즉 아래가 성립된다.

$$\Delta \mathrm{D}^{-1} = \mathrm{J} \Rightarrow \mathrm{JD} = \mathrm{DJ} = \Delta = \mathrm{E} - \mathrm{I} \tag{A1. 16}$$

한편 $f(x+h) = \mathrm{E}f(x)$를 $x = x$ 주위로 Taylor 급수전개(C.7절 참조)하면 아래의 공식을 얻는다.

$$\mathrm{E}f(x) = f(x+h) = \sum_{n=0}^{\infty} \frac{h^n}{n!} f^{(n)}(x) = \left[\sum_{n=0}^{\infty} \frac{h^n}{n!} \mathrm{D}^n\right] f(x) \equiv e^{h\mathrm{D}} f(x) \tag{A1. 17}$$

즉

$$\mathrm{E} = e^{h\mathrm{D}} \Leftrightarrow h\mathrm{D} = \ln \mathrm{E} \tag{A1. 18}$$

혹은 아래가 성립된다.

$$\mathrm{D} = \frac{1}{h} \ln \mathrm{E} = \frac{1}{h} \ln(\mathrm{I} + \Delta) = \frac{1}{h}\left(\Delta - \frac{\Delta^2}{2} + \frac{\Delta^3}{3} - \cdots\right) \tag{A1. 19}$$

위 식의 마지막 항등관계는 일반함수인 $f(x) = \ln(1+x) = x - \frac{x^2}{2} + \frac{x^3}{3} + \cdots$ (A.10)의 경우와 마찬가지로 $\ln(\mathrm{I} + \Delta)$를 Taylor 급수전개한 것이다[비고 : 만약 함수 f가 $f(x \cdot y)$처럼 2 변수 함수인 경우는 식 (A1.17)의 $h\mathrm{D}$ 대신 $h\frac{\partial}{\partial x} + k\frac{\partial}{\partial y}$(여기서 $h = \Delta x$, $k = \Delta y$)가 되고(식 (C.74) 참조), 만약 n변수 함수인 경우는 $\sum_{i=1}^{n} dq^i \nabla_i = d\boldsymbol{r} \cdot \boldsymbol{\nabla}$(여기서 $d\boldsymbol{r}$는 (반변)성분 dq^i를 갖는 미소위치 벡터, 그리고 $\boldsymbol{\nabla}$는 (공변)성분 $\nabla_i (= \partial/\partial q^i)$를 갖는 3차원 델 편미분 벡터 연산자임 - 2장 참조)가 된다. 따라서 n차원 벡터 공간의 경우는 $\mathrm{E}f(\boldsymbol{x}) = f(\boldsymbol{x} + d\boldsymbol{x}) = e^{d\boldsymbol{r} \cdot \boldsymbol{\nabla}} f(\boldsymbol{x})$로 나타낼 수 있다.]

예제 A1. 2

위 예제 A1.1 및 식 (A.19)를 사용하여 $\cos(0.1)$의 값을 추정해 보아라.

풀 이

$\cos x = \frac{d}{dx}(\sin x) = \mathrm{D}\sin x$가 되므로, 식 (A1.19)에서 $f(x) = \sin x$ 및 $x_i = 0.1$로 두고 2차항까지만 고려

하면 아래를 얻는다.

$$\mathrm{D}f_i = \frac{1}{h}\left(\Delta - \frac{\Delta^2}{2}\right)f_i = \frac{1}{h}(\Delta f_i - \frac{1}{2}\Delta^2 f_i)$$

$$= \frac{1}{h}[f_{i+1} - f_i - \frac{1}{2}(f_{i+2} - 2f_{i+1} + f_i) = \frac{1}{2h}(-f_{i+2} + 4f_{i+1} - 3f_i)$$

여기서 $f_i = \sin 0.1$, $f_{i+1} = \sin 0.2$ 및 $f_{i+2} = \sin 0.3$ 값을 예제 A1.11에서 대입하고, $h = \Delta x = 1$을 대입하여 계산하면 아래를 얻는다.

$$\cos 0.1 = \frac{d}{dx}\sin|_{x=0.1} \approx \frac{1}{2}[-0.295520 + 4(0.198669) - 3(0.099833)] = 0.998284$$

이는 계산기에서 구한 값 0.995004에 매우 근접된 값이다.

위에서 정의된 적분 연산자 J는 아래와 같이 보다 보편화된 연산자 J_α로 확장될 수 있다(단 식 (A1.15) - (A1.19) 이용).

$$\mathrm{J}_\alpha f(x) = \int_x^{x+\alpha h} f(t)dt = F(x+\alpha h) - F(x)$$

$$= (\mathrm{E}^\alpha - \mathrm{I})F(x) = (\mathrm{E}^\alpha - \mathrm{I})\mathrm{D}^{-1}f(x) \tag{A1.20}$$

혹은

$$\mathrm{J}_\alpha = (\mathrm{E}^\alpha - \mathrm{I})\mathrm{D}^{-1} = h\frac{\mathrm{E}^\alpha - \mathrm{I}}{\ln \mathrm{E}} = h\frac{(\mathrm{I}+\Delta)^\alpha - \mathrm{I}}{\ln(1+\Delta)} \tag{A1.21}$$

위에서 식 (A1.19)를 이용하였다.

A1. 1. 3 수치적분

지금 정적분 $\int_a^b f(x)dx$ 값을 수치적분으로 구해보자. 이때 $x_0 \equiv a$, $x_N \equiv b$로 두고, 폐구간 $[a, b]$를 길이 $h = (b-a)/N$인 N개의 등구간으로 나누자. 그러면 (정)적분 $\int_a^b f(x)dx$는 구간 $[a, b]$내의 곡선 $y = f(x)$가 나타내는 면적에 해당(이때 방향성 또는 부호 고려)되므로 아래와 같이 M개의 구간으로 나누어 적분할 수 있다.

$$I=\int_{x_0}^{x_0+\alpha h} f(x)dx+\int_{x_0+\alpha h}^{x_0+2\alpha h} f(x)dx+\cdots+\int_{x_0+(M-1)\alpha h}^{x_0+M\alpha h} f(x)dx \quad \text{(A1. 22)}$$

여기서 $x_N=x_0+Nh$, 그리고 $M\alpha=N$이다.

그러면 위 적분을 식 (A1.20) 혹은 (A1.21)에 정의된 적분 연산자 J_α를 이용하여 나타내면 아래를 얻는다.

$$I=\mathrm{J}_\alpha f_0+\mathrm{J}_\alpha f_\alpha+\cdots+\mathrm{J}_\alpha f_{(M-1)\alpha}=\mathrm{J}_\alpha\left(\sum_{k=0}^{M-1} f_{k\alpha}\right) \quad \text{(A1. 23)}$$

여기서 $f_{k\alpha}\equiv f(x_0+k\alpha h)$이다. 여기서 정적분 $\int_a^b f(x)dx$를 평가하기 위해서 적분 연산자 J_α에 관한 아래의 표현식을 얻는다.

$$\int_0^\alpha \mathrm{E}^s\,ds=\frac{\mathrm{E}^s}{\ln\mathrm{E}}\Big|_0^\alpha=\frac{\mathrm{E}^\alpha-\mathrm{I}}{\ln\mathrm{E}}=\frac{1}{h}\mathrm{J}_\alpha \quad \text{(식 (A1.21)에 의해)}$$

이로부터

$$\mathrm{J}_\alpha=h\int_0^\alpha \mathrm{E}^s\,ds=h\int_0^\alpha (\mathrm{I}+\Delta^s)ds\equiv h\sum_{k=0}^{\infty} a_k\Delta^k \quad \text{(A1. 24)}$$

여기서

$$a_k=\frac{1}{k!}\int_0^\alpha s(s-1)\cdots(s-k+1)ds$$

[비고 : 위 식의 마지막 항등관계는 $((\mathrm{I}+\Delta)^s\fallingdotseq \mathrm{I}+s\Delta+\frac{s(s-1)}{2!}\Delta^2+\cdots$를 이용하였다.]

따라서 식 (A1.23) 및 (A1.24)에서 정적분 $\int_{x_0}^{x_0+Nk} f(x)dx$를 평가할 수 있다. 그런데 정적분의 수치근사에 관한 어떠한 법칙을 기술하기 전 몇 가지 주의할 점이 있다. 먼저 일단 $h(=\Delta x)$값이 설정되면 함수 $f(x)$는 점 x_0+nh(여기서 n는 임의의 양의 정수)에서만 평가될 수 있다. 이는 f_n는 양의 정수 n에 대해서만 주어짐을 의미한다. 따라서 식 (A1.23)에서 $k\alpha$는 양의 정수이어야 한다. 여기서 만약 k가 정수라면 α도 정수이어야한다. 두 번째는 $N-M\alpha$이므로 어떤 정수 M에 대해 N는 M의 α배가 되게 정해진다. 셋째 만약 식 (A1.23)의 마지막 항인 $\mathrm{J}_\alpha f_{(M-1)\alpha}$를 평가할 수 있다면 J_α는 α보다 높은 차수의 Δ의 멱급수를 포함할 수 없다. 이는 $\Delta^n f_{(M-1)\alpha}$가 아래 형태의 한 항을 포함하기 때문이다.

$$f(x_0 + (M-1)\alpha h + nh) = f(x_N + (n-\alpha)h)$$

여기서 $n > \alpha$인 경우는 적분구간의 상한(upper limit)을 지난 점에서의 함수 f값을 준다. 따라서 J_α의 Δ에 관한 멱급수전개에 있어서 α차수 이상은 포함되지 않음에 유의해야 한다.

이제 일반적으로 수치적분에 자주 이용되는 적분연산자 J_α의 몇가지 특수형태에 대하여 이하에서 살펴보기로 한다.

사다리꼴 법칙(trapezoidal rule) : 여기서 식 (A1.24)로 주어진 J_α의 Δ에 관한 멱급수전개에서 첫 번째 항만을 취하여 $\alpha = 1$로 두면 $J_1 = J = h\left(I + \frac{1}{2}\Delta\right)$가 된다($\because$ $\int_0^1 (I+\Delta)^s ds \simeq \int_0^1 (I + s\Delta)ds = I + \frac{\Delta}{2}$가 됨). 이를 식 (A1.23)에 대입하면 식 (A1.22)로 나타낸 정적분 I는 (근사적으로) 아래가 된다.

$$I = h\left(\mathrm{I} + \frac{1}{2}\Delta\right)\left(\sum_{k=0}^{N-1} f_k\right) = h\sum_{k=0}^{N-1}\left[f_k + \frac{1}{2}(f_{k+1} - f_k)\right]$$

$$= \frac{h}{2}\sum_{k=0}^{N-1}(f_k + f_{k+1}) = \frac{h}{2}(f_0 + 2f_1 + \cdots + 2f_{N-1} + f_N) \tag{A1. 25}$$

심프손의 $1/3$ 공식(Simpson's one-third rule) : 여기서 $\alpha = 2$로서 식 (A1.24)에서 $J_2 = 2h\left(I + \Delta + \frac{1}{6}\Delta^2\right)$가 된다($\because$ 적분에서 $\alpha = 2$이므로 $a_0 = 2,\ a_1 = 2,\ a_2 = 2/6$가 되므로). 이를 식 (A1.23)에 대입하면 아래를 얻는다.

$$I = \frac{h}{3}\sum_{k=0}^{N/2-1}(6\mathrm{I} + 6\Delta + \Delta^2)f_{2k} = \frac{h}{3}\sum_{k=0}^{N/2-1}(f_{2k+2} + 4f_{2k+1} + f_{2k})$$

$$= \frac{h}{3}(f_0 + 4f_1 + 2f_2 + 4f_3 + \cdots + 4f_{N-1} + f_N) \tag{A1.26}$$

여기서 N은 짝수(even) 정수이다.

심프손의 $3/8$ 공식(Simpson's three-eights rule) : 이 경우 $\alpha = 3$으로서 식 (A1.24)에서 J_3는 Δ의 3승항까지 포함하게 되어 아래가 된다.

$$J_3 = 3h\left(\mathrm{I} + \frac{3}{2}\Delta + \frac{3}{4}\Delta^2 + \frac{1}{8}\Delta^3\right) = \frac{3h}{8}(8\mathrm{I} + 12\Delta + 6\Delta^2 + \Delta^3)$$

(물론 이 경우도 적분에서 $\alpha=3$을 두면 a_k 적분 공식에서 $a_0=3,\ a_1=9/2,\ a_2=9/4,\ a_3=3/8$ 이 됨을 이용함).

따라서 위 식을 식 (A1.23)에 대입하면 식 (A1.22)로 나타낸 정적분 I에 대한 아래의 근사식을 얻는다.

$$I=\frac{3h}{8}\sum_{k=0}^{N/3-1}(8\mathrm{I}+12\Delta+6\Delta^2+\Delta^3)f_{3k}$$

$$=\frac{3h}{8}\sum_{k=0}^{N/3-1}(f_{3k+3}+3f_{3k+2}+3f_{3k+1}+f_{3k}) \qquad \text{(A1.27)}$$

예제 A1. 3

정적분 $I=\int_0^1 e^x\,dx$에 대해 심프손의 1/3공식을 이용(단 4구간으로 나눔)하여 평가하여라.

풀 이

$N=4,\ h=(b-a)/N=(1-0)/4=0.25$가 된다. 그러면 식 (A1.26)에서 아래를 얻는다.

$$I\approx\frac{0.25}{3}\left(1+4e^{0.25}+2e^{0.5}+4e^{0.75}+e\right)=1.71832$$

이는 정확한 적분값인 $e-1\simeq 1.71828$에 매우 근접됨을 알 수 있다.

제 **2** 장

텐서해석

2.1 서 론

텐서(tensor) 이론은 점, 곡선 또는 곡면과 같은 기하학적 개체(object)는 선택된 좌표계(coordinate system)에 무관 즉 그들의 표현식은 좌표계에 따라 달라질 수 있으나 본질 자체는 불변이라는 개념에 바탕을 두고 있다. 바꾸어 말하면 텐서의 두 가지 기본적인 성질은, 주어진 공간에서 어떤 크기와 방향을 가진 물리적인 양을 나타내는 텐서 또는 텐서 표현식 자체는 좌표계에 무관하나, 단지 포함된 성분이 좌표계에 따라 변하며 변환 전·후의 성분사이에는 일정 텐서 변환법칙이 성립된다는 것이다. 오늘날 텐서는 물리적이나 기하하적인 문제들의 수학적 공식화에서 일어나는 각종 방정식을 나타내는데 대한 간결한 기호법을 제공할 뿐만 아니라, 자연계에 존재하는 대칭성 및 불변성을 연구하는데 큰 도움을 주므로 자연과학이나 공학을 전공하는 대부분의 사람들에게 꼭 필요한 수학적 기초의 한 부분이 되고 있다.

여기서 소개되는 텐서 개념이 거의 수정 없이 더욱 추상적인 공간(가령 휘어진 Riemann 공간이나 특수 및 일반상대성 이론에서의 4차원 시공간 등)에 적용되어질 지라도, 여기서는 우리의 관심을 항상 직교 Cartesian 좌표계(즉 세 단위 (기저) 벡터의 크기 및 방향이 위치에 무관함)를 발견 가능한 편평한(flat) 3차원 유클리드(Euclid) (E^3)공간으로 한정시킬 것이다. 이것은 미분 가능한 다양체(manifold)와 그들의 접선(tangent) 및 이중 공간(dual space)에 대한 많은 논의를 줄여 줄 것이다.

텐서는 앞 장에서 다룬 스칼라, 벡터 및 행렬을 일반화한 것으로 간주될 수 있다. 가령 '차수(order 또는 rank)'가 0인 텐서는 스칼라이고, 차수가 1인 텐서는 벡터이다. 3차원 직교 Cartesian 좌표계에서 스칼라는 1개(=3^0)의 성분을 가지고 있으며, 벡터는 3개(=3^1)의 성분을 가지고 있다.

행렬(matrix)로 표현되는 2차 텐서(second-order tensor)는 9개(=3^2)의 성분을 가지고 있으며, 일반적으로 n차 텐서는 3^n(일반 곡선 좌표계의 경우는 6^n)개의 성분을 가지고 있다. 여기서 텐서를 나타냄에 있어서 일반적으로 두 가지 표기법이 사용되는데, 그 중 하나는 벡터 및 행렬해석에 이용되는 것과 유사한 '직접(direct)' 또는 '블록(block)' 표기법이고, 다른 하나는 '첨자(index)' 또는 '성분(component)' 표기법이다. 특히 일반 곡선 좌표계에 대한 첨자 표기법에서는 '핵심문자(kernel letter)'라고 불리는 주문자의 바로 다음에 붙어있는 소위 '공변(covariant)'성분을 나타내는 아래첨자(subscript)와 '반변(contravariant)'성분을 나타내는 위 첨자(superscript)의 두 종류가 있으나, 직교 Cartesian 좌표계의 경우는 위첨자가 아래첨자의 구별이 없어진다. 이 두 가지 표기법은 서로 1:1 대응관계에 있으며, 그 중 직접 표기법은 기본 물리법칙을 좌표계에 무관한 불변 형태(invariant form)로 나타낼 때 주로 사용되며, 또한 첨자 표기법은 물리 문제를 지배하는 기본 방정식을 주어진 좌표계에 대한 구체적인 성분 형태로 유도하여 해를 구할 때 사용된다.

이와 관련하여 이 장에서는 첨자가 없는 0차 텐서인 스칼라는 ϕ처럼 보통의 이탤릭체(italic style)로, 첨자가 한 개인 성분 v^i(또는 v_i)를 갖는 1차 텐서인 벡터 $\boldsymbol{v}$는 굵은 (볼드체) 이탤릭 소문자로, 첨자가 두 개인 성분 M_{ij}(또는 $M_i^{\ j}$ 등)을 갖는 2차 텐서 $\mathbf{M}$은 대문자 로만(Roman) 볼드체(또는 이의 주어진 좌표계에 대한 행렬 표현은 M처럼 보통의 로만 대문자)로, 그리고 첨자가 3개인 성분 A_{ijk}(또는 $A_i^{\ jk}$ 등)를 갖는 3차 텐서는 $\mathbf{A}^{(3)}$처럼 대문자 로만 볼드체의 오픈편 상단에 위첨자 (3)을 표기하고, 나아가 성분의 첨자가 n개인 n차 텐서는 $\mathbf{A}^{(n)}$처럼 대문자 로만 볼드체의 오른편 상단에 위첨자 (n)을 붙임을 원칙으로 한다. 덧붙여 어떤 물리 문제에 대한 텐서의 직접(또는 블록) 표현식에 있어서, 가령 두 벡터 $\boldsymbol{a}$, $\boldsymbol{b}$의 내적(inner product) $\boldsymbol{a}\cdot\boldsymbol{b}$에서 기호 '·'은 텐서의 차수(rank) 계산에 있어서 -2(따라서 내적의 전체 차수는 2-2=0 즉 스칼라가 됨)로 간주하고, 외적(vector product) $\boldsymbol{a}\times\boldsymbol{b}$에서 기호 '×'는 -1(따라서 외적의 전체 차수는 2-1=1이 되어 벡터가 됨)로 간주, 그리고 두 벡터의 다이어딕(dyadic) 곱 $\boldsymbol{ab}$의 경우는 사이에 아무런 연산 기호가 없으므로 차수 계산시 0으로 간주(따라서 전체 차수는 2-0=2 즉 2차 텐서가 됨)한다.

실제 텐서 이론으로의 접근은 여러 가지 방법이 있다. 그 중 하나는 선형 연산자(linear operator)의 대수적인 이론을 통한 것이다. 예를 들어 2차 텐서는 벡터에 작용하여 새로운 벡터를 만드는 선형 연산자와 동일하다. 이러한 예로 3차원 유클리드 공간에 속하는 어떤 주어진 기준 좌표계에 대하여 2차 텐서를 행렬의 곱에 대한 선형 연산자로서 3×3 행렬로 표현할 수 있다. 3×1 열벡터 $\boldsymbol{u}$ 에 3×3 행렬 T를 곱하면 3×1 열벡터 $\boldsymbol{v}$ 로 되며, 이것은 다음과 같은 표현식으로 나타낼 수 있다.

$$\mathrm{T}\boldsymbol{u} = \boldsymbol{v}$$

일반적으로 다른 기준 좌표계에 대해 $\boldsymbol{u}$, $\boldsymbol{v}$ 의 성분과 2차 텐서 T 는 모두 변화할 것이고 따라서 위 식은 아래와 같이 다른 수치를 가진 행렬과 열벡터로 표현되어질 것이다.

$\overline{T}\,\overline{\boldsymbol{u}} = \overline{\boldsymbol{v}}$

그러므로 이것은 선택된 기준 좌표계에 무관한 '좌표 불변 타당성(coordinate-free invariant validity)'을 가진다는 관점을 적용할 수 있다. 이 타당성은 일반적으로 고려되어진 문제의 물리적인 특성의 결과가 된다. 기준 좌표계의 선택은 주어진 상황에서 기본적인 물리법칙에 영향을 준다. 여기에서 다루는 텐서 해석은 수학적인 내용을 이 기본적인 물리개념으로 전환하는 것을 의미한다. 임의의 주어진 한 기준 Cartesian 좌표계에 대해 벡터 $\boldsymbol{u}$ 는 성분 (u_1, u_2, u_3)을 가지며, 새로운 기준 좌표계에 대한 성분은 $(\overline{u}_1, \overline{u}_2, \overline{u}_3)$이 될 것이고 이 새로운 성분이 계산되어질 수 있는 두 좌표계 사이의 변환(transformation) 방정식이 존재하게 된다. 가령 어떤 크기와 방향을 가진 물리적인 량으로서 1차 텐서인 벡터 $\boldsymbol{u}$ 를 생각해 보면 벡터 $\boldsymbol{u}$ 그 자체는 기본적으로 변하지 않지만 주어진 기준 좌표계에 대한 $\boldsymbol{u}$ 의 성분은 일정 변환식에 의해 다른 기준 좌표계의 성분으로 바뀌게 된다. 따라서 벡터에 대한 또 다른 정의로 임의의 한 벡터를 주어진 한 (3차원) 좌표계와 3개의 정렬된 숫자 사이의 1 : 1 대응으로서 벡터로 간주할 수 있다. 환언하면 벡터는 모든 가능한 기준 좌표계에 대하여 대응하는 모든 가능한 (벡터) 성분 표현의 집합이다.

3차원 유클리드(E^3) 공간에서 3×3 행렬은 9개의 성분을 가지듯이 Cartesian 2차 텐서도 9개의 성분을 가진다. 이 성분들은 기준 좌표계가 변화할 때 2차 텐서에 적합한 특별한 변환법칙에 따라 변화한다. 텐서 그 자체는 벡터의 경우와 마찬가지로 모든 가능한 기준 좌표계에 대하여 가능한 행렬 표현의 집합으로서 생각할 수 있다. 또한 일반적으로 텐서를 어떤 일정한 크기와 방향을 가진 벡터처럼 간단하게 나타내는 것은 불가능하더라도 벡터와 마찬가지로 한 객관적인 물리적 실체를 가지는 것으로서 간주해야 할 것이다. 그리고 앞에서 언급한 공변(아래첨자) 및 반변(위첨자) 성분을 가지는 일반 곡선 좌표계에 대한 텐서 이론은 가장 잘 알려진 Cartesian 직교 좌표계에로의 특수형태로 언제든지 환원(혹은 그 역도 마찬가지)될 수 있다는 것을 항상 염두에 두어야 할 것이다.

2. 2 정의 및 기본 협약

2. 2. 1 총합규약

이 절에서는 아래의 예와 같이 같은 첨자가 두 번(일반 곡선 좌표계의 경우 하나는 위, 하나는 아래) 나타나는 이중합(double summation)에 대한 Einstein의 '총합 규약(summation convention)'에 대하여 논하기로 한다. 즉 벡터 $\boldsymbol{a}$와 $\boldsymbol{b}$의 내적에 해당하는 아래 식을

$$a^1b_1 + a^2b_2 + a^3b_3 = \sum_{k=1}^{3} a^k b_k$$

총합규약에 의거하여 시그마(Σ) 기호를 생략하여 아래와 같이 간단히 나타낸다.

$$a^1b_1 + a^2b_2 + a^3b_3 = a^k b_k \qquad (k = 1, 2, 3)$$

총합 규약에 대한 예로서 n개의 미지수를 가진 m개의 선형 연립방정식을 생각해보자.

$$a_{11}x^1 + a_{12}x^2 + \cdots + a_{1n}x^n = b_1,$$

$$a_{21}x^1 + a_{22}x^2 + \cdots + a_{2n}x^n = b_2,$$

$$\cdots\cdots\cdots\cdots\cdots\cdots\cdots\cdots\cdots\cdots$$

$$a_{m1}x^1 + a_{m2}x^2 + \cdots + a_{mn}x^n = b_m \tag{2. 1}$$

이 m개의 연립식 중 i번째 식을 총합 규약에 의해 나타내면 아래와 같다.

$$a_{ij}x^j = b_i \qquad (i = 1, 2, \cdots, m;\ j = 1, 2, \cdots, n) \tag{2. 2}$$

위 식에서 두 번 나타나는 반복첨자 j는 '무효(dummy) 첨자'라 하고 (이는 정적분에 있어서 적분 변수와 유사하므로 어떤 글자를 써도 됨), 한번만 나타나는 첨자 i는 '자유(free) 첨자'라 하여 무효첨자와 구별하여 쓰며, 아래에서 보듯이 반드시 좌우대칭(즉 왼편이 아래첨자이면, 오른편도 아래첨자)이어야 한다.

$$b^i{}_j x^j = c^i \qquad (i = 1, 2, \cdots, m;\ j = 1, 2, \cdots, n) \tag{2. 3}$$

여기서 두 번 나타나는 무효첨자는 일반 곡선 좌표계의 반드시 하나는 위, 하나는 아래에 나타나야 하며, 나중에 설명하겠지만 일반적으로 아래의 관계에 유의해야 한다.

$$b^i{}_j \neq b_j{}^i \tag{2. 4}$$

만약 첨자(혹은 성분)로 나타낸 식 (2.2) 및 (2.3)을 직접 (또는 행렬) 표기법으로 나타내면 각각 아래와 같이 된다.

$$\mathrm{A}\boldsymbol{x} = \boldsymbol{b}, \quad \mathrm{B}\boldsymbol{x} = \boldsymbol{c} \tag{2. 5}$$

여기서 행렬 A, B 및 벡터 $\boldsymbol{x}$, $\boldsymbol{b}$, $\boldsymbol{c}$는 각각 아래의 성분을 갖는다.

$$\mathrm{A} = (a_{ij}), \quad \mathrm{B} = (b^i{}_j) \tag{2. 6}$$

$$\boldsymbol{x} = (x^1, \cdots, x^n)^{\mathrm{T}}, \quad \boldsymbol{b} = (b^1, \cdots, b^m)^{\mathrm{T}}, \quad \boldsymbol{c} = (c^1, \cdots, c^m)^{\mathrm{T}} \tag{2. 7}$$

식 (1.7)에서 위첨자 T는 보통의 전치(transpose) 조작을 나타내며, 특별한 언급이 없는 한 벡터는 수직으로 세운 열(column) 벡터로 나타냄을 의미한다. 그리고 행렬 요소 a_{ij} 및 $b^i{}_j$에서 첨자 i가 행(row), j가 열(column)을 나타내는데 이는 핵심(kernel) 문자 바로 다음에 나타나는 첨자가 행임을 의미한다. 따라서 $b^i{}_j$의 경우 i가 행을, $b_j{}^i$의 경우는 i가 열을 나타낸다.

총합 규약의 또 다른 예로서, 각각 크기 $m \times p$(즉 행의 수가 m, 열의 수가 n) 및 $p \times n$인 두 행렬 $\mathrm{A} = (a_{ij})$와 $\mathrm{B} = (b^i{}_j)$의 곱에 관해 생각해보자. 앞 장의 식 (1.115)에 의하면 아래 식에서

$$\mathrm{AB} = \mathrm{C} \tag{2. 8}$$

행렬 $\mathrm{C} = (c_{ij})$의 크기는 $m \times n$이며, i행 j열 요소 c_{ij}는 아래와 같이 나타내진다.

$$c_{ij} = a_{ik} b^k{}_j \qquad (i = 1, \cdots, m;\ j = 1, \cdots, n;\ k = 1, \cdots, p) \tag{2. 9}$$

위 식에서 무효첨자 k에 대해 총합 규약이 적용되며, 첨자 i 및 j는 자유첨자로서 좌우 모두 아래에 나타남에 유의해야 한다.

2. 2. 2 Kronecker 델타

3차원 일반곡선 좌표계에서 아래의 성질을 갖는 양 $\delta^i{}_j$, $\delta_j{}^i$, δ_{ij} 및 δ^{ij}를

$$\delta^i{}_j, \delta_j{}^i, \delta_{ij}, \delta^{ij} = \begin{cases} 1 & \text{if } i = j \\ 0 & \text{if } i \neq j \end{cases} \tag{2. 10}$$

'Kronecker 델타(delta)'라 칭하며, 이 연산으로 인하여 식 중의 i가 j(또는 j가 i)로 바뀌므로 일명 '치환 연산자(substitution operator)'라고도 부른다(식 (1.72) 참조). 실제 응용 예로서 위 식에서 i=1, 2, 3을 연속적으로 대입하면 아래 식을 얻는다.

$$a^j \delta^1{}_j = a^1 \delta^1{}_1 + a^2 \delta^1{}_2 + a^3 \delta^1{}_3 = a^1,$$

$$a^j \delta^2{}_j = a^1 \delta^2{}_1 + a^2 \delta^2{}_2 + a^3 \delta^2{}_3 = a^2,$$

$$a^j \delta^3{}_j = a^1 \delta^3{}_1 + a^2 \delta^3{}_2 + a^3 \delta^3{}_3 = a^3 \tag{2. 11}$$

이 식을 간단히 줄여 아래와 같이 나타낼 수 있다.

$$a^j\delta^i{}_j = a^i \qquad (i, j = 1, 2, 3) \tag{2.12}$$

즉 왼편 식에서 a^j에 $\delta^i{}_j$를 작용시킨 결과 첨자가 j에서 i로 치환된 결과 a^i를 얻음을 알 수 있다.

유사한 응용 예로서 아래 식이 있다.

$$T^{ikl}\delta^m{}_l\delta^n{}_k = T^{inm} \tag{2.13}$$

역시 위 식에서 Kronecker 델타의 작용에 의하여 첨자 l이 m으로, k가 n으로 치환됨을 알 수 있다.

한편 어떤 경우에는 같은 첨자가 두 번 나타나더라도 Einstein의 총합 규약을 사용하지 않고, 지정된 첨자(또는 성분)만을 나타낼 필요가 있다. 만약 3항 a^1b_1, a^2b_2 및 a^3b_3 중 (합 대신) 어느 한 항 가령 k(=1, 2 또는 3)번째 항을 나타낼 경우에는 $a^{\underline{k}}b_{\underline{k}}$로 나타낸다. 즉

$$a^{\underline{k}}b_{\underline{k}} \neq a^1b_1 + a^2b_2 + a^3b_3 \tag{2.14}$$

[참고 : 첨자 k에 대하여 총합 규약을 적용하지 않는다는 기호 $a^{\underline{k}}b_{\underline{k}}$ 대신 'no sum (n.s.) for k'도 병용하여 사용하기로 한다.]

이 기호에 의하면

$$\delta^k{}_k = \delta^1{}_1 + \cdots + \delta^n{}_n = n \qquad (k = 1, 2, \cdots, n) \tag{2.15}$$

가 되나,

$$\delta^{\underline{k}}{}_{\underline{k}}(= \text{n.s. for } k) = 1 \qquad (\text{단, } k = 1, \cdots, n) \tag{2.16}$$

가 됨에 유의해야 한다.

2.2.3 전치행렬의 일반 정의

3차원 Cartesian 좌표계로 표시된 행렬의 전치(transpose)는 1.4.2.3절에서 다루었으나, 여기서는 일반 곡선좌표계에 있는 크기가 3×3 행렬인 3 행렬 $\mathrm{A} = (a_{ij})$, $\mathrm{B} = (b^{ij})$ 및 $\mathrm{C} = (c^i{}_j)$을 생각해보자. 선형대수의 행렬의 치환의 정수에 따라 전치행렬은 원 행렬의 요소를 주 대각선을 통하여 행과 열을 서로 바꿈(interchange)으로써 아래와 같이 간단히 얻어진다.

$$(a_{ij}) = \begin{pmatrix} a_{11} & a_{12} & a_{13} \\ a_{21} & a_{22} & a_{23} \\ a_{31} & a_{32} & a_{33} \end{pmatrix}, \qquad (a_{ij})^{\mathrm{T}} = \begin{pmatrix} a_{11} & a_{21} & a_{31} \\ a_{12} & a_{22} & a_{32} \\ a_{13} & a_{23} & a_{33} \end{pmatrix} \tag{2. 17}$$

$$(b^{ij}) = \begin{pmatrix} b^{11} & b^{12} & b^{13} \\ b^{21} & b^{22} & b^{23} \\ b^{31} & b^{32} & b^{33} \end{pmatrix}, \qquad (b^{ij})^{\mathrm{T}} = \begin{pmatrix} b^{11} & b^{21} & b^{31} \\ b^{12} & b^{22} & b^{32} \\ b^{13} & b^{23} & b^{33} \end{pmatrix} \tag{2. 18}$$

$$(c^i{}_j) = \begin{pmatrix} c^1{}_1 & c^1{}_2 & c^1{}_3 \\ c^2{}_1 & c^2{}_2 & c^2{}_3 \\ c^3{}_1 & c^3{}_2 & c^3{}_3 \end{pmatrix}, \qquad (c^i{}_j)^{\mathrm{T}} = \begin{pmatrix} c^1{}_1 & c^2{}_1 & c^3{}_1 \\ c^1{}_2 & c^2{}_2 & c^3{}_2 \\ c^1{}_3 & c^2{}_3 & c^3{}_3 \end{pmatrix} \tag{2. 19}$$

그런데 위와 같이 전치행렬을 정의하면, 첨자가 둘 다 공변(아래첨자)인 a_{ij}나 또는 둘 다 반변(위첨자)인 b^{ij}의 경우에는 별 문제가 없다. 그러나 $c^i{}_j$의 경우처럼 한 개는 위첨자(반변), 한 개는 아래첨자(공변)인 혼합 표현의 경우는 나중에 언급될 행렬 $(c^i{}_j)$에 대응하는 2차 혼합텐서 $\mathsf{C}(=c^i{}_j\boldsymbol{g}_i\boldsymbol{g}^j$, 여기서 $\boldsymbol{g}_i$ 및 $\boldsymbol{g}^j$는 각각 공변 및 반변 기저벡터임)의 전치에 해당하는 $\mathsf{C}^{\mathrm{T}}[=(c^i{}_j)^{\mathrm{T}}\boldsymbol{g}_i\boldsymbol{g}^j = c^j{}_i\boldsymbol{g}_i\boldsymbol{g}^j]$가 되어 반복해서 나타나는 무효첨자 i 및 j에 있어서, 앞에서 언급한 바와 같이 각각 상, 하의 반대위치에 나타나지 않고, 둘 다 아래 또는 둘 다 위에 나타나므로 일반 텐서의 축약 규약에 어긋나게 된다. 따라서 실제 응용에 있어서 이와 같은 문제점을 해결하기 위하여 혼합텐서(행렬)의 경우 행과 열의 전치대신 요소(element)의 전치에 해당하는 아래의 또 다른 전치 정의식을 도입한다.

$$\overset{(\mathrm{T})}{c^i{}_j} \equiv c_j{}^i (\neq c^j{}_i) \tag{2. 20}$$

[사실, $\mathsf{C}^{\mathrm{T}} = (C_i{}^j\boldsymbol{g}^i\boldsymbol{g}_j)^{\mathrm{T}} \equiv C_i{}^j\boldsymbol{g}_j\boldsymbol{g}^i = C_j{}^i\boldsymbol{g}_i\boldsymbol{g}^j (\because i \leftrightarrow j$ 교환$) \equiv \overset{(\mathrm{T})}{C^i{}_j}\boldsymbol{g}_i\boldsymbol{g}^j$가 되어, $\overset{(\mathrm{T})}{C^i{}_j} \equiv C_j{}^i$의 타당성이 증명된다.]

이렇게 정의하면 혼합 2차텐서 C의 전치의 행렬표현은 $\overset{(\mathrm{T})}{\mathsf{C}}\left[=\begin{pmatrix}\overset{(\mathrm{T})}{c^i{}_j}\end{pmatrix}\boldsymbol{g}_i\boldsymbol{g}^j = c_j{}^i\boldsymbol{g}_i\boldsymbol{g}^j\right]$가 되어 중복으로 나타나는 무효첨자 i 및 j 모두에 대하여 서로 반대 위치에 나타나게 되어 통상의 텐서 축약 규약을 만족하게 된다. 여기서 혼합 텐서(행렬)에 대한 두 종류의 치환 방법의 차이에 대하여 아래에 다시 한 번 나타낸다.

$$(c^i{}_j)^{\mathrm{T}} \neq \begin{pmatrix} \overset{(\mathrm{T})}{c^i{}_j} \end{pmatrix} = (c_j{}^i) = \begin{pmatrix} c_1{}^1 & c_2{}^1 & c_3{}^1 \\ c_1{}^2 & c_2{}^2 & c_3{}^2 \\ c_1{}^3 & c_2{}^3 & c_3{}^3 \end{pmatrix} \tag{2.21}$$

여기서 식 (2.21)의 왼편 전치행렬 $(c^i{}_j)^{\mathrm{T}}$는 식 (2.19)의 두 번째 식에 해당된다.

2. 2. 4 대칭 및 반대칭 행렬의 일반 정의

1.5.3절에서 소개한 Cartesian 좌표계의 경우와 마찬가지로, 일반 곡선 좌표계에서도 크기 $n \times n$인 3 정방행렬 $\mathrm{A} = (a_{ij})$, $\mathrm{B} = (b^{ij})$ 및 $\mathrm{C} = (c^i{}_j)$에 있어서 만약 아래의 관계식이 성립되면 모두 '대칭행렬(symmetric matrix)'이라고 한다.

$$(a_{ij}) = (a_{ij})^{\mathrm{T}}, \quad (b^{ij}) = (b^{ij})^{\mathrm{T}}, \quad (c^i{}_j) = (c^i{}_j)^{\mathrm{T}} \tag{2.22}$$

마찬가지로, 크기가 $n \times n$인 3 정방행렬 $\mathrm{D} = (d_{kl})$, $\mathrm{E} = (e^{kl})$, 및 $\mathrm{F} = (f^k{}_l)$은 만약 아래의 관계식이 성립된다면 모두 '반대칭(skew- or anti-symmetric) 행렬'이라고 한다.

$$(d_{kl}) = -(d_{kl})^{\mathrm{T}}, \quad (e^{kl}) = -(e^{kl})^{\mathrm{T}}, \quad (f^k{}_l) = -(f^k{}_l)^{\mathrm{T}} \tag{2.23}$$

또한 대칭도 반대칭도 아닌 행렬을 비대칭(asymmetric) 행렬이라고 한다.

식 (2.22)에 정의된 대칭행렬은 요소 a_{ij}, b^{ij} 및 $c^i{}_j$의 각각에 대해서도 만약 아래의 관계식이 성립된다면 첨자 i 및 j에 대해 대칭이라고 한다(단 $c_j{}^i = \overset{(\mathrm{T})}{c^i{}_j}$).

$$a_{ij} = a_{ji}, \quad b^{ij} = b^{ji}, \quad c^i{}_j = c_j{}^i \qquad (i, j = 1, \cdots, n) \tag{2.24}$$

이와 유사하게 식 (2.23)에 정의된 반대칭 행렬은 요소 f_{ij}, g^{ij} 및 $h^i{}_j$의 각각에 대해서도 만약 아래의 관계식이 성립된다면 첨자 i 및 j에 대해 반대칭이라고 한다(단 $h_j{}^i = \overset{(\mathrm{T})}{h^i{}_j}$).

$$f_{ij} = -f_{ji}, \quad g^{ij} = -g^{ji}, \quad h^i{}_j = -h_j{}^i \tag{2.25}$$

더욱이 반대칭 요소의 경우 식 (2.25)로부터 각각의 경우 대각선 요소가 0이 된다는 아래의 관계식이 성립된다.

$$f_{\underline{i}\,\underline{i}} = 0, \quad g^{\underline{i}\,\underline{i}} = 0, \quad h^{\underline{i}}{}_{\underline{i}} = 0 \qquad (\text{n.s. for } i) \;\; (i = 1, \cdots, n) \tag{2.26}$$

한편, E^3에서 아래와 같이 축약으로 나타낸 2차형식에서(식 (1.229) 참조) 만약 계수 행렬요소 a_{ij}가 대칭이라면 아래가 성립된다.

$$\begin{aligned} f &= a_{ij}\xi^i \xi^j \\ &= a_{11}(\xi^1)^2 + a_{22}(\xi^2)^2 + a_{33}(\xi^3)^2 \\ &\quad + 2a_{23}\xi^2\xi^3 + 2a_{31}\xi^3\xi^1 + 2a_{12}\xi^1\xi^2 \end{aligned} \tag{2.27}$$

반면에 행렬요소 a_{ij}가 반대칭 (즉 $a_{ij} = -a_{ji}$)이라면 위 식은 식 (2.25)의 조건에 의해 아래가 된다(식 (1.232) 참조).

$$f = a_{ij}\xi^i \xi^j = 0 \qquad (i, j = 1, 2, 3) \tag{2.28}$$

한편 아래에 나타낸 바와 같이 임의의 비대칭 행렬은 Cartesian 좌표계의 경우와 마찬가지로 대칭 및 반대칭 행렬의 합으로 나타낼 수 있다(식 (1.137) 참조).

$$\begin{aligned} (a_{ij}) &= \frac{1}{2}[(a_{ij}) + (a_{ij})^{\mathrm{T}}] + \frac{1}{2}[(a_{ij}) - (a_{ij})^{\mathrm{T}}], \\ (b^{ij}) &= \frac{1}{2}[(b^{ij}) + (b^{ij})^{\mathrm{T}}] + \frac{1}{2}[(b^{ij}) - (b^{ij})^{\mathrm{T}}], \\ (c^i{}_j) &= \frac{1}{2}[(c^i{}_j) + (c^i{}_j)^{\mathrm{T}}] + \frac{1}{2}[(c^i{}_j) - (c^i{}_j)^{\mathrm{T}}] \end{aligned} \tag{2.29}$$

마찬가지로 각각의 경우 대응하는 행렬의 요소에 대해서도 아래 관계식이 성립된다.

$$\begin{aligned} a_{ij} &= \frac{1}{2}(a_{ij} + a_{ji}) + \frac{1}{2}(a_{ij} - a_{ji}), \\ b^{ij} &= \frac{1}{2}(b^{ij} + b^{ji}) + \frac{1}{2}(b^{ij} - b^{ji}), \\ c^i{}_j &= \frac{1}{2}(c^i{}_j + c_j{}^i) + \frac{1}{2}(c^i{}_j - c_j{}^i) \end{aligned} \tag{2.30}$$

위 식의 각각의 우편의 첫 번째 괄호항은 대칭요소, 두 번째 괄호항은 반대칭 요소이다. 특히 식

(2.30)의 맨 아래 식에 있어서 $c_j{}^i = \overset{(\mathrm{T})}{c^i{}_j}$ 즉 행렬요소의 전치(식 (2.20))에 해당된다. [비고: 사실 식 (2.29)의 혼합 전치행렬인 $(c^i{}_j)^{\mathrm{T}}$의 i행 j열 요소로서 통상 전치의 $c^j{}_i$ (식 (2.19))를 취하여 식 (2.30)의 3번째 식의 우편에 대입하여도 마찬가지로 첫 번째 괄호는 대칭행렬, 두 번째 괄호는 반대칭 행렬의 요소가 된다.]

2. 2. 5 일반 행렬식 전개 및 역행렬

E^3에서의 일반좌표계 요소 a_{ij}를 갖는 크기 3×3행렬 $\mathrm{A}=(a_{ij})$의 행렬식의 값 $\det(\mathrm{A})=\det(a_{ij})(=|\mathrm{A}|)$는 라플라스(Laplace) 전개법에 의하면, Cartesian 좌표계의 경우(식 (1.124) 참조)와 마찬가지로 가령 1행 요소와 그 요소의 여인수(cofactor)를 이용하여 전개하면 아래 식을 얻는다.

$$|\mathrm{A}|=\det(a_{ij})=a_{11}a_{11}^{(C)}+a_{12}a_{12}^{(C)}+a_{13}a_{13}^{(C)} \tag{2. 31}$$

여기서 $a_{ij}^{(C)}$는 요소 a_{ij}의 여인수로서, 전체 행렬식에서 i행과 j열을 제거한 소행렬식(minor)값에 $(-1)^{i+j}$를 곱한 것을 의미한다. 만약 $|\mathrm{A}|$를 k행의 여인수로 전개시 열에 대해 축합규약을 적용하여 나타내면 아래와 같다(또는 k열에 대해 마찬가지로 라플라스 전개를 행할 수 있다).

$$|\mathrm{A}|=\det(a_{ij})=a_{\underline{k}l}a_{\underline{k}l}^{(C)} \qquad (\text{n.s. for } k) \tag{2. 32}$$

그런데 1행의 요소와 2행의 여인수 요소를 전 열에 대하여 곱하면 쉽게 아래 관계를 얻을 수 있다.

$$a_{11}a_{21}^{(C)}+a_{12}a_{22}^{(C)}+a_{13}a_{23}^{(C)}=0 \tag{2. 33}$$

따라서 식 (2.32)와 (2.33)으로부터 아래의 관계식을 유추할 수 있다.

$$a_{kl}a_{ml}^{(C)}=\delta_{km}\det(a_{ij}) \tag{2. 34}$$

여기서 양변을 $\det(a_{ij})(\neq 0)$으로 나누면 아래 식이 성립된다.

$$a_{kl}\left(a_{ml}^{(C)}/\det(a_{ij})\right)=\delta_{km} \tag{2. 35}$$

그런데 $\mathrm{AA}^{-1}=\mathrm{I}$(여기서 I는 단위행렬) 즉 $a_{kl}a_{lm}^{(-1)}=\delta_{km}$의 관계로부터 아래가 성립된다.

$$a_{lm}^{-1} = a_{ml}^{(C)} / \det(a_{ij}) \tag{2.36}$$

이를 행렬표현으로 나타내면 A의 역행렬에 관한 공식을 얻을 수 있다(식 (1.129) 참조).

$$\mathrm{A}^{-1} = \mathrm{adj}(\mathrm{A})/|\mathrm{A}| \tag{2.37}$$

이 식에서 $adj(\mathrm{A})$는 a_{ij}의 여인수 $a_{ij}^{(C)}$행렬의 전치행렬에 해당하는 수반(adjoint)행렬이고, $|\mathrm{A}| = \det(a_{ij})$이다 (단 $|\mathrm{A}| \neq 0$ 가정).

한편 식 (2.34)의 왼편의 중복(무효)첨자 l에 관한 텐서의 축약원리(즉 한 개는 위, 한 개는 아래에 나타남)에 맞는 형태로 바꾸기 위하여 $a_{ml}^{(C)} \equiv \mathrm{C}^{ml} = \overset{(\mathrm{T})}{\mathrm{C}}{}^{lm}$ (여기서 위 첨자 (T)는 요소의 전치를 의미, 식 (2.20) 참고)라 두면 아래 식이 되어 축약조건을 만족한다.

$$a_{kl} \overset{(\mathrm{T})}{\mathrm{C}}{}^{lm} = \delta_k^m \det(a_{ij}) \tag{2.38}$$

이제 아래와 같이 첨자가 위에 있는 반변텐서(행렬)을 생각해보자.

$$(a^{kl}) = \begin{pmatrix} a^{11} & a^{12} & a^{13} \\ a^{21} & a^{22} & a^{23} \\ a^{31} & a^{32} & a^{33} \end{pmatrix} \tag{2.39}$$

이 행렬식을 라플라스 전개하면 식 (2.34)와 유사하게 아래와 같이 나타낼 수 있다.

$$a^{kl} a^{ml^{(C)}} = a^{kl} \mathrm{C}_{ml} = a^{kl} \overset{(\mathrm{T})}{\mathrm{C}}{}_{lm} = \delta_m^k \det(a^{ij}) \tag{2.40}$$

여기서 $a^{ml^{(C)}} = \mathrm{C}_{ml} = \overset{(\mathrm{T})}{\mathrm{C}}{}_{lm}$ 을 이용하였다.

마지막으로 혼합지수를 가진 아래의 행렬을 생각해보자.

$$(a^k{}_l) = \begin{pmatrix} a^1{}_1 & a^1{}_2 & a^1{}_3 \\ a^2{}_1 & a^2{}_2 & a^2{}_3 \\ a^3{}_1 & a^3{}_2 & a^3{}_3 \end{pmatrix} \tag{2.41}$$

역시 위와 유사하게 행렬식을 라플라스 전개하면 아래가 된다.

$$a^k{}_l\, a^{m^{(C)}}{}_l = a^k{}_l \mathrm{C}_m{}^l = a^k{}_l \overset{(\mathrm{T})}{\mathrm{C}}{}^l{}_m = \delta^k{}_m \det\left(a^i{}_j\right) \tag{2.42}$$

여기서 $a^{m^{(C)}}{}_l \equiv \mathrm{C}_m{}^l = \overset{(\mathrm{T})}{\mathrm{C}}{}^l{}_m$ ($\because$ 식 (2.20))을 이용하였다.

한편 식 (2.41)로 나타낸 혼합지수 행렬의 라플라스 전개식 (2.42)에서 $m = k$로 두면 k행에 관한 전개식은 아래가 된다.

$$a^{\underline{k}}{}_l \overset{(\mathrm{T})}{\mathrm{C}}{}^l{}_{\underline{k}} = a^{\underline{k}}{}_l C_{\underline{k}}{}^l = a^{\underline{k}}{}_l a^{\underline{k}^{(C)}}{}_l = \det\left(a^i{}_j\right) \qquad (\text{n.s. for } k) \tag{2.43}$$

이로부터 여인수에 관한 아래 식이 성립된다.

$$\frac{\partial}{\partial a^k{}_l}\left(\det\left(a^i{}_j\right)\right) = \mathrm{C}_k{}^l = a^{k\,(C)}{}_l \tag{2.44}$$

2. 3 일반 곡선좌표계와 기저벡터

레올로지(rheology)와 같은 연속체 역학(continuum mechanics)에서의 물리적 문제의 중요한 관점은 물질 개체(material object)의 기하와 더불어 외부자극과 주위 환경에 대한 물질의 응답이 미치는 지역의 기하이다. 따라서 그와 같은 물리적 문제의 성공적 해결과정은 문제의 기하에 가장 적합한 좌표계의 선택에 크게 의존할 것이다. 여기서 먼저 가장 간단한 Cartesian 직교 좌표계 $z^k\,(k = 1, 2, 3)$로 펴진(spanned) 3차원 유클리드(E^3) 공간을 생각해보자. 이때 E^3에서의 한 점은 세 상호 수직인 평면 $z^k = c^k =$일정 (여기서 k=1, 2, 3; c=상수)의 교점(intersection)으로 형성된다. 다른 한편으로는 이 점은 역시 세 일반 곡선좌표계 $x^k\,(k = 1, 2, 3)$로 펴진 서로 다른 세 곡면(curvilinear surface)의 교점에도 해당될 것이다. 여기에서 이들 세 곡면은 주어진 Cartesian 좌표계에 대한 방정식으로 특정지어질 것이며, 역으로 E^3 공간에서 임의의 Cartesian 좌표 z^k는 세 일반 곡선좌표 $x^k\,(k = 1, 2, 3)$의 집합으로 나타낼 수 있을 것이다. 즉

$$z^k = f^k(x^1, x^2, x^3) = z^k(x^1, x^2, x^3) \qquad (k = 1, 2, 3) \tag{2.45}$$

위 식에서 함수 f^k는 E^3의 어떤 영역에서 정의되는 $C^r(r \geq 1)$ 클래스(class) (즉 r차까지의 연속

편도함수를 가진 연속함수)에 속한다. 여기서 식 (2.45)를 표계 $\{z^k\}$, $\{x^k\}$ 사이의 좌표변환 (coordinate transformation) 관계식이라 칭한다. 식 (2.45)에서 역으로 x^k를 z^k의 함수로도 나타낼 수 있으며, E^3 공간의 1점 (z^1, z^2, z^3)와 (x^1, x^2, x^3)는 1:1 대응관계에 있다. [비고: 이 장에서는 E^3 공간에서 Cartesian 직교 좌표계의 텐서표현식으로서 $\{z^k\}$ 또는 $\{y^k\}$ (즉 $z^1 = x_1,\ z^2 = y,\ z^3 = z$ 혹은 $y^1 = x_1,\ y^2 = y,\ y^3 = z$)를 병용하며, 일반 곡선 좌표계는 $\{x^k\}$ 또는 $\{g^k\}$ $(k=1,2,3)$을 병용한다. 또한 각 좌표축에 대응하는 기저(base) 벡터는 Cartesian 좌표계의 경우 $\{\boldsymbol{i}_m\}$ 또는 $\{\boldsymbol{e}_m\}$ (즉 $\boldsymbol{i}_1 = \boldsymbol{i},\ \boldsymbol{i}_2 = \boldsymbol{j},\ \boldsymbol{i}_3 = \boldsymbol{k}$ 혹은 $\boldsymbol{e}_x = \boldsymbol{i},\ \boldsymbol{e}_y = \boldsymbol{j},\ \boldsymbol{e}_z = \boldsymbol{k}$)를 병용하며, 일반 곡선 좌표계의 경우 좌표축에 나란한 공변 기저벡터로서는 $\{\boldsymbol{g}_k\}$를, 좌표 곡면에 수직인 반면 기저벡터로서는 $\{\boldsymbol{g}^k\}$를 사용한다. 그리고 $\boldsymbol{g}_k$ 또는 $\boldsymbol{g}^k$의 크기로 나눈 단위(unit) 기저벡터로서는 $\boldsymbol{e}_k$ 또는 $\boldsymbol{e}^k$를 사용함을 원칙으로 한다.]

2. 3. 1 음함수 정리

음함수 정리(Implicit Function Theorem)

만약 E^3 공간에서 두 일반 곡선 좌표계의 집합 $\{x^k\}$와 $\{\bar{x}^k\}$ $(k=1,2,3)$가 있을 때 아래 식

$$\bar{x}^k = \bar{x}^k(x^1, x^2, x^3) \qquad (k=1,2,3) \tag{2.46}$$

가 x^k 좌표공간의 어떤 점 x_0^k에 중심을 둔 근처(neighbor) $N = |x^k - x_0^k| < \delta$(여기서 δ은 임의의 작은 양의 실수)을 통하여 정의된 클래스 $C^r(r \geq 1)$의 함수의 집합이라고 하자. 그러면 식 (2.46)의 함수 집합 $\bar{x}^k$는 아래 식으로

$$x^k = x^k(\bar{x}^1, \bar{x}^2, \bar{x}^3) \qquad (k=1,2,3) \tag{2.47}$$

나타내지는 함수 집합에 의하여, $\bar{x}^k$ 좌표공간의 어떤 점 $\bar{x}_0^k$에 중심을 둔 대응하는 근처 $\mathrm{M} = |\bar{x}^k - \bar{x}_0^k| < \varepsilon\ (\varepsilon > 0)$에서 유일한 역(unique inverse)을 갖기 위해서는 아래와 같이 정의되는 Jacobian 행렬식 J값(C.3절 참조)이 열린 집합(open set) N에서 0이 아니어야만 한다.

$$J = \det\left(\frac{\partial \bar{x}^k}{\partial x^l}\right) = \frac{\partial(\bar{x}^1, \bar{x}^2, \bar{x}^3)}{\partial(x^1, x^2, x^3)} = \det\begin{pmatrix} \dfrac{\partial \bar{x}^1}{\partial x^1} & \dfrac{\partial \bar{x}^1}{\partial x^2} & \dfrac{\partial \bar{x}^1}{\partial x^3} \\ \dfrac{\partial \bar{x}^2}{\partial x^1} & \dfrac{\partial \bar{x}^2}{\partial x^2} & \dfrac{\partial \bar{x}^2}{\partial x^3} \\ \dfrac{\partial \bar{x}^3}{\partial x^1} & \dfrac{\partial \bar{x}^3}{\partial x^2} & \dfrac{\partial \bar{x}^3}{\partial x^3} \end{pmatrix} \tag{2.48}$$

증 명 함수 $\overline{x}^k = \overline{x}^k(x^1, x^2, x^3)$는 주어진 점 x_0^k의 근방에서 연속 미분가능이므로, 아래의 전미분 관계식을 얻을 수 있다.

$$d\overline{x}^k = \frac{\partial \overline{x}^k}{\partial x^l} dx^l \Leftrightarrow d\overline{\boldsymbol{x}} = d\boldsymbol{x} \cdot \frac{\partial \overline{\boldsymbol{x}}}{\partial \boldsymbol{x}} = \mathrm{J} \cdot d\boldsymbol{x} \tag{2. 49}$$

여기서 $d\boldsymbol{x}$, $d\overline{\boldsymbol{x}}$ 및 J는 각각 3×1, 3×1, 그리고 3×3 행렬로서 아래와 같이 나타내진다.

$$\left.\begin{array}{l} d\boldsymbol{x} = (dx^1, dx^2, dx^3)^{\mathrm{T}}, \quad d\overline{\boldsymbol{x}} = (d\overline{x}^1, d\overline{x}^2, d\overline{x}^3)^{\mathrm{T}}, \\[2ex] \mathrm{J} = \left(\dfrac{\partial \overline{\boldsymbol{x}}}{\partial \boldsymbol{x}}\right)^{\mathrm{T}} = \left(\dfrac{\partial \overline{x}^k}{\partial x^l}\right) = \begin{pmatrix} \dfrac{\partial \overline{x}^1}{\partial x^1} & \dfrac{\partial \overline{x}^1}{\partial x^2} & \dfrac{\partial \overline{x}^1}{\partial x^3} \\ \dfrac{\partial \overline{x}^2}{\partial x^1} & \dfrac{\partial \overline{x}^2}{\partial x^2} & \dfrac{\partial \overline{x}^2}{\partial x^3} \\ \dfrac{\partial \overline{x}^3}{\partial x^1} & \dfrac{\partial \overline{x}^3}{\partial x^2} & \dfrac{\partial \overline{x}^3}{\partial x^3} \end{pmatrix} \end{array}\right\} \tag{2. 50}$$

[즉 2차 텐서 J의 행렬 표현 J의 k행 l열 요소 $J^k{}_l = \dfrac{\partial \overline{x}^k}{\partial x^l}$ 임.]

식 (2.49)에서 J의 역 J^{-1}가 존재할 경우에만 아래의 유일한 역이 존재한다.

$$d\boldsymbol{x} = \mathrm{J}^{-1} \cdot d\overline{\boldsymbol{x}} \tag{2. 51}$$

여기서 2차 텐서 J^{-1}의 행렬 표현에 해당하는 역행렬 J^{-1}는 식 (2.37)에서 아래와 같이 정의된다.

$$\mathrm{J}^{-1} = adj(\mathrm{J})/J \tag{2. 52}$$

여기서 $adj(\mathrm{J})$는 행렬 J의 수반행렬(adjoint matrix)로서 J의 여인수(cofactor) 행렬의 치환행렬이다. 그리고 J는 행렬 J의 행렬식 값으로서 역변환 (2.51)이 존재하기 위해서는 J^{-1}이 존재해야 하고, 나아가 식 (2.52)에서 행렬식 값 $J \neq 0$이어야 한다. 즉 아래 식이 성립되어야만 하므로 음함수 정리가 증명된다.

$$J = \det(\mathrm{J}) = \det\left(\frac{\partial \overline{x}^k}{\partial x^l}\right) \neq 0 \quad ■ \tag{2. 53}$$

위의 음함수 이론에 의하면, 두 일반 곡선 좌표계 $\{x^k\}$와 $\{\overline{x}^k\}(k=1,2,3)$ 사이의 상호 변환식은

$$\overline{x}^k = \overline{x}^k(x^1, x^2, x^3) \qquad (k=1,2,3) \tag{2.54}$$

$$x^k = x^k(\overline{x}^1, \overline{x}^2, \overline{x}^3) \qquad (k=1,2,3) \tag{2.55}$$

그들의 정의 영역에서 식 (2.53)으로 주어지는 변환의 Jacobian 행렬식 값 $J \neq 0$인 모든 점에서만 존재함을 의미한다.

지금 좌표변환 식 (2.54)에서 $\overline{x}^k = z^k$(Cartesian 좌표계)로 두면 아래의 두 식이 성립된다.

$$z^k = z^k(x^1, x^2, x^3) \qquad (k=1,2,3) \tag{2.56}$$

$$x^k = x^k(z^1, z^2, z^3) \qquad (k=1,2,3) \tag{2.57}$$

단 역변환 식 (2.57)은 음함수 정리에 의하여 아래와 같이 변환의 Jacobian 행렬식 값 $J \neq 0$인 경우에만 성립된다.

$$J = \frac{\partial(z^1, z^2, z^3)}{\partial(x^1, x^2, x^3)} = \det\left(\frac{\partial z^k}{\partial x^l}\right) \neq 0 \tag{2.58}$$

식 (2.57)로부터 주어진 좌표 $z^k(k=1,2,3)$에 해당하는 $x^k = \alpha^k$(일정, $k=1,2,3$)인 3좌표곡면의 교점 p는 그림 2. 1로 나타내진다.

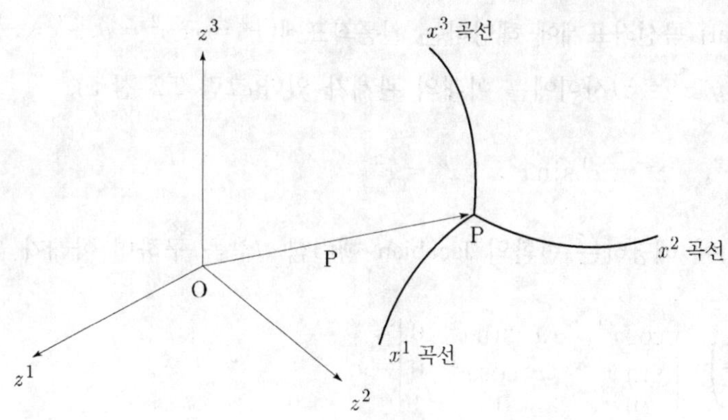

그림 2. 1 Cartesian 직교좌표 z^k와 일반 곡선좌표 $x^k(k=1,2,3)$.

두 좌표계 집합 $\{z^k\}$ 또는 $\{x^k\}(k=1,2,3)$에 의해 결정되는 점 p에서 $J \neq 0$인 조건 (식 (2.58))은 이 점에서 x^k=일정인 세 좌표곡면이 중첩되지 않는다(non-degenerate)는 것을 의미하며,

또한 이 점에서 $\{x^k\}$ 또는 $\{z^k\}$ 좌표계사이에는 1:1대응(mapping)관계가 존재하며 상호 역변환이 가능함을 의미한다. 그리고 그림에서 볼 수 있듯이 x^k=일정인 두 곡면간의 교선은 한 개의 좌표곡선(coordirate curve)을 주므로 점 p에서 세 좌표곡선 x^k=일정$(k=1,2,3)$의 교선으로부터 x^1-, x^2- 및 x^3- 좌표곡선이 생기며, 가령 x^3-곡선을 따라서는 x^1 및 x^2좌표가 일정하고, x^3좌표만이 변한다.

Cartesian 직교좌표계와 일반 곡선좌표계 사이의 가장 큰 차이점은 일반 곡선좌표계에는 고정된 기준 프라임(reference frame)이 존재하지 않으므로, 위치에 따라 좌표계의 세 기저(base)벡터의 크기나 방향이 달라질 뿐 아니라, 이들은 상호 수직도 아니다. 따라서 일반 곡선좌표계를 '로컬(local) 좌표계'라고도 칭한다.

이 절의 끝으로 E^3 공간에서 가령 두 좌표계 $\{z^k\}$ 또는 $\{x^k\}$사이에 상호변환이 존재하기 위해서는 음함수 정리에 의해 그 점(또는 영역)에서 변환의 Jacobian 행렬식 $J\neq 0$이어야 하는데 이는 $J>0$ 또는 $J<0$을 의미한다. $J>0$은 두 좌표계가 같은 방향(즉 오른손 또는 왼손계)의 스크류계(same-handed screw system)를 의미하고, $J<0$은 반대방향(opposite-handed)의 스크류계를 의미한다. 또는 $J>0$은 두 좌표계가 양으로 배향(positively oriented)되어 있으며, $J<0$은 음으로 배향(negatively oriented)되어 있다고 하는데, 이 책을 통하여 오직 $J>0$인 경우만을 다루기로 한다.

2. 3. 2 대표적 좌표변환 예

2. 3. 2. 1 원통좌표계와 Cartesian 좌표계

직교(orthogonal) 곡선좌표계에 해당하는 원통좌표계$(x^1=r, x^2=\theta, x^3=z)$와 Cartesian 좌표계$(z^1=x, z^2=y, z^3=z)$사이에는 아래의 관계가 있다(그림 2.2 참조).

$$z^1=x^1\cos x^2,\quad z^2=x^1\sin x^2,\quad z^3=x^3 \tag{2. 59}$$

여기서 식 (2.58)에 해당하는 변환의 Jacobian 행렬식 J값을 구하면 아래가 된다.

$$J=\det\left(\frac{\partial z^k}{\partial x^l}\right)=\begin{vmatrix}\cos x^2 & -x^1\sin x^2 & 0\\ \sin x^2 & x^1\cos x^2 & 0\\ 0 & 0 & 1\end{vmatrix}=x^1 \tag{2. 60}$$

따라서 $x^1=0$이 되는 원통좌표계의 원점을 제외한 E^3 공간의 모든 점에서 식 (2.59)의 역이 존재하고, 그 결과는 아래와 같다.

$$x^1 = \left\{(z^1)^2 + (z^2)^2\right\}^{1/2} > 0, \quad x^2 = \arctan\left(\frac{z^2}{z^1}\right), \quad x^3 = z^3 \tag{2. 61}$$

여기서 $J > 0$인 오른손(right-handed) 좌표계를 선택하였다.

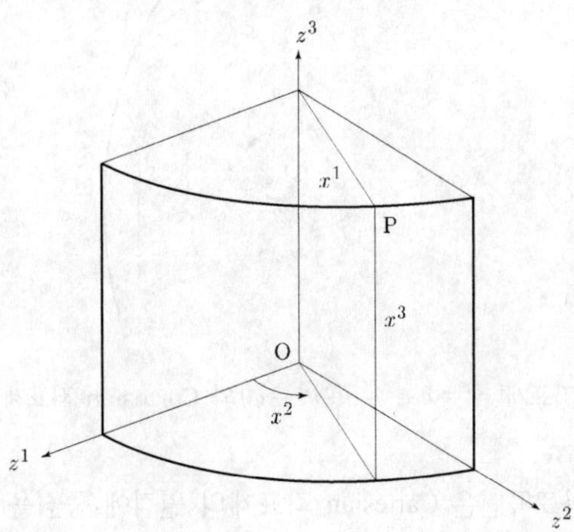

그림 2. 2 원통좌표계$(x^1 = r, x^2 = \theta, x^3 = z)$와 Cartesian 좌표계$\{z^k\}$사이의 관계

그림 2.2에서 볼 수 있듯이, x^1=일정인 좌표곡면은 높이 x^3를 가진 원통실린더(circular cylinder), x^2=일정인 좌표곡면은 수직 (축)평면, 그리고 x^3=일정인 곡면은 x^3축에 수직인 단면평면(cross-sectional plane)임을 알 수 있다.

2. 3. 2. 2 구좌표계와 Cartesian 좌표계

역시 직교 곡선좌표계에 속하는 구좌표계($x^1 = r, x^2 = \theta, x^3 = \phi$, 여기서 θ는 극각, ϕ는 방위각임)와 Cartesian 좌표계 $z^k(k = 1, 2, 3)$사이의 관계는 아래와 같다(그림 2.3 참조).

$$z^1 = x^1 \sin x^2 \cos x^3, \quad z^2 = x^1 \sin x^2 \sin x^3, \quad z^3 = x^1 \cos x^2 \tag{2. 62}$$

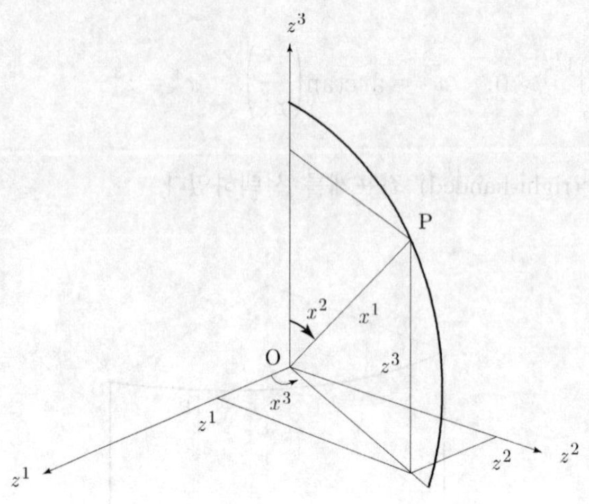

그림 2.3 구좌표계$(x^1 = r, x^2 = \theta, x^3 = \phi)$와 Cartesian 좌표계$\{z^k\}$사이의 관계

그림에서 x^1=일정인 좌표곡면은 Cartesian 좌표계의 원점에 중심을 둔 구(sphere)이고, x^2=일정 곡면은 z^3축을 공통축으로 하고, 반 수직각(semi-vertical angle) x^2를 갖는 원추(cone)이다. 이때 각도 x^2는 반경부터 $\overrightarrow{Op}$와 극축 $\overrightarrow{Oz^3}$ 사이에 시계방향으로 만들어진 각도로서 $0 < x^2 < \pi$의 범위에 있어서, $x^2 = 0$ 및 π는 Jacobian $J = 0$이 되므로 생략한다. 그리고 x^3=일정인 곡면은 구의 북극과 남극을 지나고, 적도 $(x^2 = \pi/2)$평면에 수직인 자오선(meridian)평면이며, x^3의 범위는 $0 \le x^3 \le 2\pi$이다.

이 좌표계의 Jacobian 행렬식 값 J는 아래가 된다.

$$J = \det\left(\frac{\partial z^k}{\partial x^l}\right) = \begin{vmatrix} \sin x^2 \cos x^3 & x^1 \cos x^2 \cos x^3 & -x^1 \sin x^2 \sin x^3 \\ \sin x^2 \sin x^3 & x^1 \cos x^2 \sin x^3 & x^1 \sin x^2 \cos x^3 \\ \cos x^2 & -x^1 \sin x^2 & 0 \end{vmatrix} = (x^1)^2 \sin x^2 \qquad (2.63)$$

[참고 : 위 식의 계산에 있어서 가령 1행 2열 요소는 $\partial z^1/\partial x^2 = \left[\partial(x^1 \sin x^2 \cos x^3)/\partial x^2\right]_{x^1, x^3} = x^1 \cos x^2 \cos x^3$가 얻어진다.]

따라서 위 식에서 $x^1 \ne 0$, $x^2 \ne 0$, 그리고 $x^2 \ne \pi$인 경우에만 $J \ne 0$이 되어 식 (2.62)의 역변환이 가능하고, 그 결과는 아래와 같다.

$$x^1 = \left\{(z^1)^2 + (z^2)^2 + (z^3)^2\right\}^{1/2} > 0,$$

$$x^2 = \arctan\left\{\frac{\left[(z^1)^2 + (z^2)^2\right]^{1/2}}{z^3}\right\}, \quad x^3 = \arctan\left(\frac{z^2}{z^1}\right) \qquad (2.64)$$

2. 3. 3 E^3 공간에서 곡선좌표계의 기저벡터

Cartesian 직교좌표계 z^1, z^2, z^3를 가진 3차원 유클리드(E^3) 공간에 있는 한 점 p의 곡선좌표를 x^1, x^2, x^3라 하자(그림 2.4 참조). Cartesian 좌표계의 서로 수직이고, 크기가 1인 3 정규직교(orthogonal) 단위 기저(unit base)벡터를 $\boldsymbol{i}_1$, $\boldsymbol{i}_2$, $\boldsymbol{i}_3$라 하고, 점 p의 위치벡터(position vector)를 $\boldsymbol{p}$(종종 $\boldsymbol{r}$로도 표시)라 할 때 아래와 같이 나타낼 수 있다.

$$\boldsymbol{p}=\boldsymbol{p}(z)=\boldsymbol{i}_m z^m \tag{2.65}$$

여기서 $\boldsymbol{z}$는 점 (z^1, z^2, z^3)의 직접 표기(direct notation)이다. [주의 : 위치벡터 $\boldsymbol{p}$는 일반 곡선 좌표계의 경우는 $\boldsymbol{p}=\boldsymbol{g}_k x^k$의 형태로 표기하기는 곤란하다 - 뒤 참조.]

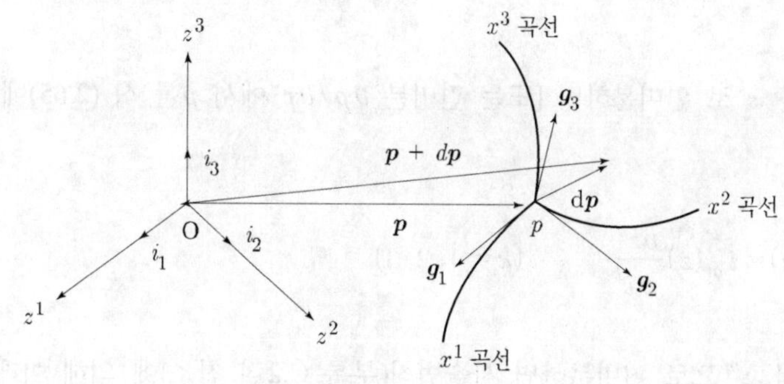

그림 2. 4 3 곡선 기저(base)벡터

z^k와 x^k 좌표계간의 1:1 대응(mapping)관계로부터 아래 식을 얻는다.

$$z^k = z^k(x^1, x^2, x^3), \quad x^k = x^k(z^1, z^2, z^3), \quad J=\det\left(\frac{\partial z^k}{\partial x^l}\right)>0 \tag{2.66}$$

따라서 위치벡터 $\boldsymbol{p}$는 cartesian 좌표 $\boldsymbol{z}(=z^k)$뿐 아니라 일반 곡선좌표 $\boldsymbol{x}(=x^k)$의 함수이므로 아래와 같이 나타낼 수 있다.

$$\boldsymbol{p}=\boldsymbol{p}(\boldsymbol{z}(\boldsymbol{x})) \tag{2.67}$$

식 (2.66)로부터 $x^k = x^k(\boldsymbol{z})$ 및 $z^k = z^k(\boldsymbol{x})$가 되고 이는 $C^r(r \geq 1)$클래스에 속한다.

Cartesian 좌표계의 임의의 정규직교(단위)기저벡터 $\boldsymbol{i}_m$과 곡선좌표계의 기저벡터 $\boldsymbol{g}_k$는 각각 아래와 같이 정의된다.

$$\boldsymbol{i}_m = \boldsymbol{i}_m(\boldsymbol{z}) \equiv \frac{\partial \boldsymbol{p}(\boldsymbol{z})}{\partial z^m} \qquad (m = 1, 2, 3) \tag{2. 68}$$

$$\boldsymbol{g}_k(\boldsymbol{x}) \equiv \frac{\partial \boldsymbol{p}(\boldsymbol{x})}{\partial x^k} \qquad (k = 1, 2, 3) \tag{2. 69}$$

여기서 일반 (공변) 기저벡터 g_k의 기하학적 중요성을 이해하기 위하여 위치벡터 $\boldsymbol{p}$의 미소변화 $d\boldsymbol{p}$를 편미분의 연쇄율(chain rule)(부록 C.2절 참조)에 따라 곡선좌표계 x^k 및 Cartesian 좌표계 z^m 으로 나타내면 아래가 된다.

$$d\boldsymbol{p} = \frac{\partial \boldsymbol{p}}{\partial x^k} dx^k = \boldsymbol{g}_k dx^k \tag{2. 70a}$$

$$= \frac{\partial \boldsymbol{p}}{\partial z^m} dz^m = \boldsymbol{i}_m dz^m \tag{2. 70b}$$

지금 식 (2.65)를 x^k로 편미분하면 [또는 편미분 $\partial \boldsymbol{p}/\partial x^k$에서 $\boldsymbol{p}$를 식 (2.65)에서 치환하면] 아래 식을 얻는다.

$$\frac{\partial \boldsymbol{p}}{\partial x^k} \equiv \boldsymbol{g}_k(\boldsymbol{x}) = \boldsymbol{i}_m(z) \frac{\partial z^m}{\partial x^k} \qquad (k = 1, 2, 3) \tag{2. 71}$$

또한 식 (2.65)를 z^m 으로 편미분하면 사슬법칙(부록 C.2절 참조)에 의해 아래를 얻는다.

$$\frac{\partial \boldsymbol{p}}{\partial z^m} = \frac{\partial \boldsymbol{p}}{\partial x^k} \frac{\partial x^k}{\partial z^m} \Leftrightarrow \boldsymbol{i}_m = \boldsymbol{g}_k \frac{\partial x^k}{\partial z^m} \qquad (k, m = 1, 2, 3) \tag{2. 72}$$

예제 2. 1

원통좌표계의 3 (공변)기저벡터 $\boldsymbol{g}_k$를 Cartesian 좌표 항으로 구하라.

풀 이

식 (2.61)과 (2.71)로부터 아래를 얻는다.

$$\boldsymbol{g}_1(\boldsymbol{x}) = \frac{\partial \boldsymbol{p}}{\partial x^1} = \boldsymbol{i}_1 \cos x^2 + \boldsymbol{i}_2 \sin x^2,$$

$$\boldsymbol{g}_2(\boldsymbol{x}) = \frac{\partial \boldsymbol{p}}{\partial x^2} = x^1\left(-\boldsymbol{i}_1 \sin x^2 + \boldsymbol{i}_2 \cos x^2\right),$$

$$\boldsymbol{g}_3(\boldsymbol{x}) = \frac{\partial \boldsymbol{p}}{\partial x^3} = \boldsymbol{i}_3 \tag{2. 73}$$

다음에는 식 (2.72)에 (2.61)을 대입하면 (혹은 식 (2.73)의 결과의 역행렬법에 의한 연립방정식의 해를 구하던지) 아래의 관계식 (단 $x^1 \neq 0$)을 얻는다.

$$\boldsymbol{i}_1 = \boldsymbol{g}_1 \cos x^2 - \boldsymbol{g}_2\left(\frac{\sin x^2}{x^1}\right), \quad \boldsymbol{i}_2 = \boldsymbol{g}_1 \sin x^2 + \boldsymbol{g}_2\left(\frac{\cos x^2}{x^1}\right), \quad \boldsymbol{i}_3 = \boldsymbol{g}_3 \tag{2. 74}$$

---

2. 3. 4 E^3 공간의 기본 계량텐서

지금 아래의 파라미터 식으로 주어지는 E^3 공간의 임의의 공간곡선(space cure) C를 생각해보자.

$$C: \ \boldsymbol{p}(t) = \boldsymbol{p}\,, \ t \in [a, b] \tag{2. 75}$$

여기서 t는 실수 폐구간 $[a,b]$(단 $b > a$)내의 한 파라미터이다. 만약 P 및 Q를 공간 곡선 C상에서 각각 위치벡터 $\boldsymbol{p}$ 및 $\boldsymbol{p} + d\boldsymbol{p}$를 가진 두 점이라 하면 $\overrightarrow{PQ} = d\boldsymbol{p}$가 된다. 그리고 곡선 C를 따른 호의 길이 PQ를 ds라 한다. 이때 점 P가 곡선 C를 따라 점 Q에 접근하면 $d\boldsymbol{p}$의 길이와 호의 길이 ds의 차이는 0에 가까워지고, 극한에서 식 (2.70a) 및 (2.70b)로부터 아래 관계식이 성립된다.

$$ds^2 = d\boldsymbol{p} \cdot d\boldsymbol{p} = \boldsymbol{g}_k \cdot \boldsymbol{g}_l \, dx^k dx^l = g_{kl} \, dx^k dx^l \tag{2. 76a}$$

$$= \boldsymbol{i}_m \cdot \boldsymbol{i}_n \, dz^m dz^n = \delta_{mn} dz^m dz^n = dz^m dz^m \tag{2. 76b}$$

위 식 (2.76a)에서

$$g_{kl}(\boldsymbol{x}) = \boldsymbol{g}_k \cdot \boldsymbol{g}_l = g_{lk}(\boldsymbol{x}) \tag{2. 77}$$

집합 $\{g_{kl}(\boldsymbol{x})\}\,(k,l = 1, 2, 3)$을 곡선 좌표계 x^k의 기본 계량텐서(fundamental metric tensor)라 부른다.

Cartesian 직교좌표계의 경우는 계량텐서 $(g_{kl}) = \mathrm{I} = (\delta_{ij})$(여기서 I는 대각선 요소가 1이고, 기타 0인 단위(identity)행렬임)가 되며, 미소 선요소의 제곱 ds^2은 식 (2.76b)에 의해

$ds^2=(dz^1)^2+(dz^2)^2+(dz^3)^2$이 된다.

원통 직교좌표계의 경우의 계량텐서 (g_{kl})는 식 (2.73)으로부터 아래가 된다.

$$(g_{kl})=\begin{pmatrix}1 & 0 & 0\\ 0 & (x^1)^2 & 0\\ 0 & 0 & 1\end{pmatrix} \tag{2. 78}$$

그리고 식 (2.76a)과 식 (2.78)에서 $x^1=r,\ x^2=\theta,\ x^3=z$를 대입하면 ds^2에 대해 아래 식을 얻는다.

$$ds^2=dr^2+r^2d\theta^2+dz^2 \tag{2. 79}$$

한편 구좌표의 경우에는 식 (2.62)과 (2.71)로부터 아래의 기저벡터 식을 얻는다.

$$\boldsymbol{g}_1=\boldsymbol{i}_1\sin x^2\cos x^3+\boldsymbol{i}_2\sin x^2\sin x^3+\boldsymbol{i}_3\cos x^2,$$

$$\boldsymbol{g}_2=x^1\left(\boldsymbol{i}_1\cos x^2\cos x^3+\boldsymbol{i}_2\cos x^2\sin x^3-\boldsymbol{i}_3\sin x^2\right),$$

$$\boldsymbol{g}_3=x^1\left(-\boldsymbol{i}_1\sin x^2\sin x^3+\boldsymbol{i}_2\sin x^2\cos x^3\right) \tag{2. 80}$$

이 식과 식 (2.77)로부터 아래의 계량텐서 식을 얻는다.

$$(g_{kl})=\begin{pmatrix}1 & 0 & 0\\ 0 & (x^1)^2 & 0\\ 0 & 0 & (x^1)^2\sin^2x^2\end{pmatrix} \tag{2. 81}$$

그리고 식 (2.76a)에 식 (2.81)을 대입하고, $x^1=r,\ x^2=\theta,\ x^3=\phi$를 대입하면 ds^2에 대해 아래 식을 얻는다.

$$ds^2=(dr)^2+r^2(d\theta)^2+r^2\sin^2\theta(d\phi)^2 \tag{2. 82}$$

직교 곡선좌표계

정의 : n차원 유클리드(E^n) 공간에서 아래 관계가 성립되면 직교(orthogonal)곡선 좌표계라고 정의한다.

$$g_{kl}=\boldsymbol{g}_k\cdot\boldsymbol{g}_l=0 \qquad (k\neq l)$$

$$g_{\underline{k}\,\underline{k}}\left(=g_{\underline{k}}\cdot g_{\underline{k}}=h_{\underline{k}}\cdot h_{\underline{k}}\right)\neq 0 \qquad (\text{n.s for } k)\ \ (k=1,2,\cdots,n) \tag{2. 83a}$$

혹은

$$g_k \cdot g_l = h_{\underline{k}} h_{\underline{l}} \delta_{kl} \tag{2.83b}$$

Cartesian 좌표계를 위시하여, 원통좌표, 구좌표, 포물 원통(parabolic cylinder) 좌표, 타원 원통(elliptical cylinder) 좌표 등 다수가 있으나 이 장에서는 주로 Cartesian, 원통 및 구좌표계만을 다루기로 한다.

2.3.5 역 기저벡터

E^3 공간에서 주어진 1쌍의 (공변)기저벡터 집합 $\{\boldsymbol{g}_k\}(k=1,2,3)$에 대응하는 유일한 1쌍의 (반변)역(reciprocal) 기저벡터의 집합 $\{\boldsymbol{g}^k\}(k=1,2,3)$은 아래 관계를 만족한다.

$$\boldsymbol{g}^k \cdot \boldsymbol{g}_m = \boldsymbol{g}_m \cdot \boldsymbol{g}^k = \delta^k{}_m \qquad (k, m = 1, 2, 3) \tag{2.84}$$

여기서

$$\boldsymbol{g}^k \equiv \frac{\partial}{\partial \boldsymbol{r}} x^k \left(= \nabla x^k\right) \tag{2.85}$$

증 명 Cartesian 좌표계에서 $\nabla \left(\equiv \dfrac{\partial}{\partial \boldsymbol{r}} = \boldsymbol{g}^p \nabla_p\right) = \boldsymbol{i}^p \nabla_p = \boldsymbol{i}^p \dfrac{\partial}{\partial z^p} \left(= \boldsymbol{i}\dfrac{\partial}{\partial x} + \boldsymbol{j}\dfrac{\partial}{\partial y} + \boldsymbol{k}\dfrac{\partial}{\partial z}\right)$이고, $\boldsymbol{g}_m = \boldsymbol{i}_q \dfrac{\partial z^q}{\partial x^m}$ (2.71)이므로

$$\boldsymbol{g}^k \cdot \boldsymbol{g}_m = \boldsymbol{i}^p \frac{\partial x^k}{\partial z^p} \cdot \boldsymbol{i}_q \frac{\partial z^q}{\partial x^m} = \delta^p{}_q \frac{\partial x^k}{\partial z^p} \frac{\partial z^q}{\partial x^m} = \frac{\partial x^k}{\partial z^p} \frac{\partial z^p}{\partial x^m} = \frac{\partial x^k}{\partial x^m} = \delta^k{}_m$$

(∵ 사슬법칙(부록 C.2절 참조))

[별해 : $\boldsymbol{g}^k \cdot \boldsymbol{g}_m = \dfrac{\partial}{\partial \boldsymbol{r}} x^k \cdot \dfrac{\partial \boldsymbol{r}}{\partial x^m}$(∵ 식 (2.70)에서 $\boldsymbol{p} \to \boldsymbol{r}$로 둠)$= \dfrac{\partial x^k}{\partial x^m} = \delta^k{}_m$] ■

예제 2. 2

계량텐서 g_{lm}의 역행렬 요소 g^{lm}을 위에서 논의한 여인수 $g_{lm}^{(C)}$를 이용하여 구해보아라.

풀 이

계량텐서(g_{ij})의 역행렬을 $(g^{ij}) \equiv (g_{ij})^{-1}$라 하면 역행렬의 성질에 의해 아래가 성립된다.

$$g_{kl} g^{lm} = \delta^m{}_k \tag{2.86}$$

한편 행렬식의 라플라스 전개공식 (2.38)에 의하여 아래가 성립된다.

$$g_{kl} \overset{(\mathrm{T})}{\mathrm{G}}{}^{lm} = \delta^m{}_k \det(g_{ij}) \tag{2.87}$$

여기서 $\overset{(\mathrm{T})}{\mathrm{G}}{}^{lm} = \mathrm{G}^{ml} \equiv g_{ml}^{(C)}$를 이용한다.

식 (2.86)과 (2.87)의 비교에서 역행렬의 요소 g^{lm}이 얻어진다.

$$g^{lm} = \frac{\overset{(\mathrm{T})}{\mathrm{G}}{}^{lm}}{g} = \frac{g_{ml}^{(C)}}{g} \tag{2.88}$$

여기서 $g = \det(g_{kl}) \neq 0$이다.

그런데 g_{kl}의 대칭성(식 (2.77)) 때문에 역행렬도 대칭 즉 $g^{kl} = g^{lk}$가 성립된다.

한편 식 (2.85)의 $\nabla\left(= \frac{\partial}{\partial \boldsymbol{r}}\right)$에 Cartesian 좌표계에 해당하는 $\boldsymbol{i}^m \frac{\partial}{\partial z^m}$을 대입하면 아래 식을 얻는다.

$$\boldsymbol{g}^k = \boldsymbol{i}^m \frac{\partial x^k}{\partial z^m} \tag{2.89a}$$

여기에 다시 양변에 $\frac{\partial z^p}{\partial x^k}$를 곱하고 편미분의 사슬법칙(즉 $\frac{\partial x^k}{\partial z^m}\frac{\partial z^p}{\partial x^k} = \frac{\partial z^p}{\partial z^m} = \delta^p{}_m$, 부록 C.2절 참조)을 이용하면 역 관계식인 아래를 얻는다.

$$\boldsymbol{i}^p = \boldsymbol{g}^k \frac{\partial z^p}{\partial x^k} \tag{2.89b}$$

정리 : E^3 공간에서 집합 $\{\boldsymbol{g}_k(\boldsymbol{x})\}$의 역에 해당하는 집합$\{\boldsymbol{g}^k(\boldsymbol{x})\}$는 식 (2.84)의 해로서 아래와 같이 주어진다.

$$\boldsymbol{g}^k = g^{kl}\boldsymbol{g}_l \tag{2. 90}$$

증 명 선형대수 이론에 의하면 E^3 공간에 임의의 벡터 $\boldsymbol{g}^k(\neq 0)$는 그 공간을 펴는(spanning) 3 선형독립(linearly independent) 기저벡터 $\boldsymbol{g}_1$, $\boldsymbol{g}_2$, $\boldsymbol{g}_3$의 항으로 아래와 같이 (유일하게) 전개될 수 있다.

$$\boldsymbol{g}^k = A^{kl}(\boldsymbol{x})\boldsymbol{g}_l \tag{2. 91}$$

여기서 A^{kl}는 결정되어야 할 미지수이다. 지금 이 식의 양변을 $\boldsymbol{g}_m$으로 내적을 취하고 식 (2.84)를 이용하면

$$A^{kl}\boldsymbol{g}_l \cdot \boldsymbol{g}_m = A^{kl}g_{lm} = \delta^k{}_m \tag{2. 92}$$

그런데 식 (2.86)에 의해 아래가 성립된다.

$$g^{kl}g_{lm} = \delta^k{}_m$$

따라서 $A^{kl} = g^{kl}$이 되어 식 (2.89)가 증명된다. ■

식 (2.90)으로부터 아래의 관계식을 회복할 수 있다.

$$\boldsymbol{g}^k \cdot \boldsymbol{g}^m = g^{kl}\boldsymbol{g}_l \cdot \boldsymbol{g}^m = g^{kl}\delta^m{}_l = g^{km} \tag{2. 93}$$

그리고 위 정리와 마찬가지 논리로 아래의 관계식도 성립된다.

$$\boldsymbol{g}_k = g_{kl}\boldsymbol{g}^l \tag{2. 94}$$

또한 행렬 (g_{ij})와 (g^{ij})의 역관계로부터 아래 식이 성립된다.

$$g^{\underline{k}l}g_{l\underline{k}} = \delta^{\underline{k}}{}_{\underline{k}} = 1 \qquad (\text{n.s. for } k) \tag{2. 95}$$

단 위 식은 두 행렬 (g_{ij})와 (g^{ij})의 곱으로 얻어진 행렬(즉 단위행렬 I)의 k행 k열 요소를 의미한다.

또 구좌표나 원통좌표계와 같은 직교 곡선좌표계의 경우 기저벡터 $\boldsymbol{g}_k$와 $\boldsymbol{g}^k$는 같은 곡선(직선) 상에 있으므로 식 (2.84)에 의하여 아래의 관계식이 성립된다(식 (2.83b)참조).

$$\boldsymbol{g}^{\underline{k}} \cdot \boldsymbol{g}_{\underline{k}} = h^{\underline{k}} h_{\underline{k}} = \sqrt{g^{\underline{k}\underline{k}}}\sqrt{g_{\underline{k}\underline{k}}} = 1 \qquad (\text{n.s. for } k) \tag{2.96}$$

여기서 h_k는 벡터 $\boldsymbol{g}_k$의 크기, 그리고 h^k는 벡터 $\boldsymbol{g}^k$의 크기 즉 아래가 성립된다.

$$\begin{aligned} \|\boldsymbol{g}_k\| &= \sqrt{\boldsymbol{g}_{\underline{k}} \cdot \boldsymbol{g}_{\underline{k}}} = \sqrt{g_{\underline{k}\underline{k}}} \equiv h_k \\ \|\boldsymbol{g}^k\| &= \sqrt{\boldsymbol{g}^{\underline{k}} \cdot \boldsymbol{g}^{\underline{k}}} = \sqrt{g^{\underline{k}\underline{k}}} \equiv h^k \end{aligned} \qquad (\text{n.s. for } k) \tag{2.97}$$

즉 위 식에서 정의식 $\boldsymbol{g}_k \equiv h_k \boldsymbol{e}_k$, $\boldsymbol{g}^k \equiv h^k \boldsymbol{e}^k$(단 $\boldsymbol{e}_k = \boldsymbol{e}^k$는 크기가 1인 단위벡터, $h^k = 1/h_k$임)가 이용되었다.

이 절의 마지막으로 E^3 공간의 한 곡선좌표계를 특정짓는 2쌍의 기저벡터 집합 $\{\boldsymbol{g}_k\}$와 $\{\boldsymbol{g}^k\}$ 사이의 내적 관계식 (2.84)를 만족되도록 $\{\boldsymbol{g}_k\}$로부터는 $\{\boldsymbol{g}^k\}$가, 또 $\{\boldsymbol{g}^k\}$로부터는 $\{\boldsymbol{g}_k\}$가 아래와 같이 얻어진다.

$$\boldsymbol{g}^1 = \frac{\boldsymbol{g}_2 \times \boldsymbol{g}_3}{\sqrt{g}},\ \boldsymbol{g}^2 = \frac{\boldsymbol{g}_3 \times \boldsymbol{g}_1}{\sqrt{g}},\ \boldsymbol{g}^3 = \frac{\boldsymbol{g}_1 \times \boldsymbol{g}_2}{\sqrt{g}} \tag{2.98}$$

여기서

$$\sqrt{g} = \boldsymbol{g}_1 \cdot \boldsymbol{g}_2 \times \boldsymbol{g}_3 (= V),\ g = \det(g_{ij}) \tag{2.99}$$

식 (2.98)에서 $\boldsymbol{g}^1 \cdot \boldsymbol{g}_1 = 1$, $\boldsymbol{g}^1 \cdot \boldsymbol{g}_2 = 0$, 나아가 $\boldsymbol{g}^i \cdot \boldsymbol{g}_j = \delta^i{}_j$가 성립됨을 쉽게 알 수 있다.

마찬가지로

$$\boldsymbol{g}_1 = \frac{\boldsymbol{g}^2 \times \boldsymbol{g}^3}{(\sqrt{g})^{-1}},\ \boldsymbol{g}_2 = \frac{\boldsymbol{g}^3 \times \boldsymbol{g}^1}{(\sqrt{g})^{-1}},\ \boldsymbol{g}_3 = \frac{\boldsymbol{g}^1 \times \boldsymbol{g}^2}{(\sqrt{g})^{-1}} \tag{2.100}$$

여기서

$$(\sqrt{g})^{-1} = \sqrt{\det(g^{ij})} = \boldsymbol{g}^1 \cdot \boldsymbol{g}^2 \times \boldsymbol{g}^3 = 1/V \tag{2.101}$$

위 식에서 V는 3 기저벡터 $\boldsymbol{g}_1$, $\boldsymbol{g}_2$, $\boldsymbol{g}_3$로 이루어진 평행 6면체의 부피를 나타내며, 이는 역 기저 벡터 $\boldsymbol{g}^1$, $\boldsymbol{g}^2$, $\boldsymbol{g}^3$로 이루면 평형 6면체의 부피의 역수이다. 식 (2.100)에서도 $\boldsymbol{g}_1 \cdot \boldsymbol{g}^1 = 1$, $\boldsymbol{g}_1 \cdot \boldsymbol{g}^2 = 0$, 나아가 $\boldsymbol{g}_i \cdot \boldsymbol{g}^j = \delta_i{}^j$가 성립됨을 쉽게 알 수 있다. 그러면 식 (2.99)를 이하에서 증

명해 보기로 한다.

증 명 식 (2.71)에서 위치벡터 $\boldsymbol{p}$를 $\boldsymbol{r}$로 두고, Cartesian 좌표계 $\{z^k\}$를 $z^1 = x,\ z^2 = y,\ z^3 = z$로 두고, $\boldsymbol{i}_m \cdot \boldsymbol{i}_n = \delta_{mn}$을 이용하면 아래 식이 성립된다.

$$g_{pq} = \boldsymbol{g}_p \cdot \boldsymbol{g}_q = \frac{\partial \boldsymbol{r}}{\partial x^p} \cdot \frac{\partial \boldsymbol{r}}{\partial x^q} = \frac{\partial x}{\partial x^p}\frac{\partial x}{\partial x^q} + \frac{\partial y}{\partial x^p}\frac{\partial y}{\partial x^q} + \frac{\partial z}{\partial x^p}\frac{\partial z}{\partial x^q} \qquad (p,q = 1,2,3)$$

그러면 행렬식의 곱셈에 대한 다음 정리를 사용하여

$$\begin{vmatrix} a_1 & a_2 & a_3 \\ b_1 & b_2 & b_3 \\ c_1 & c_2 & c_3 \end{vmatrix}\begin{vmatrix} A_1 & B_1 & C_1 \\ A_2 & B_2 & C_2 \\ A_3 & B_3 & C_3 \end{vmatrix} = \begin{vmatrix} a_1A_1 + a_2A_2 + a_3A_3 & a_1B_1 + a_2B_2 + a_3B_3 & a_1C_1 + a_2C_2 + a_3C_3 \\ b_1A_1 + b_2A_2 + b_3A_3 & b_1B_1 + b_2B_2 + b_3B_3 & b_1C_1 + b_2C_2 + b_3C_3 \\ c_1A_1 + c_2A_2 + c_3A_3 & c_1B_1 + c_2B_2 + c_3B_3 & c_1C_1 + c_2C_2 + c_3C_3 \end{vmatrix} \tag{2.102}$$

따라서

$$(\boldsymbol{g}_1 \cdot \boldsymbol{g}_2 \times \boldsymbol{g}_3)^2 = \begin{vmatrix} \frac{\partial x}{\partial x^1} & \frac{\partial y}{\partial x^1} & \frac{\partial z}{\partial x^1} \\ \frac{\partial x}{\partial x^2} & \frac{\partial y}{\partial x^2} & \frac{\partial z}{\partial x^2} \\ \frac{\partial x}{\partial x^3} & \frac{\partial y}{\partial x^3} & \frac{\partial z}{\partial x^3} \end{vmatrix}^2 = \begin{vmatrix} \frac{\partial x}{\partial x^1} & \frac{\partial y}{\partial x^1} & \frac{\partial z}{\partial x^1} \\ \frac{\partial x}{\partial x^2} & \frac{\partial y}{\partial x^2} & \frac{\partial z}{\partial x^2} \\ \frac{\partial x}{\partial x^3} & \frac{\partial y}{\partial x^3} & \frac{\partial z}{\partial x^3} \end{vmatrix}\begin{vmatrix} \frac{\partial x}{\partial x^1} & \frac{\partial x}{\partial x^2} & \frac{\partial x}{\partial x^3} \\ \frac{\partial y}{\partial x^1} & \frac{\partial y}{\partial x^2} & \frac{\partial y}{\partial x^3} \\ \frac{\partial z}{\partial x^1} & \frac{\partial z}{\partial x^2} & \frac{\partial z}{\partial x^3} \end{vmatrix}$$

$$= \begin{vmatrix} g_{11} & g_{12} & g_{13} \\ g_{21} & g_{22} & g_{23} \\ g_{31} & g_{32} & g_{33} \end{vmatrix}$$

따라서 $\boldsymbol{g}_1 \cdot \boldsymbol{g}_2 \times \boldsymbol{g}_3 (= V) = \sqrt{g} = \sqrt{\det(g_{ij})}$가 성립된다. ■

2. 3. 6 곡선 좌표계에서 벡터와 2차 텐서의 표현

2. 3. 6. 1 벡터의 표현

지금 크기와 방향을 가진 어떤 물성을 나타내는 1차 텐서인 벡터 $\boldsymbol{v}$를 3차원 유클리드(E^3) 공간에 고정된 (정규직교) 기저벡터 $\{\boldsymbol{i}_k\}$를 가진 Cartesian 직교 좌표계 $\{z^k\}$와 기저벡터 $\{\boldsymbol{g}_k\}$(혹은 $\{\boldsymbol{g}^k\}$)를 가진 임의의 한 일반 곡선좌표계 $\{x^k\}$로 동시에 나타내면 아래와 같다.

$$\boldsymbol{v} = \boldsymbol{i}_k v^{*k} = \boldsymbol{g}_k v^k = \boldsymbol{g}^k v_k \tag{2.103}$$

여기서 $v^{*k}(k=1,2,3)$는 벡터 $\boldsymbol{v}$의 k번째 Cartesian 성분을 나타낸다. 지금 $\boldsymbol{v}$에 각각 $\boldsymbol{g}_l$ 및 $\boldsymbol{g}^l$로 내적을 취하고, $\boldsymbol{v}$를 식 (2.103)에 대입하고, 식 (2.84)를 이용하면 쉽게 아래 관계식을 얻는다.

$$\boldsymbol{v}\cdot\boldsymbol{g}_l=v_k\boldsymbol{g}^k\cdot\boldsymbol{g}_l=v_k\delta^k{}_l=v_l \tag{2.104}$$

$$\boldsymbol{v}\cdot\boldsymbol{g}^l=v^k\boldsymbol{g}_k\cdot\boldsymbol{g}^l=v^k\delta^l{}_k=v^l \tag{2.105}$$

반대로 식 (2.104)와 (2.105)의 결과를 식 (2.103)에 대입하면 각각 아래 식을 얻는다.

$$v_k\boldsymbol{g}^k=(\boldsymbol{v}\cdot\boldsymbol{g}_k)\boldsymbol{g}^k=\boldsymbol{v} \tag{2.106}$$

$$v^k\boldsymbol{g}_k=(\boldsymbol{v}\cdot\boldsymbol{g}^k)\boldsymbol{g}_k=\boldsymbol{v} \tag{2.107}$$

그런데 $\boldsymbol{v}\cdot\mathrm{I}=\mathrm{I}\cdot\boldsymbol{v}=\boldsymbol{v}$(여기서 I는 대각성분이 1인 등방(단위)텐서)의 관계에서 식 (2.106)과 (2.107)로부터 단위텐서에 관한 아래의 관계식을 얻을 수 있다.

$$\boldsymbol{g}_k\boldsymbol{g}^k=\boldsymbol{g}^k\boldsymbol{g}_k=\mathrm{I}=\boldsymbol{i}_m\boldsymbol{i}_m \tag{2.108}$$

이는 두 벡터의 자유적 혹은 다이어딕(dyadic) 곱(즉 두 벡터 사이에 연산기호 · 이나 ×가 없는)이 2차 텐서(행렬)를 줌을 의미한다.

정리 : 벡터 $\boldsymbol{v}$의 공변(v_k) 및 반변(v^k) 성분 사이에는 아래의 관계가 있다.

$$v^l=v_kg^{kl},\quad v_l=v^kg_{kl} \tag{2.109}$$

증 명 식 (2.104)에서 $\boldsymbol{v}$에 $v^k\boldsymbol{g}_k$를 대입하면 아래가 된다.

$$\boldsymbol{v}\cdot\boldsymbol{g}_l=v^k\boldsymbol{g}_k\cdot\boldsymbol{g}_l=v^kg_{kl}=v_l \tag{2.110}$$

마찬가지로 식 (2.105)의 $\boldsymbol{v}$에 $v^k\boldsymbol{g}_k$를 대입하면 아래가 된다.

$$\boldsymbol{v}\cdot\boldsymbol{g}^l=v_k\boldsymbol{g}^k\cdot\boldsymbol{g}^l=v_kg^{kl}=v^l \tag{2.111}$$

따라서 식 (2.109)의 두 관계식이 증명되었다. ■

위 식의 v^l과 v_l을 서로 '동반(associated) 성분'이라 한다. 그리고 g_{kl}은 v^k를 v_l로 만드므로 '내림(lowering)' 텐서, 반면에 g^{kl}은 v_k를 v^l로 만들므로 '올림(raising)' 텐서라고도 한다.

2.3.6.2 2차 텐서의 표현

절대(absolute) (혹은 실제) 2차 텐서 T는 일반 곡선좌표계의 경우 아래의 4 형태로 나타내진다.

$$\mathrm{T}=T^{kl}\boldsymbol{g}_k\boldsymbol{g}_l=T^k{}_l\boldsymbol{g}_k\boldsymbol{g}^l=T_k{}^l\boldsymbol{g}^k\boldsymbol{g}_l=T_{kl}\boldsymbol{g}^k\boldsymbol{g}^l \tag{2.112}$$

여기서 4개의 2차 동반성분은 각각 아래 식에 의해 얻어진다.

$$\left.\begin{aligned} T^{kl}&=\boldsymbol{g}^k\cdot\mathrm{T}\cdot\boldsymbol{g}^l, \quad T^k{}_l=\boldsymbol{g}^k\cdot\mathrm{T}\cdot\boldsymbol{g}_l \\ T_k{}^l&=\boldsymbol{g}_k\cdot\mathrm{T}\cdot\boldsymbol{g}^l, \quad T_{kl}=\boldsymbol{g}_k\cdot\mathrm{T}\cdot\boldsymbol{g}_l \end{aligned}\right\} \tag{2.113}$$

[비고: 위 식들의 증명은 식 (2.113)의 T에 식 (2.112)의 4 형태 중 적당한 것을 대입하고, 식 (2.84)를 이용한다., 가령 $T^k{}_l=\boldsymbol{g}^k\cdot T^m{}_n\boldsymbol{g}_m\boldsymbol{g}^n\cdot\boldsymbol{g}_l=T^m{}_n\delta^k{}_m\delta^n{}_l=T^k{}_l$이 증명된다.]

만약 2차 텐서 T가 두 벡터 $\boldsymbol{a}(=a^i\boldsymbol{g}_i)$와 $\boldsymbol{b}(=b^j\boldsymbol{g}_j)$의 외적(exterior product) 혹은 다이어딕(dyadic) 곱에서 얻어진다면 (즉 $\mathrm{T}=\boldsymbol{ab}$) T^{kl}성분은 아래가 된다.

$$\begin{aligned} \boldsymbol{g}^k\cdot\mathrm{T}\cdot\boldsymbol{g}^l&=\boldsymbol{g}^k\cdot\boldsymbol{ab}\cdot\boldsymbol{g}^l=\boldsymbol{g}^k\cdot a^i\boldsymbol{g}_ib^j\boldsymbol{g}_j\cdot\boldsymbol{g}^l \\ &=a^ib^j\delta^k{}_i\delta^l{}_j=a^kb^l=T^{kl}\ \text{(반변 성분)} \end{aligned} \tag{2.114}$$

마찬가지 방법으로 아래 관계식이 얻어진다.

$$\left.\begin{aligned} \boldsymbol{g}_k\cdot\mathrm{T}\cdot\boldsymbol{g}_l&=a_kb_l=T_{kl}\ \text{(공변성분)} \\ \boldsymbol{g}^k\cdot\mathrm{T}\cdot\boldsymbol{g}_l&=a^kb_l=T^k{}_l\ \text{(혼합성분)} \\ \boldsymbol{g}_l\cdot\mathrm{T}\cdot\boldsymbol{g}^k&=a_lb^k=T_l{}^k\ \text{(혼합성분)} \end{aligned}\right\} \tag{2.115}$$

여기서 일반적으로 $T^k{}_l\neq T_k{}^l$임에 유의해야 한다.

[참고: 만약 3 벡터의 다이어딕 곱으로 얻어지는 3차 텐서 즉 $\boldsymbol{abc}=\mathrm{M}^{(3)}$가 있다면, 요소는 $a_ib_jc_k=M_{ijk}$, $a^ib^jc_k=M^{ij}{}_k$로 정의된다.]

다음에는 2차 텐서 T의 4 종류 성분 사이에 올림텐서 g^{kl} 혹은 내림텐서 g_{kl}에 의한 동반성분의 구축에 대하여 논하기로 한다. 먼저 T에 공변 기저벡터 $\boldsymbol{g}_k$로 내적을 취하면 아래 관계식을 얻는다.

$$\mathrm{T}\cdot\boldsymbol{g}_k=T^{ij}\boldsymbol{g}_i\boldsymbol{g}_j\cdot\boldsymbol{g}_k=T^{ij}g_{jk}\boldsymbol{g}_i \tag{2.116a}$$

혹은

$$\mathrm{T}\cdot\boldsymbol{g}_k = T^i{}_j\boldsymbol{g}_i\boldsymbol{g}^j\cdot\boldsymbol{g}_k = T^i{}_j\boldsymbol{g}_i\delta^j{}_k = T^i{}_k\boldsymbol{g}_i \tag{2.116b}$$

위 두 식에서 아래가 얻어진다.

$$T^{ij}g_{jk} = T^i{}_k \tag{2.117}$$

마찬가지 방법으로 T에 반변 기저벡터 $\boldsymbol{g}^k$로 내적을 취하면 아래 식을 얻는다.

$$\mathrm{T}\cdot\boldsymbol{g}^k = T_{ij}\boldsymbol{g}^i\boldsymbol{g}^j\cdot\boldsymbol{g}^k = T_{ij}g^{jk}\boldsymbol{g}_i \tag{2.118a}$$

혹은

$$\mathrm{T}\cdot\boldsymbol{g}^k = T_i{}^j\boldsymbol{g}^i\boldsymbol{g}_j\cdot\boldsymbol{g}^k = T_i{}^j\delta_j{}^k\boldsymbol{g}^i = T_i{}^k\boldsymbol{g}_i \tag{2.118b}$$

따라서 아래 관계식이 얻어진다.

$$T_{ij}g^{jk} = T_i{}^k(\neq T^i{}_k) \tag{2.119}$$

마찬가지 방법으로 아래의 동반성분이 얻어진다.

$$\left.\begin{array}{ll} T_{mn}g^{km}g^{ln} = T^{kl}, & T^{mn}g_{km}g_{ln} = T_{kl} \\ T^k{}_l g_{km}g^{ln} = T_m{}^n, & T_l{}^k g^{lm}g_{kn} = T^m{}_n \end{array}\right\} \tag{2.120}$$

끝으로 벡터의 동반성분에 있어서 주의할 사항을 지적하고자 한다. 먼저 식 (2.70a)로 주어진 위치 벡터 $\boldsymbol{p}$의 미소변화 $d\boldsymbol{p} = dx^k\boldsymbol{g}_k$는 반변성분인 $(d\boldsymbol{p})^k = d\boldsymbol{p}\cdot\boldsymbol{g}^k = dx^k$가 우선적이다. 그런데 이의 공변성분은 아래와 같이 얻어진다.

$$(d\boldsymbol{p})_l = g_{lk}(d\boldsymbol{p})^k = g_{lk}dx^k\ (\neq dx_l) \tag{2.121}$$

또한 위치벡터에 의한 미분을 나타내는 편미분 델(del) 연산자 $\nabla\left(\equiv\dfrac{\partial}{\partial\boldsymbol{r}}\right) = \boldsymbol{g}^i\nabla_i\left(=\boldsymbol{g}^i\dfrac{\partial}{\partial x^i}\right)$는 공변표현 즉$(\nabla)_i = \boldsymbol{g}_i\cdot\nabla = \nabla_i\left(=\dfrac{\partial}{\partial x^i}\right)$가 우선적이다. 그런데 이의 반변성분도 아래와 같이 정의된다.

$$(\nabla)^l = \boldsymbol{g}^{lm}(\nabla)_m = \boldsymbol{g}^{lm}\nabla_m\left(= g^{lm}\frac{\partial}{\partial x^m}\right) \neq \nabla^l \tag{2. 122}$$

혹은 스칼라함수 ϕ에 ∇을 적용하여 생긴 벡터(grad ϕ) $\nabla\phi = (\boldsymbol{g}^i\nabla_i)\phi = \boldsymbol{g}^i\nabla_i\phi = \boldsymbol{g}^i\phi_{,i} = \boldsymbol{g}^i(\nabla\phi)_i$의 관계식에서 ∇과 마찬가지로 공변성분 $(\nabla\phi)_i = \nabla_i\phi = \phi_{,i}$가 우선적이다. 그런데 이의 반변성분은 아래와 같이 정의된다.

$$(\nabla\phi)^l = g^{lm}(\nabla\phi)_m = g^{lm}\phi_{,m} \ (\neq \phi^{,l}) \tag{2. 123}$$

그리고 $d\boldsymbol{p}(=d\boldsymbol{r})$와 $\nabla_{\boldsymbol{r}}\left(=\frac{\partial}{\partial \boldsymbol{r}}\right)$의 내적(스칼라)은 전자는 반변, 후자는 공변표현을 사용(식 (2.84) 이용)하여 아래의 관계식이 얻어진다.

$$d\boldsymbol{r}\cdot\nabla_{\boldsymbol{r}}(\equiv d) = (d\boldsymbol{r})^k\boldsymbol{g}_k\cdot\boldsymbol{g}^l\nabla_l = dx^k\delta_k{}^l\nabla_l = dx^k\nabla_k\left(= dx^k\frac{\partial}{\partial x^k}\right) \tag{2. 124}$$

$$d\bar{\boldsymbol{r}}(x) = (d\boldsymbol{r}\cdot\nabla_{\boldsymbol{r}})\bar{\boldsymbol{r}} = (\nabla_{\boldsymbol{r}}\bar{\boldsymbol{r}})^{\mathrm{T}}\cdot d\boldsymbol{r} = \left(\frac{\partial\bar{\boldsymbol{r}}}{\partial\boldsymbol{r}}\right)^{\mathrm{T}}\cdot d\boldsymbol{r} \tag{2. 125}$$

여기서 위 첨자 T는 전치를 의미하며 아래의 i행, j열 요소를 가진다.

$$\left(\frac{\partial\bar{\boldsymbol{r}}}{\partial\boldsymbol{r}}\right)^{\mathrm{T}}(i,j) = (\partial\bar{x}^i/\partial x^j) \tag{2. 126}$$

2. 4 절대 텐서의 정의 및 변환법칙

2. 4. 1 기저벡터간 변환

E^3 공간에서 고정된 한 개의 Cartesian 좌표계 $\{z^k\}$를 중심으로 임의의 두 일반 곡선좌표계 $\{x^k\}$와 $\{\bar{x}^k\}$의 기저벡터간의 변환법칙을 유도해보기로 한다. 먼저 식 (2.71)과 (2.72)에서 공변 기저벡터에 대한 아래의 변환식이 성립된다.

$$\boldsymbol{g}_k = \frac{\partial z^m}{\partial x^k}\boldsymbol{i}_m \leftrightarrow \boldsymbol{i}_m = \frac{\partial x^k}{\partial z^m}\boldsymbol{g}_k \tag{2. 127a}$$

$$\bar{\boldsymbol{g}}_k = \frac{\partial z^m}{\partial \bar{x}^k}\boldsymbol{i}_m \leftrightarrow \boldsymbol{i}_m = \frac{\partial \bar{x}^k}{\partial z^m}\bar{\boldsymbol{g}}_k \tag{2. 127b}$$

여기서 두 일반 곡선좌표계에 대한 (공변)기저벡터간의 변환법칙을 유도하기위하여 먼저 식 (2.127b)의 첫 번째 식에서 편미분 사슬법칙(부록 C.2절 참조)을 이용하면 아래의 변환식을 얻을 수 있다.

$$\bar{\boldsymbol{g}}_k = \frac{\partial x^p}{\partial \bar{x}^k}\frac{\partial z^m}{\partial x^p}\boldsymbol{i}_m = \frac{\partial x^p}{\partial \bar{x}^k}\boldsymbol{g}_p \tag{2. 128}$$

반대로 식 (2.127a)에서도 마찬가지 방법으로 위 식의 역변환에 해당하는 아래 식을 얻을 수 있다.

$$\boldsymbol{g}_k = \frac{\partial \bar{x}^p}{\partial x^k}\frac{\partial z^m}{\partial \bar{x}^p}\boldsymbol{i}_m = \frac{\partial \bar{x}^p}{\partial x^k}\bar{\boldsymbol{g}}_p \tag{2. 129}$$

[비고 : 두 변환식 (2.128)과 (2.129)는 사실 각각 벡터 $\boldsymbol{v}$의 공변성분 $\bar{v}_k$와 v_k의 변환법칙과 동일하다 - 뒤 참조.]

한편 식 (2.89)와 (2.90)에서 반변(역)기저벡터에 대한 아래의 변환식(단 $\boldsymbol{i}^m = \boldsymbol{i}_m$)이 성립된다.

$$\boldsymbol{g}^k = \frac{\partial x^k}{\partial z^m}\boldsymbol{i}^m \leftrightarrow \boldsymbol{i}^m = \frac{\partial z^m}{\partial x^k}\boldsymbol{g}^k \tag{2. 130a}$$

$$\bar{\boldsymbol{g}}^k = \frac{\partial \bar{x}^k}{\partial z^m}\boldsymbol{i}^m \leftrightarrow \boldsymbol{i}^m = \frac{\partial z^m}{\partial \bar{x}^k}\bar{\boldsymbol{g}}^k \tag{2. 130b}$$

여기서 두 일반 곡선좌표계에 대한 역(반변)기저벡터간의 변환법칙을 유도하기 위하여 먼저 식 (2.130b)의 첫 번째 식에서 편미분 사슬법칙을 이용하면 아래의 변환식을 얻을 수 있다.

$$\bar{\boldsymbol{g}}^k = \frac{\partial x^p}{\partial z^m}\frac{\partial \bar{x}^k}{\partial x^p}\boldsymbol{i}^m = \frac{\partial \bar{x}^k}{\partial x^p}\boldsymbol{g}^p \tag{2. 131}$$

또 식 (2.130a)에서도 마찬가지 방법으로 위 식의 역변환에 해당하는 아래 식을 얻을 수 있다.

$$\boldsymbol{g}^k = \frac{\partial \bar{x}^p}{\partial z^m}\frac{\partial x^k}{\partial \bar{x}^p}\boldsymbol{i}^m = \frac{\partial x^k}{\partial \bar{x}^p}\bar{\boldsymbol{g}}^p \tag{2. 132}$$

[비고 : 역시 두 변환식 (2.131)과 (2.132)는 사실 각각 벡터 $\boldsymbol{v}$의 반변성분 $\bar{v}^k$와 v^k의 변환법칙과 동일하다 - 뒤 참조.]

2. 4. 2 절대 스칼라

정의: E^3 공간에서 주어진 두 곡선좌표계 $\boldsymbol{x}(=\{x^k\})$와 $\overline{\boldsymbol{x}}(=\{\overline{x}^k\})$에서 어떤 함수 ϕ가 아래의 (변환)관계가 성립되면 이를 '절대 스칼라(absolute scalar)'라고 부른다.

$$\phi(\boldsymbol{x}) = \phi[\boldsymbol{x}(\overline{\boldsymbol{x}})] = \overline{\phi}(\overline{\boldsymbol{x}}) \tag{2. 133}$$

즉 ϕ는 성분표현에서 첨자가 없는 좌표계에 무관한 '스칼라 불변(scalar invariant)'이라고도 한다. 이에 속하는 물리적인 양으로는 물체의 어떤 점에서의 온도, 움직이는 물체의 속도(speed), 물질계의 에너지(energy) 등이다.

2. 4. 3 절대 벡터

정의: E^3 공간에서 주어진 곡선좌표계 x에서 임의의 벡터 $\boldsymbol{v}$의 3(성분) 함수 $v^k(\boldsymbol{x})\ (k=1,2,3)$의 집합이 아래와 같이 새 곡선좌표계 $\overline{\boldsymbol{x}}$의 (성분)집합으로 변환된다면 성분 $v^k(\boldsymbol{x})$ 및 $\overline{v}^k(\overline{\boldsymbol{x}})$를 각각 '절대 벡터(absolute vector)' $\boldsymbol{v}$의 x^k 및 $\overline{x}^k$ 좌표계에 대한 '반변 성분(contravariant component)'이라고 하고, 집합 $\{v^k\}$ 및 $\{\overline{v}^k\}$로도 나타낸다.

$$\overline{v}^k(\overline{\boldsymbol{x}}) = v^\alpha(\boldsymbol{x})\frac{\partial \overline{x}^k}{\partial x^\alpha} \tag{2. 134a}$$

혹은

$$v^k(\boldsymbol{x}) = \overline{v}^\alpha(\overline{\boldsymbol{x}})\frac{\partial x^k}{\partial \overline{x}^\alpha} \tag{2. 134b}$$

이를 $\boldsymbol{g}_k$ 및 $\overline{\boldsymbol{g}}_k$에 관한 변환식으로부터 증명하면 아래와 같다.

증 명 (a) 텐서 개념에서 E^3 공간에 주어진 임의의 (절대)벡터 $\boldsymbol{v}$는 좌표계에 무관하게 일정하며, 단지 좌표계에 따라 (반변 및 공변) 성분이 달라지므로 두 곡선좌표계 $\boldsymbol{x}$ 및 $\overline{\boldsymbol{x}}$에 대하여 아래와 같이 나타낼 수 있다(식 (2.103) 참조).

$$\boldsymbol{v} = v^k(\boldsymbol{x})\boldsymbol{g}_k(\boldsymbol{x}) = \overline{v}^k(\overline{\boldsymbol{x}})\overline{\boldsymbol{g}}_k(\overline{x}) \tag{2. 135a}$$

$$= v_k(\boldsymbol{x})\boldsymbol{g}^k(\boldsymbol{x}) = \overline{v}_k(\overline{\boldsymbol{x}})\overline{\boldsymbol{g}}^k(\overline{x}) \tag{2. 135b}$$

그런데 식 (2.127a, b)를 식 (2.135a)에 대입하고 간단히 하면 아래가 성립된다.

$$\bar{v}^k(\bar{\boldsymbol{x}})\frac{\partial z^m}{\partial \bar{x}^k}=v^k(\boldsymbol{x})\frac{\partial z^m}{\partial x^k} \tag{2. 136}$$

여기서 위 식의 양변에 $\partial\bar{x}^l/\partial z^m$을 곱하고 편미분 사슬법칙[즉 $\frac{\partial z^m}{\partial \bar{x}^k}\frac{\partial \bar{x}^l}{\partial z^m}=\frac{\partial \bar{x}^l}{\partial \bar{x}^k}=\bar{\delta}^l{}_k$(부록 C.2절 참조)]를 이용하면 아래가 된다.

$$\bar{v}^l(\bar{\boldsymbol{x}})=v^k(\boldsymbol{x})\frac{\partial \bar{x}^l}{\partial x^k}$$

여기서 자유첨자 l은 k로, 무효첨자 k는 α로 치환하면 식 (2.134a)가 증명된다. ■

(b) 얻어진 식 (2.134a)의 양변에 $\partial x^\beta/\partial\bar{x}^k$를 곱하고, 사슬법칙[즉 $\frac{\partial \bar{x}^k}{\partial x^\alpha}\frac{\partial x^\beta}{\partial \bar{x}^k}=\frac{\partial x^\beta}{\partial x^\alpha}=\delta^\beta{}_\alpha$(부록 C.2절 참조)]을 이용하면 아래가 된다.

$$v^\beta(\boldsymbol{x})=\bar{v}^k(\bar{\boldsymbol{x}})\frac{\partial x^\beta}{\partial \bar{x}^k}$$

여기서 자유첨자 β를 k로, 무효첨자 k를 α로 바꾸면 식 (2.134b)가 증명된다. ■

정의: E^3 공간에서 주어진 곡선좌표계 $\boldsymbol{x}$에서의 임의의 벡터 $\boldsymbol{v}$의 3(성분) 함수 $v_k(\boldsymbol{x})\,(k=1,2,3)$의 집합이 아래와 같이 새 곡선좌표계 $\bar{\boldsymbol{x}}$의 (성분)집합으로 변환된다면 성분 $v_k(\boldsymbol{x})$ 및 $\bar{v}_k(\bar{\boldsymbol{x}})$를 각각 절대벡터(absolute vector), $\boldsymbol{v}$의 '공변성분(covariant component)'이라 하고, 집합 $\{v_k\}$ 및 $\{\bar{v}_k\}$로도 나타낸다.

$$\bar{v}_k(\bar{\boldsymbol{x}})=v_\alpha(\boldsymbol{x})\frac{\partial x^\alpha}{\partial \bar{x}^k} \tag{2. 137a}$$

혹은

$$v_k(\boldsymbol{x})=\bar{v}_\alpha(\bar{\boldsymbol{x}})\frac{\partial \bar{x}^\alpha}{\partial x^k} \tag{2. 137b}$$

이를 $\boldsymbol{g}^k$ 및 $\bar{\boldsymbol{g}}^k$에 관한 변환식으로부터 증명하면 아래와 같다.

증 명 (a) 식 (2.130a, b)를 식 (2.135b)에 대입하고 간단히 하면 아래를 얻는다.

$$\bar{v}_k(\bar{\boldsymbol{x}})\frac{\partial \bar{x}^k}{\partial z^m} = v_k(\boldsymbol{x})\frac{\partial x^k}{\partial z^m} \tag{2. 138}$$

위 속의 양변에 $\partial z^m / \partial \bar{x}^l$을 곱하고, 사슬법칙(부록 C.2절 참조)을 이용하면 아래를 얻는다.

$$\bar{v}_l(\bar{\boldsymbol{x}}) = v_k(\boldsymbol{x})\frac{\partial x^k}{\partial \bar{x}^l}$$

여기서 자유첨자 l은 k로, 무효첨자 k는 α로 치환하면 식 (2.137a)가 증명된다. ■

(b) 얻어진 식 (2.137a)의 양변에 $\partial \bar{x}^k / \partial x^\beta$를 곱하고, 사슬법칙(부록 C.2절 참조)을 이용하면 아래가 된다.

$$v_\beta(\boldsymbol{x}) = \bar{v}_k(\bar{\boldsymbol{x}})\frac{\partial \bar{x}^k}{\partial x^\beta}$$

여기서 자유첨자 β를 k로, 무효첨자 k를 α로 바꾸면 식 (2.137b)가 증명된다. ■

[비고 : 위에서 정의한 절대벡터 $\boldsymbol{v}$의 공변 및 반변성분에 관한 변환법칙은 다음절에 소개되는 좌표변환 행렬을 이용하여 보다 합리적으로 증명될 수도 있다.]

예제 2. 3

(a) E^3 공간의 임의의 위치벡터 $\boldsymbol{p}(\boldsymbol{x})$(또는 $\boldsymbol{r}(x)$)의 미소변화 $d\boldsymbol{p}(=d\boldsymbol{r})$ 및 (b) 미분가능한 스칼라 함수 $\phi(\boldsymbol{x})$의 기울기 (grad$\phi = \nabla\phi$)의 두 곡선좌표계 $\boldsymbol{x}$ 및 $\bar{\boldsymbol{x}}$에 대한 변환법칙을 각각 유도해보아라.

풀 이

(a) 2.3.6.2절의 끝에서 잠깐 언급한 바와 같이 미소위치 벡터 $d\boldsymbol{p}(=d\boldsymbol{r}) = dx^k\boldsymbol{g}_k = d\bar{\boldsymbol{p}}(=d\bar{\boldsymbol{r}}) = d\bar{x}^k\bar{\boldsymbol{g}}_k$ 즉 반변성분으로 나타냄이 우선적이다. 이는 $\boldsymbol{g}_k$ 및 $\bar{\boldsymbol{g}}_k$에 대한 Cartesian 좌표계와의 변환식(2.127)에서 대입하던가 아니면 아래와 같이 편미분 사슬법칙(부록 C.2절 참조)을 이용하여 직접 변환식을 유도할 수 있다.

$$d\bar{x}^k = \frac{\partial \bar{x}^k}{\partial x^\alpha} dx^\alpha \leftrightarrow dx^k = \frac{\partial x^k}{\partial \bar{x}^\alpha} d\bar{x}^\alpha \tag{2.139}$$

즉 이는 절대벡터 $\boldsymbol{v}$의 반변성분에 대한 변환법칙 식 (2.134)와 동일함을 알 수 있다.

(b) 위치벡터 $\boldsymbol{r}$에 대한 3차원 편미분 연산자 $\nabla \equiv \frac{\partial}{\partial \boldsymbol{r}} = \boldsymbol{g}^k \nabla_k$(여기서 $\nabla_k = \frac{\partial}{\partial x^k}$)에서 ∇는 공변성분이 우선적이다. 나아가 스칼라 함수 ϕ에 대한 기울기 $\nabla\phi\left(= \frac{\partial \phi}{\partial \boldsymbol{r}}\right) = \boldsymbol{g}^k \nabla_k \phi = \boldsymbol{g}^k \frac{\partial \phi}{\partial x^k} = \boldsymbol{g}^k \phi_{,k}$에서 $\nabla\phi$는 공변성분 $(\nabla\phi)_k = \nabla_k \phi = \frac{\partial \phi}{\partial x^k}(= \phi_{,k})$가 우선적이다. 이는 절대 스칼라 ϕ에 대한 식 (2.133)에서 $\phi(\boldsymbol{x}) = \bar{\phi}(\bar{\boldsymbol{x}})$ 및 절대(공변)벡터 $\nabla\left(= \frac{\partial}{\partial \boldsymbol{x}}\right) = \bar{\nabla}\left(= \frac{\partial}{\partial \bar{\boldsymbol{x}}}\right)$에서 $\nabla\phi = \bar{\nabla}\bar{\phi}$가 성립하므로 $\boldsymbol{g}^k$ 및 $\bar{\boldsymbol{g}}^k$에 대한 식 (2.130)에서 대입하던가 아니면 아래와 같이 $\bar{\nabla}\bar{\phi}$의 (공변)성분에 대해 사슬법칙(부록 C.2절 참조)을 이용하여 직접 변환식을 유도할 수 있다.

$$\frac{\partial \bar{\phi}(\bar{\boldsymbol{x}})}{\partial \bar{x}^k}[= (\bar{\nabla}\bar{\phi})_k] = \frac{\partial \phi(\boldsymbol{x})}{\partial x^m}[= (\nabla\phi)_m]\frac{\partial x^m}{\partial \bar{x}^k} \leftrightarrow \frac{\partial \phi(\boldsymbol{x})}{\partial x^k} = \frac{\partial \bar{\phi}(\bar{\boldsymbol{x}})}{\partial \bar{x}^m}\frac{\partial \bar{x}^m}{\partial x^k} \tag{2.140}$$

따라서 $(\nabla\phi)_k\left(= \frac{\partial \phi}{\partial x^k}\right)$는 절대벡터 $\boldsymbol{v}(= \nabla\phi)$의 공변성분 $v_k(= (\nabla\phi)_k)$의 변환법칙 식 (2.137)에 따름을 알 수 있다.

여기서 이 절을 맺기 전 위치벡터 $\boldsymbol{p}(= \boldsymbol{r})$과 그의 미소변환 $d\boldsymbol{p}(= d\boldsymbol{r})$의 (1차)텐서 적합성에 대해 논의하기로 한다. 먼저 $d\boldsymbol{p}(= d\boldsymbol{r}) = dx^k \boldsymbol{g}_k$는 식 (2.139)에서 언급한 바와 같이 반변성분 dx^k를 우선적으로 갖는 절대벡터(1차 텐서)임에 틀림없다. 그러나 위치벡터 자체는 텐서로서 문제가 있다. 왜냐하면 우선 Cartesian 좌표계에서만 $\boldsymbol{p}(= \boldsymbol{r}) = \boldsymbol{i}_m z^m$처럼 나타낼 수 있으나, 구좌표나 원통좌표계의 경우 총합규약 $\boldsymbol{g}_k x^k$로 나타낼 수 없다[즉 원통좌표의 경우 $\boldsymbol{p} = r(= x^1)\boldsymbol{g}_r + z(= x^3)\boldsymbol{g}_z \neq x^i \boldsymbol{g}_i$; 구좌표의 경우 $\boldsymbol{p} = r(= x^1)\boldsymbol{g}_r \neq x^i \boldsymbol{g}_i$]. 더욱이 아래에서 보는 바와 같은 좌표의 회전(rotation)과 평행이동(translation)을 동시에 수반하는 '아핀변환(affine transformation)'의 경우 두 (Cartesian) 좌표계 사이의 위치벡터 성분은 위에서 언급한 절대벡터의 변환형태가 아닌 아래와 같이 나타내진다.

$$\bar{x}^k = C^k{}_m x^m + d^k \tag{2.141}$$

혹은 이의 행렬(직접) 표현은 아래와 같다.

$$\bar{\boldsymbol{r}} = \mathrm{C}\boldsymbol{r} + \boldsymbol{d} \tag{2.142}$$

여기서 Jacobian 변환식 $\det\left(\dfrac{\partial \overline{x}^k}{\partial x^m}\right) = \det(C^k{}_m) \neq 0$이라고 할 때 식 (2.142)의 양변을 $\mathrm{C}^{-1} \equiv \mathrm{E}$로 곱하고, $\mathrm{E}\boldsymbol{d} = \boldsymbol{f}$로 두면 아래의 역변환식을 얻는다.

$$\boldsymbol{r} = \mathrm{E}\,\overline{\boldsymbol{r}} - \boldsymbol{f} \tag{2.143}$$

또한 이의 성분 (첨자)표현식은 아래가 된다.

$$x^k = E^k{}_m \overline{x}^m - f^k \tag{2.144}$$

여기서 행렬의 역변환 관계 $\mathrm{CE} = \mathrm{EC} = \mathrm{I}$ 및 $\mathrm{C}\boldsymbol{f} = (= \mathrm{CE}\boldsymbol{d}) = \boldsymbol{d}$ 혹은 $\mathrm{E}\boldsymbol{d} = \boldsymbol{f}$ 관계에서 아래의 성분간 관계식이 성립된다.

$$\begin{aligned} &C^k{}_m E^m{}_l = \delta^k{}_l, \quad E^k{}_m C^m{}_l = \delta^k{}_l, \\ &C^k{}_m f^m = -d^k, \quad E^k{}_m d^m = -f^k \end{aligned} \tag{2.145}$$

그런데 식 (2.141) 혹은 (2.144)에서 알 수 있듯이 $d^k = 0$(혹은 $f^k = 0$)인 경우(즉 회전만 존재)만 위치벡터 $\boldsymbol{p}$(혹은 2 성분 x^k)가 아핀변환군에 상대적인 (1차)텐서처럼 행동하므로 위치벡터를 '위치 화살표(position arrow)'라고 칭하기도 한다.

2. 4. 4 절대 2차 텐서

3차원 유클리드(E^3) 공간에서 3^2개의 성분함수 집합 $T^{\alpha\beta}(\boldsymbol{x})$이 두 곡선좌표계 $\boldsymbol{x} = \{x^k\}$와 $\overline{\boldsymbol{x}} = \{\overline{x}^k\}$ 사이의 1:1 좌표변환[단 $\mathrm{J} = \det\left(\dfrac{\partial \overline{x}^k}{\partial x^l}\right) \neq 0$]하에 아래와 같이 $\overline{T}^{kl}(\overline{\boldsymbol{x}})$로 변환된다면 $T^{\alpha\beta}(\boldsymbol{x})$는 x^k 좌표계에 관련된 '절대 2차 텐서(absolute second-order tensor)' T의, 그리고 $\overline{T}^{kl}(\overline{\boldsymbol{x}})$는 같은 절대 2차 텐서 $\overline{\mathrm{T}}(=\mathrm{T})$의 '반변성분(contravariant component)'이라고 부른다.

$$\overline{T}^{kl}(\overline{\boldsymbol{x}}) = T^{\alpha\beta}(\boldsymbol{x}) \frac{\partial \overline{x}^k}{\partial x^\alpha} \frac{\partial \overline{x}^l}{\partial x^\beta} \leftrightarrow T^{kl}(\boldsymbol{x}) = \overline{T}^{\alpha\beta}(\overline{\boldsymbol{x}}) \frac{\partial x^k}{\partial \overline{x}^\alpha} \frac{\partial x^l}{\partial \overline{x}^\beta} \tag{2.146}$$

또한 E^3에서 3^2개의 성분함수 집합 $T_{\alpha\beta}(\boldsymbol{x})$와 $\overline{T}_{kl}(\overline{\boldsymbol{x}})$사이에 아래와 같은 변환법칙이 성립된다면 함수 $T_{\alpha\beta}(\boldsymbol{x})$ 및 $\overline{T}_{kl}(\overline{\boldsymbol{x}})$는 각각 절대 2차 텐서 $\mathrm{T}(=\overline{\mathrm{T}})$의 x^k 좌표계 및 $\overline{x}^k$ 좌표계에서의 '공변성분(covariant component)'이라고 부른다.

$$\overline{T}_{kl}(\overline{\boldsymbol{x}}) = T_{\alpha\beta}(\boldsymbol{x})\frac{\partial x^\alpha}{\partial \overline{x}^k}\frac{\partial x^\beta}{\partial \overline{x}^l} \leftrightarrow T_{kl}(\boldsymbol{x}) = \overline{T}_{\alpha\beta}(\overline{\boldsymbol{x}})\frac{\partial \overline{x}^\alpha}{\partial x^k}\frac{\partial \overline{x}^\beta}{\partial x^l} \tag{2.147}$$

그리고 E^3에서 3^2개의 성분함수 집합 $T^\alpha{}_\beta(\boldsymbol{x})$와 $\overline{T}^k{}_l(\overline{\boldsymbol{x}})$사이에 아래와 같은 변환법칙이 성립된다면 함수 $T^\alpha{}_\beta(\boldsymbol{x})$ 및 $\overline{T}^k{}_l(\overline{\boldsymbol{x}})$는 각각 절대 2차 텐서 $\mathrm{T}(=\overline{\mathrm{T}})$의 x^k 좌표계 및 $\overline{x}^k$ 좌표계에서의 '혼합성분(mixed component)'이라고 부른다.

$$\overline{T}^k{}_l(\overline{\boldsymbol{x}}) = T^\alpha{}_\beta(\boldsymbol{x})\frac{\partial \overline{x}^k}{\partial x^\alpha}\frac{\partial x^\beta}{\partial \overline{x}^l} \leftrightarrow T^k{}_l(\boldsymbol{x}) = \overline{T}^\alpha{}_\beta(\overline{\boldsymbol{x}})\frac{\partial x^k}{\partial \overline{x}^\alpha}\frac{\partial \overline{x}^\beta}{\partial x^l} \tag{2.148}$$

마지막으로 E^3에서 3^2개의 성분함수 집합 $T_\alpha{}^\beta(\boldsymbol{x})$와 $\overline{T}_k{}^l(\overline{\boldsymbol{x}})$사이에 아래와 같은 변환법칙이 성립된다면 함수 $T_\alpha{}^\beta(\boldsymbol{x})$ 및 $\overline{T}_k{}^l(\overline{\boldsymbol{x}})$는 각각 절대 2차텐서 $\mathrm{T}(=\overline{\mathrm{T}})$의 x^k 좌표계 및 $\overline{x}^k$ 좌표계에서의 또다른 '혼합성분(mixed component)'이라고 부른다.

$$\overline{T}_k{}^l(\overline{\boldsymbol{x}}) = T_\alpha{}^\beta(\boldsymbol{x})\frac{\partial x^\alpha}{\partial \overline{x}^k}\frac{\partial \overline{x}^l}{\partial x^\beta} \leftrightarrow T_k{}^l(\boldsymbol{x}) = \overline{T}_\alpha{}^\beta(\overline{\boldsymbol{x}})\frac{\partial \overline{x}^\alpha}{\partial x^k}\frac{\partial x^l}{\partial \overline{x}^\beta} \tag{2.149}$$

위에서 언급된 절대 2차 텐서에 관한 4쌍의 변환법칙은 절대벡터의 경우와 마찬가지로 $\mathrm{T}(\boldsymbol{x})(=\overline{\mathrm{T}}(\overline{\boldsymbol{x}}))$에 관한 기저벡터 $\boldsymbol{g}_k$와 $\overline{\boldsymbol{g}}_k$, $\boldsymbol{g}^k$와 $\overline{\boldsymbol{g}}^k$의 (변환)정의식을 사용하여 모두 증명할 수 있다.

$$\begin{aligned}
\mathrm{T}(=\overline{\mathrm{T}}) &= T^{mn}(\boldsymbol{x})\boldsymbol{g}_m(\boldsymbol{x})\boldsymbol{g}_n(\boldsymbol{x}) = \overline{T}^{mn}(\overline{\boldsymbol{x}})\overline{\boldsymbol{g}}_m(\overline{\boldsymbol{x}})\overline{\boldsymbol{g}}_n(\overline{\boldsymbol{x}}) \\
&= T_{mn}(\boldsymbol{x})\boldsymbol{g}^m(\boldsymbol{x})\boldsymbol{g}^n(\boldsymbol{x}) = \overline{T}_{mn}(\overline{\boldsymbol{x}})\overline{\boldsymbol{g}}^m(\overline{\boldsymbol{x}})\overline{\boldsymbol{g}}^n(\overline{\boldsymbol{x}}) \\
&= T^m{}_n(\boldsymbol{x})\boldsymbol{g}_m(\boldsymbol{x})\boldsymbol{g}^n(\boldsymbol{x}) = \overline{T}^m{}_n(\overline{\boldsymbol{x}})\overline{\boldsymbol{g}}_m(\overline{\boldsymbol{x}})\overline{\boldsymbol{g}}^n(\overline{\boldsymbol{x}}) \\
&= T_m{}^n(\boldsymbol{x})\boldsymbol{g}^m(\boldsymbol{x})\boldsymbol{g}_n(\boldsymbol{x}) = \overline{T}_m{}^n(\overline{\boldsymbol{x}})\overline{\boldsymbol{g}}^m(\overline{\boldsymbol{x}})\overline{\boldsymbol{g}}_n(\overline{\boldsymbol{x}})
\end{aligned} \tag{2.150}$$

예제 2. 4

식 (2.148)를 증명하라.

풀 이

식 (2.150)의 세 번째 식의 $\boldsymbol{g}_m(\boldsymbol{x})$ 및 $\overline{\boldsymbol{g}}_m(\overline{\boldsymbol{x}})$를 식 (2.127)에서, 그리고 $\boldsymbol{g}^n(\boldsymbol{x})$ 및 $\overline{\boldsymbol{g}}^n(\overline{\boldsymbol{x}})$는 식 (2.130)에서 대입하면 아래가 된다.

$$\mathrm{T}= T^{m}{}_{n}(\boldsymbol{x})\frac{\partial z^p}{\partial x^m}\frac{\partial x^n}{\partial z^q}\boldsymbol{i}_p\boldsymbol{i}^q = \overline{T}^{m}{}_{n}(\overline{\boldsymbol{x}})\frac{\partial z^p}{\partial \overline{x}^m}\frac{\partial \overline{x}^n}{\partial z^q}\boldsymbol{i}_p\boldsymbol{i}^q \tag{2.151}$$

따라서 아래 관계식을 얻는다.

$$T^{m}{}_{n}(\boldsymbol{x})\frac{\partial z^p}{\partial x^m}\frac{\partial x^n}{\partial z^q}= \overline{T}^{m}{}_{n}(\overline{\boldsymbol{x}})\frac{\partial z^p}{\partial \overline{x}^m}\frac{\partial \overline{x}^n}{\partial z^q} \tag{2.152}$$

위 식의 양변에 $\left(\frac{\partial \overline{x}^k}{\partial z^p}\right)\left(\frac{\partial z^q}{\partial \overline{x}^l}\right)$을 곱하고, 사슬법칙(부록 C.2절 참조)을 이용하면 아래가 된다.

$$\overline{T}^{k}{}_{l}(\overline{\boldsymbol{x}}) = T^{m}{}_{n}(\boldsymbol{x})\frac{\partial \overline{x}^k}{\partial x^m}\frac{\partial x^n}{\partial \overline{x}^l}$$

여기에서 무효첨자 m을 α, n을 β로 치환하면 식 (2.148)의 왼편을 얻는다. 다음에는 위 식의 양변에 $\left(\frac{\partial x^\alpha}{\partial \overline{x}^k}\right)\left(\frac{\partial \overline{x}^l}{\partial x^\beta}\right)$를 곱하고 사슬법칙(부록 C.2절 참조)을 이용하면 아래를 얻는다.

$$T^{\alpha}{}_{\beta}(\boldsymbol{x}) = \overline{T}^{k}{}_{l}(\overline{\boldsymbol{x}})\frac{\partial x^\alpha}{\partial \overline{x}^k}\frac{\partial \overline{x}^l}{\partial x^\beta}$$

여기서 자유첨자 α 및 β를 k 및 l로, 무효첨자 k 및 l을 α 및 β로 치환하면 식 (2.148)의 우편을 얻는다. ■

위에서 얻어진 절대 2차 텐서의 성분간 변환법칙을 $k+l$차의 (절대)혼합텐서(여기서 k개의 지수에서는 반변법칙, l개의 지수에서는 공변법칙)의 두 곡선좌표계 $\boldsymbol{x}$ 및 $\overline{\boldsymbol{x}}$에 관한 변환법칙 및 그 역은 아래와 같이 일반화시켜 나타낼 수 있다.

$$\overline{T}^{p_1p_2\cdots p_k}{}_{q_1q_2\cdots q_l}(\overline{\boldsymbol{x}}) = T^{\alpha_1\alpha_2\cdots\alpha_k}{}_{\beta_1\beta_2\cdots\beta_l}(\boldsymbol{x})\frac{\partial \overline{x}^{p_1}}{\partial x^{\alpha_1}}\cdots\frac{\partial \overline{x}^{p_k}}{\partial x^{\alpha_k}}\frac{\partial x^{\beta_1}}{\partial \overline{x}^{q_1}}\cdots\frac{\partial x^{\beta_l}}{\partial \overline{x}^{q_l}} \tag{2.153a}$$

$$T^{p_1p_2\cdots p_k}{}_{q_1q_2\cdots q_l}(\boldsymbol{x}) = \overline{T}^{\alpha_1\alpha_2\cdots\alpha_k}{}_{\beta_1\beta_2\cdots\beta_l}(\overline{\boldsymbol{x}})\frac{\partial x^{p_1}}{\partial \overline{x}^{\alpha_1}}\cdots\frac{\partial x^{p_k}}{\partial \overline{x}^{\alpha_k}}\frac{\partial \overline{x}^{\beta_1}}{\partial x^{q_1}}\cdots\frac{\partial \overline{x}^{\beta_l}}{\partial x^{q_l}} \tag{2.153b}$$

2.4.5 행렬법에 의한 변환법칙

앞 절에서 논의한 절대 텐서의 성분에 관한 변환법칙을 이 절에서는 아래와 같이 정의되는 공변 변환행렬 $\mathrm{A}=(a_i{}^j)$ 및 반변 변환행렬 $\mathrm{B}=(b^i{}_j)$를 사용하여 다시 나타내기로 한다.

$$\mathrm{A}\equiv\frac{\partial \boldsymbol{x}}{\partial \bar{\boldsymbol{x}}}=(a_i{}^j),\quad a_i{}^j=\frac{\partial x^j}{\partial \bar{x}^i}=\frac{\partial \boldsymbol{r}}{\partial \bar{x}^i}\cdot\frac{\partial x^j}{\partial \boldsymbol{r}}=\bar{\boldsymbol{g}}_i\cdot\boldsymbol{g}^j \tag{2.154}$$

$$\mathrm{B}\equiv\left(\frac{\partial \bar{\boldsymbol{x}}}{\partial \boldsymbol{x}}\right)^{\mathrm{T}}=(b^i{}_j),\quad b^i{}_j=\frac{\partial \bar{x}^i}{\partial x^j}=\frac{\partial \boldsymbol{r}}{\partial x^j}\cdot\frac{\partial \bar{x}^i}{\partial \boldsymbol{r}}=\bar{\boldsymbol{g}}^i\cdot\boldsymbol{g}_j \tag{2.155}$$

위 식에서 $\mathrm{B}^{\mathrm{T}}\left(=\left(\frac{\partial \bar{\mathbf{x}}}{\partial \mathbf{x}}\right)\right)=\mathrm{A}^{-1}$ 혹은 $\mathrm{A}^{\mathrm{T}}\left(=\left(\frac{\partial \mathbf{x}}{\partial \bar{\mathbf{x}}}\right)^{\mathrm{T}}\right)=\mathrm{B}^{-1}$[따라서 A와 B는 서로 'contragradient' 관계에 있다고 함]임을 쉽게 알 수 있다. 따라서 블록 또는 성분표시로 아래가 성립된다.

$$\mathrm{AB}^{\mathrm{T}}=\mathrm{A}^{\mathrm{T}}\mathrm{B}=\mathrm{I} \tag{2.156a}$$

$$a_i{}^m b^j{}_m=\frac{\partial x^m}{\partial \bar{x}^i}\frac{\partial \bar{x}^j}{\partial x^m}=\bar{\delta}_i{}^j \leftrightarrow a_m{}^i b^m{}_j=\frac{\partial x^i}{\partial \bar{x}^m}\frac{\partial \bar{x}^m}{\partial x^j}=\bar{\delta}^i{}_j \tag{2.156b}$$

이제 이를 이용하여 2.4.1절의 (공변)기저벡터간 변환법칙(식 (2.128) 및 (2.129))은 아래와 같이 나타낼 수 있다.

$$\bar{\boldsymbol{g}}_k=a_k{}^p\boldsymbol{g}_p \leftrightarrow \boldsymbol{g}_k=b^p{}_k\bar{\boldsymbol{g}}_p \tag{2.157}$$

[비고: 식 (2.157)의 첫 번째 식의 역은 식 (2.156b)를 이용하여 양변에 $b^k{}_m$을 곱하여 $a_k{}^p b^k{}_m=\delta^p{}_m$을 이용하던가, 아니면 행렬식으로 나타내어 좌우를 $\mathrm{A}^{-1}=\mathrm{B}^{\mathrm{T}}$를 곱하여 성분으로 나타내어도 얻어짐 - 표 2.1 참조.]

마찬가지로 반변(역) 기저벡터간 변환법칙 (식 (2.131) 및 (2.132)도 아래와 같이 나타낼 수 있다.

$$\bar{\boldsymbol{g}}^k=b^k{}_p\boldsymbol{g}^p \leftrightarrow \boldsymbol{g}^k=a_p{}^k\bar{\boldsymbol{g}}^p \tag{2.158}$$

식 (2.157)의 경우와 마찬가지로 위 식의 역도 성분 또는 역행렬을 이용하여 구할 수 있다.

마찬가지 논리로 2.4.3절의 절대벡터(1차 텐서)에 관한 반변 및 공변 변환법칙도 좌표변환 행렬을 사용하여 아래와 같이 나타낼 수 있다.

$$\bar{v}^k(\bar{\boldsymbol{x}})=b^k{}_\alpha v^\alpha(\boldsymbol{x}) \leftrightarrow v^k(\boldsymbol{x})=a_\alpha{}^k\bar{v}^\alpha(\bar{\boldsymbol{x}}) \tag{2.159}$$

$$\bar{v}_k(\bar{\boldsymbol{x}})=a_k{}^\alpha v_\alpha(\boldsymbol{x}) \leftrightarrow v_k(\boldsymbol{x})=b^\alpha{}_k\bar{v}_\alpha(\bar{\boldsymbol{x}}) \tag{2.160}$$

[참고 : 가끔 $v_k(\boldsymbol{x})$와 $\overline{v}^{\alpha}(\overline{\boldsymbol{x}})$, $v^k(\boldsymbol{x})$와 $\overline{v}_{\alpha}(\overline{\boldsymbol{x}})$간의 크로스(cross) 변환법칙은 표 2.1에 나타낸 바와 같이 좌표변환 행렬 (c_{ij})와 (d^{ij})를 사용하여 나타내기도 한다.]

다음에는 2.4.4절에 언급된 계량텐서 (g_{ij})나 (g^{ij})와 같은 절대 2차 텐서에 관한 반변 및 공변 변환법칙도 $a_i^{\ j}$와 $b^i_{\ j}$를 사용하여 아래와 같이 나타낼 수 있다.

$$\overline{T}^{kl}(\overline{\boldsymbol{x}}) = b^k_{\ \alpha} b^l_{\ \beta} T^{\alpha\beta}(\boldsymbol{x}) \ \leftrightarrow \ T^{kl}(\boldsymbol{x}) = a_{\alpha}^{\ k} b_{\beta}^{\ l} \overline{T}^{\alpha\beta}(\overline{\boldsymbol{x}}) \tag{2.161}$$

$$\overline{T}_{kl}(\overline{\boldsymbol{x}}) = a_k^{\ \alpha} a_l^{\ \beta} T_{\alpha\beta}(\boldsymbol{x}) \ \leftrightarrow \ T_{kl}(\boldsymbol{x}) = b^{\alpha}_{\ k} b^{\beta}_{\ l} \overline{T}_{\alpha\beta}(\overline{\boldsymbol{x}}) \tag{2.162}$$

$$\overline{T}^k_{\ l}(\overline{\boldsymbol{x}}) = b^k_{\ \alpha} a_l^{\ \beta} T^{\alpha}_{\ \beta}(\boldsymbol{x}) \ \leftrightarrow \ T^k_{\ l}(\boldsymbol{x}) = a_{\alpha}^{\ k} b^{\beta}_{\ l} \overline{T}^{\alpha}_{\ \beta}(\overline{\boldsymbol{x}}) \tag{2.163}$$

$$\overline{T}_k^{\ l}(\overline{\boldsymbol{x}}) = a_k^{\ \alpha} b^l_{\ \beta} T_{\alpha}^{\ \beta}(\boldsymbol{x}) \ \leftrightarrow \ T_k^{\ l}(\boldsymbol{x}) = b^{\alpha}_{\ k} a_{\beta}^{\ l} \overline{T}_{\alpha}^{\ \beta}(\overline{\boldsymbol{x}}) \tag{2.164}$$

단 Cartesian 좌표계간의 변환인 경우 $a_i^{\ j} = b^i_{\ j} = l_{ij} = \overline{\boldsymbol{e}}_i \cdot \boldsymbol{e}_j$(식 (1.194))가 되고, 변환행렬 $\mathrm{L} = (l_{ij})$는 직교행렬(즉 $\mathrm{L}^{\mathrm{T}} = \mathrm{L}^{-1}$)이 된다.

[비고 : 위 식들의 역변환은 절대벡터의 경우와 마찬가지로 식 (2.156b)를 사용하여 구할 수 있다. 가령 식 (2.161)의 경우 첫 번째 식의 양변에 $a_k^{\ m} a_l^{\ n}$을 곱하면 우편은 $\delta_{\alpha}^{\ m}\delta_{\beta}^{\ n} T^{\alpha\beta} = T^{mn}$이 되므로 첨자치환 즉 $m, n \to k, l$로 또, $k, l \to \alpha, \beta$로 바꾸면 두 번째 식이 증명된다. 또는 행렬식으로 나타내어, 왼편은 $(\overline{T}^{kl})$, 오른편은 $\mathrm{B}(T^{\alpha\beta})\mathrm{B}^{\mathrm{T}}$가 되어, 양변의 우편을 $\mathrm{B}^{-1}(=\mathrm{A}^{\mathrm{T}})$, 좌편을 $\mathrm{A}(=(\mathrm{B}^{\mathrm{T}})^{-1})$로 곱하고, 이를 성분으로 나타내면 증명이 된다. 자세한 것은 부록 표 2.1 참조.]

마지막으로 식 (2.153)에 나타낸 고차 혼합텐서 (k차는 반변, l차는 공변)의 변환법칙도 $a_i^{\ j}$와 $b^i_{\ j}$를 사용하여 아래와 같이 나타낼 수 있다.

$$\overline{T}^{p_1p_2\cdots p_k}_{\qquad q_1q_2\cdots q_l}(\overline{\boldsymbol{x}}) = b^{p_1}_{\ \alpha_1} \cdots b^{p_k}_{\ \alpha_k} a_{q_1}^{\ \beta_1} \cdots a_{q_l}^{\ \beta_l} T^{\alpha_1\alpha_2\cdots\alpha_k}_{\qquad \beta_1\beta_2\cdots\beta_l}(\boldsymbol{x}) \tag{2.165a}$$

$$T^{p_1p_2\cdots p_k}_{\qquad q_1q_2\cdots q_l}(\boldsymbol{x}) = a_{\alpha_1}^{\ p_1} \cdots a_{\alpha_k}^{\ p_k} b^{\beta_1}_{\ q_1} \cdots b^{\beta_l}_{\ q_l} \overline{T}^{\alpha_1\alpha_2\cdots\alpha_k}_{\qquad \beta_1\beta_2\cdots\beta_l}(\overline{\boldsymbol{x}}) \tag{2.165b}$$

표 2.1 일반 곡선 좌표계 $\{x^i\}$ 및 $\{\bar{x}^i\}$간의 텐서 변형 관계 일람표[a)]

항 목	행 렬 표 현[b)]	텐서 성분 표현
1. (실) 기저 벡터 $(\boldsymbol{g}_i)$간 $b^i{}_j \equiv \bar{\boldsymbol{g}}^i \cdot \boldsymbol{g}_j = \partial \bar{x}^i / \partial x^j$ $a_i{}^j \equiv \bar{\boldsymbol{g}}_i \cdot \boldsymbol{g}^j = \partial x^j / \partial \bar{x}^i$	$\{\bar{\boldsymbol{g}}_\square\} = \mathrm{A}\{\boldsymbol{g}_\square\}$ $\mathrm{B}^{\mathrm{T}} = \mathrm{A}^{-1}$(또는 $\mathrm{A}^{\mathrm{T}} = \mathrm{B}^{-1}$) (역)$\{\boldsymbol{g}_\square\} = \mathrm{B}^{\mathrm{T}}\{\bar{\boldsymbol{g}}_\square\}$	$\bar{\boldsymbol{g}}_i = a_i{}^j \boldsymbol{g}_j$ $b^j{}_i\, a_j{}^k = \delta_i{}^k$ $\boldsymbol{g}_i = b^j{}_i \bar{\boldsymbol{g}}_j$
2. 반변 벡터 성분간	$\bar{\boldsymbol{A}}^\square = \mathrm{B}\boldsymbol{A}^\square$ (역)$\boldsymbol{A}^\square = \mathrm{A}^{\mathrm{T}} \bar{\boldsymbol{A}}^\square$	$\bar{A}^i = b^i{}_j A^j$ $A^i = a_j{}^i \bar{A}^j$
3. 공변 벡터 성분간	$\bar{\boldsymbol{A}}_\square = \mathrm{A}\boldsymbol{A}_\square$ (역)$\boldsymbol{A}_\square = \mathrm{B}^{\mathrm{T}} \bar{\boldsymbol{A}}_\square$	$\bar{A}_i = a_i{}^j A_j$ $A_i = b^j{}_i \bar{A}_j$
4. 실(공변) 기저벡터 $(\boldsymbol{g}_i)$간	$\{\bar{\boldsymbol{g}}_\square\} = \mathrm{A}\{\boldsymbol{g}_\square\}$ (역)$\{\boldsymbol{g}_\square\} = \mathrm{B}^{\mathrm{T}}\{\bar{\boldsymbol{g}}_\square\}$	$\bar{\boldsymbol{g}}_i = a_i{}^j \boldsymbol{g}_j$ $\boldsymbol{g}_i = b^j{}_i \bar{\boldsymbol{g}}_j$
5. 계량 (공변) 텐서간[c)] $(g_{ij} \equiv \boldsymbol{g}_i \cdot \boldsymbol{g}_j)$	$\bar{\mathrm{G}} = \mathrm{A\,G\,A}^{\mathrm{T}}$ (역)$\mathrm{G} = \mathrm{B}^{\mathrm{T}}\,\bar{\mathrm{G}}\,\mathrm{B}$	$\bar{g}_{ij} = a_i{}^k a_j{}^l g_{kl}$ $g_{ij} = b^k{}_i b^l{}_j \bar{g}_{kl}$
6. 역(반변) 기저벡터 $(\boldsymbol{g}^i)$ 간 $(\boldsymbol{g}_i \cdot \boldsymbol{g}^j = \delta_i{}^j)$	$\{\bar{\boldsymbol{g}}^\square\} = \mathrm{B}\{\boldsymbol{g}^\square\}$ (역)$\{\boldsymbol{g}^\square\} = \mathrm{A}^{\mathrm{T}}\{\bar{\boldsymbol{g}}^\square\}$	$\bar{\boldsymbol{g}}^i = b^i{}_j \boldsymbol{g}^j$ $\boldsymbol{g}^i = a_j{}^i \bar{\boldsymbol{g}}^j$
7. 공액 계량 (반변) 텐서간[c)] $(g^{ij} \equiv \boldsymbol{g}^i \cdot \boldsymbol{g}^j)$	$\hat{\bar{\mathrm{G}}} = \mathrm{B}\,\hat{\mathrm{G}}\,\mathrm{B}^{\mathrm{T}}$ (역)$\hat{\mathrm{G}} = \mathrm{A}^{\mathrm{T}}\,\hat{\bar{\mathrm{G}}}\,\mathrm{A}$	$\bar{g}^{ij} = b^i{}_k b^j{}_l g^{kl}$ $g^{ij} = a_k{}^i a_l{}^j \bar{g}^{kl}$
8. 공변 및 반변 벡터성분 (또는 $\boldsymbol{g}_i$ 및 $\bar{\boldsymbol{g}}^j$)간 $c_{ij} \equiv \boldsymbol{g}_i \cdot \bar{\boldsymbol{g}}_j$, $d^{ij} \equiv \boldsymbol{g}^i \cdot \bar{\boldsymbol{g}}^j$	$\boldsymbol{A}_\square = \mathrm{C}\,\bar{\boldsymbol{A}}^\square$ $\mathrm{D}^{\mathrm{T}} = \mathrm{C}^{-1}$(또는 $\mathrm{C}^{\mathrm{T}} = \mathrm{D}^{-1}$) (역)$\bar{\boldsymbol{A}}^\square = \mathrm{D}^{\mathrm{T}} \boldsymbol{A}_\square$	$A_i = c_{ij} \bar{A}^j$ $d^{ji} c_{jk} = \delta^i{}_k$ $\bar{A}^i = d^{ji} A_j$
9. 반변 및 공변 벡터성분 (또는 $\boldsymbol{g}^i$ 및 $\bar{\boldsymbol{g}}_j$)간	$\boldsymbol{A}^\square = \mathrm{D}\bar{\boldsymbol{A}}_\square$ (역)$\bar{\boldsymbol{A}}_\square = \mathrm{C}^{\mathrm{T}} \boldsymbol{A}^\square$	$A^i = d^{ij} \bar{A}_j$ $\bar{A}_i = c_{ji} A^j$

10. 임의의 차수의 일반 텐서 변형

$$\bar{A}^{p_1 \cdots p_m}{}_{q_1 \cdots q_n} = \frac{\partial \bar{x}^{p_1}}{\partial x^{i_1}} \cdots \frac{\partial \bar{x}^{p_m}}{\partial x^{i_m}} \frac{\partial x^{j_1}}{\partial \bar{x}^{q_1}} \cdots \frac{\partial x^{j_n}}{\partial \bar{x}^{q_n}} A^{i_1 \cdots i_m}{}_{j_1 \cdots j_n}$$

a) 편의상 임의의 벡터 $\boldsymbol{A}$ 의 반변 성분(A^i) 표시를 위해 기호 $\boldsymbol{A}^\square (= A^i \boldsymbol{g}_i)$를, 또한 공변 성분$(A_i)$ 의 표시를 위해 기호 $\boldsymbol{A}_\square (= A_i \boldsymbol{g}^i)$를 사용하였다. 또한 Cartesian좌표계간의 변환인 경우, $a_i{}^j = b^i{}_j = l_{ij} = \bar{\boldsymbol{e}}_i \cdot \boldsymbol{e}_j$ (식 1.194)임.

b) 여기에서 $\{\boldsymbol{g}_\square\} = \begin{pmatrix} \boldsymbol{g}_1 \\ \boldsymbol{g}_2 \\ \boldsymbol{g}_3 \end{pmatrix}$ 및 $\{\boldsymbol{g}^\square\} = \begin{pmatrix} \boldsymbol{g}^1 \\ \boldsymbol{g}^2 \\ \boldsymbol{g}^3 \end{pmatrix}$이고, 이들의 변환성분인 $\{\bar{\boldsymbol{g}}_\square\}$ 및 $\{\bar{\boldsymbol{g}}^\square\}$도 마찬가지이다. 또한 G 및 $\bar{\mathrm{G}}$ 는 각각 (계량)행렬 $[g_{ij}]$ 및 $[\bar{g}_{ij}]$를 나타내고, $\hat{\mathrm{G}} (= \mathrm{G}^{-1})$ 및 $\hat{\bar{\mathrm{G}}} (= \bar{\mathrm{G}}^{-1})$는 각각 (공액 계량)행렬 $[g^{ij}]$ 및 $[\bar{g}^{ij}]$를 나타낸다.

c) 일반 2차 텐서 $\mathrm{T}(= T_{ij} \boldsymbol{g}^i \boldsymbol{g}^j = T^{ij} \boldsymbol{g}_i \boldsymbol{g}_j)$ 또는 행렬 표현인 $\mathrm{T}(= [T_{ij}])$ 및 $\hat{\mathrm{T}}(= [T^{ij}])$도 각각 표 2.1의 항목 5 및 7에 준하여 변한다.

그런데 3차 이상의 고차 절대텐서의 경우 역변환의 증명은 행렬법에 의해 수행하기는 복잡하므로 식 (2.156b)를 사용하여 성분 표시법으로 행함이 보다 수월할 것이다. 따라서 본 책에서는 필요에 따라 식 (2.153)의 편미분법과 이 절의 좌표변환 행렬법을 병행하여 사용하기로 한다.

2.5 텐서에 대한 기본연산

2.5.1 텐서의 합과 차

아래 식에 나타낸 바와 같이 같은 차수(rank), 같은 형태(type)의 텐서끼리만 더하고 뺄 수 있다.

$$C^k{}_{lm} = A^k{}_{lm} \pm B^k{}_{lm} \tag{2.166}$$

위 식의 각 멤버는 모두 지수 l, m에서는 공변, 지수 k에서는 반변인 3차 절대 텐서이다.

2.5.2 텐서의 곱(외적)

주어진 두 텐서의 곱(product)으로 얻어지는 텐서의 차수는 두 텐서의 차수의 합이다. 즉 텐서 성분의 보통 곱(free product)으로 나타내지는 텐서적을 '외적(outer product)'이라 부르며, 가령 두 텐서 $A_q{}^{pr}$과 $B_s{}^m$의 외적은 $A_q{}^{pr} B_s{}^m = C_{qs}^{prm}$로 나타내진다. 만약 직접(블록)표현에서 (절대)2차 및 3차 텐서인 T와 S의 외적(즉 사이에 · 나 × 연산기호가 없다)은 아래와 같이 나타낼 수 있다.

$$\mathrm{TS} = T^{ij} \boldsymbol{g}_i \boldsymbol{g}_j S^{klm} \boldsymbol{g}_k \boldsymbol{g}_l \boldsymbol{g}_m = T^{ij} S^{klm} \boldsymbol{g}_i \boldsymbol{g}_j \boldsymbol{g}_k \boldsymbol{g}_l \boldsymbol{g}_m \tag{2.167}$$

또는

$$(\mathrm{TS})^{ijklm} = T^{ij} S^{klm} \tag{2.168}$$

2.5.3 텐서의 축약

만약 (절대)고차텐서의 한 개의 반변지수와 한 개의 공변지수가 같으면 이중첨자에 대한 Einstein 축약규약에 의해 원 차수보다 2만큼 작아지는데 이 과정을 '축약(contraction)'이라 한다. 가령 5차 텐서 A_{qs}^{mpr}에서 $r = s$로 두면 축약에 의해 $A_{qr}^{mpr} = B_q{}^{mp}$인 차수 3의 새 텐서가 얻어진다. 여기서 다시 $p=q$로 두면 $B_q^{mp}=C^m$이 되어 두 번 축약의 결과 원 텐서의 차수보다 4가 적은 차수 1의 텐서가 된다.

2. 5. 4 두 텐서의 내적

두 텐서의 외적에서 생긴 새 텐서에 첨자를 같이 두는 축약을 행하면 두 텐서의 '내적(inner product)'에 의해 새로운 텐서를 얻는다. 가령 두 텐서 A_q^{mp}와 $B^r_{\ st}$의 외적에 의해 차수 6인 $A_q^{mp}B^r_{\ st}$의 새 텐서가 얻어지는데, 여기서 $q=r$로 두면 두 텐서의 내적 $A_r^{mp}B^r_{\ st}$이 얻어지고, 이는 외적에 의한 것보다 차수가 2 줄어든 4차 텐서가 된다. 또 다시 $p=s$로 두면 차수가 2로 줄어든 두 텐서의 내적 $A_r^{mp}B^r_{\ pt}$가 얻어진다. 그런데 만약 두 텐서 T(2차) 및 S(3차)의 내적을 직접(또는 블록)표현으로 나타내면 그 사이에 차수를 그만큼 감소시키는 내적(축약)을 나타내는 연산기호(·)를 사용한다. 즉

$$\mathrm{T}\cdot\mathrm{S}= T^{ij}\boldsymbol{g}_i\boldsymbol{g}_j\cdot S^{klm}\boldsymbol{g}_k\boldsymbol{g}_l\boldsymbol{g}_m = T^{ij}S^{klm}\boldsymbol{g}_i(\boldsymbol{g}_j\cdot\boldsymbol{g}_k)\boldsymbol{g}_l\boldsymbol{g}_m$$

$$= T^{ij}S^{klm}g_{jk}\boldsymbol{g}_i\boldsymbol{g}_l\boldsymbol{g}_m = T^{ij}S_j^{\ lm}\boldsymbol{g}_i\boldsymbol{g}_l\boldsymbol{g}_m$$

$$= T^i_{\ k}S^{klm}\boldsymbol{g}_i\boldsymbol{g}_l\boldsymbol{g}_m \tag{2.169}$$

따라서 두 텐서 T와 S의 내적으로 생긴 새 텐서의 (ilm)반변요소는 아래가 된다.

$$(\mathrm{T}\cdot\mathrm{S})^{ilm} = T^{ij}S_j^{\ lm} = T^i_{\ k}S^{klm} \tag{2.170}$$

한편 두 텐서의 내적의 순서를 바꾸면 아래가 된다.

$$\mathrm{S}\cdot\mathrm{T}= S^{klm}\boldsymbol{g}_k\boldsymbol{g}_l\boldsymbol{g}_m\cdot T^{ij}\boldsymbol{g}_i\boldsymbol{g}_j = S^{klm}T^{ij}g_{mi}\boldsymbol{g}_k\boldsymbol{g}_l\boldsymbol{g}_j$$

$$= S^{klm}T_m^{\ j}\boldsymbol{g}_k\boldsymbol{g}_l\boldsymbol{g}_j = S^{ilj}T_l^{\ m}\boldsymbol{g}_i\boldsymbol{g}_l\boldsymbol{g}_m \tag{2.171}$$

[위 식의 마지막 단계에서 첨자 $k\to i,\ m\to j,\ j\to m$의 교환을 행하였다.]
따라서 내적으로 생긴 새 텐서의 (ilm)반변요소는 아래가 된다.

$$(\mathrm{S}\cdot\mathrm{T})^{ilm} = S^{ilj}T_j^{\ m} \tag{2.172}$$

이로부터 S · T ≠ T · S임을 알 수 있다.

2. 5. 5 텐서의 상법칙

만약 어떤 양 X 가 (절대)텐서인가 아닌가 모른다고 하자. 이때 만약 임의의 (절대)텐서와의 내적이 (절대)텐서이라면 X 도 역시 (절대)텐서이다. 이것을 '상법칙(quotient rule)'이라고 한다.

예제 2. 5

만일 임의의 (절대)공변 벡터 u_j 에 대해서 표현 $T^{ij}u_j$가 (절대)반변 벡터라면, T^{ij}는 (절대)반변 2차 텐서임을 상법칙으로부터 증명하라.

풀 이

u_j가 반변벡터이고 v^i가 공변 벡터일 때 $T^{ij}u_j = v^i$ 라고 가정하자. 만약 이 관계식이 특별한 좌표계 x^i에서 유효하다면 유사한 항등식은 다른 좌표계 $\bar{x}^i$에서도 유효하다.(즉 $\mathbf{T} \cdot \boldsymbol{u} = \boldsymbol{v} \leftrightarrow \overline{\mathbf{T}} \cdot \bar{\boldsymbol{u}} = \bar{\boldsymbol{v}}$ 성립)

$$\overline{T}^{ij}\bar{u}_j = \bar{v}^i$$

이 계에서는 2차 양 T^{ij}는 '새로운' 성분 $\overline{T}^{ij}$를 가진다. (절대)벡터의 변환성질에 의해

$$\overline{T}^{ij}\frac{\partial x^k}{\partial \bar{x}^j}u_k = \frac{\partial \bar{x}^i}{\partial x^l}v^l = \frac{\partial \bar{x}^i}{\partial x^l}(T^{lk}u_k) \quad \text{혹은} \quad \left(\frac{\partial x^k}{\partial \bar{x}^j}\overline{T}^{ij}\right)u_k = \left(\frac{\partial \bar{x}^i}{\partial x^l}T^{lk}\right)u_k$$

그러나 u_k는 임의적이므로 다음과 같이 된다.

$$\frac{\partial x^k}{\partial \bar{x}^j}\overline{T}^{ij} = \frac{\partial \bar{x}^i}{\partial x^l}T^{lk}$$

위의 식의 양변으로부터 효과적으로 u_k를 소거할 수 있다. 따라서 k는 이제 양변에서 유효첨자가 된다.
양변에 $\dfrac{\partial \bar{x}^m}{\partial x^k}$를 곱하면

$$\frac{\partial \bar{x}^m}{\partial x^k}\frac{\partial x^k}{\partial \bar{x}^j}\overline{T}^{ij} = \delta^m_j\,\overline{T}^{ij} = \overline{T}^{im} = \frac{\partial \bar{x}^m}{\partial x^k}\frac{\partial \bar{x}^i}{\partial x^l}T^{lk}$$

혹은 첨자를 다시 쓰면 아래가 되어, 텐서변환법칙 (2.146)을 만족하므로 T^{ij}는 (절대)반변 2차 텐서이다.

$$\overline{T}^{ij} = \frac{\partial \bar{x}^i}{\partial x^k}\frac{\partial \bar{x}^j}{\partial x^l}T^{kl}$$

2. 6 2차 텐서의 트레이스(trace) 연산자

정방(square) 2차 텐서의 대각선 요소의 합을 구하는 '트레이스 연산자(trace operator)'를 Tr로 나타내면 혼합 2차 텐서의 경우 아래가 성립된다(식 (1.179) 참조).

$$\mathrm{Tr}\,\mathrm{T} = \mathrm{Tr}\left(\mathrm{T}^{k}{}_{l}\right) = \mathrm{T}^{1}{}_{1} + \mathrm{T}^{2}{}_{2} + \mathrm{T}^{3}{}_{3} = \mathrm{T}^{i}{}_{i} = \mathrm{T}_{i}{}^{i} \qquad (2.173)$$

한편 트레이스 연산자는 선형연산자이므로 아래 식이 성립된다.

$$\mathrm{Tr}(\alpha\mathrm{T} + \beta\mathrm{S}) = \alpha\mathrm{T}^{i}{}_{i} + \beta\mathrm{S}^{i}{}_{i} = \alpha\,\mathrm{Tr}\,\mathrm{T} + \beta\,\mathrm{Tr}\,\mathrm{S} \qquad (2.174)$$

여기서 α 및 β는 실수 스칼라이다.

2. 6. 1 벡터의 자유적의 트레이스

만약 $\boldsymbol{a}$, $\boldsymbol{b}$가 절대벡터이고, 두 개의 자유적(free product) 혹은 다이어딕(dyadic) 곱이 (절대) 혼합 2차 텐서 T를 형성한다면 아래와 같이 나타낼 수 있다.

$$\boldsymbol{ab} = \mathrm{T} \leftrightarrow a^{i}b_{j} = T^{i}{}_{j} \qquad (2.175)$$

이 때 아래 관계가 성립된다.

$$\mathrm{Tr}(\boldsymbol{ab}) = \mathrm{Tr}(\mathrm{T}) = T^{i}{}_{i} = a^{i}b_{i} \qquad (2.176)$$

이는 아래의 관계를 의미한다.

$$\mathrm{Tr}(\boldsymbol{ab}) = \boldsymbol{a} \cdot \boldsymbol{b} \qquad (2.177)$$

증 명 $\boldsymbol{a} = a^{i}\boldsymbol{g}_{i}$, $\boldsymbol{b} = b_{j}\boldsymbol{g}^{j}$라 할 때 $\boldsymbol{a} \cdot \boldsymbol{b} = a^{i}\boldsymbol{g}_{i} \cdot b_{j}\boldsymbol{g}^{j} = a^{i}b_{j}\delta_{i}{}^{j}$($\because$ 식 (2.84)에 의해)$= a^{i}b_{i}$ ■

위 식에서 두 벡터의 자유적 $\boldsymbol{ab} \neq \boldsymbol{ba}$이라도 $\mathrm{Tr}(\boldsymbol{ab}) = \boldsymbol{a} \cdot \boldsymbol{b} = \mathrm{Tr}(\boldsymbol{ba}) = \boldsymbol{b} \cdot \boldsymbol{a}$가 성립함에 유의해야 한다.

다음에는 2차 텐서 (혹은 행렬) T의 트레이스에 관한 식 (2.173)을 증명해보자.

$$\mathrm{Tr}\mathrm{T} = \mathrm{Tr}(T^{kl}\boldsymbol{g}_k\boldsymbol{g}_l) = T^{kl}(\boldsymbol{g}_k \cdot \boldsymbol{g}_l) = T^{kl}g_{kl} = T^k{}_k \tag{2. 178}$$

2. 6. 2 텐서의 내적의 트레이스

지금 A, B, C를 세 개의 (절대) 2차 텐서라 하자. 이때 이들의 행렬 표현에 대하여 아래의 관계식들이 성립된다.

$$\left.\begin{aligned}
&\mathrm{Tr}(\mathrm{A}\cdot\mathrm{B}) = \mathrm{A}:\mathrm{B} = A^i{}_jB^j{}_i = \mathrm{Tr}(\mathrm{B}\cdot\mathrm{A}) = \mathrm{B}:\mathrm{A}\\
&\mathrm{Tr}(\mathrm{A}\cdot\mathrm{B}\cdot\mathrm{C}) = \mathrm{A}:(\mathrm{B}\cdot\mathrm{C}) = A^i{}_jB^j{}_kC^k{}_i = \mathrm{Tr}(\mathrm{B}\cdot\mathrm{C}\cdot\mathrm{A}) = \mathrm{Tr}(\mathrm{C}\cdot\mathrm{A}\cdot\mathrm{B})\\
&\mathrm{Tr}\mathrm{A}^2 = \mathrm{A}:\mathrm{A} = A^i{}_jA^j{}_i, \quad \mathrm{Tr}\mathrm{A}^3 = \mathrm{A}:\mathrm{A}^2 = A^i{}_jA^j{}_pA^k{}_i\\
&\mathrm{Tr}(\mathrm{A}\cdot\mathrm{A}^{\mathrm{T}}) = \mathrm{A}:\mathrm{A}^{\mathrm{T}} = A^i{}_j\overset{(\mathrm{T})}{A^j{}_i} = A^i{}_jA_i{}^j
\end{aligned}\right\} \tag{2. 179}$$

이들 식 모두는 기저벡터를 이용한 2차 텐서의 성분표시법으로 증명될 수 있다.

2. 6. 3 2차 텐서의 크기

E^3 공간에서 어떤 곡선 좌표계에 대한 임의의 절대 벡터(1차텐서) $\boldsymbol{v}$의 크기 (magnitude or 2-norm)는 아래와 같이 정의된다(1.2.2절 및 식 (2.97) 참조).

$$\|\boldsymbol{v}\| = \sqrt{\boldsymbol{v}\cdot\boldsymbol{v}} = \sqrt{\mathrm{Tr}(\boldsymbol{v}^2)} = \sqrt{\boldsymbol{v}^{\mathrm{T}}\boldsymbol{v}} = \sqrt{v^iv_i} \tag{2. 180}$$

(여기서 만약 반변, 공변의 구별이 없는 Cartesian 좌표계의 경우 $\mathrm{Tr}\,\boldsymbol{v}^2 = v_iv_i$가 되어 전 요소의 제곱의 합이 된다.)

벡터의 크기와 유사하게 2차(혼합)텐서 T의 크기는 아래와 같이 정의된다.

$$\|\mathrm{T}\| = \sqrt{\mathrm{Tr}(\mathrm{T}\cdot\mathrm{T}^{\mathrm{T}})} = \sqrt{\mathrm{Tr}(\mathrm{T}\mathrm{T}^{\mathrm{T}})} = \sqrt{\mathrm{T}:\mathrm{T}^{\mathrm{T}}} = \sqrt{T^i{}_j\overset{(\mathrm{T})}{T^j{}_i}} = \sqrt{T^i{}_j\,T_i{}^j} \tag{2. 181}$$

[비고: 위 식에서도 만약 Cartesian 좌표계의 경우에는 벡터의 경우처럼 $\mathrm{Tr}(\mathrm{T}\mathrm{T}^{\mathrm{T}}) = T_{ij}\ T_{ij}$ 즉 전 요소의 제곱의 합이 된다.]

한편 유변학자들은 (대칭)변형속도텐서 $\dot{\gamma}$ 와 같은 2차텐서의 크기로서 (2.181)대신 평방근 부호 안의 항을 2로 나눈 것을 이용하며(그래서 3장 이후 레올로지에서는 이 정의를 채택함), 특히 대칭이며 트레이스가 0인 경우에는 이 값과 제2불변량 (II)의 절대값에 평방근을 취한 것이 같다.

2.7 상대텐서, 순열 텐서 및 Levi-Civita 텐서

정의 : E^3 공간의 두 곡선 좌표계 $\boldsymbol{x}$와 $\overline{\boldsymbol{x}}$ 사이(1:1대응)에서 어떤 스칼라 함수 $\phi(\boldsymbol{x})$의 좌표 변환이 아래와 같이 정의 된다면 ϕ는 '무게 N의 상대 스칼라(relative scalar of weight N)'이라고 한다(단 N는 어떤 실수).

$$\overline{\phi}(\overline{\boldsymbol{x}}) = \phi(\boldsymbol{x})\left[\det\left(\frac{\partial x^k}{\partial \overline{x}^l}\right)\right]^N \tag{2.182}$$

여기서 $\det(\partial x^k/\partial \overline{x}^l)$는 변환의 Jacobian 행렬식 $\mathrm{J}(\neq 0)$이며, 절대 스칼라 (식 (2.133))는 $N=0$에 해당된다(부록 C.3절 참조)

정의 : 무게 N의 상대 공변벡터(relative covariant vector of weight N)는 1:1 대응관계인 두 곡선 좌표계 $\boldsymbol{x}$와 $\overline{\boldsymbol{x}}$ 사이에서 아래와 같이 정의된다.

$$\overline{v_k}(\overline{\boldsymbol{x}}) = v_m(\boldsymbol{x})\frac{\partial x^m}{\partial \overline{x}^k}\left[\det\left(\frac{\partial x^k}{\partial \overline{x}^l}\right)\right]^N \tag{2.183a}$$

정의 : 무게 N의 상대 반변벡터 (relative contravariant vector of weight N)는 역시 1:1 대응관계인 두 좌표계 $\boldsymbol{x}$와 $\overline{\boldsymbol{x}}$ 사이에서 아래와 같이 정의된다.

$$\overline{v}^k(\overline{\boldsymbol{x}}) = v^m(\boldsymbol{x})\frac{\partial \overline{x}^k}{\partial x^m}\left[\det\left(\frac{\partial x^k}{\partial \overline{x}^l}\right)\right]^N \tag{2.183b}$$

정의 : 무게 N의 2차 혼합 상대텐서 (relative mixed tensor of order two and weight N) $T^m{}_n$은 1:1 대응관계인 두 좌표계 $\boldsymbol{x}$와 $\overline{\boldsymbol{x}}$ 사이에서 아래와 같이 정의된다.

$$\overline{T}^k{}_l(\overline{\boldsymbol{x}}) = T^m{}_n(\boldsymbol{x})\frac{\partial \overline{x}^k}{\partial x^m}\frac{\partial x^n}{\partial \overline{x}^l}\left[\det\left(\frac{\partial x^k}{\partial \overline{x}^l}\right)\right]^N \tag{2.184}$$

일반적으로, E^3 공간의 1:1 대응관계에 있는 두 곡선좌표계 $\boldsymbol{x}$ 및 $\overline{\boldsymbol{x}}$에 있어서 무게 N, 차수

$(k+l)$의 상대텐서(l개의 지수에 대하여 공변, k개의 지수에 대하여 반변임)(relative tensor of weight N and order $(k+l)$)의 변환법칙은 아래와 같이 나타내진다(식 (2.153) 참조).

$$\overline{T}^{p_1 p_2 \cdots p_k}{}_{q_1 q_2 \cdots q_l}(\overline{\boldsymbol{x}})$$

$$= T^{\alpha_1 \alpha_2 \cdots \alpha_k}{}_{\beta_1 \beta_2 \cdots \beta_l}(\overline{\boldsymbol{x}}) \frac{\partial \overline{x}^{p_1}}{\partial x^{\alpha_1}} \cdots \frac{\partial \overline{x}^{p_k}}{\partial x^{\alpha_k}} \frac{\partial x^{\beta_1}}{\partial \overline{x}^{q_1}} \cdots \frac{\partial x^{\beta_l}}{\partial \overline{x}^{q_l}} \left[\det\left(\frac{\partial x^k}{\partial \overline{x}^l}\right)\right]^N \tag{2. 185}$$

상대텐서에 관한 위 정의식에서 $N=0$의 경우는 2.4절에 정의한 절대텐서에 해당되며, 상대텐서는 일명 '텐서밀도(tensor density)'라고도 부른다.

이제 상대텐서 개념의 응용 예를 생각해보자. 먼저 2.3.4 및 2.3.5절에 소개된 주어진 곡선 좌표계 $\boldsymbol{x}$에 대한 계량텐서 $g_{ij}(=\boldsymbol{g}_i \cdot \boldsymbol{g}_j)$는 2차 공변 텐서이므로 두 좌표계 $\boldsymbol{x}$와 $\overline{\boldsymbol{x}}$의 1:1대응관계에서 아래의 변환법칙이 성립된다(식 (2.147) 참조).

$$\overline{g}_{kl}(\overline{\boldsymbol{x}}) = g_{\alpha\beta}(\boldsymbol{x}) \frac{\partial x^\alpha}{\partial \overline{x}^k} \frac{\partial x^\beta}{\partial \overline{x}^l} \tag{2. 186a}$$

또는 좌표변환 행렬을 이용한 식 (2.162)에서 아래가 성립된다.

$$\overline{g}_{kl}(\overline{\boldsymbol{x}}) = a_k{}^\alpha a_l{}^\beta g_{\alpha\beta}(\boldsymbol{x}) \tag{2. 186b}$$

여기서 위 식의 양변의 행렬식을 취하면 아래가 된다.

$$\overline{g}(\overline{\boldsymbol{x}}) = g(\boldsymbol{x}) \left[\det\left(\frac{\partial x^\alpha}{\partial \overline{x}^k}\right)\right]^2 = g(\boldsymbol{x}) \left[\det(a_k{}^\alpha)\right]^2 \tag{2. 187}$$

여기서 $g(\boldsymbol{x}) = \det(g_{ij})$, $\overline{g}(\overline{\boldsymbol{x}}) = \det(\overline{g}_{ij})$이다. 따라서 계량텐서 g_{ij}의 행렬식 g는 무게 2의 상대스칼라이다.

그런데 식 (2.99)에 주어진 증명된 관계식 $\boldsymbol{g}_1 \cdot \boldsymbol{g}_2 \times \boldsymbol{g}_3 (=V) = \sqrt{g}$에서 3 기저벡터 $\boldsymbol{g}_1$, $\boldsymbol{g}_2$, $\boldsymbol{g}_3$의 오른손 법칙으로 형성된 스칼라 3중적이 나타내는 부피 V는 무게 1의 상대스칼라임을 알 수 있다. 즉 아래가 성립된다.

$$\overline{V}(\overline{\boldsymbol{x}}) \left[= \overline{\boldsymbol{g}}_1 \cdot \overline{\boldsymbol{g}}_2 \times \overline{\boldsymbol{g}}_3 = \sqrt{\overline{g}}\right] = V(\boldsymbol{x}) \left[= \boldsymbol{g}_1 \cdot \boldsymbol{g}_2 \times \boldsymbol{g}_3 = \sqrt{g}\right] \left[\det \frac{\partial x^\alpha}{\partial x^k}\right] \tag{2.188}$$

여기서 미소 위치벡터 $d\boldsymbol{p}(\boldsymbol{x}) = dx^k \boldsymbol{g}_k = d\overline{\boldsymbol{p}}(\overline{\boldsymbol{x}}) = d\overline{x}^k \overline{\boldsymbol{g}}_k$가 나타내는 미소체적 $dV(\boldsymbol{x}) = d\overline{V}(\overline{\boldsymbol{x}})$이어야 하므로(예제 2.6 참조) 아래의 관계가 성립된다.

$$(\bar{\boldsymbol{g}}_1 \cdot \bar{\boldsymbol{g}}_2 \times \bar{\boldsymbol{g}}_3) d\bar{x}^1\, d\bar{x}^2\, d\bar{x}^3 = (\boldsymbol{g}_1 \cdot \boldsymbol{g}_2 \times \boldsymbol{g}_3) dx^1 dx^2 dx^3 \tag{2.189}$$

이 식에 식 (2.188)의 관계를 대입하면 아래의 관계가 성립된다.

$$dx^1 dx^2 dx^3 = \det\left(\frac{\partial x^\alpha}{\partial \bar{x}^k}\right) d\bar{x}^1\, d\bar{x}^2 d\bar{x}^3 = \left|\frac{\partial(x^1, x^2, x^3)}{\partial(\bar{x}^1, \bar{x}^2, \bar{x}^3)}\right| d\bar{x}^1\, d\bar{x}^2 d\bar{x}^3 \tag{2. 190}$$

식 (2.190)는 아래 예제에서 보듯이 N차원 유클리드 공간에도 그대로 확장된다.

예제 2. 6

E^N 공간의 두 1:1 대응 좌표계 $\boldsymbol{x}$와 $\bar{\boldsymbol{x}}$에서 고정된 미소위치벡터 $d\boldsymbol{p}(\boldsymbol{x}) = d\bar{\boldsymbol{p}}(\bar{\boldsymbol{x}})$가 나타내는 미소체적 $dV(\boldsymbol{x}) = \sqrt{g}\, dx^1 dx^2 \cdots dx^N$는 절대 스칼라(즉 무게 0)임을 증명하라.

풀 이

식 (2.188)과 미소체적의 정의에서

$$d\bar{V}(\bar{\boldsymbol{x}}) = \sqrt{\bar{g}}\, d\bar{x}^1 d\bar{x}^2 \cdots d\bar{x}^N = \sqrt{g}\, \mathrm{J}\, d\bar{x}^1 d\bar{x}^2 \cdots d\bar{x}^N$$

$$= \sqrt{g}\left[\det\left(\frac{\partial x^\alpha}{\partial \bar{x}^k}\right)\right] d\bar{x}^1 d\bar{x}^2 \cdots d\bar{x}^N = \sqrt{g}\, dx^1 dx^2 \cdots dx^N = dV(\boldsymbol{x}) \tag{2. 191}$$

여기서 $\mathrm{J} = \det\left(\frac{\partial x^\alpha}{\partial \bar{x}^k}\right) = \det(a_k{}^\alpha) = \left|\frac{\partial(x^1, x^2, \cdots, x^N)}{\partial(\bar{x}^1, \bar{x}^2, \cdots, \bar{x}^N)}\right|$ 즉, Jacobian 행렬식이다.

이로부터의 식 (2.190)의 N차원 유클리드 공간에서의 확장이 증명된다.

만일 Φ가 스칼라 불변식이라면, 적분이 N차원 유클리드 공간 안의 체적 위에서 수행되는 어떤 좌표계에 대해 $\int_{\bar{V}} \cdots \int \bar{\Phi}\, d\bar{V} = \int_V \cdots \int \Phi\, dV$이다.

한편 역 계량텐서 $g^{ij} = (\boldsymbol{g}^i \cdot \boldsymbol{g}^j)$는 반변 2차 텐서이므로 두 좌표계 $\boldsymbol{x}$와 $\bar{\boldsymbol{x}}$의 1:1대응관계에서 아래의 변환법칙이 성립된다(식 (2.146), (2.161) 참조).

$$\bar{g}^{kl}(\bar{\boldsymbol{x}}) = g^{\alpha\beta}(\boldsymbol{x}) \frac{\partial \bar{x}^k}{\partial x^\alpha} \frac{\partial \bar{x}^l}{\partial x^\beta} = b^k{}_\alpha b^l{}_\beta\, g^{\alpha\beta}(\boldsymbol{x}) \tag{2. 192}$$

이 식의 양변의 행렬식을 취하면 아래가 된다.

$$\bar{\hat{g}}(\bar{\boldsymbol{x}})=\hat{g}(\boldsymbol{x})\left[\det\left(\frac{\partial \bar{x}^k}{\partial x^\alpha}\right)\right]^2=\hat{g}(\boldsymbol{x})\left[\det\left(b^k{}_\alpha\right)\right]^2 \tag{2. 193}$$

여기서 $\hat{g}=\det(g^{ij})=g^{-1}$, $\bar{\hat{g}}=\det(\bar{g}^{ij})=\bar{g}^{-1}$ 이다. 그런데 $\det(b^k{}_\alpha)=\det(b^k{}_\alpha)^{\mathrm{T}}$ 이고, $\mathrm{B}^{\mathrm{T}}\left[=\left(b^k{}_\alpha\right)^{\mathrm{T}}\right]=\mathrm{A}^{-1}\left[=\left(a_k{}^\alpha\right)^{-1}\right]$(식 (2.156))의 관계에 있으므로 식 (2.193)은 아래가 된다.

$$\bar{\hat{g}}(\bar{\boldsymbol{x}})=\hat{g}(\boldsymbol{x})\left[\det\left(a_k{}^\alpha\right)\right]^{-2}=\hat{g}(\boldsymbol{x})\left[\det\left(\frac{\partial x^\alpha}{\partial \bar{x}^k}\right)\right]^{-2} \tag{2. 194}$$

따라서 역 계량행렬식 $\hat{g}(x)=\det(g^{ij})$는 정의식 (2. 185)에 의해 무게 -2의 상대 스칼라이다.

다음에는 E^2 공간의 같은 평면내에서 있는 1:1 대응관계의 두 곡선 좌표계 $\boldsymbol{x}$와 $\bar{\boldsymbol{x}}$에 대한 미소 표면적의 크기에 대해 생각해보자. 2차원 곡면텐서(surface tensor)이론에 의하면 두 좌표계의 미소 표면적 벡터의 크기는 같으므로(즉 $|d\boldsymbol{A}(x)|=|d\bar{\boldsymbol{A}}(\bar{x})|$) 아래 식이 성립된다.

$$|\boldsymbol{g}_1\times\boldsymbol{g}_2|dx^1dx^2=|\bar{\boldsymbol{g}}_1\times\bar{\boldsymbol{g}}_2|d\bar{x}^1d\bar{x}^2 \tag{2. 195}$$

그런데 E^3 공간의 3기저 벡터 $\{\boldsymbol{g}_k\}$가 형성하는 평행 6면체의 부피 $V=\boldsymbol{g}_1\cdot\boldsymbol{g}_2\times\boldsymbol{g}_3=\sqrt{g}=\sqrt{\det(g_{ij})}$ (식 (2.99))와 유사하게, E^2 공간의 두 기저벡터 $\boldsymbol{g}_1$과 $\boldsymbol{g}_2$가 형성하는 평행사변형의 면적 $A=|\boldsymbol{g}_1\times\boldsymbol{g}_2|=\sqrt{g}=\sqrt{g_{11}g_{22}-g_{12}{}^2}$ 가 성립하고, 또한 E^3 공간의 식 (2.188)과 유사하게 E^2 공간의 $\sqrt{g}$ 도 무게 1의 상대 스칼라이다. 즉 아래가 성립된다.

$$\bar{A}(\bar{\boldsymbol{x}})\left[=|\bar{\boldsymbol{g}}_1\times\bar{\boldsymbol{g}}_2|=\sqrt{\bar{g}}\right]=A(\boldsymbol{x})\left[=|\boldsymbol{g}_1\times\boldsymbol{g}_2|=\sqrt{g}\right]\left[\det\left(\frac{\partial x^\alpha}{\partial \bar{x}^k}\right)\right] \tag{2. 196}$$

이를 식 (2.195)에 대입하면 아래가 성립된다.

$$\sqrt{g}\left[\det\left(\frac{\partial x^\alpha}{\partial \bar{x}^k}\right)\right]d\bar{x}^1d\bar{x}^2=\sqrt{g}\,dx^1dx^2 \tag{2. 197}$$

따라서 E^3 공간의 식 (2.190)과 유사한 관계가 얻어진다. 즉

$$dx^1dx^2=\det\left(\frac{\partial x^\alpha}{\partial \bar{x}^k}\right)d\bar{x}^1d\bar{x}^2=\left|\frac{\partial(x^1,x^2)}{\partial(\bar{x}^1,\bar{x}^2)}\right|d\bar{x}^1d\bar{x}^2 \tag{2. 198}$$

식 (2.198)는 E^3의 식 (2.190)의 2차원($N=2$) 버전에 해당된다.

예제 2. 7

2차원 유클리드 평면에서 $\boldsymbol{x}$좌표계를 직교 Cartesian 좌표 즉 $x^1 = x$, $x^2 = y$라 하고 $\bar{\boldsymbol{x}}$좌표계를 평면 구좌표 즉 $\bar{x}^1 = r$, $\bar{x}^2 = \theta$라 할 때 $x = r\cos\theta$, $y = r\sin\theta$[혹은 $r = \sqrt{x^2 + y^2}$, $\theta = \tan^{-1}(y/x)$]관계에 있다. 이때 식 (2.198)로부터 미소표면적 $dxdy$를 $drd\theta$항으로 나타내어라.

풀 이

식 (2.198)에서 Jacobian 행렬식 $\mathrm{J} = \left|\dfrac{\partial(x,y)}{\partial(r,\theta)}\right| = \begin{vmatrix} x_r & x_\theta \\ y_r & y_\theta \end{vmatrix} = x_r y_\theta - x_\theta y_r$ 에 $x_r\left(=\left(\dfrac{\partial x}{\partial r}\right)_\theta\right) = \cos\theta$, $y_r\left(=\left(\dfrac{\partial y}{\partial r}\right)_\theta\right) = \sin\theta$, $x_\theta\left(=\left(\dfrac{\partial x}{\partial \theta}\right)_r\right) = -r\sin\theta$, $y_\theta\left(=\left(\dfrac{\partial y}{\partial \theta}\right)_r\right) = r\cos\theta$를 대입하면, $\mathrm{J} = r$이 된다(부록 C.3절 참조). 따라서 $dxdy = rdrd\theta$가 된다. 이로부터 ϕ가 스칼라함수라면 $\int\int_{\mathrm{A}} \phi(\boldsymbol{x})d\mathrm{A}(=dxdy) = \int\int_{\bar{\mathrm{A}}} \bar{\phi}(\bar{\boldsymbol{x}})d\bar{\mathrm{A}}(=rdrd\theta)$가 성립된다.

2. 7. 1 E^3 공간의 차수 3의 순열기호

3차원 유클리드(E^3) 공간에서 다음과 같이 정의되는 차수(rank) 3의 순열(permutation) 또는 교대(alternating) 기호인 e_{ijk}와 e^{ijk}를 소개하겠다.

$$e_{ijk}(\text{혹은 } e^{ijk}) = \begin{cases} +1 & (i, j, k\text{가}1, 2, 3\text{의 우순열이면}) \\ -1 & (i, j, k\text{가}1, 2, 3\text{의 기순열이면}) \\ 0 & (\text{기타}) \end{cases} \tag{2. 199}$$

가령

$$\left.\begin{aligned} & e_{123} = e_{231} = e_{312} = +1 = e^{123} = e^{231} = e^{312}, \\ & e_{132} = e_{321} = e_{213} = -1 = e^{132} = e^{321} = e^{213}, \\ & e_{\underline{i}\underline{i}k} = 0 = e^{\underline{i}\underline{i}k},\ e_{\underline{i}\underline{i}\underline{i}} = 0 = e^{\underline{i}\underline{i}\underline{i}}\ (\text{n.s. for } i) \end{aligned}\right\} \tag{2. 200}$$

위 식의 관계에서 3차원 Cartesian 좌표계의 경우 $e_{ijk}(=e^{ijk})$는 3 단위 (기저)벡터간의 스칼라 3중적으로 정의(즉 $e_{ijk} = \boldsymbol{e}_i \cdot \boldsymbol{e}_j \times \boldsymbol{e}_k$)로 될 수 있음을 알 수 있다.

한편 n차원 유클리드(E^n) 공간에서의 차수 n의 순열기호도 아래와 같이 정의될 수 있다.

$$e_{i_1 i_2 \cdots i_n}, \quad e^{i_1 i_2 \cdots i_n} = +1, -1, 0 \tag{2.201}$$

여기서 지수, $i_1, i_2, \cdots i_n$의 순서가 자연수 $1, 2, 3, \cdots, n$의 순서와 같은 우순열이면 $+1$, 기순열이면 -1, 기타 0의 값을 가진다.

2.7.2 차수 2의 순열기호

지금 차수 2의 순열기호가 E^3에 감추어진 2차원 곡면 S에 대응한다고 하자. 즉 편의상 $\boldsymbol{x}$ 좌표계의 E^3 공간에서 곡면 S를 x^k=일정인 좌표면으로 생각하자. 만약 S를 x^3=일정인 곡면으로 하면, 차수 2의 순열기호 $e_{\alpha\beta}$, $e^{\alpha\beta}(\alpha, \beta = 1, 2)$는 아래와 같이 정의된다.

$$e_{11} = 0 = e^{11}, \quad e_{22} = 0 = e^{22}, \quad e_{12} = 1 = e^{12}, \quad e_{21} = -1 = e^{21}, \tag{2.202}$$

여기서

$$e^{\alpha\beta} = e_{\alpha\beta 3}, \quad e^{\alpha\beta} = e^{\alpha\beta 3}, \quad \alpha, \beta = 1, 2. \tag{2.203}$$

위 식에서 $e_{\alpha\beta}e^{\alpha\beta} = e_{12}e^{12} + e_{21}e^{21} = 2$가 됨을 알 수 있다. 또한 $e^{ml}e_{mn} = \delta^l{}_n$(여기서 $\delta^1{}_1 = \delta^2{}_2 = 1, \delta^1{}_2 = \delta^2{}_1 = 0$)도 성립된다. 마찬가지로 S가 x^1=일정 혹은 x^2=일정 곡면의 경우에도 위와 유사한 관계식이 정의될 수 있다.

[비고: 위에서 언급한 차수 2의 순열기호 $e_{\alpha\beta}$, $e^{\alpha\beta}(\alpha, \beta = 1, 2)$는 미분기하의 2차원 곡면(혹은 표면) 텐서이론에서 자세히 다루어진다 - 문 2.28 참조.]

2.7.3 Cartesian 좌표계에서 $e-\delta$ 항등관계

반변, 공변의 구별이 없는 Cartesian 직교 좌표계 (즉 $e_{ijk} = e^{ijk}$, $\delta_i{}^j = \delta^i{}_j = \delta_{ij}$)의 경우 아래의 소위 '$e-\delta$ 항등관계(identity)'가 성립된다.

$$e_{ijk}\, e_{klm} = \delta_{il}\, \delta_{jm} - \delta_{im}\, \delta_{jl} \tag{2.204}$$

증 명 이 항등식이 유효함을 보이기 위해서 일어날 수 있는 다양한 가능성을 생각해 보자. 식 (2.204)의 우변은 다음과 같은 값을 가진다.

$$+1 \qquad (i = l \text{ 이고 } j = m \neq i) \tag{a}$$

$-1 \qquad (i=m$ 이고 $j=l \neq i)$ (b)

$0 \qquad$ (기타 아래첨자 i, j, l, m의 집합) (c)

좌변에서 각각의 곱을 행함에 있어서 k는 양쪽 인자 $e_{ijk}\,e_{klm}$ 에서 같은 값을 가지고 있으며(즉 k 는 무효첨자), 0이 아닌 항을 생성하기 위해서 k는 i, l, j, m과 같은 값을 가질 수 없다. 왜냐하면 취할 수 있는 첨자의 수는 단지 3개의 값 (1, 2, 3)만 가능하므로, 0이 아닐 가능성은 $i=l$ 이고 $j=m$ 인 경우 혹은 그 역의 경우이다. 그러나 4개의 첨자 모두는 같지 않다. (왜냐하면 만일 $i=j$ 혹은 $l=m$ 이라면 각각의 e 인자가 0이 되기 때문이다.)

이 경우 식 (2.204)의 좌변에 대하여 조건 (a), (b) 또는 (c)가 만족된다. 또한 조건 (a)와 (b)에서의 값은 식 (2.204)의 좌변에서도 역시 만족된다. 왜냐하면

(i) 만일 $i=l,\ j=m,\ e_{ijk}=e_{lmk}=e_{klm}$ 이라면 e_{ijk} 가 +1 혹은 -1이라도, 두 인자의 곱은 +1이 되고,

(ii) 만일 $i=m,\ j=l\ ,\ e_{ijk}=e_{mlk}=-e_{klm}$ 이라면, 곱 $e_{ij\underline{k}}\,e_{\underline{k}lm}\,(\mathrm{n.s.\,for}\,k)$은 -1이 된다. 따라서 식 (2.204)이 증명되었다. ■

한편 3차원 Cartesian 좌표계에서 행렬식을 이용한 아래의 관계가 성립된다.

$$e_{ijk}\,e_{pqr}=\begin{vmatrix}\delta_{ip} & \delta_{iq} & \delta_{ir}\\ \delta_{jp} & \delta_{jq} & \delta_{jr}\\ \delta_{kp} & \delta_{kq} & \delta_{kr}\end{vmatrix} \tag{2. 205}$$

증 명 임의의 3 벡터 $\boldsymbol{A}, \boldsymbol{B}, \boldsymbol{C}$의 스칼라 3중적 $\boldsymbol{A}\cdot(\boldsymbol{B}\times\boldsymbol{C})\equiv[\boldsymbol{A}, \boldsymbol{B}, \boldsymbol{C}]$는 아래와 같이 성분을 이용한 행렬식으로 나타낼 수 있다(식 (1.29b) 참조).

$$\boldsymbol{A}\cdot(\boldsymbol{B}\times\boldsymbol{C})=[\boldsymbol{A},\boldsymbol{B},\boldsymbol{C}]=\begin{vmatrix}A_x & A_y & A_z\\ B_x & B_y & B_z\\ C_x & C_y & C_z\end{vmatrix}=\begin{vmatrix}A_x & B_x & C_x\\ A_y & B_y & C_y\\ A_z & B_z & C_z\end{vmatrix} \tag{2. 206}$$

그리고 3×3 행렬 M과 N사이에 $\det(\mathrm{M})\det(\mathrm{N})=\det(\mathrm{MN})$의 관계로부터 아래의 관계가 성립된다.

$$[\boldsymbol{A},\boldsymbol{B},\boldsymbol{C}][\boldsymbol{D},\boldsymbol{E},\boldsymbol{F}]=\begin{vmatrix}\boldsymbol{A}\cdot\boldsymbol{D} & \boldsymbol{A}\cdot\boldsymbol{E} & \boldsymbol{A}\cdot\boldsymbol{F}\\ \boldsymbol{B}\cdot\boldsymbol{D} & \boldsymbol{B}\cdot\boldsymbol{E} & \boldsymbol{B}\cdot\boldsymbol{F}\\ \boldsymbol{C}\cdot\boldsymbol{D} & \boldsymbol{C}\cdot\boldsymbol{E} & \boldsymbol{C}\cdot\boldsymbol{F}\end{vmatrix} \tag{2. 207}$$

그런데 직교 Cartesian (오른손)좌표계에서 순열기호 e_{ijk}는 그 정의상 (단위)기저 벡터

의 스칼라 삼중적과 같게 둘 수 있으므로(2.7.1절 참조) 다음이 성립한다.

$$[\boldsymbol{e}_p, \boldsymbol{e}_q, \boldsymbol{e}_s][\boldsymbol{e}_m, \boldsymbol{e}_n, \boldsymbol{e}_r] = e_{pqs}\, e_{mnr} = \begin{vmatrix} \boldsymbol{e}_p \cdot \boldsymbol{e}_m & \boldsymbol{e}_p \cdot \boldsymbol{e}_n & \boldsymbol{e}_p \cdot \boldsymbol{e}_r \\ \boldsymbol{e}_q \cdot \boldsymbol{e}_m & \boldsymbol{e}_q \cdot \boldsymbol{e}_n & \boldsymbol{e}_q \cdot \boldsymbol{e}_r \\ \boldsymbol{e}_s \cdot \boldsymbol{e}_m & \boldsymbol{e}_s \cdot \boldsymbol{e}_n & \boldsymbol{e}_s \cdot \boldsymbol{e}_r \end{vmatrix} \tag{2. 208}$$

그런데 직교 Cartesian 좌표계에 있어서 단위벡터들 사이에는 $\boldsymbol{e}_i \cdot \boldsymbol{e}_j = \delta_{ij}$ 가 만족되므로 이들 관계를 식 (2.208)에 대입하고 첨자교환을 행하면 식 (2.205)가 증명된다. ■

그런데 식 (2.205)에서 $p \to i,\ q \to l,\ r \to m$의 첨자 교환을 행하고, 해당 행렬식을 전개하여 $\delta_{ii} = 3,\ \ \delta_{ij}\delta_{ik} = \delta_{jk}$의 성질을 이용하여 정리하면 쉽게 아래의 항등관계를 얻을 수 있다.

$$e_{ijk}\, e_{ilm} = \delta_{jl}\, \delta_{km} - \delta_{jm}\, \delta_{kl} \tag{2. 209}$$

이 식에서 참자 i를 k로, k를 i로 바꾸면, $e_{kji} = -\,e_{kij} = -\,e_{ijk}$를 이용하면 식 (2.204)과 같게 되어, $e-\delta$ 항등관계의 또 다른 증명을 줄 수 있다.

한편 식 (2.209)에서 $j = l$ 로 두고, 총합 규약 및 $\delta_{kk} = 3$을 이용하여 축약시키면 다음과 같다.

$$e_{ijk}\, e_{ijm} = 3\delta_{km} - \delta_{km} = 2\delta_{km} \tag{2. 210}$$

그리고, $k = m$ 으로 두어서 한 번 더 축약하면, 다음과 같이 된다.

$$e_{ijk}\, e_{ijk} = 6 \tag{2. 211}$$

한편 e_{ijk}의 성질에서 스칼라 3중적에 관한 아래의 관계식이 성립된다.

$$\boldsymbol{a} \cdot (\boldsymbol{b} \times \boldsymbol{c}) = [\boldsymbol{a}, \boldsymbol{b}, \boldsymbol{c}] = e_{ijk} a_i b_j c_k \tag{2. 212}$$

이는 행렬식 (2.206)의 직접 전개에서 쉽게 증명될 수 있다.

2. 7. 4 순열기호의 행렬식 전개에 이용

지금 A를 E^3 공간의 임의의 (절대)2차 텐서라 하고, 어떤 곡선 좌표계 $\boldsymbol{x}$에 대한 그의 행렬 표현 A가 혼합성분 $A^i{}_j\,(i, j = 1, 2, 3)$을 갖는다고 하면 행렬식은 아래와 같이 나타내진다.

$$\det A = \det(A^i{}_j) = \begin{vmatrix} A^1{}_1 & A^1{}_2 & A^1{}_3 \\ A^2{}_1 & A^2{}_2 & A^2{}_3 \\ A^3{}_1 & A^3{}_2 & A^3{}_3 \end{vmatrix} \tag{2. 213}$$

이 식을 행렬식의 정의 즉 각 행과 열에서 한번씩만 요소를 골라 곱하여 합한 값에 따라 전개하면 아래와 같이 된다.

$$\begin{aligned} \det(A^i{}_j) = {} & A^1{}_1A^2{}_2A^3{}_3 + A^2{}_1A^3{}_2A^1{}_3 + A^3{}_1A^1{}_2A^2{}_3 \\ & - A^2{}_1A^1{}_2A^3{}_3 - A^3{}_1A^2{}_2A^1{}_3 - A^1{}_1A^3{}_2A^2{}_3 \end{aligned} \tag{2. 214}$$

위 전개식의 각 항의 부호를 보면, 행을 나타내는 위 첨자가 1 2 3의 시계방향 즉 우순열이면 +, 2 1 3처럼 반 시계방향 즉 기순열이면 −가 된다. 이를 e_{ijk}의 정의식을 이용하여 나타내면 아래와 같다.

$$\det(A^i{}_j) = e_{ijk}A^i{}_1A^j{}_2A^k{}_3 \tag{2. 215}$$

또 식 (2.214)를 아래와 같이 다시 쓸 수 있다.

$$\begin{aligned} \det(A^i{}_j) = {} & A^1{}_1A^2{}_2A^3{}_3 + A^1{}_2A^2{}_3A^3{}_1 + A^1{}_3A^2{}_1A^3{}_2 \\ & - A^1{}_2A^2{}_1A^3{}_3 - A^1{}_3A^2{}_2A^3{}_1 - A^1{}_1A^2{}_3A^3{}_2 \end{aligned} \tag{2. 216}$$

이 식을 보면 열을 나타내는 아래첨자가 1 2 3의 우순열이면 각 항의 부호가 +, 반대로 1 3 2처럼 기순열이면 −가 되므로 순열기호를 사용하여 아래와 같이도 나타낼 수 있다.

$$\det(A^i{}_j) = e^{ijk}A^1{}_iA^2{}_jA^3{}_k \tag{2. 217}$$

마찬가지 논리로 행렬 $A = (A_i{}^j)$형의 혼합성분을 갖는 경우에도 그 행렬식 값은 아래와 같이 표기될 수 있다.

$$\det A = \det(A_i{}^j) = e^{ijk}A_{i1}A_{j2}A_{k3} = e_{ijk}A_1{}^iA_2{}^jA_3{}^k \tag{2. 218}$$

[비고 : Cartesian 좌표계의 경우는 $A_1{}^i = A_{1i} = (\boldsymbol{a})_i,\ A_2{}^j = A_{2j} = (\boldsymbol{b})_j,\ A_3{}^j = A_{3j} = (\boldsymbol{c})_j$로 두면 $\det A = \boldsymbol{a} \cdot \boldsymbol{b} \times \boldsymbol{c}$ 즉 세 벡터의 스칼라 3중적이 된다(식 (1.29b) 참조).]

2. 7. 5 순열기호의 텐서성격

E^3 공간의 서로 1:1 대응관계(즉 역변환이 가능)에 있는 두 곡선좌표계 x^k와 $\bar{x}^k$에 있어서 좌표변환의 Jacobian 행렬식 J는 아래와 같이 나타내진다(2.3.1절 참조).

$$J = \det\left(\frac{\partial x^k}{\partial \bar{x}^l}\right) = \begin{vmatrix} \dfrac{\partial x^1}{\partial \bar{x}^1} & \dfrac{\partial x^1}{\partial \bar{x}^2} & \dfrac{\partial x^1}{\partial \bar{x}^3} \\ \dfrac{\partial x^2}{\partial \bar{x}^1} & \dfrac{\partial x^2}{\partial \bar{x}^2} & \dfrac{\partial x^2}{\partial \bar{x}^3} \\ \dfrac{\partial x^3}{\partial \bar{x}^1} & \dfrac{\partial x^3}{\partial \bar{x}^2} & \dfrac{\partial x^3}{\partial \bar{x}^3} \end{vmatrix} = \left|\frac{\partial(x^1, x^2, x^3)}{\partial(\bar{x}^1, \bar{x}^2, \bar{x}^3)}\right| \tag{2. 219}$$

식 (2.219)의 행렬요소 $\dfrac{\partial x^k}{\partial \bar{x}^l} = \left(\dfrac{\partial \boldsymbol{x}}{\partial \bar{\boldsymbol{x}}}\right)^{\mathrm{T}}(k, l) \equiv A^k{}_l$ (식 (2.126) 참조)로 두면 식 (2.217)로부터 J는 e기호를 사용하여 아래로 나타낼 수 있다.

$$J = \det\left(\frac{\partial x^k}{\partial \bar{x}^l}\right) = \det(A^k{}_l) = e^{ijk}\frac{\partial x^1}{\partial \bar{x}^i}\frac{\partial x^2}{\partial \bar{x}^j}\frac{\partial x^3}{\partial \bar{x}^k} \tag{2. 220}$$

혹은 식 (2.215)로부터 J를 아래로도 나타낼 수 있다.

$$J = \det\left(\frac{\partial x^k}{\partial \bar{x}^l}\right) = \det(A^k{}_l) = e_{ijk}\frac{\partial x^i}{\partial \bar{x}^1}\frac{\partial x^j}{\partial \bar{x}^2}\frac{\partial x^k}{\partial \bar{x}^3} \tag{2. 221}$$

한편 식 (2.219)로 정의된 변환의 Jacobian 행렬식 J의 역은 임의의 3×3 행렬식의 역은 역행렬의 행렬식과 같다는 원리로부터 구할 수 있다. 또한 아래 식으로 표현되는 Jacobian의 역관계로부터도 구할 수 있다.

$$\det\left(\frac{\partial x^k}{\partial \bar{x}^l}\right) \cdot \det\left(\frac{\partial \bar{x}^l}{\partial x^k}\right) = \frac{\partial(x^1, x^2, x^3)}{\partial(\bar{x}^1, \bar{x}^2, \bar{x}^3)} \cdot \frac{\partial(\bar{x}^1, \bar{x}^2, \bar{x}^3)}{\partial(x^1, x^2, x^3)} = 1 \tag{2. 222}$$

이렇게 구한 J^{-1}는 아래와 같이 나타낼 수 있다.

$$J^{-1} = \left[\det\left(\frac{\partial x^k}{\partial \bar{x}^l}\right)\right]^{-1} = \det\left(\frac{\partial \bar{x}^k}{\partial x^l}\right) = \begin{vmatrix} \dfrac{\partial \bar{x}^1}{\partial x^1} & \dfrac{\partial \bar{x}^1}{\partial x^2} & \dfrac{\partial \bar{x}^1}{\partial x^3} \\ \dfrac{\partial \bar{x}^2}{\partial x^1} & \dfrac{\partial \bar{x}^2}{\partial x^2} & \dfrac{\partial \bar{x}^2}{\partial x^3} \\ \dfrac{\partial \bar{x}^3}{\partial x^1} & \dfrac{\partial \bar{x}^3}{\partial x^2} & \dfrac{\partial \bar{x}^3}{\partial x^3} \end{vmatrix} \tag{2. 223}$$

따라서 행렬요소 $\dfrac{\partial \bar{x}^k}{\partial x^l}\left[=\left(\dfrac{\partial \bar{\boldsymbol{x}}}{\partial \boldsymbol{x}}\right)^{\mathrm{T}}(k,l)\right] \equiv B^k{}_l$로 두면 J^{-1}은 식 (2.217)에서 아래가 된다.

$$J^{-1}=\det\left(\frac{\partial \bar{x}^k}{\partial x^l}\right)=\det\left(B^k{}_l\right)=e^{ijk}\frac{\partial \bar{x}^1}{\partial x^i}\frac{\partial \bar{x}^2}{\partial x^j}\frac{\partial \bar{x}^3}{\partial x^k} \tag{2.224}$$

혹은 식 (2.215)로부터 아래와 같이 나타낼 수도 있다.

$$J^{-1}=\det\left(\frac{\partial \bar{x}^k}{\partial x^l}\right)=\det\left(B^k{}_l\right)=e_{ijk}\frac{\partial \bar{x}^i}{\partial x^1}\frac{\partial \bar{x}^j}{\partial x^2}\frac{\partial \bar{x}^k}{\partial x^3} \tag{2.225}$$

한편 J에 관한 식 (2.221)와 J^{-1}에 관한 식 (2.224)은 순열기호를 사용하여 각각 아래와 같이 텐서형태로 보편화시켜 나타낼 수 있다.

$$\bar{e}_{\alpha\beta\gamma}(\bar{\boldsymbol{x}})\det\left(\frac{\partial x^k}{\partial \bar{x}^l}\right)=e_{ijk}(\boldsymbol{x})\frac{\partial x^i}{\partial \bar{x}^\alpha}\frac{\partial x^j}{\partial \bar{x}^\beta}\frac{\partial x^k}{\partial \bar{x}^\gamma} \tag{2.226}$$

$$\bar{e}^{\alpha\beta\gamma}(\bar{\boldsymbol{x}})\left[\det\left(\frac{\partial x^k}{\partial \bar{x}^l}\right)\right]^{-1}=e^{ijk}(\boldsymbol{x})\frac{\partial \bar{x}^\alpha}{\partial x^i}\frac{\partial \bar{x}^\beta}{\partial x^j}\frac{\partial \bar{x}^\gamma}{\partial x^k} \tag{2.227}$$

위 식들의 증명은 가령 $\alpha=1,\ \beta=2,\ \gamma=3$을 대입하면 $\bar{e}_{123}=\bar{e}^{123}=1$을 이용하여 원 식으로 쉽게 환원되는 것으로부터 알 수 있다. 한편 위의 두 식은 아래와 같이 각각 고쳐 나타낼 수도 있다.

$$\bar{e}_{\alpha\beta\gamma}(\bar{\boldsymbol{x}})=e_{ijk}(\boldsymbol{x})\frac{\partial x^i}{\partial \bar{x}^\alpha}\frac{\partial x^j}{\partial \bar{x}^\beta}\frac{\partial x^k}{\partial \bar{x}^\gamma}\left[\det\left(\frac{\partial x^k}{\partial \bar{x}^l}\right)\right]^{-1} \tag{2.228}$$

$$\bar{e}^{\alpha\beta\gamma}(\bar{\boldsymbol{x}})=e^{ijk}(\boldsymbol{x})\frac{\partial \bar{x}^\alpha}{\partial x^i}\frac{\partial \bar{x}^\beta}{\partial x^j}\frac{\partial \bar{x}^\gamma}{\partial x^k}\left[\det\left(\frac{\partial x^k}{\partial \bar{x}^l}\right)\right] \tag{2.229}$$

위 식과 상대텐서의 정의식 (2.185)로부터 순열(혹은 교대)기호 e_{ijk}와 e^{ijk}는 각각 무게 -1과 1인 상대 3차 공변텐서 및 반변텐서임을 쉽게 알 수 있다. 이 관계식들은 N차원 유클리드 공간에도 그대로 확장 적용이 가능하다.

2.7.6 Levi-Civita 텐서

전술한 바와 같이 e_{ijk} 및 e^{ijk}는 E^3 공간에서 3차 절대텐서가 아니나, 아래와 같이 변형하면 Levi-Civita 텐서라고 불리는 각각 3차 공변 및 반변 절대텐서가 얻어진다.

$$\varepsilon_{ijk}(\boldsymbol{x}) \equiv \boldsymbol{g}_i \cdot \boldsymbol{g}_j \times \boldsymbol{g}_k = \sqrt{g(\boldsymbol{x})}\, e_{ijk} = \varepsilon_{123} e_{ijk} \tag{2.230}$$

$$\varepsilon^{ijk}(\boldsymbol{x}) = \boldsymbol{g}^i \cdot \boldsymbol{g}^j \times \boldsymbol{g}^k = \frac{1}{\sqrt{g(\boldsymbol{x})}} e^{ijk} = \varepsilon^{123} e^{ijk} \tag{2.231}$$

위 식에서 $\sqrt{g}$ 및 $1/\sqrt{g}$는 식 (2.99) 및 (2.101)에 의해 각각 아래가 된다.

$$\sqrt{g(x)} = \boldsymbol{g}_1 \cdot \boldsymbol{g}_2 \times \boldsymbol{g}_3 (= V) = \varepsilon_{123}, \quad g(\boldsymbol{x}) = \det(g_{ij}) \tag{2.232a}$$

$$1/\sqrt{g(x)} = \boldsymbol{g}^1 \cdot \boldsymbol{g}^2 \times \boldsymbol{g}^3 (= 1/V) = \varepsilon^{123}, \quad 1/g(\boldsymbol{x}) = \det(g^{ij}) \tag{2.232b}$$

여기서 식 (2.230) 및 (2.231)에서 정의된 ε_{ijk} 및 ε^{ijk}가 각각 절대 3차 공변 및 반변텐서임을 증명해보면 아래와 같다.

증 명 먼저 식 (2.230)에서 새 좌표계 $\bar{\boldsymbol{x}}$에 대한 표현식은 아래가 된다.

$$\bar{\varepsilon}_{ijk}(\bar{\boldsymbol{x}}) = \sqrt{\bar{g}(\bar{\boldsymbol{x}})}\, \bar{e}_{ijk} \tag{2.233}$$

여기서 $\sqrt{g}$는 식 (2.188)에서 무게 1의 상대 스칼라이고, e_{ijk}의 변환식 (2.228)로부터 위 식은 아래가 된다.

$$\begin{aligned} \bar{\varepsilon}_{ijk}(\bar{\boldsymbol{x}}) &= e_{\alpha\beta\gamma}(\boldsymbol{x}) \frac{\partial x^\alpha}{\partial \bar{x}^i} \frac{\partial x^\beta}{\partial \bar{x}^j} \frac{\partial x^\gamma}{\partial \bar{x}^k} \sqrt{g(\boldsymbol{x})} \left[\det\left(\frac{\partial x^\beta}{\partial \bar{x}^l}\right)\right]^{-1} \left[\det\left(\frac{\partial x^l}{\partial \bar{x}^k}\right)\right] \\ &= \sqrt{g(\boldsymbol{x})}\, e_{\alpha\beta\gamma}(\boldsymbol{x}) \frac{\partial x^\alpha}{\partial \bar{x}^i} \frac{\partial x^\beta}{\partial \bar{x}^j} \frac{\partial x^\gamma}{\partial \bar{x}^k} = \varepsilon_{\alpha\beta\gamma}(\boldsymbol{x}) \frac{\partial x^\alpha}{\partial \bar{x}^i} \frac{\partial x^\beta}{\partial \bar{x}^j} \frac{\partial x^\gamma}{\partial \bar{x}^k} \end{aligned} \tag{2.234}$$

따라서 일반 절대텐서의 정의식 (2.153)으로부터 ε_{ijk}는 절대 3차 공변텐서임이 증명되었다. 다음에는 식 (2.231)의 새 좌표에 $\bar{\boldsymbol{x}}$에 대한 표현식은 아래가 된다.

$$\bar{\varepsilon}^{ijk}(\bar{\boldsymbol{x}}) = \frac{1}{\sqrt{\bar{g}(\bar{\boldsymbol{x}})}} \bar{e}^{ijk} \tag{2.235}$$

여기서 $1/\sqrt{g}$는 식 (2.188)에서 무게 -1의 상대 스칼라이고, e^{ijk}의 변환식 (2.229)로부터 위 식은 아래가 된다.

$$\bar{\varepsilon}^{ijk}(\bar{\boldsymbol{x}}) = e^{\alpha\beta\gamma}(\boldsymbol{x}) \frac{\partial \bar{x}^i}{\partial x^\alpha} \frac{\partial \bar{x}^j}{\partial x^\beta} \frac{\partial \bar{x}^k}{\partial x^\gamma} \frac{1}{\sqrt{g(\boldsymbol{x})}} \left[\det\left(\frac{\partial x^k}{\partial \bar{x}^l}\right)\right] \left[\det\left(\frac{\partial x^k}{\partial \bar{x}^l}\right)\right]^{-1}$$

$$= \frac{1}{\sqrt{g(\boldsymbol{x})}} e^{\alpha\beta\gamma}(\boldsymbol{x}) \frac{\partial \bar{x}^i}{\partial x^\alpha} \frac{\partial \bar{x}^j}{\partial x^\beta} \frac{\partial \bar{x}^k}{\partial x^\gamma} = \varepsilon^{\alpha\beta\gamma}(\boldsymbol{x}) \frac{\partial \bar{x}^i}{\partial x^\alpha} \frac{\partial \bar{x}^j}{\partial x^\beta} \frac{\partial \bar{x}^k}{\partial x^\gamma} \tag{2.236}$$

따라서 일반 절대텐서 변환식 (2.153)으로부터 ε^{ijk}는 절대 3차 반변텐서임이 증명되었다. ■

2.7.2절에서 소개한 바 있는 2차원 순열기호 $e_{\alpha\beta}, e^{\alpha\beta}(\alpha, \beta = 1, 2)$에 대응하고 2차원 절대(Levi-Civita) 텐서 $\varepsilon_{\alpha\beta}, \varepsilon^{\alpha\beta}$는 곡면텐서 이론에 의하면 E^3의 경우와 유사하게 아래와 같이 정의될 수 있다.

$$\varepsilon_{\alpha\beta} \equiv |\boldsymbol{g}_\alpha \times \boldsymbol{g}_\beta| \equiv \sqrt{g}\, e_{\alpha\beta}, \quad \varepsilon^{\alpha\beta} \equiv (1/\sqrt{g}) e^{\alpha\beta} \quad (\alpha, \beta = 1, 2) \tag{2.237}$$

여기서

$$\sqrt{g} = \varepsilon_{12} = |\boldsymbol{g}_1 \times \boldsymbol{g}_2| = \sqrt{g_{11} g_{22} - {g_{12}}^2}, \quad \boldsymbol{g}_\alpha \equiv (\partial \boldsymbol{r} / \partial x^\alpha)\,(\alpha = 1, 2) \tag{2.238}$$

2. 7. 7 순열기호와 Levi-Civita 텐서의 응용

2. 7. 7. 1 E^3 공간에서의 벡터 곱의 표현

3차원 유클리드(E^3) 공간에서 임의의 곡선좌표계 $\boldsymbol{x}$에 대한 3 (역)기저벡터의 집합사이에는 식 (2.230) 및 (2.231)에 정의된 Levi-Civita 텐서를 이용하여 아래의 벡터 곱 관계가 성립된다.

$$\boldsymbol{g}_i \times \boldsymbol{g}_j = \varepsilon_{ijk} \boldsymbol{g}^k = \varepsilon_{kij} \boldsymbol{g}^k = -\varepsilon_{kji} \boldsymbol{g}^k \tag{2.239}$$

증 명 먼저 식 (2.98)에 의하면 아래가 성립된다.

$$\boldsymbol{g}_2 \times \boldsymbol{g}_3 = \varepsilon_{123} (= \sqrt{g}) \boldsymbol{g}^1 = \varepsilon_{231} \boldsymbol{g}^1$$

이 식과 ε_{ijk}의 성질[즉 $\varepsilon_{ijk} = \varepsilon_{kij} = -\varepsilon_{kji}$, $\varepsilon_{\underline{i}\,\underline{i}\,k}$ (n.s. for i) $= 0$ 등]로부터 아래관계가 유추될 수 있다.

$$\boldsymbol{g}_i \times \boldsymbol{g}_j = \varepsilon_{ijk} \boldsymbol{g}^k = \varepsilon_{kij} \boldsymbol{g}^k = -\varepsilon_{kji} \boldsymbol{g}^k \quad ■$$

마찬가지로 역 기저벡터의 곱에 대해서도 아래가 성립된다.

$$\boldsymbol{g}^i \times \boldsymbol{g}^j = \varepsilon^{ijk} \boldsymbol{g}_k = \varepsilon^{kij} \boldsymbol{g}_k = -\varepsilon^{kji} \boldsymbol{g}_k \tag{2. 240}$$

증 명 식 (2.100)에 의하면 아래가 성립된다.

$$\boldsymbol{g}^2 \times \boldsymbol{g}^3 = \varepsilon^{123} (= 1/\sqrt{g}) \boldsymbol{g}_1 = \varepsilon^{231} \boldsymbol{g}_1$$

역시 이 식과 ε^{ijk}의 성질[즉 $\varepsilon^{ijk} = \varepsilon^{kij} = -\varepsilon^{kji}$, $\varepsilon^{\underline{i}\,\underline{i}\,k}$ (n.s. for i) $= 0$ 등]로부터 아래관계가 유추된다.

$$\boldsymbol{g}^i \times \boldsymbol{g}^j = \varepsilon^{ijk} \boldsymbol{g}_k = \varepsilon^{kij} \boldsymbol{g}_k = -\varepsilon^{kji} \boldsymbol{g}_k \quad \blacksquare$$

또한 아래 관계도 성립된다.

$$\boldsymbol{g}^k \times \boldsymbol{g}_l = \varepsilon^k{}_l{}^n \boldsymbol{g}_n = \varepsilon^k{}_{ln} \boldsymbol{g}^n = -\boldsymbol{g}_l \times \boldsymbol{g}^k \tag{2. 241}$$

증 명 절대 1차 텐서(벡터)인 $\boldsymbol{g}_i$ 또는 $\boldsymbol{g}^i$, 그리고 3차 (절대) Levi-Civita 텐서 ε_{ijk} 혹은 ε^{ijk}의 계량텐서 g_{ij}나 g^{ij}에 의한 내리거나 올리는 작용 및 식 (2.239)와 (2.240)에 의하여 아래가 성립되어 증명된다.

$$\boldsymbol{g}^k \times \boldsymbol{g}_l = \boldsymbol{g}^k \times g_{lm} \boldsymbol{g}^m = g_{lm} \varepsilon^{kmn} \boldsymbol{g}_n = \varepsilon^k{}_l{}^n \boldsymbol{g}_n$$

$$= g^{km} \boldsymbol{g}_m \times \boldsymbol{g}_l = g^{km} \varepsilon_{mln} \boldsymbol{g}^n = \varepsilon^k{}_{ln} \boldsymbol{g}^n$$

따라서 $(\boldsymbol{g}^k \times \boldsymbol{g}_l)$의 반변 n성분은 $\varepsilon^k{}_l{}^n$, 공변 n성분은 $\varepsilon^k{}_{ln}$임을 알 수 있다. ■

한편 기저벡터의 곱에 대한 이들 결과를 이용하여 일반 (절대)벡터의 곱을 유도해보자. 지금 두 벡터 $\boldsymbol{a}$와 $\boldsymbol{b}$의 벡터적(cross-product)으로 생긴 벡터를 $\boldsymbol{c}$라 하면 $\boldsymbol{a}, \boldsymbol{b}$ 벡터를 각각 성분으로 표시하고, 식 (2.239) 및 (2.240)을 이용하면 아래의 관계가 얻어진다.

$$\boldsymbol{c} = \boldsymbol{a} \times \boldsymbol{b} = a^l \boldsymbol{g}_l \times b^m \boldsymbol{g}_m = \varepsilon_{lmk} a^l b^m \boldsymbol{g}^k = \varepsilon_{klm} a^l b^m \boldsymbol{g}^k \tag{2. 242a}$$

$$= a_l \boldsymbol{g}^l \times b_m \boldsymbol{g}^m = \varepsilon^{lmk} a_l b_m \boldsymbol{g}_k = \varepsilon^{klm} a_l b_m \boldsymbol{g}_k \tag{2. 242b}$$

즉 위 식에서 공변성분 $c_k = (\boldsymbol{a}\times \boldsymbol{b})_k = \varepsilon_{klm}\, a^l b^m$, 또한 반변성분 $c^k = (\boldsymbol{a}\times \boldsymbol{b})^k = \varepsilon^{klm}\, a_l b_m$ 임을 알 수 있다.

한편 만약 $\mathrm{T}^{(2)}$가 절대 2차 텐서, $\mathrm{S}^{(3)}$가 절대 3차 텐서이라면 이들의 벡터적(×)에 의해 생기는 새로운 텐서는 아래와 같이 기저벡터 4개를 수반하는 차수 $2+3-1=4$인 텐서가 될 것이다.

$$\begin{aligned}\mathrm{T}^{(2)} \times \mathrm{S}^{(3)} &= T^{ij}\boldsymbol{g}_i\boldsymbol{g}_j \times S^{klm}\boldsymbol{g}_k\boldsymbol{g}_l\boldsymbol{g}_m = T^{ij}S^{klm}\boldsymbol{g}_i\boldsymbol{g}_j \times \boldsymbol{g}_k\boldsymbol{g}_l\boldsymbol{g}_m \\ &= \varepsilon_{jkn}T^{ij}S^{klm}\boldsymbol{g}_i\boldsymbol{g}^n\boldsymbol{g}_l\boldsymbol{g}_m \end{aligned} \tag{2. 243}$$

즉 두 텐서 곱으로 생기는 4차 혼합성분(즉 한 지수는 공변, 나머지 3 지수는 반변)은 아래와 같다.

$$[\mathrm{T}^{(2)} \times \mathrm{S}^{(3)}]^{i}{}_{n}{}^{lm} = \varepsilon_{jkn}T^{ij}S^{klm} \tag{2. 244}$$

여기서 j 및 k는 무효첨자, 그리고 $i, n, ,l, m$은 자유첨자임을 알 수 있다.

2. 7. 7. 2 행렬식 전개방법의 일반화

행렬식 (2.213)의 전개를 위한 식 (2.215)와 (2.217)의 일반화를 각각 아래와 같이 나타내진다.

$$e_{mnp}\det(A^i{}_j) = e_{ijk}A^i{}_m A^j{}_n A^k{}_p = \begin{vmatrix} A^1{}_m & A^1{}_n & A^1{}_p \\ A^2{}_m & A^2{}_n & A^2{}_p \\ A^3{}_m & A^3{}_n & A^3{}_p \end{vmatrix} \tag{2. 245}$$

$$e^{mnp}\det(A^i{}_j) = e^{ijk}A^m{}_i A^n{}_j A^p{}_k = \begin{vmatrix} A^m{}_1 & A^m{}_2 & A^m{}_3 \\ A^n{}_1 & A^n{}_2 & A^n{}_3 \\ A^p{}_1 & A^p{}_2 & A^p{}_3 \end{vmatrix} \tag{2. 246}$$

위 식들의 증명은 각 식에 $m=1,\ n=2,\ p=3$을 대입하면 각각 원식인 (2.215)와 (2.217)로 환원됨에서 알 수 있다. 위 두 식의 보다 일반화로서 아래와 같이 나타낼 수 있다.

$$e_{mnp}e^{ijk}\det(A^i{}_j) = \begin{vmatrix} A^i{}_m & A^i{}_n & A^i{}_p \\ A^j{}_m & A^j{}_n & A^j{}_p \\ A^k{}_m & A^k{}_n & A^k{}_p \end{vmatrix} = \varepsilon_{mnp}\varepsilon^{ijk}\det(A^i{}_j) \tag{2. 247}$$

여기서 ε_{mnp}와 ε^{ijk}는 식 (2.230) 및 (2.231)에서 정의된 Levi-Civita 텐서이다. 역시 이 식의 타당성을 $m=1,\ n=2,\ p=3$ 및 $i=1,\ j=2,\ k=3$을 대입하면 원 행렬식인 (2.213)으로 환원됨에서 알 수 있다. 이 식은 행렬식 $\det(A^i{}_j)$의 전개를 위한 '만능공식(master formular)'이라 불리우며 이로부터 여러 유용한 공식을 얻을 수 있는데 이 중 아래에 몇 가지 특수한 예를 들겠다.

1. 식 (2.247)에 행렬요소 $A^i{}_j = \delta^i{}_j [= \mathrm{I}(i, j)]$로 두면 아래 관계를 얻는다 $(\det(\delta^i{}_j) = \det \mathrm{I} = 1)$.

$$e_{mnp} e^{ijk} \det(\delta^i{}_j) = \begin{vmatrix} \delta^i{}_m & \delta^i{}_n & \delta^i{}_p \\ \delta^j{}_m & \delta^j{}_n & \delta^j{}_p \\ \delta^k{}_m & \delta^k{}_n & \delta^k{}_p \end{vmatrix} = e_{nmp} e^{ijk} = \varepsilon_{mnp} \varepsilon^{ijk} \tag{2. 248}$$

2. 다시 위 식에 $k = p$로 두고 축약시켜 행렬식을 전개하고 $\delta^i{}_i = 3$, $\delta^i{}_j \delta^j{}_m = \delta^i{}_m$을 이용하면 아래의 관계식을 얻는다.

$$\varepsilon_{mnk} \varepsilon^{ijk} = e_{mnk} e^{ijk} = \delta^i{}_m \delta^j{}_n - \delta^i{}_n \delta^j{}_m \tag{2. 249}$$

3. 여기서 $j = n$으로 두어 다시 축약시키면 아래를 얻는다.

$$\varepsilon_{mjk} \varepsilon^{ijk} = e_{mjk} e^{ijk} = 3\delta^i{}_m - \delta^i{}_m = 2\delta^i{}_m \tag{2. 250}$$

4, 여기서 또 $i = n$으로 두고 더 축약시키면 아래 결과를 얻는다.

$$\varepsilon_{ijk} \varepsilon^{ijk} = e_{ijk} e^{ijk} = 2\delta^i{}_i = 6 \tag{2. 251}$$

사실 1 - 4까지 얻어진 결과는 Cartesian 좌표계의 순열기호에 대해서 얻어진 결과와 동일하다 (2.7.3절 참조).

그러면 위에서 논의된 결과를 사용하여 아래의 두 관계식을 증명해 보기로 한다.

$$\det(A^i{}_j) = \frac{1}{3!} e^{ijk} e_{mnp} A^m{}_i A^n{}_j A^p{}_k \tag{2. 252a}$$

$$= \frac{1}{3!} e_{ijk} e^{mnp} A^i{}_m A^j{}_n A^k{}_p \tag{2. 252b}$$

증 명 (a) 식 (2.246)의 양변을 ε_{mnp}로 곱하고, $\sqrt{g}$를 나누면 아래가 성립된다.

$$\varepsilon_{mnp} \varepsilon^{mnp} \det(A^i{}_j) = \varepsilon_{mnp} \varepsilon^{ijk} A^m{}_i A^n{}_j A^p{}_k$$

위 식의 좌편은 식 (2.251)을 이용하고 우편은 $\varepsilon_{mnp} \varepsilon^{ijk} = e_{mnp} e^{ijk}$를 이용하면 아래가 성립된다.

$$\det(A^i{}_j) = \frac{1}{3!} e_{mnp} e^{ijk} A^m{}_i A^n{}_j A^p{}_k$$

여기서 $m, n, p \leftrightarrow i, j, k$의 첨자교환을 행하면 식 (a)가 증명된다.

(b) 식 (2.245)의 양변을 ε^{mnp}와 $\sqrt{g}$를 곱하면 아래를 얻는다.

$$\varepsilon_{mnp}\varepsilon^{mnp}\det(A^i{}_j) = \varepsilon_{ijk}\varepsilon^{mnp} A^i{}_m A^j{}_n A^k{}_p$$

역시 좌변은 식 (2.251), 우변은 $\varepsilon_{ijk}\varepsilon^{mnp} = e_{ijk}e^{mnp}$를 이용하면 식 (b)가 증명된다. ■

위 식은 E^2 공간의 2×2 행렬식에도 성립된다. 즉

$$\det(a^k{}_l) = \frac{1}{2!} e^{kl} e_{mn} a^m{}_k a^n{}_l \tag{2. 253}$$

그리고 만약 $(A^i{}_j)$가 E^n의 $n \times n$ 행렬인 경우에는 아래와 같이 일반화시켜 나타낼 수 있다.

$$\det(A^i{}_j) = \frac{1}{n!} e_{i_1} e_{i_2 \cdots i_n} e^{j_1} e^{j_2 \cdots j_n} A^{i_1}{}_{j_1} A^{i_2}{}_{j_2} \cdots A^{i_n}{}_{j_n} \tag{2. 254}$$

만약 $(A^i{}_j)$가 $(B^i{}_j)$가 각각 E^3 공간의 2차 텐서 A 및 B의 주어진 좌표계에 대한 3×3 행렬이라면 아래의 관계식이 성립된다(식 (1.125) 참조).

$$\det(\mathrm{AB}) = (\det\mathrm{A})(\det\mathrm{B}) \tag{2. 255}$$

증 명 지금 AB = C 라 하면 $C^i{}_j = A^i{}_k B^k{}_j$가 성립된다. 그러면 식 (2.217)과 (2.246)의 중복사용으로 아래관계가 얻어진다.

$$\begin{aligned}
\det(A^i{}_k B^k{}_j) &= \det(C^i{}_j) = e^{ijk} C^1{}_i C^2{}_j C^3{}_k \\
&= e^{ijk} A^1{}_\alpha B^\alpha{}_i A^2{}_\beta B^\beta{}_j A^3{}_\gamma B^\gamma{}_k \\
&= e^{ijk} B^\alpha{}_i B^\beta{}_j B^\gamma{}_k A^1{}_\alpha A^2{}_\beta A^3{}_\gamma \\
&= e^{\alpha\beta\gamma} \det(B^i{}_j) A^1{}_\alpha A^2{}_\beta A^3{}_\gamma \\
&= \det(A^i{}_j)\det(B^i{}_j)
\end{aligned}$$

따라서 식 (2.255)가 증명된다. ■

2.8 선형 연산자와 대칭 및 반대칭 텐서

이 장의 서론에서 언급했듯이 절대 2차 텐서 T는 벡터공간 V에 속하는 임의의 (절대)벡터 $\boldsymbol{u}$를 V내의 다른 벡터 $\boldsymbol{v}$로 변환(mapping)(가령 회전, 신장 등)시키는 '선형 연산자(linear operator)'로서 정의되며 아래와 같이 표현된다(1.3절 참조).

$$\mathrm{T}: \quad \boldsymbol{u} \to \boldsymbol{v}, \quad \boldsymbol{u}, \boldsymbol{v} \in V \tag{2.256}$$

혹은

$$\mathrm{T}[\boldsymbol{u}] \equiv \mathrm{T} \cdot \boldsymbol{u} = \boldsymbol{v}, \quad \boldsymbol{u}, \boldsymbol{v} \in V \tag{2.257}$$

[이의 행렬표현은 $\mathrm{T}\boldsymbol{u} = \boldsymbol{v}$이다.]

여기서 T[$\boldsymbol{u}$]를 $\hat{\mathrm{T}}\boldsymbol{u}$로서도 표기하며 2차 텐서 T가 벡터 $\boldsymbol{u}$에 (선형)연산자로서 작용하여, 결과로서 벡터와의 내적을 통하여 차수 2+1-2=1인 새로운 벡터 $\boldsymbol{v}$가 형성된다는 것을 의미한다. 그리고 선형 연산자로서 아래의 관계도 성립된다(1.3절 참조).

$$\mathrm{T}[\alpha\boldsymbol{u}] = \alpha\mathrm{T}[\boldsymbol{u}], \;\; \mathrm{T}[\alpha\boldsymbol{u} + \beta\boldsymbol{v}] = \mathrm{T}[\alpha\boldsymbol{u}] + \mathrm{T}[\beta\boldsymbol{v}] = \alpha\mathrm{T}[\boldsymbol{u}] + \beta\mathrm{T}[\boldsymbol{v}] \tag{2.258}$$

여기서 α 및 β는 스칼라 실수이다. 그리고 아래의 관계도 성립된다.

$$\mathbf{0}[\boldsymbol{v}] = \mathbf{0} = \text{제로 연산자} \tag{2.259}$$

$$\mathrm{I}[\boldsymbol{v}] = \boldsymbol{v}, \; \mathrm{I} = \text{단위 연산자} \tag{2.260}$$

$$\mathrm{TS}[\boldsymbol{v}] = \mathrm{T}(\mathrm{S}[\boldsymbol{v}]) \text{ 회합법칙} \tag{2.261}$$

$$\mathrm{T}(\mathrm{S}+\mathrm{R}) = \mathrm{TS} + \mathrm{TR} \text{ 분배법칙} \tag{2.262}$$

그리고 일반적으로 $\mathrm{TS} \neq \mathrm{ST}$ 즉 교환법칙은 성립되지 않는다.

한편 2.2.4절에서 소개했듯이 E^3 공간에서 2차 텐서 T의 주어진 좌표계에 대한 행렬표현에 있어서 임의의 비대칭 행렬 T는 대칭행렬 $\mathrm{T_S}$와 반대칭 행렬 $\mathrm{T_A}$의 합으로 나타낼 수 있다. 즉

$$\mathrm{T} = \mathrm{T_S} + \mathrm{T_A}, \; \mathrm{T_S} \equiv (\mathrm{T} + \mathrm{T}^{\mathrm{T}})/2 \left[= \mathrm{T_S}^{\mathrm{T}}\right], \; \mathrm{T_A} \equiv (\mathrm{T} - \mathrm{T}^{\mathrm{T}})/2 \left[= -\mathrm{T_A}^{\mathrm{T}}\right] \tag{2.263}$$

여기서 대칭행렬의 성분을 ( ), 반대칭 행렬의 성분을 [ ]로 나타내면 먼저 행렬의 두 첨자(지

수)가 반변, 공변 및 혼합형일 경우 위 식으로부터 대칭행렬에 해당하는 성분은 각각 아래와 같이 나타내진다.

$$T^{(ij)} = \frac{1}{2}(T^{ij} + T^{ji}),\ T_{(ij)} = \frac{1}{2}(T_{ij} + T_{ji}),\ T^{(i}{}_{j)} = \frac{1}{2}(T^{i}{}_{j} + T_{j}{}^{i}) \tag{2.264}$$

그리고 반대칭 행렬의 해당하는 성분도 식 (2.263)에 의해 각각 아래와 같이 나타내진다,

$$T^{[ij]} = \frac{1}{2}(T^{ij} - T^{ji}),\ T_{[ij]} = \frac{1}{2}(T_{ij} - T_{ji}),\ T^{[i}{}_{j]} = \frac{1}{2}(T^{i}{}_{j} - T_{j}{}^{i}) \tag{2.265}$$

단 위 식에서 혼합형 성분 $T^{i}{}_{j}$인 경우 전치행렬은 통상의 대각선을 통한 행과 열의 전치인 $\left(T^{i}{}_{j}\right)^{\mathrm{T}} = \left(T^{j}{}_{i}\right)$ 대신 요소의 전치인 $\begin{pmatrix} (\mathrm{T}) \\ T^{i}{}_{j} \end{pmatrix} = \left(T_{j}{}^{i}\right)$의 정의를 이용하였다. 이 정의로부터 가령 임의의 반변형 비대칭 행렬 요소 T^{ij}는 아래와 같이 대칭성분 $T^{(ij)}$와 반대칭성분 $T^{[ij]}$의 합으로 나타낼 수 있다.

$$T^{ij} = \frac{1}{2!}(T^{ij} + T^{ji}) + \frac{1}{2!}(T^{ij} - T^{ji}) = T^{(ij)} + T^{[ij]} \tag{2.266}$$

나아가 2차 이상의 텐서에 있어서도 '대칭성'도 다음과 같이 정의될 수 있다. 즉 첨자 중 2개를 교환하였을 때 성분의 값에 변화가 없다면 이 텐서는 그 첨자에 2개에 관하여 '대칭'이라고 한다. 예를 들어, 반변 2차 텐서 T^{ij}의 경우 만약 $T^{ij} = T^{ji}$라면 대칭이다. 이 경우에 한 쌍의 첨자만이 있다. U^{ijk}와 같은 3차 텐서에 대하여서는 3가지 가능한 첨자의 쌍(pair)이 있고 따라서 3개의 가능한 대칭이 있다.

(i) $U^{ijk} = U^{jik}$

(ii) $U^{ijk} = U^{ikj}$

(iii) $U^{ijk} = U^{kji}$

이와 같은 텐서의 대칭성은 다음 반변 2차 텐서 예에서 볼 수 있듯이 첨자가 둘 다 반변(혹은 둘다 공변)인 경우 좌표계에 무관하게 보존된다. 즉 E^3에서 임의의 $\boldsymbol{x}$ 좌표계에서 $T^{ij} = T^{ji}$라면 다른 $\bar{\boldsymbol{x}}$ 좌표계에서도 대칭성이 보존 즉 $\overline{T}^{ij} = \overline{T}^{ji}$가 성립된다.

증 명 만일 $T^{ij} = T^{ji}$라면, 다른 좌표계에서 성분은 다음을 만족한다.

$$\overline{T}^{ij} = \frac{\partial \overline{x}^i}{\partial x^k}\frac{\partial \overline{x}^j}{\partial x^l}T^{kl} = \frac{\partial \overline{x}^i}{\partial x^k}\frac{\partial \overline{x}^j}{\partial x^l}T^{lk}$$

$$= \frac{\partial \overline{x}^j}{\partial x^l}\frac{\partial \overline{x}^i}{\partial x^k}T^{kl} \qquad \text{(편도함수 항의 순서를 교환)}$$

$$= \frac{\partial \overline{x}^j}{\partial x^k}\frac{\partial \overline{x}^i}{\partial x^l}T^{kl} \qquad (l\text{을 } k\text{로 } k\text{를 } l\text{로 교환})$$

$$= \overline{T}^{ji} \qquad \blacksquare$$

그러나 $T^i{}_j$나 $T_i{}^j$행의 혼합형 (2차)텐서의 경우 전치텐서(행렬)의 정의가 행렬치환과 요소치환의 2종류가 있으므로(2.2.3절 참조) 대칭성이 좌표변환에 따라 보존된다고 보기는 어렵다.

한편 2차 이상의 텐서에서 임의의 2개의 첨자에 관한 반대칭은 첨자의 상호교환에 대하여 성분의 값의 크기는 변하지 않고 부호가 바뀌게 된다는 것을 의미한다. 2.7절에서 소개한 Levi Civita 3차 반대칭 순열(교대) 텐서 $\boldsymbol{\varepsilon}^{(3)}$ 의 반변 성분 ε^{ijk}와 공변 성분 ε_{ijk}는 어떤 첨자쌍에 관하여 반대칭이다(가령 $\varepsilon^{ijk} = -\varepsilon^{jik}$). 대칭 텐서의 경우와 마찬가지로 공변 또는 반변 성분의 임의의 한 첨자쌍에 관한 반대칭성도 좌표 변환 하에서 보존되지만, 반변 및 공변 성분이 동시에 있는 혼합 1쌍의 첨자의 반대칭성은 좌표변환 하에서 보존되지 않는다.

지금 임의의 3차원(E^3) 2차 반대칭 텐서 B(즉 $\mathrm{B}^{\mathrm{T}} = -\mathrm{B}$)의 선형 연산자로서의 개념을 보다 명확히 이해하기 위하여 반면, 공변의 구별이 없는 Cartesian 좌표계를 사용하여 조사해 보기로 한다. B의 행렬표현 $\mathrm{B} = (B_{ij})$에서 앞에서 언급한 반대칭성의 정의 즉 대각선요소는 0, 비대칭요소는 $B_{ij} = -B_{ji}$인 성질로부터 B를 Cartesian 성분으로 나타내면 아래와 같다.

$$\mathrm{B} = \begin{pmatrix} 0 & -\omega_3 & \omega_2 \\ \omega_3 & 0 & -\omega_1 \\ -\omega_2 & \omega_1 & 0 \end{pmatrix} \tag{2. 267}$$

여기서 성분 $\omega_i (i = 1, 2, 3)$를 갖는 벡터 $\boldsymbol{\omega}$는 B의 '쌍대 벡터(dual vector)'라 불리는 일종의 '축성(axial)'벡터로서 위 식으로부터 아래와 같이 나타내진다.

$$\boldsymbol{\omega} = (\omega_1\ \omega_2\ \omega_3)^{\mathrm{T}} = (B_{32}\ B_{13}\ B_{21})^{\mathrm{T}} = (-B_{23}\ \ -B_{31}\ \ -B_{12})^{\mathrm{T}} \tag{2. 268}$$

식 (2.267)과 (2.268)을 순열기호 e_{ijk}를 사용하여 나타내면 아래와 같이 된다.

$$B_{ij} = -e_{ijk}\omega_k \leftrightarrow \omega_i = -\frac{1}{2}e_{ijk}B_{jk} = \frac{1}{2}e_{ijk}B_{kj} \tag{2.269}$$

한편 B를 1 : 1 대응관계에 있는 ω를 사용하여 아래와 같이 연산자기호를 나타내기도 한다.

$$\mathrm{B} \equiv \boldsymbol{\omega} \times \tag{2.270}$$

그러면 이 표현식의 타당성을 부여하기 위하여 아래의 예제를 소개하기로 한다.

예제 2. 8

크기가 일정한 벡터 $\boldsymbol{A} = (A_1, A_2, A_3)$를 각속도 $\boldsymbol{\omega}$ 로 회전시킬 때(즉 강체 회전시)

$$\frac{d\boldsymbol{A}}{dt} = \boldsymbol{\omega} \times \boldsymbol{A} \tag{2.271}$$

가 된다. 이를 (Cartesian)행렬로 나타내면 아래와 같음을 보여라.

$$\begin{pmatrix} \dot{A}_1 \\ \dot{A}_2 \\ \dot{A}_3 \end{pmatrix} = \begin{pmatrix} 0 & -\omega_3 & \omega_2 \\ \omega_3 & 0 & -\omega_1 \\ -\omega_2 & \omega_1 & 0 \end{pmatrix} \begin{pmatrix} A_1 \\ A_2 \\ A_3 \end{pmatrix}$$

풀 이

$\boldsymbol{\omega} \times \boldsymbol{A} = \boldsymbol{e}_1(\omega_2 A_3 - \omega_3 A_2) + \boldsymbol{e}_2(\omega_3 A_1 - \omega_1 A_3) + \boldsymbol{e}_3(\omega_1 A_2 - \omega_2 A_1)$ 이므로

$$\begin{pmatrix} \dot{A}_1 \\ \dot{A}_2 \\ \dot{A}_3 \end{pmatrix} = \begin{pmatrix} \omega_2 A_3 - \omega_3 A_2 \\ \omega_3 A_1 - \omega_1 A_3 \\ \omega_1 A_2 - \omega_2 A_1 \end{pmatrix} = \begin{pmatrix} 0 & -\omega_3 & \omega_2 \\ \omega_3 & 0 & -\omega_1 \\ -\omega_2 & \omega_1 & 0 \end{pmatrix} \begin{pmatrix} A_1 \\ A_2 \\ A_3 \end{pmatrix}$$

가 된다. 따라서 $\frac{d\boldsymbol{A}}{dt} = \boldsymbol{\omega} \times \boldsymbol{A} = \boldsymbol{\Omega} \cdot \boldsymbol{A}$ (또는 $\dot{A}_i = \Omega_{ij} A_j$)로 나타낼 수 있으며, 여기에서 $\boldsymbol{\Omega} = \boldsymbol{\omega} \times$는 각속도 $\boldsymbol{\omega}$ 를 쌍대 (고유) 벡터로 가지는 반대칭 (스핀)텐서가 되어 식 (2.270) 표현의 타당성이 입증된다.

2차 텐서인 다른 선형 연산자의 고유벡터 표현에 대하여 언급하기 전에 식 (2.270)에 주어진 반대칭 텐서에 대한 $\boldsymbol{\omega} \times$ 표현의 연산의 이해를 돕기 위하여 아래의 예제를 소개하기로 한다.

예제 2. 9

다음 관계식을 증명하라.

(a) $(\boldsymbol{n}\times)^2 = \boldsymbol{n}\,\boldsymbol{n} - \mathrm{I}$

(b) $(\boldsymbol{n}\times)^3 = -\boldsymbol{n}\times$

(c) $(\boldsymbol{a}\times\boldsymbol{b})\times = \boldsymbol{b}\,\boldsymbol{a} - \boldsymbol{a}\,\boldsymbol{b}$

풀 이

(a) 임의의 벡터 $\boldsymbol{v}$ 에 관하여 2차 텐서(행렬)인 $(\boldsymbol{n}\times)^2$으로 (선형) 연산시키면 아래와 같다.

$$(\boldsymbol{n}\times)^2\boldsymbol{v} = \boldsymbol{n}\times(\boldsymbol{n}\times\boldsymbol{v}) = (\boldsymbol{n}\cdot\boldsymbol{v})\boldsymbol{n} - (\boldsymbol{n}\cdot\boldsymbol{n})\boldsymbol{v} = (\boldsymbol{n}\,\boldsymbol{n} - \mathrm{I})\cdot\boldsymbol{v}$$

따라서 $(\boldsymbol{n}\times)^2 = \boldsymbol{n}\,\boldsymbol{n} - \mathrm{I}$ 와 동일하다.

(b) 마찬가지로 $\boldsymbol{v}$ 에 대해 연산시키면 아래와 같이 된다.

$$(\boldsymbol{n}\times)^3\cdot\boldsymbol{v} = \boldsymbol{n}\times(\boldsymbol{n}\boldsymbol{n} - \mathrm{I})\cdot\boldsymbol{v} = (\boldsymbol{n}\times\boldsymbol{n})(\boldsymbol{n}\cdot\boldsymbol{v}) - \boldsymbol{n}\times\boldsymbol{v} = -\boldsymbol{n}\times\boldsymbol{v}$$

따라서 $(\boldsymbol{n}\times)^3 = -\boldsymbol{n}\times$와 같다.

(c) 준 식의 왼편으로 벡터 $\boldsymbol{v}$ 에 대해 연산시키고 항등식 $\boldsymbol{a}\times(\boldsymbol{b}\times\boldsymbol{c}) = (\boldsymbol{a}\cdot\boldsymbol{c})\boldsymbol{b} - (\boldsymbol{a}\cdot\boldsymbol{b})\boldsymbol{c}$를 이용하면 아래와 같이 되어 관계식이 증명된다.

$$(\boldsymbol{a}\times\boldsymbol{b})\times\boldsymbol{v} = \boldsymbol{b}(\boldsymbol{a}\cdot\boldsymbol{v}) - \boldsymbol{a}(\boldsymbol{b}\cdot\boldsymbol{v}) = (\boldsymbol{b}\,\boldsymbol{a} - \boldsymbol{a}\,\boldsymbol{b})\cdot\boldsymbol{v}$$

한편 $(\boldsymbol{b}\,\boldsymbol{a} - \boldsymbol{a}\,\boldsymbol{b})$는 외관상 반대칭 다이어드(anti-symmetric dyad)가 확실하므로 $(\boldsymbol{a}\times\boldsymbol{b})\times$ 는 $\boldsymbol{a}\times\boldsymbol{b}$ 를 쌍대벡터로 갖는 (2차) 반대칭 텐서이다.

이제 E^3의 일반 곡선 좌표계에서 아래와 같이 행렬표현되는 임의의 반대칭 반변 2차 텐서 T와 쌍대벡터 $\boldsymbol{w}$와의 관계를 생각해보자.

$$(T^{ij}) = \begin{pmatrix} 0 & -T^{21} & T^{13} \\ T^{21} & 0 & -T^{32} \\ -T^{13} & T^{32} & 0 \end{pmatrix} \qquad (2.272)$$

이 경우 Cartesian 좌표계에서의 관계식 (2.269)로부터 아래와 같이 유추할 수 있다.

$$w_i = \frac{1}{2}\varepsilon_{ijk}T^{kj} = -\frac{1}{2}\varepsilon_{ijk}\,T^{jk} \qquad (2.273)$$

즉 쌍대벡터 $\boldsymbol{w}$ 의 세 공변성분은 $(w_1, w_2, w_3) = \sqrt{g}\,(T^{32}, T^{13}, T^{21})$ 이다.
식 (2.273)으로부터 아래 식이 얻어진다.

$$T^{ij} = \varepsilon^{jik} w_k = -\varepsilon^{ijk} w_k \tag{2.274}$$

증 명 식 (2.273)의 양변을 ε^{ijk} 를 가지고 축약시키면 (이 때 자유첨자 및 무효첨자를 바꿈

$$\varepsilon^{ijk} w_k = \frac{1}{2}\varepsilon^{ijk}\varepsilon_{klm} T^{ml}$$

$$= \frac{1}{2}(\delta^i_l \delta^j_m - \delta^j_l \delta^i_m) T^{ml} \qquad \text{(식 (2.249)에 의해)}$$

$$= \frac{1}{2}(T^{ji} - T^{ij}) = T^{ji} \qquad (\because T^{ij} = -T^{ji})$$

따라서 요구되는 식 $T^{ij} = \varepsilon^{jik} w_k = -\varepsilon^{ijk} w_k$ 가 얻어져 증명된다. ■

한편 식 (2.242b)로부터 반대칭 텐서 T가 임의의 벡터 $\boldsymbol{a}$에 대하여 다음을 알 수 있다.

$$(\boldsymbol{w} \times \boldsymbol{a})^i = \varepsilon^{ijk} w_j a_k$$

$$= \frac{1}{2}\varepsilon^{ijk}\varepsilon_{jlm} T^{ml} a_k \qquad \text{(식 (2.273) 대입)}$$

$$= \frac{1}{2}\varepsilon^{jki}\varepsilon_{jlm} T^{ml} a_k \qquad \text{(첨자의 윈순환)}$$

$$= \frac{1}{2}(\delta^k_l \delta^i_m - \delta^k_m \delta^i_l) T^{ml} a_k \qquad \text{(식 (2.249)에 의해)}$$

$$= \frac{1}{2}(T^{ik} - T^{ki}) a_k = T^{ik} a_k = (\boldsymbol{T} \cdot \boldsymbol{a})^i$$

즉 임의의 벡터 $\boldsymbol{a}$ 에 대하여

$$\mathrm{T} \cdot \boldsymbol{a} = \boldsymbol{w} \times \boldsymbol{a} \tag{2.275}$$

따라서 임의의 벡터에 작용하는 한 반대칭 텐서 T 의 효과는 그 벡터와 T 의 쌍대 (고유) 벡터인 $\boldsymbol{w}$ 와의 벡터적을 취하는 것과 동등하며, 이로부터 표현식 T= $\boldsymbol{w}\times$ (식 (2.270))의 타당성이 다시

한 번 입증된다.

한편 2차 반대칭 텐서 T의 행렬표현이 반변성분 (T_{ij})이라면 이에 대응하고 쌍대벡터와의 관계는 식 (2.274) 대신 아래로 주어진다.

$$T_{kl} = \varepsilon_{lkm}\, w^m = -\, \varepsilon_{klm}\, w^m \tag{2. 276a}$$

[비고 : 이 식은 계량텐서와 식 (2.274)를 사용하여 $T_{kl} = g_{kp}\, g_{lq}\, T^{pq} = g_{kp}\, g_{lq}\, \varepsilon^{qpn} w_n = \varepsilon_{lk}{}^{n} w_n$ $= \varepsilon_{lk}{}^{n} g_{nm} \omega^m = \varepsilon_{lkm} \omega^m$ 이 증명된다.]

그러면 식 (2.276a)로 부터 T의 쌍대(반변)벡터 $\boldsymbol{w}$가 아래와 같이 얻어진다.

$$w^m = -\frac{1}{2} \varepsilon^{klm}\, T_{kl} \tag{2. 276b}$$

증 명 먼저 T_{kl}의 반대칭성 즉 $T_{kl} = -\, T_{lk}$로부터 $T_{11} = 0 = T_{22} = T_{33}$, $T_{12} = -\, T_{21}$, $T_{23} = -\, T_{32}$, $T_{31} = -\, T_{13}$가 성립된다. 즉 9개의 성분 중 6개가 0이 안된다. 이 중 세 개(가령 T_{12}, T_{23}, T_{31})만 독립인데, 위 성질로부터 아래의 형태를 가진다.

$$T_{12} = e_{123}\, b^3,\ T_{23} = e_{231}\, b^1,\ T_{31} = e_{312}\, b^2$$

이로부터 아래와 같이 일반 형태로 나타낼 수 있다.

$$T_{kl} = e_{klm}\, b^m = \frac{1}{\sqrt{g}}\, \varepsilon_{klm} b^m \tag{2. 277}$$

이 식에서 $b^m / \sqrt{g} \equiv -\, w^m$ 으로 두면 식 (2.276a)가 확립된다(즉 $\boldsymbol{w}$는 반대칭 T의 축성 또는 쌍대벡터가 된다). 이제 식 (2.276a)를 ε^{klr}로 곱하면 아래를 얻는다.

$$T_{kl}\, \varepsilon^{klr} = -\, \varepsilon_{klm} \varepsilon^{klr}\, w^m = -\, 2 w^r$$

혹은 아래가 성립되어 식 (2.276b)가 증명된다.

$$w^m = -\frac{1}{2} \varepsilon^{klm}\, T_{kl} \qquad \blacksquare$$

예제 2. 10

$\boldsymbol{v}$ 가 임의의 벡터일 때 $\boldsymbol{\varepsilon}^{(3)} \cdot \boldsymbol{v} = -\boldsymbol{v}\times$가 성립됨을 증명하라.

[단 여기서 $\boldsymbol{\varepsilon}^{(3)}$는 ε^{ijk}를 요소로 하는 3차원 반대칭 Levi-Civita 텐서, 그리고 $\boldsymbol{v}\times$는 $\boldsymbol{v}$를 쌍대벡터로 하는 반대칭 (2차) 텐서를 나타냄(식 (2.270) 참조).]

풀 이

$\boldsymbol{\varepsilon}^{(3)}$ 을 반변성분으로 나타내고, $\boldsymbol{v}$ 를 공변성분으로 나타내면 다음의 관계를 얻을 수 있다.

$$\boldsymbol{\varepsilon}^{(3)} \cdot \boldsymbol{v} = \varepsilon^{ijk} \boldsymbol{g}_i \boldsymbol{g}_j \boldsymbol{g}_k \cdot (v_m \boldsymbol{g}^m)$$

$$= \varepsilon^{ijk} v_k \boldsymbol{g}_i \boldsymbol{g}_j$$

여기서 $\boldsymbol{v}$ 를 쌍대벡터로 하는 반대칭 텐서를 $\mathbf{T}$ 로 두면(즉 $\mathrm{T} = \boldsymbol{v}\times$) 위 예제의 결과인 $T^{ij} = -\epsilon^{ijk} v_k$ 에 의하여 위 식은 아래와 같이 증명된다.

$$\boldsymbol{\varepsilon}^{(3)} \cdot \boldsymbol{v} = -(\varepsilon^{jik} v_k) \boldsymbol{g}_i \boldsymbol{g}_j$$

$$= -T^{ij} \boldsymbol{g}_i \boldsymbol{g}_j = -\mathrm{T} = -\boldsymbol{v}\times$$

2. 9 직교 곡선좌표계의 물리적 표현

E^3 공간에서 원통이나 구좌표와 같은 직교(orthogonal) 곡선좌표계의 경우, n차 절대텐서의 반변 및 공변성분의 구별 즉 $\boldsymbol{g}_i \cdot \boldsymbol{g}^j = \delta_i^{\ j}$(식 (2.84))를 만족하는 2쌍의 공액(conjugate) 기저 벡터의 집합 $\{\boldsymbol{g}_k\}$와 $\{\boldsymbol{g}^k\}$가 존재하나, 직교성의 조건 때문에 $\boldsymbol{g}_k$와 $\boldsymbol{g}^k$는 같은 직선(방향)상에 존재하게 된다. 따라서 아래의 관계식이 만족된다[단 식 (2.97)의 기호체계 및 식 (2.83a) 참조].

$$g_{ij} = 0 = g^{ij}(i \neq j),\ \boldsymbol{g}_{\underline{i}} \cdot g^{\underline{i}} \left(= \delta_{\underline{i}}^{\ \underline{i}}\right) = 1,\ h_i (= \|\boldsymbol{g}_i\|) = 1/h^i (= \|\boldsymbol{g}^i\|) \tag{2. 278}$$

이 관계로부터 n차 텐서의 반변 및 공변표현에 있어서 기저벡터 $\boldsymbol{g}_i$ 및 $\boldsymbol{g}^i$ 대신 크기가 1인 단위 기저벡터 $\boldsymbol{e}_i\left(= \boldsymbol{g}_i / h_{\underline{i}}\right)$ 및 $\boldsymbol{e}^i (= \boldsymbol{g}^i / h^i)$로 표시하면 $\boldsymbol{e}_i = \boldsymbol{e}^i$의 관계 때문에 아래에서 보는 바와 같이 반변 및 공변의 구별이 없어지는 연속체 역학이나 레올로지에 관한 각종(텐서)물성의 표현에

있어서 필수적인 소위 '물리적 성분(physical component)'에 대한 표현식이 정의된다. 먼저 1차 텐서인 절대벡터 $\boldsymbol{u}$의 경우 좌표계에 무관한 텐서표현의 불변성으로부터 아래의 관계식이 성립된다.

$$\begin{aligned}\boldsymbol{u} &= u^i \boldsymbol{g}_i = u^i h_i \boldsymbol{e}_i = \hat{u}^i \boldsymbol{e}_i \\ &= u_i \boldsymbol{g}^i = u_i h^i \boldsymbol{e}^i \equiv \hat{u}_i \boldsymbol{e}^i\end{aligned} \tag{2. 279}$$

여기서 물리적 표현에 관한 아래의 정의식이 성립된다.

$$\hat{u}^i \equiv u^{\underline{i}} h_{\underline{i}} = \hat{u}_i = u_{\underline{i}} h^{\underline{i}} \leftrightarrow u^i = \hat{u}^{\underline{i}} h^{\underline{i}},\ u_i = \hat{u}_{\underline{i}} h_{\underline{i}}\,(\text{n.s. for } i) \tag{2. 280}$$

마찬가지 방법으로 (절대)2차 텐서의 경우에도 아래의 관계식이 성립된다.

$$\begin{aligned}\mathrm{T} &= T^{ij} \boldsymbol{g}_i \boldsymbol{g}_j = T^{ij} h_i h_j \boldsymbol{e}_i \boldsymbol{e}_j \equiv \hat{T}^{ij} \boldsymbol{e}_i \boldsymbol{e}_j \\ &= T^i{}_j \boldsymbol{g}_i \boldsymbol{g}^j = T^i{}_j h_i h^j \boldsymbol{e}_i \boldsymbol{e}^j \equiv \hat{T}^i{}_j \boldsymbol{e}_i \boldsymbol{e}^j \\ &= T_i{}^j \boldsymbol{g}^i \boldsymbol{g}_j = T_i{}^j h^i h_j \boldsymbol{e}^i \boldsymbol{e}_j \equiv \hat{T}_i{}^j \boldsymbol{e}^i \boldsymbol{e}_j \\ &= T_{ij} \boldsymbol{g}^i \boldsymbol{g}^j = T_{ij} h^i h^j \boldsymbol{e}^i \boldsymbol{e}^j \equiv \hat{T}_{ij} \boldsymbol{e}^i \boldsymbol{e}^j\end{aligned} \tag{2. 281}$$

여기서 물리적 표현에 관한 아래의 정의식이 성립된다.

$$\hat{T}^{ij}\left(\equiv T^{\underline{i}\,\underline{j}} h_{\underline{i}} h_{\underline{j}}\right) = \hat{T}^i{}_j\left(\equiv T^{\underline{i}}{}_{\underline{j}} h_{\underline{i}} h^{\underline{j}}\right) = \hat{T}_i{}^j\left(\equiv T_{\underline{i}}{}^{\underline{j}} h^{\underline{i}} h_{\underline{j}}\right) = \hat{T}_{ij}\left(\equiv T_{\underline{i}\,\underline{j}} h^{\underline{i}} h^{\underline{j}}\right) \tag{2. 282}$$

그런데 여기서 한가지 지적해두고 싶은 것은 물리적 성분에 대한 표현식으로서 위 기호체계와 다른 책의 기호에 맞추어 아래와 같이 나타내는 것도 이 책을 통하여 가끔 병용하기로 한다.

$$\hat{u}^i = u^{(i)} = \hat{u}_i = u_{(i)} \tag{2. 283a}$$

$$\hat{T}^{ij} = T^{(ij)} = \hat{T}^i{}_j = T^{(i}{}_{j)} = \hat{T}_i{}^j = T_{(i}{}^{j)} = \hat{T}_{ij} = T_{(ij)} \tag{2. 283b}$$

예제 2. 11

E^3 공간에서 (a) 원통좌표($x^1 = \rho,\ x^2 = \phi,\ x^3 = z$) 및 (b) 구좌표($x^1 = r,\ x^2 = \theta,\ x^3 = \phi$)계에 대한 임의의 (절대)벡터 $\boldsymbol{A}$의 물리적 성분을 각각 나타내어라.

풀 이

(a) 위에서 언급된 직교곡선좌표계의 성질에 따라 계량텐서(g_{ij})의 행렬식 $g=\det(g_{ij})$을 구함에 있어서, $g_{ij}=0(i\neq j)$ 및 $g_{\underline{i}\,\underline{i}}=g_{\underline{i}}\cdot g_{\underline{i}}=(h_{\underline{i}})^2$을 이용하여 원통좌표계에 대하여 구하면 아래와 같다 (예제 2.1 및 식 (2.78) 참조).

$$g=\det(g_{ij})=\begin{vmatrix}1&0&0\\0&\rho^2&0\\0&0&1\end{vmatrix}=\rho^2,\ \boldsymbol{g}_1\cdot\boldsymbol{g}_2\times\boldsymbol{g}_3(=\boldsymbol{g}_\rho\cdot\boldsymbol{g}_\phi\times\boldsymbol{g}_z)=\sqrt{g}=\rho$$

단 위 식에서 $h_1=\|\boldsymbol{g}_\rho\|=1,\ h_2=\|\boldsymbol{g}_\phi\|=\rho,\ h_3=\|\boldsymbol{g}_z\|=1$ 및 $h^1=1,\ h^2=1/\rho,\ h^3=1$을 이용하였다. 따라서 원통좌표계에 대하여 벡터 $\boldsymbol{A}$의 3개의 물리적 성분은 아래와 같다.

$$\left.\begin{aligned}\hat{A}_1&=A_1h^1=A_1=\hat{A}^1=A^1h_1=A^1\\\hat{A}_2&=A_2h^2=A_2/\rho=\hat{A}^2=A^2h_2=\rho A^2\\\hat{A}_3&=A_3h^3=A_3=\hat{A}^3=A^3h_3=A^3\end{aligned}\right\}$$

위 식에서 $A_i(=\boldsymbol{A}\cdot\boldsymbol{g}_i)$ 및 $A^i(=\boldsymbol{A}\cdot\boldsymbol{g}^i)$는 각각 벡터 $\boldsymbol{A}$의 원통좌표계에서의 공변 및 반변성분이다. 그런데 레올로지에 있어서 원통좌표계에 대한 물리적 성분으로서 $\hat{A}_1=\hat{A}^1=A_\rho,\ \hat{A}_2=\hat{A}^2=A_\phi,\ \hat{A}_3=\hat{A}^3=A_z$의 표기를 종종 이용한다.

(b) 마찬가지 방법으로 구좌표의 경우도 계량텐서의 행렬식 g값을 구하면 아래와 같다(식 (2.80), (2.81) 참조).

$$g=\det(g_{ij})=\begin{vmatrix}1&0&0\\0&r^2&0\\0&0&r^2\sin^2\theta\end{vmatrix}=r^4\sin^2\theta,\ \boldsymbol{g}_1\cdot\boldsymbol{g}_2\times\boldsymbol{g}_3(=\boldsymbol{g}_r\cdot\boldsymbol{g}_\theta\times\boldsymbol{g}_\phi)=\sqrt{g}=r^2\sin\theta$$

단 위식에서 $h_1=\|\boldsymbol{g}_r\|=1,\ h_2=\|\boldsymbol{g}_\theta\|=r,\ h_3=\|\boldsymbol{g}_\phi\|=r\sin\theta$ 및 $h^1=1,\ h^2=1/r,\ h^3=1/r\sin\theta$을 이용하였다. 따라서 구좌표계에 대하여 벡터 $\boldsymbol{A}$의 3개의 물리적 성분을 구하면 아래가 된다.

$$\left.\begin{aligned}\hat{A}_1&=A_1h^1=A_1=\hat{A}^1=A^1h_1=A^1\\\hat{A}_2&=A_2h^2=A_2/r=\hat{A}^2=A^2h_2=rA^2\\\hat{A}_3&=A_3h^3=A_3/r\sin\theta=\hat{A}^3=A^3h_3=r\sin\theta A^3\end{aligned}\right\}$$

마찬가지로 실제 응용에 있어서 구좌표에 대한 물리적 성분으로 $\hat{A}_1=\hat{A}^1=A_r,\ \hat{A}_2=\hat{A}^2=A_\theta,\ \hat{A}_3=\hat{A}^3=A_\phi$의 표기법을 종종 이용한다.

2. 10 텐서의 등방함수

스칼라를 제외한 텐서의 대부분과는 다르게, 가령 E^3의 Cartesian 좌표계에서의 Kronecker-delta δ_{ij}와 순열기호 e_{ijk}는 축의 회전이 어떻게 되든지 변환에 무관하게 항상 같은 값을 가진다.

특히 δ_{11}은 모든 좌표계에 대하여 1의 값을 가지는데, 일반적인 2차 텐서 T는 만일 $T_{11}=f_{11}(x_1, x_2, x_3)$이면 $T'_{11}=f_{11}(x'_1, x'_2, x'_3)$인 관계만을 알 수 있다. 전자의 성질을 가진 텐서를 '등방 (혹은 불변) 텐서(isotropic tensor)'라 한다. 일반적인 텐서가 어떻게 등방성을 가질 수 있는지를 아는 것은 중요하다. 왜냐하면, 물리학적인 성질의 묘사에 있어서(예를 들자면 방향에 관계없이 항상 성질이 일정한 등방성 물질의 전도도, 자화율, 인장강도에 있어서) 등방텐서가 연관되기 때문이다. 이제 δ_{ij}와 e_{ijk}가 (스칼라 곱의 범위에서) (Cartesian 좌표계에서)각각 유일한 2차 및 3차 등방텐서임을 보이고자 한다.

등방 2차 텐서로부터 시작해 보자. T_{ij}를 등방 2차 텐서라고 가정하면, 축의 어떤 회전에 대하여서도 정의에 의하여 각각의 9개의 성분에 대하여 다음과 같이 된다.

$$T_{ij}=T'_{ij}=l_{ik}\,l_{jl}\,T_{kl} \tag{2. 284}$$

(여기서 l_{ij}는 식 (1.194)로 정의된 Cartesian 좌표간의 변환텐서이다 - 문 1.7 참조)
첫 번째로 (1, 1, 1) 방향에 대한 좌표축의 회전으로 인하여 옛 좌표축 Ox_1, Ox_2, Ox_3가 각각 Ox'_2, Ox'_3, Ox'_1로 변환된 경우를 생각해 보자. 이 회전에 대하여 $l_{13}=1,\ l_{21}=1, l_{32}=1$ 이고, 다른 모든 값에 대해서는 $l_{ij}=0$ 이다. 이 조건을 식 (2.284)에 적용하면 $T_{11}=T'_{11}=T_{33}$이 되며, 마찬가지로 $T_{12}=T'_{12}=T_{31}$이 된다. 이런 식으로 계속하면 다음과 같다.

(a) $T_{11}=T_{22}=T_{33}$

(b) $T_{12}=T_{23}=T_{31}$

(c) $T_{21}=T_{32}=T_{13}$

다음으로 Ox_3 축에 대하여 원래 위치로부터 $\frac{\pi}{2}$만큼 (시계방향으로) 축의 회전을 생각해 보자. 이 경우 $l_{12}=-1, l_{21}=1, l_{33}=1$ 이고 다른 모든 값에 대해서는 $l_{ij}=0$ 이다. 이들 관계를 식 (2.284)에 적용하면 다음과 같은 관계를 얻을 수 있다.

$$T_{13} = (-1)\times 1\times T_{23}$$

$$T_{23} = 1\times 1\times T_{13}$$

따라서 조건 (b)와 (c)에 의해 $T_{13} = T_{23} = 0$ 이며, 모두 똑같은 T_{11}, T_{22}, T_{33}를 제외한 각각의 성분 $T_{ij} = 0$ 이다. 그러므로 이로부터 $T_{ij} = \lambda\,\delta_{ij}$ 임을 알 수 있다.

예제 2. 12

$\lambda\, e_{ijk}$는 유일한 등방 3차 Cartesian 텐서임을 보이시오.

풀 이

일반적인 해법은 위와 같으므로 여기서는 최소한의 설명만 덧붙이겠다.

$$T_{ijk} = T'_{ijk} = l_{il}\, l_{jm}\, l_{kn}\, T_{lmn}$$

[여기서 좌표변환 행렬 L=$(l_{ij}) = (\boldsymbol{e}_i' \cdot \boldsymbol{e}_j)$는 식 (1.194) 참조.]
만약 (1, 1, 1) 방향에 대하여 회전시키는 것은 아래첨자의 순서가 $1 \rightarrow 2 \rightarrow 3 \rightarrow 1$이 되도록 만드는 것과 같다. 따라서 아래가 성립된다.

(a) $T_{111} = T_{222} = T_{333}$

(b) $T_{112} = T_{223} = T_{331}$ (그리고 유사한 두 집합)

(c) $T_{123} = T_{231} = T_{312}$ (그리고 1, 2 ,3의 기순열을 포함하는 한 집합)

Ox_3에 대하여 (시계방향으로) $\frac{\pi}{2}$만큼 회전하면 $l_{12} = -1,\ l_{21} = 1, l_{33} = 1$이고, 나머지는 $l_{ij} = 0$이다.

(d) $T_{111} = (-1)\times(-1)\times(-1)\times T_{222} = -T_{222}$

(e) $T_{112} = (-1)\times(-1)\times 1\times T_{221}$

(f) $T_{123} = 1\times 1\times(-1)\times T_{112}$

(g) $T_{123} = (-1)\times 1\times 1\times T_{213}$

(a)와 (d)의 관계는 모두 같은 3개의 아래첨자를 가진 성분은 값이 0임을 보여준다. (e), (f), (b)의 관계는 반복되는 아래첨자를 가진 모든 성분이 0임을 보여준다. (g)와 (c)는 $T_{123} = T_{231} = T_{312} = -T_{213} = -T_{321} = -T_{132}$ 임을 보여준다. 종합적으로, T_{ijk}는 e_{ijk}와는 스칼라배 만큼 다르지만, $e_{ijk}(\lambda\, e_{ijk})$가 회전 변환에 대하여 등방텐서임을 보였으므로, T_{ijk}는 가장 일반적인 3차 등방 Cartesian 텐서임에 틀림없다.

δ_{ij}와 e_{ijk}에 적용된 같은 과정을 사용하여, 유일한 등방 1차 텐서는 모든 요소가 0인 벡터임을 알 수 있다.

예제 2. 13

E^3에서 다음과 같이 정의되는 4차 텐서가 등방텐서임을 보여라. 즉 좌표축의 어떤 회전에도 무관하게 같은 형태를 가짐을 보여라.

(a) $A_{ijkl} = \delta_{ij}\delta_{kl}$

(b) $B_{ijkl} = \delta_{ik}\delta_{jl} + \delta_{il}\delta_{jk}$

(c) $C_{ijkl} = \delta_{ik}\delta_{jl} - \delta_{il}\delta_{jk}$

풀 이

3차원 Cartesian 좌표계간의 변환의 경우 변환행렬 $\mathrm{L} = (l_{ij})$(여기서 $l_{ij} = \boldsymbol{e}_i{}' \cdot \boldsymbol{e}_j$)를 사용하여 변환관계를 나타내면 아래가 된다[단 고차 텐서에 관한 변환식 (2.165)에서 $a_i{}^j = b^i{}_j = l_{ij}$로 두고, 변환행렬 $\mathrm{L} = (l_{ij})$의 직교성(즉 $\mathrm{L}^{\mathrm{T}} = \mathrm{L}^{-1}$)을 이용].

(a) $A'_{ijkl} = l_{ip}l_{jq}l_{kr}l_{ls}A_{pqrs} = l_{ip}l_{jq}l_{kr}l_{ls}\delta_{pq}\delta_{rs} = l_{ip}l_{jp}l_{kr}l_{lr} = \delta_{ij}\delta_{kl} = A_{ijkl}$

(b) $B'_{ijkl} = l_{ip}l_{jq}l_{kr}l_{ls}(\delta_{pr}\delta_{qs} + \delta_{ps}\delta_{qr}) = l_{ip}l_{jq}l_{kp}l_{lq} + l_{ip}l_{jq}l_{kq}l_{lp} = \delta_{ik}\delta_{jl} + \delta_{il}\delta_{jk} = B_{ijkl}$

(c) $C'_{ijkl} = l_{ip}l_{jq}l_{kr}l_{ls}(\delta_{pr}\delta_{qs} - \delta_{ps}\delta_{qr}) = l_{ip}l_{jq}l_{kp}l_{lq} - l_{ip}l_{jq}l_{kq}l_{lp} = \delta_{ik}\delta_{jl} - \delta_{il}\delta_{jk} = C_{ijkl}$

∴ 따라서 A, B, C 모두 4차 텐서이다.

위 예제의 결과로부터 임의의 4차 등방 (Cartesian) 텐서 ϕ_{ijkl}은 일반적으로 아래와 같이 나타낼 수 있다(문제 2.10 참조).

$$\begin{aligned}\phi_{ijkl} &= \lambda\delta_{ij}\delta_{kl} + \mu(\delta_{ik}\delta_{jl} + \delta_{il}\delta_{jk}) + \nu(\delta_{ik}\delta_{jl} - \delta_{il}\delta_{jk}) \\ &= \lambda\delta_{ij}\delta_{kl} + \mu(\delta_{ik}\delta_{jl} + \delta_{il}\delta_{jk}) + \nu e_{ijs}\,e_{kls} \qquad (2.285)\end{aligned}$$

2.11 텐서 장의 기본개념

지금까지 다룬 각종 차수의 텐서량을 일반적으로 위치와 시간의 함수가 되는 '텐서장(tensor field)'을 형성하는데 이에 대한 이해는 연속체역학이나 레올로지 구성방정식의 해석에 있어서 매우 중요한 역할을 한다.

먼저 스칼라 (0차 텐서)장(scalar field)은, E^3 공간에서 운동 중인 어떤 물체(material body)에 의해 차지된 공간 영역에 있는 각 점에 가령 스칼라 값을 가진 온도 $\theta(\boldsymbol{x}, t)$를 할당(여기서 $\boldsymbol{x}$ 및 t는 그 순간의 물체의 위치 및 시간을 말함)할 때, 물체가 차지하고 있는 전 영역에 걸쳐 이들 스칼라 온도 값의 집합을 일컫는다. 마찬가지로, 물체의 각 점에 속도 $\boldsymbol{v}(\boldsymbol{x}, t)$와 같은 (절대)벡터 값을 가진 (1차)텐서함수를 할당할 때 물체에 의해 점유된 전 영역에 걸쳐 속도값의 집합은 벡터 장(vector field)을 형성한다. 또한 물체의 각 점에 응력텐서 $\boldsymbol{\sigma}(x, t)$를 할당시 물체가 차지하는 전 영역에 걸친 $\boldsymbol{\sigma}$ 값들의 집합은 (2차)텐서 장(tensor field)을 형성한다. 물리적으로는 위에서 언급된 모든 텐서 장은 단순히 그들이 속하는 영역의 성질을 나타낸다. 그런데 1장에서 논의한 선형(독립)성의 성질을 갖고, 어떤 (텐서)변환법칙에 의해 지배되는 벡터(혹은 텐서) 요소들의 집합인 벡터 공간(vector space)과는 구별되어야 한다.

이후에서 다룰 텐서 장은 각 성분이 (허용되는) 모든 좌표계에 대하여 열린 집합(open set)에서 연속적으로 미분가능하다고 간주한다.

한편 앞에서 스칼라 장 ϕ의 기울기 grad ϕ는 (공변)벡터 장임을 알고 있다(예제 2.3). 이것은 주어진 어떤 Cartesian 좌표계 $Oy_1y_2y_3$의 집합에 대하여 만일 ϕ가 y_1, y_2, y_3의 함수라면 편미분 $(\nabla\phi)_i = \dfrac{\partial\phi}{\partial y_i}$ $(i = 1,2,3)$은 1차 Cartesian 텐서(CT1)을 형성한다는 의미이다. 마찬가지로 2차 도함수 $\dfrac{\partial^2\phi}{\partial y_i\,\partial y_j}$는 2차 Cartesian 텐서(CT2)를 형성한다(왜냐하면 Cartesian 좌표계의 경우 좌표변환 행렬 $\mathrm{L} = (l_{ij}) = (\boldsymbol{e}_i{}' \cdot \boldsymbol{e}_j)$ (식 (1.194))는 위치에 무관하므로). 그러나 일반 곡선 좌표계 (x^1, x^2, x^3)의 집합에 대해서는 상황이 더욱 복잡해진다. 스칼라 장 $\phi(=\overline{\phi})$에 대하여 편미분 $\dfrac{\partial\phi}{\partial x^i}$의 집합은 공변 벡터 장, 즉 grad ϕ의 공변성분을 구성하지만 2차 도함수 $\dfrac{\partial^2\phi}{\partial x^i\partial x^j}$의 집합은 다음과 같이 변환하며(아래 예제 참조)

$$\frac{\partial^2\phi}{\partial\overline{x}^i\partial\overline{x}^j} = \frac{\partial x^k}{\partial\overline{x}^i}\frac{\partial x^l}{\partial\overline{x}^j}\frac{\partial^2\phi}{\partial x^k\partial x^l} + \frac{\partial^2 x^l}{\partial\overline{x}^i\partial\overline{x}^j}\frac{\partial\phi}{\partial x^l}$$

마지막 항의 존재는 이 2차 도함수가 일반 곡선 좌표계에서 공변 2차 텐서를 구성하지 않음을 나타낸다. 이러한 복잡함은 곡선 좌표계에서의 기저벡터가 공간의 한 점으로부터 다른 점으로 크기와 방향이 변하는 사실에서 기인한다.

예제 2.14

(a) 스칼라 장 Φ의 9개의 편도함수 $\partial^2\Phi/(\partial x^i\,\partial x^j)$의 집합은 일반 곡선좌표계에서 아래와 같이 변형됨을 보여라(단 $\Phi=\overline{\Phi}$ 성립).

$$\frac{\partial^2\phi}{\partial\overline{x}^i\,\partial\overline{x}^j}=\frac{\partial x^k\,\partial x^l}{\partial\overline{x}^i\,\partial\overline{x}^j}\frac{\partial^2\phi}{\partial x^k\,\partial x^l}+\frac{\partial^2 x^l}{\partial\overline{x}^i\,\partial\overline{x}^j}\frac{\partial\phi}{\partial x^l}$$

(b) 어떤 반변 벡터장 v^i의 편도함수 $\partial v^i/\partial x^j$집합에 대한 변환 법칙을 찾고, 이로부터 $\partial v^i/\partial x^j$는 2차 텐서가 아님을 보여라.

풀이

(a) 예제 2.3에서 $\mathrm{grad}\phi(=\nabla\phi)$는 1차 공변 텐서임을 알고 있으므로 이 식의 양변을 $\overline{x}_j$에 대해 편미분하면 요구하는 식이 얻어진다. (단 여기에서 ϕ의 2계 도함수가 존재하고 연속을 가정하여 편미분의 순서는 중요하지 않다.)

$$\frac{\partial^2\phi}{\partial\overline{x}^i\,\partial\overline{x}^j}=\frac{\partial x^k\,\partial x^l}{\partial\overline{x}^i\,\partial\overline{x}^j}\frac{\partial^2\phi}{\partial x^k\,\partial x^l}+\frac{\partial^2 x^l}{\partial\overline{x}^i\,\partial\overline{x}^j}\frac{\partial\phi}{\partial x^l}$$

여기서 우변의 두 번째 항[즉 $(\partial l_{jl}/\partial\overline{x}^i)$에 해당]이 없어지는 Cartesian 좌표계(∵식 (1.194)에서 변환 행렬 l_{ip}는 위치에 무관한 상수이므로)를 제외하고서는 $\partial^2\phi/(\partial x^i\,\partial x^j)$는 2차 텐서가 아니다.

(b) 다음 식을 생각해보자.

$$\left(\frac{\partial v^i}{\partial x^j}\right)=\frac{\partial\overline{v}^i}{\partial\overline{x}^j}=\frac{\partial v^k}{\partial\overline{x}^j}\frac{\partial\overline{v}^i}{\partial x^k}=\frac{\partial x^k}{\partial\overline{x}^j}\frac{\partial}{\partial x^k}\left(\frac{\partial\overline{x}^i}{\partial x^l}v^l\right)=\frac{\partial x^k}{\partial\overline{x}^j}\frac{\partial\overline{x}^i}{\partial x^l}\frac{\partial v^l}{\partial x^k}+\frac{\partial x^k}{\partial\overline{x}^j}\frac{\partial^2\,\overline{x}^i}{\partial x^k\,\partial x^l}\,v^l \qquad \text{(i)}$$

식 (i)의 우변의 두 번째 항의 존재는 $\partial v^i/\partial x^j$가 2차 텐서의 성분을 형성하지 않는다는 것을 보여준다. 이 항은 변환 행렬 $(\partial\overline{x}^i/\partial x^j)$가 공간에서 점에 따라 변하기 때문에 생겨난다[사실 일반 곡선좌표계의 경우 편미분 $\nabla_j v^i(=v^i_{\ ,j})$ 대신 공변미분 $(v^i_{\ ;j})$은 2차 텐서가 됨 - 뒤 참조]. 이는 두 번째 항이 소거되고 $\partial v^i/\partial x^j$가 2차 텐서인 Cartesian 좌표에서는 사정이 다르다.

2.12 기저벡터의 편미분과 Christoffel 기호

지금 E^3 공간에서 $z^k(k=1,2,3)$를 고정된 Cartesian 좌표계, 그리고 $x^k(k=1,2,3)$를 임의의 일반 곡선좌표계라고 하자. 이때 두 좌표계 사이에 아래의 1:1 대응관계가 있다.

$$z^k = z^k(x^1, x^2, x^3), \quad x^k = x^k(z^1, z^2, z^3), \quad \det\left(\frac{\partial z^k}{\partial x^l}\right) > 0 \tag{2.286}$$

지금 두 (공변)기저벡터의 집합사이에는 아래관계가 성립된다(식 (2.71) - (2.72) 참조).

$$\boldsymbol{g}_k(\boldsymbol{x})\left(= \frac{\partial \boldsymbol{r}}{\partial x^k}\right) = \boldsymbol{i}_n \frac{\partial z^n}{\partial x^k}, \quad \boldsymbol{i}_n = \boldsymbol{g}_k(\boldsymbol{x}) \frac{\partial x^k}{\partial z^n} \tag{2.287}$$

그러면 위 식의 $\boldsymbol{g}_k(\boldsymbol{x})$를 공간좌표 x^l로 편미분(즉 $\nabla_l = \partial/\partial x^l$)을 취하면 아래가 된다.

$$\frac{\partial \boldsymbol{g}_k}{\partial x^l}(= \nabla_l \boldsymbol{g}_k) = \frac{\partial}{\partial x^l}\left(\boldsymbol{i}_n \frac{\partial z^n}{\partial x^k}\right) = \boldsymbol{i}_n \frac{\partial^2 z^n}{\partial x^k \partial x^l} \tag{2.288}$$

이 식의 $\boldsymbol{i}_n$을 식 (2.287)에서 대입(이때 무효첨자 $k \to m$ 치환)하면 아래를 얻는다.

$$\frac{\partial \boldsymbol{g}_k}{\partial x^l}\left(= \boldsymbol{r}_{kl} = \frac{\partial^2 \boldsymbol{r}}{\partial x^l \partial x^k}\right) = \frac{\partial x^m}{\partial z^n} \frac{\partial^2 z^n}{\partial x^k \partial x^l} \boldsymbol{g}_m \equiv \Gamma_{kl}^m \boldsymbol{g}_m \tag{2.289}$$

여기서

$$\Gamma_{kl}^m = \frac{\partial x^m}{\partial z^n} \frac{\partial^2 z^n}{\partial x^k \partial x^l} = (\boldsymbol{r}_{kl})^m = \boldsymbol{r}_{kl} \cdot \boldsymbol{g}^m \qquad (k, l, m = 1, 2, 3) \tag{2.290}$$

식 (2.290)의 Γ_{kl}^m을 x^k 곡선좌표계에 대한 '제 2종 Christoffel 기호'라 부른다. 정의식 (2.290)에서 아래의 대칭성이 성립된다.

$$\Gamma_{kl}^m = \Gamma_{lk}^m \tag{2.291}$$

여기서 '제 1종 Christoffel 기호' Γ_{klm}은 낮춤(lowering) 계량텐서 g_{mn}에 의하여 아래와 같이 정의된다.

$$\Gamma_{klm} \equiv g_{mn} \Gamma_{kl}^n = \Gamma_{lkm} \tag{2.292}$$

이 식에 다시 올림(raising) 계량텐서 g^{mp}를 적용시키면 아래 식을 얻는다.

$$g^{mp}\Gamma_{klm} = g_{mn}g^{mp}\Gamma^n_{kl} = \Gamma^p_{kl} \quad (\because g_{mn}g^{mp} = \delta_n{}^p) \tag{2.293}$$

식 (2.293)으로부터 식 (2.289)는 아래의 형태로도 나타낼 수 있다.

$$\frac{\partial \boldsymbol{g}_k}{\partial x^l}(= \nabla_l \boldsymbol{g}_k = \boldsymbol{r}_{kl}) = \Gamma_{kln}\boldsymbol{g}^n \tag{2.294}$$

위 식에서 아래가 성립된다.

$$\Gamma_{kln} = (\boldsymbol{r}_{kl})_n = (\boldsymbol{r}_{kl}) \cdot \boldsymbol{g}_n = \frac{\partial \boldsymbol{g}_k}{\partial x^l} \cdot \boldsymbol{g}_n = \frac{\partial^2 z^m}{\partial x^k \partial x^l}\frac{\partial z^m}{\partial x^n} \tag{2.295}$$

한편 반변 기저벡터 좌표성분에 대한 편미분 공식은 $\boldsymbol{g}^i \cdot \boldsymbol{g}_j = \delta^i{}_j$를 미분하여 아래와 같이 얻어진다.

$$\frac{\partial(\boldsymbol{g}^i \cdot \boldsymbol{g}_j)}{\partial x^k} = \frac{\partial \boldsymbol{g}_i}{\partial x^k} \cdot \boldsymbol{g}^j + \boldsymbol{g}_i \cdot \frac{\partial \boldsymbol{g}^j}{\partial x^k} = \frac{\partial \delta^i{}_j}{\partial x^k} = 0 \tag{2.296}$$

여기서 식 (2.290)에 의해 아래가 성립된다.

$$\Gamma^j_{ik} = -\boldsymbol{g}_i \cdot \frac{\partial \boldsymbol{g}^j}{\partial x^k} \tag{2.297}$$

여기서 양변에 $\boldsymbol{g}^i$를 곱하면 아래 식을 얻는다.

$$\Gamma^j_{ik}\boldsymbol{g}^i = -\boldsymbol{g}^i\left(\frac{\partial \boldsymbol{g}^j}{\partial x^k} \cdot \boldsymbol{g}_i\right) = -\frac{\partial \boldsymbol{g}^j}{\partial x^k} \quad (\because \boldsymbol{g}^{\underline{i}} \cdot \boldsymbol{g}_{\underline{i}} = \delta^i{}_{\underline{i}} = 1) \tag{2.298}$$

따라서 아래의 관계식을 얻을 수 있다.

$$\frac{\partial \boldsymbol{g}^j}{\partial x^k}(\nabla_k \boldsymbol{g}^j) = -\Gamma^j_{ik}\boldsymbol{g}^i \tag{2.299}$$

위 식 (2.289), (2.294) 및 (2.299)로부터 제 1종 및 2종 Christoffel 기호는 일반 곡선좌표계의 기저벡터의 좌표성분에 대한 편미분을 나타낸다. 그러나 기저(단위)벡터의 크기나 방향이 위치에 따라 변하지 않는 Cartesian 좌표계간의 변환을 나타내는 (직교)좌표변환 행렬 $\mathrm{L} = (l_{ij})$(식 1.194)의 성질(즉 l_{ij}가 좌표 또는 위치에 따라 변하지 않음)에 의하여 Cartesian 좌표계에 대한

Christoffel 기호의 모든 성분이 0이 된다. 그러나 구좌표나 원통좌표와 같은 일반 (직교)곡선좌표계의 경우에는 모두 0이 안되므로 텐서의 성격상 Christoffel 기호는 3차 텐서가 아님을 알 수 있다 (나중 참조).

이번에는 위에서 소개된 Christoffel 기호의 다른 성질을 조사해보기로 하자. 먼저 Γ_{ijk}에 대한 다른 표현식은 $g_{ik} = \boldsymbol{g}_i \cdot \boldsymbol{g}_k$를 미분함으로써 식 (2.295)에 의해 다음과 같이 주어진다.

$$\frac{\partial g_{ij}}{\partial x^k} = \boldsymbol{g}_i \cdot \frac{\partial \boldsymbol{g}_j}{\partial x^k} + \frac{\partial \boldsymbol{g}_i}{\partial x^k} \cdot \boldsymbol{g}_j = \Gamma_{jki} + \Gamma_{ikj}$$

위 식에서 i, j, k 가 자유첨자이므로

$$\frac{\partial g_{jk}}{\partial x^i} = \Gamma_{kij} + \Gamma_{jik}$$

그리고

$$\frac{\partial g_{ik}}{\partial x^j} = \Gamma_{kji} + \Gamma_{ijk}$$

위의 두 식을 더하고, 식 (2.292)를 사용하면

$$2\Gamma_{ijk} + (\Gamma_{ikj} + \Gamma_{jki}) = \frac{\partial g_{jk}}{\partial x^i} + \frac{\partial g_{ik}}{\partial x^j}$$

따라서 다음의 식을 얻을 수 있다.

$$\Gamma_{ijk} = \frac{1}{2}\left(\frac{\partial g_{jk}}{\partial x^i} + \frac{\partial g_{ik}}{\partial x^j} - \frac{\partial g_{ij}}{\partial x^k}\right) \tag{2. 300}$$

위의 식은 계량텐서 g_{ij}와 Christoffel 기호를 직접적으로 연결한다. 만일 Γ_{ijk}가 이 식으로부터 계산된다면, 제 2종의 Christoffel 기호는 식 (2.293)을 사용하여 다음과 같이 계산되어질 수 있다.

$$\Gamma^k_{ij} = \frac{1}{2} g^{kl}\left(\frac{\partial g_{jl}}{\partial x^i} + \frac{\partial g_{il}}{\partial x^j} - \frac{\partial g_{ij}}{\partial x^l}\right) \tag{2. 301}$$

식 (2.301)을 축약(즉 $k = i$로 둠)시키면 또 다른 유용한 공식을 얻을 수 있다.

$$\Gamma^i_{ij} = \frac{1}{2}g^{il}\frac{\partial g_{jl}}{\partial x^i} + \frac{1}{2}g^{il}\frac{\partial g_{il}}{\partial x^j} - \frac{1}{2}g^{il}\frac{\partial g_{ij}}{\partial x^l}$$

$$= \frac{1}{2}g^{il}\frac{\partial g_{jl}}{\partial x^i} + \frac{1}{2}g^{il}\frac{\partial g_{il}}{\partial x^j} - \frac{1}{2}g^{li}\frac{\partial g_{lj}}{\partial x^i}$$

마지막 항에서 l을 i로, i를 l로 바꾸어 썼다. 처음과 마지막 항은 g_{ij}와 g^{ij}의 대칭성에 의해 소거되어 다음과 같은 식을 얻을 수 있다.

$$\Gamma^i_{ij} = \frac{1}{2}g^{il}\frac{\partial g_{il}}{\partial x^j} \tag{2.302}$$

우변을 (대칭)계량텐서 행렬 $\mathrm{G} = (g_{ij})$의 행렬식 g의 항으로 나타낼 수 있다. 만일 g 를 9개의 량 g_{ij} 의 함수로서 간주한다면, 편미분 $\frac{\partial g}{\partial g_{ij}}$를 고려할 수 있다.

여기서 행렬식의 여인수 및 역행렬의 정의에 관한 식 (2.37) 및 (2.44)와 계량행렬 $\mathrm{G} = (g_{ij})$와 그 역행렬인 $\mathrm{G}^{-1}(= \hat{\mathrm{G}}) = (g^{ij})$의 대칭성으로부터 아래 관계식이 얻어진다(예제 2.2참조).

$$\frac{\partial g}{\partial g_{ij}} = g g^{ij} \tag{2.303}$$

그리고 편미분에 대한 연쇄율(부록 C.2절 참조)을 사용하면 위 식으로부터 아래의 식이 성립된다.

$$\frac{\partial g}{\partial x^j} = \frac{\partial g}{\partial g_{il}}\frac{\partial g_{il}}{\partial x^j} = g g^{il}\frac{\partial g_{il}}{\partial x^j} \tag{2.304}$$

따라서 식 (2.302)와 비교해 보면

$$\Gamma^i_{ij} = \frac{1}{2}\frac{1}{g}\frac{\partial g}{\partial x^j} = \frac{1}{\sqrt{g}}\frac{\partial}{\partial x^j}(\sqrt{g}\,) = \frac{\partial}{\partial x^j}(\log\sqrt{g}\,) \tag{2.305}$$

이 식은 텐서 장의 좌표성분에 대한 미분공식의 유도에 있어서 자주 이용되는 식 중의 하나이다.

이번에는 앞에서 잠깐 언급한 바와 같이 Christoffel 기호는 일반곡선계에서 (절대)3차 텐서가 아니라는 것을 증명하기 위하여 이하에서 이에 대한 변환법칙을 유도해 보기로 한다.

먼저 (새) 곡선좌표계 $\bar{x}^i$의 집합에 대하여 공변 및 반변 기저 벡터에 관한 변환식인 식 (2.128)과 (2.131)을 사용하여, 식 (2.290)으로부터 Γ^k_{ij}에 관한 정의식은 다음과 같이 된다(∵텐서 표현식의 형태는 좌표계에 무관).

$$\overline{\Gamma}^k_{ij} = \frac{\partial \overline{\boldsymbol{g}}_i}{\partial \overline{x}^j} \cdot \overline{\boldsymbol{g}}^k = \frac{\partial}{\partial \overline{x}^j}\left(\frac{\partial x^m}{\partial \overline{x}^i}\boldsymbol{g}_m\right) \cdot \frac{\partial \overline{x}^k}{\partial x^n}\boldsymbol{g}^n$$

따라서

$$\begin{aligned}\overline{\Gamma}^k_{ij} &= \frac{\partial^2 x^m}{\partial \overline{x}^i \partial \overline{x}^j}\frac{\partial \overline{x}^k}{\partial x^n}\boldsymbol{g}_m \cdot \boldsymbol{g}^n + \frac{\partial x^m}{\partial \overline{x}^i}\frac{\partial \overline{x}^k}{\partial x^n}\frac{\partial \boldsymbol{g}_m}{\partial \overline{x}^j} \cdot \boldsymbol{g}^n \\ &= \frac{\partial^2 x^m}{\partial \overline{x}^i \partial \overline{x}^j}\frac{\partial \overline{x}^k}{\partial x^n}\delta^n_m + \frac{\partial x^m}{\partial \overline{x}^i}\frac{\partial \overline{x}^k}{\partial x^n}\frac{\partial x^l}{\partial \overline{x}^j}\frac{\partial \boldsymbol{g}_m}{\partial x^l} \cdot \boldsymbol{g}^n \\ &= \frac{\partial^2 x^m}{\partial \overline{x}^i \partial \overline{x}^j}\frac{\partial \overline{x}^k}{\partial x^m} + \frac{\partial \overline{x}^k}{\partial x^n}\frac{\partial x^m}{\partial \overline{x}^i}\frac{\partial x^l}{\partial \overline{x}^j}\Gamma^n_{ml}\end{aligned} \tag{2. 306}$$

위 식에서 우변의 첫 번째 항의 존재는 Γ^k_{ij}가 3차 텐서와 같이 변환하지 않음을 보여준다. 이와 유사하게 식 (2.292)를 사용하여 Γ_{ijk}에 대한 변환법칙이 다음과 같음을 보일 수 있다.

$$\overline{\Gamma}_{ijk} = g_{lm}\frac{\partial^2 x^m}{\partial \overline{x}^i \partial \overline{x}^j}\frac{\partial x^l}{\partial \overline{x}^k} + \frac{\partial x^l}{\partial \overline{x}^i}\frac{\partial x^m}{\partial \overline{x}^j}\frac{\partial x^n}{\partial \overline{x}^k}\Gamma_{lmn} \tag{2. 307}$$

따라서 Γ_{ijk} 역시 일반적으로 3차 공변 텐서가 아님을 알 수 있다.

한편 식 (2.306)으로부터 텐서량의 미분에 중요한 x^k의 $\overline{x}^k$에 대한 2차 혼합 편미분(텐서는 아님)에 관한 공식을 유도해보기로 한다. 그러기 위해 식의 양변에 $\partial x^r / \partial \overline{x}^k$를 곱하고, 사슬법칙(부록 C.2절 참조)을 이용하면 아래 식을 얻는다.

$$\frac{\partial^2 x^r}{\partial \overline{x}^i \partial \overline{x}^j} = \overline{\Gamma}^k_{ij}\frac{\partial x^r}{\partial \overline{x}^k} - \Gamma^r_{ml}\frac{\partial x^m}{\partial \overline{x}^i}\frac{\partial x^l}{\partial \overline{x}^j} \tag{2. 308}$$

또한 여기서 두 일반 곡선좌표계 $\boldsymbol{x}$와 $\overline{\boldsymbol{x}}$는 E^3 공간에서 임의의 선택된 1:1대응관계에 있으므로 식 (2.308)에서 $\boldsymbol{x}$와 $\overline{\boldsymbol{x}}$를 교환하는 아래 식을 얻을 수 있다.

$$\frac{\partial^2 \overline{x}^r}{\partial x^i \partial x^j} = \overline{\Gamma}^k_{ij}\frac{\partial \overline{x}^r}{\partial x^k} - \overline{\Gamma}^r_{ml}\frac{\partial \overline{x}^m}{\partial x^i}\frac{\partial \overline{x}^l}{\partial x^j} \tag{2. 309}$$

이제 위에서 소개한 Christoffel 기호에 대한 독자들의 이해를 돕기 위하여 E^3 공간에서 Cartesian 좌표계와 함께 가장 응용성이 많은 대표적인 직교 곡선좌표계[즉 반변, 공변의 구별은 있으나 $\boldsymbol{g}_i$와 $\boldsymbol{g}^i$는 같은 직선(방향)에 있으며, $\boldsymbol{g}_{\underline{i}} \cdot \boldsymbol{g}^{\underline{i}} = \delta_{\underline{i}}^{\ \underline{i}} = 1$에서 $h^i(=\|\boldsymbol{g}^i\|) = 1/h_i(=\|\boldsymbol{g}_i\|)$의 관계에 있음]인 원통좌표와 구좌표계에 대하여 Christoffel 기호의 사용 예를

조사해 보기로 한다. 먼저 원통 좌표 즉 $x^1=\rho,\ x^2=\phi,\ x^3=z$일 때 이 좌표계에 대한 공변 기저 벡터는 식 (2.73)과 같이 한 고정(직교 Cartesian) 좌표계의 정규 직교 단위벡터의 항으로 나타내어진다. 각 항의 $x^i\ (i=1,2,3)$ 좌표에 대한 미분은 다음의 9개 도함수가 된다.

$$\frac{\partial \boldsymbol{g}_1}{\partial x^1}=0,\ \ \frac{\partial \boldsymbol{g}_1}{\partial x^2}=-\sin\phi \boldsymbol{i}_1+\cos\phi \boldsymbol{i}_2=\frac{1}{\rho}\boldsymbol{g}_2,\ \ \frac{\partial \boldsymbol{g}_1}{\partial x^3}=0$$

$$\frac{\partial \boldsymbol{g}_2}{\partial x^1}=-\sin\phi \boldsymbol{i}_1+\cos\phi \boldsymbol{i}_2=\frac{1}{\rho}\boldsymbol{g}_2$$

$$\frac{\partial \boldsymbol{g}_2}{\partial x^2}=\rho(-\cos\phi \boldsymbol{i}_1-\sin\phi \boldsymbol{i}_2)=-\rho \boldsymbol{g}_1,\ \frac{\partial \boldsymbol{g}_2}{\partial x^3}=0$$

$$\frac{\partial \boldsymbol{g}_3}{\partial x^1}=0,\quad \frac{\partial \boldsymbol{g}_3}{\partial x^2}=0,\quad \frac{\partial \boldsymbol{g}_3}{\partial x^3}=0 \tag{2. 310}$$

이 경우 식 (2.289)로부터 다음을 제외한 모든 Γ^k_{ij}의 성분은 0임을 알 수 있다.

$$\Gamma^2_{12}=\Gamma^2_{21}=\frac{1}{\rho}\quad \text{이고}\quad \Gamma^1_{22}=-\rho \tag{2. 311}$$

반변 기저 벡터는 $\boldsymbol{g}^1=\boldsymbol{g}_1,\ \boldsymbol{g}^2=\frac{1}{\rho^2}\boldsymbol{g}_2,\ \boldsymbol{g}^3=\boldsymbol{g}_3$의 관계를 만족시키므로, 다음의 관계식도 얻을 수 있다.

$$\frac{\partial \boldsymbol{g}_1}{\partial x^1}=0,\quad \frac{\partial \boldsymbol{g}_1}{\partial x^2}=\rho \boldsymbol{g}^2,\quad \frac{\partial \boldsymbol{g}_1}{\partial x^3}=0$$

$$\frac{\partial \boldsymbol{g}_2}{\partial x^1}=\rho \boldsymbol{g}^2,\ \frac{\partial \boldsymbol{g}_2}{\partial x^2}=-\rho \boldsymbol{g}^1,\ \frac{\partial \boldsymbol{g}_2}{\partial x^3}=0\quad \text{등}$$

식 (2.294)로부터 제 1종 Christoffel 기호 Γ_{ijk}의 모든 성분은 다음을 제외하고 0이 된다.

$$\Gamma_{122}=\Gamma_{212}=\rho\quad \text{이고}\quad \Gamma_{221}=-\rho \tag{2. 312}$$

예제 2.15

원통좌표계 $x^1=r,\ x^2=\theta,\ x^3=z$에 관하여 아래의 관계식이 성립됨을 증명하라.

$$\left.\begin{aligned}&\frac{\partial \boldsymbol{e}_r}{\partial r}=0, \quad \frac{\partial \boldsymbol{e}_r}{\partial \theta}=\boldsymbol{e}_\theta, \quad \frac{\partial \boldsymbol{e}_r}{\partial z}=0\\ &\frac{\partial \boldsymbol{e}_\theta}{\partial r}=0, \quad \frac{\partial \boldsymbol{e}_\theta}{\partial \theta}=-\boldsymbol{e}_r, \quad \frac{\partial \boldsymbol{e}_\theta}{\partial z}=0\\ &\frac{\partial \boldsymbol{e}_z}{\partial r}=0, \quad \frac{\partial \boldsymbol{e}_z}{\partial \theta}=0, \quad \frac{\partial \boldsymbol{e}_z}{\partial z}=0\end{aligned}\right\} \tag{2.313}$$

풀 이

단위기저벡터 $\boldsymbol{e}_i=\boldsymbol{g}_i/\|\boldsymbol{g}_i\|=\boldsymbol{g}_{\underline{i}}/h_{\underline{i}}$의 정의 및 식 (2.289) 그리고 (2.311)의 결과를 이용하여 문제의 위 식 중 대표적인 몇 개를 증명하면 아래와 같다[단 식 (2.73)에서 $h_1(=h_r)=\sqrt{\boldsymbol{g}_1\cdot\boldsymbol{g}_1}=1$, $h_2(=h_\theta)=\sqrt{\boldsymbol{g}_2\cdot\boldsymbol{g}_2}=r$, $h_3(=h_z)=\sqrt{\boldsymbol{g}_3\cdot\boldsymbol{g}_3}=1$ 임]. 개별적인 증명이 들어가기 전 직교 곡선좌표계의 $\partial\boldsymbol{e}_i/\partial x^j$에 관한 일반식을 구하면 아래가 된다.

$$\frac{\partial \boldsymbol{e}_i}{\partial x^j}=\frac{\partial}{\partial x^j}(\boldsymbol{g}_i/h_{\underline{i}})=-\frac{1}{h_{\underline{i}}^2}\frac{\partial h_{\underline{i}}}{\partial x^j}\boldsymbol{g}_i+\frac{1}{h_{\underline{i}}}\frac{\partial \boldsymbol{g}_i}{\partial x^j}$$

$$=-\frac{1}{h_{\underline{i}}}\frac{\partial h_{\underline{i}}}{\partial x^j}\boldsymbol{e}_i+\frac{1}{h_{\underline{i}}}\Gamma_{ij}^k h_{\underline{k}}\boldsymbol{e}_k \ (\because \text{식 } (2.289)) \tag{2.314}$$

이제 $\dfrac{\partial \boldsymbol{e}_r}{\partial \theta}$은 $i=1,\ j=2$에 해당되므로 식 (2.314)에 대입하면 아래를 얻어 증명된다.

$$\frac{\partial \boldsymbol{e}_r}{\partial \theta}=-\frac{1}{h_1}\frac{\partial h_1}{\partial \theta}\boldsymbol{e}_1+\frac{1}{h_1}\Gamma_{12}^k h_{\underline{k}}\boldsymbol{e}_k=\Gamma_{12}^2 h_2\boldsymbol{e}_2=\frac{1}{r}\times r\times\boldsymbol{e}_\theta=\boldsymbol{e}_\theta(\because h_1=1,\ h_2=r,\ \Gamma_{12}^2=1/r)$$

다음에는 $\dfrac{\partial \boldsymbol{e}_\theta}{\partial \theta}$은 $i=j=2$에 해당되므로 식 (2.314)에 대입하면 아래를 얻어 역시 증명된다.

$$\frac{\partial \boldsymbol{e}_\theta}{\partial \theta}=-\frac{1}{h_2}\frac{\partial h_2}{\partial x^2}\boldsymbol{e}_2+\frac{1}{h_2}\Gamma_{22}^k h_{\underline{k}}\boldsymbol{e}_k=\frac{1}{r}\Gamma_{22}^1 h_1\boldsymbol{e}_1=\frac{1}{r}(-r)\boldsymbol{e}_r=-\boldsymbol{e}_r(\because \Gamma_{22}^1=-r)$$

나머지 항들도 마찬가지 방법으로 증명이 가능하다.

다음에는 구좌표에 대한 Christoffel 기호를 조사해보자. 이 경우 $x^1=r,\ x^2=\theta,\ x^3=\phi$이고 식 (2.80)의 각 성분을 $x^i\ (i=1,2,3)$ 좌표에 대하여 미분하면 다음의 관계식을 얻을 수 있다.

$$\frac{\partial \boldsymbol{g}_1}{\partial x^1} = 0$$

$$\frac{\partial \boldsymbol{g}_1}{\partial x^2} = [\cos\theta\cos\phi \quad \cos\theta\sin\phi \quad -\sin\theta] = \frac{1}{r}\boldsymbol{g}_2$$

$$\frac{\partial \boldsymbol{g}_1}{\partial x^3} = [-\sin\theta\sin\phi \quad \sin\theta\cos\phi \quad 0] = \frac{1}{r}\boldsymbol{g}_3$$

$$\frac{\partial \boldsymbol{g}_2}{\partial x^1} = [\cos\theta\cos\phi \quad \cos\theta\sin\phi \quad -\sin\theta] = \frac{1}{r}\boldsymbol{g}_2$$

$$\frac{\partial \boldsymbol{g}_2}{\partial x^2} = [-r\sin\theta\cos\phi \quad -r\sin\theta\sin\phi \quad -r\cos\theta] = -r\boldsymbol{g}_1$$

$$\frac{\partial \boldsymbol{g}_2}{\partial x^3} = [-r\cos\theta\sin\phi \quad r\cos\theta\cos\phi \quad 0] = \frac{\cos\theta}{\sin\theta}\boldsymbol{g}_3$$

$$\frac{\partial \boldsymbol{g}_3}{\partial x^1} = [-\sin\theta\sin\phi \quad \sin\theta\cos\phi \quad 0] = \frac{1}{r}\boldsymbol{g}_3$$

$$\frac{\partial \boldsymbol{g}_3}{\partial x^2} = [-r\cos\theta\sin\phi \quad r\cos\theta\cos\phi \quad 0] = \frac{\cos\theta}{\sin\theta}\boldsymbol{g}_3$$

$$\frac{\partial \boldsymbol{g}_3}{\partial x^3} = [-r\sin\theta\cos\phi \quad -r\sin\theta\sin\phi \quad 0]$$

마지막 편도함수는 식 (2.289)의 경우처럼 공변 기저 벡터의 항으로 표현하기 위해서는 약간의 계산을 필요로 한다.

$$\begin{aligned} r\sin\theta\boldsymbol{g}_1 + \cos\theta\boldsymbol{g}_2 &= [r(\sin^2\theta + \cos^2\theta)\sin\phi \quad r(\sin^2\theta + \cos^2\theta)\cos\phi \quad 0] \\ &= [r\sin\phi \quad r\cos\phi \quad 0\,] \end{aligned}$$

(단 위 식들에서 편의상 열벡터를 나타내는 '전치'표시 첨자 T를 생략했음.)
따라서

$$\frac{\partial \boldsymbol{g}_3}{\partial x^3} = -\sin\theta(r\sin\theta\boldsymbol{g}_1 + \cos\theta\boldsymbol{g}_2)$$

위의 관계식으로부터 구좌표계에서 Γ_{ij}^k 의 0이 되지 않는 성분은 다음과 같다.

$$\left.\begin{array}{l}\Gamma_{12}^2 = \Gamma_{21}^2 = \dfrac{1}{r}, \quad \Gamma_{13}^3 = \Gamma_{31}^3 = \dfrac{1}{r} \\ \Gamma_{22}^1 = -r, \quad \Gamma_{23}^3 = \Gamma_{32}^3 = \cot\theta, \quad \Gamma_{33}^1 = -r\sin^2\theta, \quad \Gamma_{33}^2 = -\sin\theta\cos\theta\end{array}\right\} \tag{2.315}$$

다음에는 직교곡선계의 $\boldsymbol{g}^i = \boldsymbol{g}_i/h_i^2$의 관계를 사용하여 구좌표계에서 0이 되지 않는 Γ_{ijk}의 성분은 다음과 같다.

$$\left.\begin{array}{ll}\Gamma_{122} = \Gamma_{212} = r, & \Gamma_{133} = \Gamma_{313} = r\sin^2\theta \\ \Gamma_{221} = -r, & \Gamma_{233} = \Gamma_{323} = r^2\sin\theta\cos\theta \\ \Gamma_{331} = -r\sin^2\theta, & \Gamma_{332} = -r^2\sin\theta\cos\theta\end{array}\right\} \tag{2.316}$$

예제 2. 16

구좌표계 $x^1 = r$, $x^2 = \theta$, $x^3 = \phi$에 관하여 아래의 관계식이 성립됨을 일반식 (2.314)를 사용하여 증명하라[단 $h_1 = 1$, $h_2 = r$, $h_3 = r\sin\theta$이용 - 식 (2.80) 참조].

$$\left.\begin{array}{lll}\dfrac{\partial \boldsymbol{e}_r}{\partial r} = \boldsymbol{0}, & \dfrac{\partial \boldsymbol{e}_r}{\partial \theta} = \boldsymbol{e}_\theta, & \dfrac{\partial \boldsymbol{e}_r}{\partial \phi} = \boldsymbol{e}_\phi \sin\theta \\ \dfrac{\partial \boldsymbol{e}_\theta}{\partial r} = \boldsymbol{0}, & \dfrac{\partial \boldsymbol{e}_\theta}{\partial \theta} = -\boldsymbol{e}_r, & \dfrac{\partial \boldsymbol{e}_\theta}{\partial \phi} = \boldsymbol{e}_\phi \cos\theta \\ \dfrac{\partial \boldsymbol{e}_\phi}{\partial r} = \boldsymbol{0}, & \dfrac{\partial \boldsymbol{e}_\phi}{\partial \theta} = \boldsymbol{0}, & \dfrac{\partial \boldsymbol{e}_\phi}{\partial \phi} = -(\boldsymbol{e}_r \sin\theta + \boldsymbol{e}_\theta \cos\theta)\end{array}\right\} \tag{2.317}$$

풀 이

먼저 $\dfrac{\partial \boldsymbol{e}_r}{\partial \phi}$에 대해 생각해보자. 일반식 (2.314)와 비교해보면 이는 $i = 1$, $j = 3$이므로 대입하고, 식 (2.315)를 이용하면 아래가 되어 증명된다.

$$\frac{\partial \boldsymbol{e}_r}{\partial \phi} = -\frac{1}{h_1}\frac{\partial h_1}{\partial x^3}\boldsymbol{e}_1 + \frac{1}{h_1}\Gamma_{13}^k h_{\underline{k}} \boldsymbol{e}_k = \frac{1}{h_1}\Gamma_{13}^3 h_3 \boldsymbol{e}_3 = \frac{1}{r}\times r\sin\theta \boldsymbol{e}_\phi = \sin\theta \boldsymbol{e}_\phi \left(\because h_1 = 1, \Gamma_{13}^3 = 1/r\right)$$

다음에는 $\dfrac{\partial \boldsymbol{e}_\phi}{\partial \phi}$를 생각해보자. 이는 $i = j = 3$에 해당되므로 이를 식 (2.314)에 대입하고, 식 (2.315)를 이용하면 아래가 되어 증명된다.

$$\frac{\partial \boldsymbol{e}_\phi}{\partial \phi} = -\frac{1}{h_3}\frac{\partial h_3}{\partial x^3}\boldsymbol{e}_3 + \frac{1}{h_3}\Gamma_{33}^k h_{\underline{k}} \boldsymbol{e}_k = \frac{1}{h_3}\Gamma_{33}^1 h_1 \boldsymbol{e}_1 + \frac{1}{h_3}\Gamma_{33}^2 h_2 \boldsymbol{e}_2 = -\sin\theta \boldsymbol{e}_r - \cos\theta \boldsymbol{e}_\theta$$

나머지 항들도 마찬가지 방법으로 증명이 가능하다.

위의 예제 2.15 및 2.16의 결과는 회전 프레임에 기초를 둔 다른 방법으로도 얻을 수 있다(2.16.1절 참조).

2.13 스칼라 및 벡터장의 공변 미분

임의의 텐서 장의 곡선 좌표계에 대한 (편)도함수를 텐서의 성격을 가지는 양으로 정의하고, 이러한 도함수를 주어진 텐서 장에 대한 '공변 미분(covariant derivative)'이라고 한다. 스칼라 장 ϕ에 대하여 편미분 $\dfrac{\partial \phi}{\partial x^i}(=\nabla_i \phi)$의 집합은 이미 언급한 대로 벡터장을 형성하고, 이 벡터장을 ϕ의 공변 미분이라고 하며 $\phi_{;i}$로 나타낸다. 사실 스칼라 장인 경우는 다른 텐서 장과 달리 공변 미분과 편미분은 동일하다(즉 $\phi_{;i}=\phi_{,i}=\dfrac{\partial \phi}{\partial x^i}$).

다음에는 $\boldsymbol{u}$가 벡터장이라면 각각의 곡선좌표계 x^i에 대한 각각의 편미분 $\dfrac{\partial \boldsymbol{u}}{\partial x^i}\,(i=1,2,3)$도 벡터장이다. 이러한 편미분은 그 점에서의 국소적인 기저벡터의 항으로 표현될 수 있고, 그 계수는 2차 텐서를 구성하는 9개의 양의 집합을 형성한다. 이는 아래의 2가지 방법으로 나타낼 수 있다.

첫 번째로 $\boldsymbol{u}=u^i\boldsymbol{g}_i$처럼 공변 기저벡터의 항으로 $\boldsymbol{u}$를 국소적으로 표현할 수 있다. 식 (2.289)를 사용하여 편미분하면 다음과 같은 관계식을 얻을 수 있다.

$$\frac{\partial \boldsymbol{u}}{\partial x^j}=u^i\frac{\partial \boldsymbol{g}_i}{\partial x^j}+\frac{\partial u^i}{\partial x^j}\boldsymbol{g}_i=u^i\Gamma^k_{ij}\boldsymbol{g}_k+\frac{\partial u^i}{\partial x^j}\boldsymbol{g}_i=\left(\frac{\partial u^i}{\partial x^j}+\Gamma^i_{kj}u^k\right)\boldsymbol{g}_i$$

여기에서 계수는 반변 벡터 u^i의 x^j좌표에 대한 공변 미분으로서 $u^i{}_{;j}$로 표기한다. 즉

$$u^i{}_{;j}=\frac{\partial u^i}{\partial x^j}+\Gamma^i_{kj}\,u^k \tag{2.318}$$

$$\frac{\partial \boldsymbol{u}}{\partial x^j}=u^i{}_{;j}\,\boldsymbol{g}_i \tag{2.319a}$$

두 번째로 $\boldsymbol{u}$의 공변성분의 항으로 표현할 수 있다. $\boldsymbol{u}=u_i\boldsymbol{g}^i$이므로

$$\frac{\partial \boldsymbol{u}}{\partial x^j}=u_i\frac{\partial \boldsymbol{g}^i}{\partial x^j}+\frac{\partial u_i}{\partial x^j}\boldsymbol{g}^i=-u_i\Gamma^i_{kj}\boldsymbol{g}^k+\frac{\partial u_i}{\partial x^j}\boldsymbol{g}^i \qquad \text{(식 (2.299)에 의해)}$$

$$= \left(\frac{\partial u_i}{\partial x^j} - \Gamma_{ij}^k u_k \right) \boldsymbol{g}^i = u_{i;j} \boldsymbol{g}^i \tag{2.319b}$$

여기서 공변 벡터 u_i의 x^j 좌표에 대한 공변 미분은 다음과 같이 주어진다.

$$u_{i;j} = \frac{\partial u_i}{\partial x^j} - \Gamma_{ij}^k u_k \tag{2.320}$$

식 (2.306)을 사용하여 공변 미분의 정의식인 식 (2.318)과 (2.320)에 있는 모든 항을 변환시킴으로써 2차 텐서처럼 변환한다는 것을 보이는 것은 가능하다. 그러나 연쇄율(부록 C.2절 참조)과 식 (2.129)를 사용하여 아래와 같이 식 (2.319)를 직접 변환시킬 수도 있다(단 $\boldsymbol{u}(\boldsymbol{x}) = \overline{\boldsymbol{u}}(\overline{\boldsymbol{x}})$ 이용).

$$\frac{\partial \boldsymbol{u}}{\partial \overline{x}^j} = \overline{u}^i{}_{;j} \overline{\boldsymbol{g}}_i = \frac{\partial \boldsymbol{u}}{\partial x^k} \frac{\partial x^k}{\partial \overline{x}^j} = (u^l{}_{;k} \boldsymbol{g}_l) \frac{\partial x^k}{\partial \overline{x}^j} = u^l{}_{;k} \left(\frac{\partial \overline{x}^i}{\partial x^l} \overline{\boldsymbol{g}}_i \right) \frac{\partial x^k}{\partial \overline{x}^j}$$

$\overline{\boldsymbol{g}}_i$의 계수를 같게 하면

$$\overline{u}^i{}_{;j} = \frac{\partial \overline{x}^i}{\partial x^l} \frac{\partial x^k}{\partial \overline{x}^j} u^l{}_{;k} \tag{2.321}$$

이것은 $u^i{}_{;j}$가 혼합 2차 텐서에 대한 변환법칙(식 (2.148))에 의해 변환한다는 것을 보여준다. 마찬가지로 $u_{i;j}$가 공변 2차 텐서에 관한 변환법칙(식 (2.147))에 따라 변환한다는 것도 보일 수 있다. 그러나 다음 관계식으로부터

$$\frac{\partial \boldsymbol{u}}{\partial x^j} = u_{i;j} \boldsymbol{g}^i = u^i{}_{;j} \boldsymbol{g}_i = u^i{}_{;j} g_{ik} \boldsymbol{g}^k = u^k{}_{;j} g_{ki} \boldsymbol{g}^i$$

계수를 비교하면 아래를 얻을 수 있다.

$$u_{i;j} = g_{ik} u^k{}_{;j} \tag{2.322}$$

$u_{i;j}$ 텐서의 특징은 g_{ij}와 $u^i{}_{;j}$가 둘 다 텐서라는 사실(상법칙에 의해)로부터 기인한다. 더욱이 식 (2.321)은 $u_{i;j}$와 $u^i{}_{;j}$가 같은 2차 텐서의 동반(associated) 성분임을 보여준다. 이 텐서의 동반 반변 성분은 $g^{jk} u^i{}_{;k}$이며, $u^{i;j}$로 표기해서는 안 된다.

또한 $u_{i;j}$도 $u^i{}_{;j}$의 경우처럼 2계 공변 텐서임을 위와 마찬가지 방법으로 증명될 수 있다. 즉

$$\frac{\partial \boldsymbol{u}}{\partial \overline{x}^j} = \overline{u}_{i;j} \overline{\boldsymbol{g}}^i = \frac{\partial \boldsymbol{u}}{\partial x^k} \frac{\partial x^k}{\partial \overline{x}^j} = (u_{l;k} \boldsymbol{g}^l) \frac{\partial x^k}{\partial \overline{x}^j} = u_{l;k} \left(\frac{\partial x^l}{\partial \overline{x}^i} \overline{\boldsymbol{g}}^i \right) \frac{\partial x^k}{\partial \overline{x}^j}$$

여기서 $\overline{\boldsymbol{g}}^i$의 계수를 같게 하면 아래가 성립된다.

$$\overline{u}_{i;j} = \frac{\partial x^i}{\partial \overline{x}^i} \frac{\partial x^k}{\partial \overline{x}^j} u_{l;k} \tag{2. 323}$$

즉 $u_{i;j}$도 2계 공변 텐서임이 증명되었다. 한편 이것은 식 (2.308)을 이용하여서도 아래와 같이 증명될 수 있다.

별 해

지금 $v_k(\boldsymbol{x})$가 아래와 같이 변환되는 (1계)공변 텐서(벡터)라 하자.

$$\overline{v}_p(\overline{\boldsymbol{x}}) = v_k(\boldsymbol{x}) \frac{\partial x^k}{\partial \overline{x}^p} \tag{2. 324}$$

위 식은 $\overline{x}^q$에 대해서 편미분하면 아래를 얻는다.

$$\frac{\partial \overline{v}_p}{\partial \overline{x}^q} = \frac{\partial v_k}{\partial x^l} \frac{\partial x^l}{\partial \overline{x}^q} \frac{\partial x^k}{\partial \overline{x}^p} + v_k \frac{\partial^2 x^k}{\partial \overline{x}^p \partial \overline{x}^q} \tag{2. 325}$$

다음에는 위 식의 우편의 두 번째 항의 혼합 편미분을 식 (2.308)에서 치환하면 아래 식을 얻는다.

$$\frac{\partial \overline{v}_p}{\partial \overline{x}^q} = \frac{\partial v_k}{\partial x^l} \frac{\partial x^l}{\partial \overline{x}^q} \frac{\partial x^k}{\partial \overline{x}^p} + \overline{\Gamma}^r_{pq} \frac{\partial x^k}{\partial \overline{x}^r} v_k - \Gamma^r_{kl} \frac{\partial x^k}{\partial \overline{x}^p} \frac{\partial x^l}{\partial \overline{x}^q} v_r \tag{2. 326}$$

위 식의 우편의 두 번째 항을 식 (2.324)를 사용하여 나타내면 아래가 된다.

$$\frac{\partial \overline{v}_p}{\partial \overline{x}^q} = \frac{\partial v_k}{\partial x^l} \frac{\partial x^l}{\partial \overline{x}^q} \frac{\partial x^k}{\partial \overline{x}^p} + \overline{v}_r \overline{\Gamma}^r_{pq} - v_r \Gamma^r_{kl} \frac{\partial x^k}{\partial \overline{x}^p} \frac{\partial x^l}{\partial \overline{x}^q} \tag{2. 327}$$

위는 다시 아래와 같이 쓸 수 있다.

$$\frac{\partial \overline{v}_p}{\partial \overline{x}^q} - \overline{v}_r \overline{\Gamma}^r_{pq} = \left(\frac{\partial v_k}{\partial x^l} - v_r \Gamma^r_{kl} \right) \frac{\partial x^k}{\partial \overline{x}^p} \frac{\partial x^l}{\partial \overline{x}^q} \tag{2. 328}$$

즉

$$\overline{v}_{p;q}(\overline{\boldsymbol{x}}) = v_{k;l}(\boldsymbol{x}) \frac{\partial x^k}{\partial \overline{x}^p} \frac{\partial x^l}{\partial \overline{x}^q} \tag{2. 329}$$

따라서 $v_{k;l}$는 2계 공변 텐서임이 증명된다. ■

한편 정확한 텐서 표현식으로 나타내어져 있다면 곱에 대한 미분법칙이 공변 미분의 경우에도 적용된다. 예를 들어 만일 $\boldsymbol{u}$와 $\boldsymbol{v}$가 벡터장이라면, 스칼라 곱 $\boldsymbol{u} \cdot \boldsymbol{v}$는 3차원 Cartesian 좌표계에서 $u^i v_i$로 쓸 수 있고, 이것은 스칼라 장 $\phi(= u^i v_i)$이므로 식 (2.318)과 (2.320)을 사용하면 다음과 같이 나타낼 수 있다.

$$
\begin{aligned}
(u^i v_i)_{;j}[= \phi_{;j} = \phi_{,j}] &= \frac{\partial}{\partial x^j}(u^i v_i) \\
&= u^i \frac{\partial v_i}{\partial x^j} + \frac{\partial u^i}{\partial x^j} v_i \\
&= u^i (v_{i;j} + \Gamma^k_{ij} v_k) + (u^i{}_{;j} - \Gamma^i_{kj} u^k) v_i \\
&= u^i v_{i;j} + u^i{}_{;j} v_i + \Gamma^k_{ij} u^i v_k - \Gamma^i_{kj} u^k v_i
\end{aligned}
$$

위 식의 마지막 두 항을 소거하면

$$
(u^i v_i)_{;j} = u^i v_{i;j} + u^i{}_{;j} v_i \tag{2.330}
$$

식 (2.330)은 Cartesian 좌표계에서 스칼라 곱의 미분에 대한 곱의 규칙을 임의의 좌표계로 일반화한 것으로 간주될 수 있다. 왜냐하면 공변 도함수는 Cartesian 좌표계에서 일반 편도함수로 귀착되기 때문이다.

예제 2. 17

$A_{p;q} - A_{q;p} = \dfrac{\partial A_p}{\partial x^q} - \dfrac{\partial A_q}{\partial x^p}$ 임을 증명하라.

풀 이

$$
A_{p;q} - A_{q;p} = \left(\frac{\partial A_p}{\partial x^q} - \Gamma^s_{pq} A_s\right) - \left(\frac{\partial A_q}{\partial x^p} - \Gamma^s_{qp} A_s\right) = \frac{\partial A_p}{\partial x^q} - \frac{\partial A_q}{\partial x^p}
$$

이러한 2차 텐서는 공변 벡터 A_p 의 회전(curl)이 되도록 정의되어진다(2.18절 참조).

2. 14 고차 텐서의 공변 미분

만약 T가 2차 텐서 장이라면 식 (2.112)의 경우처럼 기저벡터의 다이어딕 곱으로 나타낼 수 있다. 그러면 T의 좌표 x^k에 관한 편미분은 아래와 같이 4개의 가능한 공변 도함수 $T^{ij}{}_{;k}$, $T_{ij;k}$, $T^i{}_{j;k}$, $T_i{}^j{}_{;k}$ 의 항으로 나타낼 수 있다.

$$\frac{\partial \mathrm{T}}{\partial x^k} = T^{ij}{}_{;k}\,\boldsymbol{g}_i\,\boldsymbol{g}_j = T_{ij;k}\,\boldsymbol{g}^i\,\boldsymbol{g}^j = T^i{}_{j;k}\,\boldsymbol{g}_i\,\boldsymbol{g}^j = T_{i;k}^{\,j}\,\boldsymbol{g}^i\,\boldsymbol{g}_j \tag{2. 331}$$

먼저 T= $T^{ij}\boldsymbol{g}_i\,\boldsymbol{g}_j$ 로부터 시작해서 x^k 에 대하여 양변에 편도함수를 취하고, 우변에 대하여 일반적인 곱의 법칙이 적용 가능하다고 하면 다음의 관계식을 얻을 수 있다.

$$\frac{\partial \boldsymbol{T}}{\partial x^k} = \frac{\partial T^{ij}}{\partial x^k}\boldsymbol{g}_i\,\boldsymbol{g}_j + T^{ij}\frac{\partial \boldsymbol{g}_i}{\partial x^k}\boldsymbol{g}_j + T^{ij}\,\boldsymbol{g}_i\,\frac{\partial \boldsymbol{g}_j}{\partial x^k}$$

$$= \frac{\partial T^{ij}}{\partial x^k}\boldsymbol{g}_i\,\boldsymbol{g}_j + T^{ij}\,\Gamma^l_{ik}\,\boldsymbol{g}_l\,\boldsymbol{g}_j + T^{ij}\boldsymbol{g}_i\,\Gamma^l_{jk}\,\boldsymbol{g}_l$$

$$= \frac{\partial T^{ij}}{\partial x^k}\boldsymbol{g}_i\,\boldsymbol{g}_j + \Gamma^i_{lk}\,T^{lj}\,\boldsymbol{g}_i\,\boldsymbol{g}_j + \Gamma^j_{lk}\,T^{il}\,\boldsymbol{g}_i\,\boldsymbol{g}_j$$

위 식에서 식 (2.289)를 사용하였고 무효첨자를 재조정하였다. 이것과 식 (2.331)을 비교하면 아래와 같은 3차 혼합텐서가 정의된다.

$$T^{ij}{}_{;k} = \frac{\partial T^{ij}}{\partial x^k} + \Gamma^i_{lk}\,T^{lj} + \Gamma^j_{lk}\,T^{il} \tag{2. 332}$$

증 명 지금 스칼라량 $T^{ij}\,u_i\,v_j$(여기서 $\boldsymbol{u}$와 $\boldsymbol{v}$는 임의의 벡터장임)를 생각해 보자. 스칼라의 공변 도함수는 편도함수 집합과 동일하므로 일반적인 곱의 법칙을 적용하여 다음의 관계식을 얻을 수 있다.

$$(T^{ij}\,u_i\,v_j)_{;k} = T^{ij}{}_{;k}\,u_i\,v_j + T^{ij}\,u_{i;k}\,v_j + T^{ij}\,u_i\,v_{j;k}$$

$$= T^{ij}{}_{;k}\,u_i\,v_j + T^{ij}\left(\frac{\partial u_i}{\partial x^k} - \Gamma^l_{ik}\,u_l\right)v_j + T^{ij}\,u_i\left(\frac{\partial v_j}{\partial x^k} - \Gamma^l_{jk}\,v_l\right)$$

$$= \frac{\partial}{\partial x^k}(T^{ij}\,u_i\,v_j) = \frac{\partial T^{ij}}{\partial x^k}u_i\,v_j + T^{ij}\,\frac{\partial u_i}{\partial x^k}\,v_j + T^{ij}\,u_i\,\frac{\partial v_j}{\partial x^k}$$

항을 소거하고 무효첨자를 재조정하면

$$\left(T^{ij}{}_{;k} - T^{lj}\,\Gamma^i_{lk} - T^{il}\,\Gamma^j_{lk} - \frac{\partial T^{ij}}{\partial x^k}\right) u_i\, v_j = 0$$

여기에서 $\boldsymbol{u}$와 $\boldsymbol{v}$는 임의의 벡터이므로 식 (2.332)가 성립한다. ■

마찬가지 방법으로 다음의 관계식들도 얻을 수 있다.

$$T_{ij\,;k} = \frac{\partial T_{ij}}{\partial x^k} - \Gamma^l_{ik}\, T_{lj} - \Gamma^l_{jk}\, T_{il} \tag{2. 333}$$

$$T^i{}_{j\,;k} = \frac{\partial T^i{}_j}{\partial x^k} + \Gamma^i_{lk}\, T^l{}_j - \Gamma^l_{jk}\, T^i{}_l \tag{2. 334}$$

$$T_{i\,;k}^{\;j} = \frac{\partial T_i{}^j}{\partial x^k} - \Gamma^l_{ik}\, T_l{}^j + \Gamma^j_{lk}\, T_i{}^l \tag{2. 335}$$

식 (2.332) ~ (2.335)는 무효첨자 l이 2차 텐서 T의 각 첨자를 차례로 교체하고 대응하는 Christoffel 기호에서 그 위치를 고정시키는 것을 알면 쉽게 기억할 수 있다. 여기에서 양과 음의 부호는 l이 각각 T의 반변 혹은 공변첨자를 교체하였느냐에 달려 있다. 식 (2.335)에서 첨자 i와 j를 교환하여 다음과 같이 나타낼 수 있다.

$$T_{j\,;k}^{\;i} = \frac{\partial T_j{}^i}{\partial x^i} + \Gamma^i_{lk}\, T_j{}^l - \Gamma^l_{jk}\, T_l{}^i$$

이것은 결과적으로 식 (2.334)와 같으므로 $T^i{}_j$와 $T_j{}^i$의 공변 미분이 같은 식에 의해 주어진다. 이와 같은 결과로부터 M개의 반변성분과 N개의 공변성분을 가진 M+N 차수의 혼합텐서에 대한 공변 미분의 경우에도 다음과 같이 일반화시킬 수 있다.

$$U^{ij\cdots k}_{pq\cdots r\,;t} = \frac{\partial U^{ij\cdots k}_{pq\cdots r}}{\partial x^t} + \Gamma^i_{st}\, U^{sj\cdots k}_{pq\cdots r} + \Gamma^j_{st}\, U^{is\cdots k}_{pq\cdots r} + \cdots$$

$$+ \Gamma^k_{st}\, U^{ij\cdots s}_{pq\cdots r} - \Gamma^s_{pt}\, U^{ij\cdots k}_{sq\cdots r} - \Gamma^s_{qt}\, U^{ij\cdots k}_{ps\cdots r} - \cdots - \Gamma^s_{rt}\, U^{ij\cdots k}_{pq\cdots s} \tag{2. 336}$$

여기서 M개의 첨자 $i, j, \cdots, k$와 N개의 첨자 $p, q, \cdots, r$의 정확한 위치는 식에 영향을 미치지 않는다. 위의 공변 미분 (2.336)은 M개의 반변성분과 N개의 공변성분을 가진 M+N+1 차수의 혼합텐서이다.

다음에는 특수한 경우로서 자금까지 자주 언급되어온 계량텐서 g_{ij}와 교대텐서 ϵ_{ijk}의 공변 미분에 대하여 조사해 보기로 한다(문 2.12 참조).

먼저 계량텐서의 공변 미분 $g_{ij;k}$는 (모든 첨자에 있어서) 위에서 언급된 논리에 의해 3차 공변 텐서임에 틀림없다. 그런데 식 (2.108)에 의하여 직교 Cartesian 좌표계의 경우 g_{ij}는 단순히 δ_{ij}가 되고, Christoffel 기호가 0이 되므로 공변 미분 $g_{ij;k}$는 다음과 같이 편미분이 된다.

$$\frac{\partial}{\partial y_k}(\delta_{ij}) = \delta_{ij;k}$$

그런데 Kronecker delta δ_{ij}는 상수이므로 이 값은 0이 되어야 한다. 텐서 변환 규칙에 의해 어떤 한 좌표계에 대하여 모든 성분이 0이 되는 텐서는 어떤 다른 좌표계에 대해서도 텐서의 모든 성분이 0이 된다. 따라서

$$g_{ij;k} = 0 \tag{2. 337}$$

직접적인 계산에 의해 이 결과를 확인하기 위하여 식 (2.294)와 $\boldsymbol{g}^i \cdot \boldsymbol{g}_j = \delta^i{}_j$(식 (2.84))임을 사용하면

$$\begin{aligned}\frac{\partial}{\partial x^k}(g_{ij}) &= \frac{\partial}{\partial x^k}(\boldsymbol{g}_i \cdot \boldsymbol{g}_j) = \boldsymbol{g}_i \cdot \frac{\partial \boldsymbol{g}_j}{\partial x^k} + \frac{\partial \boldsymbol{g}_i}{\partial x^k} \cdot \boldsymbol{g}_j \\ &= \boldsymbol{g}_i \cdot \Gamma_{jkl}\, \boldsymbol{g}^l + \Gamma_{ikl}\, \boldsymbol{g}^l \cdot \boldsymbol{g}_j = \Gamma_{jkl}\, \delta^l_i + \Gamma_{ikl}\, \delta^l_j \\ &= \Gamma_{jki} + \Gamma_{ikj}\end{aligned}$$

여기에서 식 (2.292)와 (2.333)을 사용하면

$$\begin{aligned}g_{ij;k} &= \frac{\partial g_{ij}}{\partial x^k} - \Gamma^l_{ik}\, g_{lj} - \Gamma^l_{jk}\, g_{il} \\ &= \Gamma_{jki} + \Gamma_{ikj} - \Gamma_{ikj} - \Gamma_{jki} = 0\end{aligned}$$

이 결과는 아래와 같이 식 (2.322)와 바로 연결된다.

$$u_{i;j} = (g_{ik}\, u^k)_{;j} = g_{ik;j}\, u^k + g_{ik}\, U^k{}_{;j} = 0 + g_{ik}\, u^k{}_{;j}$$

마찬가지로 Cartesian 좌표계를 이용하여 아래의 결과도 증명할 수 있다.

$$g^{ij}{}_{;k} = 0 \tag{2. 338}$$

또한 이 결과는 g^{ij}에 대하여 식 (2.332)를 사용하여 직접 평가하여도 확인할 수 있다. 식 (2.337)과 (2.338)을 기본 계량텐서의 공변 미분에 관한 'Ricci의 정리'라고도 부른다.

다음에는 교대텐서의 공변 미분을 구해 보기로 한다. 공변과 반변형태에서의 (3차) 교대 텐서 ϵ_{ijk} 와 ϵ^{ijk} 는 직교 Cartesian 계에서는 둘 다 좌표에 무관한 교대기호 $e_{ijk}(=e^{ijk})$가 되므로(2.6.1절 참조) $e_{ijk;l}=0$이 되어 다음 관계가 성립된다.

$$\epsilon_{ijk;l}=0 \tag{2.339}$$

$$\epsilon^{ijk}{}_{;l}=0 \tag{2.340}$$

또한 식 (2.230)과 (2.231)의 정의식에서 ϵ_{ijk} 의 0이 되지 않는 한 성분 가령 $\epsilon_{123}=\sqrt{g}$ 에 대해 직접 계산해 봄으로써 식 (2.339)를 확인할 수 있다. 즉 식 (2.336)에 의해 다음과 같은 결과를 얻을 수 있다.

$$\begin{aligned}\epsilon_{123;l}&=\frac{\partial\epsilon_{123}}{\partial x^l}-\Gamma^s_{1l}\,\epsilon_{s23}-\Gamma^s_{2l}\,\epsilon_{1s3}-\Gamma^s_{3l}\,\epsilon_{12s}\\&=\frac{\partial\sqrt{g}}{\partial x^l}-\Gamma^1_{1l}\sqrt{g}-\Gamma^2_{2l}\sqrt{g}-\Gamma^3_{3l}\sqrt{g}\qquad\text{(식 (2.305)에 의해)}\\&=\frac{\partial}{\partial x^l}(\sqrt{g})-\Gamma^i_{il}\sqrt{g}=0\end{aligned}$$

2. 15 상대텐서의 공변 미분

이 절에서는 2.7절에서 정의된 상대텐서의 공변 미분에 대해 논하기로 한다.

정의 1 : 만약 $\phi(\boldsymbol{x})$가 무게 N의 상대 스칼라라면, $\phi(\boldsymbol{x})$의 좌표성분 x^k에 관한 공변 미분은 아래와 같이 정의된다.

$$\phi_{;l}=\phi_{,l}-N\phi\,\Gamma^k_{lk} \tag{2.341}$$

정의 2 : 무게 N의 상대벡터와 상대텐서의 공변 미분은 각각 아래와 같이 정의된다.

$$v^k{}_{;l}=v^k{}_{,l}-Nv^k\,\Gamma^n_{ln}+v^n\,\Gamma^k_{ln} \tag{2.342}$$

$$v_{k;l}=v_{k,l}-Nv_k\,\Gamma^n_{ln}-v_n\,\Gamma^n_{kl} \tag{2.343}$$

$$t^k{}_{l;m} = t^k{}_{l,m} - Nt^k{}_l \Gamma^n_{mn} + t^n{}_l \Gamma^k_{mn} - t^k{}_n \Gamma^n_{lm} \tag{2. 344}$$

$$A^{klm}{}_{;n} = A^{klm}{}_{,n} - NA^{klm}\Gamma^p_{np} + A^{plm}\Gamma^k_{pn} + A^{kpm}\Gamma^l_{pn} + A^{klp}\Gamma^m_{pn} \tag{2. 345}$$

$$A_{klm;n} = A_{klm,n} - NA_{klm}\Gamma^p_{np} - A_{plm}\Gamma^p_{kn} - A_{kpm}\Gamma^p_{ln} - A_{klp}\Gamma^p_{mn} \tag{2. 346}$$

위 식을 보면 상대텐서의 공변 미분은 식 (2.336)으로 정의된 무게 N의 상대(혼합)텐서의 공변 미분에 관한 정의식에서 무게 N을 포함하는 1항만 제외하고서는 모두 같다. 특히 $N=0$인 경우의 상대 스칼라의 공변 미분은 절대 스칼라의 공변 미분이 되어 아래 식과 같이 단순히 편미분과 같다(2.13절 참조).

$$\phi_{;l} = \phi_{,l} \tag{2. 347}$$

이제 이하에서 식 (2.341)과 같이 정의한 배경에 대하여 조사해보기로 한다. 지금 1:1 대응관계에 있는 두 일반 곡선좌표계 $\boldsymbol{x}$와 $\overline{\boldsymbol{x}}$에 관한 아래와 같이 정의되는 행렬식의 값 Δ의 좌표성분 x^m에 관한 편미분을 생각해보자.

$$\Delta = \det\left(\frac{\partial \overline{x}^p}{\partial x^q}\right) \tag{2. 348}$$

여기서 식 (2.44)에 의하면 아래가 된다.

$$\frac{\partial \Delta}{\partial x^m} = \frac{\partial \Delta}{\partial(\partial \overline{x}^k / \partial x^l)} \frac{\partial^2 \overline{x}^k}{\partial x^m \partial x^l} = C_k{}^l \frac{\partial^2 \overline{x}^k}{\partial x^m \partial x^l} \tag{2. 349}$$

여기서 $C_k{}^l$는 행렬식 Δ에 있는 k행, l열 요소인 $\partial \overline{x}^k / \partial x^l$의 여인수이다. 다시 식 (2.349)의 양변을 $\partial \overline{x}^n / \partial x^l$로 곱하면 아래 식을 얻는다.

$$\frac{\partial \overline{x}^n}{\partial x^l} \frac{\partial \Delta}{\partial x^m} = \frac{\partial \overline{x}^n}{\partial x^l} C_k{}^l \frac{\partial^2 \overline{x}^k}{\partial x^m \partial x^l} \tag{2. 350}$$

이 식의 우편에 (2.42)의 관계를 이용하면 아래의 간편화된 식을 얻는다.

$$\frac{\partial \overline{x}^n}{\partial x^l} \frac{\partial \Delta}{\partial x^m} = \Delta \delta^n{}_k \frac{\partial^2 \overline{x}^k}{\partial x^m \partial x^l} = \Delta \frac{\partial^2 \overline{x}^n}{\partial x^m \partial x^l}$$

이 식의 양변을 다시 $\partial x^m / \partial \overline{x}^n$로 곱하면 아래 식을 얻는다.

$$\frac{\partial \Delta}{\partial x^l} = \Delta \frac{\partial^2 \bar{x}^n}{\partial x^m \partial x^l} \frac{\partial x^m}{\partial \bar{x}^n} \tag{2.351}$$

위 식의 우편의 2차 혼합 편미분은 식 (2.309)의 도움을 받아 두 좌표계 $\boldsymbol{x}$ 및 $\bar{\boldsymbol{x}}$에 대한 제 2종 Christoffel 기호항으로 나타낼 수 있다. 즉

$$\frac{\partial \Delta}{\partial x^l} = \Delta \Gamma^r_{ml} \frac{\partial \bar{x}^n}{\partial x^r} \frac{\partial x^m}{\partial \bar{x}^n} - \Delta \bar{\Gamma}^n_{\alpha\beta} \frac{\partial \bar{x}^\alpha}{\partial x^m} \frac{\partial \bar{x}^\beta}{\partial x^l} \frac{\partial x^m}{\partial \bar{x}^n} \tag{2.352a}$$

혹은

$$\frac{\partial \Delta}{\partial x^l} = \Delta \left[\Gamma^m_{ml} - \Delta \bar{\Gamma}^n_{n\beta} \frac{\partial \bar{x}^\beta}{\partial x^l} \right] \tag{2.352b}$$

다음에는 무게 N의 상대 스칼라 정의식 (2.182)로부터 아래 관계식을 얻는다 ($\because \det\left(\frac{\partial x^k}{\partial \bar{x}^l}\right) = \Delta^{-1}$).

$$\phi(\boldsymbol{x}) = \bar{\phi}(\bar{\boldsymbol{x}}) \Delta^N \tag{2.353}$$

여기서 식 (2.353)의 양변을 x^l에 관하여 편미분을 취하면 아래 식을 얻는다.

$$\phi_{,l} = \left[\frac{\partial \bar{\phi}}{\partial \bar{x}^\alpha} \frac{\partial \bar{x}^\alpha}{\partial x^l} + \frac{N\bar{\phi}}{\Delta} \frac{\partial \Delta}{\partial x^l} \right] \Delta^N \tag{2.354}$$

이 식의 우편에 식 (2.352b)를 대입하면 아래 식을 얻는다.

$$\phi_{,l} = \frac{\partial \bar{x}^\alpha}{\partial x^l} \left[\frac{\partial \bar{\phi}}{\partial \bar{x}^\alpha} - N\bar{\phi} \bar{\Gamma}^n_{n\alpha} \right] \Delta^N + N\bar{\phi} \Gamma^m_{ml} \Delta^N \tag{2.355}$$

다시 위 식의 우편의 마지막 항에 식 (2.353)을 이용하면 아래 식을 얻는다.

$$\frac{\partial \phi}{\partial x^l} - N\phi \Gamma^m_{ml} = \left[\frac{\partial \bar{\phi}}{\partial \bar{x}^\alpha} - N\bar{\phi} \bar{\Gamma}^n_{n\alpha} \right] \frac{\partial \bar{x}^\alpha}{\partial x^l} \Delta^N \tag{2.356}$$

(사실상 위 식은 무게 N의 상대 (공변)벡터의 공변 변환법칙으로 간주될 수 있다.)
식 (2.356)은 상대 스칼라의 공변 미분 정의 식 (2.341)로부터 아래와 같이 나타낼 수 있다.

$$\phi_{,l}(\boldsymbol{x}) = \overline{\phi}_{;\alpha}(\overline{\boldsymbol{x}})\frac{\partial \overline{x}^{\alpha}}{\partial x^{l}}\Delta^{N} \tag{2.357}$$

즉 이 식은 두 좌표계 $\boldsymbol{x}$ 및 $\overline{\boldsymbol{x}}$에 대한 무게 N의 상대 스칼라의 공변 미분간의 변환법칙에 해당된다. 그런데 무게 N의 상대 (공변)벡터간의 변환식 (2.183a)과 비교하면 $\phi_{;l}$은 무게 N의 상대 공변 벡터에 해당된다.

따라서 식 (2.356)과 (2.357)의 구조를 비교함으로써 아래와 같은 정의에 이르게 된다.

$$\phi_{;l}(\boldsymbol{x}) = \phi_{,l}(\boldsymbol{x}) - N\phi(\boldsymbol{x})\Gamma^{m}_{ml}$$

즉 무게 N의 상대 스칼라의 공변 미분에 관한 정의식 (2.341)의 동기 부여가 증명되었다.

마찬가지 논리로 정의식 (2.342) ~ (2.346)의 타당성에 관한 동기부여도 증명될 수 있다.

2.16 기울기(∇) 연산자

일반 곡선좌표계 $\boldsymbol{x}$의 경우 Cartesian 좌표계와 달리 기저벡터 $\boldsymbol{g}_i$, 계량텐서 g_{ij} 나아가 좌표변환 텐서(행렬) $\mathrm{A} = \left(a_i{}^j\right)$ 및 $\mathrm{B} = \left(b^i{}_j\right)$(2.4.5절 참조)가 모두 위치(혹은 좌표성분)의 함수가 되므로 앞에서 언급한 텐서량의 공변 미분이 매우 중요하다. 그래서 이 절에서는 가장 기본이 되는, 이미 2.3.6.2절에서 언급한 바 있는, 좌표성분에 대한 편미분 벡터 연산자[혹은 '*del*' 혹은 '*nabla*' 연산자라고도 함] $\nabla\left(\equiv \dfrac{\partial}{\partial \boldsymbol{r}}\right)$에 대하여 논하기로 한다. 먼저 3개의 정규직교 기저계를 가지는 3차원 Cartesian 좌표계의 경우 ∇은 아래와 같이 나타내진다.

$$\nabla = \boldsymbol{i}_m \frac{\partial}{\partial Z^m} \tag{2.358}$$

여기서 $\boldsymbol{i}_m \cdot \boldsymbol{i}_n = \delta_{mn}(m, n = 1, 2, 3)$을 만족한다. 그런데 만약 $\{Z^m\}$ 좌표계가 다른 곡선좌표계인 $\{x^k\}$와 1:1대응관계에 있다면 텐서의 성질 $\nabla(x) = \overline{\nabla}(\overline{x})$로부터 아래의 관계가 성립된다[단 $\boldsymbol{x} = \boldsymbol{z}$, $\overline{\boldsymbol{x}} = \boldsymbol{x}$, $\boldsymbol{i}_m = \boldsymbol{i}^n$ 및 식 (2.89) 이용].

$$\nabla(\boldsymbol{z}) = \boldsymbol{i}_m \frac{\partial}{\partial Z^m} = \boldsymbol{i}_m \frac{\partial x^k}{\partial Z^m} = \boldsymbol{g}^k \nabla_k = \overline{\nabla}(\boldsymbol{x}) \tag{2.359}$$

따라서 이후부터는 ∇의 일반 곡선좌표계 $\boldsymbol{x}$에 대한 표현식으로서 아래의 공변식을 우선적으로 사용한다.

$$\nabla\left(\equiv\frac{\partial}{\partial \boldsymbol{r}}\right)=\boldsymbol{g}^{k}\frac{\partial}{\partial x^{k}}=\boldsymbol{g}^{k}\nabla_{k} \tag{2. 360}$$

2. 16. 1 스칼라 함수의 기울기

만약 $\phi(\boldsymbol{x})$가 E^3 공간의 좌표계 $\boldsymbol{x}$에 대하여 연속적으로 미분가능한 스칼라 장이라고 하자. 그러면 아래가 성립된다.

$$\nabla\phi=\boldsymbol{g}^{k}\nabla_{k}\phi=\boldsymbol{g}^{k}\frac{\partial\phi}{\partial x^{k}}=\boldsymbol{g}^{k}\phi_{,k}=\mathrm{grad}\,\phi \tag{2. 361}$$

여기서 $\nabla\phi$를 스칼라 장 ϕ의 기울기(gradient) 즉 grad ϕ라고 부르며, (공변)벡터가 된다. $\nabla\phi$의 물리적 의미는 다음과 같다. 가령 $\phi(\boldsymbol{x})=c$(일정)인 곡면의 집합(family of surfaces)은 E^3 공간에서 임의의 한 점 p를 지나는 같은 수준의 표면(즉 접평면)을 나타낸다고 하자. 그리고 $\boldsymbol{p}$ 및 $\boldsymbol{q}$는 각각 두 점 p 및 q의 고정된 Cartesian 직교좌표계에 대한 위치벡터라 하고, 점 p에서 q까지의 거리벡터는 점 p에서 표면에 대한 미소 접선 벡터 $d\boldsymbol{p}$라 하자(그림 2.5참조).

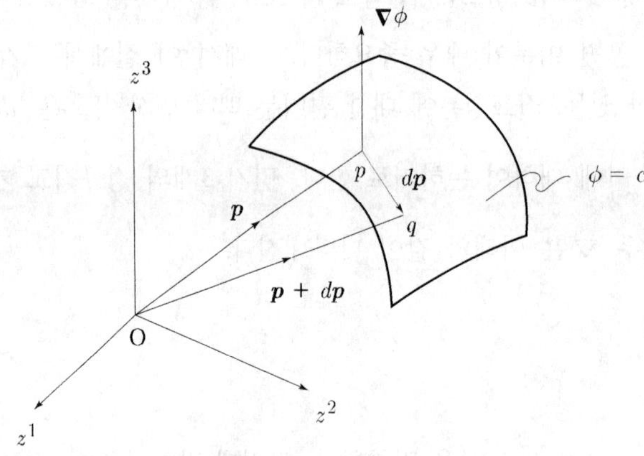

그림 2. 5 곡면 $\phi(\boldsymbol{x})=c$ (일정)에 대한 기울기 벡터 $\nabla\phi$.

이때 $\nabla\phi$와 $d\boldsymbol{p}(=d\boldsymbol{r}(\boldsymbol{x}))$의 내적은 아래와 같이 나타낼 수 있다(예제 2.3 참조).

$$d\boldsymbol{p}\cdot\nabla\phi=dx^{k}g_{k}\cdot(\nabla\phi)_{l}\boldsymbol{g}^{l}=dx^{k}\delta_{k}{}^{l}(\nabla\phi)_{l}=dx^{k}\phi_{,k}=d\phi \tag{2. 362}$$

여기서 미소변화(혹은 전미분)을 나타내는 'd'는 아래가 된다.

$$d = d\boldsymbol{p} \cdot \nabla = d\boldsymbol{r} \cdot \frac{\partial}{\partial \boldsymbol{r}} \tag{2. 363}$$

그런데 그림에서 보는 바와 같이 $\phi = c$ 곡면상에서 $d\phi = 0$이 되므로, 점 p에서 $\nabla \phi$와 $d\boldsymbol{p}$는 수직이어야 한다. 그런데 $d\boldsymbol{p}$는 점 p에서 임의의 접선벡터이므로 $\nabla \phi$는 점 p를 지나는 모든 접선벡터에 수직이다. 따라서 $\nabla \phi$는 점 p에서 곡면 $\phi = c$ 에 수직(환원하면 곡면상의 점 p를 지나는 접평면에 수직)이어야 한다.

지금 $\boldsymbol{u}$를 곡면 $\phi = c$상의 1점 p에서 임의의 방향으로의 단위벡터를 나타낸다고 하자. 그러면 $\boldsymbol{u}$방향의 $\nabla \phi$의 (투영)성분은 다음과 같이 나타내진다.

$$\nabla \phi \cdot \boldsymbol{u} = \| \nabla \phi \| \cos\theta \le \| \nabla \phi \| \tag{2. 364}$$

여기서 θ는 $\nabla \phi$와 $\boldsymbol{u}$사이의 각도이며, $\nabla \phi \cdot \boldsymbol{u} \left(\equiv \frac{\partial \phi}{\partial u} \right)$는 ϕ의 $\boldsymbol{u}$방향으로의 '방향 도함수 (directional derivative)'라고 부른다. 위 식에서 $\boldsymbol{u}$가 $\nabla \phi$와 같은 방향, 즉 점 p에서 곡면 $\phi = c$에 대한 접평면에 수직인 바깥 법선벡터(normal outward) $\boldsymbol{n}$과 일치($\boldsymbol{u} = \boldsymbol{n}$)할 때 방향도함수 $\nabla \phi \cdot \boldsymbol{u}$가 최대값 $\| \nabla \phi \|$를 갖게 된다. 즉 아래가 성립된다.

$$\nabla \phi \cdot \boldsymbol{n} \left(\equiv \frac{\partial \phi}{\partial n} \right) = \| \nabla \phi \| \tag{2. 365}$$

여기서 $\boldsymbol{n}$는 점 p에서 곡면 $\phi = c$에 대한 접평면에 수직인 단위(외향) 법선벡터이다.

한편 식 (2.361)의 $\nabla \phi$는 전형적인 공변성분 대신 아래와 같이 반변성분$(\nabla \phi)^k$ 및 물리성분 $(\widehat{\nabla \phi})^k$으로도 나타낼 수 있다.

$$\nabla \phi = \boldsymbol{g}^{kl} \phi_{,k} \boldsymbol{g}_l = \sum_l g^{kl} \sqrt{g_{\underline{l}\,\underline{l}}}\, \phi_{,k} \boldsymbol{e}_l \tag{2. 366}$$

여기서

$$(\nabla \phi)_k = \phi_{,k}\,,\ (\nabla \phi)^k = g^{kl} \phi_{,l}\,,\ (\widehat{\nabla \phi})^l = g^{kl} \sqrt{g_{\underline{l}\,\underline{l}}}\, \phi_{,k} \tag{2. 367}$$

[비고 : 특히 위 식 중의 물리성분 표시에 대한 $\nabla \phi = (\widehat{\nabla \phi})^l \boldsymbol{e}_l = (\nabla \phi)^{(l)} \boldsymbol{e}_l = (\nabla \phi)^l h_{\underline{l}} \boldsymbol{e}_l$에 있어서 기호의 정의는 2.9절 참조 요.]

2. 16. 2 벡터값 함수의 기울기

만약 $\boldsymbol{v}(\boldsymbol{x})$를 E^3 공간의 $\boldsymbol{x}$좌표계에 대해 연속 미분가능한 벡터장이라고 하자. 그러면 $\nabla = \boldsymbol{g}^k \nabla_k$에 의한 벡터장의 기울기는 식 (2.319b)를 이용하여 아래 식으로 나타내진다.

$$\nabla \boldsymbol{v}(\boldsymbol{x}) = \boldsymbol{g}^k \frac{\partial \boldsymbol{v}}{\partial x^k} = v_{m;k} \boldsymbol{g}^k \boldsymbol{g}^m = (\nabla \boldsymbol{v})_{km} \boldsymbol{g}^k \boldsymbol{g}^m \tag{2.368}$$

위 식에서 $\nabla \boldsymbol{v}$는 2차 텐서임을 알 수 있고, 이의 k행 m열 (공변)요소 $(\nabla \boldsymbol{v})_{km}$은 아래가 된다.

$$(\nabla \boldsymbol{v})_{km} = v_{m;k} \tag{2.369}$$

위 식으로부터 $\nabla \boldsymbol{v}$의 전치에 관한 식을 나타내면 아래와 같다(2.2.3절의 정의 참조).

$$(\nabla \boldsymbol{v})^{\mathrm{T}} = \{(\nabla \boldsymbol{v})^{\mathrm{T}}\}_{km} \boldsymbol{g}^k \boldsymbol{g}^m = (\nabla \boldsymbol{v})_{mk} \boldsymbol{g}^k \boldsymbol{g}^m = v_{k;m} \boldsymbol{g}^k \boldsymbol{g}^m \tag{2.370}$$

즉 아래가 성립된다.

$$\{(\nabla \boldsymbol{v})^{\mathrm{T}}\}_{km} = v_{k;m} \tag{2.371}$$

또 식 (2.369)로부터 (역)계량텐서에 의한 올림과 내림에 의해 아래의 결과를 얻을 수 있다.

$$(\nabla \boldsymbol{v})^k{}_m = (\nabla \boldsymbol{v})_{lm} g^{lk} = v_{m;l} g^{lk} \tag{2.372}$$

$$(\nabla \boldsymbol{v})^{km} = (\nabla \boldsymbol{v})_{ln} g^{lk} g^{mn} = v_{n;l} g^{lk} g^{mn} = v^m{}_{;l} g^{lk} \tag{2.373}$$

$$(\nabla \boldsymbol{v})_m{}^k = (\nabla \boldsymbol{v})_{mn} g^{nk} = v_{n;m} g^{nk} = v^k{}_{;m} \tag{2.374}$$

또 다른 형태의 전치성분을, 가령 식 (2.371)의 지수를 올리거나 낮추던지 혹은 식 (2.372) - (2.374)을 사용하여 아래와 같이 나타낼 수 있다.

$$\{(\nabla \boldsymbol{v})^{\mathrm{T}}\}^k{}_m = \overset{(\mathrm{T})}{(\nabla \boldsymbol{v})^k{}_m} = (\nabla \boldsymbol{v})_m{}^k = v^k{}_{;m}\,, \tag{2.375}$$

$$\{(\nabla \boldsymbol{v})^{\mathrm{T}}\}^{km} = g^{pm} (\nabla \boldsymbol{v})^k_p = g^{pm} v^k{}_{;p} \tag{2.376}$$

$$\{(\nabla \boldsymbol{v})^{\mathrm{T}}\}_m{}^k = \overset{(\mathrm{T})}{(\nabla \boldsymbol{v})_m{}^k} = (\nabla \boldsymbol{v})^k{}_m = g^{kp} (\nabla \boldsymbol{v})_{pm} = g^{kp} v_{m;p} \tag{2.377}$$

2.2.3절에서 언급한 바와 같이 공변 $(\nabla \boldsymbol{v})_{km}$ 혹은 반변 $(\nabla \boldsymbol{v})^{km}$성분의 경우는 두 종류의 전치의 정의가 동일하므로 문제가 없다. 그러나 $(\nabla \boldsymbol{v})_m{}^k$나 $(\nabla \boldsymbol{v})^k{}_m$처럼 혼합성분의 경우에는 두 종류

의 전치의 정의가 달라지므로, 이 경우는 무효첨자(두 번 나타남)에 의한 축약에 있어서 서로 반대 위치에서 나타나야 한다는 협약에 맞추어 식 (2.375)나 (2.377)처럼 요소전치법(중앙 상단에 (T)로 표시)에 의해 표기함이 원칙이다. 이 절에서 다른 ∇에 의한 벡터장의 기울기는 연속체역학이나 레올로지의 속도구배를 다룰 때 필수적으로 이용된다.

2. 16. 3 2차 텐서 장의 기울기

$\mathrm{T}(\boldsymbol{x})$가 E^3 공간의 어떤 곡선 좌표계 $\boldsymbol{x}$에 대해 연속적으로 미분가능한 2차 텐서 장이라 할 때 $\nabla\left(=\boldsymbol{g}^k\nabla_h\right)$에 의한 기울기는 아래가 된다.

$$\nabla\mathrm{T}=\boldsymbol{g}^k\nabla_k\mathrm{T}=\boldsymbol{g}^k\frac{\partial\mathrm{T}}{\partial x^k} \tag{2. 378}$$

이 식에 2차 텐서에 대한 공변 미분의 관계식 (2.331)을 적용하면 아래가 된다.

$$\nabla\mathrm{T}=T^{lm}{}_{;k}\boldsymbol{g}^k\boldsymbol{g}_l\boldsymbol{g}_m \tag{2. 379}$$

따라서 아래의 관계가 성립된다,

$$(\nabla\mathrm{T})_k{}^{lm}=T^{lm}{}_{;k} \tag{2. 380}$$

즉 식 (2.368) - (2.369) 및 (2.379) - (2.380)를 보면 텐서의 공변 미분은 $\nabla\left(=\boldsymbol{g}^k\nabla_k\right)$에 의한 기울기의 성분[가령 $\nabla_k\boldsymbol{u}=u^m{}_{;k}\boldsymbol{g}_m=u_{m;k}\boldsymbol{g}^m$, $\nabla_k\mathrm{T}=T^{ij}{}_{;k}\boldsymbol{g}_i\boldsymbol{g}_j=T^i{}_{j;k}\boldsymbol{g}_i\boldsymbol{g}^j=T_i{}^j{}_{;k}\boldsymbol{g}^i\boldsymbol{g}_j$ 등]과 같음을 알 수 있다. 또한 어떠한 차수의 (절대)텐서에 대한 기울기(gradient)는 텐서의 차수를 한 단계 더 증가시킨다. 이와 같은 논리는 3차 이상의 고차텐서의 경우에도 그대로 확장이 가능하다.

2. 17 발산 연산자의 개념

지금 2.6절에 소개한 두 벡터 $\boldsymbol{a}$와 $\boldsymbol{b}$의 자유적(혹은 dyadic 곱)으로 형성된 2차 텐서 $\boldsymbol{ab}$에 대한 트레이스 정의식 (2.177)로부터 아래의 관계식이 성립된다.

$$\mathrm{Tr}(\nabla\boldsymbol{v})=\nabla\cdot\boldsymbol{v}=\left(\boldsymbol{g}^k\nabla_k\right)\cdot\boldsymbol{v}=\boldsymbol{g}^k\frac{\partial\boldsymbol{v}}{\partial x^k} \tag{2. 381}$$

즉 위 식은 식 (2.177)과 달리, 먼저 ∇에 의한 편미분을 행한 후 내적을 취함을 의미한다.

정의 : E^3에서 연속적으로 미분가능한 백터장 $\boldsymbol{v}(\boldsymbol{x})$의 $\nabla(=\boldsymbol{g}^k\nabla_k)$에 의한 '발산(divergence)'은 아래와 같이 스칼라로서 정의된다.

$$\nabla\cdot\boldsymbol{v}=\mathrm{div}\boldsymbol{v}=\mathrm{Tr}(\nabla\boldsymbol{v}) \tag{2. 382}$$

여기서 $\nabla_k\boldsymbol{v}$에 식 (2.319a)를 이용하면 아래가 얻어진다.

$$\nabla\cdot\boldsymbol{v}=\boldsymbol{g}^k\cdot\frac{\partial\boldsymbol{v}}{\partial x^k}=\boldsymbol{g}^k\cdot v^m{}_{;k}\boldsymbol{g}_m=v^k{}_{;k} \tag{2. 383}$$

이는 다시 $v^k{}_{;k}$에 공변 미분의 정의식 (2.318)을 적용하고, 다시 식 (2.305)를 이용하면 아래 식을 얻어진다.

$$\nabla\cdot\boldsymbol{v}=v^k{}_{;k}=\frac{\partial v^k}{\partial x^k}+v^l\Gamma^k_{lk}=\frac{\partial v^k}{\partial x^k}+v^l\frac{\partial}{\partial x^l}(\ln\sqrt{g})=\frac{1}{\sqrt{g}}\frac{\partial}{\partial x^k}(\sqrt{g}\,v^k) \tag{2. 384}$$

이를 다시 2.9절에 언급한 직교곡선계의 물리성분으로 나타내면 아래가 된다.

$$\nabla\cdot\boldsymbol{v}=v^k{}_{;k}=\sum_{k=1}^{3}\frac{1}{\sqrt{g}}\frac{\partial}{\partial x^k}\left(\sqrt{g}\frac{\hat{v}^k}{\sqrt{g_{\underline{k}\underline{k}}}}\right) \tag{2. 385}$$

2. 17. 1 2차 텐서 장의 발산

T($\boldsymbol{x}$)가 E^3 공간에서 $\boldsymbol{x}$ 좌표계에 대하여 연속적으로 미분가능한 2차 텐서 장이라고 하자. 이때 $\nabla(=\boldsymbol{g}^k\nabla_k)$에 의한 발산은 벡터장에 대한 발산식 (2.383)의 확장에 의해 아래와 같이 정의된다.

$$\nabla\cdot\mathrm{T}=\mathrm{div}\mathrm{T}=\mathrm{Tr}(\nabla\mathrm{T}) \tag{2. 386}$$

그러면 위 식의 $\nabla=\boldsymbol{g}^k\nabla_k$를 대입하고, 또 $\nabla_k\mathrm{T}=T^{lm}{}_{;k}\boldsymbol{g}_l\boldsymbol{g}_m$(식 (2.331))을 이용하면 발산에 관한 아래 식을 얻는다.

$$\nabla\cdot\mathrm{T}=\boldsymbol{g}^k\cdot T^{lm}{}_{;k}\boldsymbol{g}_l\boldsymbol{g}_m=T^{km}{}_{;k}\boldsymbol{g}_m \tag{2. 387}$$

여기서 $\nabla\cdot$T는 1차 텐서인 벡터가 됨을 알 수 있다(혹은 ∇ 및 T는 각각 차수 1 및 2, 그리고 ·은 -2이므로 전체 차수는 $1+2-2=1$인 벡터가 됨). 그리고 위 식에서 아래의 관계식도 성립된다.

$$(\nabla \cdot \mathrm{T})^m = T^{km}{}_{;k} \tag{2.388}$$

또한 위 식 첨자의 낮춤에 의해 동반성분 $(\nabla \cdot \mathrm{T})_m$ 도 아래와 같이 얻어진다.

$$(\nabla \cdot \mathrm{T})_m = \boldsymbol{g}_{pm}(\nabla \cdot \mathrm{T})^p = g_{pm} T^{kp}{}_{;k} = T^k{}_{m;k} \tag{2.389}$$

정리 : E^3 공간에서 $\mathrm{T}(\boldsymbol{x})$는 $\boldsymbol{x}$ 좌표계에 대하여 연속적으로 미분가능한 2차 텐서 장으로 아래와 같이 나타내지고,

$$\mathrm{T} = T^{km}\boldsymbol{g}_k\boldsymbol{g}_m = \boldsymbol{g}_k T^{km}\boldsymbol{g}_m = \boldsymbol{g}_k\boldsymbol{t}^k \tag{2.390}$$

여기에서 벡터 $\boldsymbol{t}^k$가 아래와 같이 주어진다면

$$\boldsymbol{t}^k = T^{km}\boldsymbol{g}_m \tag{2.391}$$

아래의 관계식이 성립된다.

$$T^{km}{}_{;k} = \left[\frac{1}{\sqrt{g}}\frac{\partial}{\partial x^k}(\sqrt{g}\,\boldsymbol{t}^k)\right]^m = (\nabla \cdot \mathrm{T})^m \tag{2.392}$$

여기서 $g = \det(g_{kl})$이다.

증 명 증명은 (반대로) 식 (2.392)의 우편이 좌편이 됨을 보여주는 것으로 대체하면 아래가 된다.

$$\begin{aligned}
\frac{1}{\sqrt{g}}\frac{\partial}{\partial x^k}(\sqrt{g}\,\boldsymbol{t}^k) &= \frac{1}{\sqrt{g}}\frac{\partial}{\partial x^k}(\sqrt{g}\,T^{km}\boldsymbol{g}_m) \\
&= T^{km}{}_{,k}\boldsymbol{g}_m + T^{km}\frac{\partial \boldsymbol{g}_m}{\partial x^k} + \frac{1}{\sqrt{g}}\frac{\partial}{\partial x^k}(\sqrt{g})T^{km}\boldsymbol{g}_m \\
&= T^{km}{}_{,k}\boldsymbol{g}_m + T^{km}\Gamma^l_{mk}\boldsymbol{g}_l + T^{km}\Gamma^n_{nk}\boldsymbol{g}_m \\
&= T^{km}{}_{,k}\boldsymbol{g}_m + T^{kl}\Gamma^m_{lk}\boldsymbol{g}_m + T^{lm}\Gamma^k_{kl}\boldsymbol{g}_m \\
&= T^{km}{}_{;k}\boldsymbol{g}_m
\end{aligned} \tag{2.393}$$

위 식의 전개에 있어서 식 (2.289) 및 (2.305)를 사용하였다. 따라서 요구하는 식 (2.392)

가 증명된다. ■

한편 2차 텐서 T의 반변성분으로 표시된 발산에 관한 위 정리는 아래와 같이 T가 혼합성분으로 표시될 경우에도 마찬가지 논리에 의하여 발산의 공변성분에 관한 정리를 기술할 수 있다. 즉 아래의 관계가 성립된다면

$$\mathrm{T} = T^k{}_l \boldsymbol{g}_k \boldsymbol{g}^l = \boldsymbol{g}_k T^k{}_l \boldsymbol{g}^l = \boldsymbol{g}_k \boldsymbol{t}^k \tag{2.394}$$

여기서

$$\boldsymbol{t}^k = T^k{}_l \boldsymbol{g}^l \tag{2.395}$$

다음식이 성립된다(단 증명은 생략하나, 식 (2.393)의 경우처럼 비교적 간단히 증명될 수 있다.)

$$\left[\frac{1}{\sqrt{g}}\frac{\partial}{\partial x^k}(\sqrt{g}\,\boldsymbol{t}^k)\right]_l = T^k{}_{l;k} = (\nabla \cdot \mathrm{T})_l \tag{2.396}$$

[비고: 위 결과는 $(\nabla \cdot \mathrm{T})^m$(식 (2.392))의 내림 즉 $(\nabla \cdot \mathrm{T})_l = g_{lm}(\nabla \cdot \mathrm{T})^m$에 의해서도 증명될 수 있다.]

2. 17. 2 발산정리와 관련된 적분정리

Gauss의 '발산(divergence) 정리'는 한 닫힌 표면(폐곡면) S로부터 어떤 벡터장의 전체 유출량(flux)을 그로 둘러싸여진 체적 V에 대한 벡터장의 발산적분과 관련짓는 것이다(그림 2.6 참조).

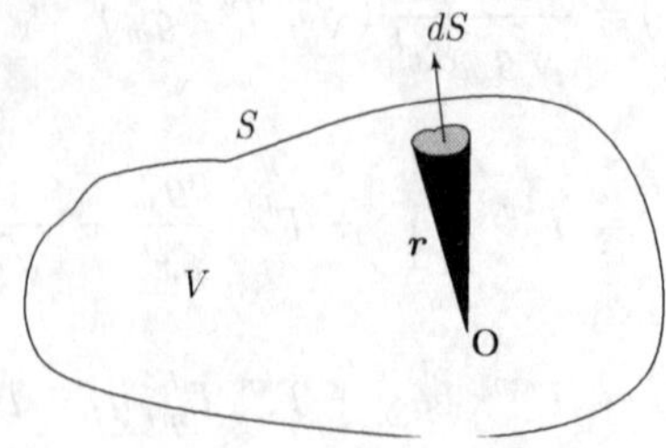

그림 2. 6 원점을 포함하고 폐곡면 S로 둘러싸여진 임의의 일반부피 V.

만약 E^3 공간에서 임의의 벡터장 $\boldsymbol{a}$가 연속이고 미분가능하다면 아래의 발산정리가 성립된다.

$$\int_V \nabla \cdot \boldsymbol{a} dV = \oint_S \boldsymbol{a} \cdot d\boldsymbol{S} \tag{2.397}$$

여기서 미소 표면적 벡터 $d\boldsymbol{S}$는 곡면 $\boldsymbol{r} = \boldsymbol{r}(u, v)$[여기서 u 및 v는 곡면의 두 매개변수로서, 가령 구면의 경우 $u = \theta$(극각), $v = \phi$(방위각)이다]상의 1점(가령 그림 2.6에서 O점)에서 두 개의 기저 벡터 $\boldsymbol{r}_u (= \partial \boldsymbol{r}/\partial u)$ 및 $\boldsymbol{r}_v (\partial \boldsymbol{r}/\partial v)$로 펴진 접평면에 수직으로서 아래와 같이 정의된다.

$$d\boldsymbol{S} = (\boldsymbol{r}_u \times \boldsymbol{r}_v) du dv = \boldsymbol{n} dS, \quad \boldsymbol{n} = \boldsymbol{N}(= \boldsymbol{r}_u \times \boldsymbol{r}_v)/\|\boldsymbol{N}\| \tag{2.398}$$

즉 $\boldsymbol{n}$는 $\boldsymbol{r}_u$ 및 $\boldsymbol{r}_v$로 형성된 점 O에서 곡면 $\boldsymbol{r} = \boldsymbol{r}(u, v)$에 대한 접평면에 수직인 외향 단위 법선 벡터(normal outward)로서 $d\boldsymbol{S}$의 방향과 일치한다.

식 (2.397)로 정의된 발산이론은 만일 어떤 곡면 S가 닫혀있고 크기가 0이 아닌 체적 V를 둘러싸고 있다면 단순연결 및 다중 연결된 표면 모두에 대하여 유효하다. 발산이론은 또한 일반 텐서장(tensor field)으로도 확장될 수 있다.

예제 2. 18

3차원 Cartesian 좌표계에서 $x^2 + y^2 = 4$, $z = 0$ 과 $z = 3$으로 경계진 영역(그림 참조)위에 취해진 벡터장 $\boldsymbol{A} = 4x\boldsymbol{i} - 2y^2\boldsymbol{j} + z^2\boldsymbol{k}$에 대한 발산정리(식 (2.397))를 증명하라.

풀 이

체적적분 $= \iiint_V \nabla \cdot \boldsymbol{A}\, dV = \iiint_V \left[\frac{\partial}{\partial x}(4x) + \frac{\partial}{\partial y}(-2y^2) + \frac{\partial}{\partial z}(z^2) \right] dV$

$= \iiint_V (4 - 4y + 2z)\, dV = \int_{x=-2}^{2} \int_{y=-\sqrt{4-x^2}}^{\sqrt{4-x^2}} \int_{z=0}^{3} (4 - 4y - 2z)\, dz dy dx = 84\pi$

원주의 곡면 S는 아래면 $S_1(z=0)$, 위쪽 면 $S_2(z=3)$와 볼록 부분 $S_3(x^2+y^2=4)$를 구성한다.

그러면, 곡면 적분 $= \iint_S \boldsymbol{A} \cdot \boldsymbol{n} dS = \iint_{S_1} \boldsymbol{A} \cdot \boldsymbol{n} dS_1 + \iint_{S_2} \boldsymbol{A} \cdot \boldsymbol{n} dS_2 + \iint_{S_3} \boldsymbol{A} \cdot \boldsymbol{n} dS_3$.

$S_1(z=0)$에 대해 $\boldsymbol{n} = -\boldsymbol{k}$, $\boldsymbol{A} = 4x\boldsymbol{i} - 2y^2\boldsymbol{j}$ 그리고 $\boldsymbol{A} \cdot \boldsymbol{n} = 0$. 따라서, $\iint_{S_1} \boldsymbol{A} \cdot \boldsymbol{n} dS_1 = 0$이다. $S_2(z=3)$에 대해 $\boldsymbol{n} = \boldsymbol{k}$, $\boldsymbol{A} = 4x\boldsymbol{i} - 2y^2\boldsymbol{j} + 9\boldsymbol{k}$ 그리고 $\boldsymbol{A} \cdot \boldsymbol{n} = 9$.

따라서 S_2의 면적은 4π 이므로($\because$원의 표면적은 $\pi r^2 = \pi(x^2+y^2) = 4\pi$)

$$\iint_{S_2} \boldsymbol{A} \cdot \boldsymbol{n} dS_2 = 9 \iint_{S_2} dS_2 = 36\pi .$$

$S_3(x^2+y^2=4)$에 대해, $x^2+y^2=4$ 으로의 수직은 방향 $\nabla(x^2+y^2) = 2x\boldsymbol{i} + 2y\boldsymbol{j}$를 갖는다($\because$스칼라 장 ϕ의 기울기 $\nabla\phi$는 법선벡터($\boldsymbol{n}$) 방향과 일치한다. - 식 (2.365) 참조).

그러면 단위법선($\boldsymbol{n}$)은 $x^2+y^2=4$ 이므로 $\boldsymbol{n}=\dfrac{2x\boldsymbol{i}+2y\boldsymbol{j}}{\sqrt{4x^2+4y^2}}=\dfrac{x\boldsymbol{i}+y\boldsymbol{j}}{2}$ 이다.

$\boldsymbol{A}\cdot\boldsymbol{n}=(4x\boldsymbol{i}-2y^2\boldsymbol{j}+z^2\boldsymbol{k})\cdot\left(\dfrac{x\boldsymbol{i}+y\boldsymbol{j}}{2}\right)=2x^2-y^3$ 이다.

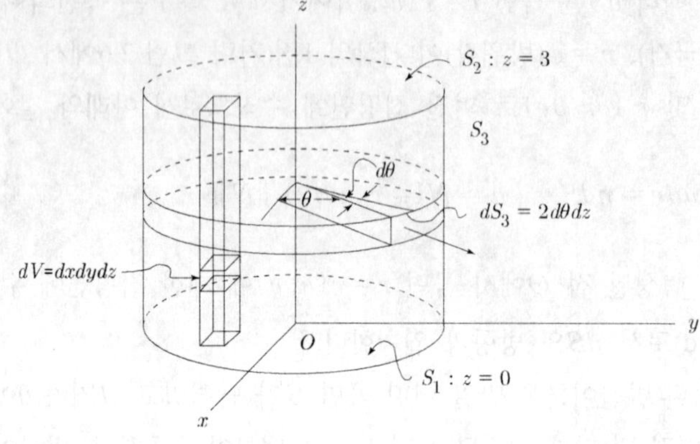

앞의 그림으로부터, $x=2\cos\theta$, $y=2\sin\theta$, $dS_3=2d\theta\, dz$. 따라서,

$$\int\int_{S_3}\boldsymbol{A}\cdot\boldsymbol{n}dS_3=\int_{\theta=0}^{2\pi}\int_{z=0}^{3}[2(2\cos\theta)^2-(2\sin\theta)^3]2dz\, d\theta$$

$$=\int_{\theta=0}^{2\pi}(48\cos^2\theta-48\sin^3\theta)d\theta=\int_{\theta=0}^{2\pi}48\cos^2\theta\, d\theta=48\pi$$

그러면, 곡면 적분$=0+36\pi+48\pi=84\pi$. 이것은 체적 적분과 일치하고 발산정리를 증명한다. 또한, S_3 위에 곡면 적분의 계산은 xz 또는 yz 좌표 평면들 위에 S_3의 투영에 의해서 행해져 왔다.

이 발산정리는 $\int_S \boldsymbol{a}\cdot d\boldsymbol{S}$ 형태의 표면적분을 부피적분으로 바꾸어(또는 그 역으로) 계산하는데 널리 사용된다. 예를 들어 $\boldsymbol{a}=\boldsymbol{r}$ 이라고 두면

$$\int_V \nabla\cdot\boldsymbol{r}\,dV=\int_V 3\,dV=\oint_S \boldsymbol{r}\cdot d\boldsymbol{S} \tag{2.399}$$

예제 2.19

원점에 중심을 둔 반경 a 의 구와 원점에 정점을 가진 반각 α 의 원추로 둘러싸여진 부피를 식 (2.399)를 사용하여 구하라.

풀 이

구의 표면에 대한 미소 벡터 표면적 $d\boldsymbol{S}$는 구좌표를 사용하여 식 (2.398)에서 $\boldsymbol{r}_u=\boldsymbol{g}_\theta=r\boldsymbol{e}_\theta$,

$\boldsymbol{r}_v = \boldsymbol{g}_\phi = r\sin\theta\,\boldsymbol{e}_\phi$(여기서 $r = a$ 대입)를 대입하고 $\boldsymbol{e}_\theta \times \boldsymbol{e}_\phi = \boldsymbol{e}_r = \hat{\boldsymbol{r}}$를 이용하면, $a^2\sin\theta\, d\theta\, d\phi\, \hat{\boldsymbol{r}}$ 로 나타낼 수 있다. 원추의 축을 $z-$축(각도 θ 는 이로부터 측정됨)으로 잡으면 계산하고자 하는 부피는 다음과 같이 된다.

$$V = \frac{1}{3}\oint_S \boldsymbol{r}\cdot d\boldsymbol{S} = \frac{1}{3}\int_0^{2\pi} d\phi \int_0^{\alpha} a^2 \sin\theta\, \boldsymbol{r}\cdot\hat{\boldsymbol{r}}\, d\theta$$

$$= \frac{1}{3}\int_0^{2\pi} d\phi \int_0^{\alpha} a^3 \sin\theta\, d\theta$$

$$= \frac{2\pi a^3}{3}(1-\cos\alpha)$$

또한 2차원에서의 발산이론을 고려하는 것도 흥미롭다. 예를 들어 그림 2.7에서 보듯이 $xy-$평면에서 어떤 닫힌곡선 C에 의해 둘러싸여진 2차원 평면 영역 R을 생각해 보자.

곡선상의 임의의 점에서 벡터 $d\boldsymbol{r} = dx\boldsymbol{i} + dy\boldsymbol{j}$ 은 곡선에 대한 접선이고, 벡터 $\boldsymbol{n}\,ds = dy\boldsymbol{i} - dx\boldsymbol{j}$ (기하에서 증명가능)는 영역 R 바깥을 가리키는 법선이다(즉 $d\boldsymbol{r}\cdot\boldsymbol{n}\,dS = 0$ 만족). 만일 벡터장 $\boldsymbol{a}$가 R에서 연속이고 미분가능하다면 Cartesian 좌표에서 2차원 발산정리는 다음의 형태가 된다.

$$\int\int_R \left(\frac{\partial a_x}{\partial x} + \frac{\partial a_y}{\partial y}\right) dx\, dy = \oint \boldsymbol{a}\cdot\boldsymbol{n}\, ds = \oint_C (a_x\, dy - a_y\, dx)$$

$P = -a_y$, $Q = a_x$ 라고 두면 아래 식에 나타낸 평면에서의 'Green의 정리'가 된다.

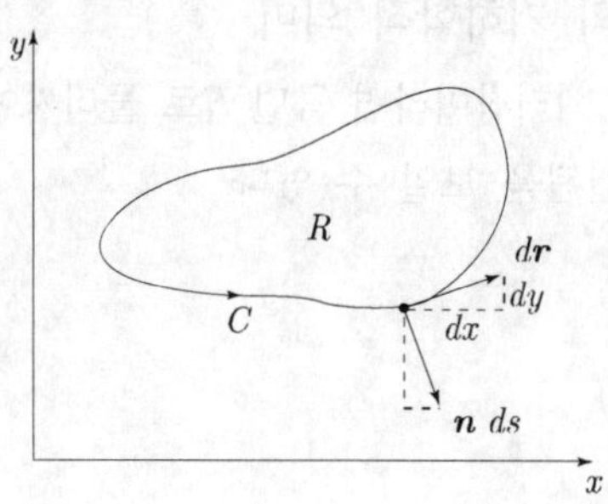

그림 2. 7 영역 R을 둘러싸고 있는 $xy-$평면상의 한 폐곡선 C.
곡면상의 한 점에서 이 곡선에 대한 접선 및 법선벡터가 그림 상에 표시되어 있다.

$$\oint_C (P\,dx + Q\,dy) = \int\int_R \left(\frac{\partial Q}{\partial x} - \frac{\partial P}{\partial y}\right) dx\, dy \tag{2. 400}$$

즉 폐곡선 C를 따른 선적분은 둘러싸여진 영역 R에 대한 2중 적분으로 나타내어진다.

공간에서의 Green의 정리 :

폐곡면 S를 경계로 하는 공간의 영역을 V, S의 밖으로 향하는 단위 법선벡터를 $\boldsymbol{n}$이라 하고, $\boldsymbol{n}$방향의 방향 미분계수를 $\dfrac{\partial}{\partial n}(\equiv \boldsymbol{n}\cdot\nabla)\left(\text{즉 } \nabla\phi\cdot\boldsymbol{n}=\dfrac{\partial\phi}{\partial n}\right)$로 표시한다. 이때 V 내에서 연속이고 미분가능한 두개의 스칼라 함수 ϕ와 Ψ에 대하여 생각해 보자. 발산정리(식 (2.397))를 벡터장 $\phi\nabla\Psi$에 적용하면 다음의 관계식을 얻을 수 있다.

$$\oint_S \phi\nabla\Psi\cdot d\boldsymbol{S}=\oint_S \phi\frac{\partial\Psi}{\partial n}dS=\int_V \nabla\cdot(\phi\nabla\Psi)dV$$

$$=\int_V [\phi\nabla^2\Psi+(\nabla\phi)\cdot(\nabla\Psi)]dV \tag{2. 401}$$

식 (2.401)에서 ϕ와 Ψ를 바꾸고 두 식을 빼면 다음과 같다.

$$\oint_S (\phi\nabla\Psi-\Psi\nabla\phi)\cdot d\boldsymbol{S}=\oint_S\left(\phi\frac{\partial\Psi}{\partial n}-\Psi\frac{\partial\phi}{\partial n}\right)dS=\int_V(\phi\nabla^2\Psi-\Psi\nabla^2\phi)\,dV \tag{2. 402}$$

식 (2.401)은 일반적으로 Green의 첫 번째 정리이고 (2.402)는 Green의 두 번째 정리라고 한다. Green의 두 번째 정리는 편미분 방정식의 풀이에 사용되는 “Green 함수”를 다루는데 있어서 유용하지만, 여기에서는 언급하지 않겠다(5장 및 6장 참조)..

2. 17. 2. 1 발산 관련 정리의 기하학적 의미

즉 만일 ϕ가 스칼라 장, $\boldsymbol{a}$가 벡터장이라면 곡면 S로 둘러싸여진 작은 체적 V 내의 임의의 점 P에서 아래와 같은 관계가 성립됨을 보일 수 있다.

$$\nabla\phi=\lim_{V\to 0}\left(\frac{1}{V}\oint_S \phi\, d\boldsymbol{S}\right) \tag{2. 403}$$

$$\nabla\cdot\boldsymbol{a}=\lim_{V\to 0}\left(\frac{1}{V}\oint_S \boldsymbol{a}\cdot d\boldsymbol{S}\right) \tag{2. 404}$$

$$\nabla\times\boldsymbol{a}=\lim_{V\to 0}\left(\frac{1}{V}\oint_S d\boldsymbol{S}\times\boldsymbol{a}\right) \tag{2. 405}$$

사실 이 식들을 기울기, 발산, 회전(2.18절 참조)에 대한 기하학적 정의로 간주할 수 있다.

식 (2.403) - (2.405)를 연산자 기호를 사용하여 다음과 같이 한 개의 식으로 나타낼 수 있다.

$$\nabla \circ \equiv \lim_{V \to 0}\left(\frac{1}{V}\oint_S d\boldsymbol{S} \circ\right) \tag{2.406}$$

여기서 ◦은 벡터의 외적, 내적 또는 보통 곱(grad)을 나타낸다.

위의 벡터 미분 연산에 관한 적분 표현식은 언급한 바와 같이 모두 좌표계에 무관한 기하학적 표현에 해당하므로 원칙적으로는 어떠한 좌표계에서도 적용이 가능하다. 그러나 Cartesian 좌표계를 제외한 일반 곡선좌표계의 경우 기저벡터가 좌표의 함수가 되므로 위 식을 증명하는데 다소 어려움이 따른다. 이하의 예제에서는 Cartesian 좌표계를 사용하여 식 (2.404)를 증명해 보기로 한다.

예제 2. 20

div$\boldsymbol{A}$ 가 한 점 P에서 벡터장 $\boldsymbol{A}$의 발산을 표시한다 하자.

$\mathrm{div}\boldsymbol{A} = \lim\limits_{\Delta V \to 0} \dfrac{\iint_{\Delta S} \boldsymbol{A} \cdot \boldsymbol{n} dS}{\Delta V}$ (식 (2.404))임을 밝혀라. 단 ΔV 는 곡면 ΔS 에 의해 둘러싸인 체적이고 극한은 점 P에로의 ΔV 를 작게 함으로써 얻어진다.

풀 이

발산정리 (2.397)에 의해서 $\iiint_{\Delta V} \mathrm{div}\boldsymbol{A} dV = \iint_{\Delta S} \boldsymbol{A} \cdot \boldsymbol{n} dS$ 이다. 적분에 대한 평균치 정리에 의해 좌변은

$$\overline{\mathrm{div}\boldsymbol{A}} \iiint_{\Delta V} dV = \overline{\mathrm{div}\boldsymbol{A}}\ \Delta V$$

로 쓸 수 있다. 단 $\overline{\mathrm{div}\boldsymbol{A}}$ 는 ΔV를 통하여 div$\boldsymbol{A}$의 최대치와 최소치 사이의 몇 개의 중간치이다. 그러면

$$\overline{\mathrm{div}\boldsymbol{A}} = \frac{\iint_{\Delta S} \boldsymbol{A} \cdot \boldsymbol{n} dS}{\Delta V}$$

이다. P가 항상 ΔV 에로의 내부에 있는 $\Delta V \to 0$ 처럼 극한을 취하면 $\overline{\mathrm{div}\boldsymbol{A}}$ 는 점 P에서 값 div$\boldsymbol{A}$ 에 접근한다. 따라서

$$\mathrm{div}\boldsymbol{A} = \lim_{\Delta V \to 0} \frac{\iint_{\Delta S} \boldsymbol{A} \cdot \boldsymbol{n} dS}{\Delta V}$$

이다. 이 결과는 $\boldsymbol{A}$ 의 발산을 정의하는데 대한 출발점으로써 취해질 수 있고 모든 성질들은 발산정리의 증명을 포함하면서 유도될 수 있다. 물리적으로 $\dfrac{\iint_{\Delta S} \boldsymbol{A} \cdot \boldsymbol{n} dS}{\Delta V}$ 는 곡면 ΔS 로부터 벡터 $\boldsymbol{A}$의 단위체적에 대한 유출(flux) 또는 순유출(net outflow)을 나타낸다. 만일 div$\boldsymbol{A}$가 한 점 P의 근방 안에서 양(+)이라면, P로부터의

유출은 양이고 P를 원천(source)이라 한다.
유사하게 div$\boldsymbol{A}$ 가 P의 근방에서 음(-)이라면 이미 유출은 유입(inflow)이 되고 P는 흡인(sink)이라 한다. 만일 영역 안에서 원천 또는 흡인이 없다면 div$\boldsymbol{A}=0$ 이고 $\boldsymbol{A}$를 관상(solenoidal) 벡터장이라 한다.

2.17.2.2 다른 연관된 적분정리

식 (2.397)로 언급된 것 외에도 물리적 응용 면에서 가치가 있는 또 다른 2개의 발산정리 관련 적분정리가 있다. 즉 만일 ϕ가 스칼라장이고 $\boldsymbol{b}$가 벡터장으로서, 폐곡면 S로 둘러싸인 체적 V 내에서 통상의 미분가능 조건을 만족시킨다면 다음의 두 관계가 성립된다.

$$\int_V \nabla\phi dV=\oint_S \phi d\boldsymbol{S} \tag{2.407}$$

$$\int_V \nabla\times\boldsymbol{b}\, dV=\oint_S d\boldsymbol{S}\times\boldsymbol{b} \tag{2.408}$$

식 (2.407) - (2.408)은 연산자 기호를 사용하여 다음과 같이 한 개의 식으로 나타낼 수 있다.

$$\int_V \nabla\circ\Psi\, dV=\oint_S d\boldsymbol{S}\circ\Psi \tag{2.409}$$

여기서 Ψ는 연산자 기호 ◦가 벡터 내적, 외적 또는 일반 곱인가에 따라서 벡터 함수 또는 스칼라 함수일 수 있다.

예제 2.21

발산정리를 사용하여 식 (2.407)을 증명하라.

풀 이

발산정리 (2.397)에서 $\boldsymbol{a}=\phi\boldsymbol{c}$ (여기서 $\boldsymbol{c}$는 상수 벡터) 라고 두자. 그러면

$$\int_V \nabla\cdot(\phi\boldsymbol{c})dV=\oint_S \phi\boldsymbol{c}\cdot d\boldsymbol{S}$$

좌변의 피적분함수를 전개하면 $\boldsymbol{c}$는 일정한 벡터이므로 다음과 같이 된다.

$$\nabla\cdot(\phi\boldsymbol{c})=\phi\nabla\cdot\boldsymbol{c}+\boldsymbol{c}\cdot\nabla\phi=\boldsymbol{c}\cdot\nabla\phi$$

또한 $\phi\boldsymbol{c}\cdot d\boldsymbol{S}=\boldsymbol{c}\cdot\phi d\boldsymbol{S}$이므로 다음의 식을 얻을 수 있다.

$$\int_V \boldsymbol{c}\cdot(\nabla\phi)dV=\oint_S \boldsymbol{c}\cdot\phi d\boldsymbol{S}$$

$\boldsymbol{c}$는 상수 벡터이므로 양쪽의 적분 바깥으로 내면

$$\boldsymbol{c}\cdot\int_V \nabla\phi dV=\boldsymbol{c}\cdot\oint_S \phi d\boldsymbol{S}$$

그런데 $\boldsymbol{c}$는 임의의 벡터이므로 식 (2.407)의 결과를 얻을 수 있다.

또한 발산정리 식 (2.397)에서 $\boldsymbol{a}=\nabla\phi$라 두고, $\nabla\cdot\nabla=\nabla^2$(Laplace 연산자, 뒤 참조)를 이용하면 아래 식을 얻는다.

$$\int_V \nabla^2\phi\, dV=\oint_S d\boldsymbol{S}\cdot\nabla\phi=\oint_S \frac{\partial\phi}{\partial n}dS \tag{2.410}$$

$$\frac{\partial\phi}{\partial n}=(\boldsymbol{n}\cdot\nabla)\phi=\nabla\phi\cdot\boldsymbol{n} \tag{2.411}$$

여기서 $\boldsymbol{n}$은 스칼라 장 ϕ의 곡면 S상에서의 접평면에 수직인 (단위)법선벡터이다[식 (2.365) 참조]. 그리고 식 (2.410)의 2차원 버전으로서 아래 식이 성립된다.

$$\int_R \nabla^2\phi\, dx\, dy=\oint_C \frac{\partial\phi}{\partial n}ds \tag{2.412}$$

여기서 R은 2차원 Cartesian (x,y) 평면에서의 (장방형)영역을 나타내며, $ds=\|d\boldsymbol{r}\|$는 미소 호의 길이이다.

증 명 그림 2.8에 나타낸 바와 같이 서로소 집합(disjoint set)인 C_1, C_2, C_3 및 C_4의 합(union)인 경계곡선 C를 가진 한 (2차원) 장방형 영역(rectangular region) $R=\{(x,y):0<x<a, 0<y<b\}$을 생각해보자. 이제 적분 $\int_R \nabla^2\phi\, dx\, dy$를 평가하고자 한다.

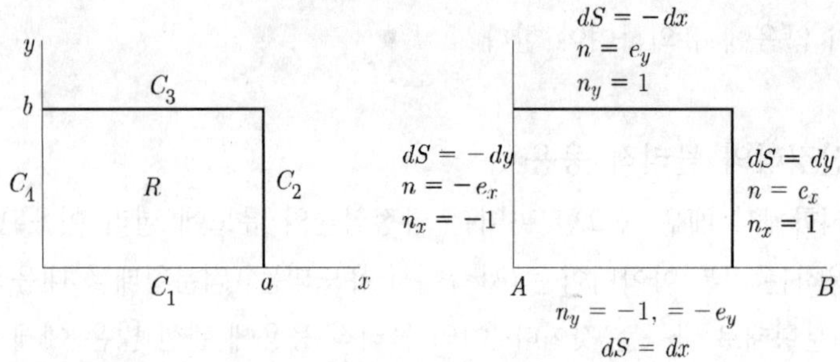

그림 2. 8 장방형 영역(rectangular region)에대한 적분(그림에서 미소 호의 길이 $dS=ds$).

고찰 중의 적분 영역에 대한 선적분은 아래와 같이 간단히 될 수 있다(여기서 2차원의

경우 부피적분은 면적분이 됨에 유의하라).

$$\oint_C \frac{\partial\phi}{\partial n}ds = \int_{C_1}\frac{\partial\phi}{\partial n}ds + \int_{C_2}\frac{\partial\phi}{\partial n}ds + \int_{C_3}\frac{\partial\phi}{\partial n}ds + \int_{C_4}\frac{\partial\phi}{\partial n}ds$$

$$= \int_0^a \left(-\frac{\partial\phi}{\partial y}\right)\bigg|_{y=0} dx + \int_0^b \left(\frac{\partial\phi}{\partial x}\right)\bigg|_{x=a} dy$$

$$+ \int_a^0 \left(\frac{\partial\phi}{\partial y}\right)\bigg|_{y=b} dx + \int_b^0 \left(-\frac{\partial\phi}{\partial x}\right)\bigg|_{x=0} dy$$

$$= \int_0^a \left[\left(\frac{\partial\phi}{\partial y}\right)_{y=b} - \left(\frac{\partial\phi}{\partial y}\right)_{y=0}\right]dx + \int_0^b \left[\left(\frac{\partial\phi}{\partial x}\right)_{x=a} - \left(\frac{\partial\phi}{\partial x}\right)_{x=0}\right]dy$$

또한 같은 결과가 아래와 같이 부분 적분 정리를 이용하여 얻어질 수 있다.

$$\int_R \nabla^2\phi\, dx\, dy = \int_0^b\int_0^a \left(\frac{\partial^2\phi}{\partial x^2} + \frac{\partial^2\phi}{\partial y^2}\right)dxdy$$

$$= \int_0^b\int_0^a \frac{\partial}{\partial x}\left(\frac{\partial\phi}{\partial x}\right)dxdy + \int_0^a\int_0^b \frac{\partial}{\partial y}\left(\frac{\partial\phi}{\partial y}\right)dydx$$

$$= \int_0^b \left(\frac{\partial\phi}{\partial x}\right)\bigg|_{x=0}^{x=a} dy + \int_0^a \left(\frac{\partial\phi}{\partial y}\right)\bigg|_{y=0}^{y=b} dx$$

$$= \int_0^b \left[\left(\frac{\partial\phi}{\partial x}\right)_{x=a} - \left(\frac{\partial\phi}{\partial x}\right)_{x=0}\right]dy + \int_0^a \left[\left(\frac{\partial\phi}{\partial y}\right)_{y=b} - \left(\frac{\partial\phi}{\partial y}\right)_{y=0}\right]dx$$

따라서 부분 적분은 벡터 적분의 기울기 정리 또는 발산정리에 관한 특별 경우로 간주될 수 있다. 그러나 임의의 적분 영역에 대하여 항상 부분 적분 정리를 적용하는 것은 그리 용이하지 않음에 유의하여야 한다. ■

2.17.2.3 발산정리의 물리적 응용

발산정리는 물리학에서 매우 중요한 편미분 방정식들의 유도에 널리 이용된다.

발산정리를 이용하는 기본 아이디어는 (관측에서 유도되는) 적분형태를 대응하는 (이론에서 사용되는) 똑같은 미분형태로 바꾸는 것이다. 이의 물리적 응용에 관한 많은 예제 중 지면관계상 아래에 대표적으로 나타내는 예제는 연속체역학에서 자세히 다룰 사항이지만, 여기서는 발산정리의 응용에 목적을 두고 간단히 소개하고자 한다.

예제 2. 22

시간에 따라 변하는 위치 의존성 밀도 $\rho(\boldsymbol{r},t)$와 속도장 $v(\boldsymbol{r})$을 가진 '압축성 유체(compressible fluid)'에 있어서 유체가 생성 또는 파괴되지 않는 소위 "질량 보존"의 조건하에서 다음의 식이 성립함을 보이시오.

$$\frac{\partial\rho}{\partial t}+\nabla\cdot(\rho\boldsymbol{v})=0$$

풀 이

질량 보존의 법칙에 의하면, 유체내의 임의의 체적 V에 대하여 그 부피 내에서 유체의 질량 M의 증가 혹은 감소 속도는 유체가 그 부피를 떠나거나 들어오는 순(net) 속도와 같아야 한다. 즉

$$\frac{dM}{dt}=-\oint_S\rho\boldsymbol{v}\cdot d\boldsymbol{S}$$

여기서 S는 V를 둘러싸고 있는 표면이다. 그러나 V안의 유체의 질량은 $M=\int_V\rho dV$ 이므로 다음의 식을 얻을 수 있다.

$$\frac{d}{dt}\int_V\rho dV+\oint_S\rho\boldsymbol{v}\cdot d\boldsymbol{S}=0$$

좌변의 첫 번째 적분에 시간 도함수를 취하고, 두 번째 적분에 발산정리를 적용하면 다음과 같이 된다.

$$\int_V\frac{\partial\rho}{\partial t}dV+\int_V\nabla\cdot(\rho\boldsymbol{v})\,dV=\int_V\left[\frac{\partial\rho}{\partial t}+\nabla\cdot(\rho\boldsymbol{v})\right]dV=0$$

체적 V는 임의의 값이므로 (연속성인) 피적분함수는 반드시 0이 되어야 한다. 따라서 요구되는 결과를 얻을 수 있다.

$$\frac{\partial\rho}{\partial t}+\nabla\cdot(\rho\boldsymbol{v})=0$$

이것을 압축성 유체에 관한 '연속 방정식(continuity equation)' 이라 한다. 이것은 다른 계에 적용이 가능한데, 예를 들면 ρ는 전하 밀도 혹은 열용량(heat content) 등이다. 한편 위 식을 편미분에 관한 사슬법칙(부록 C.2절 참조)을 사용하여 아래와 같이 나타낼 수 있다.

$$\frac{d\rho}{dt}+\rho\nabla\cdot\boldsymbol{v}=0$$

여기서 $\frac{d\rho}{dt}=\frac{\partial\rho}{\partial t}+(\boldsymbol{v}\cdot\nabla)\rho$이다. 따라서 $\rho=$일정인 비압축성 유체(즉 $\frac{d\rho}{dt}=0$)에 대한 연속방정식은 간단히 $\nabla\cdot\boldsymbol{v}=0$이 된다.

[위에서 $\boldsymbol{v}=\dfrac{d\boldsymbol{r}}{dt}$ 는 임의의 시간 t에서 위치 $\boldsymbol{r}(t)$을 가진 유체내의 한 고정된 물질요소(material element)의 (전체) 속도를 나타내므로 물질요소의 시간에 따른 변화속도와 다른 임의의 변화를 구별하기 위하여 스칼라장 $\rho(\boldsymbol{r},t)$의 전체 시간도함수인 $\dfrac{d\rho}{dt}$ 대신 시간에 대한 소위 '물질(혹은 본질)도함수(material or substantial derivative)' 혹은 'Lagrange moving convective 도함수'로 알려진 $\dfrac{D\rho}{Dt}$로 표기하는 경우가 종종 있다(예제 2.10, 2.13절 참조)].

2. 17. 2. 4 발산 적분의 텐서표현

식 (2.397)로 주어진 발산 이론을 3차원 Cartesian 좌표계에 대한 텐서(벡터) 성분표시로 나타내면 아래가 된다.

$$\int_V \frac{\partial a_k}{\partial x_k} dV = \oint_S a_k\, n_k\, dS \tag{2. 413}$$

비록 엄밀하게 증명하지 않더라도, 위 식은 부피와 표면에 대하여 단지 벡터장이라기보다는 n차 (cartesian) 텐서 장의 적분과 관련된 식으로 다음과 같이 확장되어질 수 있다.

$$\int_V \frac{\partial T_{ij\cdots k\cdots m}}{\partial x_k} dV = \oint_S T_{ij\cdots k\cdots m}\, n_k\, dS \tag{2. 414}$$

물론 위 식은 앞에서 논의한 일반 좌표계에 대한 발산 정의식을 사용하여 일반 텐서 성분 표시로도 나타낼 수 있다.

예제 2. 23

3차원 Cartesian 좌표계에서 벡터장 $\boldsymbol{a}$가 체적 V의 내부에서 $\nabla \cdot \boldsymbol{a}=0$을 만족하고, 경계면 S에 대해 $\boldsymbol{a}\cdot\boldsymbol{n}=0$을 만족한다. $T_{ij}=x_i\, a_j$(즉 $\mathrm{T}=\boldsymbol{r}\,\boldsymbol{a}$)에 적용된 발산이론을 고려하여 $\int_V \boldsymbol{a}\, dV=\boldsymbol{0}$ 임을 보여라.

풀 이

2차텐서 $T_{ij}=x_i\, a_j$를 일반 발산이론 식 (2.409)에 적용하여 '$\circ$'를 '$\cdot$'으로, 그리고 ψ를 T로 치환하고, 경계면 S에 대해 $\boldsymbol{a}\cdot\boldsymbol{n}=a_j\, n_j=0$이므로 다음과 같이 (Cartesian) 첨자표시로 나타낼 수 있다.

$$\int_V \frac{\partial T_{ij}}{\partial x_j} dV = \int_V \frac{\partial (x_i a_j)}{\partial x_j} dV = \oint_S x_i\, a_j\, n_j\, dS = 0$$

체적적분을 확장하여 다음과 같은 결과를 얻을 수 있다.

$$\int_V \frac{\partial(x_i a_j)}{\partial x_j} dV = \int_V \frac{\partial x_i}{\partial x_j} a_j dV + \int_V x_i \frac{\partial(a_j)}{\partial x_j} dV = \int_V \delta_{ij} a_j dV = \int_V a_i dV = 0$$

첫 번째 항에서 두 번째 항으로 갈 때 $\frac{\partial x_i}{\partial x_j} = \delta_{ij}$와 $\nabla \cdot \boldsymbol{a} = \frac{\partial a_j}{\partial x_j} = 0$을 사용하였다. 따라서 $\int_V \boldsymbol{a} dV = 0$이 성립된다.

물론 식 (2.414)는 일반 좌표계에 대한 텐서 성분 표시[이 경우 가령 $\nabla \cdot \boldsymbol{a} = a^p{}_{;p}$, $(\nabla \cdot \mathrm{T})^i = T^{mi}{}_{;m}$ 등을 대입]로도 나타낼 수 있다.

2. 18 회전 연산자의 개념

3차원 유클리드 공간에서 '회전 연산자(curl operator)'는 다음과 같이 정의된다.

정의 : E^3에서 주어진 좌표계 $\boldsymbol{x}$에 대하여 정의된 임의의 연속 미분가능한 벡터장 $\boldsymbol{v}(\boldsymbol{x})$의 회전 즉 curl $\boldsymbol{v}(= \nabla \times \boldsymbol{v})$는 $\nabla (= \boldsymbol{g}^k \nabla_k)$ 및 식 (2.319b)의 도움을 받아 아래와 같이 정의된다.

$$\begin{aligned}\mathrm{curl}\,\boldsymbol{v} &\equiv \nabla \times \boldsymbol{v} = \boldsymbol{g}^k \times \frac{\partial \boldsymbol{v}}{\partial x^k} = \boldsymbol{g}^k \times v_{l;k} \boldsymbol{g}^l \\ &= v_{l;k} \boldsymbol{g}^k \times \boldsymbol{g}^l = \varepsilon^{klm} v_{l;k} \boldsymbol{g}_m \end{aligned} \tag{2. 415}$$

여기서 물론 $\nabla \times \boldsymbol{v}$는 벡터가 된다. 위 식에서 첨자 k를 l로, l을 m으로, 그리고 m을 k로 동시에 바꾸고, 교대텐서 ε^{klm}의 성질을 이용하면 아래와 같이 다시 쓸 수 있다.

$$\nabla \times \boldsymbol{v} = \varepsilon^{lmk} v_{m;l} \boldsymbol{g}_k = \varepsilon^{klm} v_{m;l} \boldsymbol{g}_k \tag{2. 416a}$$

즉

$$(\nabla \times \boldsymbol{v})^k = \varepsilon^{klm} v_{m;l}, \quad (\nabla \times \boldsymbol{v})_k = g_{km} (\nabla \times \boldsymbol{v})^m = g_{km} \varepsilon^{mlp} v_{p;l} \tag{2. 416b}$$

이제 $\nabla \times \boldsymbol{v}$를 계산하기 유용한 행렬식의 형태로 나타내기 위하여 아래와 같은 조작을 행한다.

$$\nabla \times \boldsymbol{v} = \varepsilon^{klm} v_{m;l} \boldsymbol{g}_k = \frac{1}{\sqrt{g}} e^{klm} v_{m;l} \boldsymbol{e}_k \sqrt{g}_{\underline{kk}}$$

$$= \frac{1}{\sqrt{g}} \left[\boldsymbol{e}_k \sqrt{g}_{\underline{kk}} \left\{ (e^{k12} v_{2;1} + e^{k21} v_{1;2}) + (e^{k23} v_{3;2} + e^{k32} v_{2;3}) \right.\right.$$

$$\left.\left. + (e^{k31} v_{1;3} + e^{k13} v_{3;1}) \right\} \right]$$

$$= \frac{1}{\sqrt{g}} \left[\boldsymbol{e}_1 \sqrt{g}_{11} (v_{3;2} - v_{2;3}) + \boldsymbol{e}_2 \sqrt{g}_{22} (v_{1;3} - v_{3;1}) \right.$$

$$\left. + \boldsymbol{e}_3 \sqrt{g}_{33} (v_{2;1} - v_{1;2}) \right] \tag{2. 417}$$

여기서 예제 2.17의 결과를 사용하여 아래와 같이 행렬식으로 나타낼 수 있다.

$$\nabla \times \boldsymbol{v} = \frac{1}{\sqrt{g}} \left[\boldsymbol{e}_1 \sqrt{g}_{11} (v_{3;2} - v_{2;3}) + \boldsymbol{e}_2 \sqrt{g}_{22} (v_{1;3} - v_{3;1}) + \boldsymbol{e}_3 \sqrt{g}_{33} (v_{2;1} - v_{1;2}) \right]$$

$$= \frac{1}{\sqrt{g}} \begin{vmatrix} \boldsymbol{e}_1 \sqrt{g}_{11} & \boldsymbol{e}_2 \sqrt{g}_{22} & \boldsymbol{e}_3 \sqrt{g}_{33} \\ \dfrac{\partial}{\partial x^1} & \dfrac{\partial}{\partial x^2} & \dfrac{\partial}{\partial x^3} \\ v_1 & v_2 & v_3 \end{vmatrix} \tag{2. 418}$$

위 행렬식을 내림표현 즉 $v_i = g_{im} v^m$ 관계를 이용하여 아래와 같이 반변형태로 다시 나타낼 수 있다.

$$\nabla \times \boldsymbol{v} = \frac{1}{\sqrt{g}} \begin{vmatrix} \boldsymbol{e}_1 \sqrt{g}_{11} & \boldsymbol{e}_2 \sqrt{g}_{22} & \boldsymbol{e}_3 \sqrt{g}_{33} \\ \dfrac{\partial}{\partial x^1} & \dfrac{\partial}{\partial x^2} & \dfrac{\partial}{\partial x^3} \\ v^k g_{k1} & v^k g_{k2} & v^k g_{k3} \end{vmatrix} \tag{2. 419}$$

다시 (반변)벡터의 물리적 표현에 관한 식 $v^k = \hat{v}^k / h_k = v^{(k)} / \sqrt{g}_{\underline{kk}}$(2.9절 참조)를 대입하면 아래 식을 얻는다.

$$\nabla \times \boldsymbol{v} = \frac{1}{\sqrt{g}} \begin{vmatrix} \boldsymbol{e}_1 \sqrt{g}_{11} & \boldsymbol{e}_2 \sqrt{g}_{22} & \boldsymbol{e}_3 \sqrt{g}_{33} \\ \dfrac{\partial}{\partial x^1} & \dfrac{\partial}{\partial x^2} & \dfrac{\partial}{\partial x^3} \\ \displaystyle\sum_k \frac{v^{(k)} g_{k1}}{\sqrt{g}_{\underline{kk}}} & \displaystyle\sum_k \frac{v^{(k)} g_{k2}}{\sqrt{g}_{\underline{kk}}} & \displaystyle\sum_k \frac{v^{(k)} g_{k3}}{\sqrt{g}_{\underline{kk}}} \end{vmatrix} \tag{2. 420}$$

특히 구좌표와 같은 직교 곡선좌표계의 경우에는 아래가 된다.

$$\nabla\times\boldsymbol{v}=\frac{1}{\sqrt{g_{11}g_{22}g_{33}}}\begin{vmatrix}\boldsymbol{e}_1\sqrt{g}_{11} & \boldsymbol{e}_2\sqrt{g}_{22} & \boldsymbol{e}_3\sqrt{g}_{33}\\ \dfrac{\partial}{\partial x^1} & \dfrac{\partial}{\partial x^2} & \dfrac{\partial}{\partial x^3}\\ v^{(1)}\sqrt{g}_{11} & v^{(2)}\sqrt{g}_{22} & v^{(3)}\sqrt{g}_{33}\end{vmatrix} \tag{2.421}$$

2.18.1 2차 텐서 장의 회전

E^3에서 연속적으로 미분가능한 임의의 2차 텐서 장 T($\boldsymbol{x}$)의 회전 curl T(= $\nabla\times$T)는 아래와 같이 정의된다.

$$\nabla\times\mathrm{T}=\boldsymbol{g}^k\times\frac{\partial\mathrm{T}}{\partial x^k}=T_{lm\,;\,k}\,\boldsymbol{g}^k\times\boldsymbol{g}^l\boldsymbol{g}^m$$

$$=\varepsilon^{kln}\,T_{lm\,;\,k}\,\boldsymbol{g}_n\boldsymbol{g}^m \tag{2.422}$$

위 식에서 $\nabla\times$T는 2차 텐서가 됨을 알 수 있다($\because\nabla$ 및 T는 각각 차수 1 및 2, 그리고 $\times$는 -1 차수이므로 전체의 차수는 3-1=2가 되어 2차 텐서가 된다). 그리고 $\nabla\times\mathrm{T}=(\nabla\times\mathrm{T})^n{}_m\,\boldsymbol{g}_n\boldsymbol{g}^m$에서 아래가 성립된다.

$$(\nabla\times\mathrm{T})^n{}_m\,[=\boldsymbol{g}^n\cdot(\nabla\times\mathrm{T})\cdot\boldsymbol{g}_m]=\varepsilon^{nkl}T_{lm\,;\,k} \tag{2.423}$$

또한 계량텐서에 의한 올림, 내림 작용에 의하여 아래의 동반성분에 관한 관계식들도 성립된다.

$$(\nabla\times\mathrm{T})^{nm}=g^{pm}(\nabla\times\mathrm{T})^n{}_p=g^{pm}\varepsilon^{nkl}T_{lp\,;\,k}=\varepsilon^{nkl}T_l{}^m{}_{p\,;\,k} \tag{2.424}$$

$$(\nabla\times\mathrm{T})_{nm}=g_{np}(\nabla\times\mathrm{T})^p{}_m=g_{np}\varepsilon^{pkl}T_{lm\,;\,k}=\varepsilon_n{}^{kl}T_{lm\,;\,k} \tag{2.425}$$

$$(\nabla\times\mathrm{T})_n{}^m=g^{pm}(\nabla\times\mathrm{T})_{np}=g^{pm}\varepsilon_n{}^{kl}T_{lp\,;\,k}=\varepsilon_n{}^{kl}T_l{}^m{}_{;\,k} \tag{2.426}$$

한편 3차 이상의 고차 텐서의 회전(curl)도 위와 유사하게 정의될 수 있다.

2.18.2 회전 연산자와 관련된 적분정리

아래 식으로 나타내지는 Stokes의 '회전(curl) 정리'는 열린 곡면 S상에서의 벡터장의 회전(curl)을 표면을 경계 짓는 주변곡선 C주위로의 벡터장의 선적분에 관련시키는 것으로 발산정리의 'curl analogue'로 간주할 수 있다.

$$\int_S (\nabla \times \boldsymbol{a}) \cdot d\boldsymbol{S} = \oint_C \boldsymbol{a} \cdot d\boldsymbol{r} \tag{2.427}$$

Stokes의 정리는 만일 표면이 앞 뒤 두 면을 가지고 있다면(즉 two-sided surface) 단순 연결 혹은 다중 연결된 어떤 열린 곡면에 대하여서도 유효하다. 또한 Stokes의 정리는 텐서 장으로도 확장이 가능하다.

발산정리 (2.397)과 마찬가지로 체적분과 면적분을 연관짓는데 사용될 수 있다. Stokes의 정리는 선적분 혹은 그 역에서처럼 $\oint_S (\nabla \times \boldsymbol{a}) \cdot d\boldsymbol{S}$ 형태의 면적분을 계산하는데 사용될 수 있다.

예제 2. 24

벡터장 $\boldsymbol{a} = y\boldsymbol{i} - x\boldsymbol{j} + z\boldsymbol{k}$가 주어졌을 때 반구의 표면 $x^2 + y^2 + z^2 = a^2 (z \geqq 0)$에 대하여 Stokes의 정리가 성립됨을 확인하라.

풀 이

우선 반구에 대하여 선적분을 수행하자.

$$\int_S (\nabla \times \boldsymbol{a}) \cdot d\boldsymbol{S}$$

$\nabla \times \boldsymbol{a} = -2\boldsymbol{k}$이고, 벡터 면적 요소는 구좌표계에서 $d\boldsymbol{S} = a^2 \sin\theta \, d\theta \, d\phi \, \hat{\boldsymbol{r}}$ 이다(식 (2.398) 참조). 따라서

$$\int_S (\nabla \times \boldsymbol{a}) \cdot d\boldsymbol{S} = \int_0^{2\pi} d\phi \int_0^{\pi/2} d\theta \, (-2a^2 \sin\theta) \hat{\boldsymbol{r}} \cdot \boldsymbol{k}$$

$$= -2a^2 \int_0^{2\pi} d\phi \int_0^{\pi/2} \sin\theta \left(\frac{z}{a}\right) d\theta$$

$$= -2a^2 \int_0^{2\pi} d\phi \int_0^{\pi/2} \sin\theta \cos\theta \, d\theta = -2\pi a^2$$

이제 곡면의 $xy-$평면에서 원 $x^2 + y^2 = a^2$인 주변곡선 C 주위의 선적분을 계산할 수 있고 이것은 다음과 같이 주어진다.

$$\oint_C \boldsymbol{a} \cdot d\boldsymbol{r} = \oint_C (y\boldsymbol{i} - x\boldsymbol{j} + z\boldsymbol{k}) \cdot (dx\boldsymbol{i} + dy\boldsymbol{j} + dz\boldsymbol{k})$$

$$= \oint_C (y\,dx - x\,dy)$$

여기에서 평면 극좌표계를 사용하면 곡선 C상의 점에 대하여 $x = a\cos\phi$, $y = a\sin\phi$ 이므로 $dx = -a\sin\phi d\phi$, $dy = a\cos\phi d\phi$를 얻을 수 있고 선적분은 다음과 같이 된다.

$$\oint_C (y\,dx - x\,dy) = -a^2\int_0^{2\pi}(\cos^2\phi + \sin^2\phi)\,d\phi = -a^2\int_0^{2\pi} d\phi = -2\pi a^2$$

면적분과 선적분이 같은 값을 가지므로, Stokes의 정리가 성립됨을 확인할 수 있다.

2차원에서의 Stokes의 정리는 Gauss 발산정리의 2차원 버전과 마찬가지로 평면에서의 Green의 정리를 만족한다. 그림 2.7에서 보듯이 xy-평면에서 벡터장 $\boldsymbol{a}$가 정의된 영역 R을 생각해보자. $\boldsymbol{a} = a_x\boldsymbol{i} + a_y\boldsymbol{j}$라 하면 $\nabla \times \boldsymbol{a} = \left(\frac{\partial a_y}{\partial x} - \frac{\partial a_x}{\partial y}\right)\boldsymbol{k}$이고, $\boldsymbol{n} = \boldsymbol{k}$이므로 Stokes의 정리는 다음과 같이 된다.

$$\int\int_R \left(\frac{\partial a_y}{\partial x} - \frac{\partial a_x}{\partial y}\right)dx\,dy = \oint_C (a_x\,dx + a_y\,dy)$$

여기서 $P = a_x$, $Q = a_y$라고 두면 평면에서의 Green의 정리 (2.400)를 얻을 수 있다.

2. 18. 2. 1 Stokes 정리의 기하학적 의미

편의상 식 (2.427)의 벡터 $\boldsymbol{a}$를 $\boldsymbol{A}$로, $d\boldsymbol{r}$을 $d\boldsymbol{s}$로 표기하면 다시 아래와 같이 바꾸어 쓸 수 있다.

$$\int_{CS} (\mathrm{curl}\boldsymbol{A}) \cdot \boldsymbol{n}dS = \oint_C \boldsymbol{A} \cdot d\boldsymbol{s}$$

위 식에서 선적분은 곡선 C주위로 벡터 $\boldsymbol{A}$의 "순환"이라고 하며, 경계곡선 C를 '덮고(cap)'있는 곡면은 "capping surface"라 한다(그림 2.9 참조).

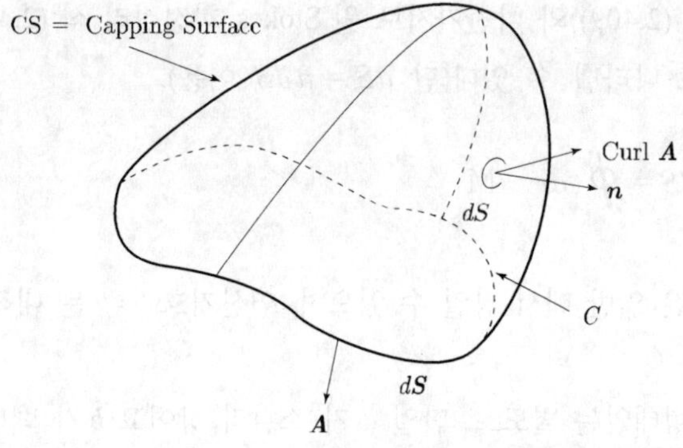

그림 2. 9 곡선 C로 경계진 '덮고 있는 곡면(capping surface)'.

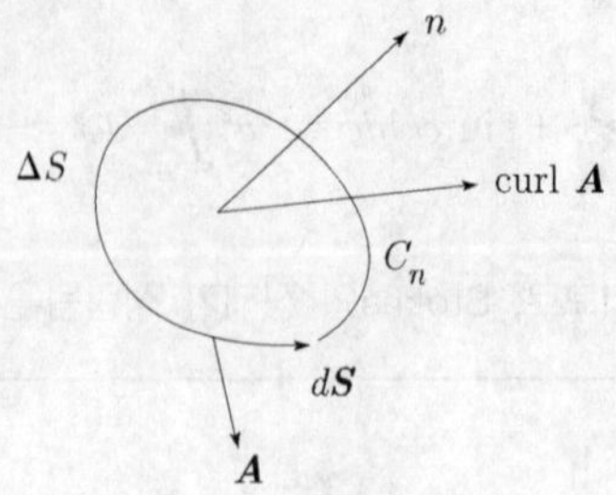

그림 2. 10 미소 표면 요소.

지금 곡선 C가 수축되어 그림 2.10에 나타낸 바와 같이 미소 평면적을 둘러싼다고 할 경우 아래의 관계식이 근사적으로 성립된다.

$$\Delta S\boldsymbol{n} \cdot \mathrm{curl}\,\boldsymbol{A} \simeq \oint_C \boldsymbol{A} \cdot d\boldsymbol{s} \tag{2.428}$$

여기서 $\Delta S \to 0$의 극한을 취하면 아래와 같이 $\boldsymbol{n}$ 방향으로의 curl $\boldsymbol{A}$ 의 성분에 대한 정의를 얻을 수 있다.

$$\boldsymbol{n} \cdot \mathrm{curl}\,\boldsymbol{A} = \lim_{\Delta S \to 0} \frac{1}{\Delta S} \oint_{C_n} \boldsymbol{A} \cdot d\boldsymbol{s} \tag{2.429}$$

여기서 C_n은 방향 $\boldsymbol{n}$과 관련된 미소 면적 ΔS를 둘러싸고 있는 곡선이다. 이는 예제 2.20에 나타낸 Gauss 발산정리에 대한 (평균치로서의) 기하하적 의미와 유사하다.

2. 18. 2. 2 다른 연관된 회전적분정리

발산정리의 경우(식 (2.409))와 마찬가지로 원 Stokes 회전정리 식 (2.427)의 형태로부터 아래와 같이 일반화된 식으로 나타낼 수 있다(단 $d\boldsymbol{S} = \boldsymbol{n}\,dS$ 이용).

$$\int_S (\boldsymbol{n} \circ \nabla \times)\mathrm{M}\,dS = \oint_C d\boldsymbol{r} \circ \mathrm{M} \tag{2.430}$$

여기서 M은 벡터, 혹은 일반 텐서 장일 수 있으며, 연산기호 '∘'는 내적(·) 혹은 벡터 곱(×)일 수 있다.

한편 식 (2.430)의 형태와는 별도로, 만일 ϕ가 스칼라 장이고 $\boldsymbol{b}$가 벡터장으로서 ϕ와 $\boldsymbol{b}$ 모두가 닫힌 주변곡선 C에 의해 둘러싸여진 두 면을 가진 열린 곡면 S에 대하여 통상의 미분 가능 조건을 만족시킨다고 하자. 그러면 아래의 두 식이 성립된다.

$$\int_S d\boldsymbol{S} \times \nabla\phi = \oint_C \phi d\boldsymbol{r} \tag{2.431}$$

$$\int_S (d\boldsymbol{S} \times \nabla) \times \boldsymbol{b} = \oint_C d\boldsymbol{r} \times \boldsymbol{b} \tag{2.432}$$

발산정리의 경우와 마찬가지로 식 (2.431) - (2.432)는 연산자 기호를 사용하여 아래와 같이 한 개의 식으로 나타낼 수 있다.

$$\int_S (d\boldsymbol{S} \times \nabla) \circ \Psi = \oint_C d\boldsymbol{r} \circ \Psi \tag{2.433}$$

여기서 Ψ 는 연산자 기호 $\circ$가 벡터의 내적, 외적 또는 보통 곱인가에 따라서 벡터 함수 또는 스칼라 함수일 수 있다.

예제 2. 25

Stokes의 정리(식 (2.427))를 사용하여 식 (2.431)을 증명하라.

풀 이

Stokes의 정리 (2.427)에서 $\boldsymbol{a} = \phi\boldsymbol{c}$($\boldsymbol{c}$는 상수 벡터)라고 두자. 그러면

$$\int_S [\nabla \times (\phi\boldsymbol{c})] \cdot d\boldsymbol{S} = \oint_C \phi\boldsymbol{c} \cdot d\boldsymbol{r} \tag{2.434}$$

좌변의 피적분함수를 전개하면 $\boldsymbol{c}$가 상수벡터이므로 다음과 같다.

$$\nabla \times (\phi\boldsymbol{c}) = \nabla\phi \times \boldsymbol{c} + \phi\nabla \times \boldsymbol{c} = \nabla\phi \times \boldsymbol{c}$$

따라서 식 (2.434)의 좌변에 대한 스칼라 삼중적은 다음과 같이 쓸 수 있다.

$$[\nabla \times (\phi\boldsymbol{c})] \cdot d\boldsymbol{S} = (\nabla\phi \times \boldsymbol{c}) \cdot d\boldsymbol{S} = \boldsymbol{c} \cdot (d\boldsymbol{S} \times \nabla\phi)$$

이것을 식 (2.434)에 치환하고 $\boldsymbol{c}$는 상수 벡터이므로 양쪽 적분의 바깥으로 내면 다음과 같다.

$$\boldsymbol{c} \cdot \int_S d\boldsymbol{S} \times \nabla\phi = \boldsymbol{c} \cdot \oint_C \phi \, d\boldsymbol{r}$$

$\boldsymbol{c}$는 임의의 상수 벡터이므로 식 (2.431)의 결과를 얻을 수 있다.

Stokes의 정리 (2.427)에서 $\boldsymbol{a}=\boldsymbol{b}\times\boldsymbol{c}$ ($\boldsymbol{c}$는 상수 벡터) 라고 두면 식 (2.432)도 마찬가지의 방법으로 증명할 수 있다. 또한 식 (2.432)에서 $\boldsymbol{b}=\boldsymbol{r}$이라고 두면

$$\int_S (d\boldsymbol{S}\times\nabla)\times\boldsymbol{r}=\oint_C d\boldsymbol{r}\times\boldsymbol{r}$$

좌변의 피적분 함수를 전개하면 다음과 같다.

$$(d\boldsymbol{S}\times\nabla)\times\boldsymbol{r}=d\boldsymbol{S}-d\boldsymbol{S}(\nabla\cdot\boldsymbol{r})=d\boldsymbol{S}-3d\boldsymbol{S}=-2d\boldsymbol{S}$$

[여기서 항등관계 $(\boldsymbol{a}\times\nabla)\times\boldsymbol{b}=(\nabla\boldsymbol{b})\cdot\boldsymbol{a}-\boldsymbol{a}(\nabla\cdot\boldsymbol{b})$ 가 이용되었다.]
따라서 열린 곡면 S의 소위 '벡터 면적' $\boldsymbol{S}$는 다음과 같이 얻어진다.

$$\boldsymbol{S}=\int_S d\boldsymbol{S}=\frac{1}{2}\oint_C \boldsymbol{r}\times d\boldsymbol{r} \tag{2. 435}$$

2. 18. 2. 3 Stokes의 정리의 물리적 응용

발산정리와 마찬가지로 Stokes의 정리도 적분식을 유용한 미분방정식으로 바꾸는데 유용하게 사용된다.

예제 2. 26

Ampére의 법칙으로부터 전류가 일정한 경우의 Maxwell 방정식을 유도하라.

$$\nabla\times\boldsymbol{B}-\mu_0\boldsymbol{J}=0$$

풀 이

전류밀도 $\boldsymbol{J}$ 를 가지고 흐르는 전류에 대한 Ampére의 법칙은 열린 곡면 S를 경계 짓는 임의의 회로 C에 대하여 다음과 같이 나타낼 수 있다(단 $\boldsymbol{B}$는 자기장 유도(magnetic induction)이다).

$$\oint_C \boldsymbol{B}\cdot d\boldsymbol{r}=\mu_0\int_S \boldsymbol{J}\cdot d\boldsymbol{S}$$

Stokes의 정리 (2.427)를 사용하면 좌변은 $\int_S(\nabla\times\boldsymbol{B})\cdot d\boldsymbol{S}$ 로 바꾸어 쓸 수 있고, 따라서 임의의 곡면 S에 대하여 다음과 같다.

$$\int_S(\nabla\times\boldsymbol{B}-\mu_0\boldsymbol{J})\cdot d\boldsymbol{S}=0$$

이것은 구하고자 하는 조건인 $\nabla \times \boldsymbol{B} - \mu_0 \boldsymbol{J} = 0$일 때만 가능하다. 마찬가지로 전자기 유도 Faraday의 법칙으로부터 Maxwell 방정식 $\nabla \times \boldsymbol{E} = -\dfrac{\partial \boldsymbol{B}}{\partial t}$ 를 유도할 수 있다.

2.17.2.3절에서 몇 개의 생성점과 소멸점을 가진 비압축성 유체의 흐름에 대하여 살펴보았다. 이제 원통 좌표계 ρ, ϕ, z에서 속도장 $\boldsymbol{v} = \dfrac{1}{\rho}\boldsymbol{e}_\phi$를 가진 비압축성 유체에서의 소용돌이(vortex) 흐름에 대하여 생각해 보자. 이 속도장에 대하여 $\nabla \times \boldsymbol{v}$는 $\boldsymbol{v}$가 특이점을 갖는 $\rho = 0$ 축 위(여기에서 $\boldsymbol{v}$는 미분불가, 즉 $\nabla \times \boldsymbol{v}$는 존재 안함)를 제외한 모든 점에서 0 이다. 따라서 $\rho = 0$ 축 상의 소용돌이 선을 둘러싸고 있지 않는 임의의 닫힌 경로 C에 대해서 $\oint_C \boldsymbol{v} \cdot d\boldsymbol{r}$은 Stokes의 정리에 의하여 0이 되고, 만일 C가 $\rho = 0$ 축을 둘러싸고 있으면 적분값은 2π가 된다. 닫힌 경로 C가 $\boldsymbol{v}$의 특이점이 되는 $\rho = 0$ 축을 둘러싸고 있는지에 상관없이 모든 경로 C에 대하여 Stokes의 정리가 적용되게 하기 위하여 발산 정리의 경우와 마찬가지로 (1차원) Dirac delta함수를 사용하여 다음과 같이 나타내기로 한다(부록 G절 참조).

$$\nabla \times \boldsymbol{v} = 2\pi\, \delta(\rho)$$

여기서 $\rho \neq 0$인 모든 점에서는 $\delta(\rho) = 0$이 되는 delta함수의 성질(부록 G절 참조)로부터 $\rho = 0$축을 제외한 모든 점에서 $\nabla \times \boldsymbol{v} = 0$이 되므로 이 경우 $\boldsymbol{v} = \nabla \Psi$가 되는 (1가) 스칼라 퍼텐셜 Ψ가 존재한다. 원통좌표의 경우 Ψ는 극각 ϕ임을 쉽게 알 수 있다. 따라서 만일 C가 $\rho = 0$ 축을 둘러싸고 있지 않다면

$$\oint_C \boldsymbol{v} \cdot d\boldsymbol{r} = \oint d\phi = 0$$

그리고 만일 C가 $\rho = 0$ 축을 둘러싸고 있다면

$$\oint_C \boldsymbol{v} \cdot d\boldsymbol{r} = \Delta\phi = 2\pi n$$

여기에서 n은 닫힌 경로 C주위를 따라 회전한 횟수이다. 이 경우의 스칼라 퍼텐셜 ϕ는 위의 경우와 달리 1가 함수가 아닌 다가 함수로서 한 사이클 적분이 0이 아닌 $2\pi n$이 됨에 주목하라. 이와 같은 해석은 다른 물리적인 계에 대해서도 유효하다. 예를 들어 정자기학(magnetostatics)에서 소용돌이 곡선을 전류가 흐르는 전선으로, 속도장 $\boldsymbol{v}$를 자기장 $\boldsymbol{B}$로 바꾸어 적용할 수 있다.

다음에는 회전(curl)연산자의 응용예제를 아래에 싣는다.

예제 2. 27

강체(rigid body) 회전에 있어서, 일정(steady) 각속도 $\boldsymbol{\omega}$를 갖고 어떤 주어진 축 주위로 회전하고 있는 입자의 선형속도(linear velocity) $\boldsymbol{v}$라 할 때 아래 관계식이 성립된다.

$$\nabla \times \boldsymbol{v} = 2\boldsymbol{\omega} \tag{2. 436}$$

이를 증명하라(예제 2.8 참조).

풀 이

지금 $\boldsymbol{p}(=\boldsymbol{r})$를 회전축상의 어떤 원점에 상대적인 입자의 위치벡터라 하자. 그러면 회전운동에 있어서 속도의 정의에 의해 아래가 성립된다(2.24절 참조).

$$\boldsymbol{v} = \boldsymbol{\omega} \times \boldsymbol{p} \tag{2. 437}$$

위 식의 양변에 회전(curl)을 취하면 아래를 얻는다.

$$\nabla \times \boldsymbol{v} = \nabla \times (\boldsymbol{\omega} \times \boldsymbol{p}) \tag{2. 438}$$

그런데 벡터해석으로부터 아래관계가 성립된다.

$$\nabla \times (\boldsymbol{\omega} \times \boldsymbol{p}) = \boldsymbol{\omega}(\nabla \cdot \boldsymbol{p}) - (\boldsymbol{\omega} \cdot \nabla)\boldsymbol{p} - (\boldsymbol{p} \cdot \nabla)\boldsymbol{\omega} + \boldsymbol{p}(\nabla \cdot \boldsymbol{\omega}) \tag{2. 439}$$

그런데 각속도 $\boldsymbol{\omega}$는 위치에 무관한 벡터이므로 식 (2.439)는 아래가 된다.

$$\nabla \times (\boldsymbol{\omega} \times \boldsymbol{p}) = \boldsymbol{\omega}(\nabla \cdot \boldsymbol{p}) - (\boldsymbol{\omega} \cdot \nabla)\boldsymbol{p} \tag{2. 440}$$

여기서 $\nabla = \boldsymbol{g}^k \nabla_k$ 및 $\nabla_k \boldsymbol{p}\left(= \dfrac{\partial \boldsymbol{r}}{\partial x^k}\right) = \boldsymbol{g}_k$를 이용하면 아래가 성립된다.

$$\nabla \cdot \boldsymbol{p} = \boldsymbol{g}^k \cdot \frac{\partial \boldsymbol{p}}{\partial x^k} = \boldsymbol{g}^k \cdot \boldsymbol{g}_k = \delta^k{}_k = 3 \tag{2. 441}$$

$$(\boldsymbol{\omega} \cdot \nabla)\boldsymbol{p} = \omega^l \boldsymbol{g}_l \boldsymbol{g}^k \frac{\partial \boldsymbol{p}}{\partial x^k} = \omega^k \frac{\partial \boldsymbol{p}}{\partial x^k} = \boldsymbol{\omega} \tag{2. 442}$$

식 (2.439) – (2.442)를 (2.438)에 대입하면 아래의 목적하는 식을 얻는다.

$$\boldsymbol{\omega} = \frac{1}{2} \nabla \times \boldsymbol{v} \tag{2. 443}$$

2. 18. 2. 4 Stokes형 회전적분의 텐서표현

발산정리의 경우와 유사하게 식 (2.427)로 주어진 Stokes 정리를 3차원 Cartesian 좌표계에 대한 성분 표시로 나타내면 아래가 된다.

$$\int_S e_{ijk} n_i a_{k,j}\, dS = \oint_C a_k dx_k \tag{2. 444}$$

단 $(\nabla \times \boldsymbol{a})_i = e_{ijk} a_{k,j} = e_{ijk} \dfrac{\partial a_k}{\partial x^j}$를 이용하였다(여기서 e_{ijk}는 2.7.1절의 순열기호임).

여기서 엄밀한 증명없이 다음과 같이 n차 Cartesian 텐서 장의 회전적분과 관련된 식[단 식 (2.430)에서 M는 n차 텐서, o는 ·에 해당]으로 확장되어질 수 있다.

$$\int_S e_{ijk}\, T_{lm\cdots\, k\cdots\, n,j}\, n_i dS = \oint_C T_{lm\cdots\, k\cdots\, n} dx_k \tag{2. 445}$$

여기서 $T_{lm\cdots\, k\cdots\, n,j} = \partial T_{lm\cdots\, k\cdots\, n} / \partial x_j$이다. 물론 회전(curl) 연산자의 개념으로부터 일반 곡선 좌표계에 대한 텐서성분표시로도 나타낼 수 있다(아래 예제 참조).

예제 2. 28

Stokes 정리(식 (2.427))를 텐서 형태로 나타내어라.

풀 이

Stokes 정리 $\oint_C \boldsymbol{A} \cdot d\boldsymbol{r} = \int\int_S (\nabla \times \boldsymbol{A}) \cdot d\boldsymbol{S}$ 에서 왼편은

$\boldsymbol{A} \cdot d\boldsymbol{r} = (A_p \boldsymbol{g}^p) \cdot (dx^q \boldsymbol{g}_q) = A_p dx^p = A_p \dfrac{dx^p}{ds} ds$ 가 된다.

한편 오른편에서 $(\nabla \times \boldsymbol{A})$는 반변(식 (2.416b)), $d\boldsymbol{S}(= \boldsymbol{n}\, dS)$는 공변 성분으로 나타내면 $(\nabla \times \boldsymbol{A}) \cdot d\boldsymbol{S} = \varepsilon^{prq} A_{q;r}\, n_p\, dS$ 가 된다. 따라서 텐서형태로 나타낸 Stokes 정리는 다음과 같이 된다.

$$\oint_C A_p \frac{dx^p}{ds} ds = \int\int_S A_{q;r} n_p dS$$

여기서 $\dfrac{dx^p}{ds}$ 는 폐곡선 C 로의 단위 접선 벡터(즉 $\boldsymbol{T} = \dfrac{d\boldsymbol{r}}{ds} = \dfrac{dx^p}{ds} \boldsymbol{g}_p$)이고,

n_p 는 경계로서 C를 가지는 (열린) 곡면으로의 양(+)의 단위 법선벡터(즉 $\boldsymbol{n} = n_p \boldsymbol{g}^p$)이다.

---

2. 19 라플라스 연산자

스칼라인 '라플라스 연산자(Laplacian operator)' ∇^2는 아래와 같이 정의된다.

$$\nabla^2 = \boldsymbol{\nabla} \cdot \boldsymbol{\nabla} = \mathrm{div}(\mathrm{grad}) \tag{2. 446}$$

이 ∇^2연산자는 퍼텐셜 이론, 확산문제, 파동운동 및 연속체역학과 같은 수리물리에 널리 이용된다. 위 식에 $\boldsymbol{\nabla} = \boldsymbol{g}^k \nabla_k \left(= \dfrac{\partial}{\partial x^k}\right)$를 대입하고, 식 (2.299)를 이용하여 전개하면 아래 식을 얻는다.

$$\nabla^2 = \boldsymbol{\nabla} \cdot \boldsymbol{\nabla} = \boldsymbol{g}^k \frac{\partial}{\partial x^k} \cdot \left(\boldsymbol{g}^l \frac{\partial}{\partial x^l}\right) = \boldsymbol{g}^k \cdot \left(\frac{\partial \boldsymbol{g}^l}{\partial x^k} \frac{\partial}{\partial x^l} + \boldsymbol{g}^l \frac{\partial^2}{\partial x^k \partial x^l}\right)$$

$$= \boldsymbol{g}^{kl} \frac{\partial^2}{\partial x^k \partial x^l} - \boldsymbol{g}^{km} \Gamma^l_{mk} \frac{\partial}{\partial x^l} \tag{2. 447}$$

한편 벡터 $\boldsymbol{u}$의 공변 미분에 관한 정의식 (2.319b)에 $\boldsymbol{u} = \boldsymbol{\nabla} \left(= \boldsymbol{g}^l \nabla_l\right)$로 두면 $\nabla_k \boldsymbol{\nabla} = \boldsymbol{g}^l \nabla_{l;k}$ $\left(\neq \boldsymbol{g}_l \nabla^l{}_{;k}\right)$가 됨을 이용하면 ∇^2에 관한 다른 표현식을 얻을 수 있다.

$$\nabla^2 = \boldsymbol{\nabla} \cdot \boldsymbol{\nabla} = \boldsymbol{g}^k \cdot \nabla_k \boldsymbol{\nabla} = \boldsymbol{g}^k \cdot \boldsymbol{g}^l \nabla_{l;k} = g^{kl} \nabla_{l;k} \tag{2. 448}$$

그런데 (공변)벡터에 대한 공변 미분의 정의식 (2.320)에 $u_i = \nabla_i$를 대입하면 (∵이미 $\nabla_i = \dfrac{\partial}{\partial x_i}$도 1계 공변텐서임을 알고 있다 - 예제 2.3 참조) 아래를 얻는다.

$$\nabla_{l;k} = \nabla_k \nabla_l \left(= \frac{\partial^2}{\partial x^k \partial x^p}\right) - \Gamma^m_{lk} \nabla_m \left(\frac{\partial}{\partial x^m}\right) \tag{2. 449}$$

이를 식 (2.448)에 대입하면 아래를 얻는다.

$$\nabla^2 = g^{kl} \nabla_{l;k} = g^{kl} \left(\nabla_k \nabla_l - \Gamma^m_{lk} \nabla_m\right) \tag{2. 450}$$

사실 이 식은 우편의 두 번째 항에서 $l \to m$, $m \to l$로 치환하면 식 (2.447)과 같음을 알 수 있다. 앞으로 ∇^2에 대한 표현식으로 식 (2.447)대신 (2.450)을 우선적으로 사용하기로 한다. 특히 Cartesian 직교좌표계의 경우 공변 미분은 편미분과 같으므로(∵모든 Christoffel 기호가 0이 됨) 식 (2.450)의 $\nabla_{l;k} = \nabla_{l,k} = \nabla_k \nabla_l$이 되고, $g^{kl} = \delta^{kl}$가 되므로 ∇^2는 아래가 된다.

$$\nabla^2 = \delta^{kl} \nabla_k \nabla_l = \delta^{kl} \frac{\partial^2}{\partial z^k \partial z^l} \tag{2.451}$$

여기서 통상의 $z^1 = x,\ z^2 = y,\ z^3 = z$로 치환하면 아래 식을 얻는다.

$$\nabla^2 = \frac{\partial^2}{\partial x^2} + \frac{\partial^2}{\partial y^2} + \frac{\partial^2}{\partial z^2} \tag{2.452}$$

그런데 ∇^2 연산자는 통상의 상미분 연산자 $D\left(=\dfrac{d}{dx}\right)$와 달리 선형연산자가 아니다. 즉

$$\nabla^2(fg) \neq (\nabla^2 f)g + f(\nabla^2 g) \tag{2.453}$$

2.19.1 스칼라 장의 라플라스

지금 $\phi(\boldsymbol{x})$를 E^3에서 (적어도)두 번 연속미분이 가능한 C^2 클래스에 속하는 스칼라 장이라 하면 식 (2.450)에 의해 아래가 성립된다.

$$\nabla^2 \phi = g^{kl} \nabla_{l;k} \phi = g^{kl} \left(\phi_{;kl} - \Gamma^m_{lk} \phi_{,m} \right) \tag{2.454}$$

그런데 $\nabla \phi = \boldsymbol{a}$로 두면 $\nabla \cdot \boldsymbol{a} = a^k{}_{;k}$(식 (2.383))가 되고, 여기에 다시 식 (2.384)를 이용하면 아래 식을 얻는다.

$$\nabla^2 \phi = \nabla \cdot \boldsymbol{a} = a^k{}_{;k} = \frac{1}{\sqrt{g}} \frac{\partial}{\partial x^k} \left(\sqrt{g}\, a^k \right) = \frac{1}{\sqrt{g}} \frac{\partial}{\partial x^k} \left(\sqrt{g}\, g^{kl} \phi_{,l} \right) \tag{2.455}$$

맨 마지막 항등관계는 $a^k = (\nabla \phi)^k = g^{kl} (\nabla \phi)_l = g^{kl} \phi_{,l}$를 이용하였다. 여기서 식 (2.454)와 (2.455)를 비교하면 ∇^2 연산자에 대한 또 다른 형태의 정의를 얻을 수 있다.

$$\nabla^2 = g^{kl} \nabla_{l;k} = \frac{1}{\sqrt{g}} \frac{\partial}{\partial x^k} \left(\sqrt{g}\, g^{kl} \nabla_l \right) \tag{2.456}$$

2.19.2 벡터장의 라플라스

E^3에서 $\boldsymbol{v}(\boldsymbol{x})$가 C^2 클래스에 속하는 벡터장이라고 하자. 그러면 이의 라플라스

$\nabla^2 \boldsymbol{v}(= \nabla \cdot \nabla \boldsymbol{v})$는 $\nabla \boldsymbol{v} = \mathrm{T}$(2차 텐서)로 두고, 식 (2.389) 및 (2.369)를 이용하면 아래가 된다.

$$\nabla^2 \boldsymbol{v} = \nabla \cdot \nabla \boldsymbol{v} = \nabla \mathrm{T} = T^k{}_{l;k} \boldsymbol{g}^l = g^{mk} T_{ml;k} \boldsymbol{g}^l$$

$$= g^{mk} (v_{l;m})_{;k} \boldsymbol{g}^l = g^{mk} v_{l;mk} \boldsymbol{g}^l \qquad (2.457)$$

위 식의 맨 마지막 항등관계는 3계 (공변)텐서에 해당하는 아래의 정의식을 이용하였다.

$$(v_{l;m})_{;k} \equiv v_{l;mk} \qquad (2.458)$$

[사실 휘어진 Riemann 공간이 아닌, 항상 Cartesian 좌표계를 발견할 수 있는 Riemann 곡률 텐서가 0이 되고 편평한(flat) 유클리드 공간의 경우는 $v_{l;mk} = v_{l;km}$ 이 성립된다 - 2.20절 참조.]
식 (2.457)에서 아래가 성립됨을 알 수 있다.

$$(\nabla^2 \boldsymbol{v})_l = g^{mk} v_{l;mk} \qquad (2.459)$$

또한 이의 반변 동반성분 $(\nabla^2 v)^l$는 계량텐서에 의한 올림에 의해 아래와 같이 얻어진다.

$$(\nabla^2 \boldsymbol{v})^l = g^{lp} (\nabla^2 \boldsymbol{v})_p = g^{pl} g^{mk} v_{p;mk} = g^{mk} v^l{}_{;mk} \qquad (2.460)$$

여기서 '2계 공변 미분(second-order covariant differentiation)'에 해당하는 $v_{l;mk}$는 식 (2.458)에서 $v_{l;m}$는 둘 다 공변첨자를 가진 2계 공변텐서 T_{lm}으로 간주할 수 있으므로 $(v_{l;m})_{;k} = T_{lm;k}$로 두고 식 (2.333)을 이용하면 아래의 식을 얻는다(단 첨자교환 이용).

$$(v_{l;m})_{;k} [= v_{l;mk}] = (v_{l;m})_{,k} - v_{n;m} \Gamma^n_{lk} - v_{l;n} \Gamma^n_{mk}$$

$$= (v_{l,m} - v_n \Gamma^n_{lm})_{,k} - v_{n;m} \Gamma^n_{lk} - v_{l;n} \Gamma^n_{mk}$$

$$= v_{l,mk} - v_{n,k} \Gamma^n_{lm} - v_n (\Gamma^n_{lm})_{,k} - v_{n;m} \Gamma^n_{lk} - v_{l;n} \Gamma^n_{mk} \qquad (2.461)$$

한편 식 (2.457) 및 2계 공변 미분에 대한 식 (2.461)의 결과는 $\nabla^2 \boldsymbol{v}$에서 ∇^2을 식 (2.450)에서 대입하고 식 (2.319b) 및 (2.299)를 이용하여 전개하여도 같은 결과를 얻는다. 즉

$$\nabla^2 \boldsymbol{v} = g^{kl} (\nabla_k \nabla_l - \Gamma^m_{lk} \nabla_m) \boldsymbol{v} = g^{kl} [\nabla_k (v_{m;l} \boldsymbol{g}^m) - \Gamma^m_{lk} v_{p;m} \boldsymbol{g}^p]$$

$$= g^{kl} [(v_{m;l})_{,k} \boldsymbol{g}^m + v_{m;l} \nabla_k \boldsymbol{g}^m - \Gamma^m_{lk} v_{p;m} \boldsymbol{g}^p]$$

$$= g^{kl} [(v_{m;l})_{,k} \boldsymbol{g}^m + v_{m;l} \Gamma^m_{sk} \boldsymbol{g}^s - \Gamma^m_{lk} v_{p;m} \boldsymbol{g}^p]$$

$$= g^{kl}[(v_{m;l})_{,k} - v_{n;l}\Gamma^n_{mk} - \Gamma^p_{lk} v_{m;p}]\boldsymbol{g}^m$$

따라서 아래가 성립된다.

$$(\nabla^2 \boldsymbol{v})_m = g^{kl}[(v_{m;l})_{,k} - v_{n;l}\Gamma^n_{mk} - \Gamma^p_{lk} v_{m;p}]$$

여기서 $m \to l$, $l \to m$을 치환하면 식 (2.459)와 (2.461)의 결과와 같아짐을 알 수 있다.

한편 반변, 공변 구별이 없는 Cartesian (x, y, z) 좌표계의 경우에는 식 (2.459)에서 $g^{mk} \to \delta^{mk}$, $v_{l;mk} \to v_{l,mk}$가 되므로 $(\nabla^2 \boldsymbol{v})_l = \delta^{mk} v_{l,mk} = v_{l,mm} = \dfrac{\partial^2 v_l}{\partial z^m \partial z^m}$가 되어 아래가 성립된다.

$$\left.\begin{aligned}(\nabla^2 \boldsymbol{v})_x &= \frac{\partial^2 v_x}{\partial x^2} + \frac{\partial^2 v_x}{\partial y^2} + \frac{\partial^2 v_x}{\partial z^2} = \nabla^2 v_x \\ (\nabla^2 \boldsymbol{v})_y &= \frac{\partial^2 v_y}{\partial x^2} + \frac{\partial^2 v_y}{\partial y^2} + \frac{\partial^2 v_y}{\partial z^2} = \nabla^2 v_y \\ (\nabla^2 \boldsymbol{v})_z &= \frac{\partial^2 v_z}{\partial x^2} + \frac{\partial^2 v_z}{\partial y^2} + \frac{\partial^2 v_z}{\partial z^2} = \nabla^2 v_z\end{aligned}\right\} \tag{2.462}$$

예제 2.29

E^3의 스칼라 장 $\phi(\boldsymbol{x})$에 대한 2계 공변 미분에 있어서 $\phi_{;kl} = \phi_{;lk}$가 성립함을 증명하라.

풀이

먼저 $\phi_{;kl}$을 공변 미분의 정의식 (2.336)에 따라 다음과 같이 구해보자[단 $\phi_{;k} = \phi_{,k}$ (식 (2.347)) 이용].

$$\phi_{;kl} = (\phi_{;k})_{;l} = (\phi_{,k})_{;l}$$

그런데 $\phi_{,k} = \nabla_k \phi = (\boldsymbol{\nabla}\phi)_k$는 이미 1계 공변텐서임을 알고 있으므로(예제 2.3 참조), $\phi_{,k} = u_k$라 두면 위 식은 아래가 된다.

$$\phi_{;kl} = u_{k;l} = \nabla_l u_k - \Gamma^s_{kl} u_s = \phi_{,kl} - \Gamma^s_{kl}\phi_{,s} \tag{2.463}$$

마찬가지 방법으로 $\phi_{;lk}$을 구해보면 아래가 된다.

$$\phi_{;lk} = (\phi_{,l})_{;k} = \phi_{,lk} - \Gamma^s_{lk}\phi_{,s} \tag{2.464}$$

그런데 2계 편미분 $\phi_{,kl}=\dfrac{\partial^2\phi}{\partial x^l\partial x^k}=\dfrac{\partial^2\phi}{\partial x^k\partial x^l}=\phi_{,lk}$가 성립하므로 위 식 (2.463)과 (2.464)에서 아래가 증명된다.

$$\phi_{;kl}=\phi_{;lk}=\phi_{,kl}(=\phi_{,lk})-\Gamma^s_{kl}\,\phi_{,s} \tag{2. 465}$$

사실 $\phi_{;kl}$는 2계 공변 (절대)텐서이다.

한편 식 (2.454)와 (2.465)를 비교해보면 아래가 성립됨을 알 수 있다.

$$\nabla_{l\,;\,k}\,\phi=\phi_{;\,kl}=\phi_{;\,lk} \tag{2. 466}$$

그러면 이하에서 라플라스 연산자 $\nabla^2=g^{kl}\nabla_{l\,;\,k}$ (식 (2.450))에 나오는 $\nabla_{l\,;\,k}(\nabla_k\nabla_k-\Gamma^s_{lk}\nabla_s)$ 연산자(식 (2.449))의 작용에 대하여 조사해보기로 하자. 먼저 앞에서 언급한 $\nabla^2\boldsymbol{v}$는 식 (2.450)을 이용하여 아래와 같이 나타낼 수 있다.

$$\nabla^2\boldsymbol{v}=\nabla^2(v^p\,\boldsymbol{g}_p)=(g^{pm}\,\nabla_{m\,;\,p})\boldsymbol{v}=(\nabla^2\boldsymbol{v})^k\,\boldsymbol{g}_k \tag{2. 467}$$

그런데 이 식과 식 (2.460)을 비교해보면 아래의 관계가 성립된다.

$$\nabla_{m\,;\,p}\,\boldsymbol{v}=v^k{}_{;\,mp}\,\boldsymbol{g}_k \tag{2. 468}$$

그런데 이 식은 $\boldsymbol{v}$에 직접 $\nabla_{m\,;\,p}$ 연산자 (2.449)를 작용시켜도 아래와 같이 같은 결과를 얻을 수 있다(단 이때 편미분 연산자 ∇_p는 배분법칙이 성립되나, $\nabla_{m\,;\,p}$ 연산자는 성립되지 않음에 유의해야 한다).

$$\begin{aligned}\nabla_{m\,;\,p}\,\boldsymbol{v}&=(\nabla_p\nabla_m-\Gamma^s_{mp}\,\nabla_s)\boldsymbol{v}=\nabla_p(v^k{}_{;\,m}\,\boldsymbol{g}_k)-\Gamma^s_{mp}\,v^l{}_{;\,s}\,\boldsymbol{g}_l\\&=\nabla_p(v^k{}_{;\,m})\,\boldsymbol{g}_k+v^k{}_{;\,m}\,\Gamma^s_{kp}\,\boldsymbol{g}_s-\Gamma^s_{mp}\,v^l{}_{;\,s}\,\boldsymbol{g}_l\\&=\left\{\nabla_p(v^k{}_{;\,m})+\Gamma^k_{sp}\,v^s{}_{;\,m}-v^k{}_{;\,s}\,\Gamma^s_{mp}\right\}\boldsymbol{g}_k\end{aligned} \tag{2. 469}$$

위 식의 마지막 항등관계는 $\boldsymbol{g}_k$를 바깥으로 빼기 위하여 (반복)무효첨자를 적당히 바꾸어 조정하여 얻어진 것이다. 그런데 이 식의 우편의 괄호안에 있는 항은 공변 미분의 정의식 (2.336)에 의해 $(v^k{}_{;\,m})_{;\,p}=v^k{}_{;\,mp}$가 되므로 식 (2.468)이 다시 확인된다.

그리고 $\nabla_{m\,;\,p}$ 연산자는 선형 연산자가 아니므로 아래와 같이 배분법칙이 성립되지 않음에 유의해야한다. 즉

$$\nabla_{m;p}\boldsymbol{v} = (v^k{}_{;mp}\,\boldsymbol{g}_k) = \nabla_{m;p}(v^n\,\boldsymbol{g}_n) \neq (\nabla_{m;p}v^n)\boldsymbol{g}_n + v^n\nabla_{m;p}\boldsymbol{g}_n \tag{2.470}$$

또한 아래의 (부등)관계도 성립된다.

$$\nabla_{m;p}v^n \neq v^n{}_{;mp}, \qquad \nabla_{m;p}\boldsymbol{g}_n \neq \boldsymbol{g}_{n;mp}(=0) \tag{2.471}$$

증 명 먼저 위 식의 첫 번째 관계를 증명해보기로 한다. 이의 왼편 항은 아래가 된다.

$$(\mathrm{L})\ \nabla_{m;p}v^n = (\nabla_p\nabla_m - \Gamma^s_{mp}\nabla_s)v^n = v^n{}_{,mp} - \Gamma^s_{mp}v^n{}_{,s}$$

다음에 오른편 항은 공변 미분의 정의에 의해 아래가 된다.

$$\begin{aligned}(\mathrm{R})\ v^n{}_{;mp} &= \nabla_p(v^n{}_{;m}) + \Gamma^n_{sp}v^s{}_{;m} - \Gamma^s_{mp}v^n{}_{;s}\\ &= v^n{}_{,pm} - \Gamma^s_{mp}v^n{}_{,s} + (\Gamma^n_{sm})_{,p}v^s + \Gamma^n_{sm}v^s{}_{,p} + \Gamma^n_{sp}v^s{}_{,m}\\ &\quad + \Gamma^n_{sp}\Gamma^s_{lm}v^l - \Gamma^s_{mp}\Gamma^n_{ls}v^l\end{aligned}$$

따라서 (L)과 (R)을 비교해보면 같지 않음을 알 수 있다.

다음에는 식 (2.471)의 두 번째 관계를 증명해보자. 먼저 이의 왼편 항은 아래가 된다(단 식 (2.289) 이용).

$$\begin{aligned}(\mathrm{L})\ \nabla_{m;p}\boldsymbol{g}^n &= (\nabla_p\nabla_m - \Gamma^s_{mp}\nabla_s)\boldsymbol{g}_n = \nabla_p(\Gamma^s_{mn}\boldsymbol{g}_s) - \Gamma^s_{mp}\Gamma^l_{sn}\boldsymbol{g}_l\\ &= (\Gamma^s_{mn})_{,p}\boldsymbol{g}_s + \Gamma^s_{mn}\Gamma^l_{ps}\boldsymbol{g}_l - \Gamma^s_{mp}\Gamma^l_{sn}\boldsymbol{g}_l\end{aligned}$$

다음에 우편 항은 아래가 된다[단 $\boldsymbol{g}_{n;m} = \nabla_m\boldsymbol{g}_n - \Gamma^s_{nm}\boldsymbol{g}_s = \Gamma^s_{mn}\boldsymbol{g}_s = \Gamma^s_{nm}\boldsymbol{g}_s = 0$을 이용].

$$(\mathrm{R})\ \boldsymbol{g}_{n;mp} = (g_{n;m})_{;p} = 0$$

따라서 (L) ≠ (R)임을 알 수 있다. ■

다음 절에서는 휘어진 n차원 Riemann 공간(R^n)에서의 곡률텐서 및 2계 공변 미분의 교환성 등을 조사해보기로 한다.

2. 20 Riemann-Christoffel 텐서

잘 알려진대로 E^n 공간에서 C^2 클래스에 속하는 독립변수 x 및 y의 어떤 스칼라 함수 $f(x,y)$가 그 영역내에서 f, $f_{,x}$, $f_{,y}$, $f_{,xx}$, $f_{,xy}$, $f_{,yx}$, $f_{,yy}$ 모두가 존재하고 연속이라면 편미분의 순서는 중요하지 않다(즉 $f_{,xy}=f_{,yx}$). 그러나 (2차)텐서값 함수의 혼합형 2계 공변 미분의 경우에는 다음에서 볼 수 있듯이 반드시 교환성을 보증하기는 어렵다. 즉 만약 공변 미분의 순서가 중요하지 않기 위해서는 어떤 곡선좌표계 x^k에 의해 펴진(spanned) 공간상에서 'Riemann-Christoffel (곡률)텐서'라고 불리는 4차 텐서가 0이 되어야 한다. 사실 지금까지 다루어온 편평한 유클리드 공간에서는 이것이 성립된다.

지금 어떤 $\boldsymbol{x}$ 좌표계에 대해 기본 계량텐서 $g_{ij}(\boldsymbol{x})$를 가진 $r \geq 2$인 클래스 C^r에 속하는 어떤 (공변)벡터장 $v_i(\boldsymbol{x})$의 x^j 좌표계에 의한 공변 미분(식 (2.320))을 아래에 다시 적는다.

$$v_{i;j}= v_{i,j} - v_h \Gamma_{ij}^h \tag{2. 320}$$

이를 다시 x^k로 공변 미분을 행하면 차수(rank)가 $+1$ 증가된 아래의 3차 공변텐서가 얻어진다.

$$\begin{aligned} v_{i;jk} &= (v_{i;j})_{;k} = (v_{i;j})_{,k} - v_{h;j}\Gamma_{ik}^h - v_{i;h}\Gamma_{jk}^h \\ &= (v_{i,j} - v_h\Gamma_{ij}^h)_{,k} - \Gamma_{ik}^h(v_{h,j} - v_l\Gamma_{hj}^l) - \Gamma_{jk}^h(v_{i,h} - v_l\Gamma_{ih}^l) \\ &= v_{i,jk} - (\Gamma_{ij}^h)_{,k}v^h - \Gamma_{ij}^h v_{h,k} - \Gamma_{ik}^h v_{h,j} + v_l\Gamma_{ik}^h\Gamma_{hj}^l - \Gamma_{jk}^h v_{i,h} + v_l\Gamma_{jk}^h\Gamma_{ih}^l \end{aligned} \tag{2. 472}$$

다음에는 위와 비슷한 절차에 의하여[아니면 단순히 식 (2.472)의 첨자 j와 k를 교환하던지] 아래의 식을 얻는다.

$$v_{i;kj} = v_{i,kj} - (\Gamma_{ik}^h)_{,j}v_h - \Gamma_{ik}^h v_{h,j} - \Gamma_{ij}^h v_{h,k} + v_l\Gamma_{ij}^h\Gamma_{hk}^l - \Gamma_{kj}^h v_{i,h} + v_l\Gamma_{kj}^h\Gamma_{ih}^l \tag{2. 473}$$

다음에는 식 (2.473)을 식 (2.472)에서 빼고, 편미분의 교환법칙 즉 $v_{i,jk} - v_{i,kj}\left[= \dfrac{\partial^2 v_i}{\partial x^k \partial x^j} - \dfrac{\partial^2 v_i}{\partial x^j \partial x^k}\right] = 0$을 이용하면 아래 식을 얻는다.

$$v_{i;jk} - v_{i;kj} = \Gamma_{ik}^h\Gamma_{hj}^l v_l - (\Gamma_{ij}^h)_{,k}v_h - \Gamma_{ij}^h\Gamma_{hk}^l v_l + (\Gamma_{ik}^h)_{,j}v_h \tag{2. 474}$$

다시 위 식의 우편의 첫째와 셋째 항에서 첨자 $l \to h$로, $h \to l$로 교환을 행하면 아래의 식을 얻는다.

$$v_{i;jk} - v_{i;kj} = \left[\left(\Gamma^h_{ik} \right)_{,j} - \left(\Gamma^h_{ij} \right)_{,k} + \Gamma^l_{ik} \Gamma^h_{lj} - \Gamma^l_{ij} \Gamma^h_{lk} \right] v_h \tag{2.475}$$

위 식에서 왼편은 텐서의 기본연산법칙에 의해 차수 3인 (공변)텐서, 그리고 우편은 텐서의 상법칙 (2.5.5절)에 의해 v_k가 1차 텐서이므로 대괄호안에 있는 항은 4차 텐서가 되어야하고, 이를 아래와 같이 $R^h{}_{ijk}$라 칭한다(첨자 h에 관해 한 번의 축약이 행해짐).

$$\left(\Gamma^h_{ik} \right)_{,j} - \left(\Gamma^h_{ij} \right)_{,k} + \Gamma^h_{lj} \Gamma^l_{ik} - \Gamma^l_{ij} \Gamma^h_{lk} = R^h{}_{ijk} \tag{2.476}$$

이를 식 (2.475)에 대입하면 아래의 유용한 관계식을 얻는다.

$$v_{i;jk} - v_{i;kj} = R^h{}_{ijk} v_h \tag{2.477}$$

위 식을 보면 v_h는 임의의 1계 공변 텐서(벡터)이므로 $v_h \neq 0$이 되며 오직 $R^h{}_{ijk}$가 0이 될 경우에만 $u_{i;jk} = v_{i;kj}$가 성립된다. 식 (2.476)을 편의상 아래와 같이 2×2 행렬식으로 나타낼 수도 있다.

$$R^h{}_{ijk} = \begin{vmatrix} \dfrac{\partial}{\partial x^j} & \dfrac{\partial}{\partial x^k} \\ \Gamma^h_{ij} & \Gamma^h_{ik} \end{vmatrix} + \begin{vmatrix} \Gamma^h_{lj} & \Gamma^h_{lk} \\ \Gamma^l_{ij} & \Gamma^l_{ik} \end{vmatrix} \tag{2.478}$$

이렇게 정의된 $R^h{}_{ijk}$를 '제 2종 Riemann-Christoffel 텐서'라 한다.
그리고 여기에 계량텐서를 이용하여 첨자를 올리거나 낮춤에 의해 아래의 (동반)4차 텐서가 얻어진다.

$$R^h{}_{ijk} g_{hl} = R_{lijk} \tag{2.479}$$

혹은 역으로

$$R_{lijk} g^{lh} = R^h{}_{ijk} \tag{2.480}$$

위 식의 R_{lijk}를 '제 1종 Riemann-Christoffel 텐서'라고 부른다. 그리고 R_{lijk}에 대한 표현식은 식 (2.479)와 (2.478)에 의해 아래와 같이 얻어진다.

$$\begin{aligned} R_{lijk} &= R^h{}_{ijk} g_{hl} \\ &= g_{hl} \left(\Gamma^h_{ik} \right)_{,j} - g_{hl} \left(\Gamma^h_{ij} \right)_{,k} + g_{hl} \Gamma^h_{pj} \Gamma^p_{ik} - g_{hl} \Gamma^h_{pk} \Gamma^p_{ij} \end{aligned}$$

$$= \left(g_{hl}\Gamma^h_{ik}\right)_{,j} - \Gamma^h_{ik}g_{hl,j} - \left(g_{hl}\Gamma^h_{ij}\right)_{,k} + \Gamma^h_{ij}g_{hl,k} + \Gamma_{pjl}\Gamma^p_{ik} - \Gamma_{pkl}\Gamma^p_{ij}$$

$$= \left(\Gamma_{ikl}\right)_{,j} - \left(\Gamma_{ijl}\right)_{,k} - \Gamma^h_{ik}\Gamma_{hjl} - \Gamma^h_{ik}\Gamma_{ljh} + \Gamma^h_{ij}\Gamma_{hkl} + \Gamma^h_{ij}\Gamma_{lkh} + \Gamma^p_{ik}\Gamma_{pjl} - \Gamma^p_{ij}\Gamma_{pkl}$$

$$= \left(\Gamma_{ikl}\right)_{,j} - \left(\Gamma_{ijl}\right)_{,k} + \Gamma^h_{ij}\Gamma_{lkh} - \Gamma^h_{ik}\Gamma_{ljh}$$

위 식의 마지막 단계는 아래와 같이 두 행렬식의 합으로 간편하게 나타낼 수 있다.

$$R_{lijk} = \begin{vmatrix} \dfrac{\partial}{\partial x^j} & \dfrac{\partial}{\partial x^k} \\ \Gamma_{ijl} & \Gamma_{ikl} \end{vmatrix} + \begin{vmatrix} \Gamma^h_{ij} & \Gamma^h_{ik} \\ \Gamma_{ljh} & \Gamma_{lkh} \end{vmatrix} \tag{2.481}$$

식 (2.300)을 사용하여 위 행렬식을 전개하면 아래의 식을 얻는다.

$$R_{lijk} = \frac{1}{2}\left(\frac{\partial^2 g_{lk}}{\partial x^i \partial x^j} - \frac{\partial^2 g_{ik}}{\partial x^l \partial x^j} - \frac{\partial^2 g_{lj}}{\partial x^i \partial x^k} + \frac{\partial^2 g_{ij}}{\partial x^k \partial x^l}\right) + g^{mn}\left(\Gamma_{ijm}\Gamma_{lkn} - \Gamma_{ikm}\Gamma_{ljn}\right) \tag{2.482}$$

클래스 $C^r\,(r \geq 2)$에 속하는 2차 텐서 장 $a_{ij}(\boldsymbol{x})$에 대해서도 위와 유사한 절차에 의해 아래와 같은 관계식을 유도할 수 있다.

$$a_{ij;kl} - a_{ij;lk} = a_{ih}R^h{}_{jkl} + a_{hj}R^h{}_{ikl} \tag{2.483}$$

또한 3차 이상의 고차 텐서의 경우에도 위와 비슷한 관계식을 유도할 수 있으나 여기서는 더 이상 추구하지 않겠다.

예제 2. 30

식 (2.477)을 유도할 때와 유사한 절차에 따라 아래 식이 성립됨을 증명하라.

$$(u^i{}_{;jk}) - (u^i{}_{;kj}) = R^i{}_{lkj}u^l \tag{2.484}$$

여기서 $R^i{}_{lkj}(=-R^i{}_{ljk})$는 식 (2.476)에서 첨자 $h \to i,\ i \to l,\ j \to k,\ k \to j$ 교환에 의해 얻어진다.

풀 이

먼저 $u^i{}_{;jk} = (u^i{}_{;j})_{;k}$에서 $u^i{}_{;j}$는 공변 미분 식 (2.318)을 이용하고, 또한 2차(혼합텐서) $u^i{}_{;j} = T^i{}_j$로 두고 $T^i{}_{j;k}$는 식 (2.334)를 이용하여 전체의 전개를 행하면 아래 식이 얻어진다(단 공변 미분은 미분관계가 성립됨).

$$(u^i{}_{;j})_{;k} = \left(\frac{\partial u^i}{\partial x^j} + \Gamma^i_{lj} u^l\right)_{;k} = \frac{\partial}{\partial x^k}\left(\frac{\partial u^i}{\partial x^j} + \Gamma^i_{lj} u^l\right) + \Gamma^i_{lk}\left(\frac{\partial u^l}{\partial x^j} + \Gamma^l_{mj} u^m\right) - \Gamma^l_{jk}\left(\frac{\partial u^i}{\partial x^l} + \Gamma^i_{ml} u^m\right)$$

$$= \frac{\partial^2 u^i}{\partial x^k \partial x^j} + \frac{\partial u^l}{\partial x^k}\Gamma^i_{lj} + \frac{\partial u^l}{\partial x^j}\Gamma^i_{lk} - \frac{\partial u^i}{\partial x^l}\Gamma^l_{jk} + u^l \frac{\partial \Gamma^i_{lj}}{\partial x^k} + u^m \Gamma^i_{lk}\Gamma^l_{mj} - u^m \Gamma^l_{jk}\Gamma^i_{ml} \tag{2. 485a}$$

그리고 $u^i{}_{;kj} = (u^i{}_{;k})_{;j}$도 마찬가지로 전개하던지, 아니면 위에서 얻어진 식에서 첨자교환 $j \leftrightarrow k$를 행하면 아래 식이 얻어진다(단 최종 결과만을 나타냄).

$$(u^i{}_{;k})_{;j} = \left(\frac{\partial u^i}{\partial x^k} + \Gamma^i_{lk} u^l\right)_{;j} = \frac{\partial^2 u^i}{\partial x^j \partial x^k} + \frac{\partial u^l}{\partial x^j}\Gamma^i_{lk} + \frac{\partial u^l}{\partial x^k}\Gamma^i_{lj} - \frac{\partial u^i}{\partial x^l}\Gamma^l_{kj} + u^l \frac{\partial \Gamma^i_{lk}}{\partial x^j} + u^m \Gamma^i_{lj}\Gamma^l_{mk} - u^m \Gamma^l_{jk}\Gamma^i_{ml} \tag{2. 485b}$$

위 식 (a)에서 (b)를 빼고, (무효)첨자 교환을 적당히 행하면 아래 식을 얻을 수 있다.

$$u^i{}_{;jk} - u^i{}_{;kj} = u^l\left(\frac{\partial \Gamma^i_{lj}}{\partial x^k} - \frac{\partial \Gamma^i_{lk}}{\partial x^j} + \Gamma^i_{mk}\Gamma^m_{lj} - \Gamma^i_{mj}\Gamma^m_{lk}\right) \tag{2. 486}$$

그런데 위 식 우편의 괄호안 항은 식 (2.476)과 비교해보면 첨자교환에 의해 $R^i{}_{lkj}(=-R^i{}_{ljk})$가 됨을 알 수 있다. 따라서 위 식은 아래와 같이 나타낼 수 있으므로 식 (2.484)가 증명된다.

$$u^i{}_{;jk} - u^i{}_{;kj} = R^i{}_{lkj} u^l (= -R^i{}_{ljk} u^l) \tag{2. 487}$$

---

2. 20. 1 Riemann-Christoffel 텐서의 성질

식 (2.482)로부터 4차 텐서 R_{lijk}의 여러 대칭 성질을 추정할 수 있다. 이들 성질은 (Riemann 공간에서) 곡률(curvature)계산이나 상대성 연속체역학(relativistic continuum mechanics)등에 유용하게 사용된다. 먼저 아래 관계가 쉽게 추정된다.

$$R_{iljk} = -R_{lijk}, \quad R_{likj} = -R_{lijk} \tag{2. 488}$$

또한 이로부터 아래 관계도 성립된다(∵식 (2.482)에서 $j = k$로 두면 얻어짐).

$$R_{lijj} = 0 = R_{iljj} \quad (\text{n.s. for } j) \tag{2. 489}$$

즉 위 식에서 R_{iljk}는 처음 두 첨자 혹은 나중 두 첨자의 교환에 대해 반대칭임을 알 수 있다. 또한 $R^l{}_{ijk} = g^{lm} R_{mijk}$에서 아래의 (반대칭)관계도 성립된다.

$$R^l{}_{ijk} = -R^l{}_{ikj} \tag{2.490}$$

한편 식 (2.482)로부터 아래와 같이 첨자 두 쌍(pair)간의 대칭관계도 성립된다.

$$R_{jkli} = R_{lijk} \tag{2.491}$$

또한 R_{lijk}에서 첫 번째 첨자 l을 고정시키고, 나머지 세 첨자 ijk를 원순환시키면 아래의 관계가 성립된다.

$$R_{lijk} + R_{ljki} + R_{lkij} = 0 \tag{2.492}$$

이 식은 역시 식 (2.482)에서 쉽게 증명이 가능하다.
그리고 이 식의 공변 미분으로부터 아래의 'Bianchi 식'이라고 불리는 관계도 얻어진다.

$$R_{lijk;p} + R_{likp;j} + R_{lipj;k} = 0 \tag{2.493}$$

또한 식 (2.489)에 덧붙여 식 (2.482)로부터 아래 관계도 쉽게 유도할 수 있다.

$$R_{l\underline{i}\underline{i}\underline{i}} = 0, \quad R_{\underline{i}\underline{i}\underline{i}\underline{i}} = 0 \quad (\text{n.s. for } i) \tag{2.494}$$

한편 Einstein의 일반 상대성이론에 유용한 'Ricci 텐서'라고 불리는 2차 텐서 R_{ij}는 4차 텐서 $R^h{}_{ijk}$의 축약에 의해 아래와 같이 정의된다.

$$R_{ij} = R^h{}_{ijh} \tag{2.495}$$

다음에는 식 (2.488) - (2.494)의 (대칭)성질에 의해 n차원 Riemann 공간(R^n)에 있는 4차 텐서 R_{lijk}(혹은 $R^l{}_{ijk}$)의 0이 되지 않는 (독립)성분의 개수 (N)에 대해 조사해보기로 한다. 정의에 의해 R_{lijk}의 n^4개의 성분은 다음과 같이 3 유형(cartegory)으로 분류할 수 있다.

1. R_{1221}처럼 4 지수 중 두 지수만이 다를 경우, 즉 $R_{\underline{l}\underline{i}\underline{l}\underline{i}}$ 유형($i \neq l$):

R^n 공간에서 이 유형에 속하는 개수는 nC_2개이며, 또한 선택된 각 경우에 대해 오직 1종류의 0이 되지 않는 조합만 존재하므로 이 유형에 속하는 0이 되지 않는 전체 (독립)성분의 수는 $1 \times nC_2 = n(n-1)(n-2)/2$이다.

2. R_{1231}의 경우처럼 3 지수만이 (독립적으로) 다를 경우, 즉 $R_{\underline{l}ij\underline{l}}$ 유형($i \neq j \neq l$):

R^n 공간에서 이 유형에 속하는 개수는 $nC_3 = n(n-1)(n-2)/3!$개이나, 선택된 각 경우에 대

해 아래와 같이 여러 조합이 가능하다. 가령 3개의 서로 다른 지수를 l, i, j라 하면 이 형태에 속하는 조합은 아래와 같이 나타낼 수 있다.

$$R_{\underline{l}ij\underline{l}},\ R_{l\underline{i}j\underline{i}},\ R_{li\underline{j}\underline{j}},\ R_{\underline{l}ji\underline{l}},\ R_{lj\underline{i}\underline{i}}$$

그런데 이들 중 성질 식 (2.489)에 의해 0이 되지 않는 성분은 $R_{\underline{l}ij\underline{l}}$, $R_{l\underline{i}j\underline{i}}$, 및 $R_{\underline{l}ji\underline{l}}$의 모두 3개만 존재한다. 따라서 이 유형에 속하는 0이 되지 않는 전체 R_{ijkl} (독립)성분의 수는 $3\times nC_3 = n(n-1)(n-2)/2$개다.

3. R_{1234}처럼 4 지수 모두 다를 경우, 즉 R_{lijk} 유형($i\neq j\neq k\neq l$):

역시 R^n 공간에서 이 유형에 속하는 개수는 nC_4이나, 각 선택된 경우에 가령 R_{lijk}의 경우 성질 식 (2.488) - (2.493)에 의해 서로 구별가능하고, 0이 되지 않는 조합은 R_{lijk}와 R_{ljik}의 두 개밖에 없으므로, 이 유형에 속하는 전체 (독립)성분의 수는 $2\times nC_4 = n(n-1)(n-2)(n-3)/12$이다.

따라서 R^n 공간에서 0이 되지 않는 서로 다른 (구별가능한) 전체 독립성분의 수 N는 위에서의 3 유형에 해당하는 (독립)성분의 수의 합에 의해 아래와 같이 구해진다.

$$N = nC_2 + nC_3\times 3 + nC_4\times 2 = \frac{n^2(n^2-1)}{12} \tag{2.496}$$

가령 3차원(즉 $n=3$) Riemann 공간(R^3)의 경우 전체의 0이 되지 않는 (독립) R_{ijkl}의 수 (N)는 아래와 같이 6이 된다.

$$R_{1212},\ R_{1313},\ R_{2323},\ R_{1213},\ R_{2123},\ R_{3132}$$

또한 2차원(즉 $n=2$) R^2 (곡면)공간의 경우 식 (2.496)에서 $N=1$이 되어 오직 1종류 즉 R_{1212}만이 0이 되지 않는 독립성분으로서, 이것은 2차원 표면의 Riemann 곡률을 특징짓는 텐서에 해당된다. 반면 유클리드 곡면의 경우 $R_{1212}=0$ 즉 표면의 모든 곡률텐서가 0이 되어 유클리드 공간은 편평한(flat) 공간이 된다(이 경우 $u_{i;jk}-u_{i;kj}=0$이 됨).

2.21 ∇ 연산자를 이용한 몇 가지 중요공식

이 절에서는 앞에서 논의한 일반 곡선좌표계에 대한 $\nabla(\equiv \frac{\partial}{\partial \boldsymbol{r}} = \boldsymbol{g}^k\nabla_k)$ 연산자에 기초를 둔 스칼라 장, 벡터 및 텐서 장에 대한 기울기, 발산 및 회전에 관련된 공식뿐 아니라

$\nabla^2(=\nabla\cdot\nabla=g^{pm}\nabla_{m;p})$ 혹은 $\nabla_{m;p}$ 연산자에 의한 중요한 공식 몇 가지를 유도함과 동시에 이의 원통 및 구좌표와 같은 대표적 직교 곡선좌표계에의 응용도 함께 다루기로 한다.

2. 21. 1 $(\boldsymbol{v}\cdot\nabla)$ 연산자의 중요성

$(\boldsymbol{v}\cdot\nabla)$ 연산자의 x^k 좌표계에 대한 성분은 아래와 같다[단 $\boldsymbol{v}=v^m\boldsymbol{g}_m$, $\nabla=\boldsymbol{g}^k\nabla_k$ 대입 및 $\boldsymbol{g}_m\cdot\boldsymbol{g}^k=\delta_m{}^k$ 이용].

$$\boldsymbol{v}\cdot\nabla=v^m\boldsymbol{g}_m\cdot\boldsymbol{g}^k\frac{\partial}{\partial x^k}=v^k\frac{\partial}{\partial x^k} \tag{2.497}$$

이제 이를 연속 미분가능한 스칼라 장 $\phi(\boldsymbol{x})$에 작용시키면 아래가 된다

$$(\boldsymbol{v}\cdot\nabla)\phi=\boldsymbol{v}\cdot\nabla\phi=v^k\frac{\partial\phi}{\partial x^k} \tag{2.498}$$

다음에는 연속 미분가능한 벡터장 $\boldsymbol{\omega}(\boldsymbol{x})$에 작용시키면 아래가 된다[단 식 (2.319b) 이용].

$$(\boldsymbol{v}\cdot\nabla)\boldsymbol{\omega}=v^k\frac{\partial\boldsymbol{\omega}}{\partial x^k}=v^k\omega_{m;k}\boldsymbol{g}^m \tag{2.499}$$

혹은 공변성분 표시로

$$[(\boldsymbol{v}\cdot\nabla)\boldsymbol{\omega}]_m=v^k\omega_{m;k} \tag{2.500}$$

또는 올림에 의한 반변성분 표시로

$$[(\boldsymbol{v}\cdot\nabla)\boldsymbol{\omega}]^m=g^{mp}[(\boldsymbol{v}\cdot\nabla)\boldsymbol{\omega}]_p=v^k\omega^m{}_{;k} \tag{2.501}$$

마지막으로 연속 미분가능한 (2차) 텐서 장 $\mathrm{T}(\boldsymbol{x})$에 작용시키면 아래가 된다[단 식 (2.331) 이용].

$$\left.\begin{aligned}(\boldsymbol{v}\cdot\nabla)\mathrm{T}=v^k\nabla_k\mathrm{T}&=v^kT^{mn}{}_{;k}\boldsymbol{g}_m\boldsymbol{g}_n\\&=v^kT_{mn;k}\boldsymbol{g}^m\boldsymbol{g}^n\\&=v^kT^m{}_{n;k}\boldsymbol{g}_m\boldsymbol{g}^n\\&=v^kT_m{}^n{}_{;k}\boldsymbol{g}^m\boldsymbol{g}_n\end{aligned}\right\} \tag{2.502}$$

2. 21. 2 벡터 항등관계식

아래에 ∇ 연산자를 이용한 몇 가지 대표적 벡터 항등관계 공식을 증명과 함께 나타낸다.

공식 1 : $\nabla \cdot (\boldsymbol{u}\times\boldsymbol{v}) = \boldsymbol{v}\cdot(\nabla\times\boldsymbol{u}) - \boldsymbol{u}\cdot(\nabla\times\boldsymbol{v})$ (2. 503)

증 명 $\boldsymbol{f}=\boldsymbol{u}\times\boldsymbol{v}$라 두면 $f^k=\varepsilon^{klm}\,u_l v_m$(식 (2.242))가 된다. 이로부터 식 (2.383) 및 (2.340)과 공변 미분의 배분성질을 이용하여 아래와 같이 요구되는 관계식이 증명된다.

$$\begin{aligned}\nabla\cdot(\boldsymbol{u}\times\boldsymbol{v}) = \nabla\cdot\boldsymbol{f} = f^k{}_{;k} &= (\varepsilon^{klm}\,u_l v_m)_{;k}\\ &= \varepsilon^{klm}(u_{l;k}v_m + u_l v_{m;k})\\ &= v_m\varepsilon^{klm}\,u_{l;k} + u_l\varepsilon^{klm}\,v_{m;k}\\ &= v_m\varepsilon^{klm}\,u_{l;k} - u_l\varepsilon^{lkm}\,v_{m;k}\\ &= \boldsymbol{v}\cdot(\nabla\times\boldsymbol{u}) - \boldsymbol{u}\cdot(\nabla\times\boldsymbol{v}) \qquad \blacksquare\end{aligned}$$

공식 2 : $\boldsymbol{u}\times(\nabla\times\boldsymbol{v}) = \nabla\boldsymbol{v}\cdot\boldsymbol{u} - \boldsymbol{u}\cdot\nabla\boldsymbol{v}$ (2. 504)

증 명 $\boldsymbol{f}=\nabla\times\boldsymbol{v}$라 두면 $f^k=\varepsilon^{klm}\,u_{m;l}$(식 (2.416b))가 된다. 이로부터 식 (2.242a), (2.249) 및 (2.368)의 도움을 받아 아래와 같이 증명된다.

$$\begin{aligned}\boldsymbol{u}\times(\nabla\times\boldsymbol{v}) = \boldsymbol{u}\times\boldsymbol{f} = \varepsilon_{pqk}\,u^q f^k\boldsymbol{g}^p &= \varepsilon_{pqk}\,u^q\varepsilon^{klm}\,v_{m;l}\boldsymbol{g}^p\\ &= \varepsilon^{klm}\,\varepsilon_{kpq}u^q\,v_{m;l}\boldsymbol{g}^p\\ &= (\delta^l{}_p\delta^m{}_q - \delta^l{}_q\delta^m{}_p)\,u^q\,v_{m;l}\boldsymbol{g}^p\\ &= u^m\,v_{m;p}\boldsymbol{g}^p - u^l\,v_{p;l}\boldsymbol{g}^p = \nabla\boldsymbol{v}\cdot\boldsymbol{u} - \boldsymbol{u}\cdot\nabla\boldsymbol{v}\end{aligned}$$

맨 마지막 항등관계는 $\mathrm{T}=\nabla\boldsymbol{v}$로 둠으로써 다음과 같이 해석될 수 있다.
먼저

$$[(\nabla\boldsymbol{v})\cdot\boldsymbol{u}]_p = [\mathrm{T}\cdot\boldsymbol{u}]_p = T_{pm}\,u^m = v_{m;p}\,u^m \quad (\because \text{식 (2.368)})$$

또한

$$[\boldsymbol{u}\cdot(\nabla\boldsymbol{v})]_p=[\boldsymbol{u}\cdot\mathrm{T}]_p=u^l\,T_{lp}=v^l\,v_{p;l}\ \ (\because \text{식 (2.368)})$$ ■

공식 3 : $\nabla\times(\boldsymbol{u}\times\boldsymbol{v})=\boldsymbol{u}\nabla\cdot\boldsymbol{v}-\boldsymbol{u}\nabla\boldsymbol{v}-\boldsymbol{v}\nabla\cdot\boldsymbol{u}+\boldsymbol{v}\cdot\nabla\boldsymbol{u}$ (2. 505)

증 명 $\boldsymbol{f}=\boldsymbol{u}\times\boldsymbol{v}$라 두면 $f_m=\varepsilon_{mpq}u^p v^q$(식 (2.242a))가 된다. 이로부터 식 (2.416b), (2.249), (2.374) 및 (2.383)의 도움을 받아 아래와 같이 증명된다.

$$\begin{aligned}\nabla\times(\boldsymbol{u}\times\boldsymbol{v})=\nabla\times\boldsymbol{f}=\varepsilon^{klm}f_{m;l}\boldsymbol{g}_k\\&=\varepsilon^{klm}\,\varepsilon_{mpq}(u^p\,v^q{}_{;l}+u^p{}_{;l}\,v^q)\,\boldsymbol{g}_k\\&=(\delta^k{}_p\delta^l{}_q-\delta^k{}_q\delta^l{}_p)(u^p\,v^q{}_{;l}+u^p{}_{;l}\,v^q)\,\boldsymbol{g}_k\\&=(u^k v^l{}_{;l}-u^l\,v^k{}_{;l}-u^l{}_{;l}\,v^k+u^k{}_{;l}\,v^l)\,\boldsymbol{g}_k\\&=\boldsymbol{u}\nabla\cdot\boldsymbol{v}-\boldsymbol{u}\cdot\nabla\boldsymbol{v}-\boldsymbol{v}\nabla\cdot\boldsymbol{u}+\boldsymbol{v}\cdot\nabla\boldsymbol{u}\end{aligned}$$

역시 맨 마지막 항등관계는 아래와 같이 해석된다.

$$(\boldsymbol{u}\cdot\nabla)\boldsymbol{v}=u^l\,\nabla_l\boldsymbol{v}=u^l\,v^k{}_{;l}\,\boldsymbol{g}_k\,;\ (\boldsymbol{v}\cdot\nabla)\boldsymbol{u}=v^l\,\nabla_l\boldsymbol{u}=v^l\,u^k{}_{;l}\,\boldsymbol{g}_k\ \ (\because \text{식 (2.319a)})$$ ■

공식 4 : $\nabla(\boldsymbol{u}\cdot\boldsymbol{v})=\nabla\boldsymbol{u}\cdot\boldsymbol{v}+\nabla\boldsymbol{v}\cdot\boldsymbol{u}$

$$=\boldsymbol{u}\times(\nabla\times\boldsymbol{v})+\boldsymbol{v}\times(\nabla\times\boldsymbol{u})+\boldsymbol{u}\cdot\nabla\boldsymbol{v}+\boldsymbol{v}\cdot\nabla\boldsymbol{u} \qquad (2.\ 506)$$

증 명 먼저 첫 번째 관계를 증명하기 위해 $\nabla=\boldsymbol{g}^k\nabla_k$를 내적 $\boldsymbol{u}\cdot\boldsymbol{v}$에 작용시키면, 편미분 연산자 $\nabla_k\left(=\dfrac{\partial}{\partial x^k}\right)$의 배분성[즉 $\nabla_k(\boldsymbol{u}\cdot\boldsymbol{v})=(\nabla_k\boldsymbol{u})\cdot\boldsymbol{v}+\boldsymbol{u}\cdot\nabla_k\boldsymbol{v}$ 성립] 때문에 아래가 되어 증명된다.

$$\begin{aligned}\nabla(\boldsymbol{u}\cdot\boldsymbol{v})&=\boldsymbol{g}^k\left(\frac{\partial\boldsymbol{u}}{\partial x^k}\cdot\boldsymbol{v}+\boldsymbol{u}\cdot\frac{\partial\boldsymbol{v}}{\partial x^k}\right)=\boldsymbol{g}^k\frac{\partial\boldsymbol{u}}{\partial x^k}\cdot\boldsymbol{v}+\boldsymbol{g}^k\frac{\partial\boldsymbol{v}}{\partial x^k}\cdot\boldsymbol{u}\\&=\nabla\boldsymbol{u}\cdot\boldsymbol{v}+\nabla\boldsymbol{v}\cdot\boldsymbol{u}\end{aligned}$$

[주의: $\nabla(\boldsymbol{u}\cdot\boldsymbol{v})\neq\nabla\boldsymbol{u}\cdot\boldsymbol{v}+\boldsymbol{u}\cdot\nabla\boldsymbol{v}$임에 유의해야 한다. 왜냐하면 $\nabla\boldsymbol{v}\cdot\boldsymbol{u}=\boldsymbol{u}\cdot(\nabla\boldsymbol{v})^{\mathrm{T}}\neq\boldsymbol{u}\cdot\nabla\boldsymbol{v}$이므로.]

다음에는 두 번째 관계를 증명하기 위해 공식 2를 이용하면 아래가 성립된다.

$$\boldsymbol{u}\times(\nabla\times\boldsymbol{v})=\nabla\boldsymbol{v}\cdot\boldsymbol{u}-\boldsymbol{u}\cdot\nabla\boldsymbol{v}$$

$$\boldsymbol{v}\times(\nabla\times\boldsymbol{u})=\nabla\boldsymbol{u}\cdot\boldsymbol{v}-\boldsymbol{v}\cdot\nabla\boldsymbol{u}$$

이제 위 두 식을 더하고 재정리하면 아래의 요구되는 관계식을 얻는다.

$$\boldsymbol{u}\times(\nabla\times\boldsymbol{v})+\boldsymbol{v}\times(\nabla\times\boldsymbol{u})+\boldsymbol{u}\cdot\nabla\boldsymbol{v}+\boldsymbol{v}\cdot\nabla\boldsymbol{u}=\nabla\boldsymbol{v}\cdot\boldsymbol{u}+\nabla\boldsymbol{u}\cdot\boldsymbol{v}=\nabla(\boldsymbol{u}\cdot\boldsymbol{v})$$ ■

공식 5 : $\frac{1}{2}\nabla(\boldsymbol{v}\cdot\boldsymbol{v})-\boldsymbol{v}\times(\nabla\times\boldsymbol{v})=\boldsymbol{v}\cdot\nabla\boldsymbol{v}[=(\nabla\boldsymbol{v})^{\mathrm{T}}\cdot\boldsymbol{v}]$ (2. 507)

증 명 공식 4의 첫 번째 항등관계에 $\boldsymbol{u}=\boldsymbol{v}$를 대입하면 아래가 성립된다.

$$\frac{1}{2}\nabla(\boldsymbol{v}\cdot\boldsymbol{v})=\nabla\boldsymbol{v}\cdot\boldsymbol{v}$$

다시 공식 2의 $\boldsymbol{u}$를 $\boldsymbol{v}$로 두면 아래가 성립된다.

$$\boldsymbol{v}\times(\nabla\times\boldsymbol{v})=\nabla\boldsymbol{v}\cdot\boldsymbol{v}-\boldsymbol{v}\cdot\nabla\boldsymbol{v}$$

따라서 목적하는 식이 얻어진다.

$$\frac{1}{2}\nabla(\boldsymbol{v}\cdot\boldsymbol{v})-\boldsymbol{v}\times(\nabla\times\boldsymbol{v})=\boldsymbol{v}\cdot\nabla\boldsymbol{v}$$

별해 : $\boldsymbol{f}=\nabla\times\boldsymbol{v}$라 두면, $f^k=\varepsilon^{klm}u_{m;l}$(식 (2.416b))이므로 기존의 공식을 이용하면 아래 관계가 성립된다.

$$\begin{aligned}\boldsymbol{v}\times\nabla\times\boldsymbol{v}=\boldsymbol{v}\times\boldsymbol{f}&=v^{\alpha}\boldsymbol{g}_{\alpha}\times\varepsilon^{klm}v_{m;l}\boldsymbol{g}_k\\&=v^{\alpha}\varepsilon^{klm}v_{m;l}\boldsymbol{g}_{\alpha}\times\boldsymbol{g}_k=v^{\alpha}\varepsilon^{klm}\varepsilon_{\alpha kn}v_{m;l}\boldsymbol{g}_n\\&=-v^{\alpha}v_{m;l}\varepsilon^{klm}\varepsilon_{k\alpha n}\boldsymbol{g}^n\\&=-v^{\alpha}v_{m;l}(\delta^l{}_{\alpha}\delta^m{}_n-\delta^l{}_n\delta^m{}_{\alpha})\boldsymbol{g}^n\\&=-v^l v_{n;l}\boldsymbol{g}^n+\frac{1}{2}(v^m v_m)_{;n}\boldsymbol{g}^n\\&=-\boldsymbol{v}\cdot\nabla\boldsymbol{v}+\frac{1}{2}\nabla(\boldsymbol{v}\cdot\boldsymbol{v})\end{aligned}$$

따라서 공식 5가 증명된다. ■

공식 6 : $\nabla \cdot \nabla \times \boldsymbol{u} = 0$ (2. 508)

증 명 식 (2.415)와 (2.384)를 이용하면 아래 식을 얻는다.

$$\nabla \cdot (\nabla \times \boldsymbol{u}) = \frac{1}{\sqrt{g}}(\sqrt{g}\,\varepsilon^{klm}\,u_{m;l})_{,k} = \frac{1}{\sqrt{g}}(\varepsilon^{klm}\,u_{m;l})_{,k}$$

$$= \frac{1}{\sqrt{g}}\left[(u_{3;2} - u_{2;3})_{,1} + (u_{1;3} - u_{3;1})_{,2} + (u_{2;1} - u_{1;2})_{,3}\right]$$

$$= \frac{1}{\sqrt{g}}\left[(u_{3,2} - u_{2,3})_{,1} + (u_{1,3} - u_{3,1})_{,2} + (u_{2,1} - u_{1,2})_{,3}\right]$$

$$= \frac{1}{\sqrt{g}}\begin{vmatrix} \dfrac{\partial}{\partial x^1} & \dfrac{\partial}{\partial x^2} & \dfrac{\partial}{\partial x^3} \\ \dfrac{\partial}{\partial x^1} & \dfrac{\partial}{\partial x^2} & \dfrac{\partial}{\partial x^3} \\ u_1 & u_2 & u_3 \end{vmatrix} = 0$$

단 위에서 결과가 0이 되는 것은 편미분의 성질 즉 $u_{3,21}\left(= \dfrac{\partial^2 u_3}{\partial x^1 \partial x^2}\right) = u_{3,12}\left(= \dfrac{\partial^2 u_3}{\partial x^2 \partial x^1}\right)$ 등을 이용하거나, 혹은 두 행 또는 두 열이 같으면 값이 0이 되는 행렬식의 성질을 이용하였다. ■

공식 7 : $\nabla \times \nabla \phi = 0$ (2. 509)

증 명 식 (2.418)으로부터 아래의 관계식이 성립되어 증명된다.

$$\nabla \times \nabla \phi = \frac{1}{\sqrt{g}}\begin{vmatrix} \boldsymbol{e}_1\sqrt{g_{11}} & \boldsymbol{e}_2\sqrt{g_{22}} & \boldsymbol{e}_3\sqrt{g_{33}} \\ \dfrac{\partial}{\partial x^1} & \dfrac{\partial}{\partial x^2} & \dfrac{\partial}{\partial x^3} \\ \phi_{,1} & \phi_{,2} & \phi_{,3} \end{vmatrix} = 0$$

여기서 결과가 0이 되는 것은 가령 $\dfrac{\partial \phi_{,3}}{\partial x^2} - \dfrac{\partial \phi_{,2}}{\partial x^3} = \dfrac{\partial^2 \phi}{\partial x^2 \partial x^3} - \dfrac{\partial^2 \phi}{\partial x^3 \partial x^2} = 0$이 되기 때문이다. ■

공식 8 : $\nabla \times (\nabla \times \boldsymbol{v}) = \nabla(\nabla \cdot \boldsymbol{v}) - \nabla^2 \boldsymbol{v}$ (2. 510)

증 명 $\boldsymbol{f} = \nabla \times \boldsymbol{v}$라 두면 식 (2.416b)와 낮춤작용에 의해 아래 관계가 성립된다.

$$(\nabla \times \boldsymbol{v})_m = f_m = f^k g_{km} = \varepsilon^{kpq} v_{q;p} g_{km}$$

그러면 이로부터 기존공식의 도움을 받아 아래와 같이 요구되는 결과가 얻어진다.

$$\begin{aligned}
\nabla \times \nabla \times \boldsymbol{v} = \nabla \times \boldsymbol{f} &= \varepsilon^{lnm} f_{m;n} \boldsymbol{g}_l \\
&= \varepsilon^{lnm} \varepsilon^{kpq} v_{q;pn} g_{km} \boldsymbol{g}_l \\
&= \varepsilon^{ln}{}_{k} \varepsilon^{kpq} v_{q;pn} \boldsymbol{g}_l = \varepsilon_{\alpha\beta k} \varepsilon^{kpq} v_{q;pn} g^{\alpha l} g^{\beta n} \boldsymbol{g}_l \\
&= (\delta^p{}_\alpha \delta^q{}_\beta - \delta^p{}_\beta \delta^q{}_\alpha) g^{\alpha l} g^{\beta n} v_{q;pn} \boldsymbol{g}_l \\
&= g^{pl} g^{qn} v_{q;pn} \boldsymbol{g}_l - g^{ql} g^{pn} v_{q;pn} \boldsymbol{g}_l \\
&= v^n{}_{;pn} \boldsymbol{g}^p - v^l{}_{;pn} g^{pn} \boldsymbol{g}_l \\
&= v^n{}_{;np} \boldsymbol{g}^p - v^l{}_{;pn} g^{pn} \boldsymbol{g}_l \\
&= \nabla(\nabla \cdot \boldsymbol{v}) - \nabla^2 \boldsymbol{v}
\end{aligned}$$

단 위 식의 마지막에서 두 번째 항등관계는 2계 공변 미분의 교환성, 즉 $v^n{}_{;pn} = v^n{}_{;np}$ 를 가정하였다. 이는 2.20절에서 언급한 바와 같이 4차 Riemann 곡률텐서가 0이 되는 유클리드 공간을 가정하여 얻어진 것이다. ■

위에서 기술한 8개 공식 외에도 ∇ 연산자에 관련된 중요한 벡터 항등관계식이 다수 존재하나, 지면관계상 더 이상 다루지 않기로 한다.

한편 이 절에서 소개된 ∇에 관련된 몇 가지 벡터 항등 관계식을 포함하여 대표적인 벡터 연산의 일반 표기법과 그의 Cartesian 성분표현을 참고로 표 2.2에 나타내었다.

표 2.2 벡터 연산의 일반 표기법과 그것의 Cartesian 성분 형태

각종 벡터 연산	벡터 형태	Cartesian 성분 표현
1. 벡터	$\boldsymbol{A}$	A_i
2. 스칼라적	$\boldsymbol{A}\cdot\boldsymbol{B}$	A_iB_i
3. 벡터적	$\boldsymbol{A}\times\boldsymbol{B}$	$e_{ijk}A_jB_k$
4. 스칼라 3중적	$\boldsymbol{A}\cdot(\boldsymbol{B}\times\boldsymbol{C})$	$e_{ijk}A_iB_jC_k$
5. 벡터 3중적	$\boldsymbol{A}\times(\boldsymbol{B}\times\boldsymbol{C})=\boldsymbol{B}(\boldsymbol{A}\cdot\boldsymbol{C})-\boldsymbol{C}(\boldsymbol{A}\cdot\boldsymbol{B})$	$e_{ijk}\,e_{klm}A_jB_lC_m$
6. div $\boldsymbol{A}$	$\nabla\cdot\boldsymbol{A}$	$\dfrac{\partial A_i}{\partial x_i}$
7. div $(U\boldsymbol{A})$ (U, 스칼라함수)	$\nabla U\cdot\boldsymbol{A}+U\nabla\cdot\boldsymbol{A}$	$U\dfrac{\partial A_i}{\partial x_i}+A_i\dfrac{\partial U}{\partial x_i}$
8. div $(\boldsymbol{A}+\boldsymbol{B})$	$\nabla\cdot\boldsymbol{A}+\nabla\cdot\boldsymbol{B}$	$\dfrac{\partial A_i}{\partial x_i}+\dfrac{\partial B_i}{\partial x_i}$
9. div $(\boldsymbol{A}\times\boldsymbol{B})$	$\boldsymbol{B}\cdot(\nabla\times\boldsymbol{A})-\boldsymbol{A}\cdot(\nabla\times\boldsymbol{B})$	$\dfrac{\partial}{\partial x_i}(e_{ijk}A_jB_k)$
10. curl $\boldsymbol{A}$	$\nabla\times\boldsymbol{A}$	$e_{ijk}\dfrac{\partial A_k}{\partial x_j}$
11. curl $(U\boldsymbol{A})$	$\nabla U\times\boldsymbol{A}+U\nabla\times\boldsymbol{A}$	$e_{ijk}U\dfrac{\partial A_k}{\partial x_j}+e_{ijk}A_k\dfrac{\partial U}{\partial x_j}$
12. curl $(\boldsymbol{A}+\boldsymbol{B})$	$\nabla\times\boldsymbol{B}+\nabla\times\boldsymbol{A}$	$e_{ijk}\dfrac{\partial A_k}{\partial x_j}+e_{ijk}\dfrac{\partial B_k}{\partial x_j}$
13. curl $(\boldsymbol{A}\times\boldsymbol{B})$	$\boldsymbol{A}(\nabla\cdot\boldsymbol{B})-\boldsymbol{B}(\nabla\cdot\boldsymbol{A})$ $+(\boldsymbol{B}\cdot\nabla)\boldsymbol{A}-(\boldsymbol{A}\cdot\nabla)\boldsymbol{B}$	$\dfrac{\partial}{\partial x_i}(e_{ijk}\,e_{klm}\;A_lB_m)$
14. (curl $\boldsymbol{A}$)$\times\boldsymbol{B}$	$(\nabla\times\boldsymbol{A})\times\boldsymbol{B}=\boldsymbol{B}\cdot[\nabla\boldsymbol{A}-(\nabla\boldsymbol{A})^{\mathrm{T}}]$	$B_j\dfrac{\partial A_i}{\partial x_j}-B_i\dfrac{\partial A_j}{\partial x_j}$
15. ∇^2U	$\nabla^2U=\nabla\cdot(\nabla U)$	$\dfrac{\partial}{\partial x_i}\dfrac{\partial}{\partial x_i}U$
16. $\nabla^2\boldsymbol{A}$	$\nabla^2\boldsymbol{A}=(\nabla\cdot\nabla)\boldsymbol{A}$	$\dfrac{\partial}{\partial x_i}\dfrac{\partial}{\partial x_i}A_j$
17. $\nabla\times(\nabla\times\boldsymbol{A})$	$\nabla(\nabla\cdot\boldsymbol{A})-(\nabla\cdot\nabla)\boldsymbol{A}$	$\dfrac{\partial}{\partial x_j}\dfrac{\partial}{\partial x_i}A_j-\dfrac{\partial}{\partial x_j}\dfrac{\partial}{\partial x_j}A_i$
18. $(\boldsymbol{A}\cdot\nabla)\boldsymbol{B}$	$(\boldsymbol{A}\cdot\nabla)\boldsymbol{B}$	$A_j\dfrac{\partial B_i}{\partial x_j}$
19. $\boldsymbol{A}(\nabla\cdot\boldsymbol{B})$	$\boldsymbol{A}(\nabla\cdot\boldsymbol{B})$	$A_i\dfrac{\partial B_j}{\partial x_j}$
20. grad $(\boldsymbol{A}\cdot\boldsymbol{B})$	$\nabla(\boldsymbol{A}\cdot\boldsymbol{B})=(\boldsymbol{A}\cdot\nabla)\boldsymbol{B}+(\boldsymbol{B}\cdot\nabla)\boldsymbol{A}$ $+\boldsymbol{A}\times(\nabla\times\boldsymbol{B})+\boldsymbol{B}\times(\nabla\times\boldsymbol{A})$	—

2. 21. 3 원통 및 구좌표계에 응용

2. 21. 3. 1 원통좌표계에 응용

2.3.2.1절에서 일반기호를 사용하여 소개한 바 있지만, 보다 친숙한 그림 2.11에서 볼 수 있듯이, Cartesian 좌표 $x(=z^1), y(=z^2), z(=z^3)$를 가지는 공간의 한 점 P의 위치를 원통좌표 $\rho(=x^1), \phi(=x^2), z(=x^3)$의 항으로 나타내면 다음과 같다.

$$x=\rho\cos\phi\,,\quad y=\rho\sin\phi\,,\quad z=z \tag{2. 511}$$

$$\rho \geqq 0,\quad 0 \leqq \phi < 2\pi, -\infty < z < \infty$$

따라서 점 P의 위치 벡터는 Cartesian 좌표계의 경우 다음과 같이 나타내어진다.

$$\boldsymbol{r}=\rho\cos\phi\boldsymbol{i}+\rho\sin\phi\boldsymbol{j}+z\boldsymbol{k} \tag{2. 512}$$

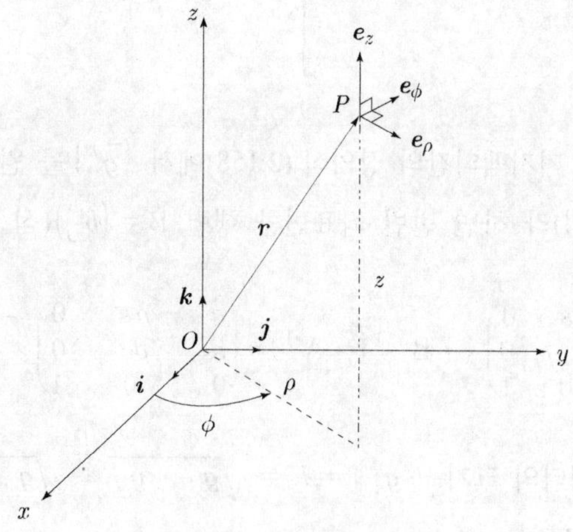

그림 2. 11 원통좌표 (ρ, ϕ, z).

여기서 세 (공변)기저벡터의 정의식 (2.69)로부터 식 (2.512)에 대한 편미분으로부터 아래가 얻어진다(예제 2.1 참조).

$$\left.\begin{aligned}
\boldsymbol{g}_\rho(=\boldsymbol{g}_1) &= \frac{\partial \boldsymbol{r}}{\partial \rho}=\boldsymbol{i}cos\phi+\boldsymbol{j}sin\phi \\
\boldsymbol{g}_\phi(=\boldsymbol{g}_2) &= \frac{\partial \boldsymbol{r}}{\partial \phi}=\rho(-\boldsymbol{i}sin\phi+\boldsymbol{j}cos\phi) \\
\boldsymbol{g}_z(=\boldsymbol{g}_3) &= \frac{\partial \boldsymbol{r}}{\partial z}=\boldsymbol{k}
\end{aligned}\right\} \tag{2. 513}$$

이를 좌표변환 행렬법에 의한 공변 기저벡터간의 정의식 (2.157)에서 $\{\bar{\boldsymbol{g}}_k\}$를 원통좌표계, $\{\boldsymbol{g}_p\}$를 Cartesian 좌표계의 기저벡터라 하면 공변 좌표변환 행렬 $\mathrm{A}=(a_i{}^j)$(식 (2.154))는 아래가 된다.

$$\mathrm{A}=(a_i{}^j)=\begin{pmatrix} c & s & 0 \\ -\rho s & \rho c & 0 \\ 0 & 0 & 1 \end{pmatrix} \leftrightarrow \mathrm{A}^{-1}(=\mathrm{B}^{\mathrm{T}})=\begin{pmatrix} c & -s/\rho & 0 \\ s & c/\rho & 0 \\ 0 & 0 & 1 \end{pmatrix} \tag{2.514}$$

여기서 $c=\cos\phi,\ s=\sin\phi$이다.

또한 식 (2.512)에서 세 역(반변)기저벡터의 정의식 (2.85) 및 (2.89)로부터 아래가 얻어진다(혹은 $\boldsymbol{g}^i=g^{im}\boldsymbol{g}_m$에서도 가능함).

$$\left.\begin{aligned} \boldsymbol{g}^1(=\boldsymbol{g}^\rho) &= \frac{\partial\rho}{\partial\boldsymbol{r}}=\boldsymbol{i}cos\phi+\boldsymbol{j}sin\phi \\ \boldsymbol{g}^2(=\boldsymbol{g}^\phi) &= \frac{\partial\phi}{\partial\boldsymbol{r}}=\frac{1}{\rho}(-\boldsymbol{i}sin\phi+\boldsymbol{j}cos\phi) \\ \boldsymbol{g}^3(=\boldsymbol{g}^z) &= \frac{\partial z}{\partial\boldsymbol{r}}=\boldsymbol{k} \end{aligned}\right\} \tag{2.515}$$

역시 행렬법에 의한 반변 기저벡터간의 정의식 (2.158)에서 $\{\bar{\boldsymbol{g}}^k\}$를 원통좌표계, $\{\boldsymbol{g}^p\}$를 Cartesian 좌표계($\boldsymbol{g}^p=\boldsymbol{g}_p=\boldsymbol{i}_p$가 됨)라 하면 반변 좌표변환 행렬 $\mathrm{B}=(b^i{}_j)$(식 (2.155))는 아래가 된다.

$$\mathrm{B}=(b^i{}_j)=\begin{pmatrix} c & s & 0 \\ -s/\rho & c/\rho & 0 \\ 0 & 0 & 1 \end{pmatrix} \leftrightarrow \mathrm{B}^{-1}(=\mathrm{A}^{\mathrm{T}})=\begin{pmatrix} c & -\rho s & 0 \\ s & \rho c & 0 \\ 0 & 0 & 1 \end{pmatrix} \tag{2.516}$$

그리고 세 공변 기저벡터의 크기 $\|\boldsymbol{g}_i\|=h_i=\sqrt{\boldsymbol{g}_{\underline{i}}\cdot\boldsymbol{g}_{\underline{i}}}\equiv\sqrt{\boldsymbol{g}_{\underline{i}\,\underline{i}}}\ (i=1,2,3)$는 식 (2.513)에서 아래와 같이 구해진다.

$$h_1=\|\boldsymbol{g}_\rho\|=1,\ \ h_2=\|\boldsymbol{g}_\phi\|=\rho,\ \ h_3=\|\boldsymbol{g}_z\|=1 \tag{2.517}$$

마찬가지로 세 반변 기저벡터의 크기 $\|\boldsymbol{g}^i\|=h^i=\sqrt{\boldsymbol{g}^{\underline{i}\,\underline{i}}}=1/h_i$(∵직교 곡선좌표계)도 식 (2.515)에서 아래와 같이 구해진다.

$$h^1=\|\boldsymbol{g}^\rho\|=1,\ \ h^2=\|\boldsymbol{g}^\phi\|=1/\rho,\ \ h^3=\|\boldsymbol{g}^z\|=1 \tag{2.518}$$

한편 직교 원통좌표계의 물리적 성분표시(2.9절 참조)에 이용되는 세 정규직교(orthonormal) 단위 기저벡터 $\boldsymbol{e}_i=\boldsymbol{g}_i/h_{\underline{i}}=\boldsymbol{e}^i=\boldsymbol{g}^i/h^{\underline{i}}$(여기서 $\boldsymbol{e}_i\cdot\boldsymbol{e}_j=\delta_{ij}$성립)는 위에서 얻어진 결과를 이용하여 아래와 같이 Cartesian 기저벡터 $\boldsymbol{i},\ \boldsymbol{j},\ \boldsymbol{k}$항으로 나타내진다.

$$\left.\begin{aligned} \boldsymbol{e}_\rho\left(=\boldsymbol{e}^\rho\right)&=\boldsymbol{g}_\rho/h_\rho=\boldsymbol{i}\cos\phi+\boldsymbol{j}\sin\phi \\ \boldsymbol{e}_\phi\left(=\boldsymbol{e}^\phi\right)&=\boldsymbol{g}_\phi/h_\phi=-\boldsymbol{i}\sin\phi+\boldsymbol{j}\cos\phi \\ \boldsymbol{e}_z\left(=\boldsymbol{e}^z\right)&=\boldsymbol{g}_z/h_z=\boldsymbol{k} \end{aligned}\right\} \tag{2. 519a}$$

혹은 이를 행렬 표현으로 나타내면 아래가 된다.

$$\begin{pmatrix}\boldsymbol{e}_\rho\\ \boldsymbol{e}_\phi\\ \boldsymbol{e}_z\end{pmatrix}=\begin{pmatrix}c & s & 0\\ -s & c & 0\\ 0 & 0 & 1\end{pmatrix}\begin{pmatrix}\boldsymbol{i}\\ \boldsymbol{j}\\ \boldsymbol{k}\end{pmatrix}\leftrightarrow\begin{pmatrix}\boldsymbol{i}\\ \boldsymbol{j}\\ \boldsymbol{k}\end{pmatrix}=\begin{pmatrix}c & -s & 0\\ s & c & 0\\ 0 & 0 & 1\end{pmatrix}\begin{pmatrix}\boldsymbol{e}_\rho\\ \boldsymbol{e}_\phi\\ \boldsymbol{e}_z\end{pmatrix} \tag{2. 519b}$$

다음에는 원통좌표계의 $\nabla\left(=\boldsymbol{g}^k\nabla_k\right)$(식 (2.360)) 연산자는 위의 결과를 사용하여 아래와 같이 나타내진다.

$$\nabla\left(=\frac{\partial}{\partial\boldsymbol{r}}\right)=\boldsymbol{e}_\rho\frac{\partial}{\partial\rho}+\frac{1}{\rho}\boldsymbol{e}_\phi\frac{\partial}{\partial\phi}+\boldsymbol{e}_z\frac{\partial}{\partial z} \tag{2. 520}$$

또한 라플라스 연산자 $\nabla^2\left(\nabla\cdot\nabla=g^{pm}\nabla_{m;p}\right)$(식 (2.450) 혹은 (2.456)은 원통좌표계에 대한 $g=\det(g_{ij})=\rho^2$, $g^{11}=1$, $g^{22}=1/\rho^2$, $g^{33}=1$(기타 $g^{pm}=0$, 식 (2.78)참조) 및 $\Gamma^1_{22}=-\rho$, $\Gamma^2_{12}=1/\rho$등의 값을 이용하여 구하면 아래가 된다.

$$\nabla^2=(\nabla\cdot\nabla)=\frac{\partial^2}{\partial\rho^2}+\frac{1}{\rho}\frac{\partial}{\partial\rho}+\frac{1}{\rho^2}\frac{\partial^2}{\partial\phi^2}+\frac{\partial^2}{\partial z^2} \tag{2. 521a}$$

혹은 스칼라 함수 s에 작용시키면

$$\nabla^2 s=\frac{1}{\rho}\frac{\partial}{\partial\rho}\left(\rho\frac{\partial s}{\partial\rho}\right)+\frac{1}{\rho^2}\frac{\partial^2 s}{\partial\phi^2}+\frac{\partial^2 s}{\partial z^2} \tag{2. 521b}$$

이들 결과를 요약하여 표 2.3에 구좌표의 경우와 대비하여 나타내었다.

2. 21. 3. 2 구좌표계의 응용

역시 2.3.2.2절에서 일반기호를 사용하여 나타낸 바 있지만, 보다 친숙한 그림 2.12로부터 알 수 있듯이 Cartesian 좌표 $x(=z^1), y(=z^2), z(=z^3)$를 가진 공간의 한 점 P의 위치는 아래와 같이 구좌표 $r(=x^1), \theta(=x^2), \phi(=x^3)$의 항으로 나타낼 수 있다.

$$x=r\sin\theta\cos\phi,\quad y=r\sin\theta\sin\phi,\quad z=r\cos\theta \tag{2. 522}$$

$r \geqq 0,\ 0 \leqq \theta \leqq \phi,\ 0 \leqq \phi \leqq 2\pi$

따라서 점 P의 위치벡터는 Cartesian 좌표계에 대해서 아래와 같이 쓸 수 있다.

$$\boldsymbol{r} = r\sin\theta\cos\phi\boldsymbol{i} + r\sin\theta\sin\phi\boldsymbol{j} + r\cos\theta\boldsymbol{k} \tag{2.523}$$

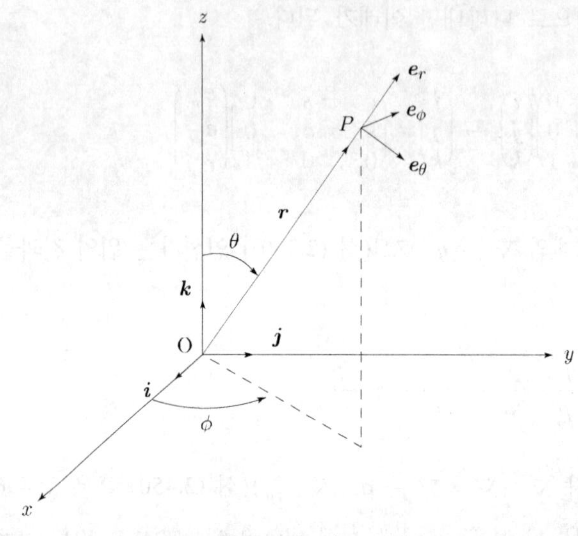

그림 2. 12 구좌표 (r, θ, ϕ)

원통좌표계의 경우와 마찬가지로 식 (2.69)로부터 세 공변 기저벡터가 식 (2.523)에 대한 편미분으로부터 아래와 같이 Cartesian 좌표계 항으로 구해진다(식 (2.80)참조).

$$\left.\begin{aligned} \boldsymbol{g}_r &= (\boldsymbol{g}_1) = \frac{\partial \boldsymbol{r}}{\partial r} = \boldsymbol{i}\sin\theta\cos\phi + \boldsymbol{j}\sin\theta\sin\phi + \boldsymbol{k}\cos\theta \\ \boldsymbol{g}_\theta &= (\boldsymbol{g}_2) = \frac{\partial \boldsymbol{r}}{\partial \theta} = r(\boldsymbol{i}\cos\theta\cos\phi + \boldsymbol{j}\cos\theta\sin\phi - \boldsymbol{k}\sin\theta) \\ \boldsymbol{g}_\phi &= (\boldsymbol{g}_3) = \frac{\partial \boldsymbol{r}}{\partial \phi} = r\sin\theta(-\boldsymbol{i}\sin\phi + \boldsymbol{j}\cos\phi) \end{aligned}\right\} \tag{2.524}$$

이를 좌표변환 행렬법에 의한 공변 기저벡터간의 정의식 (2.157)에서 $\{\bar{\boldsymbol{g}}_k\}$는 구좌표계, $\{\boldsymbol{g}_p\}$를 Cartesian 좌표계의 기저벡터라 하면 공변 좌표변환 행렬 $\mathrm{A} = (a_i{}^j)$(식 (2.154))는 아래가 된다.

$$\mathrm{A} = (a_i{}^j) = \begin{pmatrix} s\hat{c} & s\hat{s} & c \\ rc\hat{c} & rc\hat{s} & -rs \\ -rs\hat{s} & rs\hat{c} & 0 \end{pmatrix} \leftrightarrow \mathrm{A}^{-1}(=\mathrm{B}^{\mathrm{T}}) = \begin{pmatrix} s\hat{c} & c\hat{c}/r & -\hat{s}/rs \\ s\hat{s} & c\hat{s}/r & \hat{c}/rs \\ c & -s/r & 0 \end{pmatrix} \tag{2.525}$$

여기서 $s = \sin\theta,\ c = \cos\theta,\ \hat{s} = \sin\phi,\ \hat{c} = \cos\phi$를 나타낸다.

또한 식 (2.512)에서 세 역 (반변) 기저벡터의 정의식 (2.85) 및 (2.89)로부터 아래가 얻어진다(혹은 $\boldsymbol{g}^i = g^{im}\boldsymbol{g}_m$ 에서도 구해짐).

$$\left.\begin{aligned} \boldsymbol{g}^1 &= (\boldsymbol{g}^r) = \frac{\partial r}{\partial \boldsymbol{r}} = \boldsymbol{i}\sin\theta\cos\phi + \boldsymbol{j}\sin\theta\sin\phi + \boldsymbol{k}\cos\theta \\ \boldsymbol{g}^2 &= (\boldsymbol{g}^\theta) = \frac{\partial \theta}{\partial \boldsymbol{r}} = \frac{1}{r}(\boldsymbol{i}\cos\theta\cos\phi + \boldsymbol{j}\cos\theta\sin\phi - \boldsymbol{k}\sin\theta) \\ \boldsymbol{g}^3 &= (\boldsymbol{g}^\phi) = \frac{\partial \phi}{\partial \boldsymbol{r}} = \frac{1}{r\sin\theta}(-\boldsymbol{i}\sin\phi + \boldsymbol{j}\cos\phi) \end{aligned}\right\} \tag{2.526}$$

역시 행렬법에 의한 반변 기저벡터간의 정의식 (2.158)에서 $\{\bar{\boldsymbol{g}}^k\}$는 구좌표계, $\{\boldsymbol{g}^p\}$를 Cartesian 좌표계(이때 $\boldsymbol{g}^p = \boldsymbol{g}_p = \boldsymbol{i}\,\boldsymbol{p}$가 됨)라 하면 반변 좌표변환 행렬 $\mathrm{B} = (b^i{}_j)$(식 (2.155))는 아래가 된다.

$$\mathrm{B} = (b^i{}_j) = \begin{pmatrix} s\hat{c} & s\hat{s} & c \\ c\hat{c}/r & c\hat{s}/r & -s/r \\ -\hat{s}/rs & \hat{c}/rs & 0 \end{pmatrix} \leftrightarrow \mathrm{B}^{-1}(=\mathrm{A}^{\mathrm{T}}) = \begin{pmatrix} s\hat{c} & rc\hat{c} & -rs\hat{s} \\ s\hat{s} & rc\hat{s} & rs\hat{c} \\ c & -rs & 0 \end{pmatrix} \tag{2.527}$$

여기서 $s=\sin\theta,\ c=\cos\theta,\ \hat{s}=\sin\phi,\ \hat{c}=\cos\phi$를 나타낸다.

그리고 세 공변 기저벡터의 크기 $\|\boldsymbol{g}_i\| = h_i = \sqrt{\boldsymbol{g}_{\underline{i}}\cdot\boldsymbol{g}_{\underline{i}}} = \sqrt{g_{\underline{i}\,\underline{i}}}\,(i=1,2,3)$는 식 (2.524)에서 아래와 같이 구해진다.

$$h_1 = \|\boldsymbol{g}_r\| = 1,\ \ h_2 = \|\boldsymbol{g}_\theta\| = r,\ \ h_3 = \|\boldsymbol{g}_\phi\| = r\sin\theta \tag{2.528}$$

마찬가지로 세 반변 기저벡터의 크기 $\|\boldsymbol{g}^i\| = h^i = \sqrt{g^{\underline{i}\,\underline{i}}} = 1/h_i$($\because$직교 곡선좌표계)도 식 (2.526)에서 아래와 같이 구해진다.

$$h^1 = \|\boldsymbol{g}^r\| = 1,\ \ h^2 = \|\boldsymbol{g}^\theta\| = 1/r,\ \ h^3 = \|\boldsymbol{g}^\phi\| = 1/r\sin\theta \tag{2.529}$$

한편 직교 구좌표계의 물리적 성분표시(2.9절 참조)에 이용되는 세 정규직교 단위 기저 벡터 $\boldsymbol{e}_i = \boldsymbol{g}_i/h_{\underline{i}} = \boldsymbol{e}^i = \boldsymbol{g}^i/h^{\underline{i}}$(여기서 $\boldsymbol{e}_i\cdot\boldsymbol{e}_j = \delta_{ij}$성립)는 위에서 얻어진 결과를 이용하여 아래와 같이 Cartesian 기저벡터 항으로 나타내진다.

$$\left.\begin{aligned} \boldsymbol{e}_r(=\boldsymbol{e}^r) &= \boldsymbol{g}_r/h_r = \boldsymbol{i}\sin\theta\cos\phi + \boldsymbol{j}\sin\theta\sin\phi + \boldsymbol{k}\cos\theta \\ \boldsymbol{e}_\theta(=\boldsymbol{e}^\theta) &= \boldsymbol{g}_\theta/h_\theta = \boldsymbol{i}\cos\theta\cos\phi + \boldsymbol{j}\cos\theta\sin\phi - \boldsymbol{k}\sin\theta \\ \boldsymbol{e}_\phi(=\boldsymbol{e}^\phi) &= \boldsymbol{g}_\phi/h_\phi = -\boldsymbol{i}\sin\phi + \boldsymbol{j}\cos\phi \end{aligned}\right\} \tag{2.530}$$

혹은 이를 행렬표현으로 나타내면 아래가 된다.

$$\begin{pmatrix} \boldsymbol{e}_r \\ \boldsymbol{e}_\theta \\ \boldsymbol{e}_\phi \end{pmatrix} = \begin{pmatrix} s\hat{c} & s\hat{s} & c \\ c\hat{c} & c\hat{s} & -s \\ -\hat{s} & \hat{c} & 0 \end{pmatrix} \begin{pmatrix} \boldsymbol{i} \\ \boldsymbol{j} \\ \boldsymbol{k} \end{pmatrix} \leftrightarrow \begin{pmatrix} \boldsymbol{i} \\ \boldsymbol{j} \\ \boldsymbol{k} \end{pmatrix} = \begin{pmatrix} s\hat{c} & c\hat{c} & -\hat{s} \\ s\hat{s} & c\hat{s} & \hat{c} \\ c & -s & 0 \end{pmatrix} \begin{pmatrix} \boldsymbol{e}_r \\ \boldsymbol{e}_\theta \\ \boldsymbol{e}_\phi \end{pmatrix} \tag{2.531}$$

여기서 $s=\sin\theta$, $c=\cos\theta$, $\hat{s}=\sin\phi$, $\hat{c}=\cos\phi$를 나타낸다.

다음에 구좌표계의 $\nabla\left(=\boldsymbol{g}^k\nabla_k\right)$(식 (2.360))연산자는 위의 결과를 사용하여 아래와 같이 나타내진다.

$$\nabla\left(=\frac{\partial}{\partial \boldsymbol{r}}\right)=\boldsymbol{e}_r\frac{\partial}{\partial r}+\frac{1}{r}\boldsymbol{e}_\theta\frac{\partial}{\partial\theta}+\frac{1}{r\sin\theta}\boldsymbol{e}_\phi\frac{\partial}{\partial\phi} \tag{2.532}$$

또한 라플라스 연산자 $\nabla^2\left(\nabla\cdot\nabla=g^{pm}\nabla_{m;p}\right)$(식 (2.450) 혹은 (2.456)는 구좌표계에 대한 $g=\det(g_{ij})=r^4\sin^2\theta$, $g^{11}=1$, $g^{22}=1/r^2$, $g^{33}=1/r^2\sin^2\theta$(기타 $g^{pm}=0$, 식 (2.81) 참조) 및 구좌표에 대한 Γ^i_{jk}의 값(식 (2.315))을 이용하여 구하면 아래가 된다.

$$\nabla^2(=\nabla\cdot\nabla)=\frac{\partial^2}{\partial r^2}+\frac{2}{r}\frac{\partial}{\partial r}+\frac{\cos\theta}{r^2\sin\theta}\frac{\partial}{\partial\theta}+\frac{1}{r^2}\frac{\partial^2}{\partial\theta^2}+\frac{1}{r^2\sin^2\theta}\frac{\partial^2}{\partial\phi^2} \tag{2.533a}$$

혹은 스칼라 함수 s에 작용시키면

$$\nabla^2 s=\frac{1}{r^2}\frac{\partial}{\partial r}\left(r^2\frac{\partial s}{\partial r}\right)+\frac{1}{r^2\sin\theta}\frac{\partial}{\partial\theta}\left(\sin\theta\frac{\partial s}{\partial\theta}\right)+\frac{1}{r^2\sin^2\theta}\frac{\partial^2 s}{\partial\phi^2} \tag{2.533b}$$

참고로 표 2.3에 원통좌표, 구좌표, 나아가 일반 직교 곡선좌표계에 있어서 스칼라 장 Φ 및 벡터장 $\boldsymbol{a}$ 에 대한 ∇ 편미분 연산 결과(물리 성분으로 표시)를 요약하여 나타내었다.

표 2. 3 대표적 직교 곡선좌표계에 대한 편미분 벡터(▽) 연산의 물리성분 표시.

A) 일반 곡선좌표계 (u_1, u_2, u_3): $h_i = \| \boldsymbol{g}_i \|$, $\boldsymbol{g}_i = h_{\underline{i}} \boldsymbol{e}_i$, $\boldsymbol{g}_i \cdot \boldsymbol{g}_j = h_{\underline{i}} h_{\underline{j}} \delta_{ij}$ $(i,j=1,2,3)$

$$\nabla \Phi = \frac{1}{h_1}\frac{\partial \Phi}{\partial u_1}\boldsymbol{e}_1 + \frac{1}{h_2}\frac{\partial \Phi}{\partial u_2}\boldsymbol{e}_2 + \frac{1}{h_3}\frac{\partial \Phi}{\partial u_3}\boldsymbol{e}_3$$

$$\nabla \cdot \boldsymbol{a} = \frac{1}{h_1 h_2 h_3}\left[\frac{\partial}{\partial u_1}(h_2 h_3 a_1) + \frac{\partial}{\partial u_2}(h_3 h_1 a_2) + \frac{\partial}{\partial u_3}(h_1 h_2 a_3)\right]$$

$$\nabla \times \boldsymbol{a} = \frac{1}{h_1 h_2 h_3}\begin{vmatrix} h_1\boldsymbol{e}_1 & h_2\boldsymbol{e}_2 & h_3\boldsymbol{e}_3 \\ \dfrac{\partial}{\partial u_1} & \dfrac{\partial}{\partial u_2} & \dfrac{\partial}{\partial u_3} \\ h_1 a_1 & h_2 a_2 & h_3 a_3 \end{vmatrix}$$

$$\nabla^2 \Phi = \frac{1}{h_1 h_2 h_3}\left[\frac{\partial}{\partial u_1}\left(\frac{h_2 h_3}{h_1}\frac{\partial \Phi}{\partial u_1}\right) + \frac{\partial}{\partial u_1}\left(\frac{h_3 h_1}{h_2}\frac{\partial \Phi}{\partial u_2}\right) + \frac{\partial}{\partial u_1}\left(\frac{h_1 h_2}{h_3}\frac{\partial \Phi}{\partial u_3}\right)\right]$$

B) 원통좌표계 (ρ, ϕ, z) : $h_1 = 1$, $h_2 = \rho$, $h_3 = 1$

$$\nabla \Phi = \frac{\partial \Phi}{\partial \rho}\boldsymbol{e}_\rho + \frac{1}{\rho}\frac{\partial \Phi}{\partial \phi}\boldsymbol{e}_\phi + \frac{\partial \Phi}{\partial z}\boldsymbol{e}_z$$

$$\nabla \cdot \boldsymbol{a} = \frac{1}{\rho}\frac{\partial}{\partial \rho}(\rho a_\rho) + \frac{1}{\rho}\frac{\partial a_\phi}{\partial \phi} + \frac{\partial a_z}{\partial z}$$

$$\nabla \times \boldsymbol{a} = \frac{1}{\rho}\begin{vmatrix} \boldsymbol{e}_\rho & \rho\boldsymbol{e}_\phi & \boldsymbol{e}_z \\ \dfrac{\partial}{\partial \rho} & \dfrac{\partial}{\partial \phi} & \dfrac{\partial}{\partial z} \\ a_\rho & \rho\, a_\phi & a_z \end{vmatrix}$$

$$\nabla^2 \Phi = \frac{1}{\rho}\frac{\partial}{\partial \rho}\left(\rho\frac{\partial \Phi}{\partial \rho}\right) + \frac{1}{\rho^2}\frac{\partial^2 \Phi}{\partial \phi^2} + \frac{\partial^2 \Phi}{\partial z^2}$$

C) 구좌표계 (r, θ, ϕ) : $h_1 = 1$, $h_2 = r$, $h_3 = r\sin\theta$

$$\nabla \Phi = \frac{\partial \Phi}{\partial r}\boldsymbol{e}_r + \frac{1}{r}\frac{\partial \Phi}{\partial \theta}\boldsymbol{e}_\theta + \frac{1}{r\sin\theta}\frac{\partial \Phi}{\partial \phi}\boldsymbol{e}_\phi$$

$$\nabla \cdot \boldsymbol{a} = \frac{1}{r^2}\frac{\partial}{\partial r}(r^2 a_r) + \frac{1}{r\sin\theta}\frac{\partial}{\partial \theta}(\sin\theta a_\theta) + \frac{1}{r\sin\theta}\frac{\partial a_\phi}{\partial \phi}$$

$$\nabla \times \boldsymbol{a} = \frac{1}{r^2\sin\theta}\begin{vmatrix} \boldsymbol{e}_r & r\boldsymbol{e}_\theta & r\sin\theta\boldsymbol{e}_\phi \\ \dfrac{\partial}{\partial r} & \dfrac{\partial}{\partial \theta} & \dfrac{\partial}{\partial \phi} \\ a_r & r\, a_\theta & r\sin\theta\, a_\phi \end{vmatrix}$$

$$\nabla^2 \Phi = \frac{1}{r^2}\frac{\partial}{\partial r}\left(r^2\frac{\partial \Phi}{\partial r}\right) + \frac{1}{r^2\sin^2\theta}\frac{\partial}{\partial \theta}\left(\sin\theta\frac{\partial \Phi}{\partial \theta}\right) + \frac{1}{r^2\sin^2\theta}\frac{\partial^2 \Phi}{\partial \phi^2}$$

예제 2. 31

구좌표 r, θ, ϕ 에 의존하는 임의의 함수에 대해 Helmholtz 편미분 방정식은 아래와 같다.

$$\nabla^2\Psi(r,\theta,\phi)+k^2\Psi(r,\theta,\phi)=0 \quad (k^2>0) \tag{2. 534}$$

이때 편미방의 일반해 $\Psi(r,\theta,\phi)$를 '변수 분리(separation of variables)'기법을 사용하여 구하라 (자세한 것은 6장 참조 요).

풀 이

위 식의 구좌표에 대한 $\nabla^2\Psi$ 항으로서 표 2.3 C)에서 대입하면 아래가 된다..

$$\frac{1}{r^2\sin\theta}\left[\sin\theta\frac{\partial}{\partial r}\left(r^2\frac{\partial\Psi}{\partial r}\right)+\frac{\partial}{\partial r}\left(\sin\theta\frac{\partial\Psi}{\partial\theta}\right)+\frac{1}{\sin\theta}\frac{\partial^2\Psi}{\partial\phi^2}\right]=-k^2\Psi \tag{2. 535}$$

이때

$$\Psi(r,\theta,\phi)=R(r)\,\Theta(\theta)\,\Phi(\phi) \tag{2. 536}$$

라 놓고 식 (2.535)에 넣어 $R\Theta\Phi$로 나누자

$$\frac{1}{Rr^2}\frac{d}{dr}\left(r^2\frac{dR}{dr}\right)+\frac{1}{\Theta r^2\sin\theta}\frac{d}{d\theta}\left(\sin\theta\frac{d\Theta}{d\theta}\right)+\frac{1}{\Theta r^2\sin^2\theta}\frac{d^2\Theta}{d\phi^2}=-k^2 \tag{2. 537}$$

양변에 $r^2\sin^2\theta$를 곱하고 $\left(\frac{1}{\Phi}\right)\left(\frac{d^2\Phi}{d\phi^2}\right)$만 한 변에 놓아두면

$$\frac{1}{\Phi}\frac{d^2\Phi}{d\phi^2}=r^2\sin^2\theta\left[-k^2-\frac{1}{r^2R}\frac{d}{dr}\left(r^2\frac{dR}{dr}\right)-\frac{1}{r^2\sin\theta\Theta}\frac{d}{d\theta}\left(\sin\theta\frac{d\Theta}{d\theta}\right)\right] \tag{2. 538}$$

이 된다. 식 (2.538)은 단지 ϕ의 함수와 관계되고 r, θ 만의 함수도 된다.
r, ρ, ϕ 가 독립변수이기 때문에 식 (2.538)의 각 변을 상수로 놓는다. 대부분 물리 문제에서 ϕ는 방위각처럼 쓰여진다. 이것은 지수함수보다는 주기적인 해가 되어야 함을 의미한다. 때문에 분리 상수로서 $-m^2$을 사용한다(사실 어떠한 상수든지 사용할 수 있지만 $-m^2$을 사용하는 것이 가장 간단하다).
그러면

$$\frac{1}{\Phi}\frac{d^2\Phi(\phi)}{d\phi^2}=-m^2 \tag{2. 539}$$

$$\frac{1}{r^2R}\frac{d}{dr}\left(r^2\frac{dR}{dr}\right)+\frac{1}{r^2\sin\theta\Theta}\frac{d}{d\theta}\left(\sin\theta\frac{d\Theta}{d\theta}\right)-\frac{m^2}{r^2\sin^2\theta}=-k^2 \tag{2. 540}$$

을 얻는다. 식 (2.540)에 r^2을 곱하여 정리하면

$$\frac{1}{R}\frac{d}{dr}\left(r^2\frac{dR}{dr}\right)+r^2k^2=-\frac{1}{\sin\theta\Theta}\frac{d}{d\theta}\left(\sin\theta\frac{d\Theta}{d\theta}\right)+\frac{m^2}{\sin^2\theta} \tag{2.541}$$

이 된다. 다시 변수가 분리되면 각 변을 상수 Q라 놓고

$$\frac{1}{\sin\theta}\frac{d}{d\theta}\left(\sin\theta\frac{d\Theta}{d\theta}\right)-\frac{m^2}{\sin^2\theta}\Theta+Q\Theta=0 \tag{2.542}$$

$$\frac{1}{r^2}\frac{d}{dr}\left(r^2\frac{dR}{dr}\right)+k^2R-\frac{QR}{r^2}=0 \tag{2.543}$$

이 된다. 한 번 더 3개 변수 (r,θ,ϕ)의 편미분방정식 (2.534)을 3개의 상미분 방정식 [(2.539), (2.542), (2.543)]으로 바꾸었다. 따라서 기존의 상미분 방정식의 해를 구하는 방법을 이용하면 식 (2.536)의 Ψ 를 구할 수 있다. 예를 들어 식 (2.542)는 상수 Q가 $l(l+1)$(단 l은 정수)이 되는 '부(associated) Legendre' 방정식으로 설명된다. 또한 만약 k^2 가 (양의) 상수라면 식 (2.543)은 '구형(spherical) Bessel' 방정식이 될 것이다. 따라서 일반해는

$$\Psi_{Qm}(r,\theta,\phi)=\sum_{Q,m}R_Q(r)\,\Theta_{Qm}(\theta)\,\Phi_m(\phi) \tag{2.544}$$

로 주어진다. 여기서 k^2이 상수라는 조건은

$$k^2=f(r)+\frac{1}{r^2}g(\theta)+\frac{1}{r^2\sin^2\theta}h(\phi)+k'^2 \tag{2.545}$$

으로 바뀔 수 있다. 확실한 형태의 해를 가진 Schrödinger 파동방정식의 가장 중요한 예들 중의 하나인 수소 원자 문제에서 $k^2=f(r)$이 된다. 수소 원자에 대해서 식 (2.543)은 '부 Laguerre' 방정식이 된다. 구형 극좌표계에서 이러한 변수 분리의 가장 큰 중요성은 물리의 대부분을 차지하는 $k^2=k^2(r)$인 경우에서 나타난다. 이러한 경우는 중력, 정전기, 원자 물리, 핵 물리이론 등이 해당된다. 그리고 $k^2=k^2(r)$이면 각 종속부분이 쉽게 풀려지는 식 (2.539)와 (2.542)에 나타난다(Bessel이나 Legendre와 같은 특수함수는 5장 참조 요).

한편 연속체역학이나 레올로지에서 다루는 응력과 변형(혹은 변형속도)간의 구성방정식(constitutive equation)에 대한 각종 텐서량의 성분표시는, 특히 가장 응용성이 높은 Cartesian 좌표계를 비롯하여 원통이나 구좌표와 같은 직교(orthogonal) 곡선좌표계($h^i=1/h_i$)의 경우 반변이나 공변보다는 기저벡터의 크기가 1에 해당(즉 반변과 공변의 구별이 없이 정규직교 기저계 $\boldsymbol{e}_i\cdot\boldsymbol{e}_j=\delta_{ij}$를 형성)하는 물리적 성분(physical component)(2.9절 참조)으로 표시하는 경우가 대부분이다. 따라서 앞에서 다룬 여러 형태의 벡터 및 텐서 연산을 대표적 직교 곡선계에 대한 물리적 성분으로 나타낼 줄 아는 것은 매우 중요하다고 하겠다. 그러나 지면관계상 자세한 응용과정은 생

략하나, 관심있는 독자는 연속체역학이나 레올로지 관련 서적을 참조하길 바란다.

2. 22 스칼라와 벡터 퍼텐셜

지금까지 다루어 온 스칼라, 벡터 및 텐서 값을 가진 함수에 대한 기울기(gradient), 발산, 회전(curl) 및 라플라스(Laplacian) 연산자개념을 바탕으로 여기서는 비회전(irrotational) 및 솔레노이드(solenoidal) 벡터장과 더불어 스칼라 및 벡터 퍼텐셜(potential)의 개념을 소개하기로 한다.

정의 1 : 만약 E^n 공간의 한 주어진 단순 연결된 영역(simply connected region) Ω에서 연속적으로 미분 가능한 어떤 벡터장 $\boldsymbol{f}(\boldsymbol{x})$가 Ω내의 모든 배향된 폐곡선(oriented close curve) C에 대해 아래의 관계가 성립되면 $\boldsymbol{f}(\boldsymbol{x})$는 '비회전(irrotational) 벡터장'이라고 한다.

$$\oint_C \boldsymbol{f} \cdot d\boldsymbol{r} = 0 \tag{2. 546}$$

여기서 $d\boldsymbol{r}$는 임의의 점 P에서 곡선 C에 대한 미소 접선 벡터[즉 $d\boldsymbol{r} = \boldsymbol{t}ds$, 여기서 $\boldsymbol{t}(= d\boldsymbol{r}/ds)$ 및 ds는 각각 단위 접선 벡터 및 미소 호의 길이임]를 나타내고, $\boldsymbol{r}(\boldsymbol{x})$는 좌표계 $\boldsymbol{x}$의 위치벡터이다. 여기서 이 식과 Stokes의 회전정리 식 (2.427)과 비교해보면 아래의 관계가 만족될 때만 벡터장 $\boldsymbol{f}(\boldsymbol{x})$가 연결된 영역 Ω내에서 '비회전'이 된다.

$$\nabla \times \boldsymbol{f} = 0 \tag{2. 547}$$

그런데 벡터 항등식 (2.509)에 의하면 $\boldsymbol{f}$는 Ω내에서 아래의 형태가 되어야만 비회전 벡터장이 된다.

$$\boldsymbol{f} = \nabla(\phi + \text{constant}) \tag{2. 548}$$

여기서 ϕ는 Ω내에서 좌표계 $\boldsymbol{x}$의 연속 미분 가능한 스칼라 값 함수로서, 벡터장 $\boldsymbol{f}$의 '스칼라 퍼텐셜(scalar potential)'이라 한다.

정의 2 : 만약 E^n 공간의 한 주어진 단순 연결된 영역 Ω에서 연속적으로 미분 가능한 어떤 벡터장 $\boldsymbol{f}(\boldsymbol{x})$가 Ω내의 모든 배향된 폐곡면(oriented close surface) S에 대해 아래의 관계가 성립되면 $\boldsymbol{f}(\boldsymbol{x})$는 '솔레노이드(solenoidal) 벡터장'이라고 한다.

$$\oint_S \boldsymbol{f} \cdot \boldsymbol{n}dS = 0 \tag{2. 549}$$

여기서 $\boldsymbol{n}$는 폐곡면 S의 미소 표면적 dS에 수직인 외향(exterior) 법선벡터[즉 $\boldsymbol{n}= d\boldsymbol{S}/\|d\boldsymbol{S}\|$, $d\boldsymbol{S}=\boldsymbol{r}_u du\times\boldsymbol{r}_v dv$, $\boldsymbol{r}_u=\partial\boldsymbol{r}/\partial u$, $\boldsymbol{r}_v=\partial\boldsymbol{r}/\partial v$, 여기서 u 및 v는 2차원 곡면 $\boldsymbol{r}(u,v)$의 두 매개변수 임]를 나타낸다(식 (2.398) 참조). 여기서 Gauss 발산정리 식 (2.397)과 식 (2.549)를 비교해보면 아래가 성립될 경우에만 $\boldsymbol{f}(\boldsymbol{x})$가 Ω내에서 솔레노이드 벡터장이 된다.

$$\nabla\cdot\boldsymbol{f}=0$$

그런데 벡터항등식 (2.508)에 의하면 $\boldsymbol{f}$가 아래의 형태를 가져야만 위 식을 만족한다.

$$\boldsymbol{f}=\nabla\times\boldsymbol{A} \tag{2. 550}$$

여기서 $\boldsymbol{A}$는 벡터장 $\boldsymbol{f}$의 (미분 가능한) '벡터 퍼텐셜(vector potential)'이라 한다. 그런데 아래의 관계식 때문에 $\boldsymbol{A}$는 $\boldsymbol{f}$의 유일한 벡터 퍼텐셜은 아니다.

$$\nabla\times(\boldsymbol{A}+\nabla\psi)=\nabla\times\boldsymbol{A} \tag{2. 551}$$

Helmholtz 정리 : E^n 공간의 한 주어진 단순 연결영역(simply connected region) Ω에서 크기가 유한(finite)이고, 연속미분 가능한 임의의 벡터장 $\boldsymbol{f}(\boldsymbol{x})$는 만약 r가 Ω에서 위치벡터 $\boldsymbol{x}$에서 $\boldsymbol{x}'$까지의 거리를 나타낸다면 $r^2\|\boldsymbol{f}\|$는 무한대(at infinity)에서도 경계를 가지며(즉 $\ll\infty$), 또한 아래와 같이 임의의 한 비회전(즉 회전이 $\boldsymbol{0}$이 됨) 벡터와 한 솔레노이드(즉 발산이 0이 됨) 벡터의 합으로 항상 나타낼 수 있다.

$$\boldsymbol{f}=\nabla\phi+\nabla\times\boldsymbol{A} \tag{2. 552}$$

여기서 $\phi(\boldsymbol{x})$ 및 $\boldsymbol{A}(\boldsymbol{x})$는 각각 Ω 영역 내에서 연속 미분 가능한 스칼라 값 및 벡터 값을 가진 함수이다.

증 명 증명은 주어진 벡터장 $\boldsymbol{f}(\boldsymbol{x})$에 대해 스칼라 및 벡터 값 함수 $\phi(\boldsymbol{x})$ 및 $\boldsymbol{A}(\boldsymbol{x})$가 각각 어떨 때 구해지는가를 보여줌으로써 이루어진다. 여기서 먼저 Cartesian 좌표계에 대해 증명하고, 이를 일반 곡선좌표계로 확장하기로 한다. 그런데 Morse와 Feshbach에 의하면 3차원 델타함수 $\delta(\boldsymbol{x})$를 사용한 아래의 관계가 성립된다(부록 식 (G.53) 참조).

$$\nabla^2(1/r_{12})=-4\pi\delta(\boldsymbol{r}_1-\boldsymbol{r}_2) \tag{2. 553}$$

여기서 r_{12}는 공간에서 두 위치벡터 $\boldsymbol{r}_1$과 $\boldsymbol{r}_2$사이의 거리(즉 $r_{12}=\|\boldsymbol{r}_1-\boldsymbol{r}_2\|$)를 나타내며, $\boldsymbol{x}\neq\boldsymbol{0}$인 모든 $\boldsymbol{x}$에 대해 0의 값을 가지는 3차원 델타함수 $\delta(\boldsymbol{x})$의 성질에 관해서는 부록 G.2절에 기술되어 있다.

그러면 Ω 영역 내에서 벡터장 $\boldsymbol{f}(\boldsymbol{x})$를 아래와 같이 C^2 클래스에 속하는(즉 적어도 2번 이상 연속미분 가능) 적당한 벡터장 $\boldsymbol{u}(\boldsymbol{x})$의 라플라스로 나타내면 아래가 된다.

$$\nabla^2 \boldsymbol{u} = \boldsymbol{f} \tag{2.554}$$

이 때 3차원 편미방 식 (2.554)의 해 $\boldsymbol{u}(\boldsymbol{x})$는 아래와 같이 주어진다(문 2.22 참조).

$$\boldsymbol{u} = -\int_{\Omega} \frac{\boldsymbol{f}(\boldsymbol{x}')}{4\pi r} dv(\boldsymbol{x}') \tag{2.555}$$

여기서 $r = \| \boldsymbol{x} - \boldsymbol{x}' \|$ 는 Ω 영역에서 두 점 $\boldsymbol{x}$와 $\boldsymbol{x}'$ 사이의 거리를 나타내며, $dv(\boldsymbol{x}')$는 미소 부피요소이다.

[비고 : 식 (2.555)의 $\boldsymbol{u}$가 식 (2.554)의 해임은 양변에 좌표성분 $\boldsymbol{x}$에 대해 ∇^2를 취하면 (즉 $\nabla^2 = \nabla \cdot \nabla$, $\nabla = \frac{\partial}{\partial \boldsymbol{x}}$ 임) 식 (2.553)으로부터 아래가 성립된다.

$$\nabla^2 \boldsymbol{u}(\boldsymbol{x}) = -\int_{\Omega} \frac{\boldsymbol{f}(\boldsymbol{x}')}{4\pi}(-4\pi\delta(\boldsymbol{x}-\boldsymbol{x}')dv(\boldsymbol{x}')) = \int_{\Omega} \boldsymbol{f}(\boldsymbol{x}')\delta(\boldsymbol{x}-\boldsymbol{x}')\, dv(\boldsymbol{x}')$$

여기서 부록 식 (G.49)의 (3차원)델타함수의 성질을 이용하면 $\nabla^2 \boldsymbol{u}(\boldsymbol{x}) = \boldsymbol{f}(\boldsymbol{x})$가 되어 식 (2.554)를 만족한다.]

지금 식 (2.554)의 벡터장 $\boldsymbol{u}$에 대해 아래와 같이 정의하자.

$$\nabla \cdot \boldsymbol{u} = \phi, \ \nabla \times \boldsymbol{u} = -\boldsymbol{A} \tag{2.556}$$

그런데 벡터 항등관계 식 (2.510)으로부터 아래가 성립된다.

$$\nabla^2 \boldsymbol{u} = \nabla(\nabla \cdot \boldsymbol{u}) - \nabla \times \nabla \times \boldsymbol{u} \tag{2.557}$$

그러면 식 (2.554)로부터 아래가 성립된다.

$$\boldsymbol{f} = \nabla^2 \boldsymbol{u} = \nabla(\nabla \cdot \boldsymbol{u}) - \nabla \times \nabla \times \boldsymbol{u} = \nabla\phi + \nabla \times \boldsymbol{A} \tag{2.558}$$

여기서 $\nabla\phi$ 및 $\nabla \times \boldsymbol{A}$는 각각 벡터 공식 (2.509) 및 (2.508)에 의해 비회전 벡터장($\because \nabla \times (\nabla\phi) = 0$) 및 솔레노이드 벡터장($\because \nabla \cdot (\nabla \times \boldsymbol{A}) = 0$)이 되어 Helmholtz 정리를 만족한다. 그리고 식 (2.558)은 좌표계에 무관한 벡터(혹은 1차 텐서)방정식으로 나타내져 있으므로, 일반 곡선좌표계를 포함한 모든 좌표계에서도 이 정리가 성립된다. ■

그러면 주어진 벡터장 $\boldsymbol{f}(\boldsymbol{x})$에 대해 식 (2.556)을 만족하는 스칼라장 $\phi(\boldsymbol{x})$ 및 벡터장 $\boldsymbol{A}(\boldsymbol{x})$는 아래와 같이 $\boldsymbol{f}$를 사용하여 명백한(explicit)형태로 나타낼 수 있다. 이를 위해 먼저 $\boldsymbol{\xi}(\boldsymbol{x},\boldsymbol{x}') \equiv \boldsymbol{x}-\boldsymbol{x}'$[혹은 $\| \boldsymbol{\xi} \| = r(\boldsymbol{x},\boldsymbol{x}') = \| \boldsymbol{x}-\boldsymbol{x}' \|$]로 정의할 때 양변을 각각 $\nabla_{\boldsymbol{x}}\left(=\dfrac{\partial}{\partial \boldsymbol{x}}\right)$ 및 $\nabla_{\boldsymbol{x}'}\left(=\dfrac{\partial}{\partial \boldsymbol{x}'}\right)$로 편미분하면 아래가 성립된다.

(단 $\dfrac{\partial \boldsymbol{x}}{\partial \boldsymbol{x}} = \dfrac{\partial \boldsymbol{x}}{\partial \boldsymbol{x}'} = \mathrm{I} = (\delta_{ij})$를 이용).

$$\nabla_{\boldsymbol{x}} \boldsymbol{\xi} = \mathrm{I}, \quad \nabla_{\boldsymbol{x}'} \boldsymbol{\xi} = -\mathrm{I}, \quad \nabla_{\boldsymbol{x}} \boldsymbol{\xi} = -\nabla_{\boldsymbol{x}'} \boldsymbol{\xi} \tag{2. 559}$$

즉 주어진 $\boldsymbol{\xi}(\boldsymbol{x},\boldsymbol{x}') \equiv \boldsymbol{x}-\boldsymbol{x}'$에 대해 $\nabla_{\boldsymbol{x}}\left(=\dfrac{\partial}{\partial \boldsymbol{x}}\right) = \nabla$ 및 $\nabla_{\boldsymbol{x}'}\left(=\dfrac{\partial}{\partial \boldsymbol{x}'}\right) = \nabla'$라 하면 아래가 성립된다(단 $\nabla = \dfrac{\partial}{\partial \boldsymbol{r}} = \boldsymbol{g}^k \nabla_k$ (식 (2.360) 이용).

$$\nabla_{\boldsymbol{x}} = -\nabla_{\boldsymbol{x}'} (\text{혹은 } \nabla = -\nabla'), \quad \nabla_k \left(=\frac{\partial}{\partial x^k}\right) = -\nabla'_k \left(= -\frac{\partial}{\partial x'^k}\right) \tag{2. 560}$$

따라서 임의의 함수 $\boldsymbol{F}(\boldsymbol{x},\boldsymbol{x}') = \boldsymbol{F}(\| \boldsymbol{x}-\boldsymbol{x}' \|)$ 및 $G(\boldsymbol{x}')$에 대해 각각 아래가 성립된다.

$$\nabla \boldsymbol{F}(\| \boldsymbol{x}-\boldsymbol{x}' \|) = -\nabla' F(\| \boldsymbol{x}-\boldsymbol{x}' \|), \quad \nabla G(\boldsymbol{x}')\left[=\frac{\partial}{\partial \boldsymbol{x}} G(\boldsymbol{x}')\right] = 0 \tag{2. 561}$$

이제 성질 (2.561)을 이용하면 먼저 식 (2.556)으로 정의된 스칼라 장 ϕ에 대해 식 (2.555)의 도움을 받아 아래가 성립된다.

$$\phi = \nabla \cdot \boldsymbol{u} = -\frac{1}{4\pi}\int_{\Omega} \boldsymbol{f}(\boldsymbol{x}') \cdot \nabla\left(\frac{1}{r}\right) dv(\boldsymbol{x}') = \frac{1}{4\pi}\int_{\Omega} \boldsymbol{f}(\boldsymbol{x}') \cdot \nabla'\left(\frac{1}{r}\right) dv(\boldsymbol{x}') \tag{2. 562}$$

따라서 ϕ는 $\boldsymbol{f}$의 명백한 함수로 나타내진다.

다음에는 정의식 $\boldsymbol{A} = -\nabla \times \boldsymbol{u}$에 대해서도 성질 (2.561)과 식 (2.555)의 도움을 받아 단순 연결 영역 Ω에 대하여 아래의 관계식이 성립된다.

$$\boldsymbol{A} = -\nabla \times \boldsymbol{u} = \frac{1}{4\pi}\int_{\Omega} \nabla \times \left(\frac{1}{r}(\boldsymbol{f}(\boldsymbol{x}'))\right) dv(\boldsymbol{x}') = \frac{1}{4\pi}\int_{\Omega} \boldsymbol{f}(\boldsymbol{x}') \times \nabla'\left(\frac{1}{r}\right) dv(\boldsymbol{x}') \tag{2. 563}$$

마지막 단계에서 $\nabla \times (\phi \boldsymbol{a}) = (\nabla \phi) \times \boldsymbol{a} + \phi(\nabla \times \boldsymbol{a})$ 관계 및 식 (2.561)에서 $\nabla\left(\dfrac{1}{r}\right) = -\nabla'\left(\dfrac{1}{r}\right)$와 $\nabla \boldsymbol{f}(\boldsymbol{x}')\left[=\dfrac{\partial}{\partial \boldsymbol{x}} \boldsymbol{f}(\boldsymbol{x}')\right] = 0$를 이용하였다.

[비고 : Helmholtz 식 (2.552)의 좌변은 벡터장 $\boldsymbol{f}$의 3 (공변)성분 f_k가 필요하나, 반변에 우변은 스칼라 함수 ϕ 1개와, 벡터 $\boldsymbol{A}$의 3 (공변)성분 A_k 즉 모두 4개가 필요하다. 이와 같은 불일치를 해결하기 위하여 실제 고체의 탄성파 진동문제에 응용시 벡터장 $\boldsymbol{A}$를 지배하는 파동방정식의 해를 용이하게 하도록 $\nabla \cdot \boldsymbol{A} = 0$이라는 소위 '게이지 조건(gauge condition)'을 부가함으로써 여분의 성분 수 1개를 줄이는 효과가 있다.]

여기서 이 절을 끝내기 전 금후의 응용에 있어서 자주 접하게 되는 스칼라 함수 $f(r)$(여기서 r는 위치벡터 $\boldsymbol{r}$의 크기 즉 $r = \| \boldsymbol{r} \| = \sqrt{\boldsymbol{r} \cdot \boldsymbol{r}}$ 임)의 $\nabla \left(= \dfrac{\partial}{\partial \boldsymbol{r}} = \boldsymbol{g}^k \nabla_k \right)$ 및 $\nabla^2 (= \nabla \cdot \nabla)$ 연산에 의한 아래의 두 결과식을 증명해보기로 한다.

$$\nabla f(r) = \frac{\partial}{\partial \boldsymbol{r}} f(r) = f'(r) \boldsymbol{r} / r \tag{2. 564a}$$

$$\nabla^2 f(r) = f''(r) + 2f'(r)/r \tag{2. 564b}$$

여기서 $f'(r)$ 및 $f''(r)$은 각각 r에 관한 1계 및 2계 도함수이며 $\boldsymbol{r} = r\boldsymbol{e}_r$이다.

증 명 a) 구좌표 $x^1 = r$, $x^2 = \theta$, $x^3 = \phi$를 생각하면, $f(r) = f(x^1)$이므로 연쇄율(부록 C.2절 참조)에서 아래가 성립된다.

$$\nabla f(r) = \frac{\partial}{\partial \boldsymbol{r}} f(r) = \frac{\partial x^k}{\partial \boldsymbol{r}} \frac{\partial f(r)}{\partial x^k} = \frac{\partial r}{\partial \boldsymbol{r}} \frac{\partial f}{\partial r}$$

그런데 구좌표에 대한 역 기저벡터의 정의에서 $\partial r / \partial \boldsymbol{r} = \boldsymbol{g}^1 (= \boldsymbol{g}^r) = h^1 \boldsymbol{e}^1 = \boldsymbol{e}_r = \boldsymbol{r}/r$ (식 (2.526) 참조)가 된다. 따라서 위 식은 아래가 되어 식 (2.564a)가 증명된다.

$$\nabla f(r) = \boldsymbol{e}_r f'(r) = f'(r) \boldsymbol{r} / r$$

b) 구좌표에 대한 스칼라 함수 $f(r)$의 라플라스 $\nabla^2 f$는 공식 (2.455)에 2.21.3.2절의 결과 $\sqrt{g} = h_1 h_2 h_3 = r^2 \sin\theta$, $g^{11} = 1/{h_1}^2 = 1$등을 대입하고, f가 $l = 1$ 즉 $x^1 = r$에만 의존하므로 아래 식을 얻어 증명된다.

$$\nabla^2 f(r) = \frac{1}{r^2 \sin\theta} \frac{d}{dr} \left(r^2 \sin\theta \frac{df}{dr} \right) = \frac{1}{r^2} \left(2r \frac{df}{dr} + r^2 \frac{d^2 f}{dr^2} \right) = f''(r) + 2f'(r)/r$$

혹은 $\nabla^2 f = \nabla \cdot \nabla f$에서 ∇f는 문제 a)의 결과를 이용하고, 구좌표에 대한

$\nabla\left(=\frac{\partial}{\partial \boldsymbol{r}}\right)$은 식 (2.532)를 대입하여 미분을 행하고, 식 (2.317)의 공식을 이용하여 정리 (단 $\boldsymbol{e}_i \cdot \boldsymbol{e}_j = \delta_{ij}$이용)하면 마찬가지 결과를 얻을 수 있다. ■

만약 위 식 (2.564)에 $f(r) = r^n$(단 $n \neq 0$)을 대입하면 각각 아래를 얻는다.

$$\nabla r^n = nr^{n-2}\boldsymbol{r}, \quad \nabla^2 r^n = n(n+1)r^{n-2} \quad (n \neq 0) \tag{2. 565}$$

2. 23 다중적분과 좌표변환

2. 23. 1 이중적분(면적분)

2. 23. 1. 1 면적분의 계산

이에 2.17절과 2.18절에서 별 증명없이 몇 차례 인용된 바 있지만, 여기에서는 일반적인 어떤 표면에 대하여 어떻게 면적분을 계산하는지 알아보자. 먼저 선택한 좌표계의 좌표미분 항으로 스칼라 미소 면적 dS를 나타내어야 한다. 예를 들어 만일 S가 반경 a인 구의 표면이라면 식 (2.398)에 매개변수 u, v로 구좌표 θ, ϕ를 사용하여 관계식 $dS = a^2 \sin\theta \, d\theta \, d\phi$ 를 얻을 수 있다. 그러나 일반적인 표면에 대해서는 표면을 임의의 특별한 좌표계로 나타내는 것은 그리 쉽지 않다. 그러한 경우에는 아래와 같이 직교 Cartesian 좌표계를 사용하여 그 표면을 Cartesian 좌표 평면에 투영(projection)시켜 계산하는 것이 편리하다.

그림 2.13에서처럼 곡면 (혹은 곡면의 일부) S를 생각해 보자. 곡면 S를 $xy-$평면상의 영역 R 위로 투영시키면 점 P에서의 미소 표면적 dS는 Cartesian 평면의 미소면적 dA로 투영된다. 그림으로부터 $dA = |\cos\alpha|dS$임을 알 수 있고, 여기서 α는 z방향의 단위벡터 $\boldsymbol{k}$와 점 P에서 표면의 단위 법선벡터 $\boldsymbol{n}$가 이루는 각도이다. 따라서 S의 임의의 점에서 다음 관계가 성립한다.

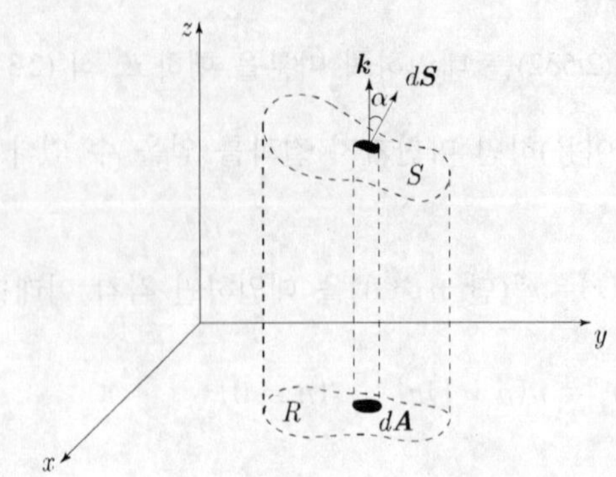

그림 2. 13 곡면 S의 xy 평면상의 영역 R에로의 투영.
dS는 곡면상의 한 점 P에서 벡터 표면 요소임.

$$dS = \frac{dA}{|\cos\alpha|} = \frac{dA}{|\boldsymbol{n} \cdot \boldsymbol{k}|} \tag{2. 566}$$

만약 곡면 S가 식 $f(x,y,z)=0$로 주어진다면 곡면의 임의의 점에서 단위법선 벡터는 $\boldsymbol{n} = \frac{\nabla f}{|\nabla f|}$(식 (2.411) 참조)로 주어진다. 따라서 위의 미소 표면적은 다음과 같이 된다.

$$dS = \frac{dA}{|\hat{\boldsymbol{n}} \cdot \boldsymbol{k}|} = \frac{|\nabla f\,|dA}{\nabla f \cdot \boldsymbol{k}} = \frac{|\nabla f\,|dA}{\partial f / \partial z} \tag{2. 567}$$

여기서 $|\nabla f|$와 $\frac{\partial f}{\partial z}$는 표면 S상에서 평가되었다. 그러므로 어떠한 S에 대한 면적분도 xy−평면상의 영역 R에 대한 이중적분으로 표현할 수 있다.

예제 2. 32

$\boldsymbol{b} = x\boldsymbol{i}$이고 S가 반구 $x^2+y^2+z^2=a^2\,(z \geq 0)$의 표면일 때 아래의 면적분 값을 계산하라.

$$I = \int_S \boldsymbol{b} \cdot d\boldsymbol{S}$$

풀 이

그림 2.14에 반구의 표면이 나타나 있다. 이 경우에 $d\boldsymbol{S}$는 구좌표를 사용하여 $dS = a^2 \sin\theta\, d\theta\, d\phi$(즉 식 (2.398)에 $u=\theta, v=\phi$로 둠)로 나타낼 수 있고, 구면상의 임의의 점에서 표면에 대한 단위 법선벡터는 $\hat{\boldsymbol{r}}\,(=\boldsymbol{e}_r)$이다.

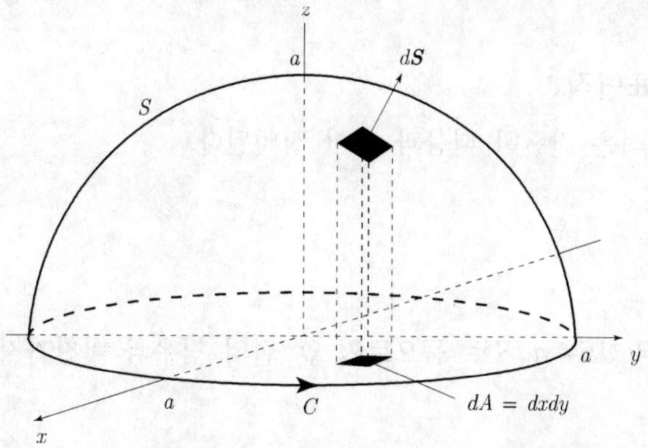

그림 2. 14 반구(hemisphere)의 표면 $x^2+y^2+z^2=a^2\,(z\geq 0)$.

반구의 표면에서 $x=a\,\sin\theta\,\cos\phi$ 이고 $\boldsymbol{r}=\boldsymbol{i}\,\sin\theta\,\cos\phi+\boldsymbol{j}\,\sin\theta\,\sin\phi+\boldsymbol{k}\cos\theta$ 이므로

$$\boldsymbol{b}\cdot d\boldsymbol{S}=x(\boldsymbol{i}\cdot\hat{\boldsymbol{r}})dS=(a\sin\theta\cos\phi)(\sin\theta\cos\phi)(a^2\sin\theta\,d\theta\,d\phi)$$

따라서 θ 와 ϕ 에 대한 적절한 극한을 취하면 다음의 관계식을 얻을 수 있다.

$$I=\int_S \boldsymbol{a}\cdot d\boldsymbol{S}=a^3\int_0^{\pi/2}d\theta\sin^3\theta\int_0^{\pi/2}d\phi\cos^2\phi=\frac{2\pi a^3}{3}$$

이와 같은 방법 외에도, 반구의 표면 S를 원점에 중심을 둔 반경 $\boldsymbol{a}$ 의 원인 $xy-$평면상의 영역 R로 투영시켜 계산할 수도 있다. 즉 반구의 표면에 대한 방정식을 $f(x,y)=x^2+y^2+z^2-a^2=0$라고 하고 식 (2.567)을 사용하면 다음의 관계식을 얻을 수 있다.

$$I=\int_S \boldsymbol{a}\cdot d\boldsymbol{S}=\int_S x\,(\boldsymbol{i}\cdot\hat{\boldsymbol{r}})\,dS=\int_R x\,(\boldsymbol{i}\cdot\hat{\boldsymbol{r}})\,\frac{|\nabla f\,|dA}{\partial f/\partial z}$$

이제 $\nabla f=2x\boldsymbol{i}+2y\boldsymbol{j}+2z\boldsymbol{k}=2\boldsymbol{r}$ 이므로, 구면 S 상에서 $|\nabla f\,|=2|\boldsymbol{r}\,|=2a$ 이다. 또한, S 상에서 $\dfrac{\partial f}{\partial z}=2z=2\sqrt{a^2-x^2-y^2}$ 이고 $\boldsymbol{i}\cdot\hat{\boldsymbol{r}}=\dfrac{x}{a}$ 이다. 따라서 적분은 다음과 같이 된다.

$$I=\int\int_R\frac{x^2}{\sqrt{a^2-x^2-y^2}}dx\,dy$$

바로 (x,y) 좌표로 적분하는 대신에 아래와 같이 같은 평면 내 극좌표로 변환(즉 $x=\rho\cos\phi$, $y=\rho\sin\phi$)하는 것이 더욱 빠르다.

$\rho=a\sin u$ 로 치환하면 다음을 얻을 수 있다.

$$I=\int_0^{2\pi}\cos^2\phi\,d\phi\int_0^{\pi/2}a^3\sin^3 u\,du=\frac{2\pi a^3}{3}$$

2. 23. 1. 2 벡터 표면적

곡면 S의 벡터 면적은 간단히 다음과 같이 정의된다.

$$\boldsymbol{S} = \int_S d\boldsymbol{S} \tag{2. 568}$$

여기서 곡면 적분은 $d\boldsymbol{S}= \boldsymbol{n}dS$로 둠으로써 앞 절의 경우와 마찬가지로 평가할 수 있다.

예제 2. 33

반구 $x^2+y^2+z^2=a^2\,(z \geq 0)$ 표면의 벡터 면적을 찾으시오.

풀 이

앞의 예제와 마찬가지로 구좌표에서 $d\boldsymbol{S}= \boldsymbol{n}dS = a^2 \sin\theta\, d\theta\, d\phi\, \hat{\boldsymbol{r}}$ 이다. 따라서 벡터 면적은 다음과 같이 주어진다.

$$\boldsymbol{S} = \int\int_S a^2 \sin\theta\, d\theta\, d\phi\, \hat{\boldsymbol{r}}$$

이제 $\hat{\boldsymbol{r}}$ 은 표면 S 위에서 변하므로 위 식 또한 적분되어질 수 있다. 이때 $\hat{\boldsymbol{r}}$ 를 아래와 같이 Cartesian 기저벡터로 나타내면(식 (2.530) 참조) 쉽게 적분이 가능하다.

$$\hat{\boldsymbol{r}}= \sin\theta \cos\phi\, \boldsymbol{i}+ \sin\theta \sin\phi\, \boldsymbol{j}+ \cos\theta\, \boldsymbol{k}$$

따라서 벡터 면적에 대한 표현은 다음과 같이 된다.

$$\begin{aligned}\boldsymbol{S} &= \boldsymbol{i}\left(a^2 \int_0^{2\pi} \cos\phi\, d\phi \int_0^{\pi/2} \sin^2\theta\, d\theta\right) + \boldsymbol{j}\left(a^2 \int_0^{2\pi} \sin\phi\, d\phi \int_0^{\pi/2} \sin^2\theta\, d\theta\right) \\ &\quad + \boldsymbol{k}\left(a^2 \int_0^{2\pi} d\phi \int_0^{\pi/2} \sin\theta \cos\theta\, d\theta\right) \\ &= 0+0+\pi a^2 \boldsymbol{k} = \pi a^2 \boldsymbol{k}\end{aligned}$$

여기에서 $\boldsymbol{S}$의 크기는 반구가 $xy-$평면에 투영된 면적 πa^2 이고, 반구의 표면적 $2\pi a^2$ 는 아니며, 또한 미소 표면적 벡터 $d\boldsymbol{S}$ 는 $\hat{\boldsymbol{r}}$ 의 방향이지만 전체 적분인 $\boldsymbol{S}$는 $\boldsymbol{k}$ 의 방향을 가짐에 주목하라.

위에서 논의한 반구 표면(shell)은 열린 표면의 예이다. 그런데 닫힌 표면에 대한 벡터 면적은 항상 0이다.

증 명 이것은 표면을 차례로 각각의 Cartesian 좌표면에 투영시키면 알 수 있다. 즉 각각의 투영에 대하여 위 표면에 대한 면적의 양(+)부분은 반대되는 음(−) 부분에 의해 소거된다. 따라서 $\boldsymbol{S}=\oint_S d\boldsymbol{S}$의 각 성분은 없어진다. ■

이 결과의 중요한 계(corollary)로서, 열린 표면의 벡터 면적은 위의 예에서 보았듯이 표면의 주변 또는 경계 곡선 C에만 의존한다는 것이다. 이것은 다음과 같이 증명될 수 있다.

증 명 만일 표면 S_1과 S_2가 같은 주변곡선을 가진다면, $S_1 - S_2$는 닫힌 곡선이고 다음과 같다.

$$\oint d\boldsymbol{S}=\int_{S_1} d\boldsymbol{S}-\int_{S_2} d\boldsymbol{S}=0$$

따라서 $\boldsymbol{S}_1=\boldsymbol{S}_2$ 이다.

더욱이 아래에서 보듯이 열린 표면 S의 벡터 면적 $\boldsymbol{S}$는 항상 그의 주변곡선 C상의 선적분 항으로 나타낼 수 있다.

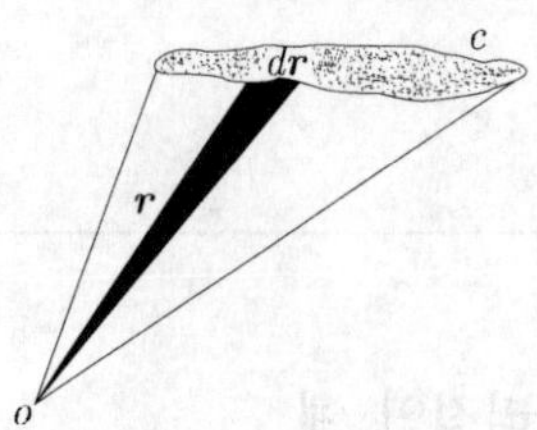

그림 2. 15 원점에 정점을 갖고 주변곡선 C로 둘러싸여진 한 원추 곡면(conical surface).

지금 주변곡선 C를 가진 임의의 표면을 선택할 수 있으므로 꼭지점이 원점인 원추(그림 2.15)를 생각해 보자. 그림에 나타낸 미소 삼각형 영역의 벡터 면적은 $d\boldsymbol{S}=\frac{1}{2}\boldsymbol{r}\times d\boldsymbol{r}$이다. 따라서 원추, 나아가 주변곡선 C를 가진 임의의 열린 표면에 대하여 벡터 면적은 항상 다음과 같은 선적분으로 나타낼 수 있다(2.18.2.2절 참조).

$$\boldsymbol{S}=\frac{1}{2}\oint_C \boldsymbol{r}\times d\boldsymbol{r} \quad ■ \tag{2.435}$$

만약 표면을 $xy-$평면으로 한정한다면 $\boldsymbol{r}=x\boldsymbol{i}+y\boldsymbol{j}$, $d\boldsymbol{r}=dx\boldsymbol{i}+dy\boldsymbol{j}$이고, 표면의 면적

이 $A=\frac{1}{2}\oint_C (x\,dy - y\,dx)$로 주어지는 특별한 경우를 얻을 수 있다.

예제 2. 34

반구의 주변곡선 주위로 선적분 $\boldsymbol{S}=\frac{1}{2}\oint_C \boldsymbol{r}\times d\boldsymbol{r}$을 계산하여 반구 $x^2+y^2+z^2=a^2$ $(z\geq 0)$ 표면의 벡터 면적을 찾으시오.

풀 이

반구의 주변곡선 C는 원 $x^2+y^2=a^2$이고 여기서 다음의 관계식을 얻을 수 있다.

$$\boldsymbol{r}=a\cos\phi\,\boldsymbol{i}+a\sin\phi\,\boldsymbol{j}, \qquad d\boldsymbol{r}=-a\sin\phi\,d\phi\,\boldsymbol{i}+a\cos\phi\,d\phi\,\boldsymbol{j}$$

따라서 외적 $\boldsymbol{r}\times d\boldsymbol{r}$은 다음과 같다.

$$\boldsymbol{r}\times d\boldsymbol{r}=\begin{vmatrix} \boldsymbol{i} & \boldsymbol{j} & \boldsymbol{k} \\ a\cos\phi & a\sin\phi & 0 \\ -a\sin\phi\,d\phi & \cos\phi\,d\phi & 0 \end{vmatrix}=a^2(\cos^2\phi+\sin^2\phi)d\phi\,\boldsymbol{k}=a^2\,d\phi\,\boldsymbol{k}$$

따라서 벡터 면적은 앞의 예제와 동일하게 다음의 값을 갖는다.

$$\boldsymbol{S}=\frac{1}{2}a^2\boldsymbol{k}\int_0^{2\pi}d\phi=\pi a^2\boldsymbol{k}$$

2. 23. 1. 3 곡면적분의 물리적인 예

물리학에서 곡면적분의 많은 예가 있다. 가령 벡터장 $\boldsymbol{a}$에 대하여 면적분 $\int_S \boldsymbol{a}\cdot d\boldsymbol{S}$는 곡면 S를 통한 $\boldsymbol{a}$의 '유출량(flux)'이라고 한다(2.17절 참조). 물리적으로 중요한 유출량 적분의 예는 수없이 많다. 예를 들어 유체에서 밀도가 $\rho(\boldsymbol{r})$이고 속도장 $\boldsymbol{v}(\boldsymbol{r})$을 가지고 움직이는 표면 S를 생각해 보자. dt 시간당 미소 표면적 $d\boldsymbol{S}$를 통과하는 유체의 질량은 $dM=\rho\boldsymbol{v}\cdot d\boldsymbol{S}\,dt$이다. 따라서 S를 통과하는 유체의 순(net) 전체 질량 유출량은 $M=\int_S \rho(\boldsymbol{r})\boldsymbol{v}(\boldsymbol{r})\cdot d\boldsymbol{S}$가 된다. 또 다른 예를 들면 표면 S로 둘러싸여진 부피 V 바깥으로의 전자파 에너지 유출량은 $\oint_S (\boldsymbol{E}\times\boldsymbol{H})\cdot d\boldsymbol{S}$ 이다.

다음에는 엄밀히 말하면 위에 언급된 flux 적분은 아닐지라도 아래에서 정의되는 바와 같이 유사한 형태의 면적분으로 나타내어지는 곡면에 대한 소위 "Gauss 적분정리"에 대해 논하기로 한다.

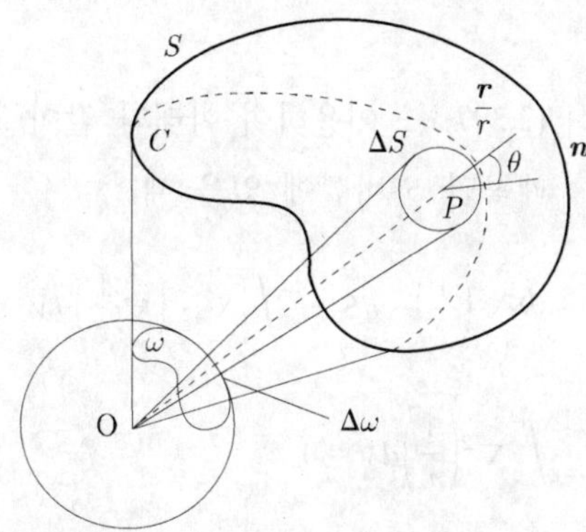

그림 2. 16 정점 O 에서의 곡면 S 에 대응하는 입체각(solid angle) ω 의 정의.

폐곡선 C를 경계로 하는 곡면 S가 있고 공간의 한 점 O와 S위의 점 P를 잇는 직선은 S와 P이외의 점에서는 다시 만나지 않는다고 한다(그림 2.16 참조).

이때 정점 O와 S위의 모든 점을 이어서 되는 O를 꼭지점으로 하는 원추가 O를 중심, 1을 반경으로 하는 구면으로 잘리는 부분의 넓이 ω 를 곡면 S의 O에 대한 '입체각(solid angle)'이라고 한다. 그리고 곡면 S가 안과 밖의 구별이 된다고 할 때 입체각은 만약 O가 S의 뒷면 쪽의 부분에 있으면 양, 앞면 쪽의 부분에 있으면 음이라 약속한다. 지금 곡면 위의 임의의 점 P의 정점 O에 관한 위치벡터를 $\boldsymbol{r}=\overrightarrow{OP}$ 라 하고 점 P에서 곡면 S에 대한 (외향) 단위 법선벡터를 $\boldsymbol{n}$, $\boldsymbol{r}$과 $\boldsymbol{n}$이 이루는 각을 θ (즉 $\hat{\boldsymbol{r}} \cdot \boldsymbol{n} = \cos\theta$)라 한다. 또 점 P를 포함하는 곡면의 미소 부분을 ΔS라 하고 그 입체각을 $\Delta\omega$ 라 하자. 이때 점 P를 지나서 $\boldsymbol{r}$에 수직인 평면 위에 ΔS를 투영한 것은 $\cos\theta\, \Delta S$이고, $\Delta\omega$ 는 이것을 $r^2 = |\boldsymbol{r}|^2$ 으로 나눈 것이다. 그러므로

$$\Delta\omega = \frac{1}{r^2} cos\theta\, \Delta S = \frac{1}{r^2}\left\{\frac{\boldsymbol{r}}{r} \cdot \boldsymbol{n}\, \Delta S\right\} = \frac{1}{r^3}\boldsymbol{r} \cdot \boldsymbol{\Delta S}$$

따라서 곡면 S의 정점 O에 대한 (부호를 가진) 입체각 ω 는

$$\omega = \oint_S \frac{\boldsymbol{r} \cdot \boldsymbol{n} dS}{r^3} = \oint_S \frac{\boldsymbol{r} \cdot \boldsymbol{dS}}{r^3} = \oint_S \frac{\hat{\boldsymbol{r}} \cdot \boldsymbol{dS}}{r^2} \tag{2. 569}$$

로 주어진다.

이것을 이용하여 아래와 같이 정의되는 Gauss 적분 정리를 증명해 보자.

$$\omega = \oint_S \frac{1}{r^3}\boldsymbol{r} \cdot \boldsymbol{dS} = \begin{cases} 0 & (O\text{가 폐곡면 } S\text{의 외부에 있을 때}) \\ 4\pi & (O\text{가 폐곡면 } S\text{의 내부에 있을 때}) \\ 2\pi & (O\text{가 폐곡면 } S\text{의 위에 있을 때}) \end{cases} \tag{2. 570}$$

증 명 가우스 발산정리(식 (2.397))를 이용하여 아래와 같이 3 경우로 나누어 증명한다.

(i) 먼저 원점 O가 폐곡면 S 바깥에 있을 때 :

$$\oint_S \frac{1}{r^2}\hat{r}\cdot d\boldsymbol{S} = -\oint_S \nabla\left(\frac{1}{r}\right)\cdot d\boldsymbol{S} = -\int_V \nabla\cdot\left(\nabla\frac{1}{r}\right)dV$$

$$= -\int_V \nabla^2\left(\frac{1}{r}\right)dV = 0$$

(참고로 $\nabla^2\left(\frac{1}{r}\right) = -4\pi\,\delta(\boldsymbol{r})$ 임 - 식 (2.553))

(ii) 원점 O가 S안에 있을 때 :

O를 중심으로 반지름 ρ인 새로운 구면 S'가 S안에 포함된다고 하자. S와 S'로 된 폐곡면을 생각하면 점 O는 폐곡면밖에 있으므로

$$\oint_{S-S'} \frac{1}{r^2}\hat{r}\cdot d\boldsymbol{S} = 0 \quad \text{또는} \quad \oint_S \frac{1}{r^2}\hat{r}\cdot d\boldsymbol{S} + \oint_{S'} \frac{1}{r^2}\hat{r}\cdot d\boldsymbol{S} = 0$$

여기에 구면 S'에서의 적분에서는 $r=\rho$이고 $\hat{r}\cdot\boldsymbol{n} = \cos\pi = -1$ 이므로 아래와 같다.

$$\oint_S \frac{1}{r^2}\hat{r}\cdot d\boldsymbol{S} = -\oint_{S'} \frac{1}{r^2}\hat{r}\cdot\boldsymbol{n}dS = \oint_{S'} \frac{1}{\rho^2}dS = \frac{1}{\rho^2}\oint_{S'} dS = \frac{1}{\rho^2}\cdot 4\pi\rho^2 = 4\pi$$

(iii) 원점 O가 S상에 있을 때 :

O를 중심으로 한 구면의 S 내에 있는 부분을 S', 구면 바깥에 있는 S의 부분을 S''라 하자. 곡면 S', S''로 된 폐곡면을 생각하면 원점 O는 이 곡면 바깥에 있으므로

$$\oint_{S'-S''} \frac{1}{r^2}\hat{r}\cdot d\boldsymbol{S} = 0 \quad \text{또는} \quad \int_{S''} \frac{1}{r^2}\hat{r}\cdot d\boldsymbol{S} + \int_{S'} \frac{1}{r^2}\hat{r}\cdot d\boldsymbol{S} = 0$$

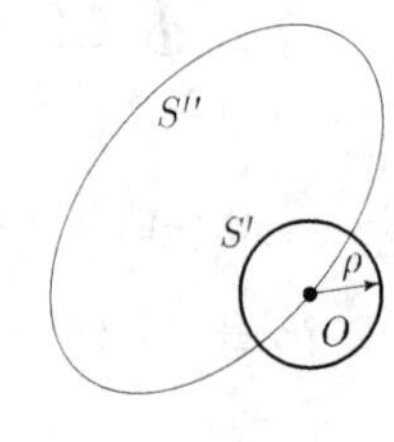

여기에 S'에서의 적분에서는 $r=\rho$, $\hat{r}\cdot\boldsymbol{n} = -1$ 이므로

$\int_{S''} \frac{1}{r^2}\hat{r}\cdot dS = -\int_{S'} \frac{1}{r^2}\hat{r}\cdot\boldsymbol{n}\,dS = \frac{1}{\rho^2}\int_{S'} dS$ 가 된다.

여기서 만약 $\rho\to 0$ 일 때 $S''\to S$가 되고 S'는 반구면에 가까워진다. 따라서, 좌변의 적분은 $\int_S \frac{1}{r^2}\hat{r}\cdot dS$에 무한히 가까워지고, 우변의 적분값은 $\frac{1}{\rho^2}\left(\frac{4\pi\rho^2}{2}\right) = 2\pi$ 에 무한히

가까워지므로 $\oint_S \frac{1}{r^2}\hat{\boldsymbol{r}} \cdot d\boldsymbol{S} = 2\pi$ 가 된다. ■

한편 미소벡터 표면적 $d\boldsymbol{S} = \boldsymbol{r}_u \times \boldsymbol{r}_v\, du\, dv$(식 (2.398))이므로, 이를 식 (2.569)에 대입하면 입체각 ω는 아래와 같이 나타낼 수 있다.

$$\begin{aligned}\omega &= \oint_S \frac{1}{r^3}\boldsymbol{r} \cdot d\boldsymbol{S} = \int_\Omega \frac{1}{r^3}\boldsymbol{r} \cdot (\boldsymbol{r}_u \times \boldsymbol{r}_v)\, du\, dv \\ &= \int_\Omega \frac{1}{r^3}[\boldsymbol{r}, \boldsymbol{r}_u, \boldsymbol{r}_v]\, du\, dv\end{aligned} \tag{2. 571}$$

여기서 $[\boldsymbol{r}, \boldsymbol{r}_u, \boldsymbol{r}_v]$는 벡터의 스칼라 삼중적(2.206)이다.

또한 입체각을 표시하는 Gauss 적분(2.569)은 $\nabla\left(\frac{1}{r}\right) = -\frac{1}{r^3}\boldsymbol{r}$($\because$ 식 (2.565)에 $n = -1$ 대입) 및 $d\boldsymbol{S} = \boldsymbol{n}\, dS$, $\boldsymbol{n} \cdot \nabla\left(\frac{1}{r}\right) = \frac{\partial}{\partial n}\left(\frac{1}{r}\right)$($\because$ 식 (2.411)에서 $\phi(r) = 1/r$ 대입)의 관계를 이용하면 아래와 같이 나타낼 수도 있다.

$$\oint_S \frac{1}{r^3}\boldsymbol{r} \cdot d\boldsymbol{S} = \oint_S \nabla\left(-\frac{1}{r}\right) \cdot \boldsymbol{n}\, dS = -\oint_S \frac{\partial}{\partial n}\left(\frac{1}{r}\right) dS \tag{2. 572}$$

이 절의 마지막으로, 최종 결과가 벡터가 되는 면적분은 자주 생기지 않지만 예를 들면 정수압이 $p(\boldsymbol{r})$인 물체가 받는 전 합력(total resultant force) $\boldsymbol{F}$의 경우이다. 압력은 모든 방향에서 안쪽 방향이므로 모든 표면에 대하여 취해진 합력은 $\boldsymbol{F} = -\oint_S p\, d\boldsymbol{S}$이다.

2. 23. 1. 4 이중적분에서의 변수 변환

여기에서는 2.7절(특히 예제 2.6)에서 소개한 바 있는 다중적분의 변수 변환 기법에 대하여 좀 더 체계적으로 정리하고자 한다.

먼저 이중 적분에서의 변수변환에 대하여 살펴보자. x, y의 항으로 된 다음의 적분을 새 좌표계 u, v로 표현된 적분으로 변환한다고 가정하자.

$$I = \int\int_R f(x, y)\, dx\, dy$$

이것은 역함수 $x = x(u,v)$와 $y = y(u,v)$를 가진 (미분) 방정식 $u = u(x,y)$와 $v = v(x,y)$에 의해 x, y의 항으로 주어졌다. $xy-$평면에서 영역 R과 경계곡선 C는 $uv-$평면에서 새 영역 R'와 새 경계곡선 C'로 되고, 따라서 적분 한계도 변화시켜야 한다. 또한 함수 $f(x,y)$도 새 좌표계의 새 함수 $g(u,v)$로 된다.

이제 적분 중에서 가장 중요한 부분은 면적 요소(element)이다. $xy-$평면에서 요소는 각각 $x-$와 $y-$축에 평행한 직선의 격자에 의해 만들어지는 장방형의 면적인 $dA_{xy}=dx\,dy$이다. 이제 $uv-$평면에서 이 면적에 대응하는 요소를 결정해야 한다. 일반적으로 대응하는 요소 dA_{uv}는 dA_{xy}와 같은 형태가 아니지만 모든 요소가 극한을 취한 아주 작은 값이므로 문제되지 않으며 피적분 함수의 값은 그들에 대하여 상수로 간주될 수 있다.

면적 요소의 각 면(side)은 무한소이므로 dA_{uv}는 일반적으로 평행사변형의 형태를 가진다. 그림 2.17에서 보듯이 $u=$일정, $v=$일정한 곡선의 집합(family)에 의해 형성되는 격자를 고려함으로써 dA_{xy}와 dA_{uv} 사이의 연관성을 찾을 수 있다. v는 선분 KL을 따라 일정하므로 후자는 $x-$축과 $y-$축의 방향에서 각각 $\partial x/\partial u\,du$와 $\partial y/\partial u\,du$의 성분을 갖는다. 마찬가지로 u는 선분 KN을 따라 일정하므로 후자는 $\partial x/\partial v\,dv$와 $\partial y/\partial v\,dv$의 성분을 갖는다. 여기서 평행사변형 $KLMN$의 면적은 다음과 같이 주어진다. [또는 식 (2.398)에서 $\boldsymbol{r}=x\boldsymbol{i}+y\boldsymbol{j}$를 대입하여 $xy-$평면상에서 $dS=dA_{uv}$로 두어도 마찬가지 결과가 얻어진다.]

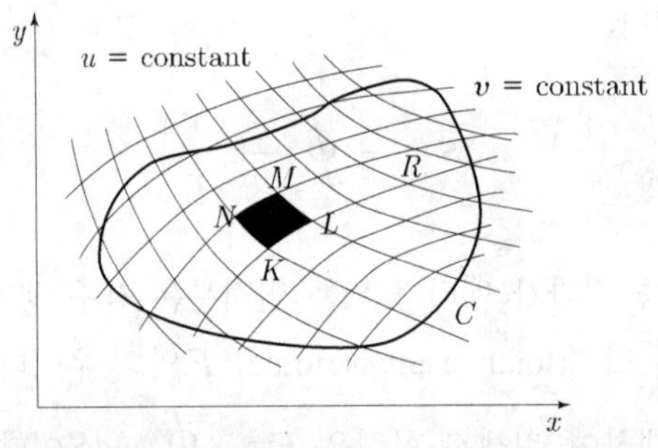

그림 2. 17 $u=$일정, $v=$일정한 곡선의 집합(family)에 의해 형성된 격자(grid)와 겹쳐서 놓여진 적분영역 R. 평행사변형 $KLMN$은 면적요소 dA_{uv}를 정의한다.

$$dA_{uv}=\left|\frac{\partial x}{\partial u}du\,\frac{\partial y}{\partial v}dv-\frac{\partial x}{\partial v}dv\,\frac{\partial y}{\partial u}du\right|=\left|\frac{\partial x}{\partial u}\frac{\partial y}{\partial v}-\frac{\partial x}{\partial v}\frac{\partial y}{\partial u}\right|du\,dv=\left|\frac{\partial(x,\,y)}{\partial(u,\,v)}\right|du\,dv \quad (2.573)$$

위 식에서 $J=\dfrac{\partial(x,\,y)}{\partial(u,\,v)}=\begin{vmatrix} x_u & x_v \\ y_u & y_v \end{vmatrix}$는 Jacobian 행렬식이다(C.3절 참조).

따라서 종합하면 dx와 dy에 의해 만들어지는 면적 요소의 크기와 du와 dv에 의해 만들어지는 대응하는 면적 요소의 크기 사이의 관계는 다음과 같다(식 (2.198) 참조).

$$dx\,dy=\left|\frac{\partial(x,\,y)}{\partial(u,\,v)}\right|du\,dv$$

x, y 좌표계로부터 u, v 좌표계로 변환할 때의 목적은 면적 요소 $dx\,dy$를 위 등식의 우변에 대한 표현으로 치환하는 것이다. 물론 Jacobian도 적분 영역에 대하여 변할 수 있다. 두 좌표계에서의 이중적분을 다음과 같이 표현할 수 있다(예제 2.7 참조).

$$I=\int\int_{R} f(x, y)dx\,dy=\int\int_{R'} g(u, v)\left|\frac{\partial(x, y)}{\partial(u, v)}\right|du\,dv \tag{2.574}$$

새 좌표계에서 적분을 계산할 때 $uv-$평면에서 R'적분의 영역을 그려보는 것은 도움이 된다.

예제 2. 35

R이 원 $x^2+y^2=a^2$로 둘러싸여진 영역일 때 다음의 이중적분을 계산하라.

$$I=\int\int_{R}\left(a+\sqrt{x^2+y^2}\right)dx\,dy$$

풀 이

Cartesian 좌표계에서 적분은 다음과 같이 쓸 수 있고 바로 계산이 가능하다.

$$I=\int_{-a}^{a}dx\int_{-\sqrt{a^2-x^2}}^{\sqrt{a^2-x^2}}dy\left(a+\sqrt{x^2+y^2}\right)$$

그러나 적분영역의 원형 경계로 인하여 평면 극좌표 ρ, ϕ로의 변수 변환이 필요하다. Cartesian과 평면 극좌표사이의 관계는 $x=\rho\cos\phi$, $y=\rho\sin\phi$에 의해 주어진다. 따라서 식 (2.574)를 사용하면 다음과 같이 쓸 수 있다.

$$I=\int\int_{R'}(a+\rho)\left|\frac{\partial(x, y)}{\partial(\rho, \phi)}\right|d\rho\,d\phi$$

여기서 R'는 $\rho\phi-$평면에서 네 변이 $\rho=0$, $\rho=a$, $\phi=0$, $\phi=2\pi$인 장방형의 영역이다. Jacobian은 쉽게 계산되어 다음의 관계식을 얻을 수 있다.

$$J=\left|\frac{\partial(x, y)}{\partial(\rho, \phi)}\right|=\begin{vmatrix}\cos\phi & \sin\phi\\ -\rho\sin\phi & \rho\cos\phi\end{vmatrix}=\rho(\cos^2\phi+\sin^2\phi)=\rho$$

따라서 Cartesian과 평면 극좌표에서 면적 요소 사이의 관계는 다음과 같다.

$$dx\,dy=\rho\,d\rho\,d\phi$$

따라서 평면 극좌표로 나타내면 적분은 다음과 같다.

$$I=\int\int_{R'}(a+\rho)\rho\,d\rho\,d\phi=\int_0^{2\pi}d\phi\int_0^{a}d\rho\,(a+\rho)\rho=2\pi\left[\frac{a\rho^2}{2}+\frac{\rho^3}{3}\right]_0^a=\frac{5\pi a^3}{3}$$

변수변환을 잘 이용하면 다른 방법으로는 다루기 힘든 적분의 계산이 가능할 때도 있다. 다음의 예제에서는 통계의 정규분포에 이용되는 소위 "오차(error) 적분"에 대하여 생각해 보기로 한다.

예제 2. 36

적분 $I=\int_{-\infty}^{\infty} e^{-x^2}dx$ 을 구하라.

풀 이

이 적분의 값은 우선 I^2을 만들어 찾을 수 있다. 즉

$$I^2=\int_{-\infty}^{\infty} e^{-x^2}dx \int_{-\infty}^{\infty} e^{-y^2}dy=\int_{-\infty}^{\infty} dx \int_{-\infty}^{\infty} dy\, e^{-(x^2+y^2)}=\int\int_R e^{-(x^2+y^2)}\,dx\,dy$$

여기서 영역 R은 전체 xy－평면이다.
다음으로 평면 극좌표로 변환하면 아래와 같다.

$$I^2=\int\int_{R'} e^{-\rho^2}\rho\,d\rho\,d\phi=\int_0^{2\pi} d\phi \int_0^{\infty} d\rho\,\rho e^{-\rho^2}=2\pi\left[-\frac{1}{2}e^{-\rho^2}\right]_0^{\infty}=\pi$$

따라서 원래 적분은 $I=\sqrt{\pi}$ 로 주어진다. 또한 피적분 함수가 우함수이므로 0에서 ∞까지 적분의 값은 간단히 $\sqrt{\pi}/2$ 이다.
그러나 앞에서의 예제와는 다르게 적분영역 R과 R'는 모두 크기가 무한대이다(즉 경계가 없다). 따라서 이 결과는 다음의 적분을 대신 고려하여 좀 더 엄밀히 유도해야 한다.

$$I(a)=\int_{-a}^{a} e^{-x^2}\,dx$$

그러면 다음의 관계식을 얻을 수 있고

$$I^2(a)=\int\int_R e^{-(x^2+y^2)}dx\,dy$$

여기서 R은 면 $2a$의 제곱이고 원점이 중심이다. 그림 2.18에서 볼 수 있듯이 피적분 함수가 항상 양수이므로 정방형에 대하여 취한 적분 값은 반지름이 a인 내부의 원으로 둘러싸여진 영역에 대하여 취한 적분 값과 반지름이 $\sqrt{2}\,a$인 외부의 원으로 둘러싸여진 영역에 대하여 취한 적분 값 사이에 있다.
위에서처럼 평면 극좌표로 변환하면 내부와 외부의 원에 대하여 취한 적분 값을 각각 계산할 수 있으며 다음의 관계가 있음을 알 수 있다.

$$\pi(1-e^{-a^2}) < I^2(a) < \pi(1-e^{-2a^2})$$

$a\to\infty$로 극한을 취하면 $I^2(a)\to\pi$가 됨을 알 수 있다. 그러므로 앞서 살펴보았듯이 $I=\sqrt{\pi}$ 가 된다.

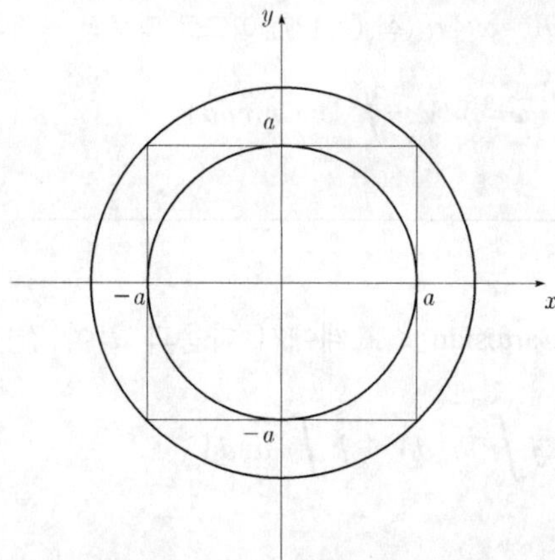

그림 2.18 $a \to \infty$ 일 때 적분 $I(a) = \int_{-a}^{a} e^{-x^2}\, dx$ 의 수렴성을 보여주는 그림.

2.23.2 삼중적분(부피적분)

2.23.2.1 부피적분의 계산

삼중(triple) 적분인 부피(volume) 적분은 일반적으로 선적분 혹은 면적분의 경우보다 간단하다. 왜냐하면 부피요소 dV가 스칼라량이기 때문이다.

서로 밀접하게 관련된 부피적분에 관한 물리적인 예로서 하나는 $\int_V \rho(\boldsymbol{r})dV$로 주어지는 부피 V에 담긴 유체의 전체 질량이고, 또 하나는 그 유체의 전체 직선 운동량 $\int_V \rho(\boldsymbol{r})\,\boldsymbol{v}(\boldsymbol{r})\,dV$ (여기서 $v(\boldsymbol{r})$은 위치 $\boldsymbol{r}$에서의 유체의 속도장임) 이다. 조금 더 복잡한 체적분의 예는 다음과 같다.

예제 2.37

원점 O를 지나는 축 주위로 일정(steady) 각속도 ω를 가지고 회전하는 강체(rigid body)의 각 운동량 L에 대한 표현식을 구하라.

풀 이

지금 위치$\boldsymbol{r}$에 있는 미소 체적 요소 dV를 생각해 보자. 이것의 선운동량은 $\rho dV\dot{\boldsymbol{r}}$이다. 여기서 $\rho=\rho(\boldsymbol{r})$은 그 점에서의 밀도분포이고, 원점 O주위의 각 운동량(선운동량 모멘트)은 $\boldsymbol{r}\times\rho\dot{\boldsymbol{r}}\,dV$이다. 따라서 물체 전체에 대한 각 운동량 $\boldsymbol{L}$은 다음과 같다.

$$\boldsymbol{L}=\int_V (\boldsymbol{r}\times\dot{\boldsymbol{r}})\rho\, dV$$

강체 회전의 경우 속도 $\dot{\boldsymbol{r}}\,(=\boldsymbol{v})=\boldsymbol{\omega}\times\boldsymbol{r}$ (식 (2.437))이므로 다음의 관계식을 얻을 수 있다.

$$\boldsymbol{L}=\int_V[\boldsymbol{r}\times(\boldsymbol{\omega}\times\boldsymbol{r})]\rho dV=\int_V\omega r^2\rho dV-\int_V(\boldsymbol{r}\cdot\boldsymbol{\omega})\boldsymbol{r}\rho dV$$

아래 형태의 부피적분은 Cartesian 좌표계에서 다음과 같이 간단히 계산될 수 있다.

$$\int_V\boldsymbol{a}\,dV=\boldsymbol{i}\int_V a_x\,dV+\boldsymbol{j}\int_V a_y\,dV+\boldsymbol{k}\int_V a_z\,dV \tag{2. 575}$$

여기서 a_x, a_y, a_z는 $\boldsymbol{a}$의 직교 Cartesian 성분이다.

일반적으로 3차원 영역 V의 부피는 단순히 $V=\int_V dV$(또는 $\iiint_V dV$)로서 적분범위가 결정되면 바로 계산될 수 있다. 그러나 영역의 부피는 그것을 둘러싸는 표면 S에 의존한다(2.17.2절 참조). 따라서 부피 V를 곡면 S에 대한 면적분의 항으로 나타낼 수 있어야 한다. 가령 그림 2.6에서처럼 부피 V의 내부에 원점 O를 가지고 있다고 하자. 그러면 빗금친 작은 원추의 부피는 $dV=\frac{1}{3}\boldsymbol{r}\cdot d\boldsymbol{S}$가 된다. 따라서 이 영역의 전체 부피는 다음과 같이 된다.

$$V=\frac{1}{3}\oint_S\boldsymbol{r}\cdot d\boldsymbol{S} \tag{2. 399}$$

[비고 : 이 결과는 2.17.2절에서처럼 발산정리 식 (2.397)에 $\boldsymbol{a}=\boldsymbol{r}$을 대입해도 얻어진다.]
이 식은 원점 O가 V내에 포함되어 있지 않은 경우에도 유효하다. 실제 위 식을 이용하여 원추의 부피를 구하는 문제가 예제 2.19에 주어졌다.

한편 부피 3중적분의 물리적 응용에 관해서는 2.17.2.3절에서 비교적 자세히 다루었으므로 여기에서는 생략한다.

2. 23. 2. 2 삼중적분의 변수 변환

이미 2.7절에서 소개한 바 있는 삼중 적분에서의 변수 변환은 앞 절의 이중적분의 변수 변환과 동일한 방법을 따른다.

변수를 x, y, z에서 u, v, w로 변환하려고 한다. x, y, z 좌표계에서 체적 요소는 각 변이 dx, dy, dz이고 체적은 $dV_{xyz}=dx\,dy\,dz$인 직 평행 육면체(cuboid)이다. 그러나 만일 전체 체적을 좌표면 $u=$일정, $v=$일정, $w=$ 일정인 좌표면으로 형성된 격자에 의해 무한소의 요소로 나눈다면 새 좌표계에서의 체적요소 dV_{uvw}는 일반적으로 표면이 좌표면이고 모서리는 이 면들의 교점으로 이루어진 곡선인 평행 육면체의 모양이 될 것이다(그림 2.19 참조). 선 요소 PQ를 따라서 좌표 v와 w는 일정하며, 따라서 PQ는 $x-$, $y-$ 및 $z-$축 방향으로 각각 $(\partial x/\partial u)du$, $(\partial y/\partial u)du$ 및 $(\partial z/\partial u)du$의 성분을 가진다. 선 요소 PS와 ST의 성분은 u를 v와 w로 각각 치환함으로써 알아낼 수 있다.

$x-$, $y-$ 및 $z-$축에 대한 평행 직육면체의 모서리 성분의 항으로 체적을 나타내는 표현은 간단하나, 특히 일반 (직선)곡선좌표계의 경우 식 (2.188) - (2.190) 및 예제 2.6에서 설명한 논리에 따라 u, v, w 좌표계에서 체적 요소는 다음과 같이 나타내진다.

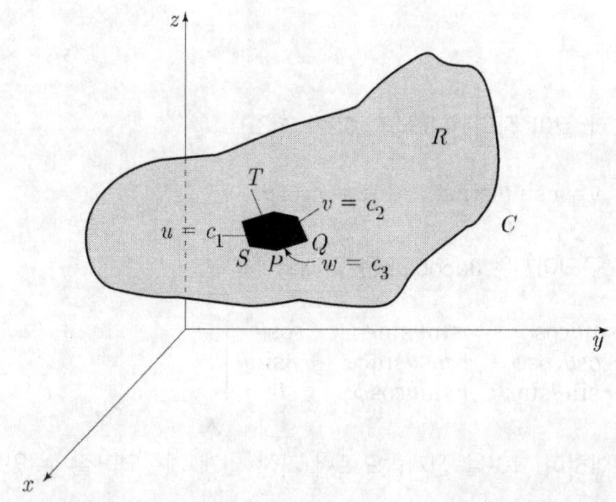

그림 2. 19 u, v, w 좌표계에서 $u=$일정, $v=$일정 및 $w=$일정인 좌표면에 의해 형성된 체적 요소를 보여주는 적분 R의 3차원적인 영역.

$$dV_{uvw} = \left|\frac{\partial(x,\, y,\, z)}{\partial(u,v,w)}\right| du\; dv\; dw \tag{2. 576}$$

여기서 u, v, w에 대한 x, y, z의 Jacobian 행렬식 (J)은 2중적분의 경우와 마찬가지로 아래와 같이 정의된다(C.3절 참조).

$$J = \frac{\partial(x,\, y,\, z)}{\partial(u,v,w)} \equiv \begin{vmatrix} x_u & x_v & x_w \\ y_u & y_v & y_w \\ z_u & z_v & z_w \end{vmatrix}$$

요약하면 두 좌표계에서 수식화 된 다중 적분에서 기본 체적 사이의 관계는 아래와 같은 Jacobian 형태로 나타내어진다.

$$dx\; dy\; dz = \left|\frac{\partial(x,y,z)}{\partial(u,v,w)}\right| du\; dv\; dw$$

따라서 두 좌표의 집합에서 삼중적분을 다음과 같이 쓸 수 있다.

$$I=\int\int\int_R f(x,y,z)dx\,dy\,dz=\int\int\int_{R'} g(u,v,w)\left|\frac{\partial(x,y,z)}{\partial(u,v,w)}\right|du\,dv\,dw \tag{2.577}$$

예제 2. 38

구좌표에서 체적요소에 대한 표현식을 구하라. 그리고 반경이 a 이고 질량이 M 인 균일한 구의 직경에 대한 관성 능률(moment of inertia)을 구하라.

풀 이

구좌표 r, θ, ϕ는 다음과 같이 정의된다(식 (2.522) 참조).

$$x=r\sin\theta\cos\phi, \qquad y=r\sin\theta\sin\phi, \qquad z=r\cos\theta$$

따라서 식 (2.577)에 요구되어지는 Jacobian은 아래와 같다.

$$J=\frac{\partial(x,y,z)}{\partial(r,\theta,\phi)}=\begin{vmatrix}\sin\theta\cos\phi & \sin\theta\sin\phi & \cos\theta \\ r\cos\theta\cos\phi & r\cos\theta\sin\phi & -r\sin\theta \\ -r\sin\theta\sin\phi & r\sin\theta\cos\phi & 0\end{vmatrix}$$

행렬식은 마지막 행에 대하여 그것을 전개함으로써 가장 쉽게 계산되어질 수 있다. 즉

$$J=\cos\theta(r^2\sin\theta\cos\theta)+r\sin\theta(r\sin^2\theta)=r^2\sin\theta(\cos^2\theta+\sin^2\theta)=r^2\sin\theta$$

따라서 구좌표의 체적요소는 아래와 같이 나타낼 수 있다.

$$dV=\frac{\partial(x,y,z)}{\partial(r,\theta,\phi)}dr\,d\theta\,d\phi=r^2\sin\theta\,dr\,d\theta\,d\phi$$

만일 구의 중심을 x, y, z 좌표계의 원점에 둔다면 이것의 z－축(물론 이것은 구의 직경이다) 주위로의 관성 능률은 다음과 같다.

$$I=\int(x^2+y^2)dM=\rho\int(x^2+y^2)dV$$

여기서 적분은 구에 대하여 행해졌으며 ρ는 밀도이다. 구좌표를 사용하여 이것을 아래와 같은 식으로 나타낼 수 있다.

$$I=\rho\int\int\int_V(r^2\sin^2\theta)\,r^2\sin\theta\,dr\,d\theta\,d\phi$$

$$=\rho\int_0^{2\pi}d\phi\int_0^{\pi}d\theta\,\sin^3\theta\int_0^a dr\,r^4$$

$$=\rho\times2\pi\times\frac{4}{3}\times\frac{1}{5}a^5=\frac{8}{15}\pi\,a^5\,\rho$$

구의 질량이 $M=\frac{4}{3}\pi a^3\rho$ 이므로 관성모멘트는 $I=\frac{2}{5}Ma^2$으로 나타낼 수도 있다.

2. 24 이동 기저벡터와 회전 프레임에서의 벡터의 미분

2. 24. 1 이동 기저벡터

E^3 공간에서 직교 Cartesian 좌표계의 기저벡터 $(\boldsymbol{i}, \boldsymbol{j}, \boldsymbol{k})$와는 달리 일반 곡선좌표계에서의 기저벡터는 공간의 각 점에서 길이 및 방향이 변한다. 특히 일반 직교 곡선좌표계의 물리적 표현에서와 같은 정규 직교 기저계(orthonormal basis system)(즉 $\boldsymbol{e}_i \cdot \boldsymbol{e}_j = \delta_{ij}$ 성립)에 대해서는 길이는 1이지만, 공간의 각 점에서 방향이 변한다. 따라서 임의의 정규 직교 기저계는 공간의 각 점을 따라 회전하는 '강체 삼면조(rigid triad)' 로 간주될 수 있으며, 이와 같은 위치에 따른 기저벡터의 변화는 강체 회전에 의해 초래될 수 있다. 회전 강체 내에서 회전축으로부터 측정된 위치 $\boldsymbol{r}$에서의 속도 $\boldsymbol{v}$는 아래와 같은 친숙한 공식에 의해 회전 각속도 벡터 $\boldsymbol{\omega}$와 관련되어진다(식 (2.437) 참조).

$$\boldsymbol{v} = \boldsymbol{\omega} \times \boldsymbol{r} \tag{2. 578}$$

위 식에서 $\boldsymbol{v} = d\boldsymbol{r}/dt$ 및 $\boldsymbol{\omega} = d\boldsymbol{\Phi}/dt$로 두고, 미소 시간 dt를 소거하면 아래를 얻는다.

$$d\boldsymbol{r} = d\boldsymbol{\Phi} \times \boldsymbol{r} \tag{2. 579}$$

여기에서 $d\boldsymbol{\Phi}$는 회전 각도의 미소 변화로서 벡터로 간주된다. 강체 회전에서 위치 벡터 $\boldsymbol{r}$의 길이는 변하지 않으나 방향은 변한다. 만약 $\boldsymbol{r}$을 정규 직교 삼면조(orthonormal triad) 의 한 기저벡터인 $\boldsymbol{r} = \boldsymbol{e}_i$로 두면 식 (2.579)에서 아래를 얻는다.

$$d\boldsymbol{e}_i = d\boldsymbol{\Phi} \times \boldsymbol{e}_i \qquad (i = 1, 2, 3) \tag{2. 580}$$

이것은 미소(infinitesimal) 회전 $d\boldsymbol{\Phi}$에 의해 야기된 단위 벡터 $\boldsymbol{e}_i$의 변화에 관한 공식을 제공해준다. 아래의 예에서 보듯이 미소 회전은 많은 경우에 있어서 기하학적으로 얻어질 수 있다.

먼저 그림 2.20에 나타낸 바와 같은 원통좌표계 (ρ, ϕ, z)를 생각해보자. 이 경우 단위 기저벡터 $\boldsymbol{e}_z$는 상수로 간주되나 $\boldsymbol{e}_\rho$ 및 $\boldsymbol{e}_\phi$는 위치(각도 ϕ)에 따라 방향이 변한다. 그림에서 쉽게 알 수 있듯이 각도의 미소 변환 $d\phi$는 아래와 같이 회전각($\boldsymbol{\Phi}$)의 변화를 준다.

$$d\boldsymbol{\Phi} = \boldsymbol{\omega}\, dt = d\phi\, \boldsymbol{e}_z \tag{2. 581}$$

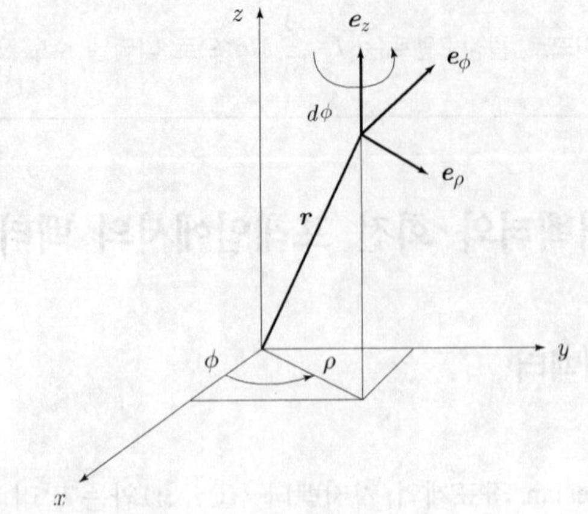

그림 2. 20 원통좌표계 (ρ, ϕ, z).

따라서 다음 식이 성립된다.

$$de_i = d\boldsymbol{\Phi} \times e_i = d\phi(e_z \times e_i) \tag{2. 582}$$

그리고 여기에 $i = 1, 2, 3\ (= \rho, \phi, z)$를 대입하면 아래가 성립된다(단 $e_\rho \times e_\phi = e_z$ 이용).

$$de_\rho = d\phi e_\phi$$

$$de_\phi = -d\phi e_\rho$$

$$de_z = 0 \tag{2. 583}$$

또한 위 식으로부터 e_ρ과 e_ϕ의 변화는 상호의 수직임을 알 수 있다. 마찬가지로 미소 회전각 $d\boldsymbol{\Phi}$는 구좌표의 경우에서도 기하학적으로 쉽게 얻을 수 있다(그림 2.21 참조). 이 좌표계의 경우는 회전을 야기하는 2개의 각도 (θ, ϕ)가 있으므로 아래의 식이 성립된다.

$$d\boldsymbol{\Phi} = d\phi e_z + d\theta e_\phi \tag{2. 584}$$

[이는 $\omega = \dfrac{d\boldsymbol{\Phi}}{dt} = \dfrac{1}{2}\nabla \times v\left(= \dfrac{dr}{dt}\right)$($\because$식 (2.436)에서 $d\boldsymbol{\Phi} = \dfrac{1}{2}\nabla \times dr$가 되므로, $\nabla(= g^k \nabla_k)$ 및 $dr(= x^k g_k)$에 각각 구좌표에 해당하는 값을 대입하여 전개해도 얻어짐 - 예제 2.39 참조.]
한편 이는 Cartesian 좌표의 기저벡터 e_z를 구좌표의 정규 직교 기저계로 나타내는 아래와 같다.

$$e_z = (e_z \cdot e_r)e_r + (e_z \cdot e_\theta)e_\theta + (e_z \cdot e_\phi)e_\phi \tag{2. 585}$$

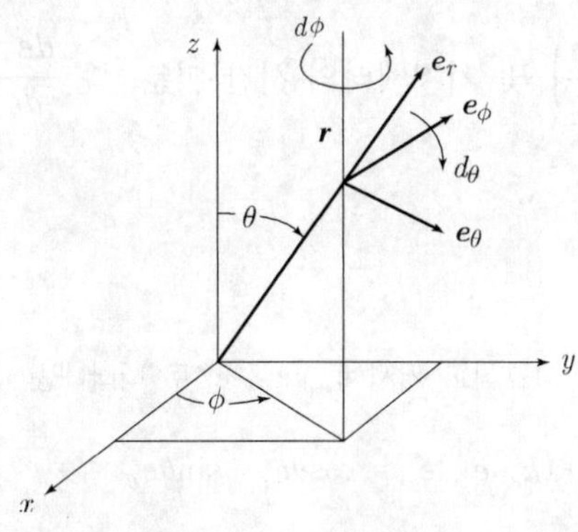

그림 2. 21 구좌표계.

구좌표계에 대한 기하학적 고찰(혹은 식 (2.530))로부터 아래 관계를 쉽게 얻을 수 있다.

$$\boldsymbol{e}_z \cdot \boldsymbol{e}_r = \cos\theta$$

$$\boldsymbol{e}_z \cdot \boldsymbol{e}_\theta = -\sin\theta$$

$$\boldsymbol{e}_z \cdot \boldsymbol{e}_\phi = 0 \tag{2. 586}$$

따라서 아래가 성립된다.

$$d\boldsymbol{\Phi} = (d\phi\cos\theta)\boldsymbol{e}_r - (d\phi\sin\theta)\boldsymbol{e}_\theta + (d\theta)\boldsymbol{e}_\phi \tag{2. 587}$$

식 (2.580)에 이것을 대입하면 대응하는 $i(=1,2,3)$에 해당하는 정규 직교 기저벡터의 미소변화는 아래와 같이 주어진다.

$$d\boldsymbol{e}_r = (d\theta)\boldsymbol{e}_\theta + (d\phi\sin\theta)\boldsymbol{e}_\phi$$

$$d\boldsymbol{e}_\theta = -(d\theta)\boldsymbol{e}_r + (d\phi\cos\theta)\boldsymbol{e}_\phi$$

$$d\boldsymbol{e}_\phi = -(d\phi\sin\theta)\boldsymbol{e}_r - (d\phi\cos\theta)\boldsymbol{e}_\theta \tag{2. 588}$$

(참고로 일반 직교 곡선좌표계에 대한 결과는 문제 2.23에 주어져 있다.)

예제 2. 39

구좌표 (r, θ, ϕ)에서 dt시간동안에 각도 θ 및 ϕ의 변화에 기인한 전 회전 각도(벡터)의 변화 $d\boldsymbol{\Phi}$는 기하학적으로 아래와 같이 주어진다 (그림 2.21 참조).

$$d\boldsymbol{\Phi} = d\phi\,\boldsymbol{k} + d\theta\,\boldsymbol{e}_\phi$$

이때 각속도 벡터 $\omega\left(=\dfrac{d\boldsymbol{\Phi}}{dt}\right)$ 및 기저벡터의 시간 미분, 즉 $\dfrac{d\boldsymbol{e}_r}{dt}$, $\dfrac{d\boldsymbol{e}_\theta}{dt}$, $\dfrac{d\boldsymbol{e}_\phi}{dt}$를 $\dot{\theta}$ 및 $\dot{\phi}$ 항으로 나타내어라.

풀 이

Cartesian 기저 $\boldsymbol{k}$를 구좌표의 정규직교 기저 $\boldsymbol{e}_r$, $\boldsymbol{e}_\theta$, $\boldsymbol{e}_\phi$로 나타내면 다음과 같다(식 (2.530) 참조).

$$\boldsymbol{k}=(\boldsymbol{k}\cdot\boldsymbol{e}_r)\boldsymbol{e}_r+(\boldsymbol{k}\cdot\boldsymbol{e}_\theta)\boldsymbol{e}_\theta+(\boldsymbol{k}\cdot\boldsymbol{e}_\phi)\boldsymbol{e}_\phi=\cos\theta\boldsymbol{e}_r-\sin\theta\boldsymbol{e}_\theta \tag{i}$$

이를 주어진 $d\boldsymbol{\Phi}$에 대한 식에 대입하면

$$d\boldsymbol{\Phi}=(d\phi\cos\theta)\boldsymbol{e}_r-(d\phi\sin\theta)\boldsymbol{e}_\theta+(d\theta)\boldsymbol{e}_\phi \tag{ii}$$

따라서 식 (ii)를 시간에 대해서 미분하면 각속도 벡터 $\boldsymbol{\omega}$가 얻어진다. 즉

$$\omega=\frac{d\boldsymbol{\Phi}}{dt}=\dot{\phi}cos\theta\boldsymbol{e}_r-\dot{\phi}sin\theta\boldsymbol{e}_\theta+\dot{\theta}\boldsymbol{e}_\phi \tag{iii}$$

또한 강체 회전의 경우 $\dfrac{d\boldsymbol{r}}{dt}(=\boldsymbol{v})=\boldsymbol{\omega}\times\boldsymbol{r}$(식 (2.437) 참조)이므로 $\boldsymbol{r}=\boldsymbol{e}_i$로 두면,

$$\frac{d\boldsymbol{e}_i}{dt}=\boldsymbol{\omega}\times\boldsymbol{e}_i \tag{iv}$$

를 얻는다. 따라서 $\boldsymbol{\omega}$에 식 (iii)을 대입하면 $i=r,\theta,\phi$의 각각의 경우에 대해 아래를 얻을 수 있다.

$$\left.\begin{aligned}
\frac{d\boldsymbol{e}_r}{dt}&=\boldsymbol{\omega}\times\boldsymbol{e}_r=\dot{\theta}\boldsymbol{e}_\theta+\dot{\phi}sin\theta\boldsymbol{e}_\phi\\
\frac{d\boldsymbol{e}_\theta}{dt}&=\boldsymbol{\omega}\times\boldsymbol{e}_\theta=-\dot{\theta}\boldsymbol{e}_r+\dot{\phi}cos\theta\boldsymbol{e}_\phi\\
\frac{d\boldsymbol{e}_\phi}{dt}&=\boldsymbol{\omega}\times\boldsymbol{e}_\phi=-\dot{\phi}sin\theta\boldsymbol{e}_r-\dot{\phi}cos\theta\boldsymbol{e}_\theta
\end{aligned}\right\} \tag{2.589}$$

한편 $\boldsymbol{\omega}\left(=\dfrac{d\boldsymbol{\Phi}}{dt}\right)=\dfrac{1}{2}\nabla\times\boldsymbol{v}\left(=\dfrac{d\boldsymbol{r}}{dt}\right)$(식 (2.436))이므로 $d\boldsymbol{\Phi}=\dfrac{1}{2}\nabla\times d\boldsymbol{r}$이 성립된다. 따라서 미소거리 벡터 $d\boldsymbol{r}\,(=dx^k\boldsymbol{g}_k)$에 관한 구좌표의 표현식을 대입하여 curl을 취하면 문제에서 주어진 $d\boldsymbol{\Phi}=d\phi\boldsymbol{k}+d\theta\boldsymbol{e}_\phi$를 이용하지 않고서도 식 (ii)와 같은 결과를 얻을 수 있다.

별해 1 $\dfrac{d\boldsymbol{e}_i}{dt}$의 $\boldsymbol{e}_i$항을 식 (2.530)에서 대입하고, Cartesian 기저계는 시간 t에 무관인 것을 이용하여 미분을 구한 후, 다시 Cartesian 기저계를 구좌표의 기저계로 바꾸어 나타내면 식 (2.589)의 결과를 얻을 수 있다.

별해 2 $$\frac{d\boldsymbol{e}_i}{dt}=\frac{d}{dt}\left(\frac{\boldsymbol{g}_i}{h_{\underline{i}}}\right)=\frac{1}{h_{\underline{i}}}\frac{d\boldsymbol{g}_i}{dt}-\frac{1}{h_{\underline{i}}^{\,2}}\frac{dh_{\underline{i}}}{dt}\times\boldsymbol{g}_i \tag{v}$$

여기서 $\dfrac{d\boldsymbol{g}_i}{dt}=\dfrac{dx^j}{dt}\dfrac{\partial \boldsymbol{g}_i}{\partial x^j}=\dfrac{dx^j}{dt}\times\Gamma^s_{ij}\boldsymbol{g}_s$(∵식 (2.289)) 및 $\boldsymbol{g}_i=h_{\underline{i}}\boldsymbol{e}_i$를 대입하여 정리해도 같은 결과를 얻을 수 있다.

2. 24. 2 회전 기준 프레임에서의 벡터의 미분

물리적 문제를 설정함에 있어서 '기준 프레임(reference frame)'의 운동은 중요하다. 특히 서로에 대해 회전하고 있는 두 다른 기준 프레임에 있는 각각의 관측자(observer)로부터 느껴진 임의의 벡터의 변화속도를 조사하고자 한다. 지금 비회전 기준계(nonrotating reference system)를 $\{x^i\}$로 나타내고, 회전 기준계는 $\{\bar{x}^i\}$로 나타내고, 또한 $\boldsymbol{\omega}$를 비회전 기준계에 대한 회전 기준계의 각(회전) 속도 벡터라 하자(그림 2.22 참조).

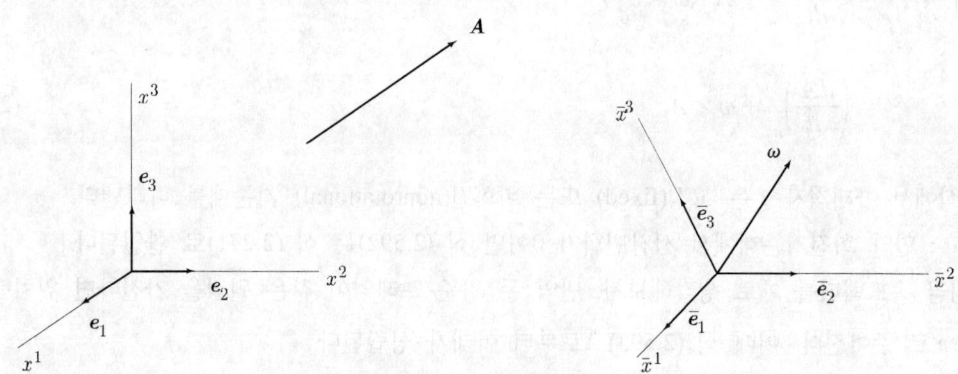

그림 2. 22 회전 기준계와 비회전 기준계.

(고정) 비회전 기준계에 대한 기저벡터 $\{\boldsymbol{e}_1, \boldsymbol{e}_2, \boldsymbol{e}_3\}$는 시간에 따라 변하지 않으나, 회전 기준계에서는 기저벡터 $\{\bar{\boldsymbol{e}}_1, \bar{\boldsymbol{e}}_2, \bar{\boldsymbol{e}}_3\}$는 고정 기준계에 대하여 (상대) 각속도 $\boldsymbol{\omega}$로 회전하고 있다. 이제 두 기준 기저계에 대한 시간 미분은 아래와 같이 주어진다.

$$\left.\begin{aligned} \boldsymbol{A} &= A^i\boldsymbol{e}_i \\ \frac{d\boldsymbol{A}}{dt} &= \frac{dA^i}{dt}\boldsymbol{e}_i \end{aligned}\right\}\ \text{비회전계}$$

$$\left.\begin{aligned} \boldsymbol{A} &= \overline{A}^i\bar{\boldsymbol{e}}_i \\ \frac{d\boldsymbol{A}}{dt} &= \frac{d\overline{A}^i}{dt}\bar{\boldsymbol{e}}_i+\overline{A}^i\frac{d\bar{\boldsymbol{e}}_i}{dt} \end{aligned}\right\}\ \text{회전계} \tag{2. 590}$$

여기에서 강체회전에 대한 $d\bar{e}_i/dt$는 아래와 같이 주어진다(2.24.1절 참조).

$$\frac{d\bar{e}_i}{dt} = \omega \times \bar{e}_i \tag{2. 591}$$

그러나 회전 기준계에 있는 관측자에게는 기저벡터는 상수인 것처럼 보인다. 따라서 아래와 같이 쓸 수 있다.

$$\frac{d\bar{A}^i}{dt}\bar{e}_i \equiv \left(\frac{d\boldsymbol{A}}{dt}\right)_m \tag{2. 592}$$

여기에서 아래첨자 m은 회전(rotation) 기준계를 나타낸다.
그러면 임의의 벡터 $\boldsymbol{A}$의 두 기준 프레임에서의 시간 미분 사이의 관계는 아래와 같이 주어진다.

$$\left(\frac{d\boldsymbol{A}}{dt}\right)_f = \left(\frac{d\boldsymbol{A}}{dt}\right)_m + \bar{A}^i(\omega \times \bar{e}_i)$$

$$= \left(\frac{d\boldsymbol{A}}{dt}\right)_m + \boldsymbol{\omega} \times \boldsymbol{A} \tag{2. 593}$$

위 식에서 아래첨자 f는 고정(fixed) 또는 비회전(nonrotational) 기준계를 나타낸다.
[비고 : 만약 회전기준계에서 시간변화가 0이면 식 (2.592)는 식 (2.271)로 환원된다.]

지금 속도벡터를 예로 생각해보자. 만약 두 기준 프레임이 같은 원점을 가진다면 위치벡터는 $\boldsymbol{r} = \bar{\boldsymbol{r}}$로 주어진다. 이때 식 (2.593)으로부터 아래가 성립된다.

$$\left(\frac{d\boldsymbol{r}}{dt}\right)_f = \left(\frac{d\boldsymbol{r}}{dt}\right)_m + \boldsymbol{\omega} \times \boldsymbol{r} \tag{2. 594}$$

위 식에서 $(d\boldsymbol{r}/dt)_m$항은 회전 기준계에 있는 관측자가 느끼는 한 점의 속도이다. 따라서 아래와 같이 쓸 수 있다.

$$(\boldsymbol{v})_f = (\boldsymbol{v})_m + \boldsymbol{\omega} \times \boldsymbol{r} \tag{2. 595}$$

만약 $(\boldsymbol{v})_m$가 0이라면 관심의 점은 회전 기준계에서 고정되어있으며, 이것은 회전 강체(rotating rigid body)의 경우에 해당된다. 한편 두 기준 프레임에서의 가속도(accelation)는 아래와 같이 정의되는 벡터량의 시간 미분에 대한 '미분 연산자(differential operator)'를 식 (2.595)에 대입하여 얻어질 수 있다(증명은 아래 예제 참조).

$$\left(\frac{d}{dt}\right)_f = \left(\frac{d}{dt}\right)_m + \boldsymbol{\omega}\times \tag{2. 596}$$

예제 2. 40

원점 O를 가지는 xyz 좌표계에 관하여 고정된 한 점에 위치해 있는 한 관측자가 한 벡터 $\boldsymbol{A} = A_1\boldsymbol{i} + A_2\boldsymbol{j} + A_3\boldsymbol{k}$를 관찰하고 $\frac{dA_1}{dt}\boldsymbol{i} + \frac{dA_2}{dt}\boldsymbol{j} + \frac{dA_3}{dt}\boldsymbol{k}$가 되도록 하기 위한 시간 도함수를 계산한다. 그 후로 관측자는 그와 그의 좌표계가 공간 안에 고정된 것처럼 취해진 xyz 좌표계에 대해 실제로 회전하고 있고, 또한 O에 원점을 가지는 것을 발견한다. 관측자는 "xyz 좌표계에 관하여 고정된 관찰자에 대해 $\boldsymbol{A}$의 시간 도함수는 얼마인가"라고 묻는다.

(a) 만일 $\left|\frac{d\boldsymbol{A}}{dt}\right|_f$ 와 $\left|\frac{d\boldsymbol{A}}{dt}\right|_m$ 이 각각 고정된 계와 이동계에 관해 $\boldsymbol{A}$의 시간 도함수들을 표시한다면 $\left|\frac{d\boldsymbol{A}}{dt}\right|_f = \left|\frac{d\boldsymbol{A}}{dt}\right|_m + \boldsymbol{\omega}\times\boldsymbol{A}$를 만족하는 한 벡터량 $\boldsymbol{\omega}$가 존재함을 밝혀라.

(b) D_f, D_m을 각각 고정된 계와 이동계 안에서 상징적인 시간 도함수 연산자라 하자. 이때 연산자 동치 $D_f \equiv D_m + \boldsymbol{\omega}\times$ (즉 식 (2.596))를 논증하라.

풀 이

(a) 고정된 관측자에로의 단위벡터들 $\boldsymbol{i}, \boldsymbol{j}, \boldsymbol{k}$는 실제로 시간에 따라 변한다.
따라서 그러한 관측자는 다음과 같이 $\boldsymbol{A}$의 시간도함수를 계산할 것이다.

$$\frac{d\boldsymbol{A}}{dt} = \frac{dA_1}{dt}\boldsymbol{i} + \frac{dA_2}{dt}\boldsymbol{j} + \frac{dA_3}{dt}\boldsymbol{k} + A_1\frac{d\boldsymbol{i}}{dt} + A_2\frac{d\boldsymbol{j}}{dt} + A_3\frac{d\boldsymbol{k}}{dt} \qquad \cdots\cdots \text{(i)}$$

즉

$$\left|\frac{d\boldsymbol{A}}{dt}\right|_f = \left|\frac{d\boldsymbol{A}}{dt}\right|_m + A_1\frac{d\boldsymbol{i}}{dt} + A_2\frac{d\boldsymbol{j}}{dt} + A_3\frac{d\boldsymbol{k}}{dt} \qquad \cdots\cdots \text{(ii)}$$

$\boldsymbol{i}$는 한 단위벡터이므로 $\frac{d\boldsymbol{i}}{dt}$는 $\boldsymbol{i}$에 수직하고($\because \boldsymbol{i}\cdot d\boldsymbol{i}/dt = \|\boldsymbol{i}\| d\|\boldsymbol{i}\|/dt = 0,\ \|\boldsymbol{i}\| = 1$) $\boldsymbol{j}$와 $\boldsymbol{k}$의 평면 안에 있어야 한다. 그러면

$$\frac{d\boldsymbol{i}}{dt} = a_1\boldsymbol{j} + a_2\boldsymbol{k} \qquad \cdots\cdots \text{(iii)}$$

$$\frac{d\boldsymbol{j}}{dt} = a_3\boldsymbol{k} + a_4\boldsymbol{i} \qquad \cdots\cdots \text{(iv)}$$

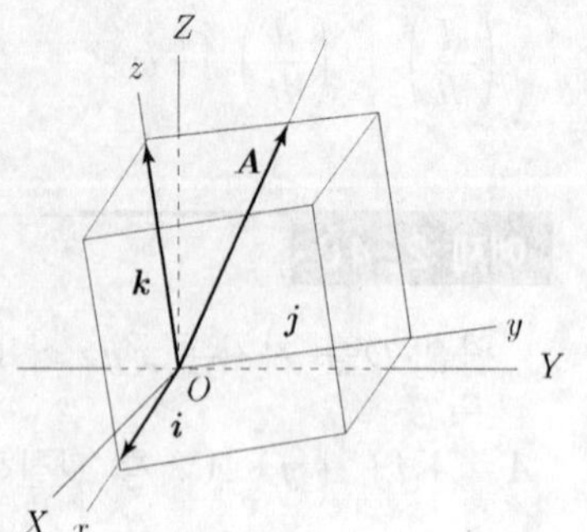

$$\frac{d\boldsymbol{k}}{dt} = a_5\boldsymbol{i} + a_6\boldsymbol{j} \quad \cdots\cdots \text{(v)}$$

$\boldsymbol{i}\cdot\boldsymbol{j}=0$ 으로부터, 미분하면 $\boldsymbol{i}\cdot\dfrac{d\boldsymbol{j}}{dt}+\dfrac{d\boldsymbol{i}}{dt}\cdot\boldsymbol{j}=0$ 이다.

그러나 (iv)로부터 $\boldsymbol{i}\cdot\dfrac{d\boldsymbol{j}}{dt}=a_4$ 이고 (iii)으로부터 $\dfrac{d\boldsymbol{i}}{dt}\cdot\boldsymbol{j}=a_1$ 이다.

따라서 $a_4=-a_1$ 이다.

이와 유사하게 $\boldsymbol{i}\cdot\boldsymbol{k}=0$ 으로부터 $\boldsymbol{i}\cdot\dfrac{d\boldsymbol{k}}{dt}+\dfrac{d\boldsymbol{i}}{dt}\cdot\boldsymbol{k}=0$ 이므로

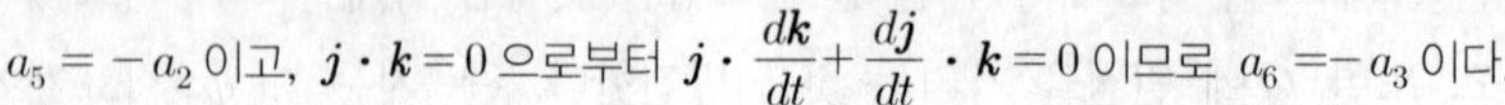

$a_5=-a_2$ 이고, $\boldsymbol{j}\cdot\boldsymbol{k}=0$ 으로부터 $\boldsymbol{j}\cdot\dfrac{d\boldsymbol{k}}{dt}+\dfrac{d\boldsymbol{j}}{dt}\cdot\boldsymbol{k}=0$ 이므로 $a_6=-a_3$ 이다.

그러면 $\dfrac{d\boldsymbol{i}}{dt}=a_1\boldsymbol{j}+a_2\boldsymbol{k}$, $\dfrac{d\boldsymbol{j}}{dt}=a_3\boldsymbol{k}-a_1\boldsymbol{i}$, $\dfrac{d\boldsymbol{k}}{dt}=-a_2\boldsymbol{i}-a_3\boldsymbol{j}$ 그리고

$$A_1\frac{d\boldsymbol{i}}{dt}+A_2\frac{d\boldsymbol{j}}{dt}+A_3\frac{d\boldsymbol{k}}{dt}=(-a_1A_2-a_2A_3)\boldsymbol{i}+(a_1A_1-a_3A_3)\boldsymbol{j}+(a_2A_1+a_3A_2)\boldsymbol{k}$$

$$=\begin{vmatrix}\boldsymbol{i} & \boldsymbol{j} & \boldsymbol{k}\\ a_3 & -a_2 & a_1\\ A_1 & A_2 & A_3\end{vmatrix}$$

만일 $a_3=\omega_1$, $-a_2=\omega_2$, $a_1=\omega_3$ 이라면 행렬식은 $\begin{vmatrix}\boldsymbol{i} & \boldsymbol{j} & \boldsymbol{k}\\ \omega_1 & \omega_2 & \omega_3\\ A_1 & A_2 & A_3\end{vmatrix}=\boldsymbol{\omega}\times\boldsymbol{A}$ 이다.

단, $\boldsymbol{\omega}=\omega_1\boldsymbol{i}+\omega_2\boldsymbol{j}+\omega_3\boldsymbol{k}$ 이다. 양 $\boldsymbol{\omega}$는 고정된 계에 대하여 이동계의 각속도 벡터이다.

(b) 정의에 의해서 $D_f\boldsymbol{A}=\left|\dfrac{d\boldsymbol{A}}{dt}\right|_f$ =고정된 계 안에서의 도함수

$D_m\boldsymbol{A}=\left|\dfrac{d\boldsymbol{A}}{dt}\right|_m$ =이동계 안에서의 도함수

문 (a)로부터 $D_f\boldsymbol{A}=D_m\boldsymbol{A}+\boldsymbol{\omega}\times\boldsymbol{A}=(D_m+\boldsymbol{\omega}\times)\boldsymbol{A}$. 그리고 연산자 $D_f\equiv D_m+\boldsymbol{\omega}\times$ 의 동치를 보여준다

한편 식 (2.595)의 반복 작용에 의해 비회전 프레임서의 가속도(벡터) $\boldsymbol{a}_f$는 최종적으로 아래와 같이 얻어진다.

$$\left(\frac{d^2\boldsymbol{r}}{dt^2}\right)_f=\left(\frac{d^2\boldsymbol{r}}{dt^2}\right)_m+2\boldsymbol{\omega}\times\left(\frac{d\boldsymbol{r}}{dt}\right)_m+\boldsymbol{\omega}\times(\boldsymbol{\omega}\times\boldsymbol{r})+\frac{d\boldsymbol{\omega}}{dt}\times\boldsymbol{r} \tag{2. 597}$$

위 식 우변의 첫 번째 항은 회전 기준계에서 '상대적인 가속도', 둘째 항은 소위 'Coriolis 가속도', 셋째 항은 '구심(centripetal) 가속도', 그리고 마지막 항은 '각 가속도'라고 부른다.

만약 회전 기준 프레임의 원점이 고정 기준 프레임의 원점과 다를 경우는 가속도는 위 식 대신 아래가 성립된다.

$$\left(\frac{d^2\boldsymbol{r}}{dt^2}\right)_f = \frac{d^2\boldsymbol{R}}{dt^2}+\left(\frac{d^2\boldsymbol{r}}{dt^2}\right)_m + 2\boldsymbol{\omega}\times\left(\frac{d\boldsymbol{r}}{dt}\right)_m + \boldsymbol{\omega}\times(\boldsymbol{\omega}\times\boldsymbol{r}) + \frac{d\boldsymbol{\omega}}{dt}\times\boldsymbol{r} \tag{2. 598}$$

여기에서 $\boldsymbol{R}$은 회전 기준계의 원점의 비회전 기준계에 대한 위치벡터이며, 따라서 $d^2\boldsymbol{R}/dt^2$ 은 회전 기준계의 원점의 절대 가속도이다. 만약 위에서 얻어진 결과를 Newton의 제 2법칙에 관련지어 생각한다면, 관성(inertial) 또는 비회전 기준계에서의 힘 $\boldsymbol{F}=m\boldsymbol{a}$는 아래와 같이 나타내어질 수 있다(단 $\boldsymbol{R}=0$ 가정).

$$\boldsymbol{F}=m\boldsymbol{a}=m\left(\frac{d^2\boldsymbol{r}}{dt^2}\right)_f = m\left(\frac{d^2\boldsymbol{r}}{dt^2}\right)_m + 2m\boldsymbol{\omega}\times\left(\frac{d\boldsymbol{r}}{dt}\right)_m + m\boldsymbol{\omega}\times(\boldsymbol{\omega}\times\boldsymbol{r}) + m\frac{d\boldsymbol{\omega}}{dt}\times\boldsymbol{r}$$

또는

$$\boldsymbol{F}-2m\boldsymbol{\omega}\times\left(\frac{d\boldsymbol{r}}{dt}\right)_m - m\boldsymbol{\omega}\times(\boldsymbol{\omega}\times\boldsymbol{r}) - m\frac{d\boldsymbol{\omega}}{dt}\times\boldsymbol{r} = m\left(\frac{d^2\boldsymbol{r}}{dt^2}\right)_m \tag{2. 599}$$

회전 기준 프레임에 있는 관측자에게는 위 식의 왼편 항이 속도의 변화를 야기시키고 있는 것처럼 보인다. 왼편에 있는 항을 '관성 또는 유효력(inertial or effective force)'이라 부른다. 특히 $[-2m\omega\times(dr/dt)_m]$는 Coriolis 힘, 그리고 $[-m\boldsymbol{\omega}\times(\boldsymbol{\omega}\times\boldsymbol{r})]$는 '원심력(centrifugal force)'이라고 부른다.

끝으로 3차원 공간의 회전변환에 있어서 두 Cartesian 좌표계(한개는 공간 고정계, 다른 한개는 강체 회전계)간의 상대배향을 나타내는 세 개의 Euler 각도의 정의 및 이를 포함하는 (직교)좌표변환행렬 그리고 회전에 관련된 각속도벡터의 표현 등에 관하여 2장 부록에 요약하여 나타내었다.

2. 25 곡선에 따른 절대(또는 내재적) 미분

이미 여러 곳(부록 C.2, 2.17.2.3절 등)에서 언급한 바 있지만 벡터 또는 텐서성분에 대한 '절대 또는 내재적(absolute or intrinsic) 미분'의 개념은 아래 식과 같이 일반 곡선좌표계의 경우 기저벡터 집합($\{\boldsymbol{g}_i\}$ 또는 $\{\boldsymbol{g}^i\}$)이 위치(또는 좌표성분 x^k)의 함수가 되므로 Cartesian 좌표계의 경우와 달리 시간 의존성을 갖게 되는 것에 기인한다.

$$\frac{d\boldsymbol{g}_i}{dt} = \frac{dx^k}{dt}\frac{\partial\boldsymbol{g}_i}{\partial x^k} = v^k\,\Gamma^s_{ik}\,\boldsymbol{g}_s \tag{2. 600}$$

그리하여 이 절에서는 어떤 변수(가령 시간을 나타내는) t로 매개변수화된 곡선 $\boldsymbol{r}(t)$에 따른 텐서의 도함수를 계산하는 조금 다른 문제를 고려해볼 것이다.

곡선에 따른 벡터 $\boldsymbol{v}$의 도함수를 고려함으로써 시작하자. 기저벡터 $\boldsymbol{g}_i (i=1,2,3)$를 가진 임의의 좌표계 x^i를 도입한다면 $\boldsymbol{v}=v^i \boldsymbol{g}_i$로 쓸 수 있고 다음과 같은 관계식을 가질 수 있다.

$$\begin{aligned}\frac{d\boldsymbol{v}}{dt} &= \frac{dv^i}{dt}\boldsymbol{g}_i + v^i \frac{d\boldsymbol{g}^i}{dt} \\ &= \frac{dv^i}{dt}\boldsymbol{g}_i + v^i \frac{\partial \boldsymbol{g}_i}{\partial x^k}\frac{dx^k}{dt}\end{aligned}$$

여기서 우변에서 마지막 항을 다시 쓰기 위해 연쇄율(부록 C.2절 참조)을 사용하였다. Christoffel 기호에 대하여 기저 벡터의 도함수를 쓰기 위해 식 (2.289)를 사용하면 다음과 같은 식을 얻을 수 있다.

$$\frac{d\boldsymbol{v}}{dt} = \frac{dv^i}{dt}\boldsymbol{g}_i + \Gamma^j_{ik} v^i \frac{dx^k}{dt}\boldsymbol{g}_j$$

마지막 항에서 무효첨자 i와 j를 상호 교환하면 인수를 기저 벡터와 분리할 수 있을 것이다. 그리고 다음과 같은 관계식을 얻을 수 있다.

$$\frac{d\boldsymbol{v}}{dt} = \left(\frac{dv^i}{dt} + \Gamma^j_{ik} v^i \frac{dx^k}{dt}\right)\boldsymbol{g}_j$$

괄호의 항은 곡선 $\boldsymbol{r}(t)$에 따른 벡터 $\boldsymbol{v}$의 반변성분 v^i의 '절대 또는 내재적 미분'이라 하고 주로 다음과 같이 나타낸다.

$$\frac{\delta v^i}{\delta t} \equiv \frac{dv^i}{dt} + \Gamma^i_{jk} v^j \frac{dx^k}{dt} = \left(\frac{\partial v^i}{\partial x^k} + \Gamma^i_{jk} v^j\right)\frac{dx^k}{dt} = v^i_{;k}\frac{dx^k}{dt} \tag{2. 601}$$

이 개념을 가지고 다음과 같이 나타낼 수 있다.

$$\frac{d\boldsymbol{v}}{dt} = \frac{\delta v^i}{\delta t}\boldsymbol{g}_i = v^i_{;k}\frac{dx^k}{dt}\boldsymbol{g}_i \tag{2. 602}$$

같은 방법을 사용하면 벡터의 공변 성분 v_i의 절대 미분은 다음과 같이 된다.

$$\frac{\delta v_i}{\delta t} \equiv v_{i;k}\frac{dx^k}{dt} = \frac{dv_i}{dt} - \Gamma^s_{ik} v^k \tag{2. 603}$$

[만약 매개변수 t가 시간이고 벡터 $\boldsymbol{v}$가 속도라면 식 (2.602)는 가속도 벡터 $\boldsymbol{a}\,(=a^i\,\boldsymbol{g}_i)$를 나타내고, 따라서 $a^i = \dfrac{\delta v^i}{\delta t}$는 1차 텐서가 되지만 보통 미분인 $\dfrac{dv^i}{dt}=\dfrac{d^2x^i}{dt^2}(=\ddot{x}^i)$는 텐서가 아님에 유의해야 한다(문 2.24 참조).]

한편 식 (2.602) 또는 (2.603)은 이미 수차례 언급한 바 있는 유체에 대한 '물질 미분 연산자' $\dfrac{D}{Dt}\left[=\dfrac{\partial}{\partial t}+\dfrac{d}{dt}(=\boldsymbol{v}\cdot\nabla=v^k\nabla_k)\right]$와 아래 식을 통하여 연결된다(예제 2.22나 C.4절 참조).

$$\frac{D\boldsymbol{v}}{Dt}=\frac{\partial\boldsymbol{v}}{\partial t}+\frac{d\boldsymbol{v}}{dt}=\frac{\partial\boldsymbol{v}}{\partial t}+v^k\nabla_k\boldsymbol{v}=\frac{\partial\boldsymbol{v}}{\partial t}+\frac{\delta v^i}{\delta t}\boldsymbol{g}_i \tag{2.604}$$

벡터(1차 텐서)의 경우와 마찬가지로 2차 텐서 T의 반변성분, 혼합성분 및 공변성분의 절대 미분은 다음과 같이 정의된다.

$$\left.\begin{aligned}
\frac{\delta T^{ij}}{\delta t} &\equiv T^{ij}_{;k}\frac{dx^k}{dt}=\frac{dT^{ij}}{dt}+(\Gamma^i_{sk}T^{sj}+\Gamma^j_{sk}T^{is})v^k\\
\frac{\delta T^i{}_j}{\delta t} &\equiv T^i{}_{j;k}\frac{dx^k}{dt}=\frac{dT^i{}_j}{dt}+(\Gamma^i_{sk}T^s{}_j-\Gamma^s_{jk}T^i{}_s)v^k\\
\frac{\delta T_{ij}}{\delta t} &\equiv T_{ij;k}\frac{dx^k}{dt}=\frac{dT_{ij}}{dt}-(\Gamma^s_{ik}T_{sj}+\Gamma^s_{jk}T_{is})v^k
\end{aligned}\right\} \tag{2.605}$$

예를 들어 곡선 $\boldsymbol{r}(t)$를 따른 T의 미분은 다음과 같이 T의 반변성분의 항으로 나타낼 수 있다.

$$\frac{d\mathrm{T}}{dt}=\frac{\delta T^{ij}}{\delta t}\boldsymbol{g}_i\,\boldsymbol{g}_j=T^{ij}_{;k}\frac{dx^k}{dt}\boldsymbol{g}_j\,\boldsymbol{g}_i \tag{2.606}$$

한편 이 경우에도 식 (2.604)와 유사하게 아래와 같이 나타내진다.

$$\frac{D\mathrm{T}}{Dt}=\frac{\partial\mathrm{T}}{\partial t}+\frac{d\mathrm{T}}{dt}=\frac{\partial\mathrm{T}}{\partial t}+v^k\nabla_k\mathrm{T}=\frac{\partial\mathrm{T}}{\partial t}+\frac{\delta T^{ij}}{\delta t}\boldsymbol{g}_i\boldsymbol{g}_j \tag{2.607}$$

예제 2.41

아래에 주어진 매개변수 t의 미분가능한 각각의 텐서함수들의 절대 미분을 계산하라.

(a) 불변식 Φ (b) A^j (c) A^j_k (d) A^{jk}_{lmn}

풀 이

(a) $\dfrac{\delta\Phi}{\delta t}=\Phi_{;q}\dfrac{dx^q}{dt}=\dfrac{\partial\Phi}{\partial x^q}\dfrac{dx^q}{dt}=\dfrac{d\Phi}{dt}$.

(b) $\dfrac{\delta A^j}{\delta t}=A^t{}_{;q}\dfrac{dx^q}{dt}=\left(\dfrac{\partial A^j}{\partial x^q}+\Gamma^j_{qs}A^s\right)\dfrac{dx^q}{dt}$

$$=\frac{\partial A^j}{\partial x^q}\frac{dx^q}{dt}+\Gamma^j_{qs}A^s\frac{dx^q}{dt}\frac{dA^j}{dt}+\Gamma^j_{qs}A^s\frac{dx^q}{dt}.$$

(c) $\dfrac{\delta A^j_k}{\delta t}=A^j_{k;q}\dfrac{dx^q}{dt}=\left(\dfrac{\partial A^j_k}{\partial x^q}-\Gamma^s_{kq}A^j_s+\Gamma^i_{qs}A^s_k\right)\dfrac{dx^q}{dt}$

$$=\frac{dA^j_k}{dt}-\Gamma^s_{kq}A^j_s\frac{dx^q}{dt}+\Gamma^j_{qs}A^s_k\frac{dx^q}{dt}.$$

(d) $\dfrac{\delta A^{jk}_{lmn}}{\delta_t}=A^{jk}_{lmn;q}\dfrac{dx^q}{dt}$

$$=\left(\frac{\partial A^{jk}_{lmn}}{\partial x^q}-\Gamma^s_{lq}A^{jk}_{smn}-\Gamma^s_{mq}A^{jk}_{lsn}-\Gamma^s_{nq}A^{jk}_{lms}+\Gamma^j_{qs}A^{sk}_{lmn}+\Gamma^k_{qs}A^{js}_{lmn}\right)\frac{dx^q}{dt}$$

$$=\frac{dA^{jk}_{lmn}}{dt}-\Gamma^s_{lq}A^{jk}_{smn}\frac{dx^q}{dt}-\Gamma^s_{mq}A^{jk}_{lsn}\frac{dx^q}{dt}-\Gamma^s_{nq}A^{jk}_{lms}\frac{dx^q}{dt}$$

$$+\Gamma^j_{qs}A^{sk}_{lmn}\frac{dx^q}{dt}+\Gamma^k_{qs}A^{js}_{lmn}\frac{dx^q}{dt}.$$

2.26 측지선

절대 도함수의 사용의 예로서 '측지선(geodesics)'의 간단한 논의를 한 후에 이 장을 마무리 짓도록 하겠다. 실제 3차원 공간에서 측지선은 두 동일한 특성을 가지는 직선이다. 첫 번째로 측지선은 두 점들 사이에서 가장 짧은 길이의 곡선이다. 두 번째로 측지선의 접선 벡터는 언제나 선을 따라 같은 방향을 향한다. 이 장에서 단지 우리가 친숙한 3차원 공간을 명시적으로 고려해 보았다 하더라도 일반 텐서 기법에 의하여 Euclid 기하의 익숙한 개념이 더 이상 필요로 하지 않는 높은 차원의 더욱 추상적인 공간으로 쉽게 일반화가 되도록 해준다. 가끔 측지선을 정의하는 유클리드 공간에서 직선의 특성을 사용함으로써 그러한 공간의 측지적 곡선을 발견하는 것은 흥미롭다. 여기에서 더욱 복잡한 공간을 다시 명시적으로 고려하지는 않을 것이다. 그러나 유클리드 3차원 공간 (즉 직선)에서 측지선이 만족해야만 하는 식을 유도하는 대신에 더욱 추상적인 공간에서 측지선이 만족하는 식을 알아내기 위해 충분히 작은 수정으로도 적용되어질 수 있는 일반적인 방법을 유도할 것이다.

곡선에서 어떤 점으로부터 호의 길이 s로 파라미터가 붙여진 곡선 $\boldsymbol{r}(s)$를 생각해 보자. 그리고 측지선의 접선 벡터 $\boldsymbol{t}=d\boldsymbol{r}/ds$가 곡선에서 어디에서나 언제나 같은 방향을 향하는 측지선의 정의하는 특성으로서 선택하자. 즉 다음과 같다.

$$\frac{d\boldsymbol{t}}{ds}=0 \tag{2.608}$$

두 점 사이의 거리는 측지선을 따른 최소값이라는 특성을 선택적으로 사용할 수 있다. 이는 아래에서 보는 바와 같이 마지막 결과인 식 (2.609)를 이끌어낸다.

만일 기저벡터 $\boldsymbol{g}_i\,(i=1,2,3)$를 가진 임의의 좌표계 x^i를 도입한다면 $\boldsymbol{t}=t^i\boldsymbol{g}_i$로 쓸 수 있고 식 (2.602)로부터 다음과 같다.

$$\frac{d\boldsymbol{t}}{ds}=t^i_{;k}\frac{dx^k}{ds}\boldsymbol{g}_i=0$$

공변 미분에 관한 경우를 적용하면 다음과 같은 식을 얻을 수 있다.

$$\left(\frac{dt^i}{ds}+\Gamma^i_{jk}t^j\frac{dx^k}{ds}\right)\boldsymbol{g}_i=0$$

그러나 $t^j=dx^j/ds$ 이므로 측지선이 만족시키는 식은 다음과 같다(문제 2.26 참조).

$$\frac{d^2x^i}{ds^2}+\Gamma^i_{jk}\frac{dx^j}{ds}\frac{dx^k}{ds}=0 \tag{2.609}$$

예제 2.42

원통좌표에서 측지선(직선)이 만족시키는 식을 찾아라.

풀 이

식 (2.311)로부터 0이 아닌 Christoffel 기호는 $\Gamma^1_{22}=-\rho$이고 $\Gamma^2_{12}=1/\rho$이다.

$$\frac{d^2x^1}{ds^2} + \Gamma^1_{22}\frac{dx^2}{ds}\frac{dx^2}{ds} = 0 \;\Rightarrow\; \frac{d^2\rho}{ds^2} - \rho\left(\frac{d\phi}{ds}\right)^2 = 0$$

$$\frac{d^2x^2}{ds^2} + 2\Gamma^2_{12}\frac{dx^1}{ds}\frac{dx^2}{ds} = 0 \;\Rightarrow\; \frac{d^2x^1}{ds^2} + \frac{2}{\rho}\frac{d\rho}{ds}\frac{d\phi}{ds} = 0$$

$$\frac{d^2x^3}{ds^2} = 0 \;\Rightarrow\; \frac{d^2z}{ds^2} = 0$$

연습문제

2.1 2차 텐서 T가 3차원 Cartesian 좌표계의 기저벡터 집합 $\{\boldsymbol{e}_i\}(=\boldsymbol{i}, \boldsymbol{j}, \boldsymbol{k})$로 나타내면 $\mathrm{T}=T_{ij}\boldsymbol{e}_i\boldsymbol{e}_j$(여기서 $T_{ij}=\boldsymbol{e}_i\cdot\mathrm{T}\cdot\boldsymbol{e}_j$)가 된다. 여기서 T의 Cartesian 행렬성분은 아래와 같다고 하자.

$$\mathrm{T}=\begin{pmatrix}3&0&0\\0&2&0\\0&0&1\end{pmatrix}$$

이때 아래와 같은 새로운 3 선형독립 기저계 $\boldsymbol{a}_1$, $\boldsymbol{a}_2$, $\boldsymbol{a}_3$에 대한 $\mathrm{T}(=\overline{\mathrm{T}})$의 성분 $\overline{T}_{ij}$를 구해보아라.

$$\boldsymbol{a}_1=\begin{pmatrix}\frac{1}{2}&\frac{1}{2}&0\end{pmatrix}^{\mathrm{T}}_{\boldsymbol{e}_i},\ \boldsymbol{a}_2=\begin{pmatrix}\frac{1}{2}&-\frac{1}{2}&0\end{pmatrix}^{\mathrm{T}}_{\boldsymbol{e}_i},\ \boldsymbol{a}_3=(0\ \ 0\ \ 1)^{\mathrm{T}}_{\boldsymbol{e}_i}$$

풀이

원 식에서 $\mathrm{T}(=T_{ij}\boldsymbol{e}_i\boldsymbol{e}_j)=3\boldsymbol{e}_1\boldsymbol{e}_1+2\boldsymbol{e}_2\boldsymbol{e}_2+\boldsymbol{e}_3\boldsymbol{e}_3$가 된다. 그런데 $\boldsymbol{a}_1=\frac{1}{2}\boldsymbol{e}_1+\frac{1}{2}\boldsymbol{e}_2$, $\boldsymbol{a}_2=\frac{1}{2}\boldsymbol{e}_1-\frac{1}{2}\boldsymbol{e}_2$, $\boldsymbol{a}_3=\boldsymbol{e}_3$ 혹은 $\boldsymbol{a}_1+\boldsymbol{a}_2=\boldsymbol{e}_1$, $\boldsymbol{a}_1-\boldsymbol{a}_2=\boldsymbol{e}_2$, $\boldsymbol{a}_3=\boldsymbol{e}_3$.
따라서 T를 새 기저계에 대하여 표시하면 아래가 된다.

$$\begin{aligned}\mathrm{T}(=\overline{\mathrm{T}})&=3(\boldsymbol{a}_1+\boldsymbol{a}_2)(\boldsymbol{a}_1+\boldsymbol{a}_2)+2(\boldsymbol{a}_1-\boldsymbol{a}_2)(\boldsymbol{a}_1-\boldsymbol{a}_2)+\boldsymbol{a}_3\boldsymbol{a}_3\\&=3(\boldsymbol{a}_1\boldsymbol{a}_2+\boldsymbol{a}_1\boldsymbol{a}_2+\boldsymbol{a}_2\boldsymbol{a}_1+\boldsymbol{a}_2\boldsymbol{a}_2)+2(\boldsymbol{a}_1\boldsymbol{a}_1-\boldsymbol{a}_1\boldsymbol{a}_2-\boldsymbol{a}_2\boldsymbol{a}_1+\boldsymbol{a}_2\boldsymbol{a}_2)+\boldsymbol{a}_3\boldsymbol{a}_3\\&=5\boldsymbol{a}_1\boldsymbol{a}_1+\boldsymbol{a}_1\boldsymbol{a}_2+\boldsymbol{a}_2\boldsymbol{a}_1+5\boldsymbol{a}_2\boldsymbol{a}_2+\boldsymbol{a}_3\boldsymbol{a}_3\end{aligned}$$

즉 아래의 행렬표시가 성립된다.

$$\mathrm{T}(=\overline{\mathrm{T}})=\begin{pmatrix}5&1&0\\1&5&1\\0&0&1\end{pmatrix}_{\boldsymbol{a}_1\boldsymbol{a}_2\boldsymbol{a}_3}$$

별 해 | 문 1.3 (c)의 별해 부분에 기술한 방법을 취한다. 즉 표 2.1에서 원 기저벡터 집합 $\{\boldsymbol{e}_i\}$를 변환 전 기저벡터 $\{\boldsymbol{g}_i\}$, 문제의 새 기저벡터 집합 $\{\boldsymbol{a}_i\}$를 변환 후 기저벡터 $\{\overline{\boldsymbol{g}}_i\}$로 간주하면 공변 변환 행렬 $\mathrm{A}=(a_i{}^j)=(\boldsymbol{a}_i\cdot\boldsymbol{e}^j)$는 아래가 된다.

$$\mathrm{A}=(a_i{}^j)=\begin{pmatrix}\frac{1}{2} & \frac{1}{2} & 0\\ \frac{1}{2} & -\frac{1}{2} & 0\\ 0 & 0 & 1\end{pmatrix},\ \mathrm{A}^{-1}=(a_i{}^j)^{-1}=\begin{pmatrix}1 & 1 & 0\\ 1 & -1 & 0\\ 0 & 0 & 1\end{pmatrix}$$

그런데 반변 변환 행렬 $\mathrm{B}=(\mathrm{A}^{\mathrm{T}})^{-1}=(\mathrm{A}^{-1})^{\mathrm{T}}$는 아래가 된다.

$$\mathrm{B}=(b^i{}_j)=(\boldsymbol{a}^i\cdot\boldsymbol{e}_j)=\begin{pmatrix}1 & 1 & 0\\ 1 & -1 & 0\\ 0 & 0 & 1\end{pmatrix}$$

따라서 2차 반변텐서의 두 쌍의 다른 기저벡터 집합간의 좌표변환은 아래가 된다.

$$\overline{T}^{ij}=b^i{}_m b^j{}_n T^{mn}\quad \text{혹은}\quad \overline{T}=\mathrm{BTB}^{\mathrm{T}}$$

여기에 구체적인 값을 대입하여 풀면 아래가 된다.

$$\overline{\mathrm{T}}=\begin{pmatrix}1 & 1 & 0\\ 1 & -1 & 0\\ 0 & 0 & 1\end{pmatrix}\begin{pmatrix}3 & 0 & 0\\ 0 & 2 & 0\\ 0 & 0 & 1\end{pmatrix}\begin{pmatrix}1 & 1 & 0\\ 1 & -1 & 0\\ 0 & 0 & 1\end{pmatrix}=\begin{pmatrix}5 & 1 & 0\\ 1 & 5 & 0\\ 0 & 0 & 1\end{pmatrix}_{\boldsymbol{a}_1\boldsymbol{a}_2\boldsymbol{a}_3}$$

즉 $\overline{\mathrm{T}}=\overline{T}^{ij}\boldsymbol{a}_i\boldsymbol{a}_j=5\boldsymbol{a}_1\boldsymbol{a}_1+\boldsymbol{a}_1\boldsymbol{a}_2+\boldsymbol{a}_2\boldsymbol{a}_1+5\boldsymbol{a}_2\boldsymbol{a}_2+\boldsymbol{a}_3\boldsymbol{a}_3$가 성립되어 위와 같은 결과를 얻는다.

2. 2 Cartesian 좌표계에 대한 '$e-\delta$ identity' (2.204)를 사용하여 다음 관계식을 증명하라[단 $\boldsymbol{F}$ 및 $\boldsymbol{v}$는 임의의 벡터, 그리고 $\boldsymbol{r}$는 위치벡터임].

$$\frac{\partial\boldsymbol{F}}{\partial\nu}\cdot\boldsymbol{v}\times\frac{\partial\boldsymbol{r}}{\partial u}-\frac{\partial\boldsymbol{F}}{\partial u}\cdot\boldsymbol{v}\times\frac{\partial\boldsymbol{r}}{\partial\nu}=[(\nabla\cdot\boldsymbol{F})\boldsymbol{v}-(\boldsymbol{v}\cdot\nabla)\boldsymbol{F}]\cdot\left(\frac{\partial\boldsymbol{r}}{\partial u}\times\frac{\partial\boldsymbol{r}}{\partial\nu}\right)$$

풀이

연쇄율(부록 C.2절 참조)에 의해 $\frac{\partial\boldsymbol{F}}{\partial u}=\left(\frac{\partial\boldsymbol{r}}{\partial u}\cdot\nabla\right)\boldsymbol{F}$ 및 $\frac{\partial\boldsymbol{F}}{\partial\nu}=\left(\frac{\partial\boldsymbol{r}}{\partial\nu}\cdot\nabla\right)\boldsymbol{F}$가 성립된다. 또한 $\frac{\partial\boldsymbol{r}}{\partial u}$ 및 $\frac{\partial\boldsymbol{r}}{\partial\nu}$의 i 번째 직교 Cartesian 성분을 각각 x_i^u, x_i^ν로 나타내면(즉 $x_i^u=\left(\frac{\partial\boldsymbol{r}}{\partial u}\right)_i=\frac{\partial x^i}{\partial u}$ 및 $x_i^\nu=\left(\frac{\partial\boldsymbol{r}}{\partial\nu}\right)_i=\frac{\partial x^i}{\partial\nu}$로 둠), 주어진 식의 왼편은 다음과 같이 나타낼 수 있다.

$$e_{ijk}(x_l^\nu\,\partial_l F_i)v_j\,x_k^u-e_{ijk}(x_l^u\,\partial_l F_i)v_j\,x_k^\nu$$

$$= e_{ijk}(x_l^\nu x_k^u - x_l^u x_k^\nu) v_j \partial_l F_i$$

$$= e_{ijk}(\delta_{ls}\delta_{kt} - \delta_{lt}\delta_{ks}) x_s^\nu x_t^u v_j \partial_l F_i$$

$$= e_{ijk} e_{lkp} e_{stp} x_s^\nu x_t^u v_j \partial_l F_i \quad \text{(식 (2.204)에 의해)}$$

$$= e_{ijk} e_{plk} e_{stp} x_s^\nu x_t^u v_j \partial_l F_i$$

$$= (\delta_{ip}\delta_{jl} - \delta_{il}\delta_{jp}) e_{stp} x_s^\nu x_t^u v_j \partial_l F_i \quad \text{(식 (2.204)에 의해)}$$

$$= e_{sti} x_s^\nu x_t^u v_l \partial_l F_i - e_{stj} x_t^u x_s^\nu v_j \partial_i F_i$$

$$= -e_s v_l (\partial_l F_i) x_t^u x_s^\nu + e_{jts}(\partial_i F_i) v_j x_t^u x_s^\nu$$

$$= -[(\boldsymbol{v} \cdot \nabla)\boldsymbol{F}] \cdot \frac{\partial \boldsymbol{r}}{\partial u} \times \frac{\partial \boldsymbol{r}}{\partial \nu} + (\nabla \cdot \boldsymbol{F})\boldsymbol{v} \cdot \frac{\partial \boldsymbol{r}}{\partial u} \times \frac{\partial \boldsymbol{r}}{\partial \nu}$$

따라서 항등관계가 증명된다.

2. 3 다음의 양 (v_1, v_2) 중에서 어느 것이 2차원에서 1차 Cartesian 텐서(CT1)의 성분인가?

(a) $(x_2, -x_1)$ (b) (x_2, x_1) (c) $(x_1{}^2, x_2{}^2)$

풀이

z (또는 y_3)축 주위로 회전 변환을 생각해보자. 이때 좌표변환 행렬 $\mathrm{L}(=l_{ij})$(식 (1.194))에 있어서 $l_{11} = l_{22} = \cos\theta$, $l_{12} = \sin\theta$, $l_{21} = -\sin\theta$ 가 된다(식 (1.189) 참조). 여기에서 계산을 간단히 하기 위해서 $\cos\theta$를 c로 나타내고 $\sin\theta$를 s로 나타내면

(a) 여기서는 옛 좌표축에 대하여, $v_1 = x_2,\ v_2 = -x_1$이다. 새로운 좌표계의 관점에서 보면 이것은 즉,

$$\begin{aligned} v_1' &= x_2' = -sx_1 + cx_2 \\ v_2' &= -x_1' = -cx_1 - sx_2 \end{aligned} \qquad \text{(i)}$$

다시 v'_1과 v'_2를 식 (2.160)(혹은 표 2.1)에 의하여 값을 구하면 다음과 같다.

$$\begin{aligned} v_1' &= L_{11}v_1 + L_{12}v_2 = cx_2 + s(-x_1) \\ v_2' &= L_{21}v_1 + L_{22}v_2 = -s(x_2) + c(-x_1) \end{aligned} \qquad \text{(ii)}$$

v'_1과 v'_2에 대한 식 (i)과 (ii) 각각의 표현은 θ값이 어떤 값을 가지더라도 (즉, 모든 회전에 대하여) 같다.

그리고, 식 (2.160)의 정의에 의하여 $(x_{2,} - x_1)$는 CT1 성분이다.

(b) 여기서는 $v_1 = x_{2,}\ v_2 = x_1$이다. 같은 과정을 통하여

$$v_1' = x'_2 = -sx_1 + cx_2$$

$$v_2' = x'_1 = cx_1 + sx_2$$

그러나 식 (2.160)에 의하여 Cartesian 텐서가 되기 위해서 다음의 관계가 되어야 한다.

$$v'_1 = cv_1 + s(v_2) = cx_2 + sx_1$$

$$v'_2 = -s(v_1) + c(v_2) = -sx_2 + cx_1$$

이 표현은 일치하지 않으며, 따라서 $(x_{2,}\ x_1)$는 CT1 성분을 형성하지 않는다.

(c) $v_1 = x_1^2$ 이고 $v_2 = x_2^2$ 이다. 첫 번째 성분 하나는 (b)에서처럼 다음과 같기 때문에 CT1 성분을 형성하지 않는다는 것을 보여주기에 충분하다.

$$v_1' = x_1'^2 = c^2x_1^2 + 2csx_1x_2 + s^2x_2^2$$

반면에 식 (2.160)는 다음의 조건을 요구하며 이것은 전혀 다른 결과임을 알 수 있다.

$$v_1' = cv_1 + sv_2 = cx_1^2 + sx_2^2$$

2.4 (a) 다음과 같이 주어지는 T_{ij} 가 Cartesian 2차 텐서(CT2)의 성분임을 보여라.

$$\mathrm{T} = [T_{ij}] = \begin{pmatrix} x_2^2 & -x_1x_2 \\ -x_1x_2 & x_1^2 \end{pmatrix}$$

(b) 위 식에서 T의 성분이 2차 텐서의 성분임을 상법칙(quotient rule)[2.5.5절 참조]을 사용하여 보여라.

풀이

(a) $e_3(x_3)$축에 대하여 θ만큼 (반시계 방향) 회전하는 경우를 생각해 보자. 식 (2.160)(혹은 표 2.1)를 사용하면 위의 관계식에 의해 다음과 같은 값을 얻는다.(이때 계산을 간단히 하기 위해 문제 2.3의 경우처럼 $\sin\theta = s$, $\cos\theta = c$ 로 둔다.)

$$T'_{11} = x'^2_2 = s^2 x_1^2 - 2scx_1x_2 + c^2x_2^2$$

$$T'_{12} = -x'_1 x'_2 = scx_1^2 + (s^2 - c^2)x_1x_2 - scx_2^2$$

$$T'_{12} = -x'_1 x'_2 = scx_1^2 + (s^2 - c^2)x_1x_2 - scx_2^2$$

$$T'_{22} = x'^2_1 = c^2x_1^2 + 2scx_1x_2 + s^2x_2^2$$

이제 변환식 (2.262)의 우변의 값을 구해보면,

$$T'_{11} = ccx_2^2 + cs(-x_1x_2) + sc(-x_1x_2) + ssx_1^2$$

$$T'_{12} = c(-s)x_2^2 + cc(-x_1x_2) + s(-s)(-x_1x_2) + scx_1^2$$

$$T'_{12} = (-s)cx_2^2 + (-s)s(-x_1x_2) + cc(-x_1x_2) + csx_1^2$$

$$T'_{22} = (-s)(-s)x_2^2 + (-s)c(-x_1x_2) + c(-s)(-x_1x_2) + ccx_1^2$$

각각의 대응하는 표현은 같으며, T_{ij}가 2차 텐서의 성분임을 알 수 있다. 또한 이 사실은 T_{ij}가 벡터 $(x_2, -x_1)$와 그 벡터 자신과의 외적(다이어딕 곱)의 성분이라는 것을 고려하면 CT2 가 됨을 더 쉽게 알 수 있다.$(x_2, -x_1)$가 (CT1)벡터의 성분이라는 것은 문제 2.3에 의해 확인되었다.

(b) 이미 두 벡터의 외적(다이어딕 곱) $x_i x_j\,[=(\boldsymbol{rr})(i,j)]$는 2차 텐서(CT2)가 됨을 알고 있다. (a)에 주어진 T_{ij} 와 이 외적을 축약시키면 다음과 같다.

$$T_{ij}\,x_i\,x_j = x_2^2x_1^2 - x_1x_2x_1x_2 - x_1x_2x_2x_1 + x_1^2x_2^2 = 0$$

이것은 분명히 스칼라 불변 (0차 텐서)이다. 따라서, 상법칙에 의하여 T_{ij} 는 2차 텐서(CT2)임에 틀림없다.

2.5 I$=(\delta_{ij})$를 단위 항등 텐서, $\boldsymbol{e}$ 를 크기가 1인 단위 벡터라 둔다. 이때 다음의 텐서 T는 선형 연산자 : $\boldsymbol{A} \to \mathrm{T}(\boldsymbol{A})$로서 어떤 사상(mapping)인가? 단, $\boldsymbol{A}$ 는 벡터이다.

(a) T$=$ I$-\boldsymbol{e}\,\boldsymbol{e}$ (b) T$=$ I$-2\boldsymbol{e}\,\boldsymbol{e}$

(단 위에서 $\mathrm{T}(\boldsymbol{A}) = \mathrm{T}\cdot\boldsymbol{A}$ 를 의미함.)

풀이

(a) $\mathrm{T}(\boldsymbol{A}) = (\mathrm{I}-\boldsymbol{e}\boldsymbol{e})(\boldsymbol{A}) = \boldsymbol{A} - \boldsymbol{e}(\boldsymbol{e}\cdot\boldsymbol{A})$. 단 $\boldsymbol{A}$ 는 임의의 벡터이다. 그리고,

$$\mathrm{T}(\boldsymbol{A})\cdot \boldsymbol{e}=\boldsymbol{A}\cdot \boldsymbol{e}-\boldsymbol{e}\cdot \boldsymbol{e}(\boldsymbol{e}\cdot \boldsymbol{A})$$

$$=\boldsymbol{A}\cdot \boldsymbol{e}-\boldsymbol{e}\cdot \boldsymbol{A}=0$$

따라서 $\mathrm{T}(\boldsymbol{A})\perp \boldsymbol{e}$ 이므로 T 는 $\boldsymbol{A}$ 를 $\boldsymbol{e}$ 에 수직인 평면 π 위에 투영하는 사상이다.

(b) 마찬가지로, $\mathrm{T}(\boldsymbol{A})=(\mathrm{I}-2\boldsymbol{e}\,\boldsymbol{e})(\boldsymbol{A})=\boldsymbol{A}-2\boldsymbol{e}(\boldsymbol{e}\cdot \boldsymbol{A})$.

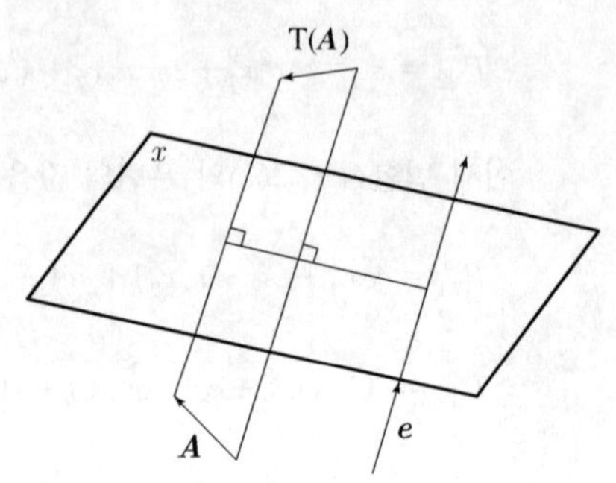

$$\mathrm{T}(\boldsymbol{A})\cdot \boldsymbol{e}=\boldsymbol{A}\cdot \boldsymbol{e}-2\boldsymbol{e}\cdot \boldsymbol{e}(\boldsymbol{e}\cdot \boldsymbol{A})$$

$$=-\boldsymbol{A}\cdot \boldsymbol{e}.$$

따라서 $(\mathrm{T}(\boldsymbol{A})+\boldsymbol{A})\cdot \boldsymbol{e}=0$이므로 $(\mathrm{T}(\boldsymbol{A})+\boldsymbol{A})\perp \boldsymbol{e}$. 또

$$\mathrm{T}(\boldsymbol{A})\cdot \mathrm{T}(\boldsymbol{A})=\boldsymbol{A}\cdot \boldsymbol{A}-4(\boldsymbol{A}\cdot \boldsymbol{e})(\boldsymbol{e}\cdot \boldsymbol{A})+4(\boldsymbol{e}\cdot \boldsymbol{A})^2=\boldsymbol{A}\cdot \boldsymbol{A}$$

즉 $|\mathrm{T}(\boldsymbol{A})|=|\boldsymbol{A}|$이다. 그러므로 T는 $\boldsymbol{A}$를 $\boldsymbol{e}$ 에 수직인 평면 π 에 관해서 $\boldsymbol{A}$ 와 대칭인 벡터에 옮기는 사상이라 볼 수 있다.

2. 6 (a) 벡터 $\boldsymbol{a}$, $\boldsymbol{b}$ 가 주어졌을 때 그 외적 $\boldsymbol{c}=\boldsymbol{a}\times\boldsymbol{b}$ 는 원점이 일치하는 직교 변환 (식 (2.160) 혹은 그의 행렬 표현식)에 의하여 어떤 변환이 되는가 이를 조사하여라.

(b) 또한 이로부터 벡터 $\boldsymbol{a}, \boldsymbol{b}, \boldsymbol{c}$ 의 스칼라 삼중적 $[\boldsymbol{a}, \boldsymbol{b}, \boldsymbol{c}]$도 어떤 변화를 받는가 조사하여라.

풀이

(a) 원점이 일치하는 두 직교 Cartesian 좌표계 $Oxyz$ 와 $O\bar{x}\bar{y}\bar{z}$ 에 관한 $\boldsymbol{a}, \boldsymbol{b}$ 의 성분을 각각 (a_1, a_2, a_3), (b_1, b_2, b_3) 및 $(\bar{a}_1, \bar{a}_2, \bar{a}_3)$, $(\bar{b}_1, \bar{b}_2, \bar{b}_3)$라 하고(문 1.7 참조)

$$c_1=a_2b_3-a_3b_2,\quad c_2=a_3b_1-a_1b_3,\quad c_3=a_1b_2-a_2b_1$$

$$\bar{c}_1=\bar{a}_2\bar{b}_3-\bar{a}_3\bar{b}_2,\quad \bar{c}_2=\bar{a}_3\bar{b}_1-\bar{a}_1\bar{b}_3,\quad \bar{c}_3=\bar{a}_1\bar{b}_2-\bar{a}_2\bar{b}_1$$ 로 표시하면

$$\boldsymbol{c}=(c_1, c_2, c_3),\quad \bar{\boldsymbol{c}}=(\bar{c}_1, \bar{c}_2, \bar{c}_3)$$

변환식 (2.160)(혹은 표 2.1)에 의하여

$$\bar{c}_1=\bar{a}_2\bar{b}_3-\bar{a}_3\bar{b}_2$$

$$=(a_1l_{21}+a_2l_{22}+a_3l_{23})(b_1l_{31}+b_2l_{32}+b_3l_{33})-(a_1l_{31}+a_2l_{32}+a_3l_{33})(b_1l_{21}+b_2l_{22}+b_3l_{23})$$

$$=(l_{22}l_{33}-l_{32}l_{23})(a_2b_3-a_3b_2)+(l_{23}l_{31}-l_{21}l_{33})(a_3b_1-a_1b_3)+(l_{21}l_{32}-l_{22}l_{31})(a_1b_2-a_2b_1)$$

여기서 $l_{22}l_{33}-l_{32}l_{23}, l_{23}l_{31}-l_{21}l_{33}, l_{21}l_{32}-l_{22}l_{31}$ 은 각각 아래 행렬식의

$$\det \mathrm{L}=|\mathrm{L}|=\begin{vmatrix} l_{11} & l_{12} & l_{13} \\ l_{21} & l_{22} & l_{23} \\ l_{31} & l_{32} & l_{33} \end{vmatrix}$$

l_{11}, l_{12}, l_{13}에 대한 여인수이므로 행렬식의 성질(1.4.2.4절 참조)에서 각각 $|\mathrm{L}|l_{11}$, $|\mathrm{L}|l_{12}$, $|\mathrm{L}|l_{13}$ 과 같다. 따라서

$$\bar{c}_1=\bar{a}_2\bar{b}_3-\bar{a}_3\bar{b}_2=|\mathrm{L}|\{l_{11}(a_2b_3-a_3b_2)+l_{12}(a_3b_1-a_1b_3)+l_{13}(a_1b_2-a_2b_1)\}$$ 이다.

그러므로

$$\bar{c}_1=|\mathrm{L}|(l_{11}c_1+l_{12}c_2+l_{13}c_3)$$

마찬가지로

$$\bar{c}_2=|\mathrm{L}|(l_{21}c_1+l_{22}c_2+l_{23}c_3),\quad \bar{c}_3=|\mathrm{L}|(l_{31}c_1+l_{32}c_2+l_{33}c_3)$$

변환행렬 L 을 사용하면 $\begin{pmatrix} \bar{c}_1 \\ \bar{c}_2 \\ \bar{c}_3 \end{pmatrix}=(|\mathrm{L}|)\,\mathrm{L}\begin{pmatrix} c_1 \\ c_2 \\ c_3 \end{pmatrix}$

여기서 $|\mathrm{L}|=\det\mathrm{L}=\pm 1$ (식 1.139 참조)이므로 만약 변환이 회전 (고유) 변환처럼 우수계에서 우수계로 또는 좌수계에서 좌수계의 변환이면 $\det \mathrm{L}=1$이고, 이 경우 $\boldsymbol{a}\times\boldsymbol{b}$ 는 보통의 (극성)벡터이다. 그러나 변환이 원점을 통한 반전(inversion)이나 $xz-$ 면에 대한 (거울)반사의 경우처럼 좌표변환식에 의한 벡터가 아니다. 그리고 변환이 $xz-$ 면에 대한 반사일 때는 $c_1=-\bar{c}_1$, $c_1=\bar{c}_2$, $c_1=-\bar{c}_3$가 되어, $\boldsymbol{a}\times\boldsymbol{b}$ 는 축성(axial or pseudo)벡터이다.

(b) (a)의 결과로부터 $\mathrm{L}\boldsymbol{a}\times\mathrm{L}\boldsymbol{b}=\det\mathrm{L}\,(\boldsymbol{a}\times\boldsymbol{b})$ 이며 임의의 벡터 $\boldsymbol{a},\boldsymbol{b}$ 의 내적 $\boldsymbol{a}\cdot\boldsymbol{b}$ 는 $\boldsymbol{a}^{\mathrm{T}}\boldsymbol{b}$ 와 같다. 그러므로 $(\mathrm{L}\boldsymbol{a})\cdot(\mathrm{L}\boldsymbol{b})=(\mathrm{L}\boldsymbol{a})^{\mathrm{T}}(\mathrm{L}\boldsymbol{b})=\boldsymbol{a}^{\mathrm{T}}\mathrm{L}^{\mathrm{T}}\mathrm{L}\boldsymbol{b}=\boldsymbol{a}^{\mathrm{T}}\boldsymbol{b}=\boldsymbol{a}\cdot\boldsymbol{b}$가 되어 변환 (2.160)에 의하여 불변이다.

$$\therefore [\bar{\boldsymbol{a}},\bar{\boldsymbol{b}},\bar{\boldsymbol{c}}]=[\mathrm{L}\boldsymbol{a},\ \mathrm{L}\boldsymbol{b},\ \mathrm{L}\boldsymbol{c}]$$

$$=(\mathrm{L}\boldsymbol{a}\times\mathrm{L}\boldsymbol{b})\cdot\mathrm{L}\boldsymbol{c}=\det\mathrm{L}\ \mathrm{L}(\boldsymbol{a}\times\boldsymbol{b})\cdot\mathrm{L}\boldsymbol{c}$$

$$=\det\mathrm{L}(\boldsymbol{a}\times\boldsymbol{b})\cdot\boldsymbol{c}=\det\mathrm{L}\,[\mathrm{a},\ \mathrm{b},\ \mathrm{c}]$$

$$\therefore [\bar{a},\bar{b},\bar{c}]=\det\mathrm{L}\,[\boldsymbol{a},\ \boldsymbol{b},\ \boldsymbol{c}]$$

따라서, 스칼라 삼중적은 의사(pseudo)(혹은 상대)스칼라임을 알 수 있다.

2. 7 원점을 지나는 축에 대하여 (일정)각속도 ω를 갖고 회전하고 있는 강체(rigid body)의 각운동량 (angular momentum) $\boldsymbol{L}$는 아래와 같이 나타내진다.

$$\boldsymbol{L} = \mathrm{I} \cdot \omega = \lambda_\mu \omega \tag{a}$$

여기서 ω는 고유치 λ_μ를 가진 관성 (능률)텐서 I의 고유벡터에 해당한다.
강체의 경우 관성텐서 I는 Cartesian 좌표계 내 아래 식으로 나타내진다.

$$\mathrm{I} = [I_{ij}] = \begin{pmatrix} \int (y^2+z^2)\rho dV & -\int xy\rho dV & -\int xz\rho dV \\ -\int xy\rho dV & \int (z^2+x^2)\rho dV & -\int yz\rho dV \\ -\int xz\rho dV & -\int yz\rho dV & \int (x^2+y^2)\rho dV \end{pmatrix} \tag{b}$$

여기서 $\rho = \rho(x,y,z)$는 밀도(질량분포)이고 dV 는 $dx\,dy\,dz$ 를 나타낸다. 적분은 전체에 대하여 수행된다. 이 텐서의 대각선 성분은 '관성 능률(moment of inertia)'이라 하며 대각선 성분을 제외하고 음의 부호를 없앤 성분은 '관성적(product of inertia)'으로 알려져 있다.
[주의 : 위 표현에서 관성 텐서 $\mathrm{I}\,(= I_{ij}\boldsymbol{e}_i\boldsymbol{e}_j)$ 또는 이의 행렬 표현인 $\mathrm{I}(= I_{ij})$와 Kronecker delta δ_{ij} 를 성분으로 갖는 항등 텐서 I (또는 행렬 I)와는 비록 외관상 같은 문자일지라도 전혀 다르므로 혼동하지 말아야 한다.]
이때 위 공식 (b)를 사용하여 균질한 타원체 $\frac{x^2}{a^2}+\frac{x^2}{b^2}+\frac{x^2}{c^2}=1$의 원점 O 에 관한 관성텐서를 구하여라. 단 타원체의 전 질량을 M이라 한다.

풀이

타원체의 방정식을 편의상 $\frac{{x_1}^2}{a^2}+\frac{{x_2}^2}{b^2}+\frac{{x_3}^2}{c^2}=1$이라 하고, 위 식 (b)에서 정의한 공식에 따라 관성텐서 (inertia tensor)를 구하기로 한다. 먼저 대칭성에서 $I_{12}=I_{31}=I_{23}=0$은 명백하다.
$I_{11}=\rho\int_V ({x_2}^2+{x_3}^2)\ dv$, $I_{22}=\rho\int_V ({x_3}^2+{x_1}^2)\ dv$, $I_{33}=\rho\int_V ({x_1}^2+{x_2}^2)\ dv$ 를 계산하기 위하여 먼저 $\int_V {x_1}^2 dv$ 를 구한다.

$x_1 = ax$, $x_2 = by$, $x_3 = cz$ 로 두면 방정식은 $x^2+y^2+z^2=1$이 된다. 따라서

$$\int_V {x_1}^2 dv = \iiint_{x^2+y^2+z^2 \le 1} a^3bcx^2 dx\,dy\,dz\ .$$

또 $x = r\sin\theta\cos\phi$, $y = r\sin\theta\sin\phi$, $z = r\cos\theta$ 로 두면

$$\int_V x_1{}^2 dv = a^3bc\int_0^1\int_0^{2\pi}\int_0^{\pi} r^2\sin^2\theta\cos^2\phi \cdot r^2\sin\theta\, d\theta\, d\phi\, dr = \frac{4}{15}\pi a^3 bc\,.$$

$M=\dfrac{4\pi}{3}abc\rho$ 이므로

$$\rho\int_V x_1{}^2\, dv = \frac{1}{5}Ma^2,\ \ \rho\int_V x_2{}^2\, dv = \frac{1}{5}Mb^2,\ \ \rho\int_V x_3{}^2\, dv = \frac{1}{5}Mc^2.$$

따라서 $I_{11} = \dfrac{1}{5}M(b^2+c^2),\quad I_{22} = \dfrac{1}{5}M(c^2+a^2),\quad I_{33} = \dfrac{1}{5}M(a^2+b^2)$ 이다.

2. 8 어떤 량 $A(p,q,r)$은 좌표계 x^i 안에서 $A(p,q,r)B_r{}^{qs} = C_p{}^s$ 이다(단, $B_r{}^{qs}$ 는 임의의 텐서이고 $C_p{}^s$ 는 텐서이다). $A(p,q,r)$은 텐서임을 증명하라.

풀이

변형된 좌표 $\bar{x}^i$ 안에서, $\bar{A}(j,k,l)\bar{B}_l^{km} = \bar{C}_j^m$ 이다. 그러면

$$\bar{A}(j,k,l)\frac{\partial\bar{x}^k}{\partial x^q}\frac{\partial\bar{x}^m}{\partial x^s}\frac{\partial x^r}{\partial\bar{x}^l}B_r{}^{qs} = \frac{\partial\bar{x}^m}{\partial x^s}\frac{\partial x^p}{\partial\bar{x}^j}C_p{}^s = \frac{\partial\bar{x}^m}{\partial x^s}\frac{\partial x^p}{\partial\bar{x}^j}A(p,q,r)B_r{}^{qs}$$

또는

$$\frac{\partial\bar{x}^m}{\partial x^s}\left[\frac{\partial\bar{x}^k}{\partial x^q}\frac{\partial x^r}{\partial\bar{x}^l}\bar{A}(j,k,l) - \frac{\partial x^p}{\partial\bar{x}^j}A(p,q,r)\right]B_r{}^{qs} = 0$$

$\dfrac{\partial x^n}{\partial\bar{x}^m}$ 에 의한 내적(즉 $\dfrac{\partial x^n}{\partial\bar{x}^t}$ 로 곱하고 나서 $t=m$ 을 가지고 축약)으로 다음을 얻을 수 있다.

$$\delta_s^n\left[\frac{\partial\bar{x}^k}{\partial x^q}\frac{\partial x^r}{\partial\bar{x}^l}\bar{A}(j,k,l) - \frac{\partial x^p}{\partial\bar{x}^j}A(p,q,r)\right]B_r{}^{qs} = 0$$

또는

$$\left[\frac{\partial\bar{x}^k}{\partial x^q}\frac{\partial x^r}{\partial\bar{x}^l}\bar{A}(j,k,l) - \frac{\partial x^p}{\partial\bar{x}^j}A(p,q,r)\right]B_r{}^{qn} = 0$$

$B_r{}^{qn}$ 은 임의의 텐서이므로 괄호 안의 양은 0이 된다. 즉

$$\frac{\partial\bar{x}^k}{\partial x^q}\frac{\partial x^r}{\partial\bar{x}^l}\bar{A}(j,k,l) - \frac{\partial x^p}{\partial\bar{x}^j}A(p,q,r) = 0$$

$\dfrac{\partial x^q}{\partial \bar{x}^m}\dfrac{\partial \bar{x}^n}{\partial x^r}$ 에 의한 내적은 다음을 산출한다.

$$\delta_m^k\,\delta_l^n\,\overline{A}(j,k,l)-\frac{\partial x^p}{\partial \bar{x}^j}\frac{\partial x^q}{\partial \bar{x}^m}\frac{\partial \bar{x}^n}{\partial x^r}A(p,q,r)=0$$

또는

$$\overline{A}(j,m,n)=\frac{\partial x^p}{\partial \bar{x}^j}\frac{\partial x^q}{\partial \bar{x}^m}\frac{\partial \bar{x}^n}{\partial x^r}A(p,q,r)$$

이것은 $A(p,q,r)$이 텐서이고 기호 $A_{pq}{}^r$ 의 사용이 옳다는 것을 알 수 있다. 이 문제에서 만일 임의의 텐서 B를 가지는 양 X 의 내적이 텐서C 라면, X 는 텐서임을 말하는 상법칙(quotient rule)(2.5.5절 참조)의 특별한 경우를 확립한다.

2.9 (a) 만약 (3차원 Cartesian 좌표계에서) 아래 식 (1)과 같이 (직교)회전 텐서 R이 주어졌다면 이로부터 회전축 방향의 단위 (고유) 벡터 $\boldsymbol{n}$과 회전각도 $\alpha\,(0<\alpha<2\pi)$를 R의 항으로 나타내어라(1.3.3절 참조).

(b) 또한 임의의 벡터를 단위벡터 $\boldsymbol{n}$에 나란한 축 주위로 반시계방향으로 α 만큼 회전시키는 회전텐서(혹은 행렬) R을 $\mathrm{R}=e^{\alpha\boldsymbol{n}\times}$로도 나타낼 수 있음을 증명하라.

$$\mathrm{R}=\cos\alpha\,\mathrm{I}+(1-\cos\alpha)\boldsymbol{nn}+\sin\alpha\,\boldsymbol{n}\times \qquad (1)$$

풀이

(a) 위 식 (1)에서 양변에 트레이스(trace)를 취하면, $\mathrm{Tr}(\boldsymbol{nn})=n_i\,n_i=1$ 이고 $\mathrm{Tr}\,(\boldsymbol{n}\times)=0$ 이므로 아래가 성립된다.

$$\mathrm{Tr\,R}=3\cos\alpha+(1-\cos\alpha)=2\cos\alpha+1$$

이다. 따라서 $\cos\alpha=\frac{1}{2}(\mathrm{Tr\,R}-1)$ 이 된다. 또한 $\mathrm{R}-\mathrm{R}^{\mathrm{T}}(=\mathrm{R}^{-1})=2\sin\alpha\,\boldsymbol{n}\times$ 이므로 다음과 같다.

$$\boldsymbol{n}=\frac{\mathrm{R}-\mathrm{R}^{\mathrm{T}}}{2\sin\alpha}\quad(\text{단}\ \alpha\neq 0,\ \text{또는}\ \pi)$$

(b) $e^{\alpha\boldsymbol{n}\times}$ 를 $e^x=1+x+\dfrac{x^2}{2!}+\dfrac{x^3}{3!}+\cdots$ 을 이용하여 $\alpha\boldsymbol{n}\times$ 항으로 Taylor급수 전개하면 아래와 같다.

$$e^{\alpha \boldsymbol{n}\times} = \mathrm{I} + \alpha \boldsymbol{n}\times + \frac{\alpha^2}{2}(\boldsymbol{n}\times)^2 + \frac{\alpha^3}{6}(\boldsymbol{n}\times)^3 + \cdots$$

그런데 예제 2.9에서 항등관계 $(\boldsymbol{n}\times)^2 = \boldsymbol{n}\boldsymbol{n} - \mathrm{I}$, $(\boldsymbol{n}\times)^3 = -\boldsymbol{n}\times$ 를 위에 대입하고 정리하면

$$e^{\alpha \boldsymbol{n}\times} = \left(1 - \frac{\alpha^2}{2} + \cdots\right)\mathrm{I} + \left(\frac{\alpha^2}{2} - \cdots\right)\boldsymbol{n}\boldsymbol{n} + \left(\alpha - \frac{\alpha^3}{6} + \cdots\right)\boldsymbol{n}\times = \cos\alpha \mathrm{I} + (1-\cos\alpha)\boldsymbol{n}\boldsymbol{n} + \sin\alpha\, \boldsymbol{n}\times$$

가 되어 증명된다. (단 위에서 삼각함수와 Taylor 전개 공식인 $\cos\alpha = 1 - \frac{\alpha^2}{2} + \cdots$ 및 $\sin\alpha = \alpha - \frac{\alpha^3}{6} + \cdots$ 를 이용하였다.)

2. 10 등방성 선형 탄성(isotropic, linear elastic)물질에 있어서, (대칭)응력(σ_{ij})과 변형률(ε_{kl}) 텐서간의 관계는 아래와 같이 두 개의 Lame상수 λ 및 μ만을 사용하여 간단하게 나타내진다.

풀이

$$\sigma_{ij} \equiv c_{ijkl}\varepsilon_{kl} = \lambda\delta_{ij}\varepsilon_{kk} + 2\mu\varepsilon_{ij} \tag{1}$$

단 여기서 4차 텐서인 강성도(stiffness)파라미터 c_{ijkl}는 아래와 같은 형태를 가정한다.

$$c_{ijkl} = \lambda\delta_{ij}\delta_{kl} + \eta\delta_{ik}\delta_{jl} + \kappa\delta_{il}\delta_{jk} \tag{2}$$

이때 아래의 관계가 성립됨을 증명하라.

$$\lambda = \nu E/(1+\nu)(1-2\nu) \tag{3}$$

$$\mu = E/2(1+\nu) \tag{4}$$

여기서 E는 재료의 인장 탄성계수, ν는 포아송(Poisson) 비이다.

증 명 완전 등방성물질의 경우에는 어떠한 회전이나 반사와 같은 (대칭)변환에 대하여서도 물성의 탄성계수는 변하지 않으므로 식 (1)의 4차 강성도 텐서 c_{ijkl}는 식 (2)와 같이 순수 2차 등방텐서인 Kronecker-delta δ_{ij}기호(예제 2.13)를 사용하여 나타낼 수 있다.

그러면 식 (2)를 식 (1)의 첫 번째 항등관계에 대입하면 아래를 얻는다.

$$\sigma_{ij} = \left[\lambda\delta_{ij}\delta_{kl} + \eta\delta_{ik}\delta_{jl} + \kappa\delta_{il}\delta_{jk}\right]\varepsilon_{kl}$$

$$= \lambda\delta_{ij}\varepsilon_{kk} + \eta\varepsilon_{ij} + \kappa\varepsilon_{ji} = \lambda\delta_{ij}\varepsilon_{kk} + (\eta+\kappa)\varepsilon_{ij} \quad (\because \varepsilon_{ij} = \varepsilon_{ji}) \tag{5}$$

여기서 $\eta+\kappa=2\mu$로 두면 식 (1)의 두 번째 항등관계가 증명된다. 단 식 중의 $\varepsilon_{kk}=\varepsilon_{11}+\varepsilon_{22}+\varepsilon_{33}$ $\simeq\varepsilon_v(=\Delta V/V)$[$\because$ 미소변형의 가정]이다.

다음에는 식 (1)의 두 번째 항등관계에서 x방향으로의 일축 신장변형만을 생각해보자. 이때 $\sigma_{11}(=\sigma_x)=E\varepsilon_{11}=E\varepsilon_1$만 존재하고, $\sigma_{22}(=\sigma_y)$ 및 $\sigma_{33}(=\sigma_z)$는 0이 되므로 아래의 3식이 성립된다.

$$\sigma_{11}=[\sigma_x=E\varepsilon_1]=\lambda\varepsilon_{kk}+2\mu\varepsilon_1\neq 0 \tag{6a}$$

$$\sigma_{22}(=\sigma_y)=\lambda\varepsilon_{kk}+2\mu\varepsilon_2=0 \tag{6b}$$

$$\sigma_{33}(=\sigma_z)=\lambda\varepsilon_{kk}+2\mu\varepsilon_3=0 \tag{6c}$$

위 3식을 합하고, $\varepsilon_1+\varepsilon_2+\varepsilon_3\simeq\varepsilon_{kk}(=\varepsilon_v)$를 이용하면 아래 식이 얻어진다.

$$\varepsilon_{kk}(\simeq\varepsilon_v)=\sigma_x/(3\lambda+2\mu)=E\varepsilon_1/(3\lambda+2\mu) \tag{7}$$

이를 식 (6a)에 대입하면 인장탄성계수 E에 관한 식을 얻는다.

$$E=\mu(3\lambda+2\mu)/(\lambda+\mu) \tag{8}$$

그런데 포아송 비 $\nu=-\varepsilon_2/\varepsilon_1(=-\varepsilon_3/\varepsilon_1)$이므로 ε_1 및 ε_2를 각각 식 (6a) 및 (6b)에서 대입하고, 식 (8)를 이용하면 ν에 관한 아래 식을 얻는다.

$$\nu=-\varepsilon_2/\varepsilon_1=\lambda/2(\lambda+\mu) \tag{9}$$

다음에는 식 (9)에서 λ를 μ로 나타내고, 이를 다시 식 (8)에 대입하여 먼저 μ에 관해 풀고, 이를 다시 λ와의 관계에 대입하면 원하는 아래 관계식을 얻는다.

$$\mu=E/2(1+\nu),\qquad \lambda=\nu E/(1+\nu)(1-2\nu) \quad ■$$

2. 11 (a) $\dfrac{\partial^2 x^m}{\partial\bar{x}^j\,\partial\bar{x}^k}=\bar{\Gamma}^n_{jk}\dfrac{\partial x^m}{\partial\bar{x}^n}-\dfrac{\partial x^p}{\partial\bar{x}^j}\dfrac{\partial x^q}{\partial\bar{x}^k}\Gamma^m_{pq}$을 증명하라. 또한 이로부터

(b) $A_{p;q}\equiv\dfrac{\partial A_p}{\partial x^q}-\Gamma^s_{pq}A_s$가 텐서임을 증명하라 (단 A_p는 1차 텐서이다).

풀이

(a) 식 (2.306)으로부터 $\bar{\Gamma}^n_{jk}=\dfrac{\partial x^p}{\partial\bar{x}^j}\dfrac{\partial x^q}{\partial\bar{x}^k}\dfrac{\partial\bar{x}^n}{\partial x^s}\Gamma^s_{pq}+\dfrac{\partial^2 x^p}{\partial\bar{x}^j\,\partial\bar{x}^k}\dfrac{\partial\bar{x}^n}{\partial x^p}$이다.

$\dfrac{\partial x^m}{\partial \bar{x}^n}$ 으로 곱하면, $\bar{\Gamma}^n_{jk}\dfrac{\partial x^m}{\partial \bar{x}^n} = \dfrac{\partial x^p}{\partial \bar{x}^j}\dfrac{\partial x^q}{\partial \bar{x}^k}\delta^m_s \Gamma^s_{pq} + \dfrac{\partial^2 x^p}{\partial \bar{x}^j \partial \bar{x}^k}\delta^m_p$

$$= \frac{\partial x^p}{\partial \bar{x}^j}\frac{\partial x^q}{\partial \bar{x}^k}\Gamma^m_{pq} + \frac{\partial^2 x^m}{\partial \bar{x}^j \partial \bar{x}^k}$$

$\dfrac{\partial^2 x^m}{\partial \bar{x}^j \partial \bar{x}^k}$에 대해 풀면 준 식을 얻을 수 있다.

(b) $\bar{A}_j = \dfrac{\partial x^r}{\partial \bar{x}^j} A_r$ 이므로,

$$\frac{\partial \bar{A}_j}{\partial \bar{x}^k} = \frac{\partial x^r}{\partial \bar{x}^j}\frac{\partial A_r}{\partial x^t}\frac{\partial x^t}{\partial \bar{x}^k} + \frac{\partial^2 x^r}{\partial \bar{x}^j \partial \bar{x}^k} A_r \qquad \text{(i)}$$

(a) 로부터

$$\frac{\partial^2 x^r}{\partial \bar{x}^j \partial \bar{x}^k} = \bar{\Gamma}^n_{jk}\frac{\partial x^r}{\partial \bar{x}^n} - \frac{\partial x^i}{\partial \bar{x}^j}\frac{\partial x^l}{\partial \bar{x}^k}\Gamma^r_{il}$$

(i)에 대입하면, $\dfrac{\partial \bar{A}_j}{\partial \bar{x}^k} = \dfrac{\partial x^r}{\partial \bar{x}^j}\dfrac{\partial x^t}{\partial \bar{x}^k}\dfrac{\partial A_r}{\partial x^t} + \bar{\Gamma}^n_{jk}\dfrac{\partial x^r}{\partial \bar{x}^n}A_r - \dfrac{\partial x^i}{\partial \bar{x}^j}\dfrac{\partial x^l}{\partial \bar{x}^k}\Gamma^r_{il}A_r$

$$= \frac{\partial x^p}{\partial \bar{x}^j}\frac{\partial x^q}{\partial \bar{x}^k}\frac{\partial A_p}{\partial x^q} + \bar{\Gamma}^n_{jk}\bar{A}_n - \frac{\partial x^p}{\partial \bar{x}^j}\frac{\partial x^q}{\partial \bar{x}^k}\Gamma^s_{pq}A_s$$

또는

$$\frac{\partial \bar{A}_j}{\partial \bar{x}^k} - \bar{\Gamma}^n_{jk}\bar{A}_n = \frac{\partial x^p}{\partial \bar{x}^j}\frac{\partial x^q}{\partial \bar{x}^k}\left(\frac{\partial A_p}{\partial x^q} - \Gamma^s_{pq}A_s\right)$$

따라서 $\dfrac{\partial A_p}{\partial x^q} - \Gamma^s_{pq}A_s$는 식 (1.152)에 의해 2차 공변 텐서가 되고, 이는 x^q 에 관한 A_p의 공변 미분으로서 $A_{p;q}$라 쓴다.

2. 12 (a) g_{jk}, g^{jk}, δ^j_k의 공변 미분들은 0임을 증명하라.

(b) g_{jk}, g^{jk}, δ^j_k의 절대(또는 내재적) 미분들도 0임을 증명하라.

(c) $(g_{jk}A_n^{\ km})_{;q} = g_{jk}A_{n\ ;q}^{\ km}$ 임을 증명하라.

풀이

(a) 식 (2.333)과 (2.292)에 의해서

$$g_{jk;q} = \frac{\partial g_{jk}}{\partial x^q} - \Gamma^s_{jq}\, g_{sk} - \Gamma^s_{kq}\, g_{js} = \frac{\partial g_{jk}}{\partial x^q} - \Gamma_{jqk} - \Gamma_{kqj} = 0$$

식 (2.47)에 의해서

$$g^{jk}_{;q} = \frac{\partial g^{jk}}{\partial x^q} - \Gamma^j_{qs}\, g^{sk} - \Gamma^k_{qs}\, g^{js} = 0$$

$$\delta^j_{k;q} = \frac{\partial \delta^j_k}{\partial x^q} - \Gamma^s_{kq}\, \delta^j_s + \Gamma^j_{qs}\, \delta^s_k = 0 - \Gamma^j_{kq} + \Gamma^j_{qk} = 0$$

이 결과들은 2.14절에서 얻어진 것과 동일하다.

(b) (a)와 식 (2.605)에 의해서

$$\frac{\delta g_{jk}}{\delta t} = (g_{jk;q})\frac{dx^q}{dt} = 0, \qquad \frac{\delta g^{jk}}{\delta t} = (g^{jk}_{;q})\frac{dx^q}{dt} = 0, \qquad \frac{\delta \delta^j_k}{\delta t} = \delta^j_{k;q}\frac{dx^q}{dt} = 0$$

(c) (a)에 의하여 $g_{jk;q} = 0$이므로, $(g_{jk}A^{km}_n)_{;q} = g_{jk;q}A^{km}_n + g_{jk}A^{km}_{n;q} = g_{jk}A^{km}_{n;q}$. 공변 미분에서, g_{jk}, g^{jk}, δ^j_k는 상수로서 다루어질 수 있다.

2. 13 다음 문제 (a) 및 (b)를 Levi-Civita 순열텐서를 이용하여 증명하여라.

(a) $\boldsymbol{u}\cdot(\boldsymbol{v}\times\boldsymbol{w}) = \boldsymbol{v}\cdot(\boldsymbol{w}\times\boldsymbol{u}) = \boldsymbol{w}\cdot(\boldsymbol{u}\times\boldsymbol{v}) = \dfrac{1}{\sqrt{g}}\begin{vmatrix} u_1 & u_2 & u_3 \\ v_1 & v_2 & v_3 \\ w_1 & w_2 & w_3 \end{vmatrix}$

(b) $\boldsymbol{u}\times(\boldsymbol{v}\times\boldsymbol{w}) = (\boldsymbol{u}\cdot\boldsymbol{w})\boldsymbol{v} - (\boldsymbol{u}\cdot\boldsymbol{v})\boldsymbol{w}$

풀이

(a) 만약 $\boldsymbol{f} = \boldsymbol{v}\times\boldsymbol{w}$로 두면 $f^k = \varepsilon^{klm} v_l w_m$가 된다. 그러면 아래가 성립되어 증명된다.

$$\boldsymbol{u}\cdot(\boldsymbol{v}\times\boldsymbol{w}) = \boldsymbol{u}\cdot\boldsymbol{f} = u_k f^k = \varepsilon^{klm} u_k v_l w_m$$

$$= \frac{1}{\sqrt{g}}\, e^{klm} u_k v_l w_m = \frac{1}{\sqrt{g}}\begin{vmatrix} u_1 & u_2 & u_3 \\ v_1 & v_2 & v_3 \\ w_1 & w_2 & w_3 \end{vmatrix}$$

$$= \boldsymbol{v}\cdot(\boldsymbol{w}\times\boldsymbol{u}) = \boldsymbol{w}\cdot(\boldsymbol{u}\times\boldsymbol{v})$$

(b) 만약 $\boldsymbol{f}=\boldsymbol{v}\times\boldsymbol{w}$로 두면 $f_m=\varepsilon_{mpq}v^p w^q$가 된다. 그러면 아래가 성립되어 증명된다.

$$\boldsymbol{u}\times(\boldsymbol{v}\times\boldsymbol{w})=\boldsymbol{u}\times\boldsymbol{f}=\varepsilon^{klm}u_l f_m \boldsymbol{g}_k=\varepsilon^{klm}\varepsilon_{mpq}u_l v^p w^q \boldsymbol{g}_k$$

$$=(\delta^k{}_p\delta^l{}_q-\delta^k{}_q\delta^l{}_p)u_l v^p w^q \boldsymbol{g}_k \ (\because \text{식 } (2.249))$$

$$=(u_l v^k w^l-u_l v^l w^k)\boldsymbol{g}_k$$

$$=(\boldsymbol{u}\cdot\boldsymbol{w})\boldsymbol{v}-(\boldsymbol{u}\cdot\boldsymbol{v})\boldsymbol{w}$$

2. 14 다음은 전자파에대한 Maxwell의 방정식이다.

(a) $\mathrm{div}\boldsymbol{B}=0$ (b) $\mathrm{div}\boldsymbol{D}=4\pi\rho$

(c) $\nabla\times\boldsymbol{E}=-\dfrac{1}{c}\dfrac{\partial\boldsymbol{B}}{\partial t}$ (d) $\nabla\times\boldsymbol{H}=\dfrac{4\pi\boldsymbol{I}}{c}$

이들을 텐서형으로 나타내어라(단 용어에 대한 설명은 생략함).

풀이

텐서 B^k, D^k, E_k, H_k, I^k 들을 정의하고 ρ, c를 불변식들이라 하자. 그러면, 방정식들은 벡터장에 대한 공변 미분 (2.13절)을 사용하여 아래와 같이 나타낼 수 있다.

(a) $B^k_{;k}=0$

(b) $D^k_{;k}=4\pi\rho$

(c) $-\varepsilon^{jkq}E_{k;q}=-\dfrac{1}{c}\dfrac{\partial B^j}{\partial t}$ 또는 $\varepsilon^{jkq}E_{k;q}=\dfrac{1}{c}\dfrac{\partial B^j}{\partial t}$

(d) $-\varepsilon^{jkq}H_{k;q}=\dfrac{4\pi I^j}{c}$ 또는 $\epsilon^{jkq}H_{k;q}=-\dfrac{4\pi I^j}{c}$

이러한 방정식들은 전자파 이론(electromagnetic theory)에 대한 기초를 형성한다.

2. 15 다음은 Minkowski의 4차원 시공간 즉 $x^1=x$, $x^2=y$, $x^3=z$, $x^4=ict$ (여기서 $i=\sqrt{-1}$, c는 광속도)에 바탕을 둔 Einstein의 '특수 상대성(special relativty)' 이론에 관한 문제이다.

(a) 실험실 (고정) Cartesian 좌표계에 대하여 상대속도 v로 입자(particle)와 함께 움직이는 좌

표계에 있어서 입자계의 시간 증분 $d\tau$와 실험실 계의 시간 증분 dt는 아래의 관계가 있음을 증명하라.

$$d\tau = dt\sqrt{1 - v^2/c^2}$$

(단, 여기서 $d\tau$ 또는 τ는 입자의 고유시간으로 Lorentz 불변량이다.)

(b) 4차원 공간에서 아래와 같이 (성분 형태로) 정의되는 임의의 2차원 텐서 B 의 쌍대 텐서 (dual tensor) B*는 "Lorentz 변환" 하에서 2차 텐서가 되는가를 조사하여라.

$$B_{ij}{}^* = \frac{1}{2!} e_{ijkl} B_{kl}$$

단, 4차원의 원래 Cartesian 좌표축과 변환된 좌표축 사이의 방향 여현 행렬인 Lorentz 직교 변환 행렬은 아래와 같이 주어진다.

$$a_{\lambda u} = \begin{pmatrix} 1 & 0 & 0 & 0 \\ 0 & 1 & 0 & 0 \\ 0 & 0 & \gamma & i\beta\gamma \\ 0 & 0 & -i\beta\gamma & \gamma \end{pmatrix}, \quad \beta = \frac{v}{c}, \quad \gamma = (1-\beta^2)^{-1/2}$$

풀이

(a) 변환된 (입자)좌표계에서 위치벡터의 미소변화의 길이 제곱은

$$dx'_\mu\, dx'_\nu = (dx'_1)^2 + (dx'_2)^2 + (dx'_3)^2 - c^2(d\tau)^2 = -c^2(d\tau)^2 \qquad (\because dx'_\mu = 0,\ \mu = 1,2,3)$$

그런데 미소 길이의 제곱은 스칼라 불변량이므로 $dx'_\mu\, dx'_\nu = dx_\mu\, dx_\nu$. 따라서

$$-c^2(d\tau)^2 = (dx_1)^2 + (dx_2)^2 + (dx_3)^2 - c^2(dt)^2$$

즉

$$(d\tau)^2 = (dt)^2\left[1 - \frac{1}{c^2}\left\{\left(\frac{dx_1}{dt}\right)^2 + \left(\frac{dx_2}{dt}\right)^2 + \left(\frac{dx_3}{dt}\right)^2\right\}\right]$$

$$= (dt)^2\left(1 - \frac{v^2}{c^2}\right) \qquad \left(\text{여기서 } v^2 = \left(\frac{dx_1}{dt}\right)^2 + \left(\frac{dx_2}{dt}\right)^2 + \left(\frac{dx_3}{dt}\right)^2\right)$$

따라서 $d\tau = dt\sqrt{1 - v^2/c^2}$ 가 증명이 된다.

(b) 문제에서 주어진 텐서식의 형태는 좌표계에 불변이므로

$$B^{*}_{ij}=\frac{1}{2!}e'_{ijkl}B'_{kl} \tag{i}$$

이 된다. 그런데 B'_{kl} 은 2차 텐서이고, e'_{ijkl} 은 4차 의사(pseudo)(혹은 상대) 텐서이므로 각각 아래와 같이 나타낼 수 있다.

$$B'_{kl}=a_{kt}\,a_{lu}\,B_{tu} \tag{ii}$$

$$e'_{ijkl}=|a|a_{ip}\,a_{jq}\,a_{kr}\,a_{ls}e_{pqrs} \quad \text{(여기서 } |a|\text{는 Lorentz 행렬}(a_{\lambda u})\text{의 행렬식임)} \tag{iii}$$

따라서 식 (ii) 및 (iii)을 식 (i)에 대입하고, Lorentz 직교 행렬의 행 또는 열 사이의 정규 직교 관계를 이용하면 식 (i)은 아래와 같이 된다.

$$B^{*\prime}_{ij}=\frac{1}{2!}|a|a_{ip}\,a_{jq}\,\delta_{rt}\,\delta_{su}\,e_{pqrs}\,B_{tu}=\frac{1}{2!}|a|a_{ip}\,a_{jq}\,e_{pqrs}\,B_{rs}=|a|a_{ip}\,a_{jq}\,B^{*}_{pq}$$

따라서 B^{*} 는 2차 의사(pseudo) 텐서이다. 즉 회전 (고유) 변환($|a|=+1$)하에서는 2차 텐서이나, 반사 (비고유) 변환(즉 $|a|=-1$)하에서는 2차 의사텐서이다. 다음은 Maxwell의 방정식이다.

2. 16 태양 둘레에 한 혹성(planet)의 경로(path)는 태양과의 한 초점(focus)에서의 타원이 됨 (아래그림 참조)을 밝혀라.

풀이

뉴톤의 중력법칙에 의하면

$$\frac{d\boldsymbol{v}}{dt}=-\frac{GM}{r^2}\hat{\boldsymbol{r}} \quad \text{(여기에서 } \boldsymbol{v}=\frac{d\boldsymbol{r}}{dt},\ G\text{ 및 }M\text{은 각각 인력상수 및 태양의 질량임)} \tag{i}$$

$$\boldsymbol{r}\times\boldsymbol{v}=\boldsymbol{c} \tag{ii}$$

이제, $\boldsymbol{r}=r\hat{\boldsymbol{r}}$, $\frac{d\boldsymbol{r}}{dt}=r\frac{d\hat{\boldsymbol{r}}}{dt}+\frac{dr}{dt}\hat{\boldsymbol{r}}$ 이다.

따라서

$$\boldsymbol{c}=\boldsymbol{r}\times\boldsymbol{v}=r\hat{\boldsymbol{r}}\times\left(r\frac{d\hat{\boldsymbol{r}}}{dt}+\frac{dr}{dt}\hat{\boldsymbol{r}}\right)=r^2\hat{\boldsymbol{r}}\times\frac{d\hat{\boldsymbol{r}}}{dt} \tag{iii}$$

(i)로부터, 방정식 (iii)과 $\hat{\boldsymbol{r}}\cdot\frac{d\hat{\boldsymbol{r}}}{dt}=0$ ($\because$ $\boldsymbol{A}\cdot\frac{d\boldsymbol{A}}{dt}=A\frac{dA}{dt}$, $A=\|\boldsymbol{A}\|$)을 사용하여

$$\frac{d\boldsymbol{v}}{dt}\times\boldsymbol{c}=-\frac{GM}{r^2}\hat{\boldsymbol{r}}\times\boldsymbol{c}=-GM\hat{\boldsymbol{r}}\times\left(\hat{\boldsymbol{r}}\times\frac{d\hat{\boldsymbol{r}}}{dt}\right)=-GM\left[\left(\hat{\boldsymbol{r}}\cdot\frac{d\hat{\boldsymbol{r}}}{dt}\right)\hat{\boldsymbol{r}}-(\hat{\boldsymbol{r}}\cdot\hat{\boldsymbol{r}})\frac{d\hat{\boldsymbol{r}}}{dt}\right]=GM\frac{d\hat{\boldsymbol{r}}}{dt}$$

그러나, $\boldsymbol{c}$ 는 상수벡터이므로, $\frac{d\boldsymbol{v}}{dt}\times\boldsymbol{c}=\frac{d}{dt}(\boldsymbol{v}\times\boldsymbol{c})$ 이다.

따라서, $\frac{d}{dt}(\boldsymbol{v}\times\boldsymbol{c})=GM\frac{d\hat{\boldsymbol{r}}}{dt}$ 이다.

적분하면 $\boldsymbol{v}\times\boldsymbol{c}=GM\hat{\boldsymbol{r}}+\boldsymbol{p}$ 이다. 이것으로부터,

$$\boldsymbol{r}\cdot(\boldsymbol{v}\times\boldsymbol{c})=GM\boldsymbol{r}\cdot\hat{\boldsymbol{r}}+\boldsymbol{r}\cdot\boldsymbol{p}=GMr+r\hat{\boldsymbol{r}}\cdot\boldsymbol{p}=GMr+rp\cos\theta$$

단, $\boldsymbol{p}$ 는 크기 p 를 가지는 임의의 일정벡터이고 θ 는 $\boldsymbol{p}$ 와 $\hat{\boldsymbol{r}}$ 사이의 각이다.

$\boldsymbol{r}\cdot(\boldsymbol{v}\times\boldsymbol{c})=(\boldsymbol{r}\times\boldsymbol{v})\cdot\boldsymbol{c}=\boldsymbol{c}\cdot\boldsymbol{c}=c^2$ 이므로, $c^2=GMr+rp\cos\theta$

그리고 $\frac{c^2}{GM+p\cos\theta}=\frac{c^2/GM}{1+(p/GM)\cos\theta}$ 이다.

해석 기하학으로부터 원점에 초점을 가지는 원추 곡선의 극성 방정식(polar equation)과 이심률 (eccentricity) ε은 $r=\frac{a}{1+\epsilon\cos\theta}$ (단, a 는 상수)이다.

이것을 유도된 방정식과 비교하면, 구하고자 하는 궤도는 이심률 $\varepsilon=\frac{p}{GM}$ 를 가지는 한 원추곡선이다. 궤도는 ε이 1보다 작거나, 같거나 또는 보다 큼에 따라 타원, 포물선, 쌍곡선이 된다. 혹성의 궤도는 폐곡선이므로 그들은 타원임에 틀림없다.

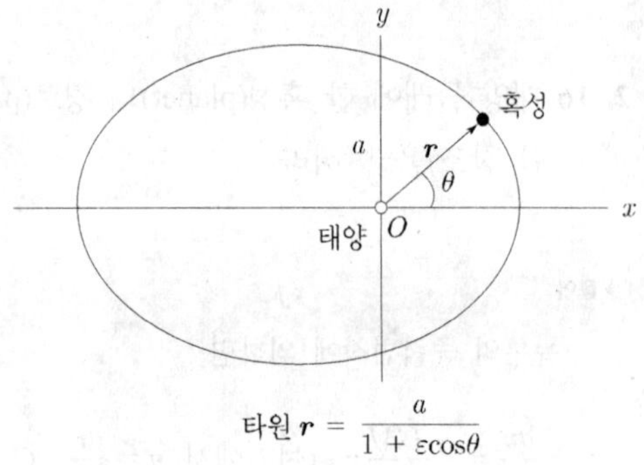

타원 $\boldsymbol{r}=\frac{a}{1+\varepsilon\cos\theta}$

2. 17 공간곡선 $x=3\cos t,\ y=3\sin t,\ z=4t$를 약도하고 다음을 구하라.

(a) 단위법선 $\boldsymbol{t}$

(b) 주법선 $\boldsymbol{n}$, 곡률 χ 와 곡률 반경 ρ

(c) 종법선 $\boldsymbol{b}$, 열률 τ와 비틀림 반경 σ

단 아래의 Frenet-Serret 공식을 이용하라.

$$\frac{d\boldsymbol{t}}{ds}=\chi\boldsymbol{n},\quad\frac{d\boldsymbol{n}}{ds}=\tau\boldsymbol{b}-\chi\boldsymbol{t},\quad\frac{d\boldsymbol{b}}{ds}=-\tau\boldsymbol{n},\quad\boldsymbol{b}=\boldsymbol{t}\times\boldsymbol{n}$$

풀이

공간곡선은 원의 나선(circular helix)이다(그림참조). $t=\dfrac{z}{4}$ 이므로 곡선은 방정식 $x=3\cos\left(\dfrac{z}{4}\right)$, $y=3\sin\left(\dfrac{z}{4}\right)$를 가지며 원주 $x^2+y^2=9$ 위에 있다.

(a) 곡선 위의 어떤 점에 대한 위치벡터는 $\boldsymbol{r}=3\cos t\boldsymbol{i}+3\sin t\boldsymbol{j}+4t\boldsymbol{k}$ 이다. 그러면

$$\frac{d\boldsymbol{r}}{dt}=-3\sin t\boldsymbol{i}+3\cos t\boldsymbol{j}+4\boldsymbol{k}$$

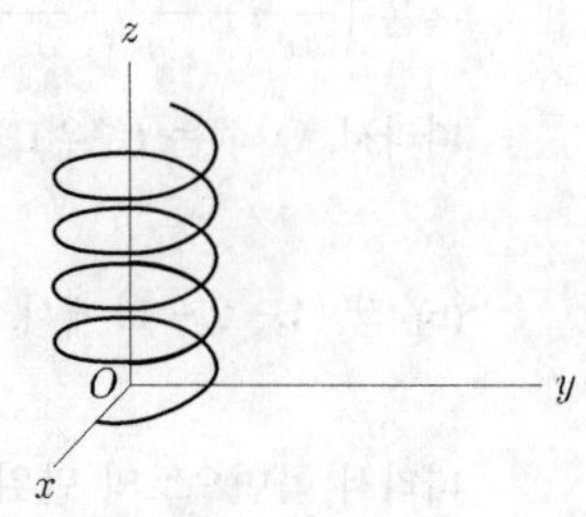

$$\frac{ds}{dt}=\left|\frac{d\boldsymbol{r}}{dt}\right|=\sqrt{\frac{d\boldsymbol{r}}{dt}\cdot\frac{d\boldsymbol{r}}{dt}}=\sqrt{(-3\sin t)^2+(3\cos t)^2+4^2}=5$$

따라서 $\boldsymbol{t}=\dfrac{d\boldsymbol{r}}{ds}=\dfrac{d\boldsymbol{r}/dt}{ds/dt}=-\dfrac{3}{5}\sin t\boldsymbol{i}+\dfrac{3}{5}\cos t\boldsymbol{j}+\dfrac{4}{5}\boldsymbol{k}$ (단 ds는 미소 호의 길이)

(b) $\dfrac{d\boldsymbol{t}}{dt}=-\dfrac{d}{dt}\left(-\dfrac{3}{5}\sin t\boldsymbol{i}+\dfrac{3}{5}\cos t\boldsymbol{j}+\dfrac{4}{5}\boldsymbol{k}\right)=-\dfrac{3}{5}\cos t\boldsymbol{i}-\dfrac{3}{5}\sin t\boldsymbol{j}$

$\dfrac{d\boldsymbol{t}}{ds}=\dfrac{d\boldsymbol{t}/dt}{ds/dt}=-\dfrac{3}{25}\cos t\boldsymbol{i}-\dfrac{3}{25}\sin t\boldsymbol{j}$ $\dfrac{d\boldsymbol{t}}{ds}=\chi\boldsymbol{n}$ 이므로 $\left|\dfrac{d\boldsymbol{t}}{ds}\right|=|\chi||\boldsymbol{n}|=\chi\,(\chi\geqq 0)$.

그러면 $\chi=\left|\dfrac{d\boldsymbol{t}}{ds}\right|=\sqrt{\left(-\dfrac{3}{25}\cos t\right)^2+\left(-\dfrac{3}{25}\sin t\right)^2}=\dfrac{3}{25}$ 그리고 $\rho=\dfrac{1}{\chi}=\dfrac{25}{3}$

또한 $\dfrac{d\boldsymbol{t}}{ds}=\chi\boldsymbol{n}$ 이므로 $\boldsymbol{n}=\dfrac{1}{\chi}\dfrac{d\boldsymbol{t}}{ds}=-\cos t\boldsymbol{i}-\sin t\boldsymbol{j}$이다.

(c) $\boldsymbol{b}=\boldsymbol{t}\times\boldsymbol{n}=\begin{vmatrix}\boldsymbol{i} & \boldsymbol{j} & \boldsymbol{k}\\ -\dfrac{3}{5}\sin t & \dfrac{3}{5}\cos t & \dfrac{4}{5}\\ -\cos t & -\sin t & 0\end{vmatrix}=\dfrac{4}{5}\sin t\boldsymbol{i}-\dfrac{4}{5}\cos t\boldsymbol{j}+\dfrac{3}{5}\boldsymbol{k}$

$\dfrac{d\boldsymbol{b}}{dt}=\dfrac{4}{5}\cos t\boldsymbol{i}+\dfrac{4}{5}\sin t\boldsymbol{j}$, $\dfrac{d\boldsymbol{B}}{ds}=\dfrac{d\boldsymbol{b}/dt}{ds/dt}=\dfrac{4}{25}\cos t\boldsymbol{i}+\dfrac{4}{25}\sin t\boldsymbol{j}$

$-\tau\boldsymbol{n}=-\tau(-\cos t\boldsymbol{i}-\sin t\boldsymbol{j})=\dfrac{4}{25}\cos t\boldsymbol{i}+\dfrac{4}{25}\sin t\boldsymbol{j}$ 혹은 $\tau=\dfrac{4}{25}$ 이고 $\sigma=\dfrac{1}{\tau}=\dfrac{25}{4}$ 이다.

2. 18 (a) $\nabla\phi$는 Cartesian 좌표계의 곡면 $\phi(x,y,z)=c$에 수직인 한 벡터임을 밝혀라(단, c는 상수이다).

(b) 이를 이용하여 점 $(1,-2,-1)$에서 곡면 $\phi=x^2yz+4xz^2$으로의 (한) 단위 법선벡터를 구하고, 또 이 점 $(1,-2,-1)$에서 $2\boldsymbol{i}-\boldsymbol{j}-2\boldsymbol{k}$ 방향으로의 방향 도함수(directional derivative)를 구하라.

풀이

(a) $\boldsymbol{r}=x\boldsymbol{i}+y\boldsymbol{j}+z\boldsymbol{k}$ 는 곡면 위의 어떤 점 $P(x,y,z)$ 로의 위치벡터라 하자. 그러면, $d\boldsymbol{r}=dx\boldsymbol{i}+dy\boldsymbol{j}+dz\boldsymbol{k}$ 는 P에서 곡면으로의 접평면 안에 있다. 그러나,

$$d\phi=\frac{\partial\phi}{\partial x}dx+\frac{\partial\phi}{\partial y}dy+\frac{\partial\phi}{\partial z}dz=0$$

혹은 $\left(\frac{\partial\phi}{\partial x}\boldsymbol{i}+\frac{\partial\phi}{\partial y}\boldsymbol{j}+\frac{\partial\phi}{\partial z}\boldsymbol{k}\right)\cdot(dx\boldsymbol{i}+dy\boldsymbol{j}+dz\boldsymbol{k})=0$이다. 즉, $\nabla\phi\cdot d\boldsymbol{r}=0$이다.

따라서, $\nabla\phi$는 (준위) 곡면에 수직이다.

(b) 점 $(1,-2,-1)$에서, $\nabla\phi=\nabla(x^2yz+4xz^2)=(2xyz+4z^2)\boldsymbol{i}+x^2z\boldsymbol{j}+(x^2y+8xz)\boldsymbol{k}$

$$=8\boldsymbol{i}-\boldsymbol{j}-10\boldsymbol{k}$$

따라서 곡면으로의 단위법선

$$\boldsymbol{n}=(8\boldsymbol{i}-\boldsymbol{j}-10\boldsymbol{k})/\sqrt{(8)^2+(-1)^2+(-10)^2}=\frac{1}{\sqrt{165}}(8\boldsymbol{i}-\boldsymbol{j}-10\boldsymbol{k})$$

그리고 $2\boldsymbol{i}-\boldsymbol{j}-2\boldsymbol{k}$의 방향에서 단위벡터는 아래와 같이 된다.

$$\hat{\boldsymbol{a}}=\frac{2\boldsymbol{i}-\boldsymbol{j}-2\boldsymbol{k}}{\sqrt{(2)^2+(-1)^2+(-2)^2}}=\frac{2}{3}\boldsymbol{i}-\frac{1}{3}\boldsymbol{j}-\frac{2}{3}\boldsymbol{k}$$

그러면 구하고자 하는 방향 도함수는

$$\nabla\phi\cdot\hat{\boldsymbol{a}}=(8\boldsymbol{i}-\boldsymbol{j}-10\boldsymbol{k})\cdot\left(\frac{2}{3}\boldsymbol{i}-\frac{1}{3}\boldsymbol{j}-\frac{2}{3}\boldsymbol{k}\right)=\frac{16}{3}+\frac{1}{3}+\frac{20}{3}=\frac{37}{3}$$

이것은 양이므로, ϕ는 이 방향에서 증가하고 있다.

2.19 (a) 곡면 $\boldsymbol{r}=\boldsymbol{r}(u,v)$위의 호의 길이의 요소 제곱은 $ds^2=Edu^2+2Fdu\,dv+Gdv^2$임을 밝혀라. 여기에서 $E=\frac{\partial\boldsymbol{r}}{\partial u}\cdot\frac{\partial\boldsymbol{r}}{\partial u}$, $F=\frac{\partial\boldsymbol{r}}{\partial u}\cdot\frac{\partial\boldsymbol{r}}{\partial v}$, $G=\frac{\partial\boldsymbol{r}}{\partial v}\cdot\frac{\partial\boldsymbol{r}}{\partial v}$이다.

(b) 곡면 $\boldsymbol{r}=\boldsymbol{r}(u,v)$의 곡면의 면적요소는 $dS=\sqrt{EG-F^2}\,du\,dv$ 임을 밝혀라.

풀이

(a) $d\boldsymbol{r}=\frac{\partial\boldsymbol{r}}{\partial u}du+\frac{\partial\boldsymbol{r}}{\partial v}dv$ 이다. 그러면,

$$ds^2 = d\boldsymbol{r} \cdot d\boldsymbol{r} = \frac{\partial \boldsymbol{r}}{\partial u} \cdot \frac{\partial \boldsymbol{r}}{\partial u} du^2 + 2\frac{\partial \boldsymbol{r}}{\partial u} \cdot \frac{\partial \boldsymbol{r}}{\partial v} du\, dv + \frac{\partial \boldsymbol{r}}{\partial v} \cdot \frac{\partial \boldsymbol{r}}{\partial v} dv^2 = Edu^2 + 2Fdu\, dv + Gdv^2$$ 이다.

(b) 곡면의 면적요소(식 (2.398) 참조)는

$$dS = \left|\left(\frac{\partial \boldsymbol{r}}{\partial u} du\right) \times \left(\frac{\partial \boldsymbol{r}}{\partial v}\right) dv\right| = \left|\frac{\partial \boldsymbol{r}}{\partial u} \times \frac{\partial \boldsymbol{r}}{\partial v}\right| du\, dv = \sqrt{\left(\frac{\partial \boldsymbol{r}}{\partial u} \times \frac{\partial \boldsymbol{r}}{\partial v}\right) \cdot \left(\frac{\partial \boldsymbol{r}}{\partial u} \times \frac{\partial \boldsymbol{r}}{\partial v}\right)}\, du\, dv$$ 이다.

그런데 제곱근 부호 안에 있는 양은 아래와 동등함으로 증명된다.

$$\left(\frac{\partial \boldsymbol{r}}{\partial u} \cdot \frac{\partial \boldsymbol{r}}{\partial u}\right)\left(\frac{\partial \boldsymbol{r}}{\partial v} \cdot \frac{\partial \boldsymbol{r}}{\partial v}\right) - \left(\frac{\partial \boldsymbol{r}}{\partial u} \cdot \frac{\partial \boldsymbol{r}}{\partial v}\right) \cdot \left(\frac{\partial \boldsymbol{r}}{\partial v} \cdot \frac{\partial \boldsymbol{r}}{\partial u}\right) = EG - F^2$$

여기서 아래의 Lagrange 항등관계가 이용된다.

$$(\boldsymbol{a} \times \boldsymbol{b}) \cdot (\boldsymbol{c} \times \boldsymbol{d}) = (\boldsymbol{a} \cdot \boldsymbol{c})(\boldsymbol{b} \cdot \boldsymbol{d}) - (\boldsymbol{a} \cdot \boldsymbol{d})(\boldsymbol{b} \cdot \boldsymbol{c})$$

2. 20 (a) $\boldsymbol{F} = (2xy + z^3)\boldsymbol{i} + x^2\boldsymbol{j} + 3xz^2\boldsymbol{k}$ 는 보존력 장(conservative force field)[즉 $\boldsymbol{F} = \nabla\phi$, $\nabla \times \boldsymbol{F} = 0$, $\oint d\phi = \oint (\boldsymbol{F} \cdot d\boldsymbol{r}) = 0$ 만족]임을 밝혀라.

(b) 스칼라 퍼텐셜(ϕ)을 구하라.

(c) $(1, -2, 1)$에서 $(3, 1, 4)$로 이러한 장 내의 한 물체를 움직이는데 행해진 일을 구하라.

풀이

(a) 정의로부터 힘이 보존적이 될 필요충분조건은 curl $\boldsymbol{F} = \nabla \times \boldsymbol{F} = 0$ 이다.

$$\nabla \times \boldsymbol{F} = \begin{vmatrix} \boldsymbol{i} & \boldsymbol{j} & \boldsymbol{k} \\ \dfrac{\partial}{\partial x} & \dfrac{\partial}{\partial y} & \dfrac{\partial}{\partial z} \\ 2xy + z^3 & x^2 & 3xz^2 \end{vmatrix} = 0$$

그래서 $\boldsymbol{F}$는 한 보존력장이다.

(b) 정의에 의해서, $\boldsymbol{F} = \nabla\phi$ 또는 $\dfrac{\partial\phi}{\partial x}\boldsymbol{i} + \dfrac{\partial\phi}{\partial y}\boldsymbol{j} + \dfrac{\partial\phi}{\partial z}\boldsymbol{k} = (2xy + z^3)\boldsymbol{i} + x^2\boldsymbol{j} + 3xz^2\boldsymbol{k}$ 이다.

그러면 (1) $\dfrac{\partial\phi}{\partial x} = 2xy + z^3$, (2) $\dfrac{\partial\phi}{\partial y} = x^2$, (3) $\dfrac{\partial\phi}{\partial z} = 3xz^2$

적분하면 각각 (1), (2), (3)으로부터

$$\phi = x^2y + xz^3 + f(y, z)$$

$$\phi = x^2y + g(x,z)$$

$$\phi = xz^3 + h(x,y)$$

만일 $f(y,z) = 0, g(x,z) = xz^3,\ h(x,y) = x^2y$ 라 선택한다면, 이것들은 일치한다.

따라서 $\phi = x^2y + xz^3 +$상수

별 해

$$\boldsymbol{F} \cdot d\boldsymbol{r} = \nabla\phi \cdot d\boldsymbol{r} = \frac{\partial \phi}{\partial x}dx + \frac{\partial \phi}{\partial y}dy + \frac{\partial \phi}{\partial z}dz = d\phi$$

그러면

$$d\phi = \boldsymbol{F} \cdot d\boldsymbol{r} = (2xy + z^3)dx + x^2dy + 3xz^2dz$$

$$= (2xy\,dx + x^2dy) + (z^3dx + 3xz^2dz)$$

$$= d(x^2y) + d(xz^3) = d(x^2y + xz^3)$$

그리고 $\phi = x^2y + xz^3 +$상수

(c) 행해진 일$= \int_{P_1}^{P_2} \boldsymbol{F} \cdot d\boldsymbol{r}$

$$= \int_{P_1}^{P_2} (2xy + z^3)dx + x^2dy + 3xz^2dz$$

$$= \int_{P_1}^{P_2} d(x^2y + xz^3) = x^2y + xz^3 \Big|_{P_1}^{P_2} = x^2y + xz^3 \Big|_{(1,-2,1)}^{(3,1,4)} = 202$$

또는 (b)로부터 $\phi(x,y,z) = x^2y + xz^3 +$상수

그러면, 행해진 일$= \phi(3,1,4) - \phi(1,-2,1) = 202$

2. 21 아래와 같이 표기되는 위치 $\boldsymbol{r}$의 스칼라 함수 ϕ를

$$\phi(\boldsymbol{r} - \boldsymbol{\delta}) = \frac{1}{|\boldsymbol{r} - \boldsymbol{\delta}|} = \frac{1}{\sqrt{r^2 - 2\boldsymbol{r} \cdot \boldsymbol{\delta} + \delta^2}}$$

작은 $\boldsymbol{\delta}$에 대하여 ϕ를 $\boldsymbol{\delta}$의 2차항 (즉 δ^2)까지 Taylor 급수전개하면 아래와 같다.

$$\frac{1}{|\boldsymbol{r}-\boldsymbol{\delta}|}=\frac{1}{r}+\frac{\boldsymbol{r}\cdot\boldsymbol{\delta}}{r^3}+\frac{3(\boldsymbol{r}\cdot\boldsymbol{\delta})^2-r^2\delta^2}{2r^5}+O(\delta^3)$$

이를 증명하라.

풀이

부록 식(C.74)에 함수로서 f 대신 ϕ를, $\delta\boldsymbol{r}$ 대신 $-\boldsymbol{\delta}$를 대입하여 $k=2$(즉 3항)까지 전개하고 $\phi(\boldsymbol{r})=\frac{1}{|\boldsymbol{r}|}=\frac{1}{r}$인 것을 이용하면 $\phi(\boldsymbol{r}-\boldsymbol{\delta})$는 아래와 같이 나타낼 수 있다.

$$\begin{aligned}\frac{1}{|\boldsymbol{r}-\boldsymbol{\delta}|}&=\left[1+(-\boldsymbol{\delta}\cdot\nabla)+\frac{(-\boldsymbol{\delta}\cdot\nabla)^2}{2!}+\cdots\right]\left(\frac{1}{r}\right)\\&=1-\boldsymbol{\delta}\cdot\nabla\left(\frac{1}{r}\right)+\frac{(\boldsymbol{\delta}\cdot\nabla)}{2!}(\boldsymbol{\delta}\cdot\nabla)\left(\frac{1}{r}\right)+O(\delta^3)\end{aligned}$$

그런데 여기에서 $\nabla\left(\frac{1}{r}\right)=-\frac{\boldsymbol{r}}{r^3}$ (식 (2.565) 참조)을 대입하면 2번째 항은 $\frac{\boldsymbol{r}\cdot\boldsymbol{\delta}}{r^3}$임이 증명된다. 그러나 3번째 항의 증명을 위하여서는 지금까지 언급되지 않은 소위 "dyadic" 표현인 $\nabla\left(\frac{\boldsymbol{r}}{r^3}\right)$가 포함되므로 여기에서는 생략한다. 그러나 대신 $\frac{1}{|\boldsymbol{r}-\boldsymbol{\delta}|}=\frac{1}{r}[1-\frac{2\boldsymbol{r}\cdot\boldsymbol{\delta}}{r^2}+\frac{\delta^2}{r^2}]^{-1/2}$ 형태로부터 이항전개의 확장형인 $(1+a+b)^n=1+na+\frac{n(n-1)^2}{2!}a+nb+\cdots$ 에 $n=-\frac{1}{2}$, $a=-\frac{2\boldsymbol{r}\cdot\boldsymbol{\delta}}{r^2}$, $b=\frac{\delta^2}{r^2}$을 대입하여 δ^2 항까지만 전개하면 3번째 항을 포함한 위의 결과를 얻을 수 있다.

2. 22 정전기학(electrostatics)에 의하면 직교 Cartesian 좌표계상의 한 점 (x_1,x_2,x_3)에서의 전하밀도 $\rho(x_1,x_2,x_3)$는 시간에 무관하다고 가정하면, 정전 퍼텐셜 $\phi(x_1,x_2,x_3)$는 Poisson 방정식,

$$\nabla^2\phi=-\frac{\rho}{\varepsilon}\quad(\text{여기서 }\varepsilon\text{은 유전상수}) \tag{i}$$

의 해로 다음과 같이 주어진다(식 (2.555) 참조).

$$\phi(x_1,x_2,x_3)=\frac{1}{4\pi\epsilon}\int_V\frac{\rho(x_1',x_2',x_3')}{|\boldsymbol{r}-\boldsymbol{r}'|}dV' \tag{ii}$$

이때 보존 정전장(conservative electrostatic field) $\boldsymbol{E}$는 아래와 같이 표시됨을 증명하라.

$$\boldsymbol{E} \equiv -\nabla\phi = \frac{Q\boldsymbol{r}}{4\pi\epsilon r^3} + \frac{(3\boldsymbol{rr} - r^2\mathrm{I})\cdot\boldsymbol{p}}{4\pi\epsilon r^5} + \cdots \tag{iii}$$

단, 여기에서 I 는 단위 행렬이고, Q 와 $\boldsymbol{p}$ 는 아래와 같이 정의된다.

$$Q = \int_V \rho(x_1', x_2', x_3')\, dV'\ ;\ \boldsymbol{p} = \int_V \boldsymbol{r}'\rho(x_1', x_2', x_3')\, dV'$$

풀이

위 식 (iii)의 양변에 $-\nabla$을 취하고, $\nabla\left(\frac{1}{|\boldsymbol{r}|}\right) = \nabla\left(\frac{1}{r}\right) = -\frac{\boldsymbol{r}}{r^3}$ (식 (2.565) 참조)을 이용하면

$$\boldsymbol{E} = \frac{1}{4\pi\epsilon}\int_V \frac{\rho(x_1', x_2', x_3')}{|\boldsymbol{r}-\boldsymbol{r}'|^3}(\boldsymbol{r}-\boldsymbol{r}')\ dV' \tag{iv}$$

그런데 $|\boldsymbol{r}-\boldsymbol{r}'|^{-3}$을 문 2.21의 경우처럼 $\boldsymbol{r}$ 근방으로 Taylor 급수전개 하거나 또는

$$|\boldsymbol{r}-\boldsymbol{r}'|^{-3} = [(\boldsymbol{r}-\boldsymbol{r}')\cdot(\boldsymbol{r}-\boldsymbol{r}')]^{-3/2} = [r^2 - 2\boldsymbol{r}\cdot\boldsymbol{r}' + (\boldsymbol{r}')^2]^{-3/2} = r^{-3}\left[1 - \frac{2\boldsymbol{r}\cdot\boldsymbol{r}'}{r^2} + \frac{(\boldsymbol{r}')^2}{r^2}\right]^{-\frac{3}{2}}$$

위 식을 이항 전개의 확장형인

$(1+a+b)^n = 1 + na + nb + \cdots$ 에 $n = -\frac{3}{2}$, $a = -\frac{2\boldsymbol{r}\cdot\boldsymbol{r}'}{r^2}$, $b = \frac{(\boldsymbol{r}')^2}{r^2}$ 을 대입하고 r' 의 1차항까지만 전개하면

$$|\boldsymbol{r}-\boldsymbol{r}'|^{-3} = \frac{1}{r^3}\left(1 + 3\frac{\boldsymbol{r}\cdot\boldsymbol{r}'}{r^2} + \cdots\right) \tag{v}$$

가 된다.

이것을 식 (iv)에 대입하고 전개한 후 다시 r' 의 1차항까지만 취하면

$$\boldsymbol{E} = \frac{1}{4\pi\varepsilon r^3}\int_V \rho(x_1', x_2', x_3')(\boldsymbol{r}-\boldsymbol{r}')\left(1 + 3\frac{\boldsymbol{r}\cdot\boldsymbol{r}'}{r^2} + \cdots\right) dV'$$

$$= \frac{1}{4\pi\varepsilon r^3}\int_V \rho(x_1', x_2', x_3')\left(\boldsymbol{r} + \frac{3\boldsymbol{r}\boldsymbol{r}\cdot\boldsymbol{r}'}{r^2} - \boldsymbol{r}' + \cdots\right) dV'$$

$$= \frac{1}{4\pi\varepsilon r^3}\left[\boldsymbol{r}\int_V \rho(x_1', x_2', x_3')\ dV' + \frac{3\boldsymbol{rr}}{r^2}\cdot\int_V \rho(x_1', x_2', x_3')\boldsymbol{r}'\, dV'\right.$$

$$-\int_V \rho\,(x_1', x_2', x_3')\boldsymbol{r}'\,dV' + \cdots\Big] \tag{vi}$$

식 (vi)에 Q 및 $\boldsymbol{p}$의 정의를 대입하면 아래와 같은 결과를 얻을 수 있다.

$$\boldsymbol{E} = \frac{Q\boldsymbol{r}}{4\pi\varepsilon r^3} + \frac{(3\boldsymbol{rr} - \boldsymbol{r}^2\mathrm{I}) \cdot \boldsymbol{p}}{4\pi\varepsilon r^5} + \cdots$$

2. 23 일반 직교 곡선좌표계(즉 $\boldsymbol{g}_i \cdot \boldsymbol{g}_j = h_i h_j \delta_{ij}$, 여기서 $\boldsymbol{g}_i = \partial \boldsymbol{r}/\partial q^i$, $h_i = \| \boldsymbol{g}_i \|$)에 있어서, 주축 주위로 $\boldsymbol{\omega}$ 각속도로 회전에 따른 (단위)기저벡터의 변화는 $\boldsymbol{\omega}\left(= \frac{d\boldsymbol{\Phi}}{dt}\right) = \frac{1}{2}\nabla \times \boldsymbol{v}\left(= \frac{d\boldsymbol{r}}{dt}\right)$ (식 (2.436))로부터 얻어지는 아래 식으로부터 얻어질 수 있다(예제 2.39 참조).

$$d\boldsymbol{\Phi} = \frac{1}{2}\mathrm{curl}(d\boldsymbol{r}) \tag{1}$$

이로부터 9개의 $\partial \boldsymbol{e}_i/\partial q_j$(여기서 $\boldsymbol{e}_i = \boldsymbol{g}_i/h_i$ 이고, $i,\ j = 1, 2, 3$)항을 구하고, 결과를 원통 및 구좌표계에 대한 식 (2.313) 및 (2.317)과 비교해 보아라.

풀이

일반 직교 곡선좌표계의 경우 아래가 성립된다(예제 2.3 참조).

$$d\boldsymbol{r}\left(= dq^i \boldsymbol{g}_i\right) = h_1 dq^1 \boldsymbol{e}_1 + h_2 dq^2 \boldsymbol{e}_2 + h_3 dq^3 \boldsymbol{e}_3 \tag{2}$$

$$\mathrm{curl}(d\boldsymbol{r}) = \frac{1}{h_1 h_2 h_3}\begin{vmatrix} h_1\boldsymbol{e}_1 & h_2\boldsymbol{e}_2 & h_3\boldsymbol{e}_3 \\ \dfrac{\partial}{\partial q^1} & \dfrac{\partial}{\partial q^2} & \dfrac{\partial}{\partial q^3} \\ h_1(h_1 dq^1) & h_2(h_2 dq^2) & h_3(h_3 dq^3) \end{vmatrix} = \frac{\boldsymbol{e}_1}{h_2 h_3}\left[dq^3 \frac{\partial}{\partial q^2}(h_3^2) - dq^2 \frac{\partial}{\partial q^3}(h_2^2)\right]$$

$$+ \frac{\boldsymbol{e}_2}{h_1 h_3}\left[dq^1 \frac{\partial}{\partial q^3}(h_1^2) - dq^3 \frac{\partial}{\partial q^1}(h_3^2)\right] + \frac{\boldsymbol{e}_3}{h_1 h_2}\left[dq^2 \frac{\partial}{\partial q^1}(h_2^2) - dq^1 \frac{\partial}{\partial q^2}(h_1^2)\right] \tag{3}$$

이것을 표현식 $d\boldsymbol{e}_i = d\boldsymbol{\Phi} \times \boldsymbol{e}_i = \frac{1}{2}\mathrm{curl}(d\boldsymbol{r}) \times \boldsymbol{e}_i$ (식 (2.580))에 대입하면 아래를 얻을 수 있다.

$$d\boldsymbol{e}_1 = \frac{\boldsymbol{e}_2}{2h_1 h_2}\left[dq^2 \frac{\partial}{\partial q^1}(h_2^2) - dq^1 \frac{\partial}{\partial q^2}(h_1^2)\right] + \frac{\boldsymbol{e}_3}{2h_1 h_3}\left[dq^3 \frac{\partial}{\partial q^1}(h_3^2) - dq^1 \frac{\partial}{\partial q^3}(h_1^2)\right]$$

$$de_2 = \frac{e_1}{2h_1h_2}\left[dq^1\frac{\partial}{\partial q^2}(h_1^2) - dq^2\frac{\partial}{\partial q^3}(h_2^2)\right] + \frac{e_3}{2h_2h_3}\left[dq^3\frac{\partial}{\partial q^2}(h_3^2) - dq^2\frac{\partial}{\partial q^3}(h_2^2)\right]$$

$$de_3 = \frac{e_1}{2h_1h_3}\left[dq^1\frac{\partial}{\partial q^3}(h_1^2) - dq^3\frac{\partial}{\partial q^1}(h_3^2)\right] + \frac{e_2}{2h_2h_3}\left[dq^2\frac{\partial}{\partial q^3}(h_2^2) - dq^3\frac{\partial}{\partial q^2}(h_3^2)\right] \tag{4}$$

이 일반적인 결과들은 원통 및 구좌표와 같은 특수한 경우에는 각각 식 (2.583) 및 (2.588)으로 환원된다. 편미분에 관한 연쇄율(chain-rule)(부록 C.2절 참조)로부터 아래와 같은 관계식을 얻을 수 있으므로

$$de_i = \frac{\partial e_i}{\partial q^j}dq^j \tag{5}$$

이것과 식 (4)와 비교하면 일반 직교 곡선 좌표계에 대한 단위 기저벡터의 좌표에 대한 편도함수는 아래와 같음을 알 수 있다.

$$\frac{\partial e_1}{\partial q^1} = -\frac{e_2}{h_2}\frac{\partial h_1}{\partial q^2} - \frac{e_3}{h_3}\frac{\partial h_1}{\partial q^3}, \qquad \frac{\partial e_1}{\partial q^2} = \frac{e_2}{h_1}\frac{\partial h_2}{\partial q^1}, \qquad \frac{\partial e_1}{\partial q^3} = \frac{e_3}{h_1}\frac{\partial h_3}{\partial q^1}$$

$$\frac{\partial e_2}{\partial q^1} = \frac{e_1}{h_2}\frac{\partial h_1}{\partial q^2}, \qquad \frac{\partial e_2}{\partial q^2} = -\frac{e_1}{h_1}\frac{\partial h_2}{\partial q^1} - \frac{e_3}{h_3}\frac{\partial h_2}{\partial q^3}, \qquad \frac{\partial e_2}{\partial q^3} = \frac{e_3}{h_2}\frac{\partial h_3}{\partial q^2}$$

$$\frac{\partial e_3}{\partial q^1} = \frac{e_1}{h_3}\frac{\partial h_1}{\partial q^3}, \qquad \frac{\partial e_3}{\partial q^2} = \frac{e_2}{h_3}\frac{\partial h_2}{\partial q^3}, \qquad \frac{\partial e_3}{\partial q^3} = -\frac{e_1}{h_1}\frac{\partial h_3}{\partial q^1} - \frac{e_2}{h_2}\frac{\partial h_3}{\partial q^2} \tag{6}$$

이 결과를 일반 곡선(general curvilinear) 좌표계로의 확장은 2.12절에서 소개한 "제 2종 Christoffel 기호"로서 알려진 것을 포함하는 보다 추상적인 표현에 이르게 된다(예제 2.15 및 2.16 참조).. 위 식 (6)에서 가령 원통좌표계의 경우 $q^1 = r,\ q^2 = \theta,\ q^3 = z,\ h_1 = 1,\ h_2 = r,\ h_3 = 1$을 대입하면 식 (2.313)의 결과를 얻으며, 또한 구좌표계의 경우 $q^1 = r,\ q^2 = \theta,\ q^3 = \phi,\ h_1 = 1,\ h_2 = r,\ h_3 = r\sin\theta$를 대입하면 식 (2.317)의 결과를 얻는다.

2. 24 (a) $a^k \equiv \frac{\delta v^k}{\delta t} = \frac{d^2x^k}{dt^2} + \Gamma^k_{pq}\frac{dx^p}{dt}\frac{dx^q}{dt}$을 증명하라(2.25절 참조).

(단 여기서 t는 시간, v^k는 속도, a^k는 가속도의 성분임)

(b) (a)의 결과를 이용하여 원통좌표계에서 한 입자의 속도 및 가속도의 반변성분을 구하라.

(c) 또한 만일 크기 v를 가지는 속도(즉 $v = \left|\frac{d\boldsymbol{r}}{dt}\right| = \left(\frac{d\boldsymbol{r}}{dt}\cdot\frac{d\boldsymbol{r}}{dt}\right)^{1/2}$)를 가지고 이동하는 상수

질량 M의 한 입자의 운동에너지 T가 $T=\frac{1}{2}Mv^2=\frac{1}{2}Mg_{pq}\dot{x}^p\dot{x}^q$로 주어진다면 $\frac{d}{dt}\left(\frac{\partial T}{\partial \dot{x}^k}\right)-\frac{\partial T}{\partial x^k}=Ma_k$ 임을 증명하라(단, a_k는 가속도의 공변 성분들을 표시한다).

풀이

(a) 속도 $v^k\left(=\frac{dx^k}{dt}\right)$는 $\frac{d\bar{x}^k}{dt}=\frac{\partial \bar{x}^k}{\partial x^j}\frac{dx^j}{dt}$ 관계에서 1차 반변 텐서이다.

따라서 식 (2.601)에 의해서

$$\frac{\delta v^k}{\delta t}=\frac{dv^k}{dt}+\Gamma^k_{qs}v^s\frac{dx^q}{dt}=\frac{d^2x^k}{dt^2}+\Gamma^k_{qp}v^p\frac{dx^q}{dt}=\frac{d^2x^k}{dt^2}+\Gamma^k_{pq}\frac{dx^p}{dt}\frac{dx^q}{dt}$$

(b) 속도의 반변 성분들은 다음과 같다.

$$v^1=\frac{dx^1}{dt}=\frac{d\rho}{dt},\ v^2=\frac{dx^2}{dt}=\frac{d\phi}{dt},\ v^3=\frac{dx^3}{dt}=\frac{dz}{dt}$$

그리고 (a)로부터 가속도의 반변 성분들은 아래와 같이 된다.

$$a^1=\frac{d^2x^1}{dt}+\Gamma^1_{22}\frac{dx^2}{dt}\frac{dx^2}{dt}=\frac{d^2\rho}{dt^2}-\rho\left(\frac{d\phi}{dt}\right)^2$$

$$a^2=\frac{d^2x^2}{dt^2}+\Gamma^2_{12}\frac{dx^1}{dt}\frac{dx^2}{dt}+\Gamma^2_{21}\frac{dx^2}{dt}\frac{dx^1}{dt}=\frac{d^2\phi}{dt^2}+\frac{2}{\rho}\frac{d\rho}{dt}\frac{d\phi}{dt}$$

$$a^3=\frac{d^2x^3}{dt^2}=\frac{d^2z}{dt^2}$$

(c) $T=\frac{1}{2}Mg_{pq}\dot{x}^p\dot{x}^q$ 이므로 아래와 같이 된다.

$$\frac{\partial T}{\partial x^k}=\frac{1}{2}M\frac{\partial g_{pq}}{\partial x^k}\dot{x}^p\dot{x}^q,\quad \frac{\partial T}{\partial \dot{x}^k}=Mg_{kq}\dot{x}^q$$

그리고

$$\frac{d}{dt}\left(\frac{\partial T}{\partial \dot{x}^k}\right)=M\left(g_{kq}\ddot{x}^q+\frac{\partial g_{kq}}{\partial x^j}\dot{x}^j\dot{x}^q\right)$$

그러면 위 문제 (a)를 사용하여

$$\frac{d}{dt}\left(\frac{\partial T}{\partial \dot{x}^k}\right)-\frac{\partial T}{\partial x^k}=M\left(g_{kq}\ddot{x}^q+\frac{\partial g_{kq}}{\partial x^j}\dot{x}^j\dot{x}^q-\frac{1}{2}\frac{\partial g_{pq}}{\partial x^k}\dot{x}^p\dot{x}^q\right)$$

$$=M\left(g_{kq}\ddot{x}^q+\frac{1}{2}\left(\frac{\partial g_{kq}}{\partial x^p}+\frac{\partial g_{kp}}{\partial x^q}-\frac{\partial g_{pq}}{\partial x^k}\right)\dot{x}^p\dot{x}^q\right)$$

$$=M\left(g_{kq}\ddot{x}^q+\Gamma_{pqk}\dot{x}^p\dot{x}^q\right)$$

$$=Mg_{kr}\left(\ddot{x}^r+\Gamma^r_{pq}\dot{x}^p\dot{x}^q\right)=Mg_{kr}a^r=Ma_k$$

결과는 다른 좌표계 안에서 가속도를 나타내기 위하여 사용되어질 수 있다.

2. 25 $I=\int_{t_1}^{t_2}F(t,x,\dot{x})dt$ 가 극값(최대값 또는 최소값)이 될 필요충분 조건은 아래 식이 됨을 증명하라(단 ˙는 t에 대한 미분임).

$$\frac{\partial F}{\partial x}-\frac{d}{dt}\left(\frac{\partial F}{\partial \dot{x}}\right)=0$$

풀이

I를 극값으로 만드는 곡선을 $x=X(t)$, $t_1 \leq t \leq t_2$라 하자. 그러면, $x=X(t)+\varepsilon\eta(t)$ (단, ε은 t와 독립이다)는 $\eta(t_1)=\eta(t_2)=0$인 t_1과 t_2를 통과하는 인접한 곡선이다. 인접한 곡선에 대한 I의 값은 다음과 같다.

$$I(\epsilon)=\int_{t_1}^{t_2}F(t,X+\epsilon\eta,\dot{X}+\epsilon\dot{\eta})dt$$

이것은 $\varepsilon=0$에 대한 극값이다. 이것이 그렇게 되는 필요 조건은 c이다. 그러면 정적분에 대한 미분 공식인 Leibnitz 법칙을 사용하여

$$\left.\frac{dI}{d\epsilon}\right|_{\epsilon=0}=\int_{t_1}^{t_2}\left(\frac{\partial F}{\partial x}\eta+\frac{\partial F}{\partial \dot{x}}\dot{\eta}\right)dt=0$$

그리고 이것은

$$\int_{t_1}^{t_2}\frac{\partial F}{\partial x}\eta dt+\frac{\partial F}{\partial \dot{x}}\eta\Bigg|_{t_1}^{t_2}-\int_{t_1}^{t_2}\eta\frac{d}{dt}\left(\frac{\partial F}{\partial \dot{x}}\right)dt=\int_{t_1}^{t_2}\eta\left(\frac{\partial F}{\partial x}-\frac{d}{dt}\left(\frac{\partial F}{\partial \dot{x}}\right)\right)dt=0$$

과 같이 쓰여질 수 있다. η는 임의이므로 피적분 함수는 다음과 같이 된다.

$$\frac{\partial F}{\partial x}-\frac{d}{dt}\left(\frac{\partial F}{\partial \dot{x}}\right)=0$$

결과는 쉽게 적분 $\int_{t_1}^{t_2} F(t,x^1,\dot{x}^1,x^2,\dot{x}^2,\cdots,x^N,\dot{x}^N)dt$ 으로 확장되어지고 'Euler 또는 Lagrange 변분방정식(variational equation)' 이라고 하는 $\frac{\partial F}{\partial x^k}-\frac{d}{dt}\left(\frac{\partial F}{\partial \dot{x}^k}\right)=0 \ (k=1,2,\cdots,N)$을 산출한다(문제 2.27 참조).

2. 26 Riemann (휘어진) 공간 안의 측지선(geodesics)은 $\frac{d^2x^r}{ds^2}+\Gamma^r_{pq}\frac{dx^p}{ds}\frac{dx^q}{ds}=0$으로 주어짐을 밝혀라(2.26절 참조).

풀이

$F=\sqrt{g_{pq}\dot{x}^p\dot{x}^q}$ 를 가지는 Euler 방정식(문제 2.25)을 사용하여 $\int_{t_1}^{t_2}\sqrt{g_{pq}\dot{x}^p\dot{x}^q}\,dt$ 의 극값(extreme value)을 결정해야 한다(단 여기서 ˙는 매개변수 t에 관한 미분을 나타냄). 다음과 같으므로

$$\frac{\partial F}{\partial x^k}=\frac{1}{2}(g_{pq}\dot{x}^p\dot{x}^q)^{-1/2}\frac{\partial g_{pq}}{\partial x^k}\dot{x}^p\dot{x}^q,\quad \frac{\partial F}{\partial \dot{x}^k}=\frac{1}{2}(g_{pq}\dot{x}^p\dot{x}^q)^{-1/2}\,2g_{pk}\,\dot{x}^p$$

$\frac{ds}{dt}=\left|\frac{dr}{dt}\right|=\sqrt{g_{pq}\dot{x}^p\dot{x}^q}$ 를 사용하여 Euler 방정식들은

$$\frac{d}{dt}\left(\frac{g_{pk}\dot{x}^p}{\dot{s}}\right)-\frac{1}{2\dot{s}}\frac{\partial g_{pq}}{\partial x^k}\dot{x}^p\dot{x}^q=0 \quad \text{또는} \quad g_{pk}\ddot{x}^p+\frac{\partial g_{pk}}{\partial x^q}\dot{x}^p\dot{x}^q-\frac{1}{2}\frac{\partial g_{pq}}{\partial x^k}\dot{x}^p\dot{x}^q=\frac{g_{pk}\dot{x}^p\ddot{s}}{\dot{s}}$$

로 쓰여질 수 있다.

아래의 관계식을 사용하면

$$\frac{\partial g_{pk}}{\partial x^q}\dot{x}^p\dot{x}^q=\frac{1}{2}\left(\frac{\partial g_{pk}}{\partial x^q}+\frac{\partial g_{qk}}{\partial x^p}\right)\dot{x}^p\dot{x}^q$$

이 방정식은 다음과 같이 된다.

$$g_{pk}\ddot{x}^p+\Gamma_{pqk}\,\dot{x}^p\dot{x}^q=\frac{g_{pk}\dot{x}^p\ddot{s}}{\dot{s}}$$

만일 매개 변수로서 호의 길이를 사용하면, $\dot{s}=1,\ \ddot{s}=0$이고 방정식은 다음과 같이 된다.

$$g_{pk}\frac{d^2x^p}{ds^2}+\Gamma_{pqk}\frac{dx^p}{ds}\frac{dx^q}{ds}=0$$

g^{rk}로 곱하면 다음을 얻는다.

$$\frac{d^2x^r}{ds^2}+\Gamma^r_{pq}\frac{dx^p}{ds}\frac{dx^q}{ds}=0$$

2. 27 한 입자 위에서 작용하는 '공변력(covariant force)'은 $F_k=-\dfrac{\partial V}{\partial x^k}$ (단 $V(x^1,\cdots,x^N)$은 포텐셜 에너지이다)로 주어진다고 하자. 이때 $\dfrac{d}{dt}\left(\dfrac{\partial L}{\partial \dot{x}^k}\right)-\dfrac{\partial L}{\partial x^k}=0$ (단 $L=T-V$)임을 밝혀라.

풀이

$L=T-V$ 로부터 위치 에너지 V는 $\dot{x}^k$와 무관하므로 $\dfrac{\partial L}{\partial \dot{x}^k}=\dfrac{\partial T}{\partial \dot{x}^k}$이다. 그러면 문제 2.24(c)로부터

$$\frac{d}{dt}\left(\frac{\partial T}{\partial \dot{x}^k}\right)-\frac{\partial T}{\partial x^k}=Ma_k=F_k=-\frac{\partial V}{\partial x^k} \quad \text{그리고} \quad \frac{d}{dt}\left(\frac{\partial L}{\partial \dot{x}^k}\right)-\frac{\partial L}{\partial x^k}=0$$

이다. 함수 L은 'Lagrangean'이라 한다. 이 L을 포함하는 Lagrange 방정식들은 역학에서 중요하다. 문제 2.25에 의해서, 이 문제의 결과들은 한 입자가 적분 $\int_{t_1}^{t_2} L\,dt$ 가 극값이 되도록 움직인다는 설명과 동일하다. 이것을 'Hamilton의 원리'라 한다.

2. 28 아래 그림에 나타낸 바와 같이 매개변수 x^1, x^2를 가진 곡면상의 1점 $\boldsymbol{r}(x^1, x^2)$와 Cartesian 좌표 (x_1, x_2, x_3)와 서로 1 : 1 대응관계[즉 $x_1=x_1(x^1,x^2),\cdots,x_3=x_3(x^1,x^2) \leftrightarrow x^1=x^1(x_1,x_2,x_3),\ x^2=x^2(x_1,x_2,x_3)$]에 있다.

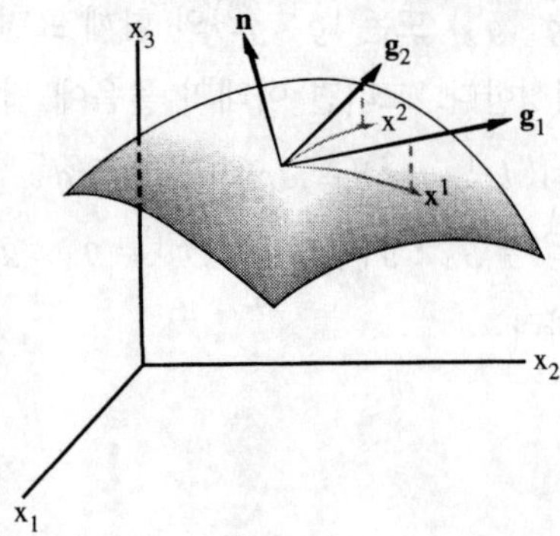

그림. 표면 곡선좌표(x^1, x^2)

여기서 2차원 곡면텐서 이론에 대하여 간단히 소개하겠다. R^3 공간의 경우처럼 표면 $\boldsymbol{r}(x^1, x^2)$상의 두 좌표곡선에 접하는 한 쌍의 기저벡터가 다음과 같이 정의 된다.

$$\boldsymbol{g}_\alpha \equiv \frac{\partial \boldsymbol{r}}{\partial x^\alpha}(\alpha = 1,\, 2) \qquad \cdots\cdots \text{(i)}$$

이에 대응하여 $\boldsymbol{g}^\alpha \cdot \boldsymbol{g}_\beta = \delta^\alpha{}_\beta$를 만족하는 한 쌍의 역(변환)기저벡터도 아래와 같이 정의된다.

$$\boldsymbol{g}^\alpha \equiv \frac{\partial x^\alpha}{\partial \boldsymbol{r}} \equiv \nabla x^\alpha \;\; (\alpha = 1,2) \qquad \cdots\cdots \text{(ii)}$$

그리고 이들 $(\boldsymbol{g}_1, \boldsymbol{g}_2)$ 혹은 $(\boldsymbol{g}^1, \boldsymbol{g}^2)$면에 수직인 (단위)법선벡터 $\boldsymbol{n}$는 아래와 같이 정의된다(그림 참조).

$$\boldsymbol{n} = \boldsymbol{g}_1 \times \boldsymbol{g}_2 / \sqrt{g} = \frac{1}{2}\varepsilon^{\alpha\beta}\boldsymbol{g}_\alpha \times \boldsymbol{g}_\beta = \frac{1}{2}\varepsilon_{\alpha\beta}\boldsymbol{g}^\alpha \times \boldsymbol{g}^\beta \qquad \cdots\cdots \text{(iii)}$$

그리고 3차원 일반 곡선좌표계의 경우와 유사하게 아래가 성립된다(2.7.2절 참조).

$$|\boldsymbol{g}_\alpha \times \boldsymbol{g}_\beta| = \varepsilon_{\alpha\beta} = \varepsilon_{12} e_{\alpha\beta} = \sqrt{g}\, e_{\alpha\beta} \qquad \cdots\cdots \text{(iv)}$$

(여기서 $\varepsilon_{12} = |\boldsymbol{g}_1 \times \boldsymbol{g}_2| = \sqrt{g} = \sqrt{g_{11}g_{22} - {g_{12}}^2}$; $e_{12} = -e_{21} = 1,\; e_{11} = e_{22} = 0$)

$$|\boldsymbol{g}^\alpha \times \boldsymbol{g}^\beta| = \varepsilon^{\alpha\beta} = \varepsilon^{12} e^{\alpha\beta} = \frac{1}{\sqrt{g}} e^{\alpha\beta} \qquad \cdots\cdots \text{(v)}$$

(여기서 $\varepsilon^{12} = |\boldsymbol{g}^1 \times \boldsymbol{g}^2| = \dfrac{1}{\sqrt{g}}$; $e^{\alpha\beta} = e_{\alpha\beta}$)

식 (iii)에 정의된 $\boldsymbol{n}$는 $(\boldsymbol{g}_1, \boldsymbol{g}_2)$ 또는 $(\boldsymbol{g}^1, \boldsymbol{g}^2)$와 함께 표면벡터 또는 표면텐서를 나타내는 오른편 'triad' 기저계를 형성한다. 그러면 아래의 물음에 답하라.

(a) 곡면의 제1 불변량 $\mathrm{I}(dx^1, dx^2)(\equiv d\boldsymbol{r}\cdot d\boldsymbol{r}) = \bar{\mathrm{I}}(d\bar{x}^1, d\bar{x}^2)(\equiv d\bar{\boldsymbol{r}}\cdot d\bar{\boldsymbol{r}})$임을 증명하고, 또 (b) 제1불변량계수 $E(\equiv \boldsymbol{g}_1\cdot\boldsymbol{g}_1 = g_{11})$, $F(\equiv \boldsymbol{g}_1\cdot\boldsymbol{g}_2 = g_{12})$, $G(\equiv \boldsymbol{g}_2\cdot\boldsymbol{g}_2 = g_{22})$에 대한 변환 법칙을 유도하라.

풀이

(a) $\mathrm{I}(dx^1, dx^2) = d\boldsymbol{r}\cdot d\boldsymbol{r} = |\boldsymbol{g}_1 dx_1 + \boldsymbol{g}_2 dx_2|^2 = \left|\boldsymbol{g}_1(\frac{\partial x^1}{\partial \bar{x}^1}d\bar{x}^1 + \frac{\partial x^1}{\partial \bar{x}^2}d\bar{x}^2) + \boldsymbol{g}_2(\frac{\partial x^2}{\partial \bar{x}^1}d\bar{x}^1 + \frac{\partial x^2}{\partial \bar{x}^2}d\bar{x}^2)\right|^2$

$$= \left|(\boldsymbol{g}_1\frac{\partial x^1}{\partial \bar{x}^1} + \boldsymbol{g}_2\frac{\partial x^2}{\partial \bar{x}^1})d\bar{x}^1 + (\boldsymbol{g}_1\frac{\partial x^1}{\partial \bar{x}^2} + \boldsymbol{g}_2\frac{\partial x^2}{\partial \bar{x}^2})d\bar{x}^2\right|^2 \qquad \text{(i)}$$

그런데 $\bar{\boldsymbol{g}}_1(\bar{x}^1, \bar{x}^2) = \frac{\partial \boldsymbol{r}}{\partial \bar{x}^1} = \frac{\partial x^1}{\partial \bar{x}^1}\frac{\partial \boldsymbol{r}}{\partial x^1} + \frac{\partial x^2}{\partial \bar{x}^1}\frac{\partial \boldsymbol{r}}{\partial x^2} = \frac{\partial x^1}{\partial \bar{x}^1}\boldsymbol{g}_1 + \frac{\partial x^2}{\partial \bar{x}^1}\boldsymbol{g}_2$,

$\bar{\boldsymbol{g}}_2(\bar{x}^1, \bar{x}^2) = \frac{\partial \boldsymbol{r}}{\partial \bar{x}^2} = \frac{\partial x^1}{\partial \bar{x}^2}\frac{\partial \boldsymbol{r}}{\partial x^1} + \frac{\partial x^2}{\partial \bar{x}^2}\frac{\partial \boldsymbol{r}}{\partial x^2} = \frac{\partial x^1}{\partial \bar{x}^2}\boldsymbol{g}_1 + \frac{\partial x^2}{\partial \bar{x}^2}\boldsymbol{g}_2$를 식 (i)에 대입하면

$\mathrm{I}(dx^1, dx^2) = |\bar{\boldsymbol{g}}_1 d\bar{x}^1 + \bar{\boldsymbol{g}}_2 d\bar{x}^2|^2 = d\bar{\boldsymbol{r}}\cdot d\bar{\boldsymbol{r}} = \bar{\mathrm{I}}(d\bar{x}^1, d\bar{x}^2)$ 증명됨.

별 해 | 일반 텐서형태로 $\mathrm{I}(dx^1, dx^2) = dx^\alpha dx^\beta g_{\alpha\beta}$에서 $dx^\alpha = \frac{\partial x^\alpha}{\partial \bar{x}^m}d\bar{x}^m$, $dx^\beta = \frac{\partial x^\beta}{\partial \bar{x}^n}d\bar{x}^n$, 또

$g_{\alpha\beta} = \boldsymbol{g}_\alpha\cdot\boldsymbol{g}_\beta = (\frac{\partial \bar{x}^p}{\partial x^\alpha}\frac{\partial \boldsymbol{r}}{\partial \bar{x}^p})\cdot(\frac{\partial \bar{x}^q}{\partial x^\beta}\frac{\partial \boldsymbol{r}}{\partial \bar{x}^q}) = \frac{\partial \bar{x}^p}{\partial x^\alpha}\frac{\partial \bar{x}^q}{\partial x^\beta}\bar{g}_{pq}$ 를 대입하면

$\mathrm{I}(dx^1, dx^2) = (\frac{\partial x^\alpha}{\partial \bar{x}^m}\frac{\partial \bar{x}^p}{\partial x^\alpha})\times(\frac{\partial x^\beta}{\partial \bar{x}^n}\frac{\partial \bar{x}^q}{\partial x^\beta})\times\bar{g}_{pq} = \frac{\partial \bar{x}^p}{\partial \bar{x}^m}\times\frac{\partial \bar{x}^q}{\partial \bar{x}^n}d\bar{x}^m d\bar{x}^n \bar{g}_{pq}$

$= \bar{\delta}_m{}^p \bar{\delta}_n{}^q d\bar{x}^m d\bar{x}^n \bar{g}_{pq} = d\bar{x}^p d\bar{x}^q \bar{g}_{pq} = \bar{\mathrm{I}}(d\bar{x}^1, d\bar{x}^2)$ 증명됨.

(b) 문제 (a)의 결과를 이용하여

$$\bar{E}(\equiv \bar{\boldsymbol{g}}_1\cdot\bar{\boldsymbol{g}}_1) = (\frac{\partial x^1}{\partial \bar{x}^1}\boldsymbol{g}_1 + \frac{\partial x^2}{\partial \bar{x}^1}\boldsymbol{g}_2)\cdot(\frac{\partial x^1}{\partial \bar{x}^1}\boldsymbol{g}_1 + \frac{\partial x^2}{\partial \bar{x}^1}\boldsymbol{g}_2)$$

$$= g_{11}(\frac{\partial x^1}{\partial \bar{x}^1})^2 + 2g_{12}\frac{\partial x^1}{\partial \bar{x}^1}\frac{\partial x^2}{\partial \bar{x}^1} + g_{22}(\frac{\partial x^2}{\partial \bar{x}^1})^2 = E(\frac{\partial x^1}{\partial \bar{x}^1})^2 + 2F\frac{\partial x^1}{\partial \bar{x}^1}\frac{\partial x^2}{\partial \bar{x}^1} + G(\frac{\partial x^2}{\partial \bar{x}^1})^2$$

마찬가지로

$$\bar{F}(\equiv \bar{\boldsymbol{g}}_1\cdot\bar{\boldsymbol{g}}_2) = (\frac{\partial x^1}{\partial \bar{x}^1}\boldsymbol{g}_1 + \frac{\partial x^2}{\partial \bar{x}^1}\boldsymbol{g}_2)\cdot(\frac{\partial x^1}{\partial \bar{x}^2}\boldsymbol{g}_1 + \frac{\partial x^2}{\partial \bar{x}^2}\boldsymbol{g}_2)$$

$$= E\frac{\partial x^1}{\partial \overline{x}^1}\frac{\partial x^1}{\partial \overline{x}^2} + F(\frac{\partial x^1}{\partial \overline{x}^1}\frac{\partial x^2}{\partial \overline{x}^2} + \frac{\partial x^1}{\partial \overline{x}^1}\frac{\partial x^1}{\partial \overline{x}^2}) + G\frac{\partial x^2}{\partial \overline{x}^1}\frac{\partial x^2}{\partial \overline{x}^2}$$

$$\overline{G}(\equiv \overline{\boldsymbol{g}}_2 \cdot \overline{\boldsymbol{g}}_2) = (\boldsymbol{g}_1\frac{\partial x^1}{\partial \overline{x}^2} + \boldsymbol{g}_2\frac{\partial x^2}{\partial \overline{x}^2}) \cdot (\boldsymbol{g}_1\frac{\partial x^1}{\partial \overline{x}^2} + \boldsymbol{g}_2\frac{\partial x^2}{\partial \overline{x}^2}) = E(\frac{\partial x^1}{\partial \overline{x}^2})^2 + 2F\frac{\partial x^1}{\partial \overline{x}^2}\frac{\partial x^2}{\partial \overline{x}^2} + G(\frac{\partial x^2}{\partial \overline{x}^2})^2$$

가 되어, E, F, G는 불변량이 아님을 알 수 있다.

제2장 부록

A2.1 3차원 회전변환의 Euler 각도

지금까지는 두 직교 Cartesian 좌표사이의 벡터 및 (2차) 텐서 성분에 대한 좌표변환 관계식을 다룸에 있어서 그 주된 역할을 하는 두 Cartesian 기저 사이의 방향여현을 나타내는 (직교)행렬 $\mathrm{L}=(l_{ij})$가 오직 1개만의 각도(식 (1.194) 참조)를 포함하였다. 그러나 어떤 (고정) 공간 좌표계에 대하여 일정 각속도로 회전하는 3차원 물체(강체)의 주어진 순간에서의 공간 좌표계에 상대적인 방향(배향)을 나타내는 좌표변환 행렬 $\Lambda=(\lambda_{ij})$은 그림 A2.1에서 보듯이 3개의 각도를 포함하고 있다. 그러나 두 좌표계 사이의 1차 텐서(벡터), 2차 텐서 등의 텐서 성분변환에 관한 법칙은 2.4절의 논리에 의해 1차원 변환에 관한 행렬 (l_{ij})와 동일하게 적용된다(표 2.1 참조).

지금 강체의 질량중심(center of mass, CM)의 좌표가 결정되면 이 점에 강체 좌표계의 원점을 둘 수 있다. 그러면 공간 좌표계에 대한 강체 좌표축들의 방향만 결정하면 강체의 운동을 기술할 수 있는 두 좌표계가 완전히 정해진다. 앞으로 두 직교 Cartesian 좌표계의 구별이 필요할 때는 공간(고정) 및 강체(회전) 좌표계의 좌표와 바탕을 각각 (x, y, z), $(\boldsymbol{i}, \boldsymbol{j}, \boldsymbol{k})$ 및 (x_1, x_2, x_3), $(\boldsymbol{e}_1, \boldsymbol{e}_2, \boldsymbol{e}_3)$로 나타내기로 한다.

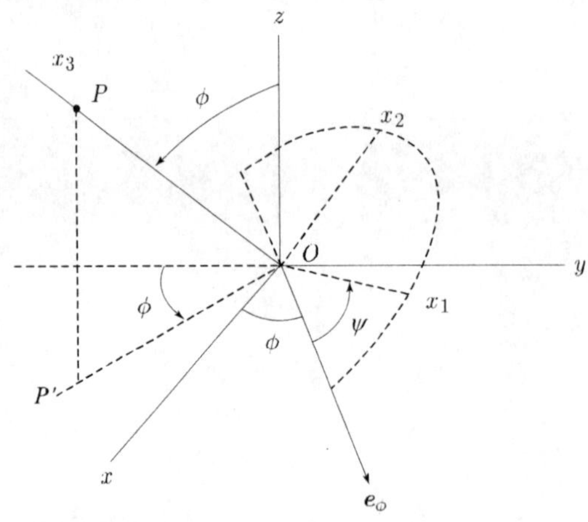

그림 A2.1 Euler 각도 (ϕ, θ, Ψ).

지금 그 두 좌표계의 원점이 일치하여 있다고 하면 강체 좌표축은 그 어느 두 좌표축, 가령 x_3, x_1 축의 방향만 정해지면 모두 결정된다. 강체좌표계의 x_3축의 방향은 공간 좌표계의 z 축과 이루는 각 θ 와, x_3 축의 $x-y$ 평면에의 정사영이 $-y$ 축과 이루는 각 ϕ 로 결정할 수 있다. 이렇게 정의된 각 ϕ 는 구면좌표계의 방위각 ϕ보다 $\pi\,/\,2$ 만큼 더 크다. 왜냐하면 ϕ는 $+x$ 축과 이루는 각이기 때문이다. 각 ϕ 방향의 단위벡터 $\boldsymbol{e}_\phi$ 는 z 축과 x_3 축으로 이루어지는 평면에 수직하고 각 ϕ가 증가하는 쪽으로 향한다. 따라서 $\boldsymbol{e}_\phi$ 가 x 축과 이루는 각이 ϕ이고

$$\boldsymbol{e}_\phi = (\boldsymbol{k} \times \boldsymbol{e}_3)/\sin\theta \tag{A2. 1}$$

로 주어진다. 따라서 $\boldsymbol{e}_\phi$ 는 x_3 축이 주어지면 결정된다. 강체좌표계의 나머지 두 좌표축과 $\boldsymbol{e}_\phi$ 는 그 좌표원점을 지나고, x_3 축에 수직한 평면 내에 모두 있으므로 $\boldsymbol{e}_\phi$ 와 그중 한 좌표축, 가령 x_1 축이 이루는 각만 주어지면 좌표축의 방향은 모두 결정된다. 이 각을 Ψ 라하면 결국 3개의 각 (θ, ϕ, Ψ)는 공간좌표계에 대한 강체 좌표축의 방향을 완전히 결정하여 준다. 이 세 각을 'Euler 각'이라 한다.

강체 좌표축은 강체에 고정되어 있으므로 이 세 각은 강체의 고정 좌표계에 대한 배향(orientation)을 나타낸다. 따라서 이 Euler 각 (θ, ϕ, Ψ)는 강체의 질량중심(CM)의 좌표와 더불어 강체의 운동을 기술하는 일반화 좌표의 역할을 한다.

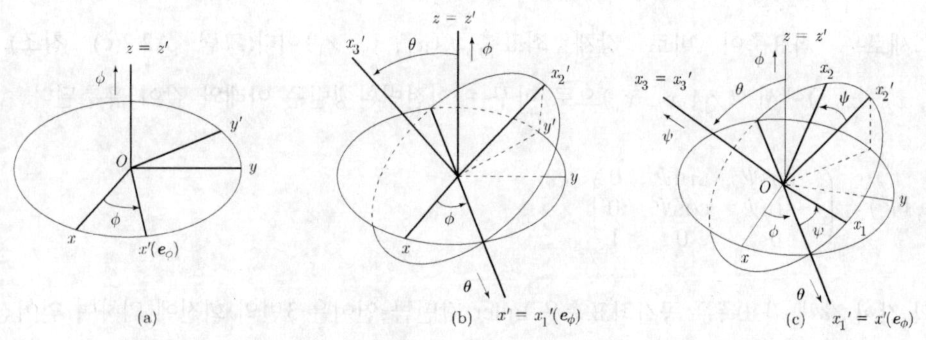

그림 A2. 2 공간좌표축 및 강체 좌표축과 세 Euler 각도(θ, ϕ, Ψ).

이제 (x, y, z) 좌표 [또는 고정기저 $(\boldsymbol{i}, \boldsymbol{j}, \boldsymbol{k})$]계에서 (x_1, x_2, x_3) 좌표 [또는 강체기저 $(\boldsymbol{e}_1, \boldsymbol{e}_2, \boldsymbol{e}_3)$]계로 바꾸는 (직교)좌표 변환식 λ_{ij}를 구하여 보자.

Euler 각도는 그림 A2.2에서 볼 수 있듯이 3번의 연이은 회전에 의하여 (x, y, z)에서 (x_1, x_2, x_3)가 얻어질 때 나타난다.

(1) 먼저 z 축 주위로 각 ϕ 만큼 시계바늘이 도는 방향과 반대방향으로 (x, y, z)좌표계를 회전시킨다. 이 회전은 $x-y$ 평면 내에서 일어나므로 그 회전 변환행렬은 식 (1.194)의 $l_{ij} = \boldsymbol{e}_i' \cdot \boldsymbol{e}_j$의 정의와 같은 원리로 아래와 같이 얻어진다(식 (1.189) 참조).

$$\lambda_z(\phi)=\begin{pmatrix}\cos\phi & \sin\phi & 0\\ -\sin\phi & \cos\phi & 0\\ 0 & 0 & 1\end{pmatrix} \qquad \text{(A2.2)}$$

이때 새로운 좌표축을 (x', y', z')라 하자(그림 A2.2(a) 참조).

(2) 다음에는 새로운 좌표축 x' 주위로 각 θ 만큼 시계바늘과 반대방향으로 (x', y', z') 좌표계를 회전시킨다. 이 회전 변환행렬은 (1)과 마찬가지 논리로 아래가 될 것이다.

$$\lambda_{x'}(\theta)=\begin{pmatrix}1 & 0 & 0\\ 0 & \cos\theta & \sin\theta\\ 0 & -\sin\theta & \cos\theta\end{pmatrix} \qquad \text{(A2.3)}$$

이 경우 새로운 좌표축을 (x_1', x_2', x_3')라 하자(그림 A2.2(b) 참조).

(3) 끝으로 좌표축 x_3' 주위로 반시계방향으로 (x_1', x_2', x_3') 좌표계를 각 Ψ 만큼 회전시킨다. 이때 새로운 좌표축이 바로 강체 좌표축 (x_1, x_2, x_3)이다(그림 A2.2(c) 참조). 좌표 (x_1', x_2', x_3')에서 (x_1, x_2, x_3)으로 바꾸는 회전변환행렬은 아래와 같이 유추된다.

$$\lambda_3(\Psi)=\begin{pmatrix}\cos\Psi & \sin\Psi & 0\\ -\sin\Psi & \cos\Psi & 0\\ 0 & 0 & 1\end{pmatrix} \qquad \text{(A2.4)}$$

이와 같이 강체 좌표축은 공간좌표축을 Euler 각만큼 연이은 3번의 회전에 의하여 얻어진다. 두 좌표평면 $x-y$ 평면과 x_1-x_2 평면이 만나는 직선(그림 A2.2(c) 참조)은 그림 A2.1의 $\mathbf{e}_\phi$ 와 일치한다. 이 직선을 '마디선(nodal line)'이라 한다.
따라서 공간좌표 (x, y, z)에서 강체좌표 (x_1, x_2, x_3)로의 최종 회전 변환행렬 $\Lambda=(\lambda_{ij})$는 3 연속된 선형 (직교)변환행렬의 곱에 의해 아래 식으로 나타내진다.

$$\Lambda(\Psi, \theta, \phi)=\lambda_3(\Psi)\,\lambda_{x'}(\theta)\,\lambda_z(\phi) \qquad \text{(A2.5)}$$

이 식의 우변에 식 (A2.2)~(A2.4)를 대입하여 3×3 행렬의 곱을 구하면 아래가 된다.

$$\Lambda=(\lambda_{ij})=\begin{bmatrix}\cos\phi\cos\Psi-\cos\theta\sin\phi\sin\Psi & \sin\phi\cos\Psi+\cos\Theta\cos\phi\sin\Psi & \sin\Theta\sin\Psi\\ -\cos\phi\sin\Psi-\cos\theta\sin\phi\cos\Psi & -\sin\phi\sin\Psi+\cos\Theta\cos\phi\cos\Psi & \sin\Theta\cos\Psi\\ \sin\theta\sin\phi & -\sin\Theta\cos\phi & \cos\Theta\end{bmatrix}$$

(A2.6)

여기서 변환법칙 $e_i' = \lambda_{ij} e_j$ 혹은 블록(직접)표현은 아래가 된다(2.4절 혹은 표 2.1 참조).

$$\begin{Bmatrix} e_1 \\ e_2 \\ e_3 \end{Bmatrix} = \Lambda \begin{Bmatrix} i \\ j \\ k \end{Bmatrix} \tag{A2.7}$$

그러나 이 변환행렬은 텐서이론에 의하여 위의 기본벡터들만의 변환이 아니고 어떤 임의의 벡터(혹은 텐서)의 성분에 대한 변환행렬도 된다(식 (2.165) 참조). 또한 식 (A2.6)으로 주어진 Euler 각도 3개를 포함하는 3차원 회전 변환행렬 $\Lambda = (\lambda_{ij})$는 직교행렬[즉 $\Lambda^{\mathrm{T}} = \Lambda^{-1}$ 혹은 $\Lambda^{\mathrm{T}} \Lambda = \mathrm{I}$ (단위행렬)성립]이 된다.

증 명 회전 변환행렬 $\Lambda = \lambda_3 \lambda_{x'} \lambda_z$ 에서 $\lambda_3, \lambda_{x'}, \lambda_z$ 는 모두 직교행렬이므로

$$\Lambda \Lambda^{\mathrm{T}} = (\lambda_3 \lambda_{x'} \lambda_z)(\lambda_3 \lambda_{x'} \lambda_z)^{\mathrm{T}} = \lambda_3 \lambda_{x'} \lambda_z \lambda_z{}^{\mathrm{T}} \lambda_{x'}{}^{\mathrm{T}} \lambda_3{}^{\mathrm{T}} = \lambda_3 \lambda_3{}^{\mathrm{T}} = \mathrm{I}$$

같은 방법으로 $\Lambda^{\mathrm{T}} \Lambda = \mathrm{I}$ 이다. 따라서

$$\Lambda^{\mathrm{T}} \Lambda = \Lambda \Lambda^{\mathrm{T}} = \mathrm{I} \qquad \blacksquare$$

따라서 식 (A2.7)의 역을 취하면 아래가 성립된다.

$$\begin{Bmatrix} i \\ j \\ k \end{Bmatrix} = \Lambda^{\mathrm{T}} \begin{Bmatrix} e_1 \\ e_2 \\ e_3 \end{Bmatrix} \tag{A2.8}$$

이제 강체의 각속도 벡터 ω 의 표현을 구하여 보자. 강체가 각속도 ω 로 (고정 좌표축 주위로) 회전할 때 강체의 어떤 질점 a 의 강체에 고정된 점 O에 대한 위치벡터 r_a 는 그 방향만 변하므로 그 질점의 속도벡터 v_a 는 공간에 고정된 좌표계에서 볼 때

$$v_a = \omega \times r_a \tag{A2.9}$$

로 주어진다(2.24.2절 참조). 강체좌표계는 강체에 고정되어 있어서 강체와 같은 각속도 ω 로 회전한다. 각속도벡터 ω 는 언급한 바와 같이 세 Euler 각도 (θ, ϕ, Ψ)가 강체의 (고정계에 상대적인) 배향을 나타내므로 기하학적 정의에서 아래가 성립된다(그림 A2.2(c) 참조).

$$\omega = \dot{\boldsymbol{\theta}} + \dot{\boldsymbol{\phi}} + \dot{\boldsymbol{\Psi}} = \dot{\theta} e_\phi + \dot{\phi} k + \dot{\Psi} e_3 \tag{A2.10}$$

여기서 단위벡터들의 강체좌표계 (e_1, e_2, e_3)에서의 성분은 그림 A2.2에서 각각 아래와 같이 유추

될 수 있다.

$$\left.\begin{aligned} \boldsymbol{e}_{\phi} &= \boldsymbol{e}_1 \cos\Psi - \boldsymbol{e}_2 \sin\Psi \\ \boldsymbol{k} &= \boldsymbol{e}_1 \sin\theta \sin\Psi + \boldsymbol{e}_2 \sin\theta \cos\Psi + \boldsymbol{e}_3 \cos\theta \\ \boldsymbol{e}_3 &= \boldsymbol{e}_3 \end{aligned}\right\} \quad \text{(A2.11)}$$

[가령 $\boldsymbol{e}_{\phi} = (\boldsymbol{e}_{\phi} \cdot \boldsymbol{e}_1)\boldsymbol{e}_1 + (\boldsymbol{e}_{\phi} \cdot \boldsymbol{e}_2)\boldsymbol{e}_2 + (\boldsymbol{e}_{\phi} \cdot \boldsymbol{e}_3)\boldsymbol{e}_3$ 에서 구해진다.]

이 그림에서 x_3 축, z 축, $x_2{}'$ 축 및 y' 축들은 모두 $\boldsymbol{e}_{\phi}$ 에 수직한 평면 내에 있음에 주의하라. 여기서 식 (A2.11)를 식 (A2.10)에 대입하면 각속도벡터 $\boldsymbol{\omega}$ 는 강체좌표계에서

$$\boldsymbol{\omega} = \boldsymbol{e}_1(\dot{\theta} \cos\Psi + \dot{\phi} \sin\theta \sin\Psi) + \boldsymbol{e}_2(-\dot{\theta} \sin\Psi + \dot{\phi} \sin\theta \cos\Psi) + \boldsymbol{e}_3(\dot{\phi} \cos\theta + \dot{\Psi}) \quad \text{(A2.12)}$$

과 같이 표현된다(예제 A2.1 참조).

예제 A2. 1

각속도벡터 식 (A2.12)를 좌표변환의 방법으로 유도하라.

풀 이

세 Euler 각을 (θ, ϕ, Ψ)라 하면 각속도 벡터 $\boldsymbol{\omega} = \dot{\boldsymbol{\theta}} + \dot{\boldsymbol{\phi}} + \dot{\boldsymbol{\Psi}}$ 를 공간좌표계 $(\boldsymbol{i}, \boldsymbol{j}, \boldsymbol{k})$에 대하여 표현하면

$$|\dot{\theta}> = \begin{pmatrix} \dot{\theta} \cos\phi \\ \dot{\theta} \sin\phi \\ 0 \end{pmatrix}, \ |\dot{\phi}> = \begin{pmatrix} 0 \\ 0 \\ \dot{\phi} \end{pmatrix}, \ |\dot{\Psi}> = \begin{pmatrix} \dot{\Psi}\sin\theta \sin\phi \\ -\dot{\Psi}\sin\theta \cos\phi \\ \dot{\Psi} \cos\theta \end{pmatrix} \quad \text{(i)}$$

이므로(그림 A2.2 참조), 공간(고정)좌표계에서 $\boldsymbol{\omega}$ 의 표현은

$$|\omega>_f = |\dot{\theta}> + |\dot{\phi}> + |\dot{\Psi} \geq \begin{pmatrix} \dot{\theta} \cos\phi + \dot{\Psi} sin\theta \sin\phi \\ \dot{\theta} \sin\phi - \dot{\Psi} sin\theta \cos\phi \\ \dot{\phi} + \dot{\phi} \cos\theta \end{pmatrix}_{i,j,k} \quad \text{(ii)}$$

(여기에서 아래첨자 f 는 공간 좌표계를 나타낸다.)

이다. 따라서 (회전)강체좌표계 $(\boldsymbol{e}_1, \boldsymbol{e}_2, \boldsymbol{e}_3)$에 대한 표현은

$$|\omega>_m = \lambda(\Psi, \theta, \phi)\,|\omega>_f = \begin{pmatrix} \lambda_{11} & \lambda_{12} & \lambda_{13} \\ \lambda_{21} & \lambda_{22} & \lambda_{23} \\ \lambda_{31} & \lambda_{32} & \lambda_{33} \end{pmatrix} \begin{pmatrix} \omega_x \\ \omega_y \\ \omega_z \end{pmatrix} \quad \text{(iii)}$$

(여기에서 아래첨자 m 는 강체 좌표계를 나타낸다.)

로 주어진다. 여기에 식 (A2.6)과 식 (ii)를 대입하여 계산하면 식 (A2.12)가 얻어진다. 즉

$$|\omega>_m = \begin{pmatrix} \dot{\theta}\cos\phi + \dot{\phi}\sin\theta\sin\Psi \\ -\dot{\theta}\sin\phi + \dot{\phi}\sin\theta\cos\Psi \\ \dot{\phi}\cos\theta + \dot{\Psi} \end{pmatrix}_{e_1, e_2, e_3} \tag{iv}$$

또는

$$|\dot{\theta}>_m = \lambda(\Psi, \theta, \phi)\,|\dot{\theta}>_f$$

에 식 (A2.6)과 식 (i)의 첫 식을 대입하여 정리하면

$$|\dot{\theta}>_m = \dot{\theta}\begin{pmatrix} \cos\Psi \\ -\sin\Psi \\ 0 \end{pmatrix}$$

를 얻는다. 같은 방법으로

$$|\dot{\phi}>_m = \dot{\phi}\begin{pmatrix} \sin\theta\sin\Psi \\ \sin\theta\cos\Psi \\ \cos\theta \end{pmatrix}, \quad |\dot{\Psi}>_m = \begin{pmatrix} 0 \\ 0 \\ \dot{\Psi} \end{pmatrix}$$

이므로

$$|\omega>_m = |\dot{\theta}>_m + |\dot{\phi}>_m + |\dot{\Psi}>_m$$

에 의하여 식 (iv)를 얻을 수도 있다.

텐서의 성질상 1차 Cartesian 텐서(CT1)인 각속도 벡터 $\boldsymbol{\omega}$ 는 다음과 같이 두 다른 기저계로 나타낼 수 있다.

$$\boldsymbol{\omega} = \omega_i\,\boldsymbol{e}_i = \overline{\omega}_i\,\overline{\boldsymbol{e}}_i$$

여기에서 $\boldsymbol{\omega}$ 의 (회전)강체 좌표계에 대한 성분 $\overline{\omega}_i$ 를 알면 공간 (고정)좌표계 성분 ω_i 도 알 수 있음을 아래의 예제에서 알 수 있다.

예제 A2. 2

각속도 벡터 $\boldsymbol{\omega}$ 를 공간좌표계에서 표현하면
$\boldsymbol{\omega}=\boldsymbol{i}\,(\dot{\theta}\cos\phi+\dot{\Psi}\sin\theta\sin\phi)+\boldsymbol{j}\,(\dot{\theta}\sin\phi-\dot{\Psi}\sin\theta\cos\phi)+\boldsymbol{k}\,(\dot{\phi}+\dot{\Psi}\cos\theta)$ 가
됨을 보여라.

풀 이

각속도 벡터 식 (A2.10)

$$\boldsymbol{\omega}=\dot{\theta}\boldsymbol{e}_{\phi}+\dot{\phi}\boldsymbol{k}+\dot{\Psi}\boldsymbol{e}_3$$

에서

$$\boldsymbol{e}_{\phi}=\boldsymbol{i}\cos\phi+\boldsymbol{j}\sin\phi, \quad \boldsymbol{k}=\boldsymbol{k}$$

$$\boldsymbol{e}_3=\boldsymbol{i}\sin\theta\sin\phi-\boldsymbol{j}\sin\theta\cos\phi+\boldsymbol{k}\cos\theta$$

이므로(그림 A2.2 참조) 각속도 벡터는 다음과 같다.

$$\boldsymbol{\omega}=\boldsymbol{i}\,(\dot{\theta}\cos\phi+\dot{\Psi}\sin\theta\sin\phi)+\boldsymbol{j}\,(\dot{\theta}\sin\phi-\dot{\Psi}\sin\theta\cos\phi)+\boldsymbol{k}\,(\dot{\phi}+\dot{\Psi}cos\theta)$$

또는 1차 텐서에 관한 텐서 변환법칙 (2.4절)로부터 다음이 성립하므로(단 $\Lambda^{-1}=\Lambda^{\mathrm{T}}$이므로 $\Lambda^{-1}(i,j)=\Lambda^{\mathrm{T}}(i,j)=\lambda_{ji}$를 이용)

$$\overline{\omega}_i=\lambda_{ij}\omega_j \leftrightarrow \omega_i=\lambda_{ji}\,\overline{\omega}_j$$

여기에서 ω_i 및 $\overline{\omega}_j$ 가 각각 공간 및 강체 좌표계에 대한 $\boldsymbol{\omega}$ 의 성분을 나타낸다고 할 때, 3차원 변환행렬 λ_{ij} 값 (A2.6)을 위 식에 대입하면 각 성분 $\omega_1=\omega_x$, $\omega_2=\omega_y$, $\omega_3=\omega_z$ 가 위와 마찬가지로 얻어질 수 있다.

강체에 고정된 점, 곧 강체좌표계의 원점을 정하는 방법중 중요한 것은 대개 두 가지가 있다. 만일 공간(고정)좌표계에서 볼 때 (회전)강체내의 1개 또는 그 이상의 점이 고정되어 있으면 그 중 한 점을 택하고, 만일 강체 내의 어떤 점도 공간좌표계에서 볼 때 고정되어 있지 않으면 그 강체의 질량중심을 강체좌표계의 원점으로 택하는 것이 편리하다.

제 3 장 복소해석

앞에서 보았듯이, n차원 벡터공간에서의 대상(object)은 실수(R^n) 공간 뿐 아니라 실수와 허수를 같이 갖는 복소수(C^n) 공간으로 확장되었다. 이는 여기서 다룰 복소해석(complex analysis) 혹은 복소변수(complex variable)의 함수에 관한 이론은 수리물리에서 많은 응용성을 갖고 있기 때문이다. 예를 들면 Laplace나 Helmholtz 편미분 방정식의 해(6장 참조)를 비롯하여 (무한)멱급수의 계산, 함수의 점근 근사(asymptotic approximation), 적분변환의 역변환, 정적분의 계산까지 그 응용범위는 매우 다양하다고 하겠다. 따라서 간단한 물리 이론이 일반화되면서 다음에는 실수였던 물리량들이 복소 굴절률(complex refractive index)처럼 복소화되었다.

이 장에서는 복소변수의 함수(간단한 복소대수는 부록 A.2절에 소개되었음)의 기초이론, 해석함수(analysis function)에 대한 Cauchy-Riemann(CR) 조건, 복소적분, Cauchy의 적분정리, Cauchy의 적분공식, Taylor 및 Laurent 급수, 유수(residue) 정리, 정적분의 계산, 등각사상(conformal mapping), 물리적 응용 등에 대하여 논하기로 한다.

3.1 복소변수의 함수

3.1.1 기본정의

A.2절에 소개된 복소변수 $z = x + iy = re^{i\theta}$(식 (A.3)) [여기서 $i = \sqrt{-1}$, 그리고 드 므와브르 정리 $e^{\pm n\theta} = \cos n\theta \pm \sin n\theta$(A.5)가 이용되었다.]의 함수 $w = f(z) = u(x, y) + iv(x, y) = \rho e^{i\phi}$가 주어진 각 z에 대해 오직 1개만의 값을 가지면 '일가함수(single-valued function)', 반면에 1개

이상의 값을 가지면 '다가함수(multiple-valued function)'이라고 부른다. 가령 $w=z^2$은 주어진 $z=re^{i\theta}$에 대해 오직 1개만의 값 즉 $w=z^2=r^2e^{i2(\theta\pm 2n\pi)}=r^2e^{i2\theta}$을 가지므로 1가함수, 반면에 $w=z^{1/2}$은 $z=re^{i\theta}$에 대해 $w=r^{1/2}e^{(i/2)(\theta\pm 2n\pi)}$는 $r^{1/2}e^{i\theta/2}$와 $-r^{1/2}e^{i\theta/2}$의 두 개의 값을 가지므로 2가함수가 된다.

예제 3. 1

$w^5=z$(즉 $w=z^{1/5}$)은 다가함수인가? 만약 그렇다면 이를 독립변수인 z 즉 (x,y) 평면과 종속변수인 w 즉 (u,v) 평면을 사용하여 스케치하고, 설명하라.

풀 이

지금 (x,y) 평면상의 한 점 $z=re^{i\theta}$에 대해 주어진 함수 $w=z^{1/5}=r^{1/5}e^{i\theta/5}$가 되는데, 여기서 $r=r_1$, $\theta=\theta_1$ (단 $0\le\theta_1<2\pi$)라 하면 $w_1=r_1^{1/5}e^{i\theta_1/5}$가 된다. 그런데 각도를 반시계방향으로 2π만큼 회전시키면 $\theta_1\to\theta_1+2\pi$가 되고, 이때의 w 값은 아래가 된다.

$$w=r_1^{1/5}e^{i(\theta_1+2\pi)/5}=r_1^{1/5}e^{i\theta_1/5}e^{2\pi i/5}=w_1e^{2\pi i/5}$$

마찬가지로 원점 주위로 2번째 완전(2π) 회전시키면 w는 아래가 된다.

$$w=r_1^{1/5}e^{i(\theta_1+4\pi)/5}=r_1^{1/5}e^{i\theta_1/5}e^{4\pi i/5}=w_1e^{4\pi i/5}$$

따라서 원점 주위로 3번째 및 4번째 완전 회전시키면 w는 각각 아래가 될 것이다.

$$w=w_1e^{6\pi i/5} \text{ 및 } w=w_1e^{8\pi i/5}$$

이들 관계를 그림 3.1에 도식적으로 나타내었으며, 이로부터 $w=z^{1/5}$ 함수는 주어진 1개의 독립변수 $z=re^{i\theta_1}$에 대해 모두 5개의 값을 가지는 5가함수가 된다.

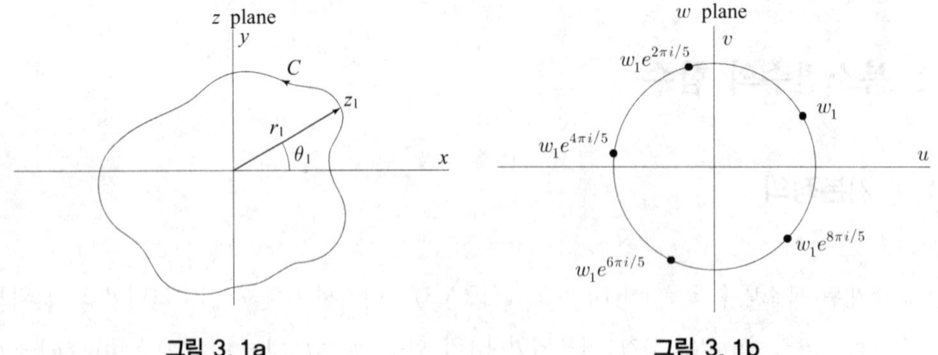

그림 3. 1a　　그림 3. 1b

그런데 만약 위 그림에서 각도변화의 경로 C가 원점을 둘러싸지 않는다면(즉 한 번 이상 완전 회전을 하지 않는다면) $z=r_1e^{i\theta}$에서 $\theta=\theta_1(<2\pi)$ 1개만을 값을 갖게 되어 $w=z^{1/5}$ 역시 $w_1=r_1e^{i\theta_1}$ 1개만을 갖는 1가 함수가 된다(뒤의 다가함수의 분지절단(branch-cut) 참조).

한편 복소함수 $w=f(z)$의 역함수도 실수함수의 경우(부록 B.6절 참조)와 마찬가지로 $z=g(w)=f^{-1}(w)$로 주어지며, 이때 f^{-1}의 역함수 즉 $w=f(z)$와 $w=f^{-1}(z)$는 서로 역함수이다.

3. 1. 2 복소변환

만약 복소함수 $w=f(z)=u+iv$(단 u 및 v는 실수)가 (복소)독립변수 $z=x+iy$(여기서 x 및 y는 실수)의 1가함수라면, 아래가 성립된다.

$$w=f(z)=f(x+iy)=u+iv,\ \text{여기서}\ u=u(x,y),\ v=v(x,y) \tag{3. 1}$$

이때 z 평면상의 1점 P는 w 평면상의 1점 P'(그림 3.2 참조)에 대응하며, 식 (3.1)을 (x,y)와 (u,v)간의 $w=f(z)$를 통한 '변환(transformation)'이라 부른다. 즉 점 z 평면상의 P는 변환에 의해 w 평면상의 1점 P'로 사상(혹은 본뜨짐, mapped) 혹은 변환(transformation)된다고 하며, 특히 점 P'를 점 P의 상(image)이라고 한다(부록 B.7절 참조).

예제 3. 2

함수 $w=f(z)=z^2$의 변환에 의하여, z 평면상의 점 P(즉 $z=-2+i$) 및 Q(즉 $z=1-3i$)가 w 평면상의 점 P' 및 Q'로 어떻게 변환되는가를 도시하고, 또 z 평면상에서 두 점 P와 Q를 잇는 직선의 식과 w 평면상에서 두 점 P'과 Q'를 잇는 직선의 (매개변수)방정식을 각각 구하라.

풀 이

먼저 z 평면상의 두 점 P' 및 Q'에 대응하는 w 평면상의 두 점 P'와 Q'의 좌표를 각각 아래 식에 의해 구한다.

점 P': $w=f(-2+i)=(-2+i)^2=4-4i+i^2=3-4i$

점 Q': $w=f(1-3i)=(1-3i)^2=1-6i+9i^2=-8-6i$

즉 z 평면상의 한 (P)점 $z=-2+i$가 변환(사상) 함수 $w=z^2$에 의해 w 평면상의 한 (P')점 $w=3-4i$(즉

$u=3,\ v=-4$)로 변환되며, 마찬가지로 z 평면 상수 한 (Q)점 $z=1-3i$가 w 평면상의 한 (Q')점 $w=-8-6i$(즉 $u=8,\ v=-6$)로 변환된다.
이들 관계를 그림 3.2에 도식적으로 나타내었다.
다음에는 위에서 얻어진 결과를 이용하여, z 평면상의 두 점 P 및 Q를 잇는 직선의 매개변수 식은 직선의 공식 $(x-x_1)/(x_2-x_1)=(y-y_1)/(y_2-y_1)=t$(여기서 t는 매개변수)를 이용하여 아래와 같이 얻어진다.

$$\frac{x-(-2)}{1-(-2)}=\frac{y-1}{-3-1}=t \text{ 혹은 } x=3t-2,\ y=1-4t$$

따라서 z 평면상에서 직선 PQ에 대한 (매개변수)식은 $z=x+iy=3t-2+i(1-4t)$가 된다. 그러면 변환 $w=z^2$에 의해 w 평면에 사용되는 두 점 P' 및 Q'를 잇는 직선 P′Q′의 식은 아래와 같이 얻어진다.

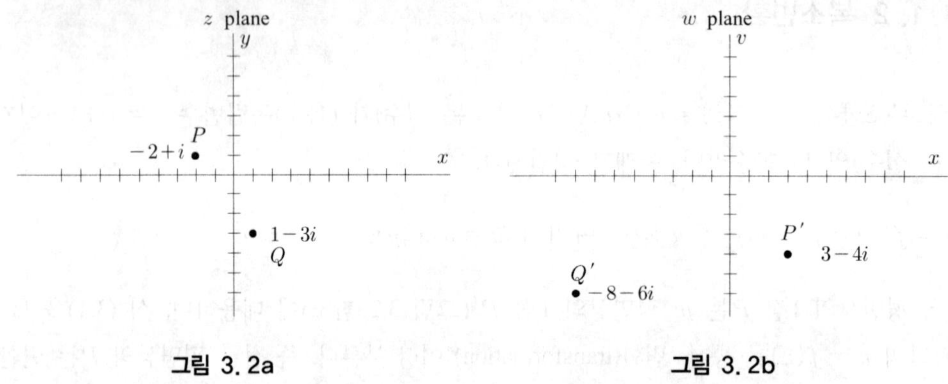

그림 3. 2a 그림 3. 2b

$$w=z^2=\{3t-2+i(1-4t)\}^2=(3t-2)^2-(1-4t)^2+2(3t-2)(1-4t)i$$

$$=3-4t-7t^2+(-4+22t-24t^2)i$$

그런데 $w=f(z)=u+iv$이므로 직선 PQ의 w 평면에서의 변환된 상(image) 곡선의 매개변수 식은 아래가 된다.

$$u=3-4t-7t^2,\ v=-4+22t-24t^2$$

여기서 매개변수 t의 값을 바꾸어 대입하면 요구되는 직선 P′Q′가 얻어진다.

만약 변환함수 $w=f(z)$에 의한 사상(변환)시 z 평면에 있는 임의의 두 곡선(직선) 사이의 각도의 크기 및 배향(sense)이 w 평면에서도 그대로 유지된다면 이를 '등각사상(conformal mapping)'이라고 부르며, 이에 대해서는 3.12절에서 자세히 다루기로 한다.

3.1.3 기본 (복소)함수

자세한 설명없이 정의만을 간단히 소개하면 아래가 된다.

1. 다항식 함수 :

$$w = a_0 z^n + a_1 z^{n-1} + \cdots + a_{n-1} z + a_n = P(z) \tag{3.2}$$

여기서 $a_0 \neq 0, a_1, \cdots, a_n$는 복소상수이며, n은 다항식의 차수(order)라고 불리는 양의 정수(integer)이다. 특히 $w = az + b$가 되는 경우를 '선형변환(linear transformation)'이라 한다.

2. 유리 대수함수 :

$$w = \frac{P(z)}{Q(z)} \tag{3.3}$$

여기서 $P(z)$ 및 $Q(z)$는 각각 다항식(polynomial)이며, 식 (3.3)을 '유리변환(rational transformation)'이라고도 부른다. $w = \dfrac{az+b}{cz+d}$(단 여기서 $ad - bc \neq 0$)인 경우를 '쌍 일차(bilinear) 혹은 분수 선형(fractional linear)' 변환이라고 부른다.

3. 지수함수 :

$$w = e^z = e^{x+iy} = e^x(\cos y + i \sin y) \tag{3.4}$$

여기서 $e = 2.71828\ldots$는 대수의 자연기저(natural base)이다(식 (A.1) 참조). 만약 a가 양의 실수이면, 아래의 관계가 성립된다.

$$a^z = e^{z \ln a} \tag{3.5}$$

4. 삼각함수 :

$$\sin z = \frac{e^{iz} - e^{-iz}}{2i} \qquad \cos z = \frac{e^{iz} + e^{-iz}}{2}$$

$$\sec z = \frac{1}{\cos z} = \frac{2}{e^{iz} + e^{-iz}} \qquad \csc z = \frac{1}{\sin z} = \frac{2i}{e^{iz} - e^{-iz}}$$

$$\tan z = \frac{\sin z}{\cos z} = \frac{e^{iz} - e^{-iz}}{i(e^{iz} + e^{-iz})} \qquad \cot z = \frac{\cos z}{\sin z} = \frac{i(e^{iz} + e^{-iz})}{e^{iz} - e^{-iz}}$$

한편 실수 삼각함수의 경우처럼 아래의 관계도 성립된다.

$$\sin^2 z + \cos^2 z = 1 \qquad 1 + \tan^2 z = \sec^2 z \qquad 1 + \cot^2 z = \csc^2 z$$

$$\sin(-z) = -\sin z \qquad \cos(-z) = \cos z \qquad \tan(-z) = -\tan z$$

$$\sin(z_1 \pm z_2) = \sin z_1 \cos z_2 \pm \cos z_1 \sin z_2$$

$$\cos(z_1 \pm z_2) = \cos z_1 \cos z_2 \mp \sin z_1 \sin z_2$$

$$\tan(z_1 \pm z_2) = \frac{\tan z_1 \pm \tan z_2}{1 \mp \tan z_1 \tan z_2}$$

5. 쌍곡선(hyperbolic) 함수 :

$$\sinh z = \frac{e^z - e^{-z}}{2} \qquad \cosh z = \frac{e^z + e^{-z}}{2}$$

$$\mathrm{sech}\, z = \frac{1}{\cosh z} = \frac{2}{e^z + e^{-z}} \qquad \mathrm{csch}\, z = \frac{1}{\sinh z} = \frac{2}{e^z - e^{-iz}}$$

$$\tanh z = \frac{\sinh z}{\cosh z} = \frac{e^z - e^{-z}}{e^z + e^{-z}} \qquad \cot hz = \frac{\cos hz}{\sin hz} = \frac{e^z + e^{-z}}{e^z - e^{-z}}$$

역시 실수의 경우와 마찬가지로 아래의 관계도 성립된다.

$$\cosh^2 z - \sinh^2 z = 1 \qquad 1 - \tanh^2 z = \mathrm{sech}^2 z \qquad \coth^2 z - 1 = \mathrm{csch}^2 z$$

$$\sinh(-z) = -\sinh z \qquad \cosh(-z) = \cosh z \qquad \tanh(-z) = -\tanh z$$

$$\sinh(z_1 \pm z_2) = \sinh z_1 \cosh z_2 \pm \cosh z_1 \sinh z_2$$

$$\cosh(z_1 \pm z_2) = \cosh z_1 \cosh z_2 \pm \sinh z_1 \sinh z_2$$

$$\tanh(z_1 \pm z_2) = \frac{\tanh z_1 \pm \tanh z_2}{1 \pm \tanh z_1 \tanh z_2}$$

또한 아래의 관계도 성립된다.

$\sin iz = i\sinh z \qquad \cos iz = \cosh z \qquad \tan iz = i\tanh z$

$\sinh iz = i\sin z \qquad \cosh iz = \cos z \qquad \tanh iz = i\tan z$

6. 대수(logarithmic) 함수 :

$$w = \ln z = \ln r + i(\theta + 2k\pi) \quad k = 0, \pm 1, \pm 2, \cdots \tag{3. 6}$$

여기서 $z = re^{i\theta} = re^{i(\theta + 2k\pi)}$이다. 그런데 $w = \ln z = \ln\left[re^{i(\theta + 2k\pi)}\right] = \ln r + i\theta + i2k\pi$의 관계에서 알 수 있듯이 $\ln z$는 (무한히 많은) 다가함수이다. 여기서 만약 $k = 0,\ 0 \le \theta \le 2\pi$로 한정시킬 때의 $\ln z$의 값인 $\ln r + i\theta$를 $\ln z$의 '주 값(principal-value)' 혹은 '주 분지(principal branch)'라고 부른다. 그러나 가령 $-\pi < \theta \le \pi$와 같은 길이 2π의 다른 구간(interval)도 이용될 수 있다. 그리고 대수함수는 기저(base)가 e가 아닌 경우도 정의될 수 있다. 가령 $z = a^w \Leftrightarrow w = \log_a z$(단 여기서 $a > 0$ 및 $a \ne 0,\ 1$ 임)의 경우이다. 이 경우 $z = a^w = e^{w\ln a}$ 혹은 $w = (\ln z)/(\ln a)$의 관계도 성립된다.

7. 역(inverse or arc) 삼각함수 :

$$z = \sin w \Leftrightarrow w = \sin^{-1} z\ ;\ z = \cos w \Leftrightarrow w = \cos^{-1} z\ ;\ z = \tan w \Leftrightarrow w = \tan^{-1} z \tag{3. 7}$$

이들 역 삼각함수는 다가함수로서 자연대수를 사용하여 아래와 같이 나타낼 수 있다(이때 부가상수 $2k\pi i(k = 0, \pm 1, \pm 2, \cdots)$는 생략함).

$$\sin^{-1} z = \frac{1}{i}\ln\left(iz + \sqrt{1 - z^2}\right) \qquad \csc^{-1} z = \frac{1}{i}\ln\left(\frac{i + \sqrt{z^2 - 1}}{z}\right)$$

$$\cos^{-1} z = \frac{1}{i}\ln\left(z + \sqrt{z^2 - 1}\right) \qquad \sec^{-1} z = \frac{1}{i}\ln\left(\frac{1 + \sqrt{1 - z^2}}{z}\right)$$

$$\tan^{-1} z = \frac{1}{2i}\ln\left(\frac{1 + iz}{1 - iz}\right) \qquad \cot^{-1} z = \frac{1}{2i}\ln\left(\frac{z + i}{z - i}\right)$$

8. 역 쌍곡선(inverse hyperbolic) 함수 :

$$z = \sinh w \leftrightarrow w = \sinh^{-1} z\ ;\ z = \cosh w \leftrightarrow w = \cosh^{-1} z\ ;\ z = \tanh w \leftrightarrow w = \tanh^{-1} z \tag{3. 8}$$

이들 역시 다가함수로서, 위 경우처럼 부가상수 $2k\pi i(k = 0, \pm 1, \pm 2, \cdots)$를 생략하여 아래와 같이 자연대수 항으로 나타낼 수 있다.

$$\sinh^{-1}z = \ln(z+\sqrt{z^2+1}) \qquad \mathrm{csch}^{-1}z = \ln\left(\frac{1+\sqrt{z^2+1}}{z}\right)$$

$$\cosh^{-1}z = \ln(z+\sqrt{z^2-1}) \qquad \mathrm{sech}^{-1}z = \ln\left(\frac{1+\sqrt{1-z^2}}{z}\right)$$

$$\tanh^{-1}z = \frac{1}{2}\ln\left(\frac{1+z}{1-z}\right) \qquad \coth^{-1}z = \frac{1}{2}\ln\left(\frac{z+1}{z-1}\right)$$

9. 대수 및 초월 함수:

만약 함수 w가 아래로 정의되는 다항식

$$P_0(z)w^n + P_1(z)w^{n-1} + \cdots + P_{n-1}(z)w + P_n(z) = 0 \tag{3.9}$$

의 근(단, 이때 $P_0 \neq 0$, $P_1(z)$, $\cdots$, $P_n(z)$는 z의 다항식이며, n는 양의 정수이다)이면 $w=f(z)$는 z의 '대수함수(algebraic function)'라고 부른다(가령 다항식 $w^2-z=0$의 한 근인 $w=z^{1/2}$는 z의 대수 (2가)함수가 됨).

반면에 식 (3.9)로 나타낼 수 없는 함수 $w=f(z)$를 z의 '초월함수(transcendental function)'라고 부른다. 가령 대수, 삼각 및 쌍곡선 함수와 그들의 역함수는 초월함수에 속한다.

3. 1. 4 분지점과 다가함수

앞에서 설명한 $w=z^2$과 같은 '일대응' 대응관계에 있는 '일가함수'로부터 $w=\ln z$와 같은 '다대일' 대응관계에 있는 '다가함수'에 이르기까지 다양한 변환관계를 이해하기 위하여 먼저 아래의 일대일 변환을 생각해보자.

$$w = f(z) = \rho e^{i\phi} = z^2 \ \ (\text{단, 여기서 } z = re^{i\theta}) \tag{3.10}$$

여기서 w의 크기(혹은 절대값, modulus) ρ와 편각(혹은 위상, argument) ϕ는 아래가 된다.

$$\rho = |w| = \sqrt{ww^*} = r^2,\ \phi = \arg(w) = 2\theta \tag{3.11}$$

그런데 위에서 w의 반경 $\rho=r^2$이므로 선형변환은 아니다. 그러나 식 (3.11)의 중요성은 이 변환에 있어서 w의 위상각 $\phi=2\theta$가 되어 독립변수 z에 비해 각도가 2배 커진 것이다. 이는 곧

z의 제 1사분면 $0 \leq \theta \leq \dfrac{\pi}{2} \rightarrow w$의 상반부 $0 \leq \phi \leq \pi$

z의 상반부 $0 \leq \theta \leq \pi \rightarrow w$의 전평면 $0 \leq \phi \leq 2\pi$

를 의미한다. z의 하반부는 이미 덮혀진 w의 전평면으로 사상된다. 즉 두 번째로 w평면을 덮는다. 이것은 이대일 대응으로 z평면의 다른 두 점 z_0와 $z_0 e^{i\pi} = -z_0$는 하나의 점 $w = z_0^2$에 해당한다.

(2차원)Cartesian 표현으로 아래가 된다.

$$w = f(z) = z^2 = u + iv = (x+iy)^2 = x^2 - y^2 + i2xy \tag{3. 12}$$

즉

$$u = x^2 - y^2,\ v = 2xy \tag{3. 13}$$

이다. 따라서 w평면의 직선 $u = c_1$, $v = c_2$는 z평면의 직각(동시에 직교) 쌍곡선, $x^2 - y^2 = c_1$, $2xy = c_2$와 대응된다(그림 3.3). 우반부 $x > 0$의 쌍곡선 $x^2 - y^2 = c_1$상의 모든 점에 대해 직선 $u = c_1$상의 한 점이 대응되며, 역도 마찬가지이다. 그러나 직선 $u = c_1$의 모든 점은 또한 이미 설명한 대로 좌반부 $x < 0$의 쌍곡선 $x^2 - y^2 = c_1$상의 한 점에 대응한다. 한편 나중의 등각사상에 의하면, 변환이 해석적인 한, w-평면의 직선이 직교하면, z-평면의 대응직선 역시 직교함을 보인다.

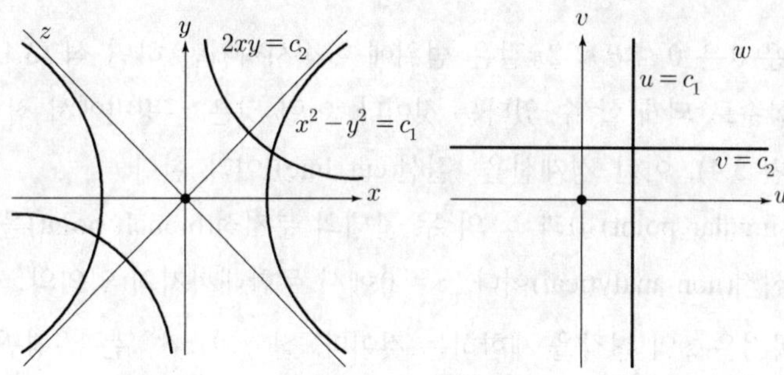

그림 3. 3 사상(mapping)–쌍곡선 좌표계.

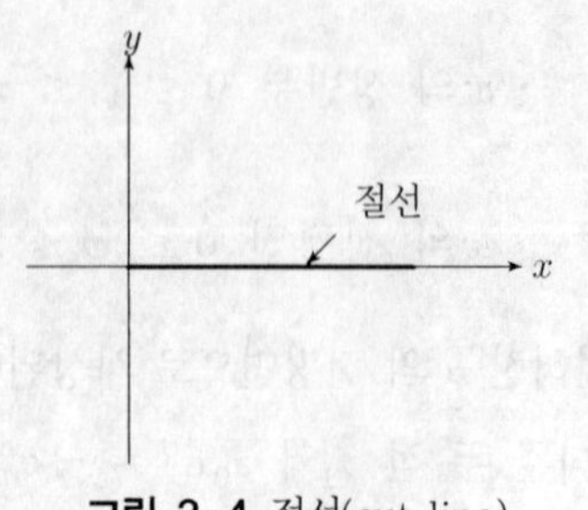

그림 3. 4 절선(cut line).

즉 그림 3. 3에서 $u=c_1$과 $v=c_2$는 서로가 직각을 이루므로, z 평면의 대응 쌍곡선은 직교한다. 이것은 명백히 새로운 쌍곡선(또는 면, 단 x와 y에 수직한 축을 부가할 때)의 직교계를 만든 것이다.

다음에는 식 (3.12)의 역에 해당하는 아래의 변환을 생각해보라.

$$w = f(z) = \rho e^{i\phi} = z^{1/2} \text{ (단, 여기서 } z = re^{i\theta}) \tag{3. 14}$$

여기서 w의 반경 ρ와 위상각 ϕ는 각각 아래가 된다.

$$\rho = r^{1/2}, \phi = \theta/2 \tag{3. 15}$$

이로부터 z-평면의 한 점(점 $z=0$은 제외)에 대응하는 w-평면의 두 점(각도는 ϕ와 $\phi+\pi$)을 가진다. 또는 다른 식으로 표현하는 θ와 $\theta+2\pi$가 w-평면의 다른 두 점 ϕ와 $\phi+\pi$에 대응한다. 이것은 간단히 실 변수식 $y^2=x$에서 y의 두 값, 양과 음이 x의 한 값에 대응하는 것에 대한 복소변수적 유사이다.

여기서 중요한 점은 θ은 $0 \le \theta < 2\pi$같은 범위에 한정시키기만 하면 식 (3.14)의 함수 w가 이가함수가 아닌 일가함수로 되게 할 수 있다는 것이다. 이런 것은 z-평면에서 직선 $\theta=0$을 절대로 넘어가지 못한다(그림 3.4). 이런 경계선을 '절선(cut line)'이라 한다.

절선은 특이점인(singular point) 0과 ∞의 두 군데의 분지점(branch point)을 연결한다. 여기서 함수는 당연히 비해석적(non-analytical)이다. $z=0$에서 무한대까지의 임의의 직선도 등가적인 역할을 한다. 절선의 목적은 z의 편각을 제한하는 것이다. 점 z와 $ze^{2\pi i}$는 z-평면에서 일치한다. 그러나 w-평면에서는 다른 점 w와 $we^{i\pi}=-w$가 된다. 따라서 절선이 없으면 함수 $w=z^{1/2}$의 의미가 애매해진다.

다른 방법으로 설명하면 함수 $w=z^{1/2}$가 이가함수이므로 두 장의 복소 z-평면을 절선을 따라 함께 붙일 수 있는데 그래서 $\arg(z)$가 2π를 넘어 증가하고, 두 번째 장의 4π에서 첫 번째 장의 시작점까지 내려올 수 있다. 이 구조를 $w=z^{1/2}$의 'Riemann 곡면'이라 부른다.

다음에는 아래의 변환을 생각해보자.

$$w = f(z) = \rho e^{i\phi} = e^{z} \ (\text{단, } z = re^{i\theta} = x + iy) \tag{3.16}$$

여기서 w의 반경 ρ 및 위상각 ϕ는 각각 아래가 된다.

$$\rho = e^{r\cos\theta} = e^{x}, \ \phi = r\sin\theta = y \tag{3.17}$$

여기서 y의 범위가 $0 \le \theta < 2\pi$(또는 $-\pi \le y < \pi$)에 걸치면 ϕ는 같은 범위를 포괄한다. 그러나 이것은 전체 w-평면이다. 다른 말로 폭이 2π인 z-평면의 수평부분은 전체 w-평면으로 사상된다. 더 나아가 n이 어떤 정수인 임의의 점 $x+i(y+2n\pi)$는 w-평면의 동일한 점(식 (3.17))에 사상된다. 즉 다(무한히 많음)대일 대응인 것이다.

마지막으로 식 (3.16)의 역에 해당하는 아래의 변환을 생각해보자.

$$w = f(z) = -u + iv = \rho e^{i\phi} = \ln z \ (\text{단, } z = re^{i\theta}) \tag{3.18}$$

위에서 w의 실수(u) 및 허수(v)는 각각 아래가 된다.

$$u = \ln r, \ v = \theta + 2n\pi \ (\text{단, } n = 0, \pm 1, \pm 2, \cdots) \tag{3.19}$$

이로부터 이 변환은 지수변환(식 (3.16))의 경우처럼 무한대의 다가함수 즉 무한한 다대일 대응에 해당된다.

이제 식 (3.18)의 물리적 의미를 생각해보자. 만일 z-평면의 단위원을 따라 돈다면, $r=1$이며, 식 (3.19)에 의해 $u=\ln r = 0$이지만, $v=\theta$이고, θ는 꾸준히 증가하는 동시에 θ가 2π를 지나 계속되면서 연속적으로 증가한다. 절선(cut line)은 원점의 가지점과 무한대를 연결한다. 그래서 θ가 2π를 지나 증가하면 절선을 따라 새로운 복소 z-평면을 붙인다. 즉 z-평면의 단위원 주위를 돌며 올라갈 때 w-평면에서의 모습은 나사가 돌면서 전진하는 것 또는 나사형의 계단을 걸어 올라가는 사람의 모양과 유사하고(그림 3.5), 그것은 $w=\ln z$인 'Reimann 곡면'이다.

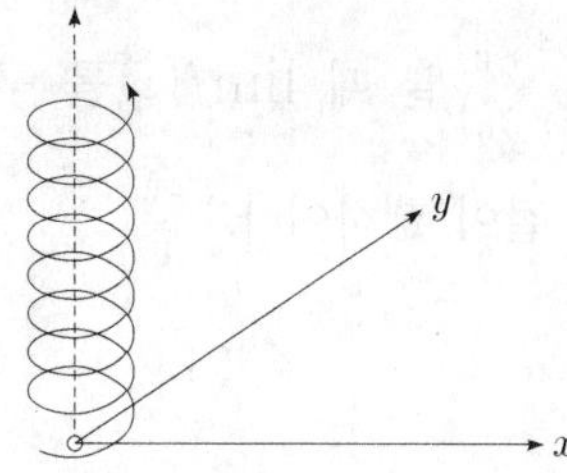

그림 3. 5 다가함수, 이 함수는 $\ln z$에 대한 Riemann 곡면이다.

앞에서의 예처럼 직선 $\theta=0$(양의 실축)을 절선으로 위하여 θ에 $0 \le \theta < 2\pi$같은 제한을 가함

으로써 대응을 유일하게(그리고 식 (3.18)이 애매하지 않게) 만든다. 이것은 나선형 계단의 오직 하나의 완전한 회전만을 취하는 것과 동일하다.

이러한 것의 이유는 원점을 대해 적분할 경우 경로 적분(contour integral)이

$$\oint \frac{dz}{z} = 2\pi i \neq 0$$

인 $\ln z$의 다가성 때문이다. 이 성질은 나중에 언급될 유수(residue)의 계산에 대한 기초가 된다.

3. 1. 5 극한과 연속

3. 1. 5. 1 극한(limit)

만약 복소함수 $f(z)$가 $z = z_0$의 근처(neighborhood)(단 가능한 한 $z = z_0$ 자체는 제외)에서 정의된 (일대일 대응)일가함수라고 하자. 이때 만약 어떤 작은 양의 실수 ε에 대해 $\theta < |z - z_0| < \delta$일 때 $| f(z) - l | < \varepsilon$을 만족하는 어떤 양의 실수 δ(이는 ε에 의존함)를 항상 발견할 수 있다면, z가 z_0에 접근할 때 실수 l을 함수 $f(z)$의 '극한(limit)'이라 부르며, 통상 $\lim_{z \to z_0} f(z) = l$로 기술한다 (혹은 $z \to z_0$일 때 $f(z) \to l$로도 기술한다).

기하학적으로는, 만약 z_0이 복소평면상의 한 점으로서 점 z가 z_0에 충분히 접근(단 z_0 자체는 제외)할 수 있도록 $f(z)$와 l의 절대값이 차이를 매우 작게 만들 수 있다면 $\lim_{z \to z_0} f(z) = l$로 기술할 수가 있다.

예제 3. 3

(a) 만약 $f(z) = z^2$일 때 $\lim_{z \to z_0} f(z) = z_0$임을 증명하라.

(b) 만약 $f(z) = \begin{cases} z^2 & (\text{단 } z \neq z_0) \\ \theta & (\text{단 } z = z_0) \end{cases}$일 때 $\lim_{z \to z_0} f(z)$를 구하라.

두 경우 모두 기하학적 해석도 같이 행하여라.

풀 이

(a) 극한의 정의로부터 임의의 실수 $\varepsilon(>0)$에 대해 항상 $0 < |z - z_0| < \delta$일 때 $|z^2 - z_0^2| < \varepsilon$을 만족하는 어떤 양의 작은($\varepsilon$에 의존하는) 실수 δ를 발견할 수 있으면 된다. 이에 만약 $\delta \leq 1$라고 가정하면 $0 < |z - z_0| < \delta$의 의미는 아래가 된다.

$$|z^2 - z_0{}^2| = |z - z_0||z + z_0| \; < \; \delta\,|z - z_0 + 2z_0| \; < \; \delta\{|z - z_0| + |2z_0|\} \; < \; \delta(1 + 2|z_0|)$$

여기서 δ를 1 또는 $\varepsilon/(1+2|z_0|)$를 취하면 항상 $|z-z_0|< \delta$인 경우 $|z^2 - z_0^2|< \varepsilon$을 만족하는 ε에 의존하는 작은 실수 δ를 발견할 수 있으므로 요구되는 결과가 증명된다. 또 이의 기하학적 의미는 z평면상의 1점 z_0가 변환 $w = z^2$에 의해 w 평면상의 1점 $w_0 = z_0^2$으로 사상(mapping) 된다. 한편 문 (a)의 극한의 만족되기 위해서는 정의에 의해 항상 $|z-z_0|< \delta$인 경우 $|w-w_0|< \varepsilon$을 만족하는 양의 작은(ε 의존) 실수 δ를 발견할 수 있음이 증명되었다. 기하학적으로는 이는 만약 w가 반경 $\varepsilon(>0)$의 원(circle) 내에 있기를 원한다면 z가 항상 반경 $\delta(>0)$의 원 내에 있도록 작은 양의 (ε에 의존하는) 실수 δ를 발견해야함을 의미한다.
그런데 위에서 이것이 증명 즉, δ을 1과 $\varepsilon/(1+2|z_0|)$ 중에서 보다 작은 것을 고르면 만족된다. 이 관계를 그림 3.6에 도식적으로 나타내었다.

그림 3. 6a　　　　그림 3. 6b

(b) 이는 두 문제 모두 $z = z_0$ 점 자체는 고려대상에서 제외하므로 결국 문 (a)의 경우와 큰 차이가 없다. 즉 이 경우도 $\lim_{z\to z_0} f(z) = z_0^2$가 성립된다. 여기서 $z \to z_0$일 때 $f(z)$의 극한은 $z = z_0$의 w평면에 상(image)은 $w = w_0 = z_0^2$이 된다. 그러나 문 (b)에서는 $z = z_0$의 상(image)은 $w = 0$이 된다. 따라서 이 점(즉 $z = z_0$)을 제외하고서는 문 (b)의 기하학적 해석은 문 (a)의 경우와 동일하다.

즉 위 예제의 문 (b)에서 본바와 같이 함수가 $z = z_0$에서 연속이 아니라면 $\lim_{z\to z_0} f(z)(=l) \neq f(z_0)$임에 유의해야 한다. 이하에 참고로 극한에 관련된 몇가지 정리를 증명없이 간단히 나타낸다(사실은 위에서 언급한 '$\varepsilon - \delta$ 기법'을 이용하여 증명할 수 있다).
만약 $\lim_{z\to z_0} f(z) = A$ 및 $\lim_{z\to z_0} g(z) = B$가 성립된다면 아래도 성립된다.

1. $\lim_{z\to z_0}\{f(z) + g(z)\} = \lim_{z\to z_0} f(z) + \lim_{z\to z_0} g(z) = A + B$

2. $\lim_{z \to z_0}\{f(z) - g(z)\} = \lim_{z \to z_0} f(z) - \lim_{z \to z_0} g(z) = A - B$

3. $\lim_{z \to z_0}\{f(z)g(z)\} = \left\{\lim_{z \to z_0} f(z)\right\}\left\{\lim_{z \to z_0} g(z)\right\} = AB$

4. $\lim_{z \to z_0}\dfrac{f(z)}{g(z)} = \dfrac{\lim_{z \to z_0} f(z)}{\lim_{z \to z_0} g(z)} = \dfrac{A}{B}$ if $B \neq 0$

3. 1. 5. 2 연속

만약 $f(z)$가 $z = z_0$의 근방(단 $z = z_0$도 포함)에서 정의된 일가함수이라면, 만약 $\lim_{z \to z_0} f(z) = f(z_0)$이 성립되어 이 함수 $f(z)$는 $z = z_0$에서 '연속(continuous)'이라 한다. 즉 $z = z_0$에서 f가 연속이기 위해서는 아래의 3조건이 동시에 만족되어야 한다.

1. $\lim_{z \to z_0} f(z) = l$가 반드시 존재해야 한다.
2. $f(z_0)$도 존재해야 한다.
3. $l = f(z_0)$가 성립된다.

또한 만약 $f(z)$가 $z = z_0$에서 연속이라면 $\lim_{z \to z_0} f(z) = f\left(\lim_{z \to z_0} z\right) = l$로도 쓸 수 있다. 따라서 예제 3.3(b)의 경우는 $z = z_0$에서 극한($l = z_0^2$)은 존재하나, 연속은 아니다(즉 $\lim_{z \to z_0} f(z) \neq f(z_0)(=0)$).

한편 연속의 경우도 극한의 경우와 마찬가지로 '$\varepsilon - \delta$ 기법'으로 증명할 수 있다. 즉 만약 $f(z)$가 $z = z_0$에서 연속이기위해서는, 임의의 작은 실수 $\varepsilon(> 0)$에 대해 항상 $|z - z_0| < \delta$인 경우 $|f(z) - f(z_0)| < \varepsilon$을 만족하는 작은 ($\varepsilon$ 의존하는) 양의 실수 δ를 발견할 수 있어야 한다(참고로 $z = \infty$에서의 $f(z)$의 연속성(continuity)은 $z = 1/w$로 두고 $w = 0$에서의 $f(1/w)$의 연속성을 조사하면 된다).

마지막으로 함수 $f(z)$가 어떤 주어진 영역(region) 내(z_0도 포함)에서 연속이라면, 영역 내 (모든) 임의의 점 z_0마다 임의의 작은 양의 실수 ε에 대해 항상 $|z - z_0| < \delta$인 경우 $|f(z) - f(z_0)| < \varepsilon$를 만족하는 작은 양의 실수(이는 ε에 의존하나, z_0에는 의존하지 않음) δ를 발견할 수 있다면 함수 $f(z)$는 이 영역에서 '균일하게 연속(uniformly continuous)'이라고 부른다.

예제 3. 4

(a) 함수 $f(z)=z^2$은 영역 $|z|<1$ 내에서 '균일 연속'임을 증명하라.

(b) 함수 $f(z)=1/z$은 영역 $|z|<1$ 내에서 균일연속이 아님을 증명하라.

풀 이

(a) 지금 임의의 작은 실수 $\varepsilon(>0)$에 대해 항상 $|z-z_0|<\delta$일 때 $|z^2-z_0^2|<\varepsilon$을 만족하는 ε에는 의존하나 영역 내 임의의 한 점 z_0에는 의존하지 않는 작은 양의 실수 δ를 발견할 수 있으면 된다. 문제에서 z과 z_0이 영역 $|z|<1$내 임의의 점들이라면 아래가 성립된다.

$$|z^2-{z_0}^2|=|z+z_0||z-z_0| \le \{|z|+|z_0|\}|z-z_0| < 2|z-z_0|$$

여기서 만약 $|z-z_0|<\delta$라 하면, $|z^2-z_0^2|<2\delta$이 성립된다. 따라서 $\delta=\varepsilon/2$를 취하면 임의의 (작은)양의 실수 ε에 대해 $|z-z_0|<\delta$인 경우 $|z^2-z_0^2|<\varepsilon$을 만족하는 ε에는 의존하나, 영역 내 한 점 z_0에는 의존하지 않는 작은 양의 실수 δ를 발견할 수 있으므로 $f(z)=z^2$는 영역 $|z|<1$내에서 '균일 연속' 이다.

(b) 만약 $f(z)=1/z$가 영역 내 균일연속이라고 가정해보자. 그러면 임의의 작은 실수 $\varepsilon(>0)$에 대해 항상 $|z-z_0|<\delta$(여기서 z 및 z_0은 영역 내 점들임)인 경우 $|f(z)-f(z_0)|<\varepsilon$을 만족하는 ε의존(그러나 z_0에는 비의존)성 작은 양의 실수 δ를 0과 1사이에서 발견할 수 있어야 한다. 여기서 $z=\delta$, $z_0=\dfrac{\delta}{1+\varepsilon}$로 두면 $|z-z_0|=\left|\delta-\dfrac{\delta}{1+\varepsilon}\right|=\dfrac{\varepsilon}{1+\varepsilon}\delta<\delta$가 된다. 그러나 $\left|\dfrac{1}{z}-\dfrac{1}{z_0}\right|=\left|\dfrac{1}{\delta}-\dfrac{1+\varepsilon}{\delta}\right|=\dfrac{\varepsilon}{\delta}>\varepsilon(\because\ 0<\delta<1)$가 된다. 이는 '균일 연속' 의 가정에 위배되므로 함수 $f(z)=1/z$는 영역 $|z|<1$내에서 균일연속이 되지 못한다.

3. 1. 6 수열 및 급수의 수렴성

3. 1. 6. 1 수열의 수렴성

양의 정수 변수 $n=1, 2, 3, \cdots$의 함수 $f(n)$ 혹은 u_n을 '수열(sequence)'이라고 부른다(부록 E절 참조). 즉 수열이란 일정 규칙에 의해 형성되고, 배열된 수 $u_1, u_2, u_3, \cdots$의 집합(set)을 말하며, 그 중에 u_n은 n번째 항(term)이라고 부른다. 혹은 수열 $u_1, u_2, u_3, \cdots$를 단순히 $\{u_n\}$로 나타내기로 한다. 여기서는 특별한 언급이 없는 한 항의 수가 무한대인 '무한수열(infinite sequence)'을 일컫는다. 가령 어떤 수의 집합 $1+i, \dfrac{(1+i)^2}{2!}, \dfrac{(1+i)^3}{3!}, \cdots$은 무한수열로서, n번째의 일반항 $u_n=(1+i)^n/n!$(여기서 $n=1, 2, 3, \cdots$)이다.

수열의 극한 :

만약 어떤 (작은)양의 실수 ε에 대해 $n > N$이 되는 모든 n에 있어서 $|u_n - l| < \varepsilon$가 만족되게 하는 ε에 의존하는 (큰)양의 정수 N을 발견할 수 있으면 수 l을 무한수열 $u_1, u_2, u_3, \cdots$의 '극한(limit)'이라고 부르며 $\lim_{n\to\infty} u_n = l$로 기술한다.

이때 만약 $l \ll \infty$가 되는 수열의 한계가 존재하면 수열은 수렴성(convergent)이 되며, 그렇지 않은 경우는 발산성(divergent)이 된다.

수열의 극한에 관한 몇 가지 정리 :

만약 $\lim_{n\to\infty} a_n = A$ 및 $\lim_{n\to\infty} b_n = B$ (여기서 $A, B \ll \infty$)가 성립되면 아래로 성립된다.

1. $\lim_{n\to\infty}(a_n + b_n) = \lim_{n\to\infty} a_n + \lim_{n\to\infty} b_n = A + B$
2. $\lim_{n\to\infty}(a_n - b_n) = \lim_{n\to\infty} a_n - \lim_{n\to\infty} b_n = A - B$
3. $\lim_{n\to\infty}(a_n b_n) = \left(\lim_{n\to\infty} a_n\right)\left(\lim_{n\to\infty} b_n\right) = AB$
4. $\lim_{n\to\infty} \dfrac{a_n}{b_n} = \dfrac{\lim_{n\to\infty} a_n}{\lim_{n\to\infty} b_n} = \dfrac{A}{B}$ if $B \neq 0$

예제 3. 5

만약 $\lim_{n\to\infty} z_n = l$이라면 $\lim_{n\to\infty} Re\{z_n\} = Re\{l\}$ 및 $\lim_{n\to\infty} Im\{z_n\} = Im\{l\}$가 성립됨을 보여라.

풀 이

지금 $z_n = x_n + iy_n$ 및 $l = l_1 + il_2$라고 두자(이때 x_n, y_n 및 l_1, l_2는 각각 복소수 z_n과 l의 실수 및 허수 부분에 해당됨). 그러면 가정에 의해 임의의 (작은) 실수 $\varepsilon(>0)$에 대해 $n > N$인 모든 n에 있어서 $|z_n - l| < \varepsilon$을 만족하는, 혹은 아래의 관계를 만족하는 (큰) 양의 정수 N을 발견할 수가 있다.

$$|x_n + iy_n - (l_1 - il_2)| < \varepsilon \quad \text{for} \quad n > N \quad \text{혹은} \quad \sqrt{(x_n - l_1)^2 + (y_n - l_2)^2} < \varepsilon \quad \text{for} \quad n > N$$

이로부터 필연적으로 아래의 관계가 성립된다.

$$|x_n - l_1| < \varepsilon \text{ 및 } |y_n - l_2| < \varepsilon \quad \text{for} \quad n > N$$

즉 $\lim_{n\to\infty} x_n = l_1$ 및 $\lim_{n\to\infty} y_n = l_2$가 성립되어 요구되는 관계가 만족된다.

3. 1. 6. 2 무한급수

만약 수의 집합 $u_1, u_2, u_3, \cdots$가 주어진 한 수열이라고 하면, 아래와 같이 정의되는 새 수열 $S_1, S_2, S_3, \cdots$을 생각하자.

$$S_1 = u_1,\ S_2 = u_1 + u_2,\ S_3 = u_1 + u_2 + u_3,\ \cdots,\ S_n = u_1 + u_2 + \cdots + u_n$$

이때 S_n은 수열 $\{u_n\}$의 n번째 부분합(partial sum), 즉 첫 n항의 합으로써 $S_n = \sum_{k=1}^{n} u_k$가 된다. 그리고 아래의 표현식

$$u_1 + u_2 + u_3 + \cdots = \sum_{n=1}^{\infty} u_n = \lim_{n\to\infty} S_n$$

은 '무한급수(infinite series)'라고 부른다. 만약 이때 $\lim_{n\to\infty} S_n = S(\ll \infty)$가 존재하면 이 무한급수는 (극한)값 S로 수렴(convergent)한다고 하며, 그렇지 않은 경우를 발산(divergent)한다고 한다. 또한 위 식의 무한급수가 수렴하기 위한 필요조건(그러나 충분조건은 아님)은 $\lim_{n\to\infty} u_n = 0$이다($\because$ $\lim_{n\to\infty} S_{n+1}(= S_n + u_n) = \lim_{n\to\infty} S_n = S$로부터).

예제 3. 6

만약 $|z| < 1$일 때 아래가 성립(즉 수렴)됨을 보여라.

$$1 + z + z^2 + z^3 + \cdots = \frac{1}{1-z}(\ll \infty)$$

풀 이

위 급수에서 첫 n항의 합 S_n에서 zS_n을 빼면 아래가 성립된다.

$$\begin{aligned} S_n &= 1 + z + z^2 + \cdots + z^{n-1} \\ -zS_n &= z + z^2 + \cdots + z^{n-1} + z^n \\ \hline (1-z)S_n &= 1 - z^n \quad \text{혹은} \quad S_n = \frac{1-z^n}{1-z} \end{aligned}$$

여기서 만약 $|z| < 1$인 경우 위 무한급수가 $1/(1-z)$로 수렴하기 위해서는 필요조건인 $\lim_{n\to\infty} z^n = 0$이 됨을 추정해보자. 이를 증명하기 위해서는 수열의 극한정리 즉 어떤 주어진 (작은) 실수 $\varepsilon(>0)$에 대해 $n > N$이 되고, 모든 n에 있어서 $|z^n - 0| < \varepsilon$을 만족하게 하는 ε 의존하는 충분히 큰 양의 정수 N을 발견할 수 있어야 한다.

그런데 $z=0$인 경우는 확실히 성립한다. 그리고 $z \neq 0$인 경우도 $|z|<1$에서 z의 반경(혹은 크기) $r<1$이 되어, $|z^n|=|z|^n<\varepsilon$이 만족된다. 따라서 양변에 (자연)대수를 취하면 $n\ln|z|<\ln\varepsilon$ 혹은 $n>(\ln\varepsilon)/(\ln|z|)[\equiv N(\varepsilon)](\because |z|<1$에서 $\ln|z|<0$가 되므로)가 되어 그러한 $N(\varepsilon)$를 발견할 수가 있으므로 $\lim_{n\to\infty} z^n=0$가 증명된다. 따라서 아래 관계가 성립되어 증명된다.

$$1+z+z^2+\cdots=\lim_{n\to\infty}S_n=\lim_{n\to\infty}\frac{1-z^n}{1-z}=\frac{1-0}{1-z}=\frac{1}{1-z}$$

또한 위 결과로부터 아래의 무한급수도 아래와 같이 수렴된다.

$$a+az+az^2+\cdots=\frac{a}{1-z}\text{(단 } |z|<1)$$

즉 이는 초항이 a, 공비가 z인 무한 기하급수로서 $|z|<1$ 경우 $a/(1-z)$로 수렴된다.

3. 2 복소미분과 Cauchy-Riemann 관계식

3. 2. 1 도함수 및 해석함수

만약 $f(z)$가 z평면의 어떤 영역(region) R에서 (일대일 대응) 단일값 함수라 할 때, $f(z)$의 (미분) 도함수(derivative) $f'(z)$는 아래와 같이 정의된다.

$$f'(z)=\lim_{\Delta z\to 0}\frac{f(z+\Delta z)-f(z)}{\Delta z} \tag{3. 20}$$

단, 이 때 도함수의 극한(limit)은 $\Delta z\to 0$(즉 $\Delta x+i\Delta y\to 0$)에 가는 경로에 무관하게 존재한다고 가정된다. 이와 같은 경우를 함수 $f(z)$는 $z=z$에서 '미분가능(differentiable)'이라고 하며, 이 때 함수의 연속성(continuity)은 미분가능에 대한 필요조건이 된다(그러나 반드시 충분조건은 아니다 - 예제 3.7 참조).

또한 만약 도함수 $f'(z)$가 영역 R의 모든 점에서 존재하면 함수 $f(z)$는 R에서 '해석적(analytical)' 혹은 '해석함수(analytical function)' 또는 '정칙함수(regular or holomorphic function)'라고 칭한다. 덧붙여 함수 $f(z)$의 도함수가 존재하는 모든 점에서 $|z-z_0|<\delta$ (여기서 δ은 작은 양의 실수)을 만족하는 이웃이 존재하면 이 함수는 $z=z_0$에서도 해석적이라고 한다.

예제 3. 4

미분 $\dfrac{d\bar{z}}{dz}$는 z 평면내 어떤 점에서도 존재하지 않는다. 즉, 함수 $f(z)=\bar{z}$는 '비해석적'임을 증명하라.

풀 이

도함수의 정의 식 (3.20)과 $\Delta z(=\Delta x+i\Delta y)\to 0$이 되는 경로에 무관함으로부터 아래가 성립된다.

$$\frac{d}{dz}\bar{z}=\lim_{\Delta z\to 0}\frac{\overline{z+\Delta z}-\bar{z}}{\Delta z}=\lim_{\substack{\Delta x\to 0\\ \Delta y\to 0}}\frac{\overline{x+iy+\Delta x+i\Delta y}-\overline{x+iy}}{\Delta x+i\Delta y}$$

$$=\lim_{\substack{\Delta x\to 0\\ \Delta y\to 0}}\frac{x-iy+\Delta x-i\Delta y-(x-iy)}{\Delta x+i\Delta y}=\lim_{\substack{\Delta x\to 0\\ \Delta y\to 0}}\frac{\Delta x-i\Delta y}{\Delta x+i\Delta y}$$

(단 위 식에서 함수 $f(z)$의 공액을 취하는 것은 $\overline{f(z)}=\bar{f}(\bar{z})$가 됨을 이용하였다.)

그런데 도함수는 $\Delta z\to 0$이 되는 경로에 무관해야 하므로 아래의 두 경우가 모두 같은 값을 주어야 한다. 즉

(i) 만약 $\Delta y=0$이면 이 때 $f'(z)$의 극한은 $\lim_{\Delta x\to 0}\frac{\Delta x}{\Delta x}=1$

(ii) 만약 $\Delta x=0$이면 이 때 $f'(z)$의 극한은 $\lim_{\Delta y\to 0}\frac{-i\Delta y}{i\Delta y}=-1$

따라서 위의 결과는 $f'(z)$의 극한이 $\Delta z\to 0$이 되는 경로에 의존하므로 $\bar{z}$의 도함수는 존재하지 않는다. 즉 $f(z)=\bar{z}$는 z 평면내 모든 점에서 비해석적이다.

3.2.2 Cauchy-Riemann 관계식

복소 함수 $w=f(z)=\rho e^{i\phi}=u(x,\,y)+iv(x,\,y)$[단, 이 때 $z=re^{i\theta}=x+iy$임]가 영역 R 내 모든 점에서 해석적이 되기 위한 필요충분조건(necessary and sufficient condition)은 아래 식으로 기술되는 Cauchy-Riemann(CR) 관계식이다.

$$\frac{\partial u}{\partial x}=\frac{\partial v}{\partial y},\quad \frac{\partial u}{\partial y}=-\frac{\partial v}{\partial x} \tag{3.21}$$

[참고로 위 식에서 u와 v는 서로 '공액함수(conjugate function)'라고 부른다.]

증 명 (a) 필요성(necessity) : 영역 R내 모든 점에서 함수 $f(z)$가 해석적이 되기 위해서는 도함수 $f'(z)$의 극한이 $\Delta z\to 0$이 되는 경로에 무관해야 하므로 도함수에 관한 아래의 정의를 생각해 보자.

$$\lim_{\Delta z\to 0}\frac{f(z+\Delta z)-f(z)}{\Delta z}=f'(z)$$

$$= \lim_{\substack{\Delta x \to 0 \\ \Delta y \to 0}} \frac{\{u(x+\Delta x, y+\Delta y) + iv(x+\Delta x, y+\Delta y)\} - \{u(x,y) + iv(x,y)\}}{\Delta x + i\Delta y} \quad (1)$$

여기서 $\Delta z(=\Delta x + i\Delta y) \to 0$가 되는 두 경우에 대해 각각 극한을 조사해 보자.

경우 1 : $\Delta y = 0,\ \Delta x \to 0$. 이 경우에 식 (1)은 아래가 된다(단 u및 v의 편미분은 존재한다고 가정).

$$\lim_{\Delta x \to 0} \left\{ \frac{u(x+\Delta x, y) - u(x,y)}{\Delta x} + i\left[\frac{v(x+\Delta x, y) - v(x,y)}{\Delta x} \right] \right\} = \frac{\partial u}{\partial x} + i\frac{\partial v}{\partial x}$$

경우 2 : $\Delta x = 0,\ \Delta y \to 0$. 이 경우에 식 (1)은 아래가 된다(역시 u및 v의 편미분은 존재한다고 가정).

$$\lim_{\Delta y \to 0} \left\{ \frac{u(x, y+\Delta y) - u(x,y)}{i\Delta y} + \frac{v(x, y+\Delta y) - v(x,y)}{\Delta y} \right\}$$

$$= \frac{1}{i}\frac{\partial u}{\partial y} + \frac{\partial v}{\partial y} = -i\frac{\partial u}{\partial y} + \frac{\partial v}{\partial y}$$

그런데 함수 $f(z)$가 $z = z$에서 해석적이라면 위의 두 경우의 $f'(z)$의 극한값이 서로 같아야 하므로 아래의 필요조건이 성립된다.

$$\frac{\partial u}{\partial x} + i\frac{\partial v}{\partial x} = -i\frac{\partial u}{\partial y} + \frac{\partial v}{\partial y} \quad \text{혹은} \quad \frac{\partial u}{\partial x} = \frac{\partial v}{\partial y},\ \frac{\partial v}{\partial x} = -\frac{\partial u}{\partial y}$$

(b) 충분성(sufficiency) : 먼저 편미분 $\partial u/\partial x$ 및 $\partial u/\partial y$가 (존재하고) 연속이라고 가정하였으므로 아래가 성립된다.

$$\Delta u = u(x+\Delta x, y+\Delta y) - u(x,y)$$

$$= \{u(x+\Delta x, y+\Delta y) - u(x, y+\Delta y)\} + \{u(x, y) + \Delta y) - u(x,y)\}$$

$$= \left(\frac{\partial u}{\partial x} + \varepsilon_1\right)\Delta x + \left(\frac{\partial u}{\partial y} + \eta_1\right)\Delta y = \frac{\partial u}{\partial x}\Delta x + \frac{\partial u}{\partial y}\Delta y + \varepsilon_1 \Delta x + \eta_1 \Delta y$$

여기서 $\Delta x \to 0$ 및 $\Delta y \to 0$의 경우에는 $\varepsilon_1 \to 0$ 및 $\eta_1 \to 0$이 성립된다.

마찬가지로, 편미분 $\partial v/\partial x$ 및 $\partial v/\partial y$가 (존재하고) 연속이라고 가정하였으므로 아래가 성립된다.

$$\Delta v = \left(\frac{\partial v}{\partial x} + \varepsilon_2\right)\Delta x + \left(\frac{\partial v}{\partial y} + \eta_2\right)\Delta y = \frac{\partial v}{\partial x}\Delta x + \frac{\partial v}{\partial y}\Delta y + \varepsilon_2 \Delta x + \eta_2 \Delta y$$

여기서 $\triangle x \to 0$ 및 $\triangle y \to 0$이 되면 $\varepsilon_2 \to 0$ 및 $\eta_2 \to 0$가 성립된다. 그러면

$$\triangle w = \triangle u + i\triangle v = \left(\frac{\partial u}{\partial x} + i\frac{\partial v}{\partial x}\right)\triangle x + \left(\frac{\partial u}{\partial y} + i\frac{\partial v}{\partial y}\right)\triangle y + \varepsilon\triangle x + \eta\triangle y \qquad (2)$$

역시 $\triangle x \to 0$ 및 $\triangle y \to 0$이 되면 $\varepsilon = \varepsilon_1 + i\varepsilon_2 \to 0$ 및 $\eta = \eta_1 + i\eta_2 \to 0$가 성립된다.

여기서 만약 CR 관계식 (3.21)이 성립된다고 가정하면 식 (2)는 아래와 같이 나타낼 수 있다.

$$\triangle w = \left(\frac{\partial u}{\partial x} + i\frac{\partial v}{\partial x}\right)\triangle x + \left(-\frac{\partial v}{\partial x} + i\frac{\partial u}{\partial x}\right)\triangle y + \varepsilon\triangle x + \eta\triangle y$$

$$= \left(\frac{\partial u}{\partial x} + i\frac{\partial v}{\partial x}\right)(\triangle x + i\triangle y) + \varepsilon\triangle x + \eta\triangle y$$

위 식의 양변을 $\triangle z (= \triangle x + i\triangle y)$로 나누고, $\triangle z \to 0$의 극한을 취하면(이 경우 $\varepsilon\triangle x$, $\eta\triangle y \to 0$됨) 아래를 얻는다.

$$\frac{dw}{dz} = f'(z) = \lim_{\triangle z \to 0}\frac{\triangle w}{\triangle z} = \frac{\partial u}{\partial x} + i\frac{\partial v}{\partial x}$$

따라서 CR 조건이 성립된다면 영역 R내 도함수 $f'(z)$가 $\triangle z \to 0$의 경로에 무관하게 존재하고, 유일하므로 함수 $f(z)$는 R내에서 해석적이 되어 충분성이 증명된다.

[참고 : 만약 식 (2)에 CR 관계식인 $u_x = v_y$ 및 $v_x = -u_y$를 대입하면 도함수 $f'(z) = v_y - iu_y$가 된다.] ■

한편 위 증명에서 언급하였듯이, 만약 함수 $f(z)$가 영역 R내에서 해석적이라면, (함수 및) 도함수 $f'(z)$가 존재하고 ($\triangle z \to 0$이 되는 경로에 무관하게) 연속이 되며, 이 때 $w = f(z) = u(x, y) + iv(x, y)$의 도함수는 아래의 3 방법 중 어느 하나에 의해 결정될 수 있으며, 또한 CR 관계식도 자연스럽게 확인된다. 즉

$$\frac{dw}{dz} = f'(z) = \frac{\partial}{\partial x}(u + iv) = u_x + iv_x = \frac{1}{i}\frac{\partial}{\partial y}(u + iv) = v_y - iu_y \qquad (3.22)$$

증 명 위 증명에서와 비슷한 논리로 도함수에 대해 전개하면 아래가 된다.

$$\frac{dw}{dz} = f'(z) = \lim_{\triangle z \to 0}\frac{\triangle f}{\triangle z} = \lim_{\substack{\triangle x \to 0 \\ \triangle y \to 0}}\frac{f(x + \triangle x,\, y + \triangle y) - f(x, y)}{\triangle x + i\triangle y} \qquad (1)$$

$$= \lim_{\substack{\Delta x \to 0 \\ \Delta y = 0}} \frac{f(x+\Delta x, y) - f(x,y)}{\Delta x} = \frac{\partial f}{\partial x} = \frac{\partial}{\partial x}(u+iv) = u_x + iv_x \qquad (2)$$

$$= \lim_{\substack{\Delta y \to 0 \\ \Delta x = 0}} \frac{f(x, y+\Delta y) - f(x,y)}{i\Delta y} = \frac{1}{i}\frac{\partial f}{\partial y} = \frac{1}{i}\frac{\partial}{\partial y}(u+iv) = v_y - iu_y \qquad (3)$$

즉 식 (2)와 (3)에서 식 (3.22)가 증명되며, 또한 식 (2)와 (3)의 비교에서 CR 관계식 (3.21)인 $u_x = v_y,\ u_y = -v_x$도 함께 증명됨을 알 수 있다. ■

예제 3.8

(a) $f(z) = \sin z$의 도함수를 식 (3.22)의 3 방법의 각각을 이용하여 구해보아라.

(b) $f(z) = \cos^2(2z+3i)$의 도함수를 복합미분(또는 연쇄율 - 부록 C.2절 참조) 법칙을 사용하여 구해보아라.

풀 이

(a) 먼저 z에 대해 직접 미분하면 실수의 경우와 마찬가지로 아래를 얻는다.

$$\frac{dw}{dz} = f'(z) = \cos z \qquad (1)$$

다음에는 $z = x+iy$를 대입하면 $w = \sin z = \sin(x+iy) = \sin x \cosh y + i\cos x \sinh y$를 얻는다(단 3.1.3절의 5번항 참조)

여기서 $u(x,y) = \sin x \cosh y,\ v(x,y) = \cos x \sinh y$가 된다. 그러면 식 (3.22)의 두 번째 공식에서 아래를 얻는다.

$$f'(z) = u_x + iv_x = \cos x \cosh y + i(-\sin x)\sinh y \qquad (2)$$

그런데 식 (1)에서 $\cos z = \cos(x+iy) = \cos x \sin iy - \sin x \sin iy = \cos x \cosh y - i \sin x \sinh y$(∵ 3.1.3절의 5번항 이용)가 되어 식 (2)와 같음을 알 수 있다.

마지막으로 식 (3.22)의 세 번째 공식에서 아래를 얻는다.

$$f'(z) = v_x - iu_y = \cos x \cosh y - i \sin x \sinh y \ (\because \text{3.2.4절 참조}) \qquad (3)$$

이는 식 (2)와 같으므로 결과적으로 식 (3.22)의 3 방법은 모두 같은 결과인 $\cos z$를 줌을 알 수 있다.

(b) $\eta = 2z+3i,\ \zeta = \cos\eta$을 두면 $w = f(z) = \zeta^2$이 된다. 여기서 복합미분법칙을 사용하여 도함수를 구하면 아래의 결과를 얻는다.

$$\frac{dw}{dz}=\frac{dw}{d\zeta}\cdot\frac{d\zeta}{d\eta}\cdot\frac{d\eta}{dz}=(2\zeta)(-\sin\eta)(2)$$

$$=(2\cos\eta)(-\sin\eta)(2)=-4\cos(2z+3i)\sin(2z+3i)$$

3. 2. 3 조화함수(harmonic function)

만약 해석함수 $w=f(z)=u(x,y)+iv(x,y)$의 함수 u및 v의 x및 y에 관한 2계 도함수가 존재하고, 영역 R에서 연속이라면 아래의 관계가 성립된다.

$$\nabla^2 u=\frac{\partial^2 u}{\partial x^2}+\frac{\partial^2 u}{\partial y^2}=0,\quad \nabla^2 v=\frac{\partial^2 v}{\partial x^2}+\frac{\partial^2 v}{\partial y^2}=0,\ \text{여기서}\ \nabla^2\equiv\frac{\partial^2}{\partial x^2}+\frac{\partial^2}{\partial y^2} \tag{3.23}$$

위 식에서 $\nabla^2=\nabla\cdot\nabla$는 'Laplace 연산자'로서 2차원 Cartesian 좌표계의 경우 $\nabla^2=\partial^2/\partial x^2+\partial^2/\partial y^2$이 된다(2.19절 참조). 여기서 Laplace 식(즉 $\nabla^2 u=0$ 혹은 $\nabla^2 v=0$)을 만족하는 함수 u 및 v를 '조화함수(harmonic function)'라고 한다.

증 명 함수 $f(z)$가 영역 R 내에서 해석적이므로, CR 관계식 (3.21)으로부터 $u_x=v_y$ 및 $u_y=-v_x$가 성립된다. 그런데 u 및 v의 2계 도함수가 존재하고, 연속이므로 이들은 각각 x 및 y로 편미분하면 아래를 얻는다.

$$\frac{\partial^2 u}{\partial x^2}=\frac{\partial^2 v}{\partial x\,\partial y},\ \frac{\partial^2 u}{\partial y^2}=-\frac{\partial^2 v}{\partial y\,\partial x}\quad\Rightarrow\frac{\partial^2 u}{\partial x^2}+\frac{\partial^2 u}{\partial y^2}=\nabla^2 u=0 \tag{1}$$

혹은 CR 식의 각각을 y 및 x로 편미분하면 아래를 얻는다.

$$\frac{\partial^2 u}{\partial y\,\partial x}=\frac{\partial^2 v}{\partial y^2},\ \frac{\partial^2 u}{\partial x\,\partial y}=-\frac{\partial^2 v}{\partial x^2}\quad\Rightarrow\frac{\partial^2 v}{\partial x^2}+\frac{\partial^2 v}{\partial y^2}=\nabla^2 v=0 \tag{2}$$

따라서 식 (1) 및 (2)로부터 u 및 v는 조화함수임이 증명된다. ■

3. 2. 4 기본함수의 도함수

1. $\frac{d}{dz}(c)=0$

16. $\frac{d}{dz}\cot^{-1}z=\frac{-1}{1+z^2}$

2. $\dfrac{d}{dz}z^n = nz^{n-1}$

3. $\dfrac{d}{dz}e^z = e^z$

4. $\dfrac{d}{dz}a^z = a^z \ln a$

5. $\dfrac{d}{dz}\sin z = \cos z$

6. $\dfrac{d}{dz}\cos z = -\sin z$

7. $\dfrac{d}{dz}\tan z = \sec^2 z$

8. $\dfrac{d}{dz}\cot z = -\csc^2 z$

9. $\dfrac{d}{dz}\sec z = \sec z \tan z$

10. $\dfrac{d}{dz}\csc z = -\csc z \cot z$

11. $\dfrac{d}{dz}\log_e z = \dfrac{d}{dz}\ln z = \dfrac{1}{z}$

12. $\dfrac{d}{dz}\log_a z = \dfrac{\log_a e}{z}$

13. $\dfrac{d}{dz}\sin^{-1} z = \dfrac{1}{\sqrt{1-z^2}}$

14. $\dfrac{d}{dz}\cos^{-1} z = \dfrac{-1}{\sqrt{1-z^2}}$

15. $\dfrac{d}{dz}\tan^{-1} z = \dfrac{1}{1+z^2}$

17. $\dfrac{d}{dz}\sec^{-1} z = \dfrac{1}{z\sqrt{z^2-1}}$

18. $\dfrac{d}{dz}\csc^{-1} z = \dfrac{-1}{z\sqrt{z^2-1}}$

19. $\dfrac{d}{dz}\sinh z = \cosh z$

20. $\dfrac{d}{dz}\cosh z = \sinh z$

21. $\dfrac{d}{dz}\tanh z = \operatorname{sech}^2 z$

22. $\dfrac{d}{dz}\coth z = -\operatorname{csch}^2 z$

23. $\dfrac{d}{dz}\operatorname{sech} z = -\operatorname{sech} z \tanh z$

24. $\dfrac{d}{dz}\operatorname{csch} z = -\operatorname{csch} z \coth z$

25. $\dfrac{d}{dz}\sinh^{-1} z = \dfrac{1}{\sqrt{1+z^2}}$

26. $\dfrac{d}{dz}\cosh^{-1} z = \dfrac{1}{\sqrt{z^2-1}}$

27. $\dfrac{d}{dz}\tanh^{-1} z = \dfrac{1}{1-z^2}$

28. $\dfrac{d}{dz}\coth^{-1} z = \dfrac{1}{1-z^2}$

29. $\dfrac{d}{dz}\operatorname{sech}^{-1} z = \dfrac{-1}{z\sqrt{1-z^2}}$

30. $\dfrac{d}{dz}\operatorname{csch}^{-1} z = \dfrac{-1}{z\sqrt{z^2+1}}$

3. 2. 5 특이점(singular points)

영역 R 내에서 함수 $f(z)$가 해석적이 되지 못하는 점을 $f(z)$의 '특이점(singular point or singularity)'이라고 부른다. 아래에 여러 형태의 특이점을 나타내었다.

1. 고립 특이점(isolated singularity) : 만약 반경이 $\delta(>0)$인 (작은)원 $|z-z_0|=\delta$ 내 (즉 중심의 $z=z_0$의 근방)에 z_0 이외는 다른 특이점이 존재하지 않을 때 점 $z=z_0$을 '고립 특이점'이라고 부른다. 반면에 그와 같은 δ을 발견할 수 없을 경우 점 z_0은 '비고립 특이점(non-isolated singularity)'이라 한다. 또한 z_0도 특이점이 아니고, 또한 그의 이웃인 반경 $|z-z_0|=\delta$ 내의 어떠한 점도 특이점이 아닐 때 점 z_0는 (해석적인) '정상점(ordinary point)'이 된다.

2. 극점(poles) : 만약 $z=z_0$에서 '비해석적'이 되는 함수 $f(z)$에 있어서 $\lim_{z\to z_0}(z-z_0)^n f(z)=A\neq 0$을 만족하는 양의 정수 n을 발견할 수 있다면, 점 $z=z_0$은 '차수 n의 극점(pole of order n)'이라 부르며, 특히 $n=1$인 경우를 '단순 극점(simple pole)'이라 부른다.

예 : 함수 $f(z)=\dfrac{3z-2}{(z-1)^2(z+1)(z-4)}$는 $z=1$에서 차수 2인 극점과 $z=-1$과 $z=4$에서 단순극점을 갖는다.

3. **분지점(branch point)** : 다가함수의 분지점의 예는 아래에 주어져 있다(3.1.4절 참조).

예1 : 2가함수 $f(z)=(z-3)^{1/2}$은 $z=3$에서 분지점을 갖는다.

예2 : (무한)다가함수 $f(z)=\ln(z^2+z-2)$은 $z^2+z-2=0$이 되는 두 점 즉 $z=1$과 $z=-2$에서 분지점을 갖는다.

4. **제거가능 특이점** : 만약 $z=z_0$ 자체는 값이 발산하는 특이점이 되나, $\lim_{z\to z_0} f(z)$는 유일한 값을 가지면 점 z_0은 '제거가능 특이점(removable singularity)'이라고 부른다.

예 : $f(z)=\sin z/z$는 $z=0$은 특이점이 되나, $\lim_{z\to 0}\dfrac{\sin z}{z}=\lim_{z\to 0}\dfrac{\cos z}{1}=1$(로피탈의 정리(식 (A.14)에 의해)가 되어 점 $z=0$은 제거가능 특이점이 된다.

5. 필수 특이점 : 위에서 언급한 종류(즉 극점, 분지점 혹은 제거가능 특이점)에 속하지 않는 특이점을 '필수 특이점(essential singularity)'이라고 부른다.

예 : $f(z)=e^{1/(z-2)}$는 $z=2$에서 필수 특이점이 된다.

만약 (일대일 대응) 일가함수 $f(z)$가 특이점을 갖는다면, 그 특이점은 극점 아니면 필수 특이점이 된다. 이와 같은 이유로 극점(pole)을 '비필수 특이점(non-essential singularity)'이라고도 부른다. 또한 $f(z) = e^{1/z}$(이 경우 $z = z_0 = 0$은 필수 특이점)처럼 $\lim_{z \to 0}(z - z_0)^n f(z) = A \neq 0$(여기서 f는 $z = z_0$에서 특이점을 가짐)이 되는 양의 정수 n을 발견할 수 없다면 점 $z = z_0$은 필수 특이점이 된다.

6. 무한대 특이점 : 가령 함수 $f(z) = z^3$ 은 $z = \infty$에서 3차 극점 (pole of order 3)을 가진다. 여기서 만약 $w = 1/z$로 두면 $f(1/w) = 1/w^3$은 $w = 0$에서 3차 극점을 가진다.

3. 2. 6 복소 미분연산자

이 절에서 다룰 내용은 이 책을 통하여 거의 사용되지 않지만, 1, 2장의 (선형)연산자 이론에 익숙한 독자들을 위하여 간단히 소개하고자 한다. 먼저 복소수변수 $z = re^{i\theta} = 1x + iy$를 2차원 Cartesian 벡터 $\boldsymbol{a} = \boldsymbol{i}a_x + \boldsymbol{j}a_y$와 대비하여 1을 $\boldsymbol{i}$, $i(= \sqrt{-1})$를 $\boldsymbol{j}$로 간주하면 z는 2차원 벡터로 간주할 수 있다[실제 $z_1 \pm z_2 = (x_1 \pm x_2) + i(y_1 \pm y_2)$, $|z_1 \pm z_2| = ((x_1 \pm x_2)^2 + (y_1 \pm y_2)^2)^{1/2}$ 등에서 볼 수 있듯이]. 또한 2차원 Cartesian 좌표계에서의 편미분 (del)연산자 $\nabla\left(\equiv \dfrac{\partial}{\partial \boldsymbol{r}}\right)$는 $\nabla = \boldsymbol{i}\dfrac{\partial}{\partial x} + \boldsymbol{j}\dfrac{\partial}{\partial y}$(식 (2.358) 참조)로 나타내지는데, 이와 유사하게 '복소 미분연산자(complex differential operator)' ∇(del) 및 $\overline{\nabla}$(del bar)(이는 ∇의 공액임) 아래와 같이 정의한다.

$$\nabla(\text{del}) \equiv 1\frac{\partial}{\partial x} + i\frac{\partial}{\partial y} = 2\frac{\partial}{\partial \bar{z}}, \quad \overline{\nabla}(\text{del bar}) \equiv 1\frac{\partial}{\partial x} - i\frac{\partial}{\partial y} = 2\frac{\partial}{\partial z} \tag{3.24}$$

여기서

$$\frac{\partial}{\partial x} = \frac{\partial}{\partial z} + \frac{\partial}{\partial \bar{z}}, \quad \frac{\partial}{\partial y} = i\left(\frac{\partial}{\partial z} - \frac{\partial}{\partial \bar{z}}\right) \tag{3.25}$$

위 식에서 $\bar{z}$ 및 $\overline{\nabla}$는 각각 z 및 ∇의 공액이며, 또한 $z = x + iy$, $\bar{z} = x - iy$에서 $x = (z + \bar{z})/2$, $y = (z - \bar{z})/2i$를 이용하였다.

증 명 우선 식 (3.25)를 임의의 연속미분이 가능한(복소)함수 $F(x, y) = F(z, \bar{z})$를 사용하여 증명해보자. F를 x에 대해 편미분하면 아래를 얻는다.

$$\frac{\partial F}{\partial x} = \frac{\partial F}{\partial z}\frac{\partial z}{\partial x} + \frac{\partial F}{\partial \bar{z}}\frac{\partial \bar{z}}{\partial x} = \frac{\partial F}{\partial z} + \frac{\partial F}{\partial \bar{z}} \quad (\because \frac{\partial z}{\partial x} = 1, \frac{\partial \bar{z}}{\partial x} = 1\text{이므로}) \tag{1}$$

이로부터 (양변에 F를 제거하면) 식 (3.25)의 첫 번째 관계가 증명된다. 다음에는 F를 y에 대해 편미분하면 아래를 얻는다.

$$\frac{\partial F}{\partial y} = \frac{\partial F}{\partial z}\frac{\partial z}{\partial y} + \frac{\partial F}{\partial \bar{z}}\frac{\partial \bar{z}}{\partial y} = \frac{\partial F}{\partial z}(i) + \frac{\partial F}{\partial \bar{z}}(-i) = i\left(\frac{\partial F}{\partial z} - \frac{\partial F}{\partial \bar{z}}\right)$$

$$(\because \frac{\partial z}{\partial y} = i, \frac{\partial \bar{z}}{\partial y} = -i\text{이므로}) \tag{2}$$

이로부터 (역시 양변에 F를 제거하면) 식 (3.25)의 두 번째 관계가 증명된다.

다음에는 식 (3.24)의 ∇ 및 $\overline{\nabla}$의 경우에 식 (3.25)의 결과를 대입하면 식 (3.24)가 증명된다.

$$\nabla \equiv \frac{\partial}{\partial x} + i\frac{\partial}{\partial y} = \frac{\partial}{\partial z} + \frac{\partial}{\partial \bar{z}} + i^2\left(\frac{\partial}{\partial z} - \frac{\partial}{\partial \bar{z}}\right) = 2\frac{\partial}{\partial \bar{z}}$$

$$\overline{\nabla} \equiv \frac{\partial}{\partial x} - i\frac{\partial}{\partial y} = \frac{\partial}{\partial z} + \frac{\partial}{\partial \bar{z}} - i^2\left(\frac{\partial}{\partial z} - \frac{\partial}{\partial \bar{z}}\right) = 2\frac{\partial}{\partial z} \qquad \blacksquare$$

다음에는 2.16 - 2.19절에서 논의된 편미분 벡터 연산자 ∇을 이용한 기울기(grad), 발산(div), 회전(curve) 및 라플라스(∇^2) 연산자와 유사하게 식 (3.24)로 정의된 복소 미분연산자 ∇ 및 $\overline{\nabla}$를 사용하여, 각각에 대해 정의해보자. 이 때 복소변수 $z = x + iy$의 두 실수변수 $x[=(z+\bar{z})/2]$및 $y[=(z-\bar{z})/2i]$의 연속적으로 미분이 가능한 벡터 함수인 $\boldsymbol{A}(x,y) = P(x,y) + iQ(x,y) \equiv \boldsymbol{B}(z,\bar{z})$ 및 스칼라 함수인 $F(x,y) = F\left(\frac{z+\bar{z}}{2}, \frac{z-\bar{z}}{2i}\right) \equiv G(z,\bar{z})$를 이용한다.

1. 기울기(gradient) : $\text{grad}\,F = \nabla F = 1\frac{\partial F}{\partial x} + i\frac{\partial F}{\partial y} = 2\frac{\partial G}{\partial \bar{z}}$($\because$ 식 (3.24) 이용) (3. 26)

$$\text{grad}\,\boldsymbol{A} = \nabla\boldsymbol{A} = \left(\frac{\partial}{\partial x} + i\frac{\partial}{\partial y}\right)(P + iQ)$$

$$= \frac{\partial P}{\partial x} - \frac{\partial Q}{\partial y} + i\left(\frac{\partial P}{\partial y} + \frac{\partial Q}{\partial x}\right) = 2\frac{\partial B}{\partial \bar{z}} \tag{3. 27}$$

여기서 만약 A가 해석함수이면 CR 관계식 (3.21)에서 $P_x = Q_y$가 되므로 $\frac{\partial B}{\partial \bar{z}} = 0$이 됨을 알 수

있다.

2. 발산(divergence) : $\operatorname{div}\boldsymbol{A}=\nabla\circ\boldsymbol{A}\equiv\operatorname{Re}\{\overline{\nabla}A\}=\operatorname{Re}\left\{\left(\frac{\partial}{\partial x}-i\frac{\partial}{\partial y}\right)(P+iQ)\right\}$

$$=\frac{\partial P}{\partial x}+\frac{\partial Q}{\partial y}=2\operatorname{Re}\left\{\frac{\partial \boldsymbol{B}}{\partial z}\right\} \qquad (3.28)$$

위 식에서 $\circ$은 복소발산을 나타내는 연산자 기호이다(이는 일반 벡터 $\boldsymbol{a}$의 발산 식인 div $\boldsymbol{a}=\nabla\cdot\boldsymbol{a}$에 대비된다).

3. 회전(curve) : $\operatorname{curl}\boldsymbol{A}=\nabla\times\boldsymbol{A}\equiv\operatorname{Im}\{\overline{\nabla}\boldsymbol{A}\}=\operatorname{Im}\left\{\left(\frac{\partial}{\partial x}-i\frac{\partial}{\partial y}\right)(P+iQ)\right\}$

$$=\frac{\partial Q}{\partial x}-\frac{\partial P}{\partial y}=2\operatorname{Im}\left\{\frac{\partial \boldsymbol{B}}{\partial z}\right\} \qquad (3.29)$$

위 식의 마지막 항등관계는 $\frac{\partial \boldsymbol{B}}{\partial z}=\frac{\partial x}{\partial z}\frac{\partial \boldsymbol{A}}{\partial x}+\frac{\partial y}{\partial z}\frac{\partial \boldsymbol{A}}{\partial y}=\frac{1}{2}\frac{\partial \boldsymbol{A}}{\partial x}+\frac{1}{2i}\frac{\partial \boldsymbol{A}}{\partial y}=\frac{1}{2}(P_x+iQ_x)$ $+\frac{1}{2i}(P_x+iQ_y)$를 이용하였다.

4. 라플라스 연산자(∇^2) : $\nabla\circ\nabla\equiv\nabla^2\equiv\operatorname{Re}\{\nabla\overline{\nabla}\}=\operatorname{Re}\left\{\left(\frac{\partial}{\partial x}-i\frac{\partial}{\partial y}\right)\left(\frac{\partial}{\partial x}+i\frac{\partial}{\partial y}\right)\right\}$

$$=\frac{\partial^2}{\partial x^2}+\frac{\partial^2}{\partial y^2}=4\frac{\partial^2}{\partial z\,\partial \overline{z}} \qquad (3.30)$$

위 식의 마지막 항등관계는 $\frac{\partial}{\partial x}$ 및 $\frac{\partial}{\partial y}$를 식 (3.25)에 대입하고, 각각은 이중연산 (즉 제곱)시키면 얻어진다.

특히 (복소)벡터함수 $\boldsymbol{A}$가 해석적이면(즉 $P_x=Q_y$, $P_y=-Q_x$ 성립) Cauchy-Riemann 조건에 의해 $\nabla^2P=\nabla^2Q=0$이 되어 $\nabla^2\boldsymbol{A}=\nabla^2(P+iQ)=0$이 된다(3.2.3절 참조).

예제 3. 9

만약 (복소)벡터함수 $\boldsymbol{A}(x,y)=2xy-ix^2y^3$가 주어질 때,

(a) grad$\boldsymbol{A}$, (b)div$\boldsymbol{A}$, (c)curl$\boldsymbol{A}$, (d) $\nabla^2\boldsymbol{A}$를 위 정의를 사용하여 구하라.

풀 이

(a) $\text{grad}\boldsymbol{A} = \nabla \boldsymbol{A} = \left(\frac{\partial}{\partial x} + i\frac{\partial}{\partial y}\right)(2xy - ix^2y^3) = \frac{\partial}{\partial x}(2xy - ix^2y^3) + i\frac{\partial}{\partial y}(2xy - ix^2y^3)$

$= 2y - 2ixy^3 + i(2x - 3ix^2y^2) = 2y + 3x^2y^2 + i(2x - 2xy^3)$

(b) $\text{div}\boldsymbol{A} = \nabla \circ \boldsymbol{A} = \text{Re}\{\overline{\nabla}\boldsymbol{A}\} = \text{Re}\left\{\left(\frac{\partial}{\partial x} - i\frac{\partial}{\partial y}\right)(2xy - ix^2y^3)\right\}$

$= \frac{\partial}{\partial x}(2xy) - \frac{\partial}{\partial y}(x^2y^3) = 2y - 3x^2y^2$

(c) $\text{curl}\boldsymbol{A} = \nabla \times \boldsymbol{A} = \text{Im}\{\overline{\nabla}\boldsymbol{A}\} = \text{Im}\left\{\left(\frac{\partial}{\partial x} - i\frac{\partial}{\partial y}\right)(2xy - ix^2y^3)\right\}$

$= \frac{\partial}{\partial x}(-x^2y^3) - \frac{\partial}{\partial y}(2xy) = -2xy^3 - 2x$

(d) $\nabla^2\boldsymbol{A} = \nabla^2 A = \text{Re}\{\overline{\nabla}\nabla\boldsymbol{A}\} = \frac{\partial^2 A}{\partial x^2} + \frac{\partial^2 A}{\partial y^2} = \frac{\partial^2}{\partial x^2}(2xy - ix^2y^3) + \frac{\partial^2}{\partial y^2}(2xy - ix^2y^3)$

$= \frac{\partial}{\partial x}(2y - 2ixy^3) + \frac{\partial}{\partial y}(2x - 3ix^2y^2) = -2iy^3 - 6ix^2y$

3.3 복소적분과 Cauchy 정리

3.3.1 복소(경로) 적분

실수 적분의 경우와 마찬가지로 적분구간인 두 복소 경계(complex limits) 내에서 한 복소변수에 관한 적분을 정의할 수 있다. 만약 복소함수 $f(z)$가 복소(z) 평면내의 어떤 영역 R에서 1가 함수이고 연속이라면, R 내의 어떤 곡선을 따라서 두 점 A와 B사이에서 $f(z)$의 복소적분을 정의할 수 있으나, 이 값을 일반적으로 두 점 A와 B사이에 취해진 경로에 의존한다(그림 3.7참조) 그러나 이하에서 적분값이 경로에 의존하지 않는 어떤 경로 (some paths)를 발견 할 수 있을 것이다.

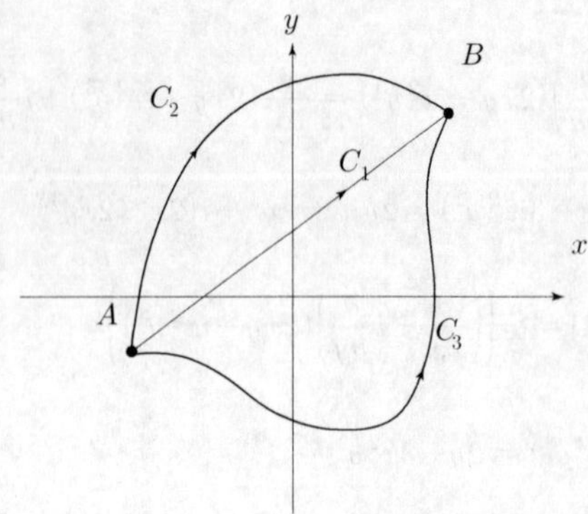

그림 3. 7 두 점 A와 B사이에서 복소함수 $f(z)$의 적분에 관한 몇 가지 다른 경로

지금 영역 R내의 어떤 특수한 적분경로 C가 한 개의 연속적인 (실수)파라미터 $t(\alpha \le t \le \beta)$를 사용하여 복소변수 $z = x + iy$의 두 실수변수 x 및 y에 대해 아래와 같이 매개변수 식에 의하여 정의된다고 하자.

$$x = x(t),\ y = y(t) \tag{3. 31}$$

이때 $t = \alpha$ 및 $t = \beta$는 각각 점 A 및 B이 해당된다. 그러면 영역내 연속함수 $f(z)$의 경우 C를 통한 복소적분은 아래와 같이 표기된다.

$$\int_C f(z)dz \tag{3. 32}$$

이를 다시 $f(z) = u + iv$ 및 $z = x + iy$를 사용하여 아래와 같이 4 실수적분의 합으로 나타내진다.

$$\begin{aligned}\int_C f(z)dz &= \int_C (u+iv)(dx+idy) \\ &= \int_C u\,dx - \int_C v\,dy + i\int_C u\,dy + i\int_C v\,dx \\ &= \int_\alpha^\beta u\frac{dx}{dt}dt - \int_\alpha^\beta v\frac{dy}{dt}dt + i\int_\alpha^\beta u\frac{dy}{dt}dt + i\int_\alpha^\beta v\frac{dx}{dt}dt\end{aligned} \tag{3. 33}$$

그러면 이제 그림 3.8에 주어진 3 다른 경로를 따른 각각의 적분값에 대하여 예제 3.10에서 조사해보기로 한다.

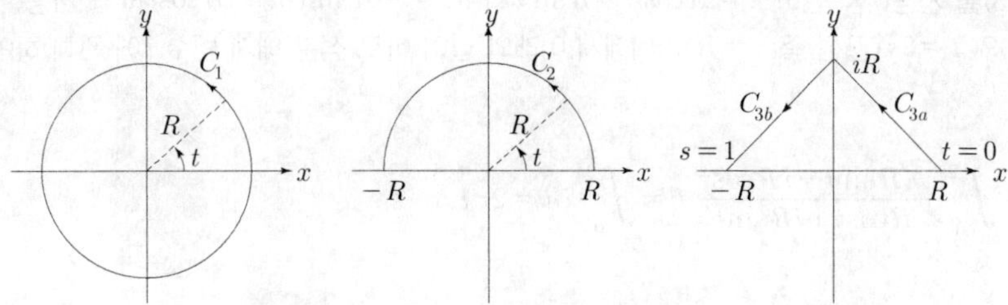

그림 3. 8 $f(z)=z^{-1}$의 적분에 대한 3 다른 경로

예제 3. 10

함수 $f(z)=z^{-1}$의 복소적분을 아래의 3 다른 경로(그림 3.8 참조)를 따라 행하여라.

(i) $z=R$에서 시작하여 반경 $|z|=R$의 원을 따라 $z=R$로 도로 돌아오는 경로 C_1.

(ii) $y\geq 0$인 반(윗)평면상에 있는 반경 $|z|=R$의 반원으로 이루어진 경로 C_2.

(iii) 두 직선 C_{3a}와 C_{3b}로 이루어진 경로.

풀 이

(i) 경로 C_1의 한 원상의 점 x와 y에 관한 매개변수 식은 $x=R\cos t$, $y=R\sin t$가 되므로 복소변수 $z=x+iy$는 아래가 된다.

$$z(t)=R\cos t+iR\sin t \qquad (0\leq t\leq 2\pi)$$

그리고 $f(z)=z^{-1}$(여기서 $z=x+iy$)는 아래가 된다.

$$f(z)=\frac{1}{x+iy}=\frac{x-iy}{x^2+y^2}$$

따라서 $f(z)=u+iv$의 실수 및 허수성분은 각각 아래가 된다.

$$u=\frac{x}{x^2+y^2}=\frac{R\cos t}{R^2} \quad \text{및} \quad v=\frac{-y}{x^2+y^2}=-\frac{R\sin t}{R^2}$$

이들 관계를 식 (3.33)에 대입하면 아래를 얻는다.

$$\int_{C_1}\frac{1}{z}dz=\int_0^{2\pi}\frac{\cos t}{R}(-R\sin t)dt-\int_0^{2\pi}\left(\frac{-\sin t}{R}\right)R\cos t\,dt$$

$$+i\int_0^{2\pi}\frac{\cos t}{R}R\cos t\,dt+i\int_0^{2\pi}\left(\frac{-\sin t}{R}\right)(-R\sin t)\,dt$$

$$=0+0+i\pi+i\pi=2\pi i \tag{3. 34}$$

한편 식 (3.33)을 사용하지 않고 $z = R\cos t + iR\sin t$와 $dz = -R\sin t dt + iR\cos t dt$를 사용하여 $t=0$(시작점 즉 $z=R$)와 $t=2\pi$(끝점 즉 $z=R$)사이에서 아래와 같이 바로 적분(매개 변수 t에 관해)하여도 같은 값을 얻는다.

$$\int_{C_1} \frac{dz}{z} = \int_0^{2\pi} \frac{-R\sin t + iR\cos t}{R\cos t + iR\sin t} dt = \int_0^{2\pi} i\,dt = 2\pi i \tag{3.35}$$

여기서 한가지 주목할 점은 (복소)적분값이 반경 R에 의존하지 않는다는 것이다.

(ii) 이 경우는 매개변수 t의 값이 $0 \le t \le 2\pi$가 아닌 $0 \le t \le \pi$인 점을 제외하고서는 경로 (i)의 경우와 동일하므로 당연히 적분(즉 면적) 값은 (i)의 경우의 반이 되므로 아래의 결과가 얻어진다.

$$\int_{C_2} \frac{dz}{z} = \pi i \tag{3.36}$$

(iii) 이 경우는 두점 (x_1, y_1)와 (x_2, y_2)를 지나는 직선의 매개변수(t) 식은 아래가 됨을 이용한다.

$$\frac{x - x_1}{x_2 - x_1} = t = \frac{y - y_1}{y_2 - y_1} \tag{3.37}$$

따라서 경로 C_{3a}에 대한 직선의 매개변수 식은 식 (3.37)에 $x_1 = R,\ y_1 = 0$ 및 $x_2 = 0,\ y_2 = R$을 대입하면 매개변수 $t(0 \le t \le 1)$를 이용하여 $x = (1-t)R$ 및 $y = tR$(즉 $x + y = R$)가 된다. 또한 경로 C_{3b}에 대한 직선의 매개변수 식은 위 식에 $x_1 = 0,\ y_1 = R$ 및 $x_2 = -R,\ y_2 = 0$을 대입하면 매개변수 $s(0 \le s \le 1)$를 사용하여 $x = -sR$ 및 $y = (1-s)R$이 된다. 따라서 두 경로에 대한 복소변수 $z = x + iy$의 매개변수 식은 각각 아래가 된다.

C_{3a}, $\quad z = (1-t)R + itR \quad \text{for } 0 \le t \le 1\,;$

C_{3b}, $\quad z = -sR + i(1-s)R \quad \text{for } 0 \le s \le 1\,.$

이들 파라미터 식을 갖고 두 경로에 대하여 적분을 합으로 나타내면 아래가 된다(단 이때 경로 C_{3a}와 C_{3b}에 대한 z 및 dz의 값이 다름에 유의해야 함).

$$\int_{C_3} \frac{dz}{z} = \int_0^1 \frac{-R + iR}{R + t(-R + iR)} dt + \int_0^1 \frac{-R - iR}{iR + s(-R - iR)} dt \tag{3.38}$$

여기서 위 식의 우변의 두 실수적분은 적분공식 $\int (a + bt)^{-1} dt = b^{-1} \ln(a + bt)$를 이용하여 구할 수 있다. 가령 우변의 첫 번째 적분을 구하면 아래가 된다.

$$\int_0^1 \frac{-R + iR}{R(1-t) + itR} dt = \int_0^1 \frac{(-1+i)(1-t-it)}{(1-t)^2 + t^2} dt$$

$$= \int_0^1 \frac{2t-1}{1-2t+2t^2} dt + i \int_0^1 \frac{1}{1-2t+2t^2} dt$$

$$= \frac{1}{2} \left[\ln(1-2t+2t^2) \right]_0^1 + \frac{i}{2} \left[2\tan^{-1}\left(\frac{t-1/2}{1/2} \right) \right]_0^1$$

$$= 0 + \frac{i}{2} \left[\frac{\pi}{2} - \left(-\frac{\pi}{2} \right) \right] = \frac{\pi i}{2}$$

마찬가지 방법으로 두 번째 적분을 행하면 같은 값 $\pi i/2$를 가진다. 따라서 경로 C_3을 따른 적분은 아래가 된다.

$$\int_{C_3} \frac{dz}{z} = \pi i \tag{3. 39}$$

즉 이 값은 경로 C_2를 따른 경우와 같다.

위의 예제를 생각해보면 몇 가지 지적할 사항이 있다. 즉 경로 C_2와 C_3 모두 시작점과 끝점은 각각 $z=R$ 및 $z=-R$로서 같으며, 비록 경로는 다르나 최종 적분값은 같음을 알 수 있다. 그리고 가령 경로 C_2를 따라 적분 후 다시 $z=-R$에서 $z=R$까지 경로 C_3의 반대를 따라 적분을 행하면 전체적으로 z^{-1}의 적분은 0이 될 것이다. 이는 도로 처음으로 돌아오는 폐경로 C_1을 따른 적분값이 0이 아님 $2\pi i$값을 주는 것과 대조적이다. 그리고 아래 예제에서 보듯이 그림 3.8의 두 경로인 C_2와 c_3를 따른 적분은 같은 값을 주는 것은 어떠한 함수 $f(z)$에 대해서도 성립되는 것은 아니다.

예제 3. 11

그림 3.8에 주어진 3 경로를 따라 함수 $f(z) = Re z (= x)$의 복소적분을 각각 행하여라.

풀 이

(i) $f(z) = Re z(=x)$의 경로 C_1을 따른 적분은 예제 3.10의 (i)의 $z(t)$를 사용하여 아래가 된다.

$$\int_{C_1} Re z\, dz = \int_0^{2\pi} R\cos t(-R\sin t + iR\cos t)dt = i\pi R^2$$

(ii) 경로 C_2를 따른 적분도 예제 3.10의 (ii)에서 아래가 된다.

$$\int_{C_2} Re z\, dz = \int_0^{\pi} R\cos t(-R\sin t + iR\cos t)dt = \frac{1}{2} i\pi R^2$$

(iii) 경로 $C_3 = C_{3a} + C_{3b}$를 따른 적분도 예제 3.10의 (iii)에서 아래가 된다.

$$\int_{C_3} Re\, z\, dz = \int_0^1 (1-t)R(-R+iR)dt + \int_0^1 (-sR)(-R-iR)\, ds$$

$$= \frac{1}{2}R^2(-1+i) + \frac{1}{2}R^2(1+i) = iR^2$$

그런데 예제 3.10의 경우와 달리 경로 C_2와 C_3에 대한 적분 값은 서로 다름에 유의해야 한다.

위 두 예제에서 보듯이 복소적분의 경우 처음과 끝점이 같아도 경로에 따라 (또한 함수에 따라) 값이 같을 수 도 있고, 다를 수 도 있다. 이에 대한 일반적인 결론은 다음에 소개할 'Cauchy 정리'에서 자세히 설명하겠지만 그 전에 여기서 복소적분에서 중요한 한 가지 부등관계를 지적하고자 한다. 즉 어떤 경로 C를 따른 함수의 (복소)적분시 $|f(z)|\left(=\sqrt{ff^*}\right) \le M$이라고 하고, L는 경로 C의 길이라 하면 항상 아래 식이 성립된다(실수 적분의 경우에도 마찬가지가 성립됨).

$$\left|\int_C f(z)dz\right| \le \int_C |f(z)||dz| \le M\int_C dl = ML \tag{3. 40}$$

3. 3. 2 Cauch 정리

만약 $f(z)$가 폐경로(closed contour) C의 위와 내부의 모든 점에 해석적이며, 또한 $f'(z)$도 연속이라면 아래가 성립된다.

$$\oint_C f(z)dz = 0 \tag{3. 41}$$

이를 복소적분에 관한 '코시정리(Cauch's theorem)'라고 부른다.

증 명 이는 2차원 발산(divergence) 정리로 알려진 xy평면상의 Green 정리(식 (2.400))에 의하면 아래가 성립된다.

$$\iint_R \left(\frac{\partial p}{\partial x} + \frac{\partial q}{\partial y}\right)dxdy = \oint_C (p\,dy - q\,dx) \tag{3. 42}$$

그런데 $f(z) = u + iv$ 및 $dz = dx + idy$를 이용하면 아래의 한 사이클(폐경로) 적분이 얻어진다.

$$I = \oint_C f(z)dz = \oint_C (u\,dx - v\,dy) + i\oint_C (v\,dx + u\,dy)$$

이는 위 Green 정리(식 (3.42))로부터 아래가 된다.

$$I = \iint_R \left[\frac{\partial(-u)}{\partial y} + \frac{\partial(-v)}{\partial x} \right] dxdy + i\iint_R \left[\frac{\partial(-v)}{\partial y} + \frac{\partial(u)}{\partial x} \right] dxdy \tag{3.43}$$

그런데 여기서 함수 $f(z)$가 해석적이라고 가정하였으므로, CR 관계식 (3.21)에서 위 적분의 실수 및 허수항 모두 0이 되어, 식 (3.41)이 증명된다. ■

사실 위 식의 증명에 부여된 조건은 너무 엄격하다. 즉 도함수 $f'(z)$의 연속성은 Cauchy 정리의 증명에 반드시 필요한 것은 아니고, 단지 함수 $f(z)$가 폐경로 C의 위 및 내부에서 해석적이라는 것만으로도 충분하다.

예제 3.12

복소 (z) 평면상의 두 점 A 및 B가 두 개의 다른 경로 C_1 및 C_2로 연결되어 있다고 하자(그림 3.9 참조). 만약 함수 $f(z)$가 두 경로상 및 또한 두 경로로 둘러싸여진 영역 내에서 해석적이라면 $f(z)$의 적분은 경로에 무관하게 동일함을 보여라.

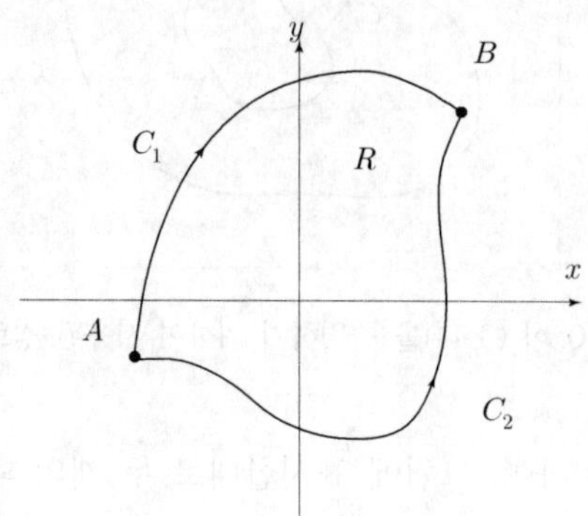

그림 3.9 영역 R을 둘러싸고 있는 두 경로 C_1 및 C_2.

풀 이

함수 $f(z)$가 주어진 영역 R 내에서 해석적이므로, Cauchy 정리 (3.41)에 의해 아래가 성립된다. .

$$\int_{C_1} f(z)dz - \int_{C_2} f(z)dz = \oint_{C_1 - C_2} f(z)dz = 0$$

따라서 아래가 성립되어 증명된다.

$$\int_{C_1} f(z)dz = \int_{C_2} f(z)dz$$

여기서 Cauchy 정리의 중요한 응용성의 하나로 그림 3.10에 주어진 경로(contour)에 대하여 아래의 식이 성립된다.

$$\oint_{C} f(z)dz = \oint_{\gamma} f(z)dz \tag{3. 44}$$

여기서 C 및 r는 그림 3.10에 나타낸 소위 'Argard 다이어그램' 상의 (반시계 방향으로의) 두 개의 닫힌 경로(closed contour)로서, 특히 γ는 완전히 C 내부에 존재하는 매우 작은 폐경로이다. 또한 식 중의 함수 $f(z)$는 두 폐경로 사이에 있는 영역 내에서 해석적이라고 가정한다.

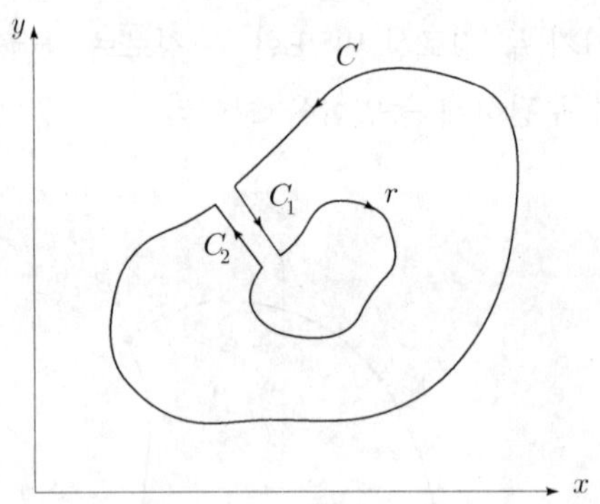

그림 3. 10 식 (3.44)를 증명하기 위하여 사용된 경로(contour).

증 명 이 식을 증명하기 위하여, 그림에 표시한대로 두 개의 폐경로 γ와 C를 연결하기 위한 두 평행선 C_1과 C_2를 도입한다. 이때 새로 형성된 경로 Γ는 C, C_1, γ 및 C_2의 4 경로로 구성되어 있다.

전체 폐경로 Γ로 둘러싸인 면적 내에서는, 함수 $f(z)$가 해석적이 되고, 따라서 Cauchy 정리 (3.21)에 의해 아래가 성립된다.

$$\oint_{\Gamma} f(z)dz = 0 \tag{3.45}$$

그런데 폐경로 Γ 속의 두 경로 C_1과 C_2는 서로 반대이므로, 위 식 중의 공헌은 상쇄되어 0이 된다. 따라서 아래 식이 성립된다.

$$\oint_{C} f(z)dz + \oint_{\gamma} f(z)dz = 0 \tag{3.46}$$

그런데 그림 3.10에서의 (작은) 폐경로 γ의 방향은 시계방향으로 통상의 (C의 경우처럼) 반시계방향과는 부호가 반대이므로 이를 반시계방향으로 나타내면 식 (3.44)가 증명된다. ■

이 절의 마지막으로, Cauchy 정리의 역에 해당하는 '모레아 정리(Morea's theorem)'가 있는데, 이는 만약 함수 $f(z)$가 곡선 C로 경계진 폐구간(closed domain) R 내에서 z의 연속함수이고, 또한 $\oint_{C} f(z)dz = 0$이면 함수 $f(z)$는 영역 R에서 해석적이 됨을 말한다.

3.4 Cauchy 적분정리

만약 함수 $f(z)$가 폐경로(closed cotour) C 상 및 내부에서 해석적이고, 피적분 함수(integrard)의 특이점(주점) z_0은 폐경로 C 내부에 있다면 아래의 관계가 성립된다.

$$f(z_0) = \frac{1}{2\pi i}\oint_{C} \frac{f(z)}{z - z_0}dz \tag{3.47}$$

이는 '코시의 적분공식(Cauchy's integral formula)'으로 알려져 있다.

증 명 지금 폐경로 C 안에 있는 모든 점 z에 대해, 한 (특이)점 $z = z_0$에 중심을 둔 매우 작은 반경 ρ를 가진 원(circle)을 (폐)경로 γ로 나타내자. 그러면 $f(z)$가 C 내부에서 해석적이므로, 식 (3.44)(및 그림 3.10)에 의해 두 폐경로 C와 γ 사이의 공간에서는 피적분 함수 $f(z)/(z - z_0)$는 해석적이 되어($\because$ 여기서는 점 z_0이 제거되므로) $\oint_{C} \frac{f(z)}{(z - z_0)}dz = \oint_{\gamma} \frac{f(z)}{(z - z_0)}dz$가 되므로 식 (3.47)의 우변은 아래가 된다[단, 이때 작은 폐경로 γ 상의

어떤 점 z에 대해서도 $z = z_0 + \rho \exp i\theta$, $dz = i\rho \exp i\theta\, d\theta$로 두어 적분을 행함].

$$I = \oint_{\gamma} \frac{f(z)}{z - z_0} dz = \int_0^{2\pi} \frac{f(z_0 + \rho \exp i\theta)}{\rho \exp i\theta} i\rho \exp i\theta\, d\theta$$

$$= i \int_0^{2\pi} f(z_0 + \rho \exp i\theta)\, d\theta$$

여기서 작은 원 γ의 반경 ρ를 0에 가깝게 수축시키면 (즉 $\rho \to 0$), 적분값 $I \to 2\pi i f(z_0)$이 되어 식 (3.47)이 증명된다. ■

Cauchy의 적분정리(식 (3.47))의 확장으로서 아래의 관계가 성립된다.

$$f'(z_0) = \frac{1}{2\pi i} \int_C \frac{f(z)}{(z - z_0)^2} dz \tag{3.48}$$

증 명 위 식의 좌변을 도함수에 관한 정의(식 (3.20))을 사용하여 나타내고, 여기에서의 $f(z_0)$ 및 $f(z_0 + h)$를 각각 Cauchy 적분정리(식 (3.47))을 사용하여 나타내면 아래가 된다.

$$f'(z_0) = \lim_{h \to 0} \frac{f(z_0 + h) - f(z_0)}{h}$$

$$= \lim_{h \to 0} \left[\frac{1}{2\pi i} \oint_C \frac{f(z)}{h} \left(\frac{1}{z - z_0 - h} - \frac{1}{z - z_0} \right) dz \right]$$

$$= \lim_{h \to 0} \left[\frac{1}{2\pi i} \oint_C \frac{f(z)}{(z - z_0 - h)(z - z_0)} dz \right]$$

$$= \frac{1}{2\pi i} \oint_C \frac{f(z)}{(z - z_0)^2} dz$$

따라서 식 (3.48)이 증명된다. ■

이와 같은 조작을 반복하면 (귀납법에 의해) 아래의 일반화된 관계식을 얻을 수 있다.

$$f^{(n)}(z_0) = \frac{n!}{2\pi i} \int_C \frac{f(z) dz}{(z - z_0)^{n+1}} \tag{3.49}$$

즉 이 결과는 어떤 폐경로 C 상에서의 값을 알면, C 내부에 있는 모든 점에서의 $f(z)$의 값 뿐만 아니라, 모든 차수의 도함수의 값까지도 알 수 있음을 말해준다.

또한 식 (3.49)는 간단한 조작(가령 $n=1,\ 2,\ \cdots$의 순차적으로 미분을 행함)으로 아래와 같이 나타낼 수 있음을 확인할 수 있다.

$$f^{(n)}(z_0)=\frac{1}{2\pi i}\int_C\frac{\partial^n}{\partial z_0^n}\left[\frac{f(z)}{(z-z_0)}\right]dz=\frac{n!}{2\pi i}\int_C\frac{f(z)dz}{(z-z_0)^{n+1}} \tag{3. 50}$$

예제 3. 13

지금 함수 $f(z)$가 (특이)점 $z=z_0$에 중심을 둔 반경 R의 (큰)원 C 상 및 내부에서 해석적이라고 하자. 이때 만약 원 C 상에서 $|f(z)|\le M$(여기서 M은 어떤 상수)이 성립된다면 아래의 관계식(소위 '코시의 부등식')도 성립됨을 보여라.

$$|f^{(n)}(z_0)|\le\frac{Mn!}{R^n} \tag{3. 51}$$

풀 이

식 (3.49)로부터 아래가 성립된다.

$$|f^{(n)}(z_0)|=\frac{n!}{2\pi}\left|\int_C\frac{f(z)dz}{(z-z_0)^{n+1}}\right|$$

여기서 복소 부등식 (3.40)을 사용하면 아래를 얻는다.

$$|f^{(n)}(z_0)|\le\frac{n!}{2\pi}\frac{M}{R^{n+1}}2\pi R=\frac{Mn!}{R^n}$$

단 위 식에서 $\oint_C dz=2\pi R$을 이용하였다. 따라서 식 (3.51)이 증명된다.

이 절의 마지막으로, 식 (3.51)로 나타낸 Cauchy의 부등식을 사용하여, 'Liouville의 정리' 즉 만약 함수 $f(z)$가 모든 점 z에 대해 해석적이고, 경계가 지어져 있다면(즉 둘러싸여져 있다면) $|f'(z_0)|=0$ 즉 $f'(z_0)=0$이 된다. 함수 $f(z)$가 영역 내 모든 점 z에 대해 해석적이므로, 임의의 (특이)점 z_0을 z 평면내의 한 점으로 잡을 수 있으며, 따라서 $f'(z)=0$도 성립된다. 이는 곧 $f(z)=$상수임을 말하므로 Liouville 정리가 증명된다.

예제 3. 14

아래의 (폐)경로(contour) 적분을 행하라.

$$I = \oint_C \frac{\cos z}{z^2 (z-i)^3} dz$$

여기서 C는 $|z| = 2$에 의해 그려지는 원이다.

풀 이

$z=0$과 $z=i$에서 고립된 특이점(isolated singularitie)이 있으므로 I를 구하기 위하여 경로 C를 다음과 같이 변형할 수 있다(식 (3.44) 참조).

$$I = \oint_{C_1} \frac{\cos z}{z^2 (z-i)^3} dz + \oint_{C_2} \frac{\cos z}{z^2 (z-i)^3} dz$$

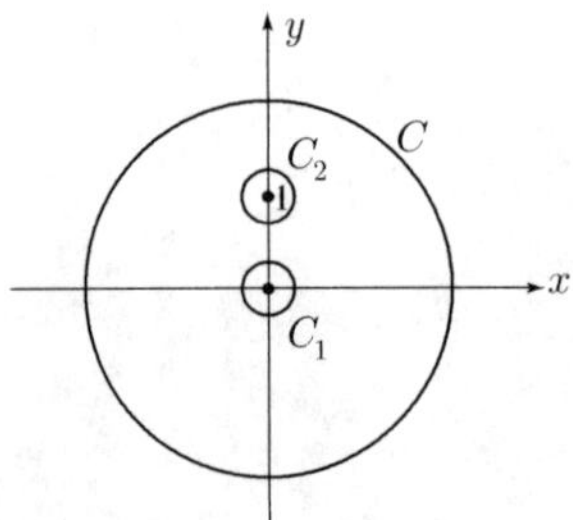

그림 3. 11 예제 3.14에 나온 적분을 구하기 위해 $|z| = 2$에 의해 그려진 경로의 분모가 경로의 C_1과 C_2로 변형된 것.

여기서 경로 C_1과 C_2는 그림 3.11에 나와 있다. 경로 C_1에 대하여 식 (3.50)에 $f(z) = \cos z/(z-i)^3$, $z_0 = 0$, $n=1$을 대입하면 아래를 얻는다.

$$I_1 = 2\pi i \left[\frac{d}{dz} \left(\frac{\cos z}{(z-i)^3} \right) \right]_{z=0} = -6\pi i$$

다음에는 경로 C_2에 대하여 식 (3.50)에 $f(z) = \cos z/z^2$, $z_0 = i$, $n=2$를 취하시오.

$$I_2 = \frac{2\pi i}{2!} \left[\frac{d^2}{dz^2} \frac{\cos z}{z^2} \right]_{z=i} = \pi i [7\cos i + 4i \sin i] = \pi i (7\cosh 1 + 4\sinh 1)$$

따라서 총 적분은 아래가 된다.

$$I = I_1 + I_2 = -6\pi i + \pi i (7\cosh 1 + 4\sinh 1)$$

3. 5 Taylor 급수와 Laurent 급수

3. 5. 1 Taylor 급수

3.1.6.2절에 소개한 무한급수에 대해 여기서는 수렴판정의 기준에 대해 간단히 논하기로 한다. 아래의 예를 생각해보자.

$$S_n(z) = \sum_{i=0}^{n} f_j(z)$$

다음과 같은 N의 값이 존재하면 급수는 $S(z)$로 수렴한다.

$$n > N(\varepsilon, z) \text{ 일 때 } |S(z) - S_n(z)| < \varepsilon$$

여기서 N이 (작은)양의 실수 ε과 z의 값에 의존한다는 것을 강조한다. 만약 N이 z의 값에 의존하지 않는다면 급수는 $S(z)$에 균일하게(uniformly) 수렴한다. 수렴을 위한 비 판정법(ratio test)을 사용할 수 있다. 비 판정법은 다음과 같다.

만약 $\lim_{n\to\infty}\left|\frac{f_{n+1}}{f_n}\right| = L < 1$이면 급수 $\sum_{n=0}^{\infty} f_n(z)$는 수렴하고, 만약 $L > 1$이면 급수는 발산한다. 만약 $L = 1$이면 판정은 결론에 이르지 못한다.

예 : 기하급수 $S_N = \sum_{n=0}^{\infty} z^n$의 경우 $L = \lim_{n\to\infty}\left|\frac{z^{n+1}}{z^n}\right| = |z| < 1$이면 비 판정법에 의해 $S_N(z)$는 수렴하고, $|z| > 1$이면 발산한다(예제 3.6 참조).

이제 아래의 (복소)멱급수(즉 $z = a$근방으로 Taylor 급수전개)를 생각해보자(식 (A.6) 참조).

$$f(z) = \sum_{n=0}^{\infty} c_n (z-a)^n \tag{3. 52}$$

여기서 비 판정법을 적용해본다. 즉,

$$\lim_{n\to\infty}\left|\frac{c_{n+1}(z-a)^{n+1}}{c_n(z-a)^n}\right| = |z-a| \lim_{n\to\infty}\left|\frac{c_{n+1}}{c_n}\right| \equiv \frac{|z-a|}{R}$$

여기서

$$\frac{1}{R} = \lim_{n\to\infty}\left|\frac{c_{n+1}}{c_n}\right| \tag{3.53}$$

따라서 급수는 $|z-a| < R$에서 수렴하고 $|z-a| > R$에서 발산한다. 원 $|z-a| = R$(급수가 수렴할 수도 있고 하지 않을 수도 있다)은 수렴 원이라 불린다. 이 원의 반지름은 다음에 의해 주어진다. 만약 $R = 0$이면 급수는 점 $z = a$에서만 수렴한다. 만약 $R = \infty$이면 급수는 전체 복소평면에서 수렴한다.

$|z-a| = R$을 식 (3.52)에서 멱급수의 수렴 원이라고 하자. 그러면 이 급수는 균일하게(uniformly) 수렴하고 수렴 원 내부의 원과 원 안에 절대적으로(absolutely) 수렴한다. 멱급수가 균일하고 절대적으로 수렴할 뿐만 아니라 멱급수 $\sum_{n=0}^{\infty} c_n (z-a)^n$은 수렴 원 내에서 해석 함수(analytic function)로 설명된다.

한편 실수변수의 급수를 위한 Weiertrass M 검정은 복소변수에서 급수에 본질적으로 동일하게 적용된다. 급수 $\sum_{n=0}^{\infty} f_n(z)$를 고려해보자. Weiertrass M 검정은 만약 어떤 영역 R에서 모든 n과 모든 z에서 $|f_n(z)| \le M_n$과 같은 양의 상수의 집합 $\{M_n\}$이 존재하고 급수 $\sum_{n=0}^{\infty} M_n$이 수렴한다면 급수 $\sum_{n=0}^{\infty} f_n(z)$는 균일하게(uniformly) 수렴한다.

예 : 급수 $\sum_{n=1}^{\infty} 1/(n^2+z)$에 있어서, Weiertrass M 검정을 위하여 아래의 양 즉 $|f_n(z)| = [f_n(z)\overline{f_n}(z)]^{1/2}$의 크기를 생각해보자(단 $z = x+iy$임).

$$\left|\frac{1}{n^2+z}\right| = \left[\frac{1}{(n^2+x)^2+y^2}\right]^{1/2} \le \frac{1}{n^2}(\because \mathrm{Re}\, z = x > 0)$$

그런데 급수 $\sum_{n=1}^{\infty} 1/n^2 (\fallingdotseq 1.64493)$는 수렴하므로 Weiertrass M 검정법에 의하여 급수 $\sum_{n=1}^{\infty} 1/(n^2+z)$는 수렴한다.

이제 모든 해석함수는 (복소) Taylor 멱급수로 표현되어질 수 있다는 것을 증명할 것이다. Cauchy 적분공식 (3.47)부터 시작하면

$$f(z) = \frac{1}{2\pi i}\oint_C \frac{f(\zeta)d\zeta}{\zeta - z} \tag{3.54}$$

그러면 그림 3.12에서 도형적 형태가 나와 있다. 그림 3.12에서 R은 $f(z)$가 해석적일 때 점 $z=a$에 대하여 가장 큰 원의 반지름이다. 다시 말해서, R은 0에서 z_0까지의 거리인데, z_0은 a_0에서 가장 가까운 $f(z)$의 특이점이다. 식 (3.54)의 원 C는 $|z-a|$보다 큰(하지만 R보다는 작은) 반지름 ρ를 가진 a를 중심으로 한 원이다. z는 C 내에 위치한다. $1/(\zeta-z)$는 다음과 같이 쓴다.

$$\frac{1}{\zeta-z}=\frac{1}{\zeta-a}\left[\frac{1}{1-(z-a)/(\zeta-a)}\right]$$

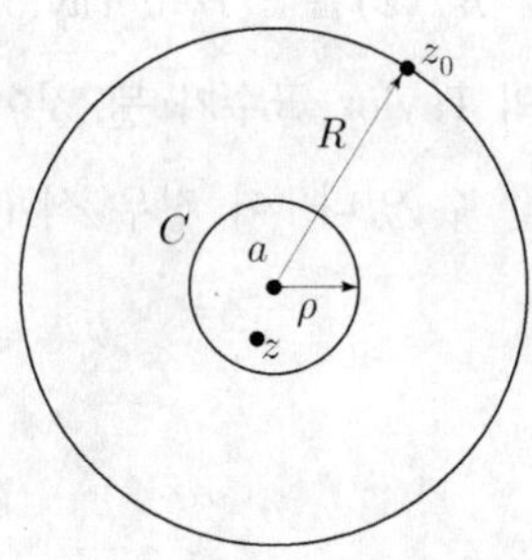

그림 3. 12 식 (3.54)로부터 식 (3.58)를 유도하기 위해 사용된 기하.

여기서 ζ는 C 위에 위치하고 z는 C 내에 위치하기 때문에 $(z-a)/(\zeta-a)<1$이다. 여기서 대수학 항등원 관계를 사용하면 다음과 같다.

$$\frac{1}{1-x}=1+x+x^2+\cdots+x^{n-1}+\frac{x^n}{1-x}\quad(x\neq 1) \tag{3. 55}$$

$1/(\zeta-z)$식의 우변에 $x=(z-a)/(\zeta-a)$로 두고, 식 (3.55)의 결과를 이용하여 이를 식 (3.54)에 대입하면 아래를 얻는다.

$$f(z)=\frac{1}{2\pi i}\left[\oint_C\frac{f(\zeta)}{\zeta-a}d\zeta+(z-a)\oint_C\frac{f(\zeta)}{(\zeta-a)^2}d\zeta+\cdots+(z-a)^{n-1}\oint_C\frac{f(\zeta)}{(\zeta-a)^n}d\zeta\right]+R_n(z) \tag{3. 56}$$

여기서

$$R_n(z)=\frac{(z-a)^n}{2\pi i}\oint_C\frac{f(\zeta)}{(\zeta-a)^n(\zeta-z)}d\zeta \tag{3. 57}$$

그런데 Cauchy 적분공식(식 (3.50))을 사용하면 아래가 된다.

$$f^{(n)}(a) = \frac{n!}{2\pi i}\oint_C \frac{f(\zeta)}{(\zeta - a)^{n+1}}d\zeta$$

이를 식 (3.56)에 이용하면 최종적으로 아래를 얻는다.

$$f(z) = f(a) + f'(a)(z-a) + \frac{f''(a)}{2}(z-a)^2 + \cdots + \frac{f^{(n-1)}(a)}{(n-1)!}(z-a)^{n-1} + R_n(z) \tag{3. 58}$$

식 (3.58)은 복소평면에서 나머지 $R_n(z)$를 가진 Taylor의 공식이다. 만약 $n \to \infty$일 때 $|R_n(z)| \to 0$이면 식 (3.58)은 $f(z)$의 Taylor 급수가 될 것이다. $(z-a)/(\zeta - a) < 1$이기 때문에 $n \to \infty$일 때 $R_n \to 0$인 것을 예상할 수 있다. 이 경우 식 (3.58)은 친숙한 형태의 아래가 된다.

$$f(z) = \sum_{n=0}^{\infty} \frac{f^{(n)}(a)}{n!}(z-a)^n \tag{3. 59}$$

이것은 $|z-a| < R$과 같은 모든 z에서 수렴하고 여기서 R은 a부터 $f(z)$의 가장 가까운 특이점까지의 거리이다. 게다가 $z = a$에 관한 $f(z)$의 멱급수는 유일하고 식 (3.59)에 의해 주어진 Taylor 급수와 동일하다.

예제 3. 15

$z = 0$에 관한 다음의 Taylor 급수를 찾으시오.

$$f(z) = \frac{1}{1+z^4}$$

풀 이

이 경우에 식 (3.59)의 적용을 위해 반복된 미분에 의해 계수를 구하는 것은 매우 지루할 수 있다. 그러나 $f(z)$의 멱급수 전개식이 유일하기 때문에 다음과 같이 쓰기 위해 기하급수를 사용할 수 있다.

$$f(z) = 1 - z^4 + z^8 - z^{12} + \cdots = \sum_{n=0}^{\infty}(-1)^n z^{4n}$$

그런데 $1 + z^4 = 0$의 4개의 근은 아래 식에서 $z_k = \exp[i(\pi + 2k\pi)/4]$(여기서 $k = 0, 1, 2, 3$) 즉 $z_0 = e^{i\pi}$, $z_1 = e^{i3\pi/4}$, $z_2 = e^{i5\pi/4}$ 및 $z_3 = e^{i7\pi/4}$의 4개이다.

$$z^n = A(=\rho e^{i\phi})\text{의 } n\text{개의 근 : } z_k = \rho^{1/n}\exp[i(\phi + 2k\pi)/n]\ (\text{여기서 } k = 0, 1, \cdots, n-1) \tag{3. 60}$$

즉 위에서 $f(z)$의 4개의 특이점을 모두 크기가 1인 복소수이므로 $f(z)$의 $z = 0$ 근방으로 Taylor 급수 전개시 수렴반경 $R=1$이다.

3.5.2 Laurent 급수

모든 복소함수 $f(z)$가 식 (3.59)처럼 $z=a$ 근방으로 해석적인 Taylor 급수전개로 나타낼 수 있는 것은 아니다. 지금 아래의 함수를 생각해보자.

$$f(z)=\frac{1}{z(1-z)}$$

이 함수는 $z=0$에서 특이점(단순극점)을 가지나 $1/(1-z)$부분을 z에 관한 멱급수전개(예제 3.6 참조)함으로써 $f(z)$는 아래와 같이 올 수 있다.

$$f(z)=\frac{1}{z}\left(1+z+z^2+\cdots\right)$$

두 번째 인자는 $|z|<1$에서 수렴하는 반면 $1/z$인자(하나의 항만으로 구성된 전개식으로 생각할 수 있다)는 $0<|z|<\infty$에서 수렴한다. 결과적으로 전개식은 공통영역 $0<|z|<1$에서 수렴한다. 그래서 함수 $1/z(1-z)$은 아래와 같이 멱급수 전개된다.

$$f(z)=\frac{1}{z}+1+z+z^2+ \tag{3.61}$$

즉 위에서 본 바와 같이 $z=0$에서 해석적이지 않는 함수 $f(z)=/z(1-z)$는 z의 양의 멱과 음의 멱 둘 다에서 급수 전개식을 가진다. 즉 $z=a$에서 해석적이지 않는 함수는 일반적으로 아래와 같이 해석적인 z의 양의 멱(Taylor 급수에 해당)과 비해석적인 z의 음의 멱의 두 부분으로 소위 '로랑 급수(Laurent series)' 전개될 수 있다.

$$f(z)=\sum_{n=0}^{\infty}a_n(z-a)^n+\sum_{n=1}^{\infty}\frac{a_{-n}}{(z-a)^n} \tag{3.62}$$

$$a_n=\frac{1}{2\pi i}\oint_{C_1}\frac{f(w)}{(w-a)^{n+1}}dw \qquad n=0,1,2,\cdots \tag{3.63}$$

$$a_{-n}=\frac{1}{2\pi i}\oint_{C_2}\frac{f(w)}{(w-a)^{-n+1}}dw \qquad n=1,2,3,\cdots \tag{3.64}$$

여기서 함수 $f(z)$는 $z=a$에 중심을 둔 반경 r_1 및 $r_2(r_1 > r_2)$의 두 개의 동심원으로 둘러싸여진 링 모양의 영역 R상(경계) 및 내부에서 해석적이라고 가정한다(아래 그림 3.13 참조).

증 명 (반시계 반향의)폐경로에 대한 Cauchy 정리(식 (3.44) 또는 (3.46))에서 아래가 성립된다.

$$f(z)=\frac{1}{2\pi i}\oint_{C_1}\frac{f(w)}{w-z}dw-\frac{1}{2\pi i}\oint_{C_2}\frac{f(w)}{w-z}dw \tag{1}$$

먼저 식 (1)의 적분을 생각해보자. 그림 3.12를 이용한 Taylor 급수의 증명의 경우와 마찬가지로 아래의 항등관계를 가진다.

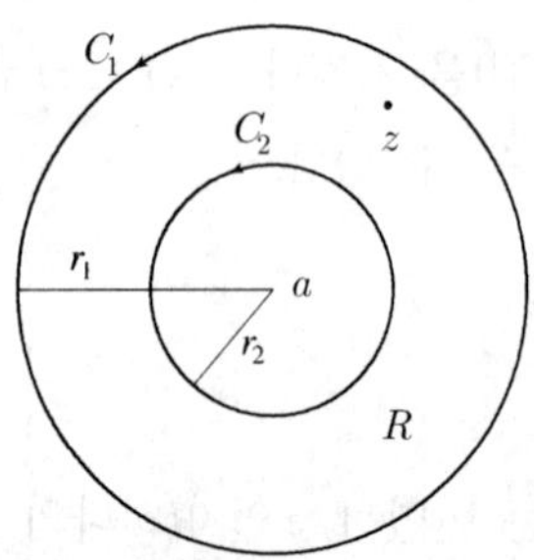

그림 3. 13 식 (3. 62)를 증명하기 위하여 사용된 기하.

$$\frac{1}{w-z}=\frac{1}{(w-a)\{1-(z-a)/(w-a)\}}$$

$$=\frac{1}{w-a}+\frac{z-a}{(w-a)^2}+\cdots+\frac{(z-a)^{n-1}}{(w-a)^n}+\left(\frac{z-a}{w-a}\right)^n\frac{1}{w-z} \tag{2}$$

이를 식 (1)에 대입하면

$$\frac{1}{2\pi i}\oint_{C_1}\frac{f(w)}{w-z}dw=\frac{1}{2\pi i}\oint_{C_1}\frac{f(w)}{w-a}dw+\frac{z-a}{2\pi i}\oint_{C_1}\frac{f(w)}{(w-a)^2}dw$$

$$+\cdots+\frac{(z-a)^{n-1}}{2\pi i}\oint_{C_1}\frac{f(w)}{(w-a)^2}dw+U_n$$

$$=a_0+a_1(z-a)+\cdots+a_{n-1}(z-a)^{n-1}+U_n \tag{3}$$

여기서

$$a_0 = \frac{1}{2\pi i}\oint_{C_1} \frac{f(w)}{w-a}dw,\ a_1 = \frac{1}{2\pi i}\oint_{C_1} \frac{f(w)}{(w-a)^2}dw, \cdots ,$$

$$a_{n-1} = \frac{1}{2\pi i}\oint_{C_1} \frac{f(w)}{(w-a)^n}dw$$

그리고 나머지 항 U_n은 아래가 된다.

$$U_n = \frac{1}{2\pi i}\oint_{C_1} \left(\frac{z-a}{w-a}\right)^n \frac{f(w)}{w-z}dw$$

이제 식 (1)의 두 번째 적분을 생각해보자. 식 (2)의 w 및 z를 서로 교환하면 아래 식을 얻는다.

$$-\frac{1}{w-z} = \frac{1}{(z-a)\{1-(w-a)/(z-a)\}}$$

$$= \frac{1}{(z-a)} + \frac{w-a}{(z-a)^2} + \cdots + \frac{(w-a)^{n-1}}{(z-a)^n} + \left(\frac{w-a}{z-a}\right)^n \frac{1}{z-w}$$

이를 식 (1)의 두 번째 적분에 대입하면

$$-\frac{1}{2\pi i}\oint_{C_2} \frac{f(w)}{w-z}dw = \frac{1}{2\pi i}\oint_{C_2} \frac{f(w)}{z-a}dw + \frac{1}{2\pi i}\oint_{C_2} \frac{w-a}{(z-a)^2}f(w)dw$$

$$+ \cdots + \frac{1}{2\pi i}\oint_{C_2} \frac{(w-a)^{n-1}}{(z-a)^2}f(w)dw + V_n$$

$$= \frac{a_{-1}}{z-a} + \frac{a_{-2}}{(z-a)^2} + \cdots + \frac{a_{-n}}{(z-a)^n} + V_n \tag{4}$$

여기서

$$a_{-1} = \frac{1}{2\pi i}\oint_{C_2} f(w)dw,\ a_{-2} = \frac{1}{2\pi i}\oint_{C_2} f(w-a)f(w)dw, \cdots ,$$

$$a_{-n} = \frac{1}{2\pi i}\oint_{C_2} (w-a)^{n-1}f(w)dw$$

그리고 나머지 항 V_n은 아래가 된다.

$$V_n = \frac{1}{2\pi i}\oint_{C_2}\left(\frac{w-a}{z-a}\right)^n \frac{f(w)}{z-w}dw$$

따라서 식 (1), (3) 및 (4)에서 아래의 결과를 가진다.

$$f(z)=\left\{a_0 + a_1(z-a)+\cdots+a_{n-1}(z-a)^{n-1}\right\}$$

$$+\left\{\frac{a_{-1}}{z-a}+\frac{a_{-2}}{(z-a)^2}+\cdots+\frac{a_{-n}}{(z-a)^n}\right\}+U_n+V_n \tag{5}$$

이제 남은 일은 (a) $\lim_{n\to\infty} U_m = 0$ 및 $\lim_{n\to\infty} V_n = 0$의 관계를 증명하면 된다. (a)의 증명은 앞 절의 Taylor 급수 전개의 증명시 행해졌으며, 이제 (b)를 증명하기 위하여 그림 3.13의 작은 폐경로 C_2상에 적분변수 w가 놓여 있는 것을 감안하면 아래의 부등관계가 성립된다.

$$\left|\frac{w-a}{z-a}\right| = \kappa < 1$$

여기서 κ는 양의 상수이다. 역시 $|f(w)| < M$ 여기서 (여기서 M도 양의 상수)이므로 아래의 부등관계가 성립된다.

$$|z-w| = |(z-a)-(w-a)| \geq |z-a| - r^2$$

여기서 식 (3.40)의 관계를 이용하여 아래의 부등관계를 가진다.

$$|V_n| = \frac{1}{2\pi}\left|\oint_{C_2}\left(\frac{w-a}{z-a}\right)^n \frac{f(w)}{z-w}dw\right| \leq \frac{1}{2\pi}\frac{\kappa^n M}{|z-a|-r_2}2\pi r_2 = \frac{\kappa^n M r_2}{|z-a|-r_2}$$

여기서 $\oint_{C_2} dw = 2\pi r_2$를 이용하였다.

따라서 $\lim_{n\to\infty} V_n = 0$가 증명되며, 나아가 전체 Laurent 급수전개 식 (3.12)의 타당성이 증명된다. ■

예제 3. 16

만약 $f(z)$가 n차 극점인 $z=a$를 제외화고 폐곡선 C 상(경계) 및 내부의 전 지역에서 해석적이라고 할 때 아래와 같이 $z=a$ 근방으로 Laurent 급수 전개될 수 있다(그림 3.14 참조).

$$f(z)=\frac{a_{-n}}{(z-a)^n}+\frac{a_{-n+1}}{(z-a)^{n-1}}+\cdots+\frac{a_{-1}}{(z-a)}+a_0+a_1(z-a)+a_2(z-a)^2+\cdots$$

여기서 $a_{-n}\neq 0$이다. 이때 아래를 증명하라.

(a) $\displaystyle\oint_C \frac{dz}{(z-a)^n}=\begin{cases}2\pi & \text{if } n=1\\ 0 & \text{if } n=2,\ 3,\ 4,\ \cdots\end{cases}$

(b) $\displaystyle\oint_C f(z)dz=2\pi i\,a_{-1}$

(c) $\displaystyle a_{-1}=\lim_{z\to a}\frac{1}{(n-1)!}\frac{d^{n-1}}{dz^{n-1}}\{(z-a)^n f(z)\}$

풀 이

(a) 그림 3.14에 나타낸 바와 같이 C_1은 $z=a$에 중심을 둔 반경 ε의 (작은)원이다.

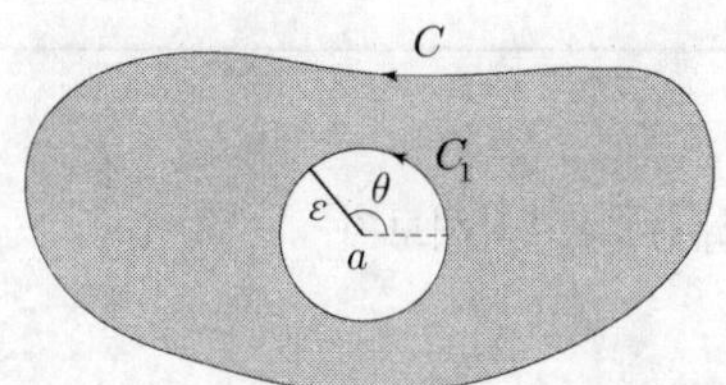

그림 3. 14 예제 3.16을 증명하기 위하여 사용된 기하

이때 $(z-a)^{-n}$은 두 개의 반시계 방향의 폐경로 C_1과 C_2로 경계진 (둘러싸여진) 영역 상 및 내부에서 해석적이므로 Cauchy 정리의 확장인 식 (3.44)(또는 (3.46))에 의해 아래가 성립된다.

$$\oint_C \frac{dz}{(z-a)^n}=\oint_{C_1}\frac{dz}{(z-a)^n}$$

여기서, 위 적분을 평가하기 위하여 곡선 C_1 상에서 $|z-a|=\varepsilon$ 혹은 $z-a=\varepsilon e^{i\theta}$ 그리고 $dz=i\varepsilon e^{i\theta}d\theta$가 성립됨을 주목하면, 아래를 얻는다.

$$\int_0^{2\pi}\frac{i\varepsilon e^{i\theta}d\theta}{\varepsilon^n e^{in\theta}}=\frac{i}{\varepsilon^{n-1}}\int_0^{2\pi}e^{(1-n)i\theta}d\theta=\frac{i}{\varepsilon^{n-1}}\frac{e^{(1-n)i\theta}}{(1-n)i}\Bigg|_0^{2\pi}=0\quad (\text{만약 } n\neq 1\text{이면})$$

반면에 만약 $n=1$이면 적분은 $i\displaystyle\int_0^{2\pi}d\theta=2\pi i$가 되어 (a)가 증명된다. 물론 $n=0,\ -1,\ -2,\ \cdots$의 경우에는 해석함수가 되므로 폐적분은 0이 된다.

(b) 위 (a)의 결과를 이용하여 문제에 주어진 함수 $f(z)$를 폐곡선 C 상에서 경로(contour) 적분을 행하면 아래

를 얻는다.

$$\oint_C f(z)dz = \oint_C \frac{a_{-n}}{(z-a)^n}dz + \cdots + \oint_C \frac{a_{-1}}{z-a}dz + \oint_C \{a_0 + a_1(z-a) + a_2(z-a)^2 + \cdots\}dz$$

$$= 2\pi i a_{-1}$$

여기서 a_{-1}를 포함하는 항만 남으므로, 이를 함수 $f(z)$의 n차 극점인 $z=a$에서의 '유수(residue)' $\mathrm{Res}\,(z=a)$라고 부른다(다음 절 참조).

(c) 문제에 주어진 함수 $f(z)$의 양면을 $(z-a)^n$으로 곱하면 아래의 Taylor (해석)급수를 얻는다.

$$(z-a)^n f(z) = a_{-n} + a_{-n+1}(z-a) + \cdots + a_{-1}(z-a)^{n-1} + \cdots$$

여기서 양변의 $(n-1)$번째 도함수를 구한 후 $z \to a$로 두면 아래를 얻어 문 (c)가 증명된다.

$$(n-1)!a_{-1} = \lim_{z \to a} \frac{d^{n-1}}{dz^{n-1}} \{(z-a)^n f(z)\}$$

이제 다음에 대한 Laurent 급수를 고려해보자.

$$f(z) = \frac{1}{(1-z)(2-z)} \tag{3. 65}$$

$z=1$과 $z=2$에서 특이점이 있다. 그러므로 세 가지 영역($|z|<1$, $1<|z|<2$, $2<|z|$)을 고려할 수 있다. $|z|<1$에서 $1/(1-z)$와 $1/(2-z)$ 둘 다에서 기하급수로 전개할 수 있고 다음을 얻는다.

$$f(z) = \frac{1}{2}(1+z+z^2+\cdots)\left(1+\frac{z}{2}+\frac{z^2}{4}+\frac{z^3}{8}+\cdots\right)$$

$$= \frac{1}{2} + \frac{3z}{4} + \frac{7z^2}{8} + \cdots \qquad |z|<1 \tag{3. 66}$$

이것은 $|z|=1$ 내에서 특이점을 가지지 않기 때문에 Taylor 급수이다.

이제 고리모양 영역 $1<|z|<2$를 살펴보자. $f(z)$에서 처음 인자를 전개하면 다음과 같다.

$$\frac{1}{1-z} = -\frac{1}{z}\left(\frac{1}{1-1/z}\right) = -\frac{1}{z}\left(1+\frac{1}{z}+\frac{1}{z^2}+\frac{1}{z^3}+\cdots\right)$$

이것은 $1 < |z|$에서 수렴한다. $f(z)$에서 두 번째 인자를 전개하면 다음과 같다.

$$\frac{1}{2-z} = \frac{1}{2}\left(1 + \frac{z}{2} + \frac{z^2}{4} + \frac{z^3}{8} + \cdots\right)$$

이것은 $|z| < 2$에서 수렴한다. 이 두 전개식을 곱하면 아래가 된다.

$$f(z) = \frac{1}{(1-z)(2-z)} = -\frac{1}{2z}\left(\cdots + \frac{2}{z^2} + \frac{2}{z} + 2 + z + \frac{z^2}{2} + \cdots\right)$$

$$= \cdots - \frac{1}{z^3} - \frac{1}{z^2} - \frac{1}{z} - 1 - \frac{z}{2} - \frac{z^2}{4} \cdots \qquad 1 < |z| < 2 \tag{3.67}$$

마지막으로 영역 $2 < |z|$을 살펴보자. 이 경우에

$$\frac{1}{1-z} = -\frac{1}{z}\left(1 + \frac{1}{z} + \frac{1}{z^2} + \frac{1}{z^3} + \cdots\right)$$

그리고

$$\frac{2}{1-z} = -\frac{1}{z}\left(1 + \frac{2}{z} + \frac{4}{z^2} + \frac{8}{z^3} + \cdots\right)$$

따라서 이 두식을 곱하면 함수 $f(z) = 1/(1-z)(2-z)$는 아래가 된다.

$$f(z) = \frac{1}{z^2} + \frac{3}{z^3} + \frac{7}{z^4} + \frac{15}{z^5} + \cdots \qquad 2 < |z| \tag{3.68}$$

식 (3.66), (3.67), (3.68)에서 중요한 것은 $f(z) = 1/(1-z)(2-z)$에서 모두 Laurent 급수라는 것이다. 그러나 다른 영역에서 다른 형태를 가짐에 유의해야 한다. 또한 각 영역 내에서의 각각의 Laurent 급수는 유일하고, 구태여 계속 a_n 및 a_n에 관한 식 (3.63)과 (3.64)를 사용하지 않아도 됨을 알 수 있다. 이와 같이 특정한 영역 내에서 Laurent(또는 이의 특수한 형태에 속하는 Taylor) 급수를 찾기 위해 어떤 방법이든 사용할 수 있다.

예제 3. 17

아래의 각 함수에 대하여 표시된 특이점 근방으로 Laurent 급수 전개를 행하고, 각각의 경우 특이점의 종류 및 각 급수의 수렴성도 말하라.

(a) $\dfrac{e^{2z}}{(z-1)^3}$; 특이점 $a=1$

(b) $(z-3)\sin\dfrac{1}{z+2}$; 특이점 $a=-2$

(c) $\dfrac{1}{z^2(z-3)^2}$; 특이점 $a=3$

풀 이

(a) $z-1=u$로 두면 $z=1+u$가 된다. 이때 지수함수 e^z의 Taylor 전개공식(식 (A.9))을 이용하면 아래를 얻는다.

$$\frac{e^{2z}}{(z-1)^3}=\frac{e^{2+2u}}{u^3}=\frac{e^2}{u^3}\cdot e^{2u}=\frac{e^2}{u^3}\left\{1+2u+\frac{(2u)^2}{2!}+\frac{(2u)^3}{3!}+\frac{(2u)^4}{4!}+\cdots\right\}$$

$$=\frac{e^2}{(z-1)^3}+\frac{2e^2}{(z-1)^2}+\frac{2e^2}{z-1}+\frac{4e^2}{3}+\frac{2e^2}{3}(z-1)+\cdots$$

여기서 $z=1$은 3차 극점이며, 급수는 $z\neq 1$인 모든 값에서 수렴한다.

(b) $z+2=u$로 두면 $z=u-2$가 된다. 이때 $\sin z$의 Taylor 전개공식(식 (A.11))을 이용하면 아래를 얻는다.

$$(z-3)\sin\frac{1}{z+2}=(u-5)\sin\frac{1}{u}=(u-5)\left\{\frac{1}{u}-\frac{1}{3!u^3}+\frac{1}{5!u^5}-\cdots\right\}$$

$$=1-\frac{5}{u}-\frac{1}{3!u^2}+\frac{5}{3!u^3}+\frac{1}{5!u^4}-\cdots$$

$$=1-\frac{5}{z+2}-\frac{1}{6(z+2)^2}+\frac{5}{6(z+2)^3}+\frac{1}{120(z+2)^4}-\cdots$$

여기서 $z=-2$는 '필수 특이점' 임을 알 수 있고(3.2.5절 참조), 급수는 $z\neq -2$인 모든 값에서 수렴한다.

(c) $z-3=u$ 즉 $z=3+u$ 및 아래의 이항정리 공식을 이용하여 구한다.

$$(a+b)^n=\sum_{k=0}^{n}{}_nC_k a^k b^{n-k},\ \text{단}\quad {}_{-n}C_k\equiv(-1)^k{}_{n+k-1}C_k=(-1)^k(n+k-1)\cdots n/k! \tag{3. 69}$$

그러면 아래의 결과를 얻는다.

$$\frac{1}{z^2(z-3)^2}=\frac{1}{u^2(3+u)^2}=\frac{1}{9u^2(1+u/3)^2}$$

$$=\frac{1}{9u^2}\left\{1+(-2)\left(\frac{u}{3}\right)+\frac{(-2)(-3)}{2!}\left(\frac{u}{3}\right)^2+\frac{(-2)(-3)(-4)}{3!}\left(\frac{u}{3}\right)^3+\cdots\right\}$$

$$=\frac{1}{9u^2}-\frac{2}{27u}+\frac{1}{27}-\frac{4}{243}u+\cdots$$

$$=\frac{1}{9(z-3)^2}-\frac{2}{27(z-3)}+\frac{1}{27}-\frac{4(z-3)}{243}+\cdots$$

여기서 $z=3$은 2차 극점(double pole)이 된다. 또한 급수는 $0<|z-3|<3$이 되는 영역 내 모든 z 값에서 수렴한다.

3.6 유수의 계산과 정적분의 평가

3.6.1 유수의 정리(theorem of residues)

예제 3.16에서 보여준 바와 같이 함수의 $f(z)=\sum_{n=-\infty}^{\infty}a_n(z-z_0)^n$의 Laurent 전개(식 (3.62))에서, 고립 특이점 z_0를 포함하는 반시계 방향인 닫힌 경로를 사용하여 각 항을 적분하면, 모든 $n\neq 1$에 대해서 아래가 성립된다.

$$a_n\oint(z-z_0)^n dz=a_n\frac{(z-z_0)^{n+1}}{n+1}\bigg|_{z_1}^{z_1}=0 \tag{3.70}$$

그러나 $n=-1$이면

$$a_{-1}\oint(z-z_0)^{-1}dz=a_{-1}\oint\frac{ire^{i\theta}d\theta}{re^{i\theta}}=2\pi i a_{-1} \tag{3.71}$$

가 됨을 알았다. 따라서 $f(z)$를 $z=z_0$를 포함하는 폐곡선 C 주위로 경로(contour) 적분을 행하면 아래를 얻는다.

$$\frac{1}{2\pi i}\oint f(z)dz = a_{-1} \tag{3. 72}$$

여기서 Laurent 전개의 $(z-z_0)^{-1}$의 계수 a_{-1}을 $f(z)$의 $z=z_0$에서의 '유수(residue)'라 부르며, $a_{-1}=\mathrm{Res}\,(z_0)$으로 나타낸다. 만약 $f(z)$가 $z=z_0$에서 n차 극점(즉 분모에 $(z-z_0)^n$ 항을 포함)을 가지면 a_{-1}은 아래의 형태를 가진다(예제 3.16 참조).

$$a_{-1}=\mathrm{Res}\,(a)=\lim_{z\to a}\frac{1}{(n-1)!}\frac{d^{n-1}}{dz^{n-1}}\{(z-a)^n f(z)\} \tag{3. 73}$$

한편 함수 $f(z)$가 영역 R 내에서 다수의 극점 $a, b, c, \cdots$를 제외한 폐곡선 C 상(경계) 및 내부에서 해석적이라고 할 때 아래의 '유수 정리(residue theorem)'가 성립된다.

$$\oint_C f(z)dz = 2\pi i(a_{-1}+b_{-1}+c_{-1}+\cdots) \tag{3. 74}$$

즉 $f(z)$의 (폐)경로적분은 폐곡선 C로 둘러싸여진 영역 내 모든 극점(poles)에서의 유수의 값의 합에다 $2\pi i$를 곱한 것과 같다.

증 명 Cauchy 정리의 확장인 식 (3.44) 혹은 (3.46)으로부터 아래가 성립된다.

$$\oint_C f(z)dz = \oint_{C_1} f(z)dz + \oint_{C_2} f(z)dz + \cdots$$

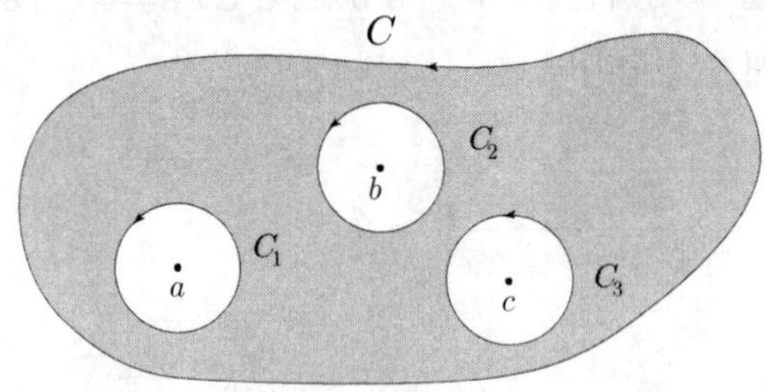

그림 3. 15 식 (3.74)를 증명하기 위하여 사용된 기하.

먼저 극점 $z=a$ 주위로 Laurent 급수전개를 행하면 아래를 얻는다.

$$f(z)=\frac{a_{-m}}{(z-a)^m}+\cdots+\frac{a_{-1}}{(z-a)}+a_0+a_1(z-a)+\cdots$$

그런데 이는 식 (3.72)에 의해 $\oint_{C_1} f(z)dz = 2\pi i a_{-1}$가 된다.

마찬가지로 극점 $z=b$에 대해서도 아래를 얻을 수 있다.

$$f(z) = \frac{b_{-n}}{(z-b)^n} + \cdots + \frac{b_{-1}}{(z-b)} + b_0 + b_1(z-b) + \cdots$$

따라서 아래가 성립된다.

$$\oint_{C_2} f(z)dz = 2\pi i b_{-1}$$

이와 같은 조작을 반복하면 아래를 얻어 증명된다.

$$\oint_{C} f(z)dz = 2\pi i (a_{-1} + b_{-1} + \cdots) = 2\pi i \text{ (유수의 합)}$$ ■

3. 6. 2 Cauchy 주값(Cauchy's principal value)

때때로 고립된 1계극(simple pole)이 적분하는 경로 상에 나타나게 된다. 이때 무한히 작은 반원의 경로를 도입하여 원하는 유수를 포함시키거나 제외시키는 새로운 경로로 변형할 수 있다. 이것은 그림 3.16에 나타나있다. 이 반원을 따라서의 적분은 $z - x_0 = \delta e^{i\theta}$, $dz = i\delta e^{i\phi} d\phi$로 주어지는 반원을 따라서 적분하면

$$\int \frac{dz}{z-x_0} = i\int_{\pi}^{2\pi} d\phi = i\pi, \text{ 즉 } \pi i a_{-1} \text{ (반시계 방향)} \tag{3. 75a}$$

$$\int \frac{dz}{z-x_0} = i\int_{\pi}^{0} d\phi = -i\pi, \text{ 즉 } -\pi i a_{-1} \text{ (시계 방향)} \tag{3. 75b}$$

이다. 이 +, − 값의 역할은 식 (3.74)의 좌변에서 나타난다. 만일 변경된 반원 경로가 시계방향이면 유수는 포함되지 않고, 식 (3.74)의 우변에는 아무 항도 나타나지 않는다. 그러나 변경된 반원 경로가 반시계 방향이면 유수는 경로 C로 둘러싸여지고, $2\pi i a_{-1}$이라는 한 항이 식 (3.74)의 우변에 나타나게 된다. 반시계, 시계 방향의 변형된 반원 경로에 대한 진짜 결과는 닫힌 경로 상의 단순극은 만일 그것이 경로 상에 포함되면 자신의 유수값의 반으로 계산된다는 것이다. 이것은 Cauchy 주값을 취하는 것과 일치한다.

가령, $z = x_0$에 특이점을 가지고 있는 $f(x)$가 전 실축 상에서 적분된다고 하자. 닫힌 경로는

상반면에서 무한한 반원으로 닫혀진다. 그 때

$$\oint f(z)dz = \int_{-\infty}^{x_0-\delta} f(x)dx + \int_{C_{x_0}} f(z)dz + \int_{x_0+\delta}^{\infty} f(x)dx + \int_{C(\text{무한한 반원})}$$

$$= 2\pi i \sum \text{(포함된 유수)} \tag{3.76}$$

조그만 반원 $C_{x)}$가 x_0를 포함하면(x축 아래서 반시계 방향), x_0는 포함되고, $\int_{C_{x_0}}$의 $\pi i a_{-1}$의 공헌보다 두 배, 즉 $2\pi i\sum$(포함된 유수)의 $2\pi i a_{-1}$을 나타낼 것이다.

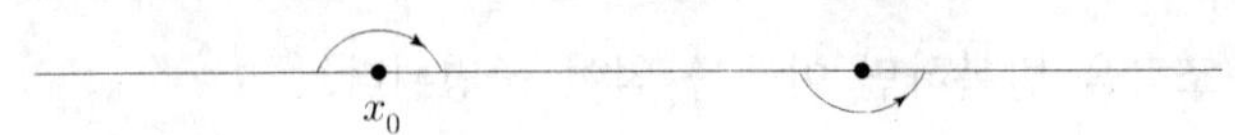

그림 3. 16 특이점을 지나가기.

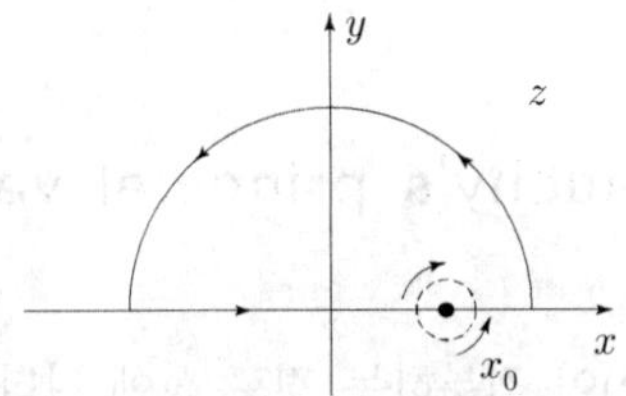

그림 3. 17 무한 반원으로 경로를 닫기.

만일 상반부의 작은 반원이 선택된다면 x_0은 제외된다. 그때의 유일한 공헌은 C_{x_0} 주위의 시계방향 적분이며, $-\pi i a_{-1}$ 값을 산출할 것이다. 이것을 식 (3.76)의 맨 오른쪽으로 이동시키면 전과 같이 $+\pi i a_{-1}$을 얻게 된다.

x축을 따라서의 적분들은 연결되고, 반원의 반경은 0에 접근하게 된다. 즉

$$\lim_{\delta\to 0}\left\{\int_{-\infty}^{x_0-\delta} f(x)dx + \int_{x_0+\delta}^{\infty} f(x)dx\right\} \equiv P\int_{-\infty}^{\infty} f(x)dx \tag{3.77}$$

여기서 P는 'Cauchy 주값(Cauchy's principal value)'을 나타내고, 위의 극한 과정을 의미한다. Cauchy 주값이 균형시키거나, 혹은 소거시키는 과정임을 주의하라. $z = x_0$라는 특이점 근방에서

$$f(x) \approx \frac{a_{-1}}{x - x_0} \tag{3.78}$$

이것은 x_0에 대해 기함수이다(그림 3.18 참조).

x_0에 대한 대칭구간은 그림 3.18의 빗금 면적의 소거를 의미한다. 특이점의 공헌은 반원 주위의 적분에서 나타난다. 때때로 이 극한 기술은 적분극한 $\pm\infty$까지 적용된다.

$$P\int_{-\infty}^{\infty} f(x)dx = \lim_{a\to\infty}\int_{-a}^{a} f(x)dx \tag{3. 79}$$

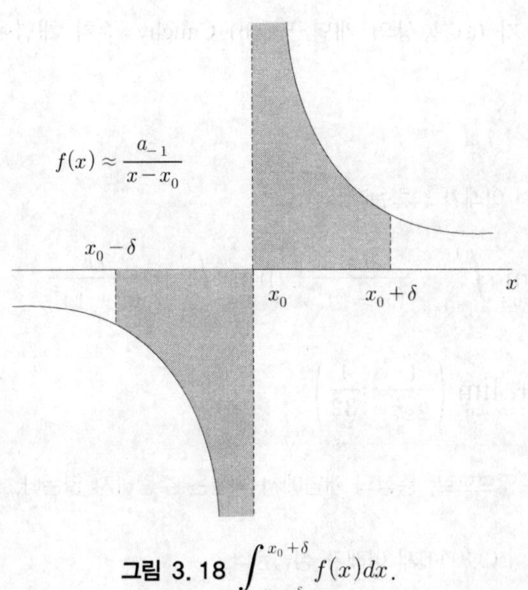

그림 3. 18 $\int_{x_0-\delta}^{x_0+\delta} f(x)dx.$

여기서 실수 (제 2종)불완전 적분(improper integral)의 개념을 이용하여 Cauchy 주치 문제를 다시 한번 요약하기로 한다. 즉 함수 $f(x)$가 폐구간 $a \le x \le b$의 한 내부점 $x = x_0$에서만 분산(umbounded)할 경우에 아래와 같이 (제 2종 불완전)적분을 정의한다.

$$\int_a^b f(x)dx = \lim_{\varepsilon_1\to 0+}\int_a^{x_0-\varepsilon_1} f(x)dx + \lim_{\varepsilon_2\to 0+}\int_{x_0+\varepsilon_2}^{b} f(x)dx \tag{3. 80}$$

즉 위 식의 좌변의 적분은 우변의 극한이 존재하느냐 아니냐에 따라서 수렴 혹은 발산이 된다. 그런데 만약 우변에서 ε_1과 ε_2이 각각 독립적으로 0에 접근할 때 극한 값이 존재하지 않는 경우에는 이 적분은 통상의 개념(usual sense)에서 수렴(즉 존재)하지 않는다. 이 경우에 위 식에서 아래 식과 같이 $\varepsilon_1 = \varepsilon_2 = \varepsilon$을 행함으로써 극한이 존재하게 할 수 있다.

$$\int_a^b f(x)dx = \lim_{\varepsilon\to 0+}\left\{\int_a^{x_0-\varepsilon} f(x)dx + \int_{x_0+\varepsilon}^{b} f(x)dx\right\} \tag{3. 81}$$

이때 만약 우변의 극한이 존재하면, 이 극한값은 좌변적분의 'Cauchy 주치'라고 부르며 $P\int_a^b f(x)dx$로 나타낸다.

예제 3. 17

적분 $\int_{-1}^{5} \frac{dx}{(x-1)^3}$가 (a) 통상의 개념 및 (b) Cauchy 주치 개념에서 각각 값을 구하라.

풀 이

(a) 식 (3.80)의 정의에서 아래가 성립된다.

$$\int_{-1}^{5} \frac{dx}{(x-1)^3} = \lim_{\varepsilon_1 \to 0+} \int_{-1}^{1-\varepsilon_1} \frac{dx}{(x-1)^3} + \lim_{\varepsilon_2 \to 0+} \int_{1+\varepsilon_2}^{5} \frac{dx}{(x-1)^3}$$

$$= \lim_{\varepsilon_1 \to 0+} \left(\frac{1}{8} - \frac{1}{2\varepsilon_1^2} \right) + \lim_{\varepsilon_2 \to 0+} \left(\frac{1}{2\varepsilon_2^2} - \frac{1}{32} \right)$$

우변의 극한이 존재하지 않으므로, 통상의 개념에서 적분은 수렴하지 않는다.

(b) $\varepsilon_1 = \varepsilon_2 = \varepsilon$로 두면 식 (3.81)에서 아래가 성립된다.

$$\lim_{\varepsilon \to 0+} \left\{ \int_{-1}^{1-\varepsilon} \frac{dx}{(x-1)^3} + \int_{1+\varepsilon}^{5} \frac{dx}{(x-1)^3} \right\} = \lim_{\varepsilon \to 0+} \left\{ \frac{1}{8} - \frac{1}{2\varepsilon^2} + \frac{1}{2\varepsilon^2} - \frac{1}{32} \right\} = \frac{3}{32}$$

즉 Cauchy 주치 개념에서 적분은 존재(수렴)하며, 그 극한값은 $P\int_{-1}^{5} \frac{dx}{(x-1)^3} = 3/32$이다.

3. 6. 3 유리형 함수의 극전개

떨어져 있는 극들만의 특이점으로 갖는 해석함수 $f(z)$를 유리형 함수라 한다. 간단히 하기 위하여, $0 < |a_1| < |a_2| < \cdots$인 유한한 $z = a_n$에서의 극들은 모두 유수 b_n을 가진 단순극임을 가정하자. $f(z)$의 임의의 해석점 z_0에서의 Taylor 전개, 또는 어떤 $f(z)$의 특이점에서의 Laurent 전개와는 달리 $b_n(z-a_n)^{-1}$의 항에서 $f(z)$의 전개는 단지 $f(z)$의 고유성질에 의존한다. 지금 C_N을 $f(z)$의 어떠한 극점도 통과하지 않는 반경 R_N의 원이라 하고, 이 원 상에서는 $|f(z)| < M$(여기서 M은 N에 무관)가 성립하고, 만약 $N \to \infty$일 때는 $R_N \to \infty$가 된다고 하자(그림 3.19 참조).

이때 'Mittag-Leffler의 전개정리(Mittag-Leffler's expansion theorem)'로 알려진 아래의 관계가 성립된다.

$$f(z)=f(0)+\sum_{n=1}^{\infty}b_n\left\{(z-a_n)^{-1}+a_n^{-1}\right\} \tag{3. 82}$$

증 명 $f(z)$는 $z=a_n$ $(n=1, 2, \cdots)$에서 (단순)극을 가지나, $z=\zeta$는 $f(z)$의 극점은 아니다. 따라서 함수 $\dfrac{f(z)}{z-\zeta}$는 $z=a_n$ $(n=1, 2, \cdots$ 및 $\zeta)$에서 극점을 가진다. 그러면 각 극점에서의 $f(z)/(z-\zeta)$의 유수(residue)는 식 (3.73)에 의해 아래와 같이 계산된다.

$$\text{(i)}\ \ z=a_n\ (n=1, 2, \cdots):\ \text{Res}\,(a_n)=\lim_{z\to a_n}(z-a_n)\frac{f(z)}{z-\zeta}=\frac{b_n}{a_n-\zeta} \tag{1}$$

여기서 $b_n=\lim\limits_{z\to a_n}(z-a_n)f(z)$는 $z=a_n$에서의 f가 유수이다.

$$\text{(ii)}\ \ z=\zeta:\ \text{Res}\,(\zeta)=\lim_{z\to\varepsilon}(z-\varepsilon)\frac{f(z)}{(z-\zeta)}=f(\zeta) \tag{2}$$

그러면 유수정리(식 (3.74))에 의해 아래가 성립된다.

$$\frac{1}{2\pi i}\oint_{C_N}\frac{f(z)}{z-\zeta}\,dz=f(\zeta)+\sum_n\frac{b_n}{a_n-\zeta} \tag{3}$$

여기서 마지막 합은 반경 R_N의 원 C_N 내의 모든 극점에 대한 것이다(그림 3.19 참조).

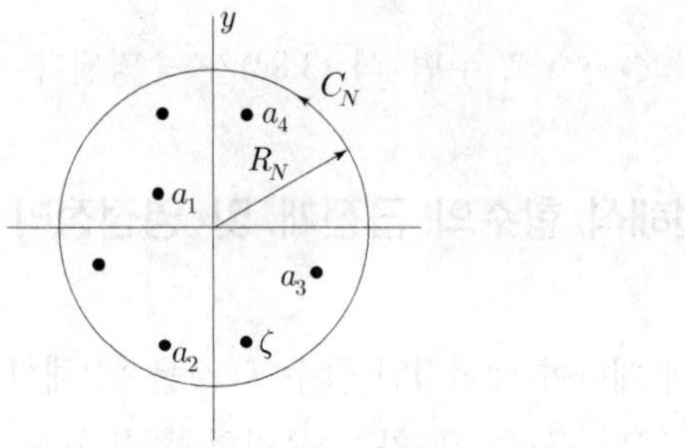

그림 3. 19 식 (3.82)의 증명에 사용된 기하.

만약 $f(z)$가 $z=0$에서 해석적이라고 가정하면, 식 (3)에 $\zeta=0$을 두면 아래가 성립된다.

$$\frac{1}{2\pi i}\oint_{C_N}\frac{f(z)}{z}dz = f(0)+\sum_n \frac{b_n}{a_n} \tag{4}$$

이제 식 (4)를 식 (3)에서 빼면 아래가 성립된다.

$$f(\zeta)-f(0)+\sum_n b_n\left(\frac{1}{a_n-\zeta}-\frac{1}{a_n}\right)=\frac{1}{2\pi i}\oint_{C_N} f(z)\left\{\frac{1}{z-\zeta}-\frac{1}{z}\right\}dz$$

$$=\frac{\zeta}{2\pi i}\oint_{C_N}\frac{f(z)}{z(z-\zeta)}dz \tag{5}$$

이제 C_N 상의 점 z에 대해서는 $|z-\zeta| \geq |z|-|\zeta| = R_N-|\zeta|$가 성립되므로, 만약 $|f(z)| \leq M$라고 가정하면 아래가 성립된다.

$$\left|\oint_{C_N}\frac{f(z)}{z(z-\zeta)}dz\right| \leq \frac{M\cdot 2\pi R_N}{R_N(R_N-|\zeta|)}$$

여기서 $N\to\infty$이면 $R_N\to\infty$이므로 왼편의 적분은 0에 접근한다. 즉

$$\lim_{N\to\infty}\oint_{C_N}\frac{f(z)}{z(z-\zeta)}dz=0$$

따라서 식 (5)에 $N\to\infty$을 취하면 아래의 요구되는 결과가 얻어진다.

$$f(\zeta)=f(0)+\sum_n b_n\left(\frac{1}{\zeta-a_n}+\frac{1}{a_n}\right)$$

여기서 $\zeta\to z$로 두면 식 (3.82)가 증명된다. ▪

3. 6. 4 전해석 함수의 곱전개 및 영점정리

모든 유한 z에 대하여 해석적인 함수 $f(z)$를 '전해석 함수(entire analytic function)'라고 한다. 로그 도함수 f'/f는 극전개를 가진 유리형 함수이다.

만약에 $f(z)$가 $z=a_n$에서 단순근을 가지면, $g(z)$가 해석함수이고, $g(a_n)\neq 0$인 함수 $g(z)$를 이용하여 $f(z)=(z-a_n)g(z)$로 쓸 수 있다. 그러므로 로그 도함수

$$\frac{f'(z)}{f(z)}=(z-a_n)^{-1}+\frac{g'(z)}{g(z)} \tag{3.83}$$

는 $z=a_n$에서 유수 1인 단순극을 가지고, g'/g는 $z=a_n$에서 해석적이다.

f'/f가 식 (3.82)의 극전개 조건을 만족하면

$$\frac{f'(z)}{f(z)}=\frac{f'(0)}{f(0)}+\sum_{n=1}^{\infty}\left[\frac{1}{a_n}+\frac{1}{z-a_n}\right] \tag{3.84}$$

이 성립한다. 식 (3.84)를 적분하면

$$\int_0^z\frac{f'(z)}{f(z)}=\ln f(z)-\ln f(0)=\frac{zf'(0)}{f(0)}+\sum_{n=1}^{\infty}\left\{\ln(z-a_n)-\ln(-a_n)+\frac{z}{a_n}\right\}$$

이고, 지수화하면(즉 $\ln f=A$라면 $f=e^A$ 이용)

$$f(z)=f(0)\exp\frac{zf'(0)}{f(0)}\prod_1^{\infty}\left(1-\frac{z}{a_n}\right)\exp\frac{z}{a_n} \tag{3.85}$$

인 곱전개를 얻는다.

$$\sin z=z\prod_{\substack{m=-\infty\\ n\neq 0}}^{\infty}\left(1-\frac{z}{n\pi}\right)e^{z/n\pi}=z\prod_{n=1}^{\infty}\left\{1-\frac{z^2}{n^2\pi^2}\right\}$$

$$\cos z=\prod_{n=1}^{\infty}\left\{1-\frac{z^2}{(n-1/2)^2\pi^2}\right\} \tag{3.86}$$

식 (3.83)의 결과로서 만약 $f(z)$가 폐곡선 C 내에서 해석적이고, C 상에서는 $f(z)\neq 0$이라고 가정하면 로그 도함수의 경로적분은 경로 C 내부의 함수 $f(z)$에서 $f(z)=0$이 되는 근(그 중복도를 포함하는)의 수를 계산하는 데 사용할 수 있다.

$$(2\pi i)^{-1}\int_C\frac{f'(z)}{f(z)}dz=Z-P\equiv N_f \tag{3.87}$$

여기서 Z는 C내에서 $f(z)$의 0점(근)의 개수이고, P는 $f(z)$의 극점의 개수이다.

$$\int\frac{f'(z)}{f(z)}dz=\ln f(z)=\ln|f(z)|+i\arg f(z) \tag{3.88}$$

을 사용하면, 경로를 따라서 z가 한 번 움직일 때 식 (3.88)의 실수부가 변하지 않는다는 것(즉 $\Delta\ln|f(z)|\simeq 0$)과 그에 대응하는 $f(z)$의 위상각 $\arg(f)$가

$$\Delta_C\arg(f)=2\pi N_f=2\pi(Z-P) \tag{3.89}$$

가 되어야 한다는 것을 알 수 있다[이는 '편각정리(argument theorem)'으로 알려져 있다]. 이는 다음의 'Rouché의 정리'를 유도한다. 즉 $f(z)$와 $g(z)$가 닫힌 경로 C와 그 내부에서 해석적이고, C 상에서 $|g(z)| < |f(z)|$이면, $f(z)$와 $f(z)+g(z)$가 C 내부에서 같은 개수의 근을 갖는다. 이를 증명하기 위해

$$2\pi N_{f+g} = \Delta_C \arg(f+g) = \Delta_C \arg(f) + \Delta_C \arg\left(1+\frac{g}{f}\right)$$

를 사용하자.

C 상에서 $|g(z)| < |f(z)|$이기 때문에, 점 $w = 1 + g(z)/f(z)$는 항상 중심이 1이고 반지름 1인 w평면의 원의 내부점이다. 그래서 $\arg(1+g/f)$는 z가 C 주위에서 움직일 때 원래의 값으로 되돌아와야 한다. 다시 말해, 그것은 2π의 배수만큼 증가하거나, 감소할 수 없으므로 $\Delta_C \arg\left(1+\frac{g}{f}\right) = 0$이 되어야 한다.

Rouché의 정리는 대수학의 기본정리인 "$a_n \neq 0$인 다항식 $\sum_{m=0}^{n} a_m z^m$은 n개의 근을 갖는다."를 다른 방법으로 증명하는 데 사용할 수 있다.

$f(z) = a_n z^n$을 정의하자. 그러면 f는 원점에서 n중근을 갖고 다른 근은 갖지 않는다. $g(z) = \sum_{0}^{n-1} a_m z^m$으로 놓고서 원점에 중심을 두고 반지름 $R > 1$인 원 C에 Rouché의 정리를 적용하자. C 원상에서 $|f(z)| = |a_n| R^n$이며

$$|g(z)| \le |a_0| + |a_1|R + \cdots + |a_{n-1}|R^{n-1} \le \left(\sum_{0}^{n-1} |a_m|\right) R^{n-1}$$

이므로, 따라서 C 상의 z에 대하여 $R > \left(\sum_{0}^{n-1} |a_m|\right) / |a_n|$이면, $|g(z)| < |f(z)|$이다. 그러므로, 모든 충분히 큰 원 C에 대하여 $f+g = \sum_{m=0}^{n} a_m z^m$은 Rouché의 정리에 의하여 C 내부에 n개의 근을 갖는다.

독자들의 이해를 돕기 위하여 식 (3.87), (3.89)(편각정리) 및 Rouché의 정리에 관련된 예제 문제를 각각 한 개씩 아래에 싣는다.

예제 3. 19

함수 $f(z)=z/(2z^2+1)$에 대하여 적분경로인 폐곡선 C가 반시계방향의 단위원 $|z|=1$일 때 식 (3.87)의 적분을 행하고, 영역 내 $f(z)$의 0점의 개수 Z 및 (단순)극점의 수 P를 말하라.

풀 이

주어진 $f(z)$에 대해 아래가 얻어진다.

$$\frac{f'(z)}{f(z)}=\frac{1-2z^2}{z(1+2z^2)}$$

이를 식 (3.87)에 대입하여 적분을 행하면 아래를 얻는다.

$$I=\frac{1}{2\pi i}\oint_{|z|=1}\frac{1-2z^2}{z(1+2z^2)}dz$$

위 식은 $z=0$과 $z=\pm i/\sqrt{2}$에서 $f'(z)/f(z)$의 3개의 단순극이 있다. 유수이론(식 (3.74))를 사용하면 아래 식을 얻을 수 있다.

$$I=\mathrm{Res}(z=0)+\mathrm{Res}(z=i/\sqrt{2})+\mathrm{Res}(z=-i/\sqrt{2})$$

$$=\lim_{z\to 0}\frac{1-2z^2}{1+2z^2}+\lim_{z\to i/\sqrt{2}}\frac{1-2z^2}{2z(z+i/\sqrt{2})}+\lim_{z\to -i/\sqrt{2}}\frac{1-2z^2}{2z(z-i/\sqrt{2})}$$

$$=1-1-1=-1$$

즉 영역 $|z|=1$내에서 $f(z)$의 영점은 $z=0$의 1개 (즉 $Z=1$)이고, 단순극점은 $z=\pm i/\sqrt{2}$의 2개(즉 $P=2$)이므로 $N_f=Z-P=1-2=-1$가 되어 식 (3.87)의 타당성이 증명된다.

예제 3. 20

$f(z)$가 아래 식으로 주어질 때 $|z|=1$인 단위원과 $|z|=3$인 원 내에서 각각 몇 개의 영점을 갖는가를 식 (3.89)을 이용하여 구하라.

$$f(z)=z^2+2z+1 \tag{3. 90}$$

풀 이

$f(z)$의 영점은 $z=-1\pm i$이다. 그러나 우리는 더 나아간 경우를 고려하게 된다. $z=x+iy$라 할 때,

$$w=f(z)=u(x,u)+iv(x,y)$$

$$=x^2-y^2+2x+2+i(2xy+2y)$$

이고, 먼저 z가 $|z|=1$를 따라 하나의 원을 만드는 것과 같이 w를 그린다. 이 때 $0\leq\theta\leq 2\pi$에 대해 $x=\cos\theta$, $y=\sin\theta$($\because z$의 크기 $r=1$이므로)라 놓으면 다음과 같이 쓸 수 있다.

$$u(\theta)=\cos^2\theta-\sin^2\theta+2\cos\theta+2$$

$$v(\theta)=2\cos\theta\sin\theta+2\sin\theta \tag{3.91}$$

v를 매개변수적으로 u에 대비하여 그린다.(이는 컴퓨터 대수 시스템을 이용하여 쉽게 할 수 있다.)결과는 그림 3.20a에 나와 있다. 그림 3.20a에서 볼 수 있듯이 C_w가 원점을 감싸지 않기 때문에 $\arg w$의 변화가 0이라는 사실에 주목하라. 따라서 단위 원 내에 놓은 $f(z)$의 (극점은 물론) 영점은 하나도 없다[즉 $\Delta_C \arg w=2\pi(0-0)=0$이 됨].

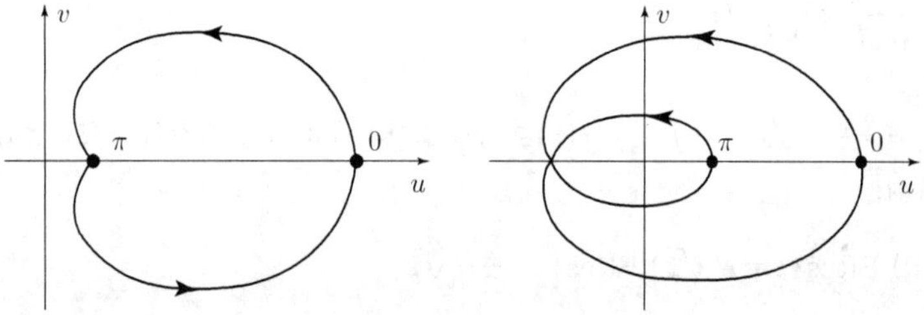

그림 3.20 (a) z-평면의 단위원 주위의 z에 대해 한번 순회한 w-평면상의 $w=f(z)=z^2+2z+2$에서의 $u(x,y)$에 대한 $v(x,y)$. 0과 π는 식 (3.91)의 $v(\theta)$와 $u(\theta)$의 매개변수식 표현에서의 θ값을 나타낸다. (b) (a)의 경우와 동일하다. 그러나 이 경우에는 $|z|=3$인 원을 한번 통과한다.

다음에는 C를 $|z|=3$인 원이라 하자. 이 경우 $x(\theta)=3\cos\theta$, $y(\theta)=3\sin\theta$이고, 곡선 C_w는 그림 3.20b에서 볼 수 있다. 이는 원점을 두 번 감싸는데, 그러므로 이 경우에 $\Delta_C \arg w=2\pi N_f=2\pi(Z-P)=4\pi$이며, $z=-1\pm i$에서 $f(z)$는 두 개의 영점(즉 $Z=2$)을 갖는다. 또한 영역 내 $f(z)$의 (단순)극점도 없으므로(즉 $P=0$) 식 (3.89)에서 $N_f=2-0=2$가 되는데, 이는 C_w의 반복회수에 해당된다(그림 3.20b 참조). 때로는 N_f를 $w=f(z)$의 회전수(winding nember)라고도 부른다.

예제 3. 21

Rouché의 정리를 이용하여 두 개의 폐곡선(원) $|z|=1$과 $|z|=2$ 사이에서 $f(z)=z^7-2z^4+5z-9=0$의 해 (즉 영점)의 개수를 구하라.

풀 이

$|z|=1$과 $f(z)=-9$, $g(z)=z^7-2z^4+5z$를 생각하면 $|z|=1$에서 $|g(z)|=|z^7-2z^4+5z|$ $\le|z^7|+|-2z^4|+|5z|=8<|f(z)|=9$이고, Rouché 이론에 의해 $f(z)+g(z)$는 $|z|=1$에서 $f(z)=-9$와 같은 수의 영점을 갖기 때문에 이 경우에 영점은 없다. $|z|=2$에서 $f(z)=z^7$, $g(z)=-2z^4+5z-9$라 하면,

$$|g(z)|\le|2z^4|+|5z|+|9|=51<|f(z)|=|z^7|=128$$

이 경우 $f(z)$는 $|z|=2$에서 7개의 영점을 갖는다. 그러므로 $z^7-2z^4+5z-9=0$의 7개의 해는 모두 $|z|=1$과 $|z|=2$ 사이에 존재한다.

3. 6. 5 정적분의 계산

정적분은 순수수학에서 뿐만이 아니라 수리물리학의 문제에서도 자주 나타난다. 정적분의 계산에 매우 유용하며 일반적인 세 가지 기술이 있다. (1) 복소경로(contour) 적분, (2) gamma 또는 beta 함수로 바꾸기, (3) 수치 해석법.
다른 접근 방법은 각 항을 적분하여 급수 전개를 하거나 적분변환을 이용하는 것이다. 앞으로 보게 되겠지만, (복소)적분경로를 이용하는 것은 적분의 광범한 영역에 적용될 수 있으므로, 아마도 이런 방법 중에서 가장 유용한 방법이 될 것이다.

구체적인 형태의 적분을 논하기 전, 정적분의 계산에 있어서 두 가지 유용한 기본 정리를 아래에 나타낸다.

정리 : 만약 $z=re^{i\theta}$에 대해 $|F(z)|\le\dfrac{M}{R^k}$(여기서 $k>1$과 M은 상수임)가 성립되고, 또한 Γ가 아래 그림 3.21에 나타난 (큰)반원(semi-circle)이라고 하면 아래의 두 정리가 성립된다.

$$\text{(a)}\ \lim_{R\to\infty}\int_\Gamma f(z)dz=0 \tag{3. 92}$$

$$\text{(b)}\ \lim_{R\to\infty}\int_\Gamma e^{imz}f(z)dz=0 \tag{3. 93}$$

특히 정리 (b)를 'Jordan의 부정리(lemma)'라고도 부른다(유형 (d) 참조).

증 명 (a) 식 (3.40)에 의해 아래가 성립된다.

$$\left|\int_\Gamma f(z)dz\right|\le\int_\Gamma|f(z)||dz|\le\frac{M}{R^k}\cdot\pi R+\frac{\pi M}{R^{k-1}}$$

단 위 식에서 반원 Γ의 원둘레 $L=\pi R$이다. 그러면 아래가 되어 증명된다.

$$\lim_{R\to\infty}\left|\int^{\Gamma} f(z)dz\right| = 0 \quad \text{따라서} \quad \lim_{R\to\infty}\int_{\Gamma} f(z)dz = 0$$

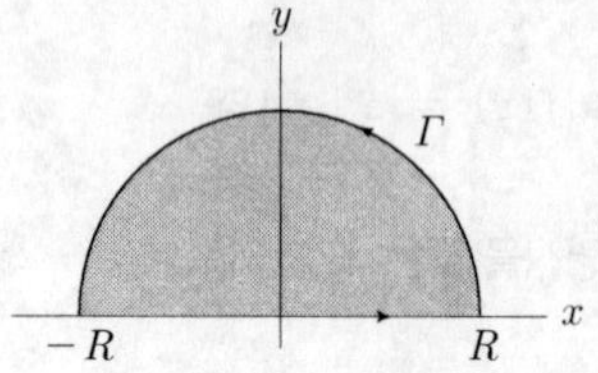

그림 3. 21 식 (3.92)와 (3.93)을 증명하기 위하여 사용된 기하.

(b) 만약 $z=Re^{i\theta}$라면 $\int_{\Gamma} e^{imz}f(z)dz = \int_0^{\pi} e^{imRe^{i\theta}} f(Re^{i\theta})iRe^{i\theta}\,d\theta$가 된다. 그러면

$$\left|\int_0^{\pi} e^{imRe^{i\theta}} f(Re^{i\theta})iRe^{i\theta}\,d\theta\right| \le \int_0^{\pi}\left|e^{imRe^{i\theta}} f(Re^{i\theta})iRe^{i\theta}\right|d\theta$$

$$= \int_0^{\pi}\left|e^{imR\cos\theta - mR\sin\theta} f(Re^{i\theta})iRe^{i\theta}\right|d\theta$$

$$= \int_0^{\pi} e^{-mR\sin\theta}\left|f(Re^{i\theta})\right|R\,d\theta$$

$$\le \frac{M}{R^{k-1}}\int_0^{\pi} e^{-mR\sin\theta}\,d\theta = \frac{2M}{R^{k-1}}\int_0^{\pi/2} e^{-mr\sin\theta}\,d\theta$$

여기서 (a)의 경우와 마찬가지로 식 (3.40)을 이용하였다. 그런데 $0 \le \theta \le \pi/2$이므로 $\sin\theta \ge 2\theta/\pi$가 성립하므로 위 식의 마지막 적분은 아래와 같거나 보다 작을 것이다.

$$\frac{2M}{R^{k-1}}\int_0^{\pi/2} e^{-2mR\theta/\pi}\,d\theta = \frac{\pi M}{mR^k}(1-e^{-mR})$$

그런데 여기서 $R\to\infty$이면 상수 m 및 k가 모두 양이므로 이 적분 값은 0에 접근하므로 요구되는 결과가 증명된다. ■

유형 (a) : $\int_{-\infty}^{\infty} f(x)dx$

$$I = \int_{-\infty}^{\infty} f(x)dx \tag{3.94}$$

형태의 정적분을 생각하자. 단 위의 적분에서 아래 조건이 만족된다고 하자.

a. $f(z)$가 유일개의 극을 제외하고, 상반평면에서 해석적이고, 실축상에는 극이 없다. 만일 극이 존재하면, 이 절의 앞에서 논의한 것처럼 극을 포함시키거나 제외시킬 수도 있다.

b. $f(z)$는 $|z| \to \infty$, $0 \le \arg z \le \pi$일 때, $1/z^2$처럼 빨리 사라진다.

이런 조건에 의해 적분의 경로를 실축으로 반원을 그림 3.21과 같이 상반평면으로 취하는 것이 가능하다.

반경 R를 무한히 큰 반원의 반경이라 하면

$$\oint f(z)dz = \lim_{R\to\infty} \int_{-R}^{R} f(x)dx + \lim_{R\to\infty} \int_{0}^{\pi} f(Re^{i}\theta) iRe^{i\theta} d\theta$$

$$= 2\pi i \sum \text{유수 (상반평면)} \tag{3.95}$$

이 되고, 두 번째 조건(식 (3.93))에 의해 두 번째 적분은 사라지며

$$\int_{-\infty}^{\infty} f(x)dx = 2\pi i \sum \text{유수 (상반평면)} \tag{3.96}$$

예제 3. 22

정적분 $\int_0^\infty \frac{dx}{x^4+1}$의 값을 구하라.

풀 이

(복소)경로적분 $\oint_C \frac{dz}{z^4+1}$(여기서 폐경로 C는 그림 3.21에 나타낸 바와 같이 $-R \sim R$의 실수직선과 반원 Γ로 구성되어 있으며, 반시계(양의)방향으로 회전된다)를 생각해보자.

4차방정식 $z^4+1=0$의 4 근은 $z=e^{\pi i/4}$, $e^{3\pi i/4}$, $e^{5\pi i/4}$, $e^{7\pi i/4}$이며, 모두 $f(z)=1/(1+z^4)$의 단순 극점이 된다. 그런데 두 개의 극점 $e^{\pi i/4}$및 $e^{3\pi i/4}$만이 폐곡선 C 내에 존재[∵ 각각의 위상각은 45° 및 135° 이므로)한다. 그러면 로피탈의 정리(식 (A.14) 참조)를 사용하여 각 극점에서의 유수를 식 (3.73)으로부터 구하면 아래를 얻는다.

$$\text{Res}(e^{\pi i/4}) = \lim_{z\to e^{\pi i/4}} \left\{(z-e^{\pi i/4})\frac{1}{z^4+1}\right\} = \lim_{z\to e^{\pi i/4}} \frac{1}{4z^3} = \frac{1}{4}e^{-3\pi i/4}$$

$$\mathrm{Res}(e^{3\pi i/4}) = \lim_{z\to e^{3\pi i/4}}\left\{(z-e^{3\pi i/4})\frac{1}{z^4+1}\right\} = \lim_{z\to e^{3\pi i/4}}\frac{1}{4z^3} = \frac{1}{4}e^{-9\pi i/4}$$

따라서 유수정리(식 (3.74))에 의해 아래를 얻는다.

$$\oint_C \frac{dz}{z^4+1} = 2\pi i\left\{\frac{1}{4}e^{-3\pi i/4} + \frac{1}{4}e^{-9\pi i/4}\right\} = \frac{\pi\sqrt{2}}{2} \tag{1}$$

$$\oint_C \frac{dz}{z^4+1} = \int_{-R}^{R}\frac{dx}{x^4+1} + \int_\Gamma \frac{dz}{z^4+1} = \frac{\pi\sqrt{2}}{2} \tag{2}$$

그런데 $z = Re^{i\theta}$(여기서 R은 충분히 큼)에 대해 $f(z) = 1/(1+z^4)$의 크기(절대값)는 아래가 된다.

$$|f(z)| = \left|\frac{1}{1+R^4e^{4i\theta}}\right| \le \frac{1}{|R^4e^{4i\theta}|-1} = \frac{1}{R^4-1} \le \frac{2}{R^4} \tag{3}$$

즉 이는 식 (3.92)에서 $M=2$, $k=4$에 해당하므로 정리에 의해 $R\to\infty$일 때는 $\int_\Gamma \frac{dz}{z^4+1} = 0$이 된다. 이를 식 (2)에 대입하면 아래를 얻는다.

$$\lim_{R\to\infty}\int_{-R}^{R}\frac{dx}{x^4+1} = \int_{-\infty}^{\infty}\frac{dx}{x^4+1} = \frac{\pi\sqrt{2}}{2}$$

여기서 $\int_{-\infty}^{\infty}\frac{dx}{x^4+1} = 2\int_0^{\infty}\frac{dx}{x^4+1}$이므로 요구되는 적분값은 $\frac{\pi\sqrt{2}}{4}$가 된다.

유형 (b) : $\int_0^{2\pi} f(\sin\theta, \cos\theta)d\theta$

$$I = \int_0^{2\pi} f(\sin\theta, \cos\theta)d\theta \tag{3.97}$$

와 같은 꼴의 적분을 생각하자. f는 θ의 모든 값에 유한하다. f가 $\sin\theta$, $\cos\theta$의 유리함수로서 일가함수라 하고

$$z = e^{i\theta},\ dz = ie^{i\theta}d\theta$$

라 하면

$$d\theta = -i\frac{dz}{z},\ \sin\theta = \frac{z-z^{-1}}{2i},\ \cos\theta = \frac{z+z^{-1}}{2} \tag{3.98}$$

으로부터

$$I = -i \oint f\left(\frac{z-z^{-1}}{2i}, \frac{z+z^{-1}}{2}\right)\frac{dz}{z} \tag{3.99}$$

가 된다. 식 (3.74)의 유수 정리에 의해

$$I = (-i)2\pi i \sum \text{(단위원 안의 유수)} \tag{3.100}$$

가 된다. $f(z)/z$의 유수를 먼저 계산한 수에 적분을 했다는 것을 유의하라.

예제 3. 23

$\displaystyle\int_0^{2\pi} \frac{d\theta}{5+3\sin\theta}$ 를 구하여라.

풀 이

$z = e^{i\theta}$로 두면 $\sin\theta = \dfrac{e^{i\theta}-e^{-i\theta}}{2i} = \dfrac{z-z^{-1}}{2i}$ 및 $dz = ie^{i\theta}d\theta = iz\,d\theta$가 되어 아래가 성립된다.

$$\int_0^{2\pi} \frac{d\theta}{5+3\sin\theta} = \oint_C \frac{dz/iz}{5+3\left(\dfrac{z-z^{-1}}{2i}\right)} = \oint_C \frac{2dz}{3z^2+10iz-3}$$

여기서 폐경로 C는 원점에 중심을 둔 반경 1의 원 (즉 $|z|=1$)이다(그림 3.22 참조).

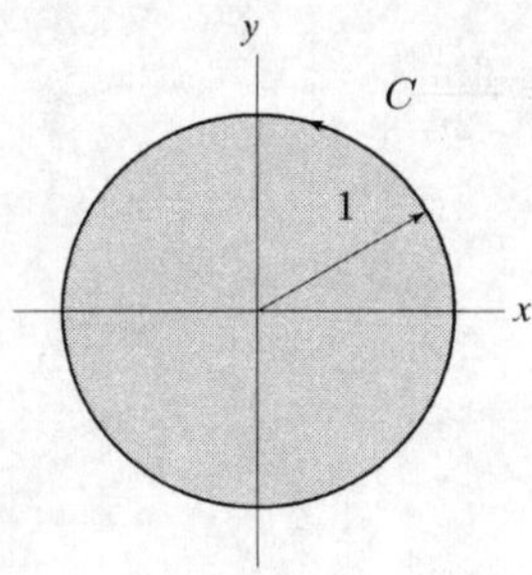

그림 3. 22 예제 3.23의 해에 사용된 기하.

위 적분의 마지막 식에서 $\dfrac{2}{3z^2+10iz-3}$의 2 (단순)극점은 아래가 된다.

$$z = \frac{-10i \pm \sqrt{-100+36}}{6} = \frac{-10i \pm 8i}{6} = -3i, -i/3$$

위 2개의 극점 중 크기가 1/3인 $-i/3$만이 C 안에 존재하므로, 이 점에서의 유수는 식 (3.73)과 로피탈의 정리(식 (A.14))로부터 아래와 같이 얻어진다.

$$\mathrm{Res}(-i/3) = \lim_{z\to -i/2}\left(z+\frac{i}{3}\right)\left(\frac{2}{3z^2+10iz-3}\right) = \lim_{z\to -i/2}\frac{2}{6z+10i} = \frac{1}{4i}$$

따라서 $\oint_C \frac{2dz}{3z^2+10iz-3} = 2\pi i\left(\frac{1}{4i}\right) = \frac{\pi}{2}$가 요구되는 적분값이다.

유형 (c) : $\int_{-\infty}^{\infty} f(x)\begin{Bmatrix}\cos mx \\ \sin mx\end{Bmatrix}dx$

이 경우는 $\oint_C f(z)e^{imz}dz$(여기서 C는 유형 (a)와 같은 ((폐)경로임)형태의 적분에 해당한다.

예제 3. 24

정적분 $\int_0^{\infty}\frac{\cos mx}{x^2+1}dx = \frac{\pi}{2}e^{-m}$(여기서 $m>0$)를 증명하라.

풀 이

경로적분 $\oint_C \frac{e^{imz}}{z^2+1}dz$(여기서 C는 그림 3.21에 나타낸 폐경로임)를 생각하자. 이 때 피적분함수의 두 (단순) 극점은 $z=\pm i$이나, 이 중 $z=i$만이 C안에 존재하므로 이 점에서 유수를 식 (3.73)에서 구하면 아래가 된다.

$$\mathrm{Res}\, i = \lim_{z\to i}\left\{(z-i)\frac{e^{imz}}{(z-i)(z+i)}\right\} = \frac{e^{-m}}{2i}$$

그러면 식 (3.74)에서

$$\oint_C \frac{e^{imz}}{z^2+1}dz = 2\pi i\left(\frac{e^{-m}}{2i}\right) = \pi e^{-m}$$

혹은

$$\int_{-R}^{R}\frac{e^{imx}}{x^2+1}dx + \int_{\Gamma}\frac{e^{imz}}{z^2+1}dz = \pi e^{-m}$$

즉

$$\int_{-R}^{R} \frac{\cos mx}{x^2+1} dx + i\int_{-R}^{R} \frac{\sin mx}{x^2+1} dx + \int_{\Gamma} \frac{e^{imz}}{z^2+1} dz = \pi e^{-m}$$

따라서

$$2\int_{0}^{R} \frac{\cos mx}{x^2+1} dx + \int_{\Gamma} \frac{e^{imz}}{z^2+1} dz = \pi e^{-m}$$

그런데 위 적분에서 $R \to \infty$를 취하면 정리 식 (3.93)에서 상반원 Γ 상의 적분은 0이 되므로 요구되는 결과가 얻어진다.

유형 (d) : $\int_{-\infty}^{\infty} f(x) e^{iax} dx$

$$I = \int_{-\infty}^{\infty} f(x) e^{iax} dx \quad (a\text{는 양의 실수}) \tag{3.101}$$

형태의 계산을 생각해보자. 이것은 다음 장에 소개할 Fourier 변환의 형태이다. 이 때 아래 두 조건을 가정하자.

a. $f(z)$가 유한개의 극을 제외한 상반평면에서 해석적이다.

b. $\lim_{|z| \to \infty} f(z) = 0, \; 0 \le \arg z \le \pi$ (3.102)

이것은 앞서 $\int_{-\infty}^{\infty} f(x) dx$를 계산하는 데 주어졌던 두 번째 조건보다는 덜 제한적이라는 것에 주목하라.

그림 3.21의 경로를 이용해 보자. 유수의 계산의 응용은 방금 살펴본 것과 똑같지만, 모든(무한) 반원에 대한 $e^{iaz} f(z)$(여기서 $z = Re^{i\theta}$로 둠)의 적분이 0이 된다는, 이 절의 앞 기본정리 (b)(식 (3.93))에서 증명한 'Jordan의 부정리(lemma)'를 여기서는 보다 쉬운 형태로 다시 한 번 유도해보기로 한다.

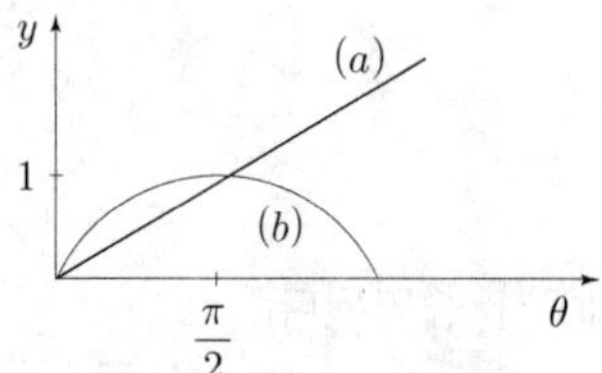

그림 3. 23 (a) $(2/\pi)\theta$, (b) $y = \sin\theta$.

즉 적분

$$I_R = \int_0^x f\left(Re^{i\theta}\right) e^{iaR\cos\theta - aR\sin\theta} iRe^{i\theta} d\theta \tag{3.103}$$

를 생각해보자. 이때 R이 충분히 커서 $|f(z)| = |f(Re^{i\theta})| < \varepsilon$라 하면,

$$|I_R| \leq \varepsilon R \int_0^{\pi} e^{-aR\sin\theta} d\theta$$

$$= 2\varepsilon R \int_0^{\pi/2} e^{-aR\sin\theta} d\theta \tag{3.104}$$

임을 알 수 있다. $[0, \pi/2]$ 에서

$$\frac{2}{\pi}\theta \leq \sin\theta$$

이므로(그림 3.23)

$$|I_R| \leq 2\varepsilon R \int_0^{\pi/2} e^{-aR\,2\theta/\pi} d\theta \tag{3.105}$$

가 되고

$$|I_R| \leq 2\varepsilon R \frac{1 - e^{-aR}}{aR2/\pi}$$

이므로 결과적으로는

$$\lim_{R\to\infty} |I_R| \leq \frac{\pi}{a}\varepsilon \tag{3.106}$$

가 된다. 식 (3.102)에서 $R\to\infty$ 일 때 $\varepsilon\to\infty$ 이 되어

$$\lim_{R\to\infty} |I_R| = 0 \tag{3.107}$$

가 되어 'Jordan의 보조정리(lemma)'가 증명된다.

그림 3.21의 경로를 사용하면

$$\int_{-\infty}^{\infty} f(z)e^{iax}dx + \lim_{R\to\infty} I_R = 2\pi i \sum \text{유수(상반평면)}$$

가 되고 상방평면 I_R의 적분이 $R\to\infty$ 일 때 사라진다(Jordan의 보조정리). 따라서

$$\int_{-\infty}^{\infty} f(x)e^{iax}dx = 2\pi i \sum \text{유수(상반평면)},\ (a>0) \tag{3. 108}$$

얻는다.

예제 3. 25

$\int_0^{\infty} \frac{\sin x}{x} dx = \frac{\pi}{2}$ 를 증명하라.

풀 이

예제 3.24의 방법은 함수 e^{iz}/z의 그림 3.21에 주어진 폐경로 C를 따라 적분을 가능하게 한다. 그러나 (단순) 극점 $z=0$은 이 적분 경로상에 있으므로 이를 통과하여 바로 적분할 수 있다. 따라서 아래 그림 3.24에 나타낸 바와 같이 $z=0$을 우회(indent)하는 경로 C' 즉 ABDEFGHJA 택한다.

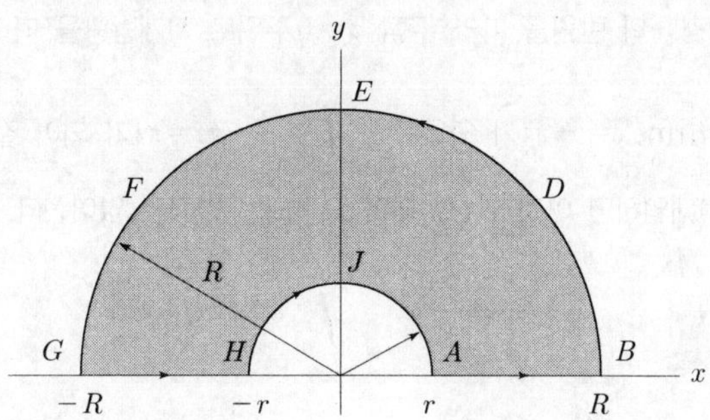

그림 3. 24 예제 3.25의 증명을 위하여 사용된 기하.

극점 $z=0$은 새로운 폐경로 C' 바깥에 있으므로 피적분함수는 폐경로 C'에 대해 해석적이 되므로 아래가 만족된다.

$$\int_{C'} \frac{e^{iz}}{z} dz = 0 \tag{1}$$

또는

$$\int_{-R}^{-r}\frac{e^{ix}}{x}dx+\int_{HJA}\frac{e^{iz}}{z}dz+\int_{r}^{R}\frac{e^{ix}}{x}dx+\int_{BDEFG}\frac{e^{iz}}{z}dz=0 \tag{2}$$

여기서 첫 번째 적분의 x를 $-x$로 바꾸고 이를 세 번째 적분과 결합하면 위 식은 아래가 된다.

$$\int_{r}^{R}\frac{e^{ix}-e^{-ix}}{x}dx+\int_{HJA}\frac{e^{iz}}{z}dz+\int_{BDEFG}\frac{e^{iz}}{z}dz=0 \tag{3}$$

혹은 $\sin x=(e^{ix}-e^{-ix})/2i$이므로 아래가 된다.

$$2i\int_{r}^{R}\frac{\sin x}{x}dx=-\int_{HJA}\frac{e^{iz}}{z}dz-\int_{BDEFG}\frac{e^{iz}}{z}dz \tag{4}$$

그런데 위 적분에서 $r\to0$, $R\to\infty$를 취하면 우변의 두 번째 적분은 Jordan 부정리(식 (3.93) 혹은 (3.107))에 의하여 0이 된다. 그리고 우변의 첫 번째 적분은 반경 r의 작은 원상에서 $z=re^{i\theta}$, $dz=ire^{i\theta}d\theta$를 대입하고, $r\to0$을 취하면 아래가 된다.

$$-\lim_{r\to0}\int_{\pi}^{0}\frac{e^{ire^{heta}}}{re^{i\theta}}ire^{i\theta}d\theta=-\lim_{r\to0}\int_{\pi}^{0}ie^{ir\theta^{i\theta}}d\theta=\pi i \tag{5}$$

[별해 : $\int_{\text{HJA}}\frac{e^{iz}}{z}dz$는 반경 r의 반원을 따라 주점 $z=0$주위로 시계방향을 따라 적분하므로, 적분값은 식 (3.75b) $-\pi iRe(0)=-\pi i\lim_{z\to0}e^{iz}=-\pi i$가 되므로 $-\int_{\text{HJA}}\frac{e^{iz}}{z}dz=\pi i$가 되어 같은 값을 준다.]

따라서 식 (5)를 식 (4)에 대입하면 아래가 성립되어 요구되는 결과가 얻어진다.

$$\lim_{\substack{R\to\infty\\ r\to0}}2i\int_{r}^{R}\frac{\sin x}{x}dx=\pi i \qquad \text{혹은} \qquad \int_{0}^{\infty}\frac{\sin x}{x}dx=\frac{\pi}{2}$$

[비고 : 식 (2)에서 $\lim_{\substack{r\to\infty\\ R\to\infty}}\left[\int_{-R}^{-r}\frac{e^{x}}{x}dx+\int_{r}^{R}\frac{e^{ix}}{x}dx\right]=P\int_{-\infty}^{\infty}\frac{e^{ix}}{x}dx=P\int_{-\infty}^{\infty}\frac{\cos x+i\sin x}{x}dx$ $=iP\int_{-\infty}^{\infty}\frac{\sin x}{x}dx=2iP\int_{0}^{\infty}\frac{\sin x}{x}dx$(여기서 P는 불완전 적분에 대한 Cauch의 수치를 의미 - 식 (3.81) 참조)를 이용해도 같은 결과를 얻는다. 단 이때 $\cos x/x$는 기함수, 그리고 $\sin x/x$는 우함수($\because$ x 및 $\sin x$는 기함수, $\cos x$는 우함수이므로)를 이용한다.]

유형 (e) : 지수형태의 적분

피적분함수가 지수 형태나 쌍곡선함수의 꼴로 나타나면, 문제는 이제까지의 것보다 더욱 복잡해진다. 이제까지의 모든 일반적인 기술 대신에 특정한 적분에 알맞은 적분경로를 취해야만 한다. 이런 경우는 경로 적분의 다양함과 그 유용성을 제시하는 또 다른 예이다. 한 예로서 계승함수(factorial function)인 $z!$과 $(-z)!$ 사이의 관계를 전개해 나가는 데 매우 유용한 적분을 한 가지 생각해 보자. 허수축을 따라가서 주기성이 어떻게 나타나는지 주의해야 한다.

예제 3. 26

아래에 나타낸 계승함수(factorial function)의 적분을 행하라.

$$I=\int_{-\infty}^{\infty}\frac{e^{ax}}{1+e^{x}}dx,\ \ 0<a<1 \tag{3.109}$$

를 구하라. 단 a에 대한 제한은 적분이 $x\to\pm\infty$에서 발산하지 않도록 하기 위한 필요충분조건이다.

풀 이

위 식의 실변수 x를 복소변수 x로 바꾸고, 그림 3.25에 나타낸 경로를 따라 (복소)적분을 행하기로 한다. 물론 극한을 $R\to\infty$로 취하면 실수축에서는 원하는 적분을 얻을 수 있다. 즉

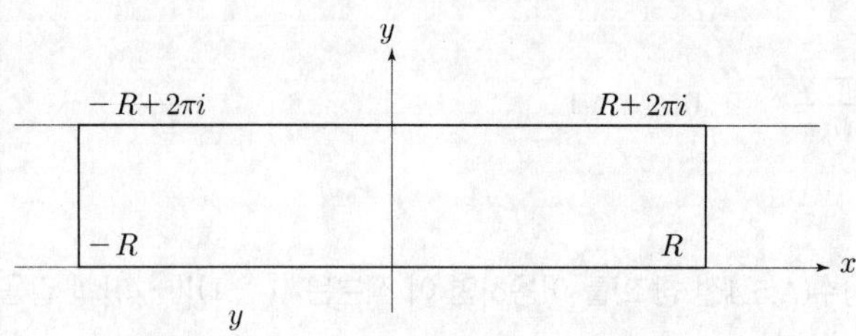

그림 3. 25 식 (3.109)의 적분을 구하기 위하여 사용된 기하.

$y=2\pi$를 따라 돌아오는 경로는 분모를 불변으로 두도록 취하는 동시에 분자에는 상수 $e^{i2\pi a}$을 도입한다. 이것을 복소평면 상에서 취하면

$$\oint\frac{e^{az}}{1+e^{z}}dz=\lim_{R\to\infty}\left(\int_{-R}^{R}\frac{e^{ax}}{1+e^{x}}dx-e^{i2\pi a}\int_{-R}^{R}\frac{e^{ax}}{1+e^{x}}dx\right)=\left(1-e^{i2\pi a}\right)\int_{-\infty}^{\infty}\frac{e^{ax}}{1+e^{x}}dx \tag{3.110}$$

가 된다[위 식의 첫 번째 항등관계의 두 번째 적분은 직사각형의 윗변의 적분으로서 이때 $z=x+i2\pi$로 두고, $x=R$에서 $-R$까지 적분을 행하여 얻어진 것임]. 게다가 $R\to\infty$일 때 지수함수처럼 사라지는 두 개의 수직구

간($0 \le y \le 2\pi$)이 있다[두 수직구간의 적분이 0이 되는 것은 가령 우측인 경우 $z=R+iy$로 두고, $y=0 \sim 2\pi$까지 적분 행하고, 좌측인 경우는 $z=-R+iy$로 두고 $y=2\pi \sim 0$까지 적분을 행하면 0이 됨이 확인된다].

위 복소 경로적분의 극점은 분모가 0 즉 아래가 성립될 때의 z값이다. 즉

$$e^z = e^x e^{iy} = -1 \tag{3.111}$$

일 때 극을 갖는다. 식 (3.111)은 $z=0+i\pi$일 때 만족한다. 그러면 $(z-i\pi)$근처에서의 Laurent 전개에 의하여 극점 $z=i\pi$의 유수 $Re(i\pi)=a_{-1}$(즉 Laurent 전개시 $(z-i\pi)^{-1}$의 계수)를 구하기 위하여 아래의 항등관계를 이용한다.

$$1+e^z = 1+e^{z-i\pi}e^{i\pi} = 1-e^{z-i\pi} = -(z-i\pi)\left(1+\frac{(z-i\pi)}{2!}+\frac{(z-i\pi)^2}{3!}\cdots\right) \tag{3.112}$$

따라서 식 (3.73)에 의해 점 $i\pi$에서의 유수는 아래와 같이 얻어진다.

$$Res(i\pi) = \lim_{z\to i\pi} - \frac{e^{az}}{1+\dfrac{(z-i\pi)}{2!}+\dfrac{(z-i\pi)^2}{3!}+\cdots} = -e^{i\pi a} \tag{3.113}$$

그러면 유수정리(식 (3.74))에 의해 위의 경로적분은 아래가 된다.

$$\left(1-e^{i2\pi a}\right)\int_{-\infty}^{\infty}\frac{e^{ax}}{1+e^x}dx = 2\pi i\left(-e^{i\pi a}\right) \tag{3.114}$$

이고, 이는 쉽게

$$\int_{-\infty}^{\infty}\frac{e^{ax}}{1+e^x}dx = \frac{\pi}{\sin a\pi}, \qquad 0<a<1 \tag{3.115}$$

가 된다.

여기서 감마(Gamma)함수(A.5.4절 참조)를 이용하면 이 적분은 $(a-1)!(-a)!$과 같음을 보일 수 있다. 이것에 의해 유용한 계승함수 관계식

$$\Gamma(1+a)\Gamma(1-a) = a!(-a)! = \frac{\pi a}{\sin a} \tag{3.116}$$

을 얻게 된다. 식 (3.115)를 $0<a<1$인 실수 a에 대해서만 성립하지만, 식 (3.116)은 해석적 확장에 의하여 실수의 정수값을 제외한 실수와 복소수의 모든 a값에 대해서 성립한다.

지수함수의 적분에 대한 두 번째 예로서 Bernoulli의 수(B_n)를 생각해 보자.

예제 3. 27

Bernoulli 수(Bn)는 아래와 같이 정의된다.

$$\frac{x}{e^x - 1} = \sum_{n=0}^{\infty} \frac{B_n}{n!} x^n \tag{3. 117}$$

이때 Bn을 (복소)경로적분을 통하여 n의 함수로 나타내어라.

풀 이

위 식에서 x를 z로 대치하면, $f(z) = z/(e^z - 1)$를 $z = z_0 = 0$ 근방으로 Taylor 급수전개하면 식 (3.50)에 의해 아래가 성립된다.

$$B_n = f^{(n)}(z=0) = \frac{n!}{2\pi i} \oint_{C_0} \frac{z}{e^z - 1} \frac{dz}{z^{n+1}} \tag{3. 118}$$

가 된다. 여기서 C_0는 $\pm 2\pi i$에서 극을 피하기 위해 $|z| < 2\pi$인 원점 주위를 반시계 방향으로 돈 경로이다(그림 3.26 참조).

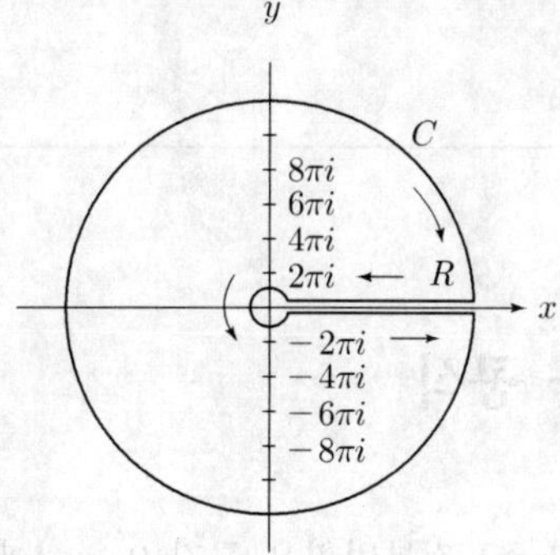

그림 3. 26 Bernoulli 수에 대한 적분경로

먼저 $n=0$에 대해 $e^z - 1$은 $z=0$에서 0이 되므로, 이때의 피적분함수는 $z=0$에서 단순극을 갖고 유수는 $+1$이다[$\because$ $Res(0) = \lim_{z\to 0} \frac{z}{e^z - 1}$는 로피탈 정리에 의해 1이 됨]. 따라서 식 (3.118)에 의해

$$B_0 = \frac{0!}{2\pi i} \cdot 2\pi i(1) = 1 \tag{3. 119}$$

이고, $n=1$에 대해 $z=0$에서 2차 극을 가지며 이때 유수는 지수의 급수전개와 이항전개에 의해 $-\frac{1}{2}$이 된다.[$\because$ 식 (3.73)에서 $Res(0) = \lim_{z\to 0} \frac{1}{1!} \frac{d}{dz}\left[\frac{z^2}{(e^z - 1)z}\right]$도 역시 로피탈 정리에의해 $-\frac{1}{2}$이 됨.]

$$B_1 = \frac{1!}{2\pi i} \cdot 2\pi i\left(-\frac{1}{2}\right) = -\frac{1}{2} \tag{3.120}$$

이 된다.

$n \geq 2$인 경우는 조금 복잡해진다. 식 (3.118)을 계산하는 다른 방법을 적용해보자. 그림 (3.26)처럼 새로운 경로 C를 잡자.

새로운 경로 C는 원하는 것처럼 여전히 원점을 포함하지만 그것은 또한 (음의 방향으로) $z = \pm p2\pi i(p = 1, 2, 3, \cdots)$에서 허수축을 따라서 특이점의 무한급수를 포함한다. x축을 따라서 정방향과 역방향의 적분은 상쇄되고 $R \to \infty$일 때 무한원의 적분은 0이 된다. $n \geq 2$인 경우

$$\oint_{C_0} \frac{z}{e^z - 1} \frac{dz}{z^{n+1}} = -2\pi i \sum_{p=0}^{\infty} (\text{유수}) \quad (z = \pm p 2\pi i) \tag{3.121}$$

가 되고, $z = p2\pi i$로부터의 유수는 $z = -p2\pi i$로부터의 유수와 서로 상쇄되어 $B_n = 0(n = 3, 5, 7 \cdots)$이 된다. n이 짝수이면, 유수는 합쳐져서

$$B_n = \frac{n!}{2\pi i}(-2\pi i)2\sum_{p=1}^{\infty}\frac{1}{p^n(2\pi i)^n} = -\frac{(-1)^{n/2}2n!}{(2\pi)^n}\sum_{p=1}^{\infty}P^{-n} \equiv -\frac{(-1)^{n/2}2n!}{(2\pi)^n}\zeta(n) \quad (n;\text{짝수}) \tag{3.122}$$

이 된다. 여기서 $\zeta(n) = \sum_{p=1}^{\infty} p^{-n}$은 Riemann zeta 함수로서 특히 $n = 2$인 경우는 $\zeta(2) = \pi^2/6 \fallingdotseq 1.64493$으로 잘 알려져 있다.

3.7 라플라스 역변환 공식

다음 장에 소개할 라플라스(Laplace) 적분변환은 구간$(0, \infty)$에서 정의되는 주어진 함수 $f(t)$가 있을 때 아래와 같이 정의되는 $\mathcal{L}$ 변환에 의해 t 공간에서 s 공간의 함수 $F(s)$로 변환된다.

$$\mathcal{L} f(t) \equiv \int_0^{\infty} f(t)e^{-st}dt \equiv F(s) \quad (\text{Re } s > 0) \tag{3.123}$$

이의 역변환은 복소 경로(contour)적분을 이용하여 아래와 같이 정의된다.

$$f(t) = \mathcal{L}^{-1}F(s) \equiv \frac{1}{2\pi i}\int_{\gamma - i\infty}^{\gamma + i\infty} F(s)e^{+st}ds \quad (\text{여기서 단, } t > 0) \tag{3.124}$$

(만약 위 식에서 $t < 0$이면 $f(t) = 0$으로 간주함)

여기서 $i = \sqrt{-1}$, γ는 변환 식 (3.723)에서 $\mathcal{L}$ 변환이 유효한 실제 s의 범위는 $\text{Re } s > \text{Re } s_0$로

서 $\text{Re } s_0 = \gamma$되는 양의 실수로서, $F(s)$의 모든 특이점(극점, 분지점 혹은 필수 특이점 포함)의 오른편에 위치하도록 선택된다. 식 (3.124)를 'Bromwich의 적분공식'이라고도 부르며, 이 식은 주어진 함수 $F(s)$의 역 라플라스 변환을 구하는 중요한 수단을 제공해준다.

그러면 여기서 역 라플라스 변환에 대한 적분 공식 (3.124)의 타당성을 증명해보자.

증 명 $\mathcal{L}$ 변환의 정의식 (3.123)에서 $F(s) = \mathcal{L} f(u) = \int_0^\infty e^{-su} f(u) du$가 된다. 그러면 이를 식 (3.124)에 대입하면 아래를 얻는다.

$$\lim_{T\to\infty} \frac{1}{2\pi i} \int_{\gamma - iT}^{\gamma + iT} e^{st} F(s) ds = \lim_{T\to\infty} \frac{1}{2\pi i} \int_{\gamma - iT}^{\gamma + iT} \int_0^\infty e^{st - su} f(u) du ds$$

여기서 $s = \gamma + iy$, $ds = idy$로 두면

$$\lim_{T\to\infty} \frac{1}{2\pi} e^{\gamma t} \int_{-T}^{T} e^{iyt} dy \int_0^\infty e^{-iyu} [e^{-\gamma u} f(u)] du = \frac{1}{2\pi} e^{\gamma t} \begin{cases} 2\pi e^{-\gamma t} f(t) & t > 0 \\ 0 & t < 0 \end{cases}$$

$$= \begin{cases} f(t) & t > 0 \\ 0 & t < 0 \end{cases}$$

단 위식에서 푸리에(Fourier) 적분변환 $\mathcal{F}(f(x)) = F(\alpha)$에서 $\mathcal{F} \circ \mathcal{F}^{-1}(F(\alpha)) = F(\alpha)$ 되는 관계를 이용하였다(4장 참조). 여기서 식 (3.126)로부터 아래가 얻어진다.

$$f(t) = \frac{1}{2\pi i} \int_{\gamma - i\infty}^{\gamma + i\infty} e^{st} F(s) ds \quad (t > 0) \tag{3.125}$$

따라서 요구되는 결과가 얻어지므로 식 (3.124)의 타당성이 증명된다. ■

한편 실제에 있어서 식 (3.124)의 적분은 아래의 (폐)경로(contour) 적분을 고려함으로써 평가된다.

$$\frac{1}{2\pi i} \oint_C e^{st} F(s) ds \tag{3.126}$$

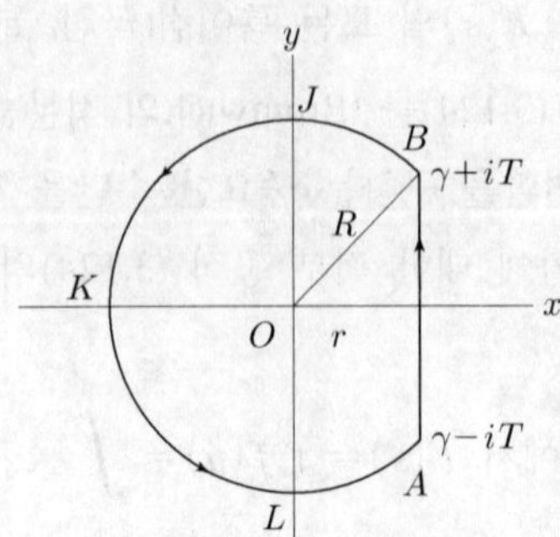

그림 3. 27 역 라플라스 변환을 위한 Bromwich 폐경로(contour). 폐경로 C는 A와 B를 잇는 수직선과 원호 $\Gamma(=BJKLA)$로 이루어져 있다.

여기서 C는 그림 3.27의 폐경로(contour)로서, 'Bromwich 경로'라고도 불리며, 직선 AB와 원점 O에 중심을 두고 반경 R인 원호(arc) $\Gamma(=BJKLA)$로 구성되어있다. 그러면 그림 3.27에서 $T=\sqrt{R^2-\gamma^2}$ 이 되므로 식 (3.124)는 아래와 같이 나타낼 수 있다.

$$f(t)=\lim_{R\to\infty}\frac{1}{2\pi i}\int_{\gamma-iT}^{\gamma+iT}e^{st}F(s)ds$$

$$=\lim_{R\to\infty}\left\{\frac{1}{2\pi i}\oint_C e^{st}F(s)ds-\frac{1}{2\pi i}\int_\Gamma e^{st}F(s)ds\right\} \tag{3.127}$$

그런데 3.6절에 소개한 두 기본정리(식 (3.92) 및 (3.93))의 개념에 따라, 그림 3.27의 원호 Γ상의 1점 $s=Re^{i\theta}$에 대해 $|F(s)|<\dfrac{M}{R^k}$ 되는 두 양의 상수 k 및 M을 발견할 수 있으며, 만약 $R\to\infty$의 극한에서 아래가 성립된다.

$$\lim_{R\to\infty}\int_\Gamma e^{st}F(s)ds=0 \tag{3.128}$$

위 식은 $F(s)=P(s)/Q(s)$ (단, 여기서 다항식 $P(s)$의 차수는 $Q(s)$의 차수보다 작음) 형태로 나타내지는 모든 $F(s)$에 대해 적용된다.

증 명 지금 그림 3.27로 나타낸 Bromwich 폐경로 C에 있어서 원점 O에 중심을 가진 반경 R의 원호 Γ 상의 1점 $s=Re^{i\theta}$의 편각 $\theta(=\arg s)$의 범위를 $\theta_0\le\theta\le 2\pi-\theta_0$(여기서 θ_0은 직선 OB와 양의 x축 사이의 각도임)라 하자. 그리고 Γ_1, Γ_2, Γ_3 및 Γ_4를 각각 원호 BJ, JPK, KQL및 LA를 나타낸다고 하자. 그러면 아래가 성립된다.

$$\int_{\Gamma} e^{st}F(s)ds = \int_{\Gamma_1} e^{st}F(s)ds + \int_{\Gamma_2} e^{st}F(s)ds + \int_{\Gamma_3} e^{st}F(s)ds + \int_{\Gamma_4} e^{st}F(s)ds \tag{3. 129}$$

그러면 이하에서 $R \to \infty$일 때 우변의 4 적분이 각각 0이 됨을 보이면 된다.

(i) Γ_1상의 적분 : 여기서는 $s = Re^{i\theta}$, $\theta_0 \le \theta \le \pi/2$이므로 아래가 성립된다.

$$I_1 = \int_{\Gamma_1} e^{st}F(s)ds = \int_{\theta_0}^{\pi/2} e^{Re^{i\theta}t}F(Re^{i\theta})iRe^{i\theta}d\theta$$

그러면 Γ_1상에서 $|F(s)| \le M/R^k$의 조건하에서, 변환 $\theta = \pi/2 - \phi$(여기서 $\phi_0 = \pi/2 - \theta_0 = \sin^{-1}(\gamma/R)$)을 사용하여 아래의 부등관계를 얻는다.

$$|I_1| \le \int_{\theta_0}^{\pi/2} |e^{(R\cos\theta)t}||e^{i(R\sin\theta)t}||F(Re^{i\theta})||iRe^{i\theta}|d\theta$$

$$\le \int_{\theta_0}^{\pi/2} e^{(R\cos\theta)t}|F(Re^{i\theta})|R\,d\theta$$

$$\le \frac{M}{R^{k-1}}\int_{\theta_0}^{\pi/2} e^{(R\cos\theta)t}d\theta = \frac{M}{R^{k-1}}\int_0^{\phi_0} e^{(R\sin\phi)t}d\phi$$

그런데 $\sin\phi \le \sin\phi_0 \le \cos\theta_0 = \gamma/R$이므로 위 식의 마지막 적분은 아래와 같거나 작다.

$$\frac{M}{R^{k-1}}\int_0^{\phi_0} e^{\gamma t}d\phi = \frac{Me^{\gamma t}\phi_0}{R^{k-1}} = \frac{Me^{\gamma t}}{R^{k-1}}\sin^{-1}\frac{\gamma}{R}$$

여기서 $R \to \infty$을 취하면 $\sin^{-1}\dfrac{\gamma}{R} \simeq \gamma/R$가 되는 것으로부터 적분은 0에 접근하여 $\lim_{R\to\infty} I_1 = 0$이 된다.

(ii) Γ_2상의 적분 : 여기서는 $s = Re^{i\theta}$, $\pi/2 \le \theta \le \pi$가 되므로 아래가 성립된다.

$$I_2 = \int_{\Gamma_2} e^{st}F(s)ds = \int_{\pi/2}^{\pi} e^{Re^{i\theta}t}F(Re^{i\theta})iRe^{i\theta}d\theta$$

경우 (i)과 마찬가지로 Γ_2상에서 $|F(s)| \le M/R^k$의 조건 및 변환 $\theta = \pi/2 + \phi$를 통하

여 아래를 얻는다.

$$|I_2| \leq \frac{M}{R^{k-1}} \int_{\pi/2}^{\pi} e^{(R\cos\theta)t} d\theta \leq \frac{M}{R^{k-1}} \int_{0}^{\pi/2} e^{-(R\sin\phi)t} d\phi$$

그런데 $0 \leq \phi \leq \pi/2$ 경우 $\sin\phi \geq 2\phi/\pi$되는 기하적 관계($\because \sin\phi$대 ϕ의 플롯을 $\phi = o \sim \pi/2$에서 행하고, 원점(0, 0)과 $(1, \pi/2)$를 잇는 직선을 그어 임의의 ϕ에서의 높이를 서로 비교함으로써)로부터 위 식의 마지막 적분은 아래와 같거나 같다.

$$\frac{M}{R^{k-1}} \int_{0}^{\pi/2} e^{-2R\phi t/\pi} d\phi = \frac{\pi M}{2tR^{k}}(1 - e^{-Rt})$$

여기서 $R \to \infty$일 때 값이 0에 접근하므로 $\lim_{R \to \infty} I_2 = 0$가 성립된다.

(iii) Γ_3상의 적분 : 경우 (ii)와 유사한 방법으로 $\lim_{R \to \infty} I_3 = 0$이 된다.

(iv) Γ_4상의 적분 : 경우 (i)과 유사한 방법으로 $\lim_{R \to \infty} I_4 = 0$이 된다.

따라서 이들 4 경우의 결과를 식 (3.129)에 대입하면 우변은 0이 되어 식 (3.128)가 증명된다. ■

따라서 식 (3.128)을 식 (3.127)에 대입하면 Bromwich (폐)경로(그림 3.27)에서 원호 Γ의 반경 R가 매우 큰 경우에는 역 라플라스 변환식은 유수정리(식 (3.74))를 이용하여 아래와 같이 나타내진다.

$$f(t) = \mathcal{L}^{-1}(F(s)) = \lim_{R \to \infty} \frac{1}{2\pi i} \oint_C e^{st} F(s) ds = F(s)\text{의 모든 극점에서 } e^{st}F(s)\text{의 유수의 합} \quad (3.130)$$

[주의 : 이 식에 의한 $F(s)$의 역변환 $f(t)$의 결정은 $F(s)$가 분지점을 가진 경우(즉 다가함수인 경우)는 적용되지 않는다 - 예제 3.29 참조.]

이제 식 (3.130)을 이용하여 $F(s) = \dfrac{s^2}{(s^2+4)^2}$의 역변환을 구해보자. $F(s)$의 특이점은 분포가 0이 되는 $s = \pm 2i$에서 2차 극점을 가지므로 식 (3.73)에 의해 각 극점에서의 $e^{st}F(s)$의 유수는 각각 아래가 된다.

$$\mathrm{Res}\,(s = 2i) = \lim_{s \to 2i} \frac{d}{ds} \frac{s^2 e^{st}}{(s+2i)^2} = \frac{e^{2it}}{4}\left(t - \frac{i}{2}\right)$$

그리고 마찬가지 방법으로 아래를 얻는다.

$$\text{Res}(s=-2i)=\lim_{s\to -2i}\frac{d}{ds}\frac{s^2 e^{st}}{(s-2i)^2}=\frac{e^{-2}}{4}\left(t+\frac{i}{2}\right)$$

따라서 식 (3.130)에 의해 역변환은 아래가 된다[단 $e^{\pm i\theta}=\cos\theta \pm i\sin\theta$(식 (A.5)) 이용].

$$\mathcal{L}^{-1}\left[\frac{s^2}{(s^2+4)^2}\right]=f(t)=\frac{\sin 2t}{4}+\frac{t\cos 2t}{2} \tag{3.131}$$

예제 3.28

$F(s)=\dfrac{1}{s^4+4}$ 의 역변환을 구하시오.

풀 이

$s=1+i,\quad -1+i,\quad -1-i,\quad i-i$에서의 4개의 특이점들이 있다. $F(s)$의 분모는 $(s-1-i)(s+1-i)(s+1+i)(s-1+i)$이다. 이 점들에서의 유수는 식 (3.73)에 의해 각각 다음과 같고,

$$\text{Res}(s=1+i)=\lim_{s\to 1+i}\left[\frac{e^{st}}{(s+1-i)(s+1+i)(s-1+i)}\right]\equiv\frac{e^t e^{it}}{8i(1+i)}$$

$$\text{Res}(s=-1+i)=\frac{e^{-t}e^{it}}{8i(1-i)}$$

$$\text{Res}(s=-1-i)=-\frac{e^{-t}e^{-it}}{8i(1+i)}$$

$$\text{Res}(s=1-i)=-\frac{e^{t}e^{-it}}{8i(1-i)}$$

따라서 역변환 $f(t)$에 해당하는 유수의 합은 다음과 같다.

$$\text{sum}=\frac{e^t e^{it}(1-i)+e^{-t}e^{it}(1+i)-e^{-t}e^{-it}(1-i)-e^t e^{-it}(1+i)}{16i}$$

$$=\frac{e^{it}(e^t+e^{-t})-e^{-it}(e^t+e^{-t})-ie^{it}(e^t-e^{-t})-ie^{-it}(e^t-e^{-t})}{16i}$$

$$=\frac{(e^{it}-e^{-it})(e^t+e^{-t})-i(e^{it}+e^{-it})(e^t-e^{-t})}{16i}$$

$$=\frac{\sin t\cosh t}{4}-\frac{\cos t\sinh t}{4}\quad (\because 3.1.3\text{절 참조})$$

$$= \mathcal{L}^{-1}\left(\frac{1}{s^4+4}\right) = f(t) \qquad (3.132)$$

다음에는 $F(s)$가 다가함수로서 분지점(branch points)을 가지면(3.1.4절 참조), $f(t)$를 구하기 위한 Bromwich (폐)경로는 식 (3.27)과 달리 약간 수정될 필요가 있다. 가령 $F(s)$가 $s=0$에서 오직 1개의 분지점을 가지면, 그림 3.28에 나타낸 폐경로를 이용할 수 있다. 이 그림에서 BDE 및 LNA는 원점 O에 중심을 둔 반경 R의 원호를 나타내며, 반면에 HJK는 원점 O에 중심을 둔 반경 ε의 원호를 나타낸다.

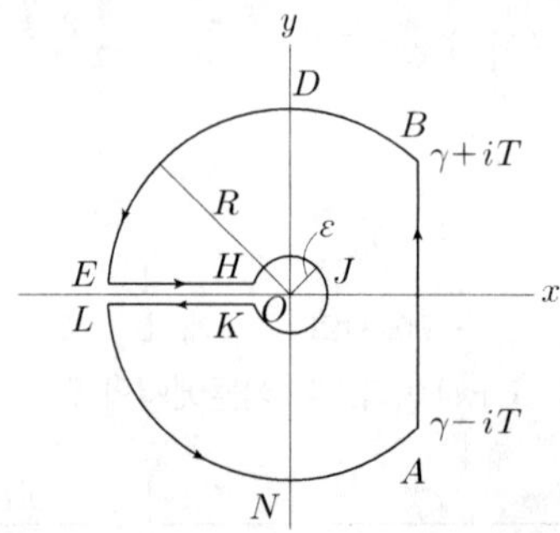

그림 3. 28 원점에서의 분지점과 음의 실수축을 따르는 분지절선(branch cut-line)을 수용하기 위하여 채택된 수정 Bromwich (폐)경로.

지금 $F(s)=e^{-as^{1/2}}$와 같은 식을 역변환할 때, 2가함수인 $s^{1/2}$때문에 $s=0$에서 분기점을 갖게 된다. 우리는 이 경우에 그림 3.28에서 보이는 것처럼 경로를 수정하여 다룰 수 있다. 편의상 그림에서 BDE는 경로 C_1, 직선 EH는 경로 C_2, 직선 KL은 경로 C_3, 그리고 호 LNA는 경로 C_4로 나타낸다. 그러면 경로 C_2는 음의 x축 위에 있고, 경로 C_3는 C_2의 바로 아래에 있다. 경로는 그 내부에서 $F(s)=e^{-as^{1/2}}$의 특이점이 발생하지 않도록 구성되었다. 그러므로 그림 3.28의 표기법은 다음과 같이 표현될 수 있다.

$$\oint_C = \int_A^B + \int_{C_1} + \int_{C_2} + \int_{C_\varepsilon} + \int_{C_3} + \int_{C_4} = 0$$

여기에서 $R\to\infty$일 때 C_1과 C_4에 대한 적분은 0으로 가고($\because$ 이들 경로상에서 $s=Re^{i\theta}$로 두어 계산함 - 식 (3.128)의 증명 참조), $\varepsilon\to 0$일 때 반경 ε의 소원에 대한 적분도 0으로 감($\because$ 소원상에서는 $s=\varepsilon e^{i\theta}$로 두어 계산함)을 알 수 있다. 그러므로 다음과 같이 쓸 수 있다.

$$\int_{\gamma-i\infty}^{\gamma+i\infty} e^{st} e^{-as^{1/2}} ds = -\int_{C_2} e^{st} e^{-as^{1/2}} ds - \int_{C_3} e^{st} e^{-as^{1/2}} ds \tag{3.133}$$

경로 C_2를 따르는 $s = xe^{i\pi}$, C_3를 따르는 $s = xe^{-i\pi}$라 놓고 이 때 x는 양의 실수이다. 그러면 C_2를 따르는 $s^{1/2} = x^{1/2}e^{i\pi/2} = ix^{1/2}$, C_3를 따르는 $s^{1/2} = x^{1/2}e^{-i\pi/2} = -ix^{1/2}$이다.
그러면 식 (3.133)은 다음과 같이 쓸 수 있고,

$$\begin{aligned}\int_{\gamma-i\infty}^{\gamma+i\infty} e^{st} e^{-as^{1/2}} ds &= -\int_{\infty}^{o} e^{-xt} e^{-aix^{1/2}}(-dx) - \int_{0}^{\infty} e^{-xt} e^{aix^{1/2}}(-dx) \\ &= -\int_{0}^{\infty} e^{-xt} e^{-aix^{1/2}} dx + \int_{0}^{\infty} e^{-xt} e^{aix^{1/2}} dx \\ &= 2i\int_{0}^{\infty} e^{-xt}\sin(as^{1/2})dx\end{aligned}$$

이 때 $u = x^{1/2}$라 하면 다음과 같이 쓸 수 있다.

$$\begin{aligned}f(t) = \mathcal{L}^{-1}\left\{e^{-as^{1/2}}\right\} &= \frac{1}{2\pi i}\int_{c-i\infty}^{c+i\infty} e^{st} e^{-as^{1/2}} ds = \frac{2}{\pi}\int_{0}^{\infty} ue^{-u^2 t}\sin au\,du \\ &= \frac{2}{\pi}\left[-\frac{d}{da}\int_{0}^{\infty} e^{-u^2 t}\cos au\,du\right] = \frac{2}{\pi}\left[-\frac{d}{da}\left(\frac{\pi}{4t}\right)^{1/2} e^{-a^2/4t}\right] \\ &= a(4\pi t^3)^{-1/2} e^{-a^2/4t}\end{aligned} \tag{3.134}$$

예제 3. 29

$F(s) = \dfrac{e^{-a\sqrt{s}}}{s}$의 역변환을 구하시오.

풀 이

라플라스 역변환공식 (3.124)에 의해 상기함수의 역변환은 아래와 같이 나타내진다.

$$f(t) = \frac{1}{2\pi i}\int_{\gamma-i\infty}^{\gamma+i\infty} \frac{e^{st-a\sqrt{s}}}{s} ds \tag{1}$$

여기서 $s=0$은 다가(2가) 함수인 피적분함수의 분지점(및 극점)이 된다. 이 때 그림 3.28의 폐경로 C를 따른 경로(contour) 적분은 아래와 같이 나타내진다(이 때 경로는 피적분함수의 유일한 극점 $s=0$을 포함하지 않으므로 해석적이 되어 Cauchy 정리에 의해 적분값은 0이 된다).

$$\frac{1}{2\pi i}\oint_C \frac{e^{st-a\sqrt{s}}}{s}ds(=0) = 2\pi i\int_{AB} \frac{e^{st-a\sqrt{s}}}{s}ds + \frac{1}{2\pi i}\int_{BDE} \frac{e^{st-a\sqrt{s}}}{s}ds$$

$$+\frac{1}{2\pi i}\int_{EH} \frac{e^{st-a\sqrt{s}}}{s}ds + \frac{1}{2\pi i}\int_{HJK} \frac{e^{st-a\sqrt{s}}}{s}ds$$

$$+\frac{1}{2\pi i}\int_{KL} \frac{e^{st-a\sqrt{s}}}{s}ds + \frac{1}{2\pi i}\int_{LNA} \frac{e^{st-a\sqrt{s}}}{s}ds \qquad (2)$$

여기서 폐경로 C는 직선 AB(여기서 $s=\gamma+iy$), 원점 O에 중심을 둔 반경 R의 원호인 BDE와 LNA, 그리고 원점 O에 중심을 둔 반경 ε의 소원의 호 HJK로 구성되어있다(그림 3.28 참조).
그런데 위 적분에서 호 BDE 및 LNA를 따르는 적분은 $R\to\infty$을 취하면 0이 된다($\because$ 식 (3.128) 증명 참조).
그런데 식 (2)에서 경로 AB를 따른 적분이 식 (1)의 $f(t)$에 해당하므로 아래가 성립된다.

$$f(t) = \lim_{\substack{R\to\infty \\ \varepsilon\to 0}} \frac{1}{2\pi i}\int_{AB} \frac{e^{st-a\sqrt{s}}}{s}ds = \frac{1}{2\pi i}\int_{\gamma-i\infty}^{\gamma+i\infty} \frac{e^{st-a\sqrt{s}}}{s}ds$$

$$= -\lim_{\substack{R\to\infty \\ \varepsilon\to 0}} \frac{1}{2\pi i}\left\{\int_{EH} \frac{e^{st-a\sqrt{s}}}{s}ds + \int_{HJK} \frac{e^{st-a\sqrt{s}}}{s}ds + \int_{KL} \frac{e^{st-a\sqrt{s}}}{s}ds\right\} \qquad (3)$$

그런데 직선 EH상에서는 $s=xe^{\pi i}$, $\sqrt{s}=\sqrt{x}\,e^{\pi i/2}=i\sqrt{x}$ 가 되어, s가 $-R$에서 $-\varepsilon$로 갈 때 x는 R에서 ε로 간다($\because e^{i\pi}=-1$이므로). 따라서 아래가 성립된다.

$$\int_{EH} \frac{e^{st-a\sqrt{s}}}{s}ds = \int_{-R}^{-\varepsilon} \frac{e^{st-a\sqrt{s}}}{s}ds = \int_R^{\varepsilon} \frac{e^{-xt-ai\sqrt{x}}}{x}dx$$

마찬가지로, 직선 KL 상에서는 $s=xe^{-\pi i}$, $\sqrt{s}=\sqrt{x}\,e^{-\pi i/2}=-i\sqrt{x}$ 가 되어, s가 $-\varepsilon$에서 $-R$로 갈 때 x는 ε에서 R로 간다($\because e^{-i\pi}=-1$이므로). 따라서 아래가 성립된다.

$$\int_{KL} \frac{e^{st-a\sqrt{s}}}{s}ds = \int_{-\varepsilon}^{-R} \frac{e^{st-a\sqrt{s}}}{s}ds = \int_{\varepsilon}^{R} \frac{e^{-xt+ai\sqrt{x}}}{x}dx$$

마지막으로 소원 HJK 상에서는 $s=\varepsilon e^{i\theta}$, $ds=i\varepsilon e^{i\theta}d\theta$가 되므로 이때의 적분은 아래가 된다.

$$\int_{HJK} \frac{e^{st-a\sqrt{s}}}{s}ds = \int_{\pi}^{-\pi} \frac{e^{\varepsilon e^{i\theta}t-a\sqrt{\varepsilon}\,e^{i\theta/2}}}{\varepsilon e^{i\theta}} i\varepsilon e^{i\theta}d\theta = i\int_{\pi}^{-\pi} e^{\varepsilon e^{i\theta}t-a\sqrt{\varepsilon}\,e^{i\theta/2}}d\theta$$

이들 결과를 식 (3)에 대입하면 아래가 된다.

$$f(t) = -\lim_{\substack{R\to\infty \\ \varepsilon\to 0}} \frac{1}{2\pi i}\left\{\int_R^{\varepsilon} \frac{e^{-xt-ai\sqrt{x}}}{x}dx + \int_{\varepsilon}^{R} \frac{e^{-xt+ai\sqrt{x}}}{x}dx + i\int_{-\pi}^{\pi} e^{\varepsilon e^{i\theta}t - a\sqrt{\varepsilon}e^{i\theta/2}}d\theta\right\}$$

$$= -\lim_{\substack{R\to\infty \\ \varepsilon\to 0}} \frac{1}{2\pi i}\left\{\int_{\varepsilon}^{R} \frac{e^{-xt}(e^{ai\sqrt{x}} - e^{-ai\sqrt{x}})}{x}dx + i\int_{-\pi}^{\pi} e^{\varepsilon e^{i\theta}t - a\sqrt{\varepsilon}e^{i\theta/2}}d\theta\right\}$$

$$= -\lim_{\substack{R\to\infty \\ \varepsilon\to 0}} \frac{1}{2\pi i}\left\{2i\int_{\varepsilon}^{R} \frac{e^{-xt}\sin a\sqrt{x}}{x}dx + i\int_{-\pi}^{\pi} e^{\varepsilon e^{i\theta}t - a\sqrt{\varepsilon}e^{i\theta/2}}d\theta\right\}$$

그런데 위 식의 두 번째 적분은 아래와 같이 간단히 된다.

$$\lim_{\varepsilon\to 0}\int_{\pi}^{-\pi} e^{\varepsilon e^{i\theta}t - a\sqrt{\varepsilon}e^{i\theta/2}}d\theta = \int_{\pi}^{-\pi} 1\, d\theta = -2\pi$$

따라서 구하는 역변환은

$$f(t) = \mathcal{L}^{-1}(e^{-a\sqrt{s}}/s) = 1 - \frac{1}{\pi}\int_0^{\infty} \frac{e^{-xt}\sin a\sqrt{x}}{x}dx \tag{3.135}$$

그런데 식 (3.135)의 우변의 적분항에서 $x = u^2$로 두면 아래가 된다.

$$I = \frac{1}{\pi}\int_0^{\infty} \frac{e^{-xt}\sin a\sqrt{x}}{x}dx = \frac{2}{\pi}\int_0^{\infty} \frac{e^{-u^2t}\sin au}{u}du \tag{3.136}$$

위 식을 a에 대해 한번 미분하면 아래를 얻는다.

$$\frac{\partial I}{\partial a} = \frac{2}{\pi}\int_0^{\infty} e^{-u^2t}\cos au\, du = \frac{2}{\pi}\left(\frac{\sqrt{\pi}}{2\sqrt{t}}e^{-a^2/4t}\right) = \frac{1}{\sqrt{\pi t}}e^{-a^2/4t}$$

그런데 식 (3.136)에서 $a = 0$일 대는 $I = 0$이 되므로, 위 식의 부정 적분시 적분상수는 0이 된다. 따라서 위 식을 0과 a사이에서 정적분을 행하면(이 때 적분변수를 a에서 p로 바꿈) 식 (3.136)은 아래가 된다.

$$I = \int_0^{a} \frac{1}{\sqrt{\pi t}}e^{-p^2/4t}dp = \frac{2}{\sqrt{\pi}}\int_0^{a/2\sqrt{t}} e^{-u^2du} \equiv erf(a/2\sqrt{t}) \tag{3.137}$$

위 식의 2번째 항등관계는 $u^2 = p^2/4t$의 변수 치환에 의한 것이다. 또한 오차함수

$erf(x)=(2/\sqrt{\pi})\int_0^x e^{-t^2}dt$(식 (A.24))이다. 이 결과를 식 (3.135)에 대입하면 $F(s)=e^{-a\sqrt{s}}/s$의 역변환의 또 다른 형태를 얻는다. 즉

$$f(t)=\mathcal{L}^{-1}(e^{-a\sqrt{s}}/s)=1-erf(a/2\sqrt{t})\equiv erfc(a/2\sqrt{t}) \tag{3.138}$$

그리고 4장에서 논의할 라플라스 변환 공식에 의하면 $\mathcal{L}\{f(t)\}=F(s)$에서 $\mathcal{L}\{f'(t)\}=sF(s)-f(0)$가 된다. 이 때 만약 $f(0)=0$이라면 $\mathcal{L}\{f'(t)\}=sF(s)$ 즉 $\mathcal{L}^{-1}\{sF(s)\}=f'(t)$가 된다. 여기서 $f(t)$로서 $e^{-a\sqrt{s}}/s$의 역변환인 식 (3.138)을 취하면 $\mathcal{L}\{f'(t)\}=sF(s)=s\times e^{-a\sqrt{s}}/s=e^{-a\sqrt{s}}$에서 아래가 성립된다.

$$\mathcal{L}^{-1}\{sF(s)\}=\mathcal{L}^{-1}(e^{-a\sqrt{s}})=f'(t)=\frac{d}{dt}\left[1-\frac{2}{\sqrt{\pi}}\int_0^{a/2\sqrt{t}}e^{-u^2}du\right]=\frac{a}{2\sqrt{\pi}}t^{-3/2}e^{-a^2/4t} \tag{3.139}$$

이 결과는 식 (3.134)의 결과와 일치함을 알 수 있다.

이 절의 마지막으로 $F(s)$에 (단순)극점이 많이 존재하는 경우(그러나 분지점은 존재하지 않음) Bromwich (폐)경로 그림 3.27 및 식 (3.130)을 사용하여 역변환을 구하는 예제를 하나 아래에 싣는다.

예제 3. 30

$F(s)=\dfrac{\cosh x\sqrt{s}}{s\cosh\sqrt{s}}$ (단 $0<x<1$)의 역변환을 구하시오.

풀 이

폐경로 그림 3.27에서 직선 AB 즉 역변환의 정의식 (3.124)의 실수구간 γ는 왼편에 $F(s)$의 모든 특이점(극점)이 존재하도록 정한다. 그러면 $\cosh z=(e^z+e^{-z})/2$(3.1.3절 참조)의 정의에서 $F(s)$는 분모가 0이 되는 단순극점 $s=0$외에, $\cosh\sqrt{s}=(e^{\sqrt{s}}+e^{-\sqrt{s}})/2=0$. 즉 $e^{2\sqrt{s}}+1=0$이 되는 무수히 많은 (단순)극점 S_n을 가진다. 즉 $e^{2\sqrt{s}}=-1=e^{\pi i+2k\pi i}$(여기서 $k=0,\pm1,\pm2,\cdots$)로부터 $\sqrt{s}=\left(k+\dfrac{1}{2}\right)\pi i$ 혹은 $s=-\left(k+\dfrac{1}{2}\right)^2\pi^2$가 된다. 따라서 위 식의 $F(s)$는 아래의 점들에서 (단순)극점을 가진다. 즉

$$s=0 \text{ 및 } s=s_n[\text{여기서 } s_n=-\left(n-\frac{1}{2}\right)^2\pi^2,\ n=1,2,3,\cdots] \tag{1}$$

이제 그림 3.27의 Bromwich 폐경로 C의 곡선부분 $BJKLA$를 원점에 중심을 둔 반경 $R_m=m^2\pi^2$(여기서 m

은 양의 정수)인 원 Γ_m의 호라고 하자.이 선택은 폐경로 C가 $F(s)$의 식 (1)로 주어진 어떠한 극점도 통과하지 않도록 정해준다. 그러면 식 (3.124)로 정의된 $F(s)$의 역변환은 $R_m \to \infty$일 때 Γ_m 상의 적분은 식 (3.128)에 의해 0이 되므로 역변환 $f(t)$는 식 (3.130)으로 구할 수 있다. 그러기 위해 $F(s)$의 모든 (단순)극점에서의 피적분함수 $e^{st}F(s) = e^{st}\cosh x\sqrt{s}\,/\,s\cosh\sqrt{s}$의 유수를 구해야 하므로 $s=0$ 및 $s=s_n$(단 $n=1, 2, 3, \cdots$)에서의 값을 식 (3.73)으로부터 구하면 각각 아래를 얻는다.

$$\text{(i) Res}(s=0)\ :\ \lim_{s\to 0}(s-0)\left\{\frac{e^{st}\cosh x\sqrt{s}}{s\cosh\sqrt{s}}\right\} = 1 \tag{2}$$

$$\text{(ii) Res}\left(s = s_n = -\left(n-\frac{1}{2}\right)^2\pi^2\right)(n=1, 2, 3, \cdots)\ :$$

$$\lim_{s\to s_n}(s-s_n)\left\{\frac{e^{st}\cosh x\sqrt{s}}{s\cosh\sqrt{s}}\right\} = \lim_{s\to s_n}\left\{\frac{s-s_n}{\cosh\sqrt{s}}\right\}\lim_{s\to s_n}\left\{\frac{e^{st}\cosh x\sqrt{s}}{s}\right\}$$

$$= \lim_{s\to s_n}\left\{\frac{1}{(\sinh\sqrt{s})(1/2\sqrt{s})}\right\}\lim_{s\to s_n}\left\{\frac{e^{st}\cosh x\sqrt{s}}{s}\right\}$$

$$= \frac{4(-1)^n}{\pi(2n-1)}e^{-(n-1/2)^2\pi^2 t}\cos\left(n-\frac{1}{2}\right)\pi x \tag{3}$$

여기서 그림 3.27의 폐경로를 따라 경로적분 식 (3.125)를 수행하면 아래를 얻는다.

$$\frac{1}{2\pi i}\oint_{C_m}\frac{e^{st}\cosh x\sqrt{s}}{s\cosh\sqrt{s}}ds = 1 + \frac{4}{\pi}\sum_{n=1}^{m}\frac{(-1)^n}{2n-1}e^{-(n-1/2)^2\pi^2 t}\cos\left(n-\frac{1}{2}\right)\pi x \tag{4}$$

이는 식 (3.128)에 의해 역변환에 해당하는 식 (3.124)와 같으며, 또한 식 (4)의 값은 유수정리 식 (3.74)에 의해 각 극점에서의 $e^{st}F(s)$의 모든 유수 값의 합과 같으므로(즉 식 (3.130) 성립) 최종적으로 $F(s) = \cosh x\sqrt{s}\,/\,s\cosh\sqrt{s}$의 역변환 $f(t)$는 아래와 같이 주어진다.

$$f(t) = \mathcal{L}^{-1}\left\{\frac{\cosh x\sqrt{s}}{s\cosh\sqrt{s}}\right\} = 1 + \frac{4}{\pi}\sum_{n=1}^{m}\frac{(-1)^n}{2n-1}e^{-(n-1/2)^2\pi^2 t}\cos\left(n-\frac{1}{2}\right)\pi x$$

$$= 1 + \frac{4}{\pi}\sum_{n=1}^{m}\frac{(-1)^n}{2n-1}e^{-(2n-1)^2\pi^2 t/4}\cos\frac{(2n-1)\pi x}{2} \tag{3.140}$$

3.8 분산(dispersion) 관계

'분산관계(dispersion relation)'는 광학에 대한 Kronig와 Kramers의 업적에서 나타난다. 분산이라는 말은 굴절률이 파장이나 각진동수에 의존하여 생기는 결과인 광학적 분산(optical dispersion)

이라는 말에서 나온 것이다(뒤 참조). 굴절률 n은 위상속도에 의한 실수부와 흡수에 의해 결정되는 허수부로 표현된다. Kronig와 Kramers는 (n^2-1)의 실수부는 허수부의 적분으로 표현됨을 밝혔다. 일반화하여 실수부는 허수부의 적분의 함수로, 허수부는 실수부의 적분의 함수로 표현되는 한 쌍의 식에 분산관계라는 용어를 적용시킬 수 있다. 이러한 적분관계의 존재는 식 (3.21)의 Cauchy-Riemann(CR) 미분관계식의 적분식으로부터 추측할 수 있다.

현대 물리학에 있어서, 이 식의 응용범위는 매우 광범위하다. 예를 들면, 이 함수의 실수부는 원자핵의 Coulomb장에서 gamma선의 전방 산란을 기술해 준다(분산과정). 그리고, 허수부는 같은 Coulomb장에서 전자-반전자쌍의 생성을 나타낸다(흡수과정). 뒤에서 보게 되겠지만, 분산관계는 인과율(causality)의 결과로서 간주될 수 있으므로 특정한 상호작용의 세부적인 것과는 무관하다.

상반평면과 실축에서 해석적인 복소함수 $f(z)$를 생각하자(그림 3.21 참조). 여기서 무한반원에 대한 적분을 소거하기 위해

$$\lim_{|z|\to\infty}|f(z)|=0,\ 0\le \arg z\le \pi \tag{3. 141}$$

이어야 한다(식 (3.92) 및 (3.93) 참조). 이 조건의 요점은 $f(z)$를 Cauchy 적분공식(식 (3.47))에 의해 표현될 수 있다는 것이다.

$$f(z_0)=\frac{1}{2\pi i}\oint\frac{f(z)}{z-z_0}dz \tag{3. 142}$$

그런데 $R\to\infty$인 경우 상반평면의 적분이 사라지므로(식 (3.92) 및 (3.93) 참조)

$$f(z_0)=\frac{1}{2\pi i}\int_{-\infty}^{\infty}\frac{f(x)}{x-z_0}dx \tag{3. 143}$$

가 되고, 그림 3.21의 경로에 대한 적분은 x축에 대한 적분이 된다.

식 (3.143)은 z_0가 상반평면에 있다고 가정하였다. z_0가 하반평면에 있을 때 Cauchy 적분 정리에 의해 적분은 0이 된다. z_0가 $(z_0\to x_0)$로부터 실축으로 접근한다고 하면 식 (3.143)은

$$f(x_0)=\frac{1}{\pi i}P\int_{-\infty}^{\infty}\frac{f(x)}{x-x_0}dx \tag{3. 144}$$

가 된다. 여기서 P는 Cauchy 주값이다.

증 명 지금 식 (3.142)의 경로적분에서 특이점(극점) $z_0=x_0$을 두고, 적분 폐경로 C를 그림 3.17처럼 취하면(단 x_0 위, 즉 시계방향으로 통과) 이 경로는 특이점 $z=x_0$을 포함하지 않으므로 경로적분은 해석적이 되어 Cauchy 정리(식 (3.41))에 의해 0이 되고, 이를 상반

원 Γ 상의 적분, 2개의 실수축 상 적분과 1개의 점 x_0에 원점을 둔 반경 ε의 상반원(C_ε)의 시계방향의 적분으로 분해할 수 있다(그림 3.24 및 예제 3.25 참조).

$$\oint_C \frac{f(z)}{(z-x_0)}dz = 0 = \int_\Gamma \frac{f(z)}{(z-x_0)}dz + \int_{-R}^{x_0-\varepsilon} \frac{f(x)}{(x-x_0)}dx$$

$$+\int_{x_0+\varepsilon}^{R} \frac{f(x)}{(x-x_0)}dx + \int_{C_\varepsilon} \frac{f(z)}{(z-x_0)}dx \qquad (3.145)$$

그런데 $R \to \infty$이면 정리 식 (3.92) 및 (3.93)에 의해 Γ 상의 적분은 0이 된다. 또한 $\varepsilon \to 0$, $R \to \infty$의 극한을 취하면 두 실수 적분의 합은 Cauchy 주치의 개념(3.6.2절)에 의해 $P\int_{-\infty}^{\infty} \frac{f(x)}{(x-x_0)}dx$가 된다. 또한 반경 ε의 상반원 상의 시계방향의 적분은 $-i\pi \times \mathrm{Res}\,(x_0) = -i\pi f(x_0)$(식 (3.75b))가 된다. 따라서 식 (3.145)는 아래와 같이 나타낼 수 있다.

$$\oint_C \frac{f(z)}{(z-x_0)}dz = P\int_{-\infty}^{\infty} \frac{f(x)}{(x-x_0)}dx - i\pi f(x_0) = 0 \qquad (3.146)$$

따라서 요구되는 결과 식 (3.144)가 증명된다. ■

이제 식 (3.144)의 $f(x_0)$을 아래와 같이 실수부 $u(x_0)$과 허수부 $v(x_0)$으로 분해하고, 식 (3.144)를 다시 이용하면 아래의 관계식이 성립된다.

$$f(x_0) \equiv u(x_0) + iv(x_0) = \frac{1}{\pi}P\int_{-\infty}^{\infty} \frac{v(x)}{x-x_0}dx - \frac{i}{\pi}P\int_{-\infty}^{\infty} \frac{u(x)}{x-x_0}dx \qquad (3.147)$$

증 명 3.1절에 정의한 복소변수 $z = x+iy$의 함수 $w = f(z) = u(x,y)+iv(x,y)$에 있어서 $x = x_0$, $y = y_0 = 0$으로 간주하면 $f(z) = f(x+iy)$는 $f(x_0)$, $u(x,y) = u(x_0,0) \equiv u(x_0)$, $v(x,y) = v(x_0,0) \equiv v(x_0)$이 되므로 식 (3.147)의 첫 번째 항등관계는 성립된다. 다음에는 식 (3.144)의 왼편에는 $u(x_0)+iv(x_0)$을 대입하고, 오른편의 적분에서의 $f(x) = u(x)+iv(x)$를 대입하면 아래가 성립된다.

$$f(x_0) = u(x_0) + iv(x_0) = \frac{1}{i\pi}P\int_{-\infty}^{\infty} \frac{u(x)+iv(x)}{(x-x_0)}dx$$

$$= \frac{1}{\pi} P \int_{-\infty}^{\infty} \frac{v(x)}{(x-x_0)} dx - \frac{i}{\pi} P \int_{-\infty}^{\infty} \frac{u(x)}{(x-x_0)} dx$$

따라서 식 (3.147)이 증명된다. ■

그러면 식 (3.147)에서 위 식과 아래 식의 실수부와 허수부를 각각 비교하면 아래가 성립된다.

$$u(x_0) = \frac{1}{\pi} P \int_{-\infty}^{\infty} \frac{v(x)}{x-x_0} dx \tag{3. 148a}$$

$$v(x_0) = -\frac{1}{\pi} P \int_{-\infty}^{\infty} \frac{u(x)}{x-x_0} dx \tag{3. 148b}$$

이들은 분산관계이고, 복소함수의 실수부는 허수의 적분이 되고, 허수부는 실수부의 적분이 된다. 실수부, 허수부는 서로의 'Hilbert 변환'이 된다. 이 관계는 $f(x)$가 실수변수 x의 복소함수일 때만 의미가 있음을 주목하라.

물리적 견지에서 $u(x)$, $v(x)$는 물리적 측정량을 의미한다. $f(z) = u(z) + iv(z)$는 상반평면으로의 해석적 확장이고, 실축의 값은 경계조건이 된다.

참 고

고분자의 동적(dynamic) 선형 점탄성 거동에 있어서 동적 (응력완화) 전단 탄성계수 $G^*(\omega) = \sigma^*(\omega)/\varepsilon^*(\omega)$(여기서 σ^* 및 ε^*는 각각 동적 (전단)응력 및 변형률임)는 아래와 같이 정의된다.

$$G^* = |G^*| e^{i\delta} = G'(\omega) + iG''(\omega) \tag{3. 149}$$

$$G' = |G^*| \cos\delta,\ G'' = |G^*| \sin\delta,\ |G^*| = \sqrt{G'^2 + G''^2} \tag{3. 150}$$

여기서 G' 및 G''는 각각 동적 (전단) 저장 탄성률 및 손실 탄성률이고, $\tan\delta = G''/G'$(여기서 δ는 입력 변형률 ε^*에 대한 응답 응력 σ^*의 위상차임)는 손실(tan) 계수로서 재료의 가역적인 탄성 거동에 대한 비가역적인 점성(손실) 거동의 비를 나타내며, 주어진 각진동수 ω에서 $\tan\delta$이 최대가 되는 온도를 재료의 유리전이 온도(T_g)라 부른다. 그런데 가령 선형점탄성에 대한 Maxwell 스프링-대쉬폿(spring-dashpot)과 같은 기계적 모델이 정해지면, 주어진 ω와 T(온도)에서, G' 및 G''는 일률적으로 정의되며, 따라서 T를 일정하게 하고, ω를 바꾸면 G'와 G''는 서로 함수관계가 되며, 이와 같은 G' 대 G''의 플롯은 'Cole-Cole 플롯'이라 부른다.

예제 3. 31

다음은 $G'(\omega)$와 $G''(\omega)$처럼 쌍을 이루는 어떤 물질 계수가 ω와 같은 공정(실험)변수를 제거하면 $G'-G''$플롯이 평면상에서 반원(semi-circle)을 이루는 소위 'Cole-Cole' 플롯에 관한 문제이다. 만약 동적저장 탄성계수 G'와 손실계수 G''가 각각 아래로 표시될 때 이로부터 Cole-Cole 플롯을 만들어 보아라.

$$G' = \frac{(\omega\lambda_D)^2}{1+(\omega\lambda_D)^2},\quad G'' = \frac{\omega\lambda_D}{1+(\omega\lambda_D)^2} \tag{1}$$

단 λ_D는 시간의 차원을 가진 어떤 양(따라서 $\omega\lambda_D$는 무차원)이다.

풀 이

식 (1)의 첫 번째 관계식에서 $\omega\lambda_D = x$로 두고 x에 대해 풀면 아래가 된다.

$$x^2(1-G') = G',\ \text{즉}\ x = [G'/(1-G')]^{1/2} \tag{2}$$

이를 식 (1)의 G''에 대입하면 아래가 얻어진다.

$$G'' = \frac{[G'/(1-G')]^{1/2}}{1+G'/(1-G')} = \sqrt{G'(1-G')} \tag{3}$$

양변을 제곱하고, G' 및 G''에 관한 완전 제곱형으로 바꾸면 아래가 된다.

$$\left(G' - \frac{1}{2}\right)^2 + G''^2 = \left(\frac{1}{2}\right)^2 \tag{4}$$

따라서 G'와 G''는 평면상에서 중심의 좌표가 $\left(\frac{1}{2}, 0\right)$이고, 반경이 $\left(\frac{1}{2}\right)$인 Cole-Cole 플롯을 형성한다.

3. 8. 1 대칭관계

때때로 $f(x)$는 '대칭관계(symmetry relation)'를 만족하고 $-\infty$에 $+\infty$까지의 적분은 양의 값에 대한 적분으로 대치된다. 이는 변수 x가 진동수를 나타낼 수 있고, 0과 양의 진동수만이 물리적 측정량에 적용할 수 있기 때문에 물리에서 매우 중요하다. 만약 아래 관계가 성립되면(단 $f^*(x) = \overline{f}(x)$는 $f(x)$의 복소공액임),

$$f(-x)=f^*(x) \tag{3.151}$$

$f(x)=u(x)+iv(x)$에서 아래가 성립된다(단 $u(x)$와 $v(x)$는 순수 실함수임).

$$u(-x)+iv(-x)=u(x)-iv(x) \tag{3.152}$$

즉 위 식에서 $u(-x)=u(x)$ 및 $v(-x)=-v(x)$가 되어, 만약 $f(x)(=u(x)+iv(x))$가 식 (3.151)의 대칭관계가 성립된다면 $f(x)$의 실수부 $u(x)$는 우함수, 그리고 허수부 $v(x)$는 기함수가 됨을 알 수 있다. 양자역학적 산란(quantum scattering)에서 식 (3.150)의 관계를 '엇갈림 조건(crossing condition)'이라 부른다. 이 조건을 시험하기 위해 식 (3.148a)를

$$u(x_0)=\frac{1}{\pi}P\int_{-\infty}^{0}\frac{v(x)}{x-x_0}dx+\frac{1}{\pi}P\int_{0}^{\infty}\frac{v(x)}{x-x_0}dx \tag{3.153}$$

라 쓰고, 식 (3.153)의 우변 첫 적분에서 $x\to -x$라 하여 식 (3.150)에서 $v(-x)=-v(x)$를 이용하면 아래를 얻는다.

$$u(x_0)=\frac{1}{\pi}P\int_{0}^{\infty}v(x)\left\{\frac{1}{x+x_0}+\frac{1}{x-x_0}\right\}dx=\frac{2}{\pi}P\int_{0}^{\infty}\frac{xv(x)}{x^2-x_0^2}dx \tag{3.154}$$

마찬가지 원리로 아래가 성립된다.

$$v(x_0)=-\frac{2}{\pi}P\int_{0}^{\infty}\frac{x_0u(x)}{x^2-x_0^2}dx \tag{3.155}$$

원래의 Kronig-Kramers 광학 분산계는 위와 같은 꼴이고, 식 (3.152)와 (3.153)의 점근적 형태 $(x_0\to\infty)$는 아래와 같이 양자역학의 합규칙(sum rule)을 유도한다(단 $f(x)=u(x)+iv(x)$에서 $f(x)=f^*(-x)$의 대칭관계가 성립가정).

$$u(x_0)\sim-\frac{2}{\pi x_0^2}\int_{0}^{\infty}xv(x)dx,\ v(x_0)\sim\frac{2}{\pi x_0}\int_{0}^{\infty}u(x)dx \tag{3.156}$$

위 식에서 '$\sim$'기호는 $x_0\to\infty$일 때의 함수의 점근값(asymptotic value)을 의미한다.

[비고: 위 식의 증명은 각각 식 (3.154) 및 (3.155)에서 피적분 함수의 분모에서 x_0^2을 공통으로 빼내고, x^2/x_0^2은 $x_0\to\infty$일 때 0이 됨을 이용하면 쉽게 얻어진다.]

3. 8. 2 광학적 분산

함수 $\exp[i(kx-\omega t)]$는 굴절률 n인 매질 속에서 빛의 속도 $v(=c/n)=\omega/k$로 양의 x 방향으로 움직이는 파를 나타낸다. 여기서 ω는 각진동수, k는 파수, $n=ck/\omega$(여기서 c는 진공에서의 빛의 속도)는 굴절률이다. 유전율이 ε, 전도도가 σ일 때 Maxwell의 방정식과 Ohm의 법칙에 의해 유전체(dielectrics)의 전파벡터 k는 아래 식으로 주어진다(μ는 투자율로서 1로 놓았다).

$$k^2=\varepsilon\frac{\omega^2}{c^2}\left(1+i\frac{4\pi\sigma}{\omega e}\right) \tag{3. 157}$$

전도도(흡수를 의미함)의 존재가 허수부를 생성한다. 전자벡터 k(그래서 굴절률 n)는 복소수이다.

역으로 양의 허수부는 흡수를 나타낸다. 작은 전도도($4\pi\sigma/\omega e \ll 1$)에 대해 이항전개[즉 x값이 작을 때는 $(1+x)^{1/2}\simeq 1+\dfrac{x}{2}$로 근사함]하면

$$k=\sqrt{\varepsilon}\,\frac{\omega}{c}+i\frac{2\pi\sigma}{c\sqrt{\varepsilon}}$$

가 되며, 이로부터 $e^{i(kx-\omega t)}=e^{i\omega x(\sqrt{\varepsilon}/c-t)}\,e^{-2\pi\sigma x/c\sqrt{\varepsilon}}$의 감쇠파가 된다.

k^2의 일반 표현에 돌아와 식 (3.157)의 굴절률은

$$n^2=\frac{e^2k^2}{\omega^2}=\varepsilon+i\frac{4\pi\sigma}{\omega} \tag{3. 158}$$

가 되고, n^2을 복소변수 ω의 함수로 취한다(ε, σ는 ω에 의존). n^2은 $\omega\to\infty$일 때 사라지지 않으나, 1에 접근한다. 조건 식 (3.141)을 만족하기 위해 $f(\omega)=n^2(\omega)-1$이어야 하고, 원래의 Kronig-Kramers 광학적 분산관계는

$$\mathrm{Re}\left[n^2(\omega_0)-1\right]=\frac{2}{\pi}P\int_0^\infty\frac{\omega\,\mathrm{Im}\left[n^2(\omega)-1\right]}{\omega^2-\omega_0^2}d\omega$$

$$\mathrm{Im}\left[n^2(\omega_0)-1\right]=-\frac{2}{\pi}P\int_0^\infty\frac{\omega\,\mathrm{Re}\left[n^2(\omega)-1\right]}{\omega^2-\omega_0^2}d\omega \tag{3. 159}$$

의 꼴이 된다. 모든 진동수의 흡수 계수에 대한 정보는 굴절률의 실수부를 결정하며, 그 역도 성립한다.

3.8.3 Parseval 관계

논의를 진행하기 전 우선, 앞에서 소개한 $f(x) \equiv u(x)+iv(x)$[이는 복소변수 $z=x+iy$의 함수 $f(z)=u(x,y)+iv(x,y)$에서 $x=x$, $y=0$을 대입하여 얻어진 것임]에서 실수부 $u(x)$와 허부수 $v(x)$관의 Hilbert 변환 관계식 (3.148 a, b)을 통하여 얻어진 1차원 (디락)델타함수 $\delta(x)$(부록 G.1절 참조)에 관한 몇 가지 유용한 관계식을 아래에 소개하고자 한다.

$$\text{(a)}\ \delta(w)=\frac{1}{\pi^2}P\int_{-\infty}^{\infty}\frac{dy}{y(y-w)} \tag{3.160}$$

$$\text{(b)}\ \delta(s-t)=\frac{1}{\pi^2}P\int_{-\infty}^{\infty}\frac{dx}{(x-s)(x-t)} \tag{3.161}$$

$$\text{(c)}\ \delta(x_o)=\frac{2}{\pi^2}P\int_{-\infty}^{\infty}\frac{dx}{x^2-x_0^2} \tag{3.162}$$

단 위 식에서 P 기호는 3.6.2절에 소개한 Cauchy의 주치 적분 기호(식 (3.81) 참조)이다. 이하의 증명에서는 편의상 이를 생략한다.

증 명 (a) 식 (3.148a)에서 $u(x_0)=\delta(x_0)$, $x_0=w$로 두면 아래가 된다.

$$\delta(w)=\frac{1}{\pi}\int_{-\infty}^{\infty}\frac{v(x)}{x-w}dx \tag{1}$$

에서 $v(x)$는 식 (3.148b)에서 아래가 된다.

$$v(x)=-\frac{1}{\pi}\int_{-\infty}^{\infty}\frac{u(y)}{y-x}dy=-\frac{1}{\pi}\int_{-\infty}^{\infty}\frac{\delta(y)}{y-x}dy=\frac{1}{\pi x} \tag{2}$$

위 식의 마지막 항등관계는 델타함수의 성질(식 (G.2))을 이용하였다(여기서 $a=0$을 대입). 이제 식 (2)를 식 (1)에 대입하면 아래를 얻는다.

$$\delta(w)=\frac{1}{\pi^2}\int_{-\infty}^{\infty}\frac{dx}{x(x-w)} \tag{3}$$

여기서 적분(무효)변수 x를 y로 치환하면 식 (3.160)가 증명된다.

(b) 식 (3.160)에서 변수치환 $w=s-t$, $x=s-y$(즉 $dy=-dx$)를 이용하면 식 (3.161)

가 쉽게 증명된다.

(c) 다시 식 (3.161)에서 $t = -s$, $s = x_0$의 변수치환을 행하면 아래가 되어 식 (3.162)가 증명된다.

$$\delta(2x_0) = \frac{1}{2}\delta(x_0) = \frac{1}{\pi^2}\int_{-\infty}^{\infty}\frac{dx}{(x-x_0)(x+x_0)} = \frac{1}{\pi^2}\int_{-\infty}^{\infty}\frac{dx}{x^2-x_0^2} \tag{4}$$

단 위 식의 첫 번째 항등관계는 부록 식 (G.16)을 이용하였다. ■

이제 본론으로 들어가보자. 만약 두 실함수 $u(x)$ 및 $v(x)$가 식 (3.148)로 정의된 서로 Hibert 변환 관계에 있고, 제곱적분이 가능[그러나 $\langle u|u\rangle = \int_{-\infty}^{\infty}|u(x)|^2\,dx$ 및 $\langle v|v\rangle = \int_{-\infty}^{\infty}|v(x)|^2\,dx$가 유한이라고 가정]하다고 하면 두 함수사이에서는 'Parseval 관계'라고 알려진 아래 식이 성립된다.

$$\int_{-\infty}^{\infty}|u(x)|^2dx = \int_{-\infty}^{\infty}|v(x)|^2dx \tag{3. 163}$$

단 여기서 Cauchy 주치(적분)기호 P는 생략하였다.

증 명 함수 $u(x)$(및 $v(x)$)는 실함수이므로, $|u(x)|^2 \equiv u(x)\overline{u(x)} = u(x)^2$이 된다. 여기서 $u(x)$에 Hilbert 변환 관계 식 (3.148a)를 대입하고, 이 때 적분(무효)변수를 적당히 선택하고 또 적분순서를 바꾸면 아래를 얻는다.

$$\int_{-\infty}^{\infty}|u(x)|^2dx = \int_{-\infty}^{\infty}\frac{1}{\pi}\int_{-\infty}^{\infty}\frac{v(s)ds}{s-x}\frac{1}{\pi}\int_{-\infty}^{\infty}\frac{v(t)dt}{t-x}dx$$

$$= \int_{-\infty}^{\infty}\int_{-\infty}^{\infty}\frac{1}{\pi^2}\int_{-\infty}^{\infty}\frac{dx}{(s-x)(t-x)}dx\,v(s)ds\,v(t)dt$$

$$= \int_{-\infty}^{\infty}\int_{-\infty}^{\infty}v(s)\delta(s-t)ds\,v(t)dt \quad (\because \text{식 (3.161)에 의해})$$

$$= \int_{-\infty}^{\infty}v(t)v(t)dt \quad (\because \text{식 (G.2)}) = \int_{-\infty}^{\infty}|v(x)|^2dx$$

따라서 Parseval 관계식 (3.163)가 증명된다. ■

다시, 광학(optics)의 측면에서 어떤 (각)진동수 ω의 범위에 걸쳐 (복소)굴절률 n가 존재(단 $n \neq 1$)한다면 흡수(absorption)의 존재를 의미하며, 그 역도 성립한다.

3. 8. 4 인과율(causality)

분산관계의 물리에서의 중요성은 특수한 물리계가 인과율(causality)을 따른다는 것을 가정한 결과에서 나타난다. 인과율은 정확하게 정의 내리기에 까다로우나, 일반적 의미는 결과가 원인을 앞서지 못한다는 것이다. 산란파는 입사파가 도달하기 전에 산란 중심에 의해 발산하지 못한다. 선형계에서 입력함수 g(원인)와 출력함수 h(결과)의 일반적 관계는

$$h(t) = \int_{-\infty}^{\infty} f(t-t')g(t')dt' \equiv f * g(t) \tag{3. 164}$$

이다. 여기서 '$*$'표시는 함수 f와 g간의 '중첩적분(convolution integral)'을 의미한다(4장 참조). 이 때 인과율 f에 대해서는 아래가 성립된다.

$t-t' < 0$ 일 때, $f(t-t') = 0$

이라 함으로써 나타난다. 식 (3.164)는 시간에 종속하고 각진동수(ω) 종속 관계는 Fourier($\mathscr{F}$)변환에 의해 이루어진다. 다음 장의 $\mathscr{F}$ 변환에 의하면 중첩함수의 $\mathscr{F}$ 변환은 각각의 변환의 곱과 같으므로 아래가 성립된다.

$$H(\omega) = F(\omega)\, G(\omega) \tag{3. 165}$$

여기서 $F(\omega)$는 $f(t)$의 Fourier 변환이고, 역으로 $f(t)$는 $F(\omega)$의 Fourier 역변환이다.

분산관계와의 관계는 아래의 'Titchmarsh 정리'에 나타난다. $F(\omega)$가 ω축에서 제곱적분 가능이면, 다음 문장 중 어느 하나는 나머지 두 문장을 의미한다.

1. $F(\omega)$의 Fourier 변환은 $t < 0$에 대해 0이다(식 (3.164)).
2. ω를 z로 바꾸면, 함수 $F(z)$는 $y > 0$인 복소 z평면에서 해석적이고 $y \to 0$일 때 거의 모든 곳에서 $F(x)$에 접근한다. 더욱이

   $$\int_{-\infty}^{\infty} |F(x+iy)|^2 dx < K,\ y > 0$$

   즉 적분은 경계가 있다.
3. $F(z)$의 실수부와 허수부는 서로의 Hilbert 변환이다(식 (3.148a), 식 (3.148b)).

선형계에서의 입력과 출력의 관계가 인과율적이라는 가정(식 (3.164))은 첫 번째 문장이 만족함을 의미한다. 만일 $F(x)$가 제곱적분 가능하면 Titchmarsh 정리는 세 번째 문장을 의미하며, 결과적으로 분산관계식을 얻는다.

3.9 급수의 합과 무한곱

3.9.1 급수의 합

이미 3.1.6절에서는 수열 및 급수의 수렴성에 대해서 논의하였지만, 여기에서는 앞에서 다룬 복소함수에 대한 유수(residue) 이론이 다음과 같은 급수의 합을 구할 때 어떻게 사용되는가를 배우게 될 것이다.

$$S=\sum_{n=0}^{\infty}\frac{1}{n^2+a^2},\ S=\sum_{n=-\infty}^{\infty}\frac{(-1)^n n^2}{(n+a)^4} \tag{3.165}$$

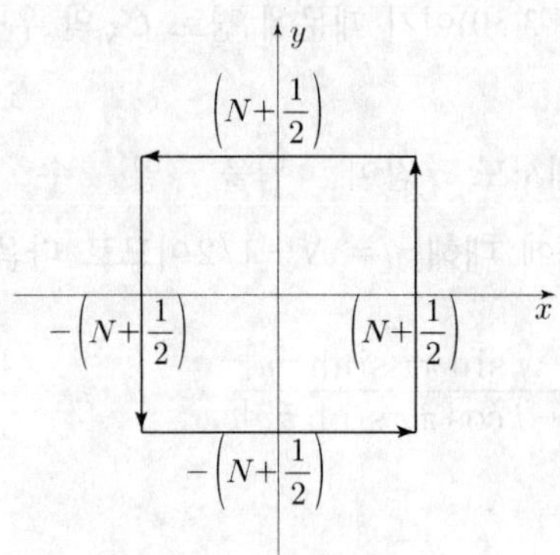

그림 3.29 식 (3.166)의 적분 계산에 사용된 경로.
정사각형의 각 변은 원점으로부터 $N+\dfrac{1}{2}$ (N은 정수)만큼 떨어져 있다.

식 (3.165)로 나타낸 바와 같은 (무한)급수의 합을 구하는 방법은 함수 $\cot \pi z$가 $z=0,\ \pm 1,\ \pm 2, \cdots$에서 단순극을 갖는다는 사실에 기초한다(3.1.3절 참조). 그림 3.29의 경로 C_N을 고려하면 첫째로 $|\cot \pi z|$가 경로 상에서 경계지어짐을 알 수 있다. 우반평면에서 $x=N+1/2$이고 $z=(N+1/2)+iy$이다. 이 때 $-(N+1/2) \le y \le N+1/2$이다. 그러므로 다음과 같이 쓸 수 있다.

$$\cot \pi z = \frac{\cos[\pi(N+1/2)+i\pi y]}{\sin[\pi(N+1/2)+i\pi y]}$$
$$= \frac{\cos[(N+1/2)\pi\cosh\pi y - i\sin[(N+1/2)\pi]\sinh\pi y}{\sin[(N+1/2)\pi\cosh\pi y + i\cos[(N+1/2)\pi]\sinh\pi y}$$

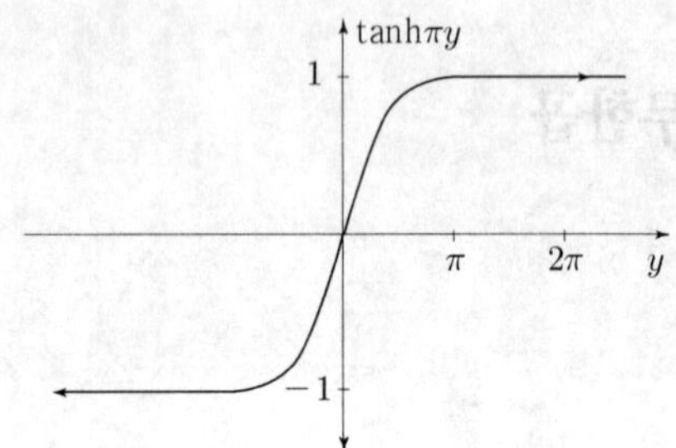

그림 3. 30 부등식 $-1 \le \tanh \pi y \le 1$의 그림.

$\cos(N+1/2)\pi = 0$과 $\sin(N+1/2)\pi = \pm 1$에 의해 아래와 같이 쓸 수 있다.

$$|\cot \pi z| = \frac{|\sinh \pi y|}{|\cosh \pi y|} = |\tanh \pi y|$$

그러나 $-1 \le \tanh \pi y \le 1$(그림 3.30)이기 때문에 경로 C_N의 우반평면에서는 $|\cot \pi z| \le 1$이 된다.

유사한 논거로 좌반평면에서도 참이 됨을 알 수 있다. C_N의 상단면에서는 $-(N+1/2) \le x \le (N+1/2)$에 대해 $y = N+1/2$이므로 다음과 같이 쓸 수 있다.

$$|\cot \pi z| = \frac{|\cos \pi x \cosh \pi y - i \sin \pi x \sinh \pi y|}{|\sin \pi x \cosh \pi y + i \cos \pi x \sinh \pi y|}$$

이다.

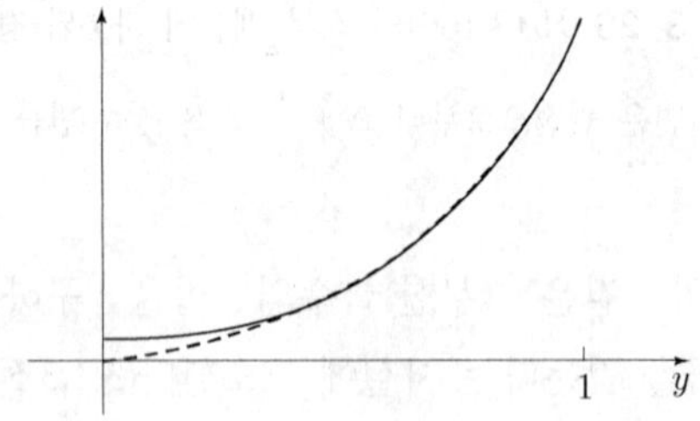

그림 3. 31 $\cosh \pi y$와 $\sinh \pi y$가 $y \ge 1$인 영역에서는 본질적으로 동일함을 나타내는 그림.

우리는 N이 무한대로 갈 때 $y = N+1/2$의 큰 값에서 $\cosh \pi y$와 $\sinh \pi y$가 본질적으로 같아짐

을 알 수 있다.(그림 3.31에서 $\cosh \pi y$와 $\sinh \pi y$가 거의 같음을 보여준다.)그러므로

$$|\cos \pi z| \to \frac{|\cos \pi x - i \sin \pi x|}{|\sin \pi x + i \cos \pi x|} = 1$$

이고, C_N의 상단에서와 같이 C_N의 하단에서도 유사한 결과를 보인다. 그러므로 $|\cos \pi z|$가 C_N을 따라 경계 지어지고, $|\cot \pi z \le 1|$임을 알 수 있다. 여기서 아래의 (폐)경로적분을 생각하자.

$$I = \oint_{C_N} \pi f(z) \cot \pi z \, dz \tag{3. 166}$$

에서 $f(z)$은 우리가 가정한 한정된 극의 개수가 정수가 아닐 때($n = 0, \pm 1, \pm 2, \cdots$)를 제외하고는 항상 해석적이다. 우리가 $n = 0, \pm 1, \pm 2, \cdots$에서 $\cot \pi z$의 단순극과 $f(z)$의 한정된 극의 수 두 종류의 극을 다루고 있음을 기억하라. $n = 0, \pm 1, \pm 2, \cdots$에서 $\pi f(z) \cot \pi z$의 유수는 식 (3.73)에 의해 다음과 같다.

$$\lim_{z \to n}(z-n)\pi f(z)\cot\pi z = \pi f(n)\cos\pi n \lim_{z \to n}\frac{z-n}{\sin\pi z} = \pi f(n)\cos\pi n\left(\frac{1}{\pi\cos\pi n}\right) = f(n) \tag{3. 167}$$

이 때 극한을 계산하기 위해 로피탈의 정리(식 (A.14))를 이용하였다. 유수이론에 의하면 식 (3.166)의 적분은 다음과 같다.

$$\oint_{C_N} \pi f(z) \cot \pi z dz = 2\pi i \sum_{n=-N}^{N} f(n) + 2\pi i \,\mathrm{Res} \tag{3. 168}$$

위 식에서 Res는 $f(z)$의 극에서의 $\pi f(z) \cot \pi z$의 유수들의 합이며 다시 한 번 정수가 아님을 가정한다. C_N에서 $|\cot \pi z| \le 1$이고, $k > 1$, $|z| \ge N$에서 $|f(z)| \le M/|z|^k$인 상수 M이 있을 때 C_N에 대한 적분은 $N \to \infty$일 때 0이 되고(식 (3.128) 참조) 식 (3.168)은 다음과 같이 정리할 수 있다.

$$\sum_{n=-\infty}^{\infty} f(n) = -(f(z)\text{의 모든 극점에서 } \pi f(z) \cot \pi z \text{의 유수들의 합}) \tag{3. 169}$$

위의 식 (3.169)가 이번 절에서의 주요한 결과이다.

예제 3. 32

$S = \displaystyle\sum_{n=1}^{\infty} \frac{1}{n^2 + a^2}$을 계산하시오($a > 0$).

풀 이

$z=\pm ia$에서 단순극을 갖는 $f(z)=1/(z^2+a^2)$가 되도록 $f(z)$를 취한다. 이 극점에서 $\pi f(z)\cot\pi z$의 유수는 식 (3.73)에 의해 다음과 같다.

$$\lim_{z\to ia}\frac{(z-ia)\,\pi\cot\pi z}{(z+ia)(z-ia)}=\frac{\pi\cot\pi ia}{2ia}=-\frac{\pi}{2a}\coth\pi a$$

$$\lim_{z\to -ia}\frac{(z+ia)\,\pi\cot\pi z}{(z+ia)(z-ia)}=\frac{\pi\cot\pi ia}{2ia}=-\frac{\pi}{2a}\coth\pi a$$

식 (3.169)에 의해 아래와 같이 정리할 수 있다.

$$\sum_{n=-\infty}^{\infty}\frac{1}{n^2+a^2}=\frac{\pi}{a}\coth\pi a$$

참고로 $n=1$에서 ∞까지의 합은 다음과 같다.

$$\sum_{n=1}^{\infty}\frac{1}{n^2+a^2}=\frac{1}{2}\left[\sum_{n=-\infty}^{\infty}\frac{1}{n^2+a^2}-\frac{1}{a^2}\right]=\frac{\pi}{2a}\coth\pi a-\frac{1}{2a^2}$$

다음에는 아래의 무한급수의 합을 생각해보자.

$$S=\sum_{n=1}^{\infty}\frac{1}{n^2}$$

위 식에서 우리는 $f(z)$가 $1/z^2$이 되도록 $f(z)$를 취해야 하지만 식 (3.169)를 유도하는 과정에서 $f(z)$는 정수영역에서(0 포함) 극점을 갖지 않는다는 가정을 했다. 그러므로 위의 급수는 계산 할 수 없다. 그러나 $z=0$에서의 극점을 선택하여 식 (3.169)의 유도과정을 조정할 수 있고 다음과 같이 쓸 수 있다.

$$\sum_{n=-\infty}^{-1}f(n)+\sum_{n=1}^{\infty}f(n)=-\mathrm{Res}\left\{\frac{\pi\cot\pi z}{z^2}\,\mathrm{at}\,z=0\right\} \tag{3. 170}$$

이 경우에 유수를 계산하기 위해서는 아래에 나타낸 $\cot\pi z$의 Laurent(혹은 Taylor) 급수 전개식을 이용하면 편리하다.

$$\cot\pi z=\frac{1}{\pi z}-\frac{\pi z}{3}-\frac{\pi^3z^3}{45}-\frac{2\pi^5z^5}{945}+\cdots \tag{3. 171}$$

그러므로,

$$\mathrm{Res}\left\{\frac{\pi\cot\pi z}{z^2}\mathrm{at}\, z=0\right\}=-\frac{\pi^2}{3}$$

이고, 식 (3.170)에서의 두 합은 같기 때문에($\because$ 둘 다 n의 우함수이므로) 다음과 같은 결과를 얻게 된다.

$$\sum_{n=1}^{\infty}\frac{1}{n^2}=\frac{\pi^2}{6}\equiv\zeta(2)\fallingdotseq 1.64493(\text{여기서 } \zeta(x)\text{는 zeta 함수임})$$

또한 예제 3.32에서 $a\to 0$인 경우에 역시 같은 결과를 얻을 수 있다.

한편 식 (3.170)의 기법은 $S=\sum_{n=1}^{\infty}\frac{1}{n^4}$의 경우에도 마찬가지로 사용될 수 있다. 즉 $1/z^4$가 되도록 $f(z)$를 취한 수 식 (3.169)를 이용하여 $z=0$에서의 극점을 선택하여 식 (3.170)로부터 다음과 같이 도출할 수 있다.

$$\sum_{n=-\infty}^{-1}\frac{1}{n^4}+\sum_{n=1}^{\infty}\frac{1}{n^4}=-\mathrm{Res}\left\{\frac{\pi\cot\pi z}{z^2}\mathrm{at}\, z=0\right\}$$

이 때 식 (3.171)을 이용하여 유수 $\mathrm{Res}(0)$가 식 (3.73)에 의해 $-\pi^4/45$가 되고 결과적으로 아래를 얻는다.

$$\sum_{n=1}^{\infty}\frac{1}{n^4}=\frac{\pi^4}{90}$$

다음에는 아래 형태의 급수를 생각해보자.

$$\sum_{n=-\infty}^{\infty}(-1)^n f(n)$$

이때는 식 (3.166)에 이용된 $\cot\pi z$ 대신에 $\mathrm{cosec}\,\pi z$를 사용하여, 식 (3.167)에 대응하는 식은 아래가 된다.

$$\lim_{z\to n}(z-n)\pi f(z)\,\mathrm{cosec}\,\pi z=(-1)^n f(n) \tag{3. 172}$$

그러면 식 (3.169)는 아래로 변형된다.

$$\sum_{N=-\infty}^{\infty}(-1)^n f(n) = -(f(z)\text{의 모든 극점에서 } \pi f(z)\operatorname{cosec}\pi z\text{의 유수들의 합}) \tag{3.173}$$

예제 3. 33

$S=\sum_{n=-\infty}^{\infty}\frac{(-1)^n}{n^2+a^2}$을 계산하시오.

풀 이

$1/(z^2+a^2)$가 되도록 $z=\pm ia$에서 단순극을 갖는 $f(z)$를 취한다. 이 극점에서의 $\pi f(z)\operatorname{cosec}\pi z$의 유수는 식 (3.73)에 의해 다음과 같다.

$$\lim_{z\to ai}\frac{\pi\operatorname{cosec}\pi z}{(z+ai)}=\frac{\pi}{2ia}\operatorname{cosec}\pi ia=-\frac{\pi}{2a}\operatorname{cosech}\pi a$$

$$\lim_{z\to -ai}\frac{\pi\operatorname{cosec}\pi z}{(z-ai)}=\frac{\pi}{2ia}\operatorname{cosec}\pi ia=-\frac{\pi}{2a}\operatorname{cosech}\pi a$$

그러므로, 다음과 같이 된다.

$$\sum_{n=-\infty}^{\infty}\frac{(-1)^n}{n^2+a^2}=\frac{\pi}{a}\operatorname{cosech}\pi a$$

한편 만약 식 (3.173)가 타당하다면 $f(z)$의 어떤 극점도 정수($n=0, \pm 1, \pm 2, \cdots$)가 될 수 없다. 여기서 아래의 급수를 생각해보자.

$$S=\sum_{n=1}^{\infty}\frac{(-1)^{n+1}}{n^2}=1-\frac{1}{2^2}+\frac{1}{3^2}-\frac{1}{4^2}+\cdots \tag{3.174}$$

이 급수를 계산하기 위해 $z=0$에서의 극점을 각각 다루고, 식 (3.170)의 수정된 형태를 아래와 같이 이용한다.

$$\sum_{n=-\infty}^{-1}(-1)^n f(n)+\sum_{n=1}^{\infty}(-1)^n f(n)=-\operatorname{Res}\left\{\frac{\pi\operatorname{cosec}\pi z}{z^2}\operatorname{at} z=0\right\} \tag{3.175}$$

여기서 식 (3.175)의 유수를 계산하기 위해 $\operatorname{cosec}\pi z$의 Taylor 전개식을 이용한다.

$$\operatorname{cosec}\pi z = \frac{1}{\pi z} + \frac{\pi z}{6} + \frac{7\pi^3 z^3}{360} + \cdots \tag{3.176}$$

이로부터 식 (3.175)의 우변의 유수를 계산(식 (3.73)이용)하여 다음 결과를 얻을 수 있다.

$$\sum_{n=-\infty}^{-1} (-1)^n f(n) + \sum_{n=1}^{\infty} (-1)^n f(n) = -\frac{\pi^2}{6}$$

위 식의 두 급수는 서로 같고 식 (3.174)에서의 $-S$와 같으므로 다음과 같이 정리할 수 있다.

$$\sum_{n=1}^{\infty} \frac{(-1)^{n+1}}{n^2} = \frac{\pi^2}{12}$$

또한 예제 3.33의 결과에서 $a \to 0$일 때도 이와 동일한 결과를 얻을 수 있다.

한편 무한급수의 영점의 위치 및 개수는 3.6.4절에서 다루었다.

3. 9. 2 무한곱

3.6.4절에서 $\sin z$나 $\cos z$와 같은 해석함수를 무한곱(infinite product)으로 전개하는 방법에 대해 간단히 논했다. 그러나 여기서는 무한곱의 수렴성과 삼각함수나 감마함수 등에의 응용에 대해 보다 자세하게 다루기로 한다.

3. 9. 2. 1 무한곱의 수렴성

연속적인 양의 인자 $f_i (i=1, 2, 3, \cdots)$가 있을 때 이들의 부분곱 p_n과 그 극한(즉 무한곱)은 부분합 $s_n = \sum_{i=1}^{n} f_i$와 유사하게[그러나 합의 기호 $\sum$(sigma)대신 곱의 기호 $\Pi\,(P_i)$를 사용하여]아래와 같이 정의된다.

$$p_n = \prod_{i=1}^{n} f_i, \quad \lim_{n\to\infty} p_n \equiv P \tag{3.177}$$

이 때 P가 유한(그러나 0은 아님)하면 무한곱이 수렴한다고 말한다. P가 무한하거나 0이면 무한곱은 발산한다고 한다. 그리고

$$\lim_{n=\infty} f_n > 1 \tag{3.178}$$

이면, 곱은 무한으로 발산하고

$$\lim_{n=\infty} f_n < 1(\text{그리고 } > 0) \tag{3. 179}$$

인 경우에는 0으로 발산하기 때문에 무한곱을 $f_n = 1 + a_n$을 사용하여 아래와 같이 나타냄이 편리하다.

$$P = \lim_{n=\infty} p_n = \prod_{n=1}^{\infty} f_n = \prod_{n=1}^{\infty} (1 + a_n) \tag{3. 180}$$

또 위 식의 양변을 대수를 취하면 아래가 성립된다.

$$\ln P = \ln \prod_{n=1}^{\infty} (1 + a_n) = \sum_{n=1}^{\infty} \ln(1 + a_n) \tag{3. 181}$$

정리 : 만약 $0 \le a_n \le 1$이면 $\sum_{n=1}^{\infty} a_n$이 수렴할 때 무한곱 $\prod_{n=1}^{\infty}(1+a_n)$과 $\prod_{n=1}^{\infty}(1-a_n)$이 수렴하고, $\sum_{n=1}^{\infty} a_n$이 발산할 때는 무한곱이 발산한다. 혹은 만약 $\sum_{n=1}^{\infty}|a_n|$이 수렴(즉 절대수렴)하면, 무한곱 $\prod_{n=1}^{\infty}(1+|a_n|)$도 수렴하고 그 역도 성립된다.

증 명 충분성 : 만약 $x > 0$인 경우 $1 + x \le e^x \left(= 1 + x + \frac{x^2}{2!} + \cdots\right)$가 되므로 아래가 성립된다.

$$p_n = \prod_{k=1}^{n}(1+|a_k|) = (1+|a_1|)(1+|a_2|)\cdots(1+|a_n|) \le e^{|a_1|}e^{|a_2|}\cdots e^{|a_n|} = e^{|a_1|+|a_2|+\cdots+|a_n|}$$

여기서 만약 $\sum_{k=1}^{n}|a_k|$가 수렴이면 부분곱 p_n도 경계를 가진 단조증가함수로서 무한곱 $P = \lim_{n\to\infty} p_n$은 수렴하게 된다.

필요성 : 지금 $s_n = \sum_{k=1}^{n}|a_k|$로 두자. 그러면 아래가 성립된다.

$$p_n = 1 + \sum_{i=1}^{n}|a_i| + \sum_{i=1}^{n}\sum_{j=1}^{n}|a_i||a_j| + \cdots \ge 1 + s_n \ge 1 \tag{3. 182}$$

따라서 $n \to \infty$ 일 때 아래가 성립된다.

$$P = \lim_{n\to\infty} p_n = \prod_{k=1}^{\infty}(1+|a_k|) \geq \lim_{n\to\infty} s_n (= S) = \sum_{k=1}^{\infty}|a_k| \tag{3.183}$$

여기서 만약 무한곱 P가 수렴하면 부분합 s_n도 경계를 가진 단조증가함수로서 무한합 즉 $S = \sum_{k=1}^{\infty}|a_k|$도 수렴하게 되어 필요성이 증명된다. ■

가령 위 정리의 적용 예로서, 무한곱 $\prod_{k=1}^{\infty}\left(1-\frac{z^2}{k^2}\right)$에서, $a_k = -\frac{z^2}{k^2}$ 즉 $|a_k| = \frac{|z^2|}{k^2}$으로 두면, $\sum_{k=1}^{\infty}|a_k| = |z^2|\sum_{k=1}^{\infty}\frac{1}{k^2}$는 수렴하므로($\because \sum_{k=1}^{\infty}\frac{1}{k^2} = \zeta(2) = \frac{\pi^2}{6}$) 위 정리에 의해 무한곱도 수렴함을 알 수 있다.

3.9.2.2 사인, 코사인 및 감마함수

n개의 실근을 가지는 n차 다항식 $P_n(x)$는 n개의 인수들의 곱

$$P_n(x) = (x-x_1)(x-x_2)\cdots(x-x_n) = \prod_{i=1}^{n}(x-x_i) \tag{3.184}$$

로서 쓸 수 있음을 알게 된다. 같은 방법으로 무한 개수의 근을 가지는 함수는 각 근마다 한 인수로 된 무한곱으로서 쓸 수 있다고 예측할 수 있다. 사실 이것은 삼각함수에 대한 경우이다. 우리는 이미 3.6.4절의 식 (3.86)에서 $\sin x$ 및 $\cos x$에 대한 무한곱 전개를 아래와 같이 얻었다.

$$\sin x = x\prod_{n=1}^{\infty}\left(1-\frac{x^2}{n^2\pi^2}\right) \tag{3.185}$$

$$\cos x = \prod_{n=1}^{\infty}\left[1-\frac{4x^2}{(2n-1)^2\pi^2}\right] \tag{3.186}$$

위 식에서 $x = z$로 두면 해석함수가 되는 $\sin x$와 $\cos x$는 모두 유한값의 x에 대하여 수렴하므로, 해당 무한곱 역시 수렴한다. 특히 식 (3.185)에서 두 개의 흥미있는 결과가 나온다. 먼저 $x = \pi/2$라 두면

$$1 = \frac{\pi}{2}\prod_{n=1}^{\infty}\left[1-\frac{1}{(2n)^2}\right] = \frac{\pi}{2}\prod_{n=1}^{\infty}\left[\frac{(2n)^2-1}{(2n)^2}\right] \tag{3.187}$$

이다. 이를 $\pi/2$에 대하여 풀면

$$\frac{\pi}{2}=\prod_{n=1}^{\infty}\left[\frac{(2n)^2}{(2n-1)(2n+1)}\right]=\frac{2\cdot 2}{1\cdot 3}\cdot\frac{4\cdot 4}{3\cdot 5}\cdot\frac{6\cdot 6}{5\cdot 7}\cdot\cdots \tag{3.188}$$

인데 이것이 $\pi/2$를 구하는 유명한 Wallis 공식이다. 두 번째 결과는 감마(gamma) 함수(식 (A.25)) 또는 계승(factorial) 함수와 관계된다. 감마함수에 대한 정의 중 하나가

$$\Gamma(x)=\left[xe^{\gamma x}\prod_{\gamma=1}^{\infty}\left(1+\frac{x}{\gamma}\right)e^{-x/\gamma}\right]^{-1} \tag{3.189}$$

이다. 여기서 γ는 약 0.5772의 값을 가지는 보통의 Euler-Mascheroni 상수이다.[정확히는 $\gamma=\lim_{n\to\infty}\left(\sum_{k=1}^{n}\frac{1}{k}-\ln n\right)$로 정의됨]. 여기서 $\Gamma(x)$와 $\Gamma(-x)$의 곱을 취하면 식 (3.189)로부터

$$\begin{aligned}\Gamma(x)\Gamma(-x)&=-\left[xe^{\gamma x}\prod_{\gamma=1}^{\infty}\left(1+\frac{x}{\gamma}\right)e^{-x/\gamma}xe^{-\gamma x}\prod\left(1-\frac{x}{\gamma}\right)e^{x/\gamma}\right]^{-1}\\&=-\left[x^2\prod_{\gamma=1}^{\infty}\left(1-\frac{x^2}{\gamma^2}\right)\right]^{-1}\end{aligned} \tag{3.190}$$

이다. 이제 식 (3.185)에 x대신 πx로 치환해 쓰면 아래의 유용한 결과를 얻는다.

$$\Gamma(x)\Gamma(-x)=-\frac{\pi}{x\sin\pi x} \tag{3.191a}$$

혹은

$$\Gamma(x)\Gamma(1-x)=\pi/\sin\pi x \tag{3.191b}$$

[비고 : 이 결과는 예제 3.26에서 얻어진 관계식 (3.116)과 동일하다(즉 $1+a$를 x로 치환하고, $\Gamma(1+x)=x\Gamma(x)$의 성질을 이용하면 확인됨).]

3. 10 점근전개와 최대 경사법

3. 10. 1 점근급수 전개

점근급수(asymptotic series)(또는 준 수렴급수)는 물리학에 자주 나타난다. 수치계산에서는 다양한 함수의 정확한 계산값을 얻는데 쓰인다. 점근급수로 유도되는 적분에는 두 가지 형태가 있다. 먼저 x를 적분의 하한으로 취하는 적분형태

$$I_1(x) = \int_x^\infty e^{-u} f(u)du$$

가 있다. 두 번째로 함수 f가 Taylor 급수(이항 급수)로 전개되는 형태

$$I_2(x) = \int_x^\infty e^{-u} f\left(\frac{u}{x}\right)du$$

이다. 점근 급수는 흔히 미분방정식의 해로서 나타내기도 한다.

x 값이 0 또는 a에 가까울 때 유효한 Taylor 급수전개(식 (A.6) 참조)와는 달리, x 값이 매우 클 때 유효한 점근급수는 Poincaré에 의해 아래와 같이 정의된다. 즉 임의의 함수 $f(x)$에 대하여

$$x^n R_n(x) = x^n [f(x) - s_n(x)] \tag{3. 192}$$

라 잡자. 여기서 부분합

$$s_n(x) = a_0 + \frac{a_1}{x} + \frac{a_2}{x^2} + \cdots + \frac{a_n}{x^n} \tag{3. 193}$$

이다. 이때 $f(x)$의 점근전개는

$$\lim_{x\to\infty} x^n R_n(x) = 0, \ n\text{은 고정됨} \tag{3. 194}$$

과

$$\lim_{n\to\infty} x^n R_n(x) = 0, \ x\text{는 고정됨} \tag{3. 195}$$

의 성질을 가진다. 부분합 $s_n(x)$가 식 (3.193)으로 주어진 멱급수에 대해서 식 (3.194)가 성립되기

위해서는 나머지항 $R_n(x)[\equiv f(x)-s_n(x)]$가 x^{-n-1}의 형태를 가져야 한다. 즉 주어진 $f(x)$에 대하여 조건 (3.194)와 (3.195)가 만족되면, (그 자체는 발산하는)무한급수 $\sum_{n=0}^{\infty} a_n x^{-n}$는 함수 $f(x)$에 대한 '점근전개(asymptotic expansion)'라고 하며 아래와 같이 표시된다.

$$f(x) \sim \sum_{n=0}^{\infty} a_n x^{-n} \tag{3.196}$$

여기서 함수 $f(x)$는 $x \to \infty$의 극한 경우에만 급수와 동일하다. 점근전개한 두 함수는 서로 곱해질 수 있고, 그 결과는 두 함수 곱의 점근전개가 된다. 주어진 함수 $f(t)$의 점근전개는(연속함수의 균일 수렴 급수에서와 꼭같이) $x \le t < \infty$로부터 한 항씩 적분될 수 있으며, 그 결과는 $\int_x^{\infty} f(t)dt$의 점근전개가 된다. 그러나 한 항씩 미분하는 것은 매우 특수한 조건하에서만 타당하다. 일부 함수는 점근전개를 가지지 않는다. 함수 e^x가 그 예이다. 그러나 어떤 함수가 점근전개를 가지면 그것은 오직 하나이다. 이에 대응하는 것으로 일대일이 아니면 많은 함수가 같은 점근전개를 가질 수 있는 것이다.

주어진 함수 $f(x)$의 점근전개를 구하는 방법은 여러 가지가 있는데, 그 중 대표적인 것은 아래와 같다.

(a) 계수 비교법 : $f(x)$가 주어지면 자체의 점근전개인 식 (3.196)과, 도함수(1계, 2계 등)의 점근전개의 계수를 비교하여 각 계수 $a_0, a_1, a_2, \cdots$ 값을 구하여 결정한다.

예 : 만약 함수 $f(x)=\int_x^{\infty}\frac{e^{-t}}{t}dt$에서 $f'(x)=-e^{-x}/x$(∵Leibnitz 공식 (A.23)에 의해)가 된다. 이때 $y=e^x f(x)$로 두면 $y'=y-\frac{1}{x}$가 된다. 따라서 x 값이 클 때 식 (3.196)에 의해 $y(=e^x f(x)) \sim c_0+c_1/x+c_2/x^2+c_3/x^3+\cdots$라고 하면, 그의 1계 도함수 $y'(x)$의 점근전개는 양변을 x에 대해 미분하면, $y'(x) \sim -c_1/x^2-2c_2/x^3-3c_3/x^4\cdots$가 된다. 그런데 주어진 함수 $f(x)$의 성질(즉 $f'(x)=-e^{-x}/x$)에서 $y'=y-\frac{1}{x}$(여기서 $y=e^x f(x)$)가 되므로, y의 점근전개는 식 (3.196)을 이용하면 y'의 점근전개는 $y'(x) \sim c_0+(c_1-1)/x+c_2/x^2+c_3/x^3+\cdots$가 되어, 위의 y'의 전개와 같은 x^n의 차수끼리 계수를 비교하면 $c_0=0,\ c_1=1,\ c_2=-c_1=-1,\ c_3=-2c_2=2$, 나아가 (추론에 의해) $c_{n+1}=(-1)^n n!$가 되므로 요구되는 $f(x)$의 점근전개는 $f(x) \sim e^{-x}\left(\frac{1}{x}-\frac{1}{x^2}+\frac{2}{x^3}+\cdots\right)$가 된다.

(b) 반복 부분적분을 통한 점화식 유도 : 아래 예제 3.34 참조.

(c) 최대 경사법(steepest descent method) : 3.10.2절 참조

(d) Taylor 급수전개법 : 가령 $f(x)=P(x)/Q(x)$(여기서 P 및 Q는 각각 x의 다항식)의 형태로

나타내진다면, 이때 $P(x)$ 및 $Q(x)$를 각각 $x=0$ 근방으로 Taylor 급수전개를 행한 후 이들의 나눔(long-division)에 의해 식 (3.196) 형태의 점근전개가 얻어질 수 있다.

예제 3. 34

(a) 아래의 식 (1)로 주어진 소위 '불완전 감마(incomplete gamma) 함수'(식 (A.25) 참조)의 점근전개에 관한 물음이다.

$$I_p(x)[=\Gamma(x,(1-p)]=\int_x^\infty \frac{e^{-u}}{u^p}du=S_n(x)+R_n(x) \tag{1}$$

여기서 부분합 $S_n(x)$와 나머지 $R_n(x)$가 각각 아래가 됨을 증명하라.

$$S_n(x)=e^{-x}\left\{\frac{1}{x^p}-\frac{p}{x^{p+1}}+\frac{p(p+1)}{x^{p+2}}-\cdots(-1)^n\frac{p(p+1)\cdots(p+n)}{x^{p+n}}\right\} \tag{2}$$

$$R_n(x)=(-1)^{n+1}p(p+1)\cdots(p+n)\int_x^\infty \frac{e^{-u}}{u^{p+n+1}}du \tag{3}$$

(b) $\lim_{x\to\infty}\left\{\int_x^\infty \frac{e^{-u}}{u^p}du-S_n(x)\right\}x^n=\lim_{x\to\infty}x^n|R_n(x)|=0$가 됨을 증명하라.

(c) 문 (b)의 결과의 의미를 설명하라.

(d) 위 결과를 이용하여 오차함수 $erf(x)$(또는 $erfc(x)$)(식 (A.24) 참조)의 전개도 구하여라.

풀 이

(a) 식 (1)의 부분적분을 행하면 아래를 얻는다(식 (A.22) 참조).

$$I_p(x)=\int_x^\infty \frac{e^{-u}}{u^p}du=\frac{e^{-x}}{x^p}-p\int_x^\infty \frac{e^{-u}}{u^{p+1}}du=\frac{e^{-x}}{x^p}=-pI_{p+1} \tag{4}$$

여기서 다시 $I_{p+1}(x)$에 대해 부분적분을 행하면, $I_{p+1}=\frac{e^{-x}}{x^{p+1}}-(p+1)I_{p+2}$가 되므로 이를 식 (4)에 대입하면 아래를 얻는다.

$$I_p(x)=\frac{e^{-x}}{x^p}-p\left\{\frac{e^{-x}}{x^{p+1}}-(p+1)I_{p+2}\right\}=\frac{e^{-x}}{x^p}-\frac{pe^{-x}}{x^{p+1}}+p(p+1)I_{p+2} \tag{5}$$

이와 같은 조작을 n번 반복하면 공식 (2)와 (3)을 얻는다.

(b) $|R_n(x)|=p(p+1)\cdots(p+n)\int_x^\infty \frac{e^{-u}}{u^{p+n+1}}du\le p(p+1)\cdots(p+n)\int_x^\infty \frac{e^{-u}}{x^{p+n+1}}du$

$$\leq \frac{p(p+1)\cdots(p+n)}{x^{p+n+1}} \tag{6}$$

위 식의 마지막 항등관계는 $\int_x^\infty e^{-u}du \leq \int_0^\infty e^{-u}du = 1$에서 온다. 그러면 아래가 성립된다.

$$\lim_{x\to\infty} x^n|R_n(x)| \leq \lim_{x\to\infty}\frac{p(p+1)\cdots(p+n)}{x^{p+1}} = 0$$

(c) 문 (a)와 (b)의 결과로부터 아래가 성립된다.

$$\int_x^\infty \frac{e^{-u}}{u^p}du \sim e^{-x}\left\{\frac{1}{x^p} - \frac{p}{x^{p+1}} + \frac{p(p+1)}{x^{p+2}} - \cdots\right\} \tag{7}$$

즉 식 (3.196)에 의해 오른편의 (무한)급수는 x가 매우 클 때 왼편 $I_p(x)[=\Gamma(x, 1-p)]$의 점근전개에 해당된다.

[비고 : 식 (b)는 성립되나, 식 (2)로 나타낸 $n\to\infty$일때의 점근급수 자체는 발산한다. 왜냐하면 식 (2)에서 n항 $u_n(x)$와 $(n+1)$항 $n_{n+1}(x)$의 비는 아래가 된다.

$$\left|\frac{u_{n+1}(x)}{u_n(x)}\right| = \left|\frac{p(p+1)\cdots(p+n)/x^{p+n+1}}{p(p+1)\cdots(p+n-1)/x^{p+n}}\right| = \frac{p+n}{|x|} \tag{8}$$

여기서 고정된 x 값에서 $n\to\infty$의 극한을 취하면 $\lim_{n\to\infty}\left|\frac{u_{n+1}(x)}{u_n(x)}\right| = \infty$가 되므로 식 (2)로 표현된 점근 급수 자체는 비검정(ratio-test)에 의해 모든 x에서 발산임을 알 수 있다(3.1.6절 참조).

(d) 오차함수 $erf(x) = \frac{2}{\sqrt{\pi}}\int_0^\pi e^{-v^2}dv = \frac{1}{\sqrt{\pi}}\int_0^{x^2} u^{-1/2}e^{-u}du \ \ (\because v^2 \equiv u)$

$$= 1 - \frac{1}{\sqrt{\pi}}\int_{x^2}^\infty u^{-1/2}e^{-u}du \tag{9}$$

여기서 문 (c)의 결과에 $p=1/2$를 대입하고, 적분하한을 x에서 x^2으로 치환하면

$$\int_{x^2}^\infty u^{-1/2}e^{-u}du \sim e^{-x^2}\left(\frac{1}{x} - \frac{1}{2x^3} + \frac{1\cdot 3}{2^2x^5} - \frac{1\cdot 3\cdot 5}{2x^3x^7} + \cdots\right) \tag{10}$$

따라서 오차함수 $erf(x)[=1-erfc(x)]$의 점근전개는 아래가 된다.

$$erf(x) \sim 1 - \frac{e^{-x^2}}{\sqrt{\pi}}\left(\frac{1}{x} - \frac{1}{2x^3} + \frac{1\cdot 3}{2^2x^5} - \frac{1\cdot 3\cdot 5}{2x^3x^7} + \cdots\right) \tag{11}$$

한편 점근급수는 피적분함수가 필요한 모양만 갖추고 있다면 정적분으로부터 발전시킬 수도 있

다. 예를 들어 cosine 및 sine 적분은

$$Ci(x) = -\int_x^\infty \frac{\cos t}{t} dt \tag{3.197}$$

$$si(x) = -\int_x^\infty \frac{\sin t}{t} dt \tag{3.198}$$

로 정의된다. 이것과 보통의 삼각함수를 결합시킴으로써 새로운 변수 $y = t - x$로

$$f(x) = Ci(x)\sin x - si(x)\cos x = \int_0^\infty \frac{\sin y}{y+x} dy$$

$$g(x) = -Ci(x)\cos x - si(x)\sin x = \int_0^\infty \frac{\cos y}{y+x} dy \tag{3.199}$$

처럼 정의한다. 함수 g와 f를 각각 실수부와 허수부를 가지는 복소함수를 도입하면

$$g(x) + if(x) = \int_0^\infty \frac{e^{iy}}{y+x} dy = \int_0^\infty \frac{ie^{-xu}}{1+iu} du \tag{3.200}$$

가 된다. 여기서 $u = -iy/x$이다. 적분구간을 0에서 $-i\infty$까지 잡기보다 0부터 ∞까지 잡는 것은 3.3.2절의 Cauchy 정리로부터 기인한다. 분모를 유리화하고 실수부는 실수부와 허수부와 같다고 두면

$$g(x) = \int_0^\infty \frac{ue^{-xu}}{1+u^2} du$$

$$f(x) = \int_0^\infty \frac{e^{-xu}}{1+u^2} du \tag{3.201}$$

이다. 적분이 수렴하려면 $R(x)$(즉 x의 실수부분)> 0이어야 한다.

이제 점근전개를 위해 $v = xu$라 두고 인수 $[1+(v/x)^2]^{-1}$을 이항정리로 전개하면

$$f(x) \approx \frac{1}{x}\int_o^\infty e^{-v} \sum_{0 \le n \le N} (-1)^n \frac{v^{2n}}{x^{2n}} dv = \frac{1}{x} \sum_{0 \le n \le N} (-1)^n \frac{(2n)!}{x^{2n}}$$

$$g(x) \approx \frac{1}{x^2}\int_o^\infty e^{-v} \sum_{0 \le n \le N} (-1)^n \frac{v^{2n+1}}{x^{2n}} dv = \frac{1}{x^2} \sum_{0 \le n \le N} (-1)^n \frac{(2n+1)!}{x^{2n}} \tag{3.202}$$

이다. 식 (3.199)와 (3.202)로부터

$$Ci(x) \approx \frac{\sin x}{x} \sum_{0 \le n \le N} (-1)^n \frac{(2n)!}{x^{2n}} - \frac{\cos x}{x^2} \sum_{0 \le n \le N} (-1)^n \frac{(2n+1)!}{x^{2n}}$$

$$si(x) \approx -\frac{\cos x}{x} \sum_{0 \le n \le N} (-1)^n \frac{(2n)!}{x^{2n}} - \frac{\sin x}{x^2} \sum_{0 \le n \le N} (-1)^n \frac{(2n+1)!}{x^{2n}} \tag{3.203}$$

와 같이 원하는 점근전개가 얻어진다.

3.10.2 최대 경사법

앞에서 소개한 어떤(복소) 함수 $f(z)$의 z(혹은 z의 크기)값이 매우 클 때 점근형태 혹은 점근전개 공식을 구하는 여러 방법 중 가장 강력한 수단이 여기서 소개하는 '최대 경사법(method of steepest descent)' 이다. 최대 경사법은 함수가 일반적인 적분형태로서

$$I(s) = \int_C g(z) e^{sf(z)} dz \tag{3.204}$$

로 표현될 때 그러한 점근형태를 결정하는 방법이다. 여기서 s는 실수이다. 적분경로 C는 함수 $f(z)$의 실수부가 양극에서 $-\infty$에 접근하거나 양극한에서 피적분함수가 0이 되도록 취해진다. 또는 닫힌 경로를 취해진다. 피적분함수의 인수 $g(z)$는 우리가 관심 있는 영역에서 지수에 의해 지배된다고 가정한다.

매개변수 s가 큰 양수이면 피적분함수의 값은 $f(z)$의 실수부가 커지면 커지고, $f(z)$의 실수부가 작아지거나 음의 값이 되면 작아진다. 특히 s가 무한히 증가하도록 되면, 피적분함수의 적분에 대한 전체적인 기여는 $f(z)$의 실수부가 양의 최대값을 갖는 영역에서 도출된다. 이 양의 최대값으로부터 멀어지면 피적분함수는 무시 할 수 있을 정도로 작아진다. 지금

$$f(z) = u(x, y) + iv(x, y)$$

라 쓰면

$$I(s) = \int_C g(z) e^{su(x, y)} e^{isv(x, y)} dz \tag{3.205}$$

가 된다. 지수의 허수부인 $iv(x, y)$가 실수부가 최대값을 취하는 영역에서 상수라는 조건을 강요하면, 그것은 $v(x, y) = v(x_0, y_0) = v_0$이고, 근사에 의해

$$I(s) \approx e^{isv_0} \int_C g(z) e^{su(x, y)} dz \tag{3.206}$$

이 된다. 실수부의 최대값으로부터 벗어나면 허수부는 피적분함수가 매우 작기 때문에 마음대로 진동할 수가 있으며, 이때 위상(각)인자(phase factor)의 변화는 거의 영향을 미치지 않는다.

$sf(z)$의 실수부는 $u(x, y)$가 최대일 때 주어진 s에 대해 최대값이므로

$$\frac{\partial u}{\partial x} = \frac{\partial u}{\partial y} = 0$$

이 되고 3.2.2절의 Cauchy-Riemann(CR) 조건에 의해

$$\frac{df(z)}{dz} = 0 \tag{3. 207}$$

를 얻는다. 이제 도함수의 이러한 근을 찾는 과정을 전개하기로 한다.

$u(x, y)$의 최대값은 주어진 경로를 따라서만 존재함에 유의하라. 유한 평면상에서는 해석함수 $f(z) = u + iv$의 실수부도 허수부도 절대 최대값을 갖지 못한다. 이것은 u, v가 Laplace 방정식

$$\nabla^2 u = \frac{\partial^2 u}{\partial x^2} + \frac{\partial^2 u}{\partial y^2} = 0 \ , \quad \nabla^2 v = 0 \tag{3. 208}$$

을 만족하는데서 볼 수 있다. 이것으로부터 만일 x에 대한 이계 도함수가 양수이면 y에 대한 이계 도함수는 음수가 되어 u와 v 모두 절대 최대치나 최소치를 가질 수 없다는 것을 알 수 있다(부록 C.6절 참조). 함수 $f(z)$가 특이점이 완전히 배제된 해석함수로 취해졌기 때문이다. 따라서 1계 도함수가 0이 된다는 것은(식 (3.207)) 말안장점(saddle point)이 있다는 것을 의미하는데, 이 말안장점은 고정값으로서 하나의 경로에 대해 $u(x, y)$는 최대치이고, 다른 경로에 대해서는 최소치이다 (그림 3.32 참조).

이제 이 문제는 두 가지 조건을 만족하도록 적분의 경로를 택하는 것으로 귀착된다. (1) 경로는 말안장점에서 최대가 되는 경로를 택해야 한다. (2) 경로는 $u(x, y)$가 상수가 되는 방법으로 말안장점을 통과해야 한다. 이 두 번째 조건은 최대 경사로를 유도하므로, 이 방법에 최대 경사법이라는 이름이 붙여졌다. 문 3.7로부터 해석함수에 대한 실수부인 u =상수와 허수부인 v =상수에 해당 하는 곡선은 상호 직교계임을 알았다. 이것은 $v = c_i$(상수)인 곡선은 어느 곳에서는 u의 gradient(∇u)에 접함을 의미한다. 따라서 v =상수의 곡선은 말안장점으로부터 최대 경사를 갖는 곡선이다(사실 그림 3.32에서 최대 오르막 경사선도 상수 v에 의해 나타낼 수 있다. 이때 말안장점은 최대경사선(내리막)을 최대 오르막 경사선과 구별되도록 조절되어야 한다.)

말안장점에 대해 (해석)함수 $f(z)$는 Taylor 전개되어

$$f(z) = f(z_0) + \frac{1}{2}(z - z_0)^2 f''(z_0) + \cdots \tag{3. 209}$$

가 되고, 일계 미분은 식 (3.207)에 의해 사라진다. 첫 번째 교정항 $\frac{1}{2}(z-z_0)^2 f''(z_0)$는 허함수부가 경로를 따라서 상수라는 가정 때문에 실수이고, 말안장점이나 산정을 따라 내려오도록 이동하기 때문에 음수이다. $f''(z_0) \neq 0$라는 가정을 보태면

$$f(z)-f(z_0) \approx \frac{1}{2}(z-z_0)^2 f''(z_0) \equiv -\frac{1}{2s}t^2 \tag{3.210}$$

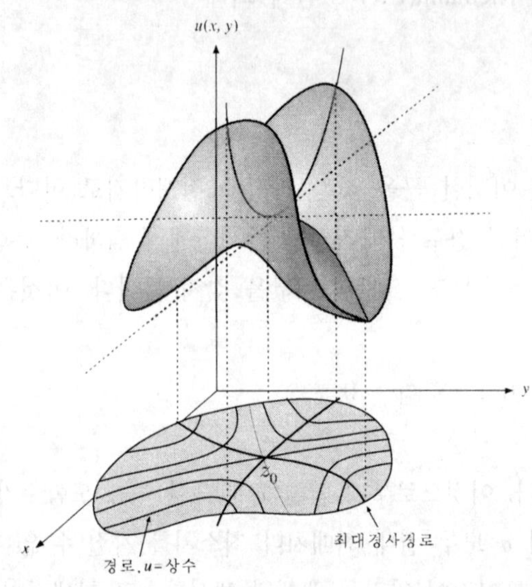

그림 3. 32

이다(단 s 및 τ는 실수라고 가정). 이때 $(z-z_0)$를 아래와 같이 극형식으로 나타내면

$$(z-z_0)=\delta e^{i\alpha} \tag{3.211}$$

가 되고(여기서 위상 α를 상수로 유지함) 이를 식 (3.210)에 대입하면

$$t^2 = -sf''(z_0)\delta^2 e^{2i\alpha} \tag{3.212}$$

이 된다. t가 실수이므로

$$t = \pm\,\delta|sf''(z_0)|^{1/2} \tag{3.213}$$

이 되고, 식 (3.210)을 식 (3.204)에 넣으면

$$I(s) \approx g(z_0)e^{sf(z_0)} \int_{-\infty}^{\infty} e^{-t^2/2} \frac{dz}{dt} dt \tag{3.214}$$

가 된다. 여기서

$$\frac{dz}{dt}=\left(\frac{dt}{dz}\right)^{-1}=\left(\frac{dt}{d\delta}\frac{d\delta}{dz}\right)^{-1}=|sf''(z_0)|^{-1/2}e^{i\alpha} \tag{3.215}$$

이므로 식 (3.214)는 식 (3.211)와 식 (3.213)에 의해

$$I(s)\approx\frac{g(z_0)e^{sf(z_0)}e^{i\alpha}}{|sf''(z_0)|^{1/2}}\int_{-\infty}^{\infty}e^{-t^2/2}dt \tag{3.216}$$

가 된다. 극한이 $-\infty$로부터 $+\infty$로 주어졌음을 주목하라. 이것은 피적분함수가 t가 원점보다 약간만 큰 값을 가져도 실질적으로 0이 되는 성질 때문이다. 위 적분은 Gauss 오차적분과 똑같은 $\sqrt{2\pi}$와 같음을 유의하라. 따라서

$$I(s)\approx\frac{\sqrt{2\pi}\,(z_0)e^{sf(z_0)}e^{ia}}{|sf''(z_0)|^{1/2}} \tag{3.217}$$

이 얻어진다. 이때 위상(각) α는 경로가 말안장점을 통과하는 동안의 위상으로 식(3.211)에서 정의되었다. 이것은 주어진 두 가지 조건[$\alpha=$상수, $\mathrm{Re}\,f(z)=$최대값]을 만족하도록 취해진다(예제 3.35 참조). 때때로 연속된 둘 또는 그 이상의 말안장점을 경로가 통과하는 경우가 있다. 이런 경우에는 총적분을 근사적으로 구하기 위해 식 (3.217)으로 주어지는 값을 각각의 말안장점에 대하여 더해주기만 하면 된다. 위에서 구한 식 (3.217)은 s(실수) 값이 매우 클 때 경로적분 (3.204)의 점근형태를 구하는 매우 중요한 식이다.

여기서 유의할 것이 한 가지 있다. 위 식의 유도에 있어 $z=z_0$인 말안장점의 가까운 부근에서만 적분이 의미를 갖는다고 가정했다. 즉 $z_0=x_0+iy_0$를 벗어난 경로 전체를 통해

$$Re\,[f(z)]=u(x,y)<<u(x_0,y_0)$$

이다. 이 조건은 각각의 새로운 문제에 대하여 검토되어야 할 것이다.

예제 3. 35

2 종류의 Hankel 함수는 아래와 같이 정의된다.

$$H_\nu^{(1)}(s)=\frac{1}{\pi i}\int_{0\,C_1}^{-\infty}e^{(s/2)(z-1/z)}\frac{dz}{z^{\nu+1}} \tag{3.218}$$

$$H_\nu^{(2)}(s) = \frac{1}{\pi i}\int_{-\infty\ C_2}^{0} e^{(s/2)(z-1/z)}\frac{dz}{z^{\nu+1}} \tag{3.219}$$

이 때 $H_\nu^{(1)}(s)$의 점근 형태를 구하라.

풀 이

이 적분에 대한 경로 C_1은 그림 3.33의 상반평면에서의 곡선이다. 경로 C_2는 하반평면의 곡선이다. 식 (3.204)의 형태로 이미 표현되어 있는 Hankel 함수 $H_\nu^{(1)}(s)$에 최대 경사법을 적용하자.

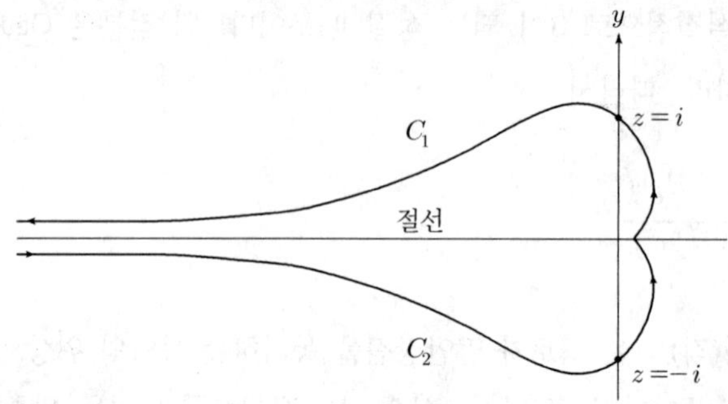

그림 3. 33 Hankel 함수의 경로

$$f(z) = \frac{1}{2}\left(z - \frac{1}{z}\right) \tag{3.220}$$

이고, 미분하면

$$f'(z) = \frac{1}{2} + \frac{1}{2z^2} \tag{3.221}$$

이고, $f'(z) = 0$에서

$$z = i, -i \tag{3.222}$$

을 얻는다. 따라서 $z=+i$, $z=-i$에서 말안장점을 갖는다. $H_\nu^{(1)}(s)$에 대한 적분은 원점에서 시작하여 양의 실축에 대해 접선 방향으로 이동하여, $z=+i$의 말안장점 부근을 통과해서 음의 실축에 대해 점근적으로 $-\infty$를 향하도록 취해진다. 경로는 $z=+i$를 통과하여 $(z-1/z)$의 실수 부분이 최대값을 갖도록 하는 방법과 같은 방법으로 정해져야 하며, 위상은 말안장점 근처에서 일정해야 한다. $z=i$일 때

$$\mathrm{Re}\left(z - \frac{1}{z}\right) = 0$$

이다. C_1의 나머지에 대해 $\mathrm{Re}\left(z-\frac{1}{z}\right)<0\,(z\neq i)$가 되어야 한다.
이 때 식 (3.211)에 의해 $z=+i$인 말안장점 근처에서

$$z-i=\delta e^{i\alpha} \tag{3. 223}$$

가 되고, 크기 δ는 작은 수치이다. 여기서 $z=i+\delta e^{i\alpha}$를 식 (3.220)에 대입하면

$$2f(z)=z-\frac{1}{z}=\delta e^{i\alpha}+i-\frac{1}{\delta e^{i\alpha}+i}$$

$$=\delta\cos\alpha+i(\delta\sin\alpha+1)-\frac{1}{\delta\cos\alpha+i(\delta\sin\alpha+1)}$$

$$=\delta\cos\alpha+i(\delta\sin\alpha+1)-\frac{\delta\cos\alpha-i(\delta\sin\alpha+1)}{1+2\delta\sin\alpha+\delta^2} \tag{3. 224}$$

이고 실수부분은 극좌표 형식으로

$$\mathrm{Re}\left(z-\frac{1}{z}\right)=\delta\cos\alpha-\delta\cos\alpha(1+2\delta\sin\alpha+\delta^2)^{-1} \tag{3. 225}$$

이다. δ가 작은 값을 취하므로 δ^3이상을 무시하면 우변의 괄호항은 $(1+2\delta\sin\alpha)^{-1}\simeq 1-2\delta\sin\alpha$로 근사되므로,

$$\mathrm{Re}\left(z-\frac{1}{z}\right)=2\delta^2\cos\alpha\sin\alpha+O(\delta^3)\approx\delta^2\sin 2\alpha \tag{3. 226}$$

가 된다. 여기서 2α가 극값을 가지면, 즉 2α가 $\frac{\pi}{2}$ 또는 $\frac{3}{2}\pi$이면, $\left(z-\frac{1}{z}\right)$의 실수부는 극값을 가지므로 경로의 위상 α는 $\frac{\pi}{4}$ 또는 $\frac{3}{4}\pi$이어야 한다. 이 중 한 가지가 우리가 원하는 최대 경사로 나타날 것이다. 다른 하나는 우리가 피하여야 할 최대 경사로일 것이다.
두 가지 가능성을 피하기 위해 α에 각각의 값을 대입해 보자. $\alpha=\frac{\pi}{4}$에 대해

$$\mathrm{Re}\left(z-\frac{1}{z}\right)=\delta^2 \tag{3. 227}$$

이 경우 $z=i$는 최소값이 되어, 이는 피해야할 경로이다. $\alpha=\frac{3\pi}{4}$에 대해

$$\mathrm{Re}\left(\frac{z-1}{z}\right)=-\delta^2 \tag{3. 228}$$

이 되고, $z=i$는 최대값이다. 이것이 우리가 바라던 위상이다.
여기서 $\alpha=3\pi/4$로 하고 식 (3.217)에 넣으면 아래를 얻는다.

$$H_\nu^{(1)}(s) = \frac{1}{\pi i}\frac{\sqrt{2\pi i^{-\nu-1}}\ e^{(s/2)(i-1/i)}\ e^{i(3\pi/4)}}{|(s/2)(-2/i^3)|^{1/2}}$$

$$= \sqrt{\frac{2}{\pi s}}\ e^{(i\pi/2)(-\nu-2)}\ e^{is}\ e^{i(3\pi/4)} \tag{3.229}$$

위 식의 두 번째 항등관계는 $i = e^{i\pi/2}$ 및 $|(s/2)(-2/i^3)|^{1/2} = \sqrt{s}$ ($\because s$는 실수)를 이용하였다. 여기서 항을 정리하면

$$H_\nu^{(1)}(s) \sim \sqrt{\frac{2}{\pi s}}\ e^{i(s-\nu(\pi/2)-\pi/4)} \tag{3.230}$$

이 얻어진다. 이것은 Hankel 함수 $H_\nu^{(1)}(s)$의 점근적 전개의 두드러진 항으로서, 그 이외의 항을 구하려면 감소하는 멱급수를 가정해서 Bessel 함수에 대입함으로써 얻을 수 있다.

예제 3. 36

계승(factorial)함수 $s!$의 점근 형태를 구하라.

풀 이

많은 물리학의 문제들, 특히 통계역학 분야에서 큰 수의 gamma 함수나 계승함수의 정확한 근사를 얻는 것이 필요하다. 식 (A.25)에 의하면 계승(또는 감마)함수는 아래와 같이 정의된다.

$$s! = \Gamma(s+1) = \int_0^\infty \rho^s e^{-\rho} d\rho = s^{s+1}\int_{0\,C}^\infty e^{s(\ln z - z)} dz \tag{3.231}$$

이다. 여기서 적분을 식 (3.204)에 요구된 형태로 만들기 위해 $\rho = zs$로 대입하였다. 앞에서와 마찬가지로, 극한 0과 ∞에서 피적분함수가 0이 되도록 s를 양의 실수로 가정하자. 지수에서 나타난 z-종속부분을 미분하면

$$\frac{df(z)}{dz} = \frac{d}{dz}(\ln z - z) = \frac{1}{z} - 1 \tag{3.232}$$

이고, 이것은 $z=1$이 말안장점(즉 $f'(1)=0$ 됨)을 보여준다. 말안장점 근처에서의 경로를 묘사하기 위해 크기 δ를 작게 잡으면 식 (3.211)에서 아래가 된다.

$$z - 1 = \delta e^{i\alpha} \tag{3.233}$$

여기서 $f(z) = \ln z - z$에 $z = 1 + \delta e^{i\alpha}$를 대입하고 급수전개하면[단 $\ln(1+x) = -x - x^2/2 - \cdots$(식 (A.10))을 이용]

$$f(z) = \ln(1+\delta e^{i\alpha}) - (1+\delta e^{i\alpha})$$

$$= \delta e^{i\alpha} - \frac{1}{2}\delta^2 e^{2i\alpha} + \cdots - 1 - \delta e^{i\alpha} = -1 - \frac{1}{2}\delta^2 e^{2i\alpha} + \cdots \tag{3.234}$$

이다. 이것으로부터 경로 C를 실축을 따라 택하면 피적분함수는 말안장점에서 최대값(e^{-s})을 가짐을 알 수 있다. 이 결론은 다소 직관적으로 도달할 수 있는 쉬운 결과임을 알 수 있다. 점근 형태 공식 (3.217)에 위상각 $\alpha = 0$을 직접 대입하면

$$\Gamma(s+1) = s! \sim \frac{\sqrt{2\pi}\, s^{s+1} e^{-s}}{|s(-1^{-2})|^{1/2}} \tag{3.235}$$

을 얻을 수 있다. 따라서 계승함수의 점근적 전개의 첫 번째 항은

$$\Gamma(s+1) = s! \sim \sqrt{2\pi s}\, s^s e^{-s} \tag{3.236}$$

이다. 이 결과는 계승함수의 Stirling의 점근 전개의 첫 번째 항이다. 최대 경사법이 아마 이 첫 번째 항을 얻는 가장 쉬운 방법일 것이다[더 많은 항을 구하려면 문 3.13 참조 바람.]
이제까지의 예는 s를 실수로 가정한 경우에 계산한 것이다. 그러나 이 가정이 꼭 필요한 것은 아니고, w의 실수부가 큰 양의 값을 갖지만 하면 식 (3.236)은 s를 복소변수 w로 바꾸었을 때도 역시 성립한다.(역시 문 3.13 참조).

3.11 미분방정식의 해에 응용

미분방정식은 5장(상미방)과 6장(편미방)에서 다루지만, 여기서는 (복소)경로(contour) 적분을 이용(3.7절의 라플라스 역변환 공식도 포함)하여 미방의 해를 구하는 방법에 대하여 간단히 논하기로 한다.

3.11.1 미분방정식의 특이점

독립(복소)변수 z의 함수 $y(z)$에 대한 아래의 2계 상미분 방정식이 주어져 있다고 하자.

$$y'' + p(z)y' + q(z)y = 0 \tag{3.237}$$

여기서 만약 $p(z)$ 및 $q(z)$가 점 a에서 해석적이면 점 a는 위 2계 상미방의 '정상점(ordinary point)'이라 부르며, 만약 함수 p 또는 q중 어느 하나 또는 둘다 점 a에서 해석적이 되지 못하면 점 a는 미방의 '특이점(singular point)'이라고 한다.

예 1 : $y'' - \frac{2z}{1-z^2}y' + \frac{6}{1-z^2}y = 0$에서 $z = \pm 1$은 미방의 특이점, 기타 점들은 모두 정상점이 된다.

만약 함수 $(z-a)p(z)$와 $(z-a)^2 q(z)$가 $z=a$에서 해석적(비록 p와 q 자체는 해석적이지 못하더라도)이면 점 $z=a$는 그 미방의 '정규 특이점(regular singular point)'이라 한다. 또한 만약 $z=a$가 미방의 정상점도 아니고, 정규 특이점도 아닌 경우는 그 점은 미방의 '비정규(irregular) 특이점'이라고 부른다.

예 2 : 위 예 1의 미방에서 $(z-1)p(z) = (z-1)\left(-\frac{2z}{1-z^2}\right) = \frac{2z}{z+1}$, 또한 $(z-1)^2 q(z) = (z-1)^2\left(\frac{6}{1-z^2}\right) = \frac{6-6z}{z+1}$가 되어 둘 다 $z=1$에서 해석적이므로 점 $z=1$은 정규특이점이 된다 마찬가지로 $z=-1$도 정규특이점이 된다.

예 3 : 2계상미방 $z^3 y'' + (1-z)y' - 2y = 0$ 즉 $y'' + \frac{(1-z)}{z^3}y' - \frac{2y}{z^3} = 0$(단 $z \neq 0$)에서 $z=0$은 특이점이다. 또한 $zp(z) = z\left(\frac{1-z}{z^3}\right)$ 및 $z^2 q(z) = z^2\left(-\frac{2}{z^3}\right)$도 역시 $z=0$에서 비해석적이므로 $z=0$은 그 미방의 비정규특이점이 된다.

만약 두 함수 $y_1(z)$ 및 $y_2(z)$가 미방 (3.237)의 서로 다른 두 해의 서로 단순곱이 아니라면, 이 때 두 함수는 '선형독립(linearly independent)'라고 한다. 이 경우 이들의 선형결합 $y(z) = Ay_1 + By_2$도 그 미방의 해가 된다.

그러면 복소변수의 미방에 관한 기본 정리 2개를 증명없이 아래에 나타낸다.

정리 1 : 만약 $z=a$가 식 (3.237)의 2계 상미방의 정상점이라면, 아래의 형태를 갖는 두 개의 선형독립인 해가 존재한다.

$$\sum_{k=0}^{\infty} a_k (z-a)^k \tag{3. 238}$$

여기서 상수 a_k는 이 형태를 원래의 미방식 (3.237)에 대입하여 구한다. 이를 위해 함수 $p(z)$ 및 $q(z)$를 $(z-a)$의 (Taylor) 급수전개를 행할 필요가 있다. 이 경우 $(z-a)$를 새 변수로 치환함이 편리하다. 그리고 식 (3.238) 형태로 주어진 해는 점 $z=a$에 중심을 두고, 주어진 미방의 가장 가까운 특이점 근방까지 이르는 원(circle) 내에서 수렴한다.

예 4 : 예 1에 주어진 미방 $(1-z^2)y'' - 2zy' + 6y = 0$(단 $z \neq 0$)는 (단위)원 $|z| = 1$ 내에서 수렴하는 $\sum a_k z^k$ 형태의 해를 가진다.

정리2 : 만약 점 $z=a$가 주어진 상미방의 정규특이점이라면, 적어도 한 개의 아래 형태의 해가 존재한다.

$$(z-a)^c \sum_{k=0}^{\infty} a_k (z-a)^k \tag{3.239}$$

여기서 c는 상수이다. 이를 미방식 (3.237)에 대입하고, $(z-a)$의 멱급수 전개에서 가장 낮은 차수를 0으로 두면 c에 관한 2차식(이를 '지표방정식(indicial equation)'이라고 부름)을 얻는다. 이 때 이 지표방정식의 두 해 c_1, c_2에 대하여 아래의 3 경우가 발생한다.

1. $c_1 - c_2 \neq$ 정수 : 이 경우는 식 (3.239)의 형태를 갖는 (상미분 (3.237)에 관한) 두 개의 선형 독립해를 갖는다.
2. $c_1 = c_2$: 한 개의 해는 식 (3.239)의 형태를 가지나, 다른 (선형)독립해는 아래의 형태를 가진다.

$$\ln(z-a) \sum_{k=0}^{\infty} b_k (z-a)^{k+c} \tag{3.240}$$

3. $c_1 - c_2 =$ 정수$(\neq 0)$: 식 (3.239)의 형태를 갖는 한 개의 해 또는 두 개의 선형 독립해가 존재한다. 이 때 만약 이 형태를 갖는 한 개의 해가 발견되면, 다른 선형독립해는 식 (3.240)의 형태를 가진다.

위에서 언급된 종류의 해는 점 $z=a$에 중심을 두고, 주어진 상미방의 가장 가까운 특이점 근방까지 이르는 원 내에서 수렴한다.

예제 3. 37

아래의 2계 Bessel 상미방에서 어떤 특이점이 있으며, 또한 위에 언급한 정리를 이용하여 일반해를 구하라.

$$z^2 y'' + zy' + (z^2 - n^2)y = 0, \text{ 여기서 } n \neq 0, \pm 1, \pm 2, \cdots \tag{1}$$

풀 이

위 미방에서 $z=0$은 정규특이점이 된다. 따라서 위 정리 2에 의하여, 미방은 아래 형태의 급수해를 가진다. 즉

$$y = \sum_{k=-\infty}^{\infty} a_k z^{k+c} (\text{여기서 } a_k = 0 \text{ for } k = -1, -2, -3, \cdots)$$

여기서 이 식의 미분을 행하면 아래를 얻는다.

$$y' = \sum(k+c)a_k z^{k+c-1},\ y'' = \sum(k+c)(k+c-1)a_k z^{k+c-2}$$

그러면

$$z^2 y'' = \sum(k+c)(k+c-1)a_k z^{k+c}$$

$$zy' = \sum(k+c)a_k z^{k+c}$$

$$(z^2-n^2)y = \sum a_k z^{k+c+2} - \sum n^2 a_k z^{k+c}$$

$$= \sum a_{k-2} z^{k+c} - \sum n^2 a_k z^{k+c}$$

이들을 모두 더하면 $z^2y'' + zy' + (z^2-n^2)y = \sum\{[(k+c)^2-n^2]a_k + a_{k-2}\}z^{k+c} = 0$
이로부터 아래를 얻는다.

$$[(k+c)^2-n^2]a_k + a_{k-2} = 0 \tag{2}$$

만약 $k=0$이면 $(c^2-n^2)a_0=0$이 되고, 만약 $a_0 \neq 0$이면 지표방정식 $c^2-n^2=0$을 얻어, 두 개의 근은 $c=\pm n$가 된다.

경우 1 : $c=n$
식 (2)로부터, $[(k+n)^2-n^2]a_k + a_{k-2} = 0$ 혹은 $k(2n+k)a_k + a_{k-2} = 0$.

만약 $k=1$이면 $a_1=0$. 만약 $k=2$이면 $a_2 = -\dfrac{a_0}{2(2n+2)}$. 만약 $k=3$이면 $a_3=0$. 만약 $k=4$이면

$a_4 = -\dfrac{a_2}{4(2n+4)} = \dfrac{a_0}{2\cdot 4(2n+2)(2n+4)}$ 등등. 그러면 아래가 얻어진다.

$$y = \sum a_k z^{k+c} = a_0 z^n\left\{1 - \frac{z^2}{2(2n+2)} + \frac{z^4}{2\cdot 4(2n+2)(2n+4)} - \cdots\right\} \tag{3}$$

경우 2 : $c=-n$
이 때 얻어진 결과는 아래와 같다.

$$y = a_0 z^{-n}\left\{1 - \frac{z^2}{2(2n-2)} + \frac{z^4}{2\cdot 4(2n+2)(2n+4)} - \cdots\right\} \tag{4}$$

이는 경우 1의 결과에서 $n \to -n$으로 치환하여 얻을 수 있다.
만약 $n \neq 0, \pm 1, \pm 2, \cdots$라면 해는 아래로 주어진다.

$$y = Az^n\left\{1 - \frac{z^2}{2(2n+2)} + \frac{z^4}{2\cdot 4(2n+2)(2n+4)} - \cdots\right\}$$

$$+Bz^{-n}\left\{1-\frac{z^2}{2(2n+2)}+\frac{z^4}{2\cdot4(2n+2)(2n+4)}-\cdots\right\} \tag{5}$$

만약 $n=0, \pm1, \pm2, \cdots$ 라면 오직 1개의 해가 존재한다. 그리고 $z=0$에 가장 가까운 특이점은 무한대에 있으므로 위 미방의 해는 모든 z에서 수렴(이는 비검정법으로 증명이 가능)한다.

3. 11. 2 복소 경로적분에 의한 상미방의 해

이 경우 일반적으로 아래 형태로 나타내진 선형 상미방의 해를 구하는 것이 바람직하다.

$$y(z)=\oint_C K(z,t)G(t)dt \tag{3.241}$$

여기서 $K(z, t)$는 (복소) 미방의 '핵(kernel)'이라고 불린다(부록 F절 참조). 이 때 만약 핵의 한 유용한 형태로서 $K(z, t)=e^{zt}$를 가정하면 위 식은 아래가 된다.

$$y(z)=\oint_C e^{zt}G(t)\,dt \tag{3.242}$$

예제 3. 38

(a) 2계(복소) 상미방 $zy''+(2n+1)y'+zy=0$의 해를 식 (3.242)의 형태를 갖도록 구하라.

(b) $y(z)=z^r U(z)$의 치환을 통하여 2계 상미방 $z^2U''+zU'+(z^2-n^2)U=0$의 (복소)경로(contour) 적분해를 구하라.

풀 이

(a) 만약 $y(z)=\oint_C e^{zt}G(t)\,dt$라고 하면 $y'(z)=\oint_C te^{zt}G(t)\,dt$, $y''(z)=\oint_C t^2e^{zt}G(t)\,dt$를 얻는다. 그런 다음 부분적분 (식 (A.22) 참조))을 행하고, 한 사이클 적분에 대한 첫 점 P와 끝점 P에서의 함수 값이 동일하도록 폐경로 C를 취하면, 아래를 얻는다.

$$zy=\oint_C ze^{zt}G(t)\,dt=e^{zt}G(t)\Big|_P^P-\oint_C e^{zt}G'(t)\,dt=-\oint_C e^{zt}G'(t)\,dt$$

$$(2n+1)y'=\oint_C(2n+1)te^{zt}G(t)\,dt$$

$$zy'' = \oint_C zt^2 e^{zt} G(t)\,dt = \oint_C (ze^{zt})\{t^2 G(t)\}'\,dt$$

$$= e^{zt}\{t^2 G(t)\}|_P^P - \oint_C e^{zt}\{t^2 G(t)\}'\,dt$$

$$= -\oint_C e^{zt}\{t^2 G(t)\}'\,dt$$

이로부터 아래가 성립된다.

$$zy'' + (2n+1)y' + zy = 0 = \oint_C e^{zt}[-G'(t) + (2n+1)tG(t) - \{t^2 G(t)\}']\,dt$$

여기서 피적분함수가 0이 되도록 $G(t)$를 선택하면 위 식은 만족된다. 즉

$$-G'(t) + (2n+1)tG(t) - \{t^2 G(t)\}' = 0 \quad \text{또는} \quad G'(t) = \frac{(2n-1)t}{t^2+1}G(t)$$

이를 적분해 의해 풀면 $G(t) = A(t^2+1)^{n-1/2}$(여기서 A는 임의의 상수)가 된다. 따라서 구하는 해는 아래가 된다.

$$y(z) = A\oint_C e^{zt}(t^2+1)^{n-1/2}\,dt$$

(b) 만약 $y(z) = z^r U(z)$로 두면 $y'(z) = z^r U' + rz^{r-1}U$ 및 $y'' = z^r U'' + 2rz^{r-1}U' + r(r-1)z^{r-2}U$가 얻어진다. 따라서

$$zy'' + (2n+1)y' + zy = z^{r+1}U'' + 2rz^r U' + r(r-1)z^{r-1}U$$

$$+ (2n+1)z^r U' + (2n+1)rz^{r-1}U + z^{r+1}U$$

$$= z^{r+1}U'' + [2rz^r + (2n+1)z^r]U'$$

$$+ [r(r-1)z^{r-1} + (2n+1)rz^{r-1} + z^{r+1}]U$$

따라서 주어진 상미방은 아래와 대등하다.

$$z^2 U'' + (2r+2n+1)zU' + [z^2 + r^2 + 2nr]U = 0$$

여기서 $r = -n$로 두면 이 식은 $z^2 U'' + zU' + (z^2 - n^2)U = 0$가 된다.
따라서 위 2계 상미방의 (복소)경로 적분해는 아래가 된다.

$$U(z) = z^n y(z) = Az^n \oint_C e^{zt}(t^2+1)^{n-1/2}\,dt$$

3.12 등각사상(conformal mapping)

3.12.1 정의 및 기본개념

3.1.2절에서 잠깐 언급한 바 있지만, 복소변수 $z=x+iy$의 해석함수(analytical function)인 $w=f(z)=u(x,y)+iv(x,y)$는 w(혹은 uv)평면과 z(혹은 xy)평면의 두 점 사이의 일대일 대응관계(즉 일가함수)를 확립한다.

지금 그림 3.34a, b에 나타낸 바와 같이 xy평면상의 1점 (x_0, y_0)이 변환(사상)함수 $w=f(z)$에 의해 uv평면상의 1점 (u_0, v_0)으로 변환되는 반면에, 점 (x_0, y_0)에서 교차하는 두 곡선 C_1과 C_2는 각각 점 (u_0, v_0)에서 교차하는 두 곡선 $C_1{}'$, $C_2{}'$로 변환된다. 이 때 만약 변환이 xy평면의 한 점 (x_0, y_0)에서의 두 곡선(혹은 접선)사이의 각도가 대응하는 uv평면의 한 점 (u_0, v_0)에서의 두 곡선(혹은 접선)사이의 각도와 크기가 같을 뿐 아니라, 방향성(sense)도 같을 경우(즉 C_1에서 C_2로 반시계방향으로 (같은) 각도가 측정됨과 마찬가지로 $C_1{}'$에서 $C_2{}'$로 반시계방향으로 각도가 측정됨) 이 변환(transformation) 혹은 사상(mapping)은 점 (x_0, y_0)에서 '등각(conformal)'이라고 부른다. 이 때 만약 각도의 크기만 보존되고, 방향성(sense)은 보존되지 않을 경우를 'conformal'대신 'isogonal'이란 용어를 사용한다.

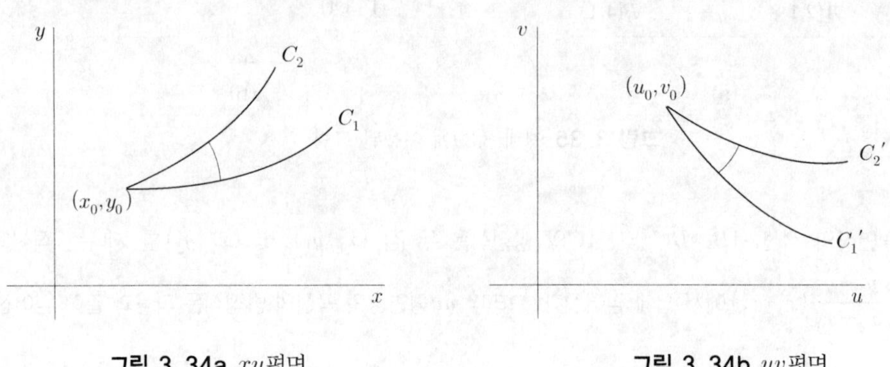

그림 3.34a xy평면. **그림 3.34b** uv평면.

여기서 등각사상의 개념을 이해하는데 도움이 되는 예제를 아래에 나타낸다.

예제 3.39

사상 $w=f(z)=z^2$에 의한 변환을 생각해보자. 지금 그림 3.35a에 나타낸 바와 같이 xy평면상의 3점 $A(2, 1)$, $B(4, 1)$, $C(4, 3)$에 꼭지점(vertex)을 가진 삼각형이 있다고 할 때 아래 물음에 답하라.

(a) w에 의한 이 삼각형의 uv평면상의 상(image) 혹은 사상(본뜸, mapping)은 그림 3.35b처럼 곡선 삼각형이 됨을 보여라.

(b) 곡선 삼각형의 각도와 원래 삼각형의 각도를 비교하여라.

풀 이

(a) $w=z^2=(x+iy)^2=(x^2-y^2)+2ixy$에서 $u=x^2-y^2$, $v=2xy$가 된다. 따라서 이 변환식에 의해 xy평면상의 점 $A(2, 1)$은 uv평면상의 점 $A'(3, 4)$(즉 $x=2$, $y=1 \Rightarrow u=3$, $v=4$가 됨)도 변환된다. 마찬가지로 그림에 나타낸 바와 같이 점 B 및 C는 각각 점 B' 및 C'로 사상된다. 그러면 이들 3(정)점 A', B', C'를 연결하면 그림 b에서 보는 바와 같이 원래의 직각 삼각형이 곡선 삼각형이 됨을 알 수 있다.

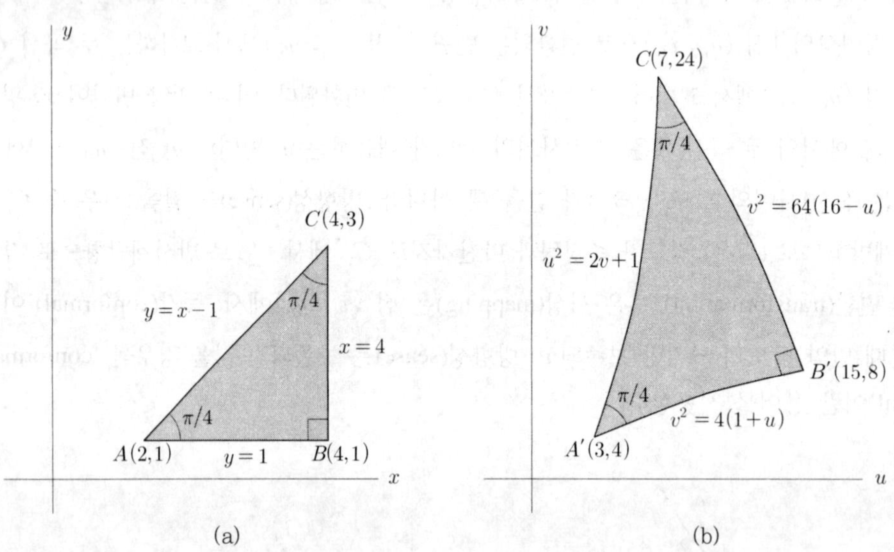

그림 3. 35 예제 3.39에 이용된 그림.

(b) xy평면상의 직선 AB, BC 및 AC의 방정식은 두 점 (x_1, y_1) 및 (x_2, y_2)를 지나는 직선의 식은 $y-y_1=\dfrac{y_2-y_1}{x_2-x_1}(x-x_1)$에서 쉽게 얻어진다. 그러나 uv평면상의 곡선의 방정식은 다음과 같이 얻어진다. 먼저

(i) 곡선 $A'B'$의 식 : 직선 AB의 식이 $y=1$이므로 이를 변환식 $u=x^2-y^2$ 및 $v=2xy$에 대입하면 $u=x^2-1$, $v=2x$가 되므로 $u=(v/2)^2-1$ 즉 $v^2=4u+4=4(1+u)$가 된다.

(ii) 곡선 $B'C'$의 식 : 직선 BC의 식이 $x=y$이므로 이를 변환식에 대입하면 $u=16-y^2$, $v=8y$ 따라서 $u=16-(v/8)^2$ 즉 $v^2=64(16-u)$가 얻어진다.

(iii) 곡선 $A'C'$의 식 : 직선 AC의 식이 $y=x-1$이므로 이를 변환식에 대입하면 $u=x^2-(x-1)^2=2x-1$, $v=2x(x-1)=2x^2-2x$가 되므로 $v=2\left(\dfrac{1+u}{2}\right)^2-2\left(\dfrac{1+u}{2}\right)$ 즉 $u^2=1+2v$가 되어 증명된다.

그러면, uv평면상의 점 $(3, 4)$에서 곡선 $v^2=4(1+u)$에 대한 접선의 기울기 $m_1=\left.\frac{dv}{du}\right|_{(3,4)}=\left.\frac{2}{v}\right|_{(3,4)}=\frac{1}{2}$, 또 이 점에서 곡선 $u^2=2v+1$에 대한 접선의 기울기 $m_2=\left.\frac{dv}{du}\right|_{(3,4)}=\left.v\right|_{(3,4)}=3$가 된다. 그런데 기울기가 각각 m_1 및 m_2인 두 직선이 1점에서 교차할 때 이들 사이의 각도 $\tan\theta=(m_2-m_1)/(1+m_1m_2)$(여기서 $m_2>m_1$ 가정)가 되므로 점 A'에서 두 곡선에 대한 접선간의 각도 $\theta=\tan^{-1}\left[\left(3-\frac{1}{2}\right)/\left(1+\frac{3}{2}\right)\right]$ $=\tan^{-1}1=\pi/4$가 되어, xy평면상의 두 직선사이의 각도와 같다. 마찬가지 방법으로 곡선 $A'C'$와 $B'C'$간의 각도는 $\pi/4$, 그리고 $A'B'$와 $B'C'$ 사이의 각도는 $\pi/2$가 되어, 모두 xy평면상의 각도와 동일함을 알 수 있다. 따라서 변환 $w=z^2$는 등각사상(물론 그림에서 방향성도 보존)임을 알 수 있다.

정리 : 만약 복소함수$f(z)$가 영역 R내의 모든 점 z에서 해석적이고, 또한 $f'(z)\neq 0$이라면 사상(변환) $w=f(z)$는 z평면 내 1점 $z=z_0$에서 교차하는 두 곡선 사이의 각도의 크기(magnitude) 및 배향(sense)이 변환 후 w 평면 내에서도 보존되게 하는 '등각사상(conformal mapping)'이 된다. 이 때 변환의 Jacobian J에 대해 아래가 성립된다.

증 명 먼저 $w=f(z)=u+iv$가 영역 내 해석함수이므로 Cauchy-Riemann(CR) 미분 관계식 $u_x=v_y$, $u_y=-v_x$(식 (3.21) 참조)가 성립된다. 그런데 $w=f(z)$에 의해 점 $z(=x+iy)$ 즉 점 (x, y)가 점 $w=f(z)(=u+iv)$ 즉 점 (u, v)로 사상(변환)이 존재하기 위해서는 변환의 Jacobian 행렬식 $J\left(\frac{u, v}{x, y}\right)=\frac{\partial(u, v)}{\partial(x, y)}\neq 0$라야 한다(2.3.1절 참조). 즉

$$J=\frac{\partial(u, v)}{\partial(x, y)}=\begin{vmatrix}u_x & u_y\\ v_x & v_y\end{vmatrix}=u_xv_y-u_yv_x=u_x^2+u_y^2=v_x^2+v_y^2\ (\because \text{CR 조건}) \qquad (3.244)$$

한편 식 (3.22)에서 아래가 성립된다.

$$f'(z)=u_x+iv_x=v_y-iu_y\Rightarrow|f(z)|^2=f'(z)\overline{f'(z)}=u_x^2+u_y^2=v_x^2+v_y^2 \qquad (3.245)$$

따라서 $J=\partial(u, v)/\partial(x, y)=|f'(z)|^2$가 증명되므로, 등각사상에 관한 위 정리에서 영역 내 모든 점 z에서 $f'(z)\neq 0$이라는 조건은 점 (x, y)와 (u,v)사이에 1 : 1 대응 변환 관계가 성립됨을 의미한다. ■

[비고 : 2가함수인 $w=\sqrt{z}$의 경우처럼 1가 해석함수가 아닌 경우는 그림 3.35에 나타낸 바와 같이 1 : 1 대응관계의 등각사상(변환)이 성립되지 않는다. 즉 $z=re^{i\theta}$에서 $w=z^{1/2}=r^{1/2}e^{i(\theta+2n\pi)}$(여기서 $n=0, \pm1, \pm2, \cdots$)가 되어 같은 점 z에서 w는 $\pm r^{1/2}e^{i\theta}$의 2

개의 값을 가진다. 그리고 xy평면에서 한 바퀴 돌때는 uv평면에서는 반 바퀴 밖에 못 돈다. 그리고 이 경우 해석함수에 대한 (복소)경로적분을 이용하기 위해서는 $0 \le \theta \le 2\pi$로 제한하여 적분경로가 분지점(이 경우 $z=0$)을 지나는 실수축 분지절선(branch cut-line)을 넣지 않도록(즉 이 구간에서는 일가함수가 되게)하여 적분을 행한다(3.1.4절 참조).

부 정리 : 변환 $w=f(z)$[단, $f(z)$는 영역 내 1점 z_0에서 해석적이고, $f'(z_0) \neq 0$이라고 가정]에 의하여, z평면 내 임의의 곡선 C상의 1점 z_0에서 이 곡선에 대한 접선은 w평면에서 각도 $\arg f'(z_0)$만큼 회전된다(그림 3.36 참조).

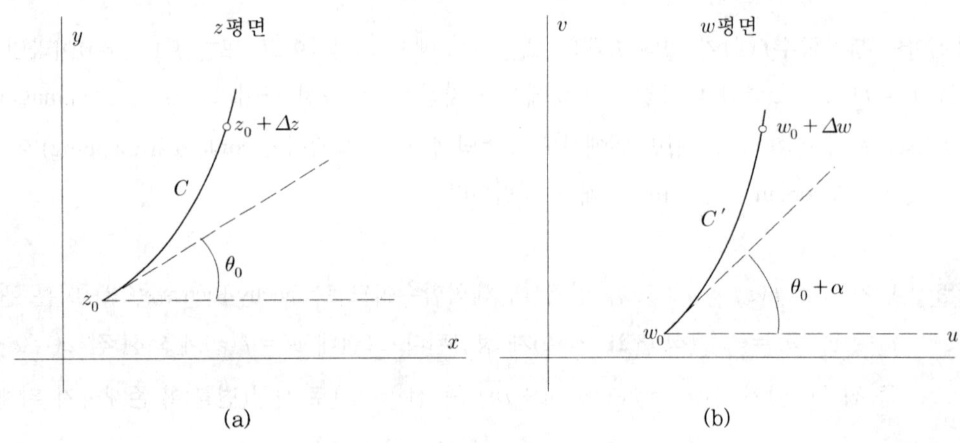

그림 3. 36 부정리에 사용된 그림.

증 명 z평면상의 1점 z_0가 곡선 C를 따라 $z_0+\Delta z$로 이동하면, 사상 $w=f(z)$에 의해 w평면 내 이의 상(image)인 점 w_0이 역시 변환된 곡선 C'를 따라 점 $w_0+\Delta w$로 이동한다. 이 때 z평면 내 곡선 C를 기술하는데 사용되는 매개변수(parameter)를 t라 하면, z평면 내 곡선 경로 $z=z(t)$[혹은 $x=x(t), y=y(t)$]에 대응하는 w평면 내 곡선 C'의 경로는 $w=w(t)$[혹은 $u=u(t)$, $v=v(t)$]가 된다. 이 때 곡선 C 및 C'상의 점 z_0 및 w_0에서의 접선 벡터의 기울기는 매개변수 항으로 각각 dz/dt 및 dw/dt가 된다. 이 때 연쇄율(C.2절 참조)을 이용하면 아래가 성립된다.

$$\frac{dw}{dt}=\frac{dw}{dz}\frac{dz}{dt}=f'(z)\frac{dz}{dt} \Rightarrow \left.\frac{dw}{dt}\right|_{w=w_0}=f'(z_0)\left.\frac{dz}{dt}\right|_{z=z_0} \tag{3. 246}$$

그런데 식 (3.246)에서의 각 도함수를 극좌표형식 즉 $\left.\frac{dw}{dt}\right|_{w=w_0} = \rho_0 e^{i\phi_0}$, $f'(z) = Re^{i\alpha}$, $\left.\frac{dz}{dt}\right|_{z=z_0} = r_0 e^{i\theta_0}$으로 나타내면 아래를 얻는다.

$$\rho_0 e^{i\phi_0} = Rr_0 e^{i(\theta_0+\alpha)} \tag{3.247}$$

즉 $\phi_0 = \theta_0 + \alpha = \theta_0 + \arg f'(z_0)$이 되어, z평면 내 1점 z_0에서 곡선 C에 대한 접선의 기울기$(=\tan\theta_0)$에서의 각도가 θ_0일 때, 해석함수 $w = f(z)$에 의한 등각사상에 의해 w평면 내 대응하는 1점 w_0에서 곡선 C'에 대한 접선의 기울기 $\tan\phi_0$에서의 각도 $\phi_0 = \theta_0 + \alpha$이 되어(그림 3.36 참조) 같은 (반시계)방향으로 각도 $\alpha = \arg f'(z_0)$만큼 더 회전된 것이 증명된다. ■

그러나 부 정리 및 그림 3.36에서 z평면 내 두 곡선 사이의 각도의 크기 및 배향은 해석함수에 의한 등각사상(변환) $w = f(z)$에 의해 w평면에서도 그대로 보존됨을 다시 한번 유의해야 한다(정리 참조).

3.12.2 실제 등각사상의 예

이제 간단한 등각사상으로부터 시작하여 점차 복잡한 사상으로 옮겨가기로 한다. 먼저 아래의 사상을 생각해보자.

$$w = f(z) = z + a \tag{3.248}$$

위의 사상은 그림 3.37에서 보듯 R에서의 z의 각 점들이 a만큼 증가하기 때문에 단순히 a만큼만 이동한다.

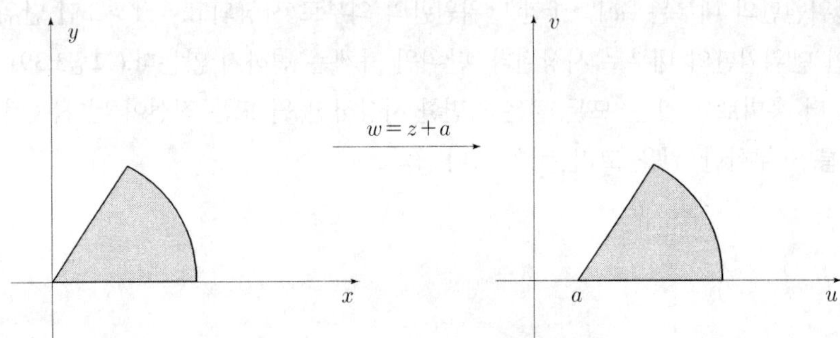

그림 3.37 사상 $w = f(z) = z + a$는 z-평면에서의 영역을 w-평면에서 a 단위만큼 오른쪽으로 이동시킨다.

다음에는 아래의 사상을 생각해보자.

$$w = f(z) = bz \tag{3.249}$$

위의 사상은 두 가지 의미를 가진다. 즉 $w = \rho e^{i\phi}$, $b = |b|e^{i\beta}$, $z = re^{i\theta}$로 표현해서 이 사상을 극형식으로 쓴다면 다음과 같다.

$$\rho e^{i\phi} = |b|e^{i\beta} re^{i\theta} = |b|re^{i(\theta+\beta)}$$

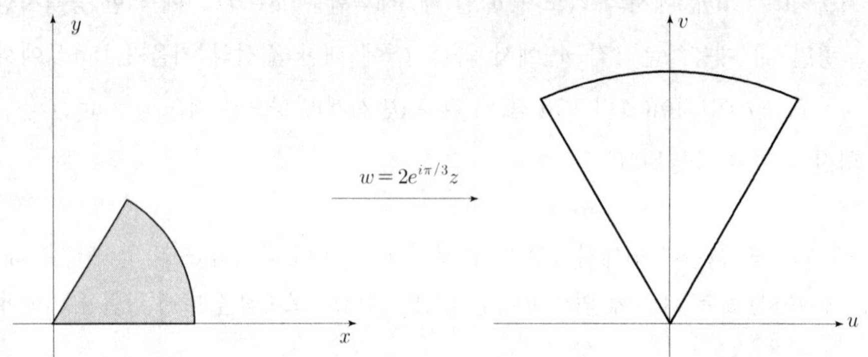

그림 3. 38 스케일링=회전 사상 $w = (1+\sqrt{3}\,i)z = 2e^{i\pi/3}z$에 의한 그림 3.37의 시험영역의 사상.

이 때 z의 크기는 $|b|$의 인자에 의해 결정되고, 또한 z는 각 β로 회전한다. 이 사상은 '스케일링-회전사상(scaling-rotation mapping)'이라 불린다. 그림 3.38은 $w = (1+\sqrt{3}\,i)z = 2e^{i\pi/3}z$에 의해 그림 3.37의 시험영역에서의 사상을 나타낸다.

한편 사상 $w = 1/z$를 역변환이라 한다. $w = \rho e^{i\phi}$, $z = re^{i\theta}$로 쓰면 다음과 같다.

$$\rho = \frac{1}{r} \text{ 과 } \phi = -\theta$$

$|z| < 1$인 단위원판의 내부는 $|w| > 1$인 단위원판의 외부로 사상되고, $|z| > 1$인 단위원판의 외부는 $|w| < 1$인 단위원판의 내부로 사상된다. 단위원 자체는 변하지 않는다.(그림3.39) 이것은 명백한 사실이다. 더 흥미로운 것은, 모든 원은 역변환 사상하면 원 또는 직선이 된다는 것이다. 여기서 우리는 반지름이 무한한 원을 고려할 수 있다.

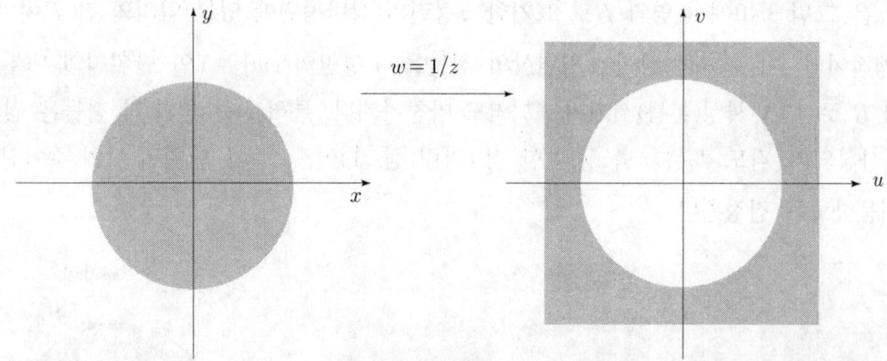

그림 3. 39 역사상 $w=f(z)=1/z$는 원점을 중심으로 하는 단위원판의 내부를 외부로 사상시킨다.

다음에는 아래의 사상을 생각해보자.

$$w=\frac{az+b}{cz+d}\quad (ad\neq bc) \tag{3. 250}$$

이 사상은 '겹 선형사상(bilinear mapping)' 혹은 '선형 분수사상(linear fraction mapping)'이라고 불리는데, 이는 (평행)이동(translation), 회전(rotation), 신장(stretching) 및 역전(inversion)변형의 결합(combination)으로 간주될 수 있다.

증 명 식 (3.250)를 변형하면 아래를 얻는다.

$$w=\frac{az+b}{cz+d}=\frac{a}{c}+\frac{bc-ad}{c(cz+d)}\equiv\lambda+\frac{\mu}{z+\nu} \tag{1}$$

여기서

$$\lambda=a/c,\ \mu=(bc-ad)/c^2=\lambda\left(\frac{b}{a}-\frac{d}{c}\right),\ \nu=d/c \tag{2}$$

따라서 w에 해당하는 변환은 $\zeta=z+\nu$, $\tau=1/\zeta$ 그리고 $w=\lambda+\mu\tau$가 되므로, 결국 식 (3.250)로 정의된 겹 선형사상 w는 이동, 회전, 신장 및 역전 4 변환의 결합으로 간주될 수 있다. ■

한편 식 (3.250)의 변형된 형태로서 아래에 나타낸 겹 선형사상을 생각해보자.

$$w=e^{i\theta_0}\left(\frac{z-z_0}{z-\bar{z}_0}\right) \tag{3. 251}$$

여기서 z_0은 그림 3.40에서 영역 R로 표기한 z평면의 상반평면에 있는 임의의 점 P이며, $\bar{z}_0$는 그의 공액점이다. 이 변환은 상반 z평면상의 점들을 w평면의 $|w|=1$인 단위원의 내부영역(즉 $|w| \le 1$) R'로 1:1 사상(본뜸)시키며, 그 역도 마찬가지다. 특히 x축 상의 각 점들은 원의 경계(원주)로 사상되며, 각도 θ_0는 x축 상의 한 점 (가령 점 A)이 $|w|=1$ 단위원 상의 주어진 1점(즉 A')에 대응하도록 결정된다.

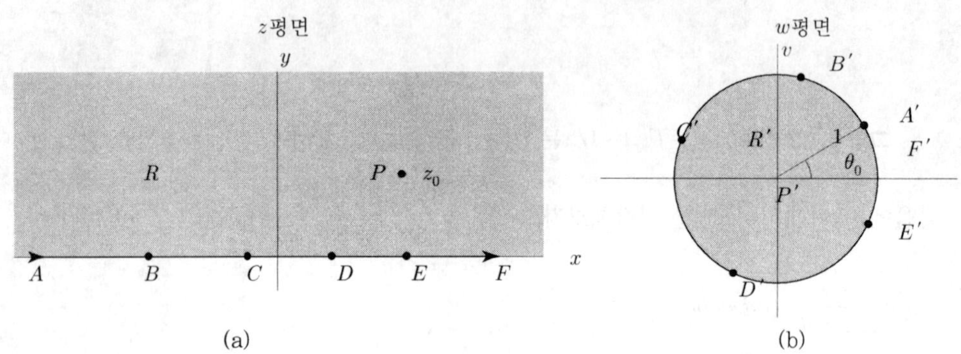

그림 3. 40 변환 식 (3.251)에 의한 겹 선형 사상.

예제 3. 40

(a) 변환식 (3.251)에 의해 상반 z평면의 점들이 w평면의 단위원의 내부(즉 $|w| \le 1$)로 사상됨을 보여라(그림 3.40 참조).

(b) 또한 변환식 (3.251)에 의해 z평면 내의 1점 $z=i$는 w평면상의 점 $w=0$, 그리고 z평면의 x축 상의 무한대에 있는 점은 $w=-1$로 사상된다고 하면 이 때의 변환식의 정확한 형태를 구해보아라.

풀 이

(a) 식 (3.251)로부터 아래가 성립된다($\because |e^{i\theta_0}|=1$이므로).

$$|w| = \left| e^{i\theta_0}\left(\frac{z-z_0}{z-\bar{z}_0}\right)\right| = \left|\frac{z-z_0}{z-\bar{z}_0}\right| \tag{1}$$

그런데 만약 z가 상반 z평면상의 점이라 하면, 그림 3.41로부터 $|z-z_0| \le |z-\overline{z_0}|$(단 등호관계는 z가 (실수) x축 상에 있을 경우만 성립)가 됨을 알 수 있다. 따라서 이를 식 (1)에 대입하면 $|w| \le 1$, 즉 변환식 (3.251)에 의해 z의 상반평면상의 점들은 w평면의 단위원 $|w|=1$의 내부로 사상됨을 알 수 있다.

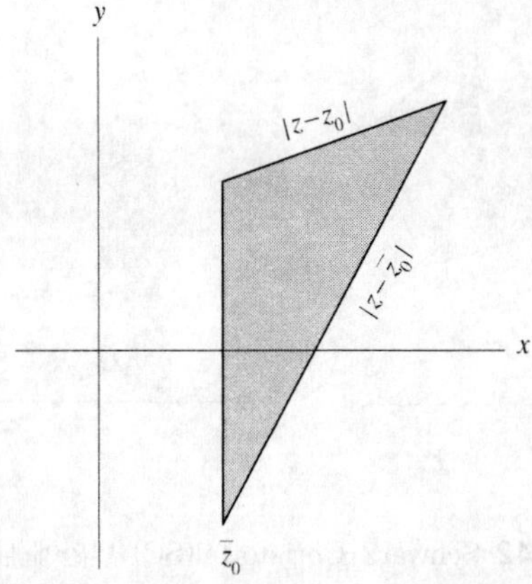

그림 3. 41 예제 3.40에 이용된 그림

(b) 문제에서 $w=0$은 $z=i$, $w=-1$은 $z=\infty$에 해당하므로 이를 각각 식 (3.251)에 대입하여 θ_0 및 z_0(따라서 $\overline{z_0}$)를 구하면 다음과 같다. 먼저 $0=e^{i\theta_0}\left(\dfrac{i-z_0}{i-\bar{z}_0}\right)$에서 $z_0=i$(및 $\bar{z}_0=-i$)가 얻어진다. 또한 $-1=e^{i\theta_0}\lim\limits_{z\to\infty}\left(\dfrac{z-i}{z+i}\right)$가 되어, $e^{i\theta_0}=-1$(즉 $\theta_0=\pi$)가 얻어진다. 따라서 요구되는 정확한 변환식은 아래가 된다.

$$w=f(z)=e^{i\theta_0}\left(\frac{z-z_0}{z-\overline{z_0}}\right)=(-1)\left(\frac{z-i}{z+i}\right)=\frac{i-z}{i+z} \tag{2}$$

Schwarz-Christoffel 변환 : 지금 그림 3.42a에 나타낸 바와 같이 w 평면에서 정점 $w_1, w_2, \cdots, w_n$ (대응하는 내각은 각각 $\alpha_1, \alpha_2, \cdots, \alpha_n$ 임)을 가진 한 개의 닫힌 다각형(closed polygon)을 생각해 보자. 이때 어떤 변환 $w=f(z)$에 의해 다각형의 내부영역(R)에 있는 점들은 z 평면의 상반평면 ($\mathrm{Re}\, z>0$) R'상의 점으로 사상(mapping)시키는 반면에 다각형의 경계(정)점 $w_1, w_2, \cdots, w_n$들은 각각 z 평면상의 실수(x)축 상의 점 $x_1, x_2, \cdots, x_n$으로 사상된다고 하자(그림 3.42b 참조).

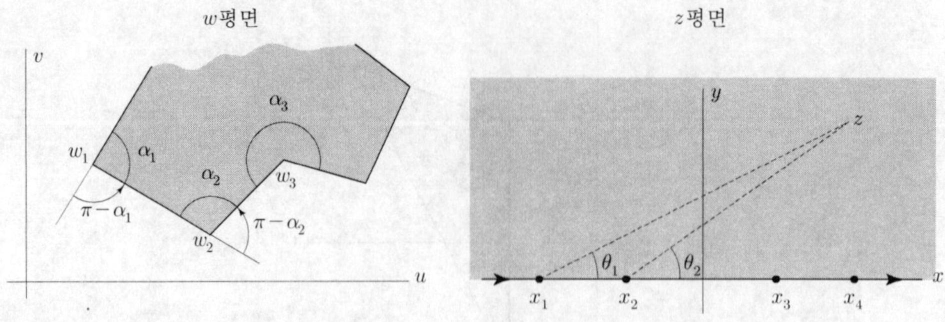

그림 3. 42 Schwarz-Christoffel(SC) 변환에 대한 그림

여기서 소위 'Schwarz-Christoffel(SC) 변환'에 대한 (사상)함수 $w = f(z)$에 관해서는 아래의 관계식이 성립된다.

$$dw/dz = A(z-x_1)^{\alpha_1/\pi-1}(z-x_2)^{\alpha_2/\pi-1}\cdots(z-x_n)^{\alpha_n/\pi-1} \tag{3. 252}$$

혹은 이를 (부정)적분하면

$$w = A\int(z-x_1)^{\alpha_1/\pi-1}(z-x_2)^{\alpha_2/\pi-1}\cdots(z-x_n)^{\alpha_n/\pi-1}dz + B \tag{3. 253}$$

여기서 A 및 B는 복소 상수이다. 이제 SC 변환식의 타당성에 대해 간단히 증명해보기로 한다.

증 명 지금 증명을 간단히 하기 위하여 식 (3.252)를 유도하는 대신 이 식이 맞는다고 가정하면, 양변의 미소(전미분) 변환에 대한 편각(argument)의 관계로부터 아래가 성립되어야 할 것이다.

$$\begin{aligned}\arg dw = \arg dz + \arg A + \left(\frac{\alpha_1}{\pi}-1\right)\arg(z-x_1) + \left(\frac{\alpha_2}{\pi}-1\right)\arg(z-x_2) \\ +\cdots+\left(\frac{\alpha_n}{\pi}-1\right)\arg(z-x_n)\end{aligned} \tag{3. 254}$$

[비고 : 이 항등관계는 가령 $z = z_1 z_2 \cdots z_n$에서 각각을 극좌표 $r\theta^{i\theta}$형식으로 나타내면 $re^{i\theta} = r_1 r_2 \cdots r_n e^{i(\theta_1+\theta_2+\cdots+\theta_n)}$가 되므로 $\theta(=\arg z) = \sum_{i=1}^{n}\theta_1\,[=\arg z_i]$에서 온 것이다.]

이제 식 (3.254)에서 만약 z가 실수축을 따라 왼편(즉 $-\infty$)으로부터 점 x_1을 향해 움직인다고 할 때 w는 다각형의 한 변을 따라 점 w_1을 향해 움직인다고 가정하자(이 때 방향(sense)은 둘 다 반시계방향을 양으로 취함)(그림 참조). 그러면 만약 z가 x_1의 왼편에서 x_1을 지나 x_1의 오른편으로 움직인다고 하면, 식 (3.254)의 우변에서 변하는 것은 오직 $\theta_1 = \arg(z-x_1)$가 π에서 0으로 변하는 것이다. 따라서 좌변의 각도 $\arg dw$는 $(a_1/\pi-1)\arg(z-x_1) = (a_1/\pi-1)\pi = a_1-\pi$만큼 감소 또는 (반시계방향으로) $\pi-\alpha_1$ 만큼 증가하게 될 것이다. 이로부터 점 w_1을 통과하는 방향은 각도 $\pi-\alpha_1$ 만큼 회전하게 되어 결국 w는 다각형의 한 변 w_1w_2를 따라 움직이게 된다. 마찬가지로 z가 점 x_2를 통하여 움직일 때는 각도 $\theta_2 = \arg(z-x_2)$는 π에서 0으로 변화(이때 식 중의 다른 항들은 불변하게 될 것이다. 이는 w 평면에서 각도 $\pi-\alpha_2$만큼 회전을 일으키게 될 것이다. 이와 같은 조작은 반복하면 결국 z가 x축 상의 점들은 횡단하게 된다면 w 역시 다각형의 정점들을 (반시계방향으로) 횡단하게 된다. 이때 다각형의 내부점들을 z의 상반평면상의 점들로 사상될 것이다). ■

또한 SC 식 (3.252)중의 지수의 합은 만약 닫힌 다각형(원칙적으로는 SC식은 닫힌 다각형에 관한 것이지만 (무한)열린 다각형도 닫힌 다각형의 극한 경우로 간주하여 적용이 가능함 - 예제 3.41 참조)의 경우에는 -2가 되는데, 이는 '닫힌 n 다각형의 전 외각의 합은 2π'로 부터 그림 3.42a에서 아래가 성립됨에서 알 수 있다.

$$(\pi-\alpha_1)+(\pi-\alpha_2)+\cdots+(\pi-\alpha_n) = 2\pi$$

여기서 양변을 $-\pi$로 나누면 아래가 되어 확인된다.

$$\left(\frac{\alpha_1}{\pi}-1\right)+\left(\frac{\alpha_2}{\pi}-1\right)+\cdots+\left(\frac{\alpha_n}{\pi}-1\right) = -2 \tag{3.255}$$

덧붙여 SC 식 (3.252) 혹은 (3.253)에서 가령 z 평면의 실수축 상의 1점 x_n을 무한대로 취하면 n번째 마지막 인자는 나타나지 않게 되는데(∵ 1이 되므로) 이 또한 아래로부터 쉽게 확인된다. 즉 식 중의 (복소)상수 A를 $A = K/(-x_n)^{\alpha_n/\pi-1}$로 두면(여기서 K는 임의의 상수) 식 (3.252)는 아래가 된다.

$$K(z-x_1)^{\alpha_1/\pi-1}(z-x_2)^{\alpha_1/\pi-1}\cdots(z-x_{n-1})^{\alpha_{n-1}/\pi-1}\left(\frac{x_n-z}{x_n}\right)^{\alpha_n/\pi-1}$$

여기서 $n\to\infty$로 취하면 맨 마지막 항은 1이 되므로 확인된다.

예제 3.41

그림 3.43에 나타낸 바와 같이 w 평면에서 z 평면으로 사상시키는 변환함수 $w=f(z)$를 SC 변환식 (3.252)을 사용하여 구해보아라. 단 w 평면의 열린 (무한)다각형 $PQST$를 두정점을 Q와 S에 두고 3번째 정점을 P 혹은 T에 가진 삼각형의 극한 경우로 간주하여 계산하라.

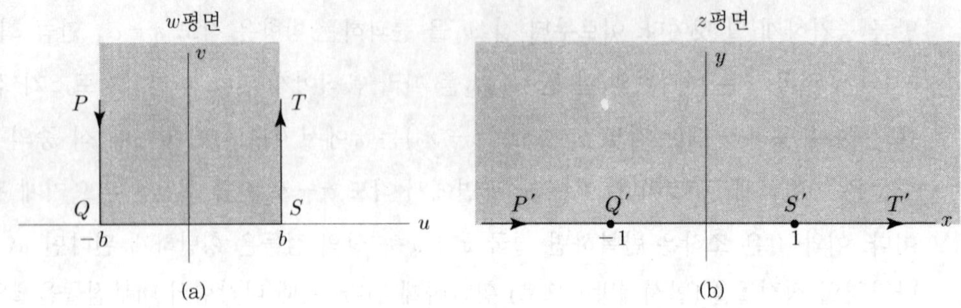

그림 3.43 예제 3.41의 SC 변환관계에 사용된 그림.

풀이

그림 3.43(a)에서 점 Q 및 S에서의 내각 α_1 및 α_2는 각각 $\pi/2$가 되므로 이를 SC 식 (3.252)에 대입하면 아래를 얻는다.

$$\frac{dw}{dz}=A(z+1)^{\frac{\pi/2}{\pi}-1}(z-1)^{\frac{\pi/2}{\pi}-1}=\frac{A}{\sqrt{z^2-1}}=\frac{K}{\sqrt{1-z^2}}$$

이를 적분하면

$$w=K\int\frac{dz}{\sqrt{1-z^2}}+B=K\sin^{-1}z+B$$

그림에서

$z=1$ 일 때 $w=b$: 즉 (1) $b=K\sin^{-1}(1)+B=K\pi/2+B$

그림에서

$z=-1$ 일 때 $w=-b$: 즉 (2) $-b=K\sin^{-1}(-1)+B=-K\pi/2+B$

식 (1)과 (2)를 연립하여 풀면 $B=0$, $K=2b/\pi$를 얻는다. 따라서 SC 변환식은 아래가 된다.

$$w=f(z)=\frac{2b}{\pi}\sin^{-1}z \quad \text{혹은} \quad z=\sin\frac{\pi w}{2b}$$

3. 12. 3 경계치 문제에 의한 라플라스 방정식의 해

가령 z 평면상의 어떤 영역 R에서 라플라스(Laplace) 식을 만족하는 조화함수(식 (3.23) 참조)이면서 경계(boundary) C상에서 규정된 값을 가지는 함수 Φ를 결정하는 문제를 'Dirichlet 경계치 문제'라고 부른다. 가령 변환 식 (3.251)에 의하여 영역 R(상반평면)은 영역 R'(단위 원)로, 그리고 경계 C는 대응하는 경계 C'로 사상(mapping)되며, 또한 C에서 경계조건(boundary condition, BC)은 C'에서의 경계조건으로 변화되는데(그림 3.40 참조) 이때 Dirichlet 문제가 적용된다[물론 그의 역변환에 해당되는 경우(그림 3.42 참조)도 마찬가지로 적용된다]. 또한 z 평면상의 영역 R에서 라플라스 식을 만족하는 조화함수 Φ의 법선(normal) 도함수 $\partial\Phi/\partial n(=\boldsymbol{n}\cdot\nabla\Phi)$가 경계 C상에서 규정된 값을 가질 때 Φ를 결정하는 문제를 'Neumann 경계치 문제'라고 부른다. 그러나 여기서는 주로 Dirichlet 문제만을 다루기로 한다.

한편 전술한 바와 같이 z-평면의 어떤 구간 R_z는 (해석적)등각변환 $w=f(z)=u(x,y)+u(x,y)$에 의해 w-평면의 R_w로 사상된다(이때 CR 관계식에 의하여 $\nabla^2 u=\nabla^2 v=0$ 만족). 이 등각 사상은 일대일 대응이므로 $f(z)$의 역변환 $z=f^{-1}(w)$이 존재한다(부록 B절 참조).

만약 z 평면의 어떤 함수 $\phi(x,y)$가 다음(즉 라플라스 식)을 만족하면,

$$\nabla^2_{xy}\left(=\frac{\partial^2}{\partial x^2}+\frac{\partial^2}{\partial y^2}\right)\phi=\frac{\partial^2\phi}{\partial x^2}+\frac{\partial^2\phi}{\partial y^2}=0 \qquad in\ \ D_z$$

대응하는 w 평면의 함수 $\phi(u,v)$도 다음(즉 라플라스 식)을 만족한다.

$$\nabla^2_{uv}\left(=\frac{\partial^2}{\partial u^2}+\frac{\partial^2}{\partial v^2}\right)\Phi=\frac{\partial^2\Phi}{\partial u^2}+\frac{\partial^2\Phi}{\partial v^2}=0 \qquad in\ \ D_w$$

여기에서 $\phi(x,y)=\Phi(u,v)=\Phi[u(x,y),v(x,y)]$ 이다[더욱이 $\phi(x,y)=g(x,y)$가 z-평면의 경계 곡선 C_z를 따르면, $\Phi(u,v)=g(x(u,v),y(u,v))$도 w-평면의 상 곡선 C_w를 따른다].

이는 아래의 변환관계로부터 일어난다.

$$\nabla^2_{xy}\phi(x,y)=|f'(z)|^2\nabla^2_{uv}\Phi(u,v) \text{ 혹은 } \frac{\partial^2\phi}{\partial x^2}+\frac{\partial^2\phi}{\partial y^2}=|f'(z)|^2\left(\frac{\partial^2\Phi}{\partial u^2}+\frac{\partial^2\Phi}{\partial v^2}\right) \qquad (3.256)$$

단 여기서 $|f'(z)|^2=\partial(u,v)/\partial(x,y)$(식 (3.243)) $\neq 0$라고 가정한다.

증 명 복소변수 $z=x+iy$의 해석함수 $w=f(z)=u(x,y)+iv(x,y)$에서 $f(z)$는 가역함수이

고, (x, y)와 (u, v)간의 변환의 Jacobian $\partial(u, v)/\partial(x, y)\left[=|f'(z)|^2\right]$가 0이 아니므로 $u=u(x, y)$, $v=v(x, y)$와 역변환 $x=x(u, v)$, $y=y(u, v)$는 일대일 대응관계에 있으며 서로 유일하게 결정된다. 지금 z 평면의 어떤 영역 R_z에서 라플라스 방정식을 만족하는 $\phi(x, y)$와 R_z의 등각사상에 의한 결과를 $\Phi(u, v)=\phi(x(u, v), y(u, v))$라 하자. 이때 편미분의 연쇄율(C.2절 참조)로부터 아래가 성립된다.

$$\frac{\partial\phi}{\partial x}=\frac{\partial\Phi}{\partial u}\frac{\partial u}{\partial x}+\frac{\partial\Phi}{\partial v}\frac{\partial v}{\partial y}, \quad \frac{\partial\phi}{\partial y}=\frac{\partial\Phi}{\partial u}\frac{\partial u}{\partial y}+\frac{\partial\Phi}{\partial v}\frac{\partial v}{\partial x} \tag{1}$$

이들 각각에 연쇄법칙을 한 번 더 적용시키면 아래를 얻는다.

$$\begin{aligned}\frac{\partial^2\phi}{\partial x^2}&=\frac{\partial\Phi}{\partial u}\frac{\partial^2 u}{\partial x^2}+\frac{\partial\Phi}{\partial v}\frac{\partial^2 v}{\partial x^2}+\frac{\partial u}{\partial x}\frac{\partial}{\partial x}\left(\frac{\partial\Phi}{\partial u}\right)+\frac{\partial v}{\partial x}\frac{\partial}{\partial x}\left(\frac{\partial\Phi}{\partial v}\right)\\&=\frac{\partial\Phi}{\partial u}\frac{\partial^2 u}{\partial x^2}+\frac{\partial\Phi}{\partial v}\frac{\partial^2 v}{\partial x^2}+\frac{\partial u}{\partial x}\left(\frac{\partial^2\Phi}{\partial u^2}\frac{\partial u}{\partial x}+\frac{\partial^2\Phi}{\partial v\partial u}\frac{\partial v}{\partial x}\right)\\&\quad+\frac{\partial v}{\partial x}\left(\frac{\partial^2\Phi}{\partial u\partial v}\frac{\partial u}{\partial x}+\frac{\partial^2\Phi}{\partial v^2}\frac{\partial v}{\partial x}\right)\end{aligned} \tag{2}$$

$$\begin{aligned}\frac{\partial^2\phi}{\partial y^2}&=\frac{\partial\Phi}{\partial u}\frac{\partial^2 u}{\partial y^2}+\frac{\partial\Phi}{\partial v}\frac{\partial^2 v}{\partial y^2}+\frac{\partial u}{\partial y}\left(\frac{\partial^2\Phi}{\partial u^2}\frac{\partial u}{\partial y}+\frac{\partial^2\Phi}{\partial v\partial u}\frac{\partial v}{\partial y}\right)\\&\quad+\frac{\partial v}{\partial y}\left(\frac{\partial^2\Phi}{\partial v\partial u}\frac{\partial u}{\partial y}+\frac{\partial^2\Phi}{\partial v^2}\frac{\partial v}{\partial y}\right)\end{aligned} \tag{3}$$

여기서 식 (2)와 (3)을 더하면 아래를 얻는다.

$$\begin{aligned}\frac{\partial^2\phi}{\partial x^2}+\frac{\partial^2\phi}{\partial y^2}&=\frac{\partial\Phi}{\partial u}\left(\frac{\partial^2 u}{\partial x^2}+\frac{\partial^2 u}{\partial y^2}\right)+\frac{\partial\Phi}{\partial v}\left(\frac{\partial^2 v}{\partial x^2}+\frac{\partial^2 v}{\partial y^2}\right)+\frac{\partial^2\Phi}{\partial u^2}\left[\left(\frac{\partial u}{\partial x}\right)^2+\left(\frac{\partial u}{\partial y}\right)^2\right]\\&\quad+\frac{\partial^2\Phi}{\partial v^2}\left[\left(\frac{\partial v}{\partial x}\right)^2+\left(\frac{\partial v}{\partial y}\right)^2\right]+2\frac{\partial^2\Phi}{\partial u\,\partial v}\left[\frac{\partial u}{\partial x}\frac{\partial v}{\partial x}+\frac{\partial u}{\partial y}\frac{\partial v}{\partial y}\right]\end{aligned} \tag{4}$$

그런데 위 식의 우변의 첫째항, 둘째항 및 5번째항은 모두 CR 관계식 (3.21)에 의하여 0이 된다(이때 편미분은 순서에 무관함을 이용, 가령 $u_{xy}=\dfrac{\partial u_x}{\partial y}=u_{yx}=\dfrac{\partial u_y}{\partial x}$ 등). 그리고 셋째항과 4째항의 괄호는 모두 Jacobian $\partial(u, v)/\partial(x, y)=u_x v_y-u_y v_x=|f'(z)|^2$(식 (3.243))과 같으므로 결과적으로 식 (4)는 식 (3.256)가 되어 증명된다. ■

식 (3.256)으로부터 z 평명의 영역 R에서 라플라스 식 $\nabla_{xy}^2 \phi(x, y) = \frac{\partial^2 \phi}{\partial x^2} + \frac{\partial^2 \phi}{\partial y^2} = 0$의 해는 $|f'(z)|^2 \neq 0$인 경우 (등각)변환된 w 평면의 영역 R'(이때 경계 C에서의 경계조건에 대응하는 경계 C'에서의 경계조건을 가짐)에서의 보다 간편화된 라플라스 식 $\nabla_{uv}^2 \Phi(u, v) = \frac{\partial^2 \Phi}{\partial u^2} + \frac{\partial^2 \Phi}{\partial v^2} = 0$의 해 $\Phi(u, v)$를 구한 후 변환식에서 얻어지는 $u = u(x, y)$ 및 $v = v(x, y)$를 x 및 y의 함수로 대입함으로써 $\nabla^2 \phi = 0$의 해 $\phi(x, y)$를 구할 수 있다.

이를 이해하기 위한 간단한 한 예로서 그림 3.44에 페이지면에 수직으로 세워진 평판형 (전기)도체(conductor)판에 긴 원통형의 도체판이 접해있는 단면을 나타낸다(단 접해진 면은 절연되어 있다고 가정한다). 이때 평판형 도체판의 전위(voltage)를 V_0, 원통형판의 전위를 V_1이라고 하면, 그림 3.44에 빗금친 부분의 전위 $\phi(x, y)$에 대한 라플라스 방정식 $\nabla_{xy}^2 \phi(x, y) = \frac{\partial^2 \phi}{\partial x^2} + \frac{\partial^2 \phi}{\partial y^2} = 0$으로부터 해 $\phi(x, y)$를 구해보기로 한다.

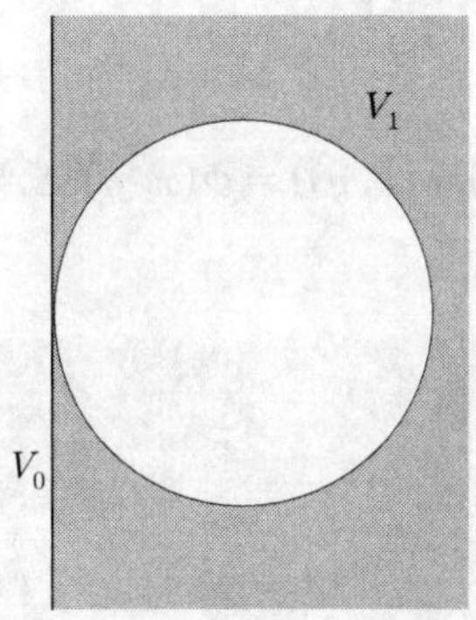

그림 3. 44 페이지면에 수직으로 세워진 평판형 도체판에 긴 원통형의 도체판이 접해있는 단면. 서로 절연되어 있다.

그림 3. 44에 해당하는 w평면에서의 간단한 기하학적 해는 아래의 형태를 가정한다.

$$\Phi(u, v) = V_0 + (V_1 - V_0)u \tag{3. 257}$$

이는 확실히 라플라스 식 $\nabla_{uv}^2 \Phi(u, v) = \frac{\partial^2 \Phi}{\partial u^2} + \frac{\partial^2 \Phi}{\partial v^2} = 0$을 만족한다. 그런데 이 형태에 관한 간단한 경계조건을 가진 등각사상법으로서 $w = f(z) = 1/z$(그림 3.39 참조)를 생각할 수 있다. 그러면 (x, y)로부터 (u, v)에의 변환식은 아래가 된다.

$$w = \frac{1}{z} = u(x, y) + iv(x, y) = \frac{x}{x^2 + y^2} - i\frac{y}{x^2 + y^2} \equiv u + iv \tag{3. 258}$$

여기서 $u = x/(x^2+y^2)$를 식 (3.257)에 대입하면 xy 평면에서의 라플라스 식을 만족하는 해 $\phi(x, y)$는 아래와 같이 얻어진다.

$$\Phi(u(x\,,\,y),\,v(x\,,\,y)) \equiv \phi(x\,,\,y) = V_0 + (V_1 - V_0)\frac{x}{x^2+y^2} \tag{3. 259}$$

예제 3. 42

아래의 상반 xy 평면에 관한 Dirichlet 경계치 문제를 풀어라(단 그림 3.45 참조).

$$\nabla_{xy}^2 \Phi(x, y) = \frac{\partial^2 \Phi}{\partial x^2} + \frac{\partial^2 \Phi}{\partial y^2} = 0,\ \ y > 0 \tag{1}$$

$$\lim_{y \to 0+} \Phi(x,\,y) = G(x) = \begin{cases} T_0 & x < -1 \\ T_1 & -1 < x < 1 \\ T_2 & x > 1 \end{cases} \tag{2}$$

단 위 식에서 편의상 $\Phi(u(x, y), v(x, y)) = \Phi(x,\,y)$로 두었다.

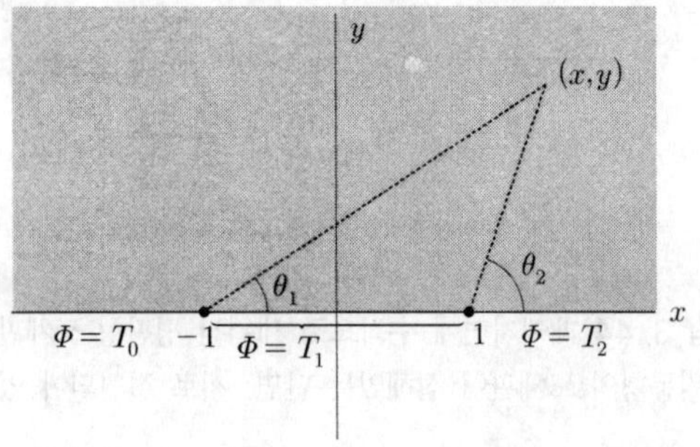

그림 3. 45 예제 3.42에 사용된 그림.

풀 이

상반 xy 평면에 관련된 사상법의 하나는 변환식 (3.251)과 그림 3.40에 주어져 있다. 이제 $z+1$ 및 $z-1$를 각각 극좌표 형식으로 $z+1 = |z+1|e^{i\theta_1}$ 및 $z-1 = |z-1|e^{i\theta_2}$로 나타내면(그림 3.45 참조), θ_1 및 θ_2는 각각 $\ln(z+1)$ 및 $\ln(z-1)$의 허수부분($\because$ 양변에 log를 취하고, 이를 $z = x+iy$처럼 Cartesian 직교좌표계로 나타내면 확인됨)이 된다. 여기서 식 (1)을 만족하고 라플라스 식의 해에 해당하는 함수 Φ를 $A\theta_1 + B\theta_2 + C$(여기서 A, B, C는 상수)로 나타내면, 이는 복소함수 $A\ln(z+1) + B\ln(z-1) + iC$의 허수부분이 되므로, 라플라스 식을 만족하는 조화함수가 된다. 여기서 상수 A, B, C를 결정하기 위하여 그림 3.45에 나타낸 경계조건으로부터 아래의 3 식이 성립된다.

(a) $x > 1,\ \Phi = T_2\ :\ \theta_1 = \theta_2 = 0 \Rightarrow T_2 = A \times 0 + B \times 0 + C = C$

(b) $-1 < x < 1,\ \Phi = T_1\ :\ \theta_1 = 0, \theta_2 = \pi \Rightarrow T_1 = A \times 0 + B\pi + C = B\pi + C$

(c) $x < -1,\ \Phi = T_0\ :\ \theta_1 = \theta_2 = \pi \Rightarrow T_0 = A\pi + B\pi + C$ (3)

이로부터 $C = T_2,\ B = (T_1 - T_2)/\pi,\ A = (T_0 - T_1)/\pi$가 되어 이들 결과로부터 식 (1)을 만족하는 (온도를 나타내는) 조화함수 $\Phi(x, y)$는 아래와 같이 얻어진다.

$$\Phi = A\theta_1 + B\theta_2 + C = \frac{T_0 - T_1}{\pi} \tan^{-1}\left(\frac{y}{x+1}\right) + \frac{T_1 - T_2}{\pi} \tan^{-1}\left(\frac{y}{x-1}\right) + T_2 \tag{4}$$

[비고 : $(\tan^{-1} x)' = 1/(1+x^2)$를 이용하여 $\nabla_{xy}^2 \Phi = \Phi_{xx} + \Phi_{yy} = 0$이 됨을 쉽게 알 수 있다. 한편 상반평면에 대한 Poisson 적분공식 (3.261)을 이용한 별해법은 문 3.16(b)에 주어져 있다.]

한편 (Dirichlet) 경계치 문제에 의하여 라플라스 방정식의 해를 구하는 방법은 위에서 논의한 방법 외에도, 부록 F절에 소개한 적분 방정식의 일종인 'Poisson 적분 공식'을 이용할 수도 있다. 단위원(unit circle)에 대한 Dirichlet 문제와 상반(upper half) 평면에 대한 Dirichlet 문제의 경우 각각 이용되는 Poisson 적분공식을 아래에 결과만을 간단히 나타낸다.

(a) 단위 원 : 만약 (경계) C가 단위원 $|z| = 1$이고, R은 그의 내부(영역)이라고 하자. 이 때 영역 R에서의 각 점 (r, θ)에서 라플라스 식을 만족하고, 또한 경계 C에서 규정된 값 $F(\theta)$ [즉 $\Phi(1, \theta) = F(\theta)$]을 취하는 조화함수 $\Phi(r, \theta)[= \Phi(x, y)]$(단 $r = \sqrt{x^2 + y^2}$, $\theta = \tan^{-1}(y/x)$)는 Poisson 적분 공식에 의해 아래와 같이 나타내진다.

$$\Phi(r, \theta) = \frac{1}{2\pi} \int_0^{2\pi} \frac{(1 - r^2) F(\phi)\, d\phi}{1 - 2r\cos(\theta - \phi) + r^2} \tag{3.260}$$

(b) 상반 평면 : 함수 $\Phi(x, y)$가 상반 z평면(즉 $y = \text{Im}\, z > 0$)에서 조화적이고, 실수(x)축 상에서 규정된 값 $G(x)$[즉 $\Phi(x, 0) = G(x),\ -\infty < x < \infty$]을 취할 때 Poisson 공식에 의해 아래와 같이 나타내진다.

$$\Phi(x, y) = \frac{1}{\pi} \int_{-\infty}^{\infty} \frac{y G(\eta)[= \Phi(\eta, 0)\, d\eta}{y^2 + (x - \eta)^2} \tag{3.261}$$

[비고 : 식 (3.260)과 (3.261)의 증명은 각각 문 3.15 및 문 3.16, 그리고 응용은 문 3.16(b)에 주어져 있다.]

3. 12. 4 흐름 문제에 응용

3. 12. 4. 1 기초 가정

고분자 레올로지(polymer rheology)의 기초가 되는 '유체 동역학(liquid dynamics)'이라고 불리는 유체흐름에서의 많은 중요한 해는 종종 아래의 몇 가지 가정 하에 복소 변수법에 의하여 이루어지고 있다.

1. 2차원 흐름(two-dimensional flow)에 대한 가정 : 가령 주위로 유체가 흐르는 무한 실린더 장애물(infinite cylinder obstacle)은 한 단일(z) 평면에 수직인 단면적을 가지고, 말단효과가 무시될 정도로 충분히 길어서 2차원 원통으로 간주될 수 있다.
2. 정상상태(steady-state) 의 가정 : 유체 내 임의의 점에서의 속도 $\boldsymbol{v}=\dfrac{d\boldsymbol{r}}{dt}$는 시간($t$)에는 무관하고, 오직 위치$(x, y)$에만 의존한다고 가정한다.
3. $v_x(=\dot{x})=\dfrac{\partial\Phi}{\partial x}$ 및 $v_y(=\dot{y})=\dfrac{\partial\Phi}{\partial y}$를 주는 '속도 퍼텐셜(velocity potential)' $\Phi(x, y)$의 가정 : 이는 만약 (경계)C가 z 평면에서의 단순 폐곡선이고, v_t는 C에서의 속도의 접선성분[즉 $v_t=\boldsymbol{t}\cdot\boldsymbol{v}$, 여기서 $\boldsymbol{t}=d\boldsymbol{r}/ds$는 단위 접선벡터임)이라면 평면 Green 정리(식 (2.400))에 의해 아래가 성립한다는 것과 동일하다(그림 2.7 참조).

$$\oint_C v_t\, ds=\oint_C v_x dx+\oint_C v_y dy=\iint_R\left(\frac{\partial v_y}{\partial x}-\frac{\partial v_x}{\partial y}\right)dxdy=0 \tag{3. 262}$$

여기서 마지막 항등관계는 $v_x=\partial\Phi/\partial x$ 및 $v_y=\partial\Phi/\partial y$를 이용하였다(즉 $\Phi_{xy}=\Phi_{yx}$ 이므로).그리고 위 식에서의 C 주위로의 닫힌 적분은 '유체의 순환(circulation of liquid)'이라고 부르며, 만약 이것이 0이라면 '비회전(irrotational)'이라 한다(사실 이는 $\nabla\times\boldsymbol{v}=\boldsymbol{0}$에 해당 - 2.18절 참조).

4. 비압축성 흐름(incompressible flow)의 가정 : 이는 단위체적당 질량인 밀도(ρ)의 시간변화가 없음과 동일 즉 아래 식으로 나타내진다.

$$\frac{D\rho}{Dt}+\rho\nabla\cdot\boldsymbol{v}=0 \text{ 혹은 } \frac{d\rho}{dt}+\nabla\cdot(\rho\boldsymbol{v})=0 \tag{3. 263}$$

위 식에서 $\dfrac{D\rho}{Dt}=\dfrac{\partial\rho}{\partial t}+\boldsymbol{v}\cdot\nabla\rho$(여기서 $\dfrac{D}{Dt}$는 Lagrange 물질도함수를 나타냄)이다. 식 (3.263)을 유체의 '질량보존(또는 연속체)방정식(equation of continuity)'이라고 부르며, 특히 비압축 유체의 경우는 $\dfrac{D\rho}{Dt}=0$에서 $\nabla\cdot\boldsymbol{v}=0$임을 알 수 있다(예제 2.22 참조). 또한 v_n을 경계 C에서

속도의 법선 성분[즉 $v_n = \boldsymbol{n} \cdot \boldsymbol{v}$, 여기서 $\boldsymbol{n}$은 단위법선벡터 - 식 (2.398) 참조]이라 하면, 이는 역시 평면 Green 정리를 사용하여 아래 식이 성립됨을 말하는 것과 동일하다.

$$\oint_C v_n\, ds = \oint_C v_x\, dy - v_y\, dx = \iint_R \left(\frac{\partial v_x}{\partial x} + \frac{\partial v_y}{\partial y} \right) dx dy = 0 \tag{3.264}$$

2번째 항등관계는 평면 Green 공식에서 $P = -v_y = -\partial\Phi/\partial y$, $Q = v_x = \partial\Phi/\partial x$(여기서 Φ는 속도퍼텐셜)를 이용하였으며, 마지막 항등관계에서 아래의 라플라스 식이 성립된다.

$$\frac{\partial v_x}{\partial x} + \frac{\partial v_y}{\partial y} = \frac{\partial^2 \Phi}{\partial x^2} + \frac{\partial^2 \Phi}{\partial y^2} = \nabla_{xy}^2 \Phi(x,\, y) = 0 \tag{3.265}$$

즉 비압축 유체의 조건 $\nabla \cdot \boldsymbol{v} = 0$와 $\nabla^2 \Phi = 0$는 대등한 관계이다.

5. 내부 점성 마찰의 부재의 가정 : 점성유체(viscous liquid)는 그 경로에 놓여진 장애물의 표면에 들어붙으려는 경향이 있으나, 만약 비점성(non-viscous) 유체의 가정은 표면에 작용하는 압력 힘(pressure force)은 그 표면에 수직이 된다. 가정 4 및 5를 동시에 만족하는 '비점성, 비압축성 유체'를 '이상유체(ideal liquid)'라 부르며, 이는 단순히 이론적 계산을 위한 수학적 모델임을 유의해야 한다.

3. 12. 4. 2 복소 퍼텐셜

가정 3과 4에서 속도 퍼텐셜 $\Phi(x,\, y)$는 영역 내에서 '조화적' 즉 식 (3.265)가 성립함을 알았다. 그러면 이와 공액(conjugate) 관계에 있는 '흐름함수(stream function)'라 불리는 조화함수를 $\Psi(x,\, y)$라 하면, 해석함수인 $w = f(z) = u + iv$[이때 CR 미분관계식 (3.21)로부터 $\nabla^2 u = \nabla^2 v = 0$이 성립할 뿐 아니라 CR식에서 어느 한쪽을 알면 나머지도 알 수 있음 - 3.2.3절 참조 및 문 3.7 참조]의 경우와 마찬가지로 조화함수인 Φ와 Ψ를 각각 실수부 및 허수부로 갖는 해석함수인 '복소 퍼텐셜' $\Omega(z)$를 아래와 같이 정의한다.

$$\Omega(z) = \Phi(x,\, y) + i\Psi(x,\, y) \tag{3.266}$$

그러면 위 식의 양변을 z에 대해 미분하는데, 이 때 함수의 해석성 으로부터 $\dfrac{df}{dz} = \left.\dfrac{\partial f}{\partial x}\right|_y = \left.\dfrac{\partial f}{i\,\partial y}\right|_x$ (식 (3.22)), $\Omega(z)$에 관한 CR 관계식 즉 $\Phi_x = \Psi_y$, $\Phi_y = -\Psi_x$ 및 가정 3의 $\Phi_x = v_x$, Φ_y를 이용한다. 즉

$$\frac{d\Omega}{dz} = \Omega'(z) = \frac{\partial \Phi}{\partial x} + i\frac{\partial \Psi}{\partial x} \left(= \frac{\partial \Psi}{\partial y} - i\frac{\partial \Phi}{\partial y} \right) = \Phi_x - i\Phi_y = v_x - iv_y \tag{3.267}$$

한편 식 (3.267)의 복소 공액인, 실수부와 허수부로서 각 v_x 및 v_y를 갖는 소위 '복소 속도 (complex velocity)' $\hat{v}$를 아래와 같이 정의한다.

$$\hat{v}=v_x+iv_y=\overline{\Omega'(z)},\ 여기서\ |\hat{v}|=\sqrt{v_x^2+v_y^2},\ \arg\hat{v}=\tan^{-1}(v_y/v_x) \tag{3.268}$$

만약 속도의 크기 $|\hat{v}|=|\Omega'(z)|=0$ 인 점을 '정체점(stagnation point)' 이라고 부른다.

한편 $\Phi(x,y)=\alpha$(일정)인 선들은 '등 퍼텐셜 선(equipotential lines)', 그리고 $\Psi(x,y)=\beta$(일정)인 선들은 '유선(stream lines)'이라고 부른다(아래 예제 참조).

예제 3.43

(a) 양의 x축 방향으로 일정 속도 V_0을 갖고 움직이는 유체의 복소 퍼텐셜 $\Omega(z)$를 구하라 (식 (3.266) 및 그림 3.46 참조).

(b) 속도 퍼텐셜 $\Phi(x,y)$ 및 흐름함수 $\Psi(x,y)$를 구하라.

(c) $\Psi=\beta$(일정)인 '유선(stream line)'과 $\Phi=\alpha$(일정)인 '등 퍼텐셜 선(equipotential line)'에 대한 방정식을 구하라.

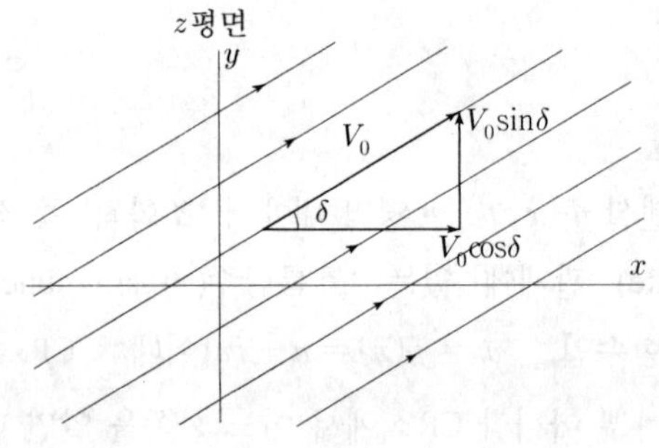

그림 3.46 예제 3.43에 사용된 그림.

풀 이

(a) 그림에서 $v_x(=\dot{x})=V_0\cos\delta$, $v_y(=\dot{y})=V_0\sin\delta$가 된다 따라서 복소 속도 $\hat{v}$는 아래가 된다.

$$\hat{v}=v_x+iv_y=V_0\cos\delta+iV_0\sin\delta=V_0e^{i\delta} \tag{1}$$

그러면 복소 퍼텐셜 $\Omega(z)$는 아래의 관계로부터 구한다(식 (3.268) 참조).

$$\frac{d\Omega}{dz}=\bar{\hat{v}}=V_0e^{-i\delta}\Rightarrow\Omega(z)=V_0e^{-i\delta}z\ (여기서\ 적분상수는\ 생략) \tag{2}$$

(b) 식 (3.266)에서 아래가 성립된다.

$$\Omega(z)=\Phi+i\Psi=V_0e^{-i\delta}z=V_0(x\cos\delta+y\sin\delta)+iV_0(y\cos\delta-x\sin\delta) \tag{3}$$

여기서 아래를 얻는다.

$$\Phi=V_0(x\cos\delta+y\sin\delta),\ \Psi=V_0(y\cos\delta-x\sin\delta) \tag{4}$$

[비고 : CR 미분 관계식 (3.21)로 부터도 구할 수 있다 - 문 3.7 참조]

(c) 유선에 관한 식은 식 (4)에서 $\Psi=V_0(y\cos\delta-x\sin\delta)=\beta$(일정)에서 β값을 바꾸어 구할 수 있다. 물리적으로는 정상상태(즉 $\dfrac{\partial\Psi}{\partial t}=0$)조건에서 유선은 유체입자에 의해 취해진 경로(여기서는 직선)을 나타낸다. 다음에 등 퍼텐셜 선에 관한 식도 식 (4)에서 $\Phi=V_0(x\cos\delta+y\sin\delta)=\alpha$(일정)에서 α값을 바꾸어 구할 수 있다. 기하학적으로는 Ω가 해석함수이므로 유선과 등 퍼텐셜 선은 상호 직교 훼밀리를 형성(문 3.7 참조)한다.

3. 12. 4. 3 생성과 소멸 및 특수 흐름

앞에서는 유체가 나타나는 '생성점(source point)'과 사라지는 '소멸점(sink point)'이 z 평면에는 존재하지 않는다고 가정하였다. 왜냐하면 그와 같은 특이점(singular point)에서는 비압축성 유체의 질량 보존식 따라서 식 (3.265)가 적용되지 않는다. 그리고 그와 같은 점들을 포함하는 폐곡선 C 주위로 순환적분(식 (3.262))도 0이 아닐 수도 있다.

그러나 복소 퍼텐셜 $\Omega(z)$속으로 적당한 특이점을 도입함으로써 생성과 소멸의 특이점들을 배제한 지역에서는 위에서 논의한 식 (3.262)가 적용될 수 있으므로 흐름문제를 다룸에 있어서 큰 어려움은 없다고 하겠다. 그러면 이하에서 생성과 소멸을 포함하는 몇 가지 대표적 특수 흐름을 소개하겠다.

1. 균일흐름(uniform flow) : 그림 3.46에 나타낸 바와 같이 양의 x축과 각도 δ을 이루는 방향으로 일정속도 V_0을 갖고 흐르는 경우에 해당되며, 이때의 복소 퍼텐셜은 아래가 된다(예제 3.43 식 (2) 참조).

$$\Omega(z)=V_0e^{-i\delta}z \tag{3.269}$$

2. $z=a$에서 생성(source) : 만약 유체가 $z=a$로부터 일정속도로 생성되고 있다면(그림 3.47a), 이때의 복소 퍼텐셜은 아래의 형태를 가진다.

$$\Omega(z)=k\ln(z-a) \tag{3.270}$$

여기서 $k>0$을 생성점의 강도(strength)라 부른다. 그림 3.47a에서 유선은 굵은 선으로, 그리고 등 퍼텐셜은 점선으로 나타내었다.

3. $z=a$에서 소멸(sink) : 만약 유체가 $z=a$에서 소멸(흡입)되고 있다면(그림 3.47b), 복소 퍼텐셜 $\Omega(z)$에 관한 식은 생성에 관한 식에서 $k \to -k$(여기서 $k>0$)를 대입함으로써 얻어진다. 즉

$$\Omega(z) = -k \ln(z-a) \tag{3.271}$$

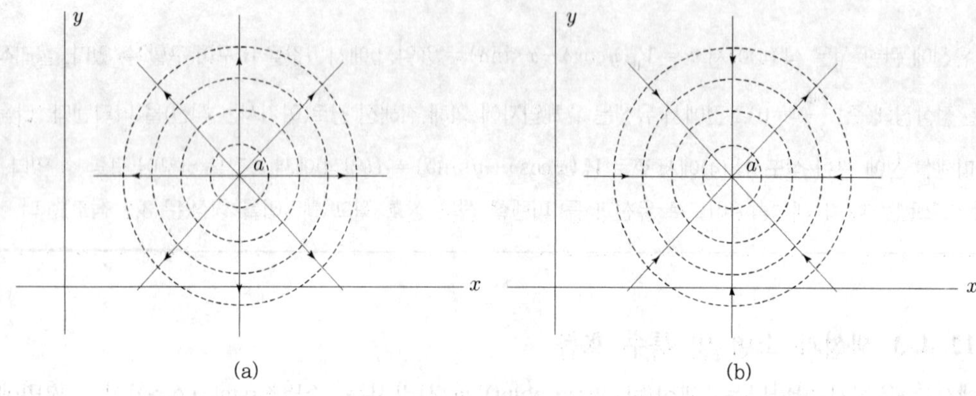

그림 3. 47 (a) 생성 선(source lines); (b)소멸 선(sink lines).

4. 순환(circulation)을 가진 흐름 : 아래의 복소 퍼텐셜을 가진 흐름을 그림 3.48에 나타내었다.

$$\Omega(z) = -ik \ln(z-a) \quad (\text{여기서 } k>0) \tag{3.272}$$

이 경우 임의의 점 z에서 유체의 속도의 크기는 그림 중의 점 a로부터의 거리에 역비례한다.

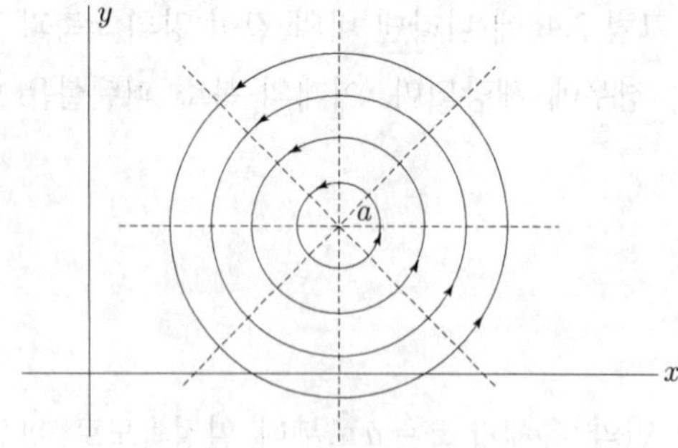

그림 3. 48 순환(circulation)을 가진 흐름.

점 $z=a$를 '소용돌이(점)(vortex)', 그리고 $k(>0)$를 '소용돌이의 강도'라 부른다. $z=a$를 둘

러싸는 어떤 단순 폐곡선 C 주위로의 순환(식 (3.262) 참조)의 크기는 $2\pi k$와 같다. 또한 식 (3.272)에서 k를 $-k$로 바꾸면 시계방향의 소용돌이에 관한 복소 퍼텐셜이 얻어진다.

5. 흐름의 포갬(superposition of flows) : 여러개의 복소 퍼텐셜 $\Omega(z)$를 서로 더함으로써 복잡한 유동패턴을 얻을 수 있다. 한 예로서 $z=-a$에서 성립(source), 그리고 $z=a$에서 같은 강도를 갖는 소멸(sink)에 의한 흐름을 고려함으로써 얻을 수 있는데, 이때의 복소 퍼텐셜은 아래가 된다.

$$\Omega(z)=k\ln(z+a)-k\ln(z-a)=k\ln\left(\frac{z+a}{z-a}\right) \tag{3. 273}$$

여기서 만약 $2ka=\mu$(유한)가 되도록 $a\to 0,\ k\to\infty$를 취하면 위 식은 아래의 극한 형태를 갖는다.

$$\Omega(z)=\frac{\mu}{z} \tag{3. 274}$$

[비고 : 증명은 $\ln\left(\frac{z+a}{z-a}\right)=\ln\left(1+\frac{2a}{z-a}\right)\simeq\frac{2a}{z-a}$ $(\because \ln(1+x)\simeq x-\frac{x^2}{2}\cdots$에서 첫째항만 취함)가 되는데, 식 (3.273)에서 $k=\mu/2a$를 대입하고, $a\to 0$의 극한을 취하면 식 (3.274)가 얻어진다.] 식 (3.274)의 복소 퍼텐셜은 매우 작은 거리로 떨어진 같은 강도의 생성과 소멸의 결합(또는 중첩) 혹은 '쌍극자(dipole)'에 기인한 복소 퍼텐셜에 해당되며, 이때의 양 μ는 '쌍극자 능률(dipole moment)'이라고도 불린다.

예제 3. 44

(a) 복소 퍼텐셜 $\Omega(z)=ik\ln z$(여기서 $k>0$)를 가진 흐름(식 (3.272) 참조)의 운동을 기술하라.

(b) 그리고 문 (a)의 소용돌이 점 $z=0$ 주위로 순환적분(식 (3.262))을 행하면 값 $\gamma=2\pi k$가 됨을 보여라.

풀 이

(a) $z=re^{i\theta}$를 $\Omega(z)$에 대입하면 아래를 얻는다.

$$\Omega(z)=\Phi+i\Psi=ik(\ln r+i\theta)=ik\ln r-k\theta \quad \text{혹은} \quad \Phi=-k\theta,\ \Psi=k\ln r \tag{1}$$

그러면 유선 식은 아래가 된다.

$$\Psi=k\ln r=\text{일정} \quad \text{혹은} \quad r=\text{일정} \tag{2}$$

이들은 그림 3.49에서 $z=0$에 공통중심을 가진 원이 되며, 굵은 선으로 나타내었다. 그리고 등 퍼텐셜 선은 아래가 된다.

$$\Phi = -k\theta = \text{일정} \;\; \text{혹은} \;\; \theta = \text{일정} \tag{3}$$

이들은 그림 3.49에서 빗금친 선으로 나타내었다.

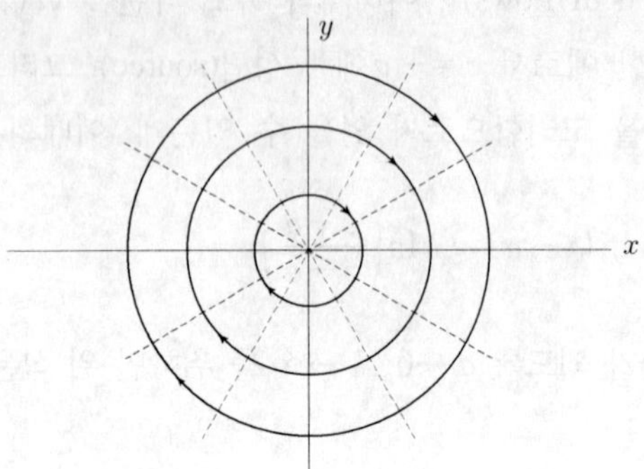

그림 3. 49 예제 3.44에 사용된 그림.

한편 $\Omega(z)$를 z에 대해 미분하면 아래가 성립된다.

$$\Omega'(z) = \frac{ik}{z} = \frac{ik}{r}e^{-i\theta} = \frac{k\sin\theta}{r} + \frac{ik\cos\theta}{r} \tag{4}$$

여기서 복소 속도 $\hat{v}$는 아래가 된다(식 (3.268) 참조).

$$\hat{v} = \overline{\Omega'(z)} = \frac{k\sin\theta}{r} - \frac{ik\cos\theta}{r} \tag{5}$$

그리고 흐름의 방향은 그림에 나타낸 바와 같이 시계방향이 된다.

그리고 속도의 크기 $V = |\hat{v}| = |\Omega'(z)| = k/r$가 된다. 따라서 복소 퍼텐셜이 $\Omega(z) = ik\ln z$로 주어진 경우 유체는 $z=0$ 주위로 소용돌이 운동을 하므로, 이 흐름을 '와류(vortex flow)' 라 부르며, 점 $z=0$은 '소용돌이 (점)(vortex)' 이라 불린다.

(b) 식 (3.262)에 따라 $z=0$ 주위로 순환 적분을 행하면 아래를 얻는다.

$$\gamma = \oint_C v_t\, ds = \oint_C v_x dx + v_y dy = \oint_C -\frac{\partial\Phi}{\partial x}dx - \frac{\partial\Phi}{\partial y}dy = \oint_C -d\Phi$$

$$= \int_0^{2\pi} k\, d\theta = 2\pi k \tag{6}$$

위 식의 세 번째 항등식에서 $v_x = \phi_x$, $v_y = \phi_y$ 대신 모두 마이너스 부호를 붙인 것은 시계방향의 회전을 의미하고, 4번째 항등관계는 편미분의 연쇄율(즉 $d\phi = \phi_x dx + \phi_y dy$)을, 그리고 5번째 항등관계는 식 (3)에서 $d\Phi = -k d\theta$를 이용할 것이다. 따라서 이 결과를 이용하면 복소 퍼텐셜은 $\Omega(z) = \dfrac{i\gamma}{2\pi}\ln z$가 된다.

3. 12. 4. 4 장애물(obstacles) 주위로 흐름

유체흐름에 있어서 중요한 문제 중 하나는 장애물(obstacle)이 존재할 때 초기에 일정속도 V_0를 갖고 움직이는 유체의 유동패턴에 대한 영향을 조사하는 것이다. 이와 같은 문제에 포함된 일반적인 원리는 아래 형태의 복소 퍼텐셜을 설계하는 것이다.

$$\Omega(z) = V_0 z + G(z) \tag{3. 275}$$

여기서 만약 흐름이 z 평면 내에서만 일어난다면, $G(z)$에 대해 $\lim_{|z|\to\infty} G'(z) = 0$이 만족되는데, 이의 물리적 의미는 유체가 장애물에서 멀리 떨어질수록 속도는 일정크기(V_0)를 갖게 된다는 것이다. 더욱이, $\Psi =$일정을 만족하는 유선들 중 한 개가 장애물의 경계를 나타내도록 복소 퍼텐셜 $\Omega(z)$거 선택되어져야 한다.

앞에서 논의된 해석함수에 대한 등각사상(conformal mapping) 함수에 대한 지식은 이와 같은 복소 퍼텐셜을 정할 때 가끔 매우 유용하게 사용된다. 예를 들면, 그림 3.50의 w평면에서 균일흐름에 대응하는 복소 퍼텐셜은 $V_0 w$로 주어진다.

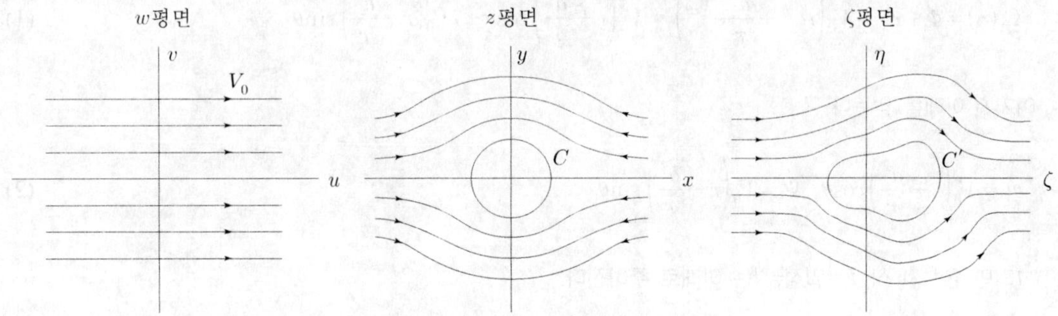

그림 3. 50 장애물(obstacles) 주위의 흐름에 대한 모식도.

이 때 (등각)변환함수 $w = z + a^2/z$를 이용하면, 그림 3.50a의 w의 상반평면은 그림 3.50b의 z평면의 원 C 바깥의 상반평면으로 사상된다. 이 때 그림 3.50b의 흐름에 해당하는 복소 퍼텐셜은 아래의 형태를 가진다.

$$\Omega(z) = V_0\left(z + \frac{a^2}{z}\right) \tag{3. 276}$$

마찬가지로 만약 (변환)함수 $z = F(\zeta)$는 z평면의 경계선 C 및 그의 외부를 ζ평면의 경계 C' 및 그의 외부로 사상시킨다면(그림 3.50c 참조), 그림 3.50c의 흐름에 대한 복소 퍼텐셜은 식 (3.276)

의 z를 $F(\zeta)$로 치환함으로써 얻어진다. 또는 적당한 사상함수를 선택함으로써 w평면에서 ζ평면으로 바로 감으로써 얻을 수도 있다(그림 3.50 참조).

예제 3. 45

임의의 유체의 복소 퍼텐셜이 $\Omega(z) = V_0\left(z + \frac{a^2}{z}\right)$(여기서 V_0 및 a는 양의 상수임)로 기술된다면 아래 물음에 답하라.

(a) 유선(Ψ) 및 등 퍼텐셜(Φ)에 관한 방정식을 얻고, 이를 그래프로 도시하고, 또 물리적으로 해석하여라.

(b) 반경 a의 원통형 장애물 주위의 흐름에 대해서도 논하여라.

(c) 유체 내 임의의 점에서의 속도 및 장애물에서 멀리 떨어져 있을 때의 속도를 계산하라.

(d) 정체점(stagnation)을 구하여라.

풀 이

(a) $z = re^{i\theta}$를 $\Omega(z)$에 대입하여 아래를 얻는다.

$$\Omega(z) = \Phi + i\Psi = V_0\left(re^{i\theta} + \frac{a^2}{r}e^{-i\theta}\right) = V_0\left(r + \frac{a^2}{r}\right)\cos\theta + iV_0\left(r - \frac{a^2}{r}\right)\sin\theta \tag{1}$$

여기서 아래를 얻는다.

$$\Phi = V_0\left(r + \frac{a^2}{r}\right)\cos\theta,\ \Psi = V_0\left(r - \frac{a^2}{r}\right)\sin\theta \tag{2}$$

그러면 유선의 식 Ψ=일정=β는 아래로 주어진다.

$$V_0\left(r - \frac{a^2}{r}\right)\sin\theta = \beta \tag{3}$$

이들은 그림 3.51에서 굵은 선으로 표시되며, 유체입자에 의해 실제 취해진 정도를 나타낸다. 또한 $\Psi = 0$은 $r = a$ 및 $\theta = 0$(혹은 π)에 해당된다.
등 퍼텐셜 선은 Φ=일정=α 즉 아래로 주어진다.

$$V_0\left(r + \frac{a^2}{r}\right)\cos\theta = \alpha \tag{4}$$

이들은 그림에서 빗금친 선으로 나타내져 있으며, 유선과는 상호 직교 훼밀리를 형성함을 알 수 있다(문 3.7 참조).

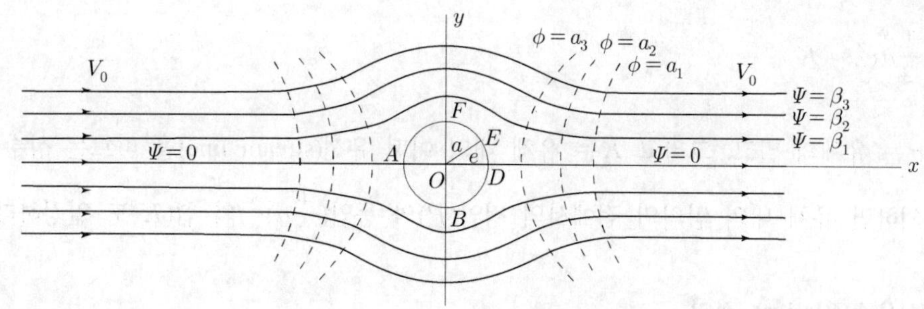

그림 3. 51 예제 3.45에 이용된 그림.

(b) 원 $r=a$는 한 개의 유선을 나타내나, 다른 어떤 흐름도 이 유선을 가로질러 갈 수 없으므로, 이 흐름의 경우 유체의 경로에 놓여진 반경 a의 장애물(obstacle)로 간주된다.

(c) $\Omega(z)$를 z에 대해 미분하면 아래를 얻는다(단 식 (3.22) 참조).

$$\Omega'(z)=V_0\left(1-\frac{a^2}{z^2}\right)=V_0\left(1-\frac{a^2}{r^2}e^{-2i\theta}\right)=V_0\left(1-\frac{a^2}{r^2}\cos 2\theta\right)+i\frac{V_0a^2}{r^2}\sin 2\theta \tag{5}$$

따라서 복소 속도 $\hat{v}$는 아래가 된다(식 (3.268) 참조).

$$\hat{v}=\overline{\Omega'(z)}=V_0\left(1-\frac{a^2}{r^2}\cos 2\theta\right)-i\frac{V_0a^2}{r^2}\sin 2\theta \tag{6}$$

그리고 그 크기는

$$V=|\hat{v}|=\sqrt{\left\{V_0\left(1-\frac{a^2}{r^2}\cos 2\theta\right)\right\}^2+\left\{\frac{V_0a^2}{r^2}\sin 2\theta\right\}^2}=V_0\sqrt{1-\frac{2a^2\cos 2\theta}{r^2}+\frac{a^4}{r^4}} \tag{7}$$

또한 식 (6)에서 $r\to\infty$ 즉 장애물로부터 멀리 떨어질수록 속도가 커져 결국에서 $V=V_0$의 일정 속도를 가지고 x축의 양의 방향으로 움직인다.

(d) 정체점 즉 속도의 크기 $|\hat{v}|=|\Omega'(z)|=0$이 되는 점은 식 (5)에서 $\Omega'(z)=0$되는 $z=\pm a$되는 점이다. 그림 3.51에서 정체점은 A 및 D로 표시되어 있다.

3. 12. 4. 5 베르누이 정리 및 블라시우스 정리

A. 베르누이(Bernoulli) 정리

만약 점 P가 유체 내의 압력을 나타내고, v가 유체의 속도라면 '베르누이 정리(Bernoulli theorem)'는 아래를 기술한다.

$$P+\frac{1}{2}\sigma v^2=K \tag{3. 277}$$

여기서 σ는 유체의 밀고, 그리고 K는 유체 내의 어떤 유선(stream line)을 따르는 상수이다. 이 정리에 의하면 유체 내의 임의의 점에서의 정압(P)와 동압($\frac{1}{2}\sigma v^2$)의 합(K)도 일정하다.

B. 블라시우스(Blasius) 정리

1) 만약 X 및 Y가 단순 폐곡선 C로 둘러싸여진 한 장애물의 표면에 대한 유체 압력으로 인하여 각각 양의 x 및 y방향으로 생기는 순 힘(net forces)을 나타낸다고 하자. 그러면 $\Omega(z)$를 이 흐름에 대한 복소 퍼텐셜이라고 할 때 아래의 관계식이 성립된다.

$$\overline{F}=X-iY=\frac{1}{2}i\sigma\oint_C\left(\frac{d\Omega}{dz}\right)^2 dz \tag{3. 278}$$

2) 만약 M이 유체 내의 장애물에 미치는 압력 힘(pressure force)의 원점 주위로의 모멘트(moment)라면 아래의 관계식이 성립된다.

$$M=\mathrm{Re}\left\{-\frac{1}{2}\sigma\oint_C z\left(\frac{d\Omega}{dz}\right)^2 dz\right\} \tag{3. 279}$$

증 명 1) 그림 3.52에서 미소 면적 요소 ds에 작용하는 (복소)힘 dF는, 방향은 접선방향 ds에 수직이고, 크기는 Pds(여기서 P는 압력)이다. 이 힘을 그림에서처럼 x축과 y축에 평행한 성분으로 분해하면 아래가 된다.

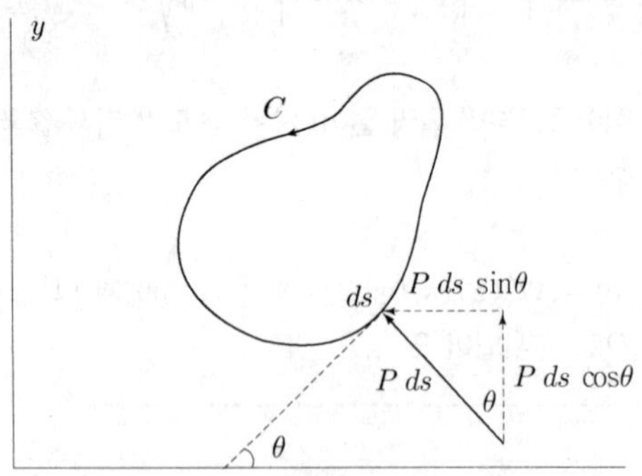

그림 3. 52 Blasius 정리의 증명에 사용된 그림.

$$dF=dX+idY=-Pds\sin\theta+iPds\cos\theta=iPds\,e^{i\theta}=iPdz$$

위 식은 아래의 관계를 이용하였다.

$$dz = d(x+iy) = dx + idy = ds\cos\theta + ids\sin\theta = ds\,e^{i\theta}$$

그런데 그림에서 폐곡선 C는 유체 내의 한 유선(stream line)을 나타내므로, 베르누이 정리(식 (3.277))에 의해 $P + \frac{1}{2}\sigma v^2 = K$ 혹은 $P = K - \frac{1}{2}\sigma v^2$(여기서 v는 유선상의 유체의 속도임)가 된다. 또한 균일 흐름에 대한 복소 퍼텐셜 $\Omega(z)$는 식 (3.269)가 되므로 $\Omega'(z) = ve^{-i\theta}$가 된다. 그러면 폐경로 C 위에서 적분을 행하면 아래를 얻는다.

$$F = X + iY = \oint_C ip\,dz = i\oint_C \left(K - \frac{1}{2}\sigma v^2\right)dz$$

$$= -\frac{1}{2}i\sigma\oint_C v^2 dz = -\frac{1}{2}i\sigma\oint_C v^2 e^{i\theta}ds = -\frac{1}{2}i\sigma\oint_C (v^2 e^{2i\theta})(e^{-i\theta}ds)$$

이로부터 양변에 복소 공액을 취하면 식 (3.278)을 얻어 증명된다.

$$F = X - iY = \frac{1}{2}i\sigma\oint_C (v^2 e^{-2i\theta})(e^{i\theta}ds) = \frac{1}{2}i\sigma\oint_C \left(\frac{d\Omega}{dz}\right)^2 dz \quad \blacksquare$$

2) 지금 반시계방향의 모멘트를 양의 방향으로 잡자. 그러면 그림 3.52의 미소 표면적 ds에 작용하는 힘의 원점에 관한 (미소) 모멘트 dM는 아래가 된다(단 모멘트=힘×거리의 개념을 이용).

$$dM = (P\,ds\sin\theta)y + (P\,ds\cos\theta)x = P(y\,dy + x\,dx)$$

위 식의 마지막 항등관계는 그림에서 $ds\sin\theta = dy$ 및 $ds\cos\theta = dx$를 이용하였다. 그러면 베르누이 정리에서 $P = K - \frac{1}{2}\sigma v^2$을 대입하면 아래를 얻는다.

$$M = \oint_C P(y\,dy + x\,dx) = \oint_C \left(K - \frac{1}{2}\sigma v^2\right)(y\,dy + x\,dx)$$

그러면 $y\,dy + x\,dx$는 완전미방(부록 C.1절 참조)이므로 이의 사이클 적분은 0이 된다. 또한 $x\cos\theta + y\sin\theta$는 복소수 $(x+iy)(\cos\theta - i\sin\theta)$의 실수부분에 해당됨과 드 므와브르 정리를 이용하여 정리하면 최종적으로 아래를 얻어 식 (3.279)가 증명된다.

$$M = \mathrm{Re}\left\{-\frac{1}{2}\sigma\oint_C z\left(\frac{d\Omega}{dz}\right)^2 dz\right\} \text{ (여기서 } \frac{d\Omega}{dz} = ve^{-i\theta}\text{임)} \quad \blacksquare$$

예제 3. 46

양의 x축 방향으로 속도(크기) V_0를 갖고 움직이는 균일 흐름 유체 내에 한 개의 원통형 장애물이 존재할 경우(그림 3.51 참조)의 복소 퍼텐셜 $\Omega(z)$는 아래 식으로 주어진다고 하자(식 (3.276)과 예제 3.44 참조).

$$\Omega(z) = V_0\left(z + \frac{a^2}{z}\right) + \frac{i\gamma}{2\pi}\ln z \tag{1}$$

여기서 V_0는 장애물로부터 멀리 떨어진 곳의 유체의 속도, 그리고 γ는 소용돌이(vortex) 주위의 순환적분 값(예제 3.44의 식 (6) 참조)을 나타낸다. 이때 원통 장애물에 작용하는 순 힘(net force) F(혹은 $\overline{F}$)를 블라시우스 정리(식 (3.278))로부터 구해보아라.

풀 이

식 (1)을 z에 대해 미분하면 아래를 얻는다.

$$\Omega'(z) = V_0\left(1 - \frac{a^2}{z^2}\right) + \frac{i\gamma}{2\pi z} \tag{2}$$

이를 식 (3.278)에 대입하면 아래가 된다.

$$\overline{F} = X - iY = \frac{1}{2}i\sigma\oint_C\left(\frac{d\Omega}{dz}\right)^2 dz = \frac{1}{2}i\sigma\oint_C\left\{V_0\left(1 - \frac{a^2}{dz^2}\right) + \frac{i\gamma}{2\pi z}\right\}^2 dz$$

$$= \frac{1}{2}i\sigma\oint_C\left\{V_0^2\left(1 - \frac{a^2}{dz^2}\right)^2 + \frac{2iV_0\gamma}{2\pi z}\left(1 - \frac{a^2}{z^2}\right) - \frac{\gamma^2}{4\pi^2 z^2}\right\}dz = -\sigma V_0\gamma \tag{3}$$

따라서 $X=0$, $Y=\sigma V_0\gamma$가 되므로, 이 경우 양의 y 방향으로 작용하는 크기 $\sigma V_0\gamma$인 순 힘만이 존재한다. 만약 원통이 수평이고, 흐름이 수직면에서 일어난다면, 이 힘은 원통에 대한 '양력(lift)' 이라고 부른다.

이 외에도 (복소)등각사상의 물리적 응용은 정전기학(electrostatics)이나 열 흐름(heat flow) 등을 비롯하여 응용범위가 다양하다고 하겠으나 지면관계상 여기서 마치기로 한다.

연습문제

3.1 다음 (복소)무한급수의 수렴성을 비판정법(ratio test - 식 (3.53) 참조)으로 조사하라.

(a) $\sum_{n=1}^{\infty} \frac{z^n}{n^2 2^n}$, (b) $\sum_{n=1}^{\infty} \frac{(-1)^{n-1} z^{2n-1}}{(2n-1)!}$, (c) $\sum_{n=1}^{\infty} \frac{(z-i)^n}{3^n}$

풀이

(a) n번째 항을 $u_n = \frac{z^n}{n^2 2^n}$ 이라고 하면 아래가 성립된다.

$$\lim_{n\to\infty}\left|\frac{u_n+1}{u_n}\right| = \lim_{n\to\infty}\left|\frac{z^{n+1}}{(n+1)^2 2^{n+1}} \cdot \frac{n^2 2^n}{z^n}\right| = \frac{|z|}{2}$$

그러면 비판정법에 의해 만약 $|z| < 2$이면 수렴, 또 $|z| > 2$이면 발산한다. 그리고 $|z| = 2$의 경우는 모호하다. 그러나, 절대값의 급수 $\sum_{n=1}^{\infty}\left|\frac{z^n}{n^2 2^n}\right| = \sum_{n=1}^{\infty}\frac{|z|^n}{n^2 2^n}$는 $z = 2$에서 $\sum_{n=1}^{\infty}\frac{1}{n^2}(=\zeta(2)) = \pi^2/6$(여기서 ζ는 zeta 함수 - 3.9.1절 참조).가 되므로 이 급수는 $|z| \le 2$에서 (절대)수렴한다.

(b) $\sum_{n=1}^{\infty}\frac{(-1)^{n-1} z^{2n-1}}{(2n-1)!} = z - \frac{z^3}{3!} + \frac{z^5}{5!} - \cdots$가 되므로 비판정법은 아래가 된다.

$$\lim_{n\to\infty}\left|\frac{u_{n+1}}{u_n}\right| = \lim_{n\to\infty}\left|\frac{(-1)^n z^{2n+1}}{(2n+1)!} \cdot \frac{(2n-1)!}{(-1)^{n-1} z^{2n-1}}\right| = \lim_{n\to\infty}\left|\frac{-z^2}{2n(2n+1)}\right| = 0$$

따라서 이 급수는 모든 z에서 수렴한다(사실 이 급수는 $\sin z$에 해당한다).

(c) 비판정법은 $\lim_{n\to\infty}\left|\frac{u_{n+1}}{u_n}\right| = \lim_{n\to\infty}\left|\frac{(z-i)^{n+1}}{3^{n+1}} \cdot \frac{3^n}{(z-1)^n}\right| = \frac{|z-i|}{2}$가 되므로, 만약 $|z-i| < 3$이면 급수는 수렴, $|z-i| > 3$이면 발산한다. 그리고 만약 $|z-i| = 3$이면 $z - i = 3e^{i\theta}$가 되어, 이를 문제의 식 (c)에 대입하면 급수는 $\sum_{n=1}^{\infty} e^{in\theta}$가 된다. 그런데 이는 $n\to\infty$일 때 n번째 항 $u_n = e^{in\theta}$가 0에 접근하지 않으므로 이 급수는 발산한다(3.1.6절 참조). 따라서 이 급수는 반경이 $|z-i| = 3$인 원 내부의 점에 대해서만 수렴하고, 경계에서는 발산한다.

3. 2 다음의 극한값을 로피탈의 정리(식 (A.14))에 의해 구하여라.

(a) $\lim\limits_{z\to 0}\dfrac{1-\cos z}{z^2}$, (b) $\lim\limits_{z\to 0}\dfrac{1-\cos z}{\sin z^2}$, (c) $(\cos z)^{1/z^2}$

풀이

(a) $f(z)=1-\cos z,\ g(z)=z^2$로 두면, $f(0)=g(0)=0$이 되어, $z=0$에서 둘 다 해석함수이다. 따라서 로피탈의 정리를 적용하면 아래를 얻는다.

$$\lim_{z\to 0}\frac{1-\cos z}{z^2}=\lim_{z\to 0}\frac{\sin z}{2z}$$

그런데 $f_1(z)=\sin z,\ g_1(z)=2z$로 두면 $z=0$에서 같이 0이 되어, 역시 둘 다 해석함수이다. 따라서 로피탈의 정리를 한번 더 적용하면

$$\lim_{z\to 0}\frac{\sin z}{2z}=\lim_{z\to 0}\frac{\cos z}{2}=\frac{1}{2}$$

(b) 문 (a)의 경우처럼 로피탈의 정리를 반복적용하면 아래를 얻는다.

$$\lim_{z\to 0}\frac{1-\cos z}{\sin z^2}=\lim_{z\to 0}\frac{\sin z}{2z\cos z^2}=\lim_{z\to 0}\frac{\cos z}{2\cos z^2-4z^2\sin z^2}=\frac{1}{2}$$

(c) 여기서 $w=(\cos z)^{1/z^2}$로 두면, $\ln w=\dfrac{\ln\cos z}{z^2}$가 되므로, w 대신 우선 $\ln w$의 극한값을 로피탈의 정리에 의해 구한다. 즉

$$\lim_{z\to 0}\ln w=\lim_{z\to 0}\frac{\ln\cos z}{z^2}=\lim_{z\to o}\frac{(-\sin z)/\cos z}{2z}=\lim_{z\to 0}\left(\frac{\sin z}{z}\right)\left(-\frac{1}{2\cos z}\right)=(1)\left(-\frac{1}{2}\right)=-\frac{1}{2}$$

그런데 대수함수는 연속함수이므로 아래가 성립된다.

$$\lim_{z\to 0}\ln w=\ln\left(\lim_{z\to o}w\right)=-\frac{1}{2}$$

즉 $\lim\limits_{z\to 0}w=e^{-1/2}$가 되어, 이것이 요구하는 값이다. 그런데 $\lim\limits_{z\to o}\cos z=1$ 및 $\lim\limits_{z\to 0}1/z^2=\infty$가 되므로, 요구되는 극한값은 1^{∞}의 부정형태(indeterminate form)를 가짐에 유의해야 한다.

3.3 다음 함수 $w=f(z)$를 $u(x, y)+iv(x, y)$(단 u 및 v는 실수)의 형태로 나타내어라.

(a) z^3, (b) $1/(1-z)$, (c) e^{3z} (d) $\ln z$

풀이

(a) $w=z^3=(x+iy)^3=x^3+3x^2(iy)+3x(iy)^2+(iy)^3=x^3+3ix^2y-3xy^2-iy^2$

$=x^3-3xy^2+i(3x^2y-y^3)$

따라서 $u(x,y)=x^3-3xy^2,\ v(x,y)=3x^2y-y^3$

(b) $w=\dfrac{1}{1-z}=\dfrac{1}{1-(x+iy)}=\dfrac{1}{1-x-iy}\cdot\dfrac{1-x+iy}{1-x+iy}=\dfrac{1-x+iy}{(1-x)^2+y^2}$

따라서 $u(x,y)=\dfrac{1-x}{(1-x)^2+y^2},\ v(x,y)=\dfrac{y}{(1-x)^2+y^2}$

(c) $e^{3z}=e^{3(x+iy)}=e^{3x}e^{3iy}=e^{3x}(\cos 3y+i\sin 3y)$ 및 $u=e^{3x}\cos 3y,\ v=e^{3x}\sin 3y$

(d) $\ln z=\ln(\rho e^{i\phi})=\ln\rho+i\phi=\ln\sqrt{x^2+y^2}+i\tan^{-1}y/x$
따라서 $u=\dfrac{1}{2}\ln(x^2+y^2),\ v=\tan^{-1}y/x$

한편 함수 $\ln z=\ln(re^{i\theta})=\ln r+i\theta$에서 θ가 2π의 정수배만큼 증가됨에 따라 같은 z값에서 무수히 많은 함수값이 존재하므로 $\ln z$는 (무한)다가함수이다. 따라서 $\ln z$를 1:1 대응 일가해석함수로 만들기 위해서는 $0\le\theta<2\pi$로 한정시키고, 이때의 함수 값을 '주치(principal value)'라 부르며, 이 각도의 범위를 $\ln z$의 '주 분지(principal branch)'라 한다(3.1.4절 참조).

3.4 (a) 함수 $w=f(z)=\bar{z}$가 모든 곳에서 '비해석적(non-analytical)'임을 미분을 통하여 증명하라.
(b) 함수 $w=f(z)=\dfrac{1+z}{1-z}$가 비해석적이 되는 점을 미분을 통하여 구하라.

풀이

(a) 만약 f가 해석적이 되기 위해서는 도함수의 정의식 $\dfrac{d}{dz}f(z)=\lim\limits_{\Delta z\to 0}\dfrac{f(z+\Delta z)-f(z)}{\Delta z}$에 있어서 극한값이 $\Delta z=\Delta x+i\Delta y$가 0에 접근하는 방식에 무관해야 하므로, $\bar{z}$에 대한 아래의 미분 정의식을 생각해보자.

$$\frac{d}{dz}\bar{z}=\lim_{\Delta z\to 0}\frac{\overline{z+\Delta z}-\bar{z}}{\Delta z}=\lim_{\substack{\Delta x\to 0\\ \Delta y\to 0}}\frac{\overline{x+iy+\Delta x+i\Delta y}-\overline{x+iy}}{\Delta x+i\Delta y}$$

$$=\lim_{\substack{\Delta x\to 0\\ \Delta y\to 0}}\frac{x-iy-\Delta x+i\Delta y-(x-iy)}{\Delta x+i\Delta y}=\lim_{\substack{\Delta x\to 0\\ \Delta y\to 0}}\frac{\Delta x-i\Delta y}{\Delta x+i\Delta y}$$

여기서 만약 $\Delta y=0$을 두면 $\lim_{\Delta x\to 0}\frac{\Delta x}{\Delta x}=1$의 극한값을 가진다.

반면에 만약 $\Delta x=0$을 두면 $\lim_{\Delta y\to 0}\frac{-i\Delta y}{i\Delta y}=-1$의 극한값을 가진다.

따라서 이들 두 극한값이 다르므로 함수 $w=\bar{z}$는 모든 곳에서 비해석적이 된다.

(b) w의 도함수를 취하면 아래를 얻는다.

$$\frac{dw}{dz}=\lim_{\Delta z\to 0}\frac{\dfrac{1+(z+\Delta z)}{1-(z+\Delta z)}-\dfrac{1+z}{1-z}}{\Delta z}=\lim_{\Delta\to 0}\frac{2}{(1-z-\Delta z)(1-z)}=\frac{2}{(1-z)^2}\quad (\text{단 } z\neq 1 \text{ 가정})$$

따라서 이 함수는 $z\neq 1$를 제외한 모든 점에서는 도함수가 $\Delta z\to 0$이 되는 양식에 무관하므로 해석적이 되며, 단 $z=1$에서는 비해석적이 된다. w의 도함수를 얻는 또 다른 방법으로서는 아래와 같이 z에 대해 직접 미분한다.

$$\frac{d}{dz}\left(\frac{1+z}{1-z}\right)=\frac{(1-z)\dfrac{d}{dz}(1+z)-(1+z)\dfrac{d}{dz}(1-z)}{(1-z)^2}=\frac{(1-z)(1)-(1+z)(-1)}{(1-z)^2}=\frac{2}{(1-z)^2}$$

마찬가지로 $z=1$에서 비해석적이 됨을 알 수 있다.

3. 5 3.2.6절에 소개한 '복소미분 연산자' $\nabla\equiv\frac{\partial}{\partial x}+i\frac{\partial}{\partial y}=2\frac{\partial}{\partial \bar{z}}$ 및 $\overline{\nabla}\equiv\frac{\partial}{\partial x}-i\frac{\partial}{\partial y}=2\frac{\partial}{\partial z}$의 개념을 이용하여 아래의 편미분 방정식의 해를 구하여라.

$$\nabla^2 U=\frac{\partial^2 U}{\partial x^2}+\frac{\partial^2 U}{\partial y^2}=x^2-y^2 \tag{1}$$

단 $\nabla^2\equiv \mathrm{Re}\{\nabla\overline{\nabla}\}=4\frac{\partial^2}{\partial z\,\partial\bar{z}}$ (식 (3.30))을 사용하여라.

풀이

$z = x + iy$, $\bar{z} = x - iy$로 두면, $x = \dfrac{z+\bar{z}}{2}$, $y = \dfrac{z-\bar{z}}{2i}$가 된다. 그러면 아래가 성립된다.

$$x^2 - y^2 = \frac{1}{2}(z^2 + \bar{z}^2) \quad \text{및} \quad \frac{\partial^2 U}{\partial x^2} + \frac{\partial^2 U}{\partial y^2} = \nabla^2 U = 4\frac{\partial^2 U}{\partial z \partial \bar{z}}$$

따라서 편미분 방정식 (1)은 $4\dfrac{\partial^2 U}{\partial z \partial \bar{z}} = \dfrac{1}{2}(z^2 + \bar{z}^2)$가 된다. 또는

$$\frac{\partial}{\partial z}\left(\frac{\partial U}{\partial \bar{z}}\right) = \frac{1}{8}(z^2 + \bar{z}^2) \tag{2}$$

여기서 식 (2)를 z에 관해 적분(단 $\bar{z}$는 상수 간주)하면,

$$\frac{\partial U}{\partial \bar{z}} = \frac{z^3}{24} + \frac{z\bar{z}^2}{8} + F_1(\bar{z})$$

여기서 $F_1(\bar{z})$는 $\bar{z}$의 임의의 함수이다. 이번에는 식 (2)를 $\bar{z}$에 대해 적분(단 z는 상수 간주)하면

$$U = \frac{z^3\bar{z}}{24} + \frac{z\bar{z}^3}{24} + F(\bar{z}) + G(z)$$

여기서 $F(\bar{z})$는 $F_1(\bar{z})$를 적분하여 얻어진 함수이고, $G(z)$는 z의 임의의 함수이다. 위 식에서 z 및 $\bar{z}$를 각각 $x+iy$ 및 $x-iy$로 치환하면 요구되는 해를 아래와 같이 얻는다.

$$U = \frac{1}{12}(x^4 - y^4) + F(x - iy) + G(x + iy)$$

3. 6 유체역학에서 해석함수 $f(z) = \phi + i\psi$[여기서 ϕ 및 ψ는 각각 속도퍼텐셜 및 흐름함수임 - 식 (3.266) 참조]에서 $\phi = x^2 + 4x - y^2 + 2y$일 때 (a) ψ 및 (b) f를 구하라.

풀이

(a) Cauchy-Riemann(CR) 미분관계식 (3.21)에서 $\phi_x = \psi_y$, $\psi_x = -\phi_y$이므로 아래가 성립된다.

(1) $\dfrac{\partial \psi}{\partial y} = 2x + 4$ (2) $\dfrac{\partial \psi}{\partial x} = 2y - 2$

여기서 식 (1)을 적분하면, $\psi = 2xy + 4y + F(x)$, 식 (2)를 적분하면, $\psi = 2xy - 2x + G(y)$

이때 $F(x) = -2x + c$, $G(y) = 4y + c$(여기서 c는 실상수)가 되면, 위 두 식은 같게 되므로

$$\psi = 2xy + 4y - 2x + c$$

(b) (a)로부터 $f(z) = \phi + i\psi = x^2 + 4x - y^2 + 2y + i(2xy + 4y - 2x + c)$

$$= (x^2 - y^2 + 2ixy) + 4(x + iy) - 2i(x + iy) + ic = z^2 + 4z - 2iz + c_1$$

여기서 c_1은 순허수 상수이다.

[별해 : $\phi(x, y)$와 $\psi(x, y)$의 x 및 y에 각각 $x = \dfrac{z + \bar{z}}{2}$, $y = \dfrac{z - \bar{z}}{2}$를 대입하여 정리해도 같은 결과를 얻는다.]

3. 7 (a) (실수)함수 $u = e^{-x}(x\sin y - y\cos y)$가 조화함수(즉 $\nabla^2 u = 0$)임을 증명하라.

(b) $f(z) = u + iv$가 해석함수(즉 Cauchy-Riemann 관계식 성립됨)가 되도록 u의 (실)공액(conjugate)인 v를 구하라.

(c) 문 (a) 및 문 (b)의 결과로부터 f를 z의 함수로 나타내어라.

(d) 2차원 Cartesian xy평면에서 $u(x, y) = \alpha$(여기서 α는 임의의 실수)로 정의된 곡선들의 훼밀리(family)와 $v(x, y) = \beta$(여기서도 β는 임의의 실수)로 정의된 곡선의 훼밀리와는 상호 '직교궤적(orthogonal trajectory)'을 형성함을 보여라. 단 u및 v는 문 (a)와 (b)의 함수이다.

풀이

(a) 문제의 함수 $u(x, y)$를 x 및 y에 대해 1계 및 2계 편미분을 행하면 아래를 얻는다.

$$\frac{\partial u}{\partial x} = (e^{-x})(\sin y) + (-e^{-x})(x\sin y - y\cos y) = e^{-x}\sin y - xe^{-x}\sin y + ye^{-x}\cos y$$

$$\frac{\partial^2 u}{\partial x^2} = \frac{\partial}{\partial x}(e^{-x}\sin y - xe^{-x}\sin y + ye^{-x}\cos y) = -2e^{-x}\sin y + xe^{-x}\sin y - ye^{-x}\cos y \qquad (1)$$

$$\frac{\partial u}{\partial y} = e^{-x}(x\cos y + y\sin y - \cos y) = xe^{-x}\cos y + ye^{-x}\sin y - e^{-x}\cos y$$

$$\frac{\partial^2 u}{\partial y^2} = \frac{\partial}{\partial y}(xe^{-x}\cos y + ye^{-x}\sin y - e^{-x}\cos y) = -xe^{-x}\sin y + 2e^{-x}\sin y + ye^{-x}\cos y \qquad (2)$$

식 (1)과 (2)를 더하면 $\dfrac{\partial^2 u}{\partial x^2} + \dfrac{\partial^2 u}{\partial y^2} = \nabla^2 u = 0$가 되므로 u는 조화함수이다.

(b) CR 관계식 (3.21)에서 아래를 얻는다.

$$\frac{\partial v}{\partial y} = \frac{\partial u}{\partial x} = e^{-x}\sin y - xe^{-x}\sin y + ye^{-x}\cos y \tag{3}$$

$$\frac{\partial v}{\partial x} = -\frac{\partial u}{\partial y} = e^{-x}\cos y - xe^{-x}\cos y - ye^{-x}\sin y \tag{4}$$

식 (3)을 x를 일정하게 유지하면서 y에 대해 적분하면 아래를 얻는다.

$$\begin{aligned} v &= -e^{-x}\cos y + xe^{-x}\cos y + e^{-x}(y\sin y + \cos y) + F(x) \\ &= ye^{-x}\sin y + xe^{-x}\cos y + F(x) \end{aligned} \tag{5}$$

여기서 식 (5)를 식 (4)에 대입하면 아래를 얻는다.

$$-ye^{-x}\sin y - xe^{-x}\cos y + e^{-x}\cos y + F'(x) = e^{-x}\cos y - xe^{-x}\cos y - ye^{-x}\sin y$$

따라서 $F'(x) = 0$ 혹은 $F(x) = c$가 된다. 이를 식 (5)에 대입하면 $v(x, y)$는 아래의 형태를 갖는다.

$$v = e^{-x}(y\sin y + x\cos y) + c \tag{6}$$

별 해

식 (3.22)에서

$$f'(z) = \frac{\partial}{\partial x}f = u_x + iv_x = u_x - iv_y \quad (\because \text{CR 식 (3.21)에 의해}) \tag{7}$$

그런데 $u_x = \frac{\partial u}{\partial x} = u_1(x, y)$, 그리고 $u_y = \frac{\partial u}{\partial y} = u_2(x, y)$로 두면 식 (7)은 아래가 된다.

$$f'(z) = f'(x + iy) = u_1(x, y) - iu_2(x, y) \tag{8}$$

여기서 $y = 0$을 두면 $f'(x) = u_1(x, 0) - iu_2(x, 0)$이 되는데, 다시 x를 z로 두면 아래가 성립된다.

$$f'(z) = u_1(z, 0) - iu_2(z, 0) \tag{9}$$

그런데 문 (a)에서 아래를 얻는다.

$$u_1(x, y) = \frac{\partial u}{\partial x} = e^{-x}\sin y - xe^{-x}\sin y + ye^{-x}\cos y \tag{10}$$

$$u_2(x, y) = \frac{\partial u}{\partial y} = xe^{-x}\cos y + ye^{-x}\sin y - e^{-x}\cos y \tag{11}$$

그러면 식 (10)과 (11)에서 $x=z$, $y=0$을 두고 이를 식 (9)의 우변에 대입하면 아래를 얻는다.

$$f'(z)=0-i(ze^{-z}-e^{-z})=-i(ze^{-z}-e^{-z}) \tag{12}$$

여기서 식 (12)를 z에 대해 적분(상수는 별도로 하고)을 행하면 아래를 얻는다.

$$f(z)=ize^{-z} \tag{13}$$

[비고 : $-e^{-z}$의 (부정)적분은 e^{-z}, ze^{-z}의 적분은 부분적분을 통하여 $-ze^{-z}-e^{-z}$가 됨을 이용하여 $f(z)$를 구하면 된다.]

그러면 식 (13)에 $z=x+iy$를 대입하고, 또 $e^{-iy}=\cos y-i\sin y$를 이용하여 $f(z)=u+iv$의 형태로 두면 요구되는 u 및 v가 얻어진다.

(c) 문 (b)의 별해에 기술한 바와 같이,

$$f(z)=f(x+iy)=u(x,y)+iv(x,y) \tag{14}$$

여기서 $y=0$을 두면,

$$f(x)=u(x,0)+iv(x,0) \tag{15}$$

다음에는 x를 z로 치환하면 아래를 얻는다.

$$f(z)=u(z,0)+iv(z,0) \tag{16}$$

여기서 문 (a)의 $u(x,y)$ 및 문 (b)에서 얻어진 $v(x,y)$의 x를 z, y를 0으로 치환하여 $u(z,0)$ 및 $v(z,0)$을 구하면 $u(z,0)=0$, $v(z,0)=ze^{-z}$가 되는데 이를 식 (16)의 우변에 대입하면 아래의 결과 (13)을 얻는다.

$$f(z)=ize^{-z} \tag{13}$$

또 다른 방법으로서는 $z=x+iy$, $\bar{z}=x-iy$에서 $x=(z+\bar{z})/2$, $y=(z-\bar{z})/2i$가 되므로, 이를 문 (a)의 $u(x,y)$ 및 문 (b)에서 얻어진 $v(x,y)$의 x 및 y에 대입하여 z의 함수로 정리(이 때 $\bar{z}$항은 없어짐)해도 같은 결과를 얻을 수 있다.

(d) 위 문제에서 얻어진 서로 공액인 (실)함수 u와 v는 물론, 임의의 해석함수 $f(z)$의 실수 및 허수를 형성, 즉 $f(z)=u(x,y)+iv(x,y)$에서의 u 및 v는 상호 직교 훼밀리가 됨을 보이면 아래와 같다. 즉 $u(x,y)=\alpha_1$ 그리고 $v(x,y)=\beta_1$(단 α_1 및 β_1은 특수 실정수로서 아래 그림 참조)가 되는 두 곡선의 훼밀리를 생각해보자.

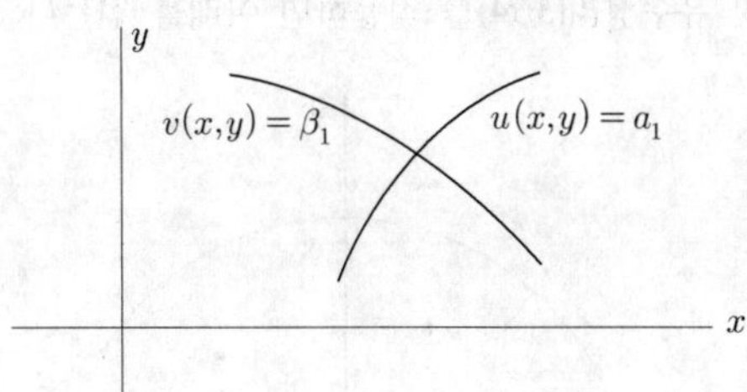

곡선 훼밀리 $u(x,y)=c_1$을 x에 대해 편미분의 연쇄율(C.2절 참조)을 이용하여 미분하면 아래를 얻는다.

$$\frac{\partial u}{\partial x}=\frac{\partial u}{\partial x}+\frac{\partial u}{\partial y}\frac{\partial y}{\partial x}=0 \tag{17}$$

그러면 곡선 $u(x,y)=\alpha_1$의 점 (x,y)에서의 기울기는 아래가 된다.

$$\frac{\partial y}{\partial x}=-\frac{\partial u}{\partial x}/\frac{\partial u}{\partial y} \tag{18}$$

마찬가지 방법으로 곡선 훼밀리 $v(x,y)=\beta_1$의 점 (x,y)에서의 기울기를 구하면 아래가 된다.

$$\frac{\partial y}{\partial x}=-\frac{\partial v}{\partial x}/\frac{\partial v}{\partial y} \tag{19}$$

따라서 이들 두 기울기의 곱은 CR식 (3.21)을 이용하여 아래가 된다.

$$\frac{\partial u}{\partial x}\frac{\partial v}{\partial x}/\frac{\partial u}{\partial y}\frac{\partial v}{\partial y}=-\frac{\partial v}{\partial y}\frac{\partial u}{\partial y}/\frac{\partial u}{\partial y}\frac{\partial v}{\partial y}=-1 \tag{20}$$

그런데 두 직선의 (교차점에서) 기울기의 곱이 -1이됨은 서로 직교인 관계로부터 두 곡선 훼밀리 $u(x,y)=\alpha_1$과 $v(x,y)=\beta_1$의 교점에서의 두 접선은 상호 수직 즉 '직교궤적(orthogonal trajectory)'을 형성함이 증명된다.

3.8 아래 적분에 대한 Cauchy 주값(식 (3.81) 참조)을 구하라.

$$\int_{-\infty}^{\infty}\frac{\cos mx}{x-a}dx \text{ (여기서 실수 } m>0) \tag{1}$$

풀이

위 피적분함수에 대응하는 복소변수 z의 함수 $(z-a)^{-1}\exp(imz)$를 생각하자. 이때 함수는 $z=a$에서만 한 개의 단순극점을 가지므로 상반 z 평면에서는 극점이 없으며(즉 해석적이 됨), 또한 $|z|\to\infty$일 때 $|(z-a)^{-1}|\to 0$이 됨을 알 수 있다. 이제 아래 그림에 나타낸 (폐)경로(contour) C를 택하여 경로적분을

행하고, 코시정리(3.41) 및 유수정리(3.74)를 적용하면 아래를 얻는다.

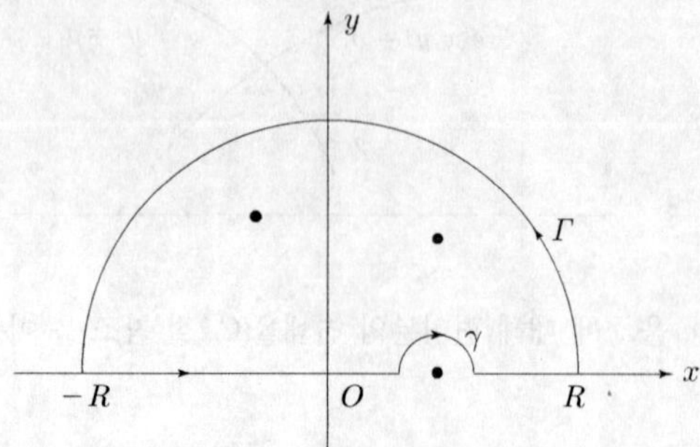

그림. 문 3.8의 경로적분에 이용된 (폐)경로.

$$\int_{-R}^{a-\rho} + \int_{\gamma} + \int_{a+\rho}^{R} + \int_{\Gamma} = 0 \tag{2}$$

이때 $\rho \to 0$ 및 $R \to \infty$를 취하면, Jordan의 부정리(식 (3.93) 혹은 (3.107))에 의하여 $\int_{\Gamma} = 0$가 되므로, 식 (3.81)의 Cauchy 주치 기호(P)를 이용하여 식 (2)는 아래와 같이 나타내진다.

$$P\int_{-\infty}^{\infty} \frac{e^{imx}}{x-a} dx - i\pi a_{-1} = 0 \tag{3}$$

단 위 식에서 시계방향의 반소원 γ 상의 적분은 식 (3.75b)에 의해 $-i\pi a_{-1}$를 이용하였다. 그런데 a_{-1}은 특이(극)점 $z=a$에서의 $(z-a)^{-1}\exp(imz)$의 유수(즉 $a_{-1} = \mathrm{Res}\, a$)이므로, 식 (3.73)에 의하여 $\exp(ima)$가 된다. 이를 식 (3)에 대입하고, 드 므와브르 공식(식 (A.5))을 이용하여 실수부와 허수부로 나누면 (요구되는) 아래가 얻어진다.

$$P\int_{-\infty}^{\infty} \frac{\cos mx}{x-a} dx = -\pi \sin ma, \qquad P\int_{-\infty}^{\infty} \frac{\sin mx}{x-a} dx = \pi \cos ma \tag{4}$$

3. 9 아래의 정적분을 행하여라.

$$\int_0^{2\pi} \cos^{2n}\theta d\theta = \frac{1 \cdot 3 \cdot 5 \cdots (2n-1)}{2 \cdot 4 \cdot 6 \cdots (2n)} 2\pi \ (\text{여기서} \ \ n = 1,\, 2,\, 3,\, \cdots)$$

풀이

여기서 $z=e^{i\theta}$로 두면 $dz=ie^{i\theta}d\theta=izd\theta$ 혹은 $d\theta=dz/iz$ 및 $\cos\theta=\frac{1}{2}(e^{i\theta}+e^{-i\theta})=\frac{1}{2}(z+1/z)$가 성립된다. 여기서 폐경로 C가 $|z|=1$인 단위원이라면 아래가 얻어진다.

$$\int_0^{2\pi}\cos^{2n}d\theta=\oint_C\left\{\frac{1}{2}\left(z+\frac{1}{z}\right)\right\}^{2n}\frac{dz}{iz}$$

$$=\frac{1}{2^{2n}i}\oint_C\frac{1}{z}\left\{z^{2n}+\binom{2n}{1}(z^{2n-1})\left(\frac{1}{z}\right)+\cdots+\binom{2n}{k}(z^{2n-k})\left(\frac{1}{z}\right)^k+\cdots+\left(\frac{1}{z}\right)^{2n}\right\}dz$$

$$=\frac{1}{2^{2n}i}\oint_C\left\{z^{2n-1}+\binom{2n}{1}z^{2n-3}+\cdots+\binom{2n}{k}z^{2n-2k-1}+\cdots+z^{-2n}\right\}dz$$

$$=\frac{1}{2^{2n}i}\cdot 2\pi i\binom{2n}{n}=\frac{1}{2^{2n}}\binom{2n}{n}2\pi$$

$$=\frac{1}{2^{2n}}\frac{(2n)!}{n!n!}2\pi=\frac{(2n)(2n-1)(2n-2)\cdots(n)(n-1)\cdots 1}{2^{2n}n!n!}2\pi$$

$$=\frac{1\cdot 3\cdot 5\cdots(2n-1)}{2\cdot 4\cdot 6\cdots 2n}2\pi$$

단 위 식에서 한 사이클(즉 폐경로)적분은 $\theta=0\sim 2\pi$와 같으며, 또한 $(z+1/z)^{2n}=\sum_{k=0}^{2n}\binom{2n}{k}(z^{2n-k})\left(\frac{1}{z}\right)^k$의 이항정리를 이용하였다.

3. 10 아래 그림에 나타낸 폐경로 C를 사용하여 감마(gamma) 함수 $\Gamma(z)$에 관하여 경로 내의 모든 z에 대해 아래 식이 성립됨을 증명하라.

$$\Gamma(z)=\frac{1}{e^{2\pi iz}-1}\oint_C t^{z-1}e^{-t}dt$$

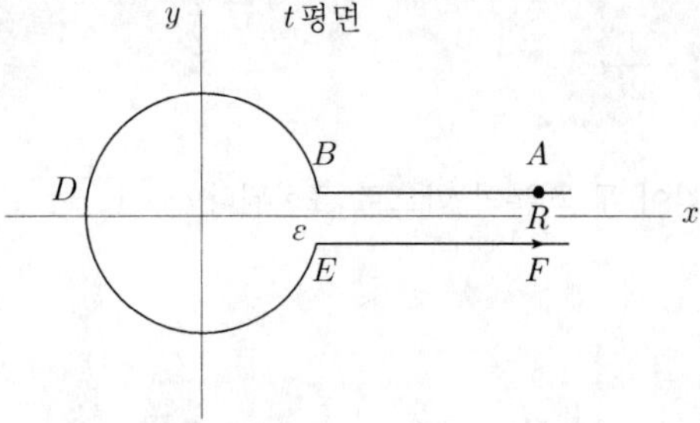

그림. 문 3.10에 이용된 그림.

풀이

그림에서 직선 AB상에서 $t=x$, 호 BDE 상에서 $t=\varepsilon e^{i\theta}$, 그리고 직선 EF상에서 $t=xe^{2\pi i}$가 됨을 알 수 있다. 그러면 이들 관계를 이용하여 경로적분은 아래와 같이 3 부분으로 나누어진다.

$$\int_{ABDEF} t^{z-1}e^{-t}dt = \int_R^\varepsilon x^{z-1}e^{-x}dx + \int_0^{2\pi}(\varepsilon e^{i\theta})^{z-1}e^{-\varepsilon e^{i\theta}}i\varepsilon e^{i\theta}d\theta + \int_\varepsilon^R x^{z-1}e^{2\pi i(z-1)}e^{-x}dx$$

$$= (e^{2\pi iz}-1)\int_\varepsilon^R x^{z-1}e^{-x}dx + i\int_0^{2\pi}\varepsilon^z e^{i\theta z}e^{-\varepsilon e^{i\theta}}d\theta$$

여기서 만약 $\mathrm{Re}\{z\}>0$이라고 가정하고, $\varepsilon\to 0$ 및 $R\to\infty$의 극한을 취하면 아래를 얻는다.

$$\oint_C t^{z-1}e^{-t}dt = (e^{2\pi iz}-1)\int_0^\infty x^{z-1}e^{-x}dx = (e^{2\pi iz}-1)\Gamma(z)$$

여기서 양변에 있는 함수들은 영역 내의 모든 z에 대해 아래가 성립되어 증명된다.

$$\Gamma(z) = \frac{1}{e^{2\pi iz}-1}\oint_C t^{z-1}e^{-t}dt$$

3. 11 다음을 양자역학적 산란(quantum mechanical scattering)에 관련된 함수이다. 복소 경로 적분에 의해 이 값을 평가하여라.

$$I(\sigma) = \int_{-\infty}^\infty \frac{x\sin x\,dx}{x^2-\sigma^2} \quad (\sigma\text{는 양의 실수}) \tag{1}$$

풀이

3.1.3절로부터 아래가 성립된다.

$$\sin z = \frac{1}{i}\sinh iz = \frac{1}{2i}e^{iz} - \frac{1}{2i}e^{-iz} \tag{2}$$

이로부터 식 (1)은 아래와 같이 두 적분의 합으로 표현된다.

$$I(\sigma) = I_1 + I_2 \tag{3}$$

$$I_1 = \frac{1}{2i}\int_{-\infty}^\infty \frac{ze^{iz}}{z^2-\sigma^2}dz,\quad I_2 = -\frac{1}{2i}\int_{-\infty}^\infty \frac{ze^{-iz}}{z^2-\sigma^2}dz \tag{4}$$

이 때 (경로)적분 I_1은 아래 그림 a에서 보듯이 상반평면에서의 반시계 방향의 무한반원으로 경로를 취하며, 적분 I_2는 지수가 음이므로 경로를 그림 b에서 보듯이 하반평면에서 시계방향의 무한반원으로 경로를 취한다.

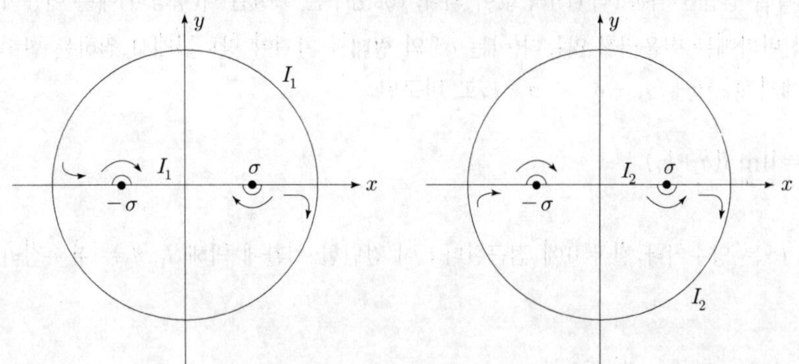

그림. 문 3.11에 사용된 그림.

그런데 적분 I_1 및 I_2에 포함된 피적분함수들의 특이점(단순 극점)인 $z=\sigma$와 $z=-\sigma$에서의 유수값을 공식 (3.73)을 사용하여 각각 구한 결과를 아래 표에 나타내었다.

	$z=\sigma$	$z=-\sigma$
I_1	$\dfrac{e^{i\sigma}}{2}$	$\dfrac{e^{-i\sigma}}{2}$
I_2	$\dfrac{e^{-i\sigma}}{2}$	$\dfrac{e^{i\sigma}}{2}$

이제 유수정리(식 (3.74))에 의하여 먼저 I_1의 경로적분을 행하면 아래가 된다[단 이 때 반경이 매우 클 때의 반원 상에서의 적분은 (Lemma)정리 식 (3.92) - (3.93) 혹은 (3.128)에 의하여 0이 되며, 또한 특이점 a에서의 시계방향 및 반시계방향의 소반원 상의 적분은 식 (3.75)에 의해 각각 $-i\pi a_{-1}$ 및 $i\pi a_{-1}$(여기서 $a_{-1}=\mathrm{Res}(a)$임)가 됨을 이용한다].

$$PI_1-\pi i\left(\frac{1}{2i}\right)\frac{e^{-i\sigma}}{2}+\pi i\left(\frac{1}{2i}\right)\frac{e^{i\sigma}}{2}=2\pi i\left(\frac{1}{2i}\right)\frac{e^{i\sigma}}{2} \tag{5}$$

여기서 P는 실수축에서 $-\infty\sim\infty$의 불완전 적분에 관련된 Cauchy 주치 기호(식 (3.81) 참조)이다. 유사한 방법으로 그러나 I_2의 시계방향경로를 따라서 적분하면(단 이때 식 (3.74)의 $2\pi i$를 $-2\pi i$로 바꾸어야 함)

$$PI_2-\pi i\left(\frac{-1}{2i}\right)\frac{e^{i\sigma}}{2}+\pi i\left(\frac{-1}{2i}\right)\frac{e^{-i\sigma}}{2}=-2\pi i\left(\frac{-1}{2i}\right)\frac{e^{i\sigma}}{2} \tag{6}$$

이 된다. 여기서 식 (5)와 (6)을 더하면

$$PI(\sigma) = PI_1 + PI_2 = \frac{\pi}{2}(e^{i\sigma} + e^{-i\sigma}) = \pi \cosh i\sigma = \pi \cos\sigma \tag{7}$$

이 값은 확실히 산란 적분 (식 (1))의 값이 되나, cos함수는 고정된 파(정상파)에는 이용이 가능하나, 양자역학적 산란파에는 어울리지 않는다(이는 $e^{i\sigma}$의 형태를 가져야 함). 그래서 원하는 함수를 얻기 위하여 위 적분에서 $\sigma \to \sigma + i\gamma$, $-\sigma \to -\sigma - i\gamma$로 바꾸면

$$I_+(\sigma) = \lim_{r \to 0} I(\sigma + i\gamma) \tag{8}$$

가 되고, (γ는 양수이나 결국 0에 접근한다.) 이 간단한 치환에 의해 I_1, I_2는 유수정리의 직접 적용에 의해

$$I_1(\sigma + i\gamma) = 2\pi i\left(\frac{1}{2i}\right)\frac{e^{i(\sigma + i\gamma)}}{2} \tag{9}$$

$$I_2(\sigma + i\gamma) = -2\pi i\left(\frac{-1}{2i}\right)\frac{e^{i(\sigma + i\gamma)}}{2} \tag{10}$$

식 (9)와 식 (10)에 대해서 $\gamma \to 0$으로 하면

$$I_+(\sigma) = \lim_{\gamma \to 0}[I_1(\sigma + i\gamma) + I_2(\sigma + i\gamma)] = \lim_{\gamma \to 0} \pi e^{i(\sigma + i\gamma)} = \pi e^{i\sigma} \tag{11}$$

가 된다. 이 결과는 산란에 관한 문제의 경계조건을 잘 만족시킨다.
반면에 $\sigma \to \sigma - i\gamma$로 치환하면

$$I_-(\sigma) = \pi e^{-i\sigma} \tag{12}$$

이 되어 산란에서 들어오는 파에 해당한다. 앞에서의 결과 식 (7)은 식 (11)과 (12)의 산술 평균처럼 보인다. 이 평균이 적분의 Cauchy 주값이다[사실 식 (7)에서 바로 $\cos\sigma = (e^{i\sigma} + e^{-i\sigma})/2$를 대입해도 마찬가지 결과를 줌].

별 해 위와 같이 적분을 2개로 나누어 행한 후 나중에 합하는 대신, 식 (1)에 해당하는 복소 피적분함수를 $ze^{iz}/(z^2 - \sigma^2)$로 나타내어, 이의 경로(contour)적분을 위 그림 a의 반시계방향의 상반평면의 경로를 취하여 행하면 아래를 얻는다.

$$\oint \frac{ze^{iz}}{z^2 - \sigma^2} dz = 2\pi i \mathrm{Res}(\sigma) = 2\pi i \times \frac{e^{i\sigma}}{2}$$

$$= \int_{\Gamma} (\text{상반원}) + \int_{C_r} (z=-\sigma\text{에서 시계 소원}) + \int_{C_r} (z=\sigma\text{에서 반시계 소원}) + P\int_{-\infty}^{\infty} \frac{xe^{ix}}{x^2-\sigma^2}\,dx \tag{13}$$

여기서 우변의 첫 번째 항은 Lemma 보조 정리에 의해 0, 2번째 적분은 $-i\pi\mathrm{Res}(-\sigma) = -i\pi \times \dfrac{e^{-i\sigma}}{2}$,

3번째 적분은 $i\pi\mathrm{Res}(\sigma) = i\pi\dfrac{e^{i\sigma}}{2}$, 그리고 4번째 적분은 $e^{ix} = \cos x + i\sin x$에 의해 $x\cos x$항은 기함수이므로 0이 되므로 $x\sin x$항만 남게 된다. 따라서 이들 결과를 모두 합하여 정리하면 (요구되는) 아래를 얻는다.

$$iP\int_{-\infty}^{\infty} \frac{x\sin x}{x^2-\sigma^2}\,dx = i\pi e^{i\sigma} + \frac{i\pi}{2}e^{-i\sigma} - \frac{i\pi}{2}e^{i\sigma} = \frac{i\pi}{2}(e^{i\sigma}+e^{-i\sigma}) \tag{14}$$

혹은

$$P\int_{-\infty}^{\infty} \frac{x\sin x}{x^2-\sigma^2}\,dx = \frac{\pi}{2}(e^{i\sigma}+e^{-i\sigma})[=\pi\cos\sigma] \tag{15}$$

즉 위의 방법에 비하여 훨씬 간단하면서도, 바로 $e^{i\sigma}$ 형태의 답을 얻을 수 있다.

3. 12 한 개의 반 무한 보(semi-infinite-beam)가 초기$(t=0)$에 x축에서 정지하고 있으며, 그의 한쪽 끝인 $x=0$에서 횡방향의 변위(transverse aisppcement) h를 갖고 있다고 하자. 이 때 아래의 (경계치 문제) 편미분 방정식의 해에 해당하는 임의의 시간 $t(>0)$ 및 임의의 위치 $x(>0)$에서의 횡방향의 변위 $y(x,\,t)$값을 역 라플라스 변환법(3.7절 참조)을 사용하여 구해보아라.

$$\frac{\partial^2 y}{\partial t^2} + b^2\frac{\partial^4 y}{\partial x^4} = 0 \quad x>0,\ t>0 \tag{1}$$

$$y(x,0)=0,\ y_t(x,0)=0,\ y(0,t)=h,\ y_{xx}(0,t)=0,\ |y(x,t)|<M \tag{2}$$

풀이

편미방 식 (1)의 양변을 라플라스 변환[단 $Y(x,s)=\mathcal{L}y(t)$(4장 참조)]시키면 아래를 얻는다.

$$s^2Y(x,s) - sy(x,0) - y_t(x,0) + b^2\frac{d^4Y}{dx^4} = 0 \quad \text{혹은} \quad \frac{d^4Y}{dx^4} + \frac{s^2}{b^2}Y = 0$$

$$Y(0,s)=h/s,\ \ Y_{xx}(0,s)=0 \ \ (\text{여기서 } Y(x,s)\text{는 경계값을 가짐}) \tag{3}$$

위의 x에 대한 4계 상미방의 일반해 $Y(x, s)$(이 때의 s는 상수 간주)는 아래와 같이 얻어진다(5장 참조).

$$Y(x, s)=e^{\sqrt{s/2b}\,x}(c_1\cos\sqrt{s/2b}\,x+c_2\sin\sqrt{s/2b}\,x)+e^{-\sqrt{s/2b}\,x}(c_3\cos\sqrt{s/2b}\,x+c_4\sin\sqrt{s/2b}\,x)$$

그런데 식 (2)의 경계조건에서 $c_1=c_2=0$이 요구되므로 아래를 얻는다.

$$Y(x, s)=e^{-\sqrt{s/2b}\,x}(c_3\cos\sqrt{s/2b}\,x+c_4\sin\sqrt{s/2b}\,x)$$

이 때 s 공간에서의 첫째 및 둘째 경계조건(식 (3))으로부터 $c_4=0$ 및 $c_3=h/s$가 되므로 이를 위 식에 대입하면 아래를 얻는다.

$$Y(x, s)=\frac{h}{s}e^{-\sqrt{s/2b}\,x}\cos\sqrt{s/2b}\,x$$

여기서 3.7절에 소개한 복소 역전(complex inversion) 공식 (3.124)을 이용하여 라플라스 역변환(즉 $s\to t$)시키면 아래를 얻는다.

$$y(x, t)=\frac{1}{2\pi i}\int_{\gamma-i\infty}^{\gamma+i\infty}\frac{he^{st-\sqrt{s/2b}\,x}\cos\sqrt{s/2b}\,x}{s}ds \tag{4}$$

여기서 피적분함수가 $s=0$에서 (다가함수의) 분지점을 가지므로 음의 x축을 절선(cut-line)으로 하는 그림 3.28에 주어진 (폐)경로 C를 사용하여 경로적분을 행하여 식 (4)의 y를 평가하기로 한다. 이 때 경로적분은 단순 극점인 $s=0$을 포함하지 않으므로 코시정리(3.41)에 의해 0이 되며, 또한 대원호 BDE 및 LNA상의 적분은 (Jordan)정리(식 (3.92) - (3.93))에 의해 0이 되므로 결국 구하는 함수 $y(x, t)$는 아래로 간단히 나타내진다.

$$y(x, t)=-\lim_{\substack{R\to\infty\\ \varepsilon\to 0}}\frac{1}{2\pi i}\left\{\int_{EH}+\int_{HJK}+\int_{KL}\right\} \tag{5}$$

(i) EH상 적분 : $s=ue^{\pi i}$, $\sqrt{s}=i\sqrt{u}$로 두면

$$\int_{EH}=\int_R^{\varepsilon}\frac{he^{-ut-i\sqrt{u/2b}\,x}\cosh\sqrt{u/2b}\,x}{u}du$$

(ii) KL상 적분 : $s=-ue^{-\pi i}$, $\sqrt{s}=-i\sqrt{u}$로 두면

$$\int_{KL}=\int_{\varepsilon}^{R}\frac{he^{-ut+i\sqrt{u/2b}\,x}\cosh\sqrt{u/2b}\,x}{u}du$$

(iii) HJK상 적분 : $s=\varepsilon e^{i\theta}$로 두면

$$\int_{HJK} = \int_{\pi}^{-\pi} he^{\varepsilon e^{i\theta}t - \sqrt{\varepsilon e^{i\theta}/2b}\,x} \cos\sqrt{\varepsilon e^{i\theta}/2b}\,x\,d\theta$$

그러면 식 (5)는 아래가 된다.

$$y(x,\,t) = h\left\{1 - \frac{1}{\pi}\int_0^{\infty} \frac{e^{-ut}\sin\sqrt{u/2b}\,x\cosh\sqrt{u/2b}\,x}{u}du\right\}$$

여기서 $u/2b = v^2$로 두면 요구되는 아래를 얻는다.

$$y(x,\,t) = h\left\{1 - \frac{2}{\pi}\int_0^{\infty} \frac{e^{-2bv^2t}\sin vx\cosh vx}{v}dv\right\}$$

이 결과는 또한 아래와 같이 'Fresnel 적분' 형태로 나타낼 수도 있다.

$$y(x,\,t) = h\left\{1 - \sqrt{\frac{2}{\pi}}\int_0^{x/\sqrt{bt}} (\cos w^2 + \sin w^2)dw\right\}$$

3. 13 감마(gamma)함수(식 (A.25))는 아래와 같이 점근전개됨을 보여라.

$$\Gamma(z+1) \sim \sqrt{2\pi z}\,z^z e^{-z}\left\{1 + \frac{1}{12z} + \frac{1}{288z^2} - \frac{139}{51,840z^3} + \cdots\right\} \tag{1}$$

단 이 식은 감마함수에 대한 'stirling의 점근공식'이라 불리며, z의 위상각 $-\pi < \arg z < \pi$에서 크기(modulus) $|z|$가 매우 클 때 적용된다.

풀이

감마함수의 정의식 $\Gamma(z+1)\,(=z!) = \int_0^{\infty}\tau^z e^{-\tau}d\tau$에서 $\tau = zt$로 두면 아래를 얻는다.

$$\Gamma(z+1) = z^{z+1}\int_0^{\infty} t^z e^{-zt}dt = z^{z+1}\int_0^{\infty} e^{z(\ln t - t)}dt \tag{2}$$

여기서 $f(t) = \ln t - t$로 둔다. 그러면 $f'(t) = 1/t - 1$, $f''(t) = -1/t^2$가 되며, $t=1$에서 $f'(1) = 0$이 되고, $f''(1) < 0$이 되므로 $t=1$에서 $f(t)$는 극대가 된다. 여기서 $t=1$ 근방으로 $f(t)$의 Taylor 급수전개식을 구하기 위하여 $t = 1 + w$의 변수치환을 행하면 아래를 얻는다[단 $\ln(1+w)$의 $w=0$ 근방의 Taylor 전개공식은 식 (A.10)을 이용].

$$f(t) = \ln t - t = \ln(1+w) - (1+w) = \left(w - \frac{w^2}{2} + \frac{w^3}{3} - \frac{w^4}{4} + \cdots\right) - 1 - w$$

$$= -1 - \frac{w^2}{2} + \frac{w^3}{3} - \frac{w^4}{4} + \cdots = -1 - \frac{(t-1)^2}{2} + \frac{(t-1)^3}{3} - \frac{(t-1)^4}{4} + \cdots$$

이를 식 (2)에 대입하면 ,

$$\Gamma(z+1) = z^{z+1} e^{-z} \int_0^\infty e^{-z(t-1)^2/2} e^{z(t-1)^3/3 - z(t-1)^4/4 + \cdots} dt$$

$$= z^{z+1} e^{-z} \int_{-1}^\infty e^{-zw^2/2} e^{zw^3/3 - zw^4/4 + \cdots}\, dw \quad (\because w = t-1) \tag{3}$$

여기서 다시 $w = \sqrt{2/z}\, v$의 변수치환을 행하면 아래를 얻는다.

$$\Gamma(z+1) = \sqrt{2}\, z^{z+1/2} e^{-z} \int_{-\sqrt{z/2}}^\infty e^{-v^2} e^{(2/3)\sqrt{2}\, z^{-1/2} v^3 - z^{-1} v^4 + \cdots}\, dv \tag{4}$$

여기서 z값이 매우 클 때는 적분 하한은 $-\infty$로 두고, 적분 내 z의 함수로 표시된 지수항은 $e^x \simeq 1 + x + \dfrac{x^2}{2} + \cdots$의 Taylor 전개(식 (A.9))에서 첫 번째 항만 취하면 아래를 얻는다.

$$\Gamma(z+1) \sim \sqrt{2}\, z^{z+1/2} e^{-z} \int_{-\infty}^\infty e^{-v^2} \left\{1 + \left(\frac{2}{3}\sqrt{2}\, z^{-1/2} v^3 - z^{-1} v^4\right) + \cdots\right\} dv \tag{5}$$

혹은

$$\Gamma(z+1) \sim \sqrt{2\pi z}\, z^z e^{-z} \left\{1 + \frac{1}{12z} + \frac{1}{288z^2} - \frac{139}{51{,}840 z^3} + \cdots\right\} \tag{6}$$

따라서 요구되는 식 (1)이 얻어진다.

한편 식 (2)의 맨 끝식의 적분항이 최대경사법이 적용될 수 있는 식 (3.204)의 형태로 주어져 있으므로 이 방법으로 점근전개를 구할 수 있으나(단 점근전개의 주된 첫 번째 항은 예제 3.36에서 구해져 있다) 식 (3.215)의 $\dfrac{dz}{dt}$를 t의 멱급수로 전개하기가 꽤 복잡하므로 여기서는 생략한다.

마지막으로 식 (1)에서 z값이 매우 커서 첫 번째 주된 항만을 취하면 본문의 식 (3.236)과 같은 결과를 얻음을 알 수 있다.

3. 14 (a) 만약 $z \neq 0$이라면 아래의 관계식(즉 우변은 좌변함수의 $z = 0$ 주위로 Laurent 급수전개에 해당)이 성립됨을 보여라.

$$e^{1/2\alpha(z-1/z)} = \sum_{n=-\infty}^{\infty} J_n(\alpha) z^n \tag{1}$$

여기서 $J_n(\alpha)$는 차수 n의 제 1종 Bessel 함수로서 아래와 같이 주어진다.

$$J_n(\alpha) = \frac{1}{2\pi}\int_0^{2\pi} \cos(n\theta - \alpha\sin\theta)d\theta \quad (n = 0,\, 1,\, 2,\, \cdots) \tag{2}$$

(b) Bessel 함수에 대한 식 (2)의 표현식을 이용하여 복소변수 z의 함수 $J_n(z)$가 z값이 양으로 매우 클 때에 대한 점근 형태(asymptotic form)는 아래와 같이 주어짐을 보여라.

$$J_n(z) \sim \sqrt{\frac{2}{\pi z}}\cos\left(z - \frac{n\pi}{2} - \frac{\pi}{4}\right) \tag{3}$$

풀이

(a) $z=0$은 함수 $e^{1/2\alpha(z-1/z)}$의 유일한 (유한)특이점이므로, 이 점 주위로 Laurnet 급수전개(식 (1))시 계수 $J_n(\alpha)$는 경로 적분에 의하여 아래와 같이 나타내진다(즉 식 (3.63)과 (3.64)를 한데 묶어 표현하고, $a=0$으로 둠).

$$J_n(\alpha) = \frac{1}{2\pi i}\oint_C \frac{e^{1/2\alpha(z-1/z)}}{z^{n+1}}dz \tag{4}$$

여기서 경로 C는 극점 $z=0$을 안으로 가지는 단순 폐곡선이다.
지금 편의상 C를 원점에 중심을 둔 반경 1의 원(즉 $|z|=1$)으로 간주하면, $z=e^{i\theta}$가 된다. 이를 식 (3)에 대입하면 아래를 얻는다.

$$\begin{aligned} J_n(\alpha) &= \frac{1}{2\pi i}\int_0^{2\pi} \frac{e^{1/2\alpha(e^{i\theta}-e^{-i\theta})}}{e^{i(n+1)\theta}} i e^{i\theta} d\theta \\ &= \frac{1}{2\pi}\int_0^{2\pi} e^{i\alpha\sin\theta - in\theta} d\theta \\ &= \frac{1}{2\pi}\int_0^{2\pi} \cos(\alpha\sin\theta - n\theta)d\theta + \frac{i}{2\pi}\int_0^{2\pi} \sin(\alpha\sin\theta - n\theta)d\theta \\ &= \frac{1}{2\pi}\int_0^{2\pi} \cos(n\theta - \alpha\sin\theta)\,d\theta \end{aligned} \tag{5}$$

위 식의 마지막 항등관계는 $I = \int_0^{2\pi} \sin(\alpha\sin\theta - n\theta)d\theta = 0$을 이용하였다. 이 증명은 우변의 적분에서

$\theta=2\pi-\phi$를 대입[이 때 $\sin(2\pi-\phi)=-\sin\phi$ 이용]하면 아래를 얻는다.

$$I=\int_0^{2\pi}\sin(-\alpha\sin\phi-2\pi n+n\phi)d\phi=-\int_0^{2\pi}\sin(\alpha\sin\phi-n\phi)\,d\phi=-I$$

즉 $I=-I$ 혹은 $2I=0$이 되어 $I=0$이 증명된다.

(b) 문 (a)에서 증명된 식 (2)로부터 아래의 관계가 성립된다(단 $\alpha\to z$, 적분구간을 $0\sim 2\pi$대신 $0\sim\pi$로 바꿈).

$$J_n(z)=\frac{1}{\pi}\int_0^{\pi}\cos(nt-z\sin t)dt=\mathrm{Re}\left\{\frac{1}{\pi}\int_0^{\pi}e^{-int}e^{iz\sin t}dt\right\} \tag{6}$$

여기서 3.10.2절에 논의한 최대경사법의 개념에 따라, $F(t)=i\sin t$로 두면 $F'(t)=i\cos t=0$ 즉 $t=\pi/2$에서 F가 극대점이 된다. 따라서 이 주위로 Taylor 전개를 위해 $t=\pi/2+v$를 식 (6)에 대입하면 아래를 얻는다.

$$\frac{1}{\pi}\int_{-\pi/2}^{\pi/2}e^{-in(\pi/2+v)}e^{iz\sin(\pi/2+v)}dv=\frac{e^{-in\pi/2}}{\pi}\int_{-\pi/2}^{\pi/2}e^{-inv}e^{iz\cos v}dv$$

$$=\frac{e^{-in\pi/2}}{\pi}\int_{-\pi/2}^{\pi/2}e^{-inv}e^{iz(1-v^2/2+v^4/24-\cdots)}dv \quad (\because \text{ 식 (A.12)})$$

$$=\frac{e^{i(z-n\pi/2)}}{\pi}\int_{-\pi/2}^{\pi/2}e^{-inv}e^{-izv^2/2+izv^4/24-\cdots}dv \tag{7}$$

여기서 $v^2=2iu^2/z$ 혹은 $v=(1-i)u/\sqrt{z}$ 로 두면 $u=\frac{1}{2}(1+i)\sqrt{z}\,v$가 된다. 이를 식 (7)에 대입하여 정리하면 아래가 된다.

$$\frac{(1-i)e^{i(z-n\pi/2)}}{\pi\sqrt{z}}\int_{-\infty}^{\infty}e^{-(1+i)nu/\sqrt{z}}e^{-u^2-iu^4/6z-\cdots}du$$

혹은 z값이 양으로 매우 클 때 아래의 점근 근사형이 얻어진다.

$$\frac{(1-i)e^{i(z-n\pi/2)}}{\pi\sqrt{z}}\int_{-\infty}^{\infty}e^{-u^2}du=\frac{(1-i)e^{i(z-n\pi/2)}}{\sqrt{\pi z}} \quad (\because \text{ 식 (A.32)})$$

이의 실수부분은 아래가 되어(식 (6) 참조) z값이 매우 클 대 식 (3)이 증명된다.

$$\frac{1}{\sqrt{\pi z}}\left\{\cos\left(z-\frac{n\pi}{2}\right)+\sin\left(z-\frac{n\pi}{2}\right)\right\}=\sqrt{\frac{2}{\pi z}}\cos\left(z-\frac{n\pi}{2}-\frac{\pi}{4}\right) \tag{8}$$

한편 양의 매우 큰 z값에서 유효한 $J_n(z)$의 점근 급수전개(3.10.1절 참조)에 대한 보다 구체적인 표현은 아래로 주어진다(증명 생략).

$$J_n(z) \sim \sqrt{\frac{2}{\pi z}}\left\{P(z)\cos\left(z-\frac{1}{2}n\pi-\frac{1}{4}\pi\right)+Q(z)\sin\left(z-\frac{1}{2}n\pi-\frac{1}{4}\pi\right)\right\} \tag{9}$$

여기서

$$P(z)=1+\sum_{k=1}^{\infty}\frac{(-1)^k[4n^2-1^2][4n^2-3^2]\cdots[4n^2-(4k-1)^2]}{(2k)!2^{6k}z^{2k}}$$

$$Q(z)=\sum_{k=1}^{\infty}\frac{(-1)^k[4n^2-1^2][4n^2-3^2]\cdots[4n^2-(4k-3)^2]}{(2k-1)!2^{6k-3}z^{2k-1}} \tag{10}$$

이 점근전개 공식은 z의 편각이 $-\pi<\arg z<\pi$의 범위에서 z의 크기 $|z|$가 매우 클 때 유효하다.

3. 15 다음은 z평면 내 반경 R인 원에 관한 Poisson 적분공식이다($R=1$인 경우는 식 (3.260)에 해당). 물음에 답하라.

(a) 만약 $f(z)$가 $|z|=R$로 정의된 원 상 및 내부에서 해석적이고, 이 때 C 내부의 임의의 점을 $z=re^{i\theta}$(아래 그림 참조)라 할 때 아래 관계식을 증명하라.

$$f(re^{i\theta})=\frac{1}{2\pi}\int_0^{2\pi}\frac{R^2-r^2}{R^2-2Rr\cos(\theta-\phi)+r^2}f(Re^{i\phi})\,d\phi \tag{1}$$

(b) 만약 $u(r,\theta)$와 $v(r,\theta)$가 각각 $f(re^{i\theta})$의 실수부 및 허수부라고 할 때(즉 $f(z)=u+iv$) 아래 관계를 증명하라.

$$u(r,\theta)=\frac{1}{2\pi}\int_0^{2\pi}\frac{(R^2-r^2)u(R,\phi)d\phi}{R^2-2Rr\cos(\theta-\phi)+r^2} \tag{2}$$

$$v(r,\theta)=\frac{1}{2\pi}\int_0^{2\pi}\frac{(R^2-r^2)v(R,\phi)d\phi}{R^2-2Rr\cos(\theta-\phi)+r^2} \tag{3}$$

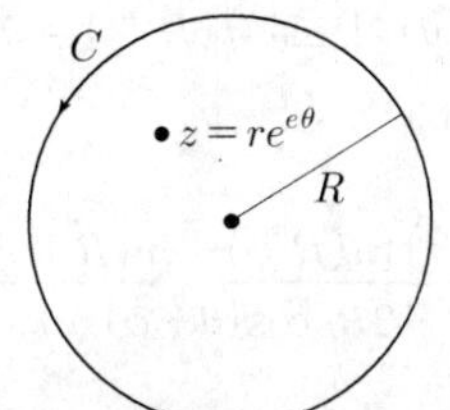

그림. 문 3.15에 사용된 그림.

풀이

(a) 경계 C내의 한 점을 $z=re^{i\theta}$라 할 때 Cauchy 적분정리(식 (3.47))에 의해 아래가 성립된다.

$$f(z)=f(re^{i\theta})=\frac{1}{2\pi i}\oint_C \frac{f(w)}{w-z}dw \tag{4}$$

이 때 점 z의 C에 관한 역은 C 바깥에 있게 되며, $R^2/\bar{z}$가 된다. 그러면 이 점은 적분 영역의 바깥에 있게 되므로 경로적분은 코시정리(식 (3.41))에 의해 아래와 같이 0이 된다.

$$0=\frac{1}{2\pi i}\oint_C \frac{f(w)}{w-R^2/\bar{z}}dw \tag{5}$$

그러면 식 (5)를 식 (4)에서 빼면 아래를 얻는다.

$$f(z)=\frac{1}{2\pi i}\oint_C\left\{\frac{1}{w-z}-\frac{1}{w-R^2/\bar{z}}\right\}f(w)\,dw$$

$$=\frac{1}{2\pi i}\oint_C\frac{z-R^2/\bar{z}}{(w-z)(w-R^2/\bar{z})}f(w)\,dw \tag{6}$$

여기서 $z=re^{i\theta}$ 및 $w=Re^{i\phi}$로 두면 $\bar{z}=re^{-i\theta}$이므로 위 식은 아래가 되어 식 (1)이 증명된다.

$$f(re^{i\theta})=\frac{1}{2\pi i}\int_0^{2\pi}\frac{\{re^{i\theta}-(R^2/r)e^{i\theta}\}f(Re^{i\phi})\,iRe^{i\phi}d\phi}{\{Re^{i\phi}-re^{i\theta}\}\{Re^{i\phi}-(R^2/r)e^{i\theta}\}}$$

$$=\frac{1}{2\pi}\int_0^{2\pi}\frac{(r^2-R^2)e^{i(\theta+\phi)}f(Re^{i\phi})d\phi}{(Re^{i\phi}-re^{i\theta})(re^{i\phi}-Re^{i\theta})}$$

$$=\frac{1}{2\pi}\int_0^{2\pi}\frac{(R^2-r^2)f(Re^{i\phi})d\phi}{(Re^{i\phi}-re^{i\theta})(Re^{-i\phi}-re^{-i\theta})}$$

$$=\frac{1}{2\pi}\int_0^{2\pi}\frac{(R^2-r^2)f(Re^{i\phi})d\phi}{R^2-2Rr\cos(\theta-\phi)+r^2} \tag{7}$$

(b) 문제에서 $f(re^{i\theta})=u(r,\theta)+iv(r,\theta)$이므로 $f(Re^{i\phi})=u(R,\phi)+iv(R,\phi)$가 된다. 그러면 문 (a)로부터 아래가 성립된다.

$$u(r,\theta)+iv(r,\theta)=\frac{1}{2\pi}\int_0^{2\pi}\frac{(R^2-r^2)\{u(R,\phi)+iv(R,\phi)\}d\phi}{R^2-2Rr\cos(\theta-\phi)+r^2}$$

$$= \frac{1}{2\pi}\int_0^{2\pi} \frac{(R^2-r^2)u(R,\phi)d\phi}{R^2-2Rr\cos(\theta-\phi)+r^2} + \frac{i}{2\pi}\int_0^{\wp i} \frac{(R^2-r^2)v(R,\phi)d\phi}{R^2-2Rr\cos(\theta-\phi)+r^2} \tag{8}$$

따라서 식 (8)의 좌변과 우변을 비교하면 각각 식 (2) 및 (3)이 증명된다.

3. 16 다음은 상반평면에 대한 Poisson 적분정리(식 (3.261))에 관한 물음이다. 답하라.

(a) 만약 $f(\zeta) = f(\xi + i\eta) = u(\xi,\eta) + iv(\xi,\eta)$라 할 때 아래 식이 성립됨을 보여라.

$$u(\xi,\eta) = \frac{1}{\pi}\int_{-\infty}^{\infty} \frac{\eta u(x,0)dx}{(x-\xi)^2+\eta^2}, \quad v(\xi,\eta) = \frac{1}{\pi}\int_{-\infty}^{\infty} \frac{\eta v(x,0)dx}{(x-\xi)^2+\eta^2} \tag{1}$$

(b) 또 식 (1)을 이용하여 예제 3.42의 상반평면에 대한 Dirichlet 경계치 문제의 해를 구해보아라.

풀이

(a) 지금 경계 C가 점 ζ를 내부점으로 가지는 반경 R의 반원이라고 하자(그림 참조). 그러면 C는 점 ζ를 둘러싸나, 그의 공액인 $\bar{\zeta}$는 둘러싸지 않는다. 그러면 Cauchy 적분정리(식 (3.41) 및 (3.47))에 의하여 아래가 성립된다.

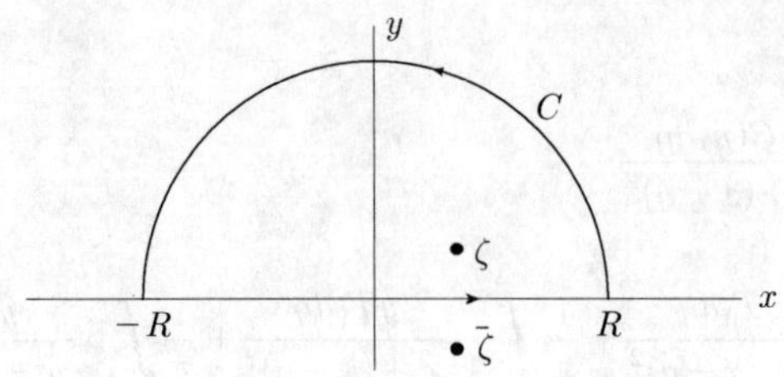

그림. 문 3.16에 사용된 그림.

$$f(\zeta) = \frac{1}{2\pi i}\oint_C \frac{f(z)}{z-\zeta}dz, \qquad 0 = \frac{1}{2\pi i}\oint_C \frac{f(z)}{z-\bar{\zeta}}dz \tag{2}$$

그러면 두 식을 서로 빼면,

$$f(\zeta) = \frac{1}{2\pi i}\oint_C f(z)\left\{\frac{1}{z-\zeta} - \frac{1}{z-\bar{\zeta}}\right\}dz = \frac{1}{2\pi i}\oint_C \frac{(\zeta-\bar{\zeta})f(z)dz}{(z-\zeta)(z-\bar{\zeta})} \tag{3}$$

여기서 $\zeta = \xi + i\eta$, $\bar{\zeta} = \xi - i\eta$로 두고, 경로적분을 실수축과 반원($\Gamma$) 상의 적분으로 나누면 아래를 얻는다.

$$f(\zeta)=\frac{i}{\pi}\int_{-R}^{R}\frac{\eta f(x)dx}{(x-\xi)^2+\eta^2}+\frac{1}{\pi}\int_{\Gamma}\frac{\eta f(z)dz}{(z-\zeta)(z-\overline{\zeta})} \tag{4}$$

단 위 식에서 $\zeta-\overline{\zeta}=2i\eta$, 그리고 실수축 적분의 경우에는 $z=x$, $(z-\zeta)(z-\overline{\zeta})=(x-\xi-i\eta)(x-\xi+i\eta)=(x-\xi)^2+\eta^2$를 이용하였다. 이제 위 적분에서 $R\to\infty$를 취하면, 두 번째 적분은 0이 되므로(∵ 식 (3.92), (3.93) 혹은 (3.128) 참조) 아래를 얻는다.

$$f(\zeta)=\frac{1}{\pi}\int_{\infty}^{\infty}\frac{\eta f(x)dx}{(x-\xi)^2+\eta^2} \tag{5}$$

여기서 $f(\zeta)=f(\xi+i\eta)=u(\xi,\eta)+iv(\xi,\eta)$에서 $\xi=x,\ y=0$을 두면 $f(x)=u(x,0)+iv(x,0)$가 되어 양변의 실수부와 허수분을 비교하면 아래를 얻어 식 (1)가 증명된다.

$$u(\xi,\eta)=\frac{1}{\pi}\int_{-\infty}^{\infty}\frac{\eta u(x,0)dx}{(x-\xi)^2+\eta^2},\qquad v(\xi,\eta)=\frac{1}{\pi}\int_{-\infty}^{\infty}\frac{\eta v(x,0)dx}{(x-\xi)^2+\eta^2} \tag{1}$$

(b) 예제 3.42에서 온도함수 $\Phi(x,y)$에서 $\lim_{y\to0^+}\Phi(x,y)=\Phi(x,0)\equiv G(x)\begin{cases}T_0 & x<-1\\ T_1 & -1<x<1\\ T_2 & x>1\end{cases}$ 이므로 상반평면에 대한 Poisson 적분공식(위 식 (1) 혹은 (3.261))에서 아래가 성립된다(단 적분구간을 셋으로 나누어 계산함).

$$\begin{aligned}\Phi(x,y)&=\frac{1}{\pi}\int_{-\infty}^{\infty}\frac{yG(\eta)d\eta}{y^2+(x-\eta)^2}\\
&=\frac{1}{\pi}\int_{-\infty}^{-1}\frac{yT_0\,d\eta}{y^2+(x-\eta)^2}+\frac{1}{\pi}\int_{-1}^{1}\frac{yT_1\,d\eta}{y^2+(x-\eta)^2}+\frac{1}{\pi}\int_{1}^{\infty}\frac{yT_2\,d\eta}{y^2+(x-\eta)^2}\\
&=\frac{T_0}{\pi}\tan^{-1}\left(\frac{\eta-x}{y}\right)\bigg|_{-\infty}^{-1}+\frac{T_1}{\pi}\tan^{-1}\left(\frac{\eta-x}{y}\right)\bigg|_{-1}^{1}+\frac{T_2}{\pi}\tan^{-1}\left(\frac{\eta-x}{y}\right)\bigg|_{1}^{\infty}\\
&=\frac{T_0-T_1}{\pi}\tan^{-1}\left(\frac{y}{x+1}\right)+\frac{T_1-T_2}{\pi}\tan^{-1}\left(\frac{y}{x-1}\right)+T_2\end{aligned}$$

따라서 예제 3.42에서 구한 해와 같음을 알 수 있다.

3.17 임의의 한 영역이 반경이 r_1 및 r_2 $(r_2>r_1)$인 두 개의 무한히 긴 동심원 원통형 전도체(conductors)(각각 전위(퍼텐셜) Φ_1 및 Φ_2로 하전되어 있음)로 경계되어져 있다고 하자(아래 그림 참조). 이때 영역 내의 모든 점에서 (a) 전위(퍼텐셜) $\Phi(r)$ 값 및 (b) 전장(electric field)

벡터 $\boldsymbol{E}(=-\text{grad}\,\Phi)$의 크기 $E=\|\boldsymbol{E}\|=-\dfrac{\partial\Phi}{\partial r}$(2.16.1절 참조)를 구하라. 또한 (c) 두 원통 전도체에 의해 형성된 축전기(condenser)의 용량(capitance)도 계산하여라[단 q(전하량) $=C$(용량)$\times V$(전위차)의 관계를 이용].

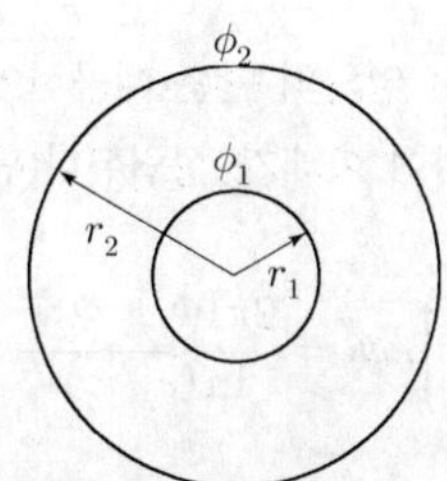

그림. 문 3.17에 사용된 그림.

풀이

(a) 지금 이 문제에 해당하는 복소(해석) 퍼텐셜을 $\Omega(z)=A\ln z+B$(여기서 A 및 B는 실상수)라 하자. 이때 복소변수 $z(=x+iy)$를 극좌표 형식 $z=re^{i\theta}$(여기서 $x=r\cos\theta$, $y=r\sin\theta$)로 나타내면 식 (3.266)에서 아래를 얻는다.

$$\Omega(z(r,\theta))\equiv\Phi(r,\theta)+i\Psi(r,\theta)=A\ln r+Ai\theta+B \tag{1}$$

여기서 실수부와 허수부는 각각 아래가 된다.

$$\Phi(r,\theta)=A\ln r+B,\qquad \Psi(r,\theta)=A\theta \tag{2}$$

이제 영역 $r_1<r<r_2$ 내에서 $\Omega(z)$가 해석함수이므로(그림 참조) Φ(및 Ψ)가 조화함수(즉 라플라스 식을 만족)가 되고, 경계점 $r=r_1$ 및 $r=r_2$에서의 값 Φ_1 및 Φ_2로부터 상수 A 및 B값을 아래와 같이 구한다.

$$\Phi_1=A\ln r_1+B,\qquad \Phi_2=A\ln r_2+B$$

즉

$$A=\frac{\Phi_2-\Phi_1}{\ln(r_2/r_1)},\qquad B=\frac{\Phi_1\ln r_2-\Phi_2\ln r_1}{\ln(r_2/r_1)} \tag{3}$$

이를 식 (2)에 대입하면 요구되는 (등전위)퍼텐셜은 아래가 된다.

$$\Phi=\frac{(\Phi_2-\Phi_1)}{\ln(r_2/r_1)}\ln r+\frac{\Phi_1\ln r_2-\Phi_2\ln r_1}{\ln(r_2/r_1)} \tag{4}$$

(b) 전장벡터($\boldsymbol{E}$)의 크기 $= E = -\parallel \operatorname{grad} \Phi \parallel = -\dfrac{\partial \Phi}{\partial r}$

$$= \frac{\Phi_1 - \Phi_2}{\ln(r_2/r_1)} \cdot \frac{1}{r} \tag{5}$$

(c) 만약 Γ가 내부의 원통을 포함하는 임의의 단순 폐곡선이고(위 그림 참조) q를 원통 내 전하량(charge)이라고 하면 식 (5)의 결과를 사용하여 아래가 성립된다(단 $E = E_n$으로 둠).

$$\oint_\Gamma E_n ds = \int_{\theta=0}^{2\pi} \left\{ \frac{\Phi_1 - \Phi_2}{\ln(r_2/r_1)} \cdot \frac{1}{r} \right\} r\,d\theta = \frac{2\pi(\Phi_1 - \Phi_2)}{\ln(r_2/r_1)} = 4\pi q \tag{6}$$

(단 위 식에서 미소 호의 길이 $ds = r d\theta$을 이용하였다.)

여기서 전하량은 $q = \dfrac{\Phi_1 - \Phi_2}{2\ln(r_2/r_1)}$가 되므로 구하는 용량 C는 아래가 된다.

$$C(\text{용량}) = \frac{\text{전하량}}{\text{전위차}} = \frac{q}{\Phi_1 - \Phi_2} = \frac{1}{2\ln(r_2/r_1)} \tag{7}$$

위 식 (7)은 두 원통 전도체 사이가 진공일 경우의 식에 해당되며, 만약 두 전도체 사이의 매질이 유전상수(dielectric constant) $\varepsilon(>1)$인 물질이라면, 위 식의 q 대신 q/ε를 대입하여 $C = 1/[2\varepsilon\ln(r_2/r_1)]$가 된다.

제 4 장

푸리에 해석 및 라플라스 변환

푸리에(Fourier) 및 라플라스(Laplace) 변환으로 대표되는 '적분변환(integral transform)'은 어떤 주어진 실 공간에서의 까다로운 문제(가령 신호처리나 미분방정식의 해 등)를 변환 전 변수와 역수의 차원을 갖는 변환 (역)공간의 문제로 바꾸어 비교적 간단하게 해결한 다음 도로 원래의 (실) 공간으로 환원시키는 역할을 함으로써, 오늘날 적외선(IR) 분광법이나 핵자기 공명(NMR)과 같은 고분자 기기분석은 물론 선형점탄성(linear viscoelasticity) 거동이나 공정해석(process analysis) 등에 매우 유용하게 사용되고 있다.

이 장에서는 주기함수에 대한 푸리에 급수(Fourier series) 전개, 비주기함수에 대한 푸리에 적분(Fourier integral), 그리고 푸리에(sin, cos 및 지수) 적분변환과 같은 소위 '푸리에 해석(Fourier analysis)'을 먼저 다루고, 나중에 3장에서 소개한 바 있는 라플라스(Laplace) 적분변환을 다루기로 한다.

4. 1 푸리에 급수

4. 1. 1 함수의 직교성

1.3절에 소개한 바와 같이, 임의의 두 벡터 $\boldsymbol{a}$ 및 $\boldsymbol{b}$가 상호 수직이면 그의 내적 즉 $\boldsymbol{a} \cdot \boldsymbol{b} = \|\boldsymbol{a}\| \|\boldsymbol{b}\| \cos\theta$(여기서 θ는 두 벡터 사이의 각도)이 0, 또는 복소수(혹은 실수) 벡터 공

간에서 이의 성분표시인 $\boldsymbol{a}\cdot\boldsymbol{b}=\boldsymbol{a}^{\dagger}\boldsymbol{b}=\langle \boldsymbol{a} \mid \boldsymbol{b}\rangle=0$[여기서 $\boldsymbol{a}^{\dagger}=(\boldsymbol{a}^{*})^{\mathrm{T}}$는 실수인 경우 $\boldsymbol{a}^{\dagger}=\boldsymbol{a}^{\mathrm{T}}$가 되며, 또한 $\langle \boldsymbol{a} \mid = \mid \boldsymbol{a}\rangle^{\dagger}=\boldsymbol{a}^{\dagger}$는 행벡터인 브라(bra) 표시, 그리고 $\mid \boldsymbol{b}\rangle=\boldsymbol{b}$는 열벡터인 케트(ket) 표시임]가 된다. 이와 마찬가지 논리로 임의의 등록계열의 두 함수 $\phi_m(x)$와 $\phi_n(x)$(가령 $\cos nx$나 $J_n(x)$의 경우처럼) 전 공간에서 (적당한 무게함수 $w(x)$를 사용하여) 정규직교성(orthonormal)의 함수계를 형성한다면 이의 내적에 해당되는 적분은 실수공간(즉 $\phi_m^*(x)=\phi_m(x)$) 아래의 관계를 가질 것이다.

$$\langle \phi_m(x) \mid \phi_n(x)\rangle_{w(x)}=\int_{-\infty}^{\infty}\phi_m(x)\phi_n(x)w(x)dx=\delta_{mn} \tag{4. 1}$$

여기서 δ_{mn}은 $m=n$일 때 1, 기타 0이 되는 Kronecker 델타 기호이다. 위 식은 마치 정규직교 기저계를 가지는 Cartesian 좌표계의 두 (단위)기저벡터간의 $\hat{e}_i\cdot\hat{e}_j=\delta_{ij}$(식 (1.72)) 관계와 유사하다. 그러면 임의의 함수 $f(x)$는 식 (4.1)을 만족하는 (정규)직교함수열 $\phi_i(x)$를 사용하여 아래와 같이 전개될 수 있다.

$$f(x)=\sum_{n=1}^{\infty}a_n\phi_n(x) \tag{4. 2}$$

여기서

$$a_n=\langle \phi_n(x) \mid f(x)\rangle_w / \langle \phi_n(x) \mid \phi_n(x)\rangle_w$$

$$=\int_{-\infty}^{\infty}\phi_n(x)f(x)w(x)dx \quad (\because \text{식 (4.1)에서 } \langle \phi_n \mid \phi_n\rangle=1) \tag{4. 3}$$

[비고 : 이하에서는 아래첨자의 무게함수 $w(x)$ 표시는 생략하며, 만약 식 (4.1)의 정규직교성이 성립되지 않으면, 가령 $\langle \phi_m \mid \phi_n\rangle=C\delta_{mn}$이면 식 (4.3)의 분모는 C가 된다.]

그러면 일반적인 상호 (정규)직교 함수계에 대해서는 6장에서 다루기로 하고, 여기서는 주제인 푸리에 급수전개에 필요한 주기함수인 $\sin x$ 및 $\cos x$(나아가 $e^{ix}=\cos x+i\sin x$)의 직교성만을 조사하기로 한다. 이에 앞서 '주기함수(periodic function)'을 아래와 같이 정의한다.

주기함수(periodic function) : 만약 함수 $f(x)$가 모든 (실수)변수 x에 대하여 $f(x\pm nT)=f(x)$ (여기서 T는 양의 상수, n은 자연수) 관계에 있을 때 이 함수는 주기(period) $\pm nT$를 가진다고 하며, 특히 $n=1$일 때의 주기를 $f(x)$의 '최소주기' 혹은 단순히 '주기'라고 부른다.

예 1 : $\sin x$나 $\cos nx$의 주기는 $2\pi/n$이다.

예 2 : $\tan x$의 주기는 π이다.

그러면, 일반주기 $2L(\neq 2\pi)$을 가진 (직교성의)삼각함수열 $\sin\frac{n\pi x}{L}$와 $\cos\frac{n\pi x}{L}$에 있어서 한 주기인 $x=-L$과 $x=L$ 사이에서 아래의 내적관계(또는 직교성)이 성립된다(단 이때 무게함수 $w(x)=1$임).

(a) $$\left\langle \cos\frac{m\pi x}{L} \,\middle|\, \cos\frac{n\pi x}{L}\right\rangle = \int_{-L}^{L}\cos\frac{m\pi x}{L}\cos\frac{n\pi x}{L}dx$$

$$= \left\langle \sin\frac{m\pi x}{L} \,\middle|\, \sin\frac{n\pi x}{L}\right\rangle = L\,\delta_{mn} \tag{4. 4}$$

(b) $$\left\langle \sin\frac{m\pi x}{L} \,\middle|\, \cos\frac{n\pi x}{L}\right\rangle = \int_{-L}^{L}\sin\frac{m\pi x}{L}\cos\frac{n\pi x}{L}dx = 0 \tag{4. 5}$$

단 위 식에서 $m, n = 1, 2, 3, \cdots$ 중 어느 하나 값을 가정한다.

증 명 위 식들을 증명하기 전 우선 아래의 두 관계를 확인한다.

$$\int_{-L}^{L}\sin\frac{k\pi x}{L}dx = -\frac{L}{k\pi}\cos\frac{k\pi x}{L}\bigg|_{-L}^{L} = -\frac{L}{k\pi}\cos k\pi + \frac{L}{k\pi}\cos(-k\pi) = 0 \tag{4. 6}$$

$$\int_{-L}^{L}\cos\frac{k\pi x}{L}dx = \frac{L}{k\pi}\sin\frac{k\pi x}{L}\bigg|_{-L}^{L} = \frac{L}{k\pi}\sin k\pi - \frac{L}{k\pi}\sin(-k\pi) = 0 \tag{4. 7}$$

(a) 삼각함수에서 $\cos A\cos B = \frac{1}{2}\{\cos(A-B)+\cos(A+B)\}$, $\sin A\sin B = \frac{1}{2}\{\cos(A-B)-\cos(A+B)\}$가 성립된다.

여기서 먼저 $m \neq n$인 경우는 식 (4.7)의 도움을 받아 아래가 된다.

$$\int_{-L}^{L}\cos\frac{m\pi x}{L}\cos\frac{n\pi x}{L}dx = \frac{1}{2}\int_{-L}^{L}\left\{\cos\frac{(m-n)\pi x}{L} + \cos\frac{(m+n)\pi x}{L}\right\}dx = 0$$

마찬가지로 $m \neq n$인 경우는 식 (4.6)의 도움을 받아 아래가 성립된다.

$$\int_{-L}^{L}\sin\frac{m\pi x}{L}\sin\frac{n\pi x}{L}dx = \frac{1}{2}\int_{-L}^{L}\left\{\cos\frac{(m-n)\pi x}{L} - \cos\frac{(m+n)\pi x}{L}\right\}dx = 0$$

한편 $m = n$인 경우는 $\cos 0 = 1$이므로 아래가 성립된다.

$$\int_{-L}^{L}\cos\frac{m\pi x}{L}\cos\frac{n\pi x}{L}dx=\frac{1}{2}\int_{-L}^{L}\left(1+\cos\frac{2n\pi x}{L}\right)dx=L$$

$$\int_{-L}^{L}\sin\frac{m\pi x}{L}\sin\frac{n\pi x}{L}dx=\frac{1}{2}\int_{-L}^{L}\left(1-\cos\frac{2n\pi x}{L}\right)dx=L$$

특히 위 두 식에서 $m=n=0$인 경우는 각각 $2L$ 및 0이 됨에 유의해야 한다.

(b) 공식 $\sin A\cos B=\frac{1}{2}\{\sin(A-B)+\sin(A+B)\}$로부터 만약 $m\neq n$인 경우는 아래가 성립된다.

$$\int_{-L}^{L}\sin\frac{m\pi x}{L}\cos\frac{n\pi x}{L}dx=\frac{1}{2}\int_{-L}^{L}\left\{\sin\frac{(m-n)\pi x}{L}+\sin\frac{(m+n)\pi x}{L}\right\}dx=0$$

그리고 $m=n$인 경우도 아래가 성립된다.

$$\int_{-L}^{L}\sin\frac{m\pi x}{L}\cos\frac{n\pi x}{L}dx=\frac{1}{2}\int_{-L}^{L}\sin\frac{2n\pi x}{L}dx=0$$

위 결과는 적분구간이 $-L\sim L$ 대신 $c\sim c+2L$로 바뀌어져도 같은 결과를 얻는다. ■

또한 식 (4.4) 및 (4.5)에서 $L=\pi$로 두면 주기 $T(=2L)=2\pi$가 되어 통상의 sin 및 cos 함수가 되어 아래가 성립된다.

$$\langle\cos mx\mid\cos nx\rangle=\int_{-\pi}^{\pi}\cos mx\cos nx\,dx=\langle\sin mx\mid\sin nx\rangle=\pi\delta_{mn}\tag{4.8}$$

$$\langle\sin mx\mid\cos nx\rangle=\int_{-\pi}^{\pi}\sin mx\cos nx\,dx=0\tag{4.9}$$

마찬가지로 식 (4.4) 및 (4.5)에서 $\pi x/L=\omega t$[이때 $x=2L$이면 $t=2\pi/\omega=T$(시간주기)이고, 각진동수 $\omega=2\pi\nu=2\pi/T$(여기서 ν는 진동수 혹은 주파수임)]로 두면 아래가 된다.

$$\langle\cos m\omega t\mid\cos n\omega t\rangle=\int_{-T/2}^{T/2}\cos m\omega t\cos n\omega t\,dt=\langle\sin m\omega t\mid\sin n\omega t\rangle=\frac{T}{2}\delta_{mn}\tag{4.10}$$

$$\langle\sin m\omega t\mid\cos n\omega t\rangle=\int_{-T/2}^{T/2}\sin m\omega t\cos n\omega t\,dt=0\tag{4.11}$$

한편 드 므와브르의 정리(식 (A.5))에서 $e^{in\pi x/L} = \cos\dfrac{n\pi x}{L} + i\sin\dfrac{n\pi x}{L}$가 되어, 이 또한 직교 함수가 되므로 식 (4.4) 및 (4.5)의 관계로부터 구간 $-L \sim L$에서 아래의 내적(직교성)이 성립된다.

$$\left\langle e^{i\frac{m\pi x}{L}} \,\middle|\, e^{i\frac{n\pi x}{L}} \right\rangle = \int_{-L}^{L} e^{-i\frac{m\pi x}{L}} e^{i\frac{n\pi x}{L}} dx = 2L\delta_{mn} \tag{4.12}$$

증 명 $$I = \int_{-L}^{L} e^{-i\frac{m\pi x}{L}} e^{i\frac{n\pi x}{L}} dx = \int_{-L}^{L} e^{i\frac{\pi x}{L}(n-m)} dx \tag{1}$$

여기서 $L \to \infty$로 취하면(혹은 전적분 구간이 $-\infty \sim \infty$ 대신 $-L \sim L$이라면) 델타함수의 성질(식 (G.32))로부터 적분은 아래가 된다.

$$I = 2\pi\delta\left[\frac{\pi}{L}(n-m)\right] = 2\pi \times \frac{L}{\pi}\delta(n-m)] \quad (\because \text{식 (G.16)}) \tag{2}$$

여기서 $\delta(n-m) = \delta_{nm}$로 간주하면 식 (4.12)가 증명된다. 한편 별해로서는, 식 (1)의 지수항을 드 므와브르 정리에 의해 $= \cos\dfrac{(n-m)}{L}\pi x + i\sin\dfrac{(n-m)}{L}\pi x$로 분해하고, 각각에 대해 $n \neq m$인 경우는 식 (4.7) 및 (4.6)을 적용하면, 각각 0이 되어 식 (4.12)의 $m \neq n$일 때 $\delta_{mn} = 0$이 되어 증명된다. 또한 만약 $m = n$인 경우는 $\cos$항은 1이 되고, $\sin$항은 0이 되므로 식 (1)의 적분은 $\displaystyle\int_{-L}^{L} 1dx = 2L$이 되어 식 (4.12)의 $m = n$의 경우가 증명되어 결국 식 (4.12)이 증명된다. ■

마찬가지로 식 (4.12)에서 $L = \pi$로 두면 아래가 성립된다.

$$\langle e^{imx} \mid e^{inx} \rangle = \int_{-\pi}^{\pi} e^{-imx} e^{inx} dx = 2\pi\delta_{mn} \tag{4.13}$$

또한 식 (4.10) - (4.11)의 경우처럼 $\dfrac{\pi x}{L}$를 ωt[여기서 t는 시간, ω는 각진동수로서 $x = 2L$이면 $t = 2\pi/\omega = T$(시간주기)가 됨]로 두면 아래가 성립된다.

$$\langle e^{im\omega t} \mid e^{in\omega t} \rangle = \int_{-T/2}^{T/2} e^{im\omega t} e^{in\omega t} dt = T\delta_{mn} \tag{4.14}$$

이제 여기에 논의된 삼각함수(또는 지수함수)의 직교성을 이용하여 다음 절에서 여러형태의 함수에 대한 푸리에 급수전개 공식을 구해보기로 한다.

4. 1. 2 주기함수의 푸리에 급수전개

만약 어떤 함수 $f(x)$가 구간 $(-L, L)$에서 정의되어 있으나, 이 바깥에서는 $f(x+2L)=f(x)$ 성립 즉 $f(x)$는 주기 $T=2L$을 가진 주기함수라 하면 이때 $f(x)$에 대한 푸리에 급수(Fourier series) 전개식은 아래가 된다.

$$f(x)=\frac{a_0}{2}+\sum_{n=1}^{\infty}\left(a_n\cos\frac{n\pi x}{L}+b_n\sin\frac{n\pi x}{L}\right) \tag{4. 15}$$

여기서 푸리에 계수 a_n 및 b_n은 각각 아래로 주어진다.

$$\begin{cases} a_n=\dfrac{1}{L}\displaystyle\int_{-L}^{L}f(x)\cos\frac{n\pi x}{L}dx \\ b_n=\dfrac{1}{L}\displaystyle\int_{-L}^{L}f(x)\sin\frac{n\pi x}{L}dx \end{cases} \qquad n=0,\ 1,\ 2,\ \cdots \tag{4. 16}$$

여기서 $f(x)$의 주기가 $2L$이므로 아래의 일반식은 성립된다.

$$\begin{cases} a_n=\dfrac{1}{L}\displaystyle\int_{c}^{c+2L}f(x)\cos\frac{n\pi x}{L}dx \\ b_n=\dfrac{1}{L}\displaystyle\int_{c}^{c+2L}f(x)\sin\frac{n\pi x}{L}dx \end{cases} \tag{4. 17}$$

증 명 식 (4.15)에서 $A=\dfrac{a_0}{2}$로 두면 $f(x)$는 아래가 된다.

$$f(x)=A+\sum_{n=1}^{\infty}\left(a_n\cos\frac{n\pi x}{L}+b_n\sin\frac{n\pi x}{L}\right) \tag{1}$$

위 식의 양변에 $\cos\dfrac{m\pi x}{L}$를 곱하여 구간 $-L\sim L$에서 적분을 행하고, 식 (4.4) - (4.7)의 결과를 이용하면 아래를 얻는다.

$$\int_{-L}^{L}f(x)\cos\frac{m\pi x}{L}dx=A\int_{-L}^{L}\cos\frac{m\pi x}{L}dx$$

$$+\sum_{n=1}^{\infty}\left\{a_n\int_{-L}^{L}\cos\frac{m\pi x}{L}\cos\frac{n\pi x}{L}dx+b_n\int_{-L}^{L}\cos\frac{m\pi x}{L}\sin\frac{n\pi x}{L}dx\right\}$$

$$=a_m L\ (\text{단}\ m\neq 0) \tag{2}$$

즉

$$a_m=\frac{1}{L}\int_{-L}^{L}f(x)\cos\frac{m\pi x}{L}dx\ \ (m=1,\,2,\,3,\,\cdots) \tag{3}$$

마찬가지로 식 (1)의 양변에 $\sin\dfrac{m\pi x}{L}$를 곱하여 구한 $-L\sim L$에서 적분을 행하고, 식 (4.4) - (4.7)의 결과를 이용하면 아래를 얻는다.

$$\int_{-L}^{L}f(x)\sin\frac{m\pi x}{L}dx=A\int_{-L}^{L}\sin\frac{m\pi x}{L}dx$$

$$+\sum_{n=1}^{\infty}\left\{a_n\int_{-L}^{L}\sin\frac{m\pi x}{L}\cos\frac{n\pi x}{L}dx+b_n\int_{-L}^{L}\sin\frac{m\pi x}{L}\sin\frac{n\pi x}{L}dx\right\}$$

$$=b_m L\ (\text{단}\ m\neq 0) \tag{4}$$

즉

$$b_m=\frac{1}{L}\int_{-L}^{L}f(x)\sin\frac{m\pi x}{L}dx\ \ (m=1,\,2,\,3,\,\cdots) \tag{5}$$

마지막으로 식 (1)의 양변을 $-L\sim L$에서 적분을 행하고, 식 (4.6) - (4.7)을 이용하면,

$$\int_{-L}^{L}f(x)dx=2AL\ \ \text{혹은}\ \ A=\frac{1}{2L}\int_{-L}^{L}f(x)dx \tag{6}$$

여기서 $A=a_0/2$이므로, $a_0=\dfrac{1}{L}\displaystyle\int_{-L}^{L}f(x)dx$가 되는데 이는 식 (3)에서 $m=0$을 대입해도 같은 결과를 얻는다.

별 해 먼저 식 (3)의 증명($m=0$도 포함)은 직교함수에 대한 정의식 (4.1) - (4.3)에서 $\phi_m(x)=\cos\dfrac{m\pi x}{L}$로 두고, 또 무게함수 $w(x)=1$로 간주한다. 따라서 식 (4.1)의 정규직교화 관계식 대신 내적 $\langle\phi_m(x)|\phi_n(x)\rangle$로서 식 (4.4)를 이용하면, 식 (4.3)에서 아래

가 얻어진다.

$$a_m = \frac{\langle \phi_m(x) | f(x) \rangle}{\langle \phi_m(x) | \phi_m(x) \rangle} = \frac{\int_{-L}^{L} f(x) \cos\frac{m\pi x}{L} dx}{L} \quad (m = 0, 1, 2, \cdots)$$

마찬가지로 식 (5)의 증명은 식 (4.1) - (4.3)에서 $\phi_m(x) = \sin\frac{m\pi x}{L}$, $w(x) = 1$로 둔다. 따라서 식 (4.1) 대신 식 (4.4)의 내적을 사용하면 역시 식 (4.3)에서 아래가 얻어져 위와 마찬가지 결과를 얻는다.

$$b_m = \frac{\int_{-L}^{L} f(x) \sin\frac{m\pi x}{L} dx}{L} \quad (m = 0, 1, 2, \cdots)$$

또한 주기함수의 성질($f(x)$의 주기는 $2L$)로부터 식 (4.16)과 대등하게 식 (4.17)이 성립된다. ■

우함수와 기함수에 대한 푸리에 급수

(a) 만약 식 (4.15)에서 $f(x)$가 우함수이면 아래가 성립된다.

$$a_n = \frac{2}{L} \int_0^L f(x) \cos\frac{n\pi x}{L} dx, \ b_n = 0 \tag{4.18}$$

(b) 만약 식 (4.15)에서 $f(x)$가 기함수이면 아래가 성립된다.

$$a_n = 0, \ b_n = \frac{2}{L} \int_0^L f(x) \sin\frac{n\pi x}{L} dx \tag{4.19}$$

증 명 (a) 식 (4.16)에서 아래가 성립된다.

$$b_n = \frac{1}{L} \int_{-L}^{L} f(x) \sin\frac{n\pi x}{L} dx = \frac{1}{L} \int_{-L}^{0} f(x) \sin\frac{n\pi x}{L} dx + \frac{1}{L} \int_{0}^{L} f(x) \sin\frac{n\pi x}{L} dx \tag{1}$$

식 (1)의 우변의 첫 번째 적분에서 $x = -u$로 두면 아래를 얻는다.

$$\frac{1}{L}\int_{-L}^{0} f(x)\sin\frac{n\pi x}{L}dx$$

$$=\frac{1}{L}\int_{0}^{L} f(-u)\sin\left(-\frac{n\pi u}{L}\right)du=-\frac{1}{L}\int_{0}^{L} f(-u)\sin\frac{n\pi u}{L}du$$

$$=-\frac{1}{L}\int_{0}^{L} f(u)\sin\frac{n\pi u}{L}du=-\frac{1}{L}\int_{0}^{L} f(x)\sin\frac{n\pi x}{L}dx \qquad (2)$$

단 위 식에서 $f(x)$가 우함수이므로 $f(-u)=f(u)$를 이용하였다. 식 (2)를 식 (1)의 우변의 첫 번째 적분으로 대체하면 결국 모든 $b_n(n=1, 2, 3, \cdots)$은 0이 되어 증명된다. 한편 식 (4.16)에서 역시 아래가 성립된다.

$$a_n=\frac{1}{L}\int_{-L}^{L} f(x)\cos\frac{n\pi x}{L}dx=\frac{1}{L}\int_{-L}^{0} f(x)\cos\frac{n\pi x}{L}dx+\frac{1}{L}\int_{0}^{L} f(x)\cos\frac{n\pi x}{L}dx \qquad (3)$$

여기서 $x=-u$로 두면 위 식의 첫 번째 적분은 아래가 된다(단 짝함수의 성질 $f(-u)=f(u)$를 이용).

$$\frac{1}{L}\int_{-L}^{0} f(x)\cos\frac{n\pi x}{L}dx=\frac{1}{L}\int_{0}^{L} f(-u)\cos\left(-\frac{n\pi u}{L}\right)du=\frac{1}{L}\int_{0}^{L} f(u)\cos\frac{n\pi u}{L}du \qquad (4)$$

이를 식 (3)의 우변의 첫 번째 항에 대입하면

$$a_n=\frac{1}{L}\int_{0}^{L} f(u)\cos\frac{n\pi u}{L}du+\frac{1}{L}\int_{0}^{L} f(x)\cos\frac{n\pi x}{L}dx=\frac{2}{L}\int_{0}^{L} f(x)\cos\frac{n\pi x}{L}dx$$

따라서 식 (4.18)이 증명된다. ■

(b) $f(x)$가 기함수 즉 $f(-x)=-f(x)$인 경우, 식 (4.16)의 a_n에 대한 적분도 역시 $-L\sim 0$과 $0\sim L$의 두 구간으로 나누어 적분을 행하고, 역시 첫 번째 적분에서 $x=-u$로 두고, $f(-u)=-f(u)$의 성질을 이용하면 (a)의 경우처럼 모든 $a_n(n=0, 1, 2, \cdots)$은 0이 된다. 또한 식 (4.16)의 b_n에 대한 적분도 역시 2 구간으로 나누어 행하고, 역시 첫 번째 적분에서 $x=-u$를 대입하고, 기함수의 성질을 이용하면 (a)의 경우와 유사하

게 $b_n = \dfrac{2}{L}\int_0^L f(x)\sin\dfrac{n\pi x}{L}dx$를 얻어 식 (4.19)가 증명 될 수 있다. ■

한편 위에서 논의된 식들은 주기가 $2L$ 대신 2π(즉 $L=\pi$)에 대응하는 푸리에 함수도 식 (4.8) - (4.9)의 직교관계를 이용하여 식 (4.15) - (4.17)대신 아래와 같이 나타내진다.

$$f(x) = \frac{a_0}{2} + \sum_{n=1}^{\infty}(a_n \cos nx + b_n \sin nx) \tag{4. 20}$$

$$\begin{cases} a_n = \dfrac{1}{\pi}\displaystyle\int_{-\pi}^{\pi} f(x)\cos nx\,dx \\ b_n = \dfrac{1}{\pi}\displaystyle\int_{-\pi}^{\pi} f(x)\sin nx\,dx \end{cases} \quad n = 0,\ 1,\ 2,\ \cdots \tag{4. 21}$$

혹은 주기가 2π인 것을 이용하여 아래의 대등관계가 성립된다.

$$\begin{cases} a_n = \dfrac{1}{\pi}\displaystyle\int_{c}^{c+2\pi} f(x)\cos nx\,dx \\ b_n = \dfrac{1}{\pi}\displaystyle\int_{c}^{c+2\pi} f(x)\sin nx\,dx \end{cases} \tag{4. 22}$$

또한 식 (4.15) - (4.17)에서 $\dfrac{\pi x}{L} = \omega t$[즉 $x = 2L$ 일 때 $t = 2\pi/\omega = T$(여기서 ω 및 T는 각각 각진동수 및 시간주기임)가 됨]로 두면 이 때 대응하는 푸리에 급수는 식 (4.10) - (4.11)의 직교성을 이용하여 아래가 된다.

$$f(x) = \frac{a_0}{2} + \sum_{n=1}^{\infty}(a_n \cos n\omega t + b_n \sin n\omega t) \tag{4. 23}$$

$$\begin{cases} a_n = \dfrac{2}{T}\displaystyle\int_{-T/2}^{T/2} f(t)\cos n\omega t\,dt \\ b_n = \dfrac{2}{T}\displaystyle\int_{-T/2}^{T/2} f(t)\sin n\omega t\,dt \end{cases} \quad n = 0,\ 1,\ 2,\ \cdots \tag{4. 24}$$

혹은 주기가 $T = (2\pi/\omega)$인 것을 이용하여 아래의 대등관계가 성립된다.

$$\begin{cases} a_n = \dfrac{2}{T}\displaystyle\int_{c}^{c+T} f(t)\cos n\omega t\,dt \\ b_n = \dfrac{2}{T}\displaystyle\int_{c}^{c+T} f(t)\sin n\omega t\,dt \end{cases} \tag{4. 25}$$

다음에는 이 책에서 소개할 푸리에 급수의 마지막 형태로서 식 (4.13)의 직교관계를 가진 복소(지수) 푸리에 급수는 아래와 같이 나타내진다.

$$f(x) = \sum_{n=-\infty}^{\infty} c_n e^{inx} \tag{4.26}$$

$$c_n = \langle e^{inx} | f(x) \rangle / \langle e^{inx} | e^{inx} \rangle = \frac{1}{2\pi} \int_{-\pi}^{\pi} f(x) e^{-inx} dx \tag{4.27}$$

증 명 식 (4.15)에서 $L = \pi$(즉 주기가 2π)에 해당하는 푸리에 급수(식 (4.20))을 아래에 나타낸다.

$$f(x) = \frac{a_0}{2} + \sum_{n=1}^{\infty} (a_n \cos nx + b_n \sin nx) \tag{1}$$

그런데 $e^{\pm inx}$의 오일러 전개(즉 드 므와브르 정리)로부터 아래를 얻는다.

$$\cos nx = \frac{1}{2}(e^{inx} + e^{-inx}),\ \sin nx = \frac{-i}{2}(e^{inx} - e^{-inx}) \tag{2}$$

따라서 식 (1)의 우변의 괄호항은 아래가 된다.

$$a_n \cos nx + b_n \sin nx = \frac{1}{2}(a_n - i b_n) e^{inx} + \frac{1}{2}(a_n + i b_n) e^{-inx} \tag{3}$$

여기서 $a_0 = c_0$, $c_n = \frac{1}{2}(a_n - i b_n)$, $k_n = \frac{1}{2}(a_n + i b_n)$이라고 놓으면 식 (1)은 아래가 된다.

$$f(x) = c_0 + \sum_{n=1}^{\infty} (c_n e^{inx} + k_n e^{-inx}) \tag{4}$$

그런데 $L = \pi$에 해당하는 푸리에 전개계수 a_n 및 b_n을 식 (4.21)에서 대입하면 아래를 얻는다.

$$c_n = \frac{1}{2}(a_n - i b_n) = \frac{1}{2\pi} \int_{-\pi}^{\pi} f(x)(\cos nx - i \sin nx) dx = \frac{1}{2\pi} \int_{-\pi}^{\pi} f(x) e^{-inx} \tag{5}$$

이와 마찬가지로 아래를 얻는다.

$$k_n = \frac{1}{2}(a_n + i\,b_n) = \frac{1}{2\pi}\int_{-\pi}^{\pi} f(x)(\cos nx + i\sin nx)dx = \frac{1}{2\pi}\int_{-\pi}^{\pi} f(x)e^{inx} \tag{6}$$

여기서 $k_n = c_{-n}$이라고 두면 아래를 얻는다.

$$f(x) = c_0 + \sum_{\substack{n=-\infty \\ n\neq 0}}^{\infty} c_n e^{inx} = \sum_{n=-\infty}^{\infty} c_n e^{inx} \tag{7}$$

따라서 식 (4.26) 및 (4.27)가 증명된다.

별 해 | 직교함수의 전개식 (4.1) - (4.3)에서 $\phi_n(x) = e^{inx}$, $w(x) = 1$로 두면, 식 (4.1)의 정규직교화 식 대신 식 (4.12)를 이용하면 식 (4.26)의 전개계수 c_n은 식 (4.3)에서 아래와 같이 얻어진다(단 $-\pi \sim \pi$에서 전개).

$$c_n = \langle \phi_n(x) | f(x) \rangle / \langle \phi_n(x) | \phi_n(x) \rangle = \int_{-\pi}^{\pi} f(x)e^{inx}\,dx / 2\pi \tag{8}$$

즉 마찬가지로 식 (5) 또는 식 (4.27)이 증명된다. ■

식 (4.26) - (4.27)의 결과로부터 $L \neq \pi$인 경우의 주기가 $2L$인 일반 주기함수의 경우는 nx를 $\frac{n\pi x}{L}$로 도로 환원시키면, 직교관계(식 (4.12))를 갖는 해당 (복소)푸리에 급수는 아래와 같이 유추된다.

$$f(x) = \sum_{n=-\infty}^{\infty} c_n e^{i\frac{n\pi x}{L}} \tag{4. 28}$$

$$c_n = \left\langle e^{i\frac{n\pi x}{L}} \middle| f(x) \right\rangle \Big/ \left\langle e^{i\frac{n\pi x}{L}} \middle| e^{i\frac{n\pi x}{L}} \right\rangle = \frac{1}{2L}\int_{-L}^{L} f(x)e^{-i\frac{n\pi x}{L}}\,dx \tag{4. 29}$$

복소 푸리에 급수의 마지막 형태로 식 (4.14)의 직교관계를 갖는 경우[즉 $\pi x / L = \omega t$(여기서 각속도 $\omega = 2\pi/T$, T는 시간주기)]는 아래와 같이 유추된다.

$$f(t) = \sum_{n=-\infty}^{\infty} c_n e^{in\omega t} \tag{4. 30}$$

$$c_n = \langle e^{in\omega t} | f(t) \rangle / \langle e^{in\omega t} | e^{in\omega t} \rangle = \frac{1}{T}\int_{-T/2}^{T/2} f(t)e^{-in\omega t}\,dt \tag{4. 31}$$

예제 4. 1

주기 $T=2L=4$인 함수 $f(t)$가 기본 구간 $-2<t<2$ 사이에서 아래의 불연속 방형파 (rectangular wave) 모양의 정의를 가진다고 하자.

$$f(t)=\begin{cases} 0\ (-2<t<-1) \\ k\ (-1<t<1) \\ 0\ (1<t<2) \end{cases} \qquad T=2L=4,\ L=2 \tag{1}$$

이 때 이 주기함수에 대한 푸리에 급수 전개를 구하라.

풀 이

$L=2(\neq\pi)$인 경우 푸리에 계수 a_0, a_n 및 $b_n(n=1, 2, 3, \cdots)$을 공식 (4.16)에 따라 구하면 아래를 얻는다.

$$a_0=\frac{1}{L}\int_{-L}^{L}f(t)\,dt=\frac{1}{2}\int_{-2}^{2}f(t)dt=\frac{1}{2}\int_{-1}^{1}k\,dt=k \tag{2}$$

$$a_n=\frac{1}{L}\int_{-L}^{L}f(t)\cos\frac{n\pi t}{L}\,dt=\frac{1}{2}\int_{-2}^{2}f(t)\cos\frac{n\pi t}{2}\,dt$$

$$=\frac{1}{2}\int_{-1}^{1}k\cos\frac{n\pi t}{2}\,dt=\frac{2k}{n\pi}\sin\frac{n\pi}{2}=\begin{cases} 0 & (n\text{이 짝수}) \\ \dfrac{2k}{n\pi} & (n=1, 5, 9, \cdots) \\ -\dfrac{2k}{n\pi} & (n=3, 7, 11, \cdots) \end{cases} \tag{3}$$

$$b_n=\frac{1}{L}\int_{-L}^{L}f(t)\sin\frac{n\pi t}{L}\,dt=0 \tag{4}$$

이는 f가 구간 $-L\sim L$사이에서 우함수, $\sin\frac{n\pi t}{L}$는 기함수이므로 우함수×기함수=기함수가 되어 전 구간 내 적분은 0이 된다(혹은 바로 식 (4.18)을 이용해도 됨).

따라서 식 (1)로 주어진 주기 $T=2L=4$인 구간 $-L\sim L$ 내 우함수 $f(t)$에 대한 푸리에 급수 전개는 아래가 된다.

$$f(t)=a_0+a_1\cos\frac{\pi}{L}t+b_1\sin\frac{\pi}{L}t+a_2\cos\frac{2\pi}{L}t+b_2\sin\frac{2\pi}{L}t+\cdots$$

$$=a_0+a_1\cos\frac{\pi}{2}t+b_1\sin\frac{\pi}{2}t+a_2\cos\pi t+b_2\sin 2\pi t+\cdots\ \ (\because L=2)$$

여기서 식 (2) - (4)를 대입하면 최종적으로 아래를 얻는다.

$$f(t)=\frac{k}{2}+\frac{2k}{\pi}\cos\frac{\pi}{2}t-\frac{2k}{3\pi}\cos\frac{3\pi}{2}t+\frac{2k}{5\pi}\cos\frac{5\pi}{2}t-\cdots+\cdots \tag{5}$$

급수의 수렴성에 대한 Dirichlet 조건

정리 : 만약 아래의 3가지를 가정하면,

(1) 함수 $f(x)$는 열린구간 $(-L, L)$내에서 극히 몇 개의 점을 제외하고서는 일가함수로 정의된다.

(2) $f(x)$는 기본구간 $(-L, L)$ 바깥에서는 (반복) 주기 $T=2L$을 가진다.

(3) $f(x)$ 및 $f'(x)$는 구간 $(-L, L)$에서 구분적 연속(piecewise continuous)이다.

이 때 계수 식 (4.16) 혹은 (4.17)을 가진 푸리에 급수 식 (4.15)는 (a) 만약 점 x가 연속점이라면 그 점에서의 함수 값 $f(x)$에 수렴하며, 또한 (b) 만약 점 x가 불연속점이라면 급수는 $\dfrac{f(x+0)+f(x-0)}{2}$(단 $f(x\pm0)=\lim\limits_{\varepsilon\to0}f(x\pm\varepsilon)$ 임)에 수렴한다. 여기서 식 (1) - (3)으로 주어진 Dirichlet의 3가진 조건은 급수가 수렴하기 위한 충분조건이지만, 필요조건은 아니다.

예제 4. 2

(a) 아래 함수에 대응하는 푸리에 계수를 구하라.

$$f(x)=\begin{cases}0 & -5<x<0\\ 3 & 0<x<5\end{cases} \quad \text{주기 } 2L=10$$

(b) 이를 이용하여 푸리에 급수를 구하라.

(c) 이렇게 구한 급수가 구간 $-5\le x\le 5$에서 함수 $f(x)$에 수렴하도록 구간 내 3 불연속점 $x=-5$, $x=0$ 및 $x=5$에서 $f(x)$는 어떻게 정의되어야 하는가를 Dirichlet 조건을 사용하여 조사하라.

풀 이

문제의 함수에 대한 그래프를 그림 4.1에 나타내었다.

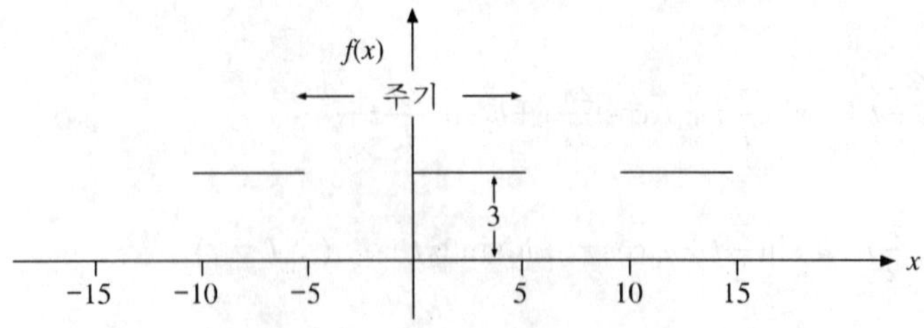

그림 4. 1 식 (1)로 정의된 주기 $2L=10$인 함수에 대한 스케치.

(a) 주기$=2L=10$ 즉 $L=5$가 된다. 여기서 식 (4.17)의 적분 구간에서 $c=-5$를 취하면 계수 a_n 및 b_n은 각각 아래가 된다.

$$a_n = \frac{1}{L}\int_c^{c+2L} f(x)\cos\frac{n\pi x}{L}\,dx = \frac{1}{5}\int_{-5}^{5} f(x)\cos\frac{n\pi x}{5}\,dx$$

$$= \frac{1}{5}\left\{\int_{-5}^{0}(0)\cos\frac{n\pi x}{5}\,dx + \int_0^5 (3)\cos\frac{n\pi x}{5}\,dx\right\} = \frac{3}{5}\int_0^5 \cos\frac{n\pi x}{5}\,dx$$

$$= \frac{3}{5}\left(\frac{5}{n\pi}\sin\frac{n\pi x}{5}\right)\Bigg|_0^5 = 0 \ \ (\text{단 } n \neq 0\text{임})$$

만약 $n=0$이면 위 식의 4번째 항등관계에서

$$a_n = a_0 = \frac{3}{5}\int_0^5 \cos\frac{0\pi x}{5}\,dx = \frac{3}{5}\int_0^5 dx = 3$$

$$b_n = \frac{1}{L}\int_c^{c+2L} f(x)\sin\frac{n\pi x}{L}\,dx = \frac{1}{5}\int_{-5}^{5} f(x)\sin\frac{n\pi x}{5}\,dx$$

$$= \frac{1}{5}\left\{\int_{-5}^{0}(0)\sin\frac{n\pi x}{5}\,dx + \int_0^5 (3)\sin\frac{n\pi x}{5}\,dx\right\} = \frac{3}{5}\int_0^5 \sin\frac{n\pi x}{5}\,dx$$

$$= \frac{3}{5}\left(-\frac{5}{n\pi}\cos\frac{n\pi x}{5}\right)\Bigg|_0^5 = \frac{3(1-\cos n\pi)}{n\pi}$$

(b) 대응하는 푸리에 급수는 식 (4.15)로부터 아래가 된다.

$$\frac{a_0}{2} + \sum_{n=1}^{\infty}\left(a_n\cos\frac{n\pi x}{L} + b_n\sin\frac{n\pi x}{L}\right) = \frac{3}{2} + \sum_{n=1}^{\infty}\frac{3(1-\cos n\pi)}{n\pi}\sin\frac{n\pi x}{5}$$

$$= \frac{3}{2} + \frac{6}{\pi}\left(\sin\frac{\pi x}{5} + \frac{1}{3}\sin\frac{3\pi x}{5} + \frac{1}{5}\sin\frac{5\pi x}{5} + \cdots\right)$$

(c) 만약 $f(x)$가 전술한 Dirichlet 조건을 만족한다면, 위에서 구한 푸리에 급수는 모든 연속점에서 $f(x)$에 수렴하며, 불연속점에서는 $\dfrac{f(x+0)+f(x-0)}{2}$에 수렴한다. 그런데 $x=-5, 0, 5$는 불연속점(그림 참조)이므로 이 점들에서는 모두 급수는 $(3+0)/2 = 3/2$에 수렴한다. 따라서 이를 바탕으로 함수 $f(x)$를 아래와 같이 재정의한다.

$$f(x) = \begin{cases} 3/2 & x = -5 \\ 0 & -5 < x < 0 \\ 3/2 & x = 0 \\ 3 & 0 < x < 5 \\ 3/2 & x = 5 \end{cases} \qquad \text{주기} = 10$$

따라서 (b)에서 구한 푸리에 급수는 기본구간 $-5 \le x \le 5$에서 위에서 재정의된 함수 $f(x)$에 수렴한다.

반구간 확장(half range extension)

한정된 구간에서만 정의된 주기함수가 아닌 함수를 푸리에 급수로 반구간 전개하는 두 가지 대표적인 방법은, 먼저 주어진 함수를 우함수 형태로 반구간 확장 복제하여 (열린)구간 $(-L, L)$ 바깥에는 주기 $T=2L$을 갖는 주기함수로 만든 다음 만들어진 주기함수의 푸리에 급수를 식 (4.15) - (4.17)에 의해 만들고, 최종적으로 구해진 푸리에 급수의 정의 구간을 원래의 정의 구간으로 제한시키는 '반구간 우함수 확장법'과 이와 반대로 주어진 함수를 기함수 형태로 반구간 확장 복제하여 역시 식 (4.15) - (4.17)을 따르는 주기 $T=2L$을 갖는 주기함수 및 이에 대응하는 푸리에 급수를 만든 후 정의 구간을 원래의 정의 구간으로 제한시키는 '반구간 기함수 확장법'이 있다(아래 예제 참조).

예제 4.3

반구간 $0 < x < 2$에서만 $f(x) = x$로 정의된 비주기함수를 (a) 반구간 기함수 확장법에 의한 사인(sin) 급수와 (b) 반구간 우함수 확장법에 의한 코사인(cos) 급수 전개를 각각 구하여라. 그리고 (c) 특히 문 (a)에서 얻어진 결과를 적분하여 x^2에 대한 푸리에 코사인 급수를 구하고, 이때 적분상수 $C(=a_0/2)$값을 이용하여 무한급수 $\sum_{n=1}^{\infty}\frac{(-1)^{n-1}}{n^2}$값을 구해보아라.

풀 이

아래 그림에 나타낸 바와 같이 반구간 기함수 확장법에 의하여 (열린)구간 $(-L, L) = (-2, 2)$바깥에 주기 $2L=4$(즉 $L=2$)를 갖는 주기함수를 만들어 이에 대한 푸리에 계수 a_n 및 b_n은 식 (4.16)(또는 (4.17))에 의해 만든다.

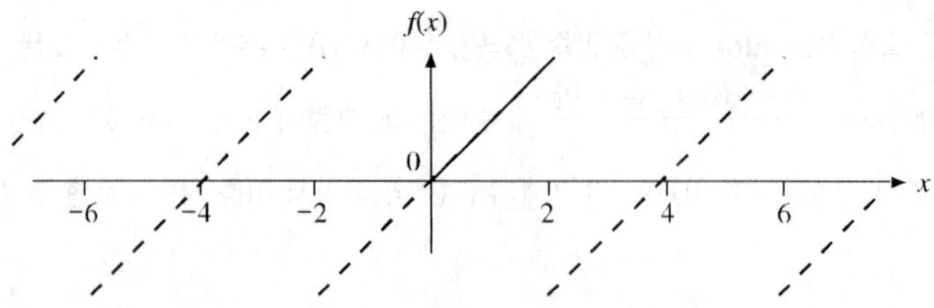

그림 4. 2 예제 4.3의 반구간 기함수 확장법에 사용된 그림.

그런데 그림에서 $f(x)$는 구간 $(-2, 2)$에서 기함수이므로 식 (4.19)에 의해 $a_n = 0$가 된다. 다음에 b_n을 역시 식 (4.19)에 따라 구하면 아래를 얻는다.

$$b_n = \frac{2}{L}\int_0^L f(x)\sin\frac{n\pi x}{L}\,dx = \frac{2}{2}\int_0^2 x\sin\frac{n\pi x}{2}\,dx$$

$$= \left\{(x)\left(\frac{-2}{n\pi}\cos\frac{n\pi x}{2}\right) - (1)\left(\frac{-4}{n^2\pi^2}\sin\frac{n\pi x}{2}\right)\right\}\Bigg|_0^2 = \frac{-4}{n\pi}\cos n\pi$$

그러면 구하는 푸리에 (사인)급수는 식 (4.15)에 의해 아래가 된다.

$$f(x) = \sum_{n=1}^{\infty}\frac{-4}{n\pi}\cos n\pi\sin\frac{n\pi x}{2}$$

$$= \frac{4}{\pi}\left(\sin\frac{\pi x}{2} - \frac{1}{2}\sin\frac{2\pi x}{2} + \frac{1}{3}\sin\frac{3\pi x}{2} - \cdots\right)(\text{단 } 0 < x < 2)$$

(b) 주어진 반구간 내에 한정된 비주기함수를 이번에는 그림 4.3에 나타낸 바와 같이 반구간 우함수 확장법에 의하여 구간 $(-2, 2)$ 바깥에 주기 $2L = 4(L = 2)$를 갖는 주기함수를 만들어 식 (4.18)에 의해 계수를 구하면 $b_n = 0$, 그리고 a_n은 아래가 된다.

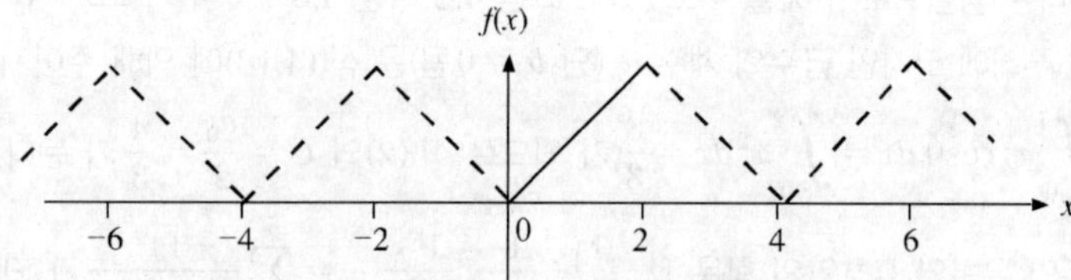

그림 4. 3 예제 4.3의 반구간 우함수 확장법에 사용된 그림.

$$a_n = \frac{2}{L}\int_0^L f(x)\cos\frac{n\pi x}{L}\,dx = \frac{2}{2}\int_0^2 x\cos\frac{n\pi x}{2}\,dx$$

$$= \left\{(x)\left(\frac{2}{n\pi}\sin\frac{n\pi x}{2}\right) - (1)\left(\frac{-4}{n^2\pi^2}\cos\frac{n\pi x}{2}\right)\right\}\Bigg|_0^2$$

$$= \frac{4}{n^2\pi^2}(\cos n\pi - 1)\ \ (\text{단 } n \neq 0)$$

만약 $n = 0$이면 위 식의 두 번째 항등관계에서 $a_0 = \int_0^2 x\,dx = 2$가 된다.

따라서 식 (4.15)에 이들 계수를 대입하면 아래의 푸리에(코사인) 급수를 얻는다.

$$f(x) = 1 + \sum_{n=1}^{\infty}\frac{4}{n^2\pi^2}(\cos n\pi - 1)\cos\frac{n\pi x}{2}$$

$$= 1 - \frac{8}{\pi^2}\left(\cos\frac{\pi x}{2} + \frac{1}{3^2}\cos\frac{3\pi x}{2} + \frac{1}{5^2}\cos\frac{5\pi x}{2} + \cdots\right) \quad (\text{단 } 0 < x < 2)$$

(c) 문 (a)의 결과로부터 아래가 성립된다.

$$f(x) = x = \frac{4}{\pi}\left(\sin\frac{\pi x}{2} - \frac{1}{2}\sin\frac{2\pi x}{2} + \frac{1}{3}\sin\frac{3\pi x}{2} - \cdots\right) \tag{1}$$

위 식의 양변을 $0 \sim x$까지 정적분을 행하고 2를 곱하면 아래를 얻는다.

$$x^2 = C - \frac{16}{\pi^2}\left(\cos\frac{\pi x}{2} - \frac{1}{2^2}\cos\frac{2\pi x}{2} + \frac{1}{3^2}\cos\frac{3\pi x}{2} - \cdots\right) \tag{2}$$

여기서 상수

$$C = \frac{16}{\pi^2}\left(1 - \frac{1}{2^2} + \frac{1}{3^2} - \frac{1}{4^2} + \cdots\right)$$

여기서 상수 C는 다른 방법으로 구해질 수도 있다. 그림 4.2 혹은 4.3에서 주기 $2L = 4$(즉 $L = 2$)이므로 식 (2)의 우함수 x^2의 푸리에 코사인 급수의 계수 a_n(단 $b_n = 0$ 됨)은 식 (4.18)에 의해 주어지므로, 여기서 $n = 0$인 a_0는 $a_0 = \frac{2}{L}\int_0^L x^2 \cos 0\, dx = \int_0^2 x^2\, dx = \frac{8}{3}$가 되므로 식 (2)의 $C = \frac{a_0}{2} = \frac{4}{3}$가 된다. 마지막으로 식 (2)에서 $x = 0$으로 두면 우변의 괄호안의 항은 $1 - \frac{1}{2^2} + \frac{1}{3^2} - \frac{1}{4^2} + \cdots = \sum_{n=1}^{\infty}\frac{(-1)^{n-1}}{n^2}$가 되므로 아래가 얻어진다.

$$\sum_{n=1}^{\infty}\frac{(-1)^{n-1}}{n^2} = \frac{\pi^2}{16} \times C = \frac{\pi^2}{16} \times \frac{4}{3} = \frac{\pi^2}{12} \tag{3}$$

한편 $C = 4/3$ 값을 식 (2)에 대입하고, 정리하면 x^2에 대한 푸리에 (코사인)급수는 아래와 같이 다시 쓸 수 있다.

$$x^2 = \frac{4L^2}{\pi^2}\left[\frac{\pi^2}{12} - \sum_{n=1}^{\infty}\frac{(-1)^{n+1}}{n^2}\cos\frac{n\pi x}{L}\right] \quad (\text{단 } L = 2) \tag{4}$$

4.1.3 푸리에 급수의 수렴성과 Parseval 정리

다음 장에서 다룰 상미방의 Sturm-Liouville(SL) 문제에 관련된 고유함수 전개의 수렴성은 이 장에서 논의하는 푸리에 급수의 수렴성과 유사한 점이 많다. 앞 절에서 급수의 수렴성에 관한 Dirichlet 조건에 대하여 간단히 논의한 바 있지만, 여기서 푸리에 급수의 수렴성을 Parseval의 정리와 함께 다시 한 번 살펴보고자 한다.

먼저, 평균에서의 수렴성질을 조사해보자. 지금 $S_N(x)$를 아래와 같이 $f(x)$의 푸리에 급수전개 (식 (4.15))의 N항의 부분합이라고 하자.

$$S_N(x) = \frac{a_0}{2} + \sum_{n=1}^{N}\left(a_n \cos\frac{n\pi x}{L} + b_n \sin\frac{n\pi x}{L}\right) \tag{4.32}$$

$f(x)$와 근사값 $S_N(x)$의 평균제곱오차는

$$D_N^2 = \int_{-L}^{L}[f(x) - S_N(x)]^2\,dx$$

$$= \int_{-L}^{L} f^2(x)\,dx - 2\int_{-L}^{L} f(x)S_N(x)\,dx + \int_{-L}^{L} S_N^2(x)\,dx \ge 0 \tag{4.33}$$

이지만,

$$\int_{-L}^{L} f(x)S_N(x)\,dx = \int_{-L}^{L} f(x)\left[\frac{a_0}{2} + \sum_{n=1}^{N}\left(a_n \cos\frac{n\pi x}{L} + b_n \sin\frac{n\pi x}{L}\right)\right]dx$$

이다.

a_n과 b_n의 정의(식 (4.16))를 이용하면, 다음의 결과를 얻을 수 있다.

$$\int_{-L}^{L} f(x)S_N(x)\,dx = \frac{L a_0^2}{2} + L\sum_{n=1}^{N}(a_n^2 + b_n^2) \tag{4.34}$$

구간 $[-L, L)$에서 집합 $\left\{\sin\frac{n\pi x}{L}, \cos\frac{n\pi x}{L}\right\}$의 직교성(4.1절 참조)을 이용한 결과는 다음과 같다.

$$\int_{-L}^{L} S_N^2(x)\,dx = \frac{L a_0^2}{2} + L\sum_{n=1}^{N}(a_n^2 + b_n^2) \tag{4.35}$$

식 (4.34)와 (4.35)를 식 (4.33)에 대입하면

$$\frac{1}{L}\int_{-L}^{L} f^2(x)\,dx \ge \frac{a_0^2}{2} + \sum_{n=1}^{N}(a_n^2 + b_n^2) \tag{4.36}$$

의 결과를 얻는다. 식 (4.36)의 좌변은 N에 관하여 독립이기 때문에, 다음과 같은 Bessel 부등식을 얻을 수 있다.

$$\frac{1}{L}\int_{-L}^{L} f^2(x)\,dx \geq \frac{a_0^2}{2} + \sum_{n=1}^{\infty}(a_n^2 + b_n^2) \tag{4. 37}$$

우변은 감소하지 않고 경계를 가지고 있기 때문에, 이 급수는 필수적으로 수렴한다. 따라서 다음과 같은 결론을 얻는다.

$$\lim_{n\to\infty} a_n = 0 \ \text{와} \ \lim_{n\to\infty} b_n = 0 \tag{4. 38}$$

더욱이

$$\lim_{N\to\infty}\int_{-L}^{L}[f(x) - S_N(x)]^2\,dx = 0 \tag{4. 39}$$

라 가정하면, 푸리에 급수는 평균에서 $f(x)$에 수렴하고, 다음과 같은 'Parseval 등식'을 얻을 수 있다(때로는 'Parseval 정리'라 부르기도 한다).

$$\frac{1}{L}\int_{-L}^{L} f^2(x)\,dx = \frac{a_0^2}{2} + \sum_{n=1}^{\infty}(a_n^2 + b_n^2) \tag{4. 40}$$

집합 $\left\{\sin\frac{n\pi x}{L}, \cos\frac{n\pi x}{L}\right\}$는 $f(x)$에 대하여 '완전(complete)하다'고 말한다. (주기)함수 $f(x)$의 푸리에 급수가 평균에서 $f(x)$에 수렴할 조건은 구간 $[-L, L)$에서 $f(x)$가 구분적 연속(piecewise continuous)이라는 것이다.

예제 4. 4

(a) 예제 4.3(b)의 푸리에 (코사인)급수에 대응하는 Parseval의 등식(식 (4.40))을 써라.

(b) (a)의 결과로부터 수렴성 무한급수 $\frac{1}{1^4} + \frac{1}{2^4} + \frac{1}{3^4} + \cdots + \frac{1}{n^4} + \cdots$ $[= \zeta(4)$, 여기서 ζ는 zeta 함수]의 합 S를 구하라.

풀 이

(a) 예제 4.3(b)에서 $f(x) = x^2(0 < x < 2)$, 주기 $2L = 4$(즉 $L = 2$), 계수 $a_0 = 2$, $a_n(n \neq 0) = \frac{4}{n^2\pi^2}(\cos n\pi - 1)$, $b_n = 0$이다. 그러면 구간 $(-2, 2)$에서의 푸리에 급수에 대응하는 Parseval 등식은 식 (3.40)에서 아래가 된다(단 $L = 2$ 대입).

$$\frac{1}{2}\int_{-2}^{2}\{f(x)\}^2dx = \frac{1}{2}\int_{-2}^{2}x^2dx = \frac{(2)^2}{2} + \sum_{n=1}^{\infty}\frac{16}{n^4\pi^4}(\cos n\pi - 1)^2$$

혹은

$$\frac{8}{3} = 2 + \frac{64}{\pi^4}\left(\frac{1}{1^4} + \frac{1}{3^4} + \frac{1}{5^4} + \cdots\right), \text{ 즉 } \frac{1}{1^4} + \frac{1}{3^4} + \frac{1}{5^4} + \cdots = \frac{\pi^4}{96}$$

(b) $S = \frac{1}{1^4} + \frac{1}{2^4} + \frac{1}{3^4} + \cdots = \left(\frac{1}{1^4} + \frac{1}{3^4} + \frac{1}{5^4} + \cdots\right) + \left(\frac{1}{2^4} + \frac{1}{4^4} + \frac{1}{6^4} + \cdots\right)$

$$= \left(\frac{1}{1^4} + \frac{1}{3^4} + \frac{1}{5^4} + \cdots\right) + \frac{1}{2^4}\left(\frac{1}{1^4} + \frac{1}{2^4} + \frac{1}{3^4} + \cdots\right)$$

$$= \frac{\pi^4}{96} + \frac{S}{16}$$

이로부터 $S = \frac{\pi^4}{90}$

Parseval 정리는 위 예제에서 본 바와 같은 정수들의 동일 차수의 합(소위 zeta 함수$\zeta(n)$)을 구하는 외에도, 훌륭한 물리적 해석을 가진다. 가령 $I(t)$가 저항 R을 통해 흐르는 전류라고 가정하면, 생성되는 전력은 I^2R이다. 만약 $I(t)$가 시간에 따라 주기적으로 변한다고 한다면, 이 때 $I^2(t)R$는 생성되는 순간 전력이고, 한 주기 동안 생성되는 평균 전력은 다음과 같이 주어진다.

$$W_{\text{ave}} = \text{평균 전력} = \frac{1}{2\tau}\int_{-\tau}^{\tau}I^2(t)R\,dt \tag{4.41}$$

여기서, 2τ는 주기를 의미한다. 이제 $I(t)$가 푸리에 급수

$$I(t) = \frac{a_0}{2} + \sum_{n=1}^{\infty}\left(\cos\frac{n\pi t}{\tau} + b_n\sin\frac{n\pi t}{\tau}\right) \tag{4.42}$$

로 주어진다고 가정하자. 식 (4.42)를 식 (4.41)에 대입하면, 사인항과 코사인항의 곱의 적분은 소멸되기 때문에 다음과 같은 최종 결과를 얻을 수 있다(식 (4.40) 참조).

$$\frac{W_{\text{ave}}}{R} = \frac{a_0^2}{4} + \frac{1}{2}\sum_{n=1}^{\infty}(a_n^2 + b_n^2) \tag{4.43}$$

우변의 양을 전류의 '전력 스펙트럼(power spectrum)'이라 부르고, 물리적으로는 전력은 $I(t)$의 각

주파수 성분에 의해 생성됨을 의미하는 것이다.

4. 1. 4 푸리에 급수와 상미분방정식

푸리에 급수는 상수 계수를 갖는 선형 비동차(혹은 비제차) 미분방정식을 풀기 위해서 자주 사용된다. 예를 들어, 경계조건 $y(0)=y(L)=0$을 갖는 다음의 2계상 미분방정식을 생각하자.

$$y''(x)+y(x)=f(x) \quad 0\le x\le L \tag{4.44}$$

이 미방의 일반해를 구하는 방법에 대해서는 부록 D.2절에 간단히 나타내었지만, 여기서는 앞에서 소개한 푸리에 급수를 이용하여 식 (4.44)를 풀기 위해서는, 먼저 $f(x)$의 푸리에 급수 표현

$$f(x)=\frac{a_0}{2}+\sum_{n=1}^{\infty}\left(a_n\cos\frac{n\pi x}{L}+b_n\sin\frac{n\pi x}{L}\right) \tag{4.45}$$

을 식 (4.15) - (4.17)을 사용하여 구한다. 이제, $y(x)$의 푸리에 급수 표현은 다음과 같이 쓸 수 있다.

$$y(x)=\frac{A_0}{2}+\sum_{n=1}^{\infty}\left(A_n\cos\frac{n\pi x}{L}+B_n\sin\frac{n\pi x}{L}\right) \tag{4.46}$$

여기서, A_n과 B_n은 결정해야 할 값들이다. 식 (4.46)과 (4.45)를 식 (4.44)에 대입하면 다음의 결과를 얻을 수 있다.

$$\begin{aligned}&\frac{A_0}{2}+\sum_{n=1}^{\infty}A_n\left(1-\frac{n^2\pi^2}{L^2}\right)\cos\frac{n\pi x}{L}+B_n\left(1-\frac{n^2\pi^2}{L^2}\right)\sin\frac{n\pi x}{L}\\&\quad=\frac{a_0}{2}+\sum_{n=1}^{\infty}\left(a_n\cos\frac{n\pi x}{L}+b_n\sin\frac{n\pi x}{L}\right)\end{aligned} \tag{4.47}$$

식 (4.47)로부터 쉽게 다음의 결과를 얻는다.

$$A_n=\frac{a_nL^2}{L^2-n^2\pi^2} \text{과 } B_n=\frac{b_nL^2}{L^2-n^2\pi^2} \qquad n=0,\ 1,\ \cdots \tag{4.48}$$

여기서 $L\neq n\pi$이다. 식 (4.48)은 단지 식 (4.44)의 경우에만 유효하다는 것을 명심하자.

아직 고려해야 할 경계조건이 남아 있다. 계수 a_n과 b_n은 $f(x)$로부터, 구체적으로는 구간 $[-L,0)$에서 $f(x)$를 앞 절에서 소개한 반구간 확장을 사용하여 전개하는 방법으로부터 결정된

다. 즉 구간 $[-L, L]$에서 기함수인 $f(x)$를 전개하면 $a_n = 0$이고, 우함수인 $f(x)$를 전개하면 $b_n = 0$이다. 모든 $A_n = 0$인 경우에 식 (4.46)의 $y(x)$가 경계조건 $y(0) = y(L) = 0$을 만족할 것이다; 이것은 모든 $a_n = 0$인 경우에 만족하기 때문이다. 따라서 식 (4.45)의 푸리에 급수를 구하기 위하여 $f(x)$의 기함수 확장을 선택한다. 그러면,

$$y(x) = \sum_{N=1}^{\infty} \frac{b_n L^2}{L^2 - n^2\pi^2} \sin\frac{n\pi x}{L} \tag{4. 49}$$

는 식 (4.44)와 경계조건 $y(0) = y(L) = 0$을 만족한다.

예제 4. 5

푸리에 급수를 이용하여 다음의 2계 상미분 방정식을 푸시오.

$$y''(x) + y(x) = x \qquad 0 \le x \le L$$

주어진 경계조건은 $y(0) = y(L) = 0$이다.

풀 이

사인 급수를 사용한다면 경계조건을 만족할 것이다. 따라서 $f(x) = x$의 반구간 기함수 확장을 사용할 것이다. 즉

$$f_0(x) = \begin{cases} x & -L \le x \le 0 \\ x & 0 \le x \le L \end{cases}$$

그러면 $f_0(x)$의 푸리에(사인) 계수는 예제 4.3(a)의 결과인 b_n식에 $L=2$ 대신 $L=L$로 두고, $\cos n\pi = (-1)^n$을 이용하면 아래를 얻는다.

$$b_n = \frac{2}{L}\int_0^L x\sin\frac{n\pi x}{L}\,dx = \frac{(-1)^{n+1}2L}{n\pi}$$

이므로, $y(x)$의 푸리에 계수는 (식 (4.48))

$$B_n = \frac{(-1)^{n+1}2L^3}{n\pi(L^2 - n^2\pi^2)}$$

이고, 해 $y(x)$는 다음과 같이 주어진다.

$$y(x) = \frac{2L^3}{\pi}\sum_{n=1}^{\infty}\frac{(-1)^{n+1}}{n(L^2 - n^2\pi^2)}\sin\frac{n\pi x}{L}, \quad L \ne n\pi$$

만약 예제 4.5의 경계조건이 $y'(0)=y'(L)=0$이었다고 가정하자. 이 경우에는 $x=0$과 $x=L$에서 $\cos n\pi/L$의 미분값이 0이기 때문에, 우함수인 코사인 급수로 $f(x)$를 표현해야 할 것이다. 따라서, 위 예제에서 $f(x)$의 반구간 우함수 확장을 사용해야 할 것이다.

한편 공학에서 푸리에 급수의 응용에 자주 이용되는 두 대표적인 2계 상미방으로서는 아래에 나타낸 역학계(mechanical system)(그림 4.4)와 전기계(electrical system)(그림 4.5)에 관련된 것이다.

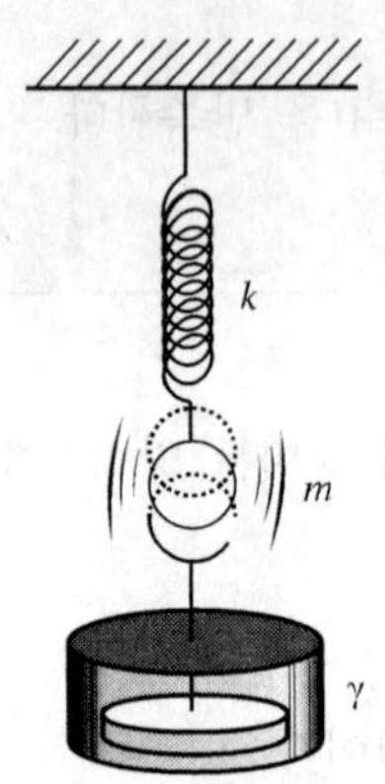

그림 4. 4 질량 m인 물체(쇠공)와 스프링 상수 k인 용수철과 점성(감쇠)상수 γ로 이루어진 역학계.

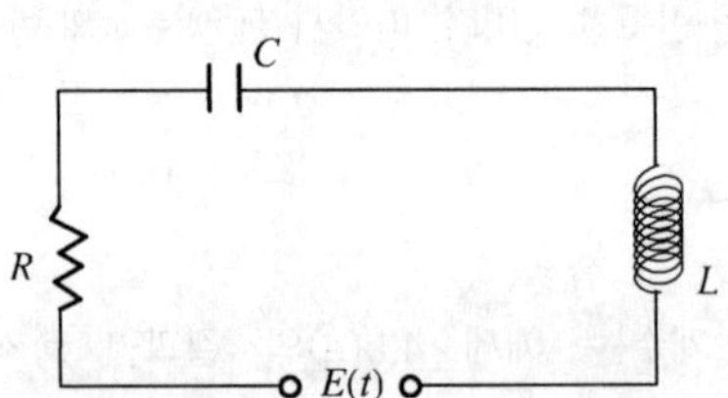

그림 4. 5 전기 저항 R, 용량 C 및 인덕턴스 L로 이루어진 폐회로에 대한 전체 전압(전위차)이 E인 전기계.

각각에 대응하는 2계 상미분 방정식은 아래와 같다.

$$m\ddot{y}+\gamma\dot{y}+ky=F(t) \quad (\text{역학계}) \tag{4. 50}$$

여기서 $y(t)$는 시간 t에서 변위, m은 물체(쇠공)의 질량, γ는 매질의 감쇠(점성) 상수, 그리고 k는 용수철(spring) 상수이며, 또한 $F(t)$는 계에 작용하는 외력(external force)이다.

$$L\ddot{I}+R\dot{I}+\frac{1}{C}I=\dot{E}(t) \quad (\text{전기계}) \tag{4. 51}$$

여기서 $I(t)$는 시간 t에서 전류(즉 $I=\dot{Q}$, 여기서 Q는 전하량), R은 저항, C는 용량(capacitance), L은 인덕턴스(inductance)이고, $E(t)$는 그림 4.5의 (Kirchhoff) 폐회로에 대한 전체 전압이다. [비고 : 이 식은 그림 4.5의 각 회로에 대한 전압(v)이 $v_R=IR$, $v_C=Q/C$ 그리고 $v_L=L\dot{I}$이며 폐회로의 전체 전위차(전압) $E(t)$에 관한 Kirchhoff 법칙 즉 $E(t)=v_R+v_C+v_L$에서 온 것이다.]

그러면 여기서 먼저 역학계 즉 질량이 m인 물체가 용수철 상수가 k인 용수철에 매달려 점성 매질 속에서 움직이는 경우를 생각하자(그림 4.4 참조). 물체에 작용하는 점성력이 물체의 속도에 반대 방향이 아니라 비례한다고 가정하면, 이 물체의 운동 방정식은 다음과 같다(식 (4.50) 참조).

$$m\frac{d^2x}{dt^2}+\gamma\frac{dx}{dt}+kx=F(t) \tag{4. 52}$$

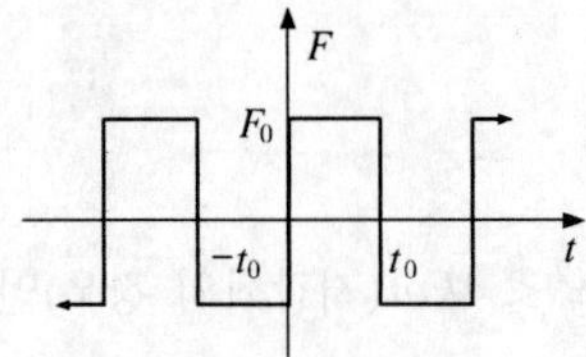

그림 4. 6 다음과 같이 정의되는 주기적인 외력함수

by $F(t)=\begin{cases}-F_0 & -t_0\le t\le 0\\ F_0 & 0\le t\le t_0\end{cases}$ 이며, $F(t+2t_0)=F(t)$를 만족한다.

여기서, $x(t)$는 물체의 평형점에서의 변위를 나타내고, $F(t)$는 물체에 작용하는 외력을 나타낸다. 이제 $F(t)$가 그림 4.6과 같은 주기 함수라 가정하자. 수학적으로는,

$$F(t)=\begin{cases}-F_0 & -t_0\le t\le 0\\ F_0 & 0\le t\le t_0\end{cases}$$

이며, $F(t)=F(t+2t_0)$를 만족한다.

식 (4.52)를 풀기 위하여, 먼저 $F(t)$를 푸리에 급수로 표현하자.

$$F(t)=\frac{4F_0}{\pi}\sum_{n=1}^{\infty}\frac{1}{2n-1}\sin(2n-1)\omega t \tag{4. 53}$$

여기서, $\omega=2\pi/T=\pi/t_0$(여기서 주기 $T=2t_0$임)는 $F(t)$의 진동수이다. 따라서,

$$F(t)=\sum_{n=1}^{\infty}b_n\sin\omega_n t \tag{4. 54}$$

여기서,

$$b_n = \frac{4F_0}{(2n-1)\pi},\ \omega_n = (2n-1)\omega \quad n = 1,\ 2,\ \cdots \tag{4. 55}$$

식 (4.52)가 선형이기 때문에 해 $x(t)$는 각 항들의 중첩(superposition)으로 나타난다. 여기서 각 항 $x_n(t)$는 다음 방정식의 해이다.

$$m\frac{d^2x_n}{dt^2} + \gamma\frac{dx_n}{dt} + kx_n = b_n \sin\omega_n t \tag{4. 56}$$

따라서 이제 식 (4.56)을 풀기만 하면 식 (4.52)의 해는 아래로 주어진다.

$$x(t) = \sum_{n=1}^{\infty} x_n(t) \tag{4. 57}$$

이제 식 (4.52)로 돌아가자. 만약 $\gamma^2 < 4km$(저감쇠의 경우)인 일반적인 경우에는 식 (4.56)의 해는 다음과 같다.

$$x_n(t) = e^{-\gamma t/2m}(c_1 \sin\Omega t + c_2 \cos\Omega t) + C_n \sin(\omega_n t + \phi_n) \tag{4. 58}$$

여기서 $\Omega = (4km - \gamma^2)^{1/2}/2m$이고, C_n과 ϕ_n은 b_n, ω, m과 γ에 의존하는 상수들이다. 식 (4.58)의 처음 두 항은 식 (4.56)의 제차해이고 세 번째 항은 특수해이다. 감쇠인자 $e^{-\gamma t/2m}$에 의하여 $t \gg 2m/\gamma$의 시간이 지나면 식 (4.58)의 처음 두 항은 무시할 수 있기 때문이다.

$$x_n(t) \approx C_n \sin(\omega_n t + \phi_n) \qquad t \gg 2m/\gamma \tag{4. 59}$$

이다. 제차해를 일시적 항(transient term)이라 하고, 식 (4.59)로 주어지는 특수해를 안정 주기 항(steady periodic term)이라 한다. 물리적인 관점에서 외력 $b_n \sin\omega_n t$가 적용되는 경우에는 초기 시스템 응답은 복잡하지만 시간($t \gg 2m/\gamma$)이 흐른 후에는 시스템이 안정화 된다. 그리고 하나의 외력 항이 존재하는 경우에는 위상 요소 ϕ_n을 가지게 되지만 외력의 진동수와 같은 진동수의 응답을 가지게 된다. 일반적으로 가장 관심을 갖는 것이 이러한 안정 주기 응답이다.

여기서 안정 주기 응답은 식 (4.59)를 식 (4.56)에 대입함으로써 결정 할 수 있다. 즉

$$x_n^{sp}(t) = -\frac{1}{\left[(m\omega_n^2 - k)^2 + \gamma^2\omega_n^2\right]^{1/2}} \frac{4F_0}{(2n-1)\pi} \sin(\omega_n t + \phi_n) \tag{4. 60}$$

여기서

$$\phi_n = \tan^{-1} \frac{\gamma \omega_n}{m\omega_n^2 - k} \tag{4.61}$$

식 (4.60)은 식 (4.53)의 임의의 항에 대한 응답이다. 중첩의 원리를 이용하여 주기적인 외력 항이 적용되는 경우의 완전한 안정 주기 해는 다음과 같이 구할 수 있다.

$$x^{sp}(t) = \sum_{n=1}^{\infty} x_n^{sp}(t) = -\frac{4F_0}{\pi} \sum_{n=1}^{\infty} \frac{1}{\left[(m\,\omega_n^2 - k)^2 + \gamma^2 \omega_n^2\right]^{1/2}} \frac{\sin(\omega_n t + \phi_n)}{2n-1} \tag{4.62}$$

여기서 $m=1,\ \gamma=1/10,\ k=9$와 $\omega=1$인 경우의 $x^{sp}(t)$는 식 (4.62)로부터 아래가 된다.

$$x^{sp}(x) = -\frac{4F_0}{\pi}[0.125\sin(t-0.0125) + 1.11\sin(3t+1.57) \\ + 0.0125\sin(5t+0.0312) + \cdots] \tag{4.63}$$

이 식을 보면 $x^{sp}(t)$는 매 10초 동안 약 다섯 번의 진동을 하기 때문에, 약 2초의 주기($\tau \fallingdotseq 2$)를 갖고 있음에 주목하자. 따라서, 진동수는 $\omega = 2\pi/\tau \approx 3$이다. 이 경우 외력의 진동수는 $\omega = 1$이므로 안정 주기 응답의 진동수는 ω에 3배 정도이다. 그 이유는 다음과 같다. 식 (4.53)은 외력을 $\omega_n = (2n-1)_\omega$의 진동수를 갖는 조화 항들의 합으로써 표현할 수 있음을 보여주고 있다. 또한 식 (4.63)은 이러한 조화 항에 해당하는 각각의 역학계에 대한 응답을 나타내고 있다. 우리가 선택해야 하는 계수는 다른 항들의 계수보다 매우 큰 값을 갖는 $\sin(3t+1.57)$ 항의 계수, $1/(2n-1)\left[(m\omega_n^2-k)^2+\gamma^2\omega_n^2\right]^{1/2}$이다. 이것은 $\omega_n \approx (k/m)^{1/2} = 3$ 또는 $\omega = 1$의 세 배인 ω_3인 경우에 해당된다. 따라서 외력의 조화 성분들 중 이 항이 다른 항들보다 지배적이다. 만약 $m=4,\ \gamma=1/10,\ k=98$과 $\omega=1$을 선택한다면, 식 (4.63)의 세 번째 항이 가장 지배적일 것이다.

예제 4.6

그림 4.4에 주어진 역학계 모형에서 $m=1(\text{g}),\ k=25(\text{g/s}^2)$ 및 $\gamma=0.02(\text{g/s})$라 하면, 여기에 대응하는 운동방정식은 식 (4.50)에서 아래가 된다.

$$\ddot{y} + 0.02\,\dot{y} + 25y = F(t) \tag{1}$$

이때 외력 $F(t)$가 구간 $-\pi < t < \pi$에서 아래의 (주기)함수[즉 바깥의 주기 $T=2L=2\pi$(즉 $L=\pi$) 임]로 주어진다고 하자.

$$F(t)=\begin{cases} t+\dfrac{\pi}{2} & (-\pi<t<0) \\ -t+\dfrac{\pi}{2} & (0<t<\pi) \end{cases} \tag{2}$$

그러면 미방 식 (1)의 해를 푸리에 급수법을 사용하여 구해보아라.

풀 이

먼저 외력 $F(t)$의 푸리에 급수는 $L=\pi$이므로 식 (4.20)에서 아래가 된다.

$$F(t)=\frac{a_0}{2}+\sum_{n=1}^{\infty}(a_n\cos nt+b_n\sin nt) \tag{3}$$

여기서 식 (4.21)에 의해 푸리에 계수를 구하면

$$a_0=\frac{1}{\pi}\int_{-\pi}^{\pi}F(t)dt=2\times\frac{1}{\pi}\int_0^{\pi}\left(-t+\frac{\pi}{2}\right)dt\ \ (\because\ F(t)\text{가 우함수})=\frac{2}{\pi}\left[-\frac{1}{2}t^2+\frac{\pi}{2}t\right]_0^{\pi}=0 \tag{4}$$

$$a_n=\frac{1}{\pi}\int_{-\pi}^{\pi}F(t)dt\cos ntdt=2\times\frac{1}{\pi}\int_0^{\pi}\left(-t+\frac{\pi}{2}\right)\cos ntdt=\begin{cases}0 & (n=\text{짝수})\\ \dfrac{4}{\pi n^2} & (n=\text{홀수})\end{cases} \tag{5}$$

$$b_n=\frac{1}{\pi}\int_{-\pi}^{\pi}F(t)\sin ntdt=0\ \ (\because\text{우함수}\times\text{기함수}=\text{기함수}) \tag{6}$$

따라서, 이 계수들을 식 (3)에 대입하면, $F(t)$의 푸리에 급수는

$$F(t)=\frac{4}{\pi}\cos t+\frac{4}{\pi\cdot 3^2}\cos 3t+\frac{1}{\pi\cdot 5^2}\cos 5t+\cdots \tag{7}$$

이것을 운동방정식(식 (1))에 대입하면

$$\ddot{y}+0.02\dot{y}+25y=\frac{4}{\pi}\cos t+\frac{4}{\pi\cdot 3^2}\cos 3t+\frac{4}{\pi\cdot 5^2}\cos 5t+\cdots \tag{8}$$

y도 중첩원리에 의하여 $y=y_1+y_3+y_5+\cdots$이라고 가정하고 y 대신에 대입하면

$$(\ddot{y}_1+0.02\dot{y}_1+25y_1)+(\ddot{y}_3+0.02\dot{y}_3+25y_3)+(\ddot{y}_5+0.02\dot{y}_5+25y_5)+\cdots$$

$$=\frac{4}{\pi}\cos t+\frac{4}{\pi\cdot 3^2}\cos 3t+\frac{4}{\pi\cdot 5^2}\cos 5t+\cdots \tag{9}$$

그러므로

$$\ddot{y}_1+0.02\dot{y}_1+25y_1=\frac{4}{\pi}\cos t$$

$$\ddot{y}_3+0.02\dot{y}_3+25y_3=\frac{4}{\pi\cdot 3^2}\cos 3t$$

$$\vdots$$

$$\ddot{y}_n+0.02\dot{y}_n+25y_n=\frac{4}{\pi\cdot n^2}\cos nt$$

$$\vdots$$

의 해 $y_1, y_3, \cdots, y_n, \cdots$을 구해서 더하면 y를 구할 수 있다. 한편

$$\ddot{y}_n+0.02\dot{y}_n+25y_n=\frac{4}{\pi\cdot n^2}\cos nt \tag{10}$$

의 정상상태의 (특수)해 $y_p(t)$는 상미방에 대한 미정계수법을 이용하여 구하면

$$y_n=A_n\cos nt+B_n\sin nt$$

$$\left(\text{여기서 } A_n=\frac{4(25-n^2)}{n^2\pi D},\ B_n=\frac{0.08}{n\pi D},\ D=(25-n^2)^2+(0.02n)^2\right) \tag{11}$$

$$=C_n\cos(nt-\delta_n)$$

$$\left(\text{여기서 } C_n=\sqrt{A_n^2+B_n^2}=\frac{4}{n^2\pi\sqrt{D}},\ \tan\delta_n=\frac{B_n}{A_n}=\frac{0.08n}{4(25-n^2)}\right) \tag{12}$$

따라서, 주어진 미분방정식의 해 y는

$$y=y_1+y_3+y_5+\cdots=C_1\cos(t-\delta_1)+C_3\cos(3t-\delta_3)+C_5\cos(5t-\delta_5)+\cdots \tag{13}$$

여기서 식 (12)에 의해 계수 C_n의 값을 구해보면

$$C_1=0.0530,\ C_3=0.0088,\ C_5=0.51100,\ C_7=0.0011,\ C_9=0.0003\cdots$$

따라서 식 (13)의 우변항 중 $C_5\cos(5t-\delta_5)$ 항이 지배적임을 알 수 있다(아래 그림 참조). 미방 식 (1)의 해 $y(t)$(식 (13))을 원 입력(input) 함수 $F(t)$에 대비하여 그림으로 나타내면 아래가 된다.

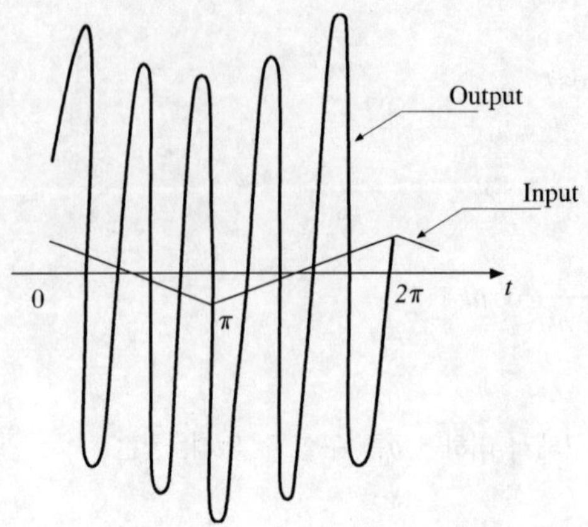

그림 4. 7 예제 4.6에 사용된 그림.

위 그림으로부터 입력($F(t)$) 주기 $T=2\pi$로 물체(쇠공)를 진동시키는데, 실제 물체($y(t) \simeq y_5(t)$)는 이 주기의 1/5의 주기로 진동하며, 진폭도 매우 큼을 알 수 있다.

4. 1. 5 비주기함수에 대한 푸리에 적분

만약 어떤 함수$f(x)$가 전 구간에서 비주기(non-periodic) 함수(예제 4.7의 그림 4.8 참조)라면, 원래의 주기함수(가령 삼각함수)나 아니면 반구간 확장법에 의해 주기함수화된 한정된 구간에서만 정의된 비주기함수(예제 4.3 참조)의 경우처럼 식 (4.15)나 (4.20)의 형태로 푸리에 급수전개를 만들 수는 없다. 그러나 실제 계산시 이를 어떤 주기 $T(=2L)$를 갖는 주기함수라고 가정하여 식 (4.15)의 형태로 푸리에 급수를 구한 다음, 구한 푸리에 급수의 주기를 ∞로 만들면 가능하다.

푸리에 적분: 전 구간에서 비주기함수 $f(x)$는 식 (4.15) 형태의 푸리에 급수전개 대신 아래 식과 같이 '푸리에 적분(Fourier integral)'으로 나타내진다.

$$f(x) = \int_0^{\infty} [A(\omega)\cos\omega x + B(\omega)\sin\omega x]\,d\omega \tag{4. 64}$$

$$A(\omega) = \frac{1}{\pi}\int_{-\infty}^{\infty} f(v)\cos\omega v dv,\ B(\omega) = \frac{1}{\pi}\int_{-\infty}^{\infty} f(v)\sin\omega v dv \tag{4. 65}$$

증 명 지금 비주기함수 $f(x)$를 주기 $T=2L$을 갖는 주기함수 $f_L(x)$라 가정하여 식 (4.15)-(4.16)에 의하여 푸리에 급수를 구하면 아래를 얻는다.

$$f_L(x) = \frac{a_0}{2} + \sum_{n=1}^{\infty} (a_n \cos \omega_n x + b_n \sin \omega_n x), \ \omega_n = \frac{n\pi}{L} \tag{1}$$

$$a_n = \frac{1}{L} \int_{-L}^{L} f_L(v) \cos \omega_n v dv \ \ (n = 0, 1, 2, \cdots) \tag{2}$$

$$b_n = \frac{1}{L} \int_{-L}^{L} f_L(v) \sin \omega_n v dv \ \ (n = 0, 1, 2, 3, \cdots) \tag{3}$$

그러면 식 (2) 및 (3)으로 주어진 푸리에 계수들을 식 (1)에 대입하면 아래를 얻는다.

$$f_L(x) = \frac{1}{2L} \int_{-L}^{L} f_L(v) dv + \frac{1}{L} \sum_{n=1}^{\infty} \left[\cos \omega_n x \int_{-L}^{L} f_L(v) \cos \omega_n v dv \right.$$
$$\left. + \sin \omega_n x \int_{-L}^{L} f_L(v) \sin \omega_n v dv \right] \tag{4}$$

여기서 $\Delta\omega = \omega_{n+1} - \omega_n = \dfrac{(n+1)\pi}{L} - \dfrac{n\pi}{L} = \dfrac{\pi}{L}$라 두어 위 식에서 $\dfrac{1}{L} = \dfrac{\Delta\omega}{\pi}$를 대입하면 아래를 얻는다.

$$f_L(x) = \frac{1}{2L} \int_{-L}^{L} f_L(v) dv + \frac{1}{\pi} \sum_{n=1}^{\infty} \left[\cos \omega_n x \int_{-L}^{L} f_L(v) \cos \omega_n v dv \right.$$
$$\left. + \sin \omega_n x \int_{-L}^{L} f_L(v) \sin \omega_n v dv \right] \Delta\omega \tag{5}$$

그러면 위 식의 양변에 $L \to \infty$의 극한을 취하고 $\lim_{L \to \infty} f_L(x) = f(x)$[여기서 $f(x)$는 원래의 전 구간에서 정의된 주기 $2L \to \infty$ 즉 비주기함수임]로 두면 아래와 같이 우변의 무한급수의 합은 정적분으로 표현된다[단 $L \to \infty$이면 $\dfrac{1}{L} = \dfrac{\Delta\omega}{\pi}$에서 $\Delta\omega \to 0$(이때 $\omega_n \to \omega$)가 되어 $\lim_{\Delta\omega \to 0} \dfrac{1}{\pi} \sum_{n=1}^{\infty} [\cdots]\Delta\omega = \dfrac{1}{\pi} \int_0^{\infty} [\cdots] d\omega$가 됨을 이용한다].

$$f(x) = \frac{1}{\pi} \int_0^{\infty} [\cos \omega x \int_{-\infty}^{\infty} f(v) \cos \omega v dv + \sin \omega x \int_{-\infty}^{\infty} f(v) \sin \omega v dv] d\omega \tag{6}$$

여기서 식 (5)의 우변의 첫째항이 없어진 것은 $L \to \infty$의 극한을 취했기 때문이다. 그러면 위 적분에서 아래와 같이 두면

$$\frac{1}{\pi}\int_{-\infty}^{\infty} f(v)\cos\omega v dv = A(\omega),\ \frac{1}{\pi}\int_{-\infty}^{\infty} f(v)\sin\omega v dv = B(\omega) \tag{7}$$

요구되는 식 (4.64)가 얻어져 증명된다. ■

예제 4. 7

아래 그림에 나타낸 바와 같이 전 구간에서 정의된 비주기함수인 단일 펄스(unit pulse)의 푸리에 적분을 구하라.

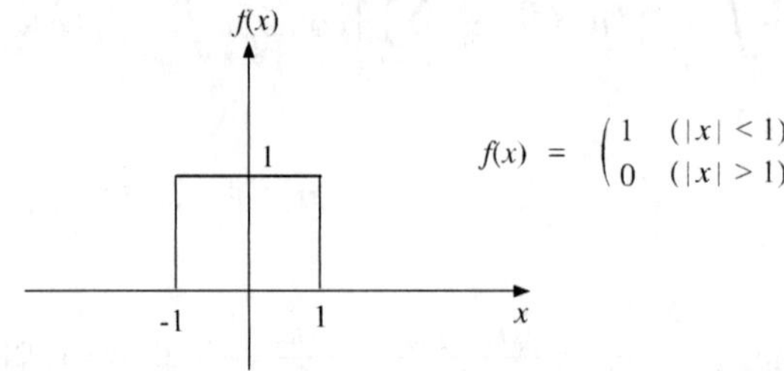

그림 4. 8 예제 4.7에 사용된 단일 펄스(unit pulse) 함수.

풀 이

위에서 정의된 $f(x)$를 식 (4.65)에 대입하여 푸리에 적분계수 A 및 B를 구하면 아래를 얻는다.

$$A(\omega) = \frac{1}{\pi}\int_{-\infty}^{\infty} f(v)\cos\omega v dv = \frac{1}{\pi}\int_{-1}^{1}\cos\omega v dv = \left.\frac{\sin\omega v}{\pi\omega}\right|_{-1}^{1} = \frac{2\sin\omega}{\pi\omega} \tag{1}$$

$$B(\omega) = \frac{1}{\pi}\int_{-\infty}^{\infty} f(v)\sin\omega v dv = \frac{1}{\pi}\int_{-1}^{1}\sin\omega v dv = 0 \ \ (\because \text{기함수}) \tag{2}$$

따라서 이들을 식 (4.64)에 대입하면 아래를 얻는다.

$$f(x) = \frac{2}{\pi}\int_{0}^{\infty}\frac{\sin\omega\cos\omega x}{\omega}d\omega \tag{3}$$

그런데 식 (3)은 $\frac{2}{\pi}\int_{0}^{a}\frac{\sin\omega\cos\omega x}{\omega}d\omega$를 $a\to\infty$로 한 것이라고 간주할 수 있다. 여기서 a 값을 작은 경우(가령 $a=8$)부터 시작하여 차차 증가(가령 $a=16$, $a=32$ 등)시켜가면 함수 $f(x)$의 그래프 모양이 점점 그림 4.7의 단일 펄스 모양에 가까워 짐을 확인할 수 있다.

그런데 주기함수의 푸리에 급수전개의 경우와 마찬가지로, 비주기함수의 푸리에 적분전개 경우에도 만약 $f(x)$가 우함수 또는 기함수인 경우에는 각각 아래와 같이 간략한 형태를 취한다(식 (4.18)과 (4.19) 참조).

(a) 만약 $f(x)$가 우함수이면 식 (4.64) 및 (4.65)는 아래가 된다.

$$A(\omega) = \frac{2}{\pi}\int_0^\infty f(v)\cos\omega v dv,\ B(\omega) = 0 \Rightarrow f(x)\int_0^\infty A(\omega)\cos\omega x dx \tag{4. 66}$$

(b) 만약 $f(x)$가 기함수이면 식 (4.64) 및 (4.65)는 아래가 된다.

$$A(\omega) = 0,\ B(\omega) = \frac{2}{\pi}\int_0^\infty f(v)\sin\omega v dv \Rightarrow f(x)\int_0^\infty B(\omega)\sin\omega x dx \tag{4. 67}$$

증 명 (a) 만약 비주기함수 $f(x)$가 우함수이면, 먼저 식 (4.65)에서 아래를 얻는다.

$$B(\omega) = \frac{1}{\pi}\int_{-\infty}^\infty f(v)\sin\omega v dv = 0(\because \text{우함수}\times\text{우함수}=\text{기함수}) \tag{1}$$

다음에는 우함수×우함수=우함수인 것과 우함수를 구간 $-a \sim a$까지 적분하는 것은 구간 $0 \sim a$에서의 적분값의 2배가 되는 것을 이용하면 식 (4.65)에서 아래를 얻는다.

$$A(\omega) = \frac{1}{\pi}\int_{-\infty}^\infty f(v)\cos\omega v dv = \frac{2}{\pi}\int_0^\infty f(v)\cos\omega v dv \tag{2}$$

따라서 식 (1) 및 (2)를 식 (4.64)에 대입하면 식 (4.66)의 맨 끝항을 얻어 증명된다. ■

(b) 만약 비주기함수 $f(x)$가 가함수인 경우에는 (a)에서 사용한 논리에 따라 쉽게 식 (4.67)을 증명할 수 있다. ■

복소 푸리에 적분: 드 므와브르 정리(식 (A.5))에 의해 $e^{i\omega x} = \cos\omega x + i\sin\omega x$가 되는 것을 이용하여 비주기(실)함수 $f(x)$에 대한 푸리에 적분 식 (4.64) - (4.65)로부터 복소 푸리에 적분공식을 얻는다.

$$f(x) = \int_{-\infty}^\infty C(\omega)e^{i\omega x}d\omega \tag{4. 68}$$

여기서

$$C(\omega)=\frac{1}{2\pi}\int_{-\infty}^{\infty}f(v)e^{i\omega v}dv \tag{4. 69}$$

증 명 실(비주기)함수 $f(x)$의 푸리에 적분은 식 (4.64)에서 아래가 된다.

$$f(x)=\int_{0}^{\infty}[A(\omega)\cos\omega x+B(\omega)\sin\omega x]d\omega \tag{1}$$

따라서 $\cos\omega x$와 $\sin\omega x$를 복소지수함수로 나타내면

$$f(x)=\int_{0}^{\infty}\left[A(\omega)\frac{1}{2}(e^{i\omega x}+e^{-i\omega x})+B(\omega)\frac{1}{2i}(e^{i\omega x}-e^{-i\omega x})\right]d\omega$$

$$=\int_{0}^{\infty}\left[\frac{1}{2}[A(\omega)-iB(\omega)]e^{i\omega x}+\frac{1}{2}[A(\omega)+iB(\omega)]e^{-i\omega x}\right]d\omega \tag{2}$$

또는 여기서 $C(\omega)=\frac{1}{2}[A(\omega)-iB(\omega)]$라고 정의하면 $C(\omega)$의 복소공역

$$\overline{C(\omega)}=\frac{1}{2}[A(\omega)+iB(\omega)]$$

그러므로

$$f(x)=\int_{0}^{\infty}[C(\omega)e^{i\omega x}+\overline{C(\omega)}\,e^{-i\omega x}]d\omega$$

$$=\int_{0}^{\infty}C(\omega)e^{i\omega x}d\omega+\int_{0}^{\infty}\overline{C(\omega)}\,e^{-i\omega x}d\omega \tag{3}$$

그런데

$$C(\omega)=\frac{1}{2}[A(\omega)-iB(\omega)]$$

$$=\frac{1}{2}\frac{1}{\pi}\int_{-\infty}^{\infty}f(v)\cos\omega v dv-\frac{i}{2}\frac{1}{\pi}\int_{-\infty}^{\infty}f(v)\sin\omega v dv$$

$$=\frac{1}{2\pi}\int_{-\infty}^{\infty}f(v)\left[\frac{1}{2}(e^{i\omega v}+e^{-i\omega v})-i\frac{1}{2i}(e^{i\omega v}-e^{-i\omega v})\right]dv$$

$$= \frac{1}{2\pi}\int_{-\infty}^{\infty} f(v)e^{-i\omega v}dv \tag{4}$$

그러므로 양변에 복소공액을 취하면

$$\overline{C(\omega)} = \frac{1}{2\pi}\int_{-\infty}^{\infty} \overline{f(v)}\,\overline{e^{-i\omega v}}\,dv = \frac{1}{2}\int_{-\infty}^{\infty} f(v)e^{i\omega v}dv = C(-\omega)$$

($\because f(v)$는 실함수이므로 $\overline{f(v)} = f(v)$)

그러면 식 (3)의 $\overline{C(\omega)}$ 대신에 $C(-\omega)$를 대입하면, 식 (3)은 아래가 된다.

$$f(x) = \int_0^{\infty} C(\omega)\,e^{i\omega x}d\omega + \int_0^{\infty} C(-\omega)\,e^{-i\omega x}d\omega$$

$$= \int_0^{\infty} C(\omega)\,e^{i\omega x}d\omega - \int_0^{-\infty} C(u)\,e^{iux}du$$

$$= \int_0^{\infty} C(\omega)\,e^{i\omega x}d\omega + \int_{-\infty}^{0} C(\omega)\,e^{i\omega x}d\omega$$

$$= \int_{-\infty}^{\infty} C(\omega)\,e^{i\omega x}d\omega \tag{5}$$

여기서 $C(\omega)$는 식 (4)로 주어진다.

따라서 실함수 $f(x)$의 복소 푸리에 적분공식 (4.68) - (4.69)가 증명된다. ■

여기서 얻어진 실함수 $f(x)$의 복소 푸리에 적분공식은 다음 절에 논의할 '푸리에 적분변환'의 기초가 된다.

4. 2 푸리에 적분변환

4. 2. 1 정의

4. 2. 1. 1 푸리에 지수 적분변환

(a) 1차원 :

앞 절에서 소개한 실함수 $f(x)$에 대한 복소 푸리에 적분 식 (4.68)에서 계수 $C(\omega)$(식 (4.69))에 $\sqrt{2\pi}$를 곱하면 이것이 $f(x)$의 '푸리에 지수 적분변환' 또는 간단히 '푸리에 적분변환(Fourier integral transform, FIT)' $F(\omega)=\mathcal{F}(f(x))$가 된다. 즉

$$\mathcal{F}(f(x))=F(\omega)=\frac{1}{\sqrt{2\pi}}\int_{-\infty}^{\infty}f(x)e^{-i\omega x}dx \tag{4.70}$$

이때 함수 $f(x)$는 '역 푸리에 (적분)변환' $\mathcal{F}^{-1}(F(\omega))$에 의해 아래와 같이 주어진다.

$$f(x)=\mathcal{F}^{-1}(F(\omega))=\frac{1}{\sqrt{2\pi}}\int_{-\infty}^{\infty}F(\omega)e^{i\omega x}d\omega \tag{4.71}$$

[비고 : 만약 함수 $f(x)$ 자체가 제 1종 n차 Bessel 함수 $J_n(x)$처럼 대문자로 되어있는 경우의 $\mathcal{F}$ 변환된 함수 및 그의 역변환은 각각 $\hat{F}(\omega)$(혹은 $\overline{F}(\omega)$) 및 $\hat{F}(\omega)^{-1}$(혹은 $\overline{F}(\omega)^{-1}$)(가령 $\widehat{J}_n(\omega)$ 및 $\widehat{J}_n(\omega)^{-1}$)로 표기한다.]

증 명 식 (4.70)의 우변은 식 (4.71)에 대입하고, 적분순서(및 적분변수)를 바꾸고 (1차원) 델타 함수의 성질(식 (G.2) 및 (G.32))을 이용하면 아래가 되어 증명된다.

$$\frac{1}{(\sqrt{2\pi})^2}\int_{-\infty}^{\infty}\left[\int_{-\infty}^{\infty}f(t)e^{-i\omega t}dt\right]e^{i\omega x}d\omega=\frac{1}{2\pi}\int_{-\infty}^{\infty}\left[\int_{-\infty}^{\infty}e^{i\omega(x-t)}d\omega\right]f(t)dt$$

$$=\frac{1}{2\pi}\int_{-\infty}^{\infty}2\pi\delta(x-t)f(t)dt(\because \text{식 (G.32)})$$

$$=\int_{-\infty}^{\infty}\delta(x-t)f(t)dt=f(x)(\because \text{식 (G.31)}) \quad \blacksquare$$

그런데 이 책에서는 편의상 식 (4.70) - (4.71)의 변환식 대신 허수(i) 부분에 부호를 바꾼 아래의 변환식 쌍을 주로 이용한다. 즉

$$\mathcal{F}(f(x))=F(\omega)=\frac{1}{\sqrt{2\pi}}\int_{-\infty}^{\infty}f(x)e^{i\omega x}dx \tag{4.72}$$

$$f(x)=\mathcal{F}^{-1}(F(\omega))=\frac{1}{\sqrt{2\pi}}\int_{-\infty}^{\infty}F(\omega)e^{-i\omega x}d\omega \tag{4.73}$$

또한 이 책에서 특히 고분자계에의 응용을 위하여 아래의 변환식 쌍을 병용하기로 한다.

$$\mathcal{F}(f(x))=F(\omega)=\int_{-\infty}^{\infty}f(x)e^{i\omega x}dx \tag{4.74}$$

$$f(x) = \mathscr{F}^{-1}(F(\omega)) = \frac{1}{2\pi}\int_{-\infty}^{\infty} F(\omega)e^{-i\omega x}d\omega \tag{4.75}$$

[비고: 이 관계식의 증명은 식 (4.71)의 증명의 경우와 마찬가지 방법으로 진행하던지, 아니면 (4.70) 및 (4.71)과 식 (4.74) 및 (4.75)의 정의식 관계(즉 관련계수의 비교)로부터 바로 확인될 수 있다. 또한 주어진 $f(x)$에 대하여 식 (4.72)에 의한 $\mathscr{F}$ 변환 식 (4.72)를 알면 이에 대응하는 식 (4.74)에 의한 $\mathscr{F}$ 변환식은 여기에 $\sqrt{2\pi}$를 곱한 것과 같다(물론 역도 가능하다).]

이외에도 역변환의 X-선 결정학(X-ray crystography)에의 응용에 적합한 형태인 아래의 변환식 쌍도 가끔 이용된다.

$$\mathscr{F}(f(r)) = F(x) = \int_{-\infty}^{\infty} f(r)e^{2\pi isr}dr \tag{4.76}$$

$$f(r) = \mathscr{F}^{-1}(F(s)) = \int_{-\infty}^{\infty} F(s)e^{-2\pi isr}ds \tag{4.77}$$

[비고: 이 관계식의 증명도 식 (4.71)의 증명의 경우와 유사하게 행할 수 있으며, 혹은 식 (4.72) - (4.73)에서 ω 대신 $2\pi s$(그리고 x 대신 r)를 대입하여도 바로 증명될 수 있다.]

위에서 언급된 형태 외에도 또 다른 형태의 $\mathscr{F}$ 변환(쌍)에 대한 정의식이 존재할 수 있으나, 이들은 모두 식 (4.72) - (4.73) 혹은 식 (4.74) - (4.75)의 변환식(쌍)으로부터 쉽게 유도될 수 있으므로 이에 대한 언급은 생략하기로 한다.

(b) 3차원

식 (4.72) - (4.73)의 (Cartesian)3차원 형태는 x대신 $\boldsymbol{v} = \boldsymbol{i}x + \boldsymbol{j}y + \boldsymbol{k}z = (x, y, z)$, ω대신 $\boldsymbol{k} = \boldsymbol{i}k_x + \boldsymbol{j}k_y + \boldsymbol{k}k_z = (k_x, k_y, k_z)$를 사용하여 아래와 같이 정의된다.

$$\begin{aligned}\mathscr{F}(f(\boldsymbol{r})) = F(\boldsymbol{k}) &= \frac{1}{(2\pi)^{3/2}}\int f(\boldsymbol{r})\,e^{i\boldsymbol{k}\cdot\boldsymbol{r}}d^3\boldsymbol{r}\\ &= F(k_x, k_y, k_z) = \frac{1}{(2\pi)^{3/2}}\iiint f(x, y, z)\,e^{ik_x x}e^{ik_y y}e^{ik_z z}dxdydz\end{aligned} \tag{4.78}$$

$$\begin{aligned}f(\boldsymbol{r}) = \mathscr{F}^{-1}(F(\boldsymbol{k})) &= \frac{1}{(2\pi)^{3/2}}\int F(\boldsymbol{k})\,e^{-i\boldsymbol{k}\cdot\boldsymbol{r}}d^3\boldsymbol{k}\\ &= f(x, y, z) = \frac{1}{(2\pi)^{3/2}}\iiint F(k_x, k_y, k_z)e^{-ik_x x}e^{-ik_y y}e^{-ik_z z}dk_x dk_y dk_z\end{aligned} \tag{4.79}$$

증 명 식 (4.78)의 두 번째 항등관계식을 식 (4.79)의 두 번째 항등관계식의 $F(\boldsymbol{k})$항에 대입하고, 1차원 경우와 유사하게 적분순서(및 변수)를 바꾸고, 3차원 델타함수의 성질 (G.49) 및 (G.51)을 이용하면 아래를 얻어 증명된다.

$$\frac{1}{(2\pi)^3}\int\left[f(\boldsymbol{s})e^{i\boldsymbol{k}\cdot\boldsymbol{s}}d^3\boldsymbol{s}\right]e^{-i\boldsymbol{k}\cdot\boldsymbol{r}}d^3\boldsymbol{k}=\frac{1}{(2\pi)^3}\int\left[\int e^{i\boldsymbol{k}\cdot(\boldsymbol{s}-\boldsymbol{r})}d^3\boldsymbol{k}\right]f(\boldsymbol{s})d^3\boldsymbol{s}$$

$$=\frac{1}{(2\pi)^3}\int(2\pi)^3\delta(\boldsymbol{s}-\boldsymbol{r})f(\boldsymbol{s})d^3\boldsymbol{s}\ \ (\because \text{식 (G.51)})$$

$$=\int\delta(\boldsymbol{s}-\boldsymbol{r})f(\boldsymbol{s})d^3\boldsymbol{s}=f(\boldsymbol{r})\ \ (\because \text{식 (G.49)})\qquad\blacksquare$$

또한 식 (4.74) - (4.75)의 (Cartesian)3차원 형태는 위와 마찬가지로 $\boldsymbol{r}$ 및 $\boldsymbol{k}$를 사용하여 아래와 같이 나타내진다(단 성분표시는 생략함).

$$\mathcal{F}(f(\boldsymbol{r}))=F(\boldsymbol{k})=\int f(\boldsymbol{r})e^{i\boldsymbol{k}\cdot\boldsymbol{r}}d^3\boldsymbol{r}\tag{4.80}$$

$$f(\boldsymbol{r})=\mathcal{F}^{-1}(F(\boldsymbol{k}))=\frac{1}{(2\pi)^3}\int F(\boldsymbol{k})e^{-i\boldsymbol{k}\cdot\boldsymbol{r}}d^3\boldsymbol{k}\tag{4.81}$$

[비고 : 이 관계식의 증명도 식 (4.79)의 증명의 경우와 마찬가지로 진행하여 행할 수 있으며, 혹은 식 (4.78) - (4.79)와 식 (4.80) - (4.81)의 계수를 서로 비교하여 식 (4.79)로부터 바로 증명될 수 있다. 또한 만약 식 (4.78)의 변환식에서 결과 $F(\boldsymbol{k})$를 알면 식 (4.80)에 의한 변환 결과는 여기에 $(2\pi)^{3/2}$을 곱한 것과 같다(물론 역도 가능하다).]

덧붙여 식 (4.76) - (4.77)의 Cartesian 3차원 형태도 위와 유사하게 $\boldsymbol{r}$ 및 $\boldsymbol{s}$를 사용하여 아래와 같이 나타낼 수 있다.

$$\mathcal{F}(f(\boldsymbol{r}))=F(\boldsymbol{s})=\int f(\boldsymbol{r})e^{2\pi i\boldsymbol{s}\cdot\boldsymbol{r}}d^3\boldsymbol{r}$$

$$=F(s_x,s_y,s_z)=\iiint f(x,y,z)e^{2\pi(s_xx+s_yy+s_zz)}dxdydz\tag{4.82}$$

$$f(\boldsymbol{r})=\mathcal{F}^{-1}(F(\boldsymbol{s}))=\int F(\boldsymbol{s})e^{-2\pi i\boldsymbol{s}\cdot\boldsymbol{r}}d^3\boldsymbol{s}$$

$$=f(x,y,z)=\iiint F(s_x,s_y,s_z)e^{-2\pi i(s_xx+s_yy+s_zz)}ds_xds_yds_z\tag{4.83}$$

[비고 : 식 (4.83)의 증명은 식 (4.79)의 증명과 유사하게 진행할 수 있으며, 혹은 식 (4.78)-(4.79)에서 $\boldsymbol{k}$ 대신 $2\pi\boldsymbol{s}$를 대입하여 식 (4.79)로부터 바로 증명될 수도 있다. 또한 주어진 $f(\boldsymbol{r})$에 대한 변

환식 (4.78)에 의한 결과 $F(\boldsymbol{k})$를 알면 식 (4.82)에 의한 변환 결과는 $\boldsymbol{k}$에 $2\pi\boldsymbol{s}$를 대입하고, 여기에 $(2\pi)^{3/2}$를 곱한 것과 같다(물론 역도 가능함).]

4. 2. 1. 2 (1차원)푸리에 사인 및 코사인 변환

푸리에 코사인 변환 : 만약 식 (4.72)에서 함수 $f(x)$가 우함수이면, 아래가 성립된다.

$$F(\omega)=\frac{1}{\sqrt{2\pi}}\int_{-\infty}^{\infty}f(x)(\cos\omega x+i\sin\omega x)\,dx=\frac{2}{\sqrt{2\pi}}\int_{0}^{\infty}f(x)\cos\omega x\,dx$$

여기서 우함수 $f(x)$의 푸리에 코사인 변환 $\mathscr{F}_c(f(x))=F_c(\omega)$ 및 그의 역 $f(x)=\mathscr{F}_c^{-1}(F_c(\omega))$는 아래와 같이 정의된다.

$$\mathscr{F}_c(f(x))=F_c(\omega)=\sqrt{\frac{2}{\pi}}\int_{0}^{\infty}f(x)\cos\omega x\,dx \tag{4. 84}$$

$$f(x)=\mathscr{F}_c^{-1}(F_c(\omega))=\sqrt{\frac{2}{\pi}}\int_{0}^{\infty}F_c(\omega)\cos\omega x\,d\omega \tag{4. 85}$$

증 명 식 (4.84)를 식 (4.85)에 대입하고, 적분순서(및 변수)를 바꾸면, 아래가 된다.

$$\sqrt{\frac{2}{\pi}}\int_{0}^{\infty}\left[\sqrt{\frac{2}{\pi}}\int_{0}^{\infty}f(u)\cos\omega u\,du\right]\cos\omega x\,d\omega$$

$$=\frac{2}{\pi}\int_{0}^{\infty}\left[\int_{0}^{\infty}\cos\omega u\cos\omega x\,d\omega\right]f(u)\,du$$

그런데 여기서 cos함수의 직교성에 관한 식 (4.4)에서 $L=\pi\to\infty$로 간주하면 아래의 델타함수 표현식이 유추될 수 있다.

$$\int_{0}^{\infty}\cos\omega u\cos\omega x\,d\omega=\int_{0}^{\infty}\sin\omega u\sin\omega x\,d\omega=\frac{\pi}{2}\delta(u-x) \tag{4. 86}$$

위를 위 적분에 대입하면 아래를 얻어 식 (4.85)가 증명된다.

$$\frac{2}{\pi}\int_{0}^{\infty}\frac{\pi}{2}\delta(u-x)f(u)du=\int_{0}^{\infty}\delta(u-x)f(u)du=f(x)(\because \text{식 (G.2)})$$ ■

한편 이 책에서 식 (4.84) - (4.85)의 푸리에 코사인 변환(쌍)식과 병용하여 사용되는 식으로 아래의 변환식(쌍)이 있다.

$$\mathcal{F}_c(f(x)) = F_c(\omega) = \int_0^\infty f(x)\cos\omega x\,dx \tag{4.87}$$

$$f(x) = \mathcal{F}_c^{-1}(F_c(\omega)) = \frac{2}{\pi}\int_0^\infty F_c(\omega)\cos\omega x\,d\omega \tag{4.88}$$

[비고 : 이 식의 증명은 식 (4.85)의 경우와 유사하게 진행하여도 얻을 수 있으며, 혹은 식 (4.84) - (4.85)과 식 (4.87) - (4.88)의 계수를 상호 비교함으로써 식 (4.85)에서 바로 증명될 수도 있다. 또한 주어진 $f(x)$에 대하여 식 (4.85) 또는 (4.87)에 의한 코사인 변환은 계수 $\sqrt{\frac{2}{\pi}}$ (혹은 그 역)를 통하여 서로 연결되어진다.]

푸리에 사인 변환 : 만약 식 (4.72)에서 함수 $f(x)$가 기함수이면 아래가 얻어진다.

$$F(\omega) = \frac{1}{\sqrt{2\pi}}\int_{-\infty}^\infty f(x)(\cos\omega x + i\sin\omega x)\,dx = \frac{2}{\sqrt{2\pi}}i\int_0^\infty f(x)\sin\omega x\,dx$$

이로부터 기함수 $f(x)$의 푸리에 사인 변환 $\mathcal{F}_s(f(x)) = F_s(\omega)$ 및 그의 역 $f(x) = \mathcal{F}_s^{-1}(F_s(\omega))$는 아래와 같이 정의된다.

$$\mathcal{F}_s(f(x)) = F_s(\omega) = \sqrt{\frac{2}{\pi}}\int_0^\infty f(x)\sin\omega x\,dx \tag{4.89}$$

$$f(x) = \mathcal{F}_s^{-1}(F_s(\omega)) = \sqrt{\frac{2}{\pi}}\int_0^\infty f(x)\sin\omega x\,d\omega \tag{4.90}$$

이 식은 증명은 식 (4.85)의 경우와 마찬가지로 식 (4.86) 및 델타함수의 성질 식 (G.2)를 이용하여 간단히 이루어진다.

한편 이 식과 병용하여 사용되는 식으로서 식 (4.87) - (4.88)과 대응하여 아래가 있다.

$$\mathcal{F}_s(f(x)) = F_s(\omega) = \int_0^\infty f(x)\sin\omega x\,dx \tag{4.91}$$

$$f(x) = \mathcal{F}_s^{-1}(F_s(\omega)) = \frac{2}{\pi}\int_0^\infty f(x)\sin\omega x\,d\omega \tag{4.92}$$

물론 이 변환식과 식 (4.89)사이에는 계수 $\sqrt{\frac{2}{\pi}}$ 를 통하여 연관되어진다.

예제 4. 8

푸리에 변환의 중요한 응용은 유한한 펄스를 sine파로 분해하는 것이다. 만약 무한 파동열 (infinite wave train) $\sin\omega_0 t$가 Kerr 전지셔터에 의해 차단되었다 하자. 그 때

$$f(t)=\begin{cases}\sin\omega_0 t, & |t|<\dfrac{N\pi}{\omega_0}\\ 0, & |t|>\dfrac{N\pi}{\omega_0}\end{cases} \tag{4.93}$$

이것은 원래의 파열(그림 4.9)의 N사이클에 대응한다. 이 때 기함수인 $f(x)$의 푸리에 사인 변환을 식 (4.90)에 의해 구하고, 설명하라.

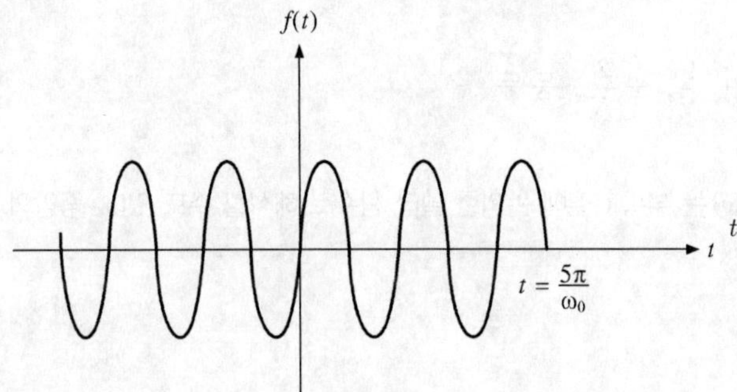

그림 4. 9 유한 파동열(finite wave train).

풀 이

식 (4.89)에 식 (4.93)을 대입하면 아래를 얻는다.

$$F_s(\omega)=\sqrt{\frac{2}{\pi}}\int_0^{N\pi/\omega_0}\sin\omega_0 t\sin\omega t\,dt \tag{4.94}$$

이다. 적분하면, 진폭함수는

$$F_s(\omega)=\sqrt{\frac{2}{\pi}}\left[\frac{\sin[(\omega_0-\omega)(N\pi/\omega_0)]}{2(\omega_0-\omega)}-\frac{\sin[(\omega_0+\omega)(N\pi/\omega_0)]}{2(\omega_0+\omega)}\right] \tag{4.95}$$

이다. 여기서 $F_s(\omega)$가 주파수에 얼마나 의존하는가는 상당히 흥미가 있다. 큰 ω_0값과 $\omega\approx\omega_0$일 때는 단지 첫 항만이 중요하다. 이것은 그림 4.10에 잘 나타나져 있다[사실 이는 델타함수의 성질 식 (G.8)로부터도 이해될 수 있다.]

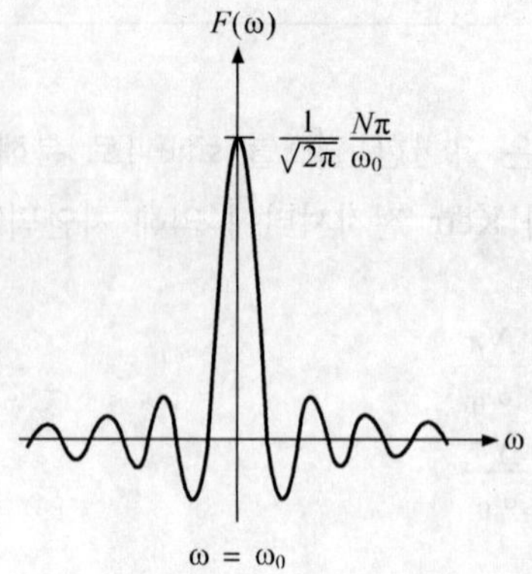

그림 4. 10 유한 파동열의 푸리에 (사인)변환.

이것은 단일 슬릿(slit) 회절(diffraction)에 대한 진폭곡선으로서

$$\frac{\omega_0-\omega}{\omega_0}=\frac{\Delta\omega}{\omega_0}=\pm\frac{1}{N},\ \pm\frac{2}{N},\ \text{등등} \tag{4. 96}$$

에서 0이 된다. $F_s(\omega)$는 부록 G절에 논의한 델타 함수로 해석할 수도 있다. 중앙의 최대값 밖의 기여도는 매우 작으므로

$$\Delta\omega=\frac{\omega_0}{N} \tag{4. 97}$$

를 파 펄스(wave pulse)의 주파수에서의 퍼짐으로 생각할 수 있다. 분명히 N이 크면(긴 펄스) 주파수의 퍼짐은 작아질 것이다. 한편 펄스를 짧게 차단하면 N이 작아지고 주파수의 분포는 더 넓어질 것이다.

불확정성 원리

여기서 양자역학의 불확정성 원리(uncertainty principle)의 고전적 유추를 생각해 보자. 전자기파를 생각하면

$$\frac{h\omega}{2\pi}=E,\ (\text{광자 또는 펄스 에너지})$$

$$\frac{h\Delta\omega}{2\pi}=\Delta E \tag{4. 98}$$

위 식에서 h는 펄스의 에너지에의 불확정도를 나타내는 Plank 상수, ω는 각진동수, 그리고 E는 1개의 광자(photon)의 에너지이다. N사이클의 파가 통과하는데 $2N\pi/\omega_0$초가 소요되므로 시간에

서의 불확정성이 존재한다. 즉

$$\Delta t = \frac{2N\pi}{\omega_0} \tag{4. 99}$$

라 하면, 두 불확정도의 곱은

$$\Delta E \cdot \Delta t = \frac{h\Delta\omega}{2\pi} \cdot \frac{2\pi N}{\omega} = h\frac{\omega_0}{2\pi N} \cdot \frac{2\pi N}{\omega_0} = h \tag{4. 100}$$

이고, 여기서 Heisenberg의 불확정성 원리

$$\Delta E \cdot \Delta t \geq \frac{h}{4\pi} \tag{4. 101}$$

가 증명된다.

예제 4. 9

아래에 나타낸 정규화된 가우스 정규분포 $N(0, \tau^2)$(즉 평균치$=0$, 분산$=\tau^2$)의 푸리에 변환을 식 (4.70)에 의해 구해보아라.

$$f(t) = \frac{1}{\tau\sqrt{2\pi}} \exp\left(-\frac{t^2}{2\tau^2}\right), -\infty < t < \infty \tag{4. 102}$$

풀 이

그러면 식 (4.72)에 의해 $f(t)$의 $\mathscr{F}$ 변환은 아래가 된다.

$$F(\omega) = \frac{1}{\sqrt{2\pi}} \int_{-\infty}^{\infty} \frac{1}{\tau\sqrt{2\pi}} \exp\left(-\frac{t^2}{2\tau^2}\right) \exp(-i\omega t)\, dt$$

$$= \frac{1}{\sqrt{2\pi}} \int_{-\infty}^{\infty} \frac{1}{\tau\sqrt{2\pi}} \exp\left\{-\frac{1}{2\tau^2}\left[t^2 + 2\tau^2 i\omega t + (\tau^2 i\omega)^2 - (\tau^2 i\omega)^2\right]\right\} dt$$

그러면 위 적분은 아래가 된다.

$$F(\omega) = \frac{\exp(-1/2\,\tau^2\omega^2)}{\sqrt{2\pi}} \left\{\frac{1}{\tau\sqrt{2\pi}} \int_{-\infty}^{\infty} \exp\left[-\frac{(t + i\tau^2\omega)^2}{2\tau^2}\right] dt\right\}$$

그런데 위 식의 중괄호안의 항은 정규화된 정규분포 $N(\bar{t} = -i\tau^2\omega, \tau^2)$의 성질에서 1이 된다(이는 3장에 논의한 복소 경로적분에 의해서도 확인됨). 따라서 정규분포 식 (4.10)의 식 (4.72)에 의한 푸리에 변환은 아래가 된다.

$$F(\omega)=\frac{1}{\sqrt{2\pi}}\exp\left(\frac{-\tau^2\omega^2}{2}\right) \tag{4.103}$$

이 또한 정규분포의 형태를 취하므로 변환 전의 t공간에서 정규분포는 변환 후의 ∞공간에서도 정규분포가 됨을 알 수 있다. 또한 앞에서 언급한 불확정성 원리에 의해 시간 t의 오차(혹은 분포폭)와 각진동수 ω의 오차(혹은 분포폭)는 아래와 같이 서로 역관계로 주어진다(식 (4.101) 참조).

$$\Delta t\,\Delta\omega \simeq 1$$

즉 반환 전의 현 실변수인 시간 t를 보다 정확히 측정하면, 그의 푸리에 변환된 역공간의 변수 ω의 오차는 보다 커짐(그 역도 성립)을 알 수 있다. 이 관계는 원칙적으로 모든 푸리에 변환에 있어서 변환 전후의 두 변수 사이에서 성립된다.

---

4. 2. 2 $\mathscr{F}$변환의 기본 성질 및 실례

여기서는 논의를 주로 4.2.1.1절에서 소개한 푸리에 지수 적분변환(특히 식 (4.72)와 (4.74)을 중심으로)에 한정시키기로 한다. 먼저 $\mathscr{F}$ 변환의 몇 가지 기본 성질을 소개하면 아래를 얻는다.

변위 성질(shifting property)

만약 식 (4.72)(또는 (4.74))에 의한 $\mathscr{F}$ 변환에서 $\mathscr{F}(f(x))=F(\omega)$라면 아래가 성립된다.

(a) $\mathscr{F}(f(x-c))=e^{ic\omega}F(\omega)$ (4. 104)

(b) $\mathscr{F}(e^{icx}f(x))=F(c+\omega)$ (4. 105)

증 명 (a) 식 (4.72)에서 아래가 성립된다.

$$\mathscr{F}(f(x-c))=\frac{1}{\sqrt{2\pi}}\int_{-\infty}^{\infty}f(x-c)e^{i\omega x}dx$$

$$=\frac{1}{\sqrt{2\pi}}\int_{-\infty}^{\infty}f(y)e^{i(c+y)\omega}\,dy \quad (\because x-c=y \text{ 둠})$$

$$=e^{ic\omega}\frac{1}{\sqrt{2\pi}}\int_{-\infty}^{\infty}f(y)e^{iy\omega}\,dy=e^{ic\omega}F(\omega) \qquad \blacksquare$$

(b) 역시 식 (4.72)에서 아래가 성립된다.

$$\mathscr{F}(e^{icx}f(x)) = \frac{1}{\sqrt{2\pi}}\int_{-\infty}^{\infty} e^{icx}f(x)e^{i\omega x}\,dx = \frac{1}{\sqrt{2\pi}}\int_{-\infty}^{\infty} f(x)\,e^{i(c+\omega)x}\,dx$$

$$= F(c+\omega)$$

위 두 관계식은 식 (4.74)의 경우에도 마찬가지로 성립(증명)된다. ■

도함수의 $\mathscr{F}$ 변환

$f(x)$의 푸리에 변환은 지수함수 형식(식 (4.72))를 사용하면

$$F(\omega) = \frac{1}{\sqrt{2\pi}}\int_{-\infty}^{\infty} f(x)e^{i\omega x}\,dx \tag{4.106}$$

이고, $df(x)/dx$에 대해서는

$$F_1(\omega) = \frac{1}{\sqrt{2\pi}}\int_{-\infty}^{\infty} \frac{df(x)}{dx}e^{i\omega x}\,dx \tag{4.107}$$

이다. 여기서 식 (4.107)을 부분 적분하면

$$F_1(\omega) = \frac{e^{i\omega x}}{\sqrt{2\pi}}f(x)\Big|_{-\infty}^{\infty} - \frac{i\omega}{\sqrt{2\pi}}\int_{-\infty}^{\infty} f(x)e^{i\omega x}dx \tag{4.108}$$

이다. 그런데 $f(x)$가 $x\to\pm\infty$에서 없어지므로($\because$ $\mathscr{F}$ 변환에 대한 수렴성의 요구에서)

$$\mathscr{F}\left(\frac{dy}{dx}\right) = F_1(\omega) = -i\omega F(\omega) \tag{4.109}$$

즉 미분의 변환은 원래 함수의 변환에 $(-i\omega)$를 곱하면 된다. 만일 모든 적분된 부분이 $x\to\pm\infty$에서 사라진다면 이것은 쉽게 n계 미분까지 일반화할 수 있다.

$$\mathscr{F}\left(\frac{d^n f}{dx^n}\right) = F_n(\omega) = (-i\omega)^n F(\omega) \tag{4.110}$$

위에서 얻어진 관계식들은 식 (4.74)의 지수변환 경우에도 그대로 적용된다. 식 (4.110)으로 나타낸 바와 같이 도함수에 대한 $\mathscr{F}$ 변환의 간단한 형태 때문에 (편)미분 방정식의 해에 매우 유용하게 사용된다(4.2.5절 참조).

중첩(혹은 합성)곱 정리

여기서 나중에 언급될 운동량의 파동함수를 정규화하거나 전달함수(transfer function)를 다루거

나 혹은 (편)미분방정식을 풀기 위하여 '중첩(혹은 합성)곱(convolution)'의 개념을 도입하자.

푸리에(지수)변환에 있어서 두 함수 $f(x)$와 $g(x)$의 중첩곱은 만약 $\mathcal{F}$ 변환을 위해 식 (4.72)가 이용된다면 아래와 같이 정의된다.

$$f * g(x) \equiv \frac{1}{\sqrt{2\pi}}\int_{-\infty}^{\infty} f(x-y)g(y)dy = g * f(x) = \frac{1}{\sqrt{2\pi}}\int_{-\infty}^{\infty} g(x-y)f(y)\,dy \quad (4.\,111)$$

이 때 $\mathcal{F}(f(x)) = F(\omega)$, $\mathcal{F}(g(x)) = G(\omega)$라 하면 아래의 중첩곱 정리가 성립된다[이의 역에 해당되는 것은 예제 4.12(a) 참조].

$$\mathcal{F}(f * g(x)) = F(\omega)G(\omega) \text{ 혹은 } \mathcal{F}^{-1}(F(\omega)G(\omega)) = f * g(x) \quad (4.\,112)$$

증 명 중첩곱 $f * g(x)$에 대해 식 (4.72)에 의해 $\mathcal{F}$ 변환 시키면 아래를 얻는다.

$$\mathcal{F}(f * g(x)) = \frac{1}{\sqrt{2\pi}}\int_{-\infty}^{\infty}\left[\frac{1}{\sqrt{2\pi}}\int_{-\infty}^{\infty} f(x-y)g(y)\,dy\right]e^{i\omega x}dx$$

(여기서 $e^{i\omega x} = e^{i\omega(x-y)}e^{i\omega y}$로 둠)

$$= \frac{1}{\sqrt{2\pi}}\int_{-\infty}^{\infty} f(x-y)e^{i\omega(x-y)}\left[\frac{1}{\sqrt{2\pi}}\int_{-\infty}^{\infty} g(y)e^{i\omega y}dy\right]dx$$

(여기서 $(x-y) = t$로 둠)

$$= \frac{1}{\sqrt{2\pi}}\int_{-\infty}^{\infty} f(t)e^{i\omega t}dt \cdot G(w) = F(\omega)G(\omega) \quad (1)$$

혹은 양변에 $\mathcal{F}^{-1}$를 취하면

$$\mathcal{F}^{-1}(F(\omega)G(\omega)) = f * g(x) \quad (2)$$

따라서 식 (4.112)가 증명된다. ■

한편 푸리에 지수변환으로서 식 (4.74)가 이용될 경우에는 $f(x)$와 $g(x)$의 중첩곱도 식 (4.111) 대신 아래로 정의된다.

$$f * g(x) \equiv \int_{-\infty}^{\infty} f(x-y)g(y)\,dy = g * f(x) = \int_{-\infty}^{\infty} g(x-y)f(y)\,dy \quad (4.\,113)$$

그런데 이 경우에도 마찬가지로 식 (4.112)가 성립된다(이의 역에 해당하는 것은 예제 4.12(b) 참조].

Parseval 관계

푸리에 급수에 대한 Parseval 정리(식 (4.40))와 유사하게 푸리에 지수변환(식 (4.72))의 경우에도 변환 전의 두 함수 $f(t)$와 $g(t)$의 (복소) 내적과 $\mathscr{F}$ 변환 후의 두 함수 $F(\omega)$와 $G(\omega)$의 (복소)내적 사이에는 아래의 'Parseval 관계'가 성립된다(1.3절 참조).

$$\langle f(t)|g(t)\rangle\left[=\int_{-\infty}^{\infty} f^*(t)g(t)\,dt\right]=\langle F(\omega)|G(\omega)\rangle\left[=\int_{-\infty}^{\infty} F^*(\omega)G(\omega)\,d\omega\right] \tag{4. 114}$$

증 명 식 (4.73)으로부터 $f(t)$와 $g(t)$의 역변환 관계식을 이들 간의 복소 내적에 대입하면 아래를 얻는다.

$$\langle f(t)|g(t)\rangle=\int_{-\infty}^{\infty} f^*(t)\,g(t)\,dt$$

$$=\int_{-\infty}^{\infty}\left[\frac{1}{\sqrt{2\pi}}\int_{-\infty}^{\infty} F^*(w)e^{i\omega t}d\omega\right]\left[\frac{1}{\sqrt{2\pi}}\int_{-\infty}^{\infty} G(x)e^{-ixt}dx\right]dt$$

$$=\frac{1}{2\pi}\int_{-\infty}^{\infty} d\omega\,F^*(\omega)\int_{-\infty}^{\infty} dx\,G(x)\left[\int_{-\infty}^{\infty} e^{i(\omega-x)t}dt\right]$$

$$=\frac{1}{2\pi}\int_{-\infty}^{\infty} d\omega F^*(\omega)\int_{-\infty}^{\infty} dx\,G(x)2\pi\delta(\omega-x)(\because \text{식 (G.32)})$$

$$=\int_{-\infty}^{\infty} d\omega\,F^*(\omega)\,G(\omega)(\because \text{식 (G.2)})=\langle F(w)|G(w)\rangle \quad ■$$

만약 $f(t)=g(t)$이면 식 (4.113)은 아래가 된다.

$$\langle f(t)|f(t)\rangle\left[=\int_{-\infty}^{\infty} |f(t)|^2\,dt\right]=\langle F(\omega)|F(\omega)\rangle\left[=\int_{-\infty}^{\infty} |F(\omega)|^2\,d\omega\right] \tag{4. 115}$$

한편 식 (4.114)의 Parseval 관계는 푸리에 지수 변환으로서 식 (4.74)가 사용되어도 마찬가지로 성립됨을 알 수 있다.

또한 Parseval 관계는 푸리에 지수변환 뿐 아니라, 푸리에 코사인 변환과 사인 변환에도 적용된다. 편의상 만약 $f(x)$와 $g(x)$가 모두 실수라고 가정하면 아래가 성립된다(물론 복소수의 경우도 식 (4.114)처럼 증명이 가능하다).

(a) $\int_0^\infty f(x)g(x)dx = \int_0^\infty F_c(\omega)G_c(\omega)\,d\omega$ (4. 116)

(b) $\int_0^\infty f(x)g(x)dx = \int_0^\infty F_s(\omega)G_s(\omega)\,d\omega$ (4. 117)

증 명 (a) 만약 코사인 변환으로서 식 (4.84)를 이용한다면 식 (4.116)의 우변은 아래가 된다.

$$\int_0^\infty F_c(\omega)G_c(\omega)\,d\omega = \int_0^\infty \left[\sqrt{\frac{2}{\pi}}\int_0^\infty f(x)\cos\omega x\,dx\right]\left[\sqrt{\frac{2}{\pi}}\int_0^\infty g(t)\cos\omega t\,dt\right]d\omega$$

$$= \frac{2}{\pi}\int_0^\infty dx\,f(x)\int_0^\infty dt\,g(t)\left[\int_0^\infty \cos\omega x\cos\omega t\,d\omega\right]$$

$$= \int_0^\infty dx\,f(x)\int_0^\infty dt\,g(t)\delta(x-t)(\because \text{식 (4.86)})$$

$$= \int_0^\infty f(x)g(x)dx(\because \text{식 (G.2)}) \quad ■$$

(b) 만약 사인변환으로서 식 (4.89)를 이용한다면 위와 마찬가지 방법으로 증명될 수 있다. ■

또한 만약 코사인 변환과 사인 변환으로서 각각 식 (4.87)과 (4.91)을 사용하여도 마찬가지로 Parseval 관계인 식 (4.116)과 (4.117)가 성립됨을 알 수 있다. 이 경우에도 만약 $f(x)=g(x)$(둘 다 실함수라고 가정)라면 위 식에서 각각 아래가 성립된다.

$$\int_0^\infty \{f(x)\}^2\,dx = \int_0^\infty \{F_c(\omega)\}^2\,d\omega,\ \int_0^\infty \{f(x)\}^2\,dx = \int_0^\infty \{F_s(\omega)\}^2\,d\omega \qquad (4.\ 118)$$

예제 4. 10

(a) 아래 함수에 대해 식 (4.72)의 푸리에 지수변환식을 사용하여 구해보아라.

$$f(x)=\begin{cases}1 & |x|<a\\ 0 & |x|>a\end{cases} \qquad (1)$$

(b) (a)의 결과를 이용하여 지수변환에 대한 Parseval 관계(식 (4.114))를 증명해보아라.

풀 이

(a) 식 (4.72)의 $f(x)$에 식 (1)을 대입하여 적분을 행하면 아래를 얻는다(단 ω대신 α를 사용).

$$F(\alpha)=\frac{1}{\sqrt{2\pi}}\int_{-\infty}^{\infty}f(u)e^{i\alpha u}du=\frac{1}{\sqrt{2\pi}}\int_{-a}^{a}(1)e^{i\alpha u}du=\frac{1}{\sqrt{2\pi}}\frac{e^{i\alpha u}}{i\alpha}\bigg|_{-a}^{a}$$

$$=\frac{1}{\sqrt{2\pi}}\left(\frac{e^{i\alpha a}-e^{-i\alpha a}}{i\alpha}\right)=\sqrt{\frac{2}{\pi}}\frac{\sin\alpha a}{\alpha},\ \alpha\neq 0 \tag{2}$$

만약 $\alpha=0$이면 $F(\alpha)=\sqrt{2/\pi}\,a$를 얻는다.

(b) 문 (a)로부터 식 (1)의 $f(x)$에 대한 푸리에 지수변환은 $F(\alpha)=\sqrt{\frac{2}{\pi}}\frac{\sin\alpha a}{\alpha}$(단 $\alpha\neq 0$)(식 (2))임을 알았다.

그러면 Parseval 관계식 (4.114)의 좌변은 $\int_{-a}^{a}(1)^2dx=2a$가 된다. 반면에 좌변은 아래가 된다.

$$\int_{-\infty}^{\infty}\{F(\alpha)\}^2d\alpha=\int_{-\infty}^{\infty}\frac{2}{\pi}\frac{\sin^2\alpha a}{\alpha^2}d\alpha=\frac{2}{\pi}\times 2\int_{0}^{\infty}\frac{\sin^2\alpha a}{\alpha^2}d\alpha=\frac{2}{\pi}\times\pi a=2a$$

따라서 좌변=우변이 되어 식 (4.114)의 Parseval 관계가 증명된다.

다음에는 식 (4.72)의 지수변환식을 이용하여 몇 가지 간단한 함수의 푸리에 지수변환을 구하는 예를 이하에 나타내겠다.

먼저 아래의 함수가 주어져 있다면

$$f(t)=e^{-\alpha|t|}\qquad -\infty\leq t<\infty\qquad \alpha>0 \tag{4. 119}$$

이의 지수변환은 식 (4.72)에 의해 아래가 된다.

$$F(\omega)=\frac{1}{(2\pi)^{1/2}}\int_{-\infty}^{\infty}du\,e^{-\alpha|u|}e^{i\omega u}$$

$$=\left(\frac{2}{\pi}\right)^{1/2}\int_{0}^{\infty}du\,e^{-\alpha u}\cos\omega u=\left(\frac{2}{\pi}\right)^{1/2}\frac{\alpha}{\omega^2+\alpha^2} \tag{4. 120}$$

여기서 $e^{-\alpha|u|}$가 u에 관한 우함수임을 이용하였다. 또한 식 (4.73)을 이용하여 $F(\omega)$로부터 $f(t)$를 되돌릴 수 있다. 즉

$$f(t) = \frac{1}{(2\pi)^{1/2}} \int_{-\infty}^{\infty} d\omega \left(\frac{2}{\pi}\right)^{1/2} \frac{\alpha}{\omega^2 + \alpha^2} e^{i\omega t}$$

$$= \frac{2\alpha}{\pi} \int_0^{\infty} d\omega \frac{\cos\omega t}{\omega^2 + \alpha^2} = e^{-\alpha|t|} \quad (\alpha > 0) \tag{4.121}$$

다음에는 아래의 델타함수의 $\mathcal{F}$ 변환을 생각해보자.

$$f(x) = \delta(x - x_0) \tag{4.122}$$

그러면 식 (4.72)에 이를 대입하고, (1차원)델타함수의 성질 식 (G.2)를 이용하면 아래를 얻는다(단 ω 대신 k를 이용).

$$F(k) = \frac{1}{(2\pi)^{1/2}} \int_{-\infty}^{\infty} \delta(x - x_0) e^{ikx}\, dx = \frac{1}{(2\pi)^{1/2}} e^{ikx_0} \tag{4.123}$$

여기서 식 (4.73)를 사용해 $F(k)$의 역변환을 구하면 아래가 되어 타당성이 확인된다.

$$\frac{1}{2\pi} \int_{-\infty}^{\infty} e^{-ik(x - x_0)}\, dk = \delta(x - x_0) (\because \text{식 (G.32)}) = f(x)$$

예제 4. 11

역학적 모형에서 시간 t의 함수로서 감쇠조화진동자(damped harmonic oscillator)의 변위는 아래의 함수로 주어진다고 하자(그림 4.4 참조).

$$f(t) = \begin{cases} 0 & (t < 0) \\ e^{-t/\tau} \sin\omega_0 t & (t \geq 0) \end{cases} \tag{4.124}$$

이 때 이 함수의 푸리에 지수변환을 식 (4.70)을 사용하여 구하고, Parseval의 관계식의 물리적 해석도 부가하여라.

풀 이

식 (4.70)에 식 (4.124)를 대입하여 구하면 아래를 얻는다.

$$F(\omega) \simeq \int_{-\infty}^{0} 0 \times e^{-i\omega t} dt + \int_0^{\infty} e^{-t/\tau} \sin\omega_0 t\, e^{-i\omega t} dt$$

위 식의 $\sin\omega_0 t$를 $(e^{i\omega_0 t} - e^{-i\omega_0 t})/2i$로 나타내면 요구되는 결과를 얻는다.

$$F(\omega)=0+\frac{1}{2i}\int_0^{\infty}\left[e^{-it(\omega-\omega_0-i/\tau)}-e^{-it(\omega+\omega_0-i/\tau)}\right]dt$$

$$=\frac{1}{2}\left[\frac{1}{\omega+\omega_0-i/\tau}-\frac{1}{\omega-\omega_0 i/\tau}\right] \tag{4.125}$$

[비고 : 식 (4.70)에 의해 얻어진 위 결과에서 $F(\omega)$ 즉 우변의 $\omega\to-\omega$로 치환하면 식 (4.72)에 의한 결과를 얻는다.]

이 문제에 해당하는 Parseval 관계(식 (4.114))의 좌변의 적분에서 $|f(t)|^2$는 진동자의 운동 및 퍼텐셜 에너지의 합을 나타내고, 우변적분의 $|F(\omega)|^2$는 단위 주파수 간격 당 에너지 함량(즉 에너지(혹은 주파수) 스펙트럼]을 나타낸다. 따라서 Parseval 관계는 계의 전체 에너지에 대한 두 다른 표현의 동등성(equivalence)을 의미한다.

예제 4. 12

(a) 지수변환 식 (4.72)의 경우에는 아래가 성립됨을 증명하라.

$$\mathcal{F}(f(x)g(x))=F*G(\omega)\left[=\frac{1}{\sqrt{2\pi}}\int_{-\infty}^{\infty}F(\omega-y)G(y)\,dy\right] \tag{4.126}$$

(b) 지수변환 식 (4.74)의 경우에는 아래가 성립됨을 증명하라.

$$\mathcal{F}(f(x)g(x))=\frac{1}{2\pi}F*G(\omega)\left[=\frac{1}{2\pi}\int_{-\infty}^{\infty}F(\omega-y)G(y)\,dy\right] \tag{4.127}$$

풀 이

(a) 변환 식 (4.72)에 해당하는 중첩(혹은 합성)곱의 정의식 (4.111)로부터 아래가 성립된다.

$$F*G(\omega)=\frac{1}{\sqrt{2\pi}}\int_{-\infty}^{\infty}F(\omega-y)\,G(y)\,dy$$

여기서 변환된 F 및 G로서 각각 식 (4.72)에서 대입하고 적분 순서를 바꾸면 아래를 얻는다(단 적분 구간을 생략함).

$$F*G(\omega)=\frac{1}{\sqrt{2\pi}}\int\left[\frac{1}{\sqrt{2\pi}}\int f(u)e^{i(\omega-y)u}du\right]\left[\frac{1}{\sqrt{2\pi}}\int g(v)e^{ivy}dv\right]dy$$

$$=\frac{1}{(2\pi)^{3/2}}\int du\,f(u)e^{i\omega u}\int dv\,g(v)\left[\int dy\,e^{i(v-u)y}\right]\text{(여기서 식 (G.32)를 이용)}$$

$$= \frac{1}{\sqrt{2\pi}} \int du\, f(u) e^{i\omega u} \int dv\, g(v)\, \delta(v-u) (\text{여기서 식 (G.2) 이용})$$

$$= \frac{1}{\sqrt{2\pi}} \int du\, f(u) g(u) e^{i\omega u} = \mathscr{F}(f(x)g(x)) \qquad \blacksquare$$

(b) 변환 식 (4.74)에 해당하는 중첩곱의 정의식 (4.113)으로부터 아래가 성립된다.

$$F * G(\omega) = \int_{-\infty}^{\infty} F(\omega - y)\, G(y)\, dy$$

마찬가지로 F 및 G를 식 (4.74)에서 대입하여 위와 유사한 절차를 따라 적분을 행하면 식 (4.127)을 얻는다. ■

한편 이 절의 마지막으로 4.2.1.1절에서 소개한 바 있는 3차원 Cartesian 좌표에서의 푸리에 지수변환에 관한 유용한 예제 하나를 나타낸다.

예제 4. 13

3차원 Cartesian 좌표계에서 위치벡터 $\boldsymbol{r}$의 함수인 $f(\boldsymbol{r})$이 구대칭(spherical symmetry)을 가진다면 $f(\boldsymbol{r}) = f(r)$(여기서 $r = \| \boldsymbol{r} \| = \sqrt{x^2 + y^2 + z^2}$)가 성립된다. 이때 $f(r)$의 푸리에 지수변환을 식 (4.78)로부터 구하라. 단, 이때 구좌표계 (r, θ, ϕ)를 이용하여 3중 적분을 행하여라(예제 2.38 참조).

풀 이

지금 식 (4.78)의 $\mathscr{F}$ 변환에서 변환공간의 파수벡터 $\boldsymbol{k}$는 함수 $f(\boldsymbol{r})$이 구대칭이므로 구좌표계의 $\theta = 0$ 축을 따라 선택한다. 그러면 예제 3.28에서 아래가 성립된다.

$$d^3\boldsymbol{r} = r^2 \sin\theta\, dr\, d\theta\, d\phi \quad \text{그리고} \quad \boldsymbol{k} \cdot \boldsymbol{r} = kr\cos\theta$$

여기서 $k = \| \boldsymbol{k} \|$ 이다. 그러면 3차원 푸리에 지수변환은 식 (4.78)에서 아래가 된다.

$$F(\boldsymbol{k}) = \frac{1}{(2\pi)^{3/2}} \int f(r) e^{i\boldsymbol{k} \cdot \boldsymbol{r}} d^3\boldsymbol{r}$$

$$= \frac{1}{(2\pi)^{3/2}} \int_0^{\infty} dr \int_0^{\pi} d\theta \int_0^{2\pi} d\phi\, f(r) r^2 \sin\theta\, e^{ikr\cos\theta}$$

$$= \frac{1}{(2\pi)^{3/2}} \int_0^\infty dr 2\pi f(r) r^2 \int_0^\pi d\theta \sin\theta \, e^{ikr\cos\theta}$$

이때 극각 θ에 대한 적분은 아래의 관계를 이용하면 쉽게 행해진다.

$$\frac{d}{d\theta}(e^{ikr\cos\theta}) = -ikr\sin\theta \, e^{ikr\cos\theta}$$

따라서

$$F(\boldsymbol{k}) = \frac{1}{(2\pi)^{3/2}} \int_0^\infty dr \, 2\pi f(r) r^2 \left[\frac{e^{ikr\cos\theta}}{-ikr} \right]_{\theta=0}^{\theta=\pi}$$

$$= \frac{1}{(2\pi)^{3/2}} \int_0^\infty 4\pi r^2 f(r) \left(\frac{\sin kr}{kr} \right) dr$$

단 마지막 항등관계는 $\sin kr = (e^{ikr} - e^{-ikr})/2i$를 이용하였다.

이 절에서 언급된 (1차원)푸리에 지수변환에 관한 기본 정리 및 몇 가지 대표적 함수의 $\mathscr{F}$ 변환 결과[단, 편의상 식 (4.74)에 기초를 두었으나, 다른 형태의 변환식과도 쉽게 변환이 가능함]를 참고로 각각 표 4.1 및 4.2에 나타내었다.

표 4. 1 푸리에 지수변환 식 (4.74)에 기초를 둔 기본성질

	$f(x)$	$F(\alpha)$
1	$f^{(n)}(x)\left(= \frac{d^n}{dx^n} f(x)\right)$	$(-i\alpha)^n F(\alpha)$
2	$x^n f(x)$	[a] $F^{(n)}(\alpha)/i^n$
3	$f(x-c)$	$e^{i\alpha c} F(\alpha)$
4	$e^{icx} f(x)$	$F(\alpha + c)$
5	$f(cx)$	$\lvert c\rvert^{-1} F(\alpha/c)$ (c는 상수)
6	$F(x)(= F(\alpha)\rvert_{\alpha=x})$	$2\pi f(-\alpha)$
7	[b] $f * g(x)\left[\equiv \int_{-\infty}^{\infty} f(x-y) g(y) dy\right]$	$F(\alpha) G(\alpha)$

a) $F^{(n)}(\alpha)$는 α에 대해 n계 상미방을 의미

b) $*$표시는 함수 f와 g의 중첩(convolution)적분을 의미함.

표 4. 2 푸리에 지수변환 식 (4.74)를 이용한 대표적 변환 예

	$f(x)$	$F(\alpha)$
1	1	$2\pi\delta(\alpha)$
2	$e^{i\lambda x}$	$2\pi\delta(\alpha+\lambda)$
3	e^{-cx^2}	$\left(\frac{\pi}{c}\right)^{1/2} e^{-\frac{\alpha^2}{4c}}$
4	$e^{-\lambda\lvert x\rvert}$ [단 $\lambda > 0$]	$2\lambda/(\lambda^2+\alpha^2)$
5	$2\lambda/(x^2+\lambda^2)$	$2\pi e^{-\lambda\lvert\alpha\rvert}$ (단 $\lambda > 0$)
6	[a] $I_A(x) \equiv \begin{cases} 1 & \lvert x\rvert < A \\ 0 & \lvert x\rvert > A \end{cases}$	$2\sin(A\alpha)/\alpha$
7	$2\sin(Ax)/x$	$2\pi I_A(\alpha)$

a) $I_A(x) = I_A(-x)$을 만족하는 우함수임.

4. 2. 3 복소중첩 및 상관함수와 Wiener-Khintchine 정리

이 절에서는 앞에서 논의한 푸리에 (지수)변환공식을 용액 중 고분자 사슬의 확산계수가 동적크기의 측정을 위한 동적광산란(DLS) 이론(Wiener-Khintchine 정리 포함)에 적용을 위하여 식 (4.74) 및 (4.75)의 1차원 변환 및 역변환 공식에서 편의상 변수 치환 즉 $x \to r$, $\omega \to s$로 바꾸어 이하에서 논의하기로 하겠다. 먼저 변수 r, s에 관한 $\mathcal{F}$변환 및 역변환은 정의에서 아래와 같이 된다.

$$\mathcal{F}(f(r))(\equiv F(s)) = \int_{-\infty}^{\infty} f(r)e^{+irs}dr \leftrightarrow f(r) = \mathcal{F}^{-1}(F(s)) = \frac{1}{2\pi}\int_{-\infty}^{\infty} F(s)e^{-irs}ds \quad (4.128)$$

이제 이 정의를 토대로 복소함수 $f(r)$ 및 그의 복소공액($\bar{f}(r)$)에 관한 몇 가지 중요한 결과를 아래에 적겠다. 그러기에 앞서 일반적으로 함수 $f(r) = A(r) + iB(r)$[여기서 A 및 B는 각각 f의 실수(Re) 및 허수(Im) 부분이다]형태를 가진 복소함수이며, 그의 복소공액(complex conjugate)은 $\bar{f}(r) = A(r) - iB(r)$로 나타내지며, $f(r)\bar{f}(r) = |f(r)|^2$이 된다. 그러면 푸리에 변환의 정의 및 표 4.1 및 4.2를 참조로 아래의 유용한 관계식을 증명 없이 적는다[만약 증명에 관심이 있는 독자들은 정의식 (4.128)에서 양변의 복소공액을 취하던가, 아니면 $s \to -s$, $r \to -r$ 등의 치환을 통하여 아래의 공식들을 쉽게 유도할 수 있다].

1) $\mathcal{F}(f(r)) = F(s) \rightarrow \mathcal{F}(\bar{f}(r)) = \bar{F}(-s)(\neq \bar{F}(s))$ (4. 129)

2) $\mathscr{F}(f(-r)) = F(-s) \rightarrow \mathscr{F}(\overline{f}(-r)) = \overline{F}(s)$ (4. 130)

3) $\mathscr{F}(f(r-a)) = e^{ias}F(s) \rightarrow \mathscr{F}(\overline{f}(r-a)) = e^{ias}\overline{F}(-s)$ (4. 131)

4) $\mathscr{F}(f(a-r)) = e^{ias}F(-s) \rightarrow \mathscr{F}(\overline{f}(a-r)) = e^{ias}\overline{F}(s)$ (4. 132)

5) $\overline{F}(s) = \int \overline{f}(r)e^{-isr}dr\,[\neq \mathscr{F}(\overline{f}(r)) = \int \overline{f}(r)e^{+isr}dr]$ (4. 133)

6) $\overline{f}(r) = \frac{1}{2\pi}\int_{-\infty}^{\infty}\overline{F}(s)e^{+isr}ds\left[\neq \mathscr{F}^{-1}(\overline{F}(s)) = \frac{1}{2\pi}\int_{-\infty}^{\infty}\overline{F}(s)e^{-isr}ds\right]$ (4. 134)

7) $f(r) = \overline{f}(r)$(즉 f가 순실함수)이면 $\overline{F}(s) = F(-s)$ (4. 135)

8) $f(r) = -\overline{f}(r)$(즉 f가 순허수함수)이면 $\overline{F}(s) = -F(-s)$ (4. 136)

단 위 식에서 함수(곡선) $f(a-r)$는 $f(r-a)$(이는 $f(r)$을 r축의 우측으로 a만큼 평행이동한 것)를 $r=a$축 주위로 뒤집은 (즉 반사시킨)것에 해당한다. 위 공식들의 증명에서 $\mathscr{F}$ 변환(및 역변환) 정의식의 양변에 복소공액(위첨자 $^{-}$ 혹은 * 표시)을 취하던가 또는 $s \rightarrow -s$를 대입하여 구한 후 다시 환원시켜 구함이 편리하다.

다음에는 위 식들을 토대로 두 함수 $f(r)$ 및 $g(r)$의 '중첩(혹은 합성)(convolution)'함수 ($c_v(r)$) 및 '상관(correlation)'함수 ($c_r(r)$)의 (복소)푸리에 변환에 대하여 알아보기로 하자.

중첩(혹은 합성)함수

먼저 두 함수 $f(r)$, $g(r)$이 모두 순실함수일 경우에 두 함수의 중첩(convolution)적분 $c_v(r)$은 아래와 같이 정의된다.

$$c_v(r) \equiv f * g(r) \equiv \int_{-\infty}^{\infty} f(r-t)g(t)dt = g * f(r) = \int g(r-t)f(t)dt \quad (4.\,137)$$

이의 푸리에 변환은 아래와 같이 된다.

$$\mathscr{F}(c_v(r))[\equiv C_v(s)] = \mathscr{F}(f * g(r)) = \mathscr{F}\left[\int_{-\infty}^{\infty} f(r-t)g(t)dt\right] = F(s)G(s) \quad (\because \text{표 } 4.1)$$

(4. 138)

한편 두 함수 f 및 g가 복소함수인 경우 복소중첩적분은 아래와 같이 정의된다.

$$c_v(r) \equiv \bar{f} * g(r) \equiv \int_{-\infty}^{\infty} \bar{f}(r-t)g(t)dt = g * \bar{f}(r) = \int_{-\infty}^{\infty} g(r-t)\bar{f}(t)dt \tag{4.139}$$

이의 복수 푸리에 변환은 아래와 같이 정의된다.

$$\mathcal{F}(\bar{f} * g(r))(\equiv C_v(s)) = \bar{F}(-s)G(s) \tag{4.140}$$

증 명 $\mathcal{F}(\bar{f} * g(r)) = \mathcal{F}\left[\int_{-\infty}^{\infty} \bar{f}(r-t)g(t)dt\right] = \int dr\left[\int \bar{f}(r-t)g(t)dt\right]e^{+isr}$

$$= \int dt\, g(t)\left[\int \bar{f}(r-t)e^{isr}dr\right] = \int dt\, g(t)\,\mathcal{F}(\bar{f}(r-t))$$

$$= \int dt\, g(t)e^{its}\bar{F}(-s) \quad (\because \text{식 } (4.131))$$

$$= \bar{F}(-s)\int dt\, g(t)e^{its} = \bar{F}(-s)G(s)$$

혹은 실함수 경우처럼

$$\mathcal{F}(\bar{f} * g(r)) = \mathcal{F}(\bar{f}(r))\,\mathcal{F}(g(r)) = \bar{F}(-s)G(s) \quad (\because \text{식 } (4.129))$$ ■

식 (4.140)에서 $f(r)$이 순실함수면 식 (4.135)에 의해 식 (4.138)로 환원된다.

상관함수

먼저 두 함수 f 및 g가 모두 순실함수라면 두 함수의 '상관(correlation)적분'(혹은 '상관함수') $c_r(r)$은 아래와 같이 정의된다.

$$c_r(r) \equiv f \star g(r) \equiv \int_{-\infty}^{\infty} f(t-r)g(t)dt\left[=\int f(t)g(t+r)dt\right] \neq g \star f(r)\left[=\int g(t-r)f(t)dt\right] \tag{4.141a}$$

혹은 중첩기호($*$)를 이용하여

$$c_r(r) \equiv f \star g(r) \equiv f(-) * g(r) = \int_{-\infty}^{\infty} f(t-r)g(t)dt \neq f * g(r)\left[=\int f(r-t)g(t)dt\right] \tag{4.141b}$$

단 위에서 $f(-)$는 $f(r)$을 $f(-r)$, 혹은 $f(r-t)$를 $f(t-r)$로 바꾸는 것 즉 $r=0$ 혹은 $r=t$ 축 주위로 뒤집는 것을 의미한다.

그러면 실함수 $c_r(r)$의 푸리에 변환은 아래와 같이 된다.

$$\mathscr{F}(c_r(r)) \equiv C_r(s) = \mathscr{F}(f \star g(r)) = \mathscr{F}(f(-) * g(r)) = \mathscr{F}(f(-r))\mathscr{F}(g(r))$$

$$= F(-s)G(s) \quad (\because \text{식 } (4.130)) \tag{4. 142}$$

다음에는 함수 f 및 g가 모두 복소함수일 경우 복소 상관함수(혹은 적분)은 아래와 같이 정의된다.

$$c_r(r) \equiv \bar{f} \star g(r) \equiv \int_{-\infty}^{\infty} \bar{f}(t-r)g(t)\left[= \int_{-\infty}^{\infty} \bar{f}(t)g(t+r)dt\right] \neq g \star \bar{f}(r)\left[= \int g(t-r)\bar{f}(t)dt\right] \tag{4. 143a}$$

혹은 중첩기호($*$)를 이용하여

$$c_r(r) \equiv \bar{f} \star g(r) \equiv \bar{f}(-) * g(r) = \int \bar{f}(t-r)g(t)dt \neq \bar{f} * g(r)\left[= \int \bar{f}(r-t)g(t)dt\right] \tag{4. 143b}$$

이의 복소 푸리에 변환은 아래와 같이 된다.

$$\mathscr{F}(c_r(r))(\equiv C_r(s)) = \mathscr{F}(\bar{f} \star g(r)) = \mathscr{F}(\bar{f}(-) * g(r)) = \mathscr{F}(\bar{f}(-r))\mathscr{F}(g(r)) = \bar{F}(s)G(s) \tag{4. 144}$$

여기서 만약 f, g 둘 다 실함수이면 위 식은 식 (4.142)로 환원($\because$ 식 (4.135))된다.

마지막으로 f, g가 둘 다 실함수인 경우에 중첩함수 $c_v(r)(\equiv f * g(r))$과 상관함수 $c_r(r)(\equiv f \star g(r))$은 $r = t$축 주위로 서로 거울대칭(180° 뒤집음)인 것에 유의해야한다.

Wiener-Khintchine 정리

이제 고분자 용액에 대한 동적광산란(DLS) 측정에 있어서 시간평균 산란강도 자동상관함수 $R_I(\tau)\left(= \langle i_s^*(t)\, i_s(t+\tau)\rangle\right)$(여기서 $i_s(t)$는 용액으로부터 산란파의 전장강도벡터 $\boldsymbol{E}_s(t)$의 크기의 제곱에 비례하는 환원 산란강도임)의 푸리에 변환에 해당하는 '파워 스펙트럼(power spectrum)' $P_I(\omega)$(여기서 ω는 각진동수)에 관한 소위 'Wiener-Khintchine 정리'를 앞에서 언급한 (복소)푸리에 변환 공식을 이용하여 증명해보자. 이 때 산란강도에 관한 상관함수의 정의식 (4.143)에 맞추어 복소 산란강도 $i_s(t)$에 대한 자동상관함수 $R_I(\tau)$는 아래와 같이 정의한다.

$$R_I(\tau) \equiv \langle i_s^*(t)\, i_s(t+\tau)\rangle = \lim_{T\to\infty}\left[\int_{-T}^{T} i_s^*(t)\, i_s(t+\tau)dt \Big/ \int_{-T}^{T} dt (= 2T)\right]$$

$$= \lim_{T\to\infty}\int_{-T}^{T} i_s^*(t)\, i_s(t+\tau)dt/2T \tag{4. 145}$$

여기서 T는 주기이다. 이제 $R_I(\tau)$를 각진동수 ω공간으로 푸리에 변환을 하기 위하여 1차원 푸리에에 (지수)변환공식 (4.128)에서 $r \to t,\ s \to \omega,\ f(r) \to i_s(t),\ F(s) \to I_s(\omega)$라 두면 아래의 관계식이 성립된다.

$$I_s(\omega) = \mathcal{F}(i_s(t)) = \int_{-\infty}^{\infty} i_s(t) e^{+i\omega t} dt \tag{4.146}$$

이의 역변환은 아래가 된다.

$$i_s(t) = \mathcal{F}^{-1}[I_s(\omega)] = \frac{1}{2\pi}\int_{-\infty}^{\infty} I_s(\omega) e^{-i\omega t} dw \tag{4.147}$$

한편 식 (4.134)에서 아래가 성립된다[단 복소공액표시의 위첨자 $^-$와 *를 혼용하여 사용하나, 특히 $i_s(t)$의 공액은 $i_s^*(t)$로 표시한다.]

$$i_s^*(t) = \frac{1}{2\pi}\int_{-\infty}^{\infty} \bar{I}_s(\omega) e^{i\omega t} d\omega \tag{4.148}$$

따라서 시간평균 산란강도 자동상관함수 $R_I(\tau)$는 이들 결과를 대입하고, (1차원)델타함수 $\delta(x)$에 관한 공식 (G.2) 및 (G.32)를 이용하면 아래가 된다.

$$\left.\begin{aligned} R_I(\tau) &\equiv \langle i_s^*(t)\, i_s(t+\tau)\rangle \equiv \lim_{T\to\infty}\frac{1}{2T}\int_{-\infty}^{\infty} i_s^*(t)\, i_s(t+\tau) dt \\ &= \lim_{T\to\infty}\frac{1}{2T}\int dt\left[\frac{1}{2\pi}\int d\omega \bar{I}_s(\omega) e^{i\omega t}\right]\left[\frac{1}{2\pi}\int d\omega' I_s(\omega') e^{-i\omega'(t+\tau)}\right] \\ &= \lim_{T\to\infty}\left(\frac{1}{2T}\right)\left(\frac{1}{2\pi}\right)^2 \int d\omega \bar{I}_s(\omega)\int d\omega' I_s(\omega')\left[\int dt e^{it(\omega-\omega')}\right] e^{-i\omega'\tau} \\ &= \lim_{T\to\infty}\left(\frac{1}{2T}\right)\left(\frac{1}{2\pi}\right)^2 \int d\omega \bar{I}(\omega)\int d\omega' I(\omega') 2\pi\delta(\omega-\omega') e^{-i\omega'\tau} \\ &= \lim_{T\to\infty}\left(\frac{1}{2T}\right)\left(\frac{1}{2\pi}\right)\int d\omega \bar{I}_s(\omega) I(\omega) e^{-i\omega\tau} = \lim_{T\to\infty}\left(\frac{1}{2T}\right)\mathcal{F}^{-1} \\ &\left[|I_s(\omega)|^2 \left(= \bar{I}_s(\omega) I_s(\omega)\right)\right] \end{aligned}\right\} \tag{4.149}$$

여기서 산란강도 파워스펙트럼 $P_I(\omega)$를 아래와 같이 정의하면

$$P_I(\omega) \equiv \lim_{T\to\infty}\frac{1}{2T}|I_s(\omega)|^2 \tag{4.150}$$

아래와 같이 단일 감쇄속도(혹은 완화시간)을 가진 단분산 고분자에 관한 Wiener-Khintchine 정리가 증명된다.

$$R_I(\tau) \equiv \langle i_s^*(t)\, i_s(t+\tau)\rangle = \mathcal{F}^{-1}[P_I(\omega)] \tag{4.151}$$

혹은

$$P_I(\omega)\left[\equiv \lim_{T\to\infty}\frac{1}{2T}|I_s(\omega)|^2\left(=\bar{I}_s(\omega)\,I_s(\omega)\right)\right] = \mathcal{F}\left[\langle i_s^*(t)\, i_s(t+\tau)\rangle\right] \tag{4.152}$$

예제 4. 14

한편 고분자 용액에 대한 DLS 실험에 있어서, 감쇄속도 $\Gamma(=Dq^2)$(여기서 D는 확산계수, q는 산란각에 대응하는 파동벡터)의 분포 $G(\Gamma)$대신 단일 감쇄속도(즉 $\Gamma=Dq^2$이 1개)를 갖는 경우에 얻어진 시간평균 산란강도 자동상관함수 $R_I(\tau)$는 아래 식으로 주어진다.

$$R_I(\tau) \equiv \langle i_s^*(t)\, i_s(t+\tau)\rangle = A + Be^{-2\Gamma\tau} \tag{4.153}$$

여기서

$$A = \beta^2 E_0^{\,4} N^2,\ B = \beta^2 E_0^{\,4}(N^2 - N),\ \Gamma = Dq^2,\ q = (4\pi/\lambda)\sin(\theta/2) \tag{4.154}$$

(위 식에서 θ는 산란각도, q는 파동벡터의 크기, 그리고 λ는 매질에서의 빛의 파장임.)
이때 식 (4.151) - (4.152)로부터 파워스펙트럼 $P_I(\omega)$를 구하고, 설명하라.

풀 이

식 (4.153)의 양변을 (지수)변환식 (4.128) 혹은 (4.146)을 사용하여 지연(delay) 시간인 c 공간에서 각진동수 ω 공간으로 푸리에 변환을 행하고, 표 4.2의 No.1 및 No.4의 결과를 이용하면 요구되는 아래를 얻는다.

$$P_I(\omega) = A2\pi\delta(\omega) + (B/\Gamma)/\left[1+(\omega/2\Gamma)^2\right] \quad (\text{단 } \Gamma = Dq^2 > 0 \text{ 만족}) \tag{4.155}$$

위 식의 우편의 두 번째 항은 소위 'Lorenz형' 곡선이 된다. 따라서 초함수인 $\delta(\omega)$항을 무시하면, $P_I(\omega)$의 ω에 대한 곡선은 $\omega=0$에서 최대가 되는 좌우대칭의 우함수로서 최대 높이의 반에 해당하는 점에서의 x축 상으로의 폭 즉 반폭치 $\Delta\omega_{1/2} = 2\Gamma = 2Dq^2$가 되어, 이로부터 (고분자)용질의 확산계수 D[정확히는 병진, 상호 확산계수 D_m에 해당]를 구할 수 있으며, Stokes-Einstein 법칙 $D = kT/6\pi R_H\eta$(여기서 k는 볼츠만 상수, T는 절대온도, 그리고 η는 용매의 점도임)에서 입자의 수력학적 크기 R_H 및 이로부터 분자량에 관한 정보 및 나아가 다분산 고분자의 경우 전술한 바와 같이 Γ의 분포함수 $G(\Gamma)$로부터 분자량 분포 및 z평균 확산계수

D_z도 구할 수 있다. 또한 산란각도 θ(혹은 파동벡터 q)를 고정시키지 않고 여러 값을 바꾸어 측정하면 용질의 모양에 관한 정보도 얻을 수 있다.

4. 2. 4 기타 물리적 응용 예

4. 2. 4. 1 운동량 표현

양자역학에서 선운동량(linear momentum)과 공간(space)의 위치는 같은 맥락에서 나타난다. 이 절에서는 보통의 공간으로부터 출발해서 그에 해당하는 운동량 분포를 유도해 보겠다. 1차원의 경우 Schrödinger 방정식 파동(상태)함수 $\Psi(x)$는 다음의 성질을 갖는다(1.3절 참조).

1. $\Psi(x)^*\Psi(x)dx$는 $x+dx$사이의 양자역학적 입자를 찾을 (정규화된)확률이다.

2. $$\langle \Psi(x)|\Psi(x)\rangle = \int_{-\infty}^{\infty} \Psi^*(x)\Psi(x)dx = 1 \tag{4. 156}$$

은 ($x-$축 방향을 따라)하나의 입장에 해당한다.

3. $$\langle x\rangle = \langle \Psi \,|\, x \,|\Psi\rangle = \int_{-\infty}^{\infty} \Psi^*(x)x\Psi(x)dx \tag{4. 157}$$

는 $x-$축 방향을 따른 입자의 평균 위치이며, 기댓값(expectation value)이라고 부른다.

마찬가지로 운동량에 대한 정보를 주는 함수 $g(p)$도 아래와 같은 특징을 갖기를 바란다.

1. $g(p)^*g(p)dp$는 양자역학적 입자가 p와 $p+dp$사이의 운동량을 가질 (정규화된)확률이다.

2. $$\langle g(p)|g(p)\rangle = \int_{-\infty}^{\infty} g^*(p)g(p)dp = 1 \tag{4. 158}$$

3. $$\langle p\rangle = \langle g(p)\,|\,p\,|\,g(p)\rangle = \int_{-\infty}^{\infty} g^*(p)pg(p)dp \tag{4. 159}$$

식 (4.70)에서 본 바와 같이 이러한 함수는 $\Psi(x)$의 푸리에 지수 변환이다. 즉

$$g(p) = \frac{1}{\sqrt{2\pi\hbar}}\int_{-\infty}^{\infty} \Psi(x)e^{-ipx/\hbar}dx \tag{4. 160}$$

$$g^*(p) = \frac{1}{\sqrt{2\pi\hbar}}\int_{-\infty}^{\infty} \Psi(x)e^{ipx/\hbar}dx \tag{4. 161}$$

위 식에서 $\Psi(x)$는 실함수이며, $\hbar = h/2\pi$(여기서 h는 Planck 상수)는 각운동량의 단위이다. 3차원의 경우는 식 (4.78)과 유사하게

$$g(\boldsymbol{p}) = \frac{1}{(2\pi\hbar)^{3/2}} \iiint_{-\infty}^{\infty} \Psi(\boldsymbol{r}) e^{-i\boldsymbol{r}\cdot\boldsymbol{p}/\hbar} d^3 r \tag{4.162}$$

가 된다. 식 (4.160)과 (4.161)을 보이기 위해 성질 2, 3을 검토하자.

성질 2의 정규화는 식 (4.114)의 Parseval 등식에 의해 자동적으로 만족한다. 공간함수 $\Psi(x)$가 단위 정규화되면 운동량 함수 $g(p)$도 역시 단위 정규화된다. 성질 3을 검토하기 위하여

$$\langle p \rangle = \langle g(p) | p | g(p) \rangle = \int_{-\infty}^{\infty} g^*(p) p g(p) dp = \int_{-\infty}^{\infty} \Psi^*(x) \frac{\hbar}{i} \frac{d}{dx} \Psi(x) dx \tag{4.163}$$

가 성립됨을 보아야 한다. 여기서 $(\hbar/i)(d/dx)$는 공간표현으로 보면 운동량 연산자(즉 $\hat{p}_x$)이다. 즉 여기서 식 (4.163)의 두 번째 항등관계를 증명하기 위하여 이 운동량 함수를 푸리에 공간 함수로 바꾸면 첫 번째 적분은 식 (4.160)과 (4.161)을 대입하면

$$\frac{1}{2\pi\hbar} \iiint_{-\infty}^{\infty} p e^{-ip(x-x')/\hbar} \Psi^*(x') \Psi(x) dp\, dx'\, dx \tag{4.164}$$

가 된다. 여기서

$$p e^{-ip(x-x')/\hbar} = \frac{d}{dx}\left[-\frac{\hbar}{i} e^{-ip(x-x')/\hbar}\right] \tag{4.165}$$

이므로 식 (4.164)에 넣어 x'와 p는 일정하다고 보고 부분적분하면

$$\langle p \rangle = \iint_{-\infty}^{\infty} \left[\frac{1}{2\pi\hbar} \int_{-\infty}^{\infty} e^{-ip(x-x')/\hbar} dp\right] \cdot \Psi^*(x') \frac{\hbar}{i} \frac{d}{dx} \Psi(x) dx'\, dx \tag{4.166}$$

가 된다. 여기서 $\Psi(x)$는 $x \to \pm\infty$에서 0이 되도록 가정하여 (경계)적분한 부분을 없앤다. 식 (G.32)의 1차원 델타 함수를 쓰면 식 (4.166)은 식 (4.163)가 되어 운동량 표현이 된다. 식 (4.160)에서 기술적으로 역 푸리에 변환을 도입했음을 주목하라. 이는 식 (4.166)에서 적당한 부호를 주기 위해 채택했다.

예제 4. 15

수소원자의 바닥상태(ground state)는 3차원 공간 파동함수

$$\Psi(\boldsymbol{r}) = \left(\frac{1}{\pi a_0^3}\right)^{1/2} e^{-r/a_0} \tag{4. 167}$$

로 주어진다. 여기서 a_0은 보어(Bohr) 반경 $\hbar^2/me^2$이다.

풀 이

3차원 (선형)운동량(확률)함수 $g(\boldsymbol{p})$는 식 (4.160)에서

$$g(\boldsymbol{p}) = \frac{1}{(2\pi\hbar)^{3/2}} \int \Psi(\boldsymbol{r}) e^{-i\boldsymbol{p}\cdot\boldsymbol{r}/\hbar} d^3 r \tag{4. 168}$$

이 되고 식 (4.167)은 식 (4.168)을 넣고 적분공식

$$\int e^{-ar + i\boldsymbol{b}\cdot\boldsymbol{r}} d^3 r = \frac{8\pi a}{(a^2+b^2)^2} \tag{4. 169}$$

를 사용하면, 수소의 운동량과 피동함수

$$g(\boldsymbol{p}) = \frac{2^{3/2}}{\pi} \frac{a_0^{3/2}\hbar^{5/2}}{(a_0^2 p^2 + \hbar^2)^2} \tag{4. 170}$$

을 얻는다. 그러나 운동량 함수는 원자의 전자 Compton 산란(표적전자의 운동량 분포에 관계하고 산란된 빛의 파장 분포 등)같은 문제에 유용하다.

한편 보통의 공간 표현과 운동량 표현 사이의 관계는 양자역학의 교환관계를 고려함으로써 논의될 수 있다. 우선 운동량 p와 x가 양자역학에서 교환되지 않고(식 (1.95) 참조)

$$[p, x] \equiv (px - xp) = -i\hbar \tag{4. 171}$$

의 관계를 만족함으로써 고전적 Hamiltonian으로부터 Schrödinger 방정식으로 옮겨갈 수 있다. 다차원적인 경우 식 (4.171)은 Kronecker 델타기호를 사용하여

$$[p_i, x_j] = -i\hbar\,\delta_{ij} \tag{4. 172}$$

라 쓸 수 있다. Schrödinger (공간)표현 (x)는

$$(x):\ x_j \to x_j\ ,\ p_i \to i\,\hbar\ \frac{\partial}{\partial x_i}$$

라 하여 운동량을 공간 비분으로 바꿀 수 있다. 식 (4.171)에서

$$[p,\ x]\Psi(x) = -i\,\hbar\ \Psi(x) \tag{4. 173}$$

가 성립된다. 그러나 식 (4.171)은

$$(p):\ x_j \to i\,\hbar\ \frac{\partial}{\partial p_i}\ ,\ p_i \to p_i$$

를 사용해서도 만족된다. 이것이 운동량 표현관계이다. 그리고 식 (4.173)처럼

$$[p,\ x]g(p) = -i\,\hbar\ g(p) \tag{4. 174}$$

가 된다. 표현 (x)는 유일하지 않고 표현 (p)가 다른 가능성을 보여준다.

양자역학에 의하면 일반적으로 Schrödinger 표현(x)는 Schrödinger 방정식에서 위치 에너지 V가 $V(x,\,y,\,z)$로 주어질 때 유용하고, 운동량 표현(p)는 적분방정식(부록 F절 참조)을 유도한다 (자세한 것은 여기서 생략함).

4. 2. 4. 2 전달함수(transfer function)

시간 종속형 전기 펄스(time-dependant electrical pulse)는 여러 진동수의 파들의 중첩으로 만들 수 있다. 각진동수 ω에 대해

$$F(\omega)e^{i\omega t}$$

를 가질 수 있다. 그 때 완전한 펄스는

$$f(t) = \frac{1}{2\pi}\int_{-\infty}^{\infty} F(\omega)e^{i\omega t}d\omega \tag{4. 175}$$

로 주어진다. ω가 선형 진동수 ν와

$$\nu = \frac{\omega}{2\pi}$$

의 관계를 가지므로 이 적분에 $1/2\pi$인자를 넣어준 것이다.

식 (4.175)가 푸리에 변환의 꼴을 가지므로, $F(\omega)$에 대해 풀면(식 (4.74) - (4.75) 참조)

$$F(\omega)=\int_{-\infty}^{\infty} f(t)e^{-i\omega t}dt \tag{4.176}$$

가 된다. 이 때 식 (4.176)은 펄스 $f(t)$를 각진동수로 성분 분해한 것이다. 반면에 식 (4.175)는 성분으로부터의 펄스의 합성이다.

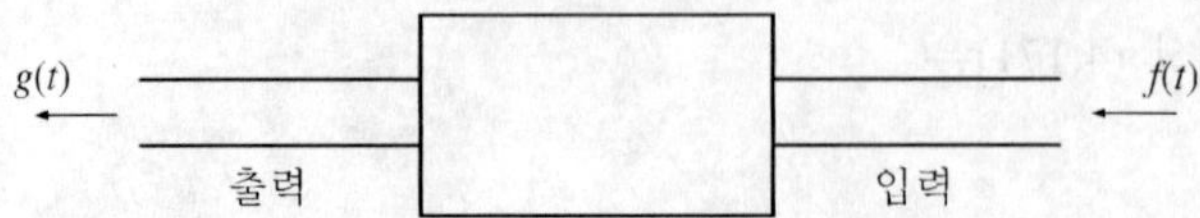

그림 4. 11 전달함수(transfer function)에 사용된 그림.

입력이 $f(t)$이고 출력이 $g(t)$인 스테레오 증폭기를 생각하라(그림 4.11). 단일 진동수 ω의 입력에 대해 $f_\omega(t)=e^{i\omega t}$이고 증폭기는 진폭을 변화시키며 위상도 변화시킬 수 있다. 이 변화는 주로 진동수에 의존한다. 그 때

$$g_\omega(t)=\phi(\omega)f_\omega(t) \tag{4.177}$$

이고 이러한 진폭과 위상을 수정하는 함수 $\phi(\omega)$를 '전달함수(transfer function)'라 한다. 이것은 대개 복소함수이며

$$\phi(\omega)=u(\omega)+iv(\omega) \tag{4.178}$$

라 쓴다. 여기서 $u(\omega)$와 $v(\omega)$는 실함수이다.

식 (4.177)에서 전달함수 $\phi(\omega)$가 입력 진폭에 무관하고 어떤 다른 성분에도 무관함을 가정한다. 즉 $f(t)$의 $g(t)$로의 선형 사상을 가정한다. 그 때 총 출력은 증폭기에 의해 수정되어 전체입력을 적분한 꼴로 표시된다.

$$g(t)=\frac{1}{2\pi}\int_{-\infty}^{\infty}\phi(\omega)F(\omega)e^{i\omega t}d\omega \tag{4.179}$$

전달함수는 증폭기의 특성이 된다. 일단 전달함수가 알려지면(측정했든 계산했든), 출력 $g(t)$는 입력으로부터 계산한다. $\phi(\omega)$를 어떤 함수 $\Phi(t)$의 푸리에 (역)변환이라 한다.

$$\phi(\omega)=\int_{-\infty}^{\infty}\Phi(t)e^{-i\omega t}dt \tag{4.180}$$

한편 식 (4.179)는 두 역변환의 푸리에 변환이며, 식 (4.112)로부터 함수 f와 Φ의 중첩곱

$$g(t) = \int_{-\infty}^{\infty} f(\tau)\Phi(t-\tau)\,d\tau \tag{4. 181}$$

를 얻는다. 식 (4.181)을 해석하면, 입력-"원인(cause)"-$f(\tau)$는 $\Phi(t-\tau)$에 의해 수정되어 출력-"결과(effect)"-$g(t)$를 만들어 냄을 의미한다. 여기서 3.8.4절에 소개한 인과율(causality)개념(원인이 결과를 앞선다)을 도입하면 $\tau < t$이다.
이 때

$$\Phi(t-\tau) = 0,\ \tau > t \tag{4. 182}$$

이고, 그때 식 (4.181)은

$$g(t) = \int_{-\infty}^{t} f(\tau)\Phi(t-\tau)\,d\tau \tag{4. 183}$$

이다. 식 (4.182)를 채택하는 것은 여기서 아주 중요한 결과이며 3.8절의 분산이론과 같다.
이제 함수 $\Phi(t)$의 중요성을 보기 위해 $f(\tau)$를 $\tau = 0$에서 시작하는 갑작스런 충격량이라 하자.

$$f(\tau) = \delta(\tau)$$

여기서 $\delta(\tau)$는 원점의 양의 영역의 디락 델타 분포이다. 이 때 식 (4.183)은 식 (G.2)에 의해

$$g(t) = \int_{-\infty}^{t} \delta(\tau)\Phi(t-\tau)\,d\tau$$

$$g(t) = \begin{cases} \Phi(t), & t > 0 \\ 0, & t < 0 \end{cases} \tag{4. 184}$$

가 된다. 이것은 $\Phi(t)$가 $t = 0$일 때 단위 충격량을 갖는 출력함수임을 의미한다. 식 (4.184)에 의해 $\Phi(t)$가 실함수임을 알 수 있다. 원래의 전달함수는 단위 진폭, 단위 진동수의 입력에 해당하는 정상 상태의 출력을 준다.
식 (4.180)에서 식 (4.184)의 조건을 대입하면

$$\phi(\omega) = \int_{0}^{\infty} \Phi(t) e^{-i\omega t}\,dt = u + iv \tag{4. 185}$$

이고, 하한은 인과율(식 (4.182))에 의해 0이다. 여기서 $\Phi(t)$가 실함수라는 데서 실수부와 허수부를 분리하면

$$u(\omega)=\int_0^{\infty}\Phi(t)\cos\omega t\,dt$$

$$v(\omega)=-\int_0^{\infty}\Phi(t)\sin\omega t\,dt,\ t>0 \tag{4.186}$$

가 되고, 이것에서 $\phi(\omega)$의 실수부 $u(\omega)$는 우함수이며, $\phi(\omega)$의 허수부 $v(\omega)$는 기함수임을 알 수 있다. 즉

$$u(-\omega)=u(\omega)$$

$$v(-\omega)=-v(\omega)$$

식 (4.186)을 4.2.1.2절에 소개한 푸리에 코사인 및 사인 변환으로 해석하면 식 (4.86)의 도움을 받아 식 (4.186)의 역은

$$\Phi(t)=\frac{2}{\pi}\int_0^{\infty}u(\omega)\cos\omega t\,d\omega=-\frac{2}{\pi}\int_0^{\infty}v(\omega)\sin\omega t\,d\omega,\ t>0 \tag{4.187}$$

가 된다. 여기서 식 (4.186)과 식 (4.187)을 연결하면

$$v(\omega)=-\int_{-\infty}^{\infty}\sin\omega t\left\{\frac{2}{\pi}\int_0^{\infty}u(\omega')\cos\omega' t\,d\omega'\right\}dt \tag{4.188}$$

가 된다. 결국 전달함수가 실수부를 가지면, 허수부도 가져야 한다(그 역도 성립한다). 물론 그 때 푸리에 변환이 존재하고 $\Phi(\omega)=1$과 같은 경우는 배제한다는 가정은 존재한다. 그리고 위에서 논의한 인과율은 전달함수의 실수부와 허수부의 상호 관련성을 제공해 준다(3.8절의 분산이론 참조).

한편 앞에서 지적한 $u(\omega)$와 $v(\omega)$의 우기성 성질(parity property)에 의해 음의 t값에 대해 $\Phi(t)$는 사라진다. 식 (4.180)을 역전시키면

$$\Phi(t)=\frac{1}{2\pi}\int_{-\infty}^{\infty}[u(\omega)+iv(\omega)]\,[\cos\omega t+i\sin\omega t]\,d\omega \tag{4.189}$$

가 된다. 만약 $u(\omega)$가 우함수, $v(\omega)$가 기함수일 때 식 (4.189)는

$$\Phi(t)=\frac{1}{\pi}\int_0^{\infty}u(\omega)\cos\omega t\,d\omega-\frac{1}{\pi}\int_0^{\infty}v(\omega)\sin\omega t\,d\omega,\ t>0 \tag{4.190}$$

가 되고, 식 (4.187)로부터

$$\int_0^{\infty} u(\omega)\cos\omega t\, d\omega = -\int_0^{\infty} v(\omega)\sin\omega t\, d\omega,\ t > 0 \tag{4.191}$$

가 된다. 여기서 t의 부호를 바꾸면 $\sin\omega t$의 부호도 바뀌게 되어 식 (4.190)에서

$$\Phi(t) = 0,\ t < 0$$

이 된다. 이는 식 (4.184)의 결과와 일치한다.

4. 2. 4. 3 Fraunhofer 회절

결정(crystal)과 같이 규칙적인 구조를 가진 물체에 의해 생성된 투과광(transmitted light)의 패턴을 불규칙적인 구조에 의한 산란(scattering) 패턴과 대비하여 '회절 패턴(diffraction pattern)'이라 부르며, 특히 빛이 관측되는 거리에 비하여 물체의 단면(cross-section)이 작을 경우를 'Fraunhofer 회절 패턴'이라고 한다.

지금 문제를 간단히 하기 위하여 입사되는 빛은 단일 파장 λ를 가진 단색광(monochromatic light)이라고 가정한다. 이 때 입사파의 방향은 파동벡터(wave vector) $\boldsymbol{k}$로 주어지면, $\boldsymbol{k}$의 크기 $k = \|\boldsymbol{k}\| = 2\pi/\lambda$는 빛의 파수(wave number)라고 부른다. Fraunhofer (혹은 일반) 회절 패턴에 있어서 측정된 진폭(혹은 이의 크기의 제곱에 비례하는 회절 강도)은 $\boldsymbol{k}$와 같은 크기를 가지는 회절(혹은 투과)벡터 $\boldsymbol{k}'$ 사이의 회절각도 θ에 의존하는데, 이는 전적으로 물체를 통과하는 빛의 크기(진폭)과 위상각(phase)의 공간 분포에 의해 결정된다. 좀 더 구체적으로 말하면, 물체에 입사하여 상호 작용 후 어떤 특수한 방향 $\boldsymbol{k}'$로 투과되는 회절광의 강도는 이 공간 분포의 푸리에 (지수) 변환에 의하여 결정된다.

가령 예로서, 그림 4.12에 나타낸 바와 같이 파수 $k(=2\pi/\lambda)$를 가진 빛이 폭 $2Y$를 가진 단순 2차원 스크린(screen) 시료에 대하여 수직으로 입사한다고 가정하자. 이 때 Cartesian xy평면 좌표계의 1점 $(0, y)$에서의 투과광의 y방향으로의 단위 길이 당 (복소)진폭을 $f(y)$라고 하자[여기서 $f(y)$를 '구경(aperture) 함수'라고 부른다].

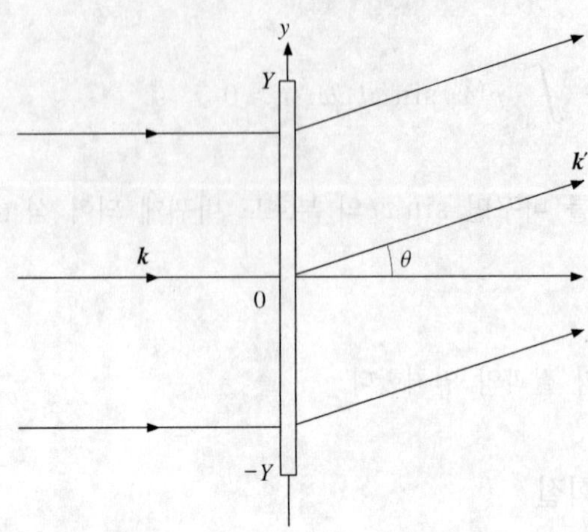

그림 4. 12 파장 $\lambda = 2\pi/k$를 가진 빛이 각도 θ로 회절하고 있는 폭 $2Y$인 회절격자(diffraction grating).

지금 위치 $\boldsymbol{r}_0 = \boldsymbol{i}x_0 + \boldsymbol{j}y_0\,(x_0 > 0)$에서의 투과광의 전체 진폭 (복소)$A(\boldsymbol{r}_0)$는 시료 스크린의 모든 부분에서의 공헌의 합으로서 아래 식으로 주어지며, 특히 $r_0 (= \| \boldsymbol{r}_0 \|)$이 매우 큰 경우에는 평면파(plane wave)로 간주될 수 있다.

$$A(\boldsymbol{r}_0) = \int_{-Y}^{Y} \frac{f(y)\exp[i\boldsymbol{k}' \cdot (\boldsymbol{r}_0 - y\boldsymbol{j})]}{|\boldsymbol{r}_0 - y\boldsymbol{j}|} dy \tag{4. 192}$$

위 식에서 $\exp[i\boldsymbol{k}' \cdot (\boldsymbol{r}_0 - y\boldsymbol{j})]$인자는 빛이 시료 스크린 상의 한 점 $y\boldsymbol{j}$로부터 점 $\boldsymbol{r}_0$까지 진행할 때 야기된 위상(각) 변화를 나타내며, 또한 분모는 거리의 증가와 함께 투과광의 진폭(혹은 회절 강도)이 감소함을 반영한다.

만약 빛이 통과하는 매질(medium)이 스크린의 양쪽에서 동일하다면, 회절벡터 $\boldsymbol{k}' = k\cos\theta\boldsymbol{i} + k\sin\theta\boldsymbol{j}$가 되며, 만약 $r_0 \gg Y$라면 식 (4.192)는 근사적으로 아래와 같이 나타낼 수 있다.

$$A(\boldsymbol{r}_0) \simeq \frac{\exp(i\boldsymbol{k}' \cdot \boldsymbol{r}_0)}{r_0} \int_{-\infty}^{\infty} f(y)\exp(-iky\sin\theta)\,dy \tag{4. 193}$$

위 식에서 $|y| > Y$일 때는 $f(y) = 0$으로 간주하여 적분구간을 $-\infty \sim \infty$로 확장하였다. 그러면 θ방향으로의 회절 강도 $I(\theta)(=|A|^2)$는 위 식으로부터 아래가 된다.

$$I(\theta) = |A|^2 = A(\boldsymbol{r}_0)\overline{A}(\boldsymbol{r}_0) = \frac{2\pi}{r_0^2}F(q)\overline{F}(q) = \frac{2\pi}{r_0^2}|F(q)|^2 \tag{4. 194}$$

위 식에서 $F(q)$(여기서 $q = k\sin\theta$)는 실함수 $f(y)$의 푸리에 지수변환 식 (4.70)에 의해 y공간

에서 q공간으로 푸리에 변환한 것이다. [비고 : 식 (4.194)의 마지막 항등관계는 식 (4.193)의 적분에서 $k\sin\theta = q$로 두면 적분항은 식 (4.70)에 의해(단 $x\to y$, $\omega\to q$로 치환) $\sqrt{2\pi}\,F(q)$가 되므로 $A(\boldsymbol{r}_0) = \dfrac{\exp(i\boldsymbol{k}'\cdot\boldsymbol{r}_0)}{r_0}\sqrt{2\pi}\,F(q)$, 그리고 이의 공액을 취하면 $\overline{A(\boldsymbol{r}_0)} = \dfrac{\exp(-i\boldsymbol{k}'\cdot\boldsymbol{r}_0)}{r_0}\sqrt{2\pi}\,\overline{F}(q)$가 되므로, $|A|^2 = A(\boldsymbol{r}_0)\overline{A}(\boldsymbol{r}_0)$는 $\dfrac{2\pi}{r_0^2}F\overline{F} = \dfrac{2\pi}{r_0^2}|F|^2$이 되어 증명된다.]

예제 4. 16

각각의 폭이 $2b$이고, 중심간 간격이 $2a$(단 $a > b$)인 두 개의 긴 슬릿(slit)가 파장 λ인 빛에 쪼여질 때 이 계에 대한 식 (4.192) 중의 구경 함수 $f(y)$(그림 4.13 참조)에 대한 θ방향으로의 회절 강도 $I(\theta)$를 식 (4.194)로부터 평가하여라.

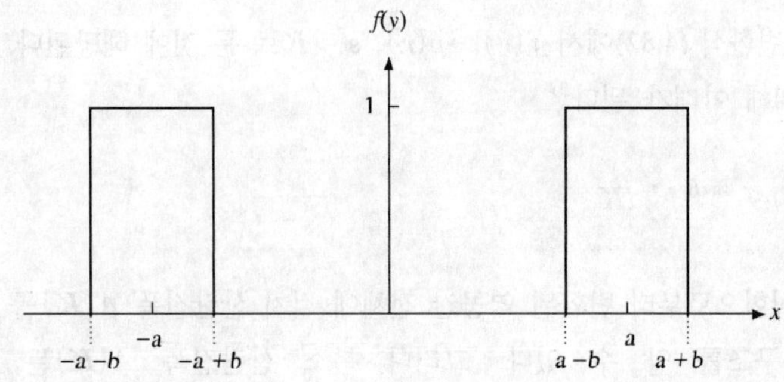

그림 4. 13 두 개의 넓고, 긴 슬릿에 대한 구경(aperture) 함수 $f(y)$.

풀 이

그림 4.13에 나타낸 구경 함수 $f(y)$를 푸리에 지수변환 식 (4.70)에 대입(단 $x\to y$, $\omega\to q$로 치환)하여 $F(q) = \mathcal{F}(f(y))$를 구하면 약간의 대수 조작을 통하여 아래를 얻는다.

$$F(q) = \frac{1}{\sqrt{2\pi}}\int_{-a-b}^{-a+b} e^{-iqx}\,dx + \frac{1}{\sqrt{2\pi}}\int_{a-b}^{a+b} e^{-iqx}\,dx$$

$$= \frac{1}{\sqrt{2\pi}}\left[-\frac{e^{-iqx}}{iq}\right]_{-a-b}^{-a+b} + \frac{1}{\sqrt{2\pi}}\left[-\frac{e^{-iqx}}{iq}\right]_{a-b}^{a+b}$$

$$= \frac{-1}{iq\sqrt{2\pi}}\left[e^{-iq(-a+b)} - e^{-iq(-a-b)} + e^{-iq(a+b)} - e^{-iq(a-b)}\right] = \frac{4\cos qa\sin qb}{q\sqrt{2\pi}}$$

이를 식 (4.194)에 대입하고, $q = k\sin\theta = (2\pi\sin\theta)/\lambda$를 치환하면 요구되는 아래를 얻는다.

$$I(\theta) = \frac{16\cos^2 qa \sin^2 qb}{q^2 r_0^2}$$

여기서 r_0는 두 개의 긴 슬릿의 중심 간 거리이다.

일반 회절 이론

지금 (3차원) 좌표계의 원점 O에서 위치벡터 $\boldsymbol{r}$가 되는 점에서의 산란(혹은 회절)물질의 밀도를 $\rho(\boldsymbol{r})$, 그리고 회절파 및 입사파(파장 λ)의 단위벡터를 각각 $\boldsymbol{s}$ 및 $\boldsymbol{s}_0$라 하면[그림 4.12에서 $\boldsymbol{s}_0 = \boldsymbol{K}/k$, $\boldsymbol{s} = \boldsymbol{K}'/k$(여기서 $k = 2\pi/\lambda$)에 해당됨] 산란파의 (복소)진폭 $A(\boldsymbol{K})$[여기서 $\boldsymbol{K} = (\boldsymbol{s} - \boldsymbol{s}_0)/\lambda$는 크기 $2\sin(\theta/2)/\lambda$를 가지며, θ는 회절각 임]는 아래로 나타내진다.

$$A(\boldsymbol{K}) = \int \rho(\boldsymbol{r}) e^{2\pi i \boldsymbol{K} \cdot \boldsymbol{r}}\, d\boldsymbol{r} \tag{4. 195}$$

이는 3차원 푸리에 변환식 (4.82)에서 $f(\boldsymbol{r}) \to \rho(\boldsymbol{r})$, $\boldsymbol{s} \to \boldsymbol{K}$로 둔 것에 해당된다. 따라서 이의 역변환은 식 (4.83)에 의해 아래가 된다.

$$\rho(\boldsymbol{r}) = \int A(\boldsymbol{K}) e^{-2\pi i \boldsymbol{K} \cdot \boldsymbol{r}}\, d\boldsymbol{K} \tag{4. 196}$$

여기서 만약 회절 실험으로부터 변환된 역공간 전체에 걸쳐 산란진폭 $A(\boldsymbol{K})$를 알면 적분에 의해 $\rho(\boldsymbol{r})$ 즉 물질의 구조를 알 수 있다. 그러나 복소 산란진폭 $A(\boldsymbol{K})$는 극좌표 표현으로 $A(\boldsymbol{K}) = |A(\boldsymbol{K})| e^{i\phi}$(여기서 ϕ는 A의 위상각)인데, 보통 회절 실험에서 얻어지는 산란강도 $I(\boldsymbol{K}) = A(\boldsymbol{K})\overline{A}(\boldsymbol{K}) = |A(\boldsymbol{K})|^2$이므로 $A(\boldsymbol{K})$의 크기는 알 수 있으나, 위상각 ϕ는 알 수 없으므로 식 (4.196)으로부터 $\rho(\boldsymbol{r})$을 구할 수는 없다. 그래서 $I(\boldsymbol{K})$의 역 푸리에 변환(즉 $\boldsymbol{K}$공간에서 $\boldsymbol{r}$공간으로)에 해당하는 양을 아래와 같이 $Q(u(\boldsymbol{r}))$로 나타내보자.

$$Q(u(\boldsymbol{r})) = \mathscr{F}^{-1}(I(\boldsymbol{K})) = \mathscr{F}^{-1}\left[|A(\boldsymbol{K})|^2\right] = \mathscr{F}^{-1}\left[A(\boldsymbol{K})\overline{A}(\boldsymbol{K})\right] \tag{4. 197}$$

그런데 중첩곱 정리 식 (4.112)에 의해 $A(\boldsymbol{K}) = \mathscr{F}(\rho(\boldsymbol{r}))$, $\overline{A}(\boldsymbol{K}) = A(-\boldsymbol{K}) = \mathscr{F}(\rho(-\boldsymbol{r}))$($\because \rho$는 실함수이므로 식 (4.130)과 (4.135)에 적용)에서 $Q(u)$는 $\rho(\boldsymbol{r})$과 $\rho(-\boldsymbol{r})$의 중첩곱이 되므로 아래가 성립된다.

$$Q(u(\boldsymbol{r})) = \rho * \rho(-r) = \rho(-) * \rho(r) = \rho \star \rho(r) = \int \rho(\boldsymbol{t})\rho(\boldsymbol{t}+\boldsymbol{r})\, d\boldsymbol{t} \tag{4. 198}$$

위 식의 두 번째 항등관계는 중첩곱의 교환성에서, 세 번째 항등관계는 식 (4.141b), 그리고 마지막 항등관계는 상관함수의 정의식 (4.141a)에서 온 것이다. 결국 $Q(u(\boldsymbol{r}))$는 밀도 ρ의 자동상관함수가 되며, 또한 비록 산란진폭 $A(\boldsymbol{K})$의 위상각은 몰라도, 크기(제곱) 즉 산란강도 $I(\boldsymbol{K})$만 알면 Q가 얻어지므로 물질의 결정 구조를 알 수 있다. 한편 결정의 단위세포(unit cell)의 3 실공간의 기저벡터를 $\boldsymbol{a}$, $\boldsymbol{b}$, $\boldsymbol{c}$라 하고, 이에 대응하는 역공간의 기저벡터를 $\boldsymbol{a}^*$, $\boldsymbol{b}^*$, $\boldsymbol{c}^*$라 할 때(이때 정의에 의해 $\boldsymbol{a}\cdot\boldsymbol{a}^*=1$, $\boldsymbol{a}\cdot\boldsymbol{b}^*=0$ 등이 성립 - 문 1.5 참조) 식 (4.195) 중의 $\boldsymbol{r}$ 및 $\boldsymbol{K}$는 이들을 사용하여 각각 아래로 표현된다.

$$\boldsymbol{r}=x\boldsymbol{a}+y\boldsymbol{b}+z\boldsymbol{c} \leftrightarrow \boldsymbol{K}=h\boldsymbol{a}^*+k\boldsymbol{b}^*+l\boldsymbol{c}^* \tag{4.199}$$

위 식에서 x, y, z는 위치벡터 $\boldsymbol{r}$의 3(Cartesian) 성분이며, 반면에 회절각도 θ를 나타내는 h, k, l는 'Miller 지수'로 불리며 $(h\,k\,l)$결정면은 $\boldsymbol{a}$축을 a/h, $\boldsymbol{b}$축을 b/k, 그리고 $\boldsymbol{c}$축을 c/l에서 끊는다 (여기서 a, b, c는 해당 기저벡터의 길이를 나타냄). 그리고 식 (4.199)로 정의된 $\boldsymbol{K}$ 벡터는 Miller 면 $(h\,k\,l)$에 수직이며, 크기는 평행한 $(h\ k\,l)$면들의 면 간격(혹은 두께) d_{hkl}의 역수와 같다. 그리고 식 (4.199)에서 아래의 소위 'Laue 회절 조건'이 성립된다.

$$\boldsymbol{K}\cdot\boldsymbol{r}=hx+ky+lz,\ \boldsymbol{K}\cdot\boldsymbol{a}=h,\ \boldsymbol{K}\cdot\boldsymbol{b}=k,\ \boldsymbol{K}\cdot\boldsymbol{c}=l \tag{4.200}$$

이로부터 면 간격 d_{hkl}인 Miller 면에 대한 강한 회절 피크를 야기하는 건설적 간섭(즉 위상차가 파장의 정수배 즉 $\pm\lambda$, $\pm 2\lambda$ 등)에 해당하는 회절각도는 아래의 Bragg 회절 공식에 의해 주어진다.

$$n\lambda=2d_{hkl}\sin\theta_{hkl}\quad(n=1,\,2,\,\cdots) \tag{4.201}$$

이제 식 (4.197)의 역 푸리에 변환의 적분 형태로 된 밀도의 자동상관함수 $Q(u)$ 대신 소위 3차원 'Patterson 함수'인 $P(\boldsymbol{u})=P(u,\,v,\,w)$ 기호를 사용하여 1차원 지수형 푸리에 급수(식 (4.26))의 3차원 버전인 아래와 같이 나타낸다.

$$P(\boldsymbol{u})=P(u,\,v,\,w)=\frac{1}{V}\sum_{-\infty}^{\infty}\sum_{-\infty}^{\infty}\sum_{-\infty}^{\infty}|F(h,\,k,\,l)|^2e^{-2\pi i(hu+kv+lw)} \tag{4.202a}$$

$$=\frac{1}{V}\sum_{-\infty}^{\infty}\sum_{-\infty}^{\infty}\sum_{-\infty}^{\infty}|F(h,\,k,\,l)|^2\cos 2\pi(hu+kv+lw) \tag{4.202b}$$

여기서 V는 결정 단위 격자(unit lattice)의 부피이며, $F(h,\,k,\,l)$은 결정의 단위 세포(unit cell)의 산란진폭을 나타내는 양으로서 '결정구조 인자'라고 부른다. 위 식의 항등관계 b는 지수함수에 대한 드 므와브르 정리(식 (A.5))에서 사인항은 기함수이므로 없어졌기 때문이다. 위 식을 보면 가령 전자 밀도가 높은 2 점 $(x,\,y,\,z)$와 $(x+u,\,y+v,\,z+w)$를 연결하는 벡터 $\boldsymbol{u}=(u,\,v,\,w)$를 (복소)

산란진폭 $F(h, k, l)$의 위상에 의존하지 않고 오직 크기 $|F|^2$로부터만 구할 수가 있다.

한편 만약 물체 중의 밀도 분포가 등방적으로 같은 구 대칭인 경우는 구좌표 표현에서 $\rho(\boldsymbol{r}) = \rho(r, \theta, \phi) \to \rho(r)$이 되고, 따라서 식 (4.197)의 적분에서 $I(\boldsymbol{K}) = I(R, \Theta, \Phi) \to I(R)$이 되고, $d\boldsymbol{K} = R^2 \sin\Theta\, dR d\Theta\, d\Phi \to 4\pi R^2\, dR$(예제 2.38 참조)가 된다. 이 경우 $e^{-2\pi i \boldsymbol{K}\cdot\boldsymbol{r}} \to \dfrac{\sin 2\pi r R}{2\pi r R}$이 되므로 식 (4.197)은 아래가 된다(아래의 참고 참조 요).

$$Q(r) = 4\pi \int_0^\infty I(R) \frac{\sin 2\pi R r}{2\pi R r} R^2\, dR \tag{4.203}$$

참 고

식 (4.83)에 의한 $F(\boldsymbol{K})$(이때 $\boldsymbol{s} \to \boldsymbol{K}$로 둠)의 3차원 역 푸리에 변환으로 $f(\boldsymbol{r})$가 얻어질 때, $\boldsymbol{r}$ 및 $\boldsymbol{K}$ 모두를 Cartesian 직교좌표 대신 구좌표계 즉 $\boldsymbol{r} = (r, \theta, \phi)$ 및 $\boldsymbol{K} = (R, \Theta, \Phi)$로 나타내면 예제 2.38에서 미소 체적 요소 $d\boldsymbol{K} = R^2 \sin\Theta\, dR d\Theta\, d\Phi$가 되므로 식 (4.83)은 아래가 된다.

$$\begin{aligned} f(r, \theta, \phi) = \int_0^\infty \int_0^\pi \int_0^{2\pi} F(R, \Theta, \Phi) e^{-2\pi i r R\{\cos\theta\cos\Theta + \sin\theta\sin\Theta\cos(\Phi-\phi)\}} \\ \times R^2 \sin\Theta\, dR d\Theta\, d\Phi \end{aligned} \tag{4.204}$$

위 식에서 지수항은 $\boldsymbol{K}\cdot\boldsymbol{r} = \|\boldsymbol{K}\|\ \|\boldsymbol{r}\| \cos\alpha = Rr\cos\alpha$(여기서 α는 $\boldsymbol{K}$와 $\boldsymbol{r}$사이의 각도, $R = \|\boldsymbol{K}\|$, $r = \|\boldsymbol{r}\|$ 임)의 관계 및 배향각 (θ_1, ϕ_1)과 (θ_2, ϕ_2)인 두 직선사이의 각도가 α인 경우 아래가 성립함을 이용하였다.

$$\cos\alpha = \cos\theta_1 \cos\theta_2 + \sin\theta_1 \sin\theta_2 \cos(\phi_2 - \phi_1) \tag{4.205}$$

[비고 : 위 식의 증명은 크기가 1인 두 개의 단위벡터 $\boldsymbol{r}_1$과 $\boldsymbol{r}_2$를 구좌표계의 성분으로 나타내면(그림 2.12 참조) $\boldsymbol{r}_1 = (1, \theta_1, \phi_1)$ 및 $\boldsymbol{r}_2 = (1, \theta_2, \phi_2)$가 되는데, 이의 3차원 Cartesian 좌표계 성분은 $\boldsymbol{r}_1$ 경우 $x_1 = \sin\theta_1\cos\phi_1$, $y_1 = \sin\theta_1\sin\phi_1$, $z_1 = \cos\theta_1$, 그리고 $\boldsymbol{r}_2$ 경우 $x_2 = \sin\theta_2\cos\phi_2$, $y_2 = \sin\theta_2\sin\phi_2$, $z_2 = \cos\theta_2$가 되므로, 이 두 벡터의 내적을 Cartesian 성분으로 나타내면 $\boldsymbol{r}_1\cdot\boldsymbol{r}_2 = x_1x_2 + y_1y_2 + z_1z_2 = \cos\alpha$(여기서 α는 두 벡터 사이의 각도)가 얻어진다.]

그런데 만약 위 식에서 $f(r, \theta, \phi)$가 방위각 ϕ에 무관하다면 F도 Φ에 무관하게 되어 위 식은 아래가 된다.

$$f(r,\theta)=2\pi\int_0^{\infty}\int_0^{\pi}F(R,\Theta)J_0(2\pi rR\sin\theta\sin\Theta)e^{-2\pi irR\cos\theta\cos\Theta}$$

$$\times R^2\sin\Theta\, dR d\Theta \tag{4.206}$$

여기서 J_0은 제 1종 0차 Bessel 함수이다. 식 (4.204)에서 식 (4.206)의 성립은 우변의 적분에서 $F=F(R,\Theta)$이므로 Φ항만을 빼내어 $\Phi=0\sim 2\pi$의 적분을 행하고 아래의 Bessel 함수에 대한 적분표현식(단, 차수 n가 함수인 경우)을 이용한다.

$$J_n(x)=\frac{1}{2\pi}\int_{-\pi}^{\pi}e^{i(n\theta-x\sin\theta)}d\theta \tag{4.207a}$$

$$=\frac{1}{2\pi}\int_0^{2\pi}e^{ix\cos\theta}e^{in(\theta-\pi/2)}d\theta \tag{4.207b}$$

혹은 드 므와브르 정리(식 (A.5))를 이용하여 삼각함수 형태로

$$J_n(x)=\frac{1}{\pi}\int_0^{\pi}\cos(n\theta-x\sin\theta)d\theta\quad(n=0,1,2,\cdots) \tag{4.208}$$

수식 (4.204), (4.206)과 (4.207) - (4.208)의 비교에서 $n=0$, $x=2\pi rR\sin\theta\sin\Theta$, 그리고 식 (4.207) 혹은 (4.208)의 θ를 식 (4.204)의 Φ로 간주하여 계산을 행하면 식 (4.204)로부터 식 (4.206)가 얻어짐을 알 수 있다.

더욱이 $f(r,\theta,\phi)$가 r만의 함수이라면 역시 F도 R만의 함수가 되어 식 (4.206)은 아래가 된다.

$$f(r)=4\pi\int_0^{\infty}F(R)\frac{\sin 2\pi rR}{2\pi rR}R^2 dR \tag{4.209}$$

단 위 식의 증명은 식 (4.206)에서 Θ에 대한 적분시 0차 Bessel 함수 $J_0(x)$와 삼각함수간의 곱의 적분에 관한 공식을 이용하면 가능하다.

---

4. 2. 5 편미분방정식에 응용

이 절에서 먼저 다룰 편미분방정식은 고분자 분리막(polymeric membranes for separation) 등에 일어나는 질량이동(mass transport)에 관한 확산(diffusion) 방정식이며, 편의상 식 (4.70)에 기초를 둔 푸리에 지수변환을 중심으로 논의를 전개해 나가기로 한다.

한편 편미분방정식을 푸는데 푸리에 변환을 이용하는 것은 다음 절에 다룰 라플라스 변환을 이

용하는 것과 비슷하다. 그러나 복소수 푸리에 변환의 경우 다음의 부분 적분 관계식을 얻기 위해서는 $x \to \pm\infty$일 때 $y(x) \to 0$인 성질이 필요하다[단 식 (4.70)에서 $\omega \to k$로 치환].

$$\int_{-\infty}^{\infty} e^{-ikx} \frac{d^n y(x)}{dx^n} dx = (ik)^n \int_{-\infty}^{\infty} e^{-ikx} y(x) dx = (ik)^n (2\pi)^{1/2} Y(k), \ n = 1, 2, \cdots \quad (4.210)$$

이는 $y(x)$의 도함수들의 초기값을 요구하는 라플라스 변환과는 대조적임을 주목하라. 결론적으로 $-\infty < x < \infty$인 구간에서의 경계치 문제를 다루는 경우 복소수 푸리에 변환을 이용하는 것이 타당하다.

지금 1차원 확산문제에서 $t = 0$에서 $x = x_0$인 점에 확산하는 물질을 소량 첨가하는 초기조건을 고려하자. 풀어야 할 문제는 다음과 같다.

$$D\frac{\partial^2 c}{\partial x^2} = \frac{\partial c}{\partial t} \qquad \begin{array}{c} -\infty < x < \infty \\ 0 \le t \end{array} \quad (4.211)$$

여기서 농도 $c(x, 0) = c_0 \delta(x - x_0)$인 초기조건을 갖고 $x \to \pm\infty$일 때 $c(x, t) \to 0$인 경계조건을 갖는다. 여기서 c의 x에 관한 2계도함수의 $\mathcal{F}$ 변환(표 4.1 참조)은 아래가 된다.

$$(2\pi)^{-1/2} \int_{-\infty}^{\infty} e^{-ikx} \frac{\partial^2 c}{\partial x^2} dx = -k^2 C(k, t)$$

그리고 x공간에서 k공간으로의 $\mathcal{F}$ 변환은 t에는 무관하므로 식 (4.70)에서 아래가 성립된다.

$$(2\pi)^{-1/2} \int_{-\infty}^{\infty} e^{-ikx} \frac{\partial c}{\partial t} dx = \frac{dC(k, t)}{dt}$$

그러면 식 (4.211)의 푸리에 변환은 다음과 같고

$$\frac{dC(k, t)}{dt} = -Dk^2 C(k, t) \quad (4.212)$$

초기조건에 대한 변환식은 아래와 같이 된다.

$$C(k, 0) = (2\pi)^{-1/2} \int_{-\infty}^{\infty} e^{-ikx} c(x, 0) dx = (2\pi)^{-1/2} c_0 e^{-ikx_0} \quad (4.213)$$

식 (4.212)의 해는 다음과 같으며

$$C(k, t) = C(k, 0) e^{-k^2 Dt} = \frac{c_0}{(2\pi)^{1/2}} e^{-ikx_0} e^{-k^2 Dt} \quad (4.214)$$

$c(x, t)$를 공식으로부터 결정할 수 있다.

$$c(x, t) = (2\pi)^{-1/2}\int_{-\infty}^{\infty} e^{ikx} C(k, t)dk = \frac{c_0}{2\pi}\int_{-\infty}^{\infty} e^{ik(x-x_0)} e^{-k^2 Dt} dk$$

$$= \frac{c_0}{(4\pi Dt)^{1/2}} e^{-(x-x_0)^2/4Dt} \tag{4.215}$$

그림 4.14는 $c(x, t)$를 다양한 t에 대하여 보여주고 있다. 시간이 증가함에 따라 물질의 확산이 어떻게 이루어지는지 주목하라.

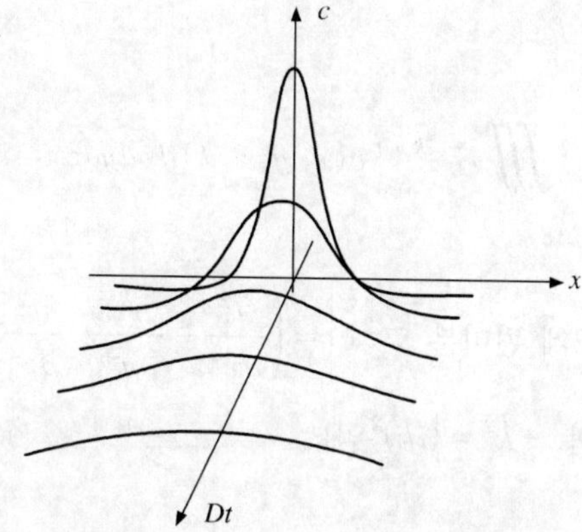

그림 4. 14 Dt값이(여기서 t는 시간, D는 확산계수임)이 증가함에 따라 x에 대한 1차원 확산방정식의 기본 해.

만약 위 문제에서 농도 c에 관한 초기조건이 델타함수 대신 $c(x, 0) = f(x)$(여기서 f는 일반 실함수)라면 편미방 (4.211)의 해는 아래가 된다. 즉 $C(k, 0) = F(k)$라 하면 식 (4.214)는 다음과 같이 된다.

$$C(k, t) = (2\pi)^{-1/2} F(k) e^{-k^2 Dt}$$

여기서 중첩곱 정리의 푸리에 변환을 사용하면 다음과 같다[단 변환 식 (4.70)을 이용할 경우의 중첩곱 정리는 식 (4.112)에서 $\mathcal{F}(f * g(x)) = \sqrt{2\pi} F(k)G(k)$가 됨].

$$c(x, t) = \frac{1}{(4\pi Dt)^{1/2}}\int_{-\infty}^{\infty} f(u) e^{-(x-u)^2/4Dt} du \tag{4.216}$$

단 위 식에서 $\mathcal{F}(f(x)) = F(k)$, $\mathcal{F}(e^{-ax^2}) = (4\pi a)^{-1/2} e^{-k^2/4a}$(여기서 $a = 1/4Dt$, 표 4.2 참조)를 이용하였다.

[비고 : 물론 위 1차원 확산방정식의 해를 지수 변환식 (4.72) 및 그 경우의 중첩곱 정리 식 (4.112)를 이용하여 구해도 같은 결과를 얻을 수 있다.]

식 (4.216)에서 만약 c의 초기조건인 $c(x, 0) = f(x)$에서 $f(x) = c_0 \delta(x - x_0)$으로 두면, 델타 함수 성질 식 (G.2)에서 식 (4.215)의 결과로 환원됨을 알 수 있다.

다음에는 3차원 등방성 확산방정식의 기본해를 구하기 위해서 푸리에 변환을 이용할 수 있다.

$$D\nabla^2 c = \frac{\partial c}{\partial t} \qquad \begin{matrix} 0 \le r < \infty \\ 0 < t \end{matrix} \tag{4.217}$$

여기서 $c(x, y, z, 0) = c_0 \delta(x - x_0)\delta(y - y_0)\delta(z - z_0)$의 초기조건을 가지고 있다고 하자. 한편 $c(x, y, z, t)$의 3차원 푸리에 변환은 다음과 같이 정의된다(식 (4.78)에서 $i \to -i$로 둔 것에 해당).

$$C(k_x, k_y, k_z, t) = (2\pi)^{-3/2} \iiint_{-\infty}^{\infty} e^{-i\boldsymbol{k} \cdot \boldsymbol{r}} c(x, y, z, t)\, dxdydz \tag{4.218}$$

한편 3차원 경우도 농도 c의 2계 편미분 $\nabla^2 c \left[= \left(\frac{\partial^2}{\partial x^2} + \frac{\partial^2}{\partial y^2} + \frac{\partial^2}{\partial z^2} \right) c \right]$의 $\mathscr{F}$ 변환은 1차원의 경우와 유사하게 아래가 된다[단 $-k^2 = (ik)^2$임].

$$(2\pi)^{-3/2} \iiint_{-\infty}^{\infty} e^{-i\boldsymbol{k} \cdot \boldsymbol{r}} \nabla^2 c\, dxdydz = -k^2 C(k_x, k_y, k_z, t) \tag{4.219}$$

여기서 $k^2 = k_x^2 + k_y^2 + k_z^2$이다. 그러면 식 (4.217)의 3차원 푸리에 변환은 아래가 된다(물론 이 때도 $\boldsymbol{r}$공간에서 $\boldsymbol{k}$공간으로 $\mathscr{F}$ 변환시 시간 t는 상수로 간주).

$$\frac{dC}{dt} = -k^2 DC$$

만약 이 $\boldsymbol{k}$공간에서 농도 C의 시간 t에 관한 1계 상미방에서 초기조건이 1차원의 경우(식 (4.213))와 유사하게 아래와 같이 주어진 경우

$$C(k_x, k_y, k_z, 0) = \frac{c_0}{(2\pi)^{3/2}} e^{-i\boldsymbol{k} \cdot \boldsymbol{r}_0}$$

앞의 1계 상미분 방정식의 해는 고유치 문제로부터 아래와 같이 구해진다.

$$C = \frac{c_0}{(2\pi)^{3/2}} e^{-i\boldsymbol{k} \cdot \boldsymbol{r}_0} e^{-k^2 Dt} \tag{4.220}$$

그러면 식 (4.220)의 $\boldsymbol{k}$공간에서 $\boldsymbol{r}$공간으로 역변환은 역시 $C(\boldsymbol{k})$가 두 항인 $e^{-i\boldsymbol{k}\cdot\boldsymbol{r}_0}(\equiv F(\boldsymbol{k}))$과 $e^{-k^2Dt}(\equiv G(\boldsymbol{k}))$의 곱으로 되어있으므로, 1차원의 경우와 마찬가지로 중첩곱 정리(식 (4.112) 참조)에 의하여 $C(\boldsymbol{k})$의 즉 ($c(\boldsymbol{r})$의 역변환은 이들 각각의 역변환에 해당하는 $f(x)$와 $g(x)$의 중첩곱(즉 $f*g(x)$)으로 주어지므로 아래가 얻어진다.

$$c(r,t;r_0)=\frac{c_0}{(4\pi Dt)^{3/2}}e^{-[(x-x_0)^2+(y-y_0)^2+(z-z_0)^2]/4Dt} \tag{4.221}$$

이렇게 얻어진 식 (4.221)은 3차원 등방성 확산방정식의 기본해이다.

다음에는 식 (4.211)대신 아래의 1차원 확산방정식(단 $-\infty<x<\infty$)을 생각해보자.

$$D\frac{\partial^2 c}{\partial x^2}-\mu\frac{\partial c}{\partial x}=\frac{\partial c}{\partial t} \tag{4.222}$$

여기서 만약 초기조건이 $c(x,0)=c_0\delta(x-x_0)$인 경우의 위 식의 해는 아래와 같이 얻을 수 있다. 즉 식 (4.222)의 1차원 지수 푸리에 변환을 식 (4.70)에 의하여 행하면 아래를 얻는다.

$$\frac{dC}{dt}=-(k^2D+ik\mu)C \tag{4.223}$$

여기서 $C(k,0)=(2\pi)^{-1/2}c_0e^{-ikx_0}$이고, $C(k,t)$에 대해 풀면

$$C(k,t)=\frac{c_0}{(2\pi)^{1/2}}e^{-ik(x_0+\mu t)}e^{-k^2Dt} \tag{4.224}$$

그러면 $C(k,t)$의 역변환은 위에서 논의한 (1차원)중첩곱 정리에 의하여 아래와 같이 얻어진다.

$$c(x,t)=\frac{c_0}{2\pi}\int_{-\infty}^{\infty}e^{ik(x-x_0-\mu t)}e^{-k^2Dt}dk=\frac{c_0}{(4\pi Dt)^{1/2}}e^{-(x-x_0-\mu t)^2/4Dt} \tag{4.225}$$

이 식은 식 (4.222)의 기본해이다. 그림 4.15에 $\mu/D=1.5$일 때 Dt를 증가시키면서 x에 대해 $c(x,t)$를 도시하였다.

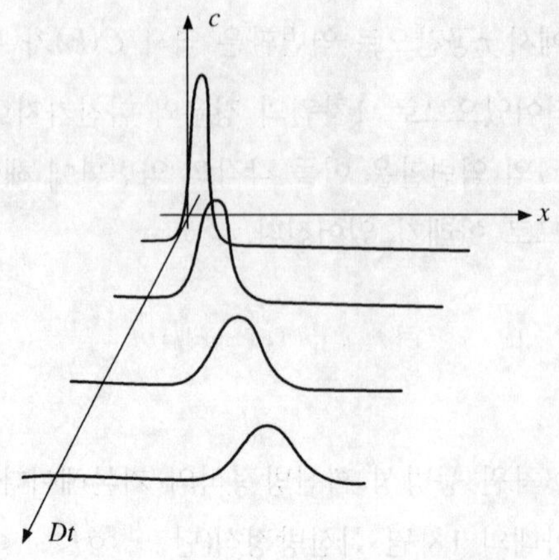

그림 4. 15 $\mu/D=1.5$이고 Dt값이 증가함에 따라 x에 대하여 그려진 일정 편류항을 포함하는 1차원 확산방정식의 기본 해,

다음에는 아래에 2차원 등방성 확산방정식의 기본해를 구하는 예제를 나타낸다.

예제 4. 17

만약 농도 c에 대한 초기조건이 $c(x,\, y,\, 0)=c_0\,\delta(x-x_0)\,\delta(y-y_0)$이고 $r\to\infty$일 때 $c(r,\, t)\to 0$이다. 이 때 다음의 2차원 확산방정식의 해를 구하시오.

$$D\nabla^2 c=\frac{\partial c}{\partial t} \qquad \begin{matrix} 0\le r<\infty \\ 0\le t \end{matrix} \tag{4. 226}$$

단 위 식에서 $\nabla^2 c=\left(\dfrac{\partial^2}{\partial x^2}+\dfrac{\partial^2}{\partial y^2}\right)c$이다.

풀 이

먼저 위 식의 양변을 $\boldsymbol{r}\,[=(x,y)]$ 공간에서 $\boldsymbol{k}\,[=(k_x,k_y)]$ 공간으로 식 (4.70)의 2차원 버전인 식 (4.78)(단 여기서 $i\to -i$ 치환)을 사용하여 2차원 $\mathcal{F}$ 변환을 행하면 아래가 된다.

$$C(k_x,k_y,t)=\frac{1}{2\pi}\iiint_{-\infty}^{\infty} e^{-i\boldsymbol{k}\cdot\boldsymbol{r}}c(x,\,y,\,t)\,dxdy \;=\frac{1}{2\pi}\int_0^{\infty} dr\,rc(r,\,t)\int_0^{2\pi} e^{-ikr\cos\theta}d\theta \tag{4. 227}$$

단 위 식의 두 번째 항등관계는 2차원 Cartesian 좌표계 x, y와 극좌표계 r, θ사이의 변환식 $x=r\cos\theta$, $y=r\sin\theta$를 사용하여 2중적분의 변수 변환식인 $dxdy=[\partial(x,y)/\partial(r,\theta)]\,drd\theta=r\,drd\theta$(예제 2.35 참조)를 이용하였다. 그런데 위 식에서 θ에 관한 적분은 $2\pi J_0(kr)$[여기서 J_0은 0차 Bessel 함수 - 식 (4.207) 참조]가 되므로 위 식은 아래가 된다.

$$C(k,t)=\int_0^{\infty} dr\, r J_0(kr) c(r,t) \tag{4.228}$$

그런데 $C(k,t)$의 역변환은 0차 Bessel 함수의 성질에서 아래가 된다(증명 생략).

$$c(r,t)=\int_0^{\infty} dk\, k J_0(kr)\, C(k,t) \tag{4.229}$$

[비고 : 이 증명은 거꾸로 식 (4.229)를 $\mathcal{F}$ 변환 시키면 식 (4.228)가 얻어짐에서 확인할 수 있고, 식 (4.228)과 (4.229)로 주어지는 변환 한 쌍은 'Hankel 변환' 이라고 부르며, 원통형 대칭성 문제를 다루는 과정에서 자연스럽게 나타난다.]

그러면 식 (4.226)에 2차원 푸리에 변환을 취하면 다음을 얻는다[단 이 때 t는 상수로 간주하고, 또 2계도함수의 $\mathcal{F}$ 변환은 표 4.1 참조 - 이 때 $i\rightarrow -i$로 치환].

$$\frac{dC}{dt}=-k^2 DC$$

여기서 앞의 경우와 마찬가지로 초기조건을 $C(r,0)=\dfrac{c_0}{2\pi}e^{-i\boldsymbol{k}\cdot\boldsymbol{r}_0}$라고 할 때 이 방정식의 해는 고유치 문제로부터 아래가 된다.

$$C(k,t)=\frac{c_0}{2\pi}e^{-i\boldsymbol{k}\cdot\boldsymbol{r}_0}e^{-k^2 Dt}$$

그런데 위 식의 우변은 k변환된 2항의 곱으로 되어있으므로, 역시 중첩곱 정리(식 (4.112) 참조)에 의하여 역변환은 아래가 된다(역시 증명 생략).

$$c(r,t)=\frac{c_0}{2\pi}\int_0^{\infty} dk\, k J_0(kr) e^{-i\boldsymbol{k}\cdot\boldsymbol{r}_0}e^{-k^2 Dt} \tag{4.230}$$

그런데 $e^{-i\boldsymbol{k}\cdot\boldsymbol{r}_0}$가 없는 적분만 계산하면 되므로 $e^{-iak}F(k)=\mathcal{F}\{f(x-a)\}$인 성질(표 4.1 No.3에서 $i\rightarrow -i$ 치환)을 이용한다. 그 결과 적분은 Abramowitz 와 Stegun에 의하여 아래와 같이 주어진다.

$$\int_0^{\infty} dk\, k J_0(kr) e^{-k^2 Dt}=\frac{1}{2Dt}e^{-r^2/4Dt} \tag{4.231}$$

따라서 이 결과를 이용하면 식 (4.226)의 해 $c(r,t)$는 최종적으로 아래가 된다.

$$c(r,t)=\frac{c_0}{4\pi Dt}e^{-[(x-x_0)^2+(y-y_0)^2]/4Dt} \tag{4.232}$$

[비고 : 식 (4.232)의 타당성을 거꾸로 이를 식 (4.226)에 대입하여, 좌변과 우변을 각각 계산하여 비교해보면 같음으로써 확인될 수 있다.]

다음에는 1차원 파동(편미분) 방정식(wave equation)의 해를 $\mathcal{F}$ 변환에 의해 구하는 예제를 아래에 싣는다.

예제 4. 18

초기조건 $u(x, 0) = f(x)$이고, $u_t(x, 0) = 0$일 때 다음 1차원 파동방정식의 해를 $\mathcal{F}$ 변환 식 (4.70)에 의해 구해 보아라.

$$\frac{\partial^2 u}{\partial x^2} = \frac{1}{v^2}\frac{\partial^2 u}{\partial t^2} \qquad \begin{matrix} -\infty < x < \infty \\ 0 < t \end{matrix} \tag{4.233}$$

풀 이

위 식에서 위치를 나타내는 변수 x에 대해 식 (4.70)을 사용하여 1차원 푸리에 (지수)변환을 적용하면 다음을 얻는다[이 때 2계도함수 u_{xx}의 $\mathcal{F}$ 변환은 표 4.1의 No.1에서 $n=2$, $i \to -i$를 대입하여 구한다].

$$\frac{d^2 U}{dt^2} + k^2 v^2 U = 0 \tag{4.234}$$

여기서 $U(k, 0) = F(k)$이고, $U_t(k, 0) = 0$이다. 위 식은 k공간에서 t에 관한 2계 상미방의 고유치 문제이므로 $U(k, t)$에 대해 풀면 쉽게 아래의 형태를 얻는다.

$$U(k, t) = F(k)\cos kvt \tag{4.235}$$

여기서 식 (4.235)로 주어진 $U(k, t)$의 역변환을 식 (4.71)에 의해 구하면 아래가 된다.

$$\begin{aligned} u(x, t) &= \frac{1}{(2\pi)^{1/2}}\int_{-\infty}^{\infty} e^{ikx}\, U(k, t)\, dk \\ &= \frac{1}{2\pi}\int_{-\infty}^{\infty} dk\, e^{ikx}\cos kvt \int_{-\infty}^{\infty} dx'\, e^{-ikx'} f(x') \\ &= \frac{1}{4\pi}\int_{-\infty}^{\infty} dx'\, f(x') \int_{-\infty}^{\infty} dk\, \left[e^{ik(x-x'+vt)} + e^{ik(x-x'-vt)}\right] \\ &= \frac{1}{2}\int_{-\infty}^{\infty} dx'\, f(x')\, [\delta(x-x'+vt) + \delta(x-x'-vt)] \\ &= \frac{1}{2}[f(x-vt) + f(x+vt)] \end{aligned} \tag{4.236}$$

위 식의 3번째 항등관계는 $\cos x = (e^{ix}+e^{-ix})/2$를 이용하였으며 4번째 및 5번째 항등관계는 각각 델타 함수의 성질 식 (G.32) 및 (G.2)를 이용하였다. 위에서 구한 파동방정식 (4.233)의 해 $u(x, t)$를 파동방정식에 대한 소위 'D'Alembert 해' 라고 부른다.

한편 3.12.3절에서 언급한 Dirichlet 경계치 문제에서는 경계에서 퍼텐셜(조화) 함수가 주어진 라플라스 방정식(즉 $\nabla^2 u(x, y) = 0$)을 푸는 것이었음을 상기하여, 이 절의 마지막 예제에서는 1차원 지수 $\mathscr{F}$ 변환(식 (4.70))을 이용하여 Dirichlet 경계치 문제를 푸는 것을 보여준다.

예제 4. 19

1차원 $\mathscr{F}$ (지수)변환식 (4.70)을 사용하여 다음의 라플라스 식을 만족하는 퍼텐셜함수 $u(x, y)$를 구하라.

$$\frac{\partial^2 u}{\partial x^2} + \frac{\partial^2 u}{\partial y^2} = 0 \qquad \begin{array}{c} -\infty < x < \infty \\ 0 \le y \end{array} \tag{4.237}$$

여기서 $-\infty < x < \infty$에서 $u(x, 0) = f(x)$이고 $r \to \infty$일 때 $u(r) \to 0$이고 $r = (x^2 + y^2)^{1/2}$이다. 그리고 이 문제의 물리적 해석도 행하라.

풀 이

이 문제는 측면은 단열 되었으며 한 모서리를 따라 온도가 $f(x)$로 주어진 크고 얇은 사각 판에서 정상상태 온도 분포를 나타낼 수도 있다. 그러면 식 (4.237)의 양변을 식 (4.70)을 사용하여 x에 대해서 푸리에 변환(이 때 y는 상수로 간주)을 취하면 다음과 같이 y에 대한 2계 상미방을 얻는다[단 이 때 2계도함수 u_{xx}의 $\mathscr{F}$ 변환은 역시 표 4,1의 No.1에서 $n = 2$, $i \to -i$로 치환하여 얻어짐].

$$\frac{d^2 U}{dy^2} - k^2 U = 0 \qquad 0 \le y < \infty \tag{4.238}$$

여기서 $U(k, 0) = F(k)$이고 $y \to \infty$일 때 $U(k, y) \to 0$이다. 이와 같은 조건을 만족하는 (고유치)해는 아래와 같다.

$$U(k, y) = F(k) e^{-|k|y} \qquad 0 \le y < \infty \tag{4.239}$$

그런데 위 식의 우변은 k공간의 두 함수 $F(k)$와 $e^{-|k|y} (\equiv G(k))$의 곱이므로 중첩곱 정리 (4.112)에 의해 이의 역변환은 f와 g의 중첩곱을 $\sqrt{2\pi}$로 나눈 것과 같다. 그런데 $e^{-|k|y}$의 역변환은 표 4.2의 공식 No.2로부터 (사실 여기에 $\sqrt{2\pi}$로 나눔) 아래가 되므로

$$\mathscr{F}^{-1}\{e^{-|k|y}\} = \left(\frac{2}{\pi}\right)^{1/2} \frac{y}{x^2 + y^2} \qquad 0 \le y < \infty \tag{4.240}$$

식 (4.239)의 k공간에서 x공간으로의 역변환(즉 원 편미방 (4.237)의 해) $u(x,y)=1/\sqrt{2\pi}\, f*g(x)$[여기서 $*$는 중첩곱을 의미 - 식 (4.111)에서 $\sqrt{2\pi}$ 생략]는 아래가 된다.

$$u(x,y)=\frac{y}{\pi}\int_{-\infty}^{\infty}\frac{f(z)\,dz}{(x-z)^2+y^2} \tag{4.241}$$

위 식은 정전기학에서 잘 나오는 식이며 또한 (복소)반평면에서의 Poisson의 적분 공식(식 (3.261))에 해당된다.

4.3 라플라스 변환

4.3.1 정의 및 기본성질과 변환 예

이미 3.7절에서 라플라스(Laplace) 적분변환과 그의 역변환에 대해 언급하였다. 즉 구간 $(0,\infty)$에서 정의되는 주어진 함수 $f(t)$가 있을 때 아래와 같이 정의되는 라플라스 $\mathcal{L}$ 변환에 의해 t공간에서 s공간의 함수 $F(s)$로 변환된다.

$$\mathcal{L}f(t)\equiv\int_0^{\infty}f(t)e^{-st}dt\equiv F(s)\quad(\mathrm{Re}\ s>0) \tag{4.242}$$

이의 역변환은 복소 경로(contour) 적분을 이용하여 아래와 같이 정의된다(그림 3.27 참조).

$$f(t)=\mathcal{L}^{-1}F(s)\equiv\frac{1}{2\pi i}\int_{\gamma-i\infty}^{\gamma+i\infty}F(s)e^{+st}ds \tag{4.243}$$

여기서 $i=\sqrt{-1}$, γ는 식 (4.242)에서 $\mathcal{L}$ 변환이 유효한 실제 s의 범위는 $\mathrm{Re}\ s>\mathrm{Re}\ s_0$로서 $\mathrm{Re}\ s_0=\gamma$되는 양의 실수이다. [비고: 만약 함수 $f(t)$가 $J_n(x)$처럼 대문자로 표기된 경우의 $\mathcal{L}$ 변환된 것과 그의 역변환은 각각 $\hat{F}(s)$(혹은 $\overline{F}(s)$) 및 $\hat{F}(s)^{-1}$(혹은 $\overline{F}(s)^{-1}$) (가령 $\hat{J}_n(s)$ 및 $\hat{J}_n(s)^{-1}$)로 나타낸다.]

이 절에서는 변환변수 s를 대부분의 경우 실수로 간주하여 계산하며, 어떤 (실)함수 $f(t)$가 주어지면 정의식 (4.242)에 의해 단순히 적분을 수행하면 대응하는 $F(s)$가 구해진다. 예를 들면 아래와 같다.

$$\mathcal{L}\{e^{at}\}=\int_0^{\infty}e^{-(s-a)t}dt=\frac{1}{s-a} \tag{4.244}$$

$$\mathcal{L}(t^n) = \int_0^\infty t^n e^{-st} dt = \int_0^\infty \left(\frac{x}{s}\right)^n e^{-x} \frac{dx}{s} \, (\because st = x\text{둠})$$

$$= \frac{1}{s^{n+1}} \Gamma(n+1) \, (\because \text{감마함수 정의식 (A.25)}) = \frac{n!}{s^{n+1}} \tag{4.245}$$

사실 (실)함수 $f(t)$의 라플라스 변환이 존재하기 위해서 반드시 연속일 필요는 없다. 만약 $f(t)$가 $t \geq 0$인 모든 유한한 구간에서 구분적으로 연속이고 $t \to \infty$일 때 $f(t)$가 '지수차수'라면 $\mathcal{L}\{f(t)\}$는 존재한다. 여기서 $t \to \infty$일 때 '지수차수'라 함은 다음의 극한이 유한한 값을 갖는 상수 α가 존재한다는 의미이다.

$$\lim_{t \to \infty} e^{-\alpha t} f(t)$$

예를 들면 0보다 큰 모든 b에 대하여 $t \to \infty$일 때 $t^n e^{-bt} \to 0$이 되므로 t^n(n은 정수)은 지수차수이다. 지수차수가 아닌 함수의 예는 e^{t^2}인데, b값에 관계없이 e^{bt}보다 훨씬 빠르게 발산한다.

위의 조건들은 $\mathcal{L}\{f(t)\}$가 존재하기 위한 충분조건이지만 필요조건은 아니다. $t \geq 0$에서 연속이 아니지만 라플라스 변환이 존재하는 전형적인 함수의 예는 $f(t) = t^{-1/2}$인 경우이다. 이 경우 라플라스 변환은 아래가 된다.

$$\mathcal{L}\{f(t)\} = F(s) = \int_0^\infty r^{-1/2} e^{-st} dt = \left(\frac{\pi}{s}\right)^{1/2} \tag{4.246}$$

[사실 이는 식 (4.245)에서 $n = -1/2$을 대입하고, $\Gamma(1/2) = \sqrt{\pi}$를 이용하면 얻어진다.]

이제 라플라스 변환의 기본성질 중 먼저 2가지 평행이동 성질을 알아보자. 첫 번째로 $\mathcal{L}\{f(t)\} = F(s)$라고 하면 아래가 성립된다.

$$\mathcal{L}\left\{e^{at} f(t)\right\} = F(s-a) \qquad s > a \tag{4.247}$$

증 명 정의식 (4.242)에서 $\mathcal{L}\{f(t)\}$를 $F(s)$로 두면 아래가 성립되어 증명된다.

$$\mathcal{L}\left\{e^{at} f(t)\right\} = \int_0^\infty e^{at} f(t) e^{-st} dt = \int_0^\infty f(t) e^{-(s-a)t} dt = F(s-a) \qquad ■$$

가령 $\mathcal{L}\{e^{-2t} \cos \omega t\}$에서 $f(t) = \cos \omega t$로 두면 먼저 이의 $\mathcal{L}$ 변환 $F(s)$는 부분적분(식 (A.22) 참조)을 2번 행하면 쉽게 다음과 같이 얻어진다.

$$\mathcal{L}\{f(t)\} = \mathcal{L}\{\cos\omega t\} = \int_0^\infty e^{-st}\cos\omega t\,dt = \frac{s}{s^2+\omega^2} \tag{4.248}$$

그러면 식 (4.247)에서 $a=-2$로 두면 $\mathcal{L}\{e^{-2t}\cos\omega t\} = F(s+2)$가 되므로 아래가 얻어진다.

$$\mathcal{L}\{e^{-2t}\cos\omega t\} = \frac{s+2}{s^2+4s+4+\omega^2} \tag{4.249}$$

그러면 라플라스 변환의 두 번째 평행이동성질을 알아보자. 다음과 같이 정의되는 함수를 고려하자.

$$g(t) = \begin{cases} 0 & 0 \le t < a \\ f(t-a) & a \le t \end{cases} \tag{4.250}$$

$g(t)$는 단순히 $f(t)$가 오른쪽으로 a만큼 이동한 것임을 주목하라. 여기서 $\mathcal{L}\{g(t)\} = e^{-as}F(s)$인 것은 쉽게 알 수 있다.

$$\mathcal{L}\{g(t)\} = \int_a^\infty dt\, e^{-st} f(t-a) \tag{4.251}$$

여기서 $t-a=z$라 하면

$$\mathcal{L}\{g(t)\} = e^{-as}\int_0^\infty dz\, e^{-sz} f(z) = e^{-as}F(s) \tag{4.252}$$

때로는 식 (4.250)에 정의된 $g(t)$를 부록 G.1.1절에 소개한 단위 계단함수 $H(x)$(식 (G.21) - 그림 G.5 참조)의 항으로 나타내는 것이 편리하다. 즉 $g(t) = H(t-a)f(t-a)$가 되어 식 (4.251)은 종종 아래와 같이 표현된다.

$$\mathcal{L}\{H(t-a)f(t-a)\} = e^{-as}F(s) \tag{4.253}$$

예제 4. 20

다음과 같이 정의되는 함수를 도시하시오(단 $H(t)$는 식 (G.21)로 정의된 단위 계단함수임).

$$f(t) = 3 - 4(t-1)H(t-1) + 4(t-3)H(t-3)$$

풀 이

주어진 함수로부터 다음을 얻는다.

$$f(t)=\begin{cases} 3 & 0\le t<1 \\ 3-4(t-1)=7-4t & 1\le t<3 \\ 3-4(t-1)+4(t-3)=-5 & 3\le t \end{cases}$$

이를 그림 4.16에 도시하였다.

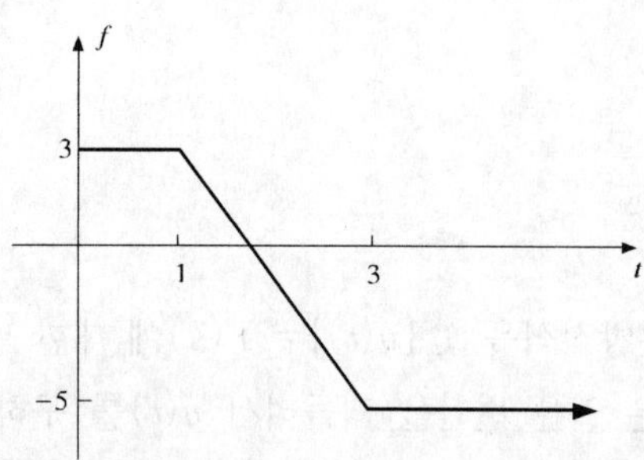

그림 4. 16 예제 4.20의 t에 대한 함수 $f(t)=3-4(t-1)H(t-1)+4(t-3)H(t-3)$.

한편 $\mathcal{L}$ 변환의 정의식 (4.242)로부터 얻을 수 있는 라플라스 변환의 많은 기본 성질들이 있다. 이 중 가장 중요한 것 중의 하나는 $f(t)$의 도함수의 라플라스 변환에 대한 것이다.

만약 $f(t)$가 $t\ge 0$에서 연속이고 $t\to\infty$일 때 지수차수이며 또한 $f'(t)$가 구분적으로 (Piecewise)연속이고 $t\to\infty$일 때 지수차수라면 다음 관계식이 성립한다.

$$\mathcal{L}\{f'(t)\}=sF(s)-f(0) \tag{4. 254}$$

식 (4.254)는 식 (4.242)에 부분적분법을 적용하면 얻을 수 있다. 좀 더 일반적인 경우로 확장해 보자.

만약 $f(t),\ f'(t),\cdots,f^{(n-1)}$이 $t\ge 0$에서 연속이고, $t\to\infty$일 때 지수차수이며 또한 $f^{(n)}(t)$가 구분적으로 연속이고 $t\to\infty$일 때 지수차수이면

$$\mathcal{L}\{f^{(n)}(t)\}=s^nF(s)-s^{n-1}f(0)-s^{n-2}f'(0)-\cdots-f^{(n-1)}(0) \tag{4. 255}$$

위의 정리는 라플라스 변환을 이용하여 초기조건이 있는 미분방정식(초기값 문제)을 푸는데 있어서 중추적인 역할을 한다. 다음의 미분방정식을 고려해보자.

$$y''(t)+y(t)=\cos t \quad y(0)=1;\ y'(0)=0 \tag{4. 256}$$

방정식 전체에 라플라스 변환을 적용하면 다음을 얻는다(식 (4.248) 참조).

$$\mathcal{L}\{y''(t)\}+\mathcal{L}\{y(t)\}=\frac{s}{s^2+1}$$

$\mathcal{L}\{y(t)\}=Y(s)$라 하고 식 (4.255)를 이용하면 다음과 같이 된다.

$$s^2Y(s)-s+Y(s)=\frac{s}{s^2+1}$$

$Y(s)$에 대해 정리하면

$$Y(s)=\frac{s}{s^2+1}+\frac{s}{(s^2+1)^2} \tag{4. 257}$$

식 (4.256)의 $y(t)$에 대한 미분방정식을 $\mathcal{L}\{y(t)\}=Y(s)$에 대한 단순한 대수방정식으로 변환했다는 것에 주목하라. 이제 남은 일은 변환을 되돌려서 $y(t)$를 구하는 것이다. 조금 더 정확하게 말하면 $Y(s)$의 역변환을 구하는 것이다. 즉

$$\mathcal{L}^{-1}\{Y(s)\}=y(t)$$

여기서 역 라플라스 변환 연산자 $\mathcal{L}^{-1}$이 선형연산자이므로(1.3절 참조) 식 (4.257)의 양변에 역변환을 취하면 다음과 같다.

$$y(t)=\mathcal{L}^{-1}\left\{\frac{s}{s^2+1}\right\}+\mathcal{L}^{-1}\left\{\frac{s}{(s^2+1)^2}\right\} \tag{4. 258}$$

그런데 위 식의 우변의 첫 번째 항은 식 (4.248)에서 $\cos t$가 되어, 2번째 항은 $\frac{1}{2}t\sin t$(증명 생략)가 되므로 아래 식을 얻는다.

$$y(t)=\cos t+\frac{1}{2}t\sin t \tag{4. 259}$$

여기서 식 (4.259)가 미방식 (4.256)을 만족한다는 것을 쉽게 확인할 수 있을 것이다. 여기서 초기조건이 식 (4.254)를 통해 최종적인 해에 반영된 것에 주목하라.

때로는 풀고자 하는 미분방정식의 우변이 주기함수일 때가 있다. 예를 들어 진동시스템이나 전기회로에서 주기적인 입력이 가해지는 경우이다. 주기가 τ인 주기함수는 모든 t에 대하여 다음과 같이 표현된다(4.1.1절 참조).

$$f(t+\tau)=f(t)$$

위 주기함수는 한 주기 $0\le t\le\tau$에 걸쳐서 그 모든 특성이 다 표현된다. 이때 $f(t)$의 라플라스 변환은 다음과 같다.

$$\mathcal{L}\{f(t)\}=\int_0^\infty e^{-st}f(t)dt=\sum_{n=0}^{\infty}\int_{n\tau}^{(n+1)\tau}e^{-st}f(t)dt \tag{4.260}$$

여기서 각각의 적분은 한 주기에 대한 것이다. 이제 $t=n\tau+x$라 놓으면 식 (4.247)은 다음과 같다.

$$\mathcal{L}\{f(t)\}=\sum_{n=0}^{\infty}e^{-sn\tau}\int_0^\tau e^{-sx}f(x)dx \tag{4.261}$$

여기서 모든 적분은 n에 대해 독립이므로 식 (4.261)의 우변을 (무한)기하급수[즉 초항 1, 공비 $e^{-s\tau}(<1)$]에 의해 다음과 같이 구할 수 있다.

$$F(s)=\mathcal{L}\{f(t)\}=\frac{\int_0^\tau e^{-st}f(t)dt}{1-e^{-s\tau}} \tag{4.262}$$

예제 4.21

$f(t+2\tau)=f(t)$로 표현되는 다음의 주기적인 사각파(주기 $T=2\tau$)의 라플라스 변환을 구하시오(그림 4.17 참조).

$$f(t)=\begin{cases}1 & 0<t<\tau\\-1 & \tau<t<2\tau\end{cases} \tag{4.263}$$

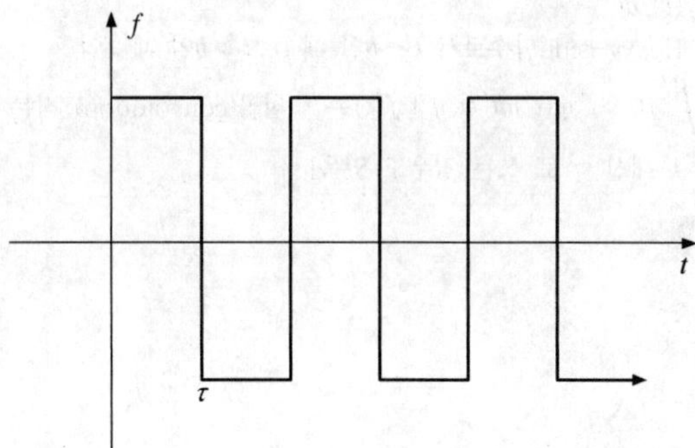

그림 4.17 예제 4.21의 주기적인 사각파(주기=2τ).

풀이

$f(t)$가 주기함수인 경우의 $F(s)$에 관한 식 (4.262)에서 주기 $\tau\rightarrow 2\tau$로 치환하고 식 (4.263)의 정의(혹은 그림 4.17)를 이용하면 아래를 얻는다.

$$F(s)=\frac{\displaystyle\int_0^{2\tau}e^{-st}f(t)dt}{1-e^{-2s\tau}}=\frac{\displaystyle\int_0^{\tau}e^{-st}dt-\int_{\tau}^{2\tau}e^{-st}dt}{1-e^{-2s\tau}}$$

$$=\frac{(1-e^{-s\tau})-(e^{-s\tau}-e^{-2s\tau})}{s(1-e^{-2s\tau})}=\frac{(1-e^{-s\tau})^2}{s(1-e^{-2s\tau})}=\frac{\tanh\dfrac{\tau s}{2}}{s} \tag{4.264}$$

끝으로 이 절에서 논의된 사항을 정리하여 $\mathcal{L}$ 변환의 기본성질은 표 4.3, 그리고 몇몇 대표적 변환 예는 표 4.4에 참고로 나타내었다.

표 4.3 라플라스($\mathcal{L}$) 변환의 기본성질

	$f(t)$	$F(s)$
1	$c_1f_1(t)+c_2f_2(t)$	$c_1F_1(s)+c_2F_2(s)$
2	$f(at)$	$a^{-1}F(s/a)$ $(a>0)$
3	[a] $f^{(n)}(t)$	$s^nF(s)-s^{n-1}f(0)-\cdots-f^{(n-1)}(0)$
4	$t^nf(t)$	$(-1)^nF^{(n)}(s)$ $(n=1,2,\cdots)$
5	$e^{ct}f(t)$	$F(s-c)$ $(c=$ 상수$)$
6	[b] $H(t-b)f(t-b)$	$e^{-bs}F(s)$ $(b>0)$
7	[c] $f*g(t)$	$F(s)G(s)$

a) $f^{(n)}(t)=d^nf(t)/dt^n$

b) $H(t-b)$는 Heavy-side함수로서 $t<b$일 때 0, $t>b$일 때 1임

c) $f*g(t)=\displaystyle\int_0^t f(t-t')g(t')dt'=g*f(t)$는 중첩곱(convolution) 적분 혹은 중첩함수임 [가끔 적분상한 t 대신 ∞로 쓰는 경우도 있음].

표 4.4 대표적 라플라스($\mathcal{L}$) 변환 예

	$f(t)$	$F(s)$
1	1	$\frac{1}{s}$
2	t^n	$n!/s^{n+1}$ $(n=1, 2, \cdots)$
3	$\delta(t)$	1
4	e^{kt}	$1/(s-k)$
5	$\sin at$	$a/(s^2+a^2)$
6	$\cos at$	$s/(s^2+a^2)$
7	$1/\sqrt{\pi t}$	$1/\sqrt{s}$
8	$e^{-k^2/4t}/\sqrt{\pi t}$	$e^{-k\sqrt{s}}/\sqrt{s}$ $(k>0)$
9	$ke^{-k^2/4t}/\sqrt{4\pi t^3}$	$e^{-k\sqrt{s}}$ $(k>0)$
10	[a] $erfc(k/2\sqrt{t})$	$e^{-k\sqrt{s}}/s$ $(k>0)$

a) $erfc(z) \equiv \frac{2}{\sqrt{\pi}}\int_z^\infty e^{-u^2}du = 1 - erf(z)$.

4.3.2 라플라스 역변환

앞 절에서 초기조건이 있는 미분방정식을 라플라스 변환을 사용해 풀 수 있음을 배웠다. 우선 방정식의 양변에 라플라스 변환을 취하면 $F(s)$에 대한 대수방정식이 된다. 그 다음 $F(s)$에 대하여 풀고 역변환을 취해서 미분방정식(초기조건을 포함한)의 해를 구하는 것이다. 주로 이 과정에서 어려운 부분은 $F(s)$를 원래 함수 형태의 역변환 즉 $\mathcal{L}^{-1}\{F(s)\} = f(t)$를 구하는 것이다. 그런데 실제로 주어진 $F(s)$로부터 $f(t)$를 구할 때 역변환에 대한 복소 정의식 (4.243)을 이용할 경우는 3.7절에서 언급한 복잡한 복소경로(contour) 적분을 계산해야 한다. 그러나 만약 표 4.4에 주어진 바와 같이 이미 $\mathcal{L}$ 변환 쌍에 대한 정보가 주어져 있는 함수를 이용할 경우는, 마치 기존의 적분표를 이용하여 적분을 수행하는 것처럼 기존의 라플라스 변환표를 이용하여 많은 역변환을 구할 수 있다. 사실 상미방을 풀 때 이용되는 '부분분수전개(partial fraction expansion)'가 라플라스 역변환을 구하는데 활용되는 가장 유용한 방법 중 하나이다.

유리함수 $N(s)/D(s)$를 변환하는데 이용되는 부분분수법을 상기해보자. $N(s)$와 $D(s)$는 s에 관한 다항식이고 $N(s)$는 $D(s)$의 차수보다 낮은 단순한 항들의 합으로 된다. 미적분학에서 적분을 할 때 부분분수법을 배웠으므로 여기서 간단히 복습을 한다. 부분분수법의 일반적인 절차는 다음과 같다.

1. 분모의 $(as+b)^n$ 형태의 각각의 선형요소에 대응되는 부분분수 형태를 구한다.

$$\frac{\alpha_1}{as+b}+\frac{\alpha_2}{(as+b)^2}+\cdots+\frac{\alpha_n}{(as+b)^n}$$

2. 분모의 $(as^2+bs+c)^n$ 형태의 각각의 2차 요소에 대응되는 부분분수 형태를 구한다.

$$\frac{\alpha_1 s+\beta_1}{as^2+bs+c}+\frac{\alpha_2 s+\beta_2}{(as^2+bs+c)^2}+\cdots+\frac{\alpha_n s+\beta_n}{(as^2+bs+c)^n}$$

3. 모든 부분분수들을 결합하고 결과식의 양변에서 분자를 비교함으로써 α, β 값들을 구할 수 있다.

예제 4.22

다음 함수를 부분분수로 확장하라.

$$F(s)=\frac{2a^2s}{s^4-a^4}$$

풀이

먼저 s^4-a^4을 $(s^2+a^2)(s^2-a^2)=(s^2+a^2)(s+a)(s-a)$로 인수분해하면 다음 식과 같이 된다.

$$\frac{2a^2s}{s^4-a^4}=\frac{2a^2s}{(s^2+a^2)(s+a)(s-a)}=\frac{\alpha}{s+a}+\frac{\beta}{s-a}+\frac{\gamma s+\delta}{s^2+a^2}$$

$$=\frac{(\alpha+\beta+\gamma)s^3+(\alpha\beta-a\alpha+\delta)s^2+a^2(\alpha+\beta-\gamma)s+(a^3\beta-a^3\alpha-a^2\delta)}{s^4-a^4}$$

양변 분자의 같은 차수의 계수를 같게 하면 다음을 얻는다.

$$\alpha+\beta+\gamma=0,\qquad \alpha+\beta-\gamma=2$$

$$\alpha\beta-a\alpha+\delta=0,\qquad a^3\beta-a^3\alpha-a^2\delta=0$$

그러므로 부분분수로 확장하면 다음과 같다.

$\alpha=\beta=1/2$, $\gamma=-1$, $\delta=0$이므로

$$\frac{2a^2s}{s^4-a^4}=\frac{1}{2(s+a)}+\frac{1}{2(s-a)}-\frac{s}{s^2+a^2}$$

예제 4.22의 결과를 이용하여 쉽게 $F(s)=2a^2s/(s^4-a^4)$의 역변환을 구할 수 있다. 표 4.4를 참조하면 아래를 얻는다.

$$f(t)=\frac{1}{2}\mathcal{L}^{-1}\left\{\frac{1}{s+a}\right\}+\frac{1}{2}\mathcal{L}^{-1}\left\{\frac{1}{s-a}\right\}-\mathcal{L}^{-1}\left\{\frac{s}{s^2+a^2}\right\}$$

$$=\frac{e^{-at}}{2}+\frac{e^{at}}{2}-\cos at=\cosh at-\cos at$$

다음에는 부분분수법과 이동성질 (4.247)을 이용하여 역변환을 구하는 예제를 아래에 나타낸다.

예제 4. 23

다음 함수의 역변환을 구하라.

$$F(s)=\frac{s+1}{s^2-4s+5}$$

풀 이

우선 분모를 $(s-2)^2+1$로 쓰면 다음과 같이 된다.

$$F(s)=\frac{s+1}{(s-2)^2+1}$$

분모의 형태로부터 $F(s-2)$의 형태로 되야 함을 알 수 있다. $F(s)$를 다시 쓰면 다음과 같다.

$$F(s)=\frac{(s-2)+3}{(s-2)^2+1}=\frac{s-2}{(s-2)^2+1}+\frac{3}{(s-2)^2+1}$$

여기서 표 4.4를 참조하고, 또 식 (4.247)을 사용하여 다음을 얻는다.

$$\mathcal{L}^{-1}\left\{\frac{s+1}{s^2-4s+5}\right\}=e^{2t}\cos t+3e^{2t}\sin t$$

또한 e^{-as}를 포함한 라플라스 역변환에 있어서 두 번째 평행이동성질(식 (4.253))도 이용할 수 있다. 이를 이용하여 다음의 라플라스 변환을 구해보자.

$$g(t)=\begin{cases}0 & 0\le t<a\\ f(t-a) & a\le t\end{cases} \tag{4. 265}$$

라플라스 변환을 취하면 다음과 같다.

$$\mathcal{L}\{g(t)\} = \int_a^\infty dt\, e^{-st} f(t-a) = \int_0^\infty dt\, e^{-st} H(t-a) f(t-a) = e^{-as} F(s) \tag{4.266}$$

이 결과를 $\mathcal{L}^{-1}\{e^{-2s}/s^2\}$를 구하는데 이용해보자. $F(s) = 1/s^2$의 역변환은 $f(t) = t$이므로(표 4.4 참조) 식 (4.266)에 의하면

$$g(t) = \mathcal{L}^{-1}\{e^{-2s}/s^2\} = \begin{cases} 0 & 0 \le t < 2 \\ t-2 & 2 \le t \end{cases}$$

또는 $g(t) = (t-2)H(t-2)$이고, 여기서 $H(x)$는 단위계단함수(식 (G.21))이다. $\mathcal{L}\{g(t)\} = e^{-2s}/s^2$임을 보이는 것은 간단하다.

단계함수 $H(x)$가 관련된 다음의 역변환도 구해보자.

$$F(s) = \frac{1}{s^2} - \frac{e^{-s}}{s(1-e^{-s})} \tag{4.267}$$

첫 번째 항은 t가 되지만 두 번째 항은 어떻게 될까? $1/(1-e^{-s})$를 (무한)기하급수 형태로 전개하면 아래를 얻는다.

$$F(s) = \frac{1}{s^2} - \frac{e^{-s}}{s}(1 + e^{-s} + e^{-2s} + \cdots) = \frac{1}{s^2} - \frac{e^{-s}}{s} - \frac{e^{-2s}}{s} - \frac{e^{-3s}}{s} + \cdots$$

식 (4.266)을 이용하여 각 항마다 역변환을 하면

$$f(t) = t - H(t-1) - H(t-2) - H(t-3) + \cdots = \begin{cases} t & 0 < t < 1 \\ t-1 & 1 < t < 2 \\ t-2 & 2 < t < 3 \\ \text{등등} & \end{cases} \tag{4.268}$$

이 결과를 그림 4.18에 나타내었고, 이는 $f(t)$가 주기가 1인 톱니형의 주기함수임을 보여준다.

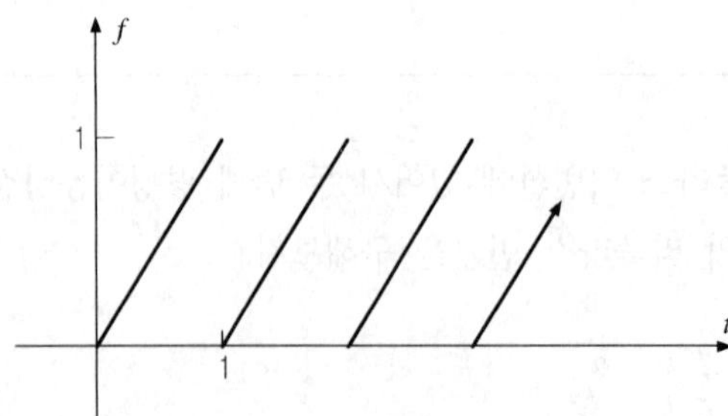

그림 4. 18 식 (4.268)의 톱니형 주기함수(주기=1)의 그래프.

한편 식 (4.264)로부터 위 식 (4.267)로 주어진 함수 $F(s)$의 분모의 함수모양으로부터 $F(s)$가 주기 $\tau=1$인 주기함수일 수도 있음을 추정할 수 있다.

예제 4.24

다음의 역변환을 구하라.

$$F(s)=\frac{1}{s\left(1+e^{-s\tau}\right)} \tag{4.269}$$

풀 이

$1/\left(1+e^{-s\tau}\right)$를 (무한)기하급수로 전개하면 아래가 된다[즉 1을 $\left(1+e^{-s\tau}\right)$로 나누면 얻어짐].

$$F(s)=\frac{1}{s}\left(1-e^{-s\tau}+e^{-2s\tau}-e^{-3s\tau}+\cdots\right)$$

여기서 이동성질 식 (4.253)을 이용하여[이 때 $F(s)=1/s$의 역변환 $f(t)=1$이 되고, 평행이동량 $a=\tau$가 됨] 우변의 각 항별로 역변환을 구하면 아래를 얻는다.

$$f(t)=t-H(t-\tau)+H(t-2\tau)-H(t-3\tau)+\cdots \tag{4.270a}$$

또는

$$f(t)=\begin{cases} 1 & 0<t<\tau \\ 0 & \tau<t<2\tau \\ 1 & 2\tau<t<3\tau \\ 0 & 3\tau<t<4\tau \\ \text{등등} & \end{cases} \tag{4.270b}$$

함수 $f(t)$는 그림 4.19에서 보인 바와 같이 주기적인 사각파형을 가진다.

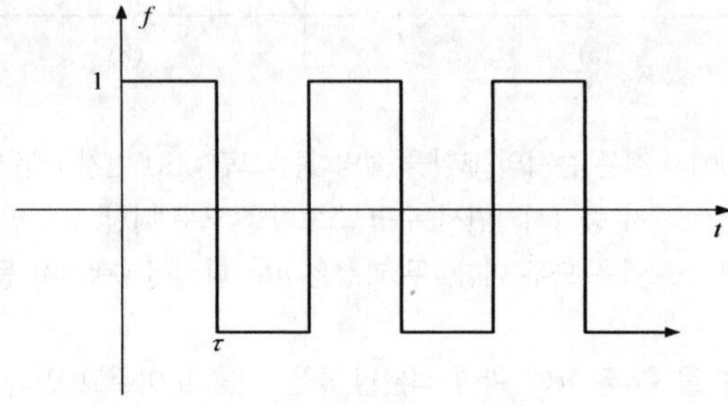

그림 4.19 예제 4.24에서 정의된 주기 $T=2\tau$인 주기함수 $f(t)$.

마지막으로 이 절에서 논의할 라플라스 변환의 일반적인 성질이 하나 더 있다. 두 라플라스 변환의 곱을 종종 역변환해야 하는 경우가 있는데 다음과 같은 형태로 표현할 수 있다.

$$r(t)=\mathcal{L}^{-1}\{F(s)G(s)\} \tag{4.271}$$

여기서 $r(t)$를 찾기 위해 다음의 두 관계식으로부터 시작하자.

$$F(s)=\int_0^\infty dt e^{-st}f(t) \quad \text{와} \quad G(s)=\int_0^\infty du e^{-su}g(u)$$

그리고 곱은 다음의 형태이다.

$$F(s)G(s)=\int_0^\infty du e^{-us}F(s)g(u) \tag{4.272}$$

식 (4.266)에 의해 다음식이 성립된다.

$$e^{-su}F(s)=\int_0^\infty dt e^{-st}H(t-u)f(t-u)$$

이 결과식을 식 (4.272)에 대입하면 다음을 얻는다.

$$F(s)G(s)=\int_0^\infty du\int_0^\infty dt e^{-st}H(t-u)f(t-u)g(u)=\int_0^\infty du\int_u^\infty dt e^{-st}f(t-u)g(u) \tag{4.273}$$

그런데 $f(t)$와 $g(t)$가 거동이 안정된 함수이므로 식 (4.273)의 적분하는 순서를 서로 바꿀 수 있다.

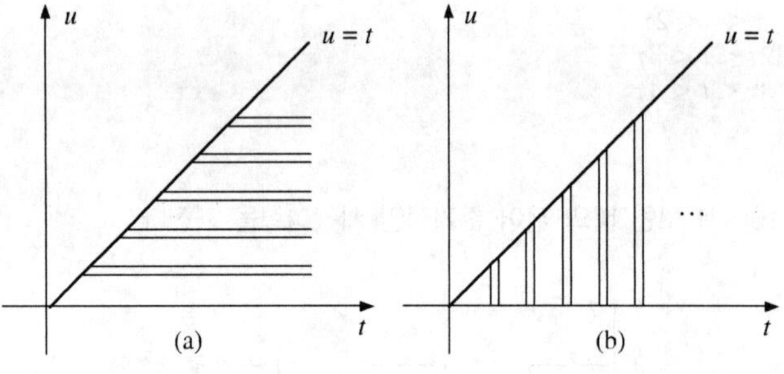

그림 4. 20 식 (4.273)에서 적분 순서의 교환을 설명하는 그림 : (a) 먼저 u부터 ∞까지 t에 대하여 적분한 후 u를 0부터 ∞까지 증가시키면서 수평 스트립을 모두 더함. (b) 먼저 0부터 t까지 u에 대하여 적분한 후 수직 스트립을 모두 더함. 두 과정은 ut-다이어그램에서 동일한 면적을 갖는다.

그림 4.20a는 t에 관한 적분을 한 뒤 u에 관한 적분을 하는 것을 보여주고 있다. 그림 4.20b는 식 (4.273)의 적분순서를 뒤집었을 때의 뒤집었을때의 결과를 보여주고 있고 이는 다음과 같다.

$$F(s)\,G(s)=\int_0^{\infty} dt\, e^{-st}\int_0^t du\, f(t-u)g(u) \tag{4.274}$$

여기서 우변은 바로 다음식의 라플라스 변환이 됨을 주목하라.

$$\int_0^t du\, f(t-u)g(u)$$

이 종류의 적분을 '중첩곱(convelution) 적분' 이라 하고 일반적으로 $f * g(t)$ 라고 쓰며 다음과 같다[이는 푸리에 변환의 중첩함수 정의식 (4.111)과 유사함]

$$f * g(t)=\int_0^t du\, f(t-u)g(u) \tag{4.275}$$

[비고: 위 식의 $\mathcal{L}$ 변환에 대한 중첩곱 적분정의에서 적분상한을 t 대신 ∞ 로 쓰는 경우도 가끔 있음.]
그러면 식 (4.274)은 다음과 같은 표현될 수 있다.

$$\mathcal{L}\{f * g\}=F(s)G(s) \tag{4.276}$$

또는

$$\mathcal{L}^{-1}\{F(s)G(s)\}=\int_0^t du\, f(t-u)g(u)=f * g(t) \tag{4.277}$$

$F(s)$ 와 $G(s)$ 는 식 (4.271)에서 대칭으로 표현되므로 위의 식은 다음과 같이 쓸 수 있다.

$$\mathcal{L}^{-1}\{F(s)G(s)\}=\int_0^t du\, f(u)g(t-u)=g * f(t) \tag{4.278}$$

이로부터 중첩곱 연산은 교환법칙이 성립됨을 알 수 있다. 즉 $f * g(t)=g * f(t)$ 이다.
[비고: 식 (4.276)의 $\mathcal{L}$ 변환의 중첩곱 정리는 표 4.1 No. 7(혹은 식 (4.112))에 나타낸 $\mathcal{F}$ 변환의 중첩곱 정리와 거의 유사하다.]

예제 4. 25

다음을 유도하시오.

$$\int_0^t du\, J_0(u)\, J_0(t-u)=J_0 * J_0(t)=\sin t \tag{4.279}$$

여기서 $J_0(t)$ 는 제 1종 0차 Bessel 함수(식 (4.207) 혹은 (4.208)에서 $n=0$ 에 해당)이다. 단

$\mathcal{L}\{J_0(t)\} \equiv \hat{J}_0(s) = (s^2+1)^{-1/2}$을 이용하여라.

풀 이

위 식의 우변을 $f(t)$라 하자. $f(t) = \sin t$임을 보이면 된다. 좌변의 적분은 중첩곱 적분이므로 양변에 라플라스 변환을 적용하면 다음을 얻는다.

$$\mathcal{L}\left\{\int_0^t du\, J_0(u) J_0(t-u)\right\} = \mathcal{L}\{J_0 * J_0(t)\} = \hat{J}_0(s)\,\hat{J}_0(s) \equiv \mathcal{L}\{f(t)\}$$

그런데 문제에서 $\mathcal{L}\{J_0(t)\} \equiv \hat{J}_0(s) = (s^2+1)^{-1/2}$이므로 위 식은 아래가 된다.

$$\mathcal{L}\{f(t)\} = \frac{1}{s^2+1}$$

그런데 $1/(s^2+1)$은 표 4.4 No 5에서 $\sin t$의 라플라스 변환이므로 $f(t) = \sin t$임을 알 수 있다.

4. 3. 3 라플라스 변환과 상미분 방정식

$\mathcal{L}$ 변환의 최대 응용성 중 하나는 초기조건이 주어진 상미방을 풀 수 있다는 것이다. $\mathcal{L}$ 변환을 이용하여 미방을 푸는 핵심은 식 (4.242) 및 (4.243)으로 정의된 $\mathcal{L}$ - 및 $\mathcal{L}^{-1}$-연산자가 모두 아래 식을 만족시키는 선형 연산자라는 것이다(1.3절 참조).

$$\mathcal{L}\{c_1 f_1(t) + c_2 f_2(t)\} = c_1 F_1(s) + c_2 F_2(s) \tag{4.280}$$

그리고 $f(t)$의 도함수에 관한 변환식 (4.255)를 아래에 다시 나타낸다.

$$\mathcal{L}\{f^{(n)}(t)\} = s^n F(s) - s^{n-1} f(0) - s^{n-2} f'(0) - \cdots - f^{(n-1)}(0) \tag{4.281}$$

아래의 제차(혹은 동차) 상미분 방정식을 고려해보자.

$$y''(t) + 3y'(t) + 2y(t) = 0 \tag{4.282}$$

초기값은 $y(0) = y_0$이고 $y'(0) = y_1$이다. 각 항에 $\mathcal{L}$ 변환을 취하고 식 (4.281)을 이용하면 다음을 얻는다.

$$s^2 Y(s) - s y_0 - y_1 + 3s\,Y(s) - 3y_0 + 2\,Y(s) = 0 \tag{4.283}$$

$Y(s)$에 관해 풀면

$$Y(s)=\frac{sy_0+3y_0+y_1}{s^2+3s+2}=\frac{sy_0+3y_0+y_1}{(s+1)(s+2)}$$

부분분수로 나타내면

$$\frac{sy_0+3y_0+y_1}{(s+1)(s+2)}=\frac{2y_0+y_1}{s+1}-\frac{y_0+y_1}{s+2}$$

표 4.4를 참조하면 다음을 얻는다.

$$y(t)=\mathcal{L}^{-1}\{Y(s)\}=(2y_0+y_1)e^{-t}-(y_0+y_1)e^{-2t} \tag{4.284}$$

이것이 초기조건이 반영된 2계 상미방 식 (4.282)의 일반해가 된다. 이는 초기조건을 포함한 식 (4.281)의 특성으로 기인한 것이다. 또한 이 방법에서 식 (4.282)가 상계수를 가지므로 상당히 쉽게 진행된다는 것을 주목하라. 반드시 필요한 조건은 아니지만 상계수가 아닌 미분방정식에 응용하려면 뜻밖의 소거되는 항이 있거나 특정한 결과식이 이용되어야 한다. $\mathcal{L}$ 변환법의 진정한 능력과 편리성은 (대체로 상수계수를 갖는) 비제차 미분방정식에서 더욱 돋보인다.

예제 4. 26

다음의 초기값 문제를 풀어라.

$$y''(t)+3y'(t)+2y(t)=e^t,\ y(0)=1,\ y'(0)=0 \tag{1}$$

풀 이

식 (1)의 양변에 $\mathcal{L}$ 변환을 취하면 아래를 얻는다.

$$s^2Y(s)-s+3sY(s)-3+2Y(s)=\frac{1}{s-1} \tag{2}$$

$Y(s)$에 대해 정리하면 다음과 같다.

$$Y(s)=\frac{1}{(s-1)(s^2+3s+2)}+\frac{3+s}{s^2+3s+2}$$

$$=\frac{1}{(s-1)(s+1)(s+2)}+\frac{3+s}{(s+1)(s+2)}$$

$$=\frac{1/6}{s-1}-\frac{1/2}{s+1}+\frac{1/3}{s+2}+\frac{2}{s+1}-\frac{1}{s+2} \tag{3}$$

표 4.4를 사용하면 아래의 요구되는 해를 얻는다.

$$y(t)=\frac{1}{6}e^{t}+\frac{3}{2}e^{-t}-\frac{2}{3}e^{-2t} \tag{4}$$

다음의 예제는 고유주파수 ω_0를 갖는 단순 조화 진동자가 주파수 ω인 주기적인 힘에 의해 운동하는 것에 대한 것이다.

예제 4. 27

다음의 초기값 문제를 풀어라.

$$y''(t)+\omega_0^2 y(t)=A\sin\omega t,\ y(0)=1,\ y'(0)=0 \tag{1}$$

풀 이

위 식의 양변에 $\mathcal{L}$ 변환을 취하면 아래를 얻는다.

$$s^2 Y(s)-s+\omega_0^2 Y(s)=\frac{A\omega}{s^2+\omega^2} \tag{2}$$

$Y(s)$에 대해 정리하면 아래를 얻는다.

$$\begin{aligned} Y(s)&=\frac{s}{s^2+\omega_0^2}+\frac{A\omega}{(s^2+\omega_0^2)(s^2+\omega^2)} \\ &=\frac{s}{s^2+\omega_0^2}+\frac{A\omega}{(\omega^2-\omega_0^2)(s^2+\omega_0^2)}-\frac{A\omega}{(\omega^2-\omega_0^2)(s^2+\omega^2)}\quad (\omega\neq\omega_0) \end{aligned} \tag{3}$$

표 4.4를 이용하면 다음을 얻는다.

$$y(t)=\cos\omega_0 t+\frac{A}{\omega^2-\omega_0^2}\left(\frac{\omega}{\omega_0}\sin\omega_0 t-\sin\omega t\right) \tag{4}$$

만약 $\omega=\omega_0$이면 다음과 같이 되고

$$Y(s)=\frac{s}{s^2+\omega_0^2}+\frac{A\omega_0}{(s^2+\omega_0^2)^2} \tag{5}$$

이 때 해는 다음의 형태를 갖는다.

$$y(t) = \cos\omega_0 t + \frac{A}{2\omega_0^3}(\sin\omega_0 t - \omega_0 t\cos\omega_0 t) \tag{6}$$

즉 이 경우 공진(resonance)조건 $\omega = \omega_0$이므로 시간에 따라 변위가 증가함을 알 수 있다.

다음의 예제는 비제차 미분방정식을 중첩곱 적분을 이용해서 푸는 것을 보여준다.

예제 4. 28

다음 초기값 문제를 풀어라.

$$y''(t) + \omega_0^2 y(t) = g(t),\ y(0) = y_0,\ y'(0) = v_0 \tag{1}$$

풀 이

식 (1)의 양변에 $\mathcal{L}$ 변환을 취하고, $Y(s)$에 대해 풀면 아래를 얻는다.

$$Y(s) = \frac{y_0 s + v_0}{s^2 + \omega_0^2} + \frac{G(s)}{s^2 + \omega_0^2} \tag{2}$$

$Y(s)$의 역변환은 다음과 같다.

$$y(t) = y_0\cos\omega_0 t + \frac{v_0}{\omega_0}\sin\omega_0 t + \frac{1}{\omega_0}\int_0^t g(t-u)\sin\omega_0 u\,du \tag{3}$$

이것은 초기치 문제가 포함된 상미방 식 (1)의 일반해이다.

이 절에서 다룰 마지막 문제는 보(빔, beam)의 굽힘(bending)이나 하중이 가해지는 막대(bar)에 관한 것이다. 이와 같은 계는 일반적으로 4계 상미방으로 표현되고, 독립변수는 거리이고 $x = 0$에서의 경계조건이 항상 주어지지는 않는다. 그림 4.21과 같이 하중 때문에 약간 굽어진 균일한 보를 생각해보자.

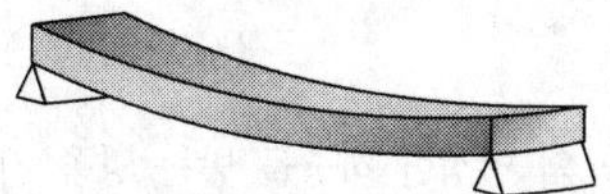

그림 4. 21 양끝이 지지되고 하중이 가해지는 균일한 보(uniform beam).

만약 $y(x)$가 보의 수평면으로부터의 처짐양이라고 한다면 탄성이론에 의해 $y(x)$는 아래의 4계 상미방을 만족한다.

$$\gamma \frac{d^4 y}{dx^4} = w(x) \tag{4.285}$$

위 식에서 γ는 보의 재료와 모양에 관련된 상수이고 $w(x)$는 보에 가해지는 하중의 분포를 나타낸다. 전형적인 경계조건은 아래와 같다.

1. 지지대 위에 놓인 단순지지단 : 그 점에서 $y=0,\ y''=0$
2. 지지대에 박힌 고정단 : 그 점에서 $y=0,\ y'=0$
3. 자유단 : 그 점에서 $y''=0,\ y'''=0$

예를 들어 길이가 1이며 양 끝에서 단순지지되고 균일한 하중(아래 방향으로 $-w_0$)이 작용하는 보의 모양을 결정해 보자. 이 경우에 식 (4.285)의 해는 아래의 형태를 가진다고 가정될 수 있다(증명 생략).

$$\gamma y(x) = -\frac{w_0 x^4}{24} + \frac{c_1 x^3}{6} + \frac{c_2 x^2}{2} + c_3 x + c_4 \tag{4.286}$$

여기서 적분 상수 4개를 결정할 4개의 경계조건이 있다.

$$y(0) = y(1) = 0 \text{과 } y''(0) = y''(1) = 0 \tag{4.287}$$

이 경계조건들을 사용하여 식 (4.286)중의 상수 $c_i(i=1-4)$를 구하면 최종적으로 아래의 해를 얻는다.

$$y(x) = -\frac{w_0}{24\gamma}(-x^4 + 2x^3 - x) \tag{4.288}$$

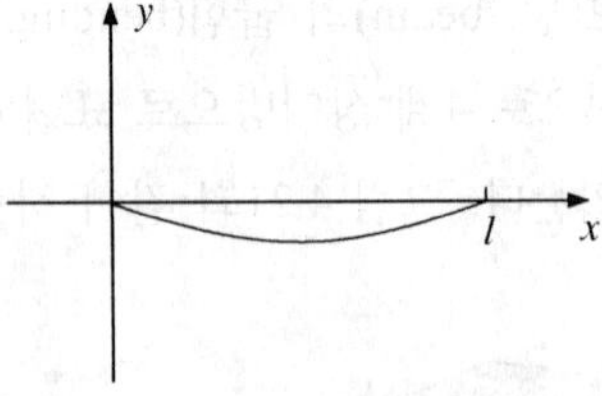

그림 4. 22 $-w_0$의 일정한 하중을 받는 양쪽 지지단 보의 처짐.

그림 4.22에 이 처짐양 $y(x)$의 모양을 나타내었다. 이 예제는 매우 단순하고 따라서 라플라스 변환을 이용할 필요가 없다. 그러나 아래의 예제는 약간 까다로워 $\mathcal{L}$ 변환의 이용을 필요로 할 것이다.

예제 4. 29

그림 4.23의 길이가 $2l$인 보를 생각하자. 보의 왼쪽은 고정단이고, 오른쪽은 자유단이다. 이때 보가 하중(그림 4.24 참조)을 받을 때 처짐양 $y(x)$는 4계 상미방 식 (4.285)를 만족하며, 거리 x에서의 보가 받는 하중 $w(x)$는 아래 식으로 주어진다고 한다.

$$w(x) = -w_0\,[H(x) - H(x-l)] \tag{1}$$

여기서 $H(x)$는 식 (G.21)로 정의된 단위 계단함수이다. 단 경계조건은 $y(0) = 0$, $y'(0) = 0$, $y''(2l) = 0$ 및 $y'''(2l) = 0$이라고 할 때 처짐양 $y(x)$(즉 식 (4.285)의 해)를 구하라.

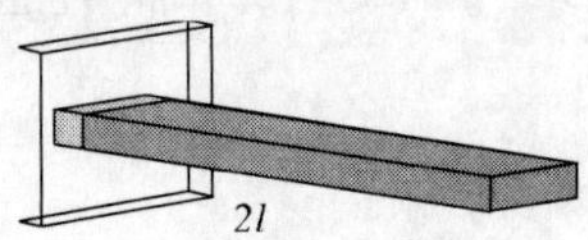

그림 4. 23 왼쪽 고정단, 오른쪽 자유단인 길이 $2l$의 보.

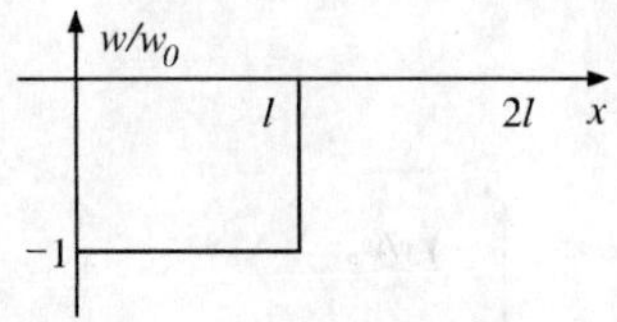

그림 4. 24 예제 4.29에서 가해지는 하중 $w(x) = -w_0\,[H(x) - H(x-l)]$의 형상.

풀 이

위에서 정의된 경계조건을 갖고 식 (4.285)의 양변을 $\mathcal{L}$ 변환시키면 아래를 얻는다.

$$s^4 Y(s) - s^3 y(0) - s^2 y'(0) - sy''(0) - y'''(0) = \frac{-w_0}{\gamma}\frac{(1-e^{-sl})}{s} \tag{2}$$

위 식의 우변은 아래의 관계를 이용하였다.

$$\mathcal{L}\{H(x-a)\} = e^{-as}/s\,(\because \text{식 (4.266)에서 } f(x) = 1 \text{ 대입}) \tag{3}$$

그런데 문제에서 $y(0) = y'(0) = 0$이지만 $y''(0)$ 및 $y'''(0)$은 주어지지 않으므로 편의상 각각 α 및 β라고 하자. 그러면 이들을 식 (2)에 대입하고, $Y(s)$에 대해 풀면 아래를 얻는다.

$$Y(s) = \frac{\alpha}{s^3} + \frac{\beta}{s^4} - \frac{w_0}{\gamma}\frac{(1-e^{-sl})}{s^5} \tag{4}$$

이의 역변환을 표 4.3(혹은 식 (4.266)) 및 4.4를 이용하여 구하면

$$y(x) = \frac{\alpha x^2}{2} + \frac{\beta x^3}{6} - \frac{w_0}{24\gamma}\left[x^4 - (x-l)^4 H(x-l)\right] \tag{5}$$

이제 $y''(2l) = y'''(2l) = 0$을 α, β를 이용하여 구해보자. $l < x \le 2l$에 대해서 다음과 같다.

$$y(x) = \frac{\alpha x^2}{2} + \frac{\beta x^3}{6} - \frac{w_0}{24\gamma}\left[x^4 - (x-l)^4\right] \tag{6}$$

여기서 $y''(2l) = \alpha + 2\beta l - 3w_0 l^2/2\gamma$이고 $y'''(2l) = \beta - w_0 l/\gamma$임을 알 수 있다. 따라서 아래를 얻는다.

$$\alpha = -\frac{w_0 l^2}{2\gamma} \text{ 과 } \beta = \frac{w_0 l}{\gamma}$$

최종적으로 보의 처짐양(즉 미방 식 (4.285)의 해)은 아래와 같이 얻어진다.

$$y(x) = -\frac{w_0 l^2 x^2}{4\gamma} + \frac{w_0 l x^3}{6\gamma} - \frac{w_0}{24\gamma}\left[x^4 - (x-l)^4 H(x-l)\right] \tag{7}$$

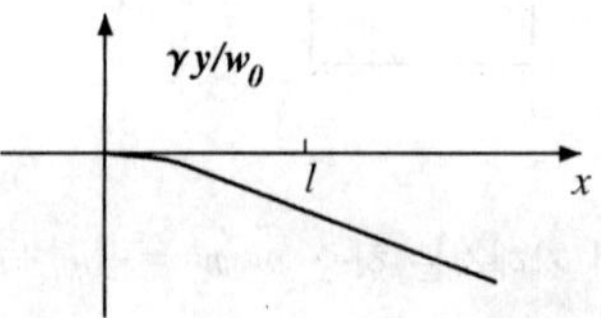

그림 4. 25 예제 4.29에 묘사된 보의 처짐 $y(x)$.

이 결과가 그림 4.25에 도시되어 있다. 한쪽은 고정단이고 다른 한쪽은 자유단인 보를 '외팔보(cantilever beam)' 라 부른다.

위의 예제는 $x=0$(또는 $t=0$)에서 모든 경계(또는 초기)조건이 주어질 필요는 없다는 것을 보여준다. 그러나 다양한 형태의 보의 처짐양에 관련된 문제가 있으나 지면관계상 더 이상 언급은 하지 않기로 한다.

4. 3. 4 라플라스 변환과 편미분방정식

$\mathcal{L}$ 변환은 편미방을 풀 때도 널리 이용될 수 있다. 이를 위해서는 편미방은 상계수를 가진 선형이어야 하는데, 실제 이는 많은 물리문제에서 나타나는 형태이다.

첫 예제로 $x \geq 0$인 반무한대 영역에서 1차원 열전도방정식을 고려하자.

$$\frac{\partial^2 u}{\partial x^2} = \frac{1}{\alpha^2}\frac{\partial u}{\partial t} \qquad \begin{matrix} 0 \leq x \\ 0 < t \end{matrix} \tag{4. 289}$$

이 방정식은 옆면이 단열된 긴 막대에서 열의 전도 작용을 묘사하고 있다. 초기에 막대의 온도가 0도이고 막대의 왼쪽 끝($x=0$)은 일정한 온도 u_0로 유지된다고 가정하자. 이 두 가지 조건을 다음처럼 나타낼 수 있다.

$$u(x,\,0) = 0 \qquad x > 0 \qquad u(0,\,t) = u_0 \tag{4. 290}$$

또한 $x \to \infty$ 임에 따라 $u(x,\,t) = 0$이 되는 물리적 조건도 생각할 수 있다. 시간 변수의 관점에서 편미방 식 (4.289)에 t공간에서 s공간으로 $\mathcal{L}$ 변환을 취하자. 이 때 $\mathcal{L}\,\{u(x,\,t)\}$를 $U(x,\,s)$로 나타내고 적분과 미분의 순서를 서로 교환하는 것이 적법하다고 가정하면 좌변은 다음과 같이 된다 (적법성의 판정은 아래 참조).

$$\mathcal{L}\left\{\frac{\partial^2 u}{\partial x^2}\right\} = \int_0^\infty e^{-st}\frac{\partial^2 u}{\partial x^2}dx = \frac{\partial^2}{\partial x^2}\int_0^\infty e^{-st}u(x,\,t)dt = \frac{\partial^2 U(x,\,s)}{\partial x^2} \tag{4. 291}$$

여기서 더 논의를 진행하기 전 위 식의 2번째 항등관계 즉 $\mathcal{L}$ 변환 시 미분과 적분의 교환성에 대한 합법성을 증명하기 위하여 아래에 간단한 예 하나를 생각해보자(이 때 x는 $\mathcal{L}$ 변환에 무관한 상수로 간주).

(a) $\mathcal{L}\left\{\dfrac{\partial}{\partial x}\cos xt\right\} = \mathcal{L}\,\{-t\sin xt\} = -\dfrac{2sx}{(x^2+s^2)^2}$

(b) $\dfrac{\partial}{\partial x}\mathcal{L}\,\{\cos xt\} = \dfrac{\partial}{\partial x}\dfrac{s}{s^2+x^2} = -\dfrac{2sx}{(s^2+x^2)^2}$

단 식 (a)의 경우는 표 4.3의 No.4 및 표 4.4의 No.5를, 그리고 식 (b)는 표 4.4의 No.6를 이용하였다. 따라서 아래의 교환성이 증명된다.

$$\mathcal{L}\left\{\frac{\partial}{\partial x}\cos xt\right\} = \frac{\partial}{\partial x}\mathcal{L}\,\{\cos xt\}\left[= -\frac{2sx}{(s^2+x^2)^2}\right] \tag{4. 292}$$

물론 이 관계는 고계도함수를 포함하는 일반적인 경우에도 적용된다.

이제 편미방 식 (4.289)의 양변에 $\mathcal{L}$ 변환(변수 t에서 s로)을 취하면 아래를 얻는다.

$$\mathcal{L}\left\{\frac{\partial u}{\partial t}\right\}= s\,U(s,\, x)-u(x,\, 0)=s\,U(s,\, x) \tag{4.293}$$

마지막으로 경계조건 $u(0,\, t)=u_0$(식 (4.290))에 대해서도 $\mathcal{L}$ 변환을 취하면 아래가 된다.

$$\mathcal{L}\{u(0,\, t)\}= U(0,\, s)=\frac{u_0}{s} \tag{4.294}$$

식 (4.291)과 식 (4.293)으로부터 다음의 관계식을 얻는다.

$$\frac{d^2\,U(x,\, s)}{dx^2}-\frac{s}{\alpha^2}U(x,\, s)=0 \tag{4.295}$$

$U(x,\, s)$의 도함수를 상미분처럼 표시하였는데 이는 여기서 s를 고정된 상수처럼 고려하였기 때문이다.

식 (4.289)에서의 시간 변수는 소거(변환에 의한 소거)되었고 독립 변수가 두 개에서 하나인 식이 되었다는 것에 주목하라. 일반적으로 미분방정식에 변환을 적용하면 독립변수의 수가 한 개 줄어든다. 상미분방정식에 적용하면 그 결과는 대수방정식이 된다.

식 (4.295)의 해는 고유치문제에서 아래로 쓸 수 있다.

$$U(x,s)=c_1(s)e^{xs^{1/2}/\alpha}+c_2(s)e^{-xs^{1/2}/\alpha} \tag{4.296}$$

여기서 두 개의 "적분상수"가 s의 함수로 표현된 것을 볼 수 있다. 경계조건인 $x\to\infty$ 임에 따라 $u(x,\, t)\to 0$이 되는 것을 적용하면 $c_1(s)=0$이 된다. $x=0$이라 놓고 또 다른 경계조건인 식 (4.294)로부터 다음을 얻는다.

$$U(0,\, s)=c_2(s)=\frac{u_0}{s}$$

따라서 우리가 원하는 해의 라플라스 변환 형태를 얻는다.

$$U(s,\, x)=\frac{u_0}{s}e^{-xs^{1/2}/\alpha} \tag{4.297}$$

$e^{-xs^{1/2}/\alpha}$의 역변환은 $xe^{-x^2/4\alpha^2 t}/2(\pi\alpha^2 t^3)^{1/2}$가 되고, 또한 식 (4.297)은 s공간의 두 함수

$F(s)=\dfrac{1}{s}$과 $G(s)=e^{-xs^{1/2}/\alpha}$의 곱으로 되어있으므로 $\mathcal{L}$ 변환의 중첩곱 정리(식 (4.276) 혹은 (4.278))에 의해 $U(s,x)$의 역변환은 중첩곱 $f*g(t)$[여기서 $f(t)=1$, $g(t)=xe^{-x^2/4\alpha^2 t}/2(\pi\alpha^2 t^3)^{1/2}$](단 여기에 u_0을 곱함)가 되므로 아래의 (역변환) 해가 얻어진다.

$$u(x,t)=\frac{u_0 x}{(4\pi\alpha^2)^{1/2}}\int_0^t y^{-3/2}e^{-x^2/4\alpha^2 y}dy \tag{4.298}$$

또한 위 식에서 $z^2=x^2/4\alpha^2 y$라 놓으면 위 결과를 여오차함수 $\mathrm{erfc}(x)$(식 (A.24))의 항으로 나타낼 수 있다.

$$u(x,t)=\frac{2u_0}{\sqrt{\pi}}\int_{x/(4\alpha^2 t)^{1/2}}^{\infty}e^{-z^2}dz$$

$$=\frac{2u_0}{\sqrt{\pi}}\left\{\int_0^{\infty}e^{-z^2}dz-\int_0^{x/(4\alpha^2 t)^{1/2}}e^{-z^2}dz\right\} \tag{4.299a}$$

$$=u_0\{1-\mathrm{erf}[(x/(4\alpha^2 t)^{1/2}]\}$$

$$=u_0\,\mathrm{erfc}[(x/(4\alpha^2 t)^{1/2}] \tag{4.299b}$$

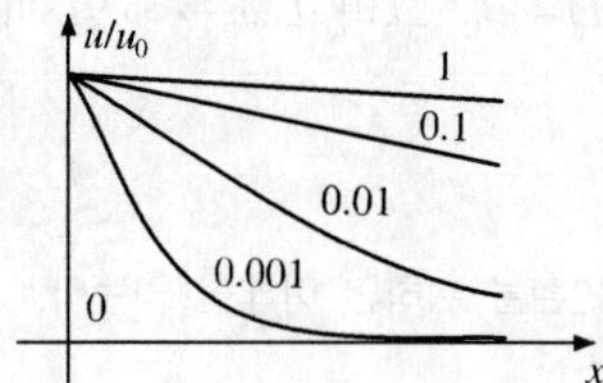

그림 4. 26 다양한 t 값에 따른 x에 대한 함수 $u(x,t)$(식 (4.299))의 플롯.

여기서 다양한 t값에 대하여 x값에 대한 식 (4.299)를 그림 4.26에 나타내었다. 어떤 유한한 값의 x에 대해서 결국 온도는 u_0에 접근하지만 $x\to\infty$ 임에 따라 $u(x,t)\to 0$인 것에 주목하라.

여기서 식 (4.299b)가 식 (4.289)의 해가 맞는지 확인해 보자. 식 (4.299a)와 정적분의 미분에 대한 Leibnitz의 공식(식 (A.23))을 이용하면 아래를 얻는다.

$$\frac{\partial^2 u}{\partial x^2}=\frac{u_0 x}{(4\pi\alpha^6 t^3)^{1/2}}e^{-x^2/4\alpha^2 t} \tag{4.300}$$

그리고

$$\frac{\partial u}{\partial t} = \frac{u_0 x}{(4\pi\alpha^2 t^3)^{1/2}} e^{-x^2/4\alpha^2 t} \tag{4. 301}$$

이 되므로 식 (4.289)는 만족된다. 게다가 $u(x, 0) = \mathrm{erfc}(\infty) = 0$, $u(0, t) = u_0\,\mathrm{erfc}(0) = u_0$, $x \to 0$일 때 $u(x, t) \to 0$이 성립함을 알 수 있다. 따라서 식 (4.299b)는 식 (4.289)와 그에 따른 경계조건과 초기조건을 만족한다. 다른 예제들을 해보기 전에 식 (4.289)에서 t대신 x에 대해 라플라스 변환을 적용할 수 있는지 검토해 보자. 이를 위해서는 $u(0, t)$와 $u_x(0, t)$가 필요함을 알 수 있다. 따라서 이 경우 $0 \le x < \infty$임에도 불구하고 x에 대해서는 변환을 할 수 없다.

라플라스 변환을 이용하면 편미분방정식을 풀 때 필요한 새로운 이론이 있는 것은 아니며 이해하는 제일 좋은 방법은 예제들을 통해서 보는 것이다. 따라서 이 절의 남은 부분은 다양한 예제들로 구성되어 있다. 다음의 예제는 $x = 0$에서의 온도보다는 열의 흐름(열량)이 주어진 경우이다.

예제 4. 30

반무한대 막대에서 옆면이 단열되어 있고 초기 온도는 0도이고, 왼쪽 끝면에서 일정한 열량이 공급되는 경우에 아래와 열전도방정식을 풀어라.

$$\frac{\partial^2 u}{\partial x^2} = \frac{1}{\alpha}\frac{\partial u}{\partial t} \qquad x > 0,\quad t > 0 \tag{1}$$

여기서 $u(x, 0) = 0$, $-\kappa u_x(0, t) = \beta_0$ 그리고 $x \to \infty$일 때 $u(x, t) = 0$이다.

풀 이

시간 t에 대하여 식 (1)의 양변을 $\mathcal{L}$ 변환을 취하면 아래를 얻는다.

$$\frac{d^2 U(x, s)}{dx^2} - \frac{s}{\alpha^2} U(x, s) = 0 \tag{2}$$

여기서 $-\kappa U_x(0, s) = \beta_0/s$이고, $x \to \infty$일 때 $U(x, s) = 0$이 된다. $U(x, s)$에 대하여 풀면 다음을 얻는다.

$$U(x, s) = c(s) e^{-xs^{1/2}/\alpha} \tag{3}$$

초기조건인 $-\kappa U_x(0, s) = \beta_0/s$을 대입하면 $c(s) = \beta_0\alpha/\kappa s^{3/2}$가 얻어지고 이를 대입하면 아래를 얻는다.

$$U(x, s) = \frac{\beta_0\alpha}{\kappa s^{3/2}} e^{-xs^{1/2}/\alpha} \tag{4}$$

여기서 표 4.4의 No. 8에 의하면(여기서 $k = x/\alpha$로 둠)

$$\mathcal{L}^{-1}\left\{\frac{e^{-xs^{1/2}/\alpha}}{s^{1/2}}\right\}=(\pi t)^{-1/2}e^{-x^2/4\alpha^2 t} \tag{5}$$

이 되고 아래의 s 공간에서의 변환함수는 $F(s)=1/s$ 과 $G(s)=e^{-xz^{1/2}/\alpha}/s^{1/2}$ 의 두 곱으로 되어 있으므로 중첩곱 정리(식 (4.276) 혹은 (4.278))에 의해 이의 역변환은 중첩곱 $f*g(t)$[단 여기서 $f(t)=1$, $g(t)=(\pi t)^{-1/2}e^{-x^2/4\alpha^2 t}$임]가 되므로

$$\mathcal{L}^{-1}\left\{\frac{1}{s}\frac{e^{-xs^{1/2}/\alpha}}{s^{1/2}}\right\}=\int_0^t(\pi y)^{-1/2}e^{-x^2/4\alpha^2 y}dy \tag{6}$$

따라서 이로부터 식 (4)의 역변환은 (즉 편미방 식 (1)의 해)은 식 (6)에 $\beta_0\alpha/\kappa$를 곱하므로써 아래가 된다.

$$u(x,t)=\frac{\beta_0\alpha}{\kappa\pi^{1/2}}\int_0^t y^{-1/2}e^{-x^2/4\alpha^2 y}dy=\frac{\beta_0 x}{\kappa\pi^{1/2}}\int_{x/(4\alpha^2 t)^{1/2}}^{\infty}e^{-z^2}\frac{dz}{z^2} \tag{7}$$

여기서 $z=x/(4\alpha^2 y)^{1/2}$이라 놓으면 다음을 얻는다. 위 결과는 "u" $=e^{-z^2}$과 "dv" $=dz/z^2$으로 놓고 부분적분(식 (A.22) 참조)을 하면 오차함수 $erf(x)$[식 (A.24)]로 표현될 수 있다.

$$u(x,t)=\frac{\beta_0}{\kappa\pi^{1/2}}\left[(4\alpha^2 t)^{1/2}e^{-x^2/4\alpha^2 t}-2x\int_{x/(4\alpha^2 t)^{1/2}}^{\infty}e^{-z^2}dz\right]$$

$$=\frac{\beta_0}{\kappa}\left[\left(\frac{4\alpha^2 t}{\pi}\right)^{1/2}e^{-x^2/4\alpha^2 t}-x\,\mathrm{erfc}\left[x/(4\alpha^2 t)^{1/2}\right]\right] \tag{8}$$

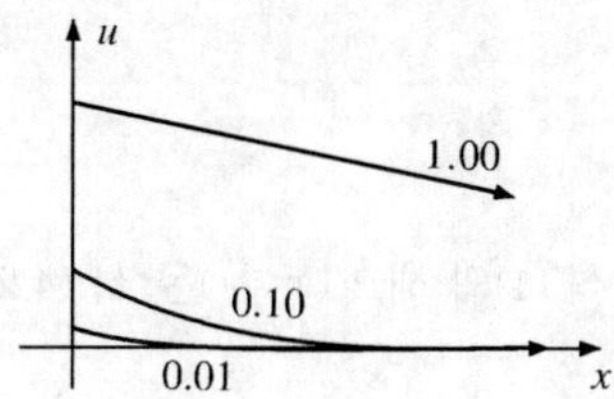

그림 4. 27 다양한 $4\alpha^2 t$값에 따른 x에 대한 함수 $u(x,t)$(식 (8))의 플롯.

여기서 얻어진 해 $u(x,t)$를 그림 4.27에 도시하였으며, 또한 식 (8)이 식 (1)의 해가 되는지는 다른 예와 마찬가지로 식 (8)을 식 (1)에 대입하여 좌, 우를 비교함으로써 확인될 수 있다.

다음에 이 절에서 소개할 마지막 두 예제는 $\mathcal{L}$ 변환에 의해 파동(wave) 파정식의 해를 구하는 것이다.

예제 4. 31

반 무한 줄($x \geq 0$)을 고려해보자. 이 줄은 초기에 흔들리지 않고 정지 상태 $u(x, 0) = 0$과 $u_x(x, 0) = 0$이었으나 한쪽 끝($x = 0$)이 $u(0, t) = f(t)$와 같이 흔들린다고 가정하자. 이후에 일어나는 중의 거동을 아래에 주어진 파동파정식을 이용하여 구하라.

$$\frac{\partial^2 u}{\partial x^2} = \frac{1}{v^2}\frac{\partial^2 u}{\partial t^2} \qquad 0 \leq x < \infty,\ \ 0 \leq t \tag{1}$$

여기서 $u(x, 0) = u_x(x, 0) = 0$, $u(0, t) = f(t)$ 그리고 $x \to \infty$ 일 때 $u(x, t) \to 0$을 만족한다고 한다.

풀 이

식 (1)의 양변을 t에 대하여 $\mathcal{L}$ 변환을 취하면 아래를 얻는다.

$$\frac{d^2 U}{dx^2} - \frac{s^2}{v^2}U = 0 \qquad 0 \leq x < \infty \tag{2}$$

여기서 $U(0, s) = \mathcal{L}\{u(0, t)\} = \mathcal{L}\{f(t)\} = F(s)$이다. 위 식에 대한 해는 고유치 문제로부터 쉽게 아래 형식으로 나타낼 수 있다.

$$U(x, s) = c_1(s)e^{xs/v} + c_2(s)e^{-xs/v} \tag{3}$$

그리고 $x \to \infty$ 일 때 $u(x, t) \to 0$인 조건으로부터 $c_1(s) = 0$이 되고, $u(0, s) = F(s)$ 조건으로부터 아래 식이 얻어진다.

$$U(x, s) = F(s)e^{-xs/v} \tag{4}$$

그러면 $U(x, s)$에 대한 역변환은(즉 식 (1)의 해 $u(x, t)$)은 식 (4.266)의 적용에 의해

$$u(x, t) = f\left(t - \frac{x}{v}\right)H\left(t - \frac{x}{v}\right) \tag{5}$$

또는 단위 단계함수 $H(x)$의 성질(식 (G.21))에 의해

$$u(x, t) = \begin{cases} 0 & t \leq x/v \\ f\left(t - \dfrac{x}{v}\right) & t > x/v \end{cases} \tag{6}$$

가 된다. 위 결과로부터 재미있는 물리적 해석을 할 수 있다. 즉 원점($x = 0$)으로부터 x만큼 떨어진 곳에 있는 줄은 파형 $f(t)$가 지나가는 시점인 $t = x/v$ 때까지 가만히 있게 된다. 그 파형은 줄을 따라서 일정한 속도 u로 진행한다.

예제 4.32

만약 줄의 파형 $f(x)$가 아래의 함수로 나타내질 때 앞 예제와 같은 줄의 거동을 묘사해보아라.

$$f(t)=\begin{cases}\sin 2\pi t & 0<t<1\\ 0 & 1\le t\end{cases} \tag{1}$$

풀 이

여기서 앞 예제의 결과를 다시 쓰면 아래가 된다.

$$u(x,t)=\begin{cases}0 & x\ge vt\\ f\left(t-\dfrac{x}{v}\right) & x<vt\end{cases} \tag{2}$$

그러나

$$f\left(t-\frac{x}{v}\right)=\begin{cases}\sin 2\pi\left(t-\dfrac{x}{v}\right) & 0<t-\dfrac{x}{v}<1 \quad \text{또는} \quad v(t-1)<x<vt\\ 0 & t-\dfrac{x}{v}\ge 1 \quad \text{또는} \quad x\le v(t-1)\end{cases} \tag{3}$$

으로부터 다음과 같은 결과를 얻을 수 있다.

$$u(x,t)=\begin{cases}0 & x\le v(t-1)\\ \sin 2\pi\left(t-\dfrac{x}{v}\right) & v(t-1)<x<vt\\ 0 & x\ge vt\end{cases}$$

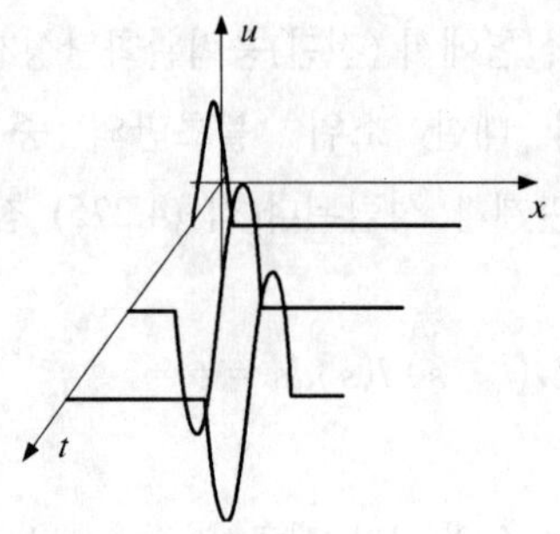

그림 4.28 예제 4.32에서 줄을 따라 전파되는 파형

$t>1$인 경우에 $x\le v(t-1)$과 $x\ge vt$구간에서는 줄이 움직이지 않게 된다. 대신 $v(t-1)$과 vt사이 구간에서만 $2\pi(t-x/v)$와 같은 파형이 일어나게 되고(그림 4.28 참조) 이 파형은 일정한 속도 v로 줄을 따라서 진행하게 된다.

4. 3. 5 고분자의 선형 점탄성에 응용

많은 동일한 구조단위(세그먼트, segment)의 반복적인 화학결합으로 이루어진 고분자(polymer)는 긴 사슬이 가진 유연성(chain flexibility)과 또 (고체)분자내 존재하는 규칙적인 결정성 영역(융점 T_m을 가짐)과 불규칙적인 비정(amorphous) 영역(유리-고무전이온도 T_g를 가짐)의 혼재로 인하여 저분자물질과는 매우 다른 독특한 거동을 나타낸다. 이 중에서도 특히 준결정성(semi-crystalline) 고분자가 나타내는 역학적 거동은 완전 가역적인 후크(Hooke)의 탄성거동[즉 응력과 변형은 비례하며, 비례계수인 탄성계수(modulus)는 상수가 됨]과 완전 비가역적인 뉴톤(Newton)의 점성거동[즉 전단응력에 의한 흐름에 있어서 전단응력과 전단속도는 비례하며, 비례계수인 점도(viscosity)는 상수임]의 복잡한 혼합형태인 비선형 점탄성(nonlinear viscoelastic)거동[즉 탄성계수나 점도가 상수가 아니고, 가해준 응력이나 변형의 함수가 됨]을 나타낸다. 그런데 문제를 간단히 하기 위하여 만약 가해준 응력이나 변형이 매우 작을 경우에는 단순히 후크와 뉴톤의 법칙의 가성으로 이루어진(즉 탄성계수나 점도는 상수로 간주) 선형점탄성(linear viscoelastic) 거동을 나타내게 된다. 따라서 이에 대한 수학적인 접근(라플라스 변환기법 포함)은 여러 (기계적) 모델을 사용하여 매우 성공적으로 이루어지고 있다.

한편 고분자의 선형점탄성 거동을 조사하기 위한 두 대표적인 실험법으로서는 시간(t) 의존성 정적(혹은 일과성, transient)실험과 각진동수(ω) 의존성 동적(dynamic) 실험에 있는데, 또 이들 각각의 경우 가해준 변형(stain)을 일정하게 유지할 때 일어나는 응력완화(stress relaxation) 실험과 반대로 응력(stress)을 일정하게 유지할 때 일어나는 크리프 지연(creep retardation) 실험이 있다.

그러면 정적(혹은 시간 일관성) 실험에서 (전단)응력완화탄성계수 $G(t)$와 (전단)크리프지연계수 $J(t)$사이에는 선형점탄성 영역에 대한 소위 '볼츠만의 중첩원리(Boltzmann's superposition principle)'에 의하여 아래의 중첩관계가 성립된다(식 (4.275) 참조).

$$G * J(t)[= J * G(t)] \equiv \int_0^t G(t-s)J(s)ds = t \tag{4. 302}$$

여기서 위 식을 보면 t 중간에서는 G와 J가 서로 연결(coupled)되어 있으므로, 가령 G와 J 중 어느 하나를 (시간의 함수로) 알아도 다른 하나를 결정할 수 없다. 그러나, 앞 절에서 논의한 $\mathcal{L}$ 변환 기법을 이용하면 식 (4.276)에 의해 s 공간에서는 아래와 같이 서로 분리(decoupled)되어 있음을 알 수 있다.

$$\mathcal{L}\{G * J(t)\} = \overline{G}(s)\overline{J}(s) = 1/s^2 \ \ (\because \mathcal{L}(t) = 1/s^2) \tag{4. 303}$$

단 위 식에서 $\overline{G}(s)$나 $\overline{J}(s)$는 각각 $G(t)$나 $J(t)$의 $\mathcal{L}$ 변환을 의미한다. 여기서 식 (4.303)의 중요성은 만약 $G(t)$나 $J(t)$ 중 어느 하나를 알면, 그것의 $\mathcal{L}$ 변환을 시키면 다른 하나의 $\mathcal{L}$ 변환은 식 (4.303)에 의해 얻어지므로 이의 역변환을 통하여 t 공간의 함수를 구할 수 있다.

예제 4. 33

시간의존성 전단 크리프 컴플라이언스 $J(t)=At^m$ (여기서 A 및 m은 양의 실수)의 형태를 취한다면 전단 탄성계수 $G(t)$ 사이에는 아래 관계가 성립됨을 증명한다.

$$J(t)=\frac{\sin m\pi}{m\pi}\frac{1}{G(t)}$$

풀 이

표4.4의 No.2를 이용하여 $J(t)=At^m$의 라플라스($\mathcal{L}$) 변환을 행하면 아래가 된다.

$$\overline{J}(s)=A\Gamma(1+m)/s^{1+m} \tag{1}$$

그런데 $\overline{G}(s)$와의 관계식인 식 (4.303)에 의해 아래가 성립된다.

$$\overline{G}(s)=1/s^2\overline{J}(s)=\frac{s^{m-1}}{A\Gamma(1+m)} \tag{2}$$

그런데 표 4.4 No.2에서 $s^{m-1}=s^{-(1-m)}$의 역변환은 아래가 된다.

$$\mathcal{L}^{-1}[s^{-(1-m)}]=t^{-m}/(-m)!=t^{-m}/\Gamma(1-m) \tag{3}$$

따라서 식 (2)의 역변환($G(t)$)은 아래가 된다.

$$\mathcal{L}^{-1}(\overline{G}(s))=G(t)=t^{-m}/A\Gamma(1+m)\Gamma(1-m) \tag{4}$$

그런데 감마(Gamma)함수 공식 $\Gamma(1+m)\Gamma(1-m)\,[=m!(-m)!]=\frac{m\pi}{\sin m\pi}$(식 (A.27))을 식 (4)에 대입하면 문제의 식이 증명된다. 한편 양의 실수 $m(0<m<1)$이 $m\to 0$일 때는 $\lim_{x\to 0}\frac{\sin x}{x}=1$의 관계로부터 $J(t)\simeq 1/G(t)$가 되고, $m\to 1$일 때는 $J(t)G(t)\to 0$가 된다.

예제 4. 34

18 ℃의 벌크상 고분자의 전단탄성체가 아래 식으로 주어진다고 하자.

$$G(t) = [0.6812 + \exp(-1.3t)] \quad \text{GPa} \tag{1}$$

이때 전단 크리프 컴플라이언스 $J(t)$를 추정하라(식 (4.302) 참조).

풀 이

먼저 식 (4.303)에서 아래가 성립된다.

$$\bar{J}(s) = \frac{1}{s^2 \bar{G}(s)} \tag{2}$$

한편, 위 식 (1)의 $G(t)$를 $\mathcal{L}$ 변환하면 아래가 된다(표 4.4의 공식 참조).

$$\bar{G}(s) = \mathcal{L}\, G(t) = \left(\frac{0.6812}{s} + \frac{1}{s+1.3}\right) \times 10^9$$

따라서 이것과 식 (2)에서 아래가 성립된다.

$$\bar{J}(s) = \frac{s+1.3}{1.6812s^2 + 0.8856s} \times 10^{-9} = 0.5948 \times \frac{s+1.3}{s(s+0.5268)} \times 10^{-9}\ \text{Pa}^{-1} \tag{3}$$

그런데 아래의 부분분수 전개에 대한 항등관계가 성립된다.

$$\frac{s+a}{s(s+b)} = \frac{A}{s} + \frac{B}{s+b}\ ;\ A = \frac{a}{b},\ \ B = 1 - \frac{a}{b} \tag{4}$$

따라서 식 (3)은 아래로 나타내진다.

$$\bar{J}(s) = 1.4678 \times \left(\frac{1}{s} - \frac{0.5948}{s+0.5268}\right) \times 10^{-9}\ \text{Pa}^{-1} \tag{5}$$

표 4.4로부터 이의 역변환을 행하면 아래를 얻는다.

$$J(t) = \mathcal{L}^{-1}(\bar{J}(s)) = 1.4678[1 - 0.5948\exp(-0.5268t)] \times 10^{-9}\ \text{Pa}^{-1} \tag{6}$$

이 식에서 만약 $J(t) \simeq [G(t)]^{-1}$으로 간주하면 $t = 10^{-2},\ 10^0,\ 10^2$ s에서 각각 실제와 비교하여 0.013%, 10.10%, 0.014%의 오차가 생긴다. 참고로 위 식 (1)과 (6)에서 아래가 성립된다.

$$J(t)G(t) = 1 - 0.5947\exp(-0.5268t) + 1.4678\exp(-1.3t) - 0.8730\exp(-1.8268t) \neq 1 \tag{7}$$

그러나 $t = 0$ 및 $t = \infty$인 경우에 각각 아래가 성립된다.

$$J_g G_g = 1\,(t=0),\ \ J_e G_e = 1\,(t=\infty) \tag{8}$$

다음에는 고분자의 선형점탄성에 대한 주어진 (역학적)모델로부터 동적 전단탄성계수 $G^*(\omega)[= G'(\omega)+iG''(\omega)] = \sigma^*/\varepsilon^*$[여기서 ε^* 및 σ^*는 각각 동적 (복소)전단 변형률 및 전단응력임] 혹은 이의 역수에 해당하는 동적 전단 크리프 컴플라이언스 $J^*(\omega)[= J'(\omega)-iJ''(\omega)] = 1/G^*(\omega) = \varepsilon^*/\sigma^*$를 라플라스 변환기법을 이용하여 구해보고자 한다. 그러기 위해 아래에 응력 $\sigma(t)$와 변형(률) $\varepsilon(t)$ 사이의 관계인 (선형)구성방정식(constitutive equation)을 아래와 같이 1.3절에 논의한 선형 연산자 기법($\because$ k계의 상미분 연산자 $\hat{D}^k = \dfrac{dk}{dt^k}$는 선형연산자이므로)을 사용하여 나타낸다.

$$\hat{A}(t)\sigma(t)= \hat{B}(t)\varepsilon(t) \tag{4. 304}$$

여기서 응력과 변형에 관한 두 시간 미분 연산자는 각각 아래의 형태를 취한다.

$$\hat{A}(t)= \sum_{k=0}^{n} a_k\hat{D}^k\left(= \frac{d^k}{dt^k}\right)= a_0 + a_1\frac{d}{dt}+ a_2\frac{d^2}{dt^2}+\cdots+ a_n\frac{d^n}{dt^n} \tag{4. 305a}$$

$$\hat{B}(t)= \sum_{k=0}^{m} b_k\hat{D}^k\left(= \frac{d^k}{dt^k}\right)= b_0 + b_1\frac{d}{dt}+ b_2\frac{d^2}{dt^2}+\cdots+ b_m\frac{d^m}{dt^m} \tag{4. 305b}$$

위 식에서 일반적으로 $n=m$ 또는 $n=m-1$형태를 취한다.

만약 (이후에 설명할) 어떤 점탄성 모델에 의하여 구성방정식 (4.304)의 구체적인 형태가 결정되면 이 모델에 의한 물질의 동적 점탄성계수는 위 미분 방정식의 라플라스(Laplace)변환에 의해 구해질 수 있다. 식 (4.304)는 현재의 t공간에서는 $\hat{A}$와 σ가 서로 연결된 'coupled'형태를 취하므로 취급이 자의 불가능하나, 만약 이를 라플라스($\mathcal{L}$)변환을 시키면 도함수의 $\mathcal{L}$ 변화에 관한 공식(표 A4.3-3)에 의해 아래와 같이 $\hat{A}$와 σ가 서로 분리된 (decoupled)형태를 취하므로 다루기 매우 쉬워진다. 식 (4.304)의 좌우를 $\mathcal{L}$ 변환 시키면 각각 아래가 된다.

$$\mathcal{L}\left[\hat{A}(t)\sigma(t)\right]= \mathcal{L}\left[\sum_{k=0}^{n} a_k\hat{D}^k\sigma(t)\right]= \sum_{k=0}^{n} a_k\left(s^k\bar{\sigma}(s)- s^{k-1}\sigma(0)- \cdots -\sigma^{(k-1)}(0)\right) \tag{4. 306a}$$

$$\mathcal{L}\left[\hat{B}(t)\varepsilon(t)\right]= \mathcal{L}\left[\sum_{k=0}^{m} b_k\hat{D}^k\varepsilon(t)\right]= \sum_{k=0}^{m} b_k\left(s^k\bar{\varepsilon}(s)- s^{k-1}\varepsilon(0)- \cdots -\varepsilon^{(k-1)}(0)\right) \tag{4. 306b}$$

만약 위 식에서 응력 또는 변형률의 초기치 값을 0으로 간주하면 [아니면 서로 상쇄되든지] 위 두 식은 각각 아래가 된다.

$$\mathcal{L}\left[\hat{A}(t)\sigma(t)\right]= \hat{A}(s)\cdot\bar{\sigma}(s),\ \text{여기서}\ \hat{A}(s)= \sum_{k=0}^{n} a_k s^k \tag{4. 307a}$$

$$\mathcal{L}\left[\hat{B}(t)\varepsilon(t)\right]=\hat{B}(s)\cdot\bar{\varepsilon}(s), \text{ 여기서 } \hat{B}(s)=\sum_{k=0}^{m} b_k s^k \tag{4.307b}$$

즉 식 (4.307)을 보면 $\mathcal{L}$ 변환 후 구성방정식은 단순히 $\hat{A}(s)$와 $\bar{\sigma}(s)$ (또는 $\hat{B}(s)$와 $\bar{\varepsilon}(s)$)의 곱형태로 'decoupled'될 뿐 아니라 $\hat{A}(s)$ 및 $\hat{B}(s)$의 형태도 각각 정의식 (4.305)에서 시간에 대한 상미분 연산자 $\hat{D}^k$ 대신 단순히 s^k로 바꾼 것에 불과하므로 다루기 매우 간편한 형태로 되었음을 알 수 있다. 또한 식 (4.307a)와 (4.307b)를 같이 둠으로써 (∵ 원래 미방식 (4.304)의 양변을 $\mathcal{L}$ 변환한 것임). 아래의 유용한 관계가 성립되어, 이로부터 동적 (복소)탄성계수가 구해질 수 있다.

$$\frac{\bar{\sigma}(s)}{\bar{\varepsilon}(s)}=\frac{\hat{B}(s)}{\hat{A}(s)}\equiv s\,\bar{G}(s), \quad s\,\bar{G}(s)\big|_{s=iw}=G^*(w) \tag{4.308a}$$

$$\frac{\bar{\varepsilon}(s)}{\bar{\sigma}(s)}=\frac{\hat{A}(s)}{\hat{B}(s)}\equiv s\,\bar{J}(s), \quad s\,\bar{J}(s)\big|_{s=iw}=J^*(w) \tag{4.308b}$$

위 식에서 $\bar{G}(s)$ 및 $\bar{J}(s)$는 각각 응력완화 전단 탄성계수 $G(t)$ 및 크리프 컴플라이언스 $J(t)$를 $\mathcal{L}$ 변환한 것이며, 각 식의 두 번째 항등관계는 식 (4.303)에서 이미 예고된 것이다.

예제 4. 35

아래 그림은 고분자의 선형점탄성 거동에 관한 Zener의 3요소 스프링-대쉬폿(spring-dashpot) 기계적 모델로서 '표준선형 고체모델'로서도 알려져 있다.

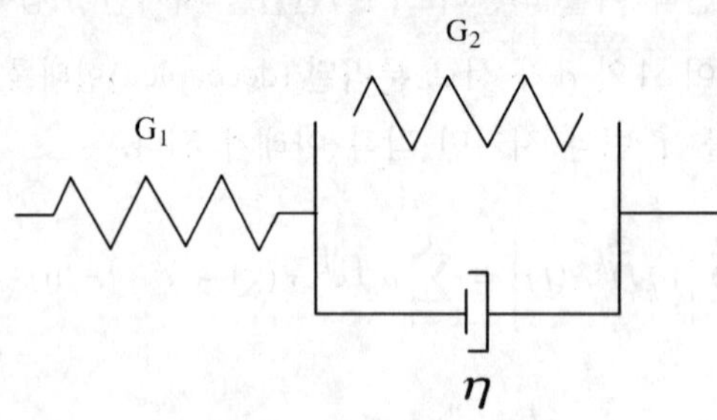

그림 4. 29 Zener의 3요소 스프링-대쉬폿(혹은 표준선형고체) 모델. 여기서 $G_i\,(i=1,2)$는 i번째 스프링 요소의 전단(완화) 탄성율, 그리고 η는 대쉬폿의 점도이다.

이 모델에 관한 (선형)구성방정식은 아래로 주어진다.

$$\frac{G_1+G_2}{\eta}\sigma+\dot{\sigma}=\frac{G_1G_2}{\eta}\varepsilon+G_1\dot{\varepsilon} \tag{1}$$

풀 이

이때 스텝형 입력응력 $\sigma(t)=\sigma_0 H(t)$에 대한 크리프 거동을 나타내는 전단 크리프 컴플라이언스 $J(t)$는 미방식 (1)의 해로서 아래와 같이 주어진다.

$$J(t)=\frac{\varepsilon(t)}{\sigma_0}=\frac{1}{G_1}+\frac{1}{G_2}\left[1-\exp(-t/\tau_c)\right] \tag{2}$$

여기서 완화시간 $\tau_c=\eta/G_2$이다. 이때 아래 물음에 답하라.

(a) 식 (4.302) - (4.303)을 사용하여 $J(t)$에 대응하는 전단 완화탄성율 $G(t)$를 구하라.

(b) 식 (4.308)을 사용하여 동적계수 $J^*(\omega)=J'(\omega)-iJ''(\omega)$와 $G^*(\omega)=G'(\omega)+iG''(\omega)$의 각 성분을 구하라.

(c) 또 이로부터 손실계수인 $\tan\delta$(여기서 입력 σ와 응답 ε 사이의 위상각)도 구해보아라.

풀이

(a) 먼저 식 (2)의 양변에 $\mathcal{L}$ 변환을 취하면(단 표 4.4 이용) 아래를 얻는다.

$$\overline{J}(s)=\left(\frac{1}{G_1}+\frac{1}{G_2}\right)/s-\frac{1}{G_2}\frac{1}{s+\tau_c^{-1}} \tag{3}$$

그러면 식 (4.303)을 이용하여 $\overline{G}(s)$를 구하면 아래와 같다.

$$\overline{G}(s)=\frac{\eta G_1}{(G_1+G_2)}\left(s+\tau_c^{-1}\right)\left\{\frac{1}{s}-\frac{1}{s+\tau_r^{-1}}\right\} \tag{4}$$

여기서 $\tau_c=\eta/G_2$, $\tau_r=\eta/(G_1+G_2)$이다.

위 식의 역 $\mathcal{L}$ 변환을 취하면 아래와 같이 전단 탄성계수 $G(t)$가 얻어진다.

$$G(t)=\frac{G_1G_2}{G_1+G_2}\left[1+\frac{G_1}{G_2}\exp\left(-t/\tau_r\right)\right] \tag{5}$$

이 식을 보면 $t=0$일 때는 $G(t)=G_1(=G_g)=J_g^{-1}$, $t\to\infty$일 때는 $G(\infty)=\dfrac{G_1G_2}{G_1+G_2}$가 되고, 만약 $G_2\ll G_1$인 경우 $G(\infty)\simeq G_2$가 된다.

(b) 식 (4.308)에 의해 동적 계수 $J^*(\omega)\left(=1/G^*(\omega)\right)$를 구하면 아래가 된다.

$$J^*(\omega)=s\,\bar{J}(s)|_{s=i\omega}=\left[\left(\frac{1}{G_1}+\frac{1}{G_2}\right)-\frac{1}{G_2}\frac{s}{s+{\tau_c}^{-1}}\right]_{s=i\omega}=J'(\omega)-iJ''(\omega) \tag{6}$$

여기서

$$J'(\omega)=\frac{(G_1+G_2)+G_2\omega^2\tau_c^2}{G_1G_2(1+\tau_c^2\omega^2)},\quad J''(\omega)=\frac{\omega\tau_c}{G_2(1+\omega^2\tau_c^2)} \tag{7}$$

한편 식 (4)와 식 (4.308)에 의해 아래와 같이 $G^*(\omega)$를 구해보기로 하자.

$$G^*(\omega)=s\,\bar{G}(s)|_{s=i\omega}=\left[\frac{G_1G_2}{G_1+G_2}\left(1+\frac{G_1}{G_2}\frac{s}{s+{\tau_r}^{-1}}\right)\right]_{s=i\omega}=G'(\omega)+iG''(\omega) \tag{8}$$

여기서

$$G'(w)=\frac{G_1G_2(1+\omega^2\tau_r^2)+G_1^2\omega^2\tau_r^2}{(G_1+G_2)(1+\omega^2\tau_r^2)},\quad G''(\omega)=\frac{G_1^2\omega\tau_r}{(1+\omega^2\tau_r^2)(G_1+G_2)} \tag{9}$$

(c) 식 (7)과 (9)에서 아래와 같이 손실계수 $\tan\delta$을 구할 수 있다.

$$\tan\delta=\frac{J''}{J'}=\frac{G_1\omega\tau_c}{(G_1+G_2)+G_2\omega^2\tau_c^2}=\frac{G''}{G'}=\frac{G_1\omega\tau_r}{G_2(1+\omega^2\tau_r^2)+G_1\omega^2\tau_r^2} \tag{10}$$

식 (9)에서 낮은 진동수 영역(즉 $\omega\tau_c \ll 1$)에서는 $G''\to\infty$, $G'\to G_1G_2/(G_1+G_2)$ 되고, 높은 진동수 영역(즉 $\omega\tau_c \gg 1$)에서는 $G''\to\infty$, $G'\to G_1$이 됨을 알 수 있다. 그리고 식 (10)의 ω에 대한 미분을 0으로 두면 온도 일정 경우 $\omega=\sqrt{(G_1+G_2)/G}/\tau$되는 점에서 $\tan\delta$이 아래의 최대값을 가짐을 알 수 있다.

$$(\tan\delta)_{\max}=\left(\frac{1}{2}G_1/G_2\right)\sqrt{G_2/(G_1+G_2)} \tag{11}$$

[비고 : 위 문제에서 동적계수 $G^*(\omega)$ 및 $J^*(\omega)$는 구성방정식 (1)의 양변을 $\mathcal{L}$ 변환시켜 s공간에서 식 (4.307) 처럼 각 항의 분리를 행한 후[단 이때 초기조건 $\sigma(0)-G_1\varepsilon(0)=0$ 간주], 계수 $\hat{A}(s)$ 및 $\hat{B}(s)$를 구하여 식 (4.308)에 의해 $G^*(\omega)$ 혹은 그의 역 $J^*(\omega)$를 구할 수도 있다.]

제 5 장

상미분 방정식과 안정성 문제

1계 및 2계 상미분 방정식의 기본해를 구하는 방법에 대해서는 부록 D절에 요약하여 나타내었으며, 또한 복소경로적분(3장)이나 적분변환(4장) 등을 통한 미분방정식(편미방도 포함)의 해에 관한 언급은 수차례 있었으므로 이 장에서는 먼저 상미방(ODE)의 해에 관한 몇 가지 토픽만을 골라 간단히 기술하기로 한다.

우선 '미분연산자 기법'에 의한 상수계수를 갖는 상미방의 특수해를 구하는 법, 변수계수를 갖는 선형제차(주로 2계) 상미방의 한 해를 먼저 Frobenius 급수전개 방법으로 구한 후, 다음에는 함수간의 선형독립성을 조사하는 Wronskian 행렬식을 이용하여 나머지 한 개의 독립해를 구하는 방법에 대하여 기술한다. 나아가 1개의 독립변수와 2개 이상의 종속변수를 가진 연립 상미분 방정식의 해를 구하는 방법에 대하여 간단히 논한다. 한편 이 장의 마지막 절에서는 최근 관심이 고조되고 있는 비선형 (상)미분방정식(NDE)의 안정성(stabiliy) 혹은 혼돈(chaos) 문제를 비교적 자세하게 소개하기로 한다. 즉 로지스틱(logistic) 반복사상(iterated map)을 따르는 계의 안정성 문제를 정의하고 다음에는 Bernoulli나 Riccati NDE 해를 비롯하여, 위상공간(phase space) 변수개념을 이용한 자율(autonomous) 해를 구하는 방법에 대하여 논한다.

5. 1 미분연산자 기법에 의한 상수계수 상미방의 해

5. 1. 1 미분연산자의 성질

독립변수 x에 관한 종속변수(함수) y의 도함수 $\frac{dy}{dx}$에서 $\frac{d}{dx}$를 D로 놓으면 $\frac{dy}{dx}$는 Dy로 나타내진다. 이렇게 정하면 D는 미분한다는 연산을 나타내고 있다.

위와 같이 어떤 함수에 T가 어떤 연산을 나타내는 작용을 할 때, T를 '연산자(operator)'라 한다 위에서 정의한 D는 미분을 하는 작용을 하므로 '미분연산자'라 한다[사실 이는 아래의 성질들에서 알 수 있듯이 1.3절에서 언급한 '선형연산자'에 속한다]. $\frac{dy}{dx}=Dy$이므로, $\frac{d^2y}{dx^2}=\frac{d}{dx}\left(\frac{dy}{dx}\right)=D(Dy)=D^2y$으로, $\frac{d^3y}{dx^3}=D^3y$, $\cdots$로 나타내진다. 따라서 $\frac{d^2}{dx^2}$을 D^2으로, $\frac{d^3}{dx^3}=D^3$으로 $\cdots$, $\frac{d^n}{dx^n}=D^n$으로 나타낸다.

예1 : $D^2(x^3-4x^2+1)=D[D(x^3-4x+1)]=D(3x^2-8x)=6x-8$

미분연산자 D에 관하여 아래 법칙들이 성립한다. 단, 이들 식에서 u와 v는 변수의 함수이고, m과 n은 양의 정수이며 k는 상수이다.

$D^n(u+v)=D^nu+D^nv$ (분배법칙)

$D^n(ku)=kD^nu$ (교환법칙)

$D^m(D^nu)=D^{m+n}u$ (지수법칙)

연산자 D^2+3D-4의 의미는 다음과 같다.

$$(D^2+3D-4)y=D^2y+3Dy-4y=\frac{d^2y}{dx^2}+3\frac{dy}{dx}-4y$$

일반적으로 다음관계가 성립된다.

$$(D^n+a_1D^{n-1}+\cdots+a_{n-1}D+a_n)y=\frac{d^ny}{dx^n}+a_1\frac{d^{n-1}y}{dx^{n-1}}+\cdots+a_{n-1}\frac{dy}{dx}+a_ny$$

두 개의 연산자 $D-\alpha_1$, $D-\alpha_2$의 곱의 의미를 살펴보자(단 α_1, α_2는 상수).

$$(D-\alpha_1)(D-\alpha_2)y=(D-\alpha_1)[(D-\alpha_2)y]=(D-\alpha_1)[Dy-\alpha_2 y]$$

$$=D(Dy-\alpha_2 y)-\alpha_1[Dy-\alpha_2 y]=D^2 y-(\alpha_1+\alpha_2)Dy+\alpha_1\alpha_2 y$$

$$=[D^2-(\alpha_1+\alpha_2)D+\alpha_1\alpha_2]y=y^n-(\alpha_1+\alpha_2)y'+\alpha_1\alpha_2 y$$

이므로, 연산자의 곱을 다항식의 곱과 마찬가지로

$$(D-\alpha_1)(D-\alpha_2)=D^2-(\alpha_1+\alpha_2)D+\alpha_1\alpha_2$$

되는 것을 알 수 있다. 또

$$(D-\alpha_1)(D-\alpha_2)=D^2-(\alpha_1+\alpha_2)D+\alpha_1\alpha_2$$

$$=D^2-(\alpha_2+\alpha_1)D+\alpha_2\alpha_1=(D-\alpha_2)(D-\alpha_1)$$

일반적으로 미분연산자는 곱셈에 관하여 교환법칙이 성립한다[그러나 일반 선형연산자 $\hat{A}$와 $\hat{B}$ 사이에는 교환법칙이 반드시 성립되지는 않는다 - 1.3.4절 참조].

일반적으로 연산자 D에 관한 두 개의 다항식을

$$f(D)=D^m+a_1 D^{m-1}+\cdots+a_{m-1}D+a_m$$

$$g(D)=D^n+b_1 D^{n-1}+\cdots+b_{n-1}D+b_n$$

이라 할 때,

$$f(D)\cdot g(D)=g(D)\cdot f(D)$$

가 성립한다. 즉 미분연산자의 인수들 사이에는 교환법칙이 성립한다.

5. 1. 2 역 미분연산자의 정의

5. 1. 2. 1 역 연산자 $\dfrac{1}{\phi(D)}$의 의미

일반적으로 상수계수 a_i를 가진 n계 (비제차)선형 상미분방정식은 D 연산자를 사용하여 아래와 같이 정의된다.

$$\phi(D)y\equiv[a_0 D^n+a_1 D^{n-1}+\cdots+a_{n-1}D+a_n]y=R(x) \tag{5. 1}$$

만약 위 식에서 $R(x)=0$인 경우를 제차(혹은 동차, homogeneous) 상미방이 되며, 또한 계수 a_i가 $a_i(x)$처럼 x의 함수가 되는 경우를 변수계수 상미방이라고 부른다. 그런데 만약 상미방 $y\dfrac{d^2y}{dx^2}-x\left(\dfrac{dy}{dx}\right)^2+x^2y=e^{-x}$[즉 $yD^2y-x(Dy)^2+x^2y=e^{-x}$]의 경우처럼 식 (5.1)로 표현할 수 없는 경우를 '비선형(non-linear) 상미방'이라고 한다.

그런데 아래의 상미방을 생각해보자.

$$(D-2)y=e^{4x} \tag{5. 2}$$

이는 식 (5.1)과 비교하면 차수 $n=1$, $a_0=1$, $a_1=-2$ 그리고 $R(x)=e^{4x}$가 됨을 알 수 있다. 위 식을 다시 쓰면 $\dfrac{dy}{dx}-2y=e^{4x}$가 되어 부록 D.1.2절의 '적분인자법'을 사용하면 $P(x)=-2$, $Q(x)=e^{4x}$가 되어 적분인자 $I(x)$는 식 (D.4)에 의해 e^{-2x}가 되고, 따라서 해 $y=e^{2x}\left[\int e^{-2t}e^{4t}dt+c\right]=\dfrac{1}{2}e^{4x}+ce^{2x}$가 되는데 우리는 지금 식 (5.2)의 특수해에만 관심이 있으므로 식 (5.2)를 만족하는 특수해 $y_p(x)=\dfrac{1}{2}e^{4x}$가 되어 (특수)해 y는 역 연산자 $1/\phi(D)[=D-2]$를 사용하여 아래와 같이 구해진다.

$$\frac{1}{D-2}e^{4x}=e^{2x}\int e^{-2x}e^{4x}dx=\frac{e^{4x}}{2}(=y_p=y) \tag{5. 3}$$

이를 확장하면 아래가 된다. 즉 식 (5.1)형의 상수계수를 가진 상미방 $\phi(D)y=R$의 일반해 y는 $\phi(D)y=0$의 일반(제차)해인 보조함수 y_c와 $\phi(D)y=R$의 특수해인 특수함수 y_p의 합 즉 $y=y_c+y_p$인데, $n=1$인 $n=2$인 경우의 제차해 y_c를 구하는 방법에 대해서는 부록 D절에 이미 간단히 소개하였다. 그래서 여기에서는 미분연산자 D를 사용하여 특수해 y_p를 구하는 방법을 살펴보자.

그런데 위의 간단한 예에 대한 식 (5.3)의 결과로부터 (상수계수) 상미방 $\phi(D)y=R(x)$의 특수해 y_p는 역 연산자 $1/\phi(D)$를 사용하여 아래와 같이 나타내기로 하자.

$$y_p=\frac{1}{\phi(D)}R(x) \tag{5. 4}$$

그러면 아래의 두 경우를 생각해보자.

(A) $\dfrac{dy}{dx}=f(x)$ 또는 $Dy=f(x)$의 특수해

이 경우 특수해는 역 연산자를 써서

$$y_p = \frac{1}{D} f(x)$$

로 나타내진다. 사실상 준 방정식의 특수해는 $y = \int f(x)dx$로 구해지므로

$$\frac{1}{D} f(x) = \int f(x)dx \tag{5. 5}$$

로 해석하여야 한다. 따라서 역 연산자 $\frac{1}{D}$은 적분을 의미한다. 즉

$$\frac{1}{D} = \int$$

이다(즉 D로 나누면 1회 적분, 즉 미분연산자의 역은 적분연산자가 된다).

(B) $\frac{dy}{dx} - ay = R(x)$ 또는 $(D-a)y = R(x)$의 특수해

이 경우 특수해 y_p는

$$y_p = \frac{1}{D-a} R(x) \tag{5. 6}$$

로 나타내진다. 그런데 $(D-a)y = R(x)$의 특수해 y_p는

$$y_p = e^{ax} \int R(x) e^{-ax} dx$$

로 주어지므로 다음 중요한 공식이 얻어진다(식 (5.3) 참조).

$$\frac{1}{D-a} R(x) = e^{ax} \int R(x) e^{-ax} dx \tag{5. 7}$$

예 2: 식 (5.7)로부터 상미방 $(D-3)y = e^{2x}$의 특수해 $y_p = \frac{1}{D-3} e^{2x} = e^{3x} \int e^{-3x} e^{2x} dx = e^{3x} \int e^{-x} dx$ $= e^{3x}(-e^{-x}) = -e^{2x}$가 되므로 일반해 $y = y_c + y_p = ce^{3x} - e^{2x}$(여기서 제차해 $y_c = ce^{3x}$는 쉽게 얻어짐)가 된다.

5. 1. 2. 2 반복법에 의한 $\phi(D)y = R$의 해법

$\phi(D)$가 일차인수의 곱으로 인수분해가 되어

$$\phi(D)y = (D-a_1)(D-a_2) \cdots (D-a_n)y = R$$

로 주어지면

$$(D-a_1)(D-a_2)\cdots(D-a_n)y=(D-a_1)\{(D-a_2)\cdots(D-a_n)\}y=R$$

$$\therefore (D-a_2)\cdots(D-a_n)y=\frac{1}{D-a_1}R=e^{a_1x}\int Re^{-a_1x}dx$$

또 $(D-a_2)\{(D-a_3)\cdots(D-a_n)\}y=e^{a_1x}\int Re^{-a_1x}dx$에서

$$(D-a_3)\cdots(D-a_n)y=\frac{1}{D-a_2}e^{a_1x}\int Re^{-a_1x}dx$$

$$=e^{a_2x}\int\left(e^{a_1x}\int Re^{-a_1x}dx\right)e^{-a_2x}dx=e^{a_2x}\int\left(e^{(a_1-a_2)x}\int Re^{-a_1x}\right)(dx)^2$$

위 방법을 반복적용하면 특수해 y_p를 얻는다. 이 방법을 '반복법'이라고 한다. 제차해 y_c는 D.2.3절에 언급한 보조방정식 $\phi(r)=0$의 근을 써서 바로 구해진다.

예제 5. 1

$(D-3)(D-2)y=e^x$을 풀어라.

풀 이

$$(D-2)y=\frac{1}{D-3}e^x=e^{3x}\int e^{-3x}e^xdx=e^{3x}\int e^{-2x}dx=e^{3x}\left(-\frac{1}{2}e^{-2x}\right)=-\frac{e^x}{2}$$

$$\therefore y_p=\frac{1}{D-2}\left(-\frac{e^x}{2}\right)=e^{2x}\int e^{-2x}\left(-\frac{e^x}{2}\right)dx=e^{2x}\int\left(-\frac{e^{-x}}{2}\right)dx=e^{2x}\left(\frac{e^{-x}}{2}\right)=\frac{e^x}{2}$$

그런데 보조방정식 $\phi(r)=(r-3)(r-2)=0$에서 $r=3,2$이므로, 제차해 $y_c=c_1e^{3x}+c_2e^{2x}$이다(식 (D.20) 참조). 따라서 구하는 일반해 y는

$$y=y_c+y_p=c_1e^{3x}+c_2e^{2x}+\frac{e^x}{2}$$

예제 5. 2

$(D^2+4)y=3$을 풀어라.

풀 이

$(D^2+4)y=3$은 $(D-2i)(D+2i)y=3$으로 변형되므로,

$$(D+2i)y=\frac{1}{D-2i}3=e^{2ix}\int 3e^{-2ix}dx=e^{2ix}\left(-\frac{3}{2i}e^{-2ix}\right)=\frac{3i}{2}$$

$$\therefore y_p=\frac{1}{D+2i}\frac{3i}{2}=e^{-2ix}\int e^{2ix}\left(\frac{3i}{2}\right)dx=\frac{3}{4}$$

한편 보조방정식 $\phi(r)=r^2+4=0$의 근이 $r=\pm 2i$이므로 제차해 $y_c=c_1\cos 2x+c_2\sin 2x$(식 (D.22) 참조)

$$\therefore y=y_c+y_p=c_1\cos 2x+c_2\sin 2x+\frac{3}{4}$$

5. 1. 2. 3 부분분수분해에 의한 $\phi(D)y=R$의 해법

(i) $\dfrac{1}{\phi(D)}$이 부분분수분해에 가능하면, $\dfrac{1}{\phi(D)}$을 부분분수로 분해하여 공식 (5.7)을 이용하여 풀 수 있다. 이와 같은 방법의 타당성을 다음에서 찾아볼 수 있다.

$\phi(D)=(D-3)(D-2)$라 할 때, $\phi(D)y=R(x)$의 특수적분을

$$y=\frac{1}{(D-3)(D-2)}R(x)=\left(\frac{1}{D-3}-\frac{1}{D-2}\right)R(x)=\frac{1}{D-3}R(x)-\frac{1}{D-2}R(x)$$

이라 하자. 양변에 $\phi(D)=(D-3)(D-2)$를 곱할 때

$$\phi(D)y=(D-3)(D-2)\left(\frac{1}{D-3}R(x)-\frac{1}{D-2}R(x)\right) \tag{5. 8}$$

그런데 $\phi(D)y=R(x)$에서 $y=\dfrac{1}{\phi(D)}R(x)$이고, 좌측으로 $\phi(D)$를 작용할 때

$$\phi(D)y=\phi(D)\frac{1}{\phi(D)}R(x)=R(x)$$

이므로, 일반적으로 $\phi(D)\cdot\dfrac{1}{\phi(D)}R(x)=R(x)$이다. 따라서 식 (5.8)은

$$\phi(D)y = (D-2)\left\{(D-3)\left(\frac{1}{D-3}\right)R(x)\right\} - (D-3)\left\{(D-2)\frac{1}{D-2}R(x)\right\}$$

$$= (D-2)R(x) - (D-3)R(x) = R(x)$$

이므로 식 (5.8)의 관계가 옳다는 것이 밝혀진다.

(ii) $\dfrac{1}{\phi(D)}$ 이 다음과 같이 부분분수해가 가능하다 하자.

$$\frac{1}{\phi(D)} = \frac{A_1}{D-a_1} + \frac{A_2}{D-a_2} + \cdots + \frac{A_n}{D-a_n}$$

이 경우, $\phi(D)y = R(x)$의 특수해 y_p는

$$y_p = \frac{1}{\phi(D)}R(x) = \left(\frac{A_1}{D-a_1} + \frac{A_2}{D-a_2} + \cdots + \frac{A_n}{D-a_n}\right)R(x)$$

$$= \frac{A_1}{D-a_1}R(x) + \frac{A_2}{D-a_2}R(x) + \cdots + \frac{A_n}{D-a_n}R(x)$$

$$= A_1 e^{a_1 x}\int R(x)e^{-a_1 x}dx + A_2 e^{a_2 x}\int R(x)e^{-a_2 x}dx + \cdots + A_n e^{a_n x}\int R(x)e^{-a_n x}dx$$

일반적으로 역 연산자에 관하여 다음 성질이 있다.

(1) $\phi(D) \cdot \dfrac{1}{\phi(D)} = 1$

(2) $\dfrac{1}{\phi_1(D)\phi_2(D)}R(x) = \dfrac{1}{\phi_2(D)}\left\{\dfrac{1}{\phi_1(D)}R(x)\right\}$

(3) $\dfrac{1}{\phi(D)}\left[C_1R_1(x) + C_2R_2(x)\right] = C_1\dfrac{1}{\phi(D)}R_1(x) + C_2\dfrac{1}{\phi(D)}R_2(x)$

(4) $\phi(t) = \phi_1(t)\phi_2(t)$이고, $\dfrac{1}{\phi(t)} = \dfrac{1}{\phi_1(t)\phi_2(t)} = \dfrac{C_1}{\phi_1(t)} + \dfrac{C_2}{\phi_2(t)}$ 이면

$$\frac{1}{\phi(D)}R(x) = C_1\frac{1}{\phi_1(D)}R(x) + C_2\frac{1}{\phi_2(D)}R(x)$$

예제 5.3

$(D-3)(D-2)y=e^x$ 을 풀어라.

풀 이

$$y_p=\frac{1}{(D-3)(D-2)}e^x\ ,\ \frac{1}{(D-3)(D-2)}=\frac{1}{D-3}-\frac{1}{D-2}$$

이므로

$$y_p=\left(\frac{1}{D-3}-\frac{1}{D-2}\right)e^x=\frac{1}{D-3}e^x-\frac{1}{D-2}e^x$$

$$=e^{3x}\int e^xe^{-3x}dx-e^{2x}\int e^x\cdot e^{-2x}dx=e^{3x}\left(-\frac{1}{2}e^{-2x}\right)-e^{2x}(-e^{-x})=-\frac{1}{2}e^x+e^x=\frac{1}{2}e^x$$

$\therefore y=y_c+y_p=c_1e^{3x}+c_2e^{2x}+\frac{1}{2}e^x$(단 y_c는 식 (D.20) 참조).

한편 역 연산자에 관련된 몇 가지 유용한 관계를 나타내면 다음과 같다.

$$\frac{1}{\phi(D)}e^{px}=\frac{e^{px}}{\phi(p)}\ \ (\text{단, } \phi(p)\neq 0) \tag{5.10}$$

증 명 상수계수를 갖는 n계 (비제차) 선형미방에 대한 미분연산자 $\phi(D)$를 식 (5.1)에서 대입하면 아래를 얻는다.

$$\phi(D)e^{px}=(a_0D^n+a_1D^{n-1}+\cdots+a_n)e^{px}=(a_0p^n+a_1p^{n-1}+\cdots+a_n)e^{px}$$

$$=\phi(p)e^{px}$$

여기서 만약 $\phi(p)\neq 0$라면 $\frac{1}{\phi(D)}e^{px}=\frac{e^{px}}{\phi(p)}$가 되어 증명된다. ■

이 결과를 사용하여 2계 상미방 $(D^2-3D+2)y=e^{5x}$의 일반해를 구해보자. 먼저 $p=5$이므로 $\phi(D)$의 정의식에서 $\phi(D)=(5)^2-3(5)+2$가 된다. 따라서 식 (5.10)에서 아래가 성립 즉 특수해 y_p가 얻어진다.

$$\frac{1}{D^2-3D+2}e^{5x} = \frac{1}{(5)^2-3(5)+2}e^{5x} = \frac{e^{5x}}{12}$$

그런데 주어진 미방의 제차(보조)해 y_c는 $\phi(r) = r^2-3r+2=0$에서 $y_c = c_1 e^x + c_2 e^{2x}$(식 (D.20) 참조)가 되므로 일반해는 $y = y_c + y_p = c_1 e^x + c_2 e^{2x} + \frac{e^{5x}}{12}$가 된다.

또한 아래의 항등관계도 성립된다.

$$\frac{1}{\phi(D^2)}\cos(px+q) = \frac{\cos(px+q)}{\phi(-p^2)} \quad (\text{단, } \phi(-p^2) \neq 0) \tag{5.11}$$

증 명 미분연산자 $\phi(D)$에 관한 정의 식 (5.1)에서 D를 D^2으로 치환하면 아래의 관계를 얻는다.

$$\begin{aligned}\phi(D^2)\cos(px+q) &= \left[a_0(D^2)^n + a_1(D^2)^{n-1} + \cdots + a_n\right]\cos(px+q) \\ &= \left[a_0(-p^2)^n + a_1(-p^2)^{n-1} + \cdots + a_n\right]\cos(px+q) \\ &= \phi(-p^2)\cos(px+q)\end{aligned}$$

여기서 $D^2[\cos(px+q)] = -p^2\cos(px+q)$, $(D^2)^2\cos(px+q) = (-p^2)^2\cos(px+q)$ 등의 관계를 사용하였다. 그런데 만약 위 식에서 $\phi(-p^2) \neq 0$라면 식 (5.11)가 증명된다. ■

그러면 이 결과를 이용하여 상미방 $(D^2+1)^2 y = \cos 2x$의 일반해를 구해보자. 먼저 식 (5.11)과의 비교에서 $p=2$, $q=0$이 되므로 $\phi(D^2)$의 정의식에서 $\phi(-p^2) = [-(2)^2+1]$가 된다. 따라서 식 (5.11)에서 아래가 성립된다.

$$\frac{1}{(D^2+1)^2}\cos 2x = \frac{1}{(-4+1)^2}\cos 2x = \frac{1}{9}\cos 2x$$

즉 주어진 미방의 특수해 $y_p = \frac{1}{9}\cos 2x$가 된다. 다음에 제차(보조)해 y_c는 $\phi(r) = (r^2+1)^2 = 0$의 두 복소공액 중근(다중도 2) $\lambda_{1,2} = \pm i$이므로 아래가 된다(식 (D.21) 및 (D.22) 참조).

$$y_c = c_1\cos x + c_2\sin x + x(c_3\cos x + c_4\sin x)$$

따라서 주어진 미방의 일반해 $y = y_h + y_c$가 얻어진다.

또 다른 유용한 항등관계를 예제 5.4에 나타내었다.

예제 5. 4

다음을 증명하라.

(a) $D^n [e^{px} R(x)] = e^{px} (D+p)^n R(x)$

(b) $\phi(D)[e^{px} R(x)] = e^{px} \phi(D+p)R(x)$

(c) $\dfrac{1}{\phi(D)}[e^{px} R(x)] = e^{px} \dfrac{1}{\phi(D+p)} R(x)$

(d) 또한 이로부터 미방 $(D^3 + D)y = e^{-2x} \cos 2x$의 해를 구하라.

풀 이

(a) 귀납법으로 증명해보자. 먼저 $n=1$이면 $D[e^{px} R(x)] = e^{px} DR(x) + pe^{px} R(x) = e^{px}(D+p)R(x)$가 되어 성립된다. 다음에 만약 $n=k$가 성립된다면 $D^k [e^{px} R(x)] = e^{px}(D+p)^k R(x)$가 된다. 그러면 이 식의 양변을 미분하면 아래를 얻는다.

$$
\begin{aligned}
D^{k+1}[e^{px} R(x)] &= D[e^{px}(D+p)^k R(x)] \\
&= e^{px} D(D+p)^k R(x) + pe^{px}(D+p)^k R(x) \\
&= e^{px}[(D+p)^{k+1} R(x)]
\end{aligned}
$$

즉 $n=k$ 경우가 성립된다고 하면, $n=k+1$ 경우도 성립됨이 확인되므로 $n=1, 2, \cdots$의 모든 n에 대해 성립되어 증명된다.

(b) 미분연산자 $\phi(D)$를 정의 식 (5.1)로부터 대입하고, 또 (a)의 결과를 이용하면 아래를 얻어 (b)가 증명된다.

$$
\begin{aligned}
\phi(D)[e^{px} R(x)] &= a_0 D^n [e^{px} R(x)] + a_1 D^{n-1}[e^{px} R(x)] + \cdots + a_n \\
&= e^{px}[a_0 (D+p)^n + a_1 (D+p)^{n-1} + \cdots + a_n] R(x) \\
&= e^{px} \phi(D+p) R(x)
\end{aligned}
$$

(c) 여기서 $\dfrac{1}{\phi(D)}[e^{px} R(x)] = y$로 두면 $\phi(D)y = e^{px} R(x)$가 된다. 그러면 문 (b)의 결과를 반복 적용하면 아래를 얻는다.

$$
\phi(D)[e^{px}(ye^{-px})] = e^{px} \phi(D+p)[ye^{-px}] = e^{px} R(x)
$$

혹은

$$\phi(D+p)[ye^{-px}]=R(x)$$

이로부터 $y=e^{px}\dfrac{1}{\phi(D+p)}R(x)$가 되어 (c)가 증명된다.

(d) 주어진 미방에 문 (c)의 결과(단 $p=-2$)를 대입하고, 또 식 (5.11)을 이용하면 아래를 얻는다.

$$\frac{1}{D^3+D}(e^{-2x}\cos 2x)=e^{-2x}\frac{1}{(D-2)^3+D-2}\cos 2x$$

$$=e^{-2x}\frac{1}{D^3-6D^2+13D-10}\cos 2x=e^{-2x}\frac{1}{-4D+24+13D-10}\cos 2x$$

$$=e^{-2x}\frac{1}{9D+14}\cos 2x=e^{-2x}\frac{9D-14}{81D^2-196}\cos 2x$$

$$=\frac{e^{-2x}}{81(-4)-196}(9D-14)\cos 2x=\frac{e^{-2x}}{260}(9\sin 2x+7\cos 2x)$$

단 위 식의 3번째 항등관계는 식 (5.10)에서 $p=2(q=0)$를 대입 즉 $\phi(D^2)=\phi(-p^2)=\phi(-(2)^2)=\phi(-4)$의 관계에서 $D^2=-p^2=-4$, $D^3=DD^2=D(-4)=-4D$를 대입함으로써(단 $13D-10$은 그대로 둠) 얻어진 것이다. 또한 5번째 항등관계는 분모에 D^2항을 만들 기 위하여 분모, 분자에 $(9D-14)$를 곱하여 얻어진 것이며, 여기에 다시 식 (5.10)을 적용(단 이 때 분자는 그대로 둠)하여 6번째 항등관계를 얻고, 마지막 관계는 미분연산자 D를 직접 작용시켜 얻은 것이다. 이렇게 얻은 결과는 주어진 미방의 특수해 y_p가 된다. 다음에 보조(제차)해 y_c는 주어진 미방에서 특성식 $\phi(r)=r^3+r=r(r^2+1)=0$에서 3근 $\lambda_1=0$, $\lambda_{2,3}=\pm i$(즉 실수부 $A=0$, 허수부 $B=\pm 1$)가 되므로 부록 식 (D.20) - (D.22)에서 아래가 된다.

$$y_c=c_1+c_2\cos x+c_3\sin x$$

따라서 구하는 일반해 $y=y_c+y_p$가 얻어진다.

5. 2 변수계수 상미방에 대한 급수해법

5. 2. 1 특이점(singular point)

복소수의 상미방에의 응용을 위하여 3.11.1절에서 복소상미방의 특이점(singular point)에 대하여 언급한 바 있지만 이 절에서 다시 실변수 미방의 특이점에 대해 다시 한번 간단히 언급하기로 한다.

식 (5.1)에 정의된 n계 선형상미방에서 $d^2y/dx^2 = y''$라 쓰면

$$y'' = f(x,\, y,\, y') \tag{5. 12}$$

이 된다. 식 (5.12)에서 y와 y'이 $x = x_0$에서 유한값을 갖고 y''이 유한하면 $x = x_0$는 '정상점(ordinary point)'이 된다. 한편, y''이 무한하게 되는 유한한 y와 y'을 선택할 수 있으면 $x = x_0$는 특이점이 된다. 특이점을 정의하는 다른 방법은

$$y'' + P(x)y' + Q(x)y = 0 \tag{5. 13}$$

인 제차(homogeneous) 미분방정식에서 $P(x)$, $Q(x)$가 $x = x_0$에서 유한하면 $x = x_0$는 보통점이다. 그러나 $P(x)$ 또는 $Q(x)$가 $x \to x_0$일 때 발산하면 x_0는 특이점이다.

식 (5.13)을 사용하여 특이점을 두 가지 종류로 분류할 수 있다.

1. $P(x)$ 또는 $Q(x)$가 $x \to x_0$일 때 발산하나 $(x - x_0)P(x)$와 $(x - x_0)^2 Q(x)$ $x \to x_0$일 때 유한하면 $x = x_0$는 '정칙(regular) 특이점' 또는 '비본질적(nonessential) 특이점'이라 한다.
2. $P(x)$가 $1/(x - x_0)$보다 빨리 발산하여 $(x - x_0)P(x)$가 $x \to x_0$일 때 무한하거나 $(x - x_0)^2 Q(x)$가 $x \to x_0$에서 무한하도록 $1/(x - x_0)^2$보다 $Q(x)$가 빨리 발산하면 $x = x_0$는 '비정칙(irregular) 특이점' 또는 '본질적(essential) 특이점'이라 한다.

이러한 정의는 x_0의 모든 유한값에 대해서 성립한다. $x \to \infty$일 경우의 해석은 3장 복소변수의 함수에서와 비슷하다. $x = 1/z$이라 하고 미분방정식에 대입하고 $z \to 0$으로 놓는다. 도함수에서 변수를 변화시키면

$$\frac{dy(x)}{dx} = \frac{dy(z^{-1})}{dz}\frac{dz}{dx} = -\frac{1}{x^2}\frac{dy(z^{-1})}{dz} = -z^2\frac{dy(z^{-1})}{dz} \tag{5. 14}$$

$$\frac{d^2y(x)}{dx^2} = \frac{d}{dz}\left[\frac{dy(x)}{dx}\right]\frac{dz}{dx} = (-z^2)\left[-2z\frac{dy(z^{-1})}{dz} - z^2\frac{d^2y(z^{-1})}{dz^2}\right]$$

$$= 2z^3\frac{dy(z^{-1})}{dz} + z^4\frac{d^2y(z^{-1})}{dz^2} \tag{5.15}$$

이 된다. 이 결과를 사용하여

$$z^4\frac{d^2y}{dz^2} + \left[2z^3 - z^2P(z^{-1})\right]\frac{dy}{dz} + Q(z^{-1})y = 0 \tag{5.16}$$

으로 식 (5.13)을 변환시킨다. $x = \infty\,(z = 0)$에서의 모양은 $z \to 0$일 때 새로운 계수

$$\frac{2z - P(z^{-1})}{z^2},\ \frac{Q(z^{-1})}{z^4}$$

에 의해서 결정된다. 이들이 유한하면 $x = \infty$은 정상점이 되고 각각 $1/z$과 $1/z^2$보다 더 이상 빨리 발산하지 않으면 $x = \infty$은 정칙 특이점, 그렇지 않은 경우에는 비정칙 특이점(본질적 특이점)이다.

예제 5. 5

아래는 Bessel 미분방정식이다.

$$x^2y'' + xy' + (x^2 - n^2)y = 0 \tag{5.17}$$

이를 식 (5.13)의 형태 혹은 식 (5.16)의 형태로 바꾸어 $x \to 0$ 혹은 $x \to \infty$일 때의 이 미방의 (존재가능한) 특이점의 형태에 대하여 논하라.

풀 이

위 식과 식 (5.13)을 비교하면

$$P(x) = \frac{1}{x},\ Q(x) = 1 - \frac{n^2}{x^2}$$

이 되며, $x = 0$은 정칙 특이점이 된다. 직관적으로 유한영역에 다른 특이점이 없음을 알 수 있다. $x \to \infty\,(z \to 0)$일 경우에는 식 (5.16)에 의해 계수

$$\frac{2z-z}{z^2}, \quad \frac{1-n^2z^2}{z^4}$$

을 갖게 된다. 후자는 z^4으로 발산하므로 $x=\infty$는 비정칙 특이점이 된다.

5. 2. 2 2계 선형 제차 상미방에 대한 Frobenius 급수해법

이 절에서는 변수계수를 갖는 2계 선형 제차 상미방의 하나의 (독립)해를 구하는 방법을 논의할 것이다. 여기서 이용될 급수전개(series expansion)하는 방법은 전개하는 점(point)이 미방의 특이점보다 더 발산하지 않으면 항상 쓸 수 있으며, 대체로 이 조건은 물리적 문제에서 만족된다.

2계 제차 상미방 $a_0(x)y''+a_1(x)y'+a_2(x)y=0$(여기서 a_0, a_1, a_2는 x의 다항식인 변수계수임) 혹은 식 (5.13)형태의 미방 [이 경우 $P(x)=a_1(x)/a_0(x)$, $Q(x)=a_2(x)/a_0(x)$(단 $a_0(x)\neq 0$)가 됨]은 가끔 해를 아래 식과 같이 급수형태로 가정함으로써 풀 수 있다.

$$y=x^{\beta}(c_0+c_1x+c_2x^2+\cdots)=\sum_{k=-\infty}^{\infty}c_kx^{k+\beta}(\text{여기서 } c_k=0,\ k<0) \tag{5. 18}$$

여기서 β 및 c_k는 결정되어야 할 상수들이다. 식 (5.18)을 주어진 미분방정식에 대입하여(양변의 x의 멱수비교를 통하여)정리하면 미방의 차수(order) n의 함수로 된 β에 대한 식을 얻는데, 이를 급수해에 대한 '지표 방정식(indicial equation)'이라고 부른다. 또한 아래의 예제에서 보듯이 점화식(recursion formula)의 형태로 된 계수 c_0, c_1, $\cdots$등에 대한 방정식도 얻는다(이로부터 계수 c_i들의 구체적인 n의 함수형태가 결정된다 - 부록 E절 참조). 즉 β 및 다른 계수의 값을 결정함으로써 주어진 미방에 대한 식 (5.18)의 급수해가 얻어지는데, 이 급수를 'Frobenius 급수'라고 부른다.

예제 5. 6

아래의 2계 선형 제차 상미방의 해를 Frobenius 급수를 이용하여 구하라.

$$4x^2y''+4xy'+(x^2-1)y=0 \tag{5. 19}$$

풀 이

식 (5.18)로부터 아래와 같이 급수해를 가정한다.

$$y=\sum_{k=0}^{\infty}c_kx^{k+\beta}=\sum_{k=-\infty}^{\infty}c_kx^{k+\beta}\ (\text{여기서 } c_k=0 \text{ for } k<0) \tag{1}$$

이로부터 아래를 얻는다.

$$y' = \sum(k+\beta)c_k x^{k+\beta-1}, \ y'' = \sum(k+\beta)(k+\beta-1)c_k x^{k+\beta-2} \tag{2}$$

여기서 편의상 합의 한계는 생략하였다. 그러면 식 (1)과 (2)를 원미방 식 (5.19)에 대입하면 아래를 얻는다.

$$4x^2y'' + 4xy' + (x^2-1)y = \sum 4(k+\beta)(k+\beta-1)c_k x^{k+\beta} + \sum 4(k+\beta)c_k x^{k+\beta}$$

$$+\sum c_k x^{k+\beta+2} - \sum c_k x^{k+\beta} \tag{3}$$

그런데 위 식의 우변에서 $x^{k+\beta}$의 계수항만의 합을 나타내기 위하여 세 번째 급수에서는 $k \to k-2$로 치환하면 (사실 이는 $-\infty$에서 ∞ 사이의 합의 과정에서 아무런 영향을 미치지 않는다) 아래를 얻는다.

$$\sum\left[4(k+\beta)(k+\beta-1)c_k + 4(k+\beta)c_k + c_{k-2} - c_k\right]x^{k+\beta} = \sum\left[\{4(k+\beta)^2-1\}c_k + c_{k-2}\right]x^{k+\beta}$$

그런데 제차식 (5.19)의 우변은 0이 되므로, 위의 모든 계수는 각각 k에 대하여 0이 되어야 한다. 즉

$$\{4(k+\beta)^2-1\}c_k + c_{k-2} = 0 \tag{4}$$

여기서 $k=0$을 두면 c_{-2}는 식 (1)의 경우에서 0이 되므로, 식 (4)는 $(4\beta^2-1)c_0 = 0$이 된다(이것이 앞에 말한 급수해 방법의 지표 방정식임). 그런데 $c_0 \neq 0$을 가정하면 $4\beta^2-1=0$ 즉 $\beta = \pm 1/2$이 되는데, 이 중 작은 값 $\beta = -1/2$을 먼저 취하면, 식 (4)는 아래가 된다.

$$\{4(k-1/2)^2-1\}c_k + c_{k-2} = 0 \ \text{ 혹은 } \ 4k(k-1)c_k + c_{k-2} = 0 \tag{5}$$

여기서 식 (5)에 $k = 1, 2, 3, 4, \cdots$ 등을 대입하면

$$c_{-1}=0, \ c_2 = \frac{-c_0}{4\cdot 2\cdot 1}, \ c_3 = \frac{-c_1}{4\cdot 3\cdot 2}, \ c_4 = \frac{-c_2}{4\cdot 4\cdot 3} = \frac{c_0}{4^2\cdot 4\cdot 3\cdot 2\cdot 1}$$

$$c_5 = \frac{-c_3}{4\cdot 5\cdot 4} = \frac{c_1}{4^2\cdot 5\cdot 4\cdot 3\cdot 2}, \ c_6 = \frac{-c_4}{4\cdot 6\cdot 5} = \frac{-c_0}{4^3\cdot 6\cdot 5\cdot 4\cdot 3\cdot 2\cdot 1}$$

이로부터 계수 c_2, c_3, c_4, $\cdots$등을 두 계수 c_0 및 c_1항으로 나타내면 아래가 된다.

$$c_2 = \frac{-c_0}{4\cdot 2!}, \ c_3 = \frac{-c_1}{4\cdot 3!}, \ c_4 = \frac{c_0}{4^2\cdot 4!}, \ c_5 = \frac{c_1}{4^2\cdot 5!}, \ c_6 = \frac{-c_0}{4^3\cdot 6!}, \ \cdots \tag{6}$$

따라서 주어진 상미방 식 (5.19)에 대응하는 급수해(단 이 때 $\beta = -1/2$)는 이들 계수를 식 (1)에 대입하면 아래가 된다.

$$y = \sum c_k x^{k+\beta} = \sum c_k x^{k-1/2}$$

$$= c_0\left(x^{-1/2} - \frac{x^{3/2}}{4 \cdot 2!} + \frac{x^{7/2}}{4^2 \cdot 4!} - \frac{x^{11/2}}{4^3 \cdot 6!} + \cdots\right) + c_1\left(x^{1/2} - \frac{x^{5/2}}{4 \cdot 3!} + \frac{x^{9/2}}{4^2 \cdot 5!} - \cdots\right)$$

$$= \frac{c_0}{\sqrt{x}}\left(1 - \frac{(x/2)^2}{2!} + \frac{(x/2)^4}{4!} - \frac{(x/2)^6}{6!} + \cdots\right) + \frac{2c_1}{\sqrt{x}}\left((x/2) - \frac{(x/2)^3}{3!} + \frac{(x/2)^5}{5!} - \cdots\right)$$

$$= \frac{c_0 \cos(x/2) + 2c_1 \sin(x/2)}{\sqrt{x}} \tag{7}$$

그런데 이 문제에서 β의 또 다른 값인 $1/2$인 경우를 구태여 생각할 필요가 없다. 왜냐하면 이미 요구되는 해가 구해졌기 때문이다. 그런데 일반적으로 다른 문제의 경우는 만약 β값이 두 종류가 얻어지면 각각의 경우에 해당하는 급수해를 구한 후 각각에 임의의 상수를 곱해 서로 합하면 요구되는 미방의 일반해가 얻어진다.

한편 식 (5.17)로 주어진 Bessel 미방에 대한 Frobenius 급수해는 예제 5.6의 절차와 같이 진행하여 y, y' 및 y''를 원 미방에 대입하고, $x^{k+\beta}$의 모든 계수($k = -\infty \sim \infty$)를 각각 0으로 두고, 나아가 $k=0$을 두면(이 때 $c_{-2}=0$ 간주) 지표 방정식 $c_0(\beta^2 - n^2) = 0$을 얻는데, 만약 $c_0 \neq 0$라면 $\beta = \pm n$을 얻는다. 그러면 먼저 $\beta = n$의 경우 예제 5.6의 절차에 따라 계수 $c_j\,(j \geq 0)$들 사이의 점화 관계를 구하면 아래를 얻는다(단 $c_1 = 0$ 됨).

$$c_{j+2} = -c\frac{1}{(j+2)(2n+j+2)} \quad (\text{단 } j \geq 0) \tag{5. 20}$$

이로부터 아래와 같이 각 계수를 a_0와 n항으로 나타낼 수 있다(부록 E절 참조).

$$c_2 = -c_0\frac{1}{2(2n+2)} = -\frac{c_0\, n!}{2^2\, 1!\,(n+1)!}$$

$$c_4 = -c_2\frac{1}{4(2n+4)} = +\frac{c_0\, n!}{2^4\, 2!\,(n+2)!}$$

$$c_6 = -c_4\frac{1}{6(2n+6)} = -\frac{c_0\, n!}{2^6\, 3!\,(n+3)!} \quad \text{등}$$

이를 일반화시키면 아래를 얻는다.

$$c_{2p} = (-1)^p\frac{c_0\, n!}{2^{2p}\, p!\,(n+p)!} \tag{5. 21}$$

식 (5.18)의 형태의 급수해에 이들 계수를 대입하면

$$y(x) = c_0 x^n \left[1 - \frac{n!\, x^2}{2^2\, 1!\, (n+1)!} + \frac{n!\, x^4}{2^4\, 2!\, (n+2)!} - \cdots \right] \tag{5.22}$$

또는

$$y(x) = c_0 \sum_{j=0}^{\infty} (-1)^j \frac{n!\, x^{n+2j}}{2^{2j}\, j!\, (n+j)!} = c_0 2^n n! \sum_{j=0}^{\infty} (-1)^j \frac{1}{j!\, (n+j)!} \left(\frac{x}{2} \right)^{n+2j} \tag{5.23}$$

이 된다. 이렇게 얻어진 식 (5.23)의 마지막 합이 Bessel 함수 $J_n(x)$로 정의된다. 이 해 $J_n(x)$는 우대칭이거나 기대칭이다.

한편 $\beta = -n$이고 n이 정수가 아닐 때 $J_{-n}(x)$인 제 2의 다른 급수를 이룬다. 그러나 $-n$이 음의 정수일 때는 문제가 생긴다. 계수 c_j에 대한 점화공식은 $2n$을 $-2n$으로 바꾼 식 (5.20)에 의해서 주어지는데, 이 때 $j+2 = 2n$ 또는 $j = 2(n-1)$일 때 계수 c_{j+2}는 발산해버려 급수해는 없다. 이와 같은 단점은 아래의 정의

$$J_{-n}(x) = (-1)^n J_n(x), \quad n\text{은 정수} \tag{5.24}$$

를 이용하여 고칠 수 있다. 이 두 번째 해는 단순히 첫 번째 해를 재생한 것이다. 즉 n이 정수일 때는 이 Frobenius 급수해법에 의해서는 2계 제차 상미방인 Bessel 미방식 (5.17)의 두 독립적인 해를 얻을 수는 없다. [비고 : 여기서 구한 Bessel 미방에 대한 급수해의 결과는 예제 3.37에서 복소변수를 사용하여 구한 결과와 서로 상응함을 알 수 있다.]

5. 2. 3 미방해의 선형독립성

함수의 집합 ϕ_λ를 생각할 때 '선형 종속'에 대한 기준은

$$\sum_\lambda k_\lambda \phi_\lambda = 0 \tag{5.25}$$

의 관계에서 0이 아닌 k_λ가 존재한다는 것이다. 반대로 식 (5.25)의 해가 모든 λ에 대해 $k_\lambda = 0$이면 함수 ϕ_λ는 '선형 독립'이라고 한다.

이는 1.1.3절에서 정의한 3차원 공간에 있는 임의의 세(기저) 벡터간의 선형독립(혹은 선형종속)에 관한 정의와 유사하다. 만약 벡터 또는 함수의 집합이 서로 직교(orthogonal)한다면 그들은 자동적으로 선형독립이 된다. 즉 직교성은 선형독립을 포함한다. 이것은 함수간의 내적에 의해서 쉽게 설명될 수 있다(1.3절이나 4.1.1절 참조).

이제 함수 ϕ_λ를 필요에 의해서 미분 가능하다고 하고 식 (5.25)를 계속 미분하면

$$\sum_\lambda k_\lambda \phi_\lambda{}' = 0 \tag{5. 26}$$

$$\sum_\lambda k_\lambda \phi_\lambda{}'' = 0 \text{ 등} \tag{5. 27}$$

이 된다. 이것은 k_λ가 결정되지 않은 제차 선형(미분)방정식의 집합을 이룬다. 여기서 식 (5.25)의 k_λ는 아래의 함수 행렬식의 값이 0일 경우만 $k_\lambda \neq 0$인 해가 존재 즉 함수집합 ϕ_λ는 선형종속이 된다(C.5절 참조).

$$\begin{vmatrix} \phi_1 & \phi_2 & \cdots & \phi_n \\ \phi_1{}' & \phi_2{}' & \cdots & \phi_n{}' \\ \cdots & \cdots & \cdots & \cdots \\ \phi_1^{(n-1)} & \phi_2^{(n-1)} & \cdots & \phi_n^{(n-1)} \end{vmatrix} = 0 \tag{5. 28}$$

위의 함수행렬식을 'Wronskian 행렬식'이라 하며 아래의 성질을 갖는다(단 증명생략).

1. Wronskian이 0이 아니면, 식 (5.25)는 $k_\lambda = 0$이외의 해를 갖지 않고 ϕ_λ의 집합은 선형독립이다.

2. 반면에 Wronskian이 고립된 변수 값에서 0이 된다면, 이것이 필연적으로 선형 종속임을 증명하는 것은 아니다(함수의 집합이 단지 두 개의 함수만을 갖지 않는다면). 그러나 만약 Wronskian이 변수의 전구간에서 0이라면 ϕ_λ는 이 영역에서 선형 독립이 된다.

이제 식 (5.28)의 타당성을 알아보기 위하여 아래에 각각 선형독립 및 선형종속인 두 함수 $R(x)$와 $\phi_2(x)$의 예를 들어보기로 하자.

예 1 : 2계 선형 진동방정식인 $D^2y+\omega^2y=0$(여기서 ω는 각진동수)의 두 해는 $\phi_1=\sin\omega x$, $\phi_2=\cos\omega x$이다. 이 때 $n=2$인 Wronskian은 식 (5.28)에서 아래가 된다.

$$\begin{vmatrix} \sin\omega x & \cos\omega x \\ \omega\cos\omega x & -\omega\sin\omega x \end{vmatrix} = -\omega \neq 0$$

따라서 위 성질 1에 의하여 진동방정식의 두 해 ϕ_1, ϕ_2는 선형독립이다(즉 두 함수 중 어느 하나는 다른 것의 단순 배수가 아님). 이는 $\sin\omega x = \pm(1-\cos^2\omega x)^{1/2}$의 (비선형) 관계식으로부터도 알 수 있다.

예 2 : 가령 1차원 확산(diffusion) 방정식의 두 해를 $\phi_1=e^x$, $\phi_2=e^{-x}$라 할 때 해로서 $\phi_3=\cosh x$를 더할 수 있다. 이 때 $n=3$인 Wronskian은 식 (5.28)에 ϕ_1, ϕ_2 및 ϕ_3를 대입하여 계산을 행하면 아래를 얻는다[단 이 때 $(\cosh x)'=\sinh x$, $(\sinh x)'=\cosh x$를 이용].

$$\begin{vmatrix} e^x & e^{-x} & \cosh x \\ e^x & -e^{-x} & \sinh x \\ e^x & e^{-x} & \cosh x \end{vmatrix} = 0$$

이 행렬식 값이 0이 되는 것은 정의에 따라 실제 계산을 행하던지, 아니면 같은 행이 2개(즉 1행과 3행)있으므로 행렬식의 성질에서 0이 된다(1.4.2.4절 참조). 따라서 1차원 확산방정식의 3해인 e^{x}, e^{-x} 및 $\cosh x$는 선형종속이 된다. 이는 또한 이들의 관계식인 $\cosh x=(e^{x}+e^{-x})/2$로부터 아래가 성립되므로 식 (5.25)의 정의로부터도 선형종속이 된다.

$$e^{x}+e^{-x}-2\cosh x=0,\ k_{\lambda}\neq 0(\text{즉 } k_1=1,\ k_2=1,\ k_3=-2)$$

5. 2. 4 Wronskian을 이용한 2계 상미방의 두 번째 해

아래의 2계 선형 제차 상미방의 일반형태

$$y''+P(x)y'+Q(x)y=0 \tag{5. 13}$$

에서 y_1, y_2를 두 개의 서로 독립인 해라 하면 정의식 (5.28)에 의해서 Wronskian(W)은

$$W=y_1y_2'-y_1'y_2 \tag{5. 29}$$

가 된다. Wronskian을 미분하면

$$\begin{aligned} W' &= y_1'y_2'+y_1y_2''-y_1''y_2-y_1'y_2' \\ &= y_1[-P(x)y_2'-Q(x)y_2]-y_2[-P(x)y_1'-Q(x)y_1] \\ &= -P(x)(y_1y_2'-y_1'y_2) \end{aligned} \tag{5. 30}$$

를 얻을 수 있는데, 괄호로 묶은 것은 Wronskian 즉 W이므로

$$W'=-P(x)W \tag{5. 31}$$

와 같이 쓸 수 있다. 특별한 경우로 $P(x)=0$이면

$$y''+Q(x)y=0 \tag{5. 32}$$

이 되고 Wronskian은

$$W=y_1y_2'-y_1'y_2=\text{상수} \tag{5. 33}$$

가 된다. 원래의 미분방정식이 제차식이므로 Wronskian이 1(또는 -1)이 되도록 하기 위해서 어떤 상수를 y_1과 y_2에 곱할 수도 있다. 이러한 경우, 즉 $P(x)=0$인 경우는 생각했던 것보다 좀더 자

주 나타난다. Laplace 연산자 ∇^2이 Cartesian 좌표계에서 1계 도함수를 포함하지 않으며, 비슷하게 구좌표계에서 $\nabla^2(r\Psi)$의 반경성분도 1계 도함수를 포함하지 않는다(2.19절 참조). 일반적으로 모든 선형 2계 미분방정식은 식 (5.32)와 같은 형식의 방정식으로 변환할 수 있다.

일반적으로 이제 식 (5.13)의 한 가지 해를 5.2.2절의 급수 대입법으로 구했다고 가정하자. 우리는 $W \neq 0$인 경우에 제 2의 독립된 해를 구하는 방법을 전개하고자 한다. 식 (5.31)을 독립변수 x 대신 x_1을 사용하여 다시 쓰면

$$\frac{dW}{W} = -P dx_1$$

으로 쓸 수 있고 $x_1 = a$에서 $x_1 = x$까지 적분하면

$$\ln\frac{W(x)}{W(a)} = -\int_a^x P(x_1)dx_1$$

또는

$$W(x) = W(a)\exp\left[-\int_a^x P(x_1)dx_1\right] \tag{5.34}$$

을 얻는다. 그런데

$$W = y_1 y_2{}' - y_1{}' y_2 = y_1^2 \frac{d}{dx}\left(\frac{y_2}{y_1}\right) \tag{5.35}$$

이므로 식 (5.34)와 (5.35)를 연립하면

$$\frac{d}{dx}\left(\frac{y_2}{y_1}\right) = W(a)\frac{\exp\left[-\int_a^x P(x_1)dx_1\right]}{y_1^2} \tag{5.36}$$

이 되고 마지막으로 식 (5.36)을 적분변수 $x_2 = b$에서 $x_2 = x$까지 적분하면

$$y_2(x) = y_1(x)W(a)\int_b^x \frac{\exp\left[-\int_a^{x_2} P(x_1)dx_1\right]}{[y_1(x_2)]^2}dx_2 \tag{5.37}$$

를 얻을 수 있다. 여기서 a, b는 임의의 상수이고 적분상수 $y_1(x)y_2(b)/y_1(b)$는 새로운 의미를 주지 못하므로 생략한다. $x = a$에서 계산된 Wronskian $W(a)$는 상수이고 제차 미분방정식에 대

한 해는 미지의 규격화 인자를 포함하므로 $W(a)=1$이라 하면

$$y_2(x) = y_1(x)\int^x \frac{\exp\left[-\int^{x_2} P(x_1)dx_1\right]}{[y_1(x_2)]^2}dx_2 \tag{5.38}$$

가 된다. 여기서 하한 $x_1 = a$ 및 $x_2 = b$는 생략했다. 만약 생략되지 않는다면 그것은 이미 알고 있는 첫 번째 해($y_1(x)$)를 상수배한 해를 만드므로 전혀 새로운 것을 더해 주지 못한다.

위 식에서 만약 $P(x)=0$인 경우 식 (5.38)은

$$y_2(x)= y_1(x)\int^x \frac{dx_2}{[y_1(x_2)]^2} \tag{5.39}$$

가 된다. 이것은 식 (5.38) 또는 (5.39)을 사용하여 이미 알고 있는 해를 적분하여 식 (5.13)의 제2의 독립된 해를 구할 수 있음을 의미한다. 이 방법은 Legendre 미방의 두 번째 해를 구하는데 사용된다(6장 참조).

예 : 식 (5.13)에서 $P(x)=0$인 $d^2y/dx^2+y=0$의 하나의 해를 $y_1=\sin x$(이는 고유치 문제에서 쉽게 알 수 있음)라 하고 식 (5.39)를 적용하면 두 번째 해

$$y_2(x)= \sin x\int^x \frac{dx_2}{\sin^2 x_2} = \sin x(-\cot x) = -\cos x$$

가 되고 이것은 분명히 $\sin x$의 선형배수가 아니고 그와 독립이다.

두 번째 해의 급수 형태

식 (5.13)형의 2계 재차 삼미방의 두 번째 (독립)해의 특성은 아래와 같은 연산 순서에 의하여 알 수 있다.

1. 식 (5.13)에서 $P(x)$와 $Q(x)$를 각각

$$P(x)= \sum_{i=-1}^{\infty} p_i x^i ,\ \ Q(x)= \sum_{i=-2}^{\infty} q_i x^j \tag{5.40}$$

과 같은 표현하자. 합의 하한은 가장 가능한 정칙 특이점을 (원점에서)만들어 주도록 선택한다.

2. 멱급수 해의 처음 몇 항을 5.2.2절의 식 (5.18)처럼 전개한다.

3. 이것을 y_1 해로 정하고 식 (5.38)을 이용하여 각 항을 적분해서 두 번째 급수 형태의 해 y_2를 구한다.

단계 1에 의해서 $x=0$을 정칙점으로 갖는 경우

$$y''+\left(p_{-1}x^{-1}+p_0+p_1x+\cdots\right)y'+\left(q_{-2}x^{-2}+q_{-1}x^{-1}+\cdots\right)y=0 \tag{5.41}$$

이 되며, 만약 $p_{-1}=q_{-1}=q_{-2}=0$이면 $x=0$은 정상점이 된다. 그러면 식 (5.18)에서

$$y=\sum_{\lambda=0}^{\infty}a_\lambda x^{k+\lambda}$$

을 대입하면(단계 2)

$$\sum_{\lambda=0}^{\infty}(k+\lambda)(k+\lambda-1)a_\lambda x^{k+\lambda-2}+\sum_{i=-1}^{\infty}p_ix^i\sum_{\lambda=0}^{\infty}(k+\lambda)a_\lambda x^{k+\lambda-1}+\sum_{j=-2}^{\infty}q_jx^j\sum_{\lambda=0}^{\infty}a_\lambda x^{k+\lambda}=0 \tag{5.42}$$

을 얻는데 $p_{-1}\neq 0$, $q_{-2}\neq 0$라 가정하면 지표방정식 위 식의 $x^{k+\lambda-2}$의 계수(의 합), 즉 $\left[(k+\lambda)(k+\lambda-1)+p_{-1}(k+\lambda)+q_{-2}\right]a_\lambda$가 0이 되어야 하는데 여기서 $\lambda=0$(단 $a_0\neq 0$가정)을 대입하면 아래가 된다(예제 5.6 참조).

$$k(k-1)+p_{-1}k+q_{-2}=0$$

이로부터

$$k^2+(p_{-1}-1)k+q_{-2}=0 \tag{5.43}$$

이 된다. 이 지표방정식의 두 개의 근은 $k=\alpha$와 $k=\alpha-n$으로 표시되며 여기서 n은 0이거나 양의 정수이다(만약 n가 정수가 아니면 5.2.2절의 방법(Bessel 미방의 급수해 참조)에 의해서 두 개의 독립된 급수해를 얻을 수 있다). 이 때 식 (5.43)을 두 근을 이용하여 다시 쓰면

$$(k-\alpha)(k-\alpha+n)=0 \tag{5.44a}$$

또는

$$k^2+(n-2\alpha)k+\alpha(\alpha-n)=0 \tag{5.44b}$$

이 된다. 식 (5.43)과 (5.44)에서 k의 계수를 일치시키면

$$p_{-1}-1=n-2\alpha \tag{5.45}$$

가 되고 큰 근 $k=\alpha$에 대한 이미 알고 있는 급수해는 식 (5.18)에서

$$y_1 = x^\alpha \sum_{\lambda=0}^{\infty} a_\lambda x^\lambda$$

으로 쓸 수 있으므로 이 급수해를 식 (5.38)에 대입하면(단계 3)

$$y_2(x) = y_1(x) \int^x \frac{\exp\left(-\int_a^{x_2} \sum_{i=-1}^{\infty} p_i x_1^i \, dx_1\right)}{x_2^{2\alpha}\left(\sum_{\lambda=0}^{\infty} a_\lambda x_2^\lambda\right)^2} dx_2 \tag{5.46}$$

가 된다. 여기서 y_1과 y_2는 Wronskian이 $W(a)=1$이 되도록 규격화되었다. 먼저 위 적분의 지수인자를 보면

$$\int_a^{x_2} \sum_{i=-1}^{\infty} p_i x_1^i \, dx_1 = p_{-1} \ln x_2 + \sum_{k=0}^{\infty} \frac{p_k}{k+1} x_2^{k+1} + f(a) \tag{5.47}$$

이므로

$$\exp\left(-\int_a^{x_2} \sum_i p_i x_1^i \, dx_1\right)$$

$$= \exp[-f(a)] x_2^{-p_{-1}} \exp\left(-\sum_{k=0}^{\infty} \frac{p_k}{k+1} x_2^{k+1}\right)$$

$$= \exp[-f(a)] x_2^{-p_{-1}} \left[1 - \sum_{k=0}^{\infty} \frac{p_k}{k+1} x_2^{k+1} + \frac{1}{2!}\left(\sum_{k=0}^{\infty} \frac{p_k}{k+1} x_2^{k+1}\right)^2 + \cdots\right] \tag{5.48}$$

이 된다. 계수 $P(x)$의 원래의 전개가 수렴하면 지수의 마지막 급수전개도 반드시 수렴한다. 식 (5.46)에서 분모는

$$\left[x_2^{2\alpha}\left(\sum_{\lambda=0}^{\infty} a_\lambda x_2^\lambda\right)^2\right]^{-1} = x_2^{-2\alpha}\left(\sum_{\lambda=0}^{\infty} a_\lambda x_2^\lambda\right)^{-2} = x_2^{-2\alpha} \sum_{\lambda=0}^{\infty} b_\lambda x_2^\lambda \tag{5.49}$$

라 쓸 수 있고 $W(a)=1$로 만들기 위해 골라내야 할 상수인자를 무시할 때

$$y_2(x) = y_1(x) \int^x x_2^{-p_{-1}-2\alpha} \left(\sum_{\lambda=0}^{\infty} c_\lambda x_2^\lambda\right) dx_2 \tag{5.50}$$

가 되며, 식 (5.45)에 의해서

$$x_2^{-p_{-1}-2\alpha} = x_2^{-n-1} \tag{5.51}$$

이 되고 여기서 n은 정수이다. 이 결과를 식 (5.50)에 대입하면

$$y_2(x) = y_1(x) \int^x (c_0 x_2^{-n-1} + c_1 x_2^{-n} + c_2 x_2^{n+1} + \cdots + c_n x_2^{-1} + \cdots) dx_2 \tag{5.52}$$

를 얻는다. 식 (5.52)의 적분은 두 부분으로 구성된 $y_1(x)$의 계수를 준다.

1. x^{-n}으로 시작하는 멱급수
2. x^{-1}의 적분에 기인한 로그항($\lambda = n$일 때) 이 항은 c_n이 사라지지 않으면 n이 정수일 때 항상 나타난다.

예제 5.7

Bessel 미분방정식(5.17)의 두 선형독립인 해를 급수법에 의하여 구하라.

풀 이

Bessel 미방 식 (5.17)에서 x^2으로 나누면 식 (5.13)의 형이 된다. 즉

$$P(x) = x^{-1},\ Q(x) = 1,\ (n = 0\text{의 경우에})$$

이므로 $p_{-1} = 1$, $q_0 = 1$이고 그 밖의 모든 p_i와 q_j항은 없어진다. 이 때 Bessel 방정식의 지표방정식은 5.2.2절의 후반부에서 $\beta^2 - n^2 = 0$이므로 $n = 0$이면 아래가 된다.

$$\beta^2 = 0$$

따라서 n과 α과 0인 경우에 식 (5.43) - (5.45)가 증명된다.
그러면 첫 번째 해는 식 (5.23)으로부터 구할 수 있다. 이를 통사의 표기법인 $J_0(x)$(즉 제 1종 0차 Bessel 함수)라고 하면 ($a_0 = 1$로 하고)

$$y_1(x) = J_0(x) = 1 - \frac{x^2}{4} + \frac{x^4}{64} - O(x^6) \tag{5.53}$$

이 된다. 식 (5.38)에 이것을 대입하면, 식 (5.46)의 특별한 경우로

$$y_2(x) = J_0(x) \int^x \frac{\exp\left[-\int^{x_2} x_1^{-1} dx_1\right]}{[1 - x_2^2/4 + x_2^4/64 - \cdots]^2} dx_2 \tag{5.54a}$$

를 얻는다. 이 때 피적분함수의 분자는

$$\exp\left[-\int^{x_2}\frac{dx_1}{x_1}\right]=\exp[-\ln x_2]=\frac{1}{x^2}$$

이 되어 식 (5.48)의 x_2^{-p-1}에 대응한다. 이항전개를 사용하면 피적분함수의 분모는

$$\left[1-\frac{x_2^2}{4}+\frac{x_2^4}{64}\right]^{-2}=1+\frac{x_2^2}{2}+\frac{5x_2^4}{32}+\cdots$$

이 되고 식 (5.50)에 따라

$$y_2(x)=J_0(x)\int^x\frac{1}{x^2}\left[1+\frac{x_2^2}{2}+\frac{5x_2^4}{32}+\cdots\right]dx_2=J_0(x)\left\{\ln x+\frac{x^2}{4}+\frac{5x^4}{128}+\cdots\right\} \tag{5.54b}$$

이제 이 결과를 검토해 보자. 두 번째 해의 표준형인 제 2종 0차 Bessel(혹은 Neumann)함수인

$$N_0(x)=\frac{2}{\pi}[\ln x-\ln 2+\gamma]J_0(x)+\frac{2}{\pi}\left\{\frac{x^2}{4}-\frac{3x^4}{128}+\cdots\right\} \tag{5.55}$$

를 얻는다(6장 참조). 이 때 두 가지 점을 주목하자. (1) Bessel 방정식이 동차식이므로 $y_2(x)$에 어떠한 상수도 곱할 수 있다. $N_0(x)$와 대응시키기 위해서 $y_2(x)$에 $2/\pi$를 곱한다. (2) 두 번째 해 $(2/\pi)y_2(x)$에 첫 번째 해의 상수곱을 더할 수 있다. 다시 $N_0(x)$에 대응시키기 위해서

$$\frac{2}{\pi}[-\ln x+\gamma]J_0(x)$$

를 더하면(여기서 γ는 Euler-Mascheroni 상수 (식 (3.189) 참조)) 새로운 수정된 두 번째 해는

$$y_2(x)=\frac{2}{\pi}[\ln x-\ln 2+\gamma]J_0(x)+\frac{2}{\pi}J_0(x)\left\{\frac{x^2}{4}+\frac{5x^4}{128}+\cdots\right\} \tag{5.56}$$

이 된다. $N_0(x)$는 식 (5.53)과 (5.54b)의 중괄호에서 $J_0(x)$의 단순한 배수임을 알 수 있다(즉 x^2, x^4항까지 배수가 됨을 보였다). 식 (5.38)과 (5.46)으로부터 구한 두 번째 해는 표준형의 두 번째 해인 Neumann 함수 $N_0(x)$와 일치한다.

앞의 분석에서 식 (5.13)의 두 번째 해 $y_2(x)$는

$$y_2(x)=y_1(x)\ln x+\sum_{j=-n}^{\infty}d_jx^{j+\alpha} \tag{5.57}$$

라 쓸 수 있고 이것은 첫 번째 해에 $\ln x$를 곱한 것과 $x^{\alpha-n}$항부터 출발하는 다른 멱급수의 합으로 이루어져 있다. 이것은 5.2.2절의 지표방정식이 한 개의 급수해를 가질 때 로그항을 구할 수 있다는 것을 의미한다. 식 (5.57)을 두 번째 해로 하여 이를 원래의 미분방정식에 대입하면 5.2.2절에서와 같이 계수 d_j를 결정할 수 있다.

사실 $\ln x$의 급수전개는 필요가 없다. 따라서 $\ln x$ 대입은 생략되나 그것의 도함수는 남는다.
두 번째 해는 로그인자와 x에 대한 음의 급수 때문에 원점에서 거의 모두 발산할 것이다. 이러한 이유로 $y_2(x)$는 비정칙(혹은 필수) 해라고도 한다. 일반적으로 원점에서 수렴하는 첫 번째 급수해 $y_1(x)$는 정칙해라고 한다.

5. 3 연립 상미분 방정식

한 개의 독립변수와 두 개(또는 그 이상의) 종속변수로 이루어진 연립 상미방은 한 개의 종속변수를 제외한 나머지 종속변수를 제거한 후 남는 종속변수에 대해 지금까지 논의된 방법을 사용하여 해를 구한 후, 나머지 종속변수에 대해서도 같은 방법으로 해를 구한다. 이리하여 모든 종속변수에 대한 해가 구해지면 이들을 원래의 연립 상미방에 대입하여 해의 타당성을 조사해야 한다.

예제 5. 8

아래의 연립 상미방의 해를 구하라.

$$\frac{d^2x}{dt^2}+\frac{dy}{dt}+3x=e^{-t},\quad \frac{d^2y}{dt^2}-4\frac{dx}{dt}+3y=\sin 2t$$

풀 이

위 식을 미분연산자 $D\left(=\frac{d}{dt}\right)$를 사용하여 나타내면 아래가 된다.

$$(D^2+3)x+Dy=e^{-t},\quad -4Dx+(D^2+3)y=\sin 2t \tag{1}$$

그러면 연립 대수방정식의 해에 대한 Cramer의 공식(1.11.2.4절 참조)을 사용하여 x 및 y를 구하면 아래를 얻는다.

$$x=\frac{\begin{vmatrix} e^{-t} & D \\ \sin 2t & D^2+3 \end{vmatrix}}{\begin{vmatrix} D^2+3 & D \\ -4D & D^2+3 \end{vmatrix}}=\frac{(D^2+3)(e^{-t})-D(\sin 2t)}{D^4+10D^2+9}=\frac{4e^{-t}-2\cos 2t}{(D^2+1)(D^2+9)}$$

$$y=\frac{\begin{vmatrix} D^2+3 & e^{-t} \\ -4D & \sin 2t \end{vmatrix}}{\begin{vmatrix} D^2+3 & D \\ -4D & D^2+3 \end{vmatrix}}=\frac{(D^2+3)(\sin 2t)-(-4D)(e^{-t})}{D^4+10D^2+9}=\frac{-\sin 2t-4e^{-t}}{(D^2+1)(D^2+9)}$$

그런데 미분연산자(D)를 포함하는 항은 반드시 함수의 앞에 와야 하므로 위 결과로부터 아래가 성립된다.

$$(D^2+1)(D^2+9)x = 4e^{-t} - 2\cos 2t,\ (D^2+1)(D^2+9)y = -\sin 2t - 4e^{-t}$$

각각의 종속변수에 대한 이들 미방을 5.1절의 연산자기법에 의하여 해를 구하면 아래를 얻는다.

$$x = c_1 \cos t + c_2 \sin t + c_3 \cos 3t + c_4 \sin 3t + 1/5e^{-t} + 2/15 \cos 2t$$

$$y = c_5 \cos t + c_6 \sin t + c_7 \cos 3t + c_8 \sin 3t - 1/5e^{-t} + 1/15 \sin 2t$$

그런데 각 해에 포함된 상수의 전체 개수는 아래의 행렬식에서 얻어진 D의 다항식의 차수(degree)(즉$n=4$)와 같다.

$$\begin{vmatrix} D^2+3 & D \\ -4D & D^2+3 \end{vmatrix} = D^4 + 10D^2 + 9$$

그런데 각각 x 및 y에 포함된 계수들의 상관관계를 구하기 위하여 위에서 얻어진 x 및 y를 원래의 연립 상미방식 (1)에 대입하여 정리하면 아래를 얻는다.

$$c_5 = 2c_2,\ c_6 = -2c_1,\ c_7 = -2c_4,\ c_8 = 2c_3$$

따라서 요구되는 해를 아래가 된다.

$$x = c_1 \cos t + c_2 \sin t + c_3 \cos 3t + c_4 \sin 3t + 1/5e^{-t} + 2/15 \cos 2t$$

$$y = 2c_2 \cos t - 2c_1 \sin t - 2c_4 \cos 3t + 2c_3 \sin 3t - 1/5e^{-t} + 1/15 \sin 2t$$

[별해 : 식 (1)의 두 종속변수 중 어느 하나, 가령 x를 식 (1)의 첫 번째 식에 $4D$를 연산시키고, 두 번째 식에 (D^2+3)을 연산시킨 후 얻어진 두 식을 서로 합하여 제거한다. 그러면 남는 종속변수인 y에 대해 기존의 방법(가령 미정계수법 등)을 사용하여 해를 구하고, 식 (1)에 이를 대입하여 x의 해도 구한다.]

5.4 비선형 미분방정식과 혼돈(chaos) 이론

5.4.1 로지스틱 사상(logistic map)을 따르는 계

초기에 모집단(또는 개체군, population)에 있는 종(개체, species)의 수 N_0로부터 매년 얼마씩 증가하는 경우를 생각하자. 먼저 1년 후의 종의 수를 N_1이라면 N_0와의 가장 간단한 관계식은 아래가 될 것이다.

$$N_1 = \alpha N_0$$

여기서 α는 모집단 내의 종(개체)이 살고 있는 환경에 의존하는 양의 실수라고 하자. 번식하기 쉬운 최적조건에서는 α가 큰 수가 되어 빠른 성장을 의미한다. 반면에 덜 쾌적한 환경에서는 α가 작은 수가 되며, 더욱이 적대적(hostile)인 환경에서는 α는 1보다 작게 되어 모집단의 개체수가 감소됨을 의미한다.

그러나 위의 식은 현실적이지 못하다. 왜냐하면 만약 $\alpha > 1$이 되어 개체수가 급격히 증가한다면 종을 지탱시킬 식량이 부족하게 되기 때문이다. 그래서 위 식에 성장(growth)을 멈추는 다른 기구(mechanism)가 필요하게 된다. 그래서 보다 현실적인 식으로서는 만약 N_0값이 작을 경우는 작고, 그러나 N_0값이 클 경우에는 큰 값을 갖게 되는 '억압 항(suppressive term)' $-\beta N_0^2$(여기서 $0 < \beta \ll \alpha$)를 위 식에 더해야 할 것이다. 즉

$$N_1 = \alpha N_0 - \beta N_0^2 (\text{여기서 } 0 < \beta \ll \alpha)$$

마찬가지로 2년, 3년후에 모집단의 개체수는 아래와 같이 표현될 것이다.

$$N_2 = \alpha N_1 - \beta N_1^2,\ N_3 = \alpha N_2 - \beta N_2^2,\ \cdots,$$

그리고 일반적으로는 아래의 점화식(부록 E절 참조)이 될 것이다.

$$N_{k+1} = \alpha N_k - \beta N_k^2 \tag{5.58}$$

그런데 위 식을 약간 다르게 표시해보자. 먼저 모집단의 개체수는 음이 될 수 없으므로 어떤 최대값(즉 이 값을 지나서는 성장될 수 없는)이 존재해야 할 것이다. 만약 위 식에서 N_{k+1}가 양이 되기 위해서는 모든 $k(k>0)$값에 대해 아래가 만족되어야 할 것이다.

$$\alpha N_k - \beta N_k^2 > 0 \Rightarrow N_k < \frac{\alpha}{\beta}$$

즉 위 식에서 $N_{\max} = \alpha/\beta$인 것을 알 수 있으며, 식 (5.58)은 $N_{\max}$로 나누면 아래를 얻는다.

$$x_{k+1} = \alpha x_k (1 - x_k) \tag{5.59}$$

여기서 x_k는 k년 후의 모집단의 최대 개체수의 분율(fraction)로서 0에서 1사이의 값을 가진다.

한편 x_{k+1}가 x_k의 함수가 되는 아래 형태의 식을 생각해보자.

$$x_{k+1} = f_\alpha(x_k) \tag{5.60}$$

이 때 함수 f_α를 '반복사상함수(iterated map function)', 그리고 밑첨자 α를 '조절 인자(혹은 매개변수, control parameter)'라고 부른다. 또한 식 (5.60)의 특수형태인 식 (5.59)를 '로지스틱(logistic) 사상함수'라 한다. 그리고 초기값 x_0로부터 출발하여 식 (5.60)의 함수를 계속 작용시키면 x의 연속값 즉 수열(sequence)을 얻게 되는데 이를 반복사상의 '궤도(orbit)' 또는 '궤적(trajectory)'라고 부른다.

5. 4. 1. 1 안정 및 불안정 부동(혹은 고정)점

식 (5.60)에서 주어진 합 궤도의 첫 몇점은 시작점 x_0에 확실히 의존함을 알 수 있으나, 궁극적인 값(단 주어진 α에 대하여)은 x_0에 매우 덜 민감하다는 사실은 아직 확실하지 않다. 그런데 가령 로지스틱 사상 식 (5.59)에서 $x_0 = 0$이라면 $f_\alpha(0) = 0$ 혹은 $f_\alpha(x_0) = x_0$이 되어 반복함수 f_α의 계속 적용에도 $x_0 = 0$과 다른 어떠한 새로운 점 x를 만들지 못한다. 여기서 일반적으로 반복사상 식 (5.60)에서 아래의 성질을 갖는 점 x_α를 조절파라미터 α에 관련된 반복사상의 '부동점(혹은 고정점, fixed point)'이라 부른다.

$$f_\alpha(x_\alpha) = x_\alpha \tag{5. 61}$$

특히 로지스틱 사상 식 (5.59)의 경우에는 부동점 관계식은 아래가 된다.

$$x_\alpha = \alpha x_\alpha (1 - x_\alpha) \Rightarrow \; x_\alpha(1 - \alpha + \alpha x_\alpha) = 0 \Rightarrow \; x_\alpha = 0,\, 1 - \frac{1}{\alpha} \tag{5. 62}$$

그런데 $0 \le x_\alpha \le 1$이므로 $\alpha \le 1$인 경우는 오직 1개의 부동점 $x = 0$, 그리고 $\alpha > 1$인 경우는 두 부동점 $x = 0$ 및 $x = 1 - 1/\alpha$을 가진다.

그러면 여기서 부동점의 의미를 생각해보자. 먼저 $\alpha < 1$인 경우는 로지스틱 사상 식 (5.59)에서 x_k 및 $(1 - x_k)$는 기껏해야 값이 1이므로 모집단의 개체수는 0이 될 때까지 계속 감소한다. 그리고 이것은 초기값 x_0에 무관하다. 이를 도식적으로 이해하기 위하여 그림 5.19(a)에 $\alpha = 0.5$일 때의 로지스틱 사상 함수를 나타내었다. 지금 수평(x)축 상의 1점 x_0에서 시작하여 이에 수직선을 그어 로지스틱(포물) 함수값 $f(x_0) = x_1$에서 만난다. 그러면 여기서 다시 수평선을 그어 직선 $y = x$와 만나는 점 y_1이 $x_1 = f(x_0)$이 된다. 그러면 다시 x축 상의 점 x_1에서 수직선을 올려 로지스틱 사상함수 $y = f(x)$와의 교점이 $f(x_1) = x_2$가 되고, 다시 수평선을 그어 직선 $y = x$와 만나는 점 y_2가 $x_2 = f(x_1)$가 된다. 이를 반복하면 그림에서 볼 수 있듯이 x_k값은 자꾸 작아져 궁극에는 0이 됨을 알 수 있다.

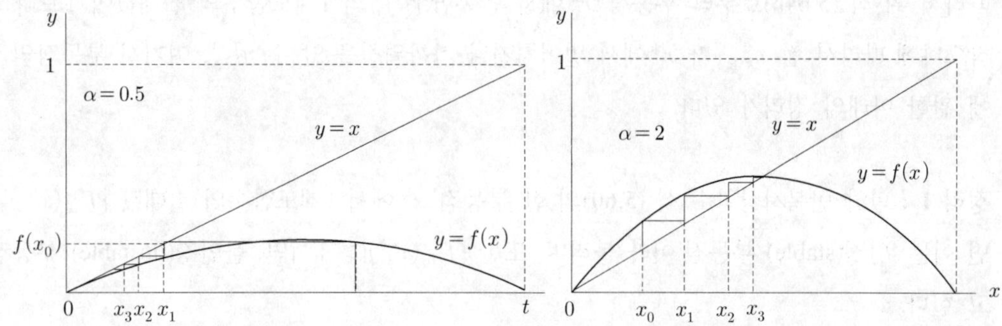

그림 5. 1 (a) 로지스틱 사상함수 식 (5.59)에 의하면 $\alpha < 1$인 경우, 초기값 x_0에 관계없이 궤도의 궁극점(즉 부동점)은 원점($x = 0$)이 된다.
(b) $\alpha > 1$인 경우에도 궤도는 초기값 x_0에 상관없이 약간의 반복 후 '끌개(attractor)' 부동점에 도달한다. 이 때 원점은 '밀개(repellor)' 부동점이 된다.

그렇다면 $\alpha > 1$인 경우는 어떻게 될까? 그림 5.1(b)는 $\alpha = 2$인 경우의 로지스틱 사상함수를 나타내는데 임의의 초기점 x_0에서 시작한 궤도는 점 $x = 0.5$에서의 부동점(식 (5.62) 참조)으로 끌리므로(attracted) 이를 '끌개(attractor) 부동점'이라고 부른다. 또한 그림에서 원점 $x = 0$도 부동점이 되는데, 이를 '밀개(repellor) 부동점'이라고 부른다.

이제 로지스틱 사상함수 식 (5.59)의 일반 부동점에서의 거동을 해석적으로 조사해보자. 먼저 식 (5.60)의 1차원 반복사상을 생각해보자. 그러면 이 식의 부동점은 '*(asterisk)'로 표시하면 아래가 된다.

$$x^* = f_\alpha(x^*) \tag{5. 63}$$

즉 이 점은 xy-평면에서 두 곡선 $y = x$와 $y = f_\alpha(x)$의 교점(intersection)에 해당된다. 그런데 부동점의 한 중요한 성질은 '안정성(stability)'이다. 이 성질을 조사하기 위하여 반복사상함수 $f_\alpha(x_k)$를 부동점 x^* 주위로 (1차원) Taylor 급수전개(식 (A.6) 참조)하여 첫 두 항만 취하면 아래를 얻는다.

$$x_{k+1} = f_\alpha(x_k) = f_\alpha(x^*) + \left.\frac{df_\alpha}{dx}\right|_{x^*}(x_k - x^*) = x^* + \left.\frac{df_\alpha}{dx}\right|_{x^*}(x_k - x^*) \tag{5. 64a}$$

혹은

$$\frac{|x_{k+1} - x^*|}{|x_k - x^*|} \simeq \left|\frac{df_\alpha}{dx}\right|_{x^*} = |f'_\alpha(x^*)| \tag{5. 64b}$$

따라서 위 식 (5.64b)로부터 부동점 x^*에서 반복함수 f_α의 1계도함수의 절대값이 1보다 크느냐 작으냐에 따라서 점 x_{k+1}가 x^*에서 멀어지거나 가까워짐을 알 수 있다. 여기서 부동점의 안정성에 관한 아래의 정리가 있다.

정리 1 : 만약 반복사상함수 식 (5.60)의 한 부동점 x^*에서 1계도함수의 절대값 $|f'_\alpha(x^*)|<1$이면 이는 '안정(stable) 부동점'이라 불리며, 또한 $|f'_\alpha(x^*)|>1$이면 '불안정(unstable) 부동점'이라고 한다.

예 1 : 로지스틱 사상함수 $f_\alpha(x)=\alpha x(1-x)$의 부동점은 식 (5.62)에 의해 $x_1^*=0$ 및 $x_2^*=1-1/\alpha$가 된다. 그런데 1계도함수 $f'_\alpha(x)=\alpha-2\alpha x$에서 각각 아래가 성립된다.

$$f'_\alpha(x_1^*)=f'_\alpha(0)=\alpha \text{ 및 } f'_\alpha(x_2^*)=f'_\alpha(1-1/\alpha)=2-\alpha$$

여기서 만약 $\alpha<1$이면 부동점 $x_1^*=0$은 정리 1에 의하여 안정(끌개)이며, 부동점 x_2^*는 불안정(밀개)가 된다. 따라서 $\alpha<1$ 경우는 모든 궤적은 $x=0$에서의 부동점으로 끌리게 된다(그림 5.1(a) 참조). 그러나 만약 $1<\alpha<3$인 경우는 역시 정리 1에 의하여 원점에서의 부동점은 불안정(밀개)이며, 다른 부동점은 안정(끌개)이다(그림 5.1(b) 참조).

[비고 : 위 정리 1은 다른 식 , 즉 "만약 반복사상함수 $f_\alpha(x)$의 한 부동점 x^* 바로 우변의 점에서 곡선 $y=f_\alpha(x)$가 직선 $y=x$보다 아래에 (위에)있으면 그 부동점은 안정(불안정)이다"라고 말할 수도 있다(그림 5.1(b) 참조).]

5. 4. 1. 2 쌍갈래(bifurcation)

만약 계(system)의 운동방정식의 한 파라미터 값이 약간 증가함에 따라 계가 두 지역(region)으로 분리(split)된다면 이 때 '쌍갈래(bifurcation)'가 발생했다고 하며, 또한 궤적(trajectory)의 분리를 '주기 배가 쌍갈래(periodic-doubling bifurcation)'이라고 부른다. 지금 계의 두 부동점 x_1^*과 x_2^*사이에서 반복사상함수 $f_\alpha(x)$가 그림 5.2(a)에 나타낸 바와 같이 진동한다고 하자. 이 때 아래의 부동점 관계가 성립된다.

$$x_2^*=f_\alpha(x_1^*),\ x_1^*=f_\alpha(x_2^*) \tag{5. 65}$$

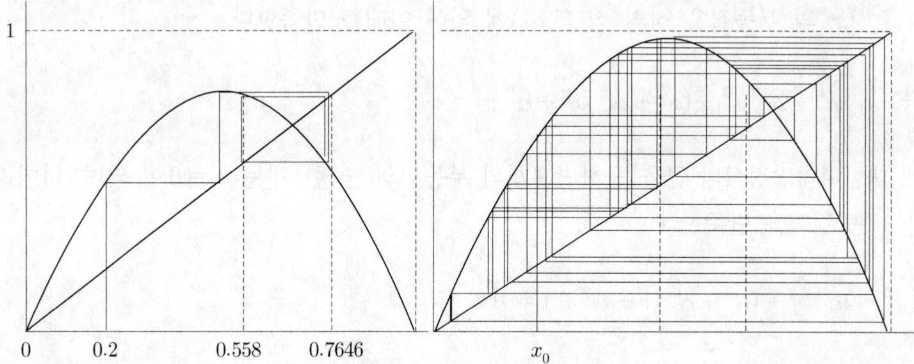

그림 5. 2 (a) 로지스틱 사상의 부동점에 관한 식 (5.69)에서 조절인자 $\alpha = 3.1$ 경우, 두 점 $x_3 = 0.5580$ 및 $x_2 = 0.7646$에서 끌개(attractor) 부동점이 존재한다. 반면에 (b) $\alpha = 3.99$인 경우 사상 f_α에 의한 반복작용에 의해서도 수렴이 관측되지 않으므로 끌개 부동점이 존재하지 않는다.

여기서 로지스틱 사상(식 (5.59))의 거동에 대해 보다 자세히 관찰하기 위해서 사상 f_α의 두 번째 반복(혹은 순환)(second iterate)연산에 해당하는 $f_\alpha^{[2]}$를 아래와 같이 도입한다.

$$f_\alpha^{[2]}(x) \equiv f_\alpha(f_\alpha(x)) \tag{5. 66}$$

그러면 이 정의를 식 (5.65)에 적용시키면 아래를 얻는다.

$$\begin{aligned} f_\alpha^{[2]}(x_1^*) &= f_\alpha(f_\alpha(x_1^*)) = f_\alpha(x_2^*) = x_1^* \\ f_\alpha^{[2]}(x_2^*) &= f_\alpha(f_\alpha(x_2^*)) = f_\alpha(x_1^*) = x_2^* \end{aligned} \tag{5. 67}$$

이로부터 식 (5.65)를 만족하는 점 x_1^* 및 x_2^*는 둘 다 $f_\alpha^{[2]}$의 부동점이 됨을 알았다[그러나 f_α의 부동점은 아니다. 반대로 f_α의 부동점은 모두 $f_\alpha^{[2]}$의 부동점이 된다]. 여기서 $f_\alpha^{[2]}$의 부동점은 주기배가 쌍갈래(periodic-doubling bifurcation)에 관한 정보도 제공해 줌을 이하에서 조사해 보기로 한다.

먼저 식 (5.59)로 정의된 로지스틱 사상에 대한 $f_\alpha^{[2]}$연산은 아래가 된다.

$$\begin{aligned} f_\alpha^{[2]}(x) &= f_\alpha(f_\alpha(x)) = \alpha f_\alpha(x)[1 - f_\alpha(x)] \\ &= \alpha[\alpha x(1-x)][1 - \alpha x(1-x)] = \alpha^2 x(1-x)(1 - \alpha x + \alpha x^2) \\ &= -\alpha^3 x^4 + 2\alpha^3 x^3 - (\alpha^2 + \alpha^3)x^2 + \alpha^2 x \end{aligned} \tag{5. 68}$$

여기서 $f_\alpha^{[2]}(x)$의 부동점은 정의 식 (5.61)에 의해 아래를 만족한다.

$$x = -\alpha^3 x^4 + 2\alpha^3 x^3 - (\alpha^2 + \alpha^3)x^2 + \alpha^2 x$$

이 x에 대한 4차방정식의 근을 구하면 4개의 부동점의 중 한 개는 $x = 0$이 되며, 나머지 3개는 아래의 3차방정식을 만족한다.

$$\alpha^3 x^3 - 2\alpha^3 x^2 + (\alpha^3 + \alpha^2)x - \alpha^2 + 1 = 0$$

그런데 식 (5.62)로부터 $f_\alpha(x)$의 한 부동점은 $x_1(\alpha) = 1 - 1/\alpha$인 것(이는 또한 $f_\alpha^{[2]}$의 부동점도 됨)을 알고 있으므로 이를 위 3차방정식 $(x - x_1(\alpha)(x - x_2(\alpha))(x - x_3(\alpha)) = 0$의 표현을 이용하여 $f_\alpha^{[2]}$의 나머지 두 부동점 $x_2(\alpha)$ 및 $x_3(\alpha)$를 구하면 아래가 된다.

$$x_2(\alpha) = \frac{1 + \alpha + \sqrt{\alpha^2 - 2\alpha - 3}}{2\alpha}, \quad x_3(\alpha) = \frac{1 + \alpha + \sqrt{\alpha^2 - 2\alpha - 3}}{2\alpha} \tag{5. 69}$$

이 식을 보면 $\alpha = 3$에서 $x_2 = x_3 = \dfrac{2}{3}$ 가 됨을 알 수 있으며, 또한 $x_2(\alpha)$는 단조증가함수로서 $\alpha \to \infty$ 일때 $x_2 \to 1$ 가 되고, 반면에 $x_3(\alpha)$는 단조감소함수로서 $\alpha \to \infty$ 일때 $x_3 \to 0$ 임을 알 수 있다.

그런데 우리는 $f_\alpha^{[2]}$의 4 부동점이 완전히 불안정은 되지 않게 하는 α의 값에만 관심이 있다. 이는 그림 5.2(a)에서 볼 수 있듯이 반복된 사상의 값이 오직 두 값 사이에서만 진동해야 한다. 이는 이 두 점이 $f_\alpha^{[2]}$의 안정 부동점일 경우에만 성립된다. 여기서 부동점의 안정성에 관한 정리 1을 적용하기 위하여 각 부동점에서의 $f_\alpha^{[2]}$의 1계 도함수 값을 계산해야한다. 즉 이를 위해 복합함수에 관한 아래의 일반 연쇄율(C.2절 참조)로부터

$$\frac{d}{dx}[g(h(x))] = g'(h(x))h'(x) \ [\text{단 여기서 } g'(h(x)) = \left.\frac{dg(x)}{dx}\right|_{x = h(x)} \text{임}] \tag{5. 70}$$

아래를 얻는다.

$$\frac{d}{dx} f_\alpha^{[2]}(x) = [f_\alpha{}'(f_\alpha(x))] f_\alpha{}'(x) \tag{5. 71a}$$

특히 위 식에서 점 x가 f_x의 부동점(따라서 $f_\alpha^{[2]}$의 부동점) x^*라고 하면 아래가 성립된다.

$$\left.\frac{df_\alpha^{[2]}}{dx}\right|_{x^*} = f_\alpha{}'(f_\alpha(x^*)) f_\alpha{}'(x^*) = [f_\alpha{}'(x^*)]^2 \tag{5. 71b}$$

이로부터 만약 x^*가 f_α의 안정 부동점이라면 정리 1에 의해 아래가 성립된다.

$$|f_\alpha{}'(x^*)| < 1 \Rightarrow [f_\alpha{}'(x^*)]^2 < 1 \Rightarrow \left|\frac{d}{dx} f_\alpha^{[2]}(x^*)\right| < 1$$

결과적으로 이 점 x^*는 $f_\alpha^{[2]}$에 대해서도 안정 부동점이 됨을 알 수 있다. 또한 위에서 언급한 식 (5.65)를 만족하고 $f_\alpha^{[2]}$의 두 (안정)부동점 x_1^*및 x_2^*에서 1계 도함수는 식 (5.71a)에서 각각 아래가 된다[단 식 (5.65)를 이용]

$$\left.\frac{df_\alpha^{[2]}}{dx}\right|_{x_1^*} = f_\alpha{}'(f_\alpha(x_1^*) f_\alpha{}'(x_1^*) = f_\alpha{}'(x_2^*) f_\alpha{}'(x_1^*)$$

$$\left.\frac{df_\alpha^{[2]}}{dx}\right|_{x_2^*} = f_\alpha{}'(f_\alpha(x_2^*) f_\alpha{}'(x_2^*) = f_\alpha{}'(x_1^*) f_\alpha{}'(x_2^*) \qquad (5.\ 72)$$

즉 이로부터 $f_\alpha^{[2]}$는 두 부동점 x_1^*및 x_2^*에서 같은 기울기 도함수를 가짐을 알 수 있다.

한편 사상 f_α의 반복연산의 개념은 $f_\alpha^{[2]}$에서 아래와 같이 f_α의 n번 반복(또는 순환)(nth iterate)인 $f_\alpha^{[n]}$으로 일반화될 수 있다.

$$f_\alpha^{[n]} \equiv \underbrace{f(f(\ldots f(x)\ldots))}_{n\ times} \Rightarrow f_\alpha^{[n]}(x_0) = x_{n-1} \qquad (5.\ 73)$$

여기서 $f_\alpha^{[2]}$의 경우와 마찬가지로 f_α의 (안정)부동점은 역시 $f_\alpha^{[n]}$의 (안정)부동점이 된다(그러나 일반적으로 역은 성립하지 않음).

n번째 반복 $f_\alpha^{[n]}$의 개념의 유용성은 쌍갈래 점(bifurcation point)의 위치에 대한 해석에 있다. 좀더 구체적으로 말하면, 로지스틱 사용에 관한 정의식 (5.59)와 그 부동점 x^*에서의 미분값 $f_\alpha{}'(x^*) = \alpha(1-2x^*)$(5.4.1.1절의 예1 참조)로부터 $0<\alpha<1$인 경우는 x_1^*=0, 그리고 $1<\alpha<3$ 에서는 $x_2^* = 1 - a/\alpha$에서 안정 부동점이 생긴다(그림 5.1 참조). 안정성을 부여하는 α 범위 내에서, f_α의 도함수는 -1과 1사이의 값[즉 $\alpha=1$인 경우는 +1, 그리고 $\alpha=3$인 경우는 -1]을 가진다. 그러나 이처럼 2 주기(2-cycle) 부동점이 일어나는 파라미터 α의 값인 α_1을 지나서는 계는 안정 부동점을 갖지 못한다. 그러나 식 (5.71b)에 의하면 $f_\alpha^{[2]}$의 1계도함수 값은 $+1$이 되는데, 이는 매개변수 혹은 조절인자 α가 2순환(2-cycle) 부동점이 일어나는 $\alpha_1(=3)$값을 지나 계속 증가하면 $f_\alpha^{[2]}$의 기울기는 -1이하로 감소할 수 있음을 의미한다. 사실 α가 α_1을 지나 계속 증가할 때 일어나는 거동은 정확히 $\alpha=1$과 $\alpha=3$사이에서 f_α에 일어난 거동의 반복이다. 나아가

$f_\alpha^{[2]}$의 도함수는 주기 배가 쌍갈래가 발생하는 α값인 α_2까지 계속 감소하는데 이것이 '4순환(4-cycle) 부동점'에 해당된다. 여기서 4순환 부동점 x^*(및 그에 대응하는 α) 값은 다음의 두 요구조건에 의해 결정된다.

$$f_{\alpha_2}^{[2]}(x^*) = x^* \text{ 및 } \left.\frac{df_{\alpha_2}^{[2]}}{dx}\right|_{x^*} = -1 \tag{5.74}$$

그런데 식 (5.72)에서 $f_\alpha^{[2]}$의 두 안정 부동점에서의 도함수 값이 서로 같으므로 이들 두 안정점은 같은 짝(pair)의 식 (5.74)를 가진다.

로지스틱 사상(식 (5.59))의 경우 식 (5.74)는 $f_\alpha^{[2]}(x)$(식 (5.68)) 및 그의 도함수로부터 아래가 된다.

$$x^* = \alpha_2^2 x^*(1-x^*)(1-\alpha_2 x^* + \alpha_2 x^{*2}),$$

$$-1 = -4\alpha_2^3 x^{*3} + 6\alpha_2^3 x^{*2} - 2(\alpha_2^2 + \alpha_2^3)x^* + \alpha_2^2 \tag{5.75}$$

이 두 식을 연립하여 풀면 모두 8개의 가능한 (x^*, α_2)쌍이 얻어지는데 이 중 α_2값이 3보다 크면서 실수값을 갖는 쌍만을 고르면 아래의 두 쌍이 얻어진다.

$$\left(\frac{4+\sqrt{6} \pm \sqrt{14-4\sqrt{6}}}{10}, 1+\sqrt{6}\right) = (0.644949 \pm 0.204989,\ 3.44949) \tag{5.76}$$

이 중 특히 $\alpha_2 = 1+\sqrt{6} = 3.44949$(단 $\alpha_1 = 3$)는 약 0.85 및 0.44인 x의 두 값에 대응하는 4순환(4-cycle) 부동점이다(그림 5.3 참조).

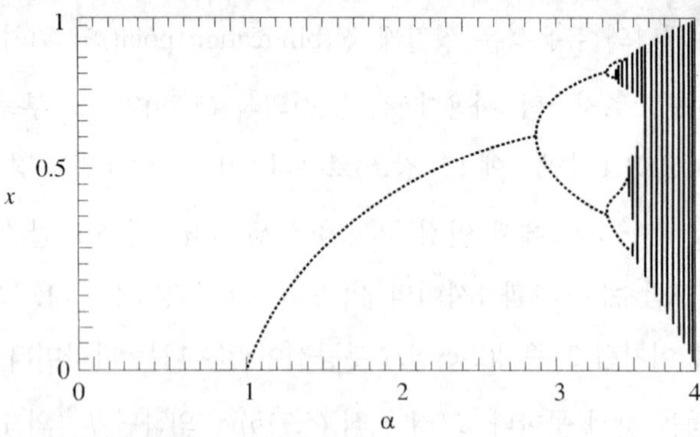

그림 5. 3 로지스틱 사상(식 (5.59))에 대한 쌍갈래(bifurcation) 다이어그램. 부동점 함수 $x(\alpha)$의 매개변수 α의 변화에 따른 거동(식 (5.75) 참조)에 대한 해석은 $\alpha < 3$인 경우는 매우 간단하나, $\alpha > 3$인 경우는 복잡하다. 그림에서 4순환(4-cycle) 부동점은 $\alpha \approx 3.45$에서 일어나며(즉 이 α_2값을 지나서는 쌍갈래가 발생함), 더욱이 $\alpha \approx 3.57$부터는 혼돈성 거동(chaotic behavior)이 일어나기 시작한다.

한편 식 (5.74)의 2^n순환(2^n-cycle)으로의 확장은 아래가 된다.

$$f_\alpha^{[2^n]}(x^*) = x^* \text{ 및 } \left.\frac{df_\alpha^{[2^n]}}{dx}\right|_{x^*} = -1 \tag{5.77}$$

이 두 식을 연결시켜 풀어서 해($(x_n{}^*, \alpha_n)$)의 쌍을 구하는 것은 매우 복잡하므로 해석적보다는 컴퓨터에 의한 수치해석적으로 푸는 것이 훨씬 효율적이다. $f_\alpha^{[2]}$의 경우와 유사하게 임의의 한 허용된 α_n에 대하여 2^n개의 부동점이 존재한다.

5. 4. 1. 3 혼돈(chaos)의 개시

그림 5.3에서 조절인자(혹은 매개변수) α값을 천천히 증가시킨다고 생각하자. 이 때 어떤 임계 α값(즉 α_c)에 도달하면 더 이상 안정된 (부동)점들(stable points)의 집합은 존재하지 않게된다. 이의 도식적 해석은 그림 5.2(b)에 묘사한 바와 같이 로지스틱 사상의 α값에 대한 함수 $x(\alpha)$의 거동은 '혼돈적(chaotic)'이 됨을 알 수 있다. 여기서 혼돈적 거동을 '무한순환 부동점(infinite-cycle fixed point)'(즉 2^n-cycle에서 $n\to\infty$에 해당)중의 하나에 대응한다고 간주하면, 그림 5.3의 쌍갈래 다이어그램 상에서 혼돈(chaos)이 일어나기 시작하는 임계 α(즉 α_c) 값은 아래와 같이 정의된다.

$$\alpha_c = \alpha_\infty \equiv \lim_{n\to\infty}\alpha_n \tag{5.78}$$

위 식에서 정의된 α_c는 혼돈의 개시(onset)를 특징짓는 한 방법이다. 또 다른 방법으로서는 (반복) 함수의 궤적(trajectory)을 조사하는 것이다. 지금 초기의 점 x_0과 그의 근방에 있는 점 $x_0+\varepsilon$(여기서 ε는 작은 양의 실수)는 n번 반복(n iterations) 후에 아래의 거리 α_n만큼 벌어질 것이다(식 (5.73) 참조).

$$d_n \equiv |f_\alpha^{[n]}(x_0+\varepsilon) - f_\alpha^{[n]}(x_0)| \tag{5.79}$$

만약 이 거리가 n과 함께 지수적으로 증가하면 혼돈 거동(chaotic behavior)에 이르게 된다. 따라서 d_n을 초기점 x_0에서 'n번째 반복 Lyapunov 지수'인 $\lambda_{x_0}^{[n]}$를 사용하여 아래 식으로 재정의한다.

$$d_n \equiv d_0 e^{\lambda_{x_0}^{[n]} n} \equiv \varepsilon e^{\lambda_{x_0}^{[n]} n} \tag{5.80}$$

그러면 식 (5.79)와 (5.80)에서 아래 관계가 얻어진다.

$$\lambda_{x_0}^{[n]} = \frac{1}{n}\ln\left(\frac{d_n}{\varepsilon}\right) = \frac{1}{n}\ln\left\{\frac{|f_\alpha^{[n]}(x_0+\varepsilon) - f_\alpha^{[n]}(x_0)|}{\varepsilon}\right\} \tag{5.81}$$

여기서 만약 $\varepsilon \to 0$을 취하면 우변은 점 x_0에서의 n번째 반복함수 $f_\alpha^{[n]}$의 1계도함수의 절대값이 된다. 한편 연쇄율(식 (5.70)) 및 반복정의 식 (5.73)을 이용하면 아래의 항등관계를 얻는다.

$$\left.\frac{df_\alpha^{[n]}}{dx}\right|_{x_0} = \frac{d}{dx}[f_\alpha(f_\alpha^{[n-1]}(x))]\Big|_{x_0} = f_\alpha{}'(f_\alpha^{[n-1]}(x_0))\left.\frac{df_\alpha^{[n-1]}}{dx}\right|_{x_0}$$

$$= f_\alpha{}'(x_{n-1})\left.\frac{df_\alpha^{[n-1]}}{dx}\right|_{x_0} \tag{5.82a}$$

이 관계를 반복하면 최종적으로 아래를 얻는다.

$$\left.\frac{df_\alpha^{[n]}}{dx}\right|_{x_0} = f_\alpha{}'(x_{n-1})f_\alpha{}'(x_{n-2})\cdots f_\alpha{}'(x_{n-k})\left.\frac{df_\alpha^{[n-k]}}{dx}\right|_{x_0}$$

$$= f_\alpha{}'(x_{n-1})f_\alpha{}'(x_{n-2})\cdots f_\alpha{}'(x_0) \tag{5.82b}$$

위 식의 마지막 항등관계는 $k=n$을 두고 또 $f_\alpha^{[0]} = f_\alpha$를 이용하였다. 그러면 식 (5.82b)를 식 (5.81)에 대입하면 아래를 얻는다.

$$\lambda_{x_0}^{[n]} = \frac{1}{n}\ln[|f_\alpha{}'(x_0)||f_\alpha{}'(x_1)|\cdots|f_\alpha{}'(x_{n-1})|] \tag{5.83a}$$

혹은 위 식은 아래와 같이 나타낼 수 있다.

$$\lambda_{x_0}^{[n]} = \frac{1}{n}\sum_{k=0}^{n-1}\ln|f_\alpha{}'(x_k)| \tag{5.83b}$$

한편 통상 $\lambda_{x_0}^{[n]}$의 극한 값에 해당되는 '국소적 Lyapunov 지수'도 아래와 같이 정의한다.

$$\lambda_{x_0} \equiv \lim_{n\to\infty}\lambda_{x_0}^{[n]} = \lim_{n\to\infty}\frac{1}{n}\sum_{k=0}^{n-1}\ln|f_\alpha{}'(x_k)| \tag{5.84}$$

따라서 식 (5.60)으로 정의되는 반복사상 함수 $f_\alpha(x)$를 따르는 계의 혼돈적 거동을 특징짓기 위해서는 시료의 궤적점들에 대하여 식 (5.84)의 λ_{x_0} 값을 먼저 계산하고 이들의 평균을 구해야 한다.

그러면 반복사상 $f_\alpha(x)$를 따르는 계가 주어진 조절인자 α 값에서 혼돈적이 되기 위한 필요조건은 그의 Lyapunov 지수 λ_{x_0}가 양인 것을 이용하여 계의 혼돈적 거동을 특징지어야 한다(그림 5.3 참조).

5. 4. 1. 4 Feigenbaum 수와 프랙탈(fractal) 차원

로지스틱 사상(식 (5.59)) 또는 반복사상(식 (5.60))에서 n번째 쌍갈래(bifurcation)가 발생하며, 또한 다수의 2^n-순환(cycle) 부동점이 존재하는 계를 위하여 조절인자(또는 매개 변수) α_n을 도입하였는데, 이를 이용하여 아래 식으로 정의되는 비 δ_n가 있다.

$$\delta_n \equiv \frac{\alpha_n - \alpha_{n-1}}{\alpha_{n+1} - \alpha_n} \tag{5. 85}$$

여기서 반복(혹은 순환) 수를 나타내는 n값이 매우 큰 경우에는 δ_n값이 거의 일정함이 알려져 있으며, 더욱이 $n \to \infty$의 극한에는 아래의 'Feigenbaum 델타(delta)'라고 불리는 수 δ^*에 접근한다.

$$\delta^* \equiv \lim_{n \to \infty} \delta_n = \lim_{n \to \infty} \frac{\alpha_n - \alpha_{n-1}}{\alpha_{n+1} - \alpha_n} = 4.66920 \cdots \tag{5. 86}$$

그런데 Feigenbaum은 아래의 '반복 사인함수'에 대해서도 이 비 값을 조사하였는데,

$$x_{n+1} = \beta \sin(\pi x_n)$$

$n \to \infty$의 극한인 경우에는 정확히 위와 같은 값을 가짐을 확인하였다. 이 후 그는 식 (5.60) 형태의 모든 반복사상 함수의 경우에도 같은 현상이 일어남을 밝혔다.

그래서 우리는 이 δ^*값을 이용하여 반복수 n가 매우 큰 경우의 조절인자 α_n(나아가 α_∞)에 대한 근사값을 계산할 수 있다. 그러기 위하여 우선 δ^*에 대한 근사로서 아래와 같이 n가 매우 큰 경우의 δ_n값을 이용하기로 한다(단 식 (5.85)를 이용).

$$\alpha_{n+1} = \frac{\alpha_n - \alpha_{n-1}}{\delta_n} + \alpha_n \approx \frac{\alpha_n - \alpha_{n-1}}{\delta^*} + \alpha_n \tag{5. 87}$$

예로서

$$\alpha_3 \approx \frac{\alpha_2 - \alpha_1}{\delta^*} + \alpha_2 \ , \ \alpha_4 \approx \frac{\alpha_3 - \alpha_2}{\delta^*} + \alpha_3$$

혹은

$$\alpha_4 \approx \frac{(\alpha_2-\alpha_1)/\delta^*}{\delta^*}+\alpha_3=(\alpha_2-\alpha_1)\left(\frac{1}{\delta^*}+\frac{1}{\delta^{*2}}\right)+\alpha_2$$

이로부터 우리는 쉽게 아래의 일반화된 식을 얻을 수 있다.

$$\alpha_N \approx (\alpha_2-\alpha_1)\left(\frac{1}{\delta^*}+\frac{1}{\delta^{*2}}+\cdots+\frac{1}{\delta^{*(N-1)}}\right)+\alpha_2 \tag{5. 88}$$

여기서 $N\to\infty$의 극한 경우는 우변의 괄호안의 합은 공비 $1/\delta^*(\simeq 0.2142)$인 무한등비수열이 되어 $1/(\delta^*-1)$의 값을 갖는다. 따라서

$$\alpha_\infty \approx \frac{\alpha_2-\alpha_1}{\delta^*-1}+\alpha_2 \tag{5. 89}$$

여기서 $\alpha_1=3$ 및 $\alpha_2=1+\sqrt{6}$ (식 (5.76) 참조)를 대입하면, 아래를 얻는다.

$$\alpha_\infty = \frac{\sqrt{6}-2}{3.66920}+1+\sqrt{6}=3.572$$

이 값은 정확한 계산에 의하여 얻어진 값 3.5699...와 큰 차이가 없다.

여기서 소개할 또 하나의 보편적(혹은 만유, universal) 양으로서는 두 개의 연속적인 '쌍갈래 크기(bifurcation size)'의 비이다. 우리는 앞에서 2^n순환(2^n-cycle) 매개변수 α_n과 관련된 여러개의 부동점이 존재하며, 또한 쌍갈래의 각 단계(each stage)에서 이들 부동점은 쌍(pair)으로 존재함을 알았다. 가령 $\alpha_2=1+\sqrt{6}$ (단 $\alpha_1=3$)인 경우 식 (5.76)에서 쌍의 두 부동점은 각각 $x=0.849938$ 및 $x=0.43996$이었다(그림 5.3 참조). 이 때 4순환(4-cycle) 쌍갈래의 크기(size) d_1은 이들 두 x값의 차의 절대값으로 정의된다. 일반적으로 2^n순환(2^n-cycle)의 쌍갈래 패턴의 크기 d_n은 2^n개 쌍의 부동점의 각각의 두 개의 x값의 차의 절대값 중 가장 큰 것으로 정의된다. 가령 로지스틱 사상에 대한 쌍갈래 다이어그램에서 각 (부동점 함수)곡선이 갈라지기(branch out) 시작하는 점들 간의 수직거리를 측정할 수 있다(그림 5.3 참조). 그런데 만약 다이어그램 상에서 그와 같은 거리가 여러 개 있다면 가장 큰 것을 d_n값으로 택한다. 여기서 두 번째 Feigenbaum 수인 'Feigenbaum 알파(alpha)'는 아래와 같이 정의된다.

$$\alpha^* \equiv \lim_{n\to\infty}\frac{d_n}{d_{n+1}}=2.5029.... \tag{5. 90}$$

Feigenbaum은 이 수 또한 쌍갈래를 통해 혼돈(chaos)에 이르는 모든 혼돈계(chaotic system)의 쌍갈래 패턴에 대하여 같은 값을 가짐을 밝혔다.

한편 이 비의 개념을 다른 혼돈계들에 적용할 때(단 그의 보편성 문제는 별도로 하고), 이 수는 단일 계의 쌍갈래 패턴내에서 일반적인 '크기 스케일링(size scaling)'을 암시한다. 여기서 만약 n 값이 커지면, 각 쌍갈래의 크기의 비는 이전 것과 동일해진다. 또한 만약 큰 n값에서 생기는 작은(small) 쌍갈래들은 날려버리면(blow-up) 그들은 앞에서 일어난 것과 거의 동일해 지는데, 이 성질을 '자기 유사성(self-similarity)'이라고 한다.

프랙탈 차원(fractal dimension)

혼돈(chaos)을 정량화하는 효과적인 방법으로서는 연구 중의 혼돈계(chaotic system)의 궤적(trajectory)의 기하적 성질을 조사하는 것이다. 지금 장시간 방치된 한 혼돈계가 어떤 끌개(attractor)를 향해 끌려가서, 궁극적으로는 거기에 머문다고 생각하자. 이 때 아래와 같이 분석을 행한다.

우선 (직감적으로) 점(point)의 차원(dimension, D)은 0, 곡선(curve)(혹은 직선, line)의 차원은 1, 곡면(혹은 표면, surface)의 차원은 2, 부피(volume)의 차원은 3, 그리고 그를 규정짓기 위하여 n개의 좌표(coordinates)를 요하는 즉 n-차원 공간에 있는 고체물질(solid object)의 차원은 n이라고 기술한다. 그런데 차원에 대한 이와 같은 직감적 정의를 뛰어 넘기 위하여 지금부터 소위 'Hausdorff 차원'의 개념을 소개한다. 여기서 어떤 기하적 개체(geometrical object)의 모든 점을 포함하기 위하여 요구되는 모서리 길이 r인 상자(box)의 수를 $N(r)$로 나타내자. 그러면 이 때 Hausdorff 차원 D는 아래와 같이 정의된다.

$$N(r)=\lim_{r\to 0}(kr^{-D}) \tag{5. 91}$$

여기서 k는 상자의 모양을 기술하는 비례상수이다. 예로서 반경 r인 구(sphere)를 생각하자. 만약 선(line)인 경우는 부피(이 때 길이 해당)는 $2r$, 원(circle)인 경우(이 때는 면적 해당)는 πr^2, 그리고 구인 경우는 $\frac{4}{3}\pi r^3$이 될 것이다. 이 때 식 (5.91)의 k값은 2 혹은 π 혹은 $\frac{4}{3}\pi$가 될 것이다. 더욱이 길이의 단위를 바꾸면 k의 단위도 달라질 것이다. 그러나 다행히 k는 Hausdorff 차원 D의 최종 정의에는 들어가지 않는다(아래 참조).

식 (5.91)을 D에 대해서 풀면 아래를 얻는다.

$$D=\lim_{r\to 0}\left[-\frac{\ln N(r)}{\ln r}+\frac{\ln k}{\ln r}\right] \tag{5. 92}$$

여기서 $r\to 0$일 때 우변의 두 번째 항은 무한대로 발산하여 상자의 계를 벗어나므로 위 식은 사실상 아래가 된다.

$$D = -\lim_{r \to 0} \frac{\ln N(r)}{\ln r} \tag{5.93}$$

따라서 D의 (최종)정의에는 비례상수 k가 나타나지 않는다.

이제 식 (5.93)의 타당성을 몇몇 잘 알려진 기하 개체(geometrical object)를 사용하여 조사해보자. 만약 개체가 직선상의 한 점이라면 상자의 크기(길이)에 관계없이 그 점을 덮기(cover)위해서는 오직 한 상자만이 필요하다. 따라서 $N(r) = 1$이 되어 식 (5.93)에서 $D = 0$이 된다. 실제 직선상의 몇 개의 (유한)점의 Hausdorff 차원은 0이 된다. 마찬가지 논리로 곡면 상 또는 부피내에 있는 몇 개의 유한 점들의 D역시 0이 된다.

만약 기하개체가 면적 A인 곡면이라면, 이의 전면적을 덮는데 필요한 (사각)상자수 $N(r)$는 A/r^2일 것이다. 이를 식 (5.93)에 대입하면 아래를 얻는다.

$$D = -\lim_{r \to 0} \frac{\ln(A/r^2)}{\ln r} = -\lim_{r \to 0}\left(\frac{\ln A - 2\ln r}{\ln r}\right) = 2$$

마찬가지 논리로 곡선의 D는 1, 그리고 부피의 D는 3이 됨을 쉽게 확인할 수 있다. 따라서 공식 (5.93)는 위의 익숙한 기하개체의 경우에는 잘 적용됨을 알 수 있다.

다음에는 비교적 잘 알려져 있지 않은 소위 'Cantor 집합(set)'에 대해서 조사해보자. 즉 폐구간 $[0, 1]$에서 그의 중간 부분인 $1/3$을 제거하고, 또 남는 두 분절(segment)에 대해서도 같은 조작을 취한다. 만약 이와 같은 조작을 무한으로 반복하면 그림 5.4의 형태가 될 것이다. 이 때 제거되지 않고 남아있는 것을 'Cantor 집합(set)'이라고 부른다. 이와 같은 조작을 n번 반복 후 남아있는 분절의 수는 2^n, 그리고 각 분절의 길이는 $(1/3)^n$이 됨을 그림 5.4에서 쉽게 확인할 수 있다.

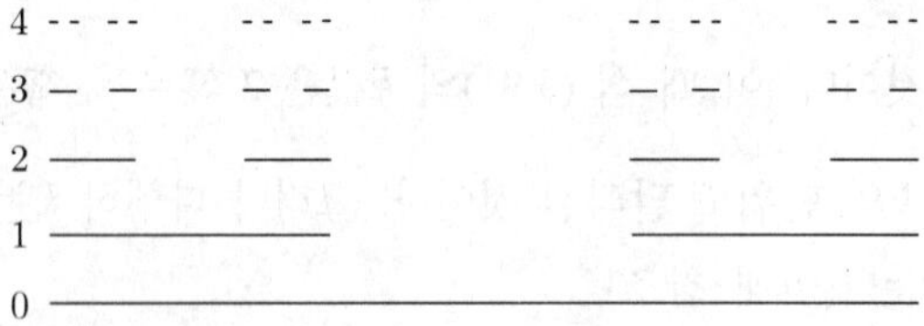

4
3
2
1
0

그림 5.4 첫 번째, 두 번째, 세 번째 및 4번째 분할(dissection) 후의 Cantor 집합(set).

그러면 n번의 분할(dissection) 조작 후의 상자(혹은 분절)의 크기를 r^n, 그리고 상자(혹은 분절)의 개수를 $N(r_n)$이라면 아래가 성립된다.

$$r_n = (1/3)^n, \quad N(r_n) = 2^n$$

따라서 식 (5.93)은 아래가 된다.

$$D = -\lim_{r\to 0}\frac{\ln N(r)}{\ln r} = -\lim_{n\to\infty}\frac{\ln N(r_n)}{\ln r_n} = -\lim_{n\to\infty}\frac{\ln(2^n)}{\ln[(1/3)^n]}$$

$$= -\lim_{n\to\infty}\frac{n\ln 2}{n\ln(1/3)} = -\frac{\ln 2}{\ln(1/3)} = \frac{\ln 2}{\ln 3} = 0.6309... \tag{5.94}$$

따라서 Cantor 집합은 차원(D)이 0인 점들의 집합보다는 많고, 차원이 1인 직선분절(line segment)보다는 작다. 즉 그림 5.4로 나타낸 Cantor 집합은 정수(integer)가 아닌 차원을 가진 기하적 개체의 한 예임을 알 수 있다.

이와 같이 정수가 아닌 Hausdorff 차원(D)을 가진 기하개체를 '프랙탁 개체(fractal object)' 혹은 단순히 '프랙탈(fractal)'이라고 부른다.

프랙탈 개체의 또 다른 예로서 눈송이(snowflake) 모양의 'Koch 곡선'(그림 5.5 참조)을 생각해 보자.

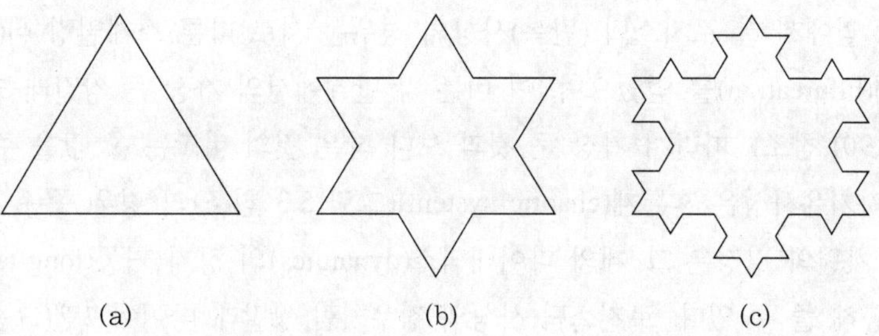

그림 5. 5 (a) 정삼각형으로부터 시작하여,
(b) 각 변의 중간 1/3을 제거하고, 그 자리에 쇄기(wedge)를 대체하여 별(star) 모양을 만든다.
다음에는 (c) 새로운 각 분절(segment)의 중간 1/3을 제거하고 역시 쇄기로 대체한다.
이와 같은 조작을 무수히 반복하면 눈송이 모양의 'Koch 곡선' 을 얻는다.

지금 모서리의 길이가 L인 정삼각형(그림 5.5(a))으로부터 시작하여, 각 모서리의 중간 $1/3$을 제거하고 그 자리에 두 동일한 분절을 가진 쇄기(wedge)로 대체하여 별(star)을 만든다(그림 5.59(b)). 이와 같은 조작을 한 번 더 반복하면 그림 5.5(c)를 얻는데, 여기서 계속 (무수히) 반복하면 결국 눈송이(snowflake)모양의 'Koch 곡선'에 이르게 된다.

그러면 이렇게 얻어진 Koch의 눈송이 곡선에 대한 Hausdorff 차원(D)를 계산해보자. 그림에서 n번 반복조작 후 생기는 삼각형의 원래의 한 변에 있는 같은 길이를 갖는 선 분절(line segment)의 수는 4^n, 그리고 선분절의 길이 r_n은 $L/3^n$가 됨을 쉽게 알 수 있다. 따라서 (원래의) 삼각형 전체에 있는 이와 같은 선분절의 수 $N(r_n) = 3\times 4^n$가 된다(여기서 $r_n = L/3^n$임).

그러면 Koch 곡선의 Hausdorff 차원 D는 아래가 된다.

$$D = -\lim_{n\to\infty}\frac{\ln N(r_n)}{\ln r_n} = -\lim_{n\to\infty}\frac{\ln(3\times 4^n)}{\ln(L/3^n)}$$

$$= -\lim_{n\to\infty}\frac{\ln 3 + n\ln 4}{\ln L - n\ln 3} = \frac{\ln 4}{\ln 3} = 1.2618595... \qquad (5.95)$$

그러면 n번 조작 후 삼각형에 있는 전 선분절의 길이의 합(의 극한)은 아래가 된다.

$$\lim_{n\to\infty} N(r_n)r_n = \lim_{n\to\infty}(3\times 4^n)(L/3^n) = 3L\lim_{n\to\infty}\left(\frac{4}{3}\right)^n \to \infty$$

그런데 여기서 주목할 점은 Koch 눈송이의 전 길이(perimeter)는 ∞가 되나 (전체) 면적은 그림에서 보듯이 유한임을 알 수 있다.

이상의 두 예에서 볼 수 있는 비정수 차원을 가진 프랙탈 개체는 앞에서 언급한 진정한(true or regular) 의미의 자기유사성(self-similarity)을 가진다[이는 원래의 개체의 정확한 복제(replica)를 의미함]. 반면에, 앞에서 본 로지스틱 (반복)사상의 경우는 서로 다른 스케일링 비(scaling ratio)를 포함하는 쌍갈래(bifurcation)를 얻었으며, 이 비는 각 단계에서의 가장 큰 쌍갈래 크기에 대해서만 α^*이었다(식 (5.90) 참조). 따라서 가장 큰 것과 보다 작은 것의 비교는 α^*값을 주지못한다. 이와 같은 불규칙한 자기유사성은 혼돈계(chaotic system)(그림 5.3 참조)의 경우 종종 관측되며, 이 경우의 Hausdorff 차원의 결정은 그 계의 다이내믹스(dynamics)의 장기 거동(long-term behavior)에 관한 정보를 제공해 줄 수 있다. 로지스틱 사상의 경우처럼 쌍갈래 다이어그램(그림 5.3)상의 수직 부동점들의 집합에 대한 Hausdorff 차원은 유한 (반복) 단계의 쌍갈래에서는 모두 0이 되나, 무한 반복에 해당하는 α_∞(식 (5.78) 참조)에서는 0이 되지 않는다(사실 0.5388...임이 알려져 있다). 이는 비정수(Hausdorff) 차원 D를 가진 끌개(attractor)(부동점)의 예로서, $D=0$인 점이나 $D=1$인 선이 아니다. 만일 한 산일 동력학적 계(dissipative dynamical system)의 끌개가 프랙탈(비정수) 차원을 가지면 이를 '이상한 끌개(strange attractor)'라고 부르며, 이는 동적계의 혼돈(chaos) 이론에서 중요한 역할을 한다.

5. 4. 2 비선형 미분방정식(NDE)에 응용

비선형 동적계(nonlinear dynamical system)의 한 범례(paradigm)로서, 진동각(oscillation angle)이 그다지 작지않은 조화적으로 구동된(harmonically driven) (에너지)산일성의 진자(dissipative pendulum)의 운동을 생각해보자. 그와 같은 진자의 운동방정식은 뉴톤의 제 2 운동법칙에서 아래로 나타내진다.

$$m\frac{d^2x}{dt^2} = F_0\cos(\Omega t) - b\frac{dx}{dt} - mg\sin\theta \tag{5.96}$$

여기서 $x(t)$는 질량 m인 진자가 움직이는 원의 호(arc)의 평형위치(즉 위치에너지가 최소가 되는 맨 아래 점)로부터 측정된 시간 t에서의 길이이다(그림 5.6 참조).

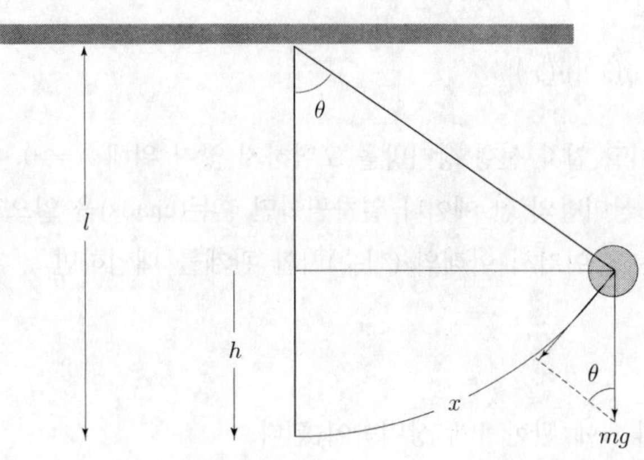

그림 5. 6 질량 m, 길이 l인 진자의 운동에서 변위 x와 중력(의 크기) mg.

식 (5.96)의 우변의 첫 번째 항은 일정(steady) 각속도 Ω를 가진 조화구동력(harmonic driving force)이고, 두 번째 항은 (에너지)산일 힘(dissipative force)[가령 마찰(friction)력이나 점성저항(viscous drag)력 등]이며, 마지막 세 번째 항은 중력의 운동방향 성분이다. 위 식에서 마이너스(−) 부호는 대응하는 힘이 (윗 방향으로의) 진자의 운동을 저해하기 때문에 붙인 것이다. 진자는 원 내에 갇혀있으므로 기하에서 $x = l\theta$[여기서 θ는 라디안(radian)으로 표시된 각도임]의 관계가 있으므로 이를 식 (5.96)에 대입하면 아래를 얻는다.

$$ml\frac{d^2\theta}{dt^2} = F_0\cos(\Omega t) - bl\frac{d\theta}{dt} - mg\sin\theta \tag{5.97}$$

여기서 시간 t에서 $t = \tau\sqrt{l/g}$ 관계를 통하여 $T/2\pi$[여기서 T는 한 진동 사이클에 걸리는 시간인 주기(period)로서 작은 진동각 진자의 경우 $T(= 2\pi/\Omega) = 2\pi\sqrt{l/g}$가 됨]의 단위를 갖는 무차원의 환원 시간 τ로 변수치환시키면 위 식은 아래가 된다.

$$\frac{d^2\theta}{d\tau^2} + \gamma\frac{d\theta}{d\tau} + \sin\theta = \phi_0\cos(\omega_D\tau) \tag{5.98}$$

여기서 무차원의 상수 γ, ϕ_0 및 ω_D는 각각 아래로 정의된다.

$$\gamma \equiv \frac{b}{m}\sqrt{\frac{l}{g}},\ \phi_0 \equiv \frac{F_0}{mg},\ \omega_D \equiv \Omega\sqrt{\frac{l}{g}}$$

5. 4. 2. 1 Bernoulli와 Riccati 비선형 방정식

먼저 Bernoulli 방정식은 아래의 형태를 가지는 비선형(상미분) 방정식이다.

$$y'(x) = p(x)y(x) + q(x)[y(x)]^n \tag{5. 99}$$

여기서 p와 q는 실함수이고 일차 선형 상미방을 포함하지 않기 위해 $n \neq 0,\ 1$이다. 이는 해석적으로 풀릴 수 있는 비선형 상미방의 한 예이나 일차원이면 혼돈(chaos)을 일으키지 않고 그 해는 지수적으로 발산하지 않는다. 여기서 아래의 (함수)치환 관계를 대입하면

$$u(x) = [y(x)]^{1-n} \tag{5. 100}$$

식 (5.99)는 아래와 같이 u에 관한 1계 상미방이 된다.

$$u' = (1-n)y^{-n}y' = (1-n)[p(x)u(x) + q(x)] \tag{5. 101}$$

예제 5. 9

초기조건 $y(t=0) = 1/3$에 대한 Bernoulli형 비선형 상미방 $\dot{y} = y - 2y^2$을 풀어라.

풀 이

식 (5.99)와 이 식을 비교하면 $p(x) = 1,\ q(x) = -2,\ n = 2$이므로 식 (5.100)에서 아래가 된다.

$$u(x) = 1/y(x) \to \dot{u} = -\dot{y}/y^2$$

이를 문제의 NDE에 대입하면 아래와 같이 u에 관한 1계 상미방을 얻는다.

$$\frac{\dot{y}}{y^2} = \frac{1}{y} - 2 \ \to \dot{u} = 2 - u$$

여기서 변수 분리법으로 해를 구하면 아래를 얻는다(부록 D.1.1절 참조).

$$\ln(u-2) = \int^u \frac{du}{u-2} = -\int^t dt = -t + \ln C$$

이다. 이 식을 지수로 해주면 그 결과는 $u = 2 + Ce^{-t}$이거나 $y(t) = \dfrac{1}{2 + Ce^{-t}}$이다. C를 변화시키면 그 해들

은 지수적으로 발산하지 않고 혼돈은 없다. 초기조건 $y(0)=1/3$은 $C=1$로 고정시킨다. 이 해는 $y(t)=\dfrac{1}{2+e^{-t}}$는 $t=0$에서 1/3로부터 증가해서 $t\to\infty$에 대해 1/2로 된다.

한편 Riccati 비선형 미분방정식(NDE)은 아래의 형태를 가진다.

$$y'=p(x)y^2+q(x)y+r(x) \tag{5.102}$$

여기서 선형 상미방을 배제하기 위하여 $p\neq 0$이고 Bernoulli 방정식을 배제하기 위하여 $r\neq 0$이다. Riccati 방정식을 푸는 데는 일반적 방법이 없다. 그러나 식 (5.102)의 특수해 $y_0(x)$가 추측이나 관찰로 알려지면 $y=y_0+u$를 대입함으로써 아래와 같이 $u(x)$에 대한 Bernoulli 방정식에 도달한다.

$$u'=pu^2+(2py_0+q)u \tag{5.103}$$

한편 식 (5.102)에 $y=-z'/pz(x)$의 함수치환을 대입하면 아래와 같이 z에 관한 2계 제차 선형 상미방을 얻는다.

$$z''-\left(q+\frac{p'}{p}\right)z'+prz(x)=0 \tag{5.104}$$

증 명 $y=-z'/pz(x)$의 양변을 x에 대해 미분하면 아래를 얻는다(공식 (A.15) 이용).

$$y'=-\frac{z''}{pz}+\frac{z'p'}{p^2z}+\frac{z'^2}{pz^2}=\frac{z'^2}{pz^2}-\frac{qz'}{pz}+r$$

이를 정리하면 비선형 제곱항이 없어지고 아래의 2계 선형 상미방이 되어 증명된다.

$$z''=z'\times\left(q+\frac{p'}{p}\right)-prz \quad \blacksquare$$

만약 이 2계 상미방이 해석적으로 풀리지 않으면 지수급수 방법으로 풀 수도 있다.

예제 5. 10

초기조건 $y(0)=1$의 아래의 Riccati NDE를 풀어라.

$$y' = 1/2 - x^2 y + 2xy^2 \tag{1}$$

풀 이

해를 시행착오법(trial-and-error method)으로 구해보자. 즉 해를 $y = x/2$로 간주하여 이를 식 (1)에 대입하면 아래를 얻는다.

$$1/2 = 1/2 - x^3/2 + 2x(x^2/4) \tag{2}$$

이로부터 Riccati 식 (1)에 $y = \dfrac{x}{2} + u$, $y' = \dfrac{1}{2} + u'$를 대입하면 아래의 Bernoulli NDE를 얻는다.

$$u' = x^2 u + 2xu^2 \tag{3}$$

여기서 다시 $v = 1/u$, $v' = -u'/u^2$으로 놓음으로써 아래의 1계 상미방을 얻는다.

$$-v' = x^2 v + 2x \tag{4}$$

여기서 먼저 $2x$항을 생략한 1계 선형 제차 상미방 $-v' = x^2 v$를 아래와 같이 변수분리법에 의해 푼다.

$$\int^v \frac{dv}{v} = -\int^x x^2 dx = -x^3/3 + \ln C \tag{5}$$

이를 지수로 해서 풀면 $v = Ce^{-x^3/3}$. 이제 상수를 $C \to C(x)$로 변화시키고 $v = C(x)e^{-x^3/3}$을 비제차 상미방에 넣으면 $C' = -2xe^{x^3/3}$을 얻는다. 그래서 $v = e^{-x^3/3}(c - 2\int^x xe^{x^3/3}dx)$, $u = 1/v$ 그리고 끝으로 $y = x/2 + u$이다. 초기조건이 $y(0) = 1 = 1/c$로부터 적분상수 $c = 1$로 고정시킨다.

5. 4. 2. 2 고정된 특이점과 움직일 수 있는 특이점

비선형 미방식(NDE)의 해는 역시 초기나 경계조건에 무관한, 소위 '고정된 특이점(fixed singularity)'라고 불리는 특이점을 가질 수도 있다. 이에 덧붙여, 해가 초기나 경계조건에 따라 변하는 '자발적(spontaneous) 혹은 움직일 수 있는(movalbe) 특이점'을 가질 수도 있다. 이의 존재는 NDE의 (x값이 매우 클 때 해당하는) 점근적 해석(asymptotic analysis)을 어렵게 한다. 이 점은 $x = 1$에서 정칙(혹은 비본질적) 특이점을 갖는 아래의 1계 상미방과

$$y' + \frac{y}{x-1} = 0 \tag{5. 105}$$

NDE인 $y' = y^2$과 비교함으로써 예시될 수 있다. 둘 다 초기조건 $y(0) = 1$과 함께 같은 풀이, 즉

$y(x)=1/(1-x)$를 가진다. 그러나 초기조건 $y(0)=2$의 경우에는 NDE의 해 $y(x)=2/(1-2x)$에서 극점(특이점)이 $x=1/2$로 움직였다. 더 일반적으로 $y(x)=y_0(1-y_0x)$는 $y(0)=y_0$와 함께 $y'=y^2$의 해이다. 이 식은 이 경우에 특이점이 어떻게 초기조건으로 움직임을 보여준다.

한편 선형 2계 상미방의 경우 두 선형 독립해가 알려지면 그 해들의 (점근)거동의 완전한 기술을 얻을 수 있다. 그러나 NDE의 경우 그들의 점근거동이 두 개의 독립해로부터 얻을 수 없는 '특별해(special solution)'가 존재한다.

이에 대한 한 예로서, 가령 초기조건 $y(0)=y_0$과 $y'(0)=y_0{}'$를 만족하는 두 매개변수에 의존하는 NDE인 $y''=yy'/x$의 일반해는 아래와 같이 주어진다.

$$y(x)=2c_1\tan(c_1\ln x+c_2)-1 \tag{5. 106}$$

여기서 c_i는 적분상수들이다. 여기서 한 분명한 특별해는 $y=c_3=$상수이다. 그러나 이것은 매개변수들 c_1, c_2의 어떤 선택에 의해서도 식 (5.106)으로부터 얻을 수 없다. 여기서 $x=e^t$ 및 $Y(t)=y(x)=y(e^t)$의 치환을 이용하면 연쇄율(C.2절 참조)에서 $xdy/dx=dY/dt$가 되고, 이로부터 상미방 $Y''=Y'(Y+1)$를 얻는다. 이의 양변에 대하여 (부정)적분을 행하면 $Y'=\frac{1}{2}Y^2+Y+c$[여기서 적분상수 $c=2(c_1^2+1/4)$ 임]가 되는데, 이는 NDE 식 (5.106)에 해에 이르게 된다.

5. 4. 2. 3 자율(autonomous) 비선형 미분방정식

시간 t로 취한 독립변수를 명시적으로 포함하지 않은 (비선형)미분방정식은 '자율적(autonomous)'이라고 한다. 가령 로지스틱 사상에 속하는 verhulst NDE $\dot{y}=dy/dt=\alpha y(1-y)$도 이 부류에 속한다.

지금 오직 1개의 종속변수 $y(t)$인 경우는 자율형 미방은 아래와 같이 나타내진다.

$$\dot{y}=f(y) \tag{5. 107}$$

반면에 여러 개의 종속변수가 존재할 경우는 아래 형태로 나타내진다.

$$\dot{y}_i=f_i(y_1,\ y_2,\cdots,\ y_n),\ i=1,2,\cdots,n \tag{5. 108}$$

여기서 만약 $n=1$인 경우는 식 (5.108)의 해는 곡선 또는 궤적(trajectory) $y(t)$가 되며, 반면에 $n=n$인 경우의 해는 n차원의 소위 '위상공간(phase space)'에서의 궤적 $(y_1(t),y_2(y),\cdots,y_n(t))$이다. 여기서 임의의 두 (해)궤적은 상미분 방정식의 유일성(uniqueness) 때문에 교차(cross)할 수 없다.

한편 아래의 대수적 연립방정식의 해는 명백히

$$f(y_1, y_2, \cdots, y_n) = 0, \; i = 1, 2, \cdots, n \tag{5. 109}$$

위상공간에서 특별한 점들이다. 여기서 n개의 성분을 갖는 위치벡터$(y_1, y_2, \cdots, y_n)$는 궤적상에서 움직이지 않는다. 이와 같은 점들을 '고정(fixed)점' 또는 '임계(critical)점'이라고 부른다. 임계점들 근처에서 해들의 국소적(local) 분석은 해들의 대역(전체)적(global) 거동에 대한 이해를 제공해 준다. 먼저 간단한 예를 생각해보자.

앞에서 언급한 Verhulst NDE의 경우 $\alpha > 0$과 함께 $\dot{y} = f(y) = \alpha y(1-y)$는 임계점들로서 $y=0$과 $y=1$을 제시한다. 반면에 로지스틱 사상의 경우(식 (5.59)) $y=0$은 $df/dy = \alpha > 1$로서 밀개(repellor)이고 반면에 $x^* = 1 - 1/\alpha$는 $\alpha < 3$에 대해 $|df(x^*)/dy| = |2-\alpha| < 1$로서 끌개(attractor)이다.

$y=0$에서 $y>0$에 대해 y는 오른쪽으로 움직이고 $y<0$에 대해 왼쪽으로 움직이도록 $\dot{y} = f(0) + f'(0)y + \cdots = \alpha y + \cdots$로 전개한다. 이 거동 $\cdots \leftarrow \cdot \rightarrow \cdots$은 $y=0$을 밀개로 특성 지워진다. $y=1$에서 우리는 $y<1$에 대해서 오른쪽으로 $y>1$에서는 왼쪽으로 움직이도록 다음 같이 전개한다.

$$\dot{y} = f(1) + f'(1)(y-1) + \cdots = -\alpha(y-1) + \cdots$$

이러한 거동 $\cdots \rightarrow \cdot \leftarrow \cdots$을 끌개로 설명한다.

$y=0$ 근처의 이 국소분석은 y^2항을 무시하고 대신 $\dot{y} = \alpha y$를 풀도록 암시한다. 적분하면 $\int dy/y = \alpha t + \ln c$는 $y=0$이 밀개되도록 $t \to \infty$에 따라 발산하는 풀이 $y(t) = ce^{\alpha t}$를 준다. 비슷하게 $y=1$에서 $\int dy/(1-y) = \alpha t - \ln c$라는 식은 $t \to \infty$에 대해 $y(t) = 1 - ce^{-\alpha t} \to 1$이 되게 한다. 그래서 $y=1$은 끌개이다. 그 비선형 미분방정식은 변수분리되기 때문에 그것의 일반해는 다음과 같다.

$$\int \frac{dy}{y(1-y)} = \int dy\left[\frac{1}{y} + \frac{1}{1-y}\right] = \ln\frac{y}{1-y} = \alpha t + \ln c$$

그래서 $t \to \infty$에 대해 $y(t) = ce^{\alpha t}/[1+ce^{\alpha t}]$식은 1에 수렴하고 이렇게 국소 분석을 확인한다. 이 비선형방정식이 단지 한 동력학적 변수만을 가지기 때문에 혼돈(chose)이 발견되지 않는다. 그리고 c가 변함에 따라 지수적 발산이 없다.

여기서 위의 예에 자극을 받아 고정된(혹은 임계)점들 근방에서의 성질(거동)에 대하여 이하에서 보다 자세히 조사해보자.

• 일차원에서 $f(y_i)=0$의 고정된 점은 y-축을 동력학적으로 분리된 간격들로 나눈다. 왜냐하면 간격들 중 한 곳에서 초기조건이 주어지면 궤적이 $\dot{y}=0$인 고정된 점 어느 쪽으로도 넘어서 갈 수 없으므로 궤적 $y(t)$는 그곳에 머물러 있기 때문이다.

만약에 $f(y_0)=0$인 고정된 점 y_0에서 $f'(y_0)>0$이라면 $\varepsilon>0$이며 충분히 작은 값에 대한 $y_0+\varepsilon$에서 고정된 점 y_0로부터 멀리 궤적 $y(t)$가 오른쪽으로 계속 움직이도록 y_0의 오른쪽 인근에서 $\dot{y}=f'(y_0)\varepsilon+O(\varepsilon^2)>0$이 된다. y_0의 왼쪽에서 궤적이 마찬가지로 여기서 고정된 점으로부터 멀어지도록 $\dot{y}=-f'(y_0)\varepsilon+O(\varepsilon^2)<0$이 된다. 그래서

• 그림 5.7(a)에서 보는 바와 같이 $f'(y_0)>0$으로서 y_0에서 고정된 점[$f(y_0)=0$으로서]은 궤적들을 밀어낸다(즉 모든 궤적들은 임계점으로부터 멀어진다) : $\cdots\leftarrow\cdot\rightarrow\cdots$. 그것은 밀개이다. 이와 유사하게

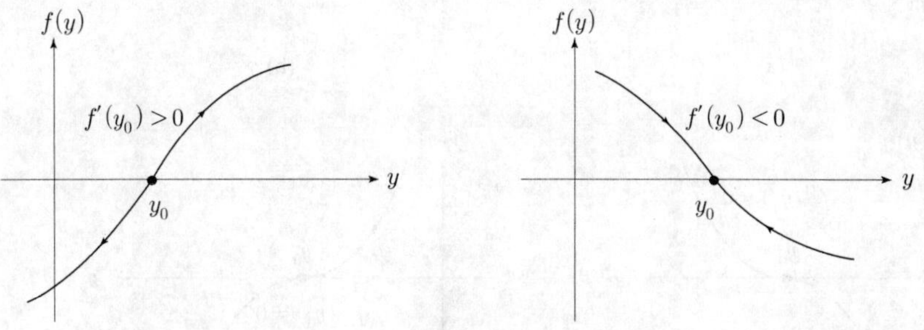

그림 5. 7 임계(혹은 고정된)점들 (a) 밀개(repellor); (b) 흡입(sink).

• 그림 5.7(b)에서 보는 바와 같이 $f'(y_0)<0$으로서 y_0에서 고정된 점은 궤적들을 끌어당긴다(즉 모든 궤적들은 임계점 y_0를 향하여 수렴한다) : $\cdots\rightarrow\cdot\leftarrow\cdots$. 그것은 '흡입(sink)'이다.

이제 역시 $f'(y_0)=0$인 남은 경우를 생각하자. $f''(y_0)>0$으로 가정하자. 그러면 고정된 점 y_0의 오른쪽으로 $y_0+\varepsilon$에서 궤적은 고정점으로부터 멀어지려 하는 반면 왼쪽에서는 y_0는 가까이 움직이도록 다음과 같이 된다.

$$\dot{y}=f''(y_0)\varepsilon^2/2+O(\varepsilon^3)>0$$

이것을 일차원에서 '안장점(saddle point)'이라 정의한다. $f''(y_0)<0$에 대해서 고정된 점을 향하여 y_0의 오른쪽으로 운동과 왼쪽에서는 그것으로 멀어지려는 안장점을 취급하도록 $\dot{y}$의 부호는 반

대 방향이다. 그러한 고정된 점 가까이 궤적들의 국소 거동을 요약해보자.

• (a) $f''(y_0) > 0$인 경우에 해당하는 그림 5.8(a)와 5.8(b)에서 보이는 바와 같이 $f(y_0) = 0$과 $f'(y_0) = 0$일 때 안장점을 가지며 임계점 한쪽의 궤적들은 안장점에 수렴하고 다른 쪽에서는 그것으로부터 멀리 발산하다($\cdots \to \cdot \to \cdots$). 그리고 (b) $f''(y_0) < 0$에 대해서는 그 방향이 (a)에 비교해서 간단히 바뀐다. 그림 5.8(c)는 $f''(y_0) = 0$인 경우들에 대해서 보여주고 있다.

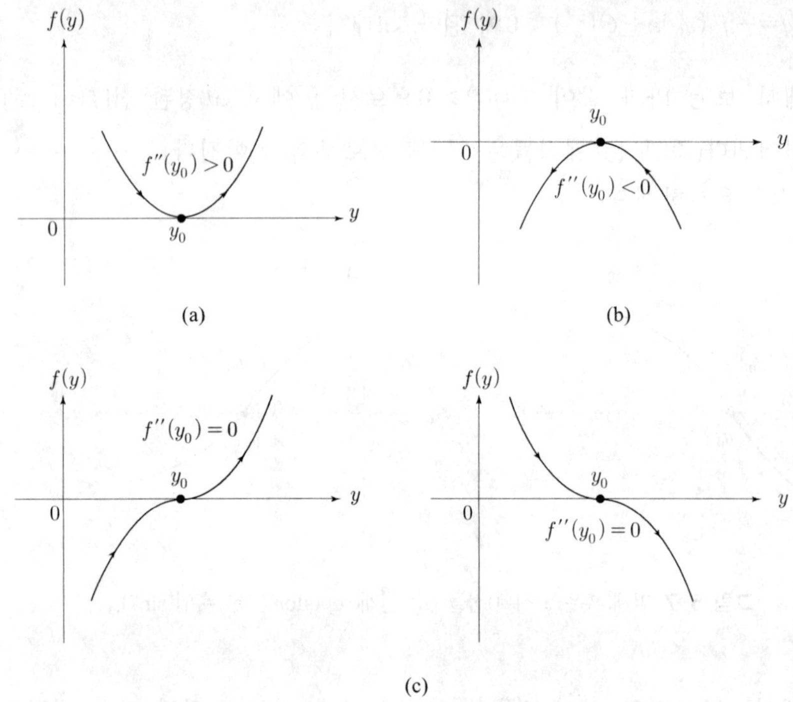

그림 5.8 안장점들(saddle point).

이상에서는 함수 $f(y)$의 로지스틱 사상(식 (5.59))에 대한 조절인자 α와 같은 한 개 또는 그 이상의 매개변수에 대한 추가적 의존성을 무시하였다. 그러나 한 임계점이 매개변수를 조금 조절함으로써 그 성질들을 정상적으로 유지할 때 우리는 그 점이 '구조적으로 안정된다(structurally stable)'고 부른다. 이 정의는 실제적으로 의미가 있다 : 구조적으로 불안정한 대상들은 소음과 그리고 다른 무시될 수 있는 자유도들이 관측으로부터 불안정한 점들을 효과적으로 방지하는 계들에서 건드림(섭동)으로 작용하기 때문에 실제적으로 거의 일어나지 않는다. 이런 관점에서 지금 고정된 점들을 조사하자. 그러한 조절 매개변수를 조금 변화시킴으로, 함수 f를 변형시키던가 또는 그림 5.7에서 f를 위 아래로 또는 옆으로 움직여본다. 이것은 $f(y_0) = 0$으로 하는 고정된 점의 y_0의 위치를 조금 움직이는 것이 $f'(y_0)$의 부호를 유지시키는 것이다. 그래서 끌개와 밀개는 둘 다 구조적으로 안정이나 안장점은 일반적으로 그렇지 않다. 예를 들어 그림 5.8(a)에서 f를 아래로 움직이면 두 개의 고정된 점들을 생기게 한다. 하나는 흡입이고 다른 하나는 밀개이고 그리고 안장점을 이동시킨다. 그러나 안장점들을 동역학의 다른 형들 사이의 경계를 표시하고 그리고 동역학의 전체적(대역적) 분석에 있어서 유용하고 의미가 있다.

5. 4. 2. 4 고차원에서 국소적 및 대역적 거동

여기서 우선, 2차원 이상의 차원에서, 자율 NDE에 관한 식 (5.108)의 함수 f_i에 대한 1차원 Taylor 전개(식 (A.6))를 이용하여 $\dot{y}_i = f_i(y_1^\circ, y_2^\circ, \cdots) = 0$이 되는 한 고정(또는 임계)점(fixed point)$(y_1^\circ, y_2^\circ, \cdots)$에서의 국소적 분석(local analysis)을 행해보자. 그런데 관련된 식은 시간(t)에 관한 1계도함수만을 포함하므로 이 방법은 식 (5.108)을 선형화(decoupled)시켜 아래와 같이 1장에 논의된 선형대수에 의하여 해를 구할 수가 있다. 편의상 고정점 $\{y_i^\circ\}$에서의 (일정)일계도함수들의 집합을 아래의 i행, j열 요소 f_{ij}를 갖는 행렬 F로 표기한다(2.1.6.2절 참조).

$$F = (f_{ij}) \equiv (\nabla \boldsymbol{f})^{\mathrm{T}}{}_{ij} = (\nabla \boldsymbol{f})_{ji} = \left.\frac{\partial f_i}{\partial y_j}\right|_{(y_1^\circ, y_2^\circ, \cdots, y_n^\circ)} \tag{5. 110}$$

그러나 위 행렬 F는 1.5절에 언급한 실대칭이나 (복소)에르미트(Hermitian) 행렬은 아니다. 따라서 고유치(eigenvalue)도 실수가 아닐 수 있다. 만약 고정점을 원점으로 하여 변경된 새 좌표(계)를 $x_i = y_i - y_i^\circ$ 으로 두어 식 (5.108)에 대입하고, 식 (5.110)의 행렬 표기법을 이용하여 아래를 얻는다.

$$\dot{x}_i = \sum_j f_{ij} x_j \quad \text{혹은} \quad \dot{\boldsymbol{x}} = F\boldsymbol{x}\ [\text{여기서}\ \ \boldsymbol{x} = (x_1, x_2, \cdots, x_n)^{\mathrm{T}}] \tag{5. 111}$$

그런데 위의 1계상미방 $\dot{x}_i$에 대한 (연립)고유치 문제의 형태에서 그 해를 아래와 같이 가정할 수 있다.

$$x_i(t) = \sum_j c_{ij} e^{\lambda_j t} \tag{5. 112}$$

여기서 λ_j는 상수지수이며, 계수 c_{ij}는 상수행렬 C의 i행, j열(혹은 상수 벡터 $\boldsymbol{c}_j$의 i열) 요소이다. 이제 식 (5.112)를 식 (5.111)에 대입하면 아래를 얻는다.

$$\sum_j c_{ij} \lambda_j e^{\lambda_j t} = \sum_{j,k} f_{ik} c_{kj} e^{\lambda_j t} \tag{5. 113}$$

또 위 식에서 만약 $i \neq j$라면 위 식은 독립적이 되며, 이하에서는 주로 이 경우만을 다루기로 한다

[그러나 만약 고유치에 해당하는 λ의 두(혹은 그 이상의) 값이 같은 중첩(degeneracy)이 발생하는 경우는 1차원의 안장점 문제를 다룰 경우처럼 특별 주의를 요한다(그림 5.8) 참조]. 그런데 위 식의 양변에서 같은 지수 λ_j를 갖는 지수함수의 계수를 같이 두면 아래의 선형 고유치 방정식에 이르게 된다(1.6절 참조).

$$\sum_k f_{ik} c_{kj} = \lambda_j c_{ij} \quad \text{혹은} \quad F\boldsymbol{c}_j = \lambda_j \boldsymbol{c}_j \tag{5.114}$$

위 식에서 상수계수 $c_{kj} \equiv (\boldsymbol{c}_j)_k$ 즉 상수벡터 $\boldsymbol{c}_j$의 k(열)요소이다. 그런데 위 식의 두 번째, 즉 고유치문제에 관한 행렬표현에서 선형(행렬)연산자 F에 의한 고유벡터 $\boldsymbol{c}_j$의 고유치 λ_j는 아래의 '특성방정식'(식 (1.176))에 의해 구해진다.

$$\det(\mathrm{F} - \lambda \mathrm{I}) = 0 \tag{5.115}$$

한편 유사변환에 의한 (실)행렬의 대각화(1.9절 참조)에 의하여 식 (5.114)의 실행렬 F는 (고유)변환행렬 $\mathrm{C} = (c_{ij}) = (\boldsymbol{c}_1, \boldsymbol{c}_2, \boldsymbol{c}_3)$[여기서 $c_{ij} = (\boldsymbol{c}_j)_i$임]에 의해 아래와 같이 대각화된다[1.9절 식 (1.215) 참조 - 단 $\mathrm{A} \to \mathrm{F}$, $\mathrm{Q} \to \mathrm{C}$ 대입].

$$\mathrm{C}^{-1}\mathrm{FC} = \Lambda = \mathrm{diag}(\lambda_1, \lambda_2, \lambda_3) \tag{5.116}$$

여기서 행렬 C는 (실)행렬 F의 3(비정규직교화 된) 고유벡터 $\boldsymbol{c}_1$, $\boldsymbol{c}_2$, $\boldsymbol{c}_3$를 열벡터로 가지므로, 그의 i행, j열 요소 $c_{ij} = (\boldsymbol{c}_j)_i$가 된다(식 (1.211) 혹은 (1.213) 참조). 또한 이 변환행렬 C에 의하여 원래의 위치벡터(혹은 좌표) $\boldsymbol{x}$는, 대응하는 기저벡터의 경우와 마찬가지로 $\boldsymbol{\xi} = \mathrm{C}^{-1}\boldsymbol{x}$[혹은 $\mathrm{C}\boldsymbol{\xi} = \boldsymbol{x}$]에 의해 새 (비직교)위치벡터(좌표) $\boldsymbol{\xi}$로 변환된다(1.9절 참조). 여기서 $\dot{\xi}_j = \lambda_j \xi_j$가 성립되므로 각 새(고유벡터)좌표 ξ_i방향으로 한 개의 고정점을 가지며, 특히 1차원의 경우 고유치 λ_j는 $f'(y_0)$의 역할을 한다. 그리고 식 (5.112)에 나타난 실행렬 F의 고유치 λ는 '특성지수(characteristic exponent)'라고 부르며, F가 일반적으로 대칭(또는 에르미트) 행렬이 아니므로 λ 또한 일반적으로 복소수가 된다[이는 $\boldsymbol{x} = \mathrm{C}\boldsymbol{\xi}$를 식 (5.110)에 대입하고 식 (5.114) 및 (5.116)을 이용하면 알 수 있다 - 1.6절 참조].

따라서 위에서 언급된 (연립)미방의 해는 1차원 고정점들의 독립적인 결합(independent combination)을 나타내며, 이 때 새 (고유)좌표계 $\boldsymbol{\xi}$의 각 성분 ξ_i당 1개의 고정점을 가지며, 이들 간에는 상호독립적이다. 특히 위에 언급된 관계식들에서 $n = 2$인 2차원의 경우, 만약 F의 두 고유치가 모두 음(즉 $\lambda_1 < 0$, $\lambda_2 < 0$)인 경우는 모든 방향으로 1개의 흡입(sink)을 가지며, 만약 둘 다 0보다 큰 양인 경우는 모든 방향으로 1개의 밀개(repellor)를 가진다.

예제 5.11

2차원 xy평면의 원점에서 평형점을 갖는 아래의 연립 1계(coupled) 상미방의 해를 위상공간 방법(즉 $x=x_1$, $y=x_2$로 둠)에 의해 구해보아라.

$$\dot{x}=-x,\ \dot{y}=-x-3y \tag{1}$$

풀 이

위 식에서 $x=x_1$, $y=x_2$로 두면 식 (5.111)로부터 아래의 행렬 표현식을 얻는다.

$$\begin{pmatrix}\dot{x}_1\\ \dot{x}_2\end{pmatrix}=\begin{pmatrix}-1 & 0\\ -1 & -3\end{pmatrix}\begin{pmatrix}x_1\\ x_2\end{pmatrix} \tag{2}$$

따라서 $f_{11}=-1$, $f_{12}=0$, $f_{21}=-1$, $f_{22}=-3$가 된다. 그러면 이들을 요소로 갖는 (비대칭) 실행렬 $\mathrm{F}=(f_{ij})$의 두 고유치는 아래의 (영년)특성방정식(식 (5.115))을 풀면 아래를 얻는다.

$$\begin{vmatrix}-1-\lambda & 0\\ -1 & -3-\lambda\end{vmatrix}=(1+\lambda)(3+\lambda)=0 \tag{3}$$

즉 F의 두 (실)고유치는 $\lambda_1=-1$, $\lambda_2=-3$을 얻는다. 다음에는 이를 식 (5.114)의 첫 번째 식에 대입하면 아래를 얻는다.

$$\left.\begin{aligned}f_{11}c_{11}+f_{12}c_{21}&=\lambda_1 c_{11}\\ f_{11}c_{12}+f_{12}c_{22}&=\lambda_2 c_{12}\\ f_{21}c_{11}+f_{22}c_{21}&=\lambda_1 c_{21}\\ f_{21}c_{12}+f_{22}c_{22}&=\lambda_2 c_{22}\end{aligned}\right\}\xrightarrow{\lambda_1=-1,\ \lambda_2=-3\ \text{대입}}\quad c_{12}=0,\ c_{21}=-\frac{1}{2}c_{11} \tag{4}$$

따라서 식 (4)를 식 (5.112)에 대입하면 아래를 얻는다.

$$x_1(t)=x(t)=c_{11}e^{-t},\ x_2(t)=y(t)=-\frac{c_{11}}{2}e^{-t}+c_{22}e^{-3t} \tag{5}$$

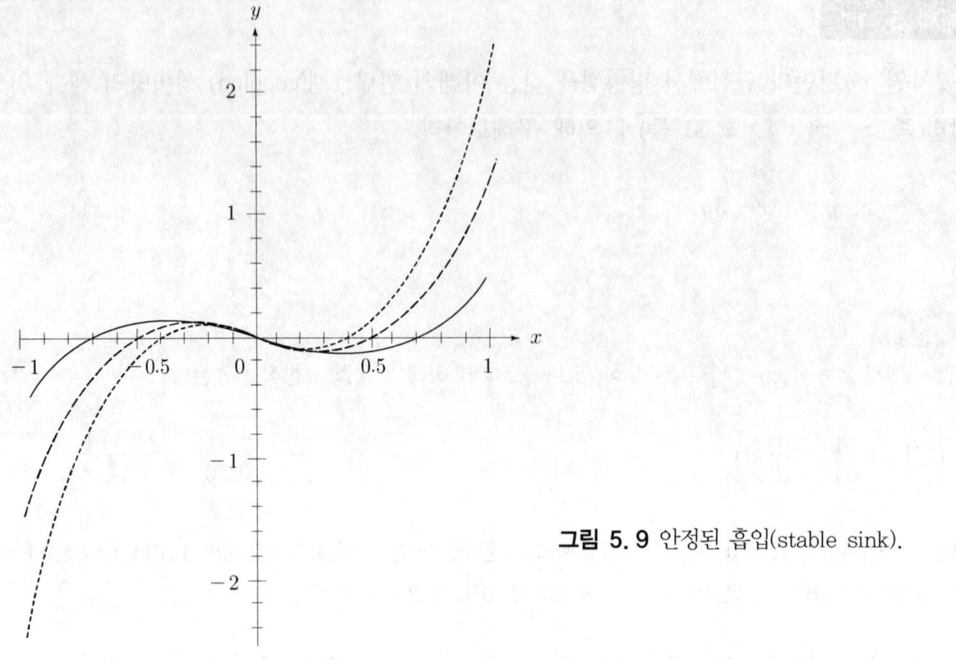

그림 5.9 안정된 흡입(stable sink).

그런데 식 (5)를 보면 시간 $t \to \infty$에 따라 $y \sim -x/2$와 $x \to 0$그리고 $y \to 0$을 가지나 $t \to -\infty$에 대해서는 $y \sim x^3$과 $x,\ y \to \pm\infty$를 가진다. 여기서 흡입에 향한 운동은 그림 5.9에서 화살표에 의해서 표시된다. 그러면 xy평면상의 운동궤도를 찾기 위하여 식 (5)에서 $e^{-t} = x/c_{11}$를 y에 대입하여 독립변수 t를 소거하면 아래의 3차식을 얻게 된다.

$$y = -\frac{x}{2} + \frac{c_{22}}{c_{11}^3}x^3 \tag{6}$$

만약 위 예제에서 고유치가 둘 다 $\lambda > 0$이면 밀개를 가진다. 이 경우에 운동은 고정된 점으로부터 멀어진다. 그러나 λ가 다른 부호를 가질 때 안장점을 가진다(즉 한 차원에서는 흡입과 다른 차원에서는 밀개의 결합).

예제 5.12

xy평면의 원점에서 한 고정(혹은 임계)점을 갖는 아래의 연립 1계(coupled) 상미방의 해를 위상공간 방법(즉 $x = x_1,\ y = x_2$로 둠)에 의해 구해보아라.

$$\dot{x} = -2x - y,\ \dot{y} = -x + 2y \tag{1}$$

풀 이

위 식에서 $x=x_1,\ y=x_2$로 두면 식 (5.111)로부터 아래의 행렬표현식을 얻는다.

$$\begin{pmatrix}\dot{x}_1\\ \dot{x}_2\end{pmatrix}=\begin{pmatrix}-2 & -1\\ -1 & 2\end{pmatrix}\begin{pmatrix}x_1\\ x_2\end{pmatrix} \tag{2}$$

따라서 $f_{11}=-2,\ f_{12}=-1,\ f_{21}=-1,\ f_{22}=2$가 되어 이들을 요소로 갖는 대칭 실행렬 $\mathrm{F}=(f_{ij})$의 두 고유치 λ를 식 (5.115)에 의해 구하면 아래가 된다.

$$\begin{vmatrix}-2-\lambda & -1\\ -1 & 2-\lambda\end{vmatrix}=\lambda^2-5=(\lambda-\sqrt{5})(\lambda+\sqrt{5})=0 \tag{3}$$

즉 F의 두 (실)고유치는 $\lambda_1=\sqrt{5}$, $\lambda_2=-\sqrt{5}$를 얻는다. 다음에는 이를 식 (5.114)의 첫 번째 식에 대입하면 아래를 얻는다.

$$\left.\begin{array}{l} f_{11}c_{11}+f_{12}c_{21}=\lambda_1 c_{11}\\ f_{11}c_{12}+f_{12}c_{22}=\lambda_2 c_{12}\\ f_{21}c_{11}+f_{22}c_{21}=\lambda_1 c_{21}\\ f_{21}c_{12}+f_{22}c_{22}=\lambda_2 c_{22}\end{array}\right\} \xrightarrow{\lambda_1=\sqrt{5},\ \lambda_2=-\sqrt{5}\ \text{대입}} c_{12}=-(2+\sqrt{5})c_{11},\ c_{22}=(\sqrt{5}-2)c_{12} \tag{4}$$

이를 식 (5.112)에 대입(단 c_{11} 및 c_{12}를 두 독립변수로 사용)하면 아래를 얻는다.

$$x(t)=c_{11}e^{\sqrt{5}t}+c_{12}e^{-\sqrt{5}t},\ y(t)=-(2+\sqrt{5})c_{11}e^{\sqrt{5}t}+(\sqrt{5}-2)c_{12}e^{-\sqrt{5}t} \tag{5}$$

식 (5)를 보면 긴 시간 $t\to\infty$에 대하여 양의 지수가 우세하여 $y\sim-(\sqrt{5}+2)x$이고 반면에 $t\to-\infty$에 대하여 $y=(\sqrt{5}-2)x$를 가진다. 이들 직선들은 궤도의 점근선(asymptotes)들이다. 여기서 두 점근 직선의 기울기의 곱 $-(\sqrt{5}+2)(\sqrt{5}-2)=-1$이기 때문에 그것들은 직교한다. 한편 식 (5)의 첫 번째 식에 2를 곱하여 이를 두 번째 식에 더하면 아래를 얻는다.

$$y=-2x-\sqrt{5}(c_{11}e^{\sqrt{5}t}-c_{12}e^{-\sqrt{5}t})\ \text{혹은}\ \frac{y+2x}{\sqrt{5}}=-c_{11}e^{\sqrt{5}t}+c_{12}e^{-\sqrt{5}t} \tag{6}$$

이제 위 식에서 $x(t)$를 더하고 빼면 아래를 얻으며,

$$\frac{1}{\sqrt{5}}(y+2x)+x=2c_{12}e^{-\sqrt{5}t},\ \frac{1}{\sqrt{5}}(y+2x)-x=-2c_{11}e^{\sqrt{5}t} \tag{7}$$

또한 앞 두 식을 곱하면 아래를 얻는다.

$$\frac{1}{5}(y+2x)^2-x^2=-4c_{12}c_{11}=\text{상수} \tag{8}$$

결과적인 이차식 형태 $y^2+4xy-x^2=$상수는 음의 부호와 혼성항 때문에 회전된 쌍곡선이다. 이 쌍곡선은 그것의 점근선들이 $x,\ y$-축으로 정렬되지 않기 때문에 회전되었다(그림 5.10).

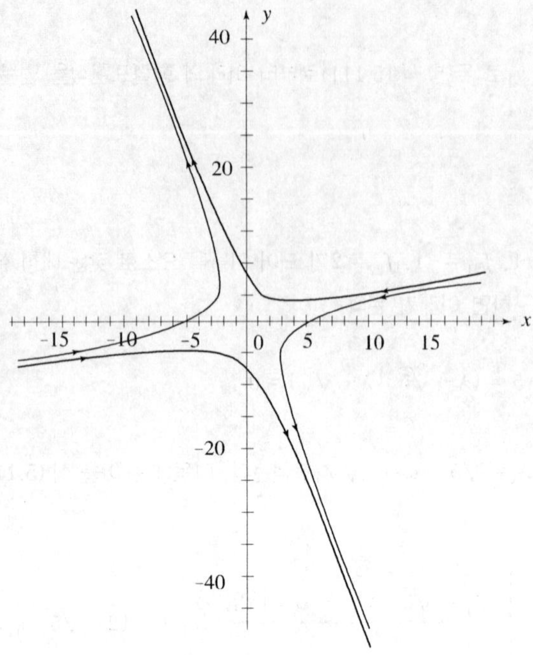

그림 5. 10 안장점(saddle point).

그것의 방위(orientation)는 위에서 구한 점근선들의 방향으로 주어진다. 또한 Lagrange 미정계수법(C.6 절 (3) 참조)에 의하여 원점으로부터 최소 거리의 방향으로 찾을 수 있다. 즉 $f+\lambda g=x^2+y^2+\lambda(y^2+4xy-x^2)$의 x와 y의 도함수들을 영으로 둔다. 여기서 λ는 쌍곡선 구속에 대한 Lagrange 배수이다. 쌍곡선의 네 개의 갈래들은 매개변수들 c_{11}과 c_{12}의 다른 부호들에 해당한다. 그림 5.10은 매개변수들 $c_{11}=\pm 1$, $c_{12}=\pm 2$인 경우들에 대해서 작도되었다.

한편 위 예제에서의 거동의 새로운 종류는 복소켤레(공액) 고유값들의 한쌍 $\lambda_{1,2}=\rho\pm i\kappa$에 대하여 일어난다. 만약에 오일러 항등식(혹은 드 므와브르 정리) $\exp(ix)=\cos x+i\sin x$를 사용함으로써 실변수들 $\xi_\pm=(\xi_1\pm\xi_2)/2$에서 복소해들 $\xi_{1,2}=\exp(\rho t\pm i\kappa t)$를 쓰면

$$\xi_+=\exp(\rho t)\cos(\kappa t),\ \ \xi_-=\exp(\rho t)\sin(\kappa t) \tag{5. 117}$$

가 되고 이 식들은 $\rho<0$에 대해서 원점에서 고정된 점으로 안쪽으로 나선형으로 들어가는 나선흡입(spiral sink)과 $\rho>0$에 대해 고정된 점으로부터 나선형으로 멀어져가는, 나선밀개(spiral repellor)의 궤적을 기술하고 있다.

예제 5. 13

xy평면의 원점에서 한 고정점을 갖는 아래의 연립 1계(coupled) 상미방의 해를 위상공간 법으로 구하라.

$$\dot{x} = -x+3y,\ \dot{y} = -3x+2y \tag{1}$$

풀 이

여기서 $x=x_1$, $y=x_2$로 두면 식 (5.111)로부터 아래의 행렬표현식을 얻는다.

$$\begin{pmatrix} \dot{x}_1 \\ \dot{x}_2 \end{pmatrix} = \begin{pmatrix} -1 & 3 \\ -3 & 2 \end{pmatrix} \begin{pmatrix} x_1 \\ x_2 \end{pmatrix} \tag{2}$$

따라서 $f_{11}=-1$, $f_{12}=3$, $f_{21}=-3$, $f_{22}=2$를 요소로 갖는 (실)비대칭행렬 $\mathrm{F}=(f_{ij})$의 두 고유치를 특성식 (5.115)에 의해 구하면 아래가 된다.

$$\begin{vmatrix} -1-\lambda & 3 \\ -3 & 2-\lambda \end{vmatrix} = \left(\lambda - \frac{1+\sqrt{27}\,i}{2}\right)\left(\lambda - \frac{1-\sqrt{27}\,i}{2}\right) = 0 \tag{3}$$

즉 F의 두 고유치는 $\lambda_{1,2} = \frac{1}{2} \pm i\sqrt{27}/2$ [여기서 $\frac{1}{2} > 0$이므로 원점에서 밀개 부동점을 가짐].

다음에는 식 (5.114)의 첫째 식에 대입하고, $\lambda_{1,2}$값을 이용하면 아래를 얻는다(단 c_{11} 및 c_{12}를 독립변수로 간주).

$$c_{21} = \frac{1+\sqrt{3}\,i}{2}c_{11},\ c_{22} = \frac{1-\sqrt{3}\,i}{2}c_{12} \tag{4}$$

이를 식 (5.112)에 대입하면 아래를 얻는다.

$$x(t) = e^{t/2}(c_{11}e^{i\sqrt{27}t/2} + c_{12}e^{-i\sqrt{27}t/2}),$$

$$y(t) = \frac{x}{2} + \frac{\sqrt{27}}{6}e^{t/2}i(c_{11}e^{i\sqrt{27}t/2} - c_{12}e^{-i\sqrt{27}t/2}) \tag{5}$$

단 위의 두 번째 식은 첫 식에 $-\frac{1}{2}$을 곱하여 $y(t)$에 더함으로써 얻어진다.

이 식들은 두 매개변수 c_{11}, c_{12}에 의존한다. 간단하게 하기 위하여 오일러(혹은 드 므와브르) 항등식 $e^{ix} = \cos x + i\sin x$를 사용하여 $x(t)$와 $y(t)$의 실수와 허수부분들을 분리할 수 있다. $c_{11}=c_{12}=c/2$와 $t \to 2t$로 눈금을 조정하는 것은 동등하나 더 편리하므로 오일러 항등식으로써 다음을 얻는다.

$$x(t) = ce^t\cos(\sqrt{27}\,t/2),\ y(t) = \frac{x}{2} - \frac{\sqrt{27}}{6}ce^t\sin(\sqrt{27}\,t/2)$$

여기서 $\cos^2 x + \sin^2 x = 1$을 이용하여 t를 소거할 수 있고 궤도를 찾으면

$$x^2 + \frac{4}{3}\left(y - \frac{x}{2}\right)^2 = (ce^t)^2 \text{이다.}$$

고정된 t에 대해서 이 식은 양의 분명한 이차식 형태 $x^2 - xy + y^2 =$상수(즉 타원)이다.
그러나 t가 고정되어 있지 않기 때문에 해들에서 타원은 없다. 그렇지만 그 방위를 찾는 것이 유용하다. 앞의 예제에서와 마찬가지로 타원적 구속에 대해서 Lgrange 미정계수 λ로서 다음 식을 형성하고 원점으로부터 최대와 최소 거리의 방향을 찾는다(C.6절 (3) 참조).

$$f(x,y) + \lambda g(x,y) \equiv x^2 + y^2 + \lambda(x^2 - xy + y^{2)}$$

그리고 다음과 같이

$$\frac{\partial(f+\lambda g)}{\partial x} = 2x + 2\lambda x - \lambda y = 0, \quad \frac{\partial\,(f+\lambda g)}{\partial\, y} = 2y + 2\lambda y - \lambda x = 0$$

으로 놓고 다음 식으로부터

$$2(\lambda+1)x = \lambda y,\ 2(\lambda+1)y = \lambda x$$

에서 방향들을 얻는다.

$$\frac{x}{y} = \frac{\lambda}{2(\lambda+1)} = \frac{2(\lambda+1)}{\lambda}$$

또는 $\lambda^2 + \frac{8}{3}\lambda + \frac{4}{3} = 0$. 이는 값들 $\lambda = -2/3,\ -2$와 방향들 $y = \pm x$를 준다. 다른 말로 하면 우리의 타원은 원점을 중심으로 하고 45°로 회전한다. 독립변수 t를 변화시킴에 따라 타원의 크기는 $c = 1$에 대해 그림 5.11에서 보이는 회전하는 나선을 얻도록 변환한다.

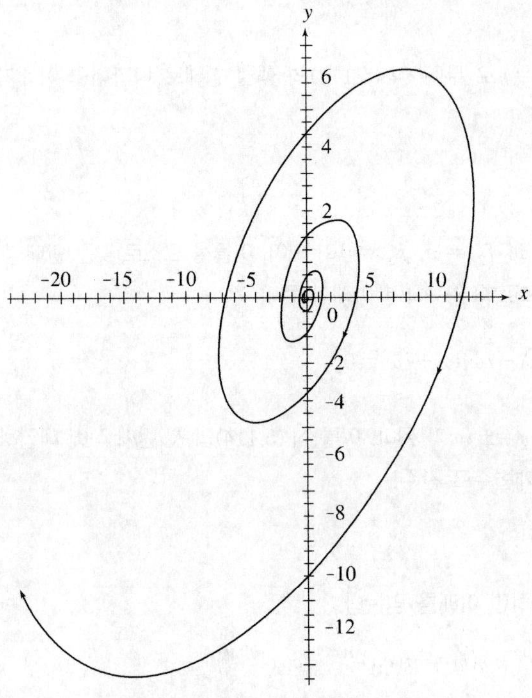

그림 5. 11 나선 점(spiral point).

단 식 (5.117)에서 $\rho = 0$인 특별 경우에 얻어지는 원 궤적을 '순환(cycle)'이라고 부르며, 더욱이 시간이 지나면서 그 근방의 모든 궤적들이 끌릴(attracted)때 이를 '극한 순환(limit cycle)'이라 칭하며, 이는 자율계에 대한 주기운동을 나타낸다.

예제 5. 14

비감쇠(undamped) 선형 조화 진동자에 관한 아래의 2계상미방(단 ω는 시간 무관 각진동수)

$$\ddot{x} + \omega^2 x = 0 \tag{1}$$

을 두 개의 연결된 연립 1계 상미방

$$\dot{x} = -\omega y, \quad \dot{y} = \omega x \tag{2}$$

로 바꾸어 위상공간 법(즉 $x_1 = x$, $x_2 = y$)에 의해 식 (1)의 해 $x(t)$를 구하라.

풀 이

식 (2)에서 $x_1 = x$, $x_2 = y$로 두어 식 (5.111)의 행렬 형태로 나타내면 아래가 된다.

$$\begin{pmatrix} \dot{x}_1 \\ \dot{x}_2 \end{pmatrix} = \begin{pmatrix} 0 & -\omega \\ \omega & 0 \end{pmatrix} = \begin{pmatrix} x_1 \\ x_2 \end{pmatrix} \tag{3}$$

따라서 $f_{11} = 0$, $f_{12} = -\omega$, $f_{21} = \omega$, $f_{22} = 0$이 되어, 이들을 요소로 갖는 반대칭 행렬 $\mathrm{F} = (f_{ij})$의 두 고유치는 아래의 특성식 (5.115)으로부터 구하면 아래가 된다.

$$\begin{vmatrix} -\lambda & -\omega \\ \omega & -\lambda \end{vmatrix} = \lambda^2 + \omega^2 = (\lambda - i\omega)(\lambda + i\omega) = 0 \tag{4}$$

즉 F의 두 고유치는 $\lambda_{1,\,2} = \pm\, i\omega$가 된다. 이를 식 (5.114)의 첫 번째 식에 대입하여 정리하면 아래를 얻는다[단 c_{12}과 c_{12}를 두 독립 매개변수로 간주].

$$c_{21} = -ic_{11} \ , \ c_{22} = ic_{12} \tag{5}$$

이를 식 (5.112)에 대입하면 아래를 얻는다.

$$x(t) = c_{11}e^{i\omega t} + c_{12}e^{-i\omega t}, \ \ y(t) = -i\left(c_{11}e^{i\omega t} - c_{12}e^{-i\omega t}\right) \tag{6}$$

그런데 위 식에서 $c_{11} = c_{12} = c/2$로 두고, 지수에 대한 오일러(혹은 드 므와브르) 항등관계를 이용하면 아래를 얻는다.

$$x(t) = c\cos\omega t, \ \ y(t) = c\sin\omega t \tag{7}$$

혹은

$$x^2 + y^2 = c^2 = \text{상수} \tag{8}$$

즉 궤적은 중심을 xy평면의 원점에 두고, 반경이 $R(=c)$인 원을 나타낸다.
[별해 : 식 (2)에서 $\dot{x}x + \dot{y}y = 0$이 되므로, 이를 변수분리법에 의하여 적분을 행하여도 같은 결과를 얻을 수 있다.]

위 예제 문제와 또 다른 고전적 끌개는 아래의 궤적과 같은 유사 주기운동(quasiperiodic motion)이다.

$$x(t) = A_1\sin(\omega_1 t + b_1) + A_2\sin(\omega_2 t + b_2) \tag{5.118}$$

여기서 비 ω_1/ω_2는 일반적으로 무리수이다.
결합된(combined) 진동들은 감쇠 비조화 진동의 해로서 일어난다(반데폴(Van der Pol) 비자율계).

$$\ddot{x} + 2\gamma\dot{x} + \omega_2^2 x + \beta x^3 = f\cos(\omega_1 t) \tag{5.119}$$

3차원의 경우 만약 1개의 양의 지수가 있으며, 다른 (두)방향으로 한 개의 끌개 복소공액쌍의 존재할 때는 한 나선 안장점(spiral saddle point)을 가진다. 반대로 한 개의 음의 특성지수와 1쌍의 밀개(복소) 쌍이 존재할 경우도 역시 한 나선 안정점을 가지는데 이때 궤적은 두 방향으로 나선상으로 뻗어나가며, 나머지 한 방향으로는 끌리게 된다.

중심 근처의 궤적들(닫혀진 궤도)이 시간이 경과됨에 따라 그것에 끌릴 때 구동된 감쇠진자에 대해서 이 닫혀진 궤도는 자율계들에 대한 주기 운동을 나타내는 '극한 순환(limit cycle)'으로서 정의된다. 감쇠진자는 보통 원점(정지 위치)쪽으로 나선 운동을 한다 ; 즉 원점은 그 위상공간에서 나선 고정된 점이다. 구동힘을 가할 때 그 계는 그것의 양의 시간 의존성이어서 형식적으로 비자율이 되나 역시 더 흥미가 있다. 이 경우에 다음 운동방정식에서 사인모양의 구동력에서 양의 시간을 새로운 변수 ϕ로 부를 수 있다. 여기 운동방정식에서 ω_0는 고정된 율이다.

$$\dot{\omega} + \gamma\omega + \sin\theta = f\sin\phi\ ,\ \omega = \dot{\theta}\ ,\ \phi = \omega_0 t$$

그리고 $\dot{\phi} = \omega_0 =$ 상수이므로 위상공간의 차원을 하나 (한 변수 ϕ를 더해서) 증가시킨다. 그러나 결합된 상미분방정식들을 자율적으로 유지한다. 이 구동된 감쇠진자는 위상공간에서 닫혀진 궤도를 건너서 그것에 나선으로 돌아가는 궤적을 가진다 : 이것을 '극한 순환'이라 일컫는다. 이것은 구동력, 계의 제어 매개변수의 세기 f의 범위에 대해서 일어난다. f를 증가시킴에 따라 위상공간 궤적들이 몇 개의 이웃 극한 순환을 통과해서 결국 비 주기적 그리고 혼돈적이 된다. 그러한 닫혀진 극한 순환들은 진자가 혼돈(chaos)으로 가는 길에 '호프의 쌍갈림(Hopt bifurcation)'이라고 일컫는다.

일반적으로 감쇠(혹은 에너지 산일)의 어떤 형태가 있을 때 일시적인(transient) 것들은 줄어들고 계는 평형 상태(즉 단일점)에 정착하든가 혹은 주기적 또는 준 주기적 운동에 도달한다. 혼돈(chaos) 운동은 오늘날 4번째 상태(fourth state)로서 인정되고 있으며, 그것의 끌개를 가끔 '이상한 끌개(strange attractor)'로 일컫는다.

한편 지금까지 논의된 계의 안정성 특성과 임계점(혹은 고정점)의 종류에 관한 결과를 (2차원)위상공간에서의 1계(coupled) 연립 상미방의 행렬표현식의 식 (5.111)의 계수행렬 F를 성분 f_{ij} 대신 편의상 아래와 같이 나타내어

$$\mathrm{F} = (f_{ij}) = \begin{pmatrix} a\ b \\ c\ d \end{pmatrix}$$

두 (불변)양인 $p = \mathrm{Tr\,F} = a + d$와 $q \equiv \det\mathrm{F} = ad - bc$를 사용하여 아래와 같이 요약할 수 있다.

먼저 행렬 F의의 두 고유치는 (영년)특성방정식(1.176)에 대응하는 Cayley-Hamilton 정리식 (1.206)의 2차원 버전인 아래 식

$$\lambda^2 - \mathrm{I}_1\lambda + \mathrm{I}_3 = \lambda^2 - p\lambda + q = (\lambda - \lambda_1)(\lambda - \lambda_2) = 0 \tag{5. 120}$$

에서 다음과 같이 구해진다.

$$\lambda_{1,2} = \frac{a+d}{2} \pm \frac{1}{2}\left[(a+d)^2 - 4(ad-bd)\right]^{1/2} = \frac{p}{2} \pm \frac{1}{2}\left[p^2 - 4q\right]^{1/2} \tag{5.121}$$

위 식에서 $p=0$, $p>0$ 그리고 $p<0$인 경우를 차례대로 살펴보자.

1. $p=0$, $q>0$인 경우, 고유값은 순 허수이고, 임계점은 필수적으로 안정한 중심이다.
2. $p>0$, $q>0$인 경우, 만약 $\Delta = p^2 - 4q > 0$이면, 고유값은 서로 다른 양의 두 실수이므로, 임계점은 불안정한 비고유 마디점(nodal point)이다. 반면에, $\Delta < 0$이면, 고유값은 양의 실수부를 갖는 한 쌍의 공액 복소수이므로, 임계점은 불안정한 나선점이다.
3. $p<0$, $q>0$인 경우, 만약 $\Delta = p^2 - 4q > 0$이면, 고유값은 서로 다른 음의 두 실수이므로, 임계점은 안정한 비고유 마디점이다. 반면에, $\Delta < 0$이면, 고유값은 음의 실수부를 갖는 한 쌍의 공액 복소수이므로, 임계점은 점근 안정한 나선점이다.
4. 마지막으로 $q<0$인 경우, 고유값은 p의 값에 관계없이 서로 부호가 다른 두 실수이므로, 임계점은 필수적으로 불안정한 안장점이 된다.

위 결과들을, p, q 좌표에 관하여 나타낸 것이 그림 5.12이다. 상반 평면의 임계점은 $p>0$이면 불안정, $p<0$이거나 $p=0$이면 안정하고, 하반 평면의 임계점은 항상 안정점이라는 사실을 상기하자. 또한 $\Delta=0$인 곡선, $q=p^2/4$로 표현되는 포물선에 의해 임계점의 여러 가지 형태가 분리된다는 것도 기억하자. 식 (5.121)에 주어진 고유값은 포물선을 따라 중복된 실수를 갖는다. 포물선을 경계로 임계점의 특성은 변하지만, 안정성 특성은 변하지 않는다. 고유값이 중복된 실수인 경우에는 행렬 F의 매개변수의 작은 변동이 마디점의 형태에는 영향을 주지만, 안정성에는 영향을 주지 않기 때문에 이러한 경향을 갖는 것이다. 그림 5.12에서 주목해야 할 또 다른 특성은 고유값이 순 허수에 해당하는 양의 수직 축은 점근 안정한 나선점 영역과 불안정 나선점 영역을 분리하고 있다는 사실이다. 그림은 순 허수 고유값의 경우 얼마나 민감한가를 보여주고 있다. 수직 축에 대한 아주 작은 변위는 안정한 임계점 또는 불안정한 임계점에 이를 수 있다. 여기서, 그림 5.12와 표 5.1의 관계를 알 수가 있다.

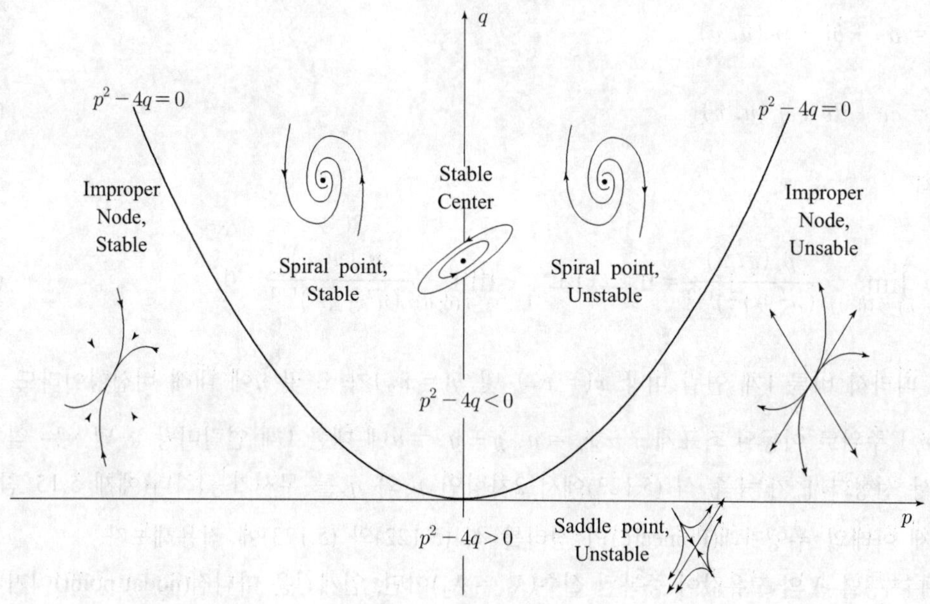

그림 5. 12 $q=ad-bc$와 $p=a+d$의 함수로써 나타낸 마디점의 여러 종류와 각각의 안정성에 대한 도식. $q>0$인 경우 수직선 $p=0$에 의한 모든 점들은 중심이고, 포물선 $\Delta=p^2-4q=0$에 의해 임계점들의 종류가 분리된다.

표 5. 1 한 쌍의 일계 상미분방정식의 계수 행렬 F의 고유값에 따른 임계점 종류의 요약

고유값	임계점 종류	임계점의 안정성
1. 서로 다른 두 음의 실수	비고유 마디점	점근적 안정
1. 서로 다른 두 양의 실수	비고유 마디점	불안정
2. 서로 부호가 다른 실수	안장점	불안정
3. 중복된 양의 실수	고유 또는 비고유 마디점	불안정
3. 중복된 음의 실수	고유 또는 비고유 마디점	점근적 안정
4. 실수부가 양인 공액 복소수	나선점	불안정
4. 실수부가 음인 공액 복소수	나선점	점근적 안정
5. 순 허수	중심	안정

다음에는 아래 형태의 비선형 시스템에 대하여 임계점의 형태와 안정성을 살펴보자[단 아래의 a, b, c, d는 식 (5.111)의 계수 행렬 F의 요소임].

$$\dot{u} = au + bv + p_s(u, v)$$

$$\dot{v} = cu + dv + q_s(u, v) \tag{5.122}$$

여기서

$$\lim_{(u,v)\to(0,0)} \frac{p_s(u, v)}{(u^2+v^2)^{1/2}} = 0 \text{ 그리고 } \lim_{(u,v)\to(0,0)} \frac{q_s(u, v)}{(u^2+v^2)^{1/2}} = 0 \tag{5.123}$$

이다. 따라서 비록 1계 연립 미방 $\dot{x}(=\dot{x}_1)$ 및 $\dot{y}(=\dot{x}_2)$가 x 및 y에 대해 비선형이라도, 임계점 (x_c, y_c) 주위로 이동된 좌표계 $x - x_c = u$, $y - y_c = v$에 대한 1계 연립미방 $\dot{u}$ 및 $\dot{v}$는 임계점 주위에서 선형화가 가능[즉 식 (5.122)에서 2차항인 p_s와 q_s를 무시가능]하다(예제 5.15 참조).

이제 아래의 푸앵카레(Poincaré)의 정리를 식 (5.122)와 (5.123)에 적용해보자.

(a) 계수 행렬 A의 고유값이 중복된 실수($\lambda_1 = \lambda_2$)이면, 임계점은 마디점(nodal point)이거나 나선점이고, $\lambda_1 = \lambda_2 < 0$인 경우에는 점근 안정, $\lambda_1 = \lambda_2 > 0$인 경우에는 불안정하다.

(b) 고유값이 순 허수($\lambda_{1,2} = \pm iv$)이면, 임계점은 중심이거나 나선점이고, 나선점은 점근 안정하거나 불안정하다.

(c) 나머지 경우에는, 임계점의 형태와 안정성은 대응되는 선형 시스템의 임계점의 형태와 안정성과 같다.

비선형 시스템의 결과가 선형 시스템의 결과와 다른 두 가지 경우는, 소위 말해서 민감한 경우, 앞에서 언급하고 그림 5.12에서 보았던 양의 수직 축과 $\Delta = 0$인 포물선임을 기억하자. 따라서, 이러한 관점에서 보면, 비선형성의 효과는 a, b, c 그리고 d의 값에 작은 불확실성의 내재와 동일한 것이다.

예제 5.15

아래의 비선형 시스템의 모든 임계(고정)점을 갖고, 그 형태와 안정성 특성을 조사하라.

$$\dot{x} = x - y, \quad \dot{y} = x^2 - y \tag{1}$$

풀 이

주어진 비선형계는 동시에 1계 도함수가 0이 되는 (x, y)점인 $(0, 0)$과 $(1, 1)$에서 임계점을 갖는다.
먼저 임계점 $(x_c, y_c) = (0, 0)$에 대한 u, v 좌표로 나타낸 선형화 방정식은 식 (5.122) – (5.123)에서 아래가 된다(이때 $a = 1$, $b = -1$, $c = 0$, $d = -1$임).

$$\begin{pmatrix} \dot{u} \\ \dot{v} \end{pmatrix} = \begin{pmatrix} 1 & -1 \\ 0 & -1 \end{pmatrix} \begin{pmatrix} u \\ v \end{pmatrix} \tag{2}$$

이때 계수 행렬의 고유값이 $\lambda_{1,2} = \pm 1$이므로(식 (5.121) 참조), 원점은 본질적으로 불안정한 안장점이다(표 5.1, 2번 참조).

또한 임계점 $(x_c, y_c) = (1, 1)$에 대한 선형화도 미방식 (1)에 $u = x - 1$, $v = y - 1$를 대입하여 식 (5.122) - (5.123)에서 아래와 같이 구할 수 있다.

$$\begin{pmatrix} \dot{u} \\ \dot{v} \end{pmatrix} = \begin{pmatrix} 1 & -1 \\ 2 & -1 \end{pmatrix} \begin{pmatrix} u \\ v \end{pmatrix} \tag{3}$$

여기서 계수 행렬의 고유값이 $\pm i$이므로(식 (5.121) 참조), 임계점 $(1, 1)$은 중심이거나 점근 안정 또는 불안정한 나선점이다(표 5.1, 5번 참조).

끝으로 5.4절에서 언급한 비선형 상미방(NDE)의 안정성과 혼돈에 관한 문제는 고분자 분야에도 점점 그 응용성이 확장되고 있는 추세이며, 또한 크게 기대되는 바이다.

제 6 장

Sturm-Liouville(SL) 이론과 직교다항식

앞장에서 논의된 n계 선형 상미분 방정식의 미분연산자 L(식 (5.1)의 $\phi(D)$에 해당)에 대한 수반(adjoint) 연산자인 $L^{\dagger}$를 이 장에서 먼저 정의하고, 다음에는 $L = L^{\dagger}$를 만족하는 '자기수반(self-adjoint)'형 소위 Sturm-Liouville(SL) 상미분방정식을 소개한다. 그리고 SL계의 고유치 및 고유함수를 구하는 방법과 나아가 경계치 문제를 가진 (2계)상미방의 해에 대한 'Green 함수기법'도 몇 가지 적용 예와 함께 도입한다. 그리고 마지막 절에서는 SL계의 (직교)고유함수에 기초를 둔 '고전 직교함수(classical orthogonal function)'의 개념 및 정의와 함께, Laguerre, Hermite, Legendre 함수와 같은 몇몇 대표적 직교함수에 대하여 간단히 소개한다.

6. 1 자기수반형(self-adjoint) 상미분방정식

6. 1. 1 선형 미분 연산자

독립변수 x의 구간(정의역) $a \le x \le b$에서 어떤 경계조건(boundary condition, BC)하의 함수 $u(x)$에 대하여 아래 식으로 나타내지는 상미방(ODE)을 생각해보자.

$$Lu(x) = \phi(x) \tag{6. 1}$$

여기서 $L(=\hat{L})$[단, 이하에서는 간단을 위하여 위 첨자의 '연산자'를 의미하는 기호 ^를 생략함]는 아래 식으로 정의되는 'n계 선형 상미분 연산자'이다(식 (5.1)의 $\phi(D)$에 해당).

$$L \equiv a_0(x)\frac{d^n}{dx^n} + a_1(x)\frac{d^{n-1}}{dx^{n-1}} + \cdots + a_n(x) = a_0(x)D^n + a_1(x)D^{n-1} + \cdots + a_n(x) \quad (6.2)$$

1.3절의 선형연산자(linear operator) 이론에 의하면 L 연산자 역시 아래 식을 만족한다.

$$L(\alpha u + \beta w) = \alpha Lu + \beta Lw \quad (6.3)$$

여기서 α, β는 임의의 상수, 그리고 v, w는 적어도 Lv 및 Lw가 존재할 만큼 충분히 미분이 가능한 임의의 함수이다.

그런데 식 (6.2)의 형태가 아닌 아래 식으로 나타내지는 비선형 미분연산자 N를 생각해보자(5.4절 참조).

$$Nu(x) = u'' - (u')^2 + 5xu \quad (6.4)$$

여기서 $d(\cdot\ \cdot)/dx = (\cdot\ \cdot)'$이다. 지금 N을 $\alpha v + \beta w$에 작용시키면 아래를 얻는다.

$$\begin{aligned} N(\alpha v + \beta w) &= (\alpha v'' + \beta w'') - (\alpha v' + \beta w')^2 + 5x(\alpha v + \beta w) \\ &= \alpha[v'' - (v')^2 + 5xv] + \beta[w'' - (w')^2 + 5xw] \\ &\quad - (\alpha v' + \beta w')^2 + \alpha(v')^2 + \beta(w')^2 \\ &= \alpha Nv + \beta Nw + [\alpha(v')^2 + \beta(w')^2 - (\alpha v' + \beta w')^2] \end{aligned} \quad (6.5)$$

그런데 위 식의 우변의 3번째 항은 일반적으로 0이 되지 않으므로 식 (6.3)이 만족되지 않는다(즉 N는 선형연산자가 아니다).

이제 식 (6.1)과 관련된 경계조건(BC)을 생각해보자. L가 n계 미분 연산자이므로 일반적으로 아래와 같이 n개의 경계조건이 존재한다.

$$B_j(u) = c_j \qquad j = 1, 2, \cdots, n \quad (6.6)$$

여기서 c_j는 주어진 상수, 그리고 B_j는 아직 해가 알려져 있지 않은 미지의 함수 u에 대해 규정된 함수(혹은 범함수, functional)이다. 그런데 이하에서는 B_j가 x의 두 끝점 a 및 b에서 u 및 그의 ($n-1$계까지의) 도함수의 선형결합으로 되어있다고 간주한다.

가령 2계 상미방에 대한 아래의 두 경계조건을 생각해보자.

$$B_1(u) = a_{10}u(a) + a_{11}u'(a) + b_{10}u(b) + b_{11}u'(b) = c_1$$

$$B_2(u) = a_{20}u(a) + a_{21}u'(a) + b_{20}u(b) + b_{21}u'(b) = c_2 \tag{6. 7}$$

위 식에서 각각의 B_j는 아래의 식이 만족되므로 '선형 범함수(linear functional)'가 된다.

$$\begin{aligned} B_j(\alpha v + \beta w) &= a_{j0}[\alpha v(a) + \beta w(a)] + a_{j1}[\alpha v'(a) + \beta w'(a)] \\ &\quad + b_{j0}[\alpha v(b) + \beta w(b)] + b_{j1}[\alpha v'(b) + \beta w'(b)] \\ &= \alpha[a_{j0}v(a) + a_{j1}v'(a) + b_{j0}v(b) + b_{j1}v'(b)] \\ &\quad + \beta[a_{j0}w(a) + a_{j1}w'(a) + b_{j0}w(b) + b_{j1}w'(b)] \\ &= \alpha B_j(v) + \beta B_j(w) \end{aligned} \tag{6. 8}$$

그리고 식 (6.3) 및 (6.8)은 각각 연산자 L 및 B_j에 있어서 임의의 두 함수 v 및 w의 선형결합에 대한 '중첩(superposition)'의 타당성을 의미한다. 예로서 아래와 같이 구간 $0 \le x \le 1$에서 2개의 경계조건을 가진 2계 상미방을 생각해보자.

$$xu'' + u = \phi; \quad u(0) = 3u(1), \quad u'(0) = 0 \tag{6. 9}$$

이제 위 식들을 식 (6.1) 및 (6.6)에 맞추어 나타내보자.

$$Lu = xu'' + u = (xD^2 + 1)u \tag{6. 10a}$$

$$B_1(u) = u(0) - 3u(1) = 0 \tag{6. 10b}$$

$$B_2(u) = u'(0) = 0 \tag{6. 10c}$$

만약 위 식에서 식 (6.1)의 $\phi(x)$를 $\rho(x) + \sigma(x)$로 분해하고, 또 아래의 경계조건을 만족하는 함수 $v(x)$ 및 $w(x)$를 발견할 수 있으면

$$Lv = \rho; \qquad B_1(v) = 0, \ B_2(v) = 0 \tag{6. 11a}$$

$$Lw = \sigma; \qquad B_1(w) = 0, \ B_2(w) = 0 \tag{6. 11b}$$

식 (6.1)의 해는 $u(x) = v(x) + w(x)$로 주어진다. 이의 증명은 위 두 식은 더하고, 연산자 L, B_1 및 B_2의 선형성을 이용하면 아래가 된다.

$$Lv + Lw = \rho + \sigma; \qquad B_j(v) + B_j(w) = 0 \ \text{for} \ j = 1, 2 \tag{6. 12}$$

$$L(v+w)=\phi; \qquad B_j(v+w)=0 \ \text{ for } \ j=1,\,2 \tag{6.13}$$

따라서 식 (6.13)에서 $v+w=u$로 두면 확실히 원래의 미방식 (6.1) 및 경계조건 (6.6)을 만족하므로 증명된다.

여기서 한 가지 지적하고 싶은 점은, 위 미방에 식 (6.9) 혹은 (6.10)에서 $\phi\neq 0$ 및 $c_j=0$이므로 이 미방은 L에 대해서는 비제차(nonhomogeneous), B_j에 대해서는 제차(혹은 동차, homogeneous) 이다. 만약 둘다 제차인 경우는 미방의 해 $u=0$이 될 것이다. 따라서 0이 아닌 해 $u(x)$를 갖기 위해서는 L 혹은 B_j에 적당히 비제차 항을 도입할 필요가 있다.

6. 1. 2 수반연산자(adjoint operator)

1.3.5절에서 벡터 $\boldsymbol{a}$ 혹은 행렬(2차 텐서) T에 대하여 복소공액의 전치(transpose)에 해당하는 '수반(adjoint)' 혹은 '에르미트 공액(Hermitian conjugate)' 연산을 기호 †를 사용하여 각각 $|\boldsymbol{a}\rangle^{\dagger}=\langle\boldsymbol{a}|$ 및 $\langle\boldsymbol{a}|\mathrm{T}^{\dagger}|\boldsymbol{b}\rangle=\langle\boldsymbol{a}|\mathrm{T}\,\boldsymbol{b}\rangle=\langle\mathrm{T}\,\boldsymbol{a}|\boldsymbol{b}\rangle$ [식 (1.98) - 전복법칙]를 정의하였다.

한편 식 (6.1) - (6.2)로 정의된 n계 선형 상미방의 경우 L 연산자에 대응하는 '수반(미분) 연산자' $L^{\dagger}\,[=L^{*}$ 혹은 $\overline{L}$, 왜냐하면 미분연산은 스칼라에 해당되므로 전치의 개념이 없으므로]의 형태를 구하기 전에 우선 가장 친숙한 2계($n=2$) 상미방에 대하여 아래에서 구해보기로 한다. 지금 1.2.2절에 언급된 벡터공간의 내적(inner product) 개념에 따라 v와 Lu(여기서 v 및 u는 실함수)의 2차원(Cartesian) 공간에서의 내적을 x의 정의역 $[a,\,b]$에서 부분적분 공식 (A.22)을 사용하여 아래와 같이 '수반미분연산자' $L^{\dagger}$의 항으로 (정의하여) 나타낸다.

$$(v,\,Lu)=\langle v|Lu\rangle=\int_a^b vLu\,dx=[\cdots]\Big|_a^b+\int_a^b uL^{\dagger}v\,dx\,[=\langle Lv|u\rangle] \tag{6.14}$$

여기서 2계 선형 미분연산자 L는 아래와 같이 주어진다고 하자(식 (6.2) 참조).

$$L=a(x)\frac{d^2}{dx^2}+b(x)\frac{d}{dx}+c(x)=aD^2+bD+c \tag{6.15}$$

그러면 먼저 식 (6.14)의 좌변의 (내적)적분에 식 (6.15)를 작용시키고 부분적분공식을 반복 이용하면 아래를 얻는다.

$$\langle v|Lu\rangle=\int_a^b vLu\,dx=\int_a^b (vau''+vbu'+vcu)dx$$

$$= (vau' + vbu)|_a^b + \int_a^b [-(va)'u' + (vb)'u + vcu]\,dx$$

$$= [vau' + vbu - (va)'u]|_a^b + \int_a^b [(va)''u - (vb)'u + vcu]\,dx$$

$$= [avu' - (av)'u + bvu]|_a^b + \int_a^b u[(av)'' - (bv)' + cv]\,dx \tag{6.16}$$

이 식과 (6.14)를 비교하면 $L^\dagger v$는 아래가 된다.

$$L^\dagger v = (av)'' - (bv)' + cv$$

$$= av'' + (2a' - b)v' + (a'' - b' + c)v \tag{6.17a}$$

$$= (-1)^2 D^2(av) + (-1)' D(bv) + (-1)^\circ D^\circ (cv) \tag{6.17b}$$

위 식에서 함수 v를 생략하면(즉 오른편 바깥으로 빼내면) 수반 미분연산자 $L^\dagger$는 아래의 두 대응하는 관계로 나타내진다.

$$L^\dagger = a\frac{d^2}{dx^2} + (2a' - b)\frac{d}{dx} + (a'' - b' + c) = aD^2 + (2a' - b)D + (a'' - b' + c) \tag{6.18a}$$

$$= (-1)^2 D^2(a\cdots) + (-1)^1 D^1(b\cdots) + (-1)^\circ D^\circ (c\cdots) \tag{6.18b}$$

특히 식 (6.14)에서 우변의 경계조건 항이 0이 될 때 L과 $L^\dagger$ 연산자사이에는 x의 정의역 $[a, b]$에서 아래의 (내적)관계가 성립된다[단 두 함수 u와 v는 모두 실함수 가정].

$$(Lu, v) = \left[= \langle v|Lu \rangle = \int_a^b vLu\,dx \right] = (u, L^\dagger v)\left[= \langle Lv|u \rangle = \int_a^b uL^\dagger v\,dx \right] \tag{6.19}$$

이제 식 (6.14) 혹은 (6.19)에서 미분연산 L 작용을 받는 함수 u의 주어진 경계조건이 어떻게 $L^\dagger(= L^*)$ 작용하의 함수 v에 관한 (수반)경계조건으로 바뀌는가를 아래의 두 예를 통하여 조사해보자.

제 1예로서, 구간 $0 \le x \le 1$에서 경계조건 $u(0) = 3u(1)$[즉 $B(u) = u(0) - 3u(1) = 0$ - 식 (6.6) 참조]을 받고 있는 1계 상미방(선형) 연산자 $L = d/dx\,[= D]$ 작용시 이에 대응하는 수반연산자 $L^\dagger$ 및 함수 v에 대한 (수반)경계조건 $B^\dagger(v)$를 식 (6.14)에서 구하면 아래가 된다.

$$(Lu, v) = \langle v|Lu \rangle = \int_0^1 u'v\,dx = (uv)|_0^1 - \int_0^1 uv'\,dx$$

$$= u(1)v(1) - u(0)v(0) + (u,\, L^{\dagger}v)[= \langle Lv|u\rangle]\ (\text{여기서 } u(0) = 3u(1) \text{ 대입})$$

$$= u(1)[v(1) - 3v(0)] + (u,\, L^{\dagger}v)[= \langle Lv|u\rangle] \tag{6.20}$$

따라서 위 식과 식 (6.14)의 비교에서 $L^{\dagger}v = -v'$ 즉 $L^{\dagger} = -\dfrac{d}{dx}(\neq L)$임을 알 수 있다. 또한 $L^{\dagger}$에 대한 v의 경계조건은 식 (6.20)의 마지막 항등관계의 경계조건이 0이 되어야 하므로(∵식 (6.19)) 수반 경계조건 $B^{\dagger}(v) = 3v(0) - v(1) = 0$이 됨을 알 수 있다.

두 번째 예로서 구간 $0 \le x \le 1$에서 두 경계조건 $B_1(u) = u(0) = 0$ 및 $B_2(u) = u'(1) = 0$을 받고 있는 2계 상미방 (선형)연산자 $L = d^2/dx^2\,[= D^2]$ 작용시 이에 대응하는 수반연산자 $L^{\dagger}$ 및 함수 v에 대한 (두)수반 경계조건 $B^{\dagger}(v)$를 구하면 아래가 된다. 즉 식 (6.14)에서 $Lu = v''$를 대입하면

$$(Lu,\, v) = \langle v|Lu\rangle = \int_0^1 u''v\,dx = (u'v - uv')|_0^1 - \int_0^1 uv''\,dx$$

$$= 0 - u(1)v'(1) - u'(0)v(0) + 0 + (u,\, v'')[= \langle Lv|u\rangle] \tag{6.21}$$

따라서 위 식과 식 (6.14)의 비교에서 $L^{\dagger}v = v''$ 즉 $L^{\dagger} = \dfrac{d^2}{dx^2} = L$가 됨을 알 수 있다. 또한 식 (6.14) 및 (6.19)에서 식 (6.21)의 경계조건이 0이 되어야 하므로 두 수반 경계조건은 $B_1^{\dagger}(v) = v(0) = 0$ 및 $B_2^{\dagger}(v) = v'(1) = 0$이 되어 위 예제의 경우는 $L = L^{\dagger}$ 및 $B_j = B_j^{\dagger}$(단 $j = 1,\, 2$)가 성립되는데, 이때 L을 '자기수반(self-adjoint) 연산자'라 부른다[이는 2차텐서(행렬) 연산자 T에서 $\mathrm{T} = \mathrm{T}^{\dagger}$를 만족하는 (복소)에르미트(Hermitian) 연산자(1.3.6절 참조)의 경우와 유사하다]. 이에 대해서는 다음 절에서 논하기로 하고, 이 절의 끝으로 식 (6.2)로 정의되는 n계 선형 미분방정식 L에 대해 수반연산자 $L^{\dagger}$는 식 (6.17b)에서 아래와 같이 추론된다(귀납법으로 증명가능).

$$L^{\dagger}v = (-1)^n \frac{d^n}{dx^n}(a_0 v) + (-1)^{n-1}\frac{d^{n-1}}{dx^{n-1}}(a_1 v) + \cdots (-1)\frac{d}{dx}(a_{n-1}v) + a_n v$$

$$= (-1)^n D^n(a_0 v) + (-1)^{n-1}D^{n-1}(a_1 v) + \cdots (-1)D(a_{n-1}v) + a_n v \tag{6.22}$$

여기서 $n = 2$인 경우와 마찬가지로 v를 생략(즉 오른편 바깥으로 빼면)하면 $L^{\dagger}$는 아래의 형태를 가진다.

$$L^{\dagger} = (-1)^n \frac{d^n}{dx^n}(a_0 \cdots) + (-1)^{n-1} \frac{d^{n-1}}{dx^{n-1}}(a_1 \cdots) + \cdots (-1)\frac{d}{dx}(a_{n-1} \cdots) + a_n$$

$$= (-1)^n D^n (a_0 \cdots) + (-1)^{n-1} D^{n-1}(a_1 \cdots) + \cdots (-1) D(a_{n-1} \cdots) + a_n \tag{6.23}$$

[비고 : 미분연산자 뿐아니라 일반적인 (선형)연산자에 관한 공식(혹은 정의)을 구할 때는 반드시 함수(혹은 벡터)에 연산시켜 최종 결과를 구한 후 함수[혹은 벡터]를 제거하여 구하는 것이 원칙이다.]

6. 1. 3 자기수반(혹은 Sturm-Liouville) 미분 연산자

2계 선형 상미방이 아래와 같이 나타내지면 이는 '자기수반(self-adjoint)형' Sturm-Liouville(SL) 미방이 된다.

$$Lu = (pu')' + qu = L^{\dagger} u \tag{6.24}$$

증 명 위 식의 미분을 전개하면 아래가 된다.

$$Lu = pu'' + p'u' + qu = (pD^2 + p'D + q)u \tag{6.25}$$

즉 $L = pD^2 + p'D + q$가 된다. 그런데 이를 식 (6.15)와 비교하면 $a(x) = p(x)$, $b(x) = p'(x)$, 그리고 $c(x) = q(x)$가 된다. 그러면 이에 대응하는 수반연산자 $L^{\dagger}$ 혹은 $L^{\dagger} u$는 식 (6.17)에 의해 아래가 된다.

$$L^{+} u = D^2(pu) - D(p'u) + qu = pu'' + p'u' + qu \tag{6.26}$$

따라서 식 (6.25)와의 비교에서 $Lu = L^{\dagger} u$ 즉 $L = L^{\dagger}$가 성립되어 증명된다. ■

한편 만약 아래의 2계 상미방이 자기수반형이 아니라면

$$Lu = p_0(x)u'' + p_1(x)u' + q(x)u = (p_0 D^2 + p_1 D + q)u \tag{6.27}$$

양변에 아래 식으로 정리되는 함수 $w(x)$를 곱하면 자기수반형이 된다.

$$w(x) = \frac{1}{p_0(x)} \exp\left[\int^x \frac{p_1(t)}{p_0(t)} dt\right] \tag{6.28}$$

증 명 먼저 위 식의 양변을 x에 대해 미분하면[단 미분공식 (A.15) 및 Leibnitz 공식 (A.23) 이용] 아래가 된다.

$$w' = \frac{w(x)}{p_0(x)} [p_1(x) - p_0{}'(x)] \tag{6.29}$$

그런데 식 (6.27)의 증명에 $w(x)$를 곱하면 아래의 2계 선형미방 $\widetilde{L}u$[단 $\widetilde{L} = w(x)L$임]

$$\widetilde{L}u = wp_0u'' + wp_1u' + wqu = (wp_0D^2 + wp_1D + wq)u \tag{6.30}$$

이를 식 (6.15)와 비교하면 $a(x) = wp_0$, $b(x) = wp_1$, $c(x) = wq$가 된다. 따라서 $\widetilde{L}$에 대응하는 수반연산자 $\widetilde{L}^\dagger$혹은 $\widetilde{L}^\dagger u$는 식 (6.17)에 의해 아래가 된다.

$$\widetilde{L}^\dagger u = D^2(wp_0u) - D(wp_1u) + qu \tag{6.31}$$

이 식의 우변을 식(6.29)를 이용하여 전개한 후 정리하면 아래를 얻어 증명된다.

$$\widetilde{L}^\dagger u = p_0wu'' + p_1wu' + qu = \widetilde{L}u \quad \blacksquare \tag{6.32}$$

따라서 주어진 비자기 수반형 미방 (6. 27)에 대한 식 (6.28)의 $w(x)$가 얻어지면, 이를 식 (6.27)의 양변에 곱하면 식 (6.24) 형태의 자기수반형(SL) 미방 $\widetilde{L}u(= wLu)$가 얻어진다.

$$\widetilde{L}u[= wLu] = (wp_0u')' + wqu = \widetilde{L}^\dagger u \tag{6.33}$$

예제 6. 1

다음은 고정된 ν^2에 대한 Bessel 2계 상미방이다(식 (5.17) 참조).

$$Lu = u'' + \frac{1}{x}u' + \left(k^2 - \frac{\nu^2}{x^2}\right)u = 0 \ \ (\text{여기서} \ \ a \le x \le b) \tag{6.34}$$

이 때 이 미방은 자기수반(SL)형인가? 아니면 이를 자기수반으로 만드는 함수 $w(x)$(식 (6.28))

를 구하라.

풀이

식 (6.15)와 비교하면 $a(x)=1$, $b(x)=\dfrac{1}{x}$, $c(x)=k^2-\dfrac{\nu^2}{x^2}$가 된다. 그러면 이의 수반연산 $L^\dagger u$는 식 (6.17)에 의해 아래가 된다.

$$L^\dagger u = D^2(u) - D\left(\frac{u}{x}\right) + \left(k^2 - \frac{\nu^2}{x^2}\right)u = u'' - \frac{1}{x}u' + \left(k^2 - \frac{\nu^2}{x^2} + \frac{1}{x^2}\right)u \tag{6.35}$$

따라서 $L^\dagger u \neq Lu$가 되어 자기수반형이 아니다. 이 때 식 (6.28)의 인자 $w(x)$는 아래 식으로 얻어진다.

$$w(x) = \frac{1}{p_0(x)}\exp\left[\int^x \frac{p_1(t)}{p_0(t)}dt\right] = \exp\left[\int^x \frac{dt}{t}\right] = x \quad \left(\because p_0(x)=1,\ p(x)=\frac{1}{x}\right)$$

따라서 이를 식 (6.34)의 양변에 곱하면 식 (6.33)형의 자기수반형 미방 $\tilde{L}u(=wLu)[=\tilde{L}^\dagger u]$을 얻는다. 즉

$$\tilde{L}u[=wLu] = (xu')' + \left(xk^2 - \frac{\nu^2}{x}\right)u = 0 \ (\text{단 } a \le x \le b) \tag{6.36}$$

---

6. 2 Sturm-Liouville계의 고유치 및 고유함수

6. 2. 1 정의

식 (6.24)로 주어진 자기수반 2계 상미분 연산자 $L(=L^\dagger)$을 이용하여 아래 형태로 나타낸 경계치 문제를 'Sturm-Liouville(SL) 경계치 문제' 혹은 'Sturm-Liouville(SL) 계'라고 부른다(이 때 함수 u 대신 y를 이용).

$$Ly(x) + \lambda r(x)y = 0 \text{ 혹은 } (py')' + [q(x) + \lambda r(x)]y = 0 (a \le x \le b)$$

$$B_1(y) = a_1 y(a) + a_2 y'(a) = 0,\ B_2(y) = b_1 y(b) + b_2 y'(b) = 0 \tag{6.37}$$

여기서 a_1, a_2, b_1, b_2는 주어진 상수 ; $p(x)$, $q(x)$, $r(x)$는 미분가능한 주어진 함수, 그리고 λ는 x에 무관한 규정되지 않은 미정계수(매개변수)이다. 이 SL계의 0이 되지 않는 한 해는 일반적으로 어떤 특수한 세트(set)의 λ값의 경우에만 존재한다. 이들 값을 이 계의 '특성치(characteris value)' 혹은 '고유치(eigenvalue)'라고 부르며, 대응하는 해(함수) y를 계의 '특성함수' 또는 '고유함수'라고 부른다[이 관계는 마치 1.6절에 언급한 행렬연산자의 고유치 및 고유벡터 개념과 유사함에 주목하라].

예제 6. 2

(a) 2계 미방계 $y''+\lambda y=0,\ y(0)=0,\ y(1)=0$은 SL계인 것을 증명하라.

(b) 이 계의 고유치 및 고유함수를 구하라

(c) 구간 $(0, 1)$에서 이들 고유함수는 상호직교함을 증명하라.

(d) 정규직교화된 고유함수의 집합(즉 $\langle y_m | y_n \rangle = \delta_{mn}$ 만족 - 4.1.1절 참조]를 구하라.

(e) 함수 $f(x)=1$을 이들 함수의 급수로 나타내어라.

풀 이

(a) 식 (6.37)과 비교하여 $p(x)=1,\ q(x)=0,\ r(x)=1,\ a=0,\ b=1,\ a_1=1,\ a_2=0,\ b_1=1,\ b_2=0$가 되어 이는 SL계이다.

(b) 2계 제차 미방 $y''+\lambda y=0$의 일반(제차)해는 D.2.3절에서 $y=A\cos\sqrt{\lambda}\,x+B\sin\sqrt{\lambda}\,x$가 되는데, 경계조건 $y(0)=0$에서 $A=0$ 즉 $y=B\sin\sqrt{\lambda}\,x$가 된다. 그리고 또 다른 경계조건 $y(1)=0$에서 $B\sin\sqrt{\lambda}=0$ 즉 $\sin\sqrt{\lambda}=0(\because B\neq 0)$이 되므로 $\sqrt{\lambda}=m\pi,\ \lambda=m^2\pi^2$(여기서 $m=1, 2, \cdots$)가 되며, 이것이 요구되는 고유치이다. 다음에 고유치 $\lambda_m=m^2\pi^2$에 대응하는 고유함수 $y_m=B_m\sin m\pi x$(단 $m=1, 2, \cdots$)가 된다[여기서 $m=0$ 혹은 $\lambda=0$을 배제한 이유는 대응하는 고유함수가 0이 되기 때문이다].

(c) 4.1.1절에 의하면 이 계의 두 고유함수 y_m과 y_n의 내적 $\langle y_m | y_n \rangle$은 아래가 되므로 직교성이 성립된다[단 이 때 무게함수 $w(x)=1$로 간주].

$$\langle y_m | y_n \rangle = \int_0^1 [B_m \sin m\pi x][B_n \sin n\pi x]dx = B_m B_n \int_0^1 \sin m\pi x \sin n\pi x\, dx$$

$$= B_m B_n \int_0^1 [\cos(m-n)\pi x - \cos(m+n)\pi x\,]\,dx$$

$$= B_m B_n \left[\frac{\sin(m-n)\pi x}{(m-n)\pi} - \frac{\sin(m+n)\pi x}{(m+n)\pi}\right]\Bigg|_0^1 = 0, \quad m\neq n \tag{6.38}$$

(d) 만약 $y_m=y_n$인 경우 두 정규직교화된 함수의 내적은 $\langle y_m | y_m \rangle = \delta_{mm}=1$이 되어야한다. 즉

$$\langle y_m | y_m \rangle = B_m^2 \int_0^1 \sin^2 n\pi x\, dx = \frac{B_m^2}{2}\int_0^1 (1-\cos 2n\pi x)\,dx = \frac{B_m^2}{2} = \delta_{mm} = 1$$

따라서 $B_m = \sqrt{2}$가 되어야하므로, 정규직교화된 고유함수 $y_m = \sqrt{2}\sin m\pi x$가 되어야한다[즉 이 경우 $\langle y_m | y_n \rangle = \delta_{mn}$ 성립].

(e) 임의의 함수 $f(x)$는 SL계의 (정규직교화된) 고유함수 y_m항으로 아래와 같이 전개될 수 있다(식 (4.2) 참조).

$$f(x) = \sum_{m=1}^{\infty} c_m \phi_m(x) \tag{6. 39}$$

여기서 $f(x) = 1$, $\phi_m(x) = \sqrt{2}\sin m\pi x$이다.
이 때 계수 c_m은 식 (4.3)에 의해 아래로 얻어진다.

$$c_m = \frac{\langle \phi_m | f(x) \rangle}{\langle \phi_m | \phi_m \rangle [=1]} = \int_0^1 f(x)\phi_m(x)dx = \sqrt{2}\int_0^1 \sin m\pi x\, dx = \frac{\sqrt{2}(1-\cos m\pi)}{m\pi} \tag{6. 40}$$

따라서 요구되는 급수(푸리에 사인 급수)는 아래가 된다(4.1절 참조).

$$f(x) = 1 = \sum_{m=1}^{\infty} \frac{2(1-\cos m\pi)}{m\pi} \sin m\pi x \tag{6. 41}$$

정리 6. 1 : Sturm-Liouville 계(식 (6.37))의 고유치는 실수이다.

증 명 식 (6.37)에서 아래가 성립된다.

$$\frac{d}{dx}\left[p(x)\frac{dy}{dx}\right] + [q(x) + \lambda r(x)]y = 0 \tag{1}$$

$$\alpha_1 y(a) + \alpha_2 y'(a) = 0, \ \beta_1 y(b) + \beta_2 y'(b) = 0 \tag{2}$$

여기서 $p(x)$, $q(x)$, $r(x)$, α_1, α_2, β_1, β_2는 실수, 반면에 λ 및 y는 복소수로 간주하면, 식 (1) 및 (2)의 양변에 대해 복소공액(−)을 취하면 각각 아래를 얻는다.

$$\frac{d}{dx}\left[p(x)\frac{d\bar{y}}{dx}\right] + \left[q(x) + \bar{\lambda} r(x)\right] y = 0 \tag{3}$$

$$\alpha_1 \bar{y}(a) + \alpha_2 \bar{y}'(a) = 0, \ \beta_1 \bar{y}(b) + \beta_2 \bar{y}'(b) = 0 \tag{4}$$

여기서 식 (1)을 $\bar{y}$로, 그리고 식 (3)을 y로 곱하여 서로 빼고 간단히 하면 아래가 성립된다.

$$\frac{d}{dx}\left[p(x)(y\bar{y}\,' - \bar{y}\,y')\right] = (\lambda - \bar{\lambda})r(x)y\bar{y}\,dx$$

이를 $x = a$에서 $x = b$까지 적분을 행하면 아래를 얻는다.

$$(\lambda - \bar{\lambda})\int_a^b r(x)|y|^2\,dx = p(x)(y\bar{y}\,' - \bar{y}\,y')\Big|_a^b = 0 \tag{5}$$

위 식의 맨 마지막 항등관계는 경계조건 식 (2) 및 (4)에 의한 것이다. 그런데 (밀도함수) $r(x) \geq 0$이므로, 식 (5)의 적분은 양이 되므로 $\lambda - \bar{\lambda} = 0$ 즉 $\lambda = \bar{\lambda}$가 되어야 하므로 λ는 실수임이 증명된다. ■

정리 6.2 : SL계 미방 식 (6.37)의 두 다른 고유치 λ_1 및 λ_2에 대응하는 두 고유함수 $y_1(x)$과 $y_2(x)$는 '밀도함수' $r(x)$에 관하여 상호직교이다.

증 명 만약 SL계의 두 고유함수 y_1 및 y_2가 각각 다른 고유치 λ_1 및 λ_2에 대응한다면 식 (6.37)에서 각각 아래가 된다.

$$\frac{d}{dx}\left[p(x)\frac{dy_1}{dx}\right] + \left[q(x) + \lambda_1 r(x)\right]y_1 = 0 \tag{1}$$

$$\alpha_1 y_1(a) + \alpha_2 y_1{}'(a) = 0,\ \beta_1 y_1(b) + \beta_2 y_1{}'(b) = 0 \tag{2}$$

$$\frac{d}{dx}\left[p(x)\frac{dy_2}{dx}\right] + \left[q(x) + \lambda_2 r(x)\right]y_2 = 0 \tag{3}$$

$$\alpha_1 y_2(a) + \alpha_2 y_2{}'(a) = 0,\ \beta_1 y_2(b) + \beta_2 y_2{}'(b) = 0 \tag{4}$$

여기서 식 (1)을 y_2로 식 (3)을 y_1으로 곱하고 서로 빼면 아래를 얻는다.

$$\frac{d}{dx}\left[p(x)(y_1 y_2{}' - y_2 y_1{}')\right] = (\lambda_1 - \lambda_2)r(x)y_1 y_2$$

양변을 $x = a$와 $x = b$사이에서 적분을 행하고, 경계조건 (2) 및 (4)를 이용하면

$$(\lambda_1 - \lambda_2)\int_a^b r(x)y_1 y_2\,dx = p(x)(y_1 y_2{}' - y_2 y_1{}')\Big|_a^b = 0$$

그런데 문제에서 $\lambda_1 \neq \lambda_2$이므로 아래가 성립되어 직교성이 증명된다.

$$\langle y_1 | y_2 \rangle_{r(x)} = \int_a^b r(x) y_1 y_2 \, dx = 0 \quad \blacksquare \tag{5}$$

6. 2. 2 SL계의 변분대수에 응용

식 (6.37)로 정의된 Sturm-Liouville(SL) 계는 범함수(functional)의 극대(혹은 극소)를 구하는 오일러(Euler)의 '변분대수(calculus of variation)'에 응용될 수 있다(문 2.25 참조).

정리 6.3 : 어떤 범함수(functional) $F(x, y(x), y'(x))$에 있어서 만약 x가 고정되어 있다면 F는 y 및 y'만의 함수가 되어 미소변화에 대한 F의 변분(variation) δF는 아래와 같이 정의된다.

$$\delta F(y, y') \equiv \frac{\partial F}{\partial y}\delta y + \frac{\partial F}{\partial y'}\delta y' \tag{6.42}$$

이 때 아래가 성립된다.

$$\delta\left(\frac{dy}{dx}\right) = \delta y' = \frac{d}{dx}(\delta y) = (\delta y)' \tag{6.43}$$

단 위 식에서 y 및 y'의 변화에만 관련된 δ(변분) 연산자와 x의 변화에만 관계하는 $D\left(= \frac{d}{dx}\right)$(미분)연산자는 서로 독립적이므로 교환법칙이 성립됨을 이용하였다.

정리 6.4 : 아래 식으로 정의되는 범함수 $I(y, y')$가 제한(constraint) 조건 J를 받을 때

$$I(y, y') = \int_{x_1}^{x_2} \left[p(x) y'^2 - q(x) y^2 \right] dx \tag{6.44}$$

$$J = \int_{x_1}^{x_2} r(x) y^2 \, dx = 1 \, (= \text{상수}) \tag{6.45}$$

I의 극대(혹은 극소)는 SL계 미방 식 (6.37)의 해로 주어진다.

증 명 제한조건하의 극한값(extremal)을 구하는 Lagrange 미정계수법(C.6(3)절 참조)에서 미정계수를 λ대신 $-\lambda$를 사용하여 I대신 $H = I - \lambda J$(아래 참조)의 극한값을 구하기로 한다.

$$H = I - \lambda J = \int_{x_1}^{x_2} \left[p(x) y'^2 - q(x) y^2 - \lambda r(x) y^2 \right] dx \tag{6.46}$$

이 때 위 적분의 피적분항을 범함수 $F(x,\, y,\, y')$로 표기하면 H를 극한으로 만드는 Euler 변환대수식은 문 2.25에서 t를 x, x를 y로 두면 아래가 되어 요구되는 SL계의 해가 됨이 증명된다.

$$\frac{d}{dx}\left(\frac{\partial F}{\partial y'}\right) - \frac{\partial F}{\partial y} = 0 \qquad \blacksquare \tag{6. 47}$$

정리 6.5 : 정리 6.4의 제한조건 $J \neq 1$일 때 범함수 $I(y,\, y')$(식 (6.44))의 극한값(extremal)은 SL계의 미방 식 (6.37)의 고유치 λ로 아래와 같이 주어진다.

$$\lambda = \frac{\displaystyle\int_{x_1}^{x_2} \left[\, p(x) y'^2 - q(x) y^2 \,\right] dx}{\displaystyle\int_{x_1}^{x_2} r(x) y^2\, dx} \tag{6. 48}$$

여기서 $p(x)$, $q(x)$, $r(x)$는 SL계의 식 (6.37)에서 주어진 함수이다.

증 명 식 (6.48)의 λ는 정리 6.4의 I 및 J를 사용하여 $\lambda = I/J$가 되는데 이의 (y 및 y'에 대한) 변분 $\delta\lambda$를 취하면 아래를 얻는다(단, 정리 6.3 참조).

$$\delta\lambda = \delta(I/J) = \frac{J\delta I - I\delta J}{J^2} = \frac{\delta I - \lambda\delta J}{J} = \frac{1}{J}\delta(I - \lambda J)$$

$$= \frac{-2\displaystyle\int_{x_1}^{x_2} \left[\, (py')' + qy + \lambda ry \,\right] \delta y\, dx}{\displaystyle\int_{x_1}^{x_2} ry^2 dx} = 0 \tag{6. 49}$$

단 위 식의 5번째 항등관계는 I 및 $J(\neq 1)$를 각각 식 (6.44)와 (6.45)에서 대입하고, 정리 6.3에 논의된 변분 기호에 따라 $\delta(y^2) = 2y\delta y$, $\delta(py'^2) = \frac{d}{dx}(2py') \times \delta(y) = (2py')'\,\delta y$ [$\because \delta y' = \delta\left(\frac{dy}{dx}\right) = \frac{d}{dx}(\delta y)$의 관계에서]를 이용한 것이다. 그리고 마지막 항등관계는 두 끝점 x_1 및 x_2에서 $\delta y = 0$에서 온 것이다. 그런데 위 식의 분자의 적분에서 δy는 임의적이므로 피적분함수의 사각(대)괄호안의 항은 0이 되어야 하므로 SL계의 식 (6.37)가 회복되어 증명된다. $\blacksquare$

예제 6. 3

식 (6.37)로 주어지는 SL계의 고유치(λ) 및 고유(해)함수(y)를 찾기 위하여 정리 6.5(식 (6.48))를 이용하는 방법에 대하여 논하라.

풀 이

식 (6.48)에서 $x_1 = a,\ x_2 = b$로 둠으로써 식 (6.37)의 경계조건을 만족하는 0이 아닌 고유(해)함수 $y(x)$를 비(고유치)$\lambda = I/J$를 극한으로 만드는 조건으로부터 구할 수 있다. 즉 SL계이 고유치 λ_1에 대응하는 고유함수를 y_1이라고 하면 정리 6.5의 식 (6.48)에서 아래가 성립된다.

$$\lambda = \frac{\int_a^b (py'^2_1 - qy_1^2)dx}{\int_a^b ry_1^2 dx} \tag{1}$$

여기서 분자에 부분 적분을 행하면 아래가 된다.

$$\int_a^b (py'^2_1 - qy_1^2)\,dx = \int_a^b (py_1{}')y_1{}'dx - \int_a^b qy_1^2\,dx$$

$$= py_1{}'y_1\Big|_a^b - \int_a^b y_1 \frac{d}{dx}(py_1{}')dx - \int_a^b qy_1^2 dx$$

$$= -\int_a^b \left[\frac{d}{dx}(py_1{}') + qy_1\right] y_1\,dx = \lambda_1 \int_a^b ry_1^2 dx \tag{2}$$

위 식의 3번째 항등관계는 경계조건항이 식 (6.37)의 두 경계조건으로부터 0이 되기 때문이며, 또 마지막 항등관계는 SL식에서 $(py_1{}')' + qy_1 = -\lambda_1 ry_1$을 대입한 것이다. 따라서 식 (1)로부터 $\lambda = \lambda_1$이 얻어진다. 만약 SL계에서 식 (6.37)의 경계조건을 만족하는 모든 가능한 (고유)함수 y에 대하여 식 (1)로 주어지는 비 $\lambda(= I/J)$의 최소값에 해당하는 경우가 SL계의 최소 고유치가 되는데, 이를 가끔 'Rayleigh-Ritz의 (변분)원리' 라고 부른다.

예제 6. 4

(a) 아래의 SL계 상미방의 (대략의) 최소 고유치를 찾아라.

$$y'' + \lambda y = 0,\ y(0) = 0,\ y(1) = 0$$

(b) 대응하는 (대략의) 고유함수도 구하라.

풀 이

(a) SL계의 상미방 식 (6.37)과의 비교에서 $p=1,\ q=0,\ r=1,\ a=0,\ b=1,\ a_1=1,\ a_2=0,\ b_1=1,\ b_2=0$가 된다. 그러면 계의 (가능한) 최소 고유치를 찾기 위하여 식 (6.48)에서 아래의 비 $\lambda(=I/J)$를 생각하자.

$$\lambda=\frac{\int_0^1 y'^2\,dx}{\int_0^1 y^2\,dx} \tag{1}$$

여기서 다음을 가정하면

$$y=A_0+A_1x+A_2x^2+A_3x^3 \tag{2}$$

그런데 경계조건 $y(0)=0,\ y(1)=0$로부터 $A_0=0,\ A_3=-(A_1+A_2)$가 되어, 식 (2)는 아래가 된다.

$$y=A_1(x-x^3)+A_2(x^2-x^3) \tag{3}$$

식 (3)을 식 (1)에 대입하면 아래를 얻는다(단 $B=A_1/A_2$를 이용).

$$\lambda=\frac{168A_1^2+126A_1A_2-35A_2^2}{16A_1^2+11A_1A_2+2A_2^2}=\frac{168B^2+126B-35}{16B^2+11B+2} \tag{4}$$

그런데 식 (4)에서 λ가 최소가 되는 B값을 구하기 위하여 $d\lambda/dB=0$을 두면 아래를 얻는다.

$$168B^2-1792B-637=0 \tag{5}$$

여기서 식 (5)의 해를 구하면

$$B=11.01102,\ -0.3443521 \tag{6}$$

그런데 B의 두 번째 근은 음이 되는데 이는 식 (1)로부터 불가능하므로 버리고, 첫 번째 근(B)을 식 (4)에 대입하여 λ를 구하면 $\lambda=10.5289$를 얻는다. 이를 실제의 (정확한) 고유치 $\pi^2 \fallingdotseq 9.8696$과 비교하면 약 7%보다 작은 오차를 가진다. 한편 식 (3) 대신에 바로 아래의 식을 이용하면

$$y=x(1-x)(a_0+a_1x)$$

이는 자동적으로 문제의 경계조건을 만족하므로 위와 같은 절차로 계산을 진행하면 보다 향상된 해(고유함수)를 얻을 수 있다.

(b) 위에서 $B=A_1/A_2=11.01102$ 식 (3)에서 (대략적인) 고유치 $\lambda=10.5289$에 해당하는 아래의 (대략적인) 고유함수를 얻는다.

$$y=11.01102A_2(x-x^3)+A_2(x^2-x^3)=A_2(11.01102x+x^2-12.01102x^3)$$

6. 3 Green 함수에 의한 상미방의 해

6. 3. 1 Green 함수의 정의 및 성질

여기서는 경계조건(BC)을 가진 n계 선형 상미방(ODE)(식 (6.1))의 해에 대한 'Green 함수 기법'[단 이 때 n개의 경계조건은 $n-1$계 도함수(들)의 선형결합으로 이루어져 있음]을 도입하고자 한다. 먼저 하중 하의 끈(loaded string)에 대한 2계 상미방을 예로서 생각해보자.

$$Lu = u''(x) = \phi(x);\ \ u(0) = u(1) = 0 \tag{6. 50}$$

여기서 $\phi(x)$는 알고 있는 함수이다. 위 식의 물리적 의미는, 그림 6.1에 나타난 바와 같이 양 끝의 두 고정된 점 사이에서 단위 길이 당 일정 하중(분포) $\phi(x)$(파운드, lb)를 받고 있을 때 단위 장력(unit tension)하에 신장된 정적 변위(static deflection)가 $u(x)$가 된다. 이와 같은 관점은 결과적으로 생기는 Green함수의 해석을 용이하게 한다.

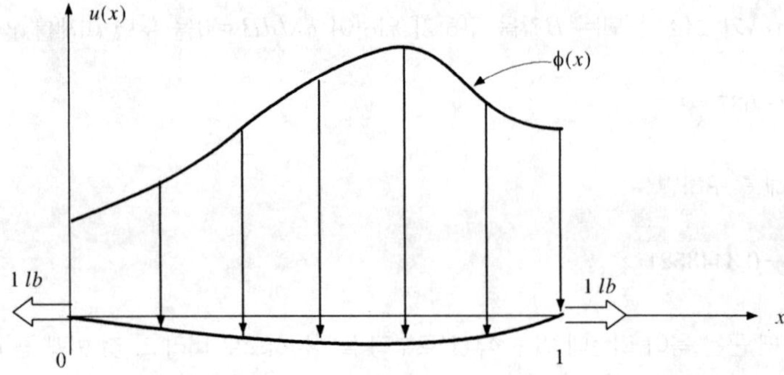

그림 6. 1 2계 미방 식 (6.50)으로 나타낸 하중 하의 끈(loaded string).

그러면 식 (6.50)의 해를 Green 함수 기법에 의해 구하기 위한 출발점은 식 (6.14)의 v를 소위 'Green 함수'인 G로 대체하는 것이다. 그리고 적분(dummy) 변수를 x 대신 ξ로 사용하면 아래가 된다(단 $a=0,\ b=1$됨).

$$(G,\ Lu) = \langle G|Lu\rangle = \int_0^1 GLu\, d\xi = [\cdots]\Big|_0^1 + \int_0^1 uL^{\dagger} G\, d\xi (= \langle LG|u\rangle) \tag{6. 51}$$

그런데 위 식의 좌변에서 $Lu = \phi(\because$ 식 (6.50))를 대입하고, 우변은 $L = d^2/d\xi^2$이므로 피적함수

Gu''를 구간 $0 \sim 1$에서 적분을 행하되 식 (6.16)처럼 부분적분을 행하면 쉽게 아래를 얻는다.

$$(G, Lu) = \langle G \mid Lu \rangle = \int_0^1 G\phi \, d\xi = (Gu' - uG_\xi)\Big|_0^1 + \int_0^1 u G_{\xi\xi} \, d\xi \tag{6. 52}$$

즉 식 (6.51)과의 비교에서 $L^\dagger G = G_{\xi\xi} = \dfrac{d^2}{d\xi^2} G = LG$(즉 $L = L^\dagger$)가 됨을 알 수 있다. 이는 $L = \dfrac{d^2}{d\xi^2}$일 때 수반연산 $L^\dagger$의 정의식 (6.18)로부터 구해도 쉽게 알 수 있다. 그러면 식 (6.52)의 우변의 경계조건을 전개하면 아래를 얻는다.

$$\begin{aligned}(G, Lu) = \int_0^1 G(\xi, x)\phi(\xi) \, d\xi &= G(1, x)u'(1) - u(1)G_\xi(1, x) - G(0, x)u'(0) \\ &+ u(0)G_\xi(0, x) + \int_0^1 u(\xi)L^\dagger G \, d\xi (= \langle LG|u \rangle)\end{aligned} \tag{6. 53}$$

그런데 위 식의 우변의 마지막 항에서 $L^\dagger G(= G_{\xi\xi}) = \delta(\xi - x)$로 두면 델타함수의 성질 식 (G.2)에 의해 이 적분값은 단순히 $u(x)$가 된다. 그리고 4개의 경계치 항을 0으로 만들기 위하여, 먼저 두 번째와 네 번째 항은 식 (6.50)에 의해 자동적으로 0이 되나, 첫째와 셋째 항은 모른다. 그래서 이들을 제거하기 위하여 구하려는 Green 함수 $G(\xi, x)$가 경계조건 $G(0, x) = G(1, x) = 0$이 되게 정한다. 그러면 미방 식 (6.50)의 해를 구하기 위하여 요구되는 Green 함수는 아래의 성질을 가져야 한다.

$$L^\dagger G = G_{\xi\xi}(\xi, x) = \delta(\xi - x) \tag{6. 54a}$$

$$G(0, x) = G(1, x) = 0 \tag{6. 54b}$$

그러면 식 (6.53)으로부터 식 (6.50)의 해 $u(x)$는 Green 함수 $G(\xi, x)$를 이용하여 아래와 같이 나타내진다.

$$u(x) = \int_0^1 G(\xi, x)\phi(\xi) \, d\xi [= \langle G \mid Lu \rangle] \tag{6. 55}$$

이제 $G(\xi, x)$의 구체적인 형태를 구하는 일만 남았다. 먼저 식 (6.54a)를 ξ에 대하여 계속 (부정) 적분하면 아래를 얻는다[단, $\delta(x) = H'(x)$(여기서 H는 Heaviside 단계함수 - 식 (G.21))의 관계로부터 식 (G.23)의 두 식을 이용].

$$G_\xi = H(\xi - x) + A \tag{6. 56a}$$

$$G=(\xi-x)H(\xi-x)+A\xi+B \tag{6. 56b}$$

여기에 경계조건 (6.54b)를 적용시키면 아래를 얻는다.

$$G(0,\,x)=0=0+0+B \tag{6. 57}$$

$$G(1,\,x)=0=(1-x)+A+B \tag{6. 58}$$

따라서 $B=0,\ A=x-1$을 얻어 이를 식 (6.56b)에 대입하면 요구되는 Green 함수가 구해진다. 즉

$$G(\xi,\,x)=(\xi-x)H(\xi-x)+(x-1)\xi \tag{6. 59}$$

결과적으로 식 (6.59)를 식 (6.55)에 대입하면 경계치가 있는 2계 상미방 식 (6.50)의 해 $u(x)$가 구해진다. 그런데 Green 함수를 통한 미방 식 (6.50)의 물리적 의미를 한번 더 생각해보면, ξ의 함수인 $G(\xi,\,x)$는 점 $\xi=x$에 작용하는 단위강도의 점(임펄스) 하중(point load) $\delta(\xi-x)$에 의한 변위(그러나 하중분포 ϕ에 의한 변위는 아님)를 나타낸다고 하겠다. 그래서 식 (6.59)를 ξ의 함수(단 x는 $\xi=0\sim1$ 사이에서 고정된 값임)로서 그림 6.2에 나타내었다[단, 이 때 단위 단계함수 $H(x)$의 성질(식 (G.21))을 이용하였다].

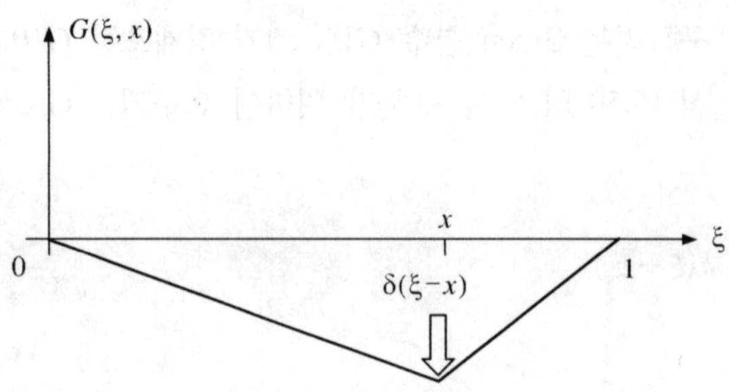

그림 6. 2 식 (6.59)의 Green 함수의 도식적 표현.

한편 식 (6.59)를 Heaviside 단계함수 $H(x)$의 성질(식 (G.21))을 이용하여 다시 나타내면 아래가 된다.

$$G(\xi,\,x)=\begin{cases}(x-1)\xi, & \xi\le x\\ (\xi-1)x, & \xi\ge x\end{cases} \tag{6. 60}$$

이 식을 보면 G는 ξ 및 x에 대하여 대칭 즉 $G(\xi,\,x)=G(x,\,\xi)$임을 알 수 있다. 즉 $\xi=x$에서의 단위(점)하중에 기인한 변위(G)와 $x=\xi$에서의 단위(점)하중에 기인한 변위(G)값이 같다. 이 놀라운 사실은 가끔 'Maxwell의 역관계(reciprocity)'라고도 부르며, 이 관계를 그림 6.3에 도식적으로

나타내었다.

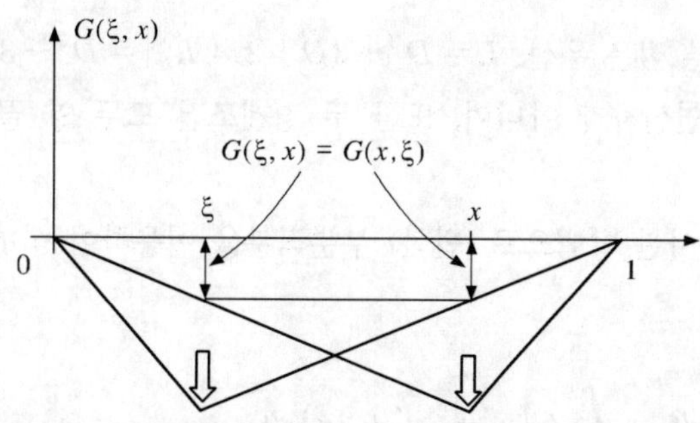

그림 6. 3 Green 함수(식 (6.60))에서의 Maxwell 역관계(reciprocity).

이제 Green 함수를 이용한 해인 식 (6.55)의 의미를 생각해보자. G의 역관계성 때문에 $G(\xi,\, x)\,[=G(x,\,\xi)]$는 $x=\xi$에서의 단위(점) 하중에 기인한 x함수로서의 변위로도 간주할 수 있다. 따라서 $G(\xi,\, x)\,\phi(\xi)\,d\xi$는 $x=\xi$에서의 미소증가(incremental) 하중에 기인한 변위로 간주할 수 있으므로 식 (6.55)는 결과적으로 생기는 미소증가 변위의 전체 합(중첩, superposition)으로 간주할 수 있다. 이와 같은 이유로 G는 가끔 '영향함수(influence function)'라고도 불린다. 사실 식 (6.55)의 중첩거동은 원래의 미방식 (6.50)에 관여된 미분연산자 $L\,(=d/dx^2)$ 및 경계조건 식 $B_1(u)=u(0)=0$ 및 $B_2(u)=u(1)=0$의 '선형연산자'적인 성격에서 온 것이다.

다음에는 만약 원 미방식 (6.50)의 경계조건에서 $u(0)=0,\ u(1)=\alpha\neq 0$라면, 위와 마찬가지 방법으로 진행하면 다른 것은 모두 똑같고, 오직 식 (6.53)의 우변의 두 번째 경계조건은 0이 되지 않고 아래가 된다.

$$u(1)\,G_\xi(1,\,x)=\alpha\,G_\xi(\xi,\,x)\big|_{\xi=1}=\alpha\,[1+(x-1)]\big|_{\xi=1}=\alpha x \tag{6. 61}$$

따라서 해는 식 (6.55) 대신 아래가 된다.

$$u(x)=\alpha x+\int_0^1 G(\xi,\,x)\,\phi(\xi)\,d\xi \tag{6. 62}$$

여기서 Green 함수 $G(\xi,\,x)$는 역시 식 (6.59)(혹은 (6.60))로 주어진다. 즉 이로부터 비록 경계치를 가진 식 (6.50)형태의 2계 상미방은 비록 경계치가 모두 0(즉 제차)이 아닌 경우에도 Green 함수기법으로 해를 구할 수 있음을 알 수 있다.

다음에는 아래 식으로 주어지는 식 (6.50)보다 다소 복잡한 경우를 예로 G를 구하는 방법에 대하여 생각해보자.

$$Lu = u'' + 3u' + 2u = \phi;\ \ u(1) = 2u(0),\ u'(1) = \alpha \tag{6. 63}$$

여기서 식 (6.50)과 다른 점은 우선, $L = D^2 + 3D + 2 \neq L^\dagger [= D^2 - 3D + 2]$ ($\because$ 식 (6.18)에서) 즉 L는 자기수반(미분) 연산자가 아니며, 또한 두 경계조건 모두 양 끝점에서의 값을 포함하는 혼합형이다.

그러면 앞의 경우와 유사한 방법으로 (반복) 부분적분을 이용하여 식 (6.51)형의 적분을 행하면 아래를 얻는다.

$$\begin{aligned}(G, Lu) &= \int_0^1 GLu\, d\xi = \int_0^1 G(u'' + 3u' + 2u)\, d\xi \\ &= (Gu' - G_\xi u + 3Gu)\big|_0^1 + \int_0^1 u(G_{\xi\xi} - 3G_\xi + 2G)\, d\xi \\ &= u(0)\left[6G(1, x) - 3G(0, x) - 2G_\xi(1, x) + G_\xi(0, x)\right] \\ &\qquad + aG(1, x) - G(0, x)u'(0) + \int_0^1 uL^\dagger G\, d\xi\, [= (L^\dagger G, u)]\end{aligned} \tag{6. 64}$$

여기서 식 (6.64)가 식 (6.55) 또는 (6.62)형의 해 $u(x)$를 주기 위해서는 앞의 예와 마찬가지로 $L^\dagger G = \delta(\xi - x)$가 되는 것을 요하며, 또한 식 (6.64)의 우변의 경계조건에서 미지의 $u(0)$과 $u'(0)$을 포함하는 항을 0으로 만들 수 있게 하는 $G(\xi, x)$의 경계조건을 요한다. 따라서 요구되는 Green 함수는 아래의 성질을 가져야 한다.

$$L^\dagger G = G_{\xi\xi} - 3G_\xi + 2G = \delta(\xi - x) \tag{6. 65}$$

그리고 경계조건은 아래가 된다.

$$G(0, x) = 0 \tag{6. 66}$$

$$6G(1, x) - 2G_\xi(1, x) + G_\xi(0, x) = 0 \tag{6. 67}$$

그러면 식 (6.64)로부터 해 $u(x)$는 좌변에서 $Lu = \phi$를 대입하면 오직 1개의 남는 경계조건을 갖고 아래로 얻어진다[단 식 (6.64)의 우변의 마지막 항은 델타함수 성질 식 (G.2)를 이용하였다].

$$u(x) = -aG(1, x) + \int_0^1 G(\xi, x)\phi(\xi)\, d\xi\, [= (G, Lu)] \tag{6. 68}$$

다음에는 식 (6.68)중의 $G(\xi, x)$의 구체적인 형태를 구해보자. 그런데 $L^\dagger G [= G_{\xi\xi} - 3G_\xi$

$+2G] = \delta(\xi - x)$에서 델타함수의 성질(G절 참조) 즉 $\xi = x$를 제외한 모든 점에서 0이 되는 것을 이용하여 $\xi = x$되는 점을 제외한 두 구간에서 2계 제차 미방 $G_{\xi\xi} - 3G_\xi + 2G = 0$의 해를 지수함수를 이용하여 아래와 같이 가정한다(D.2.3절 참조).

$$G(\xi, x) = \begin{cases} Ae^{\xi} + Be^{2\xi}, & 0 \le \xi < x \\ Ce^{\xi} + De^{2\xi}, & x < \xi \le 1 \end{cases} \quad \begin{matrix} (6.69a) \\ (6.69b) \end{matrix}$$

다음에는 식 (6.66) 및 (6.67)의 두 경계조건에서 아래를 얻는다[단 $\xi = 0$인 경우는 식 (6.69a)를, 그리고 $\xi = 1$인 경우는 식 (6.69b)를 이용한다].

$$A + B = 0 \tag{6.70}$$

$$A + 2B + 4eC + 2e^2 D = 0 \tag{6.71}$$

그러면 식 (6.65)의 양변 즉 두 번째(2계 상미방) 및 세 번째 항등관계에 대하여 부분적분을 사용하여 ξ에 대해 적분을 행하는데, 이 때 적분구간을 $\xi = x$의 전후 즉 Cauchy의 주치적분 개념(3.6.2절 참조)에 따라 아래와 같이 $x - 0\left[= \lim_{\varepsilon \to 0} x - \varepsilon\right]$와 $x + 0\left[= \lim_{\varepsilon \to 0} x + \varepsilon\right]$를 취한다[$\because \xi = x$에서 (멀리) 벗어나는 곳에서는 $L^\dagger G = 0$이 되므로].

$$\int_{x-0}^{x+0} (G_{\xi\xi} - 3G_\xi + 2G)\, d\xi = \int_{x-0}^{x+0} \delta(\xi - x)\, d\xi$$

$$G_\xi\Big|_{x-0}^{x+0} - 3G\Big|_{x-0}^{x+0} + 2\int_{x-0}^{x+0} G d\xi = 1 \tag{6.72}$$

위 식의 우변이 1이 된 것은 델타함수의 성질 식 (G.3)에 의한 것이다. 그리고 요구되는 Green 함수 $G(\xi, x)$는 $\xi = x$의 전후에서 함수 자체는 연속이나, 기울기가 불연속(그림 6.2 참조)이므로 아래가 성립된다.

$$G\Big|_{x-0}^{x+0} = 0 \tag{6.73}$$

$$G_\xi\Big|_{x-0}^{x+0} = 1 \left(\because \int_{x-0}^{x+0} G\, d\xi = 0\right) \tag{6.74}$$

특히 식 (6.74)는 $\xi = x$ 전후의 기울기(1계 도함수)의 차이가 1임을 의미한다.

여기서 식 (6.73) 및 (6.74)의 두 조건을 $\xi < x$경우의 $G(\xi, x)$ 및 G_ξ는 식 (6.69a)에서, 그리고 $\xi > x$일 경우의 $G(\xi, x)$ 및 G_ξ는 식 (6.69b)에서 대입하여 x의 함수로 나타내면 각각 아래가 된다.

$$A + Be^{x} - C - De^{x} = 0 \tag{6.75}$$

$$-Ae^{x} - 2Be^{2x} + Ce^{x} + 2De^{2x} = 1 \tag{6.76}$$

이제 상수 A, B, C 및 D값을 4 식 (6.70), (6.71), (6.75) 및 (6.76)로부터 구하며 식 (6.69)에 대입하면 아래를 얻는다.

$$G(\xi, x) = \begin{cases} \dfrac{1}{k}(2e^{2-2x} - 4e^{1-x})(e^{\xi} - e^{2\xi}), & 0 \le \xi \le x \quad (6.77\text{a}) \\ \dfrac{1}{k}\left[(2e^{2-x} - 2e^{2} - 1)e^{\xi - x} + (4e - 4e^{1-x} + e^{-x})e^{2\xi - x}\right], & x \le \xi \le 1 \quad (6.77\text{b}) \end{cases}$$

여기서 $k = 1 - 4e + 2e^{2}$이다. 그런데 이 예제의 경우는 식 (6.77)에서 볼 수 있듯이 식 (6.50)의 경우와 달리 $G(\xi, x)$는 대칭이 아닌데(즉 $G(\xi, x) \neq G(x, \xi)$), 이는 미방식 (6.63)의 미분연산자 L는 자기수반이 아니기(즉 $L \neq L^{\dagger}$) 때문이다. 다음은 4.2절에서 논의된 푸리에 적분변환을 이용하여 Green 함수를 구하는 예제이다.

예제 6. 5

고전적인 오일러(Euler) 탄성보(elastic beam) 이론에 의하면 단위 길이당 $p(x)$ 파운드(lb)의 하중분포로부터 생기는 무한히 긴 탄성보의 변위(deflection) $u(x)$는 아래의 4계 상미방을 만족시킨다.

$$(EIu'')'' = p(x) \tag{6.78}$$

여기서 만약 보의 굴곡강성도(flexual rigidity) EI와 x방향의 단위길이당 스프링 상수인 k를 상수라고 할 때 순 하중 $p(x)$는 보의 아래 방향으로의 (수직)하중 $w(x)$와 위로 작용하는 단위길이당 스프링력 $ku(x)$의 합 즉 $p(x) = w(x) - ku(x)$로 나타낼 수 있는데 이를 식 (6.78)에 대입하면 아래가 된다.

$$EIu'''' + ku = w(x) \tag{6.79}$$

혹은

$$Lu = u'''' + \alpha^{4} u = W(x); \text{ 여기서 } \alpha^{4} \equiv \frac{k}{EI} \text{ 및 } W \equiv \frac{w}{EI} \tag{6.80}$$

이 때 식 (6.80)의 해를 Green 함수 방법을 이용하여 구하라.

풀 이

이 때 4계 선형 미분 연산자(식 (6.1) 참조) $L = D^4 + \alpha^4$가 되어, L에 대응하는 일반 수반(미분) 연산자 $L^\dagger$의 정의식 (6.23)에서 $L^\dagger = L = D^4 + \alpha^4$가 되어 이 예제는 자기수반형이 된다. 이제 앞의 두 예에서 행한 것과 마찬가지로 식 (6.51)로 나타낸 바와 같은 Green 함수 $G(\xi, x)$와 $Lu(=W)$의 내적을 (반복) 부분적분을 통하여 구하면 아래를 얻는다.

$$(G, Lu) = \int_{-\infty}^{\infty} GLu\, d\xi = \int_{-\infty}^{\infty} G(u'''' + \alpha^4 u)\, d\xi$$

$$= (Gu''' - G_\xi u'' + G_{\xi\xi} u' - G_{\xi\xi\xi} u)\big|_{-\infty}^{+\infty} + \int_{-\infty}^{\infty} uL^\dagger G\, d\xi \left[= (L^\dagger G, u)\right] \tag{6.81}$$

여기서 $L^\dagger G = (d^4/d\xi^4 + \alpha^4)G = LG$이다. 아직 u의 경계치에 관한 어떠한 언급도 없으나, 다만 응용하중 $W(x)$는 $|x| = \infty$일 때 관련된 $u,\ u',\ u''$ 및 u'''가 모두 유한의 값을 갖도록 설계되어 있다고 가정하자. 그러면 식 (6.81)로부터 식 (6.55)형의 해 $u(x)$를 얻기 위해서는 앞의 두 예의 경우와 마찬가지로 $L^\dagger G$가 아래 식으로 나타내져야 한다.

$$L^\dagger G = G_{\xi\xi\xi\xi} + \alpha^4 G = \delta(\xi - x) \tag{6.82}$$

그리고 $G(\xi, x)$에 대한 경계조건 역시 아래가 만족되어야 한다.

$$G = G_\xi = G_{\xi\xi} = G_{\xi\xi\xi} = 0 \quad \text{at } |x| = \infty \tag{6.83}$$

그러면 식 (6.81)에서 해는 아래가 된다.

$$u(x) = \int_{-\infty}^{\infty} G(\xi, x)\, W(\xi)\, d\xi = (G, Lu) \tag{6.84}$$

다음에는 식 (6.82)와 (6.83)을 사용하여 $G(\xi, x)$의 구체적인 형태를 구해야 하는데, 좀 전의 예에서 본 바와 같이 $\xi = x$를 전후한 적분구간을 택하여($\because \xi = x$가 아닌 점에서는 $L^\dagger G = 0$이 되므로) 국소적 적분을 (4번) 행하기보다는 이 경우에는 ∞의 적분구간은 그대로 두고, 4.2절에 언급한 푸리에($\mathcal{F}$) 적분변환(즉 ξ공간에서 ω공간으로 변환)을 통하여 구하기로 한다(4.2.5절 참조). 단 여기서 사용되는 $\mathcal{F}$ 변환식은 편의상 아래를 택한다.

$$\mathcal{F} f(\xi) = F(\omega) = \int_{-\infty}^{\infty} f(\xi) e^{-i\omega\xi} d\xi \tag{6.85}$$

[비고 : 이 경우 $F(\omega)$는 표 4.1 및 4.2에 주어진 $F(\alpha)$에 $\alpha \to -\omega$를 대입하여 얻어진다.]
이제 식 (6.82)의 ξ에 관한 4계 상미방 식 (즉 두 번째 및 세 번째 식)의 양변을 $\exp(-i\omega\xi)\, d\xi$로 곱하고, $-\infty$에서 $+\infty$에서 적분을 행한다. 이때 4계 미방에 대한 $\mathcal{F}$ 변환 공식은 표 4.1의 1번에서 $(i\omega)^4 F(\omega) = \omega^4 F(\omega)$, 그리고 $\delta(\xi - x)$의 $\mathcal{F}$ 변환은 $e^{-i\omega x}$($\because$ 식 (G.3) 이용)가 됨을 이용한다. 그러면 식 (6.82)의 $\mathcal{F}$ 변환된 결과는 아래가 된다[단 이 때 $G(\xi, x)$가 대문자로 되어있으므로 이의 ξ공간에서 ω공간으로의 $\mathcal{F}$ 변환시 $\hat{G}(\omega, x)$로 표기함 - 아래참조].

$$\omega^4 \hat{G} + \alpha^4 \hat{G} = e^{-i\omega x} \tag{6.86}$$

여기서 $\hat{G} = \hat{G}(\omega, x)$는

$$\mathscr{F} G(\xi, x) = \hat{G}(\omega, x) = \int_{-\infty}^{\infty} G(\xi, x) e^{-i\omega\xi} d\xi \tag{6.87}$$

식 (6.82)는 $G(\xi, x)$의 ξ에 관한 4계 미방이 되나, 변환된 공간에서는 식 (6.86)에서 볼 수 있듯이 단순히 $\hat{G}$에 관한 대수방정식이 되어 아래의 해를 가진다.

$$\hat{G} = \frac{e^{-i\omega x}}{\omega^4 + \alpha^4} \tag{6.88}$$

이를 ξ공간으로 다시 역변환시키면(단 이때 $e^{i\theta} = \cos\theta + i\sin\theta$ 오일러 항등관계 이용) 아래를 얻는다(표 4.1 및 4.2 참조).

$$G(\xi, x) = \mathscr{F}^{-1}(\hat{G}(\omega, x)) = \frac{1}{2\pi}\int_{-\infty}^{\infty} \frac{e^{-i\omega x}}{\omega^4 + \alpha^4} \cdot e^{i\omega\xi} d\omega = \frac{1}{\pi}\int_{0}^{\infty} \frac{\cos\omega(\xi - x)}{\omega^4 + \alpha^4} d\omega$$

$$= \frac{e^{-\alpha|\xi - x|/\sqrt{2}}}{2\alpha^3} \sin\left(\frac{\alpha|\xi - x|}{\sqrt{2}} + \frac{\pi}{4}\right) \tag{6.89}$$

이를 식 (6.84)에 대입하면 원 미방식 (6.78)의 해를 얻는다(단 $W(x)$는 기지의 함수 가정). 식 (6.89)로 얻어진 $G(\xi, x)$도 식 (6.50)(혹은 그림 6.1)의 경우처럼 $\xi = x$에서 작용하는 단위강도의 점 하중(point load)에 기인한 변위를 나타낸다.

참고 : 만약 Green 함수 $G(\xi, x)$를 $\mathscr{F}$ 변환기법 대신 종래의 $\xi = x$ 전후의 국소적 적분방법으로 구할 경우는 Green 함수의 성격상 $\xi = x$ 전후(즉 $\xi = x - 0$과 $\xi = x + 0$)에서 함수 G, G_ξ 및 $G_{\xi\xi}$는 연속이나 $G_{\xi\xi\xi}$는 불연속으로 전후의 3계 도함수의 차이는 1 즉 아래가 성립됨을 이용한다.

$$G_{\xi\xi\xi}\Big|_{x-0}^{x+0} = 1 \tag{6.90}$$

특히 식 (6.90)의 물리적 의미는 $\xi = x$에 집중된 단위 하중으로 인하여 거리가 $\xi = x - 0$에서 $\xi = x + 0$으로 통과될 때 3계 도함수의 값의 차이가 $+1$ 만큼 소위 '전단 점프(shear jump)' 됨을 암시한다.

6. 3. 2 Green 함수와 고유함수 전개법

6.2절에서 Sturm-Liouville(SL) 계의 고유치 및 고유함수(전개)에 대하여 논의한 바 있지만, 이 절에서는 Green 함수기법에 고유함수를 응용하는 방법에 대하여 논하기로 한다.

식 (6.1)로 주어진 n계 선형 상미방의 문제에 접근함에 있어서 두가지 기본 루트(route)가 있는

데, 그 중 하나는 아래 식에 나타난 L의 '역연산자' L^{-1}를 구하는 것이다(5.1.2절 참조).

$$u = L^{-1}\phi \tag{6. 91}$$

이 방법은 사실상 앞 절에 소개한 'Green 함수' 방법이다. 즉 L^{-1}는 '적분연산자'로서 식 (6.55)에서 볼 수 있듯이 그의 핵(kernel)이 Green 함수가 된다(부록 F.2절 참조).

식 (6.1)의 문제에 접근하는 두 번째 루트는 6.2절에 소개한 '고유함수(eigenfuction)' 방법이다. 이 방법의 기본 개념을 이해하기 위하여 아래의 간단한 2계 상미방의 경계치 문제를 생각해보자.

$$u'' + \lambda u = 0;\ \ u(0) = u(l) = 0 \tag{6. 92}$$

여기서 λ는 파라미터이다. 위 식에서 $u(x) = 0$은 모두 λ값에 대하여 확실히 한 개의 해가 됨을 알 수 있다. 그러나 0이 아닌 일반해는 식 (6.92)가 자기수반형(즉 $L = L^{\dagger}$성립) SL계에 속하므로 이미 예제 6.2에서 고유치 및 고유함수법으로 구한 결과 정규직교화된 푸리에(사인)급수로 나타내짐을 알았다.

그런데 6.2.1절에서 보다 일반적인 (자기수반형)SL 미방계의 경계치문제는 식 (6.37)로 나타낼 수 있었다. 여기서 만약 $p(x)$, $q(x)$ 및 $r(x)$가 주어진 x의 구간에 걸쳐서 연속미분이 가능하며, 더욱이 $p(x) > 0$ 및 $r(x) > 0$이고, 또한 식 (6.37)의 SL계의 (실)고유함수를 $\phi_n(x)$라고 할 때 정리 6.2에 의하여 함수 $\sqrt{r}\,\phi_n$ $(n = 1, 2, \cdots)$는 '상호직교' 즉 아래와 같이 내적이 0이 된다[사실 정리 6.2의 증명에서 식 (5)의 다른 형태가 되어 증명된다. 즉 여기서는 밀도함수 $r(x)$를 (고유)함수 ϕ_n에 포함시킨다].

$$\left(\sqrt{r}\,\phi_m,\ \sqrt{r}\,\phi_n\right) = \langle\, \sqrt{r}\,\phi_m \mid \sqrt{r}\,\phi_n \,\rangle = \int_a^b \sqrt{r}\,\phi_m\,\sqrt{r}\,\phi_n\,dx = 0,\ \text{for}\ m \neq n \tag{6. 93}$$

그리고 직교함수 집합$\{\sqrt{r}\,\phi_n\}$는 제곱의 평균이 적분구간내에서 수렴하므로 '완전(complete)'이라고 칭한다(아래 참조).

여기서 어떤 주어진 함수 $f(x)$를 아래와 같이 SL계 식 (6.37)의 (정규)직교 고유함수로 (푸리에) 급수전개가 가능하다면

$$f(x) = \sum_{n=1}^{\infty} c_n\,\sqrt{r}\,\phi_n \tag{6. 94}$$

이 때 (푸리에)계수 c_n는 아래와 같이 구해진다(식 (4.1) - (4.3) 참조).

$$c_n = \frac{\langle u_n | f \rangle}{\langle u_n | u_n \rangle} = \frac{(f,\ \sqrt{r}\,\phi_n)}{\left(\sqrt{r}\,\phi_n,\ \sqrt{r}\,\phi_n\right)} \tag{6. 95}$$

여기서 $u_n(x) = \sqrt{r}\,\phi_n(x)$이고, 두 실함수 $u(x)$와 $v(x)$의 내적에 대한 표현은 여기서는 아래와 같이 혼용하여 사용한다[단 여기서 밀도 또는 무게함수는 1로 간주].

$$(u(x), v(x)) = \langle u(x)\,|\,v(x)\rangle = (v(x),\, u(x)) = \int_a^b u(x)\,v(x)\,dx$$

[주의 : 단 복소공간에 있는 두 함수(벡터)간의 내적은 교환법칙이 성립하지 않는다 - 1.2.2절 참조.]

반면 만약 식 (6.94)의 함수 $f(x)$가 주어진 구간 $(a,\, b)$내에서 잘 거동된다면[가령 구분적(piecewise) 연속 등] 식 (6.94)의 좌변과 우변의 차의 제곱의 합을 적분하면 부분합의 항의 수 $N \to \infty$일 때 0이 될 것이다. 즉

$$\lim_{N\to\infty}\int_a^b\left[f(x) - \sum_{n=1}^{N} c_n\,\sqrt{r(x)}\,\phi_n(x)\right]^2 dx = 0 \tag{6. 96}$$

그러나 위 식으로 나타낸 '제곱의 평균의 수렴성'[즉 (고유)직교함수의 집합 $\left\{\sqrt{r}\,\phi_n\right\}$의 완전성을 의미]은 반드시 구간 내의 주어진 x에 대하여 아래의 '점별 수렴(pointwise convergence)'을 의미하지는 않음에 유의해야한다.

$$\lim_{N\to\infty}\sum_{n=1}^{N} c_n\,\sqrt{r(x)}\,\phi_n(x) = f(x) \tag{6. 97}$$

고유함수 방법의 Green 함수에 응용

이제 식 (6.37)로 나타낸 자기수반형(즉 $L = L^{\dagger}$) SL계 경계치 문제의 해로 도로 돌아가서, 만약 이 해를 앞에서 언급한 계의 (직교)고유함수 방법으로 구해보기로 하자. 이 때 문제를 간단히 하기 위하여 밀도함수 $r(x) = 1$로 두면 식 (6.37)은 아래로 나타내진다(단 이 때 경계조건은 변하지 않음).

$$Lu + \lambda u = 0 \;\; \text{혹은} \;\; (pu')' + qu + \lambda u = 0 \tag{6. 98}$$

그러면 식 (6.37) 즉 $Lu = \phi$에서 미지의 (해)함수 $u(x)$ 및 기지의 함수 $\phi(x)$를 아래와 같이 SL계 식 (6.98)의 (직교)고유함수 $\phi_n(x)$의 항으로 급수전개하여 나타낼 수 있다고 가정하자.

$$u(x) = \sum_{n=1}^{\infty} a_n\,\phi_n(x) \tag{6. 99}$$

$$\phi(x) = \sum_{n=1}^{\infty} c_n\,\phi_n(x) \tag{6. 100}$$

여기서 계수 a_n은 (해)함수 $u(x)$가 아직 모르므로 미지이며, 계수 c_n은 식 (6.95)(단 $r=1$ 대입)로부터 아래와 같이 계산될 수 있다.

$$c_n = \frac{(\phi,\, \phi_n)}{(\phi_n\,, \phi_n)} = \frac{\langle \phi | \phi_n \rangle}{\langle \phi_n | \phi_n \rangle} \tag{6. 101}$$

이제 식 (6.99) 와 (6.100)을 식 (6.37)의 u 및 ϕ에 각각 대입하면

$$L \sum_{n=1}^{\infty} a_n \phi_n = \sum_{n=1}^{\infty} c_n \phi_n \tag{6. 102}$$

여기서 위 식의 왼편을 먼저 조사하면

$$L \sum_{n=1}^{\infty} a_n \phi_n = \sum_{n=1}^{\infty} a_n L\phi_n = -\sum_{n=1}^{\infty} a_n \lambda_n \phi_n \tag{6. 103}$$

위 식의 마지막 항등관계는 식 (6.98)의 고유치문제에서 온 것이다. 그러면 식 (6.103)과 (6.102)를 같이 두면 아래를 얻는다.

$$\sum_{n=1}^{\infty} (a_n \lambda_n + c_n) \phi_n = 0 \tag{6. 104}$$

그런데 SL계의 고유함수 $\phi_n(x)$는 직교함수이므로 $m \neq n$일 때 식 (6.93)가 성립하므로, 위 식의 양변에 $\phi_m(x)$를 곱하고 구간 $(a,\, b)$에 걸쳐서 적분을 행하면 $n=m$인 경우만 적분이 존재하고 나머지는 0이 되므로 아래를 얻는다.

$$a_m \lambda_m + c_m = 0 \;\Rightarrow a_m = -\frac{c_m}{\lambda_m} \tag{6. 105}$$

이를 식 (6.99)에 대입하면 아래를 얻는다(단 첨자 m을 n으로 치환).

$$u(x) = -\sum_{n=1}^{\infty} \left(\frac{c_n}{\lambda_n} \right) \phi_n(x) \tag{6. 106}$$

이리하여 SL계 자기수반 2계 상미방 식 (6.37)의 고유함수 해는 밀도함수 $r(x)=1$인 경우의 SL 고유치문제 식 (6.98)의 고유치 λ_n 및 대응하는 고유함수 $\phi_n(x)$를 구한 후, 이로부터 기지의 $\phi(x)$의 $\phi_n(x)$ 전개시 푸리에 계수 c_n을 식 (6.101)로부터 구한 후 이를 식 (6.106)에 대입함으로써 최종적으로 얻어질 수 있다.

다음에는 원 SL계 상미방 식 (6.37)의 해 $u(x)$에 대한 고유함수 전개식 (6.106)과 식 (6.55)의

적방의 핵(kernel)으로 작용하는 Green 함수간의 관계는 아래와 같이 얻어질 수 있다. 즉 두 (실)함수간의 내적표현으로 된 식 (6.101)을 정의에 따라 적분형태로 나타내면 아래가 된다.

$$c_n = \frac{1}{(\phi_n, \phi_n)} \int_a^b \phi_n(\xi)\, \phi(\xi)\, d\xi \tag{6.107}$$

이를 식 (6.106)에 대입하고 합($\sum$)과 적분순서를 바꾸면 아래를 얻는다.

$$u(x) = \int_a^b \left\{ -\sum_{n=1}^{\infty} \frac{\phi_n(\xi)\phi_n(x)}{\lambda_n(\phi_n, \phi_n)} \right\} \phi(\xi)\, d\xi \tag{6.108}$$

그러면 이 식과 식 (6.55)를 같이 두면 아래와 같이 Green 함수에 대한 고유함수 전개식을 얻을 수 있다.

$$-\sum_{n=1}^{\infty} \frac{\phi_n(\xi)\, \phi_n(x)}{\lambda_n(\phi_n, \phi_n)} = G(\xi, x) \tag{6.109}$$

이제 식 (6.109)의 유용성을 검토하기 위하여 자기수반형 SL계 상미방 식 (6.50) 및 그림 6.1로 주어진 하중 하의 끈의 변위에 관한 문제로 돌아가보자. 이 때 연관된 SL 고유치문제는 밀도함수 $r(x) = 1$인 식 (6.98)인데, 이는 식 (6.92)로 나타낸 SL계에서 $l = 1$인 경우에 해당된다. 따라서 예제 6.2에서 이 계의 고유치 λ_n 및 대응하고 (비정규화된) 고유함수 $\phi_n(x)$는 각각 아래로 주어짐을 알았다.

$$\lambda_n = n^2 \pi^2,\ \phi_n(x) = \sin n\pi x \tag{6.110}$$

이로부터 $\phi_n(x)$끼리의 내적(즉 크기의 제곱)은 아래가 된다(단 삼각함수의 공식 이용하고, 무게함수는 1로 간주).

$$(\phi_n, \phi_n) = \langle \phi_n | \phi_n \rangle = \int_0^1 \sin^2 n\pi x\, dx = \frac{1}{2} \tag{6.111}$$

[비고 : 위 결과로부터 SL계 고유치문제 식 (6.98)의 정규직교화된(orthonormalized) 고유함수는 $\sqrt{2}\sin m\pi x$이다 - 예제 6.2 참조.]
그러면 식 (6.110)과 (6.111)을 식 (6.109)의 좌변에 대입하면 최종적으로 아래를 얻는다.

$$G(\xi, x) = -\sum_{n=1}^{\infty} \frac{2\sin n\pi\xi \sin n\pi x}{n^2\pi^2} \tag{6.112}$$

한편 고유함수 방법을 이용하지 않은 고전적 방법에서는 아래의 결과를 얻었다.

$$G(\xi,\, x) = \begin{cases} (x-1)\xi, & \xi \le x \\ (\xi - 1)x, & \xi \ge x \end{cases} \tag{6.60}$$

그러나 이들 두 결과는 마찬가지이다. 왜냐하면 식 (6.60)을 $0 \le \xi \le 1$ 범위에서 푸리에 사인 급수전개(4.1.2절 참조)하면 식 (6.112)가 얻어지기 때문이다.

이제 식 (6.109)으로 나타낸 Green 함수의 (직교)고유함수 전개에 대하여 한 가지 비평을 가하고자 한다. 먼저 식 (6.98)의 SL계 고유치문제에서 얻어진 고유치 λ_n 중 한 개가 만약 0인 경우는 식 (6.109)는 실패한다. 더욱이 식 (6.106)로부터 만약 $\lambda_j = 0,\ c_j \ne 0$인 경우도 고유함수 방법으로 SL계 상미방 식 (6.37)의 해 $u(x)$를 구하는 것은 실패한다. 그러나 $\lambda_j = c_j = 0$인 경우는 부정(indeterminate)이므로 식 (6.105)는 임의의 a_j에 대하여 만족될 수 있다. 이때 식 (6.106)은 아래와 같이 다시 쓸 수 있으므로 해가 존재한다.

$$u(x) = K\phi_j(x) - \sum_{\substack{n=1 \\ (n \ne j)}}^{\infty} \left(\frac{c_n}{\lambda_n}\right)\phi_n(x) \tag{6.113}$$

여기서 K는 임의의 상수이다.

예제 6.6

다음 함수를 식 (6.98)로 주어진 SL계의 (비정규화된) 고유함수 $\phi_n(x) = \sin n\pi x$(식 (6.110))의 급수로 전개하라.

$$y(x) = x - \frac{\sin x}{\sin 1} \tag{1}$$

풀이

$y(x)$를 $\sin n\pi x$ 급수전개하면 아래의 형태를 가질 것이다.

$$y(x) = \sum_{n=1}^{\infty} a_n \sin n\pi x \tag{2}$$

그러면 (푸리에)전개계수 a_n은 식 (6.101)로부터 아래와 같이 얻어진다(단 $\phi(x)$ 대신 $y(x)$ 대입).

$$a_n = \frac{\int_0^1 y(x)\sin n\pi x\, dx}{\int_0^1 \sin^2 n\pi x} = 2\int_0^1 y(x)\sin n\pi x\, dx \tag{3}$$

단 위 식의 분모는 식 (6.111)의 결과를 이용하였다.

다음에는 식 (3)의 $y(x)$에 식 (1)을 대입하여 적분을 행하면 아래를 얻는다.

$$a_n = 2\int_0^1 x\sin n\pi x\,dx - \frac{2}{\sin 1}\int_0^1 \sin x\sin n\pi x\,dx$$

$$= -\frac{2}{n\pi}\cos n\pi - 2n\pi\cos n\pi\left[\frac{1}{1-n^2\pi^2}\right]$$

$$= \frac{(-1)^{n+1}2}{\pi n}\frac{1}{1-n^2\pi^2} \tag{4}$$

따라서 식 (4)의 결과를 식 (2)에 대입하면 요구되는 급수전개가 얻어진다.

6.4 고전 직교다항식

6.4.1 Gram-Schmidt 직교화

Legndre나 Bessel 함수와 같은 '직교다항식(orthogonal polynomials)'은 상미방의 급수해로 얻어질 수 있음을 알았다(5.2절 참조). 그러나 선형독립인 비직교함수들의 집합이라도 공간을 펴는(span) 기저벡터(basis vector) 집합에 대한 Gram-Schmidt 직교화 과정(식 (1.62))과 유사하게 아래와 같이 식 (4.1)을 만족하는 (정규)직교화된 함수의 집합으로 만들 수 있다.

함수의 직교화를 행하기 전 먼저 (실)함수의 정규화(normalization)에 대하여 생각해보자. 만약 어떤 직교함수들의 집합이 어떤 주어진 무게(또는 밀도) 함수 $w(x)$에 대하여 x의 구간 (a, b)에서 정규화되어있지 않다면

$$\langle \phi_i(x) \mid \phi_i(x) \rangle_{w(x)} = \int_a^b \phi_i^2 w\,dx = N_i^2 (\neq \delta_{ii} = 1) \tag{6.114}$$

위 식의 양변에 N_i^2를 곱하면 아래와 같이 정규직교화된 함수(집합)을 얻을 수 있다.

$$\langle \phi_i(x) \mid \phi_j(x) \rangle_{w(x)} = \int_a^b \phi_i(x)\phi_j(x)w(x)\,dx = \delta_{ij} \tag{6.115}$$

단 위 식에서 $\phi_i(x)$는 식 (6.114)의 ϕ_i를 N_i로 나눈 것에 해당하며, 또한 δ_{ij}는 Kronecker-delta 기호(즉 $i=j$일 때는 1, 기타 0)이다.

지금 3 종류의 함수 그룹, 즉 원래 주어진 집합 $u_n(x)$, $n=0, 1, 2, \cdots$; 직교화된 집합 $\Psi_n(x)$; $\Psi_n(x)$을 정규화한 함수 $\phi_n(x)$의 집합을 생각하자. 원집합 u_n은 축퇴된(degenerate) 고유함수일 수도 있지만 반드시 그럴 필요는 없다. 이를 요약하면

$u_n(x)$	$\Psi_n(x)$	$\phi_n(x)$
선형 독립	선형 독립	선형 독립
비직교	직교	직교
비정규	비정규	정규

'Gram-Schmidt 과정'이란 $u_n(x)$에다 그 이전의 ϕ의 미지의 1차 결합을 더한 값이 되도록 n번째 Ψ함수(Ψ_n)을 정하는 것이다. 새로운 $u_n(x)$가 존재하면 선형 독립은 보장된다. $\Psi_n(x)$가 그 이전의 각각의 ϕ에 수직한다는 조건은 미지의 각각의 계수를 결정하는 조건을 준다. 다음에 결정된 Ψ_n을 1로 정규화하여 $\phi_n(x)$를 구하는 것이다. 그러고 나서 이러한 과정을 $\Psi_{n+1}(x)$에 대해서 반복하는 것이다.

$n=0$일 때부터 시작하고

$$\Psi_0(x)=u_0(x) \tag{6.116}$$

라고 하자 이를 정규화하면

$$\phi_0(x)=\frac{\Psi_0(x)}{\left[\int \Psi_0^2 w dx\right]^{1/2}} \tag{6.117}$$

가 되고, $n=1$일 때

$$\Psi_1(x)=u_1(x)+a_{10}\phi_0(x) \tag{6.118}$$

라 하고 $\Psi_1(x)$가 $\phi_o(x)$에 직교함을 이용하면(이때 $\Psi_1(x)$의 정규화는 관계없다.)

$$\int \Psi_1 \phi_0 w dx=\int u_1 \phi_0 w dx+a_{10}\int \phi_0^2 w dx=0 \tag{6.119}$$

이 된다. ϕ_0가 1로 정규화되어 있으므로(식 (6.117))

$$a_{10}=-\int u_1 \phi_0 w dx \tag{6.120}$$

가 되어 a_{10}을 결정해 준다. 정규화에 의해

$$\phi_1(x) = \frac{\Psi_1(x)}{\left(\int \Psi_1^2 w dx\right)^{1/2}} \tag{6.121}$$

가 된다.

일반화하면

$$\phi_i(x) = \frac{\Psi_i(x)}{\left(\int \Psi_i^2(x) w(x) dx\right)^{1/2}} \tag{6.122}$$

가 되고,

$$\Psi_i(x) = u_i + a_{i0}\phi_0 + a_{i1}\phi_1 + \cdots + a_{ii-1}\phi_{i-1} \tag{6.123}$$

이다. 계수 a_{ij}는

$$a_{ij} = -\int u_i \phi_j w dx \tag{6.124}$$

로 주어진다.

식 (6.124)는 단위 정규화에 대한 것이다. 어떤 다른 정규화가 선택되어진다면

$$\int_a^b [\phi_j(x)]^2 w(x) dx = N_j^2$$

이 되고 식 (6.122)는

$$\phi_i(x) = N_i \frac{\Psi_i(x)}{\left(\int \Psi_i^2 w dx\right)^{1/2}} \tag{6.122a}$$

가 되며 a_{ij}는

$$a_{ij} = -\frac{\int u_i \phi_j w dx}{N_i^2} \tag{6.124a}$$

가 된다.

식 (6.123)과 (6.124)를 투영 연산자(1.3.7절 참조) P_j에 의해 다시 쓸 수 있다. 만약 $\phi_n(x)$가 선형 벡터 공간을 형성한다면, 식 (6.124)의 적분은 u_i의 ϕ_j "좌표계" 또는 u_i의 j번째 성분으로의

투영이 된다. 즉

$$P_j u_i(x) = \left\{ \int u_i(t)\phi_j(t)w(t)dt \right\}\phi_j(x)$$

로 놓으면 식 (6.123)은

$$\Psi_i(x) = \left\{ 1 - \sum_{j=1}^{i-1} P_j \right\} u_i(x) \tag{6. 123a}$$

가 된다. j번째 성분을 빼면 $j=1$에서 $i-1$까지의 합은 $\Psi_i(x)$를 모든 $\phi_j(x)$에 직교하도록 만들어 준다.

Gram-Schmidt 과정이 직교 또는 직교 정규화 집합 형성의 한 가지 가능한 방법일지라도 $\phi_i(x)$는 유일하지 않다는 것을 주의해야 한다. 즉 주어진 구간과 밀도함수에 대해 무한히 많은 직교 정규화 집합이 가능하다. 일례로 xy 평면에서의 두 벡터 $\boldsymbol{a}$, $\boldsymbol{b}$를 생각하자(서로 평행하지 않음). 이제 $\boldsymbol{a}$의 크기를 1로 정규화시키고 $\boldsymbol{b}'$가 $\boldsymbol{a}$에 수직하도록 $\boldsymbol{b}' = c\boldsymbol{a} + \boldsymbol{b}$라 하자. $\boldsymbol{b}'$를 정규화하면 두 벡터에 대한 Gram-Schmidt 정규화는 완결된다. 그러나 $\hat{\boldsymbol{x}}$와 $\hat{\boldsymbol{y}}$ 같은 어느 두 직교 단위벡터도 직교 정규화 집합으로 취해질 수 있다. 다시 $\hat{\boldsymbol{x}}$와 $\hat{\boldsymbol{y}}$을 z축 주위로 무수히 많은 가능한 회전을 하면 무수히 많은 직교집합을 가진다.

예제 6. 7

함수 $u_n(x) = x^n$, $n = 0, 2, \cdots$의 집합으로부터 직교 정규화 집합을 만들어 보아라. 단 구간은 $-1 \le x \le 1$이고, 밀도함수는 $w(x) = 1$이다.

풀 이

위에서 언급한 Gram-Schmidt 직교화 과정에 따라서

$$u_0 = 1 \quad \text{그리고} \quad \phi_0 = \frac{1}{\sqrt{2}} \tag{1}$$

이고

$$\Psi_1(x) = x + a_{10}\frac{1}{\sqrt{2}} \tag{2}$$

과 대칭성에 의해

$$a_{10} = -\int_{-1}^{1} \frac{x}{\sqrt{2}} dx = 0 \tag{3}$$

이 된다. Ψ_1을 정규화하면

$$\phi_1(x) = \sqrt{\frac{3}{2}}\, x \tag{4}$$

가 되며, Gram-Schmidt 과정을 계속하면

$$\Psi_2(x) = x^2 + a_{20}\frac{1}{\sqrt{2}} + a_{21}\sqrt{\frac{3}{2}}\, x \tag{5}$$

를 정의한다. 여기서 다시 대칭성을 이용해서

$$a_{20} = -\int_{-1}^{1} \frac{x^2}{\sqrt{2}} dx = -\frac{\sqrt{2}}{3} \tag{6}$$

$$a_{21} = -\int_{-1}^{1} \sqrt{\frac{3}{2}}\, x^3 dx = 0 \tag{7}$$

이 된다. 결국

$$\Psi_2(x) = x^2 - \frac{1}{3} \tag{8}$$

이고 1로 직교화하면

$$\phi_2(x) = \sqrt{\frac{5}{2}} \cdot \frac{1}{2}(3x^2 - 1) \tag{9}$$

이 된다. 다음 함수 $\phi_3(x)$는

$$\phi_3(x) = \sqrt{\frac{7}{2}} \cdot \frac{1}{2}(5x^3 - 3x) \tag{10}$$

로 주어지고, 이 식을 다시 아래와 같이 쓸 수 있다.

$$\phi_n(x) = \sqrt{\frac{2n+1}{2}}\, P_n(x) \tag{11}$$

가 된다. 여기서 $P_n(x)$는 'n차 Legendre 다항식' 이다.

예제 6.7은 Gram-Schmidt 과정을 통하여 Legendre 직교다항식이 도입된다는 것을 보여주지만,

여기 이용된 초기함수 $u_n(x) = x^n$은 축퇴(degenerate) 고유함수가 아니고, 또한 Legendre 미분방정식의 해도 아니며, 단지 주어진 구간과 무게함수에 대해 정규직교화 집합을 만들기 위해 재조정된 함수집합이다. 그런데 초기함수 $u_n(x) = x^n$에서 구간과 무게함수를 위 예제의 경우와 달리 선택하면 표 6.1과 같이 다른 직교다항식 집합이 얻어진다.

표 6.1 $u_n(x) = x^n,\ n = 0, 1, 2, \cdots$**의 Gram-Schmidt 직교화에 의해 발생된 직교다항식들**

다항식	구간	무게함수 $w(x)$	표준정규화
Legendre	$-1 \le x \le 1$	1	$\int_{-1}^{1}[P_n(x)]^2dx = \frac{2}{2n+1}$
수정된 Legendre	$0 \le x \le 1$	1	$\int_{0}^{1}[P_n^*(x)]^2dx = \frac{2}{2n+1}$
Chebyshev I	$-1 \le x \le 1$	$(1-x^2)^{-1/2}$	$\int_{-1}^{1}[T_n(x)]^2(1-x^2)^{-1/2}dx = \begin{cases}\pi/2, & n \ne 0 \\ \pi, & n = 0\end{cases}$
수정된 Chebyshev I	$0 \le x \le 1$	$[x(1-x^2)]^{-1/2}$	$\int_{0}^{1}[T_n^*(x)]^2[x(1-x)]^{-1/2}dx = \begin{cases}\pi/2, & n > 0 \\ \pi, & n = 0\end{cases}$
Chebyshev II	$-1 \le x \le 1$	$(1-x^2)^{1/2}$	$\int_{-1}^{1}[U_n(x)]^2(1-x^2)^{-1/2}dx = \frac{\pi}{2}$
Laguerre	$0 \le x < \infty$	e^{-x}	$\int_{0}^{\infty}[L_n(x)]^2e^{-x}dx = 1$
부 Laguerre	$0 \le x < \infty$	x^ke^{-x}	$\int_{0}^{\infty}[L_n^k(x)]^2x^ke^{-x}dx = \frac{(n+k)!}{n!}$
Hermite	$-\infty < x < \infty$	e^{-x^2}	$\int_{-\infty}^{\infty}[H_n(x)]^2e^{-x}dx = 2^n\pi^{1/2}n!$

이러한 직교과정의 특징은 두 가지가 있다. 첫째 전에 강조했듯이 함수를 1로 직교화시킬 필요가 없다는 점이다.

$$\int_{-1}^{1}\phi_n(x)\phi_m(x)dx = \frac{2}{2n+1}\delta_{nm} \tag{6. 125}$$

을 요구할 수 있는데 이 함수의 집합이 실제 Legendre 다항식이다. 둘째 ϕ_n의 부호는 항상 결정되지 않는다는 점이다. 앞의 예에서는 다항식에서 x의 가장 고차 멱(highest power)의 계수가 양이 되도록 부호를 택했다. 반면에 Laguerre 다항식에서는 가장 고차 멱의 계수는 $(-1)^n/n!$이다.

6. 4. 2 직교다항식의 일반성질

정리 6. 6 : 아래의 함수를 생각하자.

$$F_n(x)=\frac{1}{w(x)}\frac{d^n}{dx^n}(ws^n) \qquad \text{for} \quad n=0,1,2,\cdots \tag{6.126}$$

여기서 1. $F_1(x)$는 x의 1차 다항식이다.

2. $s(x)$는 오직 2 실근만을 가진 차수가 2(혹은 그 이하)인 x의 다항식이다.
3. $w(x)$는 구간 (a,b)에서 적분가능하고, 경계조건 $w(a)s(a)=0=w(b)s(b)$을 만족하는 양의 (실)함수이다.

이때 함수 $F_n(x)$는 차수 n의 x의 다항식으로 차수 $k(<n)$인 임의의 다항식 $P_k(x)$에 대하여 구간 (a,b)에서 무게함수 $w(x)$를 갖고 '직교(orgonal)' 즉 $\langle P_k(x)|F_n(x)\rangle_{w(x)}=0$가 성립하며, 이와 같은 다항식의 집합을 '고전 직교다항식(classical orthogonal polynomials)'이라고 부른다. 이의 증명에 앞서 아래의 부정리(lemma) 2개를 소개한다.

부정리 6. 1 : $$\frac{d^m}{dx^m}(ws^n p_{\le k})=ws^{n-m}p_{\le k+m}, \qquad m\le n \tag{6.127}$$

[비고 : 증명은 식 (6.126)에서 $n=1$을 두고, $s\dfrac{dw}{dx}$에 대해 풀고 이를 $ws^n p_{\le k}$의 도함수에 대입하여 그 도함수 값이 $ws^{n-1}p_{\le k+1}$와 같음을 보이고, 이와 같이 조작을 m번 반복하면 식 (6.127)을 얻는다.]

부정리 6. 2 : 모든 도함수 $d^m/dx^m(ws^n)$(단 $m<n$) 값이 $x=a$ 및 $x=b$에서 0이 된다.

[비고 : 증명은 부정리 6.1에서 $k=0$을 대입하고, $p_{\le 0}=1$을 둔다. $\dfrac{d^m}{dx^m}(ws^n)=ws^{n-m}p_{\le m}$을 얻는다. 여기서 우변은 정리 6.6의 조건 3에 의하여 $x=a$ 및 $x=b$에서 0이 되어 증명된다.]

정리 6. 6의 증명

먼저 직교성을 증명한다. 즉 아래의 적분에서 부분적분 공식(식 (A.22))을 반복적용하면 아래를 얻는다.

$$\int_a^b p_k(x)F_n(x)w(x)dx=\int_a^b p_k\frac{1}{w}\left[\frac{d^n}{dx^n}(ws^n)\right]w\,dx$$

$$= \int_a^b p_k \frac{d}{dx}\left[\frac{d^{n-1}}{dx^{n-1}}(ws^n)\right]dx$$

$$= \underbrace{p_k(x)\ \frac{d^{n-1}}{dx^{n-1}}(ws^n)\Big|_a^b}_{=0(\because\ \text{부정리 2에 의해})} - \int_a^b \frac{dp_k}{dx}\frac{d^{n-1}}{dx^{n-1}}(ws^n)dx \tag{6. 128}$$

이 식으로부터 부분적분을 한번 행할 때마다 한 미분을 ws^n에서 p_k로 바꾸며, 이때 마이너스(−) 부호가 생긴다. 따라서 이와 같은 부분적분은 k번 행하면 아래를 얻는다.

$$\int_a^b p_k(x)F_n(x)w(x)dx = (-1)^k\int_a^b \frac{d^k p_k}{dx^k}\frac{d^{n-k}}{dx^{n-k}}(ws^n)dx$$

$$= C\int_a^b \frac{d}{dx}\left[\frac{d^{n-k-1}}{dx^{n-k-1}}(ws^n)\right]dx = C\frac{d^{n-k-1}}{dx^{n-k-1}}(ws^n)\Big|_a^b = 0 \tag{6. 129}$$

단 위 식에서 k차 다항식을 k번 미분하면 상수가 된다는 사실을 이용하였으며, 또한 식의 마지막 줄에서 $k < n$이므로 $n-k-1 \geq 0$인 것이 이용되었다.

그러면 식 (6.126)의 증명은 부정리 6.1에서 $k=0$ 및 $m=n$을 대입하면 $\frac{d^m}{dx^n}(ws^n) = wp_{\leq n}$ 혹은 $F_n(x) = \frac{1}{w}\frac{d^n}{dx^n}(ws^n) = p_{\leq n}$를 얻어 증명된다. 다음에는 $F_n(x)$가 차수 n의 다항식인 증명은 $F_n(x) = p_{\leq n-1}(x) + a_n x^n$로 쓰고 양변을 $w(x)F_n(x)$로 곱하고 구간 (a, b)에서 적분을 행하면 아래를 얻는다.

$$\int_a^b [F_n(x)]^2 w(x)dx = \int_a^b p_{\leq n-1}F_n(x)w(x)\,dx + a_n\int_a^b x^n F_n(x)w(x)dx \tag{6. 130}$$

그런데 위 식에서 무게함수 $w(x)$와 $[F_n(x)]^2$가 둘 다 양이므로 좌변 역시 양이 되며, 또한 우변의 첫 번째 적분은 식 (6.128)에 의해 0이 된다. 따라서 위 식의 우변의 2번째 항은 0이 될 수 없다. 특히 $a_n \neq 0$인 일반적인 경우는 $F_n(x)$는 차수 n의 다항식이 되어 정리 6.6가 모두 증명된다. ■

한편 정리 6.6의 직교다항식군 $F_n(x)$의 정의식 (6.126)에서 '정규화상수' K_n을 이용하여 아래와 같이 재정의하여 나타냄이 보다 일반적이다.

$$F_n(x)=\frac{1}{K_n w}\frac{d^n}{dx^n}(ws^n) \tag{6. 131}$$

이 식은 '일반화 로드리게스 공식(generalized Rodriguez formula)'이라고 불리며 개개의 직교다항식마다 고유한 K_n 값이 존재한다.

한편 정리 6.6으로부터 다항식의 함수열 $F_0(x)$, $F_1(x)$, $F_2(x)$, $\cdots$는 구간 $[a, b]$에서 (적당한) 무게함수 $w(x)$를 가진 (고전)직교다항식을 형성함을 알았으며, 또한 다양한 형태의 직교다항식은 관련된 상미방의 급수해로 주어진다(5.2절 참조). 따라서 아래에 모든 $\{F_n(x)\}$에 의해 만족되는 한 '생성(generic) 2계 상미방'에 관한 명제(proposition)를 나타낸다.

명제 6. 1 : 만약 k_1을 함수 $F_1(x)$에 있는 x의 계수, 그리고 σ_2를 함수 $s(x)$에 있는 x^2의 계수라고 할 때 직교다항식 $F_n(x)$는 아래의 2계 상미방을 만족한다.

$$(wsF_n{}')=w\lambda_n F_n(x) \quad \text{여기서} \quad \lambda_n = K_1 k_1 n + \sigma_2 n(n-1) \tag{6. 132}$$

[비고 : 증명은 먼저 부정리 6.1에서 $(wsF_n{}')'$가 차수가 n과 같은(혹은 보다 작은) x의 다항식임을 확인한다. 다음에는 $(wsF_n{}')'$를 함수열 $F_i(x)$의 선형결합으로 나타내고, 또 부정리 6.1을 이용하여 아래 적분에 대해 부분적분을 적용하면 0이 되는 사실(단 $m < n$)로부터

$$\int_a^b F_m(wsF_n{}')'dx = 0 \qquad (\text{단} \;\; m < n) \tag{6. 133}$$

이들 선형결합이 한 개의 항으로 붕괴(collapse)됨을 보인다. 그런 다음 얻어진 미방의 양변을 $F_n(x)$로 곱하고, 적분을 행하면 우변은 $h_n\lambda_n$이 된다. 그리고 좌변에 대해서는 미분을 한번 행하고, $(ws)'/w = K_1F_1$의 관계를 이용하면 $K_1F_1F_n{}' + sF_n{}''$는 차수 n의 다항식이 됨을 알게 되어 결국 해당 미방의 좌변은 $\{(K_1k_1n+\sigma_2 n(n-1))\}h_n$가 된다. 따라서 이로부터 λ_n을 구하면 식 (6.132)가 증명된다.]

6. 4. 3 직교다항식의 분류

이제 (정규화된)직교함수열 $F_n(x)$에 관한 식 (6.131)중의 $s(x)$의 여러 선택의 중용성에 관해 조사해보기로 한다. 먼저 $n=1$인 경우는 아래 식이 성립된다.

$$F_1(x)=\frac{1}{K_1 w}\frac{d}{dx}(ws) \quad \text{혹은} \quad \frac{1}{ws}\frac{d}{dx}(ws)=\frac{K_1 F_1(x)}{s} \tag{6.134}$$

위 식의 양변을 (부정)적분하면 $wa = A\exp\left(\int K_1 F_1(x)dx/s\right)$(여기서 A는 상수)를 얻는데, $F_1(x)= k_1 x + k_1{}'$로 나타낼 수 있으므로 아래 식을 얻는다.

$$w(x)s(x) = A\exp\left(\int \frac{K_1(k_1 x + k_1{}')}{s}dx\right),\ w(a)s(a)= 0 = w(b)s(b) \tag{6.135}$$

여기서 $s(x)$에 대하여 3가지 선택 즉 상수, 일차($n=1$) 혹은 2차($n=2$) 다상식이 존재한다. 먼저 $s(x)$가 상수인 경우는 식 (6.135)는 쉽게 적분이 되어 아래를 준다.

$$\begin{aligned} w(x)s(x) &= A\exp\left(\int \frac{K_1(k_1 x + k_1{}')}{s}dx\right) \equiv A\exp\left(\int (2\alpha x+\beta)dx\right) \\ &= A\,e^{\alpha x^2+\beta x + C} = B e^{\alpha x^2 + \beta x} \end{aligned} \tag{6.136}$$

여기서 (적분)구간 (a, b)는 경계조건 $w(a)s(a)= 0 = w(b)s(b)$에서 구해지는데 결과는 $Be^{\alpha a^2+\beta a} = 0 = Be^{\alpha b^2+\beta b}$가 된다. 그런데 이 식의 항등관계가 성립하기 위한 유일한 조건(단 $\alpha < 0$)은 a 및 b가 종시에 무한대가 되는 것이다. 그런데 $a < b$이므로 $a=-\infty$ 및 $b=+\infty$를 취한다. 그러면 $y=\sqrt{|\alpha|}(x+\beta/(2\alpha))$ 및 $B=s\exp(\beta^2/(4\alpha))$로 두면 $w(y)=\exp(-y^2)$을 얻는다. 물론 $s(x)=$상수인 경우 상수 B를 적당히 선택하여 $s=1$로도 둘 수 있다.

한편, 만약 $s(x)$가 차수 1인 x의 다항식인 경우 $s(x)=\sigma_1 x+\sigma_0$로 두면 식 (6.135)에서 아래가 성립된다.

$$\begin{aligned} w(x)(\sigma_1 x+\sigma_0) &= A\exp\left(\int \frac{K_1(k_1 x + k_1{}')}{\sigma_1 x+\sigma_0}dx\right) \\ &= A\exp\left[\int\left(\frac{K_1 k_1}{\sigma_1} + \frac{K_1 k_1{}' - K_1 k_1 \sigma_0/\sigma_1}{\sigma_1 x+\sigma_0}\right)dx\right] \\ &\equiv B(\sigma_1 x+\sigma_0)^{\rho} e^{\gamma x} \end{aligned} \tag{6.137}$$

여기서 $\gamma = K_1 k_1/\sigma_1$, $\rho = K_1 k_1 \sigma_0/\sigma_1^2$이며, B는 위 식에서 적분상수로 수정된 A이다. 그리고 마지막 식은 $x=a$ 및 b에서 다음의 경계조건을 만족한다. 즉 $B(\sigma_1 a+\sigma_0)^{\rho} e^{\gamma a} = 0 = B(\sigma_1 b+\sigma_0)^{\rho} e^{\gamma b}$, 이로부터 $a=-\sigma_0/\sigma_1$, $\rho>0$, $\gamma<0$ 및 $b=+\infty$가 된다. 여기서 변수 및 파라미터의 재정의로부터 다음을 얻는다. 즉 $w(y)=y^{\nu}e^{-y}$, $\nu>-1$ 그리고

$s(x)=x,\ a=0,\ b=+\infty.$

마찬가지 방법으로 만약 $s(x)$가 차수 2인 x의 다항식인 경우에도 해당되는 $w(x)$ 및 경계조건을 얻을 수 있다. 따라서 위에서 얻어진 결과를 아래 명제에 요약하여 나타내었다.

명제 6.2 : 만약 주어진 구간에서 정리 6.6에 주어진 조건이 만족된다면 아래의 3 경우가 성립된다.

(a) 만약 $s(x)$가 상수($=1$)이고, $a=-\infty$, $b=+\infty$인 경우 무게함수 $w(x)=e^{-x^2}$가 되며, 결과로 생기는 직교다항식은 '에르미트(Hermite) 다항식'으로서 $H_n(x)$로 나타낸다.

(b) 만약 $s(x)$가 x의 1차식, 특히 $s(x)=x$, $a=0$ 및 $b=+\infty$인 경우 $w(x)=x^{\nu}e^{-x}$(단 $\nu>-1$)가 되며, 결과로 생기는 직교다항식을 '라게르(Laguerre) 다항식'이라 부르며 $L_n^{\nu}(x)$로 표기한다.

(c) 만약 $s(x)$가 x의 2차식, 특히 $s(x)=1-x^2$, $a=-1$ 및 $b=+1$인 경우 $w(x)=(1-x)^{\mu}(1-x)^{\nu}$(단 $\mu,\nu>-1$)가 되며, 결과로 생기는 직교다항식을 '야코비(Jacobi) 다항식'이라고 부르며, $P_n^{\mu,\nu}(x)$로 표기한다. 표 6.2에 Jacobi 다항식의 특별형태를 나타내었다.

표 6.2 Jacobi 직교다항식의 특별 형태

μ	ν	$w(x)$	직교다항식
0	0	1	Legendre, $P_n(x)$
$\lambda-\frac{1}{2}$	$\lambda-\frac{1}{2}$	$(1-x^2)^{\lambda-1/2}$	Gegenbauer, $C_n^{\lambda}(x)$, $\lambda>-\frac{1}{2}$
$-\frac{1}{2}$	$-\frac{1}{2}$	$(1-x^2)^{-1/2}$	Chebyshev of the first kind, $T_n(x)$
$\frac{1}{2}$	$\frac{1}{2}$	$(1-x^2)^{1/2}$	Chebyshev of the second kind, $U_n(x)$

6.4.4 점화(recurrence) 관계

부록 E절에 소개된 일반 점화(recurrence) 관계식을 정리 6.6에서 정의된 고전 직교다항식 $F_n(x)$에 적용하여 아래의 2차 점화식을 생각해보자.

$$F_{n+1}(x)=(\alpha_n x+\beta_n)F_n(x)+\gamma_n F_{n-1}(x) \tag{6.138}$$

이 식의 양변을 2번 미분하고, 이를 명제 6.1(식 (6.132))의 2계 도함수 항에 대입하면 아래를 얻는다.

$$2ws\alpha_n F_n{}' + \left[\alpha_n \frac{d}{dx}(ws) + w\lambda_n(\alpha_n x + \beta_n)\right] F_n$$

$$- w\lambda_{n+1} F_{n+1} + w\gamma_n \lambda_{n-1} F_{n-1} = 0 \tag{6.139}$$

그리고 식 (6.138)을 식 (6.139)에 대입함으로써 아래와 같이 1계 도함수를 포함하는 또다른 점화식을 얻는다.

$$2ws\alpha_n F_n{}' + \left[\alpha_n \frac{d}{dx}(ws) + w(\lambda_n - \lambda_{n+1})(\alpha_n x + \beta_n)\right] F_n$$

$$+ w\gamma_n(\lambda_{n-1} - \lambda_{n+1}) F_{n-1} = 0 \tag{6.140}$$

덧붙여, 식 (6.139)과 (6.140)을 각각 미분하고, $F_n(x)$에 대한 미분방정식(명제 6.1)을 이용하면 두 개의 다른 점화식도 얻을 수 있다. 이렇게 얻어진 첫 번째 식을 상미방 $\gamma_n(d/dx)(wF_{n-1})$에 대해 풀고, 결과를 두 번째 식에 대입하고 간단히 하면 아래의 식을 얻는다.

$$2w\alpha_n\lambda_n F_n + \frac{d}{dx}\left\{\left[\alpha_n \frac{d}{dx}(ws) + w(\lambda_n - \lambda_{n-1})(\alpha_n x + \beta_n)\right] F_n\right\}$$

$$+ (\lambda_{n-1} - \lambda_{n+1}) \frac{d}{dx}(wF_{n+1}) = 0 \tag{6.141}$$

마지막으로 또 다른 유용한 점화식을 아래에 증명없이 나타낸다.

$$A_n(x) F_n - \lambda_{n+1}(\alpha_n x + \beta_n) \frac{dw}{dx} F_{n+1} + \gamma_n \lambda_{n-1} \frac{dw}{dx} F_{n-1}$$

$$+ B_n(x) F_{n+1}{}' + \gamma_n D_n(x) F_{n-1}{}' = 0 \tag{6.142}$$

여기서

$$A_n(x) = (\alpha_n x + \beta_n)\left[2w\alpha_n\lambda_n + \alpha_n \frac{d^2}{dx^2}(ws) + \lambda_n(\alpha_n x + \beta_n)\frac{dw}{dx}\right] - \alpha_n^2 \frac{d}{dx}(ws)$$

$$B_n(x) = \alpha_n \frac{d}{dx}(ws) - w(\alpha_n x + \beta_n)(\lambda_{n+1} - \lambda_n)$$

$$D_n(x) = w(\alpha_n x + \beta_n)(\lambda_{n-1} - \lambda_n) - \alpha_n \frac{d}{dx}(ws)$$

위 일반 점화식들의 응용 예로서, 식 (6.140)을 Hermite 및 Legendre 다항식에 대입하면 각각 아래를 얻는다.

$$H_n{}' = 2nH_{n-1}, \quad \text{그리고} \quad (1-x^2)P_n{}' + nxP_n - nP_{n-1} = 0 \tag{6.143}$$

역시 식 (6.141)을 Legendre 다항식에 적용하면

$$P_{n+1}{}' - xP_n{}' - (n+1)P_n = 0 \tag{6.144}$$

또 식 (6.142)를 Legendre 다항식에 적용하면

$$P_{n+1}{}' - P_{n-1}{}' - (2n+1)P_n = 0 \tag{6.145}$$

이 외에도 기존의 점화관계식을 조합함으로써 보다 많은 표현식을 얻을 수 있다.

6.4.5 고전 직교다항식의 몇 가지 대표적 예

어떤 주어진 고전 직교다항식 $F_n(x)$에 대한 일반 Rodriguez 공식(식 (6.131))로부터 표준화상수 K_n과 두 파라미터 k_n 및 $k_n{}'$가 주어지면(6.4.3절 참조) 4번째 파라미터인 h_n은 아래 식에 의해 계산될 수 있다.

$$\begin{aligned} h_n &= \int_a^b F_n^2(x)w(x)dx = \int_a^b (k_n x^n + \cdots)F_n(x)w(x)\,dx \\ &= k_n \int_a^b wx^n \frac{1}{K_n w}\frac{d^n}{dx^n}(ws^n)dx = \frac{k_n}{K_n}\int_a^b x^n \frac{d}{dx}\left[\frac{d^{n-1}}{dx^{n-1}}(ws^n)\right]dx \\ &= \frac{k_n}{K_n}x^n \frac{d^{n-1}}{dx^{n-1}}(ws^n)\bigg|_a^b - \frac{k_n}{K_n}\int_a^b \frac{d}{dx}(x^n)\frac{d^{n-1}}{dx^{n-1}}(ws^n)\,dx \end{aligned} \tag{6.146}$$

마지막 줄의 첫 번째 항은 부정리 6.2에 의해 0이 된다. 위 식에서 한번 부분적분할 때마다 음의 부호가 생기며, 또한 한 미분을 ws^n에서 x^n으로 이동시킴을 알 수 있다. 따라서 n번 부분적분한 후에는 $d^0/dx^0(ws^n) = ws^n$ 및 $d^n/dx^n(x^n) = n!$인 것에 주목하면 최종적으로 아래를 얻는다.

$$h_n = \frac{(-1)^n k_n n!}{K_n}\int_a^b ws^n\,dx \tag{6.147}$$

따라서 모든 고전 직교다항식은 4개의 파라미터 K_n, k_n, $k_n{}'$ 및 h_n에 의해 완전히 결정된다

6. 4. 5. 1 Hermite 다항식 $H_n(x)$

Hermite 다항식 $H_n(x)$의 표준화 상수 $K_n = (-1)^n$이다. 따라서 대응하는 일반 Rodriguez 식 (6.131)과 명제 6.2로부터 아래 식이 얻어진다.

$$H_n(x) = (-1)^n e^{x^2} \frac{d^n}{dx^n}(e^{-x^2}) \tag{6.148}$$

위 식에서 e^{-x^2}를 한번씩 미분할 때마다 한 개의 $-2x$ 인자가 도입되며, 따라서 e^{-x^2}를 n번 미분할 때 가장 높은 x의 차수가 얻어진다. 즉 $(-1)^n e^{x^2}(-2x)^n e^{-x^2} = 2^n x^n \Rightarrow k_n = 2^n$가 얻어진다.

다음에는 파라미터 k_n'값을 얻기 위하여 다항식이 짝수인가 홀수인가를 조사할 필요가 있다. 식 (6.148)에 x대신 $-x$를 대입하면 $H_n(-x) = (-1)^n H_n(x)$가 되므로, 만약 n가 (짝)홀이면 H_n도 짝(홀)함수가 되어 $H_n(x)$는 오직 x의 짝수(홀수) 멱(power)만을 가진다. 따라서 어떤 경우이던 다음 높은 차수는 $n-1$가 아닌 $n-2$가 된다. 결과적으로 x^{n-1}의 계수는 0이 되므로 $k_n' = 0$이 된다. 그리고 식 (6.147)로부터 $h_n = \sqrt{\pi}\, 2^n n!$가 얻어진다.

다음에는 식 (6.138)의 점화식에 필요한 3 상수는 $\alpha_n = 2,\ \beta_n = 0,\ \gamma_n = -2n$이므로 아래 식이 성립된다.

$$H_{n+1}(x) = 2xH_n(x) - 2nH_{n-1}(x) \tag{6.149}$$

마지막으로 $H_n(x)$에 대한 2계 상미방은 $K_1 = -1,\ \sigma_2 = 0,\ F_1 = 2x \Rightarrow k_1 = 2$가 얻어지고, 이들 모두는 $\lambda_n = -2n$을 준다. 이를 명제 6.1의 미방식에 대입하면 아래의 2계 상미방을 얻는다.

$$\frac{d^2 H_n}{dx^2} - 2x\frac{dH_n}{dx} + 2nH_n = 0 \tag{6.150}$$

6. 4. 5. 2 Laguerre 다항식 $L_n^{\nu}(x)$

$L_n^{\nu}(x)$에 대한 표준화 상수 $k_n = n!$가 되므로 대응하는 일반 Rodriguez 식 (6.131)과 명제 6.2로부터 아래 식이 얻어진다.

$$L_n^{\nu}(x) = \frac{1}{n!x^{\nu}e^{-x}}\frac{d^n}{dx^n}(x^{\nu}e^{-x}x^n) = \frac{1}{n!}x^{-\nu}e^{x}\frac{d^n}{dx^n}(x^{n+\nu}e^{-x}) \tag{6.151}$$

위 식에서 k_n을 찾기 위하여 e^{-x}를 한번 미분하면 x의 멱수는 변하지 않고 오직 -1 인자만이 도입된다. 따라서 e^{-x}를 n번 미분할 때 얻어지는 최고 차수는 $x^{n+\nu}$ 그대로이다. 이로부터 아래가 얻어진다.

$$\frac{1}{n!}x^{-\nu}e^{x}x^{n+\nu}(-1)^{n}e^{-x}=\frac{(-1)^{n}}{n!}x^{n}\Rightarrow k_{n}=\frac{(-1)^{n}}{n!}$$

다음에는 $L_n^\nu(x)$의 짝수 혹은 홀수성을 조사한다. 그러나 이는 별 도움이 되지 못하는데, 그 이유는 $x\to -x$로 바꾸는 것은 식 (6.151)의 우변을 변형시키기 때문이다. 사실 이 경우에는 $k_n{}'\neq 0$이 되고, x의 최고차수 다음의 높은 차수가 $x^{n+\nu}$의 1계 도함수를 n번 더하고, 결과를 $(-1)^{n-1}$로 곱함으로써 얻어진다는 것을 주목하면 계산될 수 있는데 얻어진 결과는 아래가 된다.

$$\frac{1}{n!}x^{-\nu}e^{x}\left[(-1)^{n-1}n(n+\nu)x^{n+\nu-1}e^{-x}\right]=\frac{(-1)^{n-1}(n+\nu)}{(n-1)!}x^{n-1}$$

따라서 $k_n{}'=(-1)^{n-1}(n+\nu)/(n-1)!$가 된다.

마지막으로 h_n에 대하여 아래를 얻는다.

$$h_{n}=\frac{(-1)^{n}\left[(-1)^{n}/n!\right]n!}{n!}\int_{0}^{\infty}x^{\nu}e^{-x}x^{n}dx=\frac{1}{n!}\int_{0}^{\infty}x^{n+\nu}e^{-x}dx$$

만약 ν가 정수가 아니라면, 위 식 우변의 적분은 감마(gamma) 함수(식 (A.25)) 항으로 아래가 된다.

$$h_{n}=\frac{\Gamma(n+\nu+1)}{n!}=\frac{\Gamma(n+\nu+1)}{\Gamma(n+1)}$$

다음에는 점화식 (6.138)에 필요한 3 파라미터는 쉽게 아래와 같이 얻어진다.

$$\alpha_{n}=-\frac{1}{n+1},\quad \beta_{n}=\frac{2n+\nu+1}{n+1},\quad \gamma_{n}=-\frac{n+\nu}{n+1}$$

이들을 식 (6.138)에 대입하여 정리하면 아래를 얻는다.

$$(n+1)L_{n+1}^{\nu}=(2n+\nu+1-x)L_{n}^{\nu}-(n+\nu)L_{n-1}^{\nu} \tag{6. 152}$$

그리고 $k_1=-1$ 및 $\sigma_2=0$이므로 $\lambda_n=-n$을 얻고, 이로부터 명제 6.1의 미분방정식은 아래가 된다.

$$x\frac{d^2L_n^\nu}{dx^2}+(\nu+1-x)\frac{dL_n^\nu}{dx}+nL_n^\nu=0 \tag{6.153}$$

6.4.5.3 Legendre 다항식 $P_n(x)$

Jacobi 직교다항식 전체 대신 이의 특수한 한 형태인 Legendre 다항식 $P_n(x)$(표 6.2 참조)에 대하여 논하기로 한다. 이 경우 명제 6.2(c)에서 $\mu=0=\nu$이고 따라서 무게함수 $w(x)=1$이 되고, 표준화 상수 $K_n=(-1)^n2^nn!$가 되어, 일반 Rodriguez 공식(6.131)과 명제 6.2로부터 아래를 얻는다.

$$P_n(x)=\frac{(-1)^n}{2^nn!}\frac{d^n}{dx^n}[(1-x^2)^n] \tag{6.154}$$

여기서 k_n을 구하기 위하여 사각(대)괄호 속의 항을 2항전개(식 (A.7))하고 가장 높은 x의 차수에 대하여 n계 도함수를 취하면 아래를 얻는다.

$$k_nx^n=\frac{(-1)^n}{2^nn!}\frac{d^n}{dx^n}[(-x^2)^n]=\frac{1}{2^nn!}\frac{d^n}{dx^n}(x^{2n})=\frac{1}{2^nn!}2n(2n-1)(2n-2)\cdots(n+1)x^n$$

이로부터 k_n은 아래와 같이 구해진다.

$$k_n=\frac{(2n)!}{2^n(n!)^2}=\frac{2^n\Gamma\left(n+\frac{1}{2}\right)}{n!\Gamma\left(\frac{1}{2}\right)}$$

[비고 : 위 식에서 $\Gamma\left(\frac{1}{2}\right)=\sqrt{\pi}$, $\Gamma\left(n+\frac{1}{2}\right)=\left(n-\frac{1}{2}\right)\Gamma\left(n-\frac{1}{2}\right)=(2n-1)!!\sqrt{\pi}/2^n$, $(2n-1)!!$ $=(2n-1)(2n-3)\cdots3\cdot1$가 이용되었다.]

다음에는 k_n'을 찾기 위해 $P_n(x)$의 짝수 혹은 홀수성을 조사한다. 일반 Rodriguez 공식 (6.131)에서 $P_n(-x)=(-1)^nP_n(x)$를 얻어, $P_n(x)$는 우함수(혹은 기함수)가 될 수 있다. 어떤 경우든 x의 멱수의 차수가 $(n-1)$은 될 수 없으므로 $k_n'=0$이 된다. 또한 식 (6.147)로 주어진 h_n는 아래와 같이 계산된다.

$$h_n=\frac{(-1)^nk_nn!}{K_n}\int_{-1}^{1}(1-x^2)^ndx=\frac{2^n\Gamma\left(n+\frac{1}{2}\right)\Big/\Gamma\left(\frac{1}{2}\right)}{2^nn!}\int_{-1}^{1}(1-x^2)^ndx$$

그런데 위 식의 적분은 부분적분 공식(A.22)을 반복 적용함으로써 $h_n = 2/(2n+1)$을 얻는다.

다음에는 점화 관계식 (6.138)에 필요한 α_n은 아래와 같이 얻어진다.

$$\alpha_n = \frac{k_{n+1}}{k_n} = \frac{2^{n+1}\Gamma\left(n+1+\frac{1}{2}\right)}{(n+1)!\Gamma\left(\frac{1}{2}\right)} \frac{n!\,\Gamma\left(\frac{1}{2}\right)}{2^n\,\Gamma\left(n+\frac{1}{2}\right)} = \frac{2n+1}{n+1}$$

단 위 식에서 감마함수의 성질 $\Gamma\left(n+1+\frac{1}{2}\right) = \left(n+\frac{1}{2}\right)\Gamma\left(n+\frac{1}{2}\right)$(식 (A.26) 참조)을 이용하였다. 그리고 $\beta_n = 0(\because k_n{}' = 0 = k_{n+1}{}')$ 및 $\gamma_n = -n/(n+1)$가 된다. 따라서 이들을 식 (6.138)에 대입하면 아래를 얻는다.

$$(n+1)P_{n+1}(x) = (2n+1)xP_n(x) - nP_{n-1}(x) \tag{6. 155}$$

마지막으로 $K_1 = -2,\ P_1(x) = x \Rightarrow k_1 = 1$, 그리고 $\sigma_2 = -1$로부터 $\lambda_n = -n(n+1)$을 얻는다. 이들을 명제 6.1의 미분식에 대입하면 아래를 얻는다.

$$\frac{d}{dx}\left[(1-x^2)\frac{dP_n}{dx}\right] = -n(n+1)P_n \tag{6. 156a}$$

혹은

$$(1-x^2)\frac{d^2P_n}{dx^2} - 2x\frac{dP_n}{dx} + n(n+1)P_n = 0 \tag{6. 156b}$$

6. 4. 6 직교다항식으로 급수전개(생성함수)

임의의 주어진 (실)함수 $|\, f\rangle$를 아래와 같이 기지의 직교다항식으로 집합 $|\, C_k\rangle$항으로 급수 전개하여 나타낸다고 하자.

$$|\, f\rangle = \sum_{k=0}^{\infty} a_k \,|\, C_k\rangle \tag{6. 157}$$

이때 전개계수 a_k는 $|\, C_k\rangle$의 직교성 때문에 아래와 같이 얻어진다(식 (4.1) - (4.3) 참조).

$$\langle C_i \,|\, f\rangle = \sum_{k=0}^{\infty} a_k \langle C_i \,|\, C_k\rangle = a_i \langle C_i \,|\, C_i\rangle \ \Rightarrow\ a_i = \frac{\langle C_i \,|\, f\rangle}{\langle C_i \,|\, C_i\rangle} \tag{6. 158}$$

혹은 무게함수 $w(x)$를 사용하여 a_i는 아래와 같이 적분표현으로 나타낸다.

$$a_i = \frac{\int_a^b C_i^*(x) f(x) w(x) dx}{\int_a^b |C_i(x)|^2 w(x) dx} \tag{6.159}$$

한편 식 (6.157)의 브라-케트(bra-ket) 표현(1.2.2절 참조)에서 양변을 $\langle x \mid [= \mid x\rangle^\dagger]$로 곱하고 $\langle x \mid f\rangle = f(x)$ 및 $\langle x \mid C_k\rangle = C_k(x)$되는 관계를 이용하면 아래의 스칼라 표현식을 얻는다.

$$f(x) = \sum_{k=0}^{\infty} a_k C_k(x) \tag{6.160}$$

예제 6. 8

구좌표계 (r, θ, ϕ)의 방위각 ϕ에 무관한 구대칭인 정전(electrostatic) 문제에서 라플라스 식 $\nabla^2 \Phi(r, \theta) = 0$의 해 $\Phi(r, \theta)$(정전 퍼텐셜)는 아래로 주어진다.

$$\Phi(r, \theta) = \sum_{k=0}^{\infty} \left(\frac{b_k}{r^{k+1}} + c_k r^k \right) P_k(\cos\theta) \tag{6.161}$$

이때 전개계수를 식 (6.159)를 사용하여 구하라. 단 정전계는 적도(equator)에서 작은 절연 간격(insulating gap)만큼 떨어져있는 반경 a의 두 전도성 반구(conducting hemi-sphere)로 이루어져 있으며, 상반부는 전위차 V_0(볼트), 그리고 하반부는 $-V_0$의 전위차를 나타낸다고 한다. 이때 무한대의 퍼텐셜은 0이 된다고 가정하라.

풀 이

무한대에서의 정전 퍼텐셜 $\Phi(r, \theta)$가 0이 되기 위해서는 $c_k = 0$이 되어야 하므로 반구 표면에서의 위 식은 아래가 된다(단 $x \equiv \cos\theta$).

$$\Phi(a, x) = \sum_{k=0}^{\infty} \frac{b_k}{a^{k+1}} P_k(x) \tag{1}$$

여기서

$$\Phi(a, x) = \begin{cases} -V_0 & \text{if} \quad -1 < x < 0 \\ +V_0 & \text{if} \quad 0 < x < 1 \end{cases} \tag{2}$$

식 (6.159)로부터 식 (1)의 계수는 아래로 얻어진다.

$$\frac{b_k}{a^{k+1}} = \frac{\int_{-1}^{1} P_k(x)\Phi(a,x)dx}{\underbrace{\int_{-1}^{1} |P_k(x)|^2 dx}_{=h_k}} = \frac{2k+1}{2}\int_{-1}^{1} P_k(x)\Phi(a,x)dx \quad (\because h_k = 2/(2k+1))$$

$$= \frac{2k+1}{2} V_0 \left[-\int_{-1}^{0} P_k(x)dx + \int_{0}^{1} P_k(x)dx \right] \tag{3}$$

첫 번째 적분에서 변수치환을 하면 아래가 된다.

$$\int_{-1}^{0} P_k(x)dx = -\int_{+1}^{0} P_k(-y)dy = \int_{0}^{1} P_k(-y)dy = (-1)^k \int_{0}^{i} P_k(x)dx$$

마지막 항등관계에서 $P_k(x)$의 우기성인 $P_k(-x) = (-1)^k P_k(x)$를 이용하였다.

$$\frac{b_k}{a^{k+1}} = \frac{2k+1}{2} V_0 [1-(-1)^k] \int_{0}^{1} P_k(x)dx \tag{4}$$

단 식 (4)에서 k가 짝수이면 0이 되므로, 오직 홀수인 경우만 해가 존재하므로 식 (4)는 아래가 된다.

$$\frac{b_k}{a^{k+1}} = (-1)^{(k-1)/2} \frac{(2k+1)(k-1)!}{2^k \left(\frac{k+1}{2}\right)! \left(\frac{k-1}{2}\right)!} V_0 \quad (\text{단 } k\text{는 홀수}) \tag{5}$$

혹은

$$b_{2m+1} = (4m+3)a^{2m+2} V_0 (-1)^m \frac{(2m)!}{2^{2m+1} m!(m+1)!} \tag{6}$$

단 위 식에서 아래의 항등관계가 이용되었다[증명은 식 (6.154) 및 부정리 6.2 이용].

$$\int_{0}^{1} P_k(x)dx = \begin{cases} \delta_{k0} & (\text{만약 } k\text{가 짝수이면}) \\ \dfrac{(-1)^{(k-1)/2}(k-1)!}{2^k \left(\frac{k-1}{2}\right)! \left(\frac{k+1}{2}\right)!} & (\text{만약 } k\text{가 홀수이면}) \end{cases} \tag{7}$$

그런데 식 (1)의 금속반구 표면에서의 정전 퍼텐셜 $\Phi(a,x)$는 x에 대해 기함수 즉 $\Phi(a,-x) = -\Phi(a,x)$가 되는 것은 식 (1)에서 $P_k(-x) = (-1)^k P_k(x) = -P_k(x)$ ($\because k$는 홀수)가 되므로 쉽게 알 수 있다. 따라서 식 (6)을 식 (1)에 대입(단 a 대신 r, x 대신 $\cos\theta$로 치환)하면 아래를 얻는다.

$$\Phi(r,\theta) = V_0 \sum_{k=0}^{\infty} (-1)^m \frac{(4m+3)(2m)!}{2^{2m+1} m!(m+1)!} \left(\frac{a}{r}\right)^{2m+2} P_{2m+1}(\cos\theta) \tag{8}$$

예제 6.9

부록 G절에 논의된 델타함수 $\delta(x)$를 Legendre 직교다항식을 사용하여 급수전개시 계수 a_n을 식 (6.159)를 사용하여 구해보아라(단 $x=\cos\theta$임).

풀 이

$\delta(x)$를 $P_n(x)$항으로 전개하고, 계수를 식 (6.159)에서 구하면 아래가 된다

[단 $h_n=\int_{-1}^{1}|P_n(x)|^2dx=2/(2n+1)$ 이용].

$$\delta(x)=\sum_{n=0}^{\infty}a_nP_n(x), \quad \text{여기서} \quad a_n=\frac{2n+1}{2}\int_{-1}^{1}P_n(x)\delta(x)dx=\frac{2n+1}{2}P_n(0) \tag{1}$$

단 위 식의 마지막 항등관계는 $\delta(x)$의 성질 식 (G.2)를 이용하였다. 만약 n가 홀수인 경우는 $P_n(x)$는 기함수가 되므로[$\because P_n(-x)=(-1)^nP_n(x)$에서] 식 (1)의 전구간 적분은 0이 되므로 $a_n=0$이 된다. 그래서 n가 짝수인 경우의 $P_n(0)$을 평가하기 위하여 점화식 (6.155)에서 $x=0$을 대입하면 아래를 얻는다.

$$(n+1)P_{n+1}(0)=-nP_{n-1}(0)$$

혹은 $nP_n(0)=-(n-1)P_{n-2}(0)$, 혹은 $P_n(0)=-\frac{n-1}{n}P_{n-2}(0)$ 이 조작을 m번 반복하면 아래를 얻는다.

$$P_n(0)=(-1)^m\frac{(n-1)(n-3)\cdots(n-2m+1)}{n(n-2)(n-4)\cdots(n-2m+2)}P_{n-2m}(0)$$

여기서 $n=2m$로 두면

$$P_{2m}(0)=(-1)^m\frac{(2m-1)(2m-3)\cdots 3\cdot 1}{2m(2m-2)\cdots 4\cdot 2}P_0(0)$$

그런데 $P_0(x)=P_0(0)=1$인 것과 분모, 분자에 분모와 같은 것을 한 번 더 곱하면 아래를 얻는다.

$$P_{2m}(0)=(-1)^m\frac{2m(2m-1)(2m-2)\cdots 3\cdot 2\cdot 1}{[2m(2m-2)\cdots 4\cdot 2]^2}=(-1)^m\frac{(2m)!}{[2^m m!]^2}=(-1)^m\frac{(2m)!}{2^{2m}(m!)^2}$$

식 (1)에서 $a_{2m}=\frac{4m+1}{2}P_{2m}(0)$이므로 위 결과를 식 (1)에 대입하면

$$\delta(x)=\sum_{m=0}^{\infty}\frac{4m+1}{2}(-1)^m\frac{(2m)!}{2^{2m}(m!)^2}P_{2m}(x) \tag{2}$$

생성함수(generating function)

어떤 두 변수 x 및 t의 한(single) 함수 $g(x,t)$의 연속미분으로부터 어떤 종류의 직교다항식을 얻는 것이 가능하다고 할 때 이 함수는 그 직교다항식의 '생성함수(generating function)'라고 부른다. 이때 생성함수 $g(x,t)$는 대응하는 직교다항식 $F_n(x)$를 사용하여 아래와 같이 (Taylor)급수전개형으로 나타낼 수 있다.

$$g(x,t) = \sum_{n=0}^{\infty} a_n t^n F_n(x) \tag{6.162}$$

여기서

$$a_n t^n = \left. \frac{d^n g(x,t)}{dt^n} \right|_{t=0} \bigg/ n! \tag{6.163}$$

주어진 직교다항식 $F_n(x)$에 대한 생성함수 $g(x,t)$를 구하는 것은 그리 쉬운 일은 아니므로 표 6.3에 몇 가지 대표적 고전 직교함수에 대한 $g(x,t)$를 증명없이 결과만을 나타내었다.

표 6.3 몇 가지 대표적 고전 직교다항식에 대한 생성함수

직교다항식	생성함수
Hermite, $H_n(x)$	$\exp(-t^2+2xt)$
Laguerre, $L_n^{\nu}(x)$	$\exp[-xt/(1-t)]/(1-t)^{\nu+1}$
Legendre, $P_n(x)$	$(t^2-2xt+1)^{-1/2}$
Chebyshev of the first kind, $T_n(x)$	$(1-t^2)(t^2-2xt+1)^{-1}$
Chebyshev of the second kind, $U_n(x)$	$(t^2-2xt+1)^{-1}$

예제 6.10

Legendre 다항식의 생성함수가 아래와 같이 주어짐을 보여라(표 6.3 참조).

$$g(x,t) = \frac{1}{\sqrt{1-2xt+t^2}} = \sum_{n=0}^{\infty} P_n(x) t^n \tag{6.164}$$

풀 이

이항정리(식 (A.7))를 사용하여

$$(1+v)^p = 1 + pv + \frac{p(p-1)}{2!}v^2 + \frac{p(p-1)(p-2)}{3!}v^3 + \cdots$$

아래를 얻는다.

$$\frac{1}{\sqrt{1-2xt+t^2}} = [1-t(2x-t)]^{-1/2}$$

$$= 1 + \frac{1}{2}t(2x-t) + \frac{1 \cdot 3}{2 \cdot 4}t^2(2x-t)^2 + \frac{1 \cdot 3 \cdot 5}{2 \cdot 4 \cdot 6}t^3(2x-t)^3 + \cdots$$

이 전개에서 t^n의 계수는

$$\frac{1 \cdot 3 \cdot 5 \cdots (2n-1)}{2 \cdot 4 \cdot 6 \cdots 2n}(2x)^n - \frac{1 \cdot 3 \cdot 5 \cdots (2n-3)}{2 \cdot 4 \cdot 6 \cdots (2n-2)} \cdots \frac{(n-1)}{1!}(2x)^{n-2}$$

$$+ \frac{1 \cdot 3 \cdot 5 \cdots 2n-5}{2 \cdot 4 \cdot 6 \cdots 2n-4} \cdot \frac{(n-2)(n-3)}{2!}(2x)^{n-4} - \cdots$$

이 식은 다음과 같이 나타낼 수 있다.

$$\frac{1 \cdot 3 \cdot 5 \cdots (2n-1)}{n!}\left\{x^n - \frac{n(n-1)}{2(2n-1)}x^{n-2} + \frac{n(n-1)(n-2)(n-3)}{2 \cdot 4(2n-1)(2n-3)}x^{n-4} - \cdots\right\}$$

이것은 Legendre 다항식 $P_n(x)$의 급수전개에 해당되므로 식 (6.164)의 타당성이 증명된다.

제 7 장

편미분 방정식

7.1 서론

지금까지 우리는 이미 여러 곳에서 편미방(PDE)과 접해왔다. 예를 들면 예제 2.31에서 변수분리 기법에 의한 Helmholtz 편미방 $\nabla^2\Psi(r,\theta,\phi)+k^2\Psi(r,\theta,\phi)=0$(식 (2.534))의 해, Helmholtz의 스칼라장 퍼텐셜($\phi(\boldsymbol{r})$) 개념을 이용한 Poisson 방정식 $\nabla^2\phi(\boldsymbol{r})=-\rho(\boldsymbol{r})/\varepsilon$(여기서 ρ 및 ε는 각각 전하밀도 및 유전상수)의 해(문 2.22), 복소해석을 이용한 (Dirichlet) 경계치 문제에 대한 2차원 라플라스(Laplace) 편미방 $\nabla^2\Psi(\boldsymbol{r})=0$의 해(3.12.3절), 그리고 푸리에($\mathcal{F}$) 적분변환(4.2.5절)과 라플라스($\mathcal{L}$) 적분변환(4.3.4)에 의한 경계치를 가진 편미방의 해 등이다.

한편 편미방에서 중요한 경계치(BC)(및 초기치(IC)) 문제와 더불어 원통좌표계 (ρ,θ,ϕ)와 구좌표계 (r,θ,ϕ)에서 변수분리기법에 의한 라플라스 식 및 Helmholtz 식의 해에 관하여 참고문헌 49의 16장에비교적 잘 요약되어 있으므로 참고로 이를 아래에 소개한다.

경계조건(boundary condition, BC)

보통 어느 시점에서 물리계의 상태와 물리과정을 지배하는 법칙이 알려져 있으며 그 후의 전개를 예측할 수 있다. 이런 초기치(IC)들은 대부분 상미방(ODE)이나 편미방(PDE)과 관련된 경계조건(BC)으로 주어진다. 점이나 곡선 또는 표면에서 일치하는 해를 찾는 문제는 경계치 문제에 해당한다. 고유함수(eigenfunction)들은 보통 주어진 경계조건들을 만족해야 한다. 이들 경계조건에는 세 가지 형이 있다.

1. Cauchy 경계조건 함수와 법선 도함수의 값이 경계에서 알려져야 한다. 정전기 문제에서 이 값은 전위(퍼텐셜) ϕ와 전기장($\boldsymbol{E}$)의 법선 성분인 $E_n(\boldsymbol{E}\cdot\boldsymbol{n})$을 의미한다.

2. Dirichlet 경계조건. 경계에서 함수값이 지정된다.

3. Neumann 경계조건. 경계에서 함수의 법선 도함수 값이 주어진다. 정전기 문제에서는 E_n과 σ (표면전하밀도)가 된다.

2차원 편미분 방정식의 세 가지 유형(7.2절 참조)에 대한 이들 세 경계조건의 요약은 표 7.1에 있다.

표 7.1 유형별 편미방(PDE)에 대한 경계조건의 요약

경계조건	편미분 방정식의 유형		
	타원형	쌍곡선형	포물선형
	(x, y) 에서의 Laplace, Poisson	(x, t) 에서의 파동 방정식	(x, t) 에서의 확산 방정식
Cauchy			
열린 표면	비물리적 결과들(불안정성)	유일한, 안정한 해	너무 제한적
닫힌 표면	너무 제한적	너무 제한적	너무 제한적
Dirichlet			
열린 표면	부적당함	부적당함	한방향에서 유일한, 안정한 해
닫힌 표면	유일한, 안정한 해	해는 유일하지 않음	너무 제한적
Neumann			
열린 표면	부적당함	부적당함	한방향에서 유일한, 안정한 해
닫힌 표면	유일한, 안정한 해	해는 유일하지 않음	너무 제한적

표 7.1은 내부의 일관성을 유지하는, 상식을 위한 단순한 자료다. 예를 들면 폐곡면을 가진 Poisson 방정식에 대해 Dirichlet 조건들은 유일하고 안정된 해를 준다. Dirichlet 조건들에 무관한 Neumann 조건들은 마찬가지로 Dirichlet 해에 무관한 유일하고 안정된 해를 준다. 따라서 Cauchy 경계조건(Dirichlet+Neumann)은 모순을 낳을 수 있다.

경계조건은 특별한 경우로서 초기조건의 개념을 포함한다. 예를 들면 어떤 역학적 문제에서 알려진 초기위치 x_0와 초기속도 v_0는 Cauchy 경계조건과 일치한다. 이들 1차원 문제에서 경계조건의 현재 용법에서의 차이점은 오로지 독립변수의 허용된 구간의 양끝 위에서 조건을 적용할 것이라는 것이다.

변수분리(separating of variables) 기법

편의상 라플라스(Laplace), Helmholtz 및 확산 (편미분)방정식의 구좌표계 (r, θ, ϕ)에서 변수분리 기법에 의한 해를 표 7.2에, 그리고 라플라스 방정식의 원통좌표계 (ρ, ϕ, z)에서 변수분리 기법에 의한 해를 표 7.3에 각각 요약하여 나타내었다.

표 7. 2 구좌표계 (r, θ, ϕ)에서의 변수분리 기법에 의한 해[a]

$$\Psi = \sum_{l,\,m} a_{lm}\psi_{lm}$$

$\nabla^2\psi = 0$	$\psi_{lm} = \begin{Bmatrix} \gamma^{l} \\ \gamma^{-l-1} \end{Bmatrix} \begin{Bmatrix} P_l^m(\cos\theta) \\ Q_l^m(\cos\theta) \end{Bmatrix} \begin{Bmatrix} \cos m\phi \\ \sin m\phi \end{Bmatrix}$ [b]
$\nabla^2\psi + k^2\psi = 0$	$\psi_{lm} = \begin{Bmatrix} j_l(kr) \\ y_l(kr) \end{Bmatrix} \begin{Bmatrix} P_l^m(\cos\theta) \\ Q_l^m(\cos\theta) \end{Bmatrix} \begin{Bmatrix} \cos m\phi \\ \sin m\phi \end{Bmatrix}$ [b]
$\nabla^2\psi - k^2\psi = 0$	$\psi_{lm} = \begin{Bmatrix} i_l(kr) \\ k_l(kr) \end{Bmatrix} \begin{Bmatrix} P_l^m(\cos\theta) \\ Q_l^m(\cos\theta) \end{Bmatrix} \begin{Bmatrix} \cos m\phi \\ \sin m\phi \end{Bmatrix}$ [b]

[a] 함수 $P_l^m(\cos\theta)$에 대해서 $m=0$일 때는 Legendre, 그리고 $m \neq 0$일 때는 부(associated) Legendre 함수이다(7.5절 참조). $Q_l^m(\cos\theta)$는 불규칙적인 Legendre 해이다. 또, $i_l(kr) \equiv i^{-1} j_l(ix)$, $k_l(kr) \equiv -i^l h_l^{(1)}(ix)$.

[b] $\cos m\phi$와 $\sin m\phi$는 $e^{\pm im\phi}$로 대신할 수 있다.

표 7. 3 원통좌표계 (ρ, ϕ, z)에서의 변수분리 기법에 의한 해[a]

$$\psi = \sum_{m,\,\alpha} a_{m\alpha}\psi_{m\alpha}, \quad \nabla^2\psi = 0$$

	$\psi_{m\alpha} = \begin{Bmatrix} J_m(\alpha\rho) \\ Y_m(\alpha\rho) \end{Bmatrix} \begin{Bmatrix} \cos m\phi \\ \sin m\phi \end{Bmatrix} \begin{Bmatrix} e^{-\alpha z} \\ e^{\alpha z} \end{Bmatrix}$
	$\psi_{m\alpha} = \begin{Bmatrix} I_m(\alpha\rho) \\ K_m(\alpha\rho) \end{Bmatrix} \begin{Bmatrix} \cos m\phi \\ \sin m\phi \end{Bmatrix} \begin{Bmatrix} \cos \alpha z \\ \sin \alpha z \end{Bmatrix}$
$\alpha = 0$(즉 z에 무관하면),	$\psi_m = \begin{Bmatrix} \rho^m \\ \rho^{-m} \end{Bmatrix} \begin{Bmatrix} \cos m\phi \\ \sin m\phi \end{Bmatrix}$

[a] 반경 함수 $J_m(\alpha\rho)$을 제 1종 Bessel 함수 $Y_m(\alpha\rho)$[혹은 $N_m(\alpha\rho)$]은 제 2종 Bessel(혹은 Neumann) 함수이다. $I_m(\alpha\rho) \equiv i^{-m} J_m(ix)$, $k_m(\alpha\rho) \equiv \pi/2i^{m+1} H_m^{(1)}(ix)$[여기서 $H_m^{(1)}$은 제 1종 Hankel 함수(식 (3.218)) 임].

특히 Helmholtz 방정식이나 확산방정식에 대해서는 상수 $\pm k^2$을 변수분리상수 $\pm \alpha^2$에 대하여 새로운 변수 γ^2나 $-\gamma^2$을 정의하였다. $\gamma^2(\gamma^2>0)$을 택하면, Bessel 함수 $J_m(\gamma\rho)$와 $Y_m(\gamma\rho)$를 얻고, $-\gamma^2(\gamma^2>0)$을 택하면 Bessel 함수 $I_m(\gamma\rho)$와 $K_m(\gamma\rho)$를 얻는다.

끝으로 이장에서 다룰 내용을 간단히 소개하면 다음과 같다. 먼저 (2계)편미방의 분류, 다음에는 (주로) 변수분리법을 사용하여 1차원 파동방정식, 2차원 파동방정식, 열이동 방정식 나아가 Schrödinger (3차원)방정식의 해를 구하는 방법에 대하여 실례를 들여 논하고, 마지막으로 6.3절에 소개한 1차원 Green 함수기법을 보다 높은 차원의 (비제차)편미방에의 응용도 간단히 소개한다.

7.2 편미분 방정식의 분류

2계 편미방에는 세 가지 형태가 있다 : (i) 라플라스 연산자 ∇^2나 $c^{-2}\partial/\partial t^2+\nabla^2$항을 포함하는 타원 편미방, (ii) $a\partial/\partial t-\nabla^2$항의 포물선 편미방, (iii) $c^{-2}\partial^2/\partial t^2-\nabla^2$항을 포함하는 쌍곡선 편미방. 이 정준(canonical) 연산자들은 간단히 2 변수인 경우에는 $\xi=\xi(x,y)$, $\eta=\eta(x,y)$형태의 변수변환을 통하여 선형연산자

$$L=a\frac{\partial^2}{\partial x^2}+2b\frac{\partial^2}{\partial x\partial y}+c\frac{\partial^2}{\partial y^2}+d\frac{\partial}{\partial x}+e\frac{\partial}{\partial y}+f \tag{7.1}$$

에서 나오게 되는데 위의 식은 판별식 $D=ac-b^2$가 >0, $=0$, 또는 <0의 경우에 따라 정준형태(canonical form) (i), (ii), (iii)으로 변형된다. 마약에 $\xi(x,y)$가 L의 저계 항을 무시하고 1계 비선형 편미방

$$a\left(\frac{\partial\xi}{\partial x}\right)^2+2b\left(\frac{\partial\xi}{\partial x}\right)\left(\frac{\partial\xi}{\partial y}\right)+c\left(\frac{\partial\xi}{\partial y}\right)^2=0 \tag{7.2}$$

으로부터 결정된다면, L의 $\partial^2/\partial\xi^2$의 계수(즉 식 (7.2))는 0이 된다. η가 같은 식 (7.2)의 독립해이면 $\partial^2/\partial\eta^2$의 계수도 0이 된다. L에서 살아남는 연산자 $\partial^2/\partial\xi\partial\eta$는 $D<0$인 쌍곡선의 경우 (iii)에 해당하는데, 이 경우에는 2차의 형태를 갖는 $a\lambda^2+2b\lambda+c$가 인수분해되어 식 (7.2)는 두 개의 독립해 $\xi(x,y)$, $\eta(x,y)$를 갖는다. $D>0$인 타원의 경우에는 2개의 해 ξ, η는 서로 복소공액이며, 이것들을 식 (7.1)에 대입하면 $\partial^2/\partial\xi\partial\eta$ 미분항이 소거되어 정준형태 (i)을 산출한다. $D=0$인 포물선의 경우 (ii)에는 $\partial^2/\partial\xi^2$항만이 L에 남게 되며, 나머지 두 2계 미분항의 계수는 0이 된다.

만약 L의 계수 a, b, c가 좌표의 함수이면, 이 분류는 국소적이다. 다시 말하면 좌표가 변함에 따라 그 형태도 변할 수 있다.

쌍곡선 경우의 기초가 되는 물리적인 현상을 예시하기 위하여 $1+1$차원에서 파동방정식을 살

펴보자.

$$\left(\frac{1}{c^2}\frac{\partial^2}{\partial t^2}-\frac{\partial^2}{\partial x^2}\right)\Psi=0 \tag{7.3}$$

식 (7.2)가

$$\left(\frac{\partial\xi}{\partial t}\right)^2-c^2\left(\frac{\partial\xi}{\partial x}\right)^2=\left(\frac{\partial\xi}{\partial t}-c\frac{\partial\xi}{\partial x}\right)\left(\frac{\partial\xi}{\partial t}+c\frac{\partial\xi}{\partial x}\right)=0 \tag{7.4}$$

가 되어 인수분해되므로 그 해는 $\partial\xi/\partial t-c\partial\xi/\partial x=0$으로 결정된다. 이것은 임의의 함수 $\xi=F(x+ct)$로 주어지며, $\xi=G(x-ct)$는 $\partial\xi/\partial t+c\partial\xi/\partial x=0$의 해가 됨을 쉽게 보일 수 있다. 선형중첩을 사용하면 식 (7.3)의 일반해는 $\Psi=F(x+ct)+G(x-ct)$이다. F와 G가 주기함수이면, 독립변수 $x+ct$ 및 $x-ct$가 평면파나 파두(wave fronts)의 위상(phase)이 됨을 알 수 있는데 여기서는 $x=\pm ct$인 파동방정식 (7.3)의 해가 0에서 갑자기 실제 값으로 변하며 유일하게 결정되어지지 않는다. 기하광학에서 광선의 방향은 이 파두에 수직이다. 그러므로 수학문헌에서 '지표(characteristics)' 또는 2계 편미분 방정식인 경우에 '양지표(bicharacteristics)'라고 불리우는 방정식 (7.4) 또는 더 일반적으로 식 (7.2)의 해는 전체 파동바정식에서 기하광학 해 부분인 파두에 해당한다.

타원의 경우에 2 변수 전위(potential) Ψ에 대한 Laplace 방정식을 고려하자.

$$\nabla^2\Psi=\frac{\partial^2\Psi}{\partial x^2}+\frac{\partial^2\Psi}{\partial y^2}=0 \tag{7.5}$$

여기서 지표방정식(characteristics equation)

$$\left(\frac{\partial\xi}{\partial x}\right)^2+\left(\frac{\partial\xi}{\partial y}\right)^2=\left(\frac{\partial\xi}{\partial x}+i\frac{\partial\xi}{\partial y}\right)\left(\frac{\partial\xi}{\partial x}-i\frac{\partial\xi}{\partial y}\right)=0 \tag{7.6}$$

은 복소공액인 해를 갖는다. $\xi=F(x+iy)$는 $\partial\xi/\partial x+i\partial\xi/\partial y=0$의 해이고 $\xi=G(x-iy)$는 $\partial\xi/\partial x-i\partial\xi/\partial y=0$의 해이다. 그러므로 전위 방정식 (7.5)의 일반해는 $\Psi=F(x+iy)+G(x-iy)$로 주어진다. Ψ는 '조화함수(harmonic function)'라 불리는데 실수 부분은 물론 허수 부분도 해가 된다(3.2.3절 참조). 한편 Ψ가 다항식으로 주어지는 해는 '조화다항식(harmonic polynomials)'이라 불리운다.

양자역학에서 Schrödinger 방정식

$$\left(-\frac{\hbar^2}{2m}\nabla^2+V\right)\Psi=i\hbar\frac{\partial\Psi}{\partial t} \tag{7.7}$$

의 해를 나타내는 Wentzel-Kramers-Brillouin(WKB) 형태 $\Psi = \exp(-iS/\hbar)$[여기서 $\hbar = h/2\pi$($\hbar$는 Planck 상수)는 각운동량의 단위임]는 $\hbar \to 0$인 극한에서 고전역학의 Hamilton-Jacobi 방정식

$$\frac{1}{2m}(\nabla S)^2 + V = \frac{\partial S}{\partial t} \tag{7.8}$$

를 유도한다. 이 경우 고전 작용량(classical action) S는 Schrödinger의 지표가 된다. 식 (7.7)에 $\nabla\Psi = -i\Psi\nabla S/\hbar$, $\partial\Psi/\partial t = -i\Psi\partial S/\partial t/\hbar$을 대입하고 0이 아닌 공통입자 Ψ를 없애며, $-i\nabla^2 S/\hbar$를 무시하여, $\nabla^2\Psi = -i\Psi\nabla^2 S/\hbar - \Psi(\nabla S)^2/\hbar^2 \simeq -\Psi(\nabla S)^2/\hbar^2$으로 근사시키면 식 (7.8)을 얻는다.

한편 여기서는 위에서 언급한 편미방의 분류에 대한 Mcquarrie의 설명을 다시 한 번 소개하기로 한다. 아래와 같이 두 개의 독립변수 x 및 y에 대하여 1계 도함수항이 없는 2계 편미방을 생각해 보자(파동방정식이나 라플라스 방정식은 여기에 속함).

$$a\frac{\partial^2 u}{\partial x^2} + b\frac{\partial^2 u}{\partial x\,\partial y} + c\frac{\partial^2 u}{\partial y^2} = 0 \tag{7.9}$$

여기서 a, b, c는 임의 상수이다. (d'Alembert의)선형변환 함수

$$\xi = x + \alpha t \qquad \text{와} \qquad \eta = x + \beta t \tag{7.10}$$

를 도입하면 식 (7.9)는

$$(a + \alpha b + \alpha^2 c)\frac{\partial^2 u}{\partial \xi^2} + (a + \beta b + \beta^2 c)\frac{\partial^2 u}{\partial \eta^2} + [2a + (\alpha + \beta)b + 2c\alpha\beta]\frac{\partial^2 u}{\partial \xi\,\partial \eta} = 0 \tag{7.11}$$

이 된다. 여기서 만약 α와 β를 아래와 같이 선택하면 식 (7.11)의 왼쪽 첫 번째와 두 번째 항은 0이 된다.

$$\alpha = \frac{-b + \sqrt{b^2 - 4ac}}{2c}, \qquad \beta = \frac{-b - \sqrt{b^2 - 4ac}}{2c} \tag{7.12}$$

상수 α와 β는 $b^2 - 4ac$ 값의 조건에 따라 성질이 다르게 나타난다. 만약 $b^2 > 4ac$이면 α와 β는 복소수에 해당된다. 또한 $b^2 = 4ac$일 경우에는 $\alpha = \beta = \dfrac{-b}{2c}$이다.

(2차)원추곡선(conic section), $ax^2 + bxy + cy^2 = 0$에 대한 유사성으로 인하여 식 (7.9)는 다음과 같이 여러 형태로 불리 운다.

$$\begin{cases} b^2-4ac>0\text{일 경우}, & \text{쌍곡선} \\ b^2-4ac<0\text{일 경우}, & \text{타원} \\ b^2=4ac\text{일 경우}, & \text{포물선} \end{cases} \tag{7. 13}$$

가령 예로서 아래의 1차원 파동방정식의 경우

$$\frac{\partial^2 u}{\partial x^2}=\frac{1}{v^2}\frac{\partial^2 u}{\partial t^2} \tag{7. 14}$$

시간 t를 y로 간주하여 표준형 식 (7.9)와 비교하면 $a=1,\ b=0,\ c=-1/v^2$가 되므로 판별기준 $b^2-4ac=4/v^2$가 양이 되어 식 (7.13)에서 쌍곡선 편미방에 해당된다.

반면에 아래의 2차원 라플라스 방정식의 경우

$$\nabla^2 u=\frac{\partial^2 u}{\partial x^2}+\frac{\partial^2 u}{\partial y^2}=0 \tag{7. 15}$$

$a=1,\ b=0,\ c=1$이고 따라서 $b^2-4ac=-4<0$이 되므로 식 (7.13)에서 이는 타원 편미방에 해당된다.

또한 식 (7.14)의 1차원 파동방정식의 경우 해당 $a,\ b,\ c$값을 식 (7.12)에 대입하면 $\alpha=-v$ 및 $\beta=v$를 얻어 이를 식 (7.9)에 대입하면 선형변환 $\xi=x-vt,\ \eta=x+vt$가 된다.

한편 아래 식으로 주어지는 1차원 열(혹은 질량)이동 방정식은

$$\frac{\partial^2 T}{\partial x^2}=\frac{1}{\alpha^2}\frac{\partial T}{\partial t} \tag{7. 16}$$

식 (7.9)의 유형이 속하지 않는다. 따라서 아래의 보다 일반적인 2계 편미방을 생각해보자(2계 선형 미분연산자 식 (7.1) 참조).

$$a\frac{\partial^2 u}{\partial x^2}+b\frac{\partial^2 u}{\partial x\partial y}+c\frac{\partial^2 u}{\partial y^2}+d\frac{\partial u}{\partial x}+e\frac{\partial u}{\partial y}+hu=0 \tag{7. 17}$$

그러면 식 (7.16)의 열이동식은 시간 t를 y로 간주하여 식 (7.17)의 표준형과 비교하면 $a=1$, $b=0,\ c=0(d=h=0,\ e=-1/\alpha^2)$가 되어 $b^2-4ac=0$이 되므로 식 (7.13)에서 이는 포물선 편미방에 해당된다.

또한 아래의 Helmholtz 편미방의 경우

$$\frac{\partial^2 u}{\partial x^2}+\frac{\partial^2 u}{\partial y^2}+k^2 u=0 \tag{7. 18}$$

표준형 식 (7.17)과 비교하면 $a=1,\ b=0,\ c=1(d=e=0,\ h=k^2)$가 되어 $b^2-4ac=-4<0$이 되므로 식 (7.13)에서 타원형 편미방이 된다.

한편 2차원 라플라스 방정식 (7.15)의 경우 $a=c=1,\ b=0$가 되어 이를 식 (7.12)에 대입하면 $\alpha=i,\ \beta=-i$를 얻는다. 다시 이를 선형 변환식 (7.11)에 대입하면 쉽게 아래를 얻는다.

$$4\frac{\partial^2 u}{\partial\xi\,\partial\eta}=0 \tag{7.19}$$

이고, 여기서 식 (7.10)에 의해 아래가 된다.

$$\xi=x+iy,\ \eta=x-iy \tag{7.20}$$

식 (7.19)를 ξ 및 η에 대하여 적분하면 아래를 얻는다(역증명 가능).

$$u(\xi,\eta)=f(\xi)+g(\eta) \tag{7.21}$$

여기서 f 및 g를 각각 ξ 및 η만의 함수로서 2번 미분이 가능한 함수이다. 식 (7.20)을 이용하면 식 (7.15)의 x 및 y로 된 라플라스 편미방의 해는 아래의 일반형태를 갖는다.

$$u(x,y)=f(x+iy)+g(x-iy) \tag{7.22}$$

예제 7. 1

아래의 함수 $u_n(x,y)$는 식 (7.15)의 라플라스 방정식을 만족한다[$\because (\sinh x)'=\cosh x$, $(\cosh x)'=\sinh x$를 이용].

$$u_n(x,y)=\cos\frac{n\pi x}{a}\sinh\frac{n\pi y}{a} \tag{7.23}$$

이 때 위의 식이 식 (7.22)의 형태와 동일함을 보여라.

풀 이

$\sinh z=-i\sin iz$의 관계를 이용하면

$$\sinh\frac{n\pi y}{a}=-i\sin\frac{in\pi y}{a}$$

이고, 아래의 또 다른 관계식으로부터

$$\cos\alpha \sin\beta = \frac{1}{2}\sin(\alpha+\beta) - \frac{1}{2}\sin(\alpha-\beta)$$

이다. 따라서 이들은 주어진 Laplace 방정식의 해 (7.23)에 대입하여 정리하면

$$u_n(x,y) = -\frac{i}{2}\left[\sin\frac{n\pi}{a}(x+iy) - \sin\frac{n\pi}{a}(x-iy)\right]$$

$$= f(x+iy) + g(x-iy)$$

을 만족한다.

비선형 편미방

비선형 편미방은 5.4절에 언급한 상미방과 더불어 급속도로 발전하는 중요한 분야이다. 이 절의 앞부분에서 논의한 파동방정식의 지표(character)로부터 나타나는 1계 편미방으로서 가장 간단한 선형 파동방정식

$$\frac{\partial\Psi}{\partial t} + c\frac{\partial\Psi}{\partial x} = 0$$

을 보았다. 반면에 가장 간단한 비선형 파동방정식

$$\frac{\partial\Psi}{\partial t} + c(\Psi)\frac{\partial\Psi}{\partial x} = 0 \tag{7. 24}$$

은 국소전파속도인 c가 상수가 아니고 파동 Ψ에 의존하는 경우에 생긴다. 비선형 방정식이 $\Psi(x,\ y) = A\cos(kx-\omega t)$ 형태의 해를 가지고 $\omega(k)$가 k의 함수로서 $\omega^n(k) \neq 0$일 때, 방정식은 분산적(dispersive)이라 말한다. 아마도 가장 잘 알려진 2계 비선형 분산방정식은 Korteweg-deVries 방정식

$$\frac{\partial\Psi}{\partial t} + \Psi\frac{\partial\Psi}{\partial x} + \frac{\partial^3\Psi}{\partial x^3} = 0 \tag{7. 25}$$

인데 얕은 수면파가 손실이 없이 진행하는 현상이나 다른 현상의 모델이 된다. 이 방정식은 고립자(soliton) 해를 갖는 것으로 널리 알려져 있다. 한 고립자는 다른 고립자와 상호작용하면서도 자신의 성질이 변하지 않는 진행파이다. 서로를 통과한 후에도 똑같은 모양과 같은 속도로 나타나며 위상만 변하게 된다. $\Psi(\xi = x-ct)$가 이러한 진행파라고 하자. 식 (7.25)에 대입하면

$$(\Psi - c)\frac{d\Psi}{d\xi} + \frac{d^3\Psi}{d\xi^3} = 0 \tag{7. 26}$$

인 비선형 상미분방정식이 나오는데 적분하면

$$\frac{d^2\Psi}{d\xi^2} = c\Psi - \frac{\Psi^2}{2} \tag{7. 27}$$

가 된다. 식 (7.27)에는 추가 적분상수가 없는데 이것은 ξ가 큰 경우데 $\Psi \to 0$이 되면, $d^2\Psi/d\xi^2 \to 0$이 되어 Ψ가 $\xi = 0$, 즉 $x = ct$인 지표에 국소화되어 있어야 하는 것을 확실히 하기 위해서이다. 식 (7.27)을 $d\Psi/d\xi$로 곱하고 다시 적분하면

$$\left(\frac{d\Psi}{d\xi}\right)^2 = c\Psi^2 - \frac{\Psi^3}{3} \tag{7. 28}$$

이 된다. 여기서 ξ가 큰 경우에 $d\Psi/d\xi \to 0$이 된다. 식 (7.28)의 근을 취하여 다시 한 번 적분하면

$$\Psi(x - ct) = \frac{3c}{\cosh^2\left(\sqrt{c}\,\dfrac{x - ct}{2}\right)} \tag{7. 29}$$

라는 고립자 해를 산출한다. 비선형 방정식의 안정성이나 혼돈(chaos)과 같은 문제는 5.4절에서 다루었다.

7. 3 1차원 파동방정식

앞에서 소개한 바 있는 1차원 파동방정식은

$$\frac{\partial^2 u}{\partial x^2} = \frac{1}{v^2}\frac{\partial^2 u}{\partial t^2} \tag{7. 14}$$

로 표시되는데 여기서 $u(x, t)$는 줄(string)의 수평상태에 대한 변이를 나타낸다. 예를 들면 양쪽이 고정된 길이 l인 줄이 그림 7.1과 같은 변이를 나타낸다고 할 때, 경계조건은

$$u(0, t) = 0 \ \text{및} \ u(l, t) = 0 \tag{7. 30}$$

로 표시되어 진다.

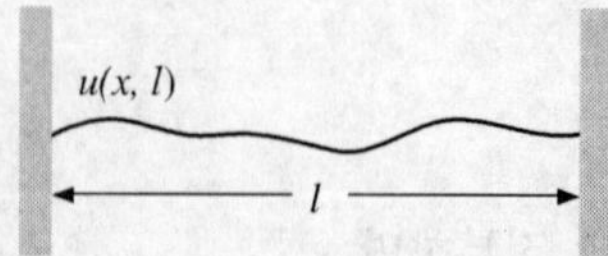

그림 7. 1 팽팽하고 유연한 줄이 두 개의 끝점에 고정되어있다.
따라서 $u(0,t)=u(l,t)=0$을 만족한다.

이제 식 (7.14)의 해를 변수분리를 적용하여 $u(x,t)=X(x)T(t)$라 놓으면

$$X''(x)+\beta^2 X(x)=0 \text{ 와 } T''(t)+\beta^2 v^2 T(t)=0 \tag{7. 31}$$

가 얻어지며 이 때 β^2는 분리상수에 해당한다.

그리고 경계조건으로부터 $X(0)=X(l)=0$이고 이로부터 식 (7.31)에 대한 해

$$\beta_n=n\pi/l,\ X_n(x)=\sin n\pi x/l,\ T_n(t)=a_n\cos\omega_n t+b_n\sin\omega_n t \tag{7. 32}$$

을 얻는다. 여기서 $\omega_n=\beta_n v=n\pi v/l$이다(예제 2.31 참조).

그리고 상수 a_n과 b_n을 얻기 위한 추가적인 조건이 없으므로

$$u_n(x,t)=(a_n\cos\omega_n t+b_n\sin\omega_n t)\sin\frac{n\pi x}{l}\ \ (\text{단, } n=1,2,\cdots) \tag{7. 33}$$

한편 n값에 따른 각각의 $u_n(x,t)$이 주어진 식 (7.14)의 해에 해당되므로 중첩의 원리를 적용하면 다음과 같은 일반해를 얻게 된다.

$$u(x,t)=\sum_{n=1}^{\infty}(a_n\cos\omega_n t+b_n\sin\omega_n t)\sin\frac{n\pi x}{l} \tag{7. 34}$$

식 (7.34)가 식 (7.14)의 해가 됨은 간단히 식 (7.34)를 식 (7.14)에 대입해 봄으로 확인할 수 있다.

한편, $a_n\cos\omega t+b_n\sin\omega t=A_n\cos(\omega t+\phi_n)$[여기서 $A_n=\sqrt{a_n^2+b_n^2}$, $\phi_n=\tan^{-1}(-b_n/a_n)$]가 성립된다. 여기서 A_n은 파동의 진폭이고 ϕ_n은 위상각에 해당된다.

이를 사용하여 식 (7.34)를 나타내면

$$u(x,t)=\sum_{n=1}^{\infty}A_n\cos(\omega_n t+\phi)\sin\frac{n\pi x}{l}=\sum_{n=1}^{\infty}u_n(x,t) \tag{7. 35}$$

이고 이 식은 명백한 물리적 의미를 내포하고 있다. 즉 각각의 $u_n(x,t)$를 정규모드(normal mode)라 하며 각각의 정규모드의 시간의존성은 아래와 같은 진동수(frequncy)의 조화운동을 나타낸다.

$$v_n = \frac{\omega_n}{2\pi} = \frac{vn}{2l} \tag{7.36}$$

여기서 $\omega_n = \beta_n v = n\pi v/l$이다.

식 (7.35)의 처음 몇 개 항의 공간의존도를 그림 7.2에 나타내었다.

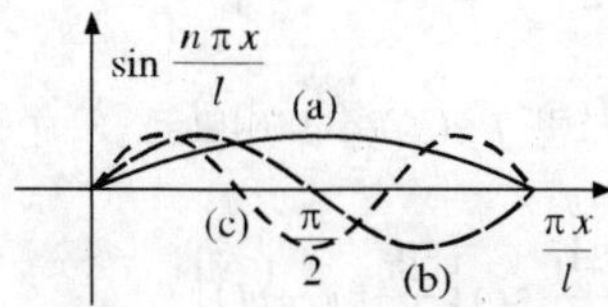

그림 7. 2 방정식 (7.35)에 몇몇 초기항의 공간 독립변수는 (a) $n=1$, (b) $n=2$, (c) $n=4$이다.

식 (7.35)의 첫 번째 항, $u_1(x, t)$를 기본모드 또는 제 1조화(first harmonic)라 하며 진동수, $\frac{v}{2l}$을 갖는 조화운동을 나타낸다(그림 7.2(a)). "제 2조화" 또는 "제 1배진동"(first overtone)이라 칭하는 $u_2(x, t)$는 진동수 $\frac{v}{l}$를 갖는 조화운동을 나타낸다(그림 7.2(b)).

이 때 중간지점은 모든 t에 대하여 0에 고정되며 이 점을 마디점(node)이라 한다. 또한 제 2조화 운동의 진동수는 제 1조화운동의 진동수의 2배에 해당된다.

한편 그림 7.2(c)에 나타낸 "제 3조화"(또는 "제 2배진동" 운동은 2개의 마디점을 갖는다. 따라서 계속되는 조화운동의 경우 마디수가 $n-1$에 해당됨을 쉽게 알 수 있다. 그림 7.2에 나타난 파동을 '정지파동(standing wave)'이라 하는데 이는 마디점의 위치가 시간에 무관하게 고정되기 때문이다. 마디점과 마디점사이의 줄은 상하로 진동된다.

예제 7. 2

그림 7.2에 나타낸 바와같은 정지파동을 이동파동(travelling wave)의 중첩(superposition)으로 나타낼 수 있음을 보여라.

풀 이

식 (7.35)에서 편의상 $\phi=0$이라 놓고 $n=1$의 제 1조화를 고려하자.

$$u_1(x, t) = A_1 \cos\omega_1 t \sin\frac{\pi x}{l} \tag{1}$$

그러면 삼각함수 관계식, $\sin\alpha\cos\beta = \frac{1}{2}\sin(\alpha+\beta) + \frac{1}{2}\sin(\alpha-\beta)$과 식 (7.36)으로부터 $\omega_1 = \frac{u\pi}{l}$을 이용하면

$$u_1(x,t) = \frac{A_1}{2}\sin\left(\frac{\pi x}{l} + \frac{\pi vt}{l}\right) + \frac{A_1}{2}\sin\left(\frac{\pi x}{l} - \frac{\pi vt}{l}\right)$$

$$= \frac{A_1}{2}\sin\left[\frac{\pi}{l}(x+vt)\right] + \frac{A_1}{2}\sin\left[\frac{\pi}{l}(x-vt)\right] \tag{2}$$

한편 제 1조화운동의 파장은 $\lambda = 2l$(그림 7.2(a))를 보이므로

$$u_1(x,t) = \frac{A_1}{2}\sin\left[\frac{2\pi}{\lambda}(x+vt)\right] + \frac{A_1}{2}\sin\left[\frac{2\pi}{\lambda}(x-vt)\right] \tag{3}$$

위 식의 오른쪽 각 항은 이동 파동(travelling wave)을 나타낸다. 만약 시간 t가 변할 때, 임의 지점 x에 대하여 살펴보면 첫 번째 항은 파장 λ와 진동수 $\nu = \frac{v}{\lambda}$으로 왼쪽으로 이동하는 진동을 나타내며 반면 두 번째 항은 오른쪽으로 이동하는 유사한 진동을 나타낸다. 따라서 정지파동 $u_1(x,t)$은 반대방향으로 이동하는 2개의 유사한 이동파동이 중첩에 해당됨을 알 수 있다.

지금까지는 1차원 파동방정식과 그의 해법으로 변수 분리법에 대하여 살펴보았다. 다음 절에서는 2차원 파동방정식과 그의 해법에 대하여 다룰 것이다. 그 전에 d'Alembert에 의한 1차원 파동방정식의 일반 해 즉 'd'Alembert's solution'에 대하여 알아보기로 하자.

우선 1차원 파동방정식인 식 (7.14)를 좀 더 간단한 형태의 식으로 전환하기 위하여 선형 변환을 도입한다. 즉, 아래와 같은 독립변수 ξ와 η를 도입한다(식 (7.10) 참조).

$$\xi = x + at, \quad \eta = x + bt \tag{7. 37}$$

여기서 a와 b는 각각 결정되어야 할 상수이다.
편미분의 연쇄율(C.2절 참조)을 사용하면

$$\frac{\partial u}{\partial x} = \frac{\partial u}{\partial \xi}\frac{\partial \xi}{\partial x} + \frac{\partial u}{\partial \eta}\frac{\partial \eta}{\partial x} = \frac{\partial u}{\partial \xi} + \frac{\partial u}{\partial \eta} \tag{7. 38}$$

$$\frac{\partial^2 u}{\partial x^2} = \frac{\partial}{\partial x}\left(\frac{\partial u}{\partial x}\right) = \frac{\partial}{\partial x}\left[\left(\frac{\partial u}{\partial \xi}\right) + \left(\frac{\partial u}{\partial \eta}\right)\right]$$

$$= \frac{\partial^2 u}{\partial \xi^2}\frac{\partial \eta}{\partial x} + \frac{\partial^2 u}{\partial \xi \partial \eta}\frac{\partial \eta}{\partial x} + \frac{\partial^2 u}{\partial \xi \partial \eta}\frac{\partial \xi}{\partial x} + \frac{\partial^2 u}{\partial \eta^2}\frac{\partial \eta}{\partial x}$$

$$= \frac{\partial^2 u}{\partial \xi^2} + 2\frac{\partial^2 u}{\partial \xi \partial \eta} + \frac{\partial^2 u}{\partial \eta^2} \tag{7.39}$$

이고, 유사한 방법으로부터

$$\frac{\partial u}{\partial t} = a\frac{\partial u}{\partial \xi} + b\frac{\partial u}{\partial \eta}$$

$$\frac{\partial^2 u}{\partial t^2} = a^2\frac{\partial^2 u}{\partial \xi^2} + 2ab\frac{\partial^2 u}{\partial \xi \partial \eta} + b^2\frac{\partial^2 u}{\partial \eta^2} \tag{7.40}$$

를 얻는다. 식 (7.39)와 (7.40)을 식 (7.14)에 대입하여 정리하면

$$\left(1 - \frac{a^2}{v^2}\right)\frac{\partial^2 u}{\partial \xi^2} + 2\left(1 - \frac{ab}{v^2}\right)\frac{\partial^2 u}{\partial \xi \partial \eta} + \left(1 - \frac{b^2}{v^2}\right)\frac{\partial^2 u}{\partial \eta^2} = 0 \tag{7.41}$$

여기서 상수 a와 b는 임의의 선택 가능하므로 $a^2 = v^2$, $b^2 = v^2$이라 선택하면 위 식 (7.14)에서 2개의 항이 제거되고 1개의 항만이 남게 된다. 즉

$$2\left(1 - \frac{ab}{v^2}\right)\frac{\partial^2 u}{\partial \xi \partial \eta} = 0$$

또한 a, b가 서로 다른 부호를 갖도록 선택하면 즉 $a = -v$, $b = v$일 경우 $\left\{1 - \frac{ab}{v^2}\right\} \neq 0$이므로

$$\frac{\partial^2 u}{\partial \xi \partial \eta} = 0 \tag{7.42}$$

여기서

$$\xi = x - vt, \ \eta = x + vt \tag{7.43}$$

따라서 식 (7.43)의 변환변수 ξ 및 η에 대한 (2계)도함수로 나타내진 식 (7.42)와 원래의 미방 식 (7.14)는 동일한 것이다.

또한 식 (7.42)의 일반해는 아래와 같이 주어진다.

$$u(\xi, \eta) = f(\xi) + g(\eta) \tag{7.44}$$

여기서 f 및 g는 각각 ξ 및 η만의 함수로서 두 번 미분이 가능한 함수이다. 이 식의 증명은 식 (7.42)를 가령 η에 대해 먼저 (부정)적분을 행하면 $\partial u/\partial \xi \equiv h(\xi)$를 얻는데, 이를 다시 ξ에 대해

적분(단 이 때 η는 상수로 간주)하면 $u(\xi, \eta)$가 얻어지는데 이는 $h(\xi)$의 적분항인 $f(\xi)$(여기서 $df/d\xi = h$ 성립)과 ξ에 무관한 η만의 함수인 적분상수 $g(\eta)$의 합으로 나타내지므로 결국 식 (7.44)가 얻어져 이가 식 (7.42)의 일반해가 되는데, 변환변수 ξ 및 η를 식 (7.43)를 통하여 원래의 변수 x 및 t항으로 나타내면 아래와 같이 식 (7.14)의 해 $u(x, t)$가 얻어지게 된다.

$$u(x, t) = f(x - vt) + g(x + vt) \tag{7. 45}$$

1차 파동방정식 (7.14)의 d'Alembert 기법에 의한 해인 식 (7.45)는 뚜렷한 물리적 의미를 갖는데, 먼저 $t = 0$일 때 함수 $f(x - vt)$를 생각해보자. 이 때 생기는 함수 $f(x)$는 $t = 0$인 순간에서의 '파형(waveform)'을 나타낸다(그림 7.3 참조). 이로부터 시간 t가 경과하면 똑같은 파형이 오른편으로 거리 vt 만큼 이동하게 된다. 따라서 함수 $f(x - vt)$는 일정속력 v를 갖고 오른편으로 이동하고 있는(travelling) 파형을 나타낸다. 이와 유사하게 함수 $g(x + vt)$는 일정속력 v를 갖고 왼편으로 이동하고 있는 파형 $g(x)$를 나타낸다. 결과적으로 생기는 끈(string)의 전체 변위는 이들 두 이동파동의 중첩이 된다(예제 7.2 참조).

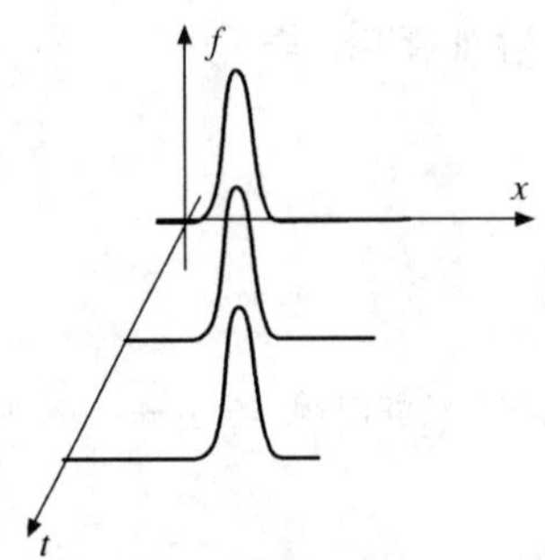

그림 7. 3 함수 $f(x - vt)$는 일정속력 v를 갖고 왼편에서 오른편으로 이동하고 있는 파형(waveform)을 나타낸다.

한편 f와 g는 명시되지 않은 함수이므로 이를 명시하기 위하여 2개의 초기조건이 요구되어진다. 일반적으로 아래와 같은 초기 변위값 $\phi(x)$과 초기속도 $\psi(x)$ 조건이 초기조건으로 사용된다.

$$u(x, t = 0) = u(x, 0) = \phi(x) \text{ 와 } \partial u(x, t)/\partial t\,|_{t=0} = u_t(x, 0) = \psi(x) \tag{7. 46}$$

식 (7.45)와 (7.46)으로부터

$$\phi(x) = f(x) + g(x) \tag{7. 47}$$

$$\psi(x) = -vf'(x) + vg'(x) \tag{7. 48}$$

이며 여기서 " ′ "은 f와 g의 독립변수에 대한 미분을 의미한다. 식 (7.48)를 $x = 0$에서 임의 x까지의 적분구간에 대하여 적분하면 다음 관계식이 얻어진다.

$$f(x)-g(x)=-\frac{1}{v}\int_0^x \psi(u)du+c$$

여기서 상수는 $c=f(0)-g(0)$이다.
식 (7.47)을 대입하여 정리하면

$$f(x)=\frac{1}{2}\phi(x)-\frac{1}{2v}\int_0^x \psi(u)du+\frac{c}{2} \tag{7.49}$$

또는

$$g(x)=\frac{1}{2}\phi(x)+\frac{1}{2v}\int_0^x \psi(u)du-\frac{c}{2} \tag{7.50}$$

이다.

따라서 식 (7.14)의 최종해는

$$u(x,t)=\frac{\phi(x-vt)+\phi(x+vt)}{2}+\frac{1}{2v}\int_{x-vt}^{x+vt}\psi(u)du \tag{7.51}$$

식 (7.51)을 1차원 파동방정식의 d'Alembert 해라 하며 이 식을 통해 초기변위 $u(x,0)=\phi(x)$와 초기속도, $u_t(x,0)=\psi(x)$를 만족하는 변위, $u(x,t)$에 대한 정보를 얻을 수 있다.

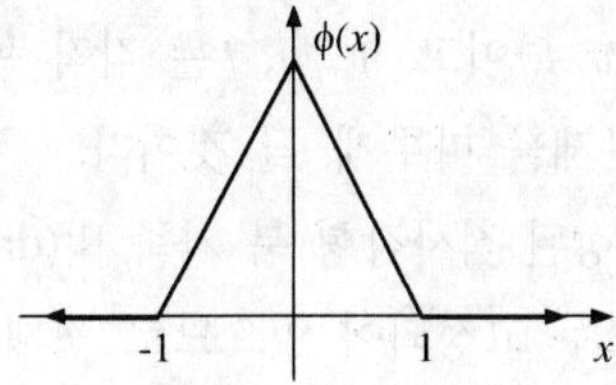

그림 7. 4 x의 범위가 $-1\le x\le 1$일 때 $f(x)=1-|x|$인 초기 변위 그래프이다.

예를 들어 초기 변위, $\phi(x)$가 아래 조건을 만족하고(그림 7.4)

$$\phi(x)=\begin{cases}1-|x| & (-1\le x\le 1)\\ 0 & (\text{그 외 } x\text{에 대하여})\end{cases} \tag{7.52}$$

초기속도가 $\Psi(x)=0$일 경우, $u(x,t)$는 다음과 같다.

$$u(x, t) = \frac{1}{2}\phi(x - vt) + \frac{1}{2}\phi(x + vt) \tag{7.53}$$

이 식으로부터 초기변위 즉 $x = 0$가 중심인 삼각 파형의 형태가 시간이 경과함에 따라 2개의 파형으로 양쪽으로 분리됨을 알 수 있다. 즉 분리된 한 개는 오른쪽 다른 한 개는 왼쪽으로 이동되어진다. 이를 그림 7.5에 나타내었다.

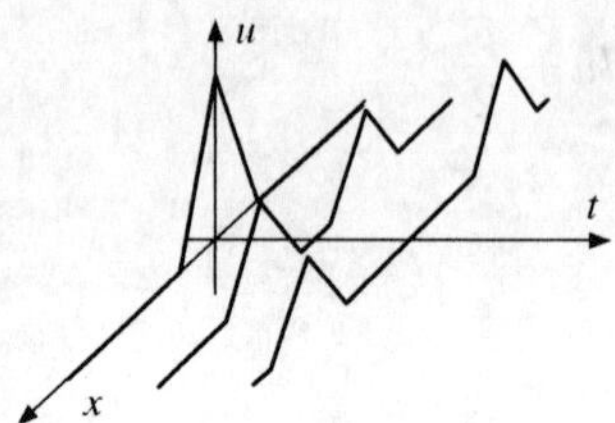

그림 7. 5 반대방향으로 움직이는 두 개의 파형으로 갈라진 초기 삼각 파형.

7. 4 2차원 파동방정식

2차원 파동방정식은

$$\frac{\partial^2 u}{\partial x^2} + \frac{\partial^2 u}{\partial y^2} = \frac{1}{v^2}\frac{\partial^2 u}{\partial t^2} \quad \begin{pmatrix} 0 \le x \le a \\ 0 \le y \le b \end{pmatrix} \tag{7.54}$$

으로 표시되는데 여기서 $u = u(x, y, t)$이고, x, y, t는 각각 독립변수이다. 본 절에서는 서로 다른 2개의 기하학적 구조를 갖는 문제를 다루게 될 것이다.

첫 번째는 식 (7.54)를 둘레가 고정된 직사각형 북 가죽 막(drumhead membrane)에 적용한 경우이다. 이 경우 막의 네 모서리가 모두 고정되어 있으므로 경계조건은 아래와 같음을 알 수 있다.

$$\begin{matrix} u(0, y) = u(a, y) = 0 \\ u(x, 0) = u(x, b) = 0 \end{matrix} \quad (\text{모든 } t\text{에 대하여}) \tag{7.55}$$

식 (7.54)의 해를 구하기 위하여 변수 분리기법을 적용하면(예제 2.31 참조)

$$u(x, y, t) = U(x, y)T(t) \tag{7.56}$$

이고 이를 식 (7.54)에 대입하고 양변을 $U(x, y)T(t)$로 나누어 주면

$$\frac{1}{v^2 T(t)} \frac{d^2 T}{dt^2} = \frac{1}{U(x, y)} \left(\frac{\partial^2 U}{\partial x^2} + \frac{\partial^2 U}{\partial y^2} \right) \equiv -\beta^2 (\text{여기서 } \beta\text{는 상수}) \tag{7.57}$$

즉 아래의 두 식이 얻어진다.

$$\frac{d^2 T}{dt^2} + v^2 \beta^2 T(t) = 0, \quad \frac{\partial^2 U}{\partial x^2} + \frac{\partial^2 U}{\partial y^2} + \beta^2 U(x, y) = 0 \tag{7.58}$$

그런데 위 식의 첫 번째 상미방은 쉽게 해를 얻을 수 있으나, 두 번째 편미방은 다시 한번 변수분리를 적용해야 한다. 즉 $U(x, y) = X(x)Y(y)$라 놓고 두 번째 식에 대입하여 정리하면

$$\frac{1}{X(x)} \frac{d^2 X}{dx^2} + \frac{1}{Y(y)} \frac{d^2 Y}{dy^2} + \beta^2 = 0 \tag{7.59}$$

여기서 $X(x)$ 및 $Y(y)$는 각각 x 및 y만의 함수이므로 위 식은 아래와 같이 나타낼 수 있다.

$$\frac{1}{X(x)} \frac{d^2 X}{dx^2} = -p^2, \quad \frac{1}{Y(y)} \frac{d^2 Y}{dy^2} = -q^2 \quad \Rightarrow p^2 + q^2 = \beta^2 \tag{7.60}$$

그런데 위 식의 $X(x)$ 및 $Y(y)$에 대한 각각의 2계 상미방의 해를 구하기 위한 경계조건은 $X(0) = X(a) = 0$과 $Y(0) = Y(b) = 0$이다. 따라서 이를 이용하여 $X(x)$ 및 $Y(y)$의 해를 구하면 아래를 얻는다.

$$X(x) = \sin \frac{n\pi x}{a} \quad n = 1, 2, \cdots \text{ 와 } Y(y) = \sin \frac{m\pi y}{b} \quad m = 1, 2, \cdots \tag{7.61}$$

이며 $p^2 + q^2 = \beta^2$

$$\beta_{nm} = \pi \left(\frac{n^2}{a^2} + \frac{m^2}{b^2} \right)^{1/2} \quad (\text{단, } n = 1, 2, 3, \cdots, \ m = 1, 2, 3, \cdots) \tag{7.62}$$

이다. 특히 β는 2개의 정수 n과 m에 의존함을 강조하기 위해 아래 첨자로 나타내었다. 이제 시간의 함수인 식 (7.58)의 첫 번째 식에 대한 해를 구하면

$$T_{nm}(t) = a_{nm} \cos \omega_{nm} t + b_{nm} \sin \omega_{nm} t \tag{7.63}$$

이고, 여기서

$$\omega_{nm} = \nu\beta_{nm} = v\pi\left(\frac{n^2}{a^2} + \frac{m^2}{b^2}\right)^{1/2} \tag{7.64}$$

이다.

결과적으로 식 (7.54)에 대한 최종해는

$$\begin{aligned} u(x, y, t) &= \sum_{n=1}^{\infty}\sum_{m=1}^{\infty} u_{nm}(x, y, t) \\ &= \sum_{n=1}^{\infty}\sum_{m=1}^{\infty}(a_{nm}\cos\omega_{nm}t + b_{nm}\sin\omega_{nm}t)\sin\frac{n\pi x}{a}\sin\frac{m\pi y}{b} \end{aligned} \tag{7.65}$$

이 된다.

진동하는 줄에 대한 1차원 파동방정식의 경우에서와 같이, 직사각형 북가죽의 2차원 진동운동도 정규모드, $u_{nm}(x, y, t)$의 중첩으로 나타낼 수 있다.

식 (7.65)를 이중 Fourier(sine) 급수라 하며 a_{nm}과 b_{nm}을 구하기 위해 두 집합 $\{\sin n\pi x/a\}$와 $\{\sin m\pi y/b\}$의 직교성을 이용한다.

진동 막의 초기변위가 $u(x, y, 0) = f(x, y)$라 가정하면 식 (7.65)로부터 $t = 0$일 때

$$u(x, y, 0) = f(x, y) = \sum_{n=0}^{\infty}\sum_{m=0} a_{nm}\sin\frac{n\pi x}{a}\sin\frac{m\pi y}{b} \tag{7.66}$$

이다.

양변에 $\sin n'\pi x/a$와 $m'\pi y/b$를 곱하고 적분 구간 0에서 a까지 x에 대하여 또한 구간 0에서 b까지 y에 대하여 적분하고 직교성을 이용하면

$$a_{nm} = \frac{2}{a}\cdot\frac{2}{b}\int_0^a dx\int_0^b dy\, f(x, y)\sin\frac{n\pi x}{a}\sin\frac{m\pi y}{b} \tag{7.67}$$

이 얻어진다. 또한 진동 막 표면의 초기 속도가

$$u_t(x, y, 0) = g(x, y)$$

으로 주어질 경우, 같은 방법에 의해

$$\omega_{nm}b_{nm} = \frac{2}{a}\cdot\frac{2}{b}\int_0^a dx\int_0^b dy\, g(x, y)\sin\frac{n\pi x}{a}\sin\frac{m\pi y}{b} \tag{7.68}$$

을 얻게 된다. 식 (7.65), (7.67), (7.68)로부터 주어진 문제에 대한 유일해를 얻게 된다.

그런데 만약 식 (7.66)의 초기변위 조건이 아래와 같이 주어진다면

$$u(x,\,y,\,0)=\sin\frac{\pi x}{a}\sin\frac{\pi y}{b}$$

진동 막이 고정변위에 놓아지므로 초기 속도는 $g(x,\,y)=0$이다. 따라서 식 (7.68)로부터 $b_{nm}=0$이고 식 (7.67)로부터

$$a_{nm}=\frac{4}{ab}\int_0^a dx\int_0^b dy\sin\frac{\pi x}{a}\sin\frac{\pi y}{b}\sin\frac{n\pi x}{a}\sin\frac{m\pi y}{b}$$

$$=\frac{4}{ab}\cdot\frac{a}{2}\cdot\frac{b}{2}=1\ \ (m=n=1\text{일 경우})$$

$$=0\ \ (m\neq 1,\ n\neq 1\text{일 경우})$$

이다. 결과적으로 최종 해는 아래가 된다.

$$u(x,\,y,\,t)=\sin\frac{\pi x}{a}\sin\frac{\pi y}{b}\cos\left[\left(\frac{a^2+b^2}{a^2b^2}\right)^{1/2}v\pi t\right]$$

다음에는 둘레가 고정된 반경 a인 원형 북가죽 막의 (2차원) 진동거동에 대하여 살펴보자. 이 경우에는 직각좌표계 대신 평면 극 좌표계를 사용해야 한다[이 때 $x=r\cos\theta,\ y=r\sin\theta$ 성립]. 따라서 변위 $u,\ v$는 2개의 극좌표 r과 θ 그리고 시간 t의 함수로 나타내어진다. 극좌표에서의 라플라스 연산자(∇^2)를 이용하면(2.19절 참조)

$$\nabla^2=\frac{\partial^2 u}{\partial r^2}+\frac{1}{r}\frac{\partial u}{\partial r}+\frac{1}{r^2}\frac{\partial^2 u}{\partial\theta^2}\tag{7. 69}$$

이때 파동방정식은 다음과 같이 나타내어진다.

$$\frac{\partial^2 u}{\partial r^2}+\frac{1}{r}\frac{\partial u}{\partial r}+\frac{1}{r^2}\frac{\partial^2 u}{\partial\theta^2}=\frac{1}{v^2}\frac{\partial^2 u}{\partial t^2}\tag{7. 70}$$

한편 경계조건은 아래가 된다.

$$u(a,\,\theta,\,t)=0\tag{7. 71}$$

문제를 간단히 하기 위하여, 주어진 계를 원형대칭으로 생각하면 u가 θ에 무관하므로 식 (7.70)과 (7.71)을 다음과 같이 간단하게 나타낼 수 있다.

$$\frac{\partial^2 u}{\partial r^2} + \frac{1}{r}\frac{\partial u}{\partial r} = \frac{1}{v^2}\frac{\partial^2 u}{\partial t^2} \tag{7.72}$$

$$u(a, t) = 0 \tag{7.73}$$

즉 $u = u(r, t)$으로 r과 t의 함수이다.
한편 초기조건은

$$u(r, 0) = f(r) \text{ 와 } u_t(r, 0) = 0 \tag{7.74}$$

이다. 앞의 경우에서와 같이 해를 구하기 위해 변수분리를 적용하면 $u(r, t) = R(r)T(t)$이라 놓고 식 (7.72)에 대입하고 양변을 $R(r)T(t)$로 나누어주면

$$\frac{1}{R(r)}\left(\frac{d^2 R}{dr^2} + \frac{1}{r}\frac{dR}{dr}\right) = \frac{1}{v^2 T(t)}\frac{d^2 T}{dt^2} = k \tag{7.75}$$

여기서 k는 분리상수로서 음의 값을 가져야하므로 $k = -\lambda^2$이라 놓는다.
이제 식 (7.75)로부터 $T(t)$에 대한 해를 구하면

$$T(t) = c_1 \cos\lambda vt + c_2 \sin\lambda vt \tag{7.76}$$

이다. 한편 물리적으로는 $T(t)$는 진동함수를 나타내어야 하므로 분리상수, k는 음수이어야 됨이 입증되었다.
식 (7.75)로부터 $R(r)$에 대한 식

$$\frac{d^2 R}{dr^2} + \frac{1}{r}\frac{dR}{dr} + \lambda^2 R = 0 \tag{7.77}$$

을 얻게 되는데 이 식이 0차 Bessel 함수(다항식)에 해당됨을 알 수 있다(식 (5.17) 참조).
즉 Bessel 2계 상미방 식 (7.77)의 일반해는 아래가 된다.

$$R(r) = a_1 J_0(\lambda r) + a_2 Y_0(\lambda r) \tag{7.78}$$

이고 여기서 $J_0(\lambda r)$와 $Y_0(\lambda r)$는 각각 제 1종 Bessel 함수와 제 2종 Bessel(혹은 Neumann) 함수이며, λ는 결정해야 될 상수이다.
식 (7.72)에 대한 최종 해는 식 (7.76)과 (7.78)을 곱하여 얻는다. 즉

$$u_\lambda(r, t) = [a_1 J_0(\lambda r) + a_2 Y_0(\lambda r)](c_1 \cos\lambda vt + c_2 \sin\lambda vt) \tag{7.79}$$

Bessel 함수의 성질에 의하면 $J_0(z)$는 모든 z값에 대하여 유한값을 가지는 반면 $Y_0(z)$는 z값이 0에 접근할수록 발산한다. 따라서 $r \to 0$ 조건하에서 진동 막의 변위가 유한값을 갖기 위해서는 $a_2 = 0$의 조건을 만족해야한다.

즉 식 (7.79)는

$$u_\lambda(r, t) = J_0(\lambda r)(b_1 \cos\lambda vt + b_2 \sin\lambda vt) \tag{7.80}$$

여기서 $b_1 = a_1 c_1$이고 $b_2 = a_1 c_2$이다.

λ값을 구하기 위해 경계조건 $u(a, t) = 0$을 적용하면

$$J_0(\lambda a) = 0 \tag{7.81}$$

$J_0(z)$가 진동함수이며 무한개의 0을 갖는다(그림 7.6 참조). 즉 $J_0(z) = 0$을 만족하는 무한개의 z값을 갖는다.

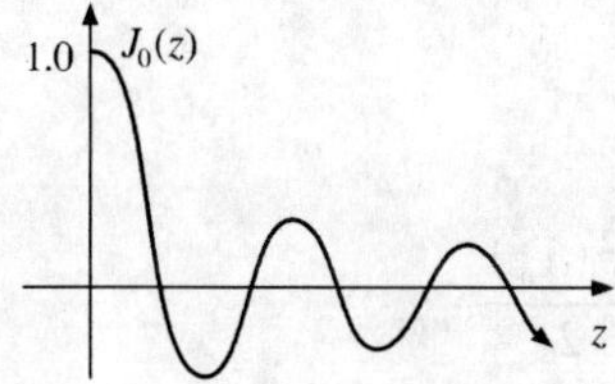

그림 7.6 제 1종 영차 Bessel 함수, $J_0(z)$의 z에 대한 도식.

이 값들을 $\alpha_1, \alpha_2, \alpha_3, \cdots$라 하면, $\alpha_1 = 2.4048$, $\alpha_2 = 5.5201$, $\alpha_3 = 8.6537$, $\alpha_4 = 11.7913$ 등등을 갖는다.

따라서,

$$\lambda_n = \frac{\alpha_n}{a} \quad (\text{단 } n = 1, 2, 3, \cdots) \tag{7.82}$$

이 되며 식 (7.80)에 식 (7.82)를 대입하면

$$u_n(r, t) = J_0(\alpha_n r/a)(b_{1n} \cos\alpha_n vt/a + b_{2n} \sin\alpha_n vt/a) \tag{7.83}$$

이다. 일반해는 이들에 대한 중첩의 원리를 적용하여 구한다.

$$u(r, t) = \sum_{n=1}^{\infty} u_n(r, t)$$

$$= \sum_{n=1}^{\infty} J_0(\alpha_n r/a)(b_{1n}\cos\alpha_n vt/a + b_{2n}\sin\alpha_n vt/a)$$

$$= \sum_{n=1}^{\infty} A_n J_0(\alpha_n r/a)\sin(\alpha_n vt/a + \phi_n) \tag{7.84}$$

한편, 식 (7.84)의 계수는 초기조건을 이용하여 구할 수 있다. 초기조건을 $u(r, 0) = f(r)$, $u_t(r, 0) = g(r)$이라 하면

식 (7.84)의 두 번째 항등관계로부터

$$u(r, 0) = f(r) = \sum_{n=1}^{\infty} b_{1n} J_0(\alpha_n r/a) \tag{7.85}$$

$$u_t(r, 0) = g(r) = \sum_{n=1}^{\infty} \frac{b_{2n}\alpha_n v}{a} J_0(\alpha_n r/a) \tag{7.86}$$

을 얻고 Bessel 함수의 적분관계식

$$\int_0^1 x J_0(\alpha_n x) J_0(\alpha_m x)\, dx = \frac{J_1^2(\alpha_n)}{2}\delta_{nm} \tag{7.87}$$

을 이용하면 b_{1n}과 b_{2n}을 각각 구할 수 있다.

즉 식 (7.85)와 (7.86)을 각각 $rJ_0(\alpha_m r/a)$로 곱해주고 적분구간 0에서 a에 대하여 적분하면

$$b_{1n} = \frac{2}{a^2 J_1^2(\alpha_n)} \int_0^a r f(r) J_0(\alpha_n r/a)\, dr \tag{7.88}$$

$$b_{2n} = \frac{2}{av\alpha_n J_1^2(\alpha_n)} \int_0^a r g(r) J_0(\alpha_n r/a)\, dr \tag{7.89}$$

을 얻는다.

식 (7.85)와 (7.86)을 'Frourier-Bessel 확장'이라 하고 식 (7.88)과 (7.89)를 'Fourier-Bessel 계수'라 한다.

7. 5 열이동 방정식

그림 7.7에 나타낸 두께가 l(x방향)인 균일 물질로 이루어진 평판을 생각하자. y와 z방향의 길

이는 x방향 길이나 두께 l에 비하여 매우 클 경우, y와 z방향의 네 모서리에 의한 열전달 효과는 상대적으로 작고 무시가 가능하다. 즉 평판내의 온도분포는 x방향에만 의존한다고 생각할 수 있으며, 따라서 아래의 1차원 열이동 방정식으로 나타낼 수 있게 된다.

$$\frac{\partial^2 T}{\partial x^2} = \frac{1}{\alpha^2}\frac{\partial T}{\partial t} \quad \begin{pmatrix} 0 \le x \le l \\ 0 < t \end{pmatrix} \tag{7. 90}$$

위 식의 해를 구하기 위해서는 2개의 경계조건과 1개의 초기 조건이 요구된다. 만약 x방향의 두 면의 온도가 $T = 0$을 유지하고 평판의 초기 온도분포가 $f(x)$로 주어질 경우, 이 조건들을 식으로 나타내면

$$T(0,\, t) = 0 \quad T(l,\, t) = 0 \quad T(x,\, 0) = f(x) \tag{7. 91}$$

이다.

식 (7.90)과 (7.91)은 길이가 l이고 측면이 절연된 가늘고 긴 봉(rod)이나 선(wire)에도 적용가능하다. 이 경우에도 온도 변화는 x방향에만 일어난다고 생각할 수 있다. 식 (7.90)과 (7.91)을 그림 7.8에 나타내었다.

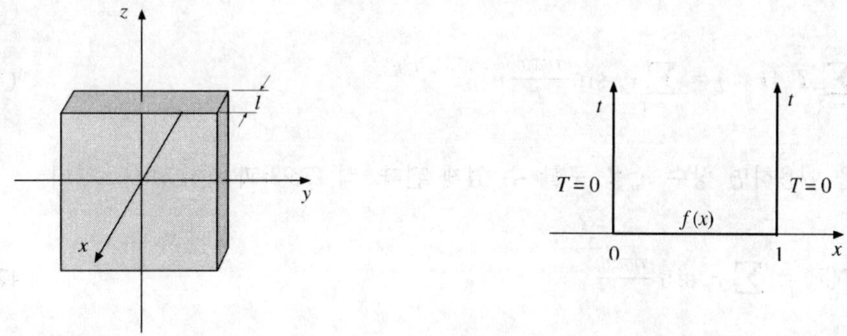

그림 7. 7 두께 l의 균일물질의 평판. **그림 7. 8** 식 (7.90)과 (7.91)에 대한 초기조건과 경계조건의 정리.

식 (7.90)을 풀기 위하여 앞의 경우와 같이 $T(x,\, t) = X(x)\Theta(t)$라는 변수분리기법을 적용한다. 즉, 이를 식 (7.90)에 대입하고 양변을 $X(x)\Theta(t)$로 나누면

$$\frac{X''(x)}{X(x)} = \frac{\Theta'(t)}{\alpha^2\Theta(t)} = -\lambda^2 \tag{7. 92}$$

위 식으로부터 2개의 상미분방정식을 얻게 된다.

$$X''(x) + \lambda^2 X(x) = 0 \tag{7.93}$$

$$\Theta'(t) + \alpha^2 \lambda^2 \Theta(t) = 0 \tag{7.94}$$

경계조건으로부터 분리상수가 음수$(-\lambda^2)$이어야 함을 확인 할 수 있다. 또한 2개의 경계조건으로부터 $X(0)=0$, $X(l)=0$임을 알 수 있으며 따라서 식 (7.93)의 해는

$$X(x) = \sin\frac{n\pi x}{l} \quad (\text{단, } n = 1, 2, \cdots) \tag{7.95}$$

한편 식 (7.94)의 해는

$$\Theta(t) = e^{-\alpha^2\lambda^2 t} = e^{-\alpha^2 n^2 \pi^2 t/l^2} \tag{7.96}$$

결과적으로 식 (7.90)과 경계조건을 만족하는 해인

$$T_n(x, t) = c_n \sin\frac{n\pi x}{l} e^{-\alpha^2 n^2 \pi^2 t/l^2} \quad (\text{단, } n = 1, 2, \cdots) \tag{7.97}$$

이 얻어진다. 여기서 중첩의 원리를 적용하면 식 (7.90)의 일반해를 얻게 된다.

$$T(x, t) = \sum_{n=1}^{\infty} T_n(x, t) = \sum_{n=1}^{\infty} c_n \sin\frac{n\pi x}{l} e^{-\alpha^2 n^2 \pi^2 t/l^2} \tag{7.98}$$

이제 초기조건을 이용하면 상수 c_n을 구할 수 있게 된다. 식 (7.98)과 식 (7.91)로부터

$$T(x, 0) = f(x) = \sum_{n=1}^{\infty} c_n \sin\frac{n\pi x}{l} \tag{7.99}$$

식 (7.99)는 푸리에 사인 급수에 해당되며 따라서 c_n은 다음 식으로부터 구해진다(4.2절 참조).

$$c_n = \frac{2}{l}\int_0^l f(x) \sin\frac{n\pi x}{l} dx \tag{7.100}$$

예제 7. 3

열이동 방정식에서 경계조건 $T(0, t) = T(l, t) = 0$ 초기조건 $T(x, 0) = T_0 =$상수 $(0 < x < l)$을 만족하는 식 (7.90)의 해를 구하시오.

풀 이

주어진 경계조건을 만족하는 식 (7.90)의 해는 식 (7.98)과 같다. 상수 c_n을 구하기 위해 주어진 초기조건을 적용하면

$$c_n = \frac{2T_0}{l}\int_0^l \sin\frac{n\pi x}{l}dx = \frac{2u_0}{n\pi}[1-(-1)^n] \quad (n=1, 2, \cdots) \tag{7. 101a}$$

$$= \frac{4T_0}{n\pi} \quad (n=1, 3, 5, \cdots) \tag{7. 101b}$$

이다. 따라서 식 (7.90)의 해는

$$T(x, t) = \frac{4T_0}{\pi}\sum_{n=1}^{\infty}\frac{\sin\frac{(2n-1)\pi x}{l}}{2n-1}e^{-\alpha^2(2n-1)^2\pi^2 t/l^2} \tag{7. 102}$$

이다.

그림 7.9에 x와 t(실제로는 $\alpha^2 t/l^2$)의 변화에 대한 온도분포 $T(x, t)$를 나타내었다.

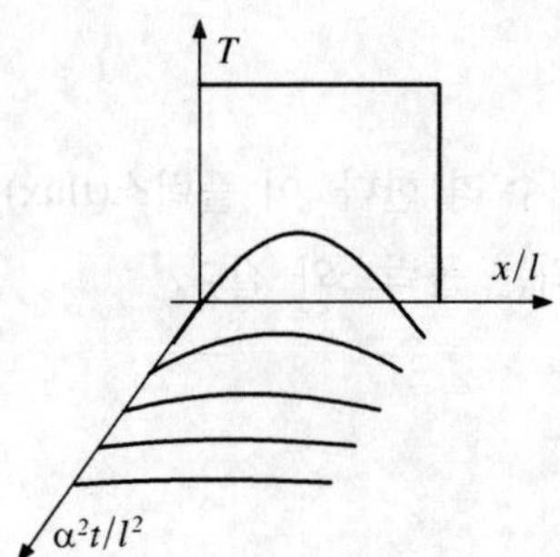

그림 7. 9 예제 7.3에서 $\alpha^2 t/l^2$의 여러 값에 대한 x의 방정식의 해.

그림 7.9는 파동 방정식과 열 방정식(또는 확산 방정식)의 차이를 나타내준다. 즉 그림 7.9는 초기(박스모양의 온도분포가 시간이 경과함에 따라 퍼짐을 보여준다) 이 결과는 열 방정식에 대한 전형적인 해로 그림 7.5의 파동 방정식의 해와는 다른 거동을 보인다. 그림 7.5에서는 초기 삼각파형이 시간 경과를 따라 서로 반대 방향으로 이동하는 2개의 삼각 파형을 분리됨을 보여준다.

이와 같은 거동을 보이는 이유는 파동 방정식은 시간이 t에서 $-t$까지 변화 가능한 시간 가역적(time-reversible)이기 때문이다. 즉 시간을 거꾸로 적용할 경우, 파동 방정식의 해는 단순히 시간 t 대신에 $-t$를 대입하여 얻는다. 한편 뉴톤의 운동방정식 역시 시간 가역적이다. 따라서 일반적으로 기계적인 계는 시간 가역적이라 말할 수 있다. 그러나 열 방정식은 시간 가역적이 아니다. 즉 시간에 따라 특정 방향성을 가지며 따라서 그림 7.9에 나타난 것과 같은 거동을 보인다. 그러나

열 방정식에 대한 통계역학적 유도과정은 비항향성을 나타내는 몇 개의 통계적인 가정을 내포하고 있다.

실제적으로 경계조건 $T(0, t) = T(l, t) = 0$과 초기조건 $T(x, 0) = T_0 (0 < x < l)$을 만족하는 계는 존재하지 않는다. 즉 경계에서 온도가 T_0이고 0으로 급격한 불연속을 나타내지 않는다. 따라서 예제 7.3은 실제 현상을 이상적인 경우로 간주하여 취급한 예이다. 실제적으로는 대상 물체의 가장자리에서 미세한 경계층을 고려해 주어야 할 것이다. 그러나 이런 불일치는 물리적으로 큰 의미를 갖지 않으므로 무시 가능하다.

지금까지 고려한 경계조건은 $T(0, t) = T(l, t) = 0$으로 다른 말로 표현하면 경계에서의 온도 값이 이미 결정된 것이다. 이와 같이 경계에서의 온도 T값(꼭 0일 필요는 없음)이 주어지는 경우, 이를 'Dirichlet 경계조건' 또는 '제 1종 경계조건'이라 한다. 또 다른 경계조건은 경계에서 에너지 플럭스(energy flux) 값이 주어지는 경우이다. 이것은 수학적으로 경계에서 T에 대한 법선 기울기(normal gradient)에 해당된다. 예를 들어 표면이 절연된 경우에는 표면을 통한 플럭스는 0이다. 이와 같은 형태의 경계조건을 'Neumann 경계조건' 또는 '제 2종 경계조건'이라 한다. 한편 '제 3종 경계조건'도 존재하는데 이 경우는 표면이 주위 매체와 접촉하는 경우로 뉴톤의 냉각법칙에 의해 경계에서의 에너지 플럭스 값이 다음과 같이 주어진다.

$$\mathrm{flux} = a[T(0, t) - T_0]$$

위 식에서 상수 a를 '표면열전달계수'라 한다. 이 플럭스(flux)는 다음 식으로 나타내어지는 전도에 의해 물체에서 표면으로 전달되는 플럭스와 같다.

$$\mathrm{flux} = -\lambda \frac{\partial T}{\partial x}\bigg|_{x=0}$$

여기서 비례상수 λ는 열전도도(thermal conductivity)이다. 위의 두 식이 제 3종 경계조건을 나타낸다.

$$\lambda \frac{\partial T}{\partial x} + a(T - T_0) = 0 \quad (\text{경계조건에 대하여}) \tag{7. 103}$$

식 (7.103)을 'Robin 경계조건' 또는 '복사경계조건'이라 한다.

예제 7. 4

다음 조건의 열 방정식의 해를 구하시오.

$$\alpha^2 \frac{\partial^2 T}{\partial x^2} = \frac{\partial T}{\partial t} \quad \begin{pmatrix} 0 < x < l \\ 0 < t \end{pmatrix} \tag{7.104}$$

경계조건: $T(0, t) = 0$

$hT(l, t) + T_x(l, t) = 0$

초기조건: $T(x, 0) = T_0$(그림 7.10 참조)

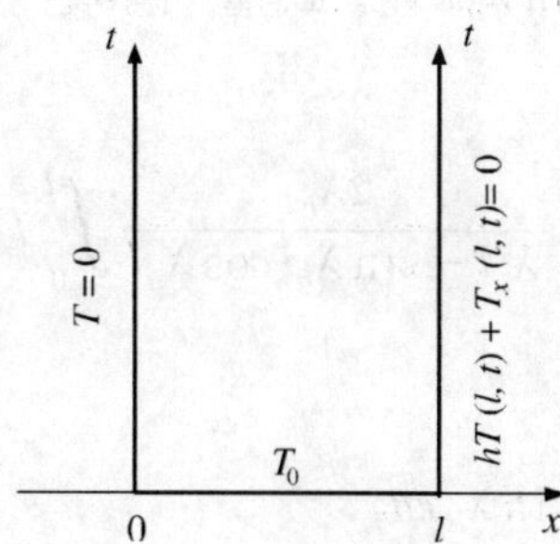

그림 7. 10 예제 7.4에 대한 초기조건과 경계조건의 정리.

풀 이

$T(x, t) = X(x)\Theta(t)$ 라 놓으면 주어진 열 방정식으로부터 2개의 상미방

$$X''(x) + \lambda^2 X(x) = 0 \qquad \text{와} \qquad \Theta'(t) + \alpha^2\lambda^2\Theta(t) = 0 \tag{7.105}$$

을 얻는다. 이때 경계조건은 $X(0) = 0$과 $hx(l) + X'(l) = 0$이다. 이때 분리 상수는 음수인 $-\lambda^2$라 놓는다(만약 분리 상수가 양수이면 경계조건을 만족하지 못한다). $X(x)$에 대한 일반해는 $X(x) = c_1\cos\lambda x + c_2\sin\lambda x$이고 경계조건 $X(0) = 0$으로부터 $c_1 = 0$, 또 다른 경계조건 $hx(l) + X'(l)$으로부터

$$c_2(h\sin\lambda l + \lambda\cos\lambda l) = 0$$

을 얻는다. 위의 식으로부터 고유값 λ_n이 $h\sin\lambda_n l + \lambda_n\cos\lambda_n l = 0$ 또는

$$\tan\lambda_n l = -\frac{\lambda_n}{h} \tag{7.106}$$

의 해에 해당되므로 고유함수 $X_n(x) = \sin\lambda_n x$

다음으로 $\Theta_n(t)$에 대한 해는 $\Theta_n(t) = e^{-\alpha^2\lambda_n^2 t}$이므로 주어진 문제에 대한 해 $T(x, t)$는

$$T(x, t) = \sum_{n=1}^{\infty} c_n e^{-\alpha^2\lambda_n^2 t}\sin\lambda_n x \tag{7.107}$$

이다. 여기서 λ_n은 식 (7.106)으로 주어지는 고유값이다.

식 (7.107)의 상수 c_n은 초기조건으로부터 구할 수 있다.
고유함수 $X_n(x)$는 정규 Sturm-Louiville(SL) 문제의 구성요소이므로 무한개의 실수 고유값을 가지며 고유함수들은 직교성을 나타낸다(6.2절 참조).
즉

$$\int_0^l X_n(x)X_m(x)dx = \int_0^l (\sin\lambda_n x)(\sin\lambda_m x)dx = 0 \quad (n \neq m\text{일 경우}) \tag{7. 108}$$

식 (7.107)에서 $t=0$을 대입하고 $\sin\lambda_n x$의 직교성을 이용하면

$$c_n = \frac{\int_0^l T(x,\,0)\sin\lambda_n x dx}{\int_0^l \sin^2\lambda_n x dx} = \frac{2\lambda_n}{\lambda_n l - \sin\lambda_n l\cos\lambda_n l}\int_0^l T(x,\,0)\sin\lambda_n x dx$$

$$= \frac{2h}{hl+\cos^2\lambda_n l}\int_0^l T(x,\,0)\sin\lambda_n x dx \tag{7. 109}$$

여기서 초기조건 $T(x,\,0) = T_0$을 대입하여 정리하면

$$c_n = \frac{2h(1-\cos\lambda_n l)}{\lambda_n(hl+\cos^2\lambda_n l)}$$

최종적인 해는

$$T(x,\,t) = 2h\sum_{n=1}^{\infty}\frac{1-\cos\lambda_n l}{\lambda_n(hl+\cos^2\lambda_n l)}e^{-\alpha^2\lambda_n^2 t\sin\lambda_n x}$$

그림 7.11에 x와 t의 증가에 따른 $T(x,\,t)$의 변화를 나타내었다.

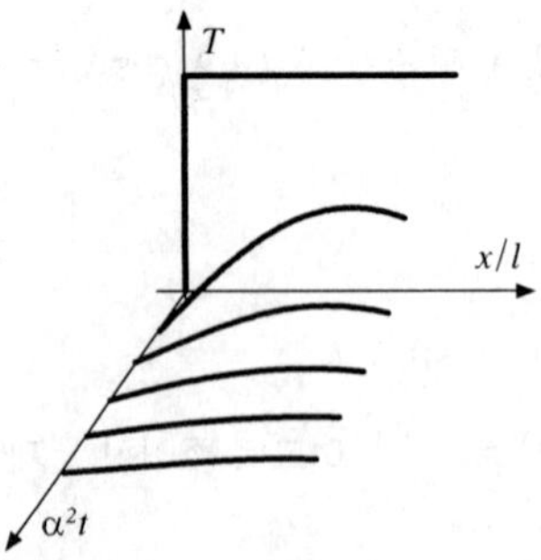

그림 7. 11 예제 7.4의 해는 $k=l=1$에 대한 a^2t의 여러 값에 대한 x에 값을 보인다.

앞에서 다루었던 문제들의 경계조건은 아래와 같이 나타낼 수 있다.

$$\alpha_1 T(0, t) + \alpha_2 T_x(0, t) = 0,\ \beta_1 T(l, t) + \beta_2 T_x(l, t) = 0 \tag{7.110}$$

즉 식의 오른쪽 항이 0인 경우이다. 이를 제차 경계조건이라 한다. 반면 오른쪽 항이 0이 아닌 경계조건을 비제차 경계조건(nonhomogeneous) 경계조건이라 한다. 예를 들면 다음과 같다.

$$\frac{\partial^2 T}{\partial x^2} = \frac{1}{\alpha^2}\frac{\partial T}{\partial t} \quad \begin{pmatrix} 0 \le x \le l \\ 0 < t \end{pmatrix} \tag{7.111}$$

$$\text{경계조건}:\ T(0, t) = T_0 \quad T(l, t) = T_l \quad (\text{단},\ 0 < t) \tag{7.112}$$

$$\text{초기조건}:\ T(x, 0) = f(x) \quad (\text{단},\ 0 \le x \le l) \tag{7.113}$$

이제 위의 문제를 물리적 논리를 이용하여 풀어보자. 우선 식 (7.112) - (7.113)의 해는 시간이 경과함에 따라 정상상태 해, $s(x)$를 만족하게 될 것이다. 이때 $s(x)$는 값이 0에서 l로 변함에 따라 T_0에서 T_l로 선형적으로 변하며 식으로 나타내면

$$s(x) = T_0 + \frac{T_l - T_0}{l}x \quad (t \to \infty) \tag{7.114}$$

그런데 정상상태(steady-state)에서는 $\partial T/\partial t = 0$을 만족하므로 이 조건을 식 (7.111)에 대입하고 식 (7.112)를 만족하는 해를 구하면 쉽게 얻을 수 있다. 이제 식 (7.111) - (7.113)의 완전한 해를 다음 형태로 가정하자.

$$T(x, t) = s(x) + v(x, t) \tag{7.115}$$

여기서 $v(x, t)$는 $t \to \infty$일 때 0에 접근한다. 따라서 위 식의 $s(x)$를 정상상태 항이라하며 반면 $v(x, t)$를 전이상태 항이라 하며 동차 경계값 문제를 만족한다. 식 (7.115)를 식 (7.111)과 (7.112)에 대입하고 정리하면

$$\frac{\partial^2 v}{\partial x^2} = \frac{1}{\alpha^2}\frac{\partial v}{\partial t} \quad \begin{pmatrix} 0 \le x \le l \\ 0 < t \end{pmatrix} \tag{7.116}$$

과

$$s(0) + v(0, t) = T_0,\ s(l) = v(l, t) = T_l$$

또는 간단히

$$v(0, t) = 0,\ v(l, t) = 0 \tag{7.117}$$

을 얻는다.

열 방정식에 대한 일반해 식 (7.98)로부터 식 (7.116)과 (7.117)을 만족하는 해로

$$T(x, t) = T_0 + \frac{T_l - T_0}{l}x + \sum_{n=1}^{\infty} c_n e^{-\alpha^2 n^2 \pi^2 t / l^2} \sin\frac{n\pi x}{l} \tag{7.118}$$

을 얻으며 c_n은 아래가 된다.

$$c_n = \frac{2}{l}\int_0^l \left[T(x, 0) - T_0 - \frac{T_l - T_0}{l}x \right] \sin\frac{n\pi x}{l} dx$$

$$= \frac{2}{l}\int_0^l T(x, 0) \sin\frac{n\pi x}{l} dx + \frac{2}{n\pi}\left[(-1)^n T_l - T_0 \right]\ (n = 1, 2, \cdots) \tag{7.119}$$

예제 7. 5

아래 조건을 만족하는 열 방정식의 해를 구하라.

$$\frac{\partial^2 T}{\partial x^2} = \frac{1}{\alpha^2}\frac{\partial T}{\partial t} \begin{pmatrix} 0 \le x \le 1 \\ 0 < t \end{pmatrix} \tag{7.120}$$

비제차 경계조건 : $T(0, t) = 1,\ T(1, t) = 2$; 초기조건 : $T(x, 0) = 0 (0 \le x \le l)$ (7.121)

풀 이

주어진 문제의 정상상태 해는 $s(x) = 1 + x$이고, 시간 경과적(transient) 해는 아래가 된다.

$$v(x, t) = \sum_{n=1}^{\infty} c_n e^{-\alpha^2 n^2 \pi^2 t} \sin n\pi x \tag{7.122}$$

여기서, $c_n = \frac{2}{n\pi}[(-1)^n 2 - 1]$이다.

따라서 최종해는 아래가 된다.

$$T(x, t) = 1 + x + \frac{2}{\pi}\sum_{n=1}^{\infty} \frac{[(-1)^n 2 - 1]}{n} e^{-\alpha^2 n^2 \pi^2 t} \sin n\pi x \tag{7.123}$$

그림 7.12에 $T(x, t)$의 거동을 나타내었다. 즉 초기 온도 조건 0에서부터 정상상태 해 $s(x) = 1 + x$까지를 포함하는 $T(x, t)$의 거동을 살펴볼 수 있다.

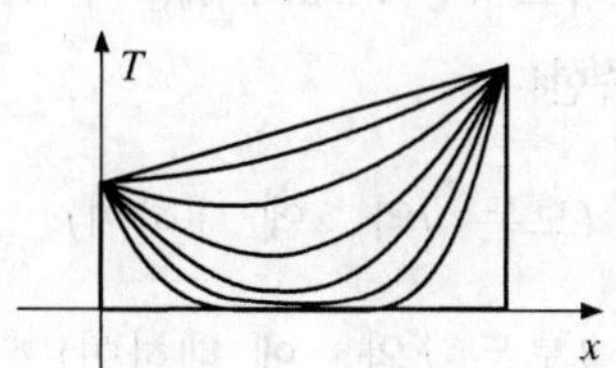

그림 7.12 예제 7.5의 시간 경과성 해 $T(x, t)$가 어떻게 정상상태의 해 $s(x) = 1 + x$(직선)에 접근하는가를 보여주는 그림.

7.6 Schrödinger 방정식

Schrödinger (3차원)방정식은 물리학에서 다루어지는 매우 중요한 식들 중의 하나이다. 본 절에서는 3가지 경우, 즉 상자내의 입자, 강체 회전체, 및 수소 원자내의 전자들에 대한 Schrödinger 방정식의 해를 다룬다.

A. 상자내의 입자

양자역학에서 가장 간단한 문제가 바로 상자 내 입자들의 거동에 관한 것이다. 이 경우 질량 m인 입자는 세변의 길이가 a, b, c인 potential-free 직육면체 내에 한정되어 있다(그림 7.13).

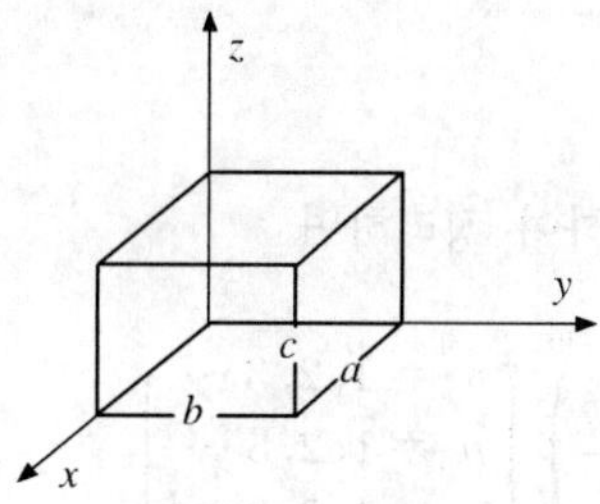

그림 7.13 3 모서리의 길이가 a, b, c인 직각 평행육면체. 양자역학적 상자 내의 입자 문제에서는, 입자는 퍼텐셜 에너지가 없는 평행육면체 내에 감금되어 있다고 가정된다.

따라서 상자 내에서 $V(x, y, z) = 0$이고 Schrödinger 방정식(time-independent)은

$$-\frac{\hbar^2}{2m}\left(\frac{\partial^2\psi}{\partial x^2}+\frac{\partial^2\psi}{\partial y^2}+\frac{\partial^2\psi}{\partial z^2}\right) = E\psi(x, y, z) \quad \begin{pmatrix} 0 \le x \le a \\ 0 \le y \le b \\ 0 \le z \le c \end{pmatrix} \tag{7.124}$$

으로 나타낸다. 여기서 $\hbar = h/2\pi$이고 h는 Planck 상수이다. 파동방정식 $\psi(x, y, z)$는 상자의 벽에서 사라지는 경계조건들을 만족한다.

$$\psi(0, y, z) = \psi(a, y, z) = 0 \quad (\text{모든 } y\text{와 } z\text{에 대하여})$$

$$\psi(x, 0, z) = \psi(x, b, z) = 0 \quad (\text{모든 } x\text{와 } z\text{에 대하여})$$

$$\psi(x, y, 0) = \psi(x, y, c) = 0 \quad (\text{모든 } x\text{와 } y\text{에 대하여}) \tag{7. 125}$$

이전과 같이 식 (7.124)에 변수분리법을 적용하면

$$\psi_{n_x, n_y, n_z}(x, y, z) = A_x A_y A_z \sin\frac{n_x \pi x}{a} \sin\frac{n_y \pi y}{b} \sin\frac{n_z \pi z}{c} \tag{7. 126}$$

을 얻게된다. 여기서 n_x, n_y, n_z는 독립적으로 1, 2, 3 값을 가진다.

정규화 상수 $A_x A_y A_z$는 다음 식으로부터 얻어진다.

$$\langle \psi | \psi \rangle = \int_0^a dx \int_0^b dy \int_0^c dz\, \psi^*(x, y, z)\psi(x, y, z) = 1 \tag{7. 127}$$

식 (7.126)을 (7.127)에 대입하여 적분을 행하면 $A_x A_y A_z = (8/abc)^{1/2}$임을 알게 되며 따라서 3차원 상자 내 입자에 대한 정규화된 파동방정식은

$$\psi_{n_x, n_y, n_z}(x, y, z) = \left(\frac{8}{abc}\right)^{1/2} \sin\frac{n_x \pi x}{a} \sin\frac{n_y \pi y}{b} \sin\frac{n_z \pi z}{c} \quad \begin{pmatrix} n_x = 1, 2, 3 \cdots \\ n_y = 1, 2, 3 \cdots \\ n_z = 1, 2, 3 \cdots \end{pmatrix} \tag{7. 128}$$

으로 표현된다.

식 (7.128)를 식 (7.124)에 대입하여 정리하면

$$E_{n_x, n_y, n_z} = \frac{\hbar^2}{8m}\left(\frac{n_x^2}{a^2} + \frac{n_y^2}{b^2} + \frac{n_z^2}{c^2}\right) \quad \begin{pmatrix} n_x = 1, 2, 3 \cdots \\ n_y = 1, 2, 3 \cdots \\ n_z = 1, 2, 3 \cdots \end{pmatrix} \tag{7. 129}$$

이 얻어진다.

퍼텐셜 에너지가 없는 영역인 상자 내의 입자에 대한 에너지 준위(energy level)는 그림 7.14에 나타나 있다. 이를 통하여 입자의 에너지가 어떤 값들의 한정, 즉 양자화(quantization)되어 있음을 확인할 수 있다.

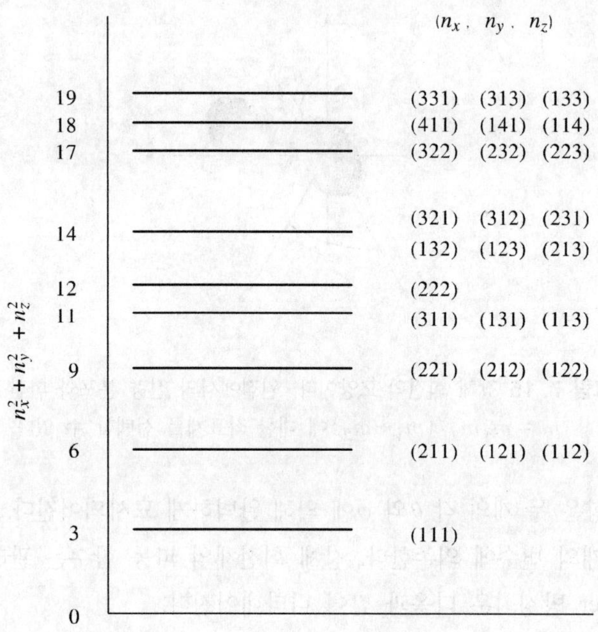

그림 7. 14 $a=b=c$인 정육면체 상자 안에 입자들에 대한 에너지 준위(energy level)을 나타낸다.

식 (7.129)로 주어지는 허용에너지의 양자화는 파동 방정식을 만족하는 경계조건을 통하여 자연스럽게 이루어진다. 본 절에서 다루게 될 다른 계에 대한 양자역학 문제에서도 같은 경우를 접하게 될 것이다.

Schrödinger 방정식의 위대한 업적 중의 하나는 양자수가 경계조건을 통하여 자연스럽게 발생된다는 것이다.

B. 강체 회전체(rigid rotor)

다음으로 고정길이 l 만큼 떨어져 있는 2개의 질량, m_1과 m_2로 이루어진 강체 회전체를 고려하자. 이와 같은 비교적 단순한 모델은 회전하는 2차원 분자 모델로 유용하게 사용되어질 수 있다.

상대좌표계를 사용하면, 한 개의 질량은 원형 좌표계의 원점에 고정 시키고(그림 7.15) 다른 질량은 환산질량(reduced mass), $\mu = m_1 m_2 / (m_1 + m_2)$으로 간주한다.

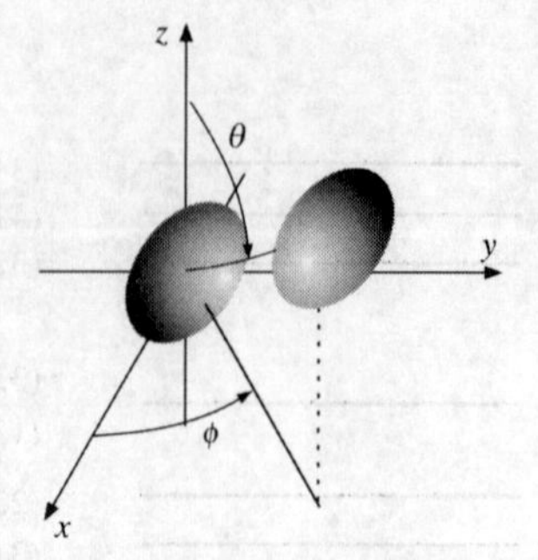

그림 7. 15 강체 회전의 모양이다. 원점에서의 질량 분포와 환산질량 $m=m_1m_2/(m_1+m_2)$에 대한 좌표계를 선택할 수 있다.

강체 회전체의 방향은 두 개의 각 θ와 ϕ에 의해 완벽하게 묘사되어진다. 따라서 강체 회전체의 파동 함수는 이 두 개의 변수에 의존한다. 강체 회전체의 파동 함수는 관례적으로 $Y(\theta, \phi)$으로 표기하며, Schrödinger 방정식은 다음과 같이 나타내어진다.

$$-\frac{\hbar^2}{2\mu}\nabla^2 Y(\theta, \phi) = EY(\theta, \phi) \tag{7. 130}$$

이 경우에 대한 라플라스 연산자(∇^2)는

$$\nabla^2 = \frac{1}{l^2\sin\theta}\frac{\partial}{\partial\theta}\left(\sin\theta\frac{\partial}{\partial\theta}\right) + \frac{1}{l^2\sin^2\theta}\frac{\partial^2}{\partial\phi^2}$$

이고 여기서 l은 두 질량간의 거리 r의 고정값이다(식 (2.533) 참조). 따라서 강체 회전체에 대한 Schrödinger 방정식은

$$-\frac{\hbar^2}{2I}\left[\frac{1}{\sin\theta}\frac{\partial}{\partial\theta}\left(\sin\theta\frac{\partial}{\partial\theta}\right) + \frac{1}{\sin^2\theta}\frac{\partial^2}{\partial\phi^2}\right]Y(\theta, \phi) = EY(\theta, \phi) \tag{7. 131}$$

이고 이 때 I는 강체 회전체의 관성 모멘트(moment of inertia)로 $I=\mu l^2$이다. 식 (7.131)의 양변에 $\sin^2\theta$를 곱하고

$$\beta = \frac{2IE}{\hbar^2} \tag{7. 132}$$

라 놓으면

$$\sin\theta\frac{\partial}{\partial\theta}\left(\sin\theta\frac{\partial Y}{\partial\theta}\right) + \frac{\partial^2 Y}{\partial\phi^2} + \beta\sin^2\theta\, Y = 0 \tag{7. 133}$$

여기서 변수분리법을 적용하면 $Y(\theta,\,\phi)=\Theta(\phi)$라 놓으면, 아래 식 (7.134)와 (7.135)을 얻는다.

$$\frac{\sin\theta}{\Theta(\theta)}\frac{d}{d\theta}\left(\sin\theta\frac{d\Theta}{d\theta}\right)+\beta\sin^2\theta=m^2 \tag{7.134}$$

$$\frac{1}{\Phi(\phi)}\frac{d^2\Phi}{d\phi}=-m^2 \tag{7.135}$$

여기서 m^2은 분리상수이다.
식 (7.135)의 해는 쉽게 얻어진다.

$$\Phi(\phi)=A_m e^{im\phi}\ \text{ 와 }\ \Phi(\phi)=A_{-m}e^{-im\phi} \tag{7.136}$$

$\Phi(\phi)$는 연속이고 $\Phi(\phi+2\pi)=\Phi(\phi)$을 만족한다. 따라서 $e^{\pm i2\pi m}=1(m=0,\,\pm1,\,\pm2,\cdots)$이다. 결과적으로 식 (7.136)은 아래가 된다.

$$\Phi_m(\phi)=A_m e^{im\phi}\qquad m=0,\,\pm1,\,\pm2,\,\cdots \tag{7.137}$$

여기서 내적 $\langle\phi_m(\phi)|\phi_m(\phi)\rangle$을 1로 만드는 정규화상수 A_m는 식 (7.137)을 사용하여 아래로부터 얻어진다.

$$\langle\phi_m(\phi)|\phi_m(\phi)\rangle=\int_0^{2\pi}\Phi^*(\phi)\Phi(\phi)\,d\phi=|A_m|^2\int_0^{2\pi}d\phi=1 \tag{7.138}$$

즉 $|A_m|^2=1/2\pi$ 혹은 $A_m=1/\sqrt{2\pi}$ ($\because A_m$은 실수간주)가 되어 정규직교화된 함수 $\Phi_m(\phi)$는 아래가 된다.

$$\Phi_m(\phi)=\frac{1}{(2\pi)^{1/2}}e^{im\phi}\ \text{ 혹은 }\ \langle\Phi_m(\phi)|\Phi_n(\phi)\rangle=\delta_{mn} \tag{7.139}$$

[비고 : 위 식에서 $m\neq n$일 때 적분이 0이 되는 것은 적분값 $e^{i(m-n)\phi}\big|_0^{2\pi}$에서 오일러(혹은 드므와브르) 항등식 $e^{\pm in\theta}=\cos n\theta\pm i\sin n\theta$을 이용하여 얻어진다.]

한편 (7.134)로부터

$$\frac{d}{d\theta}\left(\sin\theta\frac{d\Theta}{d\theta}\right)+\left(\beta\sin\theta-\frac{m^2}{\sin\theta}\right)\Theta(\theta)=0 \tag{7.140}$$

여기서 $x=\cos\theta$, $\Theta(\theta)=P(\cos\theta)$라 놓고 연쇄율 $\dfrac{d}{d\theta}=\dfrac{dx}{d\theta}\dfrac{d}{dx}$을 이용하여 정리하면

$$(1-x^2)P''(x)-2xP'(x)+\left(\beta-\frac{m^2}{1-x^2}\right)P(x)=0 \tag{7.141}$$

을 얻는다. 이 식은 $m=0$을 만족할 경우 Legendre 방정식에 해당된다(식 (6.156b) 참조). 식 (7.141)의 해는 $m=0$일 때는 멱급수를 적용하여 구하고 $m \neq 0$인 조건에서는 $x=\pm 1$에서 정칙 특이점을 가지므로 적어도 하나의 Frobenious 급수 해를 가짐을 이용한다(5.2.2절 참조). 여기서는 자세한 풀이 과정을 생략한다. 다만 Legendre 방정식의 경우에서 살펴본 바와 같이 $x=\pm 1(\theta=0$과 $\pi)$에서 식 (7.141)이 유한의 해를 갖기 위해서는 $\beta=l(l+1)$(단, $l=0, 1, 2, \cdots$)을 만족하는 에너지 값을 가져야 됨을 알 수 있다. 식 (7.132)를 사용하면 강제 회전체의 에너지는 다음 식으로 주어진다.

$$E=\frac{\hbar^2}{2I}l(l+1) \quad (l=0, 1, 2, \cdots) \tag{7.142}$$

이와 같은 허용에너지는 실험적으로 관측된 2원자 분자의 마이크로파 스펙트럼의 원인이 된다.

$x=\pm 1$에서 만족되는 식 (7.141)의 해를 '부(associated) Legendre 함수'라 하며 $P_l^{|m|}(x)$로 표기한다. 위 첨자 $|m|$으로 표기하는 이유는 m이 식 (7.141)에는 단지 m^2으로 표시되기 때문이다. 부 Legendre 함수, $P_l^{|m|}(x)$는 Legendre 다항식으로 정의되어진다.

$$P_l^{|m|}(x)=(1-x^2)^{|m|/2}\frac{d^m}{dx^m}P_l(x) \tag{7.143}$$

여기서 $P_l(x)$는 1차 다항식이므로 $m>l$조건에서 $P_l^{|m|}=0$이다. 또한 m이 짝수일 경우에 한하여 $P_l^{|m|}(x)$는 다항식이다.

처음 몇 개의 부 Legendre 함수를 표 7.4에 나타내었다. Legendre 다항식이 다음과 같은 직교성을 만족하므로(6.4.5.3절 참조)

$$\int_{-1}^{1}P_l(x)P_n(x)dx=\int_0^{\pi}d\theta\sin\theta\, P_l(\cos\theta)P_n(\cos\theta)=\frac{2\delta_{ln}}{2l+1} \tag{7.144}$$

표 7.4 부 Legendre 함수 $P_l^{|m|}(x)$

$P_0^0(x)=1$

$P_1^0(x)=x=\cos\theta$

$P_1^1(x)=(1-x^2)^{1/2}=\sin\theta$

$P_2^0(x)=\frac{1}{2}(3x^2-1)=\frac{1}{2}(3\cos^2\theta-1)$

$P_2^1(x)=3x(1-x^2)^{1/2}=3\cos\theta\sin\theta$

$P_2^2(x)=3(1-x^2)=3\sin^2\theta$

부 Legendre 함수는 다음 관계를 만족한다.

$$\int_{-1}^{1} P_l^{|m|}(x) P_n^{|m|}(x)\,dx = \int_0^{\pi} d\theta \sin\theta P_l^{|m|}(\cos\theta) P_n^{|m|}(\cos\theta)$$

$$= \frac{2}{(2l+1)} \frac{(l+|m|)!}{(l-|m|)!} \delta_{ln} \tag{7.145}$$

한편 식 (7.145)의 부 Legendre 함수에 대한 아래의 정규화상수 N_{lm}를 얻는게 사용된다.

$$N_{lm} = \left[\frac{(2l+1)}{2} \frac{(l-|m|)!}{(l+|m|)!} \right]^{1/2} \tag{7.146}$$

예제 7. 6

식 (7.145)와 표 7.4를 이용하여 부 Legendre 함수 $P_1^1(x)$와 $P_2^1(x)$가 직교성을 만족함을 보여라.

풀 이

표 7.4로부터 내적 $\langle P_1^1(x) | P_2^1(x) \rangle$(단 $x = \cos\theta$)는 아래가 되어 증명된다.

$$\int_{-1}^{1} dx \left[(1-x^2)^{1/2}\right]\left[3x(1-x^2)^{1/2}\right] = 3\int_{-1}^{1} dx\, x(1-x^2) = 0$$

또한 식 (7.145)와 표 7.4로부터 θ항으로 나타내면 역시 아래가 되어 증명된다.

$$\int_0^{\pi} d\theta \sin\theta(\sin\theta)(3\cos\theta\sin\theta) = 3\int_0^{\pi} d\theta \sin^3\theta\cos\theta = 0$$

한편 우리는 강체 회전체에 대한 Schrödinger 방정식, 식 (7.131)의 해를 구하고 있음을 기억하자. 지금까지 구한 결과들을 대입하여 정리하면 강체 회전체 파동방정식은 $P_l^{|m|}(\cos\theta)\Phi_m(\phi)$에 해당된다.

식 (7.139)와 (7.146)으로부터 아래 함수가 식 (7.131)의 정규화된 해 임을 알게 된다.

$$Y_l^m(\theta, \phi) = \left[\frac{(2l+1)}{4\pi} \frac{(l-|m|)!}{(l+|m|)!} \right]^{1/2} P_l^{|m|}(\cos\theta) e^{im\phi} \tag{7.147}$$

여기서 $Y_l^m(\theta, \phi)$는 정규직교집합을 형성한다. 즉

$$\int_0^{2\pi} d\phi \int_0^{\pi} d\theta \sin\theta \, Y_l^m(\theta, \phi)^* \, Y_n^k(\theta, \phi) = \delta_{nl}\delta_{mk} \tag{7.148}$$

즉 $Y_l^m(\theta, \phi)$는 $d\theta \, d\phi$가 아닌 $\sin\theta \, d\theta d\phi$에 대하여 정규직교이다. 여기서 인자 $\sin\theta \, d\theta d\phi$가 갖는 물리적 의미를 살펴보자(예제 2.38 참조). 구형좌표계에서 미세부피요소는 $r^2 \sin\theta \, d\theta d\phi$이다. 강체 회전체의 경우 r값이 상수이므로 편의상 1이라 가정하면 구형좌표에서의 부피요소는 곡면요소와 같아진다. 즉 $dA = \sin\theta \, d\theta d\phi$이다. 곡면요소를 θ와 ϕ에 대하여 적분하면 반지름 1인 구의 표면적이 4π임을 확인할 수 있다. 식 (7.148)에 의하면 $Y_l^m(\theta, \phi)$이 구 표면적에 걸쳐 정규직교를 나타내는데, 이를 '구면 조화함수(spherical harmonics)'라고 한다.

구면 조화함수는 구형좌표를 사용하는 물리 문제에서 다양하게 나타난다. 아래 표 7.5에서 처음 몇 개의 구면 조화함수를 나타내었다.

표 7.5 구면 조화함수 $Y_l^m(\theta, \phi)$

$Y_0^0(\theta, \phi) = \dfrac{1}{(4\pi)^{1/2}}$	$Y_1^0(\theta, \phi) = \left(\dfrac{3}{4\pi}\right)^{1/2} \cos\theta$
$Y_1^1(\theta, \phi) = \left(\dfrac{3}{8\pi}\right)^{1/2} \sin\theta \, e^{i\phi}$	$Y_1^{-1}(\theta, \phi) = \left(\dfrac{3}{8\pi}\right)^{1/2} \sin\theta \, e^{-i\phi}$
$Y_2^0(\theta, \phi) = \left(\dfrac{5}{16\pi}\right)^{1/2} (3\cos^2\theta - 1)$	$Y_2^1(\theta, \phi) = \left(\dfrac{15}{8\pi}\right)^{1/2} \sin\theta \cos\theta \, e^{i\phi}$
$Y_2^{-1}(\theta, \phi) = \left(\dfrac{15}{8\pi}\right)^{1/2} \sin\theta \cos\theta \, e^{-i\phi}$	$Y_2^2(\theta, \phi) = \left(\dfrac{15}{32\pi}\right)^{1/2} \sin^2\theta \, e^{2i\phi}$
$Y_2^{-2}(\theta, \phi) = \left(\dfrac{15}{32\pi}\right)^{1/2} \sin^2\theta \, e^{-2i\phi}$	

예제 7.7

구면 조화함수 $Y_1^1(\theta, \phi)$가 정규화되고, $Y_1^0(\theta, \phi)$에 직교성임을 보여라.

풀 이

동일 함수간의 내적 $\langle Y_1^1(\theta, \phi) | Y_1^0(\theta, \phi) \rangle$을 표 7.5를 이용하여 구하면 아래와 같이 정규화된다.

$$\int_0^{2\pi} d\phi \int_0^{\pi} d\theta \sin\theta \, Y_1^1(\theta, \phi)^* \, Y_1^1(\theta, \phi) = \frac{3}{8\pi} \int_0^{2\pi} d\phi \int_0^{\pi} d\theta \sin^3\theta = \frac{3}{4} \int_{-1}^{1} dx (1 - x^2) = 1$$

또한 두 함수간의 내적 $\langle Y_1^1(\theta,\phi)|Y_1^0(\theta,\phi)\rangle$을 역시 표 7.5로부터 구하면 아래의 직교성이 얻어진다.

$$\int_0^{2\pi} d\phi \int_0^{\pi} d\theta \sin\theta\, Y_1^1(\theta,\phi)^*\, Y_1^0(\theta,\phi) = \frac{3}{4\pi\sqrt{2}} \int_0^{2\pi} d\phi e^{i\phi} \int_0^{\pi} d\theta \sin^2\theta \cos\theta = 0$$

이상에서 본 바와 같이 (퍼텐셜이 없는) 강체 회전계에 대한 Schrödinger 방정식은

$$\hat{H}\, Y_l^m(\theta,\phi) = \frac{\hbar^2 l(l+1)}{2l} Y_l^m(\theta,\phi) \tag{7.149}$$

이고, 이 때 계의 전체(즉 위치+운동)에너지에 대한 'Hamiltonian(에르미트 자기수반성) 연산자' $\hat{H}$는 아래와 같이 구좌표계에 대한 운동에너지 항만으로 나타내진다.

$$\hat{H} = \hat{K}_{in} + \hat{P}_{ot} \simeq \hat{K}_{in} = -\frac{\hbar^2}{2m}\nabla^2 = -\frac{\hbar^2}{2l}\left[\frac{1}{\sin\theta}\frac{\partial}{\partial\theta}\left(\sin\theta\frac{\partial}{\partial\theta}\right) + \frac{1}{\sin^2\theta}\frac{\partial^2}{\partial\phi^2}\right] \tag{7.150}$$

[비고 : 위 식에서 운동에너지 연산자 $\hat{K}_{in} = \hat{P}^2/2m = \hat{L}^2/2I$, 여기서 $\hat{P} = -i\hbar\nabla$ 및 $\hat{L} = \boldsymbol{r}\times\hat{\boldsymbol{P}}$를 이용하였다. 단 m은 질량, I는 관성능률, 그리고 $\hat{P}$ 및 $\hat{L}$은 각각 운동량 및 각운동량 연산자이다.]

C. 수소원자에서의 전자

구면 조화함수는 Schrödinger 방정식을 $V = V(r)$의 형태인 퍼텐셜에 대하여 풀 경우에 나타난다. 즉 $V = V(r)$일 때 파동(상태) 함수는 아래가 된다.

$$\psi(r,\theta,\phi) = R(r)\, Y_l^m(\theta,\phi) \tag{7.151}$$

여기서 $R(r)$은 아래와 같은 상미분 방정식의 해이다.

$$-\frac{\hbar^2}{2mr^2}\frac{d}{dr}\left(r^2\frac{dR}{dr}\right) + \left[\frac{\hbar^2 l(l+1)}{2mr^2} + V(r) - E\right]R(r) = 0 \tag{7.152}$$

수소원자는 양성자로 원점에 고정되어 있고 환산질량 μ인 전자가 아래와 같은 쿨롱(Coulomb) 퍼텐셜을 $V(r)$을 통해 양성자와 상호 작용한다고 생각하자.

$$V(r) = -\frac{e^2}{4\pi\varepsilon_0 r} \tag{7.153}$$

여기서 e는 양성자의 전하, ε_0는 자유공간의 유전율, 그리고 r은 전자와 양성자간의 거리이다. 위의 모델에 의하면 원점에 양성자가 위치한 구형 좌표계를 사용해야 한다.
따라서 수소원자에 대한 Schrödinger 방정식은

$$-\frac{\hbar^2}{2\mu}\nabla^2(r,\theta,\phi)-\frac{e^2}{4\pi\varepsilon_0 r}\psi(r,\theta,\phi)=E\psi(r,\theta,\phi) \tag{7.154a}$$

또는

$$-\frac{\hbar^2}{2\mu}\left[\frac{1}{r^2}\frac{\partial}{\partial r}\left(r^2\frac{\partial\psi}{\partial r}\right)+\frac{1}{r^2\sin\theta}\frac{\partial}{\partial\theta}\left(\sin\theta\frac{\partial\psi}{\partial\theta}\right)+\frac{1}{r^2\sin^2\theta}\frac{\partial^2\psi}{\partial\phi^2}\right]$$
$$-\frac{e^2}{4\pi\varepsilon_0 r}\psi(r,\theta,\phi)=E\psi(r,\theta,\phi) \tag{7.154b}$$

으로 나타난다. 이 식은 매우 복잡한 형태임에도 불구하고 $\widehat{H}\psi=E\psi$ 형태를 만족한다.

만약 $\psi(r,\theta,\phi)=R(r)Y_l^m(\theta,\phi)$이라 놓으면 식 (7.154b)는

$$-\frac{\hbar^2}{2\mu r}\frac{d}{dr}\left(r^2\frac{dR}{dr}\right)+\left[\frac{\hbar^2 l(l+1)}{2\mu r}-\frac{e^2}{4\pi\varepsilon_0 r}-E\right]R(r)=0 \tag{7.155}$$

이 되는데 이를 수소원자에 대한 '반경방향 방정식(radial equation)'이라 한다. 식 (7.155)는 r에 대한 상미분 방정식이며 급수법을 이용하여 풀 수 있다(5.2절 참조).

해가 파동함수로 얻어지기 위해서 에너지는 양자화 되어져야 한다. 즉

$$E_n=-\frac{\mu e^4}{8\varepsilon_0^2\hbar^2 n^2}\ (\text{단, } n=1,2,\cdots) \tag{7.156}$$

이로부터 원자 내 전자의 에너지는 양자화 되어야 한다는 원자 성질 중의 중요한 사실을 얻게 되며 원자 스펙트럼이 형성되는 이유를 설명해 주는 근거가 된다.

식 (7.155)를 푸는 과정을 통하여 자연스럽게 정수, n이 발생될 뿐 아니라 $n\ge l+1$ 조건을 만족해야 된다는 사실을 알게 된다. 여기서 l은 최소 값 0을 가지므로

$$0\le l\le n-1\ (\text{단, } n=1,2,\cdots) \tag{7.157}$$

으로 나타낼 수 있다. 식 (7.155)의 해는 2개의 양자수 n과 l에 의존하며 다음과 같이 주어진다.

$$R_{nl}(r)=-\left\{\frac{(n-l-1)!}{2n[(n+l)!]^3}\right\}^{1/2}\left(\frac{2}{na_0}\right)^{l+3/2}r^l e^{-r/na_0}L_{n+l}^{2l+1}\left(\frac{2r}{na_0}\right) \tag{7.158}$$

여기서 $a_0 = 4\pi\varepsilon_0 \hbar^2/\mu e^2$는 보어 반지름이며 $L_{n+l}^{2l+1}(2r/na_0)$는 '부(associated) Laguerre 다항식'이다. 처음 몇 개의 부 Laguerre 다항식을 표 7.6에 나타내었다.

표 7.6 초기 몇 개의 부 Laguerre 다항식 $x = 2r/na_0$

$n=1;$	$l=0$	$L_1^1(x) = -1$
$n=2;$	$l=0$	$L_2^1(x) = -2!(2-x)$
	$l=1$	$L_3^3(x) = -3!$
$n=3;$	$l=0$	$L_3^1(x) = -3!(3-3x+1/2x^2)$
	$l=1$	$L_4^3(x) = -4!(4-x)$
	$l=2$	$L_5^5(x) = -5!$

식 (7.158)은 복잡한 형태의 식으로 보이나, 지수 함수가 곱해진 다항식의 형태에 불과하다. 완전한 수소원자 파동함수는

$$\psi_{nlm}(r, \theta, \phi) = R_{nl}(r)\, Y_l^m(\theta, \phi) \tag{7.159}$$

으로 주어진다.

한편 $\hat{H}$가 에르미트(Hermitian) 자기수반형 연산자이므로 ψ_{nlm}은 직교성을 만족한다(1.6.1.2절 참조). 즉 직교성은 다음 조건을 만족한다.

$$\int_0^{2\pi} d\phi \int_0^{\pi} d\theta \sin\theta \int_0^{\infty} dr\, r^2 \psi_{nlm}^*(r, \theta, \phi)\psi_{n'l'm'}(r, \theta, \phi) = \delta_{nn'}\delta_{ll'}\delta_{mm'} \tag{7.160}$$

예제 7.8

수소원자 파동함수 ψ_{210}가 정규화되고 ψ_{200}에 직교성을 만족함을 보여라.

풀 이

식 (7.158), (7.159)와 표 7.5 및 7.6으로부터 아래가 얻어진다.

$$\psi_{200}(r, \theta, \phi) = R_{20}(r)\, Y_0^0(\theta, \phi)$$

$$= -\left[\frac{1!}{4(2!)^3}\right]^{1/2}\left(\frac{2}{2a_0}\right)^{3/2} e^{-r/2a_0} L_2^1\left(\frac{2r}{2a_0}\right)\frac{1}{(4\pi)^{1/2}}$$

$$= \frac{a_0^{-3/2}}{(32\pi)^{1/2}}(2-\rho)e^{-\rho/2}$$

$$\psi_{210}(r,\theta,\phi) = R_{21}(r)\,Y_1^0(\theta,\phi)$$

$$= -\left[\frac{0!}{4(3!)^3}\right]^{1/2}\left(\frac{2}{2a_0}\right)^{5/2} re^{-r/2a_0} L_3^3\left(\frac{2r}{2a_0}\right)\left(\frac{3}{4\pi}\right)^{1/2}\cos\theta$$

$$= \frac{a_0^{-3/2}}{(32\pi)^{1/2}}\rho e^{-\rho/2}\cos\theta$$

여기서 $\rho = r/a_0$이다. 정규화 조건은 식 (7.160)을 만족해야하므로

$$\int_0^{2\pi} d\phi \int_0^{\pi} d\theta \sin\theta \int_0^{\infty} dr\, r^2 \frac{\rho^2 e^{-\rho}\cos^2\theta}{32\pi a_0^3}$$

$$= \frac{2\pi}{32\pi}\int_0^{\pi} d\theta \sin\theta \cos^2\theta \int_0^{\infty} d\rho\, \rho^4 e^{-\rho}$$

$$= \frac{1}{16}\cdot\frac{2}{3}\cdot 24 = 1$$

한편 아래로부터 직교성이 만족된다.

$$\int_0^{2\pi} d\phi \int_0^{\pi} d\theta \sin\theta \int_0^{\infty} dr\, r^2 \left(\frac{\rho(2-\rho)e^{-\rho}\cos\theta}{32\pi a_0^3}\right)$$

$$= \frac{2\pi}{32\pi}\int_0^{\pi} d\theta \sin\theta\cos\theta \int_0^{\infty} d\rho\, \rho^3(2-\rho)e^{-\rho} = 0$$

7. 7 Green 함수 기법의 응용

7. 7. 1 수반 편미방 연산자

6.3절에서 경계치가 있는 상미방(ODE)의 해를 수반(adjoint) 미분연산자와 델타함수의 개념에 바탕을 둔 1차원 Green 함수 기법에 의하여 구하는 절차에 대하여 논했는데, 보다 높은 차원의 편미방(PDE)의 경우에도 이와 유사한 절차에 따라 Green 함수 기법을 적용할 수 있다.

즉 가령 두 개의 독립변수 x 및 y(혹은 x 및 t)로 된 2계 비제차 편미방에 대한 선형 편미분 연산자 L를 아래와 같이 정의하자.

$$Lu = Au_{xx} + 2Bu_{xy} + Cu_{yy} + Du_x + Eu_y + Fu = \phi \tag{7.161}$$

여기서

$$L = A\frac{\partial^2}{\partial x^2} + 2B\frac{\partial^2}{\partial x \partial y} + C\frac{\partial^2}{\partial y^2} + D\frac{\partial}{\partial x} + E\frac{\partial}{\partial y} + F \tag{7.162}$$

그러면 2계(혹은 n계) 선형 상미분 연산자 L(식 (6.2))에 대한 '수반 미분 연산자' $L^\dagger$(식 (6.18) 혹은 (6.23))를 정의한 바와 마찬가지로 식 (7.162)의 L에 대응하는 수반연산자 $L^\dagger$를 구해보기로 하자. 6.1.1의 절차와 유사하게 임의의 (실)함수 v와 식 (7.161)의 Lu간의 내적을 취하면 아래와 같이 식 (6.14)와 같은 형태가 얻어진다.

$$(v,\, Lu) = \langle v|Lu\rangle = \iint_R v\,Lu\,d\sigma = \text{경계항} + \iint_R u\,L^\dagger v\,d\sigma \left[= \langle Lv|u\rangle\right] \tag{7.163}$$

여기서 $d\sigma$는 영역 R내의 미소 표면적이며, 우변의 경계항은 영역 R의 경계 B상에서의 선적분의 형태이다.

지금 위 적분의 Lu항(식 (7.161))중 첫 번째 항인 Au_{xx}항만을 그림 7.16을 참조하여 부분 적분을 행해보면 아래가 된다.

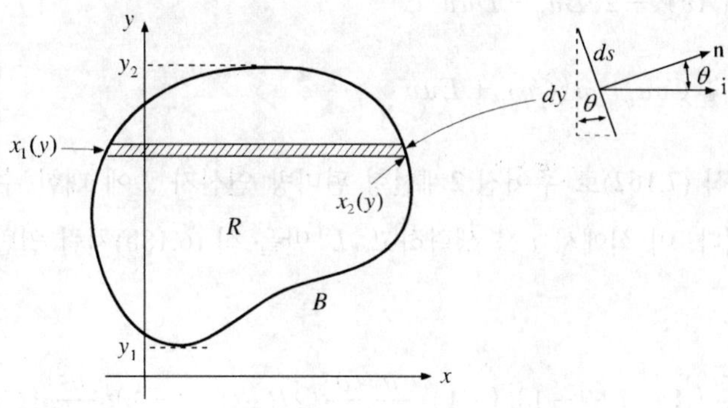

그림 7. 16 식 (7.163)의 부분적분 경로를 보여주는 그림.

$$\iint_R vAu_{xx}\,d\sigma = \int_{y_1}^{y_2}\left\{\int_{x_1(y)}^{x_2(y)} vAu_{xx}\,dx\right\}dy$$

$$= \int_{y_1}^{y_2} \left\{ vAu_x \Big|_{x_1(y)}^{x_2(y)} - \int_{x_1(y)}^{x_2(y)} (vA)_x u_x \, dx \right\} dy$$

$$= \int_{y_1}^{y_2} \left\{ [vAu_x - (vA)_x u] \Big|_{x_1(y)}^{x_2(y)} + \int_{x_1(y)}^{x_2(y)} (vA)_{xx} u \, dx \right\} dy \tag{7.164}$$

$$= \int_{y_1}^{y_2} [vAu_x - (vA)_x u] \Big|_{x_1(y)}^{x_2(y)} dy + \iint_R (vA)_{xx} u \, d\sigma$$

$$= \int_R [vAu_x - (vA)_x u] \boldsymbol{i} \cdot \boldsymbol{n} ds + \iint_R (vA)_{xx} u \, d\sigma$$

위 식의 마지막 항등관계는 $dy = ds \cos\theta = \boldsymbol{n} \cdot \boldsymbol{i} \, ds$(여기서 $\boldsymbol{n}$은 그림 7.16에 나타낸 경계면 B에서의 외향 단위 법선벡터, 그리고 ds는 미소 호의 길이임)에서 온 것이다.

마찬가지로 방법으로 식 (7.161)에 주어진 다른 모든 Lu항을 식 (7.163)에 대입하여 부분적분을 행하여 얻어진 결과를 모두 합하여 나타내면 아래와 같이 쓸 수 있다.

$$\iint_R v \, Lu \, d\sigma = \int_B (M\boldsymbol{i} + N\boldsymbol{j}) \cdot \boldsymbol{n} \, ds + \iint_R u \, L^{\dagger} v \, d\sigma \tag{7.165}$$

여기서

$$L^{\dagger} v = (Av)_{xx} + 2(Bv)_{xy} + (Cv)_{yy} - (Dv)_x - (Ev)_y + Fv \tag{7.166}$$

$$M = Avu_x - u(Av)_x + 2vBu_y + Duv$$

$$N = -2u(Bv)_x + Cvu_y - u(Cv)_y + Euv \tag{7.167}$$

특히 식 (7.166)은 식 (7.162)로 주어진 2계선형 편미방 연산자 L에 대한 수반연산 $L^{\dagger}$의 형태를 주는 중요한 결과이다. 이 식에서 v를 생략하고, $L^{\dagger}$만을 식 (6.18b)처럼 일반 형태로 나타내면 아래가 된다.

$$L^{\dagger} = (-1)^2 \frac{\partial^2}{\partial x^2}(A \cdots) + (-1)^1 (-1)^1 \frac{\partial}{\partial x} \frac{\partial}{\partial y}(2B \cdots) + (-1)^2 \frac{\partial^2}{\partial y^2}(C \cdots)$$

$$+ (-1)^1 \frac{\partial}{\partial x}(D \cdots) + (-1)^1 \frac{\partial}{\partial y}(E \cdots) + F \tag{7.168}$$

따라서 만약 편미방 연산자 L가 식 (7.161)보다 독립변수가 훨씬 많은 고차원의 경우라도 대응하는 수반 연산자 $L^{\dagger}$를 식 (7.168)에서 유추하여 나타낼 수 있으나 여기에서는 생략한다.

만약 식 (7.161)의 특수형태인 아래의 2차원 라플라스 연산자인 경우(2.19절 참조)

$$Lu = \nabla^2 u = u_{xx} + u_{yy} \tag{7.169}$$

$A = C = 1$ 및 $B = D = E = F = 0$이 되고, 따라서 식 (7.167)에서 $M = vu_x - uv_x$ 및 $N = vu_y - uv_y$가 된다. 여기서 아래 관계를 주목하면

$$(M\boldsymbol{i} + N\boldsymbol{j}) \cdot \boldsymbol{n} = (v\nabla u - u\nabla v) \cdot \boldsymbol{n} = vu_n - uv_n \tag{7.170}$$

여기서 $u_n \equiv \partial u/\partial n$ 및 $v_n = \partial v/\partial n$이다. 이들을 식 (7.165)에 대입하면 아래가 얻어진다.

$$(v,\, Lu) = \langle v|Lu\rangle = \iint_R v\,Lu\,d\sigma = \int_B (vu_n - uv_n)ds + \iint_R uL^\dagger v\,d\sigma\,[= \langle Lv|u\rangle] \tag{7.171}$$

여기서

$$L^\dagger v = Lv = \nabla^2 v \tag{7.172}$$

즉 $L = \nabla^2$인 경우는 $L^\dagger = L$ 즉 자기수반(self-adjoint) 연산자가 된다.

또한 만약 식 (7.161)의 L가 아래의 특수형태인 Helmholtz 편미방 연산자인 경우도

$$Lu = (\nabla^2 + k^2)u = \nabla^2 u + k^2 u \tag{7.173}$$

역시 $L^\dagger = L = \nabla^2 + k^2$가 되는 자기수반이 된다.

그러나 만약 L가 아래의 확산 미분 연산자인 경우(단 이때 식 (7.161)에서 $y \to t$로 간주)

$$Lu = \left(\kappa\frac{\partial}{\partial t} - \frac{\partial^2}{\partial x^2}\right)u = \kappa u_t - u_{xx} \tag{7.174}$$

식 (7.161)의 해당하는 계수를 찾아서 식 (7.167)의 M 및 N을 구하여 식 (7.165)에 대입하면 아래를 얻는다.

$$\begin{aligned}(v, Lu) = \iint_R vLu\,d\sigma = \int_B &[(uv_x - vu_x)\boldsymbol{i} + \kappa uv\boldsymbol{j}] \cdot \boldsymbol{n}\,ds \\ &+ \iint_R uL^\dagger v\,d\sigma\,[= (u, L^\dagger v)]\end{aligned} \tag{7.175}$$

이때 $L^\dagger v = -\kappa v_t - v_{xx}$ 즉 $L^\dagger = -\kappa\frac{\partial}{\partial t} - \frac{\partial^2}{\partial x^2} \neq L\left[= \kappa\frac{\partial}{\partial t} - \frac{\partial^2}{\partial x^2}\right]$ 즉 이 경우 L는 자기수반

연산자가 아니다.

또한 만약 L가 아래의 파동 미분연산자인 경우(역시 이때도 식 (7.161)에서 $y \to t$로 간주)

$$Lu = \left(c^2 \frac{\partial^2}{\partial x^2} - \frac{\partial^2}{\partial t^2}\right) u = c^2 u_{xx} - u_{tt} \tag{7. 176}$$

앞의 경우와 동일한 방법으로 진행하면 식 (7.165)에 해당하는 식은 아래가 된다.

$$(v,\ Lu) = \iint_R vLu\, d\sigma = \int_B [c^2 (vu_x - uv_x)\boldsymbol{i} - (vu_t - uv_t)\boldsymbol{j}] \cdot \boldsymbol{n}\, ds$$

$$+ \iint_R uL^\dagger v d\sigma [= (u, L^\dagger v)] \tag{7. 177}$$

이때 역시 식 (7.168)에 의해 수반연산 $L^\dagger v = c^2 v_{xx} - v_{tt}$ 즉 $L^\dagger = c^2 = \dfrac{\partial^2}{\partial x^2} - \dfrac{\partial^2}{\partial t^2} = L$가 되어 자기수반이 된다.

7. 7. 2 2, 3차원 Green 함수의 도입 및 성질

위에서 식 (7.162)로 주어진 2계 선형 편미방 연산자 L의 수반연산 $L^\dagger$의 형태가 알려졌으므로 경계치가 있는 식 (7.161)의 해 $v(x,\ y)$는 이계에 맞는 2차원 Green 함수 $G(x,\ y)$를 사용하여 1차원의 경우(식 (6.51))와 유사하게 아래의 내적을 통하여 얻어질 수 있다.

$$(G,\ Lu) = \langle G | Lu \rangle = \iint_R GLu\, d\xi\, d\eta = \text{경계항} + \iint_R uL^\dagger G d\xi\, d\eta\, [= (u,\ L^\dagger G)] \tag{7. 178}$$

이때 위 식이 주어진 편미방 식 (7.161)을 만족하기 위해서는 식 (6.54a)의 경우와 유사하게 2, 3차원에서의 델타함수의 성질(G.2절)에 의해 아래가 성립되어야 한다.

$$L^\dagger G = \delta(\xi - x,\ \eta - y) \tag{7. 179}$$

그러면 식 (7.178)로부터 편미방 식 (7.161)의 해 u는 식 (7.178)의 G에 관련된 경계항 중 제차(homogenous) 경계치문제는 제거(0이 됨)가 가능하나 만약 제거가 불가능한 비제차 경계치 문제가 존재하면 아래의 형태로 주어진다(식 (6.68) 참조).

$$u(x,\ y) = -(\text{남아있는 경계항}) + \iint_R G(\xi, \eta; x, y)\phi(\xi,\ \eta) d\xi\, d\eta\, [= (G,\ Lu)] \tag{7. 180}$$

이와 같은 논리는 3차원 이상의 n차원 경우에도 그대로 확장이 가능하다.

이제 식 (7.180)로부터 편미방의 해 u를 구하기 위해 식 (7.199) 및 경계치 문제를 만족하는 Green 함수 G를 구하는 일만 남았는데, 이는 원칙적으로 식 (7.179)의 좌변이 해당하는 (2계)편미방을 계속 적분하고 또 우변은 1차원의 경우와 유사하게 2, 3차원 델타함수에 관련된 적분공식(가령 1차원의 경우는 식 (G.23))을 이용함과 동시에 G 및 그의 도함수의 연속(혹은 불연속)성을 이용하여 구해질 수 있으나 1차원에 비해 훨씬 복잡해지는 것은 사실이다.

그러나 독자들의 이해를 돕기 위하여 정전기학(electrostatics)의 Green 함수를 생각해보자. 즉 전하(charge)가 있을 때 정전 퍼텐셜 Ψ는 아래의 Poisson 비제차 편미방을 만족한다(문 2.22 참조).

$$\nabla^2 \Psi(\boldsymbol{r}) = -\frac{\rho(x)}{\varepsilon_0} \text{(mks 단위)} \tag{7.181}$$

여기서 $\rho(\boldsymbol{r})$는 위치 $\boldsymbol{r}$에서의 전하밀도, 그리고 ε_0는 (전도에서의)유전율이다. 그런데 이미 2.2.2절에서 보았듯이 만약 전하가 $\boldsymbol{r}=\boldsymbol{r}_2$에 있을 때 원점으로부터 변위 $\boldsymbol{r}=\boldsymbol{r}_1$에서의 전위(potential)는

$$\Psi(\boldsymbol{r}_1) = \frac{1}{4\pi\varepsilon_0} \int \frac{\rho(\boldsymbol{r}_2)}{|\boldsymbol{r}_1 - \boldsymbol{r}_2|} d\tau_2 \tag{7.182}$$

이 된다. 여기서 Ψ는 주어진 전하분포의 퍼텐셜이고, 이는 Poisson 방정식 (7.181)을 만족한다. 반면에 Green 함수 G는 $\boldsymbol{r}_2$에 의해 정의되는 점에서 점전하를 가진 Poisson 방정식을 만족한다(식 (7.179) 참조).
따라서

$$L^\dagger G = \nabla^2 G = -\delta(\boldsymbol{r}_1 - \boldsymbol{r}_2) \tag{7.183}$$

가 된다[비고 : 위 식과 식 (7.179)의 비교에서 2차원 공간에서의 벡터 $\boldsymbol{r}_1 = (\xi, \eta)$ 및 $\boldsymbol{r}_2 = (x, y)$로 간주하며 두 식이 동일해짐]. 여기서 함수 G는 Green 함수를 나타내며 이것은 $\boldsymbol{r}_2$에 점원천을 갖는 Poisson 방정식을 만족한다. 물리적으로는 G는 $\boldsymbol{r}_2$의 단위 원천(ε_0)에 대한 $\boldsymbol{r}_1$에서의 퍼텐셜이다. Green 정리(식 (2.402))에 의해서

$$\int (\Psi \nabla^2 G - G \nabla^2 \Psi)\, d\tau_2 = \int (\Psi \nabla G - G \nabla \Psi) \cdot d\sigma \tag{7.184}$$

가 되고 피적분함수가 r^{-2}보다 빨리 감소한다고 가정하면 표면 적분값이 사라질 정도로 큰 부피를 택하여 문제를 단순화시킬 수 있다. 따라서

$$\int \Psi \nabla^2 G\, d\tau_2 \simeq \int G \nabla^2 \Psi\, d\tau_2 \tag{7.185}$$

가 되고 식 (7.181)과 (7.183)에 대입하면

$$-\int \Psi(\boldsymbol{r}_2)\delta(\boldsymbol{r}_1-\boldsymbol{r}_2)d\tau_2 = -\int \frac{G(\boldsymbol{r}_1,\boldsymbol{r}_2)\rho(\boldsymbol{r}_2)}{\varepsilon_0}d\tau_2 \tag{7.186}$$

가 된다.

위 식의 좌변에서 델타 함수의 성질(G.49)을 사용하여 적분하면

$$\Psi(\boldsymbol{r}_1) = \frac{1}{\varepsilon_0}\int G(\boldsymbol{r}_1,\boldsymbol{r}_2)\rho(\boldsymbol{r}_2)d\tau_2 \tag{7.187}$$

가 된다. $\nabla^2 G$를 소거하기 위하여 식 (7.183)을 사용하였으나 현 단계에서 함수 G 자체는 아직도 알 수 없음을 기억하자. 한편 Gauss의 적분정리로부터(식 (2.570) 참조)

$$\int \nabla^2\left(\frac{1}{r}\right)d\tau = \begin{cases} 0 \\ -4\pi \end{cases} \tag{7.188}$$

임을 배웠다. 즉 만약 부피가 원점을 포함하지 않았을 때는 0이 되고 원점을 포함하면 -4π가 된다. 또한 이 결과는

$$\nabla^2\left(\frac{1}{4\pi r}\right) = -\delta(\boldsymbol{r}) \text{ 또는 } \nabla^2\left(\frac{1}{4\pi r_{12}}\right) = -\delta(\boldsymbol{r}_1-\boldsymbol{r}_2) \tag{7.189}$$

라 쓸 수 있고(식 (2.553) 참조), 이것은 원점에서 $\boldsymbol{r}=\boldsymbol{r}_2$의 위치로 정전하가 이동한 경우이다. 여기서 $r_{12}=|\boldsymbol{r}_1-\boldsymbol{r}_2|$이고, 델타 함수 $\delta(\boldsymbol{r}_1-\boldsymbol{r}_2)$는 $\boldsymbol{r}_1=\boldsymbol{r}_2$가 아니면 0이 된다. 따라서 식 (7.183)과 식(7.189)를 비교하면 Green 함수 G는

$$G(\boldsymbol{r}_1,\boldsymbol{r}_2) = \frac{1}{4\pi|\boldsymbol{r}_1-\boldsymbol{r}_2|} \tag{7.190}$$

로 주어짐을 알 수 있다. 결국 미분방정식(Poisson 방정식)의 해는 식 (7.182)와 같이

$$\Psi(\boldsymbol{r}_1) = \frac{1}{4\pi\varepsilon_0}\int \frac{\rho(\boldsymbol{r}_2)}{|\boldsymbol{r}_1-\boldsymbol{r}_2|}d\tau_2 \tag{7.191}$$

가 된다. 실제로 식 (7.191)의 $\Psi(\boldsymbol{r}_1)$은 Poisson 방정식의 특수해이다.

위에서 얻어진 결과는 아래의 2계 선형 비제차 편미방

$$Ly(\boldsymbol{r}_1) = -f(\boldsymbol{r}_1) \tag{7.192}$$

으로 일반화된다. 여기서 L은 선형 미분 연산자이다. 이때 Green 함수는

$$L^{\dagger} G = LG(\boldsymbol{r}_1, \boldsymbol{r}_2) = -\delta(\boldsymbol{r}_1 - \boldsymbol{r}_2) \tag{7. 193}$$

의 해이고(식 (7.183)과 유사), 특수해 $y(\boldsymbol{r}_1)$은

$$y(\boldsymbol{r}_1) = \int G(\boldsymbol{r}_1, \boldsymbol{r}_2) f(\boldsymbol{r}_2)\, d\tau_2 \tag{7. 194}$$

가 된다(특정한 조건에 따라 경계 표면에 대한 적분이 있을 수도 있다-식 (7.180) 참조).

요약하면 보통 $G(\boldsymbol{r}_1, \boldsymbol{r}_2)$로 쓰여지는 Green 함수는 식 (7.183)의 해이다. 그것은 식 (7.182)에서와 같이 미분방정식의 적분 해 속에 포함되어 있다. 중요한 예로, 정전기의 경우에 우리는 식 (7.183)과 식 (7.189)를 비교하여 Gauss 법칙에 의해서 2차원 Green 함수 $G(\boldsymbol{r}_1, \boldsymbol{r}_2)$를 얻을 수 있다. 마지막으로 식 (7.181)의 해인 식 (7.191)로부터 Green 함수의 물리적인 해석을 할 수 있다. 즉 점 $\boldsymbol{r}_1$으로부터 거리에 따라 변하는 전하요소 $\rho(\boldsymbol{r}_2)d\tau_2$의 영향을 늘이거나 줄이는 가중함수 또는 전파함수로서 Green 함수는 나타난다. Green 함수 $G(\boldsymbol{r}_1, \boldsymbol{r}_2)$는 $\boldsymbol{r}_1$에 퍼텐셜을 만들어 주는 $\boldsymbol{r}_2$에 있는 단위 점전하의 효과를 나타낸다. 이것은 식 (7.183)과 (7.191)에 잘 나타나 있다.

한편 2, 3차원의 Green 함수의 경우에도 관여된 편미방 식 (7.161)의 선형 미분연산자 $L = L^{\dagger}$(즉 자기수반)이라면, 1차원의 경우처럼(그림 6.3 참조) 아래와 같이 두 개의 (벡터)변수 $\boldsymbol{r}_1$과 $\boldsymbol{r}_2$사이에서 대칭성이 성립된다.

$$G(\boldsymbol{r}_1, \boldsymbol{r}_2) = G(\boldsymbol{r}_2, \boldsymbol{r}_1) \tag{7. 195}$$

이 관계는 위에서 논의한 정전기학의 경우에도 쉽게 확인될 수 있지만 보다 일반적인 경우에도 증명이 될 수 있으나, 여기에서는 생략하기로 한다. 또 만약 복소공간인 경우의 Green 함수의 대칭성은 아래와 같이 나타내진다.

$$G(\boldsymbol{r}_1, \boldsymbol{r}_2) = G^{*}(\boldsymbol{r}_2, \boldsymbol{r}_1)\left[= G^{\dagger}(\boldsymbol{r}_1, \boldsymbol{r}_2)\right] \tag{7. 196}$$

즉 이 때 G는 L 연산자와 마찬가지로 자기수반형이 된다. 식 (7.195) 혹은 (7.196)의 대칭성은 앞에서 언급한 G에 관한 요구조건인 $L^{\dagger} G (= LG) = -\delta(\boldsymbol{r}_1 - \boldsymbol{r}_2)$[식 (7.193), 단 이때 $L = L^{\dagger}$ 성립가정]와 같은 형식을 갖는 모든 미분방정식의 Green 함수에 대해서 성립한다.

이외에도 (고차원) Green 함수에 관련된 중요한 성질이나 정리가 많이 있으나 여기서는 생략하며, 또한 7.2절에서 정의한 여러 종류의 편미방의 경계치 문제에 대한 식 (7.180) 형태의 해를 낳는 각각에 대한 Green 함수의 구체적인 결정에 대해서도 지면관계상 더 이상 언급을 하지 않겠으나, 관심있는 독자들은 관련된 전문서적을 참조하길 바란다.

제 8 장

군론과 분자대칭

양자역학적 분자 파동함수의 대칭성을 이해하기 위하여 여러 개의 대칭요소로 이루어진 분자 대칭 점군(point group)을 군 표현이나 지표(character)와 같은 수학적 군론(group theory)으로부터 접근하여 고찰한다. 다음에는 궤도함수들이 이와 같은 대칭조작에 의해 어떤 영향을 받는지, 또한 두 궤도함수들 사이의 겹침적분(overlap integral)의 소멸에 관한 대칭 표지(symmetry label)의 이용에 관해서 논하고, 나아가 분광학적 전이(spectroscopic transition)에 관한 선택 규칙(selection rule)에 대해서도 간단히 조사한다.

8.1 분자 파동함수의 대칭성

분자에너지와 같은 스칼라 성질은 어떤 좌표계를 가지고 분자를 나타내던 관계없다. 예로서 그림 8.1에서와 같이 물 분자를 상이한 두 좌표계를 가지고 생각해보자. 어느 좌표를 써서나 이 분자의 에너지를 계산할 수 있다고 가정하면 최종 결과가 같게 나와야 한다. 그림 8.1(b)의 좌표계를 써서 계산하는 것이 훨씬 더 복잡하겠지만 결과는 같게 나올 것이다.

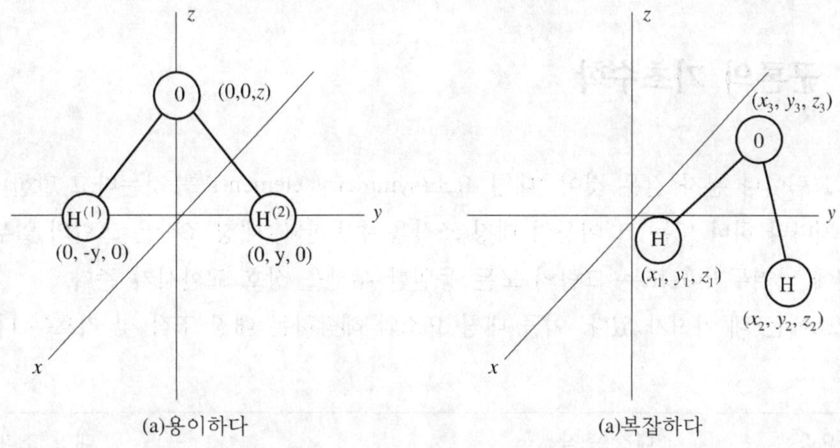

그림 8. 1 H_2O 분자를 나타내는 좌표계.

우선 H_2O 와 같은 퇴화되지 않은(nondegenerate) 파동함수만을 가진 대칭분자를 생각해보자. 이 분자를 그림 8.1(a)에서와 같은 좌표계의 편리한 자리에 놓았다고 하자. 이 분자에다 '대칭 조작(symmetry operation)'을 하여 주더라도(분자의 모든 부분을 같은 위치로 가져가거나 또는 분자의 동등한 부분들을 상호 교환시켜 주는 조작) Hamilton 연산자는 이러한 대칭 조작에 의해서 변하지 않으며, 또 파동함수는 이러한 대칭 조작에 의해서 변하지 않거나 대수적 부호만이 달라진다. 분자에 에너지 $\psi^*(H\psi)$를 적분한 것인데, 파동함수의 부호가 바뀌더라도 이 피적분 함수는 그대로 불변이다. 즉, 대수적 부호가 ψ^*에서 한 번, 그리고 또 $H\psi$에서 한 번 변하므로 두 함수의 곱에서는 부호가 두 변 변한다. 따라서 대칭 조작에 의해서 ψ의 부호가 변하더라도 이 피적분 함수는 변하지 않는 것이다. 결국 분자에 대한 대칭 조작의 연산자를 R이라고 하면 파동함수는 다음 조건을 만족시키게 된다.

$$R\psi = \psi \quad \text{또는} \quad R\psi = -\psi \tag{8. 1}$$

만일 ψ가 대칭 조작에 의해서 부호를 바꾸지 않을 때는 이러한 조작에 관해서 ψ가 '대칭'이다라고 말한다. 그리고 R에 의해서 ψ가 부호를 바꾸면 ψ를 '반대칭'이라고 한다.

대칭도가 높은 분자의 파동함수는 퇴화된(degenerate) 파동함수 세트 중의 하나일 수가 있다. 이러한 경우에는 파동함수에다 대칭 조작을 하여서 이것을 퇴화된 파동함수 세트들의 선형 결합이 되게 한다. 분자의 에너지는 이러한 대칭 조작에 의해서도 여전히 불변이다. 후에 NH_3분자를 설명할 때 이러한 복잡한 예를 다루게 될 것이다.

8. 2 군론의 기초수학

우리는 그림이나 분자 같은 것이 '대칭 요소(symmetry element)'를 갖는다고 말한다. 이 대칭 요소들은 저마다 하나 또는 그 이상의 대칭 조작을 수반한다. 대칭 조작은 그림의 일부나 전부를 동일 위치에 남겨두거나 또는 그림의 모든 동일한 부분을 상호 교환시켜 준다.

대칭 요소에는 네 가지가 있다. 이들 대칭 요소와 해당하는 대칭 조작 및 기호는 다음과 같다.

대칭 요소	대칭 조작	대칭 조작의 기호
대칭면	면에서의 반사	σ [a]
대칭 중심	대칭 중심을 통한 반전 이 조작을 하여주면 모든 알맹이들의 전체 좌표의 부호를 변화시킨다.	i
n-중 대칭축	이 축 주위로 $(2\pi/n)$, $2(2\pi/n)$, $3(2\pi/n)$, ⋯ $(n-1)(2\pi/n)$만큼 회전시킨다.	$C_n, C_n^2, C_n^3 \cdots, C_n^{n-1}$
반사-회전 대칭축	$2\pi/n$만큼 회전시킨 다음 회전축에 수직한 면에서 반사를 시킨다.	S_n

[a] n-중 대칭(회전)축을 포함하는 거울(반사)면을 σ_v, 대칭축에 수직인 반사면을 σ_h, 그리고 두 C_n(주로 C_2) 축 사이의 각을 등분하는 수직 거울면을 '2면각 등분면' 이라 부르고 σ_d로 표시한다.

대칭으로부터 나오는 한 가지 중요한 결과는 어떤 그림이든지 그 그림에 대한 대칭 조작들이 '수학적 군(mathematical group)'을 만든다는 것이다. 그러면 군(group)의 성질을 이용하여 우리는 분자 계의 성질을 계산할 수 있고 또 이 계가 나타내는 성질을 이해할 수도 있다.

8. 2. 1 군의 기본성질

분자 구조를 군론(group theory)으로 다루는 데는 군론의 모든 성질을 다 알지 않아도 된다. 그러나 군론에서 사용되는 용어와 군의 성질을 어느 정도는 알아야 한다.

군이란 다음과 같은 네 가지 성질을 갖는 원소들의 집합(set)이다.

1. 군의 한 원소와 다른 원소와의 곱셈 방법을 정의하는 규약을 '군 곱셈 규약(group multiplication rule)'이라고 한다. 이 규약에 따라 군의 임의의 원소를 그 자신이나 다른 원소와 곱한 것은 역시 군의 한 원소가 된다. 이것을 '배합 법칙(combination rule)'이라고 한다. 이 법칙에 의하면 군의

원소를 $A, B, C, D \cdots$ 라고 하면 두 원소의 곱 AB는 군의 한 원소가 되어야 한다.

$$AB = C \tag{8.2}$$

여기서 C는 군의 한 원소이다. 곱셈의 순서가 중요하다는 것을 명심하기 바란다. 일반적으로 $AB \neq BA$이다. AB는 B에다 양의 A를 곱한다고 말하고 또 BA는 뒤의 A를 곱한다고 말한다.

2. 군은 '단위 원소(unit element)' 또는 '동등 원소(identity element)'라고 하는 원소 I를 가지고 있다. 이 단위 원소를 군의 다른 원소 A에다 곱해주면 다음과 같은 결과가 된다.

$$IA = AI = A \tag{8.3}$$

3. 각 원소 A는 역 원소 A^{-1}을 가지고 있다. A에다 앞의 역 원소 A^{-1}을 곱하거나 또는 뒤의 역 원소 A^{-1}을 곱하면 단위 원소가 나온다. 즉

$$A^{-1}A = AA^{-1} = I \tag{8.4}$$

4. 군의 곱셈에서는 '결합 법칙(associative rule)'이 성립한다. 즉, 만일 A, B, C를 군의 원소라고 하면 다음 관계가 성립해야 한다.

$$A(BC) = (AB)C \tag{8.5}$$

군의 원소들은 '급(class)'으로 나눌 수 있다. 원소 X를 군의 모든 원소를 차례로 바꾸면서 곱셈 $X^{-1}AX$를 만들면 원소 A가 속하는 급의 모든 원소들을 얻을 수 있다. 도 $X^{-1}BX$를 가지고 같은 조작을 되풀이하면 B가 속하는 급의 모든 원소들을 구할 수 있으며, $C, D, \cdots$ 등에 대해서 같은 조작을 되풀이할 수 있다. 군의 원소들은 한 급에만 속하고 두 가지 이상의 급에는 속할 수 없다.

8.3 물분자(C_{2v}군) : 보기

한 그림이나 분자에 적용되는 대칭 조작은 군의 원소가 된다. 첫째 번 예로서 물붙자를 생각해 보자. 대칭 요소는 2중 대칭축 1개[그림 8.1(a)의 z-축]와 대칭면 2개(xz-면과 yz-면)이다. 그리고 대칭 작용은 다음과 같은 네 가지이다.

I: 동등 조작. 이 조작은 모든 점을 제자리로 보낸다. 즉 $x_i \to x_i$, $y_i \to y_i$, $z_i \to z_i$이다. 이 조작은

무의미한 것같이 보이지만 동등 조작(I)을 꼭 포함시켜야 한다. 이것이 빠진 다른 대칭요소만으로는 수학적 군이 형성되지 않는다.

C_2 : z-축 주위를 반시계 방향으로 180° 회전시킨다. 이 변화에 의해서 산소 원자의 좌표는 변하지 않는다. 그러나 두 수소 원자의 좌표는 상호 교환된다.

$\sigma_v(xz)$: xz-면에서 반사시킨다. 이 조작은 두 수소원자의 좌표를 상호 교환해준다. 그러나 산소원자는 제자리에 남겨둔다.

$\sigma_v'(yx)$: yz-면에서 반사시킨다. 이 조작은 모든 원자를 제자리에 남겨둔다.

이 대칭 조작들은 대칭군 C_{2v}를 이룬다.

이들 대칭 조작이 한 점에 나타내는 효과를 그림 8.2에 나타내었다. 각 경우마다 점 P가 점 P'으로 변환되는데, 이들 변환을 다음과 같이 요약할 수 있다.

$$I(x, y, z) = (x, y, z)$$

$$C_2(x, y, z) = (-x, -y, z)$$

$$\sigma_v(xz)(x, y, z) = (x, -y, z)$$

$$\sigma_v'(yz)(x, y, z) = (-x, y, z) \tag{8.6}$$

이 관계를 이용해서 우리는 이 군의 곱셈 표를 만들 수 있다. 예로서 $C_2\sigma_\nu$는 이 그림에서 두 조작(먼저 σ_v를 하고 이어서 C_2)을 한다는 뜻이다. 이 점 P가 σ_ν조작을 받으면 그림 8.2(b)에서와 같이 점 P가 점 P'으로 이동한다. 이 점에서 C_2조작을 하여 주면 이 점이 그림 8.2(c)에서와 같이 점 P''으로 옮겨간다. 그리하여 σ_v조작과 C_2조작에 대한 군 곱셈 법칙은 $C_2\sigma_v = \sigma_v'$이라고 말할 수 있다. 수학적으로 (8.6)식을 이용해도 같은 결과를 얻을 수 있다. 즉 (8.6)식을 이용하면 $C_2\sigma_v$가 다음과 같이 된다.

$$C_2\sigma_v(x, y, z) = C_2(x, -y, z) = (-x, y, z)$$

식 (8.6)에 의하면 $\sigma_v'(x, y, z) = (-x, y, z)$이며 따라서 위의 결과와 비교해서 다음과 같은 결과를 얻게 된다.

$$C_2\sigma_v = \sigma_v' \tag{8.7}$$

이와 같은 방법으로 군 원소들 사이의 모든 곱셈 관계를 구하면 표 8.1과 같은 군 곱셈 표를 얻을 수 있다. 이 표에서 $C_2\sigma_v$는 σ_v라고 표시한 행과 C_2라고 표시한 열이 만나는 점의 원소와 같다.

표 8.1 C_{2v}**의 곱셈 표**

	I	C_2	$\sigma_v(xz)$	$\sigma_v{}'(yz)$
I	I	C_2	σ_v	$\sigma_v{}'$
C_2	C_2	I	$\sigma_v{}'$	σ_v
$\sigma_v(xz)$	σ_v	$\sigma_v{}'$	I	C_2
$\sigma_v{}'(yz)$	$\sigma_v{}'$	σ_v	C_2	I

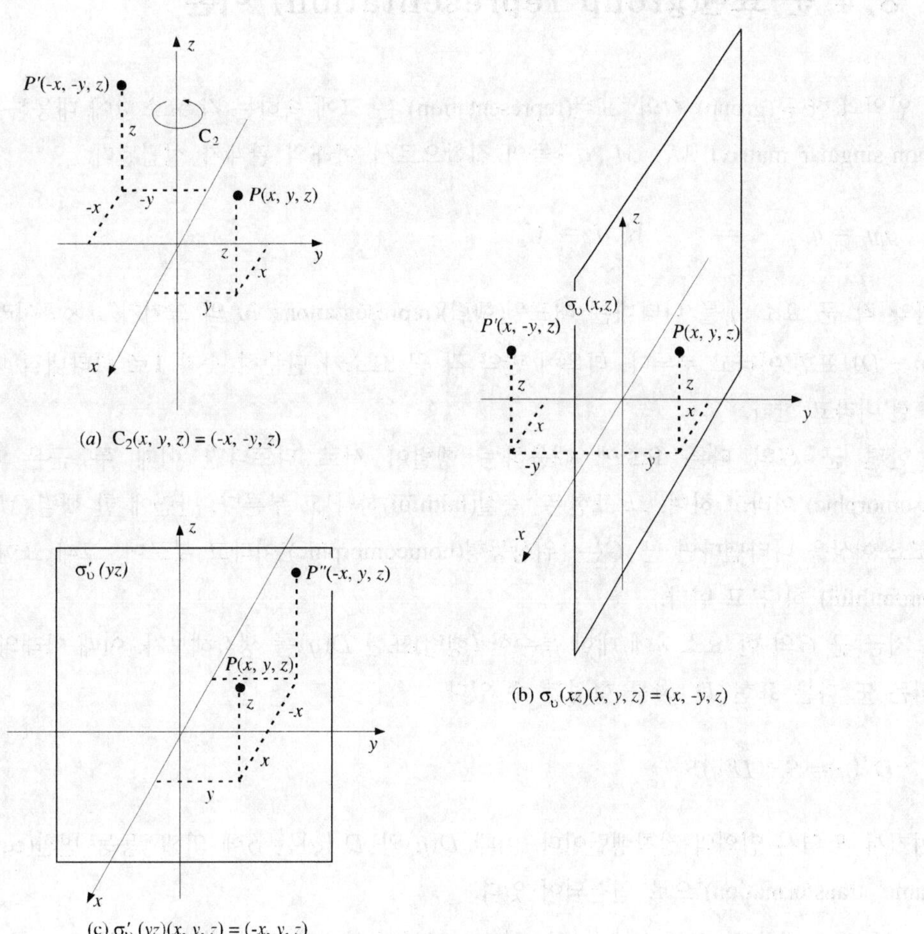

그림 8. 2 두 조작의 곱 $C_2\sigma_v = \sigma_v{}'$의 관계를 보여주는 그림.

한편 식 (8.7)의 증명은 식 (8.6)으로 주어진 대칭조작에 의한 변환관계(그림 8.2 참조)를 원래의 점 $P(x, y, z)$를 점 $P'(x', y', z')$로 바꾸는 C_{2v}군의 4 대칭요소 I, C_2, σ_v 및 $\sigma_v{}'$에 해당하는 3×3행렬(선형연산자)로 나타내어 수행하면 훨씬 합리적이다(1.7절 참조). 즉

$$I=\begin{pmatrix}1&0&0\\0&1&0\\0&0&1\end{pmatrix};\ C_2=\begin{pmatrix}-1&0&0\\0&-1&0\\0&0&1\end{pmatrix};\ \sigma_v=\begin{pmatrix}1&0&0\\0&-1&0\\0&0&1\end{pmatrix};\ \sigma_v'=\begin{pmatrix}-1&0&0\\0&1&0\\0&0&1\end{pmatrix} \tag{8.8}$$

이로부터 식 (8.7)은 물론 표 8.1의 모든 항등관계가 명확하게 증명된다.

8.4 군 표현(group representation) 이론

임의의 한 군(group) G의 '표현(representation)'은 그에 속하는 각 요소 g에 대응하는 정측행렬(non-singular matrix) M_1, M_2, ⋯들의 집합으로서 아래의 관계가 성립된다.

$$g_i g_j = g_k \qquad \Rightarrow \qquad M_i M_j = M_k \tag{8.9}$$

만약 각 군 요소 g_i를 나타내는 대표원(행렬)(representation) M_i의 크기가 $n\times n$이라면 'n차원$(n-D)$ 표현'이라고 부른다. 더욱이 만약 각 군 요소가 단순히 숫자 1로 나타내질 때는 '1차원 표현'이라고 한다.

한편 군 G의 다른 요소에 대응하는 행렬이 서로 다르다면 이때 두 군은 서로 '동형(isomorphic)'이라고 하며, 그 표현은 '충실(faithful)하다'고 부른다. 반면에 한 행렬 M가 G의 한 요소 이상을 나타낸다면 군 G는 '위상동형(homeomorphic)'이라고 부르며, 그때 표현은 '불충실(unfaithful) 하다'고 한다.

지금 군 G의 한 요소 g에 대한 특수한 (행렬)표현 $D(g)$를 생각해보자. 이때 아래와 같이 정의되는 또 다른 표현 $D'(g)$를 형성할 수 있다.

$$D'(g)=S^{-1}D(g)S \tag{8.10}$$

여기서 S 역시 임의의 정칙행렬이다. 이때 $D(g)$와 $D'(g)$는 S에 의해 '동등 변환(equivalent, or same, transformation)'으로 연결되어 있다.

지금 g에 대한 두 표현 $D^{(1)}(g)$와 $D^{(2)}(g)$로부터 아래와 같이 새로운 표현 $D(g)$를 형성한다고 하자.

$$D(g)=D^{(1)}(g)\oplus D^{(2)}(g)=\begin{pmatrix}D^{(1)}(g)&0\\0&D^{(2)}(g)\end{pmatrix} \tag{8.11}$$

여기서 만약 두 표현 $D^{(1)}$과 $D^{(2)}$가 각각 차원 n_1 및 n_2를 가진다면, 두 행렬표현의 '직접 합(direct sum)' $D^{(1)}\oplus D^{(2)}$ 즉 D의 차원도 n_1+n_2가 된다. 이 때 표현 D는 '가약(reducible) 표현

(rep)'이라고 하며, 두 개의 보다 작은 차원의 표현 $D^{(1)}$ 및 $D^{(2)}$로 분해된다.

그런데 만약 표현 $D(g)$가 동등변환에 의해 더 이상 식 (8.11)의 형태로 분해될 수 없다면 이는 '기약(irreducible) 표현(irrep)'이라고 한다. 만약 기약 표현(rep) $D(g)$가 유사(similarity) 변환에 의해 아래와 같이 분해될 수 있다면

$$\begin{pmatrix} D^{(1)} & 0 & 0 & 0 \\ 0 & D^{(1)} & 0 & 0 \\ 0 & 0 & D^{(2)} & 0 \\ 0 & 0 & 0 & D^{(3)} \end{pmatrix} \tag{8. 12}$$

다음과 같이 쓸 수 있다.

$$D(g) = 2D^{(1)}(g) \oplus D^{(2)}(g) \oplus D^{(3)}(g) \tag{8. 13}$$

이제 군 표현에 관한 몇 가지 중요 정리를 별다른 증명 없이 (사실 뒤의 C_{2v}나 C_{3v}와 같은 대칭군을 실례로 증명이 되겠지만)아래에 나타낸다.

1. 모든 표현은 '유니터리(unitary)표현'과 동등하다. 즉 군의 각 요소는 대응하는 '유니터리 행렬' U(여기서 $U^{\dagger} = U^{-1}$성립 - 1.5.6절 참조)로 표현된다.

2. 기약 표현에 대응하는 모든 행렬과 교환하는 행렬(즉 교환연산 성립 - 1.3.4절 참조)은 단위행렬 I의 배수(multiple)가 된다. 즉 만약 $D(g)$가 군 요소 g에 대한 기약표현이라면 항상 아래가 성립된다.

$$D(g)A = AD(g) \tag{8. 14}$$

여기서 A는 단위행렬의 배수이다.

3. (Schur의 부정리) 만약 $D^{(1)}$ 및 $D^{(2)}$가 각각 군 G의 임의의 요소 g에 대한 차원 n_1 및 n_2인 기약표현으로서 아래 관계를 만족하는 임의의 (정칙)행렬 A가 존재한다면

$$AD^{(1)}(g) = D^{(2)}(g)A \tag{8. 15}$$

이 때 $A = 0$ 혹은 $n_1 = n_2$(단 이때 $\det A \neq 0$)가 성립된다.

4. (직교성 정리) 만약 군 G의 전 요소 수(혹은 차수, order)가 h이며, 각 요소 g의 서로 같지않은 기약(유니터리) 표현을 $D^{(1)}$(차원 n_1), $D^{(2)}$(차원 n_2) 등이라고 하면 행렬 $D^{(i)}(g)$의 α행, β열 요소를 $D^{(i)}_{\alpha\beta}(g)$로 나타낸다면 아래의 직교관계가 성립된다(단 δ_{ij}는 Kronecker-delta 기호 즉 $i = j$일 때 1, 기타 0 됨).

$$\sum_g \left[D_{\alpha\beta}^{(i)}(g)\right]^* D_{\gamma\delta}^{(j)}(g) = \frac{h}{n_i}\delta_{ij}\delta_{\alpha\gamma}\delta_{\beta\delta} \tag{8.16}$$

여기서 합은 군 G의 전 요소 h에 대한 것이며, n_i는 기약표현 $D^{(i)}$의 차원수이다. 또한 복소공액 *를 취한 것은 복소 벡터공간의 내적 $\boldsymbol{a}\cdot\boldsymbol{b}=(\boldsymbol{a}^*)^{\mathrm{T}}=\boldsymbol{a}^\dagger \boldsymbol{b}$(1.2.2절 참조) 혹은 (복소)함수공간의 내적 $\langle \psi_i(x)|\psi_j(x)\rangle = \int \psi_i^*(x)\psi_j(x)\,dx$(식 (4.1))의 개념과 유사한 원리이다(사실 분자 대칭군의 경우는 모두 실수이지만).

특히 직교성 이론은 금후의 전개에 있어서 매우 중요한 역할을 한다. 지금 i번째 기약표현 $D^{(i)}(g)$의 $\alpha\beta$ 행렬요소를 생각하자. 이 때 g는 군 G의 전체 h개 요소에 대한 것이므로 식 (8.16)의 $D_{\alpha\beta}^{(i)}(g)$는 h개의 값을 취하므로 이를 h개의 성분을 가진 벡터로 간주할 수 있으며, 만약 $i=j$일 때의 자기 자신의 내적(크기의 제곱에 해당)은 h/n_i가 되며, 또한 $i\neq j$일 때는 서로 직교(즉 내적은 0)가 됨을 알 수 있다.

한편 그와 같은 벡터의 수는, 차원 n_i의 기약표현 $D^{(i)}$는 n_i행과 n_i열로 구성되어 있으므로 n_i^2가 되며, 또한 주어진 대칭요소(혹은 급, class)에 있어서 전 기약표현(단 기약표현의 수는 급의 수와 동일)에 대하여 그와 같은 벡터의 전체수는 아래가 될 것이다.

$$n_1^2+n_2^2+\cdots=\sum n_i^2=h \tag{8.17}$$

여기서 i에 대한 합은 계에 포함된 모든 (같지 않은) 기약표현에 대한 것으로서 값이 G의 전 요소수 h와 동일함은 이하에서 언급될 모든 분자 대칭(점)군의 경우에도 쉽게 확인된다.

8.5 지표(character) 정리

만약 군 G의 요소 g에 대한 표현 $D(g)$가 주어졌다면, 아래와 같이 유사변환을 통하여 또 다른 표현 $D'(g)$가 얻어질 것이다.

$$D(g)\rightarrow D'(g)=SD(g)S^{-1} \tag{8.18}$$

이는 완전히 다른 집합의 행렬이 될 것이나, 두 표현은 사실상 동일 즉 유사변환하에 두 표현은 불변(invariant)이 된다고 할 수 있다[단, 이때 $D(g)$와 $D'(g)$는 같은 급에 속한다고 가정].

1.9절에 언급한 유사변환에 의한 행렬의 대각화 경우처럼 변환전후의 행렬의 차수(rank)나 3 불변량이 보존되는 것과 같은 원리로 식 (8.18)의 유사변환시 표현행렬(대표원)의 트레이스(trace) 또

한 불변이 된다. 여기서 행렬 $D^{(i)}(g)$의 트레이스를 아래와 같이 그 표현의 '지표(character)' $\chi^{(i)}(g)$로 정의한다.

$$\chi^{(i)}(g) = \sum_{\alpha} D_{\alpha\alpha}^{(i)}(g) \tag{8. 19}$$

여기서 만약 군 G의 두 요소 g_1 과 g_2가 같은 급(same class)에 속한다면 당연히 그 표현 $D(g_1)$과 $D(g_2)$의 지표 $\chi(g_1)$과 $\chi(g_2)$는 같아야 한다.

다음에는 앞에서 언급한 군 표현의 직교정리(식 (8.16))로부터 지표항으로 나타낸 또 다른 유용한 직교정리를 얻을 수 있다. 즉 만약 $\chi^{(1)}$, $\chi^{(2)}$, $\cdots$등은 기약표현 (1), (2), $\cdots$등의 지표이고, 또한 C_1, C_2, $\cdots$, C_s는 요소 수 h인 군 G에 속하는 여러 급(class) (단 $s \le h$)이라고 하고, p_k는 k번째 급 C_k에 있는 (동등한, 같은 지표의) 군 요소의 수(또는 무게인자)이라고 할 때 아래의 지표로 나타낸 직교정리가 성립된다[단 사각괄호 안은 직교함수의 내적표현식으로 나타냄 - 식 (4.1) 참조].

$$\sum_{k=1}^{s} p_k \chi^{(i)}(C_k)^* \chi^{(j)}(C_k) \left[= \left\langle \chi^{(i)}(C_k) | \chi^{(j)}(C_k) \right\rangle_{p_k} \right] = h\,\delta_{ij} \tag{8. 20}$$

위 식에서 주어진 급 C_k에서 각 기약표현 i에 대한 지표 $\chi^{(i)}(C_k)$는 식 (8.16)의 $D_{\alpha\beta}^{(i)}(g)$의 경우처럼 급의 수 s개를 성분으로 갖는 s-차원 벡터로 간주할 수 있으며, 또한 행과 열의 수가 같은 정방형 지표 표(character table)(표 8.2 참조)에서 볼 수 있듯이 기약표현의 수와 급의 수가 같다.

여기서 식 (8.20)로 나타낸 지표에 대한 직교성 관계를 나타내는 보다 콤팩트(compact)한 방법은 아래의 $(i,\ j)$요소를 갖는 행렬은

$$\sqrt{p_j / h}\,\chi^{(i)}(C_j) \tag{8. 21}$$

유니터리 행렬이라고 말하는 것이다.

이제 좌표의 적당한 변화(유사변환) 후 아래의 형태를 갖는 한 가약표현 D를 생각해보자.

$$D(g) = \begin{pmatrix} D^{(a)}(g) & & & 0 \\ & D^{(b)}(g) & & \\ & & D^{(c)}(g) & \\ 0 & & & \ddots \end{pmatrix} \tag{8. 22}$$

즉

$$D(g) = D^{(a)}(g) \oplus D^{(b)}(g) \oplus \cdots \tag{8. 23}$$

여기서 $D^{(a)}$, $D^{(b)}$, ⋯ 등은 각각 차원 n_a, n_b, ⋯등을 갖는 기약표현(대표원)이다. 가약표현 D의 트레이스는 D에 있는 각각의 부행렬 $D^{(i)}$의 트레이스의 합과 같다. 즉

$$\mathrm{Tr}D = \mathrm{Tr}D^{(a)} + \mathrm{Tr}D^{(b)} + \cdots \quad \Leftrightarrow \quad \chi(C) = \chi^{(a)}(C) + \chi^{(b)}(C) + \cdots \tag{8.24}$$

한편 만약 D안에 기약표현 $D^{(1)}$이 c_1개, $D^{(2)}$가 c_2개, ⋯존재하면 이 때 D는 식 (8.23)대신 아래와 같이 쓸 수 있다.

$$D = c_1 D^{(1)} \oplus c_2 D^{(2)} \oplus \cdots \tag{8.25}$$

마찬가지로 D의 지표의 경우에도 아래가 성립된다.

$$\chi(C_k) = \sum_i c_i \chi^{(i)}(C_k) \tag{8.26}$$

여기서 계수 c_i는 급 C_k에 속하는 가약표현 D의 지표 $\chi(C_k)$에 대한 기약표현 $\chi^{(i)}(C_k)$의 공헌(혹은 분율) 또는 행렬 D안에 기약표현 i에 해당하는 부행렬 $D^{(i)}$가 나타나는 회수에 대응한다. 이 때 계수 c_i는 어떤 함수 $f(x)$를 직교(고유)함수 $\phi_n(x)$항으로 급수전개시 계수 a_n을 나타내는 것(식 (4.3) 참조)과 유사하게 무게함수 p_k(혹은 급 C_k내의 군 요소 수)를 사용하여 아래와 같이 나타내진다.

$$c_i = \frac{\langle \chi^{(i)}(C_k) | \chi(C_k) \rangle_{p_k}}{\langle \chi^{(i)}(C_k) | \chi^{(i)}(C_k) \rangle_{p_k}} = \frac{\sum_k p_k \chi^{(i)}(C_k)^* \chi(C_k)}{h} = \overline{\chi^{(i)}(g)^* \chi(g)} \tag{8.27}$$

위 식에서 분모는 식 (8.20)을 사용하였으며, 마지막 식의 바(−)는 군의 전체에 걸친 평균(내적)을 의미한다.

증 명 식 (8.26)의 양변에 $p_k \chi^{(i)}(C_k)^*$를 곱하여 $\sum_k$를 취하면 아래가 된다(단 이때 식 (8.26)의 우변의 무효첨자 i를 j로 바꿈).

$$\sum_k p_k \chi^{(i)}(C_k)^* \chi(C_k) = \sum_j c_j \sum_k p_k \chi^{(i)}(C_k)^* \chi^{(j)}(C_k) = \sum_j c_j h \delta_{ij} = h c_i \tag{8.28}$$

따라서 식 (8.27)가 증명된다. ■

8. 5. 1 C_{2v} 군의 표현의 지표 : 보기

표 8.2는 C_{2v}군의 지표 표(character table)이다. 이 C_{2v}군은 4개의 상이한 기약 표현을 가지고 있는데, 이들은 모두 1차 행렬 집합들이다. 첫째 번 표현 A_1은 1×1행렬의 집합들이며, 각 행렬 속에 $+1$이 다음과 같이 자리하고 있다.

	I	C_2	σ_v	$\sigma_v{}'$
A_1	[1]	[1]	[1]	[1]

따라서 대각선 원소의 합은 이 행렬의 원소인 $+1$과 같으며, 지표는 다음과 같이 된다.

	I	C_2	σ_v	$\sigma_v{}'$
A_1	1	1	1	1

다른 세 기약 표현도 1차원 행렬의 집합들이며 그 지표들 역시 행렬을 이루는 단위 원소와 같다(표 8.2). 1차원 기약 행렬은 관습에 따라 A_1, A_2, B_1, B_2로 표시한다. 한편 기약표현에 있어서 표지(label) A와 B는 모두 1차원($n=1$) 기약표현을 나타내는데, 주 회전(여기서는 C_2)축에 관한 대칭 조작의 지표가 $+1$인 것을 A로, 그리고 -1인 것을 B로 한다. 또한 밑첨자 1 및 2는 다른 주 회전축(만약 C_{2v}의 경우처럼 없을 때는 σ_v 반사)조작에 의한 지표가 $+1$일 때는 밑첨자 1, 만약 -1일 때는 밑첨자 2를 붙인다. 그리고 동일 종류의 기약표현이 2개 이상 있을 때는 아래 첨자를 붙여서 이들을 구분한다. A_1은 항상 모든 조작들의 지표가 1이 되는 표현을 나타낼 때 쓰인다. 그리고 고차원의 기약표현이 허용될 때는 2차원 기약표현은 E로, 3차원 기약표현은 T로 나타내고, 또한 위 등방요소 I열 아래에 각각 지표 $+2$(이중퇴화) 및 $+3$(3중퇴화, 중첩도 3)로 표기한다.

표 8. 2 C_{2v} 군의 지표 표

C_{2v}	I	C_2	$\sigma_v(xz)$	$\sigma_v{}'(yz)$		
A_1	1	1	1	1	z	$x^2,\ y^2,\ z^2$
A_2	1	1	-1	-1	R_z	xy
B_1	1	-1	1	-1	$x,\ R_y$	xz
B_2	1	-1	-1	1	$y,\ R_x$	yz

어느 좌표이든 그 좌표가 군의 대칭 조작에 대해서 나타내는 성질은 어느 한 기약 표현의 지표를 가지고 나타낼 수 있다. 예로서 x좌표는 다음과 같이 변환된다.

$$Ix=+x \qquad C_2x=-x \qquad \sigma_v(xz)x=+x \qquad \sigma_v{}'(yz)x=-x$$

우변의 계수들은 다음과 같다.

I	C_2	σ_v	σ_v'
1	-1	1	-1

이 수들의 세트를 지표 표와 비교해 보면 x가 기약표현 B_1에 속한다는 것을 알 수 있다. 이와 비슷한 방법을 이용하면 y는 B_2에 속한다는 것을 알 수 있다. 한편 군의 임의의 조작을 R이라고 하면 $Rz = z$이므로 z는 완전히 대칭이며 따라서 완전한 대칭 표현 A_1에 속한다(A_1 지표는 모두 $+1$이다).

좌표들이 어떤 기약표현에 속하는지를 알면(예로서 x는 B_1에 속하고, y는 B_2에 속한다) 표현들의 '직접곱(direct product)' $B_1 \times B_2$를 만들어 봄으로써 함수들의 곱이 어떤 표현에 속하는지를 알 수 있다. 예로서 직접곱 $b_1 \times b_2$의 표는 다음과 같다.

$B_1 \times B_2$	I	C_2	σ_v	σ_v'
	$(+1)(+1)$	$(-1)(-1)$	$(+1)(-1)$	$(-1)(+1)$

또는

$B_1 \times B_2$	I	C_2	σ_v	σ_v'
	1	1	-1	-1

이것은 표현 A_2와 같다. 따라서 이 관계를 다음과 같이 나타낼 수 있다.

$$B_1 \times B_2 = A_2$$

그리하여 두 함수의 곱 xy는 표현 A_2에 속한다는 것을 알 수 있다. 한편 완전한 대칭 표현 A_1의 지표는 모두 $+1$이며 따라서 A_1과 다른 임의의 기약표현과의 직접곱은 항상 후자의 표현에 속하게 된다. 즉

$$A_1 \times A_1 = A_1 \qquad A_1 \times A_2 = A_2 \qquad A_1 \times B_1 = B_1 \qquad A_1 \times B_2 = B_2$$

또 어떤 기약표현이든 그 자신들끼리의 직접곱(예로서 $B_1 \times B_1$)은 완전한 대칭 표현 A_1에 속한다는 것을 주목하기 바란다. 따라서 함수 x^2, y^2, z^2들은 모두 A_1에 속한다. 표 8.2에서와 같이 지표 표에는 이러한 간단한 함수들이 포함되어 있다. 기호 R_x, R_y, R_z는 x-, y-, z-축 주위의 회전이 속하는 표현을 나타낸다.

8.5.2 C_{2v}군의 표현: 보기

이러한 대칭 원리를 응용하기 전에 우선 기약표현의 어느 하나(또는 그 이상)가 2차원(또는 3차원)일 때는 어떻게 되는가를 설명하기 위해서 약간 더 일반적인 예를 들어 보겠다. 2차원 기약 표현을 갖는 가장 간단한 군은 C_{3v}이다. 이 군은 암모니아 분자(그림 8.3)가 갖는 대칭 요소를 가지고 있다. 이 원자들의 xy-면 상의 투영(projection)을 그림 8.3(b)에 나타내었다. 이들에 대한 대칭 조작은 다음과 같다.

I: 동등
C_3 : z-축 주위로 반시계 방향으로 120° 회전
$\overline{C_3}$: z-축 주위로 시계 방향으로 120° 회전
$\sigma_v^{(1)}$: z-축과 수소 원자 1이 포함되는 수직면에서의 반사
$\sigma_v^{(2)}$: z-축과 수소 원자 2가 포함되는 수직면에서의 반사
$\sigma_v^{(3)}$: z-축과 수소 원자 3이 포함되는 수직면에서의 반사

C_{2v}대칭군에서는 각 좌표가 대칭 조작에 의해서 불변이거나 부호만이 변했다. 그러나 C_{3v}군에서는 상황이 조금 복잡하다. z-좌표의 경우에는 이 군의 임의의 조작을 R이라고 할 경우 $Rz = z$의 관계가 여전히 성립되며, 따라서 C_{3v}에서는 C_{2v}에서와 마찬가지로 z가 완전 대칭 표현에 속하게 된다. 그러나 x와 y는 간단하게 변환되지 않는다. 그런데 이 경우처럼 좌표는 고정시키고 물질(벡터)을 z축 주위로 반시계 방향으로 θ만큼 회전시킬 경우(그림 8.3 참조)의 2차원 회전(선형연산자) 행렬은 식 (1.188)에 주어져 있으므로 C_3 대칭조작의 행렬표현은 이 식에 $\theta = 2\pi/3$를 대입하면 된다(반면에 $\overline{C}_3$ 조작의 경우에는 $\theta =- 2\pi/3$를 대입). 따라서 변환전의 점 (x, y)에서 C_3조작에 의한 변환후의 점 (x', y')는 아래의 행렬표현식에서 얻어질 수 있다.

$$C_3 \begin{bmatrix} x \\ y \end{bmatrix} = \begin{bmatrix} \cos\frac{2}{3}\pi & -\sin\frac{2}{3}\pi \\ \sin\frac{2}{3}\pi & \cos\frac{2}{3}\pi \end{bmatrix} \begin{bmatrix} x \\ y \end{bmatrix} = \begin{bmatrix} x' \\ y' \end{bmatrix}$$

마찬가지로 $\overline{C}_3$ 조작에 대한 다음과 같은 관계도 얻을 수 있다.

$$\overline{C}_3 \begin{bmatrix} x \\ y \end{bmatrix} = \begin{bmatrix} \cos\frac{2}{3}\pi & \sin\frac{2}{3}\pi \\ -\sin\frac{2}{3}\pi & \cos\frac{2}{3}\pi \end{bmatrix} \begin{bmatrix} x \\ y \end{bmatrix} = \begin{bmatrix} x' \\ y' \end{bmatrix}$$

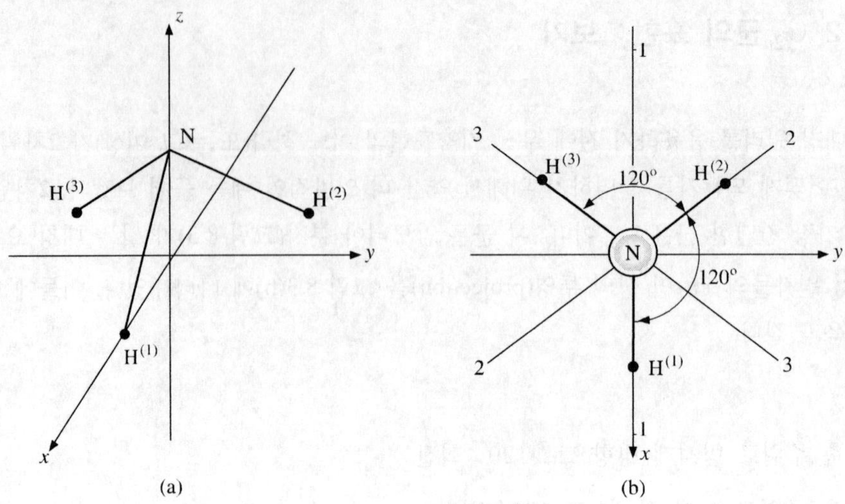

그림 8.3 (a) NH_3 분자의 좌표. (b) 원자들의 xy-면 투영.

즉, C_3나 $\overline{C}_3$는 행렬로 나타낼 수가 있다. $\cos\frac{2}{3}\pi = -\frac{1}{2}$이고 $\sin\frac{2}{3}\pi = \frac{1}{2}\sqrt{3}$이므로 이 행렬들은 다음과 같이 된다.

$$C_3 = \begin{bmatrix} -\frac{1}{2} & -\frac{1}{2}\sqrt{3} \\ \frac{1}{2}\sqrt{3} & -\frac{1}{2} \end{bmatrix} \quad \overline{C}_3 = \begin{bmatrix} -\frac{1}{2} & \frac{1}{2}\sqrt{3} \\ -\frac{1}{2}\sqrt{3} & -\frac{1}{2} \end{bmatrix}$$

C_3와 $\overline{C}_3$의 주 대각선 원소들의 합은 다같이 $-\frac{1}{2} + \left(-\frac{1}{2}\right) = -1$임을 주목하라. 이들 조작은 동일한 지표를 갖는다.

반사 조작 $\sigma_v^{(1)}$은 다음과 같은 효과를 나타낸다.

$$\sigma_v^{(1)} x = x \quad \sigma_v^{(1)} y = -y$$

이 관계도 행렬을 이용해서 나타낼 수 있다.

$$\sigma_v^{(1)} \begin{bmatrix} x \\ y \end{bmatrix} = \begin{bmatrix} 1 & 0 \\ 0 & -1 \end{bmatrix} \begin{bmatrix} x \\ y \end{bmatrix} = \begin{bmatrix} x \\ -y \end{bmatrix}$$

$\sigma_v^{(1)}$에 맞먹는 행렬의 지표는 $1 + (-1) = 0$이다. 다른 두 면에서의 반사는 이보다 조금 더 복잡하며 다음과 같은 효과를 나타낸다.

$$\sigma_v^{(2)} x = -\frac{1}{2}x - \frac{1}{2}\sqrt{3}\,y \qquad \sigma_v^{(3)} x = -\frac{1}{2}x + \frac{1}{2}\sqrt{3}\,y$$

$$\sigma_v^{(2)} y = -\frac{1}{2}\sqrt{3}\,x + \frac{1}{2}y \qquad \sigma_v^{(3)} y = \frac{1}{2}\sqrt{3}\,x + \frac{1}{2}y$$

즉, 면 2와 면 3에서의 반사를 통해서 x와 y는 모두 x와 y의 선형 결합으로 변환된다. 행렬을 이용하면 이 변환을 다음과 같이 나타낼 수 있다.

$$\sigma_v^{(2)}\begin{bmatrix} x \\ y \end{bmatrix} = \begin{bmatrix} -\frac{1}{2} & -\frac{1}{2}\sqrt{3} \\ -\frac{1}{2}\sqrt{3} & \frac{1}{2} \end{bmatrix}\begin{bmatrix} x \\ y \end{bmatrix} \text{ 및 } \sigma_v^{(3)}\begin{bmatrix} x \\ y \end{bmatrix} = \begin{bmatrix} -\frac{1}{2} & \frac{1}{2}\sqrt{3} \\ \frac{1}{2}\sqrt{3} & \frac{1}{2} \end{bmatrix}\begin{bmatrix} x \\ y \end{bmatrix}$$

따라서 반사 조작에 맞먹는 행렬들을 다음과 같이 나타낼 수 있다.

$$\sigma_v^{(1)} = \begin{bmatrix} 1 & 0 \\ 0 & -1 \end{bmatrix} \quad \sigma_v^{(2)} = \begin{bmatrix} -\frac{1}{2} & -\frac{1}{2}\sqrt{3} \\ -\frac{1}{2}\sqrt{3} & \frac{1}{2} \end{bmatrix} \quad \sigma_v^{(3)} = \begin{bmatrix} -\frac{1}{2} & \frac{1}{2}\sqrt{3} \\ \frac{1}{2}\sqrt{3} & \frac{1}{2} \end{bmatrix}$$

이 행렬들은 각각 주대각 원소의 합이 영이 된다. 그리하여 모든 반사 조작들의 지표는 다같이 영이다.

동등 조작에 대한 표현은 언제나 단위행렬로 나타낼 수 있다. 즉

$$I = \begin{bmatrix} 1 & 0 \\ 0 & 1 \end{bmatrix}$$

표 8.3 C_{3v} **군의 지표 표**

C_{3v}	I	$2C_3$	$3\sigma_v$		
A_1	1	1	1	z	$x^2+y^2,\ z^2$
A_2	1	1	-1	R_z	
E	2	-1	0	$(x, y)(R_x, R_y)$	$(x^2-y^2, xy)(xz, yz)$

이 행렬의 지표는 2이다.

군의 각 원소에 대해서 하나씩인 이 행렬의 세트는 이 군의 2차원 기약 표현이다. 그리고 이 표현의 지표는 다음과 같이 요약할 수 있다.

I	C_3	$\overline{C}_3$	$\sigma_v^{(1)}$	$\sigma_v^{(2)}$	$\sigma_v^{(3)}$
2	-1	-1	0	0	0

여기서 두 회전 조작 C_3 및 $\overline{C}_3(=C_3^2)$의 지표는 같으며, 또한 세 반사 조작의 지표도 또 모두 같다는 것을 주목하라. 두 회전은 같은 급(same class)의 원소들이며, 세 회전도 서로 같은 급의 원소들이다. 그리고 동등 원소는 그 자신이 한 급이다. 같은 급의 원소들의 표현은 언제나 동일한 지표를 갖는다. 이 때문에 지표 표는 표 8.3에서와 같이 간결한 꼴로 나타내는 것이 보통이다(이 군은 또한 2개의 1차원 표현 A_1과 A_2를 가지고 있으며 이들은 표 8.3에 표시한 바와 같은 지표를 갖는다는 것을 주목하라).

이 표에서 (x, y)기호는 좌표쌍 (x, y)가 군의 조작에 의해서 x와 y의 선형 결합으로 변환된다는 것을 나타낸다. 일반적으로 A_1은 완전 대칭 표현이다.

한편 아래 표는 표 8.3의 같은 급에 속하는 요소 즉 $2C_3$을 C_3 및 $C_3^2(=\overline{C}_3)$, 그리고 $3\sigma_v$를 $\sigma_v(=\sigma_v^{(1)})$, $\sigma_v{}'(=\sigma_v^{(2)})$ 및 $\sigma_v{}''(=\sigma_v^{(3)})$로 풀어쓰고(그림 8.4 참조) 또 이에 대응하는 행렬표현과 함께 다시 나타낸 것이다.

표 8.4 C_{3v} **점군의 기약표현**

	I	C_3	C_3^2	σ_v	$\sigma_v{}'$	$\sigma_v{}''$
A_1	(1)	(1)	(1)	(1)	(1)	(1)
A_2	(1)	(1)	(1)	(−1)	(−1)	(−1)
E	$\begin{pmatrix}1&0\\0&1\end{pmatrix}$	$\begin{pmatrix}-\frac{1}{2}&-\frac{\sqrt{3}}{2}\\\frac{\sqrt{3}}{2}&-\frac{1}{2}\end{pmatrix}$	$\begin{pmatrix}-\frac{1}{2}&\frac{\sqrt{3}}{2}\\-\frac{\sqrt{3}}{2}&-\frac{1}{2}\end{pmatrix}$	$\begin{pmatrix}1&0\\0&-1\end{pmatrix}$	$\begin{pmatrix}-\frac{1}{2}&\frac{\sqrt{3}}{2}\\\frac{\sqrt{3}}{2}&\frac{1}{2}\end{pmatrix}$	$\begin{pmatrix}-\frac{1}{2}&-\frac{\sqrt{3}}{2}\\-\frac{\sqrt{3}}{2}&\frac{1}{2}\end{pmatrix}$

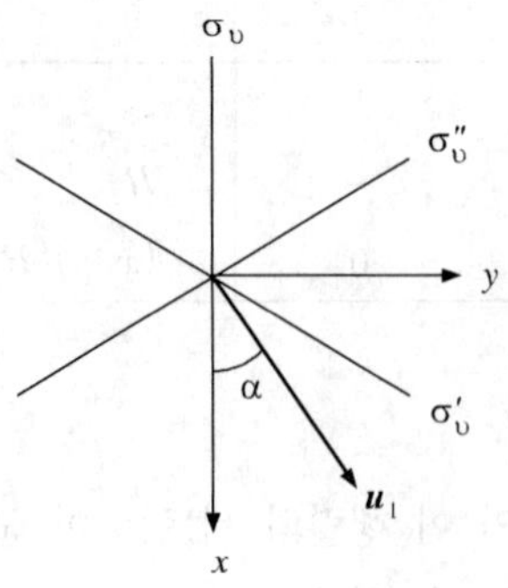

그림 8.4 $NH_3(C_{3v})$에 있는 질소 원자에 중심을 둔 Cartesian 좌표계의 z축 아래로 본 그림. σ_v 거울(반사)면은 $x-z$평면이며, $\boldsymbol{u}_1$은 길이가 1인 임의의 2차원 벡터(즉 z 좌표는 0)이다.

이로부터 아래 예제 문제에 답하라.

예제 8. 1

(a) C_3 회전조작에 대한 (2차원)행렬 표현이 표 8.4의 결과와 같음을 그림 8.4를 참고하여 보여라.

(b) 또한 거울 반사조작 σ_v''에 대한 행렬표현 역시 표 8.4의 결과와 같음을 그림과 함께 보여라.

(c) $\sigma_v'' = \sigma_v C_3 (\neq C_3\sigma_v)$의 관계도 증명하라.

풀 이

(a) 그림 8.4에서 대칭조작 $\hat{C}_3$ 작용전의 단위벡터 $\boldsymbol{u}_1 = u_{1x}\boldsymbol{i} + u_{1y}\boldsymbol{j} = (\cos\alpha)\boldsymbol{i} + (\sin\alpha)\boldsymbol{j}$가 작용 후에 아래와 같이 됨을 알 수 있다.

$$\boldsymbol{u}_2(\equiv \hat{C}_3\boldsymbol{u}_1) = \cos(120^\circ + \alpha)\boldsymbol{i} + \sin(120^\circ + \alpha)\boldsymbol{j}$$

$$= \left(-\frac{1}{2}\cos\alpha - \frac{\sqrt{3}}{2}\sin\alpha\right)\boldsymbol{i} + \left(\frac{\sqrt{3}}{2}\cos\alpha - \frac{1}{2}\sin\alpha\right)\boldsymbol{j}$$

$$= \left(-\frac{1}{2}u_{1x} - \frac{\sqrt{3}}{2}u_{1y}\right)\boldsymbol{i} + \left(\frac{\sqrt{3}}{2}u_{1x} - \frac{1}{2}u_{1y}\right)\boldsymbol{j} \tag{1}$$

이를 행렬표현으로 나타내면 아래가 된다(단 $\hat{C}_3$에 해당하는 행렬표현은 C_3으로 나타냄)

$$\boldsymbol{u}_2 = \mathrm{C}_3\boldsymbol{u}_1 \Rightarrow \begin{pmatrix} u_{2x} \\ u_{2y} \end{pmatrix} = \begin{pmatrix} -\frac{1}{2} & -\frac{\sqrt{3}}{2} \\ \frac{\sqrt{3}}{2} & -\frac{1}{2} \end{pmatrix} \begin{pmatrix} u_{1x} \\ u_{1y} \end{pmatrix} \tag{2}$$

즉 C_3은 표 8.4의 결과와 일치한다.

[별해 : $\hat{C}_3$은 물질(벡터)을 z축 주위로 반시계 방향으로 $\theta = 2\pi/3$ 회전시키는 선형연산자에 해당되므로 식 (1.188)에서 바로 얻어질 수 있다.]

(b) 그림 8.9에서 원 단위벡터 $\boldsymbol{u}_1 = (\cos\alpha)\boldsymbol{i} + (\sin\alpha)\boldsymbol{j}$에 대칭조작 $\hat{\sigma}_v''$을 가한 후 얻어지는 (단위)벡터를 $\boldsymbol{u}_2 = \hat{\sigma}v''\boldsymbol{u}_1$라 하면 아래가 얻어진다.

$$\boldsymbol{u}_2(\equiv \hat{\sigma}_v''\boldsymbol{u}_1) = u_{2x}\boldsymbol{i} + u_{2y}\boldsymbol{j} = [\cos(240^\circ - \alpha)]\boldsymbol{i} + [\sin(240^\circ - \alpha)]\boldsymbol{j}$$

$$= \left(-\frac{1}{2}\cos\alpha - \frac{\sqrt{3}}{2}\sin\alpha\right)\boldsymbol{i} + \left(-\frac{\sqrt{3}}{2}\cos\alpha + \frac{1}{2}\sin\alpha\right)\boldsymbol{j} \tag{3}$$

이를 행렬표현으로 나타내면 아래가 된다(단 $\hat{\sigma}_v''$에 해당하는 행렬표현은 σ_v로 나타냄).

$$\boldsymbol{u}_2 = \sigma_u \boldsymbol{u}_1 \Rightarrow \begin{pmatrix} u_{2x} \\ u_{2y} \end{pmatrix} = \sigma_v'' \begin{pmatrix} u_{1x} \\ u_{1y} \end{pmatrix} = \begin{pmatrix} -\frac{1}{2} & -\frac{\sqrt{3}}{2} \\ -\frac{\sqrt{3}}{2} & \frac{1}{2} \end{pmatrix} \begin{pmatrix} u_{1x} \\ u_{1y} \end{pmatrix} \tag{4}$$

따라서 $\hat{\sigma}_v''$에 해당하는 행렬표현은 표 8.4의 결과와 일치한다. 그리고 아래 그림이 $\boldsymbol{u}_1$으로부터 $\hat{\sigma}_v''$에 의해 $\boldsymbol{u}_2$가 얻어지는 과정을 도식적으로 나타내었다.

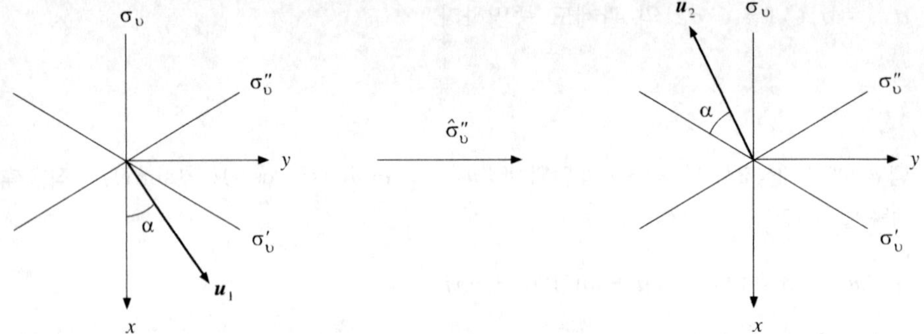

그림 8. 5 그림 8.4의 $\boldsymbol{u}_1$ 벡터를 $\hat{\sigma}_v''$ 반사조작에 의해 $\boldsymbol{u}_2$로 변환시킴을 보여주는 그림.

(C) 대칭조작 $\hat{\sigma}_v$ 및 $\hat{C}_3$에 해당하는 행렬표현을 표 8.4에서 찾아라. 이들을 곱하면 아래가 된다(단 순서에 유의).

$$\sigma_v \mathrm{C}_3 = \begin{pmatrix} 1 & 0 \\ 0 & -1 \end{pmatrix} \begin{pmatrix} -\frac{1}{2} & -\frac{\sqrt{3}}{2} \\ \frac{\sqrt{3}}{2} & -\frac{1}{2} \end{pmatrix} = \begin{pmatrix} -\frac{1}{2} & -\frac{\sqrt{3}}{2} \\ -\frac{\sqrt{3}}{2} & \frac{1}{2} \end{pmatrix} = \sigma_v'' \tag{5}$$

한편 순서를 바꾸어 $\hat{\sigma}_v$ 조작을 먼저, 그리고 $\hat{C}_3$ 조작을 나중에 작용시키면 이에 해당하는 행렬의 곱은 아래가 되어 증명된다.

$$\mathrm{C}_3 \sigma_v = \begin{pmatrix} -\frac{1}{2} & -\frac{\sqrt{3}}{2} \\ \frac{\sqrt{3}}{2} & -\frac{1}{2} \end{pmatrix} \begin{pmatrix} 1 & 0 \\ 0 & -1 \end{pmatrix} = \begin{pmatrix} -\frac{1}{2} & \frac{\sqrt{3}}{2} \\ \frac{\sqrt{3}}{2} & \frac{1}{2} \end{pmatrix} = \sigma_v' \neq \sigma_v'' \tag{6}$$

즉 이 경우 (선형) 대칭연산자 $\hat{\sigma}_v$ 및 $\hat{C}_3$의 교환법칙은 성립되지 않음을 알 수 있다. 한편 이 과정들을 그림 8.5를 참고하여도 추측할 수 있다.

8.6 가약 표현: 직교정리

8.5절에 소개한 군 표현의 직교정리를 독자의 이해를 돕기 위해 C_{3v} 점군을 사용하여 다시 한번 논하기로 한다.

앞 절에서 C_{3v} 점군에 대한 3 기약표현 A_1, A_2 및 E 사이에 아래의 직접곱이 성립됨을 알았다.

$$A_1 \times A_1 = A_1 \qquad A_1 \times A_2 = A_2 \qquad A_1 \times E = E$$

$$A_2 \times A_2 = A_1 \qquad A_2 \times E = E$$

이 기약 표현들의 직접곱들은 그 자신들이 또한 기약 표현이다. 반면에 $E\times E$와 같은 직접곱을 만들면 다음과 같은 지표들을 얻게 된다.

	I	$2C_3$	$3\sigma_v$
$E\times E$	4	1	0

이 지표 값들은 어느 기약 표현의 지표하고 같지 않다. 따라서 직접곱 $E\times E$는 가약 표현에 속한다. 가약 표현의 지표는 그 가약 표현을 구성하는 기약 표현들의 지표를 합한 것과 같다. 이 특별히 간단한 보기에서는 지표 표를 보고 점군 C_{2v}의 (같은 급에 속하는) 모든 대칭조작(혹은 대칭요소) $\hat{R}$에 대하여 간단히 다음과 같은 관계를 알아낼 수 있다.

$$E\times E = A_1 + A_2 + E$$

우리는 직접곱 $E\times E$ 속에 기약 표현 A_1, A_2 및 E가 들어있다고 말한다. 그러나 복잡한 경우에는 눈으로 보고 이러한 결과를 얻을 수 없다. 이러한 경우에는 8.5절에 소개한 직교정리(식 (8.20))를 이용해야 하는데, 급(class) C_k 대신 그에 속하는 모든 대칭요소(R)를 모두 사용하여 나타내면 아래가 된다(단 이때 지표 χ는 실수라고 가정).

$$\sum_R \chi_i(R)\chi_j(R) = h\delta_{ij} \tag{8.29}$$

여기서 $\chi_i(R)$과 $\chi_j(R)$은 두 기약 표현 i와 j의 지표이며, h는 군의 원소 수, R은 군의 대칭조작(혹은 대칭요소), 그리고 δ_{ij}는 Kronecker 델타이다. (8.29)식에 의하면 상이한$(i \neq j)$ 두 기약 표현의 지표를 군의 모든 조작에 관해서 합해 주면 영이 되며, 또 어떤 기약 표현이든 그 지표의 제곱을 군의 조작에 대해서 합해 주면 h가 된다. 예로서 C_{3v} 점군에서 $i = A_1$, 그리고 $j = A_2$라고 하자. 그러면

$$\begin{array}{l} \qquad\qquad\qquad\quad I \qquad\quad 2C_3 \qquad 3\sigma_v \\ \sum_R \chi_{A_1}(R)\chi_{A_2}(R) = (1)(1) + 2(1)(1) + 3(1)(-1) = 0 \end{array}$$

우변의 둘째 항 (1)(1)은 C_3에 대해서 한 번, 그리고 $\overline{C}_3$에 대해서 또 한 번, 즉 두 번 나온다. 그리고 셋째 항 (1)(−1)은 각 반사에 대해서 한 번씩 도합 세 번 나온다. 또 만일 $i = j = E$라고 하면 다음과 같은 결과가 나온다.

$$\sum_R \chi_E(R)\chi_E(R) = (2)(2) + 2(-1)(-1) + 3(0)(0) = 6$$

지금 좌표가 $\chi(R)$인 가약 표현이 있다고 하자. 그러면 지표는 이 가약 표현 속에 들어있는 기약 표현들의 지표의 합과 같아야 한다. 따라서 어떤 조작에 대해서나 다음 관계가 성립해야 한다(식 (8.26) 참조 - 단 계수 c_i 대신 α_i 이용).

$$\chi(R) = \sum_i \alpha_i \chi_i(R) \tag{8. 30}$$

즉, 이 가약 표현 속에서는 기약 표현 i가 α_i만큼 들어있다. 이 식의 합셈은 모든 기약 표현에 관해서 해주어야 한다. 이 식의 양변에다 기약 표현 j의 지표인 $\chi_j(R)$을 곱한 다음 양변을 군의 모든 조작에 관해서 합해 주면 다음과 같은 결과를 얻을 수 있다.

$$\sum_R \chi(R)\chi_j(R) = \sum_R \sum_i \alpha_i \chi_i(R)\chi_j(R) = \sum_i \alpha_i \sum_R \chi_i(R)\chi_j(R)$$

(8.29)식의 직교 정리를 우변의 둘째 합셈에다 적용시키면 다음과 같은 결과를 얻을 수 있다.

$$\sum_R \chi(R)\chi_j(R) = \sum_i \alpha_i h \delta_{ij}$$

여기서 i에 관한 합셈을 하여주면 우변이 $h\alpha_j$가 되고 따라서 다음과 같은 결과를 얻을 수 있다(식 (8.27) 참조 - 단 계수 c_i 대신 α_j 이용).

$$\alpha_j = \frac{1}{h}\sum_R \chi(R)\chi_j(R) \tag{8. 31}$$

이 식을 이용하면 임의의 가약 표현 속에 기약 표현 j가 몇 번 들어 있는가를 결정할 수 있다.

8.6.1 가약 표현의 기약 표현으로의 분해 : 보기

3개 수소 원자의 $1s$ 궤도 함수와 질소 원자의 $2s$, $2p_x$, $2p_y$ 및 $2p_z$ 궤도 함수를 선형 결합하여 NH_3의 분자 궤도 함수를 만들 때는 이 분자 궤도 함수가 다음과 같은 지표를 가진 C_{3v} 군의 가약 표현에 속하게 된다는 것을 보일 수 있다.

	I	$2C_3$	$3\sigma_v$
$\chi(R)$	7	1	3

그러면 이 분자 궤도 함수들은 어떤 기약 표현에 속하는 것일까? 이 해답을 얻기 위해서 우선 (8.31) 식의 우변을 $j = A_1$인 경우에 대해서 구해보자. 그러면

$$\alpha_{A_1} = \frac{1}{6}[(7)(1) + 2(1)(1) + 3(3)(1)] = \frac{18}{6} = 3$$

이 가약 표현에는 A_1이 세 번 들어있다는 것을 알 수 있다. 다음에는 A_2인 경우에 대해서 같은 조작을 해준다.

$$\alpha_{A_2} = \frac{1}{6}[(7)(1) + 2(1)(1) + 3(3)(-1)] = 0$$

따라서 이 가약 표현 속에는 A_2가 들어있지 않다. 다음에는 E에 대해서 이 조작을 되풀이해준다.

$$\alpha_E = \frac{1}{6}[(7)(2) + 2(1)(-1) + 3(3)(0)] = \frac{12}{6} = 2$$

따라서 이 가약 표현 속에는 표현 E가 두 번 들어있다. 그리하여 이 가약 표현은 $3A_1 + 2E$로 되어있다. 우리는 이 기약 표현들의 결합에 대한 지표의 합이 가약 표현의 지표와 같다는 것을 보일 수 있다[가령 $R = C_3$일 경우 $\chi(C_3) = 1 = 3\chi_{A_1}(C_3) + 2\chi_E(C_3) = 3\times1 + 2\times(-1) = 1$이 되어 증명됨].

여기서 한 가지 중요한 점은 A_1이나 A_2와 같은 1차원 표현에 속하는 분자 궤도 함수는 퇴화되지 않는다는 것이다(즉 중첩도가 1임). 그러나 2차원 표현에 속하는 분자 궤도 함수는 2중으로 퇴화되며 두 파동함수가 동일한 에너지를 갖는다. 3차원 표현 T가 나타나는 대칭군에서는 해당하는 파동함수가 3중으로 퇴화된다(가령 CH_4에 해당하는 T_d 점군의 경우처럼).

1차원 기약 표현은 언제나 A나 B로 표시하며 여기에다 필요한 만큼의 첨자를 붙인다. 2차원 가약 표현은 E로 표시하고 3차원 표현은 T로 표시한다. 주 대칭축 주위의 회전에 대해서 대칭인

1차원 표현은 A로 나타내고, 이 조작에 대해서 반대칭인 것은 B로 표시한다.

예제 8.2

(a) C_{2v} 점군에 속하는 물분자의 4 대칭조작 $\hat{R}$(혹은 대칭요소 R)에 대한 가약표현 $\Gamma(R)$또는 그에 대한 지표 $\chi(R)$ 값을 추정하기 위한 기저(basis)로서 2개의 수소원자의 $1s$ 원자궤도(AO) h_1 및 h_2, 산소원자의 1개의 $2s$ 궤도 s, 그리고 3개의 $2p$ 궤도 p_x, p_y, p_z를 사용하여 변환전의 6요소 벡터(h_1, h_2, s, p_x, p_y, p_z)에 각각의 대칭조작을 작용 후 변환된 결과를 아래 표에 나타내었다(그림 8.1 및 8.2 참조).

	I	C_2	$\sigma_v(x, z)$	$\sigma_v'(y, z)$
h_1	h_1	h_2	h_2	h_1
h_2	h_2	h_1	h_1	h_2
s	s	s	s	s
p_x	p_x	$-p_x$	p_x	$-p_x$
p_y	p_y	$-p_y$	$-p_y$	p_y
p_z	p_z	p_z	p_z	p_z

이로부터 각각의 대칭조작 $\hat{R}$에 해당하는 6×6 행렬표현을 구하고, 또 각각의 가약표현의 지표(χ)값도 구하라.

(b) 식 (8.31)을 이용하여 이들 가약표현을 기약표현의 합으로 나타내어라.

풀 이

(a) 점군 C_{2v}의 4 대칭요소 I, C_2, σ_v 및 σ_v'에 해당하는 행렬표현을 각각 $D(I)$, $D(C_2)$, $D(\sigma_v)$ 및 $D(\sigma_v')$라 하면 아래가 성립된다.

$$\text{(i)}\quad D(I)\begin{pmatrix} h_1 \\ h_2 \\ s \\ p_x \\ p_y \\ p_z \end{pmatrix} = \begin{pmatrix} h_1' \\ h_2' \\ s' \\ p_x' \\ p_y' \\ p_z' \end{pmatrix} = \begin{pmatrix} h_1 \\ h_2 \\ s \\ p_x \\ p_y \\ p_z \end{pmatrix} \Rightarrow D(I) = \begin{pmatrix} 1 & 0 & 0 & 0 & 0 & 0 \\ 0 & 1 & 0 & 0 & 0 & 0 \\ 0 & 0 & 1 & 0 & 0 & 0 \\ 0 & 0 & 0 & 1 & 0 & 0 \\ 0 & 0 & 0 & 0 & 1 & 0 \\ 0 & 0 & 0 & 0 & 0 & 1 \end{pmatrix} \tag{1}$$

$$\text{(ii)}\quad D(C_2)\begin{pmatrix} h_1 \\ h_2 \\ s \\ p_x \\ p_y \\ p_z \end{pmatrix} = \begin{pmatrix} h_2 \\ h_1 \\ s \\ -p_x \\ -p_y \\ p_z \end{pmatrix} \Rightarrow D(C_2) = \begin{pmatrix} 0 & 1 & 0 & 0 & 0 & 0 \\ 1 & 0 & 0 & 0 & 0 & 0 \\ 0 & 0 & 1 & 0 & 0 & 0 \\ 0 & 0 & 0 & -1 & 0 & 0 \\ 0 & 0 & 0 & 0 & -1 & 0 \\ 0 & 0 & 0 & 0 & 0 & 1 \end{pmatrix} \tag{2}$$

$$\text{(iii)}\ \mathrm{D}(\sigma_v)\begin{pmatrix} h_1 \\ h_2 \\ s \\ p_x \\ p_y \\ p_z \end{pmatrix} = \begin{pmatrix} h_2 \\ h_1 \\ s \\ p_x \\ -p_y \\ p_z \end{pmatrix} \Rightarrow \mathrm{D}(\sigma_v) = \begin{pmatrix} 0 & 1 & 0 & 0 & 0 & 0 \\ 1 & 0 & 0 & 0 & 0 & 0 \\ 0 & 0 & 1 & 0 & 0 & 0 \\ 0 & 0 & 0 & 1 & 0 & 0 \\ 0 & 0 & 0 & 0 & -1 & 0 \\ 0 & 0 & 0 & 0 & 0 & 1 \end{pmatrix} \tag{3}$$

$$\text{(iv)}\ \mathrm{D}(\sigma_v{}')\begin{pmatrix} h_1 \\ h_2 \\ s \\ p_x \\ p_y \\ p_z \end{pmatrix} = \begin{pmatrix} h_1 \\ h_2 \\ s \\ -p_x \\ p_y \\ p_z \end{pmatrix} \Rightarrow \mathrm{D}(\sigma_v{}') = \begin{pmatrix} 1 & 0 & 0 & 0 & 0 & 0 \\ 0 & 1 & 0 & 0 & 0 & 0 \\ 0 & 0 & 1 & 0 & 0 & 0 \\ 0 & 0 & 0 & -1 & 0 & 0 \\ 0 & 0 & 0 & 0 & 1 & 0 \\ 0 & 0 & 0 & 0 & 0 & 1 \end{pmatrix} \tag{4}$$

따라서 위 4 행렬표현의 각각의 대각선 요소의 합(즉 트레이스)을 구하면 각 대칭요소 R에 대한 (가약표현)의 지표$\chi(R)$는 아래 값을 갖는다.

$$\chi(I)=6,\ \chi(C_2)=0,\ \chi(\sigma_v)=2,\ \chi(\sigma_v{}')=4 \tag{5}$$

(b) 문 (a)에서 가약표현(혹은 지표) $\Gamma(R)$: 6, 0, 2, 4 이므로 모든 대칭요소 R에 대해 식 (8.30) - (8.31)가 성립된다(단 C_{2v}의 지표 표(표 8.2) 참조). 즉

$$\chi(I)=6=\alpha_1\chi_{A_1}(I)+\alpha_2\chi_{A_2}(I)+\alpha_3\chi_{B_1}(I)+\alpha_4\chi_{B_2}(I)=\alpha_1+\alpha_2+\alpha_3+\alpha_4$$

$$\chi(C_2)=0=\alpha_1\chi_{A_1}(C_2)+\alpha_2\chi_{A_2}(C_2)+\alpha_3\chi_{B_1}(C_2)+\alpha_4\chi_{B_2}(C_2)=\alpha_1+\alpha_2-\alpha_3-\alpha_4$$

$$\chi(\sigma_v)=2=\alpha_1\chi_{A_1}(\sigma_v)+\alpha_2\chi_{A_2}(\sigma_v)+\alpha_3\chi_{B_1}(\sigma_v)+\alpha_4\chi_{B_2}(\sigma_v)=\alpha_1-\alpha_2+\alpha_3-\alpha_4$$

$$\chi(\sigma_v{}')=4=\alpha_1\chi_{A_1}(\sigma_v{}')+\alpha_2\chi_{A_2}(\sigma_v{}')+\alpha_3\chi_{B_1}(\sigma_v{}')+\alpha_4\chi_{B_2}(\sigma_v{}')=\alpha_1-\alpha_2-\alpha_3+\alpha_4 \tag{6}$$

이들 4 연립방정식을 풀면 아래를 얻는다.

$$\alpha_1=3,\ \alpha_2=0,\ \alpha_3=1,\ \alpha_4=2 \tag{7}$$

혹은 식 (8.31)로부터 구해도 같은 결과를 얻는다(단 C_{2v}군의 요소 수 $h=4$ 및 가약표현의 지표 식 (5) 이용).

$$\alpha_1=\frac{1}{4}(6\times1+0\times1+2\times1+4\times1)=3$$

$$\alpha_2=\frac{1}{4}(6\times1+0\times1+2\times(-1)+4\times(-1))=0$$

$$\alpha_3=\frac{1}{4}(6\times1+0\times(-1)+2\times1+4\times(-1))=1$$

$$\alpha_4 = \frac{1}{4}(6\times1+0\times(-1)+2\times(-1)+4\times1)=2 \tag{8}$$

따라서 이 경우 물분자(C_{2v}군)의 가약표현(Γ)은 3종류의 기약표현(단 A_2항은 0이 됨)의 선형결합 즉 $\Gamma = 3A_1 + B_1 + 2B_2$로 분해될 수 있다.

8. 6. 2 분자 궤도 함수 만들기: 보기

정확한 파동함수는 어떤 것이나 군의 기약 표현의 행렬들이 정해주는 방식의 대칭 조작에 의해서 변환될 수 있어야 한다. 이 조건 때문에 분자의 파동 함수의 꼴이 심한 제약을 받는다. 물분자의 경우에는 네 가지 종류의 함수, C_{2v}군의 네 기약 표현에 속하는 종류의 함수들만이 이 조건을 만족시킨다. '대칭 종(symmetry species)'이란 말이 '기약 표현'의 동의어로 사용되고 있다. 따라서 물분자의 파동함수는 네 대칭 종 A_1, A_2 B_1 및 B_2 중의 어느 하나에 속한다.

대칭이 다른 분자에 대해서는 다른 지표 표를 써야 하며 대칭 종도 비슷한 기호를 써서 나타낸다. 비대칭 분자의 파동 함수는 대칭 종으로 구분할 수가 없다.

지금까지 논의한 내용은 파동 함수의 구체적인 함수꼴과 무관하게 얻어진 것이며 Schrödinger 방정식을 풀 필요가 없었다. 즉, 이러한 내용은 대칭 성질에만 입각해서 대칭군의 수학적 성질로부터 얻어진 것이다.

그러나 계의 근사적인 파동 함수를 만들려고 할 때는 대칭 성질이 파동 함수를 구하는 강력한 수단으로써 이용될 수 있다. 예로서 원자 궤도 함수의 '선형 결합(LCAO, linear combination of atomic orbitals)'을 이용해서 물분자의 분자 궤도 함수를 쉽게 구할 수 있다. 지금 원자 궤도 함수(AO)를 χ_i라고 나타내자.

$$\begin{aligned}
&\chi_1 = (1s)_1 && (\text{H원자 1의 } 1s \text{ 궤도 함수})\\
&\chi_2 = (1s)_2 && (\text{H원자 2의 } 1s \text{ 궤도 함수})\\
&\chi_3 = (2s)_O && (\text{O원자의 } 2s \text{ 궤도 함수})\\
&\chi_4 = (2p_z)_O && (\text{O원자의 } 2p_z \text{ 궤도 함수})\\
&\chi_5 = (2p_x)_O && (\text{O원자의 } 2p_x \text{ 궤도 함수})\\
&\chi_6 = (2p_y)_O && (\text{O원자의 } 2p_y \text{ 궤도 함수})
\end{aligned} \tag{8. 32}$$

산소의 $1s$전자는 핵 가까이 깊숙이 파묻혀 있어서 결합에는 관여하지 않는다고 가정한다. 가장 일반적인 LCAO MO는 다음과 같은 꼴이 될 것이다.

$$
\begin{aligned}
\phi_1 &= c_{11}\chi_1 + c_{12}\chi_2 + c_{13}\chi_3 + c_{14}\chi_4 + c_{15}\chi_5 + c_{16}\chi_6 \\
\phi_2 &= c_{21}\chi_1 + c_{22}\chi_2 + \cdots \qquad \vdots \\
\phi_3 &= \ \vdots \qquad\qquad\qquad\qquad \vdots \\
\phi_4 &= \ \vdots \qquad\qquad\qquad\qquad \vdots \\
\phi_5 &= \ \vdots \qquad\qquad\qquad\qquad \vdots \\
\phi_6 &= c_{61}\chi_1 + \cdots \qquad\qquad \cdots + c_{66}\chi_6
\end{aligned}
\tag{8. 33}
$$

여기서 c_{ij}는 상수이다. 그러나 만일 ϕ_1, ϕ_2, $\cdots$, ϕ_6들이 필요한 대칭 성질을 가지려면 모든 원자궤도 함수들이 ϕ에 기여할 수가 없다. 따라서 많은 c_{ij}들이 영이 된다.

우선 각 χ_i의 대칭 성질부터 조사해 보자. 산소 원자의 $2s$ 함수인 χ_3를 본다고 하자. χ_3는 이 군의 각 대칭 조작에 의해서 변하지 않는다. 따라서 지표 표(표 8.2)로부터 χ_3는 A_1형의 함수라고 말할 수 있다. 또한 여러 대칭 조작에 의해서 그림 8.6의 그림이 어떻게 되는가를 보면 χ_4, χ_5 및 χ_6가 이들 대칭 조작에 의해서 어떤 성질을 나타내는지도 알 수 있다. 우선 $(2p_z)_{\mathrm{o}}$ 함수인 χ_4를 생각해보자. 그러면 대칭조작 $\hat{C}_2$, $\hat{\sigma}_v$ 및 $\hat{\sigma}_v{}'$에 해당하는 행렬표현을 각각 C_2, σ_v 및 $\sigma_v{}'$라고하면 아래가 성립된다.

$$\mathrm{C}_2\chi_4 = \chi_4 \qquad \sigma_v\chi_4 = \chi_4 \qquad \sigma_v{}'\chi_4 = \chi_4$$

따라서 χ_4도 또한 완전 대칭이며 A_1함수이다. 또 $\chi_5 = (2p_x)_{\mathrm{o}}$와 $\chi_6 = (2p_y)_{\mathrm{o}}$함수들은 다음과 같이 변환된다.

$$\mathrm{C}_2\chi_5 = -\chi_5 \qquad \sigma_v\chi_5 = \chi_5 \qquad \sigma_v{}'\chi_5 = -\chi_5$$

$$\mathrm{C}_2\chi_6 = -\chi_6 \qquad \sigma_v\chi_6 = -\chi_6 \qquad \sigma_v{}'\chi_6 = \chi_6$$

이 결과들을 지표 표(표 8.2)와 비교해보면 χ_5는 B_1에 속하고 χ_6는 B_2에 속한다는 것을 알 수 있다. 또 χ_1과 χ_2에 대해서는 다음과 같이 된다.

$$\mathrm{C}_2\chi_1 = \chi_2 \qquad \sigma_v\chi_1 = \chi_2 \qquad \sigma_v{}'\chi_1 = \chi_1$$

$$\mathrm{C}_2\chi_2 = \chi_1 \qquad \sigma_v\chi_2 = \chi_1 \qquad \sigma_v{}'\chi_2 = \chi_2$$

여기서 두 대칭 조작이 χ_1과 χ_2를 상호 교환시킨다. 이러한 경우에는 필요한 대칭 성질을 만족시키도록 두 함수를 선형 결합시켜야 한다. 그리하여 다음과 같은 두 선형 결합을 만들었다고 하자.

$$\chi_1{}' = \chi_1 + \chi_2 \qquad \chi_2{}' = \chi_1 - \chi_2$$

이 함수들은 다음과 같은 대칭 성질을 나타낸다.

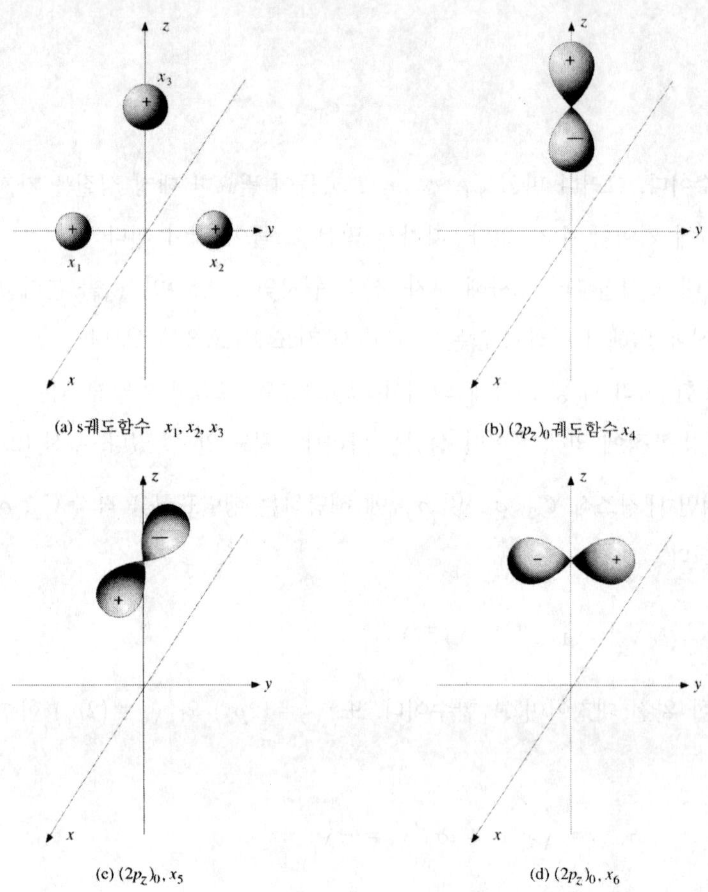

그림 8. 6 H_2O 분자에서 원자궤도함수의 경계표면.

$$C_2\chi_1{}' = C_2\chi_1 + C_2\chi_2 = \chi_2 + \chi_1 = \chi_1{}'$$

$$\sigma_v\chi_1{}' = \sigma_v\chi_1 + \sigma_v\chi_2 = \chi_2 + \chi_1 = \chi_1{}'$$

$$\sigma_v{}'\chi_1{}' = \sigma_v{}'\chi_1 + \sigma_v{}'\chi_2 = \chi_1 + \chi_2 = \chi_1{}'$$

따라서 $\chi_1{}'$는 A_1 함수라고 말할 수 있다.

다음에 χ_2'의 성질을 조사해 보면 다음과 같이 된다.

$$C_2\chi_2' = C_2\chi_1 - C_2\chi_2 = \chi_2 - \chi_1 = -(\chi_1 - \chi_2) = -\chi_2'$$

$$\sigma_v\chi_2' = \sigma_v\chi_1 - \sigma_v\chi_2 = \chi_2 - \chi_1 = -(\chi_1 - \chi_2) = -\chi_2'$$

$$\sigma_v'\chi_2' = \sigma_v'\chi_1 - \sigma_v'\chi_2 = \chi_1 - \chi_2 = \chi_2'$$

따라서 χ_2'는 B_2 함수임을 알 수 있다. 지금까지의 결과들을 다음과 같이 요약할 수 있다.

대칭 종	함수
A_1	$(\chi_1+\chi_2)$, χ_3, χ_4
A_2	없음
B_1	χ_5
B_2	$(\chi_1-\chi_2)$, χ_6

그리하여 이 한정된 원자 궤도 함수들로부터 우리는 세 (기약표현)대칭 종 A_1, B_1 및 B_2에만 속하는 분자파동 함수를 만들 수 있다(예제 8.2 문(b)의 결과 참조). 즉 우선 가장 일반적인 A_1함수는 $(\chi_1+\chi_2)$, χ_3 및 χ_4의 선형 결합이 될 것이다. 만일 다른 함수를 여기서 포함시키면 대칭 관계가 파괴될 것이다. 여기서는 3개의 독립함수를 결합시키는 것이므로 3개의 독립적인 A_1 함수를 얻을 수 있다.

$$A_1 \quad \begin{aligned} \phi_1 &= c_{11}(\chi_1+\chi_2) + c_{13}\chi_3 + c_{14}\chi_4 \\ \phi_2 &= c_{21}(\chi_1+\chi_2) + c_{23}\chi_3 + c_{24}\chi_4 \\ \phi_3 &= c_{31}(\chi_1+\chi_2) + c_{33}\chi_3 + c_{34}\chi_4 \end{aligned} \qquad (8.34)$$

B_1 함수의 대칭을 갖는 함수는 하나 뿐이다. 따라서,

$$B_1 \qquad \phi_4 = \chi_5$$

B_2 함수에는 $\chi_1 - \chi_2$와 χ_6의 두 함수가 속한다. 따라서,

$$B_2 \quad \begin{aligned} \phi_5 &= c_{51}(\chi_1-\chi_2) + c_{56}\chi_6 \\ \phi_6 &= c_{61}(\chi_1-\chi_2) + c_{66}\chi_6 \end{aligned} \qquad (8.35)$$

상이한 대칭 종에 속하는 파동 함수들의 가장 중요한 성질은 이들이 서로 직교한다는 것이다.

따라서 이들 대칭 궤도 함수 ϕ_i를 만들면 이들은 자동적으로 비퇴화 상태의 파동함수가 가져야 하는 직교 조건을 만족시킨다. 그리하여 ϕ_1, ϕ_2 및 ϕ_3는 ϕ_4, ϕ_5 및 ϕ_6와 직교하며, 또 ϕ_4는 ϕ_5 및 ϕ_6에 직교한다. 그리고 상수 c_{ij}를 적절하게 조절하면 ϕ_1, ϕ_2 및 ϕ_3를 서로 직교하게 만들 수 있고, 또 ϕ_5와 ϕ_6도 서로 직교하게 만들 수 있다.

물분자의 MO의 에너지 서열은 다음과 같다.

$$\begin{array}{cccccccc} 1A_1 < & 2A_1 < & 1B_2 < & 3A_1 < & 1B_1 < & 4A_1 < & 2B_2 < & 5A_1 \\ & \phi_1 & \phi_5 & \phi_2 & \phi_4 & \phi_3 & \phi_6 & \end{array}$$

동일한 대칭의 상태들은 최저 에너지의 상태부터 시작해서, 예컨대 $1A_1$, $2A_2$, $3A_3$, $\cdots$과 같은 순 서로 표시한다. $1A_1$ 상태는 산소 원자의 $1s$전자가 들어있는 A_1궤도 함수이며, 여기서는 이 상태에 대해서 고려를 하지 않았다. 3개의 A_1상태인 ϕ_1, ϕ_2, ϕ_3는 $2A_1$, $3A_1$, $4A_1$에 해당하는 것이고 ϕ_4는 $1B_1$ 그리고 ϕ_5와 ϕ_6는 $1B_2$와 $2B_2$에 해당한다. 한편 물분자의 에너지 준위(energy level) 그림에 의하면 물분자의 전자 배치는 다음과 같다.

$$H_2O : (1A_1)^2(2A_1)^2(1B_2)^2(3A_1)^2(1B_1)^2$$

또는

$$H_2O : K(2A_1)^2(1B_2)^2(3A_1)^2(1B_1)^2$$

여기서는 채워진 $(1A_1)^2$(산소의 $1s$ 껍질)은 원자의 채워진 K껍질이라는 것을 표시하기 위해서 이것을 K로 표시하였다. 모든 점유된(occupied) 궤도 함수들이 채워져 있으므로 이 상태는 완전히 대칭적이다. 그리하여 물분자의 바닥상태(ground state)에 대한 '항 기호(term symbol)'는 $^1A_1$으로 표시한다. 여기서 왼쪽의 위 첨자는 '단일 상태(singlet state)'라는 것을 표시한다(전체 전자 배치의 대칭을 나타내는 데는 대문자를 사용한다).

위에 나타낸 전자배치에 대한 에너지 준위 서열은 이론적으로 계산하여 결정한다. 이 계산이 꽤 복잡하고 또 불가피하게 근사(approximations)를 해야 하는데도 불구하고 얻어진 결과는 매우 만족스럽다. 이 결과를 이 실험 결과와 비교하는 데는 (a) 계의 전체 결합 에너지, (b) 분자의 여러 상이한 준위에 있는 전자의 이온화 에너지, 그리고 (c) 흡수띠와 방출띠의 진동수에 대한 실험치와 이론치를 비교하는 방법들이 있다. 분자의 완전한 에너지를 알아내는 일은 마치 많은 수수께끼를 끼워 맞추는 것과 같은 복잡한 일이다. 대칭에 관한 내용은 나중의 분광학적 선택률(spectroscopic selection rule)을 설명할 때 다시 간단히 언급하겠다.

8.7 분자 (겹침)적분에 대칭개념의 적용

분자 파동함수의 에너지 준위의 계산시(소위 'secular' 행렬식에서) 아래 형태의 두 적분이 종종 이용된다.

$$H_{ij} = \langle \phi_i | \hat{H} | \phi_j \rangle = \int \phi_i^* \hat{H} \phi_j \, d\tau \; ; \; S_{ij} = \langle \phi_i | \phi_j \rangle = \int \phi_i^* \phi_j \, d\tau \tag{8.36}$$

여기서 ϕ_i 및 ϕ_j는 각각 상태 i(및 에너지 준위 ε_i) 및 j(및 에너지 준위 ε_j)에 있는 분자의 파동함수[단 $\phi_i^* \phi_i (= |\phi_i|^2) d\tau$는 미소체적 τ와 $\tau + d\tau$ 사이에서 분자의 상태가 ϕ_i에 있을 확률임], 그리고 $\hat{H}$는 계의 전체(=운동+위치) 에너지에 대응하는 'Hamilton' 에르미트(자기수반) 연산자이며, S_{ij}는 상태 ϕ_i와 ϕ_j의 '겹침적분(overlap integral)'의 요소이다. 여기서 우리는 만약 위 식에서 상태 ϕ_i 및 ϕ_j가 앞 절에서 언급한 분자대칭군의 다른 기약표현(대칭 종)에 속한다면 이들 적분 값은 0이 됨을 이하에서 보게 될 것이다(단 편의상 1차원 경우로 제한하나, n차원계로 확장이 가능하다).

먼저 겹침적분 S_{ij}에 대해 조사해보자. 이 적분은 분명히 어떤 (스칼라) 숫자에 불과하므로 이는 분자의 배향에 무관할 것이다. 가령 어떤 대칭점군에 속하는 분자의 (선형)대칭조작 $\hat{R}$을 상태 ϕ_i 및 ϕ_j에 작용시켜 각각 상태 $\hat{R}\phi_i$ 및 $\hat{R}\phi_j$로 변환되었다고 하자. 이때 변환된 겹침적분은 아래가 될 것이다.

$$\hat{R} S_{ij} = \langle \hat{R}\phi_i | \hat{R}\phi_j \rangle = \int \hat{R}\phi_i^* \hat{R}\phi_j \, d\tau \tag{8.37}$$

그런데 단순 숫자에 불과한 S_{ij} 값이 이 변환에 대하여 불변이어야 하므로 아래가 성립된다.

$$\hat{R} S_{ij} = \int \hat{R}\phi_i^* \hat{R}\phi_j \, d\tau = S_{ij} = \int \phi_i^* \phi_j \, d\tau \tag{8.38}$$

그런데 위 식에서 만약 ϕ_i^* 및 ϕ_j가 각각 지표 χ_a 및 χ_b를 갖는 1차원 기약표현 Γ_a 및 Γ_b에 속하는 기저(base)이라고 하면 아래 식이 성립된다.

$$\hat{R}\phi_i^* = \chi_a(\hat{R})\phi_i^* \quad 및 \quad \hat{R}\phi_j = \chi_b(\hat{R})\phi_j \tag{8.39}$$

이 식을 식 (8.38)에 대입하면 아래가 성립된다.

$$S_{ij} = \chi_a(\hat{R})\chi_b(\hat{R}) \int \phi_i^* \phi_j \, d\tau = \chi_a(\hat{R})\chi_b(\hat{R}) S_{ij} \tag{8.40}$$

여기서 아래가 성립되어야 한다.

$$\chi_a(\hat{R})\chi_b(\hat{R}) = 1 \quad \text{for all } \hat{R} \tag{8.41}$$

그런데 앞(표 8.2 및 8.3)에서 보았듯이 1차원 기약표현의 경우 지표 $\chi_i(\hat{R})$ 값이 $+1$ 혹은 -1이 되므로, 식 (8.41)가 만족되기 위해서는 $\chi_a(\hat{R}) = \chi_b(\hat{R})$ 혹은 그것이 속하는 기약표현이 같아야 한다(즉 $\Gamma_a = \Gamma_b$). 그런데 만약 $\chi_a(\hat{R}) \neq \chi_b(\hat{R})$(혹은 $\Gamma_a \neq \Gamma_b$)라면 즉 $\chi_a(\hat{R})\chi_b(\hat{R}) = -1$라면 식 (8.40)에서 $S_{ij} = 0$이 되어 위의 가설이 증명된다. 환원하면 분자 겹침적분 S_{ij} 값이 0이 되기 위해서는 상태 ϕ_i 및 ϕ_j가 서로 다른 기약표현에 속해야한다(이는 n차원 경우에도 확장이 가능하다).

이제 이 결과를 C_{2v} 점군에 속하는 H_2O 분자(이때 $y-z$평면 즉 $\sigma_v{}'$거울면에 놓여있다고 가정 - 그림 8.7 참조)에 적용하여, 산소원자에 있는 $2p_x$ 궤도($2p_{x\mathrm{O}}$)와 두 수소원자 A 및 B의 $1s$ 궤도의 선형결합($1s_{\mathrm{H}_A} + 1s_{\mathrm{H}_B}$)간의 겹침적분 S_{ij} 값을 평가해보자. 표 8.2에서 볼 수 있듯이 수소원자들의 $1s$ 결합의 선형결합은 C_{2v} 점군의 모든 4 대칭조작에 대해 대칭(즉 모든 지표값이 1)이므로 기약표현 A_1처럼 변환한다(사실 $1s_{\mathrm{H}_A}$ 혹은 $1s_{\mathrm{H}_B}$ 각각 보다는 이들의 선형결합이 보다 유리). 반면에 산소원자의 $2p_x$궤도는 마치 좌표 x처럼 변환하므로 이는 표에서 기약표현 B_1에 속함을 알 수 있다. 따라서 H_2O의 $2p_x$와 $1s_{\mathrm{H}_A} + 1s_{\mathrm{H}_B}$간의 겹침적분 $S_{ij} = 0$이 됨을 알 수 있으며, 이는 $2p_{y\mathrm{O}}$의 경우에도 마찬가지이다(그러나 $2p_{z\mathrm{O}}$의 경우에는 아님을 알 수 있다).

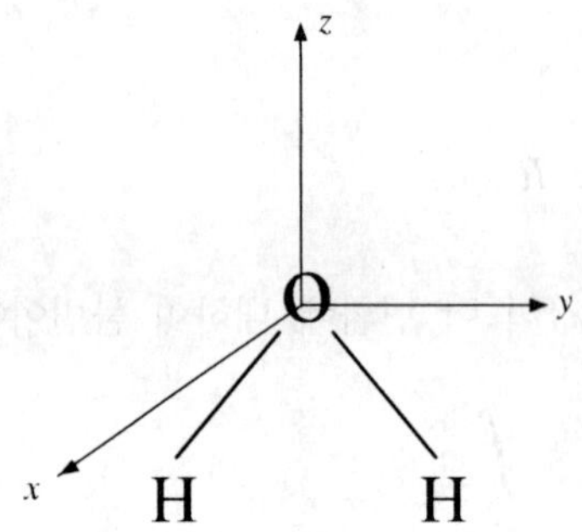

그림 8.7 물분자의 산소원자에 붙어있는 Cartesian 좌표축의 표현. 이때 y축은 분자 평면(즉 $\sigma_v{}'$ 거울면)내에 있고, x축은 이 평면에 수직이며, 또한 z축은 H−O−H 결합각을 이등분한다.

예제 8. 3

대칭점군 C_{3v}에 속하는 NH_3분자의 경우 $2p_{x\mathrm{N}}$ 와 $1s_{\mathrm{H}_A} + 1s_{\mathrm{H}_B} + 1s_{\mathrm{H}_C}$간의 겹침적분 S_{ij}의 값이 0이 됨을 보여라.

풀 이

표 8.3을 보면 3 수소원자 A, B 및 C의 $1s$ 궤도들의 선형결합인 $1s_{H_A}+1s_{H_B}+1s_{H_C}$는 명백히 전 지표값이 1인 완전대칭 기약표현인 A_1에 속하나, 반면에 질소원자의 $2p_{xN}$ 궤도는 (2중퇴화) 기약표현인 E에 속한다. 따라서 이들 간의 겹침적분 S_{ij}의 값은 0이 된다.

한편 식 (8.36)의 또 다른 분자적분인 H_{ij}를 생각해보자. 이 식에서 Hamilton(에르미트) 연산자 $\hat{H}$는 분자의 모든 대칭조작 $\hat{R}$에 대해 전 대칭(즉 불변)이므로 A_1 기약표현에 속한다. 따라서 변환전후의 H_{ij}사이에는 S_{ij}의 경우와 유사하게 아래 관계식이 성립된다.

$$H_{ij}=\langle \phi_i | \hat{H} | \phi_j \rangle = \int \phi_i^* \hat{H} \phi_j \, d\tau = \hat{R} H_{ij} = \int (\hat{R}\phi_i^*)(\hat{R}\hat{H})(\hat{R}\phi_j)\, d\tau \left[= \langle \hat{R}\phi_i | \hat{R}\hat{H} | \hat{R}\phi_j \rangle\right]$$

$$= \chi_a(\hat{R})\chi_{A_1}(\hat{R})\chi_b(\hat{R}) H_{ij} \tag{8.42}$$

위 식에서 $\hat{R}\phi_i^* = \chi_a(\hat{R})\phi_i^*$, $\hat{R}\hat{H} = \chi_{A_1}(\hat{R})\hat{H}$ 및 $\hat{R}\phi_j = \chi_b(\hat{R})\phi_j$가 됨을 이용하였다. 그런데 식 (8.42)가 만족되기 위해서는 당연히 아래가 성립되어야 한다.

$$\chi_a(\hat{R})\chi_{A_1}(\hat{R})\chi_b(\hat{R}) = 1 \quad \text{for all } \hat{R} \tag{8.43}$$

그런데 전술한 바와 같이 $\chi_{A_1}(\hat{R})$는 모든 $\hat{R}$에 대해 1이 되므로, 식 (8.43)은 결국 식 (8.41)과 같게 된다. 따라서 분자적분 H_{ij}값이 존재하기 위해서는 $\chi_a(\hat{R}) = \chi_b(\hat{R})$(혹은 두 기약표현 $\Gamma_a = \Gamma_b$)가 성립되어야 한다. 환원하면 만약 상태 ϕ_i^* 및 ϕ_j가 서로 다른 기약표현(즉 $a \neq b$)에 속한다면 $H_{ij}=0$이 되어 S_{ij}의 경우와 마찬가지로 위 추론이 성립됨이 증명된다. 이 두 결과는 고분자처럼 분자가 매우 큰 경우 식 (8.36)의 분자적분 계산은 엄청 복잡하지만, 값이 0이 되는가 아닌가는 대칭원리에 의해 쉽게 확인이 가능하다. 이 결과를 이용하는 많은 실례가 있으나 지면 관계상 여기서는 생략하기로 한다.

8.8 소멸되는 적분과 선택규칙

8.7절에서 언급한 분자적분의 형태(식 (8.36))의 확장으로서 양자역학에서는 다음과 같은 형태의 적분도 종종 접한다.

$$I=\int f_1 f_2 f_3 \, d\tau \tag{8.44}$$

이러한 적분이 언제 필연적으로 0이 되는지를 아는 것은 대단히 중요하다. 이 적분이 소멸되지 않으려면 앞에서 언급한 바와 같이 $f_1 f_2 f_3$이 완전대칭인 기약표현 A_1에 대한 기저가 되거나 A_1에 대한 기저가 되는 성분을 포함하고 있어야 한다. 이렇게 되는가를 알려면 세 함수들의 지표들을 위에서 소개한 규칙에 따라 곱해봐야 한다.

예제 8. 4

C_{2v} 대칭점군에 속하는 분자(가령 H_2O)의 경우에 적분 $\int (3d_{z^2}) x (3d_{xy}) \, d\tau$가 소멸되는지 조사해 보아라.

풀 이

계산요령은 C_{2v} 지표 표(표 8.2)를 이용하여 $3z^2-r^2$(d_{z^2}궤도함수의 꼴), x 및 xy가 기저가 되는 기약표현들의 지표를 찾아야 한다. 이어서 위에서 설명한 절차(곱셈을 하는 열이 하나 더 많다)를 따른다. 또한 $3z^2-r^2=2z^2-x^2-y^2$의 관계도 이용한다.

이제 위의 방법에 의하여 C_{2v}점군에 대한 아래의 표를 만들 수 있다(단 표 8.2 참조).

	I	C_2	σ_v	$\sigma_v{}'$	
$f_3=d_{xy}$	1	1	−1	−1	A_2
$f_2=x$	1	−1	1	−1	B_1
$f_1=d_{z^2}$	1	1	1	1	A_1
$f_1 f_2 f_3$	1	−1	−1	1	

따라서 위 적분의 피적분함수인 3 함수의 곱 $f_1 f_2 f_3$는 지표 표에서 B_2 기약표현에 속함을 알 수 있다. 따라서 완전대칭인 A_1 기약표현을 포함하지 않으므로 상기적분은 소멸된다.

한편 파동함수가 ψ_i인 초기 상태 $|i\rangle$와 파동함수가 ψ_f인 최종상태 $|f\rangle$사이의 '분자전이(molecular transition)'가 나타내는 스펙트럼 선의 세기는 전이 쌍극자 모멘트(전기적) $\boldsymbol{\mu}_{fi}$에 의존한다. 이 벡터의 z축 성분은 다음과 같이 정의된다.

$$\mu_{z,fi}=\langle f|\mu_z|i\rangle=-e\int \psi_f^* z \psi_i \, d\tau \tag{8.45}$$

여기서 $-e$는 전자의 전하이다. 이 전이 모멘트는 식 (8.44)의 적분과 같은 꼴이며, 따라서 일단 관여되는 상태들의 대칭종만 알면 군론을 이용하여 이 전이에 대한 '선택규칙(selection rule)'을 만들 수 있다.

예로서 물분자(C_{2v}군에 속하는)의 경우, 전자가 a_1 궤도함수로부터 b_1 궤도함수로 전기 쌍극자 전이를 일으킬 수 있는지 생각해보자. 이때는 전이 쌍극자 모멘트의 세 성분을 모두 조사해야 하며, 따라서 식 (8.44)속의 함수 f_2를 차례로 번갈아 x, y 및 z로 취해야 한다. C_{2v} 지표 표(표 8.2)에 의하면 이들은 각각 B_1, B_2 및 A_1과 같이 변환된다. 이들 세 성분에 대한 계산 결과는 다음과 같이 된다(예제 8.2(b) 참조).

	x-성분				y-성분				z-성분				
	I	C_2	σ_v	$\sigma_v{}'$	I	C_2	σ_v	$\sigma_v{}'$	I	C_2	σ_v	$\sigma_v{}'$	
f_3	1	-1	1	-1	1	-1	1	-1	1	-1	1	-1	B_1
f_2	1	-1	1	-1	1	-1	-1	1	1	1	1	1	
f_1	1	1	1	1	1	1	1	1	1	1	1	1	A_1
$f_1f_2f_3$	1	1	1	1	1	1	-1	-1	1	-1	1	-1	

이 중에서 첫째번 곱($f_2 = x$인)만이 A_1의 기저가 되며, 따라서 전이 쌍극자의 x축 성분만이 0이 아닐 수 있다. 따라서 a_1 과 b_1 사이의 전기 쌍극자 전이는 허용된다고 말할 수 있다. 그리고 더 나아가서 이때는 방출(또는 흡수)되는 복사선이 전이 쌍극자의 x축 성분과 결합되기 때문에 이 복사선이 x방향으로 편광되며, 그 전기장 벡터가 x방향이 된다고 말할 수 있다.

예제 8. 5

사면체(tetrahedral) 분자(T_d 점군)의 경우 $p_x \to p_y$의 전이가 허용되는가?

풀 이

계산요령은 먼저 T_d 점군의 지표 표(표 8.5)를 이용하여 $p_y q p_x$가 A_1의 기저인가를 조사해야 한다(여기서 q는 x, y 또는 z이다).

표 8.5 T_d의 점군의 지표 표

T_d	I	$8C_3$	$3C_2$	$6S_4$	$6\sigma_d$		
A_1	1	1	1	1	1		$x^2+y^2+z^2$
A_2	1	1	1	-1	-1		
E	2	-1	2	0	0		$(2z^2-x^2-y^2, x^2-y^2)$
T_1	3	0	-1	1	-1	(R_x, R_y, R_z)	
T_2	3	0	-1	-1	1	(x, y, z)	(xy, xz, yz)

이제 앞에서와 같은 방법(예제 8.4 참조)에 따라 아래의 지표 표를 만들 수 있다.

	I	$8C_3$	$3C_2$	$6S_4$	$6\sigma_d$	
$f_3(p_y)$	3	0	-1	-1	1	T_2
$f_2(q)$	3	0	-1	-1	1	T_2
$f_1(p_x)$	3	0	-1	-1	1	T_2
$f_1 f_2 f_3$	27	0	-1	-1	1	

여기서 피적분함수 $f_1 f_2 f_3$에 대한 지표 표를 분석해 보면 이 지표 세트 속에는 (완전대칭)기약표현인 A_1이 한 번 나타난다는 것을 알 수 있으며, 따라서 $p_x \to p_y$의 전이가 허용된다. 단 위의 계산에서 T_d 점군의 첫 번째 (표제) 행에 나타나는 5종의 급(class) C_k의 각각의 요소 수 (p_k)를 곱한 전 대칭요소를 포함하도록 주의해야 한다.

8.8.1 적외선(IR)과 Raman 스펙트럼에 대한 선택법칙

적외선(infrared, IR) 진동 흡수 스펙트럼에 대한 선택법칙(selection rule)인 $\Delta n = \pm 1$[여기서 n은 분자의 진동에너지 준위를 나타내는 양자수(quantum number)로서 $n = 0, 1, 2, \cdots$ 값을 갖는다]은 지금까지 논의해 온 분자의 대칭성에 관한 군론으로부터 유도될 수 있다. 앞에서 우리는 허용된 전이의 경우 그에 관련된 가약표현 $\Gamma_{가약}$는 반드시 (완전대칭의) 기약표현 A_1을 포함해야 함을 알았다. 대부분의 분자는 절대온도 300K 에서 진동양자수 $n = 0$ 상태만이 가장 지배적이다. 그런데 이 상태의 물질(N원자 분자)에 IR 스펙트럼을 흡수시켰을 때 만약 분자의 쌍극자 능률(dipole moment) μ가 아래의 조건을 만족한다면 진동상태 $n = 0$에서 $h_j > 0$인 상태로 여기(excitation)가 일어나게 된다.

$$\mu_{Q_j}^{m\leftarrow 0}=\left(\frac{\partial\mu}{\partial Q_j}\right)\int\psi_m^*(Q_j)\mu(Q_j)\psi_0(Q_j)\,dQ_j\neq 0 \quad (\text{여기서 } j\text{는 } 1,2,\cdots,3N-6 \text{ 중의 하나임}) \tag{8.46}$$

위 식에서 μ는 (고유벡터계로 대각화된) 정규좌표(normal coordinate)의 위치 Q_j로 나타내진다 (1.12절 참조). 이때 문제를 간단히 하기위해 분자에 생성된 전장벡터가 정규좌표 방향으로 배향되어 있다고 가정하면 상태함수 $\psi_i(i=0,\ 1,\ 2)$에 대하여 아래의 관계가 성립된다.

$$\psi_0(Q_j)=\left(\frac{\alpha_j}{\pi}\right)^{1/4}e^{-\frac{1}{2}\alpha_j Q_j^2}$$

$$\psi_1(Q_j)=\left(\frac{4\alpha_j^3}{\pi}\right)^{1/4}Q_j\,e^{-\frac{1}{2}\alpha_j Q_j^2}$$

$$\psi_2(Q_j)=\left(\frac{\alpha_j}{4\pi}\right)^{1/4}(2\alpha_j Q_j^2-1)e^{-\frac{1}{2}\alpha_j Q_j^2} \tag{8.47}$$

그리고 '쌍극자능률 연산자' $\hat{\mu}$는 아래와 같이 주어진다.

$$\hat{\mu}(Q_j)=\mu_e+\left[\left(\frac{\partial\mu}{\partial Q_j}\right)Q_j+\cdots\right] \tag{8.48}$$

여기서 μ_e는 정적(평형) 쌍극자능률이다. '조화진동(harmonic oscillation)'의 가정에서는 2차항 이상의 고차항은 무시된다.

그러면 IR 흡수에 따른 전이 쌍극자능률에 대한 식 (8.46)가 만족되기 위해서는 최종상태 ψ_f는 어떤 값을 가져야 할까? 앞 절의 논리에 의하면 식 (8.46)의 분자적분이 0이 되지않기 위해서는 피적분 함수 $\psi_m^*(Q_j)\mu(Q_j)\psi_0(Q_j)$가 A_1 기약표현을 포함해야한다. C_{2v} 지표 표(표 8.2)에 의하면 (정규)좌표의 제곱인 Q_j^2은 A_1 표현의 기저(basis)가 되므로 피적분 함수는 Q_j^2만의 함수가 되어야 한다. 그런데 식 (8.47)에서 ψ_0는 우함수[즉 $\psi_0(Q_j)=\psi_0(-Q_j)$ 성립]인 반면에 쌍극자능률 μ는 Q_j의 기함수[즉 $\mu(Q_j)=-\mu(-Q_j)$ 성립]이다. 그렇다면 어떤 조건에서 식 (8.46)의 피적분 함수가 Q_j의 우함수가 될 수 있을까? 이는 Q_j가 기함수이므로 $\psi_m(Q_j)=f(Q_j)$ 또한 Q_j의 기함수가 되면 만족된다. 따라서 식 (8.47)에서 ψ_1가 기함수이므로 IR 흡수시 $n=0\rightarrow n=1$은 '허용된' 전이이나, $n=0\rightarrow n=2$는 '금지된' 전이($\because \psi_2$는 Q_j의 우함수이므로)이다. 따라서 분자의 진동운동에 대한 IR 허용된(공명)흡수에 대한 선택법칙 $\Delta n=\pm 1$가 증명된다.

즉 진동하고 있는 분자에 IR을 흡수시켜, $n=0$에서 $n=m(>0)$으로 허용된 전이가 일어나기 위해서는, Q_j의 기함수인 $\mu(Q_j)=f(Q_j)$는 x, y 혹은 z처럼 변환되므로, 식 (8.46)의 $\psi_m^*(Q_j)$(여기서 $m>0$) 역시 기함수 즉 x, y 혹은 z처럼 변환되어야 전체적으로 피적분함수 $\psi_m^*(Q_j)\mu(Q_j)\psi_0(Q_j)$는 우함수가 되어 x^2, y^2 혹은 z^2처럼 변환되어 A_1표현을 포함하게 된다. 이것이 곧 IR 흡수가 '활성화(active)'되기 위한 정규(진동)모드(normal mode)에 대한 요구조건으로서, 상태 $\psi_m(Q_j)$는 x, y 혹은 z를 기저로 가져야한다. 물의 경우 C_{2v} 점군에 속하므로 IR 흡수시 허용된 전이에 대한 진동모드는 A_1, B_1 혹은 B_2의 기약표현에 속해야한다(표 8.2 및 예제 8.2(b) 참조). 그런데 실제에 있어서 물의 3 진동모드($\because 3N-6=3$)에 대한 가약표현 $\Gamma_{가약}$는 두 기약표현의 선형결합인 $2A_1+B_2$로 분해되어 3 진동모드 모두 IR 활성화임을 알 수 있다.

한편 분광학 이론에 의하면, 분자의 정규(진동)모드가 속하는 표현의 기저가 x^2, y^2, z^2, xy, yz 혹은 xz함수이라면 그 분자는 'Raman 활성화'된다. 그런데 물이 속하는 C_{2v} 점군의 지표 표(표 8.2)를 보면 물의 3 진동모드 모두 또한 Raman 활성화임을 알 수 있다. 그러나 분자의 정규(진동) 모드가 물의 경우처럼 동시에 IR 및 Raman 활성화되는 것은 일반적인 현상은 아니다. 가령 CH_4에 대한 IR 흡수스펙트럼에 있어서, $3N-6=9$개의 정규(진동)모드 중 오직 두 개의 IR 흡수 피크만이 관측되는데 이 설명은 아래와 같다. 즉 CH_4가 T_d점군에 속하므로 진동모드에 대한 분석에서 가약표현 $\Gamma_{가약}$는 3 기약표현의 선형결합인 A_1+E+2T_2로 분해됨을 알 수 있는데[여기서 지표 1인 A_1은 일차원, 지표 2인 E는 2차원, 그리고 지표 3인 T는 3차원이므로 전체 진동모드의 수는 $1+2+2\times3=9=3N-6$가 됨이 확인됨], 이 중에 T_2 기약표현만이 x, y 혹은 z를 기저로 가지므로(표 8.5 참조) 9개 중 6개만이 IR 활성화된다. 그런데 실제에 있어서 두 개의 피크만이 관측됨은 중첩도 3인 두 T_2 표현의 각각은 3개의 퇴화된 (정규)진동수를 가지기 때문이다[즉 한 개의 특수 표현이 속하는 (중첩도 2 이상으로) 퇴화된 모든 정규모드는 같은 진동수에서 관측된다].

예제 8.6

NH_3는 C_{3v} 점군에 속하는데, 이의 정규(진동)모드에 대한 분석으로부터 가약표현 $\Gamma_{가약}=2A_1+2E$(여기서 A_1 및 E는 지표 표 8.3에 주어진 각각 일차원 및 2차원의 기약표현임)로 분해됨을 알았다. 이때 아래 물음에 답하라.

(a) NH_3는 몇 개의 진동(가능한)모드를 가지나?

(b) 이 중 몇 개가 IR 활성화이며, 또한 이들은 어떤 표현에 속하는가?

(c) IR 활성화인 진동모드 중 에너지가 퇴화(중첩)된 것이 존재하는가?

(d) 전체 진동모드 중 몇 개가 Raman 활성화이며, 또한 이들은 어떤 표현에 속하는가?

(e) Raman 활성화인 진동모드 중 에너지가 퇴화된 것이 존재하는가?

(f) 동시에 IR 및 Raman 활성화인 진동모드는 몇 개인가?

풀 이

(a) $3N-6=6$개 진동모드 존재.

(b) 정규(진동)모드가 IR 활성화가 되기 위해서는 이는 x, y 혹은 z를 기저로 가져야하므로, 표 8.3에서 A_1 및 E 기약표현(대칭)만이 IR 활성화인데, 아래의 6개 진동모드 모두 여기 해당되므로 모두 IR 활성화이다.

(c) 단일(일차원) 진동수 A_1 표현을 가진 2개의 IR 활성화 모드와 퇴화된 2차원 진동수(E 표현)를 가진 4개의 IR 활성화 진동모드가 있다($\because \Gamma_{가약}=2A_1+2E$이므로).

(d) 정규(진동)모드가 속하는 표현의 기저가 x^2, y^2, z^2, xy, yz 혹은 xz 함수이라면 그것은 Raman 활성화 진동모드가 되는데, NH_3의 6개 진동모드 모두 이를 만족하므로 역시 모두 Raman 활성화가 된다.

(e) $\Gamma_{가약}=2A_1+2E$에서 알 수 있듯이, 1개의 단일 (1차원)진동수(A_1 표현)를 가진 2개의 Raman 활성화 진동모드와 퇴화된 2차원 진동수(E 표현)를 가진 4개의 Raman 활성화 진동모드가 있다.

(f) NH_3의 6개 진동모드 모두 동시에 IR 및 Raman 활성화이다.

8.9 생성연산자에 의한 대칭궤도의 형성

이 절에서는 분자 대칭점군의 기약표현에 대한 기저로 사용되는 원자궤도의 선형결합(LCAO)을 찾기 위한 방법으로서 '생성 연산자(generating operator)'를 이용하는 절차 및 원리에 관해서 (증명 없이) 간단히 기술하기로 한다.

지금 대칭점군의 지표 표에서 j번째 기약표현에 대한 생성연산자 $\hat{P}_j$는 아래와 같이 정의된다.

$$\hat{P}_j=\frac{n_j}{h}\sum_{\hat{R}}\chi_j(\hat{R})\hat{R} \tag{8.49}$$

여기서 n_j는 j번째 기약표현의 차원(dimensionality)이다. 이의 응용으로서 아래의 골격 π-전자 구조를 가진 C_{2h} 점군에 속하는 비교적 간단한 경우인 부타디엔(butadiene)을 생각해보자.

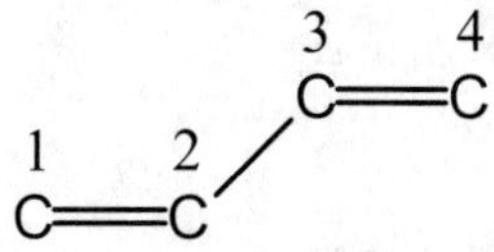

참고로 표 8.6에 C_{2h} 점군의 지표 표를 나타내었다.

표 8.6 C_{2h} 점군의 지표 표

C_{2h}	I	C_2	i	σ_h		
A_g	1	1	1	1	R_z	$x^2,\ y^2,\ z^2,\ xy$
B_g	1	-1	1	-1	$R_x,\ R_y$	$xz,\ yz$
A_u	1	1	-1	-1	z	
B_u	1	-1	-1	1	$x,\ y$	

위 표의 기약표현 표시에서 A 및 B는 앞과 마찬가지로 각각 $\hat{C}_2$ 대칭조작에 대해 지표 값이 $+1$과 -1인 것을 나타내고, 아래 첨자 g(=gerade) 및 u(=ungerade)는 각각 반전조작 $\hat{i}$에 대해 지표값이 $+1$ 및 -1인 경우를 나타낸다. 지금 탄소원자 i에 붙은 $2p_z$ 궤도(AO)를 ψ_i라고 나타내고 식 (8.49)의 생성연산자를 작용시키면 아래를 얻는다(단 $h=4$ 및 표 8.6과 위 구조식 참조).

$$\hat{P}_{A_g}\psi_1 = \frac{1}{4}\sum_{\hat{R}}\chi_{A_g}(\hat{R})\hat{R}\psi_1$$

$$= \frac{1}{4}\left[(1)\hat{E}\psi_1 + (1)\hat{C}_2\psi_1 + (1)\hat{i}\,\psi_1 + (1)\hat{\sigma}_h\psi_1\right]$$

$$= \frac{1}{4}(\psi_1 + \psi_4 - \psi_4 - \psi_1) = 0$$

$$\hat{P}_{A_g}\psi_2 = \frac{1}{4}(\psi_2 + \psi_3 - \psi_3 - \psi_2) = 0$$

궤도 ψ_3 및 ψ_4에 대해서도 유사한 결과를 얻는다. 마찬가지로 다른 기약표현에 대한 생성연산자를 궤도 ψ_1 및 ψ_2에 작용시키면 아래를 얻는다.

$$\hat{P}_{B_g}\psi_1 = \frac{1}{4}(\psi_1 - \psi_4 - \psi_4 + \psi_1) \propto \psi_1 - \psi_4$$

$$\hat{P}_{B_g}\psi_2 = \frac{1}{4}(\psi_2 - \psi_3 - \psi_3 + \psi_2) \propto \psi_2 - \psi_3$$

$$\hat{P}_{A_u}\psi_1 = \frac{1}{4}(\psi_1 + \psi_4 + \psi_4 + \psi_1) \propto \psi_1 + \psi_4$$

$$\hat{P}_{A_u}\psi_2 = \frac{1}{4}(\psi_2 + \psi_3 + \psi_3 + \psi_2) \propto \psi_2 + \psi_3$$

$$\hat{P}_{B_u}\psi_1 = \hat{P}_{B_u}\psi_2 = 0 \tag{8. 50}$$

위 식을 보면 식 (8.49)로 주어진 생성연산자 $\hat{P}_j$에 의해 기약표현의 기저로 이용되는 4개의 대칭 궤도를 얻었는데, 이 중 2개는 B_g 대칭, 그리고 나머지 두 개는 A_u 대칭인 것을 알 수 있다(표 8.6 참조). 그러나 위에서 얻어진 결과를 보면 기약표현 A_g 나 B_u 에 속하는 대칭궤도는 $\hat{P}_j$에 의해 생성되지 않았다(식 (8.51) 참조).

지금 그림 8.8에 나타낸 부타디엔의 4개의 $2p_z$ 궤도에 C_{2h} 의 4종류의 대칭조작 $\hat{R}$을 작용시켜 보자. 먼저 항등조작 $\hat{I}$의 경우는 각각의 j에 대해 $\hat{I}\psi_j = \psi_j$가 성립되며, 이 결과를 아래와 같이 행렬표현으로 나타낼 수 있다.

$$\hat{I}\begin{pmatrix}\psi_1\\ \psi_2\\ \psi_3\\ \psi_4\end{pmatrix} = \begin{pmatrix}\psi_1\\ \psi_2\\ \psi_3\\ \psi_4\end{pmatrix} \Rightarrow \hat{I} = \begin{pmatrix}1&0&0&0\\0&1&0&0\\0&0&1&0\\0&0&0&1\end{pmatrix},\ \chi(\hat{I}) = 4$$

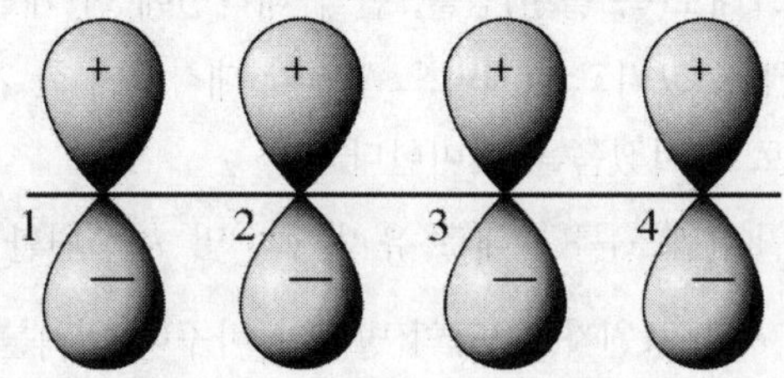

그림 8. 8 부타디엔의 4개의 $2p_z$ 궤도에 대한 도식적 표현.

위의 $\hat{I}$에 대한 행렬표현에서 트레이스 즉 지표 $\chi(\hat{I}) = 4$가 됨을 알 수 있다.

마찬가지로 $\hat{C}_2\psi_1 = \psi_4$, $\hat{C}_2\psi_2 = \psi_3$, $\hat{C}_2\psi_3 = \psi_2$ 및 $\hat{C}_2\psi_4 = \psi_1$의 결과로부터 아래를 얻는다.

$$\hat{C}_2\begin{pmatrix}\psi_1\\ \psi_2\\ \psi_3\\ \psi_4\end{pmatrix} = \begin{pmatrix}\psi_4\\ \psi_3\\ \psi_2\\ \psi_1\end{pmatrix} \Rightarrow \hat{C}_2 = \begin{pmatrix}0&0&0&1\\0&0&1&0\\0&1&0&0\\1&0&0&0\end{pmatrix},\ \chi(\hat{C}_2) = 0$$

또한

$$\hat{i}\begin{pmatrix}\psi_1\\ \psi_2\\ \psi_3\\ \psi_4\end{pmatrix} = \begin{pmatrix}-\psi_4\\ -\psi_3\\ -\psi_2\\ -\psi_1\end{pmatrix} \Rightarrow \hat{i} = \begin{pmatrix}0&0&0&-1\\0&0&-1&0\\0&-1&0&0\\-1&0&0&0\end{pmatrix},\ \chi(\hat{i}) = 0$$

마지막으로

$$\hat{\sigma}_v \begin{pmatrix} \psi_1 \\ \psi_2 \\ \psi_3 \\ \psi_4 \end{pmatrix} = \begin{pmatrix} -\psi_1 \\ -\psi_2 \\ -\psi_3 \\ -\psi_4 \end{pmatrix} \Rightarrow \hat{\sigma}_v = \begin{pmatrix} -1 & 0 & 0 & 0 \\ 0 & -1 & 0 & 0 \\ 0 & 0 & -1 & 0 \\ 0 & 0 & 0 & -1 \end{pmatrix}, \ \chi(\hat{\sigma}_v) = -4$$

위 결과로부터 부타디엔의 4개의 $2p_z$ 궤도는 아래의 가약표현 Γ로 나타내짐을 알 수 있다.

	$\hat{I}$	$\hat{C}_2$	$\hat{i}$	$\hat{\sigma}_v$
Γ	4	0	0	-4

즉 대칭조작 $\hat{R}$에 대한 가약표현의 지표는 $\chi(\hat{I}) = 4$, $\chi(\hat{C}_2) = 0$, $\chi(\hat{i}) = 0$, $\chi(\hat{\sigma}_v) = -4$이다. 여기서 각각의 대칭조작 $\hat{R}$에 대한 행렬표현의 대각선에 한 개의 $+1$이 있으면 $2p_z$ 궤도는 $\hat{R}$에 의한 변환에 대해 위치나 방향이 그대로(즉 불변)임을, 만약 대각선에 한 개의 -1가 있으면 원자의 위치는 그대로이나, 방향이 바뀜을, 그리고 마지막으로 만약 대각선에 한 개의 0이 있으면 그 원자는 대칭변환에 의해 다른 원자로 옮겨졌음을 의미한다.

또한 대칭조작 $\hat{I}$는 모든 원자(궤도)를 그대로 유지, $\hat{C}_2$ 및 $\hat{i}$는 변환 후 모든 원자는 다른 원자의 위치로 옮겨지고, 그리고 $\hat{\sigma}_v$는 4원자(궤도)의 방향만 바꾸나 위치를 다른 곳으로 옮기지 않음을 알 수 있다.

이제 절차의 마지막으로 가약표현 Γ를 식 (8.30)의 형태로 기약표현의 선형결합으로 나타내고자 한다. 그러기 위해 식 (8.31)에 의해 $\Gamma(\hat{R})$중 j번째 기약표현의 공헌도 즉 나타나는 회수에 해당하는 계수 α_j를 전 기약표현에 계산하면 아래를 얻는다.

$$\alpha_{A_g} = \frac{1}{4}[(4)\times(1) + (0)\times(1) + (0)\times(1) + (-4)\times(1)] = 0$$

$$\alpha_{B_g} = \frac{1}{4}[(4)\times(1) + (0)\times(-1) + (0)\times(1) + (-4)\times(-1)] = 2$$

$$\alpha_{A_u} = \frac{1}{4}[(4)\times(1) + (0)\times(1) + (0)\times(-1) + (-4)\times(-1)] = 2$$

$$\alpha_{B_u} = \frac{1}{4}[(4)\times(1) + (0)\times(-1) + (0)\times(-1) + (-4)\times(1)] = 0$$

즉 점군 C_{2h}에 있어서 모든 4개의 대칭조작 $\hat{R}$에 대한 가약표현 Γ는 아래와 같이 4개의 기약표현의 선형결합으로 나타낼 수 있다.

$$\Gamma = \alpha_{A_g} A_g + \alpha_{B_g} B_g + \alpha_{A_u} A_u + \alpha_{B_u} B_u = 2B_g + 2A_u \tag{8.51}$$

즉 이 절의 앞에서 언급했듯이 부타디엔(C_{2h})의 경우 생성연산자 $\hat{P}_j$에 의해 A_g나 B_u 대칭궤도는 생성되지 않음을 알 수 있다.

한편 결정학적 점군(point group)을 만드는 회전 및 반사 조작에 대해 이동의 가능성을 부가시키고도 결정격자가 불변이라고 하면 공간군(space group)이라 부르며 서로 다른 공간군은 230개나 있다. 또한 고분자의 결정구조에 대해서는 독특한 명명법이 있으나, 지면관계상 이들에 대해서는 여기서는 생략하기로 한다. 만약 관심있는 독자들은 결정학에 관한 참고문헌을 참조하길 바란다.

끝으로 몇 가지 대칭 점군과 그 요소를 그에 속하는 분자의 예와 함께 표 8.7에 참고로 나타내었다.

표 8.7 몇 가지 점군과 그 대칭요소 및 그에 속하는 대표적 분자 예

점군	대칭요소	분자 예
C_s	I, σ	BFClBr (planar)
C_2	I, C_2	H_2O_2
C_{2v}	I, C_2, σ, σ'	H_2O
C_{3v}	$I, C_3, C_3^2, 3\sigma$	NF_3
$C_{\infty v}$	$I, C_\infty, \infty\sigma$	HCl
C_{2h}	I, C_2, σ, i	*trans*$-C_2H_2F_2$
D_{2h}	$I, C_2, C_2', 2C_2'', \sigma, \sigma', \sigma'', i$	C_2F_4
D_{3h}	$I, C_3, C_3^2, 3C_2, S_3, S_3^2, \sigma, 3\sigma'$	SO_3
D_{4h}	$I, C_4, C_4^3, C_2, 2C_2', 2C_2'', i\ S_4, S_4^3, \sigma, 2\sigma', 2\sigma''$	XeF_4
D_{6h}	$I, C_6, C_6^5, C_3, C_3^2, C_2, 3C_2', 3C_2'', i, S_3, S_3^2, S_6, S_6^5, \sigma, 3\sigma', 3\sigma''$	C_6H_6 (bezene)
$D_{\infty h}$	$I, C_\infty, S_\infty, \infty C_2, \infty\sigma, \sigma', i$	H_2, CO_2
T_d	$I, 4C_3, 4C_3^2, 3C_2, 3S_4, 3S_4^3, 6\sigma$	CH_4
O_h	$I, 4C_3, 4C_3^2, 6C_2, 3C_4, 3C_2, i, 3S_4, 3S_4^3, 4S_6, 4S_6^5, 3\sigma, 6\sigma'$	SF_6

제 **9** 장

확률과 통계

'확률(probability)'은 '랜덤사상(random event)'이나 '랜덤변수(random variable)'에 관여된 많은 문제에서 발생한다. 어떤 사상(event)이 '랜덤'하다는 것은 초기 상태로부터 그것을 정확히 예측하는 것은 거의 불가능하다는 것을 의미하며, 통계역학이나 양자역학의 경우처럼 오직 평균적인(average) 성질만이 예측이 가능하며, 따라서 '확률이론'이 필요한 것이다.

또한 '랜덤변수'는 일기예보처럼 데이터가 우연(chance)에 의존할 때 해당되며, 이때 확률이론은 그 우연의 과정을 랜덤변수의 확률분포(probability distribution) 항으로 수학적 모델을 사용하여 기술한다.

이 장에서는 Venn 다이어그램에 기초를 둔 두 개 이상 사상(혹은 확률)의 합이나 곱에 관한 정리로부터 출발하여 확률의 정의 및 기초, 랜덤변수에 대한 통계적 분포함수의 모멘트(moment) 및 큐뮬런트(cumulant) 전개, 두 개의 랜덤변수간 공분산 및 상관함수를 정의하고, 실제의 몇 가지 대표적 이산(discrete) 및 연속(continuous) 분포함수를 소개한다. 나아가 이들 이론을 합성 고분자의 평균 분자량 및 분자량 분포의 추정에 응용한다.

다음에는 얻어진 실험데이터의 처리(cover-fitting)를 위한 오차의 전파 및 최소자승법이나 최대가능도(maximum-likelihood)법에 대하여 논하고, 이어서 가설 검증(hypothesis test)을 위한 지수분포, 감마분포 및 χ^2-분포를 소개한다. 끝으로 통계적 검증의 정의 및 Student-분포를 이용한 귀무가설(null hypothesis)의 채택 여부 및 평균의 관한 신뢰구간을 결정하는 방법 등에 대하여 기술한다.

9.1 확률의 정의 및 기본 성질

확률을 정의하기 전 우선, 기호 $\cup$(합집합) 및 $\cap$(교집합 또는 공통집합)을 사용하여 '집합'이론에서 Venn 다이어그램(여기서는 생략)에 기초를 둔 (랜덤)사상(event)들간의 몇몇 중요한 관계를 증명없이 아래에 간단히 나타낸다.

$$A \cup A^c = U_{우주} \text{ [단 } A^c\text{는 } A\text{의 여집합]} \tag{9.1}$$

$$A \cup (B \cap C) = (A \cup B) \cap (A \cup C),\ A \cap (B \cup C) = (A \cap B) \cup (A \cap C) \tag{9.2}$$

$$(A \cup B)^c = A^c \cap B^c,\ (A \cap B)^c = A^c \cup B^c \tag{9.3}$$

$$A = A \cap U_{우주} = A \cap (B \cup B^c) = (A \cap B) \cup (A \cap B^c) \tag{9.4}$$

다음에는 어떤 사상이 일어날 확률(P)[즉 총 시도한 횟수에 대한 그 사사상이 일어날 횟수의 비]에 관한 기본 정리로서 먼저 사상 A, B간의 공통집합$P(A \cap B) = P(B \cap A)$를 아래에 나타낸다.

$$P(A \cap B) = P(A) \cdot P(B/A) = P(B) \cdot P(A/B) \tag{9.5}$$

여기서 $P(B/A)$ 및 $P(A/B)$는 '조건(conditional)' 확률로서 각각 A가 일어났을 때 B가 일어날 확률 및 B가 일어났을 때 A가 일어날 확률을 의미하며 위 식에서

$$P(B/A) = P(B \cap A)/P(A),\ P(A/B) = P(A \cap B)/P(B) \tag{9.6}$$

만약 $P(B/A) = P(B)$, $P(A/B) = P(A)$라면 $P(A \cap B) = P(A) \cdot P(B)$가 되어 서로 '독립(independent)'이라 한다.

한편 A, B간의 합집합 $P(A \cup B)$는 아래와 같이 나타낸다.

$$P(A \cup B) = P(A) + P(B) - P(A \cap B) \tag{9.7}$$

식 (9.5)에서 만약 $P(A \cap B) = 0$이면 A와 B는 서로 '배반(exclusive)'이라 칭한다.

한편 식 (9.1) 및 (9.2)에 각각 확률 P를 취하면 아래와 같은 관계식들을 얻을 수 있다.

$$P(A) + P(A^c) = P(U_{우주}) = 1 \tag{9.8}$$

$$P(A) = P(A \cap B) + P(A \cap B^c) = P(A) \cdot P(B/A) + P(A) \cdot P(B^c/A) \tag{9.9}$$

$$1 = P(B/A) + P(B^c/A) \tag{9.10}$$

$$\frac{P(A/B)}{P(A/B)+P(B/A)}=\frac{P(A\cap B)/P(B)}{P(A\cap B)/P(B)+P(B\cap A)/P(A)}=\frac{P(A)}{P(A)+P(B)} \tag{9.11}$$

한편 서로 배반사상인 메소(meso, m) 혹은 라세미(recemic, r) 배치를 가진 고분자의 탁틱성 경우처럼 (가령 $A=m$, $B=r$) $B=A^c$ (또는 $B^c=A$)라면 식 (9.11)은 아래와 같이 된다.

$$P(A)=1-P(B)=\frac{P(A/B)}{P(A/B)+P(B/A)} \tag{9.12}$$

끝으로 전 사건(우주)이 n개의 서로 배반인 사상 E_1, E_2, $\cdots$, E_n의 합집합으로 표시될 때 식들의 확장으로서 아래 관계식들이 성립된다.

$$U_{우주}=\sum_{i=1}^{n}U(E_i) \tag{9.13}$$

$$P(A)=P(A\cap U_{우주})=\sum_{i=1}^{n}P(A\cap E_i)=P(A)\sum_{i=1}^{n}P(E_i/A)=\sum_{i=1}^{n}P(E_i)\cdot P(A/E_i) \tag{9.14}$$

$$1=\sum_{i=1}^{n}P(E_i/A)=P(E_1/A)+\cdots+P(E_n/A) \tag{9.15}$$

$$P(E_i/A)=\frac{P(E_i\cap A)}{P(A)}=\frac{P(E_i)\cdot P(A/E_i)}{\sum_{j=1}^{n}P(E_j)\cdot P(A/E_j)} \tag{9.16}$$

특히 식 (9.16)을 ‘Bayes 정리’라 부르며 아래에 이를 응용한 예제 문제를 싣는다.

예제 9. 1

(a) b개의 흑구(black ball)와 r개의 적구(red ball)가 든 가방에서 먼저 1개를 꺼내어 만약 그것과 같은 색이면 그것과 같은 색 구를 c개 추가하여 도로 넣는다. 이렇게 한 후 다시 1개 공을 꺼낼 때 그것이 흑구일 확률은?

(b) 위 문제에서 두 번째 꺼내었을 때 그것이 흑구인 것을 알고 있는 사람이 판단했을 때 첫 번째 꺼낸 구가 흑구일 확률은?

풀 이

(a) 첫 번째 구가 흑구일 사상은 B_1, 2번째 구가 흑구일 사상은 B_2라고 할 때 식 (9.14)에서 $n=2$ 및 $E_1=B_1$, $E_2=B_1^c$라 하면 아래가 성립된다.

$$P(B_2)=P(B_1)\cdot P(B_2/B_1)+P(B_1^c)\cdot P(B_2/B_1^c) \tag{1}$$

그런데 $P(B_1)=b/(b+r)$, $P(B_1^c)=1-P(B_1)=r/(b+r)$, $P(B_2/B_1)=(b+c)/(b+r+c)$, 그리고 $P(B_2/B_1^c)=b/(b+r+c)$인 것은 알 수 있으므로 이들을 식 (1)에 대입하면 아래를 얻는다.

$$P(B_2)=\frac{b}{(b+r)}\cdot\frac{(b+c)}{(b+r+c)}+\frac{r}{(b+r)}\cdot\frac{b}{(b+r+c)}=\frac{b}{b+r} \tag{2}$$

(b) 이는 $P(B_1/B_2)$를 구하면 되므로 식 (9.16)에서 $A\to B_2$, 그리고 $E_i\to B_1$으로 두어 계산하면 아래를 얻는다.

$$P(B_1/B_2)=P(B_1)\cdot P(B_2/B_1)/\left[P(B_1)\cdot P(B_2/B_1)+P(B_1^c)\cdot P(B_2/B_1^c)\right] \tag{3}$$

여기서 $P(B_1)$, $P(B_1^c)$, $P(B_2/B_1)$ 및 $P(B_2/B_1^c)$ 값을 문 (a)에서 구하여 식 (3)에 대입하면 $P(B_1/B_2)=(b+c)/(b+r+c)$를 얻는다.

9.2 랜덤변수

이산 변수(discrete variable)

주사위를 던질 때마다, 각 시행에 번호 $i=1,2,\cdots$를 붙이고, 눈의 수 $x_i=1, 2, 3, 4, 5, 6$이 각각 확률 $1/6$로 나오는 것을 관찰한다. i가 시행번호를 나타낸다면, x_i는 확률 $P(x_i)=1/6$로 1부터 6까지 띄엄띄엄 값을 갖는 띄엄띄엄 마구잡이 변수이다.

예제 9.2

만약 두 개의 주사위를 던지고 그때마다 나오는 눈의 수를 기록하면 이 합도 (이산)랜덤변수가 되는데 이를 x라 할 때 $x=2, 3, \cdots, 7$ 일 때의 확률분포 $P(x)$ 및 $x=7, 8, \cdots 12$일 때의 $P(x)$를 나누어 결정하라.

풀 이

이 변수 x는 두 개의 주사위가 모두 1일 때 값 2를 갖고, 이 때 확률 $P(2)$는 $(1/6)^2$이다. 주사위 하나는 1이고 다른 하나는 2일 때, 즉 확률 $(1/6)^2+(1/6)^2=1/18$로 값 3을 갖는다. 마찬가지로, 값 4를 가지려면 두 주사위 모두 2이거나 하나는 1, 다른 하나는 3이어야 하므로 확률은 $(1/6)^2+(1/6)^2+(1/6)^2=1/12$이고, 5를 가질 확률은 $4\times(1/6)^2=1/9$, 6을 가질 확률은 $5/36$, 7을 가질 확률은 $6(1/6)^2=1/6$로 최대값이 된다. 이 확률분포는 7을 중심으로 대칭적이 되는데, 이를 x가 7 이하와 7 이상의 두 경우로 나누어 x의 함수로서 $P(x)$를 나타내면 아래를 얻는다.

$$P(x)=\frac{x-1}{36}=\frac{6-(7-x)}{36},\ x=2,3,\cdots,7$$

$$P(x)=\frac{13-x}{36}=\frac{6+(7-x)}{36},\ x=7,8,\cdots,12$$

물론 전 $P(x)$의 합은 1이 된다.

요약컨대 랜덤변수 X가 갖는 서로 다른 값 x_i는 표본공간의 사건들을 나타낸다. 각 사건은 랜덤변수 X의 함수인 확률분포 $P(X=x_i)=p_i\geq 0$에 따라 랜덤하게 일어난다. 확률변수 $X(e_i)=x_i$는 사건 $e_i\in S$에 대해 표본공간에서 정의된다.

연속변수(continuous variable)

연속적인 랜덤변수 X의 확률밀도함수 $f(x)$를 아래와 같이 정의한다.

$$P(x\leq X\leq x+dx)=f(x)dx \tag{9.17}$$

즉, $f(x)dx$는 X가 구간 $x\leq X\leq x+dx$ 안에 놓일 확률이다. $f(x)$가 확률밀도가 되기 위해서는 $f(x)\geq 0$과 $\int f(x)dx=1$을 만족시켜야 한다. 두 개 이상의 랜덤변수에 달린 확률분포를 정의하는 것은 간단하다. 양자역학은 한 예이다.

예제 9.3

양자역학에 의하면 수소원자에서 1s 전자를 부피 d^3r에서 발견할 확률은 $|\psi|^2d^3r$이다. 여기서 $\psi=Ne^{-r/a}$은 전자의 파동함수(여기서 N은 정규화상수)이며, 다음과 같이 정규화되어 있다.

$$\langle\psi|\psi\rangle=1=\int|\psi|^2dV=4\pi N^2\int_0^\infty e^{-2r/a}r^2dr,\ dV=r^2\sin\theta\, drd\theta d\phi \tag{1}$$

여기서 a는 보어 반경이다. 이때 수소원자의 핵으로부터 1s전자까지의 거리 r의 기대값

(expection value) $\langle r \rangle = \langle 1s|r|1s \rangle$를 구하라.

풀 이

먼저 식 (1)의 적분을 $2r/a = x$로 두고, 감마(gamma) 함수의 정의식 (A.25)을 이용하여 구하면 아래가 된다.

$$\int_0^\infty e^{-2r/a} r^2 dr = \left(\frac{a}{2}\right)^3 \int_0^\infty e^{-x} x^2 dx = a^3 \Gamma(3)/8 = a^3/4 \tag{2}$$

위 식에서 $\Gamma(3) = 2!$를 이용하였다. 이를 식 (1)에 대입하면 $N = 1/\sqrt{\pi a^3}$가 된다.
다음에는 이 값을 갖고 r의 기대값인 분자적분 $\langle 1s|r|1s \rangle$를 행하면 아래가 된다.

$$\langle 1s|r|1s \rangle = \int r|\psi|^2 dV = 4\pi N^2 \int_0^\infty re^{-2r/a} r^2 dr \tag{3}$$

여기서도 $2r/a = x$로 두고 식 (A.25)를 사용하여 적분을 행하면, 최종적으로 아래를 얻는다[단 $\Gamma(4) = 3!$ 이용].

$$\langle r \rangle = \langle 1s|r|1s \rangle = 4\pi \times \frac{1}{\pi a^3} \int_0^\infty \left(\frac{a}{2}\right)^4 x^3 e^{-x} dx = \frac{a}{4}\Gamma(4) = \frac{3}{2}a \tag{4}$$

다음 절에서는 1변수 연속 분포함수 $f(x)$에 있어서 각종 평균치(혹은 모멘트) 및 분포의 폭이나 모양에 관한 정보를 주는 '특성함수'의 '큐뮬런트(cumulant) 전개'에 대하여 논하기로 한다.

9.3 통계적 모멘트 및 큐뮬런트 전개

지금 평균치 m, 분포폭 (분산) σ^2(여기서 σ는 표준편차)를 갖는 어떤 확률밀도함수(PDF) $f(x)$가 어떤 이산(또는 연속)분포에 대해 주어졌다고 할 때 확률변수 x의 원점에 관한 n차 모멘트 μ_n' 및 평균치 $\overline{x}(=m)$에 관한 n차 모멘트 μ_n은 아래와 같이 정의된다.

$$\mu_n' = \langle x^n \rangle_{f(x)} = E[x^n]_{f(x)} = \sum_x x^n f(x) = \int_{-\infty}^\infty x^n f(x) dx \tag{9.18}$$

$$\mu_n = \langle (x-\overline{x})^n \rangle_{f(x)} = E[(x-\overline{x})^n]_{f(x)} = \sum_x (x-\overline{x})^n f(x) = \int_{-\infty}^\infty (x-\overline{x})^n f(x) dx \tag{9.19}$$

여기서 $\langle x^n \rangle$(또는 $\overline{x^n}$)는 관련량의 주어진 분포에 대한 앙상블(집단)평균을, E는 기대값(평균치)

을 의미한다. 그리고 이하에서는 이산($\sum$)분포와 연속($\int$)분포에 대한 결과는 마찬가지이므로 편의상 이산분포를 중심으로 전개하겠다. 위 식에서

$$\mu_0{}' = 1\,,\ \mu_1{}' = \bar{x} = \langle x \rangle = m\,,\ \mu_2{}' = \langle x^2 \rangle = \overline{x^2}\,(\neq \bar{x}^{\,2}),\ \cdots \tag{9.20}$$

$$\mu_0 = 1\,,\ \mu_1 = E\left[(x-\bar{x})\right] = 0$$

$$\mu_2 = E\left[(x-\bar{x})^2\right] = E\left[x^2 - 2x\bar{x} + \bar{x}^{\,2}\right] = \langle x^2 \rangle - 2\langle x \rangle^2 + \langle x \rangle^2 = \mu_2{}' - \mu_1{}'^2$$

$$\mu_3 = E\left[(x-\bar{x})^3\right] = E\left[x^3 - 3x^2\bar{x} + 3x\bar{x}^{\,2} - \bar{x}^{\,3}\right] = \mu_3{}' - 3\mu_1{}'\mu_2{}' + 2\mu_1{}'^3 \tag{9.21}$$

$$\mu_4 = E\left[(x-\bar{x})^4\right] = E\left[x^4 - 4x^3\bar{x} + 6x^2\bar{x} - 4x\bar{x}^{\,3} + \bar{x}^{\,4}\right] = \mu_4{}' - 4\mu_1{}'\mu_3{}' + 6\mu_2{}'\mu_1{}'^2 - 3\mu_1{}'^4$$

식 (9.20) 및 (9.21)로부터 아래와 같은 유용한 관계식을 추론해 낼 수 있다.

$$\mu_n = \sum_{j=0}^{n} \binom{n}{j} (-1)^{n-j} \mu_j{}' m^{n-j} \tag{9.22}$$

여기서 $\binom{n}{j} = {}_nC_j = n!/(n-j)!j!$ (조합)이며, $m = \bar{x} = \langle x \rangle$(평균치)이다.

다음은 주어진 분포 $f(x)$에 대한 특성함수(characteristic function) $\phi(t)$를 소개한다.

$$\phi(t) = E\left[e^{itx}\right]_{f(x)} = \langle e^{itx} \rangle_{f(x)} = \left\langle \sum_{n=0}^{\infty} \frac{(ix)^n}{n!} t^n \right\rangle = \sum_{n=0}^{\infty} \frac{\mu_n{}'}{n!} i^n t^n \tag{9.23}$$

여기서 i는 $\sqrt{-1}$ 또는 -1이며, e^x의 Taylor전개 $\sum_{n=0}^{\infty} \frac{x^n}{n!}$을 이용하였으며, 아래가 성립된다.

$$\phi^{(n)}(0) = \left[\frac{d^n}{dt^n}\phi(t)\right]_{t=0} = i^n \mu_n{}' \tag{9.24}$$

또 $\phi(t)$의 (자연)대수를 취해 $t=0$ 근방으로 Taylor 전개하면 아래가 얻어진다.

$$\ln\phi(t) = \sum_{n=0}^{\infty} \frac{\ln^{(n)}\phi(0)}{n!} t^n = \sum_{n=0}^{\infty} \kappa_n \frac{(it)^n}{n!} \tag{9.25}$$

여기서

$$\ln^{(n)}\phi(0) = \left[\frac{d^n}{dt^n}\ln\phi(t)\right]_{t=0} = i^n\kappa_n \tag{9. 26}$$

식 (9.25)를 확률밀도함수 $f(x)$에 대한 '큐뮬런트(cumulant) 전개'라 하며, 식 (9.26)에 의해 그 계수를 구하면 아래와 같다(예제 9.4 참조).

$$\kappa_0 = 0\,(\because\ \phi(0) = 1),\ \kappa_1 = \overline{x} = m,\ \kappa_2 = \mu_2 = \sigma^2,\ \kappa_3 = \mu_3,\ \kappa_4 = \mu_4 - 3\mu_2^2 \tag{9. 27}$$

이 큐뮬런트 전개는 나중 언급될 동적광산란(DLS)(이때 i는 -1 이용)에 유용하게 응용될 것이다. 덧붙여 식 (9.27)의 $\kappa_2\,(=\mu_2)$는 분포의 폭(분산)을 나타내며, $\gamma_1 = \kappa_3/\kappa_2^{3/2} = \mu_3/\sigma^3$는 분포의 비대칭도를 나타내는 'skewness'라 칭하며, $\gamma_2 = \kappa_4/\kappa_2^2 = \mu_4/\sigma^4 - 3$은 분포의 'sharpness'를 나타내는 'excess(or kurtosis)'라 한다.

예제 9. 4

식 (9.27)에 주어진 큐뮬런트(cumulant) 전개계수 κ_n에 대한 결과를 증명하라.

풀 이

식 (9.26)의 $n=0$ 경우는 식 (9.23)에서 $\phi(0) = 1(\because \mu_0{}' = 1)$이므로 $\kappa_0 = 0$ 이다.

다음 $\ln^{(1)}\phi(t) = \dfrac{d}{dt}\ln\phi(t) = \dfrac{\phi'}{\phi}\quad \therefore \ln^{(1)}\phi(0) = \dfrac{\phi'(0)}{\phi(0)}$

그런데 식 (9.24)에서 $\phi'(0) = i\mu_1{}'$, 따라서 $\ln^{(1)}\phi(0) = \dfrac{i\mu_1{}'}{1}$, $\kappa_1 = \mu'_1 = m$ 얻어진다.

$n=2$ 경우 $\ln^{(2)}\phi(t) = \dfrac{\phi'' \times \phi - \phi'^2}{\phi^2}\quad \therefore \ln^{(2)}\phi(0) = \dfrac{\phi''(0)\times\phi(0) - \phi'(0)^2}{\phi(0)^2}$

식 (9.24)에서 $\ln^{(2)}\phi(0) = \dfrac{i^2\mu_2{}' - (i\mu_1{}')^2}{1} = i^2(\mu_2{}' - \mu_1{}'^2)\quad \therefore \kappa_2 = \mu_2{}' - \mu_1{}'^2 = \mu_2\,(=\sigma^2)$ 가 된다.

다음 $n=3$ 인 경우는 $\ln^{(3)}\phi(t) = \dfrac{\phi^2\times\phi''' - 3\phi\phi'\phi'' + 2\phi'^3}{\phi^3}$

역시 (9.24)에서

$$\ln^{(3)}\phi(0) = \frac{\phi'''(0)\times\phi^2(0) - 3\phi(0)\times\phi'(0)\times\phi''(0) + 2\phi'(0)^3}{\phi(0)^2} = \frac{i^3\mu_3{}' - 3i^3\mu_1{}'\mu_2{}' + 2(i\mu_1{}')^3}{1}$$

$$= i^3(\mu_3{}' - 3\mu_1{}'\mu_2{}' + 2\mu_1{}'^3)$$

$$\therefore \kappa_3 = \mu_3{}' - 3\mu_1{}'\mu_2{}' + 2\mu_1{}'^3 = \mu_3.$$

마지막으로 $n=4$ 경우 $\ln^{(4)}\phi(t)=\dfrac{\phi^{(4)}\phi^3-4\phi^2\phi'\phi^{(3)}+\phi''(12\phi\phi'^2-3\phi^2\phi'')-6\phi'^4}{\phi^4}$

$$\therefore \ln^{(4)}\phi(0)=\frac{\phi(0)^3\phi^{(4)}(0)-4\phi(0)^2\phi'(0)\phi^{(3)}(0)+\phi''(0)\left(12\phi(0)\phi'(0)^2-3\phi(0)^2\phi''(0)\right)-6\phi'(0)^4}{\phi^4(0)}$$

식 (9.24)로부터 대입하여 정리하면 $\ln^{(4)}\phi(0)=i^4(\mu_4'-4\mu_1'\mu_3'-3\mu_2'^2+12\mu_1'^2\mu_2'-6\mu_1'^4)$

따라서 식 (9.21)과 (9.26)에서 $\kappa_4=\mu_4'-4\mu_1'\mu_3'-3\mu_2'^2+12\mu_1'^2\mu_2'-6\mu_1'^4=\mu_4-3\mu_2^2$이 성립된다.

한편 (1차원) 통계적 랜덤변수 X(혹은 x)의 '분산(variance)' $V(x)=\sigma_X^2$가 아래와 같이 정의될 때

$$\sigma_X^2=V[X]=E\left[(X-\mu)^2\right]=\begin{cases}\sum_j (x_j-\mu)^2 f(x_j)(\text{이산분포})\\ \int (x-\mu)^2 f(x)dx(\text{연속분포})\end{cases} \tag{9.28}$$

아래가 성립된다.

$$V[aX+b]=a^2\,V[X],\quad V[a]=0 \tag{9.29}$$

증 명 식 (9.28)에서 아래가 성립된다[단 제곱항을 전개하고, $E(X)=\overline{X}=\langle X\rangle$, $E(X^2)=\overline{X^2}=\langle X^2\rangle$을 이용하여 정리함].

$$V[aX+b]=E\left[\{(aX+b)-(\overline{aX+b})\}^2\right]=E\left[a^2X^2+a^2(\overline{X})^2-2a^2X\overline{X}\right]$$

$$=a^2\left[\langle X^2\rangle-\langle X\rangle^2\right]=a^2\sigma_X^2=a^2\,V(X)(\because \text{식 } (9.21))$$

물론 여기서 만약 $X=0$이면, $V[b]=0$ 또한 성립되어 식 (9.29)가 증명된다. ■

또한 만약 랜덤변수 $Z=aX+bY+c$(여기서 X 및 Y도 랜덤변수)가 있을 때 Z의 기대값 $E(Z)$ 및 분산 $V(Z)\left[=\sigma_Z^2\right]$도 식 (9.18), (9.28) 및 (9.29)로부터 아래가 됨을 쉽게 알 수 있다.

$$E(Z)=E(aX+bY+c)=aE(X)+bE(Y)+c \tag{9.30}$$

$$V(Z)\left[=\sigma_Z^2\right]=V(aX+bY+c)=a^2\,V(X)+b^2\,V(Y) \tag{9.31}$$

한편 (연속분포에 관한) 식 (9.28)의 정의로부터 아래의 'Bienaymé-Chebyshev 부등식'이 유도될

수 있다.

$$\Pr(|X-\mu| \geq c) \leq \frac{\sigma^2}{c^2} \text{ 혹은 } \Pr(|X-\mu| \geq c\sigma) \leq \frac{1}{c^2} \tag{9.32}$$

증 명 확률밀도함수 $f(x)$의 개념으로부터 아래가 정의된다(식 (9.17) 참조).

$$\Pr(|X-\mu| \geq c) = \int_{|x-\mu| \geq c} f(x)\,dx \tag{9.33}$$

그러면 식 (9.28)에서 아래가 성립된다.

$$\sigma^2 \geq \int_{|x-\mu| \geq c} (x-\mu)^2 f(x)dx \geq c^2 \int_{|x-\mu| \geq c} f(x)\,dx \tag{9.34}$$

따라서 위 식의 우변의 끝 항은 $\Pr(|X-\mu| \geq c)$가 되므로 식 (9.30)이 증명된다. ■

만약 식 (9.30)에서 $c=2$ 및 $c=3$을 대입할 경우 아래가 성립된다.

$$\Pr(|X-\mu| \geq 2\sigma) \leq \frac{1}{4} \text{ 및 } \Pr(|X-\mu| \geq 3\sigma) \leq \frac{1}{9}$$

9.4 2변수 결합(동시) 분포함수

9.4.1 결합분포의 정의

이산 2변수 결합분포

1차원의 경우와 마찬가지로 만약 X가 (집합)값 $\{x_i\}$를 취하는 랜덤변수, Y가 값 $\{y_j\}$을 취하는 랜덤변수라면 두 변수 x 및 y는 '결합(또는 동시) 분포(joint distribution)'의 확률분포함수(PDF)는 아래와 같이 정의된다.

$$f(x, y) = \begin{cases} \Pr(X=x_i,\, Y=y_j) (\text{단 } x=x_i,\, y=y_j \text{인 경우}) \\ 0 \quad (\text{기타}) \end{cases} \tag{9.35}$$

여기서 $f(x, y)$의 '정규화'는 x_i 및 y_j의 전(허용) 범위에 걸쳐 합이 1 즉 아래를 의미한다.

$$\sum_i \sum_j f(x_i, y_j) = 1 \tag{9.36}$$

또한 $-\infty < x_i \le x$ 및 $-\infty < y_j \le y$사이에서의 '누적 분포함수(CDF)'는 아래가 된다(식 (9.33) 참조).

$$F(x, y) = \sum_{x_i \le x} \sum_{y_j \le y} f(x_i, y_j) \tag{9.37}$$

이로부터 랜덤변수 X가 폐구간 $[a_1, a_2]$ 사이에, 그리고 Y가 폐구간 $[b_1, b_2]$사이에 존재할 확률은 아래로 주어진다.

$$\Pr(a_1 < X \le a_2, b_1 < Y \le b_2) = F(a_2, b_2) - F(a_1, b_2) - (F(a_2, b_1) - F(a_1, b_1)) \tag{9.38}$$

끝으로 만약 두 변수 X 및 Y의 결합 분포함수가 아래를 만족하면

$$f(x, y) = f_X(x) f_Y(y) \tag{9.39}$$

X 및 Y는 '상호 독립'이라고 하며, $f_X(x)$ 및 $f_Y(y)$는 각각 x 및 y만의 '주변(marginal) 분포함수(MDF)'이다(아래 참조).

연속 2변수 결합분포

만약 X 및 Y가 랜덤변수라면 이들의 결합분포의 PDF는 아래와 같이 정의된다.

$$f(x, y)dxdy = \Pr(x < X \le x + dx, y < Y \le y + dy) \tag{9.40}$$

여기서 $f(x, y)dxdy$는 x가 미소(폐)구간 $[x, x+dx]$사이, 그리고 y가 미소구간 $[y, y+dy]$사이에 있을 확률이다. 물론 2차원 PDF $f(x, y)$도 1차원의 경우와 마찬가지로 항상 비음수(즉 ≥ 0)이며 아래와 같이 정규화된다.

$$\int_{-\infty}^{\infty} \int_{-\infty}^{\infty} f(x, y)dxdy = 1 \tag{9.41}$$

더욱이 아래도 성립된다.

$$\Pr(a_1 < X \le a_2, b_1 < Y \le b_2) = \int_{b_1}^{b_2} \int_{a_1}^{a_2} f(x, y)dxdy \tag{9.42}$$

또한 아래와 같이 2차원 누적분포함수(CDF)도 정의되며,

$$F(x,\, y) = \Pr(X \le x,\ Y \le y) = \int_{-\infty}^{x}\int_{-\infty}^{y} f(u,\, v)\,du\,dv \tag{9.43}$$

이로부터 아래도 성립된다(식 (9.38) 참조).

$$\Pr(a_1 < X \le a_2,\, b_1 < Y \le b_2) = F(a_2,\, b_2) - F(a_1,\, b_2) - (F(a_2,\, b_1) - F(a_1,\, b_1)) \tag{9.44}$$

이산 (2변수)결합분포에 대한 독립성의 정의(식 (9.39))는 연속 결합분포의 경우에도 역시 성립된다.

주변 분포함수(MDF)

어떤 주어진 2변수 결합분포 $f(x, y)$에 있어서 X만의 함수인 '주변 분포함수(marginal distribution function, MDF)' $f_X(x)$는 아래와 같이 정의된다.

$$f_X(x) = \begin{cases} \sum_j f(x,\, y_j)\,(\text{이산분포}) \\ \int f(x,\, y)\,dy\,(\text{연속분포}) \end{cases} \tag{9.45}$$

마찬가지로 Y에 관한 MDF 역시 아래와 같이 정의된다.

$$f_Y(y) = \begin{cases} \sum_i f(x_i,\, y)\,(\text{이산분포}) \\ \int f(x,\, y)\,dx\,(\text{연속분포}) \end{cases} \tag{9.46}$$

9. 4. 2 결합분포의 성질

앞에서 본 바와 같이 단일 랜덤변수 X(또는 Y)의 PDF $f(x)$(혹은 $f(y)$)가 주어질 때 X의 기대값(혹은 평균치, expection value)은 아래와 같이 정의된다[9.3절 참조].

$$E[X] = \begin{cases} \sum_i x_i f(x_i)\,(\text{이산분포}) \\ \int x f(x)\,dx\,(\text{연속분포}) \end{cases} \tag{9.47}$$

이로부터 만약 랜덤변수 X(이때 PDF는 $f(x)$)의 어떤 임의의 함수 $g(X)$가 있다면 g의 $f(x)$에 관한 기대값은 아래와 같이 정의된다.

$$E[g(X)] = \begin{cases} \sum_i g(x_i)f(x_i)d(\text{이산분포}) \\ \int g(x)f(x)\,dx(\text{연속분포}) \end{cases} \tag{9.48}$$

한편 두 랜덤변수 X 및 Y의 (2변수) 결합 PDF $f(x, y)$가 주어진다면 X 및 Y의 임의의 함수 $g(X, Y)$의 $f(x, y)$에 관한 기대값 역시 식 (9.48)과 유사하게 정의될 수 있다. 즉

$$E[g(X, Y)] = \begin{cases} \sum_i \sum_j g(x_i, y_j)f(x_i, y_j)(\text{이산분포}) \\ \int_{-\infty}^{\infty}\int_{-\infty}^{\infty} g(x, y)f(x, y)dxdy(\text{연속분포}) \end{cases} \tag{9.49}$$

여기서 만약 $g(X, Y) = X$라면 이의 $f(x, y)$에 관한 기댓값 μ_X는 아래와 같이 정의된다.

$$E[X] = \mu_X = \begin{cases} \sum_i \sum_j x_i f(x_i, y_j)(\text{이산분포}) \\ \int_{-\infty}^{\infty}\int_{-\infty}^{\infty} xf(x, y)dxdy(\text{연속분포}) \end{cases} \tag{9.50}$$

또한 $E[Y] = \mu_Y$도 마찬가지로 정의될 수 있다.

그리고 만약 X 및 Y가 서로 독립이라면 $f(x, y) = f_X(x)f_Y(y)$(식 (9.39))가 성립되므로 이에 대한 $g(X, Y) = XY$의 기대값은 식 (9.49)에서 아래와 같이 얻어진다.

$$\begin{aligned} E[XY] &= \int_{-\infty}^{\infty}\int_{-\infty}^{\infty} xyf_X(x)f_Y(y)dxdy \\ &= \int_{-\infty}^{\infty} xf_X(x)dx \int_{-\infty}^{\infty} yf_Y(y)dy = E[X]E[Y] \end{aligned} \tag{9.51}$$

물론 이산분포의 경우에도 마찬가지 결과가 얻어진다.

9. 4. 2. 1 공분산과 상관도

두 개의 랜덤변수 X 및 Y의 결합 PDF $f(x, y)$가 주어졌을 때 이에 대한 단일 변수 X의 분산은 아래 식으로 정의된다(식 (9.28) 참조).

$$V[X] = \sigma_X^2 = \begin{cases} \sum_i \sum_j (x_i - \mu_X)^2 f(x_i, y_j)(\text{이산분포}) \\ \int_{-\infty}^{\infty}\int_{-\infty}^{\infty} (x - \mu_X)^2 f(x, y)dxdy(\text{연속분포}) \end{cases} \tag{9.52}$$

$V[Y]=\sigma_Y^2$ 역시 이와 유사하게 정의된다.

한편 두 개의 랜덤변수 X 및 Y의 $f(x, y)$에 대한 '공분산(covariance)' $\text{Cov}[X, Y]$는 아래와 같이 정의된다.

$$\begin{aligned}\text{Cov}[X, Y] &\equiv E[(X-\mu_X)(Y-\mu_Y)] \\ &= E[XY - X\mu_Y - Y\mu_X + \mu_X\mu_Y] \\ &= E[XY]-E[X]E[Y] = \mu_{XY}-\mu_X\mu_Y \end{aligned} \tag{9. 53}$$

단, 위 식에서 $\mu_X = E[X]$ 및 $\mu_Y = E[Y]$(식 (9.50) 참조), 그리고 $\mu_{XY} = E(XY)$(식 (9.49)에서 $g(X, Y)=XY$ 둠)이다. 한편 두 랜덤변수 X와 Y의 결합 PDF $f(x, y)$에 관련된 '상관도(correlation)'는 아래 식으로 정의된다.

$$\text{Corr}[X, Y] \equiv \frac{\text{Cov}[X, Y]}{\sigma_X\sigma_Y} \tag{9. 54}$$

여기서 $\sigma_X = [V(X)]^{1/2}$ 및 $\sigma_Y = [V(Y)]^{1/2}$는 각각 X 및 Y의 $f(x, y)$에 관련된 표준편차이다. 이때 아래 관계가 성립된다.

$$-1 \le \frac{\text{Cov}(X, Y)}{\sigma(X)\sigma(Y)} \le 1 \tag{9. 55}$$

증 명 식 (9.54)에서 $X=Y$로 두면 상관도는 1이 되며, 반면에 $X=-Y$로 두면 상관도는 -1이 된다. 나아가 $Y=aX+b$로 두면 $a>0$일 때는 $\text{Corr}[X, Y]=1$, $a<0$일 때는 $\text{Corr}[X, Y]=-1$이 된다(식 (9.30) - (9.31) 참조). 여기서 Y의 양변에 $f(x, y)$를 곱해 적분(혹은 합)을 취하면 정의 식 (9.50)에 의해 $\mu_Y = a\mu_X + b$가 된다. 따라서 아래가 성립된다.

$$Y = aX+b = aX+\mu_Y - a\mu_X \Rightarrow Y-\mu_Y = a(X-\mu_X)$$

여기서 공분산의 정의식 (9.53)을 이용하면 아래를 얻는다.

$$\text{Cov}[X, Y] = aE[(X-\mu_X)^2] = a\sigma_X^2$$

그런데 $Y=aX+b$일 때 $\text{Corr}[X, Y]=\pm 1$(여기서 $a>0$일 때 $+1$, $a<0$일 때 -1 됨)이 되므로 이것으로 $\text{Cov}[X, Y]=a\sigma_X^2$를 나누면 결국 $\sigma_Y=|a|\sigma_X$ 혹은

$\text{Corr}[X, Y] = \dfrac{a\sigma_X^2}{|a|\sigma_X^2} = \dfrac{a}{|a|}$가 되므로, 식 (9.55) 즉 $-1 \le \text{Corr}[X, Y] \le 1$가 증명된다. ■

만약 $\text{Corr}[X, Y] > 0$이면 X 및 Y는 '양으로(positively) 상관(특히 $+1$이면 양의 직선상관)' 그리고 $\text{Corr}[X, Y] < 0$이면 X 및 Y는 '음으로(negatively) 상관(특히 -1이면 음의 직선상관)' 또한 $\text{Corr}[X, Y] = 0$이면 '무상관(uncorrelated)'이라고 한다.

예제 9. 5

한 개의 편중된 주사위(biased die)를 던져 눈금 1, 2, 3, 4, 5, 6가 나올 확률은 각각 $\frac{1}{2}p, p, p, p, p, 2p$이다(따라서 전 확률의 합은 1에서 $p = 2/13$가 됨). 만약 한 랜덤변수 X를 던진 주사위에 나타난 숫자(눈금)라 하고, 다른 랜덤변수 Y는 X^2으로 정의할 때 두 랜덤변수 X 및 Y간의 공분산 및 상관도를 구하라.

풀 이

$p = \dfrac{2}{13}$ 및 식 (9.18)에서 X의 기대값은 아래와 같이 얻어진다.

$$E(X) = \mu_1{}' = \sum_j x_j f(x_j) = 1 \times \frac{1}{2}p + 2 \times p + 3 \times p + 4 \times p + 5 \times p + 6 \times 2p$$

$$= \frac{53}{2}p = \frac{53}{2} \times \frac{2}{13} = \frac{53}{13} \tag{1}$$

다음에 원점 주위의 2차 모멘트 $\mu_2{}' = E(X^2)$ 역시 식 (9.18)에서 아래와 같이 얻어진다.

$$\mu_2{}' = E[X^2] = \sum_j x_j^2 f(x_j) = 1^2 \times \frac{1}{2}p + 2^2 p + 3^2 p + 4^2 p + 5^2 p + 6^2 \times 2p = \frac{253}{2}p = \frac{253}{13} \tag{2}$$

다음에 식 (9.21) 혹은 (9.28)에서 X의 분산은 아래와 같이 계산된다[단 평균치 $E(X) = \mu = 53/13$을 사용].

$$\sigma_X^2 = V[X] = \sum_j (x_j - \mu)^2 f(x_j)$$

$$= (1-\mu)^2 \frac{1}{2}p + (2-\mu)^2 p + (3-\mu)^2 p + (4-\mu)^2 p + (5-\mu)^2 p + (6-\mu)^2 2p$$

$$= \left(\frac{3120}{169}\right)p = \frac{480}{169} \tag{3}$$

그러면 X 및 $Y(=X^2)$의 공분산은 식 (9.53)에서 아래가 된다.

$$\mathrm{Cov}[X,\ Y]=\mathrm{Cov}[X,X^2]=E[X^3]-E[X]E[X^2] \tag{4}$$

그런데 $E[X^3]=\mu_3{}'$는 식 (9.18)에서 아래가 된다.

$$E[X^3]=1^3\times\frac{1}{2}p+(2^3+3^3+4^3+5^3)p+6^3\times 2p=\frac{1313}{2}p=101 \tag{5}$$

이를 식 (4)에 대입하면 X 와 Y의 공분산은 아래 값을 갖는다.

$$\mathrm{Cov}[X,\ Y]=101-\frac{53}{13}\times\frac{253}{13}=\frac{3660}{169} \tag{6}$$

다음에 X와 Y간의 상관도 $\mathrm{Corr}[X,\ Y]$를 식 (9.54)에서 구하기 위하여, Y의 분산 $V[Y^2]=\sigma_Y^2$는 역시 식 (9.28)에서 $Y=X^2$를 대입하여 구하면 아래가 된다.

$$V[Y]=\sigma_Y^2=\frac{p}{2}(1^2-\mu_Y)^2+p(2^2-\mu_Y)^2+p(3^2-\mu_Y)^2+p(4^2-\mu_Y)^2+p(5^2-\mu_Y)^2+2p(6^2-\mu_Y)^2$$

$$=\frac{187356}{169}p=\frac{28824}{169} \tag{7}$$

그러면 식 (9.54)에 $\mathrm{Cov}[X,\ Y]$, $\sigma_X=(V[X])^{1/2}$ 및 $\sigma_Y=(V[Y])^{1/2}$의 값을 대입하여 계산하면 아래를 얻는다.

$$\mathrm{Corr}[X,\ Y]=\frac{3660}{169}\sqrt{\frac{169}{28824}}\sqrt{\frac{169}{480}}\approx 0.984 \tag{8}$$

따라서 두 랜덤변수 X 및 Y 사이에는 강한 양(positive)의 상관이 존재한다.

예제 9. 6

두 랜덤변수 $X[=\{x\}]$ 및 $Y[=\{y\}]$의 (정규화된)결합 PDF $f(x,\ y)$는 아래의 이항전개식에서 얻어진다.

$$1=(a+b+c)^2=\sum_{0\le x+y\le 2}\frac{2!}{x!y!(2-x-y)!}a^x b^y c^{2-x-y}$$

$$=a^2+b^2+c^2+2(ab+ac+bc) \tag{9. 56}$$

여기서 결합 확률분포는 위식의 $\sum$ 우변의 항으로서 아래로 주어진다.

$$f(X=x,\ Y=y)=\frac{2!}{x!y!(2-x-y)!}\left(\frac{5}{13}\right)^x\left(\frac{2}{13}\right)^y\left(\frac{6}{13}\right)^{2-x-y}$$

$$x,\,y=0,\,1,\,2;\quad 0\le x+y\le 2 \tag{9.57}$$

(a) 이때 이 $f(x, y)$에 의한 $E[X]$, $E[Y]$, $V[X]$, $V[Y]$, $\mathrm{Cov}[X, Y]$ 및 $\mathrm{Corr}[X, Y]$를 계산하라.

(b) 주변 분포함수(MDF) $f_X(x)$ 및 이에 대한 $E[X]$ 및 $V[X]$도 계산해 보아라.

풀 이

(a) 먼저 식 (9.57)로부터 6개의 (정규화된) 결합분포 $f(X=x, Y=y)$를 구하면 아래를 얻는다.

$$f(0,0)=\left(\frac{6}{13}\right)^2,\ f(1,0)=2\cdot\frac{5}{13}\cdot\frac{6}{13}=\frac{60}{13^2},$$

$$f(2,0)=\left(\frac{5}{13}\right)^2,\ f(0,1)=2\cdot\frac{2}{13}\cdot\frac{6}{13}=\frac{24}{13^2},$$

$$f(0,2)=\left(\frac{2}{13}\right)^2,\ f(1,1)=2\cdot\frac{5}{13}\cdot\frac{2}{13}=\frac{20}{13^2}$$

다음에는 이들 값을 갖고 식 (9.50) - (9.54)로부터 아래의 양들이 계산된다.

$$E[X]=\langle X\rangle=\sum_{0\le x+y\le 2}xf(x,y)=f(1,0)+f(1,1)+2f(2,0)$$

$$=\frac{60}{13^2}+\frac{20}{13^2}+2\left(\frac{5}{13}\right)^2=\frac{130}{13^2}=\frac{10}{13}$$

$$E[Y]=\langle Y\rangle=\sum_{0\le x+y\le 2}yf(x,y)=f(0,1)+f(1,1)+2f(0,2)$$

$$=\frac{24}{13^2}+\frac{20}{13^2}+2\left(\frac{2}{13}\right)^2=\frac{52}{13^2}=\frac{4}{13}$$

$$V[X]=\sigma^2(X)=\sum_{0\le x+y\le 2}\left(x-\frac{10}{13}\right)^2f(x,y)$$

$$=\left(\frac{10}{13}\right)^2[f(0,0)+f(0,1)+f(0,2)]+\left(\frac{3}{13}\right)^2[f(1,0)+f(1,1)+\left(\frac{16}{13}\right)^2f(2,0)$$

$$=\frac{10^2\cdot 64+3^2\cdot 80+16^2\cdot 5^2}{13^4}=\frac{4^2\cdot 5\cdot 169}{13^4}=\frac{80}{13^2}$$

$$V[Y]=\sigma^2(Y)=\sum_{0\le x+y\le 2}\left(y-\frac{4}{13}\right)^2 f(x,y)$$

$$=\left(\frac{4}{13}\right)^2[f(0,0)+f(1,0)+f(2,0)]+\left(\frac{9}{13}\right)^2[f(0,1)+f(1,1)+\left(\frac{22}{13}\right)^2 f(0,2)$$

$$=\frac{4^2\cdot 11^2+9^2\cdot 44+22^2\cdot 2^2}{13^4}=\frac{11\cdot 4\cdot 169}{13^4}=\frac{44}{13^2}$$

$$\mathrm{Cov}[X,Y]=\sum_{0\le x+y\le 2}\left(x-\frac{10}{13}\right)\left(y-\frac{4}{13}\right)f(x,y)$$

$$=\frac{10\cdot 4}{13^2}\cdot\frac{6^2}{13^2}-\frac{10\cdot 9}{13^2}\cdot\frac{24}{13^2}-\frac{10\cdot 22}{13^2}\cdot\frac{4}{13^2}-\frac{3\cdot 4}{13^2}\cdot\frac{60}{13^2}$$

$$+\frac{3\cdot 9}{13^2}\cdot\frac{20}{13^2}-\frac{16\cdot 4}{13^2}\cdot\frac{5^2}{13^2}=-\frac{20\cdot 169}{13^4}=-\frac{20}{13^2}$$

$$\mathrm{Corr}[X,Y]=\frac{\mathrm{Cov}[X,Y]}{\sigma_X\sigma_Y}=-\frac{20}{8\sqrt{5\cdot 11}}=-\frac{1}{2}\sqrt{\frac{5}{11}}=-0.3371$$

(b) X만의 (정규화된) 주변 분포함수(MDF) $f_X(x)$는 식 (9.45)로부터 아래와 같이 정의된다.

$$f_X(x)=\sum_{y=0}^{2}f(x,y) \tag{9.58}$$

그러면 문 (a)에서 얻어진 $f(x,y)$값은 식 (9.58)에 대입하면 3개의 정규화된(즉 합이 1됨) MDF는 아래와 같이 얻어진다.

$$f_X(x=0)=f_X(0)=f(0,0)+f(0,1)+f(0,2)=\left(\frac{6}{13}\right)^2+\frac{24}{13^2}+\left(\frac{2}{13}\right)^2=\left(\frac{8}{13}\right)^2$$

$$f_X(x=1)=f_X(1)=f(1,0)+f(1,1)=\frac{60}{13^2}+\frac{20}{13^2}=\frac{80}{13^2}$$

$$f_X(x=2)=f_X(2)=f(2,0)=\left(\frac{5}{13}\right)^2$$

다음에는 이 MDF를 이용하여 X의 기대값 및 분산을 구하면 아래를 얻는다.

$$E[X]=\langle X\rangle_{f_X(x)}=\sum_{x=0}^{2}xf_X(x)=f_X(1)+2f_X(2)=\frac{80+2\cdot 25}{13^2}=\frac{130}{13^2}=\frac{10}{13}=\langle X\rangle=E[X]$$

$$V[X]=\sigma^2_{f_X(x)}=\sum_{x=0}^{2}\left(x-\frac{10}{13}\right)^2 F(x)=\left(\frac{10}{13}\right)^2\cdot\left(\frac{8}{13}\right)^2+\left(\frac{3}{13}\right)^2\cdot\frac{80}{13^2}+\left(\frac{16}{13}\right)^2\cdot\left(\frac{5}{13}\right)^2$$

$$=\frac{80\cdot 169}{13^4}=\frac{80}{13^2}=\sigma^2_X=V[X]$$

즉 문 (a)처럼 2변수 결합 PDF $f(x,y)$로부터 구한 X의 기대값 및 분산은 문 (b)의 1변수 주변분포 MDF $f_X(x)$로부터 구한 결과와 일치함을 알 수 있다.

한편 이 절의 끝으로 두 개의 랜덤변수 X 및 Y의 결합 PDF $f(x,y)$에 의한 $X+Y$의 분산은 1변수인 경우 $V(X)=\sigma^2_X=E[X^2]-(E[X])^2$ $[=\mu_2{}'-\mu_1{}'$, 식 (9.21) 참조$]$가 되는 원리와 마찬가지로 아래와 같이 전개된다.

$$\begin{aligned}V[X+Y]&=E[(X+Y)^2]-(E[X+Y])^2\\&=E[X^2]+2E[XY]+E[Y^2]-\{(E[X])^2+2E[X]E[Y]+(E[Y])^2\}\\&=V[X]+V[Y]+2(E[XY]-E[X]E[Y])\\&=V[X]+V[Y]+2\mathrm{Cov}[X,Y]\end{aligned}\tag{9.59}$$

여기서 마지막 항등관계는 식 (9.53)을 이용하였다. 위와 마찬가지 방법으로 아래 관계도 증명될 수 있다(단 a, b, c는 상수).

$$V[aX+bY+c]=a^2V[X]+b^2V[Y]+2ab\mathrm{Cov}[X,Y]\tag{9.60}$$

만약 공분산 $\mathrm{Cov}[X,Y]=0$이면 두 랜덤변수 X 및 Y는 사실상 서로 독립이다.

9.5. 대표적 이산분포

이항(binomial) 분포나 포아송(Poisson) 분포와 같은 이산분포의 논의에 들어가기 전 참고 9.1에서 이들 분포의 계산에 필요한 이산(discrete)수학의 중요 공식을 간단히 나타낸다.

참고 9.1

서로 다른 n개 중 r개를 순서를 고려해 나열하는 방법의 수는 순열(permutation) ${}_nP_r = n!/(n-r)!$로 나타내고, 순서를 고려치 않고 단순히 r개를 뽑는 조합(combination) 의 수는 ${}_nC_r \left[= \binom{n}{r}\right] = {}_nP_r/r! = n!/(n-r)!\,r!$ (여기서 $r \geq 0$, $0! = 1$ 임) 로 나타내지며, 아래와 같은 증명 가능한 유용한 관계식이 있다.

$$ {}_nC_r = {}_nC_{n-r}\ ,\ {}_nC_r = {}_{n-1}C_r + {}_{n-1}C_{r-1}\ ,\ r\,{}_nC_r = n\,{}_{n-1}C_{r-1} \tag{9.61} $$

한편 두 양 a, b 에 관한 '이항정리(binomial theorem)' 는 아래와 같다.

$$ (a+b)^N = \sum_{n=0}^{N} {}_NC_n\, a^{N-n} b^n = \sum_{n=0}^{N} \frac{N!}{(N-n)!\,n!} a^{N-n} b^n \tag{9.62} $$

9.5.1 이항분포

먼저 식 (9.61) 에 기초한 '이항분포(binomial distribution)' 를 정의하기로 한다. 지금 서로 독립인 N 개의 사상(event) 이 있다고 하자. 이때 한번 시행에서 성공할 확률 p, 실패할 확률 $q(=1-p)$라 하고, N 번 시행 중 성공할 사상의 수를 x라 할 때 x가 일어날 확률(수분율) $f_x(=f(x))$는 식 (9.62)에서 a를 p, b를 q, n을 x로 두면 아래와 같이 나타낼 수 있다.

$$ f_x = {}_NC_x\, p^x q^{N-x} = {}_NC_x\, p^x (1-p)^{N-x} \qquad (0 \leq x \leq N) \tag{9.63} $$

물론 f_x의 정규화 조건(즉, 합이 1)은 다음과 같이 만족된다.

$$ \sum_{x=1}^{N} f_x = \sum_{x=1}^{N} {}_NC_x\, p^x q^{N-x} = (p+q)^N = 1 \tag{9.64} $$

이때 이항분포의 수평균 $\langle x \rangle_f (= x_n)$ 및 수분산 $\sigma_n^2 \left[= \langle x^2 \rangle_f - \langle x \rangle_f^2 (= x_n^2)\right]$ 은 아래와 같다.

$$ x_n = Np\ ,\ \sigma_n^2 = Npq \tag{9.65} $$

증 명 $x_n = (\bar{x})_f = \sum_{x=0}^{N} x f_x = \sum_{x=0}^{N} x\, {}_N C_x p^x (1-p)^{N-x}$

$$= \sum_{x=1}^{N} N_{N-1} C_{x-1} p^x (1-p)^{N-x} (\because \text{식}(9.61))$$

$$= Np \sum_{x=1}^{N} {}_{N-1}C_{x-1} p^{x-1} (1-p)^{(N-1)-(x-1)}$$

$$= Np \sum_{x=0}^{N-1} {}_{N-1}C_{x'} p^{x'} (1-p)^{(N-1)-x'} (\because x-1 \rightarrow x' \text{둠})$$

$$= Np[p+(1-p)]^{N-1} (\because \text{식}(9.62)) = Np$$

다음에는 $\langle x^2 \rangle_f = \sum_{x=0}^{N} f_x x^2$을 구하면 아래와 같다.

$$\langle x^2 \rangle_f = \sum_{x=0}^{N} x^2 f_x = \sum_{x=0}^{N} x^2\, {}_N C_x p^x (1-p)^{N-x} = \sum_{x=0}^{N} x x\, {}_N C_x p^x (1-p)^{N-x}$$

$$= \sum_{x=1}^{N} x N_{N-1} C_{x-1} p^x (1-p)^{N-x} \ (\because \text{식} \ (9.61))$$

$$= Np \left\{ \sum_{x=1}^{N} (x-1)\, {}_{N-1}C_{x-1} p^{x-1} (1-p)^{(N-1)-(x-1)} + \sum_{x=1}^{N} {}_{N-1}C_{x-1} p^{x-1} (1-p)^{(N-1)-(x-1)} \right\}$$

$$= Np \left\{ \sum_{x=2}^{N} (N-1)\, {}_{N-2}C_{x-2}\, p p^{x-2} (1-p)^{(N-2)-(x-2)} + \sum_{x'=0}^{N-1} {}_{N-1}C_{x'} p^{x-1} (1-p)^{(N-1)-x'} (\because x-1 \rightarrow x') \right\}$$

$$= Np \left\{ (N-1)p \sum_{x'=0}^{N-2} {}_{N-2}C_{x'} p^{x'} (1-p)^{(N-2)-x'} (\because x-2 \rightarrow x') + [p+(1-p)]^{N-1} \right\} (\because \text{식 } 9.62)$$

$$= Np\{(N-1)p \times [p+(1-p)]^{N-2} (\because \text{식}\,(9.62)) + 1\} = Np\{(N-1)p+1\}$$

따라서

$$\sigma_n^2 = \langle x^2 \rangle_f - \langle x^1 \rangle_f^2 (= x_n^2) = Np\{(N-1)p+1\} - (Np)^2 = Np(1-p) = Npq \quad \blacksquare$$

9. 5. 2 포아송(Poisson) 분포

다음에는 고분자의 라디칼 (부가)중합 등에 적용이 되는 '포아송분포(Poisson's distribution)'를 이항분포로부터 유도해보자. 먼저 이항분포 f_x는 다음과 같이 다시 쓸 수 있다.

$$f_x = {}_N C_x p^x (1-p)^{N-x} = \frac{N!}{(N-x)!x!} p^x \frac{(1-p)^N}{(1-p)^x} \tag{9. 66}$$

여기서 두 가정 즉, N은 x에 비해 매우 커서 (즉 $\frac{x}{N} \to 0$)

$$\frac{N!}{(N-x)!} = N(N-1)\cdots(N-x+1) = N^x\left(1-\frac{1}{N}\right)\left(1-\frac{2}{N}\right)\cdots\left(1-\frac{x-1}{N}\right) \simeq N^x$$

따라서 $\frac{N!}{(N-x)!x!} p^x \simeq \frac{(Np)^x}{x!}$ 로 쓸 수 있다고 하자.

그리고 확률 p가 작아서 식 (9.65)의 분포에서 $(1-p)^x \simeq 1$로 간주하며, 또한 식 (9.65)의 결과에서 (수)평균치 $\bar{x} = Np = m$으로 두고, $N = \frac{m}{p}$을 식 (9.66)에 대입하며 아래와 같이 된다.

$$f_x = \frac{m^x}{x!}(1-p)^{\frac{m}{p}} \tag{9. 67}$$

그런데 자연대수의 지수 $e(=2.718\ldots)$에 관한 다음과 같은 유용한 관계식이 있다.

$$\lim_{p\to 0}(1\pm p)^{\frac{m}{p}} = \lim_{p\to\infty}\left(1\pm\frac{m}{p}\right)^p = e^{\pm m} \tag{9. 68}$$

따라서 식 (9.67)은 아래와 같이 포아송분포에 관한 (정규화된)수분율 f_x가 된다

$$f_x = \frac{m^x}{x!} e^{-m} \ (x = 0 \sim \infty) \tag{9. 69}$$

그러나 실제 이를 고분자의 중합도 (혹은 분자량) 에 적용시 $x \geq 1$이므로 일반적으로 위 식 대신 아래와 같이 나타낸다.

$$f_x = \frac{m^{x-1}}{(x-1)!} e^{-m} \ (x = 1 \sim \infty) \tag{9. 70}$$

9. 6 대표적 연속분포

9. 6. 1 가우스 정규분포

평균 $E[X]=\mu$ 및 분산 $V[X]=\sigma^2$을 가진 랜덤변수 $X[=\{x_i\}]$의 '가우스 정규분포(Gaussian normal distribution)'에 대한 (정규화)확률밀도함수(PDF) $f(x)$는 아래로 나타내진다.

$$f(x)=\frac{1}{\sigma\sqrt{2\pi}}\exp\left[-\frac{1}{2}\left(\frac{x-\mu}{\sigma}\right)^2\right] \tag{9.71}$$

여기서 $1/\sqrt{2\pi}$는 $\int_{\infty}^{-\infty} f(x)dx=1$이 되게 하는 정규화 상수이다. 이는 평균 μ에 관한 대칭분포로서, 만약 임의의 랜덤변수 X가 식 (9.71)로 나타낸 바와 같이 평균 μ, 분산 σ^2를 가진 가우스 정규분포를 따른다면 $X\sim N(\mu,\sigma^2)$로 표기한다.

한편 만약 변수치환 $Z=(X-\mu)/\sigma$를 행한다면 모든 정규분포는 아래 식과 같이 평균치 $E[Z]=0$, 분산 $V[Z]=1$을 가진 '표준(Standard) 정규분포' $\phi(z)$로 나타내진다.

$$\phi(z)=\frac{1}{\sqrt{2\pi}}\exp\left(-\frac{z^2}{2}\right) \tag{9.72}$$

즉 표준화 랜덤변수 Z는 정규분포 $N(0,1^2)$을 따른다. 그러면 아래의 $N(\mu,\sigma^2)$의 누적분포(CDF) $F(x)=\Pr(X<x)$는

$$F(x)=\Pr(X<x)=\frac{1}{\sigma\sqrt{2\pi}}\int_{-\infty}^{x}\exp\left[-\frac{1}{2}\left(\frac{u-\mu}{\sigma}\right)^2\right]du \tag{9.73}$$

아래와 같이 표준화 분포의 CDF로 변환될 수 있다(그림 9.1 참조)

$$\Phi(z)=\Pr(Z<z)=\frac{1}{\sqrt{2\pi}}\int_{-\infty}^{z}\exp\left(-\frac{u^2}{2}\right)du \tag{9.74}$$

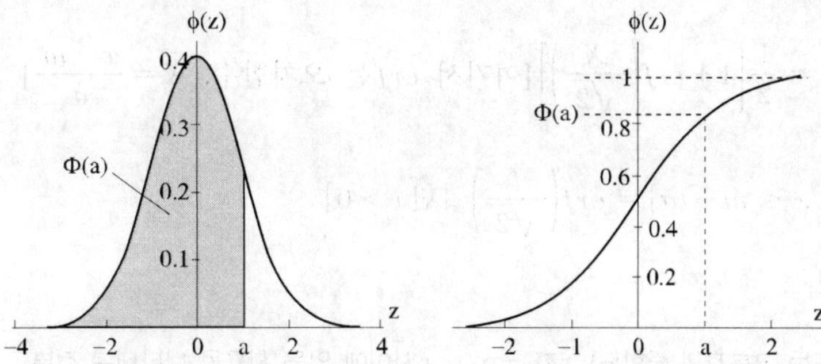

그림 9. 1 왼편 그림은 표준정규분포 $\phi(z)$를 나타내며, 빗금친 부분은 누적분포 $\Pr(Z< a)=\Phi(a)$를 나타낸다. 또한 오른편 그림은 표준정규분포 $\phi(z)$에 대한 누적분포(CDF) $\Phi(z)$를 나타낸다.

즉 이때 $a< X\le b$ 사이의 누적분포는 아래와 같이 나타내진다.

$$\Pr(a< X\le b)=\frac{1}{\sigma\sqrt{2\pi}}\int_a^b \exp\left[-\frac{1}{2}\left(\frac{u-\mu}{\sigma}\right)^2\right]du \tag{9. 75a}$$

$$=F(b)-F(a) \tag{9. 75b}$$

$$=\Phi\left(\frac{b-\mu}{\sigma}\right)-\Phi\left(\frac{a-\mu}{\sigma}\right) \tag{9. 75c}$$

이는 아래와 같이 일반화될 수 있다.

$$\Pr(\mu-n\sigma< X\le\mu+n\sigma)=\Phi(n)-\Phi(-n)=\Phi(n)-[1-\Phi(n)] \tag{9. 76}$$

이 식과 표준정규화 분포의 표로부터 $n=1, 2, 3$에 대한 값을 구하면 아래가 된다.

$$\Pr(\mu-\sigma< X\le\mu+\sigma)=2\Phi(1)-1=0.6826\approx 68.3\%$$

$$\Pr(\mu-2\sigma< X\le\mu+2\sigma)=2\Phi(2)-1=0.9544\approx 95.4\%$$

$$\Pr(\mu-3\sigma< X\le\mu+3\sigma)=2\Phi(3)-1=0.9974\approx 99.7\% \tag{9. 77}$$

사실 위에서 이용된 표준정규화 분포의 표는 아래 예제의 수학적 관계로부터 얻어진 것이다.

예제 9. 7

정규분포 (식 9.71)의 경우 (수분포) 누적확률(P)에 관해 아래와 같은 식이 성립함을 증명하라[단 위 식의 $\mu\to m,\ Z\to X,\ n\to t$ 및 $\Pr\to P$로 치환하였다].

$$\int_{-\infty}^{x} f(x)dx = \frac{1}{2}\left[1+erf\left(\frac{X}{\sqrt{2}}\right)\right] [\text{여기서 } erf\text{는 오차함수, } X=\frac{x-m}{\sigma}] \quad \text{(a)}$$

$$P[m-t\sigma \le x \le m+t\sigma] = erf\left(\frac{t}{\sqrt{2}}\right) \ [\text{단 } t>0] \quad \text{(b)}$$

풀 이

(a) 어떤 변량(또는 고분자의 중합도) x가 $-\infty \sim x$사이에 있을 확률을 나타내는 적분

$$\int_{-\infty}^{x} f(x)dx = \frac{1}{\sqrt{2\pi}\,\sigma}\int_{-\infty}^{x} e^{-(x-m)^2/2\sigma^2}dx = \frac{1}{\sqrt{2\pi}}\int_{-\infty}^{X} e^{-\frac{X^2}{2}}dX\left(\because X=\frac{x-m}{\sigma}\right)$$

그런데 $g(X)=\frac{1}{\sqrt{2\pi}}e^{-\frac{X^2}{2}}$은 평균치 0, 분산$(\sigma^2)$ 1인 '표준정규분포' (원점에 관해 대칭인 우함수)에 해당되므로 적분

$$\int_{-\infty}^{x} f(x)dx = \frac{1}{2}+\frac{1}{\sqrt{2\pi}}\int_{0}^{X} e^{-\frac{X^2}{2}}dX = \frac{1}{2}+\frac{1}{2}\int_{0}^{\frac{X}{\sqrt{2}}}\frac{2}{\sqrt{\pi}}e^{-t^2}dt\left(\because \frac{X}{\sqrt{2}}=t\right) = \frac{1}{2}\left[1+erf\left(\frac{X}{\sqrt{2}}\right)\right]$$

$\left[\because \text{식 (A.24)}, \ X=\frac{x-m}{\sigma}\right]$가 된다.

(b) 변량 x가 수분율에 관한 평균치 m과 분산 σ^2을 사용해 $m-t\sigma$와 $m+t\sigma$사이에 있을 확률 P는

$$\begin{aligned} P[m-t\sigma \le x \le m+t\sigma] &= \int_{m-t\sigma}^{m+t\sigma} f(x)dx = \frac{1}{\sqrt{2\pi}\,\sigma}\int_{m-t\sigma}^{m+t\sigma} e^{-\frac{(x-m)^2}{2\sigma^2}}dx \\ &= \frac{1}{\sqrt{2\pi}}\int_{-t}^{t} e^{-\frac{X^2}{2}}dX(\because X=\frac{x-m}{\sigma}) = \frac{2}{\sqrt{2\pi}}\int_{0}^{t} e^{-\frac{X^2}{2}}dX \\ &= \frac{2}{\sqrt{\pi}}\int_{0}^{\frac{t}{\sqrt{2}}} e^{-\bar{X}^2}d\bar{X}\left(\because \bar{X}=\frac{X}{\sqrt{2}}\right) = erf\left(\frac{t}{\sqrt{2}}\right) \ [\because \text{식 (A.24)}] \end{aligned}$$

가 얻어진다. 실제 $t=1,2,3$일 때, 확률 P는 각각 68%, 95%, 99%가 됨에 유의하라(식 9.77) 참조). 또한 식 (9.76)과 위 식 (b)와의 비교에서 $2\Phi(t)-1=erf\left(\frac{t}{\sqrt{2}}\right)$가 됨을 알 수 있다.

정규분포의 모멘트 생성함수(MGF)

식 (9.23)으로 정의된 어떤 (정규화된)PDF $f(x)$에 대한 특성함수 $\phi(t)$에서 $i=1$일 경우를 '모멘트 생성함수(MGF)' $M_X(t)$라 칭하며 이의 t에 관한 Taylor 급수 전개시 t^n의 계수는 단순히

모멘트 $\mu_n{}'[=\langle x^n\rangle = E(x^n)]/n!$가 된다(식 (9.23) 참조).

이제 평균 μ, 분산 σ^2인 정규분포 PDF $f(x)$에 대한 $M_X(t)$는 아래가 된다.

$$M_X(t)=E[e^{tX}]=\int_{-\infty}^{\infty}\frac{1}{\sigma\sqrt{2\pi}}\exp\left[tx-\frac{(x-\mu)^2}{2\sigma^2}\right]dx=c\exp\left(\mu t+\frac{1}{2}\sigma^2t^2\right) \tag{9.78}$$

여기서

$$c=\int_{-\infty}^{\infty}\frac{1}{\sigma\sqrt{2\pi}}\exp\left\{-\frac{[x-(\mu+\sigma^2 t)]^2}{2\sigma^2}\right\}dx \tag{9.79}$$

식 (9.78)의 마지막 항등관계는 지수항의 통분을 통한 재정리로 얻어지며, 또한 식 (9.79)의 상수 c는 정규화된 정규분포 $N(\mu+\sigma^2 t,\sigma^2)$가 되어 값이 1이 된다(혹은 식 (A.32)를 이용하여 적분을 행해도 얻어짐). 따라서 정규분포 $N(\mu,\sigma^2)$의 모멘트 생성함수(MGF)는 아래가 된다.

$$M_X(t)=\exp\left(\mu t+\frac{1}{2}\sigma^2t^2\right) \tag{9.80}$$

이항분포에 대한 가우스 근사

만약 이항분포(식 (9.63))에서 '시행회수' $n(=N)$가 매우 크고(즉 $n\to\infty$), 그러나 성공할 확률 p값은 일정할 경우(이때 $np\to\infty$ 됨) 이항분포는 가우스 정규분포로 근사된다.

증 명 매우 큰 $n!$에 대한 Stirling 근사공식(식 (3.236))을 사용하여 이항분포 식 (9.63)에서 $_nC_x=n!/(n-x)!x!$를 대입하고, $n\to\infty$(그리고 $x\to\infty$)의 극한을 취하면 아래의 근사식을 얻는다.

$$\begin{aligned}f(x)&\approx\frac{1}{\sqrt{2\pi n}}\left(\frac{x}{n}\right)^{-x-1/2}\left(\frac{n-x}{n}\right)^{-n+x-1/2}p^x(1-p)^{n-x}\\&=\frac{1}{\sqrt{2\pi n}}\exp\left[-\left(x+\frac{1}{2}\right)\ln\frac{x}{n}-\left(n-x+\frac{1}{2}\right)\ln\frac{n-x}{n}\right.\\&\qquad\left.+x\ln p+(n-x)\ln(1-p)\right]\end{aligned} \tag{9.81}$$

위 식의 첫 번째 항등관계는 $x^a=e^{a\ln x}$를 이용하였다. 그러면 지수(exp)안의 중요한(0이 되지 않는) 항만을 $y=x-np$(여기서 $1\ll y\ll np$)의 항으로 전개하고, 도로 $(x-np)$ 항으로 나타내면 아래의 근사식을 얻는다.

$$f(x) \approx \frac{1}{\sqrt{2\pi n}} \frac{1}{\sqrt{p(1-p)}} \exp\left[-\frac{1}{2}\frac{(x-np)^2}{np(1-p)}\right] \tag{9.82}$$

이는 $\mu = np$, $\sigma^2 = np(1-p)$(식 (9.65) 참조)인 정규분포 $N(\mu, \sigma^2)$로 근사되어 증명된다. ■

포아송 분포에 대한 가우스 근사

9.5.2절에서 $n(=N) \to \infty$, $p \to 0$[단 $np = \lambda(=m)$는 일정유지]일 때 이항분포는 포아송(Poisson) 분포로 근사됨을 알았다. 또한 앞에서 $n(=N) \to \infty$, 그러나 $p=$일정(이 경우 $np \to \infty$)일 때의 이항분포는 가우스 분포로 근사됨을 알았다. 따라서 포아송 분포 식 (9.69)에서 $\lambda(=m)$값이 매우 클 때 역시 정규분포 $N(\mu = \lambda, \sigma^2 = \lambda)$로 근사될 수 있다.

증 명 포아송 분포 식 (9.69)(단 $m \to \lambda$ 둠)의 양변을 (자연)대수를 취하면 아래를 얻는다.

$$\ln f(x) = -\lambda + x\ln\lambda - \ln x! \tag{9.83}$$

그리고 x값이 매우 클 때의 Stirling 근사공식 $x! \approx \sqrt{2\pi x}\left(\frac{x}{e}\right)^x$의 양변을 대수를 취하면 아래를 얻는다.

$$\ln x! \approx \ln\sqrt{2\pi x} + x\ln x - x$$

이를 식 (9.83)에 대입하면

$$\ln f(x) \approx -\lambda + x\ln\lambda - (x\ln x - x) - \ln\sqrt{2\pi x} \tag{9.84}$$

여기서 $f(x)$를 피크값에 해당하는 $x = \lambda$ 주위로 전개하기 위해 $\varepsilon = x - \lambda$(즉 $x = \varepsilon + \lambda$)를 식 (9.84)에 대입하여 전개하면 아래를 얻는다.

$$\ln f(x) \approx -\lambda + (\lambda + \varepsilon)\left\{\ln\lambda - \ln\left[\lambda\left(1 + \frac{\varepsilon}{\lambda}\right)\right]\right\} + (\lambda + \varepsilon) - \ln\sqrt{2\pi(\lambda + \varepsilon)}$$

여기서 $\ln(1+z) = z - z^2/2 + \cdots$(식 (A.10))을 이용하면

$$\ln f(x) \approx \varepsilon - (\lambda + \varepsilon)\left(\frac{\varepsilon}{\lambda} - \frac{\varepsilon^2}{2\lambda^2}\right) - \ln\sqrt{2\pi\lambda} - \left(\frac{\varepsilon}{\lambda} - \frac{\varepsilon^2}{2\lambda^2}\right)$$

$$\approx -\frac{\varepsilon^2}{2\lambda} - \ln\sqrt{2\pi\lambda} \tag{9.85}$$

위 식의 마지막 항등관계는 ε의 크기는 x의 표준편차 즉 $\lambda^{1/2}$의 오더인 점과 0이 되지 않는 중요항만을 취하여 얻어진 것이다. 그러면 위 식에서 $\varepsilon = x - \lambda$를 도로 대입하고, 대수를 제거하면 아래를 얻는다.

$$f(x) \approx \frac{1}{\sqrt{2\pi\lambda}} \exp\left[-\frac{(x-\lambda)^2}{2\lambda}\right] \tag{9.86}$$

이는 분명 $\mu = \lambda$, $\sigma^2 = \lambda$인 정규분포 $N(\lambda, \lambda)$가 되어 증명된다. ■

다중(이중) 가우스 분포

지금 X 및 Y가 서로 독립인 가우스 분포 즉 $X \sim N(\mu_1, \sigma_1^2)$ 및 $Y \sim N(\mu_2, \sigma_2^2)$를 형성한다면 각각의 경우 식 (9.80)으로부터 아래가 성립된다.

$$M_X(t) = \exp\left(\mu_1 t + \frac{1}{2}\sigma_1^2 t^2\right),\ M_Y(t) = \exp\left(\mu_2 t + \frac{1}{2}\sigma_2^2 t^2\right) \tag{9.87}$$

그런데 X 및 Y가 독립이므로, $Z = X + Y$의 모멘트 생성함수 $M_Z(t)$ 역시 단순히 각각의 곱이 된다(식 (9.39) 참조). 즉

$$M_Z(t) = M_X(t) M_Y(t) = \exp\left(\mu_1 t + \frac{1}{2}\sigma_1^2 t^2\right) \exp\left(\mu_2 t + \frac{1}{2}\sigma_2^2 t^2\right)$$

$$= \exp\left[(\mu_1 + \mu_1)t + \frac{1}{2}(\sigma_1^2 + \sigma_2^2)t^2\right] \tag{9.88}$$

즉 $Z = X + Y$는 평균치 $\mu = \mu_1 + \mu_2$, 분산 $\sigma^2 = \sigma_1^2 + \sigma_2^2$를 갖는 정규분포 즉 $Z \sim N(\mu_1 + \mu_2, \sigma_1^2 + \sigma_2^2)$가 된다. 또한 만약 $W = X - Y$인 경우는 $\widetilde{Y} = -Y$로 두면 $W = X + \widetilde{Y}$가 되는데[여기서 $\widetilde{Y} \sim N(-\mu_1, \sigma_1^2)$], 식 (9.88)의 결과를 이용하면 $W(= X - Y) \sim (\mu_1 - \mu_2, \sigma_1^2 + \sigma_2^2)$가 됨을 알 수 있다.

이 관계는 상호독립인 n개의 랜덤변수인 경우도 확장이 가능하다.

중심 극한(central limit) 정리

만약 n개의 상호독립인 랜덤변수 $X_i (i = 1, 2, \cdots, n)$의 각각은 PDF $f_i(x)$(평균 μ_i, 분산 σ_i^2)로

기술된다고 하자. 이때 X_i의 산술평균에 해당하는 랜덤변수 $Z=\left(\sum_i X_i\right)\Big/n$는 '중심 극한 정리 (central limit theorem)'에 의하면 아래의 성질을 갖는다(지면 관계상 증명은 생략하나, 앞에서 논의된 성질을 이용하면 비교적 간단히 증명될 수 있다).

(i) 기대값은 $E[Z]=\left(\sum_i \mu_i\right)\Big/n$로 주어진다.

(ii) 분산은 $V[Z]=\left(\sum_i \sigma_i^2\right)\Big/n^2$로 주어진다.

(iii) $n\to\infty$일 때, Z는 정규분포 즉 $Z\sim N(E[Z],\ V[Z])$가 된다.

(iv) Z의 모멘트 생성함수(MGF)는 $M_Z(t)=\prod_{i=1}^{n} M_{X_i}\left(\frac{t}{n}\right)$가 된다.

그런데 여기서 $M_{X_i}(t)$는 $f_i(x)$의 MGF[식 (9.23)에서 $i=1$ 둠]로서, $M_{X_i}\left(\frac{t}{n}\right)$는 $M_{X_i}(t)$의 전개에서 $t\to t/n$의 치환에 의해 아래와 같이 된다.

$$M_{X_i}\left(\frac{t}{n}\right)=1+\frac{t}{n}E[X_i]+\frac{1}{2}\frac{t^2}{n^2}E[X_i^2]+\cdots$$

$$=1+\mu_i\frac{t}{n}+\frac{1}{2}\left(\sigma_i^2+\mu_i^2\right)\frac{t^2}{n^2}+\cdots\approx\exp\left(\frac{\mu_i t}{n}+\frac{1}{2}\sigma_i^2\frac{t^2}{n^2}\right)$$

위 식의 두 번째 항등관계는 $E[X^2]=\mu_2{}'=\mu_1{}'^2(=\langle X\rangle^2)+\sigma^2$(식 (9.21) 참조)를 이용하였으며, 마지막 근사관계는 n값이 매우 클 때 $(t/n)^2$을 포함하는 항까지를 지수함수 e^x의 Taylor 전개(식 A.9))에 이용하였다. 따라서 아래의 근사관계가 성립된다.

$$M_Z(t)\approx\prod_{i=1}^{n}\exp\left(\frac{\mu_i t}{n}+\frac{1}{2}\sigma_i^2\frac{t^2}{n^2}\right)=\exp\left(\frac{\sum_i \mu_i}{n}t+\frac{1}{2}\frac{\sum_i \sigma_i^2}{n^2}t^2\right) \tag{9.89}$$

한편 만약 n개의 상호독립인 랜덤변수 X_i의 곱으로 된 랜덤변수 $W=X_1,\ X_2,\ \cdots X_n$인 경우 X_i값이 $0\sim\infty$라고 가정하면 아래가 성립된다(이 또한 비교적 쉽게 증명될 수 있다).

$$\ln W=\ln X_1+\ln X_2+\cdots+\ln X_n \tag{9.90}$$

다변수 결합분포 및 정규분포

만약 1변수 PDF $|f(x(y))\,dx|=\left|f(x(y))\left(\frac{\partial x}{\partial y}\right)dy\right|=|g(y)dy|$에서 $g(y)=f(x(y))\left|\frac{\partial x}{\partial y}\right|$가 된다.

또한 2변수 PDF $|f(x_1(y_1, y_2), x_2(y_1, y_2))dx_1 dx_2| = |g(y_1, y_2)dy_1 dy_2|$, 여기서 $g(y_1, y_2) = f(x_1(y_1, y_2), x_2(y_1, y_2))\left|\dfrac{\partial(x_1, x_2)}{\partial(y_1, y_2)}\right|\left[=\left|J\left(\dfrac{x_1, x_2}{y_1, y_2}\right)\right|\right]$가 된다. 이들 n변수의 PDF $f(x_1, x_2, \cdots, x_n)$에서 $x_i = x_i(y_1, y_2, \cdots, y_n)$가 될 때 아래의 일반적인 관계가 성립된다(식 (2.577) 참조).

$$|f(x_1, x_2, \cdots, x_n)dx_1 dx_2 \cdots dx_n| = |g(y_1, y_2, \cdots, y_n)dy_1 dy_2 \cdots dy_n| \tag{9.91}$$

이때

$$g(y_1, y_2, \cdots, y_n) = f(x_1, x_2, \cdots x_n)|J| \tag{9.92}$$

여기서

$$J = (\text{Jacobian}) \equiv \frac{\partial(x_1, x_2, \cdots, x_n)}{\partial(y_1, y_2, \cdots y_n)} = \begin{vmatrix} \dfrac{\partial x_1}{\partial y_1} & \cdots & \dfrac{\partial x_n}{\partial y_1} \\ \vdots & \ddots & \vdots \\ \dfrac{\partial x_1}{\partial y_n} & \cdots & \dfrac{\partial x_n}{\partial y_n} \end{vmatrix} \tag{9.93}$$

한편 식 (9.71)로 정의된 1차원 (정규화된) 가우스 정규분포 $f(x)$는 n차원(벡터) 공간에서는 아래의 형태를 갖는다.

$$f(\boldsymbol{x}) = \frac{1}{(2\pi)^{n/2}(\det \mathrm{V})^{1/2}} \exp\left[-\frac{1}{2}(\boldsymbol{x}-\boldsymbol{\mu})^{\mathrm{T}}\mathrm{V}^{-1}(\boldsymbol{x}-\boldsymbol{\mu})\right] \tag{9.94}$$

여기서 n차원 랜덤(확률)변수 $\boldsymbol{x} = (x_1, x_2, \cdots, x_n)^{\mathrm{T}}$, 평균벡터 $\boldsymbol{\mu} = (\mu_1, \mu_2, \cdots, \mu_n)^{\mathrm{T}}$, 그리고 '공분산 행렬' V는 요소 $V_{ij} = \mathrm{Cov}[X_i, X_j] = E[(x_i - \mu_i)(x_j - \mu_j)]$를 갖는다. 그리고 식 (9.94)의 분모는 정규화 상수이다. 만약 행렬 V가 직교행렬 Q(즉 $\mathrm{Q}^{-1} = \mathrm{Q}^{\mathrm{T}}$)에 의한 유사변환에 의해 아래와 같이 대각화된다면(1.9절 참조),

$$\mathrm{Q}^{\mathrm{T}}\mathrm{V}\mathrm{Q} = \Lambda = diag(\lambda_1, \lambda_2, \cdots, \lambda_n) \tag{9.95}$$

[단 여기서 Q는 공분산 행렬 V의 정규직교화된 고유벡터 $\boldsymbol{u}_i$를 열로 가진 행렬로서, $\det \mathrm{Q} = \pm 1$이 된다.]

식 (9.94)의 분모는 $(2\pi)^{n/2}(\lambda_1 \lambda_2 \cdots \lambda_n)^{1/2}$가 될 것이다.

다변수 정규분포 식 (9.94)에 관련된 각종 공식들은 1장에 논의된 벡터 및 행렬대수를 이용하여 유도할 수 있으나, 여기서는 지면관계상 생략하기로 한다.

9.6.2 대수 정규(혹은 Wesslau)분포

만약 랜덤변수 X가 $N(\mu, \sigma^2)$의 정규분포를 따른다면, $Y = e^X$는 '대수 정규(log-normal) 분포'를 따른다고 하며, 만약 X가 $-\infty \sim \infty$에서 값을 가지면 Y는 $0 \sim \infty$값을 갖게 된다. 이때 Y의 PDF는 연쇄율 혹은 복합미분 법칙(C.2절 참조)에 의해 아래가 된다(식 (9.91) 참조).

$$g(y) = f(x(y))\left|\frac{dx}{dy}\right| = \frac{1}{\sigma\sqrt{2\pi}}\frac{1}{y}\exp\left[-\frac{(\ln y - \mu)^2}{2\sigma^2}\right] \tag{9.96}$$

여기서 $Y = \{y_i\}$의 평균 및 분산은 X의 모멘트 생성함수(MGF)인 $M_X(t) = E[e^{tX}] = \exp\left(\mu t + \frac{1}{2}\sigma^2 t^2\right)$(식 (9.80))로부터 구해질 수 있는데, 먼저 Y의 평균은 아래가 된다.

$$E[Y] = E[e^X] = M_X(1) = \exp\left(\mu + \frac{1}{2}\sigma^2\right) \tag{9.97}$$

또한 Y의 분산도 아래와 같이 구해진다[단 분산 $\sigma^2 = \langle x^2 \rangle - \langle x \rangle^2 = \mu_2{}' - \mu_1{}'^2$(식 (9.21) 참조)을 이용].

$$\sigma_Y^2 = V[Y] = E[Y^2] - (E[Y])^2 = E[e^{2X}] - (E[e^X])^2$$

$$= M_X(2) - [M_X(1)]^2 = \exp(2\mu + \sigma^2)[\exp(\sigma^2) - 1] \tag{9.98}$$

이 분포를 이용하여 고분자의 평균분자량(혹은 중합도)를 구하는 방법은 예제 9.10에 주어져 있다.

이 외에도 여러 유용한 연속분포가 있으나, 지면관계상 생략한다(다음 절 참조 요).

9.7 고분자의 평균분자량 및 분자량분포 계산에 응용

9.7.1 각종 평균 분자량 및 분포의 정의

합성 고분자의 분자량 M_i짜리의 개수가 N_i, 질량이 $W_i(=N_iM_i)$이며, 전체 분자수는 $N = \sum_{i=1}^{\infty} N_i$, 전체 질량은 $W = \sum_{i=1}^{\infty} W_i$ 일 때, 아래와 같이 각종 평균분자량이 정의된다.

$$\text{(수평균)} \qquad M_n = \frac{\sum N_i M_i}{\sum N_i} = \sum f_i M_i = 1/\left(\sum w_i / M_i\right) \tag{9.99}$$

$$\text{(무게평균)} \qquad M_w = \frac{\sum N_i M_i^2}{\sum N_i M_i} = \frac{\sum f_i M_i^2}{\sum f_i M_i} = \sum w_i M_i \tag{9.100}$$

$$(z\text{평균}) \qquad M_z = \frac{\sum N_i M_i^3}{\sum N_i M_i^2} = \frac{\sum f_i M_i^3}{\sum f_i M_i^2} = \frac{\sum w_i M_i^2}{\sum w_i M_i} = \sum z_i M_i \tag{9.101}$$

$$\text{(점도평균)} \ M_v = \left[\frac{\sum N_i M_i^{1+a}}{\sum N_i M_i}\right]^{1/a} = \left[\frac{\sum f_i M_i^{1+a}}{\sum f_i M_i}\right]^{1/a} = \left[\sum w_i M_i^a\right]^{1/a} \tag{9.102}$$

위 식들에서 f_i는 분자량 M_i 짜리에 대한 수(또는 몰)분율로서 $f_i = N_i / \sum N_i \left(= n_i / \sum n_i\right)$ [여기서 $n_i = N_i / N_A$(Avogadro수)는 몰수임]이며, w_i는 무게(또는 질량)분율로서 $w_i = N_i M_i / \sum N_i M_i = W_i / \sum W_i$이며 이들 사이에는 아래와 같은 유용한 관계가 성립된다.

$$w_i = \frac{N_i M_i / \sum N_i}{\sum N_i M_i / \sum N_i} = \frac{f_i M_i}{M_n} \tag{9.103}$$

또한 분자량 M_i 짜리에 대한 z 분율인 z_i는 아래와 같이 나타내진다.

$$z_i = \frac{N_i M_i^2 / \sum N_i M_i}{\sum N_i M_i^2 / \sum N_i M_i} = \frac{w_i M_i}{M_w} \tag{9.104}$$

한편 M_n, M_w, M_z는 용매에 의존하지 않는 '절대' 평균 분자량이나, 식 (9.102)의 M_v는 용매에 의존하는 '상대' 평균 분자량으로서 용매능(solvent power)을 나타내는 지수 a(통상 0.5~0.8 값을 가짐)에 따라 결정되며, 식 (9.99) - (9.102)에서 알 수 있듯이 $a = -1$ 때는 $M_v = M_n$, $a = +1$일 때는 $M_v = M_w$에 해당되나 실제 a값의 범위를 보아 통상 $M_n < M_v < M_w$ 관계가 성립된다.

다음에는 9.3절에서 언급한 모멘트를 이용하여 수분포 및 무게분포의 폭에 대해 논의하고자 한다. 먼저 분자량 M_i의 원점에 관한 수분율 k차 모멘트 $\mu'_{k,n}$ 및 평균 $M_n\left(= \langle M^1 \rangle_f\right)$에 관한 k차 모멘트 $\mu_{k,n}$은 아래와 같이 나타낼 수 있다.

$$\mu'_{k,n} = \langle M^k \rangle_f = \sum f_i M_i^k \tag{9.105}$$

$$\mu_{k,n} = \langle (M - M_n)^k \rangle_f = \sum f_i (M_i - M_n)^k \tag{9.106}$$

특히 $k=2$일 때 수분포의 폭을 나타내는 $\mu_{2,n}$은 식 (9.21)에서

$$\mu_{2,n} = \sigma_n^2 = \langle M^2 \rangle_f - \langle M^1 \rangle_f^2 \left(= M_n^2\right) \tag{9.107}$$

이 식과 식 (9.100)에서 $M_w = \langle M^2 \rangle_f / \langle M^1 \rangle_f (= M_n)$인 관계를 이용하여 수분포의 폭을 나타내는 '다분산 지수(polydispersity index)' ${}_n\mathrm{PDI}$는 아래와 같이 정의된다.

$${}_n\mathrm{PDI} = \frac{M_w}{M_n} = \frac{\langle M^2 \rangle_f}{M_n^2} = \frac{\left(\sigma_n^2 + M_n^2\right)}{M_n^2} = 1 + \left(\frac{\sigma_n}{M_n}\right)^2 \tag{9.108}$$

마찬가지로 무게분율에 관한 모멘트도 식 (9.105) - (9.106)과 유사하게

$$\mu'_{k,w} = \langle M^k \rangle_w = \sum w_i M_i^k \tag{9.109}$$

$$\mu_{k,w} = \langle (M - M_w)^k \rangle_w = \sum w_i (M_i - M_w)^k \tag{9.110}$$

또 무게분포의 폭을 나타내는 $\mu_{2,w}$도 식 (9.21)에서

$$\mu_{2,w} = \sigma_w^2 = \langle M^2 \rangle_w - \langle M^1 \rangle_w^2 \left(= M_w^2\right) \tag{9.111}$$

이 식과 식 (9.101)에서 $M_z = \langle M^2 \rangle_w / \langle M^1 \rangle_w (= M_w)$인 관계를 이용하여 무게분포의 폭을 나타내는 '다분산 지수' ${}_w\mathrm{PDI}$는 아래와 같이 정의된다.

$${}_w\mathrm{PDI} = \frac{M_z}{M_w} = \frac{\langle M^2 \rangle_w}{M_w^2} = \frac{\sigma_w^2 + M_w^2}{M_w^2} = 1 + \left(\frac{\sigma_w}{M_w}\right)^2 \tag{9.112}$$

여기서 위 식들의 적용을 보여주는 간단한 예제 하나를 싣는다.

예제 9. 8

분자량 10만짜리가 10개, 20만짜리가 30개, 30만짜리가 20개 있다고 하자. 또한 용매능 지수 a값이 0.7이라고 한다면 M_n, M_w, M_z, M_v, ${}_n\mathrm{PDI}$ 및 ${}_w\mathrm{PDI}$를 계산하라. 편의상 단위(g/몰 또는 g/개수)는 생략한다.

풀 이

3종류의 분자량에 대해 수분율 $f_i = N_i / \sum N_i$, 무게분율 $w_i = N_i M_i / \sum N_i M_i = f_i M_i / M_n$ 를 구하면 다음

과 같다.

$$f_1 = f_3 = 0.286,\ f_2 = 0.428,\ w_1 = 0.144,\ w_2 = w_3 = 0.428$$

따라서 $M_n = \sum f_i M_i = 20$만, $M_w = \sum w_i M_i = 22.84$만.

다음에 $z_i = N_i M_i^2 / \sum N_i M_i^2 = w_i \times M_i / M_w$ 이므로

$$z_1 = 0.144 \times 10/22.84 = 0.062,\ z_2 = 0.428 \times 20/22.84 = 0.375,\ z_3 = 0.428 \times 30/22.84 = 0.563$$

따라서 $M_z = \sum z_i M_i = 25.01$만.

다음에

$$M_v = \left[\sum w_i M_i^a\right]^{1/a} = \left\{0.144 \times (10^5)^{0.7} + 0.428 \times (2 \times 10^5)^{0.7} + 0.428 \times (3 \times 10^5)^{0.7}\right\}^{1/0.7} = 22.47\text{만}.$$

다음에는 수분포의 폭 ${}_n\mathrm{PDI} = M_w/M_n = 22.84/20 = 1.142$ 따라서 $\sigma_n/M_n = \sqrt{0.142}$, $\sigma_n = \sqrt{0.142}\,M_n = 7.54$만, 무게분포의 폭 ${}_w\mathrm{PDI} = M_z/M_w = 1.095$, $\sigma_w/M_w = \sqrt{0.095}$, $\sigma_w = 7.03$만.

위에서 정의한 공식들은 연속분포의 경우에도 합(Σ)을 적분$\left(\int\right)$으로 바꿈으로서 그대로 적용이 가능하다.

9. 7. 2 실제 중합반응에 응용

9. 7. 2. 1 축합반응

2종류의 기능성 단량체인 이염기산과 글리콜 또는 디아민과의 단계(축합)중합에 의해 폴리에스테르 또는 폴리아미드가 생성 시 임의의 반응도(conversion) p일 때의 중합도 x-mer의 수분율 f_x는 $x-1$개의 단량체는 반응(확률 p), 맨 끝 단량체는 미반응(확률 $1-p$)이어야 하므로 아래와 같이 나타내진다.

$$f_x = p^{x-1}(1-p) \tag{9. 113}$$

이때,

$$w_x = xp^{x-1}(1-p)^2 \tag{9. 114}$$

$$x_n = \frac{1}{1-p},\ x_w = \frac{1+p}{1-p},\ x_z = \frac{1+4p+p^2}{(1-p)(1+p)} \tag{9.115}$$

를 증명하여라.

증 명 부록 A.7절의 공식을 이용하여 먼저 수평균 중합도 x_n을 구하면

$$x_n = \sum_{x=1}^{\infty} xfx = (1-p)\sum_{x=1}^{\infty} xp^{x-1} = \frac{1-p}{(1-p)^2} = \frac{1}{(1-p)}.$$

다음 수분율 w_x는 식 (9.103)에서 $w_x = f_x x/x_n = xp^{x-1}(1-p)^2$가 된다. 이로부터

$$x_w = \sum_{x=1}^{\infty} xw_x = (1-p)^2 \sum_{x=1}^{\infty} x^2 p^{x-1} = (1-p)^2(1+p)/(1-p)^3 = \frac{1+p}{1-p}$$

그리고 식 (9.104)에서 z분율

$$z_x = w_x x/x_w = \frac{(1-p)^3}{(1+p)} x^2 p^{x-1}$$

$$\therefore x_z = \sum_{x=1}^{\infty} xz_x = \frac{(1-p)^3}{(1+p)} \sum_{x=1}^{\infty} x^3 p^{x-1} = \frac{(1-p)^3}{(1+p)} \times \frac{(1+4p+p^2)}{(1-p)^4} = \frac{1+4p+p^2}{(1-p)(1+p)}$$ 가 된다.

한편 점도 평균 중합도 $x_v = \langle x^a \rangle_w^{1/a} = \sum_{x=1}^{\infty} x^a w_x$는 약간 복잡하므로 여기서는 생략한다.

■

식 (9.115)에서 $p \to 1$(단 $p \neq 1$)에 접근하면 $x_n : x_w : x_z = 1:2:3$이 됨을 알 수 있다. 그리고 축합중합은 연쇄(라디칼)중합과 달리 아래 예제에서 보듯이 전환율 p가 1에 가까이 가야 중합도가 커짐을 알 수 있다.

9. 7. 2. 2 연쇄중합

연쇄(라디칼)중합의 경우에는 단계중합과 달리 반응이 연쇄(폭발)적으로 일어나므로 분자량은 반응초기에 거의 결정된다. 이 경우 중합도 x-mer에 대한 수분율 및 무게분율은 각각 아래와 같이 변형된 Schulz-Zimm 분포로 주어진다. 이를 증명하라.

$$f_x = \frac{(-\ln\alpha)^k}{\Gamma(k)} x^{k-1} \alpha^x \tag{9.116}$$

$$w_x = \frac{(-\ln\alpha)^{k+1}}{\Gamma(k+1)} x^k \alpha^x \tag{9. 117}$$

예제 9. 9

라디칼중합의 수분율 및 무게분율에 관한 (변형)Schulz-Zimm 분포 [식 (9.116) 및 (9.117)] 에 대한 각종 평균중합도 및 분포지수를 구하라.

풀 이

먼저 수평균 중합도

$x_n = \int_0^\infty x f_x dx = \frac{(-\ln\alpha)^k}{\Gamma(k)} \int_0^\infty x^k \alpha^x dx = \frac{(-\ln\alpha)^k}{\Gamma(k)} \times \Gamma(1+k)/(-\ln\alpha)^{1+k} = \frac{k}{(-\ln\alpha)}$ 가 된다.

단 위식에서 공식 (A.27) 과 $\Gamma(1+k) = k\Gamma(k)$ 를 이용하였다.

다음에 무게평균 중합도 x_w 는

$$x_w = \int_0^\infty w_x x\, dx = \frac{(-\ln\alpha)^{k+1}}{\Gamma(k+1)} \int_0^\infty x^{1+k} \alpha^x dx = \frac{(-\ln\alpha)^{k+1}}{\Gamma(k+1)} \times \Gamma(2+k)/(-\ln\alpha)^{2+k} = \frac{(1+k)}{(-\ln\alpha)}$$

가 된다. 역시 식 (A.27) 과 $\Gamma(2+k) = (1+k)\Gamma(1+k)$ 를 이용하였다.

또한 z 평균 중합도를 위해 먼저 식 (9.104) 에 의해 $z_x = w_x \frac{x}{x_w} = \frac{1}{x_w} \frac{(-\ln\alpha)^{1+k}}{\Gamma(k+1)} x^{1+k} \alpha^x$ 가 된다.

따라서

$$x_z = \int_0^\infty x z_x dx = \frac{1}{x_w} \frac{(-\ln\alpha)^{1+k}}{\Gamma(1+k)} \int_0^\infty x^{2+k} \alpha^x dx = \frac{(-\ln\alpha)^{1+k}}{x_w \Gamma(1+k)} \times \Gamma(3+k)/(-\ln\alpha)^{3+k} = \frac{2+k}{(-\ln\alpha)}$$

가 된다. 여기서 식 (2. 80) 및 $\Gamma(3+k) = (2+k)\Gamma(2+k) = (2+k)(1+k)\Gamma(1+k)$ 를 이용하였다.

다음에 점도평균 중합도 $x_v = \langle x^a \rangle_w^{1/a}$. 여기서

$$\langle x^a \rangle_w = \int_0^\infty x^a w_x dx = \frac{(-\ln\alpha)^{k+1}}{\Gamma(1+k)} \int_0^\infty x^{a+k} \alpha^x dx = \frac{(-\ln\alpha)^{1+k}}{\Gamma(1+k)} \times \Gamma(a+k+1)/(-\ln\alpha)^{a+k+1}$$

$$= \frac{1}{(-\ln\alpha)^a} \frac{\Gamma(a+k+1)}{\Gamma(1+k)}$$

$\therefore x_v = \langle x^a \rangle_w^{1/a} = \frac{1}{(-\ln\alpha)} \left[\frac{\Gamma(1+k+a)}{\Gamma(1+k)} \right]^{1/a} = \frac{x_n}{k} \left[\frac{\Gamma(1+k+a)}{\Gamma(1+k)} \right]^{1/a}$ 가 된다.

또 수분산 지수 ${}_n\mathrm{PDI}=\dfrac{x_w}{x_n}=\dfrac{1+k}{k}=1+\left(\dfrac{\sigma_n}{x_n}\right)^2 \to \sigma_n^2=\langle x^2\rangle_f-x_n^2=\dfrac{k}{(-\ln\alpha)^2}$

무게분산 지수 ${}_w\mathrm{PDI}=\dfrac{x_z}{x_w}=\dfrac{2+k}{1+k}=1+\left(\dfrac{\sigma_w}{x_w}\right)^2 \to \sigma_w^2=\langle x^2\rangle_w-x_w^2=\dfrac{1+k}{(-\ln\alpha)^2}$ 가 된다.

한편 식 (9.117)에서 $(-\ln\alpha)\to p$ (즉 $\alpha=e^{-p}$) 로 두면 w_x는 아래의 형태로 나타낼 수도 있다.

$$w_x=\frac{p^{k+1}}{\Gamma(1+k)}e^{-px}x^k \qquad [\text{단 } p \text{ 및 } k>0\,,\,0<x<\infty] \tag{9. 118}$$

한편 이 절의 마지막으로 9.6.2절에서 소개한 바 있는 '대수정규(log-normal) 분포'의 일종인 Wesslau 분포의 경우 중합은 x-mer에 관한 무게분율 w_x는 아래 식으로 주어진다.

$$w_x\,[=w_{\ln x}/x]\,dx=\frac{1}{\sqrt{2\pi}\,\sigma}\frac{1}{x}e^{-\frac{(\ln x-\ln m)^2}{2\sigma^2}}dx \qquad [\text{단}\,0<x<\infty] \tag{9. 119a}$$

또는 $$w_{\ln x}\,d\ln x=\frac{1}{\sqrt{2\pi}\,\sigma}e^{-\frac{(\ln x-\ln m)^2}{2\sigma^2}}d\ln x \qquad [\text{단}-\infty<\ln x<\infty] \tag{9. 119b}$$

[단 위에서 $w_x\,dx=w_{\ln x}\,d\ln x$ 임에 유의할 것]

예제 9. 10

식 (9.119)로 주어진 Wesslau(대수 정규)분포를 사용하여 고분자의 각종 평균 중합도 및 분포의 다분산 지수를 구하라.

풀 이

위 식에서 $\langle x^n\rangle_w=\int_0^\infty x^n w_x\,dx=\int_{-\infty}^\infty x^n w_{\ln x}\,d\ln x$ 이므로 편의상 후자의 적분경로를 택한다. 그리고 이하의 모든 적분에서 변수치환 $\ln x=t$ (또는 $x=e^t$), $\ln m=\mu$, $\dfrac{t-\mu}{\sigma}=\bar{t}$, $t=\sigma\bar{t}+\mu$ 로 나타내고, 적분공식 (A.31) 을 이용한다. 먼저,

$$x_w=\int_0^\infty x w_x\,dx=\int_{-\infty}^\infty x w_{\ln x}\,d\ln x=\frac{1}{\sqrt{2\pi}\,\sigma}\int_{-\infty}^\infty x\,e^{-\frac{(\ln x-\ln m)^2}{2\sigma^2}}d\ln x$$

$$=\frac{1}{\sqrt{2\pi}\,\sigma}\int_{-\infty}^\infty e^t e^{-\frac{(t-\mu)^2}{2\sigma^2}}dt=\frac{1}{\sqrt{2\pi}\,\sigma}\int_{-\infty}^\infty e^{\mu+\sigma\bar{t}}\times e^{-\frac{\bar{t}^2}{2}}\sigma d\bar{t}$$

$$= \frac{e^{\mu}}{\sqrt{2\pi}} \int_{-\infty}^{\infty} e^{-\frac{\bar{t}^2}{2}+\sigma\bar{t}} d\bar{t} = \frac{e^{\mu}}{\sqrt{2\pi}} e^{\frac{\sigma^2}{2}} \sqrt{2\pi} \, [\because \text{공식 (A.31)}] = me^{\frac{\sigma^2}{2}} \, (\because e^{\mu} = e^{\ln m} = m)$$

다음에는 식 (9.99)의 적분형에 의해 x_n 을 구하면,

$$x_n = \left[\int_0^{\infty} \frac{w_x}{x} dx \right]^{-1} = \left[\int_{-\infty}^{\infty} \frac{1}{x} w_{\ln x} d\ln x \right]^{-1} = \left[\frac{1}{\sqrt{2\pi}\,\sigma} \int_{-\infty}^{\infty} \frac{1}{x} e^{-\frac{(\ln x - \ln m)^2}{2\sigma^2}} d\ln x \right]^{-1}$$

$$= \left[\frac{1}{\sqrt{2\pi}\,\sigma} \int_{-\infty}^{\infty} e^{-t} e^{-\frac{(t-\mu)^2}{2\sigma^2}} dt \right]^{-1} = \left[\frac{1}{\sqrt{2\pi}\,\sigma} \int_{-\infty}^{\infty} e^{-(\sigma\bar{t}+\mu)} e^{-\frac{\bar{t}^2}{2}} \sigma d\bar{t} \right]^{-1}$$

$$= \left[\frac{e^{-\mu}}{\sqrt{2\pi}} \int_{-\infty}^{\infty} e^{-\frac{\bar{t}^2}{2}-\sigma\bar{t}} d\bar{t} \right]^{-1} = \left[\frac{1}{\sqrt{2\pi}} \frac{1}{m} \times e^{\frac{\sigma^2}{2}} \sqrt{2\pi} \right]^{-1} = me^{-\frac{\sigma^2}{2}}$$

다음에 $z_x = w_x \dfrac{x}{x_w}$. 따라서 $z_x dx = \dfrac{x}{x_w} w_x dx = \dfrac{x}{x_w} w_{\ln x} d\ln x$ 되므로

$$x_z = \int_0^{\infty} x z_x dx = \int_{-\infty}^{\infty} \frac{x^2}{x_w} w_{\ln x} d\ln x = \frac{1}{x_w \sqrt{2\pi}\,\sigma} \int_{-\infty}^{\infty} x^2 e^{-\frac{(\ln x - \ln m)^2}{2\sigma^2}} d\ln x$$

$$= \frac{1}{x_w \sqrt{2\pi}\,\sigma} \int_{-\infty}^{\infty} e^{2t} e^{-\frac{(t-\mu)^2}{2\sigma^2}} dt = \frac{1}{x_w \sqrt{2\pi}\,\sigma} \int_{-\infty}^{\infty} e^{2(\sigma\bar{t}+\mu)} e^{-\frac{\bar{t}^2}{2}} \sigma d\bar{t}$$

$$= \frac{e^{2\mu}}{x_w \sqrt{2\pi}} \int_{-\infty}^{\infty} e^{-\frac{\bar{t}^2}{2}+2\sigma\bar{t}} d\bar{t} = \frac{e^{2\mu}}{x_w \sqrt{2\pi}} \times e^{2\sigma^2} \sqrt{2\pi} = \frac{m^2}{x_w} e^{2\sigma^2} \, (\because e^{2\mu} = e^{2\ln m} = m^2)$$

$$= me^{\frac{3}{2}\sigma^2}$$

다음에 점도평균 중합도 $x_v = \langle x^a \rangle_w^{1/a}$ ∴ 여기서

$$\int_0^{\infty} x^a w_x dx = \int_{-\infty}^{\infty} x^a w_{\ln x} d\ln x = \frac{1}{\sqrt{2\pi}\,\sigma} \int_{-\infty}^{\infty} x^a e^{-\frac{(\ln x - \ln m)^2}{2\sigma^2}} d\ln x$$

$$= \frac{1}{\sqrt{2\pi}\,\sigma} \int_{-\infty}^{\infty} e^{at} e^{-\frac{(t-\mu)^2}{2\sigma^2}} dt = \frac{1}{\sqrt{2\pi}\,\sigma} \int_{-\infty}^{\infty} e^{a(\sigma\bar{t}+\mu)} e^{-\frac{\bar{t}^2}{2}} \sigma d\bar{t}$$

$$= \frac{e^{a\mu}}{\sqrt{2\pi}} \int_{-\infty}^{\infty} e^{-\frac{\bar{t}^2}{2} + a\sigma \bar{t}} d\bar{t} = \frac{e^{au}}{\sqrt{2\pi}} \times e^{\frac{a^2\sigma^2}{2}} \sqrt{2\pi} \; (\because \text{공식 (A.31)})$$

$$= m^a e^{\frac{a^2\sigma^2}{2}} \; (\because e^{a\mu} = e^{a\ln m} = m^a)$$

$\therefore x_v = \langle x^a \rangle_w^{1/a} = \left\langle m^a e^{\frac{a^2\sigma^2}{2}} \right\rangle^{1/a} = me^{\frac{a\sigma^2}{2}}$ 가 된다.

다음에 수분산 지수 ${}_n\mathrm{PDI} = \frac{x_w}{x_n} = e^{\sigma^2} = 1 + \left(\frac{\sigma_n}{x_n}\right)^2 \; \therefore \sigma_n^2 = \langle x^2 \rangle_f - x_n^2 = m^2\left(1 - e^{-\sigma^2}\right)$ 가 된다. 또 다분산 지수 ${}_w\mathrm{PDI} = \frac{x_z}{x_w} = e^{\sigma^2} = 1 + \left(\frac{\sigma_w}{x_w}\right)^2 \rightarrow \sigma_w^2 = \langle x^2 \rangle_w - x_w^2 = m^2 e^{\sigma^2}\left(e^{\sigma^2} - 1\right)$ 가 된다.

9.8 실험 데이터의 통계적 처리

'통계(statistics)'에서 랜덤실험으로부터 데이터의 값을 구하기 위해 또는 어떤 가설(hypothesis)을 검증하기 위해 확률 이론을 적용한다. 그 이유는 실험 상황에 대한 제어가 완벽하지 않아서 데이터가 랜덤 요동(random fluctuation)을 보이기 때문이다. 전형적으로 표본분포로부터 평균값과 분산을 계산하고, 표본의 이 성질을 일정한 신뢰도(confidence level)를 갖고 전체 사건으로 일반화하게 된다. 알려지지 않은 확률분포에 대한 가정을 그것이 어떤 것이든 상관없이, '통계적 가설(statistical hypothesis)'이라 부른다, '검증(tests)'과 '신뢰도 구간(confidence interval)'의 개념은 통계학의 가장 중요한 진전이라고 할 수 있다.

9.8.1 오차전파

어떤 양 x를 여러 번 반복하여 측정하여 마구잡이로 값 x_j를 얻을 때, 혹은 검증을 위하여 표본을 추출할 때 평균값($\bar{x}$)과 분산(σ^2)

$$\bar{x} = \frac{1}{n}\sum_{j=1}^{n} x_j \, , \qquad \sigma^2 = \frac{1}{n}\sum_{j=1}^{n}\left(x_j - \bar{x}\right)^2 \tag{9.120}$$

을 결정하고 분산을 평균값 $\bar{x}$로부터의 퍼짐, 즉 오차의 척도로 사용한다. $x_j = \bar{x} + e_j$라 쓰면, e_j

는 평균값으로부터의 편차이며, $\sum_j e_j = 0$이다.

이제 이 측정값들로부터 알려진 함수 $f(x)$를 계산한다고 해 보자. 즉 x의 측정값들로부터 $f_j = f(x_j)$의 집합이 주어져 있다. $x_j = \overline{x} + e_j$를 대입하고, $f(\overline{x})$ 주위로 Taylor 급수전개하면 아래가 된다.

$$\overline{f} = \frac{1}{n}\sum_j f(x_j) = \frac{1}{n}\sum_j f(\overline{x} + e_j)$$

$$= f(\overline{x}) + \frac{1}{n} f'(\overline{x}) \sum_j e_j + \frac{1}{2n} f''(\overline{x}) \sum_j e_j^2 + \cdots = f(\overline{x}) + \frac{1}{2}\sigma^2 f''(\overline{x}) + \cdots \tag{9. 121}$$

여기서 $\sum_j e_j = 0$ 및 식 (9.120)의 두 번째 식이 이용되었다.

위 식을 보면 가장 낮은 차수에서는 평균값 $\overline{f}$가 $f(\overline{x})$로 주어진다는 것을 알게 된다. 그러나 2차에서는 분산의 반에 눈금변환인수(scale factor) $f''(\overline{x})$가 곱해진 보정항이 나타난다. 이 평균값의 보정항과 f의 분산, 즉 평균값 $\overline{f}$로부터 f_i가 얼마나 퍼져있는가를 비교하면 재미있다. 이 때 $f_j \approx \overline{f} + f'(\overline{x}) e_j$로 근사하고,

$$\sigma^2(f) \equiv \frac{1}{n}\sum_j (f_j - \overline{f})^2 = \left(f'(\overline{x})\right)^2 \frac{1}{n}\sum_j e_j^2 = \left(f'(\overline{x})\right)^2 \sigma^2 \tag{9. 122}$$

을 얻는다. 요약하면 1 변수함수의 오차전파의 가장 간단한 형태로 아래와 같이 나타낼 수 있다.

$$f(\overline{x} \pm \sigma) = f(\overline{x}) \pm f'(\overline{x})\sigma$$

두 측정량 $x_j = \overline{x} + u_j$, $y_k = \overline{y} + v_k$에 대한 함수에 대해서는,

$$\overline{f} = \frac{1}{rs}\sum_{j=1}^{r}\sum_{k=1}^{s} f_{jk} = \frac{1}{rs}\sum_{j=1}^{r}\sum_{k=1}^{s} f(\overline{x} + u_j,\ \overline{y} + v_k)$$

$$= f(\overline{x},\ \overline{y}) + \frac{1}{r} f_x \sum_j u_j + \frac{1}{s} f_y \sum_k v_k + \cdots$$

를 얻는다. 여기서 $\sum_j u_j = 0 = \sum_k v_k$이고, 가장 낮은 차수에서 $\overline{f} = f(\overline{x}, \overline{y})$이다. 그리고

$$f_x = \frac{\partial f}{\partial x}(\overline{x}, \overline{y}),\ f_y = \frac{\partial f}{\partial y}(\overline{x}, \overline{y}) \tag{9. 123}$$

는 각각 편미분을 나타낸다. 평균값으로부터 편차의 제곱의 합은

$$\sum_{j=1}^{r}\sum_{k=1}^{s}\left(f_{jk}-\overline{f}\right)^2=\sum_{j,k}\left(u_j f_x+v_k f_y\right)^2=sf_x^2\sum_j u_j^2+rf_y^2\sum_k v_k^2$$

로 주어진다. 왜냐하면 $\sum_{j,k}u_j v_k=\sum_j u_j\sum_k v_k=0$이다. 그러므로 분산은 식 (9.123)의 f_x와 f_y를 이용하면

$$\sigma^2(f)=\frac{1}{rs}\sum_{j,k}\left(f_{jk}-\overline{f}\right)^2=f_x^2\sigma_x^2+f_y^2\sigma_y^2 \tag{9. 124}$$

이고,

$$\sigma_x^2=\frac{1}{r}\sum_j u_j^2,\ \ \sigma_y^2=\frac{1}{s}\sum_k v_k^2 \tag{9. 125}$$

은 x와 y의 분산이다. 기호적으로는 두 측정변수에 대한 함수에 대한 오차전파는 다음과 같은 식으로 요약된다.

$$f\left(\overline{x}\pm\sigma_x,\ \overline{y}+\sigma_y\right)=f\left(\overline{x},\ \overline{y}\right)\pm\sqrt{f_x^2\sigma_x^2+f_y^2\sigma_y^2} \tag{9. 126}$$

위 결과를 응용하고 일반화한 한 예로, n개의 측정값으로 이루어진 표본의 평균값 $\overline{x}=\frac{1}{n}\sum_{j=1}^{n}x_j$의 오차를 계산해 보자. 각각의 측정값은 표준편차가 σ이다. 이 경우, 편미분은 $f_x=\frac{1}{n}=f_y=\cdots$이며, $\sigma_x=\sigma_y=\cdots=\sigma$. 따라서 오차전파에 대한 위 공식으로부터 변수들의 합의 오차는 제곱의 합으로 주어진다. 그러므로 산술평균의 오차는

$$\overline{\sigma}=\frac{1}{n}\sqrt{n\sigma^2}=\frac{\sigma}{\sqrt{n}} \tag{9. 127}$$

로 주어진다. 이 값은 측정횟수 n이 증가하면 감소한다.

측정횟수 n이 증가함에 따라, 산술평균 $\overline{x}$가 어떤 참값 x에 수렴하리라 기대한다. $\overline{x}$가 x와 α만큼 다르다고 하고, $v_j=x_j-x$라 놓으면,

$$\sum_j\left(x_j-\overline{x}\right)^2=\sum_j e_j^2=\sum_j v_j^2+n\alpha^2$$

이고 산술평균의 오차를 고려하면, 알려지지 않은 참값으로부터 각 점의 편차는 아래와 같이 주어진다.

$$\sigma^2 = \frac{1}{n}\sum_j e_j^2 = \frac{1}{n}\sum_j v_j^2 + \alpha^2$$

식 (9.127)에 이르는 논의에 따르면, $\alpha^2 = \frac{1}{n}\sigma^2$이다. 하나의 규칙으로서,

$$\sigma^2 = \frac{1}{n}\sum_j v_j^2 + \frac{\sigma^2}{n}$$

이다. 위 식으로부터 '표본의 표준편차(standard deviation of a sample)'는 다음과 같이 주어짐을 알 수 있다.

$$\sigma = \sqrt{\frac{\sum_j v_j^2}{n-1}} = \sqrt{\frac{\sum_j (x_j - x)^2}{n-1}} \tag{9.128}$$

이 때 $n-1$은 표본의 제어측정(control measurement)의 횟수이다. 이 보정된 평균오차는 산술평균에 예상되는 오차를 포함하고 있다.

비교할 수 있는 측정값이 없으면($n=1$), 퍼짐이 정의되지 않기 때문에, 가끔 분산이 식 (9.128)에 의해 정의된다. 여기서 측정횟수 n이 제어측정횟수 $n-1$로 대체되었다.

예제 9. 11

3 독립변수 x, y, z의 (미소)오차에 의한 함수 $u(x, y, z)$의 (절대)오차 (Δu)는 아래와 같이 일차식으로 근사될 수 있다.

$$|\Delta u| \simeq \left|\frac{\partial u}{\partial x}\right||\Delta x| + \left|\frac{\partial u}{\partial y}\right||\Delta y| + \left|\frac{\partial u}{\partial z}\right||\Delta z| \tag{9.129}$$

한편 $25\,^\circ\mathrm{C}$에서 벤젠(분자량 $M = 78.11\,\mathrm{g\,mol^{-1}}$)의 몰 굴절율($\mathcal{R}$)을 측정한 결과 $\mathcal{R} = 26.20\,\mathrm{ml\,mol^{-1}}$이었다. 이때 만약 벤젠의 밀도($\rho$) 및 굴절율 ($n$)의 측정값이 각각 $\rho = 0.8737 \pm 0.0002\,\mathrm{g\,mol^{-1}}$ 및 $n = 1.4979 \pm 0.0003$이었다고 할 때 식 (9.129)을 이용하여 $\mathcal{R}$의 (절대)오차 $|\Delta\mathcal{R}|$값을 구하라. 단 몰 굴절율 $\mathcal{R}$은 아래 식으로 나타내지며, 분자량 M은 상수로 간주한다.

$$\mathcal{R}(n, \rho) = \left(\frac{n^2-1}{n^2+2}\right)\frac{M}{\rho} \tag{9.130}$$

풀 이

식 (9.130)의 양변을 각각 n 및 ρ에 대해 전미분을 취하고, 해당하는 편미분 값을 대입하면 아래를 얻는다.

$$d\mathcal{R} = \left(\frac{\partial \mathcal{R}}{\partial n}\right)_\rho dn + \left(\frac{\partial \mathcal{R}}{\partial \rho}\right)_n d\rho$$

$$= \mathcal{R}\left[\frac{6n}{(n^2-1)(n^2+2)}\right]dn - \frac{\mathcal{R}}{\rho}d\rho \tag{9.131}$$

따라서 식 (9.129)로부터 절대오차 $|\triangle \mathcal{R}|$는 아래가 된다.

$$|\triangle \mathcal{R}| \simeq \left|\frac{\partial \mathcal{R}}{\partial n}\right||\triangle n| + \left|\frac{\partial \mathcal{R}}{\partial \rho}\right||\triangle \rho|$$

$$= (26.20)\left[\frac{(6)(1.4979)}{(1.4979^2-1)(1.4979^2+1)}\right](0.0003) + \frac{26.20}{0.8737}(0.0002) = 0.013 + 0.006 = 0.019$$

여기서 $|\triangle R| = 0.019 \fallingdotseq 0.02\,(\mathrm{ml\,mol^{-1}})$이므로 측정 몰 굴절율 $\mathcal{R}$은 아래와 같이 나타낼 수 있다.

$$\mathcal{R} = 26.20 \pm 0.02\ \mathrm{ml\,mol^{-1}}$$

한편 함수 $u(x, y) = x^{\pm n} y^{\pm m}$이라면 상대(절대)오차 $\left|\frac{\triangle u}{u}\right|$는 아래가 된다.

$$\left|\frac{\triangle u}{u}\right| = |n|\left|\frac{\triangle x}{x}\right| + |m|\left|\frac{\triangle y}{y}\right| \tag{9.132}$$

증 명 함수 u의 양변에 (자연)대수를 취하면

$$\ln u = \pm n \ln x \pm m \ln y \Rightarrow d\ln u\left(=\frac{du}{u}\right) = \pm n\, d\ln x\left(=\frac{dx}{x}\right) \pm m\, d\ln y\left(=\frac{dy}{y}\right)$$

여기서 양변에 절대값을 취하면 요구되는 결과식 (9.132)가 얻어진다. ■

9. 8. 2 최소자승법에 의한 curve-fitting

한 세트의 데이터 점들이나 또는 실험 데이터로부터 계산한 한 세트의 유도량을 파라미터가 포

함된 수학적 함수에 잘 맞게 해주기 위해서 이 파라미터를 조절해 주어야 할 경우가 많이 있다. '최소 자승법(least-square method)'은 이 데이터를 가장 잘 맞게 하여 줄 수 있는 파라미터 값의 체계적 결정 방법인 것이다.

원리상 이 방법은 어떤 종류의 함수에 대해서나 사용할 수 있다. 그러나 실제에 있어서는 다항 함수가 아닐 경우에는 수치 계산의 양이 너무 과중해서 사용하기가 어렵다. 그리하여 여기에서는 다항 함수에 대해서만 생각하기로 한다.

지금 N개의 데이터 점들 (x_i, y_i)이 근사적으로 다음과 같은 형태의 곡선으로 표시될 수 있다고 생각해 보자.

$$y = a + bx + cx^2 + \cdots \tag{9.133}$$

지금 y의 실험치가 계산치로부터 벗어나는 편차를 d_i(혹은 e_i)라고 하자. 즉,

$$d_i = y_i - (y_i)_{\text{calc}} \tag{9.134}$$

y의 계산치는 식 (9.133)으로부터 얻는 것이므로 이 편차는 다음과 같이 된다.

$$d_i = y_i - \left(a + bx_i + cx_i^2 + \cdots\right) \tag{9.135}$$

만일 이 함수가 데이터를 잘 나타내고 또 오차들이 무작정일 때는 d_i가 음이 되는 경우와 양이 되는 경우가 비슷하게 나타날 것이며 그리하여 d_i를 모든 데이터 점들에 걸쳐서 합해주면 거의 영이 될 것이다.

$$\sum_i d_i \approx 0$$

얼마나 가깝게 맞는가를 평가하는 데는 d_i를 제곱한 다음, d_i^2를 합해 보는 것이 더 좋다. 이렇게 하면 양의 편차와 음의 편차가 서로 상쇄되지 않을 것이다. 이 d_i^2의 합셈은 이 곡선이 데이터를 얼마나 잘 맞게 나타내는지를 표시하는 양이다. 지금 다음과 같은 σ^2을 분산이라고 정의하자(식 (9.120) 참조).

$$\sigma^2 = \frac{1}{N}\sum_i^N d_i^2 \tag{9.136}$$

이 σ^2의 값이 작을수록 이 곡선은 데이터와 더 잘 맞을 것이다. 이 σ^2은 상수 a, b, c, $\cdots$에 의존하므로 σ^2이 최소가 되도록 이 상수들을 택해야 하는 것이다. 이와 같이 하면 제곱의 합이 최소치를 나타낼 것이며 이 때문에 '최소 자승법'이라는 명칭이 나온 것이다.

식 (9.135)을 식 (9.136)에 넣어주면 다음과 같은 결과가 나온다.

$$\sigma^2 = \frac{1}{N}\sum_{i=1}^{N}\left(y_i - a - bx_i - cx_i^2\right)^2 \tag{9. 137}$$

이 식을 최소화하기 위해서 σ^2을 a, b등에 관해서 미분하여 보자(앞으로 나오는 합셈은 모두 $i=1$부터 $i=N$까지라는 것을 주의하라).

$$\frac{\partial \sigma^2}{\partial a} = \frac{1}{N}\sum 2\left(y_i - a - bx_i - cx_i^2\right)(-1)$$

$$\frac{\partial \sigma^2}{\partial b} = \frac{1}{N}\sum 2\left(y_i - a - bx_i - cx_i^2\right)(-x_i)$$

$$\frac{\partial \sigma^2}{\partial c} = \frac{1}{N}\sum 2\left(y_i - a - bx_i - cx_i^2\right)(-x_i^2)$$

이들 각 도함수를 영으로 놓고 이어서 $(-2/N)$으로 나누어 주면 다음과 같은 최소화 조건들을 얻을 수 있다.

$$\sum\left(y_i - a - bx_i - cx_i^2\right) = 0$$

$$\sum\left(y_i - a - bx_i - cx_i^2\right)x_i = 0$$

$$\sum\left(y_i - a - bx_i - cx_i^2\right)x_i^2 = 0 \tag{9. 138}$$

이 식들을 풀면 a, b, c 등을 구할 수 있다. 여기서는 편의상 직선이 되는 경우를 생각하여 보자.

직선인 경우에는 $c=0$으로 놓고 처음 두 식만을 사용하면 된다. 이 두 식은 다음과 같이 나타낼 수 있다.

$$\sum y_i - a\sum 1 - b\sum x_i = 0$$

$$\sum x_i y_i - a\sum x_i - b\sum x_i^2 = 0$$

$\sum_{i=1}^{N} 1 = N$이라는 사실을 주의하고 이 두 식을 a(절편)와 b(기울기)에 관해서 풀면 다음과 같은 결과를 얻을 수 있다.

$$a = \frac{\left(\sum x_i^2\right)\left(\sum y_i\right) - \left(\sum x_i\right)\left(\sum x_i y_i\right)}{N\sum x_i^2 - \left(\sum x_i\right)^2} \tag{9. 139}$$

$$b = \frac{N\sum x_i y_i - \left(\sum x_i\right)\left(\sum y_i\right)}{N\sum x_i^2 - \left(\sum x_i\right)^2} \tag{9.140}$$

이 식들을 이용하려면 $\sum x_i$, $\sum y_i$, $\sum x_i y_i$ 및 $\sum x_i^2$ 등을 계산해야 한다. 다행히도 근래에는 '선형 회귀분석(linear regression analysis)'프로그램이 내장된 소형 계산기를 위시하여 'Mathematica'나 'Matlab'과 같은 수치해석용 대형 패키지(package) 소프트웨어가 개발되어 퍼스널 컴퓨터(PC)로 '비선형(non-linear)회귀분석'까지 간단히 해결할 수 있게 되었다(아래의 예1 참조).

한편 위 식들은 다음과 같이 $\sum x_i = N\langle x \rangle$, $\sum x_i^2 = N\langle x^2 \rangle$, $\sum x_i y_i = N\langle xy \rangle$ 등과 같은 여러 가지 양들의 평균치를 가지고 나타낼 수도 있다.

$$a = \frac{\langle x^2 \rangle \langle y \rangle - \langle x \rangle \langle xy \rangle}{\langle x^2 \rangle - \langle x \rangle^2} \tag{9.141}$$

$$b = \frac{\langle xy \rangle - \langle x \rangle \langle y \rangle}{\langle x^2 \rangle - \langle x \rangle^2} \tag{9.142}$$

또 a와 b의 '확률 오차' X_a와 X_b는 다음과 같이 나타낸다.

$$X_a = r\sqrt{\frac{\langle x^2 \rangle}{N[\langle x^2 \rangle - \langle x \rangle^2]}} \qquad X_b = r\sqrt{\frac{1}{N[\langle x^2 \rangle - \langle x \rangle^2]}}$$

여기서 $r = 0.6745\cdots\ \sqrt{N\sigma^2/(N-2)}$ 이다. 마지막으로 σ^2의 값은 식 (9.135)을 이용해서 편차 d_i를 계산하고 이것을 제곱한 다음 합해주거나 (식 (9.136)) 또는 다음 관계식으로부터 구할 수 있다(비고 참조).

$$\sigma^2 = \langle y^2 \rangle - \langle y \rangle^2 - b^2\left(\langle x^2 \rangle - \langle x \rangle^2\right) \tag{9.143}$$

[비고 : 식 (9.137)에서 직선인 경우 $c = 0$이 되어, $(y_i - a - bx_i)^2$을 전개하여 $\sum y_i = N\langle y \rangle$, $\sum x_i y_i = N\langle xy \rangle$, $\sum y_i^2 = N\langle y^2 \rangle$ 등을 대입하고, 또 a는 식 (9.141)을 대입하여 정리하여 b항만으로 나타내면 식 (9.143)가 얻어진다.]

참고로 이 절을 끝내기 전 최소자승법에 의한 'curve-fitting'의 중요성을 강조하기 위하여 예 1에 Matlab에 의한 직선회귀를 간단히 입력 프로그램과 출력결과를 함께 나타내었다.

예 1 : 6종류의 온도(x) 데이터에 따른 대응하는 기전력(y) 데이터를 입력하여 Matlab의 최소자승 프로그램 'LeastDraw·m'을 이용하여 직선 회귀(기울기 a 및 절편 b)를 구하는 방법을 아래에 나타내었다.

```
>> x=[40  48  56  64  72  80];
>> y=[1.33  1.67  2.08  2.36  2.71  3.19];
>> LeastDraw(x,y)
Coefficient of the polynomial "y=ax+b" :
a=
   0.0454
b=
   -0.4981
```

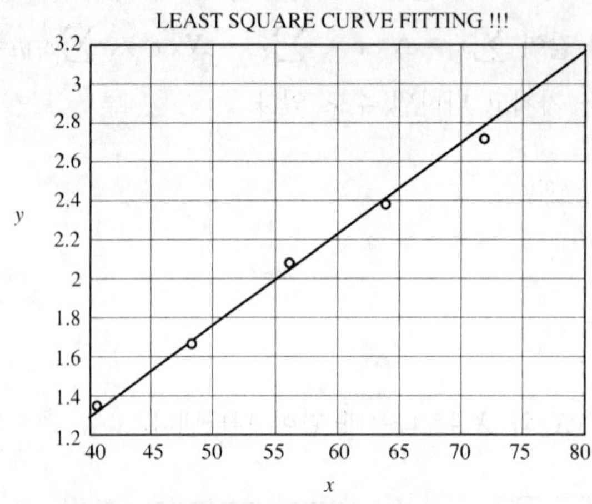

그림. Matlab의 최소자승법에 의한 온도에 따른 기전력 그래프의 근사 함수.

프로그램 설명 : 위에 나타내었듯이 x 및 y 데이터(각각 6개씩)를 입력시킨 후, 최소자승법에 의한 curve-fitting 프로그램인 'LeastDraw(x, y)'를 입력 후 'Enter'를 치면 기울기 a 및 절편 b값과 함께 회귀직선과 입력데이터의 플롯이 함께 나타난다. 얻어진 회귀직선의 식은 $y = 0.0454x - 0.4981$ 즉

$$E[mV] = 0.0454T - 0.4981 \quad \text{단,} \quad 40^\circ C \le T \le 80^\circ C$$

여기서 E는 기전력(y), T는 온도(x)이다.

참고 : Mathematica의 경우는 프로그램의 제일 첫 줄에 수치해석 패키지 프로그램을 불러와야 한다(즉 <<NumericalMath`PolynomialFit` 라고 침). 그런 다음 명령어 PolynomialFit 안에 (x, y) 데이터 및 다항식 $p[x](=a_0 + a_1x + a_2x^2 + \cdots + a_nx^n)$의 차수 n을 입력하고, 마지막으로 명령어 Expand[p[x]]를 친 후 실행을 위한 'shift+Enter'를 치면 계산결과가 화면이 출력이 된다.

9. 8. 3 최대가능도(ML) 추정법

앞 절에서는 실험 데이터의 (이론)곡선에 'fitting'시킬 때 필요한 파라미터들의 값은 최소자승법

으로 추정하였으나, 여기서는 '최대 가능도(maximum-likelihood, ML)'에 의한 추정법에 대하여 논하기로 한다.

지금 N차원 데이터 공간의 한 점 $\boldsymbol{x}=(x_1, x_2, \cdots, x_N)$에 대한 결합 분포함수 $P(\boldsymbol{x})$를 생각해보자. 여기서 우리가 만약 시료의 PDF가 어떤 파라미터 $a_i\,(i=1, 2, \cdots, m)$의 집합인 $\boldsymbol{a}$에 의존하는 어떤 특수한 함수형태 $L(\boldsymbol{x};\boldsymbol{a})$를 가진다는 가설(hypothesis) H를 채택한다면 아래와 같이 나타낼 수 있다.

$$P(\boldsymbol{x}\,|\,\boldsymbol{a}, H)=L(\boldsymbol{x}\,;\boldsymbol{a}) \tag{9.144}$$

여기서 L은 '가능도(likelihood) 함수'라고 부르며, 이와 같은 형태의 가설은 데이터 모델링과 파라미터 추정의 기초가 된다. 가령 예로서 N개의 독립 (랜덤)변수 x_i의 분포가 $P(x\,|\,\tau)=(1/\tau)\exp(-x/\tau)$(여기서 τ는 파라미터) 형태일 때 해당하는 가능도 함수 $L(\boldsymbol{x};\tau)$를 구하면 아래가 된다(단 이때 식 (9.39) 참조).

$$\begin{aligned} L(\boldsymbol{x}\,;\tau) &= P(x_i\,|\,\tau)\,P(x_2\,|\,\tau)\cdots\ P(x_N\,|\,\tau) \\ &= \frac{1}{\tau}\exp\left(-\frac{x_1}{\tau}\right)\frac{1}{\tau}\exp\left(-\frac{x_2}{\tau}\right)\cdots\ \frac{1}{\tau}\exp\left(-\frac{x_N}{\tau}\right) \\ &= \frac{1}{\tau^N}\exp\left[-\frac{1}{\tau}(x_1+x_2+\cdots+x_N)\right] \end{aligned} \tag{9.145}$$

그런데 위에서 언급한 '가능도 함수' $L(\boldsymbol{x};\boldsymbol{a})$는 파라미터 $\boldsymbol{a}$의 어떤 특수한 집합의 값들과 관련된 PDF를 주므로, 이들 파라미터의 최적 추정(best estimate) $\hat{\boldsymbol{a}}$는 함수 L가 최대가 되는 $\boldsymbol{a}$의 값에 의해 주어지므로, 이를 '최대 가능도 추정자(ML estimator)'라고도 부른다.

일반적으로, 가능도 함수 $L(\boldsymbol{x};\boldsymbol{a})$는 파라미터 $\boldsymbol{a}$의 공간의 차원(즉 a_i의 개수) M가 매우 클 때 복잡한 모양을 띄나, 그러나 대부분의 간단한 경우에는 L가 파라미터 $\boldsymbol{a}$의 1계 도함수 값이 0이 되는 정류점(stationary point)에서 단일 극대점을 갖는다. 이 경우에 파라미터 $a_i\,(i=1, 2, \cdots, M)$에 대한 ML 추정자는 함수 L 전체를 분석할 필요 없이, 단순히 아래와 같이 M개의 연립방정식을 풀면 된다. 즉

$$\left.\frac{\partial L}{\partial a_i}\right|_{\boldsymbol{a}=\hat{\boldsymbol{a}}}=0 \qquad \text{for } i=1, 2, \cdots, M \tag{9.146}$$

여기서 로그 함수 $\ln z$는 z의 단조증가 함수이므로, 대부분의 경우 L 자체보다는 $\ln L(\boldsymbol{x};\boldsymbol{a})$을 극대화시키는 것이 훨씬 편리하다. 따라서 식 (9.146) 대신에 아래로 나타낸 M개의 연립식을 풀면 된다.

$$\left.\frac{\partial \ln L}{\partial a_i}\right|_{\boldsymbol{a}=\hat{\boldsymbol{a}}} = 0 \quad \text{for } i = 1, 2, \cdots, M \tag{9. 147}$$

따라서 식 (9.145)로 주어진 오직 1개의 파라미터를 가진 $L(\boldsymbol{x};\tau)$의 극대화 대신 $\ln L$을 극대화 시키는 파라미터 τ의 최적 추정치 $\hat{\tau}$는 식 (9.147)로부터 아래와 같이 얻어진다.

$$\ln L(\boldsymbol{x};\tau) = \sum_{i=1}^{N} \ln\left(\frac{1}{\tau} e^{-x_i/\tau}\right) = -\sum_{i=1}^{N}\left(\ln\tau + \frac{x_i}{\tau}\right) \tag{9. 148}$$

여기서 양변을 τ에 대해 미분하여 0을 두면 아래가 된다.

$$\frac{\partial \ln L}{\partial \tau} = -\sum_{i=1}^{N}\left(\frac{1}{\tau} - \frac{x_i}{\tau^2}\right) = 0 \Rightarrow \hat{\tau} = \frac{1}{N}\sum_{i=1}^{N} x_i \tag{9. 149}$$

여기서 우리는 ML법에 의한 파라미터 τ의 최적 추정치 $\hat{\tau}$는 단순히 랜덤변수 x_i의 산술평균에 해당됨을 알 수 있다.

예제 9. 12

어떤 실험에서 어떤 양(랜덤변수) x_i에 대해 N번 측정이 이루어졌다고 하자. 이때 각 시료의 랜덤오차는 평균은 0이나, 표준편차 σ값을 모르는 가우스 (정규)분포로부터 독립적으로 얻어진다고 하자(이때 전 측정에 대해 σ값은 동일하다고 간주). 이때 측정되고 있는 양(x)의 '진짜 평균(true mean)' μ 및 랜덤오차의 표준편차 σ에 대한 최적 추정치 $\hat{\mu}$ 및 $\hat{\sigma}$ 값을 ML법으로 구해보아라.

풀 이

각 측정의 분포함수 $f(x_i)$는 정규분포의 가정에서 아래가 된다(식 (9.71) 참조).

$$f(x_i) = \frac{1}{\sqrt{2\pi\sigma^2}} e^{-\frac{(x_i-\mu)^2}{2\sigma^2}} \tag{1}$$

그런데 각 측정은 상호 독립이므로 이때 가능도 함수 $L(\boldsymbol{x};\mu,\sigma)$는 아래가 된다(식 (9.145) 참조).

$$L(\boldsymbol{x};\mu,\sigma) = \prod_{i=1}^{N} f(x_i) \Rightarrow \ln L(\boldsymbol{x};\mu,\sigma) = -\frac{1}{2}\sum_{i=1}^{N}\left[\ln(2\pi\sigma^2) + \frac{(x_i-\mu)^2}{\sigma^2}\right] \tag{2}$$

그러면 식 (9.147)에 의해 위 식 (2)를 μ 및 σ에 대해 각각 1계 편미분을 취하고 0을 두면 아래 식을 얻는다.

$$\frac{\partial \ln L}{\partial \mu} = 0 \Rightarrow \sum_{i=1}^{N} \frac{x_i - \hat{\mu}}{\hat{\sigma}^2} = 0 \tag{3}$$

$$\frac{\partial \ln L}{\partial \sigma} = 0 \Rightarrow \sum_{i=1}^{N} \frac{\left(x_i - \hat{\mu}\right)^2}{\hat{\sigma}^3} - \sum_{i=1}^{N} \frac{1}{\hat{\sigma}} = 0 \tag{4}$$

위의 연립방정식을 풀면 아래를 얻는다.

$$\hat{\mu} = \frac{1}{N}\sum_{i=1}^{N} x_i = \bar{x}, \quad \hat{\sigma} = \sqrt{\frac{1}{N}\sum_{i=1}^{N}\left(x_i - \bar{x}\right)^2} = s \tag{5}$$

즉 ML법에 의한 (진짜)평균의 추정치 $\hat{\mu}$는 단순히 시료평균(sample mean) $\bar{x}$와 같고, 표준편차의 추정치 $\hat{\sigma}$는 시료의 표준편차(sample standard deviation) s와 같다. 이때 s는 σ의 '편향된 추정자(biased estimator)' 라고 한다.

9.9 검증에 관련된 지수형 분포

9.9.1 지수분포

'지수분포(exponential distribution)'(단 파라미터 $\lambda > 0$)는 아래와 같이 정의된다.

$$f(x) = \begin{cases} \lambda e^{-\lambda x} & \text{for } x > 0 \\ 0 & \text{for } x \le 0 \end{cases} \tag{9.150}$$

여기서 $\int_{-\infty}^{\infty} f(x)dx = \int_{0}^{\infty} f(x)dx = 1$이 성립된다. 이 함수의 '모멘트 생성함수(MGF)'[즉 특성 함수 $\phi(t)$(식 9.23))에서 $i = 1$로 둔 것에 해당]는 아래가 된다.

$$M(t) = \frac{\lambda}{\lambda - t} \tag{9.151}$$

이의 증명은 정의식 $\langle e^{tx} \rangle_{f(x)} = \int_{0}^{\infty} e^{tx} f(x)dx = \lambda \int_{0}^{\infty} e^{tx} e^{-\lambda x} dx$에서 얻어진다(단 $\lambda > t$라고 가정).

이로부터 기대값 $E[x] = 1/\lambda$ 및 분산 $V[x](=\sigma^2) = (1/\lambda)^2$가 얻어진다[$\because M'(t=0)$

$= \langle x \rangle = 1/\lambda,\ M''(t=0) = \langle x^2 \rangle = 2/\lambda^2 = \langle x \rangle^2 + \sigma^2$가 성립되므로].

9. 9. 2 감마(gamma) 분포

지수분포 식 (9.150)의 일반화로서 아래의 (정규화된) '감마(gamma) 분포'가 있다.

$$f(x) = \frac{\lambda}{(r-1)!}(\lambda x)^{r-1} e^{-\lambda x} \quad (0 \le x < \infty) \tag{9. 152}$$

이를 파라미터 λ를 가진 차수(order) r의 감마분포라 하며, 위의 지수분포는 $r=1$인 감마분포에 해당한다. 만약 랜덤변수 X가 파라미터 λ, 차수 r인 감마분포를 따른다면 $X \sim \gamma(\lambda, r)$로 표기한다.

한편 감마분포의 MGF는 역시 e^{tx}와 $f(x)$의 적분(구간은 $0 \sim \infty$)을 행하면 아래가 된다.

$$M(t) = \left(\frac{\lambda}{\lambda - t}\right)^r \tag{9. 153}$$

여기서 $M'(0) = \langle x \rangle = \mu_1{}'$ 및 $M''(0) = \langle x^2 \rangle = \mu_2{}' = \mu_1{}'^2 + \sigma^2$의 관계를 이용(식 (9.24) 참조)하면 기대값 $E[X](= \langle x \rangle)$ 및 분산 $V[X](= \sigma^2)$는 아래가 된다.

$$E[X] = \frac{r}{\lambda},\ V[X] = \frac{r}{\lambda^2} \tag{9. 154}$$

또한 위 식으로부터 다중 감마분포에 관한 MGF 공식도 유도할 수 있다. 즉 만약 n개의 상호독립 랜덤변수 X_i가 파라미터 λ, 차수 r_i인 감마분포를 따른다면 즉 $X_i \sim \gamma(\lambda, r_i)$라면 이들의 합인 랜덤변수 $Y = X_1 + X_2 + \cdots + X_n$는 아래의 MGF를 갖는다(식 (9.88) 참조).

$$M(t) = \prod_{i=1}^{n}\left(\frac{\lambda}{\lambda - t}\right)^{r_i} = \left(\frac{\lambda}{\lambda - t}\right)^{r_1 + r_2 + \cdots + r_n} \tag{9. 155}$$

따라서 Y역시 감마분포를 따른다. 즉 $Y \sim \gamma(\lambda, r_1 + r_2 + \cdots + r_n)$가 되며, 파라미터 λ는 불변이나 차수 r는 각각의 차수의 합이 됨을 알 수 있다.

9. 9. 3 χ^2(chi-squared) 분포

만약 랜덤변수 X가 평균 μ, 분산 σ^2를 갖는 정규분포 즉 $X \sim N(\mu, \sigma^2)$라면, 랜덤변수

$Y=(x-\mu)^2/\sigma^2$는 파라미터 $\lambda=1/2$, 차수 $r=1/2$인 감마분포 즉 $Y\sim\gamma\left(\frac{1}{2},\frac{1}{2}\right)$가 된다. 여기서 지금 $X_i\sim N\left(\mu_i,\sigma_i^2\right)$인 n개의 상호독립적인 정규분포를 따르는 랜덤변수 X_i를 사용하여 아래와 같이 새 (랜덤)변수를 정의하자.

$$\chi_n^2=\sum_{i=1}^{n}\frac{(X_i-\mu_i)^2}{\sigma_i^2} \tag{9.156}$$

그러면 다중 감마분포에 관한 결과 식 (9.155)(즉 파라미터는 불변이나 차수는 합이 됨)를 사용하여 새 변수 χ_n^2은 파라미터 $\lambda=1/2$, 차수 $r=n/2$인 감마분포 즉 $\chi_n^2\sim\gamma\left(\frac{1}{2},\frac{1}{2}n\right)$가 됨을 알 수 있다. 또한 감마분포에 대한 식 (9.152)에서 $\lambda=1/2$, $r=n/2$을 대입하고, $(r-1)!=\Gamma(r)$임을 이용하면 χ_n^2의 PDF는 아래가 된다.

$$\begin{aligned} f\left(\chi_n^2\right) &= \frac{\frac{1}{2}}{\Gamma\left(\frac{1}{2}n\right)}\left(\frac{1}{2}\chi_n^2\right)^{(n/2)-1}\exp\left(-\frac{1}{2}\chi_n^2\right) \\ &= \frac{1}{2^{n/2}\Gamma\left(\frac{1}{2}n\right)}\left(\chi_n^2\right)^{(n/2)-1}\exp\left(-\frac{1}{2}\chi_n^2\right) \end{aligned} \tag{9.157}$$

이를 차수 n인 'χ^2-분포'[사실 이는 식 (9.152)과의 비교에서 $\lambda=1/2$, $r=n/2$, 그리고 $x=\chi_n^2$인 감마분포에 해당]라고 불리며, 통계에서 많은 응용성을 갖고 있다 식 (9.154)에서 $\lambda=1/2$, $r=n/2$을 대입하면 χ_n^2 분포의 기대값 및 분산은 각각 아래가 됨을 알 수 있다.

$$E\left[\chi_n^2\right]=n,\quad V\left[\chi_n^2\right]=2n \tag{9.158}$$

한편 위의 정의에 이용된 n개의 가우스 (정규)변수 X_i가 독립이 아니고, 선형종속 즉

$$c_1X_1+c_2X_2+\cdots+c_nX_n=0 \tag{9.159}$$

가 성립된다면 식 (9.156)으로 정의된 χ_n^2 역시 χ^2-분포를 따르나, 다만 차수가 $n-1$가 된다. 이 결과는 만약 n개 가우스 변수 X_i가 식 (9.159) 형태의 m개의 선형 구속식을 만족한다면 식 (9.156)으로 정의된 χ_n^2은 차수 $n-m$의 χ^2-분포가 된다.

9. 10 가설 검증(hypothesis testing)

9. 10. 1 단순검증과 복합검증

현재 고려 중의 가설(가령 어떤 가설이 맞다고 주장하는 것과 같은)을 '귀무가설(null hypothesis)'이라고 부르며, H_0로 나타낸다. 특히 이는 일반적으로 데이터 $\boldsymbol{x}$가 얻어진 확률밀도함수(PDF)에 대해 어떤 형태 $P(\boldsymbol{x}|H_0)$을 규정한다. 만약 그 가설이 $\boldsymbol{x}$에 관한 PDF를 유일하게 결정할 수 있다면 이를 '단순가설(simple hypothesis)'이라 칭한다. 그러나 만약 그 가설이 PDF의 함수 형태는 결정해주나 그것이 의존하는 파라미터(의 집합) $\boldsymbol{a}$의 값은 결정해 주지 못할 때 이를 '복합가설(composite hypothesis)'이라고 칭한다.

일반적으로 우리는 어떤 특수한 '통계적 검증(statistical test)'을 통하여 이 귀무가설 H_0를 채택(accept)할까? 아니면 기각(reject)할까?를 결정하게 된다. 즉 귀무가설 H_0와 또 다른(alternative) 가설 H_1 사이에서 어느 것을 채택할까를 결정하기 위해 '통계적 검증'을 사용한다. 미리 알려진 제한된 가설공간 내에서 H_1은 H_0의 반대(여)가설(complement hypothesis)인 $\overline{H}_0$에 해당한다. 따라서 H_0를 기각하는 것은 H_1을 채택하는 것(그 역도 마찬가지)과 같다.

가령 예로서, 시료(데이터) $\boldsymbol{x}$가 분산 σ^2는 알고 있으나, 평균 μ는 모르는 정규분포에서 얻어진다고 가정하자. 이때 우리는 $\mu = 0$이라는 귀무가설 H_0를 채택한다면, 이를 $H_0 : \mu = 0$로 표기하고, 대응하는 반대 가설을 $H_1 : \mu \neq 0$로 표기한다(이 경우 H_0는 단순가설, 그리고 H_1은 복합가설이 됨). 그런데 만약 귀무가설을 $H_0 : \mu < 0$으로 채택하면 그의 반대가설은 $H_1 : \mu \geq 0$가 되어 이 경우 둘 다 복합가설이 된다. 그러나 아주 드물게 둘 다 단순가설이 될 경우도 있다. 가령 우리가 미리 어떤 가우스 분포의 μ가 0 아니면 1인 줄 알고 있다면, 만약 귀무가설 $H_0 : \mu = 0$를 채택한다면 반대가설 $H_1 : \mu = 1$가 되어 둘 다 단순가설이 된다.

9. 10. 2 통계적 검증(statistical tests)

여기서는 귀무가설 H_0가 단순가설이라고 가정한다. 우선 데이터 시료 $\boldsymbol{x}$로부터 검증통계(test statistic) $t(\boldsymbol{x})$를 구축하는 것부터 시작하자. 또한 $t(\boldsymbol{x})$를 스칼라 양이라고 가정한다(물론 $t(\boldsymbol{x})$는 랜덤변수이다). 지금 시료 $\boldsymbol{x}$가 얻어진 PDF에 관한 단순 귀무가설 H_0가 주어졌다고 가정하면, 원칙적으로 우리는 검증통계의 '샘플링 분포(sampling distribution)' $P(t|H_0)$를 결정할 수 있을 것이다. 그와 같은 샘플링 분포의 예를 그림 9.2에 나타내었다.

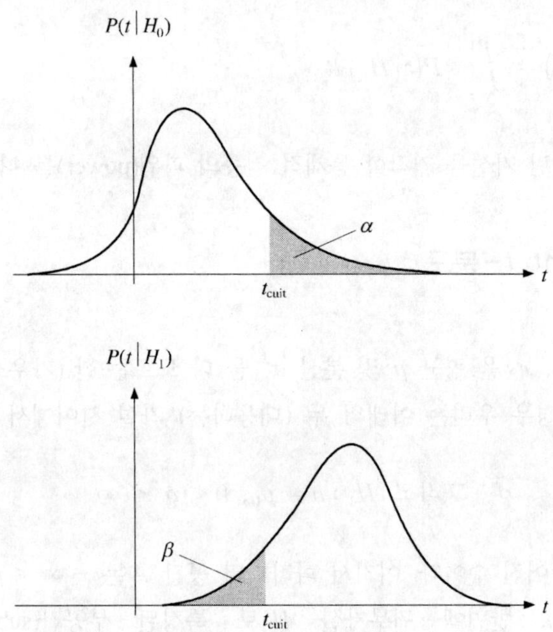

그림 9. 2 한 검증통계 $t(\boldsymbol{x})$의 샘플링 분포 $P(t|H_0)$과 $P(t|H_1)$의 예시. 빗금친 부분은 각각 누적분포 $\Pr(t > t_{crit}|H_0) = \alpha$ 및 $\Pr(t < t_{crit}|H_1) = \beta$가 되는 편측(one-tailed) 영역을 나타낸다.

그림에서 어떤 검증통계 $t(\boldsymbol{x})$에 대해 전체 확률 $(=1)$ 중 α 분율을 포함하는 '기각영역(rejection region)'을 정의한다. 가령, (편측, one-tailed)기각영역은 검증통계 t가 어떤 임계값(t_{crit})보다 큰 t값으로 이루어져 있다. 즉

$$\Pr(t > t_{crit}|H_0) = \int_{t_{crit}}^{\infty} P(t|H_0)dt = \alpha \tag{9.160}$$

혹은 (양측, two-tailed) 기각영역은 $\Pr(t_1 < t < t_2|H_0) = \alpha$(그림에서 미표시)로 나타낼 수도 있다. 어떤 경우던 만약 t의 측정값이 이 (빗금친) 기각영역에 들어가면 귀무가설 H_0는 '유의수준(significant level)' α로 기각된다고 하며, 그렇지 않은 경우를 유의수준 α로 채택된다고 한다.

즉 설사 귀무가설 H_0가 사실이다 할지라도 이를 기각할 확률은 α가 되며, 이를 '제 1종 오차(error of the first kind)'라 하며, 반대로 H_0가 설사 틀렸다하더라도(이 경우 H_1은 사실) 이가 채택될 때 '제 2종 오차(error of the second kind)'가 발생한다. 그런데 그와 같은 오차가 발생할 확률 β를 계산하는 것은 H_0의 반대가설인 H_1가 복합가설이기 때문에 일반적으로 어렵다. 그러나 만약 H_1가 단순가설일 경우는 예외이다. 여기서 검측통계 $t(\boldsymbol{x})$의 대응하는 샘플링 분포를 $P(t|H_1)$으로 나타내면, 확률 β는 기각영역의 반대(여사상) 영역에서 적분을 행하면 얻어지며, 이는 '채택영역'이 된다. 가령 식 (9.160)에 대응하는 경우에 이 확률은 아래로 나타내진다.

$$\beta = \Pr(t < t_{\text{crit}} | H_1) = \int_{-\infty}^{t_{\text{crit}}} P(t | H_1) dt \tag{9.161}$$

여기서 $1-\beta$인 양은 틀린 가설을 기각할 통계적 검증의 파워(power)를 나타낸다(그림 9.2 참조).

9.10.3 Student t-분포

지금 시료 $x_1, x_2, \cdots, x_N$을 평균 μ 및 분산 σ^2 둘 다 모르는 한 (가우스)정규분포로부터 각각 독립적으로 추출해 낼 경우 우리는 아래의 두 (대응하는) 가설 사이에서 구별하기를 원한다.

$$H_0 : \mu = \mu_0,\ 0 < \sigma^2 < \infty \quad \text{그리고}\ H_1 : \mu \neq \mu_0,\ 0 < \sigma^2 < \infty \tag{9.162}$$

위 식에서 μ_0는 어떤 주어진 수이다. 여기서 파라미터 공간 A는 $-\infty < \mu < \infty$, $0 < \sigma^2 < \infty$가 되는 반평면(half-plane), 반면에 귀무가설 H_0로 특정된 부공간(subspace) S는 $\mu = \mu_0$, $0 < \sigma^2 < \infty$인 직선을 나타낸다.

이 경우 가능도(likelihood) 함수는 아래로 주어진다(9.8.3절 참조).

$$L(\boldsymbol{x}; \mu, \sigma^2) = \frac{1}{(2\pi\sigma^2)^{N/2}} \exp\left[-\frac{\sum_i (x_i - \mu)^2}{2\sigma^2}\right] \tag{9.163}$$

한편, 9.8.3절에 논의된 바와 같이 파라미터 공간 A에서 L (혹은 $\ln L$)을 극대화화는 (최적) μ 및 σ^2 값은 각각 $\mu = \bar{x}$(시료평균) 및 $\sigma^2 = s^2$(여기서 s는 시료 표준편차)가 된다(예제 9.12 참조). 반면에 부공간 S에서 L을 극대화하는 평균 $\mu = \mu_0$가 되나, σ^2의 값은 아직 모른다. 그러나 L을 극대화하는 σ^2의 값(즉 $\hat{\sigma}^2$)은 아래와 같이 얻어짐을 쉽게 알 수 있다.

$$\hat{\sigma}^2 = \frac{1}{N} \sum_{i=1}^{N} (x_i - \mu_0)^2 \tag{9.164}$$

여기서 파라미터 공간 A에 대한 부공간 S에서의 일반화된 가능도 비(generalized likelihood ratio)를 λ로 나타내면 식 (9.163) - (9.164)로부터 아래가 성립된다.

$$\lambda(\boldsymbol{x}) = \frac{L(\boldsymbol{x}; \mu_0, \hat{\sigma}^2)}{L(\boldsymbol{x}; \bar{x}, s^2)}$$

$$= \frac{\left[(2\pi/N)\sum_i (x_i - \mu_0)^2\right]^{-N/2} \exp(-N/2)}{\left[(2\pi/N)\sum_i (x_i - \bar{x})^2\right]^{-N/2} \exp(-N/2)} = \left[\frac{\sum_i (x_i - \bar{x})^2}{\sum_i (x_i - \mu_0)^2}\right]^{N/2} \tag{9.165}$$

다음에는 귀무가설 H_0가 사실이라는 가정하에 위의 비 λ의 샘플링 분포를 구해보기로 한다. 그런데 위 식의 분모에 있는 제곱은 합은 $x_i - \mu_0 = x_i - \bar{x} + \bar{x} - \mu_0$의 항등관계를 이용하면 아래가 된다.

$$\sum_i (x_i - \mu_0)^2 = N(\bar{x} - \mu_0)^2 + \sum_i (x_i - \bar{x})^2$$

그러면 식 (9.165)의 분모, 분자를 $\sum_i (x_i - \bar{x})^2$로 나누고, 재정리하면 아래를 얻는다.

$$\lambda = \left(1 + \frac{t^2}{N-1}\right)^{-N/2} \tag{9.166}$$

여기서 t는 아래와 같이 정의된 새 (랜덤)변수이다.

$$t = \frac{\bar{x} - \mu_0}{s/\sqrt{N-1}} \tag{9.167}$$

그런데 식 (9.166)을 보면 t^2는 λ의 단조 감소함수이므로, 대응하는 기각영역은 $t^2 > c$(여기서 c는 요구되는 유의수준 α에 의존하는 양의 상수임)이다. 여기서 편의상 검증통계 $t(\boldsymbol{x})$의 기각영역에 대해 양측 기하를 취하면 아래가 성립된다.

$$t < -t_{\text{crit}} \quad \text{및} \quad t > t_{\text{crit}} \tag{9.168}$$

여기서 $t_{\text{crit}} = \sqrt{c}$ 이다.

식 (9.167)의 정의와 (양측)기각영역 (9.168)은 아래에 설명할 'Student-t 검증'의 기초가 된다. 이제 샘플링 분포 $P(t|H_0)$를 구하는 일만 남았는데 식 (9.167)을 $\hat{\sigma} = \sqrt{Ns^2/(N-1)}$ 의 관계(여기서 s는 시료 표준편차, $\hat{\sigma}$는 표준편차의 ML 추정자)를 사용하여 $\hat{\sigma}$항으로 나타내면 아래가 된다.

$$t = \frac{\bar{x} - \mu_0}{\hat{\sigma}/\sqrt{N}} \tag{9.169}$$

그런데 만약 여기서 σ의 참값을 안다면, 새 변수 t는 평균 0, 분산 1인 정규분포 즉 $t \sim N(0,1)$이 될 것이다. 반면에 만약 σ를 모른다면 식 (9.169)처럼 표준편차 추정자 $\hat{\sigma}$를 사용해야 하는데 이 경우는 이미 t는 정규분포를 따르지 않게 된다. 그러나 N값이 매우 크게 되면, 중심극한정리(9.6.1절 참조)에 의해 t는 정규분포에 접근하게 된다.

그러나 어떤 N의 값에 대해서도 유효한 정확한 t의 분포는, 만약 귀무가설 H_0가 사실이라면, 시료의 평균 $\bar{x}$ 및 표준편차 s를 가진 '결합 샘플링 분포'는 아래 식으로 주어진다.

$$P(\bar{x}, s \mid H_0) = Cs^{N-2}\exp\left(-\frac{Ns^2}{2\sigma^2}\right)\exp\left[-\frac{N(\bar{x}-\mu_0)^2}{2\sigma^2}\right] \tag{9.170}$$

여기서 C는 정규화 상수이다. 그러면 이로부터 s와 t의 결합 샘플링 분포를 얻기 위해서는 아래의 조건이 요구된다.

$$P(\bar{x}, s \mid H_0)\, d\bar{x}\, ds = P(t, s \mid H_0)\, dt\, ds \tag{9.171}$$

그러면 식 (9.170)의 $\bar{x}-\mu_0$항에 식 (9.167)을 대입하고, $d\bar{x} = (s/\sqrt{N-1})\,dt$인 점을 이용하면 식 (9.171)로부터 아래를 얻는다.

$$P(\bar{x}, s \mid H_0)\, d\bar{x}\, ds = As^{N-1}\exp\left[-\frac{Ns^2}{2\sigma^2}\left(1+\frac{t^2}{N-1}\right)\right] dt\, ds \tag{9.172}$$

여기서 A는 역시 정규화 상수이다. 여기서 t만의 샘플링 분포를 얻기 위해 $P(t, s \mid H_0)$를 s의 허용된 범위 $0 \sim \infty$ 사이에서 적분을 행하면 아래의 결과를 얻는다.

$$P(t \mid H_0) = \int_0^\infty P(t, s \mid H_0)\, ds = A\int_0^\infty s^{N-1}\exp\left[-\frac{Ns^2}{2\sigma^2}\left(1+\frac{t^2}{N-1}\right)\right] ds \tag{9.173}$$

여기서 변수치환 $y = s\{1+[t^2/(N-1)]\}^{1/2}$을 이용하면 위 적분은 아래가 된다.

$$\begin{aligned} P(t \mid H_0) &= A\left(1+\frac{t^2}{N-1}\right)^{-N/2}\int_0^\infty y^{N-1}\exp\left(-\frac{Ny^2}{2\sigma^2}\right) dy \\ &= \frac{1}{\sqrt{(N-1)\pi}}\frac{\Gamma\left(\frac{1}{2}N\right)}{\Gamma\left(\frac{1}{2}(N-1)\right)}\left(1+\frac{t^2}{N-1}\right)^{-N/2} \end{aligned} \tag{9.174}$$

여기서 정규화 상수 A는 $\int_{-\infty}^{\infty} P(t \mid H_0)\, dt = 1$이 되게 결정되었으며, y의 적분은 감마함수의 정의(식 (A.25))를 이용하였다.

랜덤변수 t에 관한 확률밀도함수(PDF) 식 (9.174)는 자유도(degrees of freedom, df) $N-1$을 가진 'Student t-분포'라고 칭한다. 이 분포는 N값이 클수록 정규분포에 접근한다.

다음에는 t-분포의 누적분포함수(CDF)는 아래와 같이 정의된다.

$$C_n(t) = \int_{-\infty}^{r} P(t' \mid H_0)\, dt' \tag{9. 175}$$

여기서 $n = N-1$는 자유도(df)의 수이다. 이 식은 식 (9.74)로 정의된 (표준)정규분포의 CDF인 $\Phi(z)$(식 (9.74))와 유사하며, 만약 t-분포에서 $N \to \infty$ 일 때는 $C_n(t) \to \Phi(z)$가 된다. 또한 $C_n(t)$는 임의의 자유도 $n(=N-1)$에 대하여 표로 만들어져 있다.

예제 9. 13

아래에 나타낸 10개의 독립 시료 값 $x_i(i=1, 2, \cdots, 10)$은 미지의 평균 μ와 미지의 표준편차 σ를 가진 정규분포로부터 랜덤하게 추출되었다고 가정한다.

x_i : 2.22 2.56 1.07 0.24 0.18 0.95 0.73 -0.79 2.09 1.81

이때 귀무가설 $H_0 : \mu = 0$을 유의수준 10%(즉 $\alpha = 0.1$)에서 t 분포에 의해 검증하라(단 양측검정 가정).

풀 이

귀무가설 H_0에서 $\mu_0 = 0$이며, 위 x_i 데이터($N=10$)에서 서로 평균 $\bar{x} = \dfrac{\sum x_i}{N} = 1.11$, 시료 표준편차 $s^2 = \dfrac{\sum (x_i - \bar{x})^2}{N} = \dfrac{10.188}{10} \Rightarrow s = 1.01$가 된다. 따라서 이를 식 (9.167)에 대입하면 아래를 얻는다.

$$t = \frac{\bar{x}}{s/\sqrt{N-1}} = 3.33$$

여기서 t의 기각영역은 식 (9.168)로 주어지는데, 여기서 임계값 t_{crit}는 식 (9.175) 및 그림 9.2(단 양측검정 가정)에서 아래의 관계로부터 구해진다.

$$C_{N-1}(t_{\text{crit}}) = 1 - \alpha/2$$

여기서 $N=10$, 유의수준 $\alpha = 0.1$이므로 t 분포의 자유도 $n = N-1 = 9$에 대한 누적분포 $C_{N-1}(t)$에 관한 표(여기서는 생략)로부터 구한 $t_{\text{crit}} = 1.83$이 된다. 따라서 유의수준 10%($\alpha = 0.1$)에서 귀무가설 $H_0 : \mu = 0$을 기각할 영역은 식 (9.168)에서 아래가 된다.

$t < -1.83$ 및 $t > 1.83$

그런데 위에서 구한 $t = 3.33$이므로 $t > t_{\text{crit}}$이 되어 이 유의수준에서 $\mu = 0$이 되는 귀무가설을 기각(즉 $\mu \neq 0$ 이라고 주장)할 수 있다.

이제 평균치 μ에 대한 t-검증과 고전 신뢰구간(classical confidence level) 사이의 관계를 조사해 보자. 신뢰수준(confidence level) $1-\alpha$에서 μ에 대한 중심 신뢰구간은 전체 확률($=1$)에서 (양측)기각영역을 뺀 아래가 된다(식 (9.167) 참조).

$$-t_{\text{crit}} < \frac{\overline{x}-\mu}{s/\sqrt{N-1}} < t_{\text{crit}} \tag{9. 176}$$

여기서 t_{crit}는 $C_{N-1}(t_{\text{crit}}) = \alpha/2$를 만족한다. 따라서 요구되는 신뢰구간 식 (9.176)에서 μ에 대해 풀면 아래가 된다.

$$\overline{x} - \frac{t_{\text{crit}} \times s}{\sqrt{N-1}} < \mu < \overline{x} + \frac{t_{\text{crit}} \times s}{\sqrt{N-1}} \tag{9. 177}$$

따라서 예제 9.13에서 $1-\alpha = 0.9$(즉 90%)인 평균 μ에 대한 중앙의 신뢰구간은 아래가 된다.

$$1.11 - \frac{1.83 \times 1.01}{\sqrt{9}} < \mu < 1.11 + \frac{1.83 \times 1.01}{\sqrt{9}} \Rightarrow 0.49 < \mu < 1.73$$

이제 두 개의 다른 가우스 분포로부터의 시료의 상호비교에 대해서도 t-분포가 이용될 수 있다. 특히 분산은 σ^2로 동일하나 평균이 서로 다를 수 있는(즉 $\mu_1 \neq \mu_2$) 두 정규분포로부터 시료의 크기(sample size) N_1 및 N_2인 두 독립시료의 경우를 생각해보자. 이때 우리는 아래의 두 상반되는 가설사이에서 구별하기를 원한다.

$$H_0 : \mu_1 = \mu_2,\ 0 < \sigma^2 < \infty \text{ 및 } H_1 : \mu_1 \neq \mu_2,\ 0 < \sigma^2 < \infty \tag{9. 178}$$

즉 우리는 두 평균이 같다는 귀무가설 (H_0)을 t-분포에 의해 검증하고자 한다. 지금 두 종류의 측정시료의 (표본)평균 및 분산을 각각 $\overline{x_1}$, $\overline{x_2}$ 및 s_1, s_2라고 가정하자. 그러면 앞에서 언급한 일반화 가능도 비 (λ)는 이 경우에는 아래가 된다(식 (9.165) 참조).

$$\lambda = \left(1 + \frac{t^2}{N_1 + N_2 - 2}\right)^{-(N_1+N_2)/2} \tag{9. 179}$$

이 경우에 대한 t변수는 아래로 주어진다(식 (9.169) 참조).

$$t = \frac{\overline{w} - \omega}{\hat{\sigma}} \left(\frac{N_1 N_2}{N_1 + N_2} \right)^{1/2} \tag{9.180}$$

여기서 $\overline{w} = \overline{x}_1 - \overline{x}_2$, $\omega = \mu_1 - \mu_2$ 그리고 한 종류의 시료인 경우 $\hat{\sigma} = \sqrt{Ns^2/(N-1)}$ 의 관계로부터 두 종류의 시료의 경우 (ML)추정 표준편차는 아래로 나타낼 수 있다.

$$\hat{\sigma} = \left[\frac{N_1 s_1^2 + N_2 s_2^2}{N_1 + N_2 - 2} \right]^{1/2} \tag{9.181}$$

이 경우 식 (9.180)로 나타낸 t 변수는 자유도 $n = N_1 + N_2 - 2$를 가진 Student t-분포를 따른다. 따라서 예제 9.13의 경우와 유사하게 t분포의 누적분포 $C_n(t)$ 표로부터 두 종류의 시료의 평균에 대한 귀무가설 $H_0 : \mu_1 = \mu_2$(혹은 $\omega = 0$)에 대한 t 검증을 시행할 수 있다.

예제 9. 14

서로 다른 두 반에 속하는 학생들이 같은 수학시험문제를 치른 결과 얻어진 성적(% 표시)은 아래에 주어져 있다.

1반 : 66 62 34 55 77 80 55 60 69 47 50

2반 : 64 90 76 56 81 72 70

이때 두 종류의 성적표시는 같은 분산을 가진 가우스 분포로부터 독립적으로 (표본)추출되었다고 가정하면, 5%(즉 $\alpha = 0.05$) 유의수준에서 귀무가설 $H_0 : \mu_1 = \mu_2$를 검증하라(단 양측검증 가정). 또한 얻어진 결과로부터 $\omega = \mu_1 - \mu_2$에 대한 95%(즉 $1 - \alpha = 0.95$) 중앙의 신뢰구간(식 (9.177) 참조)도 추정하라.

풀 이

먼저 각 (반)시료의 평균과 표준편차를 구하면(단 시료크기 $N_1 = 11$, $N_2 = 7$) 아래를 얻는다(예제 9.13 참조).

$\overline{x}_1 = 59.5$, $s_1 = 12.8$ 및 $\overline{x}_2 = 72.7$, $s_2 = 10.3$

이로부터 $\overline{w} = \overline{x}_1 - \overline{x}_2 = -13.2$ 및 $\hat{\sigma} = 12.6$가 된다. 식 (9.180)에서 $\omega = 0$을 두면 $t = -2.17$을 얻는다. 그러면 귀무가설 H_0의 기각영역은 식 (9.168)로 주어지는데, 이때의 임계값 $t_{\alpha\mathrm{it}}$는 아래의 누적분포에 대한 식에서 구할 수 있다(예제 9.13 참조).

$$C_{N_1+N_2-2}(t_{\text{crit}}) = 1-\alpha/2 \tag{9. 182}$$

여기서 α는 측정의 요구되는 유의수준이다. 이 문제의 경우 $\alpha = 0.05$이고, 자유도 $n = N_1 + N_2 - 2 = 16$이므로 t분포의 누적분포 표에서 $C_{16}(t_{\text{crit}}) = 0.975$에 해당하는 임계값을 구하면$t_{\text{crit}} = 2.12$가 된다. 그러면 H_0에 대한 기각영역은 식 (9.168)에서 아래가 된다.

$$t < -2.12 \text{ 및 } t > 2.12$$

그런데 이 시료의 경우 $t = -2.17$이 되어 $t < t_{\text{crit}}$에 속하므로 귀무가설 $H_0 : \mu_1 = \mu_2$(혹은 $\omega = 0$)를 기각(즉 $\mu_1 \neq \mu_2$라고 주장)할 수 있다. 또한 $\omega = \mu_1 - \mu_2$에 대한 95%(즉 $1-\alpha$) 중앙 신뢰구간은 식 (9.177)과 (9.180)으로부터 ω에 대해 풀면 아래를 얻는다.

$$\bar{w} - \hat{\sigma} t_{\text{crit}} \left(\frac{N_1 + N_2}{N_1 N_2} \right)^{1/2} < \omega < \bar{w} + \hat{\sigma} t_{\text{crit}} \left(\frac{N_1 + N_2}{N_1 N_2} \right)^{1/2}$$

여기서 t_{crit}는 식 (9.182)에서 주어지는데(즉 $t_{\text{crit}} = 2.12$) 이를 위 식에 대입하면 ω에 대한 95% 중앙 신뢰구간은 아래가 된다.

$$-26.1 < \omega < -0.28$$

한편 평균 및 분산이 각각 μ_1, σ_1^2과 μ_2, σ_2^2인 두 가우스(정규)분포로부터 두 종류의 시료를 독립적으로 추출했을 때 예제 9.14에 나타낸 평균에 관한 귀무가설 $H_0 : \mu_1 = \mu_2$의 채택여부에 대한 t-검증 대신 분산에 관한 귀무가설 $H_0 : \sigma_1^2 = \sigma_2^2$의 채택여부에 대한 소위 'Fisher의 F-검증'도 잘 알려져 있으며, t 분포의 경우와 마찬가지로 기각영역을 결정하는 임계값 F_{crit}을 주는 누적분포 $C_{n_1, n_2}(F_{\text{crit}})$(여기서 자유도 $n_1 = N_1 - 1$, $n_2 = N_2 - 1$ 임)에 대하여 표로도 만들어져 있으나, 이는 t 분포와 마찬가지로 '일반화된 가능도 비'의 개념에 바탕을 두어 유사하게 진행할 수 있으므로 지면관계상 여기서는 생략하기로 한다.

또한 9.9.3절에서 정의한 χ^2-분포를 이용하여 9.8.2절에 소개한 최소자승법에 의한 파라미터의 추정에 관한 양호함(goodness)도 판단할 수 있으나 이 또한 지면관계상 생략하기로 한다. 대신 이 분야에 관심 있는 독자들은 관련 문헌이나 서적을 참조하길 바란다.

부록

A. 몇 가지 유용한 기초 수학공식

B. 기초 함수이론

C. 다변수 함수에 관련된 공식

D. 기본 상미분 방정식의 해

E. 점화수열의 해

F. 기본 적분 방정식

G. 디락 델타(Dirac delta) 함수

A. 몇 가지 유용한 기초수학 공식

A. 1 자연대수의 기저 e의 정의

$$e = 2.71828... = \lim_{n \to \infty}\left(1+\frac{1}{n}\right)^n = \sum_{n=0}^{\infty}\frac{1}{n!} \quad (\text{단 } 0! = 1) \tag{A. 1}$$

혹은 이의 확장으로서

$$\lim_{p \to 0}(1 \pm p)^{\frac{m}{p}} = \lim_{p \to \infty}\left(1 \pm \frac{m}{p}\right)^p = e^{\pm m} \tag{A. 2}$$

A. 2 복소수(complex number)

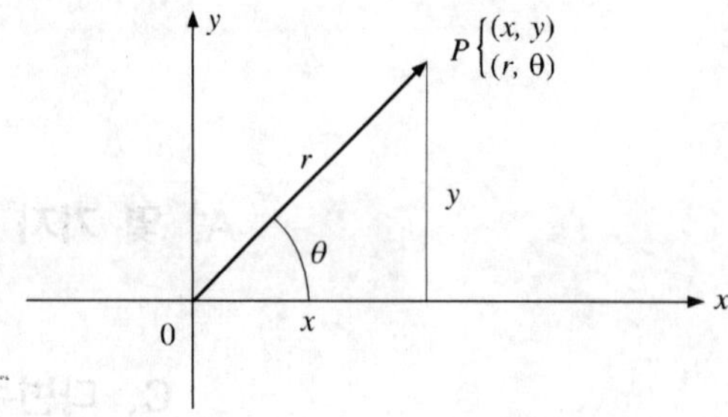

그림A. 1. 복소수 $z = x + iy = re^{i\theta}$의 직교 및 극좌표 표현

(x, y) 또는 (r, θ) 평면에서 복소수(벡터) z 및 켤레 복소수(complex conjugate) $\bar{z}$(혹은 z^*)는 허수 $i = \sqrt{-1}$를 사용하여 아래와 같이 정의된다(그림A.1 참조).

$$z = x + iy = r(\cos\theta + i\sin\theta) \equiv re^{i\theta} \tag{A. 3}$$

$$\bar{z}\,(= z^*) = x - iy = r(\cos\theta - i\sin\theta) \equiv re^{-i\theta} \tag{A. 4}$$

여기서 $r = |z| = \sqrt{z\bar{z}} = \sqrt{x^2 + y^2}$

드 므와브르(De Moivre)의 정리(혹은 오일러 공식) : $e^{\pm in\theta} = \cos n\theta \pm i\sin n\theta$ (A. 5)

A. 3 Taylor-Maclaurin 급수전개

A. 3. 1 정의

함수 $f(x)$를 $x=a$ 근방으로 Talyor-Maclaurin 급수전개하면 아래가 된다.

$$f(x)=f(a)+f'(a)(x-a)+\frac{f''(a)(x-a)^2}{2!}+\cdots+\frac{f^{(n-1)}(a)(x-a)^{n-1}}{(n-1)!}+R_n \qquad \text{(A. 6a)}$$

여기서 나머지 R_n은 Lagrange에 의해 아래와 같이 정의된다.

$$R_n=\frac{f^{(n)}(\xi)(x-a)^n}{n!} \ (\text{여기서 } a\le\xi\le x) \qquad \text{(A. 6b)}$$

A. 3. 2 몇 가지 실례(괄호 안은 함수의 수렴구간임)

$$(a+x)^n=\sum_{k=0}^{n}\binom{n}{k}a^{n-k}x^k=a^n+\binom{n}{1}a^{n-1}x+\binom{n}{2}a^{n-2}x^2+\cdots \qquad \text{(A. 7)}$$

$$(1+x)^n=1-x+x^2-x^3+x^4-\cdots \quad (-1<x<1) \qquad \text{(A. 8)}$$

$$e^x=1+x+\frac{x^2}{2!}+\frac{x^3}{3!}+\cdots \quad (-\infty<x<\infty) \qquad \text{(A. 9)}$$

$$\ln(1+x)=x-\frac{x^2}{2}+\frac{x^3}{3}-\frac{x^4}{4}+\cdots \quad (-1<x\le 1) \qquad \text{(A. 10)}$$

$$\sin x=x-\frac{x^3}{3!}+\frac{x^5}{5!}-\frac{x^7}{7!}+\cdots \quad (-\infty<x<\infty) \qquad \text{(A. 11)}$$

$$\cos x=1-\frac{x^2}{2!}+\frac{x^4}{4!}-\frac{x^6}{6!}+\cdots \quad (-\infty<x<\infty) \qquad \text{(A. 12)}$$

A. 4 미분 관련 공식

A. 4. 1 정의

함수 $f(x)$를 x에 관한 (1계)미분(혹은 도함수, derivative) $\frac{dy}{dx}(= y' = f'(x))$는 아래와 같이 정의된다.

$$\frac{dy}{dx} = \lim_{h \to 0} \frac{f(x+h) - f(x)}{h} = \lim_{\Delta x \to 0} \frac{f(x+\Delta x) - f(x)}{\Delta x} \tag{A. 13}$$

A. 4. 2 로피탈(L'hospital) 정리

두 함수 $f(x)$와 $g(x)$가 $x = a$에서 $(n-1)$차 도함수까지가 동시에 0이 되나, n차 도함수는 둘 다 0이 안되는 경우 아래의 극한 관계식이 성립된다.

$$\lim_{x \to a} \frac{f(x)}{g(x)} = \frac{f^{(n)}(a)}{g^{(n)}(a)} \tag{A. 14}$$

여기서 $f^{(n)}(a)$는 $x = a$에서 n번 미분(혹은 n계 도함수)을 의미한다.

A. 4. 3 대표적 미분공식

$$(x^n)' = nx^{n-1}, \ \left(\frac{g(x)}{f(x)}\right)' = \frac{g'f - gf'}{f^2} \tag{A. 15}$$

$$\left(a^{f(x)}\right)' = \ln a \times f'(x) \times a^{f(x)} \ (\because \text{ 양변에 대수를 취해 증명함}) \tag{A. 16}$$

$$(\ln x)' = \frac{1}{x}, \ (\log_a f(x))' = \frac{\log_a e}{f} \times f'(x) \tag{A. 17}$$

$$(\sin x)' = \cos x, \ (\cos x)' = -\sin x, \ (\tan x)' = \sec^2 x = \frac{1}{\cos^2 x} \tag{A. 18}$$

$$(\sin^{-1}x)' = \frac{1}{\sqrt{1-x^2}},\ (\cos^{-1}x)' = -\frac{1}{\sqrt{1-x^2}},\ (\tan^{-1}x)' = \frac{1}{1+x^2} \tag{A. 19}$$

A. 4. 4 곱의 미분에 관한 Leibnitz 정리

$$\begin{aligned}\frac{d^n}{dx^n}(uv) &= \sum_{r=0}^{n}\binom{n}{r}\frac{d^{n-r}u}{dx^{n-r}}\times\frac{d^r v}{dx^r}\\ &= \frac{d^n u}{dx^n}v + \binom{n}{1}\frac{d^{n-1}u}{dx^{n-1}}\frac{dv}{dx} + \binom{n}{2}\frac{d^{n-2}u}{dx^{n-2}}\frac{d^2v}{dx^2}\\ &\quad + \cdots + \binom{n}{r}\frac{d^{n-r}u}{dx^{n-r}}\frac{d^r v}{dx^r} + \cdots + u\frac{d^n v}{dx^n}\end{aligned} \tag{A. 20}$$

A. 5 적분 관련 공식

A. 5. 1 정의

구간 $a \le x \le b$에서 함수 $f(x)$의 정적분은 아래와 같이 정의된다.

$$\begin{aligned}\int_a^b f(x)dx &\equiv \int_a^b dF = F(b) - F(a)\ \ (\text{단 } F'(x) = f(x))\\ &= \lim_{n\to\infty}\sum_{i=1}^{n} f(x_i)\times\Delta x\ \ (\text{여기서 } \Delta x = \frac{b-a}{n},\ x_i = a + i\Delta x)\end{aligned} \tag{A. 21}$$

A. 5. 2 부분적분 공식

$$\int_a^b udv = uv|_a^b - \int_a^b vdu \tag{A. 22}$$

A. 5. 3 정적분의 미분에 관한 Leibnitz 공식

$$\frac{d}{dc}\left[\int_{a(c)}^{b(c)} f(x, c)dx\right] = \int_{a(c)}^{b(c)}\left(\frac{\partial f}{\partial c}\right)dx + \frac{db}{dc}f(b, c) - \frac{da}{dc}f(a, c) \quad \text{(A. 23)}$$

A. 5. 4 오차 함수($erf(x)$, $erfc(x)$) 및 감마(Gamma) 함수($\Gamma(x)$) 관련 공식

$$erf(x) \equiv \frac{2}{\sqrt{\pi}}\int_0^x e^{-t^2}dt = 1 - erfc(x)\left[\equiv \frac{2}{\sqrt{\pi}}\int_x^{\infty} e^{-t^2}dt\right] \quad \text{(A. 24)}$$

$$\Gamma(x)\,[= (x-1)!] \equiv \int_0^{\infty} t^{x-1}e^{-t}dt \ \ [\text{단 } Re(x) > 0] \quad \text{(A. 25)}$$

$$\Gamma(x+1) = x\Gamma(x) = x! = x(x-1)! \ \ [\text{단 } \Gamma\left(\frac{1}{2}\right) = \sqrt{\pi}\,] \quad \text{(A. 26)}$$

$$\Gamma(1+p)\Gamma(1-p) = \frac{p\pi}{\sin p\pi} \ \ [\text{단 } 0 < Re\,p < 1] \quad \text{(A. 27)}$$

$$\int_0^{\infty} x^k e^{-px}dx = \Gamma(1+k)p^{-k-1} \ \ [\text{단 } Re\,p > 0] \quad \text{(A. 28)}$$

$$\int_0^{\infty} x^{k-1}\exp(-\mu x^p)dx = \frac{1}{p}\mu^{-\frac{k}{p}}\Gamma\left(\frac{k}{p}\right) \ \ [\text{단 } Re\,\mu > 0] \quad \text{(A. 29)}$$

$$\int_0^{\infty} x^k p^x dx \ \ [\text{단 } k\text{는 양의 실수, } 0 < p < 1] = \Gamma(1+k)/(-\ln p)^{1+k} \quad \text{(A. 30)}$$

A. 5. 5 기타 중요 적분공식

$$\int_{-\infty}^{\infty} e^{-px^2+2qx}dx = e^{\frac{q^2}{p}}\sqrt{\frac{\pi}{p}} \quad \text{(A. 31)}$$

$$I_n = \int_0^{\infty} x^n e^{-ax^2}dx \ \ [\text{단 } Re\,a > 0] \quad \text{(A. 32)}$$

n	0	1	2	3	4
I_n	$\frac{1}{2}\sqrt{\frac{\pi}{a}}$	$\frac{1}{2a}$	$\frac{1}{4}\sqrt{\frac{\pi}{a^3}}$	$\frac{1}{2a^2}$	$\frac{3}{8}\sqrt{\frac{\pi}{a^5}}$

$$\int_0^{\pi} \sin mx \cos nx dx = \int_0^{\pi} \cos mx \cos nx dx = \frac{\pi}{2}\delta_{mn}$$

(여기서 δ_{mn}은 $m=n$일 때 1, 기타 0) (A. 33)

$$\int_0^{\pi} \sin mx \cos nx dx = \begin{cases} 0 & (\text{단 } m, n \text{ 정수}, m+n\text{이 짝수}) \\ 2m/(m^2-n^2) & (\text{단 } m, n \text{ 정수}, m+n\text{이 홀수}) \end{cases} \qquad \text{(A. 34)}$$

$$\int_0^{\infty} \sin mx \sin nx dx = \int_0^{\infty} \cos mx \cos nx dx = \frac{\pi}{2}\delta(m-n)$$

(여기서 δ는 델타함수 - 부록 F 참조) (A. 35)

$$\int_0^{\infty} e^{-ax}\cos bx dx = \frac{a}{a^2+b^2}, \int_0^{\infty} e^{-ax}\sin bx dx = \frac{b}{a^2+b^2} \quad (\text{단 } a>0) \qquad \text{(A. 36)}$$

A. 6 이중합(또는 이중적분)에 관한 공식

일반적으로 이중합 $\sum_{i=1}^{n}\sum_{j=1}^{n}(\cdots)$은 아래와 같이 $(i=j\text{항})+(i\neq j\text{항})$, 다시 $i\neq j$항은 $2\times(i<j)$항 $\left[\text{즉 } 2\sum\sum_{1\le i<j\le n}\right]$ 또는 $2\times(i>j)$항 $\left[\text{즉 } 2\sum\sum_{n\ge i>j\ge 1}\right]$으로 나타낼 수 있다.

$$\sum_{i=1}^{n}\sum_{j=1}^{n}(\cdots) = (i=j\text{항}) + 2\sum_{i=1}^{n-1}\sum_{j=i+1}^{n}(\cdots) = (i=j\text{항}) + 2\sum_{i=1}^{n}\sum_{j=1}^{i-1}(\cdots) \qquad \text{(A. 37)}$$

특히 함수 $f(|j-i|)$에 대한 이중합은 아래 식으로 나타내어 계산될 수 있다.

$$\sum_{i=1}^{n}\sum_{j=1}^{n} f(|j-i|) = (i=j\text{항}) + 2\sum_{i=1}^{n-1}\sum_{j=i+1}^{n} f(j-i) = 2\sum_{m=1}^{n-1}(n-m)f(m) \quad (\text{단 } m=j-i)$$

(A. 38)

[이 식은 실제 n값 및 $f(m)$을 정의하여 대입해 확인할 수 있다.]

적분의 경우에도 아래와 같이 이중적분을 단일적분으로 나타낼 수 있다.

$$\int_a^x dt_2 \int_a^{t_2} f(t_1)dt_1 = \int_a^x (x-t)f(t)dt \tag{A. 39}$$

(일반 다중적분의 경우는 2.23절을 참조하길 바람.)

A. 7 수열함수의 합에 관한 공식

만약 아래와 같이 급수의 합 $f(n,p)$ (단 n 는 정수, $0<p<1$ 임) 를 정의한다면 아래의 미분관계가 성립된다.

$$f(n,p) = \sum_{x=1}^{\infty} x^n p^{x-1} = \frac{d}{dp}\left[pf(n-1,p)\right] \tag{A. 40}$$

따라서 $f(0,p)$ 로부터 출발하여 아래의 관계식들을 얻을 수 있다.

$$f(0,p) = \sum_{x=1}^{\infty} p^{x-1} = 1+p+p^2+\cdots = \frac{1}{1-p} \quad (\because |p|<1) \tag{A. 41}$$

$$f(1,p) = \sum_{x=1}^{\infty} x p^{x-1} = \frac{d}{dp}\left[pf(0,p)\right] = \frac{d}{dp}\left[\frac{p}{1-p}\right] = \frac{1}{(1-p)^2} \tag{A. 42}$$

$$f(2,p) = \sum_{x=1}^{\infty} x^2 p^{x-1} = \frac{d}{dp}\left[pf(1,p)\right] = \frac{d}{dp}\left[\frac{p}{(1-p)^2}\right] = \frac{1+p}{(1-p)^3} \tag{A. 43}$$

$$f(3,p) = \sum_{x=1}^{\infty} x^3 p^{x-1} = \frac{d}{dp}\left[pf(2,p)\right] = \frac{d}{dp}\left[\frac{p(1+p)}{(1-p)^3}\right] = \frac{(1+4p+p^2)}{(1-p)^4} \tag{A. 44}$$

한편 $f(-1,p) = \sum_{x=1}^{\infty} x^{-1} p^{x-1}$ 는 아래의 관계식을 1계 상미분 방정식으로 전환하여 그 해(적분인자 방법으로)를 구하여 얻을 수 있다. 즉

$$f(0,p) = \frac{1}{1-p} = \frac{d}{dp}\left[pf(-1,p)\right] \tag{A. 45}$$

$$f(-1,p) = p^{-1}\left[-\ln(1-p) + const.(=0)\right] = -\frac{1}{p}\ln(1-p) \quad (\because p=0 \text{ 때 } f(-1.p)=1) \tag{A. 46}$$

다음에는 만약 $f(n,p)$ (역시 n는 정수, $0 \le p \le 1$)를 아래와 같이 정의해도 위와 같은 미분관계가 성립된다.

$$f(n,p) = \sum_{x=1}^{\infty} x^n p^{x-1}/(x-1)! = \frac{d}{dp}\,[pf(n-1,p)] \tag{A. 47}$$

$$f(0,p) = \sum_{x=1}^{\infty} p^{x-1}/(x-1)! = \sum_{x=0}^{\infty} p^x/x!\,(\because x-1 \to x) = e^p \tag{A. 48}$$

$$f(1,p) = \sum_{x=1}^{\infty} xp^{x-1}/(x-1)! = \frac{d}{dp}\,[pe^p] = (1+p)\,e^p \tag{A. 49}$$

$$f(2,p) = \sum_{x=1}^{\infty} x^2 p^{x-1}/(x-1)! = \frac{d}{dp}\,[p(1+p)e^p] = (1+3p+p^2)\,e^p \tag{A. 50}$$

$$f(3,p) = \sum_{x=1}^{\infty} x^3 p^{x-1}/(x-1)! = \frac{d}{dp}\,[p(1+3p+p^2)e^p] = (1+7p+6p^2+p^3)\,e^p \tag{A. 51}$$

그리고 위 경우처럼 $f(-1,p) = \sum_{x=1}^{\infty} x^{-1} p^{x-1}/(x-1)!$ 도 아래의 관계식을 상미방으로 바꾸어 그 해를 구하여 얻는다.

$$f(0,p) = e^p = \frac{d}{dp}\,[pf(-1,p)] \tag{A. 52}$$

$$f(1,p) = \frac{e^p + const.(=-1)}{p} = \frac{e^p - 1}{p}(\because p=0 \text{ 때 } f(-1,p)=1) \tag{A. 53}$$

B. 기초 함수론

B. 1 함수의 정의

(1) 공집합(empty set)이 아닌 임의의 두 집합 X, Y에서 X의 각 원소에 Y의 원소가 하나씩 대응할 때 이 대응(mapping)을 f를 써서

$$f : X \rightarrow Y \text{ 또는 } X \xrightarrow{f} Y$$

로 나타내고 f를 X에서 Y로의 함수(function)라고 한다.

(2) 함수 f에 의하여 X의 원소 x가 Y의 원소 y에 대응하는 것을

$$f : x \rightarrow y \text{ 또는 } x \xrightarrow{f} y \text{ 또는 } y = f(x)$$

등으로 나타내고 y는 x의 함수이다라고 한다.

예제 B. 1

$X = \{-1, 0, 1\}$, $Y = \{1, 2, 3, 4\}$에 대하여 다음 중 X에서 Y로의 함수가 아닌 것은? 단 X에서 Y로의 함수가 될 수 없는 경우는 (i)X의 한 원소에 Y의 원소가 2개 이상 대응할 때와 혹은 (ii)X의 각 원소에 Y의 원소를 대응시키고도 남는 X의 원소가 있을 경우의 두 가지임을 유의하여 구하라.

(1) $x \rightarrow x+3$ (2) $x \rightarrow x^2$ (3) $x \rightarrow x^3+2$ (4) $\begin{cases} x \geq 0 \text{일 때,} & x \rightarrow \text{홀수} \\ x < 0 \text{일 때,} & x \rightarrow \text{짝수} \end{cases}$

풀 이

대응관계를 그림으로 나타내면 다음과 같다.

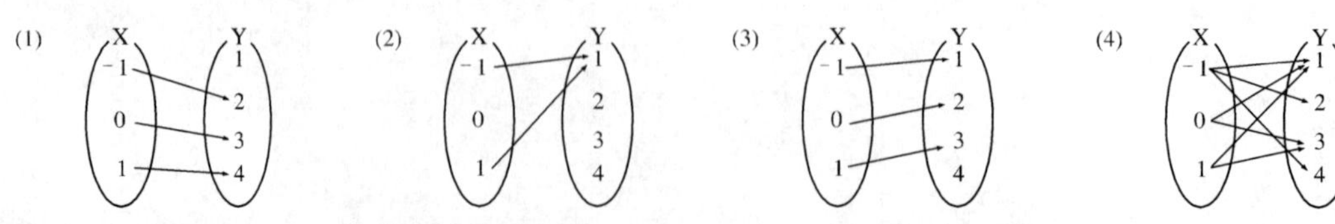

(2)는 $\boldsymbol{X}$에 남는 원소가 있으므로 함수가 아니다.
(4)는 $\boldsymbol{X}$의 한 원소에 $\boldsymbol{Y}$의 원소가 2개 대응하므로 함수가 아니다.
따라서 (2)번과 (4)번이 함수가 될 수 없다.

B. 2 정의구역, 공변역, 치역

(1) 함수 $f: \boldsymbol{X} \rightarrow \boldsymbol{Y}$에서 집합 $\boldsymbol{X}$를 함수 f의 정의구역(domain, D), 집합 $\boldsymbol{Y}$를 함수 f의 공변역(codaim, C)이라 한다.

(2) $\boldsymbol{X}$의 원소 a에 대응하는 $\boldsymbol{Y}$의 원소를 $f(a)$로 나타내고 $f(a)$를 f에 의한 a의 상(image) 또는 a에서의 f의 함수값이라 한다.

(3) 함수값 전체의 집합 $\{f(x) \mid x \in \boldsymbol{X}\}$를 함수 f의 치역(value range, V)이라 하고 $f(\boldsymbol{X})$로 나타낸다.

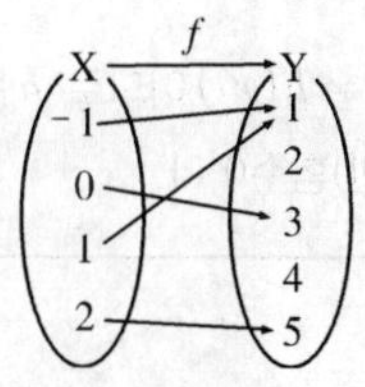

가령 위의 예에서 $f(0)=3$, $f(2)=5$이며, 정의구역 $\boldsymbol{X}=\{-1,0,1,2\}$, 공변역 $\boldsymbol{Y}=\{1,2,3,4,5\}$, 그리고 치역 $f(\boldsymbol{X})=\{1,3,5\}$이다.

B. 3 전사함수, 단사함수, 전단사함수

함수 $f: \boldsymbol{X} \rightarrow \boldsymbol{Y}$, $y=f(x)$에서

(1) 치역과 공변역이 일치 즉, $\{f(x) \mid x \in \boldsymbol{X}\}=\boldsymbol{Y}$일 때 f를 $\boldsymbol{X}$에서 $\boldsymbol{Y}$로의 전사함수(surjective function) 또는 $\boldsymbol{X}$에서 $\boldsymbol{Y}$ 위로의 함수라 한다.

(2) $\boldsymbol{X}$의 원소 x_1, x_2에 대하여 $x_1 \neq x_2$이면 $f(x_1) \neq f(x_2)$일 때 f를 $\boldsymbol{X}$에서 $\boldsymbol{Y}$로의 단사함수(injective function) 또는 일대일함수라 한다.

(3) 함수 f가 전사함수이고 단사함수일 때 f는 전단사함수(bijective function)이다.

만약 $\boldsymbol{X}$의 요소수가 m, $\boldsymbol{Y}$의 요소수가 n이라고 할 때 (1)의 경우는 $m \geq n$, (2)의 경우는 $m \leq n$, 그리고 (3)의 경우는 $m=n$이다. 또한 함수 $f: x \rightarrow y$에 있어서 각각의 y 값에 대하여

$f(x)=y$는 x에 관한 (해)방정식으로 볼 수 있다. 이 때, f가 단사함수라는 의미는 방정식의 해가 많아야 하나라는 것이고, 또 f가 전사함수라는 의미는 해가 언제나 존재함을 의미한다.

예제 B. 2

다음에서 함수 f, g, h, i는 각각 어떤 함수인가?

(1) X $\xrightarrow{f}$ Y (X: 1, 2, 3, 4; Y: −1, 0, 1, 2, 3)

(2)
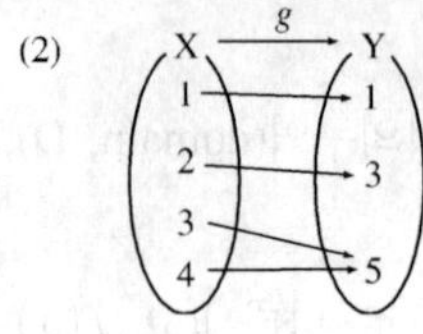

(3)
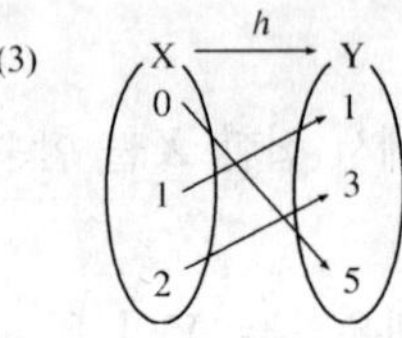

(4)
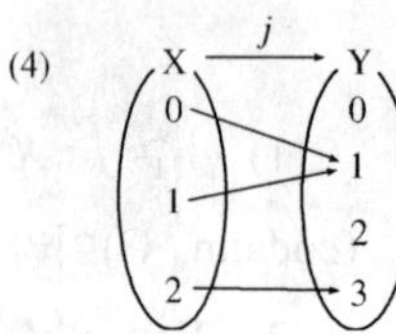

풀 이

(1) $x_1 \neq x_2$일 때 $f(x_1) \neq f(x_2)$이므로 f는 단사함수이다.

(2) $g(\boldsymbol{X}) = \boldsymbol{Y}$이므로 g는 전사함수이다.

(3) $h(\boldsymbol{X}) = \boldsymbol{Y}$이고 $x_1 \neq x_2$일 때, $h(x_1) \neq h(x_2)$이므로 h는 전단사함수이다.

(4) i는 전사함수도 단사함수도 아닌 (일반)함수이다.

예제 B. 3

실수 전체의 집합을 $\boldsymbol{R}$라 할 때 다음 함수 $f:\boldsymbol{R} \to \boldsymbol{R}$, $f(x)=2x+1$이 전단사함수임을 보여라.

풀 이

(i) $\boldsymbol{R}$의 임의의 두 원소를 x_1, $x_2(x_1 \neq x_2)$라 하면

$$f(x_1)-f(x_2)=2x_1+1-(2x_2+1)=2(x_1-x_2)\neq 0$$

$\therefore f(x_1)\neq f(x_2)$이므로 $f(x)$는 단사함수이다.

(ii) 공변역 $\boldsymbol{R}$의 임의의 원소를 a라 하면

$f(x)=2x+1=a$에서 $x=\dfrac{a-1}{2}\in\boldsymbol{R}$

$\therefore f(x)=f\left(\dfrac{a-1}{2}\right)\in f(\boldsymbol{R})$에서 $\boldsymbol{R}\subset f(\boldsymbol{R})$

따라서 공변역과 치역이 일치한다. 그러므로 $f(x)$는 전사함수이다.
따라서 (i), (ii)에서 $f(x)$는 전단사함수이다.

B. 4 함수의 개수

(1) 만약 $\boldsymbol{X}=\{x_1, x_2, \cdots, x_m\}$, $\boldsymbol{Y}=\{y_1, y_2, \cdots, y_n\}$으로 주어지는 두 집합 $\boldsymbol{X}$, $\boldsymbol{Y}$에 있어서 $\boldsymbol{X}$의 한 원소에 $\boldsymbol{Y}$의 원소가 2개 이상 대응하지도 않으며, 또한 $\boldsymbol{X}$의 각 원소에 $\boldsymbol{Y}$의 원소를 대응시키기도 남는 $\boldsymbol{X}$의 원소가 없는 경우에 대한 $f : \boldsymbol{X} \to \boldsymbol{Y}$인 함수 f의 개수(단 이때 단사, 전사 혹은 전단사 함수는 물론 여기에 속하지 않는 일반함수도 포함)는 서로 다른 n개 중 m개를 중복을 허용하여 배열하는 중복순열의 수 ${}_n\Pi_m = n^m$과 같다.

(2) 만약 두 집합 $\boldsymbol{X}=\{x_1, x_2, \cdots, x_m\}$, $\boldsymbol{Y}=\{y_1, y_2, \cdots, y_n\}$(단 $m \le n$)에 대하여 $\boldsymbol{X}$에서 $\boldsymbol{Y}$로의 (1:1 대응)단사함수의 개수는 서로 다른 n개 중 m개를 골라 배열하는 순열(permutation)의 수 ${}_n\mathrm{P}_m(=n!/(n-m)!)$(개)이다.

(3) 만약 두 집합 $\boldsymbol{X}=\{x_1, x_2, \cdots, x_m\}$, $\boldsymbol{Y}=\{y_1, y_2, \cdots, y_n\}$(단, $m \geqq n$)에 대하여 $\boldsymbol{X}$에서 $\boldsymbol{Y}$로의 $f(\boldsymbol{X})=\boldsymbol{Y}$를 만족하는 전사함수의 개수는 서로 다른 m개의 물건을 n명에게 적어도 한 개씩 분배하는 방법의 수와 같다.

예제 B. 4

다음에서 '$\boldsymbol{X}$에서 $\boldsymbol{Y}$로의 전사함수'의 개수를 구하여라.

$\boldsymbol{X}=\{a, b, c, d, e, f\}$, $\boldsymbol{Y}=\{x, y, z\}$

풀 이

서로 다른 6개의 물건을 적어도 한 개씩 세 사람에게 분배하는 방법의 수와 같다. 즉

$$(4, 1, 1) \Rightarrow {}_6\mathrm{C}_4 \times {}_2\mathrm{C}_1 \times {}_1\mathrm{C}_1 \times \frac{3!}{2!} = 90$$

$$(3, 2, 1) \Rightarrow {}_6\mathrm{C}_3 \times {}_3\mathrm{C}_2 \times {}_1\mathrm{C}_1 \times 3! = 360$$

$$(2, 2, 2) \Rightarrow {}_6\mathrm{C}_2 \times {}_4\mathrm{C}_2 \times {}_2\mathrm{C}_2 = 90$$

따라서 구하는 전사함수의 개수는 540(개)

(4) 이로부터 두 집합 $X=\{x_1, x_2, \cdots, x_m\}$, $Y=\{y_1, y_2, \cdots, y_m\}$에 대하여 X에서 Y로의 전단사함수의 개수는 ${}_m\mathrm{P}_m = m!$가 된다.

(5) 또한 $X=\{x_1, x_2, \cdots, x_m\}$, $Y=\{y_1, y_2, \cdots, y_n\}$(단, $m \leqq n$)인 함수$f: X \rightarrow Y$중에서 $a<b$일 때 $f(a)<f(b)$를 만족하는 함수 f의 개수는 서로 다른 n개 중 m개를 순서를 고려하지 않고 뽑는 조합의 수인 ${}_n\mathrm{C}_m(={}_n\mathrm{P}_m/m!)$(개)이다.

[해설 : 만약 $a<b$일 때 $f(a)<f(b)$인 함수 f의 개수는 가령 $X=\{1, 2, 3\}$, $Y=\{1, 2, 3, 4\}$라고 할 때 조건을 만족하는 함수 f에 대해 f의 치역은 Y에서 원소의 수가 3인 부분집합이다. 역으로 원소의 수가 3인 Y의 부분집합을 택하면 크기 순에 의해 X에서의 함수가 결정된다. 따라서 이를 만족하는 함수 f의 개수는 ${}_4\mathrm{C}_3=4$개다.]

(6) 끝으로 $X=\{x_1, x_2, \cdots, x_m\}$, $Y=\{y_1, y_2, \cdots, y_n\}$인 함수 $f: X \rightarrow Y$중에서 $a<b$일 때 $f(a) \leqq f(b)$를 만족하는 함수 f의 개수는 중복조합의 수인 ${}_n\mathrm{H}_m(={}_{n+m-1}\mathrm{C}_m)$(개)이다.

[해설 : 만약 $a<b$일 때 $f(a) \leqq f(b)$인 함수 f의 개수는 가령 $X=\{a, b, c\}$, $Y=\{x, y\}$라고 할 때 조건에 맞은 함수 f에 대해 $f(a)$, $f(b)$, $f(c)$를 생각하면 $\{x, y\}$에서 중복을 허락하여 셋을 뽑는 중복조합의 수인 ${}_2\mathrm{H}_3={}_4\mathrm{C}_3=4$(개)가 된다.]

예제 B. 5

다음에서 $X \rightarrow Y$인 함수 중 $a<b$일 때 $f(a) \leq f(b)$를 만족하는 함수 f의 개수를 구하라.

(1) $X=\{a, b, c\}$, $Y=\{1, 2, 3, 4, 5\}$

(2) $X=\{1, 2, 3, 4\}$, $Y=\{5, 6\}$

풀 이

(1) 위 경우 (6)에 대한 공식을 써서

$${}_5\mathrm{H}_3={}_{5+3-1}\mathrm{C}_3={}_7\mathrm{C}_3=35(\text{개})$$

(2)

$$\begin{pmatrix}1\,2\,3\,4\\5\,5\,5\,5\end{pmatrix}, \begin{pmatrix}1\,2\,3\,4\\5\,5\,5\,6\end{pmatrix}, \begin{pmatrix}1\,2\,3\,4\\5\,5\,6\,6\end{pmatrix}, \begin{pmatrix}1\,2\,3\,4\\5\,6\,6\,6\end{pmatrix}, \begin{pmatrix}1\,2\,3\,4\\6\,6\,6\,6\end{pmatrix}$$

즉, ${}_2\mathrm{H}_4={}_{2+4-1}\mathrm{C}_4={}_5\mathrm{C}_4=5$(개)

B. 5 합성함수

만약 두 함수 $f: \boldsymbol{X} \to \boldsymbol{Y}$, $g: \boldsymbol{Y} \to \boldsymbol{Z}$에 대하여 $\boldsymbol{X}$의 임의의 원소 x에 $\boldsymbol{Z}$의 한 원소 $g(f(x))$를 대응시키는 함수 $g \circ f$를 f와 g의 합성함수라 한다.

$$g \circ f : \boldsymbol{X} \to \boldsymbol{Z},\ (g \circ f)(x) = g(f(x))$$

단, 이때 함수 f 및 g가 둘 다 단사함수일 때는 합성함수도 단사함수, 또 둘 다 전사함수라면 합성함수도 전사함수가 된다.

예제 B. 6

$f(x) = 3x + k$, $g(x) = 4 - 3x$에 대하여 $g \circ f = f \circ g$가 성립하도록 k의 값을 구하여라.

풀 이

$$g(f(x)) = g(3x+k) = -3(3x+k)+4 = -9x-3k+4$$

$$f(g(x)) = f(4-3x) = 3(4-3x)+k = -9x+k+12$$

그런데 $g \circ f = f \circ g$이므로

$$-9x-3k+4 = -9x+k+12 \quad \therefore\ k = -2$$

B. 6 역함수

만약 함수 $f: \boldsymbol{X} \to \boldsymbol{Y}$가 전단사함수이면 $\boldsymbol{Y}$의 임의의 원소 y에 $\boldsymbol{X}$의 원소 x가 오직 하나 대응하므로 「y에 x를 대응시키면 $\boldsymbol{Y}$에서 $\boldsymbol{X}$로의 새로운 함수를 얻는다」 이 함수를 f의 역함수라 하고 기호 f^{-1}로 나타낸다. 즉 $f^{-1}: \boldsymbol{Y} \to \boldsymbol{X}$, $x = f^{-1}(y)$

$$y = f(x) \Leftrightarrow x = f^{-1}(y)$$

그리고 항등함수(identity function)를 e(즉 숫자 1에 해당)라 할 때 $e \circ f = f \circ e = f$, $f \circ f^{-1} = f^{-1} \circ f = e$가 성립된다.

여기서 주어진 함수의 역함수를 구할 때는 먼저 $y=f(x)$가 (1:1 대응)전단사함수인가를 검토한다. 만약 전단사함수가 아니라면 역함수는 존재하기 않기 때문이다. 만약 전단사함수라면 $y=f(x)$를 x에 대해 풀어 $x=g(y)$형태로 만든다. 마지막으로 x, y를 바꾸어 $y=g(x)$가 구하는 함수의 역함수가 된다. 그런데 $y=f(x)$와 $y=g(x)$(단 $g=f^{-1}$)를 x, y평면에서 그래프를 그리면 직선 $y=x$에 대해 새로 대칭(맞봄)임을 알 수 있다.

예제 B. 7

$x>1$에서 $f(x)=\dfrac{x+1}{x-1}$, $g(x)=\sqrt{2x-1}$일 때 $\left(f\circ(g\circ f)^{-1}\circ f\right)(2)$의 값을 구하여라.

풀 이

$$f\circ(g\circ f)^{-1}\circ f=f\circ\left(f^{-1}\circ g^{-1}\right)\circ f=\left(f\circ f^{-1}\right)\circ\left(g^{-1}\circ f\right)=g^{-1}\circ f$$

$$\therefore\left(f\circ(g\circ f)^{-1}\circ f\right)(2)=\left(g^{-1}\circ f\right)(2)=g^{-1}(f(2))=g^{-1}(3)$$

여기서 $g^{-1}(3)=k$라 놓으면 $g(k)=3$, $\sqrt{2k-1}=3$에서 $k=5$ $\therefore$ $g^{-1}(3)=5$

B.7 함수의 변환

(x, y) 좌표평면 위의 각 점 $P(x, y)$에 그 좌표평면 위의 점 $P'(x', y')$을 하나씩 대응시키는 관계를 함수의 (선형)변환이라 하고, $f:(x, y)\to(x', y')$로 나타낸다. 이때

(1) 점 (x, y)를 x축 방향으로 m, y축 방향으로 n만큼 평행 이동한 변환 f는

$$f:(x, y)\to(x+m, y+n)$$

(2) $y=g(x)$는 변환 $f:(x, y)\to(x+m, y+n)$에 의하여 $y-n=g(x-m)$으로 바뀐다.

[해설 : 위 정리 (1)은 함수 변환 f에 의해 x및 y의 좌표가 각각 (양의 방향으로) $+m$, $+n$만큼 평행이동 즉 변환 전후의 점 P 및 P'위치(벡터)를 각각 (x, y)및 (x', y')라고 $x'=x+m$, $y'=y+n$가 됨을 쉽게 이해할 수 있다. 그리고 정리 (2)의 증명은 먼저 (이동)변환 $f:(x, y)\to(x+m, y+n)$에 의해 새 점의 좌표 $x'=x+m$, $y'=y+n$에서 각각 $x=x'-m$ 및 $y=y'-n$을 식 $y=g(x)$에 대입하면 $y'-n=g(x'-m)$가 되는데, 여기서 $x'=x$, $y'=y$로 두면 증명된다.]

한편 주어진 (평면)직선 $l: ax+by+c=0$가 $f:(x, y)\to(x', y')$가 되는 어떤 함수변환에 의해

어떻게 변하는가는 위 정리 (2)의 경우와 마찬가지로, 먼저 f에 의해 정의되는, 즉 (x, y)의 선형결합으로 표시되는 x' 및 y'에서 도로 x 및 y를 각각 (x', y')의 함수로 나타내고, 이를 직선의 식에 대입하여 $a'x' + b'y' + c' = 0$의 형태가 얻어지면, 여기서 $x' \to x$, $y' \to y$로 두면 요구되는 변환된 직선식이 얻어진다.

예제 B. 8

$f:(x, y) \to (x+3, y-2)$, $g:(x, y) \to (y, x)$일 때 직선 $3x + 4y = 5$는 변환 $g \circ f$에 의하여 어떤 도형으로 옮겨지는가?

풀 이

$(x, y) \xrightarrow{f} (x+3, y-2) \xrightarrow{g} (y-2, x+3)$ 직선 $3x+4y=5$ 위의 점 (x, y)가 변환 $g \circ f$에 의하여 점 (x', y')으로 옮겨진다면

$(x', y') = (y-2, x+3)$에서 $x = y'-3$, $y = x'+2$

이것을 $3x+4y=5$에 대입하면

$3(y'-3)+4(x'+2)=5$, $\quad 4x'+3y'=6 \quad \therefore 4x+3y=6$

[별해] $f:(x, y) \to (x', y')$ 또 $g:(x', y') \to (x'', y'')$라고 하면 $x' = x+3$, $y' = y-2$ 그리고 $x'' = y'$, $y'' = x'$가 되므로 $x'' = y-2$, $y'' = x+3$ 즉 $x = y''-3$, $y = x''+2$를 주어진 직선의 식에 대입하면 $3(y''-3)+4(x''+2) = 5 \to 4x''+3y'' = 6$이 되고, 여기서 $x'' = x$, $y'' = y$로 두면 변환된 직선의 식 $4x+3y=6$가 마찬가지로 얻어진다.

그런데 1장 선형대수 이론에 의하면, 점(또는 벡터)의 함수 f에 의한 변환은 2차텐서인 행렬로 표시된 선형 연산자 개념으로 나타낼 수 있다(1.7절 참조). 즉 점 $P = (x, y)$가 f에 의해 회전(또는 반사)변환과 평행이동 변환을 연속적으로 받아 최종 점 $P' = (x', y')$가 되었다면 이를 행렬식으로 나타내면 아래가 된다.

$$\begin{pmatrix} x' \\ y' \end{pmatrix} = \mathrm{M}\begin{pmatrix} x \\ y \end{pmatrix} + \begin{pmatrix} a_0 \\ b_0 \end{pmatrix} \tag{B. 1}$$

여기서 만약 점P가 원점을 지나는 z축 주위로 반시계 방향으로 θ만큼 회전시키는 변환을 받았다면 (선형)변환행렬 M는 x, y 2차원 평면 또는 x, y, z 3차원 공간에서 아래의 형태를 갖는다.

$$\mathrm{M}=\begin{pmatrix}\cos\theta & -\sin\theta \\ \sin\theta & \cos\theta\end{pmatrix}(\text{평면})\ \text{혹은}\ \mathrm{M}=\begin{pmatrix}\cos\theta & -\sin\theta & 0 \\ \sin\theta & \cos\theta & 0 \\ 0 & 0 & 1\end{pmatrix} \tag{B. 2}$$

반면에 만약 점 P가 함수변환 f에 의해 z축 주위로 반사되었다면 z의 좌표만 부호가 바뀔 것이므로 이 때 변환행렬 M는 3차원 공간에서 아래가 된다.

$$\mathrm{M}=\begin{pmatrix}1 & 0 & 0 \\ 0 & 1 & 0 \\ 0 & 0 & -1\end{pmatrix} \tag{B. 3}$$

위 식에서 회전 변환의 경우 변환행렬 M의 행렬식의 값 $\det\mathrm{M}=+1$이 되고, 반사변환의 경우 $\det\mathrm{M}=-1$가 됨을 알 수 있다. 두 경우 모두 치환 행렬이 역행렬이 되는 소위 '직교 행렬(orthogonal matrix)' 이 되는데 특히 회전변환인 경우 '정상 또는 고유(proper)' 직교변환이라 부르고, 행렬식 값이 -1이 되는 반사변환의 경우를 '비정상 또는 비고유(improper)' 직교변환이라고 부른다. 또한 식 (B.1)에서 알 수 있듯이 함수 변환 f에 의해 $f:(x,y)\to(x+a_0, y+b_0)$으로 평행이동 된다면 [즉 $x'=x+a_0$, $y'=y+b_0$] 이때 해당하는 변환행렬 M는 아래와 같이 등방(단위) 행렬이 된다.

$$\mathrm{M}=\mathrm{I}=\begin{pmatrix}1 & 0 \\ 0 & 1\end{pmatrix}(\text{평면})\ \text{혹은}\ \mathrm{M}=\mathrm{I}=\begin{pmatrix}1 & 0 & 0 \\ 0 & 1 & 0 \\ 0 & 0 & 1\end{pmatrix}(\text{공간}) \tag{B. 4}$$

이 방법에 의해 가령 함수변환 $f:(x,y)\to(-y+1,\ x-2)$에 대한 식(B. 1)의 변환행렬 M 및 평행이동(a_0, b_0)값은 아래에서처럼 쉽게 구할 수 있다.

$$\begin{pmatrix}x' \\ y'\end{pmatrix}=\begin{pmatrix}-y+1 \\ x-2\end{pmatrix}=\begin{pmatrix}0 & -1 \\ 1 & 0\end{pmatrix}\begin{pmatrix}x \\ y\end{pmatrix}+\begin{pmatrix}1 \\ -2\end{pmatrix} \tag{B. 5}$$

즉 행렬 M 및 열벡터 $(a_0\ b_0)^{\mathrm{T}}$는 2차원 평면에서 아래가 된다.

$$\mathrm{M}=\begin{pmatrix}0 & -1 \\ 1 & 0\end{pmatrix},\ \begin{pmatrix}a_0 \\ b_0\end{pmatrix}=\begin{pmatrix}1 \\ -2\end{pmatrix} \tag{B. 6}$$

그리고 $\det\mathrm{M}=+1$이므로 이 변환은 회전 고유 직교 변환임을 알 수 있다.

C. 다변수 함수에 관련된 공식

C.1 상태함수(또는 완전미분)와 열역학에 응용

'상태함수' [또는 '완전미분(exact differential)']란 가령 열역학(thermodynamics)에서 열(q) 및 일(w)과 같이 경로에 의존하는 경로함수(path function) 등을 제외한 대부분의 연속 해석함수[가령 적분 모함수 $dF = f(x)(= F'(x))dx$ 등]가 여기에 속한다. 만약 3독립변수 x, y, z의 상태함수인 ϕ는 각 독립변수의 미소변화에 대하여 아래와 같이 전미분(total differential)을 해당 1차 편미분의 선형결합으로 나타낼 수 있다.

$$d\phi = Mdx + Ndy + Qdz \tag{C. 1}$$

여기서 $M = \left(\frac{\partial\phi}{\partial x}\right)_{y,z}$, $N = \left(\frac{\partial\phi}{\partial y}\right)_{x,z}$, $Q = \left(\frac{\partial\phi}{\partial z}\right)_{x,y}$ 그런데 편미분의 순서를 바꾸어도 같으므로 $\left[\text{즉, } \frac{\partial}{\partial x}\frac{\partial\phi}{\partial y} = \frac{\partial}{\partial y}\frac{\partial\phi}{\partial x}\right]$ 아래의 식이 성립된다.

$$\left(\frac{\partial M}{\partial y}\right)_{x,z} = \left(\frac{\partial N}{\partial x}\right)_{y,z} \quad \left(\frac{\partial M}{\partial z}\right)_{x,y} = \left(\frac{\partial Q}{\partial x}\right)_{y,z} \quad \left(\frac{\partial N}{\partial z}\right)_{x,y} = \left(\frac{\partial Q}{\partial y}\right)_{x,z} \tag{C. 2}$$

이 관계를 상태함수에 관한 Maxwell의 역(reciprocal) 관계라 칭하며, 이 중 어느 하나만 성립되어도 식 (C.1)의 우편의 3항은 1개의 상태함수 ϕ로 집약될 수 있다. 따라서 식 (C.2)의 관계를 함수 ϕ가 상태함수가 되기 위한 필요, 충분조건(necessary and sufficient condition)이라 칭한다.

그런데 상태함수(또는 완전미분)의 판별기준 (C.2)가 성립되면 우편의 3항은 좌편의 1개(상태함수)항으로 집약되어 나타내지므로 '적분'이 가능해지고[즉 적분에 의한 미방 해가 가능], 이 적분은 구간의 처음과 같이 정해지면 경로에 무관하게 일정하며, 또한 사이클(cycle) 적분은 0이 된다. 즉 식 (C.2)에서 $\phi = f(x, y, z)$로 두면

$$\Delta\phi = \int_1^2 d\phi = \phi_2 - \phi_1 = f(x_2, y_x, z_2) - f(x_1, y_1, z_1), \ \oint d\phi = 0 \tag{C. 3a}$$

$$d\phi = \left(\frac{\partial f}{\partial x}\right)_{y,z} dx + \left(\frac{\partial f}{\partial y}\right)_{x,z} dy + \left(\frac{\partial f}{\partial z}\right)_{x,y} dz \tag{C. 3b}$$

만약 ϕ의 적분경로를 공간의 1점 (x_1, y_1, z_1)에서 출발하여 (x_2, y_1, z_1)[즉 x만 변함]을 거쳐

또 (x_2, y_2, z_1)[즉 y만 변함]도 거쳐 최종점인 (x_2, y_2, z_2)[즉 z만 변함]에 도달하는 3구간으로 나누어 적분하면 아래와 같다.

$$\Delta\phi = \int_{x_1}^{x_2}\left(\frac{\partial f}{\partial x}\right)_{y_1,z_1} dx + \int_{y_1}^{y_2}\left(\frac{\partial f}{\partial y}\right)_{x_2,z_1} dy + \int_{z_1}^{z_2}\left(\frac{\partial f}{\partial z}\right)_{x_2,y_2} dz \tag{C. 4}$$

반면에 q나 w 같은 경로함수의 경우에는 아래에서 보는바와 같이 적분시 'Δ' 기호를 사용치 않고, 또한 처음과 끝의 상태가 정해졌다해도 경로에 따라 적분값이 달라지며 한 사이클 적분값도 0이 안됨에 유의해야 한다.

$$q = \int_1^2 \delta q \neq q_2 - q_1, \quad \oint \delta q \neq 0 \tag{C. 5}$$

참고로 표 C.1에 (미소)non-PV 일(δw_e)이 없는 경우의 미소 가역(평형) 과정에 대한 4 열역학 상태함수인 내부에너지 U, 엔탈피 H, Helmholtz 자유에너지 A 및 Gibbs 자유에너지 G의 전미분과 해당하는 Maxwell 역관계를 나타내었다(단 P는 압력, V는 부피, T는 (절대)온도, 그리고 S는 엔트로피임).

표C. 1 평형 열역학식과 Maxwell 역관계

원 식		Maxwell 역관계
	$dU = TdS - PdV$	$\left(\frac{\partial T}{\partial V}\right)_S = -\left(\frac{\partial P}{\partial S}\right)_V$
$H = U + PV$	$dH = TdS + VdP$	$\left(\frac{\partial T}{\partial P}\right)_S = \left(\frac{\partial V}{\partial S}\right)_P$
$A = U - TS$	$dA = -SdT - PdV$	$\left(\frac{\partial S}{\partial V}\right)_T = \left(\frac{\partial P}{\partial T}\right)_V$
$G = H - TS$	$dG = -SdT + VdP$	$-\left(\frac{\partial S}{\partial P}\right)_T = \left(\frac{\partial V}{\partial T}\right)_P$

예제 C. 1

non-PV 일이 없는 경우의 미소 가역 과정에 대한 열역학 제 1 법칙은 아래로 나타내진다.

$$dq = dU + PdV \tag{C. 6}$$

여기서 $dq(= \delta q)$는 계가 흡수한 미소 열(량)이다. 이때 열(q)은 상태함수가 아님을 보여라.

풀 이

$dU(S,\ V)$는 상태함수이므로 아래와 같이 나타낼 수 있다(표 C.1 참조).

$$dU = \left.\frac{\partial U}{\partial S}\right|_V dS + \left.\frac{\partial U}{\partial V}\right|_S dV \tag{C. 7}$$

이를 식 (C.6)에 대입하면

$$dq = \left.\frac{\partial U}{\partial S}\right|_V dS + \left[\left.\frac{\partial U}{\partial V}\right|_S + P\right] dV \tag{C. 8}$$

식 (C.8)에서 $X \equiv \left(\frac{\partial U}{\partial S}\right)_V \left[= \left(\frac{\partial q}{\partial S}\right)_V \right]$, $Y \equiv \left[\left.\frac{\partial U}{\partial V}\right|_S + P\right]\left[= \left(\frac{\partial q}{\partial V}\right)_S \right]$로 두면

$$\left.\frac{\partial X}{\partial V}\right|_S = \frac{\partial^2 U}{\partial V \partial S} \neq \left.\frac{\partial Y}{\partial S}\right|_V = \frac{\partial^2 U}{\partial S \partial V} + \left.\frac{\partial P}{\partial S}\right|_V \tag{C. 9}$$

따라서 δq의 경우 (C.2)의 Maxwell 역관계가 성립되지 않으므로 상태함수가 아닌 경로함수임이 증명된다.

C. 2 편미분의 연쇄율(사슬법칙)

1 변수 혹은 다변수 함수에 있어서 복합미분(composite differentiation) 법칙을 일컫는 '연쇄율(혹은 사슬법칙)(chain-rule)'은 다음 절에서 다룰 Jacobian 행렬식과 함께 다변수 함수의 (전)미분과 상호변환에 매우 중요하게 이용된다.

먼저 1 변수 함수에 대한 연쇄율을 생각해보자. 만약 함수 $w = f(\zeta)$에서 $\zeta = g(z)$라면 아래의 연쇄율이 성립된다.

$$\frac{dw}{dz} = \frac{dw}{d\zeta} \cdot \frac{d\zeta}{dz} = f'(\zeta)\frac{d\zeta}{dz} = f'\{g(z)\}g'(z) \tag{C. 10}$$

마찬가지로 만약 $w = f(\zeta)$이고 $\zeta = g(\eta)$ 및 $\eta = h(z)$라면 역시 아래의 연쇄율도 성립된다.

$$\frac{dw}{dz} = \frac{dw}{d\zeta} \cdot \frac{d\zeta}{d\eta} \cdot \frac{d\eta}{dz} \tag{C. 11}$$

또한 아래의 관계도 쉽게 성립된다.

만약 $w = f(z)$라면 $z = f^{-1}(w)$가 된다. 그러면 dw/dz와 dz/dw는 아래의 관계에 있다.

$$\frac{dw}{dz} = \frac{1}{dz/dw} \tag{C. 12}$$

또한 만약 $z = f(t)$이고 $w = g(t)$라면(여기서 t는 파라미터임) 아래가 성립된다.

$$\frac{dw}{dz} = \frac{dw/dt}{dz/dt} = \frac{g'(t)}{f'(t)} \tag{C. 13}$$

예제 C. 2

$w = f(z) = \cos^2(2z + 3i)$(여기서 $i = \sqrt{-1}$)일 때 연쇄율 (C.11)을 이용하여 $\dfrac{dw}{dz}$를 구하라.

풀 이

만약 $\eta = 2z + 3i$, $\zeta = \cos\eta$, $w = \zeta^2$로 두면, $w = \cos^2(2z + 3i)$가 된다. 다음에 연쇄율 (C.11)에서 아래를 얻는다.

$$\frac{dw}{dz} = \frac{dw}{d\zeta} \cdot \frac{d\zeta}{d\eta} \cdot \frac{d\eta}{dz} = (2\zeta)(-\sin\eta)(2) = (2\cos\eta)(-\sin\eta)(2) = -4\cos(2z + 3i)\sin(2z + 3i)$$

별해 :

$$\frac{d}{dz}\{\cos(2z + 3i)\}^2 = 2\{\cos(2z + 3i)\}\left\{\frac{d}{dz}\cos(2z + 3i)\right\}$$

$$= 2\{\cos(2z + 3i)\}\{-\sin(2z + 3i)\}\left\{\frac{d}{dz}(2z + 3i)\right\}$$

$$= -4\cos(2z + 3i)\sin(2z + 3i)$$

다음에는 2변수 함수에 대해 생각해보자. 만약 $z = f(x, y)$이고, $x = g(r, s)$ 및 $y = h(r, s)$라면 $z = z(r, s)$가 된다. 이 때 아래의 연쇄율이 성립된다.

$$\frac{\partial z}{\partial r} = \frac{\partial z}{\partial x}\frac{\partial x}{\partial r} + \frac{\partial z}{\partial y}\frac{\partial y}{\partial r}, \qquad \frac{\partial z}{\partial s} = \frac{\partial z}{\partial x}\frac{\partial x}{\partial s} + \frac{\partial z}{\partial y}\frac{\partial y}{\partial s} \tag{C. 14}$$

또한 이를 n 변수 함수에 대해 일반화시키면 아래가 성립된다. 만약 $u = F(x_1, \cdots, x_n)$이고, $x_1 = f_1(r_1, \cdots, r_p)$, $\cdots$, $x_n = f_n(r_1, \cdots, r_p)$라면 아래의 연쇄율이 성립된다.

$$\frac{\partial u}{\partial r_k}=\frac{\partial u}{\partial x_1}\frac{\partial x_1}{\partial r_k}+\frac{\partial u}{\partial x_2}\frac{\partial x_2}{\partial r_k}+\cdots+\frac{\partial u}{\partial x_n}\frac{\partial x_n}{\partial r_k} \qquad k=1,2,\cdots,p \tag{C. 15}$$

여기서 특히 $x_1, x_2, \cdots, x_n$가 오직 1 변수 s에만 의존한다면 아래의 연쇄율이 성립된다.

$$\frac{du}{ds}=\frac{\partial u}{\partial x_1}\frac{dx_1}{ds}+\frac{\partial u}{\partial x_2}\frac{dx_2}{ds}+\cdots+\frac{\partial u}{\partial x_n}\frac{dx_n}{ds}=\sum_{i=1}^{n}\frac{\partial u}{\partial x_i}\frac{dx_i}{ds} \tag{C. 16}$$

예제 C. 3

만약 스칼라 함수 f가 3차원 Cartesian 좌표(x, y, z)의 함수 즉 $f(x, y, z)$라면 이를 1 : 1 대응(mapping)관계에 있는 구좌표(r, θ, ϕ)[단 $x=r\sin\theta\cos\phi$, $y=r\sin\theta\sin\phi$, $z=r\cos\theta$]항으로 위의 연쇄율 (C.16)을 이용하여 나타내어라.

풀 이

위 식 (C.16)에서 $s=x$, y 혹은 z를 대입하면 각각 아래 식을 얻는다.

$$\frac{\partial f}{\partial x}=\left(\frac{\partial r}{\partial x}\right)_{y,z}\left(\frac{\partial f}{\partial r}\right)_{\theta,\phi}+\left(\frac{\partial \theta}{\partial x}\right)_{y,z}\left(\frac{\partial f}{\partial \theta}\right)_{r,\phi}+\left(\frac{\partial \phi}{\partial x}\right)_{y,z}\left(\frac{\partial f}{\partial \phi}\right)_{r,\theta}$$

$$\frac{\partial f}{\partial y}=\left(\frac{\partial r}{\partial y}\right)_{x,z}\left(\frac{\partial f}{\partial r}\right)_{\theta,\phi}+\left(\frac{\partial \theta}{\partial y}\right)_{x,z}\left(\frac{\partial f}{\partial \theta}\right)_{r,\phi}+\left(\frac{\partial \phi}{\partial y}\right)_{x,z}\left(\frac{\partial f}{\partial \phi}\right)_{r,\theta}$$

$$\frac{\partial f}{\partial z}=\left(\frac{\partial r}{\partial z}\right)_{x,y}\left(\frac{\partial f}{\partial r}\right)_{\theta,\phi}+\left(\frac{\partial \theta}{\partial z}\right)_{x,y}\left(\frac{\partial f}{\partial \theta}\right)_{r,\phi}+\left(\frac{\partial \phi}{\partial z}\right)_{x,y}\left(\frac{\partial f}{\partial \phi}\right)_{r,\theta}$$

여기서 좀 더 구체적인 형태를 얻기 위해 좌표의 역변환인 $r=(x^2+y^2+z^2)^{1/2}$, $\theta=\cos^{-1}(z/r)$, $\phi=\tan^{-1}(y/x)$로부터 $(\tan^{-1}x)'=1/(1+x^2)$, $(\cos^{-1}x)'=-1/\sqrt{1-x^2}$ 등을 사용하여 해당 편미분 값을 구하여 위 식에 대입하면 각각의 경우에 대해 함수 f의 구좌표에 대한 편미분 항으로 나타낼 수 있다. 마찬가지로 가령 2계 편도함수인 $f_{xx}=\left(\frac{\partial r}{\partial x}\frac{\partial}{\partial r}+\frac{\partial \theta}{\partial x}\frac{\partial}{\partial \theta}+\frac{\partial \phi}{\partial x}\frac{\partial}{\partial \phi}\right)f_x$에서 $f_x=\frac{\partial f}{\partial x}$는 위 관계식을 대입함으로써 함수 f의 구좌표(r, θ, ϕ)에 대한 편미분 식으로 나타낼 수 있다.

위에서 얻어진 결과는 벡터 함수의 경우에도 그대로 적용이 가능하다. 먼저 벡터 $\boldsymbol{a}$가 1 변수 s의 함수이고, 또 s가 다시 u의 함수라면 아래의 연쇄율이 성립된다.

$$\frac{d\boldsymbol{a}(s)}{du}=\frac{ds}{du}\frac{d\boldsymbol{a}}{ds} \tag{C. 17}$$

또한 이의 응용으로서 입자의 속도 $\boldsymbol{v}(=d\boldsymbol{r}/dt)$에서 $\boldsymbol{r}=\boldsymbol{r}(u)$, $u=u(t)$라면 아래의 연쇄율이 성립된다.

$$\boldsymbol{v}=\frac{d\boldsymbol{r}}{dt}=\frac{d\boldsymbol{r}}{du}\frac{du}{dt}$$

여기서 $\boldsymbol{v}$를 시간에 대한 한 번 더 미분하면 가속도 다음과 같이 얻어진다.

$$\boldsymbol{a}=\frac{d\boldsymbol{v}}{dt}=\frac{d}{dt}\left(\frac{d\boldsymbol{r}}{du}\frac{du}{dt}\right)=\frac{d^2\boldsymbol{r}}{du^2}\left(\frac{du}{dt}\right)^2+\frac{d\boldsymbol{r}}{du}\frac{d^2u}{dt^2}$$

다음에는 다변수의 벡터 함수에 대해 생각해보자, 만약 벡터 $\boldsymbol{a}$가 n개의 독립변수 u_j의 함수이고, 또한 $u_j(j=1,2,\cdots,n)$는 1개의 변수 v_i(사실은 n개의 독립변수 v_j 중 1개)의 함수라면 스칼라 함수의 연쇄율 (C.16)에 의해 아래가 성립된다.

$$\frac{\partial\boldsymbol{a}}{\partial v_i}=\frac{\partial\boldsymbol{a}}{\partial u_1}\frac{\partial u_1}{\partial v_i}+\frac{\partial\boldsymbol{a}}{\partial u_2}\frac{\partial u_2}{\partial v_i}+\cdots+\frac{\partial\boldsymbol{a}}{\partial u_n}\frac{\partial u_n}{\partial v_i}=\sum_{j=1}^{n}\frac{\partial\boldsymbol{a}}{\partial u_j}\frac{\partial u_j}{\partial v_i} \tag{C. 18}$$

만약 $\boldsymbol{a}$가 외관상 어떤 변수 v와 또한 자체가 v의 함수인 n개의 스칼라 변수 $u_1, u_2, \cdots, u_n$의 함수로 표시되어 있는 경우에는 [즉 $\boldsymbol{a}(v, u_i(v), i=1,2,\cdots,n)$] 식 (C.18)의 특수 경우로서 아래와 같이 나타낼 수 있다. [이와 같은 경우는 실제 유체역학 등에 있어서 $u_i=x_i(t)$ (위치), $v=t$ (시간)으로서 종종 나타난다.]

$$\frac{d\boldsymbol{a}}{dv}=\frac{\partial\boldsymbol{a}}{\partial v}+\sum_{j=1}^{n}\frac{\partial\boldsymbol{a}}{\partial u_j}\frac{\partial u_j}{\partial v} \tag{C. 19}$$

[사실 위 식의 좌변은 실제로 변수 v만의 함수이나, 우변은 n개의 u_j와 v 즉 $n+1$개의 변수를 가정하므로 '가상미분(virtual differentiation)'이라 하여 $\frac{\partial\boldsymbol{a}}{\partial v}$를 $\frac{\delta\boldsymbol{a}}{\delta v}$, $\frac{\partial\boldsymbol{a}}{\partial u_j}$를 $\frac{\delta\boldsymbol{a}}{\delta u_j}$로 나타내기도 한다.]

또한 아래와 같이 여러 변수 $u_1, u_2, \cdots, u_n$에 의존하는 벡터 $\boldsymbol{a}$에 대한 전미분으로도 확장시킬 수 있다.

$$d\boldsymbol{a}=\frac{\partial\boldsymbol{a}}{\partial u_1}du_1+\frac{\partial\boldsymbol{a}}{\partial u_2}du_2+\cdots+\frac{\partial\boldsymbol{a}}{\partial u_n}du_n=\sum_{j=1}^{n}\frac{\partial\boldsymbol{a}}{\partial u_j}du_j \tag{C. 20}$$

예제 C. 4

$\boldsymbol{F}$를 Cartesian 좌표계에서 x, y, z, t에 의존한다고 하자. (단 x, y, z는 t에 의존한다). 이때

(a) $\dfrac{d\boldsymbol{F}}{dt}=\dfrac{\partial \boldsymbol{F}}{\partial t}+\dfrac{\partial \boldsymbol{F}}{\partial x}\dfrac{dx}{dt}+\dfrac{\partial \boldsymbol{F}}{\partial y}\dfrac{dy}{dt}+\dfrac{\partial \boldsymbol{F}}{\partial z}\dfrac{dz}{dt}$ 임을 증명하라.

(b) 또한 위 식을 $\dfrac{d\boldsymbol{F}}{dt}=\dfrac{\partial \boldsymbol{F}}{\partial t}+\dfrac{d\boldsymbol{F}}{dt}\left[=\left(\dfrac{d\boldsymbol{r}}{dt}\cdot\nabla\right)\boldsymbol{F}\right]$로 나타낼 수 있음을 증명하라.

단 ∇은 3차원 편미분 델(del) 연산자로서 Cartesian 직교좌표계의 경우 $\nabla=\boldsymbol{i}\dfrac{\partial}{\partial x}+\boldsymbol{j}\dfrac{\partial}{\partial y}+\boldsymbol{k}\dfrac{\partial}{\partial z}$이다.

풀 이

(a) $\boldsymbol{F}=F_1(x,y,z,t)\boldsymbol{i}+F_2(x,y,z,t)\boldsymbol{j}+F_3(x,y,z,t)\boldsymbol{k}$ 라 가정하자.

그러면, $d\boldsymbol{F}=dF_1\boldsymbol{i}+dF_2\boldsymbol{j}+dF_3\boldsymbol{k}$

$$=\left[\frac{\partial F_1}{\partial t}dt+\frac{\partial F_1}{\partial x}dx+\frac{\partial F_1}{\partial y}dy+\frac{\partial F_1}{\partial z}dz\right]\boldsymbol{i}+\left[\frac{\partial F_2}{\partial t}dt+\frac{\partial F_2}{\partial x}dx+\frac{\partial F_2}{\partial y}dy+\frac{\partial F_2}{\partial z}dz\right]\boldsymbol{j}+$$

$$+\left[\frac{\partial F_3}{\partial t}dt+\frac{\partial F_3}{\partial x}dx+\frac{\partial F_3}{\partial y}dy+\frac{\partial F_3}{\partial z}dz\right]\boldsymbol{k}$$

$$=\left(\frac{\partial F_1}{\partial t}\boldsymbol{i}+\frac{\partial F_2}{\partial t}\boldsymbol{j}+\frac{\partial F_3}{\partial t}\boldsymbol{k}\right)dt+\left(\frac{\partial F_1}{\partial x}\boldsymbol{i}+\frac{\partial F_2}{\partial x}\boldsymbol{j}+\frac{\partial F_3}{\partial x}\boldsymbol{k}\right)dx+\left(\frac{\partial F_1}{\partial y}\boldsymbol{i}+\frac{\partial F_2}{\partial y}\boldsymbol{j}+\frac{\partial F_3}{\partial y}\boldsymbol{k}\right)dy$$

$$+\left(\frac{\partial F_1}{\partial z}\boldsymbol{i}+\frac{\partial F_2}{\partial z}\boldsymbol{j}+\frac{\partial F_3}{\partial z}\boldsymbol{k}\right)dz=\frac{\partial \boldsymbol{F}}{\partial t}dt+\frac{\partial \boldsymbol{F}}{\partial x}dx+\frac{\partial \boldsymbol{F}}{\partial y}dy+\frac{\partial \boldsymbol{F}}{\partial z}dz$$

따라서, $\dfrac{\partial \boldsymbol{F}}{\partial t}dt=\dfrac{\partial \boldsymbol{F}}{\partial t}+\dfrac{\partial \boldsymbol{F}}{\partial x}\dfrac{dx}{dt}+\dfrac{\partial \boldsymbol{F}}{\partial y}\dfrac{dy}{dt}+\dfrac{\partial \boldsymbol{F}}{\partial z}\dfrac{dz}{dt}$이다.

사실 이 결과는 연쇄율 (C.19)에서 $\boldsymbol{a}\to\boldsymbol{F},\ v\to t,\ u_1\to x,\ u_2\to y,\ u_3\to z$로 둔 것에 해당한다.

(b) 위 (a)결과를 $\boldsymbol{r}=\sum_{i=1}^{3}x_i\,\boldsymbol{e}_i$ [단 $(x_1,x_2,x_3)=(x,y,z)$; $(\boldsymbol{e}_1,\boldsymbol{e}_2,\boldsymbol{e}_3)=(\boldsymbol{i},\boldsymbol{j},\boldsymbol{k})$]를 사용하여 나타내면 아래와 같다.

$$\frac{d\boldsymbol{F}}{dt}=\frac{\partial \boldsymbol{F}}{\partial t}+\sum_{i=1}^{3}\frac{dx_i}{dt}\times\frac{\partial \boldsymbol{F}}{\partial x_i}$$

그런데 직교 Cartesian 좌표계에 대하여 벡터 미분 연산자는 $\nabla=\boldsymbol{e}_i\nabla_i=\boldsymbol{i}\dfrac{\partial}{\partial x}+\boldsymbol{j}\dfrac{\partial}{\partial y}+\boldsymbol{k}\dfrac{\partial}{\partial z}$의 형태를 취하므로 여기서 $\nabla_i=\dfrac{\partial}{\partial x_i}\quad(i=1,2,3)$이다.

그리고 $\dfrac{d\boldsymbol{r}}{dt}=\boldsymbol{e}_i\sum_{i=1}^{3}\dfrac{dx_i}{dt}$, 즉 $\dfrac{dx_i}{dt}$는 $\dfrac{d\boldsymbol{r}}{dt}$의 i 번째 Cartesian 성분이므로 벡터 내적의 정의로부터 $\left(\dfrac{d\boldsymbol{r}}{dt}\cdot\nabla\right)\boldsymbol{F}=\left(\sum_{i=1}^{3}\dfrac{dx_i}{dt}\nabla_i\right)\boldsymbol{F}=\dfrac{dx_i}{dt}\times\dfrac{\partial\boldsymbol{F}}{\partial x_i}$임이 증명된다.

[비고: 문(b)는 사실 일반좌표계에 대한 '내재적(intrinsic) 미분' 개념 즉 $\dfrac{d\boldsymbol{F}}{dt}=(\boldsymbol{v}\cdot\nabla)\boldsymbol{F}=v^k\nabla_k\boldsymbol{F}$ $=\dfrac{\delta F^i}{\delta t}\boldsymbol{g}_i$에서 온 것이므로 위 식의 왼편의 $\dfrac{d\boldsymbol{F}}{dt}$는 유체에 있어서 물질(혹은 본질)미분 $\dfrac{DF}{Dt}$를 나타낸다 - 3장 참조.]

이 절을 끝내기 전 열역학 등에서 운용성이 매우 높은 3 변수(서로 음함수 관계)에 바탕을 둔 '연쇄율'에 관계된 주요공식을 이하에서 유도해 보기로 한다.

지금 3개의 독립변수 x, y, z사이에 $f(x,y,z)=0$ 의 관계가 성립될 때 아래처럼 임의의 한 개는 나머지 2개의 함수로 나타낼 수 있다.

$$x=x(y,z),\ y=y(x,z),\ z=z(x,y) \tag{C. 21}$$

이 때 $dx(y,z)$ 및 $dy(x,z)$ 를 각각 식 (C.20)처럼 소위 '완전미방' 형태로 전개하면 아래와 같다.

$$dx=\left(\frac{\partial x}{\partial y}\right)_z dy+\left(\frac{\partial x}{\partial z}\right)_y dz \tag{C. 22}$$

$$dy=\left(\frac{\partial y}{\partial x}\right)_z dx+\left(\frac{\partial y}{\partial z}\right)_x dz \tag{C. 23}$$

위 두식에서 dy 를 소거하면

$$\left[\left(\frac{\partial x}{\partial y}\right)_z\left(\frac{\partial y}{\partial x}\right)_z-1\right]dx+\left[\left(\frac{\partial x}{\partial y}\right)_z\left(\frac{\partial y}{\partial z}\right)_x+\left(\frac{\partial x}{\partial z}\right)_y\right]dz=0 \tag{C. 24}$$

그런데 미소변화 dx 및 dz는 임의이므로 0이 될 수 없어 첫 번째 및 두 번째의 괄호 안이 모두 0이 되어야 위 식이 성립된다. 이에 아래의 사슬법칙이 성립된다.

$$\left(\frac{\partial x}{\partial y}\right)_z\left(\frac{\partial y}{\partial x}\right)_z=1,\ \text{또는}\left(\frac{\partial x}{\partial y}\right)_z=\frac{1}{(\partial y/\partial x)_z} \tag{C. 25}$$

$$\left(\frac{\partial x}{\partial y}\right)_z\left(\frac{\partial y}{\partial z}\right)_x=-\left(\frac{\partial x}{\partial z}\right)_y,\ \text{또는}\left(\frac{\partial x}{\partial y}\right)_z\left(\frac{\partial y}{\partial z}\right)_x\left(\frac{\partial z}{\partial x}\right)_y=-1 \tag{C. 26}$$

특히 식 (C.26)은 '원사슬 법칙(cyclic chain rule)'으로 알려져 있다. 이의 응용으로서는 기체의 상태함수 $f(T, V, P)=0$에서 $T=x$, $V=y$, $P=z$로 두면 아래식이 성립된다.

$$\left(\frac{\partial T}{\partial V}\right)_P\left(\frac{\partial V}{\partial P}\right)_T\left(\frac{\partial P}{\partial T}\right)_V=-1 \quad \text{(C. 27a)}$$

$$\left(\frac{\partial P}{\partial T}\right)_V=\frac{\dfrac{1}{V}\left(\dfrac{\partial V}{\partial T}\right)_P}{-\dfrac{1}{V}\left(\dfrac{\partial V}{\partial P}\right)_T}=\frac{\alpha}{\beta} \quad \text{(C. 27b)}$$

위 식에서 $\alpha=\dfrac{1}{V}\left(\dfrac{\partial V}{\partial T}\right)_P$ 는 부피 열팽창계수, $\beta=-\dfrac{1}{V}\left(\dfrac{\partial V}{\partial P}\right)_T$ 는 등온 압축률(compressibility) 이다.

또한 $f(x, y, z)=0$ 에서 $z=z(x, y)$이므로 아래 표현이 성립된다.

$$dz=\left(\frac{\partial z}{\partial x}\right)_y dx+\left(\frac{\partial z}{\partial y}\right)_x dy \quad \text{(C. 28)}$$

여기서 양변에 $\left(\dfrac{\partial}{\partial x}\right)_u$ [단 $u=u(x, y)$] 연산자를 취하면 (즉 u=일정하게 두고, x에 대해 편미분함) 아래의 중요한 사슬 법칙을 얻는다.

$$\left(\frac{\partial z}{\partial x}\right)_u=\left(\frac{\partial z}{\partial x}\right)_y+\left(\frac{\partial y}{\partial x}\right)_u\left(\frac{\partial z}{\partial y}\right)_x \quad \text{(C. 29)}$$

그런데 식 (C.29)에 대하여 몇 가지 지적 또는 주의를 환기시킬 필요가 있다. 즉 왼편 항을 보면 $u=u(x, y)$이므로 u가 일정하고 x가 변하면 y도 변하는데, 우편의 첫째항에서 y가 일정 간주했으므로, 사실상은 불합리하므로 이를 '가상미분(virtual differential)'기호 δ을 사용하여 $\left(\dfrac{\delta z}{\delta x}\right)_y$ 로 표현하기도 한다. 왼편은 (실제)독립변수가 x 및 $u(x, y)$의 2개인데, 우편은 (가상의)독립변수가 x, y, u 3개로 간주한다. 식 (C.29)의 우편의 두 번째 항을 원사슬 법칙 (C.26)과 식 (C.25)를 사용하여 아래와 같은 또 다른 형태의 사슬법칙을 얻을 수 있다.

$$\left(\frac{\partial z}{\partial x}\right)_u=\left(\frac{\partial z}{\partial x}\right)_y-\frac{u_x\left[=(\partial u/\partial x)_y\right]}{u_y\left[=(\partial u/\partial y)_x\right]}\times\left(\frac{\partial z}{\partial y}\right)_x \quad \text{(C. 30a)}$$

$$=\left(\frac{\partial z}{\partial x}\right)_y\ \left[1-\left(\frac{\partial u}{\partial z}\right)_y\left(\frac{\partial z}{\partial u}\right)_x\right] \quad \text{(C. 30b)}$$

C. 3 Jacobian 행렬식

다변수 함수에서 'Jacobian'은 요소가 편미분으로 되어있는 행렬식을 의미한다. 열역학에서 이 응용의 핵심은 아래 관계이다.

$$\left.\frac{\partial u}{\partial x}\right|_{y,\,\cdots\, z} = \frac{\partial(u, y, \cdots\, z)}{\partial(x, y, \cdots\, z)} \tag{C. 31}$$

즉, 이 식의 의미는 독립변수가 x, y, $\cdots$ z일 때 함수 u의 x에 대한 편미분을 Jacobian 표현식으로 나타내는 것이다. 이 식의 증명은 아래와 같은 Jacobian의 정의식에서 실제 해당 편미분값을 갖고 행렬식 값을 구하면 쉽게 얻어진다. 즉, 함수 u, v, $\cdots$ w가 독립변수 x, y, $\cdots$ z의 함수일 때 Jacobian은 아래와 같이 정의된다.

$$\mathrm{J}[=\mathrm{J}(\frac{u,v,\ldots,w}{x,y,\ldots,z})]=\frac{\partial(u,\, v,\, \cdots\, w)}{\partial(x,\, y,\, \cdots\, z)} = \begin{vmatrix} \frac{\partial u}{\partial x} & \frac{\partial u}{\partial y} & \cdots & \frac{\partial u}{\partial z} \\ \frac{\partial v}{\partial x} & \frac{\partial v}{\partial y} & \cdots & \frac{\partial v}{\partial z} \\ \vdots & \vdots & & \vdots \\ \frac{\partial w}{\partial x} & \frac{\partial w}{\partial y} & \cdots & \frac{\partial w}{\partial z} \end{vmatrix} \tag{C. 32}$$

위 식의 편미분에서 편의상 일정하게 유지되는 변수명[가령 $\left(\frac{\partial u}{\partial x}\right)_{y,z}$ 에서 y 및 z]을 생략하였다.

이렇게 정의되는 Jacobian은 아래와 같은 중요한 성질을 갖고 있다.

a. 역관계

$$\frac{\partial(u,\, v,\, \cdots\, w)}{\partial(x,\, y,\, \cdots\, z)} = 1\Big/\frac{\partial(x,\, y,\, \cdots\, z)}{\partial(u,\, v,\, \cdots\, w)} \tag{C. 33}$$

이 식은 사슬법칙 (C.25)에 대응한다.

b. 행 또는 열의 교환

$$\frac{\partial(u,\, v,\, \cdots\, w)}{\partial(x,\, y,\, \cdots\, z)} = -\frac{\partial(v,\, u,\, \cdots\, w)}{\partial(x,\, y,\, \cdots\, z)} \tag{C. 34}$$

위 식에서 분자의 두 글자를 바꾸면 행(row)의 교환이 되고, 분모의 두 글자를 바꾸면 열의 교환이 되며, 어떤 경우든 한번 씩 교환할 때마다 (-1)을 곱해야한다.

c. 통상의 사슬법칙

$$\frac{\partial(u, v, \cdots w)}{\partial(x, y, \cdots z)} = \frac{\partial(u, v, \cdots w)}{\partial(r, s, \cdots t)} \frac{\partial(r, s, \cdots t)}{\partial(x, y, \cdots z)} \tag{C. 35}$$

d. 행렬식 전개($n=2$ 경우)

$$\frac{\partial(u, v)}{\partial(x, y)} = \begin{vmatrix} \left.\frac{\partial u}{\partial x}\right|_y & \left.\frac{\partial u}{\partial y}\right|_x \\ \left.\frac{\partial v}{\partial x}\right|_y & \left.\frac{\partial v}{\partial y}\right|_x \end{vmatrix} = \left.\frac{\partial u}{\partial x}\right|_y \left.\frac{\partial v}{\partial y}\right|_x - \left.\frac{\partial u}{\partial y}\right|_x \left.\frac{\partial v}{\partial x}\right|_y \tag{C. 36}$$

다시 식 (C.31)에서 $\left.\frac{\partial u}{\partial x}\right|_y = \frac{\partial(u, y)}{\partial(x, y)}$ 등이 성립하므로 이를 위 식에 대입하면 아래가 된다.

$$\frac{\partial(u,v)}{\partial(x,y)} = \frac{\partial(u, y)}{\partial(x, y)} \frac{\partial(v, x)}{\partial(y, x)} - \frac{\partial(u, x)}{\partial(y, x)} \frac{\partial(v, y)}{\partial(x, y)} \tag{C. 37}$$

위의 성질 (a) - (d)는 모두 Jacobian의 정의 (C.32)에서 행렬식 값을 구하면 쉽게 증명할 수 있다.

이 절의 마지막으로 독자의 이해를 돕기 위해 열역학에서 (몰)정압비열(C_P)과 정적비열(C_V)의 관계식인 $C_P - C_V = TV\alpha^2/\beta$(여기서 α 및 β는 각각 등압 열팽창 계수 및 등온 압축률이다)를 여기서 논의된 Jacobian 행렬식 기법을 이용하여 증명해 보기로 한다. 먼저 정적비열 $C_V\left(= T\left.\frac{\partial S}{\partial T}\right|_V\right)$에 대해 아래와 같이 Jacobian 형태로 전개한다.

$$C_V = T\left.\frac{\partial S}{\partial T}\right|_V = T\frac{\partial(S, V)}{\partial(T, V)} = T\frac{\partial(S, V)}{\partial(T, P)} \frac{\partial(T, P)}{\partial(T, V)} = -\frac{T}{V\beta} \frac{\partial(S, V)}{\partial(T, P)} \tag{C. 38}$$

이를 다시 성질 (d)를 이용하여 우편의 행렬식을 전개하면

$$C_V = -\frac{T}{V\beta}\left[\left.\frac{\partial S}{\partial T}\right|_P \left.\frac{\partial V}{\partial P}\right|_T - \left.\frac{\partial S}{\partial P}\right|_T \left.\frac{\partial V}{\partial T}\right|_P\right] \tag{C. 39}$$

위 식에서 $\left.\frac{\partial S}{\partial T}\right|_P = \frac{C_P}{T}$, $\left.\frac{\partial V}{\partial P}\right|_T = -V\beta$, $\left.\frac{\partial V}{\partial T}\right|_P = V\alpha$ 및 표 C.1의 G에 관한 Maxwell 관계에서 얻어지는 아래 식

$$\left.\frac{\partial S}{\partial P}\right|_T = -\left.\frac{\partial V}{\partial T}\right|_P = -V\alpha \tag{C. 40}$$

을 대입하면 아래를 얻는다.

$$C_V = -\frac{T}{V\beta}\left[\frac{C_P}{T}\times(-V\beta)+(V\alpha)^2\right] \tag{C. 41}$$

따라서 $C_P - C_V = TV\alpha^2/\beta$가 증명된다.

(Jacobian행렬식을 이용한 다중적분 변환에 관한 공식은 2.23절 참조 요..)

C. 4 Euler 동차식 정리

지금 크기(extensive)변수 x 및 y에 대해 $h(>0)$차 (degree h)도 '동차(homogeneous)'이고, 세기(intensive)변수 a, b(가령 온도나 압력 등)에 대해서는 0차로 동차인 함수 $f(a, b, x, y)$가 있다고 하자. h차 동차함수의 정의에 의해 만약 두 크기(extensive) 변수 x 및 y(가령 질량, 부피, 엔트로피 등)가 k배 곱해진다면 함수는 원래 함수값의 k^h배 증가할 것이다. 즉, 아래와 같이 나타낼 수 있다.

$$f(a, b, X, Y) = k^h f(a, b, x, y) \tag{C. 42}$$

여기에서

$$X = kx \ , \ Y = ky$$

지금 식 (C.42) 양변의 전미분을 취하면 [즉, $df = d(k^h f)$] 아래와 같다[단 우편의 경우 k도 변수로 간주].

$$\left.\begin{aligned}
&\frac{\partial}{\partial a}[f(a, b, X, Y)]_{b,X,Y}\,da + \frac{\partial}{\partial b}[f(a, b, X, Y)]_{a,X,Y}\,db \\
&\quad + \frac{\partial}{\partial X}[f(a, b, X, Y)]_{a,b,Y}\,dX + \frac{\partial}{\partial Y}[f(a, b, X, Y)]_{a,b,X}\,dY \\
&\quad = (k^h)\frac{\partial}{\partial a}[f(a, b, x, y)]_{b,x,y}\,da + (k^h)\frac{\partial}{\partial b}[f(a, b, x, y)]_{a,x,y}\,db \\
&\quad + (k^h)\frac{\partial}{\partial x}[f(a, b, x, y)]_{a,b,y}\,dx + (k^h)\frac{\partial}{\partial y}[f(a, b, x, y)]_{a,b,x}\,dy \\
&\qquad\qquad + (hk^{h-1})[f(a, b, x, y)]\,dk
\end{aligned}\right\} \tag{C. 43}$$

그리고

$$dX = kdx + xdk \ , \ dY = kdy + ydk \tag{C. 44}$$

식 (C.44)를 (C.43)에 대입하여 정리하면 아래의 식을 얻는다.

$$\left.\begin{array}{l}
\left\{\frac{\partial}{\partial a}[f(a,b,X,Y)] - (k^h)\frac{\partial}{\partial a}[f(a,b,x,y)]\right\}da \\
\qquad + \left\{\frac{\partial}{\partial b}[f(a,b,X,Y)] - (k^h)\frac{\partial}{\partial b}[f(a,b,x,y)]\right\}db \\
\qquad + \left\{(k)\frac{\partial}{\partial X}[f(a,b,X,Y)] - (k^h)\frac{\partial}{\partial x}[f(a,b,x,y)]\right\}dx \\
\qquad + \left\{(k)\frac{\partial}{\partial Y}[f(a,b,X,Y)] - (k^h)\frac{\partial}{\partial y}[f(a,b,x,y)]\right\}dy \\
+ \left\{(x)\frac{\partial}{\partial X}[f(a,b,X,Y)] - (y)\frac{\partial}{\partial Y}[f(a,b,X,Y)] - hk^{h-1}f(a,b,x,y)\right\}dk = 0
\end{array}\right\} \tag{C. 45}$$

그런데 위 식에서 변수 a, b, x, y 및 k는 서로 독립이므로 식이 성립되기 위해서는 괄호 안이 모두 0이 되어야 한다. 따라서 아래의 관계식이 성립된다.

$$\frac{\partial}{\partial a}[f(a,b,X,Y)] = (k^h)\frac{\partial}{\partial a}[f(a,b,x,y)] \tag{C. 46}$$

$$\frac{\partial}{\partial b}[f(a,b,X,Y)] = (k^h)\frac{\partial}{\partial b}[f(a,b,x,y)] \tag{C. 47}$$

$$\frac{\partial}{\partial X}[f(a,b,X,Y)] = (k^{h-1})\frac{\partial}{\partial x}[f(a,b,x,y)] \tag{C. 48}$$

$$\frac{\partial}{\partial Y}[f(a,b,X,Y)] = (k^{h-1})\frac{\partial}{\partial y}[f(a,b,x,y)] \tag{C. 49}$$

$$(x)\frac{\partial}{\partial X}[f(a,b,X,Y)] + (y)\frac{\partial}{\partial Y}[f(a,b,X,Y)] = (hk^{h-1})[f(a,b,x,y)] \tag{C. 50}$$

여기서 식 (C.48) 및 (C.49)를 (C.50)에 대입하면 아래의 목적하는 관계식을 얻을 수 있다.

$$(x)\frac{\partial}{\partial x}[f(a,b,x,y)] + (y)\frac{\partial}{\partial y}[f(a,b,x,y)] = h[f(a,b,x,y)] \tag{C. 51}$$

이 식은 동차함수에 관한 Euler 정리로 알려져 있다. 참고로 어떤 함수 $f(x, y)$가 독립변수 x 및 y에 대하여 동시에 0차 동차함수라면[즉 $f(\lambda x, \lambda y) = \lambda^{\circ} f(x, y)$ 만족] f는 $f(y/x)$ 혹은 $f(x/y)$의 형태를 취할 것이다.

C.1절에서 소개한 모든 열역학 상태함수는 질량(또는 몰수)에 대해 0차($h=0$) 동차함수인 세기변수(가령 T, P 등)와 1차($h=0$) 동차함수인 크기변수(가령 S, V, H 등)의 두 종류에 속함을 알 수 있다.

C. 5 음함수 및 종속관계

C. 5. 1 음함수의 정의

지금 $F(x, y, z)=0$으로 나타내지는 식이 있다고 하자. 이때 만약 x 및 y가 독립변수라면 이 식은 종속변수인 z에 대한 '음함수(implicit function)'표현이 된다. 반면에 이에 대응하는 $z=f(x, y)$의 표현에서 f는 '양함수(explicit function)'라고 부르며, 이를 $F=0$에 대입하면 $F[x, y, f(x, y)]\equiv 0$이 된다.

C. 5. 2 Jacobian을 이용한 함수의 종속표현

1) 1개의 음함수 $F(x, y, z)=0$만 존재시:
이때 아래 관계가 성립된다.

$$z_x \equiv (\partial z/\partial x)_y = -F_x/F_z,\ z_y \equiv (\partial z/\partial y)_x = -F_y/F_z \tag{C. 52}$$

단 이때 $F_z \neq 0$이라고 가정한다.

증 명 $$dF(x, y, z)=\frac{\partial F}{\partial x}dx+\frac{\partial F}{\partial y}dy+\frac{\partial F}{\partial z}dz=0 \tag{1}$$

그런데 $z=f(x, y)$이므로 $dz=z_x dx+z_y dy$가 되어 이를 식 (1)에 대입하여, dx 및 dy 항으로 모으면 아래가 된다.

$$dF=(F_x+F_z z_x)dx+(F_y+F_z z_y)dy=0 \tag{2}$$

그런데 x 및 y는 독립적으로 변하므로 우변의 괄호 안에 있는 항들은 각각 0이 되어야 한다. 즉

$$F_x+F_z z_x=0,\quad F_y+F_z z_y=0 \tag{3}$$

따라서 이로부터 식 (C.52)가 증명된다. ■

2) 두개의 음함수 $F(x, y, u, v)=0$ 및 $G(x, y, u, v)=0$가 공존시:
여기서 x 및 y를 독립변수, 그리고 u 및 v를 종속변수라 하면 아래 관계가 성립된다.

$$\text{(a)}\ u_x = -\frac{\partial(F, G)/\partial(x, v)}{\partial(F, G)/\partial(u, v)},\ \text{(b)}\ u_y = -\frac{\partial(F, G)/\partial(y, v)}{\partial(F, G)/\partial(u, v)}$$

$$\text{(c)}\ v_x = -\frac{\partial(F, G)/\partial(u, x)}{\partial(F, G)/\partial(u, v)},\ \text{(d)}\ v_y = -\frac{\partial(F, G)/\partial(u, y)}{\partial(F, G)/\partial(u, v)} \tag{C. 53}$$

증 명 두 음함수 표현식에 대해 각각 전미분을 취하면 아래가 된다.

$$dF = F_x dx + F_y dy + F_u du + F_v dv = 0 \tag{1}$$

$$dG = G_x dx + G_y dy + G_u du + G_v dv = 0 \tag{2}$$

그런데 u 및 v는 모두 독립변수 x 및 y의 함수이므로 아래가 성립된다.

$$du = u_x dx + u_y dy \tag{3}$$

$$dv = v_x dx + v_y dy \tag{4}$$

식 (3)과 (4)를 식 (1) 및 (2)에 대입하면 아래를 얻는다.

$$dF = (F_x + F_u u_x + F_v v_x)dx + (F_y + F_u u_y + F_v v_y)dy = 0 \tag{5}$$

$$dG = (G_x + G_u u_x + G_v v_x)dx + (G_y + G_u u_y + G_v v_y)dy = 0 \tag{6}$$

여기서 x 및 y는 독립이므로, 식 (5) 및 (6)에서 dx 및 dy의 계수는 모두 0이 되어야 한다. 따라서 아래를 얻는다.

$$\left.\begin{aligned} F_u u_x + F_v v_x &= -F_x \\ G_u u_x + G_v v_x &= -G_x \end{aligned}\right\} \tag{7}$$

$$\left.\begin{aligned} F_u u_y + F_v v_y &= -F_y \\ G_u u_y + G_v v_y &= -G_y \end{aligned}\right\} \tag{8}$$

식 (7) 및 (8)를 풀면 아래를 얻어 증명된다(단 연립방정식의 해에 대한 Cramer 공식을 이용 - 1장 참조).

(a) $u_x = \dfrac{\partial u}{\partial x} = \dfrac{\begin{vmatrix} -F_x & F_v \\ -G_x & G_v \end{vmatrix}}{\begin{vmatrix} F_u & F_v \\ G_u & G_v \end{vmatrix}} = -\dfrac{\dfrac{\partial(F,\, G)}{\partial(x,\, v)}}{\dfrac{\partial(F,\, G)}{\partial(u,\, v)}}$ (b) $v_x = \dfrac{\partial v}{\partial x} = \dfrac{\begin{vmatrix} F_u & -F_x \\ G_u & -G_x \end{vmatrix}}{\begin{vmatrix} F_u & F_v \\ G_u & G_v \end{vmatrix}} = -\dfrac{\dfrac{\partial(F,\, G)}{\partial(u,\, x)}}{\dfrac{\partial(F,\, G)}{\partial(u,\, v)}}$

(c) $u_y = \dfrac{\partial u}{\partial y} = \dfrac{\begin{vmatrix} -F_y & F_v \\ -G_y & G_v \end{vmatrix}}{\begin{vmatrix} F_u & F_v \\ G_u & G_v \end{vmatrix}} = -\dfrac{\dfrac{\partial(F,\, G)}{\partial(y,\, v)}}{\dfrac{\partial(F,\, G)}{\partial(u,\, v)}}$ (d) $v_y = \dfrac{\partial v}{\partial y} = \dfrac{\begin{vmatrix} F_u & -F_y \\ G_u & -G_y \end{vmatrix}}{\begin{vmatrix} F_u & F_v \\ G_u & G_v \end{vmatrix}} = -\dfrac{\dfrac{\partial(F,\, G)}{\partial(u,\, y)}}{\dfrac{\partial(F,\, G)}{\partial(u,\, v)}}$

■

3) 3개의 음함수 $F(u, v, w, x, y) = 0$, $G(u, v, w, x, y) = 0$, $H(u, v, w, x, y) = 0$가 공존시 : 여기서 만약 x 및 y를 독립변수, 그리고 u, v, w를 종속변수라 하면 아래의 관계가 성립된다.

$$\text{(a)}\ \frac{\partial u}{\partial x} = -\frac{\dfrac{\partial(F, G, H)}{\partial(x, v, w)}}{\dfrac{\partial(F, G, H)}{\partial(u, v, w)}},\quad \text{(b)}\ \frac{\partial w}{\partial y} = -\frac{\dfrac{\partial(F, G, H)}{\partial(u, v, y)}}{\dfrac{\partial(F, G, H)}{\partial(u, v, w)}} \tag{C. 54}$$

증 명 2)의 경우와 유사하게 세 음함수 표현식에 대해 전미분을 취하고, $du = u_x\, dx + u_y\, dy$, $dv = v_x\, dx + v_y\, dy$, $dw = w_x\, dx + w_y\, dy$를 대입하여 각각 항을 dx 및 dy항으로 나타내고, 이들 앞에 있는 계수 항을 모두 0으로 두면 아래가 성립된다.

$$\left.\begin{aligned} F_u u_x + F_v v_x + F_w w_x + F_x &= 0 \\ G_u u_x + G_v v_x + G_w w_x + G_x &= 0 \\ H_u u_x + H_v v_x + H_w w_x + H_x &= 0 \end{aligned}\right\} \tag{1}$$

$$\left.\begin{aligned} F_u u_y + F_v v_y + F_w w_y + F_y &= 0 \\ G_u u_y + G_v v_y + G_w w_y + G_y &= 0 \\ H_u u_y + H_v v_y + H_w w_y + H_y &= 0 \end{aligned}\right\} \tag{2}$$

여기서 식 (1)에서는 세 미지수를 (u_x, v_x, w_x), 그리고 식 (2)에서는 세 미지수를 (u_y, v_y, w_y)로 간주하여 역시 연립방정식에 곤한 Cramer 공식을 이용하여 해를 구하면 되는데, 이중 대표적으로 u_x 및 w_y에 대해 풀면 아래 식을 얻어 증명된다.

$$u_x = \left(\frac{\partial u}{\partial x}\right)_y = \frac{\begin{vmatrix} -F_x & F_v & F_w \\ -G_x & G_v & G_w \\ -H_x & H_v & H_w \end{vmatrix}}{\begin{vmatrix} F_u & F_v & F_w \\ G_u & G_v & G_w \\ H_u & H_v & H_w \end{vmatrix}} = -\frac{\dfrac{\partial(F,\, G,\, H)}{\partial(x,\, v,\, w)}}{\dfrac{\partial(F,\, G,\, H)}{\partial(u,\, v,\, w)}} \tag{a}$$

$$w_y = \left(\frac{\partial w}{\partial y}\right)_x = \frac{\begin{vmatrix} F_u & F_v & -F_y \\ G_u & G_v & -G_y \\ H_u & H_v & -H_y \end{vmatrix}}{\begin{vmatrix} F_u & F_v & F_w \\ G_u & G_v & G_w \\ H_u & H_v & H_w \end{vmatrix}} = -\frac{\dfrac{\partial(F,\,G,\,H)}{\partial(u,\,v,\,y)}}{\dfrac{\partial(F,\,G,\,H)}{\partial(u,\,v,\,w)}} \quad \blacksquare \tag{b}$$

그런데 위 식에서 만약 독립변수를 v 및 w로 간주하고, 종속변수를 x, y, u로 간주하면 위의 증명과 마찬가지 방법으로 진행하며 가령 $\left(\frac{\partial x}{\partial v}\right)_w$ 에 대해서는 아래의 결과를 얻을 수 있다.

$$\left(\frac{\partial x}{\partial v}\right)_w = \frac{\begin{vmatrix} -F_v & F_y & F_u \\ -G_v & G_y & G_u \\ -H_v & H_y & H_u \end{vmatrix}}{\begin{vmatrix} F_x & F_y & F_u \\ G_x & G_y & G_u \\ H_x & H_y & H_u \end{vmatrix}} = -\frac{\dfrac{\partial(F,\,G,\,H)}{\partial(v,\,y,\,u)}}{\dfrac{\partial(F,\,G,\,H)}{\partial(x,\,y,\,u)}} \tag{C. 55}$$

일반적으로 전 미지수의 수를 n, 음함수 표현식의 수=종속변수의 수=m이라고 하면 $n-m$이 독립변수의 수가 된다. 가령 경우 3)에서는 $n=5,\ m=3$이므로 독립변수의 수는 $n-m=2$이다.

C. 5. 3 두 변수 u 및 v간의 선형독립 혹은 종속관계 판별법

두 식 $u=f(x,\,y)$ 및 $v=g(x,\,y)$가 주어졌을 때 만약 Jacobian $\dfrac{\partial(u,\,v)}{\partial(x,\,y)} = J\left(\dfrac{u,\,v}{x,\,y}\right) = 0$이면 $\phi(u,\,v)=0$ 즉 u와 v사이에는 함수(또는 종속)관계가 존재하므로 선형독립이 아니다.

예제 C. 5

만약 $u = \dfrac{x+y}{1-xy}$ 및 $v = \tan^{-1}x + \tan^{-1}y$의 관계가 성립될 때 두 변수 u와 v사이에는 서로 함수적으로 연결되어 있는가? 만약 그렇다면 어떤 함수관계인가?

풀 이

C.5.3에 의해 먼저 Jacobian $\dfrac{\partial(u,\,v)}{\partial(x,\,y)}$를 구해보면 아래가 된다(단 $xy \neq 1$가정).

$$\frac{\partial(u,v)}{\partial(x,y)}=\begin{vmatrix}u_x & u_y\\ v_x & v_y\end{vmatrix}=\begin{vmatrix}\dfrac{1+y^2}{(1-xy)^2} & \dfrac{1+x^2}{(1-xy)^2}\\ \dfrac{1}{1+x^2} & \dfrac{1}{1+y^2}\end{vmatrix}=0$$

따라서 u와 v는 함수적으로 연결[즉 $\phi(u,v)=0$ 혹은 $u=f(v)$ 성립]되어있으므로 서로 독립은 아니다. 이 때 (양)함수 f를 구하기 위해 문제의 두 번째 관계식에서 $\tan^{-1}x=v-\tan^{-1}y$가 되어 아래가 성립된다.

$$x=\tan(v-\tan^{-1}y)=\frac{\tan v-\tan(\tan^{-1}y)}{1+\tan v\tan(\tan^{-1}y)}=\frac{\tan v-y}{1+y\tan v}$$

이 관계식을 $u=(x+y)/(1-xy)$에 대입하면 아래의 함수관계를 얻는다.

$$u=\frac{\dfrac{\tan v-y}{1-y\tan v}+y}{1-\left(\dfrac{\tan v-y}{1+y\tan v}\right)y}=\frac{\tan v+y^2\tan v}{1+y^2}=\tan v \text{ 혹은 } v=\tan^{-1}u$$

C. 5. 4 n개의 함수간의 선형독립성 판별

만약 함수 집합 $\left\{\sum_{i=1}^{n}y_i(x)\right\}$가 존재시 아래의 'Wronskian 행렬식' 값이 0이 아니면 이들 함수는 선형독립이다(그러나 행렬식 값이 0이라고 해서 반드시 선형종속이라고는 말할 수 없다).

$$W(y_1,y_2,\cdots,y_n)=\begin{vmatrix}y_1 & y_2 & \cdots & y_n\\ y_1' & y_2' & & \vdots\\ \vdots & & \ddots & \vdots\\ y_1^{(n-1)} & \cdots & \cdots & y_n^{(n-1)}\end{vmatrix}\neq 0 \tag{C. 56}$$

여기서 $y_i^{(n-1)}(i=1,2,3,\cdots,n)$는 x에 대해 $(n-1)$계 미분을 의미한다. 여기서 대해서는 6장(상미방)에서 보다 자세히 다루기로 한다.

C. 6 함수의 극대, 극소

1) 1변수 함수

만약 1변수 함수 $y=f(x)$가 1점 $x=x_0$에서 극대(혹은 극소)가 되기 위한 필요조건은 $f'(x_0)=0$이다. 이때 (1계)미분이 0이 되는 점을 '정류점(stationary point)'이라고 한다. 이때 정류점은 이 점에서 2계 도함수의 값에 따라 3종류로 나뉘어진다.

(i) 만약 $d^2 f/dx^2 > 0$이면 (국소적)극소(minimum) 정류점,

(ii) 만약 $d^2 f/dx^2 < 0$이면 (국소적)극대(maximum) 정류점, 그리고

(iii) 만약 $d^2 f/dx^2 = 0$이면 정류 변곡점(stationary point of inflection)이다.

2) 2변수 함수 :

만약 2변수 함수 $f(x, y)$가 1점(x_0, y_0)에서 두 독립변수에 대한 각각의 1계 도함수 $f_x = f_y = 0$ 즉 정류점이면, 이 점에서 2계 (편)도함수의 값에 따라 아래와 같이 분류된다.

(i) 만약 f_{xx} 및 f_{yy}가 둘 다 양이고, $f_{xy}^2 < f_{xx} f_{yy}$이면 극소 정류점,

(ii) 만약 f_{xx} 및 f_{yy}가 둘 다 음이고, $f_{xy}^2 < f_{xx} f_{yy}$이면 극대 정류점, 그리고

(iii) 만약 f_{xx}와 f_{yy}가 반대부호를 갖든지 혹은 $f_{xy}^2 > f_{xx} f_{yy}$이면 (정류)안장점(saddle point)이 된다(그림 C.1 참조)

(iv) 만약 $f_{xy}^2 = f_{xx} f_{yy}$이면 부정(indefinites or undetermined)이다.

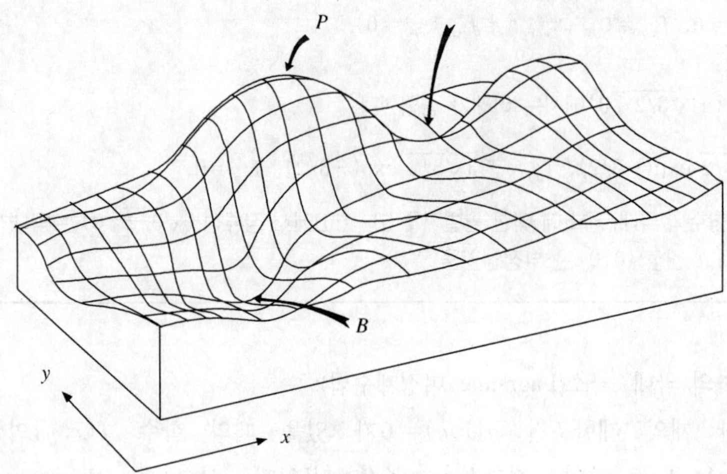

그림 C. 1 두 변수 함수의 정류점(즉 $f_x = f_y = 0$). 점 B에서는 극소, 점 P에서는 극대, 그리고 점 S에서는 안장점(saddle point)이 된다.

예제 C. 6

2변수 함수 $f(x, y) = x^3 \exp(-x^2 - y^2)$가 점$(\sqrt{3/2}, 0)$에서는 극대(정류)점, $(-\sqrt{3/2}, 0)$에서는 극소(정류)점, 그리고 원점(0, 0)에서는 부정(undetermined) 정류점임을 보여라.

풀 이

먼저 정류점(stationary point)에서는 아래가 성립된다.

$$\frac{\partial f}{\partial x}=(3x^2-2x^4)\exp(-x^2-y^2)=0 \tag{i}$$

$$\frac{\partial f}{\partial y}=-2yx^3\exp(-x^2-y^2)=0 \tag{ii}$$

식 (ii)에서 $x=0$ 혹은 $y=0$이 되어, 식 (i)에서 $x=0$ 혹은 $x=\pm\sqrt{3/2}$ 가 된다. 따라서 정류점들은 (0,0), ($\sqrt{3/2}$, 0), 그리고 ($-\sqrt{3/2}$, 0)이 된다. 다음에 2계 (편)도함수는 아래가 된다.

$$f_{xx}=(4x^5-14x^3+6x)\exp(-x^2-y^2)$$

$$f_{yy}=x^3(4y^2-2)\exp(-x^2-y^2)$$

$$f_{xy}=2x^2y(2x^2-3)\exp(-x^2-y^2)$$

여기서 각 정류점에 해당하는 $(x,\ y)$값을 대입하면 먼저 원점 $(0,0)$에서는 아래가 성립한다.

$$f_{xx}=0,\ f_{yy}=0,\ f_{xy}=0 \quad \therefore f_{xy}{}^2=f_{xx}f_{yy}(=0)$$

그리고 정류점 $(\pm\sqrt{3/2}\ ,0)$에서는 아래가 성립한다.

$$f_{xx}=\mp 6\sqrt{3/2}\ \exp(-3/2),\ f_{yy}=\mp 3\sqrt{3/2}\ \exp(-3/2),\ f_{xy}=0.$$

따라서 그 변수함수의 극대, 극소에 대한 판별기를 (i) – (iii)에서 정류점 $(\sqrt{3/2}\ ,0)$는 극대점,$(\sqrt{-3/2}\ ,0)$은 극소점, 그리고 원점 $(0,0)$은 부정점임을 알 수 있다.

---

3) 제한조건하의 극대, 극소(Lagrange 미정계수법):

(a) 만약 한 개의 제한조건 $g(x,y)=0$가 있을 때의 함수 $f(x,y)$의 극대(극소)는 $F(x,y)=f(x,y)+\lambda g(x,y)$의 정류점을 조사한다[이때 상수$\lambda$를 'Lagrange의 미정계수(undetermined multiplier)'라고 부름]. 즉

$$dF(x,\ y)=F_x\,dx+F_y\,dy=(f_x+\lambda y_x)dx+(f_y+\lambda g_y)dy=0$$

여기서 x및 y의 변화는 독립적이므로, 위 식이 만족되기 위해서는 아래가 성립되어야 한다.

$$f_x+\lambda g_x=0,\ f_y+\lambda g_y=0 \tag{C. 57}$$

예제 C. 7

평면상에서 단위 원(즉 $x^2+y^2=1$)위의 한 점 (x, y)의 온도는 $T(x, y)=1+xy$로 주어진다고 할 때 가장 온도가 높은 점(두 점)의 좌표 및 이때의 온도($T_{\max}$)를 구하라.

풀 이

제한조건을 $g(x,y)=x^2+y^2-1=0$ 이라고 하고, 온도 $T(x,y)=f(x,y)$로 두면 제한조건 하의 최대의 온도는 식 (C.57)의 두 식에서 각각 아래가 된다.

$$y+2\lambda x=0,\ \ x+2\lambda y=0 \tag{C. 58}$$

이 식과 원의 방정식(혹은 제한조건 $g=0$) 즉 미지수가 3개 $(x,y$ 및 $\lambda)$, 식이 3개 이므로 연립방정식을 풀면 해를 구할 수 있다. 즉 식 (C.58)에서 x 및 y를 소거(단 $x,\ y\neq 0$ 이용)하면 $\lambda=\pm 1/2$, 나아가 $y=\mp x$를 얻는다. 이를 원의 방정식에 대입하면 아래의 결과를 얻는다.

$$y=x \Rightarrow x=\pm\frac{1}{\sqrt{2}},\ y=\pm\frac{1}{\sqrt{2}}$$

$$y=-x \Rightarrow x=\mp\frac{1}{\sqrt{2}},\ y=\pm\frac{1}{\sqrt{2}}$$

그런데 이들 정류점 [즉, $F_x=F_y=0$ 즉 식 (C.58) 만족]들은 어느 것이 극대(혹은 극소)점인가 아직 모르나, 간단히 위의 4점을 T에 대입하여 보면 두 점 $y=x=\pm 1/\sqrt{2}$ 에서 최대 온도 $T_{\max}=3/2$이 됨을 알 수 있다.

(b) 두 개의 제한조건 $g(x, y, z)=c_1$ 및 $h(x, y, z)=c_2$ 하에서 함수 $f(x, y, z)$의 정류점 나아가 극대(혹은 극소)점은 경우 (a)와 유사하게 $F(x, y, z)=f+\lambda g+\mu h$ (여기서 λ및 μ는 lagrange 미정계수)의 정류점을 조사하면 아래가 만족되어야 한다.

$$F_x=f_x+\lambda g_x+\mu h_x=0$$

$$F_y=f_y+\lambda g_y+\mu h_y=0$$

$$F_z=f_z+\lambda g_z+\mu h_z=0 \tag{C. 59}$$

이 3식과 2개의 제한조건 식(즉 식의 수가 5개)으로부터 정류점에서의 5개의 미지수($x,\ y,\ z,\ \lambda,\ \mu$)값을 구할 수 있다. 이렇게 무한 정류점들이 극대(혹은 극소)점 인가는 가령 f에 직접 대입해봄으로써 알 수 있다.

예제 C. 8

Maxwell-Boltzmann 통계역학적 기법에 의하면 주어진 온도 T 및 부피 V에서, N개의 분자(또는 입자)가 에너지 준위(energy level) ε_0[이때 중첩도(degeneracy) 즉 같은 ε_0에 있는 다른 상태의 수는 g_0]에 N_0개, ε_1(이 때 중첩도 g_1)에 N_1개, ε_2(이 때 중첩도 g_2)에 N_2개, $\cdots$, 배치될 때 아래와 같이 정의되는 배치수(number of arrangements) $W_N(T, V)$를 최대로 하는 N_i^* ($i = 0, 1, 2\cdots$)를 Legrange 미정계수법으로 구해보아라. 단 이때 두 개의 제한조건은 전체 입자수 $N = \sum_i N_i =$ 일정 및 절대온도 $0°$K에 상대적인 열(내부) 에너지 $U_T - U_0 = \sum_i (\varepsilon_i - \varepsilon_0) N_i =$ 일정(여기서 $U_0 = N\varepsilon_0$은 절대온도 $0°$K에서의 (몰)열에너지임)이다.

$$W_N(T, V) = (g_0)^{N_0}(g_1)^{N_1}(g_2)^{N_2}\cdots \frac{N!}{N_0!N_1!N_2!\cdots} \tag{C. 60}$$

풀 이

W가 극대가 되는 지점이나 $\ln W$가 극대가 되는 지점이 동일하므로 위 식의 양변을 log를 취하고, $\ln n!$에 대한 stirling의 점근 근사공식 $\ln n! \simeq n\ln n - n$을 사용하여 변환된 함수 $F\left(\left\{\sum_i N_i\right\}\right) = \ln W - \alpha\sum_i N_i - \beta\sum_i(\varepsilon_i - \varepsilon_0)N_i$의 정류점[즉 $\partial F/\partial N_i = 0$ $(i = 0, 1, 2, \cdots)$을 만족]을 구하면 된다. 즉

$$\ln W = N_0\ln g_0 + N_1\ln g_1 + \cdots + \ln N! - N_0\ln N_0 - N_1\ln N_1 - \cdots + N_0 + N_1 + \cdots$$

$$= N_0\left(1 + \ln\frac{g_0}{N_0}\right) + N_1\left(1 + \ln\frac{g_1}{N_1}\right) + \cdots + \ln N! \tag{C. 61}$$

여기서 $N!$를 상수로 간주하여 N_i에 대해 양변을 편미분하면 아래를 얻는다[단 이때 $\frac{\partial}{\partial N_i}\sum_j N_j = \sum_j \delta_{ij} = \delta_{ii}$ (no sum)$= 1$($\because \partial N_j / \partial N_i = \delta_{ij}$ 즉 $i = j$이면 1, 기타 0 됨) 및 중첩도 g_j는 N_i에 무관 이용].

$$\frac{\partial \ln W}{\partial N_i} = \frac{\partial}{\partial N_i}\left[\sum_j N_j\left(1 + \ln\frac{g_i}{N_i}\right)\right] = \sum_j \delta_{ij}\left(1 + \ln\frac{g_j}{N_j}\right) + \sum_j N_j \times \frac{N_j}{g_j} \times (-)\frac{g_j\delta_{ij}}{N_j^2}$$

$$= 1 + \ln\frac{g_i}{N_i} - \delta_{ii}(=1) = \ln\frac{g_i}{N_i} \tag{C. 62}$$

다음에는 Lagrange 미정계수법에서 변환함수 F의 정류점을 구하면 아래가 된다.

$$\frac{\partial}{\partial N_i}\left[\ln W - \alpha \sum N_j - \beta \sum (\varepsilon_j - \varepsilon_0) N_j\right] = 0 \quad (i = 0, 1, 2, \cdots) \tag{C. 63}$$

혹은 아래가 성립된다 (이때도 마찬가지로 $\partial N_j / \partial N_i = \delta_{ij}$이용).

$$\frac{\partial \ln W}{\partial N_i} - \alpha - \beta(\varepsilon_i - \varepsilon_o) = 0 \quad (i = 0, 1, 2, \cdots) \tag{C. 64}$$

여기서 식 (C.62)를 대입하여 정리하면 아래를 얻는다.

$$N_i = e^{-\alpha N} e^{-\beta(\varepsilon_i - \varepsilon_0)} g_i \ \text{ 혹은 } \ N_i / g_i = e^{-\alpha N} e^{-\beta(\varepsilon_i - \varepsilon_0)} \tag{C. 65}$$

그런데 위 식의 N_i는 사실상 W를 최대로 하는 에너지준위 ε_i(상태수 g_i개)에 있는 분자수 N_i^*에 해당되므로 통계열역학의 개념에서 아래가 성립된다.

$$N_i (= N_i^*) = N p_i = N \frac{g_i e^{-(\varepsilon_i - \varepsilon_0)/kT}}{g(T)} \tag{C. 66}$$

여기서 p_i는 1개의 입자가 에너지준위 ε_i에 존재할 확률, 그리고 $g(T) = \sum g_i e^{-(\varepsilon_i - \varepsilon_0)/kT}$는 분배함수 (partition function)이다. 따라서 식 (C.65)와 (C.66)을 비교해 보면 두 미정계수 α 및 β는 각각 아래가 됨을 알 수 있다.

$$\alpha = \frac{1}{N} \ln(g/N), \ \beta = 1/kT \quad (\text{여기서 } k\text{는 볼츠만 상수}) \tag{C. 67}$$

또한 식 (C.65)에서 아래가 성립된다.

$$(N_i / g_i) / (N_j / g_j) = e^{-\beta(\varepsilon_i - \varepsilon_j)/kT} = e^{-(\varepsilon_i - \varepsilon_j)/kT} \tag{C. 68}$$

이 식은 입자 분포에 대한 Maxwell-Boltzmann 식으로서, 만약 $\varepsilon_i > \varepsilon_j$이면 $(N_i / g_i) < (N_j / g_j)$ 즉 입자들은 낮은 에너지준위를 차지할 경향이 큼을 의미한다.

C. 7 다변수 함수의 Taylor 급수전개

잘 알려진 바와 같이 1 변수 함수 f가 어떤 닫힌 영역에서 n계 도함수가 존재하고 연속이며, 또한 열린 영역(즉 경계점 제외)에서 $(n+1)$계 도함수가 존재한다고 가정하면 f를 $x = x_0$ 근방으로 Taylor 급수전개(여기서 미소구간 $\Delta x = x - x_0 = h$ 라고 둠)하면 아래와 같다(식 (A.6) 참조).

$$f(x_0+h)=f(x_0)+h\frac{d}{dx}f(x_0)+\frac{h^2}{2!}\frac{d^2}{dx^2}f(x_0)+\cdots+\frac{h^n}{n!}\frac{d^n}{dx^n}f(x_0)+R_n \qquad \text{(C. 69)}$$

여기서 나머지 항 R_n은 '평균치 정리(mean value theorem)'의 개념에 의해 아래와 같이 주어지고, $n\to\infty$ 일 때 $R_n\to 0$이 된다.

$$R_n=\frac{1}{(n+1)!}h^{n+1}\frac{d^{n+1}}{dx^{n+1}}f(x_0+\theta h) \qquad (0<\theta<1) \qquad \text{(C. 70)}$$

한편 2 변수 함수 $f(x,y)$의 경우에도 이와 비슷한 맥락에서 확장할 수 있다.

즉 어떤 닫힌 영역에서 f의 모든 n계 편도함수가 존재하고 연속이며, 또한 경계점을 제외한 열린 영역에서 $(n+1)$계 편도함수가 존재한다고 가정하면 f는 다음과 같이 $x=x_0$, $y=y_0$ 근방으로 Taylor 급수전개(이때 미소구간 $\Delta x=x-x_0=h$, $\Delta y=y-y_0=k$라고 둠)를 할 수 있다.

$$\begin{aligned} f(x_0+h,\,y_0+k) &= f(x_{0},\,y_0)+\left(h\frac{\partial}{\partial x}+k\frac{\partial}{\partial y}\right)f(x_{0},\,y_0) \\ &\quad +\frac{1}{2!}\left(h\frac{\partial}{\partial x}+k\frac{\partial}{\partial y}\right)^2 f(x_{0},\,y_0)+\cdots \\ &\quad +\frac{1}{n!}\left(h\frac{\partial}{\partial x}+k\frac{\partial}{\partial y}\right)^n f(x_{0},\,y_0)+R_n \end{aligned} \qquad \text{(C. 71)}$$

여기서 나머지 항 R_n은 1 변수 경우와 비슷하게 다음과 같이 평균치 정리로 나타낼 수 있으며, 역시 $n\to\infty$ 일 때 $R_n\to 0$이 된다.

$$R_n=\frac{1}{(n+1)!}\left(h\frac{\partial}{\partial x}+k\frac{\partial}{\partial y}\right)^{n+1} f(x_0+\theta h,\,y_0+\theta k) \qquad (0<\theta<1) \qquad \text{(C. 72)}$$

여기에서 식 (C.71) 중의 괄호로 된 편미분 연산자 항을 전개하고, 편미분 기호를 사용하면 아래와 같다.

$$\begin{aligned} \left(h\frac{\partial}{\partial x}+k\frac{\partial}{\partial y}\right) f(x_0,\,y_0) &\equiv h\,f_x(x_0,y_0)+k\,f_y(x_0,y_0) \\ \left(h\frac{\partial}{\partial x}+k\frac{\partial}{\partial y}\right)^2 f(x_0,\,y_0) &\equiv \left(h^2\frac{\partial^2}{\partial x^2}+2hk\frac{\partial^2}{\partial x\partial y}+k^2\frac{\partial^2}{\partial y^2}\right) f(x_0,\,y_0) \\ &\equiv h^2 f_{xx}(x_0,y_0)+2hkf_{xy}(x_0,y_0)+k^2 f_{yy}(x_0,y_0) \text{ 등} \end{aligned} \qquad \text{(C. 73)}$$

그리고 맨 마지막 항인 $\left(h\frac{\partial}{\partial x}+k\frac{\partial}{\partial y}\right)$는 '이항정리(binomial theorem)'로 전개할 수 있다.

한편 식 (C.72)와 (C.73)을 2, 3장에서 논의된 벡터 미분 연산자 ∇ 을 사용하여 나타내면 아래와 같다(문제 2.21 참조).

$$\begin{aligned} f(\boldsymbol{r}_0+\boldsymbol{\delta r}) &= f(\boldsymbol{r}_0)+(\boldsymbol{\delta r}\cdot\nabla)f(\boldsymbol{r}_0)+\frac{(\boldsymbol{\delta r}\cdot\nabla)^2}{2!}f(\boldsymbol{r}_0)+\cdots+\frac{(\boldsymbol{\delta r}\cdot\nabla)^n}{n!}f(\boldsymbol{r}_0)+R_n \\ &= \sum_{k=0}^{n}\frac{(\boldsymbol{\delta r}\cdot\nabla)^k}{k!}f(\boldsymbol{r}_0)+R_n \\ &= e^{\boldsymbol{\delta r}\cdot\nabla}f(\boldsymbol{r}_0)+R_n \end{aligned} \tag{C. 74}$$

$$R_n=\frac{(\boldsymbol{\delta r}\cdot\nabla)^{n+1}}{(n+1)!}f(\boldsymbol{r}_0+\theta\boldsymbol{\delta r}) \qquad (0<\theta<1) \tag{C. 75}$$

위 식에서 2 변수 함수에 대한 2차원 직교 Cartesian 좌표계를 사용하여 $\boldsymbol{r}_0=(x_0,y_0)^{\mathrm{T}}$, $\boldsymbol{\delta}=(h,k)^{\mathrm{T}}$, $\nabla=\left(\frac{\partial}{\partial x},\frac{\partial}{\partial y}\right)^{\mathrm{T}}$ 이고, 따라서 $(\boldsymbol{\delta r}\cdot\nabla)=(\boldsymbol{\delta r})^{\mathrm{T}}\nabla=h\frac{\partial}{\partial x}+k\frac{\partial}{\partial y}$ 가 된다.

위 관계식은 2 변수 함수의 경우뿐만 아니라 보다 많은 다변수 함수의 경우에도 그대로 적용이 가능하다.

한편 아래와 같이 '평균치 정리'에 기초를 둔 적분형태의 Taylor 정리도 있다. 즉 만약 어떤 1 변수 함수인 $f(x)$가 적분 영역 내에서 충분히 잘 거동된(well-behaved) 함수라면, 아래의 식이 성립된다.

$$f(x+y)=f(x)+y\frac{\partial}{\partial x}\int_0^1 f(x+\xi y)d\xi \tag{C. 76}$$

위 식의 타당성은 간단히 우편의 적분에서 $x+\xi y=X$라 두고, 적분은 $f(X)\cdot[dX/d\xi]^{-1}dX=f(X)dX/y$를 $X=x$에서 $X=x+y$까지 적분을 행하고 이를 x에 대해 편미분하면 $[f(x+y)-f(x)]/y$가 되어, 결국 전체적으로 우변은 $f(x+y)$가 되어 입증된다. 혹은 정식으로 $f(x+\xi y)$를 $\xi y=0$ 주위로 전형적인 Taylor 급수 전개 후 $\xi-$적분을 행하여도 마찬가지로 증명될 수 있다.

한편 만약 식 (C.76)의 적분 변수 ξ가 벡터이라면 아래의 일반화된 형태도 성립된다.

$$f(\boldsymbol{r}+\boldsymbol{s})=f(\boldsymbol{r})+\left(\boldsymbol{s}\cdot\frac{\partial}{\partial\boldsymbol{r}}\int_0^1 f(\boldsymbol{r}+\xi\boldsymbol{s})d\xi\right) \tag{C. 77}$$

D. 기본 상미분 방정식의 해

D. 1 1계 상미방의 해

D. 1. 1 변수분리형 경우

이 경우 아래와 같은 일반형태를 갖는다.

$$\frac{dy}{dx} = \frac{M(x)}{N(x)} \tag{D. 1}$$

위 식을 아래와 같이 변수 분리 후 각각에 대해 적분을 행하면 미방의 해를 구할 수 있다.

$$N(y)dy = M(x)dx \tag{D. 2}$$

D. 1. 2 적분인자를 이용한 1계 상미방의 해

이 경우 미방은 아래와 같은 일반형태를 취한다.

$$\frac{dy}{dx} + P(x)y = Q(x) \tag{D. 3}$$

이 식의 양변에 아래로 정의된 '적분인자(integrating factor)' $I(x)$를 곱해 왼편을 완전미방(혹은 상태함수)으로 만든다.

$$I(x) = \exp\left(\int P(x)dx\right) \tag{D. 4}$$

우선 식 (D.3)의 왼편은 $I'(x)(= dI/d(x)) = P(x)I(x)$가 됨을 이용하여 아래와 같이 2항은 1개의 완전미방 (상태함수) $I(x)y$항으로 표현된다(C.1절 참조).

$$I(x)dy + I(x)P(x)ydx = d(I(x)y) \tag{D. 5}$$

따라서 위의 상미방은 적분인자 $I(x)$에 의하여 아래와 같이 적분에 의해 쉽게 풀 수 있는 행태로 전환된다.

$$d(I(x)y) = Q(x)I(x)dx \quad \text{(D. 6)}$$

이를 (부정)적분하면 아래의 해가 얻어진다.

$$y(x) = \exp\left(-\int P(x)dx\right)\left[\int Q(x)\exp\left(\int P(x)dx\right)dx + C\right] \quad \text{(D. 7)}$$

여기서 C는 적분상수로서 초기치 $y(0)$을 알면 구해진다. [참고: 괄호안의 적분(dummy)변수 x를 임의의 t로 바꾸고, 적분을 $x = 0 \sim x$까지 정적분을 행해도 마찬가지 결과를 준다.]

예제 D. 1

아래의 1계 상미방의 해를 구하라.

$$\frac{dy}{dx} + \frac{1}{x}y = x \quad \text{(D. 8)}$$

풀 이

이 경우 식 (D.3)과 비교하면 $P(x) = 1/x$, $Q(x) = x$이므로 적분인자 $I(x)$는 아래와 같이 된다.

$$I(x) = \exp\left(\int \frac{1}{x}dx\right) = e^{\ln x} = x$$

따라서 식 (D.8)의 양변(전미분 형태)을 $I(x)$로 곱하면 아래가 얻어진다.

$$xdy + ydx = x^2dx$$

왼편은 식 (D.5)에 의해 한 개의 상태함수로 묶어지므로 아래 식을 얻는다.

$$d(xy) = x^2dx$$

이를 적분하면 아래와 같이 해를 얻을 수 있다.

$$xy = x^3/3 + c_1 \quad 즉 \quad y = x^2/3 + c_1$$

단 적분상수 c_1은 초기치 $y(0)$을 알면 구해진다.

D. 2 2계 상미방의 해

일반적으로 2계 상미방은 아래의 형태를 가진다.

$$y'' = f(x, y, y') \tag{D. 9}$$

이하에서 자주 나타나는 아래의 3 특별 경우에 대하여 논하겠다.

D. 2. 1 $y'' = f(x)$의 경우

이 경우 식의 양변을 적분하면 아래를 얻는다.

$$y' = \int f(x)dx + c_1 = F(x) + c_1 \tag{D. 10}$$

이를 다시 적분하면 아래의 해를 얻는다.

$$y = \int F(x)dx + c_1 x + c_2 \tag{D. 11}$$

예제 D. 2

아래의 2계 상미방의 해를 구하라.

$y'' = x$

풀 이

양변을 한번 적분하면 아래가 된다.

$$y' = x^2/2 + c_1$$

다시 적분하면 아래의 (일반)해를 얻는다.

$$y = x^3/6 + c_1 x + c_2$$

D. 2. 2 $y'' = f(x, y')$의 경우

여기서 $y' = p$로 두면 원래의 미방은 아래가 된다.

$$\frac{dp}{dx} = f(p, x) \tag{D. 12}$$

만약 식 (D. 1)처럼 변수 분리가 가능하면 해 $p(x)$를 구한 후, $p = y'$로 두고 다시 적분을 행하여 해를 구한다.

예제 D. 3

아래의 2계 상미방의 해를 구하라.

$$y'' = y' + 1 \tag{D. 13}$$

풀 이

여기서 $p = y'$로 두면 아래식을 얻는다.

$$\frac{dp}{dx} = p + 1 \quad 즉 \quad \frac{dp}{dx} - p = 1 \tag{D. 14}$$

이 식과 식 (D. 3)을 비교해보면 $P(x) = -1$, $Q(x) = 1$로서 적분인자 $I(x)$(식 (D. 4))는 e^{-x}가 된다. 따라서 식 (D. 14)의 양변을 $I(x) = e^{-x}$로 곱하면 식 (D. 6)에 의해 아래를 얻는다.

$$d(e^{-x}p) = e^{-x}dx$$

이를 적분하면 아래를 얻는다.

$$e^{-x}p = -e^{-x} + c_1$$

이를 $p(=y')$에 대해 풀면 아래가 된다.

$$y'(=dy/dx) = -1 + c_1e^x$$

이는 변수분리형이므로 적분에 의해 아래의 (일반)해가 얻어진다.

$$y = -x + c_1e^x + c_2$$

D. 2. 3 $y = f(x, y, y'')$의 경우

이 경우 식은 아래의 (2계) 선형미분연산자 $\hat{L} \equiv d^2/dx^2 + a_1 d/dx + a_2$의 정의에 의해 아래와 같이 나타내진다.

$$\hat{L}\,y(x) = \frac{d^2y}{dx^2} + a_1\frac{dy}{dx} + a_2 y = g(x) \tag{D. 15}$$

여기서 위 식을 만족하는 일반해 $y(x)$를 구하는 방법은 먼저 $g(x) = 0$인 경우의 제차(homogeneous)형태의 해 y_h(혹은 보조함수 y_c라고도 표기)를 구한 후, 이를 바탕으로 위 식을 완전히 만족하는 특수해 y_p를 구하여 합하면 일반해 $y = y_h + y_p$를 구할 수 있다.

그러면 제차해 y_h(혹은 보조함수 y_c)를 구해보기로 하자. 이 경우 미방은 아래가 된다.

$$y_h'' + a_1 y_h' + a_2 y_h = 0 \tag{D. 16}$$

지금 소위 '특성방정식(characteristic equation)'의 기법에 의해 위 식에 $y_h = e^{\lambda x}$로 두어 미분을 행하면 위 식은 아래가 된다.

$$\lambda^2 e^{\lambda x} + a_1 \lambda e^{\lambda x} + a_2 e^{\lambda x} = 0 \tag{D. 17}$$

그런데 $e^{\lambda x} \neq 0$이므로 양변을 이로 나누면 아래와 같이 λ에 대한 2차 방정식(두근은 λ_1, λ_2)을 얻는다.

$$\lambda^2 + a_1\lambda + a_2 = (\lambda - \lambda_1)(\lambda - \lambda_2) = 0 \tag{D. 18}$$

$$\lambda_1 + \lambda_2 = -a_1,\ \lambda_1\lambda_2 = a_2 \tag{D. 19}$$

여기서 2차 방정식의 판별식 $D = a_1^2 - 4a_2$가 양(2개의 서로 다른 실근 λ_1, λ_2), 0(1개의 실수중근 $\lambda_1 = \lambda_2 = \lambda_0$), 및 음(2개의 복소 공액근 $\lambda_{1,2} = A \pm iB$, $i = \sqrt{-1}$)의 3경우에 대하여 각각 해를 구해보기로 한다.

(a) 서로 다른 2개의 실근 λ_1, λ_2

이때 제차미방(D. 16)의 해 y_h는 아래의 형태를 갖는다.

$$y_h = c_1 e^{\lambda_1 x} + c_2 e^{\lambda_2 x} \tag{D. 20}$$

(b) 1개의 실수 중근 $\lambda_1 = \lambda_2 = \lambda_0$

이 경우 제차해는 아래의 형태를 갖는다.

$$y_h = c_1 e^{\lambda_0 x} + c_2 x e^{\lambda_0 x} \tag{D. 21}$$

(c) 1쌍의 복소공액근 $\lambda_{1,2} = A \pm iB$

이 경우 제차해는 아래와 같이 나타내진다.

$$y_h = e^{Ax}(c_1 \cos Bx + c_2 \sin Bx) \tag{D. 22}$$

위 3 경우 모두 역으로 식 (D.20) - (D.22)를 원 미방식 (D.16)에 대입하면 만족됨을 알 수 있다.

예제 D. 4

아래의 2계 상미방의 해를 구하라.

$$\hat{L}y(x) \equiv \frac{d^2 y}{dx^2} + y = e^x + \sin x \tag{D. 23}$$

풀 이

위 식에서 $g(x) = e^x + \sin x = 0$을 두고, 특성방정식의 기법에 의해 제차해 y_h를 구한다. 그런데 특성식 (D.18)에서 $a_1 = 0$, $a_2 = 1$이 되므로 2차 방정식의 판별식 $D = a_1^2 - 4a_2 = -4 < 0$이 되어 위에서 경우 (c)에 해당된다. 이 때 1쌍의 복소공액근 $\lambda_{1,2} = A \pm iB = \pm i$가 되어 제차해는 식 (D.22)에 의해 아래가 된다.

$$y_h = b_1 \cos x + b_2 \sin x \tag{D. 24}$$

그런데 $g(x) = e^x + \sin x$이므로 특수해 y_p는 아래의 형태로 나타낼 수 있다.

$$y_p = c_1 e^x + c_2 x \sin x + c_3 x \cos x \tag{D. 25}$$

따라서 일반해 $y(x) = y_h + y_p$는 아래의 형태를 갖는다.

$$y(x) = \frac{1}{2} e^x - \frac{x}{2} \cos x + b_1 \cos x + b_2 \sin x \tag{D. 26}$$

단 위 식에서 $c_1 = \frac{1}{2}$, $c_2 = 0$, $c_3 = -\frac{1}{2}$ 되는 것은 특수해 (D.25)를 원식 (D.23)에 대입하여 구해진 것이다.

E. 점화수열의 일반항(해)

E.1 상수계수의 선형점화수열의 일반항(해)

상수 α_0, α_1, α_2, $\cdots$, α_k에 대하여 일반항 사이에

$$\alpha_k a_{n+k} + \alpha_{k-1} a_{n+k-1} + \cdots + \alpha_0 a_n = \gamma_n \quad (\text{단, } \alpha_k \neq 0,\ \alpha_o \neq 0) \tag{E. 1}$$

이 성립하는 수열을 상수계수의 'k-계 선형 점화수열(식)(k-th order linear recurrence sequence formula)'이라 부른다. $\gamma_n = 0$이면 방정식 (E.1)을 제차형(homogeneous) 선형 점화수열이라 부르고 $\gamma_n \neq 0$이면 방정식 (E.1)을 비제차형(non-homogeneous) 선형 점화수열이라 부른다. (E.1)을 만족하는 일반항은 $\{a_n + b_n\}$으로 표시된다. a_n은 제차형 점화수열(식)의 일반항(해)(여기서는 a_n^G로 나타냄)이고 b_n(여기서는 a_n^P로 나타냄)은 비제차형 점화수열을 만족하는 특수항이다. $a_{n+1} = a_n + b$형의 등차수열과 $a_{n+1} = ra_n$형의 등비수열은 상수계수의 1-계 선형 점화수열이 된다.

한편 위에서 정의된 점화수열(식)의 해(일반항)을 구하는 것은 6장 또는 부록 D에 언급된 상미분 방정식의 해를 구하는 절차와 유사한 점이 많이 있다. 즉 식 (E.1)을 (선형)미분연산자 $\hat{L}$과 유사한 '$k-$계 차분 연산자(k-th order difference operator)' $\hat{D}_k$를 사용하여 아래와 같이 나타낼 수 있다.

$$\hat{D}_k a_n \equiv \sum_{i=0}^{k} \alpha_{k-i} a_{n+k-i} = \gamma_n \quad (\text{단, } \alpha_k \neq 0,\ \alpha_0 \neq 0) \tag{E. 2}$$

따라서 이 점화식의 해(일반항)도 미분방정식의 경우와 유사하게 일반해 a_n은 $\gamma_n = 0$이 되는 제차해 a_n^G(즉 $\hat{D}_k a_n^G = 0$ 됨)과 $\gamma_n \neq 0$이 되는 특수해 a_n^P(즉 $\hat{D}_k a_n^P = \gamma_n$ 만족)의 합으로 아래와 같이 나타낼 수 있다.

$$a_n = a_n^G + a_n^P \tag{E. 3}$$

그러므로 이하에서는 먼저 상수계수의 선형 점화식의 제차해(혹은 일반항)를 구하는 방법과 나아가 비제차 (정수)점화수열의 특수해를 구하는 방법에 대해 예제를 통하여 논하기로 한다(다만 지면 관계상 자세한 유도과정은 생략함).

E. 1. 1 제차형 점화수열의 일반항

$$\alpha_k a_{n+k} + \alpha_{k-1} a_{n+k-1} + \cdots + \alpha_0 a_n = 0,\ \alpha_k \neq 0,\ \alpha_0 = 0 \tag{E. 4}$$

상수계수의 상미분방정식의 일반해를 구하는 방법과 유사하게(D.2.3절 참조), $a_n = e^{\lambda n} = \zeta^n$ $(\zeta = e^{\lambda} \neq 0)$으로 가정하여 (E.4)식에 대입하면

$$\alpha_k \zeta^{n+k} + \alpha_{k-1}\zeta^{n+k-1} + \cdots + \alpha_0 \zeta^n = \zeta^n\left(\alpha_k \zeta^k + \alpha_{k-1}\zeta^{k-1} + \cdots + \alpha_0\right) = 0$$

그러므로 다음 특성방정식을 얻는다.

$$\rho(\zeta) = \alpha_k \zeta^k + a_{k-1}\zeta^{k-1} + \cdots + \alpha_0 = 0 \tag{E. 5}$$

방정식 (E.5)의 한 근을 ζ라 하면 $a_n = \zeta^n$은 방정식 (E.4)를 만족한다. $\rho(\zeta) = 0$의 서로 다른 근을 $\zeta_1,\ \zeta_2,\ \cdots,\ \zeta_m\ (m \leq k)$라 하고 근의 중복도(multiplicity)를 각각 $\mu_1,\ \mu_2,\ \cdots,\ \mu_m \left(k = \sum_{i=1}^{m} \mu_i\right)$이라 하면, 1차독립인 a_n은 μ_i개가 있으며 다음과 같이 주어진다.

$$\mu_i \text{ 개} \begin{cases} a_n = \zeta_i{}^n \\ a_n = n\zeta_i{}^n \\ a_n = n^2\zeta_i{}^n \\ \quad\vdots \\ a_n = n^{\mu_i - 1}\zeta_i{}^n \end{cases}$$

그러므로 일반항 a_n은 이들의 1차결합

$$\begin{aligned} a_n = &\left\{c_{1,1} + c_{1,2}n + c_{1,3}n^2 + \cdots + c_{1,\mu_1}n^{\mu_1 - 1}\right\}\zeta_1{}^n \\ &+ \left\{c_{2,1} + c_{2,2}n + c_{2,3}n^2 + \cdots + c_{2,\mu_2}n^{\mu_2 - 1}\right\}\zeta_2{}^n \\ &\qquad\vdots \\ &+ \left\{c_{m,1} + c_{m,2}n + c_{m,3}n^2 + \cdots + c_{m,\mu_m}n^{\mu_m - 1}\right\}\zeta_m{}^n \end{aligned} \tag{E. 6}$$

으로 주어지고 미지계수의 총 개수 $\mu_1 + \mu_2 + \cdots + \mu_m = k$이다. k개의 초기 조건을 대입하여 상수 $c_{i,j}(1 \leq j \leq \mu_{i-1},\ 1 \leq i \leq m)$를 결정한다.

E. 1. 2 비제차형 점화수열의 일반항(해)

b_n을 (E.1)을 만족하는 특수해라 하면

$$\alpha_k b_{n+k} + \alpha_{k-1} b_{n+k-1} + \cdots + \alpha_0 b_n = \gamma_n$$

을 얻는다. 그러므로 $a_n + b_n$을 (E.1)에 대입하면

$$\alpha_k a_{n+k} + \alpha_{k-1} a_{n+k-1} + \cdots + \alpha_0 a_n + \alpha_k b_{n+k} + \cdots + \alpha_0 b_n = \gamma_n$$

따라서 $a_n + b_n$은 (E.1)의 일반항(해)이다. 제차형 점화수열의 일반항 a_n을 a_n^G, 비제차형 점화수열의 특수항 b_n을 a_n^P라 하면 비제차형 점화수열의 일반항 a_n은 $a_n = a_n^G + a_n^P$로 주어짐을 알 수 있다.

예제 E. 1

수열 $a_{n+3} - 2a_{n+2} - a_{n+1} + 2a_n = 0$, $a_0 = 0$, $a_1 = 1$, $a_2 = 1$의 일반항을 구하시오.

풀 이

특성방정식 $\rho(\zeta) = \zeta^3 - 2\zeta^2 - \zeta + 2 = 0$의 근을 구하면 $\zeta = 1, -1, 2$이므로 $a_n = c_1 + c_2(-1)^n + c_3 2^n$. 초기조건으로부터 $c_1 = 0$, $c_2 = -1/3$, $c_3 = 1/3$을 대입하여 $a_n = -(-1)^n/3 + 2^n/3$이다.

예제 E. 2

점화수열 $a_{n+2} - 2a_{n+1} + 2a_n = \alpha$(단 α는 주어진 상수)의 일반항을 구하시오.

풀 이

(i) 제차형 점화수열의 일반해 구하기

특성방정식 $\zeta^2 - 2\zeta + 2 = 0$으로부터 $\zeta = 1 \pm i = \sqrt{2}\, e^{\pm \frac{i\pi}{4}}$ (복소수)이므로 일반해

$$a_n^G = c_1(\sqrt{2})^n e^{\frac{i\pi n}{4}} + c_2(\sqrt{2})^n e^{-\frac{i\pi n}{4}}$$

$$= \sqrt{2}^n [\underbrace{(c_1 + c_2)}_{c_1'} \cos\frac{n\pi}{4} + i\underbrace{(c_1 - c_2)}_{c_2'} \sin\frac{n\pi}{4}]$$

(ii) 비제차형 점화수열의 특수해 구하기

$a_n^P = c$(상수로 가정하여)라고 놓으면 $c - 2c + 2c = \alpha$. $\therefore c = \alpha$.

그러므로

$$a_n = a_n^G + \alpha = \sqrt{2}^{\,n}\left(c_1{}'\cos\frac{n\pi}{4} + ic_2{}'\sin\frac{n\pi}{4}\right) + \alpha$$

예제 E. 3

점화수열 $a_{n+2} - 4a_{n+1} + 4a_n = n$의 일반항을 구하시오.

풀 이

(i) 제차형 점화수열의 일반해 구하기

특성방정식 $\zeta^2 - 4\zeta + 4 = 0$으로부터 $(\zeta - 2)^2 = 0$. $\therefore \zeta = 2$이고 이 근의 중복도가 2이므로 $a_n^G = (c_1 + c_2 n)2^n$.

(ii) 비제차형 점화수열의 특수해 구하기

$a_n^P = An + B$라고 두면(우변이 k차의 다항식이면 $a_n^P = \sum_{i=0}^{k} c_i n^i$로 가정), $An + 2A + B - 4A = n$.

계수를 비교하여 $A = 1$, $B = 2$를 얻는다.

$\therefore a_n^P = n + 2$. 그러므로 $a_n = (c_1 + c_2 n)2^n + n + 2$.

예제 E. 4

수열 $a_{n+3} - 6a_{n+2} + 12a_{n+1} - 8a_n = p^n\,(p \neq 2)$의 일반항을 구하시오.

풀 이

(i) 제차형 점화수열의 일반해 구하기

특성방정식 $\rho(\zeta) = (\zeta - 2)^3 = 0$으로부터 $\zeta = 2$이고 이 근의 중복도가 3이므로 일반해는 $a_n^G = (c_1 + c_2 n + c_3 n^2)2^n$.

(ii) 비제차형 점화수열의 특수해 구하기

$a_n^P = Ap^n \neq 0$(A는 상수)이라고 가정하면, $Ap^n(p^3 - 6p^2 + 12p - 8) = Ap^n(p-2)^3 = p^n$.

$\therefore A = p/(p-2)^3$, $p \neq 2$를 얻는다. 그러므로 $a_n = a_n^G + a_n^P$.

예제 E. 5

점화수열 $a_{n+2}-5a_{n+1}+6a_n=n^2p^n$의 일반항을 구하시오. 단, $p\neq 2,\ p\neq 3$는 상수이다.

풀 이

(i) 제차형 점화수열의 일반해

특성방정식 $\rho(\zeta)=\zeta^2-5\zeta+6=0$으로부터 $\zeta=3,\ \zeta=2.\ \therefore a_n^G=c_1 2^n+c_2 3^n.$

(ii) 비제차형 점화수열의 특수해

$a_n^P=(An^2+Bn+C)p^n\neq 0$이라고 가정하고 대입하여 정돈하면

$$[A(n^2+4n+4)+B(n+2)+C]p^2-5[A(n^2+2n+1)+B(n+1)+C]p+6(An^2+Bn+C)=n^2$$

계수비교하여

$$A(p^2-5p+6)=1, (4A+B)p^2-5p(2A+B)+6B=0, (4A+2B+C)p^2-5p(A+B+C)+6C=0$$

을 얻는다. 이 연립방정식을 풀어서

$$A=\frac{1}{(p^2-5p+6)},\ B=\frac{2p(5-2p)}{(p^2-5p+6)^2},\ C=\frac{p(4p^3-15p^2+p+30)}{(p^2-5p+6)^3}$$

이므로 일반해는 $a_n=a_n^G+(An^2+Bn+C)p^n$이다.

예제 E. 6

점화수열 $a_{n+3}-2a_{n+2}-4a_{n+1}+8a_n=2^n$의 의 특수해를 구하시오.

풀 이

특성방정식은 $\rho(\zeta)=(\zeta-2)^2(\zeta+2)=0$으로 주어지므로 근 $\zeta=2$는 중복도가 2이다. $a_n^P=cn^2 2^n$이라고 가정하고 주어진 점화식에 대입하여 정돈하면

$$c[(n+3)^2 2^{n+3}-2(n+2)^2 2^{n+2}-4(n+1)^2 2^{n+1}+8n^2 2^n]=c2^n\cdot 32=2^n$$

그러므로 $c=1/32$을 얻는다.

$$\therefore a_n^P=\frac{1}{32}n^2 2^n.$$

[참고: 선형점화식 $\alpha_k a_{n+k}+\alpha_{k-1}a_{n+k-1}+\cdots\ \alpha_0 a_n = n^\beta p^n$, (단, $\alpha_k \neq 0$, $\alpha_0 \neq 0$, $\beta \geq 0$는 정수, p는 상수)의 특성방정식 $\rho(\zeta)$가 $\zeta = p$에서 중복도 m의 근을 가지면 특수해는 $a_n^P = n^m p^n \left(\sum_{i=0}^{\beta} c_i n^i\right)$으로 가정하여 구한다.]

E. 2 변수계수(상수계수 포함)의 선형 점화수열

일반 해법을 찾기가 어려우므로 유형별로 알아보기로 한다. 각 유형에 적용되는 p, q는 상수이고 $\phi(n)$, $f(n)$는 n의 함수이다.

유형 (1)

$a_{n+1} - a_n = f(n)$ (계차수열이 n의 함수일 때)

풀 이

아래 식의 좌우변을 세로 방향으로 합하면 원하는 결과를 얻는다.

$$\left.\begin{aligned} &a_{n+1} - a_n = f(n) \\ &a_n - a_{n-1} = f(n-1) \\ &a_{n-1} - a_{n-2} = f(n-2) \\ &\quad\vdots \\ &a_2 - a_1 = f(1) \end{aligned}\right\} \Rightarrow a_n = \begin{cases} a_1 &, \quad n=1 \\ a_1 + \sum_{k=1}^{n-1} f(k), & n \geq 2 \end{cases} \tag{E. 7}$$

[가령 $f(k)=k^2$이면, $\sum_{k=1}^{n-1} f(k) = \dfrac{n(n-1)(2n-1)}{6}$가 된다.]

유형 (2)

$$\frac{a_{n+1}}{a_n} = f(n)$$

풀 이

$$\frac{a_n}{a_{n-1}} \cdot \frac{a_{n-1}}{a_{n-2}} \cdot \cdots \cdot \frac{a_2}{a_1} = f(n-1) \cdot f(n-2) \cdot \cdots \cdot f(1)$$

$$\therefore\ a_n = \begin{cases} a_1 & ,\quad n=1 \\ a_1 \cdot \prod_{k=1}^{n-1} f(k), & n \geq 2 \end{cases}$$

여기서 만약 $f(k) = \frac{(k+1)^2}{k}$ 이면

$$\prod_{k=1}^{n-1} f(k) = f(1) \cdot f(2) \cdot \cdots \cdot f(k-1) = \frac{2^2}{1} \cdot \frac{3^2}{2} \cdot \frac{4^2}{3} \cdot \cdots \cdot \frac{n^2}{n-1} = n^2 \cdot (n-1)!$$

유형 (3)

$$\frac{q \log |a_{n+1}|}{p \log |a_n|} = \log |f(n)| \ \text{(단 } a_n \neq 0,\ p \neq 0,\ q \neq 0\text{)}$$

풀 이

여기서 $\log |a_n| = y_n$이라 놓으면 $\frac{y_{n+1}}{y_n} = \frac{p}{q} \log |f(n)|$의 형식이 된다. 유형 (2)를 이용하여

$$y_n = \begin{cases} y = 1 \cdot \left(\frac{p}{q}\right)^{n-1} \prod_{k=1}^{n-1} \log|f(k)|, & n \geq 2 \\ y = 1 & ,\quad n=1 \end{cases}$$

그러므로 $\log|a_n| = \begin{cases} \log|a_1| \cdot \left(\frac{p}{q}\right)^{n-1} \prod_{k=1}^{n-1} \log|f(k)|, & n \geq 2 \\ \log|a_1| & ,\quad n=1 \end{cases}$

$$\therefore |a_n| = |a_1|^x,\ x = \begin{cases} \left(\frac{p}{q}\right)^{n-1} \prod_{k=1}^{n-1} \log|f(k)|, & n \geq 2 \\ 1 & ,\quad n=1 \end{cases}$$

(a_n의 부호는 a_1값 부호에 따라 결정된다.)

유형 (4)

$$a_{n+1} - pa_n = f(n)$$

풀 이

아래 식의 좌우변을 세로 방향으로 합하면 원하는 결과를 얻는다.

$$a_{n+1} - pa_n = f(n)$$

$$pa_n - p^2 a_{n-1} = pf(n-1)$$

$$p^2 a_{n-1} - p^3 a_{n-2} = p^2 f(n-2)$$

$$\vdots \qquad \vdots$$

$$p^{n-1} a_2 - p^n a_1 = p^{n-1} f(1)$$

그러므로

$$a_n = \begin{cases} p^{n-1}\left\{a_1 + \sum_{k=1}^{n-1} \frac{f(k)}{p^k}\right\}, & n \ge 2 \\ a_1 \qquad\qquad\qquad\qquad , & n = 1 \end{cases}$$

유형 (5)

$x_{n+2} + px_{n+1} + qx_n = f(n)$ (단, p, q는 주어진 상수)

풀 이

α와 γ를 $x^2 + px + qx = 0$의 두 근이라 하면

$$(x_{n+2} - \gamma x_{n+1}) = \alpha(x_{n+1} - \gamma x_n), \ \alpha + \gamma = -p, \ \alpha\gamma = q$$

이다. $a_n = x_{n+1} - \gamma x_n$이라 하자. 그러면 $a_{n+1} - \alpha a_n = f(n)$이다. 유형 (4)의 결과를 적용하여

$$a_n = \alpha^{n-1} a_1 + \sum_{k=1}^{n-1} \alpha^{n-k} f(k) = G(n) = x_{n+1} - \gamma x_n$$

그러므로 $x_n = \begin{cases} \gamma^{n-1}\left(x_1 + \sum_{k=1}^{n-1} \frac{G(k)}{\gamma^k}\right), & n \ge 2 \\ x_1 \qquad\qquad\qquad\qquad , & n = 1 \end{cases}$ 을 얻는다.

유형 (6)

$$a_{n+1} - na_n = f(n)$$

풀 이

아래 식의 좌우변을 세로 방향으로 합하면 원하는 결과를 얻는다.

$$a_{n+1} - na_n = f(n)$$

$$na_n - n(n-1)a_{n-1} = nf(n-1)$$

$$n(n-1)a_{n-1} - n(n-1)(n-2)a_{n-2} = n(n-1)f(n-2)$$

$$n(n-1)(n-2)a_{n-2} - n(n-1)(n-2)(n-3)a_{n-3} = n(n-1)(n-2)f(n-3)$$

$$\vdots \qquad\qquad \vdots$$

$$n(n-1)(n-2)\cdot \cdots \cdot 2 \cdot a_2 - n(n-1)\cdot \cdots \cdot 1 \cdot a_1 = n(n-1)\cdot \cdots \cdot 3 \cdot 2 \cdot f(1)$$

$$\therefore a_{n+1} = n!a_1 + \sum_{k=1}^{n} \frac{n!}{k!} f(k) = n!\left\{a_1 + \sum_{k=1}^{n} \frac{f(k)}{k!}\right\}$$

그러므로

$$a_n = \begin{cases} (n-1)!\left\{a_1 + \sum_{k=1}^{n-1} \dfrac{f(k)}{k!}\right\}, & n \geq 2 \\ a_1 \qquad\qquad\qquad\qquad , & n = 1 \end{cases}$$

유형 (7)

$$a_{n+1} - \phi(n)a_n = f(n)$$

풀 이

$\phi(i) = \phi_i$라 놓으면

$$a_{n+1} - \phi_n a_n = f(n)$$

$$\phi_n a_n - \phi_n \phi_{n-1} a_{n-1} = \phi_n f(n-1)$$

$$\phi_n \phi_{n-1} a_{n-1} - \phi_n \phi_{n-1} \phi_{n-2} a_{n-2} = \phi_n \phi_{n-1} f(n-2)$$

$$\phi_n\phi_{n-1}\phi_{n-2}a_{n-2}-\phi_n\phi_{n-1}\phi_{n-2}\phi_{n-3}a_{n-3}=\phi_n\phi_{n-1}\phi_{n-2}f(n-3)$$

$$\vdots \qquad\qquad \vdots$$

$$\phi_n\phi_{n-1}\cdot\cdots\cdot\phi_2a_2-\phi_n\cdot\cdots\cdot\phi_2\phi_1a_1=\phi_n\phi_{n-1}\cdot\cdots\cdot\phi_2f(1)$$

$$\therefore\ a_{n+1}=\left(\prod_{i=1}^{n}\phi(i)\right)a_1+\sum_{k=1}^{n}\frac{\prod_{i=1}^{n}\phi(i)}{\prod_{i=1}^{k}\phi(i)}f(k)$$

그러므로

$$a_n=\begin{cases}a_1 & ,\quad n=1\\ \prod_{i=1}^{n-1}\phi(i)\left\{a_1+\sum_{k=1}^{n-1}\dfrac{f(k)}{\prod_{i=1}^{k}\phi(i)}\right\}, & n\ge 2\end{cases}$$

$\phi(n)=n$이면 유형 (6)으로 귀착된다.

예제 E.7

$$x_{n+1}{}^2-2x_n{}^2=n$$

풀 이

$a_n=x_n{}^2$이라 하면 $a_{n+1}-2a_n=n$.

유형 (7)의 결과로부터 $\phi(n)=2,\ f(n)=n$으로 두면

$$x_n{}^2=a_n=\begin{cases}\left(\prod_{i=1}^{n-1}2\right)\cdot\left\{a_1+\sum_{k=1}^{n-1}\dfrac{k}{2^k}\right\}, & n\ge 2\\ a_1 & ,\quad n=1\end{cases}$$

$$\therefore\ x_n{}^2=\begin{cases}2^{n-1}\left(x_1{}^2+2\right)-(n+1), & n\ge 2\\ x_1{}^2 & ,\quad n=1\end{cases}$$ 을 얻는다.

[단 위 관계식에서 $2^{n-1}\sum_{k=1}^{n-1}\dfrac{k}{2^k}=2^{n-1}\times 2-(n+1)$의 항등관계를 이용하였다.]

이와 같이 x_n보다는 $x_n{}^2$을 직접 사용하는 것이 더욱 편리하다.

E. 3 비선형 점화수열

비선형 미분 방정식의 경우와 마찬가지로, 비선형 점화수열의 경우에도 일반 해법을 찾기가 어려우므로 유형별로 알아보기로 한다. 적절한 변환을 통하여 선형으로 변환하면 쉽게 해를 구할 수 있다. 각 유형에 적용되는 a, b, c, d는 상수이고 $f(n)$은 n의 함수이다.

유형 (8)

$$x_{n+1}=\frac{ax_n+b}{cx_n+d} \quad (ad-bc\neq 0)$$

풀이

α가 $\alpha=\dfrac{a\alpha+b}{c\alpha+d}$를 만족하는 값이라고 하자. 그러면

$$x_{n+1}-\alpha=\frac{ax_n+b}{cx_n+d}-\frac{a\alpha+b}{c\alpha+d}=\frac{(ad-bc)(x_n-\alpha)}{(c\alpha+d)\{c(x_n-\alpha)+c\alpha+d\}}$$

역수를 취하면

$$\frac{1}{x_{n+1}-\alpha}=\frac{(c\alpha+d)\{c(x_n-\alpha)+c\alpha+d\}}{(ad-bc)(x_n-\alpha)}$$

$\dfrac{1}{x_n-\alpha}=y_n$이라 하면 $y_{n+1}=\dfrac{c\alpha+d}{ad-bc}\left[c+(c\alpha+d)y_n\right]$

이 수열은 선형 점화수열로 귀착된다.

$$y_{n+1}=\beta y_n+\gamma,\ \beta=\frac{(c\alpha+d)^2}{ad-bc},\ \gamma=\frac{c(c\alpha+d)}{ad-bc}.$$

유형 (9)

$$a_{n+k}=a_{n+k-1}{}^{P_{k-1}}a_{n+k-2}{}^{P_{k-2}}\cdots a_n{}^{P_0}f(n)$$

$$= \left[\prod_{i=0}^{k-1} a_{n+i}{}^{P_i}\right] \cdot f(n)$$

[단 $a_{n+i} > 0.\ (i=0,1,\cdots,k-1),\ f(n) > 0,\ P_i$: 상수지수]

풀 이

주어진 식의 양변에 log를 취하면

$$\log a_{n+k} = P_{k-1}\log a_{n+k-1} + P_{k-2}\log a_{n+k-2} + \cdots + P_0\log a_n + \log f(n)$$

$y_n = \log a_n$이라 놓으면 선형 점화수열로 귀착된다.

$$y_{n+k} = P_{k-1}y_{n+k-1} + P_{k-2}y_{n+k-2} + \cdots + P_0 y_n + \log f(n)$$

유형 (10)

$$a_n = \frac{a_{n-1}}{f(n)a_{n-1} + b}$$

풀 이

역수를 취하면 $\frac{1}{a_n} = \frac{b}{a_{n-1}} + f(n)$이다. $x_n = \frac{1}{a_n}$이라 하면 $x_n = bx_{n-1} + f(n)$이 되어 선형 점화수열로 귀착된다. 유형 (4)참조.

끝으로 부록 E에서 논의된 점화식 관계는 적분공식의 유도나 상미분 방정식의 해를 구하는데 널리 이용될 뿐만 아니라, Logendre나 Bessel함수와 같은 특수함수의 이론에 매우 긴요하게 이용된다(본문 참조).

F. 기본 적분방정식

F. 1 정의 및 미분방정식으로부터 유도

6장 혹은 부록 D에 언급된 미분방정식(differential equation)은 구하려는 미지수(여기서는 함수 $y(x)$)에 미분연산기호(가령 $\dfrac{d}{dx}$ 등)가 붙어있는 반면에 '적분방정식(integral equation, IE)' 구하려는 미지수에 적분기호가 붙어있는 것을 의미한다. 그런데 미분연산자 $\mathrm{D}\left(=\dfrac{d}{dx}\right)$와 적분연산자 $\mathrm{J}\left(=\int\cdots dx\right)$는 서로 역함수관계[$\because$ $\mathrm{D}\circ\mathrm{J}(f(x))=f(x)$이므로 $\mathrm{D}\circ\mathrm{J}=\mathrm{J}\circ\mathrm{D}=\mathrm{I}$(단위 연산자)가 성립됨]이므로 적분방정식 또한 미분방정식과 밀접한 관계에 있다.

가령 아래와 같은 2계 상미분 방정식을 생각해보자.

$$y''(x)=f(x,\,y) \tag{F. 1}$$

여기서 $f(x,\,y)$는 x 및 $y(x)$의 함수이나, $y'(x)$의 함수는 아니다. 식 (F. 1)는 전형적인 2계(second order) 상미분방정식(ODE)이다.

지금 식 (F.1)을 x에 대해 한번 적분을 행하면 아래가 된다.

$$y'(x)=\int_0^x f(z,\,y(z))dz+c_1$$

위 식을 한 번 더 적분을 행하면 아래를 얻는다.

$$y(x)=\int_0^x du\int_0^u f(z,\,y(z))dz+c_1x+c_2$$

그런데 위 이중적분 식의 적분순서를 바꾸어도 값은 변하지 않으므로(즉 z에 대해 먼저 적분하고, 다시 u에 대해 적분하는 것과 u에 대해 먼저 적분하고, 나중에 z에 대해 적분하더라도 값은 동일함) 위 식을 아래와 같이 나타낼 수 있다(단 이때 적분한계의 변화에 유의할 것).

$$y(x)=\int_0^x f(z,\,y(z))dz\int_z^x du+c_1x+c_2 \tag{F. 2a}$$

$$= \int_0^x (x-z)f(z, y(z))dz + c_1 x + c_2 \tag{F. 2b}$$

이 식은 $y(x)$에 대한 비선형($\because$ 일반 $f(x, y)$의 존재 때문) Volterra형 적분방정식이 된다(다음 절 참조).

식 (F. 2b)의 상수 c_1 및 c_2값에 어떤 값을 부여함으로써 해 $y(x)$에 관한 경계조건을 포함시킬 수 있다. 예를 들면 $c_1 = b$ 및 $c_2 = a$값을 가정함으로써 1점 경계조건(one-point boundary condition)인 $y(0) = a$ 및 $y'(0) = b$를 즉시 얻을 수 있다.

F. 2 적분방정식의 분류

식 (F.2b)로부터 식 (F.1)과 같은 비교적 간단한 미분방정식일지라도 대응하는 비선형 적분방정식으로 이룰 수 있다는 것을 알 수 있다. 그러나 여기서는 아래 형태의 선형 적분방정식만 다루기로 한다.

$$g(x)y(x) = f(x) + \lambda \int_a^b K(x, z)y(z)dz \tag{F. 3}$$

위 식에서 $y(x)$만 구해야 할 미지의 함수이며, $f(x)$, $g(x)$ 및 $K(x, z)$는 모두 기지의 함수이다. 특히 $K(x, z)$를 적분방정식(IE)의 '핵(kernel)'이라고 부른다. 그리고 적분구간 a 및 b는 상수 또는 x의 함수로서 기지이며, λ 또한 기지의 상수 또는 파라미터이다.

그리면 식 (F.3)에서 만약 $g(x) = 0$인 경우를 '제 1종(first kind) IE' 그리고 $g(x) = 1$인 경우를 '제 2종(second kind) IE'라고 부르며 어느 경우에도 $f(x) = 0$인 경우를 미분방정식의 경우와 유사하게 '제차(homogeneous) IE', 그리고 $f(x) \neq 0$인 경우를 '비제차(inhomogeneous) IE'라고 부른다.

더욱이 식 (F.3)중의 적분구간 a 및 b가 둘 다 고정된 상수인 경우는 'Fredholm 형 IE'라고 부르며, 또한 위 한계인 $b = x$(즉 변수)인 경우를 'Volterra형 IE'라고 부른다. 특히 Volterra 형 IE는 $z > x$인 경우에 $K(x, z) = 0$이 되는 핵을 가진 적분의 양 구간이 상수인 경우와 유사하다. 마지막으로 만약 적분구간 중 어느 하나(혹은 둘다)가 무한대이거나, 혹은 핵 $K(x, z)$가 적분구간내에서 무한대가 되는 경우를 '특이 적분방정식(singular IE)'이라고 한다.

F. 3 연산자 기호이용과 해의 존재성 판단

선형 적분방정식과 1장(선형대수)에 논의된 행렬(matrix)방정식과는 유사한 대응관계에 있는데 전자는 무한차원의 함수공간에 있는 함수간의 선형, 적분관계를 다루는 반면 후자는 무한차원의 벡터(vecter)공간에 있는 벡터간의 선형관계를 포함한다.

이제 아래와 같이 임의의 함수 $y(x)$에 작용하는 '선형 적분방정식 연산자(linear integral equation operator)' $\hat{K}$를 정의하자.

$$\hat{K}y \equiv \int_a^b K(x,\, z)y(z)dz \tag{F. 4}$$

이 정의는 6장(상미방)에서 소개된 선형 미분연산자 $\hat{L}$에 유사하다. 더욱이 '수반(adjoint) 적분방정식 연산자' $\hat{K}^{\dagger}\,[=(\hat{K}^{*})^{\mathrm{T}}$, 여기서 *는 복소공액, T는 전치를 의미] 또한 아래와 같이 정의된다.

$$\hat{K}^{\dagger}y \equiv \int_a^b K^{*}(z,\, x)y(z)dz \tag{F. 5}$$

여기서 식 (F.4)의 핵 $k(x,\, z)$중의 변수 x 및 z의 순서가 식 (F.5)에서는 바뀌였음에 유의해야 한다.

전술한 바와 같이 식 (F.4)에서 선형 적분연산자 $\hat{K}$는 무한차원의 함수공간에 작용하며, 1장에 언급된 행렬식은 무한차원의 (열)벡터공간에 작용한다.

이제 식(F.3)에서 제 1종(즉 $g(x)=0$), 비제차(즉 $f(x)\neq 0$) Fredholm(즉 a 및 b가 상수)적분방정식을 (선형)적분연산자를 사용하여 나타내면 아래가 된다.

$$0 = f + \lambda\hat{K}y \tag{F. 6}$$

여기서 만약 역연산자 $\hat{K}^{-1}$이 존재한다면 식 (F.6)의 양변에 $\hat{K}^{-1}$을 작용시키면 해 $y = -\hat{K}^{-1}f/\lambda$가 얻어질 것이다.

마찬가지로 제 2종(즉 $g(x)=1$) 비제차 Fredholm IE는 아래로 나타내진다.

$$y = f + \lambda\hat{K}y \tag{F. 7}$$

여기서 만약 $f=0$이면 $y=\lambda\hat{K}y$가 되어 1장에서 소개한 고유치 문제가 되어 (무수히 많은 집합의)고유치(eigenvalue) λ_i에 대응하는 고유함수(eigenfunction) y_i의 선형결합에 의해 적분방정식의 해 y가 얻어질 것이다.

특히 비제차($f \neq 0$)인 경우 식 (F.7)은 $(1-\lambda \hat{K})y = f$로 쓸 수 있어 양변의 왼편에 역 연산자 $(1-\lambda \hat{K})^{-1}$를 작용(만약 존재한다면)시키면 해 $y = (1-\lambda \hat{K})^{-1} f$가 얻어진다. 이 때 λ는 식 (F.7)의 제차식의 고유함수 y_i(이때 $y_i = \lambda_i \hat{K} y_i$ 만족) 중 어느 하나라도 같지 않은 경우에만 유일한 해 y가 얻어진다.

만약 λ가 식 (F.7)의 제차 고유치인 λ_i의 어느 하나와 같게 될 경우에는 식 (F.7)은 전혀 해를 갖지 않거나 혹은 수많은 해를 갖게 되는데 이는 $f(x)$의 형태에 의존한다. 만약 함수 f가 아래의 고유함수 식

$$g = \lambda^* \hat{K}^\dagger g \tag{F. 8}$$

[즉 $\hat{K}^\dagger g = (\lambda^*)^{-1} g$에서 $\hat{K}^\dagger$의 고유함수 g에 대응하는 고유치는 $(\lambda^*)^{-1}$가 됨]을 만족하는 모든 고유함수 g와 '직교(orthogonal)' 즉 함수간의 내적(inner product)이 아래와 같이 0이 된다면(1장 및 6장 참조),

$$\langle g | f \rangle \equiv \int_a^b g^*(x) f(x) dx = 0 \tag{F. 9}$$

식 (F.7)은 많은 해 y를 가질 것이며, 만약 그렇지 않는다면 해는 존재하지 않는다.

F. 4 닫힌 형태(closed-form)의 해

아래에서 언급하는 몇몇 특수한 경우를 제외하고서는 대부분의 적분방정식의 해는 명확한 닫힌 형태(closed-form)로 구하기는 어렵고, 대신 컴퓨터에 의한 수치해석기법에 의해 풀어야 한다.

F. 4. 1 분리가능한 핵(separable kernels)의 경우

식 (F.3)으로 나타낸 Fredholm 적분방정식을 가장 쉽게 풀 수 있는 경우는 핵 $K(x, z)$가 아래의 형태로 각각 분리가능(separable)한 경우 일 것이다.

$$K(x, z) = \sum_{i=1}^{n} \phi_i(x) \psi_i(z) \tag{F. 10}$$

여기서 $\phi_i(x)$ 및 $\psi_i(z)$는 각각 x 및 z만의 함수이다.

지금 이 $K(x, z)$를 사용하여 아래의 비제차 제 2종 Fredholm IE[식 (F.3)에서 $g(x)=1$ 대입]의 해를 생각해보자

$$y(x) = f(x) + \lambda \int_a^b K(x, z) y(z) dz \tag{F. 11}$$

여기서 식 (F.10)을 대입하면 아래를 얻는다(단 $\phi_i(x)$는 z적분에 무관하므로 적분기호 바깥으로 뺌).

$$y(x) = f(x) + \lambda \sum_{i=1}^{n} \phi_i(x) \int_a^b \psi_i(z) y(z) dz \tag{F. 12}$$

그리고 적분구간 a 및 b는 상수이므로 적분은 아래와 같이 상수 c_i로 나타낼 수 있다.

$$c_i = \int_a^b \psi_i(z) y(z) dz \tag{F. 13}$$

따라서 식 (F.11)의 해는 아래가 된다.

$$y(x) = f(x) + \lambda \sum_{i=1}^{n} c_i \phi_i(x) \tag{F. 14}$$

여기서 상수계수 c_i의 값들은 식 (F.14)를 (F.13)에 대입하여 구할 수 있다(아래 예제 참조).

예제 F. 1

다음 적분 방정식을 풀어라.

$$y(x) = x + \lambda \int_0^1 (xz + z^2) y(z) dz \tag{F. 15}$$

풀 이

위 적분 방정식의 핵 $K(x, z) = xz + z^2$ 으로서 식 (F.10)의 형태로 분리되어 있으므로, $\phi_i(x) = x$, $\phi_2 = 1$, $\psi_1(z) = z$ 그리고 $\psi_2(z) = z^2$임을 알 수 있다. 다음에는 식 (F.14)로부터 식 (F.15)의 해는 아래의 형태를 갖는다.

$$y(x) = x + \lambda(c_1 x + c_2) \tag{i}$$

여기서 상수 c_1 및 c_2는 식 (F.13)에 의해 아래와 같이 계산된다.

$$c_1 = \int_0^1 z[z+\lambda(c_1 z + c_2)]dz = \frac{1}{3} + \frac{1}{3}\lambda c_1 + \frac{1}{2}\lambda c_2 \tag{ii}$$

$$c_2 = \int_0^1 z^2[z+\lambda(c_1 z + c_2)]dz = \frac{1}{4} + \frac{1}{4}\lambda c_1 + \frac{1}{3}\lambda c_2 \tag{iii}$$

위 두식의 미지수 c_1 및 c_2에 관한 연립방정식을 풀면 아래를 얻는다.

$$c_1 = \frac{24+\lambda}{72-48\lambda-\lambda^2} \quad \text{및} \quad c_2 = \frac{18}{72-48\lambda-\lambda^2} \tag{iv}$$

따라서 이들 결과를 식 (i)에 대입하면 적분방정식 (F.15)의 해는 아래로 주어진다.

$$y(x) = \frac{(72-24\lambda)x + 18\lambda}{72-48\lambda-\lambda^2} \tag{v}$$

[비고 : 역으로 이 결과를 식 (F.15)의 적분안의 $y(z)$에 대입하여 적분을 행하면 좌, 우가 같게 됨을 확인함으로써 증명이 될 수도 있다.

위 결과에서 문제 (F.15)에 주어진 상수 λ의 값이 해 $y(x)$의 분모의 2차방정식의 두 근 중 어느 하나(또는 둘 다)와 같지 않다면 (즉 분모가 0이 되지 않는다면) 유일한 해를 갖는다. 사실 2차방정식의 두 근 λ_1 및 λ_2는 식 (F.15)의 대응하는 제차 방정식(즉 $f=0$에 해당)의 고유치에 해당되며, 분리 가능한 핵 $K(x, z)$가 식 (F.10)에 나타낸 바와 같이 n개의 항의 합으로 되어 있다면 (위 예제에서는 $n=2$) n개의 고유치를 가질 것이다(비록 n개가 모두 다르지는 않을지라도).

예제 F. 2

아래의 제 2종 제차 Fredholm 적분방정식의 고유치 및 고유함수를 구하라.

$$y(x) = \lambda \int_0^x \sin(x+z)y(z)dz \tag{F. 16}$$

풀 이

이 방정식의 핵 $K(x, z)$는 아래와 같이 변수분리형으로 나타낼 수 있다.

$$K(x, z) = \sin(x+z) = \sin x \cos z + \cos x \sin z \tag{i}$$

식 (F.10)과 비교해보면 $\phi_1(x) = \sin x$, $\phi_2(x) = \cos x$, $\psi_1(z) = \cos z$ 및 $\psi_2(z) = \sin z$ 임을 알 수 있다. 그러면 식 (F.14)로부터 주어진 적방 식 (F.16)의 해는 아래 형태로 나타낼 수 있다.

$$y(x) = \lambda(c_1 \sin x + c_2 \cos x) \tag{ii}$$

여기서 상수 c_1 및 c_2는 식 (F.13)로부터 아래와 같이 제안된다.

$$c_1 = \lambda \int_0^{\pi} \cos z(c_1 \sin z + c_2 \cos z)dz = \frac{\lambda\pi}{2}c_2 \tag{iii}$$

$$c_2 = \lambda \int_0^{\pi} \sin z(c_1 \sin z + c_2 \cos z)dz = \frac{\lambda\pi}{2}c_1 \tag{iv}$$

식 (iii) 과 (iv)로부터 $c_1 = (\lambda\pi/2)^2 c_1$가 되고, 만약 $c_1 \neq 0$라면 $\lambda = \pm 2/\pi$ 즉 적분방정식의 두 고유치가 얻어진다. 여기서 $\lambda_1 = 2/\pi$ 및 $\lambda_2 = -2/\pi$를 각각 식 (ii)에 대입하여 정리하면 아래의 대응하는 고유함수(해) y_1 및 y_2를 얻을 수 있다.

$$y_1(x) = A(\sin x + \cos x) \text{ 및 } y_2(x) = B(\sin x - \cos x) \tag{v}$$

여기서 A 및 B는 임의의 상수이다[가령 $A = B = 2c_2/\pi$ (여기서 c_2는 임의의 상수)도 한 형태이다].

F. 4. 2 적분변환법

만약 적방(IE)의 핵 $K(x, z)$가 두 변수의 차인 $x - z$의 함수로 나타내질 때 이를 '변위 핵(displacement kernel)' 이라고 부르며, 이 경우 5장에서 논의된 푸리에(Fourier) 적분변환법을 이용하여 해를 구할 수 있다.

지금 아래의 변위 핵을 가진 제 2종 비제차 Fredholm 적방을 생각해보자.

$$y(x) = f(x) + \lambda \int_{-x}^{x} K(x - z)y(z)dz \tag{F. 17}$$

그런데 위 식의 적분은 두 함수 $K(z)$와 $y(z)$의 중첩적분(convolution integral) $K * y(x)$이므로 이의 푸리에 변환은 $\sqrt{2\pi}\,\widetilde{K}(k)\widetilde{y}(k)$이므로, 식 (F.17)의 양변을 (1차원) x공간에서 k공간으로 푸리에 변환시키면 아래를 얻는다.

$$\widetilde{y}(k) = \widetilde{f}(k) + \sqrt{2\pi}\,\widetilde{K}(k)\widetilde{y}(k) \tag{F. 18}$$

여기서 $\widetilde{y}$, $\widetilde{f}$ 및 $\widetilde{K}$는 각각 해당함수의 1차원 푸리에 변환된 함수이다(5장 참조). 그러면 식 (F.18)에서 아래가 얻어진다.

$$\tilde{y}(k) = \frac{\tilde{f}(k)}{1 - \sqrt{2\pi}\,\lambda\tilde{K}(k)} \tag{F. 19}$$

이를 5장에서 정의된 방법으로 역 푸리에(inverse Fourier) 변환시키면 적방 식 (F.17)의 해를 아래와 같이 나타낼 수 있다.

$$y(x) = \frac{1}{\sqrt{2\pi}}\int_{-\infty}^{\infty}\frac{\tilde{f}(k)\exp(ikx)}{1 - \sqrt{2\pi}\,\lambda\tilde{K}(k)}dk \tag{F. 20}$$

여기서 $\tilde{f}(k)$ 및 $\tilde{K}(k)$의 구체적인 형태를 알면 k공간에서의 적분을 통하여 해 $y(x)$를 구할 수 있다.

예제 F. 3

다음 함수의 푸리에 변환을 구하라.

$$g(x)\begin{cases}1 & \text{if } |x| \le a \\ 0 & \text{if } |x| > a\end{cases}$$

이를 이용하여 아래의 변위 핵을 가진 적방의 해에 대한 구체적인 표현식을 구하라.

$$y(x) = f(x) + \lambda\int_{-\infty}^{\infty}\frac{\sin(x-z)}{x-z}y(z)dz \tag{F. 21}$$

또한 $f(x) = (\sin x)/x$의 특별 경우에 대한 적방의 해를 구하라.

풀 이

먼저 함수 $g(x)$의 푸리에 변환은 아래가 된다.

$$\tilde{g}(k) = \frac{1}{\sqrt{2\pi}}\int_{-a}^{a}\exp(-ikx)dx = \left[\frac{1}{\sqrt{2\pi}}\frac{\exp(-ikx)}{(-ik)}\right]_{-a}^{a} = \sqrt{\frac{2}{\pi}}\frac{\sin ka}{k} \tag{F. 22}$$

이로부터 적방 (F.21)의 변위 핵 $K(x-z) = [\sin(x-z)]/(x-z)$의 푸리에변환은 식 (F.22)의 k를 $(x-z)$로 바꾸고, 이를 k공간으로 1차원 변환시키면 쉽게 아래가 얻어짐을 알 수 있다($\because\ \mathscr{F}(\tilde{f}(x)) = f(-k)$가 되는 성질을 이용 – 5장 참조).

$$\tilde{K}(k) = \begin{cases}\sqrt{\pi/2} & \text{if } |k| \le 1 \\ 0 & \text{if } |k| > 1\end{cases} \tag{F. 23}$$

여기서 식 (F.19)에서 해 $y(x)$의 푸리에 변환 $\tilde{y}(k)$는 아래와 같이 됨을 알 수 있다.

$$\tilde{y}(k) = \begin{cases} \tilde{f}(k)/(1-\pi\lambda) & \text{if } |k| \le 1 \\ \tilde{f}(k) & \text{if } |k| > 1 \end{cases} \tag{F. 24}$$

이를 역 푸리에 변환시키면 아래와 같이 적방 (F.21)의 해 $y(x)$를 얻을 수 있다.

$$\begin{aligned} y(x) &= f(x) + \left(\frac{1}{1-\pi\lambda} - 1\right)\frac{1}{\sqrt{2\pi}}\int_{-1}^{1}\tilde{f}(k)\exp(ikx)dk \\ &= f(x) + \frac{\pi\lambda}{1-\pi\lambda}\frac{1}{\sqrt{2\pi}}\int_{-1}^{1}\tilde{f}(k)\exp(ikx)dk \end{aligned} \tag{F. 25}$$

한편 식 (F.24)에서 만약 $\lambda = 1/\pi$ [이것은 식 (F. 21)의 $f=0$에 해당하는 제차식의 유일한 고유값임] 인 경우 $\tilde{y}(k)$는 무한대가 되어, 해 $y(x)$ 역시 발산하게 된다.
마지막으로 $f(x) = (\sin x)/x$의 특별 경우에는, $\tilde{f}(k)$는 식 (F.23)과 같이 되어, 이를 식 (F.25)에 대입하여 적분을 행하면 이 경우의 적방 (F.21)의 해는 아래와 같이 구체적으로 얻어진다.

$$\begin{aligned} y(x) &= \frac{\sin x}{x} + \left(\frac{\pi\lambda}{1-\pi\lambda}\right)\frac{1}{\sqrt{2\pi}}\int_{-1}^{1}\sqrt{\frac{\pi}{2}}\,exp(ikx)dk \\ &= \frac{\sin x}{x} + \left(\frac{\pi\lambda}{1-\pi\lambda}\right)\frac{1}{2}\left[\frac{\exp(ikx)}{ix}\right]_{k=-1}^{k=1} \\ &= \frac{\sin x}{x} + \left(\frac{\pi\lambda}{1-\pi\lambda}\right)\frac{\sin x}{x} = \left(\frac{1}{1-\pi\lambda}\right)\frac{\sin x}{x} \end{aligned} \tag{F. 26}$$

그런데 만약 적방 (F.17)의 적분구간이 $0 \sim x$인 경우 (즉 Volterra 적방이 됨)는 중첩적분에 대한 라플라스(Laplace) 변환공식(5장 참조)를 이용하여 식 (F.17)의 양변을 $\mathcal{L}$-변환 시키면 아래의 변환된 식을 얻는다.

$$\bar{y}(s) = \frac{\bar{f}(s)}{1 - \lambda\bar{K}(s)} \tag{F. 27}$$

여기서 $\bar{y}(s)$, $\bar{f}(s)$ 및 $\bar{K}(s)$는 각각 $y(x)$, $f(x)$ 및 $K(s)$를 s공간으로 $\mathcal{L}$-변환시킨 것이다. 이제 식 (F.27)을 역 라플라스(inverse Laplace) 변환시키면 적방 (F.17)의 해 $y(x)$를 얻을 수 있는데, 5장에서 본 바와 같이 역 $\mathcal{L}$-변환은 복소 윤곽적분(complex contour integral)을 통하여 행해지므로 이 방법에 의해 해를 구하는 것은 매우 까다롭다고 하겠다.

F. 4. 3 미분법

위에서 언급된 Volterra 형 적방에 대한 닫힌 형태(closed-form)의 해는 다음 예제에서 보는 바와 같이 종종 단순히 미분을 행하고, 이를 다시 적분함으로써 비교적 쉽게 얻을 수가 있다.

예제 9. 11

다음 Volterra 적분방정식을 풀어라.

$$y(x) = x - \int_0^x xz^2 y(z)dz \tag{F. 28}$$

풀 이

양변을 x로 나누면 아래를 얻는다.

$$\frac{y(x)}{x} = 1 - \int_0^x z^2 y(z)dz$$

이를 양변에 대해 x미분을 행하면 아래를 얻는다[단 이때 우변의 미분은 Leibnitz 공식 (A.23) 이용].

$$\frac{d}{dx}\left[\frac{y(x)}{x}\right] = -x^2 y(x) = -x^3\left[\frac{y(x)}{x}\right]$$

이 식을 다시 적분을 행하면 아래를 얻는다[이때 $d(y/x)/(y/x) = -x^3 dx$의 양변 적분을 행함].

$$\ln\left[\frac{y(x)}{x}\right] = -\frac{x^4}{4} + c$$

여기서 c는 적분 상수이다. 따라서 식 (F.28)의 해는 아래가 된다.

$$y(x) = Ax\exp\left(-\frac{x^4}{4}\right) \tag{F. 29}$$

여기서 A 역시 임의의 상수이다.

F. 5 Neumann 급수

만약 F.4절에 소개된 바와 같이 닫힌 형태로 적방(IE)의 해를 구하기 곤란한 경우에는, 미방의 경우처럼 무한급수(infinite series)의 형태로 해를 구해 볼 수도 있다.

지금 아래와 같은 형태의 적분 방정식을 생각해보자.

$$y(x) = f(x) + \lambda \int_a^b K(x, z) y(z) dz \tag{F. 30}$$

여기서 만약 a 및 b가 모두 상수인 경우는 Fredholm 적방, 그리고 b가 변수인 경우는 Volterra 적방이 될 것이다. 만약 상수 λ가 $f(x)$보다 충분히 작다면 적방해 $y(x)$에 대한 첫 번째 근사로서 아래와 같이 나타낼 수 있을 것이다.

$$y(x) \approx y_0(x) = f(x)$$

여기서 $y_0(x)$는 $y(x)$에 대한 '0차 근사(zeroth-order approximation)' 이다(적방의 고유함수는 아님). 위 근사식을 원 식 (F.30)에 대입하면 아래와 같이 보다 좋은 근사식을 얻는다.

$$y_1(x) = f(x) + \lambda \int_a^b K(x, z) y_0(z) dz = f(x) + \lambda \int_a^b K(x, z) f(z) dz$$

다시 이를 원 식에 대입하면 $y(x)$에 대한 2차 근사식을 얻게 된다.

$$y_2(x) = f(x) + \lambda \int_a^b K(x, z) y_1(z) dz$$

$$= f(x) = \lambda \int_a^b K(x, z_1) f(z_1) dz_1 + \lambda^2 \int_a^b dz_1 \int_a^b K(x, z_1) K(z_1, z_2) f(z_2) dz_2$$

여기서 아래와 같은 함수를 도입하면

$$K_1(x, z) = K(x, z),$$

$$K_2(x, z) = \int_a^b K(x, z_1) K(z_1, z) dz_1,$$

$$K_3(x, z) = \int_a^b dz_1 \int_a^b K(x, z_1)K(z_1, z_2)K(z_2, z)dz_2$$

$$\vdots$$

아래와 같은 점화식 (E절 참조)을 얻는다.

$$K_n(x, z) = \int_a^b K(x, z_1)K_{n-1}(z_1, z)dz_1$$

이 표현을 사용하여 $y(x)$에 대한 n차 근사식을 나타내면 아래가 된다.

$$y_n(x) = f(x) + \sum_{m=1}^{n} \lambda^m \int_a^b K_m(x, z)f(z)dz \tag{F. 31}$$

이 때 만약 해당 무한급수가 수렴한다면 원 적방 (F.30)의 해 $y(x) = \lim_{n \to \infty} y_n(x)$가 될 것이며, 식 (F.31)을 사용하여 해는 아래와 같이 나타낼 수 있다.

$$y(x) = f(x) + \lambda \int_a^b R(x, z; \lambda)f(z)dz \tag{F. 32}$$

여기서 '해핵(resolvent kernel)' $R(x, z; \lambda)$는 아래와 같이 주어진다.

$$R(x, z; \lambda) = \sum_{m=0}^{\infty} \lambda^m K_{m+1}(x, z) \tag{F. 33}$$

위 식에서 만약 상수 λ가 충분히 작다면 해핵 R, 나아가 적방해 $y(x)$에 대한 급수(근사)해는 수렴하게 될 것이다. 보다 정확히 말하면 원 핵 $K(x, z)$가 어떤 작은 $|\lambda|$의 영역(domain)에서 아래와 같은 경계조건을 만족할 때에 급수해가 수렴하게 된다.

$$|\lambda|^2 \int_a^b dx \int_a^b |K(x, z)|^2 dz < 1 \tag{F. 34}$$

예제 F. 5

아래의 적분방정식을 위에서 언급한 Neumann 급수방법으로 풀어보아라.

$$y(x) = x + \lambda \int_0^1 xzy(z)dz \tag{F. 35}$$

풀 이

먼저 0차 근사 $y(x) \approx y_0(x) = f(x) = x$로부터 시작한다. 이를 원 식 (F.35)에 대입하면 아래와 같이 1차 근사식을 얻는다.

$$y_1(x) = x + \lambda \int_0^1 xzy_0(z)dz = x + \lambda \int_0^1 xz^2\, dz = x + \frac{\lambda x}{3}$$

이 조작을 한번 더 행하면 아래를 얻는다.

$$y_2(x) = x + \lambda \int_0^1 xzy_1(z)dz = x + \lambda \int_0^1 xz\left(z + \frac{\lambda z}{3}\right)dz = x + \left(\frac{\lambda}{3} + \frac{\lambda^2}{9}\right)x$$

이와 같은 조작을 계속 반복하면 |λ|가 충분히 작은 경우 원 적방의 해 $y(x)$에 대한 무한급수(근사)해 즉 $y(x) = \lim_{n\to\infty} y_n(x)$로서 아래를 얻는다.

$$y(x) = x + \left[\frac{\lambda}{3} + \left(\frac{\lambda}{3}\right)^2 + \left(\frac{\lambda}{3}\right)^3 + \cdots\right]x$$

그런데 위 식의 대괄호 속은 초항이 $\lambda/3$, 공비가 $\lambda/3$인 무한 등비수열의 합이므로 만약 $|\lambda| < 3$인 경우 수렴하여 적방 (F.35)에 대한 Neumann 급수해는 아래가 된다.

$$y(x) = x + \frac{\lambda x}{3 - \lambda} = \frac{3x}{3 - \lambda} \qquad \text{(F. 36)}$$

여기서 수렴조건 $|\lambda| < 3$는 식 (F.34)로부터도 얻어질 수 있다.

F. 6 Fredholm 이론

앞 절에서 적방 (F.30)에 대한 근사해로서 식 (F.32)에 기초를 둔 Neumann 급수법으로 구했으나, 이 방법은 상수 λ에 대한 무한급수의 합으로 나타낸 해핵 $R(x, z; \lambda)$가 수렴할 경우에만 유효하다.

한편 Neumann 방법 대신 Fredholm은 식 (F.32)에 있는 해핵 R 항을 아래와 같이 두 (λ에 대한) 무한급수의 비로서 나타내었다.

$$R(x, z; \lambda) = \frac{D(x, z; \lambda)}{d(\lambda)} \qquad \text{(F. 37)}$$

여기서

$$D(x, z; \lambda) = \sum_{n=0}^{\infty} \frac{(-1)^n}{n!} D_n(x, z)\lambda^n \tag{F. 38}$$

$$d(\lambda) = \sum_{n=0}^{\infty} \frac{(-1)^n}{n!} d_n \lambda^n \tag{F. 39}$$

여기서 함수 $D_n(x, z)$와 상수 d_n의 값은 각각 아래와 같이 점화 관계식을 통하여 얻어질 수 있다.

$$D_0(x, z) = K(x, z) \text{ 및 } d_0 = 1 \tag{F. 40}$$

여기서 $K(x, z)$는 원 적방 (F.34)의 핵이다. 다음에는 식 (F.38)과 (F.39)중의 λ의 보다 높은 차수의 계수는 아래의 두 점화관계로부터 얻어진다.

$$d_n = \int_a^b D_{n-1}(x, x)dx \tag{F. 41}$$

$$D_n(x, z) = K(x, z)d_n - n\int_a^b K(x, z_1)D_{n-1}(z_1, z)dz_1 \tag{F. 42}$$

식 (F.37)에 기초를 둔 Fredholm 급수(근사)해는 식 (F.38) 및 (F.39)의 (λ에 대한)무한급수가 모든 λ에 대해 수렴하므로 해핵 R이 수렴하므로, 식 (F.34)가 만족될 경우에만 수렴하는 Neumann 방법에 비해 보다 수월하게 적방의 해 $y(x)$에 대한 수렴성 급수해를 구할 수 있다. 사실 $d(\lambda) \neq 0$인 경우 Fredholm 근사법은 원 적방에 대한 유일한, 비특이성(non-singular) 해를 준다. 여기서 $d(\lambda) = 0$의 해는 원 적방 (F.30)의 제차식(즉 $f(x) = 0$에 해당)의 고유치를 줌에 주목하라.

예제 F. 6

식 (F.35)의 적방(IE)의 근사해를 Fredholm 절차에 의해 구해보아라.

풀 이

식 (F.32)와 (F.37)을 사용하여 Fredholm 이론에 의한 적방의 (근사)급수해는 아래와 같이 나타내진다.

$$y(x) = x + \lambda\int_0^1 R(x, z; \lambda)z\,dz = x + \lambda\int_0^1 \frac{D(x, z; \lambda)}{d(\lambda)} z\,dz \tag{F. 43}$$

그러면 해핵의 형태를 구하기 위해 아래와 같이 시작한다.

$$D_0(x, z) = K(x, z) = xz \text{ 및 } d_0 = 1$$

여기서 점화 관계 (F.41)과 (F.42)를 사용하여 아래를 얻는다.

$$d_1 = \int_0^1 D_0(x, x)dx = \int_0^1 x^2 dx = \frac{1}{3}$$

$$D_1(x, z) = \frac{xz}{3} - \int_0^1 xz_1^2 z\, dz_1 = \frac{xz}{3} - xz\left[\frac{z_1^3}{3}\right]_0^1 = 0$$

계속 점화관계를 적용시켜 나가면 $n > 1$인 경우의 모든 d_n 및 $D_n(x, z)$ 값은 0이 됨을 알 수 있다. 따라서 이들 관계를 식 (F.38) 및 (F.39)에 대입하면 각각 아래를 얻는다.

$$D(x, z\,;\lambda) = xz \;\text{ 및 }\; d(\lambda) = 1 - \frac{\lambda}{3}$$

이것을 식 (F.43)에 대입하면, 원 적방 식 (F.35)에 대한 (수렴)급수해를 아래와 같이 얻는다.

$$y(x) = x + \lambda\int_0^1 \frac{xz^2}{1-\lambda/3}dz$$

$$= x + \lambda\left[\frac{x}{1-\lambda/3}\frac{z^3}{3}\right]_0^1 = x + \frac{\lambda x}{3-\lambda} = \frac{3x}{3-\lambda}$$

이 결과는 Neumann 급수법으로 구한 결과 (F.36)와 동일함을 알 수 있다.

이 외에도 적방에 대한 비 닫힌형 급수해로서, 미방(6장)에서의 Sturm-Liouville(SL) 이론처럼 선형 적방연산자가 $\hat{K} = \hat{K}^\dagger$ (즉 자기수반성)을 만족하는 에르미트(Hermite) 연산자인 경우 적방해 y를 제차식 $y = \lambda\hat{K}y$ 고유치 λ_i 및 고유함수 y_i[단 y_i 와 y_j는 정규직교, 즉 $\langle y_i|y_j\rangle = \delta_{ij}$ 만족]를 사용하여 나타내는 Schmidt-Hilbert(SH) 이론이 있지만 지면관계상 여기서는 생략하기로 한다.

G. 디락 델타(Dirac delta) 함수

G.1 1차원 경우

G.1.1 정의 및 성질

과학과 공학에 널리 이용되는 디락 델타(Dirac delta) 또는 단순히 델타(delta) 함수 $\delta(x)$는 아래에 나타낸 바와 같이 $x = 0$인 경우만 값이 존재하고 기타 0이 되는 일종의 충격(impulse) 함수로서 엄밀히 말하면 B절에 소개된 바와 같은 보통 함수가 아닌 '초함수(distribution or generalized function)'에 속한다.

즉 $\delta(x)$는 아래의 성질을 갖도록 정의된다.

$$\delta(x) = 0\ (x \neq 0),\ x\,\delta(x) = 0 \tag{G. 1}$$

$$\int_{-\infty}^{\infty} f(x)\delta(x)dx = f(0) \text{ 혹은 } \int_{-\infty}^{\infty} f(x)\delta(x-a)dx = f(a) \tag{G. 2}$$

$$\int_{-\infty}^{\infty} \delta(x)dx = \int_{-\infty}^{\infty} \delta(x-a)dx = 1 \tag{G. 3}$$

식 (G.3)은 (G.2)의 특수 경우(즉 $f(x) = 1$)임을 알 수 있다.

[주의: 식 (1.72)로 정의된 Kronecker-delta 기호인 δ_{ij}와 식 (G.2)로 정의된 델타함수 $\delta(x-a)$는 둘 다 어떤 한 점에서만 답이 존재(즉 전자는 $i=j$, 후자는 $x=a$)하고 기타 0이 되는 성질과 '치환연산자'적인 성격(식 2.12 및 G.2 참조)을 가져 유사점이 있으나, δ_{ij}는 어디까지나 기호에 불과하나 $\delta(x)$(혹은 $\delta(x-a)$)는 (초)함수임에 유의해야 한다.]

그리고 식 (G.1)의 두 번째 식의 좌, 우를 x에 대해 1번 및 2번 미분하면 각각 아래 식을 얻는다.

$$x\,\delta'(x) = -\delta(x),\ x^2\delta''(x) = 2\delta(x) \tag{G. 4}$$

위와 같이 정의된 $\delta(x)$는 점 $x = 0$(혹은 $x = a$)에 대한 충격력이나 전하밀도 등을 나타낼 때 사용되나, 문제는 진술한 바와 같이 함수의 일반 유형에 그와 같은 함수가 존재하지 않는다는 것이다. 그렇지만 그림 G.1에서 G.4까지와 대응하는 식 (G.5)에서 (G.8)까지의 식과 같이 함수를 변화시켜 델타함수에 접근하는 것은 가능하다.

$$\delta_n(x) = \begin{cases} 0, & x < -\dfrac{1}{2n} \\ n, & -\dfrac{1}{2n} < x < \dfrac{1}{2n} \\ 0, & x > \dfrac{1}{2n} \end{cases} \tag{G. 5}$$

$$\delta_n(x) = \frac{n}{\sqrt{\pi}} \exp(-n^2 x^2) \tag{G. 6}$$

$$\delta_n(x) = \frac{n}{\pi} \cdot \frac{1}{1 + n^2 x^2} \tag{G. 7}$$

$$\delta_n(x) = \frac{\sin nx}{\pi x} = \frac{1}{2\pi} \int_{-n}^{n} e^{ixt}\, dt \tag{G. 8}$$

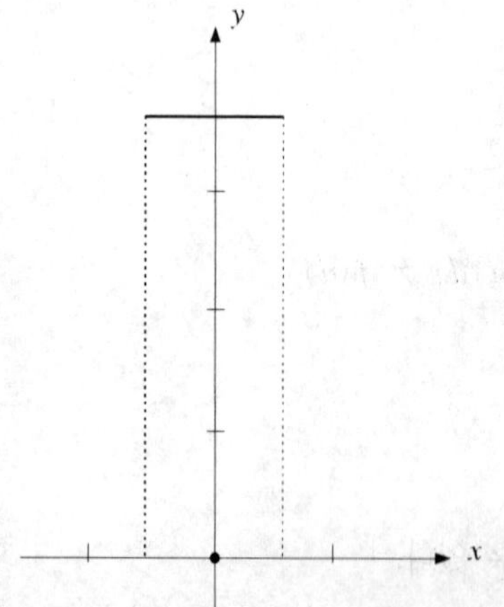

그림 G. 1 δ-계열함수(식 (G. 5)).

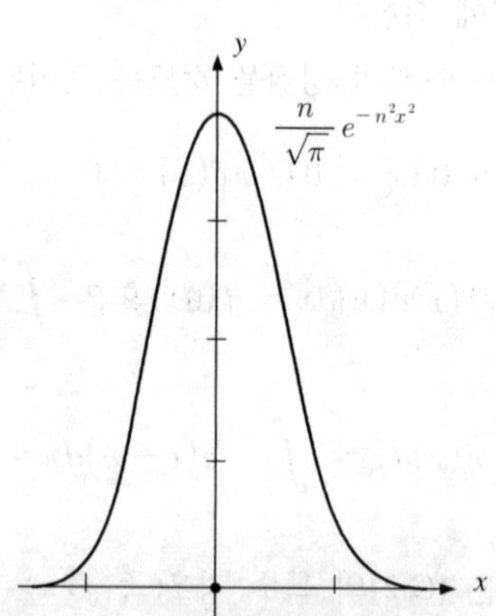

그림 G. 2 δ-계열함수(식 (G. 6)).

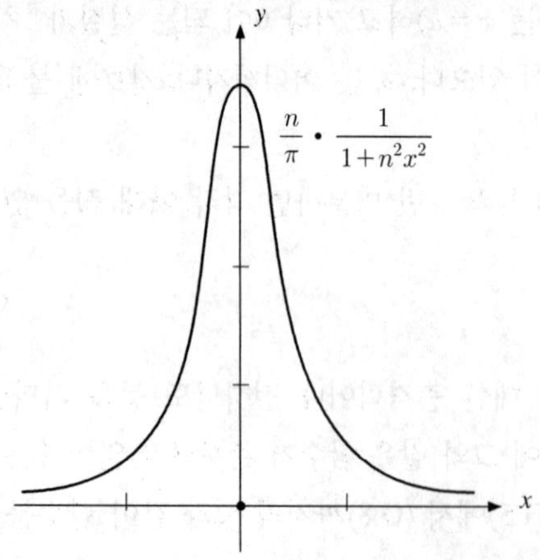

그림 G. 3 δ-계열함수(식 (G. 7)).

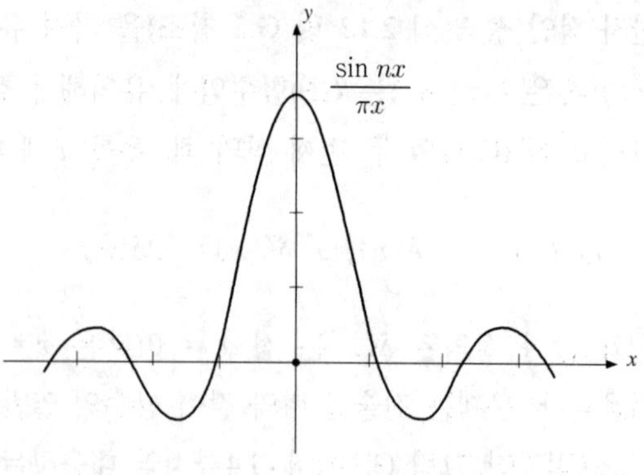

그림 G. 4 δ-계열함수(식 (G. 8)).

[비고 : 식 (G.8)의 2번째 항등관계 복소수에 관한 드 므와브르 정리(식 A.5)에 의해 $e^{ixt} = \cos xt + i\sin xt$ (여기서 $i = \sqrt{-1}$)에서 $\sin xt$는 기함수이므로 양쪽 적분에서 0이 되고 $\int_{-n}^{n} \cos xt\, dt = 2\sin nx/x$ ($\because \sin(-x) = -\sin x$)되는 관계를 이용하였다.]

특히 식 (G.8)은 Fourier 분석 및 양자역학의 응용에 쓰인다.

델타함수의 정의식 (G.1) - (G.3)에서 이러한 근사를 사용할 때 $f(x)$는 잘 정의되었다고 가정하면 아주 큰 x의 값에 대해서도 문제가 발생하지 않는다. 대부분의 물리에서 그와 같은 접근에 매우 접합하다. 수학적 견지에서 볼 때 이 함수는 별로 의미가 없다. 왜냐하면 $\lim_{n\to\infty}\delta_n(x)$가 존재하지 않기 때문이다.

이러한 어려움은 분포이론으로 해결할 수 있다. 기본성질 식 (G.1) - (G.3)에 중점을 두고 생각할 때 $\delta(x)$ 그 자체보다 정의식에 더 주의를 기울이고 초점을 맞춰야 한다. 식 (G.5)에서 식 (G.8)는 $(n = 1, 2, 3, \cdots)$ 규격화된 함수의 계열로써 여길 수 있다.

$$\int_{-\infty}^{\infty} \delta_n(x)dx = 1 \tag{G. 9}$$

적분계열은 극한

$$\lim_{n\to\infty}\int_{-\infty}^{\infty} \delta_n(x)f(x)dx = f(0) \tag{G. 10}$$

[따라서 사실상 $\lim_{n\to 0}\delta_n(x) = \delta(x)$가 된다.]

을 갖는다. 식 (G.10)은 적분계열의 극한임에 유의하라. 다시 $n \to \infty$일 때 $\delta_n(x)$의 극한은 존재하지 않는다($\delta_n(x)$에 대한 네 가지 형태의 극한은 $x = 0$에서 발산한다). 여기서 $\delta(x)$를

$$\int_{-\infty}^{\infty} \delta_n(x)f(x)dx = \lim_{n\to\infty}\int_{-\infty}^{\infty} \delta_n(x)f(x)dx \tag{G. 11}$$

로 취급하여 $\delta(x)$를 식 (G.11)의 함수계열 $\delta_n(x)$에 의해 정의되는 함수가 아닌 분포로 명명할 수 있다. 그러나 식 (G.11)의 좌변의 적분은 Riemann 적분이 아니고 극한값이다. 분포 $\delta(x)$는 무한히 가능한 분포함수 중의 하나이지만 식 (G.1) - (G.3) 때문에 중요하다. 이러한 함수의 계열로부터 Dirac의 delta 함수는 x에 대한 우함수, 즉 $\delta(-x) = \delta(x)$라는 것을 알 수 있다. 즉 아래가 성립된다.

$$\delta(-x) = \delta(x), \ \ \delta(x-a) = \delta(a-x) \tag{G. 12}$$

또한 식 (G.4)의 첫 번째 식에서 아래가 성립된다.

$$\delta'(-x) = -\delta'(x),\ \ \delta'(x-a) = -\delta'(a-x) \tag{G. 13}$$

즉 $\delta(x)$는 우함수이나, $\delta'(x)$는 기함수임을 알 수 있다.

또한 식 (G.2)에 대응하는 식으로 아래의 식이 성립된다(단 $f(-\infty) = f(\infty) = 0$ 간주).

$$\int_{-\infty}^{\infty} f(x)\delta'(x-a)dx = -f'(a) \tag{G. 14}$$

증 명 위 식의 부분적분을 행하면(식 A.22 참조) 아래가 된다.

$$\int_{-\infty}^{\infty} f(x)\delta'(x-a)dx = f(x)\delta(x-a)\Big|_{-\infty}^{\infty} - \int_{-\infty}^{\infty}\delta(x-a)f'(x)dx = -f'(a)$$ ■

이와 같은 조작을 반복하면 델타함수의 n계 도함수에 대한 아래의 식을 얻는다.

$$\int_{-\infty}^{\infty} f(x)\delta^{(n)}(x-a)dx = (-1)^n f^{(n)}(a) \tag{G. 15}$$

또 유용한 성질로서 아래가 성립된다.

$$\delta(ax) = \delta(x)/|a| \tag{G. 16}$$

증 명 먼저 $a > 0$인 경우를 생각하자. 그러면 $|a| = a$가 되어 아래가 성립된다.

$$\int_{-\infty}^{\infty} f(x)\delta(ax)dx = \int_{-\infty}^{\infty} f\left(\frac{x'}{a}\right)\delta(x')\frac{dx'}{x}(\because\ x' = ax\ \text{치환})$$

$$= \frac{1}{a}f(0)(\because\ \text{식 (G.2) 이용}) = \frac{1}{a}\int_{-\infty}^{\infty} f(x)\delta(x)dx$$

따라서 이 경우 $\delta(ax) = \dfrac{1}{a}\delta(x) = \delta(x)/|a|$가 성립됨을 알 수 있다.

다음에는 $a < 0$인 경우를 생각하자. 그러면 $a = -b$로 두면 $b > 0$이 된다. 이때 적분을 아래가 된다.

$$\int_{-\infty}^{\infty} f(x)\delta(ax)dx = \int_{\infty}^{-\infty} f\left(\frac{x'}{-b}\right)\delta(x')\left(\frac{dx'}{-b}\right)(\because\ x' = ax = -bx\ \text{둠})$$

$$= \int_{-\infty}^{\infty} \frac{1}{b} f\left(\frac{x'}{-b}\right) \delta(x') dx' = \frac{1}{b} f(0) (\because \text{ 식 (G.2)에 의해}) = \frac{1}{|a|} \int_{-\infty}^{\infty} f(x) \delta(x) dx$$

따라서 이 경우에도 $\delta(ax) = \delta(x)/|a|$가 성립되어 식 (G.16)가 증명된다. ■

이 관계의 확장(또는 일반화)로서 아래 식이 성립된다.

$$\delta(g(x)) = \sum_{k=1}^{n} \frac{\delta(x - c_k)}{|g'(c_k)|},\ g'(c_k) \neq 0 \tag{G. 17}$$

여기서 집합 $\{c_k\}_{k=1}^{n}$는 방정식 $g(x) = 0$의 근이며, 여기서 1계 도함수는 0이 아니다[즉 $g(c_k) = 0,\ g'(c_k) \neq 0,\ k = 1, 2, \cdots, n$].

증 명 문제를 단순히 하기위해 지금 적분구간 (a, b)내에 함수 $g(x)$의 근 c가 오직 1개 있다고 하자(단 $g'(c) > 0$ 가정). 그러면 델타함수는 성질상 $x = c$(즉 $\delta(0)$를 제외한 구간 (a, b) 내 모든 점에 0이 될 것이므로 구간 내 델타함수의 적분은 사실상 아래와 같이 매우 작은 실수ε를 사용하여 $x = c$근방의 적분으로 축소시킬 수 있다.

$$\int_a^b \delta(g(x)) dx = \int_{c-\varepsilon}^{c+\varepsilon} \delta(g(x)) dx$$

여기서 변수치환 $g(x) = y,\ dy = g'(x) dx$를 사용하여 해당하는 적분구간을 변형시키면 아래를 얻는다.

$$\int_a^b \delta(g(x)) dx = \int_{g(c-\varepsilon)}^{g(c+\varepsilon)} \delta(y) \frac{dy}{g'(x)}$$

여기서 $g(c) = 0,\ g'(c) > 0$을 가정하였으므로 g는 구간 $(c - \varepsilon,\ c + \varepsilon)$에서 증가함수이므로 $g(c - \varepsilon) < 0$이 되며, $g(c + \varepsilon) > 0$이 된다($\because\ g(c) = 0$이므로). 따라서 위의 적분은 식 (G.2)를 사용하여 아래가 된다.

$$\int_a^b \delta(g(x)) dx = \int_{g(c-\varepsilon)}^{g(c+\varepsilon)} \delta(y) \frac{dy}{g'(x)} = \left.\frac{1}{g'(x)}\right|_{y=0} = \frac{1}{g'(c)} > 0$$

한편 이번에는 $g'(c) < 0$을 생각해보자. 이때 g는 구간 $(c - \varepsilon,\ c + \varepsilon)$에서 감소함수이므로, $g(c - \varepsilon) > 0,\ \ g(c + \varepsilon) < 0$($\because\ g(c) = 0$)이 될 것이다. 그러면 $g'(c) > 0$의 경우와 마찬가지로 구간 (a, b)내 적분은 $x = c$근방의 적분으로 축소될 수 있으며 변수치환

$g(x)=y$, $dy=g'(x)dx$를 행하고 성질 (G.2)를 이용하면 위와 마찬가지로 아래 식을 얻을 수 있다.

$$\int_a^b \delta(g(x))dx = -\int_{g(c-\varepsilon)}^{g(c+\varepsilon)} \delta(y)\frac{dy}{g'(x)} = -\frac{1}{g'(x)}\bigg|_{y=0} = -\frac{1}{g'(c)} > 0$$

따라서 위 두 결과를 종합하면 아래를 얻는다.

$$\int_a^b \delta(g(x))dx = \frac{1}{|g'(c)|}$$

다음에는 만약 적분구간 (a, b)내 $g(x)=0$의 두 근 c_1, c_2가 존재한다면(이때 $c_2 > c_1$ 가정), 적분은 아래와 같이 $x=c_1$ 근방과 $x=c_2$ 근방의 적분으로 분해될 수 있다.

$$\int_a^b \delta(g(x))dx = \overbrace{\int_a^{c_1-\varepsilon} \delta(g(x))dx}^{0} + \int_{c_1-\varepsilon}^{c_1+\varepsilon} \delta(g(x))dx$$

$$+\overbrace{\int_{c_1+\varepsilon}^{c_2-\varepsilon} \delta(g(x))dx}^{0} + \int_{c_2-\varepsilon}^{c_2+\varepsilon} \delta(g(x))dx$$

$$+\overbrace{\int_{c_2+\varepsilon}^{b} \delta(g(x))dx}^{0} = \frac{1}{|g'(c_1)|} + \frac{1}{|g'(c_2)|} \quad (\because \text{ 위 경우 참조})$$

이를 확장하여 구간 (a, b)내 $g(x)=0$의 근이 n개 $\{c_k\}_{k=1}^n$가 존재하며, $g'(c_k)\neq 0$이라면 위 결과에서 아래를 얻을 수 있다.

$$\int_a^b \delta(g(x))dx = \begin{cases} \sum_{k=1}^{n} 1/|g'(c_k)| & (\text{만약 } a < c_k < b) \\ 0 & (\text{기타}) \end{cases} \tag{G. 18}$$

여기서 이 관계를 이용하여 $\delta(g(x))$에 구간내 부드러운 합리적인 (smooth, resonable) 함수 $f(x)$를 곱하여 적분을 행하고 성질 (G.1) - (G.3)을 이용하면 아래가 성립된다.

$$\int_a^b f(x)\delta(g(x))dx = \begin{cases} \sum_{k=1}^{n} f(c_k)/|g'(c_k)| & (\text{만약 } a < c_k < b) \\ 0 & (\text{기타}) \end{cases} \tag{G. 19}$$

그런데 위가 성립되기 위해서는 델타함수의 성질 (G.2)의 두 번째 식에서 $\delta(g(x))$에 대해 아래의 관계가 성립되어야 하므로 요구되는 일반식 (G.17)이 증명된다.

$$\delta(g(x)) = \sum_{k=1}^{n} \delta(x-c_k)/g'(c_k)[\text{단 } g(c_k)=0,\ g'(c_k)\neq 0]$$ ■

식 (G.17)의 특수예로서 가령 $g(x)=(x-a)(x-b)$라면 아래가 성립된다.

$$\delta((x-a)(x-b)) = \frac{\delta(x-a)+\delta(x-b)}{|a-b|} \tag{G. 20}$$

예제 G. 1

위에서 언급된 델타함수의 성질을 이용하여 아래의 적분을 행한다.

$$I = \int_{-\infty}^{\infty} f(t)\delta(t^2-a^2)dt$$

풀 이

여기서 f는 부드러운 함수이며, a는 실정수이라고 하면 식 (G.17)에서 $g(t)=t^2-a^2=(t-a)(t+a)$가 되어 두 실근 $c_1=-a_1,\ c_2=a$가 되고, $g'(t)=2t$가 된다. 따라서 공식에서 아래가 성립된다.

$$\delta(t^2-a^2) = \frac{\delta(t-c_1)}{|g'(c_1)|}+\frac{\delta(t-c_2)}{|g'(c_2)|} = \frac{\delta(t-(-a))}{|-2a|}+\frac{\delta(t-a)}{|2a|}$$

$$= \frac{1}{|2a|}\{\delta(t+a)+\delta(t-a)\}$$

이를 위 적분에 대입하면 아래를 얻는다.

$$I = \frac{1}{2|a|}\int_{-\infty}^{+\infty} f(t)\{\delta(t+a)+\delta(t-a)\}$$

$$= \frac{1}{2|a|}\left\{\int_{-\infty}^{+\infty} f(t)\delta(t+a)+\int_{-\infty}^{+\infty} f(t)\delta(t-a)\right\}$$

$$= \frac{1}{2|a|}\{f(-a)+f(a)\}$$

여기서 만약 $f(x)$가 기함수이라면 적분은 0이 됨을 알 수 있다.

한편 식 (G.5) - (G.8)로 정의된 δ-계열함수로부터 $\delta(x)=\lim_{n\to\infty}\delta_n(x)$를 구할 수도 있으나, 아래와 같이 정의되는 Heaviside 단계(step) 함수 $H(x)$의 미분으로부터도 구할 수 있다.

$$H(x)=\begin{cases}0 & (x<0)\\ 1 & (x\ge 0)\end{cases} \tag{G. 21}$$

$$\delta(x)=\frac{dH}{dx}=H'(x) \tag{G. 22a}$$

$$\delta(x-a)=\frac{H(x-a)}{dx}=H'(x-a)\left[=\frac{dX}{dx}(=1)\times\left.\frac{dH(X)}{dX}\right|_{X=x-a}\right] \tag{G. 22b}$$

$$H(x)=\int\delta(x)dx+c,\ \int H(x-\xi)dx=(x-\xi)H(x-\xi)+c \tag{G. 23}$$

[참고 $|x|=2xH(x)-x$가 성립된다.]

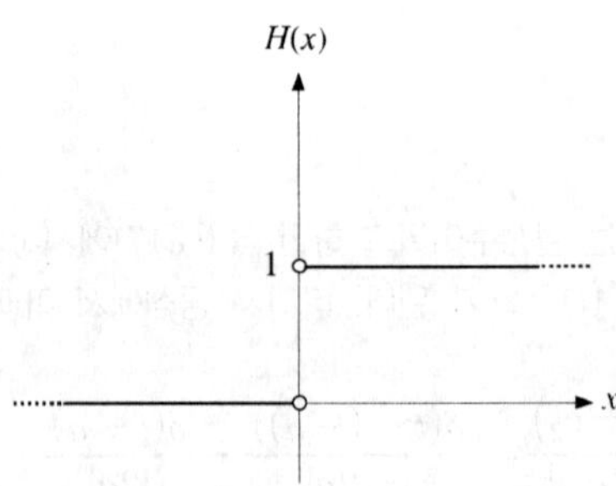

그림 G. 5 Heaviside 단계함수

G. 1. 2 직교함수에 의한 델타함수의 표현

Dirac 델타함수는 실수직교(orthogonal) 함수 $\{\phi_n(x),\ n=0,1,2,\cdots\}$의 기저에 대하여 전개할 수 있는데 Sturm-Liouville(SL) 형태의 상미분 방정식의 해로써 제 6장에서 쓰일 것이다. 구간 (a,b)가 한 쪽 또는 양 끝 모두가 무한대일 경우 직교함수는 다음과 같은

$$\langle\phi_m(x)|\phi_n(x)\rangle=\int_a^b\phi_m(x)\phi_n(x)dx=\delta_{mn} \tag{G. 24}$$

직교관계를 만족한다(편리를 위해 정규직교관계가 추가적인 양의 무게함수 $\omega(x)$를 포함한다면 ϕ_n은 $(\omega(x))^{1/2}$를 포함하도록 정의된다). ϕ_n을 사용해서 델타함수를

$$\delta(x-t)=\sum_{n=0}^{\infty}a_n(t)\phi_n(x) \tag{G. 25}$$

로 전개하는데, 이때 계수 a_n은 변수 t의 함수이다. 이제 $\phi_m^*(x)(=\phi_m(x))$를 곱하고[즉 양변에 $\langle\phi_m(x)|$를 취하여] 식 (G.24)의 직교 구간에 대해 적분하면 다음과 같다.

$$\langle\phi_m(x)|\,\delta(x-t)\rangle=\sum_{n=0}^{\infty}a_n(t)\langle\phi_m(x)|\,\phi_n(x)\rangle \tag{G. 26}$$

여기서 식 (G. 24)를 대입하면 아래가 된다.

$$a_m(t)=\int_a^b\delta(x-t)\phi_m(x)dx=\phi_m(t) \tag{G. 27}$$

또는 이를 식 (G.25)에 대입하면 아래를 얻는다.

$$\delta(x-t)=\sum_{n=0}^{\infty}\phi_n(t)\phi_n(x)=\delta(t-x) \tag{G. 28}$$

만약 $F(t)$가 완전성(completeness)이라고 불리는 성질, 즉 직교함수 $\phi_P(t)$의 급수로 전개될 때 적분 $\int F(t)\delta(t-x)dx$의 형태를 가정해라. 그러면 식 (G.24)의 직교관계에 의해 $\langle\phi_P\mid\phi_h\rangle=\int\phi_P\phi_n dt\,(n\neq P)$가 0이 되는

$$\int F(t)\delta(t-x)dt=\int\sum_{p=0}^{\infty}a_p\phi_p(t)\sum_{n=0}^{\infty}\phi_n(x)\phi_n(t)dt=\sum_{p=0}^{\infty}a_p\sum_{n=0}^{\infty}\phi_n(x)\delta_{pn}$$

$$=\sum_{p=0}^{\infty}a_p\phi_p(x)=F(x) \tag{G. 29}$$

를 얻는다.

G. 1. 3 델타함수의 적분 표현

식 (G.8)에서 아래가 성립된다.

$$\delta_n(t-x)=\frac{\sin n(t-x)}{\pi(t-x)}=\frac{1}{2\pi}\int_{-n}^{n}\exp(i\omega(t-x))d\omega \tag{G. 30}$$

여기서 $\delta_n(t-x)$가 분포 $\delta(t-x)$를 정의하는 식 (G.30)에서 계열일 때

$$f(x) = \lim_{n\to\infty}\int_{-\infty}^{\infty} f(t)\delta_n(t-x)dt \tag{G. 31}$$

를 얻는다. 위 식은 $f(t)$가 $t=x$에서 연속이라는 것을 가정함을 주의하라. 즉 델타함수의 성질 (G.2)에서 이것이 성립하기 위해서는 $\lim_{n\to\infty}\delta_n(t-x)=\delta(t-x)$가 되어야 하므로 식 (G.30)에서 아래가 성립된다.

$$\delta(t-x) = \frac{1}{2\pi}\int_{-\infty}^{\infty} \exp(i\omega(t-x))d\omega \tag{G. 32}$$

델타함수의 적분표현에 해당하는 이 식은 Fourier 적분변환이나 Laplace 적분변환에 매우 유용하게 사용된다.

가령 5장의 푸리에 적분변환의 정의가 아래가 된다.

$$F(\omega) = \mathscr{F}(f(t)) = \frac{1}{\sqrt{2\pi}}\int_{-\infty}^{\infty} f(t)e^{-i\omega t}dt \tag{G. 33}$$

이때 역변환이 아래가 됨을 식 (G.32)의 델타함수의 표현을 이용하여 증명해보기로 한다.

$$f(t) = \mathscr{F}^{-1}[F(\omega)] = \frac{1}{\sqrt{2\pi}}\int_{-\infty}^{\infty} F(\omega)e^{+i\omega t}d\omega \tag{G. 34}$$

증 명 식 (G.34)의 $F(\omega)$에 (G.33)을 대입하고, 적분 순서를 바꾸고 식 (G.32)를 이용하면 아래를 얻는다.

$$\frac{1}{\sqrt{2\pi}}\int_{-\infty}^{\infty}\left[\int_{-\infty}^{\infty}\frac{1}{\sqrt{2\pi}}f(t')e^{-i\omega t'}dt'\right]e^{i\omega t}d\omega$$

$$= \frac{1}{2\pi}\int_{-\infty}^{\infty}dt' f(t')\left[\int_{-\infty}^{\infty}d\omega e^{i\omega(t-t')}\right] = \frac{1}{2\pi}\int_{-\infty}^{\infty}dt' f(t')\times 2\pi\delta(t-t') = f(t)$$

가 되어, 식 (G.34)의 역변환의 정의식이 맞음이 증명된다. ■

여기서 델타함수 $\delta(t-t_0)$을 Fourier 변환시키면 성질 (G.2)에 의해 아래가 된다.

$$\mathscr{F}\delta(t-t_0)=\frac{1}{\sqrt{2\pi}}\int_{-\infty}^{\infty}\delta(t-t_0)e^{-i\omega t}dt=\frac{e^{-i\omega t_0}}{\sqrt{2\pi}} \tag{G. 35}$$

이의 역변환은 아래가 된다(단 식 (G.32) 이용).

$$\mathscr{F}^{-1}\left[e^{-i\omega t_0}/\sqrt{2\pi}\right]=\frac{1}{2\pi}\int_{-\infty}^{\infty}d\omega\, e^{-i\omega t_0}e^{i\omega t}=\frac{1}{2\pi}\int_{-\infty}^{\infty}e^{i\omega(t-t_0)}d\omega=\delta(t-t_0) \tag{G. 36}$$

한편 델타함수 $\delta(t-t_0)$을 라플라스 변환시키면 역시 성질 (G.2)에 의해 아래가 된다.

$$\mathscr{L}\delta(t-t_0)=\int_0^{\infty}e^{-st}\delta(t-t_0)dt=e^{-st_0} \tag{G. 37}$$

그런데 이의 역변환은 아래와 같이 복소 윤곽(contour) 적분을 사용하여 정의된다.

$$\delta(t-t_0)=\mathscr{L}^{-1}(e^{-st_0})=\frac{1}{2\pi i}\int_{r-i\infty}^{r+i\infty}\exp(s(t-t_0))ds \tag{G. 38}$$

이외에도 (1차원)델타함수에 관련된 몇 가지 중요 공식을 아래에 증명없이 나타낸다.

$$\delta(x)=\frac{1}{2L}+\frac{1}{L}\sum_{n=1}^{\infty}\cos\frac{n\pi x}{L}\quad \text{(Fourier cos 급수, 여기서 } L\text{은 반주기)} \tag{G. 39}$$

$$\delta(x-\xi)=\frac{2}{L}\sum_{n=1}^{\infty}\sin\frac{\lambda\pi\xi}{L}\sin\frac{n\pi x}{L}\quad \text{(Fourier sin 급수, } o<\xi<L,\ L\text{은 반주기)} \tag{G. 40}$$

$$\delta(\rho-\rho')=\rho\int_0^{\infty}kJ_m(k\rho)J_m(k\rho')dk \tag{G. 41}$$

여기서 $J_m(x)$는 Bessel 함수(6장 참조)이다.

G. 2 2, 3차원에서의 델타함수

이제 2차원이나 3차원에서 δ 함수를 직교좌표계에서 정의하는 식을 쓸 수 있다.

$$\int_{-\infty}^{\infty}\int_{-\infty}^{\infty}\phi(x,y)\delta(x-x_0)\delta(y-y_0)dxdy=\phi(x_0,y_0) \tag{G. 42}$$

$$\int_{-\infty}^{\infty}\int_{-\infty}^{\infty}\int_{-\infty}^{\infty}\phi(x, y, z)\delta(x-x_0)\delta(y-y_0)\delta(z-z_0)dxdydz=\phi(x_0, y_0, z_0) \tag{G. 43}$$

1차원에서와 마찬가지로 델타함수는 δ 함수의 "봉우리(peak)"에서 시험함수 ϕ의 값을 "끄집어낸다(pick-out)". 적분은 모든 공간에 대해 할 필요는 없고, 단지 점 $\boldsymbol{r}_0$를 포함하는 지역에 대해서만 하면 된다. 그렇지 않을 경우 적분은 0이다. $\delta(x)\delta(y)\delta(z)$를 흔히 $\delta(\boldsymbol{r})$ 혹은 $\delta^3(\boldsymbol{r})$로 생략하여 표시하지만, 이것은 벡터 $\boldsymbol{r}$의 함수라는 것을 뜻하는 것이 아니고, $\boldsymbol{r}$의 성분 x, y, z의 함수라는 것을 주의하자. 마찬가지로 $\delta(\boldsymbol{r}-\boldsymbol{r}_0)$ 혹은 $\delta^3(\boldsymbol{r}-\boldsymbol{r}_0)$는 식 (G.43)에 있는 δ 함수를 뜻한다.

구면좌표계에서는 (ϕ는 구면좌표계의 각도이므로) ϕ 대신 f를 시험함수로 사용하자. δ 함수의 정의에 의해 $\iiint f(r, \theta, \phi)\delta(r-r_0)\delta(\theta-\theta_0)\delta(\phi-\phi_0)drd\theta d\phi=f(r_0, \theta_0, \phi_0)$를 얻기 원한다. 그러나 부피요소 $d\tau=dxdydz=r^2\sin\theta\,dr\,d\theta\,d\phi\equiv r^2drd\Omega$를 사용해야 하므로, 다음과 같이 써야 한다[$\because\ \partial(x, y, z)/\partial(r, \theta, \phi)=r^2\sin\theta$ (2, 3장 참조)].

$$\delta(\boldsymbol{r}-\boldsymbol{r}_0)=\frac{\delta(r-r_0)\delta(\theta-\theta_0)\delta(\phi-\phi_0)}{r^2\sin\theta} \tag{G. 44}$$

$$\iiint f(r, \theta, \phi)\delta(\boldsymbol{r}-\boldsymbol{r}_0)d\tau=f(r_0, \theta_0, \phi_0) \tag{G. 45}$$

마찬가지로 원통좌표계에서는 $d\tau=r\,dr\,d\theta\,dz$이므로 다음과 같이 쓴다[$\because\ \partial(x, y, z)/\partial(r, \theta, z)=r$ (2, 3장 참조)].

$$\delta(\boldsymbol{r}-\boldsymbol{r}_0)=\frac{\delta(r-r_0)\delta(\theta-\theta_0)\delta(z-z_0)}{r} \tag{G. 46}$$

$$\iiint f(r, \theta, z)\delta(\boldsymbol{r}-\boldsymbol{r}_0)d\tau=f(r_0, \theta_0, z_0) \tag{G. 47}$$

이 공식들을 여러 좌표계에서 질량밀도나 전하밀도를 쓸 때 사용할 수 있다는 것을 주목하여라. 한편 1차원에서 정의된 델타함수의 기본 성질들은 3차원에서도 아래와 같이 그대로 적용된다.

$$\iiint d^3r\delta(r)=1 \tag{G. 48}$$

$$\iiint d^3rf(r)\delta(r-a)=f(a) \tag{G. 49}$$

$$\iiint d^3rf(r)\delta'(r-a)=-f'(a) \tag{G. 50}$$

또한 1차원 델타함수의 적분표현인 식 (G.32)도 3차원 공간에서는 아래와 같이 나타낼 수 있다.

$$\iiint d^3 r f(r) e^{\pm ir \cdot (k-k')} = (2\pi)^3 \delta(k-k') \left[\equiv \delta(k_x - k'_x)\delta(k_y - k'_y)\delta(k_z - k'_z) \right] \tag{G. 51}$$

마지막으로 3차원 공간의 (r, θ, ϕ) 구좌표에서 델타함수에 관한 두 개의 유용한 연산자 식을 확인하도록 하자.

$$\nabla \cdot \frac{\boldsymbol{e}_r}{r^2} = 4\pi\delta(\boldsymbol{r}) \tag{G. 52}$$

$$\nabla^2 \frac{1}{r} = -4\pi\delta(\boldsymbol{r}) \tag{G. 53}$$

[해설 : 단 구좌표에서의 3차원 편미분 (델)연산자 $\nabla = \boldsymbol{e}_r \frac{\partial}{\partial r} + \boldsymbol{e}_\theta \frac{1}{r}\frac{\partial}{\partial \theta} + \boldsymbol{e}_\phi \frac{1}{r\sin\theta}\frac{\partial}{\partial \phi}$가 되고, $\boldsymbol{e}_i \cdot \boldsymbol{e}_j = \delta_{ij}$가 된다.]

$r \neq 0$인 어떤 곳에서도 $\nabla \cdot (\boldsymbol{e}_r / r^2)$은 0이라는 것을 쉽게 증명할 수 있다(그리고 $r = 0$인 곳에서는 정의되지 않는다). 또한 구면좌표계에서의 발산정리에 의해(2, 3장 참조) 다음과 같다.

$$\underset{\text{부피}\,\tau}{\iiint} \nabla \cdot \frac{\boldsymbol{e}_r}{r^2} d\tau = \underset{\tau\text{를 둘러싸는 부피}}{\iint} \frac{\boldsymbol{e}_r}{r^2} \cdot \boldsymbol{e}_r d\sigma = \int_{\phi=0}^{2\pi} \int_{\theta=0}^{\pi} \frac{1}{r^2} r^2 \sin\theta \, d\theta \, d\phi = 4\pi$$

따라서 $\nabla \cdot (\boldsymbol{e}_r / r^2)$은 모든 $r > 0$에 대해서는 0이지만, 원점을 포함하는 임의의 부피에 대한 적분은 $= 4\pi$인 성질이 있다. 이것은 $4\pi\delta(\boldsymbol{r})$과 같다는 것을 뜻한다. 이것이 맞다는 것을 확인해 보자. $\nabla \cdot (\boldsymbol{e}_r / r^2)$은 r에만 의존하므로, 시험함수 $f(r)$을 사용한다. 원점을 포함하는 임의의 부피에 대해 $\iiint f(r) \nabla \cdot (\boldsymbol{e}_r / r^2) d\tau$는 $4\pi f(0)$과 같다는 것을 증명하려고 한다. 간편하게 $r = a$인 공 안의 부피에 대해 적분한다($r > 0$일 때 적분함수는 0이므로 답은 원점을 포함하는 임의의 부피에 대해서 같다). 그러면 Gauss의 발산정리에 의해 아래가 성립된다.

$$\underset{r<a\text{인 부피}}{\iiint} f(r) \nabla \cdot \frac{\boldsymbol{e}_r}{r^2} d\tau = \underset{r=a\text{인 표면}}{\iint} f(r) \frac{\boldsymbol{e}_r}{r^2} \cdot \boldsymbol{e}_r d\sigma - \underset{\tau<a\text{인 부피}}{\iiint} \nabla f(r) \cdot \frac{\boldsymbol{e}_r}{r^2} d\tau$$

$r = a$의 표면에서 표면적분을 하는 적분함수는 $f(a)\frac{1}{a^2} a^2 d\Omega$이므로, 표면적분은 $4\pi f(a)$이다. 부피적분에서 $\nabla f(r) \cdot \boldsymbol{e}_r$은 $\nabla f(r)$의 r성분이다. 구면좌표계에서 이것은 바로 $\partial f / \partial r$이다. 따라서 우변의 부피적분은

$$\iiint_{r<a\text{인 부피}} \frac{\partial f}{\partial r}\frac{1}{r^2}r^2 dr d\Omega = 4\pi f(r)\Big|_0^a = 4\pi[f(a)-f(0)]$$

이므로, 예상했듯이 다음을 얻는다.

$$\iiint_{r<a\text{인 부피}} f(r)\nabla\cdot\frac{\boldsymbol{e}_r}{r^2}d\tau = 4\pi f(a) - 4\pi[f(a)-f(0)] = 4\pi f(0)$$

따라서 식 (G.52)는 맞는 연산자이다. 또한 $\nabla(1/r) = -\boldsymbol{e}_r/r^2$이라는 것도 쉽게 증명할 수 있다 ($\because$ 구좌표에서의 ∇ 표현을 이용). $\nabla\cdot\nabla = \nabla^2$(즉 $\mathrm{div\,grad}\,\phi = $ Laplacian)이므로 $\nabla^2(1/r) = \nabla\cdot\nabla(1/r) = -\nabla\cdot(\boldsymbol{e}_r/r^2)$이다. 따라서 식 (G.53) 또한 맞는 식이다.

식 (G.52)와 (G.53)은 δ 함수의 봉우리를 원점에서 $\boldsymbol{r}_0$로 이동하여 쓸 수 있다. $\boldsymbol{r}_0$에서 $\boldsymbol{r}$까지의 단위벡터를 $(\boldsymbol{r}-\boldsymbol{r}_0)/|\boldsymbol{r}-\boldsymbol{r}_0|$로 쓸 수 있다. 그러면 다음의 유용한 관계식을 얻는다.

$$\nabla^2\frac{1}{|\boldsymbol{r}-\boldsymbol{r}_0|} = -\nabla\cdot\frac{\boldsymbol{r}-\boldsymbol{r}_0}{|\boldsymbol{r}-\boldsymbol{r}_0|^3} = -4\pi\delta(\boldsymbol{r}-\boldsymbol{r}_0) \tag{G. 54}$$

찾아보기

(ㄴ)

(ㄷ)

(ㄹ)

(ㅁ)

(ㅂ)

(ㅅ)

참고문헌

1. Akivis, M. A. and Goldberg, V. V., "An Introduction to Linear Algebra and Tensors", Dover, 1972.
2. Arfken, G., "Mathematical Methods for Physicists", 4th ed., Academic Press, 1995 (김성원 외 3인 역, "수리물리학", 경문사. 1998).
3. Aris, R., "Vectors, Tensors, and the Basic Equations of Fluid Mechanics", Prentice-Hall, 1962.
4. Atkins, P., de Paula, J., "Physical Chemistry", 7th ed., Oxford Univ. Press, 2002 (안운선 역, "물리화학", 교보문고, 2004).
5. Bateman, H., "Partial Differential Equations of Mathematical Physics", Dover, 1944.
6. Beck, J. V. and Arnold, K. J., "Parameter Estimation in Engineering and Science", John Wiley & Sons, 1977.
7. Bird, R. B., Armstrong, R. C. and Hassager, O., "Dynamics of Polymeric Liquids", 2nd ed., John Wiley & Sons, 1987.
8. Boas, M. L., "Mathematical Methods in the Physical Sciences", 3rd ed., John Wiley & Sons, 2006 (최준곤 역 "수리물리학", 범한서적, 2008).
9. Borg, S. F., "Matrix-Tensor Methods in Continuum Mechanics", 2nd ed., World Scientific, 1990.
10. Byron Jr., F. W., and Fuller, R. W., "Mathematics of Classical and Quantum Physics", Addison-Wesley, reprinted, Dover, 1992.
11. Castellan, G. W., "Physical Chemistry", 3rd ed., Addison-Wesley Publ. Co., Inc., 1983 (황정의 외 2인 역, "물리화학", 사이텍미디어, 1986).
12. Churchill, R. V., Brown, J. W., and Verkey, R. F., "Complex Variables and Applications", 5th ed., McGraw-Hill, 1989.
13. Danielson, D. A., "Vectors and Tensors in Engineering and Physics", 2nd ed., Addison-Wesley, 1997.
14. Engel, T., Reid, P., "Quantum Chemistry & Spectroscopy", Benjamin Cummings, 2006.
15. Farrashkhalvat, M. and Miles, J. P., "Tensor Methods for Engineers", Ellis Horwood, 1990.
16. Flory, P. J., "Principles of Polymer Chemistry", Cornell Univ. Press, 1953.
17. Flügge, W., "Tensor Analysis and Continuum Mechanics", Springer-Verlag, 1972.
18. Folland, G. B., "Fourier Analysis and Its Applications", Wadsworth & Brooks, 1992.
19. Freed, K. F., "Renormalization Group Theory of Macromolecules", Cambridge Univ. Press, 1990.
20. Garcia, A. L., "Numerical Methods for Physics", Prentice-Hall, 1994.
21. Gerretsen, J., "Lectures on Tensor Calculus and Differential Geometry", Noordhoff, 1962.
22. Greenberg, M. D., "Applications of Green's Functions in Science and Engineering", Prentice-Hall, Inc., 1971.
23. Greenberg, M. D., "Foundations of Applied Mathematics", Prentice-Hall, 1978.
24. Grosberg, A., ed., "Theoretical and Mathematical Models in Polymer Research", Academic Press, 1998.
25. Hamermesh, M., "Group Theory and Its Application to Physical Problems", Addison-Wesley, 1962.
26. Hamming, R. W., "Numerical Methods for Scientists and Engineers", 2nd ed., McGraw-Hill, 1973.
27. Hassani, S., "Foundations of Mathematical Physics", Prentice-Hall, 1992.
28. Hassani, S., "Mathematical Methods for Students of Physics and Related Fields", Springer-Verlag, 2000.
29. Hassani, S., "Mathematical Physics", Springer-Verlag, 1999.

30. Hawkins, G. A., "Multilinear Analysis for Students in Engineering and Science", John Wiley & Sons, 1963.
31. Hirsh, M., "Differential Equations, Dynamical Systems, and Linear Algebra", Academic Press, 1974.
32. Kyrala, A., "Theoretical Physics: Applications of Vectors, Matrices, Tensors and Quaternions", W.B. Saunders, 1967.
33. Lay, D. C., "Linear Algebra and Its Applications", Addison-Wesley Publishing Company, 1994.
34. Lewis, P. E. and Ward, J.P., "Vector Analysis for Engineers and Scientists", Addison-Wesley, 1989.
35. Mathews, J. and Walker, R. L., "Mathematical Methods of Physics", 2nd ed., W. A. Benjamin, Inc., 1970.
36. McQuarrie, D. A., "Mathematical Methods for Scientists and Engineers", University Science Books, 2003 (이성철 외 7인 역, "공업수학", 자유아카데미, 2006).
37. Narasimhan, M. N. L., "Principles of Continuum Mechanics", John Woley & Sons, 1993.
38. Reddy, J. N. and Rasmussen, M. L., "Advanced Engineering Analysis", John Wiley & Sons, 1982.
39. Riande, E., et al., "Polymer Viscoelsticity", Springer-Verlag, 2000.
40. Riley, K. F., Hobson, M. P. and Bence, S. J., "Mathematical Methods for Physics and Engineering", 3rd ed., Cambridge Univ. Press, 2006.
41. Ritger, P. D., and N. J. Rose, "Differential Equations with Applications", McGraw-Hill, 1968.
42. Sachdev, P. L., "Nonlinear Differential Equations and their Applications", Marcel Dekker, 1991.
43. Sperling, L. H., "Introduction to Physical Polymer Science", 4th ed., John Wiley & Sons, 2006.
44. Spiegel, M. R., "Advanced Mathematics for Engineers and Scientists-Schaum's Outline Series", McGraw-Hill, 1971.
45. Spiegel, M. R., "Complex Variables-Schaum's Outline Series", McGraw-Hill, 1964.
46. Spiegel, M. R., "Vector Analysis", Schaum's Outline Series, 1974.(이건창 역, "벡터해석", 경문사, 1992.)
47. Stakgold, I., "Green's Functions and Boundary Value Problems", 2nd ed., Wiley, 1997.
48. Varma, A. and Morbidelli, M., "Mathematical Methods in Chemical Engineering", Oxford Univ., 1997.
49. Weber, H. J. and Arfken, G. B., "Essential Methods for Physicists", Elsevier Inc., 2003 (김장환 외 5인 역, "기초 수리물리학", 홍릉과학출판사, 2006).
50. Wrede, R .C., "Introduction to Vector and Tensor analysis", Dover, 1972.
51. Wyld, H. W., "Mathematical Methods for Physics", Benjamin/Cummings, 1976.
52. 高分子学会編, "高分子科学演習", 東京化学同人, 1985.
53. 高分子学会編, "化学者のための数学", 東京化学同人, 1981.
54. 国沢清典, 羽鳥裕久 共著, "数理統計演習", サイエンスライブラリ, 1977.
55. 近藤次郎, "数学モデル", 丸善株式会社, 1976.
56. 並木美喜雄, "デルタ関数と微分方程式", 岩波書店, 1980.
57. 김영익, 이규봉, "아름다운 수학 Mathematica와 함께", 교우사, 2001.
58. 김용수, "MATLAB 입문과 활용", 높이깊이, 2005.
59. 이장우, 정우혁 공저, "해설 고분자 물성과 물리화학", 사이플러스, 2009.
60. 이장우, 정우혁 공저, "해설 텐서와 레올로지", 사이플러스, 2009.
61. 이장우, 진치섭 공저, "벡터 및 텐서해석의 기초와 응용 개정판", 부산대학교 출판부, 2005.
62. 지종기, "화학 수학", 형설출판사, 1983.

- **저자 약력**

▶ 이 장 우

서울대학교 섬유공학과, 공학사
서울대학교 대학원 응용화학과, 공학석사
일본 경도대학교 고분자화학과, 공학박사
University of Minnesota at Twin Cities (Post Doc.)
부산대학교 고분자공학과, 교수 (현재)

▶ 정 우 혁

부산대학교 고분자공학과, 공학사
부산대학교 고분자공학과, 공학석사
University of Florida, 공학석사
University of Massachusetts Lowell, 공학박사
Thermolon 주식회사, 연구원
(주)하이켐, 기술연구소 연구소장 (현재)

해설 **고분자를 위한 응용수학**

2009년 12월 05일 초판 1쇄 발행

지은이 이장우 · 정우혁
발행인 박종성

발행처 사이플러스
우 121-842 / 서울특별시 마포구 서교동 468-24
전화 332-6171 / 팩스 332-6185
등록 2005. 10. 20. 제 313-2005-00222호

ISBN 978-89-92603-31-7 93430 값 **49,000**원